Höhere Mathematik
Aufgaben und Lösungen

Höhere Mathematik

Aufgaben und Lösungen

Band 3

von

Karlheinz Spindler

VERLAG EUROPA-LEHRMITTEL · Nourney, Vollmer GmbH & Co. KG
Düsselberger Straße 23 · 42781 Haan-Gruiten

Europa-Nr.: 59567

Autor:

Prof. Dr. Karlheinz Spindler studierte Mathematik, Mechanik und Geschichte an der Technischen Hochschule Darmstadt. Nach Ablegung seines Diploms und des Staatsexamens für das Lehramt an Gymnasien war er als Wissenschaftlicher Mitarbeiter an der TH Darmstadt tätig und wurde dort über ein Thema aus der Strukturtheorie Liescher Algebren promoviert. Anschließend arbeitete er zunächst zwei Jahre lang als Visiting Assistant Professor an der Louisiana State University in Baton Rouge (USA) und dann fünf Jahre lang bei einem Unternehmen der Raumfahrtindustrie am European Space Operations Centre (ESOC) in Darmstadt. Im Jahr 1997 wurde er zum Professor für Mathematik und Datenverarbeitung an die Fachhochschule Wiesbaden (seit dem 1. September 2009 Hochschule RheinMain) berufen, wo er im Studiengang „Angewandte Mathematik" tätig ist. Er ist Begründer und Mitorganisator eines seit 2006 jährlich stattfindenden mathematischen Weiterbildungsseminars für Angehörige der hessischen Hochschulen für angewandte Wissenschaften.

1. Auflage 2021

Druck 5 4 3 2 1

ISBN 978-3-8085-5956-7

Alle Rechte vorbehalten. Das Werk ist urheberrechtlich geschützt. Jede Verwendung außerhalb der gesetzlich geregelten Fälle erfordert eine schriftliche Genehmigung des Verlags.

© 2021 by Verlag Europa-Lehrmittel, Nourney, Vollmer GmbH & Co. KG, 42781 Haan-Gruiten
www.europa-lehrmittel.de

Umschlaggestaltung: braunwerbeagentur, 42477 Radevormwald
Umschlagmotiv: Vom Autor erstellte Illustration und bearbeitetes Foto
Druck: CPI books GmbH, 25917 Leck

Vorwort

Das vorliegende Aufgaben- und Lösungsbuch will einen Beitrag zur Förderung der Mathematikausbildung leisten, indem es zur Beschäftigung mit mathematischen Aufgabenstellungen und zur Einübung von Problemlösungsfertigkeiten einlädt. Es ist entstanden aus Aufgabenblättern und Übungsmaterialien, die ich über viele Jahre hinweg in einer ganzen Reihe verschiedenster mathematischer Lehrveranstaltungen an der Hochschule RheinMain verwendet habe.

Wichtig war mir – sowohl beim Stellen der Aufgaben als auch beim Schreiben des Buches – eine große Bandbreite der Aufgabenstellungen. Diese reichen von einfachen Fragen zur Gewöhnung an neue Begriffe und Routineaufgaben zum Einüben und Einschleifen von Rechentechniken über anspruchsvollere Aufgaben, in denen Beispiele und Gegenbeispiele gesucht, Feinheiten von Begriffsbildungen und Aussagen ausgelotet und weiterführende Aspekte erkundet werden, bis hin zu wirklichen Herausforderungen, denen sich zu stellen einige Ausdauer erfordert. Dabei habe ich bewußt hohe Ansprüche nicht vermieden, denn (wie schon der Prediger Salomo wußte) "wo viel Weisheit ist, da ist viel Grämen, und wer viel lernt, der muß viel leiden". Ich bin aber zuversichtlich, daß durch die Aufteilung komplexer Aufgabenstellungen auf mehrere Teilaufgaben und durch die gegebenen Hinweise allzu großen Frustrationen vorgebeugt wird.

Damit das Buch auch zum Selbststudium geeignet ist, habe ich zu allen Aufgaben ausführliche Lösungen erstellt, deren Formulierung vielleicht auch ein Gefühl dafür vermittelt, wie man mathematische Sachverhalte ausdrückt und zu Papier bringt. Natürlich sollte man aber vor dem Blick in die Lösung immer versuchen, die jeweilige Aufgabe selbst zu bearbeiten: Mathematik ist kein Zuschauersport, sondern eher wie Klavierspielen; man erlernt sie nur durch eigene aktive Beschäftigung. Ich hoffe, daß bei aller Konzentration auf das Lösen von Aufgaben auch etwas von der Schönheit, Klarheit und Eleganz der Mathematik deutlich wird. Von den Inhalten und vom Kapitelaufbau her richtet sich das vorliegende Buch nach dem Lehrbuch

Karlheinz Spindler: *Höhere Mathematik – Ein Begleiter durch das Studium*, Verlag Harri Deutsch, Frankfurt am Main[*] 2010.

Immer, wenn in den Lösungen auf "das Buch" verwiesen wird, ist dieses Lehrbuch gemeint. Die Verweise dienen in erster Linie der bequemen Referenzierung; die allermeisten Aufgaben können vollkommen unabhängig von der Verwendung eines bestimmten Lehrbuches oder Manuskriptes bearbeitet werden, und ich hoffe, daß sich geeignete Aufgaben für eine Vielzahl verschiedener Lehrveranstaltungen auswählen lassen. Da das Material des Buches in unterschiedlicher Intensität für unterschiedliche Lehrveranstaltungen entstand, war eine gewisse Unausgewogenheit zwischen den verschiedenen thematischen Bereichen (oder, positiver ausgedrückt, eine gewisse Schwerpunktsetzung) unausweichlich. Der zu erwartende eher geringe Zusatznutzen erschien es mir nicht wert, hier mit entsprechendem Zeitaufwand (und resultierenden Verzögerungen) die Unterschiede nachträglich noch auszugleichen. Um noch einmal den Prediger Salomo zu Wort kommen zu lassen: "Des vielen Büchermachens ist kein Ende, und viel Studieren macht den Leib müde".

Wie schon bei dem genannten Lehrbuch bin ich auch beim Schreiben dieses Aufgaben- und Lösungsbuchs Frau Dr. Renate Schappel zu kaum ermeßlichem Dank verpflichtet. Sie hat sich mit bewundernswerter Energie und Begeisterung, mit großer Akribie und Sorgfalt der Herkulesaufgabe angenommen, das vollständige Manuskript (teilweise in verschiedenen Versionen) kritisch zu lesen und zu kommentieren. Sie deckte eine Unzahl von Fehlern auf, und nichts war vor ihrem kritischen Blick sicher: einfache Tippfehler, Rechenfehler, falsche oder unvollständige Schlüsse, stilistisch verunglückte Formulierungen, falsche Verweise, unschöne Zeilen- oder Seitenumbrüche und vieles mehr. Ohne ihre Hilfe wäre das Erscheinen dieses Buches schlechterdings nicht denkbar. Mein Dank gilt ferner Herrn Klaus Horn vom Verlag Europa-Lehrmittel für die kompetente verlagsseitige Umsetzung des Werkes und die jederzeit angenehme Zusammenarbeit. Ihm danke ich nicht nur für die engagierte und sachkundige Unterstützung des Buchprojekts, sondern auch für den gutmütigen Humor, mit dem er meinen Sonderwünschen begegnete. Schließlich bin ich mehreren Generationen von Studenten zu Dank verpflichtet, mit denen ich über die Jahre hinweg zusammenarbeiten durfte und deren Fragen, Kommentare und Anregungen zu Verbesserungen bei zahlreichen Aufgaben und Lösungen führten.

Alle noch verbliebenen Fehler und Unstimmigkeiten gehen natürlich einzig und allein zu meinen Lasten als Autor. Autor und Verlag sind für Hinweise auf Fehler und Ungenauigkeiten sowie für konstruktive Kritik jederzeit dankbar.

A. D. 2021   Karlheinz Spindler

---

[*] Inzwischen Edition Harri Deutsch, Verlag Europa-Lehrmittel, Haan-Gruiten.

Inhaltsverzeichnis

Aufgaben   7

Differentialrechnung auf Mannigfaltigkeiten 9
- 97. Mannigfaltigkeiten 9
- 98. Optimierung auf Mannigfaltigkeiten 15
- 99. Kurven 19
- 100. Hyperflächen 22

Inhaltsbestimmung von Mengen 29
- 101. Die Jordan-Peanosche Inhaltstheorie 29
- 102. Inhalte elementargeometrischer Figuren 31
- 103. Die Borel-Lebesguesche Maßtheorie 35
- 104. Abstrakte Maßtheorie 37

Der Begriff des Integrals 39
- 105. Der Riemannsche Integralbegriff 39
- 106. Strukturelle Eigenschaften des Integrals 41
- 107. Der Lebesguesche Integralbegriff 42
- 108. Abstrakte Integration 43

Berechnung von Integralen 45
- 109. Berechnung von Einfachintegralen 45
- 110. Numerische Integration 50
- 111. Berechnung von Mehrfachintegralen 52
- 112. Anwendungen der Integralrechnung 56

Integration auf Mannigfaltigkeiten 59
- 113. Integration skalarer Funktionen 59
- 114. Integration von Differentialformen 60
- 115. Äußere Ableitung einer Differentialform 61
- 116. Der Stokessche Integralsatz 63

Gewöhnliche Differentialgleichungen 67
- 117. Grundlegende Begriffe und elementare Lösungsmethoden 67
- 118. Existenz- und Eindeutigkeitssätze 72
- 119. Lineare Differentialgleichungssysteme 78
- 120. Beispiele aus der Mechanik 88

Dynamische Systeme 103
- 121. Qualitative Untersuchung von Differentialgleichungen 103
- 122. Lineare und linearisierte Systeme 105
- 123. Stabilität von Gleichgewichtslagen 106
- 124. Populationsmodelle 112

Integraltransformationen 115
- 125. Faltungen 115
- 126. Fourierreihen 117
- 127. Fourier-Integrale 119
- 128. Laplace-Transformation 122

Grundlagen der Stochastik 125
- 129. Elementare Wahrscheinlichkeitsrechnung 125
- 130. Zufallsvariablen 129
- 131. Neue Zufallsvariablen aus alten 131
- 132. Kenngrößen für Zufallsvariablen 132

Anwendung stochastischer Methoden 135
- 133. Statistische Schätztheorie 135
- 134. Schätzung von System- und Meßparametern 137
- 135. Hypothesentests 141
- 136. Markovsche Ketten 144

Funktionentheorie 147
- 137. Beispiele komplexer Funktionen 147
- 138. Komplexe Differentiierbarkeit 149
- 139. Der Residuenkalkül 153
- 140. Einfach zusammenhängende Gebiete 157

Lösungen   159

Differentialrechnung auf Mannigfaltigkeiten 161
- 97. Mannigfaltigkeiten 161
- 98. Optimierung auf Mannigfaltigkeiten 188
- 99. Kurven 208
- 100. Hyperflächen 220

Inhaltsbestimmung von Mengen 243
- 101. Die Jordan-Peanosche Inhaltstheorie 243
- 102. Inhalte elementargeometrischer Figuren 247
- 103. Die Borel-Lebesguesche Maßtheorie 254
- 104. Abstrakte Maßtheorie 258

Der Begriff des Integrals 261
   105. Der Riemannsche Integralbegriff 261
   106. Strukturelle Eigenschaften des Integrals 266
   107. Der Lebesguesche Integralbegriff 268
   108. Abstrakte Integration 270

Berechnung von Integralen 275
   109. Berechnung von Einfachintegralen 275
   110. Numerische Integration 296
   111. Berechnung von Mehrfachintegralen 306
   112. Anwendungen der Integralrechnung 320

Integration auf Mannigfaltigkeiten 331
   113. Integration skalarer Funktionen 331
   114. Integration von Differentialformen 334
   115. Äußere Ableitung einer Differentialform 337
   116. Der Stokessche Integralsatz 343

Gewöhnliche Differentialgleichungen 353
   117. Grundlegende Begriffe und elementare
       Lösungsmethoden 353
   118. Existenz- und Eindeutigkeitssätze 370
   119. Lineare Differentialgleichungssysteme 391
   120. Beispiele aus der Mechanik 432

Dynamische Systeme 469
   121. Qualitative Untersuchung von
       Differentialgleichungen 469
   122. Lineare und linearisierte Systeme 475
   123. Stabilität von Gleichgewichtslagen 481
   124. Populationsmodelle 506

Integraltransformationen 513
   125. Faltungen 513
   126. Fourierreihen 517
   127. Fourier-Integrale 522
   128. Laplace-Transformation 529

Grundlagen der Stochastik 537
   129. Elementare Wahrscheinlichkeitsrechnung.... 537
   130. Zufallsvariablen 546
   131. Neue Zufallsvariablen aus alten 554
   132. Kenngrößen für Zufallsvariablen 558

Anwendung stochastischer Methoden 565
   133. Statistische Schätztheorie 565
   134. Schätzung von System- und Meßparametern . 569
   135. Hypothesentests 576
   136. Markovsche Ketten 581

Funktionentheorie 587
   137. Beispiele komplexer Funktionen 587
   138. Komplexe Differentiierbarkeit 595
   139. Der Residuenkalkül 610
   140. Einfach zusammenhängende Gebiete 631

Nachwort 635

Index 637

Teil 1:
Aufgaben

A97: Mannigfaltigkeiten

Aufgabe (97.1) Es sei $M \subseteq \mathbb{R}^2$ der Graph der Betragsfunktion $x \mapsto |x|$, also
$$M := \{(x, |x|) \mid x \in \mathbb{R}\}.$$
(a) Finde einen Homöomorphismus $F : \mathbb{R}^2 \to \mathbb{R}^2$, der M auf $\mathbb{R} \times \{0\}$ abbildet.
(b) Zeige, daß in (a) der Homöomorphismus sogar so gewählt werden kann, daß er von der Klasse C^∞ ist.
(c) Zeige, daß es keinen Diffeomorphismus $F : \mathbb{R}^2 \to \mathbb{R}^2$ gibt, der M auf $\mathbb{R} \times \{0\}$ abbildet.
(d) Zeige genauer, daß es keinen Diffeomorphismus $F : U \to V$ zwischen offenen Mengen $U, V \subseteq \mathbb{R}^2$ mit $(0,0) \in U$ geben kann, der $M \cap U$ auf $V \cap (\mathbb{R} \times \{0\})$ abbildet.

Bemerkung: Teil (a) zeigt, daß man M stetig in einen eindimensionalen affinen Raum deformieren kann (und zwar sogar global). Teil (c) zeigt, daß im Gegensatz dazu M nicht glatt in einen eindimensionalen affinen Raum deformiert werden kann (und zwar nicht einmal lokal).

Aufgabe (97.2) Wir definieren $\varphi : \mathbb{R} \to \mathbb{R}^2$ und $g : \mathbb{R}^2 \to \mathbb{R}$ durch
$$\varphi(t) := (t^3, t^3) \quad \text{und} \quad g(x, y) := x^3 - y^3.$$
(a) Beweise die Gleichheit
$$\{\varphi(t) \mid t \in \mathbb{R}\} = \{(x, y) \in \mathbb{R}^2 \mid g(x, y) = 0\} =: M.$$
(b) Zeige, daß M eine Mannigfaltigkeit ist, obwohl die Parametrisierung φ eine Singularität an der Stelle $t = 0$ hat und obwohl die definierende Funktion g eine Singularität an der Stelle $(x, y) = (0, 0)$ hat.

Bemerkung: Diese Aufgabe zeigt, daß man unterscheiden muß zwischen Singularitäten ungünstig gewählter Parametrisierungen bzw. definierender Funktionen (die man durch Wahl anderer Parametrisierungen bzw. definierender Funktionen vermeiden kann) und tatsächlichen geometrischen "Defekten" der betrachteten Menge M (etwa Spitzen, Ecken oder isolierte Punkte), aufgrund derer M keine Mannigfaltigkeit ist.

Aufgabe (97.3) In dieser Aufgabe betrachten wir Parametrisierungen und Gleichungsdarstellungen, die möglicherweise Singularitäten haben.
(a) Es seien $\Omega \subseteq \mathbb{R}^d$ eine offene Menge und $\varphi : \Omega \to \mathbb{R}^n$ eine Abbildung der Klasse C^k. Zeige, daß
$$M := \{\varphi(\xi) \mid \xi \in \Omega, \operatorname{rk} \varphi'(\xi) = d\}$$
(leer oder) eine C^k-Mannigfaltigkeit ist.
(b) Es seien $U \subseteq \mathbb{R}^n$ eine offene Menge und $g : U \to \mathbb{R}^{n-d}$ eine Abbildung der Klasse C^k. Zeige, daß
$$M := \{x \in U \mid g(x) = 0, \operatorname{rk} g'(x) = n - d\}$$
(leer oder) eine C^k-Mannigfaltigkeit ist.

Bemerkung: Diese Aufgabe zeigt, daß aus einer Menge, die durch eine C^k-Parametrisierung oder als Nullstellenmenge einer C^k-Funktion gegeben ist, immer eine Mannigfaltigkeit entsteht, wenn man die singulären Punkte einfach aus dieser Menge entfernt.

Aufgabe (97.4) Gib in den Beispielen (97.1) bis (97.6) im Buch genau an, warum keine Mannigfaltigkeiten im Sinne von (97.9) vorliegen.

Aufgabe (97.5) Ebene Kurven. Entscheide in den folgenden Fällen, ob die angegebene Teilmenge $M \subseteq \mathbb{R}^2$ eine Untermannigfaltigkeit von $\mathbb{R}^2$ ist. (Welche Punkte müssen gegebenenfalls entfernt werden, um eine solche Untermannigfaltigkeit zu erhalten?) Finde für die in Gleichungsform angegebenen Mannigfaltigkeiten eine Parameterdarstellung und für die in Parameterform angegebenen Mannigfaltigkeiten eine Gleichungsdarstellung!
(a) $M = \{(t^3, t^6) \mid t \in \mathbb{R}\}$
(b) $M = \{(2t^3 + t^2, t^3 - t) \mid t \in \mathbb{R}\}$
(c) $M = \{(t, |t|) \mid t \in \mathbb{R}\}$
(d) $M = \{(t^3 + t^2, t^3 - t + 1) \mid t \in \mathbb{R}\}$
(e) $M = \{((1 + \cos t) \cos t, (1 + \cos t) \sin t) \mid t \in \mathbb{R}\}$
(f) $M = \{(x, y) \in \mathbb{R}^2 \mid 3x^2 y + y^3 - x^2 - y^2 = 0\}$
(g) $M = \{(x, y) \in \mathbb{R}^2 \mid y^2 = x^3 + x^2\}$
(h) $M = \{(x, y) \in \mathbb{R}^2 \mid y^2 - x^4 + x^2 y^2 + y^4 = 0\}$
(i) $M = \{(x, y) \in \mathbb{R}^2 \mid (x^2 - 1)^2 + 2y^2(x^2 + 1) + y^4 = 1\}$
(j) $M = \{(x, y) \in \mathbb{R}^2 \mid 2x^3 - 3x^2 + 2y^3 + 3y^2 = 0\}$
(k) $M = \{(x, y) \in \mathbb{R}^2 \mid x^3 + y^3 = \sqrt{2}\}$

Aufgabe (97.6) Flächen im Raum. Entscheide in den folgenden Fällen, ob die angegebene Teilmenge $M \subseteq \mathbb{R}^3$ eine Untermannigfaltigkeit von $\mathbb{R}^3$ ist. Finde für die in Gleichungsform angegebenen Mannigfaltigkeiten eine Parameterdarstellung und für die in Parameterform angegebenen Mannigfaltigkeiten eine Gleichungsdarstellung!
(a) $M = \{(u + v, uv, u^2 + v^2) \mid u, v \in \mathbb{R}\}$
(b) $M = \{(u^2 - v^2, 2uv, u^2 + v^2) \mid u, v \in \mathbb{R}\}$
(c) $M = \{(u + |v|, |u| + v, uv) \mid u, v \in \mathbb{R}\}$
(d) $M = \{(x, y, z) \in \mathbb{R}^3 \mid x^2 + y^2 + z^2 = 1\}$
(e) $M = \{(x, y, z) \in \mathbb{R}^3 \mid x^2 + y^2 - z^2 = 0\}$
(f) $M = \{(x, y, z) \in \mathbb{R}^3 \mid x^3 + y^3 + z^3 = 3xyz\}$
(g) $M = \{(x, y, z) \in \mathbb{R}^3 \mid x^2 + y^2 + x^2 y^2 = xyz\}$
(h) $M = \{(x, y, z) \in \mathbb{R}^3 \mid x + e^{xy} + zy = 0\}$

Aufgabe (97.7) Räumliche Kurven. Entscheide in den folgenden Fällen, ob die angegebene Teilmenge $M \subseteq \mathbb{R}^3$ eine Untermannigfaltigkeit von $\mathbb{R}^3$ ist. Finde für die in Gleichungsform angegebenen Mannigfaltigkeiten eine Parameterdarstellung und für die in Parameterform angegebenen Mannigfaltigkeiten eine Gleichungsdarstellung!
(a) $M = \{(\cos t, \sin t, t) \mid t \in \mathbb{R}\}$
(b) $M = \{(t, t^2, \sqrt{t^2}) \mid t \in \mathbb{R}\}$
(c) $M = \{(t, t^2, \sqrt{t^2 + 1}) \mid t \in \mathbb{R}\}$
(d) $M = \{(t^2, \cos t, \sin t) \mid t \in \mathbb{R}\}$

Lösungen zu »Mannigfaltigkeiten« siehe Seite 161

(e) $M = \{(x,y,z) \in \mathbb{R}^3 \mid y = x^2, z = x^3\}$
(f) $M = \{(x,y,z) \in \mathbb{R}^3 \mid x^2+y^2 = z^2, ax+by+cz = d\}$
(g) $M = \{(x,y,z) \in \mathbb{R}^3 \mid x^3+y^3+z^3 = x^2+y^2+z^2 = 0\}$
(h) $M = \{(x,y,z) \in \mathbb{R}^3 \mid x = \sin(yz), y = \cos(xz)\}$
In Teil (f) seien dabei $a,b,c,d \in \mathbb{R}$ fest vorgegeben.

Aufgabe (97.8) Es sei $M := \mathbb{S}^2 = \{(x,y,z) \in \mathbb{R}^3 \mid x^2+y^2+z^2 = 1\}$. Zeige, daß in den folgenden Fällen jeweils $\varphi : U \to \varphi(U)$ eine reguläre Parametrisierung einer offenen Teilmenge von M ist, und gib die Menge $\varphi(U)$ sowie die Umkehrabbildung $\psi : \varphi(U) \to U$ von φ explizit an!

(a) Senkrechte Projektion: $U = \{(x,y) \in \mathbb{R}^2 \mid x^2+y^2 < 1\}$,
$$\varphi(x,y) := \left(x, y, \sqrt{1-x^2-y^2}\right)$$

(b) Kugelkoordinaten: $U = (0, 2\pi) \times (-\pi/2, \pi/2)$,
$$\varphi(u,v) := \left(\cos(v)\cos(u), \cos(v)\sin(u), \sin(v)\right)$$

(c) Stereographische Projektion: $U = \mathbb{R}^2$,
$$\varphi(x,y) := \left(\frac{2x}{x^2+y^2+1}, \frac{2y}{x^2+y^2+1}, \frac{x^2+y^2-1}{x^2+y^2+1}\right)$$

Kann es eine reguläre Parametrisierung $\varphi : U \to \varphi(U)$ mit $\varphi(U) = \mathbb{S}^2$ geben? (Kann man also $\mathbb{S}^2$ mit einer einzigen Karte überdecken?)

Aufgabe (97.9) Ein **Torus** ist eine Fläche, die entsteht, wenn ein Kreis C vom Radius r sich so bewegt, daß sein Mittelpunkt einen Kreis K vom Radius $R > r$ durchläuft, und zwar so, daß sich der Mittelpunkt von K stets in Ebene des Kreises C befindet. Gib eine Parameterdarstellung eines solchen Torus an! Genauer: Es sei $T \subseteq \mathbb{R}^3$ der Torus, dessen Zentralkreis in der xy-Ebene liegt, den Mittelpunkt $(0,0,0)$ und den Radius R hat und dessen Querschnittskreise den Radius $r < R$ haben.

(a) Gib eine Parametrisierung von T an!
(b) Stelle T als Nullstellenmenge einer Funktion $g : \mathbb{R}^3 \to \mathbb{R}$ dar!
(c) Finde eine C^∞-Abbildung $f : \mathbb{R}^2 \times \mathbb{R}^2 \to \mathbb{R}^3$, die $\mathbb{S}^1 \times \mathbb{S}^1$ bijektiv auf T abbildet!

Aufgabe (97.10) Der **Horntorus** zum Radius $r > 0$ ist die Menge aller Punkte der Form
$$\begin{bmatrix} x \\ y \\ z \end{bmatrix} = r \begin{bmatrix} (1+\cos v)\cos u \\ (1+\cos v)\sin u \\ \sin v \end{bmatrix}$$
mit $u, v \in \mathbb{R}$. Stelle diesen Horntorus als Lösungsmenge einer Gleichung $g(x,y,z) = 0$ dar!

Aufgabe (97.11) Ein Stab der Länge ℓ bewege sich im dreidimensionalen Raum, und zwar so, daß sein Mittelpunkt mit konstanter Geschwindigkeit einen Kreis mit Radius $r > \ell$ durchläuft, während der Stab sich während des Umlaufs genau einmal um seinen Mittelpunkt dreht. Gib eine Parameterdarstellung der von dem Stab überstrichenen Fläche an! (Diese Fläche wird als **Möbiusband** bezeichnet.)

Aufgabe (97.12) Es seien $0 < r < R$ reelle Zahlen. Wir definieren $\varphi : \mathbb{R}^2 \to \mathbb{R}^4$ durch
$$\varphi(u,v) := \begin{bmatrix} (R+r\cos(v))\cos(u) \\ (R+r\cos(v))\sin(u) \\ r\sin(v)\cos(u/2) \\ r\sin(v)\sin(u/2) \end{bmatrix}$$
und $g : \mathbb{R}^4 \to \mathbb{R}^2$ durch
$$g(a,b,c,d) := \begin{bmatrix} (\sqrt{a^2+b^2}-R)^2 + c^2 + d^2 - r^2 \\ 2acd + b(d^2-c^2) \end{bmatrix}.$$
Zeige, daß die beiden Mengen
$$M_1 := \{\varphi(u,v) \mid (u,v) \in \mathbb{R}^2\} \quad \text{und}$$
$$M_2 := \{(a,b,c,d) \in \mathbb{R}^4 \mid g(a,b,c,d) = 0\}$$
übereinstimmen. Ist M_1 bzw. M_2 eine Mannigfaltigkeit?

Aufgabe (97.13) Wir definieren $g_1, g_2, g_3 : \mathbb{R}^3 \to \mathbb{R}$ durch
$$g_1(x,y,z) := x^4 - y^3$$
$$g_2(x,y,z) := y^5 - z^4$$
$$g_3(x,y,z) := z^3 - x^5$$
sowie $\varphi : \mathbb{R} \to \mathbb{R}^3$ durch
$$\varphi(t) := (t^3, t^4, t^5)$$
und betrachten die folgenden Mengen:
$$M_1 := \{\varphi(t) \mid t \in \mathbb{R}\},$$
$$M_2 := \{(x,y,z) \in \mathbb{R}^3 \mid g_i(x,y,z) = 0 \text{ für } i = 1,2,3\},$$
$$M_3 := \{(x,y,z) \in \mathbb{R}^3 \mid g_i(x,y,z) = 0 \text{ für } i = 2,3\},$$
$$M_4 := \{(x,y,z) \in \mathbb{R}^3 \mid g_i(x,y,z) = 0 \text{ für } i = 1,3\},$$
$$M_5 := \{(x,y,z) \in \mathbb{R}^3 \mid g_i(x,y,z) = 0 \text{ für } i = 1,2\}.$$
Welche Enthaltenseinsbeziehungen bestehen zwischen diesen Mengen? Handelt es sich um eingebettete Untermannigfaltigkeiten von $\mathbb{R}^3$? Falls nein, welche (möglichst wenigen) Punkte muß man entfernen, um jeweils eine Mannigfaltigkeit zu erhalten?

Aufgabe (97.14) Für $n \geq 1$ sei
$$\mathbb{S}^n := \{x \in \mathbb{R}^{n+1} \mid \|x\| = 1\}.$$

Lösungen zu »Mannigfaltigkeiten« siehe Seite 161

Wir definieren eine Abbildung $x : \mathbb{R}^n \to \mathbb{S}^n$ durch

$$\begin{aligned}
x_1 &= \cos\lambda \cos\theta_1 \cos\theta_2 \cdots \cos\theta_{n-3} \cos\theta_{n-2} \\
x_2 &= \sin\lambda \cos\theta_1 \cos\theta_2 \cdots \cos\theta_{n-3} \cos\theta_{n-2} \\
x_3 &= \sin\theta_1 \cos\theta_2 \cdots \cos\theta_{n-3} \cos\theta_{n-2} \\
x_4 &= \sin\theta_2 \cdots \cos\theta_{n-3} \cos\theta_{n-2} \\
&\vdots \\
x_{n-1} &= \sin\theta_{n-3} \cos\theta_{n-2} \\
x_n &= \sin\theta_{n-2}
\end{aligned}$$

(a) Gib die Abbildung x für $1 \leq n \leq 4$ explizit an!
(b) Gib einen maximalen offenen Parameterbereich in $\mathbb{R}^n$ an, auf dem x injektiv ist. Welcher Teil von $\mathbb{S}^n$ wird durch x parametrisiert?
(c) Als n-dimensionale Polarkoordinaten bezeichnet man die Funktion

$$\Phi(r, \theta_1, \ldots, \theta_{n-1}) := r\, x_{n-1}(\theta_1, \ldots, \theta_{n-1}).$$

Berechne für diese Transformation die Funktionaldeterminante $\partial\Phi(r, \theta_1, \ldots, \theta_{n-1})/\partial(r, \theta_1, \ldots, \theta_{n-1})$.

(d) **Stereographische Projektion:** Für $\xi \in \mathbb{R}^{n-1}$ sei $\varphi(\xi)$ der Schnittpunkt von $\mathbb{S}^{n-1}$ mit der Verbindungsgeraden zwischen dem Punkt $(\xi, 0) \in \mathbb{R}^{n-1} \times \mathbb{R}$ und dem Nordpol $(0, 1) \in \mathbb{R}^{n-1} \times \mathbb{R}$. (Fertige eine Skizze an und leite eine explizite Formel für φ her!)

Aufgabe (97.15) Es seien $k \leq n$ natürliche Zahlen.
(a) Zeige, daß die Menge

$$\Sigma_{n,k} := \{A \in \mathbb{R}^{n \times k} \mid \operatorname{rk}(A) = k\}$$

eine offene Untermannigfaltigkeit von $\mathbb{R}^{n \times k}$ ist.
(b) Zeige, daß

$$S_{n,k} := \{A \in \mathbb{R}^{n \times k} \mid A^T A = \mathbf{1}\}$$

eine eingebettete Untermannigfaltigkeit von $\mathbb{R}^{n \times k}$ ist. Welche Dimension hat $S_{n,k}$?
(c) Die Elemente von $S_{n,k}$ werden als k-Beine im $\mathbb{R}^n$ bezeichnet. Erläutere diese Bezeichnung!

Nach dem schweizerischen Mathematiker Eduard Ludwig Stiefel (1909-1978) bezeichnet man die Mannigfaltigkeiten $S_{n,k}$ als **Stiefel-Mannigfaltigkeiten** (und die Mannigfaltigkeiten $\Sigma_{n,k}$ zuweilen als **nichtkompakte Stiefel-Mannigfaltigkeiten**).

Aufgabe (97.16) Die **orthogonale Gruppe** in Dimension n ist definiert als

$$\mathrm{O}(n) := \{A \in \mathbb{R}^{n \times n} \mid A^T A = \mathbf{1}\}.$$

(a) Zeige, daß $\mathrm{O}(n)$ tatsächlich eine Gruppe im Sinn der Algebra ist.

(b) Zeige, daß $\mathrm{O}(n)$ eine eingebettete Untermannigfaltigkeit von $\mathbb{R}^{n \times n}$ ist. Welche Dimension hat $\mathrm{O}(n)$?
(c) Zeige, daß die **spezielle orthogonale Gruppe**

$$\mathrm{SO}(n) := \{A \in \mathrm{O}(n) \mid \det(A) = 1\}$$

eine Untergruppe von $\mathrm{O}(n)$ ist, und erläutere den Zusammenhang zwischen $\mathrm{O}(n)$ und $\mathrm{SO}(n)$!

Aufgabe (97.17) Es seien $M_1 \subseteq \mathbb{R}^{n_1}$ eine d_1-dimensionale C^k-Untermannigfaltigkeit von $\mathbb{R}^{n_1}$ und $M_2 \subseteq \mathbb{R}^{n_2}$ eine d_2-dimensionale C^k-Untermannigfaltigkeit von $\mathbb{R}^{n_2}$. Zeige, daß dann $M_1 \times M_2$ eine $(d_1 + d_2)$-dimensionale C^k-Untermannigfaltigkeit von $\mathbb{R}^{n_1} \times \mathbb{R}^{n_2} = \mathbb{R}^{n_1 + n_2}$ ist.

Problem (97.18) Es sei $M = \{x \in \mathbb{R}^4 \mid g_1(x) = g_2(x) = 0\}$ mit

$$\begin{aligned}
g_1(x_1, x_2, x_3, x_4) &:= x_1 x_4 - x_2 x_3 - 1, \\
g_2(x_1, x_2, x_3, x_4) &:= x_1 x_3 + x_2 x_4.
\end{aligned}$$

(a) Zeige, daß M eine Mannigfaltigkeit ist.
(b) Zeige, daß M sogar global als Graph einer Funktion darstellbar ist.
(c) Bestimme den Tangentialraum $T_p M$ und den Normalraum $N_p M$ für den Punkt $p = (1, 0, 0, 1) \in M$.

Aufgabe (97.19) Bestimme in den folgenden Fällen den Tangentialraum $T_p M$ der Mannigfaltigkeit M im Punkt $p \in M$. Benutze dabei sowohl eine Darstellung von M in Gleichungsform als auch eine Parameterdarstellung.
(a) $M = \{(x, y) \in \mathbb{R}^2 \mid x^2 - y^2 = 1\}$, $p = (\sqrt{3}, \sqrt{2})$
(b) $M = \{(x, y, z) \in \mathbb{R}^3 \mid 3x^2 + y^2 + 2z^2 = 6\}$, $p = (1, 1, 1)$
(c) $M = \{(\cos t, \sin t, t) \mid t \in \mathbb{R}\}$, $p = (1, 0, 2\pi)$

Aufgabe (97.20) Bestimme in den folgenden Fällen den Tangentialraum $T_p M$ der Mannigfaltigkeit M im Punkt $p \in M$.
(a) $M = \{(x, y) \in \mathbb{R}^2 \mid x^3 + y^3 = 1\}$, $p = (\sqrt[3]{2}, -1)$
(b) $M = \{(x, y) \in \mathbb{R}^2 \mid x^4 + y^4 = 1\}$, $p = (\sqrt{3/5}, \sqrt{4/5})$
(c) $M = \{(t^3, t^4, t^5) \mid t \in \mathbb{R}\}$, $p = (-1, 1, -1)$
(d) $M = \{(t^3, t^4, t^5) \mid t \in \mathbb{R}\}$, $p = (0, 0, 0)$
(e) $M = \{\varphi(u, v) \mid 0 \leq u, v < 2\pi\}$, $p = \varphi(\pi/4, \pi/3)$ mit

$$\varphi(u, v) = \begin{bmatrix} (R + r\cos v)\cos u \\ (R + r\cos v)\sin u \\ r\sin v \end{bmatrix} \quad (0 < r < R)$$

(f) $M = \{(x, y, z) \in \mathbb{R}^3 \mid x^2 - 2xz + yz^2 + z^2 + 2y + z = 4\}$, $p = (1, 1, 1)$
(g) $M = \left\{ \begin{bmatrix} a & b \\ c & d \end{bmatrix} \in \mathbb{R}^{2 \times 2} \mid ad - bc = 1 \right\}$, $p = \begin{bmatrix} 2 & 3 \\ 3 & 5 \end{bmatrix}$

Lösungen zu »Mannigfaltigkeiten« siehe Seite 161

Aufgabe (97.21) Bestätige unter Benutzung der stereographischen Projektion, daß für alle $p \in \mathbb{S}^{n-1}$ die Gleichung $T_p\mathbb{S}^{n-1} = \{v \in \mathbb{R}^n \mid \langle p, v \rangle = 0\} = p^\perp$ gilt.

Aufgabe (97.22) Gib explizit das Tangentialbündel TM von $M := \mathbb{S}^{n-1} = \{x \in \mathbb{R}^n \mid \|x\| = 1\}$ als Untermannigfaltigkeit von $\mathbb{R}^{2n}$ an!

Aufgabe (97.23) Der **Horntorus** vom Radius R ist gegeben durch die Parametrisierung
$$\varphi(u,v) = \begin{bmatrix} R(1+\cos v)\cos u \\ R(1+\cos v)\sin u \\ R\sin v \end{bmatrix}.$$
(Dies ist genau die Parametrisierung aus Aufgabe (97.10) mit $r = R$.) Es sei $M := \{\varphi(u,v) \mid u, v \in \mathbb{R}\}$.
(a) Bestimme das Bild von $\varphi'(u,\pi)$ für eine beliebige Zahl $u \in \mathbb{R}$.
(b) Stelle M als Nullstellenmenge einer Funktion $g : \mathbb{R}^3 \to \mathbb{R}$ dar und bestimme den Kern von $g'(0,0,0)$.

Aufgabe (97.24) Es sei $G := \mathrm{SO}(3) \subseteq \mathbb{R}^{3\times 3}$ die Rotationsgruppe im $\mathbb{R}^3$, und es sei $e := \mathbf{1}$ das Neutralelement in G. Beweise die folgenden Aussagen!
(a) Es ist G eine 3-dimensionale Untermannigfaltigkeit des 9-dimensionalen Raums $\mathbb{R}^{3\times 3}$ aller reellen (3×3)-Matrizen.
(b) Ist $X \in \mathbb{R}^{3\times 3}$ ein Element des Tangentialraums T_eG, so ist X eine schiefsymmetrische Matrix; d.h., es gilt $X^T = -X$.
(c) Umgekehrt liegt jede schiefsymmetrische Matrix X in T_eG; es gilt also
$$T_eG = \{X \in \mathbb{R}^{3\times 3} \mid X^T = -X\}.$$
Hinweis: $\alpha(t) := \exp(tX)$ ist eine in G verlaufende Kurve mit $\alpha(0) = e$.
(d) Mit X und Y liegt auch $[X,Y] := XY - YX$ in T_eG. (Man bezeichnet $[X,Y]$ als die **Lie-Klammer** von X und Y.)
(e) Ist $g \in G$ beliebig, so gilt
$$T_gG = g(T_eG) = \{gX \mid X^T = -X\}.$$

Aufgabe (97.25) Es sei $G := \{A \in \mathbb{R}^{n\times n} \mid \det(A) = 1\}$, und es sei $e := \mathbf{1}$ das Neutralelement in G. Beweise die folgenden Aussagen!
(a) Es ist G eine (n^2-1)-dimensionale Untermannigfaltigkeit des n^2-dimensionalen Raums $\mathbb{R}^{n\times n}$ aller reellen $(n \times n)$-Matrizen.
(b) Ist $X \in \mathbb{R}^{n\times n}$ ein Element des Tangentialraums T_eG, so hat X die Spur Null.
(c) Umgekehrt liegt jede Matrix $X \in \mathbb{R}^{3\times 3}$ mit der Spur 0 in T_eG; es gilt also
$$T_eG = \{X \in \mathbb{R}^{n\times n} \mid \mathrm{tr}(X) = 0\}.$$
Hinweis: $\alpha(t) := \exp(tX)$ ist eine in G verlaufende Kurve mit $\alpha(0) = e$.
(d) Mit X und Y liegt auch $[X,Y] := XY - YX$ in T_eG. (Man bezeichnet $[X,Y]$ als die **Lie-Klammer** von X und Y.)
(e) Ist $g \in G$ beliebig, so gilt
$$T_gG = g(T_eG) = \{gX \mid \mathrm{tr}(X) = 0\}.$$

Aufgabe (97.26) (a) Bestimme in den folgenden Fällen für die angegebene Mannigfaltigkeit G (die jeweils eine Matrix-Liegruppe ist) den Tangentialraum $L(G) := T_\mathbf{1}G$.
(1) $G = \mathrm{GL}(n, \mathbb{R}) = \{A \in \mathbb{R}^{n\times n} \mid \det(A) \neq 0\}$
(2) $G = \mathrm{GL}_+(n, \mathbb{R}) = \{A \in \mathbb{R}^{n\times n} \mid \det(A) > 0\}$
(3) $G = \mathrm{SL}(n, \mathbb{R}) = \{A \in \mathbb{R}^{n\times n} \mid \det(A) = 1\}$
(4) $G = \mathrm{O}(n, \mathbb{R}) = \{A \in \mathbb{R}^{n\times n} \mid A^T A = \mathbf{1}\}$
(5) $G = \mathrm{SO}(n, \mathbb{R}) = \mathrm{O}(n, \mathbb{R}) \cap \mathrm{GL}_+(n, \mathbb{R})$
(6) $G = \mathrm{Aff}(\mathbb{R}^n) = \left\{ \begin{bmatrix} A & v \\ 0 & 1 \end{bmatrix} \mid A \in \mathrm{GL}(n, \mathbb{R}), v \in \mathbb{R}^n \right\}$

(b) Verifiziere in allen Fällen die Gleichung
$$(\star) \qquad L(G) = \{X \in \mathbb{R}^{n\times n} \mid \exp(\mathbb{R}X) \subseteq G\}.$$

Bemerkung: Nach Definition ist $T_\mathbf{1}G$ die Menge aller Geschwindigkeitsvektoren $\alpha'(0)$ in G verlaufender Kurven α mit $\alpha(0) = \mathbf{1}$. Bedingung $(\star)$ zeigt, daß es genügt, Kurven der Form $\alpha(t) = \exp(tX)$ zu betrachten – ein Hinweis auf die überragende Bedeutung der Exponentialfunktion.

(c) Verifiziere in allen Fällen, daß mit X und Y auch
$$[X,Y] := XY - YX$$
in $L(G)$ liegt. – **Bemerkung:** Da G nicht nur eine Mannigfaltigkeit, sondern auch eine Gruppe im algebraischen Sinn ist und die beiden Strukturen miteinander gekoppelt sind, dürfen wir erwarten, daß auch $L(G)$ (als "infinitesimale" Version von G in der Nähe von $\mathbf{1}$) eine Zusatzstruktur trägt, die über die eines bloßen Vektorraums hinausgeht. Diese Zusatzstruktur ist gerade gegeben durch die **Lie-Klammer** $(X,Y) \mapsto [X,Y]$.

Aufgabe (97.27) Es sei M die Stiefelmannigfaltigkeit $S_{n,k}$, also
$$M = \{A \in \mathbb{R}^{n\times k} \mid A^T A = \mathbf{1}\}.$$
(a) Bestimme für eine beliebige Matrix $A \in M$ den Tangentialraum T_AM.
(b) Bestimme den Tangentialraum T_AM explizit im Fall $n = 4$, $k = 2$ und
$$A = \begin{bmatrix} 1/2 & 1/\sqrt{6} \\ 1/2 & 1/\sqrt{6} \\ 1/2 & 0 \\ 1/2 & -2/\sqrt{6} \end{bmatrix}.$$

97. Mannigfaltigkeiten

Aufgabe (97.28) Eine Mannigfaltigkeit M heißt **Einhüllende** oder **Enveloppe** einer Familie $(M_c)_{c\in C}$ von Mannigfaltigkeiten, wenn M mit jeder der Mengen M_c genau einen Punkt x_c gemeinsam hat und an diesem Punkt den gleichen Tangentialraum besitzt wie M_c (was gerade $T_{x_c}M = T_{x_c}M_c$ bedeutet). Zeige: Ist $M_c = \{x \in \mathbb{R}^n \mid f(x,c) = 0\}$ und hängen $x_c = x(c)$ und $f(x,c)$ glatt von dem Parameter c ab, so gilt die **Enveloppenbedingung**

$$0 = \frac{\partial f}{\partial c}(x(c), c).$$

(b) Zeige, daß die x-Achse die Enveloppe der Parabeln $y = (x-c)^2$ mit $c \in \mathbb{R}$ ist.

(c) Es sei C_α die parabelförmige Flugkurve eines Massenpunktes, der vom Punkt $(0,0)$ aus mit der fest vorgegebenen Geschwindigkeit v unter dem Winkel α gegenüber der Horizontalen abgeschossen wird. Bestimme die Einhüllende aller dieser Kurven C_α. (Diese Einhüllende sieht man sehr schön am Beispiel der Sonnenfontäne in Schloß Peterhof, der zwischen 1714 und 1723 erbauten Sommerresidenz der russischen Zaren.)

Aufgabe (97.29) In einen Halbkreis mögen wie abgebildet parallele Lichtstrahlen einfallen, die an dem Halbkreis gespiegelt werden. Bestimme die Enveloppe der reflektierten Strahlen! (Diese Enveloppe kann man als **Kaustik** etwa in Kaffeetassen beobachten.)

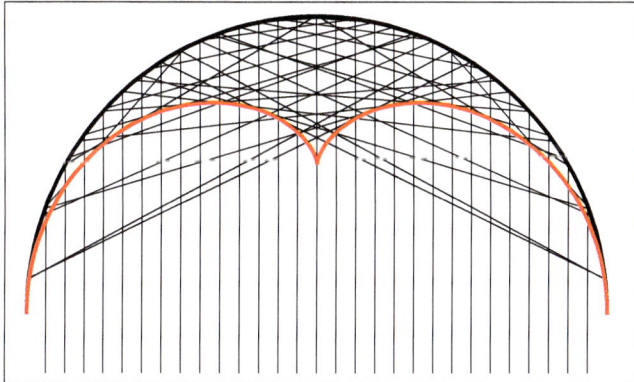

Aufgabe (97.30) Auf einem fest vorgegebenen Kreis K werde ein Punkt P markiert. Für jeden anderen Punkt Q des Kreises K sei K_Q der Kreis mit Mittelpunkt Q, der durch P geht. Bestimme die Enveloppe der Familie $\{K_Q \mid Q \in K \setminus \{P\}\}$!

Aufgabe (97.31) Wir betrachten die beiden folgenden Familien ebener Kurven, die jeweils durch einen Parameter $c \in \mathbb{R}$ parametrisiert werden.
(a) $K_c = \{(x,y) \in \mathbb{R}^2 \mid (x-2c)^2 + y^2 - c^2 = 0\}$
(b) $K_c = \{(x,y) \in \mathbb{R}^2 \mid (x-\cos c)^2 + (y-\sin c)^2 = 1\}$
Finde jeweils die Enveloppe der Kurvenschar $(K_c)_{c\in\mathbb{R}}$ und fertige eine Skizze an, die sowohl die Kurvenschar als auch deren Enveloppe zeigt.

Aufgabe (97.32) Eine schwere Truhe der Länge $a = 2.1$ m und der Breite $b = 1.1$ m soll (wie im Diagramm zu sehen) von einem Gang der Breite $u = 1.4$ m in einen rechtwinklig zu diesem verlaufenden Gang der Breite $v = 1.3$ m geschoben werden. Ist dies möglich?

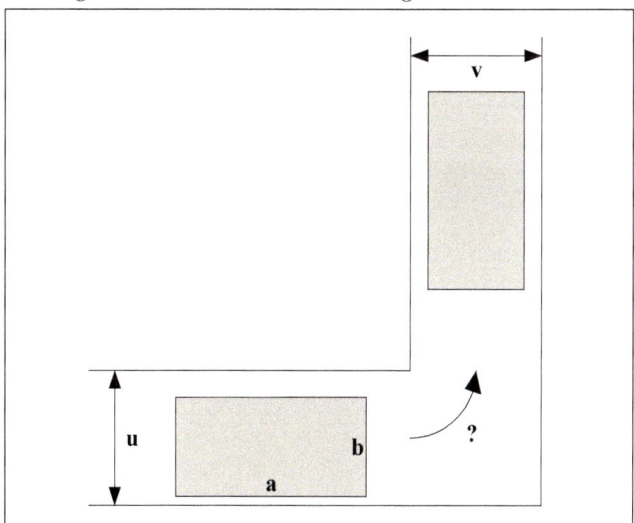

Hinweis: Das Verschieben ist genau dann möglich, wenn der Eckpunkt E oberhalb der Hüllkurve aller Geraden $\overline{R_\varphi S_\varphi}$ mit $0 < \varphi < \pi/2$ liegt. Ermittle diese Hüllkurve!

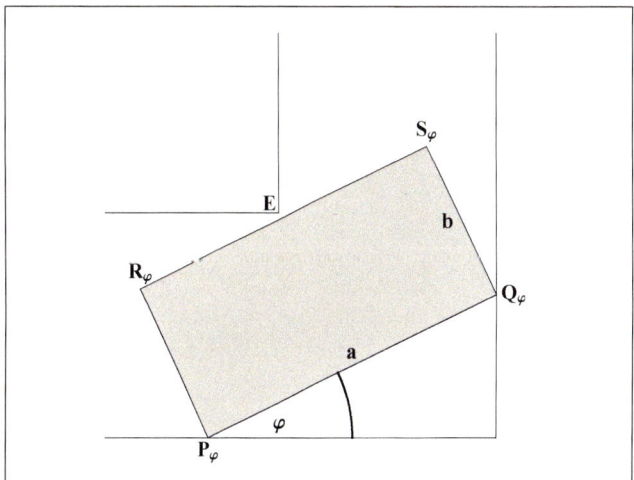

Aufgabe (97.33) Es sei
$$M := \{(x,y) \in \mathbb{R}^2 \mid (x^2+y^2)^3 = 4x^3y^2\}.$$

(a) Zeige, daß $M \setminus \{(0,0)\}$ eine Mannigfaltigkeit ist.
(b) Finde eine Parametrisierung von M!
(c) Bestimme für $p = (1/2, 1/2)$ den Tangentialraum $T_p M$!

Aufgabe (97.34) Es sei M die Menge aller Punkte $(a,b,c,d) \in \mathbb{R}^4$ mit $a \neq 0$, die die folgenden Bedingungen erfüllen:
$$bc = 9ad \quad \text{und} \quad b^2 = 3ac.$$

(a) Zeige, daß M eine zweidimensionale Untermannigfaltigkeit von $\mathbb{R}^4$ ist.
(b) Zeige, daß (a,b,c,d) genau dann in M liegt, wenn das kubische Polynom $p(x) = ax^3 + bx^2 + cx + d$ die dritte Potenz eines linearen Polynoms ist.
(c) Benutze (b), um eine Parametrisierung von M zu finden.
(d) Bestimme den Tangentialraum $T_p M$ im Punkt $p = (8, -12, 6, -1)$.

Lösungen zu »Mannigfaltigkeiten« siehe Seite 161

A98: Optimierung auf Mannigfaltigkeiten

Aufgabe (98.1) Bestimme
(a) mit Hilfe der Methode von Lagrange,
(b) durch Zurückführung auf ein Optimierungsproblem ohne Nebenbedingungen,

an welcher Stelle (x, y) des Kreises $x^2 + y^2 = 1$ der Ausdruck xy minimal bzw. maximal wird.

Aufgabe (98.2) Bestimme
(a) mit Hilfe der Methode von Lagrange,
(b) durch Zurückführung auf ein Optimierungsproblem ohne Nebenbedingungen,

an welcher Stelle (x, y) der Ellipse $4x^2 + 9y^2 = 36$ der Ausdruck xy^2 minimal bzw. maximal wird.

Aufgabe (98.3) Bestimme
(a) mit der Methode von Lagrange,
(b) durch Zurückführung auf ein Optimierungsproblem ohne Nebenbedingungen,

welcher Punkt (x, y) der Kurve $3x^2 + 2xy + 3y^2 = 1$ und welcher Punkt (ξ, η) der Kurve $\xi^2 + 4\eta^2 = 4$ am dichtesten beisammen liegen. **Hinweis** zu (b): es gilt $3x^2 + 2xy + 3y^2 = (x-y)^2 + 2(x+y)^2$.

Aufgabe (98.4) Bestimme
(a) mit der Methode von Lagrange,
(b) durch Zurückführung auf ein Optimierungsproblem ohne Nebenbedingungen,

an welcher Stelle (x, y, ξ, η) die Funktion

$$f(x, y, \xi, \eta) := \frac{1}{2}\big((x-\xi)^2 + (y-\eta)^2\big)$$

unter den Nebenbedingungen $x + y^2 = 0$ und $\xi\eta = 1$ minimal wird. (Wie kann man diese Aufgabe geometrisch deuten?)

Aufgabe (98.5) Bestimme
(a) mit der Methode von Lagrange,
(b) durch Zurückführung auf ein Optimierungsproblem ohne Nebenbedingungen,

welcher Punkt des Rotationsparaboloids $z = x^2 + y^2$ den kleinsten Abstand vom Punkt $(1, 3, 2)$ hat. (Vgl. Aufgabe (95.15).)

Aufgabe (98.6) Ermittle mit der Methode von Lagrange, welcher Punkt auf der Parabel $y = x^2 + 1$ und welcher Punkt auf der Geraden $y = x/2$ am dichtesten beisammen liegen. (Diese Aufgabe wurde in (95.12) bereits auf anderem Wege gelöst.)

Aufgabe (98.7) Finde alle Extrema der Funktion $f(x, y, z) := xyz^2$ unter der Nebenbedingung $g(x, y, z) := x^2 + y^2 + z^2 - 4 = 0$.

Aufgabe (98.8) Bestimme das Minimum und das Maximum der Funktion $f(x, y) := x^2 + 2y^2$ unter der Nebenbedingung $x^4 + y^4 = 1$.

Aufgabe (98.9) Finde alle Minima und Maxima der Funktion $f(x, y) := x^2 + y^2$ unter der Nebenbedingung $x^4 + 14x^2y^2 + y^4 = 1$.

Aufgabe (98.10) Welcher Punkt auf der Kurve $x^3 + y^3 = 1$ liegt am dichtesten am Nullpunkt?

Aufgabe (98.11) Die Ellipse E sei definiert als der Schnittpunkt des Ellipsoids $(x/2)^2 + (y/\sqrt{5})^2 + (z/5)^2 = 1$ mit der Ebene $z = x+y$. Bestimme die kleine und die große Halbachse von E!

Aufgabe (98.12) Finde die Minima und Maxima der Funktion $f(a, b, c, d, e) := a^4 + b^4 + c^4 + d^4 + e^4$ unter den folgenden Nebenbedingungen:

$$\begin{aligned} 0 &= a + b + c + d + e, \\ 4 &= a^2 + b^2 + c^2 + d^2 + e^2, \\ 0 &= a^3 + b^3 + c^3 + d^3 + e^3. \end{aligned}$$

Hinweis: Es sei $(a, b, c, d, e) \in \mathbb{R}^5$ ein Punkt, an dem f unter den angegebenen Nebenbedingungen ein lokales Minimum oder Maximum annimmt. Benutze die Methode von Lagrange, um zu zeigen, daß die fünf Zahlen a, b, c, d, e eine gemeinsame Polynomgleichung dritten Grades erfüllen.

Aufgabe (98.13) Eine 2×2-Matrix soll so gebildet werden, daß die erste Spalte von A die Länge 1 und die zweite Spalte von A die Länge 2 hat. Welchen maximalen bzw. minimalen Wert kann die Determinante einer solchen Matrix annehmen?

Aufgabe (98.14) Es seien M und N Untermannigfaltigkeiten von $\mathbb{R}^n$. (Man denke etwa an zwei Kurven, eine Kurve und eine Fläche oder zwei Flächen im Raum.) Zeige: Wird der minimale Abstand eines Punktes $x \in M$ und eines Punktes $y \in N$ in den Punkten x_0 und y_0 angenommen, so schneidet die Verbindungsgerade $\overline{x_0 y_0}$ sowohl M als auch N unter einem rechten Winkel.

Aufgabe (98.15) Es seien $c_1, \ldots, c_n > 0$ positive Zahlen. Bestimme den maximalen Abstand, den zwei Punkte in der Menge

$$\{x \in \mathbb{R}^n \mid c_1 x_1^4 + c_2 x_2^4 + \cdots + c_n x_n^4 = 1\}$$

voneinander haben können.

Lösungen zu »Optimierung auf Mannigfaltigkeiten« siehe Seite 188

Aufgabe (98.16) Eine reelle Zahl $a > 0$ soll so als Summe $a = a_1 + \cdots + a_n$ positiver reeller Zahlen $a_i > 0$ dargestellt werden, daß das Produkt $a_1 a_2 \cdots a_n$ möglichst groß wird. Wie ist die Zerlegung zu wählen? (Die Anzahl n der Summanden ist dabei beliebig.)

Aufgabe (98.17) Ein Punkt (x_0, y_0) im ersten Quadranten eines rechtwinkligen Koordinatensystems sei gegeben. Wir betrachten alle rechtwinkligen Dreiecke, deren Katheten von $(0,0)$ aus in Richtung der Koordinatenachsen verlaufen und deren Hypotenuse durch (x_0, y_0) geht. Welches unter diesen Dreiecken hat minimalen Umfang?

Aufgabe (98.18) (a) Welcher Quader mit vorgegebenem Volumen V_0 hat minimale Oberfläche?
(b) Welcher Quader mit vorgegebener Oberfläche F_0 hat maximales Volumen?

Aufgabe (98.19) Eine quaderförmige Kiste ohne Deckel soll gefertigt werden.
(a) Wie sind die Abmessungen zu wählen, wenn das Volumen V_0 vorgegeben ist und der Materialverbrauch minimiert werden soll?
(b) Wie sind die Abmessungen zu wählen, wenn der Materialaufwand vorgegeben ist und das Volumen maximiert werden soll?

Aufgabe (98.20) Aus Aluminium soll eine zylinderförmige Getränkedose mit vorgegebenem Volumen V hergestellt werden. Wie sind die Abmessungen (Grundkreisradius r und Höhe h) zu wählen, damit möglichst wenig Material verbraucht wird? Wie ist bei der optimalen Wahl der Abmessungen das Verhältnis $h : r$? Diese Aufgabe soll auf zwei Arten gelöst werden:
(a) mit der Methode von Lagrange,
(b) durch Elimination einer Variablen und Rückführung auf ein eindimensionales Optimierungsproblem.

Aufgabe (98.21) Bestimme die kleinste Zahl F mit der folgenden Eigenschaft: Sind Q_1 und Q_2 beliebige Quadrate mit der Gesamtfläche 1, so gibt es ein Rechteck mit der Fläche F derart, daß Kopien von Q_1 und Q_2 überlappungsfrei in dieses Rechteck eingepaßt werden können.

Aufgabe (98.22) Ein Vollkreis werde in zwei Sektoren mit den Zentriwinkeln α und $\beta = 2\pi - \alpha$ zerlegt, und jeder der beiden Sektoren wird zu einem Kreiskegel geformt. Wie ist α zu wählen, damit die Summe der beiden Kegelvolumina maximal wird?

Aufgabe (98.23) Wir betrachten auf $\mathbb{K}^n$ die Normen
$$\|v\|_p = \sqrt[p]{|v_1|^p + \cdots + |v_n|^p}$$
für $1 \leq p < \infty$ sowie $\|v\|_\infty = \max_{1 \leq i \leq n} |v_i|$. Wir wissen schon, daß je zwei solcher Normen $\|\cdot\|_p$ und $\|\cdot\|_q$ äquivalent sind; es gibt also jeweils positive Konstanten $a = a_{p,q}$ und $b = b_{p,q}$ mit $a\|v\|_q \leq \|v\|_p \leq b\|v\|_q$ für alle $v \in \mathbb{K}^n$. Finde jeweils die *bestmöglichen* solchen Konstanten!

Aufgabe (98.24) Wir betrachten die Funktionen $f, g : [0, \infty)^2 \to \mathbb{R}$ mit $f(x,y) := 2x + 3y$ und $g(x,y) := \sqrt{x} + \sqrt{y} - 5$. Zeige, daß es einen eindeutig bestimmten Punkt (x_0, y_0) gibt, an dem die Funktion f unter der Nebenbedingung $g = 0$ ihr Maximum annimmt, daß es aber keinen Lagrange-Multiplikator $\lambda \in \mathbb{R}$ gibt mit $(\nabla f)(x_0, y_0) = \lambda \cdot (\nabla g)(x_0, y_0)$. Warum ist dies kein Widerspruch zum Satz von Lagrange?

Aufgabe (98.25) Wir betrachten die Funktionen $f, g : \mathbb{R}^2 \to \mathbb{R}$ mit $f(x,y) := x$ und $g(x,y) := x^3 - y^2$. Zeige, daß es einen eindeutig bestimmten Punkt (x_0, y_0) gibt, an dem die Funktion f unter der Nebenbedingung $g = 0$ ihr Minimum annimmt, daß es aber keinen Lagrange-Multiplikator $\lambda \in \mathbb{R}$ gibt mit $(\nabla f)(x_0, y_0) = \lambda \cdot (\nabla g)(x_0, y_0)$. Warum widerspricht dies nicht dem Satz von Lagrange?

Aufgabe (98.26) Es seien $U \subseteq \mathbb{R}^n$ eine offene Menge und $f, g_1, \ldots, g_m : U \to \mathbb{R}$ Funktionen der Klasse C^1. Die Funktion f nehme im Punkt $p \in U$ ein lokales Minimum oder Maximum unter den Nebenbedingungen $g_i(x) = 0$ für $1 \leq i \leq m$ an. Zeige, daß es einen Vektor $(\lambda_0, \lambda_1, \ldots, \lambda_m) \neq (0, 0, \ldots, 0)$ gibt mit
$$\lambda_0 (\nabla f)(p) = \lambda_1 (\nabla g_1)(p) + \cdots + \lambda_m (\nabla g_m)(p).$$

Aufgabe (98.27) Gegeben seien eine Funktion $f : \mathbb{R}^n \to \mathbb{R}$ sowie Funktionen $g_i : \mathbb{R}^n \to \mathbb{R}$ mit $1 \leq i \leq m$. An der Stelle p nehme f unter den Nebenbedingungen $g_i = 0$ ein lokales Extremum an, und die Vektoren $(\nabla g_i)(p)$ seien linear unabhängig. Dann existieren zugehörige Lagrange-Multiplikatoren $\lambda_1, \ldots, \lambda_m$. Zeige: Ist $g : \mathbb{R}^n \to \mathbb{R}^m$ die Funktion mit den Komponentenfunktionen g_i, so ist $\lambda := (\lambda_1, \ldots, \lambda_m)^T$ gegeben durch
$$\lambda = \left(g'(p)^T g'(p)\right)^{-1} g'(p)^T (\nabla f)(p).$$

Aufgabe (98.28) Wir betrachten die Funktionen $f(x,y) := xy$ und $g(x,y) := x + y - 2$ sowie $L(x, y, \lambda) := f(x,y) + \lambda g(x,y)$. Ferner sei $(x_0, y_0, \lambda_0) := (1, 1, -1)$.
(a) Zeige, daß im Punkt (x_0, y_0) die Funktion f ihr eindeutig bestimmtes Maximum unter der Nebenbedingung $g = 0$ annimmt.
(b) Zeige, daß weder (x_0, y_0, λ_0) eine Maximalstelle von L noch (x_0, y_0) eine Maximalstelle der Funktion $(x, y) \mapsto L(x, y, \lambda_0)$ ist.

98. Optimierung auf Mannigfaltigkeiten

Aufgabe (98.29) Es seien $M := \{(x,y) \in \mathbb{R}^2 \mid G(x,y) = 0\}$ mit $G(x,y) := y - x^3 - (28/27)$ und f die Einschränkung der Funktion $F(x,y) := x^2 + y^2$ auf M. Zeige, daß f im Punkt $p := (-1/3, 1)$ ein lokales Maximum annimmt, obwohl die Einschränkung von $F''(p)$ auf $T_pM \times T_pM$ indefinit ist.

Aufgabe (98.30) Wir betrachten eine d-dimensionale Untermannigfaltigkeit M von $\mathbb{R}^n$ und eine C^2-Funktion $F: \mathbb{R}^n \to \mathbb{R}$. Wir wollen sowohl notwendige als auch hinreichende Kriterien dafür herleiten, daß die Einschränkung $f = F|_M$ ein Maximum oder Minimum in einem Punkt $p \in M$ annimmt. (Gemeint sind immer lokale Maxima und Minima.) Wir nehmen an, M sei in einer Umgebung von p durch ein reguläres Gleichungssystem $G_1(x) = \cdots = G_m(x) = 0$ mit $m = n - d$ gegeben. Es seien Lagrange-Multiplikatoren $\lambda_1, \ldots, \lambda_m \in \mathbb{R}$ derart gegeben, daß für $L(x) := F(x) + \lambda_1 G_1(x) + \cdots + \lambda_m G_m(x)$ die Bedingung $L'(p) = 0$ gilt. Es sei $(v_1, \ldots, v_d)$ eine Basis von $T_pM = \bigl(\mathbb{R}(\nabla G_1)(p) + \cdots + \mathbb{R}(\nabla G_m)(p)\bigr)^\perp$, und es sei $A \in \mathbb{R}^{n \times d}$ die Matrix mit den Spalten $v_1, \ldots, v_d$. Mit der Hesse-Matrix $L''(p) \in \mathbb{R}^{n \times n}$ von L im Punkt p bilden wir die Matrix
$$B := A^T L''(p) A \in \mathbb{R}^{d \times d}.$$
Beweise die folgenden Aussagen!
(a) Hat f ein Minimum in p, so ist B positiv semidefinit.
(b) Ist B positiv definit, so hat f ein Minimum in p.
(c) Hat f ein Maximum in p, so ist B negativ semidefinit.
(d) Ist B negativ definit, so hat f ein Maximum in p.
(e) Ist B indefinit, so hat f kein Extremum in p.

Bemerkung: In den folgenden Aufgaben wird dieses allgemeine Ergebnis für kleine Werte von n und m konkretisiert.

Aufgabe (98.31) Funktion in zwei Variablen mit einer Nebenbedingung. Es seien $\Omega \subseteq \mathbb{R}^2$ eine offene Menge und $f \in C^2(\Omega)$ und $g \in C^1(\Omega)$ reellwertige Funktionen. An der Stelle $p \in \Omega$ gebe es eine Zahl $\lambda \in \mathbb{R}$ mit $(\nabla f)(p) = \lambda (\nabla g)(p)$ (d.h., die notwendige Bedingung dafür, daß f ein Extremum unter der Nebenbedingung $g = 0$ annimmt, sei erfüllt). Mit $L := f + \lambda g$ definieren wir $D: \Omega \to \mathbb{R}$ durch
$$D := \begin{bmatrix} -g_y & g_x \end{bmatrix} \begin{bmatrix} L_{xx} & L_{xy} \\ L_{yx} & L_{yy} \end{bmatrix} \begin{bmatrix} -g_y \\ g_x \end{bmatrix}.$$
Beweise die beiden folgenden Aussagen!
(a) Gilt $D(p) > 0$, so nimmt f ein lokales Minimum unter der Nebenbedingung $g = 0$ an.
(b) Gilt $D(p) < 0$, so nimmt f ein lokales Maximum unter der Nebenbedingung $g = 0$ an.

Aufgabe (98.32) Funktion in drei Variablen mit einer Nebenbedingung. Es seien $\Omega \subseteq \mathbb{R}^3$ eine offene Menge und $f \in C^2(\Omega)$ und $g \in C^1(\Omega)$ reellwertige Funktionen. An der Stelle $p \in \Omega$ gebe es eine Zahl $\lambda \in \mathbb{R}$ mit $(\nabla f)(p) = \lambda (\nabla g)(p)$ (d.h., die notwendige Bedingung dafür, daß f ein Extremum unter der Nebenbedingung $g = 0$ annimmt, sei erfüllt). Mit $L := f + \lambda g$ definieren wir $A: \Omega \to \mathbb{R}^{3 \times 2}$ durch
$$A := \begin{bmatrix} -g_y & -g_x g_z \\ g_x & -g_y g_z \\ 0 & g_x^2 + g_y^2 \end{bmatrix}, \text{ falls } (g_x, g_y) \neq (0,0),$$
$$A := \begin{bmatrix} 1 & 0 \\ 0 & g_z \\ 0 & 0 \end{bmatrix}, \text{ falls } (g_x, g_y) = (0,0)$$
und dann $M: \Omega \to \mathbb{R}^{2 \times 2}$ durch
$$M := A^T \begin{bmatrix} L_{xx} & L_{xy} & L_{xz} \\ L_{yx} & L_{yy} & L_{yz} \\ L_{zx} & L_{zy} & L_{zz} \end{bmatrix} A.$$
Beweise die beiden folgenden Aussagen!
(a) Ist $M(p)$ positiv definit, so nimmt f ein lokales Minimum unter der Nebenbedingung $g = 0$ an.
(b) Ist $M(p)$ negativ definit, so nimmt f ein lokales Maximum unter der Nebenbedingung $g = 0$ an.

Aufgabe (98.33) Funktion in drei Variablen mit zwei Nebenbedingungen. Es seien $\Omega \subseteq \mathbb{R}^3$ eine offene Menge und $f \in C^2(\Omega)$ und $g_1, g_2 \in C^1(\Omega)$ reellwertige Funktionen. An der Stelle $p \in \Omega$ gebe es Zahlen $\lambda_{1,2} \in \mathbb{R}$ mit $(\nabla f)(p) = \lambda_1 (\nabla g_1)(p) + \lambda_2 (\nabla g_2)(p)$ (d.h., die notwendige Bedingung dafür, daß f ein Extremum unter den Nebenbedingungen $g_1 = 0$ und $g_2 = 0$ annimmt, sei erfüllt). Mit $L := f + \lambda_1 g_1 + \lambda_2 g_2$ definieren wir $D: \Omega \to \mathbb{R}$ durch
$$D := \bigl((\nabla g_1) \times (\nabla g_2)\bigr)^T \begin{bmatrix} L_{xx} & L_{xy} & L_{xz} \\ L_{yx} & L_{yy} & L_{yz} \\ L_{zx} & L_{zy} & L_{zz} \end{bmatrix} \bigl((\nabla g_1) \times (\nabla g_2)\bigr).$$
Beweise die beiden folgenden Aussagen!
(a) Gilt $D(p) > 0$, so nimmt f ein lokales Minimum unter den Nebenbedingungen $g_1 = 0$ und $g_2 = 0$ an.
(b) Gilt $D(p) < 0$, so nimmt f ein lokales Maximum unter den Nebenbedingungen $g_1 = 0$ und $g_2 = 0$ an.

Aufgabe (98.34) Bestimme alle Extrema der Funktion $f(x,y,z) := x(y+z)$ unter der Nebenbedingung $x^2 + y^2 + z^2 = 1$ und gib jeweils an, ob ein Minimum oder ein Maximum vorliegt.

Aufgabe (98.35) Wir betrachten C^1-Funktionen $f, g_1, \ldots, g_m$ und fassen die Funktionen g_i zu einer vektorwertigen Funktion $g: \mathbb{R}^n \to \mathbb{R}^m$ zusammen. Wir nehmen an, auf einer offenen Menge $U \subseteq \mathbb{R}^n$ habe $g'(x)$ den Rang $n - m$, und für jeden Wert $c \in \mathbb{R}^m$ eines gewissen Parameterbereichs nehme f in U ein eindeutiges Minimum bzw. Maximum unter der Nebenbedingung $g(x) = c$ an. Dieses Optimum werde an der Stelle $x_\star(c)$ angenommen, und die Abbildung $c \mapsto x_\star(c)$ sei von der Klasse C^1. Ferner sei $\lambda(c) \in \mathbb{R}^m$ ein Vektor von Lagrange-Multiplikatoren. Zeige, daß dann

$$\frac{\mathrm{d}}{\mathrm{d}c} f\bigl(x_\star(c)\bigr) \;=\; \lambda(c)^T$$

gilt, und interpretiere diese Gleichung.

Aufgabe (98.36) Es sei

$$M \;=\; \{(x,y) \in \mathbb{R}^2 \mid x^2 + y^2 = 1\}.$$

Bestimme die Minima und Maxima der Funktion $f : M \to \mathbb{R}$, die gegeben ist durch

$$f(x,y) \;:=\; x^2 y,$$

und zwar sowohl durch Benutzung der Methode der Lagrange-Multiplikatoren als auch mit Hilfe einer Parametrisierung von M. (Der Nachweis, daß tatsächlich ein Minimum bzw. Maximum vorliegt, gehört mit zur Aufgabe!)

Aufgabe (98.37) (a) Gesucht ist eine Ellipse, die sich "möglichst gut" an $n \geq 6$ vorgegebene Datenpunkte (x_i, y_i) mit $1 \leq i \leq n$ anpaßt. Jede Ellipse läßt sich in eindeutiger Weise durch eine Gleichung der Form

$$ax^2 + bxy + cy^2 + dx + ey + f = 0 \quad \text{mit} \quad 4ac - b^2 = 1$$

beschreiben. Als Optimierungskriterium für eine "möglichst gute" Anpassung legen wir fest, daß der Ausdruck

$$(\star) \qquad \sum_{i=1}^{n} (ax_i^2 + bx_i y_i + cy_i^2 + dx_i + ey_i + f)^2$$

möglichst klein werden soll. Minimiere also den Ausdruck $(\star)$ unter allen Argumenten $(a, b, c, d, e, f) \in \mathbb{R}^6$, die die Nebenbedingung $4ac - b^2 = 1$ erfüllen.

(b) Werte die in Teil (a) erhaltene Lösung für die folgenden Datenpunkte aus. (Die Lage dieser Punkte ist der nachfolgenden Abbildung zu entnehmen.)

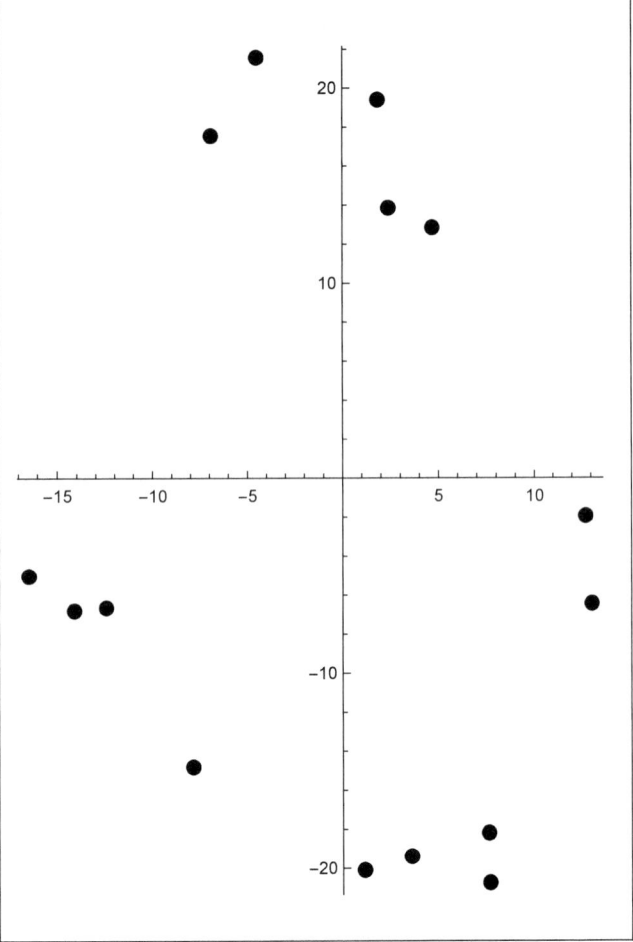

Datenpunkte, durch die eine Ausgleichsellipse gelegt werden soll.

i	1	2	3	4	5
x_i	4.69278	7.67424	12.729	7.6151	−4.51569
y_i	12.8547	−20.7459	−1.93386	−18.1878	21.5788
i	6	7	8	9	10
x_i	13.054	−14.1237	−16.4503	2.39571	3.58829
y_i	−6.43454	−6.79344	−5.01942	13.8649	−19.3885
i	11	12	13	14	15
x_i	−7.86512	−6.91311	1.13604	1.83971	−12.446
y_i	−14.8005	17.5762	−20.0898	19.4133	−6.63988

Lösungen zu »Optimierung auf Mannigfaltigkeiten« siehe Seite 188

A99: Kurven

Aufgabe (99.1) (a) Ein Kreis vom Radius r rolle entlang einer Geraden g ab. Es sei P ein fest am Kreisrand markierter Punkt. Gib eine Parameterdarstellung der von P durchlaufenen Kurve an. (Eine solche Kurve heißt eine **Zykloide**.)

(b) Es sei B der Teil der Kurve zwischen zwei aufeinanderfolgenden Punkten, an denen P die Gerade g berührt. Berechne die Länge des Bogens B und die Fläche zwischen B und g.

Aufgabe (99.2) Die **Kissoide** des Diocles (etwa 240-180 v. Chr.) ist eine Kurve, die auf folgende Art entsteht. Wir betrachten einen Kreis, einen Punkt O auf dem Kreisrand und eine Gerade g durch den Kreismittelpunkt, die parallel zu der Kreistangente durch O verläuft. Für je zwei Geraden g_1 und g_2, die in gleichem Abstand parallel zu g verlaufen und den Kreis in vier Punkten $A_1, B_1 \in g_1$ und $A_2, B_2 \in g_2$ schneiden, gehören die Schnittpunkte der Geraden $\overline{OA_2}$ und $\overline{OB_2}$ mit g_1 sowie die Schnittpunkte der Geraden $\overline{OA_1}$ und $\overline{OB_1}$ mit g_2 zur Kissoide. Führen wir diese Konstruktion für alle Geradenpaare (g_1, g_2) durch, so ergibt sich die punktweise Konstruktion der Kissoide.

Wähle ein Koordinatensystem so, daß O der Punkt $(0,0)$ und g die Gerade $x = r$ ist, wobei r den Kreisradius bezeichnet. Bestimme die Gleichung der Kissoide in diesem Koordinatensystem sowie eine Parameterdarstellung dieser Kurve!

Aufgabe (99.3) Die **Konchoide** des Nicomedes (etwa 280-210 v. Chr.) ist eine Kurve, die auf folgende Art entsteht. Wir geben uns eine Gerade g, einen Punkt $O \notin g$ sowie einen Abstand a vor. Jede Gerade durch O, die nicht parallel zu g verläuft, schneidet g in einem Punkt S, und es seien P, Q diejenigen Punkte auf der Geraden $\overline{OS}$, die von S den Abstand a haben. Die Menge aller so konstruierten Punkte P und Q ist dann die gesuchte Konchoide.

Wähle ein Koordinatensystem so, daß O der Punkt $(0,0)$ und g die Gerade $x = d$ ist, wobei d den Abstand des Punktes O von der Geraden g bezeichnet. Bestimme die Gleichung der Konchoide in diesem Koordinatensystem sowie je eine Parameterdarstellung für die beiden Zweige der Kurve! (Deren Aussehen hängt davon ab, ob $a < d$, $a = d$ oder $a > d$ gilt.)

Aufgabe (99.4) (a) Es sei $t \mapsto P(t) = (x(t), y(t))$ eine parametrisierte ebene Kurve C, deren Krümmung nirgends Null ist, und es sei $Q(t) = (X(t), Y(t))$ der Krümmungsmittelpunkt von C bezüglich des Punktes $P(t)$. Finde eine Parameterdarstellung der Kurve $t \mapsto Q(t)$. (Man nennt diese die **Evolute** von C.)

(b) Bestimme die Evolute der Normalparabel $y = x^2$.

(c) Bestimme die Evolute einer Zykloide.

Aufgabe (99.5) Es sei E die Evolute einer ebenen Kurve C. (Es gilt also $E = \{M_p \mid p \in C\}$, wenn M_p der Krümmungsmittelpunkt von C an der Stelle p ist.)

(a) Zeige, daß für $p \in C$ die Gerade $\overline{pM_p}$ gleichzeitig die Kurve C in p senkrecht und die Kurve E in M_p tangential trifft. (Ist also $N_C(p)$ die Normale zu C an der Stelle p, so ist E gerade die Enveloppe der Geradenschar $\{N_C(p) \mid p \in C\}$.)

(b) Wir halten einen Punkt $p_0 \in C$ fest. Zeige, daß die Länge des Evolutenbogens $M_{p_0}M_p$ und der Krümmungsradius r_p die gleiche Änderungsrate bezüglich p haben.

Aufgabe (99.6) Es seien $R > r > 0$ und $u, v \neq 0$ vorgegebene Zahlen. Welche Art von Kurve ist durch die Parameterdarstellung

$$\alpha(t) = \begin{bmatrix} \cos(ut)(R + r\cos(vt)) \\ \sin(ut)(R + r\cos(vt)) \\ r\sin(vt) \end{bmatrix}$$

gegeben? Unter welchen Bedingungen handelt es sich um eine geschlossene Kurve?

Aufgabe (99.7) Bestimme für die folgenden Kurven jeweils Krümmung und Torsion sowie das Serret-Frenet-Dreibein!

(a) $\alpha(t) = \bigl(r\cos t, r\sin t, ht/(2\pi)\bigr)$

(b) $\alpha(t) = (t, t^2, t^3)$

Aufgabe (99.8) Ein Intervall I, eine Funktion $\kappa: I \to (0, \infty)$ und eine Funktion $\tau: I \to \mathbb{R}$ seien vorgegeben.

(a) Zeige, daß es eine nach Bogenlänge parametrisierte Kurve $\alpha: I \to \mathbb{R}^3$ gibt, deren Krümmung κ und deren Torsion τ ist!

(b) Zeige, daß eine andere Kurve $\beta: I \to \mathbb{R}^3$ genau dann ebenfalls die Krümmung κ und die Torsion τ hat, wenn es eine feste Drehung D und einen festen Vektor v gibt mit $\beta(t) = D\alpha(t) + v$ für alle $t \in I$.

Aufgabe (99.9) Es sei $s \mapsto \alpha(s) \in \mathbb{R}^3$ eine nach Bogenlänge parametrisierte Raumkurve, für die $\alpha'(s)$ und $\alpha''(s)$ stets linear unabhängig sind. Drücke die ersten vier Ableitungen von α in Koordinaten bezüglich des Serret-Frenet-Dreibeins (T, N, B) aus!

Aufgabe (99.10) Es sei $s \mapsto \alpha(s)$ eine nach Bogenlänge parametrisierte Raumkurve derart, daß $\alpha'(s)$ und $\alpha''(s)$ für jeden Wert s linear unabhängig sind. Zeige, daß es zu jedem Wert s_0 eine eindeutig bestimmte Kugel $\{x \in \mathbb{R}^3 \mid \|x - m\| \leq R\}$ derart gibt, daß für die Funktion

$$a(s) := \|\alpha(s) - m\|^2 - R^2$$

(die beschreibt, wie sich die Kurve von der Kugeloberfläche entfernt) die Gleichungen $a^{(k)}(s_0) = 0$ für $0 \leq k \leq 3$ gelten. (Man nennt diese Kugel die **Schmiegkugel** an die Kurve α im Punkt $\alpha(s_0)$.)

Hinweis: Mache den Ansatz $\alpha(s_0) - m = v_1 T(s_0) + v_2 N(s_0) + v_3 B(s_0)$, wenn (T, N, B) das Serret-Frenet-Dreibein der Kurve bezeichnet.

Aufgabe (99.11) Es sei $s \mapsto \alpha(s) \in \mathbb{R}^3$ eine Raumkurve, für die $\alpha'(s)$ und $\alpha''(s)$ stets linear unabhängig sind. Welche Bedingung müssen die Krümmung κ und die Torsion τ der Kurve erfüllen, damit α eine sphärische Kurve ist, also ganz innerhalb einer Kugeloberfläche verläuft?

Aufgabe (99.12) Gegeben seien eine Ebene $E \subseteq \mathbb{R}^3$ und eine reguläre C^2-Kurve, die auf einer Seite von E verläuft und die Ebene E senkrecht trifft. Zeige: Setzt man α durch Spiegelung an der Ebene E fort, so ist die fortgesetzte Kurve immer noch eine reguläre C^2-Kurve.

Aufgabe (99.13) Für gegebene Zahlen $0 < d < r$ betrachten wir die Schraubenlinie

$$\alpha(t) := \begin{bmatrix} r \cos t \\ r \sin t \\ d \cdot t \end{bmatrix}.$$

(a) Zeige, daß es $t_1 < t_2$ derart gibt, daß die Tangentialvektoren $\dot{\alpha}(t_1)$ und $\dot{\alpha}(t_2)$ aufeinander senkrecht stehen.

(b) Wir bezeichnen mit E_1 die Ebene durch $\alpha(t_1)$ mit Normalenvektor $\dot{\alpha}(t_1)$ und mit E_2 die Ebene durch $\alpha(t_2)$ mit Normalenvektor $\dot{\alpha}(t_2)$. Zeige: Spiegelt man das Kurvenstück $\alpha([t_1, t_2])$ an E_2 und die so verlängerte Kurve an E_1, so ergibt sich eine geschlossene C^2-Kurve konstanter Krümmung, die kein Kreis ist.

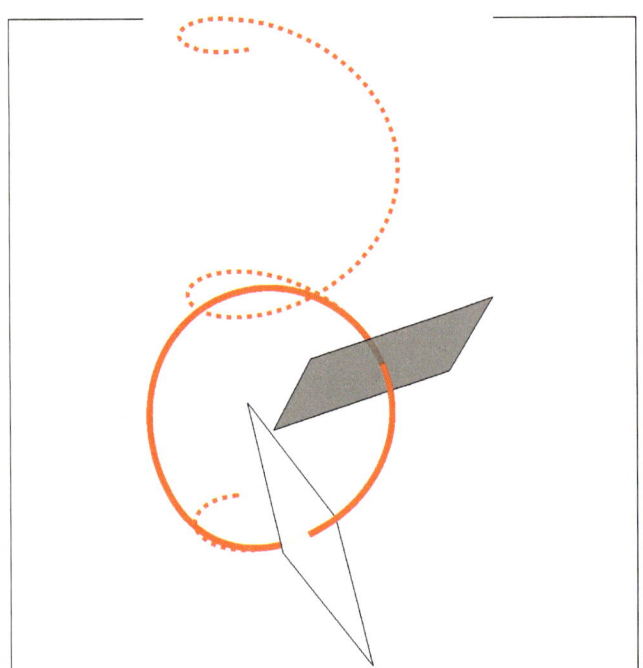

Geschlossene Raumkurve konstanter Krümmung.

Aufgabe (99.14) Es seien $x, y : (-\varepsilon, \varepsilon) \to \mathbb{R}$ Funktionen mit $y(t)^2 = x(t)^3$ für alle t sowie $x(0) = y(0) = 0$. Zeige unter den folgenden Voraussetzungen, daß dann zwangsläufig $\dot{x}(0) = \dot{y}(0) = 0$ gelten muß!

(a) x und y sind von der Klasse C^ω

(b) x und y sind von der Klasse C^3

(c) x und y sind stetig und an der Stelle 0 differentierbar

Aufgabe (99.15) Es seien $I \subseteq \mathbb{R}$ ein offenes Intervall und $\gamma : I \to \mathbb{R}^n$ eine C^1-Abbildung. Auf der Menge $I_0 := \{t \in I \mid \dot{\gamma}(t) \neq 0\}$ ist dann eine Einheitstangentenabbildung

$$T(t) := \frac{\dot{\gamma}(t)}{\|\dot{\gamma}(t)\|}$$

definiert. Beweise die Äquivalenz der beiden folgenden Aussagen:

(1) es gibt eine Umparametrisierung $\tau : J \to I$ derart, daß $\alpha := \gamma \circ \tau$ eine reguläre C^1-Abbildung ist;

(2) die Abbildung $T : I_0 \to \mathbb{R}^n$ läßt sich stetig auf ganz I fortsetzen.

Anschaulich bedeutet diese Aussage, daß man eine Kurve genau dann ohne anzuhalten durchlaufen kann, wenn man sie mit konstanter Einheitsgeschwindigkeit durchlaufen kann. (Wie die folgenden Beispiele zeigen, kann man diese Aussage anwenden, um die Existenz oder Nichtexistenz einer regulären Parametrisierung einer Kurve nachzuweisen.)

Aufgabe (99.16) (a) Die Normalparabel $C := \{(x, y) \in \mathbb{R}^2 \mid y = x^2\}$ wird durch die C^1-Abbildung $\gamma(t) := (t^3, t^6)$ parametrisiert, die aber an der Stelle $t = 0$ nicht regulär ist. Benutze die vorhergehende Aufgabe, um aus γ eine reguläre Parametrisierung von C zu gewinnen.

(b) Die Neilsche Parabel $C := \{(x, y) \in \mathbb{R}^2 \mid y^2 = x^3\}$ wird durch die C^1-Abbildung $\gamma(t) := (t^2, t^3)$ parametrisiert, die aber an der Stelle $t = 0$ nicht regulär ist. Benutze die vorhergehende Aufgabe zum Nachweis, daß diese Nichtregularität nicht korrigiert werden kann!

Bemerkung: Beim Auftreten singulärer Punkte einer Parametrisierung muß man also unterscheiden, ob diese nur in der ungeschickten Wahl der Parametrisierung begründet sind oder in einem wirklichen geometrischen Defekt der zugrundeliegenden Punktmenge. (Vgl. Aufgabe (97.2).) Diese Unterscheidung ist wesentlich bei der Herausbildung des Mannigfaltigkeitsbegriffs.

Aufgabe (99.17) Für eine fest vorgegebene Zahl $a \neq 0$ betrachten wir die Kurve $ay^2 = x^3$. Zeige, daß jeder Punkt P dieser Kurve bis auf einen die Eigenschaft hat, daß die Tangente an die Kurve im Punkt P die Kurve in genau einem weiteren Punkt Q schneidet. Welches ist der Ausnahmepunkt?

Aufgabe (99.18) Es sei $C = \{(x, y) \in \mathbb{R}^2 \mid y = |x|\}$.
(a) Besitzt C eine C^∞-Parametrisierung?
(b) Besitzt C eine C^ω-Parametrisierung?

Lösungen zu »Kurven« siehe Seite 208

Aufgabe (99.19) Es sei C die Kurve mit der Parameterdarstellung
$$x(t) = \frac{t}{1+t^2}, \quad y(t) = \frac{2-t^2}{1+t^2}.$$

(a) Bestimme die Gleichung der Tangente an C in dem Punkt P mit dem Parameterwert $t = 2$.

(b) Um welche Art von Kurve handelt es sich? Fertige eine Skizze an!

Aufgabe (99.20) Es sei C eine reguläre C^2-Kurve im $\mathbb{R}^n$ mit der Eigenschaft, daß alle Tangenten an C durch einen festen Punkt gehen. Zeige, daß C Teil einer Geraden ist.

Aufgabe (99.21) (a) Es sei $t \mapsto P(t) = \bigl(x(t), y(t)\bigr)$ eine regulär parametrisierte ebene Kurve C. Der Punkt $Q(t)$ entstehe aus dem Punkt $P(t)$, indem wir das Kurvenstück $P(0)P(t)$ von $P(t)$ aus in Tangentenrichtung abwickeln, also die Länge des Kurvenbogens $P(0)P(t)$ von $P(t)$ aus tangential abtragen. Finde eine Parameterdarstellung der Kurve $t \mapsto Q(t)$. (Man nennt diese die **Involute** oder **Evolvente** von C bezüglich des Anfangspunktes $P(0)$.)

(b) Bestimme die Involute eines Kreises (bezüglich eines beliebigen Anfangspunktes).

Aufgabe (99.22) Die Raumkurve α sei gegeben durch
$$\alpha(t) := (12t, 3t^2, 8t\sqrt{t}) \quad (t > 0).$$
Bestimme die Krümmung, die Torsion sowie das Serret-Frenet-Dreibein dieser Kurve als Funktionen von t.

Aufgabe (99.23) Parametrisiere die Kurve
$$C := \{(x, y) \in \mathbb{R}^2 \mid y^2 = x^3,\ y \geq 0\}$$
nach Bogenlänge!

Aufgabe (99.24) Finde den oskulierenden Kreis der Kurve $x = y^2$ an der Stelle $(1, 1)$ und fertige eine Zeichnung an, in der sowohl die Kurve als auch der oskulierende Kreis zu sehen sind.

Aufgabe (99.25) Es sei $\alpha : [a, b] \to \mathbb{R}^2 \setminus \{(0,0)\}$ eine stetige Funktion.

(a) Zeige, daß es eine stetige Funktion $\theta : [a, b] \to \mathbb{R}$ gibt mit
$$\frac{\alpha(t)}{\|\alpha(t)\|} = \begin{bmatrix} \cos(\theta(t)) \\ \sin(\theta(t)) \end{bmatrix}$$
für $a \leq t \leq b$ und daß diese Funktion eindeutig bestimmt ist bis auf eine additive Konstante in $2\pi \cdot \mathbb{Z}$. (Wir nennen eine solche Funktion eine **stetige Polarwinkelfunktion** für α.) Zeige ferner: Ist α von der Klasse C^k bzw. C^∞ bzw. C^ω, dann auch θ.

(b) Ist speziell α eine geschlossene Kurve (gilt also $\alpha(b) = \alpha(a)$) und ist θ eine stetige Polarwinkelfunktion für α, so bezeichnet man die Zahl $\bigl(\theta(b) - \theta(a)\bigr)/(2\pi)$ als **Windungszahl** oder **Umlaufzahl** von α bezüglich des Nullpunkts. Begründe diese Namensgebung und erkläre, warum es sich bei dieser Zahl um eine ganze Zahl handelt!

Bemerkung: Ist $\alpha : [t_0, t_1] \to \mathbb{R}^2$ eine beliebige geschlossene Kurve und ist p ein Punkt, der nicht auf dieser Kurve liegt, so ist die Windungszahl von α bezüglich p definiert als die Windungszahl der Kurve $t \mapsto \alpha(t) - p$ bezüglich des Nullpunkts.)

Aufgabe (99.26) Gib in den folgenden Fällen die Windungszahl der abgebildeten Kurve C bezüglich des rot markierten Punkts p an!

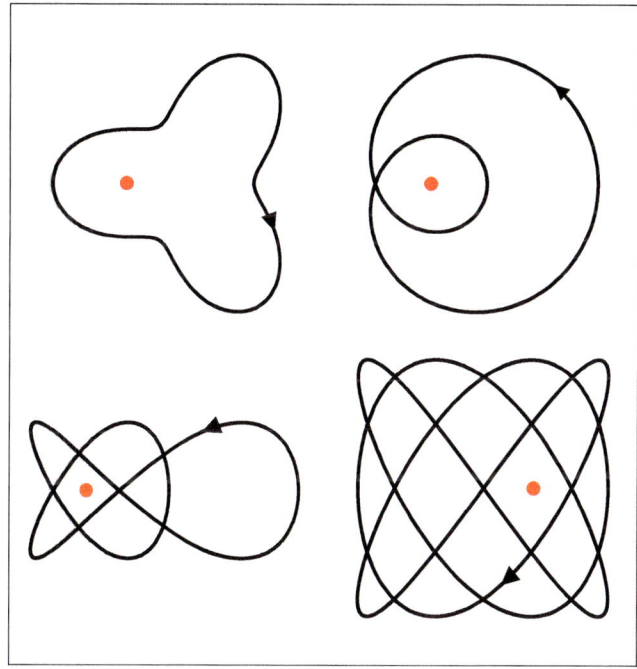

Warnung: Einige der Aufgaben dieses Kapitels (nämlich (99.1)(b), (99.8), (99.15), (99.21) und (99.23)) erfordern zu ihrer Lösung Kenntnisse der Integralrechnung, die in der Systematik des Buchs erst später behandelt wird. Diese Warnung gilt auch für etliche Aufgaben des nachfolgenden Kapitels. Wer hier nicht auf einschlägige Schulkenntnisse zurückgreifen kann, sollte vor Bearbeitung der betroffenen Aufgaben die Kapitel über Integralrechnung studieren.

A100: Hyperflächen

Aufgabe (100.1) Ist N ein Einheitsnormalenfeld auf einer Fläche $M \subseteq \mathbb{R}^3$, so kann man N als eine Abbildung $N: M \to \mathbb{S}^2$ auffassen. Bestimme das Bild dieser Abbildung für die folgenden Flächen!
(a) irgendeine Ebene
(b) Zylinder mit Radius r
(c) Kegel mit Öffnungswinkel α
(d) Rotationsparaboloid: $z = x^2 + y^2$
(e) Rotationshyperboloid: $x^2 + y^2 - z^2 = 1$
(f) Katenoid: $x^2 + y^2 = \cosh(z)^2$

Aufgabe (100.2) Bestimme für jede der folgenden Flächen die erste und die zweite Fundamentalform, eine Matrixdarstellung des Krümmungsoperators sowie die Gaußsche und die mittlere Krümmung!
(a) Torus:
$x(u, v) = \big((R+r\cos v)\cos u, (R+r\cos v)\sin u, r\sin v\big)$
(b) Helikoid:
$x(u, v) = (v\cos u, v\sin u, du)$
(c) Rotationsfläche:
$x(u, v) = \big(\varphi(v)\cos u, \varphi(v)\sin u, \psi(v)\big)$

Aufgabe (100.3) Wir betrachten eine Fläche $M \subseteq \mathbb{R}^3$, einen Punkt $p \in M$ und einen Einheitsvektor $v \in T_pM$. Ferner sei N ein Einheitsnormalenfeld auf M. Zeige: Ist α eine nach Bogenlänge parametrisierte Kurve in M mit $\alpha(0) = p$ und $\alpha'(0) = v$, so gilt
$$\langle v, \mathfrak{C}_p(v)\rangle = \langle N(p), \kappa(p)\, n(p)\rangle,$$
wenn wir mit κ die Krümmung und mit n die Hauptnormale der Kurve α bezeichnen.

Aufgabe (100.4) Es seien $M \subseteq \mathbb{R}^n$ eine Hyperfläche und $p \in M$ ein Punkt in M. Ferner sei $\mathfrak{C}_p: T_pM \to T_pM$ der Krümmungsoperator von M im Punkt p.
(a) Zeige: Sind die Eigenwerte von $\mathfrak{C}_p$ entweder alle positiv oder alle negativ, so gibt es eine Umgebung von p in M, die ganz auf einer Seite der Hyperebene $p + T_pM$ liegt. (Ist dies der Fall, so heißt p ein **elliptischer Punkt**. Die Hyperfläche M krümmt sich in einem solchen Punkt also in allen Richtungen von T_pM weg, wie dies etwa bei einem Ellipsoid der Fall ist.)
(b) Hat $\mathfrak{C}_p$ sowohl einen positiven als auch einen negativen Eigenwert, so liegen in jeder Umgebung von p in M Punkte auf beiden Seiten der Hyperebene $p + T_pM$. (Ist dies der Fall, so heißt p ein **hyperbolischer Punkt**. Die Hyperfläche M krümmt sich in einem solchen Punkt in verschiedenen Richtungen auf verschiedene Seiten von T_pM, wie dies etwa bei einem Hyperboloid der Fall ist.)
(c) Welche Punkte auf einer Torusoberfläche sind elliptisch, welche sind hyperbolisch?

Aufgabe (100.5) Es seien $M \subseteq \mathbb{R}^n$ eine Hyperfläche, μ das Hyperflächenmaß auf M (im Vorgriff auf Kapitel 113!), $p \in M$ ein Punkt in p und N ein Einheitsnormalenfeld auf M. Für jede meßbare Umgebung U von p in M bezeichnen wir mit $N_U := \{N(x) \mid x \in U\} \subseteq \mathbb{S}^{n-1}$ das Normalenbild von U. Zeige: Ist (U_k) eine Folge von Umgebungen, die gegen den Punkt p zusammenschrumpfen, so gilt
$$|K(p)| = \lim_{k\to\infty} \frac{\mu(N_{U_k})}{\mu(U_k)}.$$

Aufgabe (100.6) (a) Das **Helikoid** H sei definiert als die Fläche mit der Parameterdarstellung
$$x(u, v) = \begin{bmatrix} v\cos u \\ v\sin u \\ du \end{bmatrix} \quad (0 < u < 2\pi, v > 0),$$
wobei $d > 0$ eine fest vorgegebene Zahl sei. (Diese Fläche entsteht aus der Helix $u \mapsto (\cos u, \sin u, du)$, indem man jeden Punkt dieser Schraubenlinie durch ein horizontal verlaufendes Geradenstück mit der z-Achse verbindet.) Bestimme die erste Fundamentalform von H.

(b) Das **Katenoid** K sei definiert als die Fläche mit der Parameterdarstellung
$$x(u, v) = \begin{bmatrix} d\cosh v \cos u \\ d\cosh v \sin u \\ dv \end{bmatrix} \quad (0 < u < 2\pi, v > 0),$$
wobei $d > 0$ eine fest vorgegebene Zahl sei. (Diese Fläche entsteht durch Rotation der Kettenlinie $x = (1/d)\cosh(z/d)$ um die z-Achse.) Bestimme die erste Fundamentalform von K.

(c) Zeige, daß eine lokale Isometrie $f: K \to H$ gegeben ist durch
$$\begin{bmatrix} d\cosh(v)\cos(u) \\ d\cosh(v)\sin(u) \\ dv \end{bmatrix} \mapsto \begin{bmatrix} d\sinh(v)\cos(u) \\ d\sinh(v)\sin(u) \\ du \end{bmatrix}.$$
(Das bedeutet, daß f lokal eine Bijektion ist, die die erste Fundamentalform erhält.) Argumentiere, daß ein zweidimensionaler Käfer, der auf H oder K lebt, nicht (durch Längen-, Winkel- oder Flächenmessungen) unterscheiden kann, ob er auf einem Helikoid oder einem Katenoid lebt.

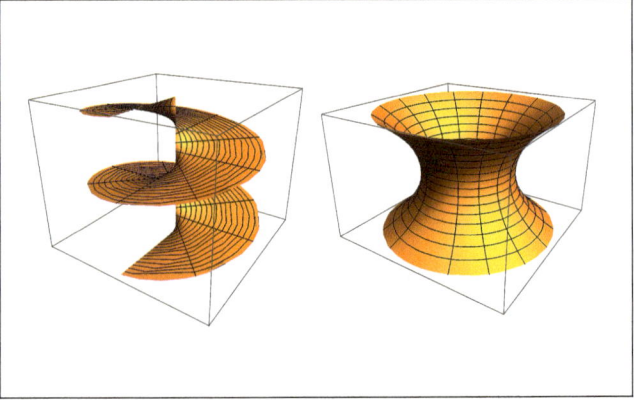

Helikoid (links) und Katenoid (rechts).

Aufgabe (100.7) Eine Fläche im Raum sei gegeben durch die Gleichung $z = f(x, y)$. Bestimme die erste und die zweite Fundamentalform sowie die Gaußsche Krümmung dieser Fläche!

Aufgabe (100.8) Bei einer parametrisierten Fläche $(u, v) \mapsto x(u, v) \in \mathbb{R}^3$ wird die Bewegung des Dreibeins (x_u, x_v, N) durch die folgenden Gleichungen beschrieben:

$$\begin{aligned}
x_{uu} &= \Gamma_{11}^1 x_u + \Gamma_{11}^2 x_v + eN, \\
x_{uv} &= \Gamma_{12}^1 x_u + \Gamma_{12}^2 x_v + fN, \\
x_{vu} &= \Gamma_{21}^1 x_u + \Gamma_{21}^2 x_v + fN, \\
x_{vv} &= \Gamma_{22}^1 x_u + \Gamma_{22}^2 x_v + gN, \\
N_u &= a_{11} x_u + a_{21} x_v, \\
N_v &= a_{12} x_u + a_{22} x_v
\end{aligned}$$

mit

$$\begin{bmatrix} a_{11} & a_{12} \\ a_{21} & a_{22} \end{bmatrix} = -\begin{bmatrix} E & F \\ F & G \end{bmatrix}^{-1} \begin{bmatrix} e & f \\ f & g \end{bmatrix}.$$

Benutze diese Gleichungen, um aus den Identitäten

$$x_{uuv} = x_{uvu}, \quad x_{vvu} = x_{vuv}, \quad N_{uv} = N_{vu}$$

Verträglichkeitsbedingungen für die Christoffelsymbole Γ_{ij}^k herzuleiten.

Aufgabe (100.9) Es seien f, g Funktionen mit $f > 0$. Lassen wir die Kurve $v \mapsto (f(v), 0, g(v))$ um die z-Achse rotieren, so entsteht eine Rotationsfläche mit der Parametrisierung

$$x(u, v) = \begin{bmatrix} f(v) \cos(u) \\ f(v) \sin(u) \\ g(v) \end{bmatrix}.$$

Berechne für diese Rotationsfläche die Christoffelsymbole!

Aufgabe (100.10) Es seien $M \subseteq \mathbb{R}^n$ eine Hyperfläche und $\alpha : I \to \mathbb{R}^n$ eine in M verlaufende Kurve. Ein Vektorfeld entlang α ist eine Abbildung $v : I \to \mathbb{R}^n$ mit $v(t) \in T_{\alpha(t)}M$ für alle $t \in I$. Die **kovariante Ableitung** $\mathrm{D}v/\mathrm{d}t$ von v ist definiert als der Tangentialanteil der Änderungsrate $\dot{v}(t)$, der senkrecht auf dem Normalenvektor $N(\alpha(t))$ steht, also

$$\frac{\mathrm{D}v}{\mathrm{d}t} := \dot{v}(t) - \langle \dot{v}(t), N(\alpha(t)) \rangle N(\alpha(t)) \in T_{\alpha(t)}M.$$

Ein solches Vektorfeld heißt **parallel** entlang α, wenn $\mathrm{D}v/\mathrm{d}t = 0$ gilt. Beweise, daß für zwei Vektorfelder v, w entlang α die Gleichung

$$\frac{\mathrm{d}}{\mathrm{d}t} \langle v(t), w(t) \rangle = \left\langle \frac{\mathrm{D}v}{\mathrm{d}t}, w(t) \right\rangle + \left\langle v(t), \frac{\mathrm{D}w}{\mathrm{d}t} \right\rangle$$

gilt. Zeige ferner: Sind v und w parallel entlang α, so ist die Funktion $t \mapsto \langle v(t), w(t) \rangle$ konstant. Ferner sind auch die Länge von $v(t)$, die Länge von $w(t)$ sowie der Winkel zwischen $v(t)$ und $w(t)$ konstant.

Bemerkung: Die kovariante Ableitung $\mathrm{D}v/\mathrm{d}t$ drückt aus, welche Änderungsrate für v ein in M lebendes $(n-1)$-dimensionales Wesen feststellen würde, das ja Änderungen in Normalrichtung nicht bemerken kann. Ein Vektorfeld entlang einer Kurve ist dann parallel, wenn ein solches Wesen keine Änderung von v entlang der Kurve feststellen kann.

Aufgabe (100.11) Wir betrachten den Nordpol $n = (0, 0, r)$ der Sphäre um $(0, 0, 0)$ mit Radius r und zwei Punkte p, q auf dem Breitenkreis zum fest vorgegebenen Breitengrad φ. Wir betrachten ferner den Einheitstangentenvektor $v \in T_n \mathbb{S}^2$ des Meridianbogens np in n. Auf v wenden wir nun eine Parallelverschiebung entlang des Meridianbogens np an, dann eine Parallelverschiebung entlang des Breitenkreisbogens pq und anschließend eine Parallelverschiebung entlang des Meridianbogens qn; es sei $w \in T_n \mathbb{S}^2$ der aus diesen drei Parallelverschiebungen resultierende Vektor. Welchen Winkel bildet w mit dem ursprünglichen Vektor v?

Aufgabe (100.12) Es sei $M \subseteq \mathbb{R}^n$ eine Hyperfläche. Eine in M verlaufende Kurve $\alpha : I \to \mathbb{R}^n$ heißt **geodätische Kurve** oder kurz einfach **Geodätische**, wenn das Vektorfeld $v(t) := \dot{\alpha}(t)$ parallel entlang α ist, wenn also $\mathrm{D}\dot{\alpha}(t)/\mathrm{d}t = 0$ gilt. (Das bedeutet, daß der Beschleunigungsvektor $\ddot{\alpha}$ keinen Tangentialanteil hat, daß also ein in der Hyperfläche M lebendes $(n-1)$-dimensionales Wesen keine Änderung des Geschwindigkeitsvektors spürt und die Kurve α von M aus gesehen daher geradlinig erscheint.) Drücke die Bedingung dafür, daß α geodätisch ist, in lokalen Koordinaten aus! Genauer: Die Hyperfläche M sei (lokal) durch eine Parameterdarstellung $x = x(u_1, \ldots, u_{n-1}) \in \mathbb{R}^n$ gegeben, die Kurve α läßt sich daher schreiben in der Form

$$\alpha(t) = x(u_1(t), \ldots, u_{n-1}(t)) = x(u(t))$$

mit einer Kurve u im Parameterbereich $\Omega \subseteq \mathbb{R}^{n-1}$. Welche Bedingungen müssen die Funktionen $t \mapsto u_i(t)$ erfüllen, damit α geodätisch ist?

Aufgabe (100.13) (a) Es sei g eine in einer Fläche $F \subseteq \mathbb{R}^3$ enthaltene Gerade. Zeige, daß bei geeigneter Parametrisierung g eine Geodätische von F ist.

(b) Zeige: Ist $t \mapsto \alpha(t)$ eine Geodätische, so ist $t \mapsto \|\dot{\alpha}(t)\|$ konstant.

Aufgabe (100.14) (a) Zwei Flächen $F_1, F_2 \subseteq \mathbb{R}^3$ mögen sich entlang einer Kurve α berühren. Zeige: Ist α (bei geeigneter Parametrisierung) eine Geodätische für F_1, dann auch für F_2.

Lösungen zu »Hyperflächen« siehe Seite 220

(b) Es seien $t \mapsto \alpha(t)$ eine (nichtkonstante) Geodätische auf einer Fläche F und $\beta(t) := \alpha(\varphi(t))$ eine Umparametrisierung von α. Zeige, daß β genau dann wieder eine Geodätische ist, wenn φ von der Form $\varphi(t) = at + b$ mit Konstanten a und b ist.

Aufgabe (100.15) Es sei
$$M = \{(x, y, z) \in \mathbb{R}^3 \mid z = x^3 - 3xy^2\}.$$
Bestimme für M die erste und die zweite Fundamentalform sowie die Christoffelsymbole im Punkt
$$p = (1, 1, -2).$$

Aufgabe (100.16) Die geodätischen Kurven auf einer Fläche $M \subseteq \mathbb{R}^3$ sind in lokalen Koordinaten gegeben durch

($\star$)
$$0 = \ddot{u} + \Gamma_{11}^1 \dot{u}^2 + 2\Gamma_{12}^1 \dot{u}\dot{v} + \Gamma_{22}^1 \dot{v}^2,$$
$$0 = \ddot{v} + \Gamma_{11}^2 \dot{u}^2 + 2\Gamma_{12}^2 \dot{u}\dot{v} + \Gamma_{22}^2 \dot{v}^2.$$

Zeige: Ist die betrachtete geodätische Kurve keine Koordinatenlinie (ist also weder u noch v konstant), so zieht jede der beiden Gleichungen in ($\star$) die jeweils andere automatisch nach sich.

Hinweis: Ersetze in ($\star$) die Christoffelsymbole gemäß den Gleichungen
$$\begin{bmatrix} E & F \\ F & G \end{bmatrix} \begin{bmatrix} \Gamma_{11}^1 & \Gamma_{12}^1 & \Gamma_{22}^1 \\ \Gamma_{11}^2 & \Gamma_{12}^2 & \Gamma_{22}^2 \end{bmatrix} = \frac{1}{2} \begin{bmatrix} E_u & E_v & 2F_v - G_u \\ 2F_u - E_v & G_u & G_v \end{bmatrix}$$

und nutze ferner aus, daß geodätische Kurven stets konstante Geschwindigkeit haben, daß also $E\dot{u}^2 + 2F\dot{u}\dot{v} + G\dot{v}^2$ konstant ist.

Aufgabe (100.17) Wir betrachten eine Rotationsfläche M wie in Aufgabe (100.9). Die Koordinatenlinien $u = \text{const}$ heißen **Meridiane**, die Koordinatenlinien $v = \text{const}$ heißen **Breitenkreise**.
(a) Formuliere die Differentialgleichungen für die geodätischen Kurven auf M!
(b) Welche Meridiane sind geodätische Kurven?
(c) Welche Breitenkreise sind geodätische Kurven?
(d) Welche Differentialgleichung muß eine geodätische Kurve erfüllen, die weder ein Meridian noch ein Breitenkreis ist?
(e) Für eine geodätische Kurve α wie in (d) bezeichnen wir mit $\theta(v)$ den Winkel, unter dem α den Breitenkreis zum Parameterwert v schneidet; ferner sei $r(v)$ der Radius dieses Breitenkreises. Zeige, daß dann die Funktion $v \mapsto r(v)\cos(\theta(v))$ konstant ist. (Die Gleichung $r\cos\theta = \text{const}$ bezeichnet man als **Clairautsche Relation**.)

Aufgabe (100.18) Zeige, daß eine parametrisierte Kurve α auf einer Sphäre genau dann eine Geodätische ist, wenn sie mit konstanter Geschwindigkeit einen Teil eines Großkreises durchläuft. Gib für zwei gegebene Punkte $P \neq Q$ auf der Sphäre eine geodätische Kurve von P nach Q in möglichst expliziter Form an!

Aufgabe (100.19) Die Einheitssphäre in $\mathbb{R}^3$ sei durch Kugelkoordinaten (φ, θ) parametrisiert. Gib die Gleichungen für die Geodätischen in der Form $\theta = \theta(\varphi)$ an.

Aufgabe (100.20) Eine **Loxodrome** ist eine Kurve auf einer Kugeloberfläche, die einen konstanten Winkel β mit der Nordrichtung bildet.

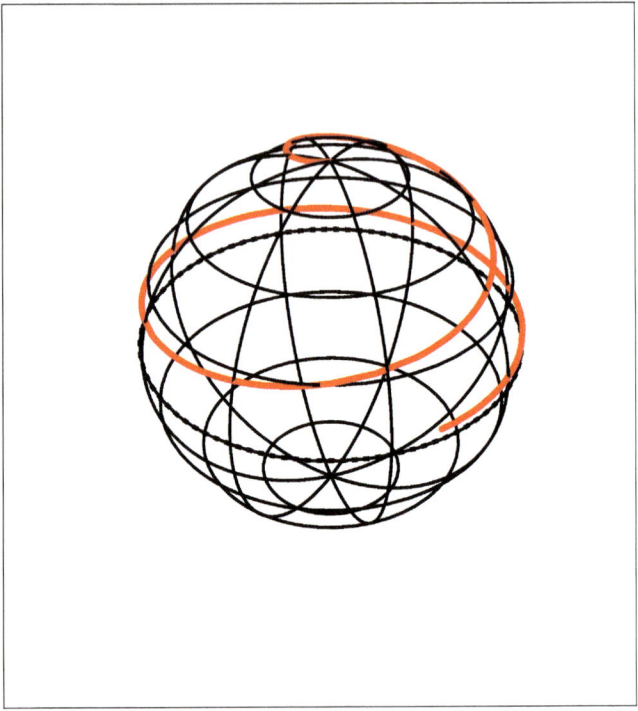

(a) Stelle die Gleichung einer Loxodrome in der Form $\theta = \theta(\varphi)$ dar, wenn φ die geographische Länge und θ die geographische Breite bezeichnet.
(b) Bestimme die Bogenlänge einer maximal fortgesetzten Loxodrome.

Bemerkung: Der Begriff "Loxodrome" bedeutet etwa so viel wie "Schieflaufende" (gr. *loxos* "schief", *dromos* "Lauf"; vgl. Motodrom, Hippodrom, Dromedar). Solche Kurven waren für die Schiffsnavigation wichtig, weil man leicht einen konstanten Kurs zur Nordrichtung halten kann. Demgegenüber wird eine geodätische Kurve auf der Sphäre auch als "Orthodrome" bezeichnet, was so viel wie "Geradlaufende" bedeutet (gr. *orthos* "gerade").

Aufgabe (100.21) Wir betrachten einen senkrechten Kreiszylinder vom Radius R mit der z-Achse als Symmetrieachse. Gib für zwei gegebene Punkte $P \neq Q$ auf dem Zylinder möglichst explizit alle geodätischen Kurven von P nach Q an!

Lösungen zu »Hyperflächen« siehe Seite 220

100. Hyperflächen

Aufgabe (100.22) Wir betrachten einen senkrechten Kreiskegel mit dem Öffnungswinkel α zwischen der Symmetrieachse und jeder Leitlinie. Dieser Kegel stehe mit der Spitze nach oben auf dem Boden und habe eine glatte Oberfläche.

(a) Wir werfen eine Lassoschlinge über den Kegel und ziehen das Seil straff. Welche Form hat die Kurve, entlang der sich die Schlinge um den Kegel legt? Handelt es sich um eine ebene Kurve?

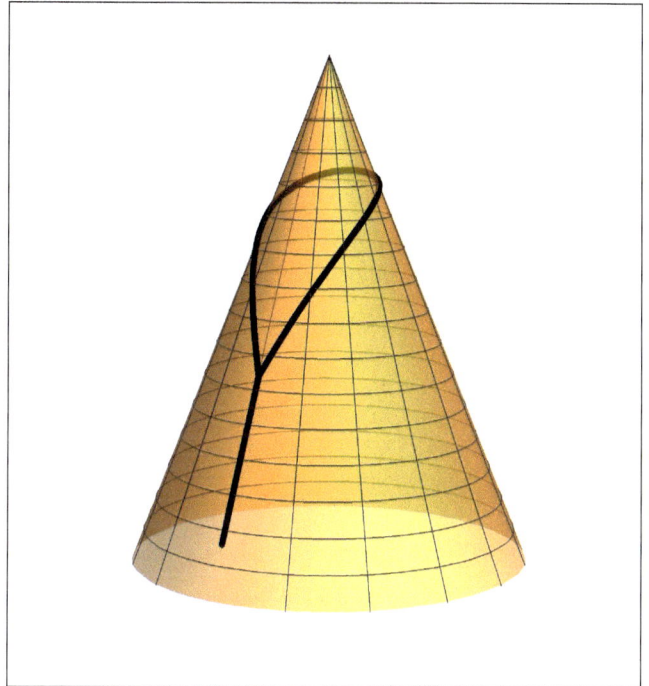

(b) Wenn der Winkel α zu groß (der Kegel also zu flach) ist, legt sich die Lassoschlinge nicht straff um den Kegel, sondern rutscht beim Straffziehen über die Kegelspitze weg. Ab welchem Wert für α ist dies der Fall?

Aufgabe (100.23) Eine Geodätische auf dem Torus mit der Parametrisierung

$$x(\varphi,\theta) = \begin{bmatrix} (R + r\cos\theta)\cos\varphi \\ (R + r\cos\theta)\sin\varphi \\ r\sin\theta \end{bmatrix}$$

beginne an einem Punkt des oberen Kreises $\theta = \pi/2$, und zwar in einer Richtung tangential zu diesem Kreis. Beschreibe den weiteren Verlauf dieser Geodätischen!

Aufgabe (100.24) Es sei α eine Geodätische auf dem Rotationsparaboloid $z = x^2 + y^2$, die kein Meridian ist. Zeige, daß α sich unendlich oft um das Paraboloid herumwindet und sich dabei unendlich oft selbst schneidet.

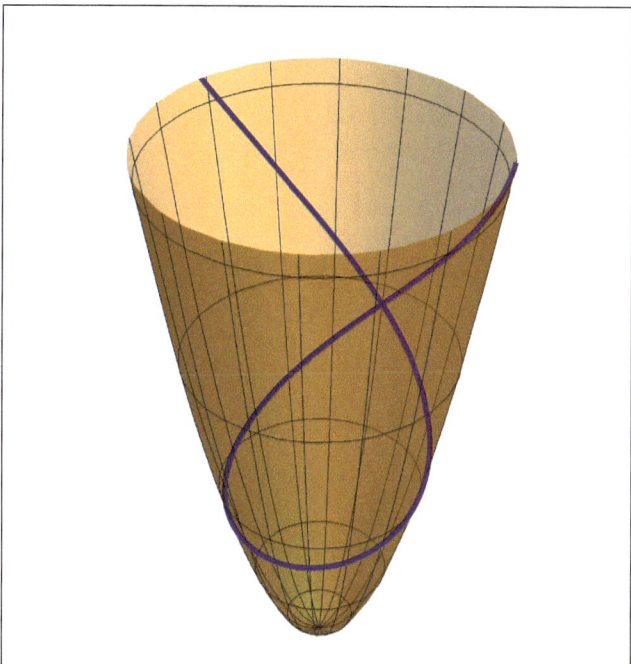

Geodätische auf einem Rotationsparaboloid.

Aufgabe (100.25) Es sei α eine Geodätische auf dem Rotationshyperboloid $x^2 + y^2 - z^2 = 1$, die kein Meridian ist. Es sei B der Breitenkreis, der durch die Gleichungen $x^2 + y^2 = 1$ bzw. $z = 0$ gegeben ist. Die Geodätische α starte in einem Punkt (x_0, y_0, z_0) mit $z_0 > 0$. Zeige, daß es genau die folgenden Möglichkeiten gibt:

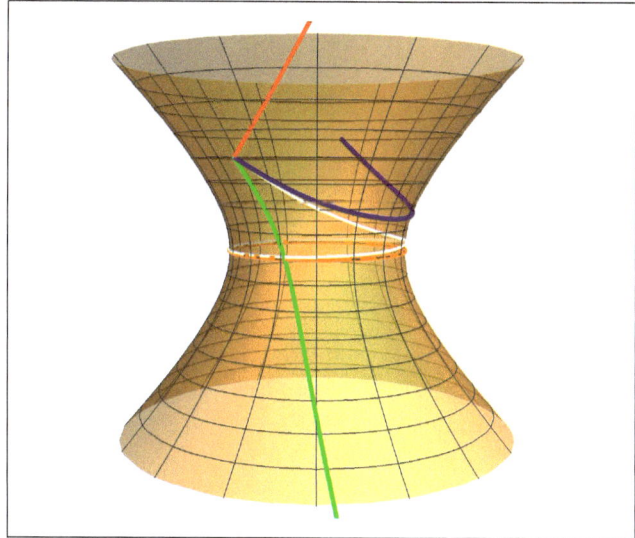

Geodätische auf einem Rotationshyperboloid.

(a) α bewegt sich ständig nach oben, erreicht beliebig große Höhen und schmiegt sich asymptotisch an einen Meridian an;
(b) α bewegt sich zunächst nach unten, erreicht einen tiefsten Punkt und bewegt sich von diesem aus ständig nach oben wie in (a);
(c) α bewegt sich ständig nach unten und nähert sich asymptotisch an den Breitenkreis B an;

Lösungen zu »Hyperflächen« siehe Seite 220

(d) α bewegt sich ständig nach unten, überquert den Breitenkreis B und verhält sich dann analog zu (a).

Aufgabe (100.26) Wir betrachten zwei Breitenkreise mit gleichem Radius auf einer Rotationsfläche, zwischen denen diese Fläche nach außen gewölbt ist. Zeige, daß eine Geodätische, die auf einem dieser Breitenkreise beginnt und anfangs tangential zu diesem verläuft, sich periodisch zwischen diesen beiden Breitenkreisen hin- und herbewegt.

Geodätische auf einer Rotationsfläche, die zwischen zwei Breitenkreisen oszilliert.

Aufgabe (100.27) Wir betrachten eine Geodätische α auf dem Torus mit der Parametrisierung

$$x(\varphi, \theta) = \begin{bmatrix} (R + r\cos\theta)\cos\varphi \\ (R + r\cos\theta)\sin\varphi \\ r\sin\theta \end{bmatrix}.$$

Zeige: Schneidet α den Breitenkreis $v = 0$ unter dem Winkel θ und gilt $\cos\theta < (R-r)/(R+r)$, so schneidet α auch den Breitenkreis $v = \pi$ und windet sich unendlich oft um den Torus herum.

Aufgabe (100.28) Wir betrachten zwei Punkte $p \neq q$ auf einer Fläche $F \subseteq \mathbb{R}^3$. Unter allen innerhalb von F verlaufenden Kurven $\alpha : [t_1, t_2] \to F$ mit $\alpha(t_1) = p$ und $\alpha(t_2) = q$ sei γ eine solche, die das **Energiefunktional** $\int_{t_1}^{t_2} \|\dot\alpha(t)\|^2 dt$ minimiert. Zeige, daß dann γ zwangsläufig eine Geodätische ist! – **Hinweis:** Nach Wahl einer Parametrisierung $\alpha(t) = x(u(t), v(t))$ ist das Energiefunktional von der Form $\int_{t_1}^{t_2} L(u(t), v(t), \dot u(t), \dot v(t)) dt$ oder kurz $\int_{t_1}^{t_2} L(u, v, \dot u, \dot v)$. Wird dieses Integral von den Funktionen $t \mapsto u(t)$ und $t \mapsto v(t)$ minimiert, so gilt für alle C^1-Funktionen $t \mapsto \xi(t)$ und $t \mapsto \eta(t)$ mit $\xi(t_1) = \xi(t_2) = \eta(t_1) = \eta(t_2) = 0$ die Bedingung

$$0 = \left.\frac{\partial}{\partial \varepsilon}\right|_{\varepsilon = 0} \int_{t_1}^{t_2} L(u + \varepsilon\xi, v + \varepsilon\eta, \dot u + \varepsilon\dot\xi, \dot v + \varepsilon\dot\eta).$$

Aufgabe (100.29) Es sei $\alpha \in (0, \pi/2)$ gegeben. Wir betrachten den senkrechten Kreiskegel

$$K = \left\{(x, y, z) \in \mathbb{R}^3 \mid z\tan\alpha = -\sqrt{x^2 + y^2}\right\} \setminus \{(0, 0, 0)\}$$

mit dem Öffnungswinkel α. (Der Öffnungswinkel ist dabei der Winkel zwischen der Symmetrieachse und einer beliebigen Leitlinie des Kegels.)

(a) Es sei α eine beliebige Geodätische von K, die kein Meridian ist. Zeige, daß $\alpha(t)$ für alle $t \in \mathbb{R}$ definiert ist und sich für $t \to \pm\infty$ jeweils asymptotisch an eine Leitlinie des Kegels anschmiegt. Berechne ferner den Winkelunterschied $u_\infty - u_{-\infty}$, wenn $u_{\pm\infty}$ jeweils die geographische Länge der asymptotischen Leitlinie für $t \to \pm\infty$ bezeichnet. Wie viele vollständige Umrundungen des Kegels vollführt α also?

(b) Bestimme für einen beliebigen Punkt $p \in K$ die Exponentialfunktion $\exp_p$. Finde insbesondere die maximale offene Umgebung U von 0 in $T_p K$, auf der $\exp_p$ definiert ist, und eine maximale offene Umgebung $V \subseteq U$ von 0 in $T_p K$, auf der $\exp_p$ diffeomorph ist. Wähle dabei für den Tangentialraum $T_p M$ die Orthonormalbasis (e_1, e_2), bei der e_1 in Richtung des Breitenkreises durch p und e_2 zur Kegelspitze zeigt.)

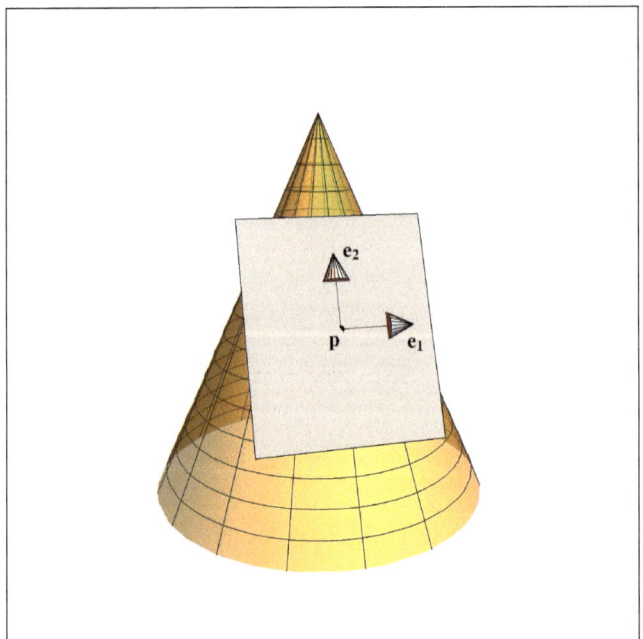

(c) Eine Geodätische starte zur Zeit $t = 0$ an einem gegebenen Punkt $p \in K$, wobei $\theta \in (0, \pi/2)$ der Winkel zwischen der Startrichtung und dem Breitenkreis durch p sei. Wie viele Umrundungen des Kegels schafft die Geodätische in Aufwärts- bzw. in Abwärtsbewegung?

Aufgabe (100.30) (a) Gib die Geodätischen eines Kegels K wie in Aufgabe (100.29) in analytischer Form an!

(b) Der Punkt $p \in K$ habe den Abstand ℓ von der Kegelspitze. Es sei α die nach Bogenlänge parametrisierte

Lösungen zu »Hyperflächen« siehe Seite 220

Geodätische mit $\alpha(0) = p$, die sich von p aus mit dem Steigungswinkel θ nach oben bewegt. Nach welcher Zeit T hat diese Geodätische ihre erste volle Umrundung des Kegels geschafft (wenn sie ihn denn überhaupt umrundet)?

Aufgabe (100.31) Es seien k_1, k_2 die Hauptkrümmungen und v_1, v_2 zugehörige orthogonale Hauptkrümmungsrichtungen in einem Punkt p einer Fläche $M \subseteq \mathbb{R}^3$.

(a) Zeige: Ist $v = v_\theta = \cos(\theta)v_1 + \sin(\theta)v_2$ eine beliebige andere Richtung in T_pM, so gilt $k_\theta := \mathrm{II}_p(v_\theta, v_\theta) = k_1 \cos(\theta)^2 + k_2 \sin(\theta)^2$. (Dieses Ergebnis ist als **Satz von Euler** bekannt.)

(b) Für jeden Winkel θ sei k_θ die Schnittkrümmung von M in p zur Tangentenrichtung v_θ. Zeige, daß die folgende Formel gilt:
$$\frac{1}{2\pi}\int_0^{2\pi} k_\theta \mathrm{d}\theta = \frac{k_1 + k_2}{2}.$$

(Die kontinuierlich über alle Tangentenrichtungen gebildete mittlere Schnittkrümmung ist also gleich dem arithmetischen Mittel der beiden Hauptkrümmungen.)

Aufgabe (100.32) Wir betrachten eine Kurve $t \mapsto \alpha(t)$, die ganz innerhalb einer Fläche $F \subseteq \mathbb{R}^3$ verläuft. Es seien (T, N, B) das Serret-Frenet-Dreibein der Kurve α sowie n das Einheitsnormalenfeld der Fläche F. Ferner sei $e := n \times T$. Es sei κ die Krümmung von α. Beweise die folgenden Aussagen!

(a) Es gibt eine eindeutige Zerlegung des Krümmungsvektors $T' = \kappa N$ in einen Tangentialanteil und einen Normalanteil; diese Zerlegung hat die Form $\kappa N = \kappa_n n + \kappa_g e$ mit reellen Zahlen κ_n und κ_g. (Wir bezeichnen κ_n als **Normalkrümmung** und κ_g als **geodätische Krümmung** von α.) Insbesondere gilt $\kappa^2 = \kappa_n^2 + \kappa_g^2$.

(b) Es sei γ der Winkel zwischen n und N. Dann gelten die Gleichungen $\kappa_n = \kappa \cos(\gamma)$ und $\kappa_g = \kappa \sin(\gamma)$.

(c) Es gelten die Gleichungen
$$\kappa_n = \frac{\langle \ddot{\alpha}, n\rangle}{\|\dot{\alpha}\|^2} \text{ und } \kappa_g = \frac{\langle \dot{\alpha} \times \ddot{\alpha}, n\rangle}{\|\dot{\alpha}\|^3} = \frac{\det(\dot{\alpha}, \ddot{\alpha}, n)}{\|\dot{\alpha}\|^3}.$$

(d) Ist II_p die zweite Fundamentalform von F, so gilt mit $v := T$ die Gleichung $\kappa_n = \mathrm{II}_p(v, v)$. (Insbesondere hängt also die Normalkrümmung von α nur vom Basispunkt und der Tangentenrichtung von α in diesem Punkt ab, nicht aber von der Beschleunigung von α.)

(e) Die geodätische Krümmung κ_g ist eine Größe der inneren Geometrie der Fläche F.

Bemerkung: Diese Aufgabe beschreibt, welche Zusammenhänge bei einer innerhalb einer Fläche F verlaufenden Kurve K zwischen der Krümmung von K und der Krümmung von F bestehen. Sie zeigt, welcher Anteil der Krümmung von K allein durch die Krümmung von F selbst verursacht wird und welcher Anteil eine intrinsische Krümmung innerhalb der Fläche F darstellt.

Aufgabe (100.33) Berechne die Normalkrümmung und die geodätische Krümmung eines Breitenkreises
(a) bei einem Zylinder,
(b) bei einem Kegel,
(c) bei einer Sphäre.

Aufgabe (100.34) Eine (nach Bogenlänge parametrisierte) Kurve α verlaufe vollständig innerhalb einer Fläche $F \subseteq \mathbb{R}^3$. Wir bezeichnen mit (T, N, B) das Serret-Frenet-Dreibein von α und mit n das Einheitsnormalenfeld von F. Mit $e := n \times T$ heißt dann (T, e, n) das **Darboux-Dreibein** der Flächenkurve α, und der Ausdruck
$$\tau_g := \left\langle \left.\frac{\mathrm{d}}{\mathrm{d}s}\right|_{s=0} n(\alpha(s)), e(\alpha(0))\right\rangle$$
heißt die **geodätische Torsion** der Kurve α im Punkt $\alpha(0)$. (Diese Größe gibt also an, wie groß der Anteil der Änderungsrate von n senkrecht zu dem durch $\alpha'(0)$ definierten Normalschnitt ist.) Beweise folgende Aussagen!

(a) Es seien k_1, k_2 die Hauptkrümmungen von F in $p := \alpha(0)$ und (v_1, v_2) zugehörige Hauptkrümmungsrichtungen. Es sei φ der Drehwinkel, der (v_1, v_2) in (T, e) überführt. Dann gilt
$$\tau_g = (k_1 - k_2)\sin\varphi \cos\varphi.$$

(b) Ist θ der Winkel zwischen N und n, so gilt $\theta' = \tau - \tau_g$. **Hinweis:** Leite die Gleichung $\cos(\theta(s)) = \langle N(\alpha(s)), n(\alpha(s))\rangle$ nach s ab.

(c) Die Änderungsrate des Darboux-Dreibeins wird durch die folgenden Gleichungen beschrieben:
$$T' = \kappa_g e + \kappa_n n, \quad e' = -\kappa_g T - \tau_g n, \quad n' = -\kappa_n T + \tau_g e.$$
Bemerkung: Diese Gleichungen sind analog zu den Serret-Frenet-Gleichungen $T' = \kappa N$, $N' = -\kappa T - \tau B$, $B' = \tau N$ für das Serret-Frenet-Dreibein (T, N, B).

Aufgabe (100.35) Die folgende Skizze zeigt die Abwicklung eines senkrechten Kreiskegels K in eine Ebene und die Abwicklung eines Teils einer Geodätischen auf K (wobei die Pfeilrichtung die Richtung angibt, in der die Geodätische durchlaufen wird). Der Zentriwinkel Φ hat dabei den Wert $\pi/3 = 60^0$.

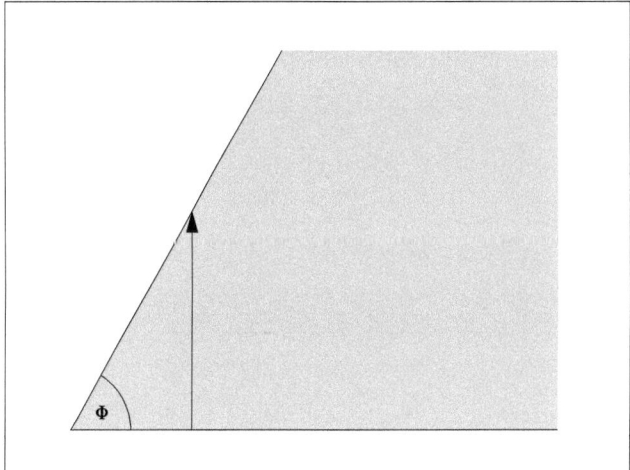

(a) Welchen Öffnungswinkel α hat der Kegel K?

(b) Kopiere die Zeichnung in vergrößertem Maßstab auf ein eigenes Blatt Papier und ergänze den Verlauf der abgewickelten Geodätischen in beide Richtungen $t \to \pm\infty$. Gib dabei jeweils die Richtung an, in der die Geodätische durchlaufen wird. Markiere ferner denjenigen Punkt, der dem am dichtesten bei der Kegelspitze liegenden Punkt der Geodätischen entspricht.

(c) Wie viele volle Umrundungen des Kegels schafft die betrachtete Geodätische? Wie oft schneidet diese sich selbst?

Aufgabe (100.36) Eine Fläche im $\mathbb{R}^3$ heißt **Regelfläche**, wenn sie durch die Bewegung eines Geradenstücks entlang einer Kurve α entsteht, wenn sie also eine Parametrisierung der Form

$$x(u,v) = \alpha(u) + v \cdot w(u)$$

mit Abbildungen $\alpha : I \to \mathbb{R}^3$ und $w : I \to \mathbb{R}^3 \setminus \{0\}$ besitzt. (Offensichtliche Beispiele für Regelflächen sind Zylinder und Kegel. Die Frontscheibe eines Fahrzeugs muß zwangsläufig eine Regelfläche sein, wenn die verwendeten Scheibenwischer geradlinig sein sollen.) Zeige, daß das einschalige Hyperboloid mit der Gleichung $x^2 + y^2 - z^2 = 1$ eine Regelfläche ist und daß dieses Hyperboloid sogar als Vereinigung zweier verschiedener Familien von Geraden entlang einer Kurve darstellbar ist.

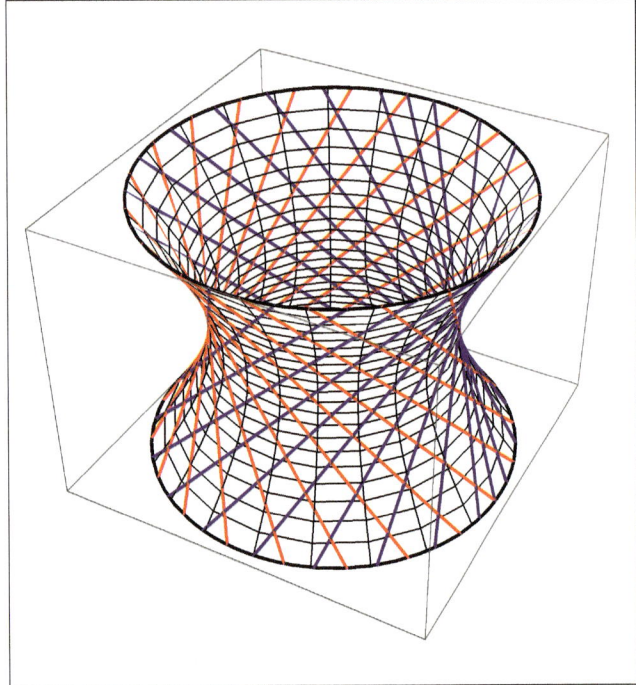

Erzeugung des Hyperboloids $x^2 + y^2 - z^2 = 1$ durch Bewegung einer Geraden längs einer Kurve.

Bemerkung: Die Bezeichnung "Regelfläche" geht auf eine verfehlte Übersetzung des französischen Ausdrucks "surface réglée" zurück.

Aufgabe (100.37) Es sei $M \subseteq \mathbb{R}^3$ eine C^2-Fläche, deren Gaußsche Krümmung überall Null ist. Es sei $p \in M$ ein Punkt, an dem nicht beide Hauptkrümmungen verschwinden. Zeige, daß dann M lokal um p eine Regelfläche ist. – **Bemerkung:** Ein Punkt einer Fläche M, an dem beide Hauptkrümmungen verschwinden, an dem der Krümmungsoperator $\mathfrak{C}_p$ also Null ist, heißt ein **Flachpunkt** von M.

Warnung: Bei einer ganzen Reihe von Aufgaben in diesem Kapitel ((100.5), (100.17), (100.19), (100.20), (100.22), (100.23), (100.24), (100.28), (100.30), (100.31), (100.37)) erfordert die Lösung Kenntnisse über Integralrechnung bzw. Differentialgleichungen, die in der Systematik des Buches erst später vermittelt werden.

A101: Die Jordan-Peanosche Inhaltstheorie

Aufgabe (101.1) Gib jeweils zwei verschiedene Möglichkeiten an, die folgende Figur in drei bzw. vier inhaltsgleiche Teile zu zerlegen!

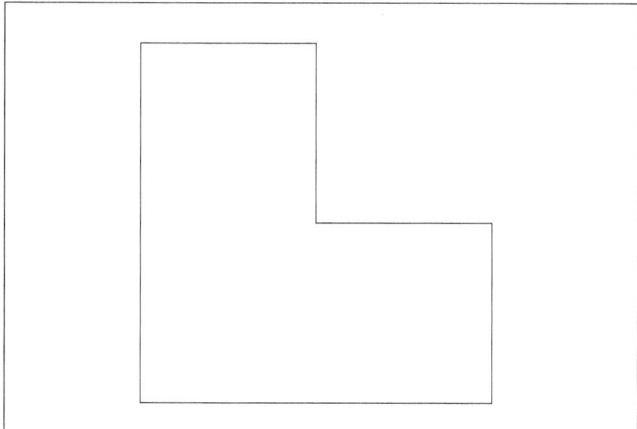

Aufgabe (101.2) Aus einem parallelogrammförmigen Brett wurde ein kleineres Parallelogramm entfernt. Der verbleibende Rest soll mit einem geraden Schnitt in zwei Teile mit gleichem Flächeninhalt zerlegt werden. Wie ist der Schnitt zu legen?

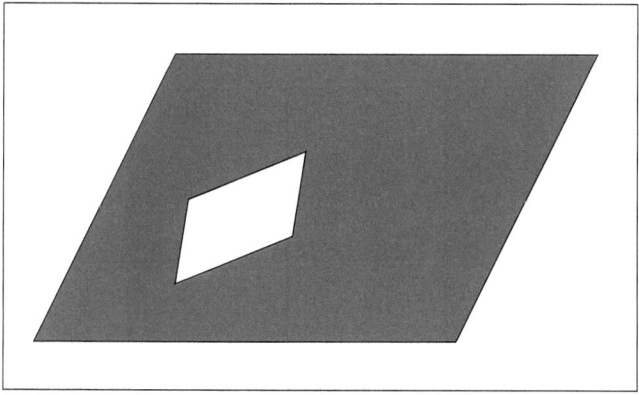

Aufgabe (101.3) (a) Von den vier Ecken eines Quadrates mit der Kantenlänge 1 wird jeweils der Winkel α gegenüber der von der jeweiligen Ecke ausgehenden Kante abgetragen; die vier entstehenden Geraden umschließen dann ein kleineres Quadrat, das in dem ursprünglichen enthalten ist. Welchen Flächeninhalt hat dieses Quadrat?

(b) Bei der Konstruktion in (a) entstehen neben dem inneren Quadrat vier kongruente Dreiecke; werden diese nach außen geklappt (also an der jeweils außenseitigen Begrenzungslinie gespiegelt), so entsteht ein größeres Quadrat, welches das ursprüngliche enthält. Welchen Flächeninhalt hat dieses Quadrat?

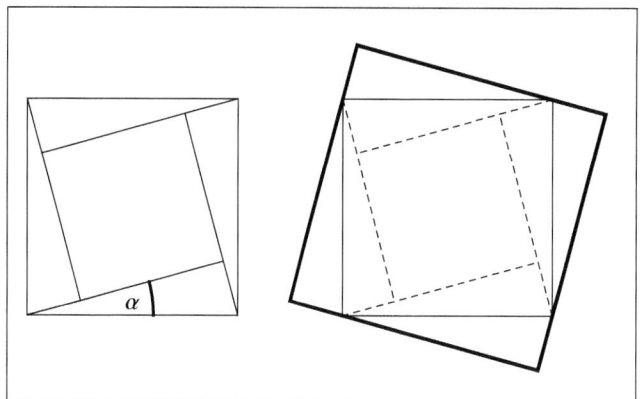

Aufgabe (101.4) Über den drei Seiten eines rechtwinkligen Dreiecks sei die gleiche Jordan-meßbare Menge eingezeichnet, jeweils skaliert im Verhältnis der Seiten. Zeige, daß die Flächensumme der Figuren über den beiden Katheten übereinstimmt mit dem Flächeninhalt der Figur über der Hypotenuse.

Aufgabe (101.5) Drücke das Verhältnis der Flächeninhalte der beiden gleichseitigen Dreiecke D_1 und D_2 durch die angegebenen Längen a und b aus!

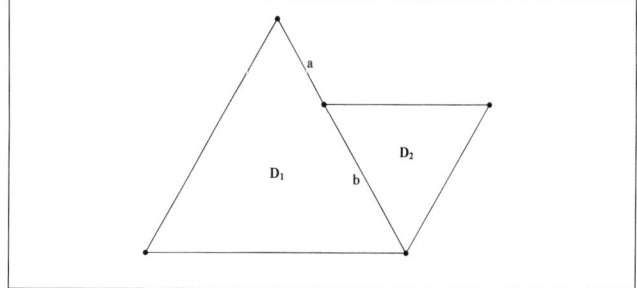

Aufgabe (101.6) Ein Quadrat mit Kantenlänge 1 werde wie skizziert in sieben Rechtecke unterteilt. Wie müssen die Abmessungen u_i und v_i gewählt werden, damit alle sieben Rechtecke den gleichen Flächeninhalt haben?

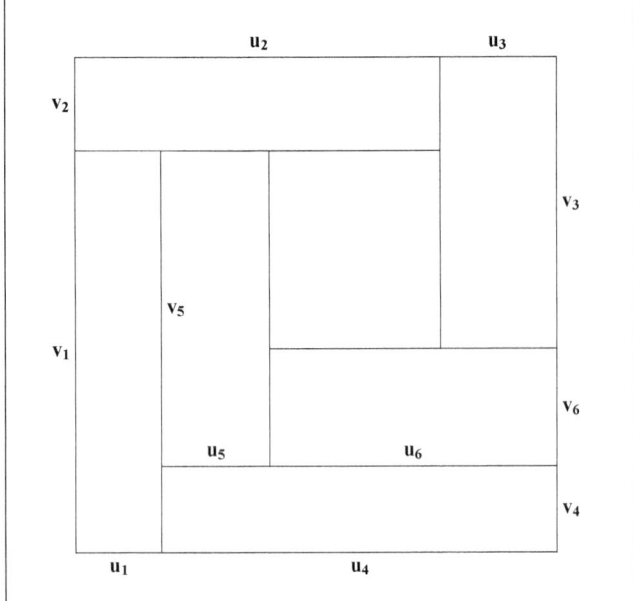

Unterteilung eines Quadrats in sieben flächengleiche Rechtecke.

Aufgabe (101.7) (a) Es sei $A = [0,1] \cap \mathbb{Q}$ die Menge der rationalen Zahlen im Intervall $[0,1]$. Berechne $\mu_\star(A)$ und $\mu^\star(A)$. Ist die Menge A Jordan-meßbar?

(b) Es sei $B = \{1/n \mid n \in \mathbb{N}\}$. Berechne $\mu_\star(B)$ und $\mu^\star(B)$. Ist die Menge B Jordan-meßbar?

Aufgabe (101.8) Es seien V ein endlichdimensionaler reeller Vektorraum und $A \subseteq V$ eine beschränkte Menge mit nur endlich vielen Häufungspunkten. Zeige, daß A eine Jordansche Nullmenge ist, also Jordan-meßbar ist mit $\mu(A) = 0$. **Zur Erinnerung:** Ein Punkt p heißt Häufungspunkt einer Menge A, wenn es eine Folge (a_n) in $A \setminus \{p\}$ gibt, die gegen p konvergiert. (Ein solcher Häufungspunkt muß nicht zwangsläufig selbst ein Element von A sein.)

Aufgabe (101.9) Es seien A und B beschränkte Teilmengen eines endlichdimensionalen reellen Vektorraums.

(a) Die Mengen A und B seien disjunkt. Zeige, daß dann die Ungleichungen $\mu_\star(A \cup B) \geq \mu_\star(A) + \mu_\star(B)$ und $\mu^\star(A \cup B) \leq \mu^\star(A) + \mu^\star(B)$ gelten.

(b) Zeige anhand eines Beispiels, daß die Ungleichungen in (a) echt sein können.

(c) Zeige, daß unter der Bedingung $\mathrm{dist}(A,B) > 0$ die Ungleichungen in (a) nicht echt sein können, daß also die Gleichungen $\mu_\star(A \cup B) = \mu_\star(A) + \mu_\star(B)$ und $\mu^\star(A \cup B) = \mu^\star(A) + \mu^\star(B)$ gelten.

Aufgabe (101.10) Welchen Durchmesser hat ein n-dimensionaler Würfel der Kantenlänge a? Was bedeutet die Antwort in den Fällen $n = 1, 2, 3$?

Aufgabe (101.11) Es sei $A \subseteq \mathbb{R}^n$ eine beschränkte Menge. Der innere Jordaninhalt $\mu_\star(A)$ wurde definiert als das Supremum aller Summen $\sum_{i=1}^m \mu(P_i)$, wobei $P_1, \ldots, P_m$ paarweise disjunkte in A enthaltene Spate sind. Analog wurde der äußere Jordan-Inhalt $\mu^\star(A)$ von A definiert als das Infimum aller Summen $\sum_{j=1}^n \mu(Q_j)$, wobei $Q_1, \ldots, Q_n$ Spate sind, deren Vereinigung ganz A überdeckt. Zeige, daß $\mu_\star(A)$ das Supremum aller Summen $\sum_{i=1}^m \mu(P_i)$ ist, für die $P_1, \ldots, P_m$ paarweise disjunkte in A enthaltene Jordan-meßbare Mengen sind, und daß $\mu^\star(A)$ das Infimum aller Summen $\sum_{j=1}^n \mu(Q_j)$, wobei $Q_1, \ldots, Q_n$ irgendwelche Jordan-meßbaren Mengen sind, deren Vereinigung ganz A ist. (Statt Spate kann man also zur Approximation beliebige Jordan-meßbare Mengen nehmen.)

Lösungen zu »Die Jordan-Peanosche Inhaltstheorie« siehe Seite 243

A102: Inhalte elementargeometrischer Figuren

Aufgabe (102.1) Die Flächeninhalte der drei Quadrate seien wie in der Zeichnung angegeben (jeweils in Quadratmetern). Welchen Flächeninhalt hat das von ihnen eingeschlossene Dreieck?

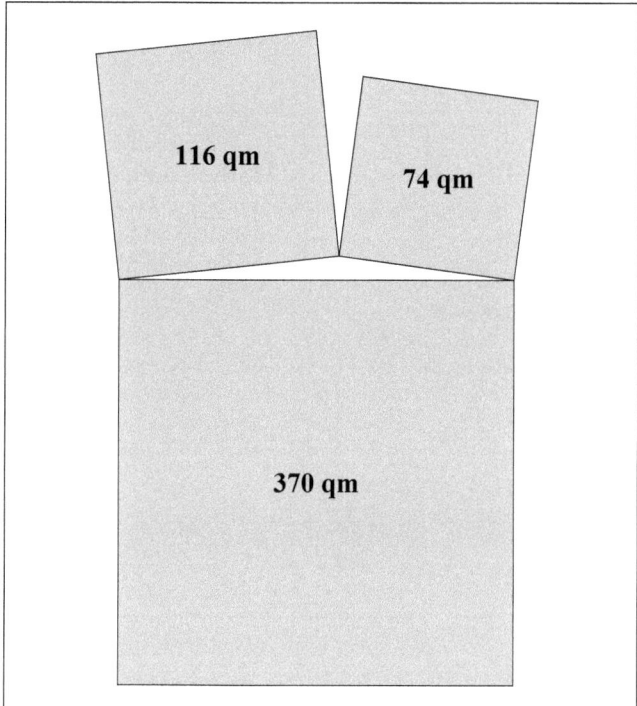

Welchen Flächeninhalt hat das Dreieck in der Mitte?

Aufgabe (102.2) Zwei identische Rechtecke mit den Seitenlängen $a = 1\,\text{m}$ und $b = 3\,\text{m}$ werden wie abgebildet aufeinandergelegt. Welchen Flächeninhalt hat der grau markierte Überlappungsbereich?

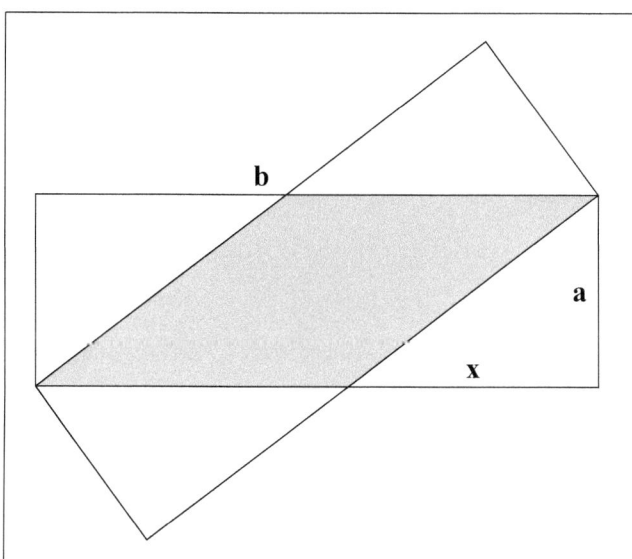

Aufgabe (102.3) Auf den Seiten eines gegebenen Dreiecks ABC sollen wie skizziert Punkte P und Q gewählt werden, für die die entstehenden Dreiecke CAP, APQ und PQB flächengleich sind. Wie kann man die Punkte P und Q konstruieren?

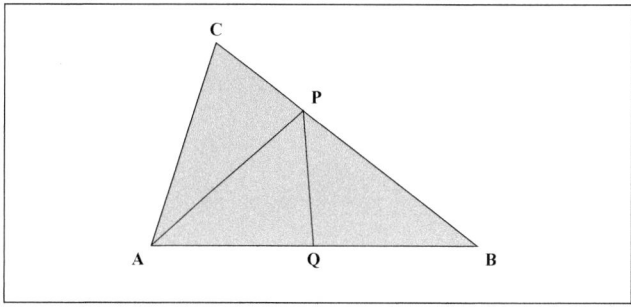

Aufgabe (102.4) Einem Quadrat mit der Kantenlänge a werde wie skizziert ein gleichseitiges Dreieck einbeschrieben.
(a) Welche Seitenlänge b hat dieses Dreieck?
(b) Wieviel Prozent der Quadratfläche macht die Dreiecksfläche aus?

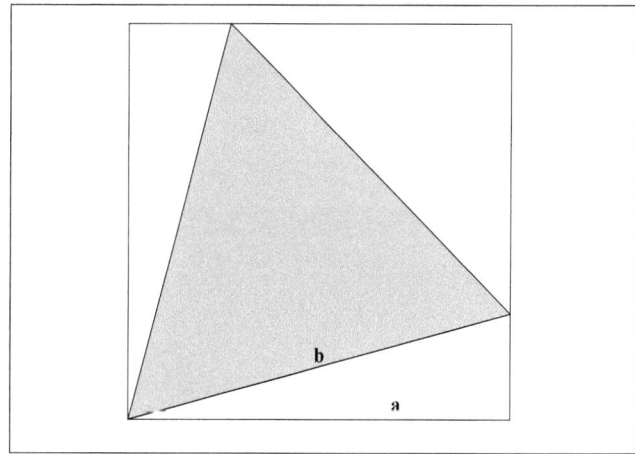

Aufgabe (102.5) Bei einem gleichseitigen Dreieck der Seitenlänge a werden die Ecken durch Kreise mit Radius r abgerundet. Welche Fläche geht dabei verloren?

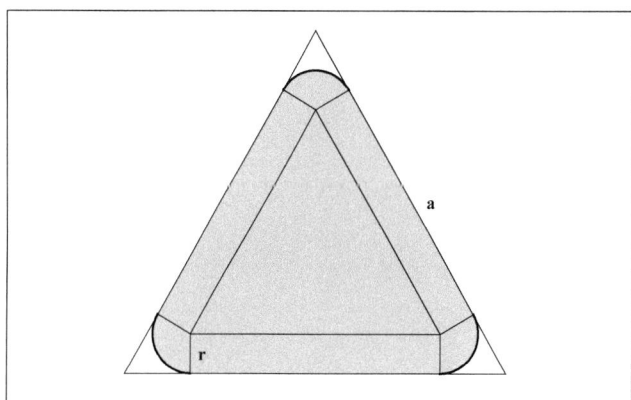

Lösungen zu »Inhalte elementargeometrischer Figuren« siehe Seite 247

Aufgabe (102.6) Errichtet man über jeder Seite eines rechtwinkligen Dreiecks einen Halbkreis wie in der Skizze angegeben, so erhält man zwei Kreiszweiecke, die man nach dem griechischen Mathematiker Hippokrates von Chios (5. Jh. v. Chr.) die **Möndchen des Hippokrates** nennt. Zeige, daß der gemeinsame Flächeninhalt dieser beiden "Möndchen" gleich dem Flächeninhalt des zugrundeliegenden Dreiecks ist.

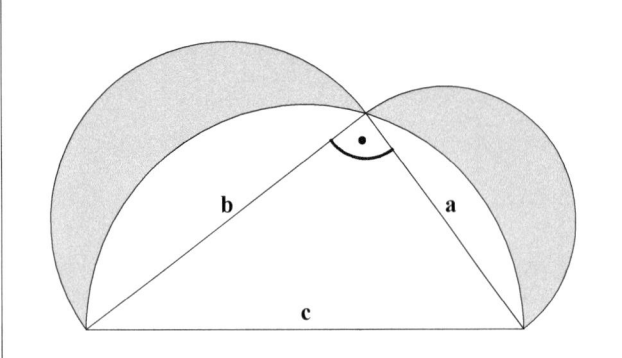

Möndchen des Hippokrates.

Bemerkung: Berechnungen mit diesen und anderen Kreisfiguren nährten bei den Griechen die Hoffnung, das Problem der Quadratur des Kreises zu lösen, also die Aufgabe, durch Konstruktionen mit Zirkel und Lineal einen Kreis in ein flächengleiches Quadrat zu verwandeln. Die Unmöglichkeit, dieses Problem zu lösen, wurde erst im 19. Jahrhundert nachgewiesen (Beweis der Transzendenz der Zahl π durch Carl Louis Ferdinand von Lindemann im Jahr 1882).

Aufgabe (102.7) Die beiden folgenden Figuren, der Arbelos ("Schusterkneif") und das Salinon ("Salzfäßchen"), wurden von dem griechischen Mathematiker Archimedes (um 287-212 v. Chr.) untersucht. Beweise, daß jede der beiden Figuren den gleichen Flächeninhalt hat wie der jeweils eingezeichnete gestrichelte Kreis!

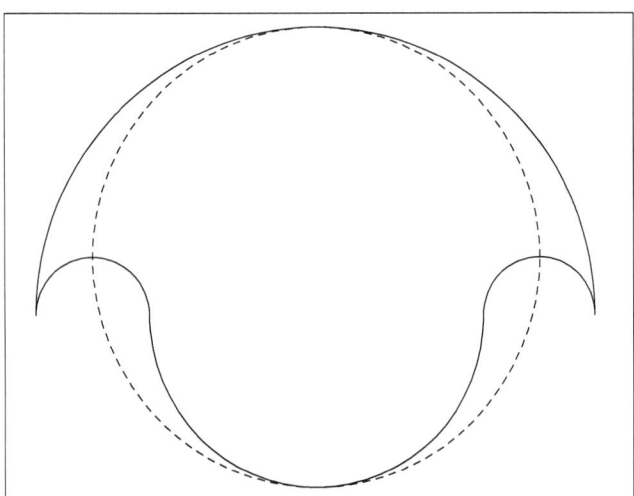

Salinon.

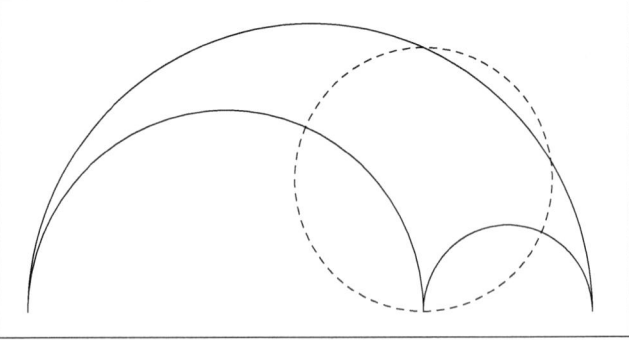

Arbelos.

Aufgabe (102.8) Welchen Anteil hat in den beiden folgenden Figuren die graue Fläche an der Gesamtfläche des Quadrats?

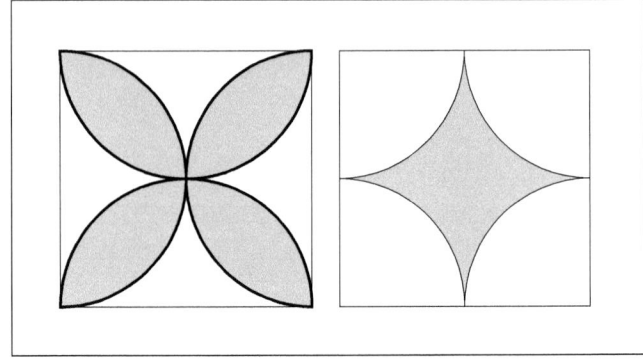

Aufgabe (102.9) (a) Von einem Randpunkt einer Kreisscheibe vom Radius R aus werde ein Kreis mit Radius r (wobei $0 < r < 2R$) geschlagen. Welchen Flächeninhalt hat der Durchschnitt der beiden Kreisscheiben?

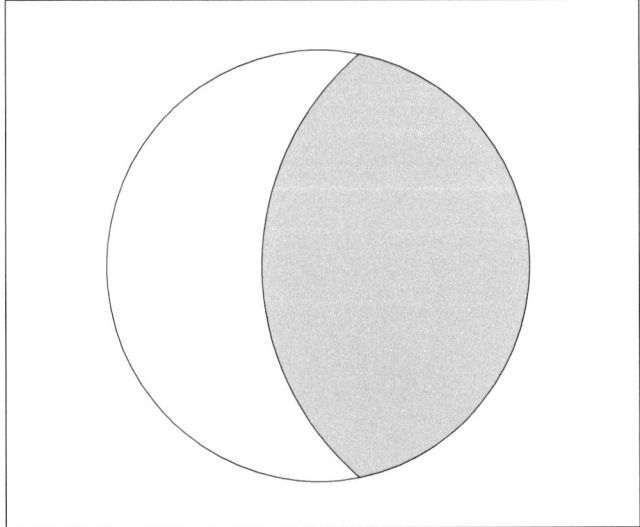

(b) Ein Bauer besitzt eine exakt kreisförmige Wiese vom Radius R. An einem Pflock am Rand dieser Wiese bindet er eine Ziege mit einem Seil der Länge r an. Wie groß ist r zu wählen, damit die Ziege maximal die halbe Wiese abfressen kann?

Lösungen zu »Inhalte elementargeometrischer Figuren« siehe Seite 247

102. Inhalte elementargeometrischer Figuren

Aufgabe (102.10) Welchen Anteil hat in den beiden folgenden Figuren der graue Kreis an der Gesamtfläche des Quadrats?

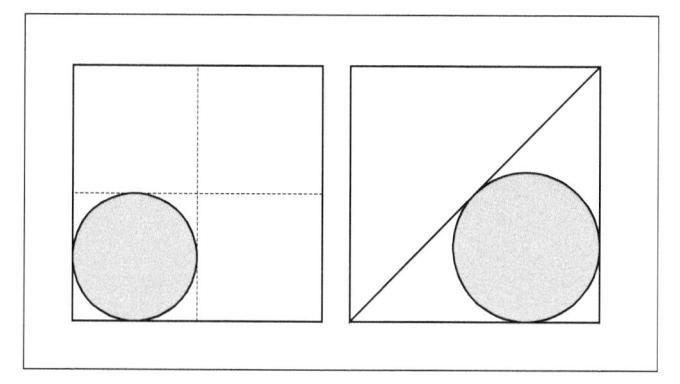

Aufgabe (102.11) Welchen Anteil hat in den beiden folgenden Figuren der graue Kreis an der Gesamtfläche des großen Halbkreises?

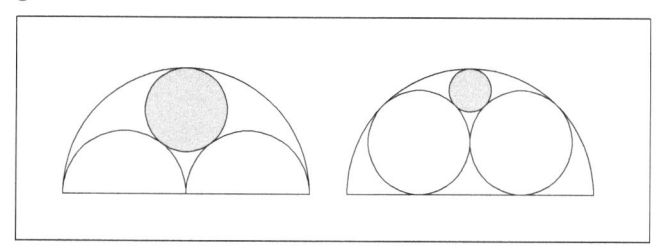

Aufgabe (102.12) Es seien A, B, C, D (in dieser Reihenfolge) die aufeinanderfolgenden Ecken eines konvexen Vierecks, und es sei S der Schnittpunkt der Diagonalen AC und BD. Drücke das Verhältnis der Flächen der beiden Dreiecke ABS und CDS durch die Streckenlängen $\overline{SA}, \overline{SB}, \overline{SC}, \overline{SD}$ aus!

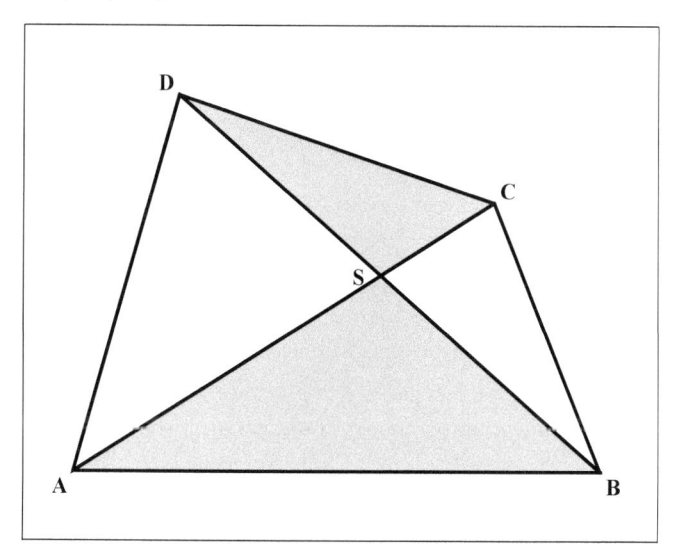

Aufgabe (102.13) In dieser Aufgabe soll nachgerechnet werden, daß eine (dreidimensionale) Kugel vom Radius R das Volumen $V = 4\pi R^3/3$ hat. Dazu betrachten wir zunächst eine Halbkugel vom Radius R und errichten vom Mittelpunkt des Grundkreises aus zum "Nordpol" hin eine Achse, auf der wir irgendeine Unterteilung $0 = y_0 < y_1 < y_2 < \cdots < y_{N-1} < y_N = R$ wählen.

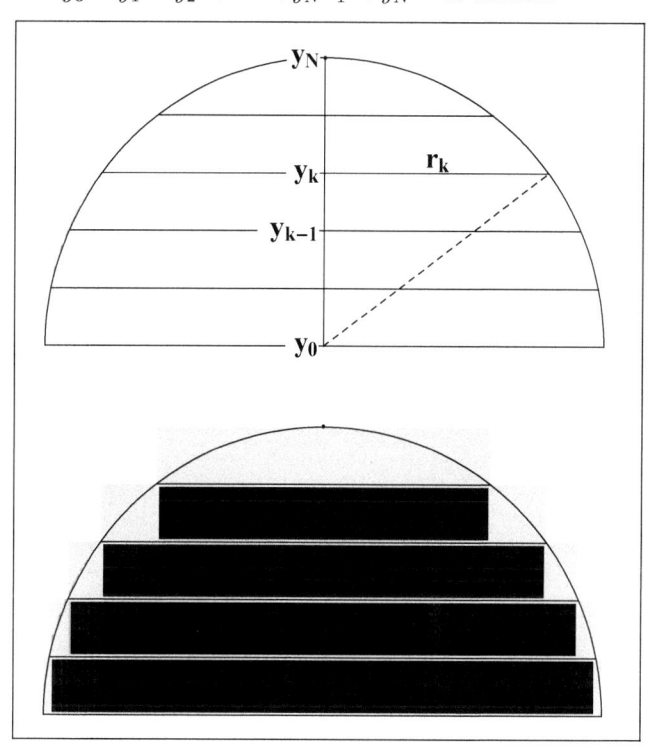

(a) Gemäß dieser Zerlegung werden der Halbkugel zylindrische Kreisscheiben ein- und umbeschrieben. (Die untere Abbildung zeigt dies im Querschnitt.) Bestimme die Summe der Volumina dieser ein- und umbeschriebenen Kreisscheiben!

(b) Wähle jetzt speziell eine *äquidistante* Zerlegung $y_k = kR/N$ und berechne die Summen in (a) explizit. Was ergibt sich für $N \to \infty$?

(c) Bestätige die oben angegebene Formel für das Kugelvolumen!

Hinweis: Für $n \in \mathbb{N}$ gilt $\sum_{k=1}^{n} k^2 = n(n+1)(2n+1)/6$.

Aufgabe (102.14) (a) Wir kennen bereits die folgenden Potenzsummenformeln:

$$\begin{aligned}
\sum_{k=1}^{n} k &= n(n+1)/2, \\
\sum_{k=1}^{n} k^2 &= n(n+1)(2n+1)/6, \\
\sum_{k=1}^{n} k^3 &= n^2(n+1)^2/4, \\
\sum_{k=1}^{n} k^4 &= n(n+1)(2n+1)(3n^2+3n-1)/30.
\end{aligned}$$

Beweise, daß für einen beliebigen Exponenten $\ell \in \mathbb{N}$ eine Formel der Art

$$\sum_{k=1}^{n} k^\ell = 1^\ell + 2^\ell + 3^\ell + \cdots + n^\ell = \frac{n^{\ell+1} + p_\ell(n)}{\ell+1}$$

gilt, wobei p_ℓ ein Polynom vom Grad $\leq \ell$ ist.

(b) Für eine gegebene Zahl $\ell \in \mathbb{N}$ betrachten wir die Funktion $f(x) := x^\ell$; für feste Zahlen $0 \leq a < b$ soll dann der Flächeninhalt der Menge

$$\Omega := \{(x,y) \in \mathbb{R}^2 \mid a \leq x \leq b,\ 0 \leq y \leq f(x)\}$$

ermittelt werden. Nimm dazu zunächst $a = 0$ an, zerlege das Intervall $[0,b]$ in N gleich große Teilintervalle $[x_{k-1}, x_k]$ mit $x_k := kb/N$ für $0 \leq k \leq N$ und berechne die Untersumme U_N und die Obersumme O_N, die gegeben sind durch $U_N = \sum_{k=1}^{N} f(x_{k-1})(x_k - x_{k-1})$ und $O_N = \sum_{k=1}^{N} f(x_k)(x_k - x_{k-1})$.

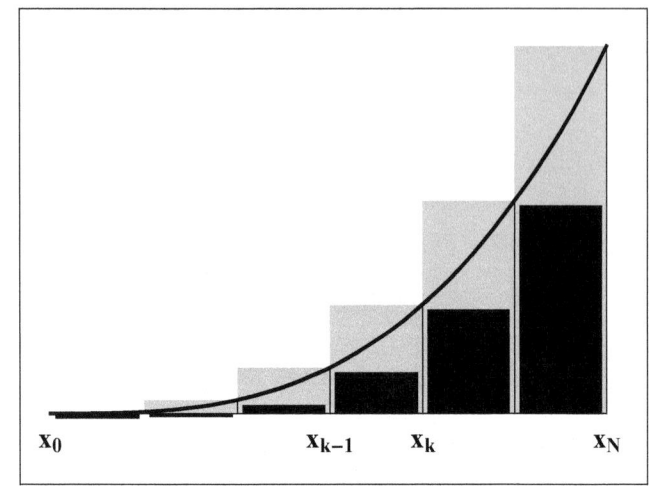

Bemerkung: Diese Aufgabe leitet schon zur Integralrechnung über, in der systematisch durch Kurven begrenzte Flächeninhalte berechnet werden. Der Flächeninhalt der Menge Ω wird dann als Integral $\int_a^b x^\ell \, \mathrm{d}x$ bezeichnet werden.

Aufgabe (102.15) Beweise die folgenden Aussagen!
(a) Ein Dreieck habe die Ecken P_0, P_1 und P_2, und bezüglich irgendeines kartesischen Koordinatensystems mögen die Koordinatendarstellungen $P_i = (x_i, y_i)$ für $0 \leq i \leq 2$ gelten. Dann ist der Flächeninhalt des Dreiecks gegeben durch

$$\frac{1}{2} \cdot \left| \det \begin{bmatrix} x_0 & x_1 & x_2 \\ y_0 & y_1 & y_2 \\ 1 & 1 & 1 \end{bmatrix} \right|.$$

(b) Ein Tetraeder habe die Ecken P_0, P_1, P_2 und P_3, und bezüglich irgendeines kartesischen Koordinatensystems mögen die Koordinatendarstellungen $P_i = (x_i, y_i, z_i)$ für $0 \leq i \leq 3$ gelten. Dann ist der Rauminhalt des Tetraeders gegeben durch

$$\frac{1}{6} \cdot \left| \det \begin{bmatrix} x_0 & x_1 & x_2 & x_3 \\ y_0 & y_1 & y_2 & y_3 \\ z_0 & z_1 & z_2 & z_3 \\ 1 & 1 & 1 & 1 \end{bmatrix} \right|.$$

Aufgabe (102.16) (a) Bestimme den Flächeninhalt des Dreiecks mit den Ecken $(1,1)$, $(5,3)$ und $(2,7)$.
(b) Bestimme den Rauminhalt des Tetraeders mit den Ecken $(0,0,1)$, $(2,-1,-5)$, $(3,6,8)$ und $(-4,2,3)$.

Aufgabe (102.17) Berechne den Flächeninhalt des in der folgenden Zeichnung abgebildeten Dreiecks.

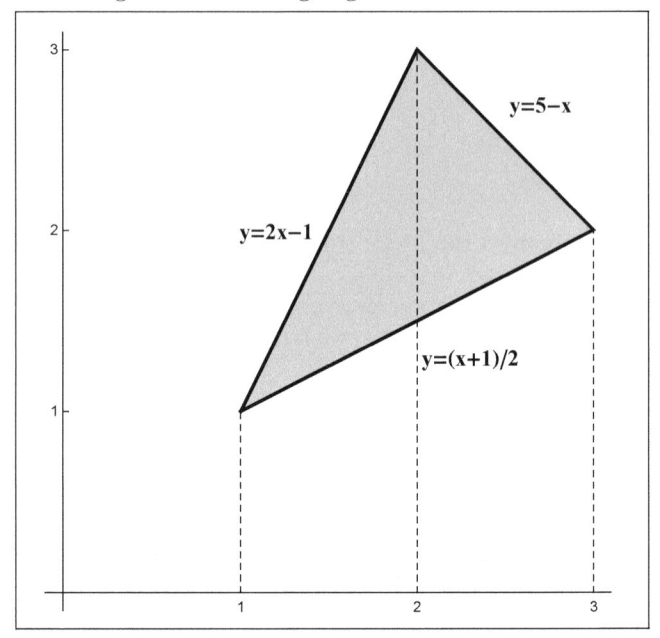

Aufgabe (102.18) Gegeben sei ein rechtwinkliges Dreieck mit den Katheten $a < b$. Wie in der Skizze angegeben, wird über der Kathete a ein Viertelkreis und über der Hypotenuse ein Halbkreis errichtet. Bestimme die Flächeninhalte der entstehenden Flächenstücke A, B, C und D!

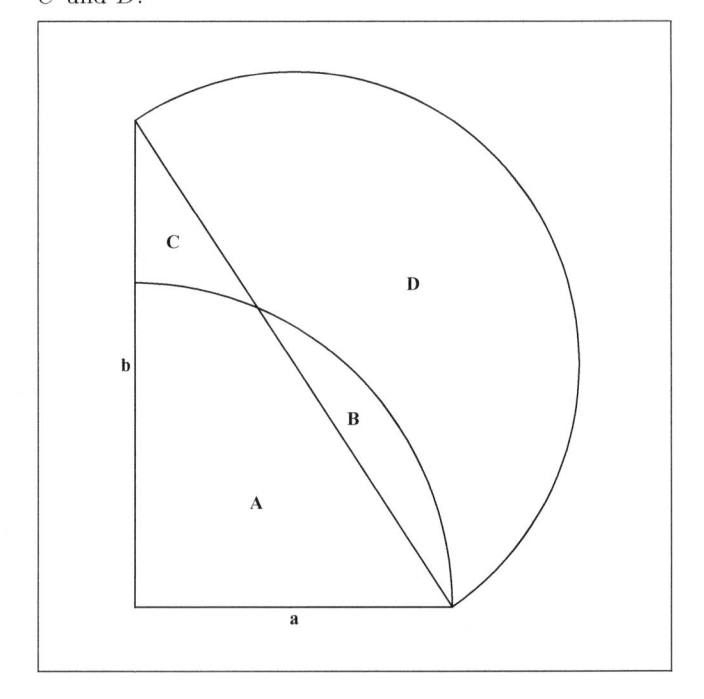

Lösungen zu »Inhalte elementargeometrischer Figuren« siehe Seite 247

A103: Die Borel-Lebesguesche Maßtheorie

Aufgabe (103.1) Es seien V ein endlichdimensionaler reeller Vektorraum und $A, B \subseteq V$ beschränkte Teilmengen von V. Zeige: Sind A und B Lebesgue-meßbar, dann auch $A \cup B$, $A \cap B$ und $A \setminus B$.

Aufgabe (103.2) Es seien $a < b$ reelle Zahlen und $A := [a,b] \cap \mathbb{Q}$. Berechne für A einerseits den inneren Jordaninhalt $\mu_\star(A)$ und den äußeren Jordaninhalt $\mu^\star(A)$, andererseits das innere Lebesguemaß $\lambda_\star(A)$ und das äußere Lebesguemaß $\lambda^\star(A)$.

Aufgabe (103.3) Es sei V ein endlichdimensionaler reeller Vektorraum. Wir nennen eine unbeschränkte Menge $A \subseteq V$ Lebesgue-meßbar, wenn für jeden Spat P die (beschränkte) Menge $A \cap P$ Lebesgue-meßbar ist. Ferner sei $\mathfrak{A}$ die Familie aller (beschränkten oder unbeschränkten) Lebesgue-meßbaren Teilmengen von V.
(a) Zeige, daß eine beschränkte Teilmenge $A \subseteq V$ ebenfalls genau dann Lebesgue-meßbar ist, wenn für jeden Spat P die Menge $A \cap P$ Lebesgue-meßbar ist. (Die neue Definition ist also tatsächlich eine Erweiterung der alten Definition.)
(b) Ist $A \subseteq V$ Lebesgue-meßbar, so definieren wir deren Maß $\lambda(A)$ wie folgt: Wähle irgendeine Zerlegung von V in abzählbar viele disjunkte Spate P_i und setze
$$\lambda(A) := \sum_{i=1}^\infty \lambda(A \cap P_i).$$
(Dies ist entweder eine nichtnegative reeller Zahl oder aber ∞.) Zeige, daß diese Setzung wohldefiniert ist, also nicht von der (willkürlichen) Wahl der Familie (P_i) abhängt.
(c) Zeige: Mit jeder Menge A liegt auch deren Komplement $V \setminus A$ in $\mathfrak{A}$. (Die Familie $\mathfrak{A}$ ist also abgeschlossen bezüglich Komplementbildung.)
(d) Zeige: Sind $A_1, A_2, A_3, \ldots$ Elemente von $\mathfrak{A}$, so liegt auch $\bigcup_{i=1}^\infty A_i$ in $\mathfrak{A}$. (Die Familie $\mathfrak{A}$ ist also abgeschlossen bezüglich der Bildung abzählbarer Vereinigungen.)
(e) Zeige: Sind $A_1, A_2, A_3, \ldots$ Elemente von $\mathfrak{A}$, so liegt auch $\bigcap_{i=1}^\infty A_i$ in $\mathfrak{A}$. (Die Familie $\mathfrak{A}$ ist also abgeschlossen bezüglich der Bildung abzählbarer Durchschnitte.)
(f) Zeige: Sind $A_1, A_2, A_3, \ldots$ paarweise disjunkte Elemente von $\mathfrak{A}$, so gilt $\lambda\big(\bigcup_{i=1}^\infty A_i\big) = \sum_{i=1}^\infty \lambda(A_i)$. (Die Funktion $\lambda : \mathfrak{A} \to \mathbb{R} \cup \{\infty\}$ ist also σ-additiv.)

Bemerkung: In Kapitel 103 des Buches hatten wir uns bei der Einführung des Begriffs der Lebesgue-Meßbarkeit auf die Behandlung beschränkter Mengen beschränkt. (Hier ist kein Wortspiel beabsichtigt!) Es ist wünschenswert, auch unbeschränkte Mengen in die Untersuchung einzubeziehen; diese Aufgabe dient diesem Zweck.

Aufgabe (103.4) Es sei $A \subseteq \mathbb{R}^n$ eine abzählbare Menge. Zeige, daß A Lebesgue-meßbar ist mit dem Maß $\lambda(A) = 0$.

Aufgabe (103.5) Zeige, daß eine beschränkte Menge $A \subseteq \mathbb{R}^n$ genau dann eine Jordansche Nullmenge ist, wenn der Abschluß $\overline{A}$ eine Lebesguesche Nullmenge ist.

Aufgabe (103.6) Es sei V ein endlichdimensionaler reeller Vektorraum. Zeige, daß eine beschränkte Teilmenge $A \subseteq V$ genau dann Lebesgue-meßbar ist, wenn es eine Borelmenge $B \subseteq V$ derart gibt, daß $A \triangle B = (A \setminus B) \cup (B \setminus A)$ eine Lebesguesche Nullmenge ist.

Aufgabe (103.7) Es sei $\mathfrak{A}$ die Menge aller Lebesgue-meßbaren Teilmengen eines endlichdimensionalen reellen Vektorraums V. Zeige, daß durch
$$A \sim B \;:\Leftrightarrow\; \lambda(A \triangle B) = 0$$
eine Äquivalenzrelation auf $\mathfrak{A}$ definiert ist. (Was bedeutet diese Relation anschaulich?)

Aufgabe (103.8) Es seien V ein endlichdimensionaler reeller Vektorraum und $A_1, A_2, A_3, \ldots$ Lebesgue-meßbare Teilmengen von V.
(a) Zeige: Gilt $A_1 \subseteq A_2 \subseteq A_3 \subseteq \cdots$, so gilt
$$\lambda\Big(\bigcup_{i=1}^\infty A_i\Big) = \lim_{i \to \infty} \lambda(A_i).$$
(b) Zeige: Gilt $A_1 \supseteq A_2 \supseteq A_3 \supseteq \cdots$ und gilt $\lambda(A_{i_0}) < \infty$ für mindestens einen Index i_0, so gilt
$$\lambda\Big(\bigcap_{i=1}^\infty A_i\Big) = \lim_{i \to \infty} \lambda(A_i).$$
(c) Zeige, daß die Aussage in Teil (b) nicht mehr gelten muß, wenn $\lambda(A_i) = \infty$ für alle i gilt.

Aufgabe (103.9) Es sei V ein endlichdimensionaler reeller Vektorraum. Zeige, daß für eine beschränkte Teilmenge $A \subseteq V$ die folgenden Bedingungen äquivalent sind:
(1) A ist Lebesgue-meßbar;
(2) zu jeder Zahl $\varepsilon > 0$ gibt es eine offene Menge $U \supseteq A$ mit $\lambda^\star(U \setminus A) < \varepsilon$;
(3) zu jeder Zahl $\varepsilon > 0$ gibt es eine abgeschlossene Menge $K \subseteq U$ mit $\lambda^\star(A \setminus K) < \varepsilon$;
(4) zu jeder Zahl $\varepsilon > 0$ gibt es eine abgeschlossene Menge K und eine offene Menge U mit $K \subseteq A \subseteq U$ und $\lambda^\star(U \setminus K) < \varepsilon$;
(5) es gibt eine Menge G, die darstellbar ist als abzählbarer Durchschnitt offener Mengen, und eine Lebesguesche Nullmenge Z mit $A = G \setminus Z$;
(6) es gibt eine Menge F, die darstellbar ist als abzählbare Vereinigung abgeschlossener Mengen, und eine Lebesguesche Nullmenge Z mit $A = F \cup Z$.

Aufgabe (103.10) Es seien V ein endlichdimensionaler reeller Vektorraum und $A \subseteq V$ eine beschränkte Teilmenge. Statt wie bei der Definition des Begriffs der Jordan-Meßbarkeit betrachten wir jetzt nicht nur Überdeckungen von A durch endlich viele, sondern durch abzählbar viele Spate, und definieren

$$\sigma^\star(A) := \inf_{\mathfrak{P}} \sum_{P \in \mathfrak{P}} \mu(P),$$

wobei das Infimum über alle abzählbaren Spatüberdeckungen von A gebildet wird. Zeige, daß $\lambda^\star(A) = \sigma^\star(A)$ gilt. (Diese Aufgabe liefert also eine alternative Möglichkeit, das äußere Lebesguesche Maß einer Menge zu definieren.)

Aufgabe (103.11) Es seien V ein endlichdimensionaler reeller Vektorraum und $A \subseteq V$ eine beliebige (beschränkte oder unbeschränkte) Teilmenge von V. Zeige, daß es eine meßbare Menge $G \supseteq A$ gibt mit $\lambda^\star(A) = \lambda^\star(G)$.

Aufgabe (103.12) Es seien $A_1, A_2, A_3, \ldots$ beliebige (nicht notwendigerweise Lebesgue-meßbare) Teilmengen eines endlichdimensionalen reellen Vektorraums V, und es gelte $A_1 \subseteq A_2 \subseteq A_3 \subseteq \cdots$. Beweise die Gleichung

$$\lambda^\star(\bigcup_{i=1}^\infty A_i) = \lim_{i \to \infty} \lambda^\star(A_i).$$

Aufgabe (103.13) Es sei $M \subseteq [0,1]$ die nicht meßbare Menge aus Beispiel (103.4) des Buches. Es sei $\{q_1, q_2, q_3, \ldots\}$ eine Aufzählung der rationalen Zahlen im Intervall $[0,1]$, und für $n \in \mathbb{N}$ sei

$$A_n := \bigcup_{k=n}^\infty (M + q_k).$$

Zeige, daß dann $A_1 \supseteq A_2 \supseteq \cdots \supseteq A_3 \supseteq \cdots$ gilt, daß aber die Zahlen $\lambda^\star(A_k)$ nicht gegen $\lambda^\star(\bigcap_{k=1}^\infty A_k)$ konvergieren. (Das Analogon zu Aufgabe (103.12) für absteigende statt aufsteigende Mengen gilt also nicht.)

A104: Abstrakte Maßtheorie

Aufgabe (104.1) Für $n \in \mathbb{N}$ sei $\mathfrak{A}_n \subseteq \mathfrak{P}(\mathbb{N})$ die von den Mengen $\{1\}, \{2\}, \ldots, \{n\}$ erzeugte σ-Algebra. Gib explizit an, aus welchen Mengen $\mathfrak{A}_n$ besteht! Ist $\bigcup_{n=1}^{\infty} \mathfrak{A}_n$ eine σ-Algebra?

Aufgabe (104.2) Es seien X eine Menge und $\mathfrak{M} \subseteq \mathfrak{P}(X)$ eine Familie von Teilmengen von X. Wir bilden aus $\mathfrak{M}$ zunächst die Menge $\mathfrak{M}_1$ aller derjenigen Teilmengen $A \subseteq X$, für die entweder A selbst oder das Komplement $X \setminus A$ in $\mathfrak{M} \cup \{\emptyset\}$ liegt, anschließend die Menge $\mathfrak{M}_2$ aller endlichen Durchschnitte von Mengen aus $\mathfrak{M}_1$ und schließlich die Menge $\mathfrak{M}_3$ aller endlichen Vereinigungen von Mengen aus $\mathfrak{M}_2$. Zeige, daß dann $\mathfrak{M}_3$ eine Algebra ist (und damit offensichtlich die von $\mathfrak{M}$ erzeugte Algebra).

Bemerkung: Für die von $\mathfrak{M}$ erzeugte σ-Algebra gibt es leider keine derart "explizite" Konstruktion.

Aufgabe (104.3) Zeige, daß für einen Maßraum $(X, \mathfrak{A}, \mu)$ die folgenden Bedingungen äquivalent sind:
(1) jede Menge $M \subseteq X$ mit der Eigenschaft, daß es zu jedem $\varepsilon > 0$ Mengen $A, B \in \mathfrak{A}$ mit $A \subseteq M \subseteq B$ und $\mu(B \setminus A) < \varepsilon$ gibt, liegt selbst schon in $\mathfrak{A}$;
(2) jede Menge $M \subseteq X$, zu der es $A, B \in \mathfrak{A}$ mit $A \subseteq M \subseteq B$ und $\mu(B \setminus A) = 0$ gibt, liegt in $\mathfrak{A}$;
(3) jede Teilmenge einer μ-Nullmenge liegt in $\mathfrak{A}$ (und ist damit selbst eine μ-Nullmenge).(Ein Maßraum, in dem diese Bedingungen erfüllt sind, heißt *vollständig*.)

Aufgabe (104.4) Es sei $\mathfrak{A}$ die Menge aller endlichen Vereinigungen disjunkter Intervalle der Form $(2^{-n}, 2^{-m}]$ oder $(0, 2^{-m}]$ (mit $m, n \in \mathbb{N}_0$ und $n > m$) zuzüglich der leeren Menge. Für $A \in \mathfrak{A}$ mit $A \neq \emptyset$ sei $\ell(A)$ die Summe der Längen der A konstituierenden Intervalle; ferner definieren wir $\mu : \mathfrak{A} \to \mathbb{R}$ durch

$$\mu(A) := \begin{cases} \ell(A), & \text{falls } A \neq \emptyset \text{ und } 0 \notin \partial A; \\ \ell(A) + 1, & \text{falls } A \neq \emptyset \text{ und } 0 \in \partial A; \\ 0, & \text{falls } A = \emptyset. \end{cases}$$

Beweise die folgenden Aussagen!
(1) Die Familie $\mathfrak{A}$ ist eine Algebra auf der Menge $X := (0, 1]$, aber keine σ-Algebra.
(2) Die Abbildung μ ist eine Inhaltsfunktion, die nicht volladditiv ist.

Aufgabe (104.5) Es seien X eine nichtleere Menge und $\mathfrak{R} \subseteq \mathfrak{P}(X)$ eine Familie von Teilmengen von X mit $\emptyset \in \mathfrak{R}$. Beweise die Äquivalenz der folgenden Bedingungen!
(1) Mit A und B liegen auch $A \Delta B$ und $A \cup B$ in $\mathfrak{R}$.
(2) Mit A und B liegen auch $A \Delta B$ und $A \cap B$ in $\mathfrak{R}$.
(3) Mit A und B liegen auch $A \cup B$ und $A \setminus B$ in $\mathfrak{R}$.
(4) Die Menge $\mathfrak{R}$ ist ein Ring.

Dabei bezeichnet $A \Delta B := (A \setminus B) \cup (B \setminus A)$ die symmetrische Differenz von A und B.

Aufgabe (104.6) Es sei $\mathfrak{R} \subseteq \mathfrak{P}(X)$ ein (mengentheoretischer) Ring im Sinne der Definition (104.1) im Buch; d.h., $\emptyset \in \mathfrak{R}$, und mit $A, B \in \mathfrak{R}$ liegen auch $A \cup B$ und $A \setminus B$ in $\mathfrak{R}$.

(a) Zeige, daß $(\mathfrak{R}, \Delta, \cap)$ ein (algebraischer) kommutativer Ring im Sinne der Definition (22.1) des Buchs ist. Wann hat dieser Ring ein Einselement?

(b) Zeige, daß $\mathfrak{R}$ mit der Addition Δ und der Skalarmultiplikation $0 \cdot M := \emptyset$, $1 \cdot M := M$ ein Vektorraum über dem zweielementigen Körper $\{0, 1\}$ ist.

(c) Zeige, daß die Skalarmultiplikation in Teil (b) und die Ringmultiplikation in Teil (a) die Verträglichkeitsbedingungen $(\lambda x)y = \lambda(xy) = x(\lambda y)$ erfüllen.

Aufgabe (104.7) Es sei $(X, \mathfrak{A}, \mu)$ ein Maßraum. Zeige, daß dann die Menge $\mathfrak{A}_0$ derjenigen $A \in \mathfrak{A}$, für die $\mu(A) < \infty$ gilt, ein Unterring von $\mathfrak{A}$ ist. Wann ist $(X, \mathfrak{A}_0, \mu \mid_{\mathfrak{A}_0})$ ein Inhaltsraum?

Aufgabe (104.8) (a) Es seien X eine unendliche Menge, $\mathfrak{A}$ die Menge aller Teilmengen $A \subseteq X$, für die A oder $X \setminus A$ endlich ist, sowie $\mu : \mathfrak{A} \to [0, \infty]$ die Abbildung, die definiert ist durch

$$\mu(A) := \begin{cases} 0, & \text{falls } A \text{ endlich}; \\ \infty, & \text{falls } X \setminus A \text{ endlich}. \end{cases}$$

Zeige, daß $(X, \mathfrak{A}, \mu)$ ein Inhaltsraum ist. Wann ist μ volladditiv?

(b) Es seien X eine überabzählbare Menge, $\mathfrak{A}$ die Menge aller Teilmengen $A \subseteq X$, für die A oder $X \setminus A$ endlich oder abzählbar ist, sowie $\mu : \mathfrak{A} \to [0, \infty]$ die Abbildung, die definiert ist durch

$$\mu(A) := \begin{cases} 0, & \text{falls } A \text{ endlich oder abzählbar}; \\ \infty, & \text{falls } X \setminus A \text{ endlich oder abzählbar}. \end{cases}$$

Zeige, daß $(X, \mathfrak{A}, \mu)$ ein Maßraum ist.

Aufgabe (104.9) Es sei $X \neq \emptyset$ ein vollständiger metrischer Raum. Eine Teilmenge $A \subseteq X$ heißt *nirgends dicht*, wenn $\overline{A}^0 = \emptyset$ gilt, und eine Teilmenge $B \subseteq X$ heißt *mager*, wenn sie sich als abzählbare Vereinigung nirgends dichter Mengen schreiben läßt. Es seien $\mathfrak{A}$ die Menge aller Teilmengen $A \subseteq X$, für die A oder $X \setminus A$ mager ist, und $\mu : \mathfrak{A} \to [0, \infty]$ die Abbildung, die definiert ist durch

$$\mu(A) := \begin{cases} 0, & \text{falls } A \text{ mager ist}; \\ 1, & \text{falls } X \setminus A \text{ mager}. \end{cases}$$

Zeige, daß $(X, \mathfrak{A}, \mu)$ ein wohldefinierter Maßraum ist.

Hinweis: Nach dem Satz von Baire (Satz (83.20) im Buch) ist X selbst nicht mager.

A105: Der Riemannsche Integralbegriff

Aufgabe (105.1) Berechne mit Hilfe eines Taschenrechners die Ober- und Untersummen der Funktion $f(x) = x^3$ auf dem Intervall $[0,1]$ bezüglich der Partitionen $\{0, 0.25, 0.5, 0.75, 1\}$ und $\{0.0, 0.1, 0.2, \ldots, 1.0\}$.

Aufgabe (105.2) Wir betrachten die Funktion

$$f(x) = x^3.$$

(a) Das Intervall $[0,b]$ werde in n gleich große Teilintervalle der Länge $h = b/n$ zerlegt. Berechne die zugehörige Ober- und Untersumme von f. Benutze dazu die Formel $1^3 + 2^3 + \cdots + N^3 = N^2(N+1)^2/4$.
(b) Vergleiche das Ergebnis mit den Resultaten von Aufgabe (105.1)!
(c) Berechne das Integral $\int_0^b x^3 \, dx$ als Grenzwert von Ober- und Untersummen.
(d) Berechne für beliebige Werte von a und b das Integral $\int_a^b x^3 \, dx$.

Aufgabe (105.3) Berechne mit Hilfe eines Taschenrechners die Ober- und Untersummen der Funktion $f(x) = e^x$ auf dem Intervall $[0,1]$ bezüglich der Partitionen $\{0, 0.25, 0.5, 0.75, 1\}$ und $\{0.0, 0.1, 0.2, \ldots, 1.0\}$.

Aufgabe (105.4) Wir betrachten die Funktion

$$f(x) = e^x.$$

(a) Das Intervall $[0,b]$ werde in n gleich große Teilintervalle der Länge $h = b/n$ zerlegt. Berechne die zugehörige Ober- und Untersumme von f. Benutze dazu die Formel $1 + q + q^2 + \cdots + q^{N-1} = (q^N - 1)/(q-1)$.
(b) Vergleiche das Ergebnis mit den Resultaten von Aufgabe (105.3)!
(c) Berechne das Integral $\int_0^b e^x \, dx$ als Grenzwert von Ober- und Untersummen.
(d) Berechne für beliebige Werte von a und b das Integral $\int_a^b e^x \, dx$.

Aufgabe (105.5) Berechne Unter- und Obersummen der Funktion $f(x) = \sqrt{x}$ für das Intervall $[0,1]$ und die folgenden Zerlegungen dieses Intervalls!
(a) $\{0, 0.25, 0.5, 0.75, 1\}$
(b) $\{0, 0.1, 0.2, 0.3, 0.4, 0.5, 0.6, 0.7, 0.8, 0.9, 1\}$
(c) $\{0^2, 0.25^2, 0.5^2, 0.75^2, 1^2\}$
(d) $\{0^2, 0.1^2, 0.2^2, 0.3^2, 0.4^2, 0.5^2, 0.6^2, 0.7^2, 0.8^2, 0.9^2, 1^2\}$

Aufgabe (105.6) Berechne für eine beliebige reelle Zahl $b > 0$ das Integral $\int_0^b \sqrt{x} \, dx$

(a) direkt mit Hilfe von Unter- und Obersummen;
(b) durch Rückführung auf das Integral $\int_0^{\sqrt{b}} x^2 \, dx$.

Hinweis: Benutze in (a) die Zerlegung $0 = x_0 < x_1 < x_2 < \cdots < x_n = b$ des Intervalls $[0,b]$, die gegeben ist durch $x_k := k^2 b/n^2$. (Warum ist es in diesem Beispiel nicht sinnvoll, die Werte x_k äquidistant zu wählen?)

Aufgabe (105.7) Es sei $f(x) = x^m$ eine beliebige Potenzfunktion mit $m \in \mathbb{N}$. Zeige, daß für alle reellen Zahlen $a < b$ die folgende Gleichung gilt:

$$\int_a^b f(x) \, dx = \frac{b^{m+1} - a^{m+1}}{m+1}.$$

Bemerkung: Später wird dies aus einem sehr allgemeinen Satz folgen, dem Hauptsatz der Integral- und Differentialrechnung.

Aufgabe (105.8) Wir betrachten die Funktion

$$f(x,y) = 1 + x + xy.$$

(a) Wir zerlegen das Einheitsquadrat $Q = [0,1] \times [0,1] = \{(x,y) \in \mathbb{R}^2 \mid 0 \leq x \leq 1, 0 \leq y \leq 1\}$ in die mn Rechtecke

$$\left\{(x,y) \in \mathbb{R}^2 \,\Big|\, \frac{k-1}{m} \leq x \leq \frac{k}{m},\ \frac{\ell-1}{n} \leq y \leq \frac{\ell}{n}\right\}$$

mit $1 \leq k \leq m$ und $1 \leq \ell \leq n$. Berechne die zugehörigen Unter- und Obersummen von f in den folgenden Fällen:
- $m = n = 2$;
- $m = 3$, $n = 4$;
- $m = 8$, $n = 6$.

(b) Für beliebige Zahlen $a, b > 0$ betrachten wir das Rechteck $R_{a,b} := [0,a] \times [0,b]$, also

$$R_{a,b} = \{(x,y) \in \mathbb{R}^2 \mid 0 \leq x \leq a,\ 0 \leq y \leq b\}.$$

Berechne das Integral $\iint_{R_{a,b}} f(x,y) \, d(x,y)$ als Grenzwert von Unter- bzw. Obersummen.

(c) Zeige, daß das in Teil (b) berechnete Integral $\iint_{R_{a,b}} f(x,y) \, d(x,y)$ sowohl mit dem iterierten Integral $\int_0^a \left(\int_0^b f(x,y) \, dy\right) dx$ als auch mit dem iterierten Integral $\int_0^b \left(\int_0^a f(x,y) \, dx\right) dy$ übereinstimmt. (Hier drückt sich natürlich ein allgemeiner Sachverhalt aus, den wir später als *Satz von Fubini* kennenlernen werden.)

Aufgabe (105.9) Wie Aufgabe (105.8), aber mit der Funktion $f(x,y) = 1 + x^2 y^3$.

Aufgabe (105.10) Wir definieren $f : [0,1] \to \mathbb{R}$ durch
$$f(x) := \begin{cases} n, & \text{falls } x = 1/n \text{ mit } n \in \mathbb{N}; \\ 0, & \text{sonst.} \end{cases}$$
Zeige, daß sich f nur auf einer Jordanschen Nullmenge von einer Riemann-integrierbaren Funktion unterscheidet, aber selbst nicht Riemann-integrierbar ist.

Aufgabe (105.11) Wir definieren $f : [0,1] \to \mathbb{R}$ durch
$$f(x) := \begin{cases} 1, & \text{falls } x \text{ rational}; \\ 0, & \text{falls } x \text{ irrational.} \end{cases}$$
Zeige, daß f an keiner einzigen Stelle x_0 stetig und auch nicht Riemann-integrierbar ist.

Aufgabe (105.12) Es sei $C \subseteq [0,1]$ die Cantormenge, die in Beispiel (103.6) des Buchs eingeführt wurde. Es sei $f = \chi_C$ die charakteristische Funktion dieser Menge, also die Abbildung $f : [0,1] \to \mathbb{R}$ mit
$$f(x) := \begin{cases} 1, & \text{falls } x \in C, \\ 0, & \text{falls } x \notin C. \end{cases}$$
Ist f Riemann-integrierbar? Wenn ja, was ist der Wert des Integrals $\int_0^1 f(x)\,\mathrm{d}x$?

Aufgabe (105.13) Wie in der vorigen Aufgabe sei $C \subseteq [0,1]$ die Cantormenge, und für $n \in \mathbb{N}$ sei C_n die im n-ten Schritt der Konstruktion von C betrachtete Menge. Dann zerfällt $[0,1] \setminus C^n$ in $2^n - 1$ disjunkte Intervalle. Wir definieren nun $f_n : [0,1] \to \mathbb{R}$ dadurch, daß wir f_n auf diesen Intervallen die konstanten Werte
$$\frac{1}{2^n}, \frac{2}{2^n}, \frac{3}{2^n}, \ldots, \frac{2^n - 1}{2^n}$$
geben und die verbleibenden Lücken dann durch lineare Funktionen so ergänzen, daß f_n stetig wird. Die Grenzfunktion $f(x) := \lim_{n \to \infty} f_n(x)$ heißt **Cantor-Funktion**. Zeige, daß f wohldefiniert, stetig und monoton wachsend ist! Ist f Riemann-integrierbar? Wenn ja, was ist der Wert des Integrals $\int_0^1 f(x)\,\mathrm{d}x$?

Bemerkung: Obwohl die Funktion f fast überall flach ist, steigt ihr Graph dennoch stetig und monoton von der Höhe 0 auf die Höhe 1. (Eine echte Herausforderung für Treppenbauer!)

Bemerkung: Man kann für f sogar eine "explizite" Formel angeben. Jedes Element $x \in [0,1]$ besitzt eine triadische Darstellung $x = \sum_{k=1}^{\infty} a_k(x)/3^k$. Es sei $K(x)$ der erste Index k mit $a_k(x) = 1$; gilt $a_k(x) \neq 1$ (und damit $a_k(x) \in \{0,2\}$ für alle k), so setzen wir $K(x) = \infty$. Dann gilt
$$f(x) = \frac{1}{2^{K(x)}} + \sum_{k=1}^{K(x)-1} \frac{a_k(x)/2}{2^k}.$$

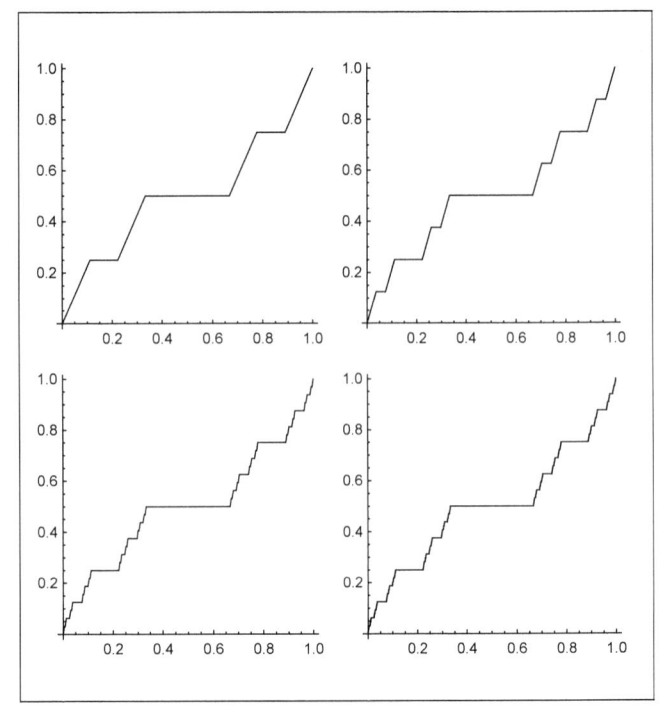

Konstruktion der Cantor-Funktion.

A106: Strukturelle Eigenschaften des Integrals

Aufgabe (106.1) Es sei $f(x) = (x^3/3) - (5x^2/6) - (3x/2) + 3$. Wie groß ist die Fläche, die von der Kurve $y = f(x)$, der x-Achse und den Geraden $x = -3$ und $x = 4$ begrenzt wird?

Aufgabe (106.2) Wir betrachten eine analytische Funktion $f(x) := \sum_{n=0}^{\infty} a_n(x - x_0)^n$ mit einem Konvergenzradius $R > 0$. Betrachte die Funktion

$$F(x) := \sum_{n=0}^{\infty} a_n \frac{(x-x_0)^{n+1}}{n+1}$$

und zeige, daß für alle Zahlen $x_0 - R < a < b < x_0 + R$ die folgende Gleichung gilt:

$$\int_a^b f(x)\,\mathrm{d}x = F(b) - F(a).$$

Bemerkung: Später wird dies aus einem sehr allgemeinen Satz folgen, dem Hauptsatz der Integral- und Differentialrechnung.

Aufgabe (106.3) Die Funktion $f: \Omega \to \mathbb{R}$ sei Riemann-integrierbar, und es gebe eine Stetigkeitsstelle x_0 von f mit $f(x_0) \neq 0$. Zeige, daß dann $\int_\Omega |f(x)|\,\mathrm{d}x > 0$ gilt.

Aufgabe (106.4) Wir definieren $f:[0,1] \to \mathbb{R}$ durch

$$f(x) := \begin{cases} 1, & \text{falls } x = 0; \\ 1/q, & \text{falls } x = p/q \text{ mit } p,q \in \mathbb{N} \text{ teilerfremd}; \\ 0, & \text{falls } x \text{ irrational}. \end{cases}$$

Beweise die folgenden Aussagen!
(a) Die Funktion ist genau dann an einer Stelle $x_0 \in [0,1]$ stetig, wenn x_0 irrational ist.
(b) Die Funktion f ist Riemann-integrierbar, und es gilt $\int_0^1 f(x)\,\mathrm{d}x = 0$.

Bemerkung: Also gilt $\int_0^1 |f(x)|\,\mathrm{d}x = 0$, obwohl die Menge $\{x \in [0,1] \mid f(x) \neq 0\}$ keine Jordansche Nullmenge ist.

Aufgabe (106.5) Eine Funktion $f:[a,b] \to \mathbb{R}$ heißt stückweise stetig bzw. stückweise monoton, wenn sich $[a,b]$ in endlich viele Teilintervalle zerlegen läßt, auf denen f jeweils stetig bzw. monoton ist. Begründe, warum jede beschränkte stückweise stetige und jede beschränkte stückweise monotone Funktion Riemann-integrierbar ist.

Aufgabe (106.6) (a) Es sei $a > 0$, und die Funktion $f:[-a,a] \to \mathbb{R}$ sei entweder gerade oder ungerade. Zeige: Ist f auf $[0,a]$ integrierbar, dann auch auf $[-a,0]$, und es gilt $\int_{-a}^a f = 2\int_0^a f$ für f gerade und $\int_{-a}^a f = 0$ für f ungerade.

(b) Berechne das Integral

$$\int_{-1}^1 (x^4 - 2x^3 + 2x - 1 + x\cos x - 5\sin x)\,\mathrm{d}x.$$

(c) Berechne $\int_{-\pi/2}^{\pi/2} \cos(x)^{2020} \sin(x)^{2021}\,\mathrm{d}x$.

Aufgabe (106.7) Es sei

$$f_n(x) := \frac{(nx)^2}{(1+x^2)^n}.$$

Gilt die Gleichung

$$\lim_{n \to \infty} \int_0^1 f_n(x)\,\mathrm{d}x = \int_0^1 \lim_{n \to \infty} f_n(x)\,\mathrm{d}x\,?$$

Hinweis: Schätze $\int_0^1 f_n$ durch $\int_0^{1/\sqrt{n}} f_n$ ab. (Da die Funktion f_n ihr Maximum an der Stelle $x = 1/\sqrt{n-1}$ annimmt, ist es plausibel, daß ein Großteil des Integrals vom Intervall $[0, 1/\sqrt{n}]$ herrührt.)

A107: Der Lebesguesche Integralbegriff

Aufgabe (107.1) Es seien $\Omega \subseteq \mathbb{R}^n$ eine Lebesgue-meßbare Menge und $f : \Omega \to \mathbb{R}$ eine Lebesgue-integrierbare Funktion. Zeige, daß genau dann $\int_\Omega |f(x)|\,dx = 0$ gilt, wenn fast überall $f = 0$ ist, d.h., wenn $A := \{x \in \Omega \mid f(x) \neq 0\}$ eine Lebesguesche Nullmenge ist. – **Hinweis:** Es gilt $A = \bigcup_{n=1}^\infty A_n$ mit
$$A_n := \left\{ x \in \Omega \,\Big|\, \frac{1}{n-1} > |f(x)| \geq \frac{1}{n} \right\}.$$

Bemerkung: Die analoge Aussage für Riemann-integrierbare Funktionen ist falsch, wie Aufgabe (106.4) zeigt.

Aufgabe (107.2) Es sei $X \subseteq \mathbb{R}^n$ eine Lebesgue-meßbare Menge. Zeige, daß für eine Funktion $f : X \to \mathbb{R}$ die folgenden Eigenschaften äquivalent sind:
(1) für alle $a \in \mathbb{R}$ ist $f^{-1}([a, \infty))$ meßbar;
(2) für alle $a \in \mathbb{R}$ ist $f^{-1}((a, \infty))$ meßbar;
(3) für alle $a \in \mathbb{R}$ ist $f^{-1}((-\infty, a])$ meßbar;
(4) für alle $a \in \mathbb{R}$ ist $f^{-1}((-\infty, a))$ meßbar;
(5) für alle $a < b$ in $\mathbb{R}$ ist $f^{-1}((a, b))$ meßbar;
(6) für jede offene Menge $U \subseteq \mathbb{R}$ ist $f^{-1}(U)$ meßbar.
Hat f diese Eigenschaften, so nennt man f **meßbar**.

Aufgabe (107.3) Es seien $A_1, \ldots, A_m$ Teilmengen von $\mathbb{R}^n$ und $a_1, \ldots, a_m$ paarweise verschiedene reelle Zahlen. Zeige, daß die Treppenfunktion $f = \sum_{i=1}^m a_i \chi_{A_i}$ genau dann meßbar ist, wenn jede der Mengen A_i Lebesgue-meßbar ist.

Aufgabe (107.4) Es seien $X \subseteq \mathbb{R}^n$ eine Lebesgue-meßbare Menge und $f : X \to \mathbb{R}$ eine Funktion.
(a) Die Funktion f sei meßbar. Ist dann zwangsläufig für jede Zahl $c \in \mathbb{R}$ die Menge $f^{-1}(\{c\})$ meßbar?
(b) Für jede Zahl $c \in \mathbb{R}$ sei die Menge $f^{-1}(\{c\})$ meßbar. Ist dann zwangsläufig die Funktion f meßbar?

Aufgabe (107.5) Es seien $X \subseteq \mathbb{R}^n$ eine Lebesgue-meßbare Menge und (f_n) eine Folge meßbarer Funktionen $f_n : X \to \mathbb{R}$. Zeige, daß dann auch die folgenden Funktionen meßbar sind!
(a) $\inf_{n \in \mathbb{N}} f_n$
(b) $\sup_{n \in \mathbb{N}} f_n$
(c) $\liminf_{n \to \infty} f_n$
(d) $\limsup_{n \to \infty} f_n$

Aufgabe (107.6) Es sei $X \subseteq \mathbb{R}^n$ eine Lebesgue-meßbare Menge.
(a) Zeige: Sind $f, g : X \to \mathbb{R}$ meßbar und ist $\Phi : \mathbb{R}^2 \to \mathbb{R}$ stetig, so ist auch $x \mapsto \Phi(f(x), g(x))$ stetig.
(b) Zeige: Sind $f, g : X \to \mathbb{R}$ meßbar, so sind auch $f + g$, $f \cdot g$, $\max(f, g)$ und $\min(f, g)$ meßbar.

Aufgabe (107.7) Es seien $X \subseteq \mathbb{R}^n$ eine Lebesgue-meßbare Menge und (f_n) eine Folge meßbarer Funktionen $f_n : X \to \mathbb{R}$. Ist dann die Menge
$$A := \{x \in X \mid \lim_{n \to \infty} f_n(x) \text{ existiert}\}$$
automatisch meßbar?

Aufgabe (107.8) Es seien $X \subseteq \mathbb{R}^n$ eine Lebesgue-meßbare Teilmenge und $f : X \to \mathbb{R}$ eine Funktion, die fast überall stetig ist. Zeige, daß dann f meßbar ist.

Aufgabe (107.9) Zeige: Ist $f : (a, b) \to \mathbb{R}$ differentiierbar, so sind f und f' meßbar.

Aufgabe (107.10) Wir definieren $f : [0, 1] \to \mathbb{R}$ durch
$$f(x) := \begin{cases} \sqrt{x}, & \text{falls } x \text{ irrational ist,} \\ 0, & \text{falls } x \text{ rational ist.} \end{cases}$$
Ist f Riemann-integrierbar? Ist f Lebesgue-integrierbar? Was ist gegebenenfalls der Wert des Integrals $\int_0^1 f(x)\,dx$?

Aufgabe (107.11) Es sei $f \in L^1(0, \infty)$. Zeige, daß es eine Folge (x_n) in $(0, \infty)$ derart gibt, daß die Bedingungen $x_n \to \infty$ und $x_n f(x_n) \to 0$ gelten.

A108: Abstrakte Integration

Aufgabe (108.1) Es seien f, g (meßbare) Treppenfunktionen und $c \in R$ eine reelle Zahl. Zeige, daß dann auch $f+g$, $c \cdot f$, $f \cdot g$, $\max(f,g)$, $\min(f,g)$ und $|f|$ (meßbare) Treppenfunktionen sind.

Aufgabe (108.2) Es seien $(X, \mathfrak{A}, \mu)$ ein Maßraum, $A \in \mathfrak{A}$ eine meßbare Teilmenge von X und $B := X \setminus A$. Wir definieren eine Funktionenfolge (f_n) durch $f_n := \chi_A$ für n ungerade und $f_n := \chi_B$ für n gerade. Bestimme $\int_X (\liminf_{n \to \infty} f_n) \, \mathrm{d}\mu$ und $\liminf_{n \to \infty} \int_X f_n \, \mathrm{d}\mu$ und zeige damit, daß im Lemma von Fatou nicht Gleichheit gelten muß.

Aufgabe (108.3) Es sei $(X, \mathfrak{A}, \mu)$ ein Maßraum. Eine Folge von Funktionen $f_n : X \to \mathbb{R}$ heißt **konvergent nach Maß** gegen eine Grenzfunktion $f : X \to \mathbb{R}$, wenn für jede Zahl $\varepsilon > 0$ die folgende Bedingung gilt:
$$\mu(\{x \in X \mid |f_n(x) - f(x)| \geq \varepsilon\}) \to 0 \quad \text{für } n \to \infty.$$

(a) Zeige: Konvergiert eine Funktionenfolge (f_n) nach Maß sowohl gegen f als auch gegen g, so gilt $f = g$ fast überall.
(b) Finde ein Beispiel für eine Folge, die punktweise, aber nicht nach Maß gegen eine Grenzfunktion f konvergiert.
(c) Finde ein Beispiel für eine Folge, die nach Maß, aber nicht punktweise gegen eine Grenzfunktion f konvergiert.
(d) Zeige: Gilt $\|f_n - f\|_p \to 0$, so gilt $f_n \to f$ nach Maß.

Aufgabe (108.4) Es sei $f : \mathbb{R} \to [0, \infty)$ eine nichtnegative meßbare Funktion. Für alle $n \in \mathbb{N}$ gelte
$$\int_{\mathbb{R}} \frac{n^2}{n^2 + x^2} f(x) \, \mathrm{d}x \leq 1.$$
Zeige, daß f integrierbar ist mit $\int_{\mathbb{R}} f(x) \, \mathrm{d}x \leq 1$.

Aufgabe (108.5) Untersuche, ob die folgenden Grenzwerte existieren, und bestimme sie gegebenenfalls!
(a) $\lim_{n \to \infty} \int_1^\infty \frac{\ln(nx)}{x + x^2 \ln(n)} \, \mathrm{d}x$
(b) $\lim_{n \to \infty} \int_0^1 \cos(x^n) \, \mathrm{d}x$
(c) $\lim_{n \to \infty} \int_{-n}^n \left(\frac{\sin(x)}{x}\right)^n \, \mathrm{d}x$

Aufgabe (108.6) Auf einem Maßraum X betrachten wir meßbare Funktionen $0 \leq f_n \leq f$ mit $f_n \to f$ punktweise fast überall. Zeige, daß dann $\int_X f_n \to \int_X f$ gilt.

Bemerkung: Falls f in $L^1(X)$ liegt, folgt dies unmittelbar aus dem Satz von der majorisierten Konvergenz, aber es ist in dieser Aufgabe nicht ausgeschlossen, daß $f \notin L^1(X)$ und damit $\int_X f = \infty$ gilt.

Aufgabe (108.7) Es seien X ein beliebiger Maßraum und $1 \leq p < q < \infty$ vorgegebene reelle Zahlen. Zeige: Gilt $p \leq r \leq q$, so gilt
$$L^r(X) \subseteq L^p(X) + L^q(X).$$

Hinweis: Betrachte für eine gegebene Funktion $f \in L^r(X)$ die Mengen $A := \{x \in X \mid |f(x)| > 1\}$ und $B := \{x \in X \mid |f(x)| \leq 1\}$ sowie die Zerlegung $f = (f \chi_A) + (f \chi_B)$, wobei χ_A und χ_B die charakteristischen Funktionen der Mengen A und B bezeichnen.

Aufgabe (108.8) Es seien X ein beliebiger Maßraum und $1 \leq p < q < \infty$ vorgegebene reelle Zahlen. Beweise die Inklusion
$$\left(L^p(X) + L^q(X)\right) \cap L^\infty(X) \subseteq L^q(X).$$

Hinweis: Betrachte für eine gegebene Funktion $f = f_p + f_q$ mit $f \in L^\infty$, $f_p \in L^p$ und $f_q \in L^q$ die Mengen $A := \{x \in X \mid |f_p(x)| > 1\}$ und $B := \{x \in X \mid |f_p(x)| \leq 1\}$. Zeige dann, daß die beiden Integrale $\int_A |f_p|^q$ und $\int_B |f_p|^q$ endlich sind.

Aufgabe (108.9) Es seien $1 \leq p < q < \infty$ vorgegebene reelle Zahlen. Zeige: Gilt $r < p$ oder $r > q$, so gilt
$$L^r(\mathbb{R}^n) \not\subseteq L^p(\mathbb{R}^n) + L^q(\mathbb{R}^n).$$

Hinweis: Für $r < p$ wähle eine Zahl α mit $n/p < \alpha < n/r$ und betrachte die Funktion
$$f(x) := \begin{cases} \|x\|^{-\alpha}, & \text{falls } 0 < \|x\| \leq 1; \\ 0, & \text{sonst.} \end{cases}$$

Für $r > q$ wähle eine Zahl β mit $n/r < \beta < n/q$ und betrachte die Funktion
$$g(x) := \begin{cases} \|x\|^{-\beta}, & \text{falls } \|x\| \geq 1; \\ 0, & \text{sonst.} \end{cases}$$

Aufgabe (108.10) Wir betrachten einen Maßraum $(X, \mathfrak{A}, \mu)$ sowie Funktionen $f_n, g_n, f, g \in L^1(X)$ mit $f_n \to f$ punktweise fast überall, $g_n \to g$ punktweise fast überall und $|f_n| \leq g_n$ fast überall. Zeige: Gilt $\int_X g_n \, \mathrm{d}\mu \to \int_X g \, \mathrm{d}\mu$, dann auch $\int_X f_n \, \mathrm{d}\mu \to \int_X f \, \mathrm{d}\mu$.

Hinweis: Wende das Lemma von Fatou auf die Funktionenfolge $g_n + |f| - |f_n - f|$ an.

Aufgabe (108.11) Es seien X ein Maßraum und f_n, f Funktionen in $L^p(X)$ mit $1 \leq p < \infty$ derart, daß $f_n \to f$ punktweise fast überall gilt. Zeige, daß dann die beiden folgenden Aussagen äquivalent sind:
(1) $\|f_n - f\|_p \to \infty$ für $n \to \infty$;
(2) $\|f_n\|_p \to \|f\|_p$ für $n \to \infty$.
Hinweis: Wende bei der Implikation (2)⇒(1) das Lemma von Fatou auf die Folge der Funktionen $2^{p-1}|f_n|^p + 2^{p-1}|f|^p - |f_n - f|^p$ an.

Aufgabe (108.12) Es seien X ein Maßraum und $f_n, f \in L^1(X)$ Funktionen mit $f_n \to f$ punktweise fast überall und $\int_X |f_n| \to \int_X |f|$. Zeige, daß dann $\int_A f_n \to \int_A f$ für jede meßbare Teilmenge $A \subseteq X$ gilt.

Aufgabe (108.13) Wir betrachten einen Maßraum X und Funktionen $f_n, f, g \in L^1(X)$ mit $f_n \to f$ punktweise fast überall und $f_n \to g$ im Sinne der L^1-Norm (also $\|f_n - g\|_1 \to 0$). Zeige, daß dann fast überall $f = g$ gilt.

Aufgabe (108.14) Wir betrachten eine Maßraum X und eine Folge von Funktionen $\varphi_n \in L^p(X) \cap L^q(X)$. Zeige: Gilt $\varphi_n \to f$ in $L^p(X)$ und $\varphi_n \to g$ in $L^q(X)$, so gilt fast überall $f = g$.

Aufgabe (108.15) Beweise für $1 \leq p < q < \infty$ die folgenden Aussagen!
(a) $L^q([a,b]) \subseteq L^p([a,b])$
(b) $\ell^q(\mathbb{N}) \supseteq \ell^p(\mathbb{N})$

Bemerkung: Wie für einen Maßraum X die Räume $L^p(X)$ zueinander liegen, hängt also stark von den Eigenschaften dieses Maßraums ab.

A109: Berechnung von Einfachintegralen

Aufgabe (109.1) In Aufgabe (105.6) hatten wir für eine beliebige reelle Zahl $b > 0$ das Integral $\int_0^b \sqrt{x}\,dx$ direkt mit Hilfe von Unter- und Obersummen berechnet. Berechne es nun mit dem Hauptsatz der Integral- und Differentialrechnung!

Aufgabe (109.2) Berechne die folgenden Integrale!
(a) $\int_0^1 (x^7 - 3x^2 + 6x + 1)\,dx$
(b) $\int_0^{\pi/2} \big(\sin(2x) - 3\cos(x/2)\big)\,dx$
(c) $\int_0^5 (x\sqrt{x+4})\,dx$
(d) $\int_{-1}^1 (e^{3x} + e^{x/4})\,dx$
(e) $\int_0^{\pi/2} \big(\cos(2x) + \sin(3x)\big)\,dx$
(f) $\int_0^1 x^3 e^x\,dx$
(g) $\int_{-1}^1 x^{1998}(\sin x)^{1999}\,dx$

Aufgabe (109.3) Berechne die folgenden Integrale!
(a) $\int_1^2 \left(\sqrt{e^{4x}} - \dfrac{1}{x}\right)dx$
(b) $\int_0^{\pi/4} \dfrac{1}{\cos^2 x}\,dx$
(c) $\int_0^{\sqrt{3}} \dfrac{dx}{1+x^2}$
(d) $\int_1^2 \left(\dfrac{1}{2x} + \dfrac{3}{4x}\right)dx$
(e) $\int_0^1 \dfrac{1}{1+x^2}\,dx$
(f) $\int_0^1 \dfrac{1}{2+3x^2}\,dx$
(g) $\int_0^1 \dfrac{1}{x^2+2x+2}\,dx$
(h) $\int_0^1 \dfrac{dx}{(x^2+1)^3}$

Aufgabe (109.4) Es sei $f(x) := \dfrac{x^2-1}{x^2+1}$.
(a) Zeige, daß $F(x) := x + 2\arctan(1/x)$ eine Stammfunktion von f ist.
(b) Offensichtlich gilt $f(x) \leq 1$ für alle $x \in \mathbb{R}$. Benutze diese Bedingung, um das Integral $\int_{-1}^{\sqrt{3}} f$ abzuschätzen!
(c) Gilt $\int_{-1}^{\sqrt{3}} f = F(\sqrt{3}) - F(-1)$?
(d) Warum widerspricht (c) nicht dem Hauptsatz der Integral- und Differentialrechnung?

Aufgabe (109.5) Welche Fläche schließen die beiden Kurven $y = x^2$ und $y = x^3 - x$ ein?

Aufgabe (109.6) Es seien $a, b > 0$ beliebige positive Zahlen. Welche Fläche schließen die Kurven $y = a\sqrt{x}$ und $y = bx^2$ ein? Was ergibt sich speziell für $a = b = 1$?

Aufgabe (109.7) Berechne den Flächeninhalt einer Ellipse mit den Halbachsen a und b.

Aufgabe (109.8) Es sei $f(x) := \dfrac{x^2-1}{x^2+x-2}$. Welchen Inhalt hat das Flächenstück, das durch die Kurve $y = f(x)$ sowie die Geraden $x = -1$, $x = 0$ und $y = 1$ begrenzt wird?

Aufgabe (109.9) Berechne die folgenden unbestimmten Integrale mit partieller Integration!
(a) $\int (\ln(x)/x)\,dx$
(b) $\int \arctan x\,dx$
(c) $\int x \arctan x\,dx$
(d) $\int x \sin x \cos x\,dx$
(e) $\int e^x \cos x\,dx$
(f) $\int e^x \sin x\,dx$
(g) $\int x^\alpha \ln x\,dx$ (mit $\alpha \neq -1$)
(h) $\int \sin(\ln x)\,dx$
(i) $\int_0^1 \big(\arctan(x)/(1+x^2)\big)\,dx$
(j) $\int_0^1 \arctan(x)\cdot(1+x^2)\,dx$

Aufgabe (109.10) Zeige, daß sich für jede ganze Zahl $m \in \mathbb{Z}$ das Integral $\int x^m \ln(1+x^2)\,dx$ auf ein Integral über eine rationale Funktion zurückführen läßt. Was ergibt sich speziell für $m = -4$?

Aufgabe (109.11) Die Gammafunktion $\Gamma : (0, \infty) \to \mathbb{R}$ ist definiert durch das uneigentliche Integral

$$\Gamma(x) := \int_0^\infty t^{x-1} e^{-t}\,dt.$$

(a) Beweise mit partieller Integration die Formel $\Gamma(x+1) = x\Gamma(x)$ für alle $x > 0$.
(b) Schließe aus Teil (a), daß $\Gamma(n) = (n-1)!$ für alle $n \in \mathbb{N}$ gilt.

Aufgabe (109.12) Beweise, daß für alle $m, n \in \mathbb{N}_0$ die folgende Formel gilt! (Benutze vollständige Induktion über m jeweils für alle n.)

$$\int_0^1 (1-x)^m x^n\,dx = \dfrac{m!\,n!}{(m+n+1)!}$$

Aufgabe (109.13) Berechne das Integral $\int \sqrt{ax+b}\,dx$ mit jeder der folgenden Substitutionen: $u = ax+b$, $u = \sqrt{ax+b}$, $u = 1/(ax+b)$, $u = 1/\sqrt{ax+b}$, $u = (ax+b)^{2019}$.

Aufgabe (109.14) Berechne die folgenden unbestimmten Integrale mit Hilfe geeigneter Substitutionen!

(a) $\int \dfrac{\ln x}{x}\, dx$ (b) $\int x \ln(1+x^2)\, dx$ (c) $\int \dfrac{\arctan x}{1+x^2}\, dx$

Bemerkung: Diese Integrale wurden in den Aufgaben (109.9) und (109.10) bereits auf anderem Wege (nämlich mit partieller Integration) berechnet.

Aufgabe (109.15) Berechne das (uneigentliche) Integral

$$\int_{\sqrt{e}}^{e} \frac{dx}{x\sqrt{\ln x\,(1-\ln x)}}.$$

Aufgabe (109.16) Berechne die folgenden Integrale mittels geeigneter Substitutionen.

(a) $\int_0^{\sqrt{\pi}} x \sin(x^2)\, dx$ (b) $\int_{\pi/4}^{\pi/2} \dfrac{\cos x}{\sqrt{\sin x}}\, dx$

(c) $\int_{2401}^{456976} \dfrac{\sqrt[3]{1+\sqrt[4]{x}}}{\sqrt{x}}\, dx$ (d) $\int_{\ln(\pi/4)}^{\ln(\pi/3)} \dfrac{3e^x}{\cos^2(e^x)}\, dx$

Hinweis zu (c): Substituiere den Zähler und drücke dann die alte Variable x durch die neue Variable u aus, um den Zusammenhang zwischen dx und du zu ermitteln.

Aufgabe (109.17) Berechne die folgenden unbestimmten Integrale mit Hilfe geeigneter Substitutionen.

(a) $\int \dfrac{x^2}{\sqrt{1-5x^3}}\, dx$ (b) $\int \dfrac{2\arctan x}{1+x^2}\, dx$

(c) $\int \dfrac{1}{x\sqrt{x^2-4}}\, dx$ (d) $\int \dfrac{1}{x\sqrt{x^2+4}}\, dx$

Aufgabe (109.18) Berechne die folgenden bestimmten Integrale!
(a) $\int_0^1 \sqrt{x+x^2}\, dx$
(b) $\int_{-1}^0 \sqrt{x^2+x^3}\, dx$
(c) $\int_{-1}^0 \sqrt{x^2+x^4}\, dx$
(d) $\int_0^1 \sqrt{x^3+x^4}\, dx$
(e) $\int_{-1}^0 \sqrt{x^4+x^6}\, dx$

Aufgabe (109.19) Berechne die folgenden Integrale mit Hilfe geeigneter Substitutionen!
(a) $\int \dfrac{1}{x\sqrt{x^{2\alpha}+x^{\alpha}+1}}\, dx$ (mit $\alpha > 0$)
(b) $\int (2x^6 + x^3) \sqrt[3]{x^3+1}\, dx$

Aufgabe (109.20) Berechne das Integral

$$\int_0^{\pi/2} \frac{\sin(x)^{12}}{\cos(x)^{12}+\sin(x)^{12}}\, dx.$$

Aufgabe (109.21) Es sei $s := \sum_{n=1}^{10^9} n^{-2/3}$. Finde die (eindeutig bestimmte) natürliche Zahl N mit $N < s < N+1$. **Hinweis:** Es gilt

$$\int_1^{10^9+1} x^{-2/3}\, dx \;<\; s \;<\; 1+\int_2^{10^9+1}(x-1)^{-2/3}\, dx.$$

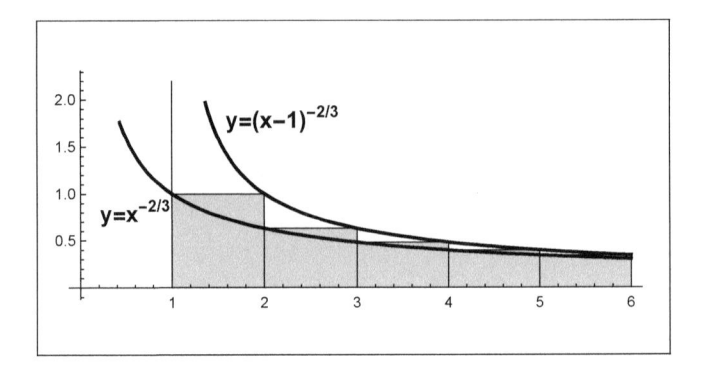

Aufgabe (109.22) Ein Integral der Form

$$I(a,b) := \int_0^{\pi/2} \frac{d\theta}{\sqrt{a^2 \cos^2 \theta + b^2 \sin^2 \theta}}$$

mit $a, b \neq 0$ bezeichnet man als **vollständiges elliptisches Integral erster Gattung**.

(a) Beweise mit Hilfe der Substitution $\varphi = (\pi/2) - \theta$ die Gleichheit
$$I(a,b) = I(b,a).$$

(b) Beweise mit Hilfe der Substitution $u = b\tan\theta$ die Gleichheit
$$I(a,b) = \int_0^{\infty} \frac{du}{\sqrt{(a^2+u^2)(b^2+u^2)}}$$
$$= \frac{1}{2}\int_{-\infty}^{\infty} \frac{du}{\sqrt{(a^2+u^2)(b^2+u^2)}}$$

(c) Beweise mit Hilfe der Substitution

$$\Big|_{-\infty}^{\infty} u = \frac{1}{2}\left(v - \frac{ab}{v}\right)\Big|_0^{\infty}$$

die Gleichheit
$$I\!\left(\frac{a+b}{2}, \sqrt{ab}\right) = I(a,b).$$

(d) Setze nun $0 < a \le b$ voraus und definiere dann die Folgen (a_n) und (b_n) durch $a_0 := a$, $b_0 := b$ sowie

$$a_{n+1} := \sqrt{a_n b_n} \quad \text{und} \quad b_{n+1} := \frac{a_n + b_n}{2}.$$

Zeige, daß $I(a_{n+1}, b_{n+1}) = I(a_n, b_n)$ für alle $n \in \mathbb{N}$ gilt, und führe einen Grenzübergang $n \to \infty$ durch, um den Wert des Integrals $I(a,b)$ zu ermitteln.

Lösungen zu »Berechnung von Einfachintegralen« siehe Seite 275

Aufgabe (109.23) In dieser Aufgabe geht es um die Berechnung von Integralen der Form

$$(\star) \qquad \int R(x, \sqrt{ax^2+bx+c})\,dx$$

mit $a, b, c \in \mathbb{R}$ und $a \neq 0$, wobei R eine rationale Funktion in zwei Variablen ist. Zeige, daß jede der folgenden Substitutionen (die man als **Eulersche Substitutionen** bezeichnet) das Integral $(\star)$ in ein Integral über eine rationale Funktion überführt:
(1) $\sqrt{ax^2+bx+c} = u - \sqrt{a} \cdot x$, falls $a > 0$;
(2) $\sqrt{ax^2+bx+c} = ux + \sqrt{c}$, falls $c > 0$;
(3) $\sqrt{ax^2+bx+c} = u(x-\xi)$, falls $a\xi^2 + b\xi + c = 0$.

Zeige ferner, daß für jedes Integral der Form $(\star)$ mindestens eine dieser drei Substitutionen anwendbar ist.

Aufgabe (109.24) Berechne das unbestimmte Integral

$$\int \frac{x^3 + 2x^2 - 4x - 1}{x^3 - x^2 - x + 1}\,dx.$$

Aufgabe (109.25) Finde die allgemeinste Stammfunktion von $f(x) = 1/(x^2 + x + 1)^2$.

Aufgabe (109.26) Für jede der folgenden Funktionen f soll das unbestimmte Integral $\int f(x)\,dx$ bestimmt werden.
(a) $f(x) = \dfrac{1}{x^4 - 1}$
(b) $f(x) = \dfrac{x^4}{x^5 - 1}$
(c) $f(x) = \dfrac{1}{x^4 + 1}$
(d) $f(x) = \dfrac{x^4 + 2x^2 + 8x + 3}{x^3 - x + 6}$
(e) $f(x) = \dfrac{2x + 8}{x^2 - 4x - 5}$
(f) $f(x) = \dfrac{2x + 8}{x^2 - 4x + 5}\,dx$

Aufgabe (109.27) Für jede der folgenden Funktionen f soll das unbestimmte Integral $\int f(x)\,dx$ bestimmt werden.
(a) $f(x) = \dfrac{x^6}{x^3 + 2x^2 + 4x + 8}$
(b) $f(x) = \dfrac{8x^3 + 6x^2 + 26x + 19}{x^4 + 7x^2 + 12}$
(c) $f(x) = \dfrac{x^2 - 1}{x^4 - 2x^3 + x - 2}$
(d) $f(x) = \dfrac{2x^3 + 3x^2 + 4x - 1}{x^4 + 2x^3 + 2x^2 + 2x + 1}$
(e) $f(x) = \dfrac{x^2 + 2x - 1}{2x^3 + 3x^2 - 2x}$
(f) $f(x) = \dfrac{x - 3}{x^2 - 1}$

Aufgabe (109.28) (Härtetest für Unerschrockene!) Finde eine Stammfunktion von

$$f(x) = \frac{2x^5 - 6x^4 + 28x^3 - 20x^2 + 98x + 26}{x^6 - 6x^5 + 27x^4 - 68x^3 + 135x^2 - 150x + 125}.$$

Hinweis: Der Nenner ist $(x^2 - 2x + 5)^3$.

Aufgabe (109.29) Es sei $f(x) = P(x)/Q(x)$ mit Polynomen P und Q, wobei der Grad von P kleiner als der von Q sei. Gib in jedem der folgenden Fälle an, wie der Ansatz zur Partialbruchzerlegung von f aussieht!
(a) $Q(x) = (x+3)^2(x-5)^3$
(b) $Q(x) = (x^2+7)^2(x^2+8)^3$
(c) $Q(x) = (x-1)^3(x^2+2x+5)^2$
(d) $Q(x) = (x^2+1)^2(x^2-1)^3$
(e) $Q(x) = x^3(x^3+1)(x^3-1)(x^3-x)$
(f) $Q(x) = (x+3)^2(x-4)(x^2+2x+3)(x^2+4x+5)^2$

Aufgabe (109.30) Tritt bei einer rationalen Funktion im Nenner der Ausdruck $p(x)^n$ auf, wobei p ein quadratisches Polynom ohne reelle Nullstellen ist, so macht man für den zum Term $p(x)^n$ gehörigen Teil der Partialbruchzerlegung den Ansatz

$$(\star) \qquad \frac{C_1 x + D_1}{p(x)} + \frac{C_2 x + D_2}{p(x)^2} + \cdots + \frac{C_n x + D_n}{p(x)^n}.$$

Zerfällt dagegen $p(x) = c(x-a)(x-b)$ in Linearfaktoren, so macht man den Ansatz

$$(\star\star) \qquad \frac{A_1}{x-a} + \cdots + \frac{A_n}{(x-a)^n} + \frac{B_1}{x-b} + \cdots + \frac{B_n}{(x-b)^n}.$$

Was passiert, wenn man irrtümlicherweise nicht bemerkt, daß der Faktor $p(x)$ in Linearfaktoren zerlegbar ist und man statt des Ansatzes $(\star\star)$ den Ansatz $(\star)$ macht? Zeige, daß dieser "falsche" Ansatz in Wirklichkeit nicht falsch ist, sondern immer noch zum Ziel führt. Genauer: Zeige, daß für $p(x) = c(x-a)(x-b)$ eine Funktion genau dann eine Darstellung der Form $(\star)$ gestattet, wenn sie eine Darstellung der Form $(\star\star)$ gestattet.

Aufgabe (109.31) (a) Zerlege das Polynom $p(x) := x^4 - x^2 + 1$ in reelle quadratische Faktoren, und zwar
- durch Bestimmung der komplexen Nullstellen von p,
- mit dem Ansatz $p(x) = (x^2 + Ax + B)(x^2 + Cx + D)$.

(b) Berechne das Integral $\int \dfrac{x^2 + 1}{x^4 - x^2 + 1}\,dx$
- mit der Standardmethode (Partialbruchzerlegung),
- mit der Umformung

$$\frac{x^2 + 1}{x^4 - x^2 + 1} = \frac{1 + (1/x^2)}{x^2 - 1 + (1/x^2)}$$

und anschließender Substitution $u = x - (1/x)$.

Aufgabe (109.32) Berechne das Integral

$$\int \frac{x^4+1}{x^6+1}\,\mathrm{d}x$$

(a) mit der Standardmethode (Partialbruchzerlegung),
(b) mit der Umformung

$$\frac{x^4+1}{x^6+1} = \frac{x^4-x^2+1}{x^6+1} + \frac{x^2}{x^6+1}$$

und separater Integration der beiden Summanden.

Aufgabe (109.33) Berechne jedes der folgenden unbestimmten Integrale durch eine geeignete Substitution, die den Integranden in eine rationale Funktion überführt!

(a) $\int \frac{x-\sqrt{x}}{x+\sqrt{x}}\,\mathrm{d}x$
(b) $\int \frac{e^x-1}{e^x+1}\,\mathrm{d}x$
(c) $\int \sqrt{\frac{e^x-1}{e^x+1}}\,\mathrm{d}x$
(d) $\int \frac{\mathrm{d}x}{\sin x}$
(e) $\int \frac{e^{4x}+2e^{3x}+2e^x+1}{3e^{2x}-3}\,\mathrm{d}x$
(f) $\int \frac{3e^{3x}-2e^{2x}+8e^x}{e^{3x}+8}\,\mathrm{d}x$
(g) $\int \frac{1+e^{2x}}{3+e^{4x}}\,\mathrm{d}x$
(h) $\int \frac{e^x-1}{e^x+1}\,\mathrm{d}x$

Aufgabe (109.34) Ermittle die folgenden unbestimmten Integrale!

(a) $\int \frac{1+\sqrt{x}}{x}\,\mathrm{d}x$
(b) $\int \frac{1+\sqrt{x}}{\sqrt{x}}\,\mathrm{d}x$
(c) $\int \frac{\sqrt{1+\sqrt{x}}}{x}\,\mathrm{d}x$
(d) $\int \frac{\sqrt{1+\sqrt{x}}}{\sqrt{x}}\,\mathrm{d}x$
(e) $\int \frac{1+\sqrt{x}}{1+x\sqrt{x}}\,\mathrm{d}x$
(f) $\int \frac{x\sqrt{x}}{x^2-1}\,\mathrm{d}x$
(g) $\int \frac{\sqrt{x}}{(\sqrt{x}+2)(x-2\sqrt{x}+1)}\,\mathrm{d}x$
(h) $\int \frac{x}{\sqrt{x^2+2x}}\,\mathrm{d}x$

Aufgabe (109.35) Berechne die folgenden Integrale!

(a) $\int_0^1 (2x+3)(4x+5)\,\mathrm{d}x$
(b) $\int_0^1 \frac{2x+3}{4x+5}\,\mathrm{d}x$
(c) $\int_0^1 \sqrt{2x+3}\,\sqrt{4x+5}\,\mathrm{d}x$
(d) $\int_0^1 \frac{\sqrt{2x+3}}{\sqrt{4x+5}}\,\mathrm{d}x$
(e) $\int_0^1 \sqrt{2x+3}\,(4x+5)\,\mathrm{d}x$
(f) $\int_0^1 \frac{\sqrt{2x+3}}{4x+5}\,\mathrm{d}x$
(g) $\int_0^1 \frac{2x+3}{\sqrt{4x+5}}\,\mathrm{d}x$

Aufgabe (109.36) Berechne die folgenden Integrale!

(a) $\int 4x\sqrt{9-2x}\,\mathrm{d}x$
(b) $\int 2x\arctan x\,\mathrm{d}x$
(c) $\int x^5\sqrt{x^2+1}\,\mathrm{d}x$
(d) $\int (9x^2+8)\ln(x)\,\mathrm{d}x$
(e) $\int 1/(1+5x)\,\mathrm{d}x$
(f) $\int (3x+1)e^x\,\mathrm{d}x$
(g) $\int_0^{\pi/2} (2x+5)\sin(x)\,\mathrm{d}x$
(h) $\int_1^2 xe^{x^2+1}\,\mathrm{d}x$
(i) $\int_5^6 3x/(x^2-x-12)\,\mathrm{d}x$
(j) $\int_1^e x\cdot\ln(x)^2\,\mathrm{d}x$
(k) $\int \sqrt{x}\cdot\arctan(\sqrt{x})\,\mathrm{d}x$
(l) $\int_1^2 x^2/(x+1)\,\mathrm{d}x$
(m) $\int_0^1 x\sqrt{x+1}\,\mathrm{d}x$
(n) $\int_4^9 e^{\sqrt{x}}\,\mathrm{d}x$
(o) $\int_0^1 (x^2-1)(x^3-3x+2)^{2005}\,\mathrm{d}x$
(p) $\int_0^{\ln 2} x^3 e^{2x}\,\mathrm{d}x$

Aufgabe (109.37) Welchen Flächeninhalt schließt die Kurve $y = (x^2+3x+2)\,e^{-x}$ mit der x-Achse ein?

Aufgabe (109.38) Zeige: Ist $f : [a,b] \to \mathbb{K}$ differentiierbar mit Riemann-integrierbarer Ableitungsfunktion f', so ist f von beschränkter Variation, und es gilt $V_a^b(f) = \int_a^b |f'|$. (Siehe die Aufgaben (82.77), (82.78) und (82.79) zum Begriff einer Funktion von beschränkter Variation.)

Aufgabe (109.39) Zeige mit Induktion über n, daß für jede reelle Zahl φ die folgende Abschätzung gilt:

$$\left| e^{i\varphi} - \sum_{k=0}^n \frac{(i\varphi)^k}{k!} \right| \le \frac{\varphi^{n+1}}{(n+1)!}.$$

Hinweis: Benutze beim Induktionsschritt die Darstellung

$$e^{i\varphi} - \sum_{k=0}^{n+1} \frac{(i\varphi)^k}{k!} = -i\cdot\int_0^\varphi \left(e^{ix} - \sum_{k=0}^n \frac{(ix)^k}{k!} \right)\mathrm{d}x.$$

Lösungen zu »Berechnung von Einfachintegralen« siehe Seite 275

109. Berechnung von Einfachintegralen

Aufgabe (109.40) Wir definieren $f : \mathbb{R} \to \mathbb{R}$ durch
$$f(x) := \begin{cases} -1, & \text{falls } x < 0, \\ 0, & \text{falls } x = 0, \\ 1, & \text{falls } x > 0; \end{cases}$$
ferner sei $F : \mathbb{R} \to \mathbb{R}$ definiert durch $F(x) := \int_0^x f(\xi)\,\mathrm{d}\xi$. Ist F eine Stammfunktion von f?

Aufgabe (109.41) Die Funktion $f : [a,b] \to \mathbb{R}$ entstehe aus einer stetigen Funktion $g : [a,b] \to \mathbb{R}$, indem an endlich vielen Stellen $x_1, \ldots, x_n \in [a,b]$ der Funktionswert abgeändert wird. (Dann ist f zwangsläufig an den Stellen x_i unstetig.) Ist dann $F(x) := \int_a^x f(\xi)\,\mathrm{d}\xi$ eine Stammfunktion von f?

Aufgabe (109.42) Wir definieren $f : \mathbb{R} \to \mathbb{R}$ durch
$$f(x) := \begin{cases} 2x\cos(1/x^2) + 2\sin(1/x^2)/x, & \text{falls } x \neq 0; \\ 0, & \text{falls } x = 0. \end{cases}$$
Ferner definieren wir $F : \mathbb{R} \to \mathbb{R}$ durch
$$F(x) := \begin{cases} x^2 \cos(1/x^2), & \text{falls } x \neq 0; \\ 0, & \text{falls } x = 0. \end{cases}$$
Zeige, daß F eine Stammfunktion von f ist, daß aber *nicht* die Gleichung $\int_{-1}^1 f(x)\,\mathrm{d}x = F(1) - F(-1)$ gilt. Warum ist dies kein Widerspruch zu den Hauptsätzen der Integral- und Differentialrechnung?

Aufgabe (109.43) Es seien $[a,b] \subseteq \mathbb{R}$ ein Intervall und $a = x_0 < x_1 < \cdots < x_n < x_{n+1} = b$ Punkte in diesem Intervall. Wir betrachten zwei Funktionen $u, v : [a,b] \to \mathbb{R}$, die stetig differenzierbar auf jedem offenen Teilintervall (x_{i-1}, x_i) sind und stetig fortsetzbar auf jedes abgeschlossene Intervall $[x_{i-1}, x_i]$. (Die Ableitungen u' und v' sind dann außer an den Stellen x_i überall definiert.)

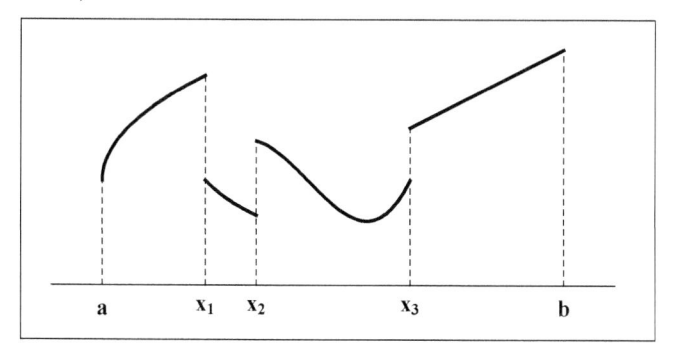

wenn wir mit $f(\xi^-) := \lim_{x \to \xi, x < \xi} f(x)$ und $f(\xi^+) := \lim_{x \to \xi, x > \xi} f(x)$ jeweils den links- und den rechtsseitigen Grenzwert einer Funktion f an einer Stelle ξ bezeichnen.

Aufgabe (109.44) Entscheide, ob die beiden folgenden Grenzwerte existieren, und bestimme sie gegebenenfalls!

$$\lim_{n \to \infty} \int_0^\infty \frac{\sin(nx)}{1+x^2}\,\mathrm{d}x \qquad \lim_{n \to \infty} \int_0^1 \frac{nx^{n-1}}{2+x}\,\mathrm{d}x$$

Beweise die Gültigkeit der Integrationsregel
$$\int_a^b u'v + \int_a^b uv'$$
$$= (uv)(b^-) - (uv)(a^+) - \sum_{i=1}^n \left((uv)(x_i^+) - (uv)(x_i^-)\right),$$

A110: Numerische Integration

Berechne in jeder der folgenden Aufgaben das Integral $\int_a^b f(x)\,dx$ zum einen exakt, zum andern näherungsweise mit Hilfe der Trapezregel bei Verwendung von $n = 4$ Streifen sowie der Simpsonregel bei Verwendung von $m = 2$ Doppelstreifen. Vergleiche jeweils den tatsächlichen Fehler mit dem Wert, den die allgemeine Fehlerabschätzung für die Trapez- bzw. die Simpsonregel liefert!

Aufgabe (110.1) $f(x) = 1/x$, $[a, b] = [1, 2]$

Aufgabe (110.2) $f(x) = 1/(1 + x^2)$, $[a, b] = [0, 1]$

Aufgabe (110.3) $f(x) = \sqrt{x^2 + 4x + 13}$, $[a, b] = [-2, 2]$

Aufgabe (110.4) $f(x) = x^3 e^{-x^2}$, $[a, b] = [1, 3]$

Aufgabe (110.5) $f(x) = 1-x+(1+x)\ln(x)$, $[a, b] = [1, 5]$

Aufgabe (110.6) $f(x) = \ln(x)^2$, $[a, b] = [2, 3]$

Aufgabe (110.7) $f(x) = (x^2-1)/(x^2+1)$, $[a, b] = [1, 5]$

Aufgabe (110.8) $f(x) = 3x/(1 + x^3)$, $[a, b] = [0, 1]$

Aufgabe (110.9) $f(x) = x^4 \ln(x)$, $[a, b] = [1, 2]$

Aufgabe (110.10) $f(x) = (2x+3)/(4x+5)$, $[a, b] = [0, 1]$

Aufgabe (110.11) $f(x) = \ln(x)^2/x$, $[a, b] = [1, 2]$

Berechne in den folgenden Aufgaben jeweils zunächst das Integral $I = \int_a^b f(x)\,dx$ exakt. Ferner sei allgemein T_n der Näherungswert für I, der durch Anwendung der Trapezregel mit n Streifen entsteht. Berechne T_4 und vergleiche den wahren Wert des Fehlers $|I - T_4|$ mit der allgemeinen Fehlerabschätzung für diesen Fehler. Gib schließlich jeweils an, ab welchem Wert von n garantiert werden kann, daß der Fehler $|I - T_n|$ kleiner als $\varepsilon = 10^{-6}$ wird.

Aufgabe (110.12) $f(x) = \dfrac{24x - 7}{x^2 + 1}$, $[a, b] = [-1, 1]$

Aufgabe (110.13) $f(x) = \sqrt{1 + 15x}$, $[a, b] = [0, 1]$

Aufgabe (110.14) $f(x) = 1/(x^4 - 1)$, $[a, b] = [2, 6]$

Aufgabe (110.15) $f(x) = (4x+3)/(2x+1)$, $[a, b] = [0, 1]$

Aufgabe (110.16) $f(x) = \ln(x^2 + 4x + 5)$, $[a, b] = [0, 1]$

Aufgabe (110.17) $f(x) = \ln(x^2 + 1)$, $[a, b] = [1, 3]$

Aufgabe (110.18) $f(x) = x^2/(x + 1)$, $[a, b] = [1, 2]$

In den folgenden Aufgaben ist es nicht möglich, das Integral $I = \int_a^b f(x)\,dx$ exakt zu berechnen, weil der Integrand f keine elementar angebbare Stammfunktion besitzt. (Man ist also zur Berechnung von I auf numerische Methoden angewiesen.)

Aufgabe (110.19) (a) Berechne das Integral
$$\int_0^1 \exp(x^2)\,dx$$
unter Benutzung der Simpsonregel mit einer garantierten Genauigkeit kleiner als 10^{-2}. (Wie viele Doppelstreifen sind nötig, um diese Genauigkeit garantieren zu können?)

(b) Mit dem gleichen Integranden betrachten wir statt des Intervalls $[0, 1]$ nun das Integrationsintervall $[0, 2]$. Wie viele Doppelstreifen sind jetzt nötig, um eine Genauigkeit kleiner als 10^{-2} garantieren zu können?

Aufgabe (110.20) Berechne das Integral
$$\int_{2.3}^{2.9} \frac{\exp(x)}{x}\,dx$$
unter Benutzung der Trapezregel mit einer garantierten Genauigkeit kleiner als 10^{-2}. (Wie viele Streifen sind nötig, um diese Genauigkeit garantieren zu können?)

Aufgabe (110.21) (a) Berechne das Integral
$$\int_0^1 \sin(x^2)\,dx$$
unter Benutzung der Trapezregel mit einer garantierten Genauigkeit kleiner als 10^{-2}. (Wie viele Streifen sind nötig, um diese Genauigkeit garantieren zu können?)

(b) Wie ändert sich die Zahl benötigter Streifen, wenn eine Genauigkeit kleiner als 10^{-6} garantiert werden soll?

Aufgabe (110.22) Das Integral
$$\int_0^2 \frac{4}{\sqrt{x^3 + 2}}\,dx$$
soll mit der Trapezregel näherungsweise berechnet werden. Wie viele Streifen sind nötig, um eine Genauigkeit von 10^{-2} bzw. 10^{-3} garantieren zu können? (Es ist nicht verlangt, die zugehörigen Näherungswerte zu berechnen.)

Aufgabe (110.23) Das Integral
$$\int_0^1 x \exp(x^3)\,dx$$
soll mit der Trapezregel berechnet werden. Welche Genauigkeit kann garantiert werden, wenn $n = 4$ Streifen

---

Lösungen zu »Numerische Integration« siehe Seite 296

verwendet werden? Wie viele Streifen sind zu verwenden, wenn eine Genauigkeit besser als 10^{-2} garantiert werden soll? (Es ist nicht verlangt, die zugehörigen Näherungswerte zu berechnen.)

Aufgabe (110.24) (a) Berechne das Integral

$$\int_0^2 \ln(x^2+1)\,\mathrm{d}x$$

unter Benutzung der Trapezregel mit einer garantierten Genauigkeit kleiner als 10^{-1}. (Wie viele Doppelstreifen sind nötig, um diese Genauigkeit garantieren zu können?)

(b) Wie ändert sich die Zahl benötigter Streifen, wenn eine Genauigkeit kleiner als 10^{-3} garantiert werden soll?

Aufgabe (110.25) Berechne unter Benutzung der Trapezregel das Integral

$$\int_0^{\sqrt{3\pi/2}} \cos(t^2)\,\mathrm{d}t$$

mit einer garantierten Genauigkeit von 10^{-2}. (Auf dieses Integral stößt man, wenn man die Länge eines Klothoidenbogens berechnen will.)

Aufgabe (110.26) Schreibe je ein Programm, das ein bestimmtes Integral $\int_a^b f(x)\,\mathrm{d}x$ mit Hilfe der Trapezregel bzw. der Simpsonregel näherungsweise berechnet.

Lösungen zu »Numerische Integration« siehe Seite 296

A111: Berechnung von Mehrfachintegralen

Aufgabe (111.1) Es sei T das Trapez mit den Ecken $(0,0)$, $(3,0)$, $(2,1)$ und $(1,1)$. Berechne das Integral $\int_T xe^y \,\mathrm{d}(x,y)$.

Aufgabe (111.2) Es sei B der Bereich, der von der xy-Ebene, der Ebene $y+z=1$ und der Fläche $y=x^2$ begrenzt wird. Bestimme das Volumen von B!

Aufgabe (111.3) Gegeben sei ein Würfel der Kantenlänge 1 mit konstanter Massendichte $\rho \equiv 1$. Gesucht sind die Trägheitsmomente I_1, I_2, I_3 und I_4 des Würfels bezüglich der folgendermaßen gegebenen Geraden g_1, g_2, g_3 und g_4:
(a) g_1 verbindet gegenüberliegende Seitenmittelpunkte;
(b) g_2 verläuft entlang einer Kante des Würfels;
(c) g_3 verläuft in Richtung einer Raumdiagonalen;
(d) g_4 verläuft in Richtung einer Flächendiagonalen.

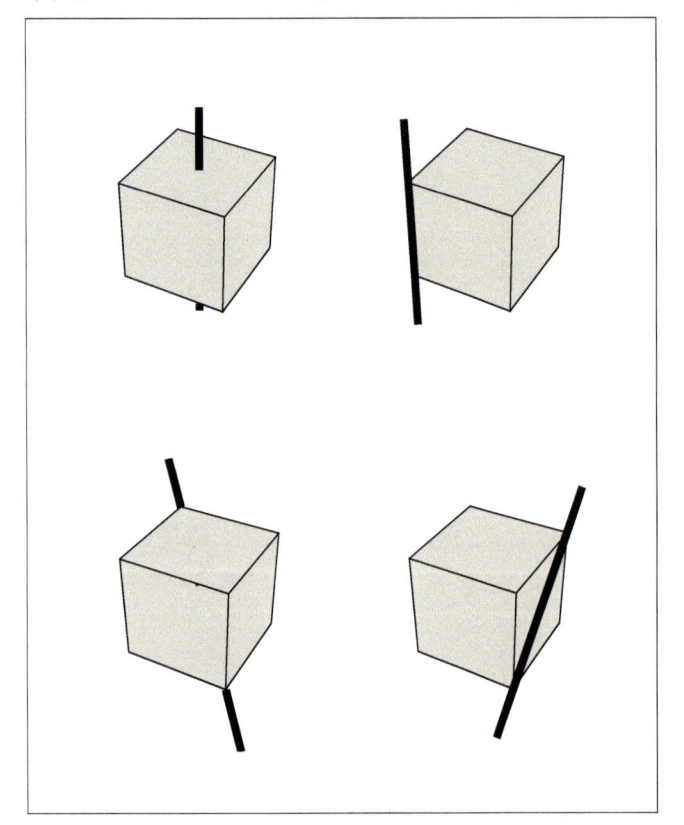

Aufgabe (111.4) Wir betrachten für eine gegebene Zahl $r>0$ die beiden senkrecht zueinander verlaufenden Zylinder

$$Z_1 := \{(x,y,z) \in \mathbb{R}^3 \mid x^2+y^2 \leq r^2\} \quad \text{und}$$
$$Z_2 := \{(x,y,z) \in \mathbb{R}^3 \mid x^2+z^2 \leq r^2\}.$$

Berechne das Volumen der Schnittmenge $Z_1 \cap Z_2$!

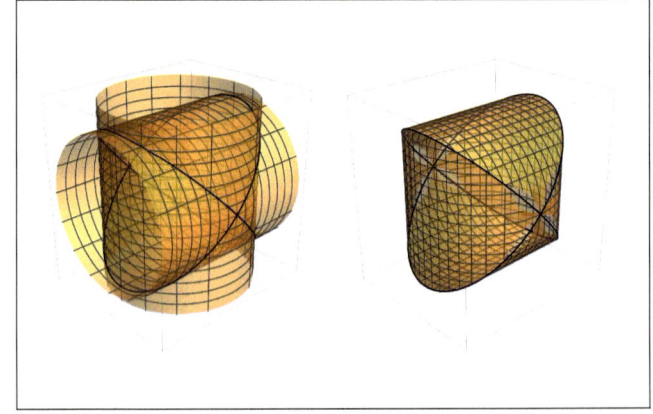

Durchschnitt zweier sich durchdringender Zylinder.

Aufgabe (111.5) Berechne das Volumen der Menge B, die von unten durch das Paraboloid $z=x^2+y^2$ und von oben durch die Ebene $z=y$ begrenzt wird!

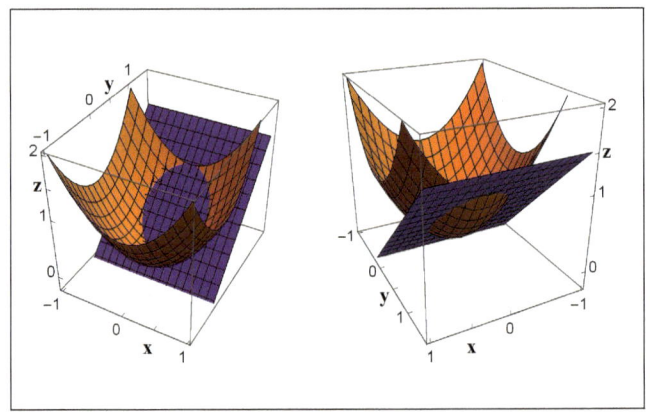

Volumen, das von dem Paraboloid $z=x^2+y^2$ und der Ebene $z=y$ begrenzt wird.

Aufgabe (111.6) Es sei $D := [0,1]^4 = \{(a,b,c,d) \mid 0 \leq a,b,c,d \leq 1\}$. Berechne die folgenden Vierfachintegrale:
(a) $\int_D (ad-bc) \,\mathrm{d}(a,b,c,d)$;
(b) $\int_D (ad-bc)^2 \,\mathrm{d}(a,b,c,d)$;
(c) $\int_D |ad-bc| \,\mathrm{d}(a,b,c,d)$.

Bemerkung: Die Werte dieser Integrale kann man so interpretieren: Man wählt völlig beliebige Zahlen a,b,c,d zwischen 0 und 1, bildet daraus eine Matrix

$$\begin{bmatrix} a & b \\ c & d \end{bmatrix}$$

und berechnet deren Determinante. Die gegebenen Integrale sind dann der mittlere Wert, das durchschnittliche Quadrat und der durchschnittliche Betrag dieser Determinante.

Lösungen zu »Berechnung von Mehrfachintegralen« siehe Seite 306

111. Berechnung von Mehrfachintegralen

Aufgabe (111.7) Es sei D das Parallelogramm mit den Ecken $(-1,0)$, $(0,0)$, $(1,1)$, $(0,1)$. Stelle das Doppelintegral $\iint_D yx^2 \, d(x,y)$ durch iterierte einfache Integrale dar, und zwar einmal mit x als äußerer und y als innerer, zum andern mit y als äußerer und x als innerer Variablen. Benutze dann eine der beiden Möglichkeiten, um den Wert des Integrals zu berechnen.

Aufgabe (111.8) Es sei D der unten skizzierte Bereich (bei dem der untere Rand ein Parabelbogen ist). Berechne das Doppelintegral $\iint_D (x^2 + y^2) \, d(x,y)$.

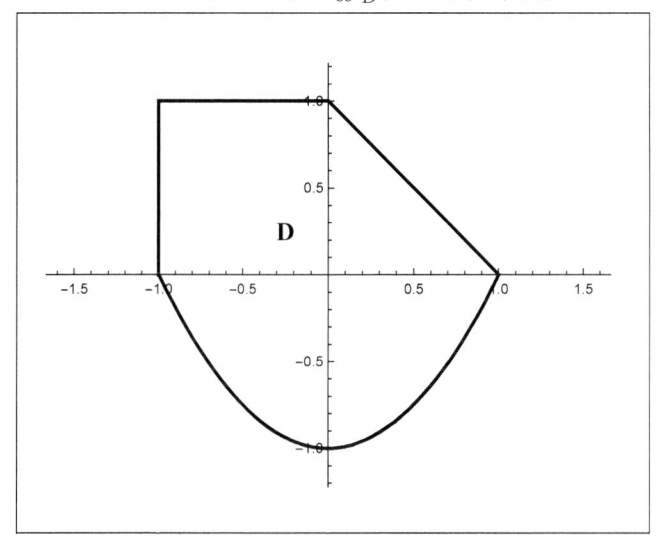

Aufgabe (111.9) Es sei D das Viereck mit den Ecken $(-1,-1)$, $(0,0)$, $(1,-1)$ und $(0,1)$. Berechne das Integral $I = \iint_D (2x^2 y + x^3) \, d(x,y)$! (Fertige zunächst eine Skizze des Vierecks D an, das im Nullpunkt eine einspringende Ecke besitzt.)

Aufgabe (111.10) Es sei D das Flächenstück, das von den Parabeln $y = x^2$ und $y = \sqrt{x}$ begrenzt wird. Berechne das Integral $I := \iint_D (1 + x^2 + y^3) \, d(x,y)$ sowohl mit x als äußerer und y als innerer Integrationsvariablen als auch nach Vertauschung der Integrationsreihenfolge!

Aufgabe (111.11) (a) Berechne das Integral
$$I = \int_0^\pi \int_0^x (4x^2 y + x \cos y) \, dy \, dx.$$
Für welchen Bereich D der xy-Ebene gilt $I = \iint_D (4x^2 y + x \cos y) \, d(x,y)$?
(b) Berechne das Integral
$$\iint_D x^2 y \, d(x,y),$$
wobei D das Dreieck mit den Eckpunkten $(0,-2)$, $(2,0)$ und $(0,4)$ bezeichnet.

Aufgabe (111.12) Berechne das Integral
$$\iint_D xy \, d(x,y),$$
wobei D das in der Skizze angegebene Fünfeck mit den Ecken $(-1,-1)$, $(0,-1)$, $(1,0)$, $(0,1)$ und $(-1,0)$ ist.

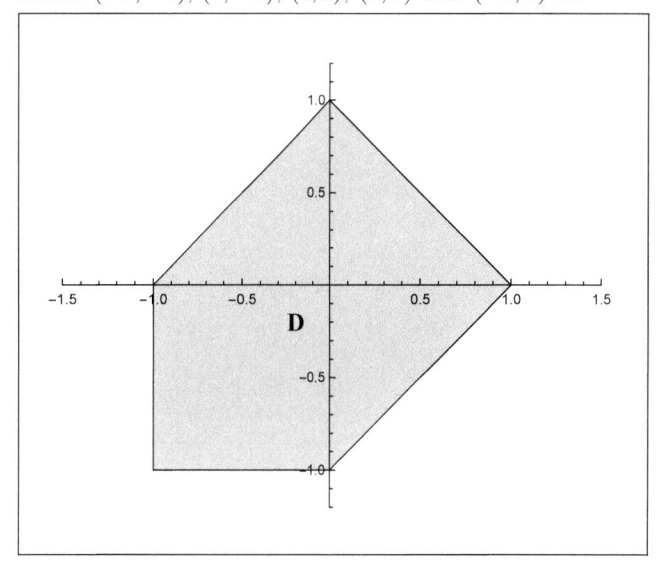

Aufgabe (111.13) Es sei D das Flächenstück, das von der Parabel $y = x^2$ und der Geraden $y = x + 2$ begrenzt wird. Ferner betrachten wir die Funktion $f(x,y) := x + y + 1$.
(a) Berechne die Schnittpunkte der Parabel $y = x^2$ mit der Geraden $y = x + 2$ und skizziere D.
(b) Berechne das Integral $I := \iint_D f(x,y) \, d(x,y)$.
(c) Welches ist die geometrische Bedeutung von I?

Aufgabe (111.14) Berechne das Integral
$$I := \iint_D 2(x+1)(y+2) \, d(x,y),$$
wobei D das unten skizzierte Flächenstück ist.

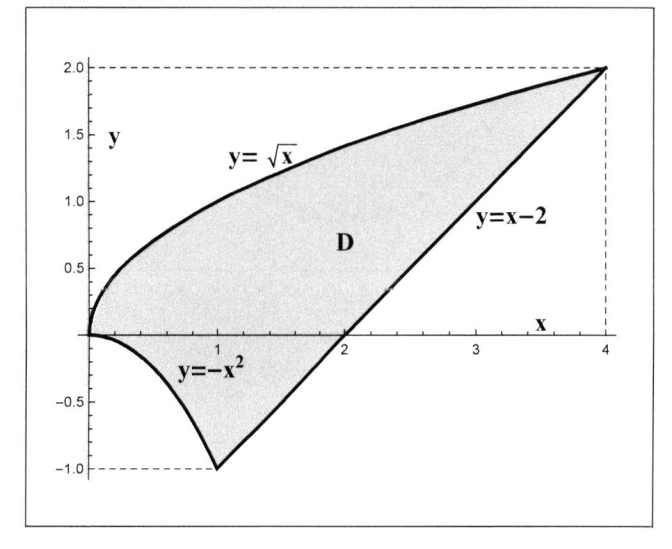

Aufgabe (111.15) Berechne das Integral
$$\iint_D x^3 y \, d(x,y),$$
wobei D das in der Skizze angegebene Viereck mit den Ecken $(0,0)$, $(3,0)$, $(1,1)$ und $(0,3)$ bezeichnet.

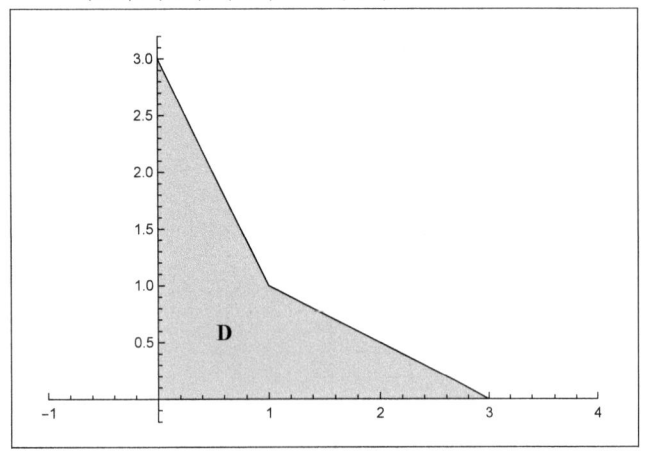

Aufgabe (111.16) Berechne das Integral
$$\iint_D 2x^2 y \, d(x,y),$$
wobei D der in der Skizze angegebene Bereich ist, der von der Geraden $y = x+1$ sowie den Parabelbögen $y = (x-1)^2$ und $y = x^2 - 1$ begrenzt wird.

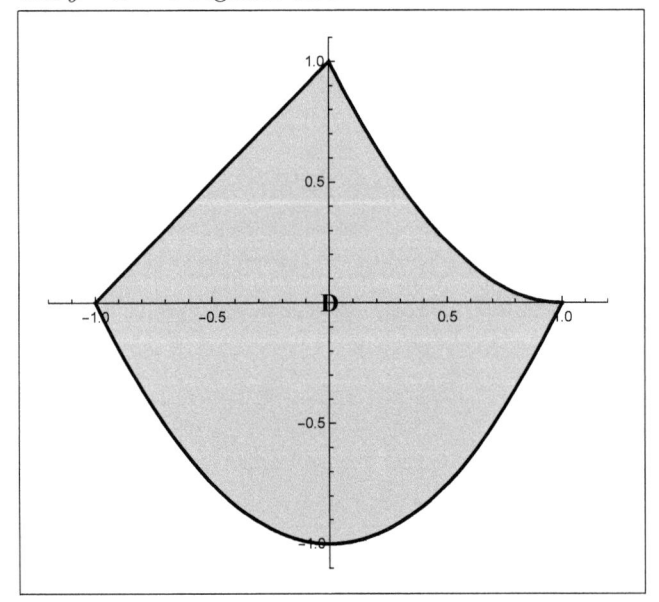

Aufgabe (111.17) Wir betrachten für $x, y > 0$ die Funktion
$$f(x,y) := \frac{x^2 - y^2}{(x^2 + y^2)^2} = \frac{\partial^2}{\partial x \partial y} \arctan\left(\frac{x}{y}\right).$$
Zeige, daß die iterierten Integrale $\int_0^1 (\int_0^1 f(x,y) \, dy) \, dx$ und $\int_0^1 (\int_0^1 f(x,y) \, dx) \, dy$ beide existieren, aber verschieden sind. Erkläre dieses Phänomen!

Aufgabe (111.18) Es seien $0 < a < b$ und $0 < c < d$ fest vorgegebene Zahlen. Berechne den Flächeninhalt des Bereichs B, der zwischen den Geraden $y = ax$ und $y = bx$ sowie zwischen den Hyperbeln $y = c/x$ und $y = d/x$ liegt!

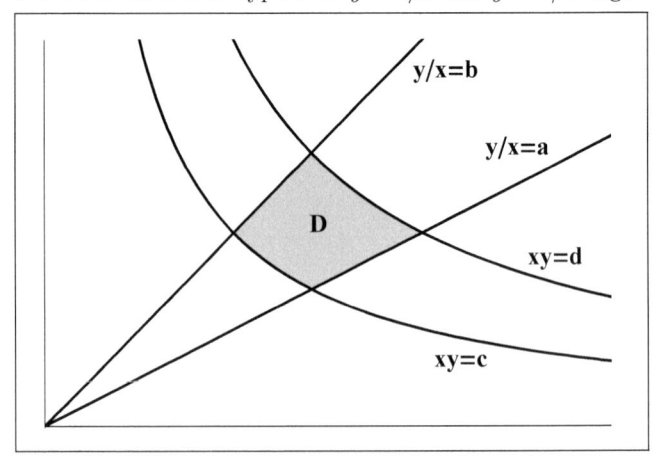

Aufgabe (111.19) Drücke den Flächeninhalt des grau markierten Bereichs durch Integrale aus, und zwar sowohl in kartesischen Koordinaten als auch in den Koordinaten $u = x^2 + y^2$ und $v = x^2 - y^2$. Berechne dann diesen Flächeninhalt!

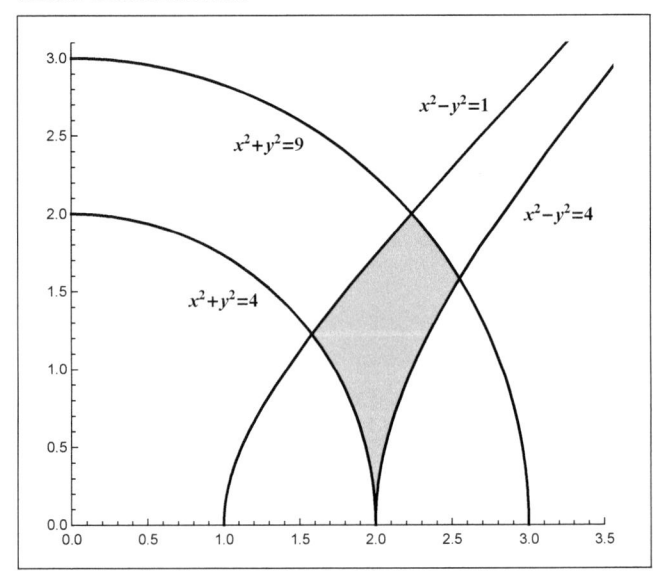

Aufgabe (111.20) Es sei D das Parallelogramm, das durch die Geraden $x + y = 0$, $x + y = 1$, $2x - y = 0$ und $2x - y = 3$ begrenzt wird. Fertige eine Skizze von D an und berechne dann das Integral $\iint_D (x+y)^2 \, d(x,y)$ mittels einer geeigneten Substitution!

Aufgabe (111.21) Es sei D das Dreieck mit den Ecken $(0,0)$, $(1,0)$ und $(0,1)$. Berechne des Integral
$$\iint_D \cos\left(\frac{x-y}{x+y}\right) d(x,y).$$

Hinweis: Substituiere $u = x - y$ und $v = x + y$.

Lösungen zu »Berechnung von Mehrfachintegralen« siehe Seite 306

Aufgabe (111.22) Es sei D der Bereich, der von der x-Achse und den beiden Parabelbögen $y^2 = 4 + 4x$ und $y^2 = 4 - 4x$ begrenzt wird. Fertige eine Skizze von D an und berechne dann das Integral $\iint_D y \, \mathrm{d}(x,y)$. **Hinweis:** Substituiere $x = u^2 - v^2$ und $y = 2uv$.

Aufgabe (111.23) Es sei D die Kreisscheibe mit Mittelpunkt $(0,0)$ und gegebenem Radius $R > 0$. Berechne das Integral

$$\iint_D e^{-(x^2+y^2)} \, \mathrm{d}(x,y) \,.$$

Was ergibt sich für $R \to \infty$? Schließe daraus auf den Wert des Integrals $\int_{-\infty}^{\infty} e^{-x^2} \, \mathrm{d}x$.

Aufgabe (111.24) Es sei B der Durchschnitt der Kugel $x^2 + y^2 + z^2 \leq 1$ mit dem Kegel $z \geq \sqrt{x^2 + y^2}$. Bestimme das Volumen von B, und zwar unter Benutzung von
(a) Zylinderkoordinaten,
(b) Kugelkoordinaten.

Aufgabe (111.25) Es sei D der Durchschnitt der Kugel $x^2 + y^2 + z^2 \leq 4$ mit dem Kegel $z \geq \sqrt{x^2 + y^2}$. Bestimme das Volumen von D.

Aufgabe (111.26) Wir betrachten das Quadrat $Q := \{(x,y) \in \mathbb{R}^2 \mid 0 < x, y < 1\}$ und das Dreieck $\Delta := \{(a,b) \in \mathbb{R}^2 \mid a, b > 0, a + b < \pi/2\}$. Zeige, daß durch

$$\Phi(a,b) := \left(\frac{\sin a}{\cos b}, \frac{\sin b}{\cos a}\right) \quad \text{und}$$

$$\Psi(x,y) := \left(\arctan \frac{x\sqrt{1-y^2}}{\sqrt{1-x^2}}, \arctan \frac{y\sqrt{1-x^2}}{\sqrt{1-y^2}}\right)$$

zwei zueinander inverse Diffeomorphismen $\Phi : \Delta \to Q$ und $\Psi : Q \to \Delta$ definiert sind. Berechne jeweils $\Phi'(a,b)$ und $\Psi'(x,y)$. (Diese Koordinatentransformation wurde in Beispiel (111.26) des Buches benutzt.)

Aufgabe (111.27) Ein neuer Bleistift werde erstmals angespitzt. Der Stift habe als Querschnitt ein regelmäßiges Sechseck mit dem Umkreisradius R, und das Loch des Spitzers sei exakt kegelförmig mit dem Öffnungswinkel 2φ. Welches Volumen V des Bleistifts wird beim Spitzen entfernt, wenn nicht mehr Material entfernt wird als unbedingt notwendig?

Aufgabe (111.28) Professor S. trinkt seinen Morgenkaffee aus einer zylindrischen Tasse (Grundkreisradius r, Höhe h). Er bemerkt, daß in dem Moment, in dem der Kaffee seine Lippen erreicht, genau die Hälfte des Bodens der Tasse sichtbar ist. Wieviel Kaffee befindet sich in diesem Moment in der Tasse?

Aufgabe (111.29) Es seien $a_i > 0$ positive reelle Zahlen und f eine stetige Funktion.
(a) Drücke für eine feste Zahl $s \in [0,1]$ das Doppelintegral

$$\int_0^{1-s} \int_0^{1-s-u_2} f(s + u_2 + u_1) \, u_1^{a_1-1} u_2^{a_2-1} \mathrm{d}u_1 \, \mathrm{d}u_2$$

unter Verwendung der Betafunktion durch ein einfaches Integral aus. **Hinweis:** Substituiere $u_1 = (u_2/v) - u_2$ im inneren Integral und vertausche anschließend die Integrationsreihenfolge.
(b) Es seien $S := \{x \in \mathbb{R}^n \mid x_1, \ldots, x_n \geq 0, x_1 + \cdots + x_n = 1\}$ und $f : S \to \mathbb{R}$ eine stetige Funktion. Beweise durch Iteration des Vorgehens in (a) die Formel

$$\int_S f(u_1, \ldots, u_n) \, u_1^{a_1-1} \cdots u_n^{a_n-1} \mathrm{d}(u_1, \ldots, u_n)$$
$$= \frac{\Gamma(a_1) \cdots \Gamma(a_n)}{\Gamma(a_1 + \cdots + a_n)} \int_0^1 f(\xi) \, \xi^{a_1 + \cdots + a_n - 1} \mathrm{d}\xi \,.$$

(c) Schreibe $r_i := 1/a_i$ für $1 \leq i \leq n$. Berechne das Volumen der Menge

$$K := \{x \in \mathbb{R}^n \mid x_1, \ldots, x_n \geq 0, \, x_1^{r_1} + \cdots + x_n^{r_n} \leq 1\}.$$

(d) Berechne den Flächeninhalt der Menge $\{(x,y) \in \mathbb{R}^2 \mid x^4 + y^4 \leq 1\}$.

Aufgabe (111.30) Berechne das Integral

$$\int_0^1 \left(\int_{-1}^1 \frac{1}{1 + xy} \, \mathrm{d}x \right) \mathrm{d}y$$

(a) durch Identifizierung des Integranden mit einer geometrischen Reihe,
(b) nach Vertauschung der Integrationsreihenfolge mit den Substitutionen $u = x + y(x^2-1)/2$ und anschließend $u = -\cos(2\varphi)$.

Ermittle durch Vergleich der beiden Ergebnisse den Wert der Reihe $\sum_{k=0}^{\infty} 1/(2k+1)^2$ und dann den der Reihe $\sum_{n=1}^{\infty} 1/n^2$.

Aufgabe (111.31) Es sei $1 \leq p < \infty$. Zeige: Die Funktion

$$f(x) := \frac{\|x\|^{-n/p}}{1 + \ln^2 \|x\|}$$

liegt in $L^p(\mathbb{R}^n)$, aber nicht in $L^q(\mathbb{R}^n)$ für $q \neq p$.

A112: Anwendungen der Integralrechnung

Aufgabe (112.1) Berechne den Gesamtinhalt der beiden Flächenstücke, die zwischen den Kurven $y = 12x^3 + 30x^2 + 17x + 12$ und $y = -12x^3 + 4x^2 + 36x + 18$ eingeschlossen sind.

Aufgabe (112.2) Berechne die Länge des Parabelbogens $y = x^2$ zwischen dem Punkt $(0,0)$ und einem Punkt (a, a^2) für einen beliebigen Wert $a > 0$.

Aufgabe (112.3) Eine **Klothoide** ist eine ebene Kurve mit einer Parameterdarstellung der Form

$$x(t) = x_0 + a \int_0^t \cos(\tau^2)\,\mathrm{d}\tau, \qquad y(t) = y_0 + a \int_0^t \sin(\tau^2)\,\mathrm{d}\tau.$$

Zwei sich rechtwinklig kreuzende Straßen mögen durch die x-Achse und die y-Achse eines Koordinatensystems dargestellt werden. An der y-Achse (durchlaufen in Fahrtrichtung von unten nach oben) soll im Punkt $(0, \eta)$ eine Rechtsabbiegerspur in Form eines Klothoidenbogens angesetzt werden, welche im Punkt $(-\xi, 0)$ in die x-Achse mündet; die Zahlen ξ und η sind also die Abstände der Einmündungspunkte vom Überkreuzungspunkt. (Man denke an die Abbiegerspuren eines Autobahnkleeblatts.)

(a) Wie hängen bei einer solchen Konstruktion die Abstände ξ und η zusammen?
(b) Wie groß muß der Klothoidenparameter a gewählt werden?
(c) Welche Länge hat der entstehende Klothoidenbogen?

Aufgabe (112.4) Der Parabelbogen $y = x^2/36$ (mit $0 \leq x \leq 12$) rotiere

(a) um die x-Achse,
(b) um die y-Achse,
(c) um die Winkelhalbierende $y = x$.

Berechne jeweils das Volumen des entstehenden Rotationskörpers. (Schätze zuvor das Volumen ohne Rechnung anhand einer Skizze ab!)

Aufgabe (112.5) Aus einer homogenen Kreisscheibe vom Radius R werde wie skizziert ein kreisförmiges Loch mit dem Radius $R/4$ herausgestanzt. Gib drei Möglichkeiten an, den Schwerpunkt der gelochten Scheibe zu berechnen, und zwar

(a) durch Benutzung kartesischer Koordinaten,
(b) durch Benutzung von Polarkoordinaten,
(c) durch Ausnutzen des Zusammenhangs zwischen dem Schwerpunkt eines Körpers und den Schwerpunkten von Teilkörpern, in die dieser zerlegt wird.

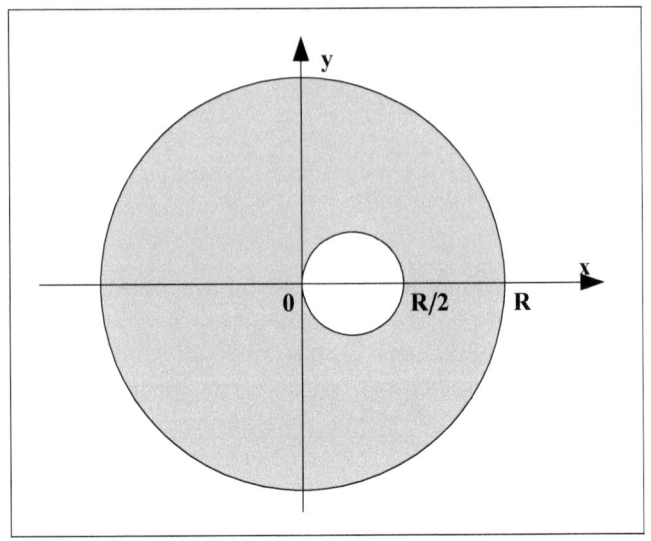

Schwerpunkt einer kreisförmige Scheibe mit ausgestanztem kreisförmigem Loch.

Aufgabe (112.6) Bestimme den Schwerpunkt der dargestellten (als homogen angenommenen) sechseckigen Scheibe mit den Ecken $(-1, 0)$, $(1, 0)$, $(1, 2)$, $(0, 2)$, $(0, 1)$ und $(-1, 1)$.

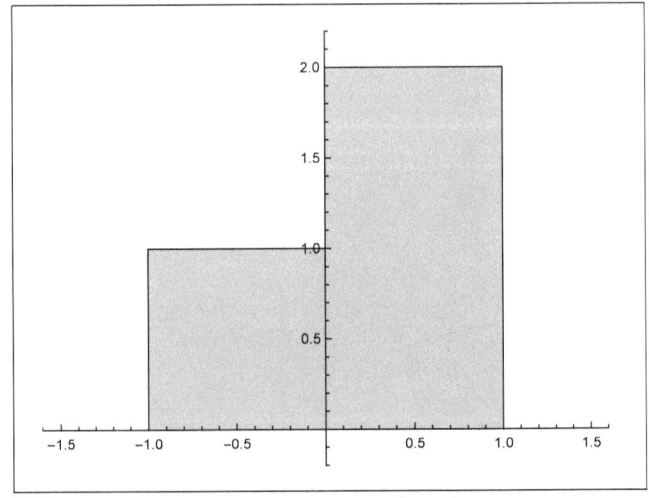

Schwerpunkt einer winkelförmigen Scheibe.

Aufgabe (112.7) Bestimme den Schwerpunkt des homogenen Flächenstücks, das durch die Kurven $x = 0$, $x = \pi/2$, $y = \cos x$ und $y = 0$ begrenzt wird.

Lösungen zu »Anwendungen der Integralrechnung« siehe Seite 320

112. Anwendungen der Integralrechnung

Aufgabe (112.8) (a) Wo liegt bei einer homogenen Scheibe in der Form eines Viertelkreises der Schwerpunkt?

(b) Berechne den Schwerpunkt der in der folgenden Abbildung dargestellten homogenen Scheibe, bei der die oberen Begrenzungslinien jeweils Viertelkreise sind.

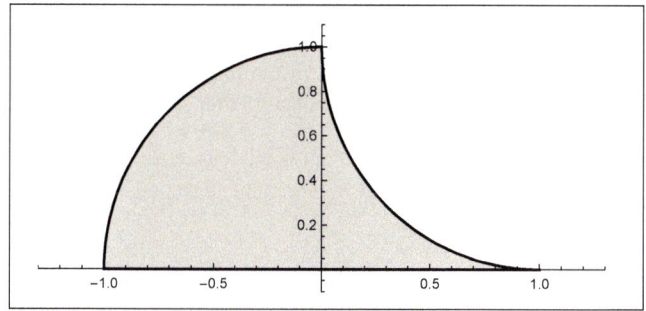

Schwerpunkt einer durch Viertelkreise begrenzten Scheibe.

Aufgabe (112.9) Wir betrachten einen homogenen Quader der Dichte ρ mit den Kantenlängen a, b und c. Bestimme den Trägheitsmomententensor des Quaders! Um welche Achse durch den Schwerpunkt hat der Quader das kleinstmögliche bzw. größtmögliche Trägheitsmoment?

Aufgabe (112.10) Ein Würfel der Kantenlänge 1 habe die konstante Massendichte $\rho \equiv 1$. Gesucht sind die Trägheitsmomente I_k des Würfels um die Geraden g_k (mit $1 \leq k \leq 4$), die wie folgt gegeben sind:

(a) g_1 verbindet gegenüberliegende Seitenmittelpunkte;

(b) g_2 verläuft entlang einer Kante des Würfels;

(c) g_3 verläuft in Richtung einer Raumdiagonalen;

(d) g_4 verläuft in Richtung einer Flächendiagonalen.

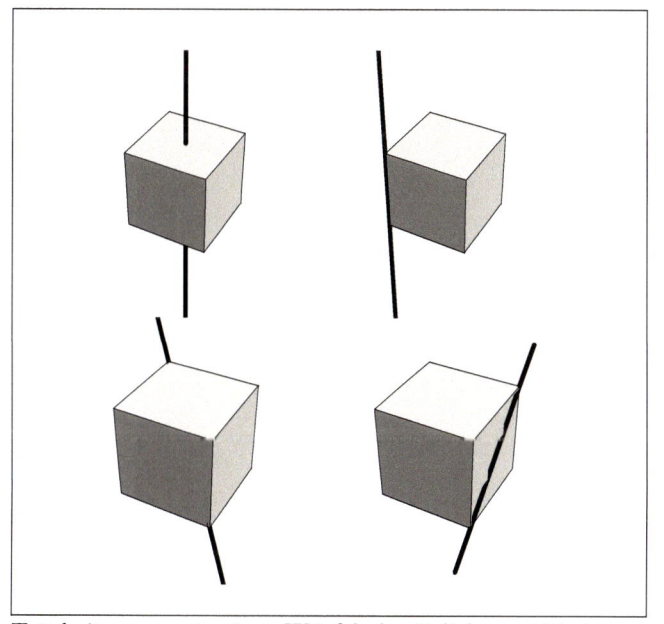

Trägheitsmomente eines Würfels bezüglich verschiedener Achsen.

Aufgabe (112.11) Wir betrachten einen homogenen Kreiszylinder mit dem Grundkreisradius R, der Höhe H und der Dichte ρ.

(a) Berechne den Trägheitsmomententensor des Zylinders!

(b) Welches Trägheitsmoment ist größer – dasjenige bezüglich der Drehachse oder das bezüglich einer Geraden senkrecht zur Drehachse?

Aufgabe (112.12) Gegeben sei ein senkrechter Kreiskegel mit Höhe H und Grundkreisradius R aus homogenem Material der Dichte ρ. Berechne für diesen Kegel den Massenmittelpunkt sowie den Trägheitsmomententensor.

Aufgabe (112.13) Gegeben sei ein halbkreisförmiger Draht mit konstanter Dichte ρ. (Diese Dichte ist eine Liniendichte, hat also die Einheit kg/m.) Wo liegt der Schwerpunkt dieses Stücks Draht?

Aufgabe (112.14) Ein aus dünnem Draht bestehender Rührhaken der Gesamtmasse m bestehe aus drei Stücken gleicher Länge a, wobei gemäß der Zeichnung die beiden Enden gegenüber dem Mittelstück um den Winkel α nach oben bzw. nach unten abgewinkelt seien. Bestimme den Trägheitsmomententensor des Rührhakens!

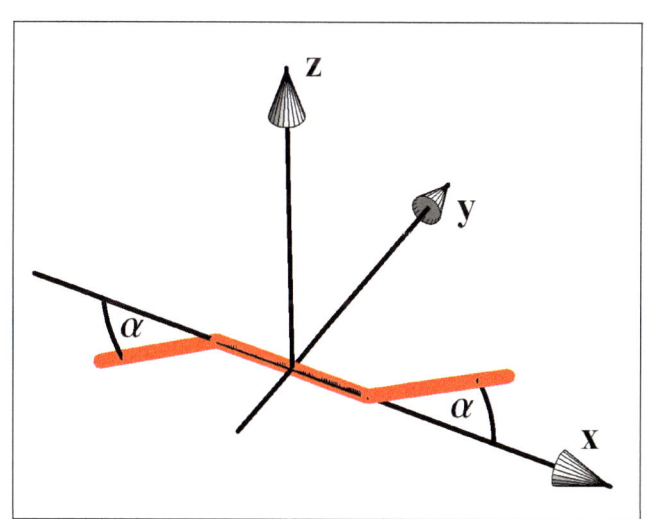

Rührhaken (rot), dessen Trägheitsmomententensor bestimmt werden soll.

Aufgabe (112.15) Wir betrachten eine feste Ebene E und eine Gerade g in E. Beweise die beiden folgenden Aussagen, die nach dem Mathematiker Paul (ursprünglich Habakkuk) Guldin (1577-1643) als **Guldinsche Regeln** bezeichnet werden, obwohl sie im wesentlichen bereits Pappos von Alexandria (um 300 n. Chr.) bekannt waren.

Lösungen zu »Anwendungen der Integralrechnung« siehe Seite 320

(a) In E sei eine Kurve C gegeben, die g nicht schneidet. Rotiert man C um die Achse g, so entsteht eine Rotationsfläche F. Zeige: Bezeichnen wir mit P den (Linien-) Schwerpunkt der Kurve C, mit $\mu_1(C)$ deren Länge und mit $\mu_2(F)$ den Flächeninhalt von F, so gilt die Gleichung

$$\mu_2(F) = 2\pi \cdot \mu_1(C) \cdot \mathrm{Abstand}(P,g)\,.$$

Anschaulich heißt dies: Ersetzt man C durch eine gleichlange Strecke durch P parallel zu g und läßt man diese Strecke um g rotieren, so hat der entstehende Zylinder die gleiche Mantelfläche wie die Rotationsfläche F.

(b) In E sei ein Flächenstück A gegeben, das g nicht schneidet. Rotiert man A um die Achse g, so entsteht ein Rotationskörper K. Zeige: Bezeichnen wir mit Q den (Flächen-)Schwerpunkt des Flächenstücks A, mit $\mu_2(A)$ dessen Flächeninhalt und mit $\mu_3(K)$ das Volumen von K, so gilt die Gleichung

$$\mu_3(K) = 2\pi \cdot \mu_2(A) \cdot \mathrm{Abstand}(Q,g)\,.$$

Aufgabe (112.16) Eine Ansammlung n gleichartiger homogener Platten (z. B. Dominosteine) ist so zu stapeln, daß die oberste Platte möglichst weit über die unterste Platte hinausragt. Welcher maximale Überhang kann erzielt werden? Was geschieht für $n \to \infty$?

Hinweis: Man beginne gedanklich mit der obersten Platte und nehme die unteren Platten schrittweise hinzu. Beim Hinzufügen einer Platte wird der Überhang maximal, wenn die Kante der neuen Platte genau unter dem Schwerpunkt der über ihr befindlichen Platten liegt; es herrscht dann gerade noch Gleichgewicht.

Aufgabe (112.17) Eine Bierdose (Masse m) habe die Form eines Zylinders (Höhe H, Grundkreisradius R) und sei mit Bier (Dichte ρ) gefüllt. Ist die Dose ganz voll oder ganz leer, so liegt der Schwerpunkt offenbar genau auf halber Höhe der Dose. Bei welcher Füllhöhe h des Bieres liegt der Schwerpunkt am tiefsten?

Bemerkung: Auch wenn es vermutlich mehr Spaß macht, das Ergebnis praktisch-experimentell statt theoretisch-mathematisch herzuleiten, ist hier nach einer rechnerischen Lösung gefragt.

Aufgabe (112.18) Zeige, daß der Schwerpunkt eines kompakten Körpers K immer in der konvexen Hülle von K liegt. (Gib ein Beispiel an, in dem der Schwerpunkt nicht in K selbst liegt!)

Aufgabe (112.19) Es seien $\theta_1 < \theta_2 < \theta_3$ die Hauptträgheitsmomente eines materiellen Körpers K. Zeige, daß dann die Zahlen

$$c_1 := \frac{\theta_2 - \theta_3}{\theta_1}, \quad c_2 := \frac{\theta_3 - \theta_1}{\theta_2}, \quad c_3 := \frac{\theta_1 - \theta_2}{\theta_3}$$

die Gleichung $c_1 + c_2 + c_3 + c_1 c_2 c_3 = 0$ erfüllen.

Aufgabe (112.20) Zeige, daß für die Hauptträgheitsmomente $\theta_1, \theta_2, \theta_3$ eines materiellen Körpers K die folgenden (den Dreiecksungleichungen analogen) Ungleichungen gelten:

$$\theta_1 \leq \theta_2 + \theta_3, \quad \theta_2 \leq \theta_3 + \theta_1, \quad \theta_3 \leq \theta_1 + \theta_2\,.$$

Hinweis: Rechne zunächst nach, daß die Gleichung $\theta_i = \int_K (\|\xi\|^2 - \langle \xi, v_i \rangle^2) \, dm$ gilt, wenn v_i ein auf Länge 1 normierter Eigenvektor des Trägheitstensors Θ von K zum Eigenwert θ_i ist (also eine Hauptträgheitsrichtung zum Trägheitsmoment θ_i).

Aufgabe (112.21) (a) Bestimme den Trägheitstensor eines homogenen Hohlzylinders (Volumendichte ρ) mit dem Innenradius R_1, dem Außenradius R_2 und der Höhe H.

(b) Bestimme den Trägheitstensor eines dünnwandigen Hohlzylinders (Flächendichte ρ) mit dem Radius R und der Höhe H. (**Hinweis:** Drücke das Ergebnis in (a) mit Hilfe der Zylindermasse statt der Dichte aus und führe dann einen Grenzübergang $R_1, R_2 \to R$ durch.)

(c) Löse Teil (b) durch Behandlung des dünnwandigen Hohlzylinders als eines zweidimensionalen Objekts, dessen Trägheitstensor durch ein Flächenintegral gegeben ist.

Aufgabe (112.22) (a) Bestimme den Trägheitstensor einer homogenen Hohlkugel (Volumendichte ρ) mit dem Innenradius R_1 und dem Außenradius R_2.

(b) Bestimme den Trägheitstensor einer dünnwandigen Hohlkugel (Flächendichte ρ) mit dem Radius R. (**Hinweis:** Drücke das Ergebnis in (a) mit Hilfe der Kugelmasse statt der Dichte aus und führe dann einen Grenzübergang $R_1, R_2 \to R$ durch.)

(c) Löse Teil (b) durch Behandlung der dünnwandigen Hohlkugel als eines zweidimensionalen Objekts, dessen Trägheitstensor durch ein Flächenintegral gegeben ist.

A113: Integration skalarer Funktionen

Aufgabe (113.1) Bestimme den durchschnittlichen Wert der y-Koordinate entlang des Parabelbogens $y = x^2$ mit $0 \leq x \leq 1$. (Man kann die Aufgabe auch physikalisch einkleiden: Wir betrachten die Temperaturverteilung $T(x,y) = y$. Wenn man den Parabelbogen $y = x^2$ mit $0 \leq x \leq 1$ mit konstanter Geschwindigkeit durchfährt, welches ist dann die Durchschnittstemperatur während der Fahrt?)

Aufgabe (113.2) Wir betrachten eine Sphäre vom Radius R und legen auf dieser einen Nord- und einen Südpol und damit auch einen Äquator fest, der die Sphäre in eine nördliche und eine südliche Hemisphäre unterteilt. Bestimme für die in der nördlichen Hemisphäre liegenden Punkte
(a) die durchschnittliche Höhe über der Äquatorialebene,
(b) den durchschnittlichen Abstand zum Äquator innerhalb der Sphäre,
(c) den durchschnittlichen Abstand zur Achse durch Nord- und Südpol.

Aufgabe (113.3) Wir bezeichnen mit $\mathbb{B}^n := \{x \in \mathbb{R}^n \mid \|x\| \leq 1\}$ die Einheitsvollkugel im $\mathbb{R}^n$ und mit $\mathbb{S}^{n-1} := \{x \in \mathbb{R}^n \mid \|x\| = 1\}$ deren Rand. Ferner bezeichnen wir mit $\mu_n(A)$ das n-dimensionale Maß einer Teilmenge $A \subseteq \mathbb{R}^n$ und mit $\sigma_{n-1}(A)$ das $(n-1)$-dimensionale Hyperflächenmaß einer Teilmenge $A \subseteq \mathbb{S}^{n-1}$. Für $R > 0$ sei ferner $B_R := R \cdot \mathbb{B}^n = \{x \in \mathbb{R}^n \mid \|x\| \leq R\}$.
(a) Die Funktion $f : \mathbb{R}^n \to \mathbb{R}$ sei rotationsinvariant, also von der Form $f(x) = g(\|x\|)$ mit $g : [0, \infty) \to \mathbb{R}$. Drücke das Integral $\int_{B_R} f(x)\,dx$ durch ein eindimensionales Integral über die Funktion g aus!
(b) Bestimme den Hyperflächeninhalt $\sigma_{n-1}(\mathbb{S}^{n-1})$! (Für $n = 3$ ist dies beispielsweise die Oberfläche der Einheitskugel in $\mathbb{R}^3$.)
(c) Es sei $R > 0$ gegeben. Bestimme den durchschnittlichen Abstand ρ eines Punktes in B_R vom Nullpunkt (bzw. allgemein den durchschnittlichen Abstand eines Punktes einer Kugel vom Radius R von deren Mittelpunkt).
(d) Bestimme den Radius r derart, daß die Kugel B_r das gleiche Volumen hat wie die Kugelschale $B_R \setminus B_r$ mit Innenradius r und Außenradius R. Gilt $r = \rho$ mit ρ wie in Teil (c)?

Aufgabe (113.4) Welcher Zusammenhang besteht zwischen der Gramschen Matrix und dem in Nummer (65.21) des Buchs eingeführten Skalarprodukt

$$\langle v_1 \wedge \cdots \wedge v_d, w_1 \wedge \cdots \wedge w_d \rangle = \sum_I \det(v_I)\det(w_I),$$

wobei die Summe über alle Multi-Indices $I = (i_1, \ldots, i_d)$ mit $1 \leq i_1 < \cdots < i_d \leq n$ läuft und wobei für $I = (i_1, \ldots, i_d)$ die $(d \times d)$-Matrix v_I aus den Spalten $i_1, \ldots, i_d$ der $(d \times n)$-Matrix mit den Zeilenvektoren v_i^T besteht.

Aufgabe (113.5) Auf einer offenen Teilmenge $U \subseteq \mathbb{R}^{n-1}$ betrachten wir eine C^1-Funktion $\varphi : U \to \mathbb{R}$; es sei $M := \{(x, \varphi(x)) \mid x \in U\}$ der Graph von φ. Zeige, daß für eine integrierbare (etwa stetige) Funktion $f : \mathbb{R}^n \to \mathbb{R}$ die folgende Gleichung gilt, in der $d\sigma$ das Hyperflächenmaß auf M bezeichnet:

$$\int_M f\,d\sigma \;=\; \int_U f(\varphi(u))\sqrt{1 + \|(\nabla\varphi)(u)\|^2}\,du.$$

Aufgabe (113.6) Es sei M der Graph der Funktion $\varphi : [0,1] \times [2,3] \to \mathbb{R}$ mit $\varphi(x,y) := x^2 + y$. Berechne das Integral $\int_M x\,d\sigma$.

Aufgabe (113.7) Berechne die Integrale $\int_{\mathbb{S}^2} x^2 d\sigma$, $\int_{\mathbb{S}^2} y^2 d\sigma$ und $\int_{\mathbb{S}^2} z^2 d\sigma$, wenn $\mathbb{S}^2 = \{x \in \mathbb{R}^3 \mid \|x\| = 1\}$ die Einheitssphäre im dreidimensionalen Raum bezeichnet.

Lösungen zu »Integration skalarer Funktionen« siehe Seite 331

A114: Integration von Differentialformen

Aufgabe (114.1) Wir bezeichnen mit C_1 das Geradenstück mit der Parametrisierung $(x(\lambda), y(\lambda), z(\lambda)) = (\lambda, \lambda, \lambda)$ (wobei $0 \le \lambda \le 1$), mit C_2 die Viertelhelix mit der Parametrisierung $(x(\varphi), y(\varphi), z(\varphi)) = (\sin\varphi, 1 - \cos\varphi, 2\varphi/\pi)$ (wobei $0 \le \varphi \le \pi/2$ und mit C_3 die Kurve mit der Parametrisierung $(x(t), y(t), z(t)) = (t, t^2, t^3)$ mit $0 \le t \le 1$. Berechne die Kurvenintegrale

$$\int_{C_i} xy\, dx + 2\, dy + 4z\, dz$$

für $1 \le i \le 3$ und entscheide, ob das Vektorfeld $(x, y, z) \mapsto (xy, 2, 4z)^T$ ein Potential besitzt!

Aufgabe (114.2) Berechne die folgenden Kurvenintegrale!
(a) $\oint_C (3x^2 + y)\, dx + (2x + y^3)\, dy$, wenn C den Kreis um $(0,0)$ mit Radius r bezeichnet
(b) $\oint_C (1 + 10xy + y^2)\, dx + (6xy + 5x^2)\, dy$, wenn C den Rand des Quadrates mit den Ecken $(0,0)$, $(a,0)$, (a,a) und $(0,a)$ bezeichnet
(c) $\oint_C e^x \sin y\, dx + e^x \cos y\, dy$, wenn C sich zusammensetzt aus der Strecke von $(-1, 0)$ nach $(1, 0)$ und dem oberen Halbkreis um $(0, 0)$ mit Radius 1

Aufgabe (114.3) Eine Punktmasse m durchlaufe die Kurve $(x(t), y(t), z(t)) = (a\cos(\omega t), a\sin(\omega t), bt^2)$ mit $0 \le t \le 1$, wobei a, b und ω gegebene Konstanten seien. Ermittle zu jedem Zeitpunkt t die auf die Masse wirkende Kraft und berechne die Arbeit, die diese Kraft im Zeitintervall $[0, 1]$ an der Masse verrichtet!

Aufgabe (114.4) Entscheide für jede der folgenden Funktionen $F: \mathbb{R}^2 \hookrightarrow \mathbb{R}^2$, ob es eine Potentialfunktion $\Phi: \mathbb{R}^2 \hookrightarrow \mathbb{R}$ gibt mit $F = \operatorname{grad} \Phi$. (Falls ja, so soll die allgemeinstmögliche Potentialfunktion angegeben werden; falls nein, so ist die Nichtexistenz einer Potentialfunktion zu begründen.) †
(a) $F(x, y) = \begin{bmatrix} 4x^3 y^3 - 3x^2 \\ 3x^4 y^2 + \cos(y) \end{bmatrix}$
(b) $F(x, y) = \begin{bmatrix} \sqrt{y} - y/(2\sqrt{x}) + 2x \\ x/(2\sqrt{y}) - \sqrt{x} + 1 \end{bmatrix}$
(c) $F(x, y) = \begin{bmatrix} -y \\ x \end{bmatrix}$
(d) $F(x, y) = \begin{bmatrix} y^3 + x \\ x^2 + y \end{bmatrix}$

---
† Die Notation $f: X \hookrightarrow Y$ soll bedeuten, daß f nicht notwendigerweise auf ganz X definiert ist, sondern nur auf einer Teilmenge $A \subseteq X$.

Aufgabe (114.5) Berechne das Kurvenintegral

$$\int_C (y^3 + x)\, dx + (x^2 + y)\, dy,$$

wenn C die folgende Kurve bezeichnet:
(a) die Strecke von $(1, 0)$ nach $(-1, 0)$;
(b) den Streckenzug, der sich zusammensetzt aus der Strecke von $(1, 0)$ nach $(1, 1)$, der Strecke von $(1, 1)$ nach $(-1, 1)$ und der Strecke von $(-1, 1)$ nach $(-1, 0)$;
(c) den im Gegenuhrzeigersinn durchlaufenen oberen Halbkreis um $(0, 0)$ mit Radius 1.

Bemerkung: Alle drei Kurven haben den gleichen Anfangs- und den gleichen Endpunkt.

Aufgabe (114.6) Es seien $\Omega \subseteq \mathbb{R}^n$ eine offene Menge und $F: \Omega \to \mathbb{R}^n$ eine C^1-Funktion. Zeige: Ist F ein Gradientenfeld, so gilt $\partial_i F_j = \partial_j F_i$ für $1 \le i, j \le n$.

Aufgabe (114.7) Es sei $D := \mathbb{R}^2 \setminus \{(0, 0)\}$. Wir betrachten die Funktion $F: D \to \mathbb{R}^2$ mit

$$F(x, y) = \begin{bmatrix} F_1(x, y) \\ F_2(x, y) \end{bmatrix} = \frac{1}{x^2 + y^2} \begin{bmatrix} -y \\ x \end{bmatrix}.$$

(a) Rechne nach, daß $\partial F_1 / \partial y = \partial F_2 / \partial x$ gilt.
(b) Es sei C der in positivem Sinn durchlaufene Kreis mit Radius 1 um den Nullpunkt. Berechne das Kurvenintegral $\oint_C F_1(x, y)\, dx + F_2(x, y)\, dy$.
(c) Besitzt F eine Potentialfunktion $\Phi: D \to \mathbb{R}$?
(d) Zeige: Jede auf einer offenen Teilmenge $\Omega \subseteq D$ definierte C^1-Funktion $\varphi: \Omega \to \mathbb{R}$ mit

$$\begin{bmatrix} \cos\varphi(x, y) \\ \sin\varphi(x, y) \end{bmatrix} = \frac{1}{\sqrt{x^2 + y^2}} \begin{bmatrix} x \\ y \end{bmatrix} \qquad ((x, y) \in \Omega)$$

ist eine Potentialfunktion für F auf Ω. (Jede solche Funktion heißt eine **Polarwinkelfunktion**.)
(e) Prüfe nach, daß in den folgenden Fällen jeweils die angegebene Funktion φ eine Potentialfunktion von F auf dem angegebenen Bereich Ω ist!
- $\Omega = \{(x, y) \in \mathbb{R}^2 \mid x > 0\}$
  $\varphi(x, y) = \arctan(y/x)$
- $\Omega = \{(x, y) \in \mathbb{R}^2 \mid x > 0\}$
  $\varphi(x, y) = \arcsin(y/\sqrt{x^2 + y^2})$
- $\Omega = \{(x, y) \in \mathbb{R}^2 \mid y > 0\}$
  $\varphi(x, y) = \arccos(x/\sqrt{x^2 + y^2})$
- $\Omega = \mathbb{R}^2 \setminus ((-\infty, 0] \times \{0\})$
  $\varphi(x, y) = 2 \arctan\left(\dfrac{y}{x + \sqrt{x^2 + y^2}}\right)$

Aufgabe (114.8) Es sei C eine stückweise glatte geschlossene ebene Kurve, die nicht durch den Nullpunkt geht. Zeige, daß die Windungszahl von C bezüglich des Nullpunkts (vgl. Aufgabe (99.25)) gegeben ist durch das Kurvenintegral

$$\frac{1}{2\pi} \int_C \frac{x\, dy - y\, dx}{x^2 + y^2}.$$

Lösungen zu »Integration von Differentialformen« siehe Seite 334

A115: Äußere Ableitung einer Differentialform

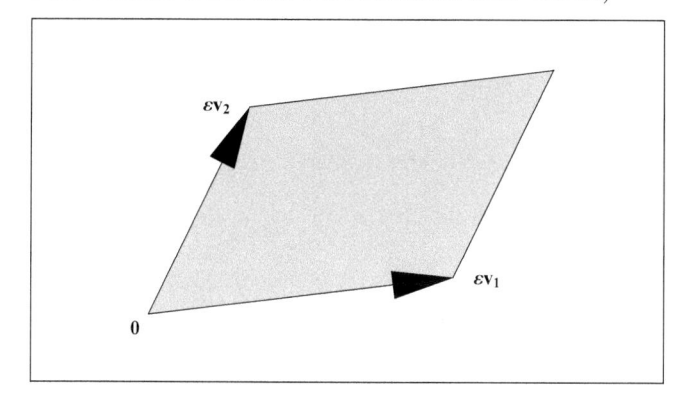

Aufgabe (115.1) Wir denken uns den Vektorraum $V = \mathbb{R}^2$ mit seiner üblichen Orientierung versehen und betrachten ein Vektorfeld $f : V \to V$ (das wir als Strömungsfeld einer ebenen Strömung deuten können). Wir wählen eine positiv orientierte Basis (v_1, v_2) von V. Für einen festen Punkt p und für eine Zahl $\varepsilon > 0$ betrachten wir dann das von p aus abgetragene Parallelogramm, das von εv_1 und εv_2 aufgespannt wird. Berechne die Integrale $\int_{\partial B} f \, \mathrm{d}\vec{s}$ und $\int_{\partial B} f \, \mathrm{d}\vec{n}$ jeweils bis zu Termen der Ordnung ε^2. (Dabei bezeichne $\vec{n}$ den äußeren Normalenvektor von B.)

Aufgabe (115.2) Es seien $f, g, \varphi : \mathbb{R}^3 \to \mathbb{R}$ und $F, G : \mathbb{R}^3 \to \mathbb{R}^3$ stetig differenzierbare Funktionen sowie $c : \mathbb{R}^3 \to \mathbb{R}$ und $C : \mathbb{R}^3 \to \mathbb{R}^3$ konstante Funktionen. Beweise die folgenden Aussagen!
(a) $\mathrm{grad}(c) = 0$
(b) $\mathrm{grad}(f + g) = \mathrm{grad}(f) + \mathrm{grad}(g)$
(c) $\mathrm{grad}(cf) = c \, \mathrm{grad}(f)$
(d) $\mathrm{grad}(fg) = f \, \mathrm{grad}(g) + g \, \mathrm{grad}(f)$
(e) $\mathrm{div}(C) = 0$
(f) $\mathrm{div}(F + G) = \mathrm{div}(F) + \mathrm{div}(G)$
(g) $\mathrm{div}(cF) = c \, \mathrm{div}(F)$
(h) $\mathrm{div}(\varphi F) = \mathrm{grad}(\varphi) \, F + \varphi \, \mathrm{div}(F)$

Aufgabe (115.3) Es seien $\Omega \subseteq \mathbb{R}^3$ eine offene Menge, $F, G : \Omega \to \mathbb{R}^3$ Vektorfelder und $\varphi : \Omega \to \mathbb{R}$ eine Funktion der Klasse C^1 sowie $c \in \mathbb{R}$ eine feste Zahl und $C \in \mathbb{R}^3$ ein konstanter Vektor. Wir führen ferner die **Lie-Ableitung** $L_U V$ von V in Richtung U ein durch

$$(L_U V)(p) := \lim_{t \to 0} \frac{V(p + tU(p)) - V(p)}{t}$$
$$= \left.\frac{\mathrm{d}}{\mathrm{d}t}\right|_{t=0} V(p + tU(p)) = V'(p) U(p)$$
$$= \begin{bmatrix} (\partial_1 V_1)(p) & (\partial_2 V_1)(p) & (\partial_3 V_1)(p) \\ (\partial_1 V_2)(p) & (\partial_2 V_2)(p) & (\partial_3 V_2)(p) \\ (\partial_1 V_3)(p) & (\partial_2 V_3)(p) & (\partial_3 V_3)(p) \end{bmatrix} \begin{bmatrix} U_1(p) \\ U_2(p) \\ U_3(p) \end{bmatrix},$$

für die man gelegentlich auch die symbolische Schreibweise

$$\langle U, \mathrm{grad} \rangle V := (U_1 \partial_1 + U_2 \partial_2 + U_3 \partial_3) \begin{bmatrix} V_1 \\ V_2 \\ V_3 \end{bmatrix}$$
$$:= \begin{bmatrix} U_1(\partial_1 V_1) + U_2(\partial_2 V_1) + U_3(\partial_3 V_1) \\ U_1(\partial_1 V_2) + U_2(\partial_2 V_2) + U_3(\partial_3 V_2) \\ U_1(\partial_1 V_3) + U_2(\partial_2 V_3) + U_3(\partial_3 V_3) \end{bmatrix}$$

benutzt. Zeige, daß dann die folgenden Formeln gelten!
(a) $\mathrm{rot}(C) = 0$
(b) $\mathrm{rot}(F + G) = \mathrm{rot}(F) + \mathrm{rot}(G)$
(c) $\mathrm{rot}(cF) = c \, \mathrm{rot}(F)$
(d) $\mathrm{rot}(\varphi F) = \mathrm{grad}(\varphi) \times F + \varphi \, \mathrm{rot}(F)$
(e) $\mathrm{grad}\langle F, G \rangle = L_G F + L_F G + F \times \mathrm{rot}(G) + G \times \mathrm{rot}(F)$
(f) $\mathrm{div}(F \times G) = \langle \mathrm{rot}(F), G \rangle - \langle F, \mathrm{rot}(G) \rangle$
(g) $\mathrm{rot}(F \times G) = L_G F - L_F G + \mathrm{div}(G) F - \mathrm{div}(F) G$

Aufgabe (115.4) Es seien $\Omega \subseteq \mathbb{R}^3$ eine offene Teilmenge, $f : \Omega \to \mathbb{R}$ eine Funktion der Klasse C^2 und $F : \Omega \to \mathbb{R}^3$ ein Vektorfeld der Klasse C^2. Ferner führen wir den **Laplace-Operator**

$$\triangle F := \begin{bmatrix} (\partial_{11} + \partial_{22} + \partial_{33}) F_1 \\ (\partial_{11} + \partial_{22} + \partial_{33}) F_2 \\ (\partial_{11} + \partial_{22} + \partial_{33}) F_3 \end{bmatrix}$$

ein. Überprüfe dann die folgenden Aussagen!
(a) $\mathrm{rot}\bigl(\mathrm{grad}(f)\bigr) = 0$
(b) $\mathrm{div}\bigl(\mathrm{rot}(F)\bigr) = 0$
(c) $\mathrm{grad}(\mathrm{div}\, F) - \mathrm{rot}(\mathrm{rot}\, F) = \triangle F$

Aufgabe (115.5) Die offene Menge $\Omega \subseteq \mathbb{R}^n$ sei sternförmig bezüglich des Nullpunkts O; d.h., mit jedem Punkt $P \in \Omega$ liege auch die gesamte Strecke $\overline{OP}$ in Ω. Es sei $f : \Omega \to \mathbb{R}$ eine C^1-Funktion. Zeige, daß es ein C^1-Vektorfeld $F : \Omega \to \mathbb{R}^n$ mit $f = \mathrm{div}\, F$ gibt!

Hinweis: Betrachte $F(x) := \int_0^1 t^{n-1} f(tx) x \, \mathrm{d}t$.

Aufgabe (115.6) Finde für jede der folgenden Funktionen $f : \mathbb{R}^3 \to \mathbb{R}$ ein Vektorfeld $F : \mathbb{R}^3 \to \mathbb{R}^3$, das die Bedingung $f = \mathrm{div}(F)$ erfüllt!
(a) $f(x, y, z) = xyz$
(b) $f(x, y, z) = x + y^2 z$
(c) $f(x, y, z) = \sin(xyz)$
(d) $f(x, y, z) = \sin(x) \exp(y + z)$

Hinweis: Verwende Aufgabe (115.5). **Warnung:** Teil (d) ist nur zu empfehlen, wenn man entweder überhaupt nichts anderes zu tun hat oder aber für sein Leben gern komplizierte Integrale ausrechnet.

Aufgabe (115.7) Die offene Menge $\Omega \subseteq \mathbb{R}^3$ sei sternförmig bezüglich des Nullpunkts O; d.h., mit jedem Punkt $P \in \Omega$ liege auch die gesamte Strecke $\overline{OP}$ in Ω. Es sei $F : \Omega \to \mathbb{R}^3$ ein C^1-Vektorfeld. Beweise die folgenden Aussagen!

(a) Es gilt die Darstellung

$$F(x) = \operatorname{grad}\left[\int_0^1 \langle F(tx), x\rangle \, dt\right] + \int_0^1 (\operatorname{rot} F)(tx) \times (tx) \, dt.$$

(b) Es gilt die Darstellung

$$F(x) = \operatorname{rot}\left[\int_0^1 F(tx) \times (tx) \, dt\right] + \int_0^1 t^2 (\operatorname{div} F)(tx) x \, dt.$$

(c) Gilt $\operatorname{div}(F) = 0$, so ist F ein Rotationsfeld; d.h., es gibt ein C^1-Vektorfeld $G : \mathbb{R}^3 \to \mathbb{R}^3$ mit $F = \operatorname{rot}(G)$.

(d) Gilt $\operatorname{rot}(F) = 0$, so ist F ein Gradientenfeld; d.h., es gibt eine C^1-Funktion $\varphi : \mathbb{R}^3 \to \mathbb{R}$ mit $F = \operatorname{grad}(\varphi)$.

Aufgabe (115.8) Wir betrachten eine offene Menge $\Omega \subseteq \mathbb{R}^3$ und bezeichnen mit $\mathfrak{F}$ den Vektorraum aller C^∞-Funktionen $f : \Omega \to \mathbb{R}$ sowie mit $\mathfrak{V}$ den Vektorraum aller C^∞-Vektorfelder $F : \Omega \to \mathbb{R}^3$. Betrachte die folgenden linearen Abbildungen:

$$\{0\} \longrightarrow \mathfrak{F} \xrightarrow{\operatorname{grad}} \mathfrak{V} \xrightarrow{\operatorname{rot}} \mathfrak{V} \xrightarrow{\operatorname{div}} \mathfrak{F} \longrightarrow \{0\}.$$

Zeige, daß in diesem Diagramm jeweils das Bild einer Abbildung im Kern der jeweils nachfolgenden Abbildung enthalten ist. Wie läßt sich diese Aussage für den Fall verschärfen, daß die Menge Ω sternförmig ist?

Aufgabe (115.9) Es sei $F : \mathbb{R}^n \setminus \{0\} \to \mathbb{R}^n$ ein Vektorfeld der Form $F(x) = f(\|x\|)x$ mit einer C^1-Funktion $f : (0, \infty) \to \mathbb{R}$. Berechne $\operatorname{div}(F)$ sowie die Ausdrücke $\partial_i F_j - \partial_j F_i$ für $i \neq j$. Wann gilt $\operatorname{div}(F) = 0$?

Aufgabe (115.10) Zeige, daß Zentralfelder wirbelfrei sind. Genauer gesagt: Ist $F : \mathbb{R}^3 \setminus \{0\} \to \mathbb{R}^3$ von der Form $F(x) = \varphi(\|x\|)x$, so gilt $\operatorname{rot}(F) = 0$.

Aufgabe (115.11) Für eine gegebene Matrix $A \in \mathbb{R}^{3\times 3}$ betrachten wir das Vektorfeld $F : \mathbb{R}^3 \to \mathbb{R}^3$ mit $F(x) = Ax$. Berechne $\operatorname{div}(F)$ und $\operatorname{rot}(F)$!

Aufgabe (115.12) Es sei C die (in mathematisch positivem Sinn durchlaufene) Einheitskreislinie im $\mathbb{R}^2$. Berechne die Zirkulation des Strömungsfeldes $F(x, y) = (x^4 - y^3, x^3 - y^4)$ entlang C.

Aufgabe (115.13) Es sei D das Dreieck mit den Ecken $(1, 0, 0)$, $(0, 1, 0)$ und $(0, 0, 1)$. Wie groß ist der Fluß des Strömungsfeldes $F(x, y, z) = (2z, -y, xy)^T$ durch D?

Aufgabe (115.14) Zeige, daß der Rücktransport von Differentialformen mit der äußeren Ableitung kommutiert. Konkret: Ist $\varphi : M \to N$ eine C^2-Abbildung zwischen offenen Teilmengen $M \subseteq \mathbb{R}^m$ und $N \subseteq \mathbb{R}^n$, so gilt $d(\varphi^\star \omega) = \varphi^\star(d\omega)$ für jede Differentialform ω auf N.

A116: Der Stokessche Integralsatz

Aufgabe (116.1) (Elementarer Beweis des Satzes von Green) Es seien $F: \mathbb{R}^2 \to \mathbb{R}^2$ eine C^1-Funktion und $\Omega \subseteq \mathbb{R}^2$ eine offene Menge, deren Rand $\partial\Omega$ eine stückweise glatte Kurve ist. Beweise die folgenden Aussagen!
(a) Ist Ω in x-Richtung projizierbar, also von der speziellen Form
$$\Omega = \{(x,y) \in \mathbb{R}^2 \mid a \leq x \leq b,\ U(x) \leq y \leq O(x)\}$$
mit stetigen Funktionen U ("unten") und O ("oben"), so gilt $\iint_\Omega (\partial_2 F_1)(x,y)\, d(x,y) = -\oint_{\partial\Omega} F_1(x,y)\, dx$.
(b) Ist Ω in y-Richtung projizierbar, also von der speziellen Form
$$\Omega = \{(x,y) \in \mathbb{R}^2 \mid c \leq y \leq d,\ L(y) \leq x \leq R(y)\}$$
mit stetigen Funktionen L ("links") und R ("rechts"), so gilt $\iint_\Omega (\partial_1 F_2)(x,y)\, d(x,y) = \oint_{\partial\Omega} F_2(x,y)\, dy$.
(c) Ist Ω sowohl in x- als auch in y-Richtung projizierbar, so gilt der Greensche Satz
$$\iint_\Omega \left(\frac{\partial F_2}{\partial x} - \frac{\partial F_1}{\partial y}\right) d(x,y) = \oint_{\partial\Omega} F_1 dx + F_2 dy.$$

Wie ergibt sich aus Teil (c) die Gültigkeit des Satzes von Green für allgemeinere Integrationsbereiche?

Aufgabe (116.2) Verifiziere die Gültigkeit des Satzes von Green für $F(x,y) := (x^4 - y^3, x^3 - y^4)^T$ und $\Omega := \{(x,y) \in \mathbb{R}^2 \mid x^2 + y^2 < 1\}$.

Aufgabe (116.3) Berechne die Kurvenintegrale in Aufgabe (114.2) noch einmal, aber diesmal nicht unmittelbar nach der Definition eines Kurvenintegrals, sondern durch Anwendung des Greenschen Integralsatzes!

Aufgabe (116.4) Ein Flächenstück Ω werde berandet von einer Kurve, die in Polarkoordinaten gegeben ist durch eine Gleichung $r = \rho(\varphi)$. Zeige, daß der Flächeninhalt von Ω gegeben ist durch das Integral $(1/2) \cdot \int_0^{2\pi} \rho(\varphi)^2\, d\varphi$.

Aufgabe (116.5) (Elementarer Beweis des Satzes von Gauß) Es seien $F: \mathbb{R}^3 \to \mathbb{R}^3$ eine C^1-Funktion und $\Omega \subseteq \mathbb{R}^3$ eine offene Menge, deren Rand $\partial\Omega$ eine stückweise glatte Fläche ist. Es sei $n = (n_1, n_2, n_3)^T$ der äußere Einheitsnormalenvektor von $\partial\Omega$. Beweise die folgenden Aussagen!
(a) Ist Ω in z-Richtung projizierbar, also von der speziellen Form
$$\Omega = \left\{(x,y,z) \in \mathbb{R}^3 \ \middle| \ \begin{matrix}(x,y) \in \Omega_z, \\ U(x,y) \leq z \leq O(x,y)\end{matrix}\right\}$$
mit $\Omega_z \subseteq \mathbb{R}^2$ sowie stetigen Funktionen U ("unten") und O ("oben"), so gilt
$$\iiint_\Omega \frac{\partial F_3}{\partial z}\, d(x,y,z) = \iint_{\partial\Omega} F_3 n_3\, d\sigma.$$
(b) Ist Ω in y-Richtung projizierbar, also von der speziellen Form
$$\Omega = \left\{(x,y,z) \in \mathbb{R}^3 \ \middle| \ \begin{matrix}(x,z) \in \Omega_y, \\ H(x,z) \leq y \leq V(x,z)\end{matrix}\right\}$$
mit $\Omega_y \subseteq \mathbb{R}^2$ sowie stetigen Funktionen H ("hinten") und V ("vorne"), so gilt
$$\iiint_\Omega \frac{\partial F_2}{\partial y}\, d(x,y,z) = \iint_{\partial\Omega} F_2 n_2\, d\sigma.$$
(c) Ist Ω in x-Richtung projizierbar, also von der speziellen Form
$$\Omega = \left\{(x,y,z) \in \mathbb{R}^3 \ \middle| \ \begin{matrix}(y,z) \in \Omega_x, \\ L(y,z) \leq x \leq R(y,z)\end{matrix}\right\}$$
mit $\Omega_x \subseteq \mathbb{R}^2$ sowie stetigen Funktionen L ("links") und R ("rechts"), so gilt
$$\iiint_\Omega \frac{\partial F_1}{\partial x}\, d(x,y,z) = \iint_{\partial\Omega} F_1 n_1\, d\sigma.$$
(d) Ist Ω in alle drei Koordinatenrichtungen projizierbar, so gilt der Gaußsche Satz
$$\iiint_\Omega (\operatorname{div} F)\, d(x,y,z) = \iint_{\partial\Omega} \langle F, n \rangle\, d\sigma.$$

Wie ergibt sich aus Teil (d) der Satz von Gauß für allgemeinere Integrationsbereiche?

Aufgabe (116.6) Verifiziere die Gültigkeit des Satzes von Gauß für $F(x,y,z) := (2z, y, xy)^T$ und $\Omega := \{(x,y,z) \in \mathbb{R}^3 \mid x^2 + y^2 \leq 1,\ -1 \leq z \leq 1\}$.

Aufgabe (116.7) (Rückführung des Stokesschen Satzes auf den Greenschen Satz) Folgere unmittelbar aus dem Greenschen Satz: Ist $\Omega \subseteq \mathbb{R}^3$ ein flaches (also in einer Ebene enthaltenes) Flächenstück mit dem stückweise glatten Rand und dem Normaleneinheitsvektor n, so gilt
$$\iint_\Omega \langle \operatorname{rot} F, n \rangle\, d\sigma = \oint_{\partial\Omega} F_1 dx + F_2 dy + F_3 dz.$$

Begründe, warum sich diese Aussage auf solche Flächen Ω (beispielsweise Polyederoberflächen) überträgt, die sich aus endlich vielen überlappungsfreien ebenen Flächenstücken zusammensetzen. Wie läßt sich der Satz dann auf allgemeinere Flächen übertragen?

Aufgabe (116.8) Verifiziere die Gültigkeit des Satzes von Stokes für $F(x,y,z) = (-3y, 3x, z^4)^T$, wenn Ω den Teil des Ellipsoids $2x^2 + 2y^2 + z^2 = 1$ oberhalb der Ebene $z = 1/\sqrt{2}$ bezeichnet.

Aufgabe (116.9) Ein **Planimeter** ist ein Gerät, das einen von einer gegebenen Kurve eingeschlossenen Flächeninhalt berechnet. Ein **Linearplanimeter** besitzt dabei einen beweglichen Arm $\overline{PQ}$, dessen einer Endpunkt P sich nur entlang einer festen Geraden bewegen kann und an dessen anderem Endpunkt Q ein Stift sitzt, mit dem die fragliche Kurve durchlaufen wird. Der Arm $\overline{PQ}$ ist dabei im Punkt P frei drehbar.

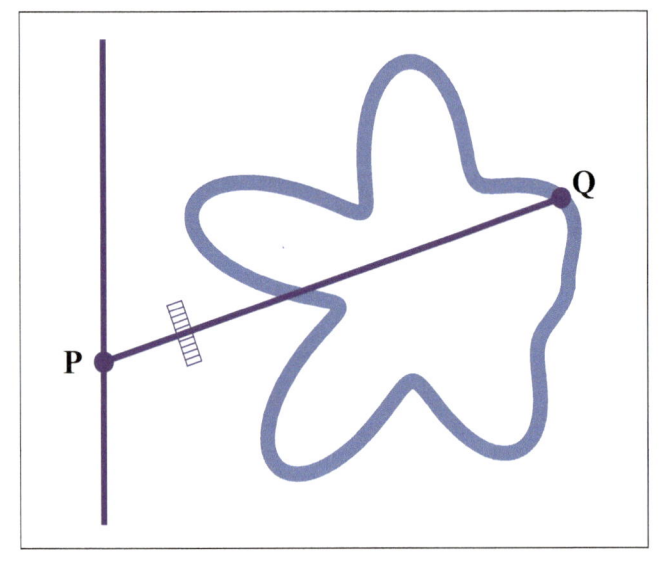

Ein **Polarplanimeter** besitzt demgegenüber zwei bewegliche Arme $\overline{OP}$ und $\overline{PQ}$, wobei der Punkt O unbeweglich ist (so daß sich der Punkt P nur auf einer Kreislinie um O bewegen kann), während der Arm $\overline{PQ}$ die gleiche Funktionsweise hat wie beim Linearplanimeter.

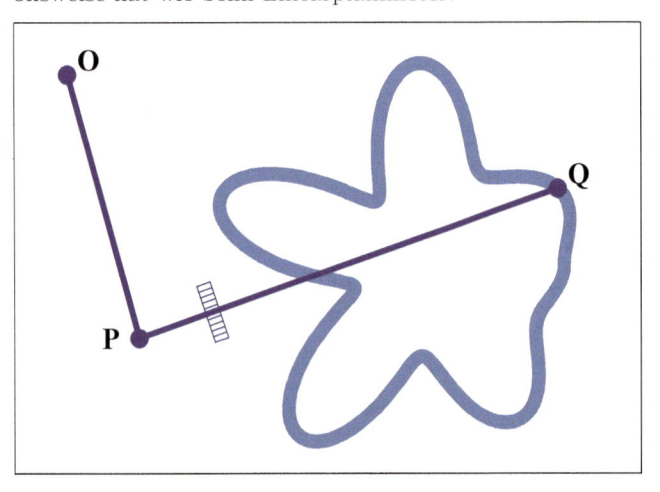

Am Arm $\overline{PQ}$ befindet sich ein Rädchen, das während der Bewegung des Arms am Boden rollen und gleiten kann. (In der Praxis ist das Rädchen meist an einer Achse befestigt, die parallel zu $\overline{PQ}$ verläuft und fest mit dem Arm $\overline{PQ}$ verbunden ist, aber das spielt für unsere Überlegungen keine Rolle.) Zeige: Ist ℓ die Länge des Arms $\overline{PQ}$ und ist s die vom Rad abgerollte orientierte Strecke, so ist $s\ell$ gerade der von der fraglichen Kurve eingeschlossene Flächeninhalt. (In der Praxis ist das rollende Rädchen mit einem Zählwerk kombiniert, an dem man die Zahl der Umdrehungen des Rädchens bzw. der abgerollten Strecke ablesen kann.)

Aufgabe (116.10) Es seien $\Omega \subseteq \mathbb{R}^3$ eine offene Menge und $F : \Omega \to \mathbb{R}^3$ ein C^1-Vektorfeld. Beweise die folgenden Aussagen!
(a) Genau dann gilt $\operatorname{rot} F = 0$, wenn für alle Kurven $C \subseteq \Omega$, die zwei fest vorgegebene Punkte $x, y \in \Omega$ verbinden, die Kurvenintegrale $\int_C \langle F, dx \rangle$ den gleichen Wert liefern.
(b) Genau dann gilt $\operatorname{div} F = 0$, wenn für alle Flächen $A \subseteq \Omega$, die von einer fest vorgegebenen Kurve C berandet werden, die Oberflächenintegrale $\int_A \langle F, n \rangle d\sigma$ den gleichen Wert liefern.

Aufgabe (116.11) Es sei $K := \{(\cos\varphi, \sin\varphi, 0) \mid \varphi \in \mathbb{R}\} = \{(x,y,z) \mid x^2 + y^2 = 1, z = 0\}$ der Einheitskreis um den Nullpunkt in der xy-Ebene. Wir definieren $F : \mathbb{R}^3 \setminus K \to \mathbb{R}^3$ durch

$$F(x,y,z) := \frac{1}{(x^2+y^2-1)^2 + z^2} \begin{bmatrix} -2xz \\ -2yz \\ x^2+y^2-1 \end{bmatrix}.$$

(a) Rechne nach, daß $\operatorname{rot}(F) = 0$ gilt!
(b) Es sei C der Streckenzug, der nacheinander die Punkte $(2,0,-1)$, $(2,0,1)$, $(0,0,1)$ und $(0,0,-1)$ verbindet. Berechne das Kurvenintegral $\int_C \langle F, dx \rangle$.
(c) Begründe, warum es keine Funktion $\varphi : \mathbb{R}^3 \setminus K \to \mathbb{R}$ mit $F = \operatorname{grad}(\varphi)$ geben kann!
(d) Es sei $U := \{(x,y,z) \in \mathbb{R}^3 \mid z \neq 0\}$, und es sei $\varphi : U \to \mathbb{R}$ definiert durch

$$\varphi(x,y,z) := \arctan\left(\frac{1-x^2-y^2}{z}\right).$$

Rechne nach, daß $F = \operatorname{grad}(\varphi)$ auf U gilt.

Aufgabe (116.12) Es sei $U := \mathbb{R}^3 \setminus \{0\}$. Ferner bezeichnen wir mit $S := \{x \in \mathbb{R}^3 \mid \|x\| = 1\}$ die Einheitssphäre und mit $L := \mathbb{R}(0,0,1)^T$ die z-Achse. Wir definieren $F : U \to \mathbb{R}^3$ durch

$$F(x,y,z) := \frac{1}{(x^2+y^2+z^2)^{3/2}} \begin{bmatrix} x \\ y \\ z \end{bmatrix}.$$

(a) Rechne nach, daß $\operatorname{div}(F) = 0$ gilt!
(b) Berechne das Integral $\iint_S \langle F, n \rangle d\sigma$.

(c) Begründe, warum es kein Vektorfeld $G: U \to \mathbb{R}^3$ mit $F = \text{rot}(G)$ geben kann!

(d) Definiere $G: \mathbb{R}^3 \setminus L \to \mathbb{R}^3$ durch

$$G(x,y,z) := \frac{z}{(x^2+y^2)\sqrt{x^2+y^2+z^2}} \begin{bmatrix} y \\ -x \\ 0 \end{bmatrix}.$$

Zeige, daß $F = \text{rot}\, G$ auf $\mathbb{R}^3 \setminus L$ gilt.

Aufgabe (116.13) Der **Raumwinkel** Ω, unter dem eine Fläche Σ von einem Punkt p aus gesehen wird, ist definiert als das Integral

$$\Omega = \iint\limits_{x \in \Sigma} \frac{\langle x-p, n \rangle}{\|x-p\|^3}\, d\sigma(x).$$

Erläutere diese Begriffsbildung (etwa auch durch Vergleich mit der analogen Begriffsbildung für ebene Winkel) und erkläre ihren Zusammenhang mit der vorhergehenden Aufgabe!

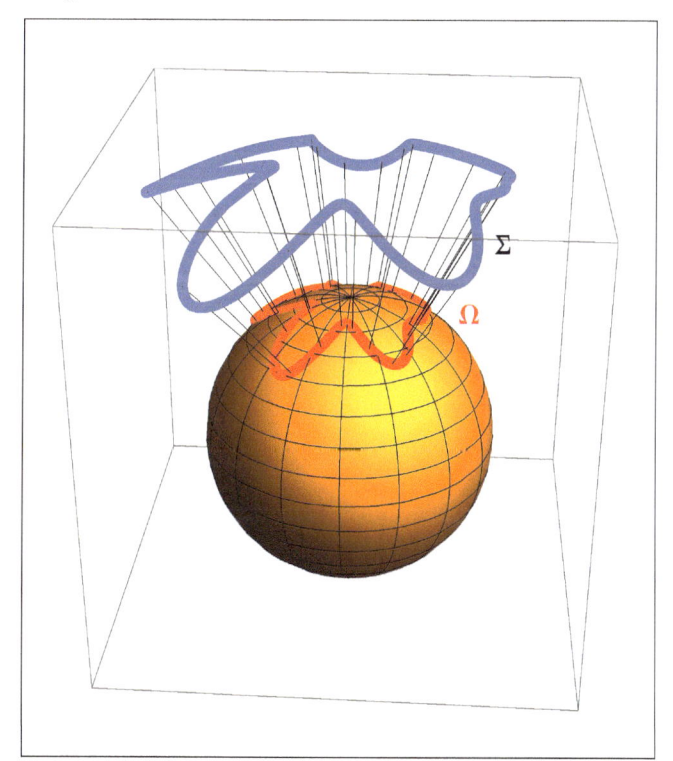

Raumwinkel Ω, unter dem ein Flächenstück Σ von einem Punkt p aus gesehen wird; dieser Punkt ist der Mittelpunkt der eingezeichneten Kugel.

Aufgabe (116.14) Eine Rechtecksfläche (Breite b, Höhe h) werde von einem Augpunkt A aus betrachtet, der sich im Abstand a von der Rechtecksebene befindet und von dem aus das Lot direkt auf den Mittelpunkt des Rechtecks fällt. Unter welchem räumlichen Winkel wird die Rechtecksfläche von A aus gesehen?

Aufgabe (116.15) Gib die im Beweis des Brouwerschen Fixpunktsatzes benutzte Abbildung g direkt an!

Aufgabe (116.16) Zeige: Ist $C \subseteq \mathbb{R}^n$ eine abgeschlossene konvexe Menge mit nichtleerem Inneren, so ist C homöomorph zur abgeschlossenen Einheitskugel in $\mathbb{R}^n$.
Hinweis: Ist $B_\varepsilon(x_0) \subseteq C$, so schneidet jeder von x_0 ausgehende Strahl sowohl den Rand von $B_\varepsilon(x_0)$ als auch den von K in einem eindeutig bestimmten Punkt.

Aufgabe (116.17) Die drei Ecken eines Dreiecks seien rot, grün und blau gefärbt. Dieses Dreieck werde trianguliert, also in kleinere Dreiecke unterteilt, und alle Ecken der auftretenden kleineren Dreiecke sollen unter Benutzung der drei Farben rot, grün und blau gefärbt werden. Dabei ist die Farbwahl für die im Innern des ursprünglichen Dreiecks liegenden Ecken völlig beliebig. Dagegen muß eine in der Triangulierung auftretende Ecke, die auf einer Kante des ursprünglichen Dreiecks liegt, die gleiche Farbe tragen wie einer der beiden Endpunkte dieser Kante. Zeige, daß dann innerhalb der Triangulierung mindestens ein Dreieck auftritt, dessen Ecken drei verschiedene Farben haben.

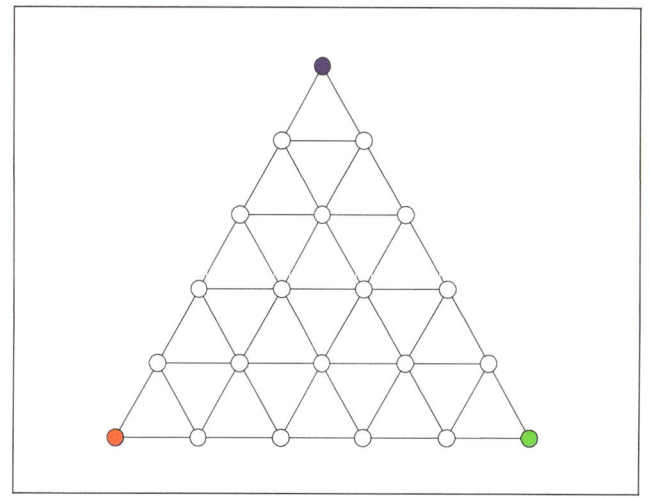

Dreieck mit zu färbenden Ecken einer Triangulierung.

Lösungen zu »Der Stokessche Integralsatz« siehe Seite 343

Bemerkung 1: Diese Aussage ist als **Spernersches Lemma** bekannt, benannt nach Emanuel Sperner (1905-1980), der sie 1928 bewies und für einen neuen Beweis des Brouwerschen Fixpunktsatzes benutzte. Eine Färbung, die die angegebene Randbedingung erfüllt, wollen wir daher kurz eine **Sperner-Färbung** der betrachteten Triangulierung nennen. Für das abgebildete Dreieck bedeutet diese Randbedingung beispielsweise, daß am unteren Rand nur die Farben rot und grün vorkommen dürfen, am rechten Rand nur die Farben grün und blau und am linken Rand nur die Farben blau und rot.

Bemerkung 2: Statt für ein Dreieck im $\mathbb{R}^2$ könnten wir diese Aussage auch für ein Simplex im $\mathbb{R}^n$ formulieren und beweisen, wobei wir dann $n+1$ Farben benutzen und als Bedingung fordern, daß bei einer Unterteilung des Simplex in kleinere Simplices eine auf einer Seitenfläche des Simplex liegende Ecke die gleiche Farbe haben muß wie eine der Ecken dieser Seitenfläche. Die Behandlung dieses allgemeineren Falls erfordert keine neuen Ideen, sondern nur notationstechnische Änderungen.

Aufgabe (116.18) Wir betrachten das Dreieck
$$D := \{(x,y,z) \in \mathbb{R}^3 \mid x,y,z \geq 0,\ x+y+z = 1\}$$
und wollen zeigen, daß jede stetige Selbstabbildung $f: D \to D$ mindestens einen Fixpunkt besitzt. Um einen Widerspruch zu erhalten, nehmen wir an, es gebe eine stetige Abbildung $f: D \to D$ ohne Fixpunkt.

(a) Zeige, daß dann durch die folgende Vorschrift jedem Punkt $p \in D$ in eindeutiger Weise eine Farbe zugeordnet wird:
(1) Ist $x(f(p)) < x(p)$, so wird p rot gefärbt.
(2) Tritt nicht (1) ein und gilt $y(f(p)) < y(p)$, so wird p grün gefärbt.
(3) Tritt weder (1) noch (2) ein, so wird p blau gefärbt. In diesem Fall gilt zwangsläufig $z(f(p)) < z(p)$.
Dabei bezeichnen wir mit $x(q)$, $y(q)$ und $z(q)$ die x-Koordinate, die y-Koordinate und die z-Koordinate eines Punktes $q \in D$.

(b) Wir betrachten eine beliebige Triangulierung T von D und färben die auftretenden Ecken gemäß der in Teil (a) angegebenen Regel. Zeige, daß dann diese Färbung der Ecken eine Sperner-Färbung von T ist. (Nach dem Spernerschen Lemma der vorigen Aufgabe gibt es dann in dieser Triangulierung mindestens ein Dreieck, dessen Ecken drei verschiedene Farben tragen.)

(c) Wir betrachten nun nicht eine einzelne Triangulierung, sondern eine Folge $(T_1, T_2, T_3, \ldots)$ von Triangulierungen mit gegen Null gehenden Feinheiten. (Dabei ist die Feinheit einer Triangulierung der maximale Durchmesser der Dreiecke dieser Triangulierung.) Jede dieser Triangulierungen sei gemäß der angegebenen Regel gefärbt; es liegt dann jeweils eine Sperner-Färbung vor. Nach dem Spernerschen Lemma enthält dann jede Triangulierung T_n ein Dreieck mit Ecken in drei verschiedenen Farben; es seien r_n, g_n, b_n die rote, die grüne und die blaue Ecke eines solchen Dreiecks der n-ten Triangulierung T_n. Lasse nun $n \to \infty$ laufen, um einen Widerspruch zu erhalten!

Bemerkung: Da, wie in der vorigen Aufgabe bemerkt, das Spernersche Lemma nicht nur für Dreiecke, sondern für beliebige Simplices gilt, folgt auch, daß jede stetige Selbstabbildung $f: \Delta \to \Delta$ eines Simplex $\Delta \subseteq \mathbb{R}^n$ einen Fixpunkt besitzt. Diese Aufgabe liefert daher einen alternativen Beweis des Brouwerschen Fixpunktsatzes.

Aufgabe (116.19) Es sei $K \subseteq \mathbb{R}^n$ eine konvexe und kompakte Teilmenge von $\mathbb{R}^n$, deren Inneres nichtleer ist. Zeige, daß dann jede stetige Selbstabbildung $f: K \to K$ einen Fixpunkt besitzt.

Bemerkung: Die Voraussetzung, daß das Innere von K nicht leer ist, ist nicht wirklich eine Einschränkung. Ist sie nicht erfüllt, so ist nämlich K Teilmenge eines niedrigerdimensionalen affinen Raums, relativ zu dem K innere Punkte besitzt.

Aufgabe (116.20) Es sei $A \in \mathbb{R}^{n \times n}$ eine Matrix mit nichtnegativen Einträgen $a_{ij} \geq 0$. Zeige, daß dann A einen Eigenvektor $x \in \mathbb{R}^n$ mit nichtnegativen Einträgen $x_i \geq 0$ besitzt (**Satz von Perron**).

Hinweis: Es sei K die Menge aller Vektoren $x \in \mathbb{R}^n$ mit $x_i \geq 0$ für $1 \leq i \leq n$ und $\sum_{i=1}^{n} x_i = 1$, also $\|x\|_1 = 1$. Gibt es einen Vektor $x \in K$ mit $Ax = 0$, so ist die Behauptung klar. Andernfalls ist durch $f(x) := Ax/\|Ax\|_1$ eine stetige Selbstabbildung $f: K \to K$ gegeben.

Aufgabe (116.21) Es sei $\Omega \subseteq \mathbb{R}^2$ eine zusammenhängende offene Menge. Wir betrachten eine C^2-Funktion $\Phi: \Omega \to \mathbb{R}$ mit $\Phi_{xx} + \Phi_{yy} \equiv 0$. (Eine solche Funktion heißt **harmonisch**.)

(a) Es seien $p = (x_0, y_0)$ ein Punkt in Ω und $r > 0$ ein Radius derart, daß die Kreisscheibe $B_r(p)$ um p mit Radius r samt ihrem Rand $K_r(p)$ in Ω enthalten ist. Zeige, daß dann
$$\Phi(p) = \frac{1}{2\pi r} \int_{K_r(p)} \Phi \, ds$$
gilt, daß also der Wert von Φ an der Stelle p gleich dem mittleren Wert von Φ auf der Kreislinie $K_r(p)$ ist.

(b) Schließe aus Teil (a), daß Φ keine globalen Extrema besitzt (außer in dem Trivialfall, daß Φ konstant ist).

Hinweis: Berechne unter Anwendung des Satzes von Green die Ableitung der Funktion
$$A(r) := \frac{1}{2\pi r} \int_{K_r(p)} \Phi \, ds \,.$$

A117: Grundlegende Begriffe und elementare Lösungsmethoden

Aufgabe (117.1) Löse die folgenden linearen Differentialgleichungen!
(a) $y' + xy = x^3$
(b) $y' + 2xy = xe^{-x^2}$
(c) $y' + y\tan(x) = \sin(2x)$
(d) $y' + 4xy = 8x$

Aufgabe (117.2) Löse die folgenden separablen Differentialgleichungen!
(a) $y' = xy^2$
(b) $y' + (1 + \sin x)y = 0$
(c) $y'e^y + \sin x = 1$
(d) $y' - e^{x-y} + e^x = 0$

Aufgabe (117.3) Löse die folgenden Ähnlichkeitsdifferentialgleichungen!
(a) $x^2 y' - y^2 - xy = x^2$
(b) $x^2 y' = x^2 + y^2$
(c) $x^2 y' = y^2 + 2xy$
(d) $y' = (x-y)/(x+y)$

Aufgabe (117.4) Wir betrachten eine lineare Differentialgleichung $y'(x) + p(x)y(x) = q(x)$ (kurz $y' + p(x)y = q(x)$) mit stetigen Funktionen p und q. Wir nennen diese Gleichung eine **inhomogene Gleichung**, wenn q nicht die Nullfunktion ist; die entsprechende Gleichung mit $q \equiv 0$ heißt die zugehörige **homogene Gleichung**. Beweise die folgenden Strukturaussagen.
(a) Die Lösungsmenge $\mathfrak{L}_{\text{hom}}$ der homogenen Gleichung ist ein eindimensionaler Vektorraum; d.h., es gibt eine Basislösung $y_0 \neq 0$ mit $\mathfrak{L}_{\text{hom}} = \{c \cdot y_0 \mid c \in \mathbb{R}\}$. Die Lösungen der homogenen Gleichung sind also genau die Funktionen der Form

$$(\star) \qquad y(x) = c \cdot y_0(x).$$

(b) Ist $y_\star$ irgendeine Lösung der inhomogenen Gleichung, so ist die Lösungsmenge $\mathfrak{L}_{\text{inh}}$ dieser inhomogenen Gleichung gerade der affine Raum

$$\mathfrak{L}_{\text{inh}} = y_\star + \mathfrak{L}_{\text{hom}}.$$

(Salopp formuliert: die allgemeine inhomogene Lösung ist die Summe aus einer partikulären inhomogenen Lösung plus der allgemeinen homogenen Lösung.)
(c) Man erhält die inhomogene Lösung aus der homogenen Lösung durch **Variation der Konstanten**. Genauer: jede inhomogene Lösung ist von der Form

$$(\star\star) \qquad y(x) = C(x)y_0(x)$$

mit einer Funktion C, die sich durch direkte Integration ermitteln läßt.

Aufgabe (117.5) In dieser Aufgabe wird gezeigt, wie sich eine Differentialgleichung der Form

$$(\star) \qquad y' = f\left(\frac{ax + by + c}{Ax + By + C}\right)$$

mit Konstanten a, b, c, A, B, C lösen läßt. Dabei dürfen wir den Fall $b = B = 0$ ausschließen, da in diesem Fall eine einfache Integration durchzuführen ist.

(a) Zeige, daß sich im Fall $aB \neq Ab$ die Gleichung $(\star)$ folgendermaßen lösen läßt. Es gibt in diesem Fall Konstanten ξ, η mit $a\xi + b\eta = -c$ und $A\xi + B\eta = -C$, und mit Hilfe der Substitution $u := x - \xi$ und $v := y - \eta$ geht die Gleichung $(\star)$ über in die Ähnlichkeitsdifferentialgleichung

$$\frac{dv}{du} = f\left(\frac{a + b \cdot v/u}{A + B \cdot v/u}\right).$$

(b) Löse die Differentialgleichung

$$y' = \frac{2y - x - 5}{2x - y + 4}.$$

(c) Zeige, daß sich im Fall $aB = Ab$ die Gleichung $(\star)$ durch Einführung der neuen Funktion $u(x) := Ax + By(x) + C$ im Fall $B \neq 0$ bzw. $u(x) := ax + by(x) + c$ im Fall $b \neq 0$ auf eine separierbare Differentialgleichung zurückführen läßt.
(d) Löse die Differentialgleichung $y' = (x+y)^2$.
(e) Löse die Differentialgleichung

$$y' = -\frac{x + y + 1}{2x + 2y - 1}.$$

Aufgabe (117.6) Eine Differentialgleichung der Form

$$(\star) \qquad P(x,y) + Q(x,y)y'(x) = 0$$

heißt **exakt**, wenn es eine Funktion F in zwei Variablen gibt mit $F_x = P$ und $F_y = Q$. (Man nennt F eine **Potentialfunktion** der Differentialgleichung.)
(a) Wie kann man der Differentialgleichung $(\star)$ ansehen, ob sie exakt ist?
(b) Wie kann man aus Kenntnis einer Potentialfunktion F die Lösung der Differentialgleichung $(\star)$ ermitteln?
(c) Löse die Differentialgleichung

$$(3y + 2x - 1) + (3x + y - 5)y' = 0.$$

Aufgabe (117.7) Wir betrachten wieder eine Differentialgleichung der Form $(\star)$ wie in der vorigen Aufgabe. Wenn diese nicht exakt ist, kann man versuchen, sie durch Durchmultiplizieren mit einer Funktion $\mu(x,y)$ exakt zu machen. Eine Funktion μ heißt daher ein **integrierender Faktor** für $(\star)$, wenn die folgende Gleichung exakt ist:

$$\mu(x,y)P(x,y) + \mu(x,y)Q(x,y)y' = 0.$$

Die Bedingung dafür, daß μ ein integrierender Faktor ist, läßt sich als eine partielle Differentialgleichung für μ formulieren (wie?), die allerdings in der Regel schwerer zu lösen ist als die Originalgleichung. Manchmal gelingt es aber, einen integrierenden Faktor zu finden, der eine spezielle Form hat. Gib in den folgenden Fällen jeweils an, welche Bedingung P und Q erfüllen müssen, damit ein integrierender Faktor der angegebenen Form existiert, und wie man dann einen solchen Faktor finden kann.

(a) $\mu(x,y) = M(x)$ (Abhängigkeit nur von x)
(b) $\mu(x,y) = M(y)$ (Abhängigkeit nur von y)
(c) $\mu(x,y) = M(x^2+y^2)$ (Abhängigkeit nur von x^2+y^2)
(d) $\mu(x,y) = M(xy)$ (Abhängigkeit nur von xy)

Aufgabe (117.8) Finde die allgemeine Lösung der Differentialgleichung

$$x + y^2 + 1 + 2yy' = 0$$

durch Ermittlung eines nur von x abhängigen integrierenden Faktors.

Aufgabe (117.9) Eine **Bernoullische Differentialgleichung** ist eine Gleichung der Form

$(\star) \qquad y' = f(x)y + g(x)y^\alpha \text{ mit } \alpha \neq 1.$

(a) Zeige, daß die Substitution $u(x) := y(x)^{1-\alpha}$ die Gleichung $(\star)$ in eine lineare Differentialgleichung für u überführt.
(b) Löse die Differentialgleichung $y' = x(y + y^2)$.
(c) Löse die Differentialgleichung $xy^2y' = x^2 - y^3$.
(d) Löse die Differentialgleichung $y' = ay - by^3$.
(e) Löse die Differentialgleichung $y' = a\sqrt{y} - by$.

Aufgabe (117.10) Eine **Riccatische Differentialgleichung** ist eine Gleichung der Form

$(\star) \qquad y' = f(x)y^2 + g(x)y + h(x).$

(a) Zeige: Ist eine spezielle Lösung $y_\star$ von $(\star)$ bekannt, so überführt die Transformation $u := 1/(y - y_\star)$ (bzw. $y = y_\star + 1/u$) die Gleichung $(\star)$ für y in eine lineare Differentialgleichung für u.
(b) Löse die Gleichung $y' = (1-x)y^2 + (2x-1)y - x$.
(c) Löse die Gleichung $y' = y^2 - (2x+1)y + 1 + x + x^2$.
(d) Löse die Gleichung $y' = e^{-x}y^2 + y - e^x$.
(e) Löse die Gleichung $xy' = x^4y^2 + y - x^6$.

Hinweis: Für jede der angegebenen Gleichungen läßt sich eine spezielle Lösung leicht durch Probieren ermitteln.

Aufgabe (117.11) Zeige unter Benutzung von Teil (a) der vorigen Aufgabe: Sind drei verschiedene Lösungen y_1, y_2, y_3 einer Riccatischen Differentialgleichung bekannt, so erfüllt jede weitere Lösung y eine Gleichung der Form

$$\frac{y - y_2}{y - y_1} = C \cdot \frac{y_3 - y_2}{y_3 - y_1} \text{ mit einer Konstanten } C.$$

Aufgabe (117.12) Für eine C^2-Funktion y in der Variablen x bezeichnet man die Transformation

$$X = y', \quad Y = xy' - y$$

mit X als neuer Variablen und $Y = Y(X)$ als neuer Funktion von X als **Legendre-Transformation**.

(a) Berechne $Y' = dY/dX$ und beweise die Gleichungen

$$x = Y', \quad y = XY' - Y.$$

(Die Rückgewinnung von x und y aus X und Y hat also die gleiche Form wie die ursprüngliche Transformation.) Eine Differentialgleichung $F(x, y, y') = 0$ geht unter der Legendre-Transformation über in eine neue Differentialgleichung $F(Y', XY' - Y, X) = 0$, die manchmal einfacher zu lösen ist als die ursprüngliche Gleichung.

(b) Löse die Differentialgleichung

$$y' - \ln(xy' - y) + \ln\sqrt{x} = 0.$$

Aufgabe (117.13) Eine **Clairautsche Differentialgleichung** ist eine (implizite) Differentialgleichung der Form

$$y = xy' - f(y')$$

mit einer (auf einem Intervall I gegebenen) Funktion f.

(a) Zeige, daß jede lineare Funktion der Form

$$y(x) = cx - f(c)$$

mit einer Konstanten $c \in I$ eine Lösung der Gleichung ist.

(b) Zeige: Ist $f \in C^1(I)$ und ist f' streng monoton (so daß $\varphi := (f')^{-1}$ existiert), so ist

$$y(x) = x \cdot \varphi(x) - f(\varphi(x)) \quad (x \in f'(I))$$

eine nichtlineare Lösung der Gleichung.

(c) Finde eine nichtlineare Lösung der Gleichung

$$y = xy' + (y')^2.$$

Wie hängt diese mit den linearen Lösungen zusammen? (Skizze!)

Hinweis zu (b): Zeige, daß $y' = \varphi$ gilt. Dieser Nachweis ist leicht, wenn man φ als differenzierbar annimmt (was etwa erfüllt ist, wenn f eine C^2-Funktion ist), aber diese Zusatzannahme ist nicht nötig.

Aufgabe (117.14) Löse die Differentialgleichung

$$(x + y - xy)y' + y - y^2 = 0.$$

Hinweis: Fasse y als unabhängige und x als abhängige Variable auf!

Aufgabe (117.15) Löse die Differentialgleichung
$$y' + x^2 \tan(y) = \frac{(1+x^2)e^x}{\cos y}.$$

Hinweis: Substituiere $z(x) := \sin y(x)$.

Aufgabe (117.16) Die Funktion $f : \mathbb{R} \to \mathbb{R}$ sei stetig, und es sei $y : \mathbb{R} \to \mathbb{R}$ eine Lösung der Differentialgleichung $y' = f(y)$ (also $y'(t) = f\bigl(y(t)\bigr)$ für alle $t \in \mathbb{R}$). Zeige, daß y monoton ist.

Aufgabe (117.17) Professor S. lutscht ein exakt kugelförmiges Salbeibonbon. Die Änderungsrate des Volumens dieses Bonbons ist proportional zur jeweils noch vorhandenen Oberfläche des Bonbons. Nach exakt einer Minute hat Professor S. das Bonbon zur Hälfte gelutscht. Wann ist es ganz aufgelutscht?

Aufgabe (117.18) Eine rotationssymmetrische Säule mit gegebenem Grundkreisradius R und vorgegebener Höhe H soll aus homogenem Material der Dichte ρ so konstruiert werden, daß ihr oberer Abschluß die (gleichmäßig verteilte) Last G trägt und daß jeder Säulenquerschnitt die gleiche Last pro Quadratmeter trägt. Welche Form muß man der Säule geben?
Hinweis: Es ist einfacher, zunächst mit dem (anfangs unbekannten) Radius r_0 des oberen Abschlusses der Säule zu rechnen statt mit dem Grundkreisradius R.

Aufgabe (117.19) Ein Tank enthalte $1000\,\ell$ Wasser, in dem ursprünglich 50 kg eines Salzes gelöst seien. Pro Minute mögen 2 Liter der Salzlösung aus dem Tank auslaufen und 2 Liter reines Wasser zulaufen, wobei wir idealisierend annehmen, daß sich durch geeignetes Umrühren Wasser und Salzlösung ohne jede zeitliche Verzögerung gleichmäßig durchmischen. Welche Masse des Salzes (in kg) sind zu einem beliebigen Zeitpunkt nach Beginn des Auslaufens noch in dem Tank vorhanden?

Aufgabe (117.20) Zeige, daß sich eine Differentialgleichung der Form $y'' = f(y)$ durch beiderseitige Multiplikation mit y' auf eine Differentialgleichung erster Ordnung zurückführen läßt. (Dieser Trick wird sich in der folgenden Aufgabe nutzbringend anwenden lassen.)

Aufgabe (117.21) Eine Rakete werde senkrecht von der Erdoberfläche abgeschossen. Der Augenblick des *Brennschlusses* (also des Zeitpunktes, zu dem der gesamte Treibstoff verbrannt ist und ab dem also die Rakete ihre Masse m nicht mehr ändert), erfolge in der Entfernung $x_\star$ vom Erdmittelpunkt. Welche Geschwindigkeit $v_\star$ muß die Rakete zu diesem Zeitpunkt mindestens erreicht haben, damit sie nicht mehr zur Erde zurückfällt, sondern in den Weltraum gelangt?

Hinweis: Befindet sich die Rakete in der Entfernung x vom Erdmittelpunkt, so übt die Erde nach dem Newtonschen Gravitationsgesetz die Schwerkraft $\Gamma Mm/x^2$ auf die Rakete aus, wobei M die Erdmasse und Γ die universelle Gravitationskonstante bezeichne.

Aufgabe (117.22) Zeige, daß sich eine Differentialgleichung der Form $y'' = f(y, y')$ (in der also die unabhängige Variable x nicht explizit vorkommt) durch die Substitution $y' = u(y)$ in eine Differentialgleichung erster Ordnung für u als Funktion von y umwandeln läßt. (Dieser Trick läßt sich in der folgenden Aufgabe anwenden.)

Aufgabe (117.23) Ein Fallschirmspringer der Masse m falle im Schwerefeld der Erde aus der Höhe h und aus der Ruhe heraus senkrecht nach unten; der Luftwiderstand W zu einem beliebigen Zeitpunkt während des Falls werde als proportional zum Quadrat der augenblicklichen Geschwindigkeit v angenommen ($W = \beta v^2$ mit einem als bekannt angenommenen Widerstandskoeffizienten β). Bestimme den zeitlichen Verlauf von Höhe und Geschwindigkeit des Fallschirmspringers! Wann und mit welcher Geschwindigkeit trifft dieser am Boden auf?

Aufgabe (117.24) Während einer langen Winternacht, die man im Innern eines geheizten Hauses verbringt, möge die Außentemperatur linear abnehmen, sagen wir gemäß einer Gleichung $A(t) = A_0 - \gamma t$, wobei der Zeitpunkt $t = 0$ den Beginn der Nacht markiere.
(a) Berechne die von der Heizung über ein Zeitintervall $[0, T]$ abgegebene Wärmemenge, wenn das Thermostat der Heizung so eingestellt ist, daß während der gesamten Nacht eine konstante Innentemperatur I_0 aufrechterhalten wird.
(b) Berechne die während des Zeitintervalls $[0, T]$ durch Auskühlung verlorene Wärmemenge, wenn die Heizung zum Zeitpunkt $t = 0$ abgeschaltet wird.
(c) Was ist günstiger: die Temperatur über Nacht konstant zu halten oder die Heizung am Abend abzuschalten und am Morgen wieder aufzuheizen?

Aufgabe (117.25) Zwischen zwei 200 m voneinander entfernten Strommasten hängt ein Kabel von 240 m Länge, das die Dichte 1 kg/m hat. Wie groß ist der Durchhang des Kabels, wenn
(a) die beiden Masten auf gleicher Höhe stehen,
(b) der zweite Mast 100 m höher steht als der erste?
Wie groß ist jeweils die Zugkraft am Mast? **Hinweis:** Die Gleichung für den Durchhang des Kabels wurde in Beispiel (117.13) des Buchs hergeleitet.

Aufgabe (117.26) Eine Kurvenschar sei gegeben durch die Gleichungen $F(x, y, C) = 0$, wobei C den Scharparameter bezeichne. Als **orthogonale Trajektorien** einer solchen Kurvenschar bezeichnet man diejenigen Kurven, die die Kurven der gegebenen Schar jeweils unter einem rechten Winkel schneiden.

(a) Die Gleichung $F(x, y, C) = 0$ werde implizit nach x abgeleitet; durch anschließende Elimination des Parameters C entstehe dabei eine Differentialgleichung $y' = f(x, y)$. Zeige, daß dann die orthogonalen Trajektorien die Differentialgleichung $y' = -1/f(x, y)$ erfüllen.

(b) Bestimme die orthogonalen Trajektorien der folgenden Kurvenscharen!
(1) $x^2 + y^2 = C^2$
(2) $y = Cx^2$
(3) $y^2 - x^2 = C$
(4) $x^2 + y^2 = Cx^3$

Aufgabe (117.27) Die Positronen-Emissions-Tomographie (PET) ist ein bildgebendes Verfahren in der Medizin, um Tumore zu lokalisieren. Dem Patienten wird eine geringe Menge eines radioaktiven Markierungsstoffes (englisch "tracer") verabreicht, der in Tumorzellen schneller eingelagert wird als in gesunden Zellen, wodurch Tumorzellen im Körper sichtbar gemacht werden können. Der Markierungsstoff Fluordesoxyglucose hat eine Halbwertszeit von 109.8 Minuten. Nach welcher Zeit befinden sich weniger als 5 Prozent der verabreichten Menge noch im Körper des Patienten? **Hinweis:** Die Menge des Markierungsstoffes im Körper wird durch ein Malthus-Modell wie in Beispiel (117.11) des Buchs mit einer negativen Wachstumsrate beschrieben.

Aufgabe (117.28) Nach dem englischen Mathematiker Benjamin Gompertz (1779-1865) bezeichnet man als **Gompertzsches Wachstumsmodell** ein Populationsmodell, bei dem die Wachstumsrate exponentiell abfällt†. Bezeichnen wir mit $x(t)$ die Populationsgröße und mit $r(t)$ die Wachstumsrate zur Zeit t, so werden also die folgenden Zusammenhänge angenommen:

(1) $\dot{x}(t) = r(t) x(t)$, (2) $\dot{r}(t) = -c\, r(t)$.

(Die Konstante $c > 0$ gibt dabei an, wie schnell die Wachstumsrate abnimmt.)
(a) Finde die allgemeine Lösung des angegebenen Differentialgleichungssystems!
(b) Zeige, daß es eine Zahl $x_{\max}$ derart gibt, daß $x(t) \to x_{\max}$ für $t \to \infty$ gilt.
(c) Drücke die allgemeine Lösung für x in der Form $x(t; x_0, x_{\max}, a)$ aus mit $x_0 = x(0)$ und $a = r(0)$.
(d) Vergleiche die Lösung in Teil (c) mit der entsprechenden Lösung des logistischen Modells.
(e) Das Gompertzsche Modell wird in der Medizin zur Modellierung des Wachstums von Tumoren benutzt (wobei dann $x(t)$ als Tumorvolumen zur Zeit t gedeutet wird). Warum erscheint es hierzu geeigneter als das logistische Modell?

---
† Benjamin Gompertz: On the nature of the function expressive of the law of human mortality, and on a new mode of determining the value of Life Contingencies; Philosophical Transactions of the Royal Society of London 1825 (1), S. 513-585.

Aufgabe (117.29) Bestimme in jedem der folgenden Fälle die allgemeine Lösung der angegebenen Differentialgleichung und anschließend die spezielle Lösung, die die angegebene Anfangsbedingung erfüllt.
(a) $y' = (y/x) + x$, $y(1) = 4$
(b) $y' = 6x^5 - 3x^2 y$, $y(0) = 1$
(c) $y' - 2xy + 2x^3 = 0$, $y(0) = 3$
(d) $xyy' = x^2 + y^2$, $y(1) = 2$
(e) $y' - 2x(y-1)^2 = x$, $y(0) = 2$
(f) $y' = (y^2 + 1)(x^2 + 1)$, $y(0) = 1$
(g) $y' = (y^2 + 1)/(x^2 + 1)$, $y(0) = 1$

Aufgabe (117.30) Finde in jedem der folgenden Beispiele zunächst die allgemeine Lösung der angegebenen Differentialgleichung und anschließend diejenige Lösung, die die angegebene Anfangsbedingung erfüllt. Gib jeweils den maximalen Definitionsbereich dieser Lösung an!
(a) $y' = 2xy + x^3$, $y(0) = 1$
(b) $y' = (1 + y^2)/(1 + x^2)$, $y(1) = -2$
(c) $xy' = 2y + x$, $y(1) = 2$
(d) $y'(x) + \sin(x)\bigl(y(x) - 1\bigr) = 0$, $y(\pi/2) = 3$
(e) $x^2 y'(x) - xy(x) + y(x)^2 = 0$, $y(-1) = 3$
(f) $y' = (x-y)^2 + 1$, $y(0) = 1$
(g) $x^2 y' = y^2 - xy$, $y(-1) = 1$
(h) $\dot{x}(t) = 1 + x(t)^2$, $x(\pi/4) = 1$
(i) $y' = -x \exp(x^2)/y$, $y(0) = 2$
(j) $y' = \dfrac{2y^3 + 3y^2 x + x^3}{xy^2 + 2x^2 y - x^3}$, $y(1) = 0$

Aufgabe (117.31) (a) Bestimme die allgemeine Lösung der Differentialgleichung

$(\star)$ $\qquad y'(x) = 2y(x)^3$.

(b) Es seien x_0 und y_0 beliebige reelle Zahlen. Zeige, daß es genau eine Lösung von $(\star)$ gibt, die die Bedingung $y(x_0) = y_0$ erfüllt! Auf welchem maximalen Intervall ist diese Lösung definiert?

Aufgabe (117.32) Finde die allgemeine Lösung der Differentialgleichung $y' = -x - y$. Wie verhalten sich die Lösungen für $x \to \pm\infty$?

Aufgabe (117.33) Bestimme die allgemeine Lösung der Differentialgleichung

$$y' = \frac{x^2 + y^2}{xy}.$$

Welche der Lösungen sind auf ganz $(0, \infty)$ definiert?

Aufgabe (117.34) (a) Bestimme die allgemeine Lösung der Differentialgleichung

$$y'(t) = \sin(t) e^{y(t)}.$$

(b) Finde alle Zahlen $a \in \mathbb{R}$, für die die Lösung aus (a) mit dem Anfangswert $y(2\pi) = a$ auf ganz $\mathbb{R}$ definiert ist.

Aufgabe (117.35) Bestimme die Lösung des Anfangswertproblems
$$y' = 2 - \frac{\exp\big((2x-y+3)^2\big)}{2x-y+3}, \quad y(0) = 4$$
durch Einführung der Hilfsfunktion $u(x) := 2x - y(x) + 3$.

Aufgabe (117.36) Finde die allgemeine Lösung der Differentialgleichung
$$y'(x) = \exp\big(x - y(x) - \exp(y(x))\big).$$

Aufgabe (117.37) Bestimme die allgemeine Lösung der Differentialgleichung
$$x^2 y' = x^3 e^{x+(1/x)} - y.$$

Aufgabe (117.38) Es seien $p, q_1, \ldots, q_n$ fest vorgegebene stetige Funktionen, und für $1 \leq i \leq n$ sei jeweils y_i eine Lösung der Differentialgleichung $y' + p(x)y = q_i(x)$. Zeige, daß dann $y_1 + \cdots + y_n$ eine Lösung der Differentialgleichung $y' + p(x)y = q_1(x) + \cdots + q_n(x)$ ist.

Aufgabe (117.39) Eine Tasse Kaffee wird bei einer konstanten Außentemperatur von $A = 10^0\text{C}$ ins Freie gestellt. Ist $T(t)$ die Temperatur des Kaffees zur Zeit t, so gilt eine Differentialgleichung der Form
$$\dot{T}(t) = -c\big(T(t) - A\big).$$
Der Kaffee hat anfangs eine Temperatur von 45^0C, nach einer Viertelstunde noch eine Temperatur von 30^0C. Nach welcher Zeit erreicht die Temperatur des Kaffees den Wert von 20^0C?

Aufgabe (117.40) Bestimme die allgemeine Lösung der Differentialgleichung
$$y' = 3y - 4e^{-x}.$$
Wie hängt das Verhalten von $y(x)$ für $x \to \infty$ vom Wert $y(0)$ ab?

Aufgabe (117.41) Wir betrachten die Riccatische Differentialgleichung
$$y' = y^2 + 1 - x^2.$$
(a) Finde mit einem Potenzreihenansatz $y(x) = \sum_{n=0}^\infty a_n x^n$ zunächst die eindeutige Lösung $y_\star$, die die Anfangsbedingung $y(0) = 0$ erfüllt.
(b) Finde dann mit dem Ansatz $u = 1/(y - y_\star)$, also $y = y_\star + (1/u)$, die allgemeine Lösung.

Aufgabe (117.42) Professor S. steht unter der Dusche. Das Wasser in der Leitung hat ursprünglich die Temperatur T_0, aber Professor S. möchte mit der Wunschtemperatur $\theta > T_0$ duschen. Dazu dreht er den Temperaturstellknopf nach rechts oder links, um die Temperatur entsprechend anzupassen, und zwar mit einer Drehwinkelgeschwindigkeit, die proportional zur Abweichung der gewünschten von der tatsächlichen Wassertemperatur ist. Da das Wasser eine endliche Zeit $\tau > 0$ vom Mischer bis zum Brausekopf braucht, folgt dann der Temperaturverlauf $t \mapsto T(t)$ des aus dem Brausekopf austretenden Wassers der Gleichung

$(\star) \qquad \dot{T}(t) = -a \cdot \big(T(t-\tau) - \theta\big)$

mit einem Zeitverzögerungsterm, denn die Änderung der aktuellen Temperatur im Mischer zur Zeit t erfolgt anhand der Temperatur des aus dem Brausekopf austretenden Wassers, und diese ist gleich der Temperatur im Mischer zur Zeit $t - \tau$. Bestimme die Lösung der Gleichung $(\star)$ für alle Zeiten $t \geq 0$, wobei $T(t) = T_0$ für $-\tau \leq t \leq 0$ gelte.

Hinweis: Finde die Lösung zunächst für das Zeitintervall $[0, \tau]$, dann für das Zeitintervall $[\tau, 2\tau]$, anschließend für das Zeitintervall $[2\tau, 3\tau]$, und so weiter. Auf jedem dieser Teilintervalle geht die Gleichung $(\star)$ in eine gewöhnliche Differentialgleichung über, die sich leicht lösen läßt.

A118: Existenz- und Eindeutigkeitssätze

Aufgabe (118.1) Transformiere das folgende System zweier Differentialgleichungen für zwei Funktionen u und v in ein System von Differentialgleichungen erster Ordnung!

$$u''(x) = u'(x)\, v'(x) - 3x\, v(x)^2$$
$$v''(x) = 2x^3\, v(x) + u'(x)^2 + u(x)\sin(x)$$

Aufgabe (118.2) Transformiere die lineare Differentialgleichung vierter Ordnung

$$y'''' + 7x\, y''' - \sin(x) y'' + \cos(x) y' - 5y = e^x$$

in ein lineares Differentialgleichungssystem erster Ordnung.

Aufgabe (118.3) Wir betrachten die Differentialgleichung

($\star$) $\qquad y' = x^2 - y^2 + 1$.

Skizziere das Richtungsfeld dieser Differentialgleichung; trage dazu in dem folgenden Diagramm in jedem der markierten Punkte ein Linienelement mit der korrekten Steigung ein.

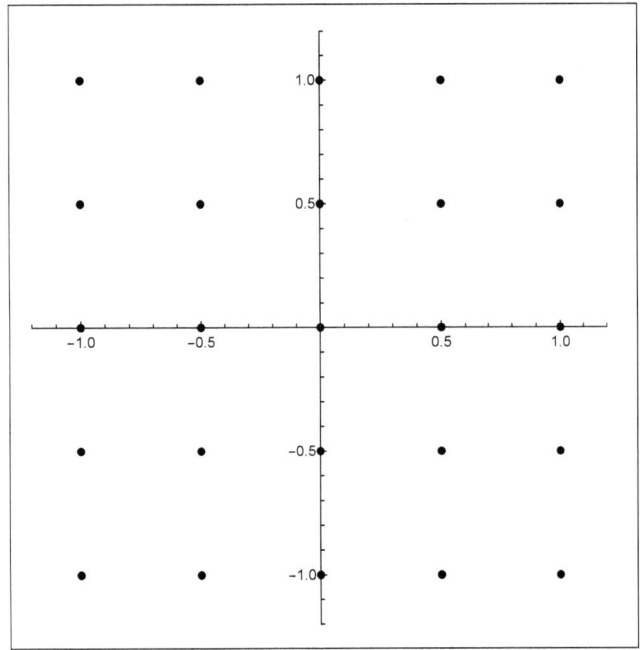

Muster zum Eintragen des Richtungsfeldes der Differentialgleichung $y' = x^2 - y^2 + 1$.

Nun sei y diejenige Lösung der Differentialgleichung ($\star$), die die Anfangsbedingung $y(0) = -1/2$ erfüllt. Bestimme den Wert $y(1)$ näherungsweise
(a) mit dem Eulerverfahren (Schrittweite $1/2$);
(b) mit dem Eulerverfahren (Schrittweite $1/4$);
(c) mit dem Picard-Lindelöf-Verfahren (zwei Schritte);
(d) durch einen Potenzreihenansatz $y(x) = \sum_{n=0}^{\infty} a_n x^n$.

Aufgabe (118.4) Beweise die Existenz einer eindeutigen Lösung des Anfangswertproblems

$$y' = \begin{cases} x^2 y^3, & x \le 0 \\ x^4 y^2, & x \ge 0 \end{cases} \qquad y(0) = -1$$

(a) durch den Nachweis, daß die rechte Seite eine Lipschitzbedingung bezüglich der Variablen y erfüllt;
(b) durch explizites Ausrechnen der Lösung.

Aufgabe (118.5) Wir betrachten die Differentialgleichung

($\star$) $\qquad \dot{x}(t) = 10t\, (x(t) - 1)^{1/5}$.

Für welche Anfangsbedingungen $x(t_0) = x_0$ besitzt ($\star$) lokal eine eindeutige Lösung? Auf welches maximale Lösungsintervall läßt sich diese jeweils fortsetzen?

Aufgabe (118.6) Wir betrachten die Differentialgleichung

($\star$) $\qquad \dot{x}(t) = -6t^3\, x(t)^{1/3}$.

Für welche Anfangsbedingungen $x(t_0) = x_0$ besitzt ($\star$) lokal eine eindeutige Lösung? Auf welches maximale Lösungsintervall läßt sich diese jeweils fortsetzen?

Aufgabe (118.7) Zeige, daß es ein Intervall I um den Nullpunkt gibt, auf dem das Anfangswertproblem

$$\dot{x}(t) = \sum_{n=0}^{\infty} \left(\frac{t}{2}\right)^n \cos(2^n x(t)), \quad x(0) = 0$$

eine eindeutige Lösung besitzt. Zeige ferner, daß diese Lösung der folgenden Abschätzung genügt:

$$|x(t)| \le 2\ln\left(\frac{2}{2-|t|}\right) \quad (t \in I).$$

Aufgabe (118.8) Versuche, die Differentialgleichung $y'(x) = y(x)^2 + (1-x)y(x) - 1$ unter der Anfangsbedingung $y(0) = 1$ mit Hilfe eines Potenzreihenansatzes zu lösen.

Aufgabe (118.9) Löse das Anfangswertproblem

$$y'(x) = x^2 y(x), \quad y(0) = 1$$

mit Hilfe des Picard-Lindelöf-Verfahrens, beginnend mit der konstanten Funktion $y \equiv 1$.

Aufgabe (118.10) Gib eine Modifikation der Picard-Lindelöf-Iteration für ein vektorwertiges Anfangswertproblem $y' = f(x, y)$ an, bei der zur Berechnung von $y^{(k+1)}$ aus $y^{(k)}$ die schon berechneten Komponenten $y_i^{(k)}$ für $i < j$ bei der Berechnung von $y_j^{(k)}$ gleich mitbenutzt werden!

Lösungen zu »Existenz- und Eindeutigkeitssätze« siehe Seite 370

118. Existenz- und Eindeutigkeitssätze

Aufgabe (118.11) Die Funktion $x : [x_0 - \delta, x_0] \to \mathbb{R}^n$ erfülle ein Anfangswertproblem $\dot{x}(t) = f(t, x(t))$, $x(t_0) = x_0$. Definiere $X : [t_0, t_0 + \delta] \to \mathbb{R}^n$ durch $X(t_0 + h) = x(t_0 - h)$ für $0 \leq h \leq \delta$; d.h., X entsteht aus x durch Spiegelung der Zeitachse am Punkt t_0. Gib ein Anfangswertproblem an, dessen Lösung X ist!

Bemerkung: Diese Beobachtung erlaubt es, Existenzsätze für Lösungen rechts von einer gegebenen Zeit t_0 in Existenzsätze für Lösungen links von t_0 zu überführen.

Aufgabe (118.12) Wir betrachten ein Intervall $I = [x_0, x_0 + a]$. Die Funktion $f : I \times \mathbb{R}^n \to \mathbb{R}^n$ sei stetig und erfülle eine Lipschitzbedingung $\|f(x, y_1) - f(x, y_2)\| \leq L\|y_1 - y_2\|$ für alle $x \in I$ und alle $y_1, y_2 \in \mathbb{R}^n$. Zeige, daß das Anfangswertproblem $y'(x) = f(x, y(x))$, $y(x_0) = y_0$ eine eindeutige Lösung besitzt, die auf dem gesamten Intervall I definiert ist. Beweise dies

(a) durch mehrfache Anwendung von Satz (118.21) im Buch auf hinreichend kleine Intervalle;

(b) durch Betrachten des Operators $T : C(I, \mathbb{R}^n) \to C(I, \mathbb{R}^n)$ mit $(Ty)(x) := y_0 + \int_{x_0}^x f(\xi, y(\xi))\, d\xi$, wobei $C(I, \mathbb{R}^n)$ nicht mit der üblichen Supremumsnorm ausgestattet wird, sondern mit einer Norm der Form $\|y\| := \max_{x \in I} \|y(x)\|e^{-cx}$, wobei $c > 0$ geeignet zu wählen ist.

Aufgabe (118.13) Es sei $I = [0, a]$ mit einer fest vorgegebenen Zahl $a > 0$. Die Funktion $f : I \times \mathbb{R}^n \to \mathbb{R}^n$ sei stetig, und es gebe eine Zahl $q \in [0, 1)$ derart, daß die **Rosenblatt-Bedingung**

$$|f(t, y_1) - f(t, y_2)| \leq \frac{q}{t} \cdot |y_1 - y_2|$$

für alle $t \in (0, a]$ und alle $y_1, y_2 \in \mathbb{R}^n$ erfüllt ist. Zeige, daß für jeden Vektor $\eta \in \mathbb{R}^n$ das Anfangswertproblem

$$(\star) \qquad \dot{y}(t) = f(t, y(t)), \quad y(0) = \eta$$

eine eindeutige Lösung besitzt. Beweise dazu die folgenden Aussagen!

(a) Die Menge X aller stetigen Funktionen $u : I \to \mathbb{R}^n$, für die

$$\|u\| := \sup_{0 < t \leq a} \frac{|u(t)|}{t}$$

endlich ist, bildet mit der Norm $\|\cdot\|$ einen Banachraum, also einen vollständigen normierten Raum.

(b) Für einen gegebenen Vektor $\eta \in \mathbb{R}^n$ definieren wir den Operator $T : C(I, \mathbb{R}^n) \to C(I, \mathbb{R}^n)$ durch

$$(Tu)(t) := \int_0^t f(s, \eta + u(s))\, ds.$$

Zeige, daß $u + \eta$ genau dann das Anfangswertproblem $(\star)$ löst, wenn u ein Fixpunkt von T ist.

(c) Der Operator T ist eine kontrahierende Selbstabbildung des Banachraums X.

Wende jetzt den Banachschen Fixpunktsatz an!

Aufgabe (118.14) Es seien $D \subseteq \mathbb{R} \times \mathbb{R}^n$ eine offene Menge und $f : D \to \mathbb{R}^n$ eine stetige Funktion. Ferner sei $x : (t_{\min}, t_{\max}) \to \mathbb{R}^n$ eine maximal fortgesetzte Lösung der Differentialgleichung

$$\dot{x}(t) = f(t, x(t)).$$

Zeige, daß eine der folgenden Möglichkeiten eintreten muß:
(1) $t_{\max} = \infty$;
(2) es gilt $\|x(t)\| \to \infty$ für $t \to t_{\max}$;
(3) für $t \to t_{\max}$ läuft $(t, x(t))$ gegen den Rand von D.
(Analoge Bedingungen gelten natürlich auch für $t_{\min}$.)

Bemerkung: Bedingung (3) besagt, daß der Abstand zwischen $(t, x(t))$ und dem Rand ∂D für $t \to t_{\max}$ gegen Null geht. Dies bedeutet *nicht*, daß $(t, x(t))$ für $t \to t_{\max}$ gegen einen einzelnen Randpunkt von D konvergiert. (Betrachte etwa die Lösung $x(t) = \sin(1/t)$ des Anfangswertproblems $\dot{x}(t) = -\cos(1/t) \cdot (1/t^2)$, $x(1/\pi) = 0$.)

Aufgabe (118.15) Zeige, daß das Anfangswertproblem

$$\dot{x}(t) = \sin\left(\frac{1}{1 - (t^2 + x(t)^2)}\right), \quad x(0) = 0$$

eine eindeutige (maximal fortgesetzte) Lösung besitzt, sagen wir $x : (t_{\min}, t_{\max}) \to \mathbb{R}$. Zeige ferner, daß $t_{\min} = -t_{\max}$ gilt, daß $\lim_{t \to t_{\max}} x(t)$ als endlicher Wert existiert und daß $t^2 + x(t)^2 \to 1$ für $t \to t_{\max}$ gilt.

Aufgabe (118.16) Es seien $f : \mathbb{R} \to (0, \infty)$ eine lokal Lipschitz-stetige Funktion und $x : [0, t_{\max}) \to \mathbb{R}$ die eindeutige maximal nach rechts fortgesetzte Lösung des Anfangswertproblems

$$\dot{x}(t) = f(x(t)), \quad x(0) = 0.$$

Zeige: Ist x beschränkt, so existiert $x_* := \lim_{t \to t_{\max}} x(t)$, und es gilt

$$t_{\max} = \int_0^{x_*} \frac{ds}{f(s)}.$$

Ist dagegen x unbeschränkt, so gilt

$$t_{\max} = \int_0^\infty \frac{ds}{f(s)}.$$

(Gilt insbesondere $\int_0^\infty f(s)^{-1}ds < \infty$, so ist x nicht auf ganz $[0, \infty)$ definiert.)

Aufgabe (118.17) Gib für jedes der folgenden Anfangswertprobleme ein möglichst großes Intervall an, auf dem die Existenz einer Lösung garantiert werden kann!

(a) $\dot{x}(t) = t^3 \cdot \sin\left(t^3 + x(t)(3 - x(t))\right)$, $x(0) = 1$

(b) $\dot{x}(t) = x(t)^2 \cdot \sin\left(t^6 + x(t)(3 - x(t))\right)$, $x(0) = 1$

(c) $\dot{x}(t) = t^2 + x(t)^2$, $x(0) = 0$

(d) $\dot{x}(t) = 2t/(1 + 2x(t))$, $x(2) = 0$

Aufgabe (118.18) Für $f(t,x,a) := 3at^2x^2$ sei $t \mapsto x(t;t_0,x_0,a)$ die eindeutige Lösung des Anfangswertproblems

$$\dot{x}(t) = f(t,x(t),a), \qquad x(t_0) = x_0.$$

Berechne diese Lösung explizit und verifiziere dann für $p \in \{t_0, x_0, a\}$ die Gültigkeit der Variationsgleichungen

$$\frac{\mathrm{d}}{\mathrm{d}t}\left[\frac{\partial x}{\partial p}(\bullet)\right] = \frac{\partial f}{\partial x}(\bullet) \cdot \left[\frac{\partial x}{\partial p}(\bullet)\right] + \frac{\partial f}{\partial p}(\bullet)$$

(wobei $\bullet$ jeweils für die Argumenteliste $(t;t_0,x_0,a)$ steht) sowie der zugehörigen Anfangsbedingungen

$$\begin{aligned}(\partial x/\partial x_0)(t;t_0,x_0,a)\,|_{t=t_0} &= 1, \\ (\partial x/\partial a)(t;t_0,x_0,a)\,|_{t=t_0} &= 0, \\ (\partial x/\partial t_0)(t;t_0,x_0,a)\,|_{t=t_0} &= -f(t_0,x_0,a).\end{aligned}$$

Aufgabe (118.19) Die Lösung des Verhulstschen Populationsmodells $\dot{x} = a(1-x/m)x =: f(t,x,a,m)$ mit den Parametern a (natürliche Wachstumsrate) und m (vom Lebensraum maximal verkraftbare Populationsgröße) und mit der Anfangspopulation $x(t_0) = x_0$ ist gegeben durch

$$x(t;t_0,x_0,a,m) = \frac{mx_0}{x_0 + (m-x_0)e^{-a(t-t_0)}}.$$

Verifiziere für $p \in \{t_0, x_0, a, m\}$ die Gültigkeit der Variationsgleichungen

$$\frac{\mathrm{d}}{\mathrm{d}t}\left[\frac{\partial x}{\partial p}(\bullet)\right] = \frac{\partial f}{\partial x}(\bullet) \cdot \left[\frac{\partial x}{\partial p}(\bullet)\right] + \frac{\partial f}{\partial p}(\bullet)$$

(wobei $\bullet$ jeweils für die Argumenteliste $(t;t_0,x_0,a,m)$ steht) sowie der zugehörigen Anfangsbedingungen

$$\begin{aligned}(\partial x/\partial x_0)(t;t_0,x_0,a,m)\,|_{t=t_0} &= 1, \\ (\partial x/\partial a)(t;t_0,x_0,a,m)\,|_{t=t_0} &= 0, \\ (\partial x/\partial m)(t;t_0,x_0,a,m)\,|_{t=t_0} &= 0, \\ (\partial x/\partial t_0)(t;t_0,x_0,a,m)\,|_{t=t_0} &= -f(t_0,x_0,a,m).\end{aligned}$$

Aufgabe (118.20) Wir betrachten das von dem reellen Parameter a abhängige Anfangswertproblem

$$(\star) \qquad y' = x + ay, \quad y(0) = 1.$$

(a) Formuliere die zu $(\star)$ gehörige Variationsgleichung für den Parameter a.
(b) Finde explizit die Lösung $x \mapsto y(x;a)$ von $(\star)$, berechne dann die Funktion $y_a(x) := (\partial/\partial a)y(x;a)$ und verifiziere, daß diese die Variationsgleichung aus Teil (a) sowie die Anfangsbedingung $y_a(0) = 0$ erfüllt.

Aufgabe (118.21) Wir betrachten das von dem reellen Parameter a abhängige Anfangswertproblem

$$(\star) \qquad y' = x^2 + ay^2, \quad y(0) = 1.$$

(a) Formuliere die zu $(\star)$ gehörige Variationsgleichung für den Parameter a. Als Lösung welches Anfangswertproblems ist dann die Funktion $x \mapsto (y(x), y_a(x))$ gegeben?
(b) Bestimme näherungsweise den Wert $y_a(1)$ durch Verwendung des Eulerverfahrens mit der Schrittweite $1/2$!
(c) Bestimme näherungsweise den Wert $y_a(1)$ durch Ausführung von zwei Schritten des Picard-Lindelöf-Verfahrens!

Aufgabe (118.22) Führe den letzten Schritt im Beweis von Nummer (118.28) im Buch explizit aus; d.h., zeige, daß Einsetzen der Gleichungen

(1) $\quad \dfrac{\partial g}{\partial y}(t,y(t),t_0) = \dfrac{\partial f}{\partial x}(t+t_0,x(t+t_0))$,

(2) $\quad \dfrac{\partial g}{\partial t_0}(t,y(t),t_0) = \dfrac{\partial f}{\partial t}(t+t_0,x(t+t_0))$,

(3) $\quad \dfrac{\partial y}{\partial t_0}(y(t)) = f(t+t_0, x(t+t_0)) + \dfrac{\partial x}{\partial t_0}(t+t_0)$

in die Variationsgleichung

$$\left[\frac{\partial y}{\partial t_0}\right]^\bullet = \frac{\partial g}{\partial y}(t,y(t),t_0)\left[\frac{\partial y}{\partial t_0}\right] + \frac{\partial g}{\partial t_0}(t,y(t),t_0)$$

tatsächlich die in (118.28) angegebene Variationsgleichung für $\partial x/\partial t_0$ liefert.

Aufgabe (118.23) Die Funktion $g: \mathbb{R} \to \mathbb{R}$ sei beschränkt und global Lipschitz-stetig. Wir wollen (für eine fest vorgegebene Zahl $b \in \mathbb{R}$) eine Lösung des Randwertproblems

$$y''(x) + g(y(x)) = 0, \quad y(0) = 0, \quad y(1) = b$$

finden. Beweise dazu die folgenden Aussagen!
(1) Für jede Zahl $a \in \mathbb{R}$ hat das Anfangswertproblem

$$y''(x) + g(y(x)) = 0, \quad y(0) = 0, \quad y'(0) = a$$

eine eindeutige Lösung y_a, die auf ganz $\mathbb{R}$ definiert ist.
(2) Die Abbildung $\Phi: \mathbb{R} \to \mathbb{R}$ mit $\Phi(a) := y_a(1)$ ist stetig und surjektiv.
(3) Gilt $\Phi(a) = b$, so ist y_a eine Lösung des gegebenen Randwertproblems.

Beginnend mit einer Anfangsschätzung a_0 versucht man, sich iterativ (etwa mit dem Newton-Verfahren) an eine Lösung der Gleichung $\Phi(a) = b$ heranzutasten. Diese Vorgehensweise wird als **Schießverfahren** bezeichnet. Wie können die Variationsgleichungen helfen, die gesuchte Lösung a zu finden?

Lösungen zu »Existenz- und Eindeutigkeitssätze« siehe Seite 370

118. Existenz- und Eindeutigkeitssätze

Aufgabe (118.24) Gegeben seien eine offene Menge $D \subseteq \mathbb{R} \times \mathbb{R}^n$ und eine C^1-Funktion $f : D \to \mathbb{R}^n$, die wir als zeitlich veränderliches Vektorfeld deuten.

(a) Für eine feste Zeit $s \in \mathbb{R}$ und einen festen Punkt $p \in \mathbb{R}^n$ mit $(s,p) \in D$ sei $t \mapsto x(t;s,p)$ die eindeutige Lösung des Anfangswertproblems

$$\dot{x}(t) = f(t, x(t)), \quad x(s) = p$$

(definiert auf einem maximalen offenen Intervall $I = I_{s,p}$ um s). Wir definieren $\varphi_{ts}(p) := x(t;s,p)$. Begründe, warum es für jedes Paar $(s,p) \in D$ ein offenes Intervall I um s und eine Umgebung $U \subseteq \mathbb{R}^n$ von p derart gibt, daß $\varphi_{ts}(x)$ für alle $(t,s) \in I \times U$ definiert und $\varphi_{ts} : U \to \varphi_{ts}(U)$ ein Diffeomorphismus ist. (Die Familie der so definierten Abbildungen φ_{ts} wird als **lokaler Fluß** des Vektorfelds f bezeichnet.)

(b) Begründe die Gültigkeit der Gleichungen

$$\frac{\mathrm{d}}{\mathrm{d}t}\varphi_{ts}(p) = f(t, \varphi_{ts}(p)), \quad \frac{\mathrm{d}}{\mathrm{d}t}\varphi'_{ts}(p) = \frac{\partial f}{\partial x}(t, \varphi_{ts}(p))\varphi'_{ts}(p).$$

(c) Begründe, warum man jede der Abbildungen φ_{ts} als **Zustandsänderungsoperator** deuten kann.

(d) Es sei (φ_{ts}) der lokale Fluß von f. Zeige, daß dann die folgenden Bedingungen gelten (wobei die Gleichungen in dem Sinne zu interpretieren sind, daß mit der linken Seite einer Gleichung auch die rechte definiert ist und mit der linken Seite übereinstimmt):

$(\star)$ $\quad \varphi_{ss} = \mathrm{id}, \quad \varphi_{t_3 t_2} \circ \varphi_{t_2 t_1} = \varphi_{t_3 t_1}, \quad \varphi_{ts}^{-1} = \varphi_{st}.$

(e) Umgekehrt sei eine Familie lokaler Diffeomorphismen φ_{ts} gegeben, die die Bedingungen $(\star)$ erfüllen. Zeige, daß es dann ein eindeutig bestimmtes Vektorfeld f gibt, dessen lokaler Fluß gerade (φ_{ts}) ist.

(f) Zeige, daß ein Vektorfeld f genau dann zeitinvariant ist, wenn φ_{ts} nur von der Zeitdifferenz $t-s$ abhängt. (In diesem Fall fixiert man oft eine Referenzzeit 0 und schreibt einfach φ_t statt φ_{t0}.) Deute diese Aussage anschaulich!

Aufgabe (118.25) Berechne für die folgenden Differentialgleichungen die lokalen Flüsse und rechne jeweils die Halbgruppeneigenschaft $\varphi_{t_3 t_2} \circ \varphi_{t_2 t_1} = \varphi_{t_3 t_1}$ nach!
(a) $\dot{x} = 1/x$
(b) $\dot{x} = x + t$
(c) $\dot{x} = t/x$

Aufgabe (118.26) Bestimme den lokalen Fluß einer linearen Differentialgleichung

$$\dot{x}(t) + p(t)x(t) = q(t).$$

Aufgabe (118.27) Finde für jede der folgenden Differentialgleichungen die allgemeine Lösung und gib dann den zugehörigen lokalen Fluß an!

(a) $\dot{x}(t) = x(t)^2 + t^2 + 2tx(t)$
(b) $t\dot{x}(t) = x(t) - t - te^{-x(t)/t}$
(c) $\dot{x}(t) + x(t)/(1+t) + (1+t)x(t)^4 = 0$
(d) $\dot{x}(t) = (1-t)x(t)^2 + (2t-1)x(t) - t$

Aufgabe (118.28) Wir betrachten auf $\mathbb{R} \times (\mathbb{R} \setminus \{0\})$ das Differentialgleichungssystem

$(\star)$ $\qquad \dot{x} = x/y, \quad \dot{y} = x + 1.$

Skizziere das Richtungsfeld von $(\star)$, bestimme den zugehörigen lokalen Fluß und zeichne einige Trajektorien in das Diagramm mit dem Richtungsfeld ein.

Hinweis: Eliminiere zunächst y, um eine Differentialgleichung für die Funktion x allein zu erhalten.

Aufgabe (118.29) Wir betrachten eine stetige matrixwertige Funktion $t \mapsto A(t) \in \mathbb{R}^{n \times n}$ und die zugehörige Differentialgleichung

$(\star)$ $\qquad \dot{x}(t) = A(t)x(t).$

(a) Für eine feste Zahl s sei $t \mapsto X(t,s)$ die (matrixwertige) Lösung des Anfangswertproblems

$$\dot{X}(t) = A(t)X(t), \qquad X(s) = \mathbf{1}.$$

Zeige, daß dann der lokale Fluß von $(\star)$ gegeben ist durch $\varphi_{ts}(p) = X(t,s)p$.

(b) Zeige, daß sich der Zustandsänderungsoperator $X(t,s)$ als absolut konvergente Reihe (**Volterra-Reihe**)

$$X(t,s) = \sum_{k=0}^{\infty} X_k(t,s) \quad \text{mit} \quad X_0(t,s) = \mathbf{1} \quad \text{und}$$

$$X_k(t,s) := \int_s^t \int_s^{t_1} \cdots \int_s^{t_{k-1}} A(t_1)A(t_2)\cdots A(t_k)\,\mathrm{d}t_k \cdots \mathrm{d}t_2\,\mathrm{d}t_1$$

darstellen läßt.

(c) Was vereinfacht sich, wenn A nicht von der Zeit abhängt, sondern eine konstante Matrix ist?

Hinweis zu (b): Schreibe

$$X(t) = \mathbf{1} + \int_s^t A(\tau)X(\tau)\,\mathrm{d}\tau,$$

setze dann diese Darstellung von X für den Term $X(\tau)$ auf der rechten Seite ein und iteriere das Verfahren.

Aufgabe (118.30) Gesucht ist die Funktion y, die die folgenden Bedingungen erfüllt:

$(\star)$ $\qquad y'' - xy' + x^2 y = x, \quad y(0) = 3, \quad y'(0) = 1.$

(a) Schreibe (⋆) um als ein Anfangswertproblem für ein System erster Ordnung.
(b) Bestimme für das System in (a) das Eulerpolygon zur Schrittweite $\Delta x = 1$ und ermittle damit eine Näherungslösung für den Wert $y(2)$.
(c) Führe für das System in (a) zwei Schritte des Picard-Lindelöf-Verfahrens durch und ermittle damit eine Näherungslösung für den Wert $y(2)$.

Aufgabe (118.31) (a) Bestimme die allgemeine Lösung der Differentialgleichung
$$2y'(x) = 3 \cdot \sqrt[3]{y(x)}.$$
(b) Unter welchen Bedingungen für x_0 bzw. y_0 hat das Anfangswertproblem
$$2y'(x) = 3 \cdot \sqrt[3]{y(x)}, \qquad y(x_0) = y_0$$
eine eindeutige Lösung, gar keine Lösung oder mehr als eine Lösung?

Aufgabe (118.32) (a) Schreibe die folgende Differentialgleichung um in ein äquivalentes System erster Ordnung!
$$y''''(x) - 3xy'''(x) + \sin(x)y''(x) + e^x y'(x) - xy(x) = 1.$$
(b) Schreibe das folgende System von Differentialgleichungen um in ein äquivalentes System erster Ordnung!
$$u'''(x) - 3u'(x)v''(x) = u''(x)v'(x) + x^2$$
$$v'''(x) + v'(x) - x = u(x)v(x) + u'(x)v'(x)$$

Aufgabe (118.33) Wir betrachten das folgende Anfangswertproblem.
$$\begin{bmatrix} \dot x(t) \\ \dot y(t) \end{bmatrix} = \begin{bmatrix} y(t)^2 + 2t \\ t\,x(t) - 1 \end{bmatrix}, \qquad \begin{bmatrix} x(0) \\ y(0) \end{bmatrix} = \begin{bmatrix} 0 \\ 0 \end{bmatrix}.$$
(a) Berechne näherungsweise den Wert $(x(1), y(1))$ bei Benutzung des Eulerschen Polygonzugsverfahrens mit der Schrittweite 0.5 (also der Partition $\{0, 0.5, 1\}$).
(b) Führe die ersten beiden Schritte des Picard-Lindelöf-Verfahrens für das angegebene Anfangswertproblem durch.

Aufgabe (118.34) Bestimme die allgemeine Lösung des Differentialgleichungssystems
$$\begin{bmatrix} \dot x(t) \\ \dot y(t) \end{bmatrix} = \begin{bmatrix} 0 & 0 \\ e^{t^2} & 2t \end{bmatrix} \begin{bmatrix} x(t) \\ y(t) \end{bmatrix}$$
und dann den zugehörigen Zustandsänderungsoperator!

Aufgabe (118.35) Wir betrachten das Anfangswertproblem
$$y' = 1 + xy, \qquad y(0) = 0.$$
(a) Berechne näherungsweise den Wert $y(2)$ durch Verwendung von Eulerpolygonen, und zwar sowohl zur Schrittweite $\Delta x = 1$ als auch zur Schrittweite $\Delta x = 0.5$.
(b) Führe drei Schritte des Picard-Lindelöf-Verfahrens zur Ermittlung von y durch.
(c) Es sei $x \mapsto y(x; y_0)$ die Lösung des Anfangswertproblems
$$y' = 1 + xy, \qquad y(0) = y_0.$$
Gib ein Anfangswertproblem an, dessen Lösung die Funktion $x \mapsto \big(y(x; y_0), (\partial y/\partial y_0)(x; y_0)\big)$ ist!

Aufgabe (118.36) Es sei $t \mapsto \big(x(t), y(t)\big)^T$ die Lösung des Anfangswertproblems
$$\begin{bmatrix} \dot x \\ \dot y \end{bmatrix} = \begin{bmatrix} y^2 \\ x^2 \end{bmatrix}, \qquad \begin{bmatrix} x(0) \\ y(0) \end{bmatrix} = \begin{bmatrix} 1 \\ 0 \end{bmatrix}.$$
(a) Berechne näherungsweise den Wert $\big(x(1), y(1)\big)$ durch Verwendung von Eulerpolygonen zu der Schrittweite $\Delta t = 1/3$.
(b) Führe drei Schritte des Picard-Lindelöf-Verfahrens zur Ermittlung von (x, y) durch.

Aufgabe (118.37) Wir betrachten das Anfangswertproblem
$$y' = x + y^2, \qquad y(0) = 1.$$
(a) Berechne näherungsweise den Wert $y(2)$ durch Verwendung von Eulerpolygonen zu den Schrittweiten $\Delta x = 1$ und auch $\Delta x = 0.4$.
(b) Führe zwei Schritte des Picard-Lindelöf-Verfahrens zur Ermittlung von y durch.
(c) Es sei $x \mapsto y(x; a, b, c)$ die Lösung des Anfangswertproblems $y' = ax + by^2$, $y(0) = c$. Gib ein Anfangswertproblem an, dessen Lösung die Funktion $(y, \partial_a y, \partial_b y, \partial_c y)$ ist!

Aufgabe (118.38) (a) Wandle das folgende Differentialgleichungssystem in ein äquivalentes System erster Ordnung um!
$$u'' + 2xu'v' + x^2 u = 7x$$
$$v'' - x^3 u'v - 3^x uv' = \sin(x)$$
(b) Begründe, warum jede Lösung der folgenden Differentialgleichung auf ganz $\mathbb{R}$ definiert ist.
$$y' = \sin(x)\ln(1 + y^2)$$

118. Existenz- und Eindeutigkeitssätze

Aufgabe (118.39) Für das Anfangswertproblem

$$\begin{bmatrix} \dot{x} \\ \dot{y} \end{bmatrix} = \begin{bmatrix} 2t+y \\ \sin(4tx) \end{bmatrix}, \qquad \begin{bmatrix} x(0) \\ y(0) \end{bmatrix} = \begin{bmatrix} 0 \\ 0 \end{bmatrix}$$

soll näherungsweise der Wert $\bigl(x(1),y(1)\bigr)^T$ berechnet werden, und zwar durch Anwendung des Eulerschen Polygonzugverfahrens mit der Schrittweite $1/4$. (**Hinweis:** Es bietet sich an, so lange wie möglich mit Brüchen zu arbeiten.) Zeichne die Polygonzüge sowohl für $t \mapsto x(t)$ als auch für $t \mapsto y(t)$ in ein Koordinatensystem ein.

Aufgabe (118.40) Führe für das Anfangswertproblem

$$\begin{bmatrix} \dot{x}(t) \\ \dot{y}(t) \end{bmatrix} = \begin{bmatrix} t\,y(t) \\ x(t)\,y(t) \end{bmatrix}, \qquad \begin{bmatrix} x(0) \\ y(0) \end{bmatrix} = \begin{bmatrix} 1 \\ 2 \end{bmatrix}$$

zwei Schritte des Picard-Lindelöf-Verfahrens durch.

Aufgabe (118.41) Wir betrachten das Anfangswertproblem

$$(\star) \qquad \dot{x}(t) = x(t)^2 - 2t, \quad x(0) = 0.$$

Bestimme eine möglichst große Zahl $\delta > 0$ derart, daß die Existenz einer Lösung von $(\star)$ auf dem Intervall $(-\delta,\delta)$ garantiert werden kann.

Aufgabe (118.42) (a) Es sei $t \mapsto x(t;t_0,x_0)$ die Lösung des Anfangswertproblems

$$\dot{x} = x^2 - t, \quad x(t_0) = x_0.$$

Gib für die Funktionen

$$y(t;t_0,x_0) := \frac{\partial x}{\partial x_0}(t;t_0,x_0) \quad \text{und}$$

$$z(t;t_0,x_0) := \frac{\partial x}{\partial t_0}(t;t_0,x_0)$$

die Variationsgleichungen mit den zugehörigen Anfangsbedingungen an. Führe ferner einen Schritt des Picard-Lindelöf-Verfahrens durch, um näherungsweise die Werte $y(3;1,-1)$ und $z(3;1,-1)$ zu berechnen.

(b) Gib für das folgende Anfangswertproblem die Variationsgleichungen bezüglich des Parameters a an!

$$\begin{bmatrix} \dot{x} \\ \dot{y} \end{bmatrix} = \begin{bmatrix} \sin(a)x^2 + \cos(a)y^2 \\ a^3 xy \end{bmatrix}, \quad \begin{bmatrix} x(t_0) \\ y(t_0) \end{bmatrix} = \begin{bmatrix} x_0 \\ y_0 \end{bmatrix}$$

Aufgabe (118.43) Bestimme den lokalen Fluß der Differentialgleichung $\dot{y}(t) + y(t) = t^2 + 2t$.

Aufgabe (118.44) Wir betrachten das Anfangswertproblem

$$(\star) \qquad y' = (x+y)^2, \quad y(0) = 0.$$

(a) Gib unter Benutzung des Satzes von Peano eine möglichst große Zahl $\delta > 0$ derart an, daß die Existenz einer Lösung von $(\star)$ auf dem Intervall $(-\delta,\delta)$ von vornherein garantiert werden kann.

(b) Bestimme die Lösung von $(\star)$ und deren maximales Existenzintervall explizit!

Aufgabe (118.45) Bestimme für das Differentialgleichungssystem

$$\begin{bmatrix} \dot{x} \\ \dot{y} \end{bmatrix} = \begin{bmatrix} -x + y/t \\ (1-t)x + y \end{bmatrix} = \begin{bmatrix} -1 & 1/t \\ 1-t & 1 \end{bmatrix} \begin{bmatrix} x \\ y \end{bmatrix}$$

(a) die allgemeine Lösung;
(b) den Zustandsänderungsoperator.

A119: Lineare Differentialgleichungssysteme

Aufgabe (119.1) Finde für jedes der folgenden Differentialgleichungssysteme zunächst die allgemeine Lösung und dann die spezielle Lösung, die zusätzlich die angegebene Anfangsbedingung erfüllt!

(a) $\begin{bmatrix} y_1' \\ y_2' \\ y_3' \end{bmatrix} = \begin{bmatrix} y_1 + y_2 + 4y_3 \\ y_2 \\ y_1 + y_3 \end{bmatrix}$, $\begin{bmatrix} y_1(0) \\ y_2(0) \\ y_3(0) \end{bmatrix} = \begin{bmatrix} -1 \\ 2 \\ 3 \end{bmatrix}$

(b) $\begin{bmatrix} y_1' \\ y_2' \\ y_3' \end{bmatrix} = \begin{bmatrix} y_2 \\ -4y_1 + 4y_2 + y_3 \\ 5y_1 - 3y_2 - y_3 \end{bmatrix}$, $\begin{bmatrix} y_1(0) \\ y_2(0) \\ y_3(0) \end{bmatrix} = \begin{bmatrix} 6 \\ 6 \\ 5 \end{bmatrix}$

(c) $\begin{bmatrix} y_1' \\ y_2' \\ y_3' \end{bmatrix} = \begin{bmatrix} y_1 + y_2 - 3y_3 \\ y_1 + 4y_3 \\ y_1 - 2y_2 + 6y_3 \end{bmatrix}$, $\begin{bmatrix} y_1(0) \\ y_2(0) \\ y_3(0) \end{bmatrix} = \begin{bmatrix} 0 \\ 2 \\ 1 \end{bmatrix}$

(d) $\begin{bmatrix} y_1' \\ y_2' \\ y_3' \end{bmatrix} = \begin{bmatrix} -2y_1 + y_2 + 2y_3 \\ -10y_1 + 6y_2 + 6y_3 \\ 10y_1 - 6y_2 - 4y_3 \end{bmatrix}$, $\begin{bmatrix} y_1(0) \\ y_2(0) \\ y_3(0) \end{bmatrix} = \begin{bmatrix} 3 \\ 4 \\ 0 \end{bmatrix}$

Aufgabe (119.2) Berechne e^{tA} für

(a) $A = \begin{bmatrix} 0 & 1 \\ 1 & 0 \end{bmatrix}$, (b) $A = \begin{bmatrix} 0 & -1 \\ 1 & 0 \end{bmatrix}$

sowohl durch explizites Hinschreiben der definierenden Potenzreihe als auch durch Transformation von A auf Diagonalform.

Aufgabe (119.3) Berechne e^A und e^B für die Matrizen

$$A = \begin{bmatrix} 0 & 1 \\ 0 & 0 \end{bmatrix} \quad \text{und} \quad B = \begin{bmatrix} 0 & 0 \\ 1 & 0 \end{bmatrix}$$

und überprüfe, ob die Gleichung $e^{A+B} = e^A e^B$ gilt.

Aufgabe (119.4) (a) Die quadratische Matrix A erfülle $A^2 = \alpha A$ mit einer Zahl α. Bestimme e^{tA}!
(b) Bestimme e^{tA} für

$$A = \begin{bmatrix} 1 & 1 & 1 & 1 & 1 \\ 1 & 1 & 1 & 1 & 1 \\ 1 & 1 & 1 & 1 & 1 \\ 1 & 1 & 1 & 1 & 1 \\ 1 & 1 & 1 & 1 & 1 \end{bmatrix}.$$

Aufgabe (119.5) Wir betrachten die Matrizen

$$N = \begin{bmatrix} 0 & 1 & 0 & 0 \\ 0 & 0 & 1 & 0 \\ 0 & 0 & 0 & 1 \\ 0 & 0 & 0 & 0 \end{bmatrix} \quad \text{und} \quad A = \begin{bmatrix} \lambda & 1 & 0 & 0 \\ 0 & \lambda & 1 & 0 \\ 0 & 0 & \lambda & 1 \\ 0 & 0 & 0 & \lambda \end{bmatrix},$$

wobei λ eine beliebige komplexe Zahl ist. Berechne e^{tN} und e^{tA}!

Aufgabe (119.6) Bestimme e^{tA} für

$$A = \begin{bmatrix} 2 & 0 & 1 \\ 1 & 0 & 1 \\ 1 & -2 & 0 \end{bmatrix}.$$

Hinweis: Transformiere A auf Normalform!

Aufgabe (119.7) Für einen beliebigen Vektor $\omega \in \mathbb{R}^3$ betrachten wir die schiefsymmetrische Matrix

$$L(\omega) = \begin{bmatrix} 0 & -\omega_3 & \omega_2 \\ \omega_3 & 0 & -\omega_1 \\ -\omega_2 & \omega_1 & 0 \end{bmatrix}.$$

Es sei $\|\omega\| = \sqrt{\omega_1^2 + \omega_2^2 + \omega_3^2}$ die Länge des Vektors ω, und es sei $\mathbf{1}$ die (3×3)-Einheitsmatrix. Verifiziere die Gleichungen $L(\omega)^2 = \omega \omega^T - \|\omega\|^2 \mathbf{1}$ und $L(\omega)^3 = -\|\omega\|^2 L(\omega)$ und benutze sie, um eine Formel für $\exp(L(\omega))$ herzuleiten.

Aufgabe (119.8) Bestimme Matrizen A und B mit

$$e^{tA} = \begin{bmatrix} e^{2t} & 2e^t - 2e^{2t} & e^{2t} - e^t \\ e^{2t} - e^t & 3e^t - 2e^{2t} & e^{2t} - e^t \\ 2e^{2t} - 2e^t & 4e^t - 4e^{2t} & 2e^{2t} - e^t \end{bmatrix}$$

und

$$e^{tB} = \begin{bmatrix} 2e^{2t} - e^t & e^{2t} - e^t & 2e^t - e^{2t} \\ e^{2t} - e^t & 2e^{2t} - e^t & 2e^t - e^{2t} \\ 3e^{2t} - 3e^t & 3e^{2t} - 3e^t & 3e^t - 2e^{2t} \end{bmatrix}.$$

Aufgabe (119.9) Welche Bedingungen muß eine matrixwertige Funktion $t \mapsto \Phi(t)$ erfüllen, damit es eine Matrix A gibt mit $\Phi(t) = e^{tA}$ für alle $t \in \mathbb{R}$?

Aufgabe (119.10) Zeige, daß für zwei $(n \times n)$-Matrizen A und B genau dann $e^{t(A+B)} = e^{tA} e^{tB}$ für alle $t \in \mathbb{R}$ gilt, wenn $AB = BA$ gilt, wenn also A und B kommutieren.

Aufgabe (119.11) Bestimme die allgemeine Lösung der Differentialgleichung

$$\begin{bmatrix} \dot{x}(t) \\ \dot{y}(t) \end{bmatrix} = \begin{bmatrix} 1 & -1 \\ 1 & 3 \end{bmatrix} \begin{bmatrix} x(t) \\ y(t) \end{bmatrix} + \begin{bmatrix} -t^2 \\ 2t \end{bmatrix}.$$

Aufgabe (119.12) Bestimme die allgemeine Lösung des Anfangswertproblems

$$\begin{bmatrix} \dot{x}(t) \\ \dot{y}(t) \end{bmatrix} = \begin{bmatrix} -2 & 2 \\ 1 & -1 \end{bmatrix} \begin{bmatrix} x(t) \\ y(t) \end{bmatrix} + \begin{bmatrix} 1 \\ 0 \end{bmatrix} u(t), \quad \begin{bmatrix} x(0) \\ y(0) \end{bmatrix} = \begin{bmatrix} 0 \\ 0 \end{bmatrix}$$

zunächst für eine beliebige Funktion u und dann für die spezielle Funktion $u \equiv 2$.

Lösungen zu »Lineare Differentialgleichungssysteme« siehe Seite 391

Aufgabe (119.13) Bestimme die Lösung des Systems
$$\begin{bmatrix} \dot{x}(t) \\ \dot{y}(t) \\ \dot{z}(t) \end{bmatrix} = \begin{bmatrix} 1 & 0 & 0 \\ 2 & 1 & -2 \\ 3 & 2 & 1 \end{bmatrix} \begin{bmatrix} x(t) \\ y(t) \\ z(t) \end{bmatrix} + \begin{bmatrix} 0 \\ 0 \\ e^t \cos(2t) \end{bmatrix},$$
die die Anfangsbedingung $(x(0), y(0), z(0)) = (0, 1, 1)$ erfüllt.

Aufgabe (119.14) Bestimme für jedes der folgenden Differentialgleichungssysteme die allgemeine Lösung!

(a) $\begin{bmatrix} \dot{x}(t) \\ \dot{y}(t) \\ \dot{z}(t) \end{bmatrix} = \begin{bmatrix} 2 & 1 & 3 \\ 0 & 2 & -1 \\ 0 & 0 & 2 \end{bmatrix} \begin{bmatrix} x(t) \\ y(t) \\ z(t) \end{bmatrix}$

(b) $\begin{bmatrix} \dot{x}(t) \\ \dot{y}(t) \\ \dot{z}(t) \end{bmatrix} = \begin{bmatrix} 1 & 1 & 1 \\ 2 & 1 & -1 \\ -3 & 2 & 4 \end{bmatrix} \begin{bmatrix} x(t) \\ y(t) \\ z(t) \end{bmatrix} + \begin{bmatrix} -2 \\ -2 \\ 3 \end{bmatrix} e^{-t}$

(c) $\begin{bmatrix} \dot{x}(t) \\ \dot{y}(t) \\ \dot{z}(t) \end{bmatrix} = \begin{bmatrix} 1 & 0 & 0 \\ 2 & 1 & -2 \\ 3 & 2 & 1 \end{bmatrix} \begin{bmatrix} x(t) \\ y(t) \\ z(t) \end{bmatrix} + \begin{bmatrix} e^{ct} \\ 0 \\ 0 \end{bmatrix}$ ($c \in \mathbb{R}$)

Aufgabe (119.15) Die Funktionen $t \mapsto x(t)$ und $t \mapsto y(t)$ seien Lösungen der Differentialgleichungen $\dot{x} = -x - y$ und $\dot{y} = 2x - y$. Wir messen die Anfangsbedingungen $x(0) = y(0) = 1$, aber nur mit einer Genauigkeit von 10^{-4}. Welches ist der maximale Fehler, den wir bei der Auswertung von $x(t)$ und $y(t)$ für $0 \leq t < \infty$ machen?

Aufgabe (119.16) Wir betrachten ein lineares System

($\star$) $\qquad \dot{x}(t) = A\, x(t) + \varphi(t)$

mit konstanten Koeffizienten. Zeige: Hat die rechte Seite die Bauart
$$\varphi(t) = e^{\lambda t} \sum_{k=0}^{d} t^k v_k$$
mit konstanten Vektoren v_k, so besitzt ($\star$) eine Lösung der Form
$$x(t) = e^{\lambda t} \sum_{k=0}^{d+m} t^k w_k$$
mit festen Vektoren w_k, wobei m die Vielfachheit von λ als Eigenwert von A ist. (Diesen Ansatz zum Auffinden einer Lösung bezeichnet man als **Ansatz vom Typ der rechten Seite**.)

(119.17) Wir spezialisieren das in Beispiel (119.2) im Buch beschriebene schwingende System auf den Fall, daß die zwei Massen übereinstimmen ($m_1 = m_2$) und die Federn allesamt identisch sind ($k_i = k$, $d_i = d$, $L_i = L$ für $i = 1, 2, 3$).

(a) Wie lautet die Bewegungsgleichung für das solchermaßen spezialisierte System?

(b) Kann man die Anfangsbedingungen so wählen, daß die beiden Massen zu jeder Zeit betragsmäßig gleiche, aber richtungsmäßig entgegengesetzte Geschwindigkeiten haben?

(c) Kann man die Anfangsbedingungen so wählen, daß die beiden Massen zu jeder Zeit die gleiche Geschwindigkeit haben?

Aufgabe (119.18) Wir betrachten einen elektrischen Schaltkreis mit einer Spannungsquelle (Spannung $U = U(t)$), einem Ohmschen Widerstand (Widerstandswert R), einer Spule (Induktivität L) und einem Kondensator (Kapazität C).

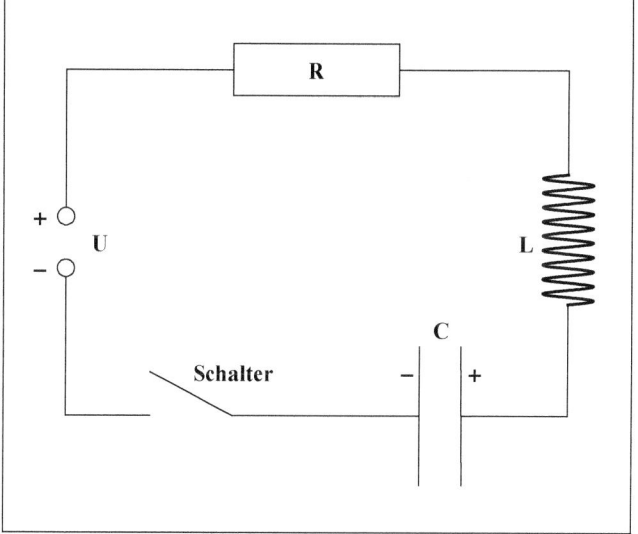

Elektrischer Schaltkreis.

Zwischen der Stromstärke $I(t)$ in dem Schaltkreis und der im Kondensator gespeicherten Ladung $Q(t)$ besteht dann der Zusammenhang $I = \dot{Q}$. Bezeichnen wir mit $U_\bullet$ den Spannungsabfall an der Stelle $\bullet$, so gelten ferner die folgenden Gesetze:

- Kirchhoffsches Gesetz: $U = U_R + U_L + U_C$;
- Ohmsches Gesetz: $U_R = R \cdot I$;
- Induktionsgesetz: $U_L = L \cdot \dot{I}$;
- Kondensatorgesetz: $U_C = Q/C$.

Leite aus diesen Beziehungen eine Differentialgleichung zweiter Ordnung für die Funktion $t \mapsto Q(t)$ her. Formuliere diese Gleichung als System erster Ordnung für die Funktionen $x(t) := Q(t)/\sqrt{LC}$ und $y(t) := \dot{Q}(t)$.

Aufgabe (119.19) Gegeben seien vier Tanks K_1, ..., K_4. Anfänglich enthalte K_1 eine praktisch unbegrenzte Menge reinen Wassers (man mag sich K_1 als eine Wasserleitung vorstellen), K_2 hingegen 1000 Liter Wasser, in dem 50 kg Salz aufgelöst sind, K_3 dagegen 1000 Liter Wasser mit 20 kg Salz, während K_4 leer sei (dieser Tank dient im folgenden als Auffangbecken oder Ableitung). Beginnend mit der Zeit $t_0 = 0$ sollen pro Minute ständig 60

Liter Wasser von K_1 nach K_2 gepumpt werden, 80 Liter Salzlösung von K_2 nach K_3, weiter 20 Liter von K_3 nach K_2 und schließlich 60 Liter von K_3 nach K_4. Ein idealisiertes Rührgerät in K_2 und K_3 sorge für eine sofortige und vollständige Durchmischung. Wie groß ist zur Zeit $t > 0$ der Salzbestand in den Tanks K_2 und K_3?

Aufgabe (119.20) Ein Medikament werde über den Magen-Darm-Trakt dem Körper zugeführt und erreiche von dort aus den Blutkreislauf. Für jede Zeit t bezeichnen wir mit $M(t)$ die Konzentration des Medikaments im Magen-Darm-Trakt (gemessen in $\mu g/m\ell$), mit $B(t)$ die Konzentration im Blutkreislauf (ebenfalls in $\mu g/m\ell$) und mit $D(t)$ die verabreichte Dosis (gemessen in $(\mu g/m\ell)/h$); diese Funktionen erfüllen ein Differentialgleichungssystem der Form
$$\dot{M}(t) = -aM(t) + D(t)$$
$$\dot{B}(t) = aM(t) - bB(t)$$
mit Konstanten $a, b > 0$ (gemessen in h^{-1}). Gib die allgemeine Lösung dieses Systems an und spezialisiere dann auf den Fall
$$D(t) = \begin{cases} d, & \text{falls } 6k \leq t \leq 6k + 0.5 \text{ mit } k \in \mathbb{N}_0, \\ 0, & \text{sonst;} \end{cases}$$
dies entspricht der Verabreichung einer konstanten Dosis d alle 6 Stunden, und zwar jeweils eine halbe Stunde lang. (Zahlenwerte für eine numerische Rechnung: $M(0) = B(0) = 0$, $a = \ln(2)/2$, $b = \ln(2)/5$ und $d = 2$.)

Aufgabe (119.21) Wir betrachten ein Kompartimentmodell, bei dem keine Substanz von außen zugeführt oder entzogen wird; ein solches Modell wird durch eine Gleichung der Form $\dot{m} = Km$ beschrieben. Beweise allein durch mathematische Betrachtung dieser Gleichung die folgenden (unmittelbar einleuchtenden) Aussagen.
(a) Die Gesamtmasse $\sum_{i=1}^n m_i(t)$ bleibt konstant.
(b) Gilt $m_i(t_0) \geq 0$ für alle i und einen Anfangszeitpunkt t_0, so gilt auch $m_i(t) \geq 0$ für alle i und alle $t \geq t_0$.

Aufgabe (119.22) Gib für jede der folgenden Matrizen A ein Fundamentalsystem der Differentialgleichung $\dot{x}(t) = Ax(t)$ an!
(a) $A = \begin{bmatrix} 2 & 2 & 1 \\ -2 & 6 & 1 \\ 0 & 0 & 4 \end{bmatrix}$
(b) $A = \begin{bmatrix} 1 & 0 & 0 \\ 0 & 2 & 3 \\ 0 & 0 & 2 \end{bmatrix}$
(c) $A = \begin{bmatrix} -2 & 0 & 0 \\ 0 & 0 & -1 \\ 0 & 4 & -4 \end{bmatrix}$
(d) $A = \begin{bmatrix} 3 & 2 & -2 \\ 1 & 4 & -1 \\ 1 & -1 & 4 \end{bmatrix}$

Aufgabe (119.23) Es sei $\lambda = a + ib \in \mathbb{C}$ ein nichtreeller Eigenwert der reellen Matrix $A \in \mathbb{R}^{n \times n}$, und es sei $w = u + iv \in \mathbb{R}^n + i\mathbb{R}^n$ ein Vektor derart, daß $x(t) = t^m e^{\lambda t} w$ eine Lösung der Differentialgleichung $\dot{x}(t) = Ax(t)$ ist. Zeige, daß dann auch $y(t) = t^m e^{\overline{\lambda} t} \overline{w}$, $u(t) := \text{Re}(x(t))$ und $\text{Im}(x(t))$ Lösungen dieser Differentialgleichung sind. Zeige ferner, daß $\mathbb{R}x + \mathbb{R}y = \mathbb{R}u + \mathbb{R}v$ gilt. Schließe, daß die Differentialgleichung $\dot{x}(t) = Ax(t)$ ein Fundamentalsystem besitzt, in dem nur reelle Funktionen vorkommen.

Aufgabe (119.24) Es seien $y_1, \ldots, y_n : I \to \mathbb{R}$ Funktionen der Klasse C^n derart, daß zu jedem Zeitpunkt $t \in I$ die Vektoren
$$\begin{bmatrix} y_1(t) \\ \dot{y}_1(t) \\ \vdots \\ y_1^{(n-1)}(t) \end{bmatrix}, \ldots, \begin{bmatrix} y_n(t) \\ \dot{y}_n(t) \\ \vdots \\ y_n^{(n-1)}(t) \end{bmatrix}$$
linear unabhängig in $\mathbb{R}^n$ sind. Zeige, daß es stetige Funktionen $a_0, a_1, \ldots, a_{n-1} : I \to \mathbb{R}$ derart gibt, daß $(y_1, \ldots, y_n)$ ein Fundamentalsystem der linearen Differentialgleichung $y^{(n)} + a_{n-1} y^{(n-1)} + \cdots + a_1 \dot{y} + a_0 y = 0$ ist.

Aufgabe (119.25) Finde alle Polynome p, q, r vom Grad ≤ 2 derart, daß
(a) $y(x) = x^2$,
(b) $y(x) = 1/x$
die Differentialgleichung $p(x)y''(x) + q(x)y'(x) + r(x)y(x) = 0$ löst. Wann bilden $y_1(x) = x^2$ und $y_2(x) = 1/x$ ein Fundamentalsystem dieser Gleichung?

Aufgabe (119.26) Es sei $t \mapsto A(t)$ eine stetige matrixwertige Funktion und $t \mapsto X(t, s)$ der zugehörige Fundamentaloperator, also die Lösung des matrixwertigen Anfangswertproblems
$$\dot{X}(t) = A(t) X(t), \quad X(s) = \mathbf{1}.$$
Zeige: Ist y irgendeine Lösung der (vektorwertigen) Differentialgleichung $\dot{y} = Ay$, so gilt $y(t) = X(t, s)y(s)$ für alle $s, t \in \mathbb{R}$. (Die Matrix $X(t, s)$ überführt also den Systemzustand zur Zeit s in den Systemzustand zur Zeit t.)

Aufgabe (119.27) Es sei $t \mapsto X(t, s)$ die Lösung des Anfangswertproblems $\dot{X}(t) = A(t)X(t)$, $X(s) = \mathbf{1}$, und es sei $t \mapsto Y(t, s)$ die Lösung des Anfangswertproblems $\dot{Y}(t) = -A(t)^T Y(t)$, $Y(s) = \mathbf{1}$. Zeige, daß dann $X(t, s) = Y(t, s)^{T-1}$ für alle $t, s \in \mathbb{R}$ gilt.

Aufgabe (119.28) (a) Es sei $t \mapsto A(t)$ eine matrixwertige C^1-Funktion. Zeige: Gilt $A(t)\dot{A}(t) = \dot{A}(t)A(t)$ für alle t, so gilt
$$(\star) \qquad (\mathrm{d}/\mathrm{d}t)e^{A(t)} = e^{A(t)} \dot{A}(t) = \dot{A}(t) e^{A(t)}.$$

Lösungen zu »Lineare Differentialgleichungssysteme« siehe Seite 391

(b) Überprüfe in jedem der folgenden Fälle, ob die Gleichung $(\star)$ gilt.

$$A(t) = \begin{bmatrix} 1 & -t \\ t & 1 \end{bmatrix} \qquad A(t) = \begin{bmatrix} 1 & 1 \\ 0 & t \end{bmatrix}$$

Aufgabe (119.29) Es sei $t \mapsto A(t)$ eine stetige Funktion, und für jede Zeit t sei die Matrix $A(t)$ schiefsymmetrisch. Zeige, daß für je zwei Lösungen $t \mapsto x_1(t)$ und $t \mapsto x_2(t)$ der Differentialgleichung $\dot{x}(t) = A(t)x(t)$ das Skalarprodukt $t \mapsto \langle x_1(t), x_2(t) \rangle$ konstant ist. Folgere, daß auch die Längen $t \mapsto \|x_1(t)\|$ und $t \mapsto \|x_2(t)\|$ sowie der Winkel zwischen $x_1(t)$ und $x_2(t)$ zeitlich konstant sind.

Aufgabe (119.30) Für ein homogenes System $y'(x) = A(x)y(x)$ sei eine Lösung $\varphi : I \to \mathbb{R}^n$ bekannt. (Es gelte also $\varphi'(x) = A(x)\varphi(x)$ für alle $x \in I$.) Es gelte $\varphi_k \neq 0$ für die k-te Komponentenfunktion φ, und es bezeichne $e_i := (0, \ldots, 0, 1, 0, \ldots, 0)^T$ den i-ten Einheitsvektor in $\mathbb{R}^n$. Zeige, daß dann der Ansatz

$$y(x) = \sum_{i \neq k} u_i(x) e_i + u_k(x) \varphi(x)$$

auf ein lineares System für die Funktionen u_i mit $i \neq k$ und (wenn dieses gelöst ist) eine lineare Differentialgleichung erster Ordnung für die Funktion u_k führt. Das in dieser Aufgabe beschriebene Verfahren wird als **Reduktion der Ordnung** bezeichnet, weil es ein $(n \times n)$-System, für das eine nichttriviale Lösung bekannt ist, auf ein $(n-1) \times (n-1)$-System reduziert.)

Aufgabe (119.31) Wie lautet der in der vorigen Aufgabe angegebene Ansatz explizit für ein (2×2)-System?

Aufgabe (119.32) Finde die allgemeine Lösung des Differentialgleichungssystems

(a) $\begin{bmatrix} y_1' \\ y_2' \end{bmatrix} = \begin{bmatrix} -1 & 1/x \\ 1-x & 1 \end{bmatrix} \begin{bmatrix} y_1 \\ y_2 \end{bmatrix} + \begin{bmatrix} 1 \\ x \end{bmatrix}$;

(b) $\begin{bmatrix} y_1' \\ y_2' \end{bmatrix} = \begin{bmatrix} -1 & 1/x \\ 1-x & 1 \end{bmatrix} \begin{bmatrix} y_1 \\ y_2 \end{bmatrix} + \begin{bmatrix} (1/x) + \ln(x) \\ (x-1)\ln(x) \end{bmatrix}$.

Hinweis: Die Funktion $\varphi(x) := (1, x)^T$ ist eine Lösung des zugehörigen homogenen Systems.

Aufgabe (119.33) Finde die allgemeine Lösung des Differentialgleichungssystems

$$\begin{bmatrix} y_1' \\ y_2' \end{bmatrix} = \begin{bmatrix} \dfrac{2}{x} & \dfrac{-1}{\sqrt{x}} \\ \dfrac{1}{x\sqrt{x}} & \dfrac{-1}{2x} \end{bmatrix} \begin{bmatrix} y_1 \\ y_2 \end{bmatrix} + \begin{bmatrix} x \\ 0 \end{bmatrix}.$$

Hinweis: Die Funktion $\varphi(x) := (x, \sqrt{x})^T$ ist eine Lösung des zugehörigen homogenen Systems.

Aufgabe (119.34) Bestimme für die Matrixfunktion

$$A(t) := \begin{bmatrix} 1 & t^3 e^t \\ 0 & t^3 \end{bmatrix}$$

den Fundamentaloperator $X(t, s)$ der Differentialgleichung $\dot{x}(t) = A(t)x(t)$ und überprüfe die Formel $\det X(t,s) = \exp(\int_s^t \operatorname{tr} A(\tau) \, d\tau)$.

Aufgabe (119.35) Es sei $t \mapsto X(t)$ eine Lösung der Matrixdifferentialgleichung $\dot{X}(t) = A(t)X(t)$, und es gelte $\operatorname{Spur}(A(t)) \leq -1/(t+1)$ für alle $t \geq 0$. Zeige, daß dann $\det(X(t)) \to 0$ für $t \to \infty$ gilt.

Aufgabe (119.36) Es sei $t \mapsto A(t)$ eine stetige matrixwertige Funktion. Beweise die folgenden Aussagen!

(a) Ist M eine Stammfunktion von A, die mit A kommutiert, so ist $\exp(M(t))$ ein Fundamentaloperator für die Differentialgleichung $\dot{x}(t) = A(t)x(t)$, und der Übergangsoperator dieser Gleichung ist gegeben durch

$$X(t, s) = \exp(M(t)) \exp(-M(s)).$$

(b) Gilt $A(s)A(t) = A(t)A(s)$ für alle s, t, so gibt es eine Stammfunktion M von A, die mit A kommutiert und die Bedingung $M(s)M(t) = M(t)M(s)$ für alle s, t erfüllt. Der Übergangsoperator der Differentialgleichung $\dot{x}(t) = A(t)x(t)$ ist in diesem Fall gegeben durch

$$X(t, s) = \exp(M(t) - M(s)).$$

Aufgabe (119.37) Bestimme für jede der folgenden Matrixfunktionen $t \mapsto A(t)$ den Fundamentaloperator $X(t, s)$ sowie den Monodromie-Operator $C(s) = X(t, s)^{-1} X(t+T, s)$, wobei T die Periode der Funktion $t \mapsto A(t)$ ist.

(a) $A(t) = \begin{bmatrix} \cos t & -\sin t \\ \sin t & \cos t \end{bmatrix}$

(b) $A(t) = \begin{bmatrix} 1+\cos t & \sin t \\ \sin t & 1+\cos t \end{bmatrix}$

(c) $A(t) = \begin{bmatrix} 1+\cos t & \exp(\sin t) \\ 0 & 0 \end{bmatrix}$

(d) $A(t) = \begin{bmatrix} \varphi(t) & 0 \\ 1 & -1 \end{bmatrix}$ mit $\varphi(t) := 1 + \dfrac{\cos t}{2 + \sin t}$

Aufgabe (119.38) Wir betrachten für eine stetige T-periodische Matrixfunktion $t \mapsto A(t)$ die Differentialgleichung

$(\star) \qquad \dot{x}(t) = A(t)x(t).$

Es seien $(t, s) \mapsto X(t, s)$ der zugehörige Zustandsänderungsoperator und $s \mapsto C(s) = X(t, s)^{-1} X(t+T, s)$ der zugehörige Monodromie-Operator.

(a) Zeige: Ist x eine beliebige Lösung von $(\star)$, so gilt die Gleichung $x(s + T) = C(s)x(s)$; der Monodromie-Operator überführt also den Zustand zur Zeit s in den Zustand zur Zeit $s + T$ und damit ein Periodenintervall weiter.
(b) Zeige, daß für alle $s,t \in \mathbb{R}$ und alle $n \in \mathbb{N}$ die Beziehung $X(t + nT, s) = X(t,s)C(s)^n$ gilt.
(c) Zeige, daß für alle s_1, s_2 die Beziehung
$$C(s_2) = X(s_1, s_2)^{-1} C(s_1) X(s_1, s_2)$$
gilt. Schließe, daß die Eigenwerte von $C(s)$ nicht von der speziellen Wahl von s abhängen.
(d) Es sei x eine beliebige Lösung von $(\star)$. Zeige, daß es periodische vektorwertige Funktionen $t \mapsto \pi_j^{(i)}(t) \in \mathbb{C}^n$ und Zahlen $\rho_i \in \mathbb{C}$ gibt mit
$$x(t) = \sum_{i=1}^r e^{\rho_i t}\bigl(\pi_0^{(i)}(t) + t\pi_1^{(i)}(t) + \cdots + t^{d_i}\pi_{d_i}^{(i)}(t)\bigr).$$
Sind $\rho_1, \ldots, \rho_r$ die dabei auftretenden Exponenten, so sind die Zahlen $e^{T\rho_1}, \ldots, e^{T\rho_r}$ die Eigenwerte des Monodromie-Operators $C(s)$.
(e) Zeige, daß genau dann $\|x(t)\| \to 0$ für $t \to \infty$ für jede Lösung von $(\star)$ gilt, wenn alle Eigenwerte von $C(s)$ betragsmäßig kleiner als 1 sind.

Aufgabe (119.39) Es seien A und B zwei reelle $(n \times n)$-Matrizen. Zeige, daß der Zustandsänderungsoperator der Gleichung $\dot{x}(t) = e^{-tA} B e^{tA} x$ gegeben ist durch
$$X(t,s) = e^{-tA} e^{(t-s)(A+B)} e^{sA}.$$

Aufgabe (119.40) Bestimme den Zustandsänderungsoperator der Differentialgleichung
$$\dot{x}(t) = \begin{bmatrix} -1 + \cos t & 0 \\ 0 & -2 + \cos t \end{bmatrix} x(t).$$

Aufgabe (119.41) Gib für jede der folgenden Differentialgleichungen jeweils die allgemeine Lösung an!
(a) $y'' + 2y' + y = 0$
(b) $y'' + 3y' + 2y = 0$
(c) $y'' + 2y' + 2y = 0$
(d) $y'' + 5y' + 4y = 0$
(e) $4y'' + 4y' + 5y = 0$
(f) $y'' - 8y' + 16y = 0$
(g) $y''' - 2y'' - y' + 2y = 0$
(h) $y''' - 3y'' + 2y' = 0$
(i) $y''' - 3y'' + y' + 5y = 0$
(j) $y'''' - 3y'' - 4y = 0$
(k) $y'''' - 3y''' - 3y'' + 11y' - 6y = 0$
(l) $y'''' + 8y''' + 42y'' + 104y' + 169y = 0$

Aufgabe (119.42) Wir betrachten einen Differentialoperator der Form
$$L[y] = ay'' + by' + cy$$
mit positiven reellen Zahlen $a,b,c > 0$. Beweise die folgenden Aussagen!
(a) Für jede Lösung der homogenen Gleichung $L[y] = 0$ gilt $y(x) \to 0$ für $x \to \infty$.
(b) Für je zwei Lösungen einer inhomogenen Gleichung $L[y] = f$ gilt $y_1(x) - y_2(x) \to 0$ für $x \to \infty$.

Aufgabe (119.43) Für welche Zahlen $a,b \in \mathbb{R}$ hat das Randwertproblem
$$y'' + ay = 0, \quad y(0) = 0, \quad y(1) = b$$
(a) gar keine Lösung;
(b) genau eine Lösung;
(c) mehr als eine Lösung?

Aufgabe (119.44) Prüfe in jedem der folgenden Fälle nach, daß die gegebene Funktion y_1 eine Lösung der angegebenen Differentialgleichung ist, und bestimme dann die allgemeine Lösung dieser Gleichung.
(a) $2x^2 y'' + 3xy' - y = 0$, $y_1(x) := 1/x$
(b) $(1-x^2)y'' + 2xy' - 2y = 0$, $y_1(x) := x$
(c) $(x-1)y'' - xy' + y = 0$, $y_1(x) := e^x$
(d) $(x^2 + 2x - 1)y'' - 2(x+1)y' + 2y = 0$, $y_1(x) = x+1$
(e) $(x^2 - 1)y'' + 2xy' - 2y = 0$, $y_1(x) = x$
(f) $(1+x^2)y'' - 2xy' + 2y = 0$, $y_1(x) = x$
(g) $(1-x^2)y'' - 2xy' + 6y = 0$, $y_1(x) = 3x^2 - 1$
(h) $(2x+1)y'' - 4(x+1)y' + 4y = 0$, $y_1(x) = x+1$
(i) $y'' - 4xy' + (4x^2 - 2)y = 0$, $y_1 = e^{x^2}$
(j) $y'' + xy' + y = 0$, $y_1(x) = e^{-x^2/2}$
(k) $x^2 y'' + xy' + (x^2 - 1/4)y = 0$, $y_1(x) = \sin(x)/\sqrt{x}$
(l) $y''' + (3x+2)y'' + (3x^2+4x)y' + (x^3+2x^2+2)y = 0$, $y_1(x) = e^{-x^2/2}$

Aufgabe (119.45) Benutze die Tatsache, daß $y(x) := e^x$ eine Lösung der Differentialgleichung $y'' - y = 0$ ist, um ohne Benutzung theoretischer Ergebnisse die allgemeine Lösung dieser Differentialgleichung zu finden.

Aufgabe (119.46) Suche in jedem der folgenden Fälle eine Lösung der angegebenen Form und bestimme dann die allgemeine Lösung der angegebenen Differentialgleichung!
(a) $xy'' - (1+3x)y' + 3y = 0$, $y_1(x) = e^{cx}$
(b) $(1-x^2)y'' - xy' + y = 0$, $y_1(x) = Ax + B$
(c) $x^3 y''' - 6x^2 y'' + (18x + 4x^3)y' - (24 + 8x^2)y = 0$, $y_1(x) = Ax^2 + Bx + C$

Aufgabe (119.47) Eine inhomogene lineare Differentialgleichung zweiter Ordnung besitze die Lösungen
(a) x^2, $x^2 + e^{2x}$, $1 + x^2 + 2e^{2x}$;
(b) $1 + e^{x^2}$, $1 + xe^{x^2}$, $1 + (x+1)e^{x^2}$.
Wie lautet die allgemeine Lösung der fraglichen Differentialgleichung?

Aufgabe (119.48) Wir betrachten einen linearen Differentialoperator $L[y] := \sum_{k=0}^{n} a_k(x) y^{(k)}$. Zeige: Ist $(y_1, \ldots, y_n)$ ein Fundamentalsystem der homogenen Gleichung $L[y] = 0$ und ist y irgendeine Lösung der inhomogenen Gleichung $L[y] = f$ mit $f \neq 0$, so sind die Funktionen $y, y_1, \ldots, y_n$ linear unabhängig.

Aufgabe (119.49) Gib eine Differentialgleichung der Form $a(x)y'' + b(x)y' + c(x)y = d(x)$ an, die von jedem Polynom vom Grad ≤ 2 erfüllt wird.

Aufgabe (119.50) Es seien p eine C^1-Funktion mit $p > 0$ und q eine beliebige stetige Funktion, und es seien y_1 und y_2 zwei linear unabhängige Lösungen der Differentialgleichung $p(x)y'' + p'(x)y' + q(x)y = 0$. Zeige, daß dann die Funktion $p(y_1 y_2' - y_1' y_2)$ konstant ist.

Aufgabe (119.51) Es sei (y_1, y_2) ein Fundamentalsystem einer homogenen linearen Differentialgleichung zweiter Ordnung auf einem Intervall I. Es seien $a < b$ Zahlen in I mit $y_1(a) = y_1(b) = 0$ und $y_1(x) \neq 0$ für $a < x < b$. Zeige, daß dann $y_2(a)$ und $y_2(b)$ von Null verschieden sind und daß es genau eine Zahl $\xi \in (a,b)$ gibt mit $y_2(\xi) = 0$. (Zwischen je zwei benachbarten Nullstellen der einen Lösung liegt also jeweils genau eine Nullstelle der anderen Lösung.) – **Hinweis:** Berechne die Ableitung der Funktion y_2/y_1.

Aufgabe (119.52) Bestimme die allgemeine Lösung der Gleichung
$$xy'' - (1+2x)y' + (1+x)y = 2x^2 e^x.$$
Hinweis: Zeige zunächst, daß $y_1(x) := e^x$ eine Lösung der zugehörigen homogenen Gleichung ist.

Aufgabe (119.53) Bestimme die allgemeine Lösung der Gleichung
$$4x(x+1)y'' + (4x+2)y' - y = 6x+4.$$
Hinweis: Zeige zunächst, daß $y_1(x) := \sqrt{x}$ eine Lösung der zugehörigen homogenen Gleichung ist.

Aufgabe (119.54) Bestimme für jede der folgenden Gleichungen die allgemeine Lösung; benutze dabei zum Auffinden einer Lösung der inhomogenen Gleichung jeweils Variation der Konstanten.
(a) $y''' - y' = e^{2x}$
(b) $y'' - y = (1+x)e^{2x}$
(c) $y'' + y = \sin x$
(d) $y'' - 2y' + y = e^x/\sqrt{x}$
(e) $y'' - 3y' + 2y = e^{3x}/(e^x+1)$

Aufgabe (119.55) Bestimme für jede der folgenden Gleichungen die allgemeine Lösung; benutze dabei zum Auffinden einer Lösung der inhomogenen Gleichung jeweils einen Ansatz vom Typ der rechten Seite. (Vergleiche in (a), (b) und (c) mit der vorigen Aufgabe!)
(a) $y''' - y' = e^{2x}$
(b) $y'' - y = (1+x)e^{2x}$
(c) $y'' + y = \sin x$
(d) $y'' + y' - 6y = 1 + x$
(e) $y'' - 2y' - 8y = e^x$
(f) $y''' + 4y' = 1 + \cos(2x)$
(g) $y'''' + 2y'' + y = \cos x$
(h) $4y'' + 4y' - 3y = 4e^{x/2} + e^x$
(i) $y''' - y'' - 8y' + 12y = 6x$
(j) $y'' + y = \sin^2 x$
(k) $y'' + 4y' + 8y = e^{-x}(\sin(2x) + \cos(2x))$
(l) $y''' - 5y'' + 17y' - 13y = e^x$
(m) $y'''' + 4y'' = x^2 + 10e^{-x}$
(n) $16y'''' - 32y'' - 9y = 23e^{3x/2} + 48\cos(3x/2)$

Aufgabe (119.56) Bestimme ein Fundamentalsystem der homogenen Differentialgleichung $y''' - y'' - 5y' - 3y = 0$. Gib anschließend für jede der folgenden Funktionen f einen Ansatz vom Typ der rechten Seite an, der zu einer Lösung der inhomogenen Differentialgleichung $y''' - y'' - 5y' - 3y = f$ führt! (Es ist nur nach dem Ansatz gefragt, nicht nach der Ermittlung der allgemeinen Lösung.)
(a) $f(x) = e^x$
(b) $f(x) = (2x+3)e^x$
(c) $f(x) = e^{2x}$
(d) $f(x) = (1+2x)e^{3x}$
(e) $f(x) = 5x^4 e^{3x}$
(f) $f(x) = e^{2x} \cos x$
(g) $f(x) = \cos(4x) + e^{5x}$
(h) $f(x) = x^3 + 2x^4 + 3x^5$
(i) $f(x) = (x-2)(x+3)$
(j) $f(x) = \cosh(x)$
(k) $f(x) = \sin(x) + \sinh(x)$
(l) $f(x) = xe^x + x^2 e^{-x}$

Aufgabe (119.57) Bestimme ein Fundamentalsystem der homogenen Differentialgleichung $y'''' + 2y'' + y = 0$. Gib anschließend für jede der folgenden Funktionen f einen Ansatz vom Typ der rechten Seite an, der zu einer Lösung der inhomogenen Differentialgleichung $y'''' + 2y'' + y = f$ führt! (Es ist nur nach dem Ansatz gefragt, nicht nach der Ermittlung der allgemeinen Lösung.)
(a) $f(x) = e^{2x}$
(b) $f(x) = e^{2x} + e^{3x}$
(c) $f(x) = x^2 e^{4x}$
(d) $f(x) = 7 + 3e^x$
(e) $f(x) = xe^x$
(f) $f(x) = x\cos(2x)$
(g) $f(x) = x\cos(x)$
(h) $f(x) = \cos(x) + \sin(2x)$
(i) $f(x) = \cos^2 x - \sin^2 x$
(j) $f(x) = \cos^2 x + \sin^2 x$
(k) $f(x) = \cos^2 x + \sin^3 x$
(l) $f(x) = e^{3x} \cos(4x)$

Aufgabe (119.58) Eine Masse m falle im Schwerefeld der Erde aus der Höhe h und aus der Ruhe heraus senkrecht nach unten; der Luftwiderstand W werde als proportional zur Geschwindigkeit v angenommen ($W = \alpha v$ mit einem als bekannt angenommenen Widerstandskoeffizienten α). Bestimme den zeitlichen Verlauf von Position und Geschwindigkeit der Masse!

Aufgabe (119.59) Wir betrachten eine auf einem Tisch liegende Masse m, die an einer an einer Wand montierten Feder mit der Federsteifigkeit k und einem Dämpfer mit der Dämpfungskonstanten d befestigt ist und auf die eine äußere Erregerkraft F einwirkt; die zeitliche Bewegung $t \mapsto x(t)$ dieser Masse (gezählt von der Ruhelage der Feder aus) wird beschrieben durch die Gleichung $m\ddot{x} = -cx - d\dot{x} + F$ (Newtonsches Grundgesetz), also

$$(\star) \qquad m\ddot{x}(t) + d\dot{x}(t) + cx(t) = F(t).$$

(a) Wie ändert sich die Bewegungsgleichung, wenn die Ortskoordinate x nicht von der Ruhelage der Feder aus, sondern von der Wand aus gezählt wird?

(b) Wie lautet die Bewegungsgleichung, wenn die Masse nicht horizontal, sondern vertikal schwingt und als zusätzliche Kraft die Schwingung beeinflußt?

(c) Bestimme die allgemeine Lösung von $(\star)$ im Fall $F = 0$, also für den Fall, daß keine externe Kraft auf das System wirkt. Unterscheide dabei die folgenden Fälle:
- $d > 2\sqrt{mc}$ (überkritische Dämpfung);
- $d = 2\sqrt{mc}$ (kritische Dämpfung);
- $0 < d < 2\sqrt{mc}$ (unterkritische Dämpfung);
- $d = 0$ (fehlende Dämpfung).

Aufgabe (119.60) (a) Es sei x eine Funktion der Form $x(t) = C_1 e^{\lambda_1 t} + C_2 e^{\lambda_2 t}$ bzw. $x(t) = (C_1 + C_2 t)e^{\lambda t}$. Zeige, daß x und $\dot{x}$ jeweils höchstens eine Nullstelle haben.

(b) Welche Bedeutung hat die Aussage in Teil (a) für das Verhalten eines überkritisch bzw. kritisch gedämpften Systems? (Man denke an eine schwingende Feder in einem Honigglas!)

Aufgabe (119.61) Ein unterkritisch gedämpftes schwingendes System stehe unter der Wirkung einer periodischen Erregerkraft; die Bewegungsgleichung sei gegeben durch $m\ddot{x} + d\dot{x} + cx = F\cos(\omega t)$. Zeige, daß eine partikuläre Lösung der Form $x_p(t) = a\cos(\omega t) + b\sin(\omega t)$ existiert. Wie verhält sich das System für $t \to \infty$?

Aufgabe (119.62) Ein dämpfungsfrei schwingendes System stehe unter der Wirkung einer periodischen Erregerkraft; die Bewegungsgleichung sei gegeben durch $m\ddot{x} + cx = F\cos\omega t$. Beweise die folgenden Aussagen!

(a) Ist die Erregerfrequenz ω verschieden von der Eigenfrequenz $\omega_0 = \sqrt{c/m}$ des Systems, so existiert eine partikuläre Lösung der Form $x_p(t) = a\cos\omega t$.

(b) Ist die Erregerfrequenz ω gleich der Eigenfrequenz $\omega_0 = \sqrt{c/m}$ des Systems, so existiert eine partikuläre Lösung der Form $x_p(t) = a \cdot t \sin\omega t$.

Wie sieht in beiden Fällen die allgemeine Lösung der Bewegungsgleichung aus?

Aufgabe (119.63) An einen elektrischen Schaltkreis mit einer Spule (Induktivität L), einem Ohmschen Widerstand (Widerstandswert R) und einem Kondensator (Kapazität C) werde eine periodische Spannung $U(t) = U_0 \cos(\omega_0 t)$ angelegt. Für die Ladung $Q(t)$ im Kondensator gilt dann die Gleichung

$$(\star) \quad L\ddot{Q}(t) + R\dot{Q}(t) + C^{-1}Q(t) = U(t) = U_0 \cos(\omega_0 t).$$

(a) Welche Bedingung müssen R, L, C erfüllen, damit jede Lösung der homogenen Gleichung ($U \equiv 0$) eine echte gedämpfte Schwingung ist?

(b) Welche Bedingung müssen R, L, C, ω_0 erfüllen, damit Resonanz auftritt?

(c) Finde die allgemeine Lösung der Gleichung $(\star)$ für $L = 1$, $R = 4$, $C = 1/13$, $U_0 = 290$ und $\omega_0 = 2$. Finde dabei eine spezielle Lösung der inhomogenen Gleichung, die die Form $D \cdot \cos(\omega_0 t - \varphi)$ hat.

Aufgabe (119.64) Eine Differentialgleichung der Form $\sum_{k=0}^n a_k x^k y^{(k)} = f(x)$ mit konstanten Koeffizienten a_k, ausgeschrieben also $a_n x^n y^{(n)} + a_{n-1} x^{n-1} y^{(n-1)} + \cdots + a_2 x^2 y'' + a_1 xy' + a_0 y = f(x)$, heißt **Eulersche Differentialgleichung**.

(a) Zeige, daß eine Funktion y eine solche Gleichung genau dann löst, wenn die Funktion $z(t) := y(e^t)$ eine lineare Differentialgleichung mit konstanten Koeffizienten erfüllt. (Die Substitution $x = e^t$ überführt also eine Eulersche Gleichung in eine Gleichung mit konstanten Koeffizienten.)

(b) Zeige, daß sich Lösungen einer Eulerschen Gleichung mit dem Ansatz $y(x) = x^\alpha$ ermitteln lassen.

(c) Bestimme zunächst die allgemeine Lösung der Differentialgleichung

$$2x^2 y'' + 3xy' - y = 0$$

und dann diejenige Lösung, die die Anfangsbedingungen $y(1) = 2$ und $y'(1) = 0$ erfüllt.

Aufgabe (119.65) Finde die allgemeinen Lösungen der folgenden Differentialgleichungen!

(a) $x^2 y'' - 2xy' + 2y = x^3$
(b) $x^2 y'' - xy' + y = 4/x$
(c) $x^3 y''' - 3x^2 y'' + 7xy' - 8y = x^2$

Lösungen zu »Lineare Differentialgleichungssysteme« siehe Seite 391

Aufgabe (119.66) Gib die allgemeine Lösung der Differentialgleichung
$$x^2 y'' + p\, xy' + q\, y = 0$$
in Abhängigkeit von den Parametern $p, q \in \mathbb{R}$ an!

Aufgabe (119.67) Bestimme die allgemeine Lösung der Differentialgleichung
$$4x^2 y''(x) + 8x\, y'(x) - 8y(x) = \frac{1}{x} + 2x^3.$$

Aufgabe (119.68) (a) Zeige, daß sich die **verallgemeinerte Eulersche Differentialgleichung**
$$\sum_{k=0}^{n} a_k (Ax + B)^k y^{(k)} = 0$$
mit konstanten Koeffizienten a_k, $A \neq 0$ und B durch die Substitution $u = Ax + B$ in eine Eulersche Differentialgleichung überführen läßt.
(b) Bestimme die allgemeine Lösung der Gleichung
$$(2x+1)^2 y'' - (8x+4)y' + 8y = -8x - 4.$$

Aufgabe (119.69) Bestimme für jede der folgenden Gleichungen ein Fundamentalsystem mit Hilfe eines Potenzreihenansatzes $y(x) = \sum_{n=0}^{\infty} a_n x^n$. (Nachzuweisen ist jeweils die Konvergenz der erhaltenen Lösungen!)
(a) $(x^2 + 2)y'' - xy' - 3y = 0$
(b) $y'' - 2xy' - 2y = 0$
(c) $xy'' - 2y' - xy = 0$

Aufgabe (119.70) Berechne für die folgenden Matrizen A die Funktion $t \mapsto \exp(tA)$ mit dem Algorithmus von Fulmer!
(a) $A = \begin{bmatrix} 0 & 1 \\ -4 & 0 \end{bmatrix}$
(b) $A = \begin{bmatrix} 2 & 0 & 1 \\ 1 & 0 & 1 \\ 1 & -2 & 0 \end{bmatrix}$
(c) $A = \begin{bmatrix} -2 & 1 & 2 \\ -10 & 6 & 6 \\ 10 & -6 & -4 \end{bmatrix}$

Aufgabe (119.71) Bestimme für
$$A = \begin{bmatrix} -3 & 4 & -3 \\ -1 & 2 & -3 \\ -1 & 1 & -2 \end{bmatrix}$$
die Funktion $t \mapsto \exp(tA)$ zum einen durch Transformation von A auf Jordansche Normalform, zum andern durch Anwendung des Algorithmus von Fulmer.

Aufgabe (119.72) Bestimme die allgemeine Lösung des Differentialgleichungssystems
$$\begin{bmatrix} y_1'(x) \\ y_2'(x) \\ y_3'(x) \end{bmatrix} = \begin{bmatrix} -3 & 4 & -3 \\ -1 & 2 & -3 \\ -1 & 1 & -2 \end{bmatrix} \begin{bmatrix} y_1(x) \\ y_2(x) \\ y_3(x) \end{bmatrix}.$$

Aufgabe (119.73) Bestimme die allgemeine Lösung der Differentialgleichung
$$x^3 y''' + 2x^2 y'' + 9xy' - 9y = 8\sin(\ln x).$$

Aufgabe (119.74) Bestimme die allgemeine Lösung der Differentialgleichung
$$y'' - 8xy' + (16x^2 - 4)y = 2e^{2x^2}.$$

Hinweis: Die Funktion $y_1(x) := e^{2x^2}$ ist eine Lösung der homogenen Gleichung.

Aufgabe (119.75) Finde die Lösung des Anfangswertproblems
$$\dot{x}_1(t) = -7x_1(t) + 9x_2(t) + 3e^t,$$
$$\dot{x}_2(t) = -16x_1(t) + 17x_2(t) + 4e^t,$$
$$x_1(0) = x_2(0) = 0.$$

Aufgabe (119.76) Bestimme die allgemeine Lösung des Differentialgleichungssystems
$$u'(x) = 2u(x) + 2v(x) + 5w(x)$$
$$v'(x) = 4u(x) + 4v(x) + w(x)$$
$$w'(x) = 3u(x) + 3v(x) + 3w(x)$$
und dann diejenige spezielle Lösung, die die Anfangsbedingung $(u(0), v(0), w(0)) = (1, 2, 3)$ erfüllt.

Aufgabe (119.77) Bestimme die allgemeine Lösung der Differentialgleichung
$$y'''(x) - y(x) = e^x + \sin(x).$$

Aufgabe (119.78) Wir betrachten die Differentialgleichung
$$(\star) \qquad xy''(x) - (x+1)y'(x) + y(x) = x^2 e^x.$$

(a) Rechne nach, daß $y(x) = e^x$ eine Lösung der zugehörigen homogenen Gleichung ist.
(b) Finde die allgemeine Lösung der zugehörigen homogenen Gleichung.
(c) Finde die allgemeine Lösung der Gleichung $(\star)$.

Aufgabe (119.79) Bestimme die allgemeine Lösung der Differentialgleichung

$$4x^2 y''(x) - 3y(x) = \frac{2+x}{\sqrt{x}} + 5\sin(\ln(x)) \quad (x > 0).$$

Aufgabe (119.80) Bestimme zunächst die allgemeine Lösung der Differentialgleichung

$$y'' - (4x+1)y' + (4x^2+2x-2)y = e^{x^2}$$

und dann diejenige Lösung, die die Anfangsbedingungen $y(0) = 3$ und $y'(0) = 4$ erfüllt.

Hinweis: Die Funktion $x \mapsto e^{x^2}$ ist eine Lösung der zugehörigen homogenen Gleichung. (Das darf ohne Nachrechnen benutzt werden!)

Aufgabe (119.81) Bestimme die Lösung des Anfangswertproblems

$$\begin{bmatrix} \dot{x}_1(t) \\ \dot{x}_2(t) \\ \dot{x}_3(t) \end{bmatrix} = \begin{bmatrix} -11 & 3 & 10 \\ -1 & 2 & 1 \\ -13 & 3 & 12 \end{bmatrix} \begin{bmatrix} x_1(t) \\ x_2(t) \\ x_3(t) \end{bmatrix}, \quad \begin{bmatrix} x_1(0) \\ x_2(0) \\ x_3(0) \end{bmatrix} = \begin{bmatrix} 1 \\ 1 \\ 2 \end{bmatrix}.$$

Aufgabe (119.82) Bestimme die allgemeine Lösung der folgenden Differentialgleichung!

$$y'''(x) - 3y'(x) + 2y(x) = e^x + 2e^{2x} + 3e^{3x} + 4 + 5e^{-2x}$$

Aufgabe (119.83) Betrachte die Differentialgleichung

$$(\star) \qquad x^2 y'' - (x^2+2x)y' + (x+2)y = x^4 e^x.$$

(a) Prüfe nach, daß $y = x$ eine Lösung der zugehörigen homogenen Gleichung ist.
(b) Finde die allgemeine Lösung der zugehörigen homogenen Gleichung.
(c) Bestimme die allgemeine Lösung von $(\star)$.

Aufgabe (119.84) Bestimme die allgemeine Lösung des folgenden Differentialgleichungssystems!

$$\begin{bmatrix} \dot{x}_1(t) \\ \dot{x}_2(t) \\ \dot{x}_3(t) \end{bmatrix} = \begin{bmatrix} 1 & -1 & 1 \\ -2 & 1 & -2 \\ -2 & -2 & 1 \end{bmatrix} \begin{bmatrix} x_1(t) \\ x_2(t) \\ x_3(t) \end{bmatrix}$$

Aufgabe (119.85) Bestimme auf dem Intervall $(0, \infty)$ die allgemeine Lösung der Differentialgleichung

$$x^3 y'''(x) + 5x^2 y''(x) + 4xy'(x) + 2y(x) = f(x)$$
mit $f(x) := x^2 - 2x + 3\cos(\ln(x)) - 4.$

Aufgabe (119.86) Bestimme zunächst die allgemeine Lösung der Differentialgleichung

$$(1-x)y'' + xy' - y = (1-x)^2$$

und dann die Lösung y mit $y(0) = 0$ und $y'(0) = 3$.

Hinweis: Die Funktion $y(x) = e^x$ ist eine Lösung der zugehörigen homogenen Gleichung.

Aufgabe (119.87) Bestimme die allgemeine Lösung des Differentialgleichungssystems

$$\begin{bmatrix} y_1'(x) \\ y_2'(x) \\ y_3'(x) \end{bmatrix} = \begin{bmatrix} 0 & 0 & 1 \\ -2 & -3 & -9 \\ 0 & 2 & 6 \end{bmatrix} \begin{bmatrix} y_1(x) \\ y_2(x) \\ y_3(x) \end{bmatrix}$$

und dann diejenige Lösung, die die Anfangsbedingung $(y_1(0), y_2(0), y_3(0)) = (-2, -5, 0)$ erfüllt.

Aufgabe (119.88) Die Funktionen $y_1, y_2, y_3 : \mathbb{R} \to \mathbb{R}^3$ seien definiert durch

$$y_1(x) := \begin{bmatrix} x^3 \\ x^2 \\ x \end{bmatrix}, \; y_2(x) := \begin{bmatrix} \sin^3 x \\ \sin x \\ 0 \end{bmatrix}, \; y_3(x) := \begin{bmatrix} e^x \\ e^x \\ e^x \end{bmatrix}.$$

Sind y_1, y_2, y_3 linear unabhängig im Vektorraum aller Funktionen $f : \mathbb{R} \to \mathbb{R}^3$? Gibt es eine matrixwertige Funktion $x \mapsto A(x)$ derart, daß y_1, y_2, y_3 Lösungen des Differentialgleichungssystems $y'(x) = A(x)y(x)$ sind?

Aufgabe (119.89) Wir betrachten die Matrixfunktion

$$A(t) = \begin{bmatrix} \varphi(t) & 0 \\ 1 & -1 \end{bmatrix} \quad \text{mit } \varphi(t) := 1 + \frac{\cos t}{2 + \sin t}.$$

(a) Bestimme den Übergangsoperator der Differentialgleichung $\dot{x}(t) = A(t)x(t)$.
(b) Bestimme den zugehörigen Monodromieoperator!

Aufgabe (119.90) Bestimme die allgemeine Lösung der folgenden Differentialgleichung!

$$(x^2+x)y''(x) - (x^2+x-2)y'(x) - (x+3)y(x) = (x+1)^3$$

Hinweis: Die Funktion $y(x) = 1/x$ ist eine Lösung der zugehörigen homogenen Differentialgleichung. (Das muß nicht nachgeprüft werden!)

Aufgabe (119.91) (a) Wie lautet die allgemeine Lösung der Differentialgleichung $\ddot{x} - x = 0$?
(b) Benutze Variation der Konstanten, um die allgemeine Lösung der folgenden Differentialgleichung zu ermitteln!

$$\ddot{x} - x = (4t^2 + 1)e^{t^2}$$

Lösungen zu »Lineare Differentialgleichungssysteme« siehe Seite 391

(c) Benutze einen Ansatz vom Typ der rechten Seite, um die allgemeine Lösung der folgenden Differentialgleichung zu bestimmen!

$$\ddot{x} - x = te^t + te^{2t} + \sin(t)$$

(d) Wie lautet die allgemeine Lösung der folgenden Differentialgleichung?

$$\ddot{x} - x = (4t^2 + 1)e^{t^2} + te^t + te^{2t} + \sin(t)$$

Aufgabe (119.92) Wir betrachten die Differentialgleichung

$$\begin{bmatrix} \dot{x} \\ \dot{y} \\ \dot{z} \end{bmatrix} = \begin{bmatrix} 0 & 0 & 1 \\ 1 & 0 & 1 \\ 8 & -3 & -1 \end{bmatrix} \begin{bmatrix} x \\ y \\ z \end{bmatrix} + \begin{bmatrix} 0 \\ -2t \\ 2t \end{bmatrix}.$$

(a) Bestimme die allgemeine Lösung der zugehörigen homogenen Gleichung.
(b) Bestimme anschließend die allgemeine Lösung der angegebenen inhomogenen Gleichung.

Aufgabe (119.93) Wir betrachten die Differentialgleichung

$$-\frac{x^2}{2} \cdot y''(x) + y(x) = x^2.$$

(a) Überprüfe, daß $y(x) = x^2$ eine Lösung der zugehörigen homogenen Gleichung ist.
(b) Bestimme die allgemeine Lösung der homogenen Gleichung.
(c) Bestimme die allgemeine Lösung der angegebenen inhomogenen Gleichung.

Aufgabe (119.94) Bestimme die allgemeine Lösung der Differentialgleichung

$$\ddot{y}(t) - \dot{y}(t) + y(t) = t \cos t.$$

Welche der Lösungen erfüllen die Bedingung $y(t)/t^2 \to 0$ für $t \to \infty$?

Aufgabe (119.95) (a) Bestimme den Zustandsänderungsoperator der Differentialgleichung

$$\begin{bmatrix} \dot{x}(t) \\ \dot{y}(t) \end{bmatrix} = \begin{bmatrix} -1 & 1/t \\ 1-t & 1 \end{bmatrix} \begin{bmatrix} x(t) \\ y(t) \end{bmatrix}.$$

(b) Bestimme diejenige Lösung der Differentialgleichung, die die Anfangsbedingungen $x(1) = 2$ und $y(1) = 1$ erfüllt!
(c) Bestimme diejenige Lösung der Differentialgleichung, die die Randbedingungen $x(1) = 0$ und $y(3) = 2$ erfüllt!

Aufgabe (119.96) Bestimme die allgemeine Lösung der Gleichung

$$x(x-1)y''(x) - (x-1)y'(x) + y(x) = \frac{2(x-1)}{x}.$$

Hinweis: Bestimme zunächst mit einem Potenzreihenansatz diejenigen Lösungen, die an der Stelle $x_0 = 1$ analytisch sind. Dieser Ansatz liefert gleichzeitig eine Lösung der inhomogenen und auch eine Lösung der homogenen Gleichung.

A120: Beispiele aus der Mechanik

Aufgabe (120.1) Ein Ball werde aus der Höhe h über dem Boden abgeworfen, und zwar mit der Abwurfgeschwindigkeit v und unter dem Abwurfwinkel α. Auf den Ball wirke nur die Schwerkraft im homogenen Schwerefeld der Erde ($g = 9.81$ m/s^2); der Luftwiderstand werde also vernachlässigt.
(a) Bestimme die Flugdauer, die Wurfweite, den Auftreffwinkel und die Auftreffgeschwindigkeit am Boden!
(b) Welche maximale Höhe erreicht der Ball auf seiner Flugbahn, und zu welcher Zeit erreicht er diese?
(c) Wie ist bei gegebener Abwurfgeschwindigkeit v der Abwurfwinkel α zu wählen, damit die Wurfweite bzw. die Flugdauer maximal wird?

Aufgabe (120.2) Romeo möchte Julia, die ihm gegenüber in der horizontalen Entfernung $a = 3$ m und in der Höhe $b = 4$ m auf einem Balkon steht, eine Rose zuwerfen. Ganz Kavalier, will er die Rose so werfen, daß Julia diese möglichst leicht fangen kann, nämlich so, daß die Rose im Moment des Fangens die Vertikalgeschwindigkeit Null hat. Mit welcher Geschwindigkeit und unter welchem Winkel gegenüber der Horizontalen muß Romeo die Rose werfen?

Aufgabe (120.3) Ein Ballwerfer kann aus dem Stand heraus den Ball maximal 40 m weit werfen. Wie weit kann er dann höchstens den Ball aus dem Lauf heraus werfen, wenn er beim Laufen eine Geschwindigkeit von 10 m/sec erreicht? (Luftwiderstand und Abwurfhöhe über dem Boden sind zu vernachlässigen. Die Relativgeschwindigkeit, mit der der Ball abgeworfen wird, hänge weder vom Wurfwinkel noch von der Laufgeschwindigkeit ab.)

Aufgabe (120.4) Ein Wagen fährt mit konstanter Geschwindigkeit u eine Straße entlang. Im Abstand a von der Straße steht auf dem Boden eine fest montierte Kanone (Abschußrichtung auf kürzestem Wege zur Straße hin, Mündungsgeschwindigkeit v). Bei welcher Entfernung b des Wagens und unter welchem Abschußwinkel α gegenüber der Horizontalen muß die Kanone gefeuert werden, damit der Wagen getroffen wird? Wie ändert sich die Lösung, wenn die Kanone nicht auf dem Boden steht, sondern auf einem Turm der Höhe h?

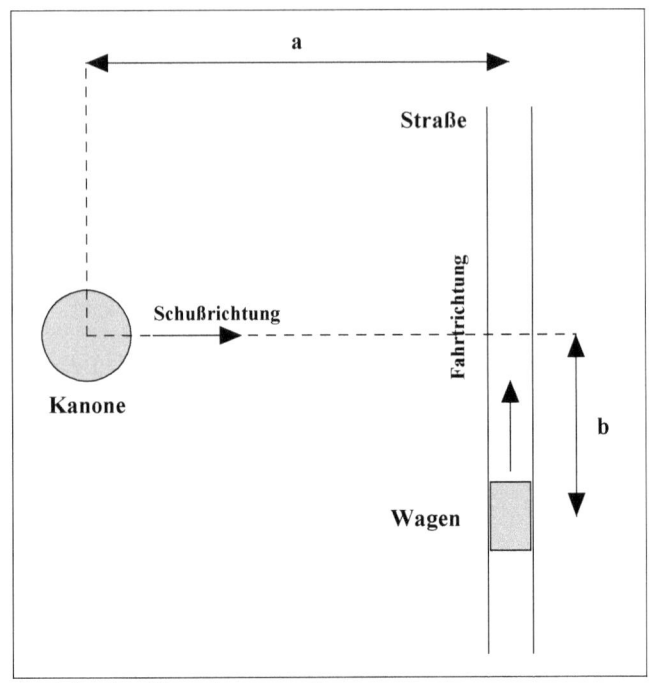

Ansicht der Situation von oben.

Aufgabe (120.5) Ein Boot bewege sich geradlinig mit konstanter Geschwindigkeit u durch das Wasser. Ein Flugzeug fliegt in konstanter Höhe h und mit konstanter Geschwindigkeit $v > u$ dem Boot hinterher, und zwar genau oberhalb der Geraden, entlang der sich das Boot bewegt. Eine Kiste der Masse m soll aus dem Flugzeug fallengelassen werden, und zwar so, daß sie auf das Boot trifft.
(a) In welchem Abstand a hinter dem Boot muß sich das Flugzeug im Moment des Abwurfs befinden?
(b) Wie lange nach dem Abwurf und mit welcher Geschwindigkeit trifft die Kiste das Boot?
(c) Wo befindet sich das Flugzeug in dem Moment, in dem die Kiste das Boot trifft?

Aufgabe (120.6) In einem senkrecht hängenden Kreisring vom Radius R sei vom Scheitelpunkt aus eine Sehne angebracht, auf der ein Massenpunkt unter dem Einfluß der Schwerkraft reibungsfrei herabgleitet. (Man stelle sich eine durchbohrte Glasperle vor, die an einer Fahrradspeiche heruntergleitet.) Welche Zeit benötigt der Massenpunkt, um den Rand des Kreises zu erreichen?

Lösungen zu »Beispiele aus der Mechanik« siehe Seite 432

120. Beispiele aus der Mechanik

Bemerkung: Es wird sich das (vielleicht überraschende) Resultat ergeben, daß die Zeit unabhängig von der speziellen Lage der Sehne ist.

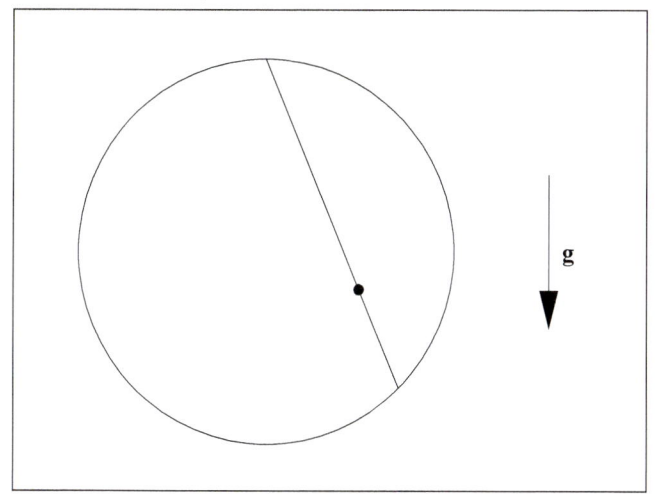

Massenpunkt, der reibungsfrei entlang einer Kreissehne hinabgleitet.

Aufgabe (120.7) Ein Boot (Masse M, Länge ℓ) mit einem Mann (Masse m) an Bord ruht im Wasser und berührt mit seinem Bug einen Bootssteg. Es wird angenommen, daß sich das Boot reibungsfrei im Wasser bewegen kann.
(a) Der Mann steht zunächst am Heck des Bootes und läuft dann mit konstanter Geschwindigkeit w relativ zum Boot zu dessen Bug. Welche Geschwindigkeit v_1 hat das Boot während dieses Vorgangs?
(b) Welche Strecke legt das Boot zurück, während der Mann vom Heck zum Bug läuft?
(c) Am Bug angekommen, bleibt der Mann stehen. Mit welcher Geschwindigkeit bewegt sich das Boot danach?
(d) Nach Ankunft am Bug will der Mann unter dem Winkel α gegenüber der Horizontalen auf den Bootssteg springen. Mit welcher Geschwindigkeit u muß er mindestens abspringen, um den Steg zu erreichen?
(e) Mit welcher Geschwindigkeit v_2 bewegt sich das Boot, nachdem der Mann mit der in (d) gefundenen Mindestgeschwindigkeit u abspringt?

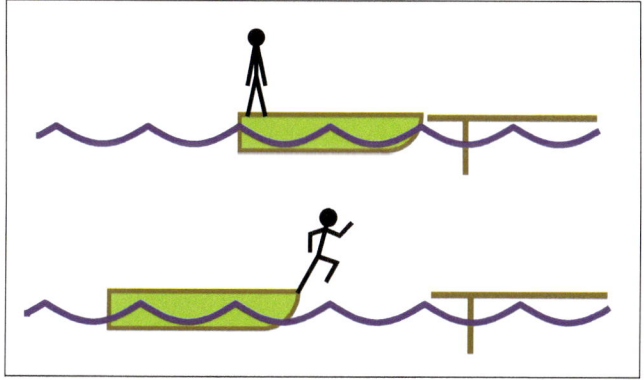

Boot mit sich bewegendem Passagier.

Aufgabe (120.8) Zwei Kinder (Massen m_1 und m_2) stehen am Bug eines ruhenden Bootes (Masse M). Das erste Kind läuft zum Heck des Bootes und springt dann mit der Geschwindigkeit v relativ zum Boot ins Wasser. Danach läuft auch das zweite Kind zum Heck und springt ebenfalls mit der Geschwindigkeit v relativ zum Boot ins Wasser. Das Boot gleite reibungsfrei im Wasser.
(a) Mit welcher Geschwindigkeit bewegt sich das leere Boot, nachdem beide Kinder gesprungen sind?
(b) Mit welcher Geschwindigkeit würde sich das Boot bewegen, wenn beide Kinder gleichzeitig gesprungen wären?

Aufgabe (120.9) Auf einem mit konstanter Geschwindigkeit v_0 reibungsfrei rollenden Wagen der Masse M befinden sich n Personen gleicher Masse m. Diese springen mit der Relativgeschwindigkeit u entgegen der Fahrtrichtung des Wagens von diesem ab. Bestimme die Endgeschwindigkeit v des Wagens, wenn
(a) alle Personen nacheinander abspringen,
(b) alle Personen gleichzeitig abspringen.

Aufgabe (120.10) Auf einen Fallschirmspringer wirke neben der Schwerkraft noch eine Widerstandskraft, die proportional zum Quadrat seiner Fallgeschwindigkeit sei. Wir zählen die Zeit vom Moment des Absprungs an und bezeichnen mit $x(t)$ die bis zum Zeitpunkt t zurückgelegte Strecke sowie mit $v(t) = \dot{x}(t)$ die Geschwindigkeit des Springers zur Zeit t. Leite eine Differentialgleichung her
(a) für x als Funktion von t;
(b) für v als Funktion von x;
(c) für $u := v^2$ als Funktion von x.

Aufgabe (120.11) (a) Der mit konstanter Geschwindigkeit v fahrende Lkw hebt über ein Seil der Länge $2h$, das über eine Rolle in der Höhe h geführt wird, die Masse m an. (Am Anfang befinden sich die Masse m und das Ende des Lkw an der gleichen Stelle unmittelbar unter der Rolle.) Wann und mit welcher Geschwindigkeit prallt die Masse auf die Rolle? Wie ist der zeitliche Verlauf der im Seil wirkenden Kraft vor dem Aufprall?

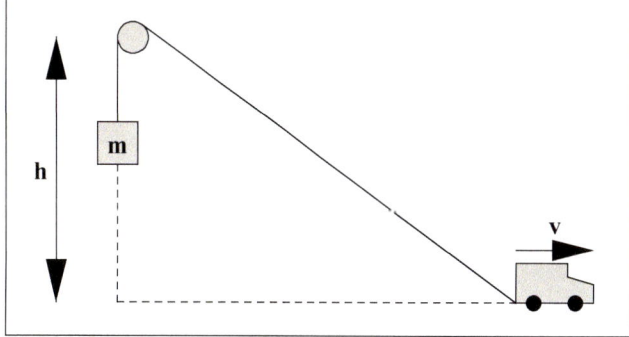

Lkw zieht eine Masse an einem Seil.

(b) Wie ändert sich die Lösung, wenn der Lkw nicht mit konstanter Geschwindigkeit, sondern mit konstanter Beschleunigung a fährt?

Lösungen zu »Beispiele aus der Mechanik« siehe Seite 432

Aufgabe (120.12) Zwei Massen m_1 und m_2, die durch eine masselose starre Stange der Länge ℓ verbunden sind, bewegen sich reibungsfrei in zwei sich kreuzenden Kanälen. In der Richtung des unteren Kanals wirke die Schwerkraft. Bestimme die Gesamtenergie des Systems, ausgedrückt durch den Winkel φ der Stange gegenüber der Vertikalen. Benutze dann den Energieerhaltungssatz, um die Bewegungsgleichung des Systems herzuleiten.

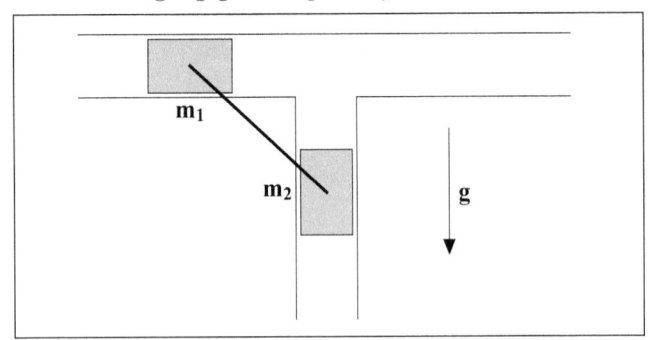

Massen in sich kreuzenden Kanälen.

Aufgabe (120.13) Eine Masse m hänge wie abgebildet an zwei Seilen, die mit der Wand bzw. mit der Decke die Winkel α_1 und α_2 einschließen. Bestimme die Kräfte, die in den beiden Seilen wirken!

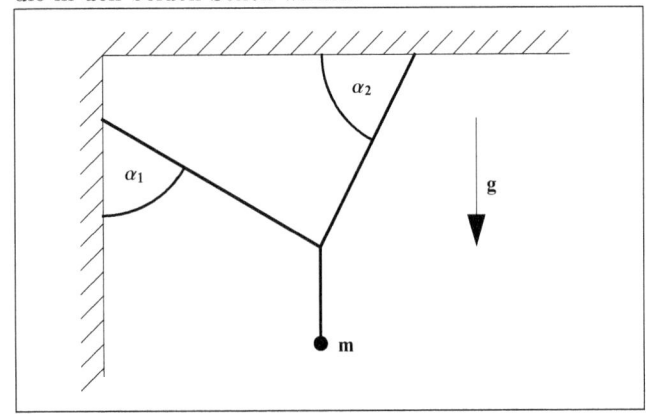

Seilsystem im Gleichgewicht.

Aufgabe (120.14) Die Masse m_1 bewegt sich im Schwerefeld der Erde nach unten und zieht dabei die Masse m_2 nach sich, wobei sowohl an der Rolle als auch zwischen m_2 und der Auflage keine Reibungskräfte auftreten. Berechne die Beschleunigung, die die Massen m_1 und m_2 erfahren, sowie die im Seil wirkende Kraft!

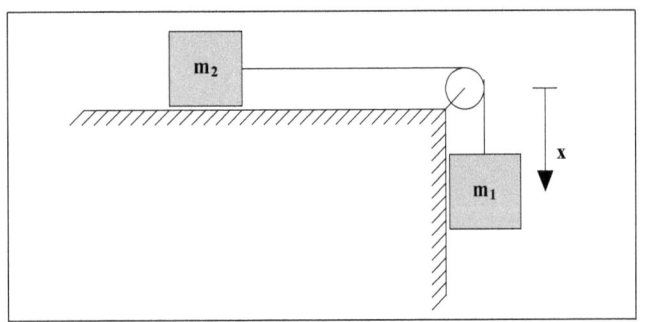

Durch einen Faden verbundene Massen.

Aufgabe (120.15) Ein Seil läuft über eine Rolle A der Masse m_A; an seinem einen Ende hängt eine Masse m_1, an seinem andern Ende eine zweite Rolle B der Masse m_B, über die ein Seil läuft, an dessen Enden sich zwei Massen m_2 und m_3 befinden. Berechne die Beschleunigungen, die die Massen m_1, m_2 und m_3 unter dem Einfluß der Schwerkraft erfahren, sowie die in den beiden Seilen wirkenden Kräfte!

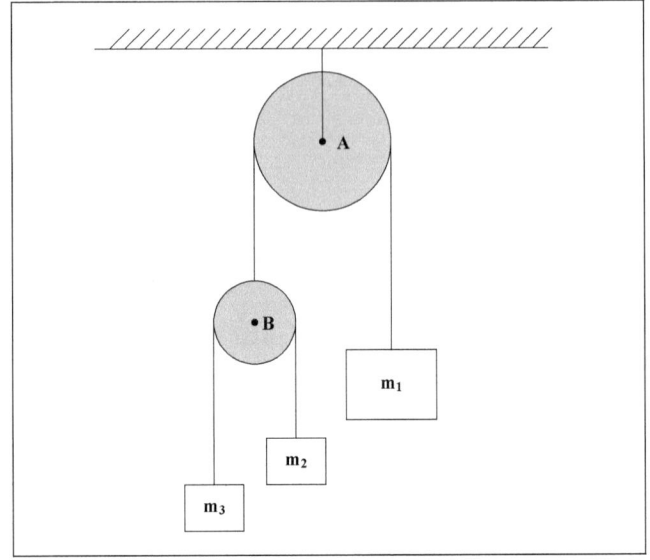

System aus Massen und Rollen.

Aufgabe (120.16) Die Masse m_1 gleite reibungsfrei auf dem abgebildeten Kreis (Radius r, Mittelpunkt M) und sei durch einen masselosen undehnbaren Faden, der durch die Öse A läuft, mit der Masse m_2 verbunden. Leite die Bewegungsgleichung des Systems in Form einer Differentialgleichung für den Winkel φ her! **Hinweis:** Wie eingezeichnet, gilt nach dem Peripheriewinkelsatz die Beziehung $\angle P_2 M P_1 = 2\angle P_2 A P_1$, wenn P_i die Position der Masse m_i bezeichnet.

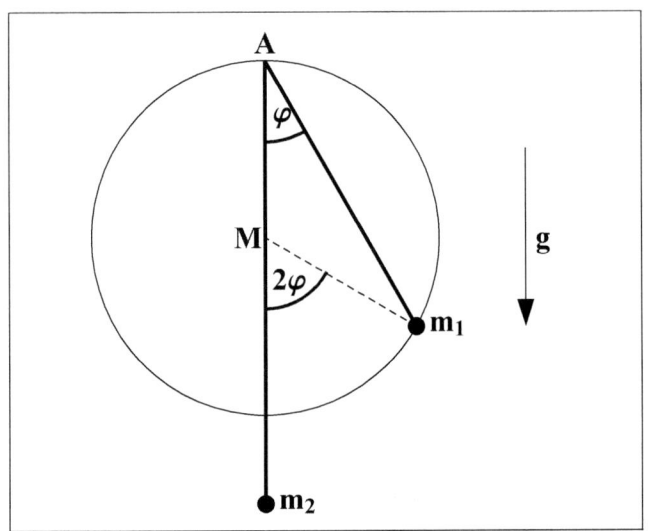

Zwei Massen an einem Faden.

Lösungen zu »Beispiele aus der Mechanik« siehe Seite 432

120. Beispiele aus der Mechanik

Aufgabe (120.17) Ein als Massenpunkt idealisiertes Spielzeugauto der Masse m durchläuft aus der Ruhe heraus eine schiefe Ebene mit dem Neigungswinkel α und fährt dann in einen kreisförmigen Looping vom Radius r ein.

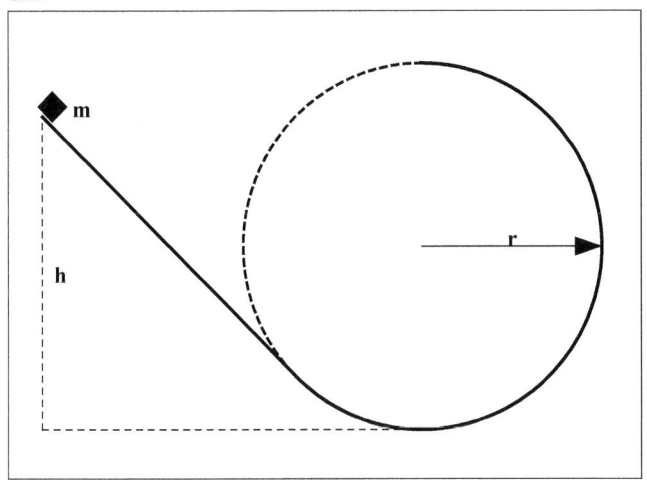

Punktmasse in Looping.

(a) An welcher Stelle verliert das Spielzeugauto die Haftung zur Loopingschleife?
(b) In welcher Höhe muß das Auto gestartet werden, damit es den Scheitelpunkt der Loopingschleife erreicht?
(c) Wenn der linke Halbkreis der Loopingschleife fehlt und wenn das Auto den Scheitel der Schleife erreicht, an welcher Stelle schlägt dann das Auto auf der schiefen Ebene auf?
(d) Wir nehmen die gleichen Bedingungen wie in (c) an, betrachten aber nun den Fall, daß unmittelbar nach dem Einfahren in die Loopingschleife die schiefe Ebene entfernt wird. An welcher Stelle schlägt dann das Auto auf dem Boden auf?

Aufgabe (120.18) Eine Masse m befindet sich am höchsten Punkt der abgebildeten Halbkugel vom Radius r und wird ein klein wenig angeschubst; sie gleitet dann reibungsfrei auf der Oberfläche der Halbkugel hinab. (Die Halbkugel sei fest am Boden montiert.)

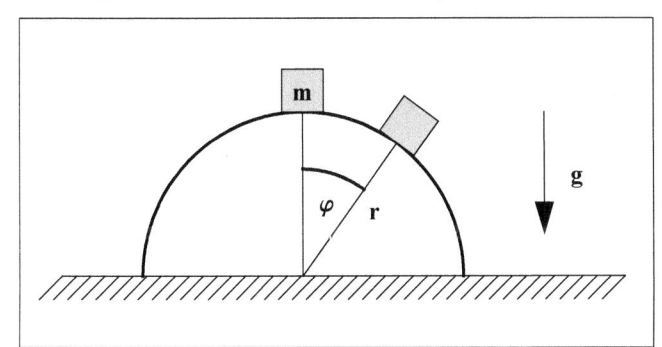

Masse auf Halbkugel.

(a) Stelle die Bewegungsgleichung auf!
(b) An welcher Stelle (Wert des Winkels φ) verliert die Masse den Kontakt zur Kugeloberfläche?

(c) Wie lange dauert es ab diesem Moment noch, bis die Masse den Boden erreicht?
(d) Wo und mit welcher Geschwindigkeit schlägt die Masse auf dem Boden auf?
(e) Wo verliert die Masse den Kontakt zur Kugeloberfläche, wenn sie nicht am obersten Punkte, sondern unter dem Winkel α gegenüber der Vertikalen auf die Halbkugel aufgesetzt wird?

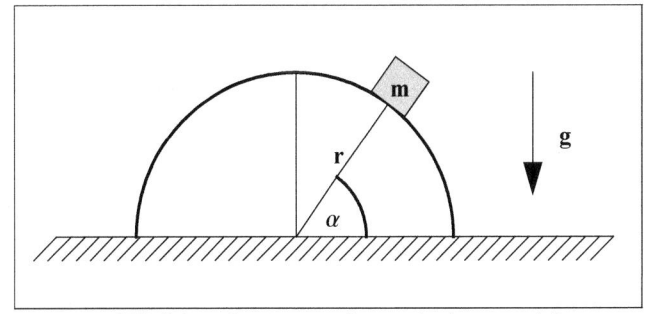

Masse auf Halbkugel mit geänderter Anfangsposition.

Aufgabe (120.19) Eine Masse m hänge an einem Faden der Länge ℓ und werde aus der Ruhe heraus losgelassen. In der vertikalen Lage pralle der Faden gegen einen in die Wand geschlagenen Nagel, um den sich die Masse im weiteren Verlauf (auf einem Kreis mit Radius r) bewegt.

(a) Wie groß muß der Winkel α am Anfang der Bewegung mindestens sein, damit die Masse den Punkt P gerade noch erreicht?
(b) Gib die in dem Faden wirkende Kraft als Funktion der Position der Masse m an!

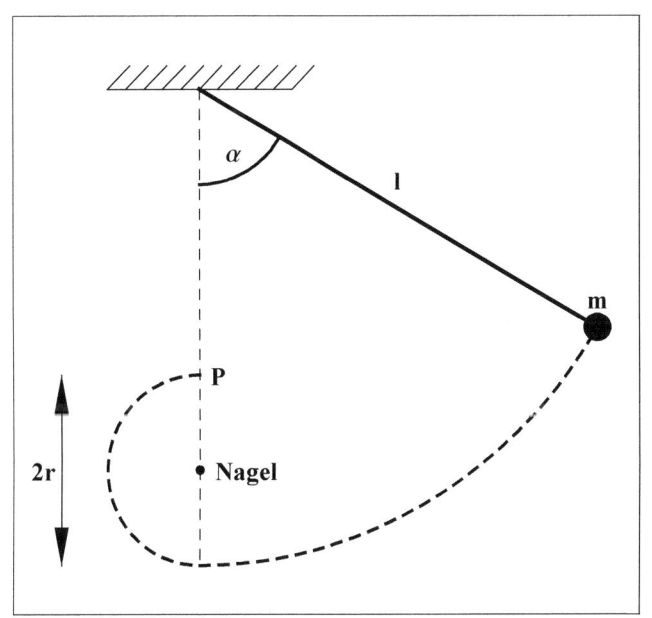

Nagel, der die Bewegung eines Fadenpendels stört.

Lösungen zu »Beispiele aus der Mechanik« siehe Seite 432

Aufgabe (120.20) Vergleiche die Bewegungsgleichungen eines Massenpunktes in den beiden folgenden Situationen:
- der Massenpunkt befindet sich am Ende einer gedämpften Feder, die fest mit der Wand verbunden ist, und bewegt sich reibungsfrei am Boden;
- der Massenpunkt befindet sich am Ende einer gedämpften Feder, die fest mit der Zimmerdecke verbunden ist, und bewegt sich reibungsfrei innerhalb einer Führung, die nur senkrechte Bewegungen zuläßt.

Aufgabe (120.21) Ein Massenpunkt befinde sich im Innern eines Kreises und sei mit vier Federn verbunden, die in gleichen Abständen am Kreisrand befestigt sind. Leite die Bewegungsgleichung her!

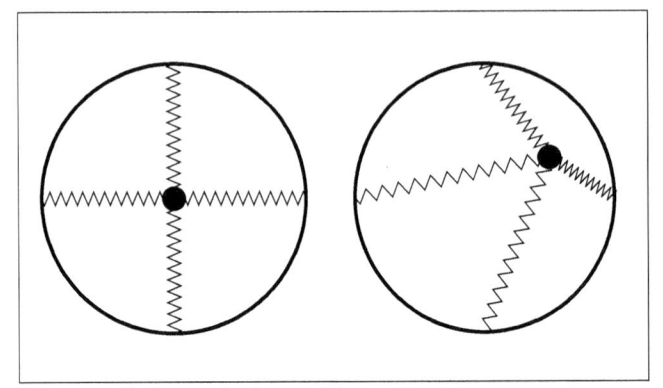

Von vier Federn gehaltener Massenpunkt.

Aufgabe (120.22) Am Verbindungspunkt zweier identischer Federn (Steifigkeit k, ungedehnte Federlänge ℓ_0) sei wie skizziert eine Masse m befestigt, die sich innerhalb einer reibungsfreien Führung ausschließlich in senkrechter Richtung bewegen kann. Stelle die Bewegungsgleichung für diese Masse auf, d.h., leite eine Differentialgleichung für die Funktion $t \mapsto x(t)$ her. Wie ändert sich diese Differentialgleichung, wenn die beiden Federn mit identischen Dämpfern (Dämpfungskonstante d) versehen werden?

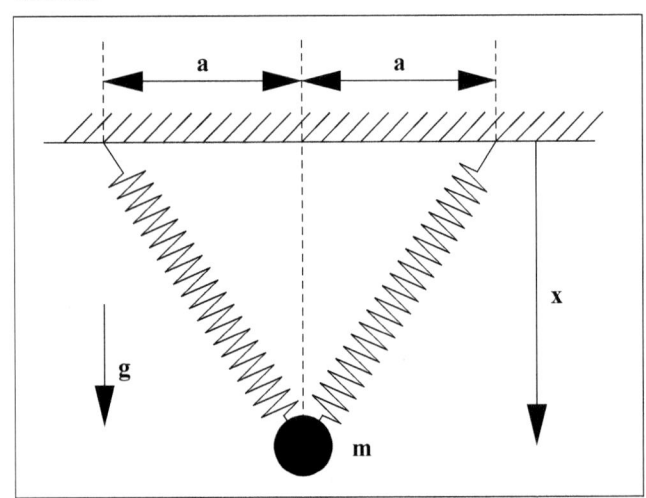

Vertikal bewegliche Punktmasse mit zwei Federn.

Aufgabe (120.23) Die Masse m werde reibungsfrei auf einem festen Kreis (Radius r) geführt und sei mit einer Feder (Steifigkeit k) am Punkt A befestigt. Die ungedehnte Federlänge stimme mit dem Kreisradius r überein. Leite die Bewegungsgleichung für die Masse m in Form einer Differentialgleichung für den Winkel φ her!

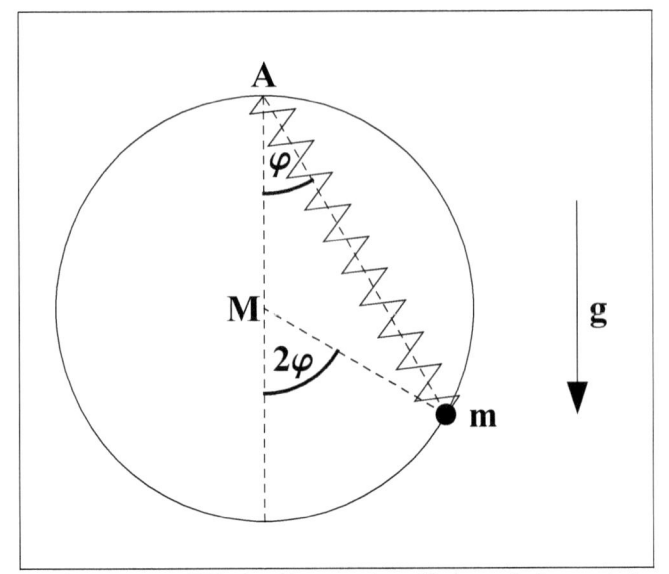

Punktmasse auf Kreis, die von einer Feder gehalten wird.

Aufgabe (120.24) Eine durchbohrte Perle der Masse m gleite reibungsfrei auf einem Draht in Form eines Halbkreises. Die Perle sei mit je einer Feder an den beiden Enden des Drahtes befestigt; beide Federn mögen die gleiche Federkonstante k und die gleiche ungedehnte Länge ℓ haben. Stelle die Differentialgleichung für den zeitlichen Verlauf $t \mapsto \varphi(t)$ des Winkels gegenüber der Vertikalen auf und gib an, wie sich die von dem Drahtring auf die Perle ausgeübte Normalkraft aus diesem zeitlichen Verlauf ermitteln läßt!

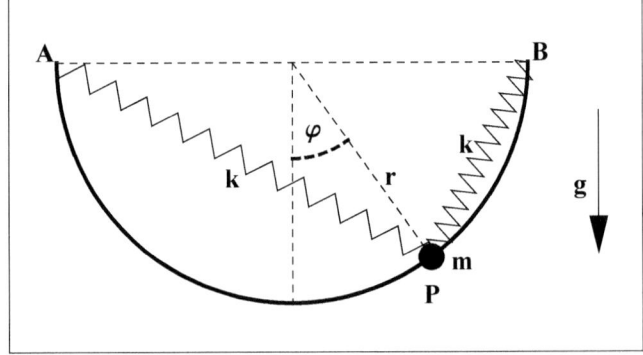

Punktmasse auf Halbkreis, die von zwei Federn gehalten wird.

Aufgabe (120.25) Ein Körper der Masse m bewege sich auf einer Kepler-Ellipse um einen Zentralkörper der Masse M. Denjenigen Punkt der Bahn, der am nächsten beim Zentralkörper liegt, bezeichnet man als das Perizentrum oder auch die Periapsis der Bahn; denjenigen, der

120. Beispiele aus der Mechanik

am weitesten vom Zentralkörper entfernt ist, als das Apozentrum oder auch die Apoapsis der Bahn.† Drücke die Geschwindigkeiten von m im Perizentrum und im Apozentrum jeweils durch die große Halbachse a und die Exzentrizität der Kepler-Ellipse aus!

Aufgabe (120.26) Ein um einen Zentralkörper der Masse M kreisender Satellit der Masse m soll durch geeignete Bahnmanöver von einer Kreisbahn K_1 mit Radius r_1 auf eine Kreisbahn K_2 mit Radius $r_2 > r_1$ gebracht werden. Wir stellen uns idealisierte Triebwerke vor, die so schubstark sind, daß sie instantan die Bahngeschwindigkeit um einen Betrag Δv ändern können. Der **Hohmann-Transfer** besteht darin, den Satelliten zunächst durch eine Geschwindigkeitsänderung Δv_1 auf eine Ellipsenbahn E zu bringen und dann beim Erreichen der Zielbahn K_2 eine weitere Geschwindigkeitsänderung Δv_2 aufzubringen, um den Satelliten auf der Bahn K_2 zu halten.
(a) Drücke die benötigten Geschwindigkeitsänderungen Δv_1 und Δv_2 als Funktionen von r_1 und r_2 aus!
(b) Wie lange dauert ein Hohmann-Transfer?

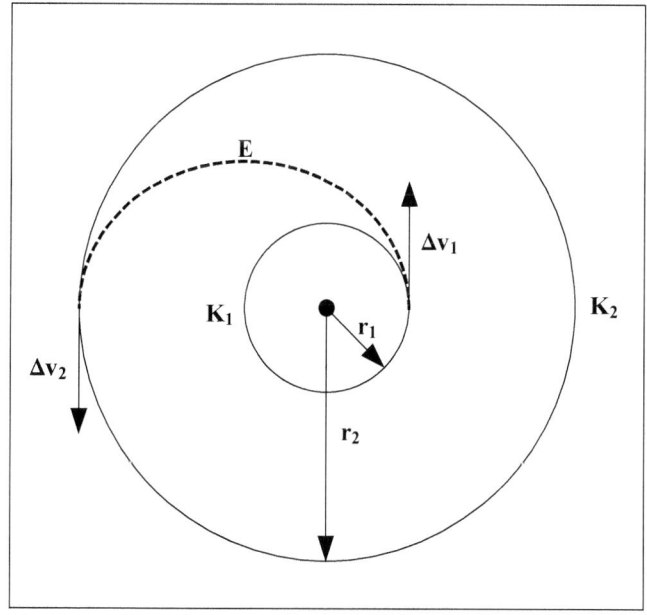

Hohmann-Transfer.

Aufgabe (120.27) Intuitiv vermutet man, daß der Geschwindigkeitsbedarf beim Hohmann-Transfer monoton mit dem Verhältnis $r_2 : r_1$ wächst, daß man also immer stärkere Manöver durchführen muß, um immer weiter entfernte Zielbahnen zu erreichen. Zeige, daß dies *nicht* so ist, sondern daß der Geschwindigkeitsbedarf für ein bestimmtes Verhältnis $r_2 : r_1$ ein Maximum annimmt und für größer werdende Verhältnisse wieder abnimmt.

---
† Ist der Zentralkörper die Erde bzw. die Sonne bzw. der Mond bzw. Jupiter, so spricht man von "Perigäum" und "Apogäum" bzw. von "Perihel" und "Aphel" bzw. von "Periselen" und "Apohelen" bzw. von "Perijovum" und "Apojovum".

Aufgabe (120.28) Eine andere Art des Übergangs zwischen zwei Kreisbahnen ist ein **bielliptischer Transfer**. Bei dieser Methode bringt man zunächst durch ein Geschwindigkeitsinkrement Δv_1 den Satelliten in eine Ellipsenbahn E_1, deren Apozentrum außerhalb der Zielbahn liegt, dann bringt man den Satelliten durch ein weiteres Inkrement Δv_2 auf eine zweite Ellipsenbahn E_2, die die Zielbahn nach einem halben Umlauf berührt. Sofort beim Erreichen der Zielbahn wird der Satellit mit einer Geschwindigkeitsabnahme Δv_3 so abgebremst, daß die Bahn E_2 in die Zielbahn K_2 übergeht.

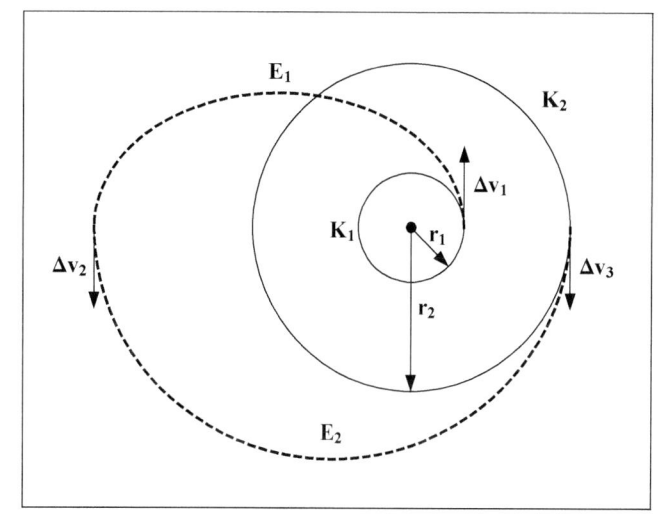

Bielliptischer Transfer.

(a) Die große Halbachse a_1 der Bahn E_1 sei gewählt. Wie müssen dann die Exzentrizität ε_1 dieser Bahn sowie die große Halbachse a_2 und die Exzentrizität der zweiten Übergangsbahn E_2 gewählt werden, damit die Ausgangs- in die Zielbahn übergeht?
(b) Wie müssen (für einen gegebenen Wert $a = a_1$) die Geschwindigkeitsinkremente Δv_i gewählt werden?
(c) Wie lange dauert (bei gegebenem Wert $a = a_1$) der bielliptische Übergang zwischen K_1 und K_2?
(d) Vergleiche die Ergebnisse in (b) und (c) mit den entsprechenden Werten für einen Hohmann-Transfer!

Aufgabe (120.29) Eine Raumstation R umkreist die Erde E auf einer Kreisbahn vom Radius r_2. Eine Sonde S, die die Erde auf einer komplanaren Kreisbahn vom Radius $r_1 < r_2$ umkreist, soll durch kurzzeitiges Zünden ihrer Antriebsraketen auf eine Ellipsenbahn eingeschossen werden, die – wie skizziert – die beiden Kreisbahnen tangiert (Hohmann-Transfer).
(a) Bei welcher relativen Lage von R und S (d.h., bei welchem Winkel $\alpha = \angle SER$) muß die Bahnänderung der Sonde erfolgen, damit R und S gleichzeitig im Punkt P ankommen (Rendezvous-Manöver)?
(b) Welche Energie wird zur Kursänderung der Raumsonde benötigt?

Lösungen zu »Beispiele aus der Mechanik« siehe Seite 432

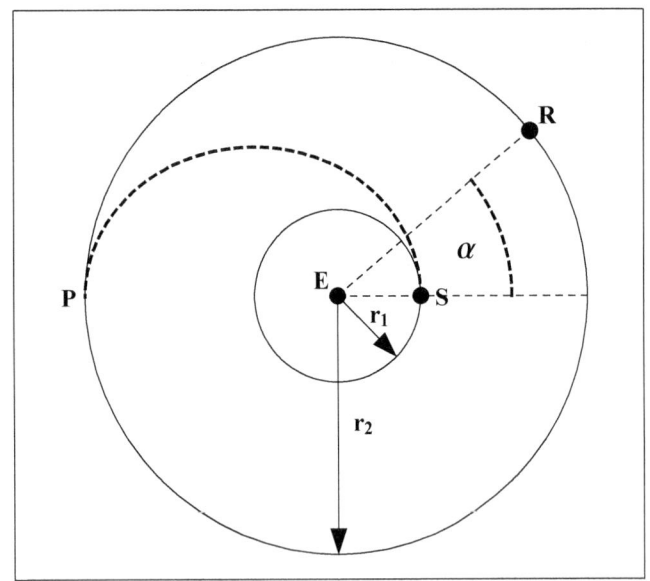

Rendezvous-Manöver zwischen zwei Satelliten auf Kreisbahnen.

Aufgabe (120.30) Ein Satellit bewege sich auf einer Ellipsenbahn
$$r = \frac{p}{1 + \varepsilon \cos \varphi} \quad (0 < \varepsilon < 1).$$
An der Stelle $(r, \varphi) = (r_0, \varphi_0)$ werde die Geschwindigkeit des Satelliten um einen Betrag Δv erhöht.
(a) Wie groß muß Δv sein, damit der Satellit hinterher auf einer Parabelbahn fliegt?
(b) Für welche Werte für r_0 und φ_0 wird das in (a) berechnete Geschwindigkeitsinkrement Δv minimal?

Aufgabe (120.31) Eine Masse m gleite auf einer rauhen Oberfläche entlang. An einer bestimmten Stelle habe sie die Geschwindigkeit v, eine Strecke s weiter komme sie zur Ruhe. Bestimme den Gleitreibungskoeffizienten μ aus den Daten m, v und s!

Aufgabe (120.32) Es seien μ_0 der Haftreibungskoeffizient und $\mu < \mu_0$ der Gleitreibungskoeffizient für die Bewegung einer Masse m auf einer schiefen Ebene, deren Neigungswinkel α die Bedingung $\tan(\alpha) > \mu_0$ erfülle. Die Masse bewege sich zur Zeit $t = 0$ mit der Anfangsgeschwindigkeit v_0 bergauf.
(a) Nach welcher Zeit t_1 kommt die Masse zur Ruhe?
(b) Welche Strecke legt sie während dieser Zeit zurück?
(c) Begründe, warum die Masse nicht einfach an der schiefen Ebene haften bleibt, nachdem sie zur Ruhe kommt, sondern zurückzurutschen beginnt.
(d) Welche Zeit t_2 vergeht, bis die Masse beim Zurückrutschen wieder ihre Anfangsposition erreicht?
(e) Welche der beiden Bewegungsphasen dauert länger: die des Hinaufrutschens oder die des Hinuntergleitens?

Aufgabe (120.33) Eine Masse m_1 werde in der Höhe h_1 auf eine schiefe Ebene (Neigungswinkel α_1) gelegt und rutsche diese dann hinunter (Gleitreibungskoeffizient μ_1). Eine zweite Masse m_2 soll nun auf die zweite skizzierte Ebene (Neigungswinkel α_2, Gleitreibungskoeffizient μ_2) gelegt werden, und zwar so, daß beide Massen zur gleichen Zeit den gemeinsamen Fußpunkt der beiden schiefen Ebenen erreichen. In welcher Höhe h_2 muß dazu die Masse m_2 abgelegt werden?

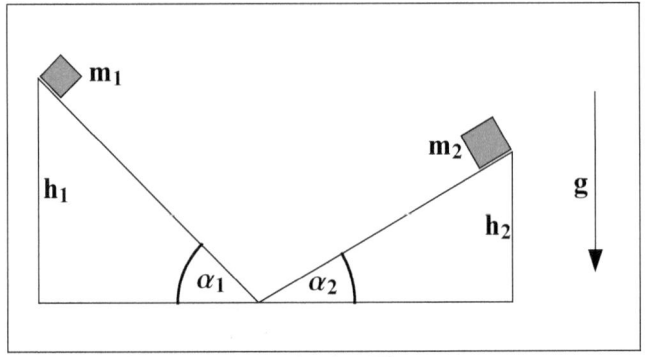

Massen auf zwei rauhen schiefen Ebenen.

Aufgabe (120.34) Eine Masse m bewege sich innerhalb eines festen Hohlzylinders mit rauher Wand (Gleitreibungskoeffizient μ), wobei die Schwerkraft in der eingezeichneten Richtung wirke. Im tiefsten Punkt ($\varphi = 0$) habe die Masse die Geschwindigkeit u.

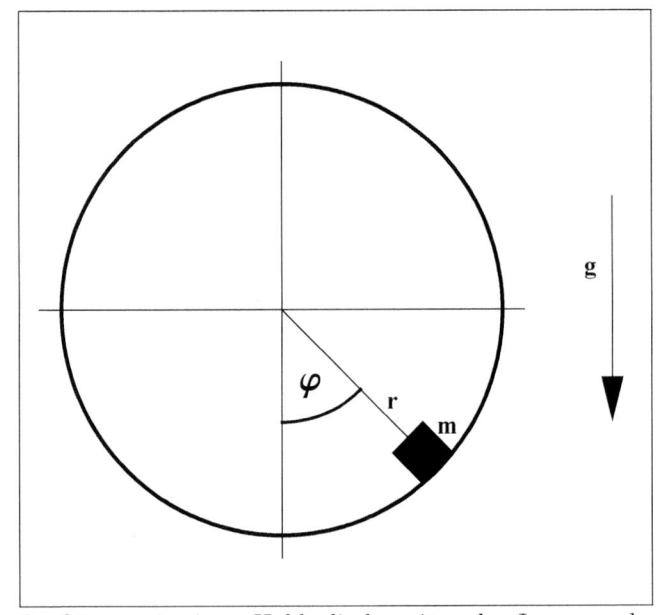

Punktmasse in einem Hohlzylinder mit rauher Innenwand.

(a) Stelle die Bewegungsgleichung auf!
(b) Drücke die Winkelgeschwindigkeit $\dot\varphi$ als Funktion des Winkels φ (statt als Funktion der Zeit) aus!
(c) Wie groß muß die Anfangsgeschwindigkeit u mindestens sein, damit die Masse den höchsten Punkt ($\varphi = \pi$) des Zylinders erreicht?

Hinweis: Betrachte in (b) die Funktion $Q(\varphi) := \dot\varphi(\varphi)^2$.

Lösungen zu »Beispiele aus der Mechanik« siehe Seite 432

Aufgabe (120.35) Auf einem mit konstanter Geschwindigkeit u umlaufenden Band bewege sich eine Masse m (Haftreibungskoeffizient μ_0, Gleitreibungskoeffizient μ). Diese Masse sei mit einer Feder der Steifigkeit k und der ungedehnten Federlänge x_0 an der Wand befestigt.

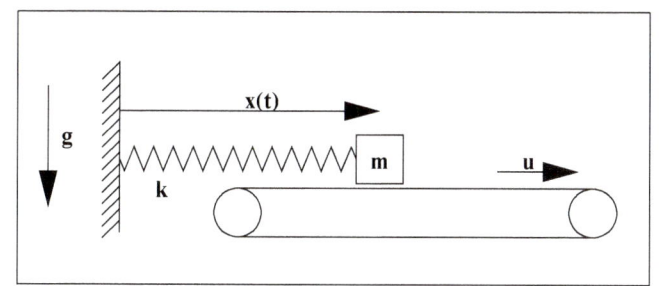

Federgehaltene Masse auf rauhem Band.

(a) Bei welcher Koordinate x_1 kann die Masse auf dem umlaufenden Band in Ruhe bleiben?
(b) Aus der Lage $x = x_1$ heraus werde zur Zeit $t = 0$ der Masse m die Absolutgeschwindigkeit u erteilt. Beschreibe die nachfolgende Bewegung der Masse! (Es ist sinnvoll, statt der Funktion $t \mapsto x(t)$ die Funktion $t \mapsto \xi(t) := x(t) - x_1$ zu beschreiben.)

Bemerkung: Das in dieser Aufgabe beschriebene System kann als ein grobes Modell für die Erregung von Schwingungen einer Bratschensaite interpretiert werden.

Aufgabe (120.36) Eine durchbohrte Glasperle gleite auf einem kreisförmigen Ring (Radius r, Gleitreibungszahl μ), der in einer horizontalen Ebene senkrecht zur Schwerkraftrichtung liegt. In der Lage $\varphi = 0$ habe die Perle die Anfangsgeschwindigkeit v_0.

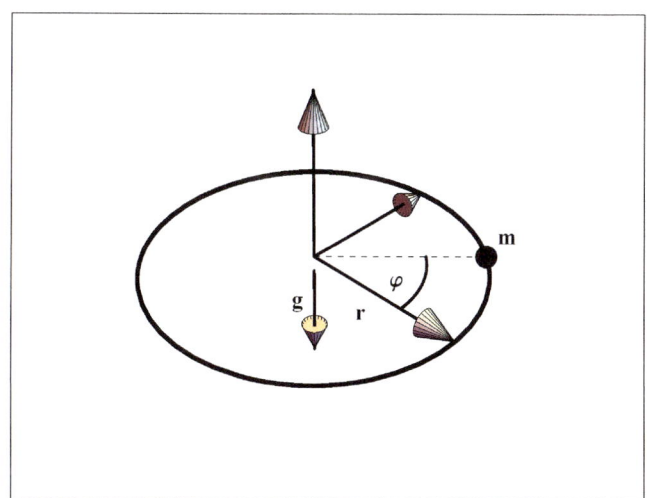

Perle auf rauhem Ring.

(a) Stelle die Bewegungsgleichung auf!
(b) Drücke $\dot\varphi^2$ als Funktion von φ aus!
(c) Wir groß muß v_0 mindestens sein, damit die Perle einen vollen Umlauf vollendet?
(d) Wie groß ist der Energieverlust bei einem Umlauf?

Aufgabe (120.37) Eine Masse m sei mit einem Seil über eine fest an der Decke befestigte Rolle (Radius r_1, Masse m_1, Trägheitsmoment $\Theta_1 = m_1 r_1^2/2$ um die Symmetrieachse) mit einer zylindrischen Walze verbunden (Radius r_2, Masse m_2, Trägheitsmoment $\Theta_2 = m_2 r_2^2/2$ um die Symmetrieachse), die eine schiefe Ebene (Neigungswinkel α) hinabrolle. Bestimme die Beschleunigung der am Seil hängenden Masse!

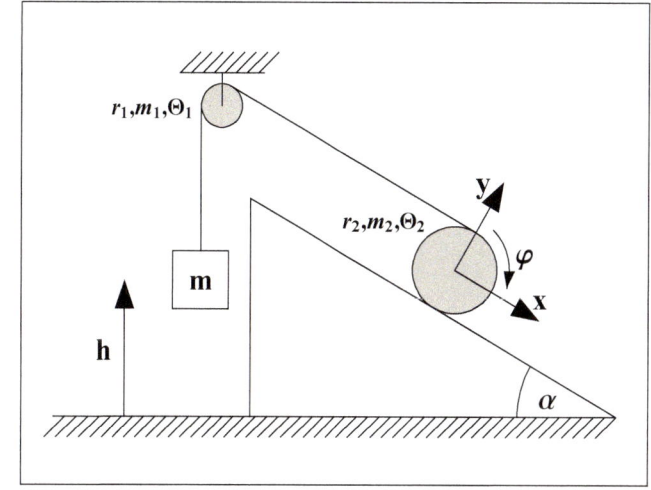

Abrollende Walze, die eine Masse nach oben zieht.

Aufgabe (120.38) Wir betrachten eine Garnrolle mit dem Gewicht G und dem Trägheitsmoment Θ um ihre Symmetrieachse. Der Radius des Kerns sei r, der Außenradius der Rolle sei R; der Haftreibungskoeffizient zwischen der Rolle und ihrer Unterlage sei μ_0. Wir ziehen mit der konstanten Kraft S an dem Faden der Garnrolle, und zwar unter dem Winkel α gegenüber der Horizontalrichtung.

(a) Wenn kein Rutschen auftritt, bewegt sich die Garnrolle dann auf uns zu oder von uns weg?
(b) Wie groß darf bei fest gewähltem Winkel α die Kraft S höchstens sein, damit kein Rutschen auftritt?

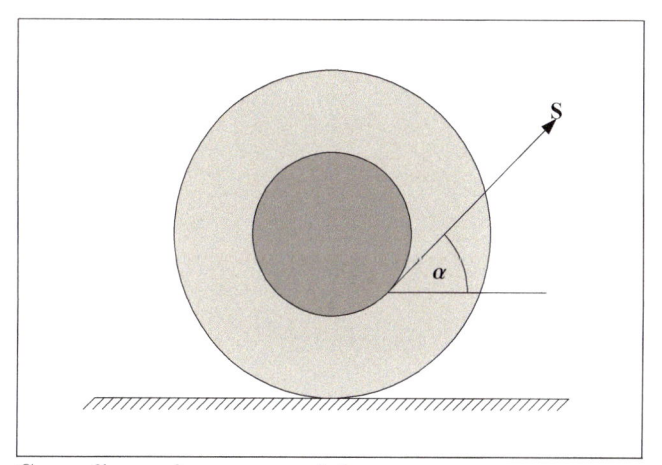

Garnrolle, an der gezogen wird.

Lösungen zu »Beispiele aus der Mechanik« siehe Seite 432

Aufgabe (120.39) In dem unten skizzierten System sei x die nach unten gemessene Auslenkung der Masse m aus ihrer Ruhelage. Stelle die Bewegungsgleichung auf und verifiziere, daß eine Schwingungsgleichung vorliegt! Mit welcher Frequenz schwingt das System?

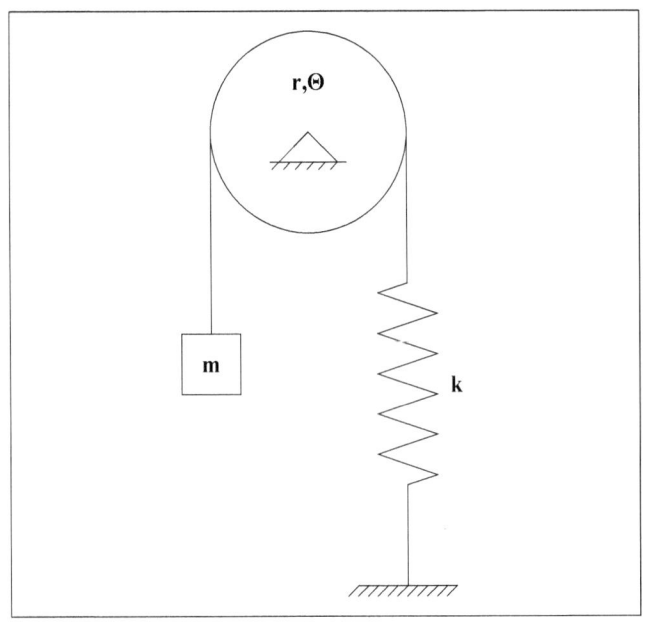

Von Feder gehaltene Walze.

Aufgabe (120.40) Wir betrachten die in der Skizze dargestellte Konfiguration. Die an der Decke fest angebrachte Rolle habe den Radius r_1, die Masse m_1 und das Trägheitsmoment $\theta_1 = m_1 r_1^2 / 2$ um die Symmetrieachse; die mit der Feder verbundene Rolle habe den Radius r_2, die Masse m_2 und das Trägheitsmoment $\theta_2 = m_2 r_2^2 / 2$ um die Symmetrieachse. Die Steifigkeit der Feder sei k.

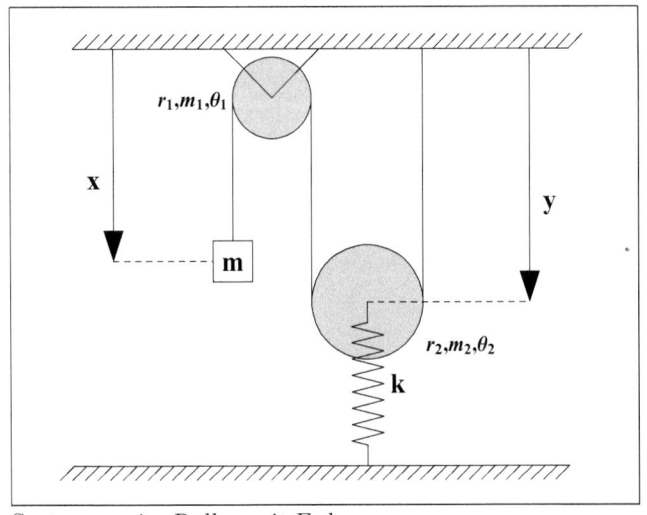

System zweier Rollen mit Feder.

(a) Stelle eine Differentialgleichung für die Funktion $t \mapsto x(t)$ auf, die die Bewegung der Masse m beschreibt.
(b) Zeige, daß eine Schwingungsgleichung vorliegt. Mit welcher Frequenz schwingt die Masse m?

Aufgabe (120.41) Ein Punkt heißt **Momentanpol** einer Starrkörperbewegung zur Zeit t, wenn sein Ortsvektor die Bedingung $\dot{r}(t) = 0$ erfüllt, der Punkt sich also instantan in Ruhe befindet.
(a) Zeige, daß bei einer ebenen Starrkörperbewegung, die zur Zeit t keine reine Translation ist, ein eindeutig bestimmter Momentanpol in der Bewegungsebene existiert.
(b) Zeige, daß es bei einer räumlichen Starrkörperbewegung entweder gar keinen Momentanpol oder unendlich viele Momentanpole gibt.
(c) Es sei $t \mapsto p(t)$ ein (zeitlich variabler) Momentanpol einer Starrkörperbewegung. Zeige, daß die Gleichung $\dot{D}_p = M_p$ gilt, daß also die Drehimpulsbilanz nicht nur bezüglich eines beliebigen raumfesten Punktes oder des Schwerpunktes gilt, sondern auch bezüglich des Momentanpols.
(d) Es sei θ_p das Trägheitsmoment des betrachteten starren Körpers bezüglich der augenblicklichen Drehachse. Zeige, daß dann die Beziehung $D_p = \theta_p \omega$ gilt.

Aufgabe (120.42) Die abgebildete Schubkurbel besteht aus einem Arm der Länge r und einem Arm der Länge $\ell > r$. Bestimme für jeden der beiden Arme den Momentanpol der Bewegung!

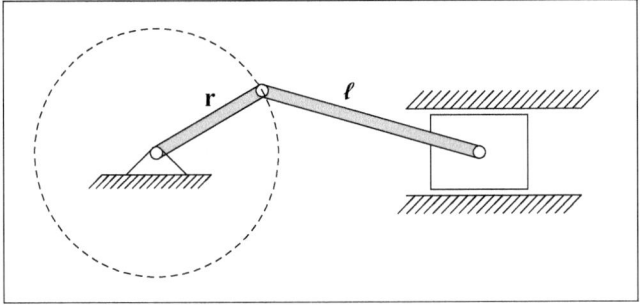

Schubkurbel.

Aufgabe (120.43) Wo befindet sich der Momentanpol der winkelförmigen Koppel in dem abgebildeten Koppelgetriebe?

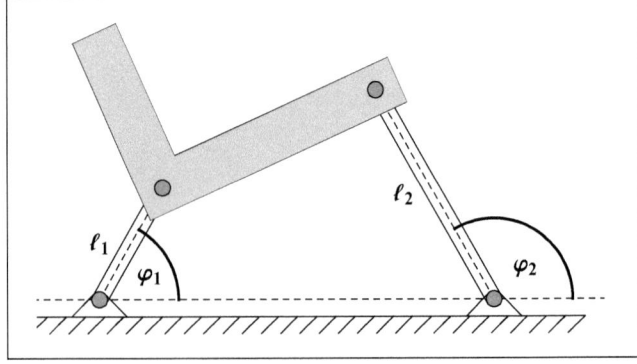

Koppelgetriebe.

Aufgabe (120.44) Wir betrachten ein Fahrzeug mit zwei starren Hinterrädern und einem beweglichen Vorderrad. (Man denke etwa an einen Einkaufswagen.) Wo befindet sich der Momentanpol dieses Fahrzeugs?

120. Beispiele aus der Mechanik

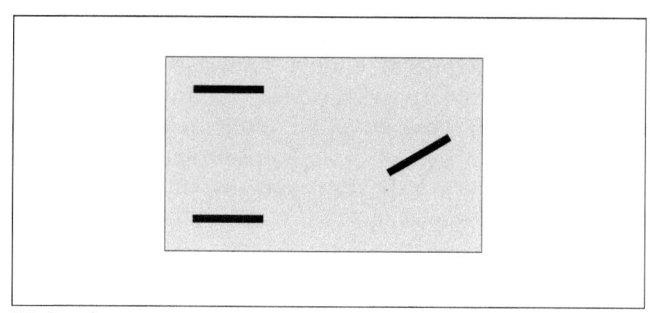

Einkaufswagen.

Aufgabe (120.45) Der abgebildete Gelenkmechanismus besteht aus zwei Gelenkstangen AB und CD, die im Punkt S gelenkig miteinander verbunden sind. Die Punkte C und B seien gelenkig am Boden bzw. an der oberen Plattform befestigt, während sich A und B in geradlinigen Führungen bewegen. Bestimme für jede der beiden Gelenkstangen den Momentanpol! Welche Beziehungen müssen zwischen den auftretenden Längen bestehen, damit der Mechanismus als Hebebühne dienen kann?

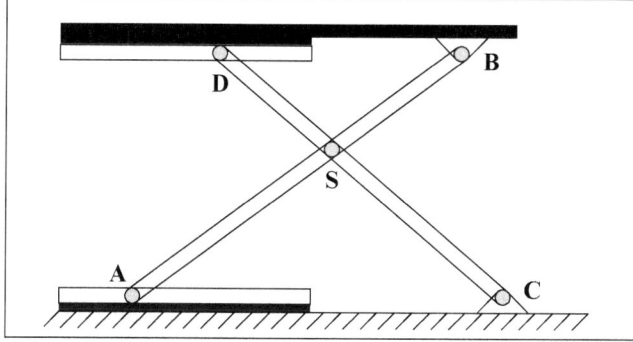

Hebebühne.

Aufgabe (120.46) Der abgebildete Gelenkmechanismus besteht aus zwei Gelenkstangen AB und CD, die im Punkt S gelenkig miteinander verbunden sind. Die Punkte A, C und D sind an Klötzen befestigt, die sich nur geradlinig in den eingezeichneten Führungen bewegen können. Bestimme für jede der beiden Gelenkstangen den Momentanpol!

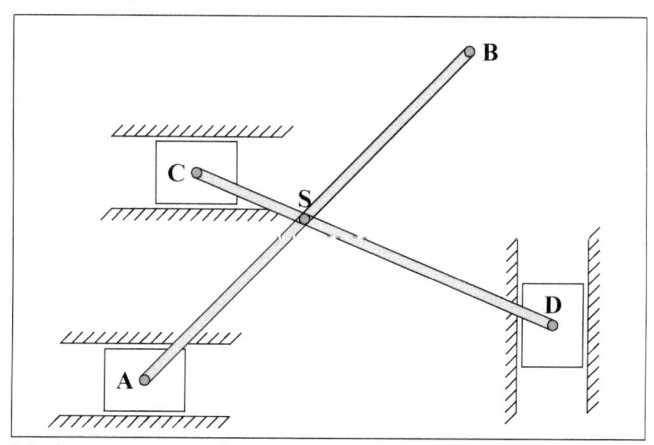

Mechanismus mit gleitenden Klötzen.

Aufgabe (120.47) Eine Leiter (Länge ℓ, Masse m, Trägheitsmoment $\theta = m\ell^2/12$ um den Schwerpunkt) werde an eine Wand gelehnt, wobei der Fußpunkt den Abstand d von der Wand habe. Ab diesem Moment beginne die Leiter die Wand hinabzugleiten, wobei Wand und Boden völlig glatt seien.
(a) Leite eine Differentialgleichung für die Funktion $t \mapsto \varphi(t)$ her!
(b) Wie weit ist der Fußpunkt der Leiter in dem Moment von der Wand entfernt, in dem die Leiter den Kontakt zur Wand verliert?

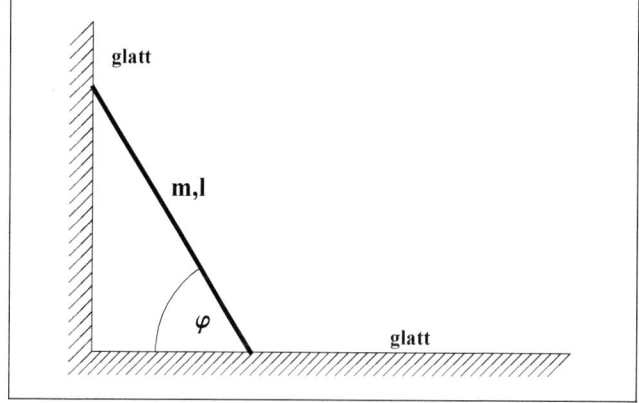

Abrutschende Leiter.

Aufgabe (120.48) Ein homogener Balken (Masse m, Länge ℓ, Trägheitsmoment $\Theta_S = m\ell^2/12$ um die Querachse) lehne wie skizziert an einer glatten Wand. Um das Umfallen des Balkens zu verlangsamen, wird eine Kiste der Masse M auf den glatten Boden gegen das Balkenende gestellt. Der Balken ruhe anfänglich in der Lage $\varphi = \varphi_0$. Leite für die nachfolgende Bewegung eine Differentialgleichung für die Funktion $t \mapsto \varphi(t)$ her!

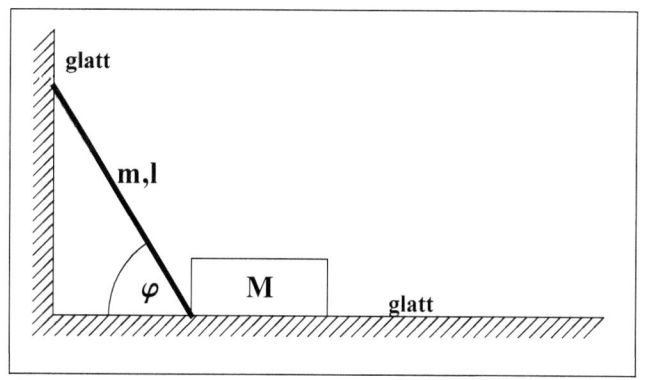

Abrutschender Balken.

Aufgabe (120.49) Ein Zylinder habe den Radius r, die Masse m und das Trägheitsmoment Θ bezüglich seiner Symmetrieachse. Der Zylinder rutsche eine schiefe Ebene hinauf (Neigungswinkel α, Gleitreibungskoeffizient μ) und habe zur Zeit $t = 0$ die Translationsgeschwindigkeit v_0 und die Winkelgeschwindigkeit Null.
(a) Nach welcher Zeit beginnt der Zylinder zu rollen?
(b) Nach welcher Zeit beginnt der Zylinder, die schiefe Ebene hinabzurollen?

Lösungen zu »Beispiele aus der Mechanik« siehe Seite 432

Aufgabe (120.50) Eine Kugel mit Radius r und Masse m befindet sich in Ruhe auf einer Kugel mit Radius R und Masse M. Sie wird leicht angeschubst und rollt dann entlang der ruhenden Kugel nach unten. Bei welchem Winkel φ verliert sie den Kontakt zu der ruhenden Kugel? Wie ändert sich die Lösung, wenn die sich bewegende bzw. die ruhende Kugel ersetzt wird durch einen Zylinder?

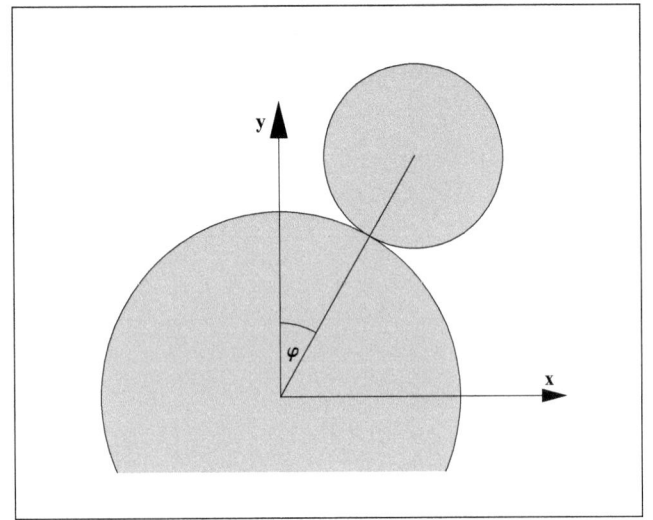

Auf anderer Kugel abrollende Kugel.

Bemerkung: Nimm vereinfachend an, daß die Kugel bis zum Kontaktverlust rollt. In Wirklichkeit beginnt sie ab einem bestimmten Punkt (welchem?) zu rutschen, und ab dem Beginn des Rutschens müßte man die Rollbedingung ersetzen durch die Gleichung $H = \mu N$ mit dem Gleitreibungskoeffizienten μ, was aber etwas mühsam ist.

Aufgabe (120.51) (a) Eine Kugel mit Radius r und Masse m rolle innerhalb einer Hohlkugel mit Radius $R > r$ und Masse M. Stelle die Bewegungsgleichung auf! Bestimme im Fall kleiner Auslenkungen um die Ruhelage die Frequenz, mit der sich die kleine Kugel um ihre Ruhelage hin und her bewegt.

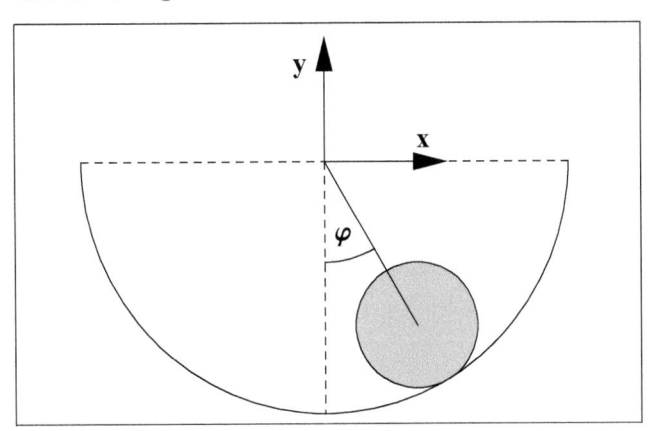

In anderer Kugel abrollende Kugel.

(b) Wie ändert sich die Lösung, wenn wir nicht eine Kugel in einer Hohlkugel, sondern einen Zylinder innerhalb eines Hohlzylinders betrachten?

Aufgabe (120.52) Der abgebildete Roboterarm besteht aus zwei Armen A_1 und A_2. An den Gelenken G_1 und G_2 seien Elektromotoren angebracht, die Drehmomente $t \mapsto M_1(t)$ bzw. $t \mapsto M_2(t)$ aufbringen. Stelle für die Winkel $t \mapsto q_1(t)$ und $t \mapsto q_2(t)$ die resultierenden Bewegungsgleichungen auf! Verwende dabei für $i = 1, 2$ die folgenden Bezeichnungen:

- L_i = Länge von A_i (also $L_1 = \overline{G_1 G_2}$ und $L_2 = \overline{G_2 E}$);
- ℓ_i = Abstand von G_i zum Schwerpunkt S_i von A_i;
- m_i = Masse von A_i;
- Θ_i = Trägheitsmoment von A_i bezüglich der Schwerpunktsachse senkrecht zur Bewegungsebene.

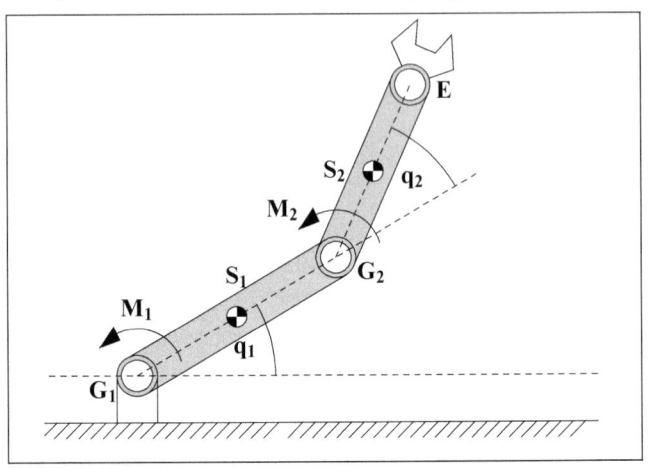

Roboterarm.

Zeige insbesondere, daß sich mit den Bezeichnungen $q = (q_1, q_2)^T$ und $M = (M_1, M_2)^T$ die Bewegungsgleichungen in der Form $H(q)\ddot{q} + b(q, \dot{q}) + g(q) = M$ schreiben lassen, wobei $H(q)$ eine invertierbare (2×2)-Matrix und jede der beiden Komponenten von b von der Form $\dot{q}^T B(q) \dot{q}$ mit einer (2×2)-Matrix B ist.

Aufgabe (120.53) Die abgebildete Scheibe habe die Masse m und das Trägheitsmoment θ bezüglich der Schwerpunktsachse senkrecht zur Scheibenebene. Die Scheibe sei an dem Punkt A frei drehbar aufgehängt. Leite eine Differentialgleichung für die Funktion $t \mapsto \varphi(t)$ her! Mit welcher Frequenz schwingt die Scheibe bei kleinen Auslenkungen aus ihrer Ruhelage $\varphi = 0$?

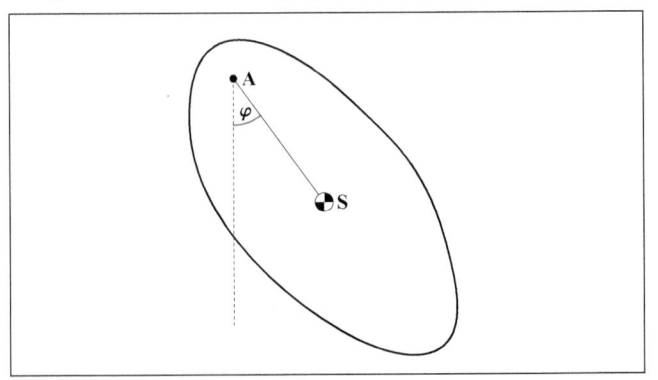

Körperpendel.

Lösungen zu »Beispiele aus der Mechanik« siehe Seite 432

Aufgabe (120.54) Eine zylindrische Walze (Radius r, Masse m, Trägheitsmoment $\theta = mr^2/2$) befinde sich auf einer schiefen Ebene (Neigungswinkel φ) und sei in der angegebenen Position arretiert, in der die Feder ihre natürliche Länge ℓ_0 habe. Das untere Ende der Feder sei fest, das obere Ende bewege sich mit dem Walzenmittelpunkt. Gib bezüglich des eingetragenen Koordinatensystems die Gleichungen für die Bewegung der Walze an, die diese nach dem Loslassen ausführt. (Es sei angenommen, daß die Walze eine reine Rollbewegung ausführt.)

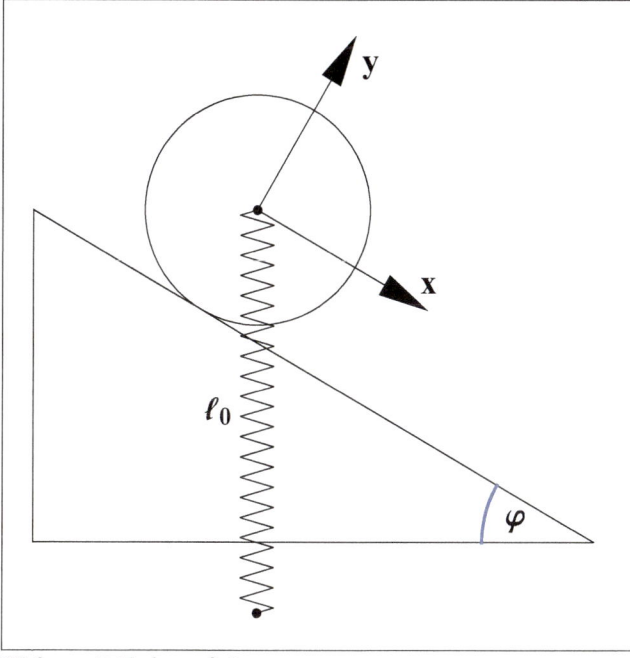

Walze mit Federaufhängung.

Aufgabe (120.55) Ein Balken (Länge $L = 2\ell + x$, Masse m, Trägheitsmoment $\theta = mL^2/12$) sei wie abgebildet mit zwei Seilen gleicher Länge an der Decke aufgehängt.

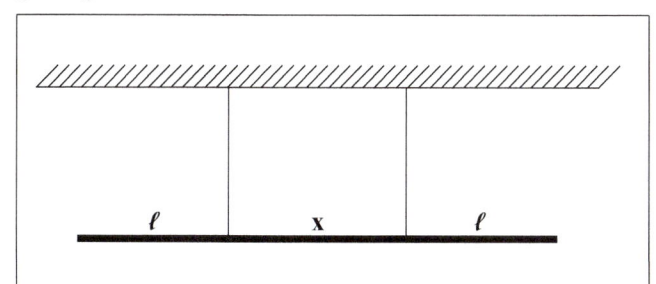

Balken an Seilen.

(a) Das linke Seil werde durchgeschnitten. Wie groß ist die Winkelbeschleunigung des Balkens unmittelbar nach dem Durchtrennen?
(b) Welche Kraft wirkt in diesem Moment in dem noch verbliebenen zweiten Seil?
(c) Bei welchem Abstand x zwischen den beiden Seilen ändert sich die Kraft in dem zweiten Seil zwischen der Zeit vor dem Durchtrennen des ersten Seils und der Zeit unmittelbar nach dem Durchtrennen nicht?

Aufgabe (120.56) Ein verarmter Mathematikprofessor verdient sich ein Zubrot durch Kunstdiebstähle. Zum Entwenden eines an zwei Schnüren aufgehängtes Gemäldes (Breite $b = 2a+x$, Höhe h, Masse m, Trägheitsmoment $\theta_S = m(b^2+h^2)/12$) durchtrennt er zunächst die linke Aufhängung des Bildes.

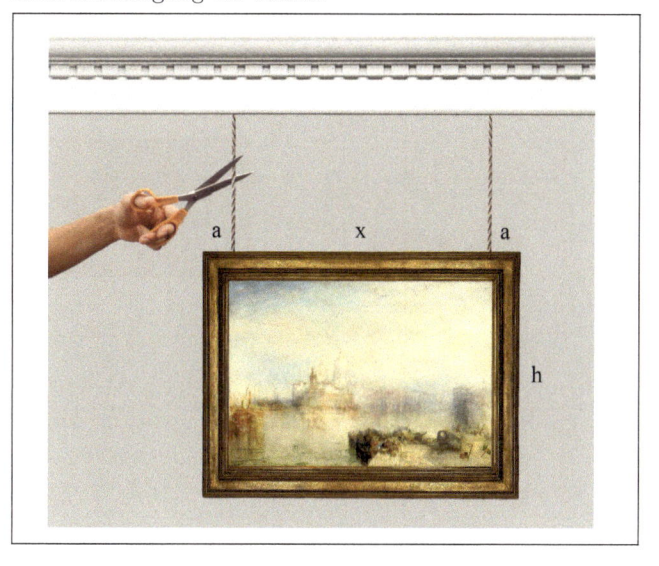

(a) Wie groß ist die Winkelbeschleunigung des Bildes unmittelbar nach dem Durchtrennen?
(b) Welche Kraft wirkt in diesem Moment in der noch verbliebenen zweiten Schnur?
(c) Bei welchem Abstand x zwischen den beiden Schnüren ändert sich die Kraft in der zweiten Schnur zwischen der Zeit vor dem Durchtrennen der ersten Aufhängung und der Zeit unmittelbar nach dem Durchtrennen nicht?

Aufgabe (120.57) An welchem Punkt P muß man den abgebildeten Hammer (Masse m, Trägheitsmoment θ bezüglich des Schwerpunkts) anfassen, damit man beim Hämmern keine Reaktionskraft in der Hand spürt?

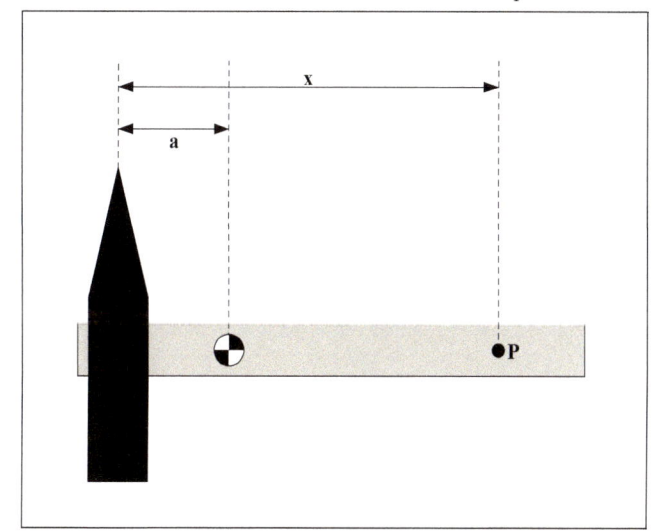

Reaktionskraft eines Hammergriffs.

Lösungen zu »Beispiele aus der Mechanik« siehe Seite 432

Aufgabe (120.58) Leite mit Methoden der Mechanik eine geschlossene Formel für die Summe $1^2 + 2^2 + \cdots + n^2$ her! – **Hinweis:** Betrachte das System der in der Skizze eingezeichneten Punktmassen (jeweils mit der gleichen Masse m) und begründe zunächst, daß der Schwerpunkt $(\overline{x}, \overline{y})$ dieses Systems der Mittelpunkt der Seitenhalbierenden des grau eingezeichneten Dreiecks ist. Nutze dann aus, daß die Summe der Momente, die die einzelnen Massen bezüglich des Schwerpunkts ausüben, gleich Null ist.

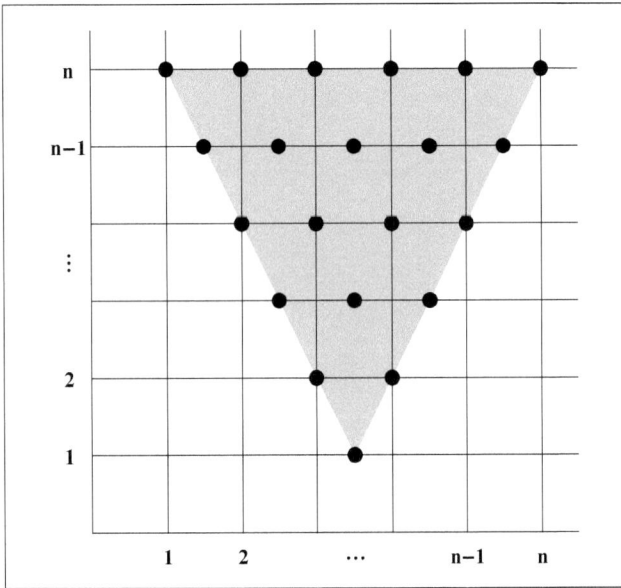

Mechanische Lösung eines mathematischen Problems.

Aufgabe (120.59) Das Bein eines Fahrradfahrers werde als ein System zweier starrer Stäbe modelliert, nämlich des Oberschenkels HK und des Unterschenkels KF, wobei wir mit H das Hüftgelenk, mit K das Kniegelenk und mit F das Fußgelenk bezeichnen. Dabei sei H fest mit dem Fahrradrahmen und F fest mit dem Pedal verbunden.

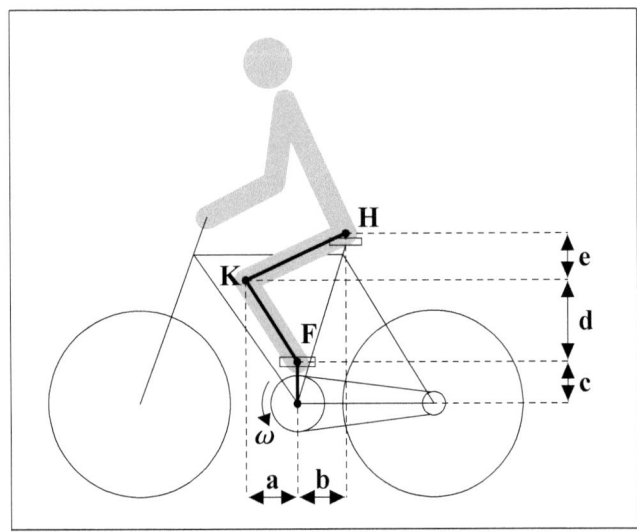

Fahrrad.

(a) Zeichne den Momentanpol des Oberschenkels und denjenigen des Unterschenkels in die Skizze ein und erläutere kurz, warum es sich bei den eingezeichneten Punkten um die Momentanpole handelt!

(b) In der eingezeichneten Konfiguration (mit den Strecken a, b, c, d, e) drehe sich das Kettenrad mit der Winkelgeschwindigkeit ω. Wie groß sind in diesem Augenblick die Winkelgeschwindigkeit ω_O des Oberschenkels und die Winkelgeschwindigkeit ω_U des Unterschenkels?

Aufgabe (120.60) Ein Satellit soll während eines Zeitintervalls $[0, T]$ durch ein Eigenachsenmanöver aus der Ruhelage g_0 in die Ruhelage g_1 überführt werden, wobei

$$g_0 = \begin{bmatrix} 1 & 0 & 0 \\ 0 & 1 & 0 \\ 0 & 0 & 1 \end{bmatrix} \quad \text{und} \quad g_1 = \frac{1}{3}\begin{bmatrix} 2 & 1 & 2 \\ -2 & 2 & 1 \\ -1 & -2 & 2 \end{bmatrix}$$

vorgegeben sind.

(a) Bestimme Drehachse und Drehwinkel der Eigenachsendrehung!

(b) Das Eigenachsenmanöver sei so, daß $t \mapsto \|\omega(t)\|$ ein Polynom zweiten Grades ist. Gib den Winkelgeschwindigkeitsverlauf $t \mapsto \omega(t) = \bigl(\omega_1(t), \omega_2(t), \omega_3(t)\bigr)^T$ und den Drehmomentenverlauf $t \mapsto M(t) = \bigl(M_1(t), M_2(t), M_3(t)\bigr)^T$ unter der Voraussetzung an, daß für den Satelliten $\theta_1 = \theta_2 = \theta_3 =: \theta$ gilt!

(c) Wie lange dauert unter den in (b) genannten Voraussetzungen das Manöver mindestens, wenn eine Antriebsbeschränkung der Form $\|M(t)\| \leq M_{\max}$ gilt?

Aufgabe (120.61) Durch ein Eigenachsenmanöver werde die Ruhelage

$$g_0 = \frac{1}{125}\begin{bmatrix} 107 & 60 & -24 \\ -60 & 75 & -80 \\ -24 & 80 & 93 \end{bmatrix}$$

in die Ruhelage

$$g_1 = \frac{1}{500}\begin{bmatrix} 142 + 83\sqrt{2} & 110 + 140\sqrt{2} & -394 + 69\sqrt{2} \\ -166 - 120\sqrt{2} & -280 + 150\sqrt{2} & -138 - 160\sqrt{2} \\ -382 + 83\sqrt{2} & 190 + 140\sqrt{2} & 74 + 69\sqrt{2} \end{bmatrix}$$

überführt. Berechne den zeitlichen Verlauf der Drehmomente, die aufgebracht werden müssen, um dieses Manöver durchzuführen. Gib ferner an, wie sich die Minimalzeit T ermitteln läßt, die bei vorgegebenen Grenzen für die einzelnen Drehmomente zur Durchführung des Manövers nötig ist.

Aufgabe (120.62) Durch ein Eigenachsenmanöver soll die Ruhelage $g(0) = \mathbf{1}$ (Einheitsmatrix) während eines vorgegebenen Zeitintervalls $[0, T]$ in die folgende Ruhelage überführt werden:

$$g(T) = \frac{1}{7}\begin{bmatrix} -6 & -2 & 3 \\ -2 & -3 & -6 \\ 3 & -6 & 2 \end{bmatrix}.$$

(a) Gib ein solches Eigenachsenmanöver an!

(b) Die Hauptträgheitsmomente $\Theta_1, \Theta_2, \Theta_3$ des zu drehenden Körpers mögen alle den gleichen Wert Θ haben, und es gelte eine Drehmomentenbeschränkung der Form $\|M(t)\| \leq M_{\max}$ für alle $t \in [0, T]$. In welcher Minimalzeit T ist das in (a) gefundene Manöver unter diesen Bedingungen durchführbar?

Aufgabe (120.63) Eine Eigenachsendrehung ist dadurch charakterisiert, daß der (raumbezogene) Winkelgeschwindigkeitsvektor seine Richtung nicht ändert, daß es also einen konstanten Vektor c und eine skalare Funktion u gibt mit
$$\omega(t) = u(t)\, c$$
für alle t. Zeige, daß dann auch der körperbezogene Winkelgeschwindigkeitsvektor $\omega^\star(t) = g(t)^{-1} \omega(t)$ seine Richtung nicht ändert!

Aufgabe (120.64) Eine homogene Billardkugel (Radius R, Masse m, Massenträgheitsmoment $\theta = 2mR^2/5$ um jede Schwerpunktsachse) beginne ihre Bewegung mit einer Anfangstranslationsgeschwindigkeit v_0 und einer Anfangswinkelgeschwindigkeit ω_0. Der Billardtisch werde als eine rauhe Ebene mit dem Gleitreibungskoeffizienten μ modelliert.

(a) Welche Bahn beschreibt der Kugelschwerpunkt?

(b) Nach welcher Zeit tritt reines Rollen ein?

Aufgabe (120.65) Wir betrachten die Eulerschen Kreiselgleichungen

$(\star)$ $\quad\begin{aligned}\Theta_1 \dot\omega_1 &= (\Theta_2 - \Theta_3)\, \omega_2 \omega_3 \\ \Theta_2 \dot\omega_2 &= (\Theta_3 - \Theta_1)\, \omega_3 \omega_1 \\ \Theta_3 \dot\omega_3 &= (\Theta_1 - \Theta_2)\, \omega_1 \omega_2\end{aligned}$

für einen momentenfreien Starrkörper mit den Trägheitsmomenten $\Theta_1 < \Theta_2 < \Theta_3$. Welche Gleichgewichtslagen besitzt das System $(\star)$? Welche dieser Gleichgewichtslagen sind stabil bzw. instabil?

Aufgabe (120.66) Eine exakt kreisförmige Heeresformation (Durchmesser $2r = 1\,\text{km}$) bewege sich geradlinig mit konstanter Geschwindigkeit. Ein Reiter umrundet, mit konstanter Geschwindigkeit immer exakt am Rand des Heeres entlangreitend, diese Formation. Er erreicht seine Anfangsposition (relativ zum Heer) genau in dem Moment, als das Heer die Strecke von einem Kilometer zurückgelegt hat. Welche Strecke hat dann der Reiter zurückgelegt?

A121: Qualitative Untersuchung von Differentialgleichungen

Aufgabe (121.1) Es sei $t \mapsto x(t)$ eine nichtkonstante Trajektorie des Systems $\dot{x}(t) = f(x(t))$. Für $t \to \infty$ oder $t \to -\infty$ gelte $x(t) \to p$. (Nach Satz (121.2) im Buch ist dann p zwangsläufig eine Gleichgewichtslage des Systems.) Zeige, daß dann $\dot{x}(t) \to 0$ gilt.

Aufgabe (121.2) Es sei $t \mapsto x(t)$ eine nichtkonstante Trajektorie des Systems $\dot{x}(t) = f(x(t))$. Für $t \to \infty$ oder $t \to -\infty$ mögen die Beziehungen $x(t) \to p$ und $\dot{x}(t)/\|\dot{x}(t)\| \to v$ gelten. (Nach Satz (121.2) im Buch ist dann p zwangsläufig eine Gleichgewichtslage des Systems.) Zeige, daß dann v ein Eigenvektor von $f'(p)$ ist. (Die einzigen Richtungen, in denen sich eine Trajektorie von einer Gleichgewichtslage p wegbewegen oder auf eine Gleichgewichtslage p zubewegen kann, sind also die Eigenrichtungen von $f'(p)$.)

Aufgabe (121.3) Wir betrachten eine Funktion $g : (a, b) \to \mathbb{R}$ mit $-\infty \le a < b \le \infty$. Beweise die folgenden Aussagen!

(a) Ist g monoton wachsend und nach oben beschränkt, so existiert $\lim_{x \to b} g(x)$.
(b) Ist g monoton fallend und nach unten beschränkt, so existiert $\lim_{x \to b} g(x)$.
(c) Ist g monoton fallend und nach oben beschränkt, so existiert $\lim_{x \to a} g(x)$.
(d) Ist g monoton wachsend und nach unten beschränkt, so existiert $\lim_{x \to a} g(x)$.

Erläutere, wie diese Aussagen bei der Analyse von Phasenportraits helfen können!

Aufgabe (121.4) Zeichne für die beiden Systeme $\dot{x} = x(1-x)$ und $\dot{x} = x(x-1)$ jeweils das Phasenportrait und skizziere den Verlauf der Lösungen. Überprüfe anschließend das Ergebnis durch explizite Ermittlung der Lösungen.

Aufgabe (121.5) Für reelle Zahlen $a < b < c$ betrachten wir die skalare Differentialgleichung

$$(\star) \qquad \dot{x} = (x-a)(x-b)(x-c).$$

Zeichne das Phasenportrait von $(\star)$ und skizziere den Verlauf der Lösungen von $(\star)$, ohne diese Lösungen explizit zu berechnen.

Aufgabe (121.6) Bestimme das Phasenportrait der Differentialgleichung

$$\dot{x} = ax + bx^5$$

für beliebige Koeffizienten $a, b \in \mathbb{R}$. Unterscheide dabei die folgenden Fälle!

(a) $a > 0$, $b > 0$
(b) $a > 0$, $b = 0$
(c) $a > 0$, $b < 0$
(d) $a = 0$, $b > 0$
(e) $a = 0$, $b = 0$
(f) $a = 0$, $b < 0$
(g) $a < 0$, $b > 0$
(h) $a < 0$, $b = 0$
(i) $a < 0$, $b < 0$

Aufgabe (121.7) Skizziere das Phasenportrait des Systems

$$\begin{aligned} \dot{x} &= e^{x+y}(x+y), \\ \dot{y} &= e^{x+y}(x-y). \end{aligned}$$

Hinweis: Die Lösungskurven lassen sich in der Form $y = \varphi(x)$ schreiben.

Aufgabe (121.8) Skizziere das Phasenportrait für jedes der folgenden Systeme!
(a) $\dot{x} = -y + x(x^2+y^2-1)$, $\dot{y} = x + y(x^2+y^2-1)$
(b) $\dot{x} = -y - x(x^2+y^2-1)$, $\dot{y} = x - y(x^2+y^2-1)$
(c) $\dot{x} = -y + x(x^2+y^2-1)^2$, $\dot{y} = x + y(x^2+y^2-1)^2$
(d) $\dot{x} = -y - x(x^2+y^2-1)^2$, $\dot{y} = x - y(x^2+y^2-1)^2$

Hinweis: Transformiere auf Polarkoordinaten.

Aufgabe (121.9) (a) Auf einer offenen und einfach zusammenhängenden Menge $\Omega \subseteq \mathbb{R}^2$ betrachten wir das System

$$(\star) \qquad \dot{x} = f(x, y), \quad \dot{y} = g(x, y)$$

mit C^1-Funktionen $f, g : \Omega \to \mathbb{R}$. Zeige: Gibt es eine C^1-Funktion $\varphi : \Omega \to \mathbb{R}$ mit $\partial(\varphi f)/\partial x + \partial(\varphi g)/\partial y > 0$ auf Ω, so besitzt $(\star)$ keine periodische Lösung, die ganz in Ω verläuft.

(b) Zeige, daß das folgende System keine periodischen Lösungen besitzt!

$$\begin{aligned} \dot{x} &= x + y^2 + x^3 \\ \dot{y} &= -x + y + yx^2 \end{aligned}$$

(c) Zeige, daß das folgende System keine periodischen Lösungen besitzt, die im Innern des Kreises $x^2 + y^2 < 4$ verlaufen!

$$\begin{aligned} \dot{x} &= x - xy^2 + y^3 \\ \dot{y} &= 3y - x^2 y + x^3 \end{aligned}$$

(d) Es seien $u, v : \mathbb{R} \to \mathbb{R}$ beliebige C^1-Funktionen. Zeige, daß das folgende Systeme keine periodischen Lösungen besitzt!

$$\begin{aligned} \dot{x} &= u(y) + 4xy^2 \\ \dot{y} &= v(x) + 4x^2 y \end{aligned}$$

Aufgabe (121.10) Wir betrachten für eine feste Zahl $a > 0$ das folgende Differentialgleichungssystem.

$$\dot{x} = ax - ay$$
$$\dot{y} = y^2 - x^4$$

(a) Bestimme die Gleichgewichtslagen des Systems.
(b) Bestimme die Nullisoklinen des Systems und fertige eine Skizze an!
(c) Die Nullisoklinen zerlegen den $\mathbb{R}^2$ in verschiedene Gebiete. Zeichne in der Skizze in jedes Gebiete eine der vier Bezeichnungen LU, LO, RU oder RO ein, je nachdem, ob Trajektorien in dem jeweiligen Gebiet nach links unten, links oben, rechts unten oder rechts oben verlaufen.
(d) Für welche Gleichgewichtslagen kann man allein anhand der Skizze entscheiden, ob sie stabil oder instabil sind?

A122: Lineare und linearisierte Systeme

Aufgabe (122.1) Gegeben seien eine Zahl $d > 0$ und eine Zahl $\omega \neq 0$. Gib eine Differentialgleichung der Form $\ddot{x} + A\dot{x} + Bx = 0$ an, für die $x(t) = e^{-dt}\cos(\omega t)$ eine Lösung ist. Skizziere die Lösung $t \mapsto (x(t), \dot{x}(t))$ des zugehörigen Systems erster Ordnung sowie deren Projektion auf die $x\dot{x}$-Ebene.

Aufgabe (122.2) Es sei $A = \begin{bmatrix} \lambda_1 & 0 \\ 0 & \lambda_2 \end{bmatrix}$ mit reellen Zahlen $\lambda_1, \lambda_2 \in \mathbb{R}$. Bestimme die Trajektorien des Systems $\dot{v} = Av$. Unterscheide dabei die folgenden Fälle:
- $\lambda_1 \neq 0$ und $\lambda_2 \neq 0$;
- genau eine der beiden Zahlen λ_i ist Null;
- $\lambda_1 = \lambda_2 = 0$.

Aufgabe (122.3) Es sei $A = \begin{bmatrix} \lambda & 1 \\ 0 & \lambda \end{bmatrix}$ mit einer reellen Zahl $\lambda \in \mathbb{R}$. Bestimme die Trajektorien des Systems $\dot{v} = Av$. Unterscheide dabei die Fälle $\lambda \neq 0$ und $\lambda = 0$.

Aufgabe (122.4) Es sei $A = \begin{bmatrix} a & -b \\ b & a \end{bmatrix}$ mit reellen Zahlen $a, b \in \mathbb{R}$, wobei $b \neq 0$ gelte. Bestimme die Trajektorien des Systems $\dot{v} = Av$. Unterscheide dabei die Fälle $a \neq 0$ und $a = 0$. Welche Rolle spielen die Vorzeichen von a und b? – **Hinweis:** Schreibe das System $\dot{v} = Av$ in Polarkoordinaten.

Aufgabe (122.5) Transformiere die Matrix
$$A = \frac{1}{3}\begin{bmatrix} -1 & -4 \\ -2 & 1 \end{bmatrix}$$
auf Jordansche Normalform J und vergleiche dann die Phasenportraits der Systeme $\dot{x} = Ax$ und $\dot{\xi} = J\xi$.

Aufgabe (122.6) Es sei A eine reelle oder komplexe quadratische Matrix. Beweise die folgenden Aussagen!
(a) Haben alle Eigenwerte von A negativen Realteil, so gibt es Konstanten $C > 0$ und $\alpha > 0$ mit
$$\|\exp(tA)\| \leq Ce^{-\alpha t} \quad \text{für alle } t \in \mathbb{R}.$$
(b) Ist A diagonalisierbar und haben alle Eigenwerte von A nichtpositiven Realteil, so gibt es eine Konstante C mit $\|\exp(tA)\| \leq C$ für alle $t \in \mathbb{R}$.
(c) Erfüllt A weder Bedingung (a) noch Bedingung (b), so gilt $\|\exp(tA)\| \to \infty$ für $t \to \infty$.

Hinweis: Transformiere A auf Jordansche Normalform! (Da alle Normen auf einem endlichdimensionalen Vektorraum äquivalent sind, ist es egal, welche Norm in diesen Aussagen zugrundegelegt wird.)

Aufgabe (122.7) Es sei A eine reelle oder komplexe $(n \times n)$-Matrix derart, daß $\operatorname{Re} \lambda \neq 0$ für jeden Eigenwert von A gilt. Zeige, daß es eine eindeutig bestimmte Zerlegung $\mathbb{C}^n = U_s \oplus U_i$ mit folgenden Eigenschaften gibt:
- $e^{tA}x \to 0$ für $t \to \infty$, falls $x \in U_s \setminus \{0\}$;
- $\|e^{tA}x\| \to \infty$ für $t \to \infty$, falls $x \in U_i \setminus \{0\}$.

Die Unterräume U_s und U_i werden als **stabiler Unterraum** bzw. **instabiler Unterraum** von A bezeichnet.

Aufgabe (122.8) Zeige, daß das System
$$(\star) \qquad \begin{bmatrix} \dot{x} \\ \dot{y} \end{bmatrix} = \begin{bmatrix} -x \\ y + x^2 \end{bmatrix}$$
die einzige Gleichgewichtslage $(0,0)$ hat. Zeige, daß durch
$$\Phi(x,y) := \begin{bmatrix} x \\ y + (x^2/3) \end{bmatrix}$$
ein Homöomorphismus $\Phi : \mathbb{R}^2 \to \mathbb{R}^2$ gegeben ist, der die Lösungskurven des Systems $(\star)$ isochron auf die Lösungskurven des um $(0,0)$ linearisierten Systems abbildet.

Aufgabe (122.9) Wir betrachten die Matrizen
$$A = \begin{bmatrix} 4 & 1 \\ 3 & 2 \end{bmatrix} \quad \text{und} \quad B = \begin{bmatrix} 5 & 0 \\ 0 & 5 \end{bmatrix}$$
sowie die Abbildung $\Phi : \mathbb{R}^2 \to \mathbb{R}^2$, die definiert ist durch
$$\Phi(x,y) := \begin{bmatrix} (x-y)^5 + 3x + y \\ -3(x-y)^5 + 3x + y \end{bmatrix}.$$
Zeige durch explizite Ermittlung der Umkehrabbildung, daß Φ ein Homöomorphismus ist. Zeige ferner, daß Φ die Lösungskurven des Systems $\dot{x} = Ax$ isochron auf die Lösungskurven des Systems $\dot{\xi} = B\xi$ abbildet. Skizziere für jedes der beiden Systeme das Phasenportrait in einer Umgebung der Gleichgewichtslage $(0,0)$.

Aufgabe (122.10) Vergleiche das Phasenportrait des Systems
$$\begin{bmatrix} \dot{x} \\ \dot{y} \end{bmatrix} = \begin{bmatrix} y \\ -2x^3 \end{bmatrix}$$
in einer Umgebung der (einzigen) Gleichgewichtslage $(0,0)$ mit dem Phasenportrait des um $(0,0)$ linearisierten Systems!

Aufgabe (122.11) Für eine gegebene Zahl $a \neq 0$ betrachten wir das System
$$\begin{bmatrix} \dot{x} \\ \dot{y} \end{bmatrix} = \begin{bmatrix} -y \\ x \end{bmatrix} + a(x^2 + y^2)\begin{bmatrix} x \\ y \end{bmatrix}.$$
Vergleiche das Phasenportrait dieses Systems in einer Umgebung der (einzigen) Gleichgewichtslage $(0,0)$ mit dem Phasenportrait des um $(0,0)$ linearisierten Systems!

Lösungen zu »Lineare und linearisierte Systeme« siehe Seite 475

A123: Stabilität von Gleichgewichtslagen

Aufgabe (123.1) Es seien $a < b < c$ reelle und A, B, C natürliche Zahlen; dann hat das System
$$\dot{x} = (x-a)^A (x-b)^B (x-c)^C$$
die Gleichgewichtslagen a, b und c. Gib in den folgenden Situationen jeweils an, welche dieser Gleichgewichtslagen stabil bzw. instabil sind!
(a) A, B und C sind gerade
(b) A und B sind gerade, C ist ungerade
(c) A und C sind gerade, B ist ungerade
(d) B und C sind gerade, A ist ungerade
(e) A und B sind ungerade, C ist gerade
(f) A und C sind ungerade, B ist gerade
(g) B und C sind ungerade, A ist gerade
(h) A, B und C sind ungerade

Aufgabe (123.2) Zeige, daß die allgemeine Lösung des Systems
$$\begin{bmatrix} \dot{x} \\ \dot{y} \end{bmatrix} = \begin{bmatrix} y \\ (-x/2) \cdot \left(x^2 + \sqrt{x^4 + 4y^2}\right) \end{bmatrix}$$
gegeben ist durch
$$\begin{bmatrix} x(t) \\ y(t) \end{bmatrix} = \begin{bmatrix} c\sin(ct+d) \\ c^2\cos(ct+d) \end{bmatrix}$$
mit Konstanten $c, d \in \mathbb{R}$. Schließe daraus, daß die Gleichgewichtslage $(0,0)$ des Systems zwar stabil, aber nicht asymptotisch stabil ist.

Aufgabe (123.3) Der Ursprungspunkt $p = 0$ ist eine Gleichgewichtslage des linearen Systems $\dot{x}(t) = Ax(t)$. Beweise die folgenden Aussagen!
(a) Haben alle Eigenwerte von A negativen Realteil, so konvergiert jede beliebige Lösungskurve für $t \to \infty$ gegen 0; insbesondere ist dann die Gleichgewichtslage $p = 0$ asymptotisch stabil.
(b) Ist A diagonalisierbar, haben sämtliche Eigenwerte von A nichtpositiven Realteil und tritt der Realteil 0 auf, so ist die Gleichgewichtslage $p = 0$ stabil, aber nicht asymptotisch stabil.
(c) Erfüllt A weder Bedingung (a) noch Bedingung (b), so gibt es zu jeder Umgebung U von $p = 0$ eine Lösung $t \mapsto x(t)$ mit $x(0) \in U$ und $\|x(t)\| \to \infty$ für $t \to \infty$; insbesondere ist dann die Gleichgewichtslage $p = 0$ instabil.

Aufgabe (123.4) Zeige, daß die Gleichgewichtslage $(0,0)$ des linearen Systems
$$\begin{bmatrix} \dot{x} \\ \dot{y} \end{bmatrix} = \begin{bmatrix} -4 & 3e^{-8t} \\ -e^{8t} & 0 \end{bmatrix} \begin{bmatrix} x(t) \\ y(t) \end{bmatrix}$$
instabil ist, obwohl alle Eigenwerte der Koeffizientenmatrix negativen Realteil haben. (Die Aussage der vorhergehenden Aufgabe ist also nicht auf zeitlich veränderliche Systeme übertragbar.)

Aufgabe (123.5) Wir betrachten das System
$$\begin{bmatrix} \dot{x} \\ \dot{y} \end{bmatrix} = \begin{bmatrix} -3x^3 - y \\ x^5 - 2y^3 \end{bmatrix} = \begin{bmatrix} 0 & -1 \\ 0 & 0 \end{bmatrix} \begin{bmatrix} x \\ y \end{bmatrix} + \begin{bmatrix} -3x^3 \\ x^5 - 2y^3 \end{bmatrix}.$$
Zeige, daß die Funktion $\Phi(x,y) := x^6 + 3y^2$ entlang jeder Lösungskurve dieses Systems strikt abnehmende Werte hat. Folgere daraus, daß die Gleichgewichtslage $(0,0)$ asymptotisch stabil ist.

Aufgabe (123.6) Transformiere die Gleichung $\ddot{z} + \dot{z} + z^3 = 0$ in ein System $(\dot{x}, \dot{y}) = f(x,y)$ erster Ordnung. Suche dann eine Funktion der Form
$$\Phi(x,y) = ax^4 + bx^2 + cxy + dy^2$$
mit $\Phi_f(x,y) = -x^4 - y^2$. Ist die Gleichgewichtslage $z = 0$ stabil?

Aufgabe (123.7) Es sei $h : \mathbb{R}^2 \to \mathbb{R}$ eine Funktion, die nur nichtpositive Werte annimmt. Zeige dann durch Betrachtung der Funktion $\Phi(x,y) := 5x^2 + 2xy + 2y^2$, daß die Gleichgewichtslage $(0,0)$ des Systems
$$\begin{bmatrix} \dot{x} \\ \dot{y} \end{bmatrix} = \begin{bmatrix} y \\ -2x - 3y + (x+2y)(h(x,y) - y^2) \end{bmatrix}$$
stabil ist. Bestimme einen invarianten Attraktivitätsbereich für diese Gleichgewichtslage.

Aufgabe (123.8) Beweise die Stabilität der Gleichgewichtslage $(0,0)$ für das System
$$\begin{bmatrix} \dot{x} \\ \dot{y} \end{bmatrix} = \begin{bmatrix} y - xy \\ -x + xy \end{bmatrix}.$$
Hinweis: Betrachte die Funktion
$$\Phi(x,y) := -x - \ln(1-x) - y - \ln(1-y).$$

Aufgabe (123.9) (a) Zeige, daß die Gleichgewichtslage $(0,0,0)$ des Systems
$$(\star) \quad \begin{aligned} \dot{x} &= -y - xy^2 + z^2 - x^5 \\ \dot{y} &= x + z^3 - y^3 \\ \dot{z} &= -xz - x^2z - yz^2 - z^3 \end{aligned}$$
asymptotisch stabil ist, daß sie aber für das um $(0,0,0)$ linearisierte System zwar stabil, aber nicht asymptotisch stabil ist. (**Hinweis:** Betrachte die Funktion $\Phi(x,y,z) := (1/2)(x^2 + y^2 + z^2)$.)
(b) Welche anderen Gleichgewichtslagen außer $(0,0,0)$ besitzt das durch $(\star)$ gegebene System?

Lösungen zu »Stabilität von Gleichgewichtslagen« siehe Seite 481

Aufgabe (123.10) Es sei p eine Gleichgewichtslage des Systems $\dot{x}(t) = f(x(t))$, und es gebe eine nichtkonstante Lösung $t \mapsto x(t)$ dieses Systems mit $x(t) \to p$ für $t \to -\infty$. Zeige, daß die Gleichgewichtslage p instabil ist.

Aufgabe (123.11) Wir betrachten das Vinograd-System
$$\dot{x} = \frac{x^2(y-x) + y^5}{(x^2+y^2)\bigl(1+(x^2+y^2)^2\bigr)}$$
$$\dot{y} = \frac{y^2(y-2x)}{(x^2+y^2)\bigl(1+(x^2+y^2)^2\bigr)}$$

mit einer rechten Seite, die für $(x,y) = (0,0)$ als Null zu verstehen ist. Es sei Γ die Kurve mit der Parameterdarstellung
$$x(t) = \frac{1}{t^2}\sqrt{\frac{1-t}{t}}, \quad y(t) = \frac{1}{t}\sqrt{\frac{1-t}{t}} \quad (0 < t \le 1),$$

und die Mengen I_a, I_b, II und III seien folgendermaßen definiert:
- I_a ist die Menge aller Punkte der oberen Halbebene, die unterhalb der Geraden $y = -x$ liegen;
- I_b ist die Menge aller Punkte, die sowohl oberhalb der Geraden $y = -x$ als auch oberhalb der Geraden $y = 2x$ liegen;
- II ist die Menge aller Punkte im ersten Quadranten, die unterhalb der Geraden $y = 2x$ und oberhalb der Kurve Γ liegen;
- III ist die Menge aller Punkte im ersten Quadranten, die unterhalb der Kurve Γ liegen.

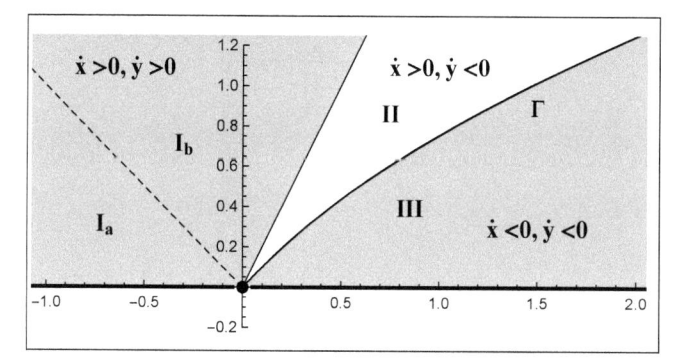

Beweise die folgenden Aussagen!
(a) Der Punkt $(0,0)$ ist die einzige Gleichgewichtslage des Systems.
(b) Ist $t \mapsto (x(t), y(t))$ eine Lösungskurve des Systems, dann auch $t \mapsto (-x(t), -y(t))$. (Was bedeutet dies für das Aussehen des Phasenportraits?)
(c) Der negative und der positive Teil der x-Achse sind Trajektorien, die auf die Gleichgewichtslage $(0,0)$ zulaufen.
(d) Die Nullisokline bezüglich y ist die Vereinigung der x-Achse mit der Geraden $y = 2x$.
(e) Die Nullisokline bezüglich x ist eine Kurve, deren in der oberen Halbebene verlaufender Teil gerade Γ ist.
(f) Jede in I_a beginnende Trajektorie muß I_a verlassen und in I_b eindringen.
(g) Jede in I_b beginnende Trajektorie muß I_b verlassen und in II eindringen.
(h) Jede in II beginnende Trajektorie muß II verlassen, um in III einzudringen.
(i) Jede in III beginnende Trajektorie verbleibt in III und läuft für $t \to \infty$ gegen $(0,0)$.
(j) Die Gleichgewichtslage $(0,0)$ ist attraktiv, und zwar sogar global: Jede Systemtrajektorie läuft für $t \to \infty$ gegen $(0,0)$.
(k) Eine Trajektorie durch einen Punkt der Form (x,y) mit $y = 3x$ passiert diesen Punkt genau dann mit einer Steigung größer als 3, wenn $y < 1/\sqrt{27}$ gilt.
(l) Es sei η eine Zahl mit $0 < \eta < 1/\sqrt{27}$, und es sei D das Dreieck mit den Begrenzungslinien $x = 0$ (linker Rand), $y = 3x$ (rechter Rand) und $y = \eta$ (oberer Rand). Jede am linken oder rechten Rand startende Trajektorie läuft dann in das Dreieck D hinein und verläßt dieses durch den oberen Rand wieder.
(m) Es gibt eine Zahl ξ derart, daß jede vom linken Rand her in D eindringende Trajektorie dieses Dreieck links von (ξ, η) wieder verläßt, während jede vom rechten Rand her in D eindringende Trajektorie dieses Dreieck rechts von (ξ, η) wieder verläßt.
(n) Eine durch (ξ, η) laufende Trajektorie läuft für $t \to -\infty$ gegen $(0,0)$ (und nach (k) auch für $t \to \infty$).
(o) Die Gleichgewichtslage $(0,0)$ ist nicht stabil.

Hinweis zu (g): Zu jedem Punkt $p \in I_b$ gibt es eine Konstante C derart, daß p in dem Dreieck D mit den Begrenzungslinien $y = -x$, $y = 2x$ und $y = x + C$ liegt. Begründe, warum die in p beginnende Trajektorie nicht in D verbleiben kann, sondern D über die Randlinie $y = 2x$ verlassen muß, um in II einzudringen.

Aufgabe (123.12) Bestimme in jedem der folgenden Beispiele alle Gleichgewichtslagen des angegebenen Systems und untersuche sie auf Stabilität hin!

(a) $\begin{bmatrix} \dot{x} \\ \dot{y} \end{bmatrix} = \begin{bmatrix} x - x^3 - xy^2 \\ 2y - y^5 - x^4 y \end{bmatrix}$

(b) $\begin{bmatrix} \dot{x} \\ \dot{y} \end{bmatrix} = \begin{bmatrix} x^2 + y^2 - 1 \\ x^2 - y^2 \end{bmatrix}$

(c) $\begin{bmatrix} \dot{x} \\ \dot{y} \end{bmatrix} = \begin{bmatrix} x^2 + y^2 - 1 \\ 2xy \end{bmatrix}$

(d) $\begin{bmatrix} \dot{x} \\ \dot{y} \end{bmatrix} = \begin{bmatrix} 6x - 6x^2 - 2xy \\ 4y - 4y^2 - 2xy \end{bmatrix}$

(e) $\begin{bmatrix} \dot{x} \\ \dot{y} \end{bmatrix} = \begin{bmatrix} \tan(x+y) \\ x + x^3 \end{bmatrix}$

(f) $\begin{bmatrix} \dot{x} \\ \dot{y} \end{bmatrix} = \begin{bmatrix} e^y - x \\ e^x + y \end{bmatrix}$

(g) $\begin{bmatrix} \dot{x} \\ \dot{y} \end{bmatrix} = \begin{bmatrix} 1 - xy \\ x - y^3 \end{bmatrix}$

(h) $\begin{bmatrix} \dot{x} \\ \dot{y} \end{bmatrix} = \begin{bmatrix} -y + x^3 \\ x + y^3 \end{bmatrix}$

Aufgabe (123.13) Untersuche für jedes der folgenden Systeme, ob die Gleichgewichtslage $(0,0)$ stabil ist oder nicht!

(a) $\begin{bmatrix} \dot{x} \\ \dot{y} \end{bmatrix} = \begin{bmatrix} y^2 - x \\ -y(x+1) \end{bmatrix}$

(b) $\begin{bmatrix} \dot{x} \\ \dot{y} \end{bmatrix} = \begin{bmatrix} x^3 + y \\ x - y \end{bmatrix}$

(c) $\begin{bmatrix} \dot{x} \\ \dot{y} \end{bmatrix} = \begin{bmatrix} y - x \\ x^2 - y \end{bmatrix}$

(d) $\begin{bmatrix} \dot{x} \\ \dot{y} \end{bmatrix} = \begin{bmatrix} y \\ -x^3 \end{bmatrix}$

(e) $\begin{bmatrix} \dot{x} \\ \dot{y} \end{bmatrix} = \begin{bmatrix} -x^3 - y^2 \\ xy - y^3 \end{bmatrix}$

(f) $\begin{bmatrix} \dot{x} \\ \dot{y} \end{bmatrix} = \begin{bmatrix} y + 3x^2 \\ x - 3y^2 \end{bmatrix}$

(g) $\begin{bmatrix} \dot{x} \\ \dot{y} \end{bmatrix} = \begin{bmatrix} y - 1 + \cos(y) \\ x^3 - \sin x \end{bmatrix}$

(h) $\begin{bmatrix} \dot{x} \\ \dot{y} \end{bmatrix} = \begin{bmatrix} \exp(x+y) - 1 \\ \sin(x+y) \end{bmatrix}$

(i) $\begin{bmatrix} \dot{x} \\ \dot{y} \end{bmatrix} = \begin{bmatrix} \ln(1 + x + y^2) \\ x^3 - y \end{bmatrix}$

(j) $\begin{bmatrix} \dot{x} \\ \dot{y} \end{bmatrix} = \begin{bmatrix} \cos(y) - 1 - \sin(x) \\ x - y - y^2 \end{bmatrix}$

(k) $\begin{bmatrix} \dot{x} \\ \dot{y} \end{bmatrix} = \begin{bmatrix} 8x - 3y + e^y - 1 \\ \sin(x^2) - \ln(1 - x - y) \end{bmatrix}$

(l) $\begin{bmatrix} \dot{x} \\ \dot{y} \end{bmatrix} = \begin{bmatrix} -x - y - \sqrt{(x^2+y^2)^3} \\ x - y + \sqrt{(x^2+y^2)^3} \end{bmatrix}$

Aufgabe (123.14) Untersuche für jedes der folgenden Systeme, ob die Gleichgewichtslage $(0,0,0)$ stabil ist oder nicht!

(a) $\begin{bmatrix} \dot{x} \\ \dot{y} \\ \dot{z} \end{bmatrix} = \begin{bmatrix} x - y + z^2 \\ y + z - x^2 \\ z - x + y^2 \end{bmatrix}$

(b) $\begin{bmatrix} \dot{x} \\ \dot{y} \\ \dot{z} \end{bmatrix} = \begin{bmatrix} \exp(x+y+z) - 1 \\ \sin(x+y+z) \\ x - y - z^2 \end{bmatrix}$

(c) $\begin{bmatrix} \dot{x} \\ \dot{y} \\ \dot{z} \end{bmatrix} = \begin{bmatrix} \ln(1-z) \\ \ln(1-x) \\ \ln(1-y) \end{bmatrix}$

(d) $\begin{bmatrix} \dot{x} \\ \dot{y} \\ \dot{z} \end{bmatrix} = \begin{bmatrix} x - z + 1 - \cos(y) \\ y - x + 1 - \cos(z) \\ z - y + 1 - \cos(x) \end{bmatrix}$

Aufgabe (123.15) Zeige, daß die Gleichgewichtslage $(0,0)$ des Systems

$$\begin{bmatrix} \dot{x} \\ \dot{y} \end{bmatrix} = \begin{bmatrix} x(a^2 - x^2 - y^2) + y(a^2 + x^2 + y^2) \\ -x(a^2 + x^2 + y^2) + y(a^2 - x^2 - y^2) \end{bmatrix}$$

für $a = 0$ asymptotisch stabil und für $a \neq 0$ instabil ist.
Hinweis: Betrachte $\Phi(x,y) := x^2 + y^2$.

Aufgabe (123.16) Zeichne das Phasenportrait des Systems

$$\begin{bmatrix} \dot{x} \\ \dot{y} \end{bmatrix} = \begin{bmatrix} x^2 + y^3 \\ x^3 - y \end{bmatrix}.$$

Aufgabe (123.17) Wir betrachten das Differentialgleichungssystem

$$\dot{x} = x^3 - 3xy^2 - 2x,$$
$$\dot{y} = 5x^2y + y^3 - 2y.$$

(a) Bestimme alle Gleichgewichtslagen dieses Systems.
(b) Zeige, daß die Gleichgewichtslage $(0,0)$ asymptotisch stabil ist, und bestimme den Attraktionsbereich dieser Gleichgewichtslage! **Hinweis:** Zeige, daß $\Phi(x,y) := x^2 + y^2$ eine Ljapunovfunktion ist.
(c) Entscheide bei jeder der anderen Gleichgewichtslagen, ob sie instabil, stabil oder sogar asymptotisch stabil ist.

Aufgabe (123.18) Zeichne das Phasenportrait des Systems

$$\begin{bmatrix} \dot{x} \\ \dot{y} \end{bmatrix} = \begin{bmatrix} -x \\ -y + xy^2 \end{bmatrix}$$

und zeige, daß alle Lösungskurven für $t \to \infty$ gegen den Nullpunkt laufen.

Aufgabe (123.19) Zeichne das Phasenportrait des Systems

$$\dot{x} = y - x,$$
$$\dot{y} = x^2 - y^2.$$

Gib ferner an, wie sich die nichtkonstanten Lösungskurven $t \mapsto (x(t), y(t))$ in der Form $y = f(x)$ darstellen lassen.

Aufgabe (123.20) Wir betrachten das folgende Differentialgleichungssystem.

$$\dot{x} = -x^3 + y$$
$$\dot{y} = x + y^4$$

(a) Bestimme alle Gleichgewichtslagen des Systems.
(b) Entscheide für jede dieser Gleichgewichtslagen, ob sie instabil, stabil oder sogar asymptotisch stabil ist.
(c) Bestimme die Nullisoklinen des Systems.
(d) Skizziere das Phasenportrait des Systems.
(e) Begründe, warum es genau zwei nichtkonstante Trajektorien gibt, die für $t \to \infty$ auf den Punkt $(0,0)$ zulaufen. Es sei S die Vereinigung dieser beiden Trajektorien mit der Menge $\{(0,0)\}$. Welche Bedeutung hat die Menge S?

Aufgabe (123.21) Wir betrachten das folgende Differentialgleichungssystem.

$$\dot{x} = x - x^3 - xy^2$$
$$\dot{y} = 4y - y^5 - x^4 y$$

(a) Bestimme alle Gleichgewichtslagen des Systems.
(b) Entscheide für jede dieser Gleichgewichtslagen, ob sie instabil, stabil oder sogar asymptotisch stabil ist.
(c) Bestimme die Nullisoklinen des Systems.
(d) Zeige, daß die x-Achse und die y-Achse jeweils eine Vereinigung von Systemtrajektorien ist.
(e) Skizziere das Phasenportrait des Systems.

Aufgabe (123.22) Wir betrachten das folgende Differentialgleichungssystem.

$$\begin{aligned} \dot{x} &= -x^3 + 2y \\ \dot{y} &= -x - y^5 \end{aligned}$$

(a) Zeige, daß $(0,0)$ die einzige Gleichgewichtslage dieses Systems ist.
(b) Finde eine Ljapunov-Funktion der Form

$$\Phi(x,y) = ax^2 + by^2$$

zum Nachweis, daß diese Gleichgewichtslage global asymptotisch stabil ist.
(c) Ist die Gleichgewichtslage $(0,0)$ auch stabil bzw. asymptotisch stabil für das um $(0,0)$ linearisierte System?
(d) Finde die Nullisoklinen des Systems.
(e) Skizziere das Phasenportrait des Systems.

Aufgabe (123.23) Es sei V eine (strikte) Ljapunov-Funktion für die Gleichgewichtslage p des Systems $\dot{x} = f(x)$. Zeige, daß für alle Konstanten $\alpha > 0$ und alle Konstanten $\beta \geq 1$ dann auch αV^β eine (strikte) Ljapunov-Funktion ist.

Aufgabe (123.24) (a) Es seien $A \in \mathbb{R}^{n\times n}$ eine Matrix derart, daß alle Eigenwerte von A einen negativen Realteil haben, und $Q \in \mathbb{R}^{n\times n}$ eine beliebige Matrix. Zeige, daß dann

$$P := \int_0^\infty \exp(tA)^T Q \exp(tA)\, dt$$

wohldefiniert ist und die **Ljapunov-Gleichung** $A^T P + PA = -Q$ erfüllt. Zeige ferner: Ist Q positiv (semi)definit, dann auch P. Folgere, daß es für jede Matrix $Y \in \mathbb{R}^{n\times n}$ genau eine Matrix $X \in \mathbb{R}^{n\times n}$ gibt mit $A^T X + XA = Y$.
(b) Zeige: Ist $A \in \mathbb{R}^{n\times n}$ eine Matrix derart, daß alle Eigenwerte von A einen positiven Realteil haben, so gibt es zu jeder Matrix $Y \in \mathbb{R}^{n\times n}$ genau eine Matrix $X \in \mathbb{R}^{n\times n}$ mit $A^T X + XA = Y$.
(c) Finde zu den folgenden Matrizen A und Q die eindeutig bestimmte Matrix P, die die Gleichung $A^T P + PA = -Q$ erfüllt.

$$A := \begin{bmatrix} 0 & 1 \\ -2 & -3 \end{bmatrix}, \quad Q := \begin{bmatrix} 1 & 0 \\ 0 & 1 \end{bmatrix}$$

(d) Zeige anhand von Beispielen, daß die Aussagen in (a) und (b) nicht mehr gelten, wenn A nicht ausschließlich Eigenwerte mit negativem bzw. positivem Realteil hat.

Aufgabe (123.25) Wir betrachten das System

$$(\star) \qquad \dot{x} = \frac{-3x}{(1+x^2)^2} + y, \qquad \dot{y} = \frac{-x-y}{(1+x^2)^2}.$$

(a) Zeige, daß $(0,0)$ die einzige Gleichgewichtslage ist.
(b) Zeige, daß die Funktion $V(x,y) := \dfrac{x^2}{1+x^2} + y^2$ eine Ljapunov-Funktion für die Gleichgewichtslage $(0,0)$ ist und daß für *jede* nichttriviale Trajektorie $t \mapsto (x(t), y(t))$ die Funktion $t \mapsto V(x(t), y(t))$ streng monoton fällt.
(c) Zeige, daß $\left\{(x,y) \in \mathbb{R}^2 \,\big|\, x > \sqrt{2},\ y \geq \dfrac{2}{x-\sqrt{2}}\right\}$, also die Menge aller Punkte oberhalb des positiven Asts der Hyperbel $y = 2/(x-\sqrt{2})$, invariant ist.
(d) Schließe aus (c), daß es Trajektorien gibt, die nicht auf die Gleichgewichtslage $(0,0)$ zulaufen, so daß diese nicht global asymptotisch stabil ist. Warum ist dies angesichts von Teil (b) kein Widerspruch zum Satz von Ljapunov?

Aufgabe (123.26) Der Nullpunkt sei eine Gleichgewichtslage des Systems $\dot{x} = f(x)$, und es gebe eine offene und zusammenhängende Umgebung U des Nullpunkts und eine positiv definite Matrix P derart, daß $f'(x)^T P + P f'(x) P$ für alle $x \in U \setminus \{0\}$ negativ definit ist. Zeige, daß dann die Gleichgewichtslage 0 asymptotisch stabil ist und sogar *global* asympotisch stabil, wenn $\|f(x)\| \to \infty$ für $\|x\| \to \infty$ gilt (**Satz von Krasovskii**).
Hinweis: Beweise nacheinander die folgenden Aussagen!
(1) An jeder Stelle $x \in U \setminus \{0\}$ ist $f'(x)$ invertierbar.
(2) Außer 0 gibt es keine Gleichgewichtslage in U.
(3) Die Funktion $V(x) := f(x)^T P f(x)$ ist eine strikte Ljapunov-Funktion.

Aufgabe (123.27) Zeige mit Hilfe des Satzes von Krasovskii aus der vorigen Aufgabe, daß der Nullpunkt für das System

$$\begin{aligned} \dot{x} &= -3x + y \\ \dot{y} &= x - 3y - y^3 \end{aligned}$$

eine global asymptotisch stabile Gleichgewichtslage ist.

Aufgabe (123.28) Die folgende **Methode des variablen Gradienten** erlaubt es manchmal, für ein gegebenes System $\dot{x} = f(x)$ eine Ljapunov-Funktion zu finden:
- Wähle eine Funktion $g : \mathbb{R}^n \to \mathbb{R}^n$, die einige frei wählbare Parameter enthält; sagen wir $x \mapsto g(x; a_1, \ldots, a_m)$.
- Passe die Parameter so an, daß für $1 \leq i, j \leq n$ die folgenden Beziehungen gelten:

$$(\star) \qquad \frac{\partial g_i}{\partial x_j} = \frac{\partial g_j}{\partial x_i}.$$

- Passe die Parameter so an, daß die Funktion $\langle g, f \rangle$ nur nichtpositive Werte annimmt.
- Definiere $V(x) := \int_0^x (g_1 \, dx_1 + g_2 \, dx_2 + \cdots + g_n \, dx_n)$, wobei das Kurvenintegral entlang irgendeines Weges von 0 nach x gebildet wird. (Wegen $(\star)$ ist das Ergebnis vom Weg unabhängig.)
- Passe die Parameter so an, daß V positiv definit ist.

Gelingen die Parameteranpassungen wie gewünscht, so ist V eine Ljapunov-Funktion. (Die Methode besteht also darin, einen Ansatz nicht für V, sondern für ∇V zu machen.) Wende die Methode an, um mit dem Ansatz

$$g(x, y) = \begin{bmatrix} A(x,y)x + B(x,y)y \\ C(x,y)x + D(x,y)y \end{bmatrix}$$

jeweils eine Ljapunov-Funktion V mit $\nabla V = g$ für die die folgenden Systeme zu finden:

(a) $\begin{bmatrix} \dot{x} \\ \dot{y} \end{bmatrix} = \begin{bmatrix} -ax \\ -by + xy^2 \end{bmatrix}$ mit $a, b > 0$;

(b) $\begin{bmatrix} \dot{x} \\ \dot{y} \end{bmatrix} = \begin{bmatrix} y \\ -y - x^3 \end{bmatrix}$.

Aufgabe (123.29) Für ein System der Form

$$\dot{x} = A(x)x$$

mit einer matrixwertigen Funktion A gelingt es manchmal mit der folgenden **Methode von Aizerman**, eine Ljapunov-Funktion für die Gleichgewichtslage $x = 0$ zu ermitteln

- Wähle eine Zerlegung $A(x) = A_0 + A_1(x)$ mit einem konstanten Anteil A_0 (was auf vielerlei Weisen möglich ist!) und eine negativ definite Matrix Q_0.
- Löse die Ljapunov-Gleichung $A_0^T P + P A_0 = Q_0$ nach P auf. (Dann ist $V(x) := x^T P x$ eine Ljapunov-Funktion für das System $\dot{x} = A_0 x$.)
- Prüfe nach, ob auch $A(x)^T P + P A(x)$ negativ definit ist. Falls dies auf einer Umgebung U von 0 der Fall ist, so ist $V|_U$ auch eine Ljapunov-Funktion für das ursprüngliche System, und U ist ein Attraktivitätsbereich für den Nullpunkt.

Wende die Methode an, um in den beiden folgenden Fällen eine Ljapunov-Funktion zu finden!

(a) $\begin{bmatrix} \dot{x} \\ \dot{y} \end{bmatrix} = \begin{bmatrix} -2x - y \\ -y + xf(x) \end{bmatrix}$

(b) $\begin{bmatrix} \dot{x} \\ \dot{y} \\ \dot{z} \end{bmatrix} = \begin{bmatrix} -x + 2xy \\ -y + z \\ y - 4z \end{bmatrix}$

Hinweis: Wähle in Teil (a) die Matrizen

$$A_0 := \begin{bmatrix} -2 & 0 \\ 0 & -1 \end{bmatrix} \quad \text{und} \quad Q_0 := \begin{bmatrix} -4\alpha & 0 \\ 0 & -2 \end{bmatrix}$$

und in Teil (b) die Matrizen

$$A_0 := \begin{bmatrix} -1 & 0 & 0 \\ 0 & -1 & 1 \\ 0 & 1 & -4 \end{bmatrix} \quad \text{und} \quad Q_0 := -\alpha \begin{bmatrix} 1 & 0 & 0 \\ 0 & 1 & 0 \\ 0 & 0 & 1 \end{bmatrix},$$

jeweils mit einer geeigneten Konstanten $\alpha > 0$.

Aufgabe (123.30) Zeige mit Hilfe des LaSalleschen Invarianzprinzips, daß der Nullpunkt als Gleichgewichtslage des Systems

$$\begin{bmatrix} \dot{x} \\ \dot{y} \end{bmatrix} = \begin{bmatrix} y \\ -x^3 - y^3 \end{bmatrix}$$

global asymptotisch stabil ist. Benutze dazu die Funktion $V(x, y) := (x^4/4) + (y^2/2)$.

Aufgabe (123.31) Zeige, daß der Nullpunkt $(0,0)$ die einzige Gleichgewichtslage des Systems

$$\begin{bmatrix} \dot{x} \\ \dot{y} \end{bmatrix} = \begin{bmatrix} -y^3 - 3x^5(2x^2 + y^4 - 10) \\ x - y^7(2x^2 + y^4 - 10) \end{bmatrix}$$

ist, daß $C := \{(x,y) \in \mathbb{R}^2 \mid 2x^2 + y^4 = 10\}$ eine invariante Menge dieses Systems ist und daß jede nichtkonstante Trajektorie sich für $t \to \infty$ an C annähert (so daß insbesondere die Gleichgewichtslage $(0,0)$ nicht stabil sein kann). Benutze dazu die Funktion $V(x, y) := (2x^2 + y^4 - 10)^2$ und wende das LaSallesche Invarianzprinzip an.

Aufgabe (123.32) Ein Massenpunkt (Masse m) schwinge an einem Fadenpendel (Länge ℓ) unter dem Einfluß einer geschwindigkeitsproportionalen Dämpfung (Dämpfungskonstante d). Es sei $\varphi(t)$ der von der Ruhelage des nach unten hängenden Pendels gezählte Winkel.
(a) Leite die Bewegungsgleichung für die Funktion $t \mapsto \varphi(t)$ her!
(b) Bestimme die Gleichgewichtslagen des Systems und entscheide, ob sie instabil, stabil oder sogar asymptotisch stabil sind.
(c) Bestimme die Gesamtenergie des Systems sowie deren zeitliche Ableitung entlang einer Systemtrajektorie.
(d) Finde für die Gleichgewichtslage $\varphi_0 = 0$ eine strikte Ljapunov-Funktion der Form

$$V(\varphi, \dot{\varphi}) = a\varphi^2 + 2b\varphi\dot{\varphi} + d\dot{\varphi}^2 + mg\ell(1 - \cos\varphi).$$

Aufgabe (123.33) Ein Massenpunkt bewege sich unter dem Einfluß der Schwerkraft (die in negativer y-Richtung wirke) und einer geschwindigkeitsproportionalen Dämpfung entlang einer Kurve $y = f(x)$. (Man denke an eine durchbohrte Perle, die an einem Draht entlanggleitet, dessen Form durch die Gleichung $y = f(x)$ gegeben ist.)
(a) Leite die Bewegungsgleichung des Massenpunktes her und formuliere sie als System erster Ordnung für die x-Koordinate und deren Geschwindigkeit $u = \dot{x}$.
(b) Charakterisiere die Gleichgewichtslagen dieses Systems!
(c) Bestimme die Gesamtenergie des Systems sowie deren zeitliche Ableitung entlang einer Systemtrajektorie!
(d) Zeige: Nimmt die Funktion f an der Stelle x_0 ein striktes lokales Minimum an, so ist $(x, u) = (x_0, 0)$ eine asymptotisch stabile Gleichgewichtslage des Systems. Gib einen Attraktivitätsbereich dieser Gleichgewichtslage an!

Lösungen zu »Stabilität von Gleichgewichtslagen« siehe Seite 481

Aufgabe (123.34) Bestimme in Abhängigkeit von dem Parameter $a \in \mathbb{R}$ die Gleichgewichtslagen und deren Stabilitätseigenschaften für das System

$$\begin{bmatrix} \dot{x} \\ \dot{y} \end{bmatrix} = \begin{bmatrix} ax - ay \\ y^2 - x^4 \end{bmatrix}.$$

Aufgabe (123.35) Zeichne das Phasenportrait des Differentialgleichungssystems

$$\dot{x} = y,$$
$$\dot{y} = -x - x^2 - y.$$

Aufgabe (123.36) Wir betrachten das folgende Differentialgleichungssystem.

$$\dot{x} = -x + 3y^2$$
$$\dot{y} = -y - yx^3$$

(a) Zeige, daß $(0,0)$ die einzige Gleichgewichtslage des Systems ist!
(b) Benutze das um $(0,0)$ linearisierte System für den Nachweis, daß die Gleichgewichtslage $(0,0)$ asymptotisch stabil ist.
(c) Finde eine Ljapunovfunktion der Form

$$\Phi(x,y) = ax^4 + by^2$$

und schließe, daß die Gleichgewichtslage $(0,0)$ sogar global asymptotisch stabil ist, daß also sogar jede beliebige Trajektorie für $t \to \infty$ auf den Punkt $(0,0)$ zuläuft.

Aufgabe (123.37) Wir betrachten das Differentialgleichungssystem

$$\dot{x} = y - x^3,$$
$$\dot{y} = x^2 - y^2.$$

(a) Bestimme die Nullisoklinen des Systems.
(b) Bestimme die Gleichgewichtslagen des Systems.
(c) Entscheide bei jeder Gleichgewichtslage, ob sie instabil, stabil oder sogar asymptotisch stabil ist.
(d) Zeichne das Phasenportrait des Systems.

Aufgabe (123.38) Wir betrachten das Differentialgleichungssystem

$$\dot{x} = y, \qquad \dot{y} = -x + \frac{x^5}{16} - y.$$

(a) Bestimme alle Gleichgewichtslagen des Systems!
(b) Stelle für jede der Gleichgewichtslagen fest, um welchen Typ es sich handelt. Entscheide insbesondere, ob die Gleichgewichtslage instabil, stabil oder sogar asymptotisch stabil ist.

(c) Entscheide, ob sich Trajektorien in einer festen Richtung auf eine der Gleichgewichtslagen zubewegen oder sich von ihr wegbewegen können, und bestimme gegebenenfalls solche Richtungen.
(d) Skizziere das Phasenportrait des Systems.

Aufgabe (123.39) Wir betrachten das folgende Differentialgleichungssystem.

$$\dot{x} = y - 3z - x(y-2z)^2$$
$$\dot{y} = -2x + 3z - y(x+z)^2$$
$$\dot{z} = 2x - y - z$$

(a) Zeige, daß $\Phi(x,y,z) := 2x^2 + y^2 + 3z^2$ eine Ljapunov-Funktion für die Gleichgewichtslage $(0,0,0)$ ist, aber keine strikte Ljapunov-Funktion.
(b) Zeige durch Benutzung des Invarianzprinzips von LaSalle, daß der Nullpunkt eine global asymptotisch stabile Gleichgewichtslage des Systems ist.
(c) Besitzt des System außer $(0,0,0)$ noch andere Gleichgewichtslagen?

Aufgabe (123.40) Wir betrachten das folgende Differentialgleichungssystem.

$$\begin{bmatrix} \dot{x} \\ \dot{y} \end{bmatrix} = \begin{bmatrix} -3y - x^3 \\ 3x - 5y^3 \end{bmatrix}$$

(a) Zeige, daß $(0,0)$ die einzige Gleichgewichtslage des Systems ist.
(b) Fertige eine Skizze an, in der die Nullisoklinen des Systems und der grobe Verlauf der Lösungskurven erkennbar sind.
(c) Ermittle durch Betrachtung der Funktion $\Phi(x,y) := (1/2)(x^2 + y^2)$, welche Art von Gleichgewichtslage im Nullpunkt vorliegt. Zeige, daß sich diese Information nicht aus dem um $(0,0)$ linearisierten System ermitteln läßt.
(d) Skizziere das Phasenportrait des Systems.

Aufgabe (123.41) Es sei p eine Gleichgewichtslage des autonomen dynamischen Systems $\dot{x} = f(x)$. Betrachte die beiden folgenden Aussagen!

(1) Die Gleichgewichtslage p ist stabil; d.h., jede Umgebung V von p enthält eine Umgebung W von p derart, daß keine in W beginnende Trajektorie die Umgebung V verlassen kann.
(2) Jede Umgebung von p enthält eine invariante Umgebung; d.h., jede Umgebung V von p enthält eine Umgebung U von p derart, daß jede in U beginnende Trajektorie in U verbleibt.

Gilt die Implikation $(1) \Rightarrow (2)$? Gilt die Implikation $(2) \Rightarrow (1)$? (Gib jeweils einen Beweis oder ein Gegenbeispiel an!)

Lösungen zu »Stabilität von Gleichgewichtslagen« siehe Seite 481

A124: Populationsmodelle

Aufgabe (124.1) Das folgende Diagramm zeigt (auf Daten der Hudson Bay Company basierend) die Entwicklung der Luchs- und der Schneehasenpopulation in Kanada zwischen 1845 und 1935. Welche der beiden Kurven zeigt die Luchs-, welche die Hasenpopulation?

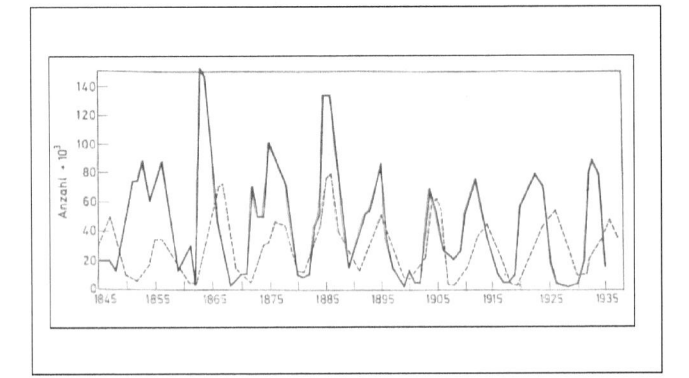

Aufgabe (124.2) Argumentiere, daß das Differentialgleichungssystem

$$\dot{x} = (a - bx + cy)x$$
$$\dot{y} = (d - ey + fx)y$$

mit positiven Konstanten $a, b, c, d, e, f > 0$ als Modell für das symbiotische Zusammenleben zweier Populationen betrachtet werden kann, und diskutiere das Phasenportrait dieses Systems in Abhängigkeit von den Größenverhältnissen der auftretenden Konstanten.

Hinweis: Das qualitative Aussehen des Phasenportraits hängt davon ab, ob die beiden Geraden $a - bx + cy = 0$ und $d - ey + fx = 0$ einen Schnittpunkt im ersten Quadranten haben oder nicht. Drücke diese Fallunterscheidung als Bedingung für die Koeffizienten a, b, c, d, e, f aus!

Aufgabe (124.3) Argumentiere, daß das Differentialgleichungssystem

$$\dot{x} = (a - bx + cy)x$$
$$\dot{y} = (d - ey - fx)y$$

mit positiven Konstanten $a, b, c, d, e, f > 0$ als Modell für das Zusammenleben zweier Populationen betrachtet werden kann, bei der x eine Parasitenpopulation und y eine Wirtspopulation ist. Diskutiere das Phasenportrait dieses Systems in Abhängigkeit von den Größenverhältnissen der auftretenden Konstanten.

Hinweis: Mache eine Fallunterscheidung wie in der vorigen Aufgabe!

Aufgabe (124.4) Wir betrachten das Differentialgleichungssystem

$$\dot{x} = (a - bx - cy)x$$
$$\dot{y} = (d - ey - fx)y$$

mit positiven Konstanten $a, b, c, d, e, f > 0$, die die Bedingungen $c < ae/d$ und $f < bd/a$ erfüllen mögen. Dieses System beschreibt das Zusammenleben zweier schwach miteinander konkurrierender Populationen. Nach Nummer (124.3) im Buch gibt es eine Gleichgewichtslage (ξ, η) mit $\xi > 0$ und $\eta > 0$, deren Einzugsbereich der gesamte (offene) erste Quadrant ist. Zeige, daß die Ungleichungen $\xi < a/b$ sowie $\eta < d/e$ gelten, und deute diese Ungleichungen biologisch!

Aufgabe (124.5) Die Nummer (124.1) des Buchs beschreibt ein einfaches Räuber-Beute-Modell, bei dem natürliche Wachstumsbeschränkungen aufgrund begrenzter Ressourcen gegenüber dem (als dominant vorausgesetzten) gegenseitigen Einfluß beider Arten vernachlässigt werden. Berücksichtigt man solche Beschränkungen, so ergibt sich ein System der Form

$$\dot{x} = (\;\;a - bx - cy)x$$
$$\dot{y} = (-d - ey + fx)y$$

mit positiven Konstanten $a, b, c, d, e, f > 0$. Unterscheide nun zwei Fälle!

(a) Zeige, daß es im Fall $af > bd$ eine Gleichgewichtslage (ξ, η) mit $0 < \xi < a/b$ und $\eta > 0$ gibt und daß jede im offenen ersten Quadranten startende Trajektorie für $t \to \infty$ gegen diese Gleichgewichtslage läuft. Deute die Ungleichungen $af > bd$ und $\xi < a/b$ biologisch! **Hinweis:** Sobald die Existenz der Gleichgewichtslage (ξ, η) gesichert ist, kann man das System in der Form

$$\dot{x} = \bigl(-b(x-\xi) - c(y-\eta)\bigr)\,x$$
$$\dot{y} = \bigl(\;\;f(x-\xi) - e(y-\eta)\bigr)\,y$$

hinschreiben. Betrachte nun die Funktion

$$\Phi(x,y) := f \cdot \bigl(x - \xi \ln(x)\bigr) + c \cdot \bigl(y - \eta \ln(y)\bigr).$$

(b) Zeige, daß im Fall $af < bd$ jede im offenen ersten Quadranten startende Trajektorie für $t \to \infty$ gegen die Gleichgewichtslage $(a/b, 0)$ läuft, daß die Räuberpopulation also langfristig ausstirbt. Bringe dieses Ergebnis mit einer biologischen Deutung der Bedingung $af < bd$ in Verbindung.

Lösungen zu »Populationsmodelle« siehe Seite 506

124. Populationsmodelle

Aufgabe (124.6) Die folgende Tabelle enthält die Bevölkerungszahlen der USA in den Jahren zwischen 1790 und 1950 (basierend auf den Ergebnissen von Volkszählungen, die sich als "Messungen" auffassen lassen).

1790	3 929 000	1880	50 156 000
1800	5 308 000	1890	62 948 000
1810	7 240 000	1900	75 995 000
1820	9 638 000	1910	91 972 000
1830	12 866 000	1920	105 711 000
1840	17 069 000	1930	122 775 000
1850	23 192 000	1940	131 669 000
1860	31 443 000	1950	150 697 000
1870	38 558 000		

Wir zählen die Zeit t in Jahrzehnten ab 1790 und die Bevölkerungszahl x in Millionen Personen; die Funktion $t \mapsto x(t)$ soll untersucht werden. Es sei $x_0 = x(0)$ die wahre Bevölkerungszahl der USA im Jahr 1790 (die nicht notwendigerweise mit dem Ergebnis der Volkszählung übereinstimmen muß).

(a) Zeige, daß für ein Malthussches Modell $\dot{x} = ax$ zwei Messungen genügen, um die Parameter x_0 und a zu bestimmen. Führe dies mit den Messungen der Jahre 1790 und 1800, den Messungen der Jahre 1940 und 1950 sowie den Messungen der Jahre 1790 und 1950 durch.

(b) Bestimme diejenigen Werte für x_0 und a, für die sich das Malthussche Modell bestmöglich (im Sinne der Methode der kleinsten Quadrate) an die oben angegebenen Messungen anpaßt.

(c) Es seien r, s, t drei Zeitpunkte mit $s - r = t - s$. Zeige, daß für ein Verhulstsches Modell $\dot{x} = (a - bx)x$ sich die Parameter a, b, x_0 eindeutig aus den Messungen $x(r), x(s), x(t)$ bestimmen lassen. Führe dies mit den Messungen der Jahre 1790, 1810, 1830 bzw. 1910, 1930, 1950 bzw. 1790, 1870, 1950 durch.

(d) Bestimme diejenigen Werte für x_0, a und b, für die sich das Verhulstsche Modell bestmöglich (im Sinne der Methode der kleinsten Quadrate) an die oben angegebenen Messungen anpaßt. Was ergibt sich (bei Zugrundelegung dieser Werte) als maximal mögliche Bevölkerungszahl der USA bzw. als Zeitpunkt des Übergangs von einer Phase beschleunigten Wachstums zu einer Phase gebremsten Wachstums?

Lösungen zu »Populationsmodelle« siehe Seite 506

A125: Faltungen

Aufgabe (125.1) Es seien $a < b$ und $c < d$ reelle Zahlen. Bestimme die Faltung $\chi_{[a,b]} \star \chi_{[c,d]}$ der charakteristischen Funktionen der Intervalle $[a,b]$ und $[c,d]$.

Aufgabe (125.2) Wir definieren $f: \mathbb{R} \to \mathbb{R}$ durch $f(x) := 1/\sqrt{x}$ für $0 < x < 1$ und $f(x) := 0$ für alle anderen $x \in \mathbb{R}$; ferner sei $g := f$. Zeige, daß das punktweise Produkt $f \cdot g$ nicht integrierbar ist; verifiziere durch direkte Berechnung, daß das Faltungsprodukt $f \star g$ integrierbar ist.

Aufgabe (125.3) Für Funktionen $f_1, \ldots, f_n: \mathbb{R} \to \mathbb{C}$ definieren wir $f_1 \otimes \cdots \otimes f_n : \mathbb{R}^n \to \mathbb{C}$ durch
$$(f_1 \otimes \cdots \otimes f_n)(x_1, \ldots, x_n) := f_1(x_1) \cdots f_n(x_n).$$
Zeige, daß für Funktionen $f_i, g_j \in L^1(\mathbb{R})$ die Regel
$$(f_1 \otimes \cdots \otimes f_n) \star (g_1 \otimes \cdots \otimes g_n) = (f_1 \star g_1) \otimes \cdots \otimes (f_n \star g_n)$$
gilt, daß also das Faltungsprodukt mit der Bildung von Tensorprodukten kompatibel ist.

Aufgabe (125.4) Es sei $\varphi \in L^1(\mathbb{R}^n)$ eine fest vorgegebene Funktion. Wir definieren dann eine Abbildung $T: L^1(\mathbb{R}^n) \to L^1(\mathbb{R}^n)$ durch
$$Tf = \varphi \star f.$$

(a) Zeige, daß T linear und stetig ist.
(b) Für ein festes Element $\tau \in \mathbb{R}^n$ definieren wir $f_\tau(t) := f(t - \tau)$. Zeige, daß T **translationsinvariant** in dem Sinne ist, daß $(Tf)_\tau = T(f_\tau)$ für alle $f \in L^1(\mathbb{R}^n)$ und alle $\tau \in \mathbb{R}^n$ gilt, also $(Tf)(\bullet - \tau) = T(f(\bullet - \tau))$.
(c) Es gelte $\varphi(x) = 0$ für $x \leq 0$ (was komponentenweise zu lesen ist, also $x_i \leq 0$ für $1 \leq i \leq n$). Zeige, daß dann T **kausal** in dem Sinne ist, daß $(Tf)(x)$ nur von den Werten $f(y)$ mit $y \leq x$ abhängt.
(d) Deute für $n = 1$ die Begriffe Translationsinvarianz und Kausalität physikalisch! (Interpretiere dazu die Argumente von f als Zeitpunkte.)

Aufgabe (125.5) Wir betrachten Folgen $(f_k)_{k \in \mathbb{Z}} = (\ldots, f_{-2}, f_{-1}, f_0, f_1, f_2, \ldots)$ und einen Operator T, der eine solche Folge jeweils auf eine neue Folge Tf abbildet. Wir deuten die Glieder f_k von f als Einwirkungen ("inputs") auf ein System zu diskreten Zeitpunkten $k \in \mathbb{Z}$ und Tf als die zeitliche Abfolge der Systemantworten ("outputs"), mit denen das System auf die Einwirkungen von außen reagiert. Um technisch etwas präzise zu sein, denken wir uns T als Operator $T: \ell^1(\mathbb{Z}) \to \ell^1(\mathbb{Z})$. Wir machen die folgenden Annahmen:

- T ist linear (die Systemantwort auf eine Überlagerung einzelner Einflüsse ist die Überlagerung der einzelnen Systemantworten, d.h., es gilt das Superpositionsprinzip);
- T ist stetig (kleine Änderungen in den äußeren Einflüssen bewirken auch nur kleine Änderungen in der Systemantwort);
- T ist translationsinvariant (eine zeitliche Verschiebung der äußeren Einwirkungen führt zu einer zeitlichen Verschiebung in der Systemantwort).

Zeige, daß es dann eine eindeutig bestimmte Folge $a \in \ell^1(\mathbb{Z})$ gibt mit $Tf = a \star f$, also

(1) $$(Tf)_t = \sum_{k=-\infty}^{\infty} a_{t-k} f_k$$

für alle Zeiten t. Zeige ferner: Ist T zusätzlich kausal (hängt also $(Tf)_t$ nur von den Werten f_k mit $k \leq t$ ab), so gilt $a_k = 0$ für alle $k < 0$, und (1) geht über in

(2) $$(Tf)_t = \sum_{k=-\infty}^{t} a_{t-k} f_k$$

für alle Zeiten t. Zeige schließlich: Hat das System überdies einen Anfang (den wir o.B.d.A. als Referenzzeit $t = 0$ zählen), betrachten wir also nur Folgen f mit $f_k = 0$ für alle $k < 0$, so geht (2) über in

(3) $$(Tf)_t = \sum_{k=0}^{t} a_{t-k} f_k$$

für alle Zeiten t. **Hinweis:** Für eine feste Zahl $k \in \mathbb{Z}$ sei δ_k der "Einheitsimpuls" zur Zeit k, also die Folge $\delta_k \in L^1(\mathbb{Z})$ mit $(\delta_k)_i = \delta_{ki}$ für alle $i \in \mathbb{Z}$. Wähle $a := T(\delta_0)$, also die Systemantwort auf den Einheitsimpuls zur Zeit 0.

Aufgabe (125.6) In der vorigen Aufgabe haben wir für den diskreten Fall nachgewiesen, daß Faltungsoperatoren genau solche stetigen linearen Operatoren sind, die zeitinvariant sind. Gib in analoger Weise eine heuristische Erläuterung von Faltungsoperatoren im kontinuierlichen Fall. (Daß nicht nach einer strengen, sondern nur nach einer heuristischen Erläuterung gefragt wird, hat seinen Grund. Welches technische Problem tritt nämlich im kontinuierlichen Fall auf?)

Aufgabe (125.7) Auf der Menge $C[0, \infty)$ führen wir die modifizierte Faltungsoperation
$$(f \star g)(t) := \int_0^t f(t - \tau) g(\tau) \, d\tau$$
ein. Zeige, daß diese Operation bilinear, kommutativ und assoziativ ist. (In der Sprache der Algebra ist also $\big(C[0, \infty), +, \star\big)$ ein kommutativer Ring.) Zeige, daß dieser Ring kein Einselement besitzt.

Bemerkung: Es stellt sich heraus, daß dieser Ring nullteilerfrei ist, daß also aus $f \star g = 0$ schon $f = 0$ oder $g = 0$ folgt. Die restlichen Aufgaben dieses Kapitels dienen dem Nachweis dieser nichttrivialen Tatsache.)

Aufgabe (125.8) Es seien $0 \leq t < T$ feste Zahlen und $g \in C[0,T]$ eine stetige Funktion. Zeige: Für $x \to \infty$ gilt
$$\sum_{k=1}^{\infty} \frac{(-1)^{k-1}}{k!} \int_0^T e^{kx(t-\tau)} g(\tau) \,d\tau \to \int_0^t g(\tau) \,d\tau.$$

Aufgabe (125.9) Es sei $f \in C[0,T]$. Beweise die folgenden Aussagen!
(a) Gibt es eine Konstante C mit $|\int_0^T e^{nt} f(t)\,dt| \leq C$ für alle $n \in \mathbb{N}$, so gilt $f \equiv 0$.
(b) Gilt $\int_0^t t^k f(t)\,dt = 0$ für alle $k \in \mathbb{N}$, so gilt $f \equiv 0$.
Hinweis: Wähle in Teil (a) eine feste Zahl $t \in [0,T)$ und wende die vorherige Aufgabe auf die Funktion $g(\tau) := f(T - \tau)$ an.

Aufgabe (125.10) Die Funktion $f \in C[0, 2T]$ erfülle $\int_0^t f(t-\tau)f(\tau)\,d\tau = 0$ für $0 \leq t \leq 2T$. Zeige, daß dann $f \equiv 0$ auf $[0,T]$ gilt. – **Hinweis:** Nach der vorigen Aufgabe genügt es zu zeigen, daß es eine Konstante C gibt mit $|\int_0^T e^{nu} f(T - u)\,du| \leq C$ für alle $n \in \mathbb{N}$. Betrachte zur Herleitung einer solchen Abschätzung die Mengen
$$A := \{(u,v) \in \mathbb{R}^2 \mid u \geq -T,\, v \geq -T,\, u + v \leq 0\},$$
$$B := \{(u,v) \in \mathbb{R}^2 \mid u \leq T,\, v \leq T,\, u + v \geq 0\}$$

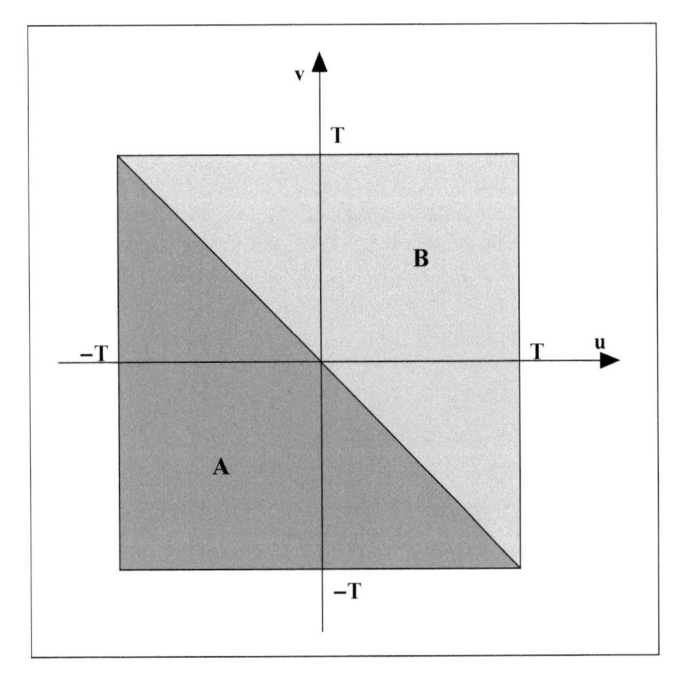

und die Darstellung
$$\left(\int_{-T}^T e^{nu} f(T-u)\,du \right)^2$$
$$= \left(\int_{-T}^T e^{nu} f(T-u)\,du \right) \left(\int_{-T}^T e^{nv} f(T-v)\,dv \right)$$
$$= \left[\iint_A + \iint_B \right] \left(e^{n(u+v)} f(T-u) f(T-v) \right) d(u,v).$$

Aufgabe (125.11) Es sei $f \in C[0, \infty)$. Zeige, daß aus $f \star f = 0$ schon $f = 0$ folgt.

Aufgabe (125.12) Es seien $f, g \in C[0, \infty)$ mit $f \star g = 0$. Zeige, daß dann $f = 0$ oder $g = 0$ gilt. Der Faltungsring $\bigl(C[0,\infty), +, \star\bigr)$ ist also nullteilerfrei (**Satz von Titchmarsh**).

Hinweis: Betrachte die Funktionen $F(t) := t \cdot f(t)$ und $G(t) := t \cdot g(t)$. Zeige zunächst $F \star g + f \star G = 0$ und dann $f \star G = 0$. Folgere dann induktiv, daß $f \star \bigl(t^n g(t)\bigr) = 0$ für alle $n \in \mathbb{N}$ gilt.

Bemerkung: Im Gegensatz zur Aussage dieser Aufgabe hat die "gewöhnliche" (nichtkausale) Faltung mit $(f \star g)(x) = \int_{-\infty}^{\infty} f(x-y) g(y)\,dy$ Nullteiler, wie wir in Aufgabe (127.14) sehen werden. Aus Aufgabe (125.3) folgt dann sofort, daß auch die entsprechende Faltung auf $\mathbb{R}^n$ Nullteiler besitzt.

Lösungen zu »Faltungen« siehe Seite 513

A126: Fourierreihen

Aufgabe (126.1) Zeige, daß eine Funktion $f : \mathbb{R} \to Y$ genau dann die Periode $T > 0$ hat, wenn $g(x) := f(Tx/(2\pi))$ die Periode 2π hat.

Aufgabe (126.2) Es sei $p(x) = \sum_{k=-n}^{n} a_k e^{ikx}$ ein trigonometrisches Polynom. Zeige, daß $(p \star f)(x) = \sum_{k=-n}^{n} a_k \widehat{f}(k) e^{ikx}$ für alle $f \in L^1_{2\pi}$ gilt.

Aufgabe (126.3) Wie lautet die Parsevalsche Gleichung für eine reellwertige Funktion f, wenn statt der komplexen Fourierkoeffizenten $\widehat{f}_k$ die reellen Fourierkoeffizienten A_k und B_k mit $k \in \mathbb{N}$ sowie $c_0 = \widehat{f}_0 = A_0/2$ verwendet werden?

Aufgabe (126.4) Es sei $f \in L^1_{2\pi}$. Zeige: Gibt es eine Funktion $g \in L^1_{2\pi}$ mit $\|S_n f - g\|_1 \to 0$, so ist $g = f$ fast überall.

Aufgabe (126.5) Wir fassen den Operator S_n, der jeder Funktion $f \in L^1_{2\pi}$ die n-te Partialsumme ihrer Fourierreihe zuordnet, als lineare Abbildung $S_n : L^1_{2\pi} \to L^1_{2\pi}$ auf. Zeige, daß $\|S_n\|_{\mathrm{op}} = \|D_n\|_1$ gilt, daß also die Operatornorm von S_n gerade die L^1-Norm des Dirichletkerns D_n ist. Zeige ferner, daß $\|D_n\|_1 \to \infty$ für $n \to \infty$ gilt.

Aufgabe (126.6) Die 2π-periodische Funktion $f : \mathbb{R} \to \mathbb{R}$ sei für $x \in [-\pi, \pi]$ definiert durch

$$f(x) := \begin{cases} 2, & \text{falls } |x| < \pi/2, \\ 1, & \text{falls } |x| > \pi/2, \\ 3/2, & \text{falls } |x| = \pi/2. \end{cases}$$

Berechne die Fourier-Reihe von f und benutze sie, um die Werte der Reihen

$$\sum_{n=0}^{\infty} \frac{(-1)^n}{2n+1} = 1 - \frac{1}{3} + \frac{1}{5} - \frac{1}{7} \pm \cdots$$

und

$$\sum_{n=0}^{\infty} \frac{1}{(4n+1)(4n+3)} = \frac{1}{1 \cdot 3} + \frac{1}{5 \cdot 7} + \frac{1}{9 \cdot 11} + \cdots$$

zu bestimmen.

Aufgabe (126.7) Betrachte die 2π-periodische Funktion f mit $f(x) := x$ für $-\pi < x < \pi$ und $f(x) := 0$ für $x = \pm\pi$.
(a) Benutze den Satz von Dirichlet zur Berechnung der Reihe

$$\sum_{n=0}^{\infty} \frac{(-1)^n}{2n+1} = 1 - \frac{1}{3} + \frac{1}{5} - \frac{1}{7} \pm \cdots.$$

(b) Benutze den Satz von Parseval zur Berechnung der Reihe

$$\sum_{n=1}^{\infty} \frac{1}{n^2} = \frac{1}{1^2} + \frac{1}{2^2} + \frac{1}{3^2} + \frac{1}{4^2} + \cdots.$$

Aufgabe (126.8) Betrachte die 2π-periodische Funktion f mit $f(x) := |x|$ für $-\pi \leq x \leq \pi$.
(a) Benutze den Satz von Dirichlet zur Berechnung der Reihe

$$\sum_{k=0}^{\infty} \frac{1}{(2k+1)^2} = \frac{1}{1^2} + \frac{1}{3^2} + \frac{1}{5^2} + \frac{1}{7^2} + \cdots.$$

(b) Benutze Teil (a) zur Berechnung der Reihe

$$\sum_{n=1}^{\infty} \frac{1}{n^2} = \frac{1}{1^2} + \frac{1}{2^2} + \frac{1}{3^2} + \frac{1}{4^2} + \cdots.$$

(c) Benutze den Satz von Parseval zur Berechnung der Reihe

$$\sum_{k=0}^{\infty} \frac{1}{(2k+1)^4} = \frac{1}{1^4} + \frac{1}{3^4} + \frac{1}{5^4} + \frac{1}{7^4} + \cdots.$$

(d) Benutze Teil (c) zur Berechnung der Reihe

$$\sum_{n=1}^{\infty} \frac{1}{n^4} = \frac{1}{1^4} + \frac{1}{2^4} + \frac{1}{3^4} + \frac{1}{4^4} + \cdots.$$

Aufgabe (126.9) (a) Die Funktion f erfülle die Voraussetzungen des Satzes von Dirichlet und werde daher durch ihre Fourierreihe dargestellt:

$$f(x) = \sum_{k \in \mathbb{Z}} \widehat{f}_k e^{ikx}.$$

Zeige, daß für die Stammfunktion $F(x) := \int_{-\pi}^{x} f(\xi) \, \mathrm{d}\xi$ mit der Integrationskonstanten $C := \pi \widehat{f}_0 - (2\pi)^{-1} \int_{-\pi}^{\pi} \xi f(\xi) \, \mathrm{d}\xi$ die folgende Darstellung gilt:

$$F(x) = \widehat{f}_0 x + \sum_{k \neq 0} \frac{\widehat{f}_k}{ik} e^{ikx} + C$$

Bemerkung: Die Reihendarstellung von F ergibt sich also durch gliedweises Integrieren der Fourierreihe von f. Das ist bemerkenswert, weil beim Vertauschen von Integration und Summation normalerweise ziemlich restriktive Bedingungen erfüllt sein müssen, beispielsweise gleichmäßige Konvergenz.

(b) Bestimme die Fourierreihe der 2π-periodisch fortgesetzten Funktion f mit $f(x) = x^2$ für $-\pi \leq x \leq \pi$. Benutze dann den Satz von Dirichlet, um den Wert der Reihe $\sum_{n=1}^{\infty} (-1)^{n+1}/n^2$ zu bestimmen.

Aufgabe (126.10) Wir definieren $f(x) := x^3 - 4x$ für $-2 \leq x \leq 2$ und setzen diese Funktion mit der Periode 4 fort. Beweise, daß für alle $x \in \mathbb{R}$ die Darstellung

$$f(x) = \frac{96}{\pi^3} \sum_{n=1}^{\infty} \frac{(-1)^n}{n^3} \sin\left(\frac{n\pi x}{2}\right)$$

gilt, und benutze die Parsevalsche Formel zum Nachweis der Gleichung

$$\sum_{k=1}^{\infty} \frac{1}{k^6} = \frac{\pi^6}{945}.$$

Aufgabe (126.11) Beweise Folgerung (126.20) im Buch: Ist $f : [a,b] \to \mathbb{C}$ Lebesgue-integrierbar, so gilt $\int_a^b f(x) e^{-ikx}\,dx \to 0$ für $|k| \to \infty$.

Aufgabe (126.12) Die 2π-periodische Funktion f sei Lipschitz-stetig auf einem Intervall $I \subseteq [0, 2\pi]$. Zeige, daß dann die Folge $(S_n f)$ der Partialsummen der Fourierreihe von f gleichmäßig auf I gegen f konvergiert.

Hinweis: Modifiziere den Beweis von Satz (126.23) im Buch.

Aufgabe (126.13) Wir betrachten die 2π-periodische Funktion f mit $f(x) = 0$ für $x \in \mathbb{Z} \cdot \pi$ sowie

$$f(x) = \begin{cases} -1, & \text{falls } -\pi < x < 0; \\ 1, & \text{falls } 0 < x < \pi. \end{cases}$$

Nach Beispiel (126.9) im Buch ist die Fourierreihe von f gegeben durch

$$\frac{4}{\pi} \sum_{k=0}^{\infty} \frac{\sin((2k+1)x)}{2k+1}.$$

Bestimme für jede Zahl $N \in \mathbb{N}$ die lokalen Minima und Maxima der Partialsummen

$$f_N(x) := \frac{4}{\pi} \sum_{k=0}^{N-1} \frac{\sin((2k+1)x)}{2k+1}.$$

Zeige, daß die Funktion f_N ihr globales Maximum an der Stelle $\pi/(2N)$ annimmt und daß es eine Zahl $c \in \mathbb{R}$ mit $c \approx 1.18$ gibt mit $f_N(\pi/(2N)) \to c$ für $N \to \infty$.

Bemerkung: Nach Satz (126.23) im Buch konvergiert die Funktionenfolge (f_N) punktweise gegen f. Diese Aufgabe zeigt, daß aber in der Nähe der Sprungstelle 0 die Funktionen f_N den links- und den rechtsseitigen Funktionsgrenzwert von f in konsistenter Weise um einen Betrag überschreiten, der rund 9% der Sprunghöhe ausmacht. Dieser Sachverhalt wird als **Gibbssches Phänomen** bezeichnet.

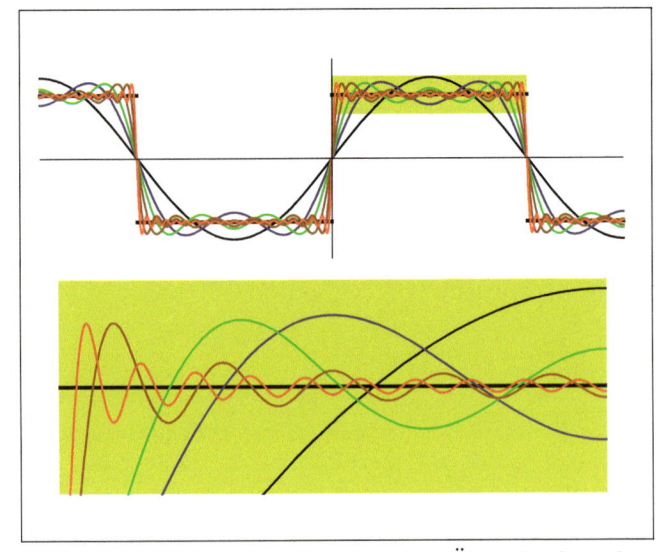

Gibbssches Phänomen: Konsistentes Überschießen der links- und rechtsseitigen Grenzwerte der Funktion f durch die Partialsummen der Fourierreihe von f in der Nähe einer Sprungstelle von f.

Aufgabe (126.14) Die Funktion g erfülle die Voraussetzungen des Satzes von Dirichlet und habe an der Stelle x_0 eine Sprungstelle. Zeige, daß dann die Partialsummen $S_n g$ der Fourierreihe von g die links- und rechtsseitigen Grenzwerte von g an der Stelle x_0 in einer Umgebung von x_0 konsistent um einen Betrag überschreiten, der rund 9% der Sprunghöhe beträgt. (Das in der vorigen Aufgabe in einem speziellen Fall beobachtete Gibbssche Phänomen ist also das typische Verhalten von Fourierreihen in der Nähe einer Sprungstelle.)

Hinweis: Betrachte die Funktion

$$h(x) := g(x) - \frac{g(x_0^+) - g(x_0^-)}{2} \cdot f(x - x_0)$$

(mit $h(x_0) := (g(x_0^+) + g(x_0^-))/2$), wobei f die in der vorigen Aufgabe betrachtete Funktion ist.

Aufgabe (126.15) Es sei $u(x,t)$ die Temperatur der Erde zur Zeit t in der Tiefe $x \geq 0$ unterhalb der Erdoberfläche. Es ist plausibel, daß u periodisch in t mit der Periode 1 (ein Jahr) ist. Mit einer geeigneten Konstanten α erfüllt u die Wärmeleitungsgleichung

$$\frac{\partial u}{\partial t} = \frac{\alpha}{2} \cdot \frac{\partial^2 u}{\partial x^2}.$$

Benutze diese Gleichung, um die Funktion u aus der Oberflächentemperatur $f(t) = u(0,t)$ zu ermitteln. Was ergibt sich insbesondere, wenn $f(t) = \sin(2\pi t)$ gilt? (Dabei sei die Temperatur so normiert, daß die über ein Jahr gemittelte Durchschnittstemperatur gerade Null ist.)

Lösungen zu »Fourierreihen« siehe Seite 517

A127: Fourier-Integrale

Aufgabe (127.1) Es sei jeweils $a \in \mathbb{C}$ eine komplexe Zahl mit $\operatorname{Re} a > 0$. Berechne die Fourier-Transformierten der folgenden Funktionen!
 (a) $f(x) = \exp(-a|x|)$
 (b) $f(x) = x \exp(-a|x|)$
 (c) $f(x) = \exp(-ax) \cdot \chi_{[0,\infty)}(x)$

Aufgabe (127.2) Es sei $f = \chi_{[a,b]}$ die charakteristische Funktion eines Intervalls $[a,b]$. Berechne die Fourier-Transformierte von f!

Aufgabe (127.3) Es seien $a < b$ und h reelle Zahlen sowie $m := (a+b)/2$ der Mittelpunkt des Intervalls $[a,b]$. Die Funktion $f : \mathbb{R} \to \mathbb{R}$ werde definiert durch

$$f(x) := \begin{cases} 0, & \text{falls } x \leq a \text{ oder } x \geq b, \\ h(x-a)/(m-a), & \text{falls } a \leq x \leq m, \\ h(b-x)/(b-m), & \text{falls } m \leq x \leq b. \end{cases}$$

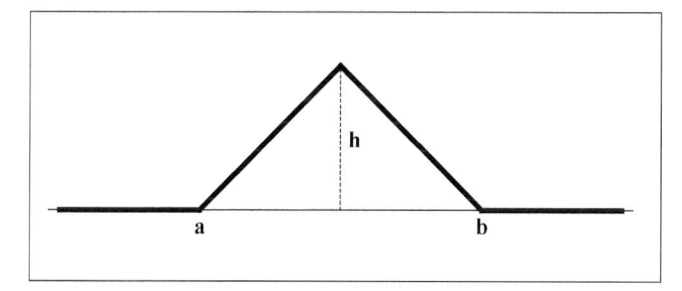

Berechne die Fouriertransformierte von f sowohl unmittelbar nach der Definition als auch durch Anwendung des Faltungssatzes $\mathfrak{F}(f \star g) = (\mathfrak{F}f) \cdot (\mathfrak{F}g)$.

Aufgabe (127.4) (a) Für $t \in \mathbb{R}$ setzen wir

$$F(t) := \int_{-\infty}^{\infty} \frac{\cos(tx)}{1+x^2} \, dx.$$

(a) Zeige, daß dadurch eine wohldefinierte Funktion $F : \mathbb{R} \to \mathbb{R}$ gegeben ist.
(b) Zeige, daß F auf $(0, \infty)$ eine C^∞-Funktion ist, deren zweite Ableitung F'' mit F übereinstimmt.
(c) Benutze Teil (b) zum Nachweis, daß für alle $t \in \mathbb{R}$ die folgende Gleichheit gilt:

$$\int_{-\infty}^{\infty} \frac{\cos(tx)}{1+x^2} \, dx = \pi e^{-|t|}.$$

(d) Bestimme die Fouriertransformierte der Funktion

$$f(x) = \frac{1}{1+x^2}.$$

Bemerkung: Es ist in diesem Fall **falsch**, zur Berechnung von F'' einfach zweimal unter dem Integral abzuleiten. Benutze stattdessen für eine feste Zahl $t > 0$ die Substitution $y = tx$ und rechtfertige dann sorgfältig, warum man bei dem bei dieser Substitution entstehenden Integral tatsächlich unter dem Integral ableiten darf.

Aufgabe (127.5) Zeige, daß die Fouriertransformierte der Funktion $f(x) = \exp(-x^2)$ gegeben ist durch

$$\int_{-\infty}^{\infty} e^{-x^2 - i\xi x} \, dx = \sqrt{\pi} e^{-\xi^2/4}.$$

Hinweis: Zeige, daß sowohl die linke als auch die rechte Seite der Gleichung die Differentialgleichung $2g'(\xi) = -\xi g(\xi)$ und die Anfangsbedingung $g(0) = \sqrt{\pi}$ erfüllen.

Aufgabe (127.6) Zeige, daß für alle $a > 0$ die folgende Formel gilt:

$$e^{-a} = \frac{1}{\sqrt{\pi}} \int_0^\infty \frac{e^{-s}}{\sqrt{s}} e^{-a^2/(4s)} \, ds.$$

Hinweis: Nach Aufgabe (127.4)(c) gilt

$$e^{-a} = \frac{2}{\pi} \int_0^\infty \frac{\cos(at)}{1+t^2} \, dt.$$

Aufgabe (127.7) Eine Funktion $f : \mathbb{R}^n \to \mathbb{R}$ heißt **radial**, wenn der Wert $f(x)$ nur von $\|x\|$ abhängt, wenn es also eine Funktion $g : [0, \infty) \to \mathbb{R}$ gibt mit $f(x) = g(\|x\|)$ für alle $x \in \mathbb{R}^n$. Zeige: Ist eine Funktion $f \in L^1(\mathbb{R}^n)$ radial, so ist auch deren Fouriertransformierte $\widehat{f}$ radial.

Aufgabe (127.8) Wir definieren $f : \mathbb{R}^n \to \mathbb{R}$ durch $f(x) := e^{-\|x\|^2}$. Zeige, daß die Fouriertransformierte von f gegeben ist durch

$$\widehat{f}(\xi) = \pi^{n/2} \cdot e^{-\|\xi\|^2/4}.$$

Aufgabe (127.9) Wir definieren $f : \mathbb{R}^n \to \mathbb{R}$ durch $f(x) := e^{-\|x\|}$. Zeige, daß die Fouriertransformierte von f gegeben ist durch

$$\widehat{f}(\xi) = 2^n \cdot \sqrt{\pi}^{n-1} \cdot \Gamma\left(\frac{n+1}{2}\right) \cdot \frac{1}{(1+\|\xi\|^2)^{(n+1)/2}}.$$

Aufgabe (127.10) Man kann die Fouriertransformation in einem erweiterten Sinne auch für nicht-integrierbare Funktionen definieren, und zwar derart, daß für eine gegebene Funktion f die Fouriertransformierte $\mathfrak{F}f$ die (wenn sie existiert, dann eindeutig bestimmte) Funktion $\widehat{f}$ ist mit

$$\int_{\mathbb{R}^n} \widehat{f} \cdot g = \int_{\mathbb{R}^n} f \cdot (\mathfrak{F}g)$$

für alle schnell abfallenden Funktionen $g \in \mathfrak{S}(\mathbb{R}^n)$. Für welche Werte von α existiert in diesem Sinne die Fouriertransformierte der Funktion $f : \mathbb{R}^n \to \mathbb{R}$ mit $f(x) := \|x\|^\alpha$, und wie lautet in diesem Fall die Fouriertransformierte?

Aufgabe (127.11) Die **Hermite-Funktionen** sind definiert durch
$$H_n(x) := \frac{(-1)^n}{n!} \cdot e^{\pi x^2} \frac{\mathrm{d}^n}{\mathrm{d}x^n}\left(e^{-2\pi x^2}\right) \quad (n \in \mathbb{N}_0).$$

Ziel dieser Aufgabe ist der Nachweis, daß die auf Länge 1 normierten Hermite-Funktionen ein maximales Orthonormalsystem des Hilbertraums $L^2(\mathbb{R})$ bilden. Dieser Nachweis wird in einzelnen Teilschritten geführt.

(a) Beweise die Rekursionsformel
$$H_n'(x) - 2\pi x\, H_n(x) = -(n+1)H_{n+1}(x).$$

(b) Zeige, daß es für jede Zahl $n \in \mathbb{N}_0$ ein eindeutig bestimmtes Polynom P_n vom Grad n gibt mit
$$H_n(x) = P_n(x)e^{-\pi x^2}.$$

(c) Berechne P_n für $0 \leq n \leq 4$.

(d) Zeige, daß mit der Konvention $P_{-1} := 0$ die folgende Gleichung gilt:
$$P_n'(x) = 4\pi\, P_{n-1}(x).$$

(e) Beweise die Formel
$$H_n'(x) + 2\pi x\, H_n(x) = 4\pi\, H_{n-1}(x).$$

(f) Betrachte den Differentialoperator S mit $(Sf)(x) = f''(x) - 4\pi^2 x^2 f(x)$. Zeige, daß H_n eine Eigenfunktion von S zum Eigenwert $\lambda_n := -2\pi(2n+1)$ ist. Mit anderen Worten, beweise die Gleichung
$$H_n''(x) - 4\pi^2 x^2 H_n(x) = -2\pi(2n+1)H_n(x).$$

(g) Zeige: Bezüglich des Skalarprodukts $\langle f, g \rangle = \int_\mathbb{R} f\overline{g}$ gilt $\langle H_m, H_n \rangle = 0$ für $m \neq n$.

(h) Die Funktion $f \in L^2(\mathbb{R})$ stehe senkrecht auf allen Hermite-Funktionen H_n. Zeige, daß dann $f = 0$ gilt. (Dies zeigt, daß der von den Funktionen H_n aufgespannte Vektorraum dicht in $L^2(\mathbb{R})$ liegt, so daß die H_n ein maximales Orthogonalsystem bilden.) **Hinweis:** Berechne die Fouriertransformierte von $g(x) := f(x)e^{-\pi x^2}$.

(i) Beweise die Rekursionsformel
$$(n+1)\|H_{n+1}\|^2 = 4\pi \|H_n\|^2,$$
die es erlaubt, die Norm von H_{n+1} aus derjenigen von H_n zu bestimmen.

(j) Beweise, daß für alle $n \in \mathbb{N}_0$ die Norm von H_n gegeben ist durch die Gleichung
$$\|H_n\|^2 = \frac{(4\pi)^n}{\sqrt{2} \cdot n!}.$$

Bemerkung: Die normierten Hermite-Polynome $h_n := H_n/\|H_n\|$ bilden dann ein maximales Orthonormalsystem (eine Hilbertraum-Basis) von $L^2(\mathbb{R})$.

Aufgabe (127.12) Es seien $h_0, h_1, h_2, \ldots$ die (normierten) Hermite-Funktionen auf $\mathbb{R}$; diese bilden gemäß der vorangehenden Aufgabe ein maximales Orthonormalsystem des Hilbertraums $L^2(\mathbb{R})$. Zeige: Die Funktionen $h_{k_1} \otimes h_{k_2} \otimes \cdots \otimes h_{k_n}$ mit $k_1, \ldots, k_n \in \mathbb{N}_0$ bilden ein maximales Orthonormalsystem von $L^2(\mathbb{R}^n)$. Dabei definieren wir allgemein für Funktionen $f_1, f_2, \ldots, f_n : \mathbb{R} \to \mathbb{K}$ die Funktion $f_1 \otimes f_2 \otimes \cdots \otimes f_n : \mathbb{R}^n \to \mathbb{K}$ durch
$$(f_1 \otimes f_2 \otimes \cdots \otimes f_n)(x_1, x_2, \ldots, x_n)$$
$$:= f_1(x_1)f_2(x_2)\cdots f_n(x_n).$$

Aufgabe (127.13) Die Funktion $f \in L^1(\mathbb{R})$ sei stetig und erfülle $\widehat{f}(\omega) = 0$ für $|\omega| > c$. Zeige, daß dann
$$f(t) = \sum_{k \in \mathbb{Z}} f\left(\frac{k\pi}{c}\right) \cdot \frac{\sin(ct - k\pi)}{ct - k\pi} \quad (t \in \mathbb{R})$$
gilt, wobei die Reihe gleichmäßig auf $\mathbb{R}$ konvergiert. (Diese Aussage ist als **Shannonsches Abtasttheorem** bekannt.)

Hinweis: Definiere für einen festen Wert t zwei $(2c)$-periodische Funktionen durch $g(\omega) := (c/\pi)\widehat{f}(\omega)$ und $h(\omega) := e^{-it\omega}$ für $|\omega| < c$. Nach der Fourier-Umkehrformel gilt dann
$$f(t) = \frac{1}{2\pi} \int_{-c}^{c} \widehat{f}(\omega)e^{it\omega}\mathrm{d}\omega = \frac{1}{2c}\int_{-c}^{c} g(\omega)\overline{h(\omega)}\,\mathrm{d}\omega.$$

Wende auf den letzten Ausdruck die Parsevalsche Gleichung an!

Bemerkung: Ein Signal mit beschränktem Frequenzspektrum kann nach dem Shannonschen Abtasttheorem aus den Werten des Signals an diskreten Zeitpunkten vollständig rekonstruiert werden, wenn diese Zeitpunkte genügend dicht beieinander liegen (nämlich höchstens den Abstand π/c haben, wenn die auftretenden Frequenzen betragsmäßig durch c beschränkt sind). Dieser Sachverhalt ist die Grundlage der Digitalisierung analoger Signale. Beispielsweise kann das menschliche Ohr Frequenzen ab etwa 20 kHz nicht mehr wahrnehmen; Tonsignale, die mit einer entsprechend hohen Abtastrate digitalisiert werden, sind daher vom menschlichen Ohr nicht von den ursprünglichen analogen Signalen zu unterscheiden. (Bei der Aufzeichnung von Audiodaten auf CDs wird typischerweise mit einer Abtastfrequenz von 44.1 kHz gearbeitet.)

Aufgabe (127.14) Zeige: Sind $f, g \in L^1(\mathbb{R}^n)$ mit

$$f(x) = \frac{1}{(2\pi)^n} \int_{\mathbb{R}^n} g(\xi) e^{i\langle x, \xi \rangle} \, d\xi,$$

so ist $g = \widehat{f}$.

Aufgabe (127.15) Wir definieren $f : \mathbb{R} \to \mathbb{R}$ durch

$$f(x) := \frac{\sin(x/2)^2}{2\pi(x/2)^2} = \frac{1 - \cos(x)}{\pi x^2}.$$

(a) Zeige, daß die Fouriertransformierte von f gegeben ist durch $\widehat{f}(\xi) = \max(1 - |\xi|, 0)$.

(b) Es sei $g(x) = e^{i\alpha x} f(x)$ mit $\alpha \in \mathbb{R}$. Zeige: Gilt $|\alpha| \geq 2$, so gilt $f \star g = 0$.

(c) Für $|\alpha| < 2$ gilt dagegen $f \star g \neq 0$. Berechne etwa $f \star g$ für $g(x) = e^{ix}$ explizit. (Das ist der Fall $\alpha = 1$.)

A128: Laplace-Transformation

Aufgabe (128.1) Berechne die Laplace-Transformierten der folgenden Funktionen!
(a) $f(t) = \cosh(t)$
(b) $f(t) = \sinh(t)$
(c) $f(t) = e^{\alpha t} \cdot e^{i\omega t}$
(d) $f(t) = e^{\alpha t} \cos(\omega t)$
(e) $f(t) = e^{\alpha t} \sin(\omega t)$
(f) $f(t) = \sin(\omega t - \varphi)$
(g) $f(t) = \cos(\omega t)^2$
(h) $f(t) = t^n$ ($n \in \mathbb{N}$)

Aufgabe (128.2) Berechne die Laplace-Transformierten der folgenden Funktionen (die jeweils einen kompakten Träger haben).

(a) Rechtecksimpuls:

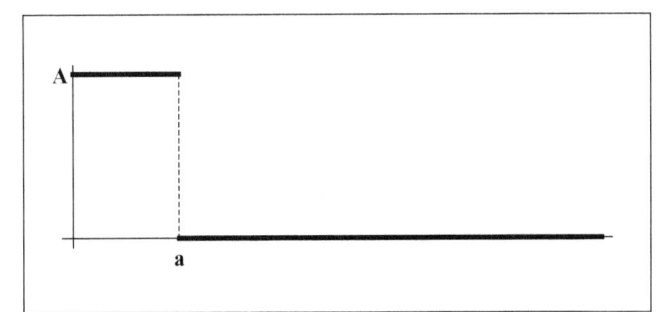

(b) Signierter Rechtecksimpuls:

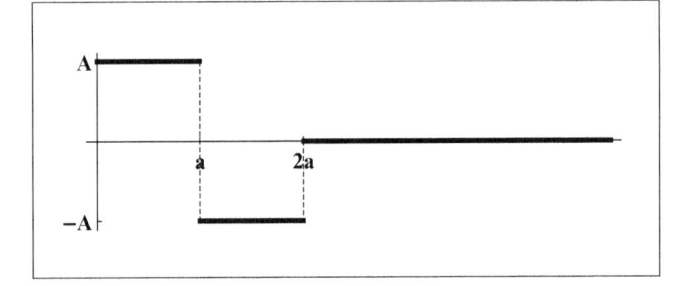

(c) Sägezahnimpuls:

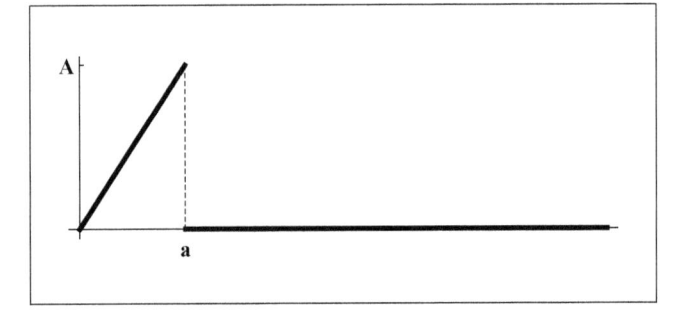

(d) Dreiecksimpuls:

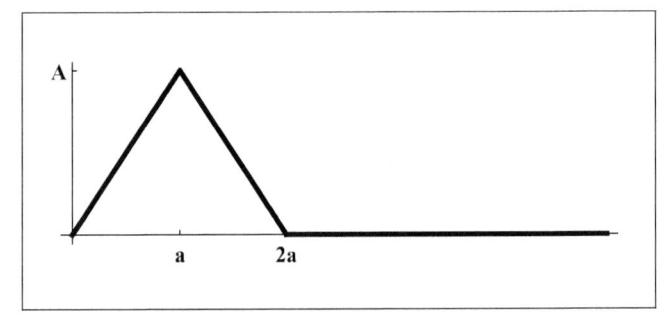

(e) Trapezimpuls:

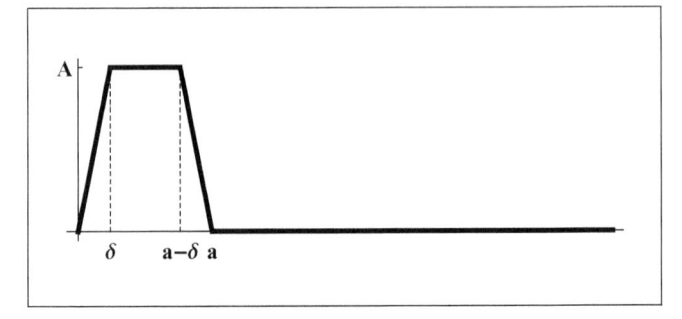

(f) Sinusimpuls:

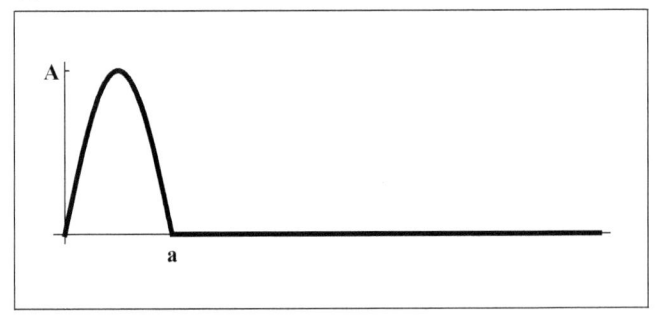

Aufgabe (128.3) Die Funktion $f : [0, \infty) \to \mathbb{C}$ sei periodisch mit der Periode T und Lebesgue-integrierbar auf $[0, T]$. Wir definieren $f_0 : [0, \infty) \to \mathbb{C}$ durch

$$f_0(t) := \begin{cases} f(t), & 0 \leq t < T, \\ 0, & t \geq T. \end{cases}$$

Zeige, daß für alle $z \in \mathbb{C}$ mit $\operatorname{Re} z > 0$ die folgende Formel gilt:

$$(\mathfrak{L}f)(z) = \frac{(\mathfrak{L}f_0)(z)}{1 - e^{-zT}}.$$

Aufgabe (128.4) Berechne die Laplace-Transformierten der folgenden Funktionen! Dabei sei jeweils $a > 0$ eine fest vorgegebene Zahl.
(a) $f(t) = \begin{cases} 1, & \text{falls } t \in \bigcup_{k \in \mathbb{N}_0} [2ka, (2k+1)a) \\ -1, & \text{falls } t \in \bigcup_{k \in \mathbb{N}} [(2k-1)a, 2ka) \end{cases}$
(b) $f(t) = |\sin(\pi t/a)|$
(c) $f(t) = \max(\sin(\pi t/a), 0)$

Lösungen zu »Laplace-Transformation« siehe Seite 529

128. Laplace-Transformation

Aufgabe (128.5) Die Funktion $f : [0, \infty) \to \mathbb{C}$ sei stetig differentiierbar. Beweise die beiden folgenden Aussagen!
(a) Liegen f und f' in L_a für eine Zahl $a > 0$, so gilt $z \cdot (\mathfrak{L}f)(z) \to f(0)$ für $|z| \to \infty$.
(b) Liegt f in L_0 und konvergiert das Integral $\int_0^\infty |f'|$, so liegt auch f' in L_0. Existiert in dieser Situation $\gamma := \lim_{t\to\infty} f(t)$, so gilt $z \cdot (\mathfrak{L}f)(z) \to \gamma$ für $z \to 0$.

Bemerkung: Grob gesprochen besagt diese Aufgabe, daß das Verhalten von f am Anfang und am Ende (also für $t \to 0+$ und für $t \to \infty$) aus der Laplace-Transformierten von f rekonstruiert werden kann.

Aufgabe (128.6) Zu einer Funktion $f \in L_a$ (mit $f(t) = 0$ für $t < 0$) und einer Zahl $b > 0$ definieren wir die Funktionen g und f_0 durch

$$g(t) := f(t+b) \cdot \chi_{[0,\infty)}(t) = \begin{cases} f(t+b), & t \geq 0; \\ 0, & t < 0 \end{cases}$$

und

$$f_0(t) := f(t) \cdot \chi_{[0,b)}(t) = \begin{cases} f(t), & t < b; \\ 0, & t \geq b. \end{cases}$$

(Um g aus f zu erhalten, verschieben wir also das Argument um b Einheiten nach links und schneiden dann links des Nullpunkts ab, und um f_0 aus f zu erhalten, schneiden wir rechts der Stelle $t = b$ ab.) Zeige, daß die so definierten Funktionen g und f_0 wieder in L_a liegen und daß die Laplace-Transformierte von g gegeben ist durch

$$(\mathfrak{L}g)(z) = e^{bz}\left((\mathfrak{L}f)(z) - (\mathfrak{L}f_0)(z)\right).$$

Aufgabe (128.7) Es sei $F(t) := \int_0^t f$. Deute die Formel $(\mathfrak{L}F)(z) = (1/z) \cdot (\mathfrak{L}f)(z)$ als Spezialfall des Faltungssatzes.

Aufgabe (128.8) Überprüfe die Gültigkeit des Faltungssatzes $\mathfrak{L}(f \star g) = (\mathfrak{L}f) \cdot (\mathfrak{L}g)$ anhand der folgenden Beispiele!
(a) $f(t) = 1$, $g(t) = 1$
(b) $f(t) = t$, $g(t) = e^{-t}$
(c) $f(t) = \sin(t)$, $g(t) = e^t$
(d) $f(t) = t^m$, $g(t) = t^n$ mit $m, n \in \mathbb{N}$

Aufgabe (128.9) Bestimme in jedem der folgenden Fälle eine Funktion f mit $\mathfrak{L}f = F$!
(a) $F(z) = (Az + B)/((z-a)^2 + b^2)$
(b) $F(z) = 1/z^n$ mit $n \in \mathbb{N}$
(c) $F(z) = 2z/(z^2+1)^2$
(d) $F(z) = 1/((z-a)(z-b))$ mit $a \neq b$

Aufgabe (128.10) Es sei $F(z) = P(z)/Q(z)$ mit Polynomen P und Q derart, daß der Grad von P kleiner als der von Q ist. Ferner habe Q nur einfache Nullstellen $z_1, \ldots, z_n$. Zeige, daß F die Laplace-Transformierte der folgenden Funktion ist:

$$f(t) = \sum_{k=1}^n \frac{P(z_k)}{Q'(z_k)} e^{z_k t}.$$

Aufgabe (128.11) Löse die beiden folgenden Anfangswertprobleme durch Anwendung der Laplace-Transformation!
(a) $\ddot{x}(t) + 2\dot{x}(t) - 3x(t) = 9t$, $x(0) = 4$, $\dot{x}(0) = 7$
(b) $\ddot{x}(t) + 2\dot{x}(t) + x(t) = t$, $x(0) = 6$, $\dot{x}(0) = 8$
Berechne zur Probe die Lösungen auch direkt!

Aufgabe (128.12) Wir betrachten noch einmal das schon in Aufgabe (117.42) behandelte Problem, die Wassertemperatur beim Duschen zu regulieren. Dieses führt auf eine Differentialgleichung mit einem Verzögerungsglied, nämlich

$$\dot{T}(t) = -a\bigl(T(t-\tau) - \theta\bigr),$$

mit der Anfangsbedingung $T(t) = T_0 < \theta$ für $-\tau \leq t \leq 0$. Versuche, dieses Problem mittels Laplace-Transformation zu lösen! Benutze Aufgabe (128.5)(b) zum Nachweis, daß der Grenzwert $\lim_{t\to\infty} T(t)$, falls er denn überhaupt existiert, gleich θ sein muß. (Wenn es also – durch geeignete Wahl des Steuerparameters a – überhaupt gelingt, die Wassertemperatur zu stabilisieren, dann gegen die gewünschte Temperatur θ.)

Aufgabe (128.13) Zeige, daß sich das Anfangswertproblem

$$\dot{x}(t) = x(t) + (2t-1)e^{t^2}, \qquad x(0) = 1$$

nicht mittels Laplace-Transformation lösen läßt (obwohl man die Lösung ganz leicht auf elementarem Wege ermitteln kann).

Aufgabe (128.14) Die Menge aller stetigen Funktionen $f : [0, \infty) \to \mathbb{C}$ wird mit den Rechenoperationen

$$(f+g)(x) := f(x) + g(x) \quad \text{und}$$
$$(f \star g)(x) := \int_0^x f(x-y)g(y)\,\mathrm{d}y$$

zu einem kommutativen Ring R, der nach dem Satz von Titchmarsh nullteilerfrei ist. (Siehe Aufgabe (125.12).) Also können wir den aus allen Brüchen f/g mit $f \in R$ und $g \in R \setminus \{0\}$ bestehenden Quotientenkörper $Q(R)$ bilden und uns R in diesen Körper eingebettet denken.[†] Für jede

---

[†] Dazu wählen wir irgendein Element $u \in R \setminus \{0\}$ und betrachten die Einbettungsabbildung $r \mapsto (ru)/u$, die unabhängig von der Wahl von u ist und deren Einführung nicht die Existenz eines (in unserem Fall ja auch nicht existierenden) Einselements in R erfordert.

Zahl $\alpha \in \mathbb{C}$ sei $c_\alpha \in R$ die konstante Abbildung mit dem Wert α. Beweise die folgenden Aussagen!

(a) Die Abbildung
$$\mathbb{C} \to Q(R), \quad \alpha \mapsto \frac{c_\alpha}{c_1} =: [\alpha]$$
ist ein injektiver Ringhomomorphismus, durch den der Körper $\mathbb{C}$ in den Körper $Q(R)$ eingebettet wird.

(b) Die übliche (argumentweise definierte) Multiplikation einer Funktion $f \in R$ mit einer Zahl $\alpha \in \mathbb{C}$ kann identifiziert werden mit dem in $Q(R)$ gebildeten Produkt $[\alpha] \star f$.

(c) Multiplikation mit c_1 bedeutet Integration. (Division durch c_1 – möglich in $Q(R)$! – sollte also so etwas wie Differentiation bedeuten. Dies wird in Teil (d) präzisiert.)

(d) Es sei $s := c_1^{-1} = [1]/c_1$ das Inverse von c_1 in $Q(R)$, und es sei $f \in C^1[0,\infty)$. Dann gilt
$$f' = s \star f - [f(0)].$$

(e) Ist $f \in C^n[0,\infty)$, so gilt
$$f^{(n)} = s^n \star f - \sum_{k=0}^{n-1} s^k \star [f^{(n-1-k)}(0)].$$

(f) Für $f(t) = e^{at}$ gilt $f = 1/(s-a)$ in $Q(R)$. Dies schreiben wir kurz in der Form
$$\{e^{at}\} = \frac{1}{s-a}.$$

(g) Die Funktionen $f_1(t) = \cos(\omega t)$ und $f_2(t) = \sin(\omega t)$ lassen sich folgendermaßen als Elemente von $Q(R)$ schreiben:
$$\{\cos(\omega t)\} = \frac{s}{s^2 + \omega^2} \quad \text{und}$$
$$\{\sin(\omega t)\} = \frac{\omega}{s^2 + \omega^2}.$$

(h) Für alle $n \geq 1$ gilt
$$\{t^{n-1} e^{at}\} = \frac{(n-1)!}{(s-a)^n}.$$

Bemerkung: Das Rechnen in $Q(R)$ liefert einen auf den polnischen Mathematiker Jan Geniusz Mikusiński (1913-1987) zurückgehenden Operatorkalkül (**Mikusiński-Kalkül**), der es erlaubt, analytische Probleme mit algebraischen Methoden zu lösen. (Zwei einfache Beispiele sind in der nachfolgenden Aufgabe angegeben.)

Aufgabe (128.15) (a) Bestimme allein durch algebraische Rechnungen in $Q(R)$ die Lösung x des Anfangswertproblems
$$\ddot{x}(t) - \dot{x}(t) - 6x(t) = 5e^{3t}, \quad x(0) = 6, \quad \dot{x}(0) = 1.$$

(b) Löse das in Aufgabe (128.13) formulierte Anfangswertproblem mit Hilfe des Mikusiński-Kalküls!

Aufgabe (128.16) Stelle den in den beiden vorigen Aufgaben eingeführten Operatorenkalkül der Methode der Laplace-Transformation vergleichend gegenüber!

A129: Elementare Wahrscheinlichkeitsrechnung

Aufgabe (129.1) (a) Es seien S die Ausgangsmenge eines Experiments und $\mathfrak{A}$ eine Algebra auf S. Das Experiment werde mehrmals hintereinander ausgeführt, und für jedes Ereignis $A \in \mathfrak{A}$ werde die relative Häufigkeit

$$p(A) := \frac{\text{Anzahl des Eintretens von Ereignis } A}{\text{Anzahl der Durchführungen des Experiments}}$$

ermittelt. Zeige, daß $(S, \mathfrak{A}, p)$ ein Wahrscheinlichkeitsraum ist. Warum wird man trotzdem nicht einfach $p(A)$ als die Wahrscheinlichkeit des Ereignisses A bezeichnen? Welche Rolle spielt die Anzahl der Durchführungen des Experiments?

(b) Wirf 20 mal eine Reißzwecke und notiere, wie oft jede der beiden nach der Landung möglichen Stellungen vorkommt. Wiederhole dann das Experiment.

(c) Wirf 20 mal zwei Würfel und notiere, wie oft jede der möglichen Augensummen auftritt. Wiederhole dann das Experiment. Vergleiche die erhaltene Häufigkeitsverteilung mit der bei Annahme eines idealen Würfels erwarteten Häufigkeitsverteilung.

Aufgabe (129.2) Eine ideale Münze werde dreimal hintereinander geworfen. Gib die zugehörige Ausgangsmenge an. Mit welcher Wahrscheinlichkeit erscheint bei den drei Würfen zweimal Wappen?

Aufgabe (129.3) Drücke die folgenden Ereignisse, die beim Werfen zweier Würfel auftreten können, in Mengenform aus!
(a) Die Augensumme ist eine Primzahl.
(b) Die Differenz beider Augenzahlen übersteigt 3.
(c) Die Summe und das Produkt beider Augenzahlen stimmen überein.
Mit welcher Wahrscheinlichkeit tritt jedes dieser Ereignisse ein, wenn es sich bei den beiden Würfeln um ideale Würfel handelt?

Aufgabe (129.4) Beim Werfen zweier unterscheidbarer Würfel betrachten wir die folgenden Ereignisse:
  A: die Augenzahl des ersten Würfels ist gerade;
  B: die Augenzahl des zweiten Würfels ist gerade;
  C: die Augensumme ist 7.
Zeige, daß die Ereignisse paarweise voneinander unabhängig, insgesamt aber voneinander abhängig sind.

Aufgabe (129.5) Von 100 Kugeln in einer Urne sind 20 blau.
(a) Es werden wahllos 2 Kugeln aus der Urne gezogen (ohne Zurücklegen). Mit welcher Wahrscheinlichkeit ist genau eine der gezogenen Kugeln blau?

(b) Es werden wahllos 4 Kugeln aus der Urne gezogen (ohne Zurücklegen). Mit welcher Wahrscheinlichkeit sind höchstens zwei dieser vier Kugeln blau?

Aufgabe (129.6) Vor Professor S. stehen drei Urnen; in der ersten befinden sich 2 schwarze und 3 weiße Kugeln; in der zweiten befinden sich 4 schwarze und 5 weiße Kugeln; in der dritten befinden sich schließlich 6 schwarze und 7 weiße Kugeln sowie eine blaue Kugel. Professor S. würfelt nun mit einem idealen Würfel. Bei einer 1 zieht er eine Kugel aus der ersten Urne; bei einer 2 oder 3 zieht er eine Kugel aus der zweiten Urne; bei einer 4, 5 oder 6 zieht er schließlich eine Kugel aus der dritten Urne.

(a) Mit welcher Wahrscheinlichkeit zieht Professor S. eine schwarze Kugel?
(b) Wenn Professor S. eine weiße Kugel zieht, mit welcher Wahrscheinlichkeit stammt diese dann aus der zweiten Urne?

Aufgabe (129.7) In einer Urne befinden sich 100 Kugeln mit den Nummern 00, 01, 02, ..., 99. Eine Kugel werde zufällig gezogen; wir bezeichnen mit X die erste und mit Y die zweite Ziffer der Nummer dieser Kugel. Bestimme die Wahrscheinlichkeiten der folgenden Ereignisse!
(a) $X \neq Y$
(b) $X > 4$ und $Y < 3$
(c) $X \neq 5$ und $Y \neq 4$
(d) $X + Y \neq 8$
(e) $XY > 49$

Aufgabe (129.8) Auf einem Weinberg wachsen drei verschiedene Sorten Trauben. Sorte A liefert 30% des Ertrags, Sorte B liefert 60%, Sorte C liefert 10%. Bei der Qualitätsbeurteilung der Trauben werden zwei Kategorien "süß" und "sauer" betrachtet. Aus langjähriger Erfahrung sei bekannt, daß der Anteil süßer Trauben für Sorte A bei 90%, für Sorte B bei 60% und für Sorte C bei 70% liegt. Zur Erntezeit werde zufällig eine Traube des betrachteten Weinbergs herausgegriffen.
(a) Mit welcher Wahrscheinlichkeit ist die herausgegriffene Traube sauer?
(b) Wenn die herausgegriffene Traube süß ist, mit welcher Wahrscheinlichkeit handelt es sich dann um eine Traube der Sorte C?
(c) Sind die Ereignisse E_1 = "die Traube ist süß" und E_2 = "die Traube ist nicht von der Sorte C" unabhängig?

Aufgabe (129.9) Beim Werfen zweier unterscheidbarer Würfel betrachten wir die folgenden Ereignisse:
  A: die Augensumme ist eine gerade Zahl;
  B: die Augensumme ist größer als 3;
  C: der erste Würfel liefert eine 6.
Gib für jede Ereignismenge $M \subseteq \{A, B, C\}$ an, ob sie unabhängig ist oder nicht.

Aufgabe (129.10) Bei einer Wahl mit 100 Stimmberechtigten, bei der drei Parteien zur Wahl standen, entfielen 50 Stimmen auf die erste, 30 Stimmen auf die zweite und 20 Stimmen auf die dritte Partei.
(a) Mit welcher Wahrscheinlichkeit stimmen drei beliebig herausgegriffene Stimmzettel alle für die gleiche Partei?
(b) Mit welcher Wahrscheinlichkeit stimmen zwei beliebig herausgegriffene Stimmzettel für verschiedene Parteien?
(c) Wenn drei beliebig herausgegriffene Stimmzettel alle für die gleiche Partei stimmen, mit welcher Wahrscheinlichkeit handelt es sich dann um die erste Partei?

Aufgabe (129.11) In einer Urne befinden sich n Kugeln in verschiedenen Farben, von denen p blau sind. Es werden zwei Kugeln aus der Urne gezogen. Untersuche die Unabhängigkeit der Ereignisse $A =$ "die erste Kugel ist blau" und $B =$ "die zweite Kugel ist blau",
(a) falls die erste Kugel nach dem Ziehen wieder in die Urne zurückgelegt wird;
(b) falls die erste Kugel nach dem Ziehen **nicht** wieder in die Urne zurückgelegt wird.

Aufgabe (129.12) Ein Gerät werde einmal am Tag eingeschaltet (um x Uhr) und später am gleichen Tag wieder ausgeschaltet (um y Uhr). Wir fassen die Bestimmung von (x, y) als Zufallsexperiment auf; die Ausgangsmenge dieses Experiments ist dann $S = \{(x,y) \in \mathbb{R}^2 \mid 0 \leq x \leq y \leq 24\}$, wobei die Zeit in Stunden ab Mitternacht gemessen werde. Skizziere die folgenden Ereignisse als Teilmengen von S!
(a) Das Gerät wird höchstens eine Stunde lang benutzt.
(b) Das Gerät läuft mindestens zwei Stunden.
(c) Das Gerät wird weniger als 5 Stunden benutzt.
(d) Das Gerät wird vor 9 Uhr eingeschaltet und nach 17 Uhr ausgeschaltet.

Aufgabe (129.13) Es seien A und B zwei Ereignisse eines Wahrscheinlichkeitsraumes. Zeige, daß mit $\{A, B\}$ auch die Ereignismengen $\{A, \overline{B}\}$, $\{\overline{A}, B\}$ und $\{\overline{A}, \overline{B}\}$ unabhängig sind.

Aufgabe (129.14) Schreibe ein Programm, das einen beliebigen Text als ASCII-Datei einliest und dann nach jeder Zahl n den Anteil der Vokale an den ersten n eingelesenen Buchstaben angibt. Pendeln sich die Werte für größer werdendes n gegen einen festen Wert ein?

Aufgabe (129.15) Schreibe ein Programm, das einen beliebigen Text als ASCII-Datei einliest und dann nach jeder Zahl n den Anteil der Vokale A, E, I, O, U an den ersten n aufgetretenen Vokalen angibt. Pendeln sich die Werte für größer werdendes n gegen einen festen Wert ein?

Aufgabe (129.16) Ein vierbändiges Werk werde in zufälliger Weise in ein Bücherregal gestellt. Mit welcher Wahrscheinlichkeit stehen die vier Bände (entweder von links nach rechts oder von rechts nach links) in der richtigen Reihenfolge?

Aufgabe (129.17) (a) Aus einem gut gemischten Skatblatt (32 Karten) werden drei Karten gezogen. Wie groß ist die Wahrscheinlichkeit, daß mindestens eine dieser Karten ein As ist?
(b) Aus einem gut gemischten Skatblatt (32 Karten) werden zehn Karten gezogen. Wie groß ist die Wahrscheinlichkeit, daß diese zehn Karten alle vier Buben enthalten?

Aufgabe (129.18) In einer Schachtel befinden sich N Glühbirnen, darunter K defekte. Eine Zufallsstichprobe von $n \leq N$ Glühbirnen (ohne Zurücklegen) werde entnommen. Für jede Zahl k mit $0 \leq k \leq \min(K, n)$ gebe man die Wahrscheinlichkeit an, daß sich in der Stichprobe genau k defekte Glühbirnen befinden.

Aufgabe (129.19) (**Problem des Chevalier de Méré**) Was ist wahrscheinlicher – bei einem Wurf mit vier Würfeln mindestens eine Eins zu erhalten oder bei 24 Würfen mit zwei Würfeln mindestens eine Doppeleins zu erhalten?

Aufgabe (129.20) Aus den 26 Großbuchstaben des Alphabets werde zufällig eine Zeichenkette mit drei Buchstaben gebildet. Wie groß ist die Wahrscheinlichkeit, daß
(a) alle drei Zeichen verschieden sind?
(b) alle drei Zeichen gleich sind?

Aufgabe (129.21) Eine fünfköpfige Forschungsförderungskommission entscheidet über eingehende Forschungsanträge durch Pfeilwerfen ihrer Mitglieder. Landen mindestens drei der fünf Pfeile im Ziel, so wird der Antrag befürwortet, andernfalls wird er abgelehnt. Die Trefferwahrscheinlichkeit betrage $p = 0.6$ für jeden Wurf. Mit welcher Wahrscheinlichkeit wird ein eingehender Forschungsantrag befürwortet?

Aufgabe (129.22) Ein Händler bezieht aus dem Großhandel Glühbirnen in Kisten zu je 300 Stück. Zur Entscheidung, ob er eine Kiste annehmen soll oder nicht, nimmt er aus den 300 Glühbirnen dieser Kiste eine Zufallsstichprobe von 10 Stück. Ist unter diesen 10 Glühbirnen maximal eine defekt, so nimmt er die Kiste an, andernfalls läßt er sie zurückgehen. Gib die Wahrscheinlichkeit p, mit der eine Kiste angenommen wird, als Funktion des Anteils q defekter Glühbirnen in der Kiste an.

Aufgabe (129.23) (**Banachsches Streichholzproblem**) Ein Mathematiker (Stefan Banach) hat zwei Streichholzschachteln mit anfänglich je n Streichhölzern pro

Lösungen zu »Elementare Wahrscheinlichkeitsrechnung« siehe Seite 537

Schachtel. Jedesmal, wenn er sich ein Streichholz anzünden will, nimmt er auf gut Glück eine der beiden Schachteln. Wie groß ist die Wahrscheinlichkeit dafür, daß, wenn die von ihm gewählte Schachtel leer ist, sich in der andern Schachtel noch r Streichhölzer befinden? Was ergibt sich speziell für die Zahlenwerte $n = 10$ und $r = 2$?

Aufgabe (129.24) (a) Schreibe ein Unterprogramm, das zu einer gegebenen ganzen Zahl $m \in \mathbb{N}_0$ die Fakultät $m!$ berechnet.
(b) Schreibe ein Unterprogramm, das zu gegebenen ganzen Zahlen $0 \le k \le n$ den Binomialkoeffizienten $\binom{n}{k}$ berechnet.

Aufgabe (129.25) Schreibe ein Unterprogramm, das zu gegebenen ganzen Zahlen n und k jeweils die Anzahl der Variationen bzw. Kombinationen mit und ohne Wiederholung der Ordnung k aus n Objekten berechnet.

Aufgabe (129.26) In einer Urne befinden sich 4 schwarze, 3 weiße und 2 graue Kugeln. Es werden nacheinander zwei Kugeln (ohne Zurücklegen) gezogen. Mit welcher Wahrscheinlichkeit
(a) ist die zweite gezogene Kugel weiß, wenn schon die erste weiß war?
(b) werden zwei weiße Kugeln gezogen?
(c) ist die zweite gezogene Kugel weiß?

Aufgabe (129.27) Die folgende Abbildung zeigt eine Schaltung, bei der für jede der Komponenten die Wahrscheinlichkeit eingetragen ist, mit der diese Komponente funktioniert. Die Schaltung funktioniert genau dann, wenn ein Weg von einem Ende zum andern existiert, entlang dem alle Komponenten funktionieren. Mit welcher Wahrscheinlichkeit ist dies der Fall?

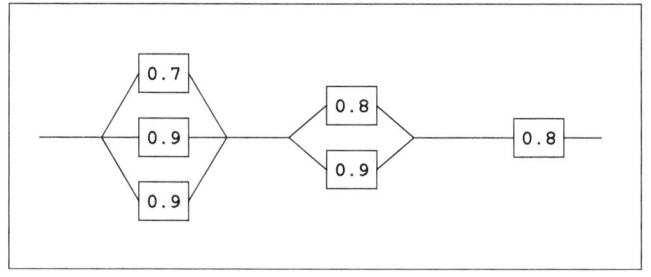

Aufgabe (129.28) Ein russischer Informatiker wird wegen fehlerhafter statistischer Berechnungen in die Verbannung geschickt, und zwar mit 40%-iger Wahrscheinlichkeit nach Sibirien und mit 60%-iger Wahrscheinlichkeit in den Ural. Bewohner Sibiriens tragen im Freien mit 70%-iger Wahrscheinlichkeit einen Pelzmantel, Bewohner des Urals mit 50%-iger Wahrscheinlichkeit. Nach seiner Ankunft im Exil trifft der Informatiker als erstes einen Passanten, der einen Pelzmantel trägt. Mit welcher Wahrscheinlichkeit befindet er sich in Sibirien?

Aufgabe (129.29) Drei unabhängig voneinander arbeitende Maschinen mögen die Ausfallswahrscheinlichkeiten $p_1 = 0.07$, $p_2 = 0.12$ und $p_3 = 0.18$ haben. Wie groß ist die Wahrscheinlichkeit, daß
(a) keine der drei Maschinen arbeitet?
(b) mindestens eine Maschine arbeitet?
(c) höchstens zwei Maschinen arbeiten?
(d) alle drei Maschinen arbeiten?

Aufgabe (129.30) Gegeben seien drei Urnen. Die erste Urne enthält 8 schwarze und 2 weiße Kugeln, die zweite Urne enthält 6 schwarze und 5 weiße Kugeln, und die dritte Urne enthält 4 schwarze und 9 weiße Kugeln. Eine Urne wird zufällig ausgewählt, und aus der gewählten Urne wird zufällig eine Kugel herausgegriffen.
(a) Mit welcher Wahrscheinlichkeit ist die gezogene Kugel weiß?
(b) Wenn die gezogene Kugel weiß ist, mit welcher Wahrscheinlichkeit stammt sie dann aus der dritten Urne?

Aufgabe (129.31) Mit welcher Wahrscheinlichkeit funktioniert die folgende Schaltung, wenn die einzelnen Komponenten mit den Wahrscheinlichkeiten $p_1 = 0.9$, $p_2 = 0.8$, $p_3 = 0.7$, $p_4 = 0.95$ und $p_5 = 0.85$ funktionieren?

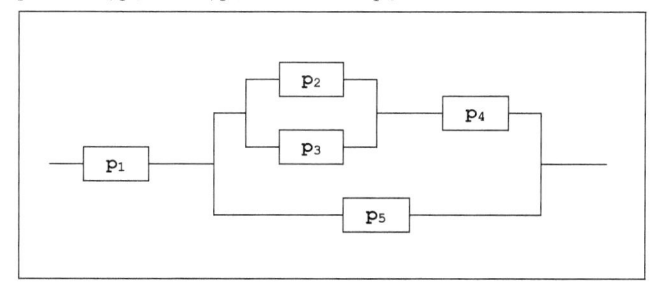

Aufgabe (129.32) Mit welcher Wahrscheinlichkeit haben zwei zufällig zusammentreffende Personen im gleichen Monat Geburtstag? Diese Frage soll beantwortet werden (a) unter der Annahme, daß alle Geburtsmonate gleich wahrscheinlich sind; (b) unter der Annahme, daß alle Geburtstage gleich wahrscheinlich sind, wobei aber die Existenz von Schaltjahren ignoriert werden soll.

Aufgabe (129.33) Professor S. kann sich nicht entscheiden, ob er noch einen Abendspaziergang machen oder gleich ins Bett gehen soll, und beschließt, die Entscheidung durch das folgende Würfelspiel mit zwei Würfeln herbeizuführen. Erzielt er beim ersten Wurf die Augensumme 7 oder 11, so macht er einen Spaziergang; erzielt er die Augensumme 2, 3 oder 12, so geht er ins Bett, in allen anderen Fällen erklärt er die erhaltene Augensumme zur "Glückszahl". Professor S. würfelt nun so lange weiter, bis er als Augensumme entweder seine Glückszahl erzielt (in welchem Fall er einen Spaziergang macht) oder aber eine 7 (in welchem Fall er ins Bett geht). Mit welcher Wahrscheinlichkeit macht Professor S. noch einen Spaziergang?

Aufgabe (129.34) Es sei $S = \{s_1, \ldots, s_n\}$ die endliche Ausgangsmenge eines Zufallsexperiments, und es sei p_i die Wahrscheinlichkeit des Ereignisses $\{s_i\}$. Schreibe ein Programm, das die Einzelwahrscheinlichkeiten p_i und ein beliebiges Ereignis $A \subseteq S$ einliest und dann die Wahrscheinlichkeit $p(A)$ ausgibt.

Aufgabe (129.35) Wie in der vorigen Aufgabe sei $S = \{s_1, \ldots, s_n\}$ die endliche Ausgangsmenge eines Zufallsexperiments, und es sei p_i die Wahrscheinlichkeit des Ereignisses $\{s_i\}$. Schreibe ein Programm, das die Einzelwahrscheinlichkeiten p_i sowie zwei beliebige Ereignisse $A, B \subseteq S$ einliest und dann ausgibt, ob diese Ereignisse unabhängig sind oder nicht.

Aufgabe (129.36) Drei Personen A, B und C werfen mehrmals hintereinander eine faire Münze; es sei a, b bzw. c die Anzahl der Würfe von A, B bzw. C. Gib in jeder der folgenden Situationen an, bei welcher Person die Wahrscheinlichkeit, öfter Wappen als Zahl zu werfen, am **geringsten** ist!
   (a) $a = 15$, $b = 16$, $c = 17$
   (b) $a = 15$, $b = 17$, $c = 18$
   (c) $a = 18$, $b = 19$, $c = 20$

Aufgabe (129.37) In einer Urne befinden sich n Kugeln, die mit den Nummern $1, \ldots, n$ beschriftet sind. Eine Kugel wird gezogen; zeigt die gezogene Kugel die Nummer 1, so wird sie draußen behalten, andernfalls wird sie in die Urne zurückgelegt. Anschließen wird eine zweite Kugel gezogen. Mit welcher Wahrscheinlichkeit zeigt diese zweite Kugel die Nummer 2?

Aufgabe (129.38) Beim Werfen zweier Würfel betrachten wir die folgenden Ereignisse:

A : der erste Würfel zeigt eine ungerade Augenzahl;

B : der zweite Würfel zeigt eine ungerade Augenzahl;

C : die Augensumme der beiden Würfel ist ungerade.

Zeige, daß die Ereignismengen $\{A, B\}$, $\{B, C\}$ und $\{C, A\}$ unabhängig sind, daß aber die Ereignismenge $\{A, B, C\}$ abhängig ist. (Etwas salopp gesagt sind die Ereignisse A, B und C paarweise unabhängig, insgesamt aber abhängig.)

Aufgabe (129.39) Eine Firma produziert elektrische Geräte in drei Fabriken F_1, F_2 und F_3. Der Anteil von F_1 an der Gesamtproduktion ist 15%, der von F_2 ist 80% und der von F_3 ist 5%. Die Wahrscheinlichkeit eines Defekts beträgt 2% für ein in F_1 produziertes Gerät, 1% für ein in F_2 produziertes Gerät und 3% für ein in F_3 produziertes Gerät. Ein wahllos aus der Gesamtproduktion herausgegriffenes Gerät sei defekt. Für $k = 1, 2, 3$ soll angegeben werden, mit welcher Wahrscheinlichkeit dieses Gerät in der Fabrik F_k produziert wurde.

Aufgabe (129.40) (a) Es seien $\mathfrak{A}$ eine σ-Algebra auf einer Menge X und $p : \mathfrak{A} \to [0, 1]$ eine Abbildung mit $p(\emptyset) = 0$ und $p(X) = 1$. Zeige, daß dann die folgenden Bedingungen äquivalent sind:
(1) p ist ein Wahrscheinlichkeitsmaß;
(2) aus $B_1 \supseteq B_2 \supseteq B_3 \supseteq \cdots$ und $B_\infty := \bigcap_{k=1}^{\infty} B_k$ folgt $p(B_k) \to p(B_\infty)$;
(3) aus $B_1 \supseteq B_2 \supseteq B_3 \supseteq \cdots$ und $\bigcap_{k=1}^{\infty} B_k = \emptyset$ folgt $p(B_k) \to 0$.

(b) Eine faire Münze werde wiederholt geworfen. Für eine Teilmenge $A \subseteq \mathbb{N}$ bezeichnen wir mit $p(A)$ die Wahrscheinlichkeit, daß die Nummer desjenigen Wurfs, bei dem erstmals Wappen auftritt, in A liegt. Zeige, daß p eine σ-additive Abbildung ist.

Lösungen zu »Elementare Wahrscheinlichkeitsrechnung« siehe Seite 537

A130: Zufallsvariablen

Aufgabe (130.1) Ein Schütze treffe bei jedem Schuß mit einer Wahrscheinlichkeit von 70% das Ziel. Wie oft muß er mindestens schießen, um mit einer Wahrscheinlichkeit von mindestens 80% mindestens drei Treffer zu erzielen?

Aufgabe (130.2) Eine Großbäckerei stellt Käsekuchen her und verwendet durchschnittlich 100 Rosinen pro Kuchen. Jeder Kuchen wird in 16 gleichgroße Stücke geteilt. Wie groß ist die Wahrscheinlichkeit, daß ein solches Stück mindestens 7 Rosinen enthält? (Nimm eine Poisson-Verteilung an!)

Aufgabe (130.3) Ein Erdölunternehmen will durch Probebohrungen feststellen, ob in einem bestimmten Gebiet Ölvorkommen existieren. Jede Probebohrung kostet 250 000 EUR; nach jeder Bohrung kostet es 50 000 EUR, das Material für die nächste Bohrung wieder instandzusetzen. Die Wahrscheinlichkeit, bei einer Bohrung in dem fraglichen Gebiet auf Öl zu stoßen, sei 25%.
 (a) Wie groß ist der Erwartungswert der Kosten, die entstehen, bis erstmals Öl gefunden wird?
 (b) Das Unternehmen will insgesamt nicht mehr als 5 000 000 EUR für die Bohrungen ausgeben. Mit welcher Wahrscheinlichkeit wird es innerhalb dieses Investitionsrahmens auf Öl stoßen?

Aufgabe (130.4) Eine Firma produziert Glühbirnen, wobei 5% der Produktion defekt sind. Ein Großhändler kauft die Glühbirnen in Packungen à 100 Stück und führt dabei folgende Qualitätskontrolle durch: einer Packung wird eine Stichprobe von 10 Glühbirnen entnommen und überprüft; nur wenn von diesen zehn keine defekt ist, wird die Packung akzeptiert. Mit welcher Wahrscheinlichkeit ist das der Fall? Mit wie vielen defekten Glühbirnen pro akzeptierter Packung muß dann der Großhändler im Durchschnitt rechnen?

Aufgabe (130.5) Ein 200seitiges Statistikbuch enthält fünf Fehler, die zufällig über die 200 Seiten verteilt sind. Es werden n Seiten zufällig herausgegriffen und auf Fehler hin untersucht.
 (a) Wie groß ist die Wahrscheinlichkeit, bei $n = 50$ Seiten mindestens einen Fehler zu finden?
 (b) Wie groß muß man n mindestens wählen, um mit mindestens 90%-iger Wahrscheinlichkeit mindestens drei Fehler zu finden?

Aufgabe (130.6) Bei der Herstellung eines bestimmten Gerätes seien 85% der Produktion von guter Qualität; 10% seien defekt, können aber nachbearbeitet werden; 5% seien Ausschuß. Über die normalen Produktionskosten hinaus entstehen Nachbearbeitungskosten von 60 EUR pro Gerät sowie ein Verlust von 100 EUR pro Gerät, das als Ausschuß weggeworfen werden muß. Wie groß ist die Wahrscheinlichkeit, daß bei einer Tagesproduktion von 20 Geräten nicht mehr als 300 EUR Zusatzkosten entstehen?

Aufgabe (130.7) Ein Vertreter geht von Haus zu Haus und versucht jeweils, ein Zeitschriftenabonnement zu verkaufen; die Erfolgswahrscheinlichkeit sei dabei 10%.
 (a) Mit welcher Wahrscheinlichkeit hat er nach dem Besuch von zehn Häusern mindestens drei Abonnements verkauft?
 (b) In wieviele Häuser muß er mindestens gehen, um mit einer Wahrscheinlichkeit von mindestens 90% mindestens drei Abonnements zu verkaufen?
 (c) Im wievielten Haus verkauft er durchschnittlich sein erstes Abonnement?

Aufgabe (130.8) Wie ändern sich die Antworten in Aufgabe (130.4), wenn eine Lieferung dann akzeptiert wird, wenn in der Stichprobe maximal eine defekte Glühbirne enthalten ist? **Warnung:** Diese Aufgabe erfordert einen hohen Rechenaufwand!

Aufgabe (130.9) Schreibe ein Programm, das eine beliebige Zahl $k \in \mathbb{N}_0$ einliest und dann die Wahrscheinlichkeit dafür ausgibt, daß bei einem Lottotip (6 aus 49) genau k Richtige auftreten.

Aufgabe (130.10) Schreibe ein Programm, das natürliche Zahlen n, a und k einliest und dann die Wahrscheinlichkeit dafür ausgibt, daß beim n-maligen Werfen zweier idealer Würfel genau k-mal die Augensumme a auftritt.

Aufgabe (130.11) Ein Spieler würfelt mit einem idealen Würfel, bis er zum dritten Mal eine Sechs erzielt.
 (a) Mit welcher Wahrscheinlichkeit braucht er mehr als sechs Würfe, bis er die dritte Sechs gewürfelt hat?
 (b) Wie viele Würfe braucht er im Durchschnitt, bis er die dritte Sechs gewürfelt hat?
 (c) Wie viele Würfe braucht er im Durchschnitt, bis er die dritte Sechs gewürfelt hat, wenn er bereits im ersten Wurf eine Sechs erzielt?

Aufgabe (130.12) Unter 100 Geräten befinden sich 5 defekte Geräte. Wie groß ist die Wahrscheinlichkeit, daß eine Lieferung mit 10 Geräten aus diesem Bestand keines defekt ist?

Aufgabe (130.13) Wie oft muß man einen idealen Würfel werfen, um mit mindestens 50%-iger bzw. 90%-iger Wahrscheinlichkeit eine Sechs zu erhalten?

Lösungen zu »Zufallsvariablen« siehe Seite 546

Aufgabe (130.14) Skizziere die Dichtefunktion und die Verteilungsfunktion der Zufallsvariablen X, die die beim Werfen zweier idealer Würfel auftretende Augensumme beschreibt!

Aufgabe (130.15) Die eindimensionale kontinuierliche Zufallsvariable X habe die Dichte

$$f(x) = \begin{cases} 0, & \text{falls } x < -1/2; \\ 2x+1, & \text{falls } -1/2 \leq x \leq 0; \\ 1 - 2x/3, & \text{falls } 0 \leq x \leq 3/2; \\ 0, & \text{falls } x > 3/2. \end{cases}$$

(a) Bestimme die Verteilungsfunktion F von X.
(b) Bestimme den Erwartungswert $E[X]$ von X.
(c) Bestimme die Varianz $\mathrm{Var}[X]$ von X.
(d) Bestimme den Median von X.
(e) Bestimme $a > 0$ mit $p(|X - E[X]| \leq a) = 1/2$.

Aufgabe (130.16) Ein Stab der Länge ℓ werde an zwei völlig willkürlich und unabhängig voneinander gewählten Stellen durchgesägt. Mit welcher Wahrscheinlichkeit läßt sich aus den drei entstehenden Stücken ein Dreieck bilden? (**Hinweis**: Drei Zahlen $a, b, c > 0$ bilden genau dann die Seiten eines Dreiecks, wenn die *Dreiecksungleichungen* $a < b + c$, $b < c + a$ und $c < a + b$ gelten.)

Aufgabe (130.17) Die eindimensionale kontinuierliche Zufallsvariable X habe die Dichte

$$f(x) = \begin{cases} e^x, & \text{falls } 0 \leq x \leq c; \\ 0, & \text{falls } x < 0 \text{ oder } x > c. \end{cases}$$

(a) Welchen Wert hat die Konstante c?
(b) Bestimme die Verteilungsfunktion F von X!
(c) Bestimme den Erwartungswert $E[X]$ von X!
(d) Bestimme die Varianz $\mathrm{Var}[X]$ von X!
(e) Bestimme den Median von X!
(f) Bestimme $a > 0$ mit $p(|X - E[X]| \leq a) = 1/2$.

Aufgabe (130.18) Ein Gemüsehändler kauft morgens in der Großmarkthalle Erdbeeren zum Preis von a EUR pro kg und beabsichtigt, sie später auf dem Markt zum Preis von b EUR pro kg zu verkaufen. Ein Marktforschungsinstitut ermittelt für ihn, daß die zu erwartende Verkaufsmenge X (das "Marktpotential") einer Gammaverteilung mit den Parametern $\alpha = 2$ und λ folge, wobei die Konstante $\lambda = \lambda(b)$ vom Verkaufspreis b abhänge (und monoton in b fallend sei). Welche Menge ξ muß der Händler morgens in der Großmarkthalle einkaufen, um den von ihm zu erwartenden Gewinn zu maximieren? (Da Erdbeeren leicht verderblich sind, können sie nur am selben Tag verkauft werden; alle Erdbeeren, auf denen der Händler sitzenbleibt, bedeuten für ihn verlorenes Geld. Eventuelle Konkurrenz durch andere Händler werde vernachlässigt.)

Aufgabe (130.19) (a) Beim Pfeilwerfen sei die Abweichung des Pfeils vom Zielpunkt normalverteilt mit dem Mittelwert $\mu = (0, 0)$ und $\Sigma = \mathrm{diag}(\sigma, \sigma)$. Mit welcher Wahrscheinlichkeit ist der Pfeil mehr als σ (2σ, 3σ) Längeneinheiten vom Zielpunkt entfernt?

(b) Die aus Messungen bestimmte Abweichung der Position eines Unterseebootes von seiner Sollposition sei normalverteilt mit dem Mittelwert $\mu = (0, 0, 0)$ und $\Sigma = \mathrm{diag}(\sigma, \sigma, \sigma)$. Mit welcher Wahrscheinlichkeit ist das Unterseeboot mehr als σ (bzw. 2σ bzw. 3σ) Längeneinheiten von seiner Sollposition entfernt?

Aufgabe (130.20) (a) Für eine endliche Ausgangsmenge S eines Zufallsexperimentes sei $(S, \mathfrak{P}(S), p)$ der zugehörige Wahrscheinlichkeitsraum. Zeige, daß der Wahrscheinlichkeitsraum $(S_\star, \mathfrak{A}_\star, p_\star)$, der die n-fache Wiederholung dieses Experiments unter identischen Bedingungen beschreibt, gegeben ist durch die Ausgangsmenge $S_\star = S^n$, die Ereignisalgebra $\mathfrak{A}_\star = \mathfrak{P}(S_\star)$ und die Wahrscheinlichkeitsfunktion $p_\star : \mathfrak{A}_\star \to [0, 1]$ mit $p_\star(A_1 \times \cdots \times A_n) = p(A_1) \cdots p(A_n)$. Zeige ferner: Ist $(S, \mathfrak{P}(S), p)$ die Gleichverteilung auf S, so ist $(S_\star, \mathfrak{A}_\star, p_\star)$ die Gleichverteilung auf $S_\star$.

(b) Eine ideale Münze werde dreimal hintereinander geworfen. Gib die zugehörige Ausgangsmenge $S_\star$ an. Mit welcher Wahrscheinlichkeit erscheint bei den drei Würfen zweimal Wappen?

Lösungen zu »Zufallsvariablen« siehe Seite 546

A131: Neue Zufallsvariablen aus alten

Aufgabe (131.1) Es sei X eine eindimensionale kontinuierliche Zufallsvariable mit der Dichtefunktion f. Welche Dichtefunktion hat die Zufallsvariable $|X|$?

Aufgabe (131.2) Es sei X eine eindimensionale kontinuierliche Zufallsvariable mit der Dichtefunktion f. Welche Dichtefunktion hat die Zufallsvariable e^X?

Aufgabe (131.3) (a) Die Zufallsvariable X sei $N(\mu, \sigma)$-normalverteilt. Zeige, daß dann $aX + b$ einer $N(a\mu + b, |a|\sigma)$-Normalverteilung folgt.
(b) Die Zufallsvariable X sei $N(\mu, \sigma)$-normalverteilt. Zeige, daß dann $(X - \mu)/\sigma$ einer $N(0, 1)$-Normalverteilung folgt. (Dies ist wichtig, weil die $N(0, 1)$-Standardnormalverteilung in tabellierter Form vorliegt.)

Aufgabe (131.4) Beim Zusammenstellen einer Paprikamischung werden jeweils eine grüne, eine rote und eine gelbe Paprika in ein Netz abgepackt. Das Gewicht der Paprika (in Gramm) folge jeweils einer Normalverteilung, und zwar mit den Werten $(\mu, \sigma) = (200, 10)$ für grüne, $(\mu, \sigma) = (150, 8)$ für rote und $(\mu, \sigma) = (150, 6)$ für gelbe Paprika.
(a) Welcher Verteilung folgt das Gesamtgewicht der Paprikamischung?
(b) Mit welcher Wahrscheinlichkeit hat eine zufällig herausgegriffene Paprikamischung ein Gewicht von weniger als 490 Gramm?

Aufgabe (131.5) Ein Signal werde durch vier voneinander unabhängige Störungen X_1, X_2, X_3 und X_4 überlagert, die alle $N[0, \sigma]$-verteilt sind. Wenn man die Gesamtstörung des Signals durch den Ausdruck $Z := \sqrt{X_1^2 + X_2^2 + X_3^2 + X_4^2}$ modelliert, wie groß ist dann die Wahrscheinlichkeit, daß das Signal um mehr als den Betrag σ gestört ist?

Aufgabe (131.6) Die beiden Seitenlängen X und Y eines Rechtecks seien unabhängige $R[0, 1]$-verteilte Zufallsvariablen. (Es werden also wahllos zwei Zahlen X und Y zwischen 0 und 1 herausgegriffen und als Seitenlängen eines Rechtecks aufgefaßt.)
(a) Welchen Erwartungswert und welche Varianz hat die Fläche $F = XY$ des Rechtecks?
(b) Mit welcher Wahrscheinlichkeit gilt $F \geq 1/2$?

Aufgabe (131.7) Ein aus drei gleichartigen Einheiten bestehendes redundantes System funktioniere folgendermaßen: Zunächst läuft die erste Einheit; nach deren Ausfall wird die zweite Einheit aktiviert, und nach deren Ausfall schließlich die dritte. Jede der drei Einheiten habe eine Lebensdauer, die exponentialverteilt sei und einen Erwartungswert von 100 Stunden habe; das Umschalten von einer Einheit auf die nächste werde als sicher funktionierend angenommen. Mit welcher Wahrscheinlichkeit funktioniert das System für mehr als 300 Stunden?

Aufgabe (131.8) (a) Es seien X und Y zwei unabhängige eindimensionale diskrete Zufallsvariablen mit den Dichten f und g. Bestimme die Dichte der Zufallsvariablen $Z := XY$.
(b) Ein Zufallsexperiment bestehe darin, zunächst zwei Würfel zu werfen und die Augensumme X zu bestimmen, dann drei Würfel zu werfen und die Anzahl Y der Sechsen in diesem Wurf zu bestimmen, dann schließlich das Produkt $Z := XY$ zu berechnen. Mit welcher Wahrscheinlichkeit gilt $Z \geq 3$?

Aufgabe (131.9) Es seien $[a, b]$ und $[c, d]$ zwei Intervalle; die (voneinander unabhängigen) Zufallsvariablen X und Y seien $R[a, b]$- bzw. $R[c, d]$-rechteckverteilt. Bestimme die Dichte der Zufallsvariablen $X + Y$! (**Hinweis:** Unterscheide die Fälle $d - c \leq b - a$ und $d - c \geq b - a$.)

Aufgabe (131.10) (a) Es seien X und Y unabhängige Zufallsvariablen mit den Dichtefunktionen $f, g : \mathbb{R} \to \mathbb{R}$. Welche Dichte hat dann die Zufallsvariable X/Y?
(b) In zwei Kisten befinden sich Stahlstifte, deren Längen (in cm) in der ersten Kiste $R[1, 3]$-rechteckverteilt, in der zweiten Kiste $R[1, 2]$-rechteckverteilt seien. Aus jeder der Kisten wird wahllos ein Stift entnommen. Mit welcher Wahrscheinlichkeit ist der Stift aus der ersten Kiste länger als der Stift aus der zweiten Kiste?

Aufgabe (131.11) Es seien X und Y zwei unabhängig verteilte eindimensionale kontinuierliche Zufallsvariablen mit den Dichten f und g. Zeige, daß dann die Zufallsvariable $Z := \max(X, Y)$ die Dichte φ hat, die gegeben ist durch

$$\varphi(z) := f(z) \cdot \left(\int_{-\infty}^{z} g \right) + g(z) \cdot \left(\int_{-\infty}^{z} f \right).$$

Welche Dichte hat die Zufallsvariable $\min(X, Y)$?

Aufgabe (131.12) Die Zufallsvariablen X und Y seien unabhängig und identisch $N(\mu, \sigma)$-verteilt. Zeige, daß dann $\max(X, Y)$ den Erwartungswert $\mu + \sigma/\sqrt{\pi}$ hat.

Aufgabe (131.13) (a) Es seien X und Y zwei unabhängige diskrete eindimensionale Zufallsvariablen mit den Dichten f und g. Bestimme die Dichte h der Zufallsvariablen $Z := XY$.
(b) Die Seiten einer Münze seien mit den Ziffern 0 und 1 versehen, die Seiten eines Würfels mit den Ziffern 0, 1, -1, 2, -2 und 3. Beide werden geworfen; anschließend wird das Produkt der beiden erzielten Zahlen gebildet. Berechne die Dichtefunktion dieses Produktes.

A132: Kenngrößen für Zufallsvariablen

Aufgabe (132.1) Die Dichtefunktion einer eindimensionalen kontinuierlichen Zufallsvariablen habe die Form
$$f(x) = \begin{cases} \sqrt{x}, & 0 \leq x \leq c, \\ 0, & \text{sonst.} \end{cases}$$

(a) Welchen Wert hat die Konstante c?
(b) Bestimme den Erwartungswert $E[X]$ von X!
(c) Mit welcher Wahrscheinlichkeit gilt $X \leq E[X]$?
(d) Bestimme den Median m von X!

Aufgabe (132.2) Die Dichtefunktion einer eindimensionalen kontinuierlichen Zufallsvariablen habe die Form
$$f(x) = \begin{cases} cx, & 0 \leq x < 1, \\ c, & 1 \leq x < 2, \\ c(3-x), & 2 \leq x < 3, \\ 0, & \text{sonst.} \end{cases}$$

(a) Welchen Wert hat die Konstante c?
(b) Bestimme den Erwartungswert $E[X]$ von X!
(c) Bestimme die Varianz $\text{Var}[X]$ von X!

Aufgabe (132.3) Eine Zufallsvariable X hat eine Dichte der Form
$$f(x) = \begin{cases} c(x^2 + x^3), & \text{falls } |x| \leq 1; \\ 0, & \text{falls } |x| > 1. \end{cases}$$

(a) Welchen Wert hat die Konstante c?
(b) Mit welcher Wahrscheinlichkeit nimmt X einen positiven Wert an?
(c) Welches sind der Erwartungswert und die Varianz der Zufallsvariablen X?

Aufgabe (132.4) Die Zufallsvariable X sei dreiecksverteilt mit der Dichte
$$f(x) = \begin{cases} 0, & \text{falls } x \leq -1, \\ 1+x, & \text{falls } -1 \leq x \leq 0, \\ 1-x, & \text{falls } 0 \leq x \leq 1, \\ 0, & \text{falls } x \geq 1. \end{cases}$$

(a) Bestimme den Erwartungswert, die Varianz, den Median und die Verteilungsfunktion von X.
(b) Bestimme den Erwartungswert, die Varianz, den Median und die Verteilungsfunktion von $Y := |X|$.
(c) Zeige, daß die Zufallsvariablen X und Y zwar unkorreliert, aber nicht unabhängig sind.

Aufgabe (132.5) (a) Die Zufallsvariable X sei exponentialverteilt mit dem Parameter λ. Berechne den Erwartungswert von X!
(b) Eine bestimmte Sorte von Glühbirnen habe eine mittlere Brenndauer von 1000 Stunden. Mit welcher Wahrscheinlichkeit brennt eine solche Glühbirne sogar länger als 2000 Stunden, wenn für die Brenndauer eine Exponentialverteilung angenommen wird?

Aufgabe (132.6) Die mittlere Lebensdauer einer Sorte von Glühbirnen betrage 1000 Stunden; die Lebensdauer werde als exponentialverteilt angenommen. Mit welcher Wahrscheinlichkeit erreicht eine Glühbirne der betrachteten Sorte ihre mittlere Lebensdauer? Mit welcher Wahrscheinlichkeit weicht die tatsächliche Lebensdauer um mehr als 100 Stunden von der mittleren Lebensdauer ab? (Vergleiche diese Wahrscheinlichkeit mit der durch die Chebyshevsche Ungleichung gegebenen Abschätzung!)

Aufgabe (132.7) Auf den vier Seiten eines regelmäßigen Tetraeders seien die folgenden Ziffern notiert: 1, 2 und 3 auf der ersten Seite; 1, 2 und 4 auf der zweiten Seite; 1 und 5 auf der dritten Seite; 1 und 5 auf der vierten Seite. Mit dem Tetraeder werde n-mal hintereinander "gewürfelt", und nach jedem Wurf werde festgestellt, welche Ziffern auf der Unterseite des Tetraeders auftreten. Für $1 \leq i \leq 5$ sei X_i die Anzahl, mit der die Ziffer i bei den n Würfen auftritt. Bestimme den Erwartungswert $E[X]$ und die Kovarianzmatrix $\text{Cov}[X]$ der fünfdimensionalen Zufallsvariablen $X = (X_1, X_2, X_3, X_4, X_5)$.

Hinweis: Betrachte zunächst den Fall $n = 1$.

Aufgabe (132.8) Bestimme Verteilungsfunktion, Erwartungswert und Varianz der **Laplace-Verteilung** mit der Dichte
$$f(x) = \frac{1}{2c} e^{-|x-a|/c}$$

(wobei $a \in \mathbb{R}$ und $c > 0$ gegebene Konstanten seien).

Aufgabe (132.9) Ein Zufallsexperiment bestehe darin, unabhängig voneinander vier Zufallszahlen $a, b, c, d \in [0, 1]$ zu ermitteln (für die Gleichverteilung auf dem Intervall $[0, 1]$ angenommen werde) und dann $X := (ad - bc)^2$ zu berechnen. Bestimme Erwartungswert und Varianz der Zufallsvariablen X!

Aufgabe (132.10) Schreibe ein Programm, das die vorangehende Aufgabe näherungsweise numerisch mit Hilfe einer Monte-Carlo-Simulation löst.

Aufgabe (132.11) Es sei $X = (X_1, \ldots, X_n)$ eine n-dimensionale Zufallsvariable auf einem Maßraum $(K, \mathfrak{A}, \mu)$. Deute X als Position eines Punktes von K und μ als Massenverteilung des Körpers K und stelle dann eine mechanisch-stochastische Analogie her zwischen dem Schwerpunkt von K und dem Erwartungswert von X einerseits, dem Trägheitstensor von K und der Kovarianzmatrix von X andererseits.

Lösungen zu »Kenngrößen für Zufallsvariablen« siehe Seite 558

Aufgabe (132.12) Es sei X eine Zufallsvariable mit dem Erwartungswert $E[X]$ und der Standardabweichung $\sigma(X)$. Wir definieren die **Schiefe** von X durch

$$S(X) := E\left[\left(\frac{X - E[X]}{\sigma(X)}\right)^3\right]$$

und die **Wölbung (Kurtosis)** von X durch

$$W(X) := E\left[\left(\frac{X - E[X]}{\sigma(X)}\right)^4\right].$$

(a) Begründe, warum die Schiefe ein Maß für die Asymmetrie von X ist und die Wölbung ein Maß dafür, wie stark bei den von X angenommenen Werten die weit vom Erwartungswert entfernten "Randbereiche" (englisch "tails") ausgeprägt sind.

(b) Gib einige Verteilungen an, bei denen man (betragsmäßig) große Werte für die Schiefe oder die Wölbung erwartet. (Es ist nicht verlangt, für konkret gegebene Verteilungen diese Kennwerte explizit auszurechnen!)

Bemerkung: Ob man einen Wert für $W(X)$ als "klein" oder "groß" bewertet, entscheidet man oft durch Vergleich mit derjenigen Normalverteilung, die den gleichen Erwartungswert und die gleiche Standardabweichung hat wie X.

Aufgabe (132.13) Eine Maschine füllt Marmelade in Gläser. Die einzufüllende Marmeladenmasse sei dabei normalverteilt mit dem Erwartungswert $\mu_1 = 400$g und der Standardabweichung $\sigma_1 = 4$g; die Masse eines leeren Glases (einschließlich Deckel) sei normalverteilt mit dem Erwartungswert $\mu_2 = 100$g und der Standardabweichung $\sigma_2 = 3$g. Die Masse des Glases sei dabei unabhängig von der eingefüllten Marmeladenmenge.
(a) Welcher Verteilung folgt die Gesamtmasse eines Marmeladenglases (also die Masse von Marmelade und Glas zusammen)?
(b) Mit welcher Wahrscheinlichkeit wiegt ein gefülltes Marmeladenglas mehr als 507g?
(c) Wie viele von 1000 wahllos aus der Produktion herausgegriffenen Gläsern wiegen mehr als 507g?

Aufgabe (132.14) Beim Werfen zweier Würfel bezeichnen wir mit X_1 und X_2 die Augenzahl des ersten bzw. des zweiten Würfels. Zeige, daß die Zufallsvariablen $X_1 + X_2$ und $X_1 - X_2$ unkorreliert, aber nicht unabhängig sind.

Aufgabe (132.15) Aus einer Lieferung von 500 Glühbirnen, von denen 10% defekt sind, werden 30 Glühbirnen entnommen. Es sei X die Anzahl der defekten Glühbirnen unter diesen 30. Berechne $E[X]$ und $\text{Var}[X]$.

Lösungen zu »Kenngrößen für Zufallsvariablen« siehe Seite 558

A133: Statistische Schätztheorie

Aufgabe (133.1) Die mittlere Lebensdauer (in Stunden) einer Sorte von Glühbirnen soll geschätzt werden; dabei werde angenommen, daß die Lebensdauer einer Exponentialverteilung folgt. Wie lautet der Schätzwert maximaler Wahrscheinlichkeit für den Parameter λ dieser Verteilung, wenn n Stichprobenwerte $x_1, \ldots, x_n$ für die Lebensdauer vorliegen?

Aufgabe (133.2) Die Anzahl der Rosinen in einem Stück einer bestimmten Kuchensorte sei Poisson-verteilt mit dem Parameter λ. Wie lautet der Schätzer maximaler Wahrscheinlichkeit für λ?

Aufgabe (133.3) An einer bestimmten Haltestelle kommt alle T Minuten eine Straßenbahn vorbei, aber die Taktzeit T ist unbekannt und soll aus den Wartezeiten $X_1, \ldots, X_n$ von n Personen geschätzt werden, die zufällig und unkoordiniert an der Haltestelle eintreffen und jeweils die nächste Bahn nehmen. Da die unbekannte Zeit T die maximal mögliche Wartezeit ist, ist es nicht unvernünftig, den Schätzer $\widehat{T} := \max(X_1, \ldots, X_n)$ zu betrachten. Bestimme die Verzerrung, die Varianz und den mittleren quadratischen Fehler dieses Schätzers!

Hinweis: Bestimme zuerst die Verteilungsfunktion $G(x) := p(\widehat{T} \leq x)$ und dann die Dichte g von $\widehat{T}$.

Aufgabe (133.4) (a) Wie lautet der Schätzer maximaler Wahrscheinlichkeit für den Parameter p einer geometrischen Verteilung?

(b) Für eine möglicherweise verfälschte Münze soll die Wahrscheinlichkeit p geschätzt werden, mit der bei einem Wurf dieser Münze Wappen auftritt. Die Münze werde in 6 Versuchen jeweils so oft geworfen, bis erstmals Wappen auftritt; dies geschehe nacheinander beim ersten, beim zweiten, beim ersten, beim zweiten, beim ersten und dann wieder beim zweiten Wurf. Welchen Wert für p liefert der Schätzer aus Teil (a)?

Aufgabe (133.5) (a) Eine Zufallsvariable X sei $R[a, b]$-rechteckverteilt; aus einer realisierten Stichprobe $(x_1, \ldots, x_n)$ für X sollen die Parameter a und b geschätzt werden. Zeige, daß es in diesem Fall unendlich viele Schätzer maximaler Wahrscheinlichkeit für a und b gibt!

(b) Als Schätzer für a werde $\widehat{a} := \min(X_1, \ldots, X_n)$ benutzt. Ist dieser Schätzer erwartungstreu?

Aufgabe (133.6) (a) Der Schätzer $\widehat{T}$ aus Aufgabe (133.3) soll durch Multiplikation mit einer Konstanten $c > 0$ zu einem erwartungstreuen Schätzer $\widehat{T}_1 := c\widehat{T}$ modifiziert werden. Wie ist c zu wählen? Welchen mittleren quadratischen Fehler hat dann $\widehat{T}_1$?

(b) Der Schätzer $\widehat{T}$ aus Aufgabe (133.3) soll durch Multiplikation mit einer Konstanten $c > 0$ so modifiziert werden, daß der entstehende Schätzer $\widehat{T}_2 := c\widehat{T}$ den mittleren quadratischen Fehler minimiert. Wie ist c zu wählen?

(c) Erkläre, inwiefern der Schätzer in Teil (b) "besser" ist als der in (a), obwohl er nicht erwartungstreu ist?

Aufgabe (133.7) Schreibe ein Programm, das eine beliebige Zahl n von Datenpunkten $(x_1, y_1), \ldots, (x_n, y_n)$ einliest und dann aus diesen die folgenden Daten berechnet:

• die Mittelwerte $\overline{x} := (x_1 + \cdots + x_n)/n$ und $\overline{y} := (y_1 + \cdots + y_n)/n$;

• die empirischen Standardabweichungen

$$\sigma_x := \sqrt{\frac{1}{n-1}\sum_{i=1}^n (x_i - \overline{x})^2}, \quad \sigma_y := \sqrt{\frac{1}{n-1}\sum_{i=1}^n (y_i - \overline{y})^2};$$

• die empirische Kovarianz

$$C_{xy} := \frac{1}{n-1}\sum_{i=1}^n (x_i - \overline{x})(y_i - \overline{y});$$

• die empirische Korrelation $c_{xy} := C_{xy}/(\sigma_x \sigma_y)$.

Berechne diese Größen für die folgenden Datensätze!

i	x_i	(a) y_i	(b) y_i	(c) y_i	(d) y_i	(e) y_i	(f) y_i	(g) y_i	(h) y_i
1	1	3	3	3	5	6	13	13	13
2	2	5	6	10	14	2	19	10	12
3	4	9	5	4	2	9	3	11	10
4	6	13	13	4	3	4	2	8	8
5	7	15	18	18	19	5	14	2	7
6	10	21	20	14	14	5	6	1	4

Aufgabe (133.8) Die vier Zufallsvariablen a, b, c, d seien $R[0, 1]$-rechteckverteilt. Schreibe ein Programm, das den Erwartungswert der Zufallsvariablen $|ad - bc|$ näherungsweise mit Hilfe einer Simulation bestimmt, bei der eine große Zahl von Realisierungen dieser Zufallsvariablen gebildet wird.

Aufgabe (133.9) Es sei (X_1, X_2, X_3) eine Stichprobe für eine Zufallsvariable X mit unbekanntem Erwartungswert μ und unbekannter Standardabweichung σ. Wir betrachten die drei Zufallsvariablen $U_1 = 0.4X_1 + 0.6X_2$, $U_2 = 0.3X_1 - 0.5X_2 + 0.2X_3$ und $U_3 = 3X_1 - 10X_2 + 8X_3$.

(a) Welche dieser Zufallsvariablen sind erwartungstreue Schätzer für μ?

(b) Welche Varianzen haben U_1, U_2 und U_3?

Aufgabe (133.10) Die Reparaturzeit X (in Stunden) für ein bestimmtes Gerät habe eine Dichte der Form

$$f(x) = \begin{cases} c \cdot xe^{-ax}, & x \geq 0; \\ 0, & x < 0. \end{cases}$$

(a) Welchen Wert hat die Konstante c?
(b) Wie lauten der Erwartungswert und die Varianz der Zufallsvariablen X?
(c) Aus einer Stichprobe $(X_1, \ldots, X_n)$ für X soll ein Schätzer maximaler Wahrscheinlichkeit für den Parameter a bestimmt werden.

Aufgabe (133.11) Es sei $(X_1, \ldots, X_n)$ eine Stichprobe für eine $N(\mu, \sigma)$-verteilte Zufallsvariable. Wir betrachten den Stichprobenmittelwert

$$\overline{X} = \frac{1}{n} \sum_{i=1}^{n} X_i$$

und die Stichprobenvarianz

$$S = \sqrt{\frac{1}{n-1} \sum_{i=1}^{n} (X_i - \overline{X})^2}.$$

Zeige, daß dann die Größe

$$T := \frac{\overline{X} - \mu}{S/\sqrt{n}}$$

einer Student-Verteilung mit dem Parameter $n-1$ folgt.

Lösungen zu »Statistische Schätztheorie« siehe Seite 565

A134: Schätzung von System- und Meßparametern

Aufgabe (134.1) Ein Schiff befinde sich zur Zeit $t = 0$ an einer Position (x_0, y_0) im ersten Quadranten und bewege sich mit konstanter Geschwindigkeit $(u, v)^T$. Die Anfangsposition und die Geschwindigkeit seien unbekannt und sollen aus Messungen geschätzt werden, die von einer sich im Punkt $(0, 0)$ befindenden Station gemacht werden. Dabei werden zwei Arten von Messungen durchgeführt: Winkelmessungen zu Zeitpunkten $t_1, \ldots, t_m$, bei denen jeweils der Winkel zwischen der x-Achse und der Sichtlinie zum Schiff hin gemessen wird; Abstandsmessungen zu Zeitpunkten $\tau_1, \ldots, \tau_n$, bei denen jeweils der Abstand des Schiffes zur Meßstation gemessen wird (etwa aus der Laufzeit eines Signals).

(a) Wie wirken sich Änderungen in den Werten x_0, y_0, u, v in linearer Näherung auf die resultierenden Messungen aus?

(b) Welche Inkremente $\delta x_0, \delta y_0, \delta u, \delta v$ müssen zu gegebenen Schätzwerten x_0, y_0, u, v addiert werden, um die Schätzungen möglichst gut an die erhaltenen Messungen anzupassen?

(c) Zeige, daß man allein aus Winkelmessungen nicht alle vier Parameter x_0, y_0, u, v schätzen kann, unabhängig davon, wie viele Messungen man durchführt und zu welchen Zeiten man sie durchführt.

(d) Zeige, daß man auch allein aus Abstandsmessungen nicht alle vier Parameter x_0, y_0, u, v schätzen kann, unabhängig von der Anzahl und den Zeitpunkten solcher Messungen.

Aufgabe (134.2) Es sei X eine n-dimensionale normalverteilte Zufallsvariable mit dem Erwartungswert $\mu \in \mathbb{R}^n$ und der Kovarianzmatrix $C \in \mathbb{R}^{n \times n}$. Wir geben uns eine Zahl $0 < \alpha < 1$ (ein "Konfidenzniveau") vor und suchen dann eine Zahl $\varepsilon > 0$ mit

$$p\big((X - \mu)^T C^{-1} (X - \mu) \leq \varepsilon\big) = \alpha.$$

(Die Menge $\{x \in \mathbb{R}^n \mid (x - \mu)^T C^{-1} (x - \mu) \leq \varepsilon\}$ ist ein Ellipsoid mit dem Mittelpunkt μ, und $\varepsilon > 0$ ist so zu wählen, daß X mit Wahrscheinlichkeit α Werte in diesem **Konfidenzellipsoid** annimmt.) Gib an, wie man eine solche Zahl $\varepsilon > 0$ finden kann!

Aufgabe (134.3) In der Situation von Aufgabe (134.1) mit den Werten $x_0 = 100$, $y_0 = 500$, $u = 20$ und $v = -10$ seien u und v als bekannt vorausgesetzt, während die Positionskoordinaten x_0 und y_0 aus Messungen geschätzt werden sollen. Bei den Messungen werde angenommen, sie seien alle unabhängig normalverteilt mit dem Erwartungswert 0 und den Standardabweichungen $\sigma_a = 15$ für Abstandsmessungen und $\sigma_w = 2^0$ für Winkelmessungen. (Die Daten sind völlig unrealistisch, weswegen die Festlegung von Einheiten egal ist.) Das folgende Diagramm zeigt die Konfidenzellipsen des Schätzparameters (x_0, y_0) zum Konfidenzniveau $\alpha = 0.95$ basierend auf fünf Messungen zu den Zeiten $t = 1, 2, 3, 4, 5$ nach dem Zeitpunkt, zu dem sich das Schiff in der zu schätzenden Position befand.

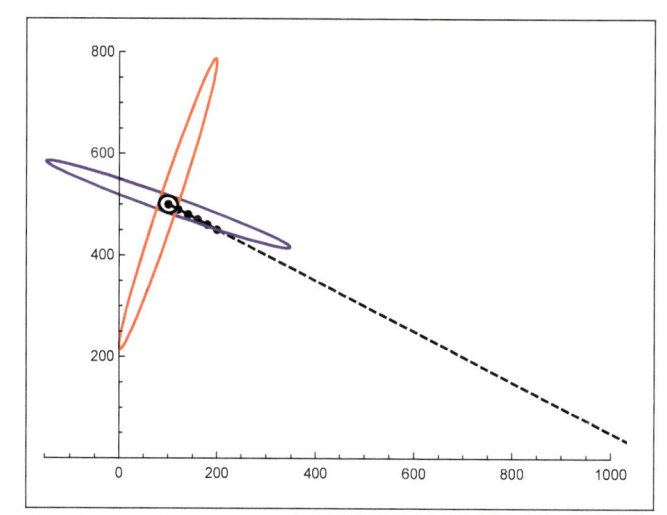

Konfidenzintervalle der zu schätzenden Schiffsposition allein aus Entfernungsmessungen (blau), allein aus Winkelmessungen (rot) und aus Entfernungs- und Winkelmessungen zusammen (schwarz).

Wenn man den zeitlichen Abstand zwischen je zwei Messungen verdoppelt (wenn man also fünf Messungen zu den Zeiten $t = 2, 4, 6, 8, 10$ nach dem Zeitpunkt durchführt, zu dem sich das Schiff in der zu schätzenden Position befand), ergibt sich das folgende Bild. (In beiden Abbildungen sind durch schwarze Punkte die Positionen des Schiffs zu den Zeitpunkten markiert, zu denen Messungen gemacht werden.)

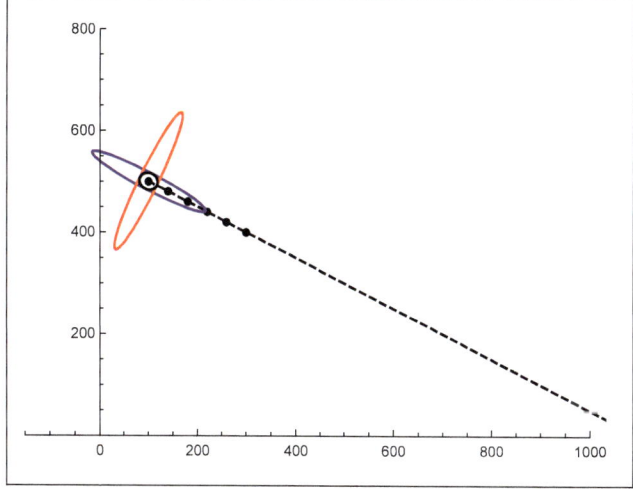

Gleiches Bild bei Streuung der Messungen über ein größeres Zeitintervall.

Interpretiere die Abbildungen und formuliere eine Reihe von Fragen über erzielbare Schätzgenauigkeiten, die man in weiteren Simulationsläufen untersuchen kann!

Aufgabe (134.4) Es sei $t \mapsto x(t; x_0, a, m)$ die eindeutige Lösung des Verhulstschen Anfangswertproblems

$$\dot{x}(t) = a\left(1 - \frac{x(t)}{m}\right) x(t), \quad x(0) = x_0.$$

Wie lauten die Variationsgleichungen bezüglich der Systemparameter x_0, a und m? Welche Bedeutung haben diese Variationsgleichungen bei der Aufgabe, diese Parameter aus Messungen von x zu gegebenen Zeiten $t_1, \ldots, t_N$ zu bestimmen? (Vergleiche mit Aufgabe (124.6)!)

Aufgabe (134.5) (a) Es sei $t \mapsto x_a(t)$ die Lösung des Anfangswertproblems

$$(\star) \qquad \dot{x}(t) = a^2 t + a^3 x(t)^2, \quad x(0) = \sin(a).$$

Welches Anfangswertproblem erfüllt die Funktion $t \mapsto (\partial x(t)/\partial a)$?

(b) Das folgende Diagramm ist folgendermaßen entstanden: Ein Parameterwert a wurde gewählt, die zugehörige Lösung $x = x_a$ von $(\star)$ wurde ermittelt und zu den Zeitpunkten $t_k = k \cdot 0.1$ mit $1 \leq k \leq 10$ ausgewertet; anschließend wurden die Werte $x(t_k)$ "verrauscht"; genauer: $x(t_k)$ wurde ersetzt durch $m_k = x(t_k) + \varepsilon_k$, wobei die Zahlen ε_k Realisierungen einer $N(0, \sigma)$-verteilten Zufallsvariablen mit $\sigma = 0.05$ sind.

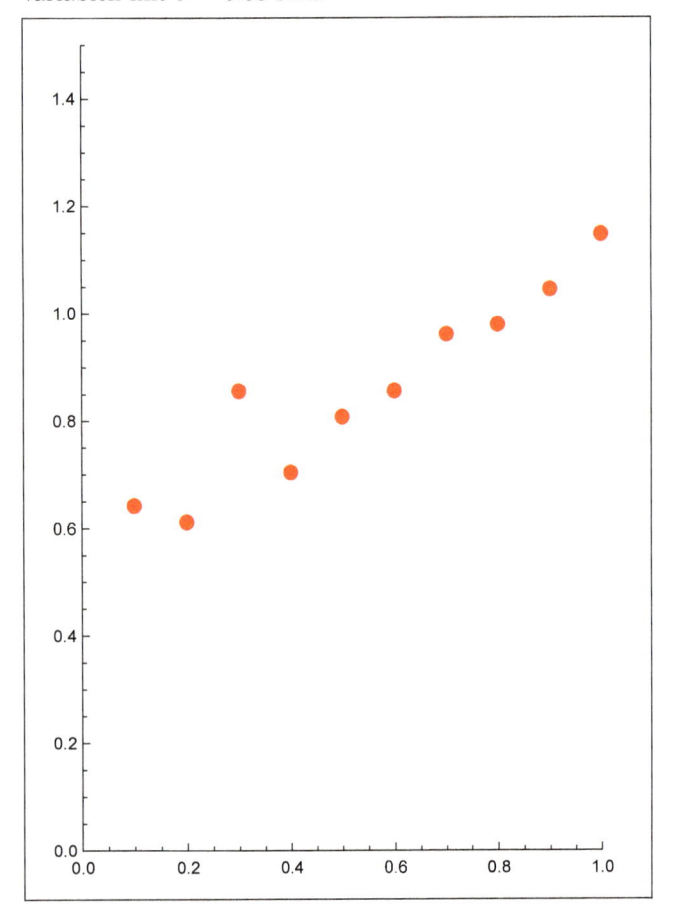

Die verrauschten Werte sind dabei wie folgt.

k	1	2	3	4	5
m_k	0.642031	0.611547	0.855256	0.703449	0.807377
k	6	7	8	9	10
m_k	0.855665	0.960700	0.978693	1.04452	1.14675

Bestimme den Parameterwert a, für den die Werte $x_a(t_k)$ optimal an die (als Meßwerte interpretierten) Werte m_k angepaßt sind. Mit welcher Genauigkeit läßt sich dieser Wert a bestimmen? (Beginne mit dem Anfangsschätzwert $a_0 = 0.2$ und verbessere diesen Schätzwert dann iterativ.)

Aufgabe (134.6) Wir betrachten das Anfangswertproblem

$$(\star) \qquad \begin{bmatrix} \dot{x} \\ \dot{y} \end{bmatrix} = \begin{bmatrix} \sin(x) + ay \\ bx + \cos(y) \end{bmatrix}, \quad \begin{bmatrix} x(0) \\ y(0) \end{bmatrix} = \begin{bmatrix} 1 \\ 2 \end{bmatrix}$$

mit Parametern a und b. Wie lauten die Variationsgleichungen bezüglich dieser Parameter und die zugehörigen Anfangsbedingungen?

(b) Das folgende Diagramm ist folgendermaßen entstanden: Zwei Parameterwerte a und b wurden gewählt, die zugehörigen Lösungen $x = x_{a,b}$ und $y = y_{a,b}$ von $(\star)$ wurden ermittelt und zu den Zeitpunkten $t_k = k \cdot 0.5$ mit $1 \leq k \leq 10$ ausgewertet; anschließend wurden diese Werte "verrauscht"; genauer: $x(t_k)$ und $y(t_k)$ wurden ersetzt durch $\xi_k = x(t_k) + \varepsilon_k$ und $\eta_k = y(t_k) + \widehat{\varepsilon}_k$, wobei die Zahlen ε_k Realisierungen einer $N(0, \sigma_x)$-verteilten Zufallsvariablen mit $\sigma_x = 0.2$ sind, während die Zahlen $\widehat{\varepsilon}_k$ Realisierungen einer $N(0, \sigma_y)$-verteilten Zufallsvariablen mit $\sigma_y = 0.1$ sind. (Wir deuten die Zahlen ξ_k und η_k als Messungen von x und y zur Zeit t_k, die Abweichungen ε_k und $\widehat{\varepsilon}_k$ daher als (simulierte) Meßfehler. Daß als Erwartungswert jeweils Null angenommen wurde, bedeutet, daß keine systematischen Meßfehler gemacht werden; daß $\sigma_x > \sigma_y$ angenommen wurde, bedeutet, daß Messungen der y-Werte genauer sind als Messungen der x-Werte.)

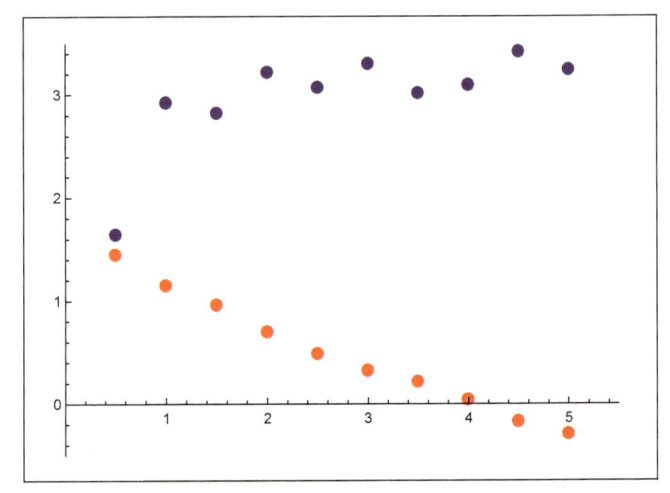

Lösungen zu »Schätzung von System- und Meßparametern« siehe Seite 569

Die verrauschten Werte sind dabei wie folgt.

k	1	2	3	4	5
ξ_k	1.64747	2.92689	2.82677	3.22124	3.07399
η_k	1.45185	1.15261	0.964871	0.701514	0.488446
k	6	7	8	9	10
ξ_k	3.30399	3.01916	3.09800	3.42049	3.24529
η_k	0.326025	0.218710	0.0424872	-0.166453	-0.288006

Bestimme die Parameterwerte a und b, für die die Werte $x_{a,b}(t_k)$ und $y_{a,b}(t_k)$ optimal an die (als Meßwerte interpretierten) Werte ξ_k und η_k angepaßt sind. Welche Kovarianzmatrix ergibt sich für die (vektorwertige) Schätzvariable (a,b)? (Beginne mit den Anfangsschätzwerten $a_0 = b_0 = 0$ und verbessere diese Schätzwerte dann iterativ.)

Aufgabe (134.7) Gegeben seien Datenpunkte (t_i, y_i) mit $1 \leq i \leq N$, und es seien endlich viele Ansatzfunktionen $\varphi_1, \ldots, \varphi_m$ gegeben. Welche Funktion der Form $\varphi = a_1\varphi_1 + \cdots + a_m\varphi_m$ approximiert die Datenpaare (t_i, y_i) in dem Sinne am besten, daß sie den Ausdruck $\sum_{i=1}^{N}\bigl(\varphi(t_i) - y_i\bigr)^2$ minimiert? Unter welcher Voraussetzung ist die optimierende Funktion φ eindeutig?

Aufgabe (134.8) Gegeben seien $N \geq 2$ Datenpunkte (t_i, y_i) mit $1 \leq i \leq N$. Welche Bedingung müssen die Zeitpunkte $t_1, \ldots, t_N$ erfüllen, damit es genau eine Funktion der Form $\varphi(t) = a\cos t + b\sin t$ derart gibt, daß $\sum_{i=1}^{N}\bigl(\varphi(t_i) - y_i\bigr)^2$ minimal wird?

Aufgabe (134.9) Ein in einem Gehäuse befindliches Thermometer wird von einem kalten in einen warmen Raum gebracht, und ab diesem Moment ($t = 0$) werden an dem Thermometer Temperaturwerte abgelesen. Diese sind in der folgenden Tabelle angegeben, wobei für $1 \leq k \leq 20$ jeweils T_k der zur Zeit t_k gemessene Temperaturwert ist; dabei ist t_k in Minuten ab dem Referenzzeitpunkt und T_k in ^0C angegeben.

k	1	2	3	4	5
t_k	0.00	0.87	1.73	3.33	4.48
T_k	18.5	18.3	18.2	18.2	18.3
k	6	7	8	9	10
t_k	5.60	6.53	8.38	9.38	10.85
T_k	18.4	18.5	18.9	19.1	19.2
k	11	12	13	14	15
t_k	11.58	12.75	13.33	14.57	18.17
T_k	19.4	19.6	19.8	19.9	20.2
k	16	17	18	19	20
t_k	18.37	19.70	29.15	43.77	54.97
T_k	20.3	20.4	21.0	20.9	21.0

In dem nachfolgenden Diagramm sind die Temperaturmessungen graphisch dargestellt. Erkläre den vom Thermometer anfangs angezeigten Temperaturabfall!

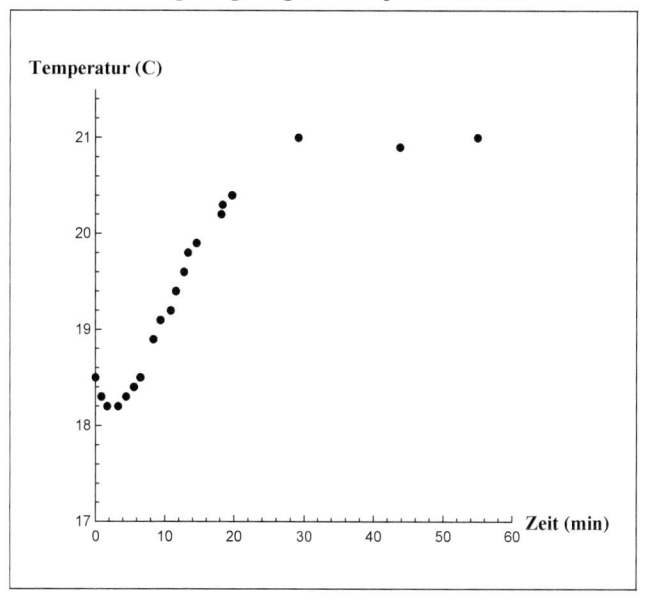

Bemerkung: Die Aufgabe wurde aus dem folgenden Buch entnommen: Kai Velten, *Mathematical Modeling and Simulation*; Wiley-VCH, Weinheim 2009, Seiten 122-129 und 139-143.

Hinweis: Es seien $t \mapsto T(t)$ die vom Thermometer angezeigte Temperatur und $t \mapsto U(t)$ die jeweilige Umgebungstemperatur. Ist A die Außentemperatur (bzw. die Temperatur des kalten Raums, in dem sich das Thermometer ursprünglich befand) und ist R die Temperatur des warmen Raums, in den das Thermometer gebracht wird, so ist also

$$(\star) \qquad U(t) = \begin{cases} A, & \text{falls } t < 0; \\ R, & \text{falls } t \geq 0. \end{cases}$$

Untersuche nun die folgenden Modelle zur Erklärung des beobachteten Temperaturverlaufs!

(a) Wir nehmen an, die Änderungsrate der Thermometertemperatur sei proportional zum Temperaturunterschied zwischen Thermometer und Umgebung (**Newtonsches Abkühlungsgesetz**), betrachten also eine Modellgleichung der Form

$$\dot{T}(t) = -c\bigl(T(t) - U(t)\bigr),$$

in der c die Wärmeaustauschrate zwischen Raum und Thermometer bezeichnet. (Warum ist *a priori* klar, daß dieses Modell keine befriedigende Übereinstimmung mit den erhaltenen Messungen liefern wird?)

(b) Wir nehmen an, das Thermometer reagiere aufgrund innerer Trägheit erst mit einer Zeitverzögerung τ auf die tatsächliche Umgebungstemperatur, setzen also ein modifiziertes Newtonsches Gesetz der folgenden Art an:

$$\dot{T}(t) = -c \cdot \bigl(T(t) - U(t - \tau)\bigr).$$

(c) Wir nehmen an, daß das Thermometer nicht direkt auf die Umgebungstemperatur reagiert, sondern daß zunächst ein Wärmeaustausch zwischen der Umgebung und dem Gehäuse stattfindet, in dem sich das Thermometer befindet, und dann ein weiterer Wärmeaustausch zwischen dem Gehäuse und dem Thermometer selbst. Bezeichnen wir mit $M(t)$ die Manteltemperatur (also die Temperatur im Gehäuse), so legt dies ein System zweier gekoppelter Gleichungen der folgenden Form nahe:

$$\dot{T}(t) = -c\bigl(T(t) - M(t)\bigr),$$
$$\dot{M}(t) = -d\bigl(M(t) - U(t)\bigr).$$

(Streng genommen müßte man auf der rechten Seite der zweiten Gleichung noch einen Term $-e\bigl(M(t) - T(t)\bigr)$ annehmen, um auch den Wärmefluß vom Innern des Thermometers in das Gehäuse zu modellieren, aber der Einfachheit halber vernachlässigen wir diesen Effekt in unserem Modell.)

Versuche in jedem der drei Fälle, die relevanten Parameter so zu bestimmen, daß der resultierende Temperaturverlauf $t \mapsto T(t)$ sich bestmöglich an die Meßdaten anpaßt.

A135: Hypothesentests

Aufgabe (135.1) Bei einer Anlage zum Befüllen von Zuckertüten läßt sich für die Menge X an Zucker (gemessen in Gramm), die pro Tüte abgefüllt wird, ein beliebiger Sollwert $\mu > 50$ einstellen. Aus Erfahrung sei bekannt, daß bei Einstellung des Wertes μ die Anlage so arbeite, daß X einer $N(\mu, \sigma)$-Normalverteilung mit $\sigma = 5$ folge. Die Anlage soll jetzt dazu benutzt werden, Tüten mit dem Sollwert $\mu_0 = 1000$ zu befüllen. Ob dieser Wert richtig eingestellt ist, soll nun anhand einer Stichprobe mit $n = 50$ Zuckertüten auf dem Signifikanzniveau $\alpha = 5\%$ überprüft werden.

(a) Der Hersteller will den korrekten Betrieb der Anlage überprüfen und dazu die Nullhypothese $\mu = \mu_0$ testen. In welchem Bereich darf das realisierte Stichprobenmittel $\overline{x}$ liegen, damit die Nullhypothese nicht verworfen werden muß?

(b) Der Betreiber der Anlage will sichergehen, daß er nicht zuviel Zucker abfüllt und dadurch finanzielle Verluste erleidet; dazu will er die Nullhypothese $\mu \leq \mu_0$ testen. In welchem Bereich darf das realisierte Stichprobenmittel $\overline{x}$ liegen, damit die Nullhypothese nicht verworfen werden muß?

(c) Eine Verbraucherschutzorganisation will sichergehen, daß nicht zuwenig Zucker abgefüllt wird, und will dazu die Nullhypothese $\mu \geq \mu_0$ testen. In welchem Bereich darf das realisierte Stichprobenmittel $\overline{x}$ liegen, damit die Nullhypothese nicht verworfen werden muß?

Aufgabe (135.2) Wir betrachten eine Maschine zur Fertigung von Metallplättchen. Aus Erfahrung weiß man, daß die Dicke dieser Plättchen normalverteilt ist; die mittlere Dicke μ soll aus einer Stichprobe vom Umfang $n = 10$ geschätzt werden, für die die folgende Realisierung vorliege.

$$3.18 \quad 3.01 \quad 3.16 \quad 3.00 \quad 3.23$$
$$3.08 \quad 2.95 \quad 3.11 \quad 3.21 \quad 3.07$$

Für die Konfidenzniveaus $\alpha = 0.05$ und $\alpha = 0.01$ (also für die Sicherheiten 95% und 99%) soll jeweils ein Konfidenzintervall für den Wert μ bestimmt werden.

Aufgabe (135.3) Bei der Entscheidung, ein neues Medikament für den Handel zuzulassen, wird zuerst getestet, ob es wirksam ist, und anschließend, ob es unbedenklich ist. Formuliere für die beiden Tests jeweils die Nullhypothese! Auf welchen Fehler (1. Art oder 2. Art) ist in den beiden Fällen stärker zu achten?

Aufgabe (135.4) Ein Zulieferbetrieb der Automobilindustrie produziert Ventilringe, deren Durchmesser normalverteilt mit einer Standardabweichung von $\sigma = 0.001$ mm sei. Eine Stichprobe von 15 Ringen liefert den mittleren Durchmesser $\overline{x} = 74.036$ mm.

(a) Bestimme ein zweiseitiges Konfidenzintervall, in dem der mittlere Durchmesser mit einer Sicherheit von 99% liegt!

(b) Bestimme ein einseitiges Konfidenzintervall der Form $(-\infty, c)$, in dem der mittlere Durchmesser mit einer Sicherheit von 95% liegt!

Aufgabe (135.5) Messungen an 81 vierzehnjährigen männlichen Schülern ergaben eine mittlere Körpergröße von $\overline{x} = 162$ cm. Wir nehmen an, daß die Körpergröße mit einer Standardabweichung von $\sigma = 10$ cm normalverteilt sei.

(a) Bestimme zum Konfidenzniveau $\alpha = 0.025$ ein zweiseitiges Konfidenzintervall für den Erwartungswert μ der Körpergröße.

(b) Muß man die Hypothese $\mu \leq 160$ auf dem Konfidenzniveau $\alpha = 0.01$ verwerfen?

(c) Muß man die Hypothese $\mu = 164$ auf dem Konfidenzniveau $\alpha = 0.025$ verwerfen?

Aufgabe (135.6) Eine Maschine füllt Bier in Flaschen zu je 500 ml, wobei die Füllmenge normalverteilt sei; der Hersteller der Maschine gibt die Standardabweichung $\sigma = 2.7$ ml an. Eine Stichprobe von 9 Flaschen liefert die folgenden Füllmengen (jeweils in ml).

506 502 500 505 499 505 501 504 498

(a) Die Hypothese $\mu \geq 500$ soll zum Konfidenzniveau $\alpha = 0.05$ getestet werden.

(b) Gib sowohl ein nach unten offenes als auch ein zweiseitiges Konfidenzintervall für die mittlere Füllmenge μ auf dem Signifikanzniveau $\alpha = 0.05$ an!

(c) Wie ändern sich die Antworten in (a) und (b), wenn man der Angabe des Herstellers keinen Glauben mehr schenkt?

Aufgabe (135.7) Die folgende Tabelle zeigt die Aufgliederung der Eheschließungen in der Stadt Köln im Jahr 1970 nach den Religionsbekenntnissen von Braut (waagrecht) und Bräutigam (senkrecht).

Braut → Bräutigam ↓	röm.-kath.	evang.	sonstige	ohne
röm.-kath.	2987	1100	25	56
evang.	1193	784	14	47
sonstige	90	40	146	14
ohne	152	122	6	78

Auf dem Signifikanzniveau $\alpha = 1\%$ soll die Hypothese getestet werden, die Konfessionen von Braut und Bräutigam seien voneinander unabhängig.

Aufgabe (135.8) In einem Kaufhaus soll die Zeit X untersucht werden, die ein bestimmter Artikel im Regal liegt, bevor er verkauft wird. Eine Stichprobe ergab die folgenden Werte für X (in Tagen):

125, 127, 140, 135, 126, 120, 121, 142, 151, 160.

(a) Unter der Annahme, die Zeit X sei normalverteilt, soll auf dem Signifikanzniveau $\alpha = 5\%$ ein zweiseitiges Konfidenzintervall für den Erwartungswert von X ermittelt werden.

(b) Unter der Annahme, die Zeit X sei normalverteilt, soll auf dem Signifikanzniveau $\alpha = 5\%$ die Hypothese getestet werden, der Erwartungswert von X liege oberhalb von 130.

Aufgabe (135.9) Wir betrachten zwei Würfel, von denen jeder die Augenzahlen 1, 2, 3, 1, 2, 3 aufweist. Bei 80 Würfen mit jeweils beiden Würfeln erschienen die Ergebnisse (1,1), (1,2), (1,3), (2,1), (2,2), (2,3), (3,1), (3,2) und (3,3) in dieser Reihenfolge jeweils 8mal, 4mal, 8mal, 12mal, 24mal, 4mal, 0mal, 12mal und 8mal.

(a) Auf dem Signifikanzniveau $\alpha = 1\%$ soll die Hypothese getestet werden, der erste Würfel sei unverfälscht.

(b) Auf dem Signifikanzniveau $\alpha = 1\%$ soll die Hypothese getestet werden, die Augenzahlen der beiden Würfel treten unabhängig voneinander auf.

Aufgabe (135.10) Eine Maschine produziert Bolzen mit einem Solldurchmesser von 22 mm. Eine Stichprobe von 10 Bolzen aus der Produktion liefert die folgenden Durchmesser (in mm): $x_1 = 22.04$, $x_2 = 22.08$, $x_3 = 22.01$, $x_4 = 21.97$, $x_5 = 22.02$, $x_6 = 21.99$, $x_7 = 22.02$, $x_8 = 22.03$, $x_9 = 22.00$ und $x_{10} = 22.01$. Auf dem Konfidenzniveau $\alpha = 0.05$ (also mit einer Sicherheit von 95%) soll die Hypothese überprüft werden, daß die Maschine den Solldurchmesser einhält.

Aufgabe (135.11) Formuliere den χ^2-Anpassungstest für eine Zufallsvariable X, die nur endlich viele Werte $x_1, \ldots, x_s$ annehmen kann.

Aufgabe (135.12) Beim 120maligen Werfen eines Würfels traten die Augenzahlen 1, 2, 3, 4, 5, 6 mit den Häufigkeiten 12, 29, 15, 24, 19 und 21 auf. Auf dem Signifikanzniveau $\alpha = 5\%$ soll getestet werden, ob der Würfel verfälscht ist.

Aufgabe (135.13) In einer Großbäckerei wird die Anzahl X der Kirschkerne untersucht, die versehentlich in den Kirschkuchen hineingeraten. Bei einer Stichprobe mit 60 Kuchen wurden in 32 der Kuchen jeweils kein Kirschkern gefunden, in 15 der Kuchen jeweils ein Kirschkern, in 9 der Kuchen jeweils zwei Kirschkerne und in 4 der Kuchen jeweils drei Kirschkerne. Auf dem Signifikanzniveau $\alpha = 5\%$ soll getestet werden, ob die Anzahl der Kirschkerne pro Kuchen einer Poissonverteilung folgt.

Aufgabe (135.14) Es soll untersucht werden, ob ein Zusammenhang zwischen mathematischem Talent und Interesse an Statistik besteht. Die 360 Angehörigen eines Studienjahrgangs werden nach einigen Tests so eingruppiert, wie es die folgende Tabelle angibt. Kann man dann auf dem Signifikanzniveau $\alpha = 0.05$ an der Hypothese festhalten, daß mathematisches Talent und Interesse an Statistik unabhängig voneinander sind?

Mathematiktalent → Statistikinteresse ↓	wenig	mittel	viel
wenig	63	42	15
mittel	58	61	31
viel	14	47	29

Aufgabe (135.15) In der Testabteilung einer Elektronikfirma wird untersucht, ob die Ausgangsspannung eines Gerätetyps einer Normalverteilung folgt. Eine Stichprobe mit $n = 100$ solcher Geräte ergab den mittleren Spannungswert $x = 12.04$ Volt und die Stichprobenstandardabweichung $s = 0.08$ Volt. Ferner ergaben sich die folgenden Anzahlen von gemessenen Spannungswerten in den angegebenen Klassen:

- 10 Werte in $(-\infty, 11.948)$;
- 14 Werte in $[11.948, 11.986)$;
- 12 Werte in $[11.986, 12.014)$;
- 13 Werte in $[12.014, 12.040)$;
- 11 Werte in $[12.040, 12.066)$;
- 12 Werte in $[12.066, 12.094)$;
- 14 Werte in $[12.094, 12.132)$;
- 14 Werte in $[12.132, \infty)$.

(a) Warum werden in der Testabteilung ausgerechnet diese Intervalle für die Spannungswerte benutzt? (**Hinweis:** Für die Standardnormalverteilung sind die Intervalle $[0, 0.32)$, $[0.32, 0.675)$, $[0.675, 1.15)$ und $[1.15, \infty)$ sowie deren Spiegelbilder jeweils gleich wahrscheinliche Wertintervalle. Zeige, daß sich diese Intervalle gerade auf die oben angegebenen Intervalle transformieren!)

(b) Kann man auf dem Signifikanzniveau $\alpha = 0.05$ behaupten, die Spannungswerte seien normalverteilt?

Aufgabe (135.16) Ein Textilunternehmen will überprüfen, ob beim Nähen von Blusen Fehler bei Nähten und Fehler bei angenähten Knöpfen unabhängig voneinander auftreten. Eine Stichprobe von 100 Blusen liefert die in der folgenden Tabelle angegebenen Werte. Läßt sich auf dem Signifikanzniveau $\alpha = 5\%$ die Hypothese halten, Fehler bei Nähten und Fehler bei Knöpfen treten unabhängig voneinander auf?

Nähte → Knöpfe ↓	fehlerlos	fehlerhaft
fehlerlos	9	11
fehlerhaft	31	49

Aufgabe (135.17) Eine Befragung von 500 Erstsemestern liefert die unten angegebene Tabelle von Abitursnoten in den Fächern Mathematik und Deutsch. Läßt sich auf dem Signifikanzniveau $\alpha = 1\%$ die Hypothese halten, die Noten in Mathematik und Deutsch seien voneinander unabhängig?

Mathematiknoten → Deutschnoten ↓	1	2	3	4
1	5	12	15	10
2	9	45	69	29
3	12	40	77	67
4	6	23	27	54

A136: Markovsche Ketten

Aufgabe (136.1) Das **Lernmodell von Edwin Ray Guthrie (1935)** versucht, das Erlernen einer elementaren Fertigkeit mit Hilfe einer Markovschen Kette zu beschreiben. Eine Testperson darf mehrmals hintereinander versuchen, eine gewisse Handlung durchzuführen; dabei werden zwei Annahmen gemacht: erstens gibt es eine Wahrscheinlichkeit $p \in (0,1)$ dafür, daß die Testperson das Ausführen der Handlung von einem Versuch zum nächsten erlernt; zweitens kann sie die erlernte Fähigkeit nie wieder verlernen.

(a) Gib den Graphen und die Übergangsmatrix P der zugehörigen Markovschen Kette an!
(b) Berechne für eine beliebige natürliche Zahl m die Potenz P^m. Mit welcher Wahrscheinlichkeit hat die Testperson die Fähigkeit nach m Schritten erlernt?
(c) Begründe, warum die Testperson die Fähigkeit auf jeden Fall erlernen wird, wenn nur genügend viele Versuche durchgeführt werden.
(d) Wie viele Versuche werden im Durchschnitt bis zum Erlernen der Fähigkeit benötigt?

Aufgabe (136.2) Zeige, daß der Markovprozeß, der das wiederholte Kreuzen mit einem Hybriden beschreibt, ergodisch ist. Zeige ferner, daß auf lange Sicht hin die entstehenden Nachkommen zu 25% rein dominant, zu 50% hybrid und zu 25% rein rezessiv sind, unabhängig davon, von welchem Genotyp das erste Individuum ist, mit dem man die Abfolge der Kreuzungen beginnt.

Aufgabe (136.3) Zeige, daß beim wiederholten Kreuzen mit einem rein dominanten Individuum auf lange Sicht hin nur rein dominante Nachkommen entstehen. Nach wie vielen Generationen ist dieser Zustand im Mittel erreicht, wenn man die Abfolge der Kreuzungen mit einem hybriden bzw. einem rein rezessiven Individuum beginnt?

Aufgabe (136.4) Zeige, daß beim wiederholten Kreuzen mit einem rein rezessiven Individuum auf lange Sicht hin nur rein rezessive Nachkommen entstehen. Nach wie vielen Generationen ist dieser Zustand im Durchschnitt erreicht, wenn man die Abfolge der Kreuzungen mit einem hybriden bzw. mit einem rein dominanten Individuum beginnt?

Aufgabe (136.5) Wir betrachten ein Spiel, bei dem eine Figur sich auf den drei Feldern des folgenden Spielbretts bewegt.

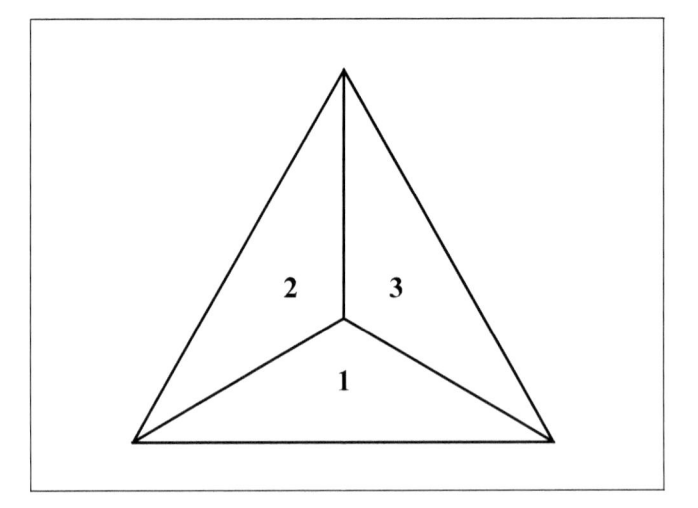

Die Bewegung der Figur wird dabei durch Würfeln bestimmt; befindet sich die Figur auf dem Feld mit der Nummer a und wird die Zahl $m \in \{1, \ldots, 6\}$ gewürfelt, so wird die Figur um ma Felder im Uhrzeigersinn weiterbewegt.

(a) Gib die Übergangsmatrix der Markovschen Kette an, die die Bewegung der Figur beschreibt!
(b) Wenn sich die Figur am Anfang auf Feld 1 befindet, nach wie vielen Zügen gelangt sie dann im Mittel auf Feld 3?
(c) Die Figur befinde sich am Anfang auf Feld 1. Mit welcher Wahrscheinlichkeit ist sie dann nach m Zügen auf Feld 2, wenn m irgendeine natürliche Zahl ist?

Aufgabe (136.6) Wir betrachten ein Spielfeld mit vier Feldern wie in der folgenden Abbildung.

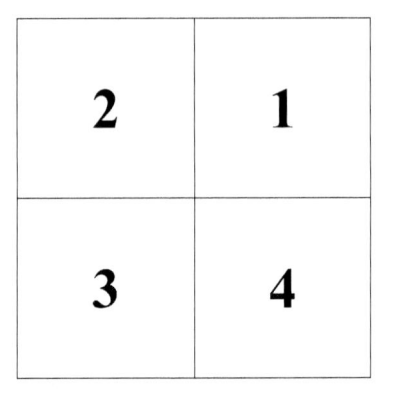

Eine Spielfigur wird auf eines der Felder gestellt; dann wird gewürfelt. Steht man auf Feld Nummer k und hat man die Augenzahl $a \in \{1,2,3,4,5,6\}$ gewürfelt, so ermittelt man die eindeutig bestimmte Zahl $n \in \{0, 1, \ldots, k\}$ mit
$$n \equiv k^2 + a \mod (k+1)$$
und rückt dann n Felder in mathematisch positivem Sinn (also gegen den Uhrzeigersinn) weiter. Ist dieser Zug ausgeführt, so wird die Prozedur wiederholt.
(a) Deute dieses Spiel als Markovprozeß und gib dessen Übergangsmatrix P an!

(b) Zeige (möglichst ohne Rechnung!) durch Betrachtung von P^2, daß der das Spiel beschreibende Markovprozeß regulär ist!

(c) Das Spiel wird sehr lange gespielt und dann irgendwann abgebrochen. Mit welcher Wahrscheinlichkeit befindet sich dann die Spielfigur auf Feld Nummer 3?

Aufgabe (136.7) Wir betrachten ein Spiel über mehrere Runden zwischen zwei Spielern A und B, die am Anfang je eine gewisse Zahl von Münzen besitzen. In jeder Runde wird gewürfelt; zeigt der Würfel eine 1, 2, 3 oder 4, so muß A eine Münze an B abgeben; zeigt der Würfel dagegen eine 5 oder 6, so muß B eine Münze an A abgeben. Das Spiel ist zu Ende, wenn einer der beiden Spieler keine Münze mehr hat. Wir betrachten die folgenden Fälle.
- **Fall 1:** Anfangs besitzt A eine Münze, B dagegen zwei Münzen.
- **Fall 2:** Anfangs besitzt A zwei Münzen, B dagegen eine Münze.

Für jeden dieser beiden Fälle sollen die folgenden Fragen beantwortet werden.

(a) Nach wie vielen Runden ist das Spiel im Durchschnitt zu Ende?

(b) Mit welcher Wahrscheinlichkeit gewinnt Spieler A das Spiel?

(c) Wie oft besitzt im Durchschnitt Spieler A genau eine Münze, bevor das Spiel zu Ende ist?

Aufgabe (136.8) (Ausbreitung von Gerüchten)
Professor S. teilt einem Studenten seiner Stochastikvorlesung mit, ob er in der Semestralklausur eine Aufgabe zu Markovprozessen stellen will oder nicht. Diese Information breitet sich nun unter den Vorlesungsteilnehmern aus, wobei wir der Einfachheit halber annehmen, daß jede Person nach Erhalt der Information diese an genau eine weitere Person weitergibt; dabei bestehe jedesmal eine Wahrscheinlichkeit $0 < p < 1$ dafür, daß die Information *falsch* weitergegeben wird.

(a) Gib den Graphen und die Übergangsmatrix der Markovschen Kette an, die durch die obigen Annahmen definiert wird.

(b) Berechne für eine beliebige natürliche Zahl $m \in \mathbb{N}$ die Potenz P^m. Was geschieht für $m \to \infty$?

(c) Zeige, daß (unabhängig von der ursprünglichen Information von Professor S. und egal, wie klein p ist) eine Person, die nach genügend langer Zeit informiert wird, jede der beiden Versionen mit einer Wahrscheinlichkeit von 50% erhält. (Ein Gerücht, das genügend lange kursiert, hat also keinerlei Aussagekraft mehr!)

Aufgabe (136.9) Betrachte die Markovsche Kette, die in Beispiel (136.3) des Buchs zur Beschreibung der Bewegungen einer Maus zwischen den vier Zellen einer Versuchsanordnung angegeben wurde. Wenn sich die Maus am Anfang in Zelle 2 befindet, nach wie vielen Schritten gelangt sie dann im Durchschnitt erstmals in Zelle 4?

Aufgabe (136.10) Die Bearbeitung einer Akte im Hessischen Ministerium für ■■■■■■■■■■■■■■■■■■ (Name von der Zensur geschwärzt) funktioniert nach folgendem Schema.

• Vom Posteingang PE aus wird die Akte in die Zentralabteilung Z weitergeleitet.

• In der Zentralabteilung Z wird durch Pfeilwerfen über das weitere Schicksal der Akte entschieden; bei einem Treffer (Wahrscheinlichkeit 2/3) geht die Akte zur weiteren Bearbeitung in die Fachabteilung A; andernfalls wird sie bearbeitet und zum Postausgang PA gegeben.

• In Fachabteilung A wird beim Eingang einer Akte gewürfelt; je nachdem, ob eine 1, 2, 3, 4, 5 oder 6 auftritt, so geht die Akte zurück zum Posteingang PE, verbleibt bis zum nächsten Tag in Abteilung A, wird in die Fachabteilung B bzw. C weitergeleitet, wird in den Archivkeller AK geschickt oder landet im Papierkorb.

• In Fachabteilung B wird für jede vorliegende Akte eine Münze geworfen; bei Kopf bleibt die Akte bis zum nächsten Tag liegen, bei Zahl wird sie zurück zum Posteingang PE geschickt.

• In Fachabteilung C wird über das weitere Schicksal einer eingehenden Akte durch Ziehen einer Karte aus einem gut gemischten Skatspiel entschieden. Wird eine Lusche (7,8,9) gezogen, so wird die Akte bearbeitet und zum Postausgang PA gegeben; wird ein As gezogen, so verbleibt die Akte bis zum nächsten Tag in Abteilung C; wird ein König, eine Dame bzw. ein Bube gezogen, so wird die Akte jeweils in die Zentralabteilung Z, in die Fachabteilung A bzw. in die Fachabteilung B weitergeleitet. Bei einer schwarzen 10 landet die Akte im Archivkeller AK, bei einer roten 10 im Papierkorb.

• Um im Archiv AK Ordnung zu schaffen, wird jeden Tag wahllos jede zehnte Akte des Bestands herausgegriffen und in den Papierkorb geworfen.

Jedesmal, wenn eine Akte weitergegeben wird, so geschieht dies mit der Hauspost, die jeweils noch am selben Tag zugestellt, aber stets erst am nächsten Morgen abgeholt wird. Die Papierkörbe aller Abteilungen werden nach Feierabend geleert; ihr Inhalt befindet sich dann am nächsten Morgen im Abfall des Ministeriums.

(a) Beschreibe den Weg einer im Ministerium eingehenden Akte als Markovsche Kette; gib dazu die Übergangsmatrix in kanonischer Form an.

(b) Wie lange dauert es im Durchschnitt, bis eine Akte vom Posteingang aus entweder in den Postausgang oder ins Archiv oder in den Abfall gelangt?

(c) Mit welcher Wahrscheinlichkeit landet eine eingehende Akte im Abfall?

(d) Mit welcher Wahrscheinlichkeit wird eine im Posteingang eingehende Akte ordnungsgemäß bearbeitet?

Lösungen zu »Markovsche Ketten« siehe Seite 581

Aufgabe (136.11) Die folgende Abbildung zeigt den Spielplan für eine vereinfachte Version von "Monopoly". Ist ein Spieler am Zug, so wirft er eine Münze; bei Wappen bewegt er seine Figur ein Feld im Uhrzeigersinn weiter, bei Zahl zwei Felder; beim Erreichen des Feldes "Gehe ins Gefängnis" muß die Figur sofort ins Gefängnis gehen. Alle Felder außer "Gefängnis" und "Gehe ins Gefängnis" kann man während des Spiels kaufen; kommt man während des Spiels auf ein Feld, das einem anderen Spieler gehört, so muß man diesem den im Feld angegebenen Betrag zahlen.

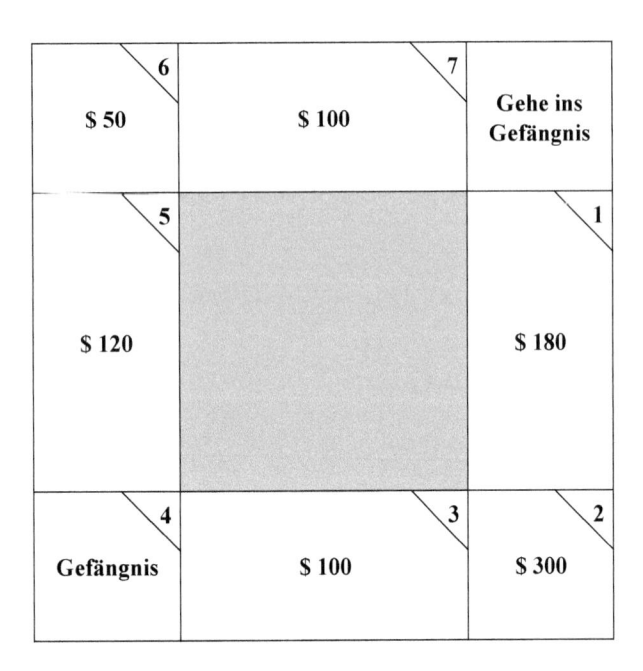

	6 $ 50	7 $ 100	Gehe ins Gefängnis
5 $ 120			1 $ 180
4 Gefängnis	3 $ 100		2 $ 300

(a) Wir fassen das Spiel als einen Markovprozeß mit sieben Zuständen auf, die den einzelnen Feldern des Spieles entsprechen. (Das Feld "Gehe ins Gefängnis" zählt nicht als eigener Zustand, weil jede Figur, die dieses Feld erreicht, sofort ins Gefängnis weitergeht.) Gib die Übergangsmatrix P dieses Markovprozesses an!

(b) Begründe, warum der betrachtete Markovprozeß ergodisch ist; berechne anschließend den Perron-Frobenius-Eigenvektor von P^T und interpretiere ihn!

(c) Welches der sechs Felder, deren Besitz Mieteinnahmen mit sich bringt, ist am wertvollsten in dem Sinne, daß es auf lange Sicht den höchsten Gewinn abwirft?

(d) Gib für jedes $i \in \{1, 2, 3, 5, 6, 7\}$ an, nach wie vielen Zügen man durchschnittlich von i aus im Gefängnis landet! **Warnung:** Diese Aufgabe ist sehr rechenaufwendig und wird nur denjenigen empfohlen, die gute Nerven und viel Geduld oder aber ein gutes Computersystem zur Matrizenrechnung besitzen.

Aufgabe (136.12) Es sei i ein Zustand eines Markovprozesses. Zeige: Ist jeder Zustand von i aus in m Schritten erreichbar, dann auch in $m + 1$ Schritten.

Aufgabe (136.13) Beweise die folgenden Aussagen!

(a) Die Wahrscheinlichkeitsvektoren bilden eine konvexe und kompakte Teilmenge von $\mathbb{R}^n$.

(b) Eine quadratische Matrix $P \in \mathbb{R}^{n \times n}$ ist genau dann eine stochastische Matrix, wenn für jeden Wahrscheinlichkeitsvektor x auch $P^T x$ ein Wahrscheinlichkeitsvektor ist.

(c) Sind $P, Q \in \mathbb{R}^{n \times n}$ stochastische Matrizen und gilt $0 \leq t \leq 1$, so ist auch $tP + (1 - t)Q$ eine stochastische Matrix. (Die stochastischen Matrizen bilden also eine konvexe Menge.)

(d) Die stochastischen Matrizen bilden eine abgeschlossene und beschränkte (also kompakte) Teilmenge von $\mathbb{R}^{n \times n}$.

(e) Sind $P, Q \in \mathbb{R}^{n \times n}$ stochastische Matrizen, dann ist auch deren Produkt PQ eine stochastische Matrix; ferner ist die Einheitsmatrix $\mathbf{1}$ eine stochastische Matrix. (Die stochastischen Matrizen bilden also eine Halbgruppe mit Einselement.)

(Diese Aufgabe zeigt, daß die Menge der stochastischen Matrizen sowohl eine geometrische als auch eine topologische als auch eine algebraische Struktur aufweist.)

Aufgabe (136.14) Beweise die folgende Version des Satzes von Perron durch Anwendung des Brouwerschen Fixpunktsatzes! Es sei $A \in \mathbb{R}^{n \times n}$ eine Matrix mit nichtnegativen Einträgen $a_{ij} \geq 0$. Dann besitzt A einen Eigenvektor $x \in \mathbb{R}^n$ mit nichtnegativen Einträgen $x_i \geq 0$.

Lösungen zu »Markovsche Ketten« siehe Seite 581

A137: Beispiele komplexer Funktionen

Aufgabe (137.1) Zeige, daß das Doppelverhältnis vierer Zahlen $z_1, z_2, z_3, z_4 \in \mathbb{C}_\infty$ invariant bleibt unter
(a) jeder Translation $z \mapsto z + b$,
(b) jeder Drehstreckung $z \mapsto az$,
(c) der Stürzung $z \mapsto 1/z$,
(d) jeder beliebigen Möbiustransformation.

Aufgabe (137.2) (a) Begründe, warum die eindeutig bestimmte Möbiustransformation f, die drei vorgegebene Zahlen $z_i \in \mathbb{C}_\infty$ auf drei vorgegebene Werte $w_i \in \mathbb{C}_\infty$ abbildet, sich durch Auflösen der folgenden Gleichung nach $f(z)$ ermitteln läßt!

$$\mathrm{DV}\bigl(w_1, w_2, w_3, f(z)\bigr) = \mathrm{DV}(z_1, z_2, z_3, z)$$

(b) Finde die eindeutig bestimmte Möbiustransformation f mit $f(2) = 1$, $f(i) = i$ und $f(-2) = -1$.

Aufgabe (137.3) Worauf bildet die Stürzung $f(z) = 1/z$ die Gerade $\operatorname{Re} z = 1$ ab?

Aufgabe (137.4) Worauf bildet die Möbiustransformation $f(z) = (iz+1)/(z+i)$ den Streifen $|\operatorname{Re} z| < 1$ ab?

Aufgabe (137.5) Finde alle Fixpunkte der folgenden Abbildungen!

$$f(z) = \frac{z-1}{z+1} \qquad f(z) = \frac{6z-9}{z} \qquad f(z) = 8z + 7i$$

Aufgabe (137.6) Wir betrachten die Abbildung

$$f(z) = \frac{-z+i}{z+i}.$$

(a) Worauf bildet f die Punkte 0 und ∞ ab?
(b) Finde alle Fixpunkte von f!
(c) Bestimme die Umkehrabbildung von f!
(d) Worauf bildet f die Ursprungsgeraden $y = mx$ ab?
(e) Worauf bildet f die Kreise $|z| = r$ ab?

Aufgabe (137.7) Welche Abbildungen der Form $f(z) = az + b$ bilden den Kreis $|z - i| = 2$ auf den Kreis $|z + 2| = 6$ sowie horizontale Geraden auf vertikale Geraden ab?

Aufgabe (137.8) Zeige: Die Möbiustransformationen, die die obere Halbebene $H := \{z \in \mathbb{C} \mid \operatorname{Im} z > 0\}$ in sich abbilden, sind genau die Abbildungen der Form $f(z) = (az+b)/(cz+d)$ mit $a, b, c, d \in \mathbb{R}$ und $ad - bc > 0$.
Hinweis: Begründe zunächst, warum f den Rand von H (also die reelle Achse) auf sich abbilden muß!

Aufgabe (137.9) Das Doppelverhältnis vierer Punkte $z_1, z_2, z_3, z_4 \in \mathbb{C}$ ist genau dann reell, wenn diese vier Punkte auf einem Kreis liegen. Zeige, daß diese Aussage genau die Aussage des elementargeometrischen Satzes wiedergibt, daß zwei Peripheriewinkel über einem Kreisbogen stets gleich sind!

Aufgabe (137.10) Es sei $K \subseteq \mathbb{C}$ ein Kreis mit Mittelpunkt z_0 und Radius r. Die **Spiegelung** oder **Inversion** an K ist die Abbildung $I_K : \mathbb{C}_\infty \to \mathbb{C}_\infty$, die folgendermaßen definiert ist:

- I_K vertauscht die Punkte z_0 und ∞;
- für $z \in \mathbb{C} \setminus \{z_0\}$ ist $I_K(z)$ der eindeutig bestimmte Punkt $z^\star$ auf dem Strahl von z_0 in Richtung z, der die Bedingung $|z^\star - z_0| : r = r : |z - z_0|$ erfüllt.

Ist $K \subseteq \mathbb{C}$ eine Gerade (die wir als ausgearteten Kreis auffassen können), so bezeichne I_K die Spiegelung an K, ergänzt um die Festlegung $I_K(\infty) := \infty$.

(a) Zeige: Ist $z^\star$ Spiegelpunkt zu z, so ist auch z Spiegelpunkt zu $z^\star$. (Die Abbildung I_K ist also zu sich selbst invers.)
(b) Zeige: Ist K durch die Gleichung $Az\overline{z} + Bz + \overline{B}\overline{z} + C = 0$ mit $A, C \in \mathbb{R}$ und $AC < |B|^2$ gegeben, so gilt genau dann $z^\star = I_K(z)$, wenn die folgende Gleichung erfüllt ist:

$$Az\overline{z^\star} + Bz + \overline{B}\,\overline{z^\star} + C = 0.$$

(c) Zeige, daß eine Möbiustransformation stets Spiegelpunkte auf Spiegelpunkte abbildet. Genauer: Ist f eine Möbiustransformation und sind z und $z^\star$ Spiegelpunkte bezüglich K, so sind $f(z)$ und $f(z^\star)$ Spiegelpunkte bezüglich $f(K)$.
(d) Zeige: Für jede Möbiustransformation f und jeden Kreis K gilt

$$I_{f(K)} = f \circ I_K \circ f^{-1}.$$

Aufgabe (137.11) (a) Bestimme die Möbiustransformation f mit $f(0) = i$, $f(1) = -1 + 2i$ und $f(-i) = 2i$. Worauf bildet f die Gerade $y = x$ ab?
(b) Finde die Möbiustransformation f mit $f(0) = -2$, $f(-1) = 1 - i$ und $f(i) = -1 - 2i$. Worauf bildet f die Gerade $\{x + iy \mid y = 2x\}$ ab?
(c) Finde die Möbiustransformation f mit $f(0) = -3i$, $f(i) = 2 - 2i$ und $f(2) = 2 + 3i$. Worauf bildet f die Gerade $\{x + iy \mid y = -x\}$ ab?
(d) Finde die Möbiustransformation f mit $f(1) = 0$, $f(i) = i$ und $f(0) = -1$. Worauf bildet f die Gerade $\{x + iy \mid y = 2x + 3\}$ ab?

Aufgabe (137.12) (a) Zeige, daß die Möbiustransformationen, die den offenen Einheitskreis $D := \{z \in \mathbb{C} \mid |z| < 1\}$ auf sich abbilden, genau die Abbildungen der folgenden Form mit $z_0 \in D$ und $\varphi \in \mathbb{R}$ sind:

$$f(z) = e^{i\varphi} \cdot \frac{z - z_0}{\overline{z_0}\, z - 1}$$

(b) Zeige, daß f genau dann die in (a) angegebene Form hat, wenn es Zahlen $a, b \in \mathbb{C}$ gibt mit

$$f(z) = \frac{az + b}{\bar{b}z + \bar{a}} \quad \text{und} \quad |a|^2 - |b|^2 = 1.$$

Aufgabe (137.13) Wir bezeichnen mit $H := \{z \in \mathbb{C} \mid \operatorname{Im} z > 0\}$ die obere Halbebene und mit $D := \{z \in \mathbb{C} \mid |z| < 1\}$ den offenen Einheitskreis. Zeige, daß die Möbiustransformationen, die H auf D abbilden, genau die Abbildungen der Form

$$f(z) = e^{i\varphi} \cdot \frac{z - z_0}{z - \overline{z_0}}$$

mit $z_0 \in H$ und $\varphi \in \mathbb{R}$ sind.

Aufgabe (137.14) Eine Bijektion $f : \Omega_1 \to \Omega_2$ zwischen zwei offenen Teilmengen von $\mathbb{C}$ heißt **biholomorph**, wenn f und f^{-1} holomorph sind.†

(a) Zeige, daß für jede offene Menge $\Omega \subseteq \mathbb{C}$ die Menge aller biholomorphen Selbstabbildungen $\varphi : \Omega \to \Omega$ eine Gruppe mit der Hintereinanderausführung als Gruppenoperation bildet. (Diese Gruppe heißt die **Automorphismengruppe** von Ω und wird mit $\operatorname{Aut}(\Omega)$ bezeichnet.)

(b) Zeige, daß eine biholomorphe Abbildung $f : \Omega_1 \to \Omega_2$ einen Gruppenisomorphisms $\operatorname{Aut}(\Omega_1) \to \operatorname{Aut}(\Omega_2)$ induziert.

(c) Wir bezeichnen mit $H := \{z \in \mathbb{C} \mid \operatorname{Im} z > 0\}$ die offene obere Halbebene und mit $D := \{z \in \mathbb{C} \mid |z| < 1\}$ den offenen Einheitskreis. Zeige, daß zueinander inverse holomorphe Abbildungen $f : H \to D$ und $g : D \to H$ gegeben sind durch

$$f(z) := \frac{z - i}{z + i} \quad \text{und} \quad g(w) := i \cdot \frac{1 + w}{1 - w}.$$

(d) Worauf bildet die in Teil (c) angegebene Abbildung f horizontale und vertikale Geraden ab!

(e) Finde alle Möbiustransformationen, die die obere Halbebene H in sich abbilden!

Aufgabe (137.15) Wir betrachten die Abbildung

$$f(z) := \frac{1}{2} \cdot \left(z + \frac{1}{z}\right).$$

(a) Zeige: Für $w = f(z)$ gilt

$$\frac{w - 1}{w + 1} = \left(\frac{z - 1}{z + 1}\right)^2.$$

---

† Ist $f : \Omega_1 \to \Omega_2$ bijektiv und holomorph, so ist f^{-1} automatisch ebenfalls holomorph (siehe die Sätze (137.7) und (137.15) im Buch), was aber nicht unmittelbar anhand der Definition klar ist.

(b) Es sei K_0 ein Kreis, der durch -1 und 1 verläuft. Zeige, daß K_0 unter f auf einen Kreisbogen durch -1 und 1 abgebildet wird.

(c) Es sei K_1 ein Kreis durch 1, in dessen Innerem -1 liegt und der mit dem gleichen Steigungswinkel α wie K_0 durch den Punkt 1 verläuft. Zeige, daß f das Gebiet zwischen K_0 und K_1 auf ein Gebiet G abbildet, das im Punkt 1 eine Spitze aufweist, deren Tangente den Steigungswinkel 2α hat.

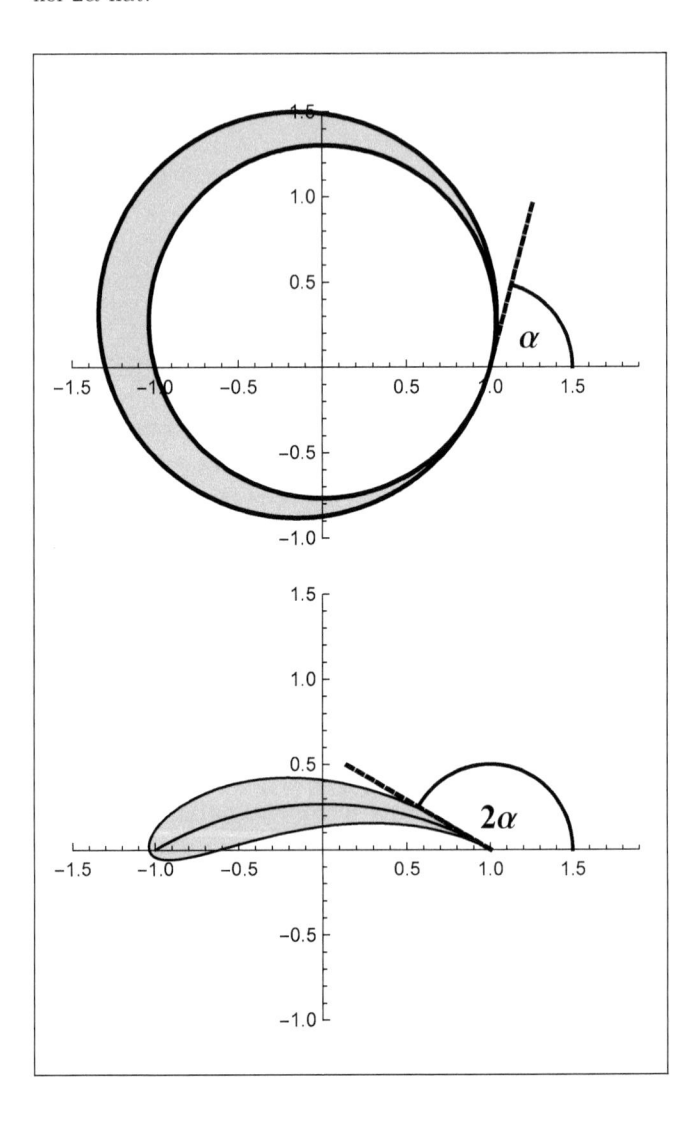

Bemerkung: Das Gebiet G hat in guter Näherung die Gestalt der Querschnittsfläche eines Flügels, während sich der Kreis K_1 als Querschnittsfläche eines Zylinders deuten läßt. Der russische Ingenieur und Mathematiker Joukowsky benutzte die (außer in den Punkten ± 1 konforme) Abbildung f, um die Strömungsverhältnisse um einen Tragflügel auf die leichter zu analysierenden Strömungsverhältnisse um einen Zylinder zurückzuführen. (Nikolai E. Joukowsky: *Über die Konturen der Tragflächen der Drachenflieger*, Zeitschrift für Flugtechnik und Motorluftschiffahrt **1** (1910), S. 281-284, und **3** (1912), S. 81-86.)

A138: Komplexe Differentiierbarkeit

Aufgabe (138.1) Bestimme Real- und Imaginärteil der folgenden Funktionen.
(a) $f(z) = z^3$
(b) $f(z) = z/(1-z)$ $(z \neq 1)$
(c) $f(z) = \exp(z^2)$
(d) $f(z) = \sin(z)$
(e) $f(z) = \sin(1/\overline{z})$ $(z \neq 0)$

Aufgabe (138.2) Bestimme alle regulären Funktionen $f, g : \mathbb{C} \to \mathbb{C}$ mit
(a) $\operatorname{Re} f(x+iy) = e^x \cos(y+1)$,
(b) $\operatorname{Im} g(x+iy) = 3y(x-1)^2 - y^3$.

Aufgabe (138.3) Bestimme für jede der folgenden Funktionen $f : \mathbb{C} \hookrightarrow \mathbb{C}$, an welchen Punkten die Ableitung existiert.
(a) $f(x+iy) = (x^3 - 3xy^2) + i(3x^2y - y^3)$
(b) $f(x+iy) = x^2 + 3y^2 + 2ixy$
(c) $f(x+iy) = (x - iy)(2 - x^2 - y^2)$
(d) $f(x+iy) = x^2 - y^2 - 2ixy$
(e) $f(x+iy) = (e^x \cos y + y^2) + i(e^x \sin y + x)$
(f) $f(x+iy) = \exp(x^2 + iy^2)$
(g) $f(x+iy) = y^2 - 2ixy$
(h) $f(x+iy) = e^{x^2} \cos(y) + ie^{x^2} \sin(y)$
(i) $f(x+iy) = x^2 y + ixy^2$
(j) $f(x+iy) = e^y \cos(x) + ie^y \sin(x)$
(k) $f(x+iy) = x^2(y^2+1) + iy^2(x^2+1)$
(l) $f(x+iy) = \dfrac{x(x^2+y^2-1) + iy(x^2+y^2+1)}{x^2+y^2}$

Aufgabe (138.4) Wir definieren $f : \mathbb{C} \to \mathbb{C}$ durch $f(x+iy) = \sqrt{|xy|}$. Zeige, daß f nirgends differenzierbar ist, daß aber im Nullpunkt die partiellen Ableitungen u_x, u_y, v_x und v_y existieren und die Cauchy-Riemannschen Differentialgleichungen erfüllen.

Aufgabe (138.5) Das Gebiet $\Omega \subseteq \mathbb{C}$ sei symmetrisch zur reellen Achse. Zeige: Ist $f : \Omega \to \mathbb{C}$ regulär, dann auch $g : \Omega \to \mathbb{C}$ mit $g(z) := \overline{f(\overline{z})}$.

Aufgabe (138.6) Bestimme alle regulären Abbildungen $f : \mathbb{C} \to \mathbb{C}$ der Form $f(x+iy) = U(x) + iV(y)$ mit reellwertigen Funktionen U und V.

Aufgabe (138.7) Zeige: Ist die Funktion $f(x+iy) = u(x,y) + iv(x,y)$ differenzierbar an der Stelle $z_0 = x_0 + iy_0$ und schreiben wir $p := (x_0, y_0)$, so gilt $|f'(z_0)| = \|(\nabla u)(p)\| = \|(\nabla v)(p)\|$.

Aufgabe (138.8) Es sei $f(z) := z^3$. Zeige, daß es keine Zahl ζ auf der Verbindungsstrecke zwischen 1 und i gibt mit
$$\frac{f(i) - f(1)}{i - 1} = f'(\zeta).$$
(Der Mittelwertsatz gilt also nicht für komplexe Funktionen.)

Aufgabe (138.9) (a) Es seien $\Omega \subseteq \mathbb{C}$ ein Gebiet und $f : \Omega \to \mathbb{C}$ eine reguläre Funktion. Beweise die folgenden Aussagen!
(a) Ist $\operatorname{Re} f$ konstant, dann auch f.
(b) Ist $\operatorname{Im} f$ konstant, dann auch f.
(c) Ist $|f|$ konstant, dann auch f.

Aufgabe (138.10) Die Funktion $f(x+iy) = u(x,y) + iv(x,y)$ sei differenzierbar an der Stelle $z_0 = x_0 + iy_0$. Zeige: Sind $a, b \in \mathbb{R}^2$ Vektoren derart, daß b aus a durch eine 90^0-Drehung gegen den Uhrzeigersinn hervorgeht, so gelten die Gleichungen
$$(\partial_a u)(x_0, y_0) = (\partial_b v)(x_0, y_0) \quad \text{und}$$
$$(\partial_b u)(x_0, y_0) = -(\partial_a v)(x_0, y_0),$$
die man als **verallgemeinerte Cauchy-Riemannsche Differentialgleichungen** bezeichnet.

Aufgabe (138.11) Für $z = x + iy = re^{i\varphi}$ schreiben wir $f(z) = u(x,y) + iv(x,y) = U(r,\varphi) + iV(r,\varphi)$. Schreibe die Cauchy-Riemannschen Gleichungen in Polarkoordinaten, also als Differentialgleichungen für die Funktionen U und V in den Variablen r und φ!

Aufgabe (138.12) (a) Die Funktionen f und g seien regulär in einer Umgebung des Punktes $z_0 \in \mathbb{C}$, und es mögen die Bedingungen $f(z_0) = g(z_0) = 0$ und $g'(z_0) \neq 0$ gelten. Zeige, daß dann die Regel von l'Hospital auch im Komplexen gilt, daß also die folgende Gleichung erfüllt ist:
$$\lim_{z \to z_0} \frac{f(z)}{g(z)} = \frac{f'(z_0)}{g'(z_0)}.$$

(b) Berechne die folgenden Grenzwerte!
$$\lim_{z \to 0} \frac{\sin(z)}{e^z - 1} \qquad \lim_{z \to \pi/2} \frac{\cos(z)}{(\pi^2/4) - z^2} \qquad \lim_{z \to i} \frac{\tan(z^2 + 1)}{z^4 - 1}$$

Aufgabe (138.13) Es sei f eine Möbiustransformation, die zwei verschiedene Fixpunkte $z_1, z_2 \in \mathbb{C}$ besitzt. Zeige, daß dann $f'(z_1) \cdot f'(z_2) = 1$ gilt.
Hinweis: Ist f_A die zu der Matrix $A \in \mathbb{C}^{2 \times 2}$ gehörige Möbiustransformation und betrachten wir die eindimensionalen Unterräume
$$U_z := \mathbb{C} \begin{bmatrix} z \\ 1 \end{bmatrix} \ (z \in \mathbb{C}) \quad \text{und} \quad U_\infty := \mathbb{C} \begin{bmatrix} 0 \\ 1 \end{bmatrix},$$

Lösungen zu »Komplexe Differentiierbarkeit« siehe Seite 595

so gilt $A(U_z) = U_{f(z)}$. Daher ist z genau dann ein Fixpunkt von f_A, wenn U_z ein Eigenraum von A ist.

Aufgabe (138.14) Es sei $B := \{z \in \mathbb{C} \mid |z| < 1\}$, und es sei X der Raum aller holomorphen Funktionen $f : B \to \mathbb{C}$ mit
$$\sup_{0 \le r < 1} \int_0^{2\pi} |f(re^{i\varphi})|^2 \, d\varphi \; < \; \infty.$$
Zeige, daß X mit der Norm
$$\|f\| := \sup_{0 \le r < 1} \left(\frac{1}{2\pi} \int_0^{2\pi} |f(re^{i\varphi})|^2 \, d\varphi \right)^{1/2}$$
zu einem vollständigen Raum wird. **Hinweis:** Zeige zum Nachweis der Vollständigkeit, daß für alle $f \in X$ und alle z mit $|z| < r < 1$ die folgende Abschätzung gilt:
$$|f(z)| \; \le \; \frac{r}{r - |z|} \left(\frac{1}{2\pi} \int_0^{2\pi} |f(re^{i\varphi})|^2 \, d\varphi \right)^{1/2}.$$

Aufgabe (138.15) Untersuche die folgenden Reihen auf Konvergenz hin!
(a) $\sum_{n=1}^{\infty} \left(\frac{1}{n} + \frac{i}{n^2} \right)$
(b) $\sum_{n=1}^{\infty} \left(\frac{1}{n(n+1)} + \frac{i}{2^n} \right)$
(c) $\sum_{n=0}^{\infty} \frac{1}{(1+i)^n}$
(d) $\sum_{n=0}^{\infty} \frac{(3-2i)^n}{2^n n!}$
(e) $\sum_{n=0}^{\infty} \left(\cos(\frac{n\pi}{3}) + i \sin(\frac{n\pi}{3}) \right)$
(f) $\sum_{n=1}^{\infty} \frac{i^n}{n}$

Aufgabe (138.16) Untersuche, für welche Zahlen $z \in \mathbb{C}$ die folgenden Reihen konvergieren!
(a) $\sum_{n=0}^{\infty} z^n$
(b) $\sum_{n=0}^{\infty} \left(\frac{iz - 3 + 2i}{2z + i} \right)^n$
(c) $\sum_{n=1}^{\infty} \frac{e^{-nz^2}}{n}$
(d) $\sum_{n=1}^{\infty} \frac{z^n}{n^n}$
(e) $\sum_{n=1}^{\infty} \frac{z^n}{n^2}$
(f) $\sum_{n=0}^{\infty} \left(\frac{z-1}{2-z} \right)^n$

Aufgabe (138.17) Bestimme die Konvergenzradien der folgenden Potenzreihen!
(a) $\sum_{n=0}^{\infty} \frac{n^2}{n!} z^n$
(b) $\sum_{n=0}^{\infty} \frac{2n+1}{5^n} z^{2n+1}$
(c) $\sum_{n=0}^{\infty} \sqrt{n} \cdot z^{n^2}$

Aufgabe (138.18) Entwickle in den folgenden Fällen jeweils die angegebene Funktion f in eine Potenzreihe um den angegebenen Entwicklungspunkt z_0. Welchen Konvergenzradius hat diese Potenzreihe?
(a) $f(z) = \sin(z)$, $z_0 = -\pi/4$
(b) $f(z) = (z-3)/(z+2)$, $z_0 = 0$
(c) $f(z) = 1/(z-1)$, $z_0 = 2i$
(d) $f(z) = 1/(1 - z - z^2)$, $z_0 = 0$
(e) $f(z) = \exp(z)/(1-z)$, $z_0 = 0$
(f) $f(z) = \exp(z)$, $z_0 = i$
(g) $f(z) = (z+1)/(z^2 + (3-i)z - 3i)$, $z_0 = -1$
(h) $f(z) = (1/z) + 5z^2 + z + 2$, $z_0 = 2$
(i) $f(z) = \sin(z)$, $z_0 = \pi/2$

Aufgabe (138.19) Zeige, daß die Reihe
$$\sum_{n=0}^{\infty} \frac{1}{n^2} \cdot \frac{z^n}{1 - z^n}$$
sowohl auf $\Omega_1 := \{z \in \mathbb{C} \mid |z| < 1\}$ als auch auf $\Omega_2 := \{z \in \mathbb{C} \mid |z| > 1\}$ kompakt konvergiert.

Aufgabe (138.20) Es sei $\Omega := \mathbb{C} \setminus \{0, -1, -2, -3, \ldots\}$. Zeige, daß die Reihe
$$\sum_{n=0}^{\infty} \frac{(-1)^n}{z + n}$$
auf Ω kompakt konvergiert, aber an keiner einzigen Stelle $z \in \Omega$ absolut konvergiert.

Aufgabe (138.21) Begründe ausführlich, wie die Gültigkeit der folgenden Identitäten für alle Zahlen z, z_1, $z_2 \in \mathbb{C}$ bereits daraus folgt, daß die entsprechenden Identitäten für reelle Argumente gelten!
(a) $\exp(z_1 + z_2) = \exp(z_1) \exp(z_2)$
(b) $\sin(z_1 + z_2) = \sin(z_1) \cos(z_1) + \cos(z_1) \sin(z_1)$
(c) $\cos(z_1 + z_2) = \cos(z_1) \cos(z_2) - \sin(z_1) \sin(z_2)$
(d) $\cos^2 z + \sin^2 z = 1$
(e) $\cosh^2 z - \sinh^2 z = 1$

Aufgabe (138.22) Wo steckt in folgender Beweisführung der Fehler?

Lösungen zu »Komplexe Differentierbarkeit« siehe Seite 595

138. Komplexe Differntiierbarkeit

Setzt man in die Eulersche Formel $1 = e^{2\pi i k}$ ($k \in \mathbb{Z}$) die Identität

$$e \;=\; e \cdot 1 \;=\; e \cdot e^{2\pi i} \;=\; e^{1+2\pi i}$$

ein, so ergibt sich

$$\begin{aligned} 1 &= (e^{1+2\pi i})^{2\pi i k} \;=\; e^{(1+2\pi i)2\pi i k} \\ &= e^{2\pi i k - 4k\pi^2} \;=\; e^{2\pi i k} \cdot e^{-4k\pi^2}. \end{aligned}$$

Setzt man rechts wieder die Eulersche Formel ein, so erhält man den berühmten **Satz von Shipovnik Ponedelnik:**

$$1 = e^{-4k\pi^2} \text{ für alle } k \in \mathbb{Z}.$$

Für $k \to \infty$ ergibt sich als Korollar sofort $1 = 0$.

Bemerkung: Wie dieses Korollar schon erahnen läßt, kann man auf dem Satz von Shipovnik Ponedelnik eine völlig neue Mathematik aufbauen; deren Einführung im hessischen Schulunterricht ist in den nächsten Wochen geplant. Staatsexamenskandidaten, die wissenschaftliche Arbeiten über didaktische Probleme und kompetenzorientierte Ansätze im Zusammenhang mit diesem Satz anfertigen wollen, können daher auf Antrag von sämtlichen Vorlesungsverpflichtungen befreit werden.

Aufgabe (138.23) Entwickle die Funktion

$$f(z) \;=\; \frac{z}{z^2+4}$$

in eine Potenzreihe um den Entwicklungspunkt $z_0 = i$ und gib den Konvergenzradius dieser Reihe an!

Aufgabe (138.24) Bestimme für die Funktionen $\exp, \sin, \cos : \mathbb{C} \to \mathbb{C}$ jeweils die Wertemenge und die Nullstellenmenge.

Aufgabe (138.25) Bestimme in jedem der folgenden Beispiele die Bildmenge $V := f(U)$, zeige, daß $f : U \to V$ bijektiv und die Umkehrfunktion $f^{-1} : V \to U$ holomorph ist, und bestimme die Ableitung dieser Umkehrfunktion.
(a) $U = \{z \in \mathbb{C} \mid \operatorname{Re} z > 0\}$, $f(z) = z^2$
(b) $U = \{z \in \mathbb{C} \mid |\operatorname{Im} z - y_0| < \pi\}$, $f(z) = \exp(z)$
(c) $U = \{re^{i\varphi} \mid r > 0, 0 < \varphi < 2\pi/n\}$, $f(z) = z^n$
In Teil (b) sei dabei $y_0 \in \mathbb{R}$ beliebig, aber fest vorgegeben; in Teil (c) sei $n \in \mathbb{N}$ eine natürliche Zahl.

Aufgabe (138.26) Berechne in jedem der folgenden Fälle das komplexe Kurvenintegral $\int_C f(z)\,dz$.
(a) Es sei $f(z) = \bar{z}$, und C sei zusammengesetzt aus der Strecke von 0 nach 4, der Strecke von 4 nach $4+2i$ und dem Parabelbogen $y = \sqrt{x}$, durchlaufen vom Punkt $(4, 2)$ zum Punkt $(0, 0)$.
(b) Es sei $f(z) = \bar{z}$, und es sei $C = K_1(0)$ der in positivem Sinn durchlaufene Einheitskreis.
(c) Es sei $f(z) = 1/z$, und C sei zusammengesetzt aus der Strecke von 1 nach R und dem Kreisbogen vom Radius R um 0 zwischen R und $Re^{i\varphi}$.
(d) Es sei $f(z) = 1/(z(z+3))$, und es sei $C = K_1(0)$ der in positivem Sinn durchlaufene Einheitskreis.
(e) Es sei $f(z) = \operatorname{Re} z$, und es sei $C = K_2(1)$ der in positivem Sinn durchlaufene Kreis mit Radius 2 um den Mittelpunkt 1.
(f) Es sei $f(z) = az^{-2} + bz^{-1} + cz^{13}$ mit beliebigen komplexen Zahlen a, b, c, und es sei $C = K_1(0)$ der in positivem Sinn durchlaufene Einheitskreis.
(g) Es sei $f(z) = z^2 + |z|^2$, und es sei C derjenige Teil des Einheitskreises, der im ersten Quadranten verläuft.
(h) Es sei $f(z) = e^{iz}/z^n$ mit $n \in \mathbb{N}$, und es sei $C = K_1(0)$ der in positivem Sinn durchlaufene Einheitskreis.

Aufgabe (138.27) Berechne das Kurvenintegral $\int_C |z|^2\,dz$
(a) wenn C den Viertelkreis von 1 nach i mit Radius 1 um 0 bezeichnet;
(b) wenn C die Strecke von 1 nach i bezeichnet.

Aufgabe (138.28) Es seien C eine stückweise glatte Kurve und f eine auf einer Umgebung von C stetige Funktion. Zeige:

$$\left| \int_C f(z)\,dz \right| \;\leq\; \max_{z \in C} |f(z)| \cdot (\text{Länge von } C).$$

Aufgabe (138.29) Es sei $p : \mathbb{C} \to \mathbb{C}$ eine Polynomfunktion vom Grad $n \geq 2$. Die Zahl $R > 0$ sei so groß, daß alle Nullstellen von p in dem Kreis $K_R(0)$ liegen. Zeige, daß dann für alle $r > R$ die folgende Gleichung gilt:

$$\int_{K_r(0)} \frac{1}{p(z)}\,dz \;=\; 0.$$

Aufgabe (138.30) Die Funktion $f : \mathbb{C} \to \mathbb{C}$ sei stetig in einer Umgebung des Nullpunktes. Beweise, daß für $r \to 0$ die folgenden Konvergenzaussagen gelten:

$$\int_0^{2\pi} f(re^{i\varphi})\,d\varphi \to 2\pi \cdot f(0); \qquad \int_{K_r(0)} \frac{f(z)}{z}\,dz \to 2\pi i \cdot f(0).$$

Aufgabe (138.31) Es sei C der Streckenzug, der die Punkte $2-2i$, $2+2i$, $-2+2i$ und $-2-2i$ verbindet. Berechne mit der Cauchyschen Integralformel die beiden folgenden komplexen Kurvenintegrale!

(a) $\displaystyle\int_C \frac{e^{-z}}{z-(\pi i/2)}\,dz$ \qquad (b) $\displaystyle\int_C \frac{z^3+2z}{(z-1)^3}\,dz$

Aufgabe (138.32) (a) Für $R > 1$ sei C_R die Kurve, die sich zusammensetzt aus der Strecke von $-R$ nach R

Lösungen zu »Komplexe Differntiierbarkeit« siehe Seite 595

und dem oberen Halbkreis mit Radius R um den Nullpunkt. Berechne das Integral

$$\int_{C_R} \frac{\mathrm{d}z}{(z+i)^2(z-i)^2}.$$

(b) Was geschieht in Teil (a) für $R \to \infty$? Schließe aus dem Ergebnis auf den Wert des reellen Integrals

$$\int_{-\infty}^{\infty} \frac{\mathrm{d}x}{(x^2+1)^2}.$$

Aufgabe (138.33) Berechne die folgenden komplexen Kurvenintegrale!

$$\int_{K_1(3i)} \frac{\mathrm{d}z}{z^2+9} \quad \int_{K_1(-3i)} \frac{\mathrm{d}z}{z^2+9} \quad \int_{K_4(0)} \frac{\mathrm{d}z}{z^2+9} \quad \int_{K_2(2)} \frac{z}{z^4-1}\mathrm{d}z$$

Aufgabe (138.34) (a) Zeige: Ist f regulär auf einer Umgebung von $K_r(z_0)$, so gilt die **Cauchysche Ungleichung**

$$|f^{(n)}(z_0)| \leq \frac{n!}{r^n} \cdot \max_{|z-z_0|=r} |f(z)|.$$

(b) Gibt es eine in einer Umgebung des Nullpunktes reguläre Funktion f mit $|f^{(n)}(0)| \geq n^n \cdot n!$ für alle $n \in \mathbb{N}$?

Aufgabe (138.35) Es seien $\Omega \subseteq \mathbb{C}$ ein Gebiet und $f_1, \ldots, f_n : \Omega \to \mathbb{C}$ reguläre Funktionen. Zeige: Ist $\sum_{k=1}^{n} |f_k|^2$ konstant, so ist jede der Funktionen f_k konstant.

Aufgabe (138.36) Es sei $\Omega \subseteq \mathbb{C}$ eine offene Menge. Eine Funktion $u : \Omega \to \mathbb{R}$ heißt **harmonisch**, wenn u von der Klasse C^2 ist und die Differentialgleichung $u_{xx} + u_{yy} = 0$ erfüllt. Zeige: Ist $f : \Omega \to \mathbb{C}$ regulär, so sind $\operatorname{Re} f$ und $\operatorname{Im} f$ harmonische Funktionen.

Aufgabe (138.37) Zeige, daß durch $f(z) = \sum_{n=0}^{\infty} z^{n!}$ eine für $|z| < 1$ reguläre Funktion gegeben ist, die sich auf keinen Punkt der Einheitskreislinie stetig fortsetzen läßt (und die folglich erst recht keine analytische Fortsetzung besitzt).

Aufgabe (138.38) Es seien $U, V \subseteq \mathbb{R}^2$ offene Mengen und $f : U \to V$ eine bijektive differentiierbare Abbildung. Zeige: Erfüllt f die Cauchy-Riemannschen Differentialgleichungen, dann auch f^{-1}.

Aufgabe (138.39) Es seien C eine geschlossene stückweise glatte Kurve in der komplexen Ebene und $p \in \mathbb{C}$ ein Punkt mit $p \notin C$. Zeige, daß die Windungszahl von C bezüglich p (vgl. die Aufgaben (99.25) und (114.8)) gegeben ist durch das komplexe Kurvenintegral

$$\frac{1}{2\pi i} \oint_C \frac{\mathrm{d}z}{z-p}.$$

Aufgabe (138.40) Bestimme sämtliche Laurent-Entwicklungen der Funktion

$$f(z) := \frac{2z}{z^2+1}$$

(a) um den Entwicklungspunkt $z = i$,
(b) um den Entwicklungspunkt $z = 0$.

Gib ferner an, wie viele Laurent-Entwicklungen es um die folgenden Entwicklungspunkte gibt (ohne diese Laurent-Entwicklungen explizit anzugeben).

(c) $z = 1+i$
(d) $z = 1$
(e) $z = i/2$

Aufgabe (138.41) Bestimme sämtliche Laurent-Entwicklungen der Funktion

$$f(z) := \frac{z^2+1}{z^2-z}$$

um den Entwicklungspunkt $z_0 = i$ und gib die entsprechenden Konvergenzbereiche explizit an.

Aufgabe (138.42) Bestimme sämtliche Laurent-Entwicklungen der Funktion

$$f(z) := \frac{z^2+i}{z^2+iz}$$

um den Entwicklungspunkt $z_0 = 1$ und gib die entsprechenden Konvergenzbereiche explizit an.

Aufgabe (138.43) Finde sämtliche Laurent-Entwicklungen der Funktion

$$f(z) = \frac{1}{z^2(z-1)}$$

um den Entwicklungspunkt $z_0 = 1$ und gib jeweils den Konvergenzbereich an!

Lösungen zu »Komplexe Differentiierbarkeit« siehe Seite 595

A139: Der Residuenkalkül

Aufgabe (139.1) Entscheide jeweils, ob für die folgenden Funktionen die Stelle $z_0 = 0$ eine hebbare Singularität, eine Polstelle oder eine wesentliche Singularität ist. Bestimme bei Polstellen jeweils die Ordnung des Pols.
(a) $f(z) = \cos(z)/z$
(b) $f(z) = \tan(z)/z$
(c) $f(z) = \exp(-1/z^3)$
(d) $f(z) = 1/\exp(-1/z^3)$
(e) $f(z) = \sin(z)^2/z^4$
(f) $f(z) = (3z^2 + 4z^3)/(5z^4 + 6z^5)$
(g) $f(z) = (\exp(cz) - 1)/z$ (wobei $c \in \mathbb{C}$ fest sei)

Aufgabe (139.2) Bestimme sämtliche Singularitäten der folgenden Funktionen und entscheide jeweils, um welche Art von Singularität es sich handelt.
(a) $f(z) = e^z/(z-1)$
(b) $f(z) = (1-e^z)/(1+e^z)$
(c) $f(z) = 1/(\sin z + \cos z)$
(d) $f(z) = \tan z$
(e) $f(z) = \exp(-1/z)$
(f) $f(z) = 1/\sin(1/z)$
(g) $f(z) = (z-i)/(z^3+z)$

Aufgabe (139.3) Es sei $U \subseteq \mathbb{C}$ eine beliebig kleine Umgebung des Nullpunktes. Zeige, daß die Funktion $f(z) = \exp(1/z)$ auf $U \setminus \{0\}$ jeden von Null verschiedenen Wert unendlich oft annimmt.

Hinweis: Betrachte f auf den Kreisen $(x-r)^2 + y^2 = r^2$ mit $r \neq 0$.

Aufgabe (139.4) Entwickle die Funktion
$$f(z) = \frac{1}{(z-1)(z-2)}$$
um den Entwicklungspunkt $z_0 = 0$ in eine Laurent-Reihe, und zwar in den folgenden Gebieten:
(a) $\{z \in \mathbb{C} \mid |z| < 1\}$;
(b) $\{z \in \mathbb{C} \mid 1 < |z| < 2\}$;
(c) $\{z \in \mathbb{C} \mid |z| > 2\}$.

Aufgabe (139.5) Entwickle die Funktionen $f(z) = 1/z$ und $g(z) = 1/z^2$ in eine Laurent-Reihe mit dem Entwicklungspunkt $z_0 = 1$.

Aufgabe (139.6) Die Funktion sei regulär auf dem Gebiet $\Omega := \{z \in \mathbb{C} \mid r_1 < |z| < r_2\}$, und es gelte $|f(z)| \leq M$ für alle $z \in \Omega$. Zeige: Ist $f(z) = \sum_{n=-\infty}^{\infty} a_n z^n$ die Laurent-Reihe von f um den Nullpunkt, so gelten für alle $n \in \mathbb{N}_0$ die Abschätzungen
$$|a_n| \leq \frac{M}{r_1^n} \quad \text{und} \quad |a_{-n}| \leq M r_2^n.$$

Aufgabe (139.7) Die Funktion f sei regulär für $|z| < 5/2$. Wir setzen $g(z) := f(z + 1/z)$. Zeige, daß die Laurent-Reihe von g um den Nullpunkt für $1/2 < |z| < 2$ konvergiert.

Aufgabe (139.8) Die Funktion f habe an der Stelle $z_0 = 0$ einen Pol der Ordnung m, und es sei p ein Polynom vom Grad n. Zeige, daß $p \circ f$ an der Stelle $z_0 = 0$ einen Pol der Ordnung mn hat.

Aufgabe (139.9) Bestimme in jedem der folgenden Fälle die Laurent-Reihe der Funktion f um den Entwicklungspunkt z_0 und gib jeweils den Konvergenzbereich dieser Laurent-Reihe an!
(a) $f(z) = \dfrac{e^{2z}}{(z-1)^3}$, $z_0 = 1$
(b) $f(z) = \dfrac{z-3}{\sin(1/(z+2))}$, $z_0 = -2$
(c) $f(z) = \dfrac{z - \sin z}{z^3}$, $z_0 = 0$
(d) $f(z) = \dfrac{z}{(z+1)(z+2)}$, $z_0 = -2$
(e) $f(z) = \dfrac{1}{z^2(z-3)^2}$, $z_0 = 3$

Aufgabe (139.10) Berechne für jede der folgenden Funktionen das Residuum an der Stelle $z_0 = 0$. (In Teil (n) sei dabei die Funktion log definiert durch $\log(re^{i\varphi}) := \ln(r) + i\varphi$ für $r > 0$ und $-\pi < \varphi < \pi$.)
(a) $f(z) = (z^2+1)/z$
(b) $f(z) = (z^2 + 3z - 5)/z^3$
(c) $f(z) = z^3/((z-1)(z^4+2))$
(d) $f(z) = (2z+1)/(z(z^3-5))$
(e) $f(z) = \sin(z)/z^4$
(f) $f(z) = \sin(z)/z^5$
(g) $f(z) = \sin(z)/z^6$
(h) $f(z) = \sin(z)/z^7$
(i) $f(z) = \exp(z)/z$
(j) $f(z) = \exp(z)/z^2$
(k) $f(z) = \exp(z)/z^3$
(l) $f(z) = \exp(z)/z^4$
(m) $f(z) = \exp(z)/\sin(z)$
(n) $f(z) = \log(1+z)/z^2$

Aufgabe (139.11) Bestimme für jede der folgenden Funktionen jeweils sämtliche Singularitäten sowie das Residuum an jeder dieser Singularitäten.
(a) $f(z) = 1/((z^2-1)(z+2))$
(b) $f(z) = (z^3-1)(z+2)/(z^4-1)^2$
(c) $f(z) = 1/(z^4-1)$
(d) $f(z) = 1/(z^n-1)$
(e) $f(z) = \exp(z)/(z^2+1)$
(f) $f(z) = z/((z-1)(z+2)^2)$
(g) $f(z) = \exp(z)/\sin(z)$
(h) $f(z) = 1/\sin(z)$
(i) $f(z) = 1/(1-e^z)$
(j) $f(z) = z/(1-\cos(z))$
(k) $f(z) = \cos(e^z)/z^2$

Lösungen zu »Der Residuenkalkül« siehe Seite 610

Aufgabe (139.12) (a) Bestimme die Singularitäten der Funktion
$$f(z) := \frac{\exp(z)}{z^2 \cdot \sin(z)}$$
und an jeder Singularität das Residuum.
(b) Es sei f eine auf $\mathbb{C}\setminus\{0\}$ holomorphe Funktion mit dem Residuum $\mathrm{Res}(f,0) = a_{-1}$, und es sei $g(z) := f(z^2)$. Bestimme $\mathrm{Res}(g,0)$!

Aufgabe (139.13) (a) Bestimme die Singularitäten der Funktion
$$f(z) := \frac{z^2 + 2\sqrt{3}z + 1}{z^2 \cdot \cos(z)}$$
und an jeder Singularität das Residuum.
(b) Es sei f eine auf $\mathbb{C}\setminus\{0\}$ holomorphe Funktion mit dem Residuum $\mathrm{Res}(f,0) = a_{-1}$, und es sei $g(z) := f(z^3)$. Bestimme $\mathrm{Res}(g,0)$!

Aufgabe (139.14) (a) Bestimme die Singularitäten der Funktion
$$f(z) := \frac{z^2 + 2z + 3}{z^2 \cdot \sin(z)}$$
und an jeder Singularität das Residuum.
(b) Es sei f eine auf $\mathbb{C}\setminus\{0\}$ holomorphe Funktion mit der Laurent-Entwicklung $f(z) = \sum_{n=-\infty}^{\infty} a_n z^n$. Bestimme das Residuum von $g(z) := f(1/z)$ an der Stelle $z_0 = 0$!

Aufgabe (139.15) Wir bezeichnen mit
$$\Omega := \{x + iy \in \mathbb{C} \mid 0 \leq x \leq 1,\ x^2 \leq y \leq x\}$$
das Gebiet zwischen der Winkelhalbierenden $y = x$ und der Parabel $y = x^2$. Ferner sei $C := \partial\Omega$ die in mathematisch positivem Sinne durchlaufene Randkurve von Ω. Berechne das Kurvenintegral $\oint_C f(z)\,\mathrm{d}z$ für die Funktion
$$f(z) = \overline{z}^2 + \frac{9}{z-1} + \frac{7}{(z-i)^8} + \frac{5}{3+2i-6z} + e^{1/(z-4)}.$$

Aufgabe (139.16) Wir betrachten die Kurve C, die sich zusammensetzt aus der Strecke von 1 nach i, der Strecke von i nach -1 sowie der unteren Hälfte des Kreises $x^2 + y^2 = 1$ (durchlaufen in mathematisch positiver Richtung). Berechne das Kurvenintegral $\oint_C f(z)\,\mathrm{d}z$ für die Funktion
$$f(z) = |z|^2 + \frac{1}{2z-1} + \frac{2}{3+4z} + \frac{5}{(6z-7)^2} + \frac{8}{z-1+i} + \frac{9}{z^3}.$$

Aufgabe (139.17) Wir betrachten die Punkte $A = 1 + i$ und $B = -2 + 4i$ sowie die Kurve C, die sich zusammensetzt aus dem Bogen der Parabel $y = x^2$ zwischen B und A und der Strecke von A nach B (durchlaufen in mathematisch positiver Richtung). Berechne das Kurvenintegral $\oint_C f(z)\,\mathrm{d}z$ für die Funktion
$$f(z) = z + \overline{z} + \frac{2}{z-3} + \frac{4}{z-i} + \frac{5}{(z-i)^2}.$$

Aufgabe (139.18) Es sei C die positiv orientierte Kurve, die sich zusammensetzt aus dem Halbkreis $x^2 + y^2 = 1$, $x \geq 0$, sowie der Strecke von i nach $-i$. Berechne $\int_C f(z)\,\mathrm{d}z$ für die Funktion
$$f(z) = |z|^2 + 2\overline{z} + \frac{3}{z-4} + 5e^z + \frac{1}{6-7z} + \frac{1}{8z+9}.$$

Aufgabe (139.19) Berechne die folgenden Integrale durch Anwendung des Residuensatzes!

(a) $\int_{-\infty}^{\infty} \frac{\mathrm{d}x}{1+x^6}$

(b) $\int_{-\infty}^{\infty} \frac{x^2}{x^4+1}\,\mathrm{d}x$

(c) $\int_0^{\infty} \frac{x^2}{x^6+1}\,\mathrm{d}x$

(d) $\int_{-\infty}^{\infty} \frac{\mathrm{d}x}{(x^2+a^2)(x^2+b^2)} \quad (0 < a < b)$

(e) $\int_0^{\infty} \frac{x \sin(ax)}{x^2+b^2}\,\mathrm{d}x \quad (a,b > 0)$

(f) $\int_0^{\infty} \frac{\cos x}{(1+x^2)^2}\,\mathrm{d}x$

(g) $\int_{-\infty}^{\infty} \frac{\cos x}{(x^2+a^2)(x^2+b^2)}\,\mathrm{d}x \quad (0 < a < b)$

(h) $\int_0^{\infty} \frac{\cos(ax)}{(x^2+b^2)^2}\,\mathrm{d}x \quad (a,b \in \mathbb{R})$

(i) $\int_0^{2\pi} \frac{4}{5+4\sin x}\,\mathrm{d}x$

(j) $\int_{-\pi}^{\pi} \frac{\mathrm{d}x}{1+\sin^2 x}$

(k) $\int_0^{2\pi} \frac{\mathrm{d}x}{1+a\sin x} \quad (-1 < a < 1)$

(l) $\int_0^{\pi} \frac{\cos(2x)}{1+a^2-2a\cos x}\,\mathrm{d}x \quad (-1 < a < 1)$

(m) $\int_0^{\infty} \frac{\cos^2 x}{1+x^2}\,\mathrm{d}x$

(n) $\int_0^{\infty} \frac{x^2 \cos^2 x}{x^4+1}\,\mathrm{d}x$

(o) $\int_0^{\infty} \frac{\cos(x)}{x^6+1}\,\mathrm{d}x$

(p) $\int_0^{\infty} \frac{1}{x^4+x^2+1}\,\mathrm{d}x$

Aufgabe (139.20) Die Funktion f sei holomorph auf ganz $\mathbb{C}$ mit Ausnahme endlich vieler isolierter Singularitäten, von denen keine reell sei, und es gelte $f(z) \to 0$

für $|z| \to \infty$. Zeige, daß für $\xi > 0$ (bzw. $\xi < 0$) das Fourier-Integral $\int_{-\infty}^{\infty} f(x) e^{i\xi x} dx$ den Wert $2\pi i \cdot S$ hat, wobei S die Summe der Residuen der Funktion $z \mapsto e^{i\xi z} f(z)$ in der oberen (bzw. unteren) Halbebene ist.

Aufgabe (139.21) Berechne das Integral
$$\int_{-\infty}^{\infty} \frac{1}{x^4 + x^2 + 1} \, dx$$

(a) mit Hilfe des Residuenkalküls,
(b) mit rein reellen Methoden.

Aufgabe (139.22) Wir betrachten die Funktion
$$f(z) = \frac{\cot(\pi z)}{z^2} = \frac{\cos(\pi z)}{z^2 \sin(\pi z)}$$
sowie für jede natürliche Zahl n den in positiver Richtung durchlaufenen Weg C_n, der aus den Seiten des Quadrats mit den Ecken $(n+1/2)(\pm 1 \pm i)$ besteht.

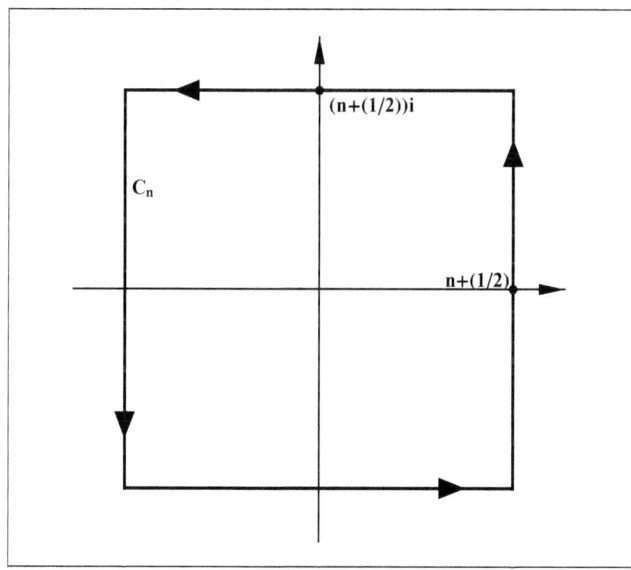

Zeige, daß $|\cot(\pi z)| \leq 1/\tanh(n\pi + \pi/2)$ für alle $z \in C_n$ gilt, und schließe daraus auf $\oint_{C_n} f(z)\,dz \to 0$ für $n \to \infty$. Berechne andererseits das Integral $\oint_{C_n} f(z)\,dz$ mit Hilfe des Residuenkalküls. Welche Aussage ergibt sich?

Aufgabe (139.23) Leite mit der Methode der vorhergehenden Aufgabe die folgende Aussage her: Ist N eine gerade natürliche Zahl, so gilt
$$\sum_{k=1}^{\infty} \frac{1}{k^N} = -\frac{\pi}{2} \operatorname{Res}\left(\frac{\cot(\pi z)}{z^N}, 0\right)$$
$$= -\frac{\pi}{2} \cdot \frac{1}{N!} \cdot \left.\frac{d^N}{dz^N}\right|_{z=0} (z \cot(\pi z)).$$

Berechne $\sum_{k=1}^{\infty} (1/k^4)$ und $\sum_{k=1}^{\infty} (1/k^6)$. Warum funktioniert die Methode nicht, um die Reihen $\sum_{k=1}^{\infty} (1/k^N)$ mit *ungeraden* Exponenten N zu berechnen?

Aufgabe (139.24) Die Funktion g sei analytisch auf $\mathbb{C}$ mit Ausnahme einer endlichen Menge S von Singularitäten, und es gebe Konstanten $R, A > 0$ und $\alpha > 1$ mit
$$|g(z)| \leq \frac{A}{|z|^\alpha} \quad \text{für } |z| \geq R.$$
Beweise die beiden folgenden Gleichungen!

(a) $\displaystyle\sum_{k \in \mathbb{Z}\setminus S} g(k) = -\pi \sum_{\sigma \in S} \operatorname{Res}\left(\cot(\pi z) g(z), \sigma\right)$

(b) $\displaystyle\sum_{k \in \mathbb{Z}\setminus S} (-1)^k g(k) = -\pi \sum_{\sigma \in S} \operatorname{Res}\left(\frac{g(z)}{\sin(\pi z)}, \sigma\right)$

Aufgabe (139.25) Benutze Aufgabe (139.24), um den Wert der Reihe
$$\sum_{k=1}^{\infty} \frac{(-1)^{k+1}}{k^4} = \frac{1}{1^4} - \frac{1}{2^4} + \frac{1}{3^4} - \frac{1}{4^4} + - \cdots$$
zu berechnen!

Aufgabe (139.26) Berechne die Werte der folgenden Reihen!

(a) $\displaystyle\sum_{n=1}^{\infty} \frac{1}{(2n+1)^4} = \frac{1}{1^4} + \frac{1}{3^4} + \frac{1}{5^4} + \frac{1}{7^4} + \cdots$

(b) $\displaystyle\sum_{n=1}^{\infty} \frac{1}{n^4 + n^2 + 1}$

(c) $\displaystyle\sum_{n=1}^{\infty} \frac{(-1)^{n+1}}{n^2} = \frac{1}{1^2} - \frac{1}{2^2} + \frac{1}{3^2} - \frac{1}{4^2} + - \cdots$

(d) $\displaystyle\sum_{n=1}^{\infty} \frac{(-1)^{n+1}}{(2n+1)^3} = \frac{1}{1^3} - \frac{1}{2^2} + \frac{1}{3^2} - \frac{1}{4^2} + - \cdots$

(e) $\displaystyle\sum_{n=1}^{\infty} \frac{1}{n^2 + a^2}$ $(a > 0)$

(f) $\displaystyle\sum_{n=-\infty}^{\infty} \frac{(-1)^n}{(n+a)^2}$ $(a \in \mathbb{R} \setminus \mathbb{Z})$

Aufgabe (139.27) Es seien $t, a, \tau > 0$ fest vorgegebene reelle Zahlen. Bestimme alle Singularitäten der Funktion
$$f(z) = \frac{-e^{tz}}{z + ae^{-\tau z}}$$
sowie die Residuen von f an diesen Singularitäten!

Aufgabe (139.28) Es seien $a > 0$, $\tau > 0$, $\delta > 0$ vorgegebene Konstanten. Wir betrachten die Funktion $g(z) := ze^{\tau z} + a$ und die Menge A_δ derjenigen Zahlen $z \in \mathbb{C}$ mit $|z - z^\star| \geq \delta$ für alle Nullstellen $z^\star$ von g.

(a) Zeige, daß es eine Zahl $\varepsilon > 0$ gibt mit $|g(z)| \geq \varepsilon$ für alle $z \in A_\delta$. (Salopp gesagt: Ist z wegbeschränkt von allen Nullstellen von g, so ist $g(z)$ wegbeschränkt von Null.)

Hinweis: Beweise zunächst die analoge Aussage für die Funktion $G(\zeta) := e^{\tau\zeta} + a$ und benutze dann die Transformation $\zeta = \Phi(z)$ mit $\Phi(z) := \log(z) + \tau z$ (wobei $\log(re^{i\varphi}) = \ln(r) + i\varphi$ für $-\pi < \varphi < \pi$).

(b) Zeige, daß es eine Konstante $\beta > 0$ gibt mit $|z + ae^{-\tau z}| \geq \beta |z|$ für alle $z \in A_\delta$.

Aufgabe (139.29) (a) Wir betrachten für fest vorgegebene Zahlen $t, a, \tau > 0$ die Funktion

$$f(z) = \frac{-e^{tz}}{z + ae^{-\tau z}}$$

wie in Aufgabe (139.27). Berechne das Kurvenintegral von f über die in der folgenden Abbildung angegebene Kurve $C = C_1 \cup C_2 \cup C_3 \cup C_4$, wobei der Radius R so gewählt sei, daß es eine feste Zahl $\delta > 0$ gibt mit $|z - z_\star| \geq \delta$ für alle Punkte $z \in C$ und alle Nullstellen $z_\star$ des Nenners $z + ae^{-\tau z}$. (Die Kurve C hat also von allen Singularitäten von f einen festen Mindestabstand. Daß beliebig große Werte von R gewählt werden können, die diese Bedingung erfüllen, ergibt sich aus der in Aufgabe (139.27) ermittelten Lage der Singularitäten.)

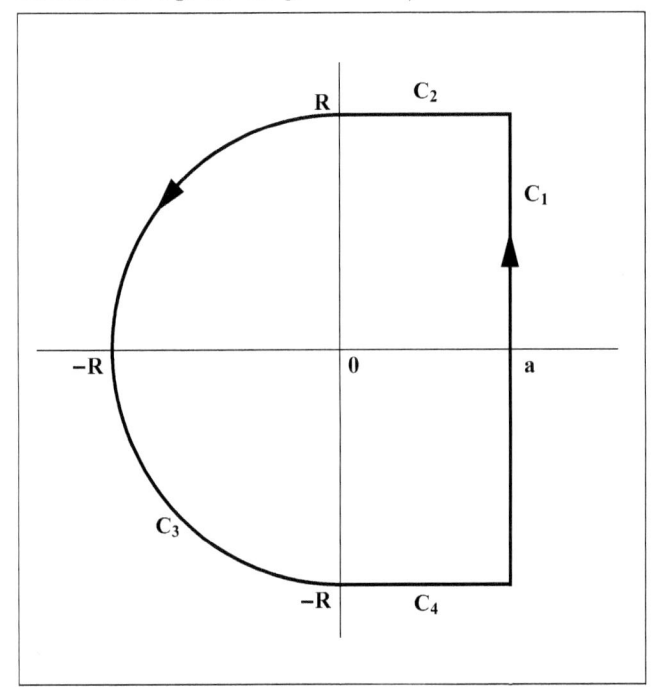

(b) Benutze Teil (a), um die Laplace-Inverse der Funktion $X(z) := -1/(z + ae^{-\tau z})$ zu bestimmen.

(c) Was bedeutet das Ergebnis von Teil (b) für das Problem der Temperaturregelung einer Dusche, das in Aufgabe (117.42) betrachtet wurde? (Vgl. auch Aufgabe (128.12).)

Aufgabe (139.30) Zeige, daß die Funktion $p(z) = z^3 + z^2 + 6i - 8$ im zweiten, dritten und vierten Quadranten jeweils eine Nullstelle hat.

Aufgabe (139.31) Es sei $n \in \mathbb{N}$. Bestimme die Anzahl der Nullstellen der Funktion $p(z) := z^n - 3z + 1$ in der Kreisscheibe $|z| < 1$.

Aufgabe (139.32) Bestimme die Anzahl der Nullstellen der Funktion $p(z) := z^5 + z^3 + 5z^2 + 2$ in dem Kreisring $1 < |z| < 2$.

Aufgabe (139.33) Es sei $a \in \mathbb{C}$ eine Zahl mit $|a| > 4$. Zeige, daß die Funktion $\varphi(z) := 3z^8 + az^5 + 1$ innerhalb des Kreises $|z| < 1$ genau fünf verschiedene Nullstellen hat und daß diese allesamt einfach sind.

Aufgabe (139.34) Es sei $a \in \mathbb{C}$ eine Zahl mit $\operatorname{Re} a > 1$. Zeige, daß die Gleichung $\exp(-z) + z = a$ genau eine Lösung z mit $\operatorname{Re} z > 0$ besitzt und daß diese genau dann reell ist, wenn a reell ist.

A140: Einfach zusammenhängende Gebiete

Aufgabe (140.1) Finde in jedem der folgenden Fälle eine biholomorphe Abbildung $f : \Omega \to \mathbb{D}$ des angegebenen Gebiets Ω auf den Einheitskreis $\mathbb{D} = \{z \in \mathbb{C} \mid |z| < 1\}$.

(a) $\Omega = A := \{z \in \mathbb{C} \mid \operatorname{Re}(z) > 0 \text{ und } \operatorname{Im}(z) > 0\}$
(b) $\Omega = B := \{z \in \mathbb{C} \mid 1/2 < \operatorname{Re}(z) < 3/2\}$
(c) $\Omega = C := \{z \in \mathbb{C} \mid |z| < \sqrt{2}, \operatorname{Im}(z) > 0\}$
(d) $\Omega = D := \{z \in \mathbb{C} \mid \operatorname{Re}(z) < 0 \text{ oder } \operatorname{Im}(z) > 0\}$
(e) $\Omega = E := \{z \in \mathbb{C} \mid |z - 1/2| > 1/2 \text{ und } |z - 1| < 1\}$
(f) $\Omega = F := \{z \in \mathbb{C} \mid |z - 1| < 1 \text{ oder } |z - i| < 1\}$

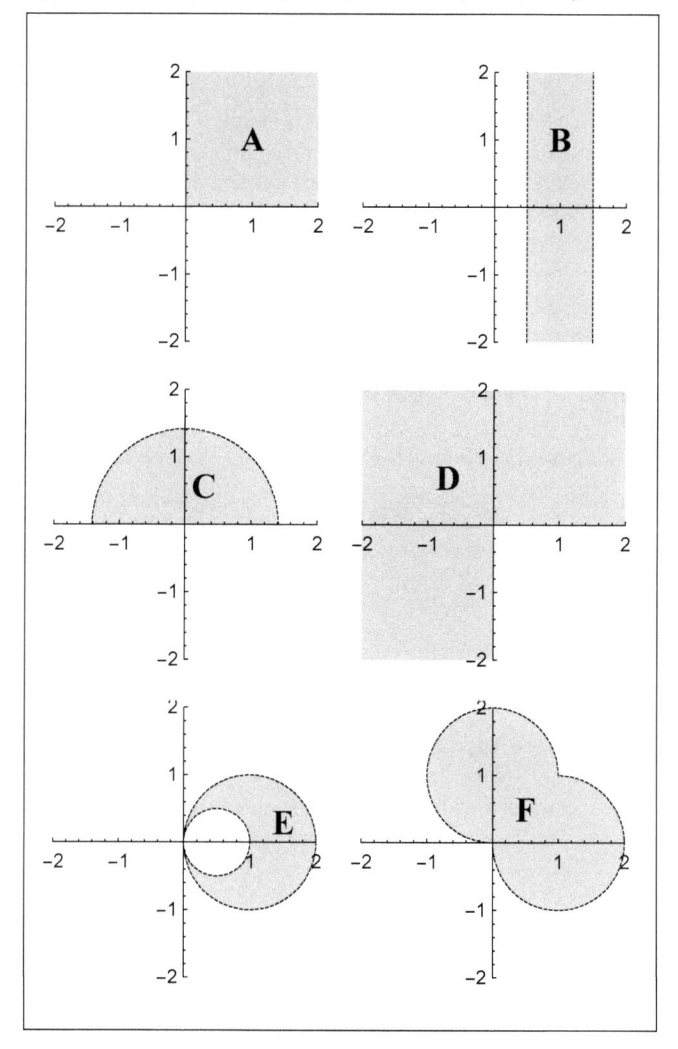

Aufgabe (140.2) Für eine offene Teilmenge $\Omega \subseteq \mathbb{C}$ sei $\operatorname{Aut}(\Omega)$ die Menge aller biholomorphen Bijektionen $f : \Omega \to \Omega$; vgl. Aufgabe (137.14). Bestimme für jedes der folgenden Gebiete die Automorphismengruppe!

(a) $\Omega = \mathbb{D} = \{z \in \mathbb{C} \mid |z| < 1\}$
(b) $\Omega = \mathbb{H} = \{z \in \mathbb{C} \mid \operatorname{Im} z > 0\}$
(c) $\Omega = \mathbb{C}$

Hinweis: In Teil (c) sei $f \in \operatorname{Aut}(\mathbb{C})$. Dann ist $g(z) := f(1/z)$ eine in $\mathbb{C} \setminus \{0\}$ holomorphe und injektive Abbildung. Benutze den Satz von Casorati-Weierstraß, um zu zeigen, daß g im Nullpunkt keine wesentliche Singularität besitzen kann, und schließe dann, daß f ein Polynom sein muß. Folgere schließlich, daß der Grad von f nicht größer als 1 sein kann.

Aufgabe (140.3) Es sei $\mathbb{C}_\infty = \mathbb{C} \cup \{\infty\}$ die erweiterte komplexe Ebene (die wir uns als Riemannsche Zahlenkugel vorstellen dürfen). Bestimme die Automorphismengruppe $\operatorname{Aut}(\mathbb{C}_\infty)$, also die Menge aller biholomorphen Bijektionen $f : \mathbb{C}_\infty \to \mathbb{C}_\infty$. (Eine Funktion f heißt dabei holomorph in ∞, wenn $z \mapsto f(1/z)$ holomorph im Nullpunkt ist.)

Aufgabe (140.4) Die Abbildung f bilde den Einheitskreis $\mathbb{D} := \{z \in \mathbb{C} \mid |z| < 1\}$ biholomorph auf das Quadrat $Q := \{z \in \mathbb{C} \mid |\operatorname{Re} z| < 1, |\operatorname{Im} z| < 1\}$ ab und erfülle die Bedingung $f(0) = 0$. Zeige, daß dann $f(iz) = if(z)$ für alle $z \in \mathbb{D}$ gilt und daß f eine Potenzreihendarstellung der Form $f(z) = \sum_{k=1}^\infty a_k z^{4k+1}$ besitzt.

Aufgabe (140.5) Es sei Z eine zusammenhängende Teilmenge von $\mathbb{C}$. Beweise die folgenden Aussagen!
(a) Ist Z unbeschränkt, so ist $\mathbb{C} \setminus Z$ einfach zusammenhängend.
(b) Ist Z beschränkt, so ist zwar $\mathbb{C} \setminus Z$ nicht einfach zusammenhängend, wohl aber $\mathbb{C}_\infty \setminus Z$.

Aufgabe (140.6) Die Menge $U \subseteq \mathbb{C}$ sei offen, und $\mathbb{C} \setminus U$ besitze eine Zusammenhangskomponente Z mit mindestens zwei Punkten. Zeige, daß dann U biholomorph äquivalent ist zu einer offenen Teilmenge des Einheitskreises $D := \{z \in \mathbb{C} \mid |z| < 1\}$.

Aufgabe (140.7) Für je zwei Zahlen $0 \leq r < R$ bezeichnen wir mit $K_{r,R}$ den offenen Kreisring

$$K_{r,R} := \{z \in \mathbb{C} \mid r < |z| < R\}.$$

(Beachte, daß im Sonderfall $r = 0$ der "Kreisring" $K_{0,R}$ gerade eine offene Kreisscheibe vom Radius R um den Nullpunkt ist, deren Mittelpunkt entfernt wurde.) Wir nehmen $0 < r_1 < R_1$ und $0 < r_2 < R_2$ an, und es sei $f : K_{r_1,R_1} \to K_{r_2,R_2}$ eine biholomorphe Abbildung. Beweise die folgenden Aussagen!

(a) Auch $q(z) = R_2 r_2 / f$ ist eine biholomorphe Abbildung $K_{r_1,R_1} \to K_{r_2,R_2}$.
(b) Mit $\rho := \sqrt{R_2 r_2}$ betrachten wir den Kreis $C := \{z \in \mathbb{C} \mid |z| = \rho\}$. Zeige, daß es eine Zahl $\varepsilon > 0$ gibt mit $f^{-1}(C) \subseteq K_{r_1+\varepsilon, R_1-\varepsilon}$. Folgere, daß dann f einen der beiden Kreisringe $K_{r_1, r_1+\varepsilon}$ und $K_{R_1-\varepsilon, R_1}$ nach $K_{r_2, \rho}$ abbildet, den andern nach K_{ρ, R_2}. (Indem wir f gegebenenfalls durch $R_2 r_2 / f$ ersetzen, dürfen wir annehmen, daß $f(K_{r_1, r_1+\varepsilon}) \subseteq K_{r_2, \rho}$ gilt.)

(c) Es sei (z_n) eine Folge in K_{r_1,R_1}. Zeige unter der in Teil (b) formulierten Annahme: Aus $|z_n| \to r_1$ folgt $|z_n| \to r_2$, und aus $|z_n| \to R_1$ folgt $|f(z_n)| \to R_2$.

(d) Setze $\alpha := \ln(R_2/r_2)/\ln(R_1/r_1)$ und betrachte den Cauchy-Riemann-Operator $\partial_z := (1/2)(\partial_x - i\partial_y)$. Zeige, daß die für $z \in K_{r_1,R_1}$ definierte Funktion

$$\Phi(z) := 2\ln\left|\frac{f(z)}{r_2}\right| - 2\alpha \ln\left|\frac{z}{r_1}\right|$$
$$= 2\ln|f(z)| - 2\alpha\ln|z| - 2\ln(r_2) + 2\alpha\ln(r_1)$$

die Bedingung $(\partial_z \Phi)(z) = \frac{f'(z)}{f(z)} - \frac{\alpha}{z}$ erfüllt und durch $\Phi(z) := 0$ für $|z| = r_1$ und für $|z| = R_1$ stetig auf $\overline{K_{r_1,R_1}}$ fortsetzbar ist. Schließe daraus, daß Φ konstant ist und daher $\partial_z \Phi = 0$ gilt.

(e) Folgere, daß für eine in K_{r_1,R_1} verlaufende Kreislinie Γ die Gleichung

$$\alpha = \frac{1}{2\pi i}\int_\Gamma \frac{f'(z)}{f(z)} dz$$

gilt. Schließe daraus, daß α eine natürliche Zahl ist und daß die Funktion $z \mapsto z^{-\alpha}f(z)$ konstant ist.

(f) Folgere, daß $R_2/R_1 = r_2/r_1$ bzw. $R_2/r_2 = R_1/r_1$ gilt.

Bemerkung: Für gegebene offene Teilmengen $U, V \subseteq \mathbb{C}$ kann man fragen, ob U und V biholomorph äquivalent sind, ob es also eine biholomorphe Abbildung $f: U \to V$ gibt. Für einfach zusammenhängende Gebiete gibt der Riemannsche Abbildungssatz hier eine klare und einfache Antwort. Diese Aufgabe zeigt, daß die Fragestellung für mehrfach zusammenhängende Gebiete (wie etwa Kreisringe) viel komplizierter ist.

Aufgabe (140.8) Wir benutzen die Bezeichnungen der vorigen Aufgabe.

(a) Zeige, daß zwei Kreisringe K_{r_1,R_1} und K_{r_2,R_2} mit $0 < r_1 < R_1$ und $0 < r_2 < R_2$ genau dann biholomorph äquivalent sind, wenn $R_1 : r_1 = R_2 : r_2$ gilt.

(b) Zeige, daß je zwei "Kreisringe" K_{0,R_1} und K_{0,R_2} mit $R_1, R_2 > 0$ biholomorph äquivalent sind.

(c) Es seien $0 < r < R$ beliebige positive Zahlen. Zeige, daß $K_{0,1}$ zu $K_{r,R}$ zwar C^∞-diffeomorph ist, aber nicht biholomorph äquivalent.

Bemerkung: Zwei offene Teilmengen $U, V \subseteq \mathbb{C}$ heißen C^∞-diffeomorph, wenn es eine Bijektion $f: U \to V$ derart gibt, daß f und f^{-1} Abbildungen der Klasse C^∞ sind (wobei wir dabei U und V als Teilmengen von $\mathbb{R}^2$ auffassen, also $\mathbb{C}$ mit $\mathbb{R}^2$ identifizieren).

Aufgabe (140.9) (a) Eine **Wurzelfunktion** auf einer offenen Menge $\Omega \subseteq \mathbb{C}$ ist eine holomorphe Funktion $W: \Omega \to \mathbb{C}$ mit $W(z)^2 = z$ für alle $z \in \Omega$. Zeige, daß es auf $\Omega := \mathbb{C}\setminus(-\infty, 0]$ genau zwei Wurzelfunktionen W_1 und W_2 gibt, wobei die eine das Negative der andern ist. Zeige, daß jeder Versuch, eine der Wurzelfunktionen über den Schlitz $S := (-\infty, 0]$ hinaus analytisch fortzusetzen (etwa mit dem Kreiskettenverfahren) automatisch auf die jeweils andere Wurzelfunktion führt; insbesondere läßt sich keine Wurzelfunktion für ganz $\mathbb{C}$ definieren.

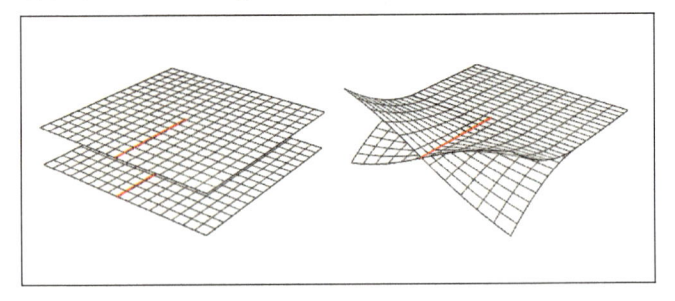

(b) Das negative Ergebnis aus Teil (a) kann man so deuten, daß man eben eine Wurzelfunktion nur auf einer echten Teilmenge von $\mathbb{C}$ definieren kann oder aber (wenig praktikabel) als mengenwertige Funktion $z \mapsto \{W_1(z), W_2(z)\}$ auffassen muß. Der deutsche Mathematiker Georg Friedrich Bernhard Riemann (1826-1866) hatte die geniale Idee, eine globale Wurzelfunktion durch Modifikation des Definitionsbereichs zu erhalten. Da das Überqueren des Schlitzes S zwangsläufig von der einen zu der anderen Wurzelfunktion führt, schlug Riemann vor, die beiden geschlitzten Ebenen (eine mit der Wurzelfunktion W_1, die andere mit der Wurzelfunktion W_2) entlang des Schlitzes zu einer neuen Fläche F zu "verkleben", und zwar so, daß das Überqueren des Schlitzes von der einen zu der jeweils anderen Ebene führt. Diese neue Fläche F ist dann sozusagen der natürliche Definitionsbereich einer einzigen globalen Wurzelfunktion. (Die anschauliche Schwierigkeit besteht darin, sich diese neue Fläche F ohne Selbstdurchdringung vorzustellen, was im dreidimensionalen Raum nicht möglich ist.) Argumentiere, daß sich F als die Menge $\{(z, w) \in \mathbb{C} \times \mathbb{C} \mid w^2 = z\} = \{(w^2, w) \mid w \in \mathbb{C}\}$ realisieren läßt, also als Teilmenge des (reell vierdimensionalen) Raums $\mathbb{C}^2 \cong \mathbb{R}^4$.

Bemerkung: Man bezeichnet F als **Riemannsche Fläche** der Wurzelfunktion. Man kann F auch erhalten, indem man mit irgendeinem Gebiet beginnt, auf dem eine Wurzelfunktion definiert ist (etwa $\Omega = \{z \in \mathbb{C} \mid |z-1| < 1\}$ mit der Funktion $W(z) = \sum_{n=0}^{\infty} \binom{1/2}{n}(z-1)^n$), diese Funktion dann auf immer neue Gebiete analytisch fortsetzt (etwa mit Hilfe des Kreiskettenverfahrens) und zwei Gebiete immer dann miteinander identifiziert ("verklebt"), wenn auf diesem die erhaltenen lokalen Wurzelfunktionen übereinstimmen. Allgemein kann man einer Gleichung $\varphi(z, w) = 0$, die sich lokal auf verschiedene Arten nach w als Funktion von z auflösen läßt, eine Riemannsche Fläche zuordnen, die der natürliche Definitionsbereich der entsprechenden Auflösungsfunktion (mit verschiedenen lokalen "Zweigen") ist. Die Entwicklung der Theorie der Riemannschen Flächen erwies sich als ungeheuer befruchtend für viele Bereiche der Mathematik (Analysis, Geometrie, Topologie, Algebra), was aber im Rahmen dieses Buches nicht mehr ausgeführt werden kann.

Lösungen zu »Einfach zusammenhängende Gebiete« siehe Seite 631

Teil 2:
Lösungen

L97: Mannigfaltigkeiten

Lösung (97.1) (a) Wir können etwa $F(x, y) := (x, y - |x|)$ wählen; F ist bijektiv mit der Umkehrfunktion $F^{-1}(x, y) = (x, y + |x|)$, und offensichtlich sind F und F^{-1} auf ganz $\mathbb{R}^2$ stetig.

(b) Die Funktion $\varphi : \mathbb{R} \to \mathbb{R}$ mit $\varphi(t) := t \cdot \exp(-1/t^2)$ für $t \neq 0$ und $\varphi(0) := 0$ ist von der Klasse C^∞ (mit $\varphi^{(k)}(0) = 0$ für jede Ableitungsordnung k), wächst streng monoton und erfüllt $\varphi(t) \to \pm\infty$ für $t \to \pm\infty$ sowie $|\varphi(t)| = \varphi(|t|)$ für alle $t \in \mathbb{R}$. Definieren wir $F : \mathbb{R}^2 \to \mathbb{R}^2$ durch
$$F(x, y) = (\varphi(x), \varphi(y) - |\varphi(x)|)$$
$$= (\varphi(x), \varphi(y) - \varphi(|x|)),$$
so ist F bijektiv mit der Umkehrfunktion $F^{-1}(x, y) = (\varphi^{-1}(x), \varphi^{-1}(y + |x|))$, und offensichtlich ist F von der Klasse C^∞. (Die Umkehrfunktion F^{-1} ist zwar auf ganz $\mathbb{R}^2$ stetig, aber nicht differenzierbar, weil φ^{-1} im Nullpunkt keine Ableitung besitzt.) Da offensichtlich $F(M) = \mathbb{R} \times \{0\}$ gilt, erfüllt F die gewünschten Bedingungen.

(c) Teil (c) ergibt sich unmittelbar aus Teil (d).

(d) Gäbe es einen Diffeomorphismus $F : U \to V$ wie angegeben, so gäbe es ein offenes Intervall $I \subseteq \mathbb{R}$ und eine C^1-Funktion $\varphi : I \to \mathbb{R}$ mit
$$F^{-1}(x, 0) = (\varphi(x), |\varphi(x)|)$$
für alle $x \in I$ und $\varphi(x_0) = 0$ an einer Stelle $x_0 \in I$.

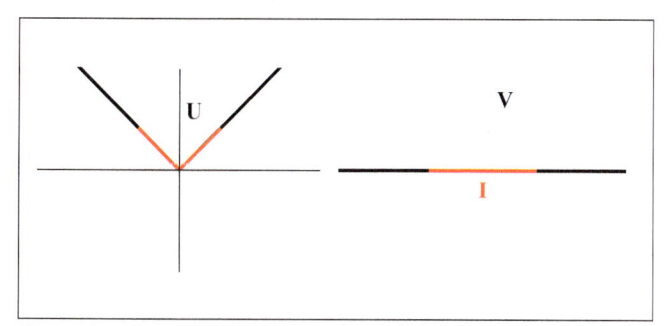

Versuch, $M \cap U$ glatt in $V \cap (\mathbb{R} \times \{0\})$ zu deformieren.

Weil dann φ injektiv und stetig sein müßte, hätte φ links und rechts von x_0 unterschiedliche Vorzeichen; damit hätte auch der Differenzenquotient $(|\varphi(x_0+h)| - |\varphi(x_0)|)/h = |\varphi(x_0+h)|/h$ für $h > 0$ und $h < 0$ unterschiedliche Vorzeichen. Wegen der Differenzierbarkeit von F^{-1} müßte auch $|\varphi|$ an der Stelle x_0 differenzierbar sein, und aufgrund der angegebenen Vorzeichenbedingung müßte dann zwangsläufig $|\varphi|'(x_0) = 0$ gelten. Dann hätten wir wegen
$$\left| \frac{\varphi(x_0+h) - \varphi(x_0)}{h} - 0 \right| = \left| \frac{|\varphi(x_0+h)|}{h} \right| \to 0$$

für $h \to 0$ auch $\varphi'(x_0) = 0$ und folglich $(F^{-1})'(x_0, 0) = \mathbf{0}$ auf $\mathbb{R} \times \{0\}$, was natürlich der Bedingung widerspräche, daß F ein Diffeomorphismus ist. Der erhaltene Widerspruch zeigt, daß es keinen Diffeomorphismus $F : U \to V$ der angegebenen Art geben kann.

Lösung (97.2) (a) Offensichtlich ist $\{\varphi(t) \mid t \in \mathbb{R}\} = \{(t, t) \mid t \in \mathbb{R}\} = \{(x, y) \in \mathbb{R}^2 \mid y = x\} = \{(x, y) \in \mathbb{R}^2 \mid g(x, y) = 0\}$ gerade die erste Winkelhalbierende und damit ein affiner Unterraum (insbesondere also eine Untermannigfaltigkeit) von $\mathbb{R}^2$.

(b) Es gilt $\varphi'(t) = (3t^2, 3t^2)^T$ für alle $t \in \mathbb{R}$ und damit $\varphi'(0) = (0, 0)^T$, so daß die Parametrisierung φ an der Stelle $t = 0$ nicht regulär ist. Ferner gilt $g'(x, y) = (3x^2, -3y^2)$ für alle $(x, y) \in \mathbb{R}^2$ und damit $g'(0, 0) = (0, 0)$, so daß g an der Stelle $(0, 0)$ nicht regulär ist. Wie in (a) schon begründet, ist M aber natürlich trotzdem eine Mannigfaltigkeit.

Lösung (97.3) (a) Gilt $\operatorname{rk} \varphi'(\xi_0) = d$, so besitzt die $(n \times d)$-Matrix $\varphi'(\xi_0)$ eine von Null verschiedene $(d \times d)$-Unterdeterminante. Aus Stetigkeitsgründen ist dann auch die aus den gleichen Zeilen gebildete $(d \times d)$-Unterdeterminante von $\varphi'(\xi)$ für alle ξ in einer Umgebung von ξ_0 von Null verschieden. Also gilt $\operatorname{rk} \varphi'(\xi) = d$ für alle ξ in einer Umgebung von ξ_0. Damit ist die Parametrisierung φ in einer Umgebung von ξ_0 regulär; hieraus folgt die Behauptung.

(b) Gilt $\operatorname{rk} g'(x_0) = n - d$, so besitzt die $((n-d) \times n)$-Matrix $g'(x_0)$ eine von Null verschiedene $((n-d) \times (n-d))$-Unterdeterminante. Aus Stetigkeitsgründen ist dann auch die aus den gleichen Spalten gebildete $((n-d) \times (n-d))$-Unterdeterminante von $g'(x)$ für alle x in einer Umgebung von x_0 von Null verschieden, so daß $\operatorname{rk} g'(x) = n - d$ für alle x in einer Umgebung von x_0 gilt. Damit ist g in einer ganzen Umgebung von x_0 regulär; hieraus folgt die Behauptung.

Lösung (97.4) (a) In Beispiel (97.1) betrachten wir die Menge
$$M := \{(x, y) \in \mathbb{R}^2 \mid 3x^2 y + y^3 - x^2 - y^2 = 0\}.$$

Diese hat an der Stelle $(0, 0)$ einen isolierten Punkt, was man sich auch rasch überlegen kann, ohne M geometrisch darzustellen: Für alle hinreichend kleinen Werte ε folgt aus $0 < x^2 + y^2 < \varepsilon$ sofort $x^2 + y^2 > |3x^2 y + y^3|$ (weil für x und y nahe bei Null kubische Terme von quadratischen Termen dominiert werden) und damit $(x, y) \notin M$. Nun ist $M \setminus \{(0, 0)\}$ eine eindimensionale Mannigfaltigkeit; wäre ganz M eine Mannigfaltigkeit, so müßte eine offene Teilmenge von $\mathbb{R}$ bijektiv auf die offene Umgebung $\{(0, 0)\}$ von $(0, 0)$ in M abgebildet werden, was natürlich nicht möglich ist, weil eine offene Teilmenge von $\mathbb{R}$ nicht einpunktig sein kann.

(b) In Beispiel (97.2) betrachten wir das kartesische Blatt
$$M := \{(x,y) \in \mathbb{R}^2 \mid x^3 + y^3 - 3xy = 0\}.$$

Die Menge $M \setminus \{(0,0)\}$ ist eine eindimensionale Mannigfaltigkeit. Wäre ganz M eine Mannigfaltigkeit, so müßte es einen Homöomorphismus zwischen einem offenen Intervall in $\mathbb{R}$ und einer Umgebung von $(0,0)$ in M geben. Das ist aber unmöglich, denn wenn man aus einem offenen Intervall einen Punkt entfernt, so verbleiben zwei Zusammenhangskomponenten, während die Entfernung des Punktes $(0,0)$ aus einer Umgebung von $(0,0)$ in M entweder drei oder vier Zusammenhangskomponenten hinterläßt.

(c) In Beispiel (97.3) betrachten wir die Menge
$$\begin{aligned} M &:= \{(x,y) \in \mathbb{R}^2 \mid (y-x^2)^2 - x^5 = 0\} \\ &= \{(x,y) \in \mathbb{R}^2 \mid x \geq 0,\, y = x^2(1 \pm \sqrt{x})\}. \end{aligned}$$

Wäre M eine Mannigfaltigkeit, so müßte sich die Gleichung $(y-x^2)^2 = x^5$ in einer Umgebung von $(0,0)$ nach x oder y auflösen lassen. Das ist aber schon deswegen nicht möglich, weil in einer genügend kleinen Umgebung von $(0,0)$ nur Punkte im ersten Quadranten ($x \geq 0$, $y \geq 0$) zu M gehören.

(d) In Beispiel (97.4) betrachten wir die Neilsche Parabel
$$M := \{(x,y) \in \mathbb{R}^2 \mid y^3 = x^2\}.$$

Wäre M eine Mannigfaltigkeit, so müßte sich die Gleichung $y^3 = x^2$ in einer Umgebung von $(0,0)$ durch eine C^1-Funktion nach x oder y auflösen lassen. Eine Auflösung nach x ist nicht möglich, weil $y \geq 0$ für alle $(x,y) \in M$ gilt. Die Auflösung nach y führt zwangsläufig auf $y = x^{2/3}$, und die Funktion $x \mapsto x^{2/3}$ ist im Nullpunkt nicht differenzierbar.

(e) In Beispiel (97.5) betrachten wir die Menge
$$M := \left\{(x,y,z) \in \mathbb{R}^3 \;\middle|\; \begin{array}{l} x^2+y^2+z^2-1=0 \\ 2x^2+2y^2-z-1=0 \end{array} \right\}.$$

Wie im Buch erläutert, besitzt diese Menge den isolierten Punkt $(0,0,-1)$; wie in Teil (a) folgt hieraus sofort, daß M keine Mannigfaltigkeit sein kann.

(f) In Beispiel (97.6) betrachten wir für eine gegebene Zahl $r > 0$ den Horntorus
$$M := \left\{ r \begin{bmatrix} (1+\cos v)\cos u \\ (1+\cos v)\sin u \\ \sin v \end{bmatrix} \;\middle|\; u,v \in \mathbb{R} \right\}.$$

Wir überlegen, welche Punkte der xy-Ebene in M liegen. Aus $z = 0$ folgt $\sin v = 0$, folglich $\cos v = \pm 1$. Ist $\cos v = -1$, so ergibt sich der Punkt $(0,0,0)$; ist $\cos v = 1$, so ergibt sich $(x,y) = (2r\cos u, 2r\sin u)$ und damit $\sqrt{x^2+y^2} = 2r$; innerhalb der offenen Kugel $B_{2r}(0,0,0)$ ist also $(0,0,0)$ der einzige Punkt der xy-Ebene, der zu

M gehört. Wäre M eine (notwendigerweise zweidimensionale) Mannigfaltigkeit, so gäbe es eine Kreisscheibe $\Omega \subseteq \mathbb{R}^2$, eine Umgebung $U \subseteq \mathbb{R}^3$ von $(0,0,0)$, die in $B_{2r}(0,0,0)$ enthalten ist, sowie einen Homöomorphismus $\varphi: \Omega \to M \cap U$, der den Mittelpunkt p von Ω auf $\varphi(p) = (0,0,0)$ abbildet. Dann müßte φ aber $\Omega \setminus \{p\}$ homöomorph auf $(M \cap U) \setminus \{(0,0,0)\}$ abbilden. Das ist aber nicht möglich, weil $\Omega \setminus \{p\}$ zusammenhängend ist, während $(M \cap U) \setminus \{(0,0,0)\}$ keinen Punkt der xy-Ebene enthält, also in die zwei offenen Mengen $\{(x,y,z) \in M \cap U \mid z > 0\}$ und $\{(x,y,z) \in M \cap U \mid z < 0\}$ zerfällt und daher nicht zusammenhängend ist.

Lösung (97.5) (a) Es gilt $M = \{(x,y) \in \mathbb{R}^2 \mid y = x^2\}$; dies ist einfach die Normalparabel. Da die Funktion $g(x,y) := x^2 - y$ wegen $g'(x,y) = (2x,-1) \neq (0,0)$ überall regulär ist, liegt eine eindimensionale Untermannigfaltigkeit des $\mathbb{R}^2$ vor, also eine Kurve. Die gegebene Parametrisierung $t \mapsto (t^3, t^6)$ ist zwar singulär an der Stelle $t = 0$; diese Parametrisierung kann aber ersetzt werden durch die überall reguläre Parametrisierung $\tau \mapsto (\tau, \tau^2)$.

(b) Für $\alpha(t) := (2t^3 + t^2,\, t^3 - t)$ gilt
$$\dot\alpha(t) = \begin{bmatrix} 6t^2 + 2t \\ 3t^2 - 1 \end{bmatrix} = \begin{bmatrix} 2t(3t+1) \\ 3t^2-1 \end{bmatrix} \neq \begin{bmatrix} 0 \\ 0 \end{bmatrix};$$

die Parametrisierung ist also überall regulär. Um zu zeigen, daß M tatsächlich eine Mannigfaltigkeit ist, müssen wir noch zeigen, daß α injektiv ist (daß also die durch α gegebene Kurve keine mehrfachen Punkte hat). Wir nehmen widerspruchshalber an, es gelte $\alpha(s) = \alpha(t)$ mit $s \neq t$. Dann haben wir $0 = (t^3 - t) - (s^3 - s) = (t^3 - s^3) - (t - s) = (t-s)(t^2 + st + s^2 - 1)$ und $0 = (2t^3 + t^2) - (2s^3 + s^2) = 2(t^3 - s^3) + (t^2 - s^2) = (t-s)\big(2(t^2 + st + s^2) + t + s\big)$, also $t^2 + st + s^2 = 1$ und $0 = 2 \cdot 1 + t + s$, also $t = -2 - s$. Einsetzen der letzten Gleichung in die Gleichung $t^2 + st + s^2 - 1 = 0$ liefert $0 = 4 + 4s + s^2 - 2s - s^2 + s^2 - 1 = s^2 + 2s + 3 = (s+1)^2 + 2$, was nicht erfüllbar ist. Also ist α tatsächlich eine reguläre Einbettung, die Menge $M = \alpha(\mathbb{R})$ daher eine Mannigfaltigkeit.

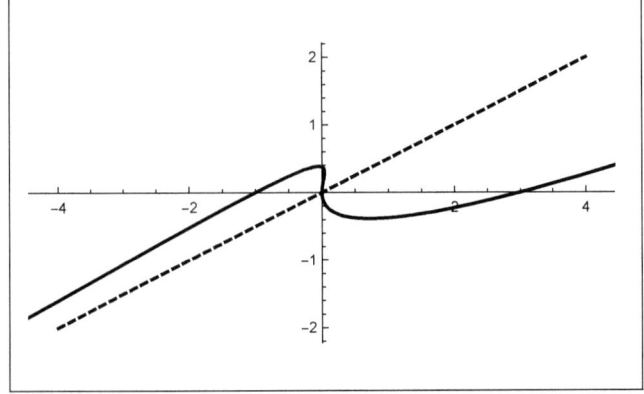

Kurve $t \mapsto (2t^3 + t^2,\, t^3 - t)$; gestrichelt die Gerade $y = x/2$, an die sich die Kurve für $t \to \pm\infty$ asymptotisch annähert.

Wir wollen M in Gleichungsform darstellen. Wir können dies mit roher Gewalt tun, indem wir aus den Gleichungen $x = 2t^3 + t^2$ und $y = t^3 - t$ zunächt t^3 vermöge $x - t^2 = 2t^3 = 2(y+t) = 2y + 2t$ eliminieren, also $t^2 + 2t + 2y - x = 0$ schreiben, diese Gleichung gemäß $t = -1 \pm \sqrt{1 + x - 2y}$ lösen und dann das Ergebnis in eine der Gleichungen $x = 2t^3 + t^2$ und $y = t^3 - t$ einsetzen. Eleganter können wir folgendermaßen vorgehen: Die Gültigkeit der Gleichungen $y = t^3 - t$ und $x = 2t^3 + t^2$ bzw. $y + t - t^3 = 0$ und $x - t^2 - 2t^3 = 0$ ist äquivalent zum Erfülltsein des Gleichungssystems

$$\begin{bmatrix} y & 1 & 0 & -1 & 0 & 0 \\ 0 & y & 1 & 0 & -1 & 0 \\ 0 & 0 & y & 1 & 0 & -1 \\ x & 0 & -1 & -2 & 0 & 0 \\ 0 & x & 0 & -1 & -2 & 0 \\ 0 & 0 & x & 0 & -1 & -2 \end{bmatrix} \begin{bmatrix} 1 \\ t \\ t^2 \\ t^3 \\ t^4 \\ t^5 \end{bmatrix} = \begin{bmatrix} 0 \\ 0 \\ 0 \\ 0 \\ 0 \\ 0 \end{bmatrix}$$

mit der Koeffizientendeterminante $D(x,y) := -3x - 2x^2 + x^3 + 2xy - 6x^2y + 3y^2 + 12xy^2 - 8y^3$. Damit ist M enthalten in der Menge $\{(x,y) \in \mathbb{R}^2 \mid D(x,y) = 0\}$. Wir wollen nachprüfen, ob M sogar gleich dieser Menge ist; wir wollen also *alle* Punkte $(x,y) \in \mathbb{R}^2$ mit $D(x,y) = 0$ finden. Da die Abbildung $t \mapsto t^3 - t$ surjektiv ist, können wir immer $y = t^3 - t$ annehmen; wir wissen dann, daß $D(x, t^3 - t)$ durch $x - 2t^3 - t^2$ teilbar sein muß. Ausführung der Division $D(x, t^3 - t) : (x - 2t^3 - t^2)$ liefert

($\star$)
$$D(x, t^3 - t) = (x - 2t^3 - t^2)\left[(x + p(t))^2 + \frac{(3t^2 - 4)(t - 2)^2}{4}\right]$$

mit $p(t) := -2t^3 + (t^2/2) + 3t - 1$. Setzen wir also $x_1(t) := 2t^3 + t^2$ und $x_{2,3}(t) := -p(t) \pm (t-2)\sqrt{4 - 3t^2}/2$, so erhalten wir die Darstellung

$$D(x, t^3 - t) = (x - x_1(t))(x - x_2(t))(x - x_3(t)),$$

wobei die Funktionen $x_{2,3}$ wegen des Wurzelausdrucks nur für $|t| \leq 2/\sqrt{3}$ definiert sind. Die Nullstellenmenge von D zerfällt also in die drei Kurven $t \mapsto (x_i(t), y(t))$ mit $y(t) := t^3 - t$ und $i = 1, 2, 3$. Man kann nun aber nachprüfen, daß die letzten beiden Kurven jeweils nur einen Teil der ersten Kurve parametrisieren, also keine neuen Punkte liefern. (Man sieht dies leicht, wenn man die drei Kurven plotten läßt; das Nachrechnen ist mühsamer.) Dies legt den Schluß nahe, M stimme mit der Nullstellenmenge von D überein. Dieser Schluß ist aber falsch, denn der Punkt $(9,6)$ ist eine Nullstelle von D, der von der Parametrisierung $t \mapsto (2t^3 + t^2, t^3 - t)$ nicht getroffen wird. Wie ging dieser Punkt "verloren"? Auf sehr subtile Weise! Die beiden Funktionen x_2 und x_3 sind nämlich (recht verstanden) auch an der Stelle $t = 2$ definiert, und für $t = 2$ geht ($\star$) über in $D(x, 6) = (x - 20)(x - 9)^2$. Diese Gleichung wird von $x = 9$ und $x = 20$ gelöst. Der Punkt $(20, 6)$ kommt aber nicht neu hinzu, sondern liegt bereits in M; er wird für $t = 2$ von der Parametrisierung $t \mapsto (2t^3 + t^2, t^3 - t)$ erfaßt. Es gilt also $\{(x,y) \in \mathbb{R}^2 \mid D(x,y) = 0\} = M \cup \{(9,6)\}$, und $(9,6)$ ist ein singulärer Punkt der Gleichung $D(x,y) = 0$. Das beobachtete Phänomen ist nicht verständlich, wenn man nur die Situation im Reellen betrachtet. Die beiden Zweige $t \mapsto (x_{2,3}(t), y(t))$ verschwinden an den Stellen $|t| = 2/\sqrt{3}$ ins Komplexe (leben also in $\mathbb{C}^2$, nicht in $\mathbb{R}^2$), und diese komplexen Zweige der Kurve berühren den reellen Teil $\mathbb{R}^2$ noch einmal im Punkt $(9,6)$, der daher im Reellen als isolierter Punkt der Nullstellenmenge von D zum Vorschein kommt.

(c) Es gilt $M = \{(x,y) \in \mathbb{R}^2 \mid y = |x|\}$. Daß M keine Untermannigfaltigkeit des $\mathbb{R}^2$ ist, wurde bereits in Aufgabe (97.1)(d) gezeigt; wir geben hier eine leicht modifizierte Begründung. Wäre M eine Untermannigfaltigkeit des $\mathbb{R}^2$, so ließe sich eine Umgebung von $(0,0) \in M$ parametrisieren durch eine Funktion $\alpha(t) = (\alpha_1(t), \alpha_2(t))$, die mindestens von der Klasse C^1 ist und die Bedingungen $\alpha(0) = 0$ und $\dot{\alpha}(0) \neq 0$ erfüllt. Wegen $\alpha_2(t) = |\alpha_1(t)|$ hätte dann α_2 an der Stelle $t = 0$ ein Minimum, was $\dot{\alpha}_2(0) = 0$ und damit $\dot{\alpha}_1(0) \neq 0$ nach sich zöge. Also hätte α_1 bei $t = 0$ einen Vorzeichenwechsel; o.B.d.A. gelte $\alpha_1(t) > 0$ für $0 < t < \varepsilon$. Dann wäre $0 = \dot{\alpha}_2(0) = \lim_{t \to 0+} |\alpha_1(t)|/t = \lim_{t \to 0+} \alpha_1(t)/t = \dot{\alpha}_1(0) \neq 0$, und dies ist ein Widerspruch. Natürlich ist aber $M \setminus \{(0,0)\}$ eine Mannigfaltigkeit.

(d) Für $\alpha(t) := (t^3 + t^2, t^3 - t + 1)$ erhalten wir $\dot{\alpha}(t) = (3t^2 + 2t, 3t^2 - 1)^T \neq (0,0)^T$; die Parametrisierung ist also überall regulär. Um zu überprüfen, ob α injektiv ist, fragen wir, ob es $s \neq t$ in $\mathbb{R}$ gibt mit $\alpha(s) = \alpha(t)$. Dies führt auf $0 = t^3 + t^2 - s^3 - s^2 = (t-s)(t^2 + st + s^2 + s + t)$ und $0 = (t^3 - t + 1) - (s^3 - s + 1) = (t-s)(t^2 + st + s^2 - 1)$, also wegen $s \neq t$ auf $t^2 + st + s^2 + s + t = 0$ und $t^2 + st + s^2 = 1$. Einsetzen der zweiten in die erste Gleichung liefert $1 + s + t = 0$, also $s = -t - 1$ und damit $1 = t^2 + st + s^2 = t^2 + t + 1$ bzw. $0 = t^2 + t = t(t+1)$. Dies führt auf $t = 0$ (und damit $s = -1$) oder $t = -1$ (und damit $s = 0$). Es gilt also $\alpha(0) = \alpha(-1)$; dieser Punkt (nämlich $(0,1)$) ist also ein Doppelpunkt der Kurve, so daß M keine Mannigfaltigkeit ist. (Allerdings ist $M \setminus \{(0,1)\}$ eine Mannigfaltigkeit.) Die Umwandlung in Gleichungsform kann wieder mit der Resultantenmethode erfolgen, die schon in Teil (b) benutzt wurde.

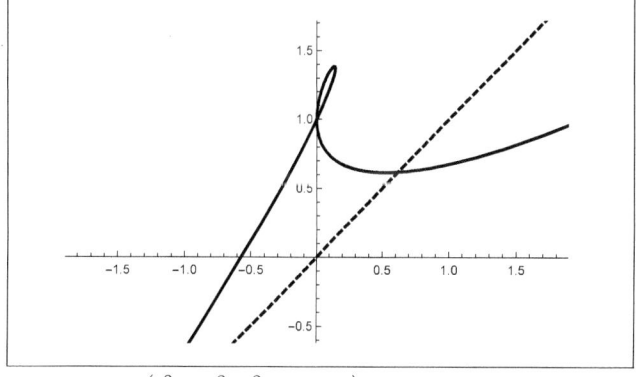

Kurve $t \mapsto (t^3 + t^2, t^3 - t + 1)$; gestrichelt die Gerade $y = x$, die als Asymptote für $t \to \pm\infty$ auftritt.

(e) Offenbar ist die angegebene Parametrisierung 2π-periodisch; läuft t von 0 bis 2π, so umrundet die Kurve $t \mapsto \bigl(x(t), y(t)\bigr)$ einmal den Nullpunkt, wobei der Abstand zum Nullpunkt gemäß $t \mapsto 1 + \cos t$ variiert. Wegen ihres herzförmigen Aussehens bezeichnet man die angegebene Kurve als **Herzkurve** oder **Kardioide**.

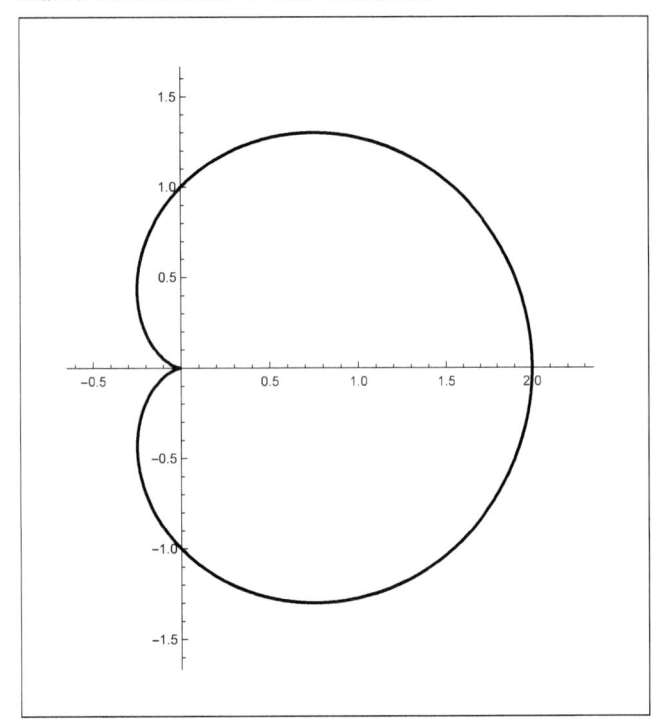

Herzkurve (Kardioide).

Für einen Punkt $(x, y) \in M$ erhalten wir $r = \sqrt{x^2 + y^2} = 1 + \cos t$, also $\cos t = r - 1$ und damit $x = r \cos t = r(r-1) = r^2 - r = x^2 + y^2 - \sqrt{x^2 + y^2}$. Jeder Punkt der Kardioide erfüllt also die Gleichung

$$(\star) \qquad \sqrt{x^2 + y^2} = x^2 + y^2 - x.$$

Wir behaupten, daß umgekehrt jede Lösung (x, y) dieser Gleichung ein Punkt der Kardioide ist. Für $(x, y) = (0, 0)$ ist dies klar. Für $(x, y) \neq (0, 0)$ gibt es eine eindeutige Polarkoordinatendarstellung $x = r \cos \varphi$ und $y = r \sin \varphi$ mit $r > 0$ und $\varphi \in [0, 2\pi)$. Einsetzen in $(\star)$ liefert dann $r = r^2 - r \cos \varphi$, folglich $1 = r - \cos \varphi$ bzw. $r = 1 + \cos \varphi$ und damit

$$\begin{bmatrix} x \\ y \end{bmatrix} = r \begin{bmatrix} \cos \varphi \\ \sin \varphi \end{bmatrix} = (1 + \cos \varphi) \begin{bmatrix} \cos \varphi \\ \sin \varphi \end{bmatrix}.$$

Die Gleichung $(\star)$ ist äquivalent zu der quadrierten Gleichung $x^2 + y^2 = x^4 + y^4 + x^2 + 2x^2 y^2 - 2x^3 - 2xy^2$ bzw.

$$x^4 + y^4 + 2x^2 y^2 - 2x^3 - 2xy^2 - y^2 = 0.$$

(f) Gilt $x = 0$ für einen Punkt $(x, y) \in M$, so gilt $0 = y^3 - y^2 = y^2(y-1)$, also $y = 0$ oder $y = 1$. Für $x \neq 0$ setzen wir wieder $t = y/x$, also $y = tx$, und erhalten

$3tx^3 + t^3 x^3 - x^2 - t^2 x^2 = 0$ bzw. $(3t + t^3)x = 1 + t^2$. (Hieraus folgt $0 \neq 3t + t^3 = t(3 + t^2)$, also $t \neq 0$.) Wir erhalten damit

$$M = \left\{ \left(\frac{1 + t^2}{3t + t^3}, \frac{1 + t^2}{3 + t^2} \right) \,\Big|\, t \in \mathbb{R} \setminus \{0\} \right\} \cup \{(0, 0), (0, 1)\}.$$

Der Punkt $(0, 0)$ ist ein singulärer Punkt der Kurve, denn für (x, y) genügend nahe beim Nullpunkt ist der quadratische Term $x^2 + y^2$ betragsmäßig größer als der kubische Term $3x^2 y + y^3$, so daß $3x^2 y + y^3 - x^2 - y^2 < 0$ gilt. Der Punkt $(0, 1)$ ergibt sich als Grenzwert von $\bigl(x(t), y(t)\bigr)$ für $t \to \pm\infty$. Dieser Ausnahmepunkt läßt sich beseitigen, indem man mit Hilfe der Substitution $t = 1/u$ umparametrisiert; diese Substitution führt auf die alle Punkte außer $(0, 0)$ erfassende Parameterdarstellung

$$x(u) = \frac{u^3 + u}{3u^2 + 1}, \quad y(u) = \frac{u^2 + 1}{3u^2 + 1}.$$

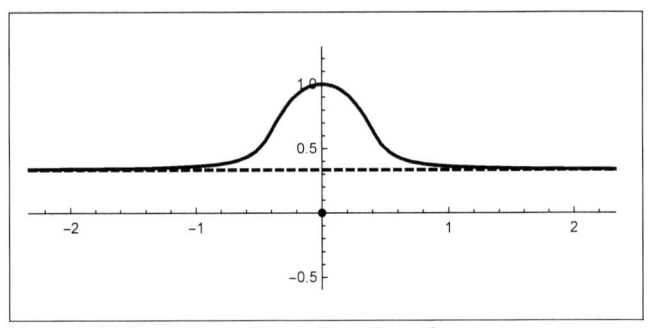

Lösungsmenge von $3x^2 y + y^3 - x^2 - y^2 = 0$.

(g) Für $g(x, y) := x^3 + x^2 - y^2$ erhalten wir $g'(x, y) = (3x^2 + 2x, -2y)$; der einzige kritische Punkt ist $(0, 0)$. Also ist $M \setminus \{(0, 0)\}$ eine eindimensionale Mannigfaltigkeit (also lokal eine "glatte Kurve"). Zum Auffinden einer Parametrisierung machen wir wieder den Ansatz $y = tx$; die Gleichung $y^2 = x^3 + x^2$ geht dann über in $t^2 x^2 = x^3 + x^2$, was für $x \neq 0$ gleichbedeutend mit $t^2 = x + 1$ (und $t \neq \pm 1$) ist. Wir erhalten also die Darstellungen $x(t) = t^2 - 1$ und $y(t) = t^3 - t$, die für $t = \pm 1$ den Punkt $(0, 0)$ liefert. Es ergibt sich die Darstellung

$$M = \{(t^2 - 1, t^3 - t) \mid t \in \mathbb{R}\};$$

die angegebene Parametrisierung ist überall regulär, aber die Abbildung $t \mapsto (t^2 - 1, t^3 - t)$ ist nicht injektiv und daher keine Einbettungsabbildung. (An der Stelle $(0, 0)$ liegt ein Doppelpunkt der Kurve vor.) Hieraus folgt, daß ganz M (einschließlich des Nullpunktes) keine Mannigfaltigkeit ist, denn sonst müßte es ein offenes Intervall $I \subseteq \mathbb{R}$, eine offene Umgebung U von $(0, 0)$ in $\mathbb{R}^2$ und eine injektive C^1-Funktion $\varphi : I \to U$ derart geben, daß $\varphi(I) = M \cap U$ gilt. Das kann aber nicht sein, weil nach Entfernen des Nullpunkts aus der Menge $M \cap U$ entweder drei oder vier Zusammenhangskomponenten übrigbleiben (je nachdem, wie groß U ist), während nach dem Entfernen eines Punktes aus einem offenen Intervall stets zwei Zusammenhangskomponenten verbleiben.

Aufgaben zu »Mannigfaltigkeiten« siehe Seite 9

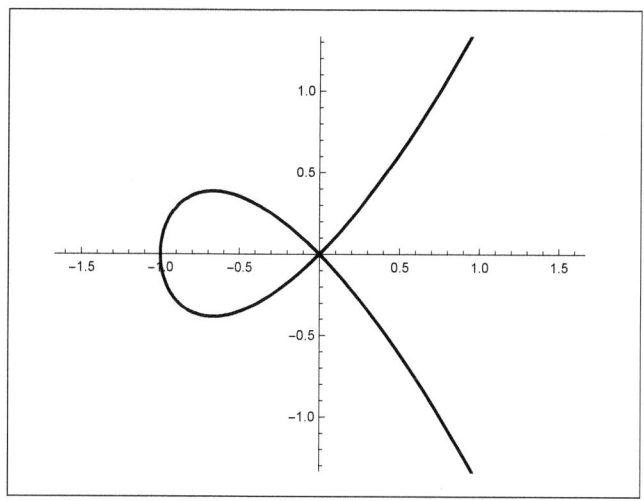

Darstellung der Kurve $y^2 = x^3 + x^2$.

(h) Gilt $(x,y) \in M$ mit $x = 0$, so gilt $y^2 + y^4 = 0$ und damit $(x,y) = (0,0)$. Für $x \neq 0$ machen wir wieder den Ansatz $y = tx$ und erhalten $t^2 x^2 - x^4 + t^2 x^4 + t^4 x^4 = 0$ und damit $t^2 = x^2(1 - t^2 - t^4)$. Dies kann nur gelten, wenn $t^4 + t^2 - 1 < 0$ gilt, also $-T < t < T$ mit $T := \sqrt{(\sqrt{5}-1)/2}$. Wir erhalten also

$$M = \left\{ \pm \left(\frac{t}{\sqrt{1-t^2-t^4}}, \frac{t^2}{\sqrt{1-t^2-t^4}} \right) \mid -T < t < T \right\}.$$

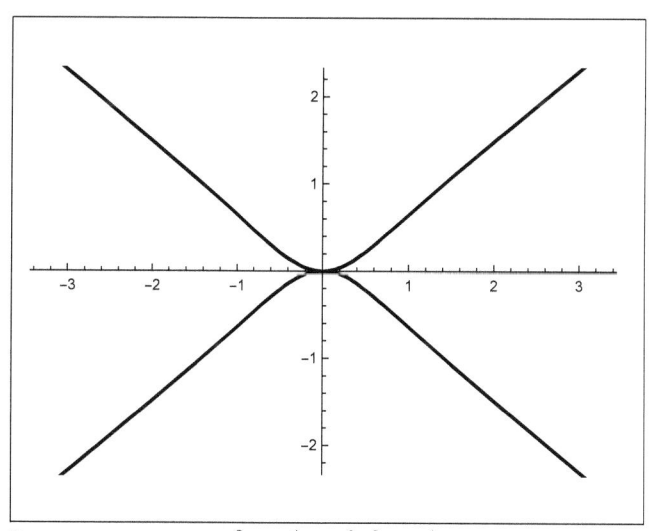

Lösungsmenge von $y^2 - x^4 + x^2 y^2 + y^4 = 0$.

(i) Die Menge M ist definiert als Nullstellenmenge der Funktion

$$\begin{aligned} g(x,y) &:= (x^2-1)^2 + 2y^2(x^2+1) + y^4 - 1 \\ &= x^4 + 2x^2 y^2 + y^4 + 2y^2 - 2x^2 \\ &= (x^2+y^2)^2 - 2(x^2 - y^2). \end{aligned}$$

Es gilt $g'(x,y) = (4x^3 + 4xy^2 - 4x, 4y^3 + 4x^2y + 4y) = (4x(x^2+y^2-1), 4y(x^2+y^2+1))$; der einzige Punkt $(x,y) \in M$ mit $g'(x,y) = (0,0)$ ist $(x,y) = (0,0)$. Also ist $M \setminus \{(0,0)\}$ eine Mannigfaltigkeit. (Das kann man auch sehen, indem man die Gleichung $g(x,y) = 0$, die biquadratisch sowohl in x als auch in y ist, nach x oder y auflöst.)

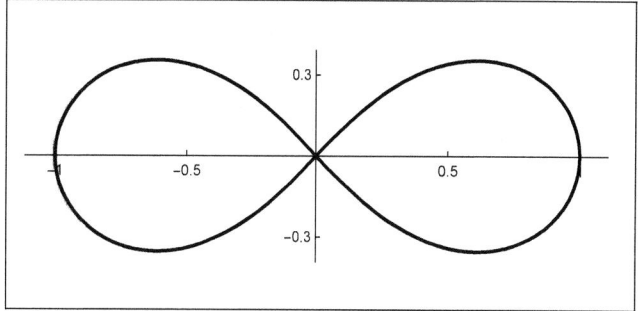

Lösungsmenge von $(x^2+y^2)^2 = 2(x^2 - y^2)$.

Eine geschicktere Parametrisierung als durch Auflösen nach x oder y erhält man durch Einführen von Polarkoordinaten. Mit $x = r \cos\varphi$ und $y = r \sin\varphi$ ergibt sich $0 = g(r\cos\varphi, r\sin\varphi) = r^4 - 2r^2 \cos(2\varphi) = r^2(r^2 - 2\cos(2\varphi))$. Hieraus folgt $r = 0$ oder $r^2 = 2\cos(2\varphi)$. Dies liefert $r = \sqrt{2\cos(2\varphi)}$ und damit die Parametrisierung

$$(x(\varphi), y(\varphi)) = \sqrt{2\cos(2\varphi)}(\cos(\varphi), \sin(\varphi))$$

mit $\varphi \in \left[-\frac{\pi}{4}, \frac{\pi}{4} \right] \cup \left[\frac{3\pi}{4}, \frac{5\pi}{4} \right]$.

Die Menge M selbst ist keine Mannigfaltigkeit, denn ist U eine offene Kreisscheibe vom Radius < 1, so kann es kein offenes Intervall I mit regulärer Parametrisierung $\varphi : I \to M \cap U$ geben, wie man wie in Teil (a) der Aufgabe sieht.

(j) Die Menge M ist die Nullstellenmenge von $g(x,y) := 2x^3 - 3x^2 + 2y^3 + 3y^2$; wegen $g'(x,y) = 6(x(x-1), y(y+1))$ gilt $g'(x,y) \neq (0,0)$ außer an den Punkten $(0,0)$, $(1,0)$, $(0,-1)$ und $(1,-1)$, von denen aber nur der erste und der letzte die Gleichung $g(x,y) = 0$ erfüllen. Damit ist klar, daß $M \setminus \{(0,0), (1,-1)\}$ eine Mannigfaltigkeit ist. Um eine Parametrisierung zu erhalten, machen wir den Ansatz $y = tx$. (Wir fragen also für jeden Steigungswert t nach dem Schnitt der Menge M mit der Geraden $y = tx$.) Einsetzen in die Gleichung $g(x,y) = 0$ führt auf

$$0 = 2x^3 - 3x^2 + 2t^3 x^3 + 3t^2 x^2 = x^2(2x - 3 + 2t^3 x + 3t^2)$$

und damit auf $x = 0$ oder $(2+2t^3)x = 3 - 3t^2$. Für $t \neq -1$ erhalten wir hieraus die Parametrisierung

$$(x(t), y(t)) = \frac{3}{2} \cdot \left(\frac{1-t^2}{1+t^3}, \frac{t-t^3}{1+t^3} \right).$$

Für $t = -1$ ist die Gleichung identisch erfüllt; das bedeutet, daß jeder Punkt der Form $(x,-x)$ in M enthalten ist. Tatsächlich geht die Polynomdivision $g(x,y) : (x+y)$ ohne Rest auf; wir erhalten

$$g(x,y) = (y+x)(2y^2 - 2xy + 2x^2 + 3y - 3x).$$

Genau dann gilt also $g(x,y) = 0$, wenn $y = -x$ oder aber $2y^2 - 2xy + 2x^2 + 3y - 3x = 0$ gilt. Die letzte Gleichung beschreibt eine Ellipse, wie man durch Hauptachsentransformation sofort sieht. Die Menge M ist also die Vereinigung der Ellipse $2y^2 - 2xy + 2x^2 + 3y - 3x = 0$ und der Geraden $y = -x$. Die Punkte $(0,0)$ und $(1,-1)$, an denen g singulär ist, sind gerade die Schnittpunkte dieser beiden Kurven. Es ist klar, daß keine Umgebung einer dieser beiden Punkte von M homöomorph zu einem reellen Intervall sein kann; man muß also sowohl den Punkt $(0,0)$ als auch den Punkt $(1,-1)$ aus M entfernen, um eine Mannigfaltigkeit zu erhalten.

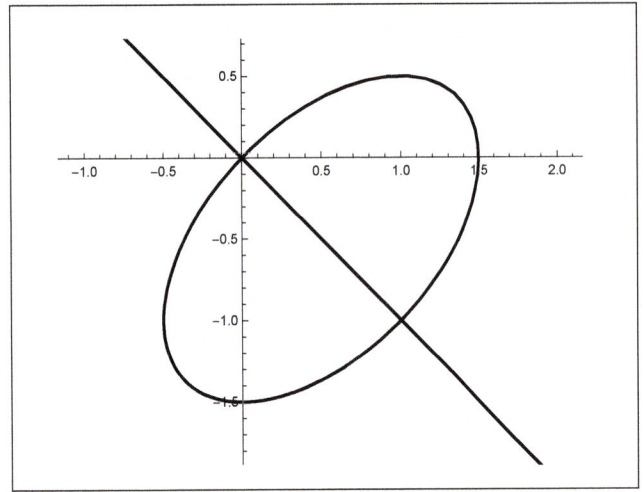

Lösungsmenge von $2x^3 - 3x^2 + 2y^3 + 3y^2 = 0$.

(k) Mit $g(x,y) := x^3 + y^3 - \sqrt{2}$ gilt $M = \{(x,y) \in \mathbb{R}^2 \mid g(x,y) = 0\}$. Für alle $(x,y) \in M$ gilt $g'(x,y) = (3x^2, 3y^2) \neq (0,0)$; also ist M eine eindimensionale Untermannigfaltigkeit von $\mathbb{R}^2$. Anhand der Zeichnung vermutet man, daß sich M als Graph einer Funktion φ darstellen läßt, deren Argument eine entlang der zweiten Winkelhalbierenden gezählte Koordinate ist.

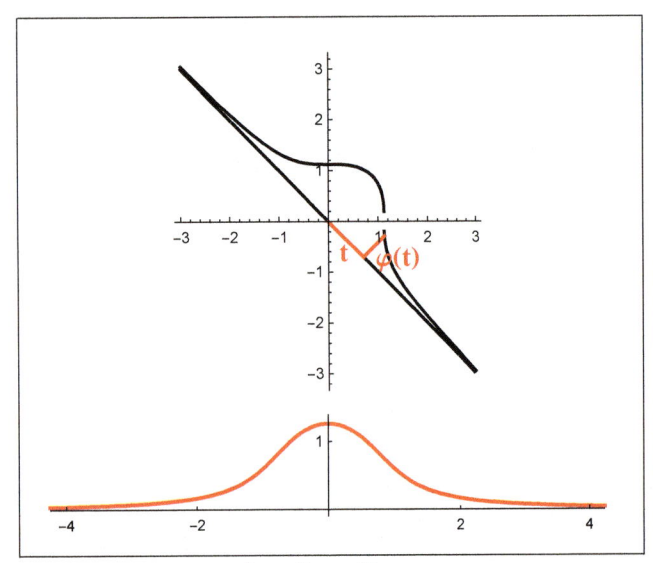

Lösungsmenge von $x^3 + y^3 = \sqrt{2}$.

Dazu setzen wir
$$\begin{bmatrix} x(t) \\ y(t) \end{bmatrix} = \frac{1}{\sqrt{2}} \begin{bmatrix} t \\ -t \end{bmatrix} + \frac{\varphi(t)}{\sqrt{2}} \begin{bmatrix} 1 \\ 1 \end{bmatrix}$$
für die gesuchte Funktion φ an. Die Bedingung $(x(t), y(t)) \in M$ führt auf die Gleichung $4 = (t + \varphi(t))^3 + (-t + \varphi(t))^3 = 2\varphi(t)^3 + 6t^2\varphi(t)$ bzw. $\varphi(t)^3 + 3t^2\varphi(t) - 2 = 0$. Nach der Cardanischen Formel hat diese Gleichung eine eindeutige reelle Lösung, nämlich
$$\varphi(t) = \sqrt[3]{\sqrt{t^6+1} + 1} - \sqrt[3]{\sqrt{t^6+1} - 1}.$$
Der Graph von φ ist im unteren Teil der Abbildung dargestellt. Eine Parametrisierung von M ist dann gegeben durch $t \mapsto (x(t), y(t)) = ((\varphi(t) + t)/\sqrt{2}, (\varphi(t) - t)/\sqrt{2})$.

Lösung (97.6) (a) Für
$$(\star) \quad \varphi(u,v) = \begin{bmatrix} x(u,v) \\ y(u,v) \\ z(u,v) \end{bmatrix} = \begin{bmatrix} u+v \\ uv \\ u^2+v^2 \end{bmatrix}$$
erhalten wir
$$\varphi'(u,v) = \frac{\partial(x,y,z)}{\partial(u,v)} = \begin{bmatrix} 1 & 1 \\ v & u \\ 2u & 2v \end{bmatrix}.$$
Diese Matrix hat den Rang 2 für alle $(u,v) \in \mathbb{R}^2$ außer für $v = u$; die Teilmenge
$$S := \{\varphi(u,u) \mid u \in \mathbb{R}\} = \{(2u, u^2, 2u^2) \mid u \in \mathbb{R}\}$$
von M besteht also ausschließlich aus singulären Punkten. Da der Rang von $\partial(x,y,z)/\partial(u,v)$ an den Punkten von S gleich 1 ist, erwarten wir dort ein "eindimensionales" Aussehen der Menge M, während $M \setminus S$ eine zweidimensionale Mannigfaltigkeit ist. Aus $(\star)$ ergibt sich
$$x^2 - 2y = (u+v)^2 - 2uv = u^2 + v^2 = z,$$
so daß M enthalten ist in der Menge
$$\{(x,y,z) \in \mathbb{R}^3 \mid z = x^2 - 2y\} =: M'.$$
Allerdings muß M eine echte Teilmenge von M' sein, denn für $g(x,y,z) := x^2 - 2y - z$ hat $g'(x,y,z) = (2x, -2, -1)$ überall den Rang 1, so daß M' eine zweidimensionale Mannigfaltigkeit ist. Wir fragen daher, welche Punkte $(x,y,z) \in M'$ in M liegen, sich also in der Form $(\star)$ darstellen lassen. Wir machen den Ansatz $y = uv$ mit $u \neq 0$, setzen also $v := y/u$. Einsetzen in $(\star)$ liefert dann einerseits $x = u + (y/u)$, also $u^2 - xu + y = 0$ und damit $u = (x/2) \pm \sqrt{(x^2/4) - y}$, andererseits $u^2 + (y/u)^2 = z$, also $u^4 - zu^2 + y^2 = 0$ und damit $u^2 = (z/2) \pm \sqrt{(z^2/4) - y^2}$. Eine Darstellung $(\star)$ ist also genau dann möglich, wenn
$$\left(\frac{x}{2} \pm \sqrt{\frac{x^2}{4} - y}\right)^2 = \frac{z}{2} \pm \sqrt{\frac{z^2}{4} - y^2}$$
gilt, d.h., $x^2 - 2y \pm x\sqrt{x^2 - 4y} = z \pm \sqrt{z^2 - 4y}$.

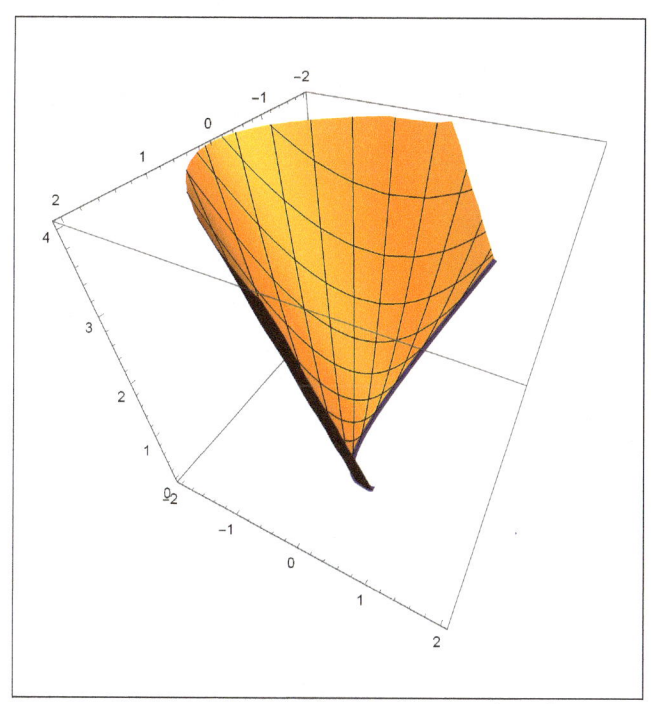

Parametrisierte Fläche $(u,v) \mapsto (u+v, uv, u^2+v^2)$.

(b) Für

$(\star) \qquad \varphi(u,v) \;=\; \begin{bmatrix} x(u,v) \\ y(u,v) \\ z(u,v) \end{bmatrix} \;=\; \begin{bmatrix} u^2 - v^2 \\ 2uv \\ u^2 + v^2 \end{bmatrix}$

erhalten wir

$\varphi'(u,v) \;=\; \dfrac{\partial(x,y,z)}{\partial(u,v)} \;=\; 2 \begin{bmatrix} u & -v \\ v & u \\ u & v \end{bmatrix}.$

Diese Matrix hat überall den Rang 2 außer für $(u,v) = (0,0)$, was dem Punkt $(0,0,0)$ entspricht. Damit ist $M \setminus \{(0,0,0)\}$ eine zweidimensionale Mannigfaltigkeit. Es ergibt sich

$x^2 + y^2 \;=\; (u^2-v^2)^2 + 4u^2v^2 \;=\; (u^2+v^2)^2 \;=\; z^2$

mit $z = u^2 + v^2 \geq 0$. Die Menge M ist also enthalten in dem Kegel $K := \{(x,y,z) \in \mathbb{R}^3 \mid z = \sqrt{x^2+y^2}\}$. Wir zeigen, daß nicht nur die Inklusion $M \subseteq K$ gilt, sondern sogar die Gleichheit $M = K$, also

$M \;=\; \{(x,y,z) \in \mathbb{R}^3 \mid z = \sqrt{x^2+y^2}\}.$

Dazu geben wir uns einen Punkt $(x,y,z) \in K$ vor. Wir müssen zeigen, daß es $u,v \in \mathbb{R}$ gibt mit $x = u^2 - v^2$ und $y = 2uv$. (Die Gleichung $z = u^2 + v^2$ ist wegen $z \geq 0$ dann automatisch erfüllt.) Ist $y \neq 0$, so muß $u \neq 0$ und damit $v = y/(2u)$ gelten; für u ergibt sich dann die Gleichung $x = u^2 - y^2/(4u^2)$, also $u^4 - xu^2 - (y^2/4) = 0$. Diese Gleichung hat zwei Lösungen, nämlich

$u_{1,2} \;=\; \pm\sqrt{\dfrac{x + \sqrt{x^2+y^2}}{2}}.$

Setzen wir $v_i := y/(2u_i)$, so liefern also die Parameterwerte (u_1, v_1) und (u_2, v_2) die gewünschten Gleichungen. Ist $y = 0$ und $x > 0$, so können wir $u = \pm\sqrt{x}$ und $v = 0$ wählen; ist $y = 0$ und $x < 0$, so können wir $u = 0$ und $v = \pm\sqrt{-x}$ wählen; ist $y = x = 0$, so ist $u = v = 0$ die einzige Möglichkeit. In jedem Fall gibt es also Parameterwerte u, v, die die Gleichungen erfüllen. Damit ist die behauptete Gleichheit bewiesen.

Wir hätten auch statt der ersten beiden Gleichungen $x = u^2 - v^2$ und $y = 2uv$ die erste Gleichung $x = u^2 - v^2$ und die dritte Gleichung $z = u^2 + v^2$ verwenden können, um u und v zu finden. Dies liefert $2u^2 = z + x$ und $2v^2 = z - x$, also $u = \pm\sqrt{(z+x)/2}$ und $v = \pm\sqrt{(z-x)/2}$. Es ergibt sich $2uv = \sqrt{z^2 - x^2} = \sqrt{y^2} = |y|$. Wählen wir also für u und v gleiches Vorzeichen, so wird der Teil $y \geq 0$ der Menge M parametrisiert; wählen wir dagegen für u und v unterschiedliche Vorzeichen, so wird der Teil $y \leq 0$ parametrisiert.

Die Menge M ist also der Graph der Funktion $z = \sqrt{x^2 + y^2}$; dies ist der senkrechte Kreiskegel mit der Spitze im Nullpunkt, der positiven z-Achse als Symmetrieachse und einem Öffnungswinkel von 45^0. Die Wirkung der Parametrisierung $(u,v) \mapsto (u^2 - v^2, 2uv, u^2+v^2)$ wird durch die folgende Abbildung verdeutlicht.

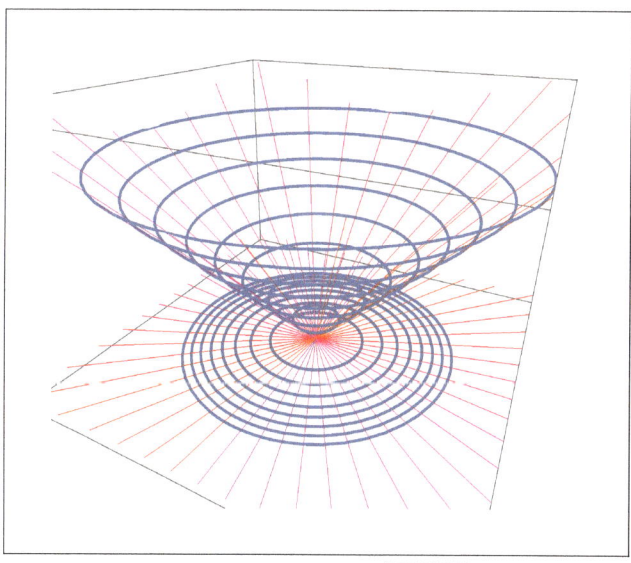

Parametrisierung des Kegels $z = \sqrt{x^2+y^2}$.

(c) Die Menge M ist die Vereinigung der folgenden paarweise disjunkten Mengen:

$\begin{aligned} M_1 &= \{(u+v, u+v, uv) \mid u > 0, v > 0\}, \\ M_2 &= \{(u-v, u+v, uv) \mid u > 0, v < 0\}, \\ M_3 &= \{(u+v, v-u, uv) \mid u < 0, v > 0\}, \\ M_4 &= \{(u-v, v-u, uv) \mid u < 0, v < 0\}, \\ S_1 &= \{(t, t, 0) \mid t > 0\}, \\ S_2 &= \{(-v, v, 0) \mid v < 0\}, \\ S_3 &= \{(u, -u, 0) \mid u < 0\}, \\ S_3 &= \{(0, 0, 0)\}. \end{aligned}$

Diese Mengen lassen sich folgendermaßen hinschreiben:

$$M_1 = \{(x,y,z) \in \mathbb{R}^3 \mid y = x,\ 0 < z \leq x^2/4\},$$
$$M_2 = \{(x,y,z) \in \mathbb{R}^3 \mid y^2 - x^2 = 4z,\ z < 0\},$$
$$M_3 = \{(x,y,z) \in \mathbb{R}^3 \mid x^2 - y^2 = 4z,\ z < 0\},$$
$$M_4 = \{(x,y,z) \in \mathbb{R}^3 \mid y = -x,\ z > 0\},$$
$$S_1 = \{(x,y,z) \in \mathbb{R}^3 \mid y = x,\ z = 0,\ x > 0\},$$
$$S_2 = \{(x,y,z) \in \mathbb{R}^3 \mid y = -x,\ z = 0,\ x > 0\},$$
$$S_3 = \{(x,y,z) \in \mathbb{R}^3 \mid y = -x,\ z = 0,\ x < 0\},$$
$$S_4 = \{(x,y,z) \in \mathbb{R}^3 \mid x = y = z = 0\}.$$

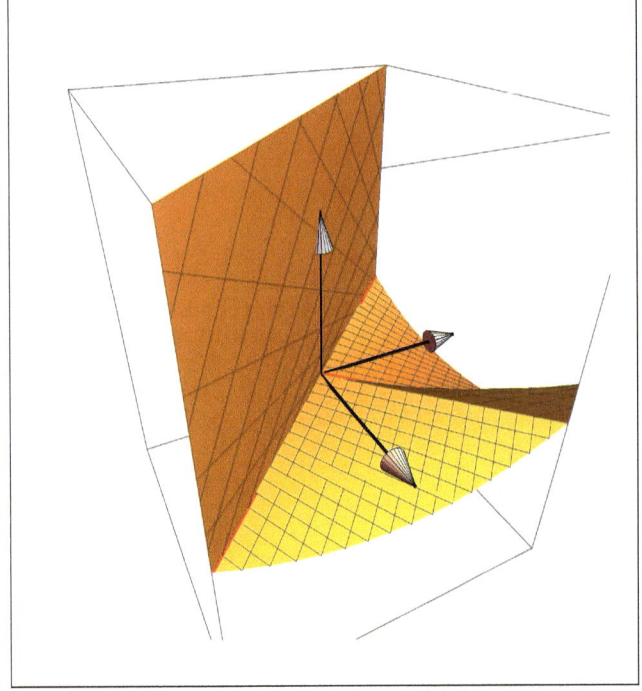

Abbildung der Fläche $(u,v) \mapsto (u+|v|, |u|+v, uv)$.

Die Menge $\bigcup_{i=1}^4 M_i$ ist eine (aus vier disjunkten Teilen zusammengesetzte) zweidimensionale Mannigfaltigkeit, aber M selbst ist aufgrund der Singularitätenmenge $S := \bigcup_{i=1}^4 S_i$ keine Mannigfaltigkeit. (In keiner Umgebung eines Punktes $p \in S$ besitzt M eine glatte Parametrisierung.)

(d) Es sei $g(x,y,z) := x^2 + y^2 + z^2 - 1$; dann gilt $g'(x,y,z) = (2x, 2y, 2z) \neq (0,0,0)$ für alle $(x,y,z) \in M$. Also ist M eine Untermannigfaltigkeit des $\mathbb{R}^3$. (Es handelt sich um die Einheitssphäre.) Verschiedene Parametrisierungen sind in Aufgabe (97.8) angegeben, weswegen wir diese hier nicht noch einmal aufführen müssen.

(e) Es ist $M = \{(x,y,\pm\sqrt{x^2+y^2}) \mid x,y \in \mathbb{R}\}$, also die Vereinigung der Graphen der Funktionen $z_1(x,y) := \sqrt{x^2+y^2}$ und $z_2(x,y) := -\sqrt{x^2+y^2}$. Dies ist ein Doppelkegel, dessen Symmetrieachse die z-Achse und dessen Öffnungswinkel 45^0 ist. Wegen der Singularität an der Stelle $(0,0,0)$ ist M keine Mannigfaltigkeit, aber $M \setminus \{(0,0,0)\}$ ist eine zweidimensionale Mannigfaltigkeit (Fläche im Raum.)

(f) Es sei $g(x,y,z) := x^3 + y^3 + z^3 - 3xyz$. Man sieht leicht, daß $g(x,y,-x-y) = 0$ für alle $x,y \in \mathbb{R}$ gilt. Die Polynomdivision $g(x,y,z) : (z+x+y)$ (etwa bezüglich der Variablen z) muß also ohne Rest aufgehen; wir erhalten

$$g(x,y,z) = (z+x+y)(z^2 - (x+y)z + (x^2 - xy + y^2))$$
$$= (z+x+y)\left(\left(z - \frac{x+y}{2}\right)^2 + \frac{3(x-y)^2}{4}\right).$$

Da $g(x,y,z)$ genau dann Null wird, wenn eine der beiden Klammern am Ende Null wird, erhalten wir

$$M = \{(x,y,z) \in \mathbb{R}^3 \mid z = -x-y\} \cup \{(x,y,z) \mid x = y = z\}$$
$$= \{(x,y,-x-y) \mid x,y \in \mathbb{R}\} \cup \{(t,t,t) \mid t \in \mathbb{R}\};$$

die Menge M ist also die Vereinigung der Ebene E mit der Gleichung $x+y+z = 0$ mit der Geraden $\mathbb{R}(1,1,1)$, die senkrecht zu E verläuft und damit natürlich keine Mannigfaltigkeit. Der Schnittpunkt $(0,0,0)$ der Geraden mit der Ebene ist ein singulärer Punkt von M.

(g) Es sei $g(x,y,z) := x^2 + y^2 + x^2y^2 - xyz$; dann ist $g'(x,y,z) = (2x + 2xy^2 - yz, 2y + 2x^2y - xz, -xy)$. Dieser Vektor ist von Null verschieden für alle $(x,y,z) \in M$ außer für die Punkte der Form $(0,0,z)$, die allesamt singuläre Punkte sind. Die Menge M ist damit die Vereinigung der Fläche

$$z = \frac{x^2 + y^2 + x^2y^2}{xy} = \frac{x}{y} + \frac{y}{x} + xy \quad (x,y \neq 0)$$

und der Geraden $\mathbb{R}(0,0,1)$, also die disjunkte Vereinigung einer ein- und einer zweidimensionalen Mannigfaltigkeit (und damit selbst keine Mannigfaltigkeit).

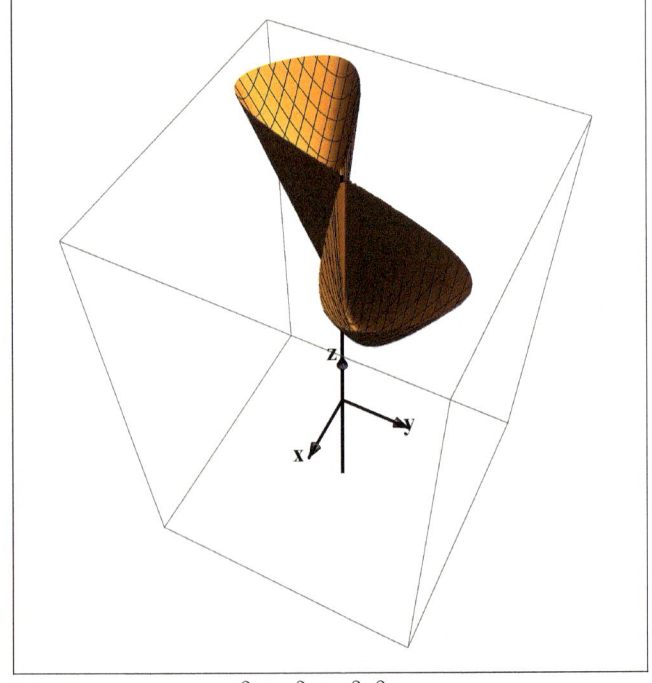

Lösungsmenge von $x^2 + y^2 + x^2y^2 = xyz$.

(h) Für $g(x, y, z) = x + e^{xy} + zy$ gilt $g'(x, y, z) = (1 + ye^{xy}, z + xe^{xy}, y)$; diese (1×3)-Matrix hat stets den Rang 1. Gilt $g(x, y, z) = 0$ mit $y \neq 0$, so können wir nach z auflösen und erhalten $z = -(x + e^{xy})/y$. Ist $g(x, y, z) = 0$ mit $y = 0$, so folgt $x = -1$, während z beliebig ist. Also ist M ist die disjunkte Vereinigung einer zweidimensionalen Mannigfaltigkeit (nämlich der Fläche $z = -(x + e^{xy})/y$) mit einer eindimensionalen Mannigfaltigkeit (nämlich der Geraden $\{(-1, 0, z) \mid z \in \mathbb{R}\}$; es gilt

$$M = \left\{ \left(x, y, \frac{-x - e^{xy}}{y}\right) \mid x \in \mathbb{R}, y \in \mathbb{R} \setminus \{0\} \right\} \cup \{(-1, 0, z) \mid z \in \mathbb{R}\}.$$

In allen Punkten $(x, y, z) \in M$ mit $y = 0$ können wir die Gleichung $g(x, y, z) = 0$ nach dem Satz über implizite Funktionen lokal nach x auflösen. Es folgt, daß M eine Mannigfaltigkeit ist.

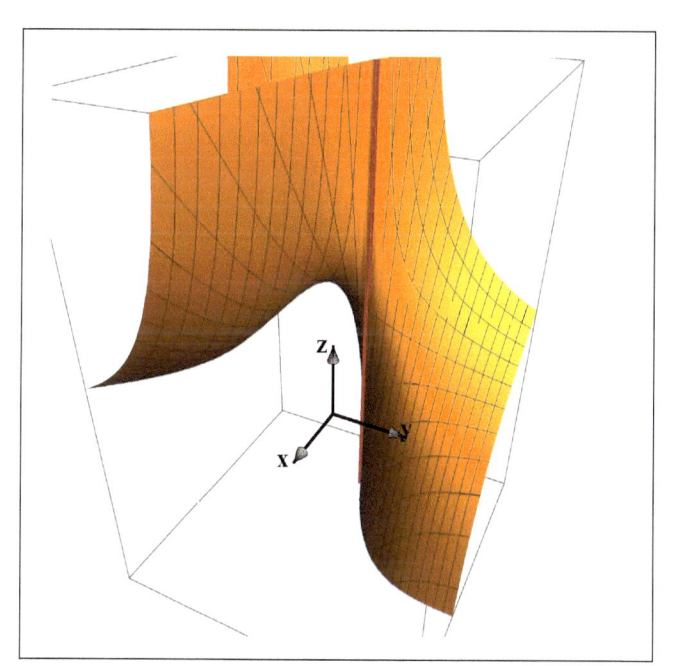

Lösungsmenge von $x + \exp(xy) + zy = 0$.

Lösung (97.7) (a) Für $\varphi(t) := (\cos t, \sin t, t)$ gilt

$$\dot\varphi(t) = (-\sin t, \cos t, 1) \neq (0, 0, 0)$$

für alle t; ferner ist φ injektiv, da schon die dritte Komponentenfunktion für sich genommen injektiv ist. Also ist φ eine Einbettungsabbildung, die Menge M daher eine eindimensionale Untermannigfaltigkeit des $\mathbb{R}^3$ (also eine Raumkurve). Offensichtlich ist M die Schnittmenge der Flächen $x = \cos z$ und $y = \sin z$.

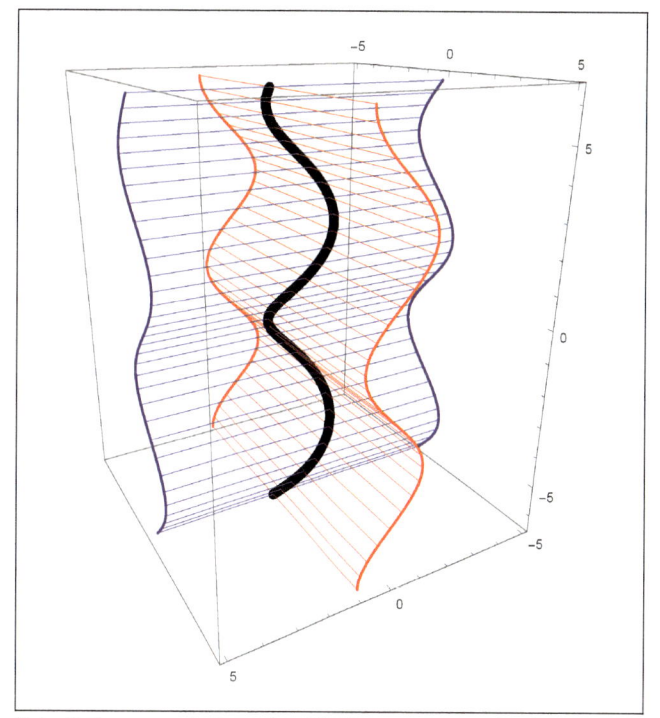

Schnittkurve zwischen der Fläche $x = \cos z$ (rot) und der Fläche $y = \sin z$ (blau).

(b) Die Funktion $\varphi(t) := (t, t^2, \sqrt{t^2}) = (t, t^2, |t|)$ besitzt keine Ableitung an der Stelle $t = 0$. Ähnlich wie in Aufgabe (97.1)(c) folgert man hieraus, daß M wegen des Punktes $\varphi(0) = (0, 0, 0)$ keine Mannigfaltigkeit ist. Dagegen ist $M \setminus \{(0, 0, 0)\} = \{\varphi(t) \mid t \neq 0\} = \{(x, x^2, \pm x) \mid x \neq 0\}$ eine Untermannigfaltigkeit des $\mathbb{R}^3$.

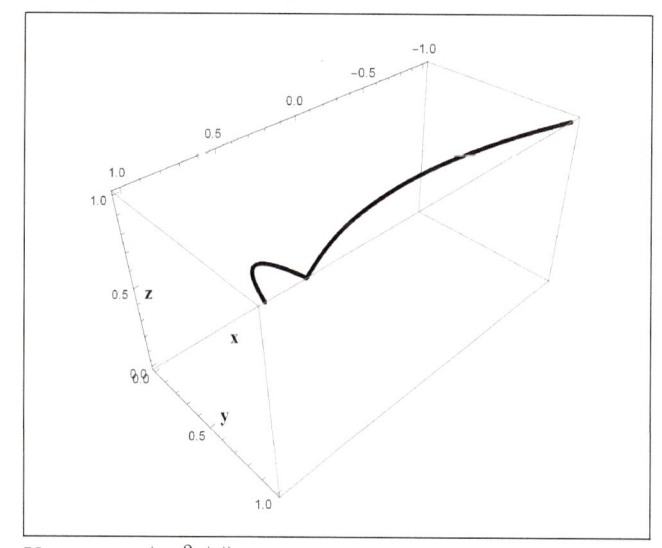

Kurve $t \mapsto (t, t^2, |t|)$.

(c) Für $\varphi(t) := (t, t^2, \sqrt{t^2 + 1})$ gilt

$$\varphi'(t) = \left(1, 2t, \frac{t}{\sqrt{t^2 + 1}}\right) \neq (0, 0, 0);$$

also ist $M = \{\varphi(t) \mid t \in \mathbb{R}\} = \{(x, y, z) \in \mathbb{R}^3 \mid y = x^2, z = \sqrt{x^2 + 1}\}$ eine Untermannigfaltigkeit des $\mathbb{R}^3$. Offensichtlich ist M gerade der Durchschnitt der Flächen $y = x^2$ und $z = \sqrt{x^2 + 1}$.

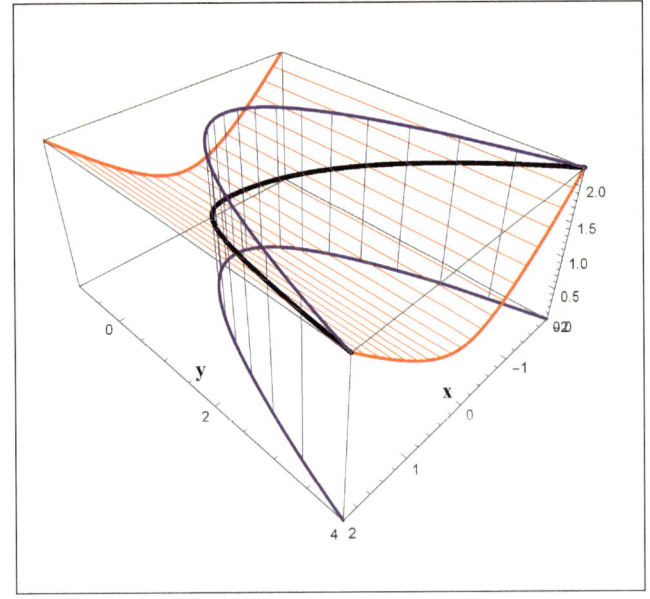

Kurve $t \mapsto (t, t^2, \sqrt{t^2 + 1})$ (schwarz) als Durchschnitt der Flächen $y = x^2$ (blau) und $z = \sqrt{x^2 + 1}$ (rot).

(d) Für $\varphi(t) := (t^2, \cos t, \sin t)$ erhalten wir $\varphi'(t) = (2t, -\sin t, \cos t) \neq (0, 0, 0)$; also ist $M = \{\varphi(t) \mid t \in \mathbb{R}\}$ eine Untermannigfaltigkeit des $\mathbb{R}^3$. In einem Punkt $(x, y, z) \in M$ mit $x > 0$ können wir M lokal als Schnitt der Flächen $y = \cos(\sqrt{x})$ und $z = \sin(\sqrt{x})$ darstellen. Im Punkt $(0, 1, 0)$ können wir M lokal als Schnitt der Flächen $y = \sqrt{1 - z^2}$ und $x = \arcsin(z)^2$ darstellen.

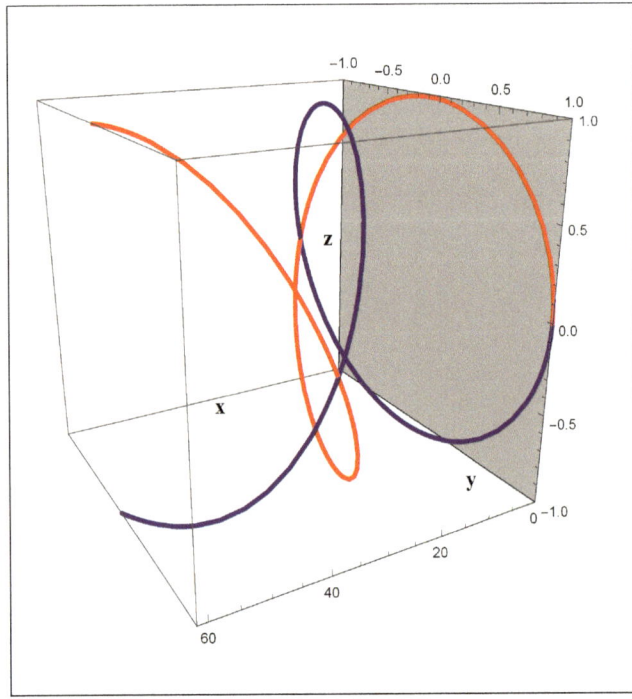

Kurve $t \mapsto (t^2, \cos t, \sin t)$ (blau für $t < 0$, rot für $t > 0$).

(e) Für $g_1(x, y, z) := x^2 - y$ und $g_2(x, y, z) := x^3 - z$ erhalten wir $g_1'(x, y, z) = (2x, -1, 0)$ und $g_2'(x, y, z) = (3x^2, 0, -1)$; da diese beiden Vektoren überall linear unabhängig sind, ist M eine eindimensionale Untermannigfaltigkeit des $\mathbb{R}^3$, also eine räumliche Kurve. Offensichtlich gilt $M = \{(t, t^2, t^3) \mid t \in \mathbb{R}\}$; also ist $\varphi(t) := (t, t^2, t^3)$ eine Parameterdarstellung dieser Raumkurve.

(f) Die Lösungsmenge der Gleichung $x^2 + y^2 = z^2$ ist der Doppelkegel $z = \pm\sqrt{x^2 + y^2}$, die Lösungsmenge der Gleichung $ax + by + cz = d$ ist (wenn wir von dem Trivialfall $(a, b, c) = (0, 0, 0)$ absehen) eine Ebene. Ist $d \neq 0$, so liegt ein Kegelschnitt vor (also eine Ellipse, Parabel oder Hyperbel oder auch ein Entartungsfall). Ist dagegen $d = 0$, so geht die Ebene durch den Nullpunkt, der gleichzeitig der Scheitelpunkt des Doppelkegels ist. In diesem Fall ist M (je nach dem Schnittwinkel der Ebene $ax + by + cz = 0$ mit der xy-Ebene) entweder die nur aus dem Nullpunkt bestehende Menge $\{(0, 0, 0)\}$ oder eine Mantellinie des Doppelkegels oder die Vereinigung zweier sich im Nullpunkt kreuzender Geraden.

(g) Da aus $x^2 + y^2 + z^2 = 0$ schon $(x, y, z) = (0, 0, 0)$ folgt, ist $M = \{(0, 0, 0)\}$ die nur den Nullpunkt enthaltende Menge.

(h) Die Menge M ist die Nullstellenmenge der durch

$$g(x, y, z) := \begin{bmatrix} x - \sin(yz) \\ y - \cos(xz) \end{bmatrix}$$

definierten Abbildung $g : \mathbb{R}^3 \to \mathbb{R}^2$. Wir weisen nach, daß M eine Mannigfaltigkeit ist, indem wir zeigen, daß

$$g'(x, y, z) = \begin{bmatrix} 1 & -z\cos(yz) & -y\cos(yz) \\ z\sin(xz) & 1 & x\sin(xz) \end{bmatrix}$$

an jeder Stelle $(x, y, z) \in M$ den Rang 2 hat, daß also jeweils mindestens eine der drei (2×2)-Unterdeterminanten von $g'(x, y, z)$ von Null verschieden ist. Wäre dies nicht der Fall, so gäbe es einen Punkt $(x, y, z) \in \mathbb{R}^3$ mit

(1) $\quad x = \sin(yz),$

(2) $\quad y = \cos(xz),$

(3) $\quad 1 + z^2 \sin(xz) \cos(yz) = 0,$

(4) $\quad \sin(xz)(x + yz\cos(yz)) = 0,$

(5) $\quad \cos(yz)(y - xz\sin(xz)) = 0.$

Wegen (3) haben wir $\sin(xz) \neq 0$ und $\cos(yz) \neq 0$; damit gehen (4) und (5) über in

(4') $\quad x + yz\cos(yz) = 0,$

(5') $\quad y - xz\sin(xz) = 0.$

Wegen (3) gelten insbesondere auch die Bedingungen $x \neq 0$ und $z \neq 0$; wegen (4') gilt daher auch $y \neq 0$. Wir können (4') und (5') daher umschreiben als $\cos(yz) = -x/(yz)$

und $\sin(xz) = y/(xz)$ und erhalten unter Benutzung von (1) und (2) dann

(6) $\quad 1 = \sin^2(yz) + \cos^2(yz) = x^2 + x^2/(y^2z^2)$,
(7) $\quad 1 = \cos^2(xz) + \sin^2(xz) = y^2 + y^2/(x^2z^2)$.

Auflösen der beiden letzten Gleichungen (aus denen die Bedingungen $x^2 < 1$ und $y^2 < 1$ folgen) liefert

$$z^2 = \frac{x^2}{y^2(1-x^2)} \quad \text{und} \quad z^2 = \frac{y^2}{x^2(1-y^2)}$$

und damit $x^4/(1-x^2) = y^4/(1-y^2)$, also $f(x^2) = f(y^2)$ für die Funktion $f(u) := u^2/(1-u)$. Da (wie eine rudimentäre Kurvendiskussion sofort zeigt) die Einschränkung von f auf das Intervall $[0,1)$ injektiv ist, folgt hieraus $x^2 = y^2$, also $y = \pm x$. Aus (1), (2), (4') und (5') ergeben sich daraus die Gleichungen

$$\sin(xz) = \pm x, \quad \cos(xz) = \pm x,$$
$$\cos(xz) = \mp 1/z, \quad \sin(xz) = \pm 1/z$$

und damit sowohl $x = 1/z$ als auch $x = -1/z$, was natürlich unmöglich ist. Also gibt es tatsächlich keinen Punkt (x,y,z), der die Bedingungen (1) bis (5) erfüllt, und damit ist M als Mannigfaltigkeit nachgewiesen. Eine explizite Parametrisierung $t \mapsto \varphi(t)$ von M kann man hier nicht angeben; man kann nur den Satz über implizite Funktionen heranziehen, um um jeden Punkt von M lokal die Existenz einer Parametrisierung nachzuweisen.

Lösung (97.8) (a) Da

$$\varphi'(x,y) = \begin{bmatrix} 1 & 0 \\ 0 & 1 \\ \star & \star \end{bmatrix}$$

an jeder Stelle $(x,y) \in U$ den Rang 2 hat, ist φ eine reguläre Parametrisierung; es gilt $\varphi(U) = \{(x,y,z) \mid x^2 + y^2 + z^2 = 1, z > 0\}$. (Dies ist der Teil der Einheitssphäre oberhalb des Äquators.) Die Umkehrabbildung $\psi : \varphi(U) \to U$ ist gegeben durch

$$\psi(x,y,z) := (x,y).$$

(b) Da

$$\varphi'(u,v) = \begin{bmatrix} -\cos(v)\sin(u) & -\sin(v)\cos(u) \\ \cos(v)\cos(u) & -\sin(v)\sin(u) \\ 0 & \cos(v) \end{bmatrix}$$

an jeder Stelle $(u,v) \in U$ den Rang 2 hat, ist φ eine reguläre Parametrisierung; es gilt $\varphi(U) = \mathbb{S}^2 \setminus \{(\cos v, 0, \sin v) \mid -\pi/2 < v < \pi/2\}$. (Dies ist die Sphäre, aus der ein Längenkreis (Meridian) entfernt wurde.) Die Umkehrabbildung $\psi : \varphi(U) \to U$ ist gegeben durch

$$\psi(x,y,z) := \{\text{Polarwinkel von } (x,y)^T \in \mathbb{R}^2, \arcsin(z)\}.$$

(c) Die Abbildung φ ist dadurch gegeben, daß $\varphi(x,y)$ der Durchstoßpunkt der Geraden durch $(x,y,0)$ und den Nordpol $(0,0,1)$ mit der Sphäre $\mathbb{S}^2$ ist. (Vergleiche Aufgabe (97.14) unten.) Es gilt $\varphi(\mathbb{R}^2) = \mathbb{S}^2 \setminus \{(0,0,1)\}$; die Abbildung φ parametrisiert also ganz $\mathbb{S}^2$ mit Ausnahme des Nordpols. Die Umkehrabbildung $\psi : \mathbb{S}^2 \setminus \{(0,0,1)\} \to \mathbb{R}^2$ ist, wie wir in Aufgabe (97.14) etwas allgemeiner herleiten werden, gegeben durch

$$\psi(x,y,z) = \frac{1}{1-z}\begin{bmatrix} x \\ y \end{bmatrix},$$

Eine reguläre Parametrisierung $\varphi : U \to \varphi(U)$ mit $\varphi(U) = \mathbb{S}^2$ (also eine Parametrisierung, die ganz $\mathbb{S}^2$ mit einer einzigen Karte abdeckt), kann es nicht geben, denn $\mathbb{S}^2$ ist eine kompakte Menge, während eine offene Teilmenge $U \subseteq \mathbb{R}^2$ nicht kompakt ist.

Lösung (97.9) (a) Wir legen ein Koordinatensystem so, daß der Kreis K in der xy-Ebene liegt und den Mittelpunkt $(0,0,0)$ hat. Dieser Kreis bildet die Zentrallinie des Torus. Die Punkte der Torusfläche sind gegeben durch die Parametrisierung

($\star$)
$$\begin{bmatrix} x \\ y \\ z \end{bmatrix} = \begin{bmatrix} R\cos u \\ R\sin u \\ 0 \end{bmatrix} + r\cos v \begin{bmatrix} \cos u \\ \sin u \\ 0 \end{bmatrix} + r\sin v \begin{bmatrix} 0 \\ 0 \\ 1 \end{bmatrix}$$
$$= \begin{bmatrix} R\cos u + r\cos v \cos u \\ R\sin u + r\cos v \sin u \\ r\sin v \end{bmatrix} =: \Phi(u,v),$$

wobei $u \in [0, 2\pi)$ den Winkel entlang der Zentrallinie des Torus, $v \in [0, 2\pi)$ den Winkel innerhalb eines Torusquerschnitts und $r \in [0, R_i]$ den Abstand von der Zentrallinie des Torus bedeutet. Die Ableitungsmatrix ist gegeben durch

$$\Phi'(u,v) = \begin{bmatrix} -R\sin u - r\cos v \sin u & -r\sin v \cos u \\ R\cos u + r\cos v \cos u & -r\sin v \sin u \\ 0 & r\cos v \end{bmatrix}$$

und hat an jedem Punkt der Torusfläche den Rang 2; also liegt eine Untermannigfaltigkeit des $\mathbb{R}^3$ vor.

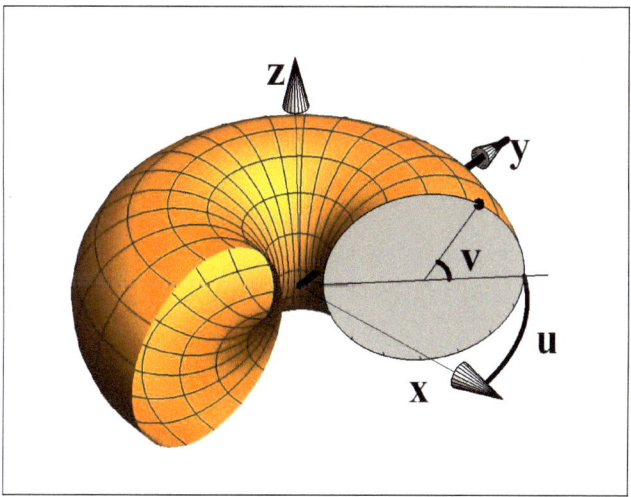

Definition von Toruskoordinaten.

(b) Ein Punkt (x,y,z) liegt genau dann auf dem Torus T, wenn es Winkel u und v gibt mit $(\star)$, also genau dann, wenn es einen Winkel v gibt mit $x^2 + y^2 = (R + r\cos v)^2$ und $z = r\sin v$. Dies ist genau dann der Fall, wenn die folgenden äquivalenten Bedingungen erfüllt sind:

$$x^2 + y^2 = (R \pm \sqrt{r^2 - z^2})^2$$
$$\Leftrightarrow x^2 + y^2 = R^2 \pm 2R\sqrt{r^2 - z^2} + r^2 - z^2$$
$$\Leftrightarrow x^2 + y^2 + z^2 - R^2 - r^2 = \pm 2R\sqrt{r^2 - z^2}$$
$$\Leftrightarrow (x^2 + y^2 + z^2 - R^2 - r^2)^2 = 4R^2(r^2 - z^2).$$

Damit ist T die Nullstellenmenge der Funktion

$$g(x,y,z) := (x^2 + y^2 + z^2 - R^2 - r^2)^2 - 4R^2(r^2 - z^2).$$

(c) Offenbar hat die Abbildung $f : \mathbb{R}^2 \times \mathbb{R}^2 \to \mathbb{R}^3$ mit

$$\left(\begin{bmatrix} a \\ b \end{bmatrix}, \begin{bmatrix} c \\ d \end{bmatrix} \right) \mapsto \begin{bmatrix} (R + rc)a \\ (R + rc)b \\ rd \end{bmatrix}$$

die gewünschten Eigenschaften. Die Darstellung des Torus als Produkt $\mathbb{S}^1 \times \mathbb{S}^1$ zweier Kreise (also als disjunkte Vereinigung $\bigcup_s Q_s$, wobei Q_s den Querschnittskreis an der Stelle s des Zentralkreises bezeichnet) wird in der folgenden Abbildung angedeutet.

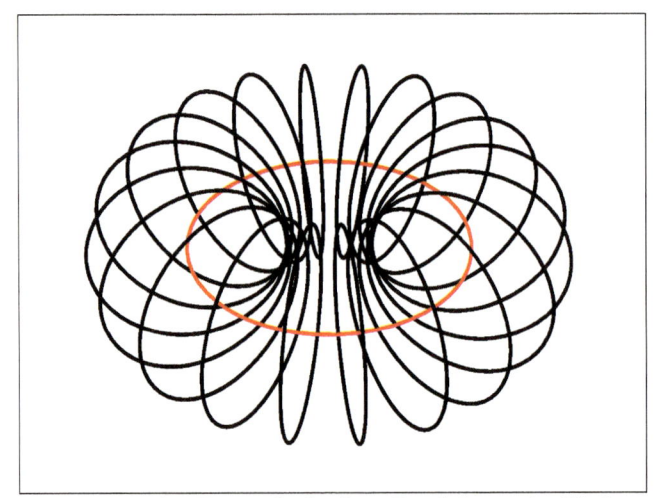

Darstellung des Torus als direktes Produkt zweier Kreise.

Lösung (97.10) Aus der angegebenen Parameterdarstellung des Horntorus erhalten wir $x^2 + y^2 = r^2(1 + \cos v)^2$, also $\sqrt{x^2 + y^2} = r(1 + \cos v)$ bzw. $r\cos v = \sqrt{x^2 + y^2} - r$. Andererseits gilt $r\sin v = z$. Hieraus ergibt sich $r^2 = r^2\cos^2 v + r^2\sin^2 v = (\sqrt{x^2 + y^2} - r)^2 + z^2 = x^2 + y^2 - 2r\sqrt{x^2 + y^2} + r^2 + z^2$ bzw.

$(\star) \qquad x^2 + y^2 + z^2 = 2r\sqrt{x^2 + y^2}.$

Der Horntorus ist also enthalten in der Nullstellenmenge der Funktion $g(x,y,z) := x^2 + y^2 + z^2 - 2r\sqrt{x^2 + y^2}$. Umgekehrt ist auch jede Nullstelle von g ein Element des Horntorus. Aus $(\star)$ folgt nämlich $(\sqrt{x^2 + y^2} - r)^2 + z^2 = r^2$, so

daß es eine reelle Zahl v gibt mit $\sqrt{x^2 + y^2} - r = r\cos v$ und $z = r\sin v$. Es folgt dann $\sqrt{x^2 + y^2} = r(1 + \cos v) =: \rho$; also gibt es eine reelle Zahl u mit $x = \rho\cos u$ und $y = \rho\sin u$. Genau das war aber zu zeigen.

Lösung (97.11) Wir legen im dreidimensionalen Raum ein kartesisches Koordinatensystem fest und betrachten einen Kreis vom Radius $r > 0$ mit Mittelpunkt $(0,0,0)$ in der xy-Ebene dieses Koordinatensystems. An jedem Punkt $P(u) = (r\cos u, r\sin u, 0)$ dieses Kreises denken wir uns ein Liniensegment $L(u)$ der Läge $\ell < r$ angebracht, das $P(u)$ als Mittelpunkt hat, senkrecht auf der Kreislinie steht und den Winkel $u/2$ mit der Vertikalen bildet. (Deuten wir $u \mapsto L(u)$ als Bewegung eines Stabes, so steht dieser zunächst senkrecht, neigt sich, während sich sein Mittelpunkt entlang des Kreises bewegt, immer mehr der xy-Ebene zu, in der er für $u = \pi$ liegt, und richtet sich dann mit umgekehrter Orientierung wieder auf und erreicht für $u = 2\pi$, also nach einem Umlauf, wieder seine Ausgangsposition, aber mit seinen beiden Enden vertauscht.) Die Menge der Liniensegmente überstreicht eine Fläche, die durch die Parameterdarstellung

$$(u,v) \mapsto \begin{bmatrix} r\cos u \\ r\sin u \\ 0 \end{bmatrix} + v \cdot \begin{bmatrix} \sin(u/2)\cos u \\ \sin(u/2)\sin u \\ \cos(u/2) \end{bmatrix}$$

($0 \le u \le 2\pi$, $-\ell/2 \le v \le \ell/2$) gegeben ist und die man als **Möbiussches Band** bezeichnet. (Ein solches Band kann man sich leicht selbst herstellen, indem man einen Papierstreifen ausschneidet, das eine Ende dann um 180^0 gegen seine natürliche Lage verdreht und die beiden Enden des Streifens dann zusammenklebt.) Dieses Band ist nicht orientierbar; beginnt man an irgendeiner Stelle des Mittelkreises mit einer Basis des Tangentialraums und verschiebt man die Basisvektoren stetig weiter, so hat sich nach einem Umlauf die Orientierung umgekehrt; der durch die jeweilige Basis definierte Normalenvektor zeigt nach einem Umlauf in die entgegengesetzte Richtung. Man kann also nicht zwei Seiten des Möbiusschen Bandes unterscheiden; dieses Band ist eine "einseitige Fläche".

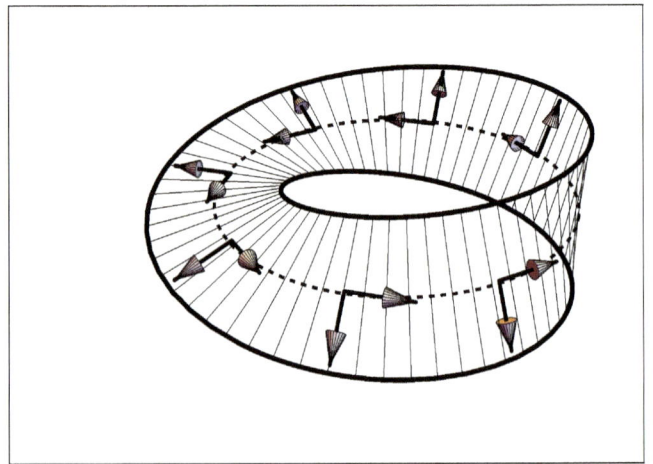

Möbiussches Band.

Lösung (97.12) Es sei

$$(\star) \quad \begin{bmatrix} a \\ b \\ c \\ d \end{bmatrix} = \begin{bmatrix} (R + r\cos(v))\cos(u) \\ (R + r\cos(v))\sin(u) \\ r\sin(v)\cos(u/2) \\ r\sin(v)\sin(u/2) \end{bmatrix}$$

ein Element von M_1. Dann gilt $a^2 + b^2 = (R + r\cos v)^2$, wegen $R > r$ also $\sqrt{a^2+b^2} = R + r\cos v$ und damit $(\sqrt{a^2+b^2} - R)^2 = r^2\cos^2 v = r^2 - r^2\sin^2 v = r^2 - (c^2+d^2)$. Also gilt $g_1(a,b,c,d) = 0$. Weiter gelten die Gleichungen

$$2acd = 2(R+r\cos v)\cos(u) \cdot r^2\sin^2 v \cdot \sin(u/2)\cos(u/2)$$
$$= r^2(R+r\cos v)\sin^2 v \cdot \cos(u)\sin(u)$$

und

$$b(d^2 - c^2) = (R+r\cos v)\sin(u) \cdot r^2\sin^2 v \left[\sin^2\frac{u}{2} - \cos^2\frac{u}{2}\right]$$
$$= -r^2(R+r\cos v)\sin(u) \cdot \sin^2 v \cdot \cos(u),$$

aus denen die Gleichung $g_2(a,b,c,d) = 0$ folgt. Damit ist die Inklusion $M_1 \subseteq M_2$ gezeigt. Umgekehrt geben wir uns ein Element $(a,b,c,d) \in M_2$ vor. Wegen $(\sqrt{a^2+b^2} - R)^2 + (\sqrt{c^2+d^2})^2 = r^2$ gibt es einen Winkel v mit

$$\sqrt{a^2+b^2} - R = r\cos(v) \quad \text{und} \quad \sqrt{c^2+d^2} = r\sin(v).$$

Wegen $\sqrt{a^2+b^2} = R + r\cos v$ und $\sqrt{c^2+d^2} = r\sin(v)$ gibt es Winkel $\varphi, \psi \in \mathbb{R}$ mit

$$(\star\star) \quad \begin{bmatrix} a \\ b \end{bmatrix} = (R + r\cos v)\begin{bmatrix} \cos\varphi \\ \sin\varphi \end{bmatrix} \text{ und}$$
$$\begin{bmatrix} c \\ d \end{bmatrix} = r\sin(v)\begin{bmatrix} \cos\psi \\ \sin\psi \end{bmatrix}.$$

Aus dieser Darstellung erhalten wir

$$0 = 2acd + b(d^2 - c^2)$$
$$= r^2(R + r\cos v)\sin^2 v \cdot \sin(\varphi - 2\psi)$$

und damit $\sin v = 0$ oder $\sin(\varphi - 2\psi) = 0$. Gilt $\sin v = 0$, so wählen wir $u := \varphi$, um aus $(\star\star)$ die gewünschte Darstellung $(\star)$ zu erhalten. Gilt $\sin(\varphi - 2\psi) = 0$, so gibt es ein $k \in \mathbb{Z}$ mit $2\psi = \varphi + k\pi$; setzen wir dann $u := 2\psi$, so gilt $\varphi \equiv 2\psi \equiv u$ modulo 2π, so daß $(\star\star)$ auch in diesem Fall in die gewünschte Darstellung $(\star)$ übergeht. Damit ist auch die Inklusion $M_2 \subseteq M_1$ gezeigt.

Wir suchen nun die singulären Punkte, also diejenigen Elemente $(a,b,c,d) \subset M_1 = M_2$, für die die durch

$$2\begin{bmatrix} \dfrac{a(\sqrt{a^2+b^2} - R)}{\sqrt{a^2+b^2}} & \dfrac{b(\sqrt{a^2+b^2} - R)}{\sqrt{a^2+b^2}} & c & d \\ cd & (d^2 - c^2)/2 & ad - bc & ac + bd \end{bmatrix}$$

gegebene Ableitungsmatrix $g'(a,b,c,d)$ nicht den Rang 2 hat. Ist $b \neq 0$, so hat die aus den letzten beiden Spalten bestehende Teilmatrix von $g'(a,b,c,d)$ die Determinante $(2a^2cd/b) + 2bcd = 2cd(a^2+b^2)/b$. Für $cd \neq 0$ ist diese von Null verschieden, so daß (a,b,c,d) ein regulärer Punkt ist. Gilt $cd = 0$, dann wegen $g_2(a,b,c,d) = 0$ auch $c^2 = d^2$ und folglich $c = d = 0$. Da $g'(a,b,0,0)$ den Rang 1, sind die Elemente der Form $(a,b,0,0)$ tatsächlich singuläre Punkte. Ist $b = 0$, so folgt $a \neq 0$ (denn sonst würde wegen $g_1(a,b,c,d) = 0$ die Gleichung $R^2 + c^2 + d^2 = r^2$ gelten, was wegen $R > r$ nicht möglich ist). Wegen $g_2(a,b,c,d) = 0$ gilt dann $cd = 0$. Die aus den letzten beiden Spalten von $g'(a,b,c,d)$ bestehende Untermatrix hat wegen $b = 0$ die Determinante $a(c^2 - d^2)$; gilt also $c^2 \neq d^2$, so ist (a,b,c,d) regulär. Also kann der Punkt (a,b,c,d) auch für $b = 0$ nur singulär sein, wenn $c = d = 0$ ist. Die singulären Punkte sind also diejenigen der Form $(a,b,0,0)$. Die Menge $M_1 = M_2$ wird zu einer Mannigfaltigkeit, wenn man diese singulären Punkte entfernt.

Lösung (97.13) Für $i = 1,2,3$ schreiben wir $F_i := \{(x,y,z) \in \mathbb{R}^3 \mid g_i(x,y,z) = 0\}$ und haben dann $M_3 = F_2 \cap F_3$ (links oben), $M_4 = F_1 \cap F_3$ (rechts oben) sowie $M_5 = F_1 \cap F_2$ (links unten). Rechts unten ist in rot die Menge $M_1 = \{(t^3, t^4, t^5) \mid t \in \mathbb{R}\}$ eingezeichnet, zusätzlich schwarz gestrichelt die Menge $M_6 := \{(t^3, t^4, -t^5) \mid t \in \mathbb{R}\}$. Wir werden sehen, daß $M_5 = F_1 \cap F_2 = M_1 \cup M_6$ gilt.

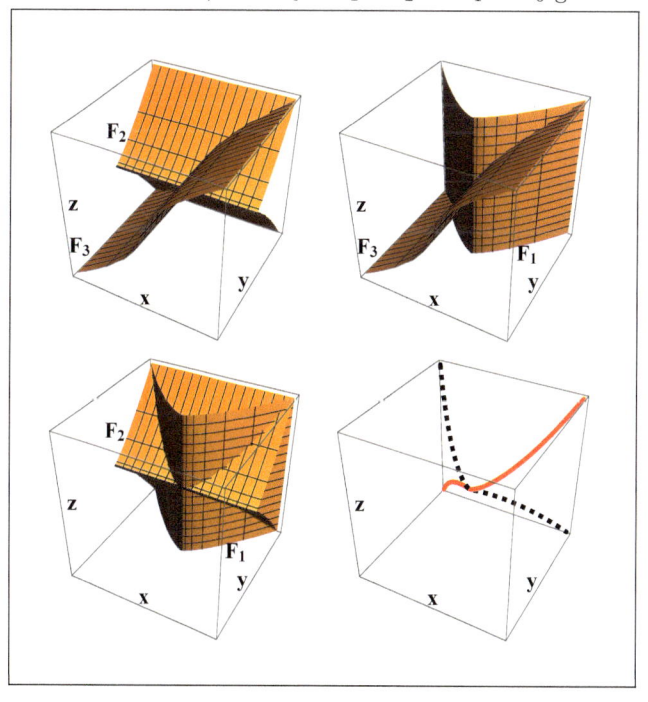

Zunächst gilt $M_1 \subseteq M_2$, denn aus $(x,y,z) = (t^3, t^4, t^5)$ folgen die Gleichungen $x^4 = t^{12} = y^3$, $y^5 = t^{20} = z^4$ und $z^3 = t^{15} = x^5$. Umgekehrt gilt aber auch $M_2 \subseteq M_1$. Zum Nachweis sei $(x,y,z) \in M_2$. Ist $x = 0$, so folgt $(x,y,z) = (0,0,0) = \varphi(0) \in M_1$. Ist $x \neq 0$, so setzen wir $t := y/x$ und erhalten

$$t^3 = y^3/x^3 = x^4/x^3 = x,$$
$$t^4 = y^4/x^4 = y^4/y^3 = y,$$
$$t^5 = y^5/x^5 = z^4/z^3 = z$$

und damit $(x,y,z) = (t^3, t^4, t^5) = \varphi(t) \in M_1$. Offensichtlich gilt $M_2 = M_3 \cap M_4 \cap M_5 \subseteq M_i$ für $i = 3, 4, 5$. Wir behaupten, daß sogar $M_2 = M_3 = M_4$ gilt.

- Ist $(x, y, z) \in M_3$, so haben wir einerseits $z^{12} = (z^4)^3 = (y^5)^3 = (y^3)^5$, andererseits $z^{12} = (z^3)^4 = (x^5)^4 = (x^4)^5$, folglich $(y^3)^5 = (x^4)^5$ und damit $y^3 = x^4$. Damit ist $(x, y, z) \in M_2$ gezeigt.
- Ist $(x, y, z) \in M_4$, so haben wir einerseits $x^{20} = (x^4)^5 = (y^3)^5 = (y^5)^3$, andererseits $x^{20} = (x^5)^4 = (z^3)^4 = (z^4)^3$. folglich $(y^5)^3 = (z^4)^3$ und damit $y^5 = z^4$. Damit ist $(x, y, z) \in M_2$ gezeigt.

Damit ist gezeigt, daß $M_1 = M_2 = M_3 = M_4 \subseteq M_5$ gilt. Die letzte Inklusion ist echt, denn es gilt $(-1, 1, 1) \in M_5 \setminus M_4$. Die Menge $M_1 \setminus \{(0,0,0)\}$ ist eine C^∞-Mannigfaltigkeit. Da die gegebene Parametrisierung $\varphi(t) = (t^3, t^4, t^5)$ an der Stelle $t = 0$ eine Singularität hat, ist nicht klar, ob M_1 selbst eine Mannigfaltigkeit ist. Allerdings können wir in einer Umgebung von $(0,0,0)$ die Parametrisierung $x \mapsto (x, x^{4/3}, x^{5/3})$ wählen. Damit ist M_1 eine C^1-Mannigfaltigkeit. Allerdings ist M keine C^2-Mannigfaltigkeit, denn man überlegt sich schnell, daß es nicht möglich ist, die Bedingung $(x, y, z) \in M_1$ in einer Umgebung von $(0,0,0)$ als Bedingung $z = f(x,y)$ bzw. $y = f(x,z)$ bzw. $x = f(y,z)$ mit einer C^2-Funktion f zu schreiben.

Lösung (97.14) Ab jetzt schreiben wir x_n für die angegebene Abbildung $x : \mathbb{R}^n \to \mathbb{S}^n$; der Index n bezeichnet also nicht eine Vektorkomponente, sondern die gerade betrachtete Dimension.

(a) Schreiben wir statt $x_n(\theta_1, \ldots, \theta_n)$ kurz x_n, so lesen wir aus der folgenden Skizze sofort die Rekursionsformel

$$x_n = \cos(\theta_n) \begin{bmatrix} x_{n-1} \\ 0 \end{bmatrix} + \sin(\theta_n) \begin{bmatrix} 0 \\ 1 \end{bmatrix}$$

ab, ausgeschrieben also

$$(\star) \quad x_n(\theta_1, \ldots, \theta_n) = \begin{bmatrix} \cos(\theta_n) \, x_{n-1}(\theta_1, \ldots, \theta_{n-1}) \\ \sin(\theta_n) \end{bmatrix}.$$

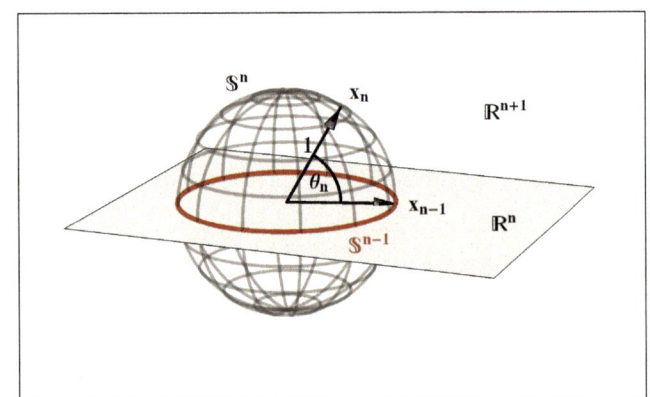

Polarkoordinaten in Dimension n.

Wir erhalten also

$$x_1(\theta_1) := \begin{bmatrix} \cos(\theta_1) \\ \sin(\theta_1) \end{bmatrix}, \quad x_2(\theta_1, \theta_2) := \begin{bmatrix} \cos(\theta_2)\cos(\theta_1) \\ \cos(\theta_2)\sin(\theta_1) \\ \sin(\theta_2) \end{bmatrix},$$

weiter

$$x_3(\theta_1, \theta_2, \theta_3) = \begin{bmatrix} \cos(\theta_3)\cos(\theta_2)\cos(\theta_1) \\ \cos(\theta_3)\cos(\theta_2)\sin(\theta_1) \\ \cos(\theta_3)\sin(\theta_2) \\ \sin(\theta_3) \end{bmatrix}$$

und schließlich

$$x_4(\theta_1, \theta_2, \theta_3, \theta_4) = \begin{bmatrix} \cos(\theta_4)\cos(\theta_3)\cos(\theta_2)\cos(\theta_1) \\ \cos(\theta_4)\cos(\theta_3)\cos(\theta_2)\sin(\theta_1) \\ \cos(\theta_4)\cos(\theta_3)\sin(\theta_2) \\ \cos(\theta_4)\sin(\theta_3) \\ \sin(\theta_4) \end{bmatrix}.$$

(b) Die Abbildung x_1 ist injektiv auf $[0, 2\pi)$ (oder jedem anderen halboffenen Intervall der Länge 2π). Da der Definitionsbereich einer Parametrisierung offen sein soll, müssen wir x_1 auf ein offenes Intervall der Länge 2π einschränken; dann parametrisiert x_1 den Einheitskreis mit Ausnahme eines Punktes. Die Winkel θ_k für $k > 1$ sind definiert auf dem Intervall $[-\pi/2, \pi/2]$; allerdings müssen wir die Randpunkte $\pm \pi/2$ (die dem Nord- und dem Südpol von $\mathbb{S}^n$ entsprechen) entfernen, um Injektivität zu garantieren. Wir erhalten also eine injektive Abbildung

$$x_n : (0, 2\pi) \times \left(-\frac{\pi}{2}, \frac{\pi}{2}\right) \times \cdots \times \left(-\frac{\pi}{2}, \frac{\pi}{2}\right) \to \mathbb{R}^{n+1},$$

deren Bild die Sphäre $\mathbb{S}^n$ ohne eine halbe Sphäre der Dimension $n - 1$ ist. (Kugelkoordinaten im $\mathbb{R}^3$ parametrisieren beispielsweise $\mathbb{S}^2$ ohne einen halben Großkreisbogen vom Nord- zum Südpol.)

(c) Wir schreiben

$$A_{n-1} := \frac{\partial x_{n-1}(\theta_1, \ldots, \theta_n)}{\partial(\theta_1, \ldots, \theta_{n-1})} \in \mathbb{R}^{n \times (n-1)}$$

und

$$J_n := \frac{\partial \Phi(r, \theta_1, \ldots, \theta_{n-1})}{\partial(r, \theta_1, \ldots, \theta_{n-1})} \in \mathbb{R}^{n \times n}.$$

Unser Ziel ist es, die Funktionaldeterminante $\det(J_n)$ zu berechnen. Wegen der Gleichung $\Phi(r, \theta_1, \ldots, \theta_{n-1}) = r \cdot x_{n-1}(\theta_1, \ldots, \theta_{n-1})$ gilt die Blockdarstellung

$$J_n = [x_{n-1} \mid r A_{n-1}].$$

Ferner gilt wegen Formel $(\star)$ in Teil (a) die Rekursionsformel

$$A_n = \begin{bmatrix} \cos(\theta_n) A_{n-1} & -\sin(\theta_n) x_{n-1} \\ \mathbf{0} & \cos(\theta_n) \end{bmatrix}.$$

Für $J_{n+1} = [x_n \mid r A_n]$ erhalten wir dann

$$J_{n+1} = \begin{bmatrix} \cos(\theta_n) x_{n-1} & r\cos(\theta_n) A_{n-1} & -r\sin(\theta_n) x_{n-1} \\ \sin(\theta_n) & \mathbf{0} & r\cos(\theta_n) \end{bmatrix}$$

und durch Entwickeln nach der letzten Zeile folglich

$$\det(J_{n+1}) = (-1)^{n-1} \sin(\theta_n) \cdot D_1 + r\cos(\theta_n) \cdot D_2$$

mit den Abkürzungen

$$D_1 := \det[r\cos(\theta_n)A_{n-1} \mid -r\sin(\theta_n)x_{n-1}]$$
$$= -r\sin(\theta_n)\cos(\theta_n)^{n-1}\det[rA_{n-1} \mid x_{n-1}]$$
$$= (-1)^{n+1}r\sin(\theta_n)\cos(\theta_n)^{n-1}\det[x_{n-1} \mid rA_{n-1}]$$
$$= (-1)^{n+1}r\sin(\theta_n)\cos(\theta_n)^{n-1}\det(J_n)$$

und

$$D_2 := \det[\cos(\theta_n)x_{n-1} \mid r\cos(\theta_n)A_{n-1}]$$
$$= \cos(\theta_n)^n \det[x_{n-1} \mid rA_{n-1}] = \cos(\theta_n)^n \det(J_n).$$

Wir erhalten also

$$\det(J_{n+1}) = (-1)^{n-1}\sin(\theta_n) \cdot D_1 + r\cos(\theta_n) \cdot D_2$$
$$= r\sin(\theta_n)^2 \cos(\theta_n)^{n-1}\det(J_n) + r\cos(\theta_n)^{n+1}\det(J_n)$$
$$= r\cos(\theta_n)^{n-1}(\sin(\theta_n)^2 + \cos(\theta_n)^2)\det(J_n)$$
$$= r\cos(\theta_n)^{n-1}\det(J_n)$$

und damit die Rekursionsformel

$$\det(J_{n+1}) = r\cos(\theta_n)^{n-1}\det(J_n).$$

Ausgehend von

$$\det(J_1) = \det\begin{bmatrix}\cos(\theta_1) & -r\sin(\theta_1) \\ \sin(\theta_1) & r\cos(\theta_1)\end{bmatrix} = r$$

für ebene Polarkoordinaten erhalten wir

$$\det(J_1) = r,$$
$$\det(J_2) = r\cos(\theta_2) \cdot \det(J_1) = r^2\cos(\theta_2),$$
$$\det(J_3) = r\cos(\theta_3)^2 \cdot \det(J_2) = r^3\cos(\theta_2)\cos(\theta_3)^2,$$
$$\det(J_4) = r\cos(\theta_4)^3 \cdot \det(J_3) = r^4\cos(\theta_2)\cos(\theta_3)^2\cos(\theta_4)^3$$

und allgemein

$$\det(J_n) = r^n \cos(\theta_2)\cos(\theta_3)^2 \cdots \cos(\theta_n)^{n-1}.$$

Setzen wir also $r := 1$, so erhalten wir eine reguläre Parametrisierung der Sphäre $\mathbb{S}^{n-1}$ durch $n-1$ Winkel. Die Parametrisierung ist regulär auf ganz $\mathbb{S}^{n-1}$ mit Ausnahme eines halben Meridians (also einer Hälfte einer $(n-2)$-dimensionalen Sphäre).

(d) Die Verbindungsgerade zwischen den Punkten $(0,1)$ und $(\xi,0)$ hat die Parameterdarstellung

$$\lambda \mapsto \begin{bmatrix}0 \\ 1\end{bmatrix} + \lambda\begin{bmatrix}\xi \\ -1\end{bmatrix} = \begin{bmatrix}\lambda\xi \\ 1-\lambda\end{bmatrix}.$$

Die Punkte, an denen diese Gerade die Sphäre $\mathbb{S}^{n-1}$ schneidet, sind gegeben durch die Parameterwerte λ mit

$$1 = \left\|\begin{bmatrix}\lambda\xi \\ 1-\lambda\end{bmatrix}\right\|^2 = \lambda^2\|\xi\|^2 + (1-\lambda)^2$$
$$= \lambda^2(\|\xi\|^2 + 1) + 1 - 2\lambda$$

und damit $\lambda^2(1 + \|\xi\|^2) = 2\lambda$. Eine Lösung ist selbstverständlich $\lambda = 0$ (dieser Parameterwert liefert den Nordpol der Sphäre); der andere ist gegeben durch $\lambda = 2/(1 + \|\xi\|^2)$. Eine Bijektion $p : \mathbb{R}^n \to \mathbb{S}^{n-1} \setminus \{N\}$ ist also gegeben durch

$$p(\xi) = \frac{1}{\|\xi\|^2 + 1}\begin{bmatrix}2\xi \\ \|\xi\|^2 - 1\end{bmatrix}.$$

Die Umkehrabbildung p^{-1} ist dadurch gegeben, daß $p^{-1}(x)$ der Durchstoßpunkt der Verbindungsgeraden von $(0,1)$ und x mit der Hyperebene $\mathbb{R}^n \times \{0\}$ ist. Schreiben wir $n := (0,1)$ und $x = (\widehat{x}, x_{n+1})$ mit $\widehat{x} \in \mathbb{R}^n$, so ist die definierende Bedingung gegeben durch

$$\begin{bmatrix}p^{-1}(x) \\ 0\end{bmatrix} = \begin{bmatrix}0 \\ 1\end{bmatrix} + \lambda\begin{bmatrix}\widehat{x} \\ x_{n+1}-1\end{bmatrix} = \begin{bmatrix}\lambda\widehat{x} \\ 1+\lambda(x_{n+1}-1)\end{bmatrix}.$$

Der letzten Komponente entnehmen wir $\lambda = 1/(1-x_{n+1})$; es ergibt sich dann

$$p^{-1}(x) = \frac{1}{1-x_{n+1}}\widehat{x} = \frac{1}{1-x_{n+1}}\begin{bmatrix}x_1 \\ \vdots \\ x_n\end{bmatrix}.$$

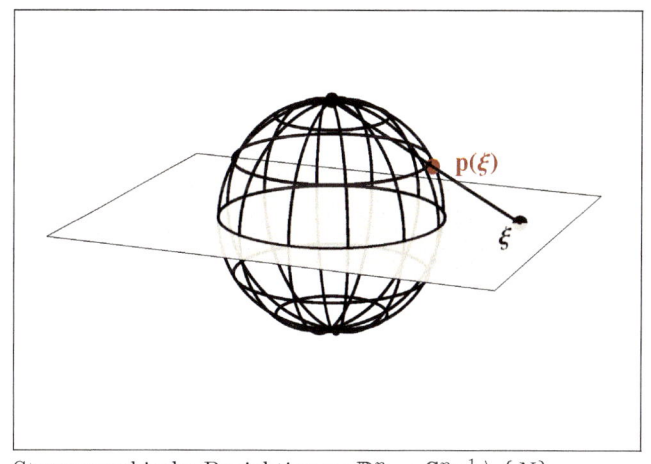

Stereographische Projektion $p : \mathbb{R}^n \to \mathbb{S}^{n-1} \setminus \{N\}$.

Lösung (97.15) (a) Weil $A \in \mathbb{R}^{n \times k}$ den gleichen Rang hat wie $A^T A \in \mathbb{R}^{k \times k}$ und weil eine $(k \times k)$-Matrix genau dann den Rang k hat, wenn ihre Determinante nicht verschwindet, gilt

$$\Sigma_{n,k} = \{A \in \mathbb{R}^{n \times k} \mid \det(A^T A) \neq 0\}.$$

Als Urbild der offenen Menge $\mathbb{R} \setminus \{0\}$ unter der stetigen Abbildung $A \mapsto \det(A^T A)$ ist damit $\Sigma_{n,k}$ offen in $\mathbb{R}^{n \times k}$.

(b) Wir identifizieren $\mathbb{R}^{n \times k}$ mit $(\mathbb{R}^n)^k = \mathbb{R}^n \times \cdots \times \mathbb{R}^n$, indem wir eine $(n \times k)$-Matrix mit dem k-Tupel ihrer Spalten identifizieren. Dann ist die Menge $S_{n,k}$ die gemeinsame Nullstellenmenge der Funktionen $g_{ij} : \mathbb{R}^{n \times k} \to \mathbb{R}$ mit

$$g_{ij}(v_1, \ldots, v_n) := \langle v_i, v_j \rangle$$

für $1 \leq i \leq j \leq k$. Wir behaupten, daß diese Funktionen auf ganz $S_{n,k}$ linear unabhängig sind. Es gilt

$$(\nabla g_{ij})(v_1,\ldots,v_n) = \begin{bmatrix} \delta_{i1}v_j + \delta_{j1}v_i \\ \delta_{i2}v_j + \delta_{j2}v_i \\ \vdots \\ \delta_{in}v_j + \delta_{jn}v_i \end{bmatrix}.$$

Wir wollen die lineare Unabhängigkeit dieser Gradienten zeigen, aus der Bedingung

$$(\star) \quad \sum_{1 \leq i \leq j \leq k} c_{ij}(\nabla g_{ij})(v_1,\ldots,v_n) = 0$$

also $c_{ij} = 0$ für alle (i,j) folgern. Gilt $(\star)$, so folgt für alle Indices $1 \leq r \leq k$ die Beziehung

$$\begin{aligned}
0 &= \sum_{1 \leq i \leq j \leq k} c_{ij}(\delta_{ir}v_j + \delta_{jr}v_i) \\
&= \sum_{r \leq j} c_{rj}v_j + \sum_{i \leq r} c_{ir}v_i \\
&= \sum_{r < j} c_{rj}v_j + 2c_{rr}v_r + \sum_{i < r} c_{ir}v_i.
\end{aligned}$$

Wegen der linearen Unabhängigkeit der Vektoren v_i folgt hieraus, daß alle Koeffizienten c_{rj} mit $r \leq j$ und c_{ir} mit $i \leq r$ verschwinden. Damit ist gezeigt, daß $S_{n,k}$ eine Mannigfaltigkeit ist.

Die Anzahl der Funktionen g_{ij} ist die Anzahl der möglichen Paare (i,j) von Indices mit $1 \leq i \leq j \leq k$. Die Anzahl der Paare (i,j) mit $1 \leq i < j \leq k$ ist genau die Anzahl der zweielementigen Teilmengen einer k-elementigen Menge, also $\binom{k}{2} = k(k-1)/2$. Hinzu kommen die Paare (i,i), deren es k gibt; die Anzahl der Funktionen g_{ij} ist also $k + k(k-1)/2 = k(k+1)/2$. Also gilt

$$\dim S_{n,k} = nk - \frac{k(k+1)}{2}.$$

Etwas salopper kann man folgendermaßen argumentieren: Die Menge $S_{n,k}$ besteht aus allen $(n \times k)$-Matrizen, deren Spalten ein Orthonormalsystem bilden. Die möglichen ersten Spalten durchlaufen gerade die Sphäre $\mathbb{S}^{n-1}$, und diese hat die Dimension $n-1$. Ist die erste Spalte gewählt, so bleiben für die zweite Spalte alle Vektoren der Einheitssphäre im Lotraum der ersten Spalte; diese Sphäre hat die Dimension $n-2$. Analog kann man für alle weiteren Spalten argumentieren (bei jeder Spalte sinkt die Dimension um 1). Als Dimension von $S_{n,k}$ ergibt sich daher

$$\begin{aligned}
&(n-1) + (n-2) + \cdots + (n-k) \\
&= k \cdot n - (1 + 2 + \cdots + k) \\
&= k \cdot n - k(k+1)/2.
\end{aligned}$$

(c) Genau dann gilt $A \in S_{n,k}$, wenn die Spalten $(v_1,\ldots,v_k)$ ein Orthonormalsystem aus k Vektoren bilden, also ein k-Bein.

Lösung (97.16) (a) Da die Matrizenmultiplikation assoziativ ist, müssen wir nur zeigen, daß $\mathrm{O}(n)$ das Neutralelement $\mathbf{1}$ (also die Einheitsmatrix) enthält und abgeschlossen ist unter Inversenbildung und Multiplikation. Gilt $A \in \mathrm{O}(n)$, also $A^T A = \mathbf{1}$ bzw. $A^T = A^{-1}$, dann auch $(A^{-1})^T = (A^T)^{-1} = (A^{-1})^{-1}$ und damit $A^{-1} \in \mathrm{O}(n)$. Liegen A und B in $\mathrm{O}(n)$, gelten also die Gleichungen $A^T = A^{-1}$ und $B^T = B^{-1}$, so gilt auch $(AB)^T = B^T A^T = B^{-1} A^{-1} = (AB)^{-1}$ und damit $AB \in \mathrm{O}(n)$. Damit ist $\mathrm{O}(n)$ eine Gruppe im algebraischen Sinn.

(b) Es gilt $\mathrm{O}(n) = S_{n,n}$; dies ist nach der vorigen Aufgabe eine eingebettete Untermannigfaltigkeit von $\mathbb{R}^{n \times n}$. Die Dimension ist

$$n^2 - \frac{n(n+1)}{2} = \frac{2n^2 - (n^2+n)}{2} = \frac{n^2-n}{2} = \frac{n(n-1)}{2}.$$

(c) Wegen $\det(\mathbf{1}) = 1$ liegt $\mathbf{1}$ in $\mathrm{SO}(n)$. Liegt A in $\mathrm{SO}(n)$, dann wegen $\det(A^{-1}) = \det(A)^{-1} = 1^{-1} = 1$ auch A^{-1}. Liegen A und B in $\mathrm{SO}(n)$, dann wegen $\det(AB) = \det(A) \cdot \det(B) = 1 \cdot 1 = 1$ auch AB. Also ist $\mathrm{SO}(n)$ eine Untergruppe von $\mathrm{O}(n)$. Ist $\sigma \in \mathrm{O}(n) \setminus \mathrm{SO}(n)$ beliebig, so gilt

$$\mathrm{O}(n) = \mathrm{SO}(n) \cup \sigma\mathrm{SO}(n)$$

als disjunkte Vereinigung, denn ist $A \in \mathrm{O}(n)$ beliebig, so gilt $1 = \det(\mathbf{1}) = \det(A^T A) = \det(A^T)\det(A) = \det(A)^2$ und damit $\det(A) = \pm 1$. Gilt $\det(A) = 1$, so liegt A in $\mathrm{SO}(n)$. Gilt dagegen $\det(A) = -1$, so gilt $\det(\sigma^{-1} A) = \det(\sigma)^{-1} \det(A) = (-1) \cdot (-1) = 1$ und damit $\sigma^{-1} A \in \mathrm{SO}(n)$, also $A \in \sigma\mathrm{SO}(n)$.

Lösung (97.17) Es sei $(x_1, x_2) \in M_1 \times M_2$ beliebig. Dann gibt es offene Mengen $U_1 \subseteq \mathbb{R}^{n_1}$ und $U_2 \subseteq \mathbb{R}^{n_2}$ sowie $\Omega_1 \subseteq \mathbb{R}^{d_1}$ und $\Omega_2 \subseteq \mathbb{R}^{d_2}$ und lokale C^k-Parametrisierungen $\varphi_1 : \Omega_1 \to U_1$ und $\varphi_2 : \Omega_2 \to U_2$ mit $M_1 \cap U_1 = \varphi_1(\Omega_1)$ und $M_2 \cap U_2 = \varphi_2(\Omega_2)$. Definieren wir nun $\varphi = \varphi_1 \times \varphi_2 : \Omega_1 \times \Omega_2 \to \mathbb{R}^{n_1} \times \mathbb{R}^{n_2}$ durch

$$\varphi(u_1, u_2) := (\varphi_1(u_1), \varphi_2(u_2)),$$

so ist $(M_1 \times M_2) \cap (U_1 \cap U_2) = (M_1 \cap U_1) \times (M_2 \cap U_2) = \varphi_1(\Omega_1) \times \varphi_2(\Omega_2) = \varphi(\Omega_1 \times \Omega_2)$, und φ ist wieder von der Klasse C^k mit $\mathrm{rk}\,\varphi'(u_1, u_2) = \mathrm{rk}\,\varphi_1'(u_1) + \mathrm{rk}\,\varphi_2'(u_2) = d_1 + d_2$. Also ist φ eine lokale C^k-Parametrisierung von $M_1 \times M_2$ um (x_1, x_2).

Statt mit Parametrisierungen können wir auch mit Gleichungsdarstellungen argumentieren. Wieder sei $(x_1, x_2) \in M_1 \times M_2$ beliebig vorgegeben. Da M_1 und M_2 Mannigfaltigkeiten sind, gibt es offene Umgebungen $U_1 \subseteq \mathbb{R}^{n_1}$ von x_1 sowie $U_2 \subseteq \mathbb{R}^{n_2}$ von x_2 sowie C^k-Funktionen $g_1 : U_1 \to \mathbb{R}^{n_1 - d_1}$ und $g_2 : U_2 \to \mathbb{R}^{n_2 - d_2}$ mit $M_1 \cap U_1 = \{x_1 \in U_1 \mid g_1(x_1) = 0\}$ und $M_2 \cap U_2 = \{x_2 \in U_2 \mid g_2(x_2) = 0\}$. Definieren wir nun $U := U_1 \times U_2$ und $g : U \to \mathbb{R}^{n_1 - d_1} \times \mathbb{R}^{n_2 - d_2} = \mathbb{R}^{(n_1 + n_2) - (d_1 + d_2)}$ durch

$$g(x_1, x_2) = (g_1(x_1), g_2(x_2)),$$

so ist g wieder von der Klasse C^k mit $\operatorname{rk} g'(x_1, x_2) = \operatorname{rk} g'(x_1) + \operatorname{rk} g_2'(x_2)$, und es gilt $(M_1 \times M_2) \cap U = \{(x_1, x_2) \in U \mid g(x_1, x_2) = 0\}$.

Lösung (97.18) (a) Die Gradienten von g_1 und g_2 sind gegeben durch

$$(\nabla g_1)(x) = \begin{bmatrix} x_4 \\ -x_3 \\ -x_2 \\ x_1 \end{bmatrix} \quad \text{und} \quad (\nabla g_2)(x) = \begin{bmatrix} x_3 \\ x_4 \\ x_1 \\ x_2 \end{bmatrix}.$$

Wir sind fertig, wenn wir zeigen können, daß $(\nabla g_1)(x)$ und $(\nabla g_2)(x)$ an jeder Stelle $x \in M$ linear unabhängig sind. Wäre $(\nabla g_1)(x) = \lambda (\nabla g_2)(x)$ für ein $x \in M$ und ein $\lambda \in \mathbb{R}$, so hätten wir

$$g_1(x) = x_1 x_4 - x_2 x_3 - 1$$
$$= \lambda(x_1 x_3 + x_2 x_4) - 1 = \lambda g_2(x) - 1,$$

was wegen $g_1(x) = g_2(x) = 0$ unmöglich ist. Analog können wir zeigen, daß die Gleichung $(\nabla g_2)(x) = \mu (\nabla g_1)(x)$ nicht für $x \in M$ und $\mu \in \mathbb{R}$ gelten kann. Dies zeigt, daß $(\nabla g_1)(x)$ und $(\nabla g_2)(x)$ an jeder Stelle $x \in M$ linear unabhängig sind.

(b) Die Gleichung $g_1(x) = g_2(x) = 0$ läßt sich umschreiben als

$$\begin{bmatrix} x_1 & x_2 \\ -x_2 & x_1 \end{bmatrix} \begin{bmatrix} x_3 \\ x_4 \end{bmatrix} = \begin{bmatrix} 0 \\ 1 \end{bmatrix}$$

bzw. äquivalent dazu in der Form

$$\begin{bmatrix} x_3 \\ x_4 \end{bmatrix} = \frac{1}{x_1^2 + x_2^2} \begin{bmatrix} x_1 & -x_2 \\ x_2 & x_1 \end{bmatrix} \begin{bmatrix} 0 \\ 1 \end{bmatrix} = \frac{1}{x_1^2 + x_2^2} \begin{bmatrix} -x_2 \\ x_1 \end{bmatrix}.$$

(Beachte, daß $x_1^2 + x_2^2 \neq 0$ gelten muß, denn sonst hätten wir $x_1 = x_2 = 0$ im Widerspruch zu der Gleichung $x_1 x_4 - x_2 x_3 = 1$.) Also gilt

$$M = \left\{ \begin{bmatrix} x_1 \\ x_2 \\ x_3 \\ x_4 \end{bmatrix} \;\middle|\; x_3 = \frac{-x_2}{x_1^2 + x_2^2}, x_4 = \frac{x_1}{x_1^2 + x_2^2} \right\},$$

so daß M der Graph der Funktion $f : \mathbb{R}^2 \setminus \{(0,0)\} \to \mathbb{R}^2$ ist, die gegeben ist durch

$$f(x_1, x_2) := \left(\frac{-x_2}{x_1^2 + x_2^2}, \frac{x_1}{x_1^2 + x_2^2} \right).$$

(c) Der Normalraum von M in p ist

$$N_p M = \mathbb{R}(\nabla g_1)(p) + \mathbb{R}(\nabla g_2)(p) = \mathbb{R} \begin{bmatrix} 1 \\ 0 \\ 0 \\ 1 \end{bmatrix} + \mathbb{R} \begin{bmatrix} 0 \\ 1 \\ 1 \\ 0 \end{bmatrix}.$$

Der Tangentialraum ist daher

$$T_p M = (N_p M)^\perp = \mathbb{R} \begin{bmatrix} 1 \\ 0 \\ 0 \\ -1 \end{bmatrix} + \mathbb{R} \begin{bmatrix} 0 \\ 1 \\ -1 \\ 0 \end{bmatrix}.$$

Lösung (97.19) (a) Die Menge M ist eine Hyperbel mit den Asymptoten $y = \pm x$ und damit eine Untermannigfaltigkeit des $\mathbb{R}^2$, und $p = (\sqrt{3}, \sqrt{2})$ ist ein Punkt von M. Wir geben drei verschiedene Möglichkeiten zur Berechnung von $T_p M$ an. Zum einen ist M die Nullstellenmenge der Funktion $g : \mathbb{R}^2 \to \mathbb{R}$ mit $g(x, y) := x^2 - y^2 - 1$. Wegen $g'(x, y) = (2x, -2y)$ gilt dann

$$T_p M = \operatorname{Kern} g'(\sqrt{3}, \sqrt{2}) = \operatorname{Kern}(2\sqrt{3}, -2\sqrt{2})$$
$$= \operatorname{Kern}(\sqrt{3}, -\sqrt{2}) = \{(x, y)^T \in \mathbb{R}^2 \mid \sqrt{3} x = \sqrt{2} y\}.$$

Zum zweiten können wir M parametrisieren vermöge

$$\begin{bmatrix} x \\ y \end{bmatrix} = \begin{bmatrix} \cosh t \\ \sinh t \end{bmatrix} =: \varphi(t) \quad \text{mit} \quad \varphi'(t) = \begin{bmatrix} \sinh t \\ \cosh t \end{bmatrix}.$$

Dabei gehört der Punkt $p = (\sqrt{3}, \sqrt{2})$ zum Parameterwert $t_0 = \ln(\sqrt{2} + \sqrt{3})$, wie man durch Lösen der Gleichung $\sinh(t) = \sqrt{2}$ erkennt. (Es reicht aber zu wissen, daß die Gleichungen $\cosh t_0 = \sqrt{3}$ und $\sinh t_0 = \sqrt{2}$ gelten.) Wir erhalten dann

$$T_p M = \operatorname{Bild} \varphi'(t_0) = \operatorname{Bild} \begin{bmatrix} \sqrt{2} \\ \sqrt{3} \end{bmatrix} = \mathbb{R} \begin{bmatrix} \sqrt{2} \\ \sqrt{3} \end{bmatrix}.$$

Zum dritten können wir auch eine Parametrisierung von M dadurch erhalten, daß wir die Gleichung $x^2 - y^2 = 1$ nach x oder y auflösen, sagen wir $x = \sqrt{1 + y^2}$. (Wir müssen das positive Vorzeichen wählen, da wir M ja in einer Umgebung des Punktes $(\sqrt{3}, \sqrt{2})$ parametrisieren wollen, der einen positiven x-Wert hat.) Wir erhalten also die Parametrisierung

$$\Phi(y) := \begin{bmatrix} \sqrt{1 + y^2} \\ y \end{bmatrix} \quad \text{mit} \quad \Phi'(y) = \begin{bmatrix} y/\sqrt{1 + y^2} \\ 1 \end{bmatrix}.$$

Es gilt dann

$$T_p M = \operatorname{Bild} \Phi'(\sqrt{2}) = \operatorname{Bild} \begin{bmatrix} \sqrt{2}/\sqrt{3} \\ 1 \end{bmatrix} = \mathbb{R} \begin{bmatrix} \sqrt{2}/\sqrt{3} \\ 1 \end{bmatrix}.$$

(b) Die Menge M ist ein Ellipsoid mit den Halbachsen $\sqrt{2}$, $\sqrt{6}$ und $\sqrt{3}$ und damit eine Untermannigfaltigkeit des $\mathbb{R}^3$, und $p = (1, 1, 1)$ liegt auf diesem Ellipsoid. Wir geben drei verschiedene Berechnungen von $T_p M$ an. Zum einen ist M die Nullstellenmenge der Funktion $g : \mathbb{R}^3 \to \mathbb{R}$ mit $g(x, y, z) := 3x^2 + y^2 + 2z^2 - 6$. Wegen $g'(x, y, z) = (6x, 2y, 4z)$ gilt dann

$$T_p M = \operatorname{Kern} g'(1, 1, 1) = \operatorname{Kern}(6, 2, 4) = \operatorname{Kern}(3, 1, 2)$$
$$= \{(x, y, z)^T \in \mathbb{R}^3 \mid 3x + y + 2z = 0\}.$$

Zum zweiten können wir M schreiben als die Lösungsmenge der Gleichung

$$\left(\frac{x}{\sqrt{2}}\right)^2 + \left(\frac{y}{\sqrt{6}}\right)^2 + \left(\frac{z}{\sqrt{3}}\right)^2 = 1$$

und damit unter Benutzung von Kugelkoordinaten parametrisieren durch

$$\begin{bmatrix} x \\ y \\ z \end{bmatrix} = \begin{bmatrix} \sqrt{2}\cos(u)\cos(v) \\ \sqrt{6}\sin(u)\cos(v) \\ \sqrt{3}\sin(v) \end{bmatrix} =: \varphi(u,v)$$

mit

$$\varphi'(u,v) = \begin{bmatrix} -\sqrt{2}\sin(u)\cos(v) & -\sqrt{2}\cos(u)\sin(v) \\ \sqrt{6}\cos(u)\cos(v) & -\sqrt{6}\sin(u)\sin(v) \\ 0 & \sqrt{3}\cos(v) \end{bmatrix}.$$

Dabei gehört der Punkt $p = (1,1,1)$ zum Parameterwert $(u_0, v_0) = (\pi/6, \arcsin(1/\sqrt{3}))$. Unter Benutzung der Gleichungen

$$\sin(v_0) = \frac{1}{\sqrt{3}}, \quad \cos(v_0) = \frac{\sqrt{2}}{\sqrt{3}}, \quad \sin(u_0) = \frac{1}{2}, \quad \cos(u_0) = \frac{\sqrt{3}}{2}$$

erhalten wir dann

$$T_pM = \operatorname{Bild} \varphi'(u_0, v_0) = \operatorname{Bild} \begin{bmatrix} -1/\sqrt{3} & -1/\sqrt{2} \\ \sqrt{3} & -1/\sqrt{2} \\ 0 & \sqrt{2} \end{bmatrix}$$

$$= \mathbb{R} \begin{bmatrix} -1/\sqrt{3} \\ \sqrt{3} \\ 0 \end{bmatrix} + \mathbb{R} \begin{bmatrix} -1/\sqrt{2} \\ -1/\sqrt{2} \\ \sqrt{2} \end{bmatrix} = \mathbb{R} \begin{bmatrix} -1 \\ 3 \\ 0 \end{bmatrix} + \mathbb{R} \begin{bmatrix} -1 \\ -1 \\ 2 \end{bmatrix}.$$

Zum dritten können wir auch eine Parametrisierung von M dadurch erhalten, daß wir die Gleichung $3x^2 + y^2 + 2z^2 = 6$ nach einer der Variablen auflösen, sagen wir $y = \sqrt{6 - 3x^2 - 2z^2}$. (Wir müssen das positive Vorzeichen wählen, da wir M ja in einer Umgebung des Punktes $(1, 1, +1)$ parametrisieren wollen. Zum Punkt $p = (1,1,1)$ gehört dann der Parameterwert $(x_0, z_0) = (1, 1)$.) Wir erhalten also die Parametrisierung

$$\Phi(x, z) := \begin{bmatrix} x \\ \sqrt{6-3x^2-2z^2} \\ z \end{bmatrix} \quad \text{mit}$$

$$\Phi'(x,z) = \begin{bmatrix} 1 & 0 \\ -3x/\sqrt{6-3x^2-2z^2} & -2z/\sqrt{6-3x^2-2z^2} \\ 0 & 1 \end{bmatrix}.$$

Es gilt dann

$$T_pM = \operatorname{Bild} \Phi'(x_0, z_0) = \operatorname{Bild} \Phi'(1,1)$$

$$= \operatorname{Bild} \begin{bmatrix} 1 & 0 \\ -3 & -2 \\ 0 & 1 \end{bmatrix} = \mathbb{R} \begin{bmatrix} 1 \\ -3 \\ 0 \end{bmatrix} + \mathbb{R} \begin{bmatrix} 0 \\ -2 \\ 1 \end{bmatrix}.$$

(c) Die Menge M wird parametrisiert durch

$$\varphi(t) = \begin{bmatrix} \cos t \\ \sin t \\ t \end{bmatrix} \quad \text{mit} \quad \varphi'(t) = \begin{bmatrix} -\sin t \\ \cos t \\ 1 \end{bmatrix};$$

der Parameterwert zum Punkt $p = (1, 0, 2\pi) \in M$ ist $t_0 = 2\pi$. Wir erhalten daher

$$T_pM = \operatorname{Bild} \varphi'(t_0) = \operatorname{Bild} \begin{bmatrix} 0 \\ 1 \\ 1 \end{bmatrix} = \mathbb{R} \begin{bmatrix} 0 \\ 1 \\ 1 \end{bmatrix}.$$

Alternativ können wir M schreiben als Nullstellenmenge der Funktion $g: \mathbb{R}^3 \to \mathbb{R}^2$, die gegeben ist durch

$$g(x, y, z) = \begin{bmatrix} x - \cos(z) \\ y - \sin(z) \end{bmatrix} \quad \text{mit}$$

$$g'(x, y, z) = \begin{bmatrix} 1 & 0 & \sin(z) \\ 0 & 1 & -\cos(z) \end{bmatrix}.$$

Dann ist

$$T_pM = \operatorname{Kern} g'(1, 0, 2\pi) = \operatorname{Kern} \begin{bmatrix} 1 & 0 & 0 \\ 0 & 1 & -1 \end{bmatrix}$$

$$= \{(x, y, z)^T \in \mathbb{R}^3 \mid x = 0, y = z\} = \{(0, y, y)^T \mid y \in \mathbb{R}\}.$$

Lösung (97.20) (a) Die Menge M ist die Nullstellenmenge der Funktion $g(x,y) := x^3 + y^3 - 1$, die auf M keine singulären Punkte hat. Für $p = (\sqrt[3]{2}, -1) =: (x_0, y_0)$ gilt $g'(p) = (3x_0^2, 3y_0^2) = 3(\sqrt[3]{4}, 1)$ und damit

$$T_pM = \operatorname{Kern} g'(p) = \operatorname{Kern}(\sqrt[3]{4}, 1)$$
$$= \{(x, y) \in \mathbb{R}^2 \mid \sqrt[3]{4}\, x + y = 0\}.$$

Der Tangentialraum ist also die Gerade mit der Gleichung $y = -\sqrt[3]{4}\, x$. Zur besseren Visualisierung trägt man T_pM im Punkt p ab, interpretiert also p als den Nullpunkt des Tangentialraums T_pM.

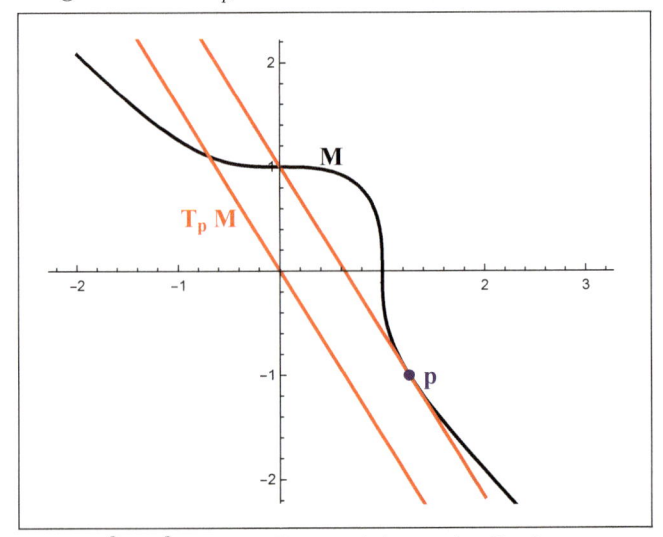

Kurve $x^3 + y^3 = 1$ mit Tangentialraum im Punkt p.

(b) Die Menge M ist die Nullstellenmenge der Funktion $g(x,y) := x^4 + y^4 - 1$, die auf M keine singulären Punkte hat. Für $p = (\sqrt{3/5}, \sqrt{4/5}) =: (x_0, y_0)$ gilt $g'(p) = (4x_0^3, 4y_0^3) = (4/(5\sqrt{5}))(3\sqrt{3}, 4\sqrt{4}) = (4/(5\sqrt{5}))(3\sqrt{3}, 8)$ und damit

$$T_pM = \operatorname{Kern} g'(p) = \operatorname{Kern}(3\sqrt{3}, 8)$$
$$= \{(x,y) \in \mathbb{R}^2 \mid 3\sqrt{3}\,x + 8y = 0\}.$$

Der Tangentialraum ist also die Gerade mit der Gleichung $y = -(3\sqrt{3}/8)\,x$. Auch hier zeichnen wir zur besseren Visualisierung statt T_pM den affinen Raum $p + T_pM$ ein; dieser ist gegeben durch die Gleichung $y = (-3\sqrt{3}x + 5\sqrt{5})/8$.

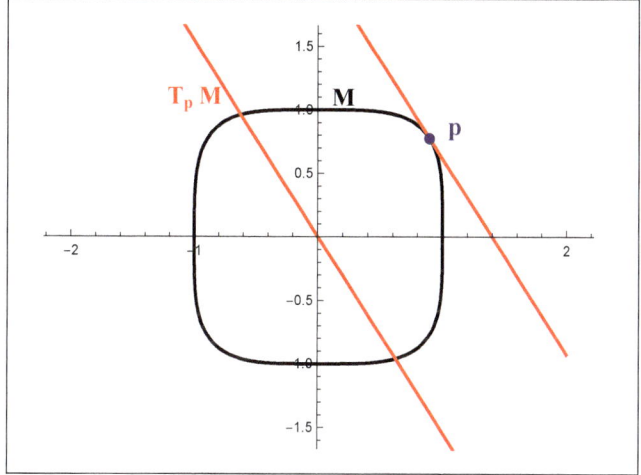

Kurve $x^4 + y^4 = 1$ mit Tangentialraum im Punkt p.

(c) Die Menge M ist das Bild der Abbildung $\varphi(t) = (t^3, t^4, t^5)$, die nur an der Stelle $t = 0$ eine Singularität hat. Es gilt $\varphi'(t) = (3t^2, 4t^3, 5t^4)^T$. Der Tangentialraum an der Stelle $p = (-1, 1, -1) = \varphi(-1)$ ist dann

$$T_pM = \operatorname{Bild} \varphi'(-1) = \operatorname{Bild}\begin{bmatrix}3\\-4\\5\end{bmatrix} = \mathbb{R}\begin{bmatrix}3\\-4\\5\end{bmatrix}.$$

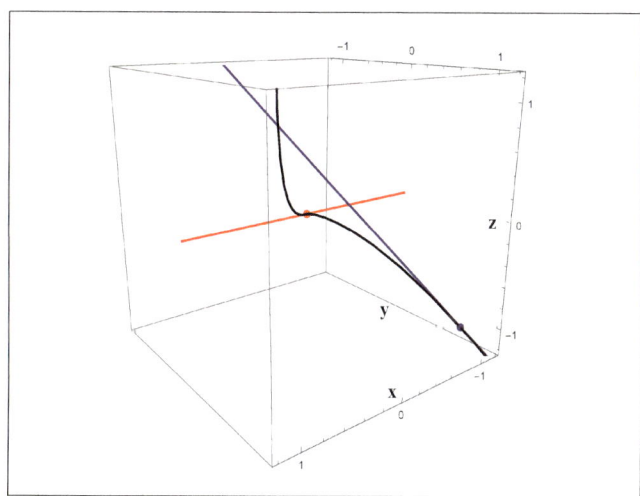

Verlauf der Kurve $t \mapsto (t^3, t^4, t^5)$ sowie der Tangenten an den Punkten $(-1, 1, -1)$ (blau) und $(0, 0, 0)$ (rot).

(d) Da die angegebene Parametrisierung an der Stelle $t = 0$ (als dem Parameterwert des betrachteten Punktes p) eine Singularität besitzt, müssen wir umparametrisieren. Wir betrachten die Parametrisierung $\widehat\varphi(\tau) := (\tau, \tau^{4/3}, \tau^{5/3})$ mit $\widehat\varphi'(\tau) = (1, (4/3)\tau^{1/3}, (5/3)\tau^{2/3})^T$. Der Tangentialraum an der Stelle $p = (0,0,0) = \widehat\varphi(0)$ ist dann

$$T_pM = \operatorname{Bild} \widehat\varphi'(0) = \operatorname{Bild}\begin{bmatrix}1\\0\\0\end{bmatrix} = \mathbb{R}\begin{bmatrix}1\\0\\0\end{bmatrix}.$$

(e) Für die gegebene Parametrisierung gilt

$$\varphi'(u,v) = \begin{bmatrix} -(R + r\cos v)\sin u & -r\sin v\cos u \\ (R + r\cos v)\cos u & -r\sin v\sin u \\ 0 & r\cos v \end{bmatrix}$$

und für $p := \varphi(\pi/4, \pi/3)$ damit

$$T_pM = \operatorname{Bild} \varphi'(\pi/4, \pi/3)$$
$$= \operatorname{Bild}\begin{bmatrix} -(R + r/2)/\sqrt{2} & -r\sqrt{3}/(2\sqrt{2}) \\ (R + r/2)/\sqrt{2} & -r\sqrt{3}/(2\sqrt{2}) \\ 0 & r/2 \end{bmatrix}$$
$$= \operatorname{Bild}\begin{bmatrix} -1 & -\sqrt{3} \\ 1 & -\sqrt{3} \\ 0 & \sqrt{2} \end{bmatrix} = \mathbb{R}\begin{bmatrix}-1\\1\\0\end{bmatrix} + \mathbb{R}\begin{bmatrix}-\sqrt{3}\\-\sqrt{3}\\\sqrt{2}\end{bmatrix}.$$

(f) Mit $g(x,y,z) := x^2 - 2xz + yz + z^2 + 2y + z - 4$ gilt $M = g^{-1}(0)$. Es gilt

$$g'(x,y,z) = (2x - 2z,\; z + 2,\; -2x + y + 2z + 1),$$

und man prüft sofort nach, daß $g'(x,y,z) \neq (0,0,0)$ für alle $(x,y,z) \in M$ gilt. Also ist M eine Mannigfaltigkeit, und für $p = (1,1,1)$ gilt

$$T_pM = \operatorname{Kern} g'(p) = \operatorname{Kern}(0,3,2) = \left\{\begin{bmatrix}x\\y\\z\end{bmatrix} \mid 3y + 2z = 0\right\}.$$

Bemerkung: Es gilt

$$g(x,y,z) = \begin{bmatrix}x & y & z\end{bmatrix}\begin{bmatrix}1 & 0 & -1 \\ 0 & 0 & 1/2 \\ -1 & 1/2 & 1\end{bmatrix}\begin{bmatrix}x\\y\\z\end{bmatrix}$$
$$+ \begin{bmatrix}0 & 2 & 1\end{bmatrix}\begin{bmatrix}x\\y\\z\end{bmatrix} - 4.$$

Die Menge M ist also eine Quadrik, die mit Methoden der Linearen Algebra (Hauptachsentransformation) auf einfachere Form gebracht werden kann. Der Tangentialraum T_pM ist dann einfach die Tangentialebene an diese Quadrik im Punkt p.

(g) Wir identifizieren M mit $\{(a,b,c,d)^T \in \mathbb{R}^4 \mid ad - bc = 1\}$, also $M = g^{-1}(0)$ mit $g(a,b,c,d) := ad - bc - 1$. Wegen

$$g'(a,b,c,d) = (d, -c, -b, a) \neq (0,0,0,0)$$

für alle $(a, b, c, d) \in M$ ist M eine Mannigfaltigkeit. Der Tangentialraum von M im Punkt $p = (2, 3, 3, 5)$ ist dann

$$T_p M = \operatorname{Kern} g'(p) = \operatorname{Kern}(5, -3, -3, 2)$$
$$= \{ \begin{bmatrix} x \\ y \\ z \\ w \end{bmatrix} \mid 5x - 3y - 3z + 2w = 0 \}.$$

Lösung (97.21) Die stereographische Projektion ist die Abbildung $\varphi : \mathbb{R}^{n-1} \to \mathbb{S}^{n-1} \setminus \{(0,1)\}$, die gegeben ist durch

$$\varphi(\xi) = \frac{1}{\|\xi\|^2 + 1} \begin{bmatrix} 2\xi \\ \|\xi\|^2 - 1 \end{bmatrix}.$$

Für einen beliebigen Vektor $w \in \mathbb{R}^{n-1}$ gilt nun

$$\varphi'(\xi) w = \left. \frac{d}{dt} \right|_{t=0} \varphi(\xi + tw)$$
$$= \frac{2}{(1+\|\xi\|^2)^2} \begin{bmatrix} (1 + \|\xi\|^2) w - 2\langle \xi, w\rangle \xi \\ 2\langle \xi, w\rangle \end{bmatrix}$$

und damit

$$\operatorname{Bild} \varphi'(\xi) = \begin{bmatrix} 2\xi \\ \|\xi\|^2 - 1 \end{bmatrix}^\perp = \varphi(\xi)^\perp.$$

Lösung (97.22) Es gilt

$$T\mathbb{S}^{n-1} = \{(x,v) \mid x \in \mathbb{S}^{n-1}, v \in T_x \mathbb{S}^{n-1}\}$$
$$= \{(x,v) \in \mathbb{R}^n \times \mathbb{R}^n \mid \|x\| = 1, \langle x, v\rangle = 0\}$$
$$= \{(x,v) \in \mathbb{R}^{2n} \mid x_1^2 + \cdots + x_n^2 = 1, x_1 v_1 + \cdots + x_n v_n = 0\}$$
$$= \{(x,v) \in \mathbb{R}^{2n} \mid g_1(x,v) = 0, g_2(x,v) = 0\},$$

wobei $g_1, g_2 : \mathbb{R}^{2n} \to \mathbb{R}$ definiert sind durch $g_1(x,v) := x_1^2 + \cdots + x_n^2 - 1$ und $g_2(x,v) := x_1 v_1 + \cdots + x_n v_n$.

Lösung (97.23) (a) Es gilt

$$\varphi'(u,v) = \begin{bmatrix} -R(1+\cos v) \sin u & -R \sin v \cos u \\ R(1+\cos v) \cos u & -R \sin v \sin u \\ 0 & R \cos v \end{bmatrix}.$$

(Dies entspricht dem Ergebnis von Aufgabe (97.20)(e) mit $r = R$.) Speziell für $v = \pi$ ergibt sich

$$\varphi'(u, \pi) = -R \begin{bmatrix} 0 & 0 \\ 0 & 0 \\ 0 & 1 \end{bmatrix}$$

und damit sozusagen

$$T_{\varphi(u,\pi)} M = \operatorname{Bild} \varphi'(u,\pi) = \mathbb{R} \begin{bmatrix} 0 \\ 0 \\ 1 \end{bmatrix}.$$

("Sozusagen" in dem Sinne, daß wir den Tangentialraum für singuläre Punkte eigentlich gar nicht definiert haben.) Dieses Ergebnis erklärt das "eindimensionale" Aussehen des Horntorus an der Stelle $(0,0,0)$.

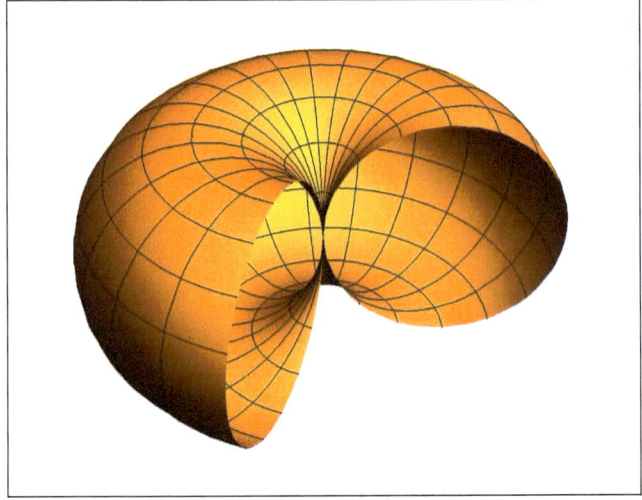

Horntorus.

(b) Gemäß Aufgabe (97.9)(b) (mit $r = R$) ist M die Nullstellenmenge der Funktion $g : \mathbb{R}^3 \to \mathbb{R}$ mit

$$g(x,y,z) = (x^2 + y^2 + z^2 - 2R^2)^2 - 4R^2(R^2 - z^2)$$
$$= (x^2 + y^2 + z^2)^2 - 4R^2(x^2 + y^2).$$

Es gilt

$$g'(x,y,z) = \begin{bmatrix} 4x(x^2+y^2+z^2-2R^2) \\ 4y(x^2+y^2+z^2-2R^2) \\ 4z(x^2+y^2+z^2) \end{bmatrix}^T$$

und damit $g'(0,0,0) = (0,0,0)$. An der singulären Stelle $p = (0,0,0)$ geht also der Zusammenhang zwischen der Dimension des Kerns von $g'(p)$ und der geometrischen Gestalt von M nahe p völlig verloren.

Lösung (97.24) (a) Der Nachweis findet sich als Beispiel (97.11)(e) des Buchs.

(b) Es seien $I \subseteq \mathbb{R}$ ein 0 enthaltendes Intervall und $\alpha : I \to \mathbb{R}^{3 \times 3}$ eine ganz in $SO(3)$ verlaufende Kurve mit $\alpha(0) = \mathbf{1}$. Für alle $t \in I$ gilt dann $\alpha(t)^T \alpha(t) = \mathbf{1}$; Ableiten liefert $\dot{\alpha}(t)^T \alpha(t) + \alpha(t)^T \dot{\alpha}(t) = \mathbf{0}$ für alle $t \in I$. Speziell für $t = 0$ ergibt sich $\dot{\alpha}(0)^T + \dot{\alpha}(0) = \mathbf{0}$; also ist $\dot{\alpha}(0)$ schiefsymmetrisch.

(c) Umgekehrt sei X schiefsymmetrisch. Dann definiert $\alpha(t) := \exp(tX)$ eine Kurve mit $\alpha(0) = \mathbf{1}$, die wegen $\alpha(t)^T \alpha(t) = \exp(tX)^T \exp(tX) = \exp(tX^T) \exp(tX) = \exp(-tX) \exp(tX) = \mathbf{1}$ ganz in $SO(3)$ verläuft. Also ist $\dot{\alpha}(0) = X$ ein Element von $T_e G$. Wir können auch indirekt schließen: Nach Teil (b) gilt

$(\star)$ $\quad T_e G \subseteq \{X \in \mathbb{R}^{3 \times 3} \mid X^T = -X\}$.

Nun ist T_eG ein Vektorraum der Dimension $\dim G = 3$, und die Menge aller schiefsymmetrischen Matrizen ist offensichtlich ebenfalls ein dreidimensionaler Vektorraum. Also haben die Vektorräume auf den beiden Seiten der Inklusion $(\star)$ die gleiche Dimension und sind daher gleich.

(d) Mit X und Y ist auch $[X, Y]$ schiefsymmetrisch, denn aus $X^T = -X$ und $Y^T = -Y$ folgt

$$[X,Y]^T = (XY - YX)^T = Y^T X^T - X^T Y^T$$
$$= (-Y)(-X) - (-X)(-Y) = YX - XY$$
$$= -(XY - YX) = -[X, Y].$$

(e) Ist $t \mapsto \gamma(t)$ eine Kurve in G mit $\gamma(0) = g$, so ist $\alpha(t) := g^{-1}\gamma(t)$ eine Kurve in G mit $\alpha(0) = \mathbf{1}$, so daß $X := \dot\alpha(0)$ ein Element von T_eG ist. Also liegt $\dot\gamma(0) = g\dot\alpha(0) = gX$ in $g(T_eG)$. Damit ist die Inklusion $T_gG \subseteq g(T_eG)$ bewiesen. Ist umgekehrt $X \in T_eG$ beliebig, so gibt es eine in G verlaufende Kurve $t \mapsto \alpha(t)$ mit $\alpha(0) = e$ und $\dot\alpha(0) = X$. Dann ist aber $\gamma(t) := g\alpha(t)$ eine Kurve in G mit $\gamma(0) = g$, folglich $\dot\gamma(0) = g\dot\alpha(0) = gX$ ein Element von T_gG. Damit ist auch die Inklusion $g(T_eG) \subseteq T_gG$ gezeigt.

Lösung (97.25) (a) Es ist G die Nullstellenmenge der Funktion $\varphi : \mathbb{R}^{n \times n} \to \mathbb{R}$ mit $\varphi(A) := \det(A) - 1$. Für $A \in G$ und alle $X \in \mathbb{R}^{n \times n}$ gilt nun

$$\varphi'(A)X = \left.\frac{d}{dt}\right|_{t=0} \varphi(A + tX) = \left.\frac{d}{dt}\right|_{t=0} \det(A + tX)$$
$$= \left.\frac{d}{dt}\right|_{t=0} \det(A)\det(\mathbf{1} + tA^{-1}X)$$
$$= \det(A) \cdot \operatorname{tr}(A^{-1}X) = \operatorname{tr}(A^{-1}X);$$

also hat $\varphi'(A)$ den Rang 1. Dies zeigt, daß G eine Mannigfaltigkeit der Dimension $n^2 - 1$ ist.

(b) Es seien $I \subseteq \mathbb{R}$ ein 0 enthaltendes Intervall und $\alpha : I \to \mathbb{R}^{n \times n}$ eine ganz in $G = \operatorname{SL}(n)$ verlaufende Kurve mit $\alpha(0) = \mathbf{1}$. Für alle $t \in I$ gilt dann $\det(\alpha(t)) = 1$; Ableiten liefert $\det'(\alpha(t))\dot\alpha(t) = 0$ für alle $t \in I$. Speziell für $t = 0$ ergibt sich, wenn wir kurz $X := \dot\alpha(0)$ schreiben, die Gleichung

$$0 = \det'(\mathbf{1})X = \left.\frac{d}{dt}\right|_{t=0} \det(\mathbf{1} + tX) = \operatorname{tr}(X),$$

denn $\det(\mathbf{1}+tX) = 1 + t \cdot \operatorname{tr}(X) + $ höhere Potenzen von t. Also gilt $\operatorname{tr}(X) = 0$ für alle $X \in T_eG$.

(c) Umgekehrt sei $X \in \mathbb{R}^{n \times n}$ eine Matrix mit der Spur 0. Dann definiert $\alpha(t) := \exp(tX)$ eine Kurve mit $\alpha(0) = \mathbf{1}$, die wegen $\det(\exp(tX)) = \exp(\operatorname{tr}(tX)) = \exp(0) = 1$ ganz in G verläuft. Also ist $\dot\alpha(0) = X$ ein Element von T_eG. Wie in Lösung (97.24)(c) können wir auch hier ein Dimensionsargument anwenden. Nach Teil (b) gilt

$(\star)$ $\qquad T_eG \subseteq \{X \in \mathbb{R}^{n \times n} \mid \operatorname{tr}(X) = 0\}.$

Nun ist T_eG ein Vektorraum der Dimension $\dim G = n^2 - 1$, und die Menge aller Matrizen mit verschwindender Spur ist offensichtlich ebenfalls ein Vektorraum der Dimension $n^2 - 1$. Also haben die Vektorräume auf den beiden Seiten der Inklusion $(\star)$ die gleiche Dimension und sind daher gleich.

(d) Es gilt $\operatorname{tr}([X,Y]) = \operatorname{tr}(XY - YX) = \operatorname{tr}(XY) - \operatorname{tr}(YX) = 0$ für alle $X, Y \in \mathbb{R}^{n \times n}$, erst recht also für alle $X, Y \in T_eG$. Damit folgt die Behauptung.

(e) Der Beweis ist wortwörtlich derselbe wie in Teil (e) der vorhergehenden Aufgabe. Das ist kein Zufall, denn es wird nur ausgenutzt, daß G nicht nur eine Mannigfaltigkeit, sondern auch eine Gruppe ist.

Bemerkung: Diese und die vorhergehende Aufgabe sind strukturell gleich. Es wurde jeweils eine Menge G betrachtet, die gleichzeitig die (geometrisch-analytische) Struktur einer Mannigfaltigkeit und die (algebraische) Struktur einer Gruppe trägt. Diese beiden Strukturen sind gekoppelt, weil die algebraischen Operationen (Matrizenmultiplikation und -inversion) durch glatte Abbildungen gegeben sind; man sagt jeweils, G sei eine Lie-Gruppe (nach dem norwegischen Mathematiker Sophus Lie). In der Mathematik entwickeln sich immer dann reichhaltige Theorien, wenn solche gekoppelten Strukturen vorliegen, und die Theorie der Lie-Gruppen ist eine solche reichhaltige Theorie (mit Bezügen zu vielen anderen mathematischen Disziplinen und mit Anwendungen von den Grundlagen der Geometrie über die Relativitätstheorie bis zur Elementarteilchenphysik). Teil (d) drückt jeweils aus, daß (da G nicht nur eine Mannigfaltigkeit, sondern auch eine Gruppe ist) der Tangentialraum T_eG nicht nur ein Vektorraum ist, sondern eine zusätzliche algebraische Struktur trägt (nämlich die einer Lie-Algebra), die ein "infinitesimales Abbild" der Gruppenstruktur ist.

Lösung (97.26) (a) Wir gehen die angegebenen Gruppen der Reihe nach durch.

• Die Gruppe $G_1 = \operatorname{GL}(n, \mathbb{R})$ ist eine offene Teilmenge von $\mathbb{R}^{n \times n}$; also gilt $L(G_1) = T_\mathbf{1}(\mathbb{R}^{n \times n}) = \mathbb{R}^{n \times n}$.

• Für $G_2 = \operatorname{GL}_+(n, \mathbb{R})$ gilt mit der gleichen Begründung wie für G_1 die Beziehung $L(G_2) = \mathbb{R}^{n \times n}$. (Das ist auch klar, weil $G_2 \subseteq G_1$ die Zusammenhangskomponente von $\mathbf{1}$ in G_1 ist.)

• Nach Definition ist klar, daß $G_3 = \operatorname{SL}(n, \mathbb{R})$ eine Mannigfaltigkeit der Dimension $n^2 - 1$ ist; also ist $L(G_3)$ ein Vektorraum der Dimension $n^2 - 1$. Ist X eine Matrix mit Spur Null, so ist $\alpha(t) := \exp(tX)$ eine Kurve mit $\alpha(0) = \mathbf{1}$, die wegen $\det(\exp(tX)) = e^{t\operatorname{tr}(X)} = e^0 = 1$ ganz in G_3 verläuft; es gilt daher $X = \alpha'(0) \in T_\mathbf{1}(G_3) = L(G_3)$. Also gilt $\{X \in \mathbb{R}^{n \times n} \mid \operatorname{tr}(X) = 0\} \subseteq L(G_3)$. Sowohl die linke als auch die rechte Seite dieser Inklusion ist nun ein Vektorraum der Dimension $n^2 - 1$; also gilt sogar die Gleichheit

$$L(G_3) = \{X \in \mathbb{R}^{n \times n} \mid \operatorname{tr}(X) = 0\}.$$

- Nach Aufgabe (97.16)(b) ist $G_4 = \mathrm{O}(n,\mathbb{R})$ eine Mannigfaltigkeit der Dimension $n(n-1)/2$. Ist $t \mapsto A(t) \in \mathbb{R}^{n\times n}$ eine in G_4 verlaufende Kurve mit $A(0) = \mathbf{1}$, so gilt $A(t)^T A(t) \equiv \mathbf{1}$, nach Ableiten also $A'(t)^T A(t) + A(t)^T A'(t) = \mathbf{0}$, was für $t = 0$ in $A'(0)^T + A'(0) = \mathbf{0}$ bzw. $A'(0)^T = -A'(0)$ übergeht. Jedes Element von $L(G_4)$ ist also enthalten im Vektorraum aller schiefsymmetrischen $(n \times n)$-Matrizen. Da dieser offensichtlich (!) die Dimension $(n^2 - n)/2$ hat, gilt sogar die Gleichheit

$$L(G_4) = \{X \in \mathbb{R}^{n\times n} \mid X^T = -X\}.$$

- Da $G_5 = \mathrm{SO}(n,\mathbb{R})$ offensichtlich eine offene Untermannigfaltigkeit von G_4 ist, gilt $L(G_5) = L(G_4)$. (Es ist $G_4 \subseteq G_5$ gerade die Zusammenhangskomponente von $\mathbf{1}$ in G_5.)

- Unter der Identifizierung

$$\begin{bmatrix} A & v \\ 0 & 1 \end{bmatrix} \leftrightarrow (A,v) \in \mathrm{GL}(n,\mathbb{R}) \times \mathbb{R}^n$$

erscheint $G_6 = \mathrm{Aff}(\mathbb{R}^n)$ einfach als das direkte Produkt von $\mathrm{GL}(n,\mathbb{R})$ und $\mathbb{R}^n$; der Tangentialraum von G_6 an der Stelle $\mathbf{1}$ entspricht dann dem Tangentialraum von $\mathrm{GL}(n,\mathbb{R}) \times \mathbb{R}^n$ an der Stelle $(\mathbf{1},0)$, und dieser ist $\mathbb{R}^{n\times n} \times \mathbb{R}^n$. Also gilt

$$L(G_6) = \left\{ \begin{bmatrix} X & w \\ 0 & 0 \end{bmatrix} \mid X \in \mathbb{R}^{n\times n}, w \in \mathbb{R}^n \right\}.$$

(b) Bei der Behauptung

$$(\star) \qquad L(G) = \{X \in \mathbb{R}^{n\times n} \mid \exp(\mathbb{R}X) \subseteq G\}.$$

ist die Inklusion $\supseteq$ trivial, denn für jede Matrix $X \in \mathbb{R}^{n\times n}$ mit $\exp(\mathbb{R}X) \subseteq G$ ist $\alpha(t) := \exp(tX)$ eine in G verlaufende Kurve mit $\alpha(0) = \mathbf{1}$ und $\alpha'(0) = X$; zu zeigen ist also nur die Inklusion $\subseteq$. Diese ist trivial für G_1 und G_2, denn für alle $X \in \mathbb{R}^{n\times n}$ und alle $t \in \mathbb{R}$ gilt $\det(\exp(tX)) = e^{t\,\mathrm{tr}(X)} > 0$. Für G_3 haben wir den Nachweis bereits in Teil (a) geführt. Für G_4 und G_5 gilt die Behauptung wegen

$$\exp(tX)^T \exp(tX) = \exp(tX^T)\exp(tX)$$
$$= \exp(-tX)\exp(tX) = \exp(\mathbf{0}) = \mathbf{1}.$$

Für G_6 folgt die Aussage schließlich, weil für eine Matrix

$$\begin{bmatrix} X & w \\ 0 & 0 \end{bmatrix} \in L(G_6)$$

(mit $X \in \mathbb{R}^{n\times n}$ und $w \in \mathbb{R}^n$) für alle $n \in \mathbb{N}$ die Gleichung

$$\begin{bmatrix} X & w \\ 0 & 0 \end{bmatrix}^n = \begin{bmatrix} X^n & X^{n-1}w \\ 0 & 0 \end{bmatrix}$$

gilt, aus der mit

$$\varphi(t,X) := t\mathbf{1} + \frac{t^2}{2!}X + \frac{t^3}{3!}X^2 + \frac{t^4}{4!}X^3 + \cdots$$

leicht die Gleichung

$$\exp\left(t \begin{bmatrix} X & w \\ 0 & 0 \end{bmatrix}\right) = \begin{bmatrix} \exp(tX) & \varphi(t,X)w \\ 0 & 1 \end{bmatrix} \in G_6$$

folgt.

(c) Daß mit X und Y auch $[X,Y] := XY - YX$ in $L(G)$ liegt, ist für G_1 und G_2 trivial und folgt für G_3 daraus, daß jede Matrix der Form $XY - YX$ die Spur Null hat. Für G_4 bzw. G_5 ist zu zeigen, daß mit X und Y auch $XY - YX$ schiefsymmetrisch ist; dies gilt wegen

$$(XY - YX)^T = Y^T X^T - X^T Y^T$$
$$= (-Y)(-X) - (-X)(-Y) = YX - XY$$
$$= -(XY - YX).$$

Für G_6 folgt die Behauptung aus der Rechnung

$$\begin{bmatrix} X_1 & w_1 \\ 0 & 0 \end{bmatrix}\begin{bmatrix} X_2 & w_2 \\ 0 & 0 \end{bmatrix} - \begin{bmatrix} X_2 & w_2 \\ 0 & 0 \end{bmatrix}\begin{bmatrix} X_1 & w_1 \\ 0 & 0 \end{bmatrix}$$
$$= \begin{bmatrix} X_1 X_2 - X_2 X_1 & X_1 w_2 - X_2 w_1 \\ 0 & 0 \end{bmatrix}.$$

Die Lieklammer zweier Matrizen der Form $\begin{bmatrix} \star & \star \\ 0 & 0 \end{bmatrix}$ ist also wieder von dieser Form, und das war zu zeigen.

Lösung (97.27) (a) Genau dann gilt $B \in T_A M$, wenn es eine in M verlaufende Kurve $t \mapsto \alpha(t) \in \mathbb{R}^{n\times k}$ gibt mit $\alpha(0) = A$ und $\alpha'(0) = B$. Eine solche Kurve erfüllt $\alpha(t)^T \alpha(t) = \mathbf{1}$ und nach der Produktregel daher

$$(\star) \qquad \alpha'(t)^T \alpha(t) + \alpha(t)^T \alpha'(t) = \mathbf{0}$$

für alle t. Speziell für $t = 0$ folgt hieraus $B^T A + A^T B = \mathbf{0}$. Erfüllt umgekehrt B diese Bedingung, so sei $t \mapsto \alpha(t)$ die Lösung von $(\star)$, die die Anfangsbedingung $\alpha(0) = A$ erfüllt. Diese Kurve erfüllt dann $(\mathrm{d}/\mathrm{d}t)\alpha(t)^T \alpha(t) = \mathbf{0}$, folglich $\alpha(t)^T \alpha(t) \equiv \alpha(0)^T \alpha(0) = A^T A = \mathbf{1}$, verläuft also in M. Daher gilt

$$T_A M = \{A \in \mathbb{R}^{n\times k} \mid B^T A + A^T B = \mathbf{0}\}.$$

(b) Speziell für $n = 4$ und $k = 2$ ergibt sich, wenn wir

$$A = \begin{bmatrix} 1/2 & 1/\sqrt{6} \\ 1/2 & 1/\sqrt{6} \\ 1/2 & 0 \\ 1/2 & -2/\sqrt{6} \end{bmatrix} \quad \text{und} \quad B = \begin{bmatrix} b_1 & b_5 \\ b_2 & b_6 \\ b_3 & b_7 \\ b_4 & b_8 \end{bmatrix}$$

schreiben, die Gleichung

$$B^T A + A^T B = \begin{bmatrix} u & v \\ v & w \end{bmatrix} \quad \text{mit}$$

$$u := b_1 + b_2 + b_3 + b_4,$$
$$v := (b_1 + b_2 - 2b_4)/\sqrt{6} + (b_5 + b_6 + b_7 + b_8)/2,$$
$$w := 2(b_5 + b_6 - 2b_8)/\sqrt{6}.$$

Identifizieren wir $B \in \mathbb{R}^{4\times 2}$ mit $b \in \mathbb{R}^8$, so besteht also T_AM aus allen Vektoren $b \in \mathbb{R}^8$, die das homogene Gleichungssystem

$$\begin{aligned} 0 &= b_1 + b_2 + b_3 + b_4 \\ 0 &= 2(b_1 + b_2 - 2b_4) + \sqrt{6}(b_5 + b_6 + b_7 + b_8) \\ 0 &= b_5 + b_6 - 2b_8 = 0 \end{aligned}$$

erfüllen. Also ist T_AM ein Vektorraum der Dimension $8 - 3 = 5$ in Übereinstimmung mit dem Ergebnis von Aufgabe (97.15)(b).

Lösung (97.28) (a) Ableiten der Identität $f(x(c), c) = 0$ nach c liefert unter Benutzung der Kettenregel die Gleichung

$$\langle (\nabla_x f)(x(c)), x'(c)\rangle + \frac{\partial f}{\partial c}(x(c), c) = 0.$$

(b) Die Gerade $y = 0$ hat mit jeder der Parabeln $y = (x-c)^2$ genau einen Punkt gemeinsam, nämlich $(c, 0)$. Ableiten der Bedingung $(x-c)^2 - y = 0$ nach c liefert $2(x-c) = 0$, also $x = c$. Die Enveloppe ist daher $\{(c, 0) \mid c \in \mathbb{R}\}$, also die x-Achse, was auch geometrisch unmittelbar einleuchtet.

(c) Integrieren der Bewegungsgleichungen $\ddot{x} = 0$ und $\ddot{y} = -g$ führt auf $x(t) = v\cos(\alpha) \cdot t$ und $y(t) = -(gt^2/2) + v\sin(\alpha)t$. Die erste Gleichung liefert $t = x/(v\cos\alpha)$; Einsetzen in die zweite Gleichung ergibt dann

(1) $$\begin{aligned} y &= \frac{-gx^2}{2v^2\cos^2\alpha} + x\tan\alpha \\ &= \frac{-gx^2}{2v^2}(1 + \tan^2\alpha) + x\tan\alpha \end{aligned}$$

als explizite Darstellung der Kurve C_α. Durch Ableiten nach dem Parameter α erhalten wir die Enveloppenbedingung

$$0 = \frac{-gx^2 \sin\alpha}{v^2 \cos^3\alpha} + \frac{x}{\cos^2\alpha},$$

die nach Umformen auf

(2) $$x = \frac{v^2 \cos\alpha}{g\sin\alpha} \quad \text{bzw.} \quad \tan\alpha = \frac{v^2}{gx}$$

führt. Setzen wir (2) in (1) ein, so ergibt sich

(3) $$y = \frac{1}{2}\left(\frac{v^2}{g} - \frac{gx^2}{v^2}\right).$$

Dies ist die Gleichung einer nach unten geöffneten Parabel, deren Brennpunkt der Abschußpunkt $(0,0)$ ist.

Lösung (97.29) Wir wählen ein Koordinatensystem so, daß der Halbkreis durch die Gleichung $y = \sqrt{1-x^2}$ gegeben ist. Ferner parametrisieren wir die einfallenden Strahlen durch deren jeweiligen Winkel α mit dem Radiusvektor.

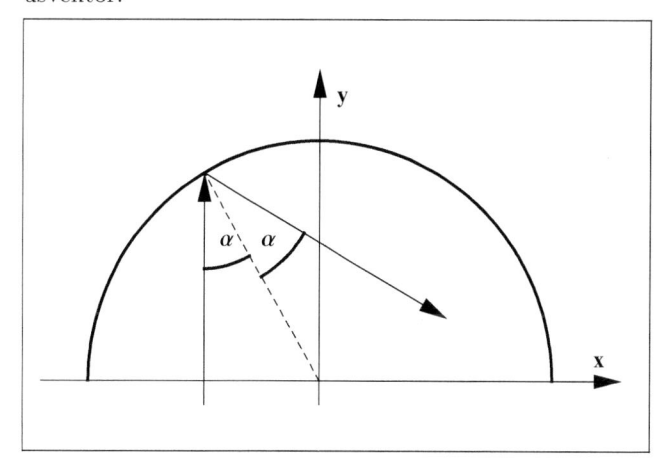

Der reflektierte Strahl, der zu dem einfallenden Strahl mit einem gegebenen Winkel α führt, hat dann den Steigungswinkel $2\alpha - (\pi/2)$ und geht durch den Punkt $(-\sin\alpha, \cos\alpha)$ und erfüllt folglich die Gleichung

(1) $$\begin{aligned} y &= \tan\left(2\alpha - \frac{\pi}{2}\right)(x + \sin\alpha) + \cos\alpha \\ &= \frac{-\cos(2\alpha)}{\sin(2\alpha)}(x + \sin\alpha) + \cos\alpha \\ &= \frac{\sin^2\alpha - \cos^2\alpha}{2\sin\alpha\cos\alpha} \cdot x + \frac{1}{2\cos\alpha} \\ &= \left(\frac{\sin\alpha}{\cos\alpha} - \frac{\cos\alpha}{\sin\alpha}\right) \cdot \frac{x}{2} + \frac{1}{2\cos\alpha}. \end{aligned}$$

Durch Ableiten nach dem Parameter α erhalten wir die Enveloppenbedingung

$$0 = \left(\frac{1}{\cos^2\alpha} + \frac{1}{\sin^2\alpha}\right) \cdot \frac{x}{2} + \frac{\sin\alpha}{2\cos^2\alpha},$$

die nach Durchmultiplizieren mit $2\sin^2\alpha\cos^2\alpha$ übergeht in

(2) $$x = -\sin^3\alpha.$$

Setzen wir dies in (1) ein, so ergibt sich

(3) $$\begin{aligned} y &= \left(\frac{\sin\alpha}{\cos\alpha} - \frac{\cos\alpha}{\sin\alpha}\right) \cdot \frac{-\sin^3\alpha}{2} + \frac{1}{2\cos\alpha} \\ &= \frac{-\sin^4\alpha + \sin^2\alpha\cos^2\alpha + 1}{2\cos\alpha} \\ &= \frac{(1-\sin^2\alpha)(1+\sin^2\alpha) + \sin^2\alpha\cos^2\alpha}{2\cos\alpha} \\ &= \frac{\cos^2\alpha(1+\sin^2\alpha) + \sin^2\alpha\cos^2\alpha}{2\cos\alpha} \\ &= \frac{\cos\alpha}{2} \cdot (1 + 2\sin^2\alpha). \end{aligned}$$

Die Gleichungen (2) und (3) zusammen ergeben eine Parameterdarstellung der gesuchten Enveloppe. Mit $\sin\alpha =$

$-x^{1/3}$ gemäß (2) und damit $\cos\alpha = \sqrt{1-\sin^2\alpha} = \sqrt{1-x^{2/3}}$ geht (3) über in die explizite Gleichung

$$y = \sqrt{1-x^{2/3}} \cdot \left(\frac{1}{2} + x^{2/3}\right).$$

Lösung (97.30) Es sei R der Radius von K. Wir wählen ein Koordinatensystem mit P als Nullpunkt so, daß $(R,0)$ der Mittelpunkt von K ist. Dann besteht K aus allen Punkten (x,y) mit $(x-R)^2 + y^2 = R^2$, also $x^2 + y^2 = 2Rx$. Jeder Punkt $Q \in K \setminus \{P\}$ ist dann von der Form $(c, \pm\sqrt{2Rc-c^2})$ mit $0 < c \leq 2R$. Wir verwenden der Übersichtlichkeit halber nur das positive Vorzeichen vor der Wurzel, betrachten also einen Punkt Q in der oberen Halbebene; für Punkte in der unteren Halbebene geht die folgende Rechnung völlig analog. Die Gleichung von K_Q ist also gegeben durch $(x-c)^2 + (y-\sqrt{2Rc-c^2})^2 = 2Rc$ bzw.

(1) $\quad x^2 - 2cx + y^2 - 2y\sqrt{2Rc-c^2} = 0.$

Ableiten nach dem Parameter c führt auf

(2) $\quad x + y \cdot \dfrac{R-c}{\sqrt{2Rc-c^2}} = 0.$

Die Enveloppe ergibt sich nun aus (1) und (2), indem wir entweder c aus (1) und (2) eliminieren und die Enveloppe dann als Lösungsmenge einer Gleichung $F(x,y) = 0$ erhalten, oder aber, indem wir x und y durch c ausdrücken und dann die Enveloppe als parametrisierte Kurve $c \mapsto (x(c), y(c))$ erhalten. Aus (2) folgt $y = -x\sqrt{2Rc-c^2}/(R-c)$; setzen wir dies in (1) ein, so folgt nach Umformen die Gleichung $x = 2c(c-R)/R$. Rückeinsetzen in (2) ergibt dann die Parameterdarstellung

(3) $\quad x = \dfrac{2c(c-R)}{R}, \quad y = \dfrac{2c\sqrt{2Rc-c^2}}{R}.$

Aus (3) ergibt sich unmittelbar $x^2 + y^2 = 4c^2$ und damit $2c = r$, wenn $r = \sqrt{x^2+y^2}$ der Abstand von (x,y) zum Nullpunkt ist. Die erste Gleichung in (3) geht dann über in $x = r(r/2 - R)/R = r(r-2R)/(2R)$. Bei Verwendung von Polarkoordinaten $(x,y) = (r\cos\varphi, r\sin\varphi)$ geht diese Gleichung über in $\cos\varphi = (r-2R)/(2R)$ bzw.

(4) $\quad r = 2R(1 + \cos\varphi)$

als Gleichung der Enveloppe in Polarkoordinaten. Diese Enveloppe ist also eine Kardioide.

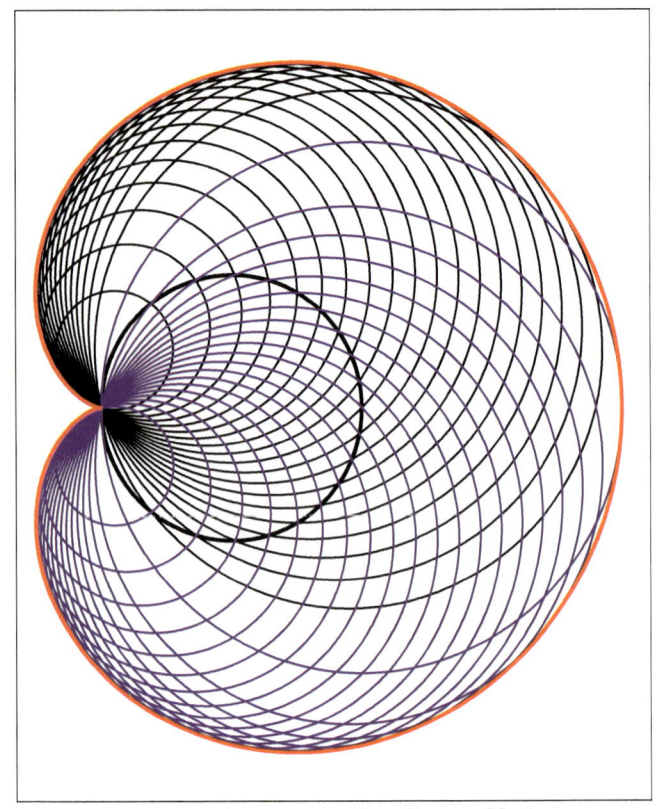

Kardioide als Enveloppe einer Familie von Kreisen.

Lösung (97.31) (a) Es sei $g(x,y;c) := (x-2c)^2 + y^2 - c^2$. Die Menge $K_c = \{(x,y) \in \mathbb{R}^2 \mid g(x,y;c) = 0\}$ ist der Kreis mit Mittelpunkt $(2c,0)$ und Radius $|c|$. Die Enveloppenbedingung lautet $0 = (\partial g/\partial c)(x,y;c) = -4(x-2c) - 2c$, also $x = 3c/2$ bzw. $c = 2x/3$. Setzt man dies in die Gleichung $g(x,y;c) = 0$ ein, so ergibt sich $0 = (x-4x/3)^2 + y^2 - 4x^2/9$, nach Durchmultiplizieren mit 9 also $0 = (-x)^2 + 9y^2 - 4x^2 = 9y^2 - 3x^2 = 9(y^2 - x^2/3)$. Die Gleichung der Enveloppe ist daher $y^2 = x^2/3$ bzw. $0 = y^2 - x^2/3 = (y - x/\sqrt{3})(y + x/\sqrt{3})$. Die Enveloppe ist daher die Vereinigung der beiden Geraden $y = \pm x/\sqrt{3}$, was auch geometrisch unmittelbar einleuchtet.

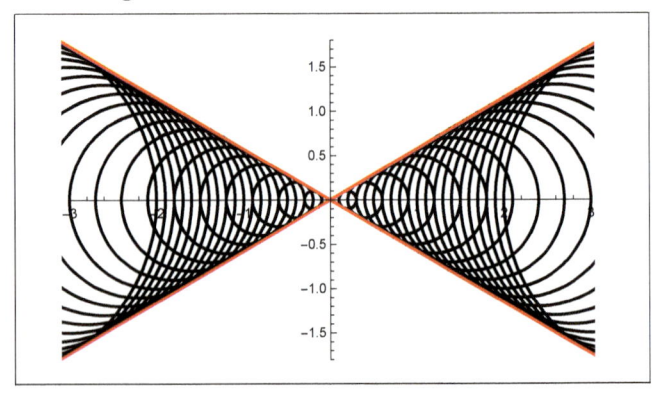

(b) Es sei $g(x,y;c) := (x - \cos c)^2 + (y - \sin c)^2 - 1$. Die Menge $K_c = \{(x,y) \in \mathbb{R}^2 \mid g(x,y;c) = 0\}$ ist der Kreis mit Mittelpunkt $(\cos c, \sin c)$ und Radius 1. Die

Enveloppenbedingung lautet $0 = (\partial g/\partial c)(x,y;c) = 2(x-\cos c)\cdot\sin c - 2(y-\sin c)\cdot\cos c$, also

$(\star)$ $(x-\cos c)\cdot\sin c = (y-\sin c)\cdot\cos c$.

Dies ergibt $y-\sin c = (x-\cos c)\cdot\tan c$ (falls $\cos c \neq 0$; im Fall $\cos c = 0$ löst man analog nach $x-\cos c$ statt nach $y-\sin c$ auf). Setzt man dies in die Gleichung $g(x,y;c) = 0$ ein, so ergibt sich $(x-\cos c)^2 \cdot (1 + \tan^2 c) = 1$ bzw. $(x-\cos c)^2 = \cos^2 c$, also $x^2 - 2x\cos c = 0$ und daher $x = 0$ oder $x = 2\cos c$. Gilt $x = 0$, dann wegen $(\star)$ auch $y = 0$; dies liefert nur den Punkt $(0,0)$. Gilt $x = 2\cos c$, so folgt aus $(\star)$ die Gleichung $y = 2\sin c$; wir erhalten also $\cos c = x/2$ und $\sin c = y/2$. Setzen wir dies in die Gleichung $g(x,y;c) = 0$ ein, so folgt $(x/2)^2 + (y/2)^2 = 1$ bzw. $x^2 + y^2 = 4$. Die Enveloppe besteht also aus dem Kreis mit Radius 2 um den Nullpunkt sowie dem singulären Punkt $(0,0)$. Dies leuchtet auch geometrisch unmittelbar ein.

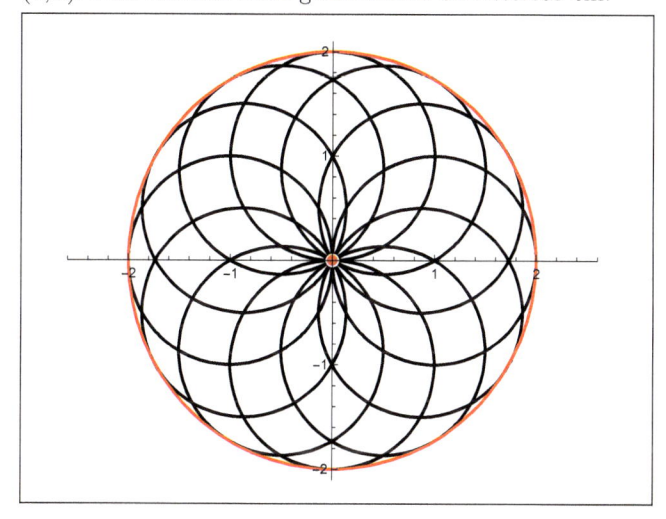

Lösung (97.32) Die Gerade $\overline{R_\varphi S_\varphi}$ hat die Steigung $\tan\varphi$ und den Achsenabschnitt $a\sin\varphi + (b/\cos\varphi)$, also die Gleichung $y = (\tan\varphi)x + (a\sin\varphi + b/\cos\varphi)$ bzw.

(1) $y\cos\varphi = x\sin\varphi + a\sin\varphi\cos\varphi + b$.

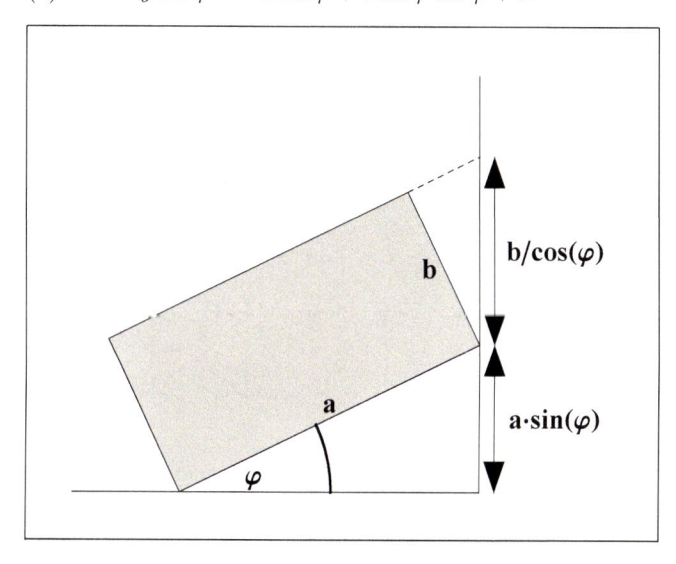

Die Gleichung (1) beschreibt eine Geradenschar mit dem Scharparameter $\varphi \in (0,\pi/2)$. Um die Einhüllkurve dieser Schar zu ermitteln, leiten wir nach dem Parameter φ ab und erhalten

(2) $-y\sin\varphi = x\cos\varphi + a(\cos^2\varphi - \sin^2\varphi)$.

Die Einhüllende besteht dann aus allen Punkten $(x,y) = (x(\varphi), y(\varphi))$, die (1) und (2) erfüllen. Wir können nun entweder versuchen, die Variable φ aus den Gleichungen (1) und (2) zu eliminieren und die Einhüllende durch eine Gleichung $F(x,y) = 0$ zu beschreiben, oder aber (1) und (2) nach (x,y) aufzulösen und die Einhüllende in Parameterform zu gewinnen. Tun wir letzteres, so erhalten wir

$$\begin{bmatrix} \sin\varphi & -\cos\varphi \\ \cos\varphi & \sin\varphi \end{bmatrix} \begin{bmatrix} x \\ y \end{bmatrix} = \begin{bmatrix} -a\sin\varphi\cos\varphi - b \\ -a(\cos^2\varphi - \sin^2\varphi) \end{bmatrix}$$

und damit

$$\begin{bmatrix} x \\ y \end{bmatrix} = \begin{bmatrix} \sin\varphi & \cos\varphi \\ -\cos\varphi & \sin\varphi \end{bmatrix} \begin{bmatrix} -a\sin\varphi\cos\varphi - b \\ -a(\cos^2\varphi - \sin^2\varphi) \end{bmatrix}$$

bzw. (nach Ausmultiplizieren und Vereinfachen)

(3) $\begin{bmatrix} x \\ y \end{bmatrix} = \begin{bmatrix} -a\cos^3\varphi - b\sin\varphi \\ a\sin^3\varphi + b\cos\varphi \end{bmatrix}$.

Zeichnen wir diese Hüllkurve, so erkennen wir, daß sie nicht unterhalb des Punktes E verläuft; das Verschieben der Truhe ist also *nicht* möglich.

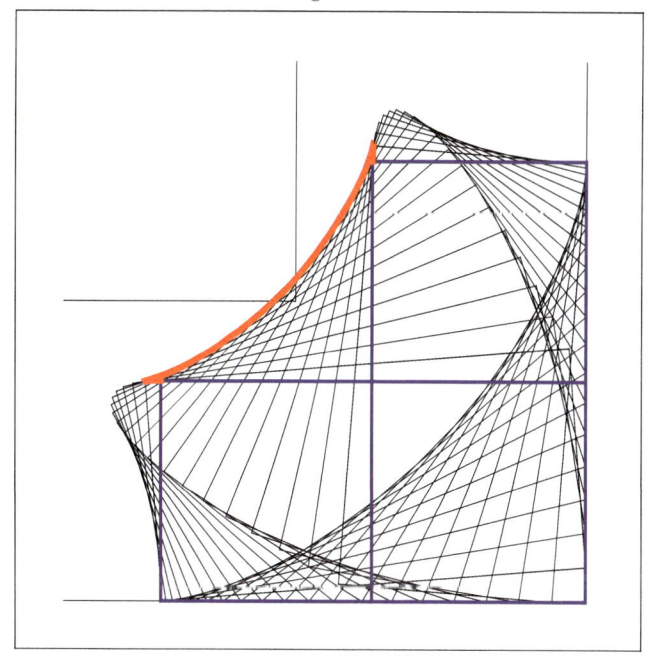

Obwohl dies für die Lösung der Aufgabe nicht nötig ist, wollen wir noch zeigen, wie man aus der Parameterdarstellung (3) eine Darstellung der Hüllkurve in Form einer Gleichung gewinnen kann. Schreiben wir $s := \sin\varphi$,

$$\begin{bmatrix} x^2-a^2 & 2bx & b^2+3a^2 & 0 & -3a^2 & 0 & a^2 & 0 & 0 & 0 & 0 & 0 \\ 0 & x^2-a^2 & 2bx & b^2+3a^2 & 0 & -3a^2 & 0 & a^2 & 0 & 0 & 0 & 0 \\ 0 & 0 & x^2-a^2 & 2bx & b^2+3a^2 & 0 & -3a^2 & 0 & a^2 & 0 & 0 & 0 \\ 0 & 0 & 0 & x^2-a^2 & 2bx & b^2+3a^2 & 0 & -3a^2 & 0 & a^2 & 0 & 0 \\ 0 & 0 & 0 & 0 & x^2-a^2 & 2bx & b^2+3a^2 & 0 & -3a^2 & 0 & a^2 & 0 \\ 0 & 0 & 0 & 0 & 0 & x^2-a^2 & 2bx & b^2+3a^2 & 0 & -3a^2 & 0 & a^2 \\ y^2-b^2 & 0 & b^2 & -2ay & 0 & 0 & a^2 & 0 & 0 & 0 & 0 & 0 \\ 0 & y^2-b^2 & 0 & b^2 & -2ay & 0 & 0 & a^2 & 0 & 0 & 0 & 0 \\ 0 & 0 & y^2-b^2 & 0 & b^2 & -2ay & 0 & 0 & a^2 & 0 & 0 & 0 \\ 0 & 0 & 0 & y^2-b^2 & 0 & b^2 & -2ay & 0 & 0 & a^2 & 0 & 0 \\ 0 & 0 & 0 & 0 & y^2-b^2 & 0 & b^2 & -2ay & 0 & 0 & a^2 & 0 \\ 0 & 0 & 0 & 0 & 0 & y^2-b^2 & 0 & b^2 & -2ay & 0 & 0 & a^2 \end{bmatrix} \begin{bmatrix} 1 \\ s \\ s^2 \\ s^3 \\ s^4 \\ s^5 \\ s^6 \\ s^7 \\ s^8 \\ s^9 \\ s^{10} \\ s^{11} \end{bmatrix} = \begin{bmatrix} 0 \\ 0 \\ 0 \\ 0 \\ 0 \\ 0 \\ 0 \\ 0 \\ 0 \\ 0 \\ 0 \\ 0 \end{bmatrix}$$

so ist $\cos\varphi = \sqrt{1-s^2}$; wir erhalten dann aus (3) einerseits $x + bs = -a(\sqrt{1-s^2})^3$ und andererseits $y - as^3 = b\sqrt{1-s^2}$, nach Quadrieren also $(x+bs)^2 = a^2(1-s^2)^3$ und $(y-as^3)^2 = b^2(1-s^2)$. Multiplizieren wir diese Gleichungen aus und sortieren wir nach Potenzen von s, so ergeben sich die beiden Gleichungen

$$0 = (x^2-a^2) + 2bx\, s + (b^2+3a^2)s^2 - 3a^2 s^4 + a^2 s^6,$$
$$0 = (y^2-b^2) + b^2 s^2 - 2ay\, s^3 + a^2 s^6.$$

Multiplizieren wir beide Gleichungen der Reihe nach mit $1, s, s^2, s^3, s^4$ und s^5 durch, so ergibt sich das am Seitenanfang angegebene homogene Gleichungssystem mit der nichttrivialen Lösung $(1, s, \ldots, s^{11})^T$. Die Existenz einer nichttrivialen Lösung ist nur möglich, wenn die Koeffizientendeterminante dieses Gleichungssystems verschwindet. Nullsetzen der Determinante liefert eine (ziemlich furchterregende) Gleichung vom Grad 12 sowohl in x als auch in y als Gleichung der Hüllkurve.

Lösung (97.33) (a) Es sei $g(x,y) := (x^2+y^2)^3 - 4x^3 y^2$. Wir berechnen

$$\frac{\partial g}{\partial x} = 3(x^2+y^2)^2 \cdot 2x - 12x^2 y^2 = 6x\big((x^2+y^2)^2 - 2xy^2\big),$$
$$\frac{\partial g}{\partial y} = 3(x^2+y^2)^2 \cdot 2y - 8x^3 y = 2y\big(3(x^2+y^2)^2 - 4x^3\big).$$

Wir suchen die singulären Punkte von M, also diejenigen Punkte (x,y) mit $g(x,y) = 0$ und $(\nabla g)(x,y) = (0,0)^T$. Offensichtlich ist $(0,0)$ ein singulärer Punkt; wir wollen zeigen, daß es andere singuläre Punkte nicht gibt. Dazu nehmen wir an, es sei $(x,y) \neq (0,0)$ ein singulärer Punkt, um einen Widerspruch zu erhalten. Aufgrund der Gleichung $g(x,y) = 0$ haben wir dann $x \neq 0$ und $y \neq 0$; die Bedingung $(\nabla g)(x,y) = (0,0)^T$ erzwingt dann

$$6xy^2 = 3(x^2+y^2)^2 = 4x^3$$

und damit $y^2 = 2x^2/3$. Einsetzen in die Gleichung $g(x,y) = 0$ liefert dann einerseits

$$\left(\frac{5x^2}{3}\right)^3 = 4x^3 \cdot \frac{2x^2}{3} \quad \text{bzw.} \quad \frac{125 x^6}{27} = \frac{8 x^5}{3}$$

und damit $x = 72/125$. Einsetzen in die Gleichung $g_x(x,y) = 0$ liefert andererseits

$$2x \cdot \frac{2x^2}{3} = \left(\frac{5x^2}{3}\right)^2 \quad \text{bzw.} \quad \frac{4x^3}{3} = \frac{25 x^4}{9}$$

und damit $x = 12/25$. Dieser Widerspruch zeigt, daß es außer $(0,0)$ keinen singulären Punkt gibt; also ist $M \setminus \{(0,0)\}$ eine Mannigfaltigkeit.

(b) Wir machen den Ansatz $y = tx$. Die Gleichung $g(x,y) = 0$ geht dann über in $(x^2+t^2 x^2)^3 = 4x^3 \cdot t^2 x^2$ bzw. $x^6(1+t^2)^3 = 4t^2 x^5$ und damit $x = 0$ oder $x = 4t^2/(1+t^2)^3$. Wir erhalten damit die Parameterdarstellung

$$x(t) = \frac{4t^2}{(1+t^2)^3}, \quad y(t) = \frac{4t^3}{(1+t^2)^3},$$

die für $t = 0$ auch den Punkt $(0,0)$ liefert. (Natürlich ist $t = 0$ ein singulärer Punkt dieser Parametrisierung.)

(c) Wir berechnen

$$\dot x(t) = \frac{8t(1-2t^2)}{(1+t^2)^4} \quad \text{und} \quad \dot y(t) = \frac{12 t^2(1-t^2)}{(1+t^2)^4}.$$

Den Punkt $p = (1/2, 1/2)$ erhalten wir für $t = 1$; der Tangentialraum $T_p M$ wird also aufgespannt von

$$\begin{bmatrix} \dot x(1) \\ \dot y(1) \end{bmatrix} = \begin{bmatrix} -1/2 \\ 0 \end{bmatrix}.$$

Lösung (97.34) (a) Wir schreiben $g_1(a,b,c,d) := 9ad - bc$ und $g_2(a,b,c,d) := 3ac - b^2$. Die Matrix, deren Spalten die Gradienten ∇g_1 und ∇g_2 sind, ist dann

$$A := \begin{bmatrix} 9d & 3c \\ -c & -2b \\ -b & 3a \\ 9a & 0 \end{bmatrix}.$$

Ist $(a,b,c,d) \in M$, so gilt $a \neq 0$; daher bilden die letzten beiden Zeilen eine (2×2)-Matrix mit von Null verschiedener Determinante, so daß A den Rang 2 hat. Dies zeigt, daß M eine zweidimensionale Mannigfaltigkeit ist.

(b) Der Ansatz $p(x) = (ux+v)^3$ liefert $ax^3 + bx^2 + cx + d = u^3x^3 + 3u^2vx^2 + 3uv^2x + v^3$, nach Koeffizientenvergleich also

$$(\star) \qquad \begin{aligned} a &= u^3, \\ b &= 3u^2v, \\ c &= 3uv^2, \\ d &= v^3. \end{aligned}$$

Gibt es u, v mit diesen Eigenschaften, so haben wir $9ad = 9u^3v^3 = bc$ und $b^2 = 9u^4v^2 = 3ac$. Erfüllen umgekehrt a, b, c, d diese Gleichungen, so wählen wir $u := \sqrt[3]{a}$ und $v := \sqrt[3]{d}$, um $(\star)$ zu erfüllen. Die Gleichungen $a = u^3$ und $d = v^3$ sind dann offensichtlich erfüllt, und die beiden anderen Gleichungen ergeben sich (unter Benutzung von $a \neq 0$) aus den Rechnungen

$$3u^2v = 3 \cdot \sqrt[3]{a^2d} = 3 \cdot \sqrt[3]{a \cdot \frac{bc}{9}} = 3 \cdot \sqrt[3]{\frac{ab}{9} \cdot \frac{b^2}{3a}} = b$$

und

$$3uv^2 = 3 \cdot \sqrt[3]{ad^2} = 3 \cdot \sqrt[3]{a \cdot \frac{b^2c^2}{81a^2}} = 3 \cdot \sqrt[3]{\frac{c^3}{27}} = c.$$

Also definiert $(\star)$ eine Parametrisierung von M.

(c) Wie in (b) bereits gesehen, ist eine Parametrisierung von M gegeben durch

$$\varphi(u,v) = \begin{bmatrix} u^3 \\ 3u^2v \\ 3uv^2 \\ v^3 \end{bmatrix} \quad (u \neq 0).$$

(d) Es sei $p = (8, -12, 6, -1)$. Wir bestimmen den Tangentialraum auf zweierlei Art. Benutzen wir Gleichungsdarstellung von M, so ergibt sich T_pM als Orthogonalkomplement des zweidimensionalen Raums

$$\mathbb{R}(\nabla g_1)(p) + \mathbb{R}(\nabla g_2)(p) = \mathbb{R}\begin{bmatrix} -9 \\ -6 \\ 12 \\ 72 \end{bmatrix} + \mathbb{R}\begin{bmatrix} 18 \\ 24 \\ 24 \\ 0 \end{bmatrix}$$

$$= \mathbb{R}\begin{bmatrix} -3 \\ -2 \\ 4 \\ 24 \end{bmatrix} + \mathbb{R}\begin{bmatrix} 3 \\ 4 \\ 4 \\ 0 \end{bmatrix}.$$

(Eine Basis dieses Lotraums können wir etwa mit dem Gram-Schmidt-Verfahren konstruieren. Wir tun dies hier nicht, weil wir eine solche Basis auf direktem Wege durch die nun folgende Rechnung erhalten.) Benutzen wir dagegen die Parametrisierung von M, so erhalten wir zunächst

$$\frac{\partial \varphi}{\partial u} = \begin{bmatrix} 3u^2 \\ 6uv \\ 3v^2 \\ 0 \end{bmatrix} \quad \text{und} \quad \frac{\partial \varphi}{\partial v} = \begin{bmatrix} 0 \\ 3u^2 \\ 6uv \\ 3v^2 \end{bmatrix}.$$

Wegen $p = \varphi(2, -1)$ wird daher T_pM aufgespannt von

$$\frac{\partial \varphi}{\partial u}(2,-1) = \begin{bmatrix} 12 \\ -12 \\ 3 \\ 0 \end{bmatrix} \quad \text{und} \quad \frac{\partial \varphi}{\partial v}(2,-1) = \begin{bmatrix} 0 \\ 12 \\ -12 \\ 3 \end{bmatrix};$$

also gilt

$$T_pM = \mathbb{R}\begin{bmatrix} 12 \\ -12 \\ 3 \\ 0 \end{bmatrix} + \mathbb{R}\begin{bmatrix} 0 \\ 12 \\ -12 \\ 3 \end{bmatrix} = \mathbb{R}\begin{bmatrix} 4 \\ -4 \\ 1 \\ 0 \end{bmatrix} + \mathbb{R}\begin{bmatrix} 0 \\ 4 \\ -4 \\ 1 \end{bmatrix}.$$

L98: Optimierung auf Mannigfaltigkeiten

Lösung (98.1) Zu optimieren ist die Funktion $f(x,y) := xy$ unter der Nebenbedingung $0 = x^2 + y^2 - 1 =: g(x,y)$.

(a) Nach Lagrange gibt es an der gesuchten Stelle (x,y) eine Zahl $\lambda \in \mathbb{R}$ mit $\nabla f = \lambda \nabla g$, also

$$(\star) \qquad \begin{bmatrix} y \\ x \end{bmatrix} = \lambda \begin{bmatrix} 2x \\ 2y \end{bmatrix}.$$

Wegen $(x,y) \neq 0$ ist $\lambda \neq 0$; es folgt dann sowohl $x \neq 0$ als auch $y \neq 0$. Aus $(\star)$ ergibt sich daher $x:y = y:x$, also $x^2 = y^2$ und damit $y = \pm x$. Einsetzen in die Nebenbedingung $x^2 + y^2 = 1$ liefert $2x^2 = 1$ und damit $x = \pm 1/\sqrt{2}$. Damit erhalten wir die vier kritischen Punkte $(x,y) = (\pm 1/\sqrt{2}, \pm 1/\sqrt{2})$. An den beiden Stellen $(1/\sqrt{2}, 1/\sqrt{2})$ und $(-1/\sqrt{2}, -1/\sqrt{2})$ wird dabei von f der Maximalwert $1/2$ angenommen, an den Stellen $(1/\sqrt{2}, -1/\sqrt{2})$ und $(-1/\sqrt{2}, 1/\sqrt{2})$ dagegen der Minimalwert $-1/2$.

(b) Der Kreis hat die Parameterdarstellung $(x,y) = (\cos t, \sin t)$; dann ist $f(x,y) = f(\cos t, \sin t) = \cos t \sin t = \sin(2t)/2$. Dieser Ausdruck wird maximal für $2t = (\pi/2) + 2k\pi$ bzw. $t = (\pi/4) + k\pi$ mit $k \in \mathbb{Z}$, dagegen minimal für $2t = (3\pi/2) + 2k\pi$ bzw. $t = (3\pi/4) + k\pi$ mit $k \in \mathbb{Z}$. Im ersten Fall ist $(\cos t, \sin t) = \pm(1/\sqrt{2}, 1/\sqrt{2})$, im zweiten Fall ist $(\cos t, \sin t) = \pm(1/\sqrt{2}, -1/\sqrt{2})$; wir erhalten also (natürlich!) die gleiche Lösung wie in (a).

Lösung (98.2) Zu optimieren ist die Funktion $f(x,y) := xy^2$ unter der Nebenbedingung $g(x,y) = 0$ mit $g(x,y) := 4x^2 + 9y^2 - 36 = 0$.

(a) Nach Lagrange gibt es eine Zahl λ mit $\nabla f = \lambda \nabla g$, also

$$(\star) \qquad \begin{bmatrix} y^2 \\ 2xy \end{bmatrix} = \lambda \begin{bmatrix} 8x \\ 18y \end{bmatrix}.$$

Ist $\lambda = 0$, so führt $(\star)$ auf $y = 0$ und dann $x^2 = 9$, also $x = \pm 3$. Ist $\lambda \neq 0$, so haben wir $x \neq 0$ und $y \neq 0$ und wegen $(\star)$ dann $2xy : y^2 = (18y):(8x)$, also $2x/y = (9y)/(4x)$ bzw. $8x^2 = 9y^2$. Setzt man dies in die Nebenbedingung $4x^2 + 9y^2 = 36$ ein, so ergibt sich $12x^2 = 36$ bzw. $x^2 = 3$, also $x = \pm\sqrt{3}$. Hieraus folgt dann $y^2 = 8x^2/9 = 8/3$ und damit $y = 2\sqrt{2/3}$. Wir erhalten also die sechs kritischen Punkte $(\pm\sqrt{3}, \pm 2\sqrt{2/3})$ und $(\pm 3, 0)$. An den beiden Punkten $P_{1,2} = (\sqrt{3}, \pm 2\sqrt{2/3})$ nimmt f den Wert $8/\sqrt{3} > 0$ an, an den Punkten $P_{3,4} = (-\sqrt{3}, \pm 2\sqrt{2/3})$ den Wert $-8/\sqrt{3} < 0$, an den Punkten $P_{5,6} = (\pm 3, 0)$ dagegen den Wert 0. Damit ist klar, daß bei $P_{1,2}$ jeweils ein (sogar globales) Maximum vorliegt, bei $P_{3,4}$ dagegen ein (sogar globales) Minimum. Bei $P_5 = (3,0)$ liegt ein lokales Minimum vor, bei $P_6 = (-3,0)$ ein lokales Maximum; das folgt beispielsweise daraus, daß entlang einer Kurve (hier der Ellipse $4x^2 + 9y^2 = 36$) eine Funktion zwischen zwei Minima stets ein Maximum besitzen muß, zwischen zwei Maxima stets ein Minimum.

(b) Wegen $(x/3)^2 + (y/2)^2 = 1$ haben wir $x = 3\cos\varphi$ und $y = 2\sin\varphi$; zu optimieren ist also der Ausdruck $xy^2 = 12\cos\varphi \sin^2\varphi$ bzw. die Funktion $g(\varphi) := \sin^2\varphi \cos\varphi$. Nullsetzen von

$$\begin{aligned} g'(\varphi) &= 2\sin\varphi\cos^2\varphi - \sin^3\varphi \\ &= \sin\varphi(2\cos^2\varphi - \sin^2\varphi) = \sin\varphi(2 - 3\sin^2\varphi) \end{aligned}$$

führt auf die Lösungen $\varphi_1 = \arcsin(\sqrt{2/3})$, $\varphi_2 = 2\pi - \varphi_1$, $\varphi_{3,4} = \pi \pm \varphi_1$ sowie $\varphi_5 = 0$ und $\varphi_6 = \pi$. Die Winkel φ_i entsprechen genau den in (a) gefundenen Punkten $P_i = (3\cos\varphi_i, 2\sin\varphi_i)$. Ob jeweils ein Minimum oder ein Maximum vorliegt, kann man anhand der Funktion $g''(\varphi) = \cos\varphi(2 - 9\sin^2\varphi)$ ermitteln.

Lösung (98.3) Der Abstand zweier Punkte (x,y) und (ξ,η) ist gegeben durch $\sqrt{(x-\xi)^2 + (y-\eta)^2}$. Statt dieses Abstands können wir genauso gut die Funktion

$$f(x,y,\xi,\eta) := (x-\xi)^2 + (y-\eta)^2$$

minimieren, die etwas bequemer zu behandeln ist; diese Funktion ist zu minimieren unter den Nebenbedingungen $g_1(x,y,\xi,\eta) = g_2(x,y,\xi,\eta) = 0$ mit $g_1(x,y,\xi,\eta) := 3x^2 + 2xy + 3y^2 - 1$ und $g_2(x,y,\xi,\eta) := \xi^2 + 4\eta^2 - 4$.

(a) Nach Lagrange gibt es Zahlen $\lambda, \mu \in \mathbb{R}$ mit $\nabla f = \lambda \nabla g_1 + \mu \nabla g_2$, d. h.

$$\begin{bmatrix} 2(x-\xi) \\ 2(y-\eta) \\ 2(\xi-x) \\ 2(\eta-y) \end{bmatrix} = \lambda \begin{bmatrix} 6x+2y \\ 2x+6y \\ 0 \\ 0 \end{bmatrix} + \mu \begin{bmatrix} 0 \\ 0 \\ 2\xi \\ 8\eta \end{bmatrix},$$

nach Division durch 2 also

$$\begin{bmatrix} x-\xi \\ y-\eta \\ \xi-x \\ \eta-y \end{bmatrix} = \lambda \begin{bmatrix} 3x+y \\ x+3y \\ 0 \\ 0 \end{bmatrix} + \mu \begin{bmatrix} 0 \\ 0 \\ \xi \\ 4\eta \end{bmatrix}.$$

Bilden des Quotienten $(y-\eta)/(x-\xi)$ liefert

$$\frac{y-\eta}{x-\xi} = \frac{x+3y}{3x+y} = \frac{4\eta}{\xi}.$$

Hieraus erhalten wir die Gleichungen $(x-\xi)(x+3y) = (y-\eta)(3x+y)$ und $\xi(x+3y) = 4\eta(3x+y)$, die sich zu der Gleichung

$$\begin{bmatrix} x+3y & -(3x+y) \\ x+3y & -4(3x+y) \end{bmatrix} \begin{bmatrix} \xi \\ \eta \end{bmatrix} = \begin{bmatrix} x^2 - y^2 \\ 0 \end{bmatrix}$$

zusammenfassen lassen. Auflösen nach ξ und η liefert

$$\begin{aligned} \begin{bmatrix} \xi \\ \eta \end{bmatrix} &= \frac{1}{3(x+3y)(3x+y)} \begin{bmatrix} 4(3x+y) & -(3x+y) \\ x+3y & -(x+3y) \end{bmatrix} \begin{bmatrix} x^2-y^2 \\ 0 \end{bmatrix} \\ &= \frac{x^2-y^2}{3(x+3y)(3x+y)} \begin{bmatrix} 4(3x+y) \\ x+3y \end{bmatrix} \end{aligned}$$

bzw.

($\star$) $\quad \xi = \dfrac{4(x^2-y^2)}{3(x+3y)}, \quad \eta = \dfrac{x^2-y^2}{3(3x+y)}.$

Einsetzen in die Nebenbedingung $\xi^2 + 4\eta^2 = 4$ führt nun auf

$$\dfrac{(x^2-y^2)^2}{9(x+3y)^2(3x+y)^2}\left(16(3x+y)^2 + 4(x+3y)^2\right) = 4$$

bzw.

$$\dfrac{(x^2-y^2)^2\left(4(3x+y)^2 + (x+3y)^2\right)}{9(x+3y)^2(3x+y)^2} = 1.$$

Durch Gleichsetzen mit der anderen Nebenbedingung $3x^2 + 2xy + 3y^2 = 1$ ergibt sich

$$(x^2-y^2)^2\left(4(3x+y)^2 + (x+3y)^2\right)$$
$$= 9(3x^2 + 2xy + 3y^2)(x+3y)^2(3x+y)^2.$$

Dividieren wir diese Gleichung durch x^6 und setzen wir $q := y/x$, so erhalten wir

$$(1-q^2)^2\left(4(3+q)^2 + (1+3q)^2\right)$$
$$= 9(3 + 2q + 3q^2)(1+3q)^2(3+q)^2.$$

(Wir haben es jetzt geschafft, statt eines Systems von sechs Gleichungen für die sechs Unbekannten $x, y, \xi, \eta, \lambda, \mu$ nur noch eine Gleichung in einer Unbekannten untersuchen zu müssen.) Durch Ausmultiplizieren, Sortieren und Zusammenfassen geht diese Gleichung über in

$$115q^6 + 876q^5 + 2249q^4 + 2712q^3 + 2285q^2 + 876q + 103 = 0.$$

Diese Gleichung hat vier reelle Lösungen:

$$q_1 \approx -3.70678,$$
$$q_2 \approx -2.55523,$$
$$q_3 \approx -0.442293,$$
$$q_4 \approx -0.203805.$$

Für jede dieser Lösungen q_i mit $1 \leq i \leq 4$ setzen wir $y = q_i x$ in die Gleichung $3x^2 + 2xy + 3y^2 = 1$ ein und erhalten $x^2(3 + 2q_i + 3q_i^2) = 1$, also die beiden Lösungen $x_i = \pm 1/\sqrt{3 + 2q_i + 3q_i^2}$. Dann ist $y_i = q_i x_i$; der Punkt (ξ, η) ergibt sich dann aus Gleichung ($\star$). Dies liefert für $P = (x, y)$ und $Q = (\xi, \eta)$ die folgenden Möglichkeiten:

- $P_1 = (0.164829, -0.610986)$,
  $Q_1 = (0.276665, 0.990388)$;
- $P_2 = (-0.164829, 0.610986)$,
  $Q_2 = (-0.276665, -0.990388)$;
- $P_3 = (0.239202, -0.611216)$,
  $Q_3 = (0.264558, -0.991221)$;
- $P_4 = (-0.239202, 0.611216)$,
  $Q_4 = (-0.264558, 0.991221)$;
- $P_5 = (0.608323, -0.269057)$,
  $Q_5 = (-1.99593, 0.0637708)$;
- $P_6 = (-0.608323, 0.269057)$,
  $Q_5 = (1.99593, -0.0637708)$;
- $P_7 = (0.606674, -0.123643)$,
  $Q_7 = (1.99519, 0.0693174)$;
- $P_8 = (-0.606674, 0.123643)$,
  $Q_8 = (-1.99519, -0.0693174)$.

Einsetzen in die Funktion f zeigt, daß der minimale Abstand zwischen den Punkten P_3 und Q_3 bzw. P_4 und Q_4 angenommen wird (in der Abbildung grün), der maximale Abstand dagegen zwischen den Punkten P_7 und Q_7 bzw. P_8 und Q_8 (in der Zeichnung violett).

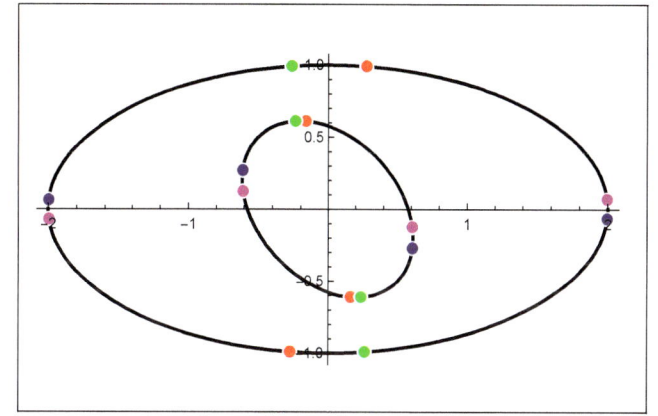

Kritische Punkte der betrachteten Abstandsfunktion.

(b) Unter Benutzung des Hinweises können wir die Gleichung $3x^2 + 2xy + 3y^2 = 1$ auch in der Form

$$(x-y)^2 + \left(\sqrt{2}(x+y)\right)^2 = 1$$

schreiben und erhalten dadurch die Parametrisierung $x - y = \cos u$, $\sqrt{2}(x+y) = \sin u$; wegen $(\xi/2)^2 + \eta^2 = 1$ können wir ferner $\xi/2 = \cos v$ und $\eta = \sin v$ schreiben. Wir erhalten also die Darstellungen

$$\begin{bmatrix} x \\ y \end{bmatrix} = \dfrac{1}{2\sqrt{2}} \begin{bmatrix} \sqrt{2}\cos u + \sin u \\ \sin u - \sqrt{2}\cos u \end{bmatrix} \quad \text{und} \quad \begin{bmatrix} \xi \\ \eta \end{bmatrix} = \begin{bmatrix} 2\cos v \\ \sin v \end{bmatrix}.$$

Um die Sinus- und Kosinusfunktionen zu vermeiden und nur mit rationalen Ausdrücken zu rechnen, führen wir $a := \tan(u/2)$ und $b := \tan(v/2)$ ein und erhalten dann

$$\begin{bmatrix} \cos u \\ \sin u \end{bmatrix} = \dfrac{1}{1+a^2}\begin{bmatrix} 1-a^2 \\ 2a \end{bmatrix} \quad \text{und} \quad \begin{bmatrix} \cos v \\ \sin v \end{bmatrix} = \dfrac{1}{1+b^2}\begin{bmatrix} 1-b^2 \\ 2b \end{bmatrix}$$

und folglich

$$x = \dfrac{1 - a^2 + a\sqrt{2}}{2(1+a^2)} \quad \text{und} \quad y = \dfrac{a\sqrt{2} - 1 + a^2}{2(1+a^2)}$$

sowie

$$\xi = \dfrac{2(1-b^2)}{1+b^2} \quad \text{und} \quad \eta = \dfrac{2b}{1+b^2}.$$

Die zu minimierende Funktion $(x-\xi)^2+(y-\eta)^2$ ist dann (bis auf einen Faktor 4) gegeben durch

$$\left(\frac{1-a^2+a\sqrt{2}}{1+a^2}-\frac{4(1-b^2)}{1+b^2}\right)^2+\left(\frac{a\sqrt{2}-1+a^2}{1+a^2}-\frac{4b}{1+b^2}\right)^2$$

und damit (nach Ausmultiplizieren und Sortieren) durch die Funktion

$$F(a,b) = \frac{2(a^4+1)}{(a^2+1)^2}+\frac{16(b^4-b^2+1)}{(b^2+1)^2}$$
$$-\frac{8(a^2-a\sqrt{2}-1)(b^2-1)}{(a^2+1)(b^2+1)}-\frac{8(a^2+a\sqrt{2}-1)b}{(a^2+1)(b^2+1)}.$$

Die partiellen Ableitungen sind

$$\frac{\partial F}{\partial a} = \frac{8a^3-8a}{(a^2+1)^3}-\frac{8\sqrt{2}(b^2-1)(a^2+2\sqrt{2}\,a-1)}{(b^2+1)(a^2+1)^2}$$
$$+\frac{8\sqrt{2}\,b(a^2-2\sqrt{2}\,a-1)}{(b^2+1)(a^2+1)^2}$$

und

$$\frac{\partial F}{\partial b} = \frac{96b^3-96b}{(b^2+1)^3}-\frac{32(a^2-\sqrt{2}\,a-1)\,b}{(a^2+1)(b^2+1)^2}$$
$$+\frac{8(a^2+\sqrt{2}\,a-1)(b^2-1)}{(a^2+1)(b^2+1)^2}.$$

Nullsetzen und Durchmultiplizieren mit $(a^2+1)^3(b^2+1)/8$ bzw. $(a^2+1)(b^2+1)^3/8$ und anschließendes Sortieren nach Potenzen von a führt auf das Gleichungssystem
$(\star)$
$$0 = p_0(b)+p_1(b)\,a+p_2(b)\,a^2+p_3(b)\,a^3+p_4(b)\,a^4,$$
$$0 = q_0(b)+q_1(b)\,a+q_2(b)\,a^2$$

mit

$$p_0(b) := \sqrt{2}\cdot(b^2-b-1),$$
$$p_1(b) := -5b^2-4b+3,$$
$$p_2(b) := 0,$$
$$p_3(b) := -3b^2-4b+5,$$
$$p_4(b) := -\sqrt{2}(b^2-b-1)$$

und

$$q_0(b) := -b^4+16b^3-8b+1,$$
$$q_1(b) := \sqrt{2}\cdot(b^4+4b^3+4b-1),$$
$$q_2(b) := b^4+8b^3-16b-1.$$

Es folgt nun ein Standardtrick, ein System zweier Polynomgleichungen in zwei Variablen in eine einzige Polynomgleichung in einer der beiden Variablen zu überführen. Aus $(\star)$ folgt

$$\begin{bmatrix}p_0(b)&p_1(b)&p_2(b)&p_3(b)&p_4(b)&0\\0&p_0(b)&p_1(b)&p_2(b)&p_3(b)&p_4(b)\\q_0(b)&q_1(b)&q_2(b)&0&0&0\\0&q_0(b)&q_1(b)&q_2(b)&0&0\\0&0&q_0(b)&q_1(b)&q_2(b)&0\\0&0&0&q_0(b)&q_1(b)&q_2(b)\end{bmatrix}\begin{bmatrix}1\\a\\a^2\\a^3\\a^4\\a^5\end{bmatrix}=\begin{bmatrix}0\\0\\0\\0\\0\\0\end{bmatrix}.$$

Dieses Gleichungssystem kann nur dann eine Lösung besitzen, wenn die Koeffizientendeterminante verschwindet; die einzigen möglichen Werte von b sind also die Lösungen der Polynomgleichung

$$\det\begin{bmatrix}p_0(b)&p_1(b)&p_2(b)&p_3(b)&p_4(b)&0\\0&p_0(b)&p_1(b)&p_2(b)&p_3(b)&p_4(b)\\q_0(b)&q_1(b)&q_2(b)&0&0&0\\0&q_0(b)&q_1(b)&q_2(b)&0&0\\0&0&q_0(b)&q_1(b)&q_2(b)&0\\0&0&0&q_0(b)&q_1(b)&q_2(b)\end{bmatrix}=0,$$

und für jede dieser Lösungen müssen wir dann die zugehörigen möglichen Lösungen für a finden (was am bequemsten durch Betrachten der zweiten Gleichung in $(\star)$ erfolgt, die quadratisch in a ist). Die erhaltenen Lösungen (a,b) sind dann in die Funktion F einzusetzen, um zu sehen, wo diese ihr Minimum bzw. Maximum annimmt. Damit ist klar, wie man prinzipiell die gesuchte Lösung (a,b) findet. Auf die Durchführung der mühseligen Rechnungen verzichten wir hier, zumal aus Teil (a) bereits klar ist, was als Ergebnis herauskommen muß.

Lösung (98.4) Geometrisch bedeutet die Aufgabenstellung, den kürzesten Abstand eines Punktes (x,y) auf der Parabel $x=-y^2$ zu einem Punkt (ξ,η) auf der Hyperbel $\xi\eta=1$ zu finden (wobei wir nur den rechten Hyperbelast $\xi>0$ betrachten; der andere schneidet den Parabelbogen).

(a) Wir definieren Funktionen $g_1,g_2:\mathbb{R}^4\to\mathbb{R}$ durch $g_1(x,y,\xi,\eta):=x+y^2$ und $g_2(x,y,\xi,\eta):=\xi\eta-1$. Es gibt dann Zahlen $\lambda,\mu\in\mathbb{R}$ mit $\nabla f=\lambda\nabla g_1+\mu\nabla g_2$, also

$$\begin{bmatrix}x-\xi\\y-\eta\\\xi-x\\\eta-y\end{bmatrix}=\lambda\begin{bmatrix}1\\2y\\0\\0\end{bmatrix}+\mu\begin{bmatrix}0\\0\\\eta\\\xi\end{bmatrix}.$$

Fall 1: Es gilt $x-\xi=0$. In diesem Fall folgt $\lambda=0$ und damit $y-\eta=0$. Wir haben dann $x=-y^2$ und $xy=1$, folglich $x=1/y$ und damit $y^3=-1$. Dies liefert die Lösung $x=y=\xi=\eta=-1$ und führt auf den Schnittpunkt $(-1,-1)$ der Parabel $x=-y^2$ mit der Hyperbel $xy=1$.

Fall 2: Es gilt $x-\xi\neq 0$. In diesem Fall haben wir

$$2y = \frac{y-\eta}{x-\xi} = \frac{\xi}{\eta},$$

folglich $\xi-2y\eta=0$ und $2y(x-\xi)=y-\eta$ bzw.

$$\begin{bmatrix}2y&-1\\1&-2y\end{bmatrix}\begin{bmatrix}\xi\\\eta\end{bmatrix}=\begin{bmatrix}2xy-y\\0\end{bmatrix}$$

und damit

$$\begin{bmatrix}\xi\\\eta\end{bmatrix}=\frac{1}{1-4y^2}\begin{bmatrix}-2y&1\\-1&2y\end{bmatrix}\begin{bmatrix}2xy-y\\0\end{bmatrix}=\frac{y(1-2x)}{1-4y^2}\begin{bmatrix}2y\\1\end{bmatrix}.$$

Folglich ist

$$1 = \xi\eta = \frac{y^2(1-2x)^2}{(1-4y^2)^2} \cdot 2y = \frac{2y^3(1+2y^2)^2}{(1-4y^2)^2}$$

und damit $(1-4y^2)^2 = 2y^3(1+2y^2)^2$. Ausmultiplizieren und Sortieren führt auf die Gleichung

$$8y^7 + 8y^5 - 16y^4 + 2y^3 + 8y^2 - 1 = 0.$$

Diese Gleichung hat eine einzige reelle Lösung, nämlich $y \approx 0.379129$. Hieraus erhalten wir dann $x = -y^2 \approx -0.143739$ sowie $\xi \approx 0.870780$ und $\eta \approx 1.148396$. Die beiden Punkte (x,y) und (ξ,η) mit dem kleinstmöglichen Abstand sind in der folgenden Skizze eingezeichnet.

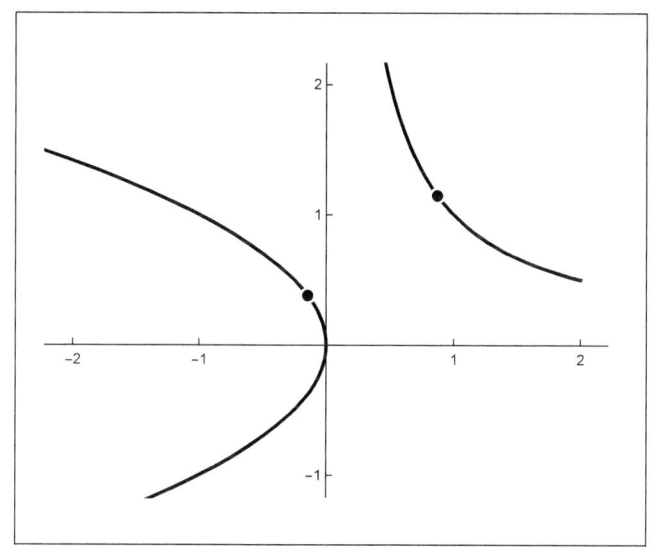

Kürzester Abstand zwischen der Parabel $x = -y^2$ und dem Hyperbelast $y = 1/x$ mit $x > 0$.

Bemerkung: Die Abbildung läßt vermuten, daß die Verbindungslinie der beiden Punkte die jeweiligen Kurven jeweils senkrecht trifft. In Aufgabe (98.14) werden wir sehen, daß dies kein Zufall ist!

(b) Wir müssen die Funktion

$$F(y, \eta) := f(-y^2, y, 1/\eta, \eta) = \frac{(y^2 + 1/\eta)^2 + (y-\eta)^2}{2}$$

minimieren und damit die partiellen Ableitungen von F gleich Null setzen. Wir erhalten

$$\frac{\partial F}{\partial y} = 2y(y^2 + 1/\eta) + (y - \eta) = 0 \quad \text{und}$$
$$\frac{\partial F}{\partial \eta} = -(y^2 + 1/\eta)/\eta^2 + (\eta - y) = 0,$$

folglich entweder $y^2 + 1/\eta = y - \eta = 0$ und damit $y = \eta = -1$ oder aber

$$\frac{y-\eta}{y^2 + 1/\eta} = -2y = -1/\eta^2$$

und damit $y = 1/(2\eta^2)$. Im ersten Fall erhalten wir $(x, y) = (\xi, \eta) = (-1, -1)$. Im zweiten Fall ergeben sich die Gleichungen $x = -y^2 = -1/(4\eta^4)$ sowie $\xi = 1/\eta$; die Gleichung $0 = \partial F/\partial y$ geht damit über in

$$0 = \frac{1}{\eta^2}\left(\frac{1}{4\eta^4} + \frac{1}{\eta}\right) + \frac{1}{2\eta^2} - \eta$$
$$= \frac{-4\eta^7 + 2\eta^4 + 4\eta^3 + 1}{4\eta^6}.$$

Also erfüllt η die Gleichung $4\eta^7 - 2\eta^4 - 4\eta^3 - 1 = 0$; diese Gleichung hat eine einzige reelle Nullstelle, nämlich $\eta \approx 1.148396$. Wir erhalten dann $\xi = 1/\eta \approx 0.870780$, weiter $x = -1/(4\eta^4) \approx -0.143739$ und $y = 1/(2\eta^2) \approx 0.379129$. Dies ist natürlich das gleiche Ergebnis wie das in (a) erhaltene.

Lösung (98.5) (a) Zu minimieren ist die Funktion

$$f(x, y, z) := (x-1)^2 + (y-3)^2 + (z-2)^2$$

unter der Nebenbedingung $g(x, y, z) = 0$ mit $g(x, y, z) := x^2 + y^2 - z$. Wir machen nach Lagrange den Ansatz $\nabla f = \lambda \nabla g$, also

$$\begin{bmatrix} 2(x-1) \\ 2(y-3) \\ 2(z-2) \end{bmatrix} = \lambda \begin{bmatrix} 2x \\ 2y \\ -1 \end{bmatrix}.$$

Aus den beiden ersten Komponenten dieser Vektorgleichung ergibt sich $2y(x-1) = 2\lambda xy = 2x(y-3)$, damit $xy - y = xy - 3x$ und folglich $y = 3x$. Die erste Komponente liefert $x \neq 0$ und dann $\lambda = (x-1)/x$. Die letzte Komponente liefert $\lambda = 4 - 2z$. Vergleich der beiden letzten Gleichungen ergibt $4 - 2z = (x-1)/x$ bzw. $z = (3x+1)/(2x)$. Die Gleichung $z = x^2 + y^2$ geht damit über in

$$\frac{3x+1}{2x} = x^2 + (3x)^2 = 10x^2$$

bzw. $20x^3 - 3x - 1 = 0$. Wieder ergibt sich $x = 1/2$, damit $y = 3x = 3/2$ und folglich $z = x^2 + y^2 = 5/2$.

(b) Da das Rotationsparaboloid die Parametrisierung $(x, y) \mapsto (x, y, x^2 + y^2)$ besitzt, können wir die Aufgabe direkt (ohne Anwendung der Methode von Lagrange) lösen. Statt des Abstandes können wir genausogut die Funktion

$$F(x, y, z) := \frac{1}{2}((x-1)^2 + (y-3)^2 + (x^2 + y^2 - 2)^2)$$

minimieren, die etwas bequemer zu handhaben ist. Wegen $F(x, y, z) \to \infty$ für $(x, y, z) \to \infty$ ist dabei die Existenz eines globalen Minimums von vornherein klar. Nullsetzen der partiellen Ableitungen führt auf

$$0 = F_x = x - 1 + (x^2 + y^2 - 2) \cdot 2x,$$
$$0 = F_y = y - 3 + (x^2 + y^2 - 2) \cdot 2y.$$

Durchmultiplizieren der ersten Gleichung mit y und der zweiten Gleichung mit x liefert

$$y(x-1) \;=\; -2xy(x^2+y^2-2) \;=\; x(y-3)$$

und damit $xy - y = xy - 3x$, also $y = 3x$. Setzen wir dies in die erste Gleichung ein, so ergibt sich $0 = x - 1 + 2x(10x^2 - 2) = 20x^3 - 3x - 1$. Ausprobieren zeigt, daß $x = 1/2$ eine Lösung dieser Gleichung ist; anschließende Polynomdivision liefert $(20x^3 - 3x - 1) : (2x - 1) = 10x^2 + 5x + 1 = 10(x + (1/4))^2 + (3/8)$, so daß keine weitere Lösung mehr existiert. Wir erhalten also $x = 1/2$, $y = 3x = 3/2$ und $z = x^2 + y^2 = 5/2$. Das Rotationsparaboloid kommt also im Punkt $(1/2, 3/2, 5/2)$ dem Punkt $(1, 3, 2)$ am nächsten.

Lösung (98.6) Wir suchen Punkte (x, y) und (ξ, η) mit $y = x^2 + 1$ und $\eta = \xi/2$, für die der Abstand $\sqrt{(x-\xi)^2 + (y-\eta)^2}$ minimal wird. Statt dieses Abstandes können wir genausogut die Funktion

$$f(x,y,\xi,\eta) \;:=\; (1/2)\cdot\big((x-\xi)^2+(y-\eta)^2\big)$$

minimieren, und zwar unter den Nebenbedingungen $g_1 = g_2 = 0$ mit

$$g_1(x,y,\xi,\eta) \;:=\; x^2+1-y,$$
$$g_2(x,y,\xi,\eta) \;=\; (\xi/2)-\eta.$$

Nach Lagrange machen wir den Ansatz $\nabla f = \lambda(\nabla g_1) + \mu(\nabla g_2)$, also

$$\begin{bmatrix} x-\xi \\ y-\eta \\ -(x-\xi) \\ -(y-\eta) \end{bmatrix} = \lambda \begin{bmatrix} 2x \\ -1 \\ 0 \\ 0 \end{bmatrix} + \mu \begin{bmatrix} 0 \\ 0 \\ 1/2 \\ -1 \end{bmatrix}.$$

Dies führt auf die Gleichungen $x - \xi = 2\lambda x = -\mu/2$ und $y - \eta = -\lambda = \mu$. Wir erhalten $\mu = -\lambda$ und damit $x - \xi = 2\lambda x = \lambda/2$ sowie $y - \eta = -\lambda$.

Erster Fall: $\lambda = 0$ und damit auch $\mu = 0$. Wir erhalten dann $x = \xi$ und $y = \eta$, wegen $\eta = \xi/2$ also $y = x/2$. Das ist aber nicht möglich, weil nicht gleichzeitig die Bedingungen $y = x/2$ und $y = x^2 + 1$ gelten können. Dieser erste Fall kann also nicht eintreten.

Zweiter Fall: $\lambda \neq 0$. Aus $2\lambda x = \lambda/2$ folgt in diesem Fall $2x = 1/2$, also $x = 1/4$ und damit $y = x^2 + 1 = 17/16$. Die Gleichung $x - \xi = 2\lambda x$ geht dann über in $(1/4) - \xi = \lambda/2$ und damit $(1/2) - 2\xi = \lambda = -y + \eta = -(17/16) + \eta$ bzw. $8 - 32\xi = -17 + 16\eta = -17 + 8\xi$, also $40\xi = 25$. Wir erhalten also $\xi = 5/8$ und $\eta = \xi/2 = 5/16$. (Es folgt ferner $\lambda = -3/4$, aber dieser Wert ist für uns uninteressant.) Wir erhalten also (natürlich!) das gleiche Ergebnis wie in Aufgabe (95.12).

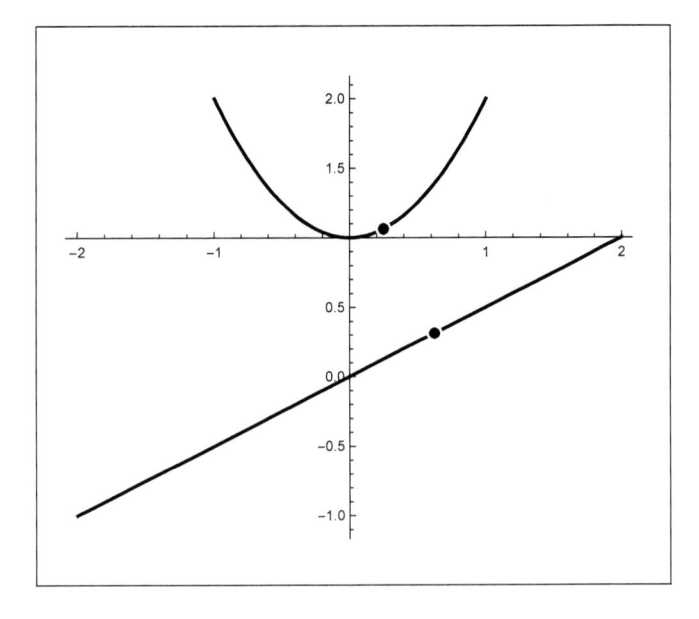

Lösung (98.7) Wir geben zwei Lösungen an.

• **Erste Lösung.** Nach Lagrange machen wir den Ansatz $\nabla f = \lambda(\nabla g)$, also

$$\begin{bmatrix} yz^2 \\ xz^2 \\ 2xyz \end{bmatrix} = 2\lambda \begin{bmatrix} x \\ y \\ z \end{bmatrix}.$$

Wir unterscheiden die Fälle $z = 0$ und $z \neq 0$.

Erster Fall: Ist $z = 0$, so folgt $x^2 + y^2 = 4$, so daß nicht x und y beide gleich Null sein können; dies erzwingt $\lambda = 0$. Wegen $x^2 + y^2 = 4$ gibt es ein $\varphi \in [0, 2\pi)$ mit

$$(x, y, z) \;=\; (2\cos\varphi, 2\sin\varphi, 0).$$

Zweiter Fall: Ist $z \neq 0$, so folgt $xy = \lambda$. Genau dann gilt $x = 0$, wenn auch $y = 0$ gilt; in diesem Fall haben wir $z^2 = 4$, was auf die Punkte $(0, 0, \pm 2)$ führt. An diesen Punkten ist $f = 0$. Gilt $xy \neq 0$, so erhalten wir $2x^2 = z^2 = 2y^2$ und damit $4 = x^2 + y^2 + z^2 = 4x^2$, also $x = \pm 1$. Dies führt auf die Lösungen $(\pm 1, \pm 1, \pm\sqrt{2})$; wir erhalten $f(1, 1, \pm\sqrt{2}) = f(-1, -1, \pm\sqrt{2}) = 2$ und $f(1, -1, \pm\sqrt{2}) = f(-1, 1, \pm\sqrt{2}) = -2$.

• **Zweite Lösung.** Die Menge aller Punkte (x, y, z) mit $x^2 + y^2 + z^2 = 4$ läßt sich mittels Kugelkoordinaten parametrisieren durch

$$\begin{bmatrix} x \\ y \\ z \end{bmatrix} = 2 \begin{bmatrix} \cos(\varphi)\cos(\theta) \\ \sin(\varphi)\cos(\theta) \\ \sin(\theta) \end{bmatrix} \quad \begin{array}{l}(0 \leq \varphi < 2\pi, \\ -\pi/2 \leq \theta \leq \pi/2).\end{array}$$

Wir erhalten dann

$$\begin{aligned} F(\varphi, \theta) &:= f(x(\varphi,\theta), y(\varphi,\theta), z(\varphi,\theta)) \\ &= 2\cos(\varphi)\cos(\theta) \cdot 2\sin(\varphi)\cos(\theta) \cdot 4\sin^2(\theta) \\ &= 16\sin(\varphi)\cos(\varphi)\sin^2(\theta)\cos^2(\theta) \\ &= 2\sin(2\varphi)\sin(2\theta)^2. \end{aligned}$$

Aufgaben zu »Optimierung auf Mannigfaltigkeiten« siehe Seite 15

Da die Sinusfunktion nur Werte zwischen -1 und $+1$ annimmt, können wir sofort das Maximum 2 (angenommen für $\varphi \in \{\pi/4, 5\pi/4\}$ und $\theta \in \{\pm\pi/4\}$) und das Minimum -2 (angenommen für $\varphi \in \{3\pi/4, 7\pi/4\}$ und $\theta \in \{\pm\pi/4\}$) ablesen.

Lösung (98.8) Wir setzen $g(x,y) := x^4 + y^4 - 1$; nach Lagrange gibt es dann eine Zahl λ mit $\nabla f = \lambda \nabla g$ bzw.
$$\begin{bmatrix} 2x \\ 4y \end{bmatrix} = \lambda \begin{bmatrix} 4x^3 \\ 4y^3 \end{bmatrix}.$$
(Wegen $(x,y) \neq (0,0)$ ist dabei zwangsläufig $\lambda \neq 0$.) Ist $x = 0$, so gilt $y^4 = 1$; dies liefert die kritischen Punkte $P_{1,2} = (0, \pm 1)$. Ist $y = 0$, so gilt $x^4 = 1$; dies liefert die kritischen Punkte $(\pm 1, 0)$. Ist $x \neq 0$ und $y \neq 0$, so erhalten wir $2y/x = y^3/x^3$ und damit $2yx^3 = y^3 x$ bzw. $0 = 2yx^3 - y^3 x = xy(2x^2 - y^2)$, also $y^2 = 2x^2$ und folglich $1 = x^4 + y^4 = x^4 + 4x^4 = 5x^4$ sowie $y^4 = 1 - x^4 = 4/5$; dies führt auf die kritischen Punkte $P_{5,6,7,8} = (\pm \sqrt[4]{1/5}, \pm \sqrt[4]{4/5})$. Für $i = 1, 2$ gilt $f(P_i) = 2$; für $i = 3, 4$ gilt $f(P_i) = 1$; für $5 \leq i \leq 8$ gilt schließlich $f(P_i) = \sqrt{1/5} + 2\sqrt{4/5} = 5/\sqrt{5} = \sqrt{5}$. Die Funktion f nimmt entlang der Kurve $x^4 + y^4 = 1$ also an den Stellen $P_{3,4}$ ihren Minimalwert 1 an, an den Stellen $P_{5,6,7,8}$ ihren Maximalwert $\sqrt{5}$. An den Stellen $P_{1,2}$ liegen dann zwangsläufig lokale Minima vor.

Lösung (98.9) Wir schreiben $f(x,y) = x^2 + y^2$ und $g(x,y) = x^4 + 14x^2y^2 + y^4 - 1$. Nach Lagrange machen wir den Ansatz $\nabla f = \lambda \nabla g$, also
$$\begin{bmatrix} 2x \\ 2y \end{bmatrix} = \lambda \begin{bmatrix} 4x^3 + 28xy^2 \\ 28x^2y + 4y^3 \end{bmatrix} \quad \text{bzw.} \quad \begin{bmatrix} x \\ y \end{bmatrix} = \lambda \begin{bmatrix} x(2x^2 + 14y^2) \\ y(14x^2 + 2y^2) \end{bmatrix}.$$
Ist $x = 0$, so führt die Nebenbedingung auf $y^4 = 1$ und damit $y = \pm 1$. Ist $y = 0$, so führt die Nebenbedingung auf $x^4 = 1$ und damit $x = \pm 1$. Für $x \neq 0$ und $y \neq 0$ führt die Lagrange-Bedingung auf $1 = \lambda \cdot (2x^2 + 14y^2)$ und $1 = \lambda(14x^2 + 2y^2)$ und damit $2x^2 + 14y^2 = 14x^2 + 2y^2$, folglich $y^2 = x^2$ bzw. $y = \pm x$; die Nebenbedingung liefert dann $16x^4 = 1$ bzw. $x = \pm 1/2$. Die einzigen möglichen Kandidaten für Minima und Maxima sind also die Punkte
$$(0, \pm 1), \quad (\pm 1, 0), \quad (\pm 1/2, \pm 1/2)$$
(wobei alle Vorzeichenkombinationen möglich sind). Einsetzen in die Funktion f liefert
$$f(0, \pm 1) = 1, \quad f(\pm 1, 0) = 1, \quad f(\pm 1/2, \pm 1/2) = 1/2;$$
an den vier erstgenannten Punkten liegen also lokale Maxima vor, an den vier letztgenannten Punkten dagegen lokale Minima.

Lösung (98.10) Gesucht ist das Minimum der Funktion $f(x,y) := x^2 + y^2$ unter der Nebenbedingung $g(x,y) = 0$ mit $g(x,y) := x^3 + y^3 - 1$. Nach Lagrange gibt es an der gesuchten Stelle (x,y) eine Zahl $\lambda \in \mathbb{R}$ mit $\nabla f = \lambda \nabla g$, also
$$\begin{bmatrix} 2x \\ 2y \end{bmatrix} = \lambda \begin{bmatrix} 3x^2 \\ 3y^2 \end{bmatrix}.$$
Für $x \neq 0$ und $y \neq 0$ folgt aus dieser Gleichung $y/x = y^2/x^2$, also $x^2y = xy^2$ und damit $x = y$, wegen $x^3 + y^3 = 1$ also $x = y = \sqrt[3]{1/2}$. Ist $x = 0$, so folgt $y^3 = 1 - x^3 = 1$ und damit $y = 1$; gilt $y = 0$, so folgt $x^3 = 1 - y^3 = 1$ und damit $x = 1$. Es kommen also nur drei Stellen in Frage, an denen das gesuchte Minimum angenommen werden kann, nämlich $(x_1, y_1) = (\sqrt[3]{1/2}, \sqrt[3]{1/2})$ sowie $(x_2, y_2) = (0, 1)$ und $(x_3, y_3) = (1, 0)$. Wegen $f(x_1, y_1) = \sqrt[3]{2}$ und $f(x_2, y_2) = f(x_3, y_3) = 1$ wird der Minimalabstand in den Punkten $(0, 1)$ und $(1, 0)$ angenommen.

Lösung (98.11) Der Mittelpunkt der Ellipse E ist der Nullpunkt $(0, 0, 0)$; die kleine bzw. große Halbachse von E ist daher der minimale bzw. maximale Abstand eines Punktes $(x, y, z) \in E$ zum Nullpunkt. Wir suchen daher das Minimum und das Maximum der Funktion
$$f(x, y, z) := x^2 + y^2 + z^2$$
unter den Nebenbedingungen $g_1 = g_2 = 0$ mit $g_1(x,y,z) := (x/2)^2 + (y/\sqrt{5})^2 + (z/5)^2 - 1$ und $g_2(x,y,z) := x + y - z$. (Wegen der Stetigkeit von f und der Kompaktheit von E ist die Existenz eines Minimums bzw. Maximums von vornherein klar.) Nach Lagrange machen wir den Ansatz $\nabla f = \lambda (\nabla g_1) + \mu (\nabla g_2)$, also
$$2 \begin{bmatrix} x \\ y \\ z \end{bmatrix} = 2\lambda \begin{bmatrix} x/4 \\ y/5 \\ z/25 \end{bmatrix} + \mu \begin{bmatrix} 1 \\ 1 \\ -1 \end{bmatrix}.$$
Damit diese Gleichung gelten kann, müssen die in ihr auftretenden Spaltenvektoren linear abhängig sein; es muß also
$$0 = \det \begin{bmatrix} x & x/4 & 1 \\ y & y/5 & 1 \\ z & z/25 & -1 \end{bmatrix} = \frac{xy}{20} - \frac{4yz}{25} + \frac{21xz}{100}$$
bzw. $0 = 5xy - 16yz + 21xz$ gelten. (Die Lagrange-Multiplikatoren λ und μ, deren Werte uns ohnehin nicht interessieren, wurden durch die Herleitung der letzten Gleichung eliminiert.) Setzen wir die Nebenbedingung $z = x + y$ in die letzte Gleichung ein, so erhalten wir $0 = 5xy - 16y(x+y) + 21x(x+y) = 21x^2 + 10xy - 16y^2$. Die andere Nebenbedingung $g_1(x,y,z) = 0$ läßt sich schreiben als $100 = 25x^2 + 20y^2 + 4z^2 = 25x^2 + 20y^2 + 4(x+y)^2 = 29x^2 + 8xy + 24y^2$. Dividieren wir die Gleichung $0 = 21x^2 + 10xy - 16y^2$ durch $-16x^2$ und schreiben wir $q := y/x$, so erhalten wir $q^2 - (5/8)q - (21/16)$ und damit $q = (5/16) \pm (19/16)$, also $q = 3/2$ oder $q = -7/8$. Wir haben also entweder $y = 3x/2$ oder aber $y = -7x/8$. Diese Bedingung wird nun jeweils in die Gleichung $29x^2 + 8xy + 24y^2 = 100$ eingesetzt.

- **Erster Fall:** $y = 3x/2$. Dies liefert $100 = 29x^2 + 12x^2 + 54x^2 = 95x^2$ bzw. $x^2 = 20/19$. Wegen $y = 3x/2$ und $z = x+y = 5x/2$ liefert dies die beiden Lösungen

$$(x,y,z) = \pm\left(\sqrt{\frac{20}{19}}, \frac{3}{2}\sqrt{\frac{20}{19}}, \frac{5}{2}\sqrt{\frac{20}{19}}\right) \text{ mit}$$

$$x^2 + y^2 + z^2 = \frac{20}{19}\left(\frac{4}{4} + \frac{9}{4} + \frac{25}{4}\right) = 10.$$

- **Zweiter Fall:** $y = -7x/8$. Dies liefert $100 = 29x^2 - 7x^2 + (147/8)x^2$ bzw. $x^2 = 800/323$. Wegen $y = -7x/8$ und $z = x+y = x/8$ liefert dies die beiden Lösungen

$$(x,y,z) = \pm\left(\sqrt{\frac{800}{323}}, -\frac{7}{8}\sqrt{\frac{800}{323}}, \frac{1}{8}\sqrt{\frac{800}{323}}\right) \text{ mit}$$

$$x^2 + y^2 + z^2 = \frac{800}{323}\left(\frac{64}{64} + \frac{49}{64} + \frac{1}{64}\right) = \frac{75}{17}.$$

Die beiden Halbachsen sind also $\sqrt{10} \approx 3.16228$ und $\sqrt{75/17} \approx 2.10042$.

Lösung (98.12) Es sei (a,b,c,d,e) ein Punkt, an dem f unter den angegebenen Nebenbedingungen ein lokales Minimum oder Maximum annimmt. Die Methode von Lagrange liefert die Existenz von Zahlen $u, v, w \in \mathbb{R}$ mit

$$\begin{bmatrix} 4a^3 \\ 4b^3 \\ 4c^3 \\ 4d^3 \\ 4e^3 \end{bmatrix} = u\begin{bmatrix} 1 \\ 1 \\ 1 \\ 1 \\ 1 \end{bmatrix} + v\begin{bmatrix} 2a \\ 2b \\ 2c \\ 2d \\ 2e \end{bmatrix} + w\begin{bmatrix} 3a^2 \\ 3b^2 \\ 3c^2 \\ 3d^2 \\ 3e^2 \end{bmatrix}.$$

Alle fünf Zahlen a, b, c, d, e sind dann Nullstellen des Polynoms $p(x) := 4x^3 - 3wx^2 - 2vx - u$. Ein Polynom dritten Grades hat aber höchstens drei verschiedene Nullstellen; daher treten unter den fünf Zahlen a, b, c, d, e mindestens drei gleiche Zahlen oder zwei Paare jeweils gleicher Zahlen auf. Da sowohl die Funktion f als auch die Nebenbedingungen vollkommen symmetrisch in a, b, c, d, e sind, dürfen wir also annehmen, daß die Gleichung $a = b = c$ gilt oder daß die Gleichungen $a = b$ und $c = d$ gelten. (Andere Lösungen ergeben sich dann durch Umbenennen der Variablen.)

Erster Fall: $a = b = c$. In diesem Fall lauten die Nebenbedingungen folgendermaßen:

$$\begin{aligned} 0 &= 3a + d + e, \\ 4 &= 3a^2 + d^2 + e^2, \\ 0 &= 3a^3 + d^3 + e^3. \end{aligned}$$

Die erste Gleichung liefert $a = -(d+e)/3$; Einsetzen in die zweite und die dritte Gleichung liefert $2d^2 + de + 2e^2 = 6$ sowie $(d+e)^3 = 9(d^3+e^3) = 9(d+e)(d^2-de+e^2)$.

Aufgrund der letzten Bedingung gilt $d + e = 0$ oder $(d+e)^2 = 9(d^2 - de + e^2)$ bzw. $8d^2 - 11de + 8e^2 = 0$. Wir betrachten die beiden Möglichkeiten separat.

- Gilt $d + e = 0$, also $e = -d$, so geht die Gleichung $2d^2 + de + 2e^2 = 6$ über in $d^2 = 2$; ferner ist $a = -(d+e)/3 = 0$. Dies liefert die zwei Lösungen

$$(1) \quad (a,b,c,d,e) = \pm(0,0,0,\sqrt{2},-\sqrt{2}).$$

- Die Gleichung $0 = 8d^2 - 11de + 8e^2 = 8(d^2 - (11/8)de + e^2) = 8((d - 11e/16)^2 + (135e^2/256))$ hat $(d,e) = (0,0)$ als einzige reelle Lösung. Diese Möglichkeit kann also nicht eintreten.

Zweiter Fall: $a = b$ und $c = d$. In diesem Fall lauten die Nebenbedingungen folgendermaßen:

$$\begin{aligned} 0 &= 2a + 2c + e, \\ 4 &= 2a^2 + 2c^2 + e^2, \\ 0 &= 2a^3 + 2c^3 + e^3. \end{aligned}$$

Die erste Gleichung liefert $e = -2(a+c)$; Einsetzen in die zweite und die dritte Gleichung liefert $3a^2 + 4ac + 3c^2 = 2$ und $0 = a^3 + c^3 - 4(a+c)^3 = -3(a+c)(a^2 + 3ac + c^2)$. Aufgrund der letzten Bedingung gilt $a + c = 0$ oder $a^2 + 3ac + c^2 = 0$. Wir betrachten die beiden Möglichkeiten separat.

- Gilt $a + c = 0$, also $c = -a$, so geht die Gleichung $3a^2 + 4ac + 3c^2 = 2$ über in $a^2 = 1$ und damit $a = \pm 1$. Ferner gilt $e = -2(a+c) = 0$; dies liefert die beiden Lösungen

$$(2) \quad (a,b,c,d,e) = \pm(1,1,-1,-1,0).$$

- Gelten die Gleichungen $3a^2 + 4ac + 3c^2 = 2$ und $a^2 + 3ac + c^2 = 0$, so subtrahieren wir von der ersten das Dreifache der zweiten Gleichung und erhalten $ac = -2/5$, also $c = -2/(5a)$. Einsetzen in die Gleichung $a^2 + 3ac + c^2 = 0$ liefert dann $0 = a^2 - (6/5) + 4/(25a^2)$ bzw. $0 = a^4 - (6/5)a^2 + (4/25)$ und damit $a^2 = (3 \pm \sqrt{5})/5$, also $a = \pm\sqrt{(3 \pm \sqrt{5})/5}$. Hieraus folgt $c = -2/(5a) = \mp\sqrt{(3 \mp \sqrt{5})/5}$, wobei sowohl vor der Wurzel als auch innerhalb der Wurzel jeweils dasjenige Vorzeichen zu wählen ist, das dem im Ausdruck für a auftretenden Vorzeichen entgegengesetzt ist. Mit $\alpha := \sqrt{(3+\sqrt{5})/5}$ und $\beta := \sqrt{(3-\sqrt{5})/5}$ erhalten wir also die Lösungen

$$(3) \quad \begin{aligned}(a,b,c,d,e) &= \pm(\alpha,\alpha,-\beta,-\beta,2\beta-2\alpha) \text{ und} \\ (a,b,c,d,e) &= \pm(\beta,\beta,-\alpha,-\alpha,2\alpha-2\beta).\end{aligned}$$

Damit haben wir alle kritischen Punkte bestimmt. Wegen $f(0,0,0,\sqrt{2},-\sqrt{2}) = 8$, $f(1,1,-1,-1,0) = 4$ und $f(\alpha,\alpha,-\beta,-\beta,2\beta-2\alpha) = f(\beta,\beta,-\alpha,-\alpha,2\alpha-2\beta) = $

$24/5 = 4.8$ nimmt also f unter den angegebenen Nebenbedingungen an den Punkten der Form (2) das (globale) Minimum 4 an, an den Punkten der Form (1) das (globale) Maximum 8.

Lösung (98.13) Die Menge M aller 2×2-Matrizen, deren erste Spalte die Länge 1 und deren zweite Spalte die Länge 2 hat, ist eine 2-dimensionale Untermannigfaltigkeit des 4-dimensionalen Vektorraums $\mathbb{R}^{2\times 2}$ aller reellen (2×2)-Matrizen. Wir können M sowohl in Parameterform als auch in Gleichungsform darstellen:

$$M = \left\{ \begin{bmatrix} \cos u & 2\cos v \\ \sin u & 2\sin v \end{bmatrix} \mid u, v \in \mathbb{R} \right\}$$
$$= \left\{ \begin{bmatrix} a & b \\ c & d \end{bmatrix} \mid a^2 + c^2 = 1, b^2 + d^2 = 4 \right\}.$$

Im ersten Fall ist die zu optimierende Funktion gegeben durch

$$F(u,v) := \det \begin{bmatrix} \cos u & 2\cos v \\ \sin u & 2\sin v \end{bmatrix} = 2\sin(v-u).$$

Diese Funktion nimmt ihren maximalen Wert (nämlich 2) genau dann an, wenn $\sin(v-u) = 1$ gilt, also $v = u + (\pi/2) + k \cdot 2\pi$ mit $k \in \mathbb{Z}$ und damit $\cos v = -\sin u$ und $\sin v = \cos u$, also auf allen Matrizen der Form

$$\begin{bmatrix} \cos u & -2\sin u \\ \sin u & 2\cos u \end{bmatrix}.$$

Analog nimmt die Funktion F ihren minimalen Wert (nämlich -2) genau dann an, wenn $\sin(v-u) = -1$ gilt, also $v = u - \pi/2 + k \cdot 2\pi$ mit $k \in \mathbb{Z}$ und damit $\cos v = \sin u$ und $\sin u = -\cos v$, also auf allen Matrizen der Form

$$\begin{bmatrix} \cos u & 2\sin u \\ \sin u & -2\cos u \end{bmatrix}.$$

Benutzen wir die Gleichungsdarstellung für M, so haben wir

$$A = \begin{bmatrix} a & b \\ c & d \end{bmatrix} \text{ mit } a^2+c^2 = 1 \text{ und } b^2+d^2 = 4.$$

Zu minimieren bzw. zu maximieren ist dann die Funktion $f(a,b,c,d) := ad - bc$ unter den Nebenbedingungen $g_1(a,b,c,d) := a^2 + c^2 - 1 = 0$ und $g_2(a,b,c,d) := b^2 + d^2 - 4 = 0$. Der Lagrange-Ansatz $\nabla f = \lambda(\nabla g_1) + \mu(\nabla g_2)$ lautet

$$\begin{bmatrix} d \\ -c \\ -b \\ a \end{bmatrix} = 2\lambda \begin{bmatrix} a \\ 0 \\ c \\ 0 \end{bmatrix} + 2\mu \begin{bmatrix} 0 \\ b \\ 0 \\ d \end{bmatrix}.$$

Hieraus folgen die Bedingungen

$$\begin{bmatrix} d \\ -b \end{bmatrix} = 2\lambda \begin{bmatrix} a \\ c \end{bmatrix} \quad \text{und} \quad \begin{bmatrix} -c \\ a \end{bmatrix} = 2\mu \begin{bmatrix} b \\ d \end{bmatrix},$$

nach Normbildung also $2 = 2|\lambda|$ und $1 = 4|\mu|$ bzw. $\lambda = \pm 1$ und $\mu = \pm 1/4$. Wir erhalten dann entweder

$$A = \begin{bmatrix} a & b \\ c & d \end{bmatrix} = \begin{bmatrix} a & -2c \\ c & 2a \end{bmatrix} \quad \text{mit} \quad \det(A) = 2$$

(in diesem Fall haben wir $\lambda = 1$ und $\mu = 1/4$) oder

$$A = \begin{bmatrix} a & b \\ c & d \end{bmatrix} = \begin{bmatrix} a & 2c \\ c & -2a \end{bmatrix} \quad \text{mit} \quad \det(A) = -2$$

(in diesem Fall haben wir $\lambda = -1$ und $\mu = -1/4$). Da die Vektoren der Länge 1 genau die Vektoren der Form $(a,c)^T = (\cos u, \sin u)^T$ sind, ist dies das gleiche Ergebnis wie das, das wir unter Benutzung der Parameterdarstellung erhalten haben.

Lösung (98.14) Die Funktion $f : M \times N \to \mathbb{R}$ mit

$$f(x,y) := (1/2)\|x-y\|^2$$

nehme ein lokales Minimum in $x_0 \in M$ und $y_0 \in N$ an. Sind dann $I, J \subseteq \mathbb{R}$ Intervalle mit $0 \in I$ und $0 \in J$ und sind $\alpha : I \to \mathbb{R}^n$ und $\beta : J \to \mathbb{R}^n$ irgendwelche ganz in M bzw. N verlaufenden Kurven mit $\alpha(0) = x_0$ und $\beta(0) = y_0$, so nimmt die durch

$$F(s,t) := (1/2)\|\alpha(s) - \beta(t)\|^2$$

definierte Funktion $F : I \times J \to \mathbb{R}$ ein lokales Minimum in $(s,t) = (0,0)$ an. Eine dafür notwendige Bedingung ist das Verschwinden der partiellen Ableitungen

$$\frac{\partial F}{\partial s}(0,0) = \langle \alpha(0) - \beta(0), \alpha'(0) \rangle = \langle x_0 - y_0, \alpha'(0) \rangle,$$
$$\frac{\partial F}{\partial t}(0,0) = -\langle \alpha(0) - \beta(0), \beta'(0) \rangle = -\langle x_0 - y_0, \beta'(0) \rangle.$$

Da $\alpha'(0)$ und $\beta'(0)$ beliebige Elemente von $T_{x_0}M$ bzw. $T_{y_0}N$ sind, bedeutet dies $\langle x_0 - y_0, v \rangle = \langle x_0 - y_0, w \rangle = 0$ für alle $v \in T_{x_0}M$ und alle $w \in T_{y_0}N$. Das ist aber die Behauptung.

Lösung (98.15) Wir definieren $f : \mathbb{R}^n \times \mathbb{R}^n \to \mathbb{R}$ und $g : \mathbb{R}^n \to \mathbb{R}$ durch

$$f(x,y) := \|x-y\|^2 \quad \text{und} \quad g(x) := c_1 x_1^4 + \cdots + c_n x_n^4 - 1;$$

zu maximieren ist dann der Ausdruck $f(x,y)$ unter den Nebenbedingungen $g(x) = 0$ und $g(y) = 0$. Wird das Maximum an einer Stelle (x,y) angenommen, so gibt es nach Lagrange Konstanten $\lambda, \mu \in \mathbb{R}$ mit

$$(\star) \quad 2\begin{bmatrix} x-y \\ y-x \end{bmatrix} = \lambda \begin{bmatrix} (\nabla g)(x) \\ 0 \end{bmatrix} + \mu \begin{bmatrix} 0 \\ (\nabla g)(y) \end{bmatrix}.$$

Dabei sind λ und μ beide von Null verschieden, denn aus $\lambda = 0$ oder $\mu = 0$ würde $x = y$ und damit $f(x,y) = 0$ folgen, was offensichtlich der *minimal* mögliche Wert für

f ist. Also gibt es eine Konstante $\alpha \neq 0$ mit $(\nabla g)(y) = \alpha(\nabla g)(x)$ bzw. $y_i^3 = \alpha x_i^3$ für alle i; mit $a := \sqrt[3]{\alpha}$ gilt dann $y_i = a x_i$ für alle i. Wegen $g(x) = g(y) = 0$ folgt hieraus $a^4 = 1$ und damit $a = \pm 1$. Die Bedingung $a = 1$ würde wieder auf $y = x$ führen; also gilt $a = -1$ und damit $y = -x$. (Die beiden gesuchten Punkte gehen also durch Punktspiegelung am Nullpunkt ineinander über.) Bedingung ($\star$) reduziert sich dann auf $4x = \lambda (\nabla g)(x)$ bzw. $x_i = \lambda \cdot c_i x_i^3$ für $1 \leq i \leq n$. Hieraus folgt entweder $x_i = 0$ oder aber $1 = \lambda \cdot c_i x_i^2$. (Da nicht $x_i = 0$ für alle Indices i gelten kann, folgt hieraus $\lambda > 0$.) Es sei nun J die Menge derjenigen Indices i mit $x_i \neq 0$. Wir haben dann $x_i^2 = 1/(\lambda c_i)$ für $i \in J$ und $x_i = 0$ für $i \notin J$, folglich $0 = g(x) = \sum_{i \in J} 1/(\lambda^2 c_i) - 1$ und damit $\lambda = \sqrt{\sum_{i \in J} 1/c_i}$. Es folgt $f(x,y) = f(x,-x) = 4\|x\|^2 = 4 \sum_{i \in J} x_i^2 = 4 \sum_{i \in J} 1/(c_i \lambda) = (4/\lambda) \sum_{i \in J} (1/c_i) = 4 \sqrt{\sum_{i \in J} 1/c_i}$. Da der Wert $f(x,y)$ so groß wie möglich sein soll, muß $J = \{1, \ldots, n\}$ gelten; d.h., für die optimale Lösung gilt $x_i \neq 0$ für alle i. Der größtmögliche Abstand ist also

$$4 \cdot \sqrt{\frac{1}{c_1} + \frac{1}{c_2} + \cdots + \frac{1}{c_n}};$$

er wird jeweils angenommen zwischen den Punkten x und $-x$, wobei x von der Form

$$x = \frac{1}{\sqrt[4]{(1/c_1) + \cdots + (1/c_n)}} \begin{bmatrix} \pm 1/\sqrt{c_1} \\ \pm 1/\sqrt{c_2} \\ \vdots \\ \pm 1/\sqrt{c_n} \end{bmatrix}$$

(mit beliebigen Vorzeichenauswahlen) ist. **Beispiel:** Der maximale Abstand zwischen zwei Punkten der Menge $\{(x,y) \in \mathbb{R}^2 \mid 2x^4 + 3y^4 = 1\}$ wird angenommen zwischen den Punkten $\pm(\sqrt[4]{3/10}, \sqrt[4]{2/15})$ bzw. $\pm(-\sqrt[4]{3/10}, \sqrt[4]{2/15})$.

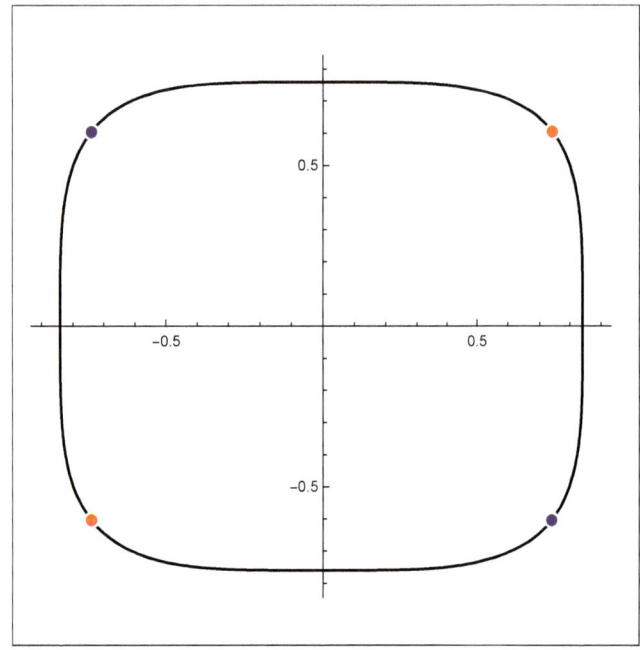

Maximaler Abstand zwischen zwei Punkten der Menge $\{(x,y) \in \mathbb{R}^2 \mid 2x^4 + 3x^4 = 1\}$.

Lösung (98.16) Wir lösen die Aufgabe zunächst für eine beliebige, aber fest gewählte Zahl $n \in \mathbb{N}$. Zu minimieren ist die Funktion $f(a_1, \ldots, a_n) := a_1 a_2 \cdots a_n$ unter der Nebenbedingung $g(a_1, \ldots, a_n) = 0$ mit $g(a_1, \ldots, a_n) := a_1 + a_2 + \cdots + a_n - a$. Der Lagrange-Ansatz $(\nabla f) = \lambda (\nabla g)$ führt auf

$$\begin{bmatrix} f(a)/a_1 \\ \vdots \\ f(a)/a_n \end{bmatrix} = \lambda \begin{bmatrix} 1 \\ \vdots \\ 1 \end{bmatrix};$$

hieraus folgt sofort $a_1 = a_2 = \cdots = a_n$, aufgrund der Nebenbedingung also $a_i = a/n$ für alle i. Dies liefert (für fest gewähltes n) das maximale Produkt $(a/n)^n$. Wir müssen nun noch klären, für welchen Wert $n \in \mathbb{N}$ dieser Ausdruck maximal wird. Dazu betrachten wir die Funktion $\varphi : (0, \infty) \to (0, \infty)$ mit

$$\varphi(x) := \left(\frac{a}{x}\right)^x = e^{x \ln(a/x)}.$$

Ableiten liefert $\varphi'(x) = \varphi(x) \cdot (\ln(a/x) - 1)$; die einzige Nullstelle von φ' ist $x = a/e$. Der Wert $\varphi(a/e) = e^{a/e} > 1$ ist wegen $\varphi(x) \to 1$ für $x \to 0+$ und $\varphi(x) \to 0$ für $x \to \infty$ das globale Maximum der Funktion φ. Die Funktion φ wächst daher streng monoton für $0 < x < a/e$ und fällt streng monoton für $x > a/e$. Ist also $n := [a/e]$ (so daß $n \leq a/e < n+1$ gilt), so ist das gesuchte Maximum der Einschränkung von φ auf $\mathbb{N}$ (und damit die Lösung des Optimierungsproblems) gegeben durch $\max\{(a/n)^n, (a/(n+1))^{n+1}\}$.

Lösung (98.17) Es seien $(a, 0)$ und $(0, b)$ die Endpunkte der Katheten des gesuchten Dreiecks; die Gerade durch diese beiden Punkte hat die Gleichung $ay + bx = ab$.

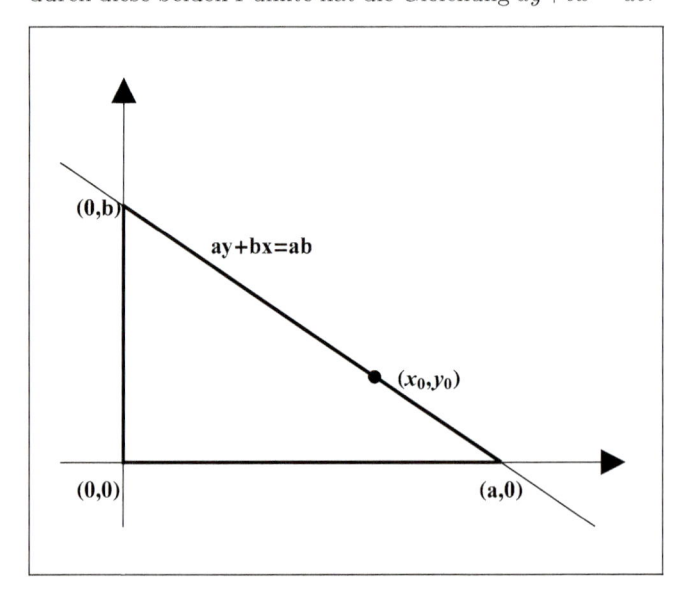

Zu minimieren ist also die Funktion

$$f(a, b) := a + b + \sqrt{a^2 + b^2}$$

unter der Nebenbedingung $g(a,b) = 0$ mit
$$g(a,b) := ab - ay_0 - bx_0.$$

Die Nebenbedingung kann in der Form $(a-x_0)(b-y_0) = x_0y_0$ geschrieben werden, also $b - y_0 = x_0y_0/(a-x_0)$ bzw.

(1) $$b = \frac{x_0 y_0}{a - x_0} + y_0 = \frac{a y_0}{a - x_0}.$$

Nach Lagrange gibt es zu der optimalen Lösung (a,b) eine Zahl $\lambda \in \mathbb{R}$ mit $(\nabla f)(a,b) = \lambda\,(\nabla g)(a,b)$, also

$$\begin{bmatrix} 1 + a/\sqrt{a^2+b^2} \\ 1 + b/\sqrt{a^2+b^2} \end{bmatrix} = \lambda \begin{bmatrix} b - y_0 \\ a - x_0 \end{bmatrix}.$$

Um den (uns eigentlich gar nicht interessierenden) Parameter λ zu eliminieren, dividieren wir die x- durch die y-Komponente dieser Vektorgleichung und erhalten

$$\frac{b - y_0}{a - x_0} = \frac{a + \sqrt{a^2+b^2}}{b + \sqrt{a^2+b^2}} = \frac{1 + \sqrt{1+(b/a)^2}}{(b/a) + \sqrt{1+(b/a)^2}}.$$

Setzen wir (1) in diese Gleichung ein, so erhalten wir

$$\frac{\frac{ay_0}{a-x_0} - y_0}{a - x_0} = \frac{1 + \sqrt{1 + \left(\frac{y_0}{a-x_0}\right)^2}}{\frac{y_0}{a-x_0} + \sqrt{1 + \left(\frac{y_0}{a-x_0}\right)^2}}.$$

Bringen wir die linke Seite auf den Hauptnenner und erweitern wir die rechte Seite mit $a - x_0$, so geht diese Gleichung über in

$$\frac{x_0 y_0}{(a-x_0)^2} = \frac{a - x_0 + \sqrt{(a-x_0)^2 + y_0^2}}{y_0 + \sqrt{(a-x_0)^2 + y_0^2}},$$

mit der Abkürzung $u := a - x_0$ also in

$$\frac{x_0 y_0}{u^2} = \frac{u + \sqrt{u^2 + y_0^2}}{y_0 + \sqrt{u^2 + y_0^2}} \cdot \frac{y_0 - \sqrt{u^2 + y_0^2}}{y_0 - \sqrt{u^2 + y_0^2}}$$
$$= \frac{(u + \sqrt{u^2 + y_0^2})(y_0 - \sqrt{u^2 + y_0^2})}{-u^2}$$

bzw.

$$x_0 y_0 = (\sqrt{u^2 + y_0^2} + u)(\sqrt{u^2 + y_0^2} - y_0)$$
$$= u^2 + y_0^2 + (u - y_0)\sqrt{u^2 + y_0^2} - uy_0.$$

Isolieren der Wurzel führt auf
$$(y_0 - u)\sqrt{u^2 + y_0^2} = u^2 + y_0^2 - uy_0 - x_0y_0,$$

anschließendes Quadrieren auf
$$(y_0 - u)^2(u^2 + y_0^2) = (u^2 + y_0^2 - uy_0 - x_0y_0)^2.$$

Multiplizieren wir beide Seite aus, so heben sich alle Terme dritter und vierter Ordnung in u weg, und es bleibt die quadratische Gleichung

$$(y_0 - 2x_0)u^2 + 2x_0 y_0 u + x_0 y_0(x_0 - 2y_0) = 0.$$

In dem Sonderfall $y_0 = 2x_0$ führt dies auf $u = 3x_0/2$, andernfalls auf die quadratische Gleichung

$$u^2 + \frac{2x_0 y_0}{y_0 - 2x_0}u + x_0\frac{x_0 - 2y_0}{y_0 - 2x_0} = 0$$

mit den Lösungen

$$u = \frac{-x_0 y_0 \pm \sqrt{2x_0 y_0}(x_0 - y_0)}{y_0 - 2x_0}$$

und wegen $a = u + x_0$ dann

(2) $$a = \frac{-2x_0^2 \pm \sqrt{2x_0 y_0}(x_0 - y_0)}{y_0 - 2x_0}.$$

Das Vorzeichen der Wurzel wird durch die Bedingung bestimmt, daß $a > x_0$ gelten muß; man überzeugt sich schnell davon, daß das positive Vorzeichen für $y_0 \leq x_0$ und das negative Vorzeichen für $y_0 \geq x_0$ gewählt werden muß. Einsetzen von (2) in (1) liefert dann

$$b = \frac{y_0 \cdot (2x_0^2 \mp \sqrt{2x_0 y_0}\,(x_0 - y_0))}{x_0 y_0 \mp \sqrt{2x_0 y_0}\,(x_0 - y_0)}.$$

Lösung (98.18) Das Volumen V und die Oberfläche F eines Quaders mit den Kantenlängen x, y, z sind gegeben durch die Formeln

$$V(x,y,z) = xyz \quad \text{und} \quad F(x,y,z) = 2(xy + yz + zx).$$

(a) Zu minimieren ist F unter der Nebenbedingung $V = V_0$. Die Existenz eines Minimums ist dabei von vornherein klar, weil die stetige Funktion F auf der Menge aller $(x,y,z) \in (0,\infty)^3$ mit $V(x,y,z) = V_0$ (also $z = V_0/(xy)$) nach unten durch Null beschränkt ist und die Werte dieser Funktion für $x, y \to 0$ bzw. $x, y \to \infty$ gegen Unendlich gehen. Nach Lagrange gibt es an einer Stelle (x,y,z), an der das Minimum angenommen wird, eine Zahl λ mit $\nabla F = \lambda \cdot (\nabla V)$, also

($\star$) $$2\begin{bmatrix} y + z \\ z + x \\ x + y \end{bmatrix} = \lambda \begin{bmatrix} yz \\ zx \\ xy \end{bmatrix}.$$

Da aufgrund der Fragestellung nur positive Werte für x, y, z in Frage kommen, gilt $\lambda \neq 0$. Bilden wir den Quotienten der beiden ersten bzw. der beiden letzten Komponenten in ($\star$), so erhalten wir die Gleichungen

$$\frac{x}{y} = \frac{x + z}{y + z} \quad \text{und} \quad \frac{y}{z} = \frac{y + x}{z + x},$$

aus denen sich die Gleichungen $xy + xz = xy + yz$ sowie $yz + xy = yz + xz$ bzw. $x = y$ und $y = z$ ergeben. Die minimale Oberfläche wird also für einen Würfel (mit der Kantenlänge $\sqrt[3]{V_0}$) angenommen.

(b) Zu maximieren ist V unter der Nebenbedingung $F = F_0$, wobei die Existenz eines Maximums wieder von vornherein klar ist. Nach Lagrange gibt es an einer Stelle (x, y, z), an der das Maximum angenommen wird, eine Zahl μ mit $\nabla V = \mu \cdot (\nabla F)$, wobei wie in (a) sofort klar ist, daß $\mu \neq 0$ gelten muß. Dann gilt aber $\nabla F = (1/\mu) \nabla V$, und das ist (mit $\lambda = 1/\mu$) die gleiche Bedingung wie in (a). Das maximale Volumen wird also für einen Würfel (mit der Kantenlänge $\sqrt{F_0/6}$) angenommen.

Lösung (98.19) Wir bezeichnen mit x, y, z die Länge, Breite und Höhe der Kiste. Deren Volumen sowie der Materialverbrauch sind dann gegeben durch

$$V(x,y,z) = xyz \quad \text{und} \quad F(x,y,z) = xy + 2xz + 2yz.$$

(a) Zu minimieren ist F unter der Nebenbedingung $V = V_0$. Ähnlich wie in der vorigen Aufgabe ist dabei die Existenz eines Minimums von vornherein klar. Wird das Minimum für die Abmessungen x, y, z angenommen, so gibt es nach Lagrange eine Zahl $\lambda \in \mathbb{R}$ mit $(\nabla F)(x, y, z) = \lambda (\nabla V)(x, y, z)$, also

$$(\star) \qquad \begin{bmatrix} y + 2z \\ x + 2z \\ 2x + 2y \end{bmatrix} = \lambda \begin{bmatrix} yz \\ xz \\ xy \end{bmatrix}.$$

Weil nur Zahlen $x, y, z > 0$ in Frage kommen, gilt $\lambda \neq 0$. Bilden wir den Quotienten der beiden ersten bzw. der beiden letzten Komponenten in $(\star)$, so erhalten wir die Gleichungen

$$\frac{y}{x} = \frac{y + 2z}{x + 2z} \quad \text{und} \quad \frac{z}{y} = \frac{x + 2z}{2x + 2y},$$

aus denen sich die Gleichungen $xy + 2xz = xy + 2yz$ sowie $xy + 2yz = 2xz + 2yz$ bzw. $x = y$ und $y = 2z$ ergeben. Die minimale Oberfläche wird also für einen Quader angenommen, für den $x = y = 2z$ gilt, der also eine quadratische Grundfläche besitzt und dessen Höhe halb so groß wie die Grundseite ist.

(b) Zu maximieren ist V unter der Nebenbedingung $F = F_0$. Wieder ist die Existenz einer Lösung von vornherein klar. Der Ansatz nach Lagrange führt auf eine Gleichung $\nabla V = \mu(\nabla F)$. Man sieht wieder schnell, daß $\mu \neq 0$ gelten muß; wir erhalten daher $\nabla F = (1/\mu)\nabla V$, mit $\lambda := 1/\mu$ also die gleiche Bedingung wie in Teil (a). Also liefert das in (a) gefundene Ergebnis $x : y : z = 2 : 2 : 1$ auch die Lösung für die Fragestellung in (b).

Lösung (98.20) Das Volumen ist $V = \pi r^2 h$, die Gesamtoberfläche (Mantel, Boden und Deckel) ist $2\pi r h + 2\pi r^2$. Zu minimieren ist also die Funktion $f(r, h) := 2\pi r h + 2\pi r^2$ unter der Nebenbedingung $g(r, h) = 0$ mit $g(r, h) := \pi r^2 h - V$.

(a) Nach Lagrange machen wir den Ansatz $\nabla f = \lambda \nabla g$, also

$$\begin{bmatrix} 2\pi h + 4\pi r \\ 2\pi r \end{bmatrix} = \lambda \begin{bmatrix} 2\pi r h \\ \pi r^2 \end{bmatrix}.$$

Die zweite Komponente dieser Gleichung liefert $\lambda = 2/r$. Setzt man dies in die erste Komponente ein, so ergibt sich $2\pi h + 4\pi r = 4\pi h$, damit $2\pi h = 4\pi r$ und folglich $h = 2r$. (Die Höhe der optimal gewählten Dose ist also gleich dem Grundkreisdurchmesser.) Einsetzen in die Nebenbedingung liefert dann $V = \pi r^2 h = 2\pi r^3$ und damit $r = \sqrt[3]{V/(2\pi)}$.

(b) Die Nebenbedingung liefert $h = V/(\pi r^2)$; daher läßt sich die Gesamtoberfläche als Funktion von r allein schreiben, nämlich

$$F(r) = \frac{2V}{r} + 2\pi r^2;$$

diese Funktion ist zu minimieren. Nun gilt

$$F'(r) = -\frac{2V}{r^2} + 4\pi r = \frac{4\pi r^3 - 2V}{r^2};$$

dieser Ausdruck wird genau dann Null, wenn $r^3 = V/(2\pi)$ gilt, also $r = \sqrt[3]{V/(2\pi)}$. (Wegen $F(r) \to \infty$ für $r \to 0$ und für $r \to \infty$ ist klar, daß für diesen Wert von r ein Minimum vorliegt.) Die Höhe ist dann

$$h = \frac{V}{\pi r^2} = \frac{rV}{\pi r^3} = \frac{rV \cdot 2\pi}{\pi \cdot V} = 2r.$$

Bei minimalem Materialverbrauch stimmt also die Höhe der Dose mit deren Durchmesser überein.

Lösung (98.21) Sind $0 \leq a \leq b$ die Kantenlängen zweier Quadrate Q_1 und Q_2, so muß ein Rechteck, in das Q_1 und Q_2 nebeneinander passen sollen, offenbar mindestens den Flächeninhalt $(a + b)b$ haben.

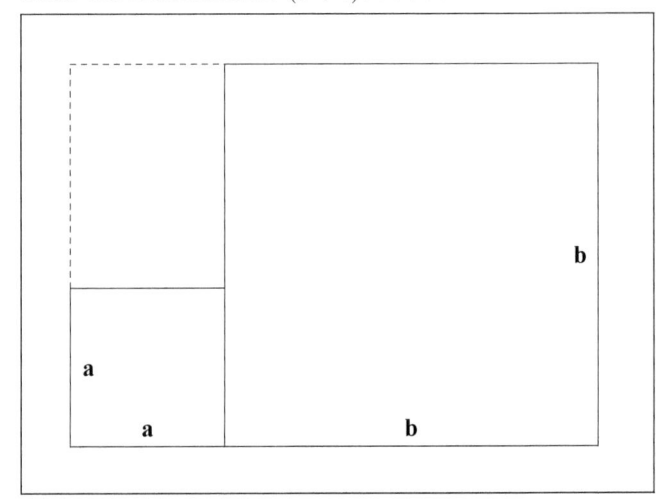

Zu minimieren ist also die Funktion $f(a,b) := (a+b)b = ab+b^2$ unter der Nebenbedingung $g(a,b) = 0$ mit $g(a,b) := a^2 + b^2 - 1$, wobei implizit noch $0 \leq a \leq b$ vorausgesetzt wird. Nach Lagrange machen wir den Ansatz $\nabla f = \lambda \nabla g$, also
$$\begin{bmatrix} b \\ a+2b \end{bmatrix} = 2\lambda \begin{bmatrix} a \\ b \end{bmatrix}.$$
Wegen $(a,b) \neq (0,0)$ gilt $\lambda \neq 0$, und sowohl a als auch b sind von Null verschieden (und damit echt positiv). Elimination von λ führt auf die Gleichung $b : a = (a+2b) : b$, also $b^2 = a^2 + 2ab$, folglich $2b^2 = a^2 + 2ab + b^2 = (a+b)^2$ und damit $b\sqrt{2} = a+b$ bzw. $a = b(\sqrt{2}-1)$. Einsetzen in die Nebenbedingung liefert $1 = a^2 + b^2 = b^2(\sqrt{2}-1)^2 + b^2 = (4-2\sqrt{2})b^2$ und damit
$$b^2 = \frac{1}{4-2\sqrt{2}} \cdot \frac{4+2\sqrt{2}}{4+2\sqrt{2}} = \frac{4+2\sqrt{2}}{8} = \frac{2+\sqrt{2}}{4}.$$
Damit ergibt sich $a^2 = 1 - b^2$ zu
$$a^2 = \frac{2-\sqrt{2}}{4}.$$
Wir erhalten also die eindeutige Lösung
$$\begin{bmatrix} a \\ b \end{bmatrix} = \frac{1}{2} \begin{bmatrix} \sqrt{2-\sqrt{2}} \\ \sqrt{2+\sqrt{2}} \end{bmatrix} \approx \begin{bmatrix} 0.382683 \\ 0.923880 \end{bmatrix}$$
und damit den gesuchten Wert $F = f(a,b) = b(a+b) = (1+\sqrt{2})/2 \approx 1.20711$. (Die obige Abbildung zeigt die beiden Quadrate mit Kantenlängen a und b, für das ein Rechteck mit dieser Fläche tatsächlich benötigt wird.)

Lösung (98.22) Wie aus (91.21) im Buch ersichtlich, ist das Volumen des ersten Kegels gegeben durch
$$\frac{\pi R^3}{3} \cdot \frac{\alpha^2}{4\pi^2} \cdot \sqrt{1 - \frac{\alpha^2}{4\pi^2}} = \frac{\pi R^3}{3} \cdot a^2 \sqrt{1-a^2}$$
mit $a := \alpha/(2\pi)$. Eine analoge Formel gilt natürlich auch für den zweiten Kegel. Mit $a := \alpha/(2\pi)$ und $b := \beta/(2\pi)$ ist also die Funktion
$$F(a,b) := a^2\sqrt{1-a^2} + b^2\sqrt{1-b^2}$$
unter den Nebenbedingungen $a,b \geq 0$ und $a+b = 1$ zu maximieren. Wird das Maximum für ein Paar (a,b) angenommen, so gibt es nach dem Satz von Lagrange eine Zahl $\lambda \in \mathbb{R}$ mit $(\nabla F)(a,b) = \lambda \cdot (\nabla G)(a,b)$ mit $G(a,b) := a+b-1$, also
$$\begin{bmatrix} 2a\sqrt{1-a^2} - \dfrac{a^3}{\sqrt{1-a^2}} \\ 2b\sqrt{1-b^2} - \dfrac{b^3}{\sqrt{1-b^2}} \end{bmatrix} = \lambda \begin{bmatrix} 1 \\ 1 \end{bmatrix}$$
und damit
$$(1) \quad 2a\sqrt{1-a^2} - \frac{a^3}{\sqrt{1-a^2}} = 2b\sqrt{1-b^2} - \frac{b^3}{\sqrt{1-b^2}},$$

nach Durchmultiplizieren mit $\sqrt{1-a^2} \cdot \sqrt{1-b^2}$ also
$$(2) \quad a\sqrt{1-b^2} \cdot (2-3a^2) = b\sqrt{1-a^2} \cdot (2-3b^2).$$
(Das gleiche Ergebnis hätte man natürlich auch ohne Benutzung der Methode der Lagrange-Multiplikatoren erhalten können: Zu maximieren ist die Funktion $\Phi(a) := \varphi(a) + \varphi(1-a)$ mit $\varphi(a) := a^2\sqrt{1-a^2}$; dies führt auf die Gleichung $0 = \Phi'(a) = \varphi'(a) - \varphi'(1-a) = \varphi'(a) - \varphi'(b)$, und das ist gerade (1).) Beidseitiges Quadrieren in (2) und anschließendes Sortieren der Terme ergibt
$$0 = (b^2 - a^2) \cdot (9a^2b^2(a^2+b^2) - 12a^2b^2 + 12(a^2+b^2) \\ - 4 - 9(a^4 + a^2b^2 + b^4)).$$

Um die Symmetrie dieser Gleichung in a und b auszunutzen, schreiben wir $a = (1/2) - x$ und $b = (1/2) + x$ mit $0 \leq x \leq 1/2$; die Gleichung geht dann über in
$$(3) \quad 0 = 2x \cdot \left(18x^6 - \frac{87x^4}{2} + \frac{51x^2}{8} - \frac{5}{32}\right) \\ = \frac{x}{16} \cdot (576x^6 - 1392x^4 + 204x^2 - 5).$$

Eine Lösung ist $x = 0$; diese führt auf $a = b = 1/2$ mit dem Wert $F(a,b) = \sqrt{3}/4 \approx 0.433013$. Um zu sehen, wann der Klammerausdruck am Ende von (3) verschwindet, substituieren wir $\xi = 12x^2$; wegen $0 \leq x \leq 1/2$ gilt $0 \leq \xi \leq 3$. Der Klammerausdruck geht dann über in
$$(1/3) \cdot (\xi^3 - 29\xi^2 + 51\xi - 15).$$

Dieser Ausdruck hat im Intervall $[0,3]$ zwei Nullstellen, nämlich $\xi_1 \approx 0.371653$ und $\xi_2 \approx 1.48704$. Diese führen auf $x_1 \approx 0.175986$ bzw. $x_2 = 0.352023$ und damit auf die Lösungen $(a_1, b_1) \approx (0.324014, 0.675986)$ und $(a_2, b_2) = (0.147977, 0.852023)$ mit $F(a_1, b_1) \approx 0.43606$ und $F(a_2, b_2) \approx 0.401691$. Die maximal mögliche Volumensumme wird also angenommen für $(a,b) = (a_1, b_1)$; dies entspricht den Winkeln $\alpha = 2\pi a_1 \approx 116.645^0$ und $\beta = 2\pi - \alpha = 2\pi b_1 \approx 243.355^0$.

Lösung (98.23) Wir nehmen zunächst $1 \leq p, q < \infty$ an. Die größtmögliche Konstante C mit $C\|x\|_q \leq \|x\|_p$ für alle $x \in \mathbb{K}^n$ ist gegeben durch
$$C := \inf\left\{ \frac{\|x\|_p}{\|x\|_q} \,\middle|\, x \in \mathbb{K}^n \setminus \{0\} \right\}$$
$$= \inf\left\{ \left\| \frac{x}{\|x\|_q} \right\|_p \,\middle|\, x \in \mathbb{K}^n \setminus \{0\} \right\}$$
$$= \inf\{\|y\|_p \mid \|y\|_q = 1\}$$
$$= \inf\{\sqrt[p]{|y_1|^p + \cdots + |y_n|^p} \mid |y_1|^q + \cdots + |y_n|^q = 1\}$$
$$= \inf\{\sqrt[p]{\xi_1^p + \cdots + \xi_n^p} \mid \xi_i \geq 0,\ \xi_1^q + \cdots + \xi_n^q = 1\}.$$

(Durch Vertauschung der Rollen von p und q erhalten wir dann auch eine Abschätzung in der anderen Richtung.)

Mit den Funktionen $F(\xi_1, \ldots, \xi_n) := (\sum_{i=1}^n \xi_i^p)^{1/p}$ und $g(\xi_1, \ldots, \xi_n) := \xi_1^q + \xi_2^q + \cdots + \xi_n^q - 1 = 0$ läuft die Aufgabe also darauf hinaus, die Funktion F unter der Nebenbedingung $g(\xi) = 0$ zu minimieren (wobei zusätzlich noch $\xi_i \geq 0$ gelten muß, was wir aber zunächst ignorieren). Statt F können wir natürlich genauso gut die Funktion $f := F^p$ minimieren, also $f(\xi_1, \ldots, \xi_n) = \sum_{i=1}^n \xi_i^p$. Wenn dann an der Stelle ξ das gesuchte Minimum angenommen wird, so gibt es nach dem Satz von Lagrange einen Lagrange-Multiplikator λ mit $(\nabla f)(\xi) = \lambda(\nabla g)(\xi)$, also

$$p \begin{bmatrix} \xi_1^{p-1} \\ \xi_2^{p-1} \\ \vdots \\ \xi_n^{p-1} \end{bmatrix} = \lambda \cdot q \begin{bmatrix} \xi_1^{q-1} \\ \xi_2^{q-1} \\ \vdots \\ \xi_n^{q-1} \end{bmatrix}.$$

Für $\xi_i \neq 0$ und $\xi_j \neq 0$ folgt hieraus $(\xi_i/\xi_j)^{p-1} = (\xi_i/\xi_j)^{q-1}$, wegen $p \neq q$ also $\xi_i/\xi_j = 1$ bzw. $\xi_i = \xi_j$. Für die gesuchte Minimalstelle kommen also nur Vektoren in Frage, bei denen eine Anzahl r der Komponenten den gleichen Wert $\xi \neq 0$ hat, während die anderen Komponenten von ξ verschwinden. Da die Funktionen f und g symmetrisch in ihren Argumenten sind, dürfen wir o.B.d.A. $\xi_i = \xi$ für $1 \leq i \leq r$ und $\xi_i = 0$ für $i > r$ annehmen. Die Nebenbedingung liefert dann $r\xi^q = 1$ und damit $\xi = \sqrt[q]{1/r} = r^{-1/q}$. Der Wert von f ist dann $r\xi^p = r \cdot r^{-p/q} = r^{1-p/q}$; für die eigentlich zu minimierende Funktion $F = f^{1/p}$ ergibt sich der Wert $r^{(1/p)-(1/q)}$. Wir unterscheiden zwei Fälle:
- für $p < q$ wird $r^{(1/p)-(1/q)}$ minimal, wenn r möglichst klein ist, wenn also $r = 1$ gilt;
- für $p > q$ wird $r^{(1/p)-(1/q)}$ minimal, wenn r möglichst groß ist, wenn also $r = n$ gilt.

Die kleinstmögliche Zahl C mit $\|x\|_p \leq C\|x\|_q$ für alle x ist also $C = 1$ für $p < q$ und $C = n^{(1/p)-(1/q)}$ für $p > q$. Die bestmögliche Abschätzung lautet also

(1) $\quad \|x\|_p \leq \|x\|_q \leq n^{(1/q)-(1/p)} \cdot \|x\|_p$
(wobei $1 \leq p < q < \infty$).

Es fehlt noch der Sonderfall $1 \leq p < q = \infty$. Es sei i_0 ein Index mit $\|x\|_\infty = |x_{i_0}|$. Dann gilt

$$\begin{aligned} \|x\|_\infty = |x_{i_0}| &= \sqrt[p]{|x_{i_0}|^p} \\ &\leq \sqrt[p]{|x_1|^p + \cdots + |x_n|^p} = \|x\|_p \\ &\leq \sqrt[p]{\|x\|_\infty^p + \cdots + \|x\|_\infty^p} \\ &= \sqrt[p]{n \cdot \|x_\infty\|^p} = n^{1/p} \cdot \|x\|_\infty, \end{aligned}$$

also

(2) $\quad \|x\|_\infty \leq \|x\|_p \leq n^{1/p} \cdot \|x\|_\infty$.

Wählen wir $x := (1, 0, \ldots, 0)^T$, so erkennen wir, daß die linke Ungleichung nicht verbessert werden kann. Wählen wir $x := (1, 1, \ldots, 1)^T$, so erkennen wir, daß die rechte Abschätzung nicht verbessert werden kann. Durch (1) und (2) sind daher die bestmöglichen Abschätzungen zwischen den verschiedenen Normen $\|\cdot\|_p$ auf $\mathbb{K}^n$ gegeben.

Lösung (98.24) Der Ansatz $\nabla f = \lambda \nabla g$ führt auf die Gleichung

$$\begin{bmatrix} 2 \\ 3 \end{bmatrix} = \lambda \begin{bmatrix} 1/(2\sqrt{x}) \\ 1/(2\sqrt{y}) \end{bmatrix}$$

und damit $2/3 = \sqrt{y}/\sqrt{x}$ bzw. $\sqrt{y} = 2\sqrt{x}/3$. Dann gilt $5 = \sqrt{x} + \sqrt{y} = 5\sqrt{x}/3$, folglich $\sqrt{x} = 3$ und damit $x = 9$. Es folgt $\sqrt{y} = 2$ und daher $y = 4$. Im Punkt $(9, 4)$ nimmt nun die Funktion f den Wert $f(9, 4) = 30$ an. Der Punkt $(0, 25)$ erfüllt aber auch die Gleichung $g(x, y) = 0$, und es gilt $f(0, 25) = 75$ (und dies ist tatsächlich der maximal mögliche Wert). Das Maximum von f unter der Nebenbedingung $g = 0$ kann also nicht mit der Methode von Lagrange gefunden werden. Das ist aber kein Widerspruch, denn die Funktion g ist im Punkt $(0, 25)$ gar nicht differentiierbar, der Satz von Lagrange also nicht anwendbar.

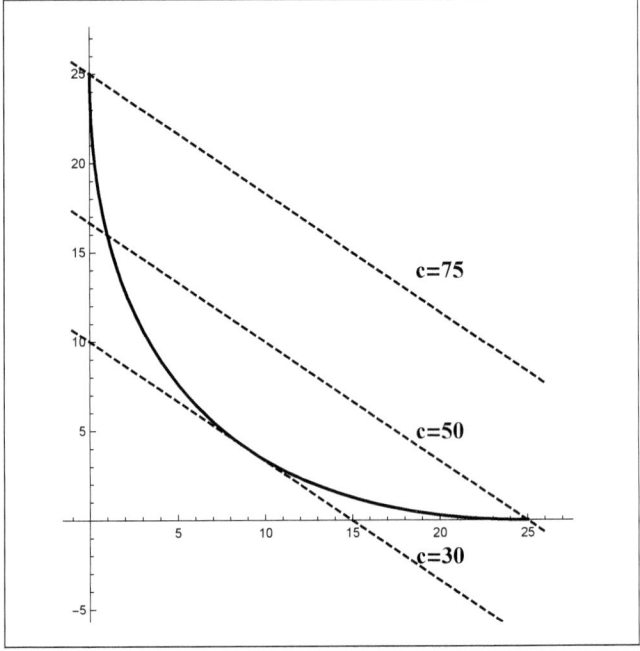

Kurve $g(x, y) = 0$ und Geraden $f(x, y) = 2x + 3y = c$ für verschiedene Werte c.

Lösung (98.25) Wir machen nach Lagrange den Ansatz $\nabla f = \lambda \nabla g$; zusammen mit der Nebenbedingung $g = 0$ erhalten wir also die Gleichungen

$(\star) \quad \begin{bmatrix} 1 \\ 0 \end{bmatrix} = \lambda \begin{bmatrix} 3x^2 \\ -2y \end{bmatrix} \quad \text{und} \quad x^3 = y^2.$

Aus der linken Gleichung erhalten wir zunächst $\lambda \neq 0$ und dann $y = 0$. Die rechte Gleichung liefert anschließend $x = 0$. Dann ist aber die linke Gleichung in $(\star)$ nicht mehr erfüllbar. Das Gleichungssystem $(\star)$ hat also keine Lösung.

Andererseits gilt $x^3 = y^2 \geq 0$ für alle (x,y), die die Nebenbedingung erfüllen, so daß $f(x,y) = x$ unter dieser Nebenbedingung das (sogar globale) Minimum 0 annimmt (und zwar an der Stelle $(0,0)$). Daß dieses Minimum nicht mit der Methode von Lagrange gefunden werden kann, widerspricht nicht dem dieser Methode zugrundeliegenden Satz, denn bei diesem wird die Regularität der Nebenbedingungen an dem fraglichen Punkt vorausgesetzt. In unserem Fall ist aber $(0,0)$ kein regulärer Punkt der Funktion g.

Lösung (98.26) Sind die Gradienten $(\nabla g_i)(p)$ linear unabhängig, so gilt die Aussage nach dem Satz von Lagrange mit $\lambda_0 := 1$. Sind die Gradienten $(\nabla g_i)(p)$ dagegen linear abhängig, so läßt sich der Nullvektor als nichttriviale Linearkombination dieser Vektoren darstellen; es gibt also einen Vektor $(\lambda_1, \ldots, \lambda_m) \neq (0, \ldots, 0)$ mit $\sum_{i=1}^m \lambda_i (\nabla g_i)(p) = 0$. Die Behauptung gilt dann mit $\lambda_0 := 0$.

Lösung (98.27) Es gilt $(\nabla f)(p) = \sum_{i=1}^m \lambda_i (\nabla g_i)(p) = g'(p)\lambda$. Beiderseitige Multiplikation mit $g'(p)^T$ von links liefert $g'(p)^T (\nabla f)(p) = g'(p)^T g'(p) \lambda$. Durchmultiplizieren mit $\left(g'(p)^T g'(p)\right)^{-1}$ von links liefert nun die Behauptung. Die Invertierbarkeit von $g'(p)^T g'(p)$ ergibt sich daraus, daß nach Voraussetzung $g'(p)$ und damit auch $g'(p)^T g'(p)$ den Rang m hat.

Lösung (98.28) (a) Nach Lagrange machen wir den Ansatz $\nabla L = 0$, also

$$\begin{bmatrix} y \\ x \end{bmatrix} + \lambda \begin{bmatrix} 1 \\ 1 \end{bmatrix} = \begin{bmatrix} 0 \\ 0 \end{bmatrix}.$$

Diese Bedingung führt zusammen mit der Nebenbedingung $x + y = 2$ auf die einzige Lösung $x = y = 1 = -\lambda$, also $(x, y, \lambda) = (x_0, y_0, \lambda_0)$. Daß es sich um ein Maximum handelt, wird sofort klar, wenn man die Nebenbedingung eliminiert, also $y = 2 - x$ und dann $f(x,y) = xy = x(2-x) = 2x - x^2$ schreibt.

(b) Fassen wir L als Funktion von drei Variablen x, y, λ auf, so erhalten wir an einer beliebigen Stelle (x, y, λ) (insbesondere also an der kritischen Stelle (x_0, y_0, λ_0)) die Hesse-Matrix

$$L''(x, y, \lambda) = \begin{bmatrix} 0 & 1 & 1 \\ 1 & 0 & 1 \\ 1 & 1 & 0 \end{bmatrix}.$$

Diese hat die Eigenwerte $\lambda_1 = 2$ und $\lambda_{2,3} = -1$, ist also indefinit. Damit kann L keine lokalen Extrema besitzen. Für $\Phi(x,y) := L(x, y, \lambda_0) = L(x, y, -1) = f(x,y) - g(x,y) = xy - x - y + 2$ erhalten wir den Gradienten

$$(\nabla \Phi)(x,y) = \begin{bmatrix} y - 1 \\ x - 1 \end{bmatrix}$$

und die Hesse-Matrix

$$\Phi''(x,y) = \begin{bmatrix} 0 & 1 \\ 1 & 0 \end{bmatrix}.$$

Da an jeder Stelle $(x, y) \in \mathbb{R}^2$ die Matrix $\Phi''(x,y)$ die Eigenwerte ± 1 hat und daher indefinit ist, besitzt Φ keine lokalen Extrema.

Lösung (98.29) Die Lagrangefunktion ist

$$L(x, y; \lambda) := x^2 + y^2 + \lambda \left(y - x^3 - \frac{28}{27} \right).$$

Die Bedingung $\nabla L = 0$ führt auf

$$\begin{bmatrix} 2x - 3\lambda x^2 \\ 2y + \lambda \end{bmatrix} = \begin{bmatrix} 0 \\ 0 \end{bmatrix}.$$

Die erste Gleichung liefert $x(2 - 3\lambda x) = 0$. Ist $x = 0$, so folgt zunächst $y = 28/27$ und dann $\lambda = -56/27$. Ist dagegen $x \neq 0$, so folgt $\lambda = 2/(3x)$ aus der ersten Gleichung und $y = -\lambda/2 = -1/(3x)$ aus der zweiten Gleichung; Einsetzen in die Nebenbedingung $y = x^3 + (28/27)$ liefert dann

$$\frac{-1}{3x} = x^3 + \frac{28}{27} \quad \text{bzw.} \quad 27x^4 + 28x + 9 = 0.$$

Diese letzte Gleichung hat zwei reelle Lösungen, nämlich $x = -1/3$ und

$$x_\star = \frac{1}{9} \left(1 - \frac{2}{\sqrt[3]{18\sqrt{418} - 368}} + \sqrt[3]{18\sqrt{418} - 368} \right).$$

Wir haben $x_\star \approx -0.867472$ und $y^\star = x_\star^3 + (28/27) \approx 0.384258$. Für $x = -1/3$ erhalten wir $y = 1$ und $\lambda = -2$. Im Punkt $p = (-1/3, 1)$ ist nun

$$L''(p; \lambda) = L''(-1/3, 1; -2) = \begin{bmatrix} -2 & 0 \\ 0 & 2 \end{bmatrix}$$

indefinit. Die Matrix B aus Aufgabe (98.30) ist wegen $T_p M = \mathbb{R}(3, 1)^T$ gegeben durch

$$\begin{bmatrix} 3 & 1 \end{bmatrix} \begin{bmatrix} -2 & 0 \\ 0 & 2 \end{bmatrix} \begin{bmatrix} 3 \\ 1 \end{bmatrix} = \begin{bmatrix} -16 \end{bmatrix}$$

und damit negativ definit; an der Stelle p liegt also ein lokales Maximum von f vor.

Bemerkung: In geometrischer Formulierung fragen wir in dieser Aufgabe, an welchen Punkten der Kurve $y = x^3 + (28/27)$ der Abstand zum Nullpunkt ein lokales Minimum oder Maximum annimmt. Es gibt drei kritische Punkte: ein (sogar globales) Minimum im Punkt $(x_\star, y_\star)$, ein lokales Maximum im Punkt $(-1/3, 1)$ und ein lokales Minimum im Punkt $(0, 28/27)$. Das wird auch aus den folgenden Skizzen klar.

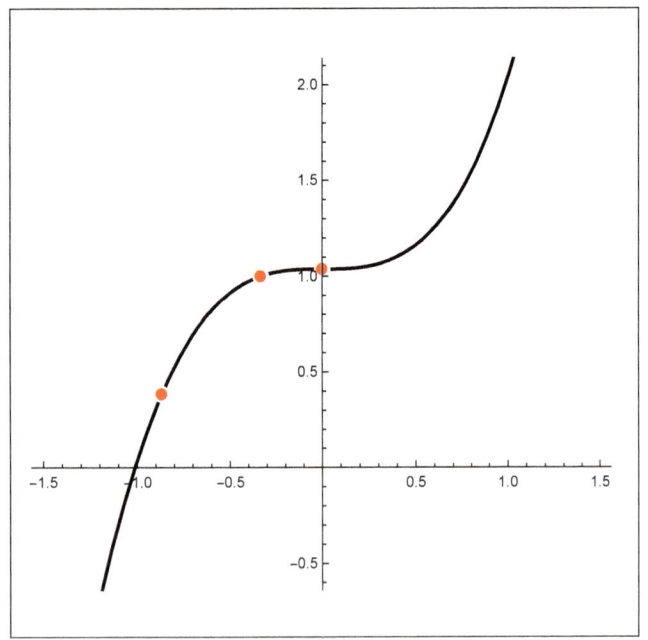

Kritische Punkte der Funktion $f(x,y) = x^2 + y^2$ auf der Kurve $y = x^3 + (28/27)$.

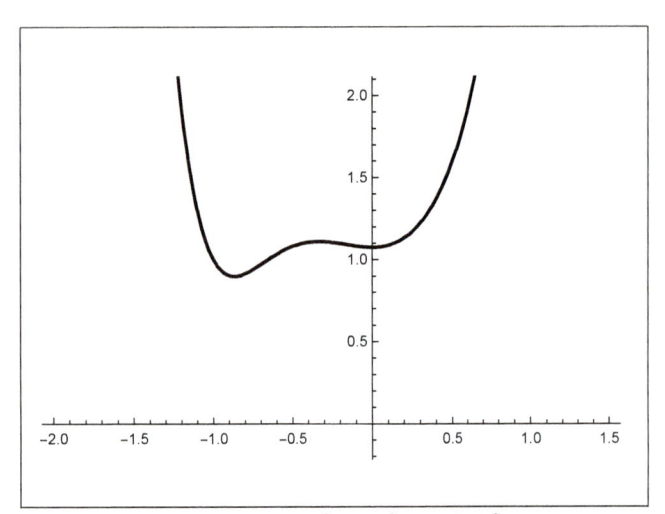

Verlauf der Funktion $x \mapsto x^2 + (x^3 + 28/27)^2$.

Lösung (98.30) Es sei φ eine Parametrisierung von M in einer Umgebung von $\varphi(u^\star) = p$, ausgeschrieben

$$\varphi(u_1, \ldots, u_d) = \begin{bmatrix} x_1(u_1, \ldots, u_d) \\ \vdots \\ x_n(u_1, \ldots, u_d) \end{bmatrix}$$

mit $d = \dim(M)$. Dann nimmt f genau dann ein lokales Minimum in p an, wenn $F \circ \varphi$ ein lokales Minimum in $u^\star$ annimmt. Sind nun Lagrange-Multiplikatoren $\lambda_1, \ldots, \lambda_m$ so gewählt, daß für $L := F + \lambda_1 G_1 + \cdots + \lambda_m G_m$ die Bedingung $L'(p) = 0$ erfüllt ist, so stimmen F und L auf M überein; also nimmt $F \circ \varphi$ genau dann ein lokales Minimum in $u^\star$ an, wenn dies auch für $L \circ \varphi$ zutrifft. Dafür ist nun notwendig bzw. hinreichend, daß $(L \circ \varphi)''(u^\star)$ positiv semidefinit bzw. positiv definit ist. Für alle $\xi, \eta \in \mathbb{R}^d$ wollen wir nun

$$(\star) \quad \langle \xi, (L \circ \varphi)''(u^\star) \eta \rangle = \frac{d}{dt}\bigg|_{t=0} \frac{d}{ds}\bigg|_{s=0} L\big(\varphi(u^\star + s\xi + t\eta)\big)$$

berechnen. Zunächst ist $(d/ds)L(\varphi(u^\star + s\xi + t\eta))$ nach der Kettenregel gegeben durch

$$\sum_{i=1}^{n} \sum_{k=1}^{d} \frac{\partial L}{\partial x_i}\big(\varphi(u^\star + s\xi + t\eta)\big) \frac{\partial \varphi_i}{\partial u_k}(u^\star + s\xi + t\eta)\, \xi_k;$$

setzen wir dies mit $s = 0$ in $(\star)$ ein, so ergibt sich

$$\langle \xi, (L \circ \varphi)''(u^\star) \eta \rangle = \frac{d}{dt}\bigg|_{t=0} \frac{d}{ds}\bigg|_{s=0} L\big(\varphi(u^\star + s\xi + t\eta)\big)$$
$$= \frac{d}{dt}\bigg|_{t=0} \sum_{i=1}^{n} \sum_{k=1}^{d} \frac{\partial L}{\partial x_i}\big(\varphi(u^\star + t\eta)\big) \frac{\partial \varphi_i}{\partial u_k}(u^\star + t\eta)\, \xi_k.$$

Unter Benutzung der Ketten- und der Produktregel erhalten wir weiter

$$\frac{d}{dt}\left(\frac{\partial L}{\partial x_i}\big(\varphi(u^\star + t\eta)\big) \frac{\partial \varphi_i}{\partial u_k}(u^\star + t\eta)\xi_k\right) =$$
$$\sum_{j=1}^{n} \sum_{\ell=1}^{d} \frac{\partial^2 L}{\partial x_i \partial x_j}\big(\varphi(u^\star + t\eta)\big) \frac{\partial \varphi_j}{\partial u_\ell}(u^\star + t\eta) \frac{\partial \varphi_i}{\partial u_k}(u^\star + t\eta) \xi_k \eta_\ell$$
$$+ \sum_{\ell=1}^{d} \frac{\partial L}{\partial x_i}\big(\varphi(u^\star + t\eta)\big) \frac{\partial^2 \varphi}{\partial u_k \partial u_\ell}(u^\star + t\eta) \xi_k \eta_\ell;$$

setzen wir dies mit $t = 0$ in die obige Gleichung ein, so ergibt sich

$$\langle \xi, (L \circ \varphi)''(u^\star) \eta \rangle = \frac{d}{dt}\bigg|_{t=0} \frac{d}{ds}\bigg|_{s=0} L\big(\varphi(u^\star + s\xi + t\eta)\big)$$
$$= \sum_{i,j=1}^{n} \sum_{k,\ell=1}^{d} \frac{\partial^2 L}{\partial x_i \partial x_j}\big(\varphi(u^\star)\big) \frac{\partial \varphi_j}{\partial u_\ell}(u^\star) \frac{\partial \varphi_i}{\partial u_k}(u^\star) \xi_k \eta_\ell$$
$$+ \sum_{i=1}^{n} \sum_{k,\ell=1}^{d} \frac{\partial L}{\partial x_i}\big(\varphi(u^\star)\big) \frac{\partial^2 \varphi}{\partial u_k \partial u_\ell}(u^\star) \xi_k \eta_\ell$$
$$= \langle \varphi'(u^\star)\xi, L''(p)\varphi'(u^\star)\eta \rangle + L'(p) \begin{bmatrix} \langle \xi, \varphi_1''(u^\star)\eta \rangle \\ \vdots \\ \langle \xi, \varphi_n''(u^\star)\eta \rangle \end{bmatrix}$$
$$= \langle \varphi'(u^\star)\xi, L''(p)\varphi'(u^\star)\eta \rangle.$$

(Der letzte Schritt gilt dabei wegen $L'(p) = 0$, und dies ist genau der Grund, warum wir die Rechnung für L statt für F durchführten! Für F gilt *nicht* $F'(p) = 0$, denn $F'(p)$ annulliert zwar T_pM, aber nicht notwendigerweise ganz $\mathbb{R}^n$.) Wir erhalten daher die folgende Kette äquivalenter Bedingungen:

- $(L \circ \varphi)''(u^\star)$ ist positiv definit (bzw. semidefinit);
- $\langle \varphi'(u^\star)\xi, L''(p)\varphi'(u^\star)\xi \rangle > 0$ (bzw. ≥ 0) für alle $\xi \in \mathbb{R}^d \setminus \{0\}$;
- $\langle v, L''(p)v \rangle > 0$ (bzw. ≥ 0) für alle $v \in (T_pM) \setminus \{0\}$;
- $\langle \sum_i \lambda_i v_i, L''(p) \sum_i \lambda_i v_i \rangle > 0$ (bzw. ≥ 0) für alle $\lambda \in \mathbb{R}^d \setminus \{0\}$;
- $\lambda^T A^T L''(p) A \lambda > 0$ (bzw. ≥ 0) für alle $\lambda \in \mathbb{R}^d \setminus \{0\}$;
- $\langle \lambda, B\lambda \rangle > 0$ (bzw. ≥ 0) für alle $\lambda \in \mathbb{R}^d \setminus \{0\}$;
- B ist positiv definit (bzw. semidefinit).

Damit ist die Behauptung für lokale Minima bewiesen. Die Behauptung für lokale Maxima folgt in völlig analoger Weise (oder durch Anwendung der Behauptung für Minima auf $-f$ statt auf f). Ist schließlich B indefinit, so ist B weder positiv noch negativ semidefinit, so daß wegen (a) und (c) bei p weder ein lokales Minimum noch ein lokales Maximum vorliegen kann.

Lösung (98.31) Hier wird $(T_pM)^\perp$ aufgespannt von dem Vektor $\nabla g = (g_x, g_y)^T$ an der Stelle p; folglich wird T_pM wird aufgespannt von $v_1 := (-g_y, g_x)^T$. Die Matrix B in Aufgabe (98.30) reduziert sich dann auf die (1×1)-Matrix (D), und die Aussagen (b) und (d) aus Aufgabe (98.30) liefern die Behauptung.

Lösung (98.32) Hier wird $(T_pM)^\perp$ aufgespannt von dem Vektor $\nabla g = (g_x, g_y, g_z)^T$ an der Stelle p. Ist $(g_x, g_y) \neq (0, 0)$, so wird eine Basis von T_pM gebildet von den Vektoren $v_1 := (-g_y, g_x, 0)^T$ und

$$v_2 := (\nabla g) \times v_1 = \begin{bmatrix} g_x \\ g_y \\ g_z \end{bmatrix} \times \begin{bmatrix} -g_y \\ g_x \\ 0 \end{bmatrix} = \begin{bmatrix} -g_x g_z \\ -g_y g_z \\ g_x^2 + g_y^2 \end{bmatrix}$$

an der Stelle p. Ist dagegen $(g_x, g_y) = (0, 0)$ und damit $\nabla g = (0, 0, g_z)^T$ mit $g_z \neq 0$, so wird eine Basis von T_pM gebildet von den Vektoren $v_1 := (1, 0, 0)^T$ und

$$v_2 := (\nabla g) \times v_1 = \begin{bmatrix} 0 \\ 0 \\ g_z \end{bmatrix} \times \begin{bmatrix} 1 \\ 0 \\ 0 \end{bmatrix} = \begin{bmatrix} 0 \\ g_z \\ 0 \end{bmatrix}$$

(wieder an der Stelle p genommen). Die angegebene Matrix M ist also genau die Matrix B in Aufgabe (98.30), und die Behauptung folgt aus den Aussagen (b) und (d) in Aufgabe (98.30).

Lösung (98.33) Hier wird $(T_pM)^\perp$ aufgespannt von den Vektoren $(\nabla g_1)(p)$ und $(\nabla g_2)(p)$, und T_pM wird dann aufgespannt von $(\nabla g_1)(p) \times (\nabla g_2)(p)$. Die Matrix B in Aufgabe (98.30) reduziert sich daher auf die (1×1)-Matrix (D), und die Aussagen (b) und (d) aus Aufgabe (98.30) liefern die Behauptung.

Lösung (98.34) Die Lagrangefunktion lautet

$$L(x, y, z; \lambda) := x(y+z) + \lambda(x^2 + y^2 + z^2 - 1).$$

Die Bedingung $\nabla L = 0$ führt auf

$$(\star) \qquad \begin{bmatrix} y + z + 2\lambda x \\ x + 2\lambda y \\ x + 2\lambda z \end{bmatrix} = \begin{bmatrix} 0 \\ 0 \\ 0 \end{bmatrix}.$$

Subtraktion der beiden letzten Komponenten dieser Gleichung liefert $0 = 2\lambda(z - y)$ und damit $\lambda = 0$ oder $z = y$.

Erster Fall: $\lambda = 0$. In diesem Fall gilt $y + z = 0$ und damit $z = -y$. Die Nebenbedingung $x^2 + y^2 + z^2 = 1$ geht dann über in $2y^2 = 1$ und damit $y^2 = 1/2$. Dies liefert die beiden Lösungen

$$(x, y, z; \lambda) = \left(0, \frac{1}{\sqrt{2}}, \frac{-1}{\sqrt{2}}; 0\right),$$

$$(x, y, z; \lambda) = \left(0, \frac{-1}{\sqrt{2}}, \frac{1}{\sqrt{2}}; 0\right).$$

Zweiter Fall: $z = y$. Die erste Komponente in $(\star)$ liefert dann $y = -\lambda x$; Einsetzen in die zweite Komponente ergibt $x = -2\lambda y = 2\lambda^2 x$. Wäre $x = 0$, dann auch $y = 0$ und folglich $z = 0$ im Widerspruch zur Nebenbedingung $x^2 + y^2 + z^2 = 1$. Also ist $x \neq 0$, und Division der Gleichung $x = 2\lambda^2 x$ durch x liefert $1 = 2\lambda^2$ bzw. $\lambda = \pm 1/\sqrt{2}$. Die Nebenbedingung $x^2 + y^2 + z^2 = 1$ geht über in $1 = x^2 + \lambda^2 x^2 + \lambda^2 x^2 = 2x^2$ und damit $x = \pm 1/\sqrt{2}$; zusammen mit den Bedingungen $z = y = -\lambda x$ erhalten wir damit die Lösungen

$$(x, y, z; \lambda) = \left(\frac{1}{\sqrt{2}}, \frac{-1}{2}, \frac{-1}{2}; \frac{1}{\sqrt{2}}\right),$$

$$(x, y, z; \lambda) = \left(\frac{-1}{\sqrt{2}}, \frac{1}{2}, \frac{1}{2}; \frac{1}{\sqrt{2}}\right),$$

$$(x, y, z; \lambda) = \left(\frac{1}{\sqrt{2}}, \frac{1}{2}, \frac{1}{2}; \frac{-1}{\sqrt{2}}\right),$$

$$(x, y, z; \lambda) = \left(\frac{-1}{\sqrt{2}}, \frac{-1}{2}, \frac{-1}{2}; \frac{-1}{\sqrt{2}}\right).$$

Wir erhalten also die sechs kritischen Punkte

$$p_{1,2} = \pm\left(0, \frac{1}{\sqrt{2}}, \frac{-1}{\sqrt{2}}\right),$$

$$p_{3,4} = \pm\left(\frac{1}{\sqrt{2}}, \frac{-1}{2}, \frac{-1}{2}\right),$$

$$p_{5,6} = \pm\left(\frac{1}{\sqrt{2}}, \frac{1}{2}, \frac{1}{2}\right)$$

mit den zugehörigen Lagrange-Multiplikatoren

$$\lambda_{1,2} = 0, \quad \lambda_{3,4} = \frac{1}{\sqrt{2}}, \quad \lambda_{5,6} = \frac{-1}{\sqrt{2}}.$$

Die Hesse-Matrix der Lagrange-Funktion lautet

$$L''(x, y, z; \lambda) = \begin{bmatrix} 2\lambda & 1 & 1 \\ 1 & 2\lambda & 0 \\ 1 & 0 & 2\lambda \end{bmatrix}.$$

Da die betrachtete Mannigfaltigkeit $M = \{(x, y, z) \in \mathbb{R}^3 \mid x^2 + y^2 + z^2 = 1\}$ eine Sphäre mit Mittelpunkt im Nullpunkt ist, ist der Tangentialraum eines Punktes $p \in M$ gerade $T_pM = p^\perp$. Wir wählen nun für $1 \leq i \leq 6$ jeweils eine Matrix $A_i \in \mathbb{R}^{3 \times 2}$, deren Spalten eine Basis von $T_{p_i}M = p_i^\perp$ bilden, zum Beispiel

$$A_{1,2} := \begin{bmatrix} 1 & 0 \\ 0 & 1 \\ 0 & 1 \end{bmatrix},$$

$$A_{3,4} := \begin{bmatrix} 1 & 1 \\ \sqrt{2} & 0 \\ 0 & \sqrt{2} \end{bmatrix},$$

$$A_{5,6} := \begin{bmatrix} 1 & 1 \\ -\sqrt{2} & 0 \\ 0 & -\sqrt{2} \end{bmatrix}.$$

Dann bilden wir die Matrizen $B_i := A_i^T L''(p_i) A_i$ für $1 \leq i \leq 6$. Für $i = 1, 2$ ist

$$B_i = \begin{bmatrix} 1 & 0 & 0 \\ 0 & 1 & 1 \end{bmatrix} \begin{bmatrix} 0 & 1 & 1 \\ 1 & 0 & 0 \\ 1 & 0 & 0 \end{bmatrix} \begin{bmatrix} 1 & 0 \\ 0 & 1 \\ 0 & 1 \end{bmatrix} = \begin{bmatrix} 0 & 2 \\ 2 & 0 \end{bmatrix}$$

indefinit; also liegen an den beiden Stellen p_1 und p_2 Sattelpunkte vor. Für $i = 3, 4$ ist

$$B_i = \begin{bmatrix} 1 & \sqrt{2} & 0 \\ 1 & 0 & \sqrt{2} \end{bmatrix} \begin{bmatrix} \sqrt{2} & 1 & 1 \\ 1 & \sqrt{2} & 0 \\ 1 & 0 & \sqrt{2} \end{bmatrix} \begin{bmatrix} 1 & 1 \\ \sqrt{2} & 0 \\ 0 & \sqrt{2} \end{bmatrix}$$
$$= \begin{bmatrix} 5\sqrt{2} & 3\sqrt{2} \\ 3\sqrt{2} & 5\sqrt{2} \end{bmatrix}$$

positiv definit; also liegen an den beiden Stellen p_3 und p_4 Minima vor. Für $i = 5, 6$ ist

$$B_i = \begin{bmatrix} 1 & -\sqrt{2} & 0 \\ 1 & 0 & -\sqrt{2} \end{bmatrix} \begin{bmatrix} -\sqrt{2} & 1 & 1 \\ 1 & -\sqrt{2} & 0 \\ 1 & 0 & -\sqrt{2} \end{bmatrix} \begin{bmatrix} 1 & 1 \\ -\sqrt{2} & 0 \\ 0 & -\sqrt{2} \end{bmatrix}$$
$$= \begin{bmatrix} -5\sqrt{2} & -3\sqrt{2} \\ -3\sqrt{2} & -5\sqrt{2} \end{bmatrix}$$

negativ definit; also liegen an den beiden Stellen p_5 und p_6 Maxima vor.

Wir geben eine Variante der Lösung an, die vielleicht intuitiv klar ist, die aber erst dann präzise gemacht werden kann, wenn uns der Begriff der Differentialform zur Verfügung steht. Mit $G(x, y, z) := x^2 + y^2 + z^2 - 1$ wird die Lagrangefunktion

$$L(x, y, z; \lambda) := F(x, y, z) + \lambda \cdot G(x, y, z)$$

gebildet. Notwendige Bedingung für ein Extremum ist dann die Bedingung $(\partial_x L, \partial_y L, \partial_z L, \partial_\lambda L) = (0, 0, 0, 0)$; dies führt auf sechs potentielle Lösungen $(x_i, y_i, z_i; \lambda_i)$ mit $1 \leq i \leq 6$. Wir betrachten beispielhaft eine dieser Lösungen, nämlich

$$(x, y, z) = \left(\frac{1}{\sqrt{2}}, -\frac{1}{2}, -\frac{1}{2}\right) =: p \quad \text{mit} \quad \lambda = \frac{1}{\sqrt{2}}.$$

Mit dem festgehaltenen Wert für λ ergibt sich die Lagrangefunktion

$$L(x, y, z) = x(y + z) + \frac{1}{\sqrt{2}} \cdot (x^2 + y^2 + z^2 - 1).$$

Wir erhalten
$$L_x = y + z + \sqrt{2}x,$$
$$L_y = x + \sqrt{2}y,$$
$$L_z = x + \sqrt{2}z$$

und dann

$$\begin{bmatrix} L_{xx} & L_{xy} & L_{xz} \\ L_{yx} & L_{yy} & L_{yz} \\ L_{zx} & L_{zy} & L_{zz} \end{bmatrix} = \begin{bmatrix} \sqrt{2} & 1 & 1 \\ 1 & \sqrt{2} & 0 \\ 1 & 0 & \sqrt{2} \end{bmatrix},$$

insbesondere also

$$L''(p) = \begin{bmatrix} \sqrt{2} & 1 & 1 \\ 1 & \sqrt{2} & 0 \\ 1 & 0 & \sqrt{2} \end{bmatrix}.$$

Eine Variation $dp = (dx, dy, dz)$ liefert daher die quadratische Abweichung
$(\star)$
$$\langle dp, L''(p)dp \rangle = \sqrt{2}(dx^2 + dy^2 + dz^2) + 2\,dx\,dy + 2\,dx\,dz$$
$$= \frac{1}{\sqrt{2}}(dx + \sqrt{2}dy)^2 + \frac{1}{\sqrt{2}}(dx + \sqrt{2}dz)^2.$$

Nun dürfen von p aus nur Variationen dp betrachtet werden, die tangential zur Mannigfaltigkeit $M := \{(x, y, z) \in \mathbb{R}^3 \mid G(x, y, z) = 0\}$ verlaufen, für die also $0 = dG = 2(dx + dy + dz)$ gilt. Wir können also $dx = -dy - dz$ schreiben. Setzen wir dies in $(\star)$ ein, so ergibt sich

$$\langle dp, L''(p)dp \rangle = \frac{1}{\sqrt{2}}\left((\sqrt{2} - 1)dy - dz\right)^2$$
$$+ \frac{1}{\sqrt{2}}\left(-dy + (\sqrt{2} - 1)dz\right)^2.$$

Dieser Ausdruck ist > 0 für alle $(dy, dz) \neq (0, 0)$; also liegt in p ein lokales Minimum vor.

Lösung (98.35) Die definierende Gleichung $\nabla f(x) = \sum_{i=1}^m \lambda_i (\nabla g_i)(x)$ der Lagrange-Multiplikatoren läßt sich schreiben als $f'(x)^T = g'(x)^T \lambda$ bzw. $f'(x) = \lambda^T g'(x)$, in unserem Fall also

(1) $$f'(x_\star(c)) = \lambda(c)^T g'(x_\star(c)).$$

Andererseits gilt die Identität $g(x_\star(c)) = c$, nach Ableiten bezüglich c also

(2) $$g'(x_\star(c))x'_\star(c) = \mathbf{1}.$$

Unter Benutzung von (1) und (2) erhalten wir dann

$$\frac{\partial}{\partial c}f(x_\star(c)) = f'(x_\star(c))x'_\star(c) = \lambda(c)^T g'(x_\star(c))x'_\star(c)$$
$$= \lambda(c)^T \mathbf{1} = \lambda(c)^T.$$

Die i-te Komponente dieser Gleichung lautet

$$\frac{\partial}{\partial c_i}f(x_\star(c)) = \lambda_i(c).$$

Dies kann man so deuten, daß der i-te Lagrange-Multiplikator $\lambda_i(c)$ ein Maß für die Sensitivität der Änderung des Optimums $f(x_\star(c))$ bezüglich einer Änderung des Wertes c_i in der Nebenbedingung $g(x) = c_i$ ist.

Lösung (98.36) (a) Die Lagrangefunktion ist

$$L(x,y) = x^2 y + \lambda(x^2 + y^2 - 1).$$

Die Bedingung $(\nabla L)(x,y) = (0,0)^T$ liefert

$$\begin{bmatrix} 2xy + 2\lambda x \\ x^2 + 2\lambda y \end{bmatrix} = \begin{bmatrix} 0 \\ 0 \end{bmatrix}$$

und damit $2x(y + \lambda) = 0$ und $x^2 = -2\lambda y$. Ist $x = 0$, so gilt $y = \pm 1$ wegen der Nebenbedingung und dann $\lambda = 0$. Ist $x \neq 0$, so gilt $y = -\lambda$, damit $x^2 = 2\lambda^2$ und folglich $1 = x^2 + y^2 = 3\lambda^2$. Dies liefert die Lösungen $\lambda = \pm 1/\sqrt{3}$, dann $x^2 = 2/3$ und $y = \mp 1/\sqrt{3}$. Insgesamt erhalten wir die folgenden sechs Kandidaten $(x, y; \lambda)$ für mögliche Minima und Maxima:

$$(0, \pm 1; 0), \ \left(\pm\frac{\sqrt{2}}{\sqrt{3}}, \frac{1}{\sqrt{3}}; \frac{-1}{\sqrt{3}}\right), \ \left(\pm\frac{\sqrt{2}}{\sqrt{3}}, \frac{-1}{\sqrt{3}}; \frac{1}{\sqrt{3}}\right).$$

Die Hesse-Matrix der Lagrangefunktion ist gegeben durch

$$L''(x, y; p) = \begin{bmatrix} 2(y+\lambda) & 2x \\ 2x & 2\lambda \end{bmatrix}.$$

- Im Punkt $p = (0, 1)$ liegt ein Minimum vor, denn $T_p M$ wird aufgespannt von $v = (1, 0)^T$, und $v^T L''(p) v$ ist gegeben durch

$$[1 \ 0] \begin{bmatrix} 2 & 0 \\ 0 & 0 \end{bmatrix} \begin{bmatrix} 1 \\ 0 \end{bmatrix} = 2 > 0.$$

- Im Punkt $p = (0, -1)$ liegt ein Maximum vor, denn $T_p M$ wird aufgespannt von $v = (1, 0)^T$, und $v^T L''(p) v$ ist gegeben durch

$$[1 \ 0] \begin{bmatrix} -2 & 0 \\ 0 & 0 \end{bmatrix} \begin{bmatrix} 1 \\ 0 \end{bmatrix} = -2 < 0.$$

- Im Punkt $p = (\sqrt{2/3}, \sqrt{1/3})$ liegt ein Maximum vor, denn $T_p M$ wird aufgespannt von $v = (-1, \sqrt{2})^T$, und $v^T L''(p) v$ ist gegeben durch

$$[-1 \ \sqrt{2}] \begin{bmatrix} 0 & 2\sqrt{2/3} \\ 2\sqrt{2/3} & -2/\sqrt{3} \end{bmatrix} \begin{bmatrix} -1 \\ \sqrt{2} \end{bmatrix} = -4\sqrt{3} < 0.$$

- Im Punkt $p = (-\sqrt{2/3}, \sqrt{1/3})$ liegt ein Maximum vor, denn $T_p M$ wird aufgespannt von $v = (1, \sqrt{2})^T$, und $v^T L''(p) v$ ist gegeben durch

$$[1 \ \sqrt{2}] \begin{bmatrix} 0 & -2\sqrt{2/3} \\ -2\sqrt{2/3} & -2/\sqrt{3} \end{bmatrix} \begin{bmatrix} 1 \\ \sqrt{2} \end{bmatrix} = -4\sqrt{3} < 0.$$

- Im Punkt $p = (\sqrt{2/3}, -\sqrt{1/3})$ liegt ein Minimum vor, denn $T_p M$ wird aufgespannt von $v = (1, \sqrt{2})^T$, und $v^T L''(p) v$ ist gegeben durch

$$[1 \ \sqrt{2}] \begin{bmatrix} 0 & 2\sqrt{2/3} \\ 2\sqrt{2/3} & 2/\sqrt{3} \end{bmatrix} \begin{bmatrix} 1 \\ \sqrt{2} \end{bmatrix} = 4\sqrt{3} > 0.$$

- Im Punkt $p = (-\sqrt{2/3}, -\sqrt{1/3})$ liegt ein Minimum vor, denn $T_p M$ wird aufgespannt von $v = (-1, \sqrt{2})^T$, und $v^T L''(p) v$ ist gegeben durch

$$[-1 \ \sqrt{2}] \begin{bmatrix} 0 & -2\sqrt{2/3} \\ -2\sqrt{2/3} & 2/\sqrt{3} \end{bmatrix} \begin{bmatrix} -1 \\ \sqrt{2} \end{bmatrix} = 4\sqrt{3} > 0.$$

Bemerkung: Alternativ hätten wir das Optimierungsproblem unter Nebenbedingungen auch in ein Optimierungsproblem ohne Nebenbedingungen umformulieren können, indem wir die Parametrisierung $(x, y) = (\cos\varphi, \sin\varphi)$ wählen und dann die Funktion

$$F(\varphi) := \cos^2\varphi \sin\varphi = \sin\varphi - \sin^3\varphi$$

optimieren. Wir erhalten

$$F'(\varphi) = \cos\varphi - 3\sin^2\varphi \cos\varphi = 3\cos^3\varphi - 2\cos\varphi,$$
$$F''(\varphi) = 2\sin\varphi - 9\cos^2\varphi \sin\varphi = 9\sin^3\varphi - 7\sin\varphi.$$

Nullsetzen der ersten Ableitung führt auf die Gleichung $0 = \cos\varphi(3\cos^2\varphi - 2)$ und damit auf $\cos\varphi = 0$ oder $\cos^2\varphi = 2/3$. Wir erhalten damit sechs mögliche Kandidaten $(x_i, y_i) = (\cos\varphi_i, \sin\varphi_i)$, wobei die Winkel φ_i durch die folgenden Bedingungen festgelegt sind:
- $\cos\varphi = 0$, $\sin\varphi = 1$ (damit $F''(\varphi) = 2 > 0$, also Minimum);
- $\cos\varphi = 0$, $\sin\varphi = -1$ (damit $F''(\varphi) = -2 < 0$, also Maximum);
- $\cos\varphi = \sqrt{2/3}$, $\sin\varphi = \sqrt{1/3}$ (damit $F''(\varphi) = -4/\sqrt{3} < 0$, also Maximum);
- $\cos\varphi = \sqrt{2/3}$, $\sin\varphi = -\sqrt{1/3}$ (damit $F''(\varphi) = 4/\sqrt{3} > 0$, also Minimum);
- $\cos\varphi = -\sqrt{2/3}$, $\sin\varphi = \sqrt{1/3}$ (damit $F''(\varphi) = -4/\sqrt{3} < 0$, also Maximum);
- $\cos\varphi = -\sqrt{2/3}$, $\sin\varphi = -\sqrt{1/3}$ (damit $F''(\varphi) = 4/\sqrt{3} > 0$, also Minimum).

Lösung (98.37) (a) Wir definieren $C \in \mathbb{R}^{6 \times 6}$ und $w \in \mathbb{R}^6$ durch

$$C := \begin{bmatrix} 0 & 0 & 2 & 0 & 0 & 0 \\ 0 & -1 & 0 & 0 & 0 & 0 \\ 2 & 0 & 0 & 0 & 0 & 0 \\ 0 & 0 & 0 & 0 & 0 & 0 \\ 0 & 0 & 0 & 0 & 0 & 0 \\ 0 & 0 & 0 & 0 & 0 & 0 \end{bmatrix} \quad \text{und} \quad w := \begin{bmatrix} a \\ b \\ c \\ d \\ e \\ f \end{bmatrix}$$

sowie $D, P \in \mathbb{R}^{n \times 6}$ durch

$$D := \begin{bmatrix} x_1^2 & x_1 y_1 & y_1^2 & x_1 & y_1 & 1 \\ \vdots & \vdots & \vdots & \vdots & \vdots & \vdots \\ x_n^2 & x_n y_n & y_n^2 & x_n & y_n & 1 \end{bmatrix} \quad \text{und} \quad P := D^T D.$$

Zu minimieren ist dann die Funktion $f(w) := \|Dw\|^2 = w^T P w$ unter der Nebenbedingung $g(w) = 1$ mit $g(w) := w^T C w$. Wird an der Stelle w ein (lokales) Minimum angenommen, so existiert ein Lagrange-Multiplikator $\lambda \in \mathbb{R}$ mit $(\nabla f)(w) = \lambda \cdot (\nabla g)(w)$; dies führt auf die Gleichung $Pw = \lambda Cw$. Zusammen mit der Nebenbedingung $w^T C w = 1$ sehen wir also, daß ein Vektor $w \in \mathbb{R}^6$ und eine Zahl $\lambda \in \mathbb{R}$ gesucht sind mit

$(\star) \qquad Pw = \lambda Cw \quad \text{und} \quad w^T C w = 1.$

Es folgt $\lambda = \lambda w^T C w = w^T P w > 0$ (denn $P = D^T D$ ist positiv definit, und w ist wegen $w^T C w = 1$ nicht der Nullvektor). Die gesuchte Zahl λ ist dann eine Lösung der Gleichung $\det(P - \lambda C) = 0$, und wir behaupten, daß diese Gleichung eine eindeutig bestimmte positive Lösung $\lambda > 0$ besitzt. Zum Nachweis dieser Behauptung nutzen wir aus, daß die positiv definite Matrix P eine positiv definite Quadratwurzel Q besitzt. Es gilt dann $P = Q^T Q = Q^2$, folglich $Q^2 w = \lambda C w$ und damit $Qw = \lambda Q^{-1} C w$, mit $\xi := Qw \neq 0$ also $\xi = \lambda Q^{-1} C Q^{-1} \xi$ und damit $(Q^{-1} C Q^{-1} - \lambda^{-1} \mathbf{1}) \xi = 0$. Also ist $1/\lambda$ ein Eigenwert von $Q^{-1} C Q^{-1} = T^T C T$ mit $T = Q^{-1}$. Die Matrix $T^T C T$ hat aber genauso viele positive und negative Eigenwerte wie C. Da die Eigenwerte von C gegeben sind durch $(2, -2, -1, 0, 0, 0)$, folgt die Behauptung.

Das Lösen von $(\star)$ nach w und λ erfordert das Rechnen mit (6×6)-Matrizen. Aufgrund der speziellen Form von C können wir die Aufgabe aber so umformulieren, daß wir nur mit (3×3)-Matrizen rechnen müssen. Dazu schreiben wir P und C als Blockmatrizen mit (3×3)-Blöcken, sagen wir

$$P = \begin{bmatrix} P_1 & P_2 \\ P_3 & P_4 \end{bmatrix} \quad \text{sowie} \quad C = \begin{bmatrix} C_0 & 0 \\ 0 & 0 \end{bmatrix}$$

mit

$$C_0 := \begin{bmatrix} 0 & 0 & 2 \\ 0 & -1 & 0 \\ 2 & 0 & 0 \end{bmatrix}$$

und damit

$$C_0^{-1} = \begin{bmatrix} 0 & 0 & 1/2 \\ 0 & -1 & 0 \\ 1/2 & 0 & 0 \end{bmatrix}.$$

Mit $w^T = (u^T, v^T)$ gehen die Gleichungen $Pw = \lambda C w$ und $w^T C w$ dann über in

$(\star\star) \quad P_1 u + P_2 v = \lambda C_0 u, \quad P_3 u + P_4 v = 0, \quad u^T C_0 u = 1.$

Mit P ist auch P_4 positiv definit (und damit invertierbar); wir können also die zweite Gleichung in $(\star\star)$ nach v auflösen und erhalten

$$v = -P_4^{-1} P_3 u.$$

Setzen wir dies in die erste Gleichung in $(\star\star)$ ein, so ergeben sich für u die Bedingungen

$$(P_1 - P_2 P_4^{-1} P_3) u = \lambda C_0 u \quad \text{und} \quad u^T C_0 u = 1,$$

wegen der Invertierbarkeit von C_0 also

$$C_0^{-1}(P_1 - P_2 P_4^{-1} P_3) u = \lambda u \quad \text{und} \quad u^T C_0 u = 1.$$

Damit ergibt sich der folgende Algorithmus zur Lösung des Problems der Ellipsenanpassung.

Schritte des Lösungsalgorithmus:
(1) Bestimme den (eindeutig bestimmten) positiven Eigenwert $\lambda > 0$ der Matrix $C_0^{-1}(P_1 - P_2 P_4^{-1} P_3)$. (Dieser hat die algebraische und damit auch die geometrische Vielfachheit 1.)
(2) Bestimme den (bis aufs Vorzeichen eindeutig bestimmten) Eigenvektor u, der die Normierungsbedingung $u^T C_0 u = 1$ erfüllt.
(3) Setze $v := -P_4^{-1} P_3 u$ sowie $w := (u^T, v^T)^T$.
(4) Ist $w = (a, b, c, d, e, f)^T$, so ist die gesuchte Ellipse gerade die Lösungsmenge der Gleichung $ax^2 + bxy + cy^2 + dx + ey + f = 0$.

Die Vorzeichenambiguität in (2) ist bedeutungslos, weil die Lösungen w und $-w$ natürlich auf die gleiche Lösungsellipse führen; die Lösungsmenge der Gleichung $ax^2 + bxy + cy^2 + dx + ey + f = 0$ ändert sich ja nicht, wenn wir diese Gleichung mit -1 durchmultiplizieren.

(b) Durchführung des in Teil (a) angegebenen Algorithmus führt auf den Vektor $w = (a, b, c, d, e, f)$ mit den folgenden Komponenten:

$$\begin{aligned} a &= 0.707542, \\ b &= 0.317228, \\ c &= 0.388893, \\ d &= 2.92007, \\ e &= 0.741766, \\ f &= -140.199. \end{aligned}$$

98. Optimierung auf Mannigfaltigkeiten

Die folgende Abbildung zeigt die resultierende Ausgleichsellipse $ax^2 + bxy + cy^2 + dx + ey + f = 0$ zusammen mit den vorgegebenen Datenpunkten.

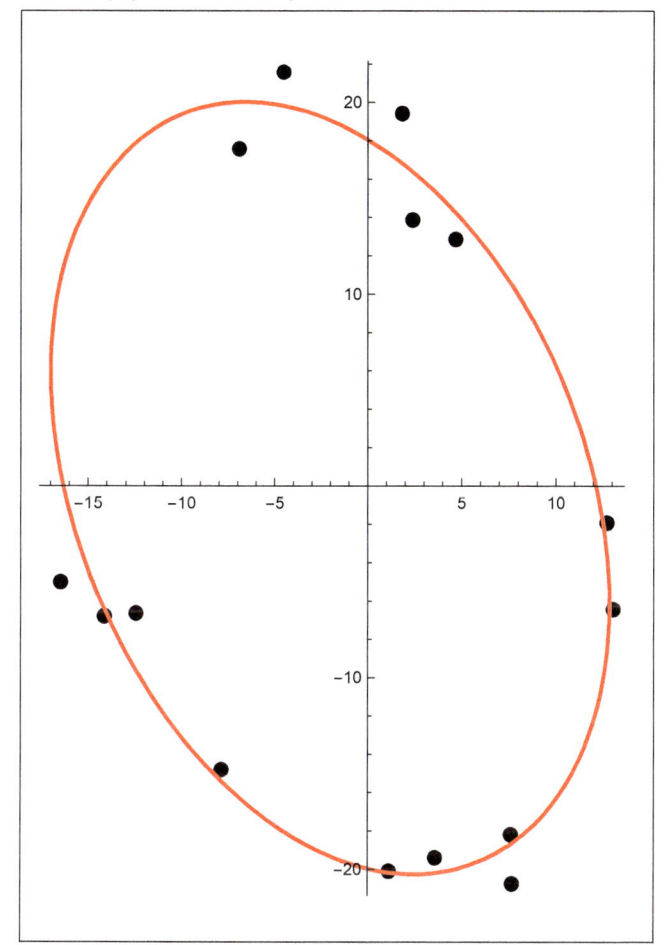

Ausgleichsellipse durch vorgegebene Datenpunkte.

Aufgaben zu »Optimierung auf Mannigfaltigkeiten« siehe Seite 15

L99: Kurven

Lösung (99.1) (a) Wenn sich das Rad um den Winkel φ gedreht hat, so hat sich der Berührpunkt um die Strecke $r\varphi$ weiterbewegt (Rollbedingung); wir erhalten also die Parameterdarstellung

$$\begin{bmatrix} x(\varphi) \\ y(\varphi) \end{bmatrix} = \begin{bmatrix} r\varphi - r\sin\varphi \\ r - r\cos\varphi \end{bmatrix} = r \begin{bmatrix} \varphi - \sin\varphi \\ 1 - \cos\varphi \end{bmatrix}.$$

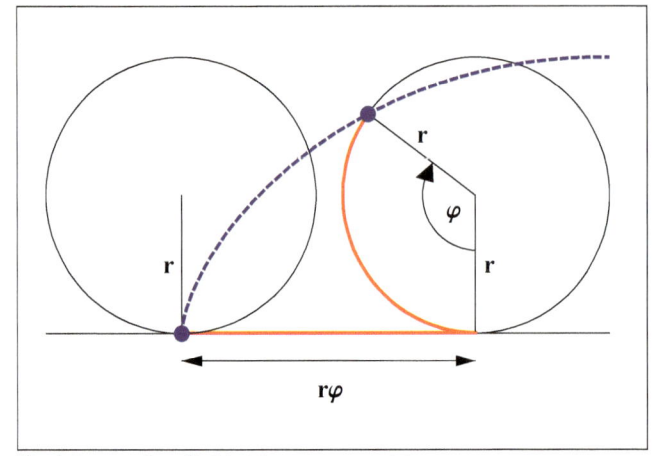

Herleitung der Zykloidenparametrisierung.

(b) Denken wir uns einen Zykloidenbogen in der Form $x \mapsto y(x)$ gegeben, so ist der Flächeninhalt zwischen dem Bogen und der x-Achse gegeben durch das Integral $\int_0^{2\pi r} y(x)\,dx$, denn die abgerollte Strecke ist genau der Kreisumfang $2\pi r$. Fassen wir $x(\varphi) = r(\varphi - \sin\varphi)$ als Koordinatentransformation mit $dx = r(1 - \cos\varphi)$ auf, so ergibt sich der Flächeninhalt

$$F = \int_0^{2\pi r} y(x)\,dx = \int_0^{2\pi} y(x(\varphi))\, r(1-\cos\varphi)\,d\varphi$$
$$= \int_0^{2\pi} r(1-\cos\varphi)\, r(1-\cos\varphi)\,d\varphi = r^2 \int_0^{2\pi} (1-\cos\varphi)^2\,d\varphi$$
$$= r^2 \int_0^{2\pi} (1 - 2\cos\varphi + \cos^2\varphi)\,d\varphi = r^2 \int_0^{2\pi} (1 + \cos^2\varphi)\,d\varphi$$
$$= r^2 \int_0^{2\pi} \frac{3 + \cos(2\varphi)}{2}\,d\varphi = \frac{3r^2}{2} \int_0^{2\pi} d\varphi = 3\pi r^2.$$

(Die Fläche unter dem Zykloidenbogen ist also genau dreimal so groß wie die Fläche des abrollenden Kreises.) Für die Länge ℓ des Zykloidenbogens ergibt sich

$$\ell = \int_0^{2\pi} \sqrt{x'(\varphi)^2 + y'(\varphi)^2}\,d\varphi = r\int_0^{2\pi} \sqrt{2 - 2\cos\varphi}\,d\varphi$$
$$= r\int_0^{2\pi} \sqrt{4\sin^2(\varphi/2)}\,d\varphi = 2r\int_0^{2\pi} \sin(\varphi/2)\,d\varphi$$
$$= 2r\left[-2\cos(\varphi/2)\right]_{\varphi=0}^{2\pi} = 2r \cdot 4 = 8r.$$

(Die Länge des Zykloidenbogens ist also genau viermal so groß wie der Durchmesser des abrollenden Kreises.)

Lösung (99.2) Mit den Bezeichnungen der folgenden Skizze gelten die Beziehungen $y/x = \eta/\xi$ (Strahlensatz), $\xi - r = r - x$ (gleicher Abstand von g_1 und g_2 zu g) sowie $(\xi - r)^2 + \eta^2 = r^2$ (Kreisgleichung).

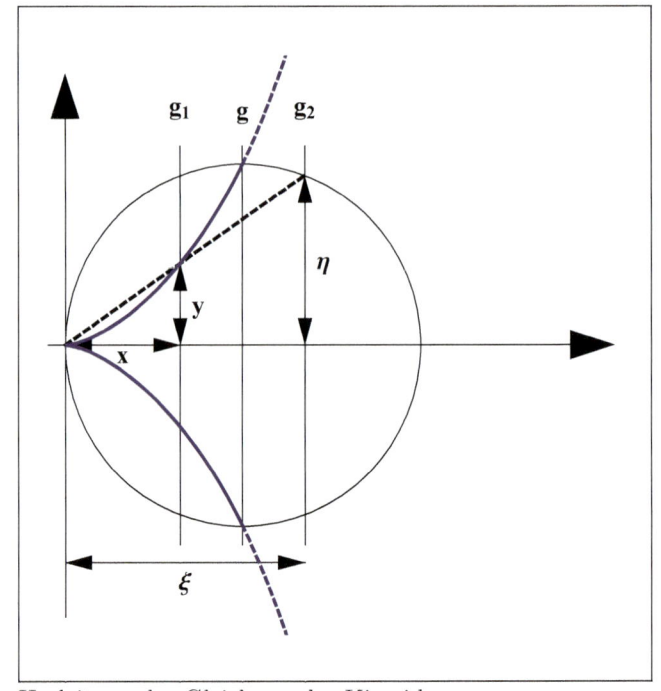

Herleitung der Gleichung der Kissoide.

Die zweite Gleichung liefert $\xi = 2r - x$, die dritte dann $\eta^2 = r^2 - (r-x)^2 = 2rx - x^2$. Einsetzen in die erste Gleichung liefert dann

$$\frac{y^2}{x^2} = \frac{\eta^2}{\xi^2} = \frac{x(2r-x)}{(2r-x)^2} = \frac{x}{2r-x}$$

und damit

$$y^2(2r - x) = x^3.$$

Setzen wir $y = tx$ an, so folgt $t^2 x^2 (2r - x) = x^3$ und damit $x = 0$ oder $2rt^2 - t^2 x = x$ bzw. $x(1 + t^2) = 2rt^2$; der Fall $x = 0$ ist in dieser Gleichung für $t = 0$ mit enthalten. Als Parameterform der Kissoide ergibt sich dann

$$x(t) = \frac{2rt^2}{t^2 + 1}, \quad y(t) = \frac{2rt^3}{t^2 + 1}.$$

Lösung (99.3) Mit den Bezeichnungen der folgenden Skizze gelten die Beziehungen $y/x = \eta/d$ (Strahlensatz) sowie $(d-x)^2 + (\eta - y)^2 = a^2$ (Abstandsbedingung); dabei ist egal, ob wir den Punkt (x, y) links oder rechts von g wählen.

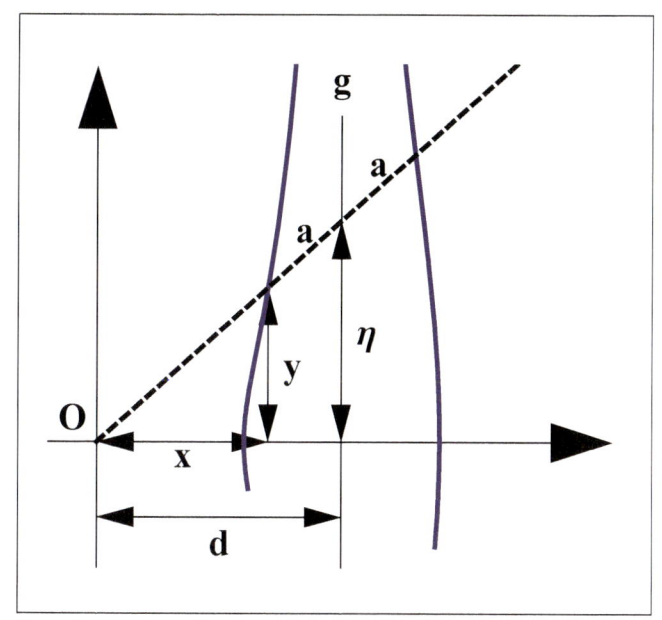

Herleitung der Gleichung der Konchoide.

Setzen wir $\eta = dy/x$ in die zweite Gleichung ein, so ergibt sich $a^2 = (d-x)^2 + (dy/x - y)^2$ bzw. $a^2x^2 = x^2(d-x)^2 + (dy - xy)^2 = (x^2+y^2)(d-x)^2$, also

$$(x^2 + y^2)(d-x)^2 = a^2 x^2.$$

Um eine Parameterdarstellung zu erhalten, können wir diese Gleichung einfach nach y auflösen; wir können aber auch $y = tx$ ansetzen und erhalten dann $x^2(1+t^2)(d-x)^2 = a^2 x^2$ und für $x \neq 0$ daher $(x-d)^2 = a^2/(1+t^2)$. Dies liefert die Parameterdarstellung

$$x(t) = d \pm \frac{a}{\sqrt{1+t^2}}, \quad y(t) = dt \pm \frac{at}{\sqrt{1+t^2}}.$$

Jede der beiden möglichen Vorzeichenwahlen liefert einen Zweig der Kurve. Für $a < d$ sind beide Zweige singularitätenfrei, für $a = d$ tritt eine Spitze auf, für $a > d$ ein Doppelpunkt.

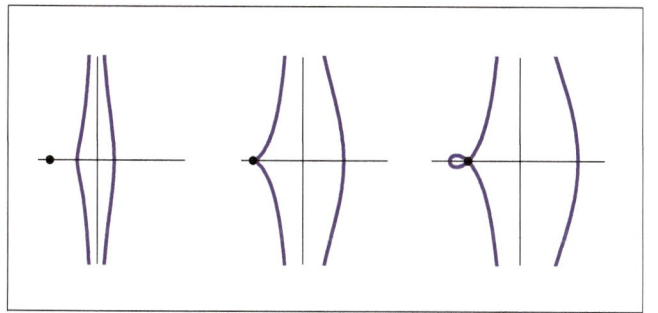

Aussehen der Konchoide für $a < d$ (links), $a = d$ (Mitte) und $a > d$ (rechts).

Lösung (99.4) (a) Wir bezeichnen mit $\alpha(t) = (x(t), y(t))$ einen Punkt der Kurve C, mit $r(t)$ und $(X(t), Y(t))$ den zugehörigen Krümmungsradius bzw. Krümmungsmittelpunkt und mit $\varphi(t)$ den Steigungswinkel von C in dem gegebenen Punkt. Wir haben dann

$$\begin{bmatrix} \cos\varphi \\ \sin\varphi \end{bmatrix} = \frac{1}{\sqrt{\dot{x}^2 + \dot{y}^2}} \begin{bmatrix} \dot{x} \\ \dot{y} \end{bmatrix}$$

und daher wegen $r_{\text{or}} = 1/\kappa_{\text{or}} = (\dot{x}^2 + \dot{y}^2)^{3/2}/(\dot{x}\ddot{y} - \dot{y}\ddot{x})$ (wobei $r_{\text{or}} := \text{sign}(\det(\dot{\alpha}, \ddot{\alpha}))\, r = \text{sign}(\dot{x}\ddot{y} - \ddot{x}\dot{y})\, r$ den orientierten Radius bezeichnet) die Gleichung

$$\begin{bmatrix} X \\ Y \end{bmatrix} = \begin{bmatrix} x \\ y \end{bmatrix} + r_{\text{or}} \begin{bmatrix} -\sin\varphi \\ \cos\varphi \end{bmatrix} = \begin{bmatrix} x \\ y \end{bmatrix} + \frac{\dot{x}^2 + \dot{y}^2}{\dot{x}\ddot{y} - \ddot{x}\dot{y}} \begin{bmatrix} -\dot{y} \\ \dot{x} \end{bmatrix}.$$

(b) Einsetzen von $x(t) = t$ und $y(t) = t^2$ in die in (a) erhaltene Formel liefert

$$\begin{bmatrix} X(t) \\ Y(t) \end{bmatrix} = \begin{bmatrix} t \\ t^2 \end{bmatrix} + \frac{1+4t^2}{2} \begin{bmatrix} -2t \\ 1 \end{bmatrix} = \begin{bmatrix} -4t^3 \\ 3t^2 + (1/2) \end{bmatrix}$$

als Parameterdarstellung der gesuchten Evolute. Wir können diese Evolute auch durch eine Gleichung beschreiben; wir haben nämlich $X^2 = 16t^6 = 16\big((Y - 1/2)/3\big)^3 = 2\big((2Y-1)/3\big)^3$ und damit

$$27 X^2 = 2(2Y - 1)^3.$$

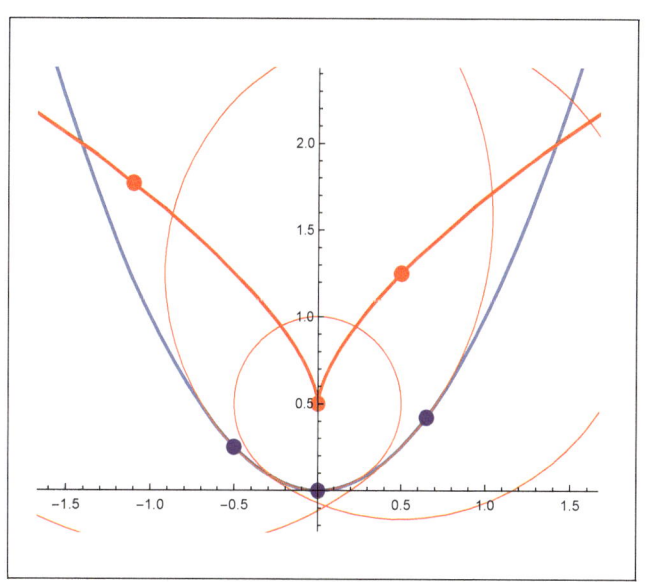

Evolute der Normalparabel.

(c) Mit der in der vorigen Aufgabe hergeleiteten Parameterdarstellung

$$\begin{bmatrix} x(\varphi) \\ y(\varphi) \end{bmatrix} = r \begin{bmatrix} \varphi - \sin\varphi \\ 1 - \cos\varphi \end{bmatrix}$$

erhalten wir

$$\begin{bmatrix} x'(\varphi) \\ y'(\varphi) \end{bmatrix} = r \begin{bmatrix} 1 - \cos\varphi \\ \sin\varphi \end{bmatrix}, \quad \begin{bmatrix} x''(\varphi) \\ y''(\varphi) \end{bmatrix} = r \begin{bmatrix} \sin\varphi \\ \cos\varphi \end{bmatrix}$$

und damit die orientierte Krümmung

$$\kappa_{\text{or}}(\varphi) = \frac{x'(\varphi)y''(\varphi) - x''(\varphi)y'(\varphi)}{(x'(\varphi)^2 + y'(\varphi)^2)^{3/2}} = \frac{-1}{2\sqrt{2}\,r\,\sqrt{1-\cos\varphi}}.$$

(Wir beachten, daß diese Krümmung an den Stellen $k \cdot 2\pi$ mit $k \in \mathbb{Z}$ nicht definiert und überall sonst negativ ist, die Zykloide also stets rechtsgekümmt ist.) Für die Evolute der Zykloide ergibt sich die Parameterdarstellung

$$\begin{bmatrix} X(\varphi) \\ Y(\varphi) \end{bmatrix} = \begin{bmatrix} x(\varphi) \\ y(\varphi) \end{bmatrix} + \frac{x'(\varphi)^2 + y'(\varphi)^2}{x'(\varphi)y''(\varphi) - x''(\varphi)y'(\varphi)} \begin{bmatrix} -y'(\varphi) \\ x'(\varphi) \end{bmatrix}$$

$$= r\left(\begin{bmatrix} \varphi - \sin\varphi \\ 1 - \cos\varphi \end{bmatrix} + \frac{2(1-\cos\varphi)}{\cos\varphi - 1} \begin{bmatrix} -\sin\varphi \\ 1 - \cos\varphi \end{bmatrix}\right)$$

$$= r\left(\begin{bmatrix} \varphi - \sin\varphi \\ 1 - \cos\varphi \end{bmatrix} - 2\begin{bmatrix} -\sin\varphi \\ 1 - \cos\varphi \end{bmatrix}\right) = r\begin{bmatrix} \varphi + \sin\varphi \\ -1 + \cos\varphi \end{bmatrix}.$$

Schreiben wir $\widehat{\varphi} := \varphi - \pi$, so haben wir $\varphi = \widehat{\varphi} + \pi$, $\sin\varphi = -\sin\widehat{\varphi}$ sowie $\cos\varphi = -\cos\widehat{\varphi}$ und damit

$$\begin{bmatrix} X(\widehat{\varphi}) \\ Y(\widehat{\varphi}) \end{bmatrix} = r\begin{bmatrix} \pi \\ -2 \end{bmatrix} + r\begin{bmatrix} \widehat{\varphi} - \sin\widehat{\varphi} \\ 1 - \cos\widehat{\varphi} \end{bmatrix}.$$

Die Evolute einer Zykloide ist also wieder eine Zykloide, die gegenüber der ursprünglichen Zykloide parallelverschoben ist.

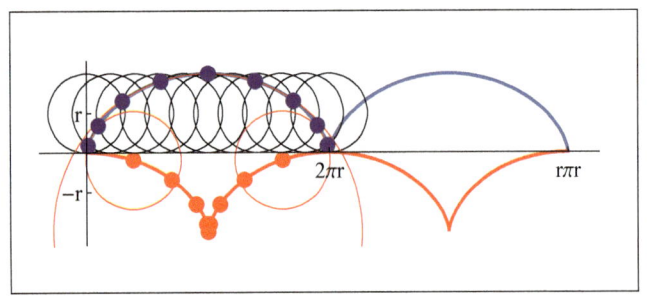

Evolute einer Zykloide.

Lösung (99.5) Wir denken uns die Kurve nach ihrer Bogenlänge s parametrisiert und haben dann $x'(s) = \cos\varphi(s)$ und $y'(s) = \sin\varphi(s)$, wenn φ den Steigungswinkel bezeichnet; ferner ist die orientierte Krümmung gegeben durch $\kappa_{\text{or}}(s) = \varphi'(s)$. Wir nehmen $\kappa_{\text{or}} > 0$ an (der Fall $\kappa_{\text{or}} < 0$ wird völlig analog behandelt) und haben dann $r(s) = 1/\kappa_{\text{or}}(s) = ds/d\varphi$, wenn wir φ als Kurvenparameter auffassen. Ferner haben wir

$$r\cos\varphi = \frac{ds}{d\varphi}\frac{dx}{ds} = \frac{dx}{d\varphi} \quad \text{und} \quad r\sin\varphi = \frac{ds}{d\varphi}\frac{dy}{ds} = \frac{dy}{d\varphi}.$$

Der Krümmungsmittelpunkt zu einem Punkt $p = (x(\varphi), y(\varphi))$ der Kurve C ist nach der vorigen Aufgabe gegeben durch

$$\begin{bmatrix} X \\ Y \end{bmatrix} = \begin{bmatrix} x \\ y \end{bmatrix} + r\begin{bmatrix} -\sin\varphi \\ \cos\varphi \end{bmatrix} = \begin{bmatrix} x - r\sin\varphi \\ y + r\cos\varphi \end{bmatrix};$$

wir erhalten dann

$$(\star) \quad \begin{aligned} \frac{dX}{d\varphi} &= \frac{dx}{d\varphi} - \frac{dr}{d\varphi}\sin\varphi - r\cos\varphi = -\frac{dr}{d\varphi}\sin\varphi, \\ \frac{dY}{d\varphi} &= \frac{dy}{d\varphi} + \frac{dr}{d\varphi}\cos\varphi - r\sin\varphi = \frac{dr}{d\varphi}\cos\varphi. \end{aligned}$$

(a) Die Ableitung dY/dX ist gerade die Steigung der Evolute (bzw. die Steigung von deren Tangente) an der Stelle $(X(p), Y(p)) = M_p$. Aus $(\star)$ folgt andererseits

$$\frac{dY}{dX} = -\frac{\cos\varphi}{\sin\varphi} = \frac{-1}{\tan\varphi}.$$

Da $\tan\varphi$ die Steigung der Originalkurve C (bzw. die Steigung von deren Tangente) im Punkt p ist, ist dies genau die Steigung der Geraden senkrecht zu dieser Tangente, also die Steigung der Normalen zu C durch p. Dies zeigt, daß die Gerade $\overline{pM_p}$ gleichzeitig Normale zu p durch C als auch Tangente zu E durch M_p ist.

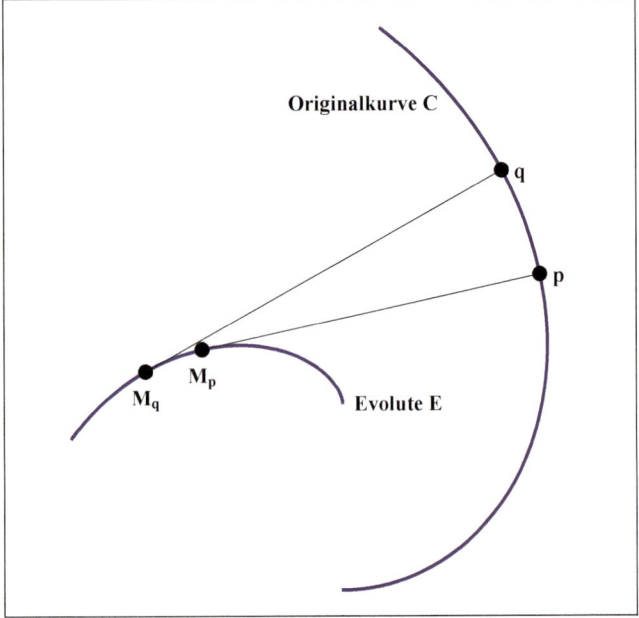

Geometrische Bedeutung der Evolute.

(b) Bezeichnet S die Bogenlängenfunktion entlang der Evolute, so folgt aus $(\star)$ die Beziehung

$$\left(\frac{dS}{d\varphi}\right)^2 = \left(\frac{dX}{d\varphi}\right)^2 + \left(\frac{dY}{d\varphi}\right)^2 = \left(\frac{dr}{d\varphi}\right)^2$$

und damit $dS/d\varphi = \pm dr/d\varphi$. (Das Vorzeichen hängt davon ab, ob die Kurve C links- oder rechtsgekrümmt ist.) Das ist aber schon die Behauptung. (Diese Behauptung besagt, daß für zwei Punkte $p_1, p_2 \in C$ die Länge des Evolutenbogens zwischen den Krümmungsmittelpunkten M_{p_1} und M_{p_2} gleich dem Unterschied zwischen den Krümmungsradien r_{p_1} und r_{p_2} ist.)

Aufgaben zu »Kurven« siehe Seite 19

Lösung (99.6) Für beliebige Werte von u und v erhalten wir Kurven, die auf der Torusoberfläche mit der Parametrisierung

$$(U, V) \mapsto \begin{bmatrix} \cos(U)\left(R + r\cos(V)\right) \\ \sin(U)\left(R + r\cos(V)\right) \\ r\sin(V) \end{bmatrix}$$

verlaufen; dabei ist u die Winkelgeschwindigkeit der Bewegung entlang der Zentrallinie des Torus, während v die Winkelgeschwindigkeit der Bewegung um die Zentrallinie herum ist. Die Kurve α ist genau dann geschlossen, wenn es eine Zahl T gibt mit $\alpha(t+T) = \alpha(t)$ für alle $t \in \mathbb{R}$, was genau dann der Fall ist, wenn uT und vT ganzzahlige Vielfache von 2π sind, sagen wir $uT = k \cdot 2\pi$ und $vT = \ell \cdot 2\pi$ bzw. $u/k = 2\pi/T = v/\ell$ mit $k, \ell \in \mathbb{Z}$. Ein solches T gibt es genau dann, wenn $u/v = k/\ell$ mit $k, \ell \in \mathbb{Z}$ gilt, wenn also das Verhältnis $u : v$ rational ist. (Man kann zeigen, daß für ein irrationales Verhältnis $u : v$ die Kurve α auf der Torusoberfläche dicht liegt, also jedem Punkt der Torusoberfläche beliebig nahe kommt.)

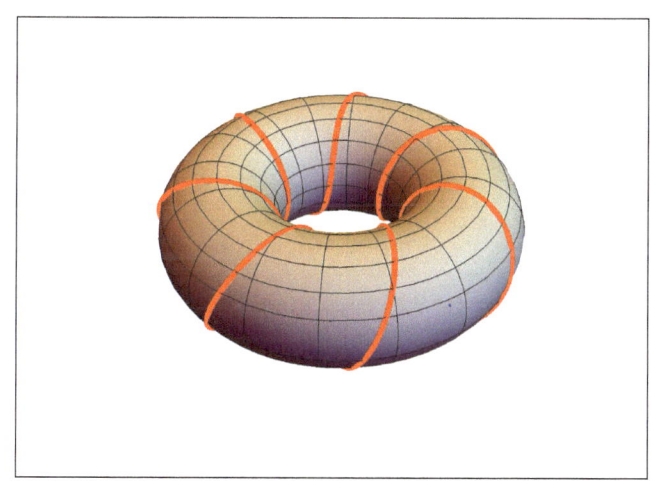

Toruskurve mit $u = 1$ und $v = 7$.

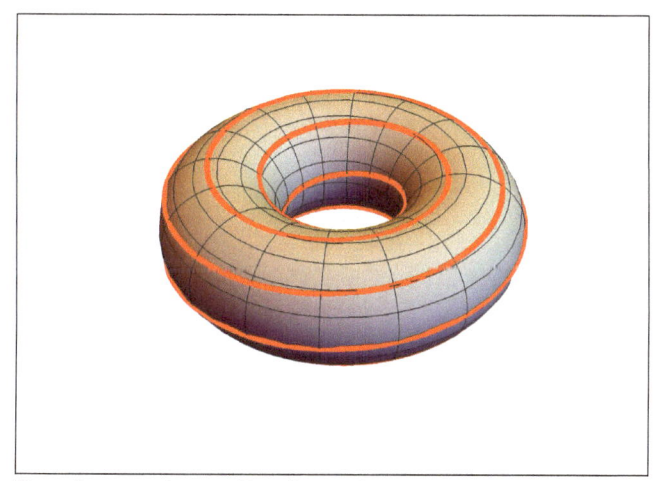

Toruskurve mit $u = 7$ und $v = 1$.

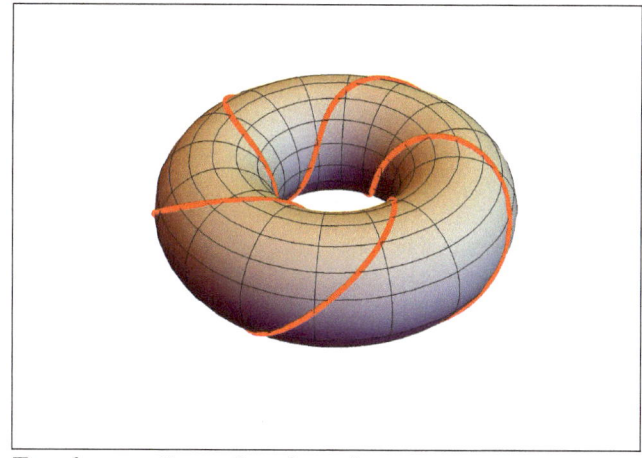

Toruskurve mit $u = 2$ und $v = 5$.

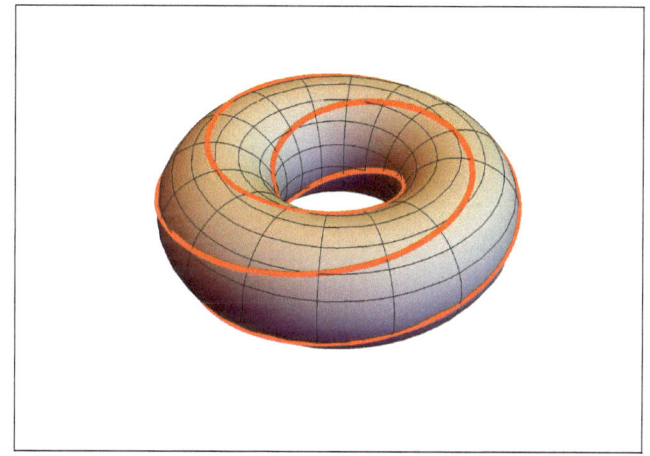

Toruskurve mit $u = 5$ und $v = 2$.

Toruskurve mit $u = 2$ und $v = \sqrt{2}$.

Lösung (99.7) (a) Für die Schraubenlinie $\alpha(t) = (r\cos t, r\sin t, dt)$ mit $d := h/(2\pi)$ erhalten wir

$$\dot\alpha(t) = \begin{bmatrix} -r\sin t \\ r\cos t \\ d \end{bmatrix}, \quad \ddot\alpha(t) = \begin{bmatrix} -r\cos t \\ -r\sin t \\ 0 \end{bmatrix},$$

$$\dddot\alpha(t) = \begin{bmatrix} r\sin t \\ -r\cos t \\ 0 \end{bmatrix}, \quad \dot\alpha(t) \times \ddot\alpha(t) = \begin{bmatrix} dr\sin t \\ -dr\cos t \\ r^2 \end{bmatrix}.$$

Für die Krümmung κ und die Torsion τ erhalten wir damit

$$\kappa(t) = \frac{\|\dot\alpha(t)\times\ddot\alpha(t)\|}{\|\dot\alpha(t)\|^3} = \frac{(d^2r^2+r^4)^{1/2}}{(r^2+d^2)^{3/2}} = \frac{r}{r^2+d^2},$$

$$\tau(t) = \frac{\det(\dot\alpha(t),\ddot\alpha(t),\dddot\alpha(t))}{\|\dot\alpha(t)\times\ddot\alpha(t)\|^2} = \frac{dr^2}{d^2r^2+r^4} = \frac{d}{r^2+d^2}.$$

Für das Serret-Frenet-Dreibein (T,N,B) erhalten wir dann

$$T(t) = \frac{1}{\sqrt{r^2+d^2}}\begin{bmatrix}-r\sin t\\ r\cos t\\ d\end{bmatrix},\quad B(t)=\frac{1}{\sqrt{r^2+d^2}}\begin{bmatrix}d\sin t\\ -d\cos t\\ r\end{bmatrix}$$

sowie $\quad N(t) = B(t)\times T(t) = \begin{bmatrix}-\cos t\\ -\sin t\\ 0\end{bmatrix}.$

(b) Für die Kurve $\alpha(t)=(t,t^2,t^3)$ erhalten wir

$$\dot\alpha(t)=\begin{bmatrix}1\\ 2t\\ 3t^2\end{bmatrix},\quad \ddot\alpha(t)=\begin{bmatrix}0\\ 2\\ 6t\end{bmatrix},\quad \dddot\alpha(t)=\begin{bmatrix}0\\ 0\\ 6\end{bmatrix}$$

sowie

$$\dot\alpha(t)\times\ddot\alpha(t) = 2\begin{bmatrix}1\\ 2t\\ 3t^2\end{bmatrix}\times\begin{bmatrix}0\\ 1\\ 3t\end{bmatrix} = 2\begin{bmatrix}3t^2\\ -3t\\ 1\end{bmatrix}.$$

Wir erhalten

$$\kappa(t) = \frac{\|\dot\alpha(t)\times\ddot\alpha(t)\|}{\|\dot\alpha(t)\|^3} = \frac{2(1+9t^2+9t^4)^{1/2}}{(1+4t^2+9t^4)^{3/2}},$$

$$\tau(t) = \frac{\det(\dot\alpha(t),\ddot\alpha(t),\dddot\alpha(t))}{\|\dot\alpha(t)\times\ddot\alpha(t)\|^2} = \frac{3}{1+9t^2+9t^4}$$

sowie

$$T(t) = \frac{1}{\sqrt{1+4t^2+9t^4}}\begin{bmatrix}1\\ 2t\\ 3t^2\end{bmatrix},$$

$$B(t) = \frac{1}{\sqrt{1+9t^2+9t^4}}\begin{bmatrix}3t^2\\ -3t\\ 1\end{bmatrix},$$

$$N(t) = \frac{1}{\sqrt{(1+4t^2+9t^4)(1+9t^2+9t^4)}}\begin{bmatrix}-9t^3-2t\\ -9t^4+1\\ 6t^3+3t\end{bmatrix}.$$

Lösung (99.8) (a) Ist α eine nach Bogenlänge parametrisierte Kurve und ist $g(t):=\bigl(T(t)\mid N(t)\mid B(t)\bigr)$ die Matrix, deren Spalten das Serret-Frenet-Dreibein von α bilden, so gilt

$$\dot g(t) = g(t)A(t)\quad\text{mit}\quad A(t):=\begin{bmatrix}0 & -\kappa(t) & 0\\ \kappa(t) & 0 & -\tau(t)\\ 0 & \tau(t) & 0\end{bmatrix},$$

wenn κ und τ die Krümmung und die Torsion von α bezeichnen. Diese Beobachtung liefert uns die Idee, wie wir die Kurve α zurückgewinnen können, wenn nur κ und τ gegeben sind. Es sei $t_0\in I$ beliebig gewählt. Ist $t\mapsto\Phi(t)$ die eindeutig bestimmte Lösung des matrixwertigen Anfangswertproblems

$$\dot\Phi(t) = \Phi(t)A(t),\quad \Phi(t_0)=\mathbf{1},$$

so ist die allgemeine Lösung der Differentialgleichung $\dot g(t)=g(t)A(t)$ gegeben durch $g(t)=g_0\Phi(t)$. Ist $t\mapsto g(t)$ irgendeine solche Lösung mit $g_0\in\mathrm{SO}(3)$, so definieren wir $T(t)$ als die erste Spalte von $g(t)$ und dann $\alpha(t):=\int_{t_0}^t T(\tau)\mathrm{d}\tau+\alpha_0$; dann ist α eine Kurve mit Krümmung κ und Torsion τ. Damit ist der Existenzbeweis geführt.

(b) Sind α_1 und α_2 zwei Kurven mit der Krümmung κ und der Torsion τ, so gelten für alle $t\in I$ die Gleichungen $g_1(t)=g_1(t_0)\Phi(t)$ und $g_2(t)=g_2(t_0)\Phi(t)$, daher $g_2(t)g_1(t)^{-1}=g_2(t_0)g_1(t_0)^{-1}=:D$ und folglich $g_2(t)=Dg_1(t)$ mit einer festen Drehmatrix D. Es gilt dann $T_2(t)=DT_1(t)$ und damit auch

$$\alpha_2(t) = \int_{t_0}^t T_2(\tau)\mathrm{d}\tau + \alpha_2(t_0) = \int_{t_0}^t DT_1(\tau)\mathrm{d}\tau + \alpha_2(t_0)$$

$$= D\left(\int_{t_0}^t T_1(\tau)\mathrm{d}\tau\right) + \alpha_2(t_0) = D\bigl(\alpha_1(t)-\alpha_1(t_0)\bigr) + \alpha_2(t_0)$$

$$= D\alpha_1(t) + v\quad\text{mit}\quad v:=\alpha_2(t_0)-D\alpha_1(t_0).$$

Damit ist gezeigt, daß sich zwei Kurven mit gleicher Krümmung und Torsion nur um eine starre Bewegung unterscheiden. Die Umkehrung der letzten Aussage ist trivial: Ist α eine Kurve und definieren wir eine neue Kurve β durch $\beta(t):=D\alpha(t)+v$ mit einer festen Drehmatrix D und einem festen Vektor v, so haben β und α gleiche Krümmung und gleiche Torsion. Wir haben nämlich $\beta^{(k)}(t)=D\alpha^{(k)}(t)$ für alle $k\geq 1$ und damit sowohl

$$\kappa_\beta = \|\ddot\beta\| = \|D\ddot\alpha\| = \|\ddot\alpha\| = \kappa_\alpha$$

als auch

$$\tau_\beta = \frac{\det(\dot\beta,\ddot\beta,\dddot\beta)}{\|\dot\beta\times\ddot\beta\|^2} = \frac{\det(D\dot\alpha,D\ddot\alpha,D\dddot\alpha)}{\|D\dot\alpha\times D\ddot\alpha\|^2}$$

$$= \frac{\det(D)\cdot\det(\dot\alpha,\ddot\alpha,\dddot\alpha)}{\|D(\dot\alpha\times\ddot\alpha)\|^2} = \frac{\det(\dot\alpha,\ddot\alpha,\dddot\alpha)}{\|\dot\alpha\times\ddot\alpha\|^2} = \tau_\alpha.$$

Bemerkung: Diese Aufgabe zeigt, daß eine räumliche Kurve hinsichtlich ihrer geometrischen Gestalt durch die Krümmung und die Torsion eindeutig festgelegt ist; diese beiden Größen sind also die einzigen **Invarianten** einer Raumkurve. In analoger Weise ist eine orientierte ebene Kurve durch ihre orientierte Krümmung schon eindeutig festgelegt bis auf eine orientierungserhaltende starre Bewegung, also eine Drehung und eine Translation. Die folgenden Abbildungen zeigen für einige vorgegebene Funktionen $s\mapsto\kappa(s)$ jeweils diejenige ebene Kurve, die bei Parametrisierung nach Bogenlänge gerade κ als orientierte Krümmung hat. Diese Kurven sind jeweils so normiert, daß sie im Nullpunkt und mit $(1,0)^T$ als Tangentenvektor starten.

99. Kurven

Ebene Kurven mit vorgegebener orientierter Krümmung

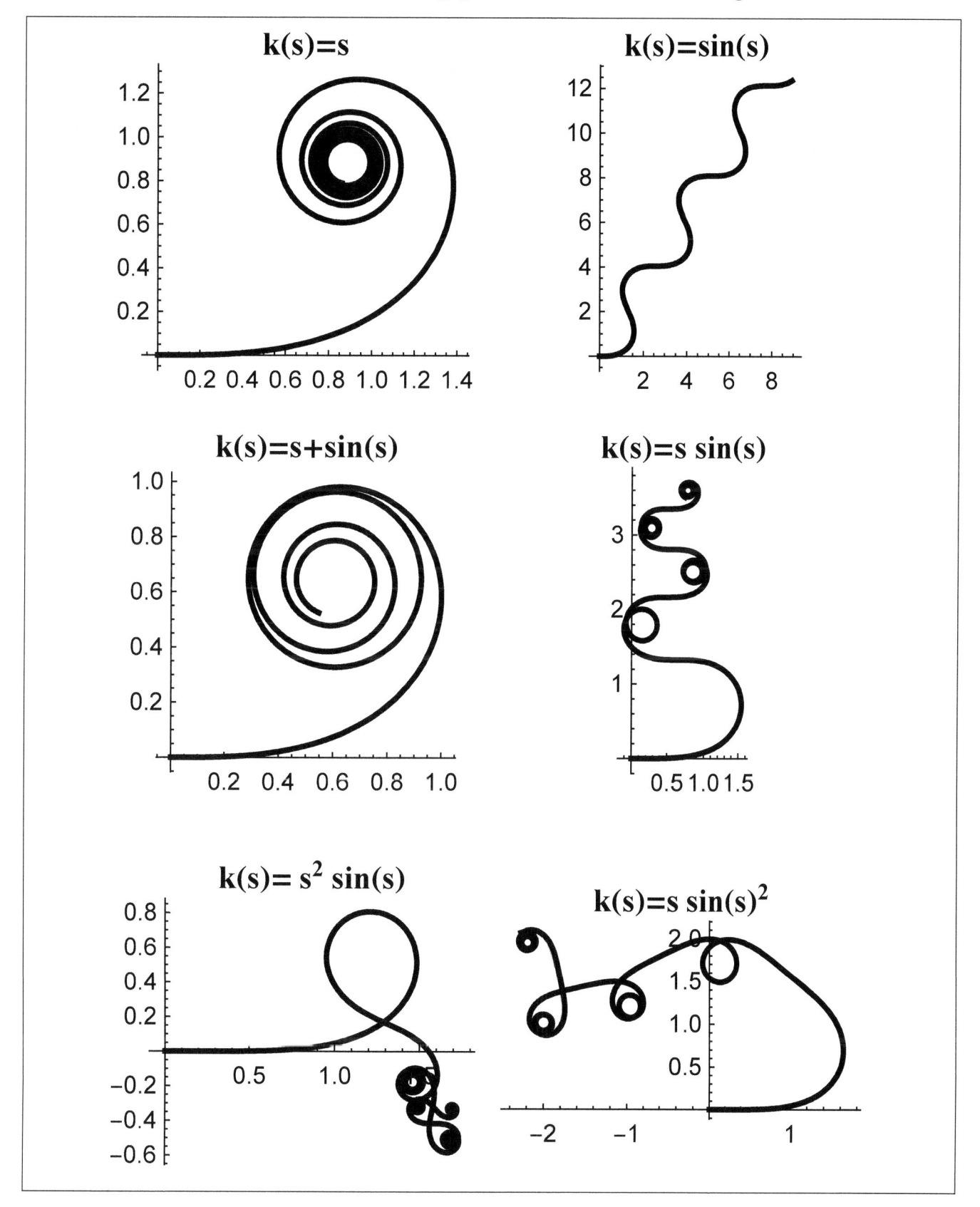

k(s)=s

k(s)=sin(s)

k(s)=s+sin(s)

k(s)=s sin(s)

k(s)= s^2 sin(s)

k(s)=s sin(s)^2

Lösung (99.9) Wegen $\|\alpha'(s)\| \equiv 1$ gilt $T(s) = \alpha'(s)$. Durch Ableiten der Identität $\|\alpha'(s)\|^2 \equiv 1$ ergibt sich $\langle \alpha'(s), \alpha''(s)\rangle \equiv 0$ und damit $\alpha(s)'' \perp \alpha'(s)$ für alle s; daher gilt $N(s) = \alpha''(s)/\|\alpha''(s)\| = \alpha''(s)/\kappa(s)$ und damit $\alpha'' = \kappa N$. Hieraus folgt unter Benutzungen der Frenetschen Formeln zunächst

$$\begin{aligned}\alpha''' &= (\kappa N)' = \kappa' N + \kappa N' \\ &= \kappa' N + \kappa(-\kappa T + \tau B) \\ &= -\kappa^2 T + \kappa' N + \kappa\tau B\end{aligned}$$

und dann

$$\begin{aligned}\alpha'''' &= -2\kappa\kappa' T - \kappa^2 T' + \kappa'' N + \kappa' N' + (\kappa\tau)' B + \kappa\tau B' \\ &= -2\kappa\kappa' T - \kappa^3 N + \kappa'' N + \kappa'(-\kappa T + \tau B) + (\kappa\tau)' B - \kappa\tau^2 N \\ &= -3\kappa\kappa' T + (\kappa'' - \kappa^3 - \kappa\tau^2) N + (2\kappa'\tau + \kappa\tau') B.\end{aligned}$$

Wir erhalten also

$$\begin{aligned}\alpha' &= T, \\ \alpha'' &= \kappa N, \\ \alpha''' &= -\kappa^2 T + \kappa' N + \kappa\tau B, \\ \alpha'''' &= -3\kappa\kappa' T + (\kappa'' - \kappa^3 - \kappa\tau^2) N + (2\kappa'\tau + \kappa\tau') B.\end{aligned}$$

Lösung (99.10) Für einen festen Vektor $m \in \mathbb{R}^3$ und eine feste Zahl $R > 0$ sind die Ableitungen der Funktion $a(s) := \|\alpha(s) - m\|^2 - R^2$ gegeben durch

$$\begin{aligned}a' &= 2\langle \alpha-m, \alpha'\rangle, \\ a'' &= 2(\langle \alpha', \alpha'\rangle + \langle \alpha-m, \alpha''\rangle) = 2(1 + \langle \alpha-m, \alpha''\rangle), \\ a''' &= 2(\langle \alpha', \alpha''\rangle + \langle \alpha-m, \alpha'''\rangle) = 2\langle \alpha-m, \alpha'''\rangle.\end{aligned}$$

Schreiben wir $v(s) := \alpha(s) - m$, so nehmen die Gleichungen $a' = a'' = a''' = 0$ für $s = s_0$ die Form

$$\langle v, \alpha'\rangle = 0, \quad \langle v, \alpha''\rangle = -1, \quad \langle v, \alpha'''\rangle = 0$$

an. Dies sind drei skalare Gleichungen für die drei gesuchten Koordinaten des Vektors $m \in \mathbb{R}^3$, was generisch eine eindeutige Lösung haben sollte. Schreiben wir

$$v(s_0) = v_1 T(s_0) + v_2 N(s_0) + v_3 B(s_0)$$

und benutzen wir die Formeln $\alpha' = T$, $\alpha'' = \kappa N$ und $\alpha''' = -\kappa^2 T + \kappa' N + \kappa\tau B$ aus der vorigen Aufgabe, so ergeben sich nacheinander die Gleichungen $v_1 = 0$, $\kappa v_2 = -1$ bzw. $v_2 = -1/\kappa$ sowie

$$\begin{aligned}0 &= \langle v_1 T + v_2 N + v_3 B, -\kappa^2 T + \kappa' N + \kappa\tau B\rangle \\ &= -\kappa^2 v_1 + \kappa' v_2 + \kappa\tau v_3 = -(\kappa'/\kappa) + \kappa\tau v_3\end{aligned}$$

bzw. $v_3 = \kappa'/(\kappa^2\tau)$. Damit ergibt sich

$$m = \alpha(s_0) + \frac{1}{\kappa(s_0)} N(s_0) - \frac{\kappa'(s_0)}{\kappa(s_0)^2\tau(s_0)} B(s_0)$$

als Mittelpunkt der gesuchten Schmiegkugel. Der Radius R dieser Kugel ergibt sich dann aus der Gleichung

$$R^2 = \|m - \alpha(s_0)\|^2 = \frac{1}{\kappa(s_0)^2} + \left(\frac{\kappa'(s_0)}{\kappa(s_0)^2\tau(s_0)}\right)^2.$$

Lösung (99.11) Genau dann ist α eine sphärische Kurve, wenn die Schmiegkugel für alle Kurvenpunkte die gleiche ist, wenn also $m(s)$ und $R(s)$ als Funktion von s konstant sind (d.h., nicht wirklich von s abhängen). Die Bedingung $m'(s) = 0$ lautet

$$\begin{aligned}0 &= \alpha' + \left(\frac{1}{\kappa}\right)' N + \frac{1}{\kappa} N' - \left(\frac{\kappa'}{\kappa^2\tau}\right)' B - \frac{\kappa'}{\kappa^2\tau} B' \\ &= T - \frac{\kappa'}{\kappa^2} N + \frac{1}{\kappa}(-\kappa T + \tau B) - \left(\frac{\kappa'}{\kappa^2\tau}\right)' B - \frac{\kappa'}{\kappa^2\tau}(-\tau N) \\ &= \left(\frac{\tau}{\kappa} - \left(\frac{\kappa'}{\kappa^2\tau}\right)'\right) B.\end{aligned}$$

Die Bedingung dafür, daß der Mittelpunkt der Schmiegkugel immer der gleiche raumfeste Punkt ist, lautet also

$$\frac{\tau}{\kappa} = \left(\frac{\kappa'}{\kappa^2\tau}\right)'.$$

Die Bedingung, daß auch der Radius der Schmiegkugel konstant bleibt, liefert dann keine weitere Bedingung mehr, denn durch Ableiten der Gleichung $R^2 = \kappa^{-2} + \left(\kappa'/(\kappa^2\tau)\right)^2$ erhalten wir

$$\begin{aligned}0 = 2RR' &= \frac{-2\kappa'}{\kappa^3} + \frac{2\kappa'}{\kappa^2\tau}\left(\frac{\kappa'}{\kappa^2\tau}\right)' \\ &= \frac{-2\kappa'}{\kappa^2\tau}\left(\frac{\tau}{\kappa} - \left(\frac{\kappa'}{\kappa^2\tau}\right)'\right).\end{aligned}$$

Lösung (99.12) Allgemein ist die Spiegelung an einer Ebene $E = \{x \in \mathbb{R}^3 \mid \langle x - a, n\rangle = 0\}$ mit $\|n\| = 1$ gegeben durch

$$S(x) := x - 2\langle x-a, n\rangle n.$$

O.B.d.A. sei α nach der Bogenlänge parametrisiert, und es mögen die Bedingungen $a = \alpha(T)$ und $n = \dot\alpha(T)$ gelten. Die an E gespiegelte Kurve ist dann gegeben durch

$$\beta(T+\tau) = S(\alpha(T-\tau)) \qquad (\tau > 0)$$

bzw. (wenn wir $t = T+\tau$ setzen)

$$\beta(t) = S(\alpha(2T-t)) \qquad (t > T),$$

d.h.,

$$\beta(t) = \alpha(2T-t) - 2\langle \alpha(2T-t) - \alpha(T), \dot\alpha(T)\rangle \dot\alpha(T).$$

Schreiben wir $\sigma(x) = x - 2\langle x, n\rangle n$ für die Spiegelung an der durch den Nullpunkt verschobenen Ebene, so erhalten wir $\dot\beta(t) = \sigma(-\dot\alpha(2T-t)) = -\sigma(\dot\alpha(2T-t))$ und allgemein

$$\beta^{(k)}(t) = (-1)^k \sigma(\alpha^{(k)}(2T-t)) \qquad (k \geq 1).$$

Wegen $\|\dot\beta(t)\| = \|\sigma(\dot\alpha(2T-t))\| = \|\dot\alpha(2T-t)\| = 1$ ist β wieder nach der Bogenlänge parametrisiert, und es gelten die Gleichungen

$$\beta(T) = S(\alpha(T)) = \alpha(T), \quad \dot\beta(T) = \sigma(-\dot\alpha(T)) = \dot\alpha(T),$$
$$\ddot\beta(T) = \sigma(\ddot\alpha(T)) = \ddot\alpha(T) - 2\langle\ddot\alpha(T), \dot\alpha(T)\rangle \dot\alpha(T) = \ddot\alpha(T),$$

wobei wir $\langle\dot\alpha, \ddot\alpha\rangle \equiv 0$ aufgrund der Bedingung $\|\dot\alpha\|^2 = 1$ ausnutzen. An der "Nahtstelle", an der die Originalkurve und die gespiegelte Kurve aufeinandertreffen, stimmen also beide Kurven in der nullten, ersten und zweiten Ableitung überein; die zusammengesetzte Kurve ist damit von der Klasse C^2. Die Regularität überträgt sich natürlich von der Originalkurve auf die zusammengesetzte Kurve.

Lösung (99.13) (a) Es gilt

$$\langle\dot\alpha(t_1), \dot\alpha(t_2)\rangle = \left\langle \begin{bmatrix} -r\sin t_1 \\ r\cos t_1 \\ d \end{bmatrix}, \begin{bmatrix} -r\sin t_2 \\ r\cos t_2 \\ d \end{bmatrix} \right\rangle$$
$$= r^2 \sin(t_1)\sin(t_2) + r^2 \cos(t_1)\cos(t_2) + d^2$$
$$= r^2 \cos(t_2 - t_1) + d^2.$$

Die Bedingung, daß $\dot\alpha(t_1)$ und $\dot\alpha(t_2)$ aufeinander senkrecht stehen, lautet also $\cos(t_2 - t_1) = -d^2/r^2$, und diese Gleichung ist wegen $d^2/r^2 < 1$ erfüllbar.

(b) Nach der vorigen Aufgabe ist die durch Spiegelung entstehende geschlossene Kurve eine reguläre C^2-Kurve; deren Krümmung ist konstant, weil nach Aufgabe (99.7)(a) die Krümmung der Schraubenlinie konstant ist.

Lösung (99.14) (a) Sind x und y von der Klasse C^ω (also analytische Funktionen), so haben wir Potenzreihendarstellungen $x(t) = a_1 t + a_2 t^2 + O(t^3)$ sowie $y(t) = b_1 t + b_2 t^2 + O(t^3)$, die auf einem hinreichend kleinen Intervall um den Nullpunkt konvergieren. Auf diesem Intervall haben wir dann

$$0 = y(t)^2 - x(t)^3$$
$$= (b_1^2 t^2 + 2b_1 b_2 t^3 + O(t^4)) - (a_1^3 t^3 + O(t^4))$$
$$= b_1^2 t^2 + (2b_1 b_2 - a_1^3) t^3 + O(t^4).$$

Nach dem Eindeutigkeitssatz für Potenzreihen müssen dann alle Koeffizienten auf der rechten Seite verschwinden; insbesondere erhalten wir also $b_1^2 = 0$ und $2b_1 b_2 - a_1^3 = 0$, damit aber $b_1 = 0$ und $a_1 = 0$, und das ist wegen $\dot x(0) = a_1$ und $\dot y(0) = b_1$ gerade die Behauptung.

(b) Dreimaliges Ableiten der Identität $x^3 = y^2$ liefert

(1) $\quad 3x^2 \dot x = 2y\dot y,$
(2) $\quad 6x\dot x^2 + 3x^2 \ddot x = 2\dot y^2 + 2y\ddot y,$
(3) $\quad 6\dot x^3 + 18x\dot x\ddot x + 3x^2 \dddot x = 6\dot y\ddot y + 2y\dddot y.$

Aus (2) folgt wegen $x(0) = y(0) = 0$ die Bedingung $\dot y(0) = 0$; setzen wir dies in (3) ein, so ergibt sich auch die Bedingung $\dot x(0) = 0$.

(c) Wegen $x(t)^3 = y(t)^2 \geq 0$ und damit $x(t) \geq 0$ für alle t sowie $x(0) = 0$ nimmt die Funktion x an der Stelle $t = 0$ ein Minimum an; hieraus folgt $\dot x(0) = 0$. Wegen $x(0) = y(0) = 0$ und aufgrund der Differentiierbarkeit von x und y an der Stelle $t = 0$ sind die Funktionen

$$\xi(t) := \begin{cases} x(t)/t, & t \neq 0 \\ \dot x(0) & t = 0 \end{cases} \quad \text{und} \quad \eta(t) := \begin{cases} y(t)/t, & t \neq 0 \\ \dot y(0), & t = 0 \end{cases}$$

stetig mit $x(t) = t\xi(t)$ sowie $y(t) = t\eta(t)$ für alle t. Wegen $x^3 = y^2$ gilt dann $t^3 \xi(t)^3 = t^2 \eta(t)^2$ und damit $\eta(t)^2 = t\xi(t)^3$ für alle $t \neq 0$; für $t \to 0$ folgt hieraus $\eta(t)^2 = 0$ und damit $\eta(t) = 0$. Das bedeutet aber gerade $\dot y(0) = 0$.

Lösung (99.15) (1)⇒(2). Es sei $\alpha(t) = \gamma(\tau(t))$ eine reguläre Umparametrisierung von γ mit $\dot\tau > 0$. Zu jeder Zeit t, zu der $\gamma'(\tau(t)) \neq 0$ gilt, haben wir dann

$$T_\alpha(t) := \frac{\dot\alpha(t)}{\|\dot\alpha(t)\|} = \frac{\gamma'(\tau(t))}{\|\gamma'(\tau(t))\|} = T(\tau(t)).$$

Ist nun $\tau_\star = \tau(t_\star)$ so, daß $\gamma'(\tau_\star) = 0$ gilt, so definieren wir

$$T(\tau_\star) := \lim_{t \to t_\star} T_\alpha(t)$$

und setzen dadurch T stetig in den Punkt $\tau_\star$ fort.

(2)⇒(1). Wir bezeichnen die nach Voraussetzung existierende stetige Fortsetzung von T auf ganz I wieder mit T und haben dann $\|T\| \equiv 1$. Gibt es ein (maximales) Intervall $[t_1, t_2] \subseteq I$, auf dem $\dot\gamma \equiv 0$ gilt, so können wir die Parametrisierung γ ersetzen durch die Parametrisierung

$$\hat\gamma(t) := \begin{cases} \gamma(t), & \text{falls } t \leq t_1; \\ \gamma(t + (t_2 - t_1)), & \text{falls } t \geq t_1. \end{cases}$$

(Das Teilintervall $[t_1, t_2]$ wird also sozusagen übersprungen.) Tun wir das für alle Intervalle dieser Art, so erhalten wir eine neue Parametrisierung, für die Nullstellen der Ableitungen nur noch an isolierten Punkten auftreten. Wir dürfen also von vornherein annehmen, daß die gegebene Parametrisierung γ diese Eigenschaft hat. Dann ist die Funktion

$$s(t) := \int_{t_0}^t \|\dot\gamma(\tau)\| \, d\tau$$

von der Klasse C^1 und streng monoton wachsend, besitzt also eine Umkehrfunktion $\tau = s^{-1}$, die selbst wieder streng monoton wächst. Wir behaupten nun, daß $\alpha := \gamma \circ \tau$ die gesuchte Umparametrisierung ist. Nach Definition haben wir $\gamma = \alpha \circ \tau^{-1} = \alpha \circ s$, also $\gamma(t) = \alpha(s(t))$ für alle t und damit auch $\dot\gamma(t) = \alpha'(s(t))\dot s(t) = \alpha'(s(t))\|\dot\gamma(t)\|$ bzw.

$\alpha'\bigl(s(t)\bigr) = T(t) \neq 0$ für alle $t \in I$. Die Umparametrisierung ist also gegeben durch
$$\alpha(s) = \int_0^s T(\sigma)\,\mathrm{d}\sigma.$$

Lösung (99.16) (a) Die Parametrisierung $\gamma(t) := (t^3, t^6)$ liefert $\dot{\gamma}(t) = (3t^2, 6t^5)^T = 3t^2(1, 2t^3)^T$ sowie $\|\dot{\gamma}(t)\| = 3t^2\sqrt{1+4t^6}$ und damit
$$T(t) = \frac{\dot{\gamma}(t)}{\|\dot{\gamma}(t)\|} = \frac{3t^2}{3t^2\sqrt{1+4t^6}}\begin{bmatrix}1\\2t^3\end{bmatrix} = \frac{1}{\sqrt{1+4t^6}}\begin{bmatrix}1\\2t^3\end{bmatrix}.$$

Die in der ursprünglichen Form an der Stelle $t=0$ nicht definierte Abbildung T läßt sich also durch Kürzen des Faktors $3t^2$ so umschreiben, daß sie auf ganz $\mathbb{R}$ definiert ist.

(b) Die Parametrisierung $\gamma(t) := (t^2, t^3)$ liefert $\dot{\gamma}(t) = (2t, 3t^2)^T = t(2, 3t)^T$ sowie $\|\dot{\gamma}(t)\| = |t|\sqrt{4+9t^2}$ und damit
$$T(t) = \frac{\dot{\gamma}(t)}{\|\dot{\gamma}(t)\|} = \frac{t}{|t|\sqrt{4+9t^2}}\begin{bmatrix}2\\3t\end{bmatrix} = \frac{\mathrm{sign}(t)}{\sqrt{4+9t^2}}\begin{bmatrix}2\\3t\end{bmatrix}.$$

Diese Abbildung ist wegen $T(t) \to (\pm 1, 0)^T$ für $t \to 0\pm$ nicht in die Stelle $t=0$ hinein stetig fortsetzbar. Die Singularität der Parametrisierung ist also nicht behebbar, sondern resultiert aus der Singularität der zugrundeliegenden Punktmenge im Punkt $(0,0)$.

Lösung (99.17) Es sei $(x,y) \in C$. Ist $x=0$, dann auch $y=0$; andernfalls gilt $x/a = (y/x)^2$. Setzen wir also $t := y/x$, so haben wir $x = at^2$ und dann $y = tx = at^3$. Eine Parametrisierung von C ist also gegeben durch
$$\bigl(x(t), y(t)\bigr) = (at^2, at^3).$$

Die Tangente im Punkt (at^2, at^3) hat die Steigung
$$\frac{\mathrm{d}y}{\mathrm{d}x} = \frac{\dot{y}}{\dot{x}} = \frac{3at^2}{2at} = \frac{3t}{2}$$

und damit die Gleichung
$$y - at^3 = \frac{3t}{2}(x - at^2).$$

Wir fragen, ob diese Gleichung von einem weiteren Kurvenpunkt $Q = (as^2, as^3)$ erfüllt wird. Für diesen gilt dann $as^3 - at^3 = (3t/2)(as^2 - at^2)$, also $2a(s-t)(s^2 + st + t^2) = 3at(s-t)(s+t)$ bzw.
$$\begin{aligned}
0 &= a(s-t)(2s^2 + 2st + 2t^2 - 3st - 3t^2)\\
&= a(s-t)(2s^2 - st - t^2)\\
&= a(s-t)^2(2s+t).
\end{aligned}$$

Soll $Q \neq P$ gelten, also $s \neq t$, so bedeutet dies $s = -t/2$ und damit $Q = (at^2/4, -at^3/8)$. Der Ausnahmepunkt ist der Punkt $(0,0)$, denn für $t=0$ ist $s = -t/2$ gleich t. Das Ergebnis ist auch geometrisch leicht zu deuten.

Lösung (99.18) (a) Ja! Die Funktion $\varphi: \mathbb{R} \to \mathbb{R}$ mit $\varphi(0) := 0$ und $\varphi(t) := \exp(-1/t^2)$ für $t \neq 0$ ist von der Klasse C^∞, und eine Parametrisierung von C ist gegeben durch
$$t \mapsto \bigl(t\varphi(t), |t|\varphi(t)\bigr).$$

(b) Nein! Gäbe es eine analytische Parametrisierung $t \mapsto \bigl(x(t), y(t)\bigr)$ (bei der wir o.B.d.A. $\bigl(x(0), y(0)\bigr) = (0,0)$ annehmen dürften), so müßten wegen $y^2 = x^2$ die x und y darstellenden Potenzreihen mit dem gleichen Term niedrigster Ordnung beginnen, sagen wir $x(t) = t^m(a_0 + a_1 t + a_2 t^2 + \cdots)$ und $y(t) = t^m(b_0 + b_1 t + b_2 t^2 + \cdots)$ mit $a_0 \neq 0$ und $b_0 \neq 0$. Wegen $y = |x|$ gälte dann
$$b_0 + b_1 t + b_2 t^2 + \cdots = \mathrm{sign}(a_0) \cdot (a_0 + a_1 t + a_2 t^2 + \cdots)$$

für alle hinreichend kleinen $t > 0$ und nach dem Eindeutigkeitssatz für Potenzreihen daher $b_k = \mathrm{sign}(a_0) \cdot a_k$ für alle $k \in \mathbb{N}_0$. Dies hätte aber entweder $y = x$ oder aber $y = -x$ zur Folge; in keinem Fall gälte also $y = |x|$ auf einem Intervall der Form $(-\varepsilon, \varepsilon)$.

Lösung (99.19) (a) Einsetzen von $t=2$ liefert $P = (2/5, -2/5)$. Die Tangentensteigung in diesem Punkt ist wegen
$$\dot{x} = \frac{1-t^2}{(1+t^2)^2}, \quad \dot{y} = \frac{-6t}{(1+t^2)^2}$$

gegeben durch
$$\frac{\mathrm{d}y}{\mathrm{d}x} = \frac{\dot{y}}{\dot{x}} = \frac{-6t}{1-t^2} = 4.$$

Die Tangentengleichung ist daher gegeben durch
$$y + \frac{2}{5} = 4\left(x - \frac{2}{5}\right) \quad \text{bzw.} \quad y = 4x - 2.$$

(b) Wir haben $y(1+t^2) = 2-t^2$ und damit $t^2(y+1) = 2-y$, folglich $y \neq -1$ und daher $t^2 = (2-y)/(y+1)$. Hieraus ergibt sich $t = x(1+t^2) = 3x/(y+1)$. Elimination von t liefert
$$\frac{9x^2}{(y+1)^2} = t^2 = \frac{2-y}{y+1}$$

und damit $9x^2 = (2-y)(y+1) = -y^2 + y + 2$, nach Sortieren und quadratischer Ergänzung also
$$9x^2 + \left(y - \frac{1}{2}\right)^2 = \frac{9}{4}.$$

Durchmultiplizieren mit $4/9$ ergibt
$$1 = (2x)^2 + \left(\frac{2(y-1/2)}{3}\right)^2 = \left(\frac{x}{1/2}\right)^2 + \left(\frac{y-1/2}{3/2}\right)^2.$$

Es handelt sich also um eine Ellipse mit dem Mittelpunkt $(0, 1/2)$ und den Halbachsen $1/2$ und $3/2$, die entlang der Koordinatenachsen ausgerichtet sind.

Aufgaben zu »Kurven« siehe Seite 19

Lösung (99.20) Es sei $\alpha : I \to \mathbb{R}^n$ eine Bogenlängenparametrisierung von C, und es sei $T = \alpha'$ der zugehörige Tangenteneinheitsvektor. Nach Voraussetzung gibt es einen Punkt p mit $p \in \alpha(s) + \mathbb{R}T(s)$ für alle s, sagen wir $p = \alpha(s) + \lambda(s)T(s)$ mit einer Funktion λ (die dann automatisch von der Klasse C^1 ist). Ableiten dieser Identität liefert

$$\begin{aligned} 0 &= \alpha'(s) + \lambda'(s)T(s) + \lambda(s)T'(s) \\ &= T(s) + \lambda'(s)T(s) + \lambda(s)T'(s) \\ &= \bigl(1 + \lambda'(s)\bigr)T(s) + \lambda(s)T'(s). \end{aligned}$$

Da T und T' aufeinander senkrecht stehen, folgen hieraus die Bedingungen $1 + \lambda'(s) \equiv 0$ und $\lambda(s)T'(s) \equiv 0$, folglich $\lambda' \equiv -1$ und $T' \equiv 0$. Es gibt also einen festen Vektor v mit $v = T(s) = \alpha'(s)$ für alle s und damit $\alpha(s) = \alpha(0) + sv$. Dies ist die Punktrichtungsform einer Geraden.

Lösung (99.21) (a) Es seien $T(t)$ der Einheitstangentenvektor der Kurve und $s(t) = \int_0^t \sqrt{\dot{x}(\tau)^2 + \dot{y}(\tau)^2}\, d\tau$ die vom Punkt $P(0)$ aus abgetragene Bogenlänge; definitionsgemäß gilt dann $Q(t) = P(t) - s(t)T(t)$. Ausgeschrieben bedeutet dies

$$Q(t) = \begin{bmatrix} x(t) \\ y(t) \end{bmatrix} - \frac{s(t)}{\sqrt{\dot{x}(t)^2 + \dot{y}(t)^2}} \begin{bmatrix} \dot{x}(t) \\ \dot{y}(t) \end{bmatrix}.$$

(b) Legen wir ein xy-Koordinatensystem so, daß der Kreismittelpunkt in den Ursprung fällt und die x-Achse in Richtung des gewählten Anfangspunkts der Kreisparametrisierung zeigt, so ist der Kreis gegeben durch die Parametrisierung

$$P(t) = R \begin{bmatrix} \cos t \\ \sin t \end{bmatrix} \text{ mit } T(t) = \begin{bmatrix} -\sin t \\ \cos t \end{bmatrix} \text{ und } s(t) = Rt.$$

Dies ergibt für die Involute des Kreises die Parametrisierung

$$t \mapsto Q(t) = R \cdot \begin{bmatrix} \cos t + t \sin t \\ \sin t - t \cos t \end{bmatrix}.$$

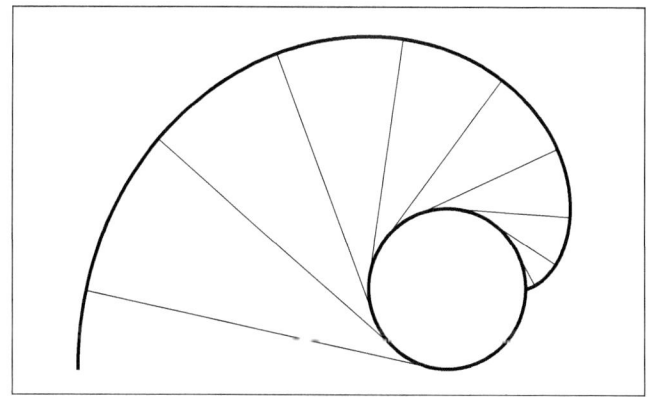

Involute eines Kreises.

Lösung (99.22) Wir erhalten
$$\dot{\alpha} = \begin{bmatrix} 12 \\ 6t \\ 12\sqrt{t} \end{bmatrix}, \quad \ddot{\alpha} = \begin{bmatrix} 0 \\ 6 \\ 6/\sqrt{t} \end{bmatrix}, \quad \dddot{\alpha} = \begin{bmatrix} 0 \\ 0 \\ -3t^{-3/2} \end{bmatrix}$$

und damit

$$\dot{\alpha} \times \ddot{\alpha} = 36 \begin{bmatrix} 2 \\ t \\ 2\sqrt{t} \end{bmatrix} \times \begin{bmatrix} 0 \\ 1 \\ 1/\sqrt{t} \end{bmatrix} = 36 \begin{bmatrix} -\sqrt{t} \\ -2/\sqrt{t} \\ 2 \end{bmatrix}.$$

Damit ergeben sich die Krümmung

$$\kappa = \frac{\|\dot{\alpha} \times \ddot{\alpha}\|}{\|\dot{\alpha}\|^3} = \frac{36(t+2)/\sqrt{t}}{6^3(t+2)^3} = \frac{1}{6\sqrt{t}(t+2)^2},$$

die Torsion

$$\tau = \frac{\det(\dot{\alpha}, \ddot{\alpha}, \dddot{\alpha})}{\|\dot{\alpha} \times \ddot{\alpha}\|^2} = \frac{-6^3 t^{-3/2} \cdot t}{36^2(t+2)^2} = \frac{-1}{6\sqrt{t}(t+2)^2}$$

sowie das Serret-Frenet-Dreibein (T, N, B) mit

$$T = \frac{\dot{\alpha}}{\|\dot{\alpha}\|} = \frac{1}{t+2} \begin{bmatrix} 2 \\ t \\ 2\sqrt{t} \end{bmatrix},$$

$$B = \frac{\dot{\alpha} \times \ddot{\alpha}}{\|\dot{\alpha} \times \ddot{\alpha}\|} = \frac{1}{t+2} \begin{bmatrix} -t \\ -2 \\ 2\sqrt{t} \end{bmatrix},$$

$$N = B \times T = \frac{-1}{t+2} \begin{bmatrix} 2\sqrt{t} \\ -2\sqrt{t} \\ t-2 \end{bmatrix}.$$

Lösung (99.23) Die betrachtete Kurve hat die Gleichung $y = x^{3/2}$. Die Bogenlänge der Kurve im Bereich $0 \leq \xi \leq x$ ist gegeben durch

$$\begin{aligned} s(x) &= \int_0^x \sqrt{1+y'(\xi)^2}\, d\xi = \int_0^x \sqrt{1+9\xi/4}\, d\xi \\ &= \frac{8}{27}\bigl((1+9x/4)^{3/2} - 1\bigr). \end{aligned}$$

Auflösen nach x ergibt

$$x = \frac{4}{9}\left(\left(1 + \frac{27s}{8}\right)^{2/3} - 1\right) = \frac{(27s+8)^{2/3} - 4}{9}.$$

Wegen $y = x^{3/2} = x\sqrt{x}$ ist die Parametrisierung der Kurve nach Bogenlänge daher gegeben durch

$$x(s) = \frac{(27s+8)^{2/3} - 4}{9}, \quad y(s) = \frac{\bigl((27s+8)^{2/3} - 4\bigr)^{3/2}}{27}.$$

Lösung (99.24) Wir haben $y(x) = x^2$, $y'(x) = 2x$ und $y''(x) = 2$; die orientierte Krümmung der Kurve in einem beliebigen Punkt $\bigl(x, y(x)\bigr)$ der Kurve ist daher gegeben durch

$$\kappa_{\text{or}}\bigl(x, y(x)\bigr) = \frac{y''(x)}{\bigl(1+y'(x)^2\bigr)^{3/2}} = \frac{2}{(1+4x^2)^{3/2}}.$$

Der Einheitstangentenvektor T und der Normalenvektor N in einem Punkt $P = (x, y(x))$ der Kurve sind gegeben durch

$$T = \frac{1}{\sqrt{1+4x^2}} \begin{bmatrix} 1 \\ 2x \end{bmatrix} \quad \text{und} \quad N = \frac{1}{\sqrt{1+4x^2}} \begin{bmatrix} -2x \\ 1 \end{bmatrix}.$$

Der Krümmungsradius in diesem Punkt ist dann $R = 1/|\kappa_{\mathrm{or}}| = (1+4x^2)^{3/2}/2$, der Krümmungsmittelpunkt ist $M = P + (1/\kappa_{\mathrm{or}}) N$, also

$$\begin{aligned} M &= \begin{bmatrix} x \\ x^2 \end{bmatrix} + \frac{(1+4x^2)^{3/2}}{2} \cdot \frac{1}{\sqrt{1+4x^2}} \begin{bmatrix} -2x \\ 1 \end{bmatrix} \\ &= \begin{bmatrix} x \\ x^2 \end{bmatrix} + \frac{1+4x^2}{2} \begin{bmatrix} -2x \\ 1 \end{bmatrix}. \end{aligned}$$

Speziell für $x = 1$ erhalten wir $R = 5\sqrt{5}/2 \approx 5.59$ und $M = (-4, 7/2) = (-4, 3.5)$.

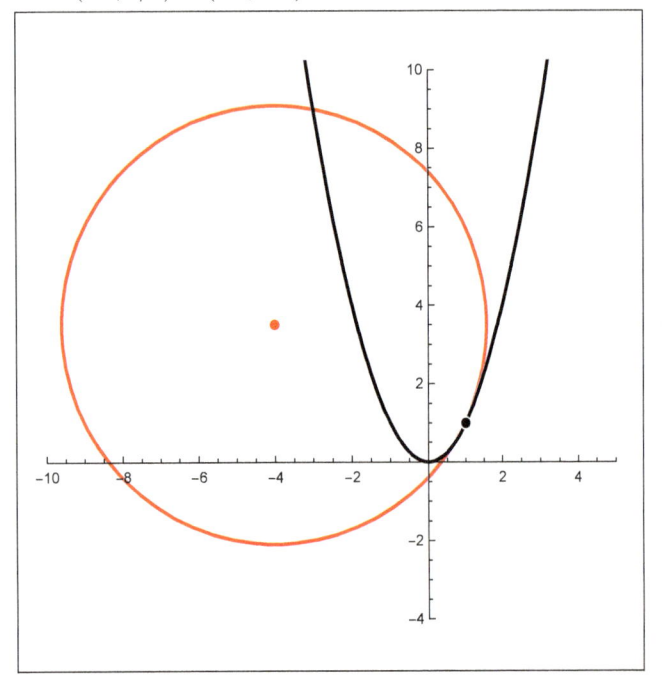

Lösung (99.25) (a) Mit α ist auch

$$\beta(t) := \alpha(t)/\|\alpha(t)\|$$

stetig. Da die stetige Funktion β auf dem kompakten Intervall $[a,b]$ sogar gleichmäßig stetig ist, können wir eine Partition $a = t_0 < t_1 < t_2 < \cdots < t_n = b$ derart wählen, daß das Bild $\beta([t_i, t_{i+1}])$ jeweils in einer geschlitzten Ebene enthalten ist. (Beispielsweise können wir $\delta > 0$ so klein wählen, daß aus $|t' - t''| \leq \delta$ stets $|\beta(t') - \beta(t'')| < \sqrt{2}$ folgt, und dann eine Partition mit Feinheit kleiner als δ wählen; dann ist jedes der Bilder $\beta([t_i, t_{i+1}])$ sogar in einer Halbebene enthalten.)

Es sei $S := \{(x, 0) \in \mathbb{R}^2 \mid x \leq 0\}$ sowie die in Aufgabe (44.31) betrachtete Polarwinkelfunktion $\varphi : \mathbb{R}^2 \setminus S \to (-\pi, \pi)$ mit

$$\varphi(x, y) := 2 \arctan\left(\frac{y}{x + \sqrt{x^2 + y^2}}\right),$$

die offenbar eine auf $\mathbb{R}^2 \setminus S$ analytische Funktion ist. Wir bezeichnen ganz allgemein mit $D_w : \mathbb{R}^2 \to \mathbb{R}^2$ die Drehung um einen Winkel w. Wir definieren die gesuchte Funktion $\theta : [a, b] \to \mathbb{R}$ nun stückweise, zunächst auf $[t_0, t_1]$, dann auf $[t_1, t_2]$, und so weiter.

Wähle zunächst einen Winkel θ_0 mit $\beta(t_0) = (\cos(\theta_0), \sin(\theta_0))$ (dieser ist eindeutig bis auf ein Vielfaches von 2π) und definiere $\theta : [t_0, t_1] \to \mathbb{R}$ durch $\theta(t) := \varphi(D_{\theta_0}^{-1} \beta(t)) + \theta_0$. Dies ist eine stetige Polarwinkelfunktion für $\alpha|_{[t_0, t_1]}$, wobei die Wohldefiniertheit und Stetigkeit daraus folgt, daß $D_{\theta_0}^{-1}(\beta([t_0, t_1]))$ ganz im Definitionsbereich von φ enthalten ist.

Setze dann $\theta_1 := \theta(t_1)$ und definiere $\theta : [t_1, t_2] \to \mathbb{R}$ durch $\theta(t) := \varphi(D_{\theta_1}^{-1} \beta(t)) + \theta_1$. Dann ist θ eine stetige Polarwinkelfunktion für $\alpha|_{[t_1, t_2]}$, die die zuvor auf $[t_0, t_1]$ definierte Funktion fortsetzt. Fahren wir in dieser Weise fort, so erhalten wir insgesamt eine auf ganz $[a, b]$ definierte stetige Polarwinkelfunktion für α. Das "Zusammenstückeln" der lokal definierten Funktionen, bei denen jeweils Sprünge um ein Vielfaches von 2π vermieden werden, ist in der folgenden Skizze dargestellt.

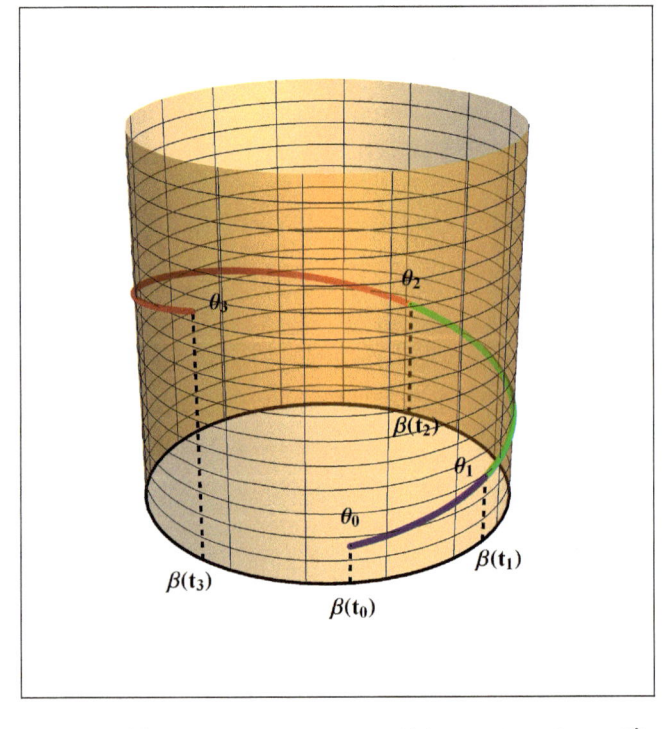

Ist $t \mapsto \alpha(t)$ und damit auch $t \mapsto \beta(t)$ von der Klasse C^k bzw. C^∞ bzw. C^ω, dann wegen der Analyzität der Funktion φ auch $t \mapsto \theta(t)$, denn die Glattheit einer Funktion ist ja eine lokale Eigenschaft. Zu zeigen bleibt schließlich noch die Eindeutigkeitsaussage. Sind $t \mapsto \theta_1(t)$ und $t \mapsto \theta_2(t)$ zwei stetige Polarwinkelfunktionen für α, so gibt es eine Funktion $k : [a, b] \to \mathbb{Z}$ mit $\theta_2(t) = \theta_1(t) + 2\pi \cdot k(t)$. Mit θ_1 und θ_2 ist dann aber auch k stetig und folglich wegen des diskreten Bildbereichs $\mathbb{Z}$ sogar konstant.

(b) Die Zahl $\theta(b)-\theta(a)$ ist die Nettoänderung, die der Polarwinkel der Kurve α während der Bewegung erfährt. (Beachte, daß es sich dabei um einen orientierten Winkel handelt; bei Bewegungen im Uhrzeigersinn werden Änderungen im Polarwinkel negativ gezählt.) Da der Vollwinkel 2π einem vollen Umlauf entspricht, ist $\bigl(\beta(b) - \beta(a)\bigr)/(2\pi)$ die Zahl der vollen Umläufe um den Nullpunkt, die man beim Durchlaufen der Kurve α ausführt. Bei einer geschlossenen Kurve stimmen Anfangs- und Endpunkt überein; in diesem Fall ist die Anzahl der vollen Umläufe also eine ganze Zahl.

Lösung (99.26) Die einfachste Art, die Windungszahl einer ebenen geschlossenen Kurve C bezüglich eines Punktes $p \notin C$ zu bestimmen, besteht darin, von p aus einen beliebigen Strahl zu zeichnen und zu zählen, wie oft dieser von C gekreuzt wird (wobei ein Schnittpunkt positiv bzw. negativ zählt, wenn der Strahl von C gegen den Uhrzeigersinn bzw. im Uhrzeigersinn gekreuzt wird). Bezeichnen wir jeweils mit C die jeweils betrachtete Kurve, mit p den rot markierten Punkt und mit $W(C,p)$ die Windungszahl von C bezüglich p, so erhalten wir $W(C,p) = -1$ für die Abbildung links oben, $W(C,p) = 2$ für die Abbildung rechts oben, $W(C,p) = 2$ für die Abbildung links unten sowie $W(C,p) = -1$ für die Abbildung rechts unten.

L100: Hyperflächen

Lösung (100.1) (a) Da der Einheitsnormalenvektor einer Ebene konstant ist, besteht das Normalenbild einer Ebene aus einem einzigen Punkt der Sphäre $\mathbb{S}^2$.

(b) Bei einem Zylinder ist der Normalenvektor entlang jeder Leitlinie konstant, während er senkrecht eine Drehung um einen Vollwinkel ausführt. Das Normalenbild eines Zylinders (mit beliebigem Radius) ist also ein Großkreis auf der Sphäre $\mathbb{S}^2$.

(c) Der Kegel mit Öffnungswinkel α, der die z-Achse als Symmetrieachse hat, ist gegeben durch die Gleichung $z = \cot(\alpha)\sqrt{x^2+y^2}$ mit $(x,y) \in \mathbb{R}^2 \setminus \{(0,0)\}$. (Der Nullpunkt wird herausgenommen, um die Singularität an der Kegelspitze zu entfernen.) Wir erhalten also die Parameterdarstellung $(x,y) \mapsto (x, y, \cot(\alpha)\sqrt{x^2+y^2})$, und dann ein Einheitsnormalenfeld, indem wir den Vektor

$$\begin{bmatrix} 1 \\ 0 \\ x\cot(\alpha)/\sqrt{x^2+y^2} \end{bmatrix} \times \begin{bmatrix} 0 \\ 1 \\ y\cot(\alpha)/\sqrt{x^2+y^2} \end{bmatrix}$$

auf Länge 1 normieren; dies liefert

$$N(x,y) = \begin{bmatrix} -x\cos(\alpha)/\sqrt{x^2+y^2} \\ -y\cos(\alpha)/\sqrt{x^2+y^2} \\ \sin(\alpha) \end{bmatrix}.$$

Das Normalenbild des Kegels ergibt sich mit $x = r\cos(\varphi)$ und $y = r\sin(\varphi)$ dann zu

$$\{N(x,y) \mid (x,y) \in \mathbb{R}^2 \setminus \{(0,0)\}\} =$$
$$\left\{ \begin{bmatrix} -\cos(\varphi)\cos(\alpha) \\ -\sin(\varphi)\cos(\alpha) \\ \sin(\alpha) \end{bmatrix} \mid \varphi \in \mathbb{R} \right\};$$

dies ist der Breitenkreis zum Breitengrad α.

(d) Die Parametrisierung $(x,y) \mapsto (x, y, x^2+y^2)$ liefert das Einheitsnormalenfeld

$$N(x,y) = \frac{1}{\|\cdot\|} \begin{bmatrix} 1 \\ 0 \\ 2x \end{bmatrix} \times \begin{bmatrix} 0 \\ 1 \\ 2y \end{bmatrix} = \frac{1}{\sqrt{1+4x^2+4y^2}} \begin{bmatrix} -2x \\ -2y \\ 1 \end{bmatrix}.$$

Das gesuchte Normalenbild ist die Menge all dieser Vektoren $N(x,y)$, also die Menge

$$\left\{ \begin{bmatrix} u \\ v \\ \sqrt{1-u^2-v^2} \end{bmatrix} \mid u^2+v^2 < 1 \right\};$$

dies ist gerade die obere Hemisphäre von $\mathbb{S}^2$.

(e) Eine Parametrisierung ist gegeben durch $(t,\varphi) \mapsto (\cosh(t)\cos(\varphi), \cosh(t)\sin(\varphi), \sinh(t))$. Ein Einheitsnormalenfeld erhalten wir, indem wir den Vektor

$$\begin{bmatrix} \sinh(t)\cos(\varphi) \\ \sinh(t)\sin(\varphi) \\ \cosh(t) \end{bmatrix} \times \begin{bmatrix} -\cosh(t)\sin(\varphi) \\ \cosh(t)\cos(\varphi) \\ 0 \end{bmatrix}$$
$$= \cosh(t) \begin{bmatrix} -\cosh(t)\cos(\varphi) \\ -\cosh(t)\sin(\varphi) \\ \sinh(t) \end{bmatrix}$$

auf Länge 1 normieren; wir erhalten

$$N(t,\varphi) = \frac{1}{\sqrt{\cosh(t)^2 + \sinh(t)^2}} \begin{bmatrix} -\cosh(t)\cos(\varphi) \\ -\cosh(t)\sin(\varphi) \\ \sinh(t) \end{bmatrix}.$$

Das Normalenbild ist die Menge all dieser Vektoren $N(t,\varphi)$. Setzen wir $u := \cosh(t)$, so ist $\sinh(t)^2 = \cosh(t)^2 - 1 = u^2 - 1$ und damit

$$N = \frac{1}{\sqrt{2u^2-1}} \begin{bmatrix} -u\cos(\varphi) \\ -u\sin(\varphi) \\ \pm\sqrt{u^2-1} \end{bmatrix}.$$

Da der Ausdruck $u/\sqrt{2u^2-1}$ alle Werte im Intervall $(1/2, 1]$ annehmen kann, ist das Normalenbild die Menge aller Punkte von $\mathbb{S}^2$, deren Projektion auf die xy-Ebene vom Punkt $(0,0)$ einen Abstand größer als $1/\sqrt{2}$ hat. Das Normalenbild ist also die Vereinigung zweier Kugelkappen.

(f) Eine Parametrisierung ist gegeben durch $(u,v) \mapsto (\cosh(v)\cos(u), \cosh(v)\sin(u), v)$. Ein Einheitsnormalenfeld ergibt sich durch Normieren von

$$\begin{bmatrix} -\cosh(v)\sin(u) \\ \cosh(v)\cos(u) \\ 0 \end{bmatrix} \times \begin{bmatrix} \sinh(v)\cos(u) \\ \sinh(v)\sin(u) \\ 1 \end{bmatrix}$$
$$= \cosh(v) \begin{bmatrix} \cos(u) \\ \sin(u) \\ -\sinh(v) \end{bmatrix}$$

zu

$$N(u,v) = \frac{1}{\sqrt{1+\sinh(v)^2}} \begin{bmatrix} \cos(u) \\ \sin(u) \\ -\sinh(v) \end{bmatrix}.$$

Die Menge all dieser Normalenvektoren ist gerade $\mathbb{S}^2 \setminus \{N, S\}$, wenn wir mit N und S den Nord- und den Südpol bezeichnen.

Lösung (100.2) (a) Wir haben

$$x_u = \begin{bmatrix} -(R+r\cos v)\sin u \\ (R+r\cos v)\cos u \\ 0 \end{bmatrix} \text{ und } x_v = \begin{bmatrix} -r\sin v\cos u \\ -r\sin v\sin u \\ r\cos v \end{bmatrix}$$

und folglich
$$N = \frac{x_u \times x_v}{\|x_u \times x_v\|} = \begin{bmatrix} \cos v \cos u \\ \cos v \sin u \\ \sin v \end{bmatrix}.$$

Für die erste Fundamentalform ergibt sich daher
$$\begin{bmatrix} E & F \\ F & G \end{bmatrix} = \begin{bmatrix} \langle x_u, x_u \rangle & \langle x_u, x_v \rangle \\ \langle x_v, x_u \rangle & \langle x_v, x_v \rangle \end{bmatrix} = \begin{bmatrix} (R+r\cos v)^2 & 0 \\ 0 & r^2 \end{bmatrix}.$$

Weiter erhalten wir
$$N = \begin{bmatrix} \cos v \cos u \\ \cos v \sin u \\ \sin v \end{bmatrix}, \quad x_{uu} = \begin{bmatrix} -(R+r\cos v)\cos u \\ -(R+r\cos v)\sin u \\ 0 \end{bmatrix},$$
$$x_{uv} = \begin{bmatrix} r \sin v \sin u \\ -r \sin v \cos u \\ 0 \end{bmatrix}, \quad x_{vv} = \begin{bmatrix} -r \cos v \cos u \\ -r \cos v \sin u \\ -r \sin v \end{bmatrix}$$

und als Matrixdarstellung der zweiten Fundamentalform daher
$$\begin{bmatrix} e & f \\ f & g \end{bmatrix} = \begin{bmatrix} \langle x_{uu}, N \rangle & \langle x_{uv}, N \rangle \\ \langle x_{vu}, N \rangle & \langle x_{vv}, N \rangle \end{bmatrix}$$
$$= -\begin{bmatrix} (R+r\cos v)\cos v & 0 \\ 0 & r \end{bmatrix}.$$

Für die Gaußsche Krümmung ergibt sich
$$K = \frac{r \cos v (R + r \cos v)}{r^2 (R + r \cos v)^2} = \frac{\cos v}{r(R + r \cos v)}.$$

(b) Wir erhalten
$$x_u = \begin{bmatrix} -v \sin u \\ v \cos u \\ d \end{bmatrix} \text{ sowie } x_v = \begin{bmatrix} \cos u \\ \sin u \\ 0 \end{bmatrix}$$

und damit
$$\begin{bmatrix} E & F \\ F & G \end{bmatrix} = \begin{bmatrix} \langle x_u, x_u \rangle & \langle x_u, x_v \rangle \\ \langle x_v, x_u \rangle & \langle x_v, x_v \rangle \end{bmatrix} = \begin{bmatrix} v^2 + d^2 & 0 \\ 0 & 1 \end{bmatrix}.$$

Ferner erhalten wir
$$x_{uu} = \begin{bmatrix} -v \cos u \\ -v \sin u \\ 0 \end{bmatrix}, \quad x_{uv} = \begin{bmatrix} -\sin u \\ \cos u \\ 0 \end{bmatrix},$$
$$x_{vv} = \begin{bmatrix} 0 \\ 0 \\ 0 \end{bmatrix} \text{ und } N = \frac{1}{\sqrt{d^2+v^2}} \begin{bmatrix} -d \sin u \\ d \cos u \\ -v \end{bmatrix}$$

und damit
$$\begin{bmatrix} e & f \\ f & g \end{bmatrix} = \begin{bmatrix} \langle x_{uu}, N \rangle & \langle x_{uv}, N \rangle \\ \langle x_{vu}, N \rangle & \langle x_{vv}, N \rangle \end{bmatrix} = \frac{d}{\sqrt{d^2+v^2}} \begin{bmatrix} 0 & 1 \\ 1 & 0 \end{bmatrix};$$

die Gaußsche Krümmung ist $K = -d^2/(d^2+v^2)^2$.

(c) Wir erhalten
$$x_u = \begin{bmatrix} -\varphi(v) \sin u \\ \varphi(v) \cos u \\ 0 \end{bmatrix} \text{ und } x_v = \begin{bmatrix} \varphi'(v) \cos u \\ \varphi'(v) \sin u \\ \psi'(v) \end{bmatrix}$$

und damit
$$\begin{bmatrix} E & F \\ F & G \end{bmatrix} = \begin{bmatrix} \langle x_u, x_u \rangle & \langle x_u, x_v \rangle \\ \langle x_v, x_u \rangle & \langle x_v, x_v \rangle \end{bmatrix} = \begin{bmatrix} \varphi(v)^2 & 0 \\ 0 & \varphi'(v)^2 + \psi'(v)^2 \end{bmatrix}$$

als Matrixdarstellung der ersten Fundamentalform. Ferner erhalten wir
$$x_{uu} = \begin{bmatrix} -\varphi(v) \cos u \\ -\varphi(v) \sin u \\ 0 \end{bmatrix}, \quad x_{uv} = \begin{bmatrix} -\varphi'(v) \sin u \\ \varphi'(v) \cos u \\ 0 \end{bmatrix},$$
$$x_{vv} = \begin{bmatrix} \varphi''(v) \cos u \\ \varphi''(v) \sin u \\ \psi''(v) \end{bmatrix}, \quad N = \frac{1}{\sqrt{\varphi'(v)^2 + \psi'(v)^2}} \begin{bmatrix} \psi'(v) \cos u \\ \psi'(v) \sin u \\ -\varphi'(v) \end{bmatrix}$$

und als Matrix für die zweite Fundamentalform daher
$$\begin{bmatrix} e & f \\ f & g \end{bmatrix} = \begin{bmatrix} \langle x_{uu}, N \rangle & \langle x_{uv}, N \rangle \\ \langle x_{vu}, N \rangle & \langle x_{vv}, N \rangle \end{bmatrix} =$$
$$\frac{1}{\sqrt{\varphi'(v)^2 + \psi'(v)^2}} \begin{bmatrix} -\varphi(v)\psi'(v) & 0 \\ 0 & \psi'(v)\varphi''(v) - \varphi'(v)\psi''(v) \end{bmatrix}$$

sowie als Gaußsche Krümmung schließlich
$$K = \frac{eg - f^2}{EG - F^2} = \frac{\psi'(v)\big(\varphi'(v)\psi''(v) - \varphi''(v)\psi'(v)\big)}{\varphi(v)\big(\varphi'(v)^2 + \psi'(v)^2\big)^2}.$$

(Daß K nur von v und nicht von u abhängen würde, war aufgrund der Rotationssymmetrie von vornherein klar.)

Lösung (100.3) Da die Kurve α ganz in M verläuft, gilt $\langle \alpha'(s), N(\alpha(s)) \rangle = 0$ für alle s. Ableiten dieser Identität liefert
$$0 = \langle \alpha''(s), N(\alpha(s)) \rangle + \langle \alpha'(s), N'(\alpha(s))\alpha'(s) \rangle.$$

Mit $\alpha(0) = p$ und $\alpha'(0) = v$ gilt dann also
$$0 = \langle \alpha''(0), N(p) \rangle + \langle v, N'(p)v \rangle.$$

Da α nach der Bogenlänge parametrisiert ist, gilt $\alpha'' = \kappa n$, wenn κ die Krümmung und n den Hauptnormalenvektor der Kurve bezeichnet. Es folgt
$$\langle v, \mathfrak{C}_p v \rangle = \langle v, -N'(p)v \rangle$$
$$= \langle \alpha''(0), N(p) \rangle = \langle \kappa(p)n(p), N(p) \rangle,$$

und das ist schon die Behauptung.

Lösung (100.4) Es sei $\varphi : U \to M$ eine lokale Parametrisierung mit $\varphi(u^{(0)}) = p$. Wir betrachten die Funktion $f : U \to \mathbb{R}$, die definiert wird durch

$$f(u) := \langle \varphi(u) - p, N(p) \rangle.$$

Diese Funktion beschreibt den orientierten Abstand des Punktes $\varphi(u)$ von T_pM, gibt also an, wie man sich auf der Hyperfläche M von $p + T_pM$ entfernt, wenn man sich vom Punkt p wegbewegt. Schreiben wir $x_i := (\partial \varphi / \partial u_i)(u^{(0)})$ und $x_{ij} := (\partial^2 \varphi / \partial u_i \partial u_j)(u^{(0)})$, so erhalten wir die Taylorentwicklung

$$f(u^{(0)} + \Delta u) = \left\langle \sum_i x_i \Delta u_i + \frac{1}{2} \sum_{i,j} x_{ij} \Delta u_i \Delta u_j + R, N(p) \right\rangle,$$

wobei R den Taylorrest bezeichnet. Da $N(p)$ senkrecht auf T_pM steht, haben wir $\langle x_i, N(p) \rangle = 0$ für alle i; ferner bilden die Zahlen $h_{ij} := \langle x_{ij}, N(p) \rangle$ gerade die Matrixkoeffizienten der zweiten Fundamentalform. Also ist

$$f(u^{(0)} + \Delta u) = \frac{1}{2} \sum_{i,j} h_{ij} \Delta u_i \Delta u_j + \langle R, N(p) \rangle$$

$$= \frac{1}{2} \langle \Delta u, \mathfrak{C}_p \Delta u \rangle + \text{Terme höherer Ordnung}.$$

(a) Ist $\mathfrak{C}_p$ positiv bzw. negativ definit, so folgt hieraus $f(u^{(0)} + \Delta u) > 0 = f(u^{(0)})$ bzw. $f(u^{(0)} + \Delta u) < 0 = f(u^{(0)})$ für $\|\Delta u\| > 0$ genügend klein; in einer Umgebung von $f(u^{(0)}) = p$ liegt dann M strikt auf einer Seite von T_pM.

(b) Ist $\mathfrak{C}_p$ indefinit, so folgt hieraus, daß $f(u^{(0)} + \Delta u)$ für beliebig kleine Werte von $\|\Delta u\| > 0$ sowohl positive als auch negative Werte annimmt; jede Umgebung von $f(u^{(0)}) = p$ in M enthält dann also Punkte auf beiden Seiten von T_pM.

(c) Die Lösung zu Aufgabe (100.2)(a) zeigt, daß die Gaußsche Krümmung K nur entlang der Breitenkreise $v = \pm \pi/2$ den Wert 0 annimmt; für $-\pi/2 < v < \pi/2$ (also auf der Außenseite des Torus) gilt $K > 0$, für $\pi/2 < v < 3\pi/2$ (also auf der Innenseite des Torus) gilt dagegen $K < 0$. Dies entspricht völlig den in (a) und (b) erhaltenen Aussagen.

Lösung (100.5) Es sei $\varphi : U \to \mathbb{R}^n$ eine Parametrisierung einer Umgebung W von M. (Es gelte also $W = \varphi(U)$ mit einem Parameterbereich $U \subseteq \mathbb{R}^{n-1}$.) Schreiben wir $x_i := \partial \varphi / \partial u_i$ für $1 \leq i \leq n - 1 =: d$, so gilt

$$\mu(W) = \int_U \|x_1(u) \times x_2(u) \times \cdots \times x_d(u)\| \, du.$$

Schreiben wir ferner $N_i := \partial(N \circ \varphi)/\partial u_i$ für $1 \leq i \leq d$, so gilt

$$\mu(N_W) = \int_U \|N_1(u) \times N_2(u) \times \cdots \times N_d(u)\| \, du.$$

Schreiben wir nun $N_i = \sum_{k=1}^d a_{ki} x_k$ (wobei die Matrix $(a_{ij}) = (a_{ij}(u))$ die Matrixdarstellung des Krümmungsoperators $\mathfrak{C}_{\varphi(u)}$ bezüglich der Basis $(x_1, \ldots, x_d)$ ist), so erhalten wir

$$N_1 \times N_2 \times \cdots \times N_d$$
$$= \left(\sum_{k_1=1}^d a_{k_1 1} x_{k_1}\right) \times \left(\sum_{k_2=1}^d a_{k_2 2} x_{k_2}\right) \times \cdots \times \left(\sum_{k_d=1}^d a_{k_d d} x_{k_d}\right)$$
$$= \sum_{k_1, \ldots, k_d = 1}^d a_{k_1 1} a_{k_2 2} \cdots a_{k_d d} (x_{k_1} \times x_{k_2} \times \cdots \times x_{k_d})$$
$$= \sum_{\sigma \in \text{Sym}_d} a_{\sigma(1) 1} a_{\sigma(2) 2} \cdots a_{\sigma(d) d} (x_{\sigma(1)} \times x_{\sigma(2)} \times \cdots \times x_{\sigma(d)})$$
$$= \sum_{\sigma \in \text{Sym}_d} a_{\sigma(1) 1} a_{\sigma(2) 2} \cdots a_{\sigma(d) d} \operatorname{sign}(\sigma) (x_1 \times x_2 \times \cdots \times x_d)$$
$$= \det(A) (x_1 \times x_2 \times \cdots \times x_d)$$
$$= K(\varphi(u)) (x_1 \times x_2 \times \cdots \times x_d).$$

Also gilt

$$\mu(N_W) = \int_U |K(\varphi(u))| \, \|x_1(u) \times x_2(u) \times \cdots \times x_d(u)\| \, du.$$

Nach dem Mittelwertsatz der Integralrechnung gibt es nun Punkte $\overline{u}, \widehat{u} \in U$ mit

$$\mu(W) = \|x_1(\overline{u}) \times x_2(\overline{u}) \times \cdots \times x_d(\overline{u})\| \cdot \mu(U) \text{ und}$$
$$\mu(N_W) = |K(\varphi(\widehat{u}))| \, \|x_1(\widehat{u}) \times x_2(\widehat{u}) \times \cdots \times x_d(\widehat{u})\| \cdot \mu(U)$$

und folglich

$$\frac{\mu(N_W)}{\mu(W)} = \frac{|K(\varphi(\widehat{u}))| \, \|x_1(\widehat{u}) \times x_2(\widehat{u}) \times \cdots \times x_d(\widehat{u})\|}{\|x_1(\overline{u}) \times x_2(\overline{u}) \times \cdots \times x_d(\overline{u})\|}.$$

Schrumpft nun W auf den Punkt $p = \varphi(u)$ zusammen, so haben wir $\overline{u} \to u$ und $\widehat{u} \to u$ und damit $\mu(N_W)/\mu(W) \to |K(\varphi(u))| = |K(p)|$.

Lösung (100.6) (a) In Aufgabe (100.2)(b) erhielten wir schon

$$\begin{bmatrix} E & F \\ F & G \end{bmatrix} = \begin{bmatrix} v^2 + d^2 & 0 \\ 0 & 1 \end{bmatrix}.$$

(b) Für das Katenoid mit der Parametrisierung

$$x = \begin{bmatrix} d \cosh(v) \cos(u) \\ d \cosh(v) \sin(u) \\ dv \end{bmatrix}$$

erhalten wir

$$x_u = \begin{bmatrix} -d \cosh(v) \sin(u) \\ d \cosh(v) \cos(u) \\ 0 \end{bmatrix}, \quad x_v = \begin{bmatrix} d \sinh(v) \cos(u) \\ d \sinh(v) \sin(u) \\ d \end{bmatrix}$$

und damit die folgenden Koeffizienten der ersten Fundamentalform:
$$E = \langle x_u, x_u \rangle = d^2 \cosh^2(v),$$
$$F = \langle x_u, x_v \rangle = 0,$$
$$G = \langle x_v, x_v \rangle = d^2 \sinh^2(v) + d^2 = d^2 \cosh^2(v).$$

(c) Durch die angegebene Transformation erhalten wir die Parametrisierung
$$y = \begin{bmatrix} d\sinh(v)\cos(u) \\ d\sinh(v)\sin(u) \\ du \end{bmatrix}$$

des Helikoids (die mit $V := d\sinh(v)$ in die in (100.2)(b) angegebene Parametrisierung übergeht). Wir erhalten
$$y_u = \begin{bmatrix} -d\sinh(v)\sin(u) \\ d\sinh(v)\cos(u) \\ d \end{bmatrix}, \quad y_v = \begin{bmatrix} d\cosh(v)\cos(u) \\ d\cosh(v)\sin(u) \\ 0 \end{bmatrix}$$

und damit die folgenden Koeffizienten der ersten Fundamentalform:
$$E = \langle y_u, y_u \rangle = d^2 \sinh^2(v) + d^2 = d^2 \cosh^2(v),$$
$$F = \langle y_u, y_v \rangle = 0,$$
$$G = \langle y_v, y_v \rangle = d^2 \cosh^2(v).$$

Diese stimmt mit der in (b) erhaltenen Form überein; die angegebene Abbildung ist daher eine Isometrie.

Deutung: Kurvenlängen, Schnittwinkel und Flächeninhalte lassen sich allesamt mit Hilfe der ersten Fundamentalform ausdrücken. Da diese bei Helikoid und Katenoid übereinstimmen, sind diese beiden Flächen nicht aufgrund ihrer inneren Geometrie unterscheidbar (jedenfalls nicht lokal).

Lösung (100.7) Mit der Parametrisierung
$$\varphi(x,y) := \begin{bmatrix} x \\ y \\ f(x,y) \end{bmatrix}$$

erhalten wir
$$\varphi_x = \begin{bmatrix} 1 \\ 0 \\ f_x \end{bmatrix} \quad \text{und} \quad \varphi_y = \begin{bmatrix} 0 \\ 1 \\ f_y \end{bmatrix}$$

sowie den Einheitsnormalenvektor
$$N = \frac{\varphi_x \times \varphi_y}{\|\varphi_x \times \varphi_y\|} = \frac{1}{\sqrt{1+f_x^2+f_y^2}} \begin{bmatrix} -f_x \\ -f_y \\ 1 \end{bmatrix}.$$

Für die Koeffizienten der ersten Fundamentalform erhalten wir
$$E = \langle \varphi_x, \varphi_x \rangle = 1 + f_x^2,$$
$$F = \langle \varphi_x, \varphi_y \rangle = f_x f_y,$$
$$G = \langle \varphi_y, \varphi_y \rangle = 1 + f_y^2$$

und damit
$$\begin{bmatrix} E & F \\ F & G \end{bmatrix} = \begin{bmatrix} 1+f_x^2 & f_x f_y \\ f_x f_y & 1+f_y^2 \end{bmatrix}.$$

Für die Koeffizienten der zweiten Fundamentalform erhalten wir
$$e = \langle \varphi_{xx}, N \rangle = f_{xx}/\sqrt{1+f_x^2+f_y^2},$$
$$f = \langle \varphi_{xy}, N \rangle = f_{xy}/\sqrt{1+f_x^2+f_y^2},$$
$$g = \langle \varphi_{yy}, N \rangle = f_{yy}/\sqrt{1+f_x^2+f_y^2}$$

und damit
$$\begin{bmatrix} e & f \\ f & g \end{bmatrix} = \frac{1}{\sqrt{1+f_x^2+f_y^2}} \begin{bmatrix} f_{xx} & f_{xy} \\ f_{xy} & f_{yy} \end{bmatrix}.$$

Die Gaußsche Krümmung ist dann
$$K = \frac{eg - f^2}{EG - F^2} = \frac{f_{xx}f_{yy} - f_{xy}^2}{(1+f_x^2+f_y^2)^2}.$$

Lösung (100.8) Bei dieser Aufgabe wird die Lösung notationstechnisch kürzer, wenn man sie allgemeiner hinschreibt. Wir betrachten also zunächst eine beliebige Hyperfläche im $\mathbb{R}^n$ mit dem mitbewegten Koordinatensystem $(x_1, \ldots, x_{n-1}, N)$ und haben die Gleichungen

$$(\star) \quad x_{ij} = \sum_{\ell=1}^{n-1} \Gamma_{ij}^\ell x_\ell + h_{ij} N, \qquad N_i = \sum_{\ell=1}^{n-1} a_{\ell i} x_\ell$$

mit $(a_{ij}) = -(g_{ij})^{-1}(h_{ij})$. Ableiten der ersten Gleichung in $(\star)$ nach dem k-ten Parameter liefert

$$x_{ijk} = \sum_{\ell=1}^{n-1} \left((\partial_k \Gamma_{ij}^\ell) x_\ell + \Gamma_{ij}^\ell x_{\ell k} \right) + (\partial_k h_{ij}) N + h_{ij} N_k$$
$$= \sum_{\ell=1}^{n-1} \left((\partial_k \Gamma_{ij}^\ell) x_\ell + \Gamma_{ij}^\ell \left[\sum_{m=1}^{n-1} \Gamma_{\ell k}^m x_m + h_{\ell k} N \right] \right)$$
$$\quad + (\partial_k h_{ij}) N + h_{ij} \sum_{\ell=1}^{n-1} a_{\ell k} x_\ell$$
$$= \sum_{\ell=1}^{n-1} \left((\partial_k \Gamma_{ij}^\ell) + \sum_{m=1}^{n-1} \Gamma_{ij}^m \Gamma_{mk}^\ell + h_{ij} a_{\ell k} \right) x_\ell$$
$$\quad + \left((\partial_k h_{ij}) + \sum_{\ell=1}^{n-1} \Gamma_{ij}^\ell h_{\ell k} \right) N,$$

wobei wir bei der letzten Umformung bei der auftretenden Doppelsumme eine Indexumbenennung $(m, \ell) \to (\ell, m)$

durchführten. Analog liefert Ableiten der zweiten Gleichung in $(\star)$ nach dem j-ten Parameter die Gleichung

$$N_{ij} = \sum_{\ell=1}^{n-1} \left((\partial_j a_{\ell i}) x_\ell + a_{\ell i} x_{\ell j} \right)$$

$$= \sum_{\ell=1}^{n-1} \left((\partial_j a_{\ell i}) x_\ell + a_{\ell i} \left[\sum_{m=1}^{n-1} \Gamma_{\ell j}^m x_m + h_{\ell j} N \right] \right)$$

$$= \sum_{\ell=1}^{n-1} \left((\partial_j a_{\ell i}) + \sum_{m=1}^{n-1} a_{mi} \Gamma_{mj}^\ell \right) x_\ell + \left(\sum_{\ell=1}^{n-1} a_{\ell i} h_{\ell j} \right) N.$$

Da sich bei einer beliebigen Vertauschung der Indices i, j, k nach dem Satz von Schwarz die Ausdrücke x_{ijk} und N_{ij} nicht ändern, erhalten wir also die folgenden Verträglichkeitsbedingungen: alle Ausdrücke

$$(\partial_k \Gamma_{ij}^\ell) + \sum_{m=1}^{n-1} \Gamma_{ij}^m \Gamma_{mk}^\ell + h_{ij} a_{\ell k} \quad \text{und} \quad (\partial_k h_{ij}) + \sum_{\ell=1}^{n-1} \Gamma_{ij}^\ell h_{\ell k}$$

bleiben unter einer beliebigen Vertauschung der Indices i, j, k unverändert, und alle Ausdrücke

$$(\partial_j a_{\ell i}) + \sum_{m=1}^{n-1} a_{mi} \Gamma_{mj}^\ell \quad \text{und} \quad \sum_{\ell=1}^{n-1} a_{\ell i} h_{\ell j}$$

bleiben unverändert unter einer Vertauschung der Indices i und j. (Die letzte Bedingung drückt dabei nur aus, daß die Matrix $(h_{ij})(a_{ij}) = -(h_{ij})(g_{ij})^{-1}(h_{ij})$ symmetrisch ist, was ohnehin klar ist, weil mit zwei Matrizen P und Q das Produkt QPQ auch wieder symmetrisch ist. Diese Bedingung liefert also keine neue Information.) Wir werten die ersten Bedingungen nun für die Gleichung $x_{iij} = x_{iji}$ aus und erhalten

$$(\partial_j \Gamma_{ii}^\ell) + \sum_{m=1}^{n-1} \Gamma_{ii}^m \Gamma_{mj}^\ell + h_{ii} a_{\ell j} = (\partial_i \Gamma_{ij}^\ell) + \sum_{m=1}^{n-1} \Gamma_{ij}^m \Gamma_{mi}^\ell + h_{ij} a_{\ell i}$$

sowie

$$(\partial_j h_{ii}) + \sum_{\ell=1}^{n-1} \Gamma_{ii}^\ell h_{\ell j} = (\partial_i h_{ij}) + \sum_{\ell=1}^{n-1} \Gamma_{ij}^\ell h_{\ell i}.$$

Erst jetzt spezialisieren wir diese Gleichungen auf den Fall $n = 3$ und erhalten

(1) $\quad (\partial_j \Gamma_{ii}^\ell) + \Gamma_{ii}^1 \Gamma_{1j}^\ell + \Gamma_{ii}^2 \Gamma_{2j}^\ell + h_{ii} a_{\ell j}$
$= (\partial_i \Gamma_{ij}^\ell) + \Gamma_{ij}^1 \Gamma_{1i}^\ell + \Gamma_{ij}^2 \Gamma_{2i}^\ell + h_{ij} a_{\ell i}$

sowie

(2) $(\partial_j h_{ii}) + \Gamma_{ii}^1 h_{1j} + \Gamma_{ii}^2 h_{2j} = (\partial_i h_{ij}) + \Gamma_{ij}^1 h_{1i} + \Gamma_{ij}^2 h_{2i}.$

Wir wählen nun $i = 1$ und $j = 2$ und schreiben wie üblich u und v statt u_1 und u_2. Für $\ell = 1$ erhalten wir aus (1) dann

$$(\partial_v \Gamma_{11}^1) + \Gamma_{11}^1 \Gamma_{12}^1 + \Gamma_{11}^2 \Gamma_{22}^1 + h_{11} a_{12}$$
$$= (\partial_u \Gamma_{12}^1) + \Gamma_{12}^1 \Gamma_{11}^1 + \Gamma_{12}^2 \Gamma_{21}^1 + h_{12} a_{11},$$

wegen $a_{12} = (Fg - Gf)/(EG - F^2)$ und $a_{11} = (Ff - Ge)/(EG - F^2)$ also

$$(\partial_v \Gamma_{11}^1) + \Gamma_{11}^2 \Gamma_{22}^1 + e(Fg - Gf)/(EG - F^2)$$
$$= (\partial_u \Gamma_{12}^1) + \Gamma_{12}^2 \Gamma_{12}^1 + f(Ff - Ge)/(EG - F^2).$$

Für $\ell = 2$ erhalten wir (wieder mit $i = 1$ und $j = 2$) aus (1) dagegen

$$(\partial_v \Gamma_{11}^2) + \Gamma_{11}^1 \Gamma_{12}^2 + \Gamma_{11}^2 \Gamma_{22}^2 + e(Ff - Eg)/(EG - F^2)$$
$$= (\partial_u \Gamma_{12}^2) + \Gamma_{12}^1 \Gamma_{11}^2 + \Gamma_{12}^2 \Gamma_{12}^2 + f(Fe - Ef)/(EG - F^2).$$

Bedingung (2) liefert ferner

$$(\partial_v h_{11}) + \Gamma_{11}^1 h_{12} + \Gamma_{11}^2 h_{22} = (\partial_u h_{12}) + \Gamma_{12}^1 h_{11} + \Gamma_{12}^2 h_{21},$$

also

$$(\partial_v e) + f \Gamma_{11}^1 + g \Gamma_{11}^2 = (\partial_u f) + e \Gamma_{12}^1 + f \Gamma_{12}^2.$$

Analoge Beziehungen ergeben sich aus den übrigen Gleichungen. Die resultierenden Verträglichkeitsbedingungen sind unter der Bezeichnung **Gauß-Mainardi-Codazzi-Gleichungen** bekannt.

Lösung (100.9) Wir haben

$$x_u = \begin{bmatrix} -f(v) \sin(u) \\ f(v) \cos(u) \\ 0 \end{bmatrix} \quad \text{und} \quad x_v = \begin{bmatrix} f'(v) \cos(u) \\ f'(v) \sin(u) \\ g'(v) \end{bmatrix}$$

und damit

$$\begin{bmatrix} E & F \\ F & G \end{bmatrix} = \begin{bmatrix} \langle x_u, x_u \rangle & \langle x_u, x_v \rangle \\ \langle x_v, x_u \rangle & \langle x_v, x_v \rangle \end{bmatrix}$$
$$= \begin{bmatrix} f(v)^2 & 0 \\ 0 & f'(v)^2 + g'(v)^2 \end{bmatrix}.$$

Weiterhin erhalten wir

$$x_{uu} = \begin{bmatrix} -f(v) \cos(u) \\ -f(v) \sin(u) \\ 0 \end{bmatrix}, \quad x_{uv} = \begin{bmatrix} -f'(v) \sin(u) \\ f'(v) \cos(u) \\ 0 \end{bmatrix}$$

$$\text{und} \quad x_{vv} = \begin{bmatrix} f''(v) \cos(u) \\ f''(v) \sin(u) \\ g''(v) \end{bmatrix}$$

und damit

$$\begin{bmatrix} \Gamma_{11}^1 & \Gamma_{12}^1 & \Gamma_{22}^1 \\ \Gamma_{11}^2 & \Gamma_{12}^2 & \Gamma_{22}^2 \end{bmatrix}$$
$$= \begin{bmatrix} E & F \\ F & G \end{bmatrix}^{-1} \begin{bmatrix} \langle x_{uu}, x_u \rangle & \langle x_{uv}, x_u \rangle & \langle x_{vv}, x_u \rangle \\ \langle x_{uu}, x_v \rangle & \langle x_{uv}, x_v \rangle & \langle x_{vv}, x_v \rangle \end{bmatrix}$$
$$= \begin{bmatrix} E & F \\ f & G \end{bmatrix}^{-1} \begin{bmatrix} 0 & ff' & 0 \\ -ff' & 0 & f'f'' + g'g'' \end{bmatrix}$$
$$= \begin{bmatrix} 1/f^2 & 0 \\ 0 & 1/((f')^2 + (g')^2) \end{bmatrix} \begin{bmatrix} 0 & ff' & 0 \\ -ff' & 0 & f'f'' + g'g'' \end{bmatrix},$$

also

$$\begin{bmatrix} \Gamma_{11}^1 & \Gamma_{12}^1 & \Gamma_{22}^1 \\ \Gamma_{11}^2 & \Gamma_{12}^2 & \Gamma_{22}^2 \end{bmatrix} = \begin{bmatrix} 0 & \dfrac{f'}{f} & 0 \\ \dfrac{-ff'}{(f')^2+(g')^2} & 0 & \dfrac{f'f''+g'g''}{(f')^2+(g')^2} \end{bmatrix},$$

wobei wir aus Platzgründen bei den Funktionen f, f', f'', g', g'' jeweils das Argument v weglößen. (**Verständnisfrage:** Warum war von vornherein klar, daß die erste Fundamentalform und die Christoffelsymbole der Rotationsfläche nur von v und nicht von u abhängen würden?)

Lösung (100.10) Wir schreiben $n_{\dot v} := \langle \dot v, N \rangle N$ und $n_{\dot w} := \langle \dot w, N \rangle N$ für die Anteile von $\dot v$ und $\dot w$ in Normalenrichtung. Wir erhalten dann

$$\begin{aligned}\frac{\mathrm d}{\mathrm dt}\langle v,w\rangle &= \langle \dot v, w\rangle + \langle v, \dot w \rangle \\ &= \left\langle \frac{\mathrm Dv}{\mathrm Dt}+n_{\dot v}, w\right\rangle + \left\langle v, \frac{\mathrm Dw}{\mathrm Dt}+n_{\dot w}\right\rangle \\ &= \left\langle \frac{\mathrm Dv}{\mathrm Dt}, w\right\rangle + \left\langle v, \frac{\mathrm Dw}{\mathrm Dt}\right\rangle,\end{aligned}$$

wobei die letzte Gleichung gilt, weil $\langle v, N\rangle = \langle w, N\rangle = 0$ gilt. Sind v und w parallel entlang α, so haben wir $\mathrm Dv/\mathrm Dt = \mathrm Dw/\mathrm Dt = 0$; die gerade erhaltene Gleichung geht dann über in $(\mathrm d/\mathrm dt)\langle v(t), w(t)\rangle = 0$ und zeigt, daß die Funktion $t \mapsto \langle v(t), w(t)\rangle$ konstant ist.

Wenden wir diese Beobachtung mit $w := v$ an, so erkennen wir, daß $t \mapsto \langle v(t), v(t)\rangle = \|v(t)\|^2$ und damit $t \mapsto \|v(t)\|$ konstant ist. Analog ist $t \mapsto \|w(t)\|$ konstant. Bezeichnet nun $\varphi(t)$ den Winkel zwischen $v(t)$ und $w(t)$, so ist daher auch $\langle v, w\rangle/(\|v\|\|w\|) = \cos\varphi$ konstant, folglich auch $t \mapsto \varphi(t)$.

Lösung (100.11) Wir errichten den Kegel mit Spitze über dem Nordpol der Sphäre, der die Sphäre in dem betrachteten Breitenkreis (Breitengrad φ) gerade berührt. Die folgende Abbildung zeigt einen Querschnitt durch die Sphäre und den Kegel.

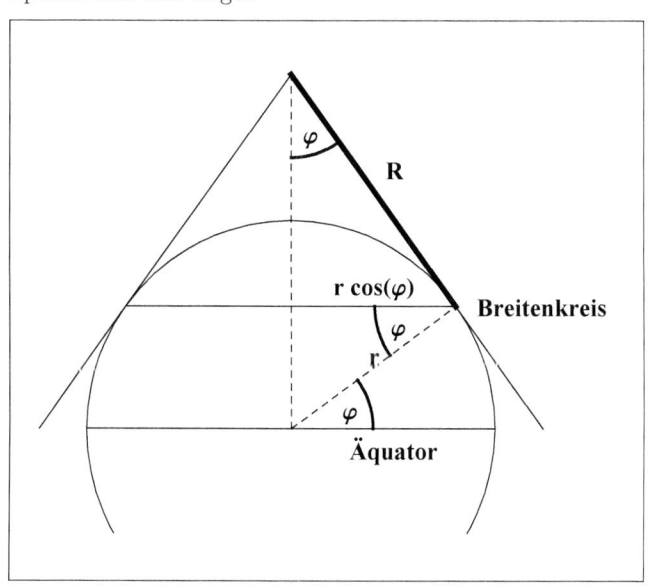

Da Großkreise geodätische Kurven einer Sphäre sind, bleibt bei Parallelverschiebung eines Vektors entlang eines Großkreises der Winkel dieses Vektors zur Tangentenrichtung des Großkreises konstant. Es bleibt die Parallelverschiebung entlang des Breitenkreises zu untersuchen. Da allgemein die Parallelverschiebung entlang einer Kurve auf einer Fläche nur vom Normalenvektor dieser Fläche entlang der Kurve abhängt, ist es egal, ob wir die Parallelverschiebung entlang des Breitenkreises auf der Sphäre oder auf dem Kegel vornehmen. Den Kegel können wir uns aber aufgeschnitten und in eine Ebene abgewickelt denken; die Parallelverschiebung auf dem Kegel ist dann die übliche Parallelverschiebung in dieser Abwickelebene. Beim Abwickeln wird der Kegel zu einem Kreissektor mit einem Radius R und einem Winkel Φ, die gegeben sind durch die Gleichungen $\sin\varphi = (r\cos\varphi)/R$ bzw. $R = r\cot\varphi$ sowie $\Phi R = 2\pi r\cos\varphi$ bzw. $\Phi = 2\pi \sin\varphi$. Eine Bewegung um den Winkel θ in diesem Kreissektor entspricht dabei einer Längengradänderung Δ entlang des Breitenkreises, die gegeben ist durch $R\theta = (r\cos\varphi)\cdot\Delta$ bzw. $\theta = \Delta\cdot\sin\varphi$. Wir beobachten nun, daß bei einer Drehung θ (bzw. einer Längengradänderung $\Delta = \theta/\sin\varphi$) der parallelverschobene Vektor seine Orientierung gegenüber der Tangentenrichtung um den Winkel $\theta = \Delta\sin\varphi$ ändert.

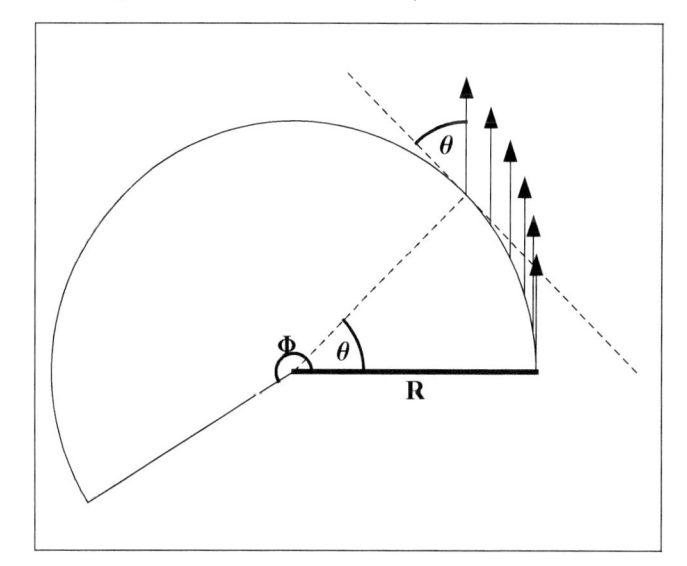

Ist also die Differenz zwischen den Längengraden von p und q gleich Δ, so erleidet der betrachtete Vektor bei seiner Parallelverschiebung eine Winkeländerung $\theta = \Delta\sin\varphi$. Bei einer vollen Umrundung des Breitenkreises ist diese Winkeländerung also gleich $2\pi\sin\varphi$.

Lösung (100.12) Schreiben wir kurz

$$x_i(t) := \frac{\partial x}{\partial u_i}(u(t)) \quad \text{und} \quad x_{ij}(t) := \frac{\partial^2 x}{\partial u_i \partial u_j}(u(t)),$$

so gilt nach der Kettenregel zunächst $\dot\alpha = \sum_{i=1}^{n-1} x_i \dot u_i$ und aufgrund der Produkt- und der Kettenregel nach nochmaligem Ableiten dann

$$\ddot{\alpha} = \sum_{i=1}^{n-1}\left[\sum_{j=1}^{n-1} x_{ij}\dot{u}_j\dot{u}_i + x_i\ddot{u}_i\right] = \sum_{i,j=1}^{n-1} x_{ij}\dot{u}_i\dot{u}_j + \sum_{i=1}^{n-1} x_i\ddot{u}_i.$$

Schreiben wir $x_{ij} = \sum_{\ell=1}^{n-1} \Gamma_{ij}^\ell x_\ell + h_{ij}N$ wie in Aufgabe (100.8), so bedeutet dies

$$\ddot{\alpha} = \sum_{i,j=1}^{n-1}\left(\sum_{\ell=1}^{n-1} \Gamma_{ij}^\ell x_\ell + h_{ij}N\right)\dot{u}_i\dot{u}_j + \sum_{i=1}^{n-1} x_i\ddot{u}_i.$$

Die Kurve α ist nun genau dann geodätisch, wenn $\ddot{\alpha}$ keinen Anteil in Tangentialrichtung, sondern nur einen Anteil in der Normalenrichtung N hat. Das ist genau dann der Fall, wenn gilt

$$\begin{aligned}0 &= \sum_{i,j=1}^{n-1}\sum_{\ell=1}^{n-1} \Gamma_{ij}^\ell x_\ell\,\dot{u}_i\dot{u}_j + \sum_{i=1}^{n-1} x_i\ddot{u}_i \\ &= \sum_{\ell=1}^{n-1}\left(\sum_{i,j=1}^{n-1}\Gamma_{ij}^\ell \dot{u}_i\dot{u}_j + \ddot{u}_\ell\right)x_\ell.\end{aligned}$$

Da die Tangentialvektoren $x_1,\ldots,x_{n-1}$ linear unabhängig sind, ist dies genau dann der Fall, wenn $\ddot{u}_\ell + \sum_{i,j=1}^{n-1}\Gamma_{ij}^\ell \dot{u}_i\dot{u}_j = 0$ für alle Indices $1 \le \ell \le n-1$ gilt.

Lösung (100.13) (a) Eine Gerade g läßt sich in Punktrichtungsform parametrisieren, also durch eine Funktion $\alpha(t) = p + tv$. Es gilt dann $\dot{\alpha} \equiv v$ und $\ddot{\alpha} \equiv 0$, insbesondere also $\ddot{\alpha}(t) \in \mathbb{R}N(\alpha(t))$ für alle t. Also ist α geodätisch.

(b) Ist α geodätisch, so gilt $\ddot{\alpha}(t) \perp T_{\alpha(t)}M$ für alle t, insbesondere also $\ddot{\alpha}(t) \perp \dot{\alpha}(t)$ und damit $\langle \dot{\alpha}(t), \ddot{\alpha}(t)\rangle = 0$. Hieraus folgt

$$\frac{d}{dt}\|\dot{\alpha}(t)\|^2 = \frac{d}{dt}\langle \dot{\alpha}(t),\dot{\alpha}(t)\rangle = 2\langle \dot{\alpha}(t),\ddot{\alpha}(t)\rangle = 0.$$

Also ist die Funktion $t \mapsto \|\dot{\alpha}(t)\|^2$ konstant, damit aber auch die Funktion $t \mapsto \|\dot{\alpha}(t)\|$.

Lösung (100.14) (a) Für $i = 1,2$ sei jeweils N_i eine Einheitsnormale von F_i. Weil sich F_1 und F_2 entlang α berühren, haben wir $T_{\alpha(t)}F_1 = T_{\alpha(t)}F_2$ und damit $N_2(\alpha(t)) = \pm N_1(\alpha(t))$ für alle t. Daher gelten die folgenden Äquivalenzen:

α ist geodätisch für F_1
$\Leftrightarrow \ddot{\alpha}(t) \in \mathbb{R}N_1(\alpha(t))$ für alle t
$\Leftrightarrow \ddot{\alpha}(t) \in \mathbb{R}N_2(\alpha(t))$ für alle t
$\Leftrightarrow \alpha$ ist geodätisch für F_2.

(b) Für $\beta(t) := \alpha(\varphi(t))$ erhalten wir mit der Kettenregel die Gleichungen $\dot{\beta}(t) = \dot{\alpha}(\varphi(t))\dot{\varphi}(t)$ und

$$\ddot{\beta}(t) = \ddot{\alpha}(\varphi(t))\dot{\varphi}(t)^2 + \dot{\alpha}(\varphi(t))\ddot{\varphi}(t).$$

Da α nach Voraussetzung geodätisch ist, gilt $\ddot{\alpha}(t) \in \mathbb{R}N(\alpha(t))$ für alle t. Daher gelten die folgenden Äquivalenzen:

β ist geodätisch
$\Leftrightarrow \ddot{\beta} \in \mathbb{R}N(\beta(t)) = \mathbb{R}N(\alpha(\varphi(t)))$
$\Leftrightarrow \dot{\alpha}(\varphi(t))\ddot{\varphi}(t) \in \mathbb{R}N(\alpha(\varphi(t)))$ für alle t
$\Leftrightarrow \ddot{\varphi} \equiv 0$
$\Leftrightarrow \varphi(t) = at + b$ für alle t mit Konstanten a,b.

Lösung (100.15) Eine Parameterdarstellung von M ist gegeben durch

$$x(u,v) = \begin{bmatrix} u \\ v \\ u^3 - 3uv^2 \end{bmatrix}.$$

Schreiben wir $x_1 := x_u$, $x_{12} := x_{uv}$ und so weiter, so erhalten wir

$$x_1 = \begin{bmatrix} 1 \\ 0 \\ 3u^2 - 3v^2 \end{bmatrix},\quad x_2 = \begin{bmatrix} 0 \\ 1 \\ -6uv \end{bmatrix}$$

sowie

$$x_{11} = \begin{bmatrix} 0 \\ 0 \\ 6u \end{bmatrix},\ x_{12} = \begin{bmatrix} 0 \\ 0 \\ -6v \end{bmatrix},\ x_{22} = \begin{bmatrix} 0 \\ 0 \\ -6u \end{bmatrix}.$$

Der Einheitsnormalenvektor ergibt sich durch Normieren des Vektors $x_1 \times x_2$ zu

$$N = \frac{1}{\sqrt{1 + 9(u^2+v^2)^2}}\begin{bmatrix} -3(u^2-v^2) \\ 6uv \\ 1 \end{bmatrix}.$$

Für die erste Fundamentalform erhalten wir daher

$$\begin{bmatrix} E & F \\ F & G \end{bmatrix} = \begin{bmatrix} 1 + 9(u^2-v^2)^2 & -18uv(u^2-v^2) \\ -18uv(u^2-v^2) & 1 + 36u^2v^2 \end{bmatrix},$$

für die zweite Fundamentalform

$$\begin{bmatrix} e & f \\ f & g \end{bmatrix} = \frac{1}{\sqrt{1+9(u^2+v^2)^2}}\begin{bmatrix} 6u & -6v \\ -6v & -6u \end{bmatrix}$$

$$= \frac{6}{\sqrt{1+9(u^2+v^2)^2}}\begin{bmatrix} u & -v \\ -v & -u \end{bmatrix}.$$

Die Christoffelsymbole Γ_{ij}^k sind gegeben durch

$$\begin{bmatrix} E & F \\ F & G \end{bmatrix}\begin{bmatrix} \Gamma_{11}^1 & \Gamma_{12}^1 & \Gamma_{22}^1 \\ \Gamma_{11}^2 & \Gamma_{12}^2 & \Gamma_{22}^2 \end{bmatrix}$$

$$= \begin{bmatrix} \langle x_{11},x_1\rangle & \langle x_{12},x_1\rangle & \langle x_{22},x_1\rangle \\ \langle x_{11},x_2\rangle & \langle x_{12},x_2\rangle & \langle x_{22},x_2\rangle \end{bmatrix}$$

$$= \begin{bmatrix} 18u(u^2-v^2) & -18v(u^2-v^2) & 18u(u^2-v^2) \\ -36u^2v & 36uv^2 & 36u^2v \end{bmatrix}$$

$$= 18\begin{bmatrix} u(u^2-v^2) & -v(u^2-v^2) & u(u^2-v^2) \\ -2u^2v & 2uv^2 & 2u^2v \end{bmatrix}.$$

Speziell für $(u,v)=(1,1)$ ergeben sich die Gleichungen

$$\begin{bmatrix} E & F \\ F & G \end{bmatrix} = \begin{bmatrix} 1 & 0 \\ 0 & 37 \end{bmatrix}, \quad \begin{bmatrix} e & f \\ f & g \end{bmatrix} = \frac{6}{\sqrt{37}}\begin{bmatrix} 1 & -1 \\ -1 & -1 \end{bmatrix}$$

sowie

$$\begin{bmatrix} \Gamma^1_{11} & \Gamma^1_{12} & \Gamma^1_{22} \\ \Gamma^2_{11} & \Gamma^2_{12} & \Gamma^2_{22} \end{bmatrix} = \frac{18}{37}\begin{bmatrix} 37 & 0 \\ 0 & 1 \end{bmatrix}\begin{bmatrix} 0 & 0 & 0 \\ -2 & 2 & 2 \end{bmatrix}$$
$$= \frac{36}{37}\begin{bmatrix} 0 & 0 & 0 \\ -1 & 1 & 1 \end{bmatrix}.$$

Bemerkung: Die Fläche $z = x^3 - 3xy^2 = \operatorname{Re}(x+iy)^3$ ist unter dem Namen "Affensattel" bekannt. Warum wohl?

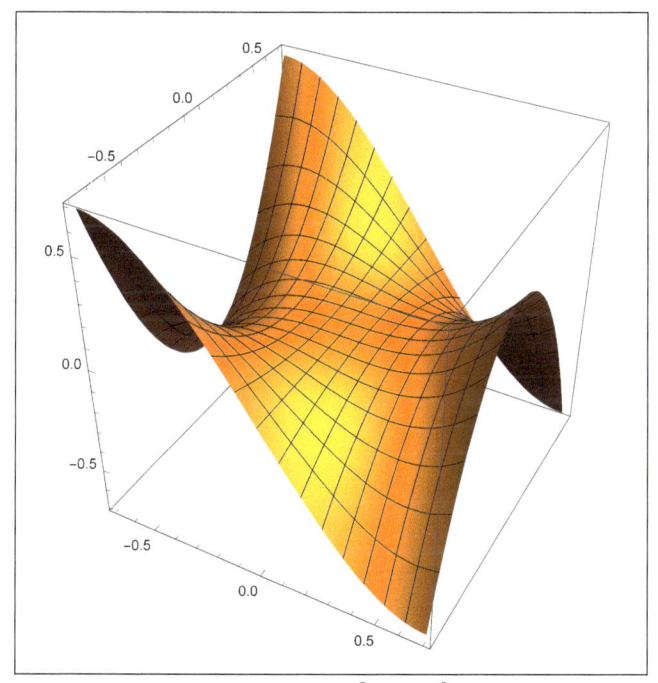

Fläche mit der Gleichung $z = x^3 - 3xy^2$.

Lösung (100.16) Drücken wir die Christoffelsymbole durch die angegebenen Gleichungen aus und setzen die Ergebnisse in die Gleichungen $(\star)$ für die Geodätischen ein, so erhalten wir die Gleichungen

(1) $\quad 0 = 2(EG-F^2)\ddot{u} + G\cdot\Phi - F\cdot\Psi,$
$\quad\quad 0 = 2(EG-F^2)\ddot{v} - F\cdot\Phi + E\cdot\Psi,$

wobei wir die Abkürzungen

$$\Phi := E_u\dot{u}^2 + 2E_v\dot{u}\dot{v} + (2F_v - G_u)\dot{v}^2,$$
$$\Psi := (2F_u - E_v)\dot{u}^2 + 2G_u\dot{u}\dot{v} + G_v\dot{v}^2$$

benutzen. Gleichung (1) läßt sich schreiben als

$$\begin{bmatrix} 0 \\ 0 \end{bmatrix} = 2\begin{bmatrix} \ddot{u} \\ \ddot{v} \end{bmatrix} + \frac{1}{EG-F^2}\begin{bmatrix} G & -F \\ -F & E \end{bmatrix}\begin{bmatrix} \Phi \\ \Psi \end{bmatrix}$$
$$= 2\begin{bmatrix} \ddot{u} \\ \ddot{v} \end{bmatrix} + \begin{bmatrix} E & F \\ F & G \end{bmatrix}^{-1}\begin{bmatrix} \Phi \\ \Psi \end{bmatrix}$$

bzw.

(2) $\quad 2\begin{bmatrix} E & F \\ F & G \end{bmatrix}\begin{bmatrix} \ddot{u} \\ \ddot{v} \end{bmatrix} + \begin{bmatrix} \Phi \\ \Psi \end{bmatrix} = \begin{bmatrix} 0 \\ 0 \end{bmatrix}.$

Ableiten der Gleichung $E\dot{u}^2 + 2F\dot{u}\dot{v} + G\dot{v}^2 = \text{const}$ liefert andererseits

$$\begin{aligned}
0 &= (E_u\dot{u} + E_v\dot{v})\dot{u}^2 + 2E\dot{u}\ddot{u} \\
&+ 2(F_u\dot{u} + F_v\dot{v})\dot{u}\dot{v} + 2F(\ddot{u}\dot{v} + \dot{u}\ddot{v}) \\
&+ (G_u\dot{u} + G_v\dot{v})\dot{v}^2 + 2G\dot{v}\ddot{v}
\end{aligned}$$

bzw. $2(E\dot{u}+F\dot{v})\ddot{u} + 2(F\dot{u}+G\dot{v})\ddot{v} + \dot{u}\Phi + \dot{v}\Psi = 0$, also

$$2\langle \begin{bmatrix} E & F \\ F & G \end{bmatrix}\begin{bmatrix} \dot{u} \\ \dot{v} \end{bmatrix}, \begin{bmatrix} \ddot{u} \\ \ddot{v} \end{bmatrix}\rangle + \langle \begin{bmatrix} \dot{u} \\ \dot{v} \end{bmatrix}, \begin{bmatrix} \Phi \\ \Psi \end{bmatrix}\rangle = 0$$

bzw.

(3) $\quad \langle \begin{bmatrix} \dot{u} \\ \dot{v} \end{bmatrix}, 2\begin{bmatrix} E & F \\ F & G \end{bmatrix}\begin{bmatrix} \ddot{u} \\ \ddot{v} \end{bmatrix} + \begin{bmatrix} \Phi \\ \Psi \end{bmatrix}\rangle = 0.$

Zu zeigen ist nun, daß unter Voraussetzung von (3) das Erfülltsein einer der beiden Komponentengleichungen in (2) schon das Erfülltsein der jeweils anderen Komponentengleichung nach sich zieht. Das läuft aber einfach auf die Aussage hinaus, daß aus $\xi_1 = 0$ oder $\xi_2 = 0$ und

$$0 = \langle \begin{bmatrix} a \\ b \end{bmatrix}, \begin{bmatrix} \xi_1 \\ \xi_2 \end{bmatrix}\rangle = a\xi_1 + b\xi_2$$

mit $a \neq 0$ und $b \neq 0$ schon $\xi_1 = \xi_2 = 0$ folgt, und das ist offensichtlich.

Lösung (100.17) (a) Setzen wir die in Aufgabe (100.9) ermittelten Christoffelsymbole in die Differentialgleichung für die Geodätischen ein, so ergeben sich die folgenden Gleichungen:

$$0 = \ddot{u} + \frac{2f(v)f'(v)}{f(v)^2}\dot{u}\dot{v},$$
$$0 = \ddot{v} - \frac{f(v)f'(v)}{f'(v)^2 + g'(v)^2}\dot{u}^2 + \frac{f'(v)f''(v) + g'(v)g''(v)}{f'(v)^2 + g'(v)^2}\dot{v}^2.$$

(b) Bei einem Meridian $u = \text{const}$ ist die erste Gleichung in (a) automatisch erfüllt. Bei der zweiten Gleichung dürfen wir annehmen, daß der Meridian nach der Bogenlänge parametrisiert ist, daß also für

$$\alpha(t) = \begin{bmatrix} f(v(t))\cos u \\ f(v(t))\sin u \\ g(v(t)) \end{bmatrix}$$

die Gleichung $1 = \|\dot{\alpha}(t)\|^2 = (f'(v)^2 + g'(v)^2)\dot{v}^2$ und damit

$$\dot{v}^2 = \frac{1}{f'(v)^2 + g'(v)^2}$$

gilt. Ableiten dieser Gleichung liefert

$$2\dot{v}\ddot{v} = \frac{-2\bigl(f'(v)f''(v) + g'(v)g''(v)\bigr)}{\bigl(f'(v)^2 + g'(v)^2\bigr)^2} \dot{v}$$
$$= \frac{-2\bigl(f'(v)f''(v) + g'(v)g''(v)\bigr)}{f'(v)^2 + g'(v)^2} \dot{v}^3$$

bzw.
$$\ddot{v} = -\frac{f'(v)f''(v) + g'(v)g''(v)}{f'(v)^2 + g'(v)^2}\,\dot{v}^2.$$

Wegen $\dot{u} = 0$ ist damit die zweite Gleichung in (a) ebenfalls erfüllt. Dies zeigt, daß jeder Meridian eine geodätische Kurve ist.

(c) Bei einem Breitenkreis $v = $ const ist $\dot{v} = 0$, die zweite der Gleichungen in (a) damit genau dann erfüllt, wenn $f'(v) = 0$ gilt. In diesem Fall ist dann die erste Gleichung ebenfalls erfüllt, wenn $\dot{u}$ konstant ist. Der Breitenkreis zum Parameterwert v ist also genau dann eine geodätische Kurve, wenn $f'(v) = 0$ gilt, wenn also die Tangente an die rotierende Kurve parallel zur Rotationsachse ist.

(d) Die erste Gleichung in (a) läßt sich umschreiben als

$$0 = f(v)^2 \ddot{u} + 2f(v)f'(v)\dot{v}\dot{u} = \frac{\mathrm{d}}{\mathrm{d}t}\bigl(f(v)^2 \dot{u}\bigr)$$

bzw. $f(v)^2 \dot{u} = C$ mit einer Konstanten C. Wie wir in Aufgabe (100.16) sahen, ist die zweite Gleichung in (a) automatisch erfüllt, wenn die Geodätische nach ihrer Bogenlänge parametrisiert ist, wenn also

$$1 = E\dot{u}^2 + 2F\dot{u}\dot{v} + G\dot{v}^2$$
$$= f(v)^2 \dot{u}^2 + \bigl(f'(v)^2 + g'(v)^2\bigr)\dot{v}^2$$
$$= C^2/f(v)^2 + \bigl(f'(v)^2 + g'(v)^2\bigr)\dot{v}^2$$

bzw. $\dot{v}^2 = \bigl(1 - C^2/f(v)^2\bigr)/\bigl(f'(v)^2 + g'(v)^2\bigr)$. Dann ist

$$\left(\frac{\mathrm{d}u}{\mathrm{d}v}\right)^2 = \frac{\dot{u}^2}{\dot{v}^2} = \frac{C^2\bigl(f'(v)^2 + g'(v)^2\bigr)}{f(v)^4\bigl(1 - C^2/f(v)^2\bigr)}.$$

Die gesuchten Geodätischen ergeben sich also durch Bestimmung des Integrals

$$u = \int \frac{C\sqrt{f'(v)^2 + g'(v)^2}}{f(v)\sqrt{f(v)^2 - C^2}}\,\mathrm{d}v.$$

(e) Der Winkel θ zwischen der Geodätischen und dem Breitenkreis $v = $ const ist gegeben durch die Gleichung

$$\cos\theta = \frac{|\langle x_u, x_u\dot{u} + x_v\dot{v}\rangle|}{\|x_u\|} = \frac{\bigl|\|x_u\|^2\dot{u} + \langle x_u, x_v\rangle\dot{v}\bigr|}{\|x_u\|},$$

wobei wir annehmen, daß $\|x_u\dot{u} + x_v\dot{v}\| = 1$ gilt, daß also die betrachtete geodätische Kurve nach ihrer Bogenlänge parametrisiert ist. Wegen

$$x = \begin{bmatrix} f(v)\cos u \\ f(v)\sin u \\ g(v) \end{bmatrix},\ x_u = \begin{bmatrix} -f(v)\sin u \\ f(v)\cos u \\ 0 \end{bmatrix},\ x_v = \begin{bmatrix} f'(v)\cos u \\ f'(v)\sin u \\ g'(v) \end{bmatrix}$$

geht diese Gleichung über in $\cos\theta = \|x_u\|\,|\dot{u}| = f(v)\dot{u}$. Da nach Teil (d) die Beziehung $\dot{u} = C/f(v)^2$ mit einer Konstanten C gilt, ergibt sich die Clairautsche Relation.

Lösung (100.18) O.B.d.A. dürfen wir annehmen, daß der Mittelpunkt der betrachteten Sphäre der Nullpunkt ist. Ist dann x der Ortsvektor eines Punktes auf der Sphäre, so ist der Normalenvektor an der Stelle x gleich $N = x/\|x\|$. Wir erhalten daher die folgenden Äquivalenzen:

$$\alpha \text{ ist geodätisch} \Leftrightarrow \ddot{\alpha} \in \mathbb{R}\,N$$
$$\Leftrightarrow \ddot{\alpha} \in \mathbb{R}\,\alpha$$
$$\Leftrightarrow \alpha \times \ddot{\alpha} = 0$$
$$\Leftrightarrow (\alpha \times \dot{\alpha})^\bullet = 0$$
$$\Leftrightarrow \alpha \times \dot{\alpha} \text{ ist konstant.}$$

Wir behaupten nun, daß diese letzte Bedingung genau dann erfüllt ist, wenn α mit konstanter Geschwindigkeit in einer Ebene durch den Mittelpunkt der Sphäre verläuft. Dies sehen wir folgendermaßen ein.

• Es sei $\alpha \times \dot{\alpha}$ konstant, sagen wir $\alpha(t) \times \dot{\alpha}(t) = n$ mit einem konstanten Vektor n. Ist $n = 0$, so ist $\dot{\alpha} \equiv 0$, und wir erhalten den Trivialfall einer konstanten Kurve. Ist $n \neq 0$, so verläuft α ganz in der Ursprungsebene $n^\perp$, und wegen $\dot{\alpha} \perp \alpha$ gilt $\|n\| = \|\dot{\alpha} \times \alpha\| = \|\dot{\alpha}\| \cdot \|\alpha\| = \|\dot{\alpha}\| \cdot R$, wenn R den Radius der Sphäre bezeichnet, so daß $\|\dot{\alpha}\|$ konstant ist.

• Verläuft umgekehrt α ganz innerhalb einer Ebene mit dem (auf Länge 1 normierten) Normalenvektor n und wählen wir e_1 und e_2 so, daß (e_1, e_2, n) eine Orthonormalbasis von $\mathbb{R}^3$ ist, so haben wir eine Darstellung $\alpha(t) = R\cos(\varphi(t))e_1 + R\sin(\varphi(t))e_2$ und damit $\alpha(t) \times \dot{\alpha}(t) \times \alpha(t) = \dot{\varphi}(t)\,n$, wobei $\dot{\varphi}(t) = \pm\|\dot{\alpha}(t)\|$ konstant ist.

Um den von einem Punkt p zu einem Punkt q führenden Großkreisbogen zu finden, führen wir zunächst eine Gram-Schmidt-Orthonormalisierung für das Paar (p, q) durch. Wir erhalten zunächst $e_1 = p/\|p\| = p/R$ und dann

$$e_2 = \frac{q - \langle q, e_1\rangle e_1}{\|q - \langle q, e_1\rangle e_1\|} = \frac{R^2 q - \langle q, p\rangle p}{R^3 \sin\Phi},$$

wenn Φ den Winkel zwischen p und q bezeichnet. Die gesuchte Geodätische ist dann gegeben durch

$$\alpha(t) = R\cos(t)e_1 + R\sin(t)e_2 \quad (0 \leq t \leq \Phi).$$

Lösung (100.19) Die Parametrisierung der Sphäre durch geographische Länge und Breite ist gegeben durch

$$x = \begin{bmatrix} \cos\varphi\cos\theta \\ \sin\varphi\cos\theta \\ \sin\theta \end{bmatrix},$$

wobei wir φ als ersten und θ als zweiten Parameter wählen. Wir erhalten dann für $x_1 = x_\varphi$ und $x_2 = x_\theta$ die Gleichungen

$$x_1 = \begin{bmatrix} -\sin\varphi\cos\theta \\ \cos\varphi\cos\theta \\ 0 \end{bmatrix}, \quad x_2 = \begin{bmatrix} -\cos\varphi\sin\theta \\ -\sin\varphi\sin\theta \\ \cos\theta \end{bmatrix}$$

sowie für $x_{11} = x_{\varphi\varphi}$, $x_{12} = x_{\varphi\theta} = x_{\theta\varphi} = x_{21}$ und $x_{22} = x_{\theta\theta}$ die Gleichungen

$$x_{11} = \begin{bmatrix} -\cos\varphi\cos\theta \\ -\sin\varphi\cos\theta \\ 0 \end{bmatrix}, \quad x_{12} = \begin{bmatrix} \sin\varphi\sin\theta \\ -\cos\varphi\sin\theta \\ 0 \end{bmatrix}$$

und $\quad x_{22} = \begin{bmatrix} -\cos\varphi\cos\theta \\ -\sin\varphi\cos\theta \\ -\sin\theta \end{bmatrix} = -x.$

Die Koeffizienten der ersten Fundamentalform sind dann

$$E = \langle x_1, x_1 \rangle = \cos^2\theta,$$
$$F = \langle x_1, x_2 \rangle = 0,$$
$$G = \langle x_2, x_2 \rangle = 1.$$

Die Christoffelsymbole ergeben sich allgemein aus der Gleichung

$$\begin{bmatrix} E & F \\ F & G \end{bmatrix} \begin{bmatrix} \Gamma^1_{11} & \Gamma^1_{12} & \Gamma^1_{22} \\ \Gamma^2_{11} & \Gamma^2_{12} & \Gamma^2_{22} \end{bmatrix} = \begin{bmatrix} \langle x_{11}, x_1 \rangle & \langle x_{12}, x_1 \rangle & \langle x_{22}, x_1 \rangle \\ \langle x_{11}, x_2 \rangle & \langle x_{12}, x_2 \rangle & \langle x_{22}, x_2 \rangle \end{bmatrix}.$$

In unserem Fall erhalten wir

$$\begin{bmatrix} \cos^2\theta & 0 \\ 0 & 1 \end{bmatrix} \begin{bmatrix} \Gamma^1_{11} & \Gamma^1_{12} & \Gamma^1_{22} \\ \Gamma^2_{11} & \Gamma^2_{12} & \Gamma^2_{22} \end{bmatrix} = \begin{bmatrix} 0 & -\sin\theta\cos\theta & 0 \\ \sin\theta\cos\theta & 0 & 0 \end{bmatrix}$$

und damit

$$\begin{bmatrix} \Gamma^1_{11} & \Gamma^1_{12} & \Gamma^1_{22} \\ \Gamma^2_{11} & \Gamma^2_{12} & \Gamma^2_{22} \end{bmatrix} = \begin{bmatrix} 0 & -\tan\theta & 0 \\ \sin\theta\cos\theta & 0 & 0 \end{bmatrix}.$$

Die Gleichungen der Geodätischen lauten allgemein

$$0 = \ddot{u} + \Gamma^1_{11}\dot{u}^2 + 2\Gamma^1_{12}\dot{u}\dot{v} + \Gamma^1_{22}\dot{v}^2,$$
$$0 = \ddot{v} + \Gamma^2_{11}\dot{u}^2 + 2\Gamma^2_{12}\dot{u}\dot{v} + \Gamma^2_{22}\dot{v}^2,$$

in unserem Fall also

$$(\star) \quad \ddot{\varphi} - 2\dot{\varphi}\dot{\theta}\tan(\theta) = 0, \quad \ddot{\theta} + \dot{\varphi}^2 \sin(\theta)\cos(\theta) = 0.$$

Nehmen wir $\dot{\varphi} \neq 0$ an, so geht die erste Gleichung über in $\ddot{\varphi}/\dot{\varphi} = 2\dot{\theta}\tan(\theta)$ und damit $\ln|\dot{\varphi}| = -2\ln|\cos(\theta)| + A = \ln(\cos(\theta)^{-2}) + A$ mit einer Konstanten A. Setzen wir $C := \pm\exp(A)$, so bedeutet dies

$$\dot{\varphi} = \frac{C}{\cos(\theta)^2}.$$

Setzen wir dies in die zweite Gleichung in $(\star)$ ein, so ergibt sich $\ddot{\theta} + C^2 \sin(\theta)/\cos(\theta)^3 = 0$, nach Durchmultiplizieren mit $2\dot{\theta}$ also

$$0 = 2\dot{\theta}\ddot{\theta} + \frac{2C^2 \sin\theta}{\cos^3\theta} \cdot \dot{\theta} = \frac{d}{dt}\left[\dot{\theta}^2 + \frac{C^2}{\cos^2\theta}\right].$$

Integration ergibt $\dot{\theta}^2 + C^2/\cos(\theta)^2 = A^2$ mit einer Konstanten A und damit

$$\dot{\theta} = \pm \frac{\sqrt{A^2\cos^2\theta - C^2}}{\cos\theta}.$$

Um θ als Funktion von φ auszudrücken, müssen wir die Differentialgleichung

$$\frac{d\theta}{d\varphi} = \frac{\dot{\theta}}{\dot{\varphi}} = \pm \frac{\cos\theta\sqrt{A^2\cos^2\theta - C^2}}{C}$$

lösen, mit $D := \pm C/A$ also

$$\frac{d\theta}{d\varphi} = \frac{\cos\theta\sqrt{\cos^2\theta - D^2}}{D}.$$

Nach Trennung der Variablen und Durchführung der Substitution

$$w = \frac{D\tan\theta}{\sqrt{1-D^2}}, \quad \frac{dw}{d\theta} = \frac{D}{\cos^2\theta\sqrt{1-D^2}},$$
$$\sqrt{1-w^2} = \frac{\sqrt{\cos^2\theta - D^2}}{\sqrt{1-D^2}\cos\theta}$$

ergibt sich

$$\varphi = \int d\varphi = \int \frac{D}{\cos\theta\sqrt{\cos^2\theta - D^2}} d\theta$$
$$= \int \frac{dw}{\sqrt{1-w^2}} = \arcsin(w) + E$$
$$= \arcsin\left(\frac{D\tan\theta}{\sqrt{1-D^2}}\right) + E.$$

Nach Umbenennung der Konstanten erhalten wir also einen Zusammenhang der Form

$$\theta = \arctan(a\sin(\varphi - b)).$$

Ist eine geodätische Kurve von einem Anfangspunkt der geographischen Länge φ_1 und der geographischen Breite θ_1 zu einem Endpunkt der geographischen Länge φ_2 und der geographischen Breite θ_2 gesucht, so sind die Konstanten a und b so zu wählen, daß die Bedingungen $\theta(\varphi_1) = \theta_1$ und $\theta(\varphi_2) = \theta_2$ gelten. Dies führt auf die Gleichungen

$$b = \frac{\tan(\theta_2)\sin(\varphi_1) - \tan(\theta_1)\sin(\varphi_2)}{\tan(\theta_2)\cos(\varphi_1) - \tan(\theta_1)\cos(\varphi_2)}$$

und

$$a = \frac{\tan(\theta_1)}{\sin(\varphi_1 - b)} = \frac{\tan(\theta_2)}{\sin(\varphi_2 - b)}.$$

Lösung (100.20) Wir verwenden die Parametrisierung der Sphäre durch Kugelkoordinaten wie in der vorigen Aufgabe. Für eine Kurve $\alpha(t) = x(\varphi(t), \theta(t))$ erhalten wir daher $\dot\alpha = x_\theta \dot\theta + x_\varphi \dot\varphi$ und folglich

$$(\star) \qquad \|\dot\alpha\|^2 = \dot\theta^2 + \dot\varphi^2 \cos^2\theta.$$

Eine solche Kurve bildet genau dann einen konstanten Winkel β mit der Nordrichtung, wenn

$$\cos(\beta) = \frac{\langle x_\theta, \dot\alpha \rangle}{\|x_\theta\|\,\|\dot\alpha\|} = \frac{\dot\theta}{\sqrt{\dot\theta^2 + \dot\varphi^2 \cos^2\theta}}$$

gilt. Quadrieren und Umstellen führt auf die Gleichung $\dot\theta^2 \cos^2\beta + \dot\varphi^2 \cos^2\beta \cos^2\theta = \dot\theta^2$ bzw. $\dot\varphi^2 \cos^2\beta \cos^2\theta = \dot\theta^2 \sin^2\beta$. Dies liefert $\dot\varphi^2 \cos^2\theta = \dot\theta^2 \tan^2\beta$ bzw.

$$(\star\star) \qquad \dot\varphi \cos\theta = \pm \dot\theta \tan\beta,$$

wobei das Vorzeichen den Durchlaufsinn der Kurve bestimmt. Wir nehmen an, daß die Kurve bei wachsender geographischer Länge in Richtung wachsender geographischer Breite verläuft, wählen also das positive Vorzeichen. Trennung der Variablen ergibt dann

$$\int_{\theta_1}^{\theta_2} \frac{\mathrm{d}\theta}{\cos(\theta)} = \frac{1}{\tan(\beta)} \int_{\varphi_1}^{\varphi_2} \mathrm{d}\varphi,$$

also

$$\ln \tan\left(\frac{\theta + (\pi/2)}{2}\right)\bigg|_{\theta=\theta_1}^{\theta_2} = \frac{\varphi_2 - \varphi_1}{\tan(\beta)}.$$

Diese Gleichung legt fest, wie der Kurswinkel β zu wählen ist. Halten wir in ihr die Anfangsposition (θ_1, φ_1) fest und die Endposition $(\theta_2, \varphi_2) = (\theta, \varphi)$ variabel, so ergibt sich

$$\tan\left(\frac{\theta + (\pi/2)}{2}\right) = \tan\left(\frac{\theta_1 + (\pi/2)}{2}\right) \exp\left(\frac{\varphi - \varphi_1}{\tan(\beta)}\right)$$

als Gleichung der Loxodrome.

(b) Wegen $(\star)$ und $(\star\star)$ gilt für die Bogenlänge einer Loxodrome die Gleichung

$$\int_{t_1}^{t_2} \|\dot\alpha(t)\|\,\mathrm{d}t = \int_{t_1}^{t_2} \sqrt{\dot\theta(t)^2 + \dot\varphi(t)^2 \cos(\theta(t))^2}\,\mathrm{d}t$$
$$= \int_{t_1}^{t_2} \sqrt{\dot\theta(t)^2 (1 + \tan^2\beta)}\,\mathrm{d}t$$
$$= \int_{t_1}^{t_2} \frac{\dot\theta(t)}{\cos\beta}\,\mathrm{d}t = \frac{\theta_2 - \theta_1}{\cos\beta}.$$

Im Grenzfall $\theta_1 \to -\pi/2$ (Südpol) und $\theta_2 \to \pi/2$ (Nordpol) ergibt sich $\pi/\cos(\beta)$ als Länge der Loxodrome. (Diese Loxodrome windet sich also unendlich oft um jeden der beiden Pole herum, hat aber dennoch eine endliche Länge.)

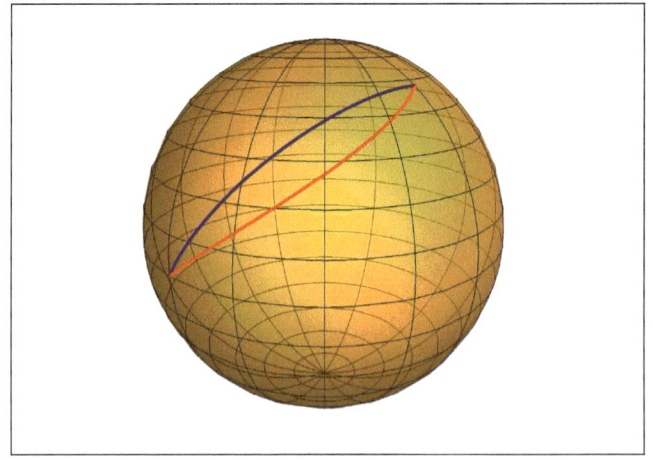

Orthodrome (blau) und Loxodrome (rot) auf einer Sphäre.

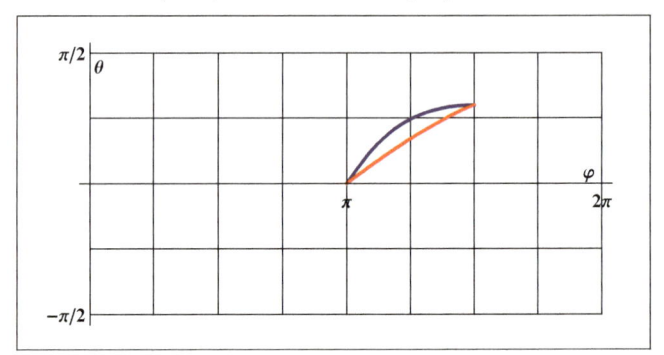

Zugehörige Kurven im Parameterbereich.

Lösung (100.21) Der Zylinder ist ein Rotationskörper wie in Aufgabe (100.9) mit $f(v) \equiv R$ und $g(v) = v$. Die Gleichungen für die Geodätischen sind einfach $\ddot u = \ddot v = 0$ mit den Lösungen $u(t) = At + B$ und $v(t) = Ct + D$ (wobei wir annehmen dürfen, daß die Koeffizienten A und C nicht beide Null sind, weil wir sonst nur eine konstante Kurve erhielten). Die Geodätischen auf dem Zylinder sind also von der Form

$$(\star) \qquad \alpha(t) = \begin{bmatrix} R\cos(At + B) \\ R\sin(At + B) \\ Ct + D \end{bmatrix}.$$

Ist $A = 0$ (mit $C \neq 0$), so beschreibt $(\star)$ einen Meridian, also eine Mantellinie des Zylinders. Ist $C = 0$ (mit $A \neq 0$), so beschreibt $(\star)$ einen Breitenkreis. Ist $AC \neq 0$, so beschreibt $(\star)$ eine Schraubenlinie (Helix) mit der Ganghöhe $2\pi|C/A|$. Liegen zwei Punkte $P \neq Q$ des Zylinders auf gleicher Höhe, also auf dem gleichen Breitenkreis des Zylinders, so ist dieser die einzige geodätische Kurve, die P und Q verbindet. In allen anderen Fällen gibt es abzählbar unendlich viele Geodätische, die P und Q verbinden. Dies macht man sich sofort klar, wenn man sich den Zylinder entlang eines Meridians aufgeschnitten denkt bzw. sich vorstellt, der Zylinder entstehe durch Zusammenrollen einer Ebene, wobei jeweils vertikale Linien im Abstand $2\pi R$ mit der gleichen Leitlinie des Zylinders identifiziert werden. Bei festgehaltenem Punkt P entsprechen dem Punkt

Q dann unendlich viele Urbilder Q_k in der Ebene, und jede Geodätische auf dem Zylinder entsteht beim Zusammenrollen aus einer der Geodätischen (also Geraden!) $\overline{PQ_k}$ in der Ebene.

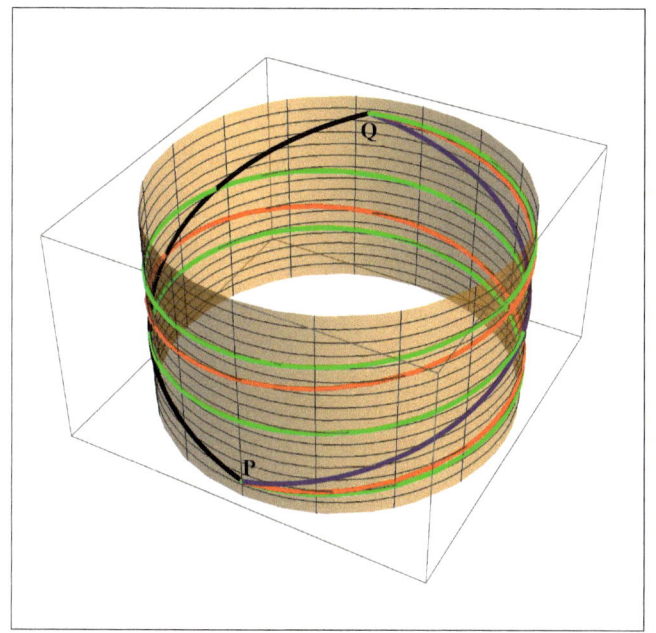

Verschiedene geodätische Verbindungskurven zwischen zwei Punkten auf einem Zylinder.

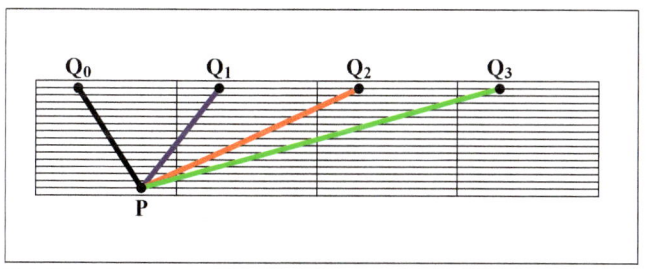

Urbilder dieser geodätischen Kurven in der Ebene vor dem Zusammenrollen.

Lösung (100.22) (a) Nach dem Straffziehen wirken auf das um den Kegel liegende Seilstück keine tangentialen Kräfte mehr, sondern nur noch Normalkräfte; das Seil liegt daher entlang einer Geodätischen um den Kegel. Wir müssen also die Geodätischen auf einem senkrechten Kreiskegel bestimmen. Ein solcher Kegel ist ein Rotationskörper wie in Aufgabe (100.9) mit $f(v) = v\sin\alpha$ und $g(v) = -v\cos\alpha$, wenn α den Öffnungswinkel bezeichnet und wenn wir den Nullpunkt des gewählten Koordinatensystems in die Kegelspitze legen. Als Gleichung für die Geodätischen erhalten wir

$$\ddot{u} + \frac{2}{v}\dot{u}\dot{v} = 0, \quad \ddot{v} - v\sin^2\alpha \cdot \dot{u}^2 = 0.$$

Integration der ersten Gleichung führt auf die Clairautsche Relation $\dot{u} = C/v^2$. Einsetzen in die zweite Gleichung ergibt dann $\ddot{v} - C^2 \sin(\alpha)^2/v^3 = 0$, nach Durchmultiplizieren

mit $2\dot{v}$ also

$$0 = 2\dot{v}\ddot{v} - \frac{2C^2\sin(\alpha)^2}{v^3}\dot{v} = \frac{d}{dt}\left[\dot{v}^2 + \frac{C^2\sin(\alpha)^2}{v^2}\right]$$

und damit $\dot{v}^2 + C^2\sin(\alpha)^2/v^2 = A^2$ bzw. $v^2\dot{v}^2 + C^2\sin(\alpha)^2 = A^2 v^2$ mit einer Konstanten A. Mit $w := v^2$ geht diese Gleichung über in $\dot{w}^2/4 + C^2\sin(\alpha)^2 = A^2 w$, nach Durchmultiplizieren mit 4 also $\dot{w}^2 = 4A^2 w - 4C^2\sin(\alpha)^2$ bzw. $\dot{w} = \pm 2\sqrt{A^2 w - C^2\sin(\alpha)^2}$. Integration ergibt

$$\int \frac{dw}{2\sqrt{A^2 w - C^2\sin(\alpha)^2}} = \pm \int dt,$$

damit $\sqrt{A^2 w - C^2\sin(\alpha)^2} = \pm(A^2 t + E)$ und mit $D := A^2$ folglich

$$(1) \quad v(t)^2 = w(t) = \frac{(Dt+E)^2 + C^2\sin(\alpha)^2}{D}.$$

Einsetzen in die Clairautsche Relation $\dot{u} = C/v^2$ ergibt

$$\dot{u}(t) = \frac{CD}{(Dt+E)^2 + C^2\sin(\alpha)^2}$$

und nach Integration dann

$$(2) \quad u(t) = \frac{1}{\sin\alpha} \cdot \arctan\left(\frac{Dt+E}{C\sin\alpha}\right) + B.$$

Wie zu erwarten treten in den Gleichungen (1) und (2) vier freie Konstanten auf, die dann entweder durch Vorgabe von Anfangs- und Endpunkt oder aber durch Vorgabe von Anfangspunkt und Anfangsgeschwindigkeit der Geodätischen festgelegt werden. Das Vorzeichen von $\dot v$ gibt an, ob die Geodätische von unten nach oben oder von oben nach unten durchlaufen wird. Die Geodätischen auf dem Kegel sind dann die Kurven der Form

$$\alpha(t) = \begin{bmatrix} v(t)\cos(u(t))\sin\alpha \\ v(t)\sin(u(t))\sin\alpha \\ -v(t)\cos\alpha \end{bmatrix}.$$

Diese Kurven sind keine Ellipsen, Parabeln oder Hyperbeln, also keine Kegelschnitte, weswegen sie keine ebenen Kurven sein können (denn nur die Kegelschnitte kommen als Schnitte eines Kegels mit einer Ebene in Frage).

(b) Es seien S die Spitze des Kegels und P der Punkt der Lassoschlinge, an dem das freie Ende des Seils angreift. Wir schneiden den Kegel entlang der Leitlinie SP auf und wickeln ihn in eine Ebene ab. Die Lassoschlinge (die Teil einer Geodätischen auf dem Kegel ist) geht dabei in ein Stück einer Geodätischen in der Ebene (also einer Geraden) über. Beim Abwickeln geht der Kegel in einen Kreissektor mit dem Zentriwinkel $2\pi\sin(\alpha)$ über, und die Lassoschlinge geht über in das Geradenstück P_1P_2, bei dem P_1 und P_2 die Punkte auf den beiden Schenkeln sind, die dem Punkt P entsprechen. Dabei muß natürlich die Strecke P_1P_2 innerhalb des Kreissektors verlaufen, was offensichtlich nur möglich ist, wenn der Zentriwinkel des Sektors kleiner als 180^0 ist, wenn also $2\pi\sin(\alpha) < \pi$ bzw. $\sin(\alpha) < 1/2$ bzw. $\alpha < 30^0$ gilt. (Dies ist genau die Bedingung dafür, daß es auf dem Kegel Geodätische gibt, die sich selbst kreuzen.)

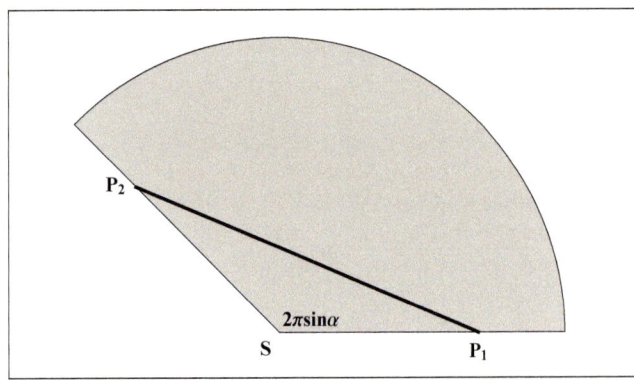

Geradenstück, in das eine sich kreuzende Geodätische beim Abwickeln eines Kegels übergeht.

Lösung (100.23) Der Torus ist ein Rotationskörper wie in Aufgabe (100.9) mit $f(v) = R + r\cos v$ und $g(v) = r\sin v$. Wie in Aufgabe (100.17) beschrieben, liefert eine der geodätischen Gleichungen die Clairautsche Relation $f(v)^2 \dot{u} = C$ mit einer Konstanten C, die sich in der Form

$$\rho \cos(\theta) = C$$

schreiben läßt, wenn ρ den Radius eines Breitenkreises bezeichnet und θ den Winkel, unter dem die Geodätische diesen Breitenkreis schneidet. (Wir werden nur mit dieser Relation arbeiten, weil sich die Differentialgleichung für die Geodätischen beim Torus nicht mit Hilfe elementarer Funktionen integrieren läßt; das Integral

$$u = \int \frac{Cr}{(R+r\cos v)\sqrt{(R+r\cos v)^2 - C^2}}\, dv$$

ist nicht elementar lösbar.) Am Anfangspunkt der betrachteten Geodätischen haben wir $\rho = R$ und $\theta = 0$, folglich $C = R$ und damit $\rho\cos(\theta) = R$ an jedem Punkt der Geodätischen. Dies liefert $\rho \geq R$; die Geodätische kann also nur auf der Außenseite des Torus verlaufen, die durch die Bedingung $-\pi/2 \leq v \leq \pi/2$ charakterisiert ist. Je weiter nach außen die Kurve vordringt, desto größer wird ρ, also auch θ. Ab dem Augenblick, zu dem der Äquator $v = 0$ erreicht wird, nimmt ρ (und damit auch θ) wieder ab, und zwar so lange, bis der untere Rand $v = -\pi/2$ erreicht ist. An diesem unteren Rand gilt wieder $\theta = 0$; die Geodätische berührt also diesen unteren Rand, um dann wieder nach oben zu laufen. Insgesamt oszilliert die Geodätische zwischen den Kreisen $v = \pi/2$ und $v = -\pi/2$.

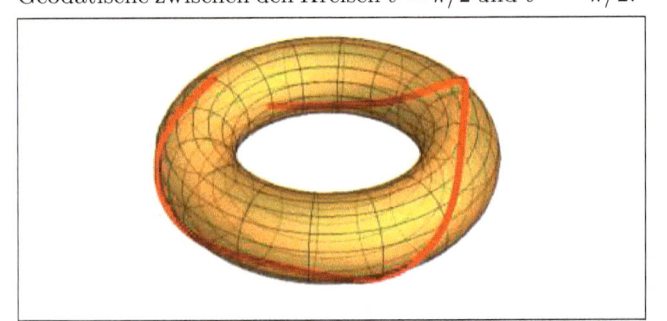

Geodätische Kurve auf dem Torus, die tangential zum Breitenkreis $v = \pi/2$ beginnt.

Lösung (100.24) Es sei α eine Geodätische. Für jede Zeit t bezeichnen wir mit $r(t)$ den Radius des Breitenkreises, auf dem $\alpha(t)$ liegt, und mit $\theta(t)$ den Winkel, unter dem α zur Zeit t diesen Breitenkreis schneidet. Wir unterscheiden drei Fälle.
(1) Bewegt sich α anfangs nach oben, so wird r größer, nach der Clairautschen Relation damit auch θ, so daß die Kurve steiler wird. Die Geodätische verläuft also immer weiter nach oben.
(2) Bewegt sich α anfangs tangential ($\theta(t_0) = 0$), so wird θ größer, nach der Clairautschen Relation damit auch r, und wir sind in der gleichen Situation wie in (1).
(3) Bewegt sich α anfangs nach unten, so wird r kleiner, nach der Clairautschen Relation damit auch θ, so daß die Kurve flacher wird. Der Steigungswinkel θ wird also kleiner und kleiner. Da das Paraboloid nach unten begrenzt ist, muß θ entweder asymptotisch gegen Null gehen oder aber den Wert 0 annehmen. Der erste Fall ist aber nicht möglich, weil sich sonst α an einen Breitenkreis anschmiegen müßte, der aber nicht selbst eine Geodätische sein kann. Also muß α irgendwann einen tiefsten Punkt erreichen, an dem $\theta = 0$ gilt, und sich ab dann wie in (1) verhalten.

Es bleibt zu zeigen, daß α jeden Meridian unendlich oft schneidet (und damit auch sich selbst, wenn man $\alpha(t)$ für $-\infty < t < \infty$ betrachtet). Das Rotationsparaboloid entsteht durch Rotation der Kurve $(x, z) = (f(v), g(v))$ mit $f(v) = v$ und $g(v) = v^2$ um die z-Achse, hat also die Parametrisierung

$$\begin{bmatrix} x \\ y \\ z \end{bmatrix} = \begin{bmatrix} f(v)\cos u \\ f(v)\sin u \\ g(v) \end{bmatrix} = \begin{bmatrix} v\cos u \\ v\sin u \\ v^2 \end{bmatrix}.$$

Nach Aufgabe (100.17)(d) gilt für eine Geodätische $t \mapsto (U(t), V(t))$, die weder ein Meridian noch ein Breitenkreis ist, mit der Clairaut-Konstanten c die Beziehung

$$U = u_0 + c\int_{v_0}^{V} \frac{1}{f(v)} \sqrt{\frac{f'(v)^2 + g'(v)^2}{f(v)^2 - c^2}}\, dv$$

$$= u_0 + c\int_{v_0}^{V} \frac{1}{v}\sqrt{\frac{1+4v^2}{v^2 - c^2}}\, dv$$

und wegen $(1+4v^2)/(v^2-c^2) \geq 1$ damit

$$|U - u_0| \geq c\int_{v_0}^{V} \frac{dv}{v} \to \infty \quad \text{für } V \to \infty.$$

Also gilt $U(t) \to \infty$ für $t \to \infty$, und hieraus folgt die Behauptung.

Lösung (100.25) Es sei α_θ die Geodätische, die in $p_0 = (x_0, y_0, z_0)$ startet und deren Anfangsrichtung den Winkel θ mit dem Breitenkreis durch p_0 bildet. Verläuft α_θ anfangs horizontal oder nach oben, so bleibt dies nach der Clairautschen Relation auch für alle zukünftigen Zeiten der Fall. Wir nehmen nun an, daß sich α_θ anfangs nach unten bewegt. Für θ nahe bei Null verläuft α_θ nahe bei α_0 und damit nach einer kurzen Anfangsphase nach oben. Für θ nahe bei $\pi/2$ verläuft α_θ nahe bei dem Meridian $\alpha_{\pi/2}$ und dringt daher nach einiger Zeit in die untere Hälfte des Hyperboloids ein. Interessant ist die Frage, was für die Winkel dazwischen geschieht. Wir bezeichnen mit I_1 die Menge aller Winkel $\theta \in (0, \pi/2)$, für die α_θ im Bereich $z > 0$ einen tiefsten Punkt annimmt, und mit I_2 die Menge aller Winkel $\theta \in (0, \pi/2)$, für die α_θ in den Bereich $z > 0$ eindringt. Man überlegt sich schnell, daß I_1 und I_2 aus Stetigkeitsgründen disjunkte offene Intervalle sein müssen und daß mit $\theta_\star := \sup I_1 = \inf I_2$ die Gleichung $(0, \pi/2) = I_1 \cup \{\theta_\star\} \cup I_2$ gilt. Die zu dem Grenzwinkel $\theta_\star$ gehörige Geodätische $\alpha_{\theta_\star}$ nimmt also im Bereich $z > 0$ keinen tiefsten Punkt an, verbleibt aber in der Menge $z \geq 0$. Würde also $\alpha_{\theta_\star}$ den Breitenkreis B treffen (sagen wir in einem Punkt p), dann nur tangential. Das ist aber nicht möglich, weil sonst $\alpha_{\theta_\star}$ und B nach Parametrisierung auf Bogenlänge zwei verschiedene Geodätische mit gleichem Anfangspunkt p und gleicher Anfangsrichtung wären, was dem Eindeutigkeitssatz für Geodätische widerspräche. Dies läßt nur die Möglichkeit offen, daß $\alpha_{\theta_\star}$ sich asymptotisch an den Breitenkreis B annähert, ohne ihn jemals zu erreichen.

Wir wollen nun zeigen, daß die Geodätischen der Fälle (a) und (b), also diejenigen, die letztlich nach oben verlaufen, sich asymptotisch an einen Meridian anschmiegen. Das Rotationshyperboloid entsteht durch Rotation der Kurve $(x,z) = \bigl(f(v), g(v)\bigr)$ mit $f(v) = \sqrt{1+v^2}$ und $g(v) = v$ um die z-Achse, hat also die Parametrisierung

$$\begin{bmatrix} x \\ y \\ z \end{bmatrix} = \begin{bmatrix} f(v)\cos u \\ f(v)\sin u \\ g(v) \end{bmatrix} = \begin{bmatrix} \sqrt{1+v^2}\cos u \\ \sqrt{1+v^2}\sin u \\ v \end{bmatrix}.$$

Nach Aufgabe (100.17)(d) gilt für eine Geodätische $t \mapsto \bigl(U(t), V(t)\bigr)$, die weder ein Meridian noch ein Breitenkreis ist, mit der Clairaut-Konstanten c die Beziehung

$$\begin{aligned} U &= u_0 + c \int_{v_0}^V \frac{1}{f(v)} \sqrt{\frac{f'(v)^2 + g'(v)^2}{f(v)^2 - c^2}}\, dv \\ &= u_0 + c \int_{v_0}^V \frac{1}{\sqrt{1+v^2}} \sqrt{\frac{(1+2v^2)/(1+v^2)}{1+v^2-c^2}}\, dv \\ &= u_0 + c \int_{v_0}^V \frac{1}{1+v^2} \sqrt{\frac{2v^2+1}{v^2+1-c^2}}\, dv. \end{aligned}$$

Für $V \to \infty$ gilt also

$$U \to u_0 + c \int_{v_0}^\infty \frac{1}{1+v^2} \sqrt{\frac{2v^2+1}{v^2+1-c^2}}\, dv =: U_\infty.$$

(Wegen der Konvergenz des uneigentlichen Integrals ist U_∞ ein endlicher Wert.) Die betrachtete Geodätische schmiegt sich also asymptotisch an den Meridian $u = U_\infty$ an (und kann damit das Rotationshyperboloid nur endlich oft umrunden, nämlich n mal, wenn $n \cdot 2\pi \leq U_\infty - u_0 < (n+1) \cdot 2\pi$ gilt).

Lösung (100.26) Es sei r_0 der gemeinsame Radius der beiden betrachteten Breitenkreise B_1 und B_2. Aufgrund der Voraussetzung über die Wölbung der Fläche gilt dann $r > r_0$ für alle Breitenkreise zwischen B_1 und B_2. Wir betrachten eine Geodätische α, die tangential (also mit dem "Schnittwinkel" $\theta = 0$) von B_1 aus startet. Der Winkel kann dann entlang α nur zunehmen. Nach der Clairautschen Relation nimmt dann auch r zu; die Geodätische α verläuft also in Richtung zunehmender Radien. Ist der Breitenkreis mit maximalem Radius R erreicht (der selbst eine Geodätische ist), so wird dieser mit maximalem Schnittwinkel $\theta > 0$ überquert, bevor dann r und folglich auch θ wieder abnehmen. Da sich α nicht asymptotisch an einen Breitenkreis annähern kann, wird nach einer gewissen Zeit der Winkel $\theta = 0$ wieder erreicht, und zwar aufgrund der Clairautschen Relation genau dann, wenn $r = r_0$ gilt, also beim Erreichen von B_2. Ab diesem Moment wiederholt sich der Vorgang. Die Geodätische oszilliert also zwischen den beiden Breitenkreisen B_1 und B_2.

Lösung (100.27) Die einzigen Breitenkreise des Torus, die Geodätische sind, sind die Breitenkreise $v = 0$ (ganz außen) und $v = \pi$ (ganz innen). Wir betrachten eine Geodätische, die vom Breitenkreis $v = 0$ aus startet, und fragen, ob diese wieder zum Breitenkreis $v = 0$ zurückkehrt, ohne den Breitenkreis $v = \pi$ zu erreichen. Es sei θ der Schnittwinkel zwischen dem Breitenkreis $v = 0$ und der Anfangsrichtung von α. Am Rückkehrpunkt muß $\theta = 0$ gelten; der Radius ρ des Breitenkreises durch den Umkehrpunkt ist dann gegeben durch $\rho = \rho \cos(0) = (R+r)\cos(\theta)$, was wegen $\rho \geq R - r$ nur für $R - r \geq (R+r)\cos(\theta)$ möglich ist. Gilt also

$$\cos \theta < \frac{R-r}{R+r}$$

(schneidet also α den Breitenkreis $v = 0$ unter einem hinreichend großen Winkel), so nimmt θ zu keinem Zeitpunkt den Wert Null an. Die Geodätische α schneidet in diesem Fall also jeden Breitenkreis unter einem positiven Winkel, windet sich folglich unendlich oft um den Torus herum.

Lösung (100.28) Minimiert α das Energiefunktional $\int_{t_1}^{t_2} \|\dot\alpha(t)\|^2 dt$, so minimiert für jedes Zeitintervall $[\tau_1, \tau_2] \subseteq [t_1, t_2]$ die Einschränkung $\alpha\vert_{[\tau_1, \tau_2]}$ das Funktional $\beta \mapsto \int_{\tau_1}^{\tau_2} \|\dot\beta(t)\|^2 dt$. Wir dürfen also o.B.d.A. annehmen, daß die Kurve α ganz in einem Kartenbereich verläuft, also durch eine einzelne Parametrisierung erfaßt wird. In Koordinaten haben wir dann eine Darstellung $\alpha(t) = x\bigl(u(t), v(t)\bigr)$ und daher $\|\dot\alpha\|^2 = E(u,v)\dot u^2 + 2F(u,v)\dot u\dot v + G(u,v)\dot v^2$. Die Funktionen $t \mapsto u(t)$ und $t \mapsto v(t)$ minimieren also das

Funktional $\int_{t_1}^{t_2} L\bigl(u(t),v(t),\dot u(t),\dot v(t)\bigr)\,\mathrm{d}t$ mit

$$L(u,v,\dot u,\dot v) := E(u,v)\dot u^2 + 2F(u,v)\dot u\dot v + G(u,v)\dot v^2.$$

Wir holen jetzt ein wenig weiter aus und fragen allgemein, welche Bedingungen n Funktionen $t \mapsto x_i(t)$ mit $1 \le i \le n$ erfüllen müssen, um ein Integral der Form

$$\int_{t_1}^{t_2} L\bigl(x_1(t),\ldots,x_n(t),\dot x_1(t),\ldots,\dot x_n(t)\bigr)\,\mathrm{d}t$$

mit einer gegebenen Funktion L (und eventuell gegebenen Randwerten $x_i(t_1)$ und $x_i(t_2)$) zu minimieren. Für alle C^1-Funktionen $t \mapsto \xi_i(t)$ mit $\xi_i(t_1) = \xi_i(t_2) = 0$ gilt dann, wenn wir kurz $x(t) := \bigl(x_1(t),\ldots,x_n(t)\bigr)$ und $\xi(t) := \bigl(\xi_1(t),\ldots,\xi_n(t)\bigr)$ schreiben, die Gleichung

$$\begin{aligned}
0 &= \left.\frac{\partial}{\partial\varepsilon}\right|_{\varepsilon=0} \int_{t_1}^{t_2} L\bigl(x(t)+\varepsilon\xi(t),\dot x(t)+\varepsilon\dot\xi(t)\bigr)\,\mathrm{d}t\\
&= \int_{t_1}^{t_2} \left.\frac{\partial}{\partial\varepsilon}\right|_{\varepsilon=0} L\bigl(x(t)+\varepsilon\xi(t),\dot x(t)+\varepsilon\dot\xi(t)\bigr)\,\mathrm{d}t\\
&= \int_{t_1}^{t_2} \sum_{i=1}^n \left[\frac{\partial L}{\partial x_i}\bigl(x(t),\dot x(t)\bigr)\xi_i(t) + \frac{\partial L}{\partial \dot x_i}\bigl(x(t),\dot x(t)\bigr)\dot\xi_i(t)\right]\,\mathrm{d}t\\
&= \sum_{i=1}^n \int_{t_1}^{t_2} \left[\frac{\partial L}{\partial x_i}\bigl(x(t),\dot x(t)\bigr)\xi_i(t) + \frac{\partial L}{\partial \dot x_i}\bigl(x(t),\dot x(t)\bigr)\dot\xi_i(t)\right]\,\mathrm{d}t.
\end{aligned}$$

Unter Ausnutzung der Bedingungen $\xi_i(t_1) = \xi_i(t_2) = 0$ können wir die in der letzten Gleichung auftretenden Integrale mit partieller Integration umformen und erhalten

$$0 = \sum_{i=1}^n \int_{t_1}^{t_2} \left[\frac{\partial L}{\partial x_i}\bigl(x(t),\dot x(t)\bigr) - \frac{\mathrm{d}}{\mathrm{d}t}\frac{\partial L}{\partial \dot x_i}\bigl(x(t),\dot x(t)\bigr)\right]\xi_i(t)\,\mathrm{d}t.$$

Da die Funktionen ξ_i frei wählbar sind, kann dies nur erfüllt sein, wenn für $1 \le i \le n$ die **Euler-Lagrange-Gleichungen**

$$\frac{\partial L}{\partial x_i}\bigl(x(t),\dot x(t)\bigr) - \frac{\mathrm{d}}{\mathrm{d}t}\frac{\partial L}{\partial \dot x_i}\bigl(x(t),\dot x(t)\bigr) = 0$$

gelten, die man meist kurz in der Form $L_{x_i} - (L_{\dot x_i})^\bullet = 0$ hinschreibt. Aus der Gültigkeit dieser Gleichungen folgt das **Beltrami-Integral**

$$L\bigl(x(t),\dot x(t)\bigr) - \sum_{i=1}^n \dot x_i(t)\frac{\partial L}{\partial \dot x_i}\bigl(x(t),\dot x(t)\bigr) = \text{const.},$$

wie man durch Ableiten sofort nachprüft. (Die Euler-Lagrange-Gleichungen besitzen also ein "erstes Integral", also eine Erhaltungsgröße, die entlang jeder Lösung dieser Gleichungen konstant bleibt. Beachte, daß dies nur deswegen gilt, weil wir nur Integrale der Form $\int_{t_1}^{t_2} L\bigl(x(t),\dot x(t)\bigr)\,\mathrm{d}t$ betrachten, bei denen die auftretende Funktion L nicht explizit von der Zeit abhängt.)

In der von uns betrachteten Situation müssen also die Funktionen $t \mapsto u(t)$ und $t \mapsto v(t)$ die Euler-Lagrange-Gleichungen $L_u - (L_{\dot u})^\bullet = 0$ und $L_v - (L_{\dot v})^\bullet = 0$ erfüllen. Die erste dieser Gleichungen lautet

(1)
$$\begin{aligned}
0 &= E_u\dot u^2 + 2F_u\dot u\dot v + G_u\dot v^2 - [2E\dot u + 2F\dot v]^\bullet\\
&= E_u\dot u^2 + 2F_u\dot u\dot v + G_u\dot v^2 - 2(E_u\dot u + E_v\dot v)\dot u\\
&\quad - 2E\ddot u - 2(F_u\dot u + F_v\dot v)\dot v - 2F\ddot v\\
&= -E_u\dot u^2 - 2E_v\dot u\dot v + (G_u - 2F_v)\dot v^2 - 2E\ddot u - 2F\ddot v,
\end{aligned}$$

die zweite dagegen

(2)
$$\begin{aligned}
0 &= E_v\dot u^2 + 2F_v\dot u\dot v + G_v\dot v^2 - [2F\dot u + 2G\dot v]^\bullet\\
&= E_v\dot u^2 + 2F_v\dot u\dot v + G_v\dot v^2 - 2(F_u\dot u + F_v\dot v)\dot u\\
&\quad - 2F\ddot u - 2(G_u\dot u + G_v\dot v)\dot v - 2G\ddot v\\
&= (E_v - 2F_u)\dot u^2 - 2G_u\dot u\dot v - G_v\dot v^2 - 2F\ddot u - 2G\ddot v.
\end{aligned}$$

Fassen wir (1) und (2) zusammen, so erhalten wir nach Division durch 2 die Gleichungen

$$\begin{aligned}
0 &= E\ddot u + F\ddot v + (E_u/2)\dot u^2 + E_v\dot u\dot v + (F_v - G_u/2)\dot v^2,\\
0 &= F\ddot u + G\ddot v + (F_u - E_v/2)\dot u^2 + G_u\dot u\dot v + (G_v/2)\dot v^2.
\end{aligned}$$

Die Euler-Lagrange-Gleichungen für das Energiefunktional $\int_{t_1}^{t_2} L\,\mathrm{d}t$ sind also genau die Gleichungen für die Geodätischen. Damit ist gezeigt, daß die energieminimalen Kurven Geodätische sind. Da die Lagrange-Funktion L nicht explizit von t abhängt, existiert das Beltrami-Integral

$$L - \dot u\cdot\frac{\partial L}{\partial \dot u} - \dot v\cdot\frac{\partial L}{\partial \dot v} = \text{const.}$$

als erstes Integral, und wir wollen sehen, welche Bedeutung dieses erste Integral hat. Wir erhalten für $L - \dot u L_{\dot u} - \dot v\cdot L_{\dot v}$ den Ausdruck

$$\begin{aligned}
&E\dot u^2 + 2F\dot u\dot v + G\dot v^2 - \dot u(2E\dot u + 2F\dot v) - \dot v(2F\dot u + 2G\dot v)\\
&= -(E\dot u^2 + 2F\dot u\dot v + G\dot v^2).
\end{aligned}$$

Es gibt also eine Konstante c mit

$$E\dot u^2 + 2F\dot u\dot v + G\dot v^2 = c.$$

Diese Gleichung liefert keine neue Information, sondern drückt nur aus, daß eine geodätische Kurve zwangsläufig mit konstanter Geschwindigkeit durchlaufen wird.

Lösung (100.29) (a) Ein Kegel mit dem Öffnungswinkel α geht beim Abwickeln in einen Kreissektor mit dem Zentriwinkel $\Phi = 2\pi\sin(\alpha)$ über. Bei diesem Abwickeln gehen zwei Leitlinien, die sich um den Winkel Δu unterscheiden, über in zwei Strahlen, zwischen denen der Winkel $\Delta\Phi = \sin(\alpha)\Delta u$ liegt.

Aufgaben zu »Hyperflächen« siehe Seite 22

100. Hyperflächen

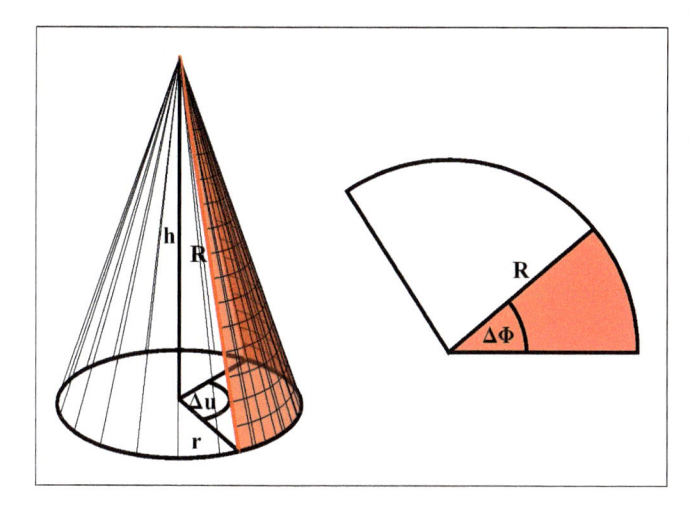

Eine Geodätische, die kein Meridian ist, geht beim Abwickeln des Kegels in mehrere Geradenstücke über, die sich, wenn man die Abwicklung mehrmals nebeneinanderlegt, zu einer beidseitig ausgedehnten Geraden zusammenfügen. Diese nähert sich in jeder ihrer beiden Richtungen jeweils an einen Meridian an (in der folgenden Skizze gestrichelt dargestellt).

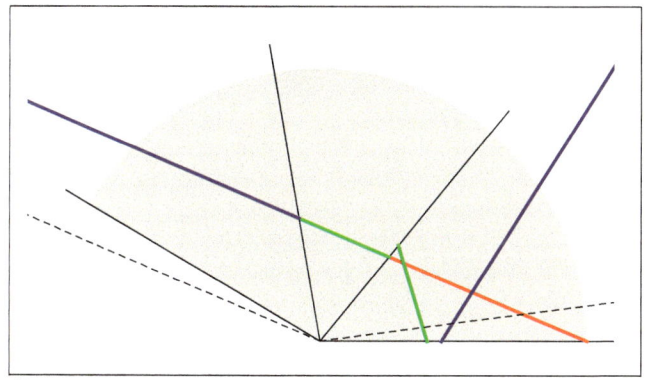

Geodätische eines Kegels nach dessen Abwicklung.

Die Anzahl der Umrundungen des Kegels kann man in der Abwicklung daran ablesen, wie viele Abwicklungen man nebeneinander legen muß, damit die abgewickelte Geodätische als vollständige Gerade erscheint. Schreiben wir $u_{\pm\infty} := \lim_{t\to\pm\infty} u(t)$ für die Polarwinkel der Meridiane, an die sich die Geodätische anschmiegt, so erhalten wir $u_\infty - u_{-\infty} = \Delta u = \pi/\sin(\alpha)$. Die Anzahl voller Umrundungen des Kegels (also die größte Zahl $n \in \mathbb{N}_0$ mit $n \cdot 2\pi \leq \Delta$) ist daher

$$\left[\frac{u_\infty - u_{-\infty}}{2\pi}\right] = \left[\frac{1}{2\sin\alpha}\right].$$

Die Geodätische schafft also genau dann mindestens eine Umrundung, wenn $1/(2\sin\alpha) \geq 1$ gilt, also $\sin\alpha \leq 1/2$ bzw. $\alpha \leq 30^0$. (Vgl. Aufgabe (100.22)(b).) Qualitativ sehen also alle Geodätischen auf einem Kegel gleich aus. Es treten um so mehr Umrundungen auf, je spitzer der Kegel ist.

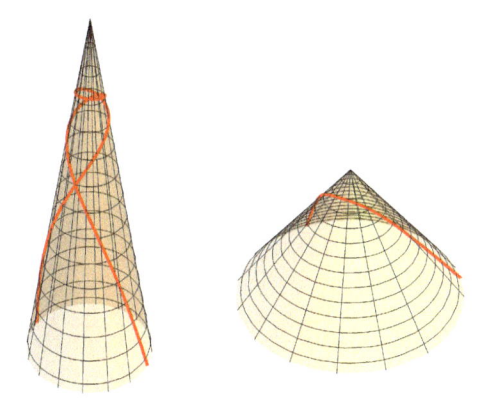

(b) Wie wir in (a) sahen, ist jede Geodätische, die kein Meridian ist, für alle Zeiten $t \in \mathbb{R}$ definiert. Die einzige Geodätische durch einen Punkt p des Kegels, die nicht für alle Zeiten definiert ist, ist der von p aus auf die Kegelspitze zulaufende Teil des Meridians durch p. Der Definitionsbereich von $\exp_p$ ist also ganz T_pK mit Ausnahme des in der folgenden Skizze eingezeichneten roten Strahls (wobei wir $\varphi := \Phi/2$ schreiben).

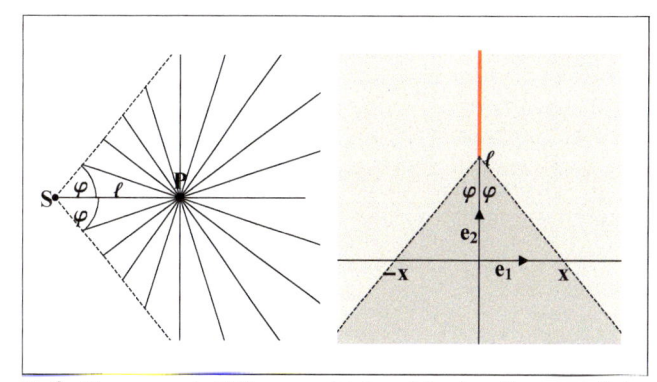

Definitions- und Diffeomorphiebereich der Exponentialfunktion an einem Punkt eines Kegels.

Die Exponentialfunktion ist ein Diffeomorphismus auf dem dunkelgrau markierten Bereich. Dieser ist maximal mit dieser Eigenschaft, denn jede Verlängerung einer der eingezeichneten Geodätischenstücke führt zum Überschreiten einer Begrenzungslinie eines bei der Abwicklung entstehenden Kreissektors und damit zu einer Überschneidung der Geodätischen mit einer anderen Geodätischen, so daß die Injektivität der Exponentialfunktion verlorengeht.

(c) Der Anfangspunkt $\alpha(0) = p$ habe den Abstand ℓ von der Kegelspitze (und damit den Abstand $\ell\sin(\alpha)$ von der Kegelachse) sowie den Polarwinkel u_0 in der Ebene durch p senkrecht zur Kegelachse.

• Wir betrachten zunächst den Fall, daß sich α nach unten bewegt.

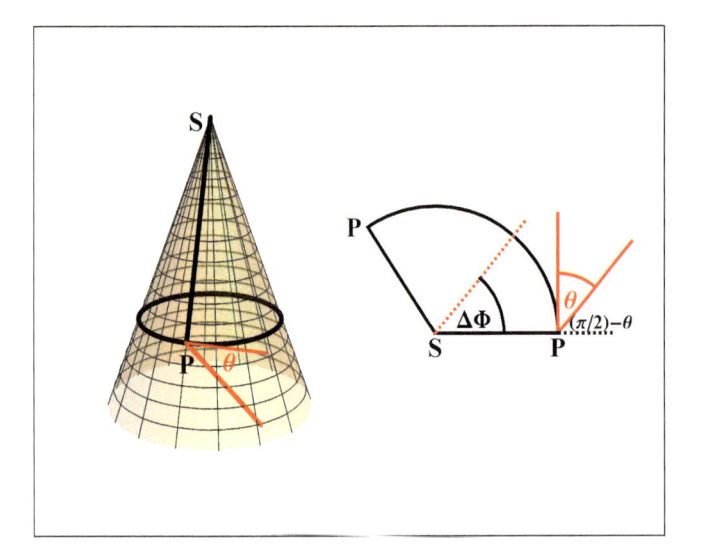

In diesem Fall nähert sich α asymptotisch an die Leitlinie zu dem Polarwinkel

$$u_\infty = u_0 + \frac{(\pi/2) - \theta}{\sin(\alpha)}$$

an. Die Anzahl $n \in \mathbb{N}_0$ der vollen Umrundungen des Kegels, die α vollführt, ist dabei gegeben durch $n\Phi \leq \Delta\Phi < (n+1)\Phi$ bzw. $n \leq \bigl((\pi/2) - \theta\bigr)/\bigl(2\pi \sin(\alpha)\bigr) < n+1$ und damit

$$n = \left[\frac{(\pi/2) - \theta}{2\pi \sin(\alpha)}\right] \quad \text{(Gaußklammerfunktion)}.$$

(Je spitzer der Kegel ist und je flacher die Geodätische startet, desto mehr Umrundungen schafft sie.)

• Wir betrachten nun den Fall, daß sich α zunächst nach oben bewegt.

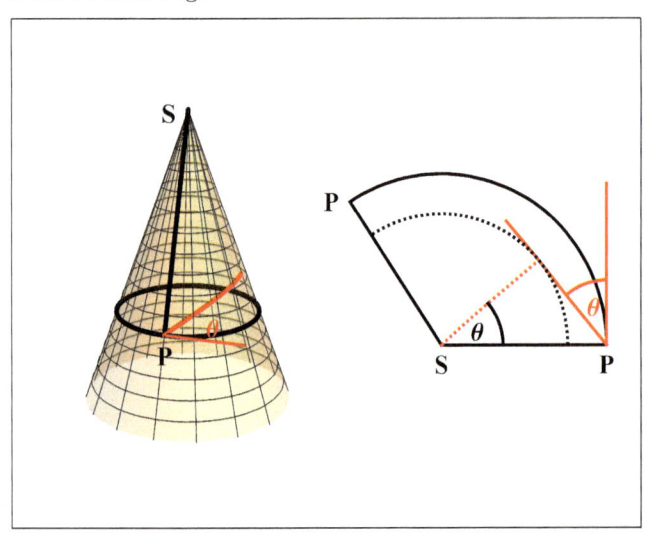

Der Punkt, an dem α der Kegelspitze am nächsten kommt, hat den Polarwinkel

$$u_{\text{Umkehr}} = u_0 + \frac{\theta}{\sin(\alpha)}.$$

In diesem Punkt geht α von einer Aufwärts- in eine Abwärtsbewegung über. Ab dem Erreichen des Umkehrzeitpunktes bewegt sich α nach unten, verhält sich also wie in dem zuvor beschriebenen Fall. Die Anzahl m vollständiger Umrundungen des Kegels bis zum Erreichen des Umkehrpunktes ist dabei gegeben durch die Bedingung $m\Phi \leq \theta < (m+1)\Phi$ bzw. $m \leq \theta/\bigl(2\pi \sin(\alpha)\bigr) < m+1$, also

$$m = \left[\frac{\theta}{2\pi \sin(\alpha)}\right].$$

Je größer der Winkel θ ist (je steiler also die Geodätische vom Punkt p aus startet), desto mehr Umrundungen des Kegels schafft sie.

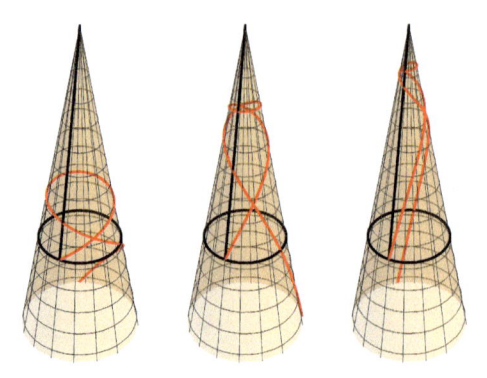

Lösung (100.30) (a) Wir betrachten die Parametrisierung

$$x(u,v) = \begin{bmatrix} f(v)\cos(u) \\ f(v)\sin(u) \\ g(v) \end{bmatrix}$$

mit $f(v) = v$ und $g(v) = -v/\tan(\alpha)$. Nach Aufgabe (100.17) sind die Gleichungen der Geodätischen gegeben durch $0 = \ddot{u} + 2\dot{u}\dot{v}/v$ bzw. $0 = v^2\ddot{u} + 2v\dot{v}\dot{u} = (\mathrm{d}/\mathrm{d}t)(v^2\dot{u})$ und

$$0 = \ddot{v} - v\dot{u}^2\sin(\alpha)^2.$$

Mit der Clairaut-Konstanten C gilt $\dot{u} = C/v^2$ aufgrund der ersten Gleichung. Setzen wir dies in die zweite Gleichung ein, so ergibt sich $0 = \ddot{v} - C^2\sin(\alpha)^2/v^3$, nach Durchmultiplizieren mit $2\dot{v}$ also

$$0 = 2\dot{v}\ddot{v} - \frac{2C^2\sin(\alpha)^2\dot{v}}{v^3} = \frac{\mathrm{d}}{\mathrm{d}t}\left[\dot{v}^2 + \frac{C^2\sin(\alpha)^2}{v^2}\right]$$

und damit

$$(\star) \qquad \dot{v}^2 + \frac{C^2\sin(\alpha)^2}{v^2} = \text{const.}$$

Wir wollen die bisher aufgetretenen Konstanten geometrisch deuten. Die Clairaut-Konstante C ist der konstante Wert $r\cos\theta$, wenn r der Radius eines Breitenkreises ist und θ der Schnittwinkel, den die betrachtete Geodätische mit diesem Breitenkreis bildet. Es seien p der Startpunkt der betrachteten Geodätischen und ℓ der Abstand von p zur Kegelspitze (entlang der Leitlinie durch p). Mit $\theta_0 := \theta(0)$ haben wir dann

$$\begin{aligned} v(0) &= r(0) = \ell \sin(\alpha), \\ C &= \ell \sin(\alpha) \cos(\theta_0), \\ \dot{u}(0) &= C/r_0^2 = \cos(\theta_0)/(\ell \sin(\alpha)). \end{aligned}$$

Normieren wir die Geodätische so, daß sie mit konstanter Geschwindigkeit 1 durchlaufen wird, so haben wir

$$\begin{aligned} 1 &= E\dot{u}^2 + 2F\dot{u}\dot{v} + G\dot{v}^2 = v^2\dot{u}^2 + \frac{\dot{v}^2}{\sin(\alpha)^2} \\ &= C\dot{u} + \frac{\dot{v}^2}{\sin(\alpha)^2} = \cos(\theta_0)^2 + \frac{\dot{v}(0)^2}{\sin(\alpha)^2}, \end{aligned}$$

wobei wir im letzten Schritt $t = 0$ einsetzen. Es ergibt sich $\dot{v}(0)^2 = \sin(\alpha)^2 - \sin(\alpha)^2 \cos(\theta_0)^2 = \sin(\alpha)^2 \sin(\theta_0)^2$ und damit $\dot{v}(0) = \pm \sin(\alpha) \sin(\theta_0)$. (Das Vorzeichen richtet sich danach, ob sich die Trajektorie anfangs nach oben oder nach unten bewegt.) Einsetzen von $t = 0$ in $(\star)$ ergibt

$$(\star\star) \qquad \dot{v}^2 + \frac{C^2 \sin(\alpha)^2}{v^2} = \sin(\alpha)^2.$$

Durchmultiplizieren mit v^2 liefert $v^2\dot{v}^2 + C^2 \sin(\alpha)^2 = \sin(\alpha)^2 v^2$ und damit $v\dot{v} = \pm \sin(\alpha)\sqrt{v^2 - C^2}$ bzw.

$$2v\dot{v} = \pm 2 \sin(\alpha) \sqrt{v^2 - C^2}.$$

Mit $w := v^2$ lautet dies $\dot{w} = \pm 2\sin(\alpha)\sqrt{w - C^2}$ und damit

$$\int \frac{\mathrm{d}w}{2\sqrt{w - C^2}} = \int \pm \sin(\alpha)\,\mathrm{d}t,$$

nach Integration also $\sqrt{w - C^2} = \pm \sin(\alpha) \cdot (t + \text{const})$ und damit

$$v(t)^2 = w(t) = C^2 + \sin(\alpha)^2 \cdot (t + \text{const})^2.$$

Einsetzen von $t = 0$ zeigt, daß die auftretende Integrationskonstante $\pm \ell \sin(\theta_0)$ ist; wir erhalten also die Lösung

$$\begin{aligned} v(t)^2 = w(t) &= C^2 + \sin(\alpha)^2 \cdot \bigl(t \pm \ell \sin(\theta_0)\bigr)^2 \\ &= \sin(\alpha)^2 \cdot \bigl(\ell^2 \cos(\theta_0)^2 + (t \pm \ell \sin(\theta_0))^2\bigr). \end{aligned}$$

Das auftretende Vorzeichen ist dasjenige von $\dot{v}(0)$; es gibt an, ob sich die Trajektorie zunächst nach oben ($\dot{v}(0) < 0$) oder nach unten ($\dot{v}(0) > 0$) bewegt. Im letzteren Fall bewegt sich die Geodätische ständig nach unten. Im ersteren Fall tritt zum Zeitpunkt $t_\star := \ell \sin(\theta_0)$ die Bedingung $\dot{v}(t_\star) = 0$ ein; zu diesem Umkehrzeitpunkt, an dem eine Bewegung nach unten einsetzt, haben wir $v(t_\star) = \ell \sin(\alpha) \cos(\theta_0)$. Wir sehen also auch auf analytischem Wege, daß alle Geodätischen außer den Meridianen für alle Zeiten $t \in \mathbb{R}$ definiert sind. (In der vorigen Aufgabe haben wir dies elementargeometrisch gezeigt.)

(b) Die Geodätische, die von p aus mit einem gegebenen Schnittwinkel θ_0 zum Breitenkreis durch p startet, schneidet den Meridian durch p zu demjenigen Zeitpunkt T wieder, zu dem $u(T) = u(0) + 2\pi$ gilt. Dies führt auf die Bedingung

$$\begin{aligned} 2\pi &= u(T) - u(0) = \int_0^T \dot{u}(t)\,\mathrm{d}t = \int_0^T \frac{C}{v(t)^2}\,\mathrm{d}t \\ &= \int_0^T \frac{\ell \cos(\theta_0)}{\sin(\alpha)\bigl(\ell^2 \cos(\theta_0)^2 + (t \pm \ell \sin(\theta_0))^2\bigr)}\,\mathrm{d}t \\ &= \frac{1}{\ell \sin(\alpha) \cos(\theta_0)} \int_0^T \frac{\mathrm{d}t}{\left(\frac{t - \ell \sin(\theta_0)}{\ell \cos(\theta_0)}\right)^2 + 1} \\ &= \frac{1}{\sin(\alpha)} \left[\arctan\left(\frac{t - \ell \sin(\theta_0)}{\ell \cos(\theta_0)}\right)\right]_{t=0}^T \\ &= \frac{1}{\sin(\alpha)} \left(\arctan\left(\frac{T - \ell \sin(\theta_0)}{\ell \cos(\theta_0)}\right) + \theta_0\right) \end{aligned}$$

bzw. $T = \ell \sin(\theta_0) + \ell \cos(\theta_0) \tan\bigl(2\pi \sin(\alpha) - \theta_0\bigr)$.

Lösung (100.31) (a) Da der Krümmungsoperator $\mathfrak{C}_p$ symmetrisch ist, stehen v_1 und v_2 aufeinander senkrecht (bzw. können im Sonderfall $k_1 = k_2$ so gewählt werden). Für die Schnittkrümmung $k_\theta = \mathrm{II}_p(v_\theta, v_\theta)$ gilt daher

$$\begin{aligned} k_\theta &= \langle v_\theta, \mathfrak{C}_p v_\theta \rangle \\ &= \langle \cos(\theta) v_1 + \sin(\theta) v_2, k_1 \cos(\theta) v_1 + k_2 \sin(\theta) v_2 \rangle \\ &= k_1 \cos(\theta)^2 + k_2 \sin(\theta)^2. \end{aligned}$$

(b) Nach Teil (a) gilt

$$\frac{1}{2\pi} \int_0^{2\pi} k_\theta\,\mathrm{d}\theta = \frac{k_1}{2\pi} \int_0^{2\pi} \cos(\theta)^2\,\mathrm{d}\theta + \frac{k_2}{2\pi} \int_0^{2\pi} \sin(\theta)^2\,\mathrm{d}\theta,$$

und wegen $\int_0^{2\pi} \cos(\theta)^2\,\mathrm{d}\theta = \int_0^{2\pi} \sin(\theta)^2\,\mathrm{d}\theta = \pi$ bedeutet dies

$$\frac{1}{2\pi} \int_0^{2\pi} k_\theta\,\mathrm{d}\theta = \frac{k_1 + k_2}{2}.$$

Lösung (100.32) Alle Aussagen sind rein lokaler Natur. Wir betrachten also einen Punkt $p := \alpha(t_0)$ und haben dann $T = \dot{\alpha}(t_0)/\|\dot{\alpha}(t_0)\|$.

(a) Der Tangentialraum $T_p F$ wird von T und e aufgespannt. Wegen $\langle T, T \rangle \equiv 1$ gilt $\langle T', T \rangle \equiv 0$, so daß T' keinen Anteil in T-Richtung hat. Hieraus folgt schon die Behauptung.

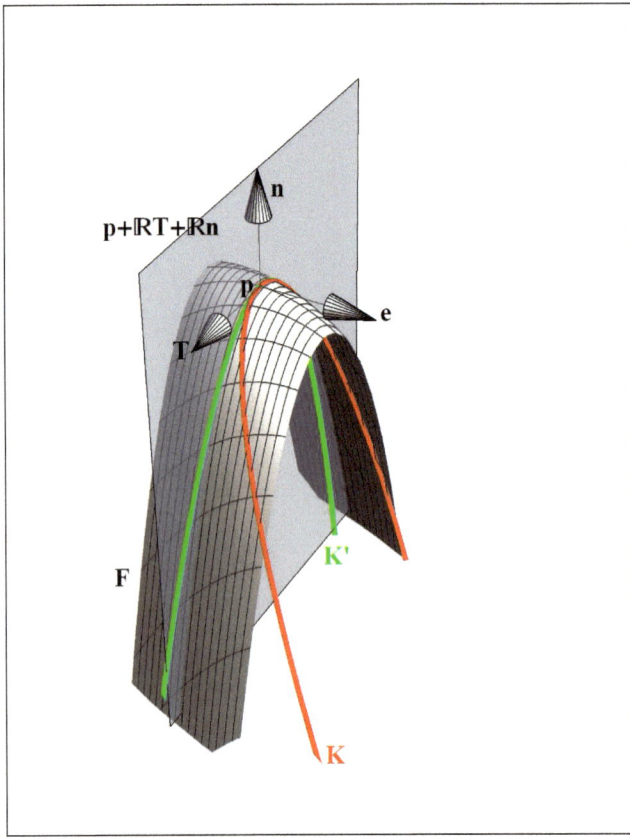

Interpretation der Normalkrümmung.

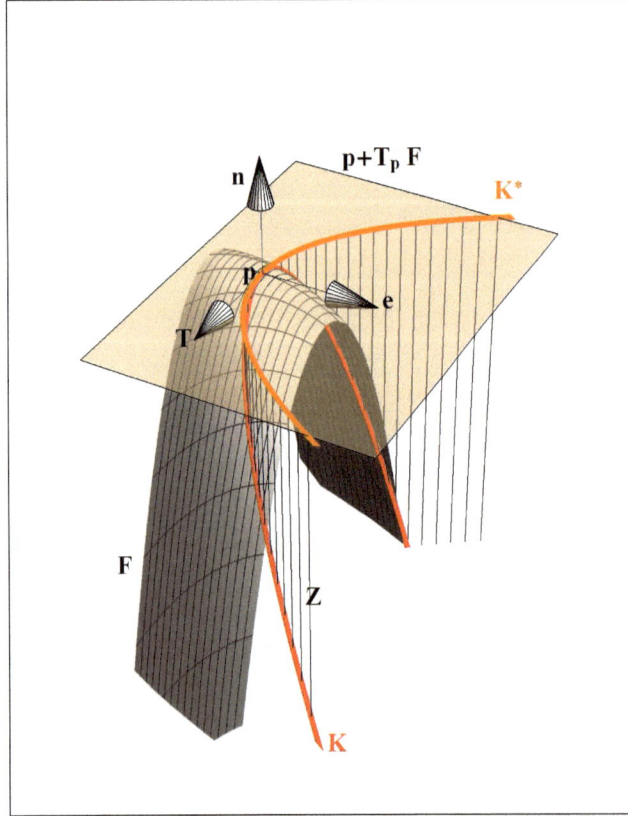

Interpretation der geodätischen Krümmung.

(b) Es ist $\kappa_n = \langle \kappa N, n \rangle = \kappa \langle N, n \rangle = \kappa \cos(\gamma)$, wobei die letzte Gleichung wegen $\|N\| = \|n\| = 1$ gilt. Nun bezeichnen wir mit $K^\star$ die Orthogonalprojektion von K auf T_pF und mit Z den senkrechten Zylinder über $K^\star$. Dann ist e der Einheitsnormalenvektor der Fläche Z im Punkt p, und κ_g ist die Normalkrümmung von α bezüglich Z. Nach dem bereits gezeigten Teil der Aussage gilt daher $\kappa_g = \langle \kappa N, e \rangle = \kappa \langle N, e \rangle = \kappa \cos(\gamma^\star)$, wenn $\gamma^\star$ der Winkel zwischen e und N ist. Nun gilt $\gamma^\star = \gamma - (\pi/2)$ und daher $\cos(\gamma^\star) = \cos(\gamma - \pi/2) = \sin(\gamma)$. Damit ist auch der zweite Teil der Behauptung bewiesen.

(c) Wir können die Kurve $t \mapsto \alpha(t)$ nach der Bogenlänge $t \mapsto s(t)$ parametrisieren. Zwischen den Ableitungen nach t (mit einem Punkt bezeichnet) und den Ableitungen nach s (mit einem Strich bezeichnet) bestehen dann die Zusammenhänge $\dot\alpha = \dot s \alpha' = \dot s T$ und $\ddot\alpha = \dot s^2 \alpha'' + \ddot s \alpha' = \dot s^2 \alpha'' + \ddot s T$. Bilden wir in der Gleichung $T' = \kappa_n n + \kappa_g e$ auf beiden Seiten das Skalarprodukt mit n, so erhalten wir die Gleichung $\kappa_n = \langle T', n \rangle = \langle \alpha'', n \rangle = \langle \ddot\alpha/\dot s^2, n \rangle$, wobei wir beim letzten Schritt die Gleichung $\langle T, n \rangle = 0$ ausnutzen. Wegen $\dot s = \|\dot\alpha\|$ ist dies die erste Behauptung. Zum Nachweis der zweiten Behauptung bilden wir auf beiden Seiten der Gleichung $T' = \kappa_n n + \kappa_g e$ das Skalarprodukt mit e und erhalten $\kappa_g = \langle T', e \rangle = \langle T', n \times T \rangle = \langle T \times T', n \rangle$; die Behauptung folgt dann wegen

$$T \times T' = \alpha' \times \alpha'' = \frac{\dot\alpha \times \ddot\alpha}{\dot s^3} = \frac{\dot\alpha \times \ddot\alpha}{\|\dot\alpha\|^3}.$$

(d) Ableiten der Identität $\langle \alpha'(s), n(\alpha(s)) \rangle \equiv 0$ ergibt $0 = \langle \alpha''(s), n(\alpha(s)) \rangle + \langle \alpha'(s), n'(\alpha(s)) \alpha'(s) \rangle$, mit $p = \alpha(s)$ also $0 = \langle T', n \rangle + \langle T, n'(p)T \rangle = \langle T', n \rangle - \langle T, \mathfrak{C}_p T \rangle = \langle T', n \rangle - \mathrm{II}_p(T, T)$. Also gilt $\kappa_n = \langle \alpha'', n \rangle = \langle T', n \rangle = \mathrm{II}_p(T, T)$.

(e) In lokalen Koordinaten haben wir $\alpha(t) = x(u(t), v(t))$ und daher $\dot\alpha = x_u \dot u + x_v \dot v$ sowie

$$\begin{aligned}
\ddot\alpha &= x_{uu}\dot u^2 + 2x_{uv}\dot u\dot v + x_{vv}\dot v^2 + x_u\ddot u + x_v\ddot v \\
&= (\Gamma^1_{11}x_u + \Gamma^2_{11}x_v + eN)\dot u^2 + 2(\Gamma^1_{12}x_u + \Gamma^2_{12}x_v + fN)\dot u\dot v \\
&\quad + (\Gamma^1_{22}x_u + \Gamma^2_{22}x_v + gN)\dot v^2 + x_u\ddot u + x_v\ddot v \\
&= (\Gamma^1_{11}\dot u^2 + 2\Gamma^1_{12}\dot u\dot v + \Gamma^1_{22}\dot v^2 + \ddot u)\, x_u \\
&\quad + (\Gamma^2_{11}\dot u^2 + 2\Gamma^2_{12}\dot u\dot v + \Gamma^2_{22}\dot v^2 + \ddot v)\, x_v \\
&\quad + (e\dot u^2 + 2f\dot u\dot v + g\dot v^2)\, N.
\end{aligned}$$

Aus diesen Gleichungen erhalten wir wegen $x_u \times x_v = -x_v \times x_u = \sqrt{EG - F^2}\, N$ die Gleichung

$$\dot\alpha \times \ddot\alpha = C_1 \cdot \sqrt{EG - F^2}\, N + C_2\, (x_u + x_v) \times N$$

mit $C_1 := \Gamma^2_{11}\dot u^3 + (2\Gamma^2_{12} - \Gamma^1_{11})\dot u^2\dot v + (\Gamma^2_{22} - 2\Gamma^1_{12})\dot u\dot v^2 - \Gamma^1_{22}\dot v^3 + \dot u\ddot v - \ddot u\dot v$ und $C_2 := e\dot u^2 + 2f\dot u\dot v + g\dot v^2$. Für $\kappa_g = \langle \dot\alpha \times \ddot\alpha, N \rangle / \|\dot\alpha\|^3$ ergibt sich daher der Ausdruck

$$\kappa_g = \frac{C \cdot \sqrt{EG - F^2}}{(E\dot u^2 + 2F\dot u\dot v + G\dot v^2)^{3/2}}$$

Aufgaben zu »Hyperflächen« siehe Seite 22

mit

$$C := \Gamma_{11}^2 \dot{u}^3 + (2\Gamma_{12}^2 - \Gamma_{11}^1)\dot{u}^2\dot{v} + (\Gamma_{22}^2 - 2\Gamma_{12}^1)\dot{u}\dot{v} \\ - \Gamma_{22}^1 \dot{v}^3 + \dot{u}\ddot{v} - \ddot{u}\dot{v}.$$

Da in dieser Darstellung nur die Koeffizienten der ersten Fundamentalform und die Christoffelsymbole auftreten, ist κ_g eine Größe der inneren Geometrie der Fläche F.

Bemerkung: Die in Teil (d) bewiesene Gleichung $\kappa_n = \mathrm{II}_p(v,v)$ zeigt, daß die Normalkrümmung einer Flächenkurve α nur von $p = \alpha(t_0)$ und $v = \dot{\alpha}(t_0)/\|\dot{\alpha}(t_0)\|$ abhängt, nicht aber von $\ddot{\alpha}(t_0)$. Alle Kurven durch p mit gleicher Tangentenrichtung haben also die gleiche Normalkrümmung. Dies trifft insbesondere auf die Schnittkurve zwischen F und der Normalebene $p + \mathbb{R}n + \mathbb{R}v$ zu; diese Schnittkurve bezeichnet man als den durch die Tangentialrichtung v bestimmten **Normalschnitt** der Fläche F im Punkt p. Die Normalkrümmung einer Kurve mit Richtung v ist also gleich der Krümmung des durch v bestimmten Normalschnitts von F. (Diese wird auch als **Normalkrümmung** von F in der Richtung v bezeichnet.) Durch Variation der Richtung v erkennt man, wie stark sich F im Punkt p in verschiedenen Richtungen krümmt. Die nachfolgende Aufgabe macht eine Aussage in dieser Richtung.

Lösung (100.33) Ist $t \mapsto \alpha(t)$ eine (beliebig parametrisierte) Kurve auf einer Fläche F und ist $n(t)$ der Einheitsnormalenvektor von F im Punkt $\alpha(t)$, so sind die Normalkrümmung und die geodätische Krümmung von α gegeben durch die Formeln

$$\kappa_n = \frac{\langle \ddot{\alpha}, n \rangle}{\|\dot{\alpha}\|^2} \quad \text{und} \quad \kappa_g = \frac{\det(\dot{\alpha}, \ddot{\alpha}, n)}{\|\dot{\alpha}\|^3}.$$

(a) Ein Breitenkreis auf einem Zylinder vom Radius R ist gegeben durch $\alpha(t) = (R\cos t, R\sin t, h)$. Wir haben dann

$$\dot{\alpha} = R\begin{bmatrix} -\sin t \\ \cos t \\ 0 \end{bmatrix}, \ddot{\alpha} = -R\begin{bmatrix} \cos t \\ \sin t \\ 0 \end{bmatrix}, n = \begin{bmatrix} \cos t \\ \sin t \\ 0 \end{bmatrix}$$

und damit $\kappa_n = -1/R$ und $\kappa_g = 0$. Die Bedingung $\kappa_g = 0$ drückt aus, daß jeder Breitenkreis eines Zylinders eine Geodätische ist.

(b) Der Breitenkreis auf einem Kegel mit dem Öffnungswinkel γ, der in der Höhe h unterhalb der Kegelspitze verläuft, ist gegeben durch die Parametrisierung $\alpha(t) = \big(h\tan(\gamma)\cos(t), h\tan(\gamma)\sin(t), -h\big)$. Wir erhalten also

$$\dot{\alpha} = h\tan(\gamma)\begin{bmatrix} -\sin t \\ \cos t \\ 0 \end{bmatrix}, \ddot{\alpha} = -h\tan(\gamma)\begin{bmatrix} \cos t \\ \sin t \\ 0 \end{bmatrix},$$

$$n = \begin{bmatrix} \cos\gamma \cos t \\ \cos\gamma \sin t \\ \sin\gamma \end{bmatrix}$$

und damit $\kappa_n = -\cos(\gamma)/\big(h\tan(\gamma)\big)$ sowie $\kappa_g = \cos(\gamma)/h$.

(c) Der Breitenkreis auf einer Kugeloberfläche mit Radius R zum Breitengrad θ ist gegeben durch die Parametrisierung $\alpha(t) = R(\cos\theta\cos t, \cos\theta\sin t, \sin\theta)$. Wir erhalten also

$$\dot{\alpha} = R\cos\theta \begin{bmatrix} -\sin t \\ \cos t \\ 0 \end{bmatrix}, \ddot{\alpha} = -R\cos\theta\begin{bmatrix} \cos t \\ \sin t \\ 0 \end{bmatrix},$$

$$n = \begin{bmatrix} \cos\theta\cos t \\ \cos\theta\sin t \\ \sin\theta \end{bmatrix}$$

und damit $\kappa_n = -1/R$ und $\kappa_g = -\tan(\theta)/R$. Nur für $\theta = 0$ verschwindet die geodätische Krümmung; dies drückt aus, daß der Äquator der einzige Breitenkreis ist, der eine Geodätische darstellt.

Lösung (100.34) (a) Nach Definition von φ gelten die Gleichungen

$$T = \cos\varphi\, v_1 + \sin\varphi\, v_2,$$
$$e = -\sin\varphi\, v_1 + \cos\varphi\, v_2.$$

Damit ergibt sich (wenn wir $p := \alpha(0)$ setzen) die Gleichung

$$\begin{aligned}
\tau_g &= \langle (\mathrm{d}/\mathrm{d}s)|_{s=0}\, n\big(\alpha(s)\big), e \rangle = \langle n'(p)\alpha'(0), e \rangle \\
&= \langle n'(p)T, e \rangle = -\langle \mathfrak{C}_p T, e \rangle \\
&= -\langle k_1\cos\varphi\, v_1 + k_2\sin\varphi\, v_2, -\sin\varphi\, v_1 + \cos\varphi\, v_2 \rangle \\
&= \langle k_1\cos\varphi\, v_1 + k_2\sin\varphi\, v_2, \sin\varphi\, v_1 - \cos\varphi\, v_2 \rangle \\
&= k_1\sin\varphi\cos\varphi - k_2\sin\varphi\cos\varphi \\
&= (k_1 - k_2)\sin\varphi\cos\varphi.
\end{aligned}$$

Beim Übergang von der vorletzten zur letzten Zeile nutzten wir aus, daß v_1 und v_2 ein Orthonormalsystem bilden.

(b) Ableiten der Gleichung $\cos\theta = \langle N, n \rangle$ liefert

$$(\star)\quad \begin{aligned}
-\theta'(s)\sin\theta &= \langle N', n \rangle + \langle N, (\mathrm{d}/\mathrm{d}s)n\big(\alpha(s)\big)\rangle \\
&= \langle -\kappa T - \tau B, n \rangle + \langle N, -\kappa_n T + \tau_g e \rangle \\
&= -\kappa\langle T, n \rangle - \tau\langle B, n \rangle - \kappa_n\langle N, T \rangle + \tau_g\langle N, e \rangle \\
&= \tau\langle B, n \rangle + \tau_g\langle N, e \rangle,
\end{aligned}$$

wobei wir beim letzten Schritt ausnutzten, daß n und N beide senkrecht auf T stehen. Wir behaupten nun, daß $\langle n, B \rangle = \langle n, e \rangle = \sin\theta$ gilt. Das folgt daraus, daß die Beziehungen $\angle(B, n) = \angle(N, e) = \theta - (\pi/2)$ und daher die Gleichungen $\langle B, n \rangle = \langle N, e \rangle = \cos(\theta - \pi/2) = \sin(\theta)$ gelten.

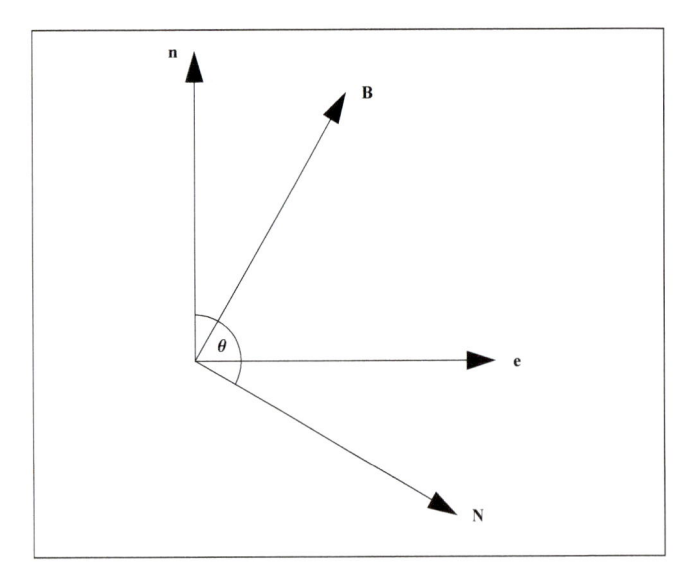

Setzen wir dies in $(\star)$ ein, so ergibt sich $-\theta'(s)\sin\theta = -\tau\sin\theta + \tau_g\sin\theta$, folglich $-\theta' = -\tau + \tau_g$ bzw. $\theta' = \tau - \tau_g$.

(c) Ist ganz allgemein (e_1, e_2, e_3) ein bewegliches Dreibein, so folgt aus $\langle e_i, e_j\rangle = \delta_{ij}$ die Gleichung $0 = \langle e_i, e_j\rangle' = \langle e_i', e_j\rangle + \langle e_i, e_j'\rangle$; die Matrix mit den Einträgen $\langle e_i', e_j\rangle$ ist also schiefsymmetrisch. Es gibt daher Skalare a, b, c mit

$$T' = ae + bn, \quad e' = -aT + cn, \quad n' = -bT - ce.$$

Bilden wir in der ersten Gleichung das Skalarprodukt mit e bzw. mit n, so erhalten wir $a = \langle T', e\rangle = \langle \kappa N, e\rangle = \kappa_g$ sowie $b = \langle T', n\rangle\langle \kappa N, n\rangle = \kappa_n$. Bilden wir ferner in der letzten Gleichung das Skalarprodukt mit e, so erhalten wir $c = -\langle n', e\rangle = -\tau_g$.

Lösung (100.35) (a) Der Zusammenhang zwischen Φ und α ist gegeben durch $\Phi = 2\pi\sin\alpha$, hier also $\pi/3 = 2\pi\sin\alpha$ bzw. $\sin\alpha = 1/6$. Also ist $\alpha = \arcsin(1/6) \approx 9.59^0$.

(b) Der Verlauf der Geodätischen ist der folgenden Skizze zu entnehmen; der Punkt P ist dabei der am dichtesten bei der Kegelspitze liegende Punkt.

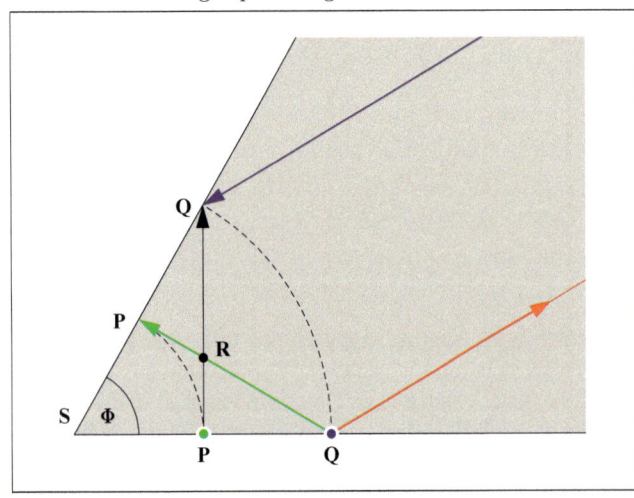

Die folgende Skizze verdeutlicht den Verlauf noch in etwas anderer Weise.

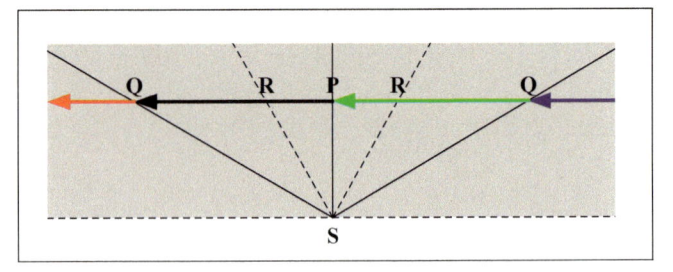

(c) Aus der Skizze liest man ab, daß der Kegel zweimal umrundet wird (bzw. dreimal, wenn man das Zulaufen der Geodätischen für $t \to \pm\infty$ auf einen Punkt im Unendlichen als weitere Umrundung zählen will) und daß sich die Geodätische zweimal selbst schneidet, nämlich einmal im Punkt R und einmal im Punkt Q. Hinzu kommt noch der Schnittpunkt im Unendlichen auf der (gestrichelt markierten) Leitlinie durch den Punkt R.

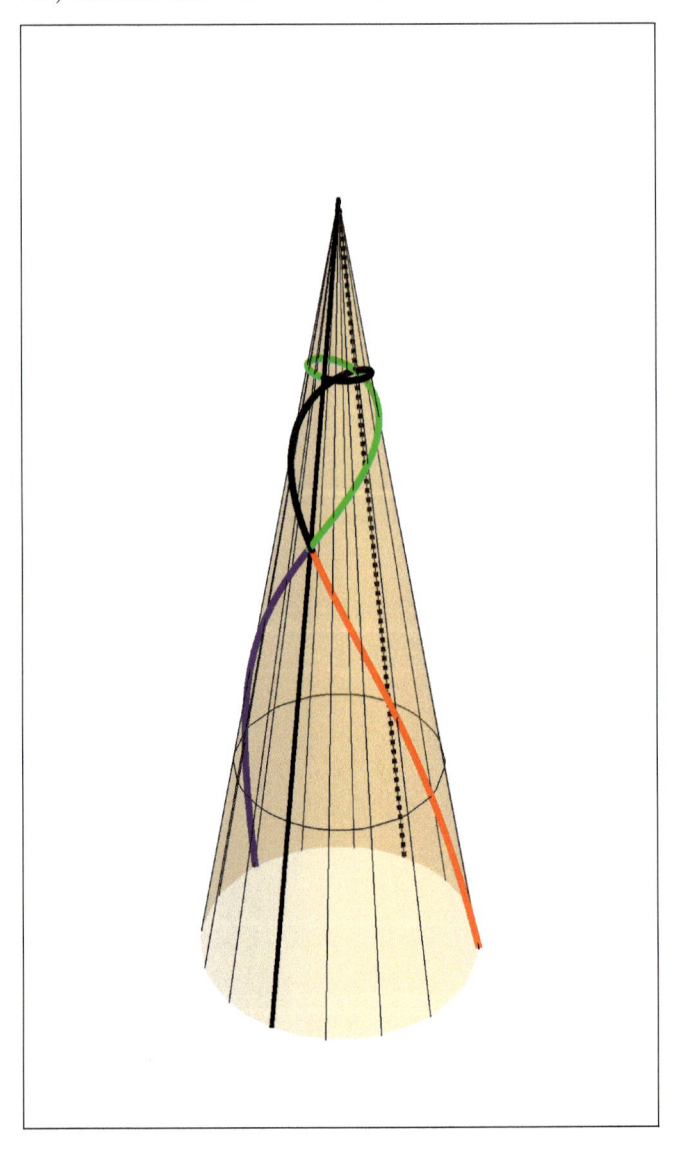

Aufgaben zu »Hyperflächen« siehe Seite 22

Lösung (100.36) Wir betrachten den Mittelkreis des Hyperboloids mit der Parameterdarstellung

$$\alpha(u) = \begin{bmatrix} \cos(u) \\ \sin(u) \\ 0 \end{bmatrix}.$$

Wir können nun von $\alpha(u)$ aus sowohl die Gerade in Richtung des Vektors $w_1(u) := (-\sin(u), \cos(u), 1)^T$ als auch die Gerade in Richtung des Vektors $w_2(u) := (\sin(u), -\cos(u), 1)^T$ abtragen. Jede dieser Geraden verläuft ganz in M, denn für alle $v \in \mathbb{R}$ gilt

$$\big(\cos(u) \mp v\sin(u)\big)^2 + \big(\sin(u) \pm v\cos(u)\big)^2 - v^2 = 1.$$

Also ist für $i = 1, 2$ durch $x(u, v) := \alpha(u) + v \cdot w_i(u)$ eine Parametrisierung von M als Regelfläche gegeben.

Lösung (100.37) Da die Aussage rein lokaler Natur ist, dürfen wir voraussetzen, daß jedem Punkt von M ein eindeutig bestimmter Normalenvektor n der Länge 1 zugeordnet ist; wir können also die Gaußabbildung $n : M \to \mathbb{S}^2$ betrachten. Wegen $K \equiv 0$ ist an jeder Stelle $x \in M$ der Rang von $n'(x)$ kleiner als 2; da p kein Flachpunkt ist, gilt andererseits $n'(p) \neq 0$. Also gilt $\operatorname{Rang} n'(x) = 1$ auf einer Umgebung von p. Der Satz über implizite Funktionen garantiert dann die Existenz einer Umgebung von p, für die eine Parametrisierung $(u, v) \mapsto x(u, v)$ so existiert, daß für jeden Wert u die Abbildung $v \mapsto n(x(u,v))$ konstant ist. Wir ersetzen dann M durch diese Umgebung und behaupten, daß für jedes feste u die Abbildung $v \mapsto x(u, v)$ ein Geradenstück parametrisiert. Ist diese Behauptung bewiesen, so sind wir fertig.

Es gelten die allgemeinen Gleichungen $\langle n, x_u \rangle = \langle n, x_v \rangle = 0$. Ferner gilt $n_v \equiv 0$ nach Wahl der Parametrisierung x. Ableiten der Gleichung $\langle n, x_u \rangle = 0$ nach v liefert

(1) $\quad 0 = \langle n_v, x_u \rangle + \langle n, x_{uv} \rangle = \langle n, x_{uv} \rangle.$

Ableiten der Gleichung $\langle n, x_v \rangle = 0$ nach u mit anschließendem Einsetzen von (1) liefert

(2) $\quad 0 = \langle n_u, x_v \rangle + \langle n, x_{vu} \rangle = \langle n_u, x_v \rangle.$

Dies beweist die Inklusion $\subseteq$ in der Gleichung

(3) $\quad \mathbb{R}x_v = \{ w \in T_{x(u,v)}M \mid \langle w, n_u \rangle = 0 \}.$

Daß sogar Gleichheit gilt, liegt daran, daß die rechte Seite nicht $\{0\}$ ist (denn sonst hätten wir $n_u = 0 = n_v$ im Widerspruch dazu, daß p kein Flachpunkt ist). Ableiten der Gleichung $\langle n, x_v \rangle = 0$ nach v liefert

(4) $\quad 0 = \langle n_v, x_v \rangle + \langle n, x_{vv} \rangle = \langle n, x_{vv} \rangle$

und damit $x_{vv} \in T_{x(u,v)}M$. Ableiten der Gleichung $\langle n_u, x_v \rangle = 0$ nach v liefert wegen $n_{uv} = (n_v)_u = 0$ andererseits

(5) $\quad 0 = \langle n_{uv}, x_v \rangle + \langle n_u, x_{vv} \rangle = \langle n_u, x_{vv} \rangle.$

Wegen (3) gilt dann $x_{vv} \in \mathbb{R}x_v$. Es gibt also eine skalare Funktion f mit $x_{vv}(u, v) = f(u, v)x_v(u, v)$ für alle Parameter (u, v). Ist F eine Stammfunktion von f bezüglich v (bei festgehaltenem u), so liefert Integration der Gleichung $x_{vv} = fx_v$ bezüglich v die Gleichung $e^{-F}x_v = c$ bzw. $x_v = e^F c$ mit einem nur von u abhängigen Vektor c. Ist Φ eine Stammfunktion von e^F bezüglich v, so gilt also $x = \Phi c + d$ mit nur von u abhängigen Vektoren c und d; es gilt also $x(u, v) = \Phi(u, v)c(u) + d(u)$. Es ist dann klar, daß für jeden festen Wert u die Abbildung $v \mapsto x(u, v)$ ein Geradenstück parametrisiert.

L101: Die Jordan-Peanosche Inhaltstheorie

Lösung (101.1) Mögliche Lösungen sind in der folgenden Skizze angegeben.

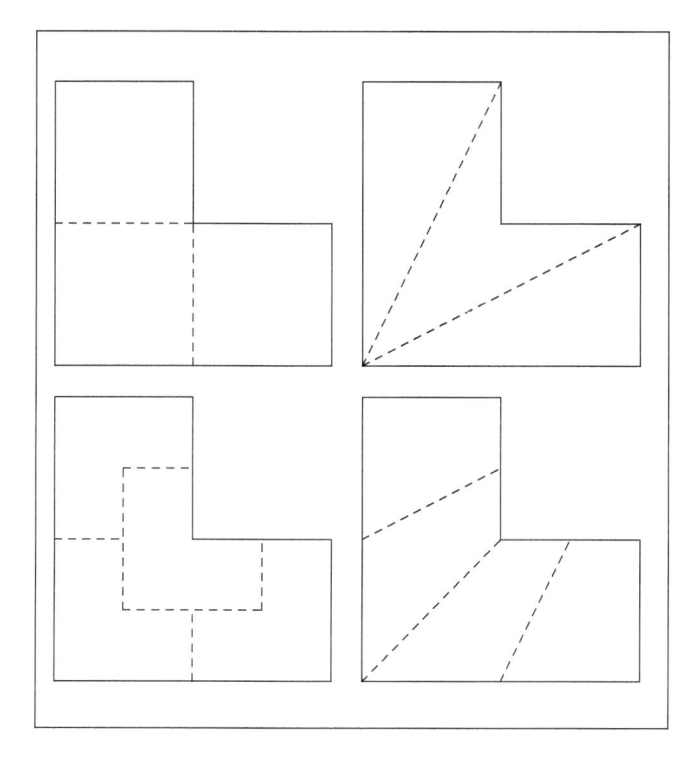

Dabei folgt die Inhaltsgleichheit der Teilfiguren bei den Lösungen auf der linken Seite einfach daraus, daß diese Teilfiguren sogar kongruent sind. Bei den Lösungen auf der rechten Seite sind die Teilfiguren nicht mehr kongruent; um ihre Inhaltsgleichheit zu begründen, muß man also anders argumentieren.

Im oberen Bild besteht die Originalfigur aus drei gleichen Quadraten, deren Kantenlänge wir mit a bezeichnen; dann hat jedes der beiden Dreiecke in der unterteilten Figur den Flächeninhalt $(1/2) \cdot 2a \cdot a = a^2$, und das ist genau ein Drittel der ursprünglichen Fläche. Die beiden Dreiecke machen also zusammen zwei Drittel der Gesamtfläche aus; es verbleibt ein Drittel für die dritte Teilfigur.

Im unteren Bild teilt die Linie zwischen dem ersten und dem zweiten Teilstück jede Höhe genau in der Mitte, die Linie zwischen dem dritten und dem vierten Teilstück dagegen jede Breite genau in der Mitte. Hieraus folgt, daß das erste und das zweite sowie das dritte und das vierte Teilstück jeweils flächengleich sind. Da das erste und das vierte sowie das zweite und das dritte Teilstück jeweils kongruent sind, müssen daher alle vier Teile den gleichen Flächeninhalt haben.

Lösung (101.2) Zieht man irgendeine Gerade durch den Mittelpunkt eines Parallelogramms, so zerlegt diese das Parallelogramm in zwei kongruente und damit inhaltsgleiche Hälften. Zieht man also die Verbindungsgerade durch die beiden Mittelpunkte der parallelogrammförmigen Platte und des parallelogrammförmigen Ausschnitts, so zerlegt diese sowohl die volle Platte als auch den Ausschnitt jeweils in zwei gleiche Hälften, damit aber auch die mit dem Ausschnitt versehene Platte. (Fallen die beiden Mittelpunkte von Platte und Ausschnitt zusammen, so kann man irgendeine Gerade durch den gemeinsamen Mittelpunkt wählen.)

Bemerkung: Wir haben benutzt, daß ein gerader Schnitt durch den Mittelpunkt eines Parallelogramms dieses in zwei flächengleiche Teile zerlegt. Die Umkehrung ist aber auch richtig: Teilt ein gerader Schnitt ein Parallelogramm in zwei gleiche Teile, so geht dieser Schnitt automatisch durch den Mittelpunkt des Parallelogramms. Andernfalls könnte man nämlich den Schnitt S parallel in einen Schnitt S' verschieben, der durch den Mittelpunkt geht; dann zerlegt S' das Parallelogramm in zwei gleiche Teile, folglich kann S es nicht tun.

Lösung (101.3) (a) Jedes der vier entstehenden rechtwinkligen Dreiecke hat die Kathetenlängen $\cos\alpha$ und $\sin\alpha$; bezeichnet also a die Kantenlänge des inneren Quadrats, so gilt $a = \cos\alpha - \sin\alpha$. Der Flächeninhalt des inneren Quadrats ist also $a^2 = \cos^2\alpha - 2\sin\alpha\cos\alpha + \sin^2\alpha = 1 - \sin(2\alpha)$.

(b) Die Kantenlänge des neu entstehenden Quadrates ist $b = \cos\alpha + \sin\alpha$, sein Flächeninhalt also $b^2 = \cos^2\alpha + 2\cos\alpha\sin\alpha + \sin^2\alpha = 1 + \sin(2\alpha)$.

Lösung (101.4) Es seien F_a, F_b und F_c die Figuren über den Seiten a, b und c. Dann entsteht F_c aus F_a durch Streckung um den Faktor c/a; es gilt daher $\mu(F_c) = (c/a)^2 \mu(F_a)$. Analog entsteht F_c aus F_b durch Streckung um den Faktor c/b; es gilt also $\mu(F_c) = (c/b)^2 \mu(F_b)$. Damit erhalten wir

$$\mu(F_a) + \mu(F_b) = \frac{a^2}{c^2}\mu(F_c) + \frac{b^2}{c^2}\mu(F_c)$$
$$= \frac{a^2+b^2}{c^2}\mu(F_c) = \mu(F_c),$$

wobei wir bei der letzten Gleichung den Satz des Pythagoras ausnutzten, also die Gleichheit $a^2 + b^2 = c^2$.

Lösung (101.5) Da das Skalieren mit einem Faktor k den Flächeninhalt um den Faktor k^2 vergrößert, gilt

$$D_1 : D_2 = (a+b)^2 : b^2 = \bigl(1 + (a/b)^2\bigr).$$

Lösung (101.6) Wir drücken alle auftretenden Streckenlängen durch $x := v_1$ aus. Unter Ausnutzung der Gleichungen $u_i v_i = 1/7$ sowie $v_1 + v_2 = u_2 + u_3 = u_1 + u_4 = 1$ erhalten wir nacheinander

$$\begin{aligned}
u_1 &= 1/(7v_1) = 1/(7x), \\
v_2 &= 1 - v_1 = 1 - x, \\
u_2 &= 1/(7v_2) = 1/(7(1-x)), \\
u_3 &= 1 - u_2 = (6 - 7x)/(7(1-x)), \\
v_3 &= 1/(7u_3) = (1-x)/(6-7x), \\
u_4 &= 1 - u_1 = (7x-1)/(7x), \\
v_4 &= 1/(7u_4) = x/(7x-1), \\
v_5 &= v_1 - v_4 = x(7x-2)/(7x-1), \\
u_5 &= 1/(7v_5) = (7x-1)/(7x(7x-2)), \\
u_6 &= u_4 - u_5 = (7x-1)(7x-3)/(7x(7x-2)), \\
v_6 &= 1/(7u_6) = x(7x-2)/((7x-1)(7x-3)).
\end{aligned}$$

Es muß dann die Kompatibilitätsbedingung $v_3 + v_4 + v_6 = 1$ gelten, also

$$\frac{x-1}{7x-6} + \frac{x}{7x-1} + \frac{x(7x-2)}{(7x-1)(7x-3)} = 1.$$

Durchmultiplizieren mit $(7x-6)(7x-1)(7x-3)$ und anschließendes Sortieren nach Potenzen ergibt die Gleichung

$$196x^3 - 294x^2 + 128x - 15 = 0.$$

Durchprobieren der möglichen rationalen Nullstellen liefert die Nullstelle $x = 1/2$; Abspalten des Faktors $2x - 1$ ergibt dann die Gleichung

$$(2x-1)(98x^2 - 98x + 15) = 0$$

mit den drei Lösungen

$$x_1 = \frac{1}{2} \quad \text{und} \quad x_{2,3} = \frac{7 \pm \sqrt{19}}{14}.$$

Die Lösung $x_3 = (7 - \sqrt{19})/14 < 3/14$ scheidet aus, denn aus $u_4 > 0$ folgt $x > 1/7$ und aus $v_5 > 0$ dann $x > 2/7 = 4/14$. Die Lösung $x_1 = 1/2$ führt auf $v_1 = 1/2$, $u_1 = 2/7$, $v_2 = 1/2$, $u_2 = 2/7$, $u_3 = 5/7$, $v_3 = 1/5$, $u_4 = 5/7$, $v_4 = 1/5$, $v_5 = 3/10$, $u_5 = 10/21$, $u_6 = 5/21$ und $v_6 = 3/5$; dies ist aber nicht die abgebildete Lösung.

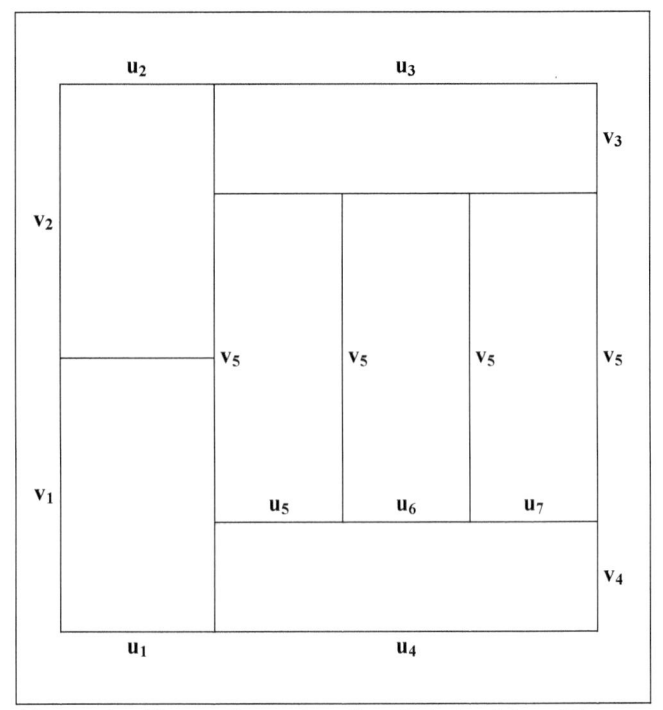

Alternative Unterteilung eines Quadrats in sieben flächengleiche Rechtecke.

Die in der Aufgabe angegebene Teilung gehört also zu der Lösung $x = x_2 = (7 + \sqrt{19})/14$ und ist gegeben durch die folgenden Streckenlängen:

$$\begin{aligned}
v_1 &= (7 + \sqrt{19})/14, \\
u_1 &= (7 - \sqrt{19})/15, \\
v_2 &= (7 - \sqrt{19})/14, \\
u_2 &= (7 + \sqrt{19})/15, \\
u_3 &= (8 - \sqrt{19})/15, \\
v_3 &= (8 + \sqrt{19})/21, \\
u_4 &= (8 + \sqrt{19})/15, \\
v_4 &= (8 - \sqrt{19})/21, \\
v_5 &= (5 + 5\sqrt{19})/42, \\
u_5 &= (\sqrt{19} - 1)/15, \\
u_6 &= 3/5, \\
v_6 &= 5/21.
\end{aligned}$$

Lösung (101.7) (a) Jedes echte Intervall enthält irrationale Zahlen; eine Spatfüllung von A kann also nur aus entarteten Intervallen der Länge 0 bestehen. Es gilt daher $\mu_\star(A) = 0$. Zur Berechnung von $\mu^\star(A)$ beobachten wir, daß jede Überdeckung $\mathfrak{P}$ von A durch endlich viele abgeschlossene "Spate" (also Intervalle) sogar schon das ganze Intervall $[0,1]$ überdecken muß (was dann $\mu(\mathfrak{P}) \geq \mu([0,1]) = 1$ zur Folge hat). Ist nämlich $x \in [0,1]$ eine irrationale Zahl, so gibt es eine Folge rationaler Zahlen r_n mit $r_n \to x$. Mindestens eines der endlich vielen

Intervalle in $\mathfrak{P}$, sagen wir I, enthält dann unendlich viele der Zahlen r_n, also eine Teilfolge r_{n_k}. Weil I abgeschlossen ist, liegt dann auch $x = \lim_k r_{n_k}$ in I. Es gilt also $\mu(\mathfrak{P}) \geq 1$ für jede Spatüberdeckung von A, folglich $\mu^\star(A) \geq 1$. Andererseits bildet das einzelne Intervall $[0, 1]$ selbst eine Spatüberdeckung $\mathfrak{P}$ von A mit $\mu(\mathfrak{P}) = 1$; also gilt $\mu^\star(A) = 1$. Wegen $\mu_\star(A) = 0 \neq 1 = \mu^\star(A)$ ist A nicht Jordan-meßbar. Der Menge A läßt sich also kein Längeninhalt im Jordanschen Sinne zuordnen.

(b) Es sei $\varepsilon > 0$ beliebig. Wegen $1/n \to 0$ für $n \to \infty$ gibt es eine Zahl N mit $1/n \leq \varepsilon/2$ für alle $n > N$. Dann bilden die Intervalle

$$Q_n := \left[\frac{1}{n} - \frac{\varepsilon}{4N}, \frac{1}{n} + \frac{\varepsilon}{4N}\right] \quad (1 \leq n \leq N), \quad Q_0 := \left[0, \frac{\varepsilon}{2}\right]$$

eine Spatüberdeckung von B der Gesamtlänge $N \cdot (\varepsilon/(2N)) + (\varepsilon/2) = (\varepsilon/2) + (\varepsilon/2) = \varepsilon$. Es gilt daher $\mu^\star(B) \leq \varepsilon$. Da $\varepsilon > 0$ beliebig war, bedeutet dies $\mu^\star(B) = 0$. Also ist B Jordan-meßbar mit $\mu(B) = 0$.

Lösung (101.8) Wir geben uns $\varepsilon > 0$ beliebig vor. Es seien $p_1, \ldots, p_m$ die Häufungspunkte von A; um jeden solchen Punkt p_i legen wir einen Würfel W_i mit einem Volumen $\mu(W_i) < \varepsilon/(2m)$. Dann liegen außerhalb dieser Würfel nur endlich viele Elemente $a_1, \ldots, a_n$ von A. (Andernfalls wäre $A \setminus \bigcup_{i=1}^m W_i$ eine unendliche beschränkte Menge, besäße also einen Häufungspunkt, was aber nach Konstruktion nicht sein kann.) Um jeden der Punkte a_j legen wir einen Würfel $\mathfrak{W}_j$ mit einem Volumen $\mu(\mathfrak{W}_j) < \varepsilon/(2n)$. Dann bilden die Würfel $W_1, \ldots, W_m, \mathfrak{W}_1, \ldots, \mathfrak{W}_n$ eine Spatüberdeckung von A mit dem Gesamtvolumen

$$\sum_{i=1}^m \mu(W_i) + \sum_{j=1}^n \mu(\mathfrak{W}_j) < \sum_{i=1}^m \frac{\varepsilon}{2m} + \sum_{j=1}^n \frac{\varepsilon}{2n} = \frac{\varepsilon}{2} + \frac{\varepsilon}{2} = \varepsilon;$$

also gilt $\mu^\star(A) < \varepsilon$. Da $\varepsilon > 0$ beliebig war, bedeutet dies $\mu^\star(A) = 0$. Da allgemein $0 \leq \mu_\star(A) \leq \mu^\star(A)$ gilt, ist dann $\mu_\star(A) = \mu^\star(A) = 0$; also ist A Jordan-meßbar mit $\mu(A) = 0$.

Lösung (101.9) (a) Es sei $\varepsilon > 0$ beliebig vorgegeben; dann gibt es Spatfüllungen $\mathfrak{P}$ von A und $\mathfrak{Q}$ von B mit $\mu(\mathfrak{P}) > \mu_\star(A) - (\varepsilon/2)$ und $\mu(\mathfrak{Q}) > \mu_\star(B) - (\varepsilon/2)$. (Wir schreiben etwas salopp $\mu(\mathfrak{P}) = \sum_{P \in \mathfrak{P}} \mu(P)$ und dergleichen.) Dann ist aber $\mathfrak{P} \cup \mathfrak{Q}$ eine Spatfüllung von $A \cup B$ mit $\mu(\mathfrak{P} \cup \mathfrak{Q}) = \mu(\mathfrak{P}) + \mu(\mathfrak{Q}) > \mu_\star(A) + \mu_\star(B) - \varepsilon$; folglich gilt

$$\mu_\star(A \cup B) > \mu_\star(A) + \mu_\star(B) - \varepsilon.$$

Da $\varepsilon > 0$ beliebig war, gilt $\mu_\star(A \cup B) \geq \mu_\star(A) + \mu_\star(B)$. Analog gibt es (wieder bei fest vorgegebenem $\varepsilon > 0$) Spatüberdeckungen $\mathfrak{P}$ von A und $\mathfrak{Q}$ von B mit $\mu(\mathfrak{P}) < \mu^\star(A) + (\varepsilon/2)$ und $\mu(\mathfrak{Q}) < \mu^\star(B) + (\varepsilon/2)$. Dann ist aber $\mathfrak{P} \cup \mathfrak{Q}$ eine Spatüberdeckung von $A \cup B$ mit $\mu(\mathfrak{P} \cup \mathfrak{Q}) \leq \mu(\mathfrak{P}) + \mu(\mathfrak{Q}) < \mu^\star(A) + \mu^\star(B) + \varepsilon$. (Die erste Ungleichung kann echt sein, weil $\mathfrak{P}$ und $\mathfrak{Q}$ nicht disjunkt sein müssen.) Folglich gilt

$$\mu^\star(A \cup B) < \mu^\star(A) + \mu^\star(B) + \varepsilon.$$

Da $\varepsilon > 0$ beliebig war, gilt $\mu^\star(A \cup B) \leq \mu^\star(A) + \mu^\star(B)$.

(b) Wir nehmen als A die Menge der rationalen Zahlen im Intervall $[0, 1]$, als B die Menge der irrationalen Zahlen im Intervall $[0, 1]$. Dann haben wir $\mu_\star(A) = \mu_\star(B) = 0$, $\mu^\star(A) = \mu^\star(B) = 1$ sowie $\mu_\star(A \cup B) = \mu^\star(A \cup B) = \mu([0,1]) = 1$. In diesem Fall sind also die beiden Ungleichungen aus Teil (a) strikte Ungleichungen.

(c) Es sei $\delta > 0$ eine Zahl kleiner als $\mathrm{dist}(A, B)/2$. Sind dann P und Q Spate mit einem Durchmesser kleiner als δ derart, daß P einen Punkt $a \in A$ mit A gemeinsam und Q einen Punkt $b \in B$ mit B gemeinsam hat, so sind P und Q zwangsläufig disjunkt; für $x \in P$ und $y \in Q$ haben wir nämlich

$$\begin{aligned}\mathrm{dist}(A, B) &\leq d(a, b) \\ &\leq d(a, x) + d(x, y) + d(y, b) \\ &< \delta + d(x, y) + \delta = 2\delta + d(x, y)\end{aligned}$$

und damit $d(x, y) > \mathrm{dist}(A, B) - 2\delta > 0$. Nun sei $\varepsilon > 0$ beliebig gegeben. Es gibt dann eine Spatüberdeckung $\mathfrak{Q}$ von $A \cup B$ mit $\mu(\mathfrak{Q}) < \mu^\star(A \cup B) + \varepsilon$, die ausschließlich aus Spaten mit einem Durchmesser kleiner als δ besteht; dabei dürfen wir o.B.d.A. annehmen, daß $\mathfrak{Q}$ keine überflüssigen Spate enthält, die sowohl zu A als auch zu B disjunkt sind. Dann zerfällt $\mathfrak{Q}$ in disjunkter Weise in eine Überdeckung $\mathfrak{Q}_A$ von A und eine Überdeckung $\mathfrak{Q}_B$ von B. Es folgt

$$\begin{aligned}\mu^\star(A) + \mu^\star(B) &\leq \mu(\mathfrak{Q}_A) + \mu(\mathfrak{Q}_B) \\ &= \mu(\mathfrak{Q}) < \mu^\star(A \cup B) + \varepsilon.\end{aligned}$$

Da $\varepsilon > 0$ beliebig war, ergibt sich also $\mu^\star(A) + \mu^\star(B) \leq \mu^\star(A \cup B)$. Da die umgekehrte Ungleichung nach Teil (a) ohnehin erfüllt ist, gilt also Gleichheit.

Weiter sei $\mathfrak{P}$ eine Spatfüllung von $A \cup B$ mit $\mu(\mathfrak{P}) > \mu_\star(A \cup B) - \varepsilon$, die nur aus Spaten mit einem Durchmesser kleiner als δ besteht. Diese zerfällt dann in disjunkter Weise in eine Spatfüllung $\mathfrak{P}_A$ von A und eine Spatfüllung $\mathfrak{P}_B$ von B. Es folgt

$$\begin{aligned}\mu_\star(A \cup B) &< \mu(\mathfrak{P}) + \varepsilon \\ &= \mu(\mathfrak{P}_A) + \mu(\mathfrak{P}_B) + \varepsilon \leq \mu_\star(A) + \mu_\star(B) + \varepsilon.\end{aligned}$$

Da $\varepsilon > 0$ beliebig war, ergibt sich also $\mu_\star(A \cup B) \leq \mu_\star(A) + \mu_\star(B)$. Da die umgekehrte Ungleichung nach Teil (a) ohnehin erfüllt ist, gilt also Gleichheit.

Lösung (101.10) Wir wählen ein Koordinatensystem, dessen Ursprung der Mittelpunkt des Würfels ist und dessen Achsen parallel zu den Kanten des Würfels verlaufen. Die am weitesten voneinander entfernten Punkte des Würfels sind dann die Punkte p und $-p$ mit

$p := (a/2, \ldots, a/2)^T$. Der Durchmesser des Würfels ist also $\|p - (-p)\| = \|2p\| = \|(a, \ldots, a)^T\| = \sqrt{a^2 + \cdots + a^2} = \sqrt{na^2} = a\sqrt{n}$. Für $n = 1, 2, 3$ bedeutet dies, daß ein Intervall der Länge a die Länge a, ein Quadrat der Seitenlänge a die Diagonale $a\sqrt{2}$ und ein Würfel der Kantenlänge a die Raumdiagonale $a\sqrt{3}$ hat.

Lösung (101.11) Da jeder Spat Jordan-meßbar ist, gilt trivialerweise

$$\begin{aligned} \mu_\star(A) &= \sup_{\mathfrak{P}}\{\sum \mu(P) \mid P \in \mathfrak{P}\} \\ &\leq \sup_{\mathfrak{R}}\{\sum \mu(R) \mid R \in \mathfrak{R}\}, \end{aligned}$$

wobei das erste Supremum über alle Ausschöpfungen $\mathfrak{P}$ von A durch Spate und das zweite Supremum über alle Ausschöpfungen von A durch Jordan-meßbare Mengen gebildet wird. (Man mache sich klar, daß diese Aussage wirklich trivial ist: Ein Supremum kann nicht kleiner werden, wenn man zur Supremumsbildung mehr Elemente zur Verfügung hat!) Zum Nachweis der umgekehrten Abschätzung betrachten wir eine beliebige Ausschöpfung $\mathfrak{R} = \{R_1, \ldots, R_m\}$ von A durch Jordan-meßbare Mengen. Ist $\varepsilon > 0$ beliebig, so gibt es zu jedem Index $1 \leq i \leq m$ paarweise disjunkte Spate $P_j^{(i)}$ ($1 \leq j \leq j_i$) mit $\mu(R_i) - (\varepsilon/m) \leq \sum_{j=1}^{j_i} \mu(P_j^{(i)})$. Dann ist

$$\mathfrak{P} := \{P_j^{(i)} \mid 1 \leq i \leq m, 1 \leq j \leq j_i\}$$

eine Ausschöpfung von A durch Spate mit

$$\begin{aligned} \mu_\star(A) &\geq \sum_{P \in \mathfrak{P}} \mu(P) = \sum_{i=1}^{m}\sum_{j=1}^{j_i} \mu(P_j^{(i)}) \\ &\geq \sum_{i=1}^{m}\left(\mu(R_i) - \frac{\varepsilon}{m}\right) = \sum_{i=1}^{m} \mu(R_i) - \varepsilon \end{aligned}$$

und damit
$$\sum_{i=1}^{m} \mu(R_i) \leq \mu_\star(A) + \varepsilon.$$

Da $\varepsilon > 0$ beliebig war, gilt also $\sum_{i=1}^{m} \mu(R_i) \leq \mu_\star(A)$. Da $\mathfrak{R} = \{R_1, \ldots, R_m\}$ beliebig war, gilt also $\sup_{\mathfrak{R}}\{\mu(R) \mid R \in \mathfrak{R}\} \leq \mu_\star(A)$. **Kurz gesagt:** Da jede Summe der Form $\sum_{P \in \mathfrak{P}}$ erst recht eine Summe der Form $\sum_{R \in \mathfrak{R}}$ ist und da sich jede Summe der Form $\sum_{R \in \mathfrak{R}}$ beliebig genau durch Summen der Form $\sum_{P \in \mathfrak{P}}$ annähern läßt, ist es egal, über welche der beiden Arten von Summen das Supremum gebildet wird. – Die entsprechende Aussage über Infimumsbildungen zur Bestimmung des äußeren Jordan-Inhalts von A verläuft vollkommen analog.

L102: Inhalte elementargeometrischer Figuren

Lösung (102.1) Nach der Heronschen Formel hat ein Dreieck mit den Seitenlängen a, b, c den Flächeninhalt

$$F = \sqrt{s(s-a)(s-b)(s-c)},$$

wenn wir zur Abkürzung $s := (a+b+c)/2$ schreiben. Hier haben wir $a = \sqrt{74}$, $b = \sqrt{116}$ und $c = \sqrt{370}$ (Angaben jeweils in Metern). Man kann jetzt einfach mit roher Gewalt die Heronsche Formel mit diesen Seitenlängen anwenden, aber etwas geschickter ist die folgende Vorgehensweise. Wir beobachten, daß $c^2 = 370 = 5 \cdot 74 = 5a^2$ gilt, und formen dann folgendermaßen um:

$$\begin{aligned} 16\,F^2 &= (a+b+c)(-a+b+c)(a-b+c)(a+b-c) \\ &= \bigl((a+c)+b\bigr)\bigl((a+c)-b\bigr)\bigl(b+(c-a)\bigr)\bigl(b-(c-a)\bigr) \\ &= \bigl((a+c)^2 - b^2\bigr)\bigl(b^2 - (c-a)^2\bigr) \\ &= (a+c)^2 b^2 - (c+a)^2(c-a)^2 - b^4 + b^2(c-a)^2 \\ &= b^2\bigl((c+a)^2 + (c-a)^2\bigr) - (c^2 - a^2)^2 - b^4 \\ &= 2b^2(a^2 + c^2) - (c^2 - a^2)^2 - b^4 \\ &= 12a^2 b^2 - 16a^4 - b^4 \\ &= 12 \cdot 74 \cdot 116 - 16 \cdot 74^2 - 116^2 = 1936 \end{aligned}$$

und damit $F^2 = 121$ bzw. $F = 11$. Das Dreieck ist also exakt 11 Quadratmeter groß.

Lösung (102.2) Mit den Bezeichnungen der Skizze erhalten wir nach dem Satz des Pythagoras die Gleichung $a^2 + x^2 = (b-x)^2 = b^2 - 2bx + x^2$, also $2bx = b^2 - a^2$. Der gesuchte Flächeninhalt ergibt sich nun als Differenz der Rechtecksfläche ab und der beiden Dreiecksflächen $ax/2$ zu

$$\begin{aligned} F &= ab - ax = a(b-x) = a\left(b - \frac{b^2 - a^2}{2b}\right) \\ &= a \cdot \frac{a^2 + b^2}{2b} = \frac{10}{6} = \frac{5}{3}. \end{aligned}$$

Lösung (102.3) Die Dreiecke AQP und QBP haben die gleiche Höhe. Da sie den gleichen Flächeninhalt haben sollen, müssen also ihre beiden Grundseiten AQ und QB gleich sein. Der Punkt Q muß also gerade als Mittelpunkt der Strecke AB gewählt werden. (Da das Halbieren einer Strecke mit Zirkel und Lineal leicht möglich ist, kann Q mit Zirkel und Lineal konstruiert werden.)

Die Dreiecke CPA und CBA haben die gleiche Höhe, und die Fläche von CPA soll ein Drittel der Fläche von CBA betragen. Also muß die Grundseite CP ein Drittel der Grundseite CB sein; der Punkt P ist also so zu wählen, daß er die Strecke CB im Verhältnis 1 : 2 teilt. (Auch der Punkt P kann mit Zirkel und Lineal konstruiert werden, weil das Dritteln einer Strecke – unter Benutzung des Strahlensatzes – mit Zirkel und Lineal möglich ist.)

Bemerkung: Die gleiche Idee kann man benutzen, um ein Dreieck in n flächengleiche Dreiecke zu zerlegen; vgl. Aufgabe (42.9).

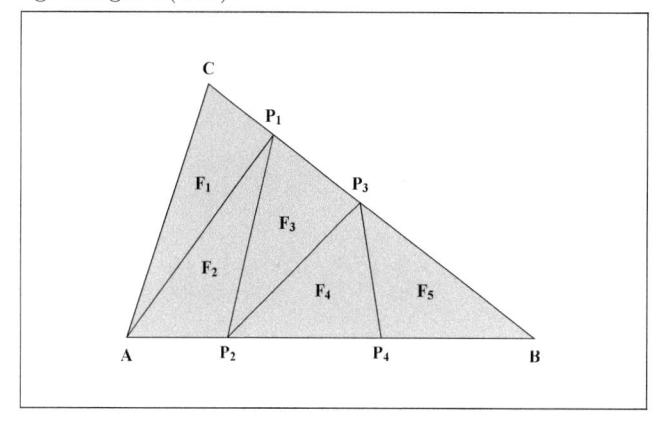

Lösung (102.4) (a) Wir benutzen die Bezeichnungen der folgenden Skizze.

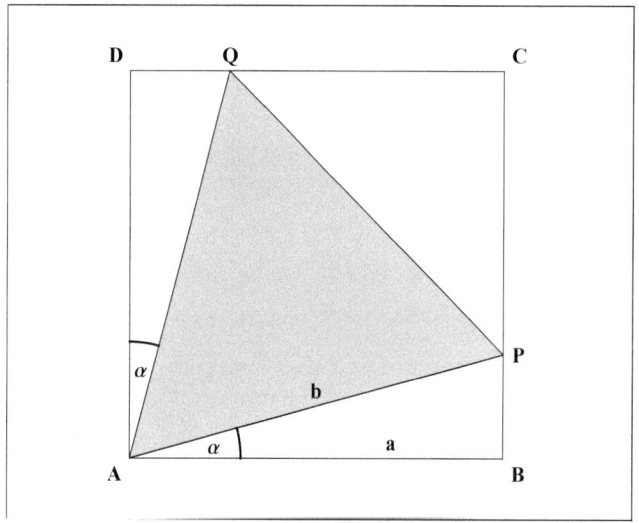

Die Dreiecke ABP und ADQ sind kongruent; also sind die eingezeichneten Winkel $\angle(BAP) = \angle QAD$ gleich. Sind diese Winkel gleich α, so gilt $2\alpha + 60^0 = 90^0$ und damit $\alpha = 15^0$. Es gilt dann $\cos(\alpha) = a/b$. Nun ist

$$\sqrt{3}/2 = \cos(30^0) = \cos(2\alpha) = 2\cos(\alpha)^2 - 1$$

und damit $\cos(\alpha) = (1/2) \cdot \sqrt{2 + \sqrt{3}}$. Die gesuchte Seitenlänge b ist dann

$$b = \frac{a}{\cos(\alpha)} = \frac{2a}{\sqrt{2 + \sqrt{3}}}.$$

(b) Das gleichseitige Dreieck mit der Seitenlänge b hat den Flächeninhalt

$$F_{\text{Dreieck}} = \frac{\sqrt{3}\,b^2}{4} = \frac{\sqrt{3}\,a^2}{2 + \sqrt{3}} = (2\sqrt{3} - 3) \cdot a^2.$$

Der Anteil des Dreiecks an der Quadratfläche ist daher

$$\frac{F_{\text{Dreieck}}}{F_{\text{Quadrat}}} = 2\sqrt{3} - 3 \approx 0.464102 = 46.4102\%.$$

Lösung (102.5) Betrachtung des roten Dreiecks in der folgenden Skizze liefert $1/\sqrt{3} = \tan(30^0) = r/x$ und damit $x = r\sqrt{3}$.

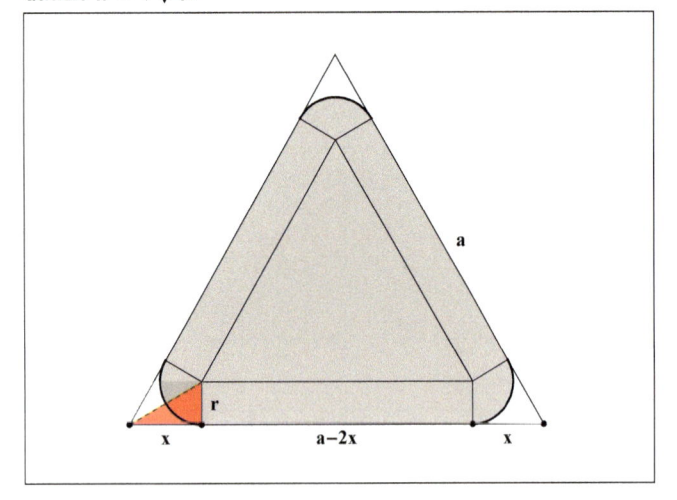

Das abgerundete Dreieck besteht dann aus einem gleichseitigen Dreieck der Kantenlänge $a - 2x = a - 2r\sqrt{3}$ und damit dem Flächeninhalt $\sqrt{3}(a - 2r\sqrt{3})^2/4$, drei Rechtecken mit der Länge $a - 2x = a - 2r\sqrt{3}$ und der Breite r und damit dem Gesamtflächeninhalt $3r(a - 2r\sqrt{3})$ sowie drei Drittelkreisen mit dem Radius r und daher dem Gesamtflächeninhalt πr^2. Das abgerundete Dreieck hat damit die Fläche

$$F = (\sqrt{3}/4) \cdot (a - 2r\sqrt{3})^2 + 3r(a - 2r\sqrt{3}) + \pi r^2$$
$$= (\sqrt{3}/4)a^2 - (3\sqrt{3} - \pi)r^2.$$

Es geht also die Fläche $(3\sqrt{3} - \pi)r^2$ verloren. (Der Anteil dieser Fläche am Kreis mit Radius r ist $(3\sqrt{3}/\pi) - 1 \approx 0.653987 = 65.3987\%$, macht also knapp zwei Drittel dieses Kreises aus.

Lösung (102.6) Wir bezeichnen mit H_a, H_b und H_c die Halbkreise über den Seiten a, b, c, mit M_a und M_b die Möndchen über den Seiten a und b sowie mit D das Dreieck ABC. Dann gilt

$$D \cup H_a \cup H_b = M_a \cup M_b \cup H_c,$$

wobei die Vereinigungen jeweils überlappungsfrei sind. Daher gilt

$$\mu(M_a \cup M_b) = \mu(D) + \mu(H_a) + \mu(H_b) - \mu(H_c) = \mu(D),$$

wobei die letzte Gleichung aufgrund von Aufgabe (101.4) gilt oder sich auch aus der folgenden Berechnung ergibt: es ist $\mu(H_a) = (1/2) \cdot \pi(a/2)^2 = \pi a^2/8$, analog $\mu(H_b) = \pi b^2/8$ und $\mu(H_c) = \pi c^2/8$, folglich

$$\mu(H_c) - \mu(H_a) - \mu(H_b) = \frac{\pi^2}{8}(c^2 - a^2 - b^2) = 0,$$

denn nach dem Satz des Pythagoras gilt $a^2 + b^2 = c^2$.

Lösung (102.7) (a) Mit den Bezeichnungen der folgenden Skizze schreiben wir $d_1 := AB = CD$ und $d_2 := BC$; der Durchmesser des Halbkreises über AD ist dann $2d_1 + d_2$.

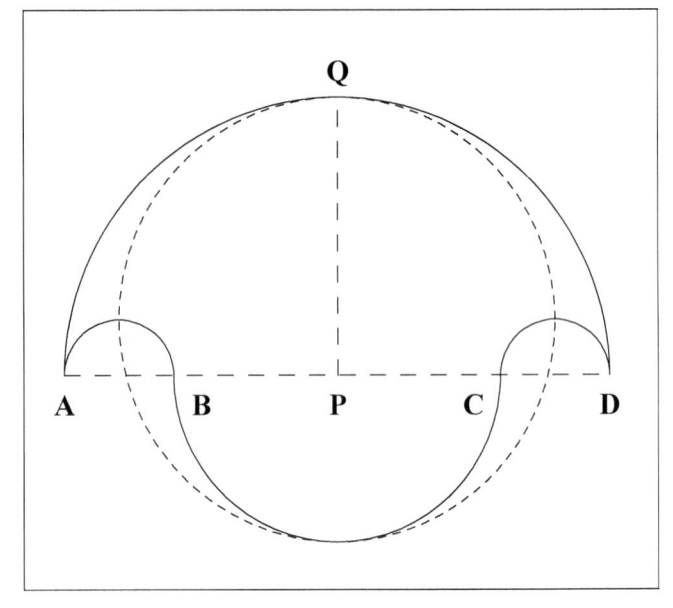

Die Fläche des Salinons ist gegeben durch

$$F = \frac{\pi d_2^2}{8} + \frac{\pi(2d_1 + d_2)^2}{8} - 2 \cdot \frac{\pi d_1^2}{8}$$
$$= \frac{\pi}{8}(2d_1^2 + 4d_1 d_2 + 2d_2^2)$$
$$= \frac{\pi}{4}(d_1 + d_2)^2 = \frac{\pi}{4}d^2,$$

wobei $d = QP + PC = d_1 + d_2$ den Durchmesser des gestrichelten Kreises bezeichnet.

(b) Mit den Bezeichnungen der folgenden Skizze seien $d_1 := AB$ und $d_2 := BC$ die Durchmesser der beiden herausgeschnittenen Teile des Arbelos.

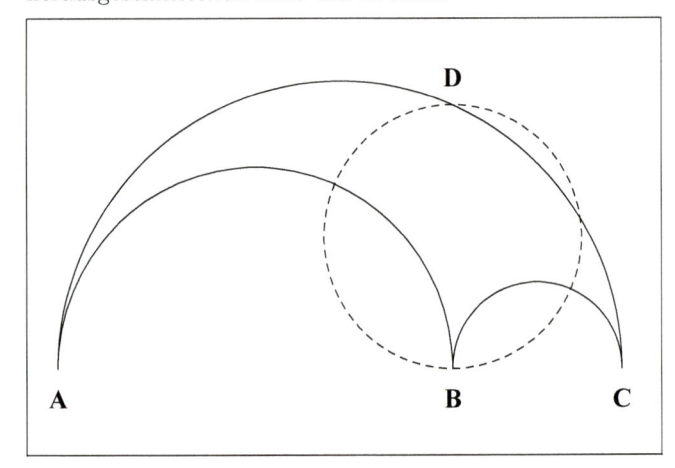

Der Durchmesser des Halbkreises, aus dem die beiden Halbkreise entfernt werden, ist dann $AC = d_1 + d_2$. Allgemein hat ein Halbkreis mit Durchmesser d den Flächeninhalt $\pi d^2/8$; der Flächeninhalt des Arbelos ist daher

$$F = \frac{\pi(d_1+d_2)^2}{8} - \frac{\pi d_1^2}{8} - \frac{\pi d_2^2}{8} = \frac{\pi d_1 d_2}{4}.$$

Nach dem Satz des Thales hat das Dreieck ACD bei D einen rechten Winkel; nach dem Höhensatz des Euklid erfüllt dann der Durchmesser $d := BD$ des gestrichelten Kreises die Gleichung $d^2 = d_1 d_2$; sein Flächeninhalt ist daher $\pi d^2/4 = \pi d_1 d_2/4 = F$, und das war zu zeigen.

Lösung (102.8) Es sei jeweils a die Seitenlänge des Quadrats. Wir betrachten zunächst die Figur auf der rechten Seite. Die vier weißen Flächen bilden zusammen einen Kreis mit dem Radius $a/2$, haben also zusammen die Fläche $\pi(a/2)^2 = \pi a^2/4$. Die graue Fläche ist dann gerade die Differenz dieser Fläche zur Quadratfläche, also $a^2 - \pi a^2/4 = (1-\pi/4)a^2$. Der Anteil dieser grauen Fläche an der Quadratfläche ist $1 - (\pi/4) \approx 0.214602 = 21.4602\%$.

Wir betrachten nun die Figur auf der linken Seite. Jeweils zwei der vier weißen Flächen lassen sich zu einer Fläche wie der grauen Fläche rechts zusammenfügen. Die vier weißen Flächen zusammen haben daher den Flächeninhalt $(2-\pi/2)a^2$. Die graue Fläche ist dann gerade die Differenz dieser Fläche zur Quadratfläche, also $a^2 - (2-\pi/2)a^2 = ((\pi/2)-1)a^2$. Der Anteil dieser grauen Fläche an der Quadratfläche ist $(\pi/2)-1 \approx 0.570796 = 57.0796\%$.

Lösung (102.9) (a) Wir benutzen die Bezeichnungen der folgenden Skizze.

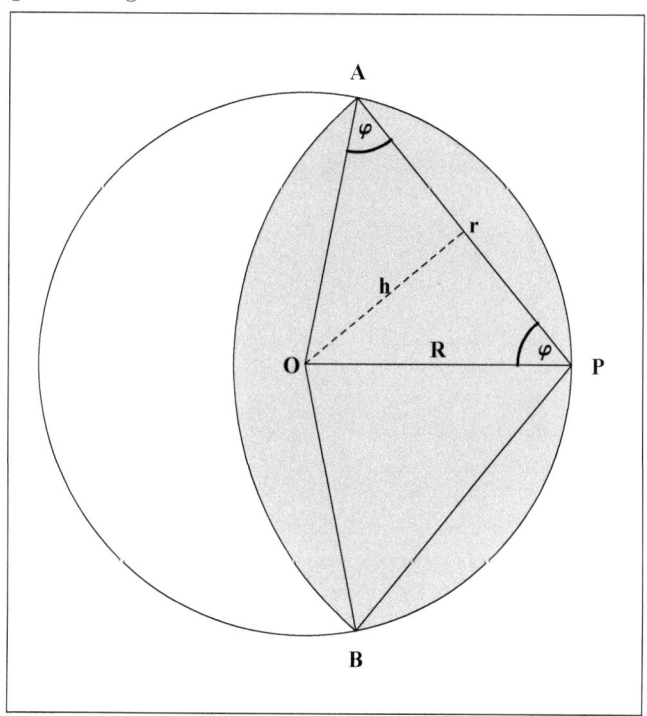

Der Cosinussatz liefert $r^2 = R^2 + R^2 - 2R^2\cos(\pi-2\varphi) = 2R^2(1+\cos(2\varphi)) = 4R^2\cos^2\varphi$ und damit $r = 2R\cos\varphi$.

Das Flächenstück, dessen Inhalt wir berechnen wollen, setzt sich zusammen aus dem Kreissektor PAB vom Radius r, dessen Flächeninhalt gegeben ist durch

$$F_1 := \pi r^2 \cdot \frac{2\varphi}{2\pi} = r^2\varphi,$$

sowie den beiden gleichgroßen Kreissegmenten zwischen den Sehnen PA bzw. PB und dem Kreis um O mit Radius R. Der Flächeninhalt jedes dieser Segmente ist gegeben durch den Inhalt des Kreissektors OPA abzüglich der Fläche des Dreiecks OPA. Da das Dreieck OPA die Grundseite r und die Höhe $h = (r/2)\tan(\varphi)$ hat, ist der Flächeninhalt jedes der beiden Segmente also gegeben durch

$$\begin{aligned}F_2 &:= \pi R^2 \cdot \frac{\pi-2\varphi}{2\pi} - \frac{1}{2}\cdot r \cdot \frac{r\tan(\varphi)}{2}\\ &= \frac{R^2}{2}(\pi-2\varphi) - \frac{r^2\tan(\varphi)}{4}.\end{aligned}$$

Der gesuchte Flächeninhalt ist also

$$F = F_1 + 2F_2 = r^2\varphi + R^2(\pi-2\varphi) - \frac{r^2\tan(\varphi)}{2}.$$

Setzen wir den Zusammenhang $r = 2R\cos\varphi$ ein, so geht diese Gleichung über in $F = R^2(4\varphi\cos^2\varphi + \pi - 2\varphi - 2\sin\varphi\cos\varphi)$. Schreiben wir

$$\Phi := 2\varphi = 2\arccos\left(\frac{r}{2R}\right)$$

und nutzen wir die Formeln $\cos^2\varphi = (1+\cos(2\varphi))/2$ und $2\sin\varphi\cos\varphi = \sin(2\varphi)$ aus, so ergibt sich

$$F = R^2 \cdot \left(\pi + \Phi\cos(\Phi) - \sin(\Phi)\right).$$

(b) Hier ist r bzw. φ bzw. Φ so zu wählen, daß $F = \pi R^2/2$ gilt, also $\sin(\Phi) - \Phi\cos(\Phi) = \pi/2$. Wir definieren $f : [0,\pi] \to \mathbb{R}$ durch

$$f(\Phi) := \sin(\Phi) - \Phi\cos(\Phi)$$

und erhalten $f'(\Phi) = \Phi\sin(\Phi) > 0$ auf $(0,\pi)$; die Funktion f wächst also streng monoton von $f(0) = 0$ nach $f(\pi) = \pi$; die Gleichung $f(\Phi) = \pi/2$ besitzt also eine eindeutige Lösung $\Phi_0 \in (0,\pi)$. Numerische Berechnung (etwa mit dem Newtonverfahren) liefert $\Phi_0 \approx 1.9057 \approx 109.189^0$ und dann $r = 2R \cdot \cos(\Phi_0/2) \approx 1.15872 \cdot R$.

Lösung (102.10) Es sei jeweils a die Seitenlänge des Quadrats. Der graue Kreis auf der linken Seite hat dann den Radius $a/4$, folglich den Flächeninhalt $\pi(a/4)^2 = \pi a^2/16$. Der Anteil dieser Fläche an der Fläche des Quadrats ist $\pi/16 = 0.19635 = 19.635\%$. Wir betrachten nun die Figur auf der rechten Seite der Aufgabenstellung.

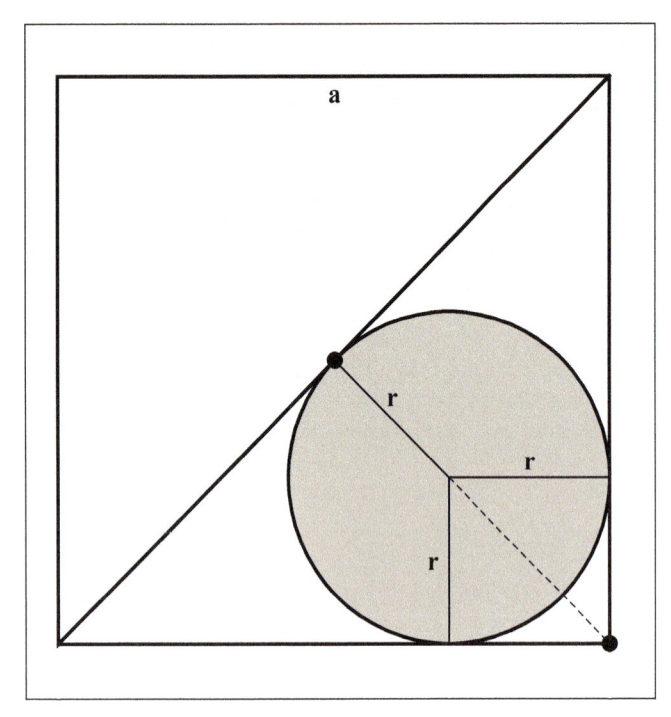

Wie die Abbildung zeigt, setzt sich die halbe Diagonalenlänge in dem Quadrat, also die Strecke $(1/2) \cdot \sqrt{2}a$, zusammen aus dem Kreisradius r und der Diagonalenlänge $r\sqrt{2}$ des Quadrats rechts unten; es gilt also die Gleichung

$$\frac{\sqrt{2}a}{2} = (1+\sqrt{2}) \cdot r$$

bzw.

$$r = \frac{a\sqrt{2}}{2(1+\sqrt{2})} \cdot \frac{\sqrt{2}-1}{\sqrt{2}-1}$$
$$= \frac{2-\sqrt{2}}{2} \cdot a$$
$$= \left(1 - \frac{1}{\sqrt{2}}\right) \cdot a.$$

Der Flächeninhalt des grauen Kreises ist daher

$$\pi r^2 = \pi\left(1 - \sqrt{2} + \frac{1}{2}\right) \cdot a^2 = \pi\left(\frac{3}{2} - \sqrt{2}\right) \cdot a^2,$$

und der Anteil dieser Fläche an der Quadratfläche ist $\pi((3/2) - \sqrt{2}) \approx 0.269506 = 26.9506\%$.

Lösung (102.11) Wir bezeichnen jeweils mit R den Radius des großen Halbkreises und mit r den Radius des grauen Kreises, dessen Flächeninhalt gesucht ist.

(a) Wir betrachten das in der folgenden Skizze rot eingezeichnete rechtwinklige Hilfsdreieck, dessen Hypotenuse die Länge $(R/2) + r$ hat und dessen Katheten die Längen $R/2$ und $R - r$ haben.

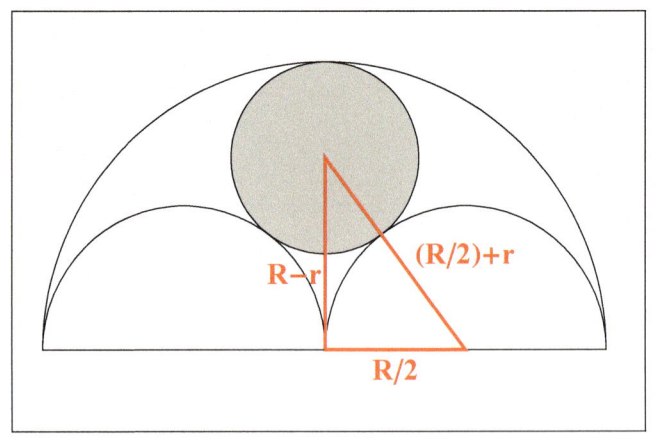

Nach dem Satz des Pythagoras gilt dann $((R/2) + r)^2 = (R/2)^2 + (R-r)^2$, also $(R^2/4) + rR + r^2 = (R^2/4) + R^2 - 2rR + r^2$ bzw. $rR = R^2 - 2rR$. Hieraus folgt $3rR = R^2$ und damit $r = R/3$. Das Verhältnis der Fläche des grauen Kreises zur Fläche des großen Halbkreises ist dann

$$\frac{\pi r^2}{\pi R^2/2} = \frac{\pi R^2/9}{\pi R^2/2} = \frac{2}{9} = 0.\overline{2} = 22.\overline{2}\%.$$

(b) Es sei ρ der Radius der beiden einbeschriebenen Kreise. Der folgenden Skizze entnehmen wir zunächst, daß $R = \rho + \rho\sqrt{2} = \rho(1 + \sqrt{2})$ gilt, damit also

$$\rho = \frac{R}{1+\sqrt{2}} = R(\sqrt{2}-1).$$

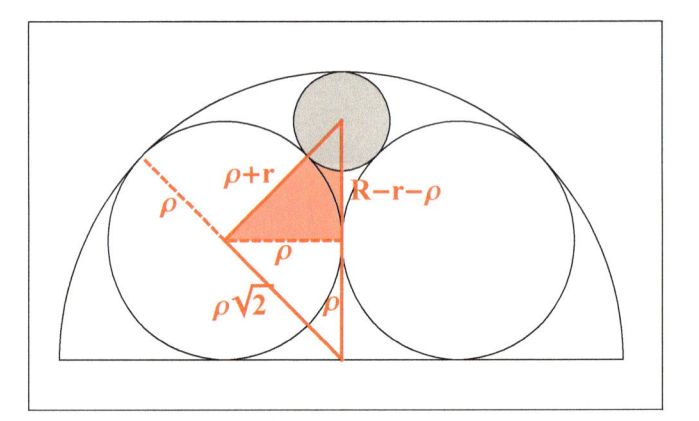

Anschließend betrachten wir das rot eingezeichnete Hilfsdreieck. Dieses hat die Hypotenuse $\rho + r$ und die Katheten ρ und $R - r - \rho$; nach dem Satz des Pythagoras gilt daher $(\rho+r)^2 = \rho^2 + (R-r-\rho)^2$, nach Ausmultiplizieren und Sortieren also $2rR = (R-\rho)^2 = (2-\sqrt{2})^2 R^2 = (6-4\sqrt{2})R^2$ und damit $r = (3 - 2\sqrt{2})R$. Das Verhältnis der Fläche des grauen Kreises zur Fläche des großen Halbkreises ist dann

$$\frac{\pi r^2}{\pi R^2/2} = \frac{\pi R^2(17-12\sqrt{2})}{\pi R^2/2} = 34 - 24\sqrt{2}$$
$$\approx 0.0588745 = 5.88745\%.$$

Lösung (102.12) Je zwei *benachbarte* Dreiecke (also beispielsweise SAB und SBC) haben die gleiche Höhe; aufgrund der Formel

$$\text{Dreiecksfläche} = \frac{1}{2} \cdot \text{Grundseite} \cdot \text{Höhe}$$

stehen ihre Flächeninhalte also im gleichen Verhältnis wie die entsprechenden Grundseiten. Daher haben wir

$$\frac{\text{Fläche } \Delta SAB}{\text{Fläche } \Delta SBC} = \frac{\overline{SA}}{\overline{SC}} \quad \text{und} \quad \frac{\text{Fläche } \Delta SBC}{\text{Fläche } \Delta SCD} = \frac{\overline{SB}}{\overline{SD}}.$$

Multiplizieren wir die beiden Gleichungen miteinander, so ergibt sich

$$\frac{\text{Fläche } \Delta SAB}{\text{Fläche } \Delta SCD} = \frac{\overline{SA}}{\overline{SC}} \cdot \frac{\overline{SB}}{\overline{SD}}.$$

Lösung (102.13) (a) Der Querschnitt durch die Halbkugel parallel zum Grundkreis in der Höhe y_k ist ein Kreis, dessen Radius nach dem Satz des Pythagoras gegeben ist durch $r_k = \sqrt{R^2 - y_k^2}$. Der k-te einbeschriebene Kreiszylinder hat die Grundfläche πr_k^2 und die Höhe $y_k - y_{k-1}$ und damit das Volumen $\pi r_k^2 (y_k - y_{k-1})$; die Summe der Volumina der einbeschriebenen Kreiszylinder ist daher

$$\sum_{k=1}^{N} \pi r_k^2 (y_k - y_{k-1}) = \sum_{k=1}^{N} \pi (R^2 - y_k^2)(y_k - y_{k-1}).$$

(Beachte, daß $r_N = 0$ gilt; die Summe erstreckt sich also nur über $N-1$ "echte" Kreiszylinder.) Der k-te umbeschriebene Kreiszylinder hat dagegen die Grundfläche πr_{k-1}^2 und die Höhe $y_k - y_{k-1}$ und damit das Volumen $\pi r_{k-1}^2 (y_k - y_{k-1})$; die Summe der Volumina der umbeschriebenen Kreiszylinder ist daher

$$\sum_{k=1}^{N} \pi r_{k-1}^2 (y_k - y_{k-1}) = \sum_{k=1}^{N} \pi (R^2 - y_{k-1}^2)(y_k - y_{k-1}).$$

(b) Setzen wir in (a) speziell die Werte $y_k = kR/N$ ein, so erhalten wir die Innensumme

$$\begin{aligned}
I_N &= \sum_{k=1}^{N} \pi \left(R^2 - \frac{k^2 R^2}{N^2} \right) \cdot \frac{R}{N} \\
&= \frac{\pi R^3}{N^3} \sum_{k=1}^{N} (N^2 - k^2) \\
&= \frac{\pi R^3}{N^3} \left(N^3 - \sum_{k=1}^{N} k^2 \right) \\
&= \frac{\pi R^3}{N^3} \left(N^3 - \frac{N(N+1)(2N+1)}{6} \right) \\
&= \pi R^3 \cdot \left(1 - \frac{(1 + 1/N)(2 + 1/N)}{6} \right)
\end{aligned}$$

und die Außensumme

$$\begin{aligned}
A_N &= \sum_{k=1}^{N} \pi \left(R^2 - \frac{(k-1)^2 R^2}{N^2} \right) \cdot \frac{R}{N} \\
&= \frac{\pi R^3}{N^3} \sum_{k=1}^{N} (N^2 - (k-1)^2) \\
&= \frac{\pi R^3}{N^3} \left(N^3 - \sum_{k=1}^{N-1} k^2 \right) \\
&= \frac{\pi R^3}{N^3} \left(N^3 - \frac{(N-1)N(2N-1)}{6} \right) \\
&= \pi R^3 \cdot \left(1 - \frac{(1 - 1/N)(2 - 1/N)}{6} \right).
\end{aligned}$$

(c) Bezeichnen wir mit H die Halbkugel, so gilt für alle $N \in \mathbb{N}$ die Abschätzung

$$(\star) \qquad I_N \;<\; \mu_\star(H) \;\leq\; \mu^\star(H) \;<\; A_N.$$

Für $N \to \infty$ folgen nun aus Teil (b) die Konvergenzaussagen $I_N \to 2\pi R^3/3$ und $A_N \to 2\pi R^3/3$ für $N \to \infty$. Lassen wir in $(\star)$ auf beiden Seiten $N \to \infty$ laufen, so folgt nach dem Einschnürungskriterium dann $\mu_\star(H) = \mu^\star(H) = 2\pi R^3/3$. Also ist H Jordan-meßbar mit $\mu(H) = 2\pi R^3/3$. Das Volumen der vollen Kugel ist dann doppelt so groß, hat also den Wert $4\pi R^3/3$.

Lösung (102.14) (a) Setzen wir $n = 1$ ein, so erkennen wir, daß das gesuchte Polynom p_ℓ die Bedingung $p_\ell(1) = \ell$ erfüllen muß; der Übergang von n auf $n+1$ zeigt ferner, daß

$$\frac{n^{\ell+1} + p_\ell(n)}{\ell+1} + (n+1)^\ell = \frac{(n+1)^{\ell+1} + p_\ell(n+1)}{\ell+1}$$

gelten muß, nach Durchmultiplizieren mit $\ell+1$ also

$$n^{\ell+1} + p_\ell(n) + (\ell+1)(n+1)^\ell = (n+1)^{\ell+1} + p_\ell(n+1)$$

bzw.

$$\begin{aligned}
p_\ell(n+1) - p_\ell(n) &= n^{\ell+1} + (\ell+1)(n+1)^\ell - (n+1)^{\ell+1} \\
&= n^{\ell+1} + (\ell+1) \sum_{k=0}^{\ell} \binom{\ell}{k} n^k - \sum_{k=0}^{\ell+1} \binom{\ell+1}{k} n^k \\
&= (\ell+1) \sum_{k=0}^{\ell} \binom{\ell}{k} n^k - \sum_{k=0}^{\ell} \binom{\ell+1}{k} n^k \\
&= \sum_{k=0}^{\ell} \left((\ell+1) \binom{\ell}{k} - \binom{\ell+1}{k} \right) n^k \\
&= \sum_{k=0}^{\ell-1} \left((\ell+1) \binom{\ell}{k} - \binom{\ell+1}{k} \right) n^k
\end{aligned}$$

Um zu sehen, ob dies mit einem Polynom vom Grad $\leq \ell$ erfüllbar ist, machen wir den Ansatz $p_\ell(x) = \sum_{i=0}^{\ell} a_i x^i$; dann ist

$$p_\ell(n+1) - p_\ell(n) = \sum_{i=0}^{\ell} a_i\big((n+1)^i - n^i\big)$$
$$= \sum_{i=0}^{\ell} a_i \left[\sum_{k=0}^{i-1} \binom{i}{k} n^k\right] = \sum_{k=0}^{\ell-1} \left[\sum_{i=k+1}^{\ell} a_i \binom{i}{k}\right] n^k,$$

wobei im letzten Schritt die Summationsreihenfolge vertauscht wurde. Ein Vergleich der beiden letzten Ergebnisse zeigt, daß die Koeffizienten a_i so gewählt werden müssen, daß

$$\sum_{i=k+1}^{\ell} a_i \binom{i}{k} = (\ell+1)\binom{\ell}{k} - \binom{\ell+1}{k}$$

für $0 \leq k \leq \ell-1$ gilt. Dieses Gleichungssystem für die Koeffizienten a_i ist aber problemlos erfüllbar, was man sieht, indem man einfach nacheinander $k = \ell-1$, $k = \ell-2$ und so weiter bis $k = 0$ einsetzt und so die Koeffizienten a_ℓ, $a_{\ell-1}$, ..., a_1 nacheinander ermittelt. Der letzte Koeffizient a_0 wird dann so gewählt, daß die Bedingung $p_\ell(1) = \ell$ erfüllt ist. (Die Rechnung zeigt, daß das Polynom p_ℓ den exakten Grad ℓ und den Leitkoeffizienten $(\ell+1)/2$ hat.)

(b) Wir nehmen zuerst $a = 0$ an. Für die Untersumme $U_N = \sum_{k=1}^{N} f(x_{k-1})(x_k - x_{k-1})$ erhalten wir unter Benutzung von Teil (a) dann den Wert

$$U_N = \sum_{k=1}^{N} \frac{(k-1)^\ell b^\ell}{N^\ell} \cdot \frac{b}{N} = \frac{b^{\ell+1}}{N^{\ell+1}} \sum_{k=1}^{N} (k-1)^\ell$$
$$= \frac{b^{\ell+1}}{N^{\ell+1}} \sum_{k=1}^{N-1} k^\ell = \frac{b^{\ell+1}}{N^{\ell+1}} \cdot \frac{(N-1)^{\ell+1} + p_\ell(N-1)}{\ell+1}$$
$$= \frac{b^{\ell+1}}{\ell+1} \left[\left(1 - \frac{1}{N}\right)^{\ell+1} + O\left(\frac{1}{N}\right)\right],$$

für die Obersumme $O_N = \sum_{k=1}^{N} f(x_k)(x_k - x_{k-1})$ dagegen

$$O_N = \sum_{k=1}^{N} \frac{k^\ell b^\ell}{N^\ell} \cdot \frac{b}{N} = \frac{b^{\ell+1}}{N^{\ell+1}} \sum_{k=1}^{N} k^\ell$$
$$= \frac{b^{\ell+1}}{N^{\ell+1}} \cdot \frac{N^{\ell+1} + p_\ell(N)}{\ell+1} = \frac{b^{\ell+1}}{\ell+1} \left[1 + O\left(\frac{1}{N}\right)\right].$$

Wir sehen, daß $U_N \to b^{\ell+1}/(\ell+1)$ und $O_N \to b^{\ell+1}/(\ell+1)$ für $N \to \infty$ gilt; aus $U_N < \mu_\star(\Omega) \leq \mu^\star(\Omega) < O_N$ ergibt sich daher $\mu_\star(\Omega) = \mu^\star(\Omega) = b^{\ell+1}/(\ell+1)$ mit dem Einschnürungskriterium. Also ist Ω Jordan-meßbar mit $\mu(\Omega) = b^{\ell+1}/(\ell+1)$. (In späterer Terminologie wird dies gleichbedeutend damit sein, daß die Funktion $f(x) = x^\ell$ auf $[0,b]$ Riemann-integrierbar ist mit $\int_0^b x^\ell\,dx = b^{\ell+1}/(\ell+1)$.) Damit ist der Fall $a = 0$ erledigt. Wir schreiben nun statt Ω etwas genauer

$$\Omega_{a,b} := \{(x,y) \in \mathbb{R}^2 \mid a \leq x \leq b,\ 0 \leq y \leq f(x)\}.$$

Dann ist $\Omega_{a,b} = \Omega_{0,b} \setminus \Omega_{0,a}$; folglich ist $\Omega_{a,b}$ Jordan-meßbar mit

$$\mu(\Omega_{a,b}) = \mu(\Omega_{0,b}) - \mu(\Omega_{0,a}) = \frac{b^{\ell+1}}{\ell+1} - \frac{a^{\ell+1}}{\ell+1}.$$

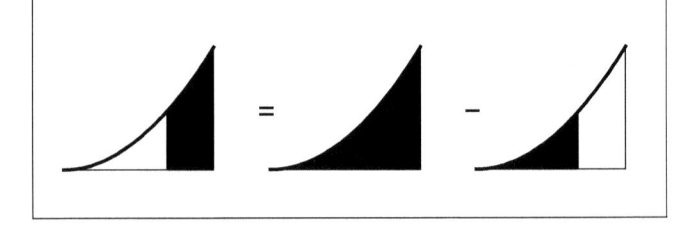

Lösung (102.15) (a) Die Fläche des Dreiecks ist halb so groß wie die Fläche des Parallelogramms, das von den Vektoren $\overrightarrow{P_0P_1} = (x_1 - x_0, y_1 - y_0)^T$ und $\overrightarrow{P_0P_2} = (x_2 - x_0, y_2 - y_0)^T$ aufgespannt wird; diese Parallelogrammfläche ist aber betragsmäßig nichts anderes als

$$\det(\overrightarrow{P_0P_1}, \overrightarrow{P_0P_2}) = \det\begin{bmatrix} x_1 - x_0 & x_2 - x_0 \\ y_1 - y_0 & y_2 - y_0 \end{bmatrix}$$
$$= \det\begin{bmatrix} 0 & x_1 - x_0 & x_2 - x_0 \\ 0 & y_1 - y_0 & y_2 - y_0 \\ 1 & 1 & 1 \end{bmatrix} = \det\begin{bmatrix} x_0 & x_1 & x_2 \\ y_0 & y_1 & y_2 \\ 1 & 1 & 1 \end{bmatrix},$$

wobei sich die letzte Gleichung ergibt, indem man in der linken Determinante das x_0-fache der dritten Zeile zur ersten und das y_0-fache der dritten Zeile zur zweiten Zeile addiert. Hieraus folgt die Behauptung.

(b) Wir bezeichnen mit T das Tetraeder mit den Ecken P_0, P_1, P_2, P_3 und mit D das Dreieck mit den Ecken P_0, P_1, P_2 und fassen T als den Kegel über D mit der Spitze P_3 auf. Das Volumen dieses Kegels ist ein Drittel des Produkts aus Grundfläche und Höhe. Nehmen wir zunächst an, daß die zugrundegelegte Orthonormalbasis so gewählt ist, daß e_1 und e_2 die Ebene aufspannen, in der D liegt, und e_3 in Richtung auf P_3 hin zeigt, so ist die Höhe des Tetraeders gerade z_3; unter Benutzung von Teil (a) erhalten wir dann das Tetraedervolumen

$$V = \frac{1}{3} \cdot \text{Grundfläche} \cdot \text{Höhe} = \frac{1}{3} \cdot \frac{1}{2} \cdot \left|\begin{matrix} x_0 & x_1 & x_2 \\ y_0 & y_1 & y_2 \\ 1 & 1 & 1 \end{matrix}\right| \cdot z_3$$
$$= \frac{z_3}{6} \cdot \left|\begin{matrix} x_0 & x_1 & x_2 & x_3 \\ y_0 & y_1 & y_2 & y_3 \\ 0 & 0 & 0 & 1 \\ 1 & 1 & 1 & 1 \end{matrix}\right| = \frac{1}{6} \cdot \left|\begin{matrix} x_0 & x_1 & x_2 & x_3 \\ y_0 & y_1 & y_2 & y_3 \\ z_0 & z_1 & z_2 & z_3 \\ 1 & 1 & 1 & 1 \end{matrix}\right|,$$

wobei die letzte Gleichung wegen $z_0 = z_1 = z_2 = 0$ richtig ist. (Die großen inneren Striche bedeuten Determinantenbildung, die kleinen äußeren Striche bedeuten Betragsbildung.) Diese Gleichung für das Volumen gilt dann aber nicht nur für die Koordinatendarstellungen der Punkte P_i in dem speziell gewählten Koordinatensystem, sondern bezüglich eines beliebigen kartesischen Koordinatensystems, weil der Übergang zwischen zwei kartesischen

Koordinatensystemen durch eine orthogonale lineare Abbildung herbeigeführt wird, die die Determinante 1 hat und daher volumenerhaltend ist.

Lösung (102.16) (a) Nach der vorigen Aufgabe ist der Flächeninhalt gegeben durch

$$\frac{1}{2} \cdot \left| \begin{vmatrix} 1 & 5 & 2 \\ 1 & 3 & 7 \\ 1 & 1 & 1 \end{vmatrix} \right| = \frac{1}{2} \cdot \left| \begin{vmatrix} 0 & 4 & 1 \\ 0 & 2 & 6 \\ 1 & 1 & 1 \end{vmatrix} \right| = 11.$$

(b) Nach der vorigen Aufgabe ist der Rauminhalt gegeben durch

$$\frac{1}{6} \cdot \left| \begin{vmatrix} 0 & 2 & 3 & -4 \\ 0 & -1 & 6 & 2 \\ 1 & -5 & 8 & 3 \\ 1 & 1 & 1 & 1 \end{vmatrix} \right| = \frac{1}{6} \cdot \left| \begin{vmatrix} 0 & 2 & 3 & -4 \\ 0 & -1 & 6 & 2 \\ 0 & -6 & 7 & 2 \\ 1 & 1 & 1 & 1 \end{vmatrix} \right|$$

$$= \frac{1}{6} \cdot \left| \begin{vmatrix} 2 & 3 & -4 \\ -1 & 6 & 2 \\ -6 & 7 & 2 \end{vmatrix} \right| = \frac{1}{6} \cdot \left| \begin{vmatrix} 0 & 15 & 0 \\ -1 & 6 & 2 \\ -6 & 7 & 2 \end{vmatrix} \right|$$

$$= \frac{15}{6} \cdot \left| \begin{vmatrix} -1 & 2 \\ -6 & 2 \end{vmatrix} \right| = \frac{15 \cdot 10}{6} = 25.$$

Lösung (102.17) Die Ecken des Dreiecks, also die Schnittpunkte der berandenden Geraden, sind $(1,1)$, $(2,3)$ und $(3,2)$. Durch Anwendung von Aufgabe $(102.15)(a)$ oder elementargeometrische Überlegungen ergibt sich dann der Flächeninhalt $F = 3/2$. Alternativ können wir auch Aufgabe (59.9) anwenden und F unmittelbar aus den Gleichungen der begrenzenden Geraden

$$\begin{aligned} x - 2y + 1 &= 0, \\ x + y - 5 &= 0, \\ 2x - y - 1 &= 0 \end{aligned}$$

ermitteln, und zwar als Betrag der Zahl

$$\frac{1}{2} \cdot \frac{\begin{vmatrix} 1 & -2 & 1 \\ 1 & 1 & -5 \\ 2 & -1 & -1 \end{vmatrix}^2}{\begin{vmatrix} 1 & -2 \\ 1 & 1 \end{vmatrix} \cdot \begin{vmatrix} 1 & 1 \\ 2 & -1 \end{vmatrix} \cdot \begin{vmatrix} 2 & -1 \\ 1 & -2 \end{vmatrix}}$$

$$= \frac{1}{2} \cdot \frac{81}{3 \cdot (-3) \cdot (-3)} = \frac{3}{2}.$$

Lösung (102.18) Wir zeichnen die Hilfswinkel φ, α und β ein und haben dann $\varphi + 2\alpha = \pi$ und $(\pi/2) + \alpha + \beta = \pi$ (Winkelsumme im Dreieck!) und damit dann $\beta = (\pi/2) - \alpha = (\pi - 2\alpha)/2 = \varphi/2$; es folgt $\tan(\varphi/2) = \tan(\beta) = a/b$.

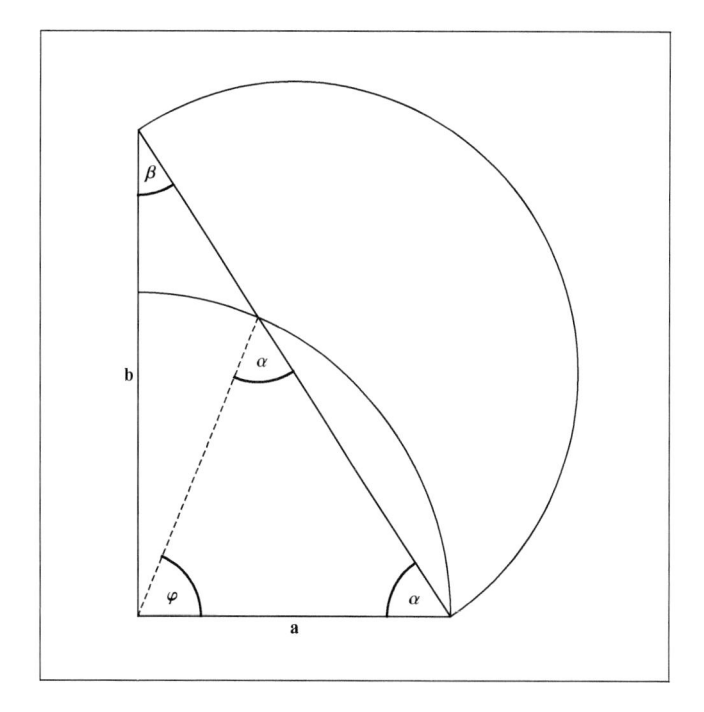

Das Flächenstück B ist ein Kreissegment, genauer der Kreissektor mit Radius a und Öffnungswinkel φ abzüglich des gleichschenkligen Dreiecks mit Schenkellänge a und Basiswinkel α. Der Flächeninhalt von B (den wir in etwas schlampiger Weise wieder mit B bezeichnen) ist daher

$$\begin{aligned} B &= (\varphi/2) \cdot a^2 - a\sin(\varphi/2) \cdot a\cos(\varphi/2) \\ &= a^2 \cdot ((\varphi/2) - \sin(\varphi/2) \cdot \cos(\varphi/2)) \\ &= a^2 \cdot \left(\arctan\left(\frac{a}{b}\right) - \frac{ab}{a^2+b^2} \right). \end{aligned}$$

Die Inhalte der anderen Flächenstücke ergeben sich dann durch einfache Ergänzungskonstruktionen.

• Ergänzen wir B um A, so erhalten wir einen Viertelkreis mit dem Radius a und damit dem Flächeninhalt $(\pi/4) \cdot a^2$. Also gilt

$$A = \frac{\pi a^2}{4} - B = a^2 \cdot \left(\frac{\pi}{4} - \arctan\left(\frac{a}{b}\right) + \frac{ab}{a^2+b^2} \right).$$

• Ergänzen wir A um C, so erhalten wir ein rechtwinkliges Dreieck mit den Katheten a und b und damit dem Flächeninhalt $ab/2$. Also gilt

$$C = \frac{ab}{2} - C = \frac{ab}{2} - a^2 \cdot \left(\frac{\pi}{4} - \arctan\left(\frac{a}{b}\right) + \frac{ab}{a^2+b^2} \right).$$

• Ergänzen wir C um D, so erhalten wir einen Halbkreis mit dem Radius $c/2 = \sqrt{a^2+b^2}/2$ und damit dem Flächeninhalt $(\pi/2) \cdot (\sqrt{a^2+b^2}/2)^2 = \pi(a^2+b^2)/8$. Also gilt

$$D = \frac{\pi(a^2+b^2)}{8} - B = \frac{\pi(a^2+b^2)}{8} - a^2 \cdot \arctan\left(\frac{a}{b}\right) + \frac{a^3 b}{a^2+b^2}.$$

L103: Die Borel-Lebesguesche Maßtheorie

Lösung (103.1) Für die Vereinigung ist die Aussage klar nach Nummer (103.5)(c) im Buch. Wir wählen nun einen Spat X, der so groß ist, daß er A und B enthält. Aus Nummer (103.2)(e) im Buch folgt $\lambda^\star(X \setminus A) = \mu(X) - \lambda_\star(A) = \mu(X) - \lambda^\star(A) = \lambda_\star(X \setminus A)$; also ist $X \setminus A$ Lebesgue-meßbar mit $\lambda(X \setminus A) = \mu(X) - \lambda(A)$. Analog ist $X \setminus B$ Lebesgue-meßbar mit $\lambda(X \setminus B) = \mu(X) - \lambda(B)$. Mit $X \setminus A$ und $X \setminus B$ ist aber auch die Vereinigung $(X \setminus A) \cup (X \setminus B) = X \setminus (A \cap B)$ meßbar. Wenden wir nun das zuvor für A und B benutzte Argument auf $X \setminus (A \cap B)$ an, so erkennen wir, daß auch $X \setminus \bigl(X \setminus (A \cap B)\bigr) = A \cap B$ meßbar ist. Wir sehen also, daß auch der Durchschnitt zweier meßbarer Mengen wieder meßbar ist. Dann ist aber auch $A \cap (X \setminus B) = A \setminus B$ meßbar.

Lösung (103.2) Die einzigen "Spate" (hier also Intervalle), die in A enthalten sind, sind die entarteten einpunktigen Intervalle, deren Jordaninhalt 0 ist. Also gilt $\mu_\star(A) = 0$. Zur Berechnung von $\mu^\star(A)$ betrachten wir eine beliebige Überdeckung $\mathfrak{Q}$ von A durch endlich viele Intervalle $I_1, \ldots, I_m$. Dann wird $A = [a,b] \cap \mathbb{Q}$ erst recht von den abgeschlossenen Intervallen $\overline{I_k}$ überdeckt. Diese überdecken dann aber sogar ganz $[a,b]$ (denn ansonsten wäre $[a,b] \setminus \bigcup_{k=1}^m$ eine nichtleere offene Teilmenge von $[a,b]$, und diese müßte auch rationale Zahlen enthalten). Also ist die Gesamtlänge der Intervalle I_k mindestens $b - a$. Da dies für jede Überdeckung von A durch solche Intervalle gilt, ist damit $\mu^\star(A) \geq b - a$. Da das Intervall $[a,b]$ selbst die Menge A überdeckt, gilt also sogar $\mu^\star(A) = b - a$. (Insbesondere ist also A nicht Jordan-meßbar.)

Zur Berechnung von $\lambda^\star(A)$ haben wir mehr "Ellbogenfreiheit", weil wir jetzt A nicht nur durch endlich viele, sondern sogar abzählbar viele Intervalle überdecken dürfen. Die Menge A ist abzählbar, sagen wir $A = \{r_1, r_2, r_3, \ldots\}$. Wir geben uns $\varepsilon > 0$ beliebig vor und betrachten die Intervalle $I_k := [r_k - \varepsilon/2^{k+1}, r_k + \varepsilon/2^{k+1}]$ mit $\mu(I_k) = \varepsilon/2^k$. Wegen $A \subseteq \bigcup_{k=1}^\infty$ gilt dann

$$0 \leq \lambda_\star(A) \leq \lambda^\star(A) \leq \lambda^\star(\bigcup_{k=1}^\infty I_k)$$
$$\leq \sum_{k=1}^\infty \lambda^\star(I_k) = \sum_{k=1}^\infty \mu(I_k) = \sum_{k=1}^\infty \frac{\varepsilon}{2^k} = \varepsilon,$$

wobei wir im letzten Schritt die Formel für die geometrische Reihe ausnutzten. Also gilt $0 \leq \lambda_\star(A) \leq \lambda^\star(A) \leq \varepsilon$ für alle $\varepsilon > 0$, und das bedeutet $0 = \lambda_\star(A) = \lambda^\star(A)$.

Lösung (103.3) (a) Es sei $A \subseteq V$ beschränkt. Ist A meßbar und ist P ein beliebiger Spat, so ist $A \cap P$ meßbar als Durchschnitt zweier beschränkter meßbarer Mengen. Sind umgekehrt alle Mengen der Form $A \cap P$ meßbar, so wähle einen genügend großen Spat P_0 mit $A \subseteq P_0$; dann gilt $A = A \cap P_0$, und dies ist nach Voraussetzung eine meßbare Menge.

(b) Es seien $\{P_i \mid i \in \mathbb{N}\}$ und $\{Q_i \mid i \in \mathbb{N}\}$ zwei verschiedene Familien disjunkter Spate, die V überdecken. Für jeden Index i ist dann $A \cap P_i$ die disjunkte Vereinigung der (beschränkten und nach Voraussetzung meßbaren) Menge $A \cap P_i \cap Q_j$; nach (103.5)(c) im Buch gilt daher

$$\lambda(A \cap P_i) = \sum_{j=1}^\infty \lambda(A \cap P_i \cap Q_j).$$

Analog gilt für jeden Index j die Gleichung

$$\lambda(A \cap Q_j) = \sum_{i=1}^\infty \lambda(A \cap P_i \cap Q_j).$$

Es folgt

$$\sum_{i=1}^\infty \lambda(A \cap P_i) = \sum_{i=1}^\infty \sum_{j=1}^\infty \lambda(A \cap P_i \cap Q_j)$$
$$= \sum_{j=1}^\infty \sum_{i=1}^\infty \lambda(A \cap P_i \cap Q_j) = \sum_{j=1}^\infty \lambda(A \cap Q_j),$$

wobei beim Übergang von der ersten zur zweiten Zeile die Vertauschung der Summationsreihenfolge erlaubt ist, weil nur nichtnegative Summanden auftreten.

(c) Für jeden Spat P ist $(X \setminus A) \cap P = P \setminus A$ Lebesgue-meßbar nach Aufgabe (103.3); also ist definitionsgemäß $X \setminus A$ meßbar.

(d) Es sei $A := \bigcup_{i=1}^\infty$. Für jeden Spat P ist dann jede der Mengen $P \cap A_i$ meßbar; also ist nach Nummer (103.5)(c) im Buch auch $A \cap P = \bigcup_{i=1}^\infty (A_i \cap P)$ meßbar. Genau das aber war zu zeigen.

(e) Nach Teil (c) sind alle Mengen $X \setminus A_i$ meßbar, und nach Teil (d) ist dann auch $\bigcup_{i=1}^\infty (X \setminus A_i) = X \setminus (\bigcap_{i=1}^\infty A_i)$ meßbar. Erneute Anwendung von Teil (c) zeigt, daß dann auch $\bigcap_{i=1}^\infty A_i$ meßbar ist.

(f) Es sei $A := \bigcup_{i=1}^\infty A_i$, und es sei (P_j) eine Menge disjunkter Spate, deren Vereinigung ganz V ist. Für jeden Index j ist dann $A \cap P_j$ die disjunkte Vereinigung der Mengen $A_i \cap P_j$. Unter Anwendung von Nummer (103.5)(c) im Buch erhalten wir daher

$$\lambda(A) = \sum_{j=1}^\infty \lambda(A \cap P_j) = \sum_{j=1}^\infty \sum_{i=1}^\infty \lambda(A_i \cap P_j)$$
$$= \sum_{i=1}^\infty \sum_{j=1}^\infty \lambda(A_i \cap P_j) = \sum_{i=1}^\infty \lambda(A_i).$$

Die Vertauschung der Summationsreihenfolge ist dabei unproblematisch, weil nur nichtnegative Summanden auftreten.

Lösung (103.4) Es sei $A = \{a_1, a_2, a_3, \ldots\}$. Dann ist jede der einpunktigen Mengen $\{a_k\}$ trivialerweise Lebesgue-meßbar mit $\lambda(\{a_k\}) = 0$. Dann ist aber auch $A = \bigcup_{k=1}^\infty \{a_k\}$ Lebesgue-meßbar mit

$$\lambda(A) = \sum_{k=1}^\infty \lambda(\{a_k\}) = \sum_{k=1}^\infty 0 = 0.$$

Lösung (103.5) Nach Satz (103.3) im Buch gilt $\mu^\star(A) = \lambda(\overline{A})$; also gilt $\lambda(\overline{A}) = 0$ genau dann, wenn $\mu^\star(A) = 0$ gilt, und das ist schon die Behauptung.

Lösung (103.6) Die Menge A sei Lebesgue-meßbar. Es gibt dann eine Borelmenge B und eine Lebesguesche Nullmenge N mit $A = B \cup N$. Hieraus folgt dann $A \triangle B = (A \setminus B) \cup (B \setminus A) = A \setminus B \subseteq N$; folglich ist $A \triangle B$ Teilmenge der Lebesgueschen Nullmenge N und damit selbst eine Lebesguesche Nullmenge.

Umgekehrt sei B eine Borelmenge derart, daß $A \triangle B$ eine Lebesguesche Nullmenge ist. Dann ist auch $B \setminus A \subseteq A \triangle B$ eine Lebesguesche Nullmenge, und $B \cup (A \triangle B) = A \cup B$ ist Lebesgue-meßbar (als Vereinigung der Lebesgue-meßbaren Mengen B und $A \triangle B$). Folglich ist auch $A = (A \cup B) \setminus (B \setminus A)$ Lebesgue-meßbar.

Lösung (103.7) Wegen $\lambda(A \triangle A) = \lambda(\emptyset) = 0$ gilt $A \sim A$ für alle $A \in \mathfrak{A}$. Wegen $A \triangle B = B \triangle A$ gilt $A \sim B$ genau dann, wenn $B \sim A$ gilt. Nach Aufgabe (1.17)(j) gilt schließlich $A \triangle C \subseteq (A \triangle B) \cup (B \triangle C)$; gelten also die Gleichungen $\lambda(A \triangle B) = \lambda(B \triangle C) = 0$, so gilt auch $0 \leq \lambda(A \triangle C) \leq \lambda(A \triangle B) + \lambda(B \triangle C) = 0 + 0 = 0$ und damit $\lambda(A \triangle C) = 0$. Aus $A \sim B$ und $B \sim C$ folgt also $A \sim C$. Damit ist $\sim$ als Äquivalenzrelation nachgewiesen. Anschaulich bedeutet $A \sim B$, daß sich A und B nur um eine Lebesguesche Nullmenge unterscheiden.

Lösung (103.8) (a) Es sei $A := \bigcup_{i=1}^\infty A_i$; wir wollen zeigen, daß $\lambda(A) = \lim_{i \to \infty} \lambda(A_i)$ gilt. Dazu unterscheiden wir zwei Fälle.
• **Erster Fall:** Es gibt einen Index i_0 mit $\lambda(A_{i_0}) = \infty$. Für alle $i \geq i_0$ gilt dann $A_{i_0} \subseteq A_i \subseteq A$, folglich $\infty = \lambda(A_{i_0}) \leq \lambda(A_i) \leq \lambda(A)$ und damit $\lambda(A) = \lambda(A_i) = \infty$. In diesem Fall gilt die Behauptung also trivialerweise.
• **Zweiter Fall:** $\lambda(A_i) < \infty$ für alle i. Die Menge $A = A_1 \cup (A_2 \setminus A_1) \cup (A_3 \setminus A_2) \cup \cdots$ ist die disjunkte Vereinigung der Mengen A_1 sowie $A_i \setminus A_{i-1}$ mit $i \geq 2$. Wegen der σ-Additivität des Lebesguemaßes gilt daher

$$\begin{aligned}\lambda(A) &= \lambda(A_1) + \sum_{i=2}^\infty \lambda(A_i \setminus A_{i-1}) \\ &= \lambda(A_1) + \sum_{i=2}^\infty \big(\lambda(A_i) - \lambda(A_{i-1})\big) \\ &= \lambda(A_1) + \lim_{N \to \infty} \sum_{i=1}^N \big(\lambda(A_i) - \lambda(A_{i-1})\big) \\ &= \lambda(A_1) + \lim_{N \to \infty} \big(\lambda(A_N) - \lambda(A_1)\big) = \lim_{N \to \infty} \lambda(A_N).\end{aligned}$$

(Bei der Gleichung $\lambda(A_i \setminus A_{i-1}) = \lambda(A_i) - \lambda(A_{i-1})$ nutzen wir aus, daß $\lambda(A_{i-1}) < \infty$ gilt, und beim Übergang von der vorletzten zur letzten Zeile nutzen wir aus, daß die auftretende Summe eine Teleskopsumme ist, bei der sich aufeinanderfolgende Terme jeweils wegheben.)

(b) Es sei $A := \bigcap_{i=1}^\infty A_i$; wir wollen zeigen, daß $\lambda(A) = \lim_{i \to \infty} \lambda(A_i)$ gilt. Für $i \geq i_0$ gilt $A_{i_0} \supseteq A_i \supseteq A$ und daher $\infty > \lambda(A_{i_0}) \geq \lambda(A_i) \geq \lambda(A)$. Die Menge A_{i_0} ist die disjunkte Vereinigung der Mengen $A_i \setminus A_{i+1}$ mit $i \geq i_0$ sowie der "Restmenge" A. Wegen der Additivität des Lebesguemaßes gilt daher

$$\begin{aligned}\lambda(A_{i_0}) &= \lambda(A) + \sum_{i=i_0}^\infty \lambda(A_i \setminus A_{i+1}) \\ &= \lambda(A) + \sum_{i=i_0}^\infty \big(\lambda(A_i) - \lambda(A_{i+1})\big) \\ &= \lambda(A) + \lim_{N \to \infty} \sum_{i=i_0}^N \big(\lambda(A_i) - \lambda(A_{i+1})\big) \\ &= \lambda(A) + \lim_{N \to \infty} \big(\lambda(A_{i_0}) - \lambda(A_{N+1})\big) \\ &= \lambda(A) + \lambda(A_{i_0}) - \lim_{N \to \infty} \lambda(A_{N+1}),\end{aligned}$$

wobei die Existenz des Grenzwertes in der letzten Zeile aus derjenigen des Grenzwertes in der vorletzten Zeile folgt. Beiderseitige Subtraktion von $\lambda(A_{i_0})$ liefert die Behauptung.

(c) Setze $A_i := \{x \in \mathbb{R}^n \mid \|x\| \geq i\}$. Dann ist A_i Lebesgue-meßbar mit $\lambda(A_i) = \infty$ für alle i, und es gilt $\bigcap_{i=1}^\infty A_i = \emptyset$ und daher $\lambda(\bigcap_{i=1}^\infty A_i) = \lambda(\emptyset) = 0 \neq \infty = \lim_{i \to \infty} \lambda(A_i)$.

Lösung (103.9) (1)⇒(4): Es sei $\varepsilon > 0$ beliebig. Unmittelbar nach Definition von $\lambda_\star(A)$ und $\lambda^\star(A)$ gibt es eine abgeschlossene Menge $K \subseteq A$ und eine offene Menge $U \supseteq A$ mit

$$\mu^\star(K) \geq \lambda_\star(A) - (\varepsilon/2) \text{ und } \mu_\star(U) \leq \lambda^\star(A) + (\varepsilon/2).$$

Wegen $\mu^\star(K) = \lambda(\overline{K}) = \lambda(K)$ und $\mu_\star(U) = \lambda(U^0) = \lambda(U)$ bedeutet dies

$$\lambda(K) \geq \lambda_\star(A) - (\varepsilon/2) \text{ und } \lambda(U) \leq \lambda^\star(A) + (\varepsilon/2).$$

Wir erhalten dann

$$\begin{aligned}\lambda^\star(U \setminus K) &= \lambda(U \setminus K) = \lambda(U) - \lambda(K) \\ &\leq \lambda^\star(A) - \lambda_\star(A) + \varepsilon = \varepsilon,\end{aligned}$$

wobei im letzten Schritt die Meßbarkeit von A benutzt wurde.

(4)⇒(2): Diese Implikation ist trivial.

(4)⇒(3): Diese Implikation ist trivial.

(3)⇒(1): Für jede abgeschlossene Menge $K \subseteq A$ gilt unmittelbar nach Definition von $\lambda_\star$ die Abschätzung $\lambda_\star(A) \geq \mu^\star(K) = \lambda(\overline{K}) = \lambda(K)$. Hieraus folgt

$$\begin{aligned}\lambda^\star(A) &= \lambda^\star\big(K \cup (A \setminus K)\big) \leq \lambda^\star(K) + \lambda^\star(A \setminus K) \\ &= \lambda_\star(K) + \lambda^\star(A \setminus K) \leq \lambda_\star(A) + \lambda^\star(A \setminus K)\end{aligned}$$

und damit $\lambda^\star(A \setminus K) \geq \lambda^\star(A) - \lambda_\star(A)$. (Es gilt $\lambda^\star(K) = \lambda_\star(K)$, weil K als abgeschlossene Menge automatisch Lebesgue-meßbar ist.) Wenn also gemäß Voraussetzung (3) die Ausdrücke $\lambda^\star(A \setminus K)$ beliebig klein werden können, so muß $\lambda^\star(A) - \lambda_\star(A) = 0$ gelten und A damit meßbar sein.

(2)⇒(1): Diese Implikation führen wir durch Komplementbildung auf die bereits bewiesene Implikation (3)⇒(1) zurück. Dazu wählen wir einen Spat X, der so groß ist, daß A im Inneren von X liegt. Es sei $\varepsilon > 0$ beliebig. Wegen (2) gibt es eine offene Menge $U \supseteq A$ mit $\lambda^\star(U \setminus A) < \varepsilon$. Dann ist $K := X \setminus U$ eine abgeschlossene Teilmenge von $X \setminus A$ mit $\lambda^\star((X \setminus A) \setminus K) = \lambda^\star((X \setminus A) \setminus (X \setminus U)) = \lambda^\star(U \setminus A) < \varepsilon$; also erfüllt $X \setminus A$ Bedingung (3). Wegen der schon bewiesenen Implikation (3)⇒(1), angewandt auf $X \setminus A$ statt auf A, ist daher $X \setminus A$ meßbar. Dann ist aber auch $X \setminus (X \setminus A) = A$ meßbar.

(2)⇒(5): Nach Voraussetzung gibt es zu jeder Zahl $n \in \mathbb{N}$ eine offene Menge $U_n \supseteq A$ mit $\lambda^\star(U_n \setminus A) < 1/n$. Für $G := \bigcap_{i=1}^\infty U_i$ gilt dann $G \subseteq U_n$ und folglich $\lambda^\star(G \setminus A) \leq \lambda^\star(U_n \setminus A) < 1/n$ für alle $n \in \mathbb{N}$. Dies impliziert $\lambda^\star(G \setminus A) = 0$, so daß $Z := G \setminus A$ eine Lebesguesche Nullmenge ist. Wegen $G \setminus Z = G \setminus (G \setminus A) = A$ folgt die Behauptung.

(5)⇒(1): Als abzählbarer Durchschnitt (offener und damit) Lebesgue-meßbarer Mengen ist G selbst Lebesgue-meßbar, und als Nullmenge ist Z ebenfalls Lebesgue-meßbar. Dann ist aber auch $A = G \setminus Z$ Lebesgue-meßbar (als Differenz zweier Lebesgue-meßbarer Mengen).

(3)⇒(6): Nach Voraussetzung gibt es zu jeder Zahl $n \in \mathbb{N}$ eine abgeschlossene Menge $K_n \subseteq A$ mit $\lambda^\star(A \setminus K_n) < 1/n$. Für $F := \bigcup_{i=1}^\infty K_i$ gilt dann $F \supseteq K_n$, damit $A \setminus F \subseteq A \setminus K_n$ und folglich $\lambda^\star(A \setminus F) \leq \lambda^\star(A \setminus K_n) < 1/n$ für alle $n \in \mathbb{N}$. Dies impliziert $\lambda^\star(A \setminus F) = 0$, so daß $Z := A \setminus F$ eine Lebesguesche Nullmenge ist. Wegen $F \cup Z = F \cup (A \setminus F) = A$ folgt die Behauptung.

(6)⇒(1): Als abzählbare Vereinigung (abgeschlossener und damit) Lebesgue-meßbarer Mengen ist F selbst Lebesgue-meßbar, und als Nullmenge ist Z ebenfalls Lebesgue-meßbar. Dann ist aber auch $A = F \cup Z$ Lebesgue-meßbar (als Vereinigung zweier Lebesgue-meßbarer Mengen).

Damit ist die Äquivalenz aller sechs Aussagen nachgewiesen.

Lösung (103.10) Ist $\mathfrak{P} = \{P_1, P_2, P_3, \ldots\}$ eine beliebige abzählbare Spatüberdeckung von A, so gilt

$$\lambda^\star(A) \leq \lambda^\star(\bigcup_{i=1}^\infty P_i) \leq \sum_{i=1}^\infty \lambda^\star(P_i)$$
$$= \sum_{i=1}^\infty \mu(P_i) = \sum_{P \in \mathfrak{P}} \mu(P).$$

Da dies für alle solchen Überdeckungen $\mathfrak{P}$ gilt, liefert Infimumsbildung bezüglich $\mathfrak{P}$ die Ungleichung $\lambda^\star(A) \leq \sigma^\star(A)$. Zum Nachweis der umgekehrten Ungleichung betrachten wir eine beliebige offene Menge $U \supseteq A$. Dann läßt sich A durch abzählbar viele disjunkte Spate P_i überdecken, die allesamt in U enthalten sind. (Das sieht man, indem man ein Koordinatengitter einführt und dieses sukzessive verfeinert.) Für die Familie $\mathfrak{P} = \{P_i \mid i \in \mathbb{N}\}$ gilt dann

$$\sigma^\star(A) \leq \sum_{P \in \mathfrak{P}} \mu(P) = \sum_{i=1}^\infty \mu(P_i) = \sum_{i=1}^\infty \lambda(P_i)$$
$$= \lambda(\bigcup_{i=1}^\infty P_i) \leq \lambda(U) = \lambda(U^0) = \mu_\star(U).$$

Da dies für alle offenen Obermengen von A gilt, liefert Infimumsbildung bezüglich U die Ungleichung $\sigma^\star(A) \leq \lambda^\star(A)$.

Lösung (103.11) Die Zahl $\lambda^\star(A)$ ist das Infimum aller Zahlen $\mu_\star(U) = \lambda(U^0) = \lambda(U)$, wobei U eine offene Obermenge von A ist. Zu jeder Zahl $k \in \mathbb{N}$ gibt es daher eine offene Menge $U_k \supseteq A$ mit $\lambda(U_k) \leq \lambda^\star(A) + (1/k)$. Dann ist $G := \bigcap_{i=1}^\infty U_i$ als abzählbarer Durchschnitt (offener und damit) Lebesgue-meßbarer Mengen selbst wieder Lebesgue-meßbar, und wegen $G \subseteq U_k$ gilt $\lambda^\star(G) \leq \lambda^\star(U_k) = \lambda(U_k) \leq \lambda^\star(A) + (1/k)$ für alle $k \in \mathbb{N}$, damit aber $\lambda^\star(G) \leq \lambda^\star(A)$. Wegen $A \subseteq G$ gilt andererseits auch $\lambda^\star(A) \leq \lambda^\star(G)$, insgesamt also $\lambda^\star(G) = \lambda^\star(A)$.

Bemerkung: Die gegebene Lösung ist für alle Teilmengen $A \subseteq V$ gültig, aber da im Buch nur beschränkte Mengen betrachtet wurden, sei hier vorsichtshalber noch der Fall einer unbeschränkten Menge A auf den Fall beschränkter Mengen zurückgeführt. Wähle irgendeine disjunkte Zerlegung von V in abzählbar viele Spate P_i, etwa durch Wahl eines Koordinatengitters. Dann ist A die disjunkte Vereinigung der (beschränkten) Mengen $A \cap P_i$. Wähle jeweils eine meßbare Menge G_i mit $G_i \supseteq A \cap P_i$ und $\lambda^\star(G_i) = \lambda^\star(A \cap P_i)$. Indem wir notfalls G_i durch $G_i \cap P_i$ ersetzen, dürfen wir $G_i \subseteq P_i$ annehmen, so daß die Mengen G_i beschränkt und paarweise disjunkt sind. Dann ist $G := \bigcup_{i=1}^\infty G_i$ meßbar als abzählbare Vereinigung meßbarer Mengen. Es gilt $G \supseteq A$ und damit $\lambda^\star(G) \geq \lambda^\star(A)$. Andererseits gilt auch

$$\lambda^\star(A) = \lambda^\star(\bigcup_{i=1}^\infty (A \cap P_i)) \leq \sum_{i=1}^\infty \lambda^\star(A \cap P_i) \leq \sum_{i=1}^\infty \lambda^\star(G_i)$$
$$= \sum_{i=1}^\infty \lambda(G_i) = \lambda(\bigcup_{i=1}^\infty G_i) = \lambda(G) = \lambda^\star(G).$$

Also gilt die Aussage auch dann, wenn A eine unbeschränkte Menge ist.

Lösung (103.12) Wähle gemäß der vorigen Aufgabe jeweils eine meßbare Menge $G_k \supseteq A_k$ mit $\lambda^\star(G_k) = \lambda^\star(A_k)$ und setze $D_n := \bigcap_{k \geq n} G_k$ für $n \in \mathbb{N}$. Dann sind die Mengen D_n meßbar mit $D_1 \subseteq D_2 \subseteq D_3 \subseteq \cdots$; nach der vorigen Aufgabe gilt daher $\lambda(D_n) \to \lambda(D)$ mit $D := \bigcup_{n=1}^\infty D_n$. Für alle $k \leq \ell$ gilt $A_k \subseteq A_\ell \subseteq G_\ell$ und daher $A_k \subseteq D_k$, folglich $A_k \subseteq D_k \subseteq G_k$, damit

$$\lambda^\star(A_k) \leq \lambda^\star(D_k) \leq \lambda^\star(G_k) = \lambda^\star(A_k).$$

Hieraus folgt unmittelbar

$$\lambda^\star(A_k) = \lambda^\star(D_k) = \lambda^\star(G_k) = \lambda^\star(A_k)$$

und damit insbesondere $\lambda^\star(A_k) = \lambda(D_k)$ für alle k. Also gilt $\lambda^\star(A_k) \to \lambda(D)$ für $k \to \infty$; wir sind fertig, wenn wir zeigen können, daß $\lambda(D) = \lambda^\star(A)$ gilt. Wegen $D = \bigcup_{n=1}^\infty D_n \supseteq \bigcup_{n=1}^\infty A_n = A$ gilt einerseits $\lambda(D) = \lambda^\star(D) \geq \lambda^\star(A)$; wegen $A_k \subseteq A$ gilt andererseits auch $\lambda^\star(A_k) \leq \lambda^\star(A)$ für alle $k \in \mathbb{N}$ und damit natürlich auch $\lambda(D) = \lim_{k \to \infty} \lambda^\star(A_k) \leq \lambda^\star(A)$.

Lösung (103.13) Wegen $M + q_k \subseteq [0,1] + [0,1] = [0,2]$ ist jede der Mengen A_n im Intervall $[0,2]$ enthalten und daher beschränkt. Unmittelbar nach Konstruktion gilt $A_1 \supseteq A_2 \supseteq A_3 \supseteq \cdots$. Da die Mengen $M + q_k$ paarweise disjunkt sind, ist der Durchschnitt $A := \bigcap_{k=1}^\infty A_k$ die leere Menge, so daß $\lambda^\star(A) = 0$ gilt. Andererseits gilt $\lambda^\star(A_n) \geq \lambda^\star(M + q_n) = \lambda^\star(M) > 0$ für alle $n \in \mathbb{N}$, so daß nicht $\lambda^\star(A_n) \to 0$ für $n \to \infty$ gelten kann.

L104: Abstrakte Maßtheorie

Lösung (104.1) Wir behaupten, daß $\mathfrak{A}_n$ gleich der Menge

$$\Sigma_n := \left\{ E \subseteq \mathbb{N} \,\middle|\, \begin{array}{l} E \subseteq \{1,2,\ldots,n\} \text{ oder} \\ \mathbb{N}\setminus E \subseteq \{1,2,\ldots,n\} \end{array} \right\}$$

gilt. Dabei ist die Inklusion $\Sigma_n \subseteq \mathfrak{A}_n$ klar, denn mit $\{1\},\ldots,\{n\}$ enthält $\mathfrak{A}_n$ auch jede endliche Vereinigung dieser Mengen und damit jede Teilmenge $E \subseteq \{1,2,\ldots,n\}$, ferner mit jeder solchen Menge auch deren Komplement $E' := \mathbb{N}\setminus E$, und für dieses gilt dann $\mathbb{N}\setminus E' = E \subseteq \{1,\ldots,n\}$. Zum Nachweis der umgekehrten Inklusion $\mathfrak{A}_n \subseteq \Sigma_n$ genügt es zu zeigen, daß Σ_n selbst schon eine σ-Algebra ist.

- Wegen $\emptyset \subseteq \{1,\ldots,n\}$ gilt $\emptyset \in \Sigma_n$.
- Liegt E in Σ_n, dann auch das Komplement $E' := \mathbb{N}\setminus E$. Das ist sofort klar, falls $\mathbb{N}\setminus E \subseteq \{1,\ldots,n\}$ gilt; ist dagegen $E \subseteq \{1,\ldots,n\}$, so gilt $\mathbb{N}\setminus E' \subseteq \{1,\ldots,n\}$ und damit $E' \in \Sigma_n$.
- Liegen $E_1, E_2, E_3, \ldots$ in Σ_n, dann auch $E := \bigcup_{i=1}^\infty E_i$ (wobei natürlich nur endlich viele der Mengen E_i paarweise verschieden sein können).

Es folgt dann leicht, daß $\mathfrak{A} := \bigcup_{n=1}^\infty \mathfrak{A}_n$ genau aus denjenigen Teilmengen von $\mathbb{N}$ besteht, die entweder endlich sind oder ein endliches Komplement haben. Dies ist keine σ-Algebra, denn jede der Mengen $\{2n\}$ mit $n \in \mathbb{N}$ liegt in $\mathfrak{A}$, aber deren Vereinigung – die Menge aller geraden Zahlen – liegt nicht in $\mathfrak{A}$.

Lösung (104.2) Zunächst liegen die leere Menge und auch X selbst in $\mathfrak{M}_1$ und damit erst recht in $\mathfrak{M}_3$. Wir betrachten nun zwei beliebige Mengen $A, B \in \mathfrak{M}_3$, sagen wir $A = \bigcup_{i=1}^m A_i$ und $B = \bigcup_{j=1}^n B_j$ mit $A_i, B_j \in \mathfrak{M}_2$. Dann ist die Vereinigung

$$A \cup B = \left(\bigcup_{i=1}^m A_i\right) \cup \left(\bigcup_{j=1}^n B_j\right)$$

wieder eine endliche Vereinigung von Mengen aus $\mathfrak{M}_2$ und damit ein Element von $\mathfrak{M}_3$; andererseits liegt, da $\mathfrak{M}_2$ nach Definition unter endlichen Durchschnitten abgeschlossen ist, auch jede der Mengen $A_i \cap B_j$ wieder in $\mathfrak{M}_2$, so daß auch der Durchschnitt

$$A \cap B = \bigcup_{i=1}^m \bigcup_{j=1}^n (A_i \cap B_j)$$

eine endliche Vereinigung von Mengen aus $\mathfrak{M}_2$ und damit ein Element von $\mathfrak{M}_3$ ist. Die Familie $\mathfrak{M}_3$ ist also abgeschlossen gegenüber der Bildung endlicher Vereinigungen und auch endlicher Durchschnitte. Wir wollen nun zeigen, daß $\mathfrak{M}_3$ auch abgeschlossen ist gegenüber Komplementbildung, daß mit $A, B \in \mathfrak{M}_3$ also auch $A\setminus B \in \mathfrak{M}_3$ gilt.

Dazu schreiben wir wieder $A = \bigcup_{i=1}^m A_i$ und $B = \bigcup_{j=1}^n B_j$ mit $A_i, B_j \in \mathfrak{M}_2$. Jede der Mengen A_i und B_j ist dann ein endlicher Durchschnitt von Mengen aus $\mathfrak{M}_1$, sagen wir $A_i = \bigcap_{k=1}^{m_i} A_k^{(i)}$ und $B_j = \bigcap_{\ell=1}^{n_j} B_\ell^{(j)}$ mit $A_k^{(i)}, B_\ell^{(j)} \in \mathfrak{M}_1$. (Die Benutzung indizierter Indices macht die Sache leider notationstechnisch etwas ungemütlich, ist aber nicht zu vermeiden.) Dann gilt

$$A \setminus B = \bigcap_{i=1}^m \bigcup_{j=1}^n (A_i \setminus B_j) = \bigcap_{i=1}^m \bigcup_{j=1}^n \bigcap_{k=1}^{m_i} \bigcup_{\ell=1}^{n_j} (A_k^{(i)} \setminus B_\ell^{(j)}).$$

Unmittelbar nach der Definition von $\mathfrak{M}_1$ ist klar, daß mit $B_\ell^{(j)}$ auch $X \setminus B_\ell^{(j)}$ in $\mathfrak{M}_1$ liegt; dann ist aber

$$A_k^{(i)} \setminus B_\ell^{(j)} = A_k^{(i)} \cap (X \setminus B_\ell^{(j)})$$

ein Durchschnitt zweier Mengen aus $\mathfrak{M}_1$, folglich ein Element von $\mathfrak{M}_2$ und damit erst recht eines von $\mathfrak{M}_3$. Da $\mathfrak{M}_3$ abgeschlossen ist gegenüber endlichen Vereinigungen und Durchschnitten, ist dann nach der obigen Formel für $A\setminus B$ auch $A\setminus B$ ein Element von $\mathfrak{M}_3$.

Lösung (104.3) Die Implikation (1)⇒(2) gilt trivialerweise. Die Implikation (2)⇒(3) gilt, weil man (2) einfach mit $A = \emptyset$ anwenden kann. Zu zeigen bleibt die Implikation (3) ⇒ (1); wir setzen also (3) voraus und betrachten eine Menge M wie in (1). Dann gibt es zu jeder Zahl $n \in \mathbb{N}$ Mengen $A_n, B_n \in \mathfrak{A}$ mit $A_n \subseteq M \subseteq B_n$ und $\mu(B_n \setminus A_n) < 1/n$. Dann ist $M \subseteq (\bigcap_{n=1}^\infty B_n)\setminus(\bigcup_{n=1}^\infty A_n) = \bigcap_{n=1}^\infty (B_n \setminus A_n) =: N$. Diese letzte Menge liegt nun in $\mathfrak{A}$ (weil $\mathfrak{A}$ eine σ-Algebra ist), ist enthalten in jeder einzelnen der Mengen $B_n \setminus A_n$ und hat daher ein Maß $\mu(N) \leq \mu(B_n\setminus A_n) \leq 1/n$ für alle $n \in \mathbb{N}$. Aus $\mu(N) \leq 1/n$ für alle $n \in \mathbb{N}$ folgt aber $\mu(N) = 0$; also ist N eine Nullmenge, und wegen (3) ist dann auch die Teilmenge M von N eine Nullmenge.

Lösung (104.4) (a) Für $0 \leq m < n$ setzen wir

$$I_{m,n} := (2^{-n}, 2^{-m}] \quad \text{und} \quad J_m := (0, 2^{-m}];$$

dann gelten (für $\ell < m < n$) die Beziehungen

$$I_{\ell,m} \cup I_{m,n} = I_{\ell,n}, \quad J_m \cup J_n = J_m, \quad J_n \cup I_{m,n} = J_m,$$

aus denen sich sofort die folgende Aussage ergibt: Sind A und B darstellbar als disjunkte endliche Vereinigungen von Mengen der Form $I_{m,n}$ und J_m, dann auch $A\cup B$ und $A\setminus B$. Also ist $\mathfrak{A}$ ein Ring. Da $X = (0,1] = J_0$ selbst ein Element von $\mathfrak{A}$ ist, ist $\mathfrak{A}$ sogar eine Algebra auf X. Allerdings ist $\mathfrak{A}$ keine σ-Algebra, denn

$$\bigcup_{n=0}^\infty I_{2n,2n+1} = I_{0,1} \cup I_{2,3} \cup I_{4,5} \cup \cdots$$
$$= \left(\tfrac{1}{2}, 1\right] \cup \left(\tfrac{1}{8}, \tfrac{1}{4}\right] \cup \left(\tfrac{1}{32}, \tfrac{1}{16}\right] \cup \cdots$$

ist eine abzählbare Vereinigung von Mengen aus $\mathfrak{A}$, aber nicht selbst wieder ein Element aus $\mathfrak{A}$.

(b) Es seien $A, B \in \mathfrak{A}$ disjunkte Mengen; offensichtlich gilt dann $\ell(A \cup B) = \ell(A) + \ell(B)$. Gilt sowohl $0 \notin \partial A$ als auch $0 \notin \partial A$, so gilt auch $0 \notin \partial(A \cup B)$, und wir erhalten

$$\mu(A \cup B) = \ell(A \cup B) = \ell(A) + \ell(B) = \mu(A) + \mu(B).$$

Gilt $0 \in \partial A$, so gelten zwangsläufig die Bedingungen $0 \notin \partial B$ (sonst könnten A und B nicht disjunkt sein) sowie $0 \in \partial(A \cup B)$. Wir haben dann

$$\mu(A \cup B) = \ell(A \cup B) + 1 = (\ell(A) + \ell(B)) + 1$$
$$= (\ell(A) + 1) + \ell(B) = \mu(A) + \mu(B).$$

Der Fall $0 \in \partial B$ wird vollkommen analog behandelt. Damit ist nachgewiesen, daß μ eine Inhaltsfunktion ist.

Für jede Zahl $n \in \mathbb{N}_0$ liegt die Menge $(2^{-(n+1)}, 2^{-n}]$ in $\mathfrak{A}$, und es gilt $\mu(A_n) = \ell(A_n) = 2^{-(n+1)}$ für alle $n \in \mathbb{N}_0$. Die Vereinigung $\bigcup_{n=0}^{\infty} A_n$ ist ganz $(0,1]$ und liegt daher ebenfalls in $\mathfrak{A}$. Es gilt

$$\mu\left(\bigcup_{n=0}^{\infty} A_n\right) = \mu((0,1]) = 1+1$$
$$\neq 1 = \sum_{n=0}^{\infty} 2^{-(n+1)} = \sum_{n=0}^{\infty} \mu(A_n).$$

Also ist μ nicht volladditiv.

Lösung (104.5) Die Implikation (1) $\Rightarrow$ (2) ergibt sich aus der Gleichung

$$A \cap B = (A \cup B) \Delta (A \Delta B),$$

die Implikation (2) $\Rightarrow$ (3) ergibt sich aus den Gleichungen

$$A \setminus B = A \Delta (A \cap B) \quad \text{und}$$
$$A \cup B = (A \Delta B) \Delta (A \cap B),$$

und die Implikation (3) $\Rightarrow$ (1) folgt aus der Gleichung

$$A \Delta B = (A \setminus B) \cup (B \setminus A).$$

Die Äquivalenz von (3) und (4) ist einfach nur die Definition eines Ringes von Mengen.

Lösung (104.6) (a) Die Bedingung $A \Delta B = (A \setminus B) \cup (B \setminus A) = B \Delta A$ gilt trivialerweise; ferner gilt auch $(A \Delta B) \Delta C = A \Delta (B \Delta C)$, denn jede der beiden Mengen ist gleich

$$\bigl(A \setminus (B \cup C)\bigr) \cup \bigl(B \setminus (C \cup A)\bigr) \cup \bigl(C \setminus (A \cup B)\bigr) \cup (A \cap B \cap C),$$

besteht also genau aus denjenigen Elementen von X, die entweder in genau einer der drei Mengen A, B, C oder aber in jeder dieser Mengen liegen. Es gilt $A \Delta \emptyset = A$ für alle $A \subseteq X$; die leere Menge ist also Neutralelement der "Addition" Δ. Ferner gilt $A \Delta A = \emptyset$ für alle $A \subseteq X$, so daß jedes Element sein eigenes additives Inverses ist. Offenbar gelten die Gleichungen $A \cap B = B \cap A$ und $(A \cap B) \cap C = A \cap (B \cap C)$. Schließlich gilt auch das Distributivgesetz $(A \Delta B) \cap C = (A \cap C) \Delta (B \cap C)$, denn jede der beiden Mengen ist gleich $\bigl((A \cap C) \cup (B \cap C)\bigr) \setminus (A \cap B \cap C)$. Damit sind alle Eigenschaften eines kommutativen Rings im algebraischen Sinne erfüllt. Genau dann ist Y ein Einselement für die "Multiplikation" $\cap$, wenn $A \cap Y = A$, also $A \subseteq Y$ für alle $A \in \mathfrak{R}$ gilt. Der Ring $\mathfrak{R}$ hat also genau dann ein Einselement, wenn es eine Menge Y mit $\bigcup_{A \in \mathfrak{R}} A \subseteq Y \subseteq X$ gibt. (In diesem Fall ist $(Y, \mathfrak{R})$ eine Algebra.

(b) Nach Teil (a) ist noch nachzuweisen, daß für alle $\lambda, \mu \in \{0,1\}$ und alle $A \subseteq X$ die folgenden Vektorraumaxiome gelten:

- $\lambda(\mu A) = (\lambda \mu) A$;
- $1 \cdot A = A$;
- $(\lambda + \mu) A = (\lambda A) \Delta (\mu A)$;
- $\lambda(A \Delta B) = (\lambda A) \Delta (\lambda B)$.

Die erste Bedingung lautet $\emptyset = \emptyset$ für $\lambda = 0$ oder $\mu = 0$ und $A = A$ für $\lambda = \mu = 1$, ist also erfüllt. Die zweite Bedingung gilt sofort nach Definition der Skalarmultiplikation. Gilt $\lambda = \mu$, so ist $\lambda + \mu = 0$, und die dritte Bedingung gilt wegen $\emptyset = \emptyset \Delta \emptyset = A \Delta A$; gilt $\lambda \neq \mu$, so ist $\lambda + \mu = 1$, und die dritte Bedingung gilt wegen $A = A \Delta \emptyset = \emptyset \Delta A$. Die vierte Bedingung lautet $\emptyset = \emptyset \Delta \emptyset$ für $\lambda = 0$ und $A \Delta B = A \Delta B$ für $\lambda = 1$, gilt also ebenfalls. Damit ist die Gültigkeit aller Vektorraumaxiome nachgewiesen.

(c) Die fragliche Bedingung lautet in unserem Fall $(\lambda \cdot A) \cap B = \lambda \cdot (A \cap B) = A \cap (\lambda \cdot B)$ für $\lambda \in \{0,1\}$. Für $\lambda = 0$ bedeutet dies $\emptyset \cap B = \emptyset = A \cap \emptyset$, für $\lambda = 1$ einfach $A \cap B = A \cap B$. Die fragliche Bedingung ist also immer erfüllt.

Lösung (104.7) Wegen $\mu(\emptyset) = 0 < \infty$ gilt $\emptyset \in \mathfrak{A}_0$. Liegen A und B in $\mathfrak{A}_0$, dann auch $A \cup B$ und $A \setminus B$, denn aus $\mu(A) < \infty$ und $\mu(B) < \infty$ folgen auch die Beziehungen $\mu(A \cup B) \leq \mu(A \cup B) + \mu(A \cap B) = \mu(A) + \mu(B) < \infty$ und $\mu(A \setminus B) \leq \mu(A) < \infty$. Also ist $\mathfrak{A}_0$ ein Ring (und damit $(X, \mathfrak{A}_0, \mu\mid_{\mathfrak{A}_0})$ automatisch ein Inhaltsraum, denn die Additivität überträgt sich natürlich von μ auf $\mu\mid_{\mathfrak{A}_0}$).

Lösung (104.8) (a) Wir müssen zunächst zeigen, daß $\mathfrak{A}$ ein Ring ist. Weil $\emptyset$ endlich ist, gilt $\emptyset \in \mathfrak{A}$. Wir zeigen, daß mit A und B auch $A \cup B$ in $\mathfrak{A}$ liegt.

- Sind A und B endlich, dann auch $A \cup B$.
- Ist mindestens eine der Mengen $X \setminus A$ und $X \setminus B$ endlich, so ist erst recht deren Teilmenge $X \setminus (A \cup B)$ endlich.

Ferner liegt mit $A, B \in \mathfrak{A}$ auch $A \setminus B$ in $\mathfrak{A}$.

- Ist A endlich, dann auch $A \setminus B$.
- Ist $X \setminus B$ endlich, dann erst recht $A \setminus B$.

- Sind $X \setminus A$ und B endlich, so ist auch $X \setminus (A \setminus B) = (X \setminus A) \cup B$ endlich.

Damit ist nachgewiesen, daß $\mathfrak{A}$ ein Ring (wegen $X \in \mathfrak{A}$ sogar eine Algebra) ist. Wir wollen nun zeigen, daß μ eine Inhaltsfunktion ist. Offensichtlich gilt $\mu(\emptyset) = 0$. Sind $A, B \in \mathfrak{A}$ disjunkt und sind beide der Mengen A, B endlich, so ist auch $A \cup B$ endlich, und es gilt $\mu(A \cup B) = 0 = 0 + 0 = \mu(A) + \mu(B)$. Ist auch nur eine der Mengen A, B unendlich, so ist auch $A \cup B$ unendlich, und es gilt $\mu(A \cup B) = \infty = \mu(A) + \mu(B)$. Also ist μ eine Inhaltsfunktion.

Genau dann ist μ volladditiv, wenn für jede Folge von Mengen $A_n \in \mathfrak{A}$, für die auch $\bigcup_{n=1}^{\infty} A_n$ wieder in $\mathfrak{A}$ liegt, die Gleichung

$$(\star) \qquad \mu\left(\bigcup_{n=1}^{\infty} A_n\right) = \sum_{n=1}^{\infty} \mu(A_n)$$

gilt. Nun gilt $(\star)$ immer, wenn eine der Mengen A_n unendlich ist (denn dann ist auch $\bigcup_{n=1}^{\infty} A_n$ unendlich, und beide Seiten von $(\star)$ sind ∞), und auch dann, wenn $\bigcup_{n=1}^{\infty} A_n$ endlich ist (denn dann sind auch alle A_n endlich, und beide Seiten von $(\star)$ sind 0). Nur dann ist $(\star)$ verletzt, wenn alle A_n und auch $X \setminus (\bigcup_{n=1}^{\infty} A_n)$ endlich sind; genau dann ist μ volladditiv, wenn dieser Fall nicht eintreten kann. Wir behaupten nun, daß dieser Fall genau dann nicht eintreten kann, wenn X überabzählbar ist. Ist X überabzählbar und sind $A_1, A_2, \ldots$ endliche Teilmengen von X, so ist $\bigcup_{n=1}^{\infty} A_n$ endlich oder abzählbar, folglich $X \setminus (\bigcup_{n=1}^{\infty} A_n)$ überabzählbar und damit nicht endlich. Ist dagegen X abzählbar, sagen wir $X = \{x_1, x_2, x_3, \ldots\}$, und setzen wir $A_n := \{x_1, \ldots, x_n\}$, so ist jede der Mengen A_n endlich, aber $X \setminus (\bigcup_{n=1}^{\infty} A_n) = X \setminus X = \emptyset$ ist auch endlich. Also ist μ genau dann volladditiv, wenn X überabzählbar ist.

(b) Offensichtlich liegen $\emptyset$ und X in $\mathfrak{A}$. Liegen A und B in $\mathfrak{A}$, dann auch $A \setminus B$; das sieht man vollkommen analog ein wie die entsprechende Aussage in Teil (a). Nun seien $A_1, A_2, A_3, \ldots$ Mengen in $\mathfrak{A}$. Sind alle A_n endlich oder abzählbar, dann auch $\bigcup_{n=1}^{\infty} A_n$; ist auch nur für eine einzige Menge A_{n_0} das Komplement $X \setminus A_{n_0}$ endlich oder abzählbar, so ist auch $X \setminus (\bigcup_{n=1}^{\infty} A_n) = \bigcap_{n=1}^{\infty} (X \setminus A_n) \subseteq X \setminus A_{n_0}$ endlich oder abzählbar. Dies zeigt, daß für alle Folgen $A_1, A_2, A_3, \ldots$ von Mengen in $\mathfrak{A}$ die Vereinigung $\bigcup_{n=1}^{\infty} A_n$ wieder in $\mathfrak{A}$ liegt und daß die Gleichung $\mu(\bigcup_{n=1}^{\infty} A_n) = \sum_{n=1}^{\infty} \mu(A_n)$ gilt. Also ist $\mathfrak{A}$ eine σ-Algebra, und μ ist ein Maß.

Lösung (104.9) Unmittelbar nach Definition ist klar, daß eine abzählbare Vereinigung magerer Mengen selbst wieder mager ist. Da die leere Menge nirgends dicht und damit mager ist, gilt $\emptyset \in \mathfrak{A}$. Ferner ist unmittelbar anhand der Definition von $\mathfrak{A}$ klar, daß $\mathfrak{A}$ abgeschlossen ist unter Komplementbildung, daß also mit B stets auch $X \setminus B$ in $\mathfrak{A}$ liegt. Wir wollen zeigen, daß $\mathfrak{A}$ auch abgeschlossen ist unter abzählbaren Vereinigungen, und betrachten dazu eine Folge $(A_1, A_2, A_3, \ldots)$ von Mengen in $\mathfrak{A}$ und deren Vereinigung $A := \bigcup_{i=1}^{\infty} A_i$. Wir unterscheiden zwei Fälle.

- Ist jede der Mengen A_i mager, so ist auch A mager (als abzählbare Vereinigung magerer Mengen) und damit ein Element von $\mathfrak{A}$.
- Gibt es einen Index i_0 derart, daß $X \setminus A_{i_0}$ mager ist, so ist auch $X \setminus A = \bigcap_{i=1}^{\infty} (X \setminus A_i) \subseteq X \setminus A_{i_0}$ mager (als Teilmenge einer mageren Menge), so daß auch in diesem Fall A ein Element von $\mathfrak{A}$ ist.

Damit ist $\mathfrak{A}$ als σ-Algebra nachgewiesen. Die Abbildung μ ist wohldefiniert, da für eine Menge $A \subseteq X$ nicht A und $X \setminus A$ beide mager sein können (weil sonst auch $X = A \cup (X \setminus A)$ mager wäre, was dem Satz von Baire widerspräche). Wir wollen zeigen, daß diese Abbildung σ-additiv ist, und betrachten dazu eine Folge $(A_1, A_2, A_3, \ldots)$ paarweise disjunkter Mengen in $\mathfrak{A}$. Es gibt dann höchstens einen Index i_0 derart, daß $X \setminus A_{i_0}$ mager ist. Gäbe es nämlich zwei solcher Indices, sagen wir $i \neq j$, so wäre $(X \setminus A_i) \cup (X \setminus A_j)$ als Vereinigung zweier magerer Mengen selbst mager, während andererseits $(X \setminus A_i) \cup (X \setminus A_j) = X \setminus (A_i \cap A_j) = X \setminus \emptyset = X$ nach dem Satz von Baire nicht mager ist. Wir unterscheiden wieder zwei Fälle.

- Sind alle A_i mager, so ist auch $\bigcup_{i=1}^{\infty} A_i$ mager, und es gilt $\mu(\bigcup_{i=1}^{\infty} A_i) = 0 = \sum_{i=1}^{\infty} 0 = \sum_{i=1}^{\infty} \mu(A_i)$.
- Gibt es einen (notwendigerweise eindeutigen) Index i_0 derart, daß $X \setminus A_{i_0}$ mager ist, so ist auch $X \setminus (\bigcup_{i=1}^{\infty} A_i)$ mager, und es gilt $\mu(\bigcup_{i=1}^{\infty} A_i) = 1 = \mu(A_{i_0}) = \sum_{i=1}^{\infty} \mu(A_i)$.

In jedem Fall gilt also $\mu(\bigcup_{i=1}^{\infty} A_i) = \sum_{i=1}^{\infty} \mu(A_i)$; damit ist nachgewiesen, daß μ ein Maß ist.

L105: Der Riemannsche Integralbegriff

Lösung (105.1) Für die Partition $\{0, 0.25, 0.5, 0.75, 1\}$ erhalten wir die Untersumme

$$\begin{aligned} U &= 0.25 \cdot (0^3 + 0.25^3 + 0.5^3 + 0.75^3) \\ &= 0.25 \cdot 0.25^3 \cdot (0^3 + 1^3 + 2^3 + 3^3) \\ &= 0.25^4 \cdot 36 = 0.140625 \end{aligned}$$

und die Obersumme

$$\begin{aligned} O &= 0.25 \cdot (0.25^3 + 0.5^3 + 0.75^3 + 1^3) \\ &= U + 0.25 = 0.390625. \end{aligned}$$

Für die Partition $\{0, 0.1, 0.2, \ldots, 1.0\}$ erhalten wir

$$\begin{aligned} U &= 0.1 \cdot (0^3 + 0.1^3 + 0.2^3 + \cdots + 0.9^3) \\ &= 0.1 \cdot 0.1^3 \cdot (0^3 + 1^3 + 2^3 + \cdots + 9^3) \\ &= 0.1^4 \cdot 2025 = 0.2025 \end{aligned}$$

sowie

$$O = 0.1 \cdot (0.1^3 + 0.2^3 + 0.3^3 + \cdots + 1.0^3) = U + 0.1 = 0.3025.$$

Lösung (105.2) (a) Die betrachtete Partition besteht aus den Punkten $x_k = kh$ mit $0 \leq k \leq n$. Da die Funktion f monoton wächst, wird in jedem der Teilintervalle das Minimum an der linken, das Maximum an der rechten Intervallgrenze angenommen. Für die Untersumme U_n und die Obersumme O_n ergeben sich daher die Gleichungen

$$\begin{aligned} U_n &= \sum_{k=1}^n f(x_{k-1}) \Delta x_k = \sum_{k=1}^n (k-1)^3 h^3 \cdot h \\ &= h^4 \cdot (0^3 + 1^3 + \cdots + (n-1)^3) \\ &= h^4 \cdot \frac{(n-1)^2 n^2}{4} = \frac{n^4 h^4}{4} \left(\frac{n-1}{n}\right)^2 = \frac{b^4}{4}\left(1 - \frac{1}{n}\right)^2 \end{aligned}$$

und

$$\begin{aligned} O_n &= \sum_{k=1}^n f(x_k) \Delta x_k = \sum_{k=1}^n k^3 h^3 \cdot h \\ &= h^4 \cdot (1^3 + 2^3 + \cdots + n^3) \\ &= h^4 \cdot \frac{n^2(n+1)^2}{4} = \frac{n^4 h^4}{4} \left(\frac{n+1}{n}\right)^2 = \frac{b^4}{4}\left(1 + \frac{1}{n}\right)^2. \end{aligned}$$

(b) Natürlich müssen die gleichen Ergebnisse herauskommen wie in Aufgabe (105.1)!

(c) Es gilt $\int_0^b x^3 dx = \lim_{n\to\infty} U_n = \lim_{n\to\infty} O_n = b^4/4$.

(d) Es gilt $\int_a^b x^3 dx = \int_0^b x^3 dx - \int_0^a x^3 dx = (b^4/4) - (a^4/4) = (b^4 - a^4)/4$.

Lösung (105.3) Für die Partition $\{0, 0.25, 0.5, 0.75, 1\}$ erhalten wir für die Untersumme U und die Obersumme O die Werte $U = 0.25 \cdot (e^0 + e^{0.25} + e^{0.5} + e^{0.75}) \approx 1.512436676$ und $O = 0.25 \cdot (e^{0.25} + e^{0.5} + e^{0.75} + e^1) = U + 0.25(e^1 - e^0) \approx 1.942007133$. Für die Partition $\{0, 0.1, 0.2, \ldots, 1.0\}$ erhalten wir

$$U = 0.1 \cdot (e^0 + e^{0.1} + e^{0.2} + \cdots + e^{0.9}) \approx 1.633799400$$

und

$$\begin{aligned} O &= 0.1 \cdot (e^{0.1} + e^{0.2} + e^{0.3} + \cdots + e^1) \\ &= U + 0.1(e^1 - e^0) \approx 1.805627583. \end{aligned}$$

Lösung (105.4) (a) Die betrachtete Partition besteht aus den Punkten $x_k = kh$ mit $0 \leq k \leq n$. Da die Funktion f monoton wächst, wird in jedem der Teilintervalle das Minimum an der linken, das Maximum an der rechten Intervallgrenze angenommen. Für die Untersumme U_n und die Obersumme O_n ergeben sich daher die Gleichungen

$$\begin{aligned} U_n &= \sum_{k=1}^n f(x_{k-1}) \Delta x_k = \sum_{k=1}^n e^{(k-1)h} \cdot h \\ &= h \cdot \left(1 + e^h + (e^h)^2 + \cdots + (e^h)^{n-1}\right) \\ &= h \cdot \frac{e^{nh} - 1}{e^h - 1} = \frac{h}{e^h - 1} \cdot (e^b - 1) \quad \text{und} \end{aligned}$$

$$\begin{aligned} O_n &= \sum_{k=1}^n f(x_k) \Delta x_k = \sum_{k=1}^n e^{kh} \cdot h \\ &= h \cdot \left(e^h + (e^h)^2 + \cdots + (e^h)^n\right) \\ &= he^h \cdot \frac{e^{nh} - 1}{e^h - 1} = \frac{he^h}{e^h - 1} \cdot (e^b - 1). \end{aligned}$$

(b) Natürlich müssen die gleichen Ergebnisse herauskommen wie in Aufgabe (105.3)!

(c) Es gilt $\int_0^b e^x dx = \lim_{n\to\infty} U_n = \lim_{n\to\infty} O_n = e^b - 1$.

(d) Es gilt $\int_a^b e^x dx = \int_0^b e^x dx - \int_0^a e^x dx = (e^b - 1) - (e^a - 1) = e^b - e^a$.

Lösung (105.5) In (a) und (b) wurde jeweils eine äquidistante Zerlegung des *Argumentbereichs* in n gleich große Teilintervalle vorgenommen (einmal mit $n = 4$, das andere Mal mit $n = 10$). Mit den Stützstellen $x_k = k/n$ (wobei $0 \leq k \leq n$) ergeben sich dabei die Untersumme

$$\begin{aligned} U_n &= \sum_{k=1}^n f(x_{k-1})(x_k - x_{k-1}) = \sum_{k=1}^n \sqrt{\frac{k-1}{n}} \cdot \frac{1}{n} \\ &= \frac{1}{n\sqrt{n}} \cdot \left(\sqrt{1} + \sqrt{2} + \cdots + \sqrt{n-1}\right) \end{aligned}$$

und die Obersumme

$$\begin{aligned} O_n &= \sum_{k=1}^n f(x_k)(x_k - x_{k-1}) = \sum_{k=1}^n \sqrt{\frac{k}{n}} \cdot \frac{1}{n} \\ &= \frac{1}{n\sqrt{n}} \cdot \left(\sqrt{1} + \sqrt{2} + \cdots + \sqrt{n}\right); \end{aligned}$$

Einsetzen liefert in (a) die Werte $U_4 = 0.518283$ und $O_4 = 0.768283$, in (b) die Werte $U_{10} = 0.610509$ und $O_{10} = 0.710509$.

In (c) und (d) wurde jeweils eine äquidistante Zerlegung des *Bildbereichs* in n gleich große Teilintervalle vorgenommen (wieder mit $n = 4$ und $n = 10$); mit den Werten $y_k = k/n$ (wobei wieder $0 \le k \le n$) und den zugehörigen x-Werten $x_k = y_k^2 = k^2/n^2$ erhalten wir daher die Untersumme

$$U_n = \sum_{k=1}^{n} \frac{(k-1)}{n} \cdot \frac{2k-1}{n^2} = \frac{1}{n^3} \sum_{k=1}^{n} (2k^2 - 3k + 1)$$
$$= \frac{1}{n^3} \left(\frac{n(n+1)(2n+1)}{3} - \frac{3n(n+1)}{2} + n \right)$$
$$= \frac{1}{n^3} \cdot \frac{4n^3 - 3n^2 - n}{6} = \frac{1}{6} \left(4 - \frac{3}{n} - \frac{1}{n^2} \right)$$

und die Obersumme

$$O_n = \sum_{k=1}^{n} \frac{k}{n} \cdot \frac{2k-1}{n^2} = \frac{1}{n^3} \sum_{k=1}^{n} (2k^2 - k)$$
$$= \frac{1}{n^3} \left(\frac{n(n+1)(2n+1)}{3} - \frac{n(n+1)}{2} \right)$$
$$= \frac{1}{n^3} \cdot \frac{n(n+1)(4n-1)}{6} = \frac{1}{6} \left(4 + \frac{3}{n} - \frac{1}{n^2} \right);$$

anders als zuvor können wir jetzt eine explizite Formel für Ober- und Untersumme bei beliebigem Wert für n angeben. Für $n = 4$ ergeben sich die Werte $U_4 = 0.53125$ und $O_4 = 0.781250$ sowie $U_{10} = 0.615$ und $O_{10} = 0.715$.

Lösung (105.6) (a) Mit den angegebenen Werten $x_k = k^2 b/n^2$ (wobei $0 \le k \le n$) erhalten wir die Obersumme $O_n = \sum_{k=1}^{n} f(x_{k-1}) \Delta x_k$, also

$$O_n = \sum_{k=1}^{n} \frac{k\sqrt{b}}{n} \cdot \frac{b(2k-1)}{n^2} = \frac{b^{3/2}}{n^3} \sum_{k=1}^{n} (2k^2 - k)$$
$$= \frac{b^{3/2}}{n^3} \left(\frac{n(n+1)(2n+1)}{3} - \frac{n(n+1)}{2} \right)$$
$$= \frac{b^{3/2}}{n^3} \cdot \frac{n(n+1)(4n-1)}{6} = \frac{b^{3/2}}{6} \left(4 + \frac{3}{n} - \frac{1}{n^2} \right)$$

und die Untersumme $U_n = \sum_{k=1}^{n} f(x_{k-1}) \Delta x_k$, also

$$U_n = \sum_{k=1}^{n} \frac{(k-1)\sqrt{b}}{n} \cdot \frac{b(2k-1)}{n^2} = \frac{b^{3/2}}{n^3} \sum_{k=1}^{n} (2k^2 - 3k + 1)$$
$$= \frac{b^{3/2}}{n^3} \left(\frac{n(n+1)(2n+1)}{3} - \frac{3n(n+1)}{2} + n \right)$$
$$= \frac{b^{3/2}}{n^3} \cdot \frac{4n^3 - 3n^2 - n}{6} = \frac{b^{3/2}}{6} \left(4 - \frac{3}{n} - \frac{1}{n^2} \right).$$

Die Intervalle $[U_n, O_n]$ bilden eine Intervallschachtelung mit dem Grenzwert $2b^{3/2}/3$; wir erhalten also das Ergebnis

$$\int_0^b \sqrt{x}\, dx = \frac{2}{3} \cdot b^{3/2}.$$

(b) Das Rechteck $R = [0, b] \times [0, \sqrt{b}]$, das den Flächeninhalt $b\sqrt{b}$ hat, zerfällt in den Anteil A unterhalb und den Anteil B oberhalb des Graphen der Funktion $y = \sqrt{x}$.

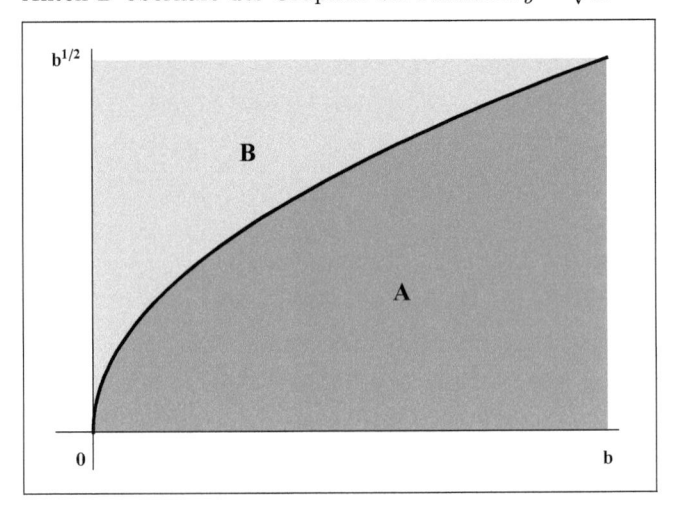

Der Flächeninhalt von A ist gerade $\int_0^b \sqrt{x}\, dx$; ferner stimmt der Flächeninhalt von B mit dem Flächeninhalt der Menge B' überein, die aus B durch Spiegelung an der Winkelhalbierenden hervorgeht; letzterer ist aber gleich $\int_0^{\sqrt{b}} x^2\, dx = (\sqrt{b})^3/3 = b\sqrt{b}/3$. Also ergibt sich (wenn jeweils $F(M)$ den Flächeninhalt einer Menge M bezeichnet) die Gleichung

$$\int_0^b \sqrt{x}\, dx = F(R) - F(B) = F(R) - F(B')$$
$$= F(R) - \int_0^{\sqrt{b}} x^2\, dx = b\sqrt{b} - \frac{b\sqrt{b}}{3} = \frac{2}{3} \cdot b\sqrt{b}.$$

Lösung (105.7) Bei dieser Aufgabe handelt es sich eigentlich nur um eine Umformulierung von Aufgabe (102.14). Wie in der Lösung zu Aufgabe (102.14)(b) nehmen wir zuerst $a = 0$ an. Für die Untersumme $U_N = \sum_{k=1}^{N} f(x_{k-1})(x_k - x_{k-1})$ zu äquidistant gewählten Stützstellen $x_k = bk/N$ mit $0 \le k \le N$ erhalten wir mit einem Polynom p_m vom Grad $\le m$ den Wert

$$U_N = \sum_{k=1}^{N} \frac{(k-1)^m b^m}{N^m} \cdot \frac{b}{N} = \frac{b^{m+1}}{N^{m+1}} \sum_{k=1}^{N} (k-1)^m$$
$$= \frac{b^{m+1}}{N^{m+1}} \sum_{k=1}^{N-1} k^m = \frac{b^{m+1}}{N^{m+1}} \cdot \frac{(N-1)^{m+1} + p_m(N-1)}{m+1}$$
$$= \frac{b^{m+1}}{m+1} \left[\left(1 - \frac{1}{N}\right)^{m+1} + O\left(\frac{1}{N}\right) \right],$$

für die Obersumme $O_N = \sum_{k=1}^{N} f(x_k)(x_k - x_{k-1})$ dagegen

$$O_N = \sum_{k=1}^{N} \frac{k^m b^m}{N^m} \cdot \frac{b}{N} = \frac{b^{m+1}}{N^{m+1}} \sum_{k=1}^{N} k^m$$
$$= \frac{b^{m+1}}{N^{m+1}} \cdot \frac{N^{m+1} + p_m(N)}{m+1} = \frac{b^{m+1}}{m+1} \left[1 + O\left(\frac{1}{N}\right) \right].$$

Wir sehen, daß für $N \to \infty$ sowohl $U_N \to b^{m+1}/(m+1)$ als auch $O_N \to b^{m+1}/(m+1)$ gilt. Unter- und Obersummen konvergieren also gegen den gleichen Wert, und da die Integrierbarkeit der stetigen Funktion f von vornherein klar ist, ist damit die Gleichung

$$\int_0^b x^m \, \mathrm{d}x = \frac{b^{m+1}}{m+1}$$

gezeigt. Aus dieser folgt dann

$$\int_a^b x^m \, \mathrm{d}x = \int_0^b x^m \, \mathrm{d}x - \int_0^a x^m \, \mathrm{d}x$$
$$= \frac{b^{m+1}}{m+1} - \frac{a^{m+1}}{m+1}.$$

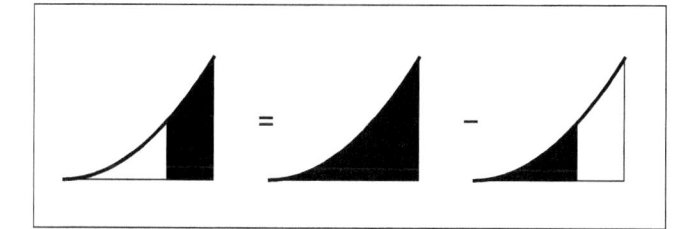

Lösung (105.8) Um nicht unnötig doppelte Arbeit zu haben, betrachten wir statt des Integrationsbereichs $[0,1] \times [0,1]$ gleich allgemein einen Integrationsbereich $[0,a] \times [0,b]$ wie in Teil (b). Für $0 \leq k \leq m$ und $0 \leq \ell \leq n$ setzen wir $x_k := ka/m$ und $y_\ell := \ell b/n$. Da die Funktion f auf dem Integrationsbereich $[0,a] \times [0,b]$ sowohl bezüglich x als auch bezüglich y monoton wächst, wird in dem Bereich $[x_{k-1}, x_k] \times [y_{\ell-1}, y_\ell]$ das Minimum an der Stelle $(x_{k-1}, y_{\ell-1})$, das Maximum dagegen an der Stelle (x_k, y_ℓ) angenommen. Wir erhalten daher (mit $\Delta x_k = a/m$ und $\Delta y_\ell = b/n$) die Obersumme

$$O_{m,n} = \sum_{k=1}^m \sum_{\ell=1}^n f(x_k, y_\ell) \Delta x_k \Delta y_\ell$$
$$= \sum_{k=1}^m \sum_{\ell=1}^n (1 + x_k + x_k y_\ell) \cdot \frac{a}{m} \cdot \frac{b}{n}$$
$$= \frac{ab}{mn} \sum_{k=1}^m \sum_{\ell=1}^n \left(1 + \frac{ka}{m} + \frac{ka}{m} \cdot \frac{\ell b}{n}\right)$$
$$= \frac{ab}{mn} \sum_{k=1}^m \left(n + \frac{kan}{m} + \frac{kab}{mn} \cdot \frac{n(n+1)}{2}\right)$$
$$= \frac{ab}{mn} \sum_{k=1}^m \left(n + \frac{kan}{m} + \frac{kab(n+1)}{2m}\right)$$
$$= \frac{ab}{mn} \cdot \left[mn + \frac{an}{m} \cdot \frac{m(m+1)}{2} + \frac{ab(n+1)}{2m} \cdot \frac{m(m+1)}{2}\right]$$
$$= \frac{ab}{mn} \cdot \left[mn + \frac{an(m+1)}{2} + \frac{ab(m+1)(n+1)}{4}\right]$$
$$= ab + \frac{a^2 b(m+1)}{2m} + \frac{a^2 b^2 (m+1)(n+1)}{4mn}$$
$$= ab + \frac{a^2 b}{2} \cdot \frac{m+1}{m} + \frac{a^2 b^2}{4} \cdot \frac{m+1}{m} \cdot \frac{n+1}{n}$$

und die Untersumme

$$U_{m,n} = \sum_{k=1}^m \sum_{\ell=1}^n f(x_{k-1}, y_{\ell-1}) \Delta x_k \Delta y_\ell$$
$$= \sum_{k=1}^m \sum_{\ell=1}^n (1 + x_{k-1} + x_{k-1} y_{\ell-1}) \cdot \frac{a}{m} \cdot \frac{b}{n}$$
$$= \frac{ab}{mn} \sum_{k=1}^m \sum_{\ell=1}^n \left(1 + \frac{(k-1)a}{m} + \frac{(k-1)a}{m} \cdot \frac{(\ell-1)b}{n}\right)$$
$$= \frac{ab}{mn} \sum_{k=1}^m \left(n + \frac{(k-1)an}{m} + \frac{(k-1)ab}{mn} \cdot \frac{(n-1)n}{2}\right)$$
$$= \frac{ab}{mn} \sum_{k=1}^m \left(n + \frac{(k-1)an}{m} + \frac{(k-1)ab(n-1)}{2m}\right)$$
$$= \frac{ab}{mn} \cdot \left[mn + \frac{an}{m} \cdot \frac{(m-1)m}{2} + \frac{ab(n-1)}{2m} \cdot \frac{(m-1)m}{2}\right]$$
$$= \frac{ab}{mn} \cdot \left[mn + \frac{an(m-1)}{2} + \frac{ab(m-1)(n-1)}{4}\right]$$
$$= ab + \frac{a^2 b(m-1)}{2m} + \frac{a^2 b^2 (m-1)(n-1)}{4mn}$$
$$= ab + \frac{a^2 b}{2} \cdot \frac{m-1}{m} + \frac{a^2 b^2}{4} \cdot \frac{m-1}{m} \cdot \frac{n-1}{n}.$$

(a) Jetzt betrachten wir speziell $a = b = 1$. Entweder unter Benutzung der gerade erhaltenen geschlossenen Formeln für die Unter- und Obersummen oder aber mit einem Taschenrechner unmittelbar anhand der Definition von Unter- und Obersummen erhalten wir die folgenden Ergebnisse:

- $U_{2,2} = 1.3125$ und $O_{2,2} = 2.3125$;
- $U_{3,4} = 1.45833$ und $O_{3,4} = 2.08333$;
- $U_{8,6} = 1.61979$ und $O_{8,6} = 1.89063$.

(b) Für $m \to \infty$ und $n \to \infty$ haben wir sowohl $U_{m,n} \to ab + (a^2 b/2) + (a^2 b^2/4)$ als auch $O_{m,n} \to ab + (a^2 b/2) + (a^2 b^2/4)$; das bedeutet

$$\iint_{R_{a,b}} f(x,y) \, \mathrm{d}(x,y) = ab + \frac{a^2 b}{2} + \frac{a^2 b^2}{4}.$$

Speziell für $a = b = 1$ ist dieser Wert gleich $7/4 = 1.75$.

(c) Unter Benutzung von Aufgabe (105.7) erhalten wir die iterierten Integrale

$$\int_0^a \left[\int_0^b f(x,y) \, \mathrm{d}y\right] \mathrm{d}x = \int_0^a \left[\int_0^b (1 + x + xy) \, \mathrm{d}y\right] \mathrm{d}x$$
$$= \int_0^a \left[b + bx + \frac{b^2 x}{2}\right] \mathrm{d}x = ba + \frac{ba^2}{2} + \frac{b^2 a^2}{4}$$

sowie

$$\int_0^b \left[\int_0^a f(x,y) \, \mathrm{d}x\right] \mathrm{d}y = \int_0^b \left[\int_0^a (1 + x + xy) \, \mathrm{d}x\right] \mathrm{d}y$$
$$= \int_0^b \left[a + \frac{a^2}{2} + \frac{a^2 y}{2}\right] \mathrm{d}y = ab + \frac{a^2 b}{2} + \frac{a^2 b^2}{4}.$$

Lösung (105.9) Wir gehen genauso vor wie in Aufgabe (105.8) und benutzen auch die gleichen Notationen; nur die Funktion f ist eine andere. Wir erhalten die Obersumme

$$\begin{aligned}
O_{m,n} &= \sum_{k=1}^{m}\sum_{\ell=1}^{n} f(x_k, y_\ell)\,\Delta x_k\,\Delta y_\ell \\
&= \sum_{k=1}^{m}\sum_{\ell=1}^{n}(1+x_k^2 y_\ell^3)\cdot\frac{a}{m}\cdot\frac{b}{n} \\
&= \frac{ab}{mn}\sum_{k=1}^{m}\sum_{\ell=1}^{n}\left(1+\frac{k^2 a^2}{m^2}\cdot\frac{\ell^3 b^3}{n^3}\right) \\
&= \frac{ab}{mn}\sum_{k=1}^{m}\left[n+\frac{k^2 a^2 b^3}{m^2 n^3}\cdot\frac{n^2(n+1)^2}{4}\right] \\
&= \frac{ab}{mn}\sum_{k=1}^{m}\left[n+\frac{k^2 a^2 b^3 (n+1)^2}{4m^2 n}\right] \\
&= \frac{ab}{mn}\left[mn+\frac{a^2 b^3 (n+1)^2}{4m^2 n}\cdot\frac{m(m+1)(2m+1)}{6}\right] \\
&= ab+\frac{a^3 b^4}{24}\cdot\frac{(n+1)^2}{n^2}\cdot\left(1+\frac{1}{m}\right)\cdot\left(2+\frac{1}{m}\right)
\end{aligned}$$

und die Untersumme

$$\begin{aligned}
U_{m,n} &= \sum_{k=1}^{m}\sum_{\ell=1}^{n} f(x_{k-1}, y_{\ell-1})\,\Delta x_k\,\Delta y_\ell \\
&= \sum_{k=1}^{m}\sum_{\ell=1}^{n}(1+x_{k-1}^2 y_{\ell-1}^3)\cdot\frac{a}{m}\cdot\frac{b}{n} \\
&= \frac{ab}{mn}\sum_{k=1}^{m}\sum_{\ell=1}^{n}\left(1+\frac{(k-1)^2 a^2}{m^2}\cdot\frac{(\ell-1)^3 b^3}{n^3}\right) \\
&= \frac{ab}{mn}\sum_{k=1}^{m}\left[n+\frac{(k-1)^2 a^2 b^3}{m^2 n^3}\cdot\frac{(n-1)^2 n^2}{4}\right] \\
&= \frac{ab}{mn}\sum_{k=1}^{m}\left[n+\frac{(k-1)^2 a^2 b^3 (n-1)^2}{4m^2 n}\right] \\
&= \frac{ab}{mn}\left[mn+\frac{a^2 b^3 (n-1)^2}{4m^2 n}\cdot\frac{(m-1)m(2m-1)}{6}\right] \\
&= ab+\frac{a^3 b^4}{24}\cdot\frac{(n-1)^2}{n^2}\cdot\left(1-\frac{1}{m}\right)\cdot\left(2-\frac{1}{m}\right).
\end{aligned}$$

(a) Jetzt betrachten wir speziell $a=b=1$. Entweder unter Benutzung der gerade erhaltenen geschlossenen Formeln für die Unter- und Obersummen oder aber mit einem Taschenrechner unmittelbar anhand der Definition von Unter- und Obersummen erhalten wir die folgenden Ergebnisse:

- $U_{2,2}=1.00781$ und $O_{2,2}=1.35156$;
- $U_{3,4}=1.02604$ und $O_{3,4}=1.20255$;
- $U_{8,6}=1.04747$ und $O_{8,6}=1.13558$.

(b) Für $m\to\infty$ und $n\to\infty$ haben wir sowohl $U_{m,n}\to ab+(a^3 b^4/12)$ als auch $O_{m,n}\to ab+(a^3 b^4/12)$; das bedeutet

$$\iint\limits_{R_{a,b}} f(x,y)\,\mathrm{d}(x,y) = ab+\frac{a^3 b^4}{12}.$$

Speziell für $a=b=1$ ist dieser Wert gleich $13/12=1.08\overline{3}$.

(c) Unter Benutzung von Aufgabe (105.7) erhalten wir die iterierten Integrale

$$\begin{aligned}
\int_0^a\left[\int_0^b f(x,y)\,\mathrm{d}y\right]\mathrm{d}x &= \int_0^a\left[\int_0^b (1+x^2 y^3)\,\mathrm{d}y\right]\mathrm{d}x \\
&= \int_0^a\left[b+\frac{b^4 x^2}{4}\right]\mathrm{d}x = ba+\frac{b^4 a^3}{12}
\end{aligned}$$

sowie

$$\begin{aligned}
\int_0^b\left[\int_0^a f(x,y)\,\mathrm{d}x\right]\mathrm{d}y &= \int_0^b\left[\int_0^a (1+x^2 y^3)\,\mathrm{d}x\right]\mathrm{d}y \\
&= \int_0^b\left[a+\frac{a^3 y^3}{3}\right]\mathrm{d}y = ab+\frac{a^3 b^4}{12}.
\end{aligned}$$

Lösung (105.10) Die Menge $N:=\{1/n\mid n\in\mathbb{N}\}$ ist eine Jordansche Nullmenge, und außerhalb dieser Menge stimmt f mit der (offensichtlich Riemann-integrierbaren) Nullfunktion überein. Andererseits ist f nicht beschränkt und daher auch nicht Riemann-integrierbar.

Lösung (105.11) Daß f nirgends stetig ist, ist klar, denn es gibt zu jeder rationalen Zahl x eine Folge irrationaler Zahlen x_n mit $x_n\to x$ und zu jeder irrationalen Zahl x eine Folge rationaler Zahlen x_n mit $x_n\to x$. Es gilt dann jeweils $x_n\to x$, aber $f(x_n)\not\to f(x)$. Aus dem in Kapitel 106 des Buches hergeleiteten Lebesgueschen Integrabilitätskriterium folgt hieraus sofort, daß f nicht Riemann-integrierbar ist. Das folgt aber auch auf ganz elementarem Wege; beispielsweise ist für jede beliebige Partition des Intervalls $[0,1]$ die zugehörige Untersumme gleich Null, die zugehörige Obersumme gleich Eins.

Lösung (105.12) Es seien $C_1\supseteq C_2\supseteq C_3\supseteq\cdots$ die zur Konstruktion von C benutzten Mengen (so daß also $C=\bigcap_{n=1}^{\infty} C_n$ gilt). Ist $\mathfrak{Z}$ eine beliebige Zerlegung des Intervalls $[0,1]$, so gilt für alle $n\in\mathbb{N}$ wegen $C\subseteq C_n$ und damit $0\leq\chi_C\leq\chi_{C_n}$ die Abschätzung

$$0 \leq \mathfrak{U}(\chi_C;\mathfrak{Z}) \leq \mathfrak{O}(\chi_C;\mathfrak{Z}) \leq \mathfrak{O}(\chi_{C_n};\mathfrak{Z}) \leq (2/3)^n,$$

wobei die letzte Abschätzung deswegen gilt, weil C_n die Vereinigung von 2^n Intervallen der Länge $(1/3)^n$ ist. Grenzübergang $n\to\infty$ liefert dann $\mathfrak{U}(\chi_C;\mathfrak{Z})=\mathfrak{O}(\chi_C;\mathfrak{Z})=0$. Also ist $f=\chi_C$ Riemann-integrierbar mit $\int_0^1 f(x)\,\mathrm{d}x=0$.

Lösung (105.13) Unmittelbar aus der Definition der Funktionen f_n ergibt sich, daß aus $|x-y| \leq (1/3)^m$ stets $|f_{n_1}(x) - f_{n_2}(y)| \leq (1/2)^m$ für alle $n_1, n_2 \geq m$ folgt. Für jedes $x \in [0,1]$ ist daher die Folge $(f_n(x))$ eine Cauchyfolge, also konvergent. Nennen wir den Grenzwert $f(x)$, so ist $f : [0,1] \to \mathbb{R}$ eine Funktion mit der Eigenschaft, daß aus $|x-y| \leq (1/3)^m$ stets $|f(x) - f(y)| \leq (1/2)^m$ folgt; dies zeigt unmittelbar, daß f gleichmäßig stetig ist. Da jede der Funktionen f_n monoton wachsend ist, ist auch f monoton wachsend. Sowohl aus der Stetigkeit als auch aus der Monotonie von f folgt die Riemann-Integrierbarkeit von f. Aus Symmetriegründen gilt $\int_0^1 f(x)\,\mathrm{d}x = 1/2$.

L106: Strukturelle Eigenschaften des Integrals

Lösung (106.1) Wir haben
$$\begin{aligned}f(x) &= (x^3/3) - (5x^2/6) - (3x/2) + 3 \\ &= (2x^3 - 5x^2 - 9x + 18)/6 \\ &= (x+2)(x-3)(2x-3)/6.\end{aligned}$$

Es gilt also $f \geq 0$ auf $[-2, 3/2] \cup [3, \infty)$ und $f \leq 0$ auf $(-\infty, -2] \cup [3/2, 3]$. Der gesuchte Flächeninhalt ist daher

$$I := \int_{-3}^{4} |f| = -\int_{-3}^{-2} f + \int_{-2}^{3/2} f - \int_{3/2}^{3} f + \int_{3}^{4} f.$$

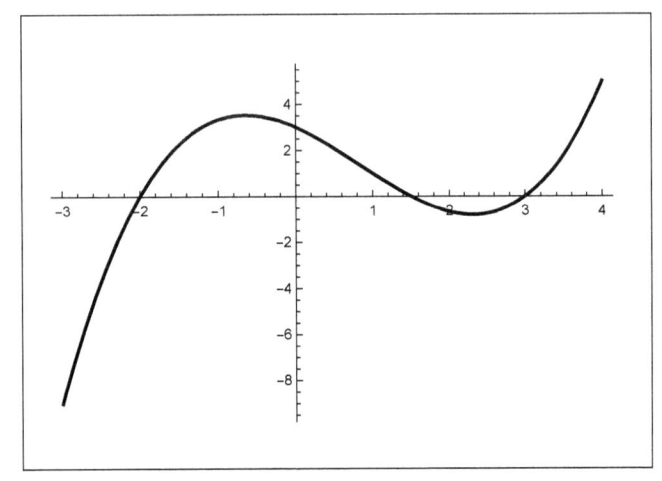

Nach Aufgabe (105.7) gilt nun allgemein $\int_a^b f = F(b) - F(a)$ mit

$$F(x) := \frac{x^4}{12} - \frac{5x^3}{18} - \frac{3x^2}{4} + 3x.$$

Also ist $I = -F(-2) + F(-3) + F(3/2) - F(-2) - F(3) + F(3/2) + F(4) - F(3)$ und damit

$$\begin{aligned}I &= F(-3) - 2 \cdot F(-2) + 2 \cdot F(3/2) - 2 \cdot F(3) + F(4) \\ &= 4187/288 \approx 14.5382.\end{aligned}$$

Lösung (106.2) Die Potenzreihe, durch die F gegeben ist, hat den gleichen Konvergenzradius wie diejenige von f; also ist mit f auch F eine auf dem Intervall $(x_0 - R, x_0 + R)$ analytische Funktion. Die Funktionen

$$f_N(x) := \sum_{n=0}^{N} a_n (x - x_0)^n$$

konvergieren auf dem Intervall $[a, b]$ gleichmäßig gegen f; nach Nummer (106.1)(e) im Buch gilt daher

$$\int_a^b f(x)\, dx = \int_a^b \lim_{N \to \infty} f_N(x)\, dx = \lim_{N \to \infty} \int_a^b f_N(x)\, dx.$$

Aufgrund der Linearität des Integrals und dessen Verhalten unter der affinen Substitution $y = x - x_0$ gemäß Nummer (106.1)(f) im Buch erhalten wir nun

$$\begin{aligned}\int_a^b f_N(x)\, dx &= \int_a^b \sum_{n=0}^{N} a_n (x - x_0)^n\, dx \\ &= \sum_{n=0}^{N} a_n \int_a^b (x - x_0)^n dx = \sum_{n=0}^{N} a_n \int_{a - x_0}^{b - x_0} y^n\, dy \\ &= \sum_{n=0}^{N} a_n \frac{(b - x_0)^{n+1} - (a - x_0)^{n+1}}{n + 1} = F_N(b) - F_N(a)\end{aligned}$$

mit

$$F_N(x) := \sum_{n=0}^{N} a_n \cdot \frac{(x - x_0)^{n+1}}{n + 1},$$

wobei wir beim Übergang von der zweiten auf die dritte Zeile das Ergebnis aus Aufgabe (105.7) benutzten. Einsetzen in das zuvor erhaltene Ergebnis liefert dann

$$\int_a^b f(x)\, dx = \lim_{N \to \infty} \big(F_N(b) - F_N(a)\big) = F(b) - F(a),$$

und das ist die Behauptung.

Lösung (106.3) Es gelte $|f(x_0)| = a > 0$. Da f stetig ist, gibt es einen Quader $Q \subseteq \Omega$ um den Punkt x_0 mit $|f(x)| \geq a/2$ für alle $x \in Q$. Es folgt dann

$$\begin{aligned}\int_\Omega |f(x)|\, dx &\geq \int_Q |f(x)| dx \\ &\geq \int_Q \frac{a}{2} dx = \frac{a \cdot \mu(Q)}{2} > 0.\end{aligned}$$

Lösung (106.4) Teil (a) wurde schon in Aufgabe (82.7) gezeigt. Teil (b) folgt dann sofort aus dem Lebesgueschen Integrabilitätskriterium, weil die Menge der Unstetigkeitsstellen von f, also die Menge aller rationalen Zahlen im Intervall $[0, 1]$, eine Lebesguesche Nullmenge ist.

Lösung (106.5) Die Behauptung dieser Aufgabe ergibt sich unmittelbar aus den folgenden Sachverhalten.
- Jede stetige Funktion ist Riemann-integrierbar.
- Jede monotone Funktion ist Riemann-integrierbar.
- Für $a < b < c$ ist eine Funktion $f : [a, c] \to \mathbb{R}$ genau dann Riemann-integrierbar, wenn die Einschränkungen $f|_{[a,b]}$ und $f|_{[b,c]}$ Riemann-integrierbar sind.

Lösung (106.6) (a) Wir schreiben

$$\begin{aligned}\int_{-a}^{a} f(x)\, dx &= \int_{-a}^{0} f(x)\, dx + \int_{0}^{a} f(x)\, dx \\ &= \int_{0}^{a} f(-\xi)\, d\xi + \int_{0}^{a} f(x),dx = \int_{0}^{a} \big(f(-x) + f(x)\big) dx,\end{aligned}$$

wobei der Übergang von der ersten zur zweiten Zeile mit der Substitution $\xi = -x$ erfolgte. (Offensichtlich folgt aus der Integrierbarkeit von f auf $[0, a]$ die Integrierbarkeit von $x \mapsto f(-x)$ auf $[-a, 0]$.) Ist f gerade, so gilt $f(-x) + f(x) = 2f(x)$ für alle $x \in [0, a]$; ist f ungerade, so gilt $f(-x) + f(x) = 0$ für alle $x \in [0, a]$. Hieraus folgt die Behauptung.

(b) Die Funktion $x \mapsto x^4 - 1$ ist gerade, die Funktion $x \mapsto -2x^3 + 2x + x\cos(x) - 5\sin(x)$ ist ungerade. Nach Teil (a) ist das angegebene Integral daher gleich

$$2 \cdot \int_0^1 (x^4 - 1)\,dx = 2\left(\frac{1}{5} - 1\right) = \frac{-8}{5},$$

wobei wir bei der ersten Gleichung das Ergebnis von Aufgabe (105.7) benutzten.

(c) Da der Integrand eine ungerade Funktion ist, hat das angegebene Integral den Wert Null.

Lösung (106.7) Für $x \in [0, 1\sqrt{n}]$ gilt $x^2 \leq 1/n$ und daher

$$f_n(x) = \frac{n^2 x^2}{(1 + x^2)^n} \geq \frac{n^2 x^2}{(1 + 1/n)^n} \geq \frac{n^2 x^2}{e}$$

und daher

$$\int_0^1 f_n(x)\,dx \geq \int_0^{1/\sqrt{n}} f_n(x)\,dx \geq \int_0^{1/\sqrt{n}} \frac{n^2 x^2}{e}\,dx$$
$$= \frac{n^2}{e} \int_0^{1/\sqrt{n}} x^2 dx = \frac{\sqrt{n}}{3e} \to \infty \text{ für } n \to \infty.$$

Andererseits gilt $f_n(x) \to 0$ für alle $x \in [0, 1]$. Dies ist klar für $x = 0$ und folgt für $x \neq 0$ daraus, daß der Zähler in dem Ausdruck $n^2 x^2/(1 + x^2)^n$ polynomial gegen ∞ geht, der Nenner aber exponentiell. Es gilt also $\lim_{n\to\infty} \int_0^1 f_n(x)\,dx = \infty$, aber $\int_0^1 \lim_{n\to\infty} f_n(x)\,dx = 0$. Das Ergebnis wird plausibel, wenn man die Graphen der Funktionen f_n betrachtet.

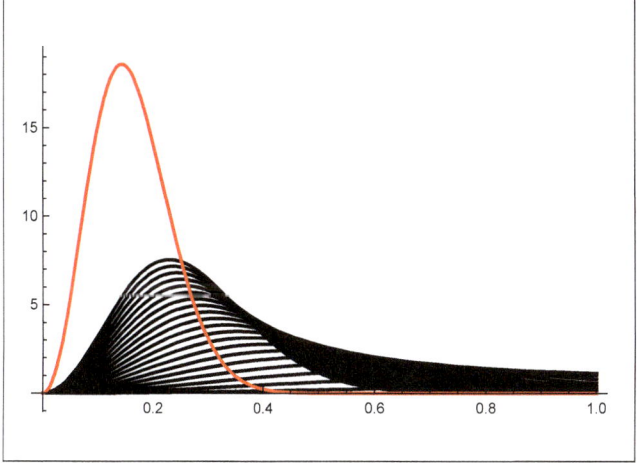

Graphen der Funktionen $f_n(x) = n^2 x^2/(1 + x^2)^n$ für $1 \leq n \leq 20$ (schwarz) und $n = 50$ (rot).

L107: Der Lebesguesche Integralbegriff

Lösung (107.1) Offensichtlich ist A die disjunkte Vereinigung der Mengen A_n; es gilt daher $\lambda(A) = \sum_{n=1}^\infty \lambda(A_n)$, wenn λ das Lebesguemaß bezeichnet. Es sei $\int_\Omega |f(x)|\,\mathrm{d}x = 0$ vorausgesetzt. Gäbe es eine Zahl n_0 mit $\lambda(A_{n_0}) > 0$, so gälte wegen $\Omega \supseteq A \supseteq A_{n_0}$ die Abschätzung

$$\int_\Omega |f(x)|\,\mathrm{d}x \geq \int_{A_{n_0}} |f(x)|\,\mathrm{d}x$$
$$\geq \int_{A_{n_0}} \frac{1}{n_0}\,\mathrm{d}x = \frac{\lambda(A_0)}{n_0} > 0,$$

was der Voraussetzung $\int_\Omega |f(x)|\,\mathrm{d}x = 0$ widerspräche. Also gilt $\lambda(A_n) = 0$ für alle $n \in \mathbb{N}$ und damit $\lambda(A) = 0$. Daß umgekehrt aus $\lambda(A) = 0$ schon $\int_\Omega |f(x)|\,\mathrm{d}x = 0$ folgt, ist klar, weil das Verhalten des Integranden auf Nullmengen keinen Einfluß auf den Wert des Integrals hat.

Lösung (107.2) (1)$\Leftrightarrow$(4): Die Menge $f^{-1}([a,\infty))$ ist das Komplement der Menge $f^{-1}((-\infty,a))$. Da eine Menge genau dann Lebesgue-meßbar ist, wenn ihr Komplement Lebesgue-meßbar ist, folgt die behauptete Äquivalenz. Analog folgt die Äquivalenz (2)$\Leftrightarrow$(3) durch Komplementbildung.

(1)$\Rightarrow$(2): Für $n \in \mathbb{N}$ sei $A_n := f^{-1}([a + 1/n, \infty))$. Nach Voraussetzung ist jede dieser Mengen Lebesgue-meßbar; da $f^{-1}((a,\infty))$ die Vereinigung dieser Mengen ist, ist dann auch $f^{-1}((a,\infty))$ Lebesgue-meßbar (als abzählbare Vereinigung Lebesgue-meßbarer Mengen).

(3)$\Rightarrow$(4): Für $n \in \mathbb{N}$ sei $A_n := f^{-1}((-\infty, a - 1/n])$. Nach Voraussetzung ist jede dieser Mengen Lebesgue-meßbar; da $f^{-1}((-\infty,a))$ die Vereinigung dieser Mengen ist, ist dann auch $f^{-1}((-\infty,a))$ Lebesgue-meßbar (als abzählbare Vereinigung Lebesgue-meßbarer Mengen).

Damit ist die Äquivalenz der Aussagen (1) bis (4) gezeigt. Gelten diese, so gilt auch (5), denn dann ist

$$f^{-1}((a,b)) = f^{-1}((-\infty,b)) \cap f^{-1}((a,\infty))$$

Lebesgue-meßbar als Durchschnitt zweier Lebesgue-meßbarer Mengen. Gilt umgekehrt (5), so gilt auch (2), denn dann ist

$$f^{-1}((a,\infty)) = \bigcup_{n \in \mathbb{N}} f^{-1}((a,n))$$

Lebesgue-meßbar als abzählbare Vereinigung Lebesgue-meßbarer Mengen. Die Implikation (6)$\Rightarrow$(5) ist trivial. Die Implikation (5)$\Rightarrow$(6) folgt dann daraus, daß jede offene Teilmenge von $\mathbb{R}$ als abzählbare Vereinigung offener Intervalle darstellbar ist. Damit ist die Äquivalenz aller sechs Aussagen gezeigt.

Lösung (107.3) O.B.d.A. dürfen wir annehmen, daß die Numerierung so gewählt ist, daß $a_1 < a_2 < \cdots < a_m$ gilt. Wir setzen dann noch $a_0 := -\infty$ und $a_{m+1} := \infty$. Ist f meßbar, so ist jede der Mengen $f^{-1}(a_{i-1}, a_{i+1}) = A_i$ Lebesgue-meßbar. Ist umgekehrt jede der Mengen A_i Lebesgue-meßbar, so ist für jede Zahl $b \in \mathbb{R}$ die Menge $f^{-1}((-\infty,b])$ Lebesgue-meßbar (nämlich als Vereinigung derjenigen Mengen A_i mit $a_i \leq b$), und damit ist dann f meßbar.

Lösung (107.4) (a) Ja, denn es ist $f^{-1}(\{c\}) = f^{-1}((-\infty,c]) \cap f^{-1}([c,\infty))$ meßbar als Durchschnitt zweier meßbarer Mengen.

(b) Nein. Wähle etwa $X = [0,1]$ und eine nichtmeßbare Menge $A \subseteq X$. Definieren wir dann $f: X \to \mathbb{R}$ durch

$$f(x) := \begin{cases} -x, & \text{falls } x \in A, \\ x+1, & \text{falls } x \notin A, \end{cases}$$

so ist f injektiv, so daß alle Mengen $f^{-1}(\{c\})$ entweder leer oder einpunktig und damit meßbar sind. Andererseits ist $f^{-1}((-\infty,0]) = A$ nicht meßbar.

Lösung (107.5) (a) Es sei $f := \inf_{n \in \mathbb{N}}(f_n)$. Für alle $a \in \mathbb{R}$ ist dann $f^{-1}((-\infty,a)) = \bigcup_{n \in \mathbb{N}} f_n^{-1}((-\infty,a))$ meßbar als abzählbare Vereinigung meßbarer Mengen.

(b) Es sei $f := \sup_{n \in \mathbb{N}} f_n$. Für alle $a \in \mathbb{R}$ ist dann $f^{-1}((a,\infty)) = \bigcup_{n \in \mathbb{N}} f_n^{-1}((a,\infty))$ meßbar als abzählbare Vereinigung meßbarer Mengen.

Die Teile (c) und (d) ergeben sich aus (a) und (b), denn

$$\liminf_{n \to \infty} f_n = \sup_{n \in \mathbb{N}} (\inf_{k \geq n} f_k) \quad \text{und}$$
$$\limsup_{n \to \infty} f_n = \inf_{n \in \mathbb{N}} (\sup_{k \geq n} f_k).$$

Lösung (107.6) (a) Wir setzen $\varphi := \Phi(f,g) = \Phi \circ h$ mit $h(x) := (f(x), g(x))$. Sind $U_1, U_2 \subseteq \mathbb{R}$ offene Mengen, so ist $h^{-1}(U_1 \times U_2) = f^{-1}(U_1) \cap g^{-1}(U_2)$ meßbar als Durchschnitt zweier meßbarer Mengen. Da sich jede offene Menge als abzählbare Vereinigung von Rechtecken der Form $U_1 \times U_2$ darstellen läßt, ist dann $h^{-1}(\Omega)$ meßbar für jede offene Menge $\Omega \subseteq \mathbb{R}$. Für eine solche Menge Ω ist dann $\Phi^{-1}(\Omega)$ offen (denn Φ ist stetig) und damit $\varphi^{-1}(\Omega) = (\Phi \circ h)^{-1}(\Omega) = h^{-1}(\Phi^{-1}(\Omega))$ meßbar. Also ist φ eine meßbare Funktion.

(b) Wir müssen nur Teil (a) mit $\Phi(u,v) : u + v$, $\Phi(u,v) := uv$, $\Phi(u,v) := \max(u,v)$ und $\Phi(u,v) := \min(u,v)$ anwenden.

Lösung (107.7) Es gilt

$$A = \{x \in X \mid \liminf_{n \to \infty} f_n(x) = \limsup_{n \to \infty} f_n(x)\}.$$

Die Funktionen $\liminf_{n \to \infty} f_n$ und $\limsup_{n \to \infty} f_n$ sind meßbar nach Aufgabe (107.5); also ist A meßbar nach Aufgabe (107.4)(a).

Lösung (107.8) Es sei A die Menge der Unstetigkeitsstellen von f; nach Voraussetzung ist dies eine Lebesguesche Nullmenge. Dann ist die Menge $B := X \setminus A$ der Stetigkeitsstellen meßbar (als Differenz zweier meßbarer Mengen). Es sei $U \subseteq \mathbb{R}$ eine offene Menge; wir müssen zeigen, daß $f^{-1}(U)$ meßbar ist. Da $f|_B$ stetig ist, ist $f|_B^{-1}(U) = f^{-1}(U) \cap B$ eine offene Teilmenge von B. Es gibt also eine in X offene Menge Ω mit $f^{-1}(U) \cap B = \Omega \cap B$. Dann ist

$$\begin{aligned} f^{-1}(U) &= \bigl(f^{-1}(U) \cap B\bigr) \cup \bigl(f^{-1}(U) \cap A\bigr) \\ &= (\Omega \cap B) \cup \bigl(f^{-1}(U) \cap A\bigr), \end{aligned}$$

und diese Menge ist meßbar als Vereinigung zweier meßbarer Mengen. (Die Menge $\Omega \cap B$ ist offen als Schnitt zweier meßbarer Mengen, und die Menge $f^{-1}(U) \cap A$ ist meßbar als Teilmenge einer Lebesgueschen Nullmenge.)

Lösung (107.9) Ist f differentiierbar, dann erst recht stetig und folglich meßbar nach der vorherigen Aufgabe. Für jede Zahl $n \in \mathbb{N}$ ist dann auch die Funktion $x \mapsto n \cdot \bigl(f(x + 1/n) - f(x)\bigr)$ stetig und folglich meßbar. Wegen

$$f'(x) = \lim_{n \to \infty} \frac{f(x + 1/n) - f(x)}{1/n}$$

ist dann auch f' meßbar (als punktweiser Grenzwert einer Folge meßbarer Funktionen).

Lösung (107.10) Die Funktion f ist außer an der Stelle $x = 0$ nirgends stetig; nach dem Lebesgueschen Integrabilitätskriterium ist daher f nicht Riemann-integrierbar. Da die rationalen Zahlen im Intervall $[0, 1]$ eine abzählbare Menge und damit eine Lebesguesche Nullmenge bilden, stimmt f fast überall mit der Funktion $g(x) = \sqrt{x}$ überein, die stetig und damit Riemann-integrierbar, erst recht also Lebesgue-integrierbar ist. Da das Abändern eines Integranden auf einer Nullmenge nichts am Wert des Integrals ändert, gilt daher $\int_0^1 f(x)\,\mathrm{d}x = \int_0^1 g(x)\,\mathrm{d}x = \int_0^1 \sqrt{x}\,\mathrm{d}x = 2/3$.

Lösung (107.11) Wäre die Aussage falsch, so gälte $\liminf_{x \to \infty} x|f(x)| > 0$. Es gäbe dann Zahlen $\varepsilon > 0$ und $R > 0$ mit $x|f(x)| \geq \varepsilon$ für alle $x \geq R$. Dann wäre

$$\int_0^\infty |f(x)|\,\mathrm{d}x \geq \int_R^\infty |f(x)|\,\mathrm{d}x \geq \int_R^\infty \frac{\varepsilon}{x}\,\mathrm{d}x = \infty$$

im Widerspruch dazu, daß $f \in L^1(0, \infty)$ gelten sollte.

L108: Abstrakte Integration

Lösung (108.1) Wir schreiben $f = \sum_{i=1}^{m} a_i \chi_{A_i}$ und $g = \sum_{j=1}^{n} b_j \chi_{B_j}$ mit paarweise disjunkten Mengen $A_1, \ldots, A_m$ und $B_1, \ldots, B_n$. Dann sind die Mengen $M_{ij} := A_i \cap B_j$ mit $1 \leq i \leq m$ und $1 \leq j \leq n$ paarweise disjunkt, und wir haben

$$f = \sum_{i=1}^{m}\sum_{j=1}^{n} a_i \chi_{M_{ij}} \quad \text{und} \quad g = \sum_{i=1}^{m}\sum_{j=1}^{n} b_j \chi_{M_{ij}}.$$

Die Summe $f+g$ ist eine Treppenfunktion, denn

$$f+g = \sum_{i=1}^{m}\sum_{j=1}^{n} (a_i + b_j) \chi_{M_{ij}}.$$

Das skalare Vielfache cf ist eine Treppenfunktion, denn

$$cf = \sum_{i=1}^{m} ca_i \chi_{A_i}.$$

Das Produkt fg ist eine Treppenfunktion, denn

$$fg = \sum_{i,k=1}^{m}\sum_{j,\ell=1}^{n} a_i b_\ell \chi_{M_{ij}} \chi_{M_{k\ell}}$$
$$= \sum_{i,k=1}^{m}\sum_{j,\ell=1}^{n} a_i b_\ell \delta_{ik} \delta_{j\ell} \chi_{M_{ij}} = \sum_{i=1}^{m}\sum_{j=1}^{n} a_i b_j \chi_{M_{ij}}.$$

Das Maximum $\max(f,g)$ ist eine Treppenfunktion, denn

$$\max(f,g) = \sum_{i=1}^{m}\sum_{j=1}^{n} \max(a_i, b_j) \chi_{M_{ij}}.$$

Das Minimum $\min(f,g)$ ist eine Treppenfunktion, denn

$$\min(f,g) = \sum_{i=1}^{m}\sum_{j=1}^{n} \min(a_i, b_j) \chi_{M_{ij}}.$$

Der Betrag $|f|$ ist eine Treppenfunktion, denn

$$|f| = \sum_{i=1}^{m} |a_i| \chi_{A_i}.$$

Lösung (108.2) Für alle $n \in \mathbb{N}$ gilt $\inf_{x \in X} f_n(x) = 0$; also gilt auch $\liminf_{n \to \infty} f_n(x) = 0$. Für alle $n \in \mathbb{N}$ gilt ferner

$$\int_X f_n \, d\mu = \begin{cases} \mu(A), & \text{falls } n \text{ ungerade,} \\ \mu(B), & \text{falls } n \text{ gerade.} \end{cases}$$

Es folgt

$$\int_X (\liminf_{n \to \infty} f_n) \, d\mu = \int_X 0 \, du = 0$$
$$< \min(\mu(A), \mu(B)) = \liminf_{n \to \infty} \int_X f_n \, d\mu.$$

Lösung (108.3) Für beliebige (insbesondere auch konstante) Funktionen $\varphi, \psi : X \to \mathbb{R}$ und eine Relation $\sim$ auf $\mathbb{R}$ schreiben wir zur Abkürzung

$$[\varphi \sim \psi] := \{ x \in X \mid \varphi(x) \sim \psi(x) \}.$$

(a) Es sei $\varepsilon > 0$ beliebig. Aufgrund der Dreiecksungleichung $|f - g| \leq |f - f_n| + |f_n - g|$ gilt dann

$$\left[|f-g| \geq \varepsilon \right] \subseteq \left[|f-f_n| \geq \frac{\varepsilon}{2} \right] \cup \left[|f_n-g| \geq \frac{\varepsilon}{2} \right]$$

und daher

$$\mu\left([|f-g| \geq \varepsilon]\right) \leq \mu\left(\left[|f-f_n| \geq \frac{\varepsilon}{2}\right]\right) + \mu\left(\left[|f_n-g| \geq \frac{\varepsilon}{2}\right]\right).$$

Nach Voraussetzung gehen für $n \to \infty$ beide Terme auf der rechten Seite gegen Null; da die linke Seite aber gar nicht von n abhängt, folgt $\mu([|f-g| \geq \varepsilon]) = 0$ für alle $\varepsilon > 0$. Also ist

$$[f \neq g] = \bigcup_{m \in \mathbb{N}} [|f-g| \geq 1/m]$$

eine abzählbare Vereinigung von Nullmengen und damit selbst eine Nullmenge.

(b) Betrachte $X = \mathbb{R}$, versehen mit dem Lebesguemaß, und $f_n := \chi_{[n,n+1]}$ für $n \in \mathbb{N}$. Dann gilt offensichtlich $f_n \to 0$ punktweise, aber es gilt nicht $f_n \to 0$ nach Maß, denn für alle $\varepsilon > 0$ ist

$$\mu\left([|f_n| \geq \varepsilon]\right) = \mu([n, n+1]) = 1.$$

(c) Betrachte $X = [0,1]$, versehen mit dem Lebesguemaß, und betrachte die Intervallfolge $I_1, I_2, I_3, \ldots$, die gegeben ist durch $[0,1], [0,1/2], [1/2,1], [0,1/3], [1/3,2/3], [2/3,1], [0,1/4], [1/4,2/4], [2/4,3/4], [3/4,1]$, und so weiter. Für $n \in \mathbb{N}$ sei $f_n := \chi_{I_n}$. Wegen $[|f_n| \geq \varepsilon] \subseteq I_n$ für alle $n \in \mathbb{N}$ gilt dann

$$\mu\left([|f_n| \geq \varepsilon]\right) \leq \mu(I_n) \to 0,$$

so daß $f_n \to 0$ nach Maß gilt. Andererseits liegt jede Zahl $x \in [0,1]$ in unendlich vielen der Intervalle I_n, aber auch in unendlich vielen Komplementen solcher Intervalle; die Folge $(f_n(x))_{n \in \mathbb{N}}$ enthält also unendlich viele Einsen und unendlich viele Nullen und kann daher nicht konvergieren. Die Folge (f_n) konvergiert also nicht punktweise.

(d) Es sei $\varepsilon > 0$ beliebig, aber fest gewählt. Wir schreiben $X_n := [|f_n - f| \geq \varepsilon]$. Es gilt dann

$$\|f_n - f\|_p^p = \int_X |f_n - f|^p d\mu \geq \int_{X_n} |f_n - f|^p d\mu$$
$$\geq \int_{X_n} \varepsilon^p d\mu = \varepsilon^p \cdot \mu(X_n)$$

und damit $\mu(X_n) \leq \varepsilon^{-p} \|f_n - f\|_p^p \to 0$ für $n \to \infty$. Daß für jede Zahl $\varepsilon > 0$ die Bedingung $\mu(X_n) \to 0$ gilt, heißt aber gerade, daß $f_n \to f$ nach Maß gilt.

Aufgaben zu »Abstrakte Integration« siehe Seite 43

Lösung (108.4) Es sei $f_n(x) := f(x) \cdot n^2/(n^2 + x^2)$. Für jede feste Zahl $x \in \mathbb{R}$ konvergiert die Folge $(f_n(x))$ monoton wachsend gegen $f(x)$. Nach dem Satz von der monotonen Konvergenz gilt dann $\int_{\mathbb{R}} f_n(x)\,dx \to \int_{\mathbb{R}} f(x)\,dx$ für $n \to \infty$. Hieraus folgt die Behauptung.

Lösung (108.5) (a) Für $x \geq 1$ schreiben wir

$$f_n(x) := \frac{\ln(nx)}{x + x^2 \ln(n)} = \frac{\ln(n) + \ln(x)}{x + x^2 \ln(n)}.$$

Offensichtlich gilt dann $f_n(x) \to 1/x^2$. Für alle $x \geq 1$ gilt ferner

$$f_n(x) \leq \frac{1}{x^2} + \frac{\ln(x)}{x^2} \leq \frac{1}{x^2} + \frac{2/e}{x^{3/2}} =: g(x).$$

Wegen $g \in L^1(1,\infty)$ ist der Satz von der majorisierten Konvergenz anwendbar und liefert

$$\lim_{n \to \infty} \int_1^\infty \frac{\ln(nx)}{x + x^2 \ln(n)}\,dx = \int_1^\infty \lim_{n \to \infty} \frac{\ln(nx)}{x + x^2 \ln(n)}\,dx$$
$$= \int_1^\infty \frac{1}{x^2} = 1.$$

(Die letzte Gleichung wird sich sofort aus dem in Kapitel 109 des Buches behandelten Hauptsatz der Integral- und Differentialrechnung ergeben.)

(b) Es gilt $|\cos(x^n)| \leq 1$ für alle $n \in \mathbb{N}$ und alle $x \in [0,1]$; also ist die konstante Funktion eine integrierbare Majorante aller Funktionen $x \mapsto \cos(x^n)$. Damit ist der Satz von der majorisierten Konvergenz anwendbar; dieser liefert

$$\lim_{n \to \infty} \int_0^1 \cos(x^n)\,dx = \int_0^1 \left(\lim_{n \to \infty} \cos(x^n)\right) dx$$
$$= \int_0^1 1\,dx = 1.$$

Bei der zweiten Gleichung nutzten wir dabei aus, daß für alle $x \in [0,1)$ die Bedingung $x^n \to 0$ und daher $\cos(x^n) \to \cos(0) = 1$ gilt.

(c) Wir schätzen zunächst ab:

$$\left|\int_{-n}^n \left(\frac{\sin(x)}{x}\right)^n dx\right| \leq \int_{-n}^n \left|\frac{\sin(x)}{x}\right|^n dx$$
$$\leq \int_{-\infty}^\infty \left|\frac{\sin(x)}{x}\right|^n dx.$$

Wir werden zeigen, daß sogar die Integrale ganz rechts für $n \to \infty$ gegen Null gehen. Erst folgt, daß der angegebene Grenzwert existiert und den Wert Null hat. Für alle $x \in \mathbb{R}$ und alle $n \geq 2$ gilt $|\sin(x)/x|^n \leq \min(1, 1/x^2)$, und diese letzte Funktion liegt in $L^1(\mathbb{R})$. Also ist der Satz von der majorisierten Konvergenz anwendbar; dieser liefert

$$\lim_{n \to \infty} \int_{-\infty}^\infty \left|\frac{\sin(x)}{x}\right|^n dx = \int_{-\infty}^\infty \lim_{n \to \infty} \left|\frac{\sin(x)}{x}\right|^n dx = 0,$$

wobei die letzte Gleichung deswegen gilt, weil für alle $x \neq 0$ die Bedingung $|\sin(x)/x| < 1$ und damit $|\sin(x)/x|^n \to 0$ für $n \to \infty$ gilt.

Lösung (108.6) Wegen $f_n \leq f$ gilt $\int_X f_n \leq \int_X f$ für alle n und damit auch $\limsup_{n \to \infty} \int_X f_n \leq \int_X f$. Unter Anwendung des Lemmas von Fatou erhalten wir dann

$$\int_X f = \int_X \lim_{n \to \infty} f_n \leq \liminf_{n \to \infty} \int_X f_n \leq \limsup_{n \to \infty} \int_X f_n \leq \int_X f.$$

Das Einschnürungskriterium zeigt dann, daß $\lim_{n \to \infty} \int_X f_n$ (als eigentlicher oder uneigentlicher Grenzwert) existiert und gleich $\int_X f$ ist.

Lösung (108.7) Gemäß dem Hinweis betrachten wir die Funktionen $f_1 := f\chi_A$ und $f_2 := f\chi_B$. Es gilt dann $f = f_1 + f_2$, und wir sind fertig, wenn wir zeigen können, daß die Bedingungen $f_1 \in L^p(X)$ und $f_2 \in L^q(X)$ gelten. Wegen $p - r \leq 0$ gilt

$$\int_X |f_1|^p = \int_A |f|^p = \int_A \underbrace{|f|^{p-r}}_{\leq 1} |f|^r \leq \int_A |f|^r \leq \int_X |f|^r < \infty$$

und damit $f_1 \in L^p(X)$. Wegen $q - r \geq 1$ gilt analog die Abschätzung

$$\int_X |f_2|^q = \int_B |f|^q = \int_B \underbrace{|f|^{q-r}}_{\leq 1} |f|^r \leq \int_B |f|^r \leq \int_X |f|^r < \infty$$

und damit $f_2 \in L^q(X)$. Also gilt $f \in L^p(X) + L^q(X)$.

Lösung (108.8) Es gilt

$$\int_B |f_p|^q = \int_B \underbrace{|f_p|^{q-p}}_{\leq 1} |f_p|^p \leq \int_B |f_p|^p \leq \int_X |f_p|^p < \infty.$$

Wegen $|f_p| = |f - f_q| \leq |f| + |f_q| \leq \|f\|_\infty + |f_q|$ fast überall gilt ferner

$$\int_A |f_p|^q \leq \int_A (\|f\|_\infty + |f_q|)^q$$
$$\leq \int_A 2^{q-1}(\|f\|_\infty^q + |f_q|^q)$$
$$\leq \int_A 2^{q-1}\|f\|_\infty^q + 2^{q-1}\int_A |f_q|^q$$
$$\leq 2^{q-1}\left(\|f\|_\infty^q \mu(A) + \int_X |f_q|^q\right) < \infty.$$

Dabei folgt der Übergang von der ersten zur zweiten Zeile aus der Konvexität der Funktion $t \mapsto t^q$, und in der letzten

Abschätzung gilt $\mu(A) < \infty$ wegen $f_p \in L^p(X)$. Insgesamt gilt also
$$\int_X |f_p|^q = \int_A |f_p|^q + \int_B |f_p|^q < \infty$$
und damit $f_p \in L^q(X)$, folglich auch $f = f_p + f_q \in L^q(X) + L^q(X) = L^q(X)$.

Lösung (108.9) Zunächst sei $r < p$. Für die im Hinweis angegebene Funktion f gilt dann, wenn ω_{n-1} den Oberflächeninhalt der Einheitssphäre bezeichnet†, die Gleichung
$$\int_{\mathbb{R}^n} |f(x)|^r \, dx = \int_{\|x\| \leq 1} \|x\|^{-\alpha r} \, dx$$
$$= \omega_{n-1} \cdot \int_0^1 \rho^{n-1-\alpha r} \, d\rho < \infty,$$
wobei das am Ende angegebene Integral wegen $n-1-\alpha r > -1$ konvergiert. Also liegt f in $L^r(\mathbb{R}^n)$. Es sei $B := \{x \in \mathbb{R}^n \mid 0 < \|x\| \leq 1\}$. Läge f in $L^p(\mathbb{R}^n) + L^q(\mathbb{R}^n)$, dann auch in $L^p(B) + L^q(B) \subseteq L^p(B) + L^p(B) = L^p(B)$, aber das ist nicht der Fall, denn
$$\int_B |f(x)|^p \, dx = \int_{\|x\| \leq 1} \|x\|^{-\alpha p} \, dx$$
$$= \omega_{n-1} \cdot \int_0^1 \rho^{n-1-\alpha p} \, d\rho = \infty,$$
wobei das am Ende angegebene Integral wegen $n-1-\alpha p < -1$ divergiert. Also liegt f zwar in $L^r(\mathbb{R}^n)$, aber nicht in $L^p(\mathbb{R}^n) + L^q(\mathbb{R}^n)$; folglich gilt $L^r(\mathbb{R}^n) \not\subseteq L^p(\mathbb{R}^n) + L^q(\mathbb{R}^n)$.

Nun sei $r > q$. Für die im Hinweis angegebene Funktion g gilt dann
$$\int_{\mathbb{R}^n} |g(x)|^r \, dx = \int_{\|x\| \geq 1} \|x\|^{-\beta r} \, dx$$
$$= \omega_{n-1} \cdot \int_1^\infty \rho^{n-1-\beta r} \, d\rho < \infty,$$
wobei das am Ende angegebene Integral wegen $n-1-\beta r < -1$ konvergiert. Also liegt g in $L^r(\mathbb{R}^n)$. Andererseits gilt wegen $\|g\|_\infty = 1$ auch $g \in L^\infty(\mathbb{R}^n)$. Läge g in $L^p(\mathbb{R}^n) + L^q(\mathbb{R}^n)$, dann also auch in $\bigl(L^p(\mathbb{R}^n) + L^q(\mathbb{R}^n)\bigr) \cap L^\infty(\mathbb{R}^n)$ und nach der vorhergehenden Aufgabe auch in $L^q(\mathbb{R}^n)$, aber das ist nicht der Fall, denn
$$\int_{\mathbb{R}^n} |g(x)|^q \, dx = \int_{\|x\| \geq 1} \|x\|^{-\beta q} \, dx$$
$$= \omega_{n-1} \cdot \int_1^\infty \rho^{n-1-\beta q} \, d\rho = \infty,$$
wobei das am Ende angegebene Integral wegen $n-1-\beta q > -1$ divergiert. Also liegt g zwar in $L^r(\mathbb{R}^n)$, aber nicht in $L^p(\mathbb{R}^n) + L^q(\mathbb{R}^n)$; folglich gilt $L^r(\mathbb{R}^n) \not\subseteq L^p(\mathbb{R}^n) + L^q(\mathbb{R}^n)$.

---
† Dies ist in Kapitel 113 näher erklärt.

Lösung (108.10) Nach der Dreiecksungleichung gilt $|f_n - f| \leq |f_n| + |f| \leq g_n + |f|$; also gilt für alle $n \in \mathbb{N}$ die Bedingung
$$g_n + |f| - |f_n - f| \geq 0.$$
Wir wenden nun gemäß dem Hinweis das Lemma von Fatou an und erhalten
$$\int g + \int |f| = \int (g + |f|)$$
$$= \int \liminf_{n \to \infty} (g_n + |f| - |f_n - f|)$$
$$\leq \liminf_{n \to \infty} \int (g_n + |f| - |f_n - f|)$$
$$= \liminf_{n \to \infty} \left(\int g_n + \int |f| - \int |f_n - f| \right)$$
$$= \int g + \int |f| - \limsup_{n \to \infty} \int |f_n - f|.$$
Hieraus folgt $\int |f_n - f| \to 0$, damit dann aber auch
$$\left| \int f_n - \int f \right| = \left| \int (f_n - f) \right| \leq \int |f_n - f| \to 0$$
und folglich $\int f_n \to \int f$ für $n \to \infty$.

Lösung (108.11) (1)⇒(2): Nach der Dreiecksungleichung gilt $\bigl| \|f_n\|_p - \|f\|_p \bigr| \leq \|f_n - f\|_p$. Hieraus folgt sofort die Behauptung.

(2)⇒(1): Da die Funktion $x \mapsto |x|^p$ auf ganz $\mathbb{R}$ konvex ist, gilt
$$\left| \frac{f_n - f}{2} \right|^p = \left| \frac{f_n + (-f)}{2} \right|^p$$
$$\leq \frac{|f_n|^p + |-f|^p}{2} = \frac{|f_n|^p + |f|^p}{2},$$
so daß $2^{p-1}|f_n|^p + 2^{p-1}|f|^p - |f_n - f|^p \geq 0$ gilt. Wir können daher das Lemma von Fatou anwenden und erhalten
$$\int 2^p |f|^p = \int \liminf_{n \to \infty} (2^{p-1}|f_n|^p + 2^{p-1}|f|^p - |f_n - f|^p)$$
$$\leq \liminf_{n \to \infty} \int (2^{p-1}|f_n|^p + 2^{p-1}|f|^p - |f_n - f|^p)$$
$$= \liminf_{n \to \infty} \left(2^{p-1} \int |f_n|^p + 2^{p-1} \int |f|^p - \int |f_n - f|^p \right)$$
$$= 2^p \int |f|^p - \limsup_{n \to \infty} \int |f_n - f|^p,$$
wobei wir beim letzten Schritt die Voraussetzung (2) benutzten. Es folgt dann $\limsup_{n \to \infty} \int |f_n - f|^p = 0$, und das bedeutet gerade $\|f_n - f\|_p \to 0$ für $n \to \infty$.

Lösung (108.12) Nach der vorigen Aufgabe, angewandt mit $p = 1$, gilt $\|f_n - f\|_1 \to 0$. Für jede meßbare Teilmenge $A \subseteq X$ gilt dann

$$\left|\int_A f_n - \int_A f\right| = \left|\int_A (f_n - f)\right| \le \int_A |f_n - f|$$
$$\le \int_X |f_n - f| = \|f_n - f\|_1 \to 0 \text{ für } n \to \infty.$$

Lösung (108.13) Da $f_n \to g$ in $L^1(X)$ gilt, gibt es eine Teilfolge f_{n_k}, die punktweise fast überall gegen g konvergiert. Andererseits gilt nach Voraussetzung auch $f_n \to f$ punktweise fast überall und damit erst recht $f_{n_k} \to f$ punktweise fast überall. Also gilt $f = \lim_{k\to\infty} f_{n_k} = g$ fast überall.

Lösung (108.14) Wegen $\varphi_n \to f$ in $L^p(X)$ gibt es eine Teilfolge (φ_{n_k}), die punktweise fast überall gegen f konvergiert. Wegen $\varphi_n \to g$ in $L^q(X)$ gilt erst recht $\varphi_{n_k} \to g$ in $L^q(X)$. Also gibt es eine Teilfolge $(\varphi_{n_{k_\ell}})$, die punktweise fast überall gegen g konvergiert. Diese Teilfolge konvergiert dann aber punktweise fast überall sowohl gegen f als auch gegen g, und hieraus folgt $f = g$ fast überall.

Lösung (108.15) (a) Wir schreiben $X := [a,b]$. Die Zahl $\alpha := q/p$ ist größer als 1; der zu α konjugierte Exponent ist $\beta = q/(q-p)$. Nach der Hölderschen Ungleichung gilt für $f \in L^q(X)$ die Abschätzung

$$\|f\|_p^p = \int_X |f|^p \cdot 1 \le \left[\int_X (|f|^p)^\alpha\right]^{1/\alpha} \cdot \left[\int_X 1^\beta\right]^{1/\beta}$$
$$= \left[\int_X |f|^q\right]^{p/q} \cdot \mu(X)^{(q-p)/q}.$$

Beiderseitiges Ziehen der p-ten Wurzel liefert

$$\|f\|_p \le \mu(X)^{(1/p)-(1/q)} \cdot \|f\|_q.$$

Wegen $\mu(X) < \infty$ und $f \in L^q(X)$ ist die rechte Seite dieser Ungleichung endlich; also ist auch $\|f\|_p$ endlich und damit f eine Funktion in $L^p(X)$.

Bemerkung: Die Herleitung zeigt, daß nur die Bedingung $\mu(X) < \infty$ gebraucht wurde; die Inklusion $L^q(X) \subseteq L^p(X)$ gilt also nicht nur für Intervalle, sondern ganz allgemein für Maßräume mit endlichem Maß. Die Abschätzung $\|f\|_p \le C \cdot \|f\|_q$ mit $C := \mu(X)^{(1/p)-(1/q)}$ zeigt ferner nicht nur, daß die Inklusion $L^q(X) \subseteq L^p(X)$ gilt, sondern auch, daß die Einbettungsabbildung $L^q(X) \to L^p(X)$ stetig ist. Man sagt, die Inklusion $L^q(X) \subseteq L^p(X)$ gelte im Sinne stetiger Einbettung.

(b) Es sei $a \in \ell^p(\mathbb{N})$. Da die Reihe $\sum_k |a_k|^p$ konvergiert, gilt $|a_k| < 1$ und damit $|a_k|^q \le |a_k|^p$ für fast alle Indices k. Folglich konvergiert nach dem Majorantenkriterium auch die Reihe $\sum_k |a_k|^q$, und dies zeigt, daß a auch in $\ell^q(\mathbb{N})$ liegt. Damit ist die Inklusion $\ell^p(\mathbb{N}) \subseteq \ell^q(\mathbb{N})$ bewiesen.

L109: Berechnung von Einfachintegralen

Lösung (109.1) Nach dem Hauptsatz der Integral- und Differentialrechnung gilt

$$\int_0^b \sqrt{x}\,\mathrm{d}x = \int_0^b x^{1/2}\,\mathrm{d}x = \left[\frac{2}{3}x^{3/2}\right]_0^b = \frac{2}{3}b^{3/2}.$$

Der Rechenaufwand ist natürlich viel geringer als bei der Herleitung unmittelbar anhand der Definition des Integralbegriffs!

Lösung (109.2) Wir berechnen die Integrale unter Benutzung des ersten Hauptsatzes der Integral- und Differentialrechnung.

(a) Es gilt

$$\int_0^1 (x^7 - 3x^2 + 6x + 1)\,\mathrm{d}x$$
$$= \frac{1}{8}x^8 - x^3 + 3x^2 + x \Big|_0^1$$
$$= 3\frac{1}{8} = 3.125.$$

(b) Es gilt

$$\int_0^{\pi/2} \big(\sin(2x) - 3\cos(x/2)\big)\,\mathrm{d}x$$
$$= -\frac{1}{2}\cos(2x) - 6\sin(x/2)\Big|_0^{\pi/2}$$
$$= 1 - 3\sqrt{2} \approx -3.24264.$$

(c) Es gilt

$$\int_0^5 \big(x\sqrt{x+4}\big)\,\mathrm{d}x = \int_0^5 \big((x+4)\sqrt{x+4} - 4\sqrt{x+4}\big)\,\mathrm{d}x$$
$$= \int_0^5 \big((x+4)^{3/2} - 4(x+4)^{1/2}\big)\,\mathrm{d}x$$
$$= \frac{2}{5}(x+4)^{5/2} - \frac{8}{3}(x+4)^{3/2}\Big|_0^5$$
$$= \frac{506}{15} = 33.7\overline{3}.$$

(d) Es gilt

$$\int_{-1}^1 \big(e^{3x} + e^{x/4}\big)\,\mathrm{d}x = \left[\frac{e^{3x}}{3} + 4e^{x/4}\right]_{-1}^1$$
$$= \frac{e^3 - e^{-3}}{3} + 4\cdot(e^{1/4} - e^{-1/4}) \approx 8.69948.$$

(e) Es gilt

$$\int_0^{\pi/2} \big(\cos(2x) + \sin(3x)\big)\,\mathrm{d}x$$
$$= \left[\frac{\sin(2x)}{2} - \frac{\cos(3x)}{3}\right]_0^{\pi/2}$$
$$= \frac{\sin(\pi) - \sin(0)}{2} - \frac{\cos(3\pi/2) - \cos(0)}{3}$$
$$= \frac{\cos(0)}{3} = \frac{1}{3}.$$

(f) Die in Beispiel (92.3)(g) des Buchs angegebene Funktion F_3, die gegeben ist durch $F_3(x) = (x^3 - 3x^2 + 6x - 6)e^x$, ist eine Stammfunktion der Funktion $f(x) = x^3 e^x$. Nach dem Hauptsatz der Integral- und Differentialrechnung gilt daher

$$\int_0^1 x^3 e^x\,\mathrm{d}x = \big[(x^3 - 3x^2 + 6x - 6)e^x\big]_0^1$$
$$= -2e^1 + 6e^0 = 6 - 2e \approx 0.563436.$$

(g) Da sowohl das Integrationsintervall als auch der Integrand punktsymmetrisch bezüglich des Nullpunkts sind, hat das Integral den Wert Null. (Manchmal ist es also besser nachzudenken statt einfach loszurechnen!)

Lösung (109.3) Wir berechnen die Integrale unter Benutzung des ersten Hauptsatzes der Integral- und Differentialrechnung.

(a) Es gilt

$$\int_1^2 \left(\sqrt{e^{4x}} - \frac{1}{x}\right)\,\mathrm{d}x = \int_1^2 \left(e^{2x} - \frac{1}{x}\right)\,\mathrm{d}x$$
$$= \frac{1}{2}e^{2x} - \ln x\Big|_1^2 = \frac{1}{2}(e^4 - e^2) - \ln 2 \approx 22.9114.$$

(b) Es gilt

$$\int_0^{\pi/4} \frac{1}{\cos^2 x}\,\mathrm{d}x = \tan x\Big|_0^{\pi/4} = 1.$$

(c) Es gilt

$$\int_0^{\sqrt{3}} \frac{\mathrm{d}x}{1+x^2} = \arctan x\Big|_0^{\sqrt{3}} = \frac{\pi}{3} \approx 1.0472.$$

(d) Es gilt

$$\int_1^2 \left(\frac{1}{2x} + \frac{3}{4x}\right)\,\mathrm{d}x = \int_1^2 \frac{5}{4}\cdot\frac{1}{x}\,\mathrm{d}x = \left[\frac{5}{4}\ln(x)\right]_1^2$$
$$= \frac{5}{4}\cdot\ln(2) \approx 0.866434.$$

(e) Es gilt
$$\int_0^1 \frac{1}{1+x^2}\,dx = [\arctan x]_0^1 = \arctan 1 - \arctan 0$$
$$= \pi/4 - 0 \approx 0.785398.$$

(f) Es gilt
$$\int_0^1 \frac{1}{2+3x^2}\,dx = \int_0^1 \frac{1}{2} \cdot \frac{1}{1+(x\sqrt{3}/\sqrt{2})^2}\,dx$$
$$= \left[\frac{1}{2}\arctan\left(\frac{\sqrt{3}x}{\sqrt{2}}\right) \cdot \frac{\sqrt{2}}{\sqrt{3}}\right]_0^1$$
$$= \frac{\arctan(\sqrt{3/2})}{\sqrt{6}} \approx 0.361739.$$

(g) Es gilt
$$\int_0^1 \frac{1}{x^2+2x+2}\,dx = \int_0^1 \frac{1}{1+(x+1)^2}\,dx = [\arctan(x+1)]_0^1$$
$$= \arctan(2) - \arctan(1) \approx 0.321751.$$

(h) Gemäß (92.4) im Buch gilt
$$\int_0^1 \frac{dx}{(x^2+1)^3} = \left[\frac{3}{8}\arctan x + \frac{3x^3+5x}{8(x^2+1)^2}\right]_0^1$$
$$= \left(\frac{3}{8}\arctan 1 + \frac{1}{4}\right) - 0 = \frac{3\pi}{32} + \frac{1}{4} \approx 0.544524.$$

Lösung (109.4) (a) Für $F(x) = x + 2\arctan(1/x)$ erhalten wir
$$F'(x) = 1 + \frac{2}{1+(1/x)^2} \cdot \frac{-1}{x^2} = 1 - \frac{2}{x^2+1} = \frac{x^2-1}{x^2+1} = f(x).$$

(b) Die Ungleichung $f(x) \le 1$ ist offensichtlich; aufgrund der Monotonieeigenschaft des Integrals gilt dann
$$\int_{-1}^{\sqrt{3}} f(x)\,dx \le \int_{-1}^{\sqrt{3}} 1\,dx = 1 + \sqrt{3}.$$

(c) Setzen wir blindlings in die Formel $\int_{-1}^{\sqrt{3}} f = F(\sqrt{3}) - F(-1)$ ein, so erhalten wir
$$\int_{-1}^{\sqrt{3}} f(x)\,dx = \sqrt{3} + 2\arctan\frac{1}{\sqrt{3}} - (-1) - 2\arctan(-1)$$
$$= \sqrt{3} + \frac{\pi}{3} + 1 + \frac{\pi}{2} = 1 + \sqrt{3} + \frac{5\pi}{6}.$$

Das kann aber wegen (b) nicht stimmen.

(d) Die Funktion F ist nicht definiert für $x = 0$; sie ist eine Stammfunktion von f auf jedem der Intervalle $(-\infty, 0)$ und $(0, \infty)$, aber nicht auf einem Intervall, welches den Nullpunkt enthält. Die Formel $\int_{-1}^{\sqrt{3}} f = F(\sqrt{3}) - F(-1)$ ist also falsch, weil F keine Stammfunktion von f auf dem Intervall $(-1, \sqrt{3})$ ist. (Vgl. Aufgabe (92.7).)

Lösung (109.5) Wir berechnen zunächst die Schnittpunkte der beiden Kurven und lösen dazu die Gleichung $x^3 - x = x^2$, also $0 = x^3 - x^2 - x = x(x^2 - x - 1)$. Diese Gleichung führt auf $x = 0$ oder $x = (1 \pm \sqrt{5})/2$, hat also die drei Lösungen $x_1 = (1-\sqrt{5})/2$, $x_2 = 0$ und $x_3 = (1+\sqrt{5})/2$. Diese gesuchte Fläche besteht also aus zwei Flächenstücken, einem zwischen x_1 und x_2 und einem zwischen x_2 und x_3 (siehe Abbildung).

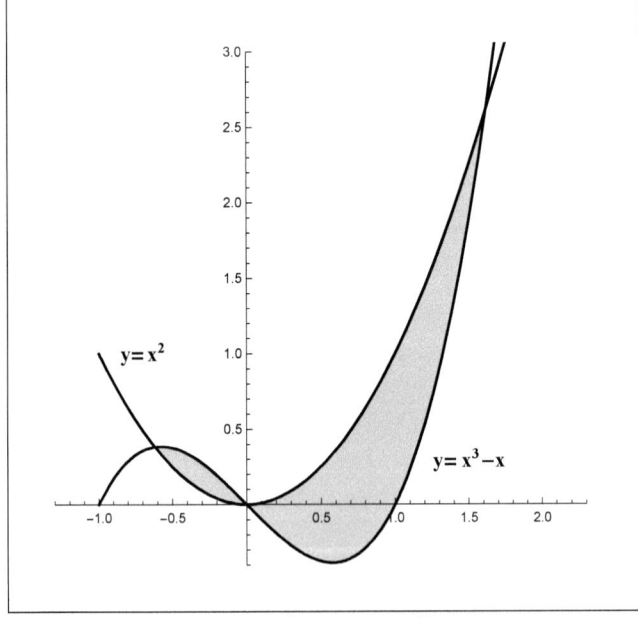

Verlauf der Kurven $y = x^2$ und $y = x^3 - x$.

Zwischen x_1 und x_2 verläuft die Kurve $y = x^3 - x$ oberhalb der Kurve $y = x^2$; das Flächenstück links hat also den Inhalt
$$F_1 = \int_{x_1}^0 (x^3 - x - x^2)\,dx = \left[\frac{x^4}{4} - \frac{x^2}{2} - \frac{x^3}{3}\right]_{x=x_1}^0$$
$$= -\frac{x_1^4}{4} + \frac{x_1^2}{2} + \frac{x_1^3}{3} = \frac{13 - 5\sqrt{5}}{24} \approx 0.0758192.$$

Zwischen x_2 und x_3 verläuft dagegen die Kurve $y = x^2$ oberhalb der Kurve $y = x^3 - x$; das Flächenstück rechts hat also den Inhalt
$$F_2 = \int_0^{x_3} (x^2 - (x^3 - x))\,dx = \left[\frac{x^3}{3} - \frac{x^4}{4} + \frac{x^2}{2}\right]_{x=0}^{x_3}$$
$$= \frac{x_3^3}{3} - \frac{x_3^4}{4} + \frac{x_3^2}{2} = \frac{13 + 5\sqrt{5}}{24} \approx 1.0075142.$$

Die gesamte zwischen den beiden Kurven eingeschlossene Fläche ist daher $F_1 + F_2 = 13/12 = 1.08\overline{3}$.

Lösung (109.6) Die beiden Kurven schneiden sich an denjenigen Stellen, an denen $a\sqrt{x} = bx^2$ bzw. $a^2 x = b^2 x^4$ gilt, also $x = 0$ und $x = (a/b)^{2/3}$. Da zwischen diesen beiden Punkten die Kurve $y = a\sqrt{x}$ oberhalb der Kurve $y = bx^2$ verläuft, ist der gesuchte Flächeninhalt gegeben durch

$$\int\limits_0^{(a/b)^{2/3}} \left(a\sqrt{x} - bx^2\right) dx = \left[\frac{2ax^{3/2} - bx^3}{3}\right]_0^{(a/b)^{2/3}} = \frac{a^2}{3b}.$$

Speziell für $a = b = 1$ ergibt sich $1/3$ als Flächeninhalt zwischen den Kurven $y = \sqrt{x}$ und $y = x^2$.

Lösung (109.7) Wir wählen ein Koordinatensystem mit Ursprung im Ellipsenmittelpunkt und den Achsrichtungen in Richtung der Halbachsen der Ellipse; diese läßt sich dann durch die Gleichung $(x/a)^2 + (y/b)^2 = 1$ bzw. $y = \pm b\sqrt{1 - (x/a)^2} = \pm(b/a)\sqrt{a^2 - x^2}$ beschreiben. Ihr Flächeninhalt A ist viermal so groß wie derjenige der Viertelellipse im ersten Quadranten und daher gegeben durch

$$A = 4\int_0^a \frac{b}{a}\sqrt{a^2 - x^2}\, dx$$
$$= \frac{2b}{a}\left[x\sqrt{a^2 - x^2} + a^2 \arcsin\frac{x}{a}\right]_{x=0}^a$$
$$= 2ab \arcsin 1 = \pi ab.$$

Lösung (109.8) Es gilt

$$f(x) = \frac{(x-1)(x+1)}{(x-1)(x+2)} = \frac{x+1}{x+2} = 1 - \frac{1}{x+2}.$$

Die gesuchte Fläche ist daher $1 - \int_{-1}^0 f(x)\, dx = 1 - [x - \ln(x+2)]_{-1}^0 = 1 - (1 - \ln 2) = \ln 2 \approx 0.693147$.

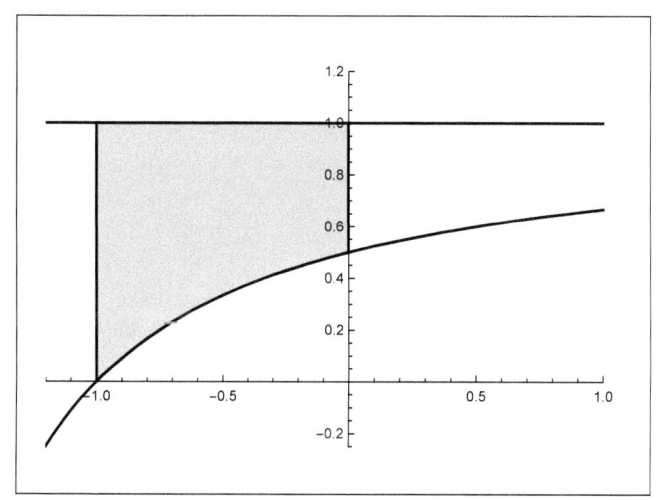

Inhalt des Flächenstücks zwischen den Kurven $y = f(x)$, $y = 1$, $x = -1$ und $x = 0$.

Lösung (109.9) (a) Mit $u(x) = \ln x$ und $v'(x) = 1/x$ bzw. $u'(x) = 1/x$ und $v(x) = \ln x$ erhalten wir

$$\int \frac{\ln x}{x}\, dx = (\ln x)^2 - \int \frac{\ln x}{x}\, dx,$$

also

$$2\int \frac{\ln x}{x}\, dx = (\ln x)^2 + C$$

bzw.

$$\int \frac{\ln x}{x}\, dx = \frac{(\ln x)^2}{2} + C'.$$

(b) Mit $u(x) = \arctan x$ und $v'(x) = 1$ bzw. $u'(x) = 1/(1+x^2)$ und $v(x) = x$ erhalten wir

$$\int \arctan x\, dx = x\arctan x - \int \frac{x}{1+x^2}\, dx$$
$$= x\arctan x - \frac{1}{2}\ln(1+x^2) + C.$$

(c) Mit $u(x) = \arctan x$ und $v'(x) = x$ bzw. $u'(x) = 1/(1+x^2)$ und $v(x) = x^2/2$ erhalten wir

$$\int x\arctan x\, dx = \frac{x^2}{2}\arctan x - \frac{1}{2}\int \frac{x^2}{1+x^2}\, dx$$
$$= \frac{x^2}{2}\arctan x - \frac{1}{2}\int \left(1 - \frac{1}{1+x^2}\right) dx$$
$$= \frac{x^2}{2}\arctan x - \frac{1}{2}(x - \arctan x) + C$$
$$= \frac{x^2+1}{2}\arctan x - \frac{x}{2} + C.$$

(d) Wir benutzen zunächst die trigonometrische Formel $\sin(2x) = 2\sin x \cos x$, um den Integranden zu vereinfachen. Mit $u(x) = x$ und $v'(x) = \sin(2x)$ bzw. $u'(x) = 1$ und $v(x) = -\cos(2x)/2$ erhalten wir dann

$$\int x \sin x \cos x\, dx = \frac{1}{2}\int x \sin(2x)\, dx$$
$$= \frac{1}{2}\left(-\frac{x\cos(2x)}{2} + \frac{1}{2}\int \cos(2x)\, dx\right)$$
$$= -\frac{x\cos(2x)}{4} + \frac{\sin(2x)}{8} + C$$
$$= \frac{\sin x \cos x}{4} - \frac{x(\cos^2 x - \sin^2 x)}{4} + C.$$

(e) Wir führen zwei partielle Integrationen hintereinander aus, zunächst mit $u(x) = e^x$ und $v'(x) = \cos x$ bzw. $u'(x) = e^x$ und $v(x) = \sin x$, anschließend mit $U(x) = e^x$ und $V'(x) = \sin x$ bzw. $U'(x) = e^x$ und $V(x) = -\cos x$. Es ergibt sich

$$\int e^x \cos x\, dx = e^x \sin x - \int e^x \sin x\, dx$$
$$= e^x \sin x - \left(-e^x \cos x + \int e^x \cos x\, dx\right)$$
$$= e^x(\sin x + \cos x) - \int e^x \cos x\, dx$$

und damit $2\int e^x \cos x \, dx = e^x(\sin x + \cos x) + C$, also
$$\int e^x \cos x \, dx = \frac{e^x(\sin x + \cos x)}{2} + C'.$$

(f) Das Integral wurde in Teil (e) bereits mitberechnet; wir erhielten dort nämlich
$$\int e^x \cos x \, dx = e^x \sin x - \int e^x \sin x \, dx;$$
also gilt (unter Benutzung des Ergebnisses von Teil (e)) die Gleichung
$$\int e^x \sin x \, dx = e^x \sin x - \int e^x \cos x \, dx$$
$$= e^x \sin x - \left(\frac{e^x(\sin x + \cos x)}{2} + C'\right)$$
$$= \frac{e^x(\sin x - \cos x)}{2} + C.$$

(g) Mit $u(x) = \ln x$ und $v'(x) = x^\alpha$ bzw. $u'(x) = 1/x$ und $v(x) = x^{\alpha+1}/(\alpha+1)$ erhalten wir
$$\int x^\alpha \ln x \, dx = \frac{1}{\alpha+1} x^{\alpha+1} \ln x - \frac{1}{\alpha+1} \int x^\alpha \, dx$$
$$= \frac{x^{\alpha+1} \ln x}{\alpha+1} - \frac{x^{\alpha+1}}{(\alpha+1)^2} + C.$$

(h) Partielle Integration mit $u(x) = \sin(\ln x)$ und $v'(x) = 1$ bzw. $u'(x) = \cos(\ln x)/x$ und $v(x) = x$ liefert
$$\int \sin(\ln x) \, dx = x \sin(\ln x) - \int \cos(\ln x) \, dx.$$

Eine zweite partielle Integration mit $u(x) = \cos(\ln x)$ und $v'(x) = 1$ bzw. $u'(x) = -\sin(\ln x)/x$ und $v(x) = x$ liefert
$$\int \cos(\ln x) \, dx = x \cos(\ln x) + \int \sin(\ln x) \, dx.$$

Setzen wir dies in das erste Ergebnis ein, so ergibt sich $\int \sin(\ln x) \, dx = x \sin(\ln x) - x \cos(\ln x) - \int \sin(\ln x) \, dx$ und damit
$$2 \int \sin(\ln x) \, dx = x\bigl(\sin(\ln x) - \cos(\ln x)\bigr) + C.$$

Division durch 2 liefert dann das Ergebnis
$$\int \sin(\ln x) \, dx = \bigl(\sin(\ln x) - \cos(\ln x)\bigr) \cdot x/2 + \widehat{C}.$$

(i) Mit $u(x) = \arctan(x)$ und $v'(x) = 1/(1+x^2)$ bzw. $u'(x) = 1/(1+x^2)$ und $v(x) = \arctan(x)$ ergibt sich
$$\int \frac{\arctan x}{1+x^2} \, dx = \arctan(x)^2 - \int \frac{\arctan x}{1+x^2} \, dx$$
und damit
$$\int \frac{\arctan x}{1+x^2} \, dx = \frac{\arctan(x)^2}{2} + C.$$

Einsetzen der Grenzen ergibt dann
$$\int_0^1 \frac{\arctan x}{1+x^2} \, dx = \frac{\arctan(1)^2}{2} = \frac{\pi^2}{32} \approx 0.308425.$$

(j) Mit $u(x) = \arctan(x)$ und $v'(x) = 1 + x^2$ bzw. $u'(x) = 1/(1+x^2)$ und $v(x) = x + (x^3/3) = (x^3 + 3x)/3$ ergibt sich
$$\int \arctan(x) \cdot (1+x^2) \, dx$$
$$= \arctan(x)\left(x + \frac{x^3}{3}\right) - \frac{1}{3} \int \frac{x^3 + 3x}{x^2 + 1} \, dx$$
$$= \arctan(x)\left(x + \frac{x^3}{3}\right) - \frac{1}{3} \int \left(x + \frac{2x}{x^2+1}\right) dx$$
$$= \arctan(x)\left(x + \frac{x^3}{3}\right) - \frac{x^2}{6} - \frac{\ln(x^2+1)}{3} + C.$$

Einsetzen der Grenzen ergibt dann
$$\int_0^1 \arctan(x) \cdot (1+x^2) \, dx = \frac{\pi - \ln(2)}{3} - \frac{1}{6} \approx 0.649482.$$

Lösung (109.10) Mit $u(x) = \ln(1+x^2)$ und $v'(x) = x^m$ bzw. $u'(x) = 2x/(1+x^2)$ und $v(x) = x^{m+1}/(m+1)$ erhalten wir
$$\int x^m \ln(1+x^2) \, dx = \frac{x^{m+1} \ln(1+x^2)}{m+1} - \frac{2}{m+1} \int \frac{x^{m+2}}{1+x^2} \, dx.$$

Auf der rechten Seite steht jetzt ein Integral über eine rationale Funktion. Speziell für $m = -4$ läuft das Ergebnis auf die Berechnung des Integrals $\int 1/\bigl(x^2(1+x^2)\bigr) \, dx$ hinaus. Wir zerlegen den Integranden in Partialbrüche und machen dazu den Ansatz
$$\frac{1}{x^2(1+x^2)} = \frac{A}{x} + \frac{B}{x^2} + \frac{Cx+D}{x^2+1}$$

und erhalten nach Durchmultiplizieren mit dem Hauptnenner die Gleichung $1 = Ax(x^2+1) + B(x^2+1) + (Cx+D)x^2$, die für alle x gelten muß. Einsetzen von $x=0$ liefert $1 = B$; Einsetzen von $x = \pm i$ liefert $1 = -(\pm Ci + D) = \mp Ci - D$, also $C = 0$ und $D = -1$. Setzen wir nun noch $x = 1$ ein, so ergibt sich $1 = 2A + 2B + C + D = 2A + 2 \cdot 1 + 0 - 1 = 2A + 1$, also $A = 0$.† Es gilt also
$$\frac{1}{x^2(1+x^2)} = \frac{1}{x^2} - \frac{1}{x^2+1}$$

---

† Nachdem ich dieses Ergebnis erhalten hatte, wurde mir klar, daß das Auftreten der beiden Nullen als Koeffizienten kein Zufall war; mit der Substitution $y := x^2$ gilt ja $1/\bigl(x^2(1+x^2)\bigr) = 1/\bigl(y(1+y)\bigr)$, und es hätte genügt, die Partialbruchzerlegung der Funktion $1/\bigl(y(1+y)\bigr)$ zu finden, bei der von vornherein nur zwei Koeffizienten auftreten. Wie dies in der Mathematik immer der Fall ist, wäre auch hier genaues Hinschauen durch verminderten Rechenaufwand belohnt worden.

und damit
$$\int \frac{\ln(1+x^2)}{x^4}\,dx = \frac{x^{-3}\ln(1+x^2)}{-3} + \frac{2}{3}\int\left[\frac{1}{x^2} - \frac{1}{1+x^2}\right]dx$$
$$= -\frac{\ln(1+x^2)}{3x^3} + \frac{2}{3}\left(-\frac{1}{x} - \arctan x\right) + C.$$

Lösung (109.11) (a) Partielle Integration mit $u(t) := t^x$ und $v'(t) := e^{-t}$ liefert
$$\Gamma(x+1) = \int_0^\infty t^x e^{-t}\,dt = \underbrace{-t^x e^{-t}\Big|_0^\infty}_{= 0} + \int_0^\infty xt^{x-1}e^{-t}\,dt$$
$$= x\int_0^\infty t^{x-1}e^{-t}\,dt = x\,\Gamma(x).$$

(b) Wir beweisen die Behauptung $\Gamma(n) = (n-1)!$ mit vollständiger Induktion über n. Der Induktionsanfang $n=1$ ergibt sich aus der Rechnung $\Gamma(1) = \int_0^\infty e^{-t}dt = -e^{-t}\big|_0^\infty = 1 = 0!$; der Induktionsschritt $n \to n+1$ ergibt sich dann unter Benutzung von (a) aus der Rechnung $\Gamma(n+1) = n\cdot\Gamma(n) = n\cdot(n-1)! = n!$.

Lösung (109.12) Wir setzen $I_{m,n} := \int_0^1 (1-x)^m x^n\,dx$; wir behaupten nun, daß für alle $m \in \mathbb{N}_0$ die folgende Aussage gilt: $I_{m,n} = m!\,n!/(m+n+1)!$ für alle $n \in \mathbb{N}_0$. Für $m = 0$ erhalten wir
$$I_{0,n} = \int_0^1 x^n\,dx = \left[\frac{x^{n+1}}{n+1}\right]_{x=0}^1 = \frac{1}{n+1} = \frac{0!\,n!}{(0+n+1)!};$$
damit ist die Behauptung für $m = 0$ bewiesen. Beim Induktionsschritt $m \to m+1$ benutzen wir partielle Integration mit $u(x) = (1-x)^{m+1}$ und $v'(x) = x^n$ und erhalten
$$I_{m+1,n} = \int_0^1 (1-x)^{m+1}x^n\,dx$$
$$= \left[\frac{(1-x)^{m+1}x^{n+1}}{n+1}\right]_0^1 + \frac{m+1}{n+1}\int_0^1 (1-x)^m x^{n+1}\,dx$$
$$= \frac{m+1}{n+1}I_{m,n+1} = \frac{m+1}{n+1}\cdot\frac{m!\,(n+1)!}{(m+(n+1)+1)!}$$
$$= \frac{(m+1)!\,n!}{((m+1)+n+1)!},$$
wobei wir beim vorletzten Schritt die Induktionsannahme ausnutzten. Damit ist die Behauptung für alle $m \in \mathbb{N}_0$ bewiesen.

Lösung (109.13) Wir berechnen ganz allgemein ein Integral $\int (ax+b)^p\,dx$ mit Hilfe der Substitution $u = (ax+b)^q$ mit $du = q(ax+b)^{q-1}\cdot a\,dx = aqu^{1-1/q}\,dx$. (In unserem Fall ist $p = 1/2$ und $q \in \{1, 1/2, -1, -1/2, 2019\}$.) Es ergibt sich
$$\int (ax+b)^p\,dx = \int u^{p/q}\cdot\frac{du}{aqu^{1-1/q}}$$
$$= \frac{1}{aq}\int u^{(p+1)/q - 1}\,du = \frac{1}{aq}\cdot\frac{q}{p+1}u^{(p+1)/q} + C$$
$$= \frac{1}{a(p+1)}\cdot u^{(p+1)/q} + C = \frac{1}{a(p+1)}(ax+b)^{p+1} + C.$$

Speziell für $p = 1/2$ ergibt sich also $\int \sqrt{ax+b}\,dx = \frac{2}{3a}(ax+b)^{3/2} + C = \frac{2}{3a}(ax+b)\sqrt{ax+b} + C$.

Lösung (109.14) (a) Die Substitution $u = \ln x$ mit $du = (1/x)\,dx$ liefert
$$\int \frac{\ln x}{x}\,dx = \int u\,du = \frac{u^2}{2} + C = \frac{(\ln x)^2}{2} + C.$$

(b) Die Substitution $u = 1+x^2$ mit $du = 2x\,dx$ liefert
$$\int x\ln(1+x^2)\,dx = \frac{1}{2}\int \ln u\,du = \frac{u(\ln u - 1)}{2} + C$$
$$= \frac{(1+x^2)(\ln(1+x^2) - 1)}{2} + C.$$

(c) Die Substitution $u = \arctan x$ mit $du = (1+x^2)^{-1}\,dx$ führt auf
$$\int \frac{\arctan x}{1+x^2}\,dx = \int u\,du = \frac{u^2}{2} + C = \frac{\arctan(x)^2}{2} + C.$$

Lösung (109.15) Wir wenden hintereinander die Substitutionen
$$\left.\tfrac{1}{1/2}\right|\ u = \ln x\big|_{\sqrt{e}}^e \quad \text{mit } du = \frac{dx}{x}$$
$$\left.\tfrac{1}{1/\sqrt{2}}\right|\ v = \sqrt{u}\big|_{1/2}^1 \quad \text{mit } dv = \frac{du}{2\sqrt{u}}$$
$$\left.\tfrac{1}{1/\sqrt{2}}\right|\ v = \sin w\big|_{\pi/4}^{\pi/2} \quad \text{mit } dv = \cos w\,dw$$

an und erhalten dadurch
$$\int_{\sqrt{e}}^e \frac{dx}{x\sqrt{\ln x\,(1-\ln x)}} = \int_{1/2}^1 \frac{du}{\sqrt{u(1-u)}}$$
$$= \int_{1/\sqrt{2}}^1 \frac{2\,dv}{\sqrt{1-v^2}} = \int_{\pi/4}^{\pi/2} 2\,dw = \frac{\pi}{2}.$$

Lösung (109.16) (a) Die Substitution $\left.\tfrac{\pi}{0}\right|\ u = x^2\big|_0^{\sqrt{\pi}}$ mit $du = 2x\,dx$ liefert
$$\int_0^{\sqrt{\pi}} x\sin(x^2)\,dx = \int_0^\pi \frac{1}{2}\sin u\,du = -\frac{1}{2}\cos u\Big|_{u=0}^\pi = 1.$$

(b) Die Substitution $\left.\tfrac{1}{\sqrt{2}/2}\right|\ u = \sin x\big|_{\pi/4}^{\pi/2}$ mit $du = \cos x\,dx$ liefert
$$\int_{\pi/4}^{\pi/2} \frac{\cos x}{\sqrt{\sin x}}\,dx = \int_{\sqrt{2}/2}^1 \frac{du}{\sqrt{u}} = \int_{\sqrt{2}/2}^1 u^{-1/2}\,du$$
$$= 2u^{1/2}\Big|_{\sqrt{2}/2}^1 = 2 - \sqrt[4]{8} \approx 0.318207.$$

(c) Wir substituieren $\left.\tfrac{3}{2}\right| u = \sqrt[3]{1+\sqrt[4]{x}}\left.\right|_{2401}^{456976}$; dann ist $u^3 = 1 + \sqrt[4]{x}$, damit $x = (u^3-1)^4$ und folglich $\mathrm{d}x = 4(u^3-1)^3 \cdot 3u^2 \, \mathrm{d}u$. Es ergibt sich

$$\int_{2401}^{456976} \frac{\sqrt[3]{1+\sqrt[4]{x}}}{\sqrt{x}} \, \mathrm{d}x = \int_2^3 \frac{u}{(u^3-1)^2} \cdot 12 u^2 (u^3-1)^3 \, \mathrm{d}u$$
$$= 12 \int_2^3 u^3(u^3-1) \, \mathrm{d}u = 12 \int_2^3 (u^6 - u^3) \, \mathrm{d}u$$
$$= 12 \left[\frac{u^7}{7} - \frac{u^4}{4} \right]_2^3 = \frac{23343}{7} = 3334\tfrac{5}{7} \approx 3334.71 \,.$$

(d) Die Substitution $\left.\tfrac{\pi/3}{\pi/4}\right| u = e^x \left.\right|_{\ln(\pi/4)}^{\ln(\pi/3)}$ mit $\mathrm{d}u = e^x \, \mathrm{d}x$ liefert

$$\int_{\ln(\pi/4)}^{\ln(\pi/3)} \frac{3 e^x}{\cos^2(e^x)} \, \mathrm{d}x = \int_{\pi/4}^{\pi/3} \frac{3}{\cos^2 u} \, \mathrm{d}u$$
$$= [3 \tan u]_{\pi/4}^{\pi/3} = 3(\sqrt{3}-1) \approx 2.19615 \,.$$

Lösung (109.17) (a) Die Substitution $u = 1 - 5x^3$ mit $\mathrm{d}u = -15 x^2 \, \mathrm{d}x$ liefert

$$\int \frac{x^2}{\sqrt{1-5x^3}} \, \mathrm{d}x = \int -\frac{1}{15} \frac{\mathrm{d}u}{\sqrt{u}} = \int -\frac{1}{15} u^{-1/2} \, \mathrm{d}u$$
$$= -\frac{2}{15} u^{1/2} + C = -\frac{2}{15} \sqrt{1-5x^3} + C \,.$$

(b) Die Substitution $u = \arctan x$ mit $\mathrm{d}u = (1+x^2)^{-1} \, \mathrm{d}x$ liefert

$$\int \frac{2 \arctan x}{1+x^2} \, \mathrm{d}x = \int 2 u \, \mathrm{d}u = u^2 + C = (\arctan x)^2 + C \,.$$

(c) Die Substitution $x = 2 \cosh u$ mit $\mathrm{d}x = 2 \sinh u \, \mathrm{d}u$ führt auf die Umformung

$$\int \frac{\mathrm{d}x}{x\sqrt{x^2-4}} = \int \frac{2 \sinh u \, \mathrm{d}u}{2 \cosh u \cdot 2 \sinh u}$$
$$= \int \frac{\mathrm{d}u}{2 \cosh u} = \int \frac{\mathrm{d}u}{e^u + e^{-u}} \,.$$

Die weitere Substitution $v = e^u$ mit $\mathrm{d}v = e^u \, \mathrm{d}u = v \, \mathrm{d}u$ liefert dann

$$\int \frac{\mathrm{d}x}{x\sqrt{x^2-4}} = \int \frac{\mathrm{d}v}{v(v+v^{-1})} = \int \frac{\mathrm{d}v}{v^2+1}$$
$$= \arctan v + C = \arctan(e^u) + C$$
$$= \arctan \frac{x+\sqrt{x^2-4}}{2} + C \,.$$

(d) Die Substitution $x = 2 \sinh u$ mit $\mathrm{d}x = 2 \cosh u \, \mathrm{d}u$ führt auf

$$\int \frac{\mathrm{d}x}{x\sqrt{x^2+4}} = \int \frac{2 \cosh u \, \mathrm{d}u}{2 \sinh u \cdot 2 \cosh u}$$
$$= \int \frac{\mathrm{d}u}{2 \sinh u} = \int \frac{\mathrm{d}u}{e^u - e^{-u}} \,.$$

Die weitere Substitution $v = e^u$ mit $\mathrm{d}v = e^u \, \mathrm{d}u = v \, \mathrm{d}u$ liefert dann

$$\int \frac{\mathrm{d}x}{x\sqrt{x^2+4}} = \int \frac{\mathrm{d}v}{v(v-v^{-1})} = \int \frac{\mathrm{d}v}{v^2-1}$$
$$= \frac{1}{2} \ln \left| \frac{v-1}{v+1} \right| + C = \frac{1}{2} \ln \left| \frac{e^u-1}{e^u+1} \right| + C$$
$$= \frac{1}{2} \ln \left| \frac{x+\sqrt{x^2-4}-2}{x+\sqrt{x^2-4}+2} \right| + C \,.$$

Lösung (109.18) (a) Wir formen zunächst den Integranden um, substituieren dann $\left.\tfrac{3}{1}\right| u = 2x+1 \left.\right|_0^1$ mit $\mathrm{d}u = 2 \, \mathrm{d}x$ und anschließend dann $\left.\tfrac{3}{1}\right| u = \cosh v \left.\right|_0^{\ln(3+\sqrt{8})}$ mit $\mathrm{d}u = \sinh v \, \mathrm{d}v$ und erhalten (wenn wir zur Abkürzung $\xi := \ln(3+\sqrt{8})$ setzen) die Gleichung

$$\int_0^1 \sqrt{x+x^2} \, \mathrm{d}x = \int_0^1 \sqrt{(x+\tfrac{1}{2})^2 - \tfrac{1}{4}} \, \mathrm{d}x$$
$$= \frac{1}{2} \int_0^1 \sqrt{(2x+1)^2 - 1} \, \mathrm{d}x = \frac{1}{4} \int_1^3 \sqrt{u^2-1} \, \mathrm{d}u$$
$$= \frac{1}{4} \int_0^\xi \sinh^2 v \, \mathrm{d}v = \frac{1}{16} \int_0^\xi (e^{2v} - 2 + e^{-2v}) \, \mathrm{d}v$$
$$= \left[\frac{1}{16} \left(\frac{e^{2v}}{2} - 2v - \frac{e^{-2v}}{2} \right) \right]_0^\xi$$
$$= \frac{6\sqrt{2} - \ln(3+\sqrt{8})}{8} \approx 0.840317 \,.$$

(b) Wir formen zunächst den Integranden um und substituieren dann $\left.\tfrac{1}{0}\right| u = x+1 \left.\right|_{-1}^0$ mit $\mathrm{d}u = \mathrm{d}x$; es ergibt sich

$$\int_{-1}^0 \sqrt{x^2+x^3} \, \mathrm{d}x = \int_{-1}^0 \sqrt{x^2(1+x)} \, \mathrm{d}x$$
$$= \int_{-1}^0 |x| \sqrt{1+x} \, \mathrm{d}x = \int_{-1}^0 (-x) \sqrt{1+x} \, \mathrm{d}x$$
$$= \int_0^1 (1-u) \sqrt{u} \, \mathrm{d}u = \int_0^1 (u^{1/2} - u^{3/2}) \, \mathrm{d}u$$
$$= \left[\frac{2}{3} u^{3/2} - \frac{2}{5} u^{5/2} \right]_0^1 = \frac{2}{3} - \frac{2}{5} = \frac{4}{15} = 0.2\overline{6} \,.$$

(c) Wir formen zunächst den Integranden um und substituieren dann $\left.\tfrac{1}{2}\right| u = 1+x^2 \left.\right|_{-1}^0$ mit $\mathrm{d}u = 2x \, \mathrm{d}x$; es ergibt sich

$$\int_{-1}^0 \sqrt{x^2+x^4} \, \mathrm{d}x = \int_{-1}^0 \sqrt{x^2(1+x^2)} \, \mathrm{d}x = \int_{-1}^0 |x| \sqrt{1+x^2} \, \mathrm{d}x$$
$$= \int_{-1}^0 (-x) \sqrt{1+x^2} \, \mathrm{d}x = \int_2^1 -\sqrt{u} \, \frac{\mathrm{d}u}{2} = \int_1^2 \frac{1}{2} \sqrt{u} \, \mathrm{d}u$$
$$= \left[\frac{1}{3} u^{3/2} \right]_1^2 = \frac{2\sqrt{2}-1}{3} \approx 0.609476 \,.$$

(d) Wir formen zunächst den Integranden um und substituieren dann $\left.{}_1^3\right|u=2x+1\left.\right|_0^1$ mit $du = 2\,dx$; es ergibt sich

$$\int_0^1 \sqrt{x^3+x^4}\,dx = \int_0^1 \sqrt{x^2(x+x^2)}\,dx$$
$$= \int_0^1 |x|\sqrt{x+x^2}\,dx = \int_0^1 x\sqrt{x+x^2}\,dx$$
$$= \int_0^1 x\sqrt{(x+\tfrac{1}{2})^2 - \tfrac{1}{4}}\,dx = \frac{1}{2}\int_0^1 x\sqrt{(2x+1)^2-1}\,dx$$
$$= \frac{1}{2}\int_1^3 \frac{u-1}{2}\sqrt{u^2-1}\,\frac{du}{2} = \frac{1}{8}\int_1^3 (u-1)\sqrt{u^2-1}\,du$$
$$= \frac{1}{8}\int_1^3 u\sqrt{u^2-1}\,du - \frac{1}{8}\int_1^3 \sqrt{u^2-1}\,du$$
$$= \frac{1}{8}\int_0^8 \sqrt{v}\frac{dv}{2} - \frac{1}{16}(6\sqrt{2} - \ln(3+\sqrt{8}))$$
$$= \frac{1}{16}\left[\frac{2}{3}v^{3/2}\right]_0^8 - \frac{6\sqrt{2}-\ln(3+\sqrt{8})}{16}$$
$$= \frac{2\sqrt{2}}{3} - \frac{6\sqrt{2}-\ln(3+\sqrt{8})}{16}$$
$$= \frac{7\sqrt{2}}{24} + \frac{\ln(3+\sqrt{8})}{16} \approx 0.522651\,;$$

dabei wurde zur Berechnung des Integrals $\int u\sqrt{u^2-1}\,du$ die Substitution $\left.{}_0^8\right|v=u^2-1\left.\right|_1^3$ mit $dv = 2u\,du$ benutzt, während die Beziehung $\int_1^3 \sqrt{u^2-1}\,du = 6\sqrt{2} - \ln(3+\sqrt{8})$ bereits in Teil (a) hergeleitet wurde.

(e) Wir formen zunächst den Integranden um und substituieren dann $\left.{}_{-1}^0\right|x=\sinh u\left.\right|_{\ln(\sqrt{2}-1)}^0$ mit $dx = \cosh u\,du$; mit der Abkürzung $\xi := \ln(\sqrt{2}-1)$ ergibt sich

$$\int_{-1}^0 \sqrt{x^4+x^6}\,dx = \int_{-1}^0 \sqrt{x^4(1+x^2)}\,dx$$
$$= \int_{-1}^0 x^2\sqrt{1+x^2}\,dx = \int_\xi^0 \sinh^2 u \cosh^2 u\,du$$
$$= \frac{1}{16}\int_\xi^0 (e^{4u} - 2 + e^{-4u})\,du = \frac{1}{16}\left[\frac{e^{4u}}{4} - 2u - \frac{e^{-4u}}{4}\right]_\xi^0$$
$$= \frac{1}{16}(2\ln(\sqrt{2}-1) + 6\sqrt{2}) = \frac{3\sqrt{2}+\ln(\sqrt{2}-1)}{8}$$

und damit $\int_{-1}^0 \sqrt{x^4+x^6}\,dx \approx 0.420158$.

Lösung (109.19) (a) Wir formen zunächst um und erhalten

$$\int \frac{dx}{x\sqrt{x^{2\alpha}+x^\alpha+1}} = \int \frac{dx}{x^{\alpha+1}\sqrt{1+x^{-\alpha}+x^{-2\alpha}}}$$
$$= \int \frac{dx}{x^{\alpha+1}\sqrt{(x^{-\alpha}+\tfrac{1}{2})^2 + \tfrac{3}{4}}}.$$

Substituieren wir nun $u := x^{-\alpha} + 1/2$ mit $du/dx = -\alpha x^{-\alpha-1}$, also $x^{-\alpha-1}dx = -\alpha^{-1}du$, so geht dieses Integral über in

$$-\frac{1}{\alpha}\int \frac{du}{\sqrt{u^2+3/4}} = -\frac{1}{\alpha}\operatorname{arsinh}\left(\frac{2u}{\sqrt{3}}\right)+C$$
$$= -\frac{1}{\alpha}\ln\left(u+\sqrt{u^2+\frac{3}{4}}\right)+\widehat{C}$$
$$= -\frac{1}{\alpha}\ln\left(x^{-\alpha}+\frac{1}{2}+\sqrt{x^{-2\alpha}+x^{-\alpha}+1}\right)+\widehat{C}.$$

(b) Wir ziehen zunächst einen Faktor x unter die Wurzel und erhalten

$$\int (2x^6+x^3)\sqrt[3]{x^3+1}\,dx = \int (2x^5+x^2)\sqrt[3]{x^6+x^3}\,dx.$$

Substituieren wir nun $u := x^6+x^3$ mit $du = (6x^5+3x^2)\,dx = 3\cdot(2x^5+x^2)\,dx$, so geht das Integral über in

$$\int \frac{1}{3}\sqrt[3]{u}\,du = \int \frac{u^{1/3}}{3}\,du = \frac{u^{4/3}}{4}+C = \frac{(x^6+x^3)^{4/3}}{4}+C.$$

Lösung (109.20) Es sei $n \in \mathbb{N}$ eine beliebige natürliche Zahl; wir wollen das folgende Integral berechnen:

$$(1) \qquad I := \int_0^{\pi/2} \frac{\sin(x)^n}{\sin(x)^n + \cos(x)^n}\,dx.$$

Mit der Substitution $u := (\pi/2) - x$ geht dieses Integral wegen $\sin(\pi/2-u) = \cos(u)$ und $\cos(\pi/2-u) = \sin(u)$ über in

$$(2) \qquad I = \int_0^{\pi/2} \frac{\cos(u)^n}{\cos(u)^n + \sin(u)^n}\,du.$$

Wir schreiben nun in (2) wieder x statt u (was nicht heißt, daß wir uns ein X für ein U vormachen lassen!), addieren (1) und (2) und erhalten

$$2\cdot I = \int_0^{\pi/2} \frac{\sin(x)^n+\cos(x)^n}{\sin(x)^n+\cos(x)^n}\,dx = \int_0^{\pi/2} 1\,dx = \frac{\pi}{2}.$$

Es folgt $I = \pi/4$. (Das Ergebnis ist also von dem Exponenten n völlig unabhängig!)

Lösung (109.21) Wir erhalten

$$\int_1^{10^9+1} x^{-2/3}dx = \left[3x^{1/3}\right]_{x=1}^{10^9+1}$$
$$= 3\cdot\sqrt[3]{10^9+1} - 3 > 3\cdot 10^3 - 3 = 2997$$

sowie

$$1 + \int_2^{10^9+1} (x-1)^{-2/3}dx = 1 + \left[3(x-1)^{1/3}\right]_{x=2}^{10^9+1}$$
$$= 1 + 3\cdot 10^3 - 3 = 2998.$$

Also gilt $2997 < s < 2998$.

Lösung (109.22) (a) Substituieren wir $\varphi = (\pi/2) - \theta$, so erhalten wir $\cos\varphi = \sin\theta$ und $\sin\varphi = \cos\theta$, nach der Substitutionsregel also

$$I(a,b) = \int_0^{\pi/2} \frac{d\theta}{\sqrt{a^2\cos^2\theta + b^2\sin^2\theta}}$$
$$= \int_{\pi/2}^{0} \frac{-d\varphi}{\sqrt{a^2\sin^2\varphi + b^2\cos^2\varphi}}$$
$$= \int_0^{\pi/2} \frac{d\varphi}{\sqrt{a^2\sin^2\varphi + b^2\cos^2\varphi}} = I(b,a).$$

(b) Wegen $\tan\theta = u/b$ erhalten wir

$$\cos^2\theta = \frac{1}{1+\tan^2\theta} = \frac{b^2}{b^2+u^2} \quad \text{und}$$
$$\sin^2\theta = \frac{\tan^2\theta}{1+\tan^2\theta} = \frac{u^2}{b^2+u^2};$$

wegen $\theta = \arctan(u/b)$ ergibt sich ferner

$$\frac{d\theta}{du} = \frac{1/b}{1+(u/b)^2} = \frac{b}{b^2+u^2}.$$

Die Substitutionsregel liefert dann

$$\int_0^{\pi/2} \frac{d\theta}{\sqrt{a^2\cos^2\theta + b^2\sin^2\theta}} = \int_0^{\infty} \frac{\frac{b}{b^2+u^2}\,du}{\sqrt{a^2\frac{b^2}{b^2+u^2} + b^2\frac{u^2}{b^2+u^2}}}$$
$$= \int_0^{\infty} \frac{du}{\sqrt{(a^2+u^2)(b^2+u^2)}} = \frac{1}{2}\int_{-\infty}^{\infty} \frac{du}{\sqrt{(a^2+u^2)(b^2+u^2)}},$$

wobei die letzte Gleichheit aufgrund der Achsensymmetrie des Integranden gilt.

(c) Mit $u = (1/2)\cdot(v - ab/v)$ erhalten wir

$$u^2 + \left(\frac{a+b}{2}\right)^2 = \frac{1}{4}\left(v^2 - 2ab + \frac{a^2b^2}{v^2}\right) + \frac{a^2+2ab+b^2}{4}$$
$$= \frac{1}{4}\left(v^2 + \frac{a^2b^2}{v^2} + a^2 + b^2\right)$$
$$= \frac{v^4 + a^2b^2 + v^2(a^2+b^2)}{4v^2}$$
$$= \frac{(v^2+a^2)(v^2+b^2)}{4v^2}$$

und

$$u^2 + ab = \frac{1}{4}\left(v^2 - 2ab + \frac{a^2b^2}{v^2}\right) + \frac{1}{4}\cdot 4ab$$
$$= \frac{1}{4}\left(v^2 + 2ab + \frac{a^2b^2}{v^2}\right)$$
$$= \frac{v^4 + 2abv^2 + a^2b^2}{4v^2}$$
$$= \frac{(v^2+ab)^2}{4v^2};$$

ferner ist

$$\frac{du}{dv} = \frac{1}{2}\left(1 + \frac{ab}{v^2}\right) = \frac{v^2+ab}{2v^2}.$$

Nach der Substitutionsregel gilt daher

$$I\left(\frac{a+b}{2}, \sqrt{ab}\right) = \frac{1}{2}\int_{-\infty}^{\infty} \frac{du}{\sqrt{\left[\left(\frac{a+b}{2}\right)^2 + u^2\right]\cdot\sqrt{ab+u^2}}}$$
$$= \frac{1}{2}\int_0^{\infty} \frac{\frac{v^2+ab}{2v^2}\,dv}{\frac{\sqrt{(v^2+a^2)(v^2+b^2)}}{2v}\cdot\frac{v^2+ab}{2v}}$$
$$= \int_0^{\infty} \frac{dv}{\sqrt{(v^2+a^2)(v^2+b^2)}} = I(a,b).$$

(d) Die Folgen (a_n) und (b_n) konvergieren für $n\to\infty$ gegen das arithmetisch-geometrische Mittel γ von a und b. (Siehe Aufgabe (73.31).) Da nach Teil (c) jeweils $I(a_{n+1}, b_{n+1}) = I(a_n, b_n)$ gilt, erhalten wir

$$I(a,b) = \lim_{n\to\infty} I(a_n, b_n) = I(\lim_{n\to\infty} a_n, \lim_{n\to\infty} b_n) = I(\gamma, \gamma)$$
$$= \int_0^{\pi/2} \frac{d\theta}{\sqrt{\gamma^2\cos^2\theta + \gamma^2\sin^2\theta}} = \int_0^{\pi/2} \frac{d\theta}{\gamma} = \frac{\pi}{2\gamma}.$$

Die Vertauschung von Grenzübergang und Integration kann dabei auf verschiedene Arten gerechtfertigt werden (gleichmäßige Konvergenz im Integranden, Satz von der majorisierten Konvergenz).

Lösung (109.23) (a) Im Fall (1) haben wir $ax^2 + bx + c = u^2 - 2\sqrt{a}\,ux + ax^2$ und damit $(b + 2\sqrt{a}\,u)x = u^2 - c$ bzw.

$$(\star) \qquad x = \frac{u^2 - c}{b + 2\sqrt{a}\,u}.$$

Die Quotientenregel liefert dann

$$\frac{dx}{du} = \frac{2u^2\sqrt{a} + 2bu + 2c\sqrt{a}}{(b+2\sqrt{a}\,u)^2},$$

und Einsetzen von $(\star)$ in die Substitutionsgleichung liefert

$$\sqrt{ax^2+bx+c} = u - \frac{\sqrt{a}(u^2-c)}{b+2\sqrt{a}\,u} = \frac{\sqrt{a}\,u^2 + bu + c\sqrt{a}}{b+2\sqrt{a}\,u}.$$

Das Integral $\int R(x, \sqrt{ax^2+bx+c})\,dx$ geht damit über in

$$\int R\left(\frac{u^2-c}{b+2\sqrt{a}\,u}, \frac{\sqrt{a}\,u^2+bu+c\sqrt{a}}{b+2\sqrt{a}\,u}\right)\frac{2(u^2\sqrt{a}+bu+c\sqrt{a})}{(b+2\sqrt{a}\,u)^2}\,du$$

und damit in ein Integral mit rationalem Integranden.

(b) Im Fall (2) haben wir $ax^2 + bx + c = u^2x^2 + 2\sqrt{c}\,ux + c$ und damit $ax + b = u^2x + 2\sqrt{c}\,u$ bzw.

$$(\star) \qquad x = \frac{b - 2\sqrt{c}\,u}{u^2 - a}.$$

Die Quotientenregel liefert dann

$$\frac{dx}{du} = \frac{2\sqrt{c}\,u^2 - 2bu + 2a\sqrt{c}}{(u^2 - a)^2},$$

und Einsetzen von $(\star)$ in die Substitutionsgleichung liefert

$$\sqrt{ax^2 + bx + c} = \frac{ub - 2\sqrt{c}\,u^2}{u^2 - a} + \sqrt{c} = \frac{\sqrt{c}\,u^2 - bu + a\sqrt{c}}{-(u^2 - a)}.$$

Das Integral $R(x, \sqrt{ax^2 + bx + c})\,dx$ geht damit über in

$$\int R\!\left(\frac{b - 2\sqrt{c}\,u}{u^2 - a}, \frac{\sqrt{c}\,u^2 - bu + a\sqrt{c}}{-(u^2 - a)}\right) \frac{2(\sqrt{c}\,u^2 - bu + a\sqrt{c})}{(u^2 - a)^2}\,du$$

und damit in ein Integral mit rationalem Integranden.

(c) Im Fall (3) hat der Radikand $ax^2 + bx + c$ zwei reelle Nullstellen, nämlich die gewählte Zahl ξ und eine zweite Zahl η. Wir haben dann

$$\sqrt{ax^2 + bx + c} = \sqrt{a(x - \xi)(x - \eta)} = u(x - \xi)$$

und folglich $a(x - \eta) = u^2(x - \xi)$, nach Auflösen nach x also

$$(\star) \qquad x = \frac{u^2\xi - a\eta}{u^2 - a}.$$

Die Quotientenregel liefert dann

$$\frac{dx}{du} = \frac{2au(\eta - \xi)}{(u^2 - a)^2},$$

und Einsetzen von $(\star)$ in die Substitutionsgleichung liefert

$$\sqrt{ax^2 + bx + c} = u\left(\frac{u^2\xi - a\eta}{u^2 - a} - \xi\right) = \frac{a(\xi - \eta)u}{u^2 - a}.$$

Das Integral $\int R(x, \sqrt{ax^2 + bx + c})\,dx$ geht damit über in

$$\int R\!\left(\frac{u^2\xi - a\eta}{u^2 - a}, \frac{a(\xi - \eta)u}{u^2 - a}\right) \frac{2au(\eta - \xi)}{(u^2 - a)^2}\,du$$

und damit in ein Integral mit rationalem Integranden. Um die universelle Einsetzbarkeit der Eulerschen Substitutionen einzusehen, nehmen wir an, der Radikand $ax^2 + bx + c$ habe keine reelle Nullstelle; er hat dann zwei konjugiert komplexe Nullstellen $u \pm iv$, und wir erhalten

$$ax^2 + bx + c = a(x - u - iv)(x - u + iv)$$
$$= a\big((x - u)^2 + v^2\big).$$

Wäre nun $a < 0$, so wäre $ax^2 + bx + c < 0$ für alle $x \in \mathbb{R}$, der Ausdruck $\sqrt{ax^2 + bx + c}$ also auf keinem Intervall $I \subseteq \mathbb{R}$ definiert, so daß das Integral $\int R(x, \sqrt{ax^2 + bx + c})\,dx$ sinnlos wäre. Bei tatsächlich vorkommenden Integralen tritt also immer einer der Fälle (1) oder (3) auf.

Lösung (109.24) Wir führen zunächst eine Polynomdivision durch, bis der Zählergrad kleiner als der Nennergrad ist; es ergibt sich

$$\frac{x^3 + 2x^2 - 4x - 1}{x^3 - x^2 - x + 1} = 1 + \frac{3x^2 - 3x - 2}{x^3 - x^2 - x + 1}.$$

Anschließend zerlegen wir den Nenner in irreduzible Faktoren. Durch scharfes Hinschauen erkennt man, daß $x = 1$ eine Nullstelle des Nenners ist; anschließende Polynomdivision liefert $(x^3 - x^2 - x + 1) : (x - 1) = x^2 - 1 = (x - 1)(x + 1)$. Die Zerlegung des Nenners lautet also

$$x^3 - x^2 - x + 1 = (x + 1)(x - 1)^2.$$

Der Ansatz für die Partialbruchzerlegung ist daher

$$\frac{3x^2 - 3x - 2}{x^3 - x^2 - x + 1} = \frac{A}{x + 1} + \frac{B}{x - 1} + \frac{C}{(x - 1)^2}.$$

Durchmultiplizieren mit dem Hauptnenner liefert $3x^2 - 3x - 2 = A(x^2 - 2x + 1) + B(x^2 - 1) + C(x + 1) = x^2(A + B) + x(-2A + C) + (A - B + C)$; durch einen Koeffizientenvergleich erkennen wir dann $A + B = 3$, $-2A + C = -3$ und $A - B + C = -2$. (Als Alternative können wir auch die Werte $x = -1$, $x = 1$ und $x = 0$ in die obige Gleichung einsetzen und erhalten $4 = 4A$, $-2 = 2C$ und $-2 = A - B + C$.) Es ergeben sich die Gleichungen $A = 1$, $C = -1$ und $B = 2$. Folglich ist

$$\int \frac{x^3 + 2x^2 - 4x - 1}{x^3 - x^2 - x + 1}\,dx$$
$$= \int \left(1 + \frac{1}{x + 1} + \frac{2}{x - 1} - \frac{1}{(x - 1)^2}\right)dx$$
$$= x + \ln|x + 1| + 2\ln|x - 1| + \frac{1}{x - 1} + C$$
$$= x + \ln(x - 1)^2|x + 1| + \frac{1}{x - 1} + C.$$

Lösung (109.25) Der Nenner ist bereits vollständig in irreduzible Faktoren zerlegt. Quadratische Ergänzung liefert

$$x^2 + x + 1 = \left(x + \frac{1}{2}\right)^2 + \frac{3}{4} = \frac{3}{4}\left(\left(\frac{x + 1/2}{\sqrt{3}/2}\right)^2 + 1\right)$$
$$= \frac{3}{4}\left(\left(\frac{2x + 1}{\sqrt{3}}\right)^2 + 1\right).$$

Die Substitution $u = \frac{2x+1}{\sqrt{3}}$ mit $dx = \frac{\sqrt{3}}{2} du$ liefert dann

$$\int \frac{dx}{(x^2+x+1)^2} = \int \frac{(\sqrt{3}/2) du}{(3/4)^2 (u^2+1)^2}$$
$$= \frac{8}{3\sqrt{3}} \int \frac{1}{(u^2+1)^2} du$$
$$= \frac{4}{3\sqrt{3}} \arctan u + \frac{4}{3\sqrt{3}} \frac{u}{u^2+1} + C$$
$$= \frac{4}{3\sqrt{3}} \arctan \frac{2x+1}{\sqrt{3}} + \frac{2x+1}{3(x^2+x+1)} + C.$$

Lösung (109.26) (a) Die Zerlegung des Nenners in irreduzible Faktoren ist $x^4 - 1 = (x-1)(x+1)(x^2+1)$; der Ansatz für die Partialbruchzerlegung lautet daher

$$\frac{1}{x^4-1} = \frac{A}{x-1} + \frac{B}{x+1} + \frac{Cx+D}{x^2+1}$$

bzw. $1 = A(x+1)(x^2+1) + B(x-1)(x^2+1) + (Cx+D)(x-1)(x+1)$. Einsetzen von $x = 1$ bzw. $x = -1$ liefert $1 = 4A$ bzw. $1 = -4B$, also $A = 1/4$ und $B = -1/4$. Setzen wir noch $x = 0$ und $x = 2$ ein, so erhalten wir $1 = A - B - D = 1/2 - D$ (also $D = -1/2$) und $1 = 15A + 5B + 6C + 3D = 6C + 1$ (also $C = 0$). Daher gilt

$$\int \frac{dx}{x^4-1} = \int \left(\frac{1/4}{x-1} - \frac{1/4}{x+1} - \frac{1/2}{x^2+1} \right) dx$$
$$= \frac{\ln|x-1|}{4} - \frac{\ln|x+1|}{4} - \frac{\arctan x}{2} + C$$
$$= \frac{1}{4} \cdot \ln \left| \frac{x-1}{x+1} \right| - \frac{1}{2} \cdot \arctan x + C.$$

(b) Die Substitution $u = x^5 - 1$ mit $du = 5x^4 dx$ liefert

$$\int \frac{x^4}{x^5-1} dx = \int \frac{1/5}{u} du = \frac{\ln|u|}{5} + C = \frac{\ln|x^5-1|}{5} + C.$$

(In diesem Beispiel wäre es mehr als qualvoll, die Partialbruchzerlegung zu finden.)

(c) Die Zerlegung des Nenners ist $x^4 + 1 = (x^2 - \sqrt{2}x + 1)(x^2 + \sqrt{2}x + 1)$; der Ansatz für die Partialbruchzerlegung lautet also

$$\frac{1}{x^4+1} = \frac{Ax+B}{x^2 - \sqrt{2}x + 1} + \frac{Cx+D}{x^2 + \sqrt{2}x + 1};$$

Ausmultiplizieren liefert

$$1 = (Ax+B)(x^2 + \sqrt{2}x + 1) + (Cx+D)(x^2 - \sqrt{2}x + 1)$$
$$= x^3(A+C) + x^2(A\sqrt{2} + B - C\sqrt{2} + D)$$
$$+ x(A + B\sqrt{2} + C - D\sqrt{2}) + 1 \cdot (B+D).$$

Koeffizientenvergleich führt auf das Gleichungssystem

$$0 = A + C,$$
$$0 = A\sqrt{2} + B - C\sqrt{2} + D,$$
$$0 = A + B\sqrt{2} + C - D\sqrt{2},$$
$$1 = B + D.$$

Die erste und die letzte Gleichung liefern $C = -A$ und $D = 1 - B$; Einsetzen in die beiden anderen Gleichungen liefert dann

$$0 = A\sqrt{2} + B + A\sqrt{2} + 1 - B = 2A\sqrt{2} + 1,$$
$$0 = A + B\sqrt{2} - A + B\sqrt{2} - \sqrt{2} = 2B\sqrt{2} - \sqrt{2}.$$

Wir erhalten also $A = -\sqrt{2}/4$, $B = 1/2$, $C = \sqrt{2}/4$ und $D = 1/2$ und damit

$$\frac{1}{x^4+1} = \frac{1}{4} \left(\frac{-\sqrt{2}x + 2}{x^2 - \sqrt{2}x + 1} + \frac{\sqrt{2}x + 2}{x^2 + \sqrt{2}x + 1} \right).$$

Um die beiden Partialbrüche zu integrieren, führen wir jeweils im Nenner eine quadratische Ergänzung durch; es ergibt sich

$$x^2 \pm \sqrt{2}x + 1 = \left(x \pm \frac{1}{\sqrt{2}}\right)^2 + \frac{1}{2} = \frac{1}{2}\left((\sqrt{2}x \pm 1)^2 + 1\right).$$

Wir substituieren also $u = \sqrt{2}x - 1$ mit $du = \sqrt{2} dx$ beim linken und $v = \sqrt{2}x + 1$ mit $dv = \sqrt{2} dx$ beim rechten Partialbruch. Es ergibt sich

$$\int \frac{1}{x^4+1} dx = \frac{1}{4} \int \frac{-u+1}{\frac{1}{2}(u^2+1)} \frac{du}{\sqrt{2}} + \frac{1}{4} \int \frac{v+1}{\frac{1}{2}(v^2+1)} \frac{dv}{\sqrt{2}}$$
$$= \frac{1}{4\sqrt{2}} \int \frac{-2u+2}{u^2+1} du + \frac{1}{4\sqrt{2}} \int \frac{2v+2}{v^2+1} dv$$
$$= -\frac{1}{4\sqrt{2}} \ln(u^2+1) + \frac{\sqrt{2}}{4} \arctan u$$
$$+ \frac{1}{4\sqrt{2}} \ln(v^2+1) + \frac{\sqrt{2}}{4} \arctan v + C$$
$$= \frac{1}{4\sqrt{2}} \ln \frac{v^2+1}{u^2+1} + \frac{\sqrt{2}}{4} (\arctan v + \arctan u) + C,$$

nach Rücksubstitution also

$$\int \frac{1}{x^4+1} dx = \frac{1}{4\sqrt{2}} \ln \frac{x^2 + \sqrt{2}x + 1}{x^2 - \sqrt{2}x + 1}$$
$$+ \frac{\sqrt{2}}{4} \left(\arctan(\sqrt{2}x + 1) + \arctan(\sqrt{2}x - 1) \right) + C.$$

(d) Polynomdivision liefert $(x^4 + 2x^2 + 8x + 3) : (x^3 - x + 6) = x$ mit Rest $3x^2 + 2x + 3$. Als rationale Nullstellen des Nenners kommen nur die ganzzahligen Teiler von 6 in Frage; Ausprobieren liefert die Nullstelle $x = -2$.

Polynomdivision liefert $(x^3-x+6):(x+2)=x^2-2x+3$. Der Ansatz für die Partialbruchzerlegung lautet also

$$\frac{3x^2+2x+3}{x^3-x+6}=\frac{A}{x+2}+\frac{Bx+C}{x^2-2x+3}.$$

Ausmultiplizieren und Durchführung eines Koeffizientenvergleichs liefert $A=1$, $B=2$ und $C=0$. Damit erhalten wir

$$\int\frac{x^4+2x^2+8x+3}{x^3-x+6}=\int\left(x+\frac{3x^2+2x+3}{x^3-x+6}\right)dx$$
$$=\int\left(x+\frac{1}{x+2}+\frac{2x}{x^2-2x+3}\right)dx$$
$$=\frac{x^2}{2}+\ln|x+2|+\ln(x^2-2x+3)+\int\frac{2}{x^2-2x+3}dx.$$

Zur Berechnung des letzten Integrals führen wir im Nenner eine quadratische Ergänzung durch; es ergibt sich $x^2-2x+3=(x-1)^2+2=2\left(\left(\frac{x-1}{\sqrt{2}}\right)^2+1\right)$. Die Substitution $u=(x-1)/\sqrt{2}$ mit $du=dx/\sqrt{2}$ liefert dann

$$\int\frac{2}{x^2-2x+3}dx=\int\frac{2}{2(u^2+1)}\sqrt{2}\,du$$
$$=\sqrt{2}\int\frac{du}{u^2+1}=\sqrt{2}\arctan u+C.$$

Das Endergebnis ist daher

$$\int\frac{x^4+2x^2+8x+3}{x^3-x+6}dx=$$
$$\frac{x^2}{2}+\ln|x+2|+\ln(x^2-2x+3)+\sqrt{2}\arctan\left(\frac{x-1}{\sqrt{2}}\right)+C.$$

(e) Der Nenner besitzt die Zerlegung $x^2-4x-5=(x-5)(x+1)$; nach Durchführung einer Partialbruchzerlegung ergibt sich

$$\int\frac{2x+8}{x^2-4x-5}dx=\int\left(\frac{3}{x-5}-\frac{1}{x+1}\right)dx$$
$$=3\ln|x-5|-\ln|x+1|+C.$$

(f) Quadratische Ergänzung im Nenner liefert die Darstellung $x^2-4x+5=(x-2)^2+1$. Die Substitution $u=x-2$ ergibt dann

$$\int\frac{2x+8}{x^2-4x+5}dx=\int\frac{2u+12}{u^2+1}du$$
$$=\ln(u^2+1)+12\arctan u+C$$
$$=\ln(x^2-4x+5)+12\arctan(x-2)+C.$$

Lösung (109.27) (a) Partialbruchzerlegung liefert

$$\int\frac{x^6}{x^3+2x^2+4x+8}dx$$
$$=\int\left(x^3-2x^2+\frac{8}{x+2}+\frac{8x-16}{x^2+4}\right)dx$$
$$=\frac{x^4}{4}-\frac{2x^3}{3}+8\ln(x+2)+4\ln(x^2+4)-8\arctan\frac{x}{2}.$$

(b) Der Nenner ist $x^4+7x^2+12=(x^2+3)(x^2+4)$; Partialbruchzerlegung liefert

$$\int\frac{8x^3+6x^2+26x+19}{x^4+7x^2+12}dx=\int\left(\frac{2x+1}{x^2+3}+\frac{6x+5}{x^2+4}\right)dx$$
$$=\ln(x^2+3)+\frac{1}{\sqrt{3}}\arctan\left(\frac{x}{\sqrt{3}}\right)$$
$$+3\ln(x^2+4)+\frac{5}{2}\arctan\left(\frac{x}{2}\right)+C.$$

(c) Der Nenner hat die Nullstellen 2 und -1, so daß sich der Faktor $(x-2)(x+1)=x^2-x-2$ abspalten läßt; Polynomdivision liefert die Zerlegung $x^4-2x^3+x-2=(x^2-x-2)(x^2-x+1)$. Der Ansatz

$$\frac{x^2-1}{x^4-2x^3+x-2}=\frac{A}{x+1}+\frac{B}{x-2}+\frac{Cx+D}{x^2-x+1}$$

führt auf $A=0$, $B=1/3$, $C=-1/3$ und $D=2/3$. Partialbruchzerlegung mit anschließender Substitution $u=(2x-1)/\sqrt{3}$ liefert

$$\int\frac{x^2-1}{x^4-2x^3+x-2}dx=\frac{1}{3}\int\left(\frac{1}{x-2}+\frac{-x+2}{x^2-x+1}\right)dx$$
$$=\frac{\ln|x-2|}{3}-\frac{\ln(x^2-x+1)}{6}+\frac{1}{\sqrt{3}}\arctan\left(\frac{2x-1}{\sqrt{3}}\right)+C.$$

(d) Mit Partialbruchzerlegung ergibt sich

$$\int\frac{2x^3+3x^2+4x-1}{x^4+2x^3+2x^2+2x+1}dx=\int\left[\frac{-2}{(x+1)^2}+\frac{2x+1}{x^2+1}\right]dx$$
$$=\frac{2}{x+1}+\ln(x^2+1)+\arctan(x)+C.$$

(e) Der Nenner von f ist $2x(x^2+(3/2)x-1)=2x(x-1/2)(x+2)=x(2x-1)(x+2)$; der Ansatz für die Partialbruchzerlegung von f lautet also

$$\frac{x^2+2x-1}{2x^3+3x^2-2x}=\frac{A}{x}+\frac{B}{2x-1}+\frac{C}{x+2}$$

bzw.

$$x^2+2x-1=A(2x-1)(x+2)+Bx(x+2)+Cx(2x-1).$$

Einsetzen von $x=0$, $x=1/2$ und $x=-2$ liefert nacheinander die Werte $A=1/2$, $B=1/5$ und $C=-1/10$. Damit ergibt sich

$$\int f(x)dx=\int\left(\frac{1/2}{x}+\frac{1/5}{2x-1}-\frac{1/10}{x+2}\right)dx$$
$$=\frac{\ln|x|}{2}+\frac{\ln|2x-1|}{10}-\frac{\ln|x+2|}{10}+C$$

oder auch $\int f(x)dx=\frac{1}{10}\ln\left|\frac{x^5(2x-1)}{x+2}\right|+C.$

(f) Partialbruchzerlegung liefert

$$\int \frac{x-3}{x^2-1} dx = \int \left(\frac{2}{x+1} - \frac{1}{x-1}\right) dx$$
$$= 2\ln|x+1| - \ln|x-1| + C.$$

Lösung (109.28) Der Nenner ist

$$(x^2-2x+5)^3 = ((x-1)^2+4)^3 = 4^3\left(\left(\frac{x-1}{2}\right)^2+1\right)^3;$$

wir substituieren also $u = (x-1)/2$. Der Nenner ist dann $64(u^2+1)^3$; der Zähler wird $2(2u+1)^5 - 6(2u+1)^4 + 28(2u+1)^3 - 20(2u+1)^2 + 98(2u+1) + 26$ bzw. (nach Ausmultiplizieren) $64(u^5+u^4+3u^3+3u^2+4u+2)$. Der Ansatz für die Partialbruchzerlegung lautet

$$\frac{u^5+u^4+3u^3+3u^2+4u+2}{(u^2+1)^3}$$
$$= \frac{Au+B}{u^2+1} + \frac{Cu+D}{(u^2+1)^2} + \frac{Eu+F}{(u^2+1)^3}$$

bzw.

$$u^5+u^4+3u^3+3u^2+4u+2$$
$$= (Au+B)(u^4+2u^2+1) + (Cu+D)(u^2+1) + Eu + F$$
$$= Au^5 + Bu^4 + (2A+C)u^3 + (2B+D)u^2$$
$$+ (A+C+E)u + (B+D+F).$$

Koeffizientenvergleich liefert nun $A=1$, $B=1$, $2A+C=3$, $2B+D=3$, $A+C+E=4$ und $B+D+F=2$, also $A=B=C=D=1$, $E=2$ und $F=0$. Die Substitution $u=(x-1)/2$, $du=dx/2$ liefert also

$$\int \frac{2x^5-6x^4+28x^3-20x^2+98x+26}{x^6-6x^5+27x^4-68x^3+135x^2-150x+125} dx$$
$$= \int \left(\frac{2u+2}{u^2+1} + \frac{2u+2}{(u^2+1)^2} + \frac{4u}{(u^2+1)^3}\right) du$$
$$= \ln(u^2+1) + 2\arctan u - \frac{1}{u^2+1}$$
$$+ 2\left(\frac{1}{2}\arctan u + \frac{1}{2}\frac{u}{u^2+1}\right) - \frac{1}{(u^2+1)^2} + C$$
$$= \ln(u^2+1) + 3\arctan u + \frac{u^3-u^2+u-2}{(u^2+1)^2} + C$$
$$= \ln\left(\frac{x^2-2x+5}{4}\right) + 3\arctan\frac{x-1}{2}$$
$$+ \frac{2x^3-10x^2+22x-46}{(x^2-2x+5)^2} + C.$$

Lösung (109.29) Wir beobachten zunächst, daß nur in (a), (b), (c) und (f) die Zerlegung des Nenners vollständig durchgeführt wurde; in den anderen beiden Fällen kann man den Nenner weiter zerlegen. In (d) gilt

$$Q(x) = (x^2+1)^2(x-1)^3(x+1)^3;$$

in (e) erhalten wir die Zerlegung

$$x^3 \cdot (x+1)(x^2-x+1) \cdot (x-1)(x^2+x+1) \cdot x(x-1)(x+1)$$

und damit die Darstellung

$$Q(x) = x^4(x+1)^2(x-1)^2(x^2-x+1)(x^2+x+1).$$

Die Ansätze zur Partialbruchzerlegung von f lauten dann folgendermaßen.

(a) $f(x) = \dfrac{A}{x+3} + \dfrac{B}{(x+3)^2} + \dfrac{C}{x-5} + \dfrac{D}{(x-5)^2} + \dfrac{E}{(x-5)^3}$

(b) $f(x) = \dfrac{Ax+B}{x^2+7} + \dfrac{Cx+D}{(x^2+7)^2}$
$\quad + \dfrac{Ex+F}{x^2+8} + \dfrac{Gx+H}{(x^2+8)^2} + \dfrac{Ix+J}{(x^2+8)^3}$

(c) $f(x) = \dfrac{A}{x-1} + \dfrac{B}{(x-1)^2} + \dfrac{C}{(x-1)^3}$
$\quad + \dfrac{Dx+E}{x^2+2x+5} + \dfrac{Fx+G}{(x^2+2x+5)^2}$

(d) $f(x) = \dfrac{Ax+B}{x^2+1} + \dfrac{Cx+D}{(x^2+1)^2} + \dfrac{E}{x-1} + \dfrac{F}{(x-1)^2}$
$\quad + \dfrac{G}{(x-1)^3} + \dfrac{H}{x+1} + \dfrac{I}{(x+1)^2} + \dfrac{J}{(x+1)^3}$

(e) $f(x) = \dfrac{A}{x} + \dfrac{B}{x^2} + \dfrac{C}{x^3} + \dfrac{D}{x^4} + \dfrac{E}{x+1} + \dfrac{F}{(x+1)^2}$
$\quad + \dfrac{G}{x-1} + \dfrac{H}{(x-1)^2} + \dfrac{Ix+J}{x^2-x+1} + \dfrac{Kx+L}{x^2+x+1}$

(f) $f(x) = \dfrac{A}{x+3} + \dfrac{B}{(x+3)^2} + \dfrac{C}{x-4} + \dfrac{Dx+E}{x^2+2x+3}$
$\quad + \dfrac{Fx+G}{x^2+4x+5} + \dfrac{Hx+I}{(x^2+4x+5)^2}$

Lösung (109.30) Wir dürfen o.B.d.A. annehmen, daß p den Leitkoeffizienten 1 hat, also von der Form $p(x) = (x-a)(x-b)$ ist. Daß jede Funktion der Form ($\star$) sich auch in der Form ($\star\star$) darstellen läßt, folgt sofort aus dem Satz von der Existenz der Partialbruchzerlegung; nur die umgekehrte Richtung ist zu zeigen. Wir nehmen also an, $A_1,\ldots,A_n$ und $B_1,\ldots,B_n$ seien beliebig vorgegeben, und wir müssen nachweisen, daß wir $C_1,\ldots,C_n$ und $D_1,\ldots,D_n$ so finden können, daß die Gleichung ($\star$) = ($\star\star$) gilt. Durchmultiplizieren dieser Gleichung mit $(x-a)^n(x-b)^n$ liefert die äquivalente Gleichung

$$(x-b)^n \sum_{k=1}^{n} A_k(x-a)^{n-k} + (x-a)^n \sum_{k=1}^{n} B_k(x-b)^{n-k}$$
$$= \sum_{k=1}^{n} (C_k x + D_k)(x-a)^{n-k}(x-b)^{n-k}.$$

Um diese Gleichung etwas bequemer handhaben zu können, substituieren wir $X := x - (a+b)/2$; mit $u := (b-a)/2$

haben wir dann $x-b = X-u$ und $x-a = X+u$. Schreiben wir nun noch $\widehat{C}_k := C_k$ und $\widehat{D}_k := D_k + \widehat{C}_k \cdot (a+b)/2$, so geht die gerade erhaltene Gleichung über in

$$(X-u)^n \sum_{k=1}^n A_k(X+u)^{n-k} + (X+u)^n \sum_{k=1}^n B_k(X-u)^{n-k}$$
$$= \sum_{k=1}^n (\widehat{C}_k X + \widehat{D}_k)(X-u)^{n-k}(X+u)^{n-k}$$
$$= \sum_{k=1}^n (\widehat{C}_k X + \widehat{D}_k)(X^2 - u^2)^{n-k}$$
$$= \sum_{k=1}^n (\widehat{C}_k X + \widehat{D}_k) \sum_{\ell=0}^{n-k} \binom{n-k}{\ell} X^{2\ell}(-u^2)^{n-k-\ell}$$
$$= \sum_{\ell=0}^{n-1} \sum_{k=1}^{n-\ell} \binom{n-k}{\ell} (-u^2)^{n-k-\ell}(\widehat{C}_k X^{2\ell+1} + \widehat{D}_k X^{2\ell}),$$

wobei wir im letzten Schritt eine Vertauschung der Summationsreihenfolge vornahmen:

$$\begin{array}{c} 1 \le k \le n \\ 0 \le \ell \le n-k \end{array} \iff \begin{array}{c} 0 \le \ell \le n-1 \\ 1 \le k \le n-\ell \end{array}.$$

Wir müssen nun zeigen, daß – egal, welches Polynom vom Grad $2n-1$ am Anfang der letzten Gleichung steht – wir die Koeffizienten $\widehat{C}_k$ und $\widehat{D}_k$ immer so wählen können, daß diese Gleichung erfüllt ist. Das ist aber tatsächlich so, denn der Term

$$\sum_{\ell=0}^{n-1} \sum_{k=1}^{n-\ell} \binom{n-k}{\ell} (-u^2)^{n-k-\ell}(\widehat{C}_k X^{2\ell+1} + \widehat{D}_k X^{2\ell})$$

ist von der Form

$$\widehat{C}_1 X^{2n-1} + \widehat{D}_1 X^{2n-2}$$
$$+ (\widehat{C}_2 + \cdots) X^{2n-3} + (\widehat{D}_2 + \cdots) X^{2n-4}$$
$$+ (\widehat{C}_3 + \cdots) X^{2n-5} + (\widehat{D}_3 + \cdots) X^{2n-6} + \cdots,$$

also

$$\widehat{C}_1 X^{2n-1} + \widehat{D}_1 X^{2n-2}$$
$$+ \sum_{k=0}^{n-2} ((\widehat{C}_{n-\ell} + \cdots) X^{2\ell+1} + (\widehat{D}_{n-k} + \cdots) X^{2\ell}),$$

wobei die drei Pünktchen Terme bedeuten, bei denen ausschließlich Koeffizienten $\widehat{C}_k$ und $\widehat{D}_k$ mit jeweils kleinerem Index k als beim erstgenannten Term der Klammer auftreten. Die Koeffizienten $\widehat{C}_k$ und $\widehat{D}_k$ lassen sich also (bei beliebig vorgegebenen Koeffizienten A_k und B_k) leicht rekursiv berechnen.

Lösung (109.31) (a) Die Gleichung $p(x) = 0$ geht mit der Substitution $u = x^2$ über in $u^2 - u + 1 = 0$. Diese Gleichung hat die Lösungen

$$u_1 = \frac{1+i\sqrt{3}}{2} = e^{i\pi/3} \quad \text{und} \quad u_2 = \frac{1-i\sqrt{3}}{2} = e^{-i\pi/3},$$

woraus sich die folgenden Nullstellen von p ergeben:

$$x_{1,2} = \pm e^{\pi i/6} = \pm \frac{\sqrt{3}+i}{2}, \quad x_{3,4} = \pm e^{-\pi i/6} = \pm \frac{\sqrt{3}-i}{2}.$$

Da x_1 und x_3 bzw. x_2 und x_4 zueinander konjugiert sind, sind die Polynome

$$(x-x_1)(x-x_3) = \left(x - \frac{\sqrt{3}}{2} - \frac{i}{2}\right)\left(x - \frac{\sqrt{3}}{2} + \frac{i}{2}\right)$$
$$= x^2 - \sqrt{3}\,x + 1$$

und

$$(x-x_2)(x-x_4) = \left(x + \frac{\sqrt{3}}{2} + \frac{i}{2}\right)\left(x + \frac{\sqrt{3}}{2} - \frac{i}{2}\right)$$
$$= x^2 + \sqrt{3}\,x + 1$$

reell; die Zerlegung $p(x) = (x-x_1)(x-x_2)(x-x_3)(x-x_4)$ geht über in die rein reelle Zerlegung

$$x^4 - x^2 + 1 = (x^2 + \sqrt{3}\,x + 1)(x^2 - \sqrt{3}\,x + 1).$$

Alternativ können wir den angegebenen Ansatz verwenden und erhalten

$$x^4 - x^2 + 1 = (x^2 + Ax + B)(x^2 + Cx + D) =$$
$$x^4 + (A+C)x^3 + (B+AC+D)x^2 + (AD+BC)x + BD.$$

Koeffizientenvergleich ergibt dann

$$\begin{aligned} 0 &= A+C, \\ -1 &= B+AC+D, \\ 0 &= AD+BC, \\ 1 &= BD. \end{aligned}$$

Die beiden äußeren Gleichungen liefern $C = -A$ und $D = 1/B$; setzen wir dies in die beiden inneren Gleichungen ein, so erhalten wir $-1 = B - A^2 + (1/B)$ und $0 = (A/B) - AB = A(1-B^2)/B$. Aus der letzten Gleichung folgt nun, daß $A = 0$ oder $B = \pm 1$ gelten muß. Wäre $A = 0$, so gälte $-1 = B + (1/B)$ und damit $B^2 + B + 1 = 0$, was unmöglich ist; wäre $B = -1$, so gälte $-1 = -1 - A^2 - 1$ und damit $A^2 = -1$, was ebenfalls unmöglich ist. Also gilt $B = 1$, damit $D = 1/B = 1$ und ferner $A^2 = 3$, also $A = \pm\sqrt{3}$ und damit $C = \mp\sqrt{3}$. Wir erhalten also die Zerlegung

$$x^4 - x^2 + 1 = (x^2 + \sqrt{3}\,x + 1)(x^2 - \sqrt{3}\,x + 1).$$

(b) Unter Benutzung des Ergebnisses von Teil (a) machen wir den Ansatz

$$\frac{x^2+1}{x^4-x^2+1} = \frac{Ax+B}{x^2-\sqrt{3}\,x+1} + \frac{Cx+D}{x^2+\sqrt{3}\,x+1},$$

also
$$x^2+1 = (Ax+B)(x^2+\sqrt{3}x+1) + (Cx+D)(x^2-\sqrt{3}x+1)$$
$$= x^3(A+C) + x^2(A\sqrt{3}+B-C\sqrt{3}+D)$$
$$+ x(A+B\sqrt{3}+C-D\sqrt{3}) + (B+D).$$

Vergleich des Koeffizienten von x^3 und des Absolutgliedes auf der linken und auf der rechten Seite liefert die Gleichungen $A+C=0$ und $B+D=1$, also
$$C = -A \quad \text{und} \quad D = 1-B.$$

Vergleich der Koeffizienten von x^2 und x ergibt dann $2A\sqrt{3}=0$ und $2B\sqrt{3}=\sqrt{3}$, also $A=0$ und $B=1/2$. Wir erhalten damit
$$\int \frac{x^2+1}{x^4-x^2+1}\,dx$$
$$= \int \left(\frac{1/2}{x^2-\sqrt{3}x+1} + \frac{1/2}{x^2+\sqrt{3}x+1} \right) dx$$
$$= \int \left(\frac{1/2}{(x-\tfrac{1}{2}\sqrt{3})^2+\tfrac{1}{4}} + \frac{1/2}{(x+\tfrac{1}{2}\sqrt{3})^2+\tfrac{1}{4}} \right) dx$$
$$= \int \left(\frac{2}{(2x-\sqrt{3})^2+1} + \frac{2}{(2x+\sqrt{3})^2+1} \right) dx$$
$$= \int \frac{du}{u^2+1} + \int \frac{dv}{v^2+1} = \arctan(u) + \arctan(v) + C$$
$$= \arctan(2x-\sqrt{3}) + \arctan(2x+\sqrt{3}) + C,$$

wobei wir $u := 2x-\sqrt{3}$ (mit $du=2\,dx$) und $v := 2x+\sqrt{3}$ (mit $dv=2\,dx$) substituierten. Alternativ können wir die angegebene Umformung benutzen, die sich einfach durch Kürzen mit x^2 ergibt. Substituieren wir $u = x-(1/x)$, so ist $du = (1+1/x^2)\,dx$ und damit
$$\int \frac{1+(1/x^2)}{x^2-1+(1/x^2)}\,dx = \int \frac{du}{u^2+1} = \arctan u + C$$
$$= \arctan\left(x-\frac{1}{x}\right) + C.$$

Bemerkung: Da eine Stammfunktion bis auf eine additive Konstante eindeutig bestimmt ist, schließen wir nach einem Vergleich der Ergebnisse in (a) und (b), daß die Funktion $F(x) := \arctan(x-1/x)$ gegeben ist durch
$$F(x) = \begin{cases} \arctan(2x-\sqrt{3}) + \arctan(2x+\sqrt{3}) - (\pi/2), \\ \quad \text{falls } x > 0; \\ \arctan(2x-\sqrt{3}) + \arctan(2x+\sqrt{3}) + (\pi/2), \\ \quad \text{falls } x < 0. \end{cases}$$

Die Funktion F ist also eine Stammfunktion von $f(x) := (x^2+1)/(x^4-x^2+1)$ auf $(-\infty,0)$ und auf $(0,\infty)$, aber nicht auf ganz $\mathbb{R}$, obwohl f keine Definitionslücke hat. Die Singularität der in (a) gefundenen Stammfunktion ist also nur ein Artefakt der gewählten Substitution (die nur auf $(-\infty,0)$ oder auf $(0,\infty)$ definiert ist) und spiegelt keine Eigenschaft der Funktion f wider.

Lösung (109.32) (a) Wegen $u^3+1 = (u+1)(u^2-u+1)$ gilt $x^6+1 = (x^2+1)(x^4-x^2+1)$; zusammen mit dem Ergebnis der vorangehenden Aufgabe führt dies auf den Ansatz
$$\frac{x^4+1}{x^6+1} = \frac{Ax+B}{x^2+1} + \frac{Cx+D}{x^2-\sqrt{3}x+1} + \frac{Ex+F}{x^2+\sqrt{3}x+1}$$

bzw. nach Ausmultiplizieren auf
$$x^4+1 = (Ax+B)(x^2-\sqrt{3}x+1)(x^2+\sqrt{3}x+1)$$
$$+ (Cx+D)(x^2+1)(x^2+\sqrt{3}x+1)$$
$$+ (Ex+F)(x^2+1)(x^2-\sqrt{3}x+1).$$

Statt auszumultiplizieren und die Koeffizienten zu vergleichen (was auch möglich wäre) setzen wir spezielle x-Werte ein, um die Koeffizienten in der Partialbruchzerlegung zu bestimmen, und zwar jeweils eine Nullstelle von x^2+1, von $x^2+\sqrt{3}x+1$ und von $x^2-\sqrt{3}x+1$. (Wir ermitteln jeweils zwei Koeffizienten mit nur einer Nullstelle, weil die jeweils andere Nullstelle konjugiert komplex zur ersten ist und daher keine zusätzliche Information liefert.) Für $x=i$ erhalten wir $2 = (Ai+B)(-\sqrt{3}i)(\sqrt{3}i) = 3(B+Ai)$ und damit $A=0$ und $B=2/3$. Für $x=(-\sqrt{3}+i)/2$ erhalten wir
$$\frac{1-i\sqrt{3}}{2} = \left(E \cdot \frac{-\sqrt{3}+i}{2} + F \right) \cdot \frac{3-i\sqrt{3}}{2} \cdot (3-i\sqrt{3})$$
$$= \left(E \cdot \frac{-\sqrt{3}+i}{2} + F \right) \cdot 3(1-i\sqrt{3})$$

und damit $E=0$ und $F=1/6$. Analog erhalten wir für $x=(\sqrt{3}+i)/2$ die Gleichung
$$\frac{1+i\sqrt{3}}{2} = \left(C \cdot \frac{\sqrt{3}+i}{2} + D \right) \cdot \frac{3+i\sqrt{3}}{2} \cdot (3+i\sqrt{3})$$
$$= \left(C \cdot \frac{\sqrt{3}+i}{2} + D \right) \cdot 3(1+i\sqrt{3})$$

und damit $C=0$ und $D=1/6$. Folglich gilt
$$\int \frac{x^4+1}{x^6+1}\,dx$$
$$= \int \left(\frac{2/3}{x^2+1} + \frac{1/6}{x^2-\sqrt{3}x+1} + \frac{1/6}{x^2+\sqrt{3}x+1} \right) dx$$
$$= \int \left(\frac{2/3}{x^2+1} + \frac{1/6}{(x-\tfrac{1}{2}\sqrt{3})^2+\tfrac{1}{4}} + \frac{1/6}{(x+\tfrac{1}{2}\sqrt{3})^2+\tfrac{1}{4}} \right) dx$$
$$= \int \left(\frac{2/3}{x^2+1} + \frac{2/3}{(2x-\sqrt{3})^2+1} + \frac{2/3}{(2x+\sqrt{3})^2+1} \right) dx$$
$$= \int \frac{2/3}{x^2+1}\,dx + \int \frac{1/3}{u^2+1}\,du + \int \frac{1/3}{v^2+1}\,dv$$
$$= \frac{1}{3} \cdot (2\arctan(x) + \arctan(u) + \arctan(v)) + C$$
$$= \frac{2\arctan(x) + \arctan(2x-\sqrt{3}) + \arctan(2x+\sqrt{3})}{3} + C,$$

wobei wir $u := 2x-\sqrt{3}$ (mit $du=2\,dx$) und $v := 2x+\sqrt{3}$ (mit $dv=2\,dx$) substituierten.

(b) Die angegebene Umformung lautet wegen $x^6+1 = (x^2+1)(x^4-x^2+1)$ einfach
$$\frac{x^4+1}{x^6+1} = \frac{1}{x^2+1} + \frac{x^2}{x^6+1}.$$
Der erste Summand hat $x \mapsto \arctan x$ als Stammfunktion; für den zweiten Summanden liefert die Substitution $u = x^3$ mit $\mathrm{d}u = 3x^2\,\mathrm{d}x$ die allgemeine Stammfunktion
$$\int \frac{x^2}{x^6+1}\,\mathrm{d}x = \int \frac{(1/3)\,\mathrm{d}u}{u^2+1} = \frac{1}{3}\arctan u + C$$
$$= \frac{1}{3}\arctan(x^3) + C.$$
Insgesamt erhalten wir
$$\int \frac{x^4+1}{x^6+1}\,\mathrm{d}x = \arctan(x) + \frac{1}{3}\arctan(x^3) + C.$$

Bemerkung: Da eine Stammfunktion bis auf eine additive Konstante eindeutig bestimmt ist, erhalten wir durch Vergleich der Ergebnisse in (a) und (b) die Identität
$$\arctan(x^3) =$$
$$\arctan(2x-\sqrt{3}) + \arctan(2x+\sqrt{3}) - \arctan(x).$$

Lösung (109.33) (a) Wir substituieren $u = \sqrt{x}$ mit $\mathrm{d}x = 2\sqrt{x}\,\mathrm{d}u = 2u\,\mathrm{d}u$ und erhalten
$$\int \frac{x-\sqrt{x}}{x+\sqrt{x}}\,\mathrm{d}x = \int \frac{u^2-u}{u^2+u}\cdot 2u\,\mathrm{d}u = \int \frac{u-1}{u+1}\cdot 2u\,\mathrm{d}u$$
$$= \int \frac{2u^2-2u}{u+1}\,\mathrm{d}u = \int \left(2u - 4 + \frac{4}{u+1}\right)\mathrm{d}u$$
$$= u^2 - 4u + 4\ln|u+1| + C$$
$$= x - 4\sqrt{x} + 4\ln(1+\sqrt{x}) + C.$$

(Die Betragsstriche können wegfallen, da $u = \sqrt{x}$ nur für $x \geq 0$ definiert und in diesem Bereich $\sqrt{x}+1$ automatisch positiv ist.)

(b) Die Substitution $u = e^x$ mit $\mathrm{d}u = e^x\,\mathrm{d}x = u\,\mathrm{d}x$ liefert
$$\int \frac{e^x-1}{e^x+1}\,\mathrm{d}x = \int \frac{u-1}{u+1}\frac{\mathrm{d}u}{u} = \int \left(\frac{-1}{u} + \frac{2}{u+1}\right)\mathrm{d}u$$
$$= -\ln|u| + 2\ln|u+1| + C = -x + 2\ln(1+e^x) + C.$$

(c) Wir substituieren
$$u = \sqrt{\frac{e^x-1}{e^x+1}} \quad \text{bzw.} \quad e^x = \frac{1+u^2}{1-u^2}.$$
Beiderseitiges Ableiten der letzten Gleichung nach x liefert
$$e^x = \frac{4u}{(1-u^2)^2}\frac{\mathrm{d}u}{\mathrm{d}x} \quad \text{bzw.} \quad \frac{1+u^2}{1-u^2} = \frac{4u}{(1-u^2)^2}\frac{\mathrm{d}u}{\mathrm{d}x}$$

und damit
$$\frac{\mathrm{d}u}{\mathrm{d}x} = \frac{1-u^4}{4u} \quad \text{bzw.} \quad \mathrm{d}x = \frac{4u\,\mathrm{d}u}{1-u^4}.$$
Für das angegebene Integral erhalten wir dann
$$\int \sqrt{\frac{e^x-1}{e^x+1}}\,\mathrm{d}x = \int \frac{4u^2}{1-u^4}\,\mathrm{d}u$$
$$= \int \left(\frac{1}{u+1} - \frac{1}{u-1} - \frac{2}{u^2+1}\right)\mathrm{d}u$$
$$= \ln|u+1| - \ln|u-1| - 2\arctan(u) + C$$
$$= \ln\left|\frac{u+1}{u-1}\right| - 2\arctan(u) + C$$
$$= \ln\left(e^x + \sqrt{e^{2x}-1}\right) - 2\arctan\sqrt{\frac{e^x-1}{e^x+1}} + C;$$
der letzte Schritt folgt dabei, indem man die Definition von u in den Ausdruck $(u+1)/(u-1)$ einsetzt und dann umformt. – In diesem Beispiel hätten wir auch zunächst $v = e^x$ substituieren können (gemäß der Faustregel, den kompliziertesten Einzelbestandteil des Integranden zu substituieren), um dann mit einer zweiten Substitution $u = \sqrt{(v-1)/(v+1)}$ die Wurzel zu eliminieren.

(d) Die Substitution $x = 2\arctan u$ mit $\mathrm{d}x = 2\,\mathrm{d}u/(1+u^2)$, $\sin x = 2u/(1+u^2)$ und $\cos x = (1-u^2)/(1+u^2)$ liefert
$$\int \frac{\mathrm{d}x}{\sin x} = \int \frac{1+u^2}{2u}\cdot\frac{2}{1+u^2}\,\mathrm{d}u = \int \frac{\mathrm{d}u}{u}$$
$$= \ln|u| + C = \ln\left|\tan\frac{x}{2}\right| + C.$$

(e) Die Substitution $u = e^x$ mit $\mathrm{d}u = e^x\,\mathrm{d}x = u\,\mathrm{d}x$ liefert
$$\int \frac{e^{4x} + 2e^{3x} + 2e^x + 1}{3e^{2x}-3}\,\mathrm{d}x$$
$$= \frac{1}{3}\int \frac{u^4 + 2u^3 + 2u + 1}{(u^2-1)u}\,\mathrm{d}u$$
$$= \frac{1}{3}\int \left(u + 2 + \frac{u^2+4u+1}{u^3-u}\right)\mathrm{d}u,$$
wobei wir beim letzten Schritt die Polynomdivision $(u^4+2u^3+2u+1):(u^3-u)$ ausgeführt haben. Der Ansatz für die Partialbruchzerlegung lautet
$$\frac{u^2+4u+1}{u^3-u} = \frac{A}{u} + \frac{B}{u-1} + \frac{C}{u+1}$$
bzw.
$$u^2 + 4u + 1 = A(u-1)(u+1) + Bu(u+1) + Cu(u-1).$$
Einsetzen der Werte $u=0$, $u=1$ und $u=-1$ liefert $A = -1$, $B = 3$ und $C = -1$; also ist das gesuchte Integral

gegeben durch

$$\int \left(u + 2 - \frac{1}{u} + \frac{3}{u-1} - \frac{1}{u+1}\right) du$$
$$= \frac{u^2}{2} + 2u - \ln|u| + 3\ln|u-1| - \ln|u+1| + C$$
$$= \frac{u^2}{2} + 2u + \ln\left|\frac{(u-1)^3}{u(u+1)}\right| + C$$
$$= \frac{e^{2x}}{2} + 2e^x + \ln\frac{|e^x - 1|^3}{e^x(e^x + 1)} + C.$$

(f) Wir substituieren $u = e^x$ mit $du = e^x dx = u\, dx$, führen anschließend eine Partialbruchzerlegung durch und substituieren dann $v = (u-1)/\sqrt{3}$; insgesamt ergibt sich

$$\int \frac{3e^{3x} - 2e^{2x} + 8e^x}{e^{3x} + 8} dx = \int \frac{3u^2 - 2u + 8}{u^3 + 8} du$$
$$= \int \left(\frac{2}{u+2} + \frac{u}{u^2 - 2u + 4}\right) du$$
$$= \int \frac{2}{u+2} du + \int \frac{v + 1/\sqrt{3}}{v^2 + 1} dv$$
$$= 2\ln|u+2| + \frac{1}{2}\ln(v^2 + 1) + \frac{1}{\sqrt{3}} \arctan v + C$$
$$= 2\ln(e^x + 2) + \frac{\ln(e^{2x} - 2e^x + 4)}{2} + \frac{1}{\sqrt{3}} \arctan \frac{e^x - 1}{\sqrt{3}} + \widehat{C}.$$

(g) Die Substitution $u = e^{2x}$ mit $du = 2e^{2x} dx = 2u\, dx$ und anschließende Partialbruchzerlegung liefern

$$\int \frac{1 + e^{2x}}{3 + e^{4x}} dx = \int \frac{1+u}{3+u^2} \frac{du}{2u}$$
$$\int \left(\frac{1/6}{u} - \frac{u/6}{u^2 + 3} + \frac{1/2}{u^2 + 3}\right) du$$
$$= \frac{\ln|u|}{6} - \frac{\ln(u^2 + 3)}{12} + \frac{1}{2\sqrt{3}} \arctan\left(\frac{u}{\sqrt{3}}\right) + C$$
$$= \frac{x}{3} - \frac{\ln(e^{4x} + 3)}{12} + \frac{1}{2\sqrt{3}} \arctan\left(\frac{e^{2x}}{\sqrt{3}}\right) + C.$$

(h) Wir substituieren zunächst $u = e^x$ (mit $du = e^x dx = u\, dx$) und führen anschließend eine Partialbruchzerlegung durch. Es ergibt sich

$$\int \frac{e^x - 1}{e^x + 1} dx = \int \frac{u-1}{u+1} \frac{du}{u} = \int \left(\frac{2}{u+1} - \frac{1}{u}\right) du$$
$$= 2\ln|u+1| - \ln|u| + C = 2\ln(e^x + 1) - x + C.$$

Lösung (109.34) (a) Das gesuchte Integral ist

$$\int \left(\frac{1}{x} + \frac{1}{\sqrt{x}}\right) dx = \ln(x) + 2\sqrt{x} + C.$$

(b) Das gesuchte Integral ist

$$\int \left(1 + \frac{1}{\sqrt{x}}\right) dx = x + 2\sqrt{x} + C.$$

(c) Wir substituieren $u = \sqrt{1 + \sqrt{x}}$, also $\sqrt{x} = u^2 - 1$ bzw. $x = (u^2 - 1)^2$ und damit $dx = 2(u^2 - 1) \cdot 2u\, du = 4u(u^2 - 1) du$. Für das gesuchte Integral ergibt sich

$$\int \frac{u}{(u^2 - 1)^2} 4u(u^2 - 1) du = \int \frac{4u^2}{u^2 - 1} du$$
$$= \int \left(4 + \frac{4}{u^2 - 1}\right) du = \int \left(4 + \frac{2}{u-1} - \frac{2}{u+1}\right) du$$
$$= 4u + 2\ln(u-1) - 2\ln(u+1) + C$$
$$= 4u + 2\ln\left[\frac{u-1}{u+1}\right] + C$$
$$= 4\sqrt{1 + \sqrt{x}} + 2\ln\frac{\sqrt{1 + \sqrt{x}} - 1}{\sqrt{1 + \sqrt{x}} + 1} + C.$$

(d) Wir führen die gleiche Substitution wie in Teil (c) durch und erhalten

$$\int \frac{u}{u^2 - 1} 4u(u^2 - 1) du = \int 4u^2 du$$
$$= \frac{4}{3} u^3 + C = \frac{4}{3}(1 + \sqrt{x})^{3/2} + C.$$

(e) Mit der Substitution $u = \sqrt{x}$ (mit $dx = 2u\, du$) ergibt sich

$$\int \frac{1 + \sqrt{x}}{1 + x\sqrt{x}} dx = \int \frac{u+1}{u^3 + 1} \cdot 2u\, du$$
$$= \int \frac{(u+1) \cdot 2u}{(u+1)(u^2 - u + 1)} du = \int \frac{2u}{u^2 - u + 1} du.$$

(Wenn man nicht erkennt, daß sich der Bruch kürzen läßt, erhält man dieses Ergebnis auch mit Hilfe einer Partialbruchzerlegung.) Quadratische Ergänzung liefert $u^2 - u + 1 = (u - 1/2)^2 + 3/4 = (3/4) \cdot (v^2 + 1)$ mit $v := (2u - 1)/\sqrt{3}$; das Integral wird dann

$$\int \frac{\sqrt{3}v + 1}{(3/4)(v^2 + 1)} \cdot \frac{\sqrt{3}}{2} dv = \frac{2}{3} \cdot \int \frac{3v + \sqrt{3}}{v^2 + 1} dv$$
$$= \int \frac{2v}{v^2 + 1} dv + \int \frac{2/\sqrt{3}}{v^2 + 1} dv.$$

Lösen des Integrals mit anschließender Rücksubstitution liefert

$$\ln(v^2 + 1) + \frac{2}{\sqrt{3}} \arctan v + C$$
$$= \ln \frac{4}{3}(u^2 - u + 1) + \frac{2}{\sqrt{3}} \arctan \frac{2u - 1}{\sqrt{3}} + C$$
$$= \ln(u^2 - u + 1) + \frac{2}{\sqrt{3}} \arctan \frac{2u - 1}{\sqrt{3}} + \widehat{C}$$
$$= \ln(x - \sqrt{x} + 1) + \frac{2}{\sqrt{3}} \arctan \frac{2\sqrt{x} - 1}{\sqrt{3}} + \widehat{C}.$$

Aufgaben zu »Berechnung von Einfachintegralen« siehe Seite 45

(f) Die Substitution $u = \sqrt{x}$ und anschließende Partialbruchzerlegung liefern

$$\int \frac{x\sqrt{x}}{x^2-1}\,dx = \int \frac{2u^4}{u^4-1}\,du = \int \left[2 + \frac{2}{u^4-1}\right]du$$
$$= \int \left[2 + \frac{1/2}{u-1} - \frac{1/2}{u+1} - \frac{1}{u^2+1}\right]du$$
$$= 2u + \frac{1}{2}\ln\left|\frac{u-1}{u+1}\right| - \arctan(u) + C$$
$$= 2\sqrt{x} + \frac{1}{2}\ln\left|\frac{\sqrt{x}-1}{\sqrt{x}+1}\right| - \arctan(\sqrt{x}) + C.$$

(g) Die Substitution $u = \sqrt{x}$ und anschließende Partialbruchzerlegung liefern

$$\int \frac{\sqrt{x}\,dx}{(\sqrt{x}+2)(x-2\sqrt{x}+1)} = \int \frac{2u^2\,du}{(u+2)(u-1)^2}$$
$$= \int \left(\frac{8/9}{u+2} + \frac{10/9}{u-1} + \frac{2/3}{(u-1)^2}\right)du$$
$$= \frac{8}{9}\ln|u+2| + \frac{10}{9}\ln|u-1| - \frac{2/3}{u-1} + C$$
$$= \frac{8}{9}\ln(\sqrt{x}+2) + \frac{10}{9}\ln|\sqrt{x}-1| - \frac{2/3}{\sqrt{x}-1} + C.$$

(h) Der Ausdruck unter der Wurzel ist $x^2 + 2x = (x+1)^2 - 1$; mit der Substitution $u := x+1$ geht das gesuchte Integral also über in

$$\int \frac{x}{\sqrt{x^2+2x}}\,dx = \int \frac{u-1}{\sqrt{u^2-1}}\,du.$$

Machen wir nun die Substitution $u = \cosh(v)$ mit $du = \sinh(v)\,dv$, so geht dieses Integral über in

$$\int \frac{\cosh(v)-1}{\sinh(v)}\sinh(v)\,dv = \int (\cosh(v)-1))\,dv$$
$$= \sinh(v) - v + C = \sqrt{u^2-1} - \ln(u + \sqrt{u^2-1}) + C$$
$$= \sqrt{(x+1)^2-1} - \ln(x+1 + \sqrt{(x+1)^2-1}) + C$$
$$= \sqrt{x^2+2x} - \ln(x+1 + \sqrt{x^2+2x}) + C.$$

Lösung (109.35) (a) Nach Ausmultiplizieren ergibt sich

$$\int_0^1 (8x^2 + 22x + 15)dx = \left[\frac{8x^3}{3} + 11x^2 + 15x\right]_0^1$$
$$= \frac{8}{3} + 11 + 15 = 28\frac{2}{3}.$$

(b) Nach Polynomdivision ergibt sich

$$\int_0^1 \left(\frac{1}{2} + \frac{1/2}{4x+5}\right)dx = \left[\frac{x}{2} + \frac{\ln(4x+5)}{8}\right]_0^1$$
$$= \frac{1}{2} + \frac{\ln(9)-\ln(5)}{8} = \frac{1}{2} + \frac{\ln(1.8)}{8}.$$

(c) Nach Ausmultiplizieren und quadratischer Ergänzung ergibt sich

$$\int_0^1 \sqrt{8x^2 + 22x + 15}\,dx = \int_0^1 \sqrt{8(x+\frac{11}{8})^2 - \frac{1}{8}}\,dx$$
$$= \int_0^1 \sqrt{\frac{(8x+11)^2-1}{8}}\,dx.$$

Mit der Substitution $u = 8x+11\big|_0^1$ geht dieses Integral über in

$$\int_{11}^{19} \frac{\sqrt{u^2-1}}{8\sqrt{8}}\,du = \frac{u\sqrt{u^2-1} - \ln(u+\sqrt{u^2-1})}{16\sqrt{8}}\bigg]_{11}^{19}$$
$$= \frac{19\sqrt{360} - \ln(19+\sqrt{360}) - 11\sqrt{120} + \ln(11+\sqrt{120})}{16\sqrt{8}}$$
$$= \frac{1}{32\sqrt{2}}\left(114\sqrt{10} - 22\sqrt{30} + \ln\frac{11+2\sqrt{30}}{19+6\sqrt{10}}\right)$$
$$\approx 5.29121.$$

(d) Wir substituieren $\sqrt{3/5}\big|^{\sqrt{5/9}}\,u = \sqrt{\frac{2x+3}{4x+5}}\bigg|_0^1$; dann ist $u^2 = (2x+3)/(4x+5)$, folglich $4u^2 x + 5u^2 = 2x + 3$ und damit $(4u^2-2)x = 3 - 5u^2$, also $x = \frac{3-5u^2}{4u^2-2}$. Nach der Quotientenregel ist dann

$$\frac{dx}{du} = \frac{-4u}{(4u^2-2)^2} = \frac{-u}{(2u^2-1)^2},$$

so daß das angegebene Integral die Form

$$\int_{\sqrt{3/5}}^{\sqrt{5/9}} u \cdot \frac{-u\,du}{(2u^2-1)^2} = \int_{\sqrt{3/5}}^{\sqrt{5/9}} \frac{-u^2}{(2u^2-1)^2}\,du$$

annimmt. Wir benutzen nun die Methode der Partialbruchzerlegung und setzen

$$\frac{-u^2}{(2u^2-1)^2} = \frac{A}{u\sqrt{2}-1} + \frac{B}{(u\sqrt{2}-1)^2} + \frac{C}{u\sqrt{2}+1} + \frac{D}{(u\sqrt{2}+1)^2}$$

an; nach Durchmultiplizieren mit dem Nenner erhalten wir

$$-u^2 = A(\sqrt{2}u-1)(\sqrt{2}u+1)^2 + B(\sqrt{2}u+1)^2$$
$$+ C(\sqrt{2}u+1)(\sqrt{2}u-1)^2 + D(\sqrt{2}u-1)^2.$$

Einsetzen von $u = 1/\sqrt{2}$ und $u = -1/\sqrt{2}$ liefert nun sofort $B = D = -1/8$; das Einsetzen zweier weiterer Werte (etwa $u = 0$ und $u = \sqrt{2}$) liefert dann $A = -1/8$ und $C = 1/8$. Das gesuchte Integral ist also

$$\frac{1}{8}\int\left[\frac{-1}{u\sqrt{2}-1} - \frac{1}{(u\sqrt{2}-1)^2} + \frac{1}{u\sqrt{2}+1} - \frac{1}{(u\sqrt{2}+1)^2}\right]du$$

und damit
$$\frac{1}{8}\left[\frac{-\ln(u\sqrt{2}-1)}{\sqrt{2}}+\frac{1/\sqrt{2}}{u\sqrt{2}-1}+\frac{\ln(u\sqrt{2}+1)}{\sqrt{2}}+\frac{1/\sqrt{2}}{\sqrt{2}u+1}\right]$$
$$=\frac{1}{8\sqrt{2}}\left[\ln\frac{u\sqrt{2}+1}{u\sqrt{2}-1}+\frac{2u\sqrt{2}}{2u^2-1}\right].$$

Einsetzen der Grenzen liefert
$$\int_{\sqrt{3/5}}^{\sqrt{5/9}}\frac{-u^2}{(2u^2-1)^2}\,du$$
$$=\frac{1}{8\sqrt{2}}\left[\ln\frac{u\sqrt{2}+1}{u\sqrt{2}-1}+\frac{2u\sqrt{2}}{2u^2-1}\right]_{u=\sqrt{3/5}}^{\sqrt{5/9}}$$
$$=\frac{1}{8\sqrt{2}}\left(\ln\frac{\sqrt{10/9}+1}{\sqrt{10/9}-1}-\ln\frac{\sqrt{6/5}+1}{\sqrt{6/5}-1}\right.$$
$$\left.+6\sqrt{10}-2\sqrt{30}\right)\approx 0.757235.$$

(e) Mit der Substitution $\left.{}^5_3\right|u=2x+3\left|{}^1_0\right.$ ergibt sich
$$\int_3^5 \sqrt{u}(2u-1)\frac{du}{2}=\int_3^5\left(u^{3/2}-\frac{u^{1/2}}{2}\right)du$$
$$=\left[\frac{2}{5}u^{5/2}-\frac{1}{3}u^{3/2}\right]_{u=3}^5=\left[\sqrt{u}\left(\frac{2u^2}{5}-\frac{u}{3}\right)\right]_{u=3}^5$$
$$=\sqrt{5}\left(10-\frac{5}{3}\right)-\sqrt{3}\left(\frac{18}{5}-1\right)=\frac{25\sqrt{5}}{3}-\frac{13\sqrt{3}}{5}$$
$$\approx 14.1306.$$

(f) Mit der Substitution $\left.{}^{\sqrt{5}}_{\sqrt{3}}\right|u=\sqrt{2x+3}\left|{}^1_0\right.$ (bei der $dx=u\,du$ ist) ergibt sich
$$\int_{\sqrt{3}}^{\sqrt{5}}\frac{u}{2u^2-1}u\,du=\int_{\sqrt{3}}^{\sqrt{5}}\frac{u^2}{2u^2-1}du=\int_{\sqrt{3}}^{\sqrt{5}}\left(\frac{1}{2}+\frac{1/2}{2u^2-1}\right)du$$
$$=\int_{\sqrt{3}}^{\sqrt{5}}\left(\frac{1}{2}+\frac{1/4}{\sqrt{2}u-1}-\frac{1/4}{\sqrt{2}u+1}\right)du$$
$$=\left[\frac{u}{2}+\frac{1}{4\sqrt{2}}\ln(\sqrt{2}u-1)-\frac{1}{4\sqrt{2}}\ln(\sqrt{2}u+1)\right]_{u=\sqrt{3}}^{\sqrt{5}}$$
$$=\left[\frac{u}{2}+\frac{1}{4\sqrt{2}}\ln\frac{\sqrt{2}u-1}{\sqrt{2}u+1}\right]_{u=\sqrt{3}}^{\sqrt{5}}$$
$$=\frac{\sqrt{5}-\sqrt{3}}{2}+\frac{1}{4\sqrt{2}}\ln\frac{(\sqrt{10}-1)(\sqrt{6}+1)}{(\sqrt{10}+1)(\sqrt{6}-1)}.$$

(g) Mit der Substitution $\left.{}^9_5\right|u=4x+5\left|{}^1_0\right.$ ergibt sich
$$\int_5^9\frac{(u+1)/2}{\sqrt{u}}\frac{du}{4}=\frac{1}{8}\int_5^9\frac{u+1}{\sqrt{u}}du=\frac{1}{8}\int_5^9\left(\sqrt{u}+\frac{1}{\sqrt{u}}\right)du$$
$$=\frac{1}{8}\left[\frac{2}{3}u^{3/2}+2\sqrt{u}\right]_{u=5}^9=\frac{1}{8}\left(24-\frac{16}{3}\sqrt{5}\right)=3-\frac{2}{3}\sqrt{5}.$$

Lösung (109.36) (a) Die Substitution $u=9-2x$ (oder auch partielle Integration) führt auf die Stammfunktion $(2/5)\cdot(9-2x)^{5/2}-6\,(9-2x)^{3/2}+C$.

(b) Partielle Integration und anschließende Polynomdivision führen auf die Stammfunktion $(x^2+1)\arctan x - x + C$.

(c) Die Substitution $u=x^2+1$ mit $du=2x\,dx$ liefert
$$\int x^5\sqrt{x^2+1}\,dx = \int x^5\sqrt{u}\,\frac{du}{2x} = \frac{1}{2}\int x^4\sqrt{u}\,du$$
$$=\frac{1}{2}\int (u-1)^2\sqrt{u}\,du = \frac{1}{2}\int(u^2-2u+1)\sqrt{u}\,du$$
$$=\frac{1}{2}\int\left(u^{5/2}-2u^{3/2}+u^{1/2}\right)du$$
$$=\frac{u^{7/2}}{7}-\frac{2u^{5/2}}{5}+\frac{u^{3/2}}{3}+C \text{ mit } u=x^2+1.$$

(d) Partielle Integration mit $u'=9x^2+8$ und $v=\ln(x)$ (bzw. $u=3x^3+8x$ und $v'=1/x$) liefert
$$\int(9x^2+8)\ln(x)\,dx = (3x^3+8x)\ln(x)-\int(3x^2+8)\,dx$$
$$=(3x^3+8x)\ln(x)-(x^3+8x)+C.$$

(e) Die Substitution $u=1+5x$ liefert
$$\int\frac{dx}{1+5x}=\frac{1}{5}\ln|1+5x|+C.$$

(f) Mit partieller Integration ergibt sich
$$\int(3x+1)e^x\,dx = e^x(3x+1)-\int 3e^x\,dx$$
$$= e^x(3x-2)+C.$$

(g) Mit $u=2x+5$ und $v'=\sin(x)$ bzw. $u'=2$ und $v=-\cos(x)$ erhalten wir mit partieller Integration die Gleichung
$$\int_0^{\pi/2}(2x+5)\sin(x)\,dx = -(2x+5)\cos(x)\Big|_0^{\pi/2}+\int_0^{\pi/2}2\cos(x)\,dx$$

und damit den Wert $5+[2\sin(x)]_0^{\pi/2}=5+2=7$.

(h) Mit der Substitution $u=x^2+1$ (und $du=2x\,dx$) erhalten wir
$$\int_1^2 xe^{x^2+1}\,dx = \int_2^5\frac{e^u}{2}\,du = \left[\frac{e^u}{2}\right]_2^5 = \frac{e^5-e^2}{2};$$

der numerische Wert ist etwa 70.5121.

(i) Partialbruchzerlegung führt auf
$$\int_5^6\frac{3x}{x^2-x-12}\,dx = \int_5^6\left(\frac{12/7}{x-4}+\frac{9/7}{x+3}\right)dx$$
$$=\left[\frac{12}{7}\ln(x-4)\right]_5^6+\left[\frac{9}{7}\ln(x+3)\right]_5^6$$
$$=\frac{12}{7}(\ln 2-\ln 1)+\frac{9}{7}(\ln 9-\ln 8)$$
$$=\frac{18\ln(3)-15\ln(2)}{7}\approx 1.33969.$$

(j) Partielle Integration mit

$u = \ln(x)^2$	$u' = 2\ln(x) \cdot (1/x)$
$v' = x$	$v = x^2/2$

liefert für $I := \int_1^e x \ln(x)^2 \mathrm{d}x$ die Gleichung

$$I = \frac{x^2}{2}\ln(x)^2 \bigg|_1^e - \int_1^e x\ln(x)\,\mathrm{d}x$$
$$= \frac{e^2}{2} - \int_1^e x\ln(x)\,\mathrm{d}x.$$

Erneute partielle Integration mit

$u = \ln(x)$	$u' = 1/x$
$v' = x$	$v = x^2/2$

liefert dann

$$I = \frac{e^2}{2} - \left(\frac{x^2}{2}\ln(x)\bigg|_1^e - \int_1^e \frac{x}{2}\mathrm{d}x\right)$$
$$= \frac{e^2}{2} - \left(\frac{e^2}{2} - \left[\frac{x^2}{4}\right]_1^e\right)$$
$$= \frac{e^2}{4} - \frac{1}{4} = \frac{e^2-1}{4} \approx 1.59726.$$

(k) Wir führen eine partielle Integration durch. Dazu wählen wir

$$u'(x) = \sqrt{x}, \quad v(x) = \arctan(\sqrt{x})$$

und erhalten

$$u(x) = \frac{2}{3}x^{3/2}, \quad v'(x) = \frac{1}{1+x} \cdot \frac{1}{2\sqrt{x}}.$$

Es ergibt sich dann

$$\int \sqrt{x}\arctan(\sqrt{x})\,\mathrm{d}x$$
$$= \frac{2x^{3/2}}{3}\arctan(\sqrt{x}) - \int \frac{x/3}{1+x}\mathrm{d}x$$
$$= \frac{2x^{3/2}}{3}\arctan(\sqrt{x}) - \frac{1}{3}\int\left(1 - \frac{1}{1+x}\right)\mathrm{d}x$$
$$= \frac{2x^{3/2}}{3}\arctan(\sqrt{x}) - \frac{1}{3}(x - \ln|1+x|) + C$$
$$= \frac{2x^{3/2}}{3}\arctan(\sqrt{x}) - \frac{x}{3} + \frac{1}{3}\ln|1+x| + C.$$

(l) Nach Polynomdivision im Integranden ergibt sich

$$\int_1^2 \frac{x^2}{x+1}\mathrm{d}x = \int_1^2\left(x - 1 + \frac{1}{x+1}\right)\mathrm{d}x =$$
$$\frac{x^2}{2} - x + \ln(x+1)\bigg|_1^2 = \frac{1}{2} + \ln(3) - \ln(2) \approx 0.90565.$$

(m) Mit der Substitution $u := x+1$ ergibt sich

$$\int_0^1 x\sqrt{x+1}\,\mathrm{d}x = \int_1^2 (u-1)\sqrt{u}\,\mathrm{d}u = \int_1^2 (u^{3/2} - u^{1/2})\,\mathrm{d}u$$
$$= \left[\frac{2}{5}u^{5/2} - \frac{2}{3}u^{3/2}\right]_{u=1}^2 = \frac{8}{5}\sqrt{2} - \frac{4}{3}\sqrt{2} - \frac{2}{5} + \frac{2}{3}$$
$$= \frac{4}{15}(\sqrt{2}+1) \approx 0.64379.$$

(n) Die Substitution $u = \sqrt{x}$, also $x = u^2$ mit $\mathrm{d}x = 2u\,\mathrm{d}u$, und anschließende partielle Integration mit $U' = e^u$ und $V = 2u$ (und damit $U = e^u$ und $V' = 2$) liefern

$$\int_4^9 e^{\sqrt{x}}\mathrm{d}x = \int_2^3 e^u \cdot 2u\,\mathrm{d}u = 2ue^u\big|_2^3 - \int_2^3 2e^u\mathrm{d}u$$
$$= 2ue^u - 2e^u\big|_2^3 = 4e^3 - 2e^2 \approx 65.564.$$

(o) Die Substitution $u = x^3 - 3x + 2$ führt mit $\mathrm{d}u = (3x^2 - 3)\,\mathrm{d}x$ auf die Umformung

$$\int_0^1 (x^2-1)(x^3-3x+2)^{2005}\mathrm{d}x = \int_2^0 (x^2-1)u^{2005}\frac{\mathrm{d}u}{3(x^2-1)}$$
$$= \frac{1}{3}\int_2^0 u^{2005}\mathrm{d}u = \frac{1}{3\cdot 2006}u^{2006}\bigg|_2^0 = -\frac{2^{2006}}{6018}.$$

(p) Dreimalige partielle Integration liefert

$$\int x^3 e^{2x}\,\mathrm{d}x = \frac{x^3}{2}e^{2x} - \frac{3}{2}\int x^2 e^{2x}\,\mathrm{d}x$$
$$= \frac{x^3}{2}e^{2x} - \frac{3}{2}\left(\frac{x^2}{2}e^{2x} - \int xe^{2x}\,\mathrm{d}x\right)$$
$$= \left(\frac{x^3}{2} - \frac{3x^2}{4}\right)e^{2x} + \frac{3}{2}\int xe^{2x}\,\mathrm{d}x$$
$$= \left(\frac{x^3}{2} - \frac{3x^2}{4}\right)e^{2x} + \frac{3x}{4}e^{2x} - \frac{3}{4}\int e^{2x}\,\mathrm{d}x$$
$$= \left(\frac{x^3}{2} - \frac{3x^2}{4} + \frac{3x}{4} - \frac{3}{8}\right)e^{2x} + C.$$

Einsetzen der Grenzen liefert dann den Integralwert $2\ln^3 2 - 3\ln^2 2 + 3\ln 2 - 9/8 \approx 0.179132$.

Lösung (109.37) Die Nullstellen der angegebenen Funktion liegen bei $-3/2 \pm (1/2)$, also bei -2 und bei -1. Zu berechnen ist daher das Integral

$$I := \int_{-2}^{-1} (x^2 + 3x + 2)\,e^{-x}\,\mathrm{d}x.$$

Zweimalige partielle Integration liefert

$$I = -(x^2+3x+2)e^{-x}\bigg|_{x=-2}^{-1} + \int_{-2}^{-1}(2x+3)e^{-x}\,\mathrm{d}x$$
$$= \int_{-2}^{-1}(2x+3)e^{-x}\,\mathrm{d}x$$
$$= -(2x+3)e^{-x}\bigg|_{x=-2}^{-1} + \int_{-2}^{-1} 2e^{-x}\,\mathrm{d}x$$
$$= -e - e^2 + \left[-2e^{-x}\right]_{x=-2}^{-1} = -e - e^2 - 2e + 2e^2$$
$$= e^2 - 3e \approx -0.765789.$$

Der gesuchte Flächeninhalt beträgt also 0.765789 Flächeneinheiten.

Lösung (109.38) Es sei $I := \int_a^b |f'|$, und es sei $\varepsilon > 0$ beliebig vorgegeben. Da mit f' auch $|f'|$ Riemann-integrierbar ist, existiert eine Zahl $\delta > 0$ derart, daß für jede Partition $P = \{a = x_0 < x_1 < \cdots < x_n = b\}$ der Feinheit kleiner als δ und jede Wahl der Zwischenstellen $\xi_k \in [x_k, x_{k-1}]$ die Abschätzung

$$\left| \sum_{k=1}^n |f'(\xi_k)|(x_k - x_{k-1}) - I \right| < \varepsilon$$

gilt (beliebig gute Approximierbarkeit eines Riemann-Integrals durch Riemannsche Summen). Nach dem Mittelwertsatz können nun (bei gegebener Partition P) die Zwischenstellen ξ_k so gewählt werden, daß $f(x_k) - f(x_{k-1}) = f'(\xi_k)(x_k - x_{k-1})$ für $1 \leq k \leq n$ gilt. Wir erhalten dann

$$(\star) \quad \begin{aligned} V(f;P) &= \sum_{k=1}^n |f(x_k) - f(x_{k-1})| \\ &= \sum_{k=1}^n |f'(\xi_k)|(x_k - x_{k-1}) \in [I-\varepsilon, I+\varepsilon]. \end{aligned}$$

Da diese Abschätzung für alle Partitionen der Feinheit kleiner als δ gilt und da $V(f;P_2) \geq V(f;P_1)$ gilt, wenn P_2 feiner als P_1 ist, dürfen wir in $(\star)$ das Supremum über alle Partitionen der Feinheit kleiner als δ bzw. das Supremum über alle Partitionen überhaupt bilden und erhalten $V_a^b(f) \in [I-\varepsilon, I+\varepsilon]$. Da dies für alle Zahlen $\varepsilon > 0$ gilt, folgt $V_a^b(f) = I$, was zu zeigen war.

Lösung (109.39) Für $n = 1$ erhalten wir

$$|e^{i\varphi} - 1| = \left| \int_0^\varphi e^{ix} dx \right| \leq \int_0^\varphi |e^{ix}| dx = \varphi.$$

Ist die Behauptung richtig für eine Zahl n, dann auch für $n+1$, denn es gilt

$$\begin{aligned} \left| e^{i\varphi} - \sum_{k=0}^{n+1} \frac{(i\varphi)^k}{k!} \right| &= \left| \int_0^\varphi \left(e^{ix} - \sum_{k=0}^n \frac{(ix)^k}{k!} \right) dx \right| \\ &\leq \int_0^\varphi \left| e^{ix} - \sum_{k=0}^n \frac{(ix)^k}{k!} \right| dx \leq \int_0^\varphi \frac{x^{n+1}}{(n+1)!} dx \\ &= \frac{x^{n+2}}{(n+2)!} \bigg|_0^\varphi = \frac{\varphi^{n+2}}{(n+2)!}; \end{aligned}$$

dabei benutzten wir bei der zweiten Ungleichung, daß sich der Integrand des ersten Integrals der zweiten Zeile nach Induktionsannahme durch $x^{n+1}/(n+1)!$ abschätzen läßt.

Lösung (109.40) Es gilt $F(x) = |x|$ für alle $x \in \mathbb{R}$. An denjenigen Stellen, an denen F differenzierbar ist, gilt $F'(x) = \text{sign}(x) = f(x)$. An der Stelle $x = 0$ ist aber F nicht differenzierbar; also ist F keine Stammfunktion von f auf einem Intervall, das den Nullpunkt enthält.

Lösung (109.41) Da das Abändern des Integranden an endlich vielen Stellen weder etwas an der Integrierbarkeit noch etwas am Wert des Integrals ändert, gilt $F(x) = \int_0^x f(\xi) d\xi = \int_0^x g(\xi) d\xi$. Nach dem Hauptsatz der Integral- und Differentialrechnung gilt dann $F' = g$. Also ist F keine Stammfunktion von f auf einem Intervall, das mindestens einen der Punkte x_k enthält.

Lösung (109.42) Daß $F' = f$ gilt und F daher eine Stammfunktion von f ist, rechnet man sofort nach; siehe Nummer (109.3) des Buches. Die Funktion f nimmt aber in der Nähe des Nullpunktes betragsmäßig beliebig große Werte an, ist also nicht beschränkt und damit auch nicht Riemann-integrierbar. Das Integral $\int_{-1}^1 f(x) dx$ existiert also gar nicht.

Lösung (109.43) Wir zerlegen das Intervall $[a,b]$ in die Teilintervalle $[x_{i-1}, x_i]$ und wenden auf jedes von diesen die Formel für die partielle Integration an; es ergibt sich

$$\begin{aligned} \int_a^b u'v &= \sum_{i=1}^{n+1} \int_{x_{i-1}}^{x_i} u'v \\ &= \sum_{i=1}^{n+1} \left(-\int_{x_{i-1}}^{x_i} uv' + (uv)(x_i^-) - (uv)(x_{i-1}^+) \right) \\ &= -\sum_{i=1}^{n+1} \int_{x_{i-1}}^{x_i} uv' + \sum_{i=1}^{n+1} \left((uv)(x_i^-) - (uv)(x_{i-1}^+) \right) \\ &= -\int_a^b uv' + \sum_{i=1}^{n+1} (uv)(x_i^-) - \sum_{i=0}^n (uv)(x_{i-1}^+) \\ &= -\int_a^b uv' + (uv)(b^-) - (uv)(a^+) \\ &\quad + \sum_{i=1}^n \left((uv)(x_i^-) - (uv)(x_{i-1}^+) \right). \end{aligned}$$

Lösung (109.44) (a) Wir würden gern Grenzwertbildung und Integration vertauschen, aber das geht nicht, weil die Integranden für $n \to \infty$ gar nicht punktweise konvergieren. Wir führen daher eine partielle Integration durch, und zwar mit $u = (1+x^2)^{-1}$ und $v' = \sin(nx)$ bzw. $u' = -2x(1+x^2)^{-2}$ und $v = -\cos(nx)/n$. Es ergibt sich

$$\begin{aligned} \int_0^\infty \frac{\sin(nx)}{1+x^2} dx &= \left[\frac{-\cos(nx)}{n(1+x^2)} \right]_{x=0}^\infty - \int_0^\infty \frac{2x\cos(nx)}{(1+x^2)^2} dx \\ &= \frac{1}{n} - \int_0^\infty \frac{2x\cos(nx)}{(1+x^2)^2} dx. \end{aligned}$$

Auf die jetzt auf der rechten Seite auftretenden Integrale können wir den Satz von der majorisierten Konvergenz anwenden, denn die Funktion $2x/(1+x^2)^2 \in L^1(0,\infty)$ ist eine gemeinsame Majorante aller auftretenden Integranden. Da diese Integranden für $n \to \infty$ punktweise gegen Null gehen, geht die rechte Seite gegen Null; also existiert auch der betrachtete Grenzwert und hat den Wert Null.

(b) Wir führen eine partielle Integration durch, und zwar mit $u' = nx^{n-1}$ und $v = (2+x)^{-1}$ bzw. $u = x^n$ und $v' = -(2+x)^{-2}$. Es ergibt sich

$$\int_0^1 \frac{nx^{n-1}}{2+x}\,dx = \left[\frac{x^n}{2+x}\right]_{x=0}^1 - \int_0^1 \frac{x^n}{(2+x)^2}\,dx$$
$$= \frac{1}{3} - \int_0^1 \frac{x^n}{(2+x)^2}\,dx.$$

Auf die jetzt auf der rechten Seite auftretenden Integrale können wir den Satz von der majorisierten Konvergenz anwenden, denn die Funktion $1/(2+x)^2 \in L^1(0,1)$ ist eine gemeinsame Majorante aller auftretenden Integranden. Da diese Integranden an jeder Stelle $x \in [0,1)$ gegen Null gehen, konvergieren diese Integrale nach dem Satz von der majorisierten Konvergenz gegen Null. Also existiert der betrachtete Grenzwert und hat den Wert $1/3$. Alternativ können wir dieses Ergebnis auch mit der Substitution $\xi = x^n$ mit $d\xi = nx^{n-1}dx$ erhalten; diese liefert die Gleichung

$$\int_0^1 \frac{nx^{n-1}}{2+x}\,dx = \int_0^1 \frac{d\xi}{2+\sqrt[n]{\xi}}.$$

Für die rechts stehenden Integrale ist nun die konstante Funktion $1/2$ eine gemeinsame (unabhängig von n seiende) Majorante; da die Integranden an jeder Stelle $\xi \in (0,1]$ für $n \to \infty$ gegen $1/3$ konvergieren, liefert der Satz von der majorisierten Konvergenz die Behauptung, daß die betrachteten Integrale gegen den Wert $1/3$ konvergieren.

L110: Numerische Integration

Lösung (110.1) Der exakte Wert des Integrals ist

$$\int_1^2 \frac{dx}{x} = \ln(x)\Big|_1^2 = \ln(2).$$

Wir erhalten die folgende Wertetabelle.

1	5/4	3/2	7/4	2
1	4/5	2/3	4/7	1/2

Die Ableitungen der Funktion $f(x) = 1/x$ sind gegeben durch $f'(x) = -1/x^2$, $f''(x) = 2/x^3$, $f'''(x) = -6/x^4$ und $f''''(x) = 24/x^5$. Die Trapezregel liefert

$$\ln(2) \approx \frac{1}{8}\left(1 + \frac{8}{5} + \frac{4}{3} + \frac{8}{7} + \frac{1}{2}\right) = \frac{1171}{1680} = 0.6970\ldots$$

mit der Fehlerabschätzung

$$|\text{Fehler}| \leq \frac{1}{12 \cdot 16} \cdot \max_{1 \leq x \leq 2} \frac{2}{x^3} = \frac{1}{12 \cdot 16} \cdot 2$$
$$= \frac{1}{96} = 0.0104\ldots.$$

Die Simpsonregel liefert

$$\ln(2) \approx \frac{1}{12}\left(1 + \frac{16}{5} + \frac{4}{3} + \frac{16}{7} + \frac{1}{2}\right) = \frac{1747}{2520} = 0.69325\ldots$$

mit der Fehlerabschätzung

$$|\text{Fehler}| \leq \frac{1}{2880 \cdot 16} \cdot \max_{1 \leq x \leq 2} \frac{24}{x^5}$$
$$= \frac{1}{2880 \cdot 16} \cdot 24 = \frac{1}{1920} = 0.00052\ldots.$$

Die Simpsonregel liefert daher bei gleichem Rechenaufwand einen erheblich besseren Näherungswert als die Trapezregel.

Lösung (110.2) Der exakte Wert des Integrals ist

$$\int_0^1 \frac{dx}{1+x^2} = \arctan(x)\Big|_0^1 = \arctan(1) = \frac{\pi}{4}.$$

Wir erhalten die folgende Wertetabelle.

0	1/4	1/2	3/4	1
1	16/17	4/5	16/25	1/2

Die Trapezregel liefert also den Wert

$$\frac{\pi}{4} \approx \frac{1}{8}\left(1 + \frac{32}{17} + \frac{8}{5} + \frac{32}{25} + \frac{1}{2}\right) = \frac{5323}{6800} \approx 0.782794,$$

die Simpsonregel dagegen

$$\frac{\pi}{4} \approx \frac{1}{12}\left(1 + \frac{64}{17} + \frac{8}{5} + \frac{64}{25} + \frac{1}{2}\right) = \frac{8011}{10200} \approx 0.785392.$$

Zur Abschätzung des Fehlers berechnen wir die Ableitungen von $f(x) := 1/(1+x^2)$; diese sind gegeben durch

$$f'(x) = -\frac{2x}{(1+x^2)^2},$$
$$f''(x) = \frac{6x^2 - 2}{(1+x^2)^3},$$
$$f'''(x) = \frac{24x(1-x^2)}{(1+x^2)^4},$$
$$f''''(x) = \frac{24(5x^4 - 10x^2 + 1)}{(1+x^2)^5},$$
$$f^{(5)}(x) = -\frac{240x(3 - 10x^2 + 3x^4)}{(1+x^2)^6}.$$

Die Nullstellen von f''' sind 0 und ± 1 (wobei -1 nicht im Integrationsintervall liegt und daher für uns ohne Bedeutung ist); daher ist $\max_{0 \leq x \leq 1}|f''(x)|$ gleich

$$\max\{|f''(0)|, |f''(1)|\} = \max\{2, 0.5\} = 2.$$

Die Fehlerabschätzung bei Anwendung der Trapezregel mit $n = 4$ Streifen lautet daher $|\text{Fehler}| \leq 2/(12n^2) = 1/(6n^2) = 1/96 \approx 0.0104$. Die Nullstellen von $f^{(5)}$ sind 0, $\pm\sqrt{3}$ und $\pm 1/\sqrt{3}$; daher ist $\max_{0 \leq x \leq 1}|f''''(x)|$ gleich

$$\max\{|f''''(0)|, |f''''(1)|, |f''''(\sqrt{3})|, |f''''(1/\sqrt{3})|\}$$
$$= \max\{24, 3, 0.375, 10.125\} = 24.$$

Die Fehlerabschätzung bei Anwendung der Simpsonregel mit $m = 2$ Doppelstreifen lautet daher $|\text{Fehler}| \leq 24/(2880m^4) = 1/(120m^4) = 1/1920 \approx 0.00052$.

Lösung (110.3) Es sei $f(x) := \sqrt{x^2 + 4x + 13}$. Die Trapezregel (mit $n = 4$) und die Simpsonregel (mit $m = 2$) liefern für das Integral $\int_{-2}^{2} f(x)\,dx$ die Näherungswerte

$$I_{\text{Trapez}} = \frac{1}{2}\left(\sqrt{9} + 2\sqrt{10} + 2\sqrt{13} + 2\sqrt{18} + \sqrt{25}\right) \text{ bzw.}$$
$$I_{\text{Simpson}} = \frac{1}{3}\left(\sqrt{9} + 4\sqrt{10} + 2\sqrt{13} + 4\sqrt{18} + \sqrt{25}\right),$$

also $I_{\text{Trapez}} \approx 15.010469623$ bzw. $I_{\text{Simpson}} \approx 14.943591980$. Um in beiden Fällen den Fehler abzuschätzen, benötigen wir die Ableitungen von f, nämlich

$$f'(x) = (x+2)(x^2 + 4x + 13)^{-1/2},$$
$$f''(x) = 9(x^2 + 4x + 13)^{-3/2},$$
$$f'''(x) = -27(x+2)(x^2 + 4x + 13)^{-5/2},$$
$$f''''(x) = 27(4x^2 + 16x + 7)(x^2 + 4x + 13)^{-7/2},$$
$$f^{(5)}(x) = -135(4x^3 + 24x^2 + 21x - 22)(x^2 + 4x + 13)^{-9/2}.$$

Da die Funktion $x \mapsto x^2+4x+13$ auf dem Intervall $[-2,2]$ streng monoton wächst, fällt dort f'' streng monoton (und ist offensichtlich positiv); also gilt $\max_{-2\leq x\leq 2}|f''(x)| = f''(-2) = 1/3$. Für die Fehlerabschätzung bei der Trapezregel ergibt sich daher

$$|\text{Fehler}| \leq \frac{4^3}{12\cdot 4^2} \cdot \frac{1}{3} = \frac{1}{9} = 0.\overline{1}.$$

(Weil f auf dem betrachteten Intervall konvex ist, steht von vornherein fest, daß der Näherungswert der Trapezregel größer ist als der wahre Wert des Integrals!) Das Maximum von $|f''''|$ erkennt man leider nicht so schnell. Nullsetzen der fünften Ableitung von f führt auf die Werte -2 und $-2 \pm 3\sqrt{3}/2$; davon liegt nur $\xi := -2 + 3\sqrt{3}/2$ zwischen -2 und 2. Wegen $\xi^2+4\xi-11/4 = 0$ gilt $f''''(\xi) = 27 \cdot 18/(63/4)^{7/2} = 256\sqrt{7}/21609 \approx 0.031$. Ferner haben wir $f''''(-2) = 27 \cdot 9/3^7 = 1/9 \approx 0.111$ und $f''''(2) = 27 \cdot 11/5^6 \approx 0.019$; also gilt $\max_{-2\leq x\leq 2}|f''''(x)| = f''''(-2) = 1/9$. Für die Fehlerabschätzung bei der Simpsonregel ergibt sich daher

$$|\text{Fehler}| \leq \frac{4^5}{2880\cdot 2^4} \cdot \frac{1}{9} = \frac{1}{405} = 0.00\overline{246913580}.$$

Die Simpsonregel liefert also gegenüber der Trapezregel bei gleichem Rechenaufwand eine deutlich genauere Näherung. Wir berechnen nun auch noch den wahren Wert des Integrals. Mit Hilfe der Substitutionen $\left.\right|_0^{4/3} u = (x+2)/3\big|_{-2}^2$ (mit $dx = 3\,du$) und $\left.\right|_0^{4/3} u = \sinh v\big|_0^{\ln 3}$ (mit $du = \cosh v\,dv$; man beachte $\operatorname{arsinh}(4/3) = \ln 3$) ergibt sich

$$\int_{-2}^2 \sqrt{x^2+4x+13}\,dx = \int_{-2}^2 3\sqrt{\left(\frac{x+2}{3}\right)^2+1}\,dx$$
$$= \int_0^{4/3} 9\sqrt{u^2+1}\,du = \int_0^{\ln 3} 9\cosh^2 v\,dv$$
$$= \int_0^{\ln 3} \frac{9}{4}(e^{2v}+2+e^{-2v})\,dv = \frac{9}{4}\left(\frac{e^{2v}}{2} - \frac{e^{-2v}}{2} + 2v\right)\Big|_0^{\ln 3}$$
$$= 10 + \frac{9}{2}\ln 3 = 14.943755299.$$

Der Näherungswert der Trapezregel weicht also um etwa 0.0669 vom wahren Wert des Integrals ab, derjenige der Simpsonregel um etwa 0.00016. Diese Ergebnisse sind konsistent mit den obigen Fehlerabschätzungen.

Lösung (110.4) Wir berechnen zunächst den exakten Wert des Integrals. Es gilt

$$\int x^3 e^{-x^2}\,dx = \frac{1}{2}\int u e^{-u}\,du \quad \text{(Substitution } u = x^2\text{)}$$
$$= \frac{1}{2}\left(-ue^{-u} + \int e^{-u}\,du\right) \quad \text{(partielle Integration)}$$
$$= -\frac{(u+1)e^{-u}}{2} + C = -\frac{(x^2+1)e^{-x^2}}{2} + C$$

und daher

$$\int_1^3 x^3 e^{-x^2}\,dx = e^{-1} - 5e^{-9} \approx 0.367262.$$

Wir erhalten die folgende Wertetabelle.

1.0	1.5	2.0	2.5	3.0
0.367879	0.355722	0.146525	0.0301633	0.00333206

Aus diesen Werten ergeben sich die Näherungswerte $I_{\text{Trapez}} \approx 0.359008$ und $I_{\text{Simpson}} \approx 0.367967$. Zur Fehlerabschätzung benötigen wir die Ableitungen

$$f'(x) = (3x^2 - 2x^4)e^{-x^2},$$
$$f''(x) = (6x - 14x^3 + 4x^5)e^{-x^2},$$
$$f'''(x) = (6 - 54x^2 + 48x^4 - 8x^6)e^{-x^2},$$
$$f''''(x) = (-120x + 300x^3 - 144x^5 + 16x^7)e^{-x^2},$$
$$f^{(5)}(x) = (-120 + 1140x^2 - 1320x^4 + 400x^6 - 32x^8)e^{-x^2}.$$

Die Funktion $f^{(3)}$ hat zwei Nullstellen im Intervall $[1,3]$, nämlich $x_1 \approx 1.14954$ und $x_2 \approx 2.13399$. Die Funktion $|f''|$ nimmt auf dem Intervall $[1,3]$ ihr Maximum entweder an einem der beiden Randpunkte 1 und 3 oder an einer der Nullstellen von f''' an; Einsetzen der möglichen Werte zeigt, daß $\max_{1\leq x\leq 3}|f''(x)| = |f''(x_1)| \approx 1.69123$ gilt. Dies liefert für die Trapezregel die Fehlerabschätzung

$$|\text{Fehler}| \leq \max_{a\leq x\leq b}|f''(x)| \cdot \frac{(b-a)^3}{12n^2}$$
$$= \frac{1.69123}{24} = 0.0704679.$$

Die Funktion $f^{(5)}$ hat drei Nullstellen im Intervall $[1,3]$, nämlich $x_1 \approx 1.07023$, $x_2 \approx 1.85901$ und $x_3 \approx 2.78871$. Die Funktion $|f''''|$ nimmt auf dem Intervall $[1,3]$ ihr Maximum entweder an einem der beiden Randpunkte 1 und 3 oder an einer der Nullstellen von $f^{(5)}$ an; Einsetzen der möglichen Werte zeigt, daß $\max_{1\leq x\leq 3}|f''''(x)| = |f''''(x_1)| \approx 19.9985$ gilt. Dies liefert für die Simpsonregel die Fehlerabschätzung

$$|\text{Fehler}| \leq \max_{1\leq x\leq 3}|f''''(x)| \cdot \frac{(b-a)^5}{2880m^4}$$
$$= \frac{19.9985}{1440} = 0.0138878.$$

Lösung (110.5) Mit Hilfe partieller Integration ergibt sich $I := \int_1^5 f(x)\,dx = (35/2)\cdot \ln(5) - 18 \approx 10.165$. Aus der Wertetabelle

1.0	2.0	3.0	4.0	5.0
0	1.07944	2.39445	3.93147	5.65663

ergeben sich die Näherungswerte $I_{\text{Trapez}} = 10.234$ und $I_{\text{Simpson}} = 10.163$. Die Ableitungen von f sind gegeben durch $f'(x) = (1/x) + \ln(x)$, $f''(x) = (1/x) - (1/x^2)$, $f'''(x) = (2/x^3) - (1/x^2)$, $f^{(4)}(x) = (2/x^3) - (6/x^4)$ und $f^{(5)}(x) = (24/x^5) - (6/x^4)$. Wir erhalten damit die Werte $\max|f''| = f''(2) = 1/4$, $\max|f'''| = f'''(1) = 1$ und $\max|f^{(4)}| = |f^{(4)}(1)| = 4$ und damit die Fehlerabschätzungen $|\text{Fehler}_{\text{Trapez}}| \leq 1/12 = 0.08\overline{3}$ sowie $|\text{Fehler}_{\text{Simpson}}| \leq \min\{1/24, 4/45\} = \min\{0.041\overline{6}, 0.0\overline{8}\}$. (Für die Simpsonregel gibt es ja zwei Fehlerabschätzungen, nämlich eine durch die dritte und eine durch die vierte Ableitung des Integranden.)

Lösung (110.6) Wir integrieren partiell mit $u(x) = \ln(x)^2$ und $v'(x) = 1$ bzw. $u'(x) = 2\ln(x)/x$ und $v(x) = x$ und erhalten

$$\int_2^3 \ln(x)^2 = x\ln(x)^2\Big|_2^3 - \int_2^3 2\ln(x)\,dx.$$

Nochmalige partielle Integration, diesmal mit $u(x) = 2\ln(x)$ und $v'(x) = 1$ bzw. $u'(x) = 2/x$ und $v(x) = x$ ergibt dann

$$\int_2^3 \ln(x)^2 = x\ln(x)^2\Big|_2^3 - 2x\ln(x)\Big|_2^3 + \int_2^3 2\,dx$$
$$= 3\ln(3)^2 - 6\ln(3) - 2\ln(2)^2 + 4\ln(2) + 2 \approx 0.840856.$$

Aus der Wertetabelle

2.00	2.25	2.50	2.75	3.0
0.480453	0.657608	0.839589	1.02334	1.20695

ergeben sich die Näherungswerte $I_{\text{Trapez}} = 0.841058$ und $I_{\text{Simpson}} = 0.840863$. Die Ableitungen von f sind gegeben durch

$$f'(x) = \frac{2\ln(x)}{x},$$
$$f''(x) = 2 \cdot \frac{1 - \ln(x)}{x^2},$$
$$f'''(x) = 2 \cdot \frac{2\ln(x) - 3}{x^3},$$
$$f''''(x) = 2 \cdot \frac{11 - 6\ln(x)}{x^4},$$
$$f^{(5)}(x) = 4 \cdot \frac{12\ln(x) - 25}{x^5}.$$

Da f'' auf $[2,3]$ positiv ist und streng monoton fällt, gilt $\max_{2 \leq x \leq 3}|f''(x)| = |f''(2)| \approx 0.153426$. Dies liefert für die Trapezregel die Fehlerabschätzung

$$|\text{Fehler}| \leq \max_{a \leq x \leq b}|f''(x)| \cdot \frac{(b-a)^3}{12n^2}$$
$$= \frac{0.153426}{192} = 0.000799096.$$

Da f'''' auf $[2,3]$ positiv ist und streng monoton fällt, gilt $\max_{2 \leq x \leq 3}|f''''(x)| = |f''''(2)| \approx 0.85514$. Dies liefert für die Simpsonregel die Fehlerabschätzung

$$|\text{Fehler}| \leq \max_{a \leq x \leq b}|f''''(x)| \cdot \frac{(b-a)^5}{2880m^4}$$
$$= \frac{0.85514}{2880 \cdot 16} = 0.0000185577.$$

Lösung (110.7) Es gilt

$$\int_1^5 \frac{x^2-1}{x^2+1}dx = \int_1^5 \left(1 - \frac{2}{1+x^2}\right)dx$$
$$= x - 2\arctan x\Big|_1^5 = 4 + \frac{\pi}{2} - 2\arctan(5) \approx 2.82399.$$

Aus der Wertetabelle

1	2	3	4	5
0	3/5	4/5	15/17	12/13

ergeben sich die Näherungswerte $I_{\text{Trapez}} \approx 2.74389$ und $I_{\text{Simpson}} \approx 2.81750$. Die Ableitungen von f sind gegeben durch

$$f'(x) = \frac{4x}{(x^2+1)^2},$$
$$f''(x) = \frac{-4(3x^2-1)}{(x^2+1)^3},$$
$$f'''(x) = \frac{48x(x^2-1)}{(x^2+1)^4},$$
$$f^{(4)}(x) = \frac{-48(5x^4-10x^2+1)}{(x^2+1)^5},$$
$$f^{(5)}(x) = \frac{480x(3x^4-10x^2+3)}{(x^2+1)^6}.$$

Wegen $\max|f''| = -f''(1) = 1$ und $\max|f^{(4)}| = f^{(4)}(1) = 6$ ergeben sich die Abschätzungen $|\text{Fehler}_{\text{Trapez}}| \leq 4^3 \cdot 1/(12n^2) = 16/(3n^2) = 0.\overline{3}$ und $|\text{Fehler}_{\text{Simpson}}| \leq 4^5 \cdot 6/(180n^4) = 512/(15n^4) = 34.1\overline{3}/n^4 = 2/15 = 0.1\overline{3}$.

Lösung (110.8) Wir führen zunächst eine Partialbruchzerlegung durch, substituieren dann $u = (2x-1)/\sqrt{3}$ und nutzen anschließend Symmetrieeigenschaften des Integranden aus, um das Integral exakt zu berechnen:

$$\int_0^1 \frac{3x}{1+x^3}dx = \int_0^1 \left(\frac{-1}{x+1} + \frac{x+1}{x^2-x+1}\right)dx$$
$$= -\ln(x+1)\Big|_0^1 + \int_{-1/\sqrt{3}}^{1/\sqrt{3}} \frac{u+\sqrt{3}}{u^2+1}du$$
$$= -\ln 2 + 2\sqrt{3}\int_0^{1/\sqrt{3}} \frac{1}{u^2+1}du$$
$$= -\ln 2 + 2\sqrt{3}\arctan\frac{1}{\sqrt{3}} = -\ln 2 + \frac{\pi}{\sqrt{3}} \approx 1.12065.$$

Aufgaben zu »Numerische Integration« siehe Seite 50

Aus der Wertetabelle

0	1/4	1/2	3/4	1
0	48/65	4/3	144/91	3/2

ergeben sich die Näherungswerte $I_{\text{Trapez}} = 24047/21840 \approx 1.10105$ und $I_{\text{Simpson}} = 36719/32760 \approx 1.12085$. Die Ableitungen von f sind gegeben durch

$$f'(x) = \frac{3 - 6x^3}{(1+x^3)^2},$$
$$f''(x) = \frac{18x^2(x^3 - 2)}{(1+x^3)^3},$$
$$f'''(x) = \frac{18x(4 - 19x^3 + 4x^6)}{(1+x^3)^4},$$
$$f''''(x) = \frac{-72(-1 + 30x^3 - 45x^6 + 5x^9)}{(1+x^3)^5},$$
$$f^{(5)}(x) = \frac{1080x^2(-7 + 42x^3 - 30x^6 + 2x^9)}{(1+x^3)^6}.$$

Die Funktion f''' besitzt neben $x = 0$ im Intervall $[0, 1]$ eine weitere Nullstelle, nämlich $\xi = (1/2) \cdot \sqrt[3]{19 - \sqrt{297}} \approx 0.604402$, und die Funktion $|f''|$ nimmt ihr Maximum im Intervall $[0, 1]$ an dieser Stelle an mit $\max |f''| = |f''(\xi)| \approx 6.43028$. Dies liefert für die Trapezregel die Fehlerabschätzung

$$|\text{Fehler}| \leq \max_{a \leq x \leq b} |f''(x)| \cdot \frac{(b-a)^3}{12n^2}$$
$$= \frac{6.43028}{192} = 0.033491.$$

Die Funktion $f^{(5)}$ besitzt neben $x = 0$ im Intervall $[0, 1]$ eine weitere Nullstelle, nämlich $\xi \approx 0.577805$, und die Funktion $|f''''|$ nimmt ihr Maximum im Intervall $[0, 1]$ an dieser Stelle an mit $\max |f''''| = |f''''(\xi)| \approx 93.8437$. Dies liefert für die Simpsonregel die Fehlerabschätzung

$$|\text{Fehler}| \leq \max_{a \leq x \leq b} |f''''(x)| \cdot \frac{(b-a)^5}{2880m^4}$$
$$= \frac{93.8437}{2880 \cdot 16} = 0.00203654.$$

Lösung (110.9) Partielle Integration mit $u(x) = \ln(x)$ und $v'(x) = x^4$ bzw. $u'(x) = 1/x$ und $v(x) = x^5/5$ liefert

$$\int_1^2 x^4 \ln(x)\,dx = \left.\frac{x^5 \ln(x)}{5}\right|_1^2 - \int_1^2 \frac{x^4}{5}\,dx$$
$$= \left.\frac{x^5 \ln(x)}{5} - \frac{x^5}{25}\right|_1^2 = \frac{160 \ln(2) - 31}{25} \approx 3.19614.$$

Aus der Wertetabelle

1	1.25	1.5	1.75	2
0	0.544784	2.05267	5.24858	11.0904

ergeben sich die Näherungswerte $I_{\text{Trapez}} \approx 3.3478$ und $I_{\text{Simpson}} \approx 3.19743$. Die Ableitungen von f sind gegeben durch $f'(x) = 4x^3 \ln x + x^3$, $f''(x) = 12x^2 \ln x + 7x^2$, $f'''(x) = 24x \ln x + 26x$, $f''''(x) = 24 \ln x + 50$ und $f^{(5)}(x) = 24/x$. Das Maximum von $|f''|$ im Intervall $[1, 2]$ ist $f''(2) \approx 61.2711$, das Maximum von $|f''''|$ ist $f''''(2) = 66.6355$. Für die Trapezregel ergibt sich damit die Fehlerabschätzung

$$|\text{Fehler}| \leq \max_{a \leq x \leq b} |f''(x)| \cdot \frac{(b-a)^3}{12n^2}$$
$$= \frac{61.2711}{192} = 0.31912,$$

für die Simpsonregel dagegen

$$|\text{Fehler}| \leq \max_{a \leq x \leq b} |f''''(x)| \cdot \frac{(b-a)^5}{2880m^4}$$
$$= \frac{66.6355}{2880 \cdot 16} = 0.00144608.$$

Die Trapezregel liefert also den Integralwert 3.34780 ± 0.31912, die Simpsonregel den Integralwert 3.19743 ± 0.00144608.

Lösung (110.10) Der Wert des Integrals ist

$$\int_0^1 \frac{2x+3}{4x+5}\,dx = \frac{1}{2}\int_0^1 \left(1 + \frac{1}{4x+5}\right) dx$$
$$= \frac{1}{2}\left[x + \frac{1}{4}\ln(4x+5)\right]_{x=0}^1 = \frac{1}{2}\left(1 + \frac{\ln(9) - \ln(5)}{4}\right)$$
$$= \frac{1}{2} + \frac{\ln(9/5)}{8} \approx 0.5734733331.$$

Um die Trapezregel mit $n = 4$ Teilintervallen anzuwenden, erstellen wir zunächst eine Wertetabelle.

x	0	1/4	1/2	3/4	1
y	3/5	7/12	4/7	9/16	5/9

Die Trapezregel liefert dann den Näherungswert

$$I = \frac{b-a}{2n}(y_0 + 2y_1 + 2y_2 + 2y_3 + y_4)$$
$$= \frac{1}{8}\left(\frac{3}{5} + \frac{7}{6} + \frac{8}{7} + \frac{9}{8} + \frac{5}{9}\right)$$
$$= \frac{11567}{20160} \approx 0.573760,$$

der sich vom wahren Integralwert um etwa 0.0002866 unterscheidet. Die allgemeine Fehlerabschätzung für die Trapezregel liefert dagegen

$$|\text{Fehler}| \leq \frac{(b-a)^3}{12n^2} \cdot \max_{a \leq x \leq b} |f''(x)|$$
$$= \frac{1}{12 \cdot 16} \cdot \max_{0 \leq x \leq 1} \frac{16}{(4x+5)^3}$$
$$= \frac{1}{12 \cdot 16} \cdot \frac{16}{125} = \frac{1}{1500} = 0.000\overline{6}.$$

Analog liefert die Simpsonregel den Näherungswert

$$I = \frac{b-a}{6m}(y_0 + 4y_1 + 2y_2 + \cdots + 4y_{2m-1} + y_{2m})$$
$$= \frac{1}{12}\left(\frac{3}{5} + \frac{7}{3} + \frac{8}{7} + \frac{9}{4} + \frac{5}{9}\right)$$
$$= \frac{8671}{15120} \approx 0.573479,$$

die sich vom wahren Integralwert um etwa $5.50287 \cdot 10^{-6}$ unterscheidet. Die allgemeine Fehlerabschätzung für die Simpsonregel liefert dagegen

$$|\text{Fehler}| \leq \frac{(b-a)^5}{2880m^4} \cdot \max_{a \leq x \leq b} |f''''(x)|$$
$$= \frac{1}{2880 \cdot 16} \cdot \max_{0 \leq x \leq 1} \frac{3072}{(4x+5)^5}$$
$$= \frac{1}{2880 \cdot 16} \cdot \frac{3072}{3125} = \frac{1}{46875} = 0.0000213333.$$

Lösung (110.11) Die Substitution $u = \ln(x)$ mit $dx = x\, du$ liefert

$$\int_1^2 \frac{\ln(x)^2}{x} dx = \int_0^{\ln(2)} u^2\, du = \left[\frac{u^3}{3}\right]_{u=0}^{\ln(2)} = \frac{\ln(2)^3}{3};$$

der numerische Wert ist 0.111008. Aus der Wertetabelle

1	1.25	1.5	1.75	2
0	0.0398344	0.109601	0.178954	0.240227

ergeben sich die Näherungswerte $I_{\text{Trapez}} \approx 0.112126$ sowie $I_{\text{Simpson}} \approx 0.111215$. Die Ableitungen von f sind

$$f'(x) = \frac{2\ln(x) - \ln(x)^2}{x^2},$$
$$f''(x) = \frac{2 - 6\ln(x) + 2\ln(x)^2}{x^3},$$
$$f'''(x) = \frac{-12 + 22\ln(x) - 6\ln(x)^2}{x^4},$$
$$f''''(x) = \frac{70 - 100\ln(x) + 24\ln(x)^2}{x^5},$$
$$f^{(5)}(x) = \frac{-450 + 548\ln(x) - 120\ln(x)^2}{x^6}.$$

Das Maximum von $|f''|$ auf $[1,2]$ ist $f''(1) = 2$, das Maximum von $|f''''|$ auf $[1,2]$ ist $f''''(1) = 70$. Wir erhalten also für die Trapezregel die Fehlerabschätzung

$$|\text{Fehler}| \leq \frac{(b-a)^3}{12n^2} \cdot \max_{a \leq x \leq b} |f''(x)| = \frac{1}{96} \approx 0.0104167,$$

für die Simpsonregel dagegen die Fehlerabschätzung

$$|\text{Fehler}| \leq \frac{(b-a)^5}{2880m^4} \cdot \max_{a \leq x \leq b} |f''''(x)|$$
$$= \frac{7}{288 \cdot 16} \approx 0.0015191.$$

Lösung (110.12) Aus Symmetriegründen gilt

$$I = 2\int_0^1 \frac{-7}{x^2+1} dx = [-14 \arctan x]_0^1 = \frac{-7\pi}{2} \approx -10.9956.$$

Aus der Wertetabelle

-1	$-1/2$	0	$1/2$	1
$-31/2$	$-76/5$	-7	4	$17/2$

ergibt sich $T_4 = -217/20 = -10.85$. Die Ableitungen von f sind

$$f'(x) = \frac{24 + 14x - 24x^2}{(1+x^2)^2},$$
$$f''(x) = \frac{14 - 144x - 42x^2 + 48x^3}{(x^2+1)^3},$$
$$f'''(x) = \frac{-24(6 + 7x - 36x^2 - 7x^3 + 6x^4)}{(x^2+1)^4}$$
$$= \frac{24(x-3)(x+2)(2x-1)(3x+1)}{(x^2+1)^4}.$$

Das Maximum von $|f''|$ im Intervall $[-1,1]$ wird an einem der Randpunkte des Intervalls oder an einer Nullstelle von f''' im Innern des Intervalls angenommen; es ergibt sich $m := \max_{-1 \leq x \leq 1} |f''(x)| = |f''(-1/3)| = 40.5$. Die Fehlerabschätzung lautet dann $|I - T_n| \leq 2^3 \cdot 40.5/(12n^2) = 27/n^2$. Für $n = 4$ bedeutet dies $|I - T_4| \leq 1.6875$. Eine Genauigkeit besser als ε kann garantiert werden, wenn $n > \sqrt{27/\varepsilon}$ gilt. Für $\varepsilon = 10^{-6}$ bedeutet dies $n \geq 5197$.

Lösung (110.13) Der exakte Integralwert ist $I = \int_0^1 \sqrt{1+15x}\, dx = (2/45) \cdot (1+15x)^{3/2}\big|_0^1 = 2 \cdot 63/45 = 14/5 = 2.8$. Die Trapezregel liefert den Näherungswert $(f(0) + 2f(0.25) + 2f(0.5) + 2f(0.75) + f(1))/8 = (1 + \sqrt{19} + \sqrt{34} + 7 + 4)/8 \approx 2.77373$. Die Ableitungen von f sind gegeben durch

$$f'(x) = \frac{15}{2} \cdot (1+15x)^{-1/2},$$
$$f''(x) = \frac{-225}{4} \cdot (1+15x)^{-3/2}.$$

Das betragsmäßige Maximum von f'' auf dem Intervall $[0,1]$ ist $15^2/4$; der Fehler bei Anwendung der Trapezregel mit n Teilintervallen ist also maximal $15^2/(12\cdot 4n^2) = 75/(16n^2)$. Für $n = 4$ ergibt sich $|I - T_4| \leq 0.292969$. Eine Genauigkeit besser als ε kann garantiert werden, wenn $n > \sqrt{75/(16\varepsilon)}$ gilt. Für $\varepsilon = 10^{-6}$ bedeutet dies $n \geq 2166$.

Lösung (110.14) Der exakte Wert des Integrals ist

$$\int_2^6 \frac{1}{x^4-1}\,dx = \int_2^6 \left[\frac{1/4}{x-1} - \frac{1/4}{x+1} - \frac{1/2}{x^2+1}\right]\,dx$$

$$= \frac{1}{4}\ln\frac{x-1}{x+1} - \frac{1}{2}\arctan x \Big|_2^6$$

$$= \frac{\ln(15/7)}{4} - \frac{\arctan 6}{2} + \frac{\arctan 2}{2} \approx 0.0412855.$$

Aus der Wertetabelle

2	3	4	5	6
1/15	1/80	1/255	1/624	1/1295

ergibt sich der Näherungswert $11\,847/228\,956 \approx 0.0517436$. Die Ableitungen von f sind

$$f(x) = \frac{1}{x^4-1},$$
$$f'(x) = \frac{-4x^3}{(x^4-1)^2},$$
$$f''(x) = \frac{4x^2(5x^4+3)}{(x^4-1)^3},$$
$$f'''(x) = \frac{-24x(5x^8+10x^4+1)}{(x^4-1)^4}.$$

Das betragsmäßige Maximum von f'' auf dem Intervall $[2,6]$ ist $f''(2) = 2^4 \cdot 83/15^3 \approx 0.393481$. Der Fehler bei Anwendung der Trapezregel mit n Teilintervallen ist also maximal $4^4 \cdot 83/(3 \cdot 15^3 \cdot n^2)$. Für $n = 4$ bedeutet dies $|I - T_4| \leq 0.13116$. Eine Genauigkeit besser als ε kann garantiert werden, wenn $n^2 > 4^4 \cdot 83/(3 \cdot 15^3 \cdot \varepsilon)$ gilt; für $\varepsilon = 10^{-6}$ bedeutet dies $n \geq 1449$.

Lösung (110.15) Der exakte Wert des Integrals ist

$$I = \int_0^1 \left(2 + \frac{1}{2x+1}\right)\,dx = 2x + \frac{\ln(2x+1)}{2}\Big|_{x=0}^1$$

$$= 2 + \frac{\ln 3}{2} \approx 2.54931.$$

Für $f(x) = (4x+3)/(2x+1)$ erhalten wir die folgende Wertetabelle.

0	1/4	1/2	3/4	1
3	$8/3 = 2.\overline{6}$	$5/2 = 2.5$	$12/5 = 2.4$	$7/3 = 2.\overline{3}$

Mit $n = 4$ liefert die Trapezregel für I den Näherungswert

$$\frac{b-a}{2n}(y_0 + 2y_1 + \cdots + 2y_{n-1} + y_n)$$

$$= \frac{1}{8}\left(3 + \frac{16}{3} + 5 + \frac{24}{5} + \frac{7}{3}\right)$$

$$= \frac{1}{8}\left(20 + \frac{7}{15}\right) = \frac{307}{120} \approx 2.55833.$$

Die ersten beiden Ableitungen von f sind

$$f'(x) = \frac{-2}{(2x+1)^2},$$
$$f''(x) = \frac{8}{(2x+1)^3}.$$

Wegen $\max_{0 \leq x \leq 1} |f''(x)| = f''(0) = 8$ ist der Fehler der Trapezregel bei Verwendung von n Teilintervallen höchstens $8(b-a)^3/(12n^2) = 2/(3n^2)$. Für $n = 4$ ergibt dies die Fehlerabschätzung $|I - T_4| \leq 1/24 \approx 0.0416667$. Ein Fehler von weniger als ε kann garantiert werden, wenn $2/(3n^2) < \varepsilon$ gilt, also $n^2 > 2/(3\varepsilon($ bzw. $n > \sqrt{2/(3\varepsilon)}$. Für $\varepsilon = 10^{-6}$ bedeutet dies $n \geq 817$.

Lösung (110.16) Wir integrieren zunächst partiell, indem wir die Produktdarstellung $1 \cdot \ln(x^2 + 4x + 5)$ ausnutzen, und substituieren anschließend $u = x+2$; es ergibt sich

$$\int_0^1 \ln(x^2 + 4x + 5)\,dx$$

$$= x\ln(x^2+4x+5)\big|_0^1 - \int_0^1 \frac{2x^2+4x}{x^2+4x+5}\,dx$$

$$= \ln(10) - \int_0^1 \left(2 - \frac{4x+10}{x^2+4x+5}\right)\,dx$$

$$= \ln(10) - 2 + \int_0^1 \frac{4x+10}{(x+2)^2+1}\,dx$$

$$= \ln(10) - 2 + \int_2^3 \frac{4u+2}{u^2+1}\,du$$

$$= \ln(10) - 2 + \left[2\ln(u^2+1) + 2\arctan u\right]_{u=2}^3$$

$$= \ln(10) - 2 + 2\ln(10) + 2\arctan(3) - 2\ln(5) - 2\arctan(2)$$

$$= \ln(40) + 2\big(\arctan(3) - \arctan(2) - 1\big) \approx 1.97267.$$

Unter Benutzung der Wertetabelle

0	1/4	1/2	3/4	1
1.60944	1.80212	1.981	2.14739	2.30259

ergibt sich der Näherungswert $T_4 \approx 1.97163$. Die Ableitungen von f sind

$$f'(x) = \frac{2x+4}{x^2+4x+5},$$
$$f''(x) = \frac{-2x^2-8x-6}{(x^2+4x+5)^2},$$
$$f'''(x) = \frac{(4x+8)(x^2+4x+1)}{(x^2+4x+5)^3}.$$

Der Maximalwert von $|f''|$ auf dem Intervall $[0, 1]$ ist $|f''(0)| = 0.24$. Der Fehler bei der Trapezregel läßt sich also abschätzen durch $|I - T_n| \leq 0.02/n^2 = 1/(50n^2)$. Für $n = 4$ bedeutet dies $|I - T_4| \leq 1/800 = 0.00125$. Ein Fehler von weniger als ε kann garantiert werden, wenn $1/(50n^2) < \varepsilon$ gilt, also $n^2 > 1/(50\varepsilon)$ bzw. $n > \sqrt{2/\varepsilon}/10$. Für $\varepsilon = 10^{-6}$ bedeutet dies $n > 100\sqrt{2}$, also $n \geq 142$.

Lösung (110.17) Partielle Integration mit $u' = 1$ und $v = \ln(x^2 + 1)$ bzw. $u = x$ und $v' = 2x/(x^2+1)$ liefert

$$\int_1^3 \ln(x^2+1)\,dx = x\ln(x^2+1)\Big|_1^3 - \int_1^3 \frac{2x^2}{x^2+1}\,dx$$
$$= 3\ln(10) - \ln(2) - \int_1^3 \left(2 - \frac{2}{x^2+1}\right)dx$$
$$= \ln(500) - \left[2x - 2\arctan(x)\right]_1^3$$

und damit den Integralwert $\ln(500) - 4 + 2\arctan(3) - 2\arctan(1) \approx 3.1419003$. Um die Trapezregel mit $n = 4$ Teilintervallen anzuwenden, erstellen wir zunächst eine Wertetabelle.

x	1	1.5	2	2.5	3
y	0.693147	1.178655	1.609438	1.981001	2.302585

Die Trapezregel liefert dann den Näherungswert

$$\frac{b-a}{2n}(y_0 + 2y_1 + 2y_2 + 2y_3 + y_4) \approx 3.133480.$$

Dieser unterscheidet sich vom wahren Integralwert um etwa 0.00842. Um die allgemeine Fehlerabschätzung für die Trapezregel anzuwenden, benötigen wir die Ableitungen des Integranden $f(x) = \ln(x^2 + 1)$; diese sind gegeben durch

$$f'(x) = \frac{2x}{x^2+1},$$
$$f''(x) = \frac{2-2x^2}{(x^2+1)^2},$$
$$f'''(x) = \frac{4x(x^2-3)}{(x^2+1)^3}.$$

Die allgemeine Fehlerabschätzung für die Trapezregel liefert wegen $f''(1) = 0$, $f''(3) = -0.16$ und $f''(\sqrt{3}) = -0.25$ nun

$$|\text{Fehler}| \leq \frac{(b-a)^3}{12n^2} \cdot \max_{a \leq x \leq b} |f''(x)| = \frac{8}{12n^2} \cdot \frac{1}{4} = \frac{1}{6n^2}$$

und für $n = 4$ damit die Fehlerschranke $1/96 \approx 0.0104167$. Um allgemein eine Genauigkeit ε garantieren zu können, müssen wir $1/(6n^2) < \varepsilon$ bzw. $6n^2 > 1/\varepsilon$ wählen, also $n > 1/\sqrt{6\varepsilon}$. Für $\varepsilon = 10^{-6}$ bedeutet dies $n \geq 409$.

Lösung (110.18) Wir erhalten

$$I := \int_1^2 \frac{x^2}{x+1}\,dx = \int_1^2 \left(x - 1 + \frac{1}{x+1}\right)dx =$$
$$\frac{x^2}{2} - x + \ln(x+1)\Big|_1^2 = \frac{1}{2} + \ln(3) - \ln(2) \approx 0.90565.$$

Für $f(x) = x^2/(x+1)$ erhalten wir die folgende Wertetabelle.

1	5/4	3/2	7/4	2
$1/2 =$	$25/36 =$	$9/10 =$	$49/44 =$	$4/3 =$
0.5	$0.69\overline{4}$	0.9	$1.11\overline{36}$	$1.\overline{3}$

Mit $n = 4$ liefert die Trapezregel für I den Näherungswert

$$\frac{b-a}{2n}(y_0 + 2y_1 + \cdots + 2y_{n-1} + y_n)$$
$$= \frac{1}{8}\left(\frac{1}{2} + \frac{25}{18} + \frac{9}{5} + \frac{49}{22} + \frac{4}{3}\right)$$
$$= \frac{7177}{7920} = 0.906 1\overline{86}.$$

Die Ableitungen des Integranden sind gegeben durch $f'(x) = 1 - 1/(x+1)^2$ und $f''(x) = 2/(x+1)^3$; wegen $\max_{1 \leq x \leq 2} |f''(x)| = f''(1) = 1/4$ ist der Fehler der Trapezregel bei Verwendung von n Teilintervallen höchstens $(1/4) \cdot (b-a)^3/(12n^2) = 1/(48n^2)$. Für $n = 4$ bedeutet dies $|I - T_4| \leq 0.00130208$. Ein Fehler kleiner als ϵ kann daher garantiert werden, wenn $1/(48n^2) < \varepsilon$ gilt, also $n^2 > 1/(48\varepsilon)$. Für $\varepsilon = 10^{-6}$ bedeutet dies $n \geq 145$.

Lösung (110.19) (a) Die Ableitungen der Funktion $f(x) = e^{x^2}$ sind gegeben durch

$$f'(x) = 2xe^{x^2},$$
$$f''(x) = (4x^2 + 2)e^{x^2} = 2(2x^2 + 1)e^{x^2},$$
$$f'''(x) = (8x^3 + 12x)e^{x^2} = 4x(2x^2 + 3)e^{x^2},$$
$$f''''(x) = (16x^4 + 48x^2 + 12)e^{x^2}$$
$$= 4(4x^4 + 12x^2 + 3)e^{x^2}.$$

Wenn wir die Simpsonregel mit m Doppelstreifen wählen, so erhalten wir die Fehlerabschätzung

$$|\text{Fehler}| \leq \frac{1}{2880\,m^4} \cdot \max_{0 \leq x \leq 1} 4(4x^4 + 12x^2 + 3)e^{x^2}$$
$$= \frac{4 \cdot 19 \cdot e}{2880\,m^4} = \frac{19e}{720\,m^4}.$$

Einen Fehler unterhalb von 10^{-2} können wir also garantieren, wenn $((19e)/720m^4)) < 10^{-2}$ bzw. $m^4 > 1900e/720 = 95e/36$ gilt, d.h. $m > \sqrt[4]{95e/36} = 1.6365...$ bzw. $m \geq 2$. Mit $m = 2$ erhalten wir die Näherung

$$\int_0^1 e^{x^2}\,dx \approx \frac{1}{12}(1 + 4e^{1/16} + 2e^{1/4} + 4e^{9/16} + e) \approx 1.464.$$

(b) Wenn wir die Simpsonregel mit M Doppelstreifen anwenden, so erhalten wir die Fehlerabschätzung

$$|\text{Fehler}| \leq \frac{2^5}{2880\,M^4} \cdot \max_{0 \leq x \leq 2} 4(4x^4 + 12x^2 + 3)e^{x^2}$$
$$= \frac{32 \cdot 4 \cdot 115 \cdot e^4}{2880\,M^4} = \frac{46e^4}{9\,M^4}.$$

Einen Fehler unterhalb von 10^{-2} können wir also garantieren, wenn $((46e^4)/(9M^4)) < 10^{-2}$ bzw. $M^4 > 4600e^4/9$ gilt, d.h. $M > e\sqrt[4]{4600/9} = 12.92...$ bzw. $M \geq 13$. Erst mit mindestens 13 Doppelstreifen kann man also die geforderte Genauigkeit garantieren.

Lösung (110.20) Wir berechnen die Ableitungen des Integranden:

$$f(x) = x^{-1}e^x = \frac{e^x}{x},$$
$$f'(x) = (x^{-1} - x^{-2})e^x = \frac{e^x}{x^2}(x-1),$$
$$f''(x) = (x^{-1} - 2x^{-2} + 2x^{-3})e^x = \frac{e^x}{x^3}(x^2 - 2x + 2),$$
$$f'''(x) = (x^{-1} - 3x^{-2} + 6x^{-3} - 6x^{-4})e^x$$
$$= \frac{e^x}{x^4}(x^3 - 3x^2 + 6x - 6).$$

Die Funktion f''' hat die gleichen Nullstellen wie die Funktion $h(x) := x^3 - 3x^2 + 6x - 6$. Wegen $h'(x) = 3x^2 - 6x + 6 = 3(x^2 - 2x + 2) = 3((x-1)^2 + 1) > 0$ wächst h streng monoton, hat also höchstens eine reelle Nullstelle; wegen $h(1) = -2 < 0$ und $h(2) = 2 > 0$ liegt diese im Intervall $(1, 2)$. Insbesondere hat f''' keine Nullstelle im Intervall $[2.3, 2.9]$. Das Maximum von $|f''|$ in diesem Intervall wird also an den Randpunkten angenommen, und zwar wegen $f''(2.3) \approx 2.20519$ und $f''(2.9) \approx 3.43527$ an der Stelle $x = 2.9$. Der Fehler bei der Berechnung des Integrals $\int_{2.3}^{2.9} f(x)\,dx$, den wir bei Anwendung der Trapezregel mit n Streifen machen, läßt sich daher abschätzen durch $(0.6)^3 \cdot 3.43527/(12n^2)$. Der Fehler ist folglich sicher dann kleiner als 0.01, wenn $n^2 > (0.6)^3 \cdot 343.527/12$ gilt, also $n > 2.48666$ bzw. $n \geq 3$. Für $n = 3$ erhalten wir die folgende Wertetabelle.

2.3	2.5	2.7	2.9
4.33660	4.87200	5.51101	6.26695

Die Trapezregel liefert also den Näherungswert

$$\frac{0.6}{6}(4.33660 + 2 \cdot 4.87200 + 2 \cdot 5.51101 + 6.26695)$$

und damit

$$\int_{2.3}^{2.9} \frac{e^x}{x}\,dx \approx 3.13716;$$

wegen $f'' > 0$ (Konvexität von f) ist von vornherein klar, daß dieser Näherungswert größer ist als der wahre Wert des Integrals (der bei 3.13164 liegt).

Lösung (110.21) (a) Für $f(x) := \sin(x^2)$ erhalten wir

$$f'(x) = 2x\cos(x^2),$$
$$f''(x) = 2\cos(x^2) - 4x^2\sin(x^2),$$
$$f'''(x) = -12x\sin(x^2) - 8x^3\cos(x^2)$$
$$= -4x(3\sin(x^2) + 2x^2\cos(x^2)).$$

Die einzige Nullstelle von f''' im Intervall $[0, 1]$ ist $x = 0$; das Maximum von $|f''|$ wird also an einem der Randpunkte $x = 0$ und $x = 1$ angenommen, und zwar wegen $f''(0) = 2$ und $f''(1) \approx -2.28528$ bei $x = 1$. Der Fehler bei Verwendung der Trapezregel mit n Teilintervallen ist also $\leq 2.28528/(12n^2)$. Dieser Ausdruck ist kleiner als 0.01, sofern $n \geq 5$ gilt. Für $n = 5$ erhalten wir die folgende Wertetabelle.

0	0.2	0.4	0.6	0.8	1
0	0.0399893	0.159318	0.352274	0.597195	0.841471

Unter Benutzung dieser Wertetabelle erhalten wir durch Anwendung der Trapezregel den Näherungswert $T_5 \approx 0.313903$, von dem wir sicher sein können, daß er sich vom wahren Wert des Integrals höchstens um 10^{-2} unterscheidet.

(b) Hier ist die Ungleichung $2.28528/(12N^2) < 10^{-6}$ nach N aufzulösen; es ergibt sich $N > 1000 \cdot \sqrt{2.28528/12} \approx 436.394$. Erst ab $N = 437$ Teilintervallen ist also die geforderte Genauigkeit garantiert.

Lösung (110.22) Die Ableitungen des Integranden sind

$$f'(x) = \frac{-6x^2}{(x^3+2)^{3/2}},$$
$$f''(x) = \frac{3x(5x^3 - 8)}{(x^3+2)^{5/2}},$$
$$f'''(x) = -\frac{3(35x^6 - 184x^3 + 32)}{2(x^3+2)^{7/2}}.$$

Zur Fehlerabschätzung bei der Trapezregel benötigen wir das Maximum M von $|f''|$ im Intervall $[0, 2]$. Dieses wird entweder an einem der beiden Randpunkte angenommen (wobei $f''(0) = 0$ und $f''(2) = 0.607157$ gilt) oder an einer Nullstelle von f'''. Ist $f'''(x) = 0$, so gilt $35x^6 - 184x^3 + 32 = 0$, also

$$x^3 = \frac{92 \pm \sqrt{7344}}{35} = \frac{92 \pm 12\sqrt{51}}{35}.$$

Dies führt auf die Lösungen $x_1 = 1.71872$ (mit $f''(x_1) = 0.672784$) sowie $x_2 = 0.564707$ (mit $f''(x_2) = -1.71394$);

also gilt $M \approx 1.71872$. Der Fehler bei Anwendung der Trapezregel mit n Streifen läßt sich daher abschätzen durch

$$\frac{(b-a)^3}{12n^2} \cdot M = \frac{8M}{12n^2} = \frac{2M}{3n^2} \approx \frac{1.14263}{n^2}.$$

Dieser Wert ist kleiner als 10^{-2} für $n \geq 11$ und kleiner also 10^{-3} für $n \geq 34$.

Lösung (110.23) Für $f(x) = xe^{x^3}$ erhalten wir $f'(x) = e^{x^3}(1 + 3x^3)$ und $f''(x) = e^{x^3}(12x^2 + 9x^5)$. Da f'' auf dem Intervall $[0, 1]$ nicht negativ ist und streng monoton wächst, ist das Maximum von $|f''|$ gegeben durch den Wert $f''(1) = 21e$. Der Fehler bei Anwendung der Trapezregel mit n Streifen läßt sich daher abschätzen durch $21e/(12n^2)$. Für $n = 4$ liefert dies 0.297312.

Um allgemein die Genauigkeit $\varepsilon > 0$ garantieren zu können, müssen wir N so groß wählen, daß $21e/(12N^2) < \varepsilon$ gilt, also $N^2 > 21e/(12\varepsilon)$ bzw. $N > \sqrt{21e/(12\varepsilon)}$. Für $\varepsilon = 0.01$ führt dies auf $N > 21.8105$, also $N \geq 22$.

Lösung (110.24) Der Integrand $f(x) = \ln(x^2 + 1)$ hat die Ableitungen

$$f'(x) = \frac{2x}{x^2+1},$$
$$f''(x) = \frac{2 - 2x^2}{(x^2+1)^2},$$
$$f'''(x) = \frac{4x(x^2 - 3)}{(x^2+1)^3}.$$

Eine Stelle im Integrationsintervall $[0, 2]$, an der $|f''|$ maximal wird, kann nur einer der beiden Randpunkte (also 0 oder 2) oder eine Nullstelle von f''' (also 0 oder $\sqrt{3}$) sein. Wegen $f''(0) = 2$, $f''(2) = -0.24$ and $f''(\sqrt{3}) = -0.25$ ist das Maximum von $|f''|$ daher 2. Der Fehler der Trapezregel bei Verwendung von n Teilintervallen läßt sich also abschätzen durch

$$\frac{(b-a)^3}{12n^2} \cdot \max_{a \leq x \leq b} |f''(x)| = \frac{8}{12n^2} \cdot 2 = \frac{4}{3n^2}.$$

Dies ist kleiner als 0.1, wenn $n > \sqrt{40/3}$ gilt, also $n \geq 4$. Für $n = 4$ erhalten wir die Wertetabelle

0	0.5	1	1.5	2
0	0.223144	0.693147	1.17865	1.60944

Die Trapezregel liefert also den Näherungswert

$$\frac{1}{4}(0 + 2 \cdot 0.223144 + 2 \cdot 0.693147 + 2 \cdot 1.17865 + 1.60944)$$
$$= 1.44983.$$

Auflösen der Ungleichung $4/(3N^2) < 10^{-3}$ nach N liefert $N > \sqrt{4000/3} \approx 36.5148$; erst bei Verwendung von mindestens 37 Teilintervallen kann also eine Genauigkeit besser als 10^{-3} garantiert werden.

Lösung (110.25) Wir überlegen zunächst, wie groß die Streifenzahl n gewählt werden muß, um die geforderte Genauigkeit garantieren zu können. Dazu berechnen wir die Ableitungen des Integranden:

$$f(t) = \cos(t^2),$$
$$f'(t) = -2t \sin(t^2),$$
$$f''(t) = -2\sin(t^2) - 4t^2 \cos(t^2),$$
$$f'''(t) = -12t \cos(t^2) + 8t^3 \sin(t^2).$$

Das Maximum von $|f''|$ im Intervall $[0, \sqrt{3\pi/2}]$ wird entweder an einem der Randpunkte (also $t = 0$ bzw. $t = \sqrt{3\pi/2}$) oder an einer Nullstelle von f''' angenommen. Die Gleichung $f'''(t) = 0$ führt auf $t = 0$ oder $2\tan(t^2) = 3/t^2$; mit $u := t^2$ also auf $2 \tan u = 3/u$ (wobei $0 \leq u \leq 3\pi/2$). Skizziert man den Verlauf der Funktionen $u \mapsto 2 \tan u$ und $u \mapsto 3/u$, so erkennt man sofort, daß die Gleichung $2 \tan u = 3/u$ im fraglichen Intervall zwei Lösungen hat, nämlich eine im Intervall $(0, \pi/2)$ und eine im Intervall $(\pi, 3\pi/2)$. Anwendung des Bisektionsverfahrens oder des Newtonverfahrens führt auf die Lösungen $u_1 = 0.988241$ (und damit $t_1 = \sqrt{u_1} = 0.994103$) und $u_2 = 3.54217$ (und damit $t_2 = \sqrt{u_2} = 1.88207$). Also ist $\max_{0 \leq t \leq \sqrt{3\pi/2}} |f''(t)|$ gleich

$$\max\{\underbrace{|f''(0)|}_{=0}, \underbrace{|f''(\sqrt{3\pi/2})|}_{=2}, \underbrace{|f''(t_1)|}_{=3.84488}, \underbrace{|f''(t_2)|}_{=13.8269}\} = 13.8269.$$

Der Fehler, den man bei Anwendung der Trapezregel mit n Streifen macht, läßt sich also abschätzen durch

$$|\text{Fehler}| \leq \frac{(\sqrt{3\pi/2})^3}{12n^2} \cdot 13.8269 = \frac{11.7871}{n^2};$$

ein Fehler kleiner als 0.01 kann also garantiert werden, wenn $n^2 > 100 \cdot 11.7871$ bzw. $n > 10 \cdot \sqrt{11.7871} = 34.3323$ ist. Anwendung der Trapezregel mit $n = 35$ Streifen liefert den Integralwert 0.403778 (berechnet natürlich nicht per Hand, sondern mit Hilfe eines Computerprogramms).

Anstatt das Maximum von $|f''|$ genau zu bestimmen, kann man auch folgendermaßen abschätzen:

$$|f''(t)| = |-2\sin(t^2) - 4t^2 \cos(t^2)|$$
$$\leq 2 + 4t^2 \leq 2 + 4 \cdot \frac{3\pi}{2} = 2 + 6\pi;$$

es ergibt sich dann die etwas schlechtere Fehlerabschätzung

$$|\text{Fehler}| \leq \frac{(\sqrt{3\pi/2})^3}{12n^2} \cdot (2 + 6\pi) = \frac{17.7737}{n^2}.$$

Mit dieser Abschätzung kann ein Fehler unterhalb 0.01 garantiert werden, wenn $n^2 > 100 \cdot 17.7737$ bzw. $n > 10\sqrt{17.7737} = 42.1589$, also $n \geq 43$ gilt.

Aufgaben zu »Numerische Integration« siehe Seite 50

Lösung (110.26) Wir fassen die beiden gesuchten Programme in der folgenden Programmeinheit zusammen. Diese erwartet, daß der Datentyp **realfunction** in einer separaten Einheit namens **typen.pas** vereinbart wurde, etwa durch den folgenden Befehl:

```
TYPE realfunction = function(x:real):real;
```

diese Programmeinheit ist dann vom ausführenden Hauptprogramm aus aufzurufen.

```
UNIT numint;

INTERFACE

PROCEDURE Trapez(f:realfunction;
    n:integer; a,b:real; VAR: IW:real);
PROCEDURE Simpson(f:realfunction;
    m:integer; a,b:real; VAR: IW:real);

IMPLEMENTATION

PROCEDURE Trapez(f:realfunction;
    n:integer; a,b:real; VAR: IW:real);
VAR x,h,sum:real; i:integer;
BEGIN
h:=(b-a)/n; x:=a; sum:=f(a);
for i:=1 to n-1 do
    begin
    x:=x+h; sum:=sum+2*f(x)
    end;
sum:=sum+f(b); IW:=sum*h/2;
END;

PROCEDURE Simpson(f:realfunction;
    m:integer; a,b:real; VAR: IW:real);
VAR x,h,sum:real; n,i:integer;
BEGIN
n:=2*m; h:=(b-a)/n; x:=a; sum:=f(a);
for i:=1 to m-1 do
    begin
    x:=x+h; sum:=sum+4*f(x);
    x:=x+h; sum:=sum+2*f(x);
    end;
sum:=sum + 4*f(b-h) + f(b); IW:=sum*h/3;
END;

END.
```

L111: Mehrfachintegrale

Lösung (111.1) Das Trapez T ist die Vereinigung der Dreiecke $D_1 := \{(x,y) \in \mathbb{R}^2 \mid 0 \leq x \leq 1, 0 \leq y \leq x\}$ und $D_2 := \{(x,y) \in \mathbb{R}^2 \mid 2 \leq x \leq 3, 0 \leq y \leq 3-x\}$ sowie des Quadrates $Q := \{(x,y) \in \mathbb{R}^2 \mid 1 \leq x \leq 2, 0 \leq y \leq 1\}$. Es ergibt sich dann

$$\int_T xe^y \mathrm{d}(x,y) = \int_{D_1} xe^y \mathrm{d}(x,y) + \int_Q xe^y \mathrm{d}(x,y) + \int_{D_2} xe^y \mathrm{d}(x,y)$$

$$= \int_0^1 \int_0^x xe^y \mathrm{d}y\mathrm{d}x + \int_1^2 \int_0^1 xe^y \mathrm{d}y\mathrm{d}x + \int_2^3 \int_0^{3-x} xe^y \mathrm{d}y\mathrm{d}x$$

$$= \int_0^1 [xe^y]_{y=0}^x \mathrm{d}x + \int_1^2 [xe^y]_{y=0}^1 \mathrm{d}x + \int_2^3 [xe^y]_{y=0}^{3-x} \mathrm{d}x$$

$$= \int_0^1 (xe^x - x)\mathrm{d}x + \int_1^2 (xe - x)\mathrm{d}x + \int_2^3 (xe^{3-x} - x)\mathrm{d}x$$

$$= \left[(x-1)e^x - \frac{x^2}{2}\right]_{x=0}^1 + \left[\frac{x^2}{2}(e-1)\right]_{x=1}^2$$
$$+ \left[-(x+1)e^{3-x} - \frac{x^2}{2}\right]_{x=2}^3$$

$$= \frac{1}{2} + \frac{3}{2}(e-1) + \left(3e - \frac{13}{2}\right) = \frac{9e-15}{2}.$$

Die Rechnung wird etwas weniger umfangreich, wenn man zuerst die Variable y und dann die Variable x laufen läßt, also zuerst bezüglich x und dann bezüglich y integriert; es gilt nämlich $T = \{(x,y) \in \mathbb{R}^2 \mid 0 \leq y \leq 1, y \leq x \leq 3-y\}$ und damit

$$\int_T xe^y \mathrm{d}(x,y) = \int_0^1 \int_y^{3-y} xe^y \mathrm{d}x\mathrm{d}y = \int_0^1 \left[\frac{x^2}{2}e^y\right]_{x=y}^{3-y} \mathrm{d}y$$

$$= \frac{1}{2}\int_0^1 \left((3-y)^2 e^y - y^2 e^y\right)\mathrm{d}y = \frac{1}{2}\int_0^1 (9-6y)e^y \mathrm{d}y$$

$$= \frac{1}{2}[(15-6y)e^y]_{y=0}^1 = \frac{1}{2}(9e-15) \approx 4.73227.$$

Lösung (111.2) Es ist $B = \{(x,y,z) \in \mathbb{R}^3 \mid -1 \leq x \leq 1, x^2 \leq y \leq 1, 0 \leq z \leq 1-y\}$; das Volumen von B ist daher

$$\int_B \mathrm{d}(x,y,z) = \int_{-1}^1 \int_{x^2}^1 \int_0^{1-y} \mathrm{d}z\,\mathrm{d}y\,\mathrm{d}x = \int_{-1}^1 \int_{x^2}^1 (1-y)\,\mathrm{d}y\,\mathrm{d}x$$

$$= \int_{-1}^1 \left[y - \frac{y^2}{2}\right]_{y=x^2}^1 \mathrm{d}x = \int_{-1}^1 \left(\frac{1}{2} - x^2 + \frac{x^4}{2}\right)\mathrm{d}x$$

$$= \left[\frac{x}{2} - \frac{x^3}{3} + \frac{x^5}{10}\right]_{x=-1}^1 = \frac{8}{15} = 0.5\overline{3}.$$

Lösung (111.3) Wir legen ein Koordinatensystem so, daß der betrachtete Würfel gegeben ist durch die Menge $W := \{(x,y,z) \in \mathbb{R}^3 \mid 0 \leq x,y,z \leq 1\}$. Das Trägheitsmoment von W bezüglich einer beliebigen Achse ist dann gegeben durch

$$\int_0^1 \int_0^1 \int_0^1 d(x,y,z)^2 \,\mathrm{d}z\,\mathrm{d}y\,\mathrm{d}x,$$

wenn $d(x,y,z)$ den Abstand eines beliebigen Punktes $(x,y,z) \in W$ zur Achse bezeichnet. Hier sollen speziell die Trägheitsmomente um die vier in der Aufgabenstellung angegebenen Achsen g_1, g_2, g_3 und g_4 berechnet werden. Für $1 \leq k \leq 4$ bezeichnen wir mit $d_k(x,y,z)$ den Abstand eines beliebigen Punktes (x,y,z) von der Geraden g_k; das gesuchte Trägheitsmoment bezüglich der Geraden g_k ist dann gegeben durch das Integral $I_k = \int_W d_k(x,y,z)^2 \mathrm{d}(x,y,z)$. Wir müssen also zunächst die Abstandsfunktionen d_k explizit angeben. Aus der Vektorrechnung wissen wir nun, daß ein Punkt mit dem Ortsvektor p von einer Geraden g mit der Punktrichtungsform $g = a + \mathbb{R}v$ (wobei $\|v\| = 1$) den Abstand d hat, der gegeben ist durch $d^2 = \|(p-a) \times v\|^2$. Diese Formel liefert die folgenden Darstellungen für die gesuchten Abstandsfunktionen:

(a) $\quad d_1(x,y,z)^2 = (x-\frac{1}{2})^2 + (y-\frac{1}{2})^2$;

(b) $\quad d_2(x,y,z)^2 = x^2 + y^2$;

(c) $\quad d_3(x,y,z)^2 = \frac{2}{3}(x^2 + y^2 + z^2 - xy - xz - yz)$;

(d) $\quad d_4(x,y,z)^2 = \frac{x^2+y^2}{2} - xy + z^2$.

Jetzt sind wir in der Lage, die gesuchten Trägheitsmomente zu berechnen!

(a) Es ist

$$I_1 = \int_0^1 \int_0^1 \int_0^1 \left((x-\frac{1}{2})^2 + (y-\frac{1}{2})^2\right)\mathrm{d}z\,\mathrm{d}y\,\mathrm{d}x$$

$$= \int_0^1 \int_0^1 \left[\left((x-\frac{1}{2})^2 + (y-\frac{1}{2})^2\right)z\right]_{z=0}^1 \mathrm{d}y\,\mathrm{d}x$$

$$= \int_0^1 \int_0^1 \left((x-\frac{1}{2})^2 + (y-\frac{1}{2})^2\right)\mathrm{d}y\,\mathrm{d}x$$

$$= \int_0^1 \left[(x-\frac{1}{2})^2 y + \frac{1}{3}(y-\frac{1}{2})^3\right]_{y=0}^1 \mathrm{d}x$$

$$= \int_0^1 \left((x-\frac{1}{2})^2 + \frac{1}{24} - (-\frac{1}{24})\right)\mathrm{d}x$$

$$= \int_0^1 \left((x-\frac{1}{2})^2 + \frac{1}{12}\right)\mathrm{d}x$$

$$= \left[\frac{1}{3}(x-\frac{1}{2})^3 + \frac{x}{12}\right]_{x=0}^1$$

$$= \frac{1}{24} + \frac{1}{12} - (-\frac{1}{24}) = \frac{1}{6}.$$

Aufgaben zu »Berechnung von Mehrfachintegralen« siehe Seite 52

(b) Nach dem Satz von Steiner gilt $I_2 = I_1 + ma^2$, wenn m die Gesamtmasse des Würfels und wenn a den Abstand zwischen der Schwerpunktsachse g_1 und der zu ihr parallelen Achse g_2 bezeichnet. Wir haben einerseits $m = 1$, nach dem Satz von Pythagoras andererseits $a^2 = (1/2)^2 + (1/2)^2 = 1/2$ und damit $I_2 = (1/6) + (1/2) = 2/3$. Das gleiche Ergebnis erhält man auch durch direkte Rechnung:

$$I_2 = \int_0^1 \int_0^1 \int_0^1 (x^2 + y^2) \, dz \, dy \, dx$$
$$= \int_0^1 \int_0^1 (x^2 + y^2) \, dy \, dx = \int_0^1 \left[x^2 y + \frac{1}{3} y^3\right]_{y=0}^1 dx$$
$$= \int_0^1 (x^2 + \frac{1}{3}) \, dx = \left[\frac{x^3}{3} + \frac{x}{3}\right]_{x=0}^1 = \frac{1}{3} + \frac{1}{3} = \frac{2}{3}.$$

(c) Es ist

$$I_3 = \frac{2}{3} \iiint_0^{1\,1\,1} (x^2 + y^2 + z^2 - xy - xz - yz) \, dz \, dy \, dx$$
$$= \frac{2}{3} \iint_0^{1\,1} \left[x^2 z + y^2 z + \frac{z^3}{3} - xyz - \frac{xz^2}{2} - \frac{yz^2}{2}\right]_{z=0}^1 dy \, dx$$
$$= \frac{2}{3} \iint_0^{1\,1} (x^2 + y^2 + \frac{1}{3} - xy - \frac{x}{2} - \frac{y}{2}) \, dy \, dx$$
$$= \frac{2}{3} \int_0^1 \left[x^2 y + \frac{y^3}{3} + \frac{y}{3} - \frac{xy^2}{2} - \frac{xy}{2} - \frac{y^2}{4}\right]_{y=0}^1 dx$$
$$= \frac{2}{3} \int_0^1 (x^2 + \frac{1}{3} + \frac{1}{3} - \frac{x}{2} - \frac{x}{2} - \frac{1}{4}) \, dx$$
$$= \frac{2}{3} \int_0^1 (x^2 - x + \frac{5}{12}) \, dx = \frac{2}{3} \left[\frac{x^3}{3} - \frac{x^2}{2} + \frac{5x}{12}\right]_{x=0}^1$$
$$= \frac{2}{3} \left(\frac{1}{3} - \frac{1}{2} + \frac{5}{12}\right) = \frac{2}{3} \cdot \frac{1}{4} = \frac{1}{6}.$$

(d) Es ist

$$I_4 = \int_0^1 \int_0^1 \int_0^1 \left(\frac{x^2}{2} + \frac{y^2}{2} - xy + z^2\right) dz \, dy \, dx$$
$$= \int_0^1 \int_0^1 \left[\left(\frac{x^2}{2} + \frac{y^2}{2} - xy\right)z + \frac{z^3}{3}\right]_{z=0}^1 dy \, dx$$
$$= \int_0^1 \int_0^1 \left(\frac{x^2}{2} + \frac{y^2}{2} - xy + \frac{1}{3}\right) dy \, dx$$
$$= \int_0^1 \left[\frac{x^2 y}{2} + \frac{y^3}{6} - \frac{xy^2}{2} + \frac{y}{3}\right]_{y=0}^1 dx$$
$$= \int_0^1 \left(\frac{x^2}{2} + \frac{1}{6} - \frac{x}{2} + \frac{1}{3}\right) dx$$
$$= \left[\frac{x^3}{6} - \frac{x^2}{4} + \frac{x}{2}\right]_{x=0}^1 = \frac{1}{6} - \frac{1}{4} + \frac{1}{2} = \frac{5}{12}.$$

Lösung (111.4) Der Durchschnitt $Z_1 \cap Z_2$ ist die Menge aller Punkte $(x, y, z) \in \mathbb{R}^3$, die den Bedingungen $-r \leq x \leq r$ sowie $-\sqrt{r^2 - x^2} \leq y \leq \sqrt{r^2 - x^2}$ und $-\sqrt{r^2 - x^2} \leq z \leq \sqrt{r^2 - x^2}$ genügen. Das Volumen dieser Menge ist daher

$$\iiint_{Z_1 \cap Z_2} d(x,y,z) = \int_{-r}^r \int_{-\sqrt{r^2-x^2}}^{\sqrt{r^2-x^2}} \int_{-\sqrt{r^2-x^2}}^{\sqrt{r^2-x^2}} dz \, dy \, dx$$
$$= \int_{-r}^r \int_{-\sqrt{r^2-x^2}}^{\sqrt{r^2-x^2}} 2\sqrt{r^2-x^2} \, dy \, dx = \int_{-r}^r 4(r^2 - x^2) \, dx$$
$$= 4 \cdot \left[r^2 x - \frac{x^3}{3}\right]_{x=-r}^r = 4 \cdot \frac{4r^3}{3} = \frac{16 r^3}{3}.$$

Lösung (111.5) Gesucht ist das Volumen V der Menge

$$B = \{(x, y, z) \in \mathbb{R}^3 \mid x^2 + y^2 \leq z \leq y\}.$$

Liegt (x, y, z) in B, so gilt also $x^2 + y^2 \leq y$ bzw. $x^2 + (y - 1/2)^2 \leq (1/2)^2$; diese Ungleichung beschreibt eine Kreisscheibe mit Mittelpunkt $(0, 1/2)$ und Radius $1/2$ in der xy-Ebene. Nun ist die Bedingung $x^2 + y^2 \leq y$ gleichbedeutend mit $0 \leq y \leq 1$ und $x^2 \leq y - y^2$. Das Volumen von B ist daher gegeben durch

$$V = \iiint_B d(x, y, z) = \int_0^1 \int_{-\sqrt{y-y^2}}^{\sqrt{y-y^2}} \int_{x^2+y^2}^y dz \, dx \, dy$$
$$= \int_0^1 \int_{-\sqrt{y-y^2}}^{\sqrt{y-y^2}} (y - x^2 - y^2) \, dx \, dy$$
$$= 2 \int_0^1 \int_0^{\sqrt{y-y^2}} (y - y^2 - x^2) \, dx \, dy$$
$$= 2 \int_0^1 \left[(y - y^2) x - \frac{x^3}{3}\right]_{x=0}^{\sqrt{y-y^2}} dy$$
$$= 2 \int_0^1 \frac{2}{3} (y - y^2)^{3/2} dy$$
$$= \frac{4}{3} \int_0^1 \left(\frac{1}{4} - \left(y - \frac{1}{2}\right)^2\right)^{3/2} dy$$
$$= \frac{1}{6} \int_0^1 \left(1 - (2y - 1)^2\right)^{3/2} dy$$
$$= \frac{1}{12} \int_{-1}^1 (1 - u^2)^{3/2} du$$
$$= \frac{1}{6} \int_0^1 (1 - u^2)^{3/2} du$$
$$= \frac{1}{48} \left[u(5 - 2u^2)\sqrt{1 - u^2} + 3 \arcsin(u)\right]_{u=0}^1$$
$$= \frac{1}{48} \cdot \frac{3\pi}{2} = \frac{\pi}{32}.$$

Alternativ können wir auch Zylinderkoordinaten $x = r \cos(\varphi)$ und $y = r \sin(\varphi)$ einführen. Die Grenzen $x^2 +$

$y^2 \leq z \leq y$ gehen dann über in $r^2 \leq z \leq r\sin\varphi$, also $0 \leq \varphi \leq \pi$, $0 \leq r \leq \sin\varphi$ sowie $r^2 \leq z \leq r\sin\varphi$. Mit $\mathrm{d}(x,y,z) = r\,\mathrm{d}(r,\varphi,z)$ erhalten wir also das Volumen

$$V = \int_0^\pi \int_0^{\sin\varphi} \int_{r^2}^{r\sin(\varphi)} r\,\mathrm{d}z\,\mathrm{d}r\,\mathrm{d}\varphi$$

$$= \int_0^\pi \int_0^{\sin\varphi} \left(r^2\sin\varphi - r^3\right)\mathrm{d}r\,\mathrm{d}\varphi$$

$$= \int_0^\pi \left[\frac{r^3}{3}\sin\varphi - \frac{r^4}{4}\right]_{r=0}^{\sin\varphi} \mathrm{d}\varphi$$

$$= \int_0^\pi \left[\frac{\sin^4\varphi}{3} - \frac{\sin^4\varphi}{4}\right]\mathrm{d}\varphi = \int_0^\pi \frac{\sin^4\varphi}{12}\mathrm{d}\varphi$$

$$= \left.\frac{12\varphi - 8\sin(2\varphi) + \sin(4\varphi)}{384}\right|_{\varphi=0}^\pi = \frac{\pi}{32}.$$

Lösung (111.6) (a) Das erste Integral ist

$$I_1 = \int_D (ad - bc)\,\mathrm{d}(a,b,c,d)$$
$$= \int_D ad\,\mathrm{d}(a,b,c,d) - \int_D bc\,\mathrm{d}(a,b,c,d) = 0,$$

da die beiden Einzelintegrale wegen der völligen Symmetrie des Problems in den Variablen a, b, c und d den gleichen Wert haben.

(b) Zur Berechnung des zweiten Integrals schreiben wir $f(a,b,c,d) = (ad-bc)^2 = a^2d^2 - 2abcd + b^2c^2$ und erhalten

$$I_2 = \int_0^1 \int_0^1 \int_0^1 \int_0^1 (a^2d^2 - 2abcd + b^2c^2)\,\mathrm{d}a\,\mathrm{d}b\,\mathrm{d}c\,\mathrm{d}d$$

$$= \int_0^1 \int_0^1 \int_0^1 \left[\frac{a^3d^2}{3} - a^2bcd + ab^2c^2\right]_{a=0}^1 \mathrm{d}b\,\mathrm{d}c\,\mathrm{d}d$$

$$= \int_0^1 \int_0^1 \int_0^1 \left(\frac{d^2}{3} - bcd + b^2c^2\right)\mathrm{d}b\,\mathrm{d}c\,\mathrm{d}d,$$

also

$$I_2 = \int_0^1 \int_0^1 \left[\frac{d^2 b}{3} - \frac{b^2 cd}{2} + \frac{b^3 c^2}{3}\right]_{b=0}^1 \mathrm{d}c\,\mathrm{d}d$$

$$= \int_0^1 \int_0^1 \left(\frac{d^2}{3} - \frac{cd}{2} + \frac{c^2}{3}\right)\mathrm{d}c\,\mathrm{d}d$$

$$= \int_0^1 \left[\frac{cd^2}{3} - \frac{c^2 d}{4} + \frac{c^3}{9}\right]_{c=0}^1 \mathrm{d}d$$

$$= \int_0^1 \left(\frac{d^2}{3} - \frac{d}{4} + \frac{1}{9}\right)\mathrm{d}d$$

$$= \left[\frac{d^3}{9} - \frac{d^2}{8} + \frac{d}{9}\right]_{d=0}^1$$

$$= \frac{1}{9} - \frac{1}{8} + \frac{1}{9} = \frac{7}{72} = 0.097\overline{2}.$$

Die Überprüfung mit dem folgenden einfachen PASCAL-Programm lieferte in guter Übereinstimmung mit dem berechneten Ergebnis den Wert 0.09710780435.

```
PROGRAM Test;
USES wincrt;
VAR a,b,c,d,sum:real; n,i:longint;
BEGIN
n:=1000000; sum:=0;
for i:=1 to n do
  begin
    a:=random;
    b:=random;
    c:=random;
    d:=random;
    sum:=sum+sqr(a*d-b*c);
  end;
writeln('Durchschnittswert = ', sum/n);
END.
```

(c) Wir schreiben das gesuchte Integral

$$I := \int_D |ad - bc|\,\mathrm{d}(a,b,c,d)$$

als iteriertes Integral:

$$I = \int_0^1 \int_0^1 \int_0^1 \int_0^1 |ad - bc|\,\mathrm{d}d\,\mathrm{d}c\,\mathrm{d}b\,\mathrm{d}a.$$

Wir berechnen zunächst das innerste Integral $I_1(a,b,c) := \int_0^1 |ad-bc|\mathrm{d}d$ (Integration über die Variable d). Um den Betrag aufzulösen, müssen wir für $d \in [0,1]$ die Situationen $ad \geq bc$ (also $d \geq bc/a$) und $ad < bc$ (also $d < bc/a$) unterscheiden. Im Fall $bc/a \geq 1$ (also $c \geq a/b$) ist stets $d < bc/a$ und damit

$$\int_0^1 |ad - bc|\,\mathrm{d}d = \int_0^1 (-ad + bc)\,\mathrm{d}d$$
$$= \left[-\frac{ad^2}{2} + bcd\right]_{d=0}^1 = -\frac{a}{2} + bc;$$

im Fall $bc/a \leq 1$ (also $c \leq a/b$) ist

$$\int_0^1 |ad-bc|\,\mathrm{d}d = \int_0^{bc/a}(-ad+bc)\,\mathrm{d}d + \int_{bc/a}^1 (ad-bc)\,\mathrm{d}d$$

$$= \left[\frac{-ad^2}{2} + bcd\right]_{d=0}^{bc/a} + \left[\frac{ad^2}{2} - bcd\right]_{d=bc/a}^1 = \frac{a}{2} - bc + \frac{b^2c^2}{a}.$$

Also gilt

$$I_1(a,b,c) = \begin{cases} -(a/2) + bc, & \text{falls } c \geq a/b; \\ (a/2) - bc + b^2c^2/a, & \text{falls } c \leq a/b. \end{cases}$$

Wir berechnen nun das zweitinnerste Integral $I_2(a,b) := \int_0^1 I_1(a,b,c)\mathrm{d}c$ (Integration über die Variable c). Wieder müssen wir zwei Fälle unterscheiden; im Fall $a/b \leq 1$ (also $a \leq b$) ist

$$I_2(a,b) = \int_0^{a/b}\left(\frac{a}{2} - bc + \frac{b^2c^2}{a}\right)\mathrm{d}c + \int_{a/b}^1\left(-\frac{a}{2} + bc\right)\mathrm{d}c$$

$$= \left[\frac{ac}{2} - \frac{bc^2}{2} + \frac{b^2c^3}{3a}\right]_{c=0}^{a/b} + \left[-\frac{ac}{2} + \frac{bc^2}{2}\right]_{c=a/b}^1$$

$$= \frac{a^2}{3b} - \frac{a}{2} + \frac{b}{2};$$

im Fall $a/b \geq 1$ (also $a \geq b$) gilt dagegen
$$I_2(a,b) = \int_0^1 \left(\frac{a}{2} - bc + \frac{b^2c^2}{a}\right) dc$$
$$= \left[\frac{ac}{2} - \frac{bc^2}{2} + \frac{b^2c^3}{3a}\right]_{c=0}^1 = \frac{a}{2} - \frac{b}{2} + \frac{b^2}{3a}.$$

Für das drittinnerste Integral ergibt sich dann
$$I_3(a) = \int_0^1 I_2(a,b) db$$
$$= \int_0^a \left(\frac{a}{2} - \frac{b}{2} + \frac{b^2}{3a}\right) db + \int_a^1 \left(\frac{a^2}{3b} - \frac{a}{2} + \frac{b}{2}\right) db$$
$$= \left[\frac{ab}{2} - \frac{b^2}{4} + \frac{b^3}{9a}\right]_{b=0}^a + \left[\frac{a^2}{3}\ln(b) - \frac{ab}{2} + \frac{b^2}{4}\right]_{b=a}^1$$
$$= \frac{11a^2}{18} - \frac{a}{2} + \frac{1}{4} - \frac{a^2\ln(a)}{3}.$$

Das Endergebnis ist schließlich
$$I = \int_0^1 I_3(a) da = \int_0^1 \left(\frac{11a^2}{18} - \frac{a}{2} + \frac{1}{4} - \frac{a^2\ln(a)}{3}\right) da$$
$$= \left[\frac{11a^3}{54} - \frac{a^2}{4} + \frac{a}{4} - \frac{a^3\ln(a)}{9} + \frac{a^3}{27}\right]_{a=0}^1 = \frac{13}{54},$$

wobei die Auswertung der Funktion $a^3\ln(a)$ an der Stelle $a = 0$ im Sinne eines Grenzübergangs $a \to 0+$ aufzufassen ist, denn I ist als uneigentliches Integral $\lim_{\varepsilon \to 0+} \int_\varepsilon^1 I_3(a) da$ zu verstehen. Der mittlere Determinantenbetrag, den eine Matrix $\begin{bmatrix} a & b \\ c & d \end{bmatrix}$ mit wahllos herausgegriffenen Elementen $a, b, c, d \in [0, 1]$ annimmt, ist also $13/54 \approx 0.24$.

Lösung (111.7) Wir müssen den Integrationsbereich aufspalten in die beiden Dreiecke
$$D_1 := \{(x,y) \in \mathbb{R}^2 \mid -1 \leq x \leq 0, 0 \leq y \leq x+1\}$$
$$= \{(x,y) \in \mathbb{R}^2 \mid 0 \leq y \leq 1, y-1 \leq x \leq 0\}$$
und
$$D_2 := \{(x,y) \in \mathbb{R}^2 \mid 0 \leq x \leq 1, x \leq y \leq 1\}$$
$$= \{(x,y) \in \mathbb{R}^2 \mid 0 \leq y \leq 1, 0 \leq x \leq y\}.$$

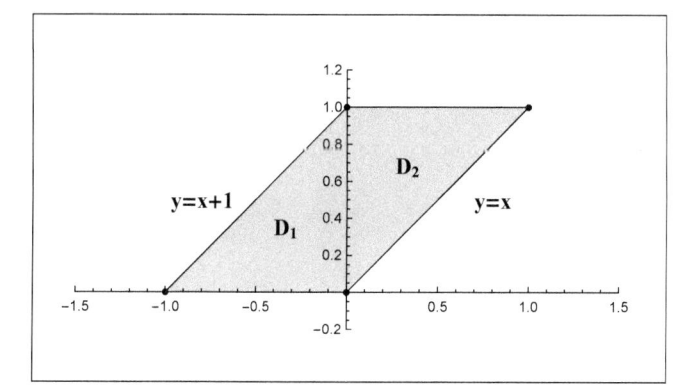

Mit $I_k := \iint_{D_k} yx^2 d(x,y)$ für $k = 1, 2$ ist das gesuchte Integral dann $I = I_1 + I_2$. Wir erhalten
$$I_1 = \int_{-1}^0 \int_0^{x+1} yx^2 dy\, dx = \int_{-1}^0 \left[\frac{y^2x^2}{2}\right]_{y=0}^{x+1} dx$$
$$= \int_{-1}^0 \frac{(x+1)^2 x^2}{2} dx = \int_{-1}^0 \frac{x^4 + 2x^3 + x^2}{2} dx$$
$$= \left[\frac{x^5}{10} + \frac{x^4}{4} + \frac{x^3}{6}\right]_{x=-1}^0 = \frac{1}{10} - \frac{1}{4} + \frac{1}{6}$$

bzw. alternativ
$$I_1 = \int_0^1 \int_{y-1}^0 yx^2 dx\, dy = \int_0^1 \left[\frac{yx^3}{3}\right]_{x=y-1}^0 dx$$
$$= \int_0^1 \frac{y(1-y)^3}{3} dy = \int_0^1 \frac{y - 3y^2 + 3y^3 - y^4}{3} dy$$
$$= \left[\frac{y^2}{6} - \frac{y^3}{3} + \frac{y^4}{4} - \frac{y^5}{15}\right]_{y=0}^1 = \frac{1}{6} - \frac{1}{3} + \frac{1}{4} - \frac{1}{15}$$

und damit $I_1 = 1/60$. Weiter ist
$$I_2 = \int_0^1 \int_x^1 yx^2 dy\, dx = \int_0^1 \left[\frac{y^2x^2}{2}\right]_{y=x}^1 dx$$
$$= \int_0^1 \frac{x^2 - x^4}{2} dx = \left[\frac{x^3}{6} - \frac{x^5}{10}\right]_{x=0}^1 = \frac{1}{6} - \frac{1}{10}$$

bzw. alternativ
$$I_2 = \int_0^1 \int_0^y yx^2 dx\, dy = \int_0^1 \left[\frac{yx^3}{3}\right]_{x=0}^y dx$$
$$= \int_0^1 \frac{y^4}{3} dy = \left[\frac{y^5}{15}\right]_{y=0}^1 = \frac{1}{15}$$

und damit $I_2 = 1/15$. Insgesamt ist $I = I_1 + I_2 = 1/12 = 0.08\overline{3}$.

Lösung (111.8) Wir spalten den Integrationsbereich auf in die obere Hälfte und die untere Hälfte, also in die Mengen
$$D_1 := \{(x,y) \in \mathbb{R}^2 \mid 0 \leq y \leq 1, -1 \leq x \leq 1-y\} \text{ und}$$
$$D_2 := \{(x,y) \in \mathbb{R}^2 \mid -1 \leq x \leq 1, x^2 - 1 \leq y \leq 0\}.$$

Mit $I_k := \iint_{D_k} (x^2+y^2) d(x,y)$ für $k = 1, 2$ ist das gesuchte Integral dann $I = I_1 + I_2$. Wir erhalten
$$I_1 = \int_0^1 \int_{-1}^{1-y} (x^2 + y^2) dx\, dy = \int_0^1 \left[\frac{x^3}{3} + y^2 x\right]_{x=-1}^{1-y} dy$$
$$= \int_0^1 \left(\frac{(1-y)^3}{3} + y^2(1-y) + \frac{1}{3} + y^2\right) dy$$
$$= \int_0^1 \left(\frac{(1-y)^3}{3} + 2y^2 - y^3 + \frac{1}{3}\right) dy$$
$$= \left[-\frac{(1-y)^4}{12} + \frac{2y^3}{3} - \frac{y^4}{4} + \frac{y}{3}\right]_{y=0}^1 = \frac{3}{4} + \frac{1}{12} = \frac{5}{6}$$

und
$$I_2 = \int_{-1}^{1}\int_{x^2-1}^{0}(x^2+y^2)\,\mathrm{d}y\,\mathrm{d}x = \int_{-1}^{1}\left[x^2 y + \frac{y^3}{3}\right]_{y=x^2-1}^{0}\,\mathrm{d}x$$
$$= \int_{-1}^{1}\left(x^2(1-x^2) + \frac{(1-x^2)^3}{3}\right)\mathrm{d}x = 2\int_{0}^{1}\frac{1-x^6}{3}\,\mathrm{d}x$$
$$= \frac{2}{3}\left[x - \frac{x^7}{7}\right]_{x=0}^{1} = \frac{2}{3}\cdot\frac{6}{7} = \frac{4}{7}.$$

Der Gesamtwert des Integrals ist dann $I_1 + I_2 = 59/42 \approx 1.40476$.

Lösung (111.9) Wir zerlegen den Integrationsbereich D in den Anteil D_1 links und den Anteil D_2 rechts der y-Achse. Da D_1 durch die Ungleichungen $-1 \leq x \leq 0$ und $x \leq y \leq 2x+1$ beschrieben wird, erhalten wir

$$I_1 := \iint_{D_1} f(x,y)\,\mathrm{d}(x,y) = \int_{-1}^{0}\int_{x}^{2x+1}(2x^2 y + x^3)\,\mathrm{d}y\,\mathrm{d}x$$
$$= \int_{-1}^{0}\left[x^2 y^2 + x^3 y\right]_{y=x}^{2x+1}\,\mathrm{d}x$$
$$= \int_{-1}^{0}\left(x^2(2x+1)^2 + x^3(2x+1) - x^4 - x^4\right)\mathrm{d}x$$
$$= \int_{-1}^{0}(4x^4 + 5x^3 + x^2)\,\mathrm{d}x$$
$$= \left[\frac{4x^5}{5} + \frac{5x^4}{4} + \frac{x^3}{3}\right]_{x=-1}^{0} = \frac{4}{5} - \frac{5}{4} + \frac{1}{3} = \frac{-7}{60}.$$

Ferner wird D_2 durch die Ungleichungen $0 \leq x \leq 1$ und $-x \leq y \leq 1-2x$ beschrieben; also ergibt sich

$$I_2 := \iint_{D_2} f(x,y)\,\mathrm{d}(x,y) = \int_{0}^{1}\int_{-x}^{1-2x}(2x^2 y + x^3)\,\mathrm{d}y\,\mathrm{d}x$$
$$= \int_{0}^{1}\left[x^2 y^2 + x^3 y\right]_{y=-x}^{1-2x}\,\mathrm{d}x$$
$$= \int_{0}^{1}\left(x^2(1-2x)^2 + x^3(1-2x) - x^4 + x^4\right)\mathrm{d}x$$
$$= \int_{0}^{1}(2x^4 - 3x^3 + x^2)\,\mathrm{d}x$$
$$= \left[\frac{2x^5}{5} - \frac{3x^4}{4} + \frac{x^3}{3}\right]_{x=0}^{1}$$
$$= \frac{2}{5} - \frac{3}{4} + \frac{1}{3} = \frac{-1}{60}.$$

Als Gesamtintegral $I := \iint_D f(x,y)\,\mathrm{d}(x,y)$ ergibt sich dann $I = I_1 + I_2 = -8/60 = -2/15 = -0.1\overline{3}$.

Lösung (111.10) Die Gleichung $x^2 = \sqrt{x}$ führt auf $x^4 = x$ und damit $x = 0$ oder $x = 1$; der Integrationsbereich ist also

$$D = \{(x,y) \in \mathbb{R}^2 \mid 0 \leq x \leq 1,\ x^2 \leq y \leq \sqrt{x}\}$$
$$= \{(x,y) \in \mathbb{R}^2 \mid 0 \leq y \leq 1,\ y^2 \leq x \leq \sqrt{y}\}.$$

Wir erhalten also einerseits

$$I = \int_{0}^{1}\int_{x^2}^{\sqrt{x}}(1 + x^2 + y^3)\,\mathrm{d}y\,\mathrm{d}x$$
$$= \int_{0}^{1}\left[y + x^2 y + \frac{y^4}{4}\right]_{y=x^2}^{\sqrt{x}}\,\mathrm{d}x$$
$$= \int_{0}^{1}\left[x^{1/2} + x^{5/2} - \frac{3x^2}{4} - x^4 - \frac{x^8}{4}\right]\mathrm{d}x$$
$$= \left[\frac{2x^{3/2}}{3} + \frac{2x^{7/2}}{7} - \frac{x^3}{4} - \frac{x^5}{5} - \frac{x^9}{36}\right]_{x=0}^{1}$$
$$= \frac{2}{3} + \frac{2}{7} - \frac{1}{4} - \frac{1}{5} - \frac{1}{36} = \frac{299}{630} = 0.474603,$$

andererseits auch

$$I = \int_{0}^{1}\int_{y^2}^{\sqrt{y}}(1 + x^2 + y^3)\,\mathrm{d}x\,\mathrm{d}y$$
$$= \int_{0}^{1}\left[x + \frac{x^3}{3} + y^3 x\right]_{x=y^2}^{\sqrt{y}}\,\mathrm{d}y$$
$$= \int_{0}^{1}\left[y^{1/2} + \frac{y^{3/2}}{3} + y^{7/2} - y^2 - \frac{y^6}{3} - y^5\right]\mathrm{d}y$$
$$= \left[\frac{2y^{3/2}}{3} + \frac{2y^{5/2}}{15} + \frac{2y^{9/2}}{9} - \frac{y^3}{3} - \frac{y^7}{21} - \frac{y^6}{6}\right]_{y=0}^{1}$$
$$= \frac{2}{3} + \frac{2}{15} + \frac{2}{9} - \frac{1}{3} - \frac{1}{21} - \frac{1}{6} = \frac{299}{630} = 0.474603.$$

Lösung (111.11) (a) Wir erhalten

$$\int_{0}^{\pi}\int_{0}^{x}(4x^2 y + x\cos y)\,\mathrm{d}y\,\mathrm{d}x = \int_{0}^{\pi}\left[2x^2 y^2 + x\sin y\right]_{y=0}^{x}\,\mathrm{d}x$$
$$= \int_{0}^{\pi}(2x^4 + x\sin x)\mathrm{d}x = \left[\frac{2x^5}{5} + \sin x - x\cos x\right]_{x=0}^{\pi}$$
$$= \frac{2\pi^5}{5} + \pi \approx 125.549.$$

Das Integral ist $\iint_D(4x^2 y + x\cos y)\,\mathrm{d}(x,y)$, wobei D das Dreieck mit den Eckpunkten $(0,0)$, $(\pi,0)$ und (π,π) ist.

(b) Das Dreieck D läßt sich beschreiben durch die Grenzen $0 \leq x \leq 2$ und $x-2 \leq y \leq 4-2x$; also ist

$$\iint_D x^2 y\,\mathrm{d}(x,y) = \int_{0}^{2}\int_{x-2}^{4-2x} x^2 y\,\mathrm{d}y\,\mathrm{d}x = \int_{0}^{2}\left[\frac{x^2 y^2}{2}\right]_{y=x-2}^{4-2x}\,\mathrm{d}x$$
$$= \int_{0}^{2}\frac{3}{2}x^2(x-2)^2\,\mathrm{d}x = \int_{0}^{2}\left(\frac{3}{2}x^4 - 6x^3 + 6x^2\right)\mathrm{d}x$$
$$= \left[\frac{3x^5}{10} - \frac{3x^4}{2} + 2x^3\right]_{x=0}^{2} = \frac{48}{5} - 24 + 16 = \frac{8}{5}.$$

Lösung (111.12) Wir zerlegen D in die Teilbereiche

$$D_1 = \{(x,y) \in \mathbb{R}^2 \mid -1 \leq x \leq 0,\ -1 \leq y \leq x+1\},$$
$$D_2 = \{(x,y) \in \mathbb{R}^2 \mid 0 \leq x \leq 1,\ x-1 \leq y \leq -x+1\}.$$

Das gesuchte Integral ist dann gegeben als Summe $I_1 + I_2$, wobei I_k das Integral von $f(x,y) = xy$ über den Bereich D_k bezeichnet ($k = 1, 2$). Wir erhalten

$$I_1 = \iint_{D_1} xy \, d(x,y) = \int_{-1}^{0} \int_{-1}^{x+1} xy \, dy \, dx$$

$$= \int_{-1}^{0} \left[\frac{xy^2}{2}\right]_{y=-1}^{x+1} dx = \int_{-1}^{0} \frac{x(x+1)^2 - x}{2} dx$$

$$= \int_{-1}^{0} \left(\frac{x^3}{2} + x^2\right) dx = \left[\frac{x^4}{8} + \frac{x^3}{3}\right]_{-1}^{0} = -\frac{1}{8} + \frac{1}{3} = \frac{5}{24}$$

und

$$I_2 = \iint_{D_2} xy \, d(x,y) = \int_{0}^{1} \int_{x-1}^{1-x} xy \, dy \, dx$$

$$= \int_{0}^{1} \left[\frac{xy^2}{2}\right]_{y=x-1}^{1-x} dx = \int_{0}^{1} 0 \, dx = 0.$$

Das Gesamtintegral hat daher den Wert $5/24 = 0.208\overline{3}$.

Lösung (111.13) (a) Die Gleichung $x^2 = x + 2$ bzw. $x^2 - x - 2 = 0$ führt auf die beiden Lösungen $x = -1$ und $x = 2$; die beiden Schnittpunkte sind also $(-1, 1)$ und $(2, 4)$.

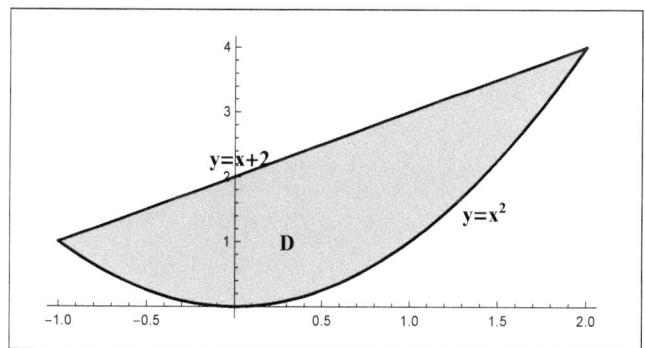

(b) Der Integrationsbereich D ist gegeben durch die Grenzen $-1 \leq x \leq 2$ und $x^2 \leq y \leq x + 2$; wir erhalten also

$$I = \int_{-1}^{2} \int_{x^2}^{x+2} (x + y + 1) \, dy \, dx$$

$$= \int_{-1}^{2} \left[xy + \frac{y^2}{2} + y\right]_{y=x^2}^{x+2} dx$$

$$= \int_{-1}^{2} \left[(x+1)y + \frac{y^2}{2}\right]_{y=x^2}^{x+2} dx$$

$$= \int_{-1}^{2} \left[(x+1)(x+2) + \frac{(x+2)^2}{2} - (x+1)x^2 - \frac{x^4}{2}\right] dx$$

$$= \int_{-1}^{2} \left[-\frac{x^4}{2} - x^3 + \frac{x^2}{2} + 5x + 4\right] dx$$

$$= \left[-\frac{x^5}{10} - \frac{x^4}{4} + \frac{x^3}{6} + \frac{5x^2}{2} + 4x\right]_{x=-1}^{2}$$

$$= \frac{279}{20} = 13.95.$$

(c) Das Integral stellt den Rauminhalt des Körpers mit der Grundfläche D dar, der von der ebenen Dachfläche mit der Gleichung $z = x + y + 1$ begrenzt wird.

Lösung (111.14) Wir zerlegen das Integrationsgebiet in zwei Teile (links und rechts von $x = 1$) und erhalten demzufolge zwei Teilintegrale; zunächst

$$I_1 = \int_{0}^{1} \int_{-x^2}^{\sqrt{x}} 2(x+1)(y+2) \, dy \, dx$$

$$= \int_{0}^{1} (x+1) \left[(y+2)^2\right]_{y=-x^2}^{\sqrt{x}} dx$$

$$= \int_{0}^{1} (x+1)\left((\sqrt{x}+2)^2 - (-x^2+2)^2\right) dx$$

$$= \int_{0}^{1} (x+1)(4\sqrt{x} + x + 4x^2 - x^4) \, dx$$

$$= \int_{0}^{1} \left(4\sqrt{x} + x + 4x\sqrt{x} + 5x^2 + 4x^3 - x^4 - x^5\right) dx$$

$$= \left[\frac{8}{3}x^{3/2} + \frac{x^2}{2} + \frac{8}{5}x^{5/2} + \frac{5}{3}x^3 + x^4 - \frac{x^5}{5} - \frac{x^6}{6}\right]_{x=0}^{1}$$

$$= \frac{106}{15} = 7.0\overline{6},$$

anschließend

$$I_2 = \int_{1}^{4} \int_{x-2}^{\sqrt{x}} 2(x+1)(y+2) \, dy \, dx$$

$$= \int_{1}^{4} (x+1) \left[(y+2)^2\right]_{y=x-2}^{\sqrt{x}} dx$$

$$= \int_{1}^{4} (x+1)\left((\sqrt{x}+2)^2 - x^2\right) dx$$

$$= \int_{1}^{4} (x+1)(4 + 4\sqrt{x} + x - x^2) \, dx$$

$$= \int_{1}^{4} \left(4 + 4\sqrt{x} + 5x + 4x\sqrt{x} - x^3\right) dx$$

$$= \left[4x + \frac{8}{3}x^{3/2} + \frac{5x^2}{2} + \frac{8}{5}x^{5/2} - \frac{x^4}{4}\right]_{x=1}^{4}$$

$$= \frac{968}{15} - \frac{631}{60} = \frac{3241}{60} = 54.01\overline{6}.$$

Das gesuchte Integral ist dann $I_1 + I_2 = 733/12 = 61.08\overline{3}$.

Lösung (111.15) Wir zerlegen D in die Teilbereiche

$$D_1 = \{(x,y) \in \mathbb{R}^2 \mid 0 \leq x \leq 1, \, 0 \leq y \leq 3 - 2x\},$$
$$D_2 = \{(x,y) \in \mathbb{R}^2 \mid 1 \leq x \leq 3, \, 0 \leq y \leq (3-x)/2\}.$$

Das gesuchte Integral ist dann gegeben als Summe $I_1 + I_2$, wobei I_k das Integral von $f(x,y) = x^3 y$ über den Bereich

D_k bezeichnet ($k = 1, 2$). Wir erhalten

$$I_1 = \iint_{D_1} x^3 y \, \mathrm{d}(x,y) = \int_0^1 \int_0^{3-2x} x^3 y \, \mathrm{d}y \, \mathrm{d}x$$

$$= \int_0^1 \left[\frac{x^3 y^2}{2}\right]_{y=0}^{3-2x} \mathrm{d}x = \int_0^1 \frac{x^3(3-2x)^2}{2} \, \mathrm{d}x$$

$$= \int_0^1 \frac{4x^5 - 12x^4 + 9x^3}{2} \mathrm{d}x = \int_0^1 \left[2x^5 - 6x^4 + \frac{9x^3}{2}\right] \mathrm{d}x$$

$$= \left[\frac{x^6}{3} - \frac{6x^5}{5} + \frac{9x^4}{8}\right]_0^1 = \frac{1}{3} - \frac{6}{5} + \frac{9}{8} = \frac{31}{120}$$

und

$$I_2 = \iint_{D_2} x^3 y \, \mathrm{d}(x,y) = \int_1^3 \int_0^{(3-x)/2} x^3 y \, \mathrm{d}y \, \mathrm{d}x$$

$$= \int_1^3 \left[\frac{x^3 y^2}{2}\right]_{y=0}^{(3-x)/2} \mathrm{d}x = \int_1^3 \frac{x^3(3-x)^2}{8} \, \mathrm{d}x$$

$$= \int_1^3 \frac{x^5 - 6x^4 + 9x^3}{8} \mathrm{d}x = \int_1^3 \left[\frac{x^5}{8} - \frac{3x^4}{4} + \frac{9x^3}{8}\right] \mathrm{d}x$$

$$= \left[\frac{x^6}{48} - \frac{3x^5}{20} + \frac{9x^4}{32}\right]_1^3$$

$$= 3^6 \left(\frac{1}{48} - \frac{1}{20} + \frac{1}{32}\right) - \left(\frac{1}{48} - \frac{3}{20} + \frac{9}{32}\right)$$

$$= \frac{3^6 - 73}{480} = \frac{656}{480} = \frac{41}{30}.$$

Das Gesamtergebnis ist dann

$$I = I_1 + I_2 = \frac{13}{8} = 1.625.$$

(Die numerischen Teilergebnisse lauten $I_1 \approx 0.258333$ und $I_2 \approx 1.36667$.)

Lösung (111.16) Wir zerlegen den Integrationsbereich D in die Teilbereiche links und rechts der y-Achse, also in

$$L = \{(x,y) \in \mathbb{R}^2 \mid -1 \leq x \leq 0,\ x^2 - 1 \leq y \leq x+1\},$$
$$R = \{(x,y) \in \mathbb{R}^2 \mid 0 \leq x \leq 1,\ x^2 - 1 \leq y \leq (x-1)^2\}.$$

Für den linken Teilbereich erhalten wir

$$\iint_L 2x^2 y \, \mathrm{d}(x,y) = \int_{-1}^0 \int_{x^2-1}^{x+1} 2x^2 y \, \mathrm{d}y \, \mathrm{d}x$$

$$= \int_{-1}^0 \left[x^2 y^2\right]_{y=x^2-1}^{x+1} = \int_{-1}^0 \left(x^2(x+1)^2 - x^2(x^2-1)^2\right) \mathrm{d}x.$$

Der Integrand läßt sich nun umformen zu

$$x^2(x+1)^2 - x^2(x+1)^2(x-1)^2$$
$$= x^2(x+1)^2(1 - (x-1)^2)$$
$$= x^2(x+1)^2(2x - x^2)$$
$$= x^3(x+1)^2(2-x)$$
$$= -x^6 + 3x^4 + 2x^3;$$

das Teilintegral links ist daher

$$I_1 = \int_{-1}^0 (-x^6 + 3x^4 + 2x^3) \, \mathrm{d}x = \left[\frac{-x^7}{7} + \frac{3x^5}{5} + \frac{x^4}{2}\right]_{-1}^0$$

und damit $I_1 = -3/70$. Für den rechten Teilbereich erhalten wir

$$\iint_R 2x^2 y \, \mathrm{d}(x,y) = \int_0^1 \int_{x^2-1}^{(x-1)^2} 2x^2 y \, \mathrm{d}y \, \mathrm{d}x$$

$$= \int_0^1 \left[x^2 y^2\right]_{y=x^2-1}^{(x-1)^2} = \int_0^1 \left(x^2(x-1)^4 - x^2(x^2-1)^2\right) \mathrm{d}x.$$

Der Integrand läßt sich umformen zu

$$x^2(x-1)^4 - x^2(x-1)^2(x+1)^2$$
$$= x^2(x-1)^2((x-1)^2 - (x+1)^2)$$
$$= x^2(x-1)^2 \cdot (-4x)$$
$$= -4x^3(x-1)^2 = -4x^5 + 8x^4 - 4x^3;$$

das Teilintegral rechts ist daher

$$I_2 = \int_0^1 (-4x^5 + 8x^4 - 4x^3) \, \mathrm{d}x = \left[\frac{-2x^6}{3} + \frac{8x^5}{5} - x^4\right]_0^1$$

und damit $I_2 = -1/15$. Das Gesamtintegral ist dann $I = I_1 + I_2 = -23/210 \approx -0.109524$.

Lösung (111.17) Da der Integrand an der Stelle $(0,0)$ eine Singularität besitzt, liegen jeweils uneigentliche Integrale vor. Wir erhalten

$$\int_0^1 f(x,y) \, \mathrm{d}x = \lim_{\varepsilon \to 0+} \int_\varepsilon^1 f(x,y) \, \mathrm{d}x$$

$$= \lim_{\varepsilon \to 0+} \left[\frac{\partial}{\partial y} \arctan\left(\frac{x}{y}\right)\right]_{x=\varepsilon}^1 = \lim_{\varepsilon \to 0+} \left[\frac{-x}{x^2 + y^2}\right]_{x=\varepsilon}^1$$

$$= \lim_{\varepsilon \to 0+} \left[\frac{-1}{y^2 + 1} + \frac{\varepsilon}{\varepsilon^2 + y^2}\right] = \frac{-1}{y^2 + 1}$$

und daher

$$\int_0^1 \left(\int_0^1 f(x,y) \, \mathrm{d}x\right) \mathrm{d}y = \int_0^1 \frac{-1}{y^2 + 1} \mathrm{d}y$$

$$= -\arctan(y)\Big|_{y=0}^1 = \frac{-\pi}{4}.$$

Andererseits gilt

$$\int_0^1 f(x,y) \, \mathrm{d}y = \lim_{\varepsilon \to 0+} \int_\varepsilon^1 f(x,y) \, \mathrm{d}y$$

$$= \lim_{\varepsilon \to 0+} \left[\frac{\partial}{\partial x} \arctan\left(\frac{x}{y}\right)\right]_{y=\varepsilon}^1 = \lim_{\varepsilon \to 0+} \left[\frac{y}{x^2 + y^2}\right]_{y=\varepsilon}^1$$

$$= \lim_{\varepsilon \to 0+} \left[\frac{1}{x^2 + 1} - \frac{\varepsilon}{\varepsilon^2 + x^2}\right] = \frac{1}{x^2 + 1}$$

und daher
$$\int_0^1 \left(\int_0^1 f(x,y)\,\mathrm{d}y\right)\mathrm{d}x = \int_0^1 \frac{1}{x^2+1}\mathrm{d}x$$
$$= \arctan(x)\Big|_{x=0}^1 = \frac{\pi}{4}.$$

Das Phänomen, daß die beiden iterierten Integrale nicht übereinstimmen, wird anhand der folgenden Überlegung klar. Nach dem Satz von Fubini gilt für alle $\varepsilon_1, \varepsilon_2 > 0$ die Gleichung

$$\iint_{[\varepsilon_1,1]\times[\varepsilon_2,1]} f(x,y)\,\mathrm{d}(x,y)$$
$$= \int_{\varepsilon_1}^1 \left(\int_{\varepsilon_2}^1 f(x,y)\,\mathrm{d}y\right)\mathrm{d}x = \int_{\varepsilon_2}^1 \left(\int_{\varepsilon_1}^1 f(x,y)\,\mathrm{d}x\right)\mathrm{d}y$$
$$= \arctan(1) - \arctan(1/\varepsilon_2) - \arctan(\varepsilon_1) + \arctan(\varepsilon_1/\varepsilon_2).$$

Der Grenzwert dieses Ausdrucks für $(\varepsilon_1, \varepsilon_2) \to (0,0)$ existiert nicht; es existieren aber die iterierten Grenzwerte $\lim_{\varepsilon_2 \to 0+} \circ \lim_{\varepsilon_1 \to 0+}$ und $\lim_{\varepsilon_1 \to 0+} \circ \lim_{\varepsilon_2 \to 0+}$, die wir oben berechneten.

Lösung (111.18) Wir führen die Substitution $(u,v) = (y/x, xy) =: \Phi(x,y)$ ein; es gilt dann $D = \Phi(U)$ mit $U := [a,b] \times [c,d]$. Die Ableitungsmatrix ist gegeben durch
$$\Phi'(x,y) = \begin{bmatrix} -y/x^2 & 1/x \\ y & x \end{bmatrix}$$

und hat die Determinante $-2y/x = -2u$; das Flächenelement in den neuen Koordinaten ist also gegeben durch
$$\mathrm{d}(u,v) = |\det \Phi'(x,y)|\,\mathrm{d}(x,y) = 2u\,\mathrm{d}(x,y).$$

Der Flächeninhalt von $D = \Phi(U)$ ist folglich gegeben durch
$$\iint_{\Phi(U)} \mathrm{d}(x,y) = \iint_U \frac{1}{2u}\mathrm{d}(u,v) = \int_a^b \int_c^d \frac{1}{2u}\mathrm{d}v\,\mathrm{d}u =$$
$$\int_a^b \frac{d-c}{2u}\mathrm{d}u = \frac{d-c}{2}(\ln(b) - \ln(a)) = \frac{d-c}{2}\ln\left(\frac{b}{a}\right).$$

Wir beobachten, daß für $[a,b] = [u, u+\mathrm{d}u]$ und $[c,d] = [v, v+\mathrm{d}v]$ (also für ein "infinitesimal kleines Flächenstück" U an der Stelle (u,v)) dieser Ausdruck wegen $\ln(1+\xi) \approx \xi$ (Taylorentwicklung erster Ordnung!) übergeht in

$$\frac{\mathrm{d}v}{2}\ln\left(1 + \frac{\mathrm{d}u}{u}\right) = \frac{\mathrm{d}v}{2}\frac{\mathrm{d}u}{u} = \frac{1}{2u}\mathrm{d}(u,v);$$

dies unterstreicht die in (111.20)(a) des Buches erwähnte Interpretation der Differentiale $\mathrm{d}(x,y)$ und $\mathrm{d}(u,v) = 3u\,\mathrm{d}(x,y)$ als "Volumenelemente" (hier Flächenelemente).

Lösung (111.19) Wir führen die Substitution $(u,v) = (x^2+y^2, x^2-y^2) =: \Phi(x,y)$ ein; es gilt dann $D = \Phi(U)$ mit $U := [4,9] \times [1,4]$. Die Ableitungsmatrix ist gegeben durch
$$\Phi'(x,y) = \begin{bmatrix} 2x & 2y \\ 2x & -2y \end{bmatrix}$$

und hat die Determinante $-8xy = -4\sqrt{u^2-v^2}$; das Flächenelement in den neuen Koordinaten ist also gegeben durch
$$\mathrm{d}(u,v) = |\det \Phi'(x,y)|\,\mathrm{d}(x,y) = 4\sqrt{u^2-v^2}\,\mathrm{d}(x,y).$$

Der Flächeninhalt von $D = \Phi(U)$ ist folglich gegeben durch
$$F := \iint_{\Phi(U)} \mathrm{d}(x,y) = \iint_U \frac{1}{4\sqrt{u^2-v^2}}\mathrm{d}(u,v)$$
$$= \int_4^9 \int_1^4 \frac{1}{4\sqrt{u^2-v^2}}\mathrm{d}v\,\mathrm{d}u$$
$$= \int_4^9 \left[\frac{1}{4}\arctan\left(\frac{v}{\sqrt{u^2-v^2}}\right)\right]_{v=1}^4 \mathrm{d}u,$$

also $F = (1/4)\int_4^9 \varphi(u)\,\mathrm{d}u$ mit
$$\varphi(u) = \arctan\left[\frac{4}{\sqrt{u^2-16}}\right] - \arctan\left[\frac{1}{\sqrt{u^2-1}}\right].$$

Eine Stammfunktion von φ ist gegeben durch
$$\Phi(u) = u\arctan\left(\frac{4}{\sqrt{u^2-16}}\right) + 4\ln\left(u+\sqrt{u^2-16}\right)$$
$$- u\arctan\left(\frac{1}{\sqrt{u^2-1}}\right) - \ln\left(u+\sqrt{u^2-1}\right);$$

folglich gilt $F = (\Phi(9) - \Phi(4))/4$, also
$$F = \frac{9}{4}\arctan\left(\frac{4}{\sqrt{65}}\right) + \ln(9+\sqrt{65})$$
$$- \frac{9}{4}\arctan\left(\frac{1}{\sqrt{80}}\right) - \frac{1}{4}\ln(9+\sqrt{80})$$
$$- \frac{\pi}{2} - \ln(4) + \arctan\left(\frac{1}{\sqrt{15}}\right) + \frac{1}{4}\ln(4+\sqrt{15}).$$

Der numerische Wert beträgt etwa $F \approx 0.712229$.

Lösung (111.20) Die Grenzen des Parallelogramms legen die Substitution nahe, die durch $u = x+y$ und $v = 2x-y$ gegeben ist, also durch
$$\begin{bmatrix} u \\ v \end{bmatrix} = \begin{bmatrix} 1 & 1 \\ 2 & -1 \end{bmatrix}\begin{bmatrix} x \\ y \end{bmatrix} \quad \text{bzw.} \quad \begin{bmatrix} x \\ y \end{bmatrix} = \frac{1}{3}\begin{bmatrix} 1 & 1 \\ 2 & -1 \end{bmatrix}\begin{bmatrix} u \\ v \end{bmatrix};$$

die Grenzen lauten dann einfach $0 \leq u \leq 1$ und $0 \leq v \leq 3$. Das Flächenelement ist

$$d(x,y) = \left|\det\left(\frac{\partial(x,y)}{\partial(u,v)}\right)\right| d(u,v) = \frac{1}{3} d(u,v).$$

Damit erhalten wir

$$\iint_D (x+y)^2 d(x,y) = \int_0^1 \int_0^3 u^2 \cdot \frac{1}{3} dv\, du$$

$$= \int_0^1 \left[\frac{u^2 v}{3}\right]_{v=0}^3 du = \int_0^1 u^2\, du = \left.\frac{u^3}{3}\right|_{u=0}^1 = \frac{1}{3}.$$

Lösung (111.21) Die angegebene (lineare) Substitution bildet das Dreieck mit den Ecken $(0,0)$, $(1,0)$ und $(0,1)$ ab auf das Dreieck mit den Ecken $(0,0)$, $(1,1)$ und $(-1,1)$, also auf

$$\Delta := \{(u,v) \in \mathbb{R}^2 \mid 0 \leq v \leq 1,\ -v \leq u \leq v\}.$$

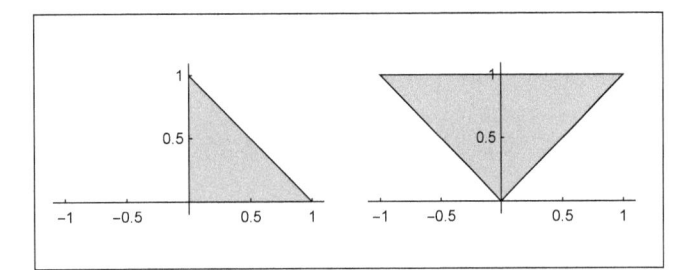

Wegen

$$\begin{bmatrix} u \\ v \end{bmatrix} = \begin{bmatrix} 1 & -1 \\ 1 & 1 \end{bmatrix} \begin{bmatrix} x \\ y \end{bmatrix}$$

gilt $d(u,v) = 2\, d(x,y)$. Das gesuchte Integral ist daher

$$\iint_D \cos\left(\frac{x-y}{x+y}\right) d(x,y) = \iint_\Delta \cos\left(\frac{u}{v}\right) \cdot \frac{d(u,v)}{2}$$

$$= \frac{1}{2} \int_0^1 \int_{-v}^v \cos\left(\frac{u}{v}\right) du\, dv = \frac{1}{2} \int_0^1 \left[v \sin\left(\frac{u}{v}\right)\right]_{u=-v}^v dv$$

$$= \int_0^1 v \sin(1)\, dv = \left[\sin(1) \frac{v^2}{2}\right]_{v=0}^1 = \frac{\sin(1)}{2};$$

der numerischer Wert ist etwa 0.420735.

Lösung (111.22) Der Integrationsbereich D besteht aus allen Punkten $(x,y) \in \mathbb{R}^2$ mit $y^2 - 4 \leq 4x \leq 4 - y^2$ und $y \geq 0$.

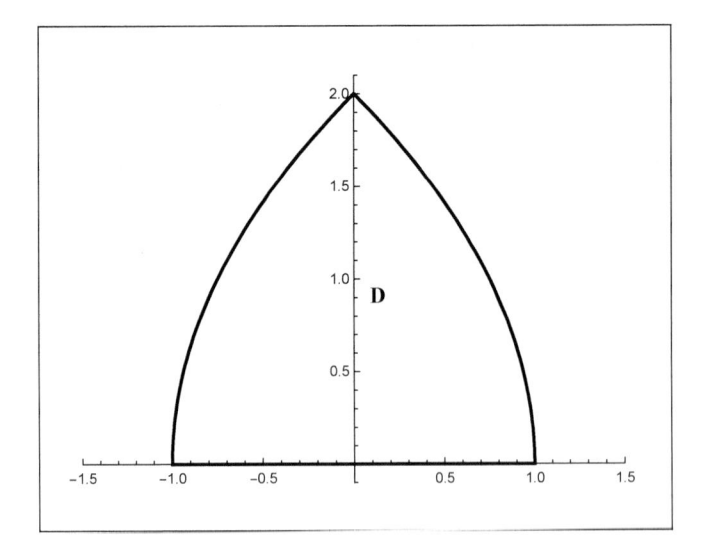

Mit der durch $x = u^2 - v^2$ und $y = 2uv$ angegebenen Substitution gehen diese Bedingungen über in $4u^2v^2 - 4 \leq 4u^2 - 4v^2 \leq 4 - 4u^2v^2$ und $2uv \geq 0$, also

$$u^2v^2 - 1 \leq u^2 - v^2 \leq 1 - u^2v^2 \quad \text{und} \quad uv \geq 0.$$

Die ersten beiden Bedingungen lassen sich umschreiben als

$$0 \geq u^2v^2 - u^2 + v^2 - 1 = (u^2+1)(v^2-1),$$
$$0 \geq u^2v^2 + u^2 - v^2 - 1 = (u^2-1)(v^2+1)$$

und damit $|v| \leq 1$ und $|u| \leq 1$. Wegen $uv \geq 0$ müssen u und v gleiches Vorzeichen haben. Unter der angegebenen Substitution wird daher jede der Mengen $[0,1] \times [0,1]$ und $[-1,0] \times [-1,0]$ auf D abgebildet; wir nehmen als neuen Integrationsbereich die erste dieser beiden Mengen. Wegen

$$d(x,y) = \left|\begin{matrix} 2u & -2v \\ 2v & 2u \end{matrix}\right| d(u,v) = 4(u^2+v^2)\, d(u,v)$$

ergibt sich

$$\iint_D y\, d(x,y) = \int_{[0,1]\times[0,1]} 2uv \cdot 4(u^2+v^2)\, d(u,v)$$

$$= \int_0^1 \int_0^1 (8u^3v + 8uv^3)\, dv\, du = \int_0^1 \left[4u^3v^2 + 2uv^4\right]_{v=0}^1 du$$

$$= \int_0^1 (4u^3 + 2u)\, du = \left[u^4 + u^2\right]_{u=0}^1 = 2.$$

Lösung (111.23) In Polarkoordinaten $x = r\cos\varphi$ und $y = r\sin\varphi$ ist der Integrationsbereich gegeben durch $0 \leq r \leq R$ und $0 \leq \varphi \leq 2\pi$. Mit

$$d(x,y) = \left|\det \frac{\partial(x,y)}{\partial(r,\varphi)}\right| d(r,\varphi)$$

$$= \det \begin{bmatrix} \cos\varphi & -r\sin\varphi \\ \sin\varphi & r\cos\varphi \end{bmatrix} d(r,\varphi) = r\, d(r,\varphi)$$

erhalten wir
$$\iint_D e^{-(x^2+y^2)} \mathrm{d}(x,y) = \int_0^R \int_0^{2\pi} e^{-r^2} \cdot r \, \mathrm{d}\varphi \, \mathrm{d}r$$
$$= \int_0^R 2\pi r e^{-r^2} \mathrm{d}r = \left[-\pi e^{-r^2}\right]_{r=0}^R = \pi - \pi e^{-R^2}.$$

Für $R \to \infty$ ergibt sich hieraus
$$\pi = \iint_{\mathbb{R}^2} e^{-(x^2+y^2)} \mathrm{d}(x,y) = \int_{-\infty}^{\infty} \int_{-\infty}^{\infty} e^{-x^2} e^{-y^2} \mathrm{d}y \, \mathrm{d}x$$

und damit $\pi = \left(\int_{-\infty}^{\infty} e^{-u^2} \mathrm{d}u\right)^2$, also $\int_{-\infty}^{\infty} e^{-u^2} \mathrm{d}u = \sqrt{\pi}$.

Lösung (111.24) Zu berechnen ist das Volumen der Menge
$$B := \{(x,y,z) \in \mathbb{R}^3 \mid x^2 + y^2 + z^2 \leq 1, \, z \geq \sqrt{x^2+y^2}\}.$$

(a) Wir benutzen Zylinderkoordinaten $x = r\cos(\varphi)$, $y = r\sin(\varphi)$ mit $\mathrm{d}(x,y,z) = r \, \mathrm{d}(r,\varphi,z)$. Die definierenden Bedingungen $x^2 + y^2 + z^2 \leq 1$ und $z \geq \sqrt{x^2+y^2}$ lauten dann $r^2 + z^2 \leq 1$ und $z \geq r$, also $r \leq z \leq \sqrt{1-r^2}$. Dann gilt notwendigerweise $r^2 \leq 1 - r^2$ und damit $r^2 \leq 1/2$. In Zylinderkoordinaten ist also B gegeben durch die Grenzen $0 \leq r \leq 1/\sqrt{2}$ und $r \leq z \leq \sqrt{1-r^2}$, während für $\varphi \in [0, 2\pi)$ keine Einschränkung vorliegt. Das Volumen von B ist daher
$$\iiint_B \mathrm{d}(x,y,z) = \int_0^{1/\sqrt{2}} \int_r^{\sqrt{1-r^2}} \int_0^{2\pi} r \, \mathrm{d}\varphi \, \mathrm{d}z \, \mathrm{d}r$$
$$= 2\pi \int_0^{1/\sqrt{2}} \left(r\sqrt{1-r^2} - r^2\right) \mathrm{d}r$$
$$= 2\pi \left[\frac{-1}{3}(1-r^2)^{3/2} - \frac{r^3}{3}\right]_{r=0}^{1/\sqrt{2}}$$
$$= 2\pi \left(\frac{1}{3} - \frac{1}{3\sqrt{2}}\right) = \frac{2\pi}{3\sqrt{2}}(\sqrt{2}-1) \approx 0.613434.$$

(b) Wir benutzen Kugelkoordinaten $x = r\cos(\varphi)\cos(\theta)$, $y = r\sin(\varphi)\cos(\theta)$, $z = r\sin(\theta)$ mit dem Volumenelement $\mathrm{d}(x,y,z) = r^2 \cos(\theta) \, \mathrm{d}(r,\varphi,\theta)$. Die definierenden Bedingungen $x^2 + y^2 + z^2 \leq 1$ und $z \geq \sqrt{x^2+y^2}$ lauten dann $r^2 \leq 1$ und $r\sin(\theta) \geq r\cos(\theta)$, also $r \leq 1$ und $\tan(\theta) \geq 1$. In Kugelkoordinaten ist also B gegeben durch die Grenzen $0 \leq r \leq 1$ und $\pi/4 \leq \theta \leq \pi/2$, während für $\varphi \in [0, 2\pi)$ keine Einschränkung vorliegt. Das Volumen von B ist daher
$$\iiint_B \mathrm{d}(x,y,z) = \int_0^1 \int_{\pi/4}^{\pi/2} \int_0^{2\pi} r^2 \cos(\theta) \, \mathrm{d}\varphi \, \mathrm{d}\theta \, \mathrm{d}r$$
$$= 2\pi \int_0^1 \left[r^2 \sin(\theta)\right]_{\theta=\pi/4}^{\pi/2} \mathrm{d}r$$
$$= 2\pi \int_0^1 r^2 (1 - 1/\sqrt{2}) \, \mathrm{d}r = 2\pi(1 - 1/\sqrt{2}) \int_0^1 r^2 \, \mathrm{d}r$$
$$= 2\pi(1 - 1/\sqrt{2})\left[\frac{r^3}{3}\right]_{r=0}^1 = \frac{2\pi}{3\sqrt{2}}(\sqrt{2}-1).$$

Lösung (111.25) Der Integrationsbereich ist gegeben durch die Bedingungen $\sqrt{x^2+y^2} \leq z \leq \sqrt{4-x^2-y^2}$; diese lauten in Zylinderkoordinaten einfach $r \leq z \leq \sqrt{4-r^2}$. (Insbesondere ist dann $r^2 \leq 4 - r^2$, also $r^2 \leq 2$ und damit $0 \leq r \leq \sqrt{2}$.) Wegen $\mathrm{d}(x,y,z) = r \, \mathrm{d}(r,\varphi,z)$ ergibt sich das gesuchte Volumen daher zu
$$V = \int_0^{2\pi} \int_0^{\sqrt{2}} \int_r^{\sqrt{4-r^2}} r \, \mathrm{d}z \, \mathrm{d}r \, \mathrm{d}\varphi$$
$$= \int_0^{2\pi} \int_0^{\sqrt{2}} \left[rz\right]_{z=r}^{\sqrt{4-r^2}} \mathrm{d}r \, \mathrm{d}\varphi$$
$$= \int_0^{2\pi} \int_0^{\sqrt{2}} \left(r\sqrt{4-r^2} - r^2\right) \mathrm{d}r \, \mathrm{d}\varphi$$
$$= \int_0^{2\pi} \left[\frac{-(4-r^2)^{3/2}}{3} - \frac{r^3}{3}\right]_{r=0}^{\sqrt{2}} \mathrm{d}\varphi$$
$$= \int_0^{2\pi} \frac{8 - 4\sqrt{2}}{3} \mathrm{d}\varphi = 2\pi \cdot \frac{8 - 4\sqrt{2}}{3}$$
$$= \frac{8\pi}{3} \cdot (2 - \sqrt{2}) \approx 4.90747.$$

Lösung (111.26) Wir zeigen zunächst, daß Ψ das Quadrat Q in das Dreieck Δ abbildet. Es sei $(x,y) \in Q$; dann gilt $\Psi(x,y) = (a,b)$ mit

(1) $\quad a = \arctan \dfrac{x\sqrt{1-y^2}}{\sqrt{1-x^2}}, \quad b = \arctan \dfrac{y\sqrt{1-x^2}}{\sqrt{1-y^2}}.$

Offensichtlich haben wir $0 < a < \pi/2$ und $0 < b < \pi/2$, folglich $a + b < \pi$. Um die Bedingung $a + b < \pi/2$ nachzuweisen, genügt es zu zeigen, daß $\tan(a+b) > 0$ gilt. Dies folgt aber aus der Gleichung
$$\tan(a+b) = \frac{\tan(a) + \tan(b)}{1 - \tan(a)\tan(b)} = \frac{x+y}{\sqrt{1-x^2} \cdot \sqrt{1-y^2}},$$
die sich unmittelbar durch Einsetzen von (1) ergibt. Aus (1) folgen aufgrund der für $0 < \varphi < \pi/2$ gültigen Formeln
$$\sin(\varphi) = \frac{\tan(\varphi)}{\sqrt{1+\tan(\varphi)^2}} \quad \text{und} \quad \cos(\varphi) = \frac{1}{\sqrt{1+\tan(\varphi)^2}}$$
die Gleichungen
$$\sin(a) = \frac{x\sqrt{1-y^2}}{\sqrt{1-x^2 y^2}}, \quad \cos(a) = \frac{\sqrt{1-x^2}}{\sqrt{1-x^2 y^2}},$$
$$\sin(b) = \frac{y\sqrt{1-x^2}}{\sqrt{1-x^2 y^2}}, \quad \cos(b) = \frac{\sqrt{1-y^2}}{\sqrt{1-x^2 y^2}}$$
und damit sowohl $\sin(a)/\cos(b) = x$ als auch $\sin(b)/\cos(a) = y$. Für alle $(x,y) \in Q$ gilt also $\Phi(\Psi(x,y)) = (x,y)$. Umgekehrt wollen wir zeigen, daß das Dreieck Δ von Φ in das Quadrat Q abgebildet wird. Dazu sei $(a,b) \in \Delta$; dann gilt $\Phi(a,b) = (x,y)$ mit

(2) $\quad x = \dfrac{\sin(a)}{\cos(b)} \quad \text{und} \quad y = \dfrac{\sin(b)}{\cos(a)}.$

Offensichtlich haben wir $x, y > 0$; andererseits gilt auch $x, y < 1$, wie man sofort erkennt, indem man das Minimum der Funktion $(u, v) \mapsto \cos(u) - \sin(v)$ auf der kompakten Menge $\overline{\Delta}$ ermittelt. Also wird Δ von Φ in Q abgebildet. Unmittelbar durch Einsetzen von (2) ergeben sich ferner die Formeln

$$\frac{x\sqrt{1-y^2}}{\sqrt{1-x^2}} = \tan(a) \quad \text{und} \quad \frac{y\sqrt{1-x^2}}{\sqrt{1-y^2}} = \tan(b);$$

für alle $(a, b) \in \Delta$ gilt also $\Psi(\Phi(a, b)) = (a, b)$. Damit ist gezeigt, daß Φ und Ψ zueinander inverse Bijektionen sind. Daß es sich um (orientierungserhaltende) Diffeomorphismen handelt, erkennt man anhand der Ableitungen

$$\Phi'(a,b) = \begin{bmatrix} \dfrac{\cos(a)}{\cos(b)} & \dfrac{\sin(a)\sin(b)}{\cos(b)^2} \\ \dfrac{\sin(a)\sin(b)}{\cos(a)^2} & \dfrac{\cos(b)}{\cos(a)} \end{bmatrix} \quad \text{und}$$

$$\Psi'(x,y) = \frac{1}{1-x^2y^2} \begin{bmatrix} \dfrac{\sqrt{1-y^2}}{\sqrt{1-x^2}} & \dfrac{-xy\sqrt{1-x^2}}{\sqrt{1-y^2}} \\ \dfrac{-xy\sqrt{1-y^2}}{\sqrt{1-x^2}} & \dfrac{\sqrt{1-x^2}}{\sqrt{1-y^2}} \end{bmatrix},$$

deren Determinante jeweils positiv ist. Die folgenden Abbildungen veranschaulichen die Wirkung der beiden Diffeomorphismen.

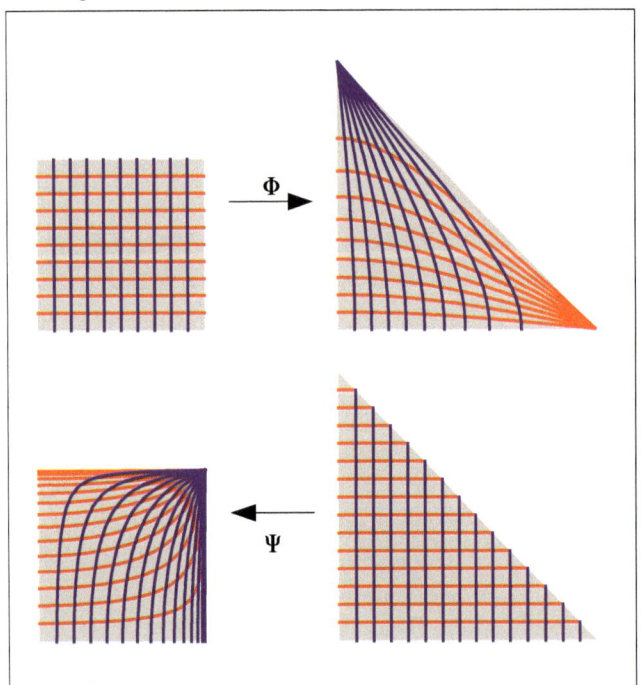

Lösung (III.27) Wir legen ein kartesisches Koordinatensystem so, daß der Nullpunkt mit der Bleistiftspitze zusammenfällt, die negative z-Achse die Symmetrieachse des Stiftes ist und die x-Achse senkrecht auf einer der Seitenflächen des Bleistifts steht. Ferner bezeichnen wir mit $a = R \cos(30^0) = R\sqrt{3}/2$ den halben Abstand zwischen zwei gegenüberliegenden Seitenflächen des (ungespitzten Teil des) Bleistifts.

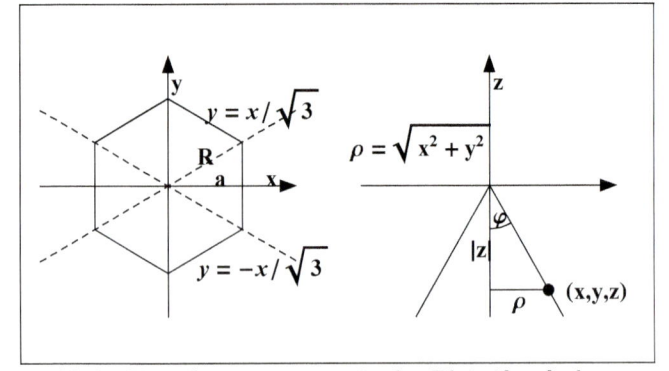

Wahl des Koordinatensystems in der Bleistiftaufgabe.

Das beim Spitzen entfernte Volumen ist dann das Sechsfache des Volumens der Menge aller Punkte $(x, y, z) \in \mathbb{R}^3$, die die Bedingungen

$$0 \leq x \leq a, \quad \frac{-x}{\sqrt{3}} \leq y \leq \frac{x}{\sqrt{3}}, \quad \frac{-\sqrt{x^2+y^2}}{\tan(\varphi)} \leq z \leq 0$$

erfüllen. Es gilt also

$$V = 6 \int_0^a \int_{-x/\sqrt{3}}^{x/\sqrt{3}} \int_{-\sqrt{x^2+y^2}/\tan(\varphi)}^0 \mathrm{d}z\, \mathrm{d}y\, \mathrm{d}x$$

$$= 6 \int_0^a \int_{-x/\sqrt{3}}^{x/\sqrt{3}} \frac{\sqrt{x^2+y^2}}{\tan(\varphi)} \mathrm{d}y\, \mathrm{d}x$$

$$= \frac{12}{\tan(\varphi)} \int_0^a \int_0^{x/\sqrt{3}} \sqrt{x^2+y^2}\, \mathrm{d}y\, \mathrm{d}x$$

$$= \frac{12}{\tan(\varphi)} \int_0^a \left[\frac{y\sqrt{x^2+y^2}}{2} + \frac{x^2}{2} \ln(y+\sqrt{x^2+y^2}) \right]_{y=0}^{x/\sqrt{3}} \mathrm{d}x$$

$$= \frac{6}{\tan(\varphi)} \int_0^a \left(\frac{2x^2}{3} + x^2 \ln(\sqrt{3}\, x) - x^2 \ln(x) \right) \mathrm{d}x$$

$$= \frac{6}{\tan(\varphi)} \int_0^a \left(\frac{2x^2}{3} + x^2 \ln(\sqrt{3}) \right) \mathrm{d}x$$

$$= \frac{6}{\tan(\varphi)} \cdot \left(\frac{2}{3} + \frac{\ln(3)}{2} \right) \int_0^a x^2\, \mathrm{d}x$$

$$= \frac{4 + 3\ln(3)}{\tan(\varphi)} \cdot \frac{a^3}{3} = \frac{4 + 3\ln(3)}{3\tan(\varphi)} \cdot \frac{3\sqrt{3} R^3}{8}$$

$$= \frac{\sqrt{3}(4 + 3\ln(3))}{8 \tan(\varphi)} \cdot R^3.$$

Lösung (III.28) Wir wählen ein kartesisches Koordinatensystem mit dem Tassenmittelpunkt als Ursprung, dessen z-Achse die Symmetrieachse des Zylinders ist und für das der Punkt A, an dem der Kaffee den Mund berührt, gegeben ist durch $A = (r, 0, -h/2)$. Der Tassenrand ist dann gegeben durch die Zylindergleichung $x^2 + y^2 = r^2$, und die Menge der Punkte, an denen der Flüssigkeitsspiegel den Boden der Tasse berührt, ist die Strecke zwischen den Punkten $P = (0, -r, h/2)$ und $Q = (0, r, h/2)$; siehe die folgende Skizze.

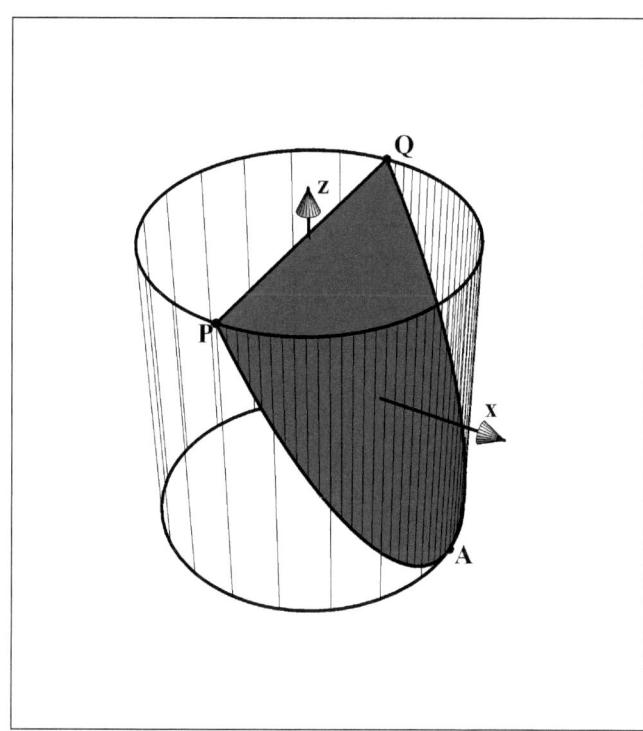

Wahl des Koordinatensystems in der Kaffeetassenaufgabe.

Der Flüssigkeitsspiegel ist dann der Durchschnitt des Tasseninnern mit der Ebene durch A, P und Q; diese Ebene ist gegeben durch die Gleichung $hx + rz = hr/2$. Der Kaffee füllt also genau dasjenige Volumen aus, das durch die Bedingungen

$$-\frac{h}{2} < z < \frac{h}{2},$$
$$r \cdot \frac{h-2z}{2h} \leq x \leq r,$$
$$-\sqrt{r^2 - x^2} \leq y \leq \sqrt{r^2 - x^2}$$

gegeben ist. Der Volumeninhalt ist daher

$$V = \int_{-h/2}^{h/2} \int_{r(h-2z)/(2h)}^{r} \int_{-\sqrt{r^2-x^2}}^{\sqrt{r^2-x^2}} dy \, dx \, dz$$
$$= \int_{-h/2}^{h/2} \int_{r(h-2z)/(2h)}^{r} 2\sqrt{r^2 - x^2} \, dx \, dz.$$

An dieser Stelle bietet sich die Substitution

$$\Big|_1^0 u = \frac{h-2z}{2h} \Big|_{-h/2}^{h/2} \quad \text{mit} \quad dz = -h \, du$$

an, mit der das gesuchte Integral übergeht in

$$V = \int_0^1 \int_{ru}^r 2\sqrt{r^2 - x^2} \, dx \, h \, du$$
$$= \int_0^1 \left[r^2 \arcsin(x/r) + x\sqrt{r^2 - x^2} \right]_{x=ru}^r h \, du$$
$$= \int_0^1 \left(\frac{r^2 \pi}{2} - r^2 \arcsin(u) - r^2 u \sqrt{1-u^2} \right) h \, du$$
$$= r^2 h \int_0^1 \left(\frac{\pi}{2} - \arcsin(u) - u\sqrt{1-u^2} \right) du$$
$$= r^2 h \left[\frac{\pi u}{2} - u \arcsin(u) - \sqrt{1-u^2} + \frac{(1-u^2)^{3/2}}{3} \right]_{u=0}^1$$
$$= r^2 h \left(\frac{\pi}{2} - \frac{\pi}{2} + 1 - \frac{1}{3} \right) = \frac{2r^2 h}{3}.$$

Es ergibt sich

$$\frac{V_{\text{Kaffee}}}{V_{\text{Tasse}}} = \frac{2r^2 h/3}{\pi r^2 h} = \frac{2}{3\pi} \approx 0.212207.$$

In dem fraglichen Moment macht der Kaffee also rund 21 Prozent des Tassenvolumens aus.

Lösung (111.29) (a) Die angegebene Substitution liefert $du_1 = (-u_2/v^2) \, dv$, und die Grenzen 0 und $1-s-u_2$ für u_1 gehen über in die Grenzen 1 und $u_2/(1-s)$ für v. Das angegebene Integral nimmt dann die Form

$$\int_0^{1-s} \int_{u_2/(1-s)}^1 f\left(s + \frac{u_2}{v}\right) u_2^{a_1-1} \left(\frac{1-v}{v}\right)^{a_1-1} u_2^{a_2-1} \frac{u_2}{v^2} \, dv \, du_2$$
$$= \int_0^{1-s} \int_{u_2/(1-s)}^1 f\left(s + \frac{u_2}{v}\right) u_2^{a_1+a_2-1} (1-v)^{a_1-1} v^{-a_1-1} \, dv \, du_2$$

an. Bei Vertauschung der Integrationsreihenfolge gehen die Grenzen $0 \leq u_2 \leq 1-s$ und $u_2/(1-s) \leq v \leq 1$ über in die Grenzen $0 \leq v \leq 1$ und $0 \leq u_2 \leq v(1-s)$, und es ergibt sich

$$\int_0^1 \int_0^{v(1-s)} f\left(s + \frac{u_2}{v}\right) u_2^{a_1+a_2-1} (1-v)^{a_1-1} v^{-a_1-1} \, du_2 \, dv.$$

Nun substituieren wir im inneren Integral die Integrationsvariable u_2 durch die neue Variable $\widehat{u} := u_2/v$ (mit $du_2 = v \, d\widehat{u}$) und erhalten

$$\int_0^1 \int_0^{1-s} f\left(s + \widehat{u}\right) (v\widehat{u})^{a_1+a_2-1} (1-v)^{a_1-1} v^{-a_1-1} v \, d\widehat{u} \, dv$$
$$= \int_0^1 \int_0^{1-s} f\left(s + \widehat{u}\right) \widehat{u}^{a_1+a_2-1} (1-v)^{a_1-1} v^{a_2-1} \, d\widehat{u} \, dv$$
$$= B(a_1, a_2) \cdot \int_0^{1-s} f\left(s + \widehat{u}\right) \widehat{u}^{a_1+a_2-1} \, d\widehat{u}.$$

(b) Das angegebene Integral läßt sich als iteriertes Integral
$$\int_0^1 \int_0^{1-u_n} \cdots \int_0^{1-(u_n+\cdots+u_2)} \star\star\star\, du_1\, du_2 \cdots du_n$$
schreiben (wobei die Sterne den Integranden bezeichnen). Mit $s := u_3 + \cdots + u_n$ lauten die beiden innersten Integrale (nach Herausziehen der Faktoren $u_k^{a_k-1}$ mit $k \geq 3$) gerade
$$\int_0^{1-s} \int_0^{1-s-u_2} f(s+u_2+u_1)\, u_1^{a_1-1} u_2^{a_2-1}\, du_1\, du_2;$$
dies ist genau das in (a) berechnete Integral. Setzen wir das Ergebnis aus (a) ein, entsteht (bis auf den Faktor $B(a_1, a_2)$) statt eines n-fachen Integrals ein $(n-1)$-faches Integral, das aber von exakt der gleichen Bauart ist wie das ursprüngliche Integral. Iteration liefert dann die Behauptung.

(c) Für $1 \leq i \leq n$ substituieren wir $u_i = x_i^{r_i}$, also $x_i = u_i^{a_i}$, und erhalten das Volumen
$$\int_K dx = \int_S \det\left(\frac{\partial x}{\partial u}\right) du =$$
$$\int_S a_1 u_1^{a_1-1} \cdots a_n u_n^{a_n-1}\, d(u_1, \ldots, u_n).$$

Dies ist mit der konstanten Funktion $f(u_1, \ldots, u_n) := a_1 \cdots a_n$ genau das in Teil (b) berechnete Integral. Anwendung von (b) liefert dann
$$\operatorname{vol}(K) = a_1 \cdots a_n \cdot \frac{\Gamma(a_1) \cdots \Gamma(a_n)}{\Gamma(a_1 + \cdots + a_n)} \int_0^1 \xi^{a_1+\cdots+a_n-1} d\xi$$
$$= a_1 \cdots a_n \cdot \frac{\Gamma(a_1) \cdots \Gamma(a_n)}{\Gamma(a_1 + \cdots + a_n)} \cdot \frac{1}{a_1 + \cdots + a_n}$$
$$= \frac{a_1 \Gamma(a_1) \cdots a_n \Gamma(a_n)}{(a_1 + \cdots + a_n)\Gamma(a_1 + \cdots + a_n)}$$
$$= \frac{\Gamma(1+a_1) \cdots \Gamma(1+a_n)}{\Gamma(1+a_1+\cdots+a_n)}$$
$$= \frac{\Gamma(1+1/r_1) \cdots \Gamma(1+1/r_n)}{\Gamma(1+1/r_1+\cdots+1/r_n)}.$$

(d) Der gesuchte Flächeninhalt F ist viermal so groß wie derjenige der Menge $K := \{(x,y) \in \mathbb{R}^2 \mid x, y \geq 0, x^4 + y^4 \leq 1\}$, der nach Teil (c) gegeben ist durch $\Gamma(5/4)^2/\Gamma(3/2)$; wegen $\Gamma(5/4) = \Gamma(1/4)/4$ und $\Gamma(3/2) = \Gamma(1/2)/2$ ist dies gerade $\Gamma(1/4)^2/(8\Gamma(1/2))$. Also gilt
$$F = \frac{\Gamma(1/4)^2}{2\Gamma(1/2)} \approx 3.70815.$$

Lösung (111.30) Wir schreiben
$$I := \int_0^1 \left(\int_{-1}^1 \frac{1}{1+xy}\, dx\right) dy$$

und erhalten zunächst
$$I = \int_0^1 \int_{-1}^1 \sum_{k=0}^\infty (-xy)^k dx\, dy = \int_0^1 \left[\sum_{n=0}^\infty (-y)^n \frac{x^{n+1}}{n+1}\right]_{x=-1}^1 dy$$
$$= \int_0^1 2\sum_{k=0}^\infty \frac{y^{2k}}{2k+1} dy = \left[2\sum_{k=0}^\infty \frac{y^{2k+1}}{(2k+1)^2}\right]_{y=0}^1 = 2\sum_{k=0}^\infty \frac{1}{(2k+1)^2}.$$

Andererseits können wir beim inneren Integral die Substitution $u = x + y(x^2-1)/2$ mit $du = (1+xy)\, dx$ durchführen, bei der die Grenzen $-1 \leq x \leq 1$ in die Grenzen $-1 \leq u \leq 1$ übergehen. Die Gleichung $u = x + y(x^2-1)/2$ ist äquivalent zu $x^2 + 2x/y - (2u+y)/y = 0$, also zu $x = (-1 \pm \sqrt{y^2+2uy+1})/y$ bzw. $1+xy = \pm\sqrt{y^2+2uy+1}$. Wegen $-1 < x < 1$ und $0 < y < 1$ ist $1 + xy > 0$, so daß das negative Vorzeichen vor der Wurzel entfällt. Wir erhalten also
$$\int_{-1}^1 \frac{dx}{1+xy} = \int_{-1}^1 \frac{du}{(1+xy)^2} = \int_{-1}^1 \frac{du}{y^2+2uy+1}.$$

Wir erhalten also
$$I = \int_0^1 \int_{-1}^1 \frac{du}{y^2+2uy+1}\, dy = \int_{-1}^1 \int_0^1 \frac{dy}{y^2+2uy+1}\, du$$
$$= \int_{-1}^1 \left[\frac{1}{\sqrt{1-u^2}} \arctan\left(\frac{y+u}{\sqrt{1-u^2}}\right)\right]_{y=0}^1 du$$
$$= \int_{-1}^1 \frac{1}{\sqrt{1-u^2}} \arctan\left(\frac{1+u}{\sqrt{1-u^2}}\right) du,$$

wobei wir den ausintegrierten Bestandteil für $y = 0$ weglassen durften, weil dieser die punktsymmetrische Funktion $u \mapsto \arctan(u/\sqrt{1-u^2})/\sqrt{1-u^2}$ ergibt, die bei Integration über das Intervall $-1 \leq u \leq 1$ keinen Beitrag liefert. Substituieren wir nun $u = -\cos(2\varphi)$ mit $du = 2\sin(2\varphi)\, d\varphi$, bei der die Grenzen $-1 \leq u \leq 1$ in die Grenzen $0 \leq \varphi \leq \pi/2$ übergehen, so wird das betrachtete Integral zu
$$I = \int_0^{\pi/2} \frac{1}{\sin(2\varphi)} \arctan\left(\frac{1-\cos(2\varphi)}{\sqrt{1-\cos(2\varphi)^2}}\right) 2\sin(2\varphi)\, d\varphi$$
$$= \int_0^{\pi/2} 2\arctan\sqrt{\frac{1-\cos(2\varphi)}{1+\cos(2\varphi)}}\, d\varphi = \int_0^{\pi/2} 2\varphi\, d\varphi = \frac{\pi^2}{4},$$

wobei wir im vorletzten Schritt die Identität
$$\tan(\varphi)^2 = \frac{1-\cos(2\varphi)}{1+\cos(2\varphi)}$$

benutzten. Vergleich der beiden erhaltenen Ergebnisse für I liefert die Gleichung
$$\sum_{k=0}^\infty \frac{1}{(2k+1)^2} = \frac{\pi^2}{8}.$$

Aus dieser Gleichung folgt

$$S := \sum_{n=1}^{\infty} \frac{1}{n^2} = \sum_{k=1}^{\infty} \frac{1}{(2k)^2} + \sum_{k=0}^{\infty} \frac{1}{(2k+1)^2}$$
$$= \frac{1}{4} \sum_{k=1}^{\infty} \frac{1}{k^2} + \sum_{k=0}^{\infty} \frac{1}{(2k+1)^2} = \frac{1}{4} S + \frac{\pi^2}{8}$$

und damit $(3/4)S = \pi^2/8$, folglich $S = (4/3) \cdot (\pi^2/8) = \pi^2/6$.

Lösung (111.31) Allgemein gilt für eine radiale Funktion $f(x) = g(\|x\|)$ die Formel

$$\int_{\mathbb{R}^n} f(x)\,dx = \omega_{n-1} \int_0^\infty g(r) r^{n-1}\,dr,$$

wenn $\omega_{n-1} = 2\pi^{n/2}/\Gamma(n/2)$ den Hyperflächeninhalt der n-Sphäre bezeichnet. Es folgt daher, wenn wir noch die Substitution $u = \ln r$ durchführen, die Gleichung

$$\int_{\mathbb{R}^n} |f(x)|^q dx = \int_{\mathbb{R}^n} \frac{\|x\|^{-nq/p}}{1 + \ln^2 \|x\|}\,dx$$
$$= \omega_{n-1} \int_0^\infty \frac{r^{-nq/p}}{1 + \ln^2 r} r^{n-1} dr$$
$$= \omega_{n-1} \int_{-\infty}^\infty \frac{e^{-nqu/p}}{1 + u^2} e^{u(n-1)} \cdot e^u du$$
$$= \omega_{n-1} \cdot \int_{-\infty}^\infty \frac{e^{nu(1-q/p)}}{1 + u^2}\,du.$$

Für $q = p$ geht das Integral über in $\int_{-\infty}^{\infty}(1 + u^2)^{-1} du$ und ist daher konvergent; also gilt f in $L^p(\mathbb{R}^n)$. Für $q > p$ divergiert das Integral $\int_{-\infty}^0$, für $q < p$ divergiert das Integral $\int_0^\infty$; also liegt f nicht in $L^q(\mathbb{R}^n)$ für $q \neq p$.

L112: Anwendungen der Integralrechnung

Lösung (112.1) Der Flächeninhalt zwischen den Kurven $y = f_1(x) = 12x^3 + 30x^2 + 17x + 12$ und $y = f_2(x) = -12x^3 + 4x^2 + 36x + 18$ stimmt überein mit dem absoluten (nichtorientierten) Flächeninhalt zwischen der Kurve $y = f(x) := f_1(x) - f_2(x) = 24x^3 + 26x^2 - 19x - 6$ und der x-Achse. Wir bestimmen dazu die Nullstellen von f. Als rationale Nullstellen kommen nur die gekürzten Brüche r/s in Frage, für die r ein Teiler von 6 und s ein Teiler von 24 ist. Ausprobieren liefert die Nullstelle $x_1 = -3/2$. Anschließende Polynomdivision führt auf $(24x^3 + 26x^2 - 19x - 6) : (2x + 3) = 12x^2 - 5x - 2 = 12(x^2 - \frac{5}{12}x - \frac{1}{6})$. Anwendung der pq-Formel liefert nun die weiteren Nullstellen $x_{2,3} = (5/24) \pm \sqrt{(5/24)^2 + (1/6)} = (5 \pm \sqrt{121})/24 = (5 \pm 11)/24$, also $x_2 = -6/24 = -1/4$ und $x_3 = 16/24 = 2/3$. Die Funktion f ist positiv zwischen $-3/2$ und $-1/4$ und negativ zwischen $-1/4$ und $2/3$. Die beiden Flächenstücke haben also die Flächeninhalte

$$A_1 = \int_{-3/2}^{-1/4} (24x^3 + 26x^2 - 19x - 6)\,dx$$
$$= 6x^4 + \frac{26}{3}x^3 - \frac{19}{2}x^2 - 6x \Big|_{-3/2}^{-1/4}$$
$$= \frac{4625}{384} \approx 12.0443$$

und

$$A_2 = -\int_{-1/4}^{2/3} (24x^3 + 26x^2 - 19x - 6)\,dx$$
$$= -6x^4 - \frac{26}{3}x^3 + \frac{19}{2}x^2 + 6x \Big|_{-1/4}^{2/3}$$
$$= \frac{54571}{10368} \approx 5.26341.$$

Als Summe ergibt sich $A_1 + A_2 = 89723/5184 \approx 17.3077$.

Lösung (112.2) Eine Parameterdarstellung des Parabelbogens ist gegeben durch $\alpha(x) := (x, x^2)$ mit $0 \leq x \leq a$; die Bogenlänge ist dann

$$\int_0^a \|\alpha'(x)\|_2\,dx = \int_0^a \sqrt{1^2 + (2x)^2}\,dx = \frac{1}{2}\int_0^{2a} \sqrt{1+u^2}\,du$$
$$= \left[\frac{1}{4}\left(u\sqrt{1+u^2} + \ln(u + \sqrt{1+u^2})\right)\right]_{u=0}^{2a}$$
$$= \frac{1}{4}\left(2a\sqrt{1+4a^2} + \ln(2a + \sqrt{1+4a^2})\right).$$

Lösung (112.3) Die Parameterdarstellung des gewünschten Klothoidenbogens ist gegeben durch $x(t) = -\xi + a\int_0^t \cos(\tau^2)\,d\tau$ und $y(t) = a\int_0^t \sin(\tau^2)\,d\tau$. Die Stelle $t = T$, an der der Bogen in die y-Achse einmündet, muß der zweite positive Wert von t sein mit $\dot{x}(t) = 0$, also $\cos(t^2) = 0$. Dies liefert $T^2 = 3\pi/2$, also $T = \sqrt{3\pi/2}$.

(a) Aus den Gleichungen $x(T) = 0$ und $y(T) = \eta$, also $a\int_0^T \cos(\tau^2)\,d\tau = \xi$ und $a\int_0^T \sin(\tau^2)\,d\tau = \eta$, ergibt sich nach Eliminieren von a der Zusammenhang

$$\xi \cdot \int_0^{\sqrt{3\pi/2}} \sin(\tau^2)\,d\tau = \eta \cdot \int_0^{\sqrt{3\pi/2}} \cos(\tau^2)\,d\tau.$$

(b) Der Klothoidenparameter a ist gegeben durch $a = \xi / \int_0^{\sqrt{3\pi/2}} \cos(\tau^2)\,d\tau = \eta / \int_0^{\sqrt{3\pi/2}} \sin(\tau^2)\,d\tau$.

(c) Die Länge des Klothoidenbogens ist

$$\int_0^T \sqrt{\dot{x}(t)^2 + \dot{y}(t)^2}\,dt = \int_0^T a\,dt = aT = a\sqrt{3\pi/2}.$$

Lösung (112.4) (a) Der Querschnitt an der Stelle $x \in [0, 12]$ ist ein Kreis mit Radius $x^2/36$. Das Volumen des Rotationskörpers ist nach dem Prinzip von Cavalieri dann gegeben durch das Integral

$$V = \int_0^{12} \pi\left(\frac{x^2}{36}\right)^2 dx = \frac{\pi}{36^2}\int_0^{12} x^4\,dx$$
$$= \frac{\pi}{36^2} \cdot \frac{12^5}{5} = \frac{192\pi}{5} \approx 120.64.$$

(b) Der Querschnitt an der Stelle $y \in [0, 4]$ ist ein Kreis mit Radius $6\sqrt{y}$. Das Volumen des Rotationskörpers ist nach dem Prinzip von Cavalieri dann gegeben durch das Integral

$$V = \int_0^4 \pi\left(6\sqrt{y}\right)^2 dy = 36\pi\int_0^4 y\,dy$$
$$= 36\pi \cdot \frac{4^2}{2} = 288\pi \approx 904.78.$$

(c) Für einen beliebigen Punkt (t, t) auf der Winkelhalbierenden sei $P(t)$ der Schnittpunkt der Parabel $y = x^2/36$ mit der Geraden $y = -x + 2t$ (dies ist die Gerade durch (t, t) senkrecht zur Winkelhalbierenden). Der Querschnitt des Rotationskörpers durch (t, t) ist dann ein Kreis, dessen Radius $r(t)$ gerade der Abstand zwischen (t, t) und $P(t)$ ist. Beim Aufintegrieren nach dem Prinzip von Cavalieri ist zu beachten, daß das Linienelement entlang der Winkelhalbierenden nicht etwa dt ist, sondern $\sqrt{(dt)^2 + (dt)^2} = \sqrt{2}\,dt$ nach dem Satz des Pythagoras.

Zur Berechnung von $P(t)$ lösen wir die Gleichung $x^2/36 = -x + 2t$ bzw. $x^2 + 36x - 72t = 0$ und erhalten $x(t) = -18 \pm \sqrt{324 + 72t} = -18 \pm 6\sqrt{9 + 2t}$, wobei die negative Lösung entfällt. Der zugehörige y-Wert ist dann $y(t) = -x(t) + 2t = 18 - 6\sqrt{9+2t} + 2t$. Der Endpunkt $x = 12$, $y = 4$ des rotierenden Parabelbogens entspricht dem Wert $t = 8$. Der Radius $r(t)$ ist nun nach Pythagoras gegeben durch die Gleichung

$$r(t)^2 = (x(t) - t)^2 + (y(t) - t)^2 = 2(t + 18 - 6\sqrt{9+2t})^2$$
$$= 2\left(t^2 + 36t + 324 - 12(t+18)\sqrt{9+2t} + 36(9+2t)\right)$$
$$= 2(t^2 + 108t + 648) - 24(t+18)\sqrt{9+2t}.$$

Nach dem Satz von Cavalieri ist das Volumen des Rotationskörpers dann gegeben durch

$$V = \int_0^8 \pi r(t)^2 \sqrt{2}\,dt = 2\pi\sqrt{2}\int_0^8 (t^2 + 108t + 648)\,dt$$
$$- 24\pi\sqrt{2}\int_0^8 (t+18)\sqrt{9+2t}\,dt.$$

Eine Berechnung des Integrals (die wir hier nicht durchführen) liefert das Ergebnis $V = 1808\pi\sqrt{2}/15 \approx 535.515$.

Alternative: In Teil (c) kann man auch das xy-Koordinatensystem durch ein uv-Koordinatensystem derart ersetzen, daß die u-Achse mit der Winkelhalbierenden übereinstimmt. Die zugehörige Koordinatentransformation ist dann gegeben durch $x = (u-v)/\sqrt{2}$ und $y = (u+v)/\sqrt{2}$, und die Gleichung $y = x^2/36$ bzw. $x^2 = 36y$ geht über in $(u-v)^2 = 2\cdot 36\cdot (u+v)/\sqrt{2} = 36\sqrt{2}(u+v)$ bzw. $v^2 - 2(u + 18\sqrt{2})v + (u^2 - 36\sqrt{2}u) = 0$. Auflösen dieser quadratischen Gleichung nach v liefert

$$v = v(u) = u + 18\sqrt{2} - 6\sqrt{2\sqrt{2}u + 18};$$

das positive Vorzeichen entfällt, da der betrachtete Parabelbogen unterhalb der u-Achse liegt, die auftretenden v-Werte also negativ sein müssen. Der Endpunkt $(x,y) = (12,4)$ des Parabelbogens wird in dem neuen Koordinatensystem dargestellt durch $(u,v) = (8\sqrt{2}, -4\sqrt{2})$. Bei Rotation um die u-Achse entsteht nun an jeder Stelle u ein Kreis mit dem Radius $v = v(u)$, also dem Flächeninhalt $\pi v(u)^2$. Nach dem Prinzip von Cavalieri ist das Volumen des entstehenden Rotationskörpers dann gegeben durch

$$\int_0^{8\sqrt{2}} \pi v(u)^2\,du = \pi\int_0^{8\sqrt{2}} g(u)\,du$$

mit dem Integranden $g(u)$, der gegeben ist durch

$$(u+18\sqrt{2})^2 - 12(u+18\sqrt{2})\sqrt{2\sqrt{2}u+18} + 36(2\sqrt{2}u+18)$$
$$= u^2 + 108\sqrt{2}\,u + 1296 - 12(u+18\sqrt{2})\sqrt{2\sqrt{2}\,u+18}.$$

Die Berechnung des Integrals ist nicht einfacher als die oben angegebene Rechnung (und muß natürlich auf das gleiche Endergebnis führen).

Lösung (112.5) Wir können die als konstant vorgegebene Flächendichte der Scheibe auf den Wert 1 normieren; die Masse der gelochten Scheibe ist dann einfach deren Flächeninhalt und ergibt sich als Differenz zweier Kreisflächen zu $m = \pi R^2 - \pi(R/4)^2 = 15\pi R^2/16$. Die gesuchten Schwerpunktskoordinaten (x_S, y_S) der gelochten Scheibe sind daher gegeben durch

$$(\star) \qquad \begin{bmatrix} x_S \\ y_S \end{bmatrix} = \frac{1}{m}\iint_{\text{Scheibe}} \begin{bmatrix} x \\ y \end{bmatrix} d(x,y).$$

(a) Bei Verwendung kartesischer Koordinaten müssen wir den Integrationsbereich in die vier Teile links, rechts, unterhalb und oberhalb des Loches aufteilen. Da der große Kreis durch die Gleichung $x^2 + y^2 = R^2$ gegeben ist, der kleine Kreis dagegen durch die Gleichung $(x-R/4)^2 + y^2 = (R/4)^2$ bzw. $y^2 = Rx/2 - x^2$, nimmt das Integral in $(\star)$ die Form

$$\int_{-R}^{0}\int_{-\sqrt{R^2-x^2}}^{\sqrt{R^2-x^2}} \begin{bmatrix} x \\ y \end{bmatrix} dy\,dx + \int_{R/2}^{R}\int_{-\sqrt{R^2-x^2}}^{\sqrt{R^2-x^2}} \begin{bmatrix} x \\ y \end{bmatrix} dy\,dx$$
$$+ \int_{0}^{R/2}\int_{-\sqrt{R^2-x^2}}^{-\sqrt{Rx/2-x^2}} \begin{bmatrix} x \\ y \end{bmatrix} dy\,dx + \int_{0}^{R/2}\int_{\sqrt{Rx/2-x^2}}^{\sqrt{R^2-x^2}} \begin{bmatrix} x \\ y \end{bmatrix} dy\,dx$$

an, wird also als Summe vierer Teilintegrale dargestellt. Wir berechnen diese Integrale nicht, weil Teil (c) eine viel elegantere Möglichkeit bietet, das Ergebnis zu erhalten.

(b) In Polarkoordinaten $x = r\cos\varphi$ und $y = r\sin\varphi$ mit $d(x,y) = r\,d(r,\varphi)$ wird der linke Teil der gelochten Scheibe durch die Bedingungen $\pi/2 \leq \varphi \leq 3\pi/2$ und $0 \leq r \leq R$ beschrieben, der rechte Teil dagegen durch die Bedingungen $-\pi/2 \leq \varphi \leq \pi/2$ und $(R/2)\cos\varphi \leq r \leq R$, wie man entweder geometrisch (Satz des Thales) oder durch Einsetzen in die Gleichung des kleinen Kreises sieht. Das Integral in $(\star)$ wird dann dargestellt als Summe zweier Teilintegrale

$$\int_{\pi/2}^{3\pi/2}\int_0^R \begin{bmatrix} r^2\cos\varphi \\ r^2\sin\varphi \end{bmatrix} dr\,d\varphi$$
$$+ \int_{-\pi/2}^{\pi/2}\int_{(R/2)\cos\varphi}^{R} \begin{bmatrix} r^2\cos\varphi \\ r^2\sin\varphi \end{bmatrix} dr\,d\varphi.$$

(c) Wir bezeichnen mit K_1 die Scheibe mit Mittelpunkt $(R/4, 0)$ und Radius $R/4$, mit K die Scheibe mit Mittelpunkt $(0,0)$ und Radius R sowie mit $K_2 := K \setminus K_1$ die uns eigentlich interessierende gelochte Scheibe. Dann ist $K = K_1 \cup K_2$ eine bis auf Nullmengen disjunkte Zerlegung; sind also $m, m_1, m_2 \in (0, \infty)$ die Massen und $x, x_1, x_2 \in \mathbb{R}^2$ die Massenmittelpunkte von K, K_1, K_2, so gilt

$$(\star) \qquad mx = m_1 x_1 + m_2 x_2.$$

Wegen $m = \pi R^2$ und $m_1 = \pi(R/4)^2 = \pi R^2/16$ gilt $m_2 = m - m_1 = 15\pi R^2/16$. Da der Massenmittelpunkt eines homogenen Kreises einfach dessen Mittelpunkt ist, haben wir $x = (0,0)^T$ und $x_1 = (R/4, 0)^T$. Bezeichnen wir mit (x_S, y_S) die gesuchten Schwerpunktskoordinaten von K_2, so geht Gleichung $(\star)$ über in

$$(\star\star) \qquad \pi R^2 \begin{bmatrix} 0 \\ 0 \end{bmatrix} = \frac{\pi R^2}{16}\begin{bmatrix} R/4 \\ 0 \end{bmatrix} + \frac{15\pi R^2}{16}\begin{bmatrix} x_S \\ y_S \end{bmatrix}$$

bzw. nach Umstellen in

$$\begin{bmatrix} x_S \\ y_S \end{bmatrix} = -\frac{1}{15}\begin{bmatrix} R/4 \\ 0 \end{bmatrix} = \frac{-1}{60}\begin{bmatrix} R \\ 0 \end{bmatrix}.$$

Lösung (112.6) Der Flächeninhalt ist $M = 3$, und die Drehmomente um die Koordinatenachsen sind gegeben durch $M_y = \int_{-1}^{1} x f(x)\, dx = \int_{-1}^{0} x\, dx + \int_{0}^{1} 2x\, dx = -(1/2) + 1 = 1/2$ und $M_x = \int_{-1}^{1} \frac{1}{2} f(x)^2\, dx = \int_{-1}^{0} \frac{1}{2}\, dx + \int_{0}^{1} 2\, dx = (1/2) + 2 = 5/2$. Die Schwerpunktskoordinaten sind also gegeben durch $x_S = M_y/M = 1/6$ und $y_S = M_x/M = 5/6$. (Aus Symmetriegründen war von vornherein klar, daß der Schwerpunkt auf der Geraden $y = 1 - x$ liegen würde.)

Lösung (112.7) Der Inhalt des Flächenstücks ist $M = \int_{0}^{\pi/2} \cos x\, dx = \sin x \big|_0^{\pi/2} = 1$. Die Drehmomente bezüglich der Achsen sind gegeben durch

$$M_x = \int_0^{\pi/2} \frac{\cos^2 x}{2}\, dx = \left[\frac{x + \sin x \cos x}{4}\right]_0^{\pi/2}$$
$$= \frac{\pi}{8} \approx 0.392699 \quad \text{und}$$
$$M_y = \int_0^{\pi/2} x \cos x\, dx = \left[\cos x + x \sin x\right]_0^{\pi/2}$$
$$= \frac{\pi}{2} - 1 \approx 0.570796.$$

Die Schwerpunktskoordinaten sind also $x_S \approx 0.570796$ und $y_S \approx 0.392699$.

Lösung (112.8) (a) Wir wählen ein Koordinatensystem so, daß der Viertelkreis V exakt im ersten Quadranten liegt. Mit dem Radius R und der Flächendichte ρ erhalten wir die Masse $m = \rho \pi R^2 / 4$, folglich den Schwerpunkt

$$\begin{bmatrix} x_S \\ y_S \end{bmatrix} = \frac{1}{m} \iint_V \begin{bmatrix} x \\ y \end{bmatrix} \rho\, d(x, y)$$
$$= \frac{4}{\pi R^2} \int_0^R \int_0^{\pi/2} \begin{bmatrix} r \cos \varphi \\ r \sin \varphi \end{bmatrix} r\, d\varphi\, dr = \frac{4}{\pi R^2} \int_0^R \begin{bmatrix} r^2 \sin \varphi \\ -r^2 \cos \varphi \end{bmatrix}_{\varphi=0}^{\pi/2} dr$$
$$= \frac{4}{\pi R^2} \int_0^R \begin{bmatrix} r^2 \\ r^2 \end{bmatrix} dr = \frac{4}{\pi R^2} \cdot \frac{R^3}{3} \begin{bmatrix} 1 \\ 1 \end{bmatrix} = \frac{4}{3\pi} \begin{bmatrix} R \\ R \end{bmatrix}.$$

(b) Es wäre natürlich möglich, den Schwerpunkt direkt als ein Doppelintegral zu berechnen, aber wir kommen schneller zum Ziel, wenn wir die in der folgenden Skizze definierten Bereiche D_1, D_2 und D_3 betrachten.

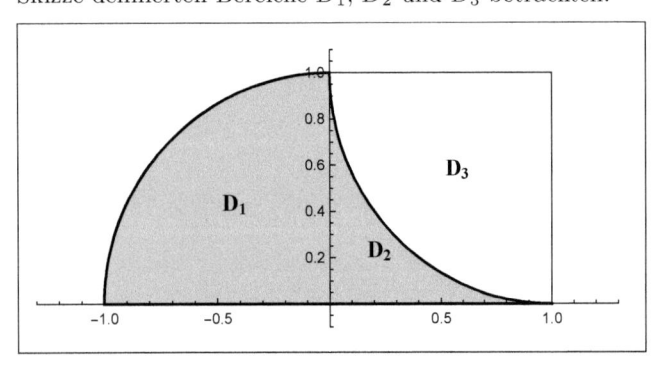

Für $i = 1, 2, 3$ bezeichnen wir mit m_i die Masse und mit (x_i, y_i) den Massenmittelpunkt von D_i (wobei wir die Dichte auf den Wert $\rho = 1$ normieren). Dann haben wir $m_1 = m_3 = \pi/4$ und $m_2 = 1 - \pi/4$, nach Teil (a) ferner

$$\begin{bmatrix} x_1 \\ y_1 \end{bmatrix} = \frac{4}{3\pi} \begin{bmatrix} -1 \\ 1 \end{bmatrix} \quad \text{und} \quad \begin{bmatrix} x_3 \\ y_3 \end{bmatrix} = \left(1 - \frac{4}{3\pi}\right) \begin{bmatrix} 1 \\ 1 \end{bmatrix}.$$

Der gesuchte Massenmittelpunkt ist dann

$$\begin{bmatrix} x_S \\ y_S \end{bmatrix} = \frac{m_1}{m_1 + m_2} \begin{bmatrix} x_1 \\ y_1 \end{bmatrix} + \frac{m_2}{m_1 + m_2} \begin{bmatrix} x_2 \\ y_2 \end{bmatrix}$$
$$= m_1 \begin{bmatrix} x_1 \\ y_1 \end{bmatrix} + m_2 \begin{bmatrix} x_2 \\ y_2 \end{bmatrix}$$
$$= m_1 \begin{bmatrix} x_1 \\ y_1 \end{bmatrix} + \left(1 \cdot \begin{bmatrix} 1/2 \\ 1/2 \end{bmatrix} - m_3 \begin{bmatrix} x_3 \\ y_3 \end{bmatrix}\right)$$
$$= \frac{\pi}{4} \cdot \frac{4}{3\pi} \begin{bmatrix} -1 \\ 1 \end{bmatrix} + \left(\frac{1}{2} - \frac{\pi}{4} \cdot \left(1 - \frac{4}{3\pi}\right)\right) \begin{bmatrix} 1 \\ 1 \end{bmatrix}$$
$$= \frac{1}{3} \begin{bmatrix} -1 \\ 1 \end{bmatrix} + \left(\frac{5}{6} - \frac{\pi}{4}\right) \begin{bmatrix} 1 \\ 1 \end{bmatrix}$$
$$= \begin{bmatrix} (1/2) - (\pi/4) \\ (7/6) - (\pi/4) \end{bmatrix} \approx \begin{bmatrix} -0.285398 \\ 0.381269 \end{bmatrix}.$$

Lösung (112.9) Wir wählen ein kartesisches Koordinatensystem, dessen Ursprung der Quadermittelpunkt ist und dessen Achsen mit den Seiten des Quaders ausgerichtet sind (wobei a, b bzw. c die Kantenlänge in x-, y- bzw. z-Richtung sei). Schreiben wir zur Abkürzung $\alpha := a/2$, $\beta := b/2$ und $\gamma := c/2$, so ist der Trägheitsmomententensor gegeben durch

$$\Theta = \rho \int_{-\alpha}^{\alpha} \int_{-\beta}^{\beta} \int_{-\gamma}^{\gamma} \begin{bmatrix} y^2 + z^2 & -xy & -xz \\ -yx & x^2 + z^2 & -yz \\ -zx & -zy & x^2 + y^2 \end{bmatrix} dz\, dy\, dx$$
$$= \rho \int_{-\alpha}^{\alpha} \int_{-\beta}^{\beta} \begin{bmatrix} cy^2 + (c^3/12) & -cxy & 0 \\ -cyx & cx^2 + (c^3/12) & 0 \\ 0 & 0 & c(x^2 + y^2) \end{bmatrix} dy\, dx$$
$$= \rho \int_{-\alpha}^{\alpha} \begin{bmatrix} (b^3c + bc^3)/12 & 0 & 0 \\ 0 & bcx^2 + (bc^3/12) & 0 \\ 0 & 0 & c(bx^2 + b^3/12) \end{bmatrix} dx$$
$$= \rho \begin{bmatrix} (ab^3c + abc^3)/12 & 0 & 0 \\ 0 & (a^3bc + abc^3)/12 & 0 \\ 0 & 0 & (a^3bc + ab^3c)/12 \end{bmatrix}$$
$$= \frac{\rho abc}{12} \begin{bmatrix} b^2 + c^2 & 0 & 0 \\ 0 & a^2 + c^2 & 0 \\ 0 & 0 & a^2 + b^2 \end{bmatrix}.$$

Das Trägheitsmoment um die Schwerpunktsachse in einer beliebigen Richtung v (mit $\|v\| = 1$) ist dann gegeben durch

$$\langle \Theta v, v \rangle = \frac{\rho abc}{12} \cdot \left((b^2 + c^2) v_1^2 + (a^2 + c^2) v_2^2 + (a^2 + b^2) v_3^2\right).$$

Dieses Trägheitsmoment ist dann am kleinsten, wenn v in Richtung der längsten Kante des Quaders zeigt; es ist dann am größten, wenn v in Richtung der kürzesten Kante des Quaders zeigt.

Lösung (112.10) Wir wählen ein Koordinatensystem, dessen Ursprung mit dem Mittelpunkt des Würfels zusammenfällt und dessen Achsen mit den Seiten des Würfels ausgerichtet sind; nach der vorigen Aufgabe ist der Trägheitsmomententensor des Würfels dann gegeben durch $\Theta = (1/6)\,\mathbf{1}$. Für jede beliebige Ursprungsgerade $g = \mathbb{R}v$ (mit $\|v\| = 1$) ist dann das Trägheitsmoment um die Achse g gegeben durch $I(g) = \langle \Theta v, v \rangle = \|v\|^2/6 = 1/6$. Dies ist das Ergebnis für (a) und für (c). Für eine Gerade g, die nicht durch den Schwerpunkt verläuft, sondern im Abschnitt d an diesem vorbeiläuft, gilt dann nach dem Satz von Steiner die Gleichung $I(g) = (1/6) + d^2$. In (b) haben wir $d = 1/\sqrt{2}$ und damit $I(g) = (1/6) + (1/2) = 2/3$; in (d) haben wir $d = 1/2$ und daher $I(g) = (1/6) + (1/4) = 5/12$. Damit ist die Aufgabe gelöst.

Bemerkung: Es ist viel mühsamer, die Trägheitsmomente unmittelbar nach der Definition zu berechnen; dies wurde in Aufgabe (111.3) getan, als uns der Begriff des Trägheitsmomententensors noch nicht zur Verfügung stand.

Lösung (112.11) (a) Wir wählen ein kartesisches Koordinatensystem, dessen Ursprung der Zylindermittelpunkt und dessen z-Achse die Drehachse des Zylinders ist. In Zylinderkoordinaten ist der Zylinder dann gegeben durch den Bereich

$$Z = \left\{(r, \varphi, z) \in \mathbb{R}^3 \,\middle|\, \begin{array}{c} 0 \leq r \leq R,\ 0 \leq \varphi \leq 2\pi, \\ -H/2 \leq z \leq H/2 \end{array}\right\}.$$

Der Trägheitsmomententensor ist bezüglich des gewählten Koordinatensystems gegeben durch die Matrix

$$\Theta = \rho \iiint_{\text{Zylinder}} \begin{bmatrix} y^2+z^2 & -xy & -xz \\ -yx & x^2+z^2 & -yz \\ -zx & -zy & x^2+y^2 \end{bmatrix} \mathrm{d}(x,y,z)$$

bzw. in Zylinderkoordinaten $x = r\cos\varphi$ und $y = r\sin\varphi$ mit $\mathrm{d}(x,y,z) = r\,\mathrm{d}(r,\varphi,z)$ durch

$$\rho \iiint_Z \begin{bmatrix} r^3\sin^2\varphi + rz^2 & -r^3\cos\varphi\sin\varphi & -r^2 z\cos\varphi \\ -r^3\sin\varphi\cos\varphi & r^3\cos^2\varphi + rz^2 & -r^2 z\sin\varphi \\ -r^2 z\cos\varphi & -r^2 z\sin\varphi & r^3 \end{bmatrix} \mathrm{d}(r,\varphi,z)$$

und damit als iteriertes Integral $\rho \int_0^R \int_{-H/2}^{H/2} \int_0^{2\pi} \cdots \mathrm{d}\varphi\,\mathrm{d}z\,\mathrm{d}r$. Wegen $\int_0^{2\pi} \cos\varphi\,\mathrm{d}\varphi = \int_0^{2\pi} \sin\varphi\,\mathrm{d}\varphi = \int_0^{2\pi} \sin\varphi\cos\varphi\,\mathrm{d}\varphi = 0$ und $\int_0^{2\pi} \sin^2\varphi\,\mathrm{d}\varphi = \int_0^{2\pi} \cos^2\varphi\,\mathrm{d}\varphi = \pi$ sowie $\int_0^{2\pi} 1\,\mathrm{d}\varphi = 2\pi$ geht dieses iterierte Integral nach Ausführung der inneren Integration bezüglich der Variablen φ über in

$$\Theta = \rho \int_0^R \int_{-H/2}^{H/2} \begin{bmatrix} \pi r^3 + 2\pi rz^2 & 0 & 0 \\ 0 & \pi r^3 + 2\pi rz^2 & 0 \\ 0 & 0 & 2\pi r^3 \end{bmatrix} \mathrm{d}z\,\mathrm{d}r.$$

Daß Θ eine Diagonalmatrix sein würde, war von vornherein klar, denn die z-Achse ist als Drehachse automatisch eine Hauptträgheitsachse, und die x- und y-Achse verlaufen senkrecht zu Spiegelungsebenen des Zylinders und sind damit ebenfalls Hauptträgheitsachsen. Wir erhalten nun

$$\begin{aligned}
\Theta &= \mathrm{diag}\left(\pi\rho \int_0^R \int_{-H/2}^{H/2} \begin{bmatrix} r^3 + 2rz^2 \\ r^3 + 2rz^2 \\ 2r^3 \end{bmatrix} \mathrm{d}z\,\mathrm{d}r\right) \\
&= \mathrm{diag}\left(\pi\rho \int_0^R \begin{bmatrix} r^3 z + 2rz^3/3 \\ r^3 z + 2rz^3/3 \\ 2r^3 z \end{bmatrix}_{z=-H/2}^{H/2} \mathrm{d}r\right) \\
&= \mathrm{diag}\left(\pi\rho \int_0^R \begin{bmatrix} r^3 H + rH^3/6 \\ r^3 H + rH^3/6 \\ 2r^3 H \end{bmatrix} \mathrm{d}r\right) \\
&= \mathrm{diag}\left(\pi\rho \begin{bmatrix} r^4 H/4 + r^2 H^3/12 \\ r^4 H/4 + r^2 H^3/12 \\ r^4 H/2 \end{bmatrix}_{r=0}^{R}\right) \\
&= \mathrm{diag}\left(\frac{\pi\rho}{12} \begin{bmatrix} 3R^4 H + R^2 H^3 \\ 3R^4 H + R^2 H^3 \\ 6R^4 H \end{bmatrix}\right) \\
&= \frac{\pi\rho H R^2}{12} \begin{bmatrix} 3R^2 + H^2 & 0 & 0 \\ 0 & 3R^2 + H^2 & 0 \\ 0 & 0 & 6R^2 \end{bmatrix}.
\end{aligned}$$

(b) Das Verhältnis der Trägheitsmomente bezüglich der x-Achse und der z-Achse ist $\theta_x/\theta_z = (3R^2 + H^2)/6R^2$; es gilt genau dann $\theta_x \leq \theta_z$, wenn $H^2 \leq 3R^2$ gilt, also $H \leq R\sqrt{3}$. Ein flacher Zylinder setzt also einer Drehung um die x-Achse weniger Widerstand entgegen als einer Drehung um die z-Achse (man denke an eine Münze, die man in Drehung versetzt); bei einem hohen (und damit schlanken) Zylinder ist dagegen $\theta_x > \theta_z$ (was bei einem Menschen etwa bedeutet, daß er bei einem Flick-Flack mehr Trägheit überwinden muß als bei einer Pirouette).

Lösung (112.12) Wir wählen zunächst ein kartesisches Koordinatensystem, dessen Ursprung der Mittelpunkt des Grundkreises und dessen z-Achse die Drehachse des Kegels ist. In diesem Koordinatensystem berechnen wir nun den Schwerpunkt (x_S, y_S, z_S) des Kegels. (Aus Symmetriegründen ist von vornherein klar, daß der Schwerpunkt auf der z-Achse liegen muß, aber das wird sich auch aus der Rechnung ergeben.) Führen wir Zylinderkoordinaten r, φ, z ein, so gilt für einen Punkt auf dem Rand des Kegels nach dem Strahlensatz die Beziehung $H : R = (H - z) : r$ bzw. $z = H(1 - r/R)$; der Kegel ist also in Zylinderkoordinaten gegeben durch die Punktmenge

$$K = \left\{(r, \varphi, z) \in \mathbb{R}^3 \,\middle|\, \begin{array}{c} 0 \leq r \leq R \\ 0 \leq \varphi \leq 2\pi \\ 0 \leq z \leq H(1 - r/R) \end{array}\right\}.$$

Die Masse des Kegels ist $m = \rho \cdot (1/3)\pi R^2 H$, sein Massenmittelpunkt daher

$$\begin{bmatrix} x_S \\ y_S \\ z_S \end{bmatrix} = \frac{1}{m} \iiint_{\text{Kegel}} \begin{bmatrix} x \\ y \\ z \end{bmatrix} \rho\, d(x,y,z)$$

$$= \frac{\rho}{m} \iiint_K \begin{bmatrix} r\cos\varphi \\ r\sin\varphi \\ z \end{bmatrix} r\, d(r,\varphi,z)$$

$$= \frac{3}{\pi R^2 H} \int_0^R \int_0^{H(1-r/R)} \int_0^{2\pi} \begin{bmatrix} r^2\cos\varphi \\ r^2\sin\varphi \\ zr \end{bmatrix} d\varphi\, dz\, dr$$

$$= \frac{3}{\pi R^2 H} \int_0^R \int_0^{H(1-r/R)} \begin{bmatrix} 0 \\ 0 \\ 2\pi zr \end{bmatrix} dz\, dr.$$

Wie erwartet, haben wir $x_S = y_S = 0$; es bleibt also nur die z-Koordinate des Massenmittelpunkts zu berechnen. Wir erhalten

$$z_s = \frac{6}{R^2 H} \int_0^R \int_0^{H(1-r/R)} zr\, dz\, dr$$

$$= \frac{6}{R^2 H} \int_0^R \frac{rH^2(1-r/R)^2}{2}\, dr$$

$$= \frac{3H}{R^2} \int_0^R \left(r - \frac{2r^2}{R} + \frac{r^3}{R^2}\right) dr$$

$$= \frac{3H}{R^2} \left[\frac{r^2}{2} - \frac{2r^3}{3R} + \frac{r^4}{4R^2}\right]_{r=0}^R$$

$$= \frac{3H}{R^2}\left(\frac{R^2}{2} - \frac{2R^2}{3} + \frac{R^2}{4}\right) = \frac{H}{4};$$

der Massenmittelpunkt eines homogenen Kreiszylinders befindet sich also auf einem Viertel der Kegelhöhe über der Grundfläche. Jetzt verschieben wir das Koordinatensystem um $H/4$ nach unten, damit der Koordinatenursprung mit dem Massenmittelpunkt übereinstimmt; die Grenzen in Zylinderkoordinaten lauten dann $0 \leq r \leq R$, $0 \leq \varphi \leq 2\pi$ und $-H/4 \leq z \leq -Hr/R + (3/4)H$; d.h., der Kegel ist gegeben durch den Bereich

$$K' = \left\{(r,\varphi,z) \in \mathbb{R}^3 \,\middle|\, \begin{array}{c} 0 \leq r \leq R \\ z_1 \leq z \leq z_2(r) \\ 0 \leq \varphi \leq 2\pi \end{array}\right\}$$

mit $z_1 := -H/4$ und $z_2(r) := -Hr/R + (3/4)H$. Der Trägheitsmomententensor

$$\Theta = \rho \iiint_{\text{Kegel}} \begin{bmatrix} y^2+z^2 & -xy & -xz \\ -yx & x^2+z^2 & -yz \\ -zx & -zy & x^2+y^2 \end{bmatrix} d(x,y,z)$$

ist in Zylinderkoordinaten gegeben durch

$$\rho \iiint_{K'} \begin{bmatrix} r^3\sin^2\varphi + rz^2 & -r^3\cos\varphi\sin\varphi & -r^2z\cos\varphi \\ -r^3\sin\varphi\cos\varphi & r^3\cos^2\varphi + rz^2 & -r^2z\sin\varphi \\ -r^2z\cos\varphi & -r^2z\sin\varphi & r^3 \end{bmatrix} d(r,\varphi,z)$$

und wird wieder als ein iteriertes Integral berechnet. Führen wir zunächst die Integration über die Variable φ aus, so sehen wir wie in Aufgabe 9, daß sich eine Diagonalmatrix ergibt (was aus Symmetriegründen wieder von vornherein klar war); es ergibt sich

$$\Theta = \text{diag}\left(\pi\rho \int_0^R \int_{z_1}^{z_2(r)} \begin{bmatrix} r^3+2rz^2 \\ r^3+2rz^2 \\ 2r^3 \end{bmatrix} dz\, dr\right)$$

$$= \text{diag}\left(\pi\rho \int_0^R \begin{bmatrix} r^3 z + 2rz^3/3 \\ r^3 z + 2rz^3/3 \\ 2r^3 z \end{bmatrix}_{z=z_1}^{z_2(r)} dr\right).$$

Wegen $z_2(r) - z_1 = H(1 - r/R)$ ergibt sich

$$\Theta_{33} = \pi\rho \int_0^R 2r^3 H\left(1 - \frac{r}{R}\right) dr$$

$$= \frac{2\pi\rho H}{R} \int_0^R (Rr^3 - r^4)\, dr$$

$$= \frac{2\pi\rho H}{R}\left[\frac{Rr^4}{4} - \frac{r^5}{5}\right]_{r=0}^R$$

$$= \frac{2\pi\rho H}{R} \cdot \frac{R^5}{20} = \frac{\pi\rho H R^4}{10}.$$

Ferner rechnet man schnell die Beziehung

$$z_2(r)^3 - z_1^3 = \frac{H^3}{16R^3}(-16r^3 + 36Rr^2 - 27R^2 r + 7R^3)$$

nach; daher gilt $\Theta_{11} = I_1 + I_2$ mit

$$I_1 = \frac{\pi\rho H}{R} \int_0^R (Rr^3 - r^4)\, dr$$

$$= \frac{\pi\rho H}{R}\left[\frac{Rr^4}{4} - \frac{r^5}{5}\right]_{r=0}^R$$

$$= \frac{\pi\rho H}{R} \cdot \frac{R^5}{20} = \frac{\pi\rho H R^4}{20}$$

und

$$I_2 = \frac{\pi\rho H^3}{24R^3} \int_0^R (-16r^4 + 36Rr^3 - 27R^2 r^2 + 7R^3 r)\, dr$$

$$= \frac{\pi\rho H^3}{24R^3}\left[\frac{-16r^5}{5} + 9Rr^4 - 9R^2 r^3 + \frac{7R^3 r^2}{2}\right]_{r=0}^R$$

$$= \frac{\pi\rho H^3}{24R^3} \cdot \frac{3R^5}{10} = \frac{\pi\rho H^3 R^2}{80};$$

d. h. $\Theta_{11} = I_1 + I_2 = \pi\rho H R^2(4R^2 + H^2)/80$. Der Trägheitsmomententensor des Kegels ist daher

$$\Theta = \frac{\pi\rho H R^2}{80} \begin{bmatrix} 4R^2+H^2 & 0 & 0 \\ 0 & 4R^2+H^2 & 0 \\ 0 & 0 & 8R^2 \end{bmatrix}.$$

Lösung (112.13) Eine Parameterdarstellung des Halbkreises ist gegeben durch

$$\begin{bmatrix} x(\varphi) \\ y(\varphi) \end{bmatrix} = \begin{bmatrix} R\cos\varphi \\ R\sin\varphi \end{bmatrix} \quad \text{mit} \quad \begin{bmatrix} x'(\varphi) \\ y'(\varphi) \end{bmatrix} = \begin{bmatrix} -R\sin\varphi \\ R\cos\varphi \end{bmatrix};$$

das Bogenelement an der Position φ ist dann

$$\mathrm{d}s(\varphi) = \sqrt{x'(\varphi)^2 + y'(\varphi)^2}\,\mathrm{d}\varphi = R\,\mathrm{d}\varphi.$$

Die Gesamtmasse des Drahtes ist $m = \rho\cdot\pi R$, sein Massenmittelpunkt daher

$$\begin{bmatrix} x_S \\ y_S \end{bmatrix} = \frac{1}{\rho\pi R}\int_0^\pi \begin{bmatrix} R\cos\varphi \\ R\sin\varphi \end{bmatrix}\rho R\,\mathrm{d}\varphi = \frac{R}{\pi}\int_0^\pi \begin{bmatrix} \cos\varphi \\ \sin\varphi \end{bmatrix}\mathrm{d}\varphi$$

$$= \frac{R}{\pi}\begin{bmatrix} \sin\varphi \\ -\cos\varphi \end{bmatrix}_{\varphi=0}^\pi = \frac{2R}{\pi}\begin{bmatrix} 0 \\ 1 \end{bmatrix} \approx 0.63662\begin{bmatrix} 0 \\ R \end{bmatrix}.$$

Lösung (112.14) Identifizieren wir einen Punkt $x \in K$ eines materiellen Körpers K mit seinem Ortsvektor $r(x)$, so ist der Trägheitstensor von K gegeben durch

$$\Theta = \int_K \left(\|x\|^2\,\mathbf{1} - x\otimes x\right)\mathrm{d}\mu(x).$$

Ist K kein dreidimensionaler, sondern ein eindimensionaler Körper (wie hier der betrachtete Rührhaken), und hat K die Liniendichte ρ (mit der Einheit kg/m), so ist $\mu(x) = \rho\,\mathrm{d}s(x)$, wobei $\mathrm{d}s(x)$ das Bogenelement der Kurve K an der Stelle x ist. Ist die Kurve K gegeben durch eine Parametrisierung $t \mapsto x(t)$ mit $t \in I$, so ist $\mathrm{d}s(x(t)) = \|\dot x(t)\|\,\mathrm{d}t$ und daher

$$\Theta = \int_I \left(\|x(t)\|^2\,\mathbf{1} - x(t)\otimes x(t)\right)\rho(x(t))\|\dot x(t)\|\,\mathrm{d}t.$$

In unserem Fall ist ρ konstant mit $m = \rho\cdot 3a$, also $\rho = m/(3a)$. Der Rührhaken besteht aus drei Teilen mit den Parametrisierungen

$$x_1(t) = \begin{bmatrix} (a/2) + t\cos\alpha \\ 0 \\ t\sin\alpha \end{bmatrix} =: \begin{bmatrix} u(t) \\ 0 \\ v(t) \end{bmatrix},$$

$$x_2(t) = \begin{bmatrix} -(a/2) + t \\ 0 \\ 0 \end{bmatrix},$$

$$x_3(t) = \begin{bmatrix} -(a/2) - t\cos\alpha \\ 0 \\ -t\sin\alpha \end{bmatrix} = \begin{bmatrix} -u(t) \\ 0 \\ -v(t) \end{bmatrix},$$

jeweils mit $0 \le t \le a$ und $\|\dot x_i(t)\| \equiv 1$. Für $i=1$ und $i=3$ erhalten wir

$$\|x\|^2\,\mathbf{1} - x\otimes x = \begin{bmatrix} v^2 & 0 & -uv \\ 0 & u^2+v^2 & 0 \\ -uv & 0 & u^2 \end{bmatrix}.$$

Wir haben nun

$$\int_0^a v(t)^2\,\mathrm{d}t = \int_0^a t^2\sin^2\alpha\,\mathrm{d}t = \left[\frac{t^3\sin^2\alpha}{3}\right]_{t=0}^a = \frac{a^3\sin^2\alpha}{3},$$

weiter

$$\int_0^a u(t)^2\,\mathrm{d}t = \int_0^a \left(\frac{a^2}{4} + ta\cos\alpha + t^2\cos^2\alpha\right)\mathrm{d}t$$

$$= \left[\frac{a^2 t}{4} + \frac{t^2 a\cos\alpha}{2} + \frac{t^3\cos^2\alpha}{3}\right]_{t=0}^a$$

$$= \frac{a^3}{12}(3 + 6\cos\alpha + 4\cos^2\alpha)$$

und schließlich

$$\int_0^a u(t)v(t)\,\mathrm{d}t = \int_0^a \left(\frac{at\sin\alpha}{2} + t^2\sin\alpha\cos\alpha\right)\mathrm{d}t$$

$$= \left[\frac{at^2\sin\alpha}{4} + \frac{t^3\sin\alpha\cos\alpha}{3}\right]_{t=0}^a$$

$$= \frac{a^3\sin\alpha}{12}(3 + 4\cos\alpha).$$

Der Trägheitstensor jedes der beiden Endstücke des Rührhakens ist daher durch

$$\Theta_i = \frac{\rho a^3}{12}\begin{bmatrix} 4\sin^2\alpha & 0 & -\sin\alpha(3+4\cos\alpha) \\ 0 & 7+6\cos\alpha & 0 \\ -\sin\alpha(3+4\cos\alpha) & 0 & 3+6\cos\alpha+4\cos^2\alpha \end{bmatrix}$$

gegeben ($i=1$ bzw. $i=3$). Für $i=2$ erhalten wir dagegen

$$\|x\|^2\,\mathbf{1} - x\otimes x = \begin{bmatrix} 0 & 0 & 0 \\ 0 & (t-a/2)^2 & 0 \\ 0 & 0 & (t-a/2)^2 \end{bmatrix}.$$

Wegen

$$\int_0^a \left(t - \frac{a}{2}\right)^2\mathrm{d}t = \left[\frac{(t-a/2)^3}{3}\right]_{t=0}^a = \frac{a^3}{12}$$

ist daher der Trägheitstensor des Mittelstücks gegeben durch

$$\Theta_2 = \frac{\rho a^3}{12}\begin{bmatrix} 0 & 0 & 0 \\ 0 & 1 & 0 \\ 0 & 0 & 1 \end{bmatrix}.$$

Für den Gesamtträgheitstensor $\Theta = \Theta_1 + \Theta_2 + \Theta_3$ des Rührhakens ergibt sich daher

$$\Theta = \frac{\rho a^3}{12}\begin{bmatrix} A & 0 & C \\ 0 & A+B & 0 \\ C & 0 & B \end{bmatrix} = \frac{ma^2}{36}\begin{bmatrix} A & 0 & C \\ 0 & A+B & 0 \\ C & 0 & B \end{bmatrix}$$

mit

$$A = 8\sin^2\alpha,$$
$$B = 7 + 12\cos\alpha + 8\cos^2\alpha,$$
$$C = -2\sin\alpha(3 + 4\cos\alpha).$$

Lösung (112.15) (a) Wir legen ein Koordinatensystem so, daß die Ebene E gerade die xz-Ebene und die Gerade g die z-Achse ist; die Kurve C sei dann gegeben als Graph der Kurve $x = \rho(z)$ mit $a \leq z \leq b$. Die durch Rotation um die z-Achse entstehende Fläche F hat dann die Parameterdarstellung

$$r(u,v) = \begin{bmatrix} x(u,v) \\ y(u,v) \\ z(u,v) \end{bmatrix} = \begin{bmatrix} \rho(u)\cos v \\ \rho(u)\sin v \\ u \end{bmatrix} \quad (a \leq u \leq b,\ 0 \leq v \leq 2\pi);$$

dann ist wegen

$$\frac{\partial r}{\partial u} \times \frac{\partial r}{\partial v} = \begin{bmatrix} \rho'(u)\cos v \\ \rho'(u)\sin v \\ 1 \end{bmatrix} \times \begin{bmatrix} -\rho(u)\sin v \\ \rho(u)\cos v \\ 0 \end{bmatrix} = \rho(u)\begin{bmatrix} -\cos v \\ -\sin v \\ \rho'(u) \end{bmatrix}$$

das Flächenelement von F gegeben durch

$$d\sigma(u,v) = \left\| \frac{\partial r}{\partial u} \times \frac{\partial r}{\partial v} \right\| d(u,v) = \rho(u)\sqrt{1+\rho'(u)^2}\, d(u,v),$$

so daß sich

$$(\star) \quad \mu_2(F) = \int_a^b \int_0^{2\pi} \rho(u)\sqrt{1+\rho'(u)^2}\, dv\, du$$
$$= 2\pi \cdot \int_a^b \rho(u)\sqrt{1+\rho'(u)^2}\, du$$

als Flächeninhalt von F ergibt. Der Linienschwerpunkt von C ist

$$P = \begin{bmatrix} x_S \\ 0 \\ z_S \end{bmatrix} = \frac{1}{\mu_1(C)}\int_a^b \begin{bmatrix} \rho(u) \\ 0 \\ u \end{bmatrix}\sqrt{1+\rho'(u)^2}\, du;$$

weil x_S gerade der Abstand von P zu g ist, gilt

$$(\star\star) \quad \text{Abstand}(P,g) = \frac{1}{\mu_1(C)}\int_a^b \rho(u)\sqrt{1+\rho'(u)^2}\, du.$$

Vergleich von $(\star)$ und $(\star\star)$ liefert die Behauptung.

(b) Wir wählen die x- und die z-Achse wie in Teil (a); durch Drehung eines Punktes $(x,z) \in A$ entstehen dann genau die Punkte

$$\begin{bmatrix} \cos\varphi & -\sin\varphi & 0 \\ \sin\varphi & \cos\varphi & 0 \\ 0 & 0 & 1 \end{bmatrix}\begin{bmatrix} x \\ 0 \\ z \end{bmatrix} = \begin{bmatrix} x\cos\varphi \\ x\sin\varphi \\ z \end{bmatrix}$$

mit $0 \leq \varphi \leq 2\pi$, was gerade eine Beschreibung des Rotationskörpers K in Zylinderkoordinaten liefert. Das Volumen von K ist daher

$$(\star) \quad \mu_3(K) = \iint\limits_{(x,z)\in A} \int_{\varphi=0}^{2\pi} x\, d\varphi\, d(x,z) = 2\pi \iint_A x\, d(x,z).$$

Der Flächenschwerpunkt von A ist

$$Q = \begin{bmatrix} x_S \\ 0 \\ z_S \end{bmatrix} = \frac{1}{\mu_2(A)}\iint_A \begin{bmatrix} x \\ 0 \\ z \end{bmatrix} d(x,z).$$

dessen Abstand x_S zu g ist also

$$(\star\star) \quad \text{Abstand}(Q,g) = \frac{1}{\mu_2(A)}\iint_A x\, d(x,z).$$

Vergleich von $(\star)$ und $(\star\star)$ liefert wieder die Behauptung.

Lösung (112.16) Wir legen ein Koordinatensystem wie in der Skizze angegeben.

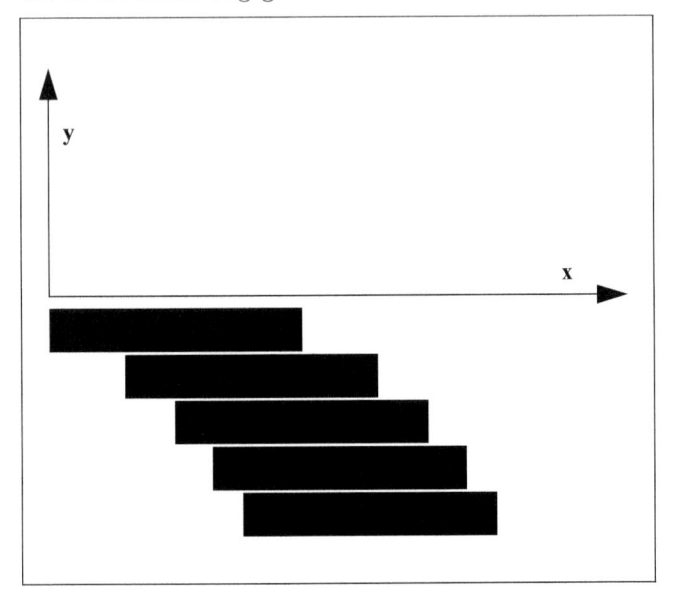

Bezeichnen wir mit m die Masse, mit d die Dicke und mit ℓ die Länge einer Platte sowie mit (x_n, y_n) den Schwerpunkt des aus den oberen n Platten bestehenden Systems und legen wir die $(n+1)$-te Platte gerade so, daß ihr linker Randpunkt unterhalb des Schwerpunkts der oberen n Platten liegt, so gilt die Gleichung

$$(n+1)m\begin{bmatrix} x_{n+1} \\ y_{n+1} \end{bmatrix} = nm\begin{bmatrix} x_n \\ y_n \end{bmatrix} + m\begin{bmatrix} x_n + (\ell/2) \\ -nd - (d/2) \end{bmatrix}$$
$$= m\begin{bmatrix} (n+1)x_n + (\ell/2) \\ ny_n - (2n+1)\cdot(d/2) \end{bmatrix}.$$

Die Masse m kürzt sich aus dieser Gleichung heraus, und wir erhalten die beiden Rekursionsformeln

$$x_{n+1} = x_n + \frac{\ell/2}{n+1} \quad \text{und} \quad y_{n+1} = \frac{n}{n+1}y_n - \frac{2n+1}{n+1}\cdot\frac{d}{2}$$

mit den Anfangswerten $x_1 = \ell/2$ und $y_1 = -d/2$. Für die vertikale Komponente y_n erhalten wir die (auch unmittelbar einleuchtende) Formel $y_n = -n\cdot d/2$, und für die horizontale Komponente x_n ergibt sich

$$x_n = \frac{\ell/2}{1} + \frac{\ell/2}{2} + \cdots + \frac{\ell/2}{n} = \frac{\ell}{2}\cdot\sum_{k=1}^n \frac{1}{k}.$$

Aufgaben zu »Anwendungen der Integralrechnung« siehe Seite 56

Wegen der Divergenz der harmonischen Reihe geht dieser Ausdruck für $n \to \infty$ gegen Unendlich; es ist also (zumindest theoretisch) ein beliebig großer Überhang des aus den Platten gebildeten Turmes möglich!

Lösung (112.17) Wir wählen die Symmetrieachse der Bierdose als z-Achse und zählen z vom Boden aus; nur die z-Komponente z_S des Schwerpunkts ist dann zu ermitteln. Die leere Bierdose hat die Masse m und den Schwerpunkt $(0, 0, H/2)$; das bis zur Höhe h gefüllte Bier hat die Masse $\rho \pi R^2 h$ und den Schwerpunkt $(0, 0, h/2)$. Für den Gesamtschwerpunkt aus Dose und Bier gilt also

$$z_s = \frac{m \cdot (H/2) + \rho \pi R^2 h \cdot (h/2)}{m + \rho \pi R^2 h}$$
$$= \frac{1}{2} \frac{mH + \rho \pi R^2 h^2}{m + \rho \pi R^2 h} =: f(h).$$

Wir haben $f(0) = f(H) = H/2$ sowie

$$f'(h) = \frac{2\rho \pi R^2 h (m + \rho \pi R^2 h) - (mH + \rho \pi R^2 h^2)\rho \pi R^2}{2(m + \rho \pi R^2 h)^2}$$
$$= \frac{\rho \pi R^2}{2} \cdot \frac{2mh + \rho \pi R^2 h^2 - mH}{(m + \rho \pi R^2 h)^2}.$$

Genau dann gilt $f'(h) = 0$, wenn $\rho \pi R^2 h^2 + 2mh - mH = 0$ gilt, also

$$h^2 + \frac{2m}{\rho \pi R^2} h - \frac{mH}{\rho \pi R^2} = 0$$

bzw.

$$h = \frac{-m}{\rho \pi R^2} \pm \frac{\sqrt{m^2 + mH \rho \pi R^2}}{\rho \pi R^2}.$$

Die negative Lösung ist natürlich für die Aufgabe bedeutungslos; das Minimum von f wird also angenommen für

$$h = \frac{\sqrt{m^2 + m\rho \pi R^2 H} - m}{\rho \pi R^2}.$$

Lösung (112.18) Es sei μ die Massenverteilung des Körpers K. Der Schwerpunkt $(1/\mu(K)) \int_K x \, d\mu(x)$ ist der Grenzwert Riemannscher Summen

$$(\star) \qquad \frac{1}{\mu(K)} \sum_{i=1}^{n} \xi_i \mu(K_i) = \sum_{i=1}^{n} \frac{\mu(K_i)}{\mu(K)} \xi_i,$$

wobei $K = \bigcup_{i=1}^{n} K_i$ eine Zerlegung von K in disjunkte Teilkörper ist und ξ_i jeweils ein beliebig in K_i gewähltes Element bezeichnet. Wegen $\mu(K_i) \geq 0$ und $\sum_{i=1}^n \mu(K_i) = \mu(K)$ ist jede der Riemannschen Summen $(\star)$ eine Konvexkombination der Elemente $\xi_i \in K$, also ein Element der konvexen Hülle $\operatorname{conv}(K)$. Damit liegt der Schwerpunkt von K als Grenzwert der Elemente $(\star)$ im Abschluß $\overline{\operatorname{conv}(K)}$ der konvexen Hülle von K. Mit K ist auch $\operatorname{conv}(K)$ abgeschlossen und beschränkt; also gilt $\overline{\operatorname{conv}(K)} = \operatorname{conv}(K)$, und wir sind fertig. – Ein Beispiel,

in dem der Schwerpunkt von K nicht in K selbst liegt, ist etwa gegeben durch eine Hohlkugel.

Lösung (112.19) Wir haben

$$\begin{aligned}
c_1 c_2 c_3 &= \frac{(\theta_2 - \theta_3)(\theta_3 - \theta_1)(\theta_1 - \theta_2)}{\theta_1 \theta_2 \theta_3} \\
&= \frac{\theta_1 \theta_2^2 + \theta_2 \theta_3^2 + \theta_3 \theta_1^2 - \theta_1^2 \theta_2 - \theta_2^2 \theta_3 - \theta_3^2 \theta_1}{\theta_1 \theta_2 \theta_3} \\
&= \frac{\theta_1 \theta_2 (\theta_2 - \theta_1) + \theta_2 \theta_3 (\theta_3 - \theta_2) + \theta_3 \theta_1 (\theta_1 - \theta_3)}{\theta_1 \theta_2 \theta_3} \\
&= \frac{\theta_2 - \theta_1}{\theta_3} + \frac{\theta_3 - \theta_2}{\theta_1} + \frac{\theta_1 - \theta_3}{\theta_2} \\
&= -c_3 - c_1 - c_2 = -(c_1 + c_2 + c_3).
\end{aligned}$$

(Bei der Rechnung ging nirgends ein, daß $\theta_1, \theta_2, \theta_3$ Hauptträgheitsmomente eines materiellen Körpers sind; die angegebene Gleichung gilt für beliebige Zahlen θ_i.)

Lösung (112.20) Mit $\Theta v_i = \theta_i v_i$ und $\|v_i\| = 1$ erhalten wir

$$\theta_i = \langle v_i, \Theta v_i \rangle = \left\langle v_i, \left(\int_K (\|\xi\|^2 \mathbf{1} - \xi \otimes \xi) \, dm \right) v_i \right\rangle =$$
$$\int_K (\|\xi\|^2 \langle v_i, v_i \rangle - \langle \xi, v_i \rangle^2) \, dm = \int_K (\|\xi\|^2 - \langle \xi, v_i \rangle^2) \, dm;$$

damit ist der Hinweis gezeigt. Nun sei (v_1, v_2, v_3) eine Orthonormalbasis aus Eigenvektoren des Trägheitstensors Θ von K zu dessen Eigenwerten $\theta_1, \theta_2, \theta_3$; dann gelten für jeden Vektor ξ die Gleichungen $\xi = \sum_{i=1}^{3} \langle \xi, v_i \rangle v_i$ und $\|\xi\|^2 = \sum_{i=1}^{3} \langle \xi, v_i \rangle^2$; wenden wir also den Hinweis auf jeden der drei Eigenvektoren an, so erhalten wir für jede Permutation (i, j, k) der Indices $1, 2, 3$ die Beziehung

$$\begin{aligned}
\theta_i + \theta_j - \theta_k &= \int_K (\|\xi\|^2 - \langle \xi, v_i \rangle^2 - \langle \xi, v_j \rangle^2 + \langle \xi, v_k \rangle^2) \, dm \\
&= \int_K 2 \langle \xi, v_k \rangle^2 \, dm \geq 0.
\end{aligned}$$

(Wann gilt Gleichheit?)

Lösung (112.21) Wir wählen jeweils ein kartesisches Koordinatensystem mit Ursprung im Zylindermittelpunkt, dessen z-Achse mit der Symmetrieachse des Zylinders zusammenfällt, und bestimmen dann die Matrixdarstellung des Trägheitstensors bezüglich dieses Koordinatensystems.

(a) In Zylinderkoordinaten besteht der Hohlzylinder Z aus allen Punkten

$$x = \begin{bmatrix} r \cos \varphi \\ r \sin \varphi \\ z \end{bmatrix} \text{ mit } R_1 \leq r \leq R_2, \ 0 \leq \varphi \leq 2\pi, \ |z| \leq \frac{H}{2}.$$

Dann ist $\|x\|^2 \mathbf{1} - x \otimes x$ gegeben durch

$$\begin{bmatrix} z^2 + r^2 \sin^2\varphi & -r^2 \sin\varphi\cos\varphi & -rz\cos\varphi \\ -r^2 \sin\varphi\cos\varphi & z^2 + r^2\cos^2\varphi & -rz\sin\varphi \\ -rz\cos\varphi & -rz\sin\varphi & r^2 \end{bmatrix} =: A(r,\varphi,z),$$

und mit dem Massenelement $dm(x) = \rho r d(r,\varphi,z)$ ist der Trägheitstensor $\Theta = \int_Z (\|x\|^2\mathbf{1} - x\otimes x)\,dm(x)$ gegeben durch

$$\Theta = \int_{r=R_1}^{R_2} \int_{z=-H/2}^{H/2} \int_{\varphi=0}^{2\pi} A(r,\varphi,z)\cdot \rho\, r\,d\varphi\,dz\,dr.$$

Dabei haben wir φ als innerste Variable gewählt, um die Rotationssymmetrie des Hohlzylinders sofort auszunutzen; wegen $\int_0^{2\pi}\sin = \int_0^{2\pi}\cos = \int_0^{2\pi}\sin\cos = 0$ und $\int_0^{2\pi}\sin^2 = \int_0^{2\pi}\cos^2 = \pi$ erhalten wir

$$\Theta = \rho\int_{R_1}^{R_2}\int_{-H/2}^{H/2} \begin{bmatrix} 2\pi rz^2+\pi r^3 & 0 & 0 \\ 0 & 2\pi rz^2+\pi r^3 & 0 \\ 0 & 0 & 2\pi r^3 \end{bmatrix} dz\,dr$$

$$= \frac{\rho\pi}{3}\int_{R_1}^{R_2}\int_{-H/2}^{H/2} \begin{bmatrix} 6rz^2+3r^3 & 0 & 0 \\ 0 & 6rz^2+3r^3 & 0 \\ 0 & 0 & 6r^3 \end{bmatrix} dz\,dr$$

$$= \frac{\rho\pi}{3}\int_{R_1}^{R_2} \begin{bmatrix} 2rz^3+3r^3z & 0 & 0 \\ 0 & 2rz^3+3r^3z & 0 \\ 0 & 0 & 6r^3 z \end{bmatrix}_{z=-H/2}^{H/2} dr$$

$$= \frac{\rho\pi}{3}\int_{R_1}^{R_2} \begin{bmatrix} rH^3/2+3r^3 H & 0 & 0 \\ 0 & rH^3/2+3r^3 H & 0 \\ 0 & 0 & 6r^3 H \end{bmatrix} dr$$

und weiter

$$\Theta = \frac{\rho\pi H}{12}\int_{R_1}^{R_2} \begin{bmatrix} 2rH^2+12r^3 & 0 & 0 \\ 0 & 2rH^2+12r^3 & 0 \\ 0 & 0 & 24r^3 \end{bmatrix} dr$$

$$= \frac{\rho\pi H}{12} \begin{bmatrix} r^2 H^2+3r^4 & 0 & 0 \\ 0 & r^2 H^2+3r^4 & 0 \\ 0 & 0 & 6r^4 \end{bmatrix}_{r=R_1}^{R_2}$$

$$= \frac{\rho\pi H R_2^2}{12} \begin{bmatrix} H^2+3R_2^2 & 0 & 0 \\ 0 & H^2+3R_2^2 & 0 \\ 0 & 0 & 6R_2^2 \end{bmatrix}$$

$$- \frac{\rho\pi H R_1^2}{12} \begin{bmatrix} H^2+3R_1^2 & 0 & 0 \\ 0 & H^2+3R_1^2 & 0 \\ 0 & 0 & 6R_1^2 \end{bmatrix}.$$

Für $R_1 = 0$ und $R_2 = R$ ergibt sich damit der Trägheitstensor eines Vollzylinders vom Radius R, nämlich

$$\Theta = \frac{\rho\pi H R^2}{12}\begin{bmatrix} H^2+3R^2 & 0 & 0 \\ 0 & H^2+3R^2 & 0 \\ 0 & 0 & 6R^2 \end{bmatrix}$$

$$= \frac{m}{12}\begin{bmatrix} H^2+3R^2 & 0 & 0 \\ 0 & H^2+3R^2 & 0 \\ 0 & 0 & 6R^2 \end{bmatrix},$$

wenn m die Gesamtmasse des Zylinders bezeichnet. Umgekehrt ist der Trägheitstensor des Hohlzylinders gerade die Differenz der Trägheitstensoren zweier Vollzylinder mit den Radien R_2 bzw. R_1. (Das liegt einfach an der Additivität des Integrals bezüglich des Integrationsbereichs.)

(b) In Teil (a) erhielten wir für den Trägheitstensor des Hohlzylinders den Ausdruck

$$\Theta = \frac{\pi\rho H}{12}\begin{bmatrix} A & 0 & 0 \\ 0 & A & 0 \\ 0 & 0 & C \end{bmatrix}$$

mit $A = H^2(R_2^2-R_1^2)+3(R_2^4-R_1^4)$ und $C = 6(R_2^4-R_1^4)$. Da die Gesamtmasse des Hohlzylinders gegeben ist durch $m = \rho\cdot\pi(R_2^2-R_1^2)\cdot H$, können wir $\pi\rho H = m/(R_2^2-R_1^2)$ schreiben; der Trägheitstensor geht dann über in

$$\Theta = \frac{m}{12}\begin{bmatrix} H^2+3(R_2^2+R_1^2) & 0 & 0 \\ 0 & H^2+3(R_2^2+R_1^2) & 0 \\ 0 & 0 & 6(R_2^2+R_1^2) \end{bmatrix}.$$

Durch Grenzübergang $R_1, R_2 \to R$ ergibt sich als Trägheitstensor eines dünnwandigen Hohlzylinders mit Radius R, Höhe H und Masse m dann

$$\Theta = \frac{m}{12}\begin{bmatrix} H^2+6R^2 & 0 & 0 \\ 0 & H^2+6R^2 & 0 \\ 0 & 0 & 12R^2 \end{bmatrix}.$$

Da die Flächendichte ρ und die Masse m durch die Gleichung $m = \rho\cdot 2\pi R H$ verknüpft sind, können wir dies umschreiben als

$$\Theta = \frac{\pi\rho R H}{6}\begin{bmatrix} H^2+6R^2 & 0 & 0 \\ 0 & H^2+6R^2 & 0 \\ 0 & 0 & 12R^2 \end{bmatrix}.$$

(c) Ein als zweidimensionales Objekt aufgefaßter dünnwandiger Zylinder mit Radius R und Höhe H ist gegeben durch die Parametrisierung

$$x(\varphi,z) = \begin{bmatrix} R\cos\varphi \\ R\sin\varphi \\ z \end{bmatrix} \text{ mit } 0 \leq \varphi \leq 2\pi \text{ und } |z| \leq \frac{H}{2}.$$

Mit der Flächendichte ρ und dem Flächenelement

$$d\sigma(x) = \left\|\frac{\partial x}{\partial\varphi}\times\frac{\partial x}{\partial z}\right\| d(\varphi,z) = \rho R\, d(\varphi,z)$$

erhalten wir das Massenelement $dm(x) = \rho\, d\sigma(x) = \rho R\, d(\varphi,z)$ und damit den Trägheitstensor

$$\rho R\int_{-H/2}^{H/2}\int_0^{2\pi}\begin{bmatrix} z^2+R^2\sin^2\varphi & -R^2\sin\varphi\cos\varphi & -Rz\cos\varphi \\ -R^2\sin\varphi\cos\varphi & z^2+R^2\cos^2\varphi & -Rz\sin\varphi \\ -Rz\cos\varphi & -Rz\sin\varphi & R^2 \end{bmatrix} d\varphi\,dz$$

$$= \rho R\int_{-H/2}^{H/2}\begin{bmatrix} 2\pi z^2+\pi R^2 & 0 & 0 \\ 0 & 2\pi z^2+\pi R^2 & 0 \\ 0 & 0 & 2\pi R^2 \end{bmatrix} dz$$

$$= \frac{\pi\rho R H}{6}\begin{bmatrix} H^2+6R^2 & 0 & 0 \\ 0 & H^2+6R^2 & 0 \\ 0 & 0 & 12R^2 \end{bmatrix},$$

also
$$\Theta = \frac{m}{12} \begin{bmatrix} H^2+6R^2 & 0 & 0 \\ 0 & H^2+6R^2 & 0 \\ 0 & 0 & 12R^2 \end{bmatrix},$$

was (natürlich) das gleiche Ergebnis wie in Teil (b) ist.

Lösung (112.22) Wir wählen jeweils ein kartesisches Koordinatensystem mit Ursprung im Kugelmittelpunkt und bestimmen dann die Matrixdarstellung des Trägheitstensors bezüglich dieses Koordinatensystems. Aufgrund der Kugelsymmetrie ist von Anfang an klar, daß der Trägheitstensor von der Form $\Theta = \theta_S \mathbf{1}$ sein wird, wobei θ_S das Trägheitsmoment um eine beliebige Schwerpunktsachse ist.

(a) In Kugelkoordinaten besteht die Hohlkugel K aus allen Punkten
$$x = \begin{bmatrix} r\cos\varphi\cos\theta \\ r\sin\varphi\cos\theta \\ r\sin\theta \end{bmatrix} \text{ mit } R_1 \leq r \leq R_2,\ 0 \leq \varphi \leq 2\pi,\ |\theta| \leq \frac{\pi}{2}.$$

Mit den Abkürzungen $s_\varphi := \sin\varphi$, $c_\varphi := \cos\varphi$, $s_\theta := \sin\theta$ und $c_\theta := \cos\theta$ ist dann $\|x\|^2 \mathbf{1} - x \otimes x$ gegeben durch

$$\begin{bmatrix} r^2(1-c_\varphi^2 c_\theta^2) & -r^2 c_\theta^2 s_\varphi c_\varphi & -r^2 c_\varphi s_\theta c_\theta \\ -r^2 c_\theta^2 s_\varphi c_\varphi & r^2(1-s_\varphi^2 c_\theta^2) & -r^2 s_\varphi s_\theta c_\theta \\ -r^2 c_\varphi s_\theta c_\theta & -r^2 s_\varphi s_\theta c_\theta & r^2(1-s_\theta^2) \end{bmatrix} =: A(r,\varphi,\theta),$$

und mit dem Massenelement $dm(x) = \rho r^2 \cos\theta\, d(r,\varphi,\theta)$ ist der Trägheitstensor $\Theta = \int_Z (\|x\|^2 \mathbf{1} - x \otimes x)\, dm(x)$ gegeben durch

$$\Theta = \int_{r=R_1}^{R_2} \int_{\theta=-\pi/2}^{\pi/2} \int_{\varphi=0}^{2\pi} A(r,\varphi,\theta) \cdot \rho r^2 \cos\theta\, d\varphi\, d\theta\, dr.$$

Dabei haben wir φ als innerste Variable gewählt, um die Rotationssymmetrie der Hohlkugel sofort auszunutzen; wegen $\int_0^{2\pi} \sin = \int_0^{2\pi} \cos = \int_0^{2\pi} \sin\cos = 0$ und $\int_0^{2\pi} \sin^2 = \int_0^{2\pi} \cos^2 = \pi$ nimmt der Trägheitstensor die Form

$$\rho \int_{R_1}^{R_2} \int_{-\pi/2}^{\pi/2} \begin{bmatrix} 2\pi r^4 c_\theta - \pi r^4 c_\theta^3 & 0 & 0 \\ 0 & 2\pi r^4 c_\theta - \pi r^4 c_\theta^3 & 0 \\ 0 & 0 & 2\pi r^4 c_\theta^3 \end{bmatrix} d\theta\, dr$$

an. Die Gleichungen $\int_{-\pi/2}^{\pi/2} \cos = 2$ und $\int_{-\pi/2}^{\pi/2} \cos^3 = 4/3$ liefern dann

$$\Theta = \frac{\rho\pi}{3} \int_{R_1}^{R_2} \begin{bmatrix} 8r^4 & 0 & 0 \\ 0 & 8r^4 & 0 \\ 0 & 0 & 8r^4 \end{bmatrix} dr = \frac{8\rho\pi}{15}(R_2^5 - R_1^5)\mathbf{1}.$$

Für $R_1 = 0$ und $R_2 = R$ ergibt sich damit der Trägheitstensor einer Vollkugel vom Radius R, nämlich

$$\Theta = \frac{8\rho\pi R^5}{15}\mathbf{1} = \frac{2mR^2}{5}\mathbf{1},$$

wenn m die Gesamtmasse der Kugel bezeichnet, während umgekehrt der Trägheitstensor der Hohlkugel gerade die Differenz der Trägheitstensoren zweier Vollkugeln mit den Radien R_2 bzw. R_1 ist. (Das liegt einfach an der Additivität des Integrals bezüglich des Integrationsbereichs.)

(b) In Teil (a) erhielten wir Trägheitstensor der Hohlkugel den Ausdruck

$$\Theta = \frac{8\rho\pi}{15}(R_2^5 - R_1^5)\mathbf{1}.$$

Da die Gesamtmasse der Hohlkugel gegeben ist durch $m = \rho \cdot (4\pi/3) \cdot (R_2^3 - R_1^3)$, können wir $4\pi\rho = 3m/(R_2^3 - R_1^3)$ schreiben; der Trägheitstensor geht dann über in

$$\Theta = \frac{2m}{5} \cdot \frac{R_2^5 - R_1^5}{R_2^3 - R_1^3}\mathbf{1},$$

also

$$\Theta = \frac{2m}{5} \cdot \frac{R_2^4 + R_2^3 R_1 + R_2^2 R_1^2 + R_2 R_1^3 + R_1^4}{R_2^2 + R_2 R_1 + R_1^2}\mathbf{1}.$$

Durch Grenzübergang $R_1, R_2 \to R$ ergibt sich als Trägheitstensor einer dünnwandigen Hohlkugel mit Radius R und Masse m dann

$$\Theta = \frac{2m}{5} \cdot \frac{5R^4}{3R^2}\mathbf{1} = \frac{2mR^2}{3}\mathbf{1}.$$

Da die Flächendichte ρ und die Masse m durch die Gleichung $m = \rho \cdot 4\pi R^2$ verknüpft sind, können wir dies umschreiben als

$$\Theta = \frac{8\pi\rho R^4}{3}\mathbf{1}.$$

(c) Eine als zweidimensionales Objekt aufgefaßte dünnwandige Kugel mit Radius R ist gegeben durch die Parametrisierung

$$x(\varphi,\theta) = \begin{bmatrix} R\cos\varphi\cos\theta \\ R\sin\varphi\cos\theta \\ R\sin\theta \end{bmatrix} \text{ mit } 0 \leq \varphi \leq 2\pi \text{ und } |\theta| \leq \frac{\pi}{2}.$$

Mit den Abkürzungen $s_\varphi = \sin\varphi$, $c_\varphi = \cos\varphi$, $s_\theta = \sin\theta$ und $c_\theta = \cos\theta$ ist $\|x\|^2 \mathbf{1} - x \otimes x$ dann gegeben durch

$$\begin{bmatrix} R^2(1-c_\varphi^2 c_\theta^2) & -R^2 s_\varphi c_\varphi c_\theta^2 & -R^2 c_\varphi s_\theta c_\theta \\ -R^2 s_\varphi c_\varphi c_\theta^2 & R^2(1-s_\varphi^2 c_\theta^2) & -R^2 s_\varphi s_\theta c_\theta \\ -R^2 c_\varphi s_\theta c_\theta & -R^2 s_\varphi s_\theta c_\theta & R^2 c_\theta^2 \end{bmatrix} =: R^2 A(\varphi,\theta).$$

Mit der Flächendichte ρ und dem Flächenelement

$$d\sigma(x) = \left\|\frac{\partial x}{\partial \varphi} \times \frac{\partial x}{\partial \theta}\right\| d(\varphi,\theta) = R^2 \cos\theta\, d(\varphi,\theta)$$

erhalten wir das Massenelement $dm(x) = \rho\, d\sigma(x) = \rho R^2 \cos\theta\, d(\varphi,\theta)$ und damit den Trägheitstensor

$$\rho \int_{-\pi/2}^{\pi/2} \int_0^{2\pi} R^2 A(\varphi,\theta)\, R^2 c_\theta\, d\theta\, d\varphi$$
$$= \rho R^4 \int_{-\pi/2}^{\pi/2} \int_0^{2\pi} A(\varphi,\theta) c_\theta\, d\theta\, d\varphi.$$

Wegen $\int_0^{2\pi} \sin = \int_0^{2\pi} \cos = \int_0^{2\pi} \sin\cos = 0$ und $\int_0^{2\pi} \sin^2 = \int_0^{2\pi} \cos^2 = \pi$ geht dieses Integral über in

$$\Theta = \pi\rho R^4 \int_{-\pi/2}^{\pi/2} \begin{bmatrix} 2c_\theta - c_\theta^3 & 0 & 0 \\ 0 & 2c_\theta - c_\theta^3 & 0 \\ 0 & 0 & 2c_\theta^3 \end{bmatrix} d\theta.$$

Wegen $\int_{-\pi/2}^{\pi/2} \cos = 2$ und $\int_{-\pi/2}^{\pi/2} \cos^3 = 4/3$ erhalten wir daher

$$\Theta = \pi\rho R^4 \begin{bmatrix} 8/3 & 0 & 0 \\ 0 & 8/3 & 0 \\ 0 & 0 & 8/3 \end{bmatrix} = \frac{8\pi\rho R^4}{3} \mathbf{1},$$

was (natürlich) das gleiche Ergebnis wie in Teil (b) ist.

L113: Integration skalarer Funktionen

Lösung (113.1) Wir wählen die Parametrisierung $\alpha(t) = (t, t^2)$ mit $0 \leq t \leq 1$, wobei wir t als Zeit deuten. Der y-Wert zur Zeit t ist dann t^2; der gesuchte Durchschnittswert von y entlang der Fahrtkurve ist dann

$$\overline{y} = \frac{\int_0^1 t^2 \|\dot{\alpha}(t)\| \, dt}{\int_0^1 \|\dot{\alpha}(t)\| \, dt} = \frac{\int_0^1 t^2 \sqrt{1+4t^2} \, dt}{\int_0^1 \sqrt{1+4t^2} \, dt}.$$

Der Zähler hat den Wert

$$z := \frac{1}{64} \left[2(t + 8t^3)\sqrt{1+4t^2} - \operatorname{arsinh}(2t) \right]_{t=0}^{1}$$
$$= \frac{18\sqrt{5} - \operatorname{arsinh}(2)}{64} \approx 0.606337,$$

der Nenner ist

$$n := \frac{1}{4} \left[2t\sqrt{1+4t^2} + \operatorname{arsinh}(2t) \right]_{t=0}^{1}$$
$$= \frac{2\sqrt{5} + \operatorname{arsinh}(2)}{4} \approx 1.47894.$$

Der gesuchte Durchschnittswert ist daher $z/n \approx 0.40998$. Dieser Wert ist kleiner als das arithmetische Mittel aus maximalem und minimalem y-Wert, weil ein größerer Teil der Fahrtstrecke im Bereich $y \leq 1/2$ verläuft als im Bereich $y \geq 1/2$.

Lösung (113.2) Auf der Fläche $F = \{(x,y,z) \in \mathbb{R}^3 \mid x^2+y^2+z^2 = R^2, z > 0\}$ sind die durchschnittlichen Werte der folgenden Funktionen gesucht:
(a) $f(x,y,z) = z$,
(b) $f(x,y,z) = R \arccos(\sqrt{x^2+y^2}/R)$,
(c) $f(x,y,z) = \sqrt{x^2+y^2}$.

Wir bezeichnen mit Ω die obere Hemisphäre mit der Parametrisierung

$$\begin{bmatrix} x \\ y \\ z \end{bmatrix} = \begin{bmatrix} R\cos(u)\cos(v) \\ R\sin(u)\cos(v) \\ R\sin(v) \end{bmatrix} \quad (0 < u < 2\pi,\; 0 < v < \pi/2)$$

mit dem Flächenelement

$$d\sigma = \left\| \begin{bmatrix} \partial x/\partial u \\ \partial y/\partial u \\ \partial z/\partial u \end{bmatrix} \times \begin{bmatrix} \partial x/\partial v \\ \partial y/\partial v \\ \partial z/\partial v \end{bmatrix} \right\| = R^2 \cos(v)\, d(u,v).$$

Zu berechnen ist in jedem der drei Fälle dann der Ausdruck

$$\frac{\iint_F f\, d\sigma}{\iint_F d\sigma} = \frac{1}{2\pi R^2} \iint_F f\, d\sigma,$$

wobei wir ausnutzten, daß der Flächeninhalt einer Hemisphäre vom Radius R gerade $\iint_F d\sigma = 2\pi R^2$ ist.

(a) Für $f(x,y,z) = z = R\sin(v)$ geht das Integral $\iint_F f\, d\sigma$ über in

$$\int_0^{2\pi} \int_0^{\pi/2} R\sin(v) \cdot R^2 \cos(v)\, dv\, du$$
$$= 2\pi R^3 \int_0^{\pi/2} \sin(v)\cos(v)\, dv$$
$$= 2\pi R^3 \left[\frac{-\cos(2v)}{4} \right]_{v=0}^{\pi/2} = \pi R^3.$$

Die Durchschnittshöhe über der Äquatorialebene ist also $\pi R^3/(2\pi R^2) = R/2$. (Das ist vielleicht plausibel, aber nicht ganz selbstverständlich, sondern liegt daran, daß die Anteile von F unter- und oberhalb der Ebene $z = R/2$ gleich groß sind.)

(b) Für $f(x,y,z) = R\arccos(\sqrt{x^2+y^2}/R) = Rv$ geht das Integral $\iint_F f\, d\sigma$ über in

$$\int_0^{2\pi} \int_0^{\pi/2} Rv \cdot R^2 \cos(v)\, dv\, du = 2\pi R^3 \int_0^{\pi/2} v\cos(v)\, dv$$
$$= 2\pi R^3 \left[\cos(v) + v\sin(v) \right]_{v=0}^{\pi/2} = 2\pi R^3 \left(\frac{\pi}{2} - 1 \right).$$

Der durchschnittliche Abstand zum Äquator (entlang der Kugeloberfläche) ist also $2R \cdot (\pi/4 - 1/2) \approx 0.570796\, R$.

(c) Für $f(x,y,z) = \sqrt{x^2+y^2} = R\cos(v)$ geht das Integral $\iint_F f\, d\sigma$ über in

$$\int_0^{2\pi} \int_0^{\pi/2} R\cos(v) \cdot R^2 \cos(v)\, dv\, du$$
$$= 2\pi R^3 \int_0^{\pi/2} \cos(v)^2\, dv$$
$$= 2\pi R^3 \left[\frac{\sin(2v) + 2v}{4} \right]_{v=0}^{\pi/2} = \frac{\pi^2 R^3}{2}.$$

Der durchschnittliche Abstand zur Achse durch Nord- und Südpol ist also $R \cdot \pi/4 \approx 0.785398\, R$.

Lösung (113.3) (a) Wir führen verallgemeinerte Polarkoordinaten ein. Wir haben dann $x = ry$ mit $0 \leq r \leq R$ und $y \in \mathbb{S}^{n-1}$ und erhalten

$$\int_{B_R} f(x)\, dx = \int_{B_R} g(\|x\|)\, dx$$
$$= \int_{r=0}^{R} \int_{y \in \mathbb{S}^{n-1}} g(r) r^{n-1} d\sigma(y)\, dr$$
$$= \sigma_{n-1}(\mathbb{S}^{n-1}) \cdot \int_0^R g(r) r^{n-1}\, dr,$$

wobei σ_{n-1} das $(n-1)$-dimensionale Hyperflächenmaß auf $\mathbb{S}^{n-1}$ bezeichnet.

(b) Wählen wir speziell $R = 1$ und $f \equiv 1$ (und damit $g \equiv 1$), so geht die in (a) gefundene Lösung über in

$$\mu_n(\mathbb{B}^n) = \sigma_{n-1}(\mathbb{S}^{n-1}) \cdot \int_0^1 r^{n-1} \mathrm{d}r = \frac{1}{n} \cdot \sigma_{n-1}(\mathbb{S}^{n-1}).$$

Unter Benutzung von Nummer (111.38) im Buch ergibt sich dann

$$\sigma_{n-1}(\mathbb{S}^{n-1}) = n \cdot \frac{(2\sqrt{\pi})^n}{n!\sqrt{\pi}} \Gamma\left(\frac{n+1}{2}\right).$$

(c) Unter Benutzung von (a) und (b) erhalten wir

$$\rho = \frac{1}{\mu_n(B_R)} \int_{B_R} \|x\| \, \mathrm{d}x$$
$$= \frac{1}{R^n \mu_n(\mathbb{B}^n)} \int_0^R \int_{y \in \mathbb{S}^{n-1}} r \cdot r^{n-1} \mathrm{d}\sigma_{n-1}(y) \mathrm{d}r$$
$$= \frac{\sigma_{n-1}(\mathbb{S}^{n-1})}{\mu_n(\mathbb{B}^n)} \cdot \frac{1}{R^n} \int_0^R r^n \mathrm{d}r$$
$$= \frac{n}{R^n} \int_0^R r^n \mathrm{d}r = \frac{n}{R^n} \cdot \frac{R^{n+1}}{n+1} = \frac{n}{n+1} \cdot R.$$

(d) Die Zahl r ist definiert durch die Bedingung $\mu_n(B_r) = \mu_n(B_R) - \mu_n(B_r)$, also $2\mu_n(B_r) = \mu_n(B_R)$ bzw. $2r^n \mu_n(B_1) = R^n \mu_n(B_1)$, d.h. $2r^n = R^n$. Dies liefert $r = R/(\sqrt[n]{2})$. Es gilt

$$\left(\frac{r}{\rho}\right)^n = \left(\frac{n+1}{n \cdot \sqrt[n]{2}}\right)^n = \frac{1}{2}\left(1 + \frac{1}{n}\right)^n \geq 1$$

mit Gleichheit genau für $n = 1$.

Lösung (113.4) Wie im Beweis zu Satz (65.21) des Buchs bereits angegeben, ist $\langle v_1 \wedge \cdots \wedge v_k, v_1 \wedge \cdots \wedge v_k \rangle$ nichts anderes als die Determinante der Gramschen Matrix $G(v_1, \ldots, v_k)$.

Lösung (113.5) Eine Parametrisierung von M ist gegeben durch $\Phi(u) := (u, \varphi(u))$, also

$$\Phi(u_1, \ldots, u_{n-1}) = \begin{bmatrix} u_1 \\ \vdots \\ u_{n-1} \\ \varphi(u_1, \ldots, u_{n-1}) \end{bmatrix}.$$

Die zugehörige Gramsche Matrix ist $V^T V$ mit

$$V = \begin{bmatrix} | & | & & | \\ e_1 & e_2 & \cdots & e_{n-1} \\ | & | & & | \\ \partial_1 \varphi & \partial_2 \varphi & & \partial_{n-1} \varphi \end{bmatrix} \in \mathbb{R}^{n \times (n-1)}.$$

Das Hyperflächenelement $\mathrm{d}\sigma$ auf M ist gegeben durch $\mathrm{d}\sigma = \sqrt{\det(V^T V)} \, \mathrm{d}u = \|v_1 \times \cdots \times v_{n-1}\| \, \mathrm{d}u$, wenn die Vektoren v_i die Spalten von V bezeichnen. (Die letzte Gleichheit gilt dabei wegen Nummer (66.30)(e) im Buch.) Wir behaupten, daß

$$(\star) \qquad v_1 \times \cdots \times v_{n-1} = \begin{bmatrix} -\nabla \varphi \\ 1 \end{bmatrix}$$

gilt. Ist dies gezeigt, so folgt $\|v_1 \times \cdots \times v_{n-1}\| = \sqrt{\|\nabla\varphi\|^2 + 1}$ und damit $\mathrm{d}\sigma = \sqrt{1 + \|\nabla\varphi(u)\|^2} \, \mathrm{d}u$, und wir sind fertig. Wegen

$$\begin{bmatrix} -\partial_1 \varphi \\ -\partial_2 \varphi \\ \vdots \\ -\partial_{n-1}\varphi \\ 1 \end{bmatrix} \perp \begin{bmatrix} 1 \\ 0 \\ \vdots \\ 0 \\ \partial_1 \varphi \end{bmatrix}, \begin{bmatrix} 0 \\ 1 \\ \vdots \\ 0 \\ \partial_2 \varphi \end{bmatrix}, \ldots, \begin{bmatrix} 0 \\ \vdots \\ 0 \\ 1 \\ \partial_{n-1}\varphi \end{bmatrix}$$

steht der Vektor $(-\nabla\varphi, 1)^T$ jedenfalls senkrecht auf allen Vektoren $v_i = (e_i, \partial_i \varphi)^T$, so daß es gemäß der Definition des Kreuzprodukts eine Zahl $\lambda \in \mathbb{R}$ gibt mit

$$v_1 \times \cdots \times v_{n-1} = \lambda \begin{bmatrix} -\nabla\varphi \\ 1 \end{bmatrix}.$$

Den Faktor λ ermitteln wir anhand der Definition des Kreuzprodukts:

$$\lambda = \left\langle e_n, \lambda \begin{bmatrix} -\nabla\varphi \\ 1 \end{bmatrix} \right\rangle = \langle e_n, v_1 \times \cdots \times v_{n-1}\rangle$$
$$= \det(v_1, \ldots, v_{n-1}, e_n)$$
$$= \det \begin{bmatrix} | & & | & | \\ e_1 & \cdots & e_{n-1} & 0 \\ | & & | & | \\ \partial_1\varphi & & \partial_{n-1}\varphi & 1 \end{bmatrix} = 1.$$

Lösung (113.6) Aufgrund der vorigen Aufgabe ist das Flächenelement auf M gegeben durch

$$\mathrm{d}\sigma = \sqrt{1 + \|(\nabla\varphi)(x,y)\|^2}\, \mathrm{d}(x,y) = \sqrt{2 + 4x^2}\, \mathrm{d}(x,y).$$

Das gesuchte Integral ist daher

$$\int_M x \, \mathrm{d}\sigma = \iint_{[0,1]\times[2,3]} x\sqrt{2+4x^2}\, \mathrm{d}(x,y)$$
$$= \int_0^1 \left[\int_2^3 x\sqrt{2+4x^2}\, \mathrm{d}y\right] \mathrm{d}x = \int_0^1 x\sqrt{2+4x^2}\, \mathrm{d}x$$
$$= \left[\frac{(2+4x^2)^{3/2}}{12}\right]_{x=0}^1 = \frac{6\sqrt{6} - 2\sqrt{2}}{12} = \frac{3\sqrt{6} - \sqrt{2}}{6}.$$

Lösung (113.7) Aus Symmetriegründen ist klar, daß alle drei Integrale den gleichen Wert haben müssen. (Die Sphäre $\mathbb{S}^2$ ist rotationssymmetrisch, und durch eine Drehung des Koordinatensystems können wir jede beliebige Achse zur x-, zur y- oder zur z-Achse machen.) Es genügt daher eigentlich, eines der Integrale zu berechnen. Als Fingerübung berechnen wir trotzdem alle drei Integrale separat und benutzen dabei jeweils die Parametrisierung

$$\begin{bmatrix} x \\ y \\ z \end{bmatrix} = \begin{bmatrix} \cos(u)\cos(v) \\ \sin(u)\cos(v) \\ \sin(v) \end{bmatrix} \quad \left(0 < u < 2\pi, \frac{-\pi}{2} < v < \frac{\pi}{2}\right)$$

mit dem Flächenelement $d\sigma = \cos(v)\,d(u,v)$; vgl. Aufgabe (113.2). Wir erhalten zunächst

$$\begin{aligned}
\int_{\mathbb{S}^2} x^2 d\sigma &= \int_0^{2\pi} \int_{-\pi/2}^{\pi/2} \cos(u)^2 \cos(v)^3 \, dv\, du \\
&= \int_0^{2\pi} \cos(u)^2 \left[\frac{\sin(3v) + 9\sin(v)}{12}\right]_{v=-\pi/2}^{\pi/2} du \\
&= \frac{4}{3} \int_0^{2\pi} \cos(u)^2 \, du = \frac{4}{3}\left[\frac{2u + \sin(2u)}{4}\right]_{u=0}^{2\pi} = \frac{4\pi}{3},
\end{aligned}$$

dann

$$\begin{aligned}
\int_{\mathbb{S}^2} y^2 d\sigma &= \int_0^{2\pi} \int_{-\pi/2}^{\pi/2} \sin(u)^2 \cos(v)^3 \, dv\, du \\
&= \int_0^{2\pi} \sin(u)^2 \left[\frac{\sin(3v) + 9\sin(v)}{12}\right]_{v=-\pi/2}^{\pi/2} du \\
&= \frac{4}{3} \int_0^{2\pi} \sin(u)^2 \, du = \frac{4}{3}\left[\frac{2u - \sin(2u)}{4}\right]_{u=0}^{2\pi} = \frac{4\pi}{3}
\end{aligned}$$

und schließlich

$$\begin{aligned}
\int_{\mathbb{S}^2} z^2 d\sigma &= \int_0^{2\pi} \int_{-\pi/2}^{\pi/2} \sin(v)^2 \cos(v) \, dv\, du \\
&= \int_0^{2\pi} \left[\frac{\sin(v)^3}{3}\right]_{v=-\pi/2}^{\pi/2} du \\
&= \frac{2}{3} \int_0^{2\pi} du = \frac{2}{3} \cdot 2\pi = \frac{4\pi}{3}.
\end{aligned}$$

L114: Integration von Differentialformen

Lösung (114.1) Wir schreiben $\omega = xy\,dx + 2\,dy + 4z\,dz$.

- Auf C_1 haben wir

$$\begin{array}{lll} x = \lambda & & dx = d\lambda \\ y = \lambda & \text{mit} & dy = d\lambda \\ z = \lambda & & dz = d\lambda \end{array}$$

und daher

$$\int_{C_1} \omega = \int_0^1 (\lambda^2 + 2 + 4\lambda)\,d\lambda = \left[\frac{\lambda^3}{3} + 2\lambda + 2\lambda^2\right]_{\lambda=0}^1 = 4.\overline{3}.$$

- Auf C_2 haben wir

$$\begin{array}{lll} x = \sin\varphi & & dx = \cos\varphi\,d\varphi \\ y = 1-\cos\varphi & \text{mit} & dy = \sin\varphi\,d\varphi \\ z = 2\varphi/\pi & & dz = (2/\pi)\,d\varphi \end{array}$$

und daher

$$\int_{C_2} \omega = \int_0^{\pi/2} \left(\sin\varphi(1-\cos\varphi)\cdot\cos\varphi + 2\cdot\sin\varphi + \frac{8\varphi}{\pi}\cdot\frac{2}{\pi}\right)d\varphi$$

$$= \int_0^{\pi/2} \left(\sin\varphi\cos\varphi - \cos^2\varphi\sin\varphi + 2\sin\varphi + \frac{16\varphi}{\pi^2}\right)d\varphi$$

$$= \left[\frac{\sin^2\varphi}{2} + \frac{\cos^3\varphi}{3} - 2\cos\varphi + \frac{8\varphi^2}{\pi^2}\right]_{\varphi=0}^{\pi/2}$$

$$= \frac{5}{2} - \left(-\frac{5}{3}\right) = 5\left(\frac{1}{2}+\frac{1}{3}\right) = \frac{25}{6} = 4.1\overline{6}.$$

- Auf C_3 haben wir

$$\begin{array}{lll} x = t & & dx = dt \\ y = t^2 & \text{mit} & dy = 2t\,dt \\ z = t^3 & & dz = 3t^2\,dt \end{array}$$

und daher

$$\int_{C_3} \omega = \int_0^1 (t^3\cdot 1 + 2\cdot 2t + 4t^3\cdot 3t^2)\,dt$$

$$= \int_0^1 (t^3 + 4t + 12t^5)\,dt$$

$$= \left[\frac{t^4}{4} + 2t^2 + 2t^6\right]_{t=0}^1 = 4.25.$$

Obwohl alle drei Integrationswege vom Punkt $(0,0,0)$ zum Punkt $(1,1,1)$ führen, erhalten wir verschiedene Ergebnisse; die Kurvenintegrale sind daher wegabhängig. Folglich besitzt das Vektorfeld $(x,y,z) \mapsto (xy,2,4z)^T$ keine Potentialfunktion.

Lösung (114.2) (a) Direkte Rechnung liefert

$$\int_C (3x^2+y)\,dx + (2x+y^3)\,dy$$

$$= \int_{-\pi}^{\pi} (-3r^3\cos^2 t\sin t - r^2\sin^2 t + 2r^2\cos^2 t + r^4\sin^3 t\cos t)\,dt$$

$$= 2\int_0^\pi (2r^2\cos^2 t - r^2\sin^2 t)\,dt = 2r^2\int_0^\pi (2\cos^2 - \sin^2 t)\,dt$$

$$= 2r^2 \cdot \left[\frac{2t + 3\sin(2t)}{4}\right]_{t=0}^\pi = \pi r^2.$$

(b) Direkte Rechnung liefert

$$\int_C (1+10xy+y^2)\,dx + (6xy+5x^2)\,dy =$$

$$\int_0^a 1\,dx + \int_0^a (6ay+5a^2)\,dy + \int_a^0 (1+10ax+a^2)\,dx + \int_a^0 0\,dy$$

$$= a + [3ay^2+5a^2y]_{y=0}^a + [x+5ax^2+a^2x]_{x=a}^0 + 0$$

$$= a + 8a^3 - 6a^3 - a = 2a^3.$$

(c) Das Vektorfeld $F(x,y) = (e^x\sin y, e^x\cos y)$ besitzt die Potentialfunktion $\Phi(x,y) = e^x\sin(y)$; da C ein geschlossener Weg ist, gilt also $\int_C F_1\,dx + F_2\,dy = 0$.

Lösung (114.3) Nach dem Newtonschen Grundgesetz ist die wirkende Kraft gegeben durch

$$F(t) = m\begin{bmatrix}\ddot x(t)\\ \ddot y(t)\\ \ddot z(t)\end{bmatrix} = m\begin{bmatrix}-a\omega^2\cos(\omega t)\\ -a\omega^2\sin(\omega t)\\ 2b\end{bmatrix};$$

die im Zeitintervall $[0,1]$ geleistete Arbeit ist daher

$$\int_0^1 \langle F(t), \begin{bmatrix}\dot x(t)\\ \dot y(t)\\ \dot z(t)\end{bmatrix}\rangle\,dt$$

$$= m\int_0^1 \langle\begin{bmatrix}-a\omega^2\cos(\omega t)\\ -a\omega^2\sin(\omega t)\\ 2b\end{bmatrix}, \begin{bmatrix}-a\omega\sin(\omega t)\\ a\omega\cos(\omega t)\\ 2bt\end{bmatrix}\rangle\,dt$$

$$= m\int_0^1 4b^2 t\,dt = mb^2\cdot 2t^2\big|_{t=0}^1 = 2mb^2.$$

Dies folgt auch aus einer allgemeineren Überlegung: Ist $t\mapsto v(t)$ der Geschwindigkeitsvektor einer Punktmasse, so ist die von der wirkenden Kraft $F = m\ddot x = m\dot v$ in einem Zeitintervall $[t_1,t_2]$ geleistete Arbeit gerade $\int_{t_1}^{t_2}\langle m\dot v(t),v(t)\rangle\,dt = T(t_2) - T(t_1)$, wenn $T := m\|v\|^2/2$ die kinetische Energie bezeichnet. Es gilt also stets

$$T_{\text{Anfang}} + \text{geleistete Arbeit} = T_{\text{Ende}}.$$

Lösung (114.4) (a) Die Bedingung $F = \text{grad}\,\Phi$ bedeutet

$$\frac{\partial \Phi}{\partial x} = 4x^3 y^3 - 3x^2, \qquad \frac{\partial \Phi}{\partial y} = 3x^4 y^2 + \cos(y).$$

Integration bezüglich x bzw. y zeigt, daß eine Funktion Φ diese Bedingungen genau dann erfüllt, wenn es Funktionen $y \mapsto C_1(y)$ und $x \mapsto C_2(x)$ gibt mit

$$\Phi(x,y) = x^4 y^3 - x^3 + C_1(y),$$
$$\Phi(x,y) = x^4 y^3 + \sin(y) + C_2(x).$$

Genau dann ist Φ von dieser Form (und damit eine Potentialfunktion für F), wenn es eine Konstante C gibt mit

$$\Phi(x,y) = x^4 y^3 - x^3 + \sin(y) + C.$$

(b) Hier ist F nur auf dem ersten Quadranten $D := \{(x,y) \in \mathbb{R}^2 \mid x > 0, y > 0\}$ definiert. Die Bedingung $F = \operatorname{grad} \Phi$ (mit $\Phi : D \to \mathbb{R}$) bedeutet

$$\frac{\partial \Phi}{\partial x} = \sqrt{y} - \frac{y}{2\sqrt{x}} + 2x, \quad \frac{\partial \Phi}{\partial y} = \frac{x}{2\sqrt{y}} - \sqrt{x} + 1.$$

Integration bezüglich x bzw. y zeigt, daß eine Funktion Φ diese Bedingungen genau dann erfüllt, wenn es Funktionen $y \mapsto C_1(y)$ und $x \mapsto C_2(x)$ gibt mit

$$\Phi(x,y) = x\sqrt{y} - y\sqrt{x} + x^2 + C_1(y),$$
$$\Phi(x,y) = x\sqrt{y} - y\sqrt{x} + y + C_2(x).$$

Genau dann ist Φ von dieser Form (und damit eine Potentialfunktion für F), wenn es eine Konstante C gibt mit

$$\Phi(x,y) = x\sqrt{y} - y\sqrt{x} + x^2 + y + C.$$

(c) Die Bedingungen $\Phi_x = -y$ und $\Phi_y = x$ führen auf $\Phi = -xy + C_1(y)$ und $\Phi = xy + C_2(x)$ und damit auf $2xy = C_1(y) - C_2(x)$. Diese letzte Bedingung ist aber nicht erfüllbar. (Partielles Ableiten nach y führt etwa auf die Gleichung $2x = C_1'(y)$, bei der die linke Seite von x abhängt, die rechte aber nicht.) Daher besitzt F keine Potentialfunktion.

(d) Wir können wie in (c) argumentieren, aber etwas schneller geht es folgendermaßen: wäre $F = \operatorname{grad} \Phi$, also $(F_1, F_2) = (\Phi_x, \Phi_y)$, so wäre $(F_1)_y = (\Phi_x)_y = (\Phi_y)_x = (F_2)_x$ nach dem Satz von Schwarz. Es ist aber $(F_1)_y = (\partial/\partial y)(y^3 + x) = 3y^2 \neq 2x = (\partial/\partial x)(x^2 + y) = (F_2)_x$. Also kann F keine Potentialfunktion besitzen. (Vgl. Aufgabe (114.6).)

Lösung (114.5) Es sei $\omega := (y^3+x)\, dx + (x^2+y)\, dy$.
(a) Für die Parametrisierung $x(t) = -t$, $y(t) = 0$ (mit $-1 \leq t \leq 1$) erhalten wir $dx = -dt$ und $dy = 0$; also gilt

$$\int_C \omega = \int_{-1}^{1} (-t)(-1)\, dt = \int_{-1}^{1} t\, dt = 0.$$

(b) Der Weg C besteht aus drei Strecken mit den folgenden Parametrisierungen:
- $x = 1$, $y = t$, $dx = 0$, $dy = dt$, $0 \leq t \leq 1$;
- $x = -t$, $y = 1$, $dx = -dt$, $dy = 0$, $-1 \leq t \leq 1$;
- $x = -1$, $y = -t$, $dx = 0$, $dy = -dt$, $-1 \leq t \leq 0$.

Also gilt

$$\int_C \omega = \int_0^1 (1+t)\, dt + \int_{-1}^{1}(t-1)\, dt + \int_{-1}^{0}(t-1)\, dt =$$
$$\left[t + \frac{t^2}{2}\right]_0^1 + \left[\frac{t^2}{2} - t\right]_{-1}^{1} + \left[\frac{t^2}{2} - t\right]_{-1}^{0} = \frac{3}{2} - 2 - \frac{3}{2} = -2.$$

(c) Mit der Parametrisierung

$$x = \cos t, \quad dx = -\sin t\, dt,$$
$$y = \sin t, \quad dy = \cos t\, dt \qquad (0 \leq t \leq \pi)$$

ergibt sich

$$\int_C \omega = \int_0^\pi ((\sin^3 t + \cos t)(-\sin t) + (\cos^2 t + \sin t)\cos t)\, dt$$
$$= \int_0^\pi (-\sin^4 t - \cos t \sin t + \cos^3 t + \sin t \cos t)\, dt$$
$$= \int_0^\pi (\cos^3 t - \sin^4 t)\, dt = -2\int_0^{\pi/2} \sin^4 t\, dt$$
$$= -\left[\frac{12t - 8\sin(2t) + \sin(4t)}{16}\right]_{t=0}^{\pi/2} = -\frac{3\pi}{8}.$$

Lösung (114.6) Gilt $F = \operatorname{grad} \Phi$, also $F_i = \partial_i \Phi$ für $1 \leq i \leq n$, so ist $\partial_i F_j = \partial_i \partial_j \Phi = \partial_j \partial_i \Phi = \partial_j F_i$ für alle i, j, denn nach dem Satz von Schwarz gilt $\partial_i \circ \partial_j = \partial_j \circ \partial_i$.

Lösung (114.7) (a) Es gilt

$$\frac{\partial F_1}{\partial y} = \frac{\partial}{\partial y} \frac{-y}{x^2+y^2} = \frac{y^2-x^2}{(x^2+y^2)^2} = \frac{\partial}{\partial x} \frac{x}{x^2+y^2} = \frac{\partial F_2}{\partial x}.$$

(b) Die Kurve C ist gegeben durch die Parametrisierung $t \mapsto (x(t), y(t)) = (\cos t, \sin t)$ mit $0 \leq t \leq 2\pi$. Wegen $x = \cos t$ und $y = \sin t$ haben wir $dx = -\sin t\, dt$ und $dy = \cos t\, dt$, folglich

$$\oint_C F_1\, dx + F_2\, dy = \oint_C \left(\frac{-y}{x^2+y^2}\, dx + \frac{x}{x^2+y^2}\, dy\right)$$
$$= \int_0^{2\pi} (\sin^2 t + \cos^2 t)\, dt = \int_0^{2\pi} 1\, dt = 2\pi.$$

(c) Das in (b) betrachtete Integral der von F definierten 1-Form über einen geschlossenen Weg liefert einen von Null verschiedenen Wert; damit kann F kein Potential besitzen.

(d) Wir gehen von einer Funktion φ aus mit

$$\cos\varphi = \frac{x}{\sqrt{x^2+y^2}} \quad \text{und} \quad \sin\varphi = \frac{y}{\sqrt{x^2+y^2}}.$$

Ableiten der ersten Gleichung liefert
(1)
$$-\sin\varphi\, \frac{\partial\varphi}{\partial x} = \frac{y^2}{(x^2+y^2)^{3/2}}, \quad -\sin\varphi\, \frac{\partial\varphi}{\partial y} = \frac{-xy}{(x^2+y^2)^{3/2}};$$

Ableiten der zweiten Gleichung liefert

(2) $\quad \cos\varphi \, \dfrac{\partial \varphi}{\partial x} = \dfrac{-xy}{(x^2+y^2)^{3/2}}, \quad \cos\varphi \, \dfrac{\partial \varphi}{\partial y} = \dfrac{x^2}{(x^2+y^2)^{3/2}}.$

Ist $\sin\varphi \neq 0$, so dürfen wir (1) durch $-\sin\varphi = -y/\sqrt{x^2+y^2}$ dividieren und erhalten

($\star$) $\quad \dfrac{\partial \varphi}{\partial x} = \dfrac{-y}{x^2+y^2} \quad$ und $\quad \dfrac{\partial \varphi}{\partial y} = \dfrac{x}{x^2+y^2};$

ist $\cos\varphi \neq 0$, so dürfen wir (2) durch $\cos\varphi = x/\sqrt{x^2+y^2}$ dividieren und erhalten das gleiche Ergebnis. Da mindestens einer der beiden Fälle eintreten muß, gilt in jedem Fall die Bedingung ($\star$), und diese bedeutet gerade $\operatorname{grad}\varphi = F$.

(e) Im wesentlichen geht es hier um die Frage, wie sich die Polarkoordinatengleichung

$$\begin{bmatrix} x \\ y \end{bmatrix} = \begin{bmatrix} r\cos\varphi \\ r\sin\varphi \end{bmatrix}$$

nach r und φ auflösen läßt. Offensichtlich gilt $r = \sqrt{x^2+y^2}$; problematisch ist also nur, eine explizite Formel für φ zu finden.

- Es gilt $y/x = (r\sin\varphi)/(r\cos\varphi) = \tan\varphi$; für $-\pi/2 < \varphi < \pi/2$ (also $x>0$) ist dies äquivalent mit $\varphi = \arctan(y/x)$.
- Es gilt $\sin\varphi = y/r$; für $-\pi/2 < \varphi < \pi/2$ (also $x>0$) ist dies äquivalent mit $\varphi = \arcsin(y/r)$.
- Es gilt $\cos\varphi = x/r$; für $0 < \varphi < \pi$ (also $y>0$) ist dies äquivalent mit $\varphi = \arccos(x/r)$.
- Allgemein gilt

$$\tan(\varphi/2) = \dfrac{\sin\varphi}{1+\cos\varphi} = \dfrac{y/r}{1+(x/r)} = \dfrac{y}{r+x}.$$

Für $-\pi < \varphi < \pi$, also $-\pi/2 < \varphi/2 < \pi/2$, ist dies äquivalent mit $\varphi/2 = \arctan\bigl(y/(r+x)\bigr)$, also $\varphi = 2\arctan\bigl(y/(x+r)\bigr)$.

Lösung (114.8) Es seien $t \mapsto \bigl(x(t), y(t)\bigr)$ mit $a \leq t \leq b$ eine Parametrisierung von C und $t \mapsto \theta(t)$ eine stetige Polarwinkelfunktion (siehe Aufgabe (99.25)). Nach Voraussetzung sind x und y stückweise C^1, so daß nach Aufgabe (99.25) auch θ stückweise C^1 ist. Dann gilt $\tan\bigl(\theta(t)\bigr) = y(t)/x(t)$ zu allen Zeiten t mit $x(t) \neq 0$. (Für Zeiten t mit $x(t) = 0$ ist $y(t) \neq 0$, und wir können die Formel $\cot\bigl(\theta(t)\bigr) = x(t)/y(t)$ benutzen und dann analog vorgehen.) Ableiten liefert

$$\dfrac{\dot y x - y \dot x}{x^2} = \dfrac{\mathrm{d}}{\mathrm{d}t}\left(\dfrac{y}{x}\right) = \dfrac{\mathrm{d}}{\mathrm{d}t}\bigl(\tan(\theta)\bigr) = (1+\tan(\theta)^2)\dot\theta$$
$$= \left(1 + \dfrac{y^2}{x^2}\right)\dot\theta = \dfrac{x^2+y^2}{x^2}\dot\theta$$

und damit

$$\dot\theta = \dfrac{\dot y x - y \dot x}{x^2 + y^2}.$$

Die Windungszahl der Kurve bezüglich des Nullpunkts ist dann

$$\dfrac{\theta(b)-\theta(a)}{2\pi} = \dfrac{1}{2\pi}\int_a^b \dot\theta(t)\,\mathrm{d}t$$
$$= \dfrac{1}{2\pi}\int_a^b \dfrac{\dot y(t) x(t) - y(t)\dot x(t)}{x(t)^2 + y(t)^2}\,\mathrm{d}t$$
$$= \dfrac{1}{2\pi}\int_C \dfrac{x\,\mathrm{d}y - y\,\mathrm{d}x}{x^2+y^2}.$$

L115: Äußere Ableitung von Differentialformen

Lösung (115.1) Die Seiten des Parallelogramms werden mit einem Parameter $0 \leq t \leq 1$ parametrisiert durch die Funktionen

$$\begin{aligned}
\alpha_1(t) &= p + t\varepsilon v_1 & (\Rightarrow \dot\alpha_1(t) &= \varepsilon v_1), \\
\alpha_2(t) &= p + \varepsilon v_1 + t\varepsilon v_2 & (\Rightarrow \dot\alpha_2(t) &= \varepsilon v_2), \\
\alpha_3(t) &= p + (1-t)\varepsilon v_1 + \varepsilon v_2 & (\Rightarrow \dot\alpha_3(t) &= -\varepsilon v_1), \\
\alpha_4(t) &= p + (1-t)\varepsilon v_2 & (\Rightarrow \dot\alpha_4(t) &= -\varepsilon v_2);
\end{aligned}$$

dabei ist der Durchlaufsinn so gewählt, daß die Orientierung jeder Seite mit der von der Orientierung des Parallelogramms auf den Rand vererbten Orientierung übereinstimmt. Schreiben wir $\ell_i(t) := \alpha_i(t) - p$, so erhalten wir die Taylorentwicklung

$$f(\alpha_i(t)) = f(p + \ell_i(t)) = f(p) + f'(p)\ell_i(t) + \mathrm{o}(\varepsilon).$$

Es ergibt sich daher

$$\oint_{\partial B} f \cdot d\vec{s} = \sum_{i=1}^{4} \int_0^1 \langle f(\alpha_i(t)), \dot\alpha_i(t)\rangle\, dt$$

$$= \sum_{i=1}^{4} \int_0^1 \langle f(p), \dot\alpha_i(t)\rangle\, dt + \sum_{i=1}^{4} \int_0^1 \langle f'(p)\ell_i(t), \dot\alpha_i(t)\rangle\, dt + \mathrm{o}(\varepsilon^2)$$

$$= \int_0^1 \langle f(p), \underbrace{\sum_{i=1}^{4} \dot\alpha_i(t)}_{=0}\rangle\, dt + \sum_{i=1}^{4} \int_0^1 \langle f'(p)\ell_i(t), \dot\alpha_i(t)\rangle\, dt + \mathrm{o}(\varepsilon^2).$$

In der Summe $\sum_{i=1}^{4}\int_0^1 \langle f'(p)\ell_i(t),\dot\alpha_i(t)\rangle\,dt$ fassen wir nun einerseits die Terme $i=1,3$ und andererseits die Terme $i=2,4$ zusammen; wir erhalten

$$\sum_{i\in\{1,3\}} \int_0^1 \langle f'(p)\ell_i(t), \dot\alpha_i(t)\rangle\, dt$$
$$= \varepsilon \int_0^1 \langle f'(p)(\ell_1(t)-\ell_3(t)), v_1\rangle\, dt$$
$$= \varepsilon^2 \int_0^1 \langle f'(p)((2t-1)v_1 - v_2), v_1\rangle\, dt$$
$$= -\varepsilon^2 \langle f'(p)v_2, v_1\rangle$$

und

$$\sum_{i\in\{2,4\}} \int_0^1 \langle f'(p)\ell_i(t), \dot\alpha_i(t)\rangle\, dt$$
$$= \varepsilon \int_0^1 \langle f'(p)(\ell_2(t)-\ell_4(t)), v_2\rangle\, dt$$
$$= \varepsilon^2 \int_0^1 \langle f'(p)(v_1 + (2t-1)v_2), v_2\rangle\, dt$$
$$= \varepsilon^2 \langle f'(p)v_1, v_2\rangle$$

und damit insgesamt

$$\oint_{\partial B} f\, d\vec{s} = \varepsilon^2 (\langle f'(p)v_1, v_2\rangle - \langle f'(p)v_2, v_1\rangle) + \mathrm{o}(\varepsilon^2)$$
$$= \varepsilon^2 \langle (f'(p) - f'(p)^T)v_1, v_2\rangle + \mathrm{o}(\varepsilon^2).$$

Wir erhalten ferner (wenn $n_i(t)$ den korrekt orientierten Normalenvektor für die i-te Seite bezeichnet)

$$\oint_{\partial B} f \cdot d\vec{n} = \sum_{i=1}^{4} \int_0^1 \langle f(\alpha_i(t)), n_i(t)\rangle\, dt$$

$$= \sum_{i=1}^{4} \int_0^1 \langle f(p), n_i(t)\rangle\, dt + \sum_{i=1}^{4} \int_0^1 \langle f'(p)\ell_i(t), n_i(t)\rangle\, dt + \mathrm{o}(\varepsilon^2)$$

$$= \int_0^1 \langle f(p), \underbrace{\sum_{i=1}^{4} n_i(t)}_{=0}\rangle\, dt + \sum_{i=1}^{4} \int_0^1 \langle f'(p)\ell_i(t), n_i(t)\rangle\, dt + \mathrm{o}(\varepsilon^2).$$

Wieder fassen wir einerseits die Terme $i=1,3$ und andererseits die Terme $i=2,4$ zusammen; bezeichnet J die 90^0-Drehung gegen den Uhrzeigersinn, so haben wir $n_1(t) = -Jv_1$, $n_2(t) = -Jv_2$, $n_3(t) = Jv_1$ sowie $n_4(t) = Jv_2$ für alle $t \in [0,1]$ und damit

$$\sum_{i\in\{1,3\}} \int_0^1 \langle f'(p)\ell_i(t), n_i(t)\rangle\, dt$$
$$= \varepsilon \int_0^1 \langle f'(p)(\ell_3(t)-\ell_1(t)), Jv_1\rangle\, dt$$
$$= \varepsilon^2 \int_0^1 \langle f'(p)((1-2t)v_1 + v_2), v_1\rangle\, dt$$
$$= \varepsilon^2 \langle f'(p)v_2, Jv_1\rangle$$

und

$$\sum_{i\in\{2,4\}} \int_0^1 \langle f'(p)\ell_i(t), n_i(t)\rangle\, dt$$
$$= \varepsilon \int_0^1 \langle f'(p)(\ell_4(t)-\ell_2(t)), Jv_2\rangle\, dt$$
$$= \varepsilon^2 \int_0^1 \langle f'(p)((1-2t)v_2 - v_1), Jv_2\rangle\, dt$$
$$= -\varepsilon^2 \langle f'(p)v_1, Jv_2\rangle$$

und wegen $J^T = -J$ damit insgesamt

$$\oint_{\partial B} f \cdot d\vec{n} = \varepsilon^2 (\langle f'(p)v_2, Jv_1\rangle - \langle f'(p)v_1, Jv_2\rangle) + \mathrm{o}(\varepsilon^2)$$
$$= \varepsilon^2 \langle (f'(p)^T J + J f'(p))v_1, v_2\rangle + \mathrm{o}(\varepsilon^2).$$

Lösung (115.2) Die Aussagen (a)-(c) sowie (e)-(g) sind trivial; sie folgen daraus, daß konstante Funktionen eine verschwindende Ableitung haben und daß das Ableiten eine lineare Operation ist. Aussage (d) ergibt sich aus der Produktregel, denn $\partial_i(fg) = (\partial_i f)g + f(\partial_i g)$ für $1 \leq i \leq n$. Aussage (h) ergibt sich unter Benutzung der Produktregel folgendermaßen:

$$\operatorname{div}(\varphi F) = \sum_{i=1}^{n} \partial_i(\varphi F)_i = \sum_{i=1}^{n} \partial_i(\varphi F_i)$$
$$= \sum_{i=1}^{n} \left((\partial_i \varphi) F_i + \varphi(\partial_i F_i)\right)$$
$$= \left\langle \begin{bmatrix} \partial_1 \varphi \\ \vdots \\ \partial_n \varphi \end{bmatrix}, \begin{bmatrix} F_1 \\ \vdots \\ F_n \end{bmatrix} \right\rangle + \varphi \sum_{i=1}^{n}(\partial_i F_i)$$
$$= \langle \operatorname{grad} \varphi, F \rangle + \varphi \operatorname{div}(F).$$

Lösung (115.3) Die Aussagen (a)-(c) sind trivial; sie folgen daraus, daß konstante Funktionen eine verschwindende Ableitung haben und daß das Ableiten eine lineare Operation ist. Zum Nachweis von (d) rechnen wir:

$$\operatorname{rot}(\varphi F) = \begin{bmatrix} \partial_1 \\ \partial_2 \\ \partial_3 \end{bmatrix} \times \begin{bmatrix} \varphi F_1 \\ \varphi F_2 \\ \varphi F_3 \end{bmatrix} = \begin{bmatrix} \partial_2(\varphi F_3) - \partial_3(\varphi F_2) \\ \partial_3(\varphi F_1) - \partial_1(\varphi F_3) \\ \partial_1(\varphi F_2) - \partial_2(\varphi F_1) \end{bmatrix}$$
$$= \begin{bmatrix} (\partial_2 \varphi) F_3 + \varphi(\partial_2 F_3) - (\partial_3 \varphi) F_2 - \varphi(\partial_3 F_2) \\ (\partial_3 \varphi) F_1 + \varphi(\partial_3 F_1) - (\partial_1 \varphi) F_3 - \varphi(\partial_1 F_3) \\ (\partial_1 \varphi) F_2 + \varphi(\partial_1 F_2) - (\partial_2 \varphi) F_1 - \varphi(\partial_2 F_1) \end{bmatrix}$$
$$= \begin{bmatrix} (\partial_2 \varphi) F_3 - (\partial_3 \varphi) F_2 + \varphi(\partial_2 F_3) - \varphi(\partial_3 F_2) \\ (\partial_3 \varphi) F_1 - (\partial_1 \varphi) F_3 + \varphi(\partial_3 F_1) - \varphi(\partial_1 F_3) \\ (\partial_1 \varphi) F_2 - (\partial_2 \varphi) F_1 + \varphi(\partial_1 F_2) - \varphi(\partial_2 F_1) \end{bmatrix}$$
$$= \begin{bmatrix} (\partial_2 \varphi) F_3 - (\partial_3 \varphi) F_2 \\ (\partial_3 \varphi) F_1 - (\partial_1 \varphi) F_3 \\ (\partial_1 \varphi) F_2 - (\partial_2 \varphi) F_1 \end{bmatrix} + \begin{bmatrix} \varphi(\partial_2 F_3 - \partial_3 F_2) \\ \varphi(\partial_3 F_1 - \partial_1 F_3) \\ \varphi(\partial_1 F_2 - \partial_2 F_1) \end{bmatrix}$$
$$= \begin{bmatrix} \partial_1 \varphi \\ \partial_2 \varphi \\ \partial_3 \varphi \end{bmatrix} \times \begin{bmatrix} F_1 \\ F_2 \\ F_3 \end{bmatrix} + \varphi \begin{bmatrix} \partial_2 F_3 - \partial_3 F_2 \\ \partial_3 F_1 - \partial_1 F_3 \\ \partial_1 F_2 - \partial_2 F_1 \end{bmatrix}$$
$$= (\operatorname{grad} \varphi) \times F + \varphi \operatorname{rot}(F).$$

Bedingung (e) könnte man genau wie (d) einfach in Koordinaten nachrechnen; weniger rechenaufwendig (und auch begrifflich klarer) ist aber ein koordinatenfreier Nachweis. Dazu beachten wir zweierlei:
- der Gradient einer skalaren Funktion φ ist definiert durch $\varphi' = \langle \operatorname{grad} \varphi, \bullet \rangle$ (im Sinne von $\varphi'(p)v = \langle (\operatorname{grad} \varphi)(p), v \rangle$ für einen beliebigen Punkt p und einen beliebigen Vektor v, was nichts anderes ist als die Richtungsableitung von φ im Punkt p in der Richtung v);
- bezeichnet für $\omega \in \mathbb{R}^3$ ganz allgemein $L(\omega)$ den Kreuzproduktoperator, der definiert ist durch $L(\omega)v = \omega \times v$ für alle Vektoren v, so ist die Rotation eines Vektorfeldes F definiert durch $L(\operatorname{rot} F) = F' - (F')^T$ im Sinne von $L\big((\operatorname{rot} F)(p)\big) = F'(p) - F'(p)^T$ an jedem Punkt p.

In diesem Sinne haben wir einerseits

$$\langle F, G \rangle'(p) = \langle F'(p)\bullet, G(p) \rangle + \langle F(p), G'(p)\bullet \rangle$$
$$= \langle \bullet, F'(p)^T G(p) + G'(p)^T F(p) \rangle$$

und damit $\operatorname{grad}(\langle F, G \rangle) = (F')^T G + (G')^T F$, andererseits

$$L_G F + L_F G + F \times \operatorname{rot}(G) + G \times \operatorname{rot}(F)$$
$$= L_G F + L_F G - L(\operatorname{rot} G) F - L(\operatorname{rot} F) G$$
$$= F'G + G'F - \big(G' - (G')^T\big) F - \big(F' - (F')^T\big) G$$
$$= (G')^T F + (F')^T G = \operatorname{grad}(\langle F, G \rangle).$$

(f) Wir haben

$$\operatorname{div}(F \times G) = \operatorname{div} \begin{bmatrix} F_2 G_3 - F_3 G_2 \\ F_3 G_1 - F_1 G_3 \\ F_1 G_2 - F_2 G_1 \end{bmatrix} =$$
$$\partial_1(F_2 G_3 - F_3 G_2) + \partial_2(F_3 G_1 - F_1 G_3) + \partial_3(F_1 G_2 - F_2 G_1).$$

Anwendung der Produktregel zeigt, daß dies gleich

$$\left\langle \begin{bmatrix} \partial_2 F_3 - \partial_3 F_2 \\ \partial_3 F_1 - \partial_1 F_3 \\ \partial_1 F_2 - \partial_2 F_1 \end{bmatrix}, \begin{bmatrix} G_1 \\ G_2 \\ G_3 \end{bmatrix} \right\rangle - \left\langle \begin{bmatrix} \partial_2 G_3 - \partial_3 G_2 \\ \partial_3 G_1 - \partial_1 G_3 \\ \partial_1 G_2 - \partial_2 G_1 \end{bmatrix}, \begin{bmatrix} F_1 \\ F_2 \\ F_3 \end{bmatrix} \right\rangle$$

ist, also gleich $\langle \operatorname{rot}(F), G \rangle - \langle \operatorname{rot}(G), F \rangle$.

(g) Wir haben

$$\operatorname{rot}(F \times G) = \operatorname{rot} \begin{bmatrix} F_2 G_3 - F_3 G_2 \\ F_3 G_1 - F_1 G_3 \\ F_1 G_2 - F_2 G_1 \end{bmatrix}$$
$$= \begin{bmatrix} \partial_2(F_1 G_2 - F_2 G_1) - \partial_3(F_3 G_1 - F_1 G_3) \\ \partial_3(F_2 G_3 - F_3 G_2) - \partial_1(F_1 G_2 - F_2 G_1) \\ \partial_1(F_3 G_1 - F_1 G_3) - \partial_2(F_2 G_3 - F_3 G_2) \end{bmatrix}.$$

Anwendung der Produktregel zeigt, daß die drei Komponenten R_1, R_2, R_3 dieses Vektors gegeben sind durch

$$R_1 = (\partial_2 F_1) G_2 + F_1(\partial_2 G_2) - (\partial_2 F_2) G_1 - F_2(\partial_2 G_1)$$
$$\quad - (\partial_3 F_3) G_1 - F_3(\partial_3 G_1) + (\partial_3 F_1) G_3 + F_1(\partial_3 G_3),$$
$$R_2 = (\partial_3 F_2) G_3 + F_2(\partial_3 G_3) - (\partial_3 F_3) G_2 - F_3(\partial_3 G_2)$$
$$\quad - (\partial_1 F_1) G_2 - F_1(\partial_1 G_2) + (\partial_1 F_2) G_1 + F_2(\partial_1 G_1),$$
$$R_3 = (\partial_1 F_3) G_1 + F_3(\partial_1 G_1) - (\partial_1 F_1) G_3 - F_1(\partial_1 G_3)$$
$$\quad - (\partial_2 F_2) G_3 - F_2(\partial_2 G_3) + (\partial_2 F_3) G_2 + F_3(\partial_2 G_2).$$

Andererseits sind die Komponenten des Vektors

$$S := L_G F - L_F G + \operatorname{div}(G) F - \operatorname{div}(F) G$$

gegeben durch

$$\begin{aligned}
S_1 &= G_1(\partial_1 F_1) + G_2(\partial_2 F_1) + G_3(\partial_3 F_1) \\
&\quad - F_1(\partial_1 G_1) - F_2(\partial_2 G_1) - F_3(\partial_3 G_1) \\
&\quad + (\partial_1 G_1)F_1 + (\partial_2 G_2)F_1 + (\partial_3 G_3)F_1 \\
&\quad - (\partial_1 F_1)G_1 - (\partial_2 F_2)G_1 - (\partial_3 F_3)G_1 \,, \\
S_2 &= G_1(\partial_1 F_2) + G_2(\partial_2 F_2) + G_3(\partial_3 F_2) \\
&\quad - F_1(\partial_1 G_2) - F_2(\partial_2 G_2) - F_3(\partial_3 G_2) \\
&\quad + (\partial_1 G_1)F_2 + (\partial_2 G_2)F_2 + (\partial_3 G_3)F_2 \\
&\quad - (\partial_1 F_1)G_2 - (\partial_2 F_2)G_2 - (\partial_3 F_3)G_2 \,, \\
S_3 &= G_1(\partial_1 F_3) + G_2(\partial_2 F_3) + G_3(\partial_3 F_3) \\
&\quad - F_1(\partial_1 G_3) - F_2(\partial_2 G_3) - F_3(\partial_3 G_3) \\
&\quad + (\partial_1 G_1)F_3 + (\partial_2 G_2)F_3 + (\partial_3 G_3)F_3 \\
&\quad - (\partial_1 F_1)G_3 - (\partial_2 F_2)G_3 - (\partial_3 F_3)G_3 \,.
\end{aligned}$$

Für $i = 1, 2, 3$ treten in der angegebenen Darstellung von S_i die Terme $(\partial_i F_i)G_i$ und $(\partial_i G_i)F_i$ jeweils doppelt auf, einmal mit positivem und einmal mit negativem Vorzeichen, und heben sich daher paarweise weg. Damit erkennen wir, daß $S_i = R_i$ für $i = 1, 2, 3$ und damit die behauptete Gleichheit gilt.

Lösung (115.4) Alle drei Aussagen folgen aus dem Satz von Schwarz, der besagt, daß $\partial_i \partial_j = \partial_j \partial_i$ für alle i, j gilt, daß es also beim Bilden der partiellen Ableitungen zweiter Ordnung nicht auf die Reihenfolge der Variablen ankommt, nach denen abgeleitet wird. Zunächst gilt

$$\operatorname{rot}(\operatorname{grad} f) = \begin{bmatrix} \partial_2(\partial_3 f) - \partial_3(\partial_2 f) \\ \partial_3(\partial_1 f) - \partial_1(\partial_3 f) \\ \partial_1(\partial_2 f) - \partial_2(\partial_1 f) \end{bmatrix} = \begin{bmatrix} 0 \\ 0 \\ 0 \end{bmatrix}.$$

Ferner ist die Funktion $\operatorname{div}(\operatorname{rot} F)$ gleich

$$\partial_1(\partial_2 F_3 - \partial_3 F_2) + \partial_2(\partial_3 F_1 - \partial_1 F_3) + \partial_3(\partial_1 F_2 - \partial_2 F_1) =$$
$$(\partial_2 \partial_3 - \partial_3 \partial_2)F_1 + (\partial_3 \partial_1 - \partial_1 \partial_3)F_2 + (\partial_1 \partial_2 - \partial_2 \partial_1)F_3 = 0.$$

Schließlich erhalten wir

$$\operatorname{grad}(\operatorname{div} F) = \begin{bmatrix} \partial_1(\partial_1 F_1 + \partial_2 F_2 + \partial_3 F_3) \\ \partial_2(\partial_1 F_1 + \partial_2 F_2 + \partial_3 F_3) \\ \partial_3(\partial_1 F_1 + \partial_2 F_2 + \partial_3 F_3) \end{bmatrix} \text{ und}$$

$$\operatorname{rot}(\operatorname{rot} F) = \begin{bmatrix} \partial_2(\partial_1 F_2 - \partial_2 F_1) - \partial_3(\partial_3 F_1 - \partial_1 F_3) \\ \partial_3(\partial_2 F_3 - \partial_3 F_2) - \partial_1(\partial_1 F_2 - \partial_2 F_1) \\ \partial_1(\partial_3 F_1 - \partial_1 F_3) - \partial_2(\partial_2 F_3 - \partial_3 F_2) \end{bmatrix}.$$

Beim Bilden der Differenz dieser beiden Vektoren heben sich nach dem Satz von Schwarz etliche Terme weg, und es bleibt

$$\operatorname{grad}(\operatorname{div} F) - \operatorname{rot}(\operatorname{rot} F) = \begin{bmatrix} (\partial_1 \partial_1 + \partial_2 \partial_2 + \partial_3 \partial_3)F_1 \\ (\partial_1 \partial_1 + \partial_2 \partial_2 + \partial_3 \partial_3)F_2 \\ (\partial_1 \partial_1 + \partial_2 \partial_2 + \partial_3 \partial_3)F_3 \end{bmatrix}.$$

Lösung (115.5) Für $F(x) := \int_0^1 t^{n-1} f(tx) x \, dt$ gilt, da Differentiation nach x_i und Integration bezüglich t vertauscht werden dürfen, die Beziehung

$$\begin{aligned}
\frac{\partial F_i}{\partial x_i}(x) &= \int_0^1 \frac{\partial}{\partial x_i}\left(t^{n-1} f(tx) x_i\right) dt \\
&= \int_0^1 t^{n-1} \left(t \frac{\partial f}{\partial x_i}(tx) x_i + f(tx)\right) dt
\end{aligned}$$

und damit

$$\begin{aligned}
(\operatorname{div} F)(x) &= \sum_{i=1}^n \frac{\partial F_i}{\partial x_i}(x) \\
&= \int_0^1 \left(t^n \langle (\operatorname{grad} f)(tx), x \rangle + n t^{n-1} f(tx)\right) dt \\
&= \int_0^1 \frac{\partial}{\partial t}\left[t^n f(tx)\right] dt = \left[t^n f(tx)\right]_{t=0}^1 = f(x).
\end{aligned}$$

Lösung (115.6) Wir wenden jeweils Aufgabe (115.5) an, berechnen also zu der gegebenen Funktion f die skalare Funktion $g(x) := \int_0^1 t^2 f(tx) \, dt$ und definieren dann $F(x) := g(x) x$.

(a) Für $f(x, y, z) = xyz$ erhalten wir

$$g(x, y, z) = \int_0^1 t^2 \cdot t^3 xyz \, dt = xyz \cdot \int_0^1 t^5 dt = \frac{xyz}{6}$$

und damit

$$F(x, y, z) = \frac{1}{6}\begin{bmatrix} x^2 yz \\ xy^2 z \\ xyz^2 \end{bmatrix}.$$

(b) Für $f(x, y, z) = x + y^2 z$ erhalten wir

$$\begin{aligned}
g(x, y, z) &= \int_0^1 t^2 (tx + t^3 y^2 z) \, dt \\
&= \int_0^1 (t^3 x + t^5 y^2 z) \, dt = \frac{x}{4} + \frac{y^2 z}{6}
\end{aligned}$$

und damit

$$F(x, y, z) = \left(\frac{x}{4} + \frac{y^2 z}{6}\right)\begin{bmatrix} x \\ y \\ z \end{bmatrix} = \frac{1}{12}\begin{bmatrix} 3x^2 + 2xy^2 z \\ 3xy + 2y^3 z \\ 3xz + 2y^2 z^2 \end{bmatrix}.$$

(c) Für $f(x, y, z) = \sin(xyz)$ erhalten wir

$$\begin{aligned}
g(x, y, z) &= \int_0^1 t^2 \sin(t^3 xyz) \, dt \\
&= \left[\frac{-\cos(t^3 xyz)}{3xyz}\right]_{t=0}^1 = \frac{1 - \cos(xyz)}{3xyz}
\end{aligned}$$

und damit

$$F(x, y, z) = \frac{1 - \cos(xyz)}{3xyz}\begin{bmatrix} x \\ y \\ z \end{bmatrix}.$$

(Beachte, daß dieses Vektorfeld trotz des Nenners auf ganz $\mathbb{R}^3$ definiert ist!)

(d) Für $f(x,y,z) = \sin(x)\exp(y+z)$ erhalten wir
$$g(x,y,z) = \int_0^1 t^2 \sin(tx)\exp(t(y+z))\,dt\,.$$

Der Integrand hat die Stammfunktion
$$\frac{\exp(ty+tz)}{(x^2+(y+z)^2)^3} \cdot \big(\cos(tx)A(t;x,y,z) + \sin(tx)B(t;x,y,z)\big)$$

mit
$$\begin{aligned}
A(t;x,y,z) &= -2x^3\big(t^2(y+z)^2 - 2t(y+z) - 1\big) - t^2 x^5 \\
&\quad - x(y+z)^2\big(6 - 4t(y+z) + t^2(y+z)^2\big), \\
B(t;x,y,z) &= 2(y+z)\big((y+z)^2 - 3x^2\big) \\
&\quad + t^2(y+z)\big(x^2 + (y+z)^2\big)^2 \\
&\quad + 2t\big(x^4 - (y+z)^4\big).
\end{aligned}$$

Also ist $g(x,y,z)$ gleich
$$\frac{e^{y+z}\big(\cos(x)A_1(x,y,z) - \sin(x)B_1(x,y,z)\big) - A_0(x,y,z)}{(x^2+(y+z)^2)^3}$$

mit
$$\begin{aligned}
A_1(x,y,z) &= -2x^3\big((y+z-1)^2 - 2\big) - x^5 \\
&\quad - x(y+z)^2\big((y+z-2)^2 + 2\big), \\
B_1(x,y,z) &= (y+z)\big(2(y+z)^2 - 6x^2 + (x^2+(y+z)^2)^2\big) \\
&\quad + 2\big(x^4 - (y+z)^4\big), \\
A_0(x,y,z) &= 2x^3 - 6x(y+z)^2.
\end{aligned}$$

Eine Lösung der Gleichung $\mathrm{div}(F) = f$ ist dann $g(x,y,z) \cdot (x,y,z)^T$.

Lösung (115.7) (a) Wir setzen $\varphi(x) := \int_0^1 \langle F(tx), x\rangle\,dt$ und erhalten unter Benutzung der Produktregel und nach Vertauschung von Differentiation bezüglich x und Integration bezüglich t die Gleichung
$$\begin{aligned}
\varphi'(x) &= \int_0^1 \big(\langle tF'(tx)\bullet, x\rangle + \langle F(tx), \bullet\rangle\big)\,dt \\
&= \int_0^1 \langle \bullet, tF'(tx)^T x + F(tx)\rangle\,dt.
\end{aligned}$$

Wegen $F'(p) - F'(p)^T = L\big((\mathrm{rot}\,F)(p)\big)$ bedeutet dies
$$\begin{aligned}
(\mathrm{grad}\,\varphi)(x) &= \int_0^1 \big(tF'(tx)^T x + F(tx)\big)\,dt \\
&= \int_0^1 \Big(t\big[F'(tx)x - (\mathrm{rot}\,F)(tx) \times x\big] + F(tx)\Big)\,dt \\
&= \int_0^1 \Big(\big(F(tx) + tF'(tx)x\big) - (\mathrm{rot}\,F)(tx) \times (tx)\Big)\,dt \\
&= \int_0^1 \left(\frac{\partial}{\partial t}\big[tF(tx)\big] - (\mathrm{rot}\,F)(tx) \times (tx)\right)\,dt \\
&= \big[tF(tx)\big]_{t=0}^1 - \int_0^1 (\mathrm{rot}\,F)(tx) \times (tx)\,dt \\
&= F(x) - \int_0^1 (\mathrm{rot}\,F)(tx) \times (tx)\,dt.
\end{aligned}$$

(b) Wir definieren $G(x) := \int_0^1 \big(F(tx) \times (tx)\big)\,dt$ und erhalten, da Integration bezüglich t und Ableiten nach den x-Variablen vertauscht werden dürfen, die Gleichung

$(\star)\qquad (\mathrm{rot}\,G)(x) = \int_0^1 \mathrm{rot}\big(F(tx) \times (tx)\big)\,.$

Nach Aufgabe (115.3)(g) gilt nun ganz allgemein
$$\mathrm{rot}(U \times V) = L_V U - L_U V + \mathrm{div}(V)U - \mathrm{div}(U)V;$$

betrachten wir (bei festgehaltenem t) die Vektorfelder $U(x) := F(tx)$ und $V(x) := tx$ (mit $U'(x) = tF'(tx)$ und $V'(x) = t\mathbf{1}$), so erhalten wir
$$\begin{aligned}
(L_V U)(x) &= U'(x)V(x) = t^2 F'(tx)x, \\
(L_U V)(x) &= V'(x)U(x) = tF(tx), \\
(\mathrm{div}(V)U)(x) &= \mathrm{tr}(V'(x))U(x) = 3tF(tx), \\
(\mathrm{div}(U)V)(x) &= \mathrm{tr}(U'(x))V(x) = t^2 \mathrm{tr}(F'(tx))x \\
&= t^2 (\mathrm{div}\,F)(tx)\,x
\end{aligned}$$

und damit $\mathrm{rot}\big(F(tx) \times (tx)\big) = t^2 F'(tx) - tF(tx) + 3tF(tx) - t^2(\mathrm{div}\,F)(tx)x$, also
$$\mathrm{rot}\big(F(tx) \times (tx)\big) = t^2 F'(tx) + 2tF(tx) - t^2(\mathrm{div}\,F)(tx)x.$$

Damit geht $(\star)$ über in
$$\begin{aligned}
(\mathrm{rot}\,G)(x) &= \int_0^1 \big(t^2 F'(tx)x + 2tF(tx) - t^2(\mathrm{div}\,F)(tx)x\big)\,dt \\
&= \int_0^1 \left(\frac{\partial}{\partial t}\big[t^2 F(tx)\big] - t^2(\mathrm{div}\,F)(tx)x\right)\,dt \\
&= \big[t^2 F(tx)\big]_{t=0}^1 - \int_0^1 t^2 (\mathrm{div}\,F)(tx)x\,dt \\
&= F(x) - \int_0^1 t^2 (\mathrm{div}\,F)(tx)x\,dt.
\end{aligned}$$

(c) Nach Teil (b) erfüllt $G(x) := \int_0^1 F(tx) \times (tx)\,dt$ die gewünschte Bedingung.

(d) nach Teil (a) erfüllt $\varphi(x) := \int_0^1 \langle F(tx), x\rangle\,dt$ die gewünschte Bedingung.

Lösung (115.8) Das nur aus der Nullfunktion bestehende Bild der Nullabbildung im Diagramm ganz links ist natürlich enthalten im Kern von grad. (Dieser besteht aus allen lokal konstanten Funktionen, also allen Funktionen, die auf jeder Zusammenhangskomponente von Ω konstant sind.) Die Aussage Bild(grad) $\subseteq$ Kern(rot) ist nur eine Umformulierung der in Aufgabe (115.4)(a) erhaltenen Aussage rot $\circ$ grad $= 0$. Entsprechend ist die Aussage Bild(rot) $\subseteq$ Kern(div) nur eine Umformulierung der in Aufgabe (115.4)(b) erhaltenen Aussage div $\circ$ rot $= 0$. Trivialerweise ist dann das Bild von div enthalten im Kern der Nullabbildung ganz rechts im Diagramm. Ist Ω sternförmig, so besteht Kern(grad) aus allen konstanten

---

Aufgaben zu »Äußere Ableitung einer Differentialform« siehe Seite 61

Funktionen, und für jede der anderen Abbildungen stimmt nach den Teilen (c) und (d) von Aufgabe (115.7) jeweils der Kern mit dem Bild der im Diagramm vorhergehenden Abbildung überein.

Bemerkung: Die Quotientenvektorräume

$$H^0(\Omega) := \text{Kern}(\text{grad})/\{0\},$$
$$H^1(\Omega) := \text{Kern}(\text{rot})/\text{Bild}(\text{grad}),$$
$$H^2(\Omega) := \text{Kern}(\text{div})/\text{Bild}(\text{rot}),$$
$$H^3(\Omega) := \mathfrak{F}/(\text{Bild div})$$

sind die Bestandteile einer abstrakten Struktur, die als der **de Rham-Kohomologie-Komplex** von Ω bezeichnet wird; in ihnen steckt Information über die topologische Struktur der Menge Ω. (Beispielsweise wird eine Basis von $H^0(\Omega)$ gebildet von den Funktionen, die den konstanten Wert 1 auf einer Zusammenhangskomponente von Ω annehmen und auf allen anderen Zusammenhangskomponenten verschwinden; also ist dim $H^0(\Omega)$ nichts anderes als die Anzahl der Zusammenhangskomponenten von Ω.)

Lösung (115.9) Ausgeschrieben haben wir

$$F(x_1,\ldots,x_n) = f(\sqrt{x_1^2+\cdots+x_n^2}) \begin{bmatrix} x_1 \\ \vdots \\ x_n \end{bmatrix}.$$

Für $i \neq j$ folgt hieraus

$$\frac{\partial F_i}{\partial x_j} = \frac{f'(\sqrt{x_1^2+\cdots+x_n^2})x_ix_j}{\sqrt{x_1^2+\cdots+x_n^2}} = \frac{f'(\|x\|)}{\|x\|}x_ix_j$$

und damit $\partial_j F_i - \partial_i F_j = 0$. (Dies bedeutet, daß jedes Zentralkraftfeld wirbelfrei ist.) Ferner gilt

$$\frac{\partial F_i}{\partial x_i} = \frac{f'(\sqrt{x_1^2+\cdots+x_n^2})x_i^2}{\sqrt{x_1^2+\cdots+x_n^2}} + f(\sqrt{x_1^2+\cdots+x_n^2})$$
$$= \frac{f'(\|x\|)}{\|x\|}x_i^2 + f(\|x\|)$$

und damit

$$\text{div}(F) = \sum_{i=1}^{n}\frac{\partial F_i}{\partial x_i} = \|x\| \cdot f'(\|x\|) + n \cdot f(\|x\|).$$

Genau dann gilt also $\text{div}(F) = 0$, wenn $rf'(r)+n\cdot f(r) = 0$ bzw. $f'(r)/f(r) = -n/r$ für alle $r > 0$ gilt, nach Integrieren also $\ln|f(r)| = -n\ln(r) + \tilde{C}$ bzw. $f(r) = Cr^{-n}$ mit einer Konstanten C. Genau dann ist also F quellenfrei, wenn f von der Form $f(r) = C/r^n$ mit einer Konstanten C ist.

Lösung (115.10) Diese Aufgabe haben wir in der vorigen Aufgabe bereits mitgelöst. Dort wurde nachgerechnet, daß für ein Vektorfeld der Form $F(x) = \varphi(\|x\|)x$ stets $\partial_i F_j = \partial_j F_i$ für alle Indices i und j gilt. Im Fall $n = 3$ bedeutet dies aber gerade $\text{rot}(F) = 0$.

Lösung (115.11) An jeder Stelle $x \in \mathbb{R}^3$ gilt $(\text{div}\,F)(x) = \text{tr}(F'(x)) = \text{tr}(A) = a_{11}+a_{22}+a_{33}$ und $L\big((\text{rot}\,F)(x)\big) = F'(x) - F'(x)^T = A - A^T$ und damit

$$(\text{rot}\,F)(x) = \begin{bmatrix} a_{32}-a_{23} \\ a_{13}-a_{31} \\ a_{21}-a_{12} \end{bmatrix}.$$

Insbesondere gilt genau dann $\text{rot}\,F = 0$, wenn A symmetrisch ist, während genau dann $\text{div}(F) = 0$ gilt, wenn A die Spur 0 hat.

Lösung (115.12) Mit der Parametrisierung

$$\begin{aligned} x &= \cos t & dx &= -\sin t\,dt \\ y &= \sin t & dy &= \cos t\,dt \end{aligned} \quad (0 \leq t \leq 2\pi)$$

erhalten wir

$$\begin{aligned} I &:= \int_C (x^4-y^3)\,dx + (x^3-y^4)\,dy \\ &= \int_0^{2\pi} \big((\cos^4 t - \sin^3 t)(-\sin t) + (\cos^3 t - \sin^4 t)\cos t\big)\,dt \\ &= \int_0^{2\pi}(-\cos^4 t\sin t + \sin^4 t + \cos^4 t - \sin^4 t\cos t)\,dt \\ &= \left[\frac{\cos^5 t}{5} - \frac{\sin^5 t}{5}\right]_{t=0}^{2\pi} + \int_0^{2\pi}(\cos^4 t + \sin^4 t)\,dt \\ &= \int_0^{2\pi}(\cos^4 t + \sin^4 t)\,dt \\ &= \int_0^{2\pi}\big((\cos^2 t + \sin^2 t)^2 - 2\sin^2 t\cos^2 t\big)\,dt \\ &= \int_0^{2\pi}(1 - 2\sin^2 t\cos^2 t)\,dt \\ &= \left[t - \left(\frac{t}{4} - \frac{\sin(4t)}{16}\right)\right]_{t=0}^{2\pi} = \frac{3\pi}{2}. \end{aligned}$$

Lösung (115.13) Das betrachtete Dreieck hat die Ecken $A = (1,0,0)$, $B = (0,1,0)$ und $C = (0,0,1)$, wird also parametrisiert durch $\alpha(u,v) = a + u(b-a) + v(c-a)$ bzw.

$$\begin{bmatrix} x(u,v) \\ y(u,v) \\ z(u,v) \end{bmatrix} = \begin{bmatrix} 1-u-v \\ u \\ v \end{bmatrix} \quad (0 \leq u \leq 1,\, 0 \leq v \leq 1-u).$$

Das Flächenelement ist dann

$$d\sigma = \left\|\frac{\partial \alpha}{\partial u} \times \frac{\partial \alpha}{\partial v}\right\| d(u,v) = \left\|\begin{bmatrix} 1 \\ 1 \\ 1 \end{bmatrix}\right\| d(u,v) = \sqrt{3}\,d(u,v).$$

Für $F(x,y,z) = (2z, -y, xy)^T$ gilt ferner

$$F(\alpha(u,v)) = \begin{bmatrix} 2v \\ -u \\ u - u^2 - uv \end{bmatrix}.$$

Mit $\Omega := \{(u,v) \in \mathbb{R}^2 \mid 0 \leq u \leq 1, 0 \leq v \leq 1-u\}$ ist dann der Fluß von F durch D (in Richtung des Einheitsnormalenvektors $(1/\sqrt{3})(1,1,1)^T$) gegeben durch

$$\iint_D \langle F, n \rangle \,d\sigma = \iint_D \langle \begin{bmatrix} 2v \\ -u \\ u-u^2-uv \end{bmatrix}, \begin{bmatrix} 1 \\ 1 \\ 1 \end{bmatrix} \rangle \,d(u,v)$$

$$= \iint_D (2v - u + u - u^2 - uv) \,d(u,v)$$

$$= \int_0^1 \int_0^{1-u} (2v - u^2 - uv) \,dv \,du$$

$$= \int_0^1 \left[v^2 - u^2 v - \frac{uv^2}{2} \right]_{v=0}^{1-u} du$$

$$= \int_0^1 \left((1-u)^2 - u^2(1-u) - \frac{u(1-u)^2}{2} \right) du$$

$$= \int_0^1 \left(\frac{u^3}{2} + u^2 - \frac{5u}{2} + 1 \right) du$$

$$= \left[\frac{u^4}{8} + \frac{u^3}{3} - \frac{5u^2}{4} + u \right]_{u=0}^1$$

$$= \frac{1}{8} + \frac{1}{3} - \frac{5}{4} + 1 = \frac{5}{24}.$$

Lösung (115.14) Da beide Seiten der zu beweisenden Gleichung $d(\varphi^\star \Omega) = \varphi^\star(d\omega)$ linear von ω abhängen, genügt es, diese Gleichung für eine Differentialform der speziellen Form

$$\omega = f(y) \,dy_{i_1} \wedge \cdots \wedge dy_{i_k}$$

nachzuweisen. Einerseits gilt für eine solche Differentialform dann

$$\varphi^\star \omega = f(\varphi(x)) \left[\sum_{j_1=1}^m \frac{\partial \varphi_{i_1}}{\partial x_{j_1}} dx_{j_1} \right] \wedge \cdots \wedge \left[\sum_{j_k=1}^m \frac{\partial \varphi_{i_k}}{\partial x_{j_k}} dx_{j_k} \right]$$

$$= \sum_{j_1=1}^m \cdots \sum_{j_k=1}^m f(\varphi(x)) \frac{\partial \varphi_{i_1}}{\partial x_{j_1}} \cdots \frac{\partial \varphi_{i_k}}{\partial x_{j_k}} dx_{j_1} \wedge \cdots \wedge dx_{j_k}$$

und damit

$$d(\varphi^\star \omega) = \sum_{j_1=1}^m \cdots \sum_{j_k=1}^m \sum_{j=1}^m$$
$$\frac{\partial}{\partial x_j} \left[f(\varphi(x)) \frac{\partial \varphi_{i_1}}{\partial x_{j_1}} \cdots \frac{\partial \varphi_{i_k}}{\partial x_{j_k}} \right] dx_j \wedge dx_{j_1} \wedge \cdots \wedge dx_{j_k}.$$

Nach der Produktregel gilt nun

$$\frac{\partial}{\partial x_j} \left[f(\varphi(x)) \frac{\partial \varphi_{i_1}}{\partial x_{j_1}} \cdots \frac{\partial \varphi_{i_k}}{\partial x_{j_k}} \right]$$

$$= \sum_{s=1}^n (\partial_s f)(\varphi(x)) \frac{\partial \varphi_s}{\partial x_j} \cdot \frac{\partial \varphi_{i_1}}{\partial x_{j_1}} \cdots \frac{\partial \varphi_{i_k}}{\partial x_{j_k}}$$

$$+ f(\varphi(x)) \sum_{\nu=1}^k \frac{\partial^2 \varphi_{j_\nu}}{\partial x_j \partial x_{j_\nu}} \frac{\partial \varphi_{j_1}}{\partial x_{j_1}} \cdots \widehat{\frac{\partial \varphi_{j_\nu}}{\partial x_{j_\nu}}} \cdots \frac{\partial \varphi_{j_k}}{\partial x_{j_k}},$$

wobei das Dach die Auslassung des entsprechenden Terms bezeichnet. Schreiben wir kurz $\sum$ für die Mehrfachsumme $\sum_{j_1=1}^m \cdots \sum_{j_k=1}^m \sum_{j=1}^m$ sowie dx_J für $dx_j \wedge dx_{j_1} \wedge \cdots \wedge dx_{j_k}$, so gilt also

$$d(\varphi^\star \omega) = \sum \sum_{s=1}^n (\partial_s f)(\varphi(x)) \frac{\partial \varphi_s}{\partial x_j} \cdot \frac{\partial \varphi_{i_1}}{\partial x_{j_1}} \cdots \frac{\partial \varphi_{i_k}}{\partial x_{j_k}} dx_J$$

$$+ f(\varphi(x)) \sum \sum_{\nu=1}^k \frac{\partial^2 \varphi_{j_\nu}}{\partial x_j \partial x_{j_\nu}} \frac{\partial \varphi_{j_1}}{\partial x_{j_1}} \cdots \widehat{\frac{\partial \varphi_{j_\nu}}{\partial x_{j_\nu}}} \cdots \frac{\partial \varphi_{j_k}}{\partial x_{j_k}} dx_J.$$

Aufgrund des Satzes von Schwarz und der alternierenden Eigenschaft des Keilprodukts heben sich in der letzten Summe die Terme für (j, j_ν) und (j_ν, j) jeweils paarweise weg; also gilt

$$d(\varphi^\star \omega) = \sum \sum_{s=1}^n (\partial_s f)(\varphi(x)) \frac{\partial \varphi_s}{\partial x_j} \cdot \frac{\partial \varphi_{i_1}}{\partial x_{j_1}} \cdots \frac{\partial \varphi_{i_k}}{\partial x_{j_k}} dx_J.$$

Andererseits haben wir

$$d\omega = \sum_{s=1}^n (\partial_s f)(y) \,dy_s \wedge dy_{i_1} \wedge \cdots \wedge dy_{i_k}.$$

Nun ist $\varphi^\star(dy_s \wedge dy_{i_1} \wedge \cdots \wedge dy_{i_k})$ gleich

$$\left[\sum_{j=1}^m \frac{\partial \varphi_s}{\partial x_j} dx_j \right] \wedge \left[\sum_{j_1=1}^m \frac{\partial \varphi_{i_1}}{\partial x_{j_1}} dx_{j_1} \right] \wedge \cdots \wedge \left[\sum_{j_k=1}^m \frac{\partial \varphi_{i_1}}{\partial x_{j_k}} dx_{j_k} \right]$$

$$= \sum_{j,j_1,\ldots,j_k=1}^m \frac{\partial \varphi_s}{\partial x_j} \cdot \frac{\partial \varphi_{i_1}}{\partial x_{j_1}} \cdots \frac{\partial \varphi_{i_1}}{\partial x_{j_k}} dx_j \wedge dx_{j_1} \wedge \cdots \wedge dx_{j_k},$$

und hieraus folgt

$$\varphi^\star(d\omega) = \sum \sum_{s=1}^n (\partial_s f)(\varphi(x)) \frac{\partial \varphi_s}{\partial x_j} \cdot \frac{\partial \varphi_{i_1}}{\partial x_{j_1}} \cdots \frac{\partial \varphi_{i_k}}{\partial x_{j_k}} dx_J.$$

Dies ist aber das gleiche Ergebnis, das wir zuvor für $d(\varphi^\star \omega)$ erhielten.

Aufgaben zu »Äußere Ableitung einer Differentialform« siehe Seite 61

L116: Der Stokessche Integralsatz

Lösung (116.1) (a) Der Rand von Ω setzt sich zusammen aus vier Teilen:

- der unteren Randkurve C_U, parametrisiert durch $x \mapsto (x, U(x))$ mit $a \leq x \leq b$;
- der rechten Randkurve C_R, parametrisiert durch $y \mapsto (b, y)$ mit $U(b) \leq y \leq O(b)$;
- der oberen Randkurve C_O, deren Inverse $-C_O$ parametrisiert ist durch $x \mapsto (x, O(x))$ mit $a \leq x \leq b$;
- der linken Randkurve C_L, deren Inverse $-C_L$ parametrisiert ist durch $y \mapsto (a, y)$ mit $U(a) \leq y \leq O(a)$.

Unter Benutzung des Hauptsatzes der Integral- und Differentialrechnung erhalten wir dann

$$\iint_\Omega \frac{\partial F_1}{\partial y}(x,y) \,\mathrm{d}(x,y) = \int_a^b \int_{U(x)}^{O(x)} \frac{\partial F_1}{\partial y}(x,y) \,\mathrm{d}y\,\mathrm{d}x$$
$$= \int_a^b \left(F_1(x, O(x)) - F_1(x, U(x)) \right) \mathrm{d}x$$
$$= \int_a^b F_1(x, O(x)) \,\mathrm{d}x - \int_a^b F_1(x, U(x)) \,\mathrm{d}x$$
$$= -\int_{C_O} F_1(x,y)\,\mathrm{d}x - \int_{C_U} F_1(x,y)\,\mathrm{d}x = -\oint_{\partial \Omega} F_1(x,y)\,\mathrm{d}x,$$

wobei die letzte Gleichung gilt, weil die Kurvenintegrale der Differentialform $F_1\,\mathrm{d}x$ über die Kurven C_L und C_R, auf denen ja $\mathrm{d}x = 0$ gilt, den Wert Null haben.

(b) Der Rand von Ω setzt sich zusammen aus vier Teilen:

- der unteren Randkurve C_U, parametrisiert durch $x \mapsto (x, c)$ mit $L(c) \leq x \leq R(c)$;
- der rechten Randkurve C_R, parametrisiert durch $y \mapsto (R(y), y)$ mit $c \leq y \leq d$;
- der oberen Randkurve C_O, deren Inverse $-C_O$ parametrisiert ist durch $x \mapsto (x, d)$ mit $L(d) \leq x \leq R(d)$;
- der linken Randkurve C_L, deren Inverse $-C_L$ parametrisiert ist durch $y \mapsto (L(y), y)$ mit $c \leq y \leq d$.

Unter Benutzung des Hauptsatzes der Integral- und Differentialrechnung erhalten wir dann

$$\iint_\Omega \frac{\partial F_2}{\partial x}(x,y) \,\mathrm{d}(x,y) = \int_c^d \int_{L(y)}^{R(y)} \frac{\partial F_2}{\partial x}(x,y) \,\mathrm{d}x\,\mathrm{d}y$$
$$= \int_c^d \left(F_2(R(y), y) - F_2(L(y), y) \right) \mathrm{d}y$$
$$= \int_c^d F_2(R(y), y)\,\mathrm{d}y - \int_c^d F_2(L(y), y)\,\mathrm{d}y$$
$$= \int_{C_R} F_2(x,y)\,\mathrm{d}y + \int_{C_L} F_2(x,y)\,\mathrm{d}y = \oint_{\partial \Omega} F_2(x,y)\,\mathrm{d}y,$$

wobei die letzte Gleichung gilt, weil die Kurvenintegrale der Differentialform $F_2\,\mathrm{d}y$ über die Kurven C_U und C_O, auf denen ja $\mathrm{d}y = 0$ gilt, den Wert Null haben.

(c) Ist Ω sowohl in x- als auch in y-Richtung projizierbar, so ergibt sich der Satz von Green unmittelbar durch Subtraktion der in (a) erhaltenen Gleichung von der in (b) erhaltenen Gleichung.

Läßt sich Ω darstellen als überlappungsfreie Vereinigung von Mengen $\Omega_1, \ldots, \Omega_N$, die jeweils in x- und y-Richtung projizierbar sind, so gilt der Satz von Green auch für $\Omega := \bigcup_{i=1}^N \Omega_i$, weil das Integral additiv ist und weil sich bei der Berechnung der Kurvenintegrale über die Ränder $\partial \Omega_i$ die Integrale über die *inneren* Ränder paarweise wegheben; jeder innere Rand wird nämlich genau zweimal durchlaufen, und zwar jeweils einmal in jeder der beiden möglichen Durchlaufrichtungen.

Lösung (116.2) Für $F(x,y) = (x^4 - y^3, x^3 - y^4)$ erhalten wir unter Benutzung von Polarkoordinaten $x = r\cos\varphi$, $y = r\sin\varphi$ die Gleichung

$$\iint_\Omega \left(\frac{\partial F_2}{\partial x} - \frac{\partial F_1}{\partial y} \right) \mathrm{d}(x,y) = \iint_\Omega (3x^2 + 3y^2)\,\mathrm{d}(x,y)$$
$$= \int_0^1 \int_0^{2\pi} 3r^2 \cdot r\,\mathrm{d}\varphi\,\mathrm{d}r = 6\pi \int_0^1 r^3\,\mathrm{d}r = 6\pi \left[\frac{r^4}{4} \right]_{r=0}^1$$

und damit das Ergebnis $3\pi/2$. Dies ist der gleiche Wert, den wir in Aufgabe (115.12) bereits für das Kurvenintegral $\oint_{\partial \Omega} F_1\,\mathrm{d}x + F_2\,\mathrm{d}y$ erhielten.

Lösung (116.3) (a) Bezeichnet K die von C umschlossene Kreisscheibe, so stimmt nach dem Satz von Green das Kurvenintegral $\oint_C (3x^2 + y)\mathrm{d}x + (2x + y^3)\,\mathrm{d}y$ überein mit

$$\iint_K (2-1)\,\mathrm{d}(x,y) = \iint_K \mathrm{d}(x,y) = \text{Fläche von } K = \pi r^2.$$

(b) Schreiben wir $Q := [0, a] \times [0, a]$, so stimmt nach dem Satz von Green das Kurvenintegral $\oint_C (1 + 10xy + y^2)\,\mathrm{d}x + (6xy + 5x^2)\,\mathrm{d}y$ überein mit

$$\iint_Q \left((6y + 10x) - (10x + 2y) \right) \mathrm{d}(x,y) = \iint_Q 4y\,\mathrm{d}(x,y) =$$
$$\int_0^a \int_0^a 4y\,\mathrm{d}y\,\mathrm{d}x = \int_0^a \left[2y^2 \right]_{y=0}^a \mathrm{d}x = \int_0^a 2a^2\,\mathrm{d}x = 2a^3.$$

(c) Bezeichnet Ω den von C eingeschlossenen Halbkreis, so stimmt nach dem Satz von Green mit $F_1(x,y) = e^x \sin(y)$ und $F_2(x,y) = e^x \cos(y)$ das Kurvenintegral $\oint_C F_1(x,y)\,\mathrm{d}x + F_2(x,y)\,\mathrm{d}y$ überein mit

$$\iint_\Omega \left(\frac{\partial F_2}{\partial x} - \frac{\partial F_1}{\partial y} \right) \mathrm{d}(x,y) = \iint_\Omega 0\,\mathrm{d}(x,y) = 0.$$

Lösung (116.4) Der Flächeninhalt von Ω ist nach dem Satz von Green gegeben durch das Kurvenintegral

$$(\star) \qquad \frac{1}{2} \int_{\partial \Omega} (-y\,\mathrm{d}x + x\,\mathrm{d}y).$$

Wegen $r = \rho(\varphi)$ ist eine Parametrisierung von $\partial\Omega$ gegeben durch
$$\begin{array}{l} x = \rho(\varphi)\cos\varphi \\ y = \rho(\varphi)\sin\varphi \end{array} \text{ mit } \begin{array}{l} dx = \big(\rho'(\varphi)\cos\varphi - \rho(\varphi)\sin\varphi\big)\,d\varphi \\ dy = \big(\rho'(\varphi)\sin\varphi + \rho(\varphi)\cos\varphi\big)\,d\varphi \end{array}$$
für $0 \leq \varphi \leq 2\pi$. Auf $\partial\Omega$ ist daher
$$-y\,dx + x\,dy = \rho(\varphi)^2 \big(\sin^2\varphi + \cos^2\varphi\big)\,d\varphi = \rho(\varphi)^2\,d\varphi.$$
Das Integral $(\star)$ geht dann über in $(1/2)\int_0^{2\pi} \rho(\varphi)^2\,d\varphi$.

Lösung (116.5) (a) Die Oberseite von Ω hat die Parametrisierung $\alpha(x, y) := (x, y, O(x, y))$ mit $(x, y) \in \Omega_z$; wegen
$$\frac{\partial\alpha}{\partial x} \times \frac{\partial\alpha}{\partial y} = \begin{bmatrix} 1 \\ 0 \\ \partial O/\partial x \end{bmatrix} \times \begin{bmatrix} 0 \\ 1 \\ \partial O/\partial y \end{bmatrix} = \begin{bmatrix} -\partial O/\partial x \\ -\partial O/\partial y \\ 1 \end{bmatrix}$$
ist also der nach außen (hier also nach oben) zeigende Einheitsnormalenvektor dieser Oberseite gegeben durch
$$n(x, y) = \frac{1}{\sqrt{(\partial O/\partial x)^2 + (\partial O/\partial y)^2 + 1}} \begin{bmatrix} -\partial O/\partial x \\ -\partial O/\partial y \\ 1 \end{bmatrix}.$$
Analog ist der nach außen (hier also nach unten) zeigende Einheitsnormalenvektor der Unterseite gegeben durch
$$n(x, y) = \frac{1}{\sqrt{(\partial U/\partial x)^2 + (\partial U/\partial y)^2 + 1}} \begin{bmatrix} \partial U/\partial x \\ \partial U/\partial y \\ -1 \end{bmatrix}.$$
Damit erhalten wir
$$\iiint_\Omega \frac{\partial F_3}{\partial z}\,d(x,y,z) = \iint_{\Omega_z} \int_{U(x,y)}^{O(x,y)} \frac{\partial F_3}{\partial z}\,dz\,d(x,y)$$
$$= \iint_{\Omega_z} \big(F_3(x, y, O(x, y)) - F_3(x, y, U(x, y))\big)\,d(x, y)$$
$$= \iint_{\Omega_z} F_3(x, y, O(x, y))\,d(x, y)$$
$$\quad - \iint_{\Omega_z} F_3(x, y, U(x, y))\,d(x, y)$$
$$= \iint_{\Omega_z} F_3(x, y, O(x, y)) \frac{d\sigma(x, y)}{\sqrt{(\partial_x O)^2 + (\partial_y O)^2 + 1}}$$
$$\quad - \iint_{\Omega_z} F_3(x, y, U(x, y)) \frac{d\sigma(x, y)}{\sqrt{(\partial_x U)^2 + (\partial_y U)^2 + 1}}$$
$$= \iint_{\Omega_z} F_3(x, y, O(x, y))\, n_3(x, y, O(x, y))\,d\sigma(x, y)$$
$$\quad + \iint_{\Omega_z} F_3(x, y, U(x, y))\, n_3(x, y, U(x, y))\,d\sigma(x, y)$$
$$= \iint_{\partial\Omega} F_3 n_3\,d\sigma,$$
wobei die letzte Gleichheit gilt, weil auf der senkrecht verlaufenden Mantelfläche von $\partial\Omega$, die den oberen Rand ("Deckel") und den unteren Rand ("Boden") von Ω verbindet, der Normalenvektor senkrecht zur z-Achse zeigt und daher $n_3 \equiv 0$ auf dieser Mantelfläche gilt.

Der Beweis von (b) und (c) verläuft völlig analog zum Beweis von (a). Ist Ω in alle drei Koordinatenrichtungen projizierbar, so können wir die in (a), (b) und (c) erhaltenen Ergebnisse einfach addieren und erhalten so die Gleichung
$$\iiint_\Omega \left(\frac{\partial F_1}{\partial x} + \frac{\partial F_2}{\partial y} + \frac{\partial F_3}{\partial z}\right)\,d(x,y,z)$$
$$= \iint_{\partial\Omega} (F_1 n_1 + F_2 n_2 + F_3 n_3)\,d\sigma;$$
das heißt aber gerade $\iiint_\Omega (\operatorname{div} F)\,d(x,y,z) = \iint_{\partial\Omega} \langle F, n\rangle\,d\sigma$.

Läßt sich Ω darstellen als überlappungsfreie Vereinigung von Mengen $\Omega_1, \ldots, \Omega_N$, die jeweils in alle drei Koordinatenrichtungen projizierbar sind, so gilt der Satz von Gauß auch für $\Omega := \bigcup_{i=1}^N \Omega_i$, weil das Integral additiv ist und weil sich bei der Berechnung der Oberflächenintegrale über die Ränder $\partial\Omega_i$ die Integrale über die *inneren* Ränder paarweise wegheben; jeder innere Rand wird nämlich genau zweimal durchlaufen, und zwar jeweils einmal in jeder der beiden möglichen Orientierungen.

Lösung (116.6) Es gilt $(\operatorname{div} F)(x, y, z) = 0 + 1 + 0 = 1$ und damit
$$\iiint_\Omega (\operatorname{div} F)\,d(x,y,z) = \iiint_\Omega 1\,d(x,y,z)$$
$$= \text{Volumen von } \Omega = 2\pi.$$
Der Rand von Ω besteht aus drei Teilen:
- dem Boden, parametrisiert durch $(x, y, z) = (r\cos\varphi, r\sin\varphi, -1)$ mit $0 \leq r \leq 1$ und $0 \leq \varphi \leq 2\pi$ und mit dem äußeren Normaleneinheitsvektor $(0, 0, -1)^T$;
- dem Deckel, parametrisiert durch $(x, y, z) = (r\cos\varphi, r\sin\varphi, 1)$ mit $0 \leq r \leq 1$ und $0 \leq \varphi \leq 2\pi$ und mit dem äußeren Normaleneinheitsvektor $(0, 0, 1)^T$;
- dem Mantel, parametrisiert durch $(x, y, z) = (\cos\varphi, \sin\varphi, z)$ mit $0 \leq \varphi \leq 2\pi$ und $-1 \leq z \leq 1$, mit dem äußeren Normaleneinheitsvektor $(\cos\varphi, \sin\varphi, 0)^T$ an der Stelle $(r\cos\varphi, r\sin\varphi, z)$.

Daher gilt
$$\iint_{\partial\Omega} \langle F, n\rangle\,d\sigma = \iint_{\text{Boden}} + \iint_{\text{Deckel}} + \iint_{\text{Mantel}}.$$
Das Integral über den Boden, also
$$\iint_{\text{Boden}} = \iint_{\substack{0 \leq r \leq 1, \\ 0 \leq \varphi \leq 2\pi}} \left\langle \begin{bmatrix} -2 \\ r\sin\varphi \\ r^2\cos\varphi\sin\varphi \end{bmatrix}, \begin{bmatrix} 0 \\ 0 \\ -1 \end{bmatrix} \right\rangle r\,d(r, \varphi)$$
$$= \int_0^1 \int_0^{2\pi} -r^3 \sin\varphi\cos\varphi\,d\varphi\,dr$$
$$= \int_0^1 \left[\frac{r^3 \cos(2\varphi)}{4}\right]_{\varphi=0}^{2\pi}\,dr = 0,$$

verschwindet, ebenso das Integral über den Deckel. Sowohl über den Boden als auch über den Deckel ist also der Nettodurchfluß der Strömung (ausströmendes minus einströmendes Flüssigkeitsvolumen pro Zeiteinheit) gleich Null. Das Integral $\iint_{\partial\Omega}\langle F,n\rangle\mathrm{d}\sigma$ reduziert sich also auf

$$\iint_{\text{Mantel}} = \iint_{\substack{-1\leq z\leq 1,\\ 0\leq\varphi\leq 2\pi}} \langle \begin{bmatrix} 2z \\ \sin\varphi \\ \cos\varphi\sin\varphi \end{bmatrix}, \begin{bmatrix} \cos\varphi \\ \sin\varphi \\ 0 \end{bmatrix} \rangle \mathrm{d}(z,\varphi)$$

$$= \int_{-1}^{1}\int_{0}^{2\pi} (2z\cos\varphi + \sin^2\varphi)\,\mathrm{d}\varphi\,\mathrm{d}z$$

$$= \int_{-1}^{1}\left[2z\sin\varphi + \frac{\varphi}{2} - \frac{\sin(2\varphi)}{4}\right]_{\varphi=0}^{2\pi}\mathrm{d}z = 2\pi.$$

Lösung (116.7) Wir wählen ein Koordinatensystem so, daß die xy-Ebene mit derjenigen Ebene übereinstimmt, in der das Flächenstück Ω liegt, und daß der Vektor n durch den Koordinatenvektor $(0,0,1)^T$ dargestellt wird. Drücken wir das Vektorfeld F als Funktion in den Koordinaten x,y,z aus, so ist

$$\iint_\Omega \langle\operatorname{rot} F, n\rangle\mathrm{d}\sigma = \iint_\Omega \langle \begin{bmatrix} \partial_y F_3 - \partial_z F_2 \\ \partial_z F_1 - \partial_x F_3 \\ \partial_x F_2 - \partial_y F_1 \end{bmatrix}, \begin{bmatrix} 0 \\ 0 \\ 1 \end{bmatrix}\rangle\mathrm{d}(x,y)$$

$$= \iint_\Omega \left(\frac{\partial F_2}{\partial x} - \frac{\partial F_1}{\partial y}\right)\mathrm{d}(x,y) = \oint_{\partial\Omega} F_1\mathrm{d}x + F_2\mathrm{d}y$$

$$= \oint_{\partial\Omega} F_1\mathrm{d}x + F_2\mathrm{d}y + F_3\mathrm{d}z = \oint_{\partial\Omega}\langle F,\mathrm{d}x\rangle.$$

Dabei gilt die Gleichung in der zweiten Zeile aufgrund des Satzes von Green, der Übergang von der zweiten zur dritten Zeile wegen $\mathrm{d}z = 0$ auf $\partial\Omega$. Diese Gleichung überträgt sich sofort auf solche Flächen, die aus endlich vielen überlappungsfreien ebenen Flächenstücken bestehen, weil das Integral additiv ist und sich die Kurvenintegrale über die inneren Ränder paarweise wegheben. (Jeder innere Rand wird zweimal durchlaufen, je einmal in einem der beiden möglichen Durchlaufsinne.) Der Satz läßt sich dann auf allgemeinere Flächen übertragen, indem man eine gekrümmte Fläche durch stückweise ebene Flächen beliebig genau approximiert. (Man denke an immer feiner werdende Triangulierungen eines Flächenstücks.)

Lösung (116.8) Zunächst gilt

$$(\operatorname{rot} F)(x,y,z) = \begin{bmatrix} \partial_x \\ \partial_y \\ \partial_z \end{bmatrix} \times \begin{bmatrix} -3y \\ 3x \\ z^4 \end{bmatrix} = \begin{bmatrix} 0 \\ 0 \\ 6 \end{bmatrix}.$$

Eine Parametrisierung von Ω ist gegeben durch

$$\alpha(x,y) := \begin{bmatrix} x \\ y \\ \sqrt{1-2x^2-2y^2} \end{bmatrix} \qquad (x^2+y^2 \leq 1/4);$$

ein Normalenvektor ist daher

$$N := \frac{\partial\alpha}{\partial x} \times \frac{\partial\alpha}{\partial y} = \begin{bmatrix} 1 \\ 0 \\ \star \end{bmatrix} \times \begin{bmatrix} 0 \\ 1 \\ \star \end{bmatrix} = \begin{bmatrix} \star \\ \star \\ 1 \end{bmatrix}.$$

(Die Sterne markieren Ausdrücke, die wegen der besonderen Form von $\operatorname{rot} F$ bei der Rechnung keine Rolle spielen werden.) Wir haben dann

$$\iint_\Omega\langle\operatorname{rot} F,n\rangle\mathrm{d}\sigma = \iint_{x^2+y^2\leq 1/4} \langle\begin{bmatrix}0\\0\\6\end{bmatrix},\frac{N}{\|N\|}\rangle\|N\|\,\mathrm{d}(x,y)$$

$$= \iint_{x^2+y^2\leq 1/4}\langle\begin{bmatrix}0\\0\\6\end{bmatrix},N\rangle\mathrm{d}(x,y) = \iint_{x^2+y^2\leq 1/4} 6\,\mathrm{d}(x,y)$$

$$= 6\cdot(\text{Fläche des Kreises } x^2+y^2\leq\frac{1}{4}) = 6\cdot\frac{\pi}{4} = \frac{3\pi}{2}.$$

Der Rand von Ω ist gegeben durch die Gleichung $2x^2 + 2y^2 + (1/2) = 1$ bzw. $x^2 + y^2 = 1/4$, besitzt also die Parametrisierung $(x,y,z) = \bigl((1/2)\cos t, (1/2)\sin t, 1/\sqrt{2}\bigr)$ für $0\leq t\leq 2\pi$ mit $\mathrm{d}x = -(1/2)\sin t\,\mathrm{d}t$, $\mathrm{d}y = (1/2)\cos t\,\mathrm{d}t$ sowie $\mathrm{d}z = 0$. Daher gilt

$$\oint_{\partial\Omega}\langle F,\mathrm{d}x\rangle = \oint_{\partial\Omega} -3y\,\mathrm{d}x + 3x\,\mathrm{d}y + z^4\mathrm{d}z$$

$$= \int_0^{2\pi}\left(\frac{3}{4}\sin^2 t + \frac{3}{4}\cos^2 t\right)\mathrm{d}t$$

$$= \frac{3}{4}\int_0^{2\pi}\mathrm{d}t = \frac{3}{4}\cdot 2\pi = \frac{3\pi}{2}.$$

Damit ist die Aussage $\iint_\Omega\langle\operatorname{rot} F,n\rangle\mathrm{d}\sigma = \oint_{\partial\Omega}\langle F,\mathrm{d}x\rangle$ nachgeprüft.

Lösung (116.9) Wir betrachten zunächst ein Linearplanimeter und wählen ein Koordinatensystem, dessen y-Achse mit der festen Achse des Planimeters zusammenfällt. Der Fahrstift bewege sich zwischen zwei benachbarten Punkten (x,y) und $(x+\mathrm{d}x, y+\mathrm{d}y)$ der betrachteten Kurve C; wir wollen untersuchen, wie sich die Höhe Y des Ansatzpunktes und der Winkel φ des beweglichen Planimeterarms (Fahrarm) während dieser infinitesimalen Bewegung ändern, die wir uns in zwei Bestandteile zerlegt denken: eine reine Translation in Richtung der y-Achse und eine reine Drehung um den Ansatzpunkt des Fahrarms.

Aufgaben zu »Der Stokessche Integralsatz« siehe Seite 63

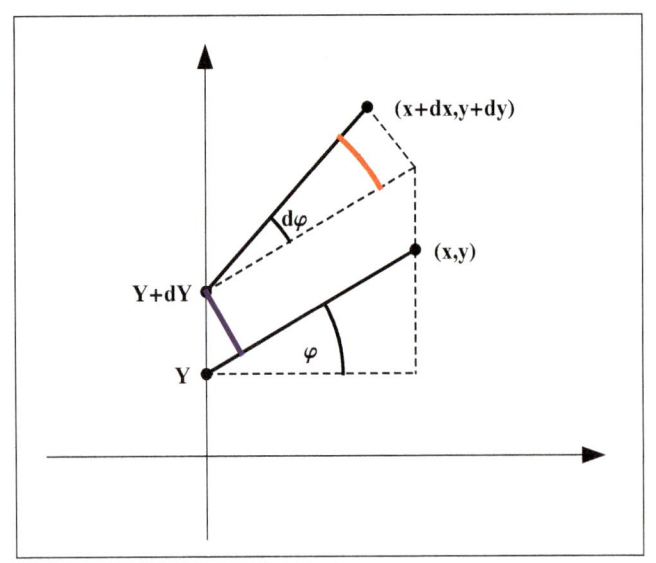

Geometrie des Linearplanimeters

Während der Translation rollt das Rad die Strecke ab, die gleich der Länge des Anteils des Translationsvektors senkrecht zum Fahrarm ist, also $\cos\varphi \cdot dY$ (in der Zeichnung blau). Bezeichnet a den Abstand des Rades vom Drehpunkt des Fahrarms, so rollt das Rad bei der reinen Drehung den Bogen $a\,d\varphi$ ab (in der Zeichnung rot). Die gesamte vom Rad abgerollte Strecke ist daher

$$(\star) \qquad \cos\varphi\,dY + a\,d\varphi.$$

Der Zusammenhang zwischen den Koordinaten (x,y) entlang der Kurve C und den die Bewegung des Planimeters beschreibenden Koordinaten (Y,φ) ist nun, wenn ℓ die Länge des Fahrarms bezeichnet, gegeben durch die Gleichungen

$$\ell\cos\varphi = x, \quad \ell\sin\varphi = y - Y \quad \text{und damit}$$
$$Y = y - \ell\sin\varphi = y - \sqrt{\ell^2 - x^2}.$$

(Das Vorzeichen ist hier so gewählt, daß $Y < y$ gilt; der andere Fall läßt sich analog behandeln, und die Untersuchung der Gesamtbewegung läßt sich auf die Untersuchung beider Fälle reduzieren.) Es ist dann $dY = dy - \ell\cos\varphi\,d\varphi = dy + (x/\sqrt{\ell^2 - x^2})\,dx$, und $(\star)$ geht über in

$$(\star\star) \qquad \frac{x}{\ell}\left(dy + \frac{x\,dx}{\sqrt{\ell^2 - x^2}}\right) + a\,d\varphi.$$

Die gesamte vom Rad abgerollte Strecke ist daher

$$s = \oint_C \left(\frac{1}{\ell}x\,dy + \frac{1}{\ell}\frac{x^2}{\sqrt{\ell^2 - x^2}}\,dx + a\,d\varphi\right).$$

Nun gilt $\oint_C d\varphi = 0$ (denn insgesamt hat der Fahrarm keine Drehung ausgeführt, sondern nur die Nettowinkeländerung 0 erfahren), aber auch $\oint_C (x^2/\sqrt{\ell^2 - x^2})\,dx = 0$. (Ganz allgemein gilt $\int_C f(x)\,dx = 0$ für jede geschlossene Kurve C, denn ist F eine Stammfunktion von f, so

Aufgaben zu »Der Stokessche Integralsatz« siehe Seite 63

ist $\Phi(x,y) := F(x)$ eine Potentialfunktion der Differentialform $f(x)\,dx$.) Also ist die abgerollte Strecke gleich

$$s = \oint_C \frac{1}{\ell}x\,dy = \frac{1}{\ell}\oint_C x\,dy,$$

und nach dem Greenschen Integralsatz ist $\oint_C x\,dy$ gleich dem Inhalt der von C umschlossenen Fläche.

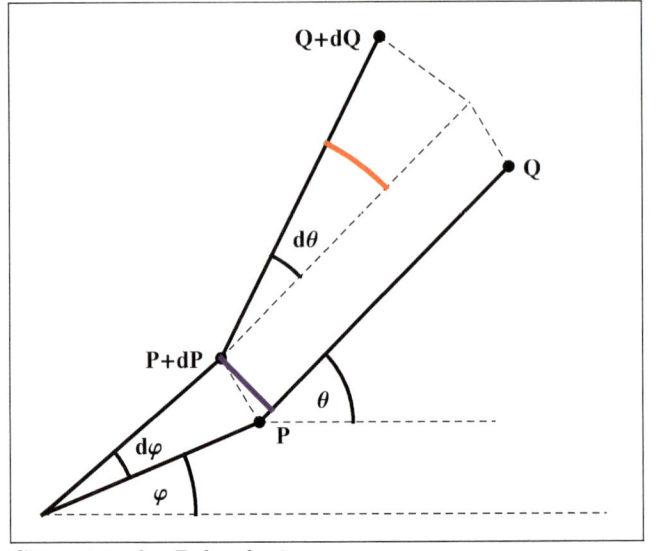

Geometrie des Polarplanimeters.

Bei einem Polarplanimeter ist die Argumentation völlig analog. Wir bezeichnen mit O den festen Ansatzpunkt (Pol) des Planimeters, mit OP den Polarm und mit PQ den Fahrarm, wobei sich der Fahrstift im Punkt Q befindet; es seien $r = \overline{OP}$ die Länge des Polarms und $\ell = \overline{PQ}$ die Länge des Fahrarms. Wir betrachten wieder zwei benachbarte Punkte $Q = (x,y)$ und $Q+dQ = (x+dx, y+dy)$ auf der Kurve C; es seien P und $P + dP$ die zugehörigen Punkte, an denen sich der Drehpunkt des Fahrarms bei seiner Bewegung befindet. Wir haben $P = (r\cos\varphi, r\sin\varphi)$ und folglich

$$dP = \begin{bmatrix} -r\sin\varphi \\ r\cos\varphi \end{bmatrix} d\varphi.$$

Drehen wir $\overrightarrow{PQ}$ um 90^0 gegen den Uhrzeigersinn, so erhalten wir den Vektor

$$v = \begin{bmatrix} -y + r\sin\varphi \\ x - r\cos\varphi \end{bmatrix};$$

dieser hat die Länge $\|v\| = \|\overrightarrow{PQ}\| = \ell$. Wir zerlegen die infinitesimale Bewegung wieder in eine reine Translation und eine reine Drehung. Die während der Translation vom Rad abgerollte Strecke (in der Zeichnung blau) ist der Anteil des Translationsvektors dP in der Bewegungsrichtung v des Rades, also $\langle dP, v/\|v\|\rangle$, während bei der Drehung ein Bogen $a\,d\theta$ (in der Zeichnung rot) abgerollt wird. Insgesamt ist die vom Rad abgerollte Strecke also

$$\begin{aligned}\langle \mathrm{d}P, \frac{v}{\|v\|}\rangle + a\,\mathrm{d}\theta &= \frac{r}{\ell}(x\cos\varphi + y\sin\varphi - r)\,\mathrm{d}\varphi + a\,\mathrm{d}\theta \\ &= \frac{r}{\ell}(\rho\cos\theta\cos\varphi + \rho\sin\theta\sin\varphi) - \frac{r^2}{\ell}\mathrm{d}\varphi + a\,\mathrm{d}\theta \\ &= \frac{r\rho}{\ell}\cos(\theta-\varphi)\,\mathrm{d}\varphi - \frac{r^2}{\ell}\mathrm{d}\varphi + a\,\mathrm{d}\theta,\end{aligned}$$

wobei wir Polarkoordinaten $(x,y) = (\rho\cos\theta, \rho\sin\theta)$ einführten. Dann gilt

$$\begin{aligned}\ell^2 &= (x - r\cos\varphi)^2 + (y - r\sin\varphi)^2 \\ &= (\rho\cos\theta - r\cos\varphi)^2 + (\rho\sin\theta - r\sin\varphi)^2 \\ &= \rho^2 + r^2 - 2\rho r\cos(\theta-\varphi)\end{aligned}$$

und damit

$$\rho\cos(\theta-\varphi) = \frac{\rho^2 + r^2 - \ell^2}{2r}.$$

Hieraus folgt $(\mathrm{d}\rho)\cos(\theta-\varphi) - \rho\sin(\theta-\varphi)(\mathrm{d}\theta - \mathrm{d}\varphi) = (\rho/r)\,\mathrm{d}\rho$, also

$$\begin{aligned}\mathrm{d}\varphi - \mathrm{d}\theta &= \frac{\left(\frac{\rho}{r} - \cos(\theta-\varphi)\right)\mathrm{d}\rho}{\rho\sin(\theta-\varphi)} = \frac{(\rho - r\cos(\theta-\varphi))\,\mathrm{d}\rho}{\rho r\sin(\theta-\varphi)} \\ &= \frac{\rho - \frac{r}{\rho}\left(\frac{\rho^2+r^2-\ell^2}{2r}\right)}{r\sqrt{\rho^2 - \frac{(\rho^2+r^2-\ell^2)^2}{4r^2}}}\mathrm{d}\rho = \frac{(\rho^2-r^2+\ell^2)\,\mathrm{d}\rho}{\rho\sqrt{4r^2\rho^2 - (\rho^2+r^2-\ell^2)^2}}\end{aligned}$$

und damit $\mathrm{d}\varphi = \mathrm{d}\theta + f(\rho)\,\mathrm{d}\rho$ mit einer nur von ρ abhängigen Funktion f. Die gesamte vom Rad abgerollte Strecke ist nun

$$s = \oint_C \left(\frac{r}{\ell}\rho\cos(\theta-\varphi)\,\mathrm{d}\varphi - \frac{r^2}{\ell}\mathrm{d}\varphi + a\,\mathrm{d}\theta\right),$$

was sich wegen $\oint_C \mathrm{d}\varphi = \oint_C \mathrm{d}\theta = 0$ auf

$$\begin{aligned}s &= \frac{r}{\ell}\oint_C \rho\cos(\theta-\varphi)\,\mathrm{d}\varphi = \frac{r}{\ell}\oint_C \frac{\rho^2+r^2-\ell^2}{2r}(\mathrm{d}\theta + f(\rho)\,\mathrm{d}\rho) \\ &= \frac{1}{2\ell}\oint_C (\rho^2+r^2-\ell^2)\,\mathrm{d}\theta = \frac{1}{2\ell}\oint_C \rho^2\,\mathrm{d}\theta\end{aligned}$$

reduziert. Nun ist aber $(1/2)\oint_C \rho^2\,\mathrm{d}\theta$ gerade die von C umschlossene Fläche; damit ist die Behauptung gezeigt.

Lösung (116.10) (a) Genau dann gilt $\mathrm{rot}(F) = 0$, wenn für jede Fläche $A \subseteq \Omega$ die Gleichung $\int_A \langle \mathrm{rot}\,F, n\rangle\,\mathrm{d}\sigma = 0$ gilt, was nach dem Stokesschen Integralsatz genau dann der Fall ist, wenn $\int_{\partial A}\langle F, \mathrm{d}x\rangle = 0$ gilt. Die Bedingung $\mathrm{rot}\,F = 0$ ist also gleichbedeutend damit, daß $\int_C \langle F, \mathrm{d}x\rangle = 0$ für jede *geschlossene* Kurve $C \subseteq \Omega$ gilt, und dies ist äquivalent zu der in der Aufgabe formulierten Aussage.

(b) Genau dann gilt $\mathrm{div}(F) = 0$, wenn für jede Teilmenge $B \subseteq \Omega$ die Gleichung $\int_B (\mathrm{div}\,F)\,\mathrm{d}v = 0$ gilt, was nach dem Gaußschen Integralsatz genau dann der Fall ist, wenn $\int_{\partial B}\langle F, n\rangle\,\mathrm{d}\sigma = 0$ gilt. Die Bedingung $\mathrm{div}\,F = 0$ ist also gleichbedeutend damit, daß $\int_A \langle F, n\rangle\,\mathrm{d}\sigma = 0$ für jede *geschlossene* Fläche $A \subseteq \Omega$ gilt, und dies ist äquivalent zu der in der Aufgabe formulierten Aussage.

Lösung (116.11) (a) Dies ist eine reine Fleißaufgabe, aber eine gesunde Übung zum Praktizieren von Ableitungsregeln und Termvereinfachungen.

(b) Wir bezeichnen mit C_1, C_2, C_3, C_4 die vier Strecken, aus denen sich C zusammensetzt, beginnend mit der Strecke C_1 von $(2,0,-1)$ nach $(2,0,1)$. Mit der Parametrisierung $(x,y,z) = (2,0,z)$ (wobei $-1 \leq z \leq 1$) haben wir $\mathrm{d}x = 0$ und $\mathrm{d}y = 0$, folglich

$$\begin{aligned}\int_{C_1}\langle F, \mathrm{d}x\rangle &= \int_{-1}^1 F_3(2,0,z)\,\mathrm{d}z = \int_{-1}^1 \frac{3}{9+z^2}\mathrm{d}z \\ &= \left[\arctan\left(\frac{z}{3}\right)\right]_{z=-1}^1 = 2\arctan\left(\frac{1}{3}\right).\end{aligned}$$

Die zu C_2 inverse (also in entgegengesetzter Richtung durchlaufene) Strecke $-C_2$ hat die Parametrisierung $(x,y,z) = (x,0,1)$ mit $0 \leq x \leq 2$; daher gilt

$$\begin{aligned}\int_{C_2}\langle F, \mathrm{d}x\rangle &= -\int_0^2 F_1(x,0,1)\,\mathrm{d}x = \int_0^2 \frac{2x}{(x^2-1)^2+1}\mathrm{d}x \\ &= \int_{-1}^3 \frac{\mathrm{d}u}{u^2+1} = [\arctan u]_{u=-1}^3 = \arctan(3) + \arctan(1).\end{aligned}$$

Die zu C_3 inverse Strecke hat die Parametrisierung $(x,y,z) = (0,0,z)$ mit $-1 \leq z \leq 1$; daher gilt

$$\begin{aligned}\int_{C_3}\langle F, \mathrm{d}x\rangle &= -\int_{-1}^1 \frac{-1}{z^2+1}\,\mathrm{d}z \\ &= [\arctan(z)]_{z=-1}^1 = 2\arctan(1).\end{aligned}$$

Schließlich hat C_4 die Parametrisierung $(x,y,z) = (x,0,-1)$ mit $0 \leq x \leq 2$; es ergibt sich

$$\begin{aligned}\int_{C_4}\langle F, \mathrm{d}x\rangle &= \int_0^2 F_1(x,0,-1)\,\mathrm{d}x = \int_0^2 \frac{2x}{(x^2-1)^2+1}\mathrm{d}x \\ &= \int_{-1}^3 \frac{\mathrm{d}u}{u^2+1} = [\arctan(u)]_{u=-1}^3 = \arctan(3) + \arctan(1).\end{aligned}$$

Folglich ist

$$\begin{aligned}\int_C \langle F, \mathrm{d}x\rangle &= \sum_{i=1}^4 \int_{C_i}\langle F, \mathrm{d}x\rangle \\ &= 2\arctan(3) + 2\arctan(1/3) + 4\arctan(1) \\ &= 2\cdot\frac{\pi}{2} + 4\cdot\frac{\pi}{4} = 2\pi.\end{aligned}$$

(c) Gäbe es eine Potentialfunktion φ mit $F = \mathrm{grad}\,\varphi$, so müßte für jeden *geschlossenen* Weg C das Kurvenintegral $\oint_C \langle F, \mathrm{d}x\rangle$ verschwinden, was aber nach (b) nicht der Fall ist.

(d) Berechnen der partiellen Ableitungen von φ nach x, y und z liefert sofort die Gleichung $F = \operatorname{grad} \varphi$. Diese steht nicht im Widerspruch zu (c), denn φ ist nicht auf ganz $\mathbb{R}^3 \setminus K$ definiert.

Lösung (116.12) (a) Daß $\operatorname{div}(F) = 0$ gilt, folgt sofort aus Aufgabe (115.9), kann hier aber natürlich noch einmal direkt nachgerechnet werden.

(b) Es gilt
$$\iint_S \langle F, n \rangle \mathrm{d}\sigma = \iint_S \langle \frac{x}{\|x\|^3}, \frac{x}{\|x\|} \rangle \mathrm{d}\sigma = \iint_S \frac{1}{\|x\|^2} \mathrm{d}\sigma$$
$$= \iint_S 1 \, \mathrm{d}\sigma = \text{Oberflächeninhalt von } S = 4\pi.$$

(c) Gäbe es ein Vektorfeld G mit $F = \operatorname{rot} G$, so müßte nach dem Stokesschen Integralsatz die Gleichung $\iint_S \langle F, n \rangle \mathrm{d}\sigma = 0$ gelten (vgl. Aufgabe (116.10)), was aber nach Teil (b) nicht der Fall ist.

(d) Wir erhalten
$$\partial_2 G_3 - \partial_3 G_2 = \frac{\partial}{\partial z}\left(\frac{xz}{(x^2+y^2)\sqrt{x^2+y^2+z^2}}\right)$$
$$= \frac{x}{(x^2+y^2+z^2)^{3/2}},$$
$$\partial_3 G_1 - \partial_1 G_3 = \frac{\partial}{\partial z}\left(\frac{yz}{(x^2+y^2)\sqrt{x^2+y^2+z^2}}\right)$$
$$= \frac{y}{(x^2+y^2+z^2)^{3/2}}$$

und nach einigem Rechnen und Vereinfachen auch
$$\partial_1 G_2 - \partial_2 G_1 = \frac{z}{(x^2+y^2+z^2)^{3/2}},$$

insgesamt also $\operatorname{rot}(G) = F$. Dies steht nicht im Widerspruch zu Teil (c), denn G ist nicht auf ganz U definiert.

Lösung (116.13) Der Vektor $(x-p)/\|x-p\|$ ist der Einheitsvektor vom Augpunkt p zu dem gesehenen Punkt x; daher ist $\langle x-p, n \rangle \mathrm{d}\sigma(x)/\|x-p\|$ der von p aus gesehene Anteil eines infinitesimal kleinen Flächenstückchens von Σ. Diese sichtbare Fläche wird auf die Einheitssphäre projiziert, indem durch die Größe $\|x-p\|^2$ (also das Quadrat des Abstands von x zu p) dividiert wird; dies spiegelt die Tatsache wider, daß sich bei Streckung um einen Faktor r ein Flächeninhalt um den Faktor r^2 ändert. Ein räumlicher Winkel wird also mit einem Flächenstück auf der Einheitssphäre identifiziert (genau, wie bei Definition des Bogenmaßes ein ebener Winkel mit einer Bogenlänge auf der Einheitskreislinie identifiziert wird). Sowohl im ebenen wie auch im räumlichen Fall handelt es sich dabei um orientierte Winkel; ein Raumwinkel wird dabei positiv oder negativ gezählt, je nachdem, in welche Richtung der Normalenvektor n der gesehenen Fläche zeigt.

Lösung (116.14) Das Bild des Rechtecks auf der Einheitskugel um A ist eine Fläche mit der Parameterdarstellung
$$r(u,v) = \frac{1}{\sqrt{u^2+v^2+a^2}} \begin{bmatrix} u \\ v \\ a \end{bmatrix} \qquad (|u| \leq \frac{b}{2},\ |v| \leq \frac{h}{2}).$$

Wir erhalten
$$\frac{\partial r}{\partial u} = \frac{-u}{(u^2+v^2+a^2)^{3/2}} \begin{bmatrix} u \\ v \\ a \end{bmatrix} + \frac{1}{(u^2+v^2+a^2)^{1/2}} \begin{bmatrix} 1 \\ 0 \\ 0 \end{bmatrix},$$
$$\frac{\partial r}{\partial v} = \frac{-v}{(u^2+v^2+a^2)^{3/2}} \begin{bmatrix} u \\ v \\ a \end{bmatrix} + \frac{1}{(u^2+v^2+a^2)^{1/2}} \begin{bmatrix} 0 \\ 1 \\ 0 \end{bmatrix},$$

nach einiger Rechnung dann
$$\frac{\partial r}{\partial u} \times \frac{\partial r}{\partial v} = \frac{a}{(u^2+v^2+a^2)^2} \begin{bmatrix} u \\ v \\ a \end{bmatrix}$$

und folglich
$$\left\| \frac{\partial r}{\partial u} \times \frac{\partial r}{\partial v} \right\| = \frac{a}{(u^2+v^2+a^2)^{3/2}}.$$

Der Raumwinkel Ω, unter dem die Rechtecksfläche von A aus gesehen wird, ist daher
$$\Omega = \int_{-b/2}^{b/2} \int_{-h/2}^{h/2} \frac{a}{(u^2+v^2+a^2)^{3/2}} \, \mathrm{d}v \, \mathrm{d}u$$
$$= 4 \int_0^{b/2} \int_0^{h/2} \frac{a}{(u^2+v^2+a^2)^{3/2}} \, \mathrm{d}v \, \mathrm{d}u$$
$$= 4 \int_0^{b/2} \left[\frac{av}{(a^2+u^2)\sqrt{a^2+u^2+v^2}} \right]_{v=0}^{h/2} \mathrm{d}u$$
$$= \int_0^{b/2} \frac{2ah}{(a^2+u^2)\sqrt{a^2+u^2+h^2/4}} \, \mathrm{d}u$$
$$= 4 \arctan\left(\frac{hu}{a\sqrt{4a^2+h^2+4u^2}} \right) \Big|_{u=0}^{b/2}$$
$$= 4 \cdot \arctan\left(\frac{hb/2}{a\sqrt{4a^2+h^2+b^2}} \right).$$

Sowohl für $a \to 0$ als auch für $b, h \to \infty$ geht dieser Ausdruck gegen 2π. Das ist plausibel: Wenn man direkt vor der Rechtecksfläche sitzt oder wenn diese in alle Richtungen unendlich ausgedehnt ist, überdeckt das Gesichtsfeld die Hälfte der Einheitssphäre.

Bemerkung: Beim Übergang von der vierten zur fünften Zeile in der obigen Gleichungskette handelt es sich (mit $c := \sqrt{a^2 + (h^2/4)}$) um die Auswertung eines Integrals der Bauart $\int R(u, \sqrt{u^2+c^2}) \, \mathrm{d}u$ mit einer rationalen Funktion R in zwei Variablen. Diese Auswertung gelingt mit der Substitution $u = c \sinh(v)$.

Lösung (116.15) Die Funktion g ist so definiert, daß $g(x)$ auf dem Strahl von $q(x)$ aus in Richtung x liegt und die Norm 1 hat. Es gibt also zu jedem Punkt x eine (von x abhängige) Zahl $\lambda > 0$ mit $g(x) = q(x) + \lambda(x - q(x))$, die so zu wählen ist, daß $\|g(x)\| = 1$ gilt. Dies führt auf

$$1 = \|g(x)\|^2 = \|q(x)\|^2 + 2\lambda\langle q(x), x-q(x)\rangle + \lambda^2\|x-q(x)\|^2$$

und damit

$$\lambda^2 + 2\lambda\frac{\langle q(x), x-q(x)\rangle}{\|x-q(x)\|^2} + \frac{\|q(x)\|^2 - 1}{\|x-q(x)\|^2} = 0.$$

Anwenden der pq-Formel ergibt mit

$$W(x) := \sqrt{\langle q(x), x-q(x)\rangle^2 + (1-\|q(x)\|^2)\|x-q(x)\|^2}$$

die Lösungen

$$\lambda = \frac{-\langle q(x), x-q(x)\rangle \pm W(x)}{\|x-q(x)\|^2}.$$

Da λ nach Konstruktion positiv sein soll, entfällt das negative Vorzeichen vor der Wurzel; es gilt also

$$g(x) = q(x) + \lambda(x)(x - q(x))$$

mit

$$\lambda(x) := \frac{W(x) - \langle q(x), x-q(x)\rangle}{\|x-q(x)\|^2}.$$

Lösung (116.16) Daß jeder von x_0 ausgehende Strahl den Rand von C an mindestens einer Stelle trifft, folgt aus der Beschränktheit und Abgeschlossenheit von C; daß er diesen Rand an höchstens einer Stelle trifft, folgt aus der Konvexität von C. Die Abbildung $\varphi : \partial C \to \partial B_\varepsilon(x_0)$, die jedem Randpunkt von C den entsprechenden Randpunkt von $B_\varepsilon(x_0)$ zuordnet, kann man sogar explizit hinschreiben, indem man den Ansatz $\varphi(x) = x + \lambda(x_0 - x)$ in die Gleichung $\|x - x_0\| = \varepsilon$ einsetzt und diejenige Lösung sucht, für die $\lambda < 1$ gilt; es ergibt sich

$$\varphi(x) = x - \frac{\|x - x_0\| - \varepsilon}{\|x - x_0\|} \cdot (x_0 - x).$$

Wir setzen φ zu einer Abbildung $\Phi : C \to \overline{B_\varepsilon(x_0)}$ fort, indem wir

$$\Phi(x_0 + \lambda(x - x_0)) := x_0 + \lambda(\varphi(x) - x_0)$$

für $x \in \partial C$ und $0 \leq \lambda \leq 1$ setzen. Als stetige Bijektion zwischen zwei kompakten Mengen ist dann Φ gemäß Satz (87.14) im Buch automatisch ein Homöomorphismus. Die Wirkung dieses Homöomorphismus ist in der folgenden Skizze graphisch dargestellt.

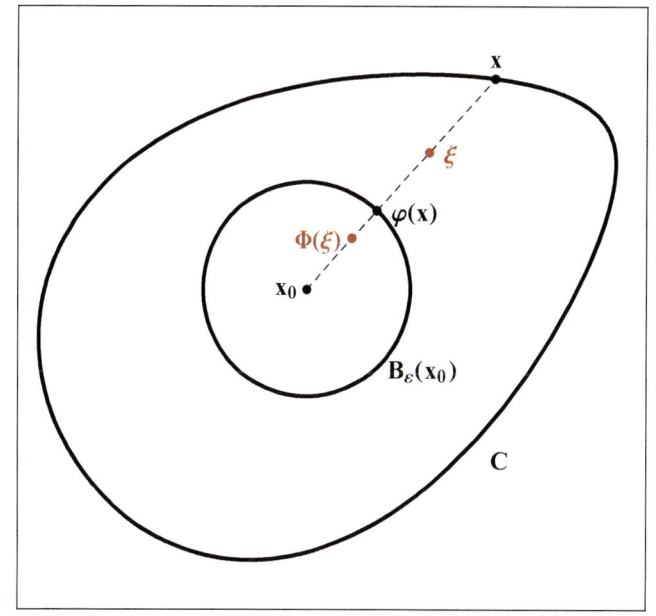

Homöomorphismus zwischen einer kompakten konvexen Menge $C \subseteq \mathbb{R}^n$ und einer abgeschlossenen Kugel.

Lösung (116.17) Die gegebene Triangulierung sei mit einer Sperner-Färbung versehen. Eine **Tür** sei eine Kante, die eine rote und eine grüne Ecke verbindet. Offenbar kann eine solche Tür nur dann eine Außentür sein, also auf einer Seite des ursprünglichen Dreiecks liegen, wenn dies die Seite mit der roten und der grünen Ecke ist (im Bild also die untere Seite). Wir deuten die in der Triangulierung auftretenden Dreiecke als Zimmer und die Seiten dieser Dreiecke, die keine Türen sind, als Wände. Die Anzahl der Türen eines Zimmers ist dann entweder 0, 1 oder 2; sie ist 1 genau dann, wenn das Zimmer Ecken in drei verschiedenen Farben hat. Die Zahl der Außentüren ist nichts anderes als die Anzahl der an der Unterseite auftretenden Farbwechsel und damit eine ungerade Zahl.

Wir betreten das Haus nun durch eine der Außentüren und gehen durch die einzelnen Zimmer, wobei wir nicht zweimal die gleiche Tür benutzen dürfen. Dann bleiben wir entweder irgendwann stecken (wenn wir nämlich ein Zimmer mit nur einer Tür und damit drei Ecken in verschiedenen Farben betreten, das wir nicht wieder verlassen können), oder wir müssen (da das Haus ja nur endlich viele Zimmer hat), das Haus irgendwann wieder verlassen (und zwar notwendigerweise durch eine Außentür). Im letzteren Fall betreten wir das Haus wieder (und zwar notwendigerweise durch eine Außentür, die von den beiden zuvor schon benutzten Außentüren verschieden ist) und wiederholen den Vorgang. Dies geht nur endlich oft, und da die Anzahl der Außentüren ungerade ist, können wir nach dem letzten Eintreten das Haus nicht wieder verlassen, müssen also zwangsläufig steckenbleiben. Da dies nur in einem Zimmer geschehen kann, dessen Ecken drei verschiedene Farben haben, ist damit die Existenz eines solchen Zimmers bzw. Dreiecks gesichert.

Bemerkung: Der Beweis zeigt genauer, daß die Anzahl der Dreiecke mit drei verschiedenen Farben eine ungerade Zahl ist.

Lösung (116.18) (a) Wir müssen uns überlegen, daß zwangsläufig $z(f(p)) < z(p)$ gilt, wenn weder (1) noch (2) eintritt. Andernfalls hätten wir $x(f(p)) \geq x(p)$, $y(f(p)) \geq y(p)$ und $z(f(p)) \geq z(p)$ und damit

$$\begin{aligned} 1 &= x(f(p)) + y(f(p)) + z(f(p)) \\ &\geq x(p) + y(p) + z(p) = 1, \end{aligned}$$

was nur für $x(f(p)) = x(p)$, $y(f(p)) = y(p)$ und $z(f(p)) = z(p)$ und damit $f(p) = p$ erfüllt sein kann, im Widerspruch zur angenommenen Fixpunktfreiheit von f.

(b) Man macht sich zunächst sofort klar, daß der Punkt $(1,0,0)$ rot, der Punkt $(0,1,0)$ grün und der Punkt $(0,0,1)$ blau gefärbt wird. Ferner kann kein Punkt auf der Seite $z=0$ blau gefärbt werden (weil 0 der minimal mögliche z-Wert von Punkten in D ist), kein Punkt auf der Seite $y=0$ grün und kein Punkt auf der Seite $x=0$ rot. Jede Färbung der Ecken einer Triangulierung von D gemäß der angegebenen Regel ist also tatsächlich eine Sperner-Färbung.

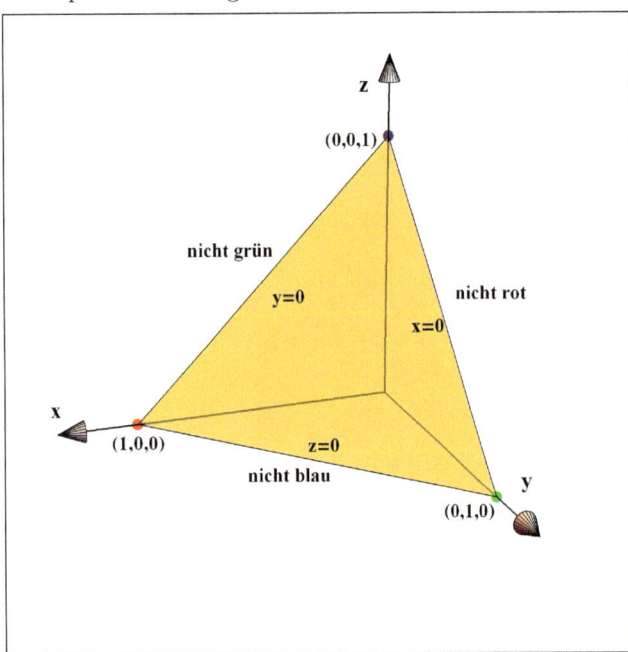

Zu färbendes Dreieck D.

(c) Es seien r_n, g_n und b_n Punkte wie angegeben. Dann ist (r_n) eine beschränkte Folge, enthält also nach dem Satz von Bolzano und Weierstraß eine konvergente Teilfolge; o.B.d.A. dürfen wir annehmen, daß die Folge (r_n) selbst schon konvergiert. Dann ist (g_n) wieder eine beschränkte Folge, enthält also ebenfalls eine konvergente Teilfolge. Nach Auswahl einer Teilfolge (und Betrachtung der entsprechenden Teilfolge von (r_n)) dürfen wir annehmen, daß die Folgen (r_n) und (g_n) beide konvergieren.

Dann ist auch (b_n) eine beschränkte Folge; nach erneuter Auswahl einer Teilfolge dürfen wir annehmen, daß die drei Folgen (r_n), (g_n) und (b_n) allesamt konvergieren. Da die Durchmesser der Dreiecke (r_n, g_n, b_n) gegen Null gehen, konvergieren die drei Folgen gegen den gleichen Grenzwert, sagen wir

$$\lim_{n\to\infty} r_n = \lim_{n\to\infty} g_n = \lim_{n\to\infty} b_n =: p.$$

Gemäß der verwendeten Färbungsregel haben wir

$$\begin{aligned} x(f(r_n)) &< x(r_n), \\ y(f(g_n)) &< y(g_n), \\ z(f(b_n)) &< z(g_n). \end{aligned}$$

Für $n \to \infty$ ergeben sich aufgrund der Stetigkeit der Abbildungen $f : D \to D$ sowie $x, y, z : D \to \mathbb{R}$ die Ungleichungen

$$\begin{aligned} x(f(p)) &\leq x(p), \\ y(f(p)) &\leq y(p), \\ z(f(p)) &\leq z(p). \end{aligned}$$

Weil der Grenzwert p wieder in D liegen muß, erhalten wir hieraus

$$\begin{aligned} 1 &= x(f(p)) + y(f(p)) + z(f(p)) \\ &\leq x(p) + y(p) + z(p) = 1. \end{aligned}$$

Dies ist nur erfüllbar für $x(f(p)) = x(p)$, $y(f(p)) = y(p)$ und $z(f(p)) = z(p)$, damit aber $f(p) = p$ im Widerspruch zur Annahme, daß ja f keinen Fixpunkt besitzen sollte. Diese Annahme ist damit als falsch erwiesen.

Lösung (116.19) Wir sagen, ein topologischer Raum X habe die **Fixpunkteigenschaft**, wenn jede stetige Selbstabbildung $f : X \to X$ einen Fixpunkt besitzt. Offenbar hat dann jeder Raum, der homöomorph zu einem Raum mit der Fixpunkteigenschaft ist, selbst die Fixpunkteigenschaft. Nach Aufgabe (116.16) sind je zwei konvexe kompakte Teilmengen von $\mathbb{R}^n$ mit nichtleerem Inneren zueinander homöomorph (da sie beide homöomorph zu einer abgeschlossenen Kugel sind und da Homöomorphie eine transitive Relation ist). Da eine abgeschlossene Kugel (nach Satz (116.11) im Buch) bzw. ein Simplex (nach Aufgabe (116.18) oben) die Fixpunkteigenschaft hat, hat dann auch die betrachtete Menge K die Fixpunkteigenschaft.

Lösung (116.20) Es sei K die Menge aller Vektoren $x \in \mathbb{R}^n$ mit $x_i \geq 0$ für $1 \leq i \leq n$ und $\sum_{i=1}^{n} x_i = 1$, also $\|x\|_1 = 1$. Dann ist K offensichtlich beschränkt und abgeschlossen, also kompakt, und konvex. Gibt es einen Vektor $x \in K$ mit $Ax = 0$, so ist x ein Eigenvektor zum Eigenwert Null, und wir sind fertig. Gilt dagegen $Ax \neq 0$ für alle $x \in K$, so erhalten wir durch die Setzung $f(x) := Ax/\|Ax\|_1$ eine wohldefinierte stetige Abbildung $f : K \to K$. (Der Nachweis, daß K durch f in sich abgebildet wird, ist leicht!) Nach dem Brouwerschen Fixpunktsatz gibt es einen Vektor $x \in K$ mit $f(x) = x$, also $Ax = \|Ax\|_1 x$. Also ist x ein Eigenvektor von A zum Eigenwert $\|Ax\|_1$.

Lösung (116.21) (a) Der Kreis $K_r(p)$ wird parametrisiert durch
$$\begin{aligned} x(\varphi) &= x_0 + r\cos(\varphi), \\ y(\varphi) &= y_0 + r\sin(\varphi) \end{aligned}$$
mit $0 \leq \varphi \leq 2\pi$. Um lange Ausdrücke zu vermeiden, schreiben wir statt $\bigl(x_0 + r\cos(\varphi), y_0 + r\sin(\varphi)\bigr)$ einfach $(\bullet, \bullet)$, wenn diese Argumente in eine Funktion einzusetzen sind. Wir haben dann
$$\begin{aligned} A(r) &= \frac{1}{2\pi r} \int_{K_r(p)} \Phi \, ds \\ &= \frac{1}{2\pi r} \int_0^{2\pi} \Phi(\bullet, \bullet) \, r \, d\varphi \\ &= \frac{1}{2\pi} \int_0^{2\pi} \Phi(\bullet, \bullet) \, d\varphi \end{aligned}$$
und nach Ableiten unter dem Integral unter Benutzung der Kettenregel damit
$$\begin{aligned} A'(r) &= \frac{1}{2\pi} \int_0^{2\pi} \bigl(\Phi_x(\bullet, \bullet) \cos(\varphi) + \Phi_y(\bullet, \bullet) \sin(\varphi)\bigr) \, d\varphi \\ &= \frac{1}{2\pi r} \int_0^{2\pi} \bigl(\Phi_x(\bullet, \bullet) \, r\cos(\varphi) + \Phi_y(\bullet, \bullet) \, r\sin(\varphi)\bigr) \, d\varphi \\ &= \frac{1}{2\pi r} \int_{K_r(p)} \bigl(\Phi_x(x, y) \, dy - \Phi_y(x, y) \, dx\bigr) \\ &= \frac{1}{2\pi r} \iint_{B_r(p)} \bigl(\Phi_{xx}(x, y) + \Phi_{yy}(x, y)\bigr) \, d(x, y) = 0, \end{aligned}$$
wobei wir im vorletzten Schritt den Satz von Green und im letzten Schritt die Harmonizität von Φ benutzten. Also ist die Funktion $r \mapsto A(r)$ konstant. Da offensichtlich (etwa als Folgerung aus dem Mittelwertsatz der Integralrechnung) die Grenzwertaussage $A(r) \to \Phi(p)$ für $r \to 0$ gilt, ist damit Teil (a) bewiesen.

(b) Die Funktion Φ möge ein globales Extremum besitzen, sagen wir o.B.d.A. ein Maximum M. Es sei $U := \{x \in \Omega \mid \Phi(x) = M\}$ die Menge aller derjenigen Punkte, an denen dieses Maximum angenommen wird. Nach Annahme ist U nicht leer, und aufgrund der Stetigkeit von Φ ist U automatisch abgeschlossen. Nun sei $p \in U$. Für alle hinreichend kleinen Radien $r > 0$ gilt dann $\Phi(p) \geq \Phi(q)$ für alle $q \in K_r(p)$, was wegen Teil (a) nur möglich ist, wenn sogar $\Phi(p) = \Phi(q)$ für alle $q \in K_r(p)$ gilt. Also ist Φ in einer Umgebung von p konstant, und dies zeigt, daß die Menge U offen ist. Da Ω aber als zusammenhängend vorausgesetzt wurde, sind $\emptyset$ und Ω die einzigen Teilmengen von Ω, die gleichzeitig offen und abgeschlossen sind. Also gilt $U = \Omega$, und dies zeigt, daß Φ die konstante Funktion mit dem Wert M ist.

L117: Grundlegende Begriffe und elementare Lösungsmethoden

Lösung (117.1) (a) Durchmultiplizieren der Gleichung mit $e^{x^2/2}$ liefert $(d/dx)(ye^{x^2/2}) = x^3 e^{x^2/2}$ und damit $ye^{x^2/2} = \int x^3 e^{x^2/2}\,dx = \int 2ue^u\,du = (2u-2)e^u + C = (x^2-2)e^{x^2/2} + C$, wobei wir $u = x^2/2$ substituierten. Es ergibt sich
$$y(x) = x^2 - 2 + Ce^{-x^2/2}.$$

(b) Durchmultiplizieren der Gleichung mit e^{x^2} liefert $(d/dx)(ye^{x^2}) = x$ und damit $ye^{x^2} = x^2/2 + C$; die Lösung ist also
$$y(x) = \left(\frac{x^2}{2} + C\right)e^{-x^2}.$$

(c) Durchmultiplizieren der Gleichung mit $1/\cos x$ liefert $(d/dx)(y/\cos x) = \sin(2x)/\cos(x) = 2\sin x$; es gilt also $y/\cos x = \int 2\sin x\,dx = -2\cos x + C$ und damit
$$y(x) = C\cos x - 2\cos^2 x.$$

(d) Durchmultiplizieren der Gleichung mit e^{2x^2} liefert $(d/dx)(ye^{2x^2}) = 8xe^{2x^2}$ und damit $ye^{2x^2} = \int 8xe^{2x^2}\,dx = 2e^{2x^2} + C$; also gilt
$$y(x) = 2 + Ce^{-2x^2}.$$

Lösung (117.2) (a) Eine Lösung ist $y \equiv 0$. Auf einem Intervall, auf dem $y \neq 0$ ist, dürfen wir die Gleichung $dy/dx = xy^2$ durch y^2 dividieren und erhalten $\int y^{-2}dy = \int x\,dx$, also $-1/y = (x^2-C)/2$ bzw. $1/y = (C-x^2)/2$. Die allgemeine Lösung ist also
$$y = \frac{2}{C-x^2};$$
für $C \to \infty$ geht diese in die spezielle Lösung $y \equiv 0$ über.

(b) Eine Lösung ist $y \equiv 0$. Auf einem Intervall, auf dem $y \neq 0$ ist, dürfen wir die Gleichung $dy/dx = -(1+\sin x)y$ durch y dividieren und erhalten $\int y^{-1}dy = -\int(1+\sin x)\,dx$, also $\ln|y| = -x + \cos x + \widehat{C}$ bzw. $|y| = e^{\widehat{C}}e^{-x+\cos x}$. Mit $C := \pm e^{\widehat{C}} \neq 0$ ergibt sich die allgemeine Lösung
$$y = Ce^{-x+\cos x};$$
für $C := 0$ geht diese in die spezielle Lösung $y \equiv 0$ über.

(c) Trennung der Veränderlichen in der Gleichung $e^y(dy/dx) = 1-\sin x$ liefert $\int e^y dy = \int(1-\sin x)\,dx$ und damit $e^y = x + \cos x + C$, also
$$y = \ln(x+\cos x + C).$$

(d) Die Gleichung läßt sich in der Form $dy/dx = e^{x-y} - e^x = e^x(e^{-y}-1)$ schreiben. Eine Lösung ist $y \equiv 0$. Auf einem Intervall, auf dem $y \neq 0$ und damit $e^{-y} \neq 1$ gilt, dürfen wir durch $e^{-y}-1$ dividieren und erhalten
$$\int e^x dx = \int \frac{dy}{e^{-y}-1} = \int \frac{du}{1-u},$$
wobei wir $u := e^y$ substituierten. Integration liefert $e^x - \widehat{C} = -\ln|u-1|$ bzw. $|u-1| = e^{\widehat{C}}e^{-e^x}$, mit $C := \pm e^{\widehat{C}} \neq 0$ also $u - 1 = Ce^{-e^x}$. Rücksubstitution ergibt nun $e^y = u = 1 + Ce^{-e^x}$ und damit die Lösung
$$y = \ln(1 + Ce^{-e^x}),$$
aus der sich für $C := 0$ die spezielle Lösung $y \equiv 0$ ergibt.

Lösung (117.3) (a) Die Gleichung lautet $y' = 1 + (y/x) + (y/x)^2$; für $u := y/x$ gilt dann $u'x + u = 1 + u + u^2$ bzw. $u'x = 1 + u^2$. Diese Gleichung ist separierbar; Trennung der Variablen liefert $\int(1+u^2)^{-1}du = \int x^{-1}dx$, also $\arctan u = \ln|x| + C$ und damit $u = \tan(C + \ln|x|)$. Für $y = ux$ ergibt sich dann
$$y = x \cdot \tan(C + \ln|x|).$$

(b) Die Gleichung lautet $y' = 1 + (y/x)^2$; für $u := y/x$ gilt dann $u'x + u = 1 + u^2$ bzw. $u'x = 1 - u + u^2$. Diese Gleichung ist separierbar; Trennung der Variablen liefert $\int(u^2 - u + 1)^{-1}du = \int x^{-1}dx$. Um das Integral auf der linken Seite zu lösen, führen wir eine quadratische Ergänzung durch:
$$u^2 - u + 1 = (u-\tfrac{1}{2})^2 + \tfrac{3}{4} = \tfrac{3}{4}\left(\left(\frac{2u-1}{\sqrt{3}}\right)^2 + 1\right);$$
mit der Substitution $v := (2u-1)/\sqrt{3}$ ergibt sich dann
$$\int \frac{dx}{x} = \int \frac{du}{u^2-u+1} = \frac{2}{\sqrt{3}}\int \frac{dv}{v^2+1}.$$
Integration führt auf $\arctan v = (\sqrt{3}/2)\ln|x| + C$ und damit $v = \tan((\sqrt{3}/2)\ln|x| + C)$. Wegen $u = (\sqrt{3}v+1)/2$ und $y = xu$ ergibt sich dann die endgültige Lösung
$$y(x) = \frac{x}{2}\cdot\left(\sqrt{3}\cdot\tan\left(\frac{\sqrt{3}}{2}\ln|x| + C\right) + 1\right).$$

(c) Die Gleichung lautet $y' = (y/x)^2 + 2(y/x)$. Für $u := y/x$ gilt dann $u'x + u = u^2 + 2u$, also $u'x = u^2 + u = u(u+1)$. Zwei konstante Lösungen sind $u \equiv 0$ und $u \equiv -1$; auf jedem Intervall, auf dem $u^2 + u \neq 0$ ist, dürfen wir die Gleichung durch $u^2 + u$ dividieren und erhalten
$$\int \frac{dx}{x} = \int \frac{du}{u(u+1)} = \int\left(\frac{1}{u} - \frac{1}{u+1}\right)du,$$

nach Integration also $\ln|x| + \widehat{C} = \ln|u| - \ln|u+1| = \ln|u/(u+1)|$ und damit $e^{\widehat{C}}|x| = |u/(u+1)|$. Schreiben wir $C := \pm e^{\widehat{C}} \neq 0$, so bedeutet dies $u/(u+1) = Cx$, also $u = Cx(u+1)$ bzw. $(1-Cx)u = Cx$. Für $y = xu$ ergibt sich also die Lösung

$$y = \frac{Cx^2}{1-Cx},$$

aus der für $C = 0$ bzw. $C \to \infty$ die speziellen Lösungen $u \equiv 0$ und $u \equiv -1$ hervorgehen.

(d) Die Gleichung lautet $y' = (1-y/x)/(1+y/x)$ und geht mit der Substitution $u := y/x$ über in $u'x + u = (1-u)/(1+u)$, also $u'x = (1-u)/(1+u) - u = (1-2u-u^2)/(1+u)$. Trennung der Veränderlichen liefert

$$\int \frac{\mathrm{d}x}{x} = \int \frac{-(1+u)}{u^2+2u-1}\mathrm{d}u = \int \left[\frac{-1/2}{u+1-\sqrt{2}} + \frac{-1/2}{u+1+\sqrt{2}}\right]\mathrm{d}u$$

und nach Integration $\ln|x| + \widehat{C} = (-1/2)\left(\ln|u+1-\sqrt{2}| + \ln|u+1+\sqrt{2}|\right) = (-1/2)\ln|u^2+2u-1|$, mit $C := \pm e^{-2\widehat{C}}$ also $u^2 + 2u - 1 = C/x^2$ bzw. $u = -1 \pm \sqrt{2 + C/x^2}$. Für $y = xu$ ergibt sich dann

$$y = -x \pm \sqrt{2x^2 + C}.$$

Lösung (117.4) Die Gleichung $y' + p(x)y = q(x)$ ist äquivalent mit

$$(\star) \qquad \frac{\mathrm{d}}{\mathrm{d}x}\left(y(x)e^{P(x)}\right) = q(x)e^{P(x)},$$

wenn $P' = p$ gilt, also P eine Stammfunktion von p ist.

(a) Gilt $q \equiv 0$, so reduziert sich $(\star)$ auf die Bedingung $y(x)e^{P(x)} = c$ mit einer Konstanten c und damit $y(x) = c \cdot y_0(x)$, wobei $y_0(x) := e^{-P(x)}$.

(b) Ist y irgendeine inhomogene Lösung, so erhalten wir $(y-y_\star)' + p(x)(y-y_\star) = y' + p(x)y - (y_\star)' - p(x)y_\star = q(x) - q(x) = 0$ und damit $y - y_\star \in \mathfrak{L}_{\text{hom}}$; also gilt $y = y_\star + (y - y_\star) \in y_\star + \mathfrak{L}_{\text{hom}}$; damit ist die Inklusion

$$\mathfrak{L}_{\text{inh}} \subseteq y_\star + \mathfrak{L}_{\text{hom}}$$

gezeigt. Ist umgekehrt y_h irgendeine Lösung der homogenen Gleichung, so gilt $(y_\star + y_h)' + p(x)(y_\star + y_h) = y_\star' + p(x)y_\star + y_h' + p(x)y_h = q(x) + 0 = q(x)$ und damit $y_\star + y_h \in \mathfrak{L}_{\text{inh}}$. Damit ist auch die umgekehrte Inklusion gezeigt, nämlich

$$y_\star + \mathfrak{L}_{\text{hom}} \subseteq \mathfrak{L}_{\text{inh}}.$$

(c) Setzen wir den Ansatz $y(x) = C(x)y_0(x)$ in die Gleichung $y' + p(x)y = q(x)$ ein, so erhalten wir $q = C'y_0 + Cy_0' + pCy_0 = C'y_0 + C(y_0' + py_0) = C'y_0 + C \cdot 0 = C'y_0$, also $C'(x)y_0(x) = q(x)$. Genau dann ist also $y(x) = C(x)y_0(x)$ eine Lösung der gegebenen Differentialgleichung, wenn C eine Stammfunktion von $q(x)/y_0(x) = q(x)e^{P(x)}$ ist.

Lösung (117.5) (a) Das System der beiden Gleichungen $a\xi + b\eta = -c$ und $A\xi + B\eta = -C$ hat wegen der Bedingung $aB \neq Ab$ eine eindeutige Lösung (ξ, η). Nach der Kettenregel erhalten wir dann

$$\begin{aligned}\frac{\mathrm{d}v}{\mathrm{d}u} &= \frac{\mathrm{d}v/\mathrm{d}x}{\mathrm{d}u/\mathrm{d}x} = y' = f\left(\frac{ax+by+c}{Ax+By+C}\right) \\ &= f\left(\frac{a(u+\xi)+b(v+\eta)+c}{A(u+\xi)+B(v+\eta)+C}\right) \\ &= f\left(\frac{au+bv}{Au+Bv}\right) = f\left(\frac{a+b\cdot v/u}{A+B\cdot v/u}\right),\end{aligned}$$

und dies ist eine Ähnlichkeitsdifferentialgleichung für v als Funktion von u. Hat man diese gelöst, so ergibt sich sofort $y = v + \eta$ als Funktion von $x = u + \xi$.

(b) Das System der Gleichungen $-\xi + 2\eta = 5$ und $2\xi - \eta = -4$ hat die Lösung $(\xi, \eta) = (-1, 2)$; wir substituieren also $u = x + 1$ und $v = y - 2$. Nach Teil (a) ergibt sich $\mathrm{d}v/\mathrm{d}u = (-1 + 2v/u)/(2 - v/u)$. Dies ist eine Ähnlichkeitsdifferentialgleichung, die mit $w := v/u$ übergeht in $u(\mathrm{d}w/\mathrm{d}u) + w = (-1 + 2w)/(2-w)$, also $u(\mathrm{d}w/\mathrm{d}u) = (-1+2w)/(2-w) - w = (w^2-1)/(2-w)$. Trennung der Veränderlichen liefert

$$\int \frac{\mathrm{d}u}{u} = \int \frac{2-w}{w^2-1}\mathrm{d}w = \int \left(\frac{1/2}{w-1} - \frac{3/2}{w+1}\right)\mathrm{d}w,$$

nach Integration also $\ln|u| + \widehat{C} = (1/2)\ln|w-1| - (3/2)\ln|w+1| = (1/2)\ln|(w-1)/(w+1)^3|$. Mit $C := \pm e^{2\widehat{C}}$ gilt dann $(w-1)/(w+1)^3 = Cu^2$, also $(v/u - 1)/(v/u+1)^3 = Cu^2$ bzw. (nach Erweitern des linken Bruches mit u^3 und anschließenden Kürzen mit u^2) schließlich $v - u = C(v+u)^3$. Wegen $u = x + 1$ und $v = y - 2$ ist die Lösung also in impliziter Form gegeben durch

$$y - x - 3 = C(x+y-1)^3.$$

(c) Ist $B \neq 0$, so ist $a = Ab/B$ und damit

$$y' = f\left(\frac{Abx/B + by + c}{Ax + By + C}\right) = f\left(\frac{(Ax+By)\cdot b/B + c}{Ax+By+C}\right);$$

für $u := Ax + By + C$ gilt also

$$\begin{aligned}u' &= A + By' = A + B \cdot f\left(\frac{(u-C)\cdot b/B + c}{u}\right) \\ &= A + B \cdot f\left(\frac{b(u-C)+Bc}{Bu}\right),\end{aligned}$$

und dies ist eine separierbare Differentialgleichung für u. Gilt dagegen $b \neq 0$, so zeigt man völlig analog, daß die Substitution $u := ax + by + c$ auf eine separierbare Gleichung für u führt.

(d) Mit der Substitution $u = x + y$ geht die Gleichung $y' = (x+y)^2$ über in $u' = 1 + y' = 1 + (x+y)^2 = 1 + u^2$. Trennung der Veränderlichen liefert $\int (1+u^2)^{-1}\mathrm{d}u = \int \mathrm{d}x$, nach Integration also $\arctan u = x + C$. bzw. $u = \tan(x + C)$. Für $y = u - x$ bedeutet dies

$$y = -x + \tan(x+C).$$

(e) Mit der Substitution $u = x + y + 1$ geht die gegebene Gleichung über in $u' = 1 + y' = 1 - u/(2u-3) = (u-3)/(2u-3)$. Trennung der Veränderlichen ergibt dann $\int \mathrm{d}x = \int (2u-3)/(u-3)\,\mathrm{d}u = \int (2 + 3/(u-3))\,\mathrm{d}u$ und damit $2u + 3\ln|u-3| = x + C$. Ersetzt man hierin u durch $x + y + 1$, so erkennt man, daß die Lösung y in impliziter Form gegeben ist durch $2x + 2y + 2 + 3\ln|x+y-2| = x + C$ bzw.

$$x + 2y + 3\ln|x+y-2| = \widehat{C}.$$

Lösung (117.6) (a) Wenn die Gleichung exakt ist, so gilt $P_y = F_{xy} = F_{yx} = Q_x$. Gilt umgekehrt $P_y = Q_x$ und sind P und Q auf einem einfach zusammenhängenden Gebiet definiert, so folgt hieraus auch die Existenz einer Potentialfunktion F.

(b) Ist F eine Potentialfunktion, so löst $x \mapsto y(x)$ genau dann die gegebene Differentialgleichung, wenn die Gleichung $(\mathrm{d}/\mathrm{d}x)F(x, y(x)) = 0$ gilt, also $F(x, y(x)) = C$ mit einer Konstanten C. Durch diese Gleichung sind die Lösungen der Differentialgleichung implizit gegeben.

(c) Hier haben wir $P(x,y) = 3y + 2x - 1$ und $Q(x,y) = 3x + y - 5$ und damit $P_y = 3 = Q_x$; die notwendige Integrabilitätsbedingung ist also erfüllt. Für die gesuchte Potentialfunktion F erhalten wir einerseits $F(x,y) = 3xy + x^2 - x + C_1(y)$, andererseits $F(x,y) = 3xy + (y^2/2) - 5y + C_2(x)$ und damit $F(x,y) = 3xy + x^2 - x + (y^2/2) - 5y + \text{const.}$ Die Lösungen der Differentialgleichung sind (nach Durchmultiplizieren mit dem Faktor 2) also in impliziter Form gegeben durch die Gleichung $6xy + 2x^2 - 2x + y^2 - 10y = C$, was (mit $D := 25 + C$) in expliziter Form folgendermaßen aussieht:

$$y = -3x + 5 \pm \sqrt{7x^2 - 28x + D}.$$

Lösung (117.7) Die Bedingung dafür, daß μ ein integrierender Faktor ist, lautet

$(\star) \qquad \dfrac{\partial}{\partial y}\left[\mu(x,y)P(x,y)\right] = \dfrac{\partial}{\partial x}\left[\mu(x,y)Q(x,y)\right].$

(a) Gilt $\mu(x,y) = M(x)$, so geht $(\star)$ über in die Gleichung $M(x)P_y(x,y) = M'(x)Q(x,y) + M(x)Q_x(x,y)$, also

$$(1) \qquad M'(x) = M(x) \cdot \frac{P_y(x,y) - Q_x(x,y)}{Q(x,y)}.$$

Ein nur von x abhängiger integrierender Faktor existiert also dann, wenn $(P_y - Q_x)/Q$ nur von x abhängt; zur Ermittlung von M ist dann die (lineare und separable) Differentialgleichung (1) zu lösen.

(b) Gilt $\mu(x,y) = M(y)$, so geht $(\star)$ über in die Gleichung $M'(y)P(x,y) + M(y)P_y(x,y) = M(y)Q_x(x,y)$, also

$$(2) \qquad M'(y) = M(y) \cdot \frac{Q_x(x,y) - P_y(x,y)}{P(x,y)}.$$

Ein nur von y abhängiger integrierender Faktor existiert also dann, wenn $(Q_x - P_y)/P$ nur von y abhängt; zur Ermittlung von M ist dann die (lineare und separable) Differentialgleichung (2) zu lösen.

(c) Gilt $\mu(x,y) = M(x^2+y^2)$, so geht $(\star)$ über in die Gleichung $M'(x^2+y^2) \cdot 2yP(x,y) + M(x^2+y^2)P_y(x,y) = M'(x^2+y^2) \cdot 2xQ(x,y) + M(x^2+y^2)Q_x(x,y)$, also

$$(3) \qquad M'(x^2+y^2) = M(x^2+y^2) \cdot \frac{Q_x(x,y) - P_y(x,y)}{2(yP(x,y) - xQ(x,y))}.$$

Ein nur von x^2+y^2 abhängiger integrierender Faktor existiert also dann, wenn $(Q_x - P_y)/(yP - xQ)$ nur von x^2+y^2 abhängt; zur Ermittlung von M ist dann die (lineare und separable) Differentialgleichung (3) zu lösen.

(d) Gilt $\mu(x,y) = M(xy)$, so geht $(\star)$ über in die Gleichung $M'(xy) \cdot xP(x,y) + M(xy) \cdot P_y(x,y) = M'(xy) \cdot yQ(x,y) + M(xy) \cdot Q_x(x,y)$, also

$$(4) \qquad M'(xy) = M(xy) \cdot \frac{Q_x(x,y) - P_y(x,y)}{xP(x,y) - yQ(x,y)}.$$

Ein nur von xy abhängiger integrierender Faktor existiert also dann, wenn $(Q_x - P_y)/(xP - yQ)$ nur von xy abhängt; zur Ermittlung von M ist dann die (lineare und separable) Differentialgleichung (4) zu lösen.

Lösung (117.8) Wir suchen eine Funktion $M(x)$ derart, daß die Gleichung

$$M(x)(x + y^2 + 1) + 2yM(x)y' = 0$$

exakt wird; dies führt auf die Bedingung $M(x) \cdot 2y = 2yM'(x)$ bzw. $M'(x) = M(x)$. Ein integrierender Faktor ist also $M(x) = e^x$. Für die gesuchte Potentialfunktion F haben wir einerseits $F_x = e^x(x + y^2 + 1)$ und damit

$$F(x,y) = (x-1)e^x + y^2 e^x + e^x + C_1(y),$$

andererseits $F_y = 2ye^x$ und damit

$$F(x,y) = y^2 e^x + C_2(x).$$

Insgesamt erhalten wir also $F(x,y) = xe^x + y^2 e^x + \text{const.}$ Die Lösung der betrachteten Differentialgleichung ist dann $xe^x + y^2 e^x = C$ bzw. $y^2 = Ce^{-x} - x$, d.h. $y(x) = \pm\sqrt{Ce^{-x} - x}$. (Alternativ könnte man $z(x) = y(x)^2$ substituieren, wodurch die gegebene Differentialgleichung übergeht in die lineare Gleichung $x + 1 + z(x) + z'(x) = 0$.)

Lösung (117.9) (a) Es sei $\alpha \neq 1$. Genau dann erfüllt y die Gleichung $y' = f(x)y + g(x)y^\alpha$, wenn $u := y^{1-\alpha}$ die Gleichung $u' = (1-\alpha)y^{-\alpha}y' = (1-\alpha)y^{-\alpha}\bigl(f(x)y + g(x)y^\alpha\bigr) = (1-\alpha)f(x)y^{1-\alpha} + (1-\alpha)g(x)$ erfüllt, also

$$u' - (1-\alpha)f(x)u = (1-\alpha)g(x).$$

(b) Natürlich kann man diese Gleichung als separierbare Differentialgleichung behandeln, aber wir wollen sie hier als Bernoullische Gleichung auffassen; wir haben dann $\alpha = 2$, $f(x) = x$, $g(x) = x$. Für $u = y^{-1}$ gilt also $u' + xu = -x$, nach Durchmultiplikation mit $e^{x^2/2}$ demnach $(d/dx)(ue^{x^2/2}) = -xe^{x^2/2}$ bzw. $ue^{x^2/2} = \int -xe^{x^2/2}\,dx = -e^{x^2/2} + C$. Es gilt also $u = -1 + Ce^{-x^2/2}$ und damit
$$y = \frac{1}{-1 + Ce^{-x^2/2}}.$$

(c) Die Gleichung läßt sich in der Form $y' = (-1/x)y + xy^{-2}$ schreiben; wir haben dann $\alpha = -2$, $f(x) = -1/x$, $g(x) = x$. Für $u = y^3$ gilt also $u' + (3/x)u = 3x$, nach Durchmultiplikation mit x^3 demnach $(d/dx)(ux^3) = 3x^4$ bzw. $ux^3 = \int 3x^4\,dx = (3/5)x^5 + C$. Es gilt also $u = (3/5)x^2 + C/x^3$ und damit
$$y = \sqrt[3]{\frac{3x^2}{5} + \frac{C}{x^3}}.$$

(d) Hier haben wir $\alpha = 3$, $f(x) = a$, $g(x) = -b$. Für $u = y^{-2}$ gilt also $u' + 2au = 2b$, nach Durchmultiplikation mit e^{2ax} demnach $(d/dx)(ue^{2ax}) = 2be^{2ax}$ bzw. $ue^{2ax} = \int 2be^{2ax}dx = (b/a)e^{2ax} + C$. Es gilt also $u = (b/a) + Ce^{-2ax}$ und damit
$$y = \frac{1}{\sqrt{(b/a) + Ce^{-2ax}}}.$$

(e) Hier haben wir $\alpha = 1/2$, $f(x) = -b$, $g(x) = a$. Für $u = y^{1/2}$ gilt also $u' + (b/2)u = a/2$, nach Durchmultiplikation mit $e^{bx/2}$ demnach $(d/dx)(ue^{bx/2}) = (a/2)e^{bx/2}$ bzw. $ue^{bx/2} = \int (a/2)e^{bx/2}dx = (a/b)e^{bx/2} + C$. Es gilt also $u = (a/b) + Ce^{-bx/2}$ und damit
$$y = \left(\frac{a}{b} + Ce^{-bx/2}\right)^2.$$

Lösung (117.10) (a) Mit der angegebenen Substitution ist $y = y_\star + 1/u$; die gegebene Riccatische Gleichung geht also über in
$$\left(y_\star + \frac{1}{u}\right)' = f \cdot \left(y_\star + \frac{1}{u}\right)^2 + g \cdot \left(y_\star + \frac{1}{u}\right) + h$$
$$= f \cdot \left(y_\star^2 + \frac{2y_\star}{u} + \frac{1}{u^2}\right) + g \cdot y_\star + \frac{g}{u} + h$$
$$= y_\star' + \frac{2y_\star f}{u} + \frac{f}{u^2} + \frac{g}{u},$$

wobei in der letzten Gleichung ausgenutzt wurde, daß $y_\star$ eine Lösung ist. Bilden der Ableitung auf der linken Seite und anschließendes Subtrahieren von $y_\star'$ auf beiden Seiten liefert
$$-\frac{u'}{u^2} = \frac{2y_\star f}{u} + \frac{f}{u^2} + \frac{g}{u}$$

bzw. $u' = -2y_\star fu - f - gu$. Etwas ausführlicher geschrieben heißt dies

$$u' + (2y_\star(x)f(x) + g(x))u = -f(x);$$

hierbei handelt es sich um eine lineare Differentialgleichung für die Funktion u.

(b) Eine spezielle Lösung ist die konstante Funktion $y_\star \equiv 1$; nach (a) ist dann y genau dann eine Lösung, wenn die Funktion $u := 1/(y-1)$ die Gleichung $u' + u = x - 1$ erfüllt. Dies ist eine lineare Differentialgleichung, die wir leicht lösen können: Durchmultiplikation mit e^x liefert $(d/dx)(ue^x) = (x-1)e^x$ und damit $ue^x = \int (x-1)e^x\,dx = (x-2)e^x + C$, also $u = x - 2 + Ce^{-x}$. Für $y = y_\star + 1/u = 1 + 1/u$ ergibt sich dann
$$y(x) = 1 + \frac{1}{x - 2 + Ce^{-x}} = \frac{x - 1 + Ce^{-x}}{x - 2 + Ce^{-x}}.$$

(c) Eine spezielle Lösung ist die Funktion $y_\star = x+1$; nach (a) ist dann y genau dann eine Lösung, wenn die Funktion $u := 1/(y-x-1)$ die Gleichung $u' + u = -1$ erfüllt. Dies ist eine lineare Differentialgleichung, die wir leicht lösen können: Durchmultiplikation mit e^x liefert $(d/dx)(ue^x) = -e^x$ und damit $ue^x = \int -e^x\,dx = -e^x + C$, also $u = -1 + Ce^{-x}$. Für $y = y_\star + 1/u = x + 1 + 1/u$ ergibt sich dann
$$y(x) = x + 1 + \frac{1}{-1 + Ce^{-x}} = \frac{C(x+1) - xe^x}{C - e^x}.$$

(d) Eine spezielle Lösung ist die Funktion $y_\star = e^x$; nach (a) ist dann y genau dann eine Lösung, wenn die Funktion $u := 1/(y - e^x)$ die Gleichung $u' + 3u = -e^{-x}$ erfüllt. Durchmultiplizieren mit e^{3x} liefert $(d/dx)(ue^{3x}) = -e^{2x}$ und damit $ue^{3x} = \int -e^{2x}dx = (-e^{2x} + C)/2$, also $u = (-e^{-x} + Ce^{-3x})/2$. Damit ist $y = y_\star + 1/u = e^x + 2/(Ce^{-3x} - e^{-x})$, also
$$y = e^x + \frac{2e^{3x}}{C - e^{2x}} = \frac{Ce^x + e^{3x}}{C - e^{2x}}.$$

(e) Eine spezielle Lösung ist die Funktion $y_\star = x$; nach (a) ist dann y genau dann eine Lösung, wenn die Funktion $u := 1/(y-x)$ die Gleichung $u' + (2x^4 + 1/x)u = -x^3$ erfüllt. Durchmultiplizieren mit $xe^{2x^5/5}$ liefert $(d/dx)(xe^{2x^5/5}u) = -x^4 e^{2x^5/5}$, also $xe^{2x^5/5}u = \int -x^4 e^{2x^5/5}dx = (-e^{2x^5/5} + C)/2$ bzw. $u = (Ce^{-2x^5/5} - 1)/(2x)$. Für $y = y_\star + 1/u = x + 2x/(Ce^{-2x^5/5} - 1)$ ergibt sich dann
$$y = x + \frac{2x}{Ce^{-2x^5/5} - 1} = x \cdot \frac{C + e^{2x^5/5}}{C - e^{2x^5/5}}.$$

Lösung (117.11) Es seien y_1, y_2, y_3, y_4 vier paarweise verschiedene Lösungen einer Riccatischen Differentialgleichung $y' = f(x)y^2 + g(x)y + h(x)$; wir müssen zeigen, daß es eine Konstante C gibt mit

$$\frac{y_4 - y_2}{y_4 - y_1} = C \cdot \frac{y_3 - y_2}{y_3 - y_1}.$$

Setzen wir $u_3 := 1/(y_3 - y_1)$, $u_4 := 1/(y_4 - y_1)$, $v_3 := 1/(y_3 - y_2)$ und $v_4 := 1/(y_4 - y_2)$, so läßt sich diese Gleichung ausdrücken in der Form $u_4/v_4 = C \cdot u_3/v_3$ bzw. $(u_4 v_3)/(v_4 u_3) = C$. Die Gültigkeit einer solchen Gleichung können wir durch den Nachweis herleiten, daß die Ableitung von $(u_4 v_3)/(v_4 u_3)$ verschwindet. Nun erfüllen u_3, u_4, v_3, v_4 nach Teil (a) der vorigen Aufgabe die Gleichungen

$$(\star) \quad \begin{aligned} u_3' + (2y_1 f + g)u_3 &= -f, \\ u_4' + (2y_1 f + g)u_4 &= -f, \\ v_3' + (2y_2 f + g)v_3 &= -f, \\ v_4' + (2y_2 f + g)v_4 &= -f. \end{aligned}$$

Berechnen wir nun die Ableitung von $(u_4 v_3)/(v_4 u_3)$ nach der Quotientenregel, so ergibt sich im Zähler der Ausdruck

$$\begin{aligned} &(u_4' v_3 + u_4 v_3')v_4 u_3 - u_4 v_3 (v_4' u_3 + v_4 u_3') \\ &= v_3 v_4 (u_3 u_4' - u_3' u_4) - u_3 u_4 (v_3 v_4' - v_3' v_4) \\ &= v_3 v_4 \cdot f(u_4 - u_3) - u_3 u_4 \cdot f(v_4 - v_3) = 0, \end{aligned}$$

wobei wir beim Übergang von der vorletzten zur letzten Zeile die Ableitungen der Funktionen u_3, u_4, v_3, v_4 unter Benutzung von $(\star)$ eliminierten.

Lösung (117.12) (a) Nach der Kettenregel gilt

$$\frac{dY}{dX} = \frac{dY/dx}{dX/dx} = \frac{y' + xy'' - y'}{y''} = \frac{xy''}{y''} = x,$$

also $Y' = x$. Hieraus folgt dann sofort $XY' - Y = y'x - (xy' - y) = y$.

(b) Nach Legendre-Transformation geht die Gleichung $y' - \ln(xy' - y) + \ln\sqrt{x} = 0$ über in $X - \ln Y + \ln\sqrt{Y'} = 0$; löst man diese Gleichung nach Y' auf, so ergibt sich die separierbare Differentialgleichung $Y' = Y^2 e^{-2X}$. Integration führt auf $\int Y^{-2} dY = \int e^{-2X} dX$, also $-Y^{-1} = (-e^{-2X} + C)/2$ bzw. $Y = 2/(e^{-2X} - C)$. Wir erhalten dann

(1) $\quad x = Y' = 4e^{-2X}/(e^{-2X} - C)^2$

und

(2) $\quad y = XY' - Y = Xx - \dfrac{2}{e^{-2X} - C}.$

Um die Lösung y explizit als Funktion von x zu erhalten, müßten wir (1) nach X auflösen und das Ergebnis in (2) einzusetzen; wir wollen jedoch auf die (zwar nicht wirklich schwierige, aber) unerquickliche Rechnung verzichten.

Lösung (117.13) (a) Für $y(x) := cx - f(c)$ gilt $y'(x) = c$ und damit $y = xy' - f(y')$.

(b) Ist φ differenzierbar, so haben wir $y'(x) = \varphi(x) + x\varphi'(x) - f'(\varphi(x))\varphi'(x) = \varphi(x) + x\varphi'(x) - \varphi'(x) = \varphi(x)$ und damit $xy'(x) - f(y'(x)) = x\varphi(x) - f(\varphi(x)) = y(x)$, so

daß y die gegebene Clairautsche Gleichung erfüllt. Ohne die Zusatzannahme der Differenziierbarkeit von φ müssen wir etwas subtiler vorgehen. Es gilt

$$\begin{aligned} &\frac{y(x+h) - y(x)}{h} \\ &= \varphi(x+h) + x \cdot \frac{\varphi(x+h) - \varphi(x)}{h} - \frac{f(\varphi(x+h)) - f(\varphi(x))}{h} \\ &= \varphi(x+h) + \frac{1}{h} \int_{\varphi(x)}^{\varphi(x+h)} (x - f'(u))\, du. \end{aligned}$$

Da φ stetig ist, hat nach dem Zwischenwertsatz jeder Wert u zwischen $\varphi(x)$ und $\varphi(x+h)$ die Form $u = \varphi(x + \theta h)$ mit $0 \leq \theta \leq 1$; wegen $\varphi = (f')^{-1}$ ist dann $|x - f'(u)| = |x - (x + \theta h)| = \theta |h| \leq |h|$. Es gilt daher

$$\begin{aligned} &\left| \frac{y(x+h) - y(x)}{h} - \varphi(x) \right| \\ &\leq |\varphi(x+h) - \varphi(x)| + \frac{1}{|h|} \int_{\varphi(x)}^{\varphi(x+h)} |h|\, du \\ &= 2 \cdot |\varphi(x+h) - \varphi(x)| \to 0 \text{ für } h \to 0. \end{aligned}$$

Also ist y differenzierbar mit $y' = \varphi$ (und da φ nicht konstant ist, ist y nicht linear). Der Rest des Beweises geht jetzt wie zuvor.

(c) Hier ist $f(u) = -u^2$, daher $f'(u) = -2u$ und folglich $\varphi(x) = -x/2$ (definiert auf ganz $\mathbb{R}$). Die linearen Lösungen nach (a) sind die Geraden $y_c(x) = cx + c^2$ mit $c \in \mathbb{R}$; nach (b) erhält man ferner die nichtlineare Lösung $y(x) = -x^2/4$. Diese Lösung ist geometrisch die Einhüllende (Enveloppe) der Kurvenschar $\{y_c \mid c \in \mathbb{R}\}$. Durch Zusammenstückeln der y_c mit y erhält man weitere Lösungen.

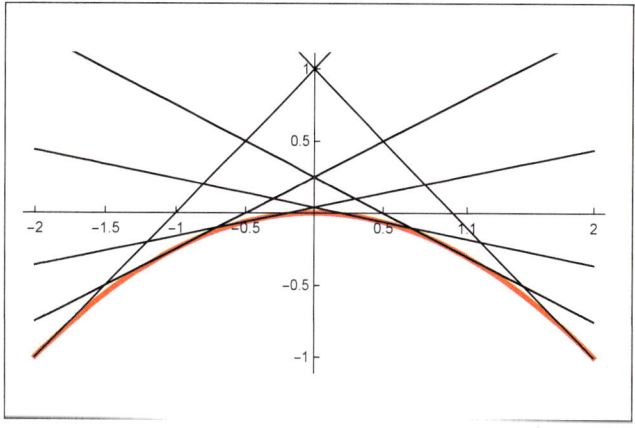

Lösungen der Differentialgleichung $y = xy' + (y')^2$.

Lösung (117.14) Fassen wir x als Funktion von y auf (statt umgekehrt), so lautet die Differentialgleichung $x + y - xy + (y - y^2)x'(y) = 0$ bzw.

$$x'(y) + \frac{1-y}{y - y^2} x(y) = \frac{-y}{y - y^2},$$

also
$$x'(y) + \frac{1}{y}x(y) = \frac{1}{y-1}.$$

Dies ist eine lineare Differentialgleichung. Durchmultiplizieren mit y liefert $yx'(y) + x(y) = y/(1-y)$, also
$$\frac{\mathrm{d}}{\mathrm{d}y}\bigl(y\,x(y)\bigr) = \frac{y}{y-1} = 1 + \frac{1}{y-1}$$

mit der Lösung $y x(y) = y + \ln|y-1| + C$. In impliziter Form ist die gesuchte Lösung also gegeben durch die Gleichung $yx = y + \ln|y-1| + C$.

Lösung (117.15) Für $z(x) := \sin y(x)$ gilt $z' = \cos(y)\,y'$; nach Durchmultiplizieren mit $\cos y$ lautet die gegebene Gleichung also $z' + x^2 z = (1+x^2)e^x$. Dies ist eine lineare Gleichung; Durchmultiplizieren mit $\exp(x^3/3)$ liefert
$$(\mathrm{d}/\mathrm{d}x)\bigl(z(x)\exp(x^3/3)\bigr) = (1+x^2)\exp(x + x^3/3)$$

mit der Lösung $z(x)\exp(x^3/3) = \exp(x + x^3/3) + C$ bzw. $z(x) = \exp(x) + C\exp(-x^3/3)$. Die Lösung y der ursprünglichen Gleichung ist also gegeben durch
$$\sin\bigl(y(x)\bigr) = \exp(x) + C\exp(-x^3/3) = e^x + Ce^{-x^3/3}.$$

Lösung (117.16) Wir müssen zeigen, daß y' keinen Vorzeichenwechsel hat, und nehmen widerspruchshalber an, y' habe einen Vorzeichenwechsel an der Stelle t_0. Dann gilt $y'(t_0) = 0$, und o. B. d. A. dürfen wir annehmen, daß $y' < 0$ auf einem Intervall links von t_0 und $y' > 0$ auf einem Intervall rechts von t_0 gilt. Nach dem Zwischenwertsatz gibt es einen Wert $y_\star > y(t_0) =: y_0$, den y links und rechts von t_0 annimmt, sagen wir $y(t_1) = y(t_2) = y_\star$ mit $t_1 < t_0 < t_2$. Es folgt dann $y'(t_1) = f(y(t_1)) = f(y_\star) = f(y(t_2)) = y'(t_2)$ im Widerspruch dazu, daß ja $y' < 0$ links von t_0 und $y' > 0$ rechts von t_0 gelten sollte.

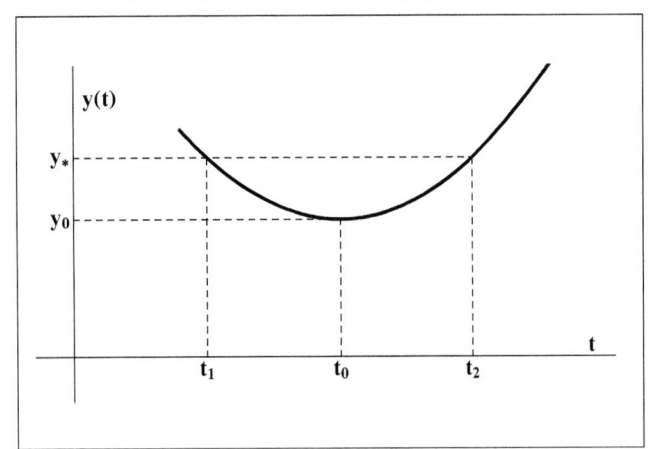

Widerspruch zur Annahme, y nehme den gleichen Wert $y_\star$ links und rechts von t_0 an.

Lösung (117.17) Wir bezeichnen mit $r(t)$, $V(t)$ und $O(t)$ den Radius, das Volumen und die Oberfläche des Bonbons zur Zeit t (gezählt in Minuten vom Beginn des Lutschens). Nach den Vorgaben der Aufgabe gibt es dann eine Konstante $c > 0$ mit $\dot V(t) = -c\,O(t)$. Wegen $V(t) = (4\pi/3)\cdot r(t)^3$ und $O(t) = 4\pi\cdot r(t)^2$ bedeutet dies $4\pi r(t)^2 \dot r(t) = -4c\pi r(t)^2$ bzw. $\dot r(t) = -c$ und damit $r(t) = r_0 - ct$ mit $r_0 := r(0)$. Ebenfalls nach Aufgabenstellung gilt $V(1) = V(0)/2$, also $r(1)^3 = r(0)^3/2$ und damit $(r_0 - c)^3 = r_0^3/2$. Dies liefert $r_0 - c = r_0/(\sqrt[3]{2})$, folglich $c = r_0(1 - 1/\sqrt[3]{2})$. Die Zeit T, zu der das Bonbon aufgelutscht ist, ist gegeben durch die Bedingung $r(T) = 0$, also
$$T = \frac{r_0}{c} = \frac{1}{1 - 1/\sqrt[3]{2}} = \frac{\sqrt[3]{2}}{\sqrt[3]{2} - 1} \approx 4.8473.$$

Das Bonbon ist also nach knapp 4 Minuten und 51 Sekunden aufgelutscht.

Lösung (117.18) Es sei $r(x)$ der Querschnittradius in der Höhe x über dem Boden. Der Querschnitt in Höhe x muß die Last G sowie das Gewicht des oberhalb gelegenen Säulenteils tragen; die Gesamtgewichtskraft ist also $G + g\int_x^H \rho\pi r(\xi)^2 \mathrm{d}\xi$. Da die Belastung pro Flächeneinheit von x unabhängig sein soll, muß
$$\frac{G + g\int_x^H \rho\pi r(\xi)^2 \mathrm{d}\xi}{\pi r(x)^2} = \frac{G}{\pi r(H)^2} =: C$$

gelten, also $G + g\int_x^H \rho\pi r(\xi)^2 \mathrm{d}\xi = C\cdot \pi r(x)^2$. Ableiten dieser Gleichung liefert $-g\rho\pi r(x)^2 = 2C\pi r(x) r'(x)$ bzw. $r'(x) = -\bigl(g\rho/(2C)\bigr)r(x)$, also $r'(x)/r(x) = -g\rho/(2C)$. Integration liefert $\ln r(x) = -g\rho x/(2C) + A$ mit einer Integrationskonstanten A, die sich durch Einsetzen von $x = 0$ zu $A = \ln(R)$ ergibt. Also gilt
$$r(x) = R\cdot \exp\left(-\frac{g\rho x}{2C}\right).$$

Einsetzen von $x = H$ liefert wegen $C = G/\bigl(\pi r(H)^2\bigr)$ die Gleichung
$$r(H) = R\cdot \exp\left(-\frac{g\rho H\pi\, r(H)^2}{2G}\right),$$

aus der sich (wenigstens prinzipiell) $r(H)$ ermitteln läßt. Ist $r(H)$ bekannt, dann auch die Konstante C, die ja gegeben ist durch $C = G/\bigl(\pi r(H)^2\bigr)$.

Lösung (117.19) Es sei $x(t)$ die Salzmenge (in kg), die sich zur Zeit t (in Minuten nach Beginn des Vorgangs) in dem Tank befindet. Die Änderung der Salzmenge innerhalb eines Zeitintervalls $[t, t+\Delta t]$ ist näherungsweise gegeben durch die Gleichung
$$x(t + \Delta t) = x(t) - \frac{2}{1000}\cdot x(t)\Delta t$$

bzw.
$$\frac{x(t+\Delta t) - x(t)}{\Delta t} \approx -\frac{x(t)}{500}.$$

Hierbei handelt es sich um eine Näherungsgleichung, denn es wird auf der rechten Seite die abfließende Salzmenge basierend auf der zur Zeit t vorhandenen Menge berechnet; diese Menge ändert sich aber während des Intervalls $[t, t+\Delta t]$. Die Näherung ist um so genauer, je kleiner Δt ist, und für $\Delta t \to 0$ erhalten wir die echte Gleichheit $\dot{x}(t) = -x(t)/500$. Schreiben wir $x_0 := x(0) = 50$, so bedeutet dies $(d/dt)\ln x(t) = -1/500$, folglich $\ln x(t) = -t/500 + \ln(x_0)$ und damit

$$x(t) = x_0 \exp(-t/500) = 50 \exp(-t/500).$$

Lösung (117.20) Durchmultiplizieren mit $2y'$ liefert $2y'y'' = 2f(y)y'$, also $(d/dx)(y'(x)^2) = (d/dx)2F(y(x))$, wenn F eine Stammfunktion von f ist. Integration liefert

$$y'(x)^2 = 2F(y(x)) + C$$

mit einer Konstanten C. Die letzte Gleichung ist eine (separable) Differentialgleichung erster Ordnung für y.

Lösung (117.21) Wer liest, hat mehr vom Leben! Die Lösung findet sich als Nummer (117.18) im Buch.

Lösung (117.22) Fassen wir y' als Funktion von y statt als Funktion von x auf, also $y'(x) = u(y(x))$, so gilt nach der Kettenregel die Gleichung $y''(x) = u'(y(x)) \cdot y'(x) = u'(y(x)) \cdot u(y(x))$. Die Differentialgleichung $y'' = f(y, y')$ geht dann über in

$$u'(y(x))\, u(y(x)) = f(y(x), u(y(x)))$$

bzw. etwas salopper hingeschrieben $u'(y)u(y) = f(y, u(y))$. Dies ist eine Differentialgleichung erster Ordnung für u als Funktion von y. Gelingt es, diese zu lösen, so ist die rechte Seite der Gleichung $y'(x) = u(y(x))$ bekannt; dies ist dann eine (separable) Differentialgleichung erster Ordnung für y als Funktion von x.

Lösung (117.23) Wir zählen die Ortskoordinate x vom Boden aus nach oben. Die Bewegungsgleichung lautet $m\ddot{x} = -mg + \beta\dot{x}^2$ ("Kraft = Masse×Beschleunigung"). Setzen wir $v = \dot{x}$, so ist $\ddot{x} = dv/dt = (dv/dx)(dx/dt) = v'(x) \cdot v$, wobei $'$ die Ableitung nach x bedeutet. Die Bewegungsgleichung lautet also $mvv' = -mg + \beta v^2$. Setzen wir $u(x) := \frac{1}{2}v(x)^2$, so bedeutet dies $mu' = -mg + 2\beta u$ bzw. $u' - (2\beta/m)u = -g$. Durchmultiplizieren mit $e^{-(2\beta/m)x}$ liefert

$$-ge^{-(2\beta/m)x} = u'(x)e^{-(2\beta/m)x} - \frac{2\beta}{m}e^{-(2\beta/m)x}u(x)$$
$$= \frac{d}{dx}\left(e^{-(2\beta/m)x}u(x)\right).$$

Durch Integration erhalten wir nun

$$u(x)e^{-(2\beta/m)x} = \frac{mg}{2\beta} \cdot e^{-(2\beta/m)x} + C,$$

wobei sich die Integrationskonstante C wegen $v(h) = 0$ und damit $u(h) = 0$ zu $C = -((mg)/(2\beta))e^{-(2\beta/m)h}$ ergibt. Also ist $u(x) = ((mg)/(2\beta))(1 - e^{-(2\beta/m)(h-x)})$ und damit

$(\star)\quad \dot{x} = v = -\sqrt{2u} = -\sqrt{\frac{mg}{\beta}} \cdot \sqrt{1 - e^{-(2\beta/m)(h-x)}}.$

Einsetzen von $x = 0$ liefert die Auftreffgeschwindigkeit $v = -\sqrt{mg/\beta} \cdot \sqrt{1 - e^{-2\beta h/m}}$. Wir wollen nun die Funktion $t \mapsto x(t)$ ermitteln. Integration der Differentialgleichung $(\star)$ liefert

$$\int \frac{dx}{\sqrt{1 - e^{-(2\beta/m)(h-x)}}} = -\sqrt{\frac{mg}{\beta}} \int dt.$$

Wir substituieren $z := \sqrt{1 - e^{-(2\beta/m)(h-x)}}$ mit

$$\frac{dz}{dx} = \frac{1}{2z} \cdot \left(-e^{-(2\beta/m)(h-x)}\right) \cdot \frac{2\beta}{m} = \frac{\beta}{m} \cdot \frac{z^2 - 1}{z},$$

also $dx = \dfrac{m}{\beta} \cdot \dfrac{z}{z^2 - 1}\, dz$,

und erhalten

$$-\sqrt{\frac{mg}{\beta}} \int dt = \frac{m}{\beta} \int \frac{dz}{z^2 - 1} = \frac{m}{2\beta} \int \left(\frac{1}{z-1} - \frac{1}{z+1}\right) dz,$$

also

$$\ln\left(\frac{1-z}{1+z}\right) = -2\sqrt{\frac{g\beta}{m}} \cdot t + C$$

mit einer Integrationskonstanten C. Für $t = 0$ ist $x = h$ und damit $z = 0$, so daß $C = 0$ folgt. Also ist

$$\frac{1-z}{1+z} = \exp(-2\sqrt{g\beta/m} \cdot t) =: \varepsilon(t)$$

bzw.

$$z(t) = \frac{1 - \varepsilon(t)}{1 + \varepsilon(t)}.$$

Durch Einsetzen der Definition von z und Quadrieren erhalten wir $1 - e^{-2\beta(h-x)/m} = z^2 = (1-\varepsilon)^2/(1+\varepsilon)^2$, damit

$$e^{-2\beta(h-x)/m} = 1 - \left(\frac{1-\varepsilon}{1+\varepsilon}\right)^2 = \frac{4\varepsilon}{(1+\varepsilon)^2}$$

und schließlich

$$x(t) = h + \frac{m}{2\beta} \cdot \ln\left(\frac{4\varepsilon(t)}{(1+\varepsilon(t))^2}\right).$$

Ableiten dieser Gleichung nach t oder auch Einsetzen in die obige Darstellung von v als Funktion von x liefert schließlich v als Funktion von t; das Ergebnis ist

$$v(t) = \frac{m}{2\beta} \cdot \frac{1-\varepsilon(t)}{1+\varepsilon(t)} \cdot \frac{\dot{\varepsilon}(t)}{\varepsilon(t)} = -\sqrt{\frac{mg}{\beta}} \cdot \frac{1-\varepsilon(t)}{1+\varepsilon(t)}.$$

Der Auftreffzeitpunkt $t_\star$ ergibt sich durch Lösung der Gleichung $x(t_\star) = 0$. Umformen dieser Gleichung führt auf die quadratische Gleichung

$$\varepsilon(t_\star)^2 + \left(2 - 4e^{2\beta h/m}\right)\varepsilon(t_\star) + 1 = 0.$$

Wegen $\varepsilon(t) < 1$ für alle $t > 0$ kommt nur die kleinere der beiden Lösungen in Frage; es gilt also

$$\varepsilon(t_\star) = -1 + 2e^{2\beta h/m} - 2\sqrt{e^{4\beta h/m} - e^{2\beta h/m}}$$

und damit

$$t_\star = -\frac{1}{2}\cdot\sqrt{\frac{m}{g\beta}}\cdot\ln\left(2e^{2\beta h/m} - 1 - 2\sqrt{e^{4\beta h/m} - e^{2\beta h/m}}\right).$$

Lösung (117.24) Wir benutzen die in Nummer (117.12) des Buchs eingeführten Bezeichnungen und setzen $\beta := \lambda F/(cd)$; es gilt dann das Heizungsgesetz in der Form

$$\dot I(t) = -\beta\bigl(I(t) - A(t)\bigr) + c^{-1}u(t)$$
$$= -\beta\bigl(I(t) - A_0 + \gamma t\bigr) + c^{-1}u(t).$$

(a) Einsetzen von $I(t) \equiv I_0$ in das Heizungsgesetz liefert $0 = -\beta(I_0 - A_0 + \gamma t) + c^{-1}u(t)$, also $u(t) = c\beta(I_0 - A_0 + \gamma t)$. Die zwischen $t = 0$ und $t = T$ durch die Heizung zugeführte Wärmemenge ist also

$$W^+ = \int_0^T u(t)\,\mathrm{d}t = \int_0^T c\beta(I_0 - A_0 + \gamma t)\,\mathrm{d}t$$
$$= c\beta(I_0 - A_0)T + \frac{c\beta\gamma}{2}T^2.$$

(b) Einsetzen von $u(t) \equiv 0$ in das Heizungsgesetz liefert $\dot I(t) = -\beta I(t) + \beta A_0 - \beta\gamma t$; dies ist eine lineare Differentialgleichung mit der Lösung

$$I(t) = A_0 - \gamma t + \frac{\gamma}{\beta} + \left(I_0 - A_0 - \frac{\gamma}{\beta}\right)e^{-\beta t}.$$

Der Wärmeverlust durch Auskühlen ist dann $W^- = c\bigl(I_0 - I(T)\bigr)$, also

$$W^- = cI_0 - cA_0 + c\gamma T - \frac{c\gamma}{\beta} - c\left(I_0 - A_0 - \frac{\gamma}{\beta}\right)e^{-\beta T}.$$

(c) Aus (a) und (b) ergibt sich $W^+ - W^- = f(T)$ mit

$$f(T) := cA_0 - cI_0 + \frac{c\gamma}{\beta} + (c\beta I_0 - c\beta A_0 - c\gamma)T$$
$$+ \frac{c\beta\gamma}{2}T^2 + c\left(I_0 - A_0 - \frac{\gamma}{\beta}\right)e^{-\beta T}.$$

Wir haben $f(0) = 0$ und

$$f'(T) = c\beta(I_0 - A_0)\cdot(1 - e^{-\beta T}) + c\gamma\cdot(\beta T + e^{-\beta T} - 1).$$

Die beiden T enthaltenden Klammerausdrücke sind für $T > 0$ positiv; der erste wegen $e^{-x} < 1$ für $x > 0$, der zweite, weil die Funktion $\varphi(x) := x + e^{-x} - 1$ die Bedingungen $\varphi(0) = 0$ und $\varphi'(x) = 1 - e^{-x} > 0$ für $x > 0$ erfüllt. Aus $f(0) = 0$ und $f'(T) > 0$ für alle $T > 0$ folgt aber $f(T) > 0$ für alle $T > 0$. Es wird also in jedem Fall durch das Durchheizen mehr Wärme zugeführt, als durch Auskühlen verlorenginge; infolgedessen ist es günstiger, die Heizung abends auszuschalten.

Lösung (117.25) Die Gleichung einer Kettenlinie hat laut Beispiel (117.13) im Buch die Gleichung $y = (1/c)\cosh c(x + A) + B$ mit geeigneten Konstanten A und B; dabei ist $c = \rho g/H$ mit der Dichte ρ, der Erdbeschleunigung $g = 9.81$ m/s^2 und der konstanten Horizontalkraft H. Der Einfachheit halber legen wir das Koordinatensystem so, daß der tiefste Punkt der Kettenlinie bei $x = 0$ zu liegen kommt; dann ist $A = 0$, folglich $y = (1/c)\cosh(cx) + B$. Für die Länge L der Kette und den Höhenunterschied Δh zwischen den Aufhängepunkten haben wir dann

$$L = \int_a^b \sqrt{1 + y'(x)^2}\,\mathrm{d}x = \frac{1}{c}\bigl(\sinh(cb) - \sinh(ca)\bigr)$$
$$= \frac{2}{c}\sinh\left(c\frac{b-a}{2}\right)\cosh\left(c\frac{a+b}{2}\right) \quad \text{und}$$

$$\Delta h = y(b) - y(a) = \frac{1}{c}\bigl(\cosh(cb) - \cosh(ca)\bigr)$$
$$= \frac{2}{c}\sinh\left(c\frac{b-a}{2}\right)\sinh\left(c\frac{a+b}{2}\right).$$

Um den unbekannten Ausdruck $a + b$ aus diesen beiden Gleichungen zu eliminieren, berechnen wir

$$L^2 - (\Delta h)^2 = \frac{4}{c^2}\sinh^2\left(c\frac{b-a}{2}\right),$$

also

$$\sqrt{L^2 - (\Delta h)^2} = \frac{2}{c}\sinh\left(c\frac{b-a}{2}\right);$$

aus dieser Gleichung läßt sich c berechnen. (Man überzeuge sich anhand einer Zeichnung, daß die Gleichung in jedem Fall eine eindeutige Lösung $c > 0$ besitzt.)

(a) Die Vorgaben sind $b - a = 200$ m, $L = 240$ m, $\rho = 1$ kg/m und $\Delta h = 0$. Aus der Gleichung für Δh folgt $a = -b$ (das ist aus Symmetriegründen von vornherein klar!); Einsetzen in die Gleichung für L liefert dann $\sinh(100c) = 120c$. Numerisches Lösen dieser Gleichung (etwa mit Hilfe des Bisektionsverfahrens oder des Newtonverfahrens) führt auf $c = 0.0106487$ m^{-1}; der Durchhang des Kabels ist dann $y(100) - y(0) = (\cosh(100c) - 1)/c = 58.4689$ m. Die konstante Horizontalkraft H ist $H = \rho g/c = 921.239$ N; die Vertikalkomponente der Kraft am rechten Mast (und aus Symmetriegründen dann auch am linken Mast) ist dann $V(x = 100) = H\sinh(100c) = 1177.2$ N.

Aufgaben zu »Grundlegende Begriffe und elementare Lösungsmethoden« siehe Seite 67

(b) Die Vorgaben sind $b - a = 200$ m, $L = 240$ m, $\rho = 1$ kg/m und $\Delta h = 100$ m. Aus der Gleichung für $\sqrt{L^2 - (\Delta h)^2} = \sqrt{240^2 - 100^2}$m ergibt sich $\sinh(100c) = 10\sqrt{119}c$. Numerisches Lösen dieser Gleichung (etwa mit Hilfe des Bisektionsverfahrens oder des Newtonverfahrens) führt auf $c = 0.00728665$ m^{-1}. Die Gleichung für L liefert nun $\cosh(c(a+b)/2) = 120c/\sinh(100c)$; numerisches Lösen dieser Gleichung ergibt $a + b = 121.771$m. Folglich erhalten wir $a = (a+b)/2 + (a-b)/2 = -39.1145$ m und $b = (a+b)/2 - (a-b)/2 = 160.886$ m. Der Durchhang (gemessen vom unteren Mast aus) ist $y(a) - y(0) = (\cosh(ac) - 1)/c = 5.61192$ m. Die konstante Horizontalkraft H ist $H = \rho g/c = 1346.3$ N; die Vertikalkomponente der Kraft am linken Mast ist dann $V(x = a) = H\sinh(ac) = -388.929$ N, die am rechten Mast dagegen $V(x = b) = H\sinh(bc) = 1965.47$ N.

Lösung (117.26) (a) Die Kurve der ursprünglichen Kurvenschar durch einen Punkt (x, y) hat die Steigung $f(x, y)$; die dazu senkrechte Steigung ist $-1/f(x, y)$.

(b) Wir ermitteln jeweils die Differentialgleichung $y' = f(x, y)$, die die Funktionen der ursprünglichen Kurvenschar erfüllen, und lösen dann die zugehörige Gleichung $y' = -1/f(x, y)$, deren Lösungen die gesuchten orthogonalen Trajektorien liefern.

(1) Ableiten von $x^2 + y^2 = C^2$ nach x liefert $2x + 2yy' = 0$ und damit $y' = -x/y$ als Differentialgleichung der betrachteten Kurvenschar. Die Differentialgleichung der orthogonalen Trajektorien lautet daher $y' = y/x$. Diese Gleichung ist separierbar. Eine Lösung ist $y \equiv 0$, die anderen Lösungen ergeben sich aus der Gleichung $\int y^{-1} \, dy = \int x^{-1} \, dx$ zu $\ln|y| = \ln|x| + \widehat{C}$, also $|y| = e^{\widehat{C}}|x|$ und damit $y = \pm e^{\widehat{C}}x$ bzw. $y = Cx$ mit $C \neq 0$. Die orthogonalen Trajektorien sind also genau die Geraden der Form $y = Cx$ mit $C \in \mathbb{R}$. Das ist auch sofort plausibel, denn die betrachtete Kurvenschar besteht aus allen konzentrischen Kreisen mit Mittelpunkt im Ursprung, und alle Ursprungsgeraden treffen diese Kreise senkrecht.

(2) Ableiten von $y = Cx^2$ nach x liefert $y' = 2Cx = 2(y/x^2)x = 2y/x$ als Differentialgleichung der betrachteten Kurvenschar (die aus allen Parabeln mit Scheitelpunkt im Ursprung besteht). Die Differentialgleichung der orthogonalen Trajektorien lautet daher $y' = -x/(2y)$ bzw. $2yy' = -x$. Diese Gleichung läßt sich schreiben als $(d/dx)y(x)^2 = (d/dx)(-x^2/2)$ und damit $y(x)^2 = -x^2/2 + C$. Die orthogonalen Trajektorien sind also genau die Kurven der Form $(x^2/2) + y^2 = C$. Dabei handelt es sich um Ellipsen mit Mittelpunkt im Ursprung.

(3) Ableiten von $y^2 - x^2 = C$ nach x liefert $2yy' = 2x$ und damit $y' = x/y$ als Differentialgleichung der betrachteten Kurvenschar (die aus Hyperbeln mit Mittelpunkt im Ursprung besteht). Die Differentialgleichung der orthogonalen Trajektorien lautet daher $y' = -y/x$. Diese Gleichung ist separierbar. Eine Lösung ist $y \equiv 0$, die anderen Lösungen ergeben sich aus der Gleichung $\int y^{-1} dy = -\int x^{-1} dx$, also $\ln|y| = -\ln|x| + \widehat{C}$ bzw. $|y| = e^{\widehat{C}}/|x|$ und damit $y = \pm e^{\widehat{C}}/x$, also $y = C/x$ mit $C \neq 0$. Die allgemeine Lösung lautet also $y = C/x$ mit $C \in \mathbb{R}$. Die orthogonalen Trajektorien bilden also wieder eine Familie von Hyperbeln.

(4) Ableiten von $x^2 + y^2 = Cx^3$ nach x liefert $2x + 2yy' = 3Cx^2 = 3x^2(x^2 + y^2)/x^3$ und damit

$$2yy' = \frac{3x^2 + 3y^2}{x} - 2x = \frac{x^2 + 3y^2}{x},$$

also $y' = (x^2 + 3y^2)/(2xy)$ als Differentialgleichung der betrachteten Kurvenschar. Die Differentialgleichung der orthogonalen Trajektorien lautet daher

$$y' = \frac{-2xy}{x^2 + 3y^2} = \frac{-2}{(x/y) + 3(y/x)}.$$

Dies ist eine Ähnlichkeitsdifferentialgleichung; Substitution $u := y/x$ liefert

$$u'x + u = \frac{-2}{(1/u) + 3u} = \frac{-2u}{1 + 3u^2},$$

folglich

$$u'x = \frac{-2u}{1 + 3u^2} - u = \frac{-3(u + u^3)}{1 + 3u^2}.$$

Eine Lösung ist $u \equiv 0$; zur Ermittlung weiterer Lösungen wenden wir Trennung der Variablen an und erhalten

$$\int \frac{-3}{x} \, dx = \int \frac{1 + 3u^2}{u + u^3} \, du = \int \left(\frac{1}{u} + \frac{2u}{u^2 + 1}\right) du,$$

nach anschließender Integration also

$$-3 \ln|x| + \widehat{C} = \ln|u| + \ln(u^2 + 1),$$

folglich $e^{\widehat{C}}|x|^{-3} = |u|(u^2 + 1)$ bzw. $u^3 + u = Cx^{-3}$ mit einer Konstanten C, die (da $u \equiv 0$ ebenfalls eine Lösung ist) auch Null sein darf. Die orthogonalen Trajektorien sind also wegen $u = y/x$ in impliziter Form gegeben durch die Gleichung $y^3 + yx^2 = C$. (Aus dieser könnte man durch Anwendung der Lösungsformel für kubische Gleichungen die Lösungskurven $x \mapsto y(x)$ sogar in expliziter Form ermitteln.)

Lösung (117.27) Wir bezeichnen mit t die Zeit in Minuten nach der Verabreichung des Stoffes und mit $x(t)$ die zur Zeit t noch im Körper befindliche Menge des Stoffes. Es gilt dann eine Gesetzmäßigkeit der Form $x(t) = x_0 e^{-ct}$ mit einer Konstanten c. Ist τ die Halbwertszeit, so gilt $x_0/2 = x(\tau) = x_0 e^{-c\tau}$ und damit $e^{-c\tau} = 1/2$ bzw. $e^{c\tau} = 2$, d.h. $c\tau = \ln(2)$. Gesucht ist der Zeitpunkt T mit $x(T) = 0.05 \cdot x_0$, also $e^{-cT} = 0.05$, also $-cT = \ln(0.05)$. In Minuten ergibt sich

$$T = \frac{\ln 0.05}{-c} = \frac{\ln(0.05)}{-\ln(2)/\tau} = \frac{\ln(0.05)}{-\ln(2)} \cdot 109.8 \approx 474.548.$$

Nach 474.548 Minuten (also 7 Stunden und 54.548 Minuten) befinden sich also noch 5 Prozent des Markierungsstoffes im Körper.

Lösung (117.28) (a) Die zweite Gleichung $\dot r = -cr$ hat die allgemeine Lösung $r(t) = r_0 e^{-ct}$; setzen wir dies in die erste Gleichung ein, so ergibt sich

$$\dot x(t) \;=\; r_0 e^{-ct} x(t).$$

Eine Lösung ist $x \equiv 0$. Auf einem Intervall, auf dem x nicht verschwindet, dürfen wir durch x dividieren und erhalten
$$\frac{\mathrm d}{\mathrm dt} \ln|x(t)| \;=\; \frac{\dot x(t)}{x(t)} \;=\; r_0 e^{-ct},$$

nach Integration also $\ln|x(t)| = \widehat c - (r_0/c) e^{-ct}$ bzw. $|x(t)| = e^{\widehat c} \cdot e^{-r_0 e^{-ct}/c}$ mit einer Konstanten $\widehat c$. Schreiben wir $C := \pm e^{\widehat c}$, so ergibt sich die Lösung

$$x(t) \;=\; C \cdot e^{-(r_0/c) e^{-ct}}.$$

Für $C = 0$ ergibt sich die triviale Lösung $x \equiv 0$, so daß wir tatsächliche die allgemeine Lösung gefunden haben.

(b) Für $t \to \infty$ gilt $x(t) \to C =: x_{\max}$; diese Zahl können wir als maximal erreichbare Populationsgröße deuten.

(c) Setzen wir $a := r_0 = r(0)$ und $C = x_{\max}$, so gilt wegen (b) die Gleichung $x(t) = x_{\max} \cdot \exp(-(a/c) e^{-ct})$. Für $t = 0$ ergibt sich $x_0 = x_{\max} \cdot \exp(-a/c)$ und damit $c = a/\ln(x_{\max}/x_0)$. Dies liefert die Lösung

$$x(t) \;=\; x_{\max} \cdot \left(\frac{x_0}{x_{\max}}\right)^{\exp(-at/\ln(x_{\max}/x_0))}.$$

(d) Beim logistischen Wachstumsmodell haben wir $\dot x(t) = r(t)x(t)$ mit $r(t) = a - bx(t)$; d.h., die Wachstumsrate nimmt linear mit der Populationsgröße ab. Setzen wir die Lösung $t \mapsto x(t)$ ein, so ergibt sich im Verhulstschen Modell die Gleichung

$$r(t) \;=\; a - bx(t) \;=\; a - \frac{ax_0}{x_0 + (x_{\max}-x_0)e^{-at}}$$
$$=\; \frac{a(x_{\max}-x_0)e^{-at}}{x_0 + (x_{\max}-x_0)e^{-at}}.$$

Im Gompertzschen Modell nimmt die Wachstumsrate dagegen exponentiell mit der Zeit ab; die Verlangsamung des Populationswachstums tritt daher im Gompertzschen Modell etwas ausgeprägter auf als im Verhulstschen (logistischen) Modell. Das wird durch den Vergleich der beiden Lösungen bestätigt (die aber qualitativ ein sehr ähnliches Verhalten aufweisen).

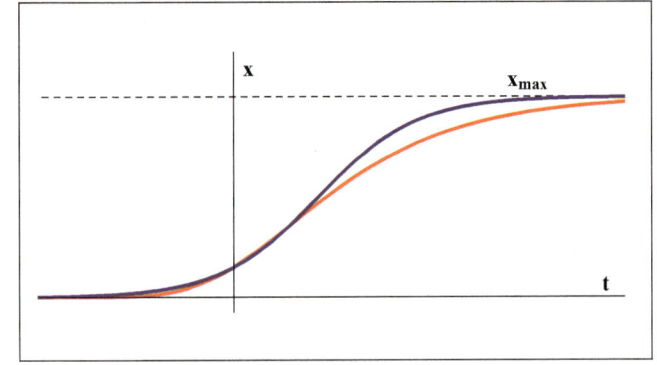

Wachstum nach dem logistischen Modell (blau) und dem Gompertzschen Modell (rot).

(e) Obwohl nach (d) die Funktionsverläufe sehr ähnlich sind, liegen den beiden Modellen unterschiedliche Wirkungszusammenhänge zugrunde. Beim logistischen Modell ist die aktuelle Wachstumsrate proportional zum Anteil noch verfügbarer Ressourcen, hängt also von äußeren Gegebenheiten ab. Beim Gompertzschen Modell nimmt die Wachstumsrate dagegen mit konstanter Rate (und damit unabhängig von Umgebungsfaktoren) ab. Das ist für viele Tumore eine realistische Annahme, weil deren Wachstum sich nicht aus Ressourcenmangel verlangsamt, sondern aus intrinsischen Gründen (Absterben von Tumorzellen im Innern bei steigender Tumorgröße).

Lösung (117.29) (a) Wir können die Differentialgleichung in der Form $y' - (1/x)y = x$ schreiben und erkennen, daß es sich um eine lineare Differentialgleichung handelt. Durchmultiplizieren mit $1/x$ liefert $(1/x)y' - (1/x^2)y = 1$, also $(\mathrm d/\mathrm dx)(y/x) = 1$ bzw. $y/x = x + C$. Als allgemeine Lösung ergibt sich daher

$$y \;=\; x^2 + Cx.$$

Da $y(1) = 1 + C$ den Wert 4 annehmen soll, müssen wir $C = 3$ wählen; wir erhalten dann die spezielle Lösung $y = x^2 + 3x$.

(b) Wir können die Differentialgleichung in der Form $y' + 3x^2 y = 6x^5$ schreiben und erkennen, daß es sich um eine lineare Differentialgleichung handelt. Durchmultiplizieren mit e^{x^3} liefert $y' e^{x^3} + 3x^2 e^{x^3} y = 6x^5 e^{x^3}$, also $(\mathrm d/\mathrm dx)(y e^{x^3}) = 6x^5 e^{x^3}$. Unter Benutzung der Substitution $u = x^3$ erhalten wir dann

$$y e^{x^3} \;=\; \int 6x^5 e^{x^3} \mathrm dx \;=\; \int 6x^5 e^u \frac{\mathrm du}{3x^2}$$
$$=\; \int 2x^3 e^u \mathrm du \;=\; \int 2u e^u \mathrm du$$
$$=\; (2u - 2)e^u + C \;=\; (2x^3 - 2)e^{x^3} + C.$$

Als allgemeine Lösung ergibt sich daher

$$y \;=\; 2x^3 - 2 + C e^{-x^3}.$$

Da $y(0) = -2 + C$ den Wert 1 annehmen soll, müssen wir $C = 3$ wählen; wir erhalten dann die spezielle Lösung $y = 2x^3 - 2 + 3e^{-x^3}$.

(c) Beiderseitiges Durchmultiplizieren der linearen Gleichung $y' - 2xy = -2x^3$ mit e^{-x^2} liefert $(d/dx)(ye^{-x^2}) = -2x^3 e^{-x^2}$. Mit Hilfe der Substitution $u = -x^2$ ergibt sich dann

$$ye^{-x^2} = \int -2x^3 e^{-x^2} dx = \int -u e^u du = -u e^u + \int e^u du$$
$$= -u e^u + e^u + C = e^u(1-u) + C = e^{-x^2}(1+x^2) + C$$

und damit $y(x) = 1 + x^2 + Ce^{x^2}$. Einsetzen der Anfangsbedingung $y(0) = 3$ in diese allgemeine Lösung liefert $1 + C = 3$ und damit $C = 2$, also die spezielle Lösung $y(x) = 1 + x^2 + 2e^{x^2}$.

(d) **Erste Lösung:** Wir schreiben die Differentialgleichung in der Form

$$y' = \frac{x^2 + y^2}{xy} = \frac{x}{y} + \frac{y}{x}$$

und erkennen, daß es sich um eine Ähnlichkeitsdifferentialgleichung handelt. Mit $u := y/x$ bzw. $y = ux$ geht diese über in $u'x + u = (1/u) + u$, also $u'x = 1/u$ bzw. $u\, du = (1/x)\, dx$. Integration (im Bereich $x > 0$) liefert

$$\frac{u^2}{2} = \ln(x) + \widehat{C}, \quad \text{also } u^2 = C + 2\ln(x).$$

Wegen $u(1) = y(1) = 2$ ist $C = 4$ und damit $u(x) = \sqrt{4 + 2\ln(x)}$; die gesuchte Lösung ist dann

$$y(x) = x \cdot u(x) = x \cdot \sqrt{4 + 2\ln(x)}.$$

Zweite Lösung: Mit $v(x) := y(x)^2$ geht die gegebene Differentialgleichung über in die lineare Differentialgleichung $xv'/2 = x^2 + v$ bzw. $v' - (2/x)v = 2x$. Durchmultiplizieren mit x^{-2} liefert $(1/x^2)v' - (2/x^3)v = 2/x$, also $(d/dx)(v/x^2) = 2/x$, nach Integration also $v/x^2 = 2\ln|x| + C$. Im Bereich $x > 0$ ist also $v(x) = x^2 \cdot (2\ln(x) + C)$. Wegen $v(1) = y(1)^2 = 4$ gilt $C = 4$ und damit

$$y(x) = \sqrt{v(x)} = x\sqrt{4 + 2\ln(x)}.$$

(e) Die Differentialgleichung ist wegen

$$y' = x + 2x(y-1)^2 = x(1 + 2(y-1)^2)$$

separierbar; Trennung der Variablen führt auf

$$\int x\, dx = \int \frac{dy}{1 + 2(y-1)^2} = \frac{1}{\sqrt{2}}\int \frac{du}{1+u^2},$$

wobei wir $u = \sqrt{2}(y-1)$ mit $du = \sqrt{2}\, dy$ substituierten. Integration liefert

$$\frac{x^2}{2} + \widehat{C} = \frac{\arctan(u)}{\sqrt{2}} = \frac{\arctan(\sqrt{2}(y-1))}{\sqrt{2}}$$

und damit $\arctan(\sqrt{2}(y-1)) = x^2/\sqrt{2} + C$; Auflösen nach y ergibt die allgemeine Lösung

$$y = \frac{1}{\sqrt{2}}\tan\left(\frac{x^2}{\sqrt{2}} + C\right) + 1.$$

Einsetzen der Anfangsbedingung ergibt $2 = y(0) = \tan(C)/\sqrt{2} + 1$ und damit $\tan(C) = \sqrt{2}$; die Integrationskonstante hat also den Wert $C = \arctan(\sqrt{2}) \approx 0.955317$.

(f) Die Differentialgleichung ist separabel. Integration nach Trennung der Variablen liefert

$$\int \frac{dy}{y^2 + 1} = \int (x^2 + 1)\, dx, \quad \text{also } \arctan(y) = \frac{x^3}{3} + x + C$$

bzw. $y = \tan((x^3/3) + x + C)$. Es ergibt sich $y(0) = \tan(C)$; soll also $y(0) = 1$ gelten, so müssen wir irgendeinen Wert C mit $\tan(C) = 1$ wählen (jeder solche Wert führt auf die gleiche Lösung), etwa $C = \pi/4$. Dies ergibt die spezielle Lösung $y = \tan((x^3/3) + x + (\pi/4))$.

(g) Die Differentialgleichung ist separabel. Integration nach Trennung der Variablen liefert

$$\int \frac{dy}{y^2 + 1} = \int \frac{dx}{x^2 + 1}, \quad \text{also } \arctan(y) = \arctan(x) + C$$

bzw.

$$y = \tan(\arctan(x) + C) = \frac{x + B}{1 - Bx} \quad \text{mit } B := \tan(C).$$

Es ergibt sich $y(0) = B$. Die Bedingung $y(0) = 1$ führt also auf $B = 1$ und damit auf die spezielle Lösung $y = (1+x)/(1-x)$.

Lösung (117.30) (a) Die Differentialgleichung lautet $y' - 2xy = x^3$; sie ist linear. Durchmultiplizieren mit e^{-x^2} liefert $(d/dx)(ye^{-x^2}) = x^3 e^{-x^2}$ und damit

$$ye^{-x^2} = \int x^3 e^{-x^2}\, dx = \frac{1}{2}\int u e^{-u}\, du$$
$$= -\frac{u+1}{2}e^{-u} + C = -\frac{x^2+1}{2}e^{-x^2} + C,$$

wobei wir $u = x^2$ mit $du = 2x\, dx$ substituierten. Die allgemeine Lösung lautet daher

$$y(x) = Ce^{x^2} - \frac{x^2 + 1}{2}.$$

Einsetzen der Anfangsbedingung $y(0) = 1$ führt auf $C = 3/2$ und damit die Lösung $y(x) = (3e^{x^2} - x^2 - 1)/2$. Diese ist auf ganz $\mathbb{R}$ definiert.

(b) Trennung der Variablen liefert

$$\int \frac{dy}{1 + y^2} = \int \frac{dx}{1 + x^2}$$

bzw. $\arctan(y) = \arctan(x) + A$ mit einer Konstanten A. Dies liefert
$$y = \tan\bigl(\arctan(x) + A\bigr) = \frac{x + \tan A}{1 - x \tan A} = \frac{x + C}{1 - Cx},$$
wobei wir $C := \tan A$ setzten. Die Anfangsbedingung $y(1) = -2$ führt auf $C = 3$ und damit auf die Lösung $y(x) = (x+3)/(1-3x)$. Deren maximales den Punkt $x = 1$ enthaltendes Lösungsintervall ist das Intervall $(1/3, \infty)$.

(c) Die Differentialgleichung lautet $y' = 2(y/x) + 1$; es handelt sich um eine Ähnlichkeitsdifferentialgleichung. Mit $u := y/x$ geht sie über in $u'x + u = 2u + 1$ bzw. $u'x = u + 1$. Eine Lösung ist $u \equiv -1$ bzw. $y = -x$. Von Null verschiedene Lösungen ergeben sich durch Trennung der Variablen:
$$\int \frac{du}{u+1} = \int \frac{dx}{x}$$
und damit $\ln|u+1| = \ln|x| + \widehat{C}$ bzw. $u + 1 = \pm e^{\widehat{C}} \cdot x$. Die allgemeine Lösung ist also gegeben durch $u + 1 = Cx$ bzw. $u = Cx + 1$; dies bedeutet
$$y(x) = Cx^2 + x.$$
Einsetzen der Anfangsbedingung $y(1) = 2$ liefert $C = 1$ und damit die Lösung $y(x) = x^2 + x$. Diese ist auf ganz $\mathbb{R}$ definiert.

(d) Wir schreiben die angegebene Gleichung in der Form
$$y'(x) + \sin(x) y(x) = \sin(x)$$
und erkennen, daß es sich um eine lineare Differentialgleichung handelt. Eine Stammfunktion von $p(x) := \sin(x)$ ist $P(x) := -\cos(x)$; Durchmultiplizieren mit $e^{P(x)} = e^{-\cos x}$ liefert
$$\frac{d}{dx}\bigl(y(x) e^{-\cos x}\bigr) = \sin(x) e^{-\cos x}.$$
Integration dieser Gleichung liefert
$$y(x) e^{-\cos x} = e^{-\cos x} + C \quad \text{bzw.} \quad y(x) = 1 + C e^{\cos x}$$
mit einer beliebigen Konstanten C. Einsetzen der Anfangsbedingung $3 = y(\pi/2) = 1 + C$ liefert $C = 2$ und damit die Lösung $y(x) = 1 + 2e^{\cos x}$. Diese ist auf ganz $\mathbb{R}$ definiert.

(e) Wir dividieren durch x^2 und erkennen, daß es sich um eine Ähnlichkeitsdifferentialgleichung handelt; nach Isolieren von y' erhalten wir
$$y' = \frac{y}{x} - \frac{y^2}{x^2}.$$
Einführen der Hilfsfunktion $u(x) := y(x)/x$ führt auf $y = xu$ und damit $y' = u + xu'$; Einsetzen in die Differentialgleichung liefert
$$xu' + u = u - u^2 \quad \text{bzw.} \quad xu' = -u^2.$$

Dies ist eine separierbare Differentialgleichung, die sich durch Trennung der Variablen lösen läßt:
$$\int -\frac{du}{u^2} = \int \frac{dx}{x}, \quad \text{also} \quad \frac{1}{u} = C + \ln|x|$$
bzw. $u = 1/(C + \ln|x|)$ mit einer beliebigen Konstanten C. Für $y(x) = xu(x)$ ergibt sich daher die allgemeine Lösung
$$y(x) = \frac{x}{C + \ln|x|},$$
die entweder auf $(-\infty, 0)$ oder auf $(0, \infty)$ definiert ist. In unserem Fall ist noch die Anfangsbedingung $y(-1) = 3$ zu erfüllen, so daß wir den auf $(-\infty, 0)$ definierten Zweig der Lösung nehmen müssen; wegen $3 = y(-1) = -1/C$ ergibt sich $C = -1/3$ und damit
$$y(x) = \frac{x}{(-1/3) + \ln(-x)} = \frac{3}{\ln(-x) - 1}.$$
Das maximale den Punkt $x = -1$ enthaltende Lösungsintervall ist das Intervall $(-e, 0)$.

(f) Mit $u(x) := y(x) - x$ gilt $u' = y' - 1 = u^2$ und damit entweder $u = 0$ oder
$$\int \frac{du}{u^2} = \int dx,$$
also $-1/u = x - C$ bzw. $u(x) = 1/(C-x)$ mit einer Konstanten C. Also gilt entweder $y(x) = x$ oder aber $y(x) = x + 1/(C-x)$. Die Anfangsbedingung $y(0) = 1$ führt auf $C = 1$ und damit auf die Lösung $y(x) = x + \bigl(1/(1-x)\bigr)$. Das maximale den Punkt $x = 0$ enthaltende Lösungsintervall ist $(-\infty, 1)$.

(g) Division durch x^2 zeigt, daß eine Ähnlichkeitsdifferentialgleichung vorliegt, nämlich
$$y' = (y/x)^2 - (y/x).$$
Für die Funktion $u := y/x$ (mit $y = xu$) ergibt sich daher
$$xu' + u = u^2 - u.$$
Also ist $xu' = u^2 - 2u$. Eine Lösung ist $u \equiv 0$. Für $u \neq 0$ erhalten wir
$$\int \frac{dx}{x} = \int \frac{du}{u^2 - 2u} = \int \left(\frac{1/2}{u-2} - \frac{1/2}{u}\right) du,$$
wobei sich die letzte Umformung durch eine Partialbruchzerlegung ergibt. Integration liefert
$$\ln|x| + \widehat{C} = \frac{1}{2}\ln|u-2| - \frac{1}{2}\ln|u| = \ln\sqrt{\left|\frac{u-2}{u}\right|}.$$
Nach Einführung einer neuen Konstanten und Auflösen nach u erhalten wir $Cx^2 = (u-2)/u = 1 - (2/u)$ und

damit $u(x) = 2/(1 - Cx^2)$. Die Lösung der ursprünglichen Gleichung ist dann $y(x) = x \cdot u(x)$, also

$$y(x) = \frac{2x}{1 - Cx^2}.$$

Einsetzen der Anfangsbedingung $y(-1) = 1$ führt auf $C = 3$, also $y(x) = 2x/(1 - 3x^2)$. Das maximale den Punkt $x = 1$ enthaltende Lösungsintervall ist $(1/\sqrt{3}, \infty)$.

(h) Trennung der Veränderlichen liefert

$$\int \frac{dx}{1+x^2} = \int dt, \quad \text{also} \quad \arctan(x) = t + C$$

bzw. $x(t) = \tan(t + C)$. Die Anfangsbedingung lautet $\tan((\pi/4) + C) = 1 = \tan(\pi/4)$ und damit $C \equiv 0$ modulo π. Die gesuchte Lösung ist also $x(t) = \tan(t)$. Das maximale den Punkt $t = \pi/4$ enthaltende Lösungsintervall ist $(-\pi/2, \pi/2)$.

(i) Durchmultiplizieren der Differentialgleichung mit $2y$ ergibt $2yy' = -2x \exp(x^2)$, also $(d/dx)y(x)^2 = (d/dx)\left(-\exp(x^2)\right)$ und damit $y^2 = -\exp(x^2) + C$ mit einer Konstanten C. Einsetzen der Anfangsbedingung $y(0) = 2$ führt auf $4 = -1 + C$, also $C = 5$ und damit $y^2 = 5 - \exp(x^2)$. Wegen $y(0) > 0$ ergibt sich also die Lösung $y(x) = \sqrt{5 - \exp(x^2)}$. Damit die Wurzel definiert ist, muß $x^2 < \ln(5)$ gelten; das maximale den Punkt $x = 0$ enthaltende Lösungsintervall ist daher $(-\sqrt{\ln(5)}, \sqrt{\ln(5)})$.

(j) Wenn wir die rechte Seite mit x^3 kürzen, erkennen wir, daß eine Ähnlichkeitsdifferentialgleichung vorliegt:

$$y' = \frac{2(y/x)^3 + 3(y/x)^2 + 1}{(y/x)^2 + 2(y/x) - 1}.$$

Für die Funktion $u := y/x$ (mit $y = xu$) ergibt sich daher

$$xu' + u = \frac{2u^3 + 3u^2 + 1}{u^2 + 2u - 1}.$$

Also ist

$$xu' = \frac{2u^3 + 3u^2 + 1}{u^2 + 2u - 1} - u = \frac{u^3 + u^2 + u + 1}{u^2 + 2u - 1}$$

bzw.

$$\int \frac{u^2 + 2u - 1}{(u+1)(u^2+1)} du = \int \frac{dx}{x}.$$

Setzen wir

$$\frac{u^2 + 2u - 1}{(u+1)(u^2+1)} = \frac{A}{u+1} + \frac{Bu + C}{u^2+1}$$

zur Partialbruchzerlegung des linken Integranden an, so erhalten wir

$$u^2 + 2u - 1 = A(u^2 + 1) + (Bu + C)(u + 1).$$

Einsetzen der Werte $u = -1$, $u = 0$ und $u = 1$ liefert nacheinander die Koeffizienten $A = -1$, $C = 0$ und $B = 2$; also gilt

$$\int \left(\frac{-1}{u+1} + \frac{2u}{u^2+1} \right) = \int \frac{dx}{x}$$

und nach Integration daher

$$\ln \left| \frac{u^2 + 1}{u + 1} \right| = \ln(u^2 + 1) - \ln|u+1| = \ln|x| + \widehat{C}$$

bzw.

$$\frac{u^2 + 1}{u + 1} = 2Cx.$$

(Der Faktor 2 wurde aus Bequemlichkeit aus der Konstanten herausgezogen.) Dies ergibt $u^2 + 1 = 2Cxu + 2Cx$, also $u^2 - 2Cxu + 1 - 2Cx$ und damit $u = Cx \pm \sqrt{C^2x^2 + 2Cx - 1}$, also

$$y(x) = Cx^2 \pm x\sqrt{C^2x^2 + 2Cx - 1}.$$

Die Bedingung $y(1) = 0$ führt nun auf $C = \mp\sqrt{C^2 + 2C - 1}$, damit $C^2 = C^2 + 2C - 1$ bzw. $2C = 1$ und damit $C = 1/2$. Damit muß die Wurzel das negative Vorzeichen erhalten, und die gesuchte spezielle Lösung ist

$$y(x) = \frac{x^2}{2} - x\sqrt{\frac{x^2}{4} + x - 1}.$$

Diese Funktion ist wohldefiniert und differenzierbar, wenn der Radikand positiv ist, wenn also $x^2 + 4x - 4 > 0$ bzw. $(x+2)^2 > 8$ gilt, folglich $x + 2 > 2\sqrt{2}$ oder $x + 2 < -2\sqrt{2}$. Das maximale den Punkt $x = 1$ enthaltende Lösungsintervall ist also das Intervall $(2\sqrt{2} - 2, \infty)$.

Lösung (117.31) (a) Es handelt sich um eine separable Differentialgleichung. Eine Lösung ist $y \equiv 0$. Auf einem Intervall, auf dem $y \neq 0$ gilt, dürfen wir durch y dividieren und erhalten

$$\int \frac{dy}{y^3} = \int 2 \, dx, \quad \text{also} \quad -\frac{1}{2}y^{-2} = 2x + \widehat{C}$$

bzw. $y^{-2} = -4x - 2\widehat{C}$ mit einer beliebigen Konstanten $\widehat{C}$. Schreiben wir $C := -2\widehat{C}$, so erhalten wir die Lösung

$$y(x) = \frac{\pm 1}{\sqrt{C - 4x}}.$$

(b) Gilt $y_0 = 0$, so muß $y(x) \equiv 0$ gelten; diese Lösung ist auf ganz $\mathbb{R}$ definiert. Gilt $y_0 > 0$ bzw. $y_0 < 0$, so muß das positive bzw. negative Vorzeichen gewählt werden. Einsetzen des Punktes (x_0, y_0) liefert $y_0 = \pm 1/\sqrt{C - 4x_0}$ und damit $C = 4x_0 + (1/y_0^2)$. Es gibt also genau eine Lösung, die durch den Punkt (x_0, y_0) verläuft, nämlich

$$y(x) = \frac{\pm 1}{\sqrt{4x_0 + (1/y_0^2) - 4x}};$$

diese ist definiert, solange der Ausdruck unter der Wurzel positiv ist, also für $x < x_0 + 1/(4y_0^2)$ und damit auf dem Intervall $\bigl(-\infty, x_0+1/(4y_0^2)\bigr)$. Das folgende Diagramm zeigt einige der Lösungskurven. (Diese Zeichnung war natürlich nicht verlangt!)

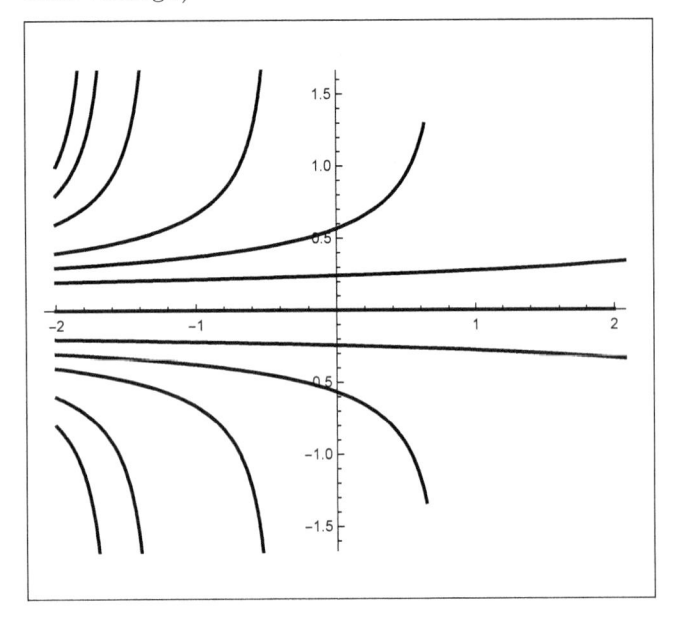

Wegen $\ln(x^2) \to -\infty$ für $x \to 0$ nimmt für jede Wahl von C die Funktion $x \mapsto \ln(x^2) + C$ negative Werte an; keine der Lösungen ist also auf ganz $(0, \infty)$ definiert.

Lösung (117.34) (a) Trennung der Variablen liefert

$$\int e^{-y}\,dy = \int \sin(t)\,dt,$$

nach Integration also $-e^{-y} = -\cos(t) - C$ bzw. $e^{-y} = C + \cos(t)$ und damit $y = -\ln\bigl(\cos(t) + C\bigr)$ mit einer beliebigen Konstanten C.

(b) Die Anfangsbedingung $y(2\pi) = a$ liefert $a = -\ln(1+C)$; es folgt $C+1 = e^{-a}$ bzw. $C = e^{-a} - 1$. Dies ergibt die Lösung

$$y(t) = -\ln\bigl(\cos(t) + e^{-a} - 1\bigr).$$

Dies Lösung ist genau dann auf ganz $\mathbb{R}$ definiert, wenn die folgenden äquivalenten Bedingungen gelten:

$$\cos(t) + e^{-a} - 1 > 0 \text{ für alle } t \in \mathbb{R}$$
$$\Leftrightarrow e^{-a} > 1 - \cos(t) \text{ für alle } t \in \mathbb{R}$$
$$\Leftrightarrow e^{-a} > 2 \;\Leftrightarrow\; -a > \ln(2) \;\Leftrightarrow\; a < -\ln(2).$$

Lösung (117.32) Durchmultiplizieren der linearen Differentialgleichung $y' + y = -x$ mit e^x liefert $(d/dx)(ye^x) = -xe^x$ und damit $ye^x = \int(-xe^x)\,dx = (1-x)e^x + C$. Durchmultiplizieren mit e^{-x} ergibt dann die allgemeine Lösung

$$y(x) = 1 - x + Ce^{-x};$$

hierbei gilt $y(0) = 1 + C$. Jede Lösung schmiegt sich für $x \to \infty$ asymptotisch an die Gerade $y = 1 - x$ an (und erfüllt damit insbesondere $y(x) \to -\infty$ für $x \to \infty$). Ist $C \geq 0$ bzw. $y(0) \geq 1$, so gilt $y(x) \to \infty$ für $x \to -\infty$. Ist $C < 0$ bzw. $y(0) < 1$, so gilt $y(x) \to -\infty$ für $x \to -\infty$.

Lösung (117.33) Wir schreiben die angegebene Gleichung in der Form

$$y' = \frac{x}{y} + \frac{y}{x}$$

und erkennen, daß es sich um eine Ähnlichkeitsdifferentialgleichung handelt. Mit $u := y/x$ erhalten wir $y = xu$, folglich $y' = u + xu'$ und damit $u + xu' = u + (1/u)$ bzw. $xu' = 1/u$, also

$$\frac{du}{dx} = \frac{1}{xu}.$$

Hieraus folgt $\int u\,du = \int(1/x)\,dx$, also $u^2/2 = \ln|x| + (C/2)$ bzw. $u^2 = 2\ln|x| + C = \ln(x^2) + C$ mit einer beliebigen Konstanten C. Als Lösung der ursprünglichen Gleichung ergibt sich daher

$$y(x) = x \cdot u(x) = \pm x\sqrt{\ln(x^2) + C}.$$

Lösung (117.35) (a) Für die angegebene Hilfsfunktion u gilt $u' = 2 - y' = 2 - \bigl(2 - \exp(u^2)/u\bigr) = \exp(u^2)/u$, also

$$\frac{du}{dx} = \frac{e^{u^2}}{u}.$$

Dies ist eine separierbare Gleichung; Separation der Variablen liefert

$$\int u e^{-u^2}\,du = \int dx \quad \text{bzw.} \quad -\frac{1}{2}\cdot e^{-u^2} = x - \frac{C}{2}$$

und damit $e^{-u^2} = C - 2x$ mit einer beliebigen Konstanten C. Wegen $y(0) = 4$ gilt $u(0) = -1$; Einsetzen dieser Anfangsbedingung in die Gleichung $e^{-u^2} = C - 2x$ ergibt $C = 1/e$. Es gilt also $e^{-u^2} = e^{-1} - 2x$, folglich $u^2 = -\ln(e^{-1} - 2x)$ und damit

$$u(x) = -\sqrt{-\ln(e^{-1} - 2x)}.$$

Wegen $u(0) < 0$ ist das negative Vorzeichen vor der Wurzel zu wählen. Für die ursprüngliche Funktion $y = 2x + 3 - u$ folgt hieraus

$$y(x) = 2x - 3 - \sqrt{-\ln(e^{-1} - 2x)}.$$

Lösung (117.36) Wir schreiben die Gleichung in der Form

$$\frac{dy}{dx} = e^x \cdot e^{-y} \cdot e^{-e^y}$$

und erkennen, daß es sich um eine separierbare Differentialgleichung handelt. Trennung der Variablen liefert

$$\int e^y e^{e^y}\, dy = e^x\, dx,$$

nach Integration also $e^{e^y} = e^x + C$ mit einer beliebigen Konstanten C. Dies liefert $e^y = \ln(e^x + C)$ bzw. $y = \ln\bigl(\ln(e^x + C)\bigr)$ als allgemeine Lösung.

Lösung (117.37) Es handelt sich um eine lineare Differentialgleichung, die wir zunächst auf die Normalform

$$y' + \frac{1}{x^2} \cdot y = x e^{x+(1/x)}$$

bringen. Durchmultiplizieren mit $e^{-1/x}$ liefert

$$\frac{d}{dx}\left(y e^{-1/x}\right) = x e^x;$$

Integration ergibt dann $y e^{-1/x} = (x-1)e^x + C$ bzw.

$$y(x) = (x-1) e^{x+(1/x)} + C e^{1/x}.$$

Lösung (117.38) Es gelte $y_i' + p(x) y_i = q_i(x)$ für $1 \le i \le n$. Für $y(x) := y_1(x) + \cdots + y_n(x)$ folgt dann $y' + p(x) y = \sum_{i=1}^n (y_i' + p(x) y_i) = \sum_{i=1}^n q_i(x)$; das ist schon die Behauptung. (Hinter dieser Aufgabe steckt ein allgemeines Prinzip, das *Superpositionsprinzip*, das in Abschnitt 119 systematischer untersucht wird.)

Lösung (117.39) Trennung der Variablen liefert

$$\int \frac{dT}{T - A} = -c \int dt$$

und damit $\ln|T - A| = -ct + \widehat{C}$ bzw. $T - A = C e^{-ct}$; mit $T(0) = T_0$ bedeutet dies

$$T(t) = A + (T_0 - A) e^{-ct}.$$

Messen wir die Zeit in Stunden und die Temperatur in $^0 C$, so haben wir $A = 10$, $T_0 = 45$ und $T(1/4) = 30$. Die letzte Gleichung bedeutet $10 + 35 e^{-c/4} = 30$ und damit $e^{-c/4} = 20/35 = 4/7$. Gesucht ist die Zeit t mit $T(t) = 20$, also $10 + 35 e^{-ct} = 20$. Dies bedeutet $e^{-ct} = 10/35 = 2/7$ oder auch $(e^{-c/4})^{4t} = 2/7$, also $(4/7)^{4t} = 2/7$. Logarithmieren liefert $4t \, \ln(1/7) = \ln(2/7)$ und damit

$$t = \frac{1}{4} \cdot \frac{\ln(2/7)}{\ln(4/7)} \approx 0.559653.$$

Der Kaffee erreicht also nach 0.559653 Stunden eine Temperatur von $20^0 C$, d.h., nach 33 Minuten und 34.752 Sekunden.

Lösung (117.40) Durchmultiplizieren der Gleichung

$$y' - 3y = -4 e^{-x}$$

mit e^{-3x} liefert $y' e^{-3x} - 3 y e^{-3x} = -4 e^{-4x}$, also

$$\frac{d}{dx}(y e^{-3x}) = -4 e^{-4x}$$

und damit

$$y e^{-3x} = \int -4 e^{-4x} dx = e^{-4x} + C;$$

wir erhalten also die allgemeine Lösung

$$y(x) = e^{-x} + C e^{3x}.$$

(Dabei ist $y(0) = 1 + C$.) Gilt $C > 0$ (also $y(0) > 1$), so gilt $y(x) \to \infty$ für $x \to \infty$; gilt $C = 0$ (also $y(0) = 1$), so gilt $y(x) \to 0$ für $x \to \infty$; gilt $C < 0$ (also $y(0) < 1$), so gilt $y(x) \to -\infty$ für $x \to \infty$. (Die Abbildung zeigt einige der Lösungskurven.)

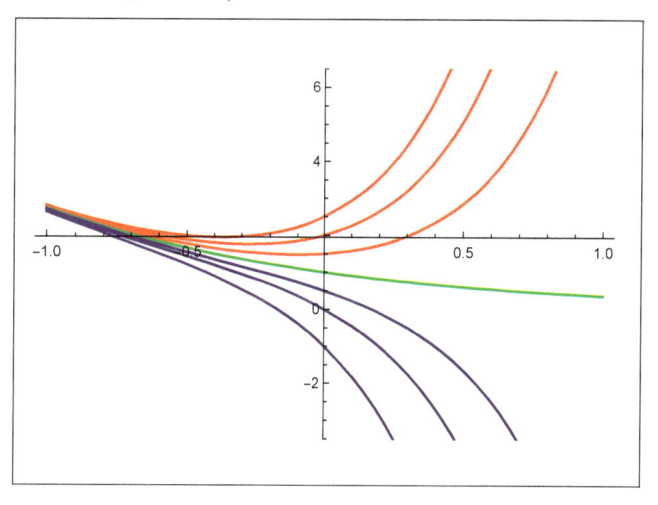

Lösung (117.41) (a) Der Ansatz $y(x) = \sum_{n=0}^\infty a_n x^n$ liefert $y'(x) = \sum_{n=1}^\infty n a_n x^{n-1} = \sum_{n=0}^\infty (n+1) a_{n+1} x^n$ sowie $y(x)^2 = \sum_{n=0}^\infty (\sum_{k=0}^n a_k a_{n-k}) x^n$. Einsetzen in die Differentialgleichung ergibt

$$\sum_{n=0}^\infty (n+1) a_{n+1} x^n = 1 - x^2 + \sum_{n=0}^\infty \left[\sum_{k=0}^n a_k a_{n-k}\right] x^n.$$

Koeffizientenvergleich liefert für $n = 0, 1, 2$ die Gleichungen

$$a_1 = a_0^2 + 1,$$
$$2 a_2 = 2 a_0 a_1,$$
$$3 a_3 = 2 a_0 a_2 + a_1^2 - 1$$

und für $n \ge 3$ dann

$$(\star) \qquad (n+1) a_{n+1} = \sum_{k=0}^n a_k a_{n-k}.$$

Wegen $a_0 = y(0) = 0$ erhalten wir zunächst die Gleichungen $a_1 = 1$ und $a_2 = a_3 = 0$. Mit vollständiger Induktion ergibt sich aus der Rekursionsformel $(\star)$ dann $a_n = 0$ für alle $n \geq 3$ und damit die Lösung $y(x) = x$ (die man bei scharfem Hinschauen vielleicht auch sofort hätte entdecken können).

(b) Einsetzen des Ansatzes $y(x) = x + 1/u(x)$ in die gegebene Differentialgleichung liefert

$$1 - \frac{u'}{u^2} = y' = y^2 + 1 - x^2$$
$$= x^2 + \frac{2x}{u} + \frac{1}{u^2} + 1 - x^2$$

und nach Durchmultiplizieren mit u^2 dann $-u' = 2xu + 1$ bzw.
$$u' + 2xu = -1.$$

Dies ist eine lineare Differentialgleichung. Eine Stammfunktion von $p(x) := 2x$ ist $P(x) = x^2$; Durchmultiplizieren mit $e^{P(x)} = e^{x^2}$ liefert

$$\frac{\mathrm{d}}{\mathrm{d}x}\left(e^{x^2} u(x)\right) = -e^{x^2}$$

und damit

$$e^{x^2} u(x) = -\int_0^x e^{\xi^2}\,\mathrm{d}\xi + C$$

mit einer Konstanten C. Die allgemeine Lösung der betrachteten Riccati-Differentialgleichung lautet also

$$y(x) = x + \frac{e^{x^2}}{C - \int_0^x e^{\xi^2}\mathrm{d}\xi}$$

mit einer Konstanten C.

Lösung (117.42) Um Schreibarbeit zu sparen und die Lösung übersichtlicher zu gestalten, führen wir die Funktion
$$x(t) := \frac{T(t) - \theta}{\theta - T_0}$$
ein; diese Funktion erfüllt dann die Gleichung
$$\dot{x}(t) = -ax(t - \tau)$$
und die Anfangsbedingung $x(t) = -1$ für $-\tau \leq t \leq 0$. Ist die Funktion x gefunden, so ist natürlich auch der Temperaturverlauf $t \mapsto T(t) = \theta + (\theta - T_0) \cdot x(t)$ bekannt.

Erste Phase: $0 \leq t \leq \tau$. Es gilt dann $\dot{x}(t) = a$ und wegen $x(0) = -1$ damit

(1) $\qquad x(t) = at - 1.$

Zweite Phase: $\tau \leq t \leq 2\tau$. Wegen (1) gilt dann $\dot{x}(t) = -ax(t - \tau) = -a^2(t-\tau) + a$ und folglich

(2) $\qquad x(t) = \frac{-a^2(t-\tau)^2}{2} + at - 1,$

wobei die Integrationskonstante so gewählt wurde, daß der Wert $x(\tau)$ zur Zeit τ mit demjenigen der Lösung (1) übereinstimmt.

Dritte Phase: $2\tau \leq t \leq 3\tau$. Wegen (2) gilt dann $\dot{x}(t) = a^3(x-2\tau)^2/2 - a^2(t-\tau) + a$, folglich

(3) $\qquad x(t) = \frac{a^3(t-2\tau)^3}{6} - \frac{a^2(t-\tau)^2}{2} + at - 1,$

wobei die Integrationskonstante so gewählt wurde, daß der Wert $x(2\tau)$ zur Zeit 2τ mit demjenigen der Lösung (2) übereinstimmt.

Vierte Phase: $3\tau \leq t \leq 4\tau$. Wegen (3) gilt dann $\dot{x}(t) = -a^4(t-3\tau)^3/6 + a^3(t-2\tau)^2/2 - a^2(t-\tau) + a$, folglich

(4) $\quad x(t) = \frac{-a^4(x-3\tau)^4}{24} + \frac{a^3(t-2\tau)^3}{6} - \frac{a^2(t-\tau)^2}{2} + at - 1,$

wobei die Integrationskonstante so gewählt wurde, daß der Wert $x(3\tau)$ zur Zeit 3τ mit demjenigen der Lösung (3) übereinstimmt.

Wir erkennen jetzt ein Muster: Es liegt die Vermutung nahe, daß im n-ten Zeitintervall $[(n-1)\tau, n\tau]$ die Lösung gegeben ist durch

$(\star) \qquad x(t) = -\sum_{k=2}^{n} \frac{(-1)^k a^k}{k!} \left(t - (k-1)\tau\right)^k + at - 1.$

Das ist jedenfalls richtig für $1 \leq n \leq 4$. Gilt die Aussage für eine beliebige Zahl $n \in \mathbb{N}$, so gilt auf dem $(n+1)$-ten Zeitintervall die Gleichung $\dot{x}(t) = -ax(t-\tau)$, also

$$\dot{x}(t) = -\sum_{k=2}^{n} \frac{(-1)^{k+1} a^{k+1}}{k!} \left(t - k\tau\right)^k - a^2(t-\tau) + a.$$

Integration ergibt

$$\dot{x}(t) = -\sum_{k=2}^{n} \frac{(-1)^{k+1} a^{k+1}}{(k+1)!} \left(t - k\tau\right)^{k+1}$$
$$- \frac{a^2(t-\tau)^2}{2} + at - 1,$$

also

$(\star\star) \quad x(t) = -\sum_{k=2}^{n+1} \frac{(-1)^k a^k}{k!} \left(t - (k-1)\tau\right)^k + at - 1,$

wobei die Integrationskonstante so gewählt wurde, daß der Wert der Lösung $(\star\star)$ zur Zeit $t = n\tau$ mit demjenigen der Funktion $(\star)$ übereinstimmt. Die Gleichung $(\star\star)$ ist aber genau die Gleichung, die zur Durchführung des Induktionsschrittes zu zeigen war. Das Verhalten der Lösung hängt vom Wert der Variablen a ab. Wir führen die Details nicht aus, beschreiben aber die auftretenden Möglichkeiten.

- $0 < a\tau \le 1/e$: Die Funktion $t \mapsto x(t)$ strebt monoton wachsend dem Grenzwert 0 zu. Die Temperatur $t \mapsto T(t)$ wächst also streng monoton und erreicht die Wunschtemperatur θ nur asymptotisch für $t \to \infty$.

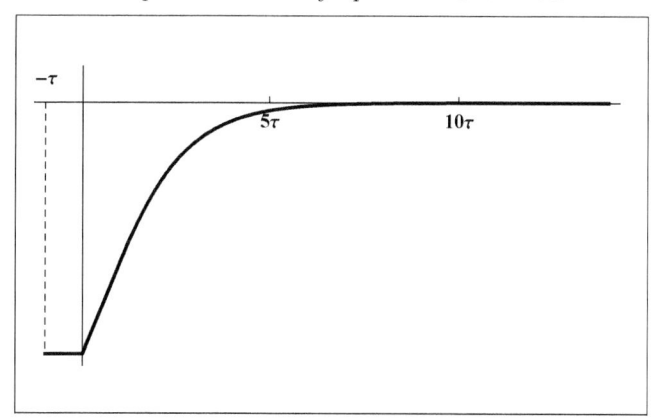

- $1/e < a\tau < \pi/2$: Die Funktion $t \mapsto x(t)$ und damit auch die Temperatur $t \mapsto T(t)$ oszilliert mit gedämpfter Amplitude und erreicht asymptotisch den gewünschten Wert $x = 0$ bzw. $T = \theta$. Je größer a gewählt ist, desto schneller erreicht man erstmals die Wunschtemperatur, desto größer sind aber auch die auftretenden Oszillationen.

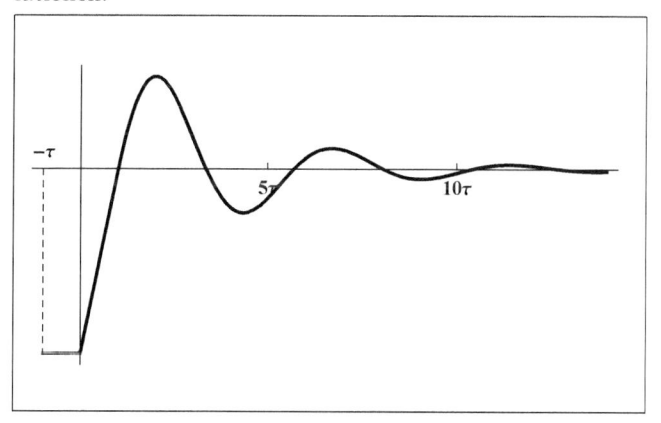

- $a\tau = \pi/2$: In diesem Grenzfall oszilliert die Funktion $t \mapsto x(t)$ und damit auch die Temperatur $t \mapsto T(t)$ mit konstanter Amplitude um den eigentlich gewünschten Wert.

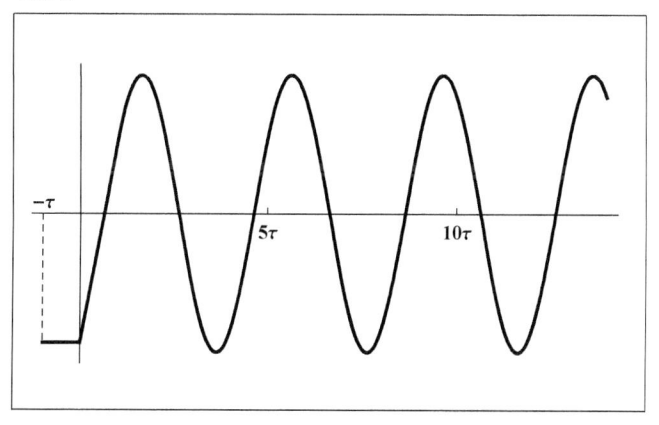

- $a\tau > \pi/2$: Die Funktion $t \mapsto x(t)$ und damit auch die Temperatur $t \mapsto T(t)$ oszilliert mit wachsender Amplitude. Wenn man also a zu groß wählt (sozusagen zu hektisch auf die empfundene Temperaturabweichung reagiert), erfährt man ein Aufschaukeln der Wassertemperatur mit immer extremeren Ausschlägen nach oben und nach unten.

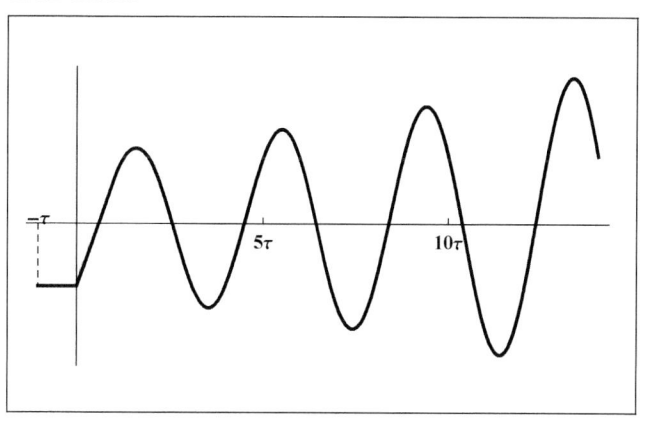

Aufgaben zu »Grundlegende Begriffe und elementare Lösungsmethoden« siehe Seite 67

L118: Existenz- und Eindeutigkeitssätze

Lösung (118.1) Schreiben wir $y_1 := u$, $y_2 := v$, $y_3 := u'$ und $y_4 := v'$, so erhalten wir das System

$$\begin{bmatrix} y_1' \\ y_2' \\ y_3' \\ y_4' \end{bmatrix} = \begin{bmatrix} y_3 \\ y_4 \\ y_3 y_4 - 3xy_2^2 \\ 2x^3 y_2 + y_3^2 + y_1 \sin(x) \end{bmatrix}.$$

Lösung (118.2) Mit $y_1 := y$, $y_2 := y'$, $y_3 := y''$ und $y_4 := y'''$ erhalten wir

$$\begin{bmatrix} y_1' \\ y_2' \\ y_3' \\ y_4' \end{bmatrix} = \begin{bmatrix} 0 & 1 & 0 & 0 \\ 0 & 0 & 1 & 0 \\ 0 & 0 & 0 & 1 \\ 5 & -\cos(x) & \sin(x) & -7x \end{bmatrix} \begin{bmatrix} y_1 \\ y_2 \\ y_3 \\ y_4 \end{bmatrix} + \begin{bmatrix} 0 \\ 0 \\ 0 \\ e^x \end{bmatrix}.$$

Lösung (118.3) Der Steigungswert, den die Lösungskurve durch eine beliebige Stelle (x_0, y_0) an dieser Stelle hat, ist $f(x_0, y_0) = x_0^2 - y_0^2 + 1$. An den angegebenen Stützstellen ergibt dies die Steigungswerte

$$\begin{array}{ccccc} 1 & 1/4 & 0 & 1/4 & 1 \\ 7/4 & 1 & 3/4 & 1 & 7/4 \\ 2 & 5/4 & 1 & 5/4 & 2 \\ 7/4 & 1 & 3/4 & 1 & 7/4 \\ 1 & 1/4 & 0 & 1/4 & 1 \end{array}$$

und damit das folgende Richtungsfeld.

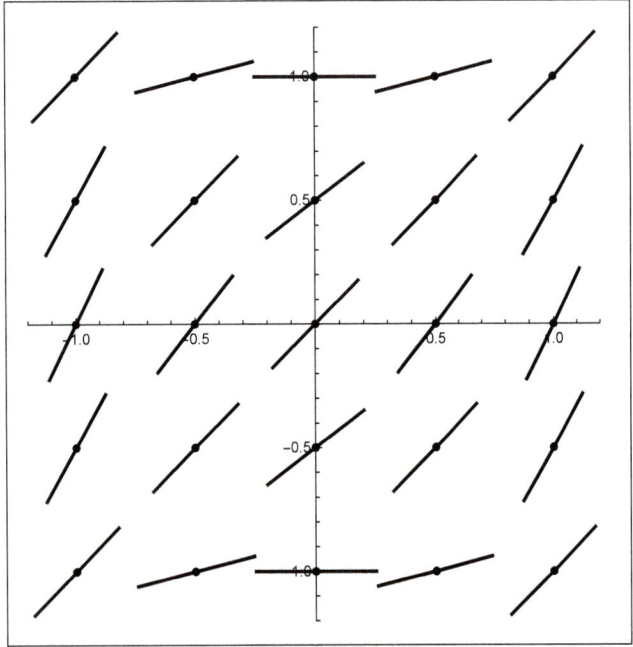

Richtungsfeld der Differentialgleichung $y' = x^2 - y^2 + 1$.

Wir betrachten nun das Anfangswertproblem

$$y' = x^2 - y^2 + 1, \quad y(0) = -1/2.$$

(a) Bei Verwendung der Schrittweite $h = 1/2$ erhalten wir die Stützstellen $x_0 = 0$, $x_1 = 1/2$ und $x_2 = 1$ und damit $y_0 = -1/2$ sowie

$$y_1 = y_0 + f(x_0, y_0)h = -\frac{1}{2} + \frac{3}{4} \cdot \frac{1}{2} = -\frac{1}{8} \quad \text{und}$$
$$y_2 = y_1 + f(x_1, y_1)h = -\frac{1}{8} + \frac{79}{64} \cdot \frac{1}{2} = \frac{63}{128}.$$

Dies liefert den Näherungswert $y(1) \approx 63/128 \approx 0.492$.

(b) Bei Verwendung der Schrittweite $h = 1/4$ erhalten wir die Stützstellen $x_0 = 0$, $x_1 = 1/4$, $x_2 = 1/2$, $x_3 = 3/4$ und $x_4 = 1$ und damit $y_0 = -1/2$ sowie

$$y_1 = y_0 + f(x_0, y_0)h = -5/16 = -0.3125,$$
$$y_2 = y_1 + f(x_1, y_1)h = -73/1024 \approx -0.0713,$$
$$y_3 = y_2 + f(x_2, y_2)h \approx 0.240,$$
$$y_4 = y_3 + f(x_3, y_3)h \approx 0.616.$$

Dies liefert den Näherungswert $y(1) \approx y_4 \approx 0.616$.

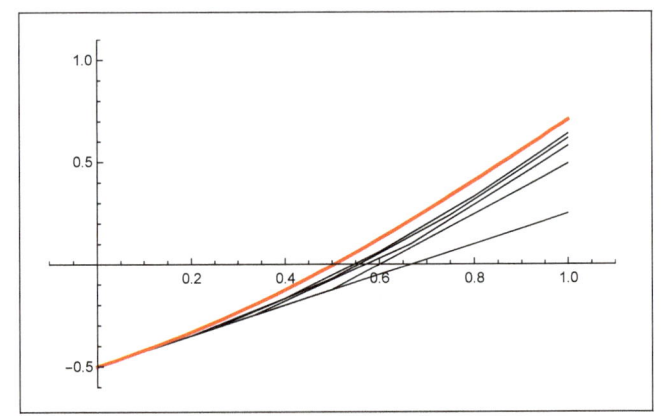

Approximation der exakten Lösung (rot) durch Eulerpolygone. (Skalierung gegenüber der vorigen Abbildung geändert!)

(c) Die Picard-Lindelöf-Iteration lautet hier

$$y_{n+1}(x) = -\frac{1}{2} + \int_0^x \left(\xi^2 - y_n(\xi)^2 + 1\right) d\xi.$$

Mit $y_0(x) := -1/2$ erhalten wir nacheinander

$$y_1(x) = -\frac{1}{2} + \int_0^x \left(\xi^2 - \frac{1}{4} + 1\right) d\xi$$
$$= -\frac{1}{2} + \int_0^x \left(\xi^2 + \frac{3}{4}\right) d\xi$$
$$= -\frac{1}{2} + \left[\frac{\xi^3}{3} + \frac{3\xi}{4}\right]_{\xi=0}^x = \frac{x^3}{3} + \frac{3x}{4} - \frac{1}{2}$$

und dann

$$y_2(x) = -\frac{1}{2} + \int_0^x \left(\xi^2 - \left[\frac{\xi^3}{3} + \frac{3\xi}{4} - \frac{1}{2}\right]^2 + 1\right) d\xi$$
$$= -\frac{1}{2} + \int_0^x \left(-\frac{\xi^6}{9} - \frac{\xi^4}{2} + \frac{\xi^3}{3} + \frac{7\xi^2}{16} + \frac{3\xi}{4} + \frac{3}{4}\right) d\xi$$
$$= -\frac{x^7}{63} - \frac{x^5}{10} + \frac{x^4}{12} + \frac{7x^3}{48} + \frac{3x^2}{8} + \frac{3x}{4} - \frac{1}{2}.$$

118. Existenz- und Eindeutigkeitssätze

Im ersten Schritt erhalten wir also den Näherungswert $y(1) \approx y_1(1) = 7/12 = 0.58\overline{3}$, im zweiten Schritt dann den Näherungswert $y(1) \approx y_2(1) = 3721/5040 \approx 0.738$.

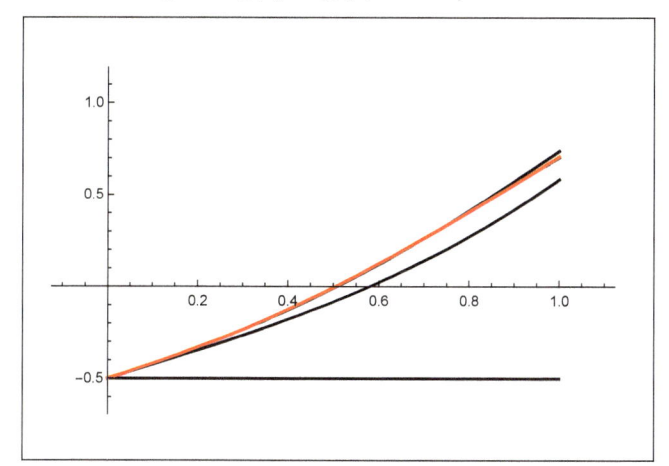

Approximation der exakten Lösung (rot) mit der Picard-Lindelöf-Iteration.

(d) Machen wir den Ansatz $y(x) = \sum_{n=0}^\infty a_n x^n$, so erhalten wir $y'(x) = \sum_{n=1}^\infty n a_n x^{n-1} = \sum_{n=0}^\infty (n+1) a_{n+1} x^n$ sowie $y(x)^2 = \sum_{n=0}^\infty (\sum_{i+j=n} a_i a_j) x^n$, also

$$\begin{aligned}
y(x)^2 &= a_0 a_0 + (a_0 a_1 + a_1 a_0) x + (a_0 a_2 + a_1 a_1 + a_2 a_0) x^2 \\
&\quad + (a_0 a_3 + a_1 a_2 + a_2 a_1 + a_3 a_0) x^3 + \cdots \\
&= a_0^2 + 2 a_0 a_1 x + (2 a_0 a_2 + a_1^2) x^2 + 2(a_0 a_3 + a_1 a_2) x^3 + \cdots.
\end{aligned}$$

Setzen wir dies in die Differentialgleichung $y' = x^2 - y^2 + 1$ ein, so ergibt sich

$$\sum_{n=0}^\infty (n+1) a_{n+1} x^n = x^2 - \sum_{n=0}^\infty \left(\sum_{i+j=n} a_i a_j\right) x^n + 1.$$

Durch Koeffizientenvergleich erhalten wir dann die folgenden Ergebnisse:

- $n = 0 \Rightarrow a_1 = -a_0^2 + 1$;
- $n = 1 \Rightarrow 2 a_2 = -2 a_0 a_1$;
- $n = 2 \Rightarrow 3 a_3 = -(a_1^2 + 2 a_0 a_2) + 1$;
- $n = 3 \Rightarrow 4 a_4 = -2(a_0 a_3 + a_1 a_2)$;

allgemein gilt

$$a_{n+1} = \frac{-1}{n+1} \sum_{i+j=n} a_i a_j \quad \text{für alle } n \geq 3.$$

(Mit dieser Formel lassen sich die Koeffizienten rekursiv bestimmen.) Mit $a_0 = y(0) = -1/2$ erhalten wir nacheinander

$$a_0 = -\frac{1}{2}, \quad a_1 = \frac{3}{4}, \quad a_2 = \frac{3}{8}, \quad a_3 = \frac{13}{48}, \quad a_4 = -\frac{7}{96}$$

und damit

$$y(x) = -\frac{1}{2} + \frac{3}{4} x + \frac{3}{8} x^2 + \frac{13}{48} x^3 - \frac{7}{96} x^4 + \cdots.$$

Näherungswerte für $y(1)$ erhalten wir, indem wir diese Potenzreihenentwicklung nach endlich vielen Gliedern abbrechen und dann $x = 1$ einsetzen; brechen wir für $n = 0, 1, 2, 3, 4$ jeweils nach dem n-ten Taylorpolynom ab, so erhalten wir die Werte

$$-0.5, \quad 0.25, \quad 0.625, \quad 0.896, \quad 0.823.$$

(Der numerisch berechnete Wert ist $y(1) = 0.706442$.)

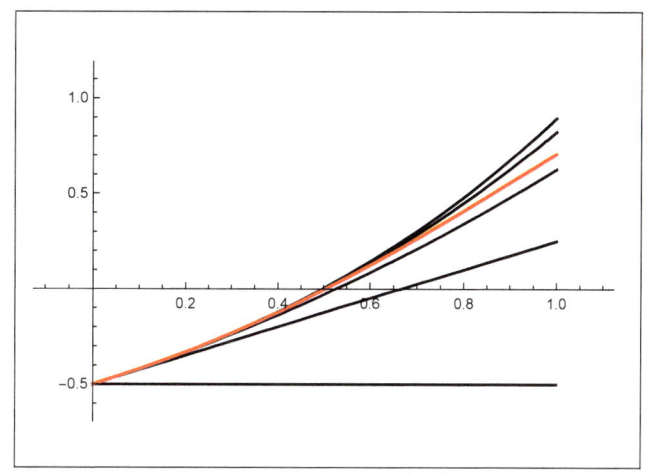

Approximation der exakten Lösung (rot) mit Partialsummen der Potenzreihendarstellung der Lösung.

Lösung (118.4) (a) Die rechte Seite der Differentialgleichung ist für jedes feste x eine bezüglich y differenzierbare Funktion und erfüllt als solche (nach dem Mittelwertsatz) automatisch eine Lipschitzbedingung. Diese können wir hier auch explizit angeben: Ist $[a, b] \times [c, d]$ eine Rechtecksumgebung von $(x_0, y_0) = (0, -1)$ und setzen wir $M_1 := \max(|a|, |b|)$, $M_2 := \max(|c|, |d|)$ sowie $M := \max(3 M_1^2 M_2^2, 2 M_1^4 M_2)$, so gilt für $x \leq 0$ die Abschätzung

$$\begin{aligned}
|f(x, y_1) - f(x, y_2)| &= |x^2 (y_1^3 - y_2^3)| \\
&= |x^2 (y_1 - y_2)(y_1^2 + y_1 y_2 + y_2^2)| \\
&\leq |x|^2 (|y_1|^2 + |y_1 y_2| + |y_2|^2) \cdot |y_1 - y_2| \\
&\leq M_1^2 \cdot 3 M_2^2 \cdot |y_1 - y_2| \leq M |y_1 - y_2|,
\end{aligned}$$

für $x \geq 0$ die Abschätzung

$$\begin{aligned}
|f(x, y_1) - f(x, y_2)| &= |x^4 (y_1^2 - y_2^2)| \\
&= |x^4 (y_1 - y_2)(y_1 + y_2)| \\
&\leq |x|^4 (|y_1| + |y_2|) \cdot |y_1 - y_2| \\
&\leq M_1^4 \cdot 2 M_2 \cdot |y_1 - y_2| \leq M |y_1 - y_2|,
\end{aligned}$$

in jedem Fall also $|f(x, y_1) - f(x, y_2)| \leq M \cdot |y_1 - y_2|$.

(b) Wir lösen auf $(-\infty, 0)$ und $(0, \infty)$ die Gleichung jeweils gesondert, wobei jeweils eine separable Differentialgleichung vorliegt. Wegen $y(0) = -1$ scheidet die Nullfunktion als Lösung in jedem Fall aus. Für $x < 0$ erhalten wir $\int y^{-3} dy = \int x^2 dx$, damit $-(1/2) y^{-2} = (x^3/3) + C$, nach Einsetzen der Anfangsbedingung $y(0) = -1$ dann $C = -1/2$ und folglich $y_1(x) = -1/\sqrt{1 - (2x^3/3)}$. Für $x > 0$ erhalten wir $\int y^{-2} dy = \int x^4 dx$, damit $-y^{-1} = (x^5/5) + C$, nach Einsetzen der Anfangsbedingung $y(0) = -1$ dann $C = 1$ und folglich $y_2(x) = -5/(5 + x^5)$. Als eindeutige Lösung des Anfangswertproblems ergibt sich dann

$$y(x) = \begin{cases} -1/\sqrt{1 - (2x^3/3)}, & x \leq 0; \\ -5/(5 + x^5), & x \geq 0. \end{cases}$$

Der springende Punkt ist natürlich, daß bei dem Aneinanderstückeln der beiden Lösungen eine Funktion entsteht, die auch an der Stelle $x = 0$ noch differenzierbar ist (und daher dann das Anfangswertproblem löst). Das ist aber klar, denn es gilt generell der folgende Satz: Ist f_1 differenzierbar auf einem Intervall (a, b), ist f_2 differenzierbar auf einem Intervall (b, c) und gelten die Beziehungen $\lim_{x \to b-} f_1(x) = \lim_{x \to b+} f_2(x) =: \eta$ sowie $\lim_{x \to b-} f_1'(x) = \lim_{x \to b+} f_2'(x) =: u$ (wobei die Existenz aller Grenzwerte vorausgesetzt wird), so ist die auf (a, c) definierte Funktion f mit $f \equiv f_1$ auf (a, b), $f \equiv f_2$ auf (b, c) und $f(b) := \eta$ differenzierbar mit $f'(b) = u$.

Lösung (118.5) Eine Lösung der Differentialgleichung ist $x(t) \equiv 1$. Auf jedem Intervall, auf dem eine Lösung x von Eins verschieden ist, können wir diese durch Trennung der Variablen ermitteln; es ergibt sich $\int (x-1)^{-1/5} dx = \int 10t \, dt$ und damit $(5/4) \cdot (x-1)^{4/5} = 5t^2 + \widehat{C}$ bzw. $(x-1)^{4/5} = 4t^2 + C$ und damit

$(\star) \quad x(t) = \begin{cases} 1 + (4t^2 + C)^{5/4}, & \text{falls } x_0 > 1, \\ 1 - (4t^2 + C)^{5/4}, & \text{falls } x_0 < 1. \end{cases}$

Ist eine Anfangsbedingung $x(t_0) = x_0$ gegeben, so ergibt sich die Integrationskonstante C zu $C = (x_0 - 1)^{4/5} - 4t_0^2$. Da der Ausdruck $(x-1)^{4/5}$ stets nichtnegativ ist, ist die Lösung $(\star)$ nur für Zeiten t definiert, zu denen $4t^2 + C \geq 0$ gilt. Wir unterscheiden nun drei verschiedene Fälle.

Erster Fall: $C > 0$. In diesem Fall ist die Lösung $(\star)$ für alle Zeiten t definiert. Sie entfernt sich für $t \to \pm \infty$ monoton vom Wert 1 und kommt diesem zur Zeit $t = 0$ am nächsten, ohne ihn aber zu erreichen.

Zweiter Fall: $C < 0$. In diesem Fall ist die Lösung $(\star)$ nur für $4t^2 \geq |C|$ definiert, also auf $(-\infty, -\sqrt{|C|}/2)$, falls $t_0 < 0$, und auf $(\sqrt{|C|}/2, \infty)$, falls $t_0 > 0$. Jede solche Lösungskurve erreicht also in endlicher zukünftiger Zeit nach t_0 oder erreichte in endlicher vergangener Zeit vor t_0 die Gerade $x = 1$ (jeweils mit Steigung Null).

Dritter Fall: $C = 0$. In diesem Fall sehen die Lösungskurven aus wie im ersten Fall, berühren aber zur Zeit $t = 0$ die Gerade $x = 1$.

Entlang der Geraden $x = 1$ lassen sich Lösungskurven der Fälle 2 und 3 und ein Stück der Geraden $x \equiv 1$ aneinanderstückeln. Die folgende Abbildung zeigt einige typische Lösungskurven.

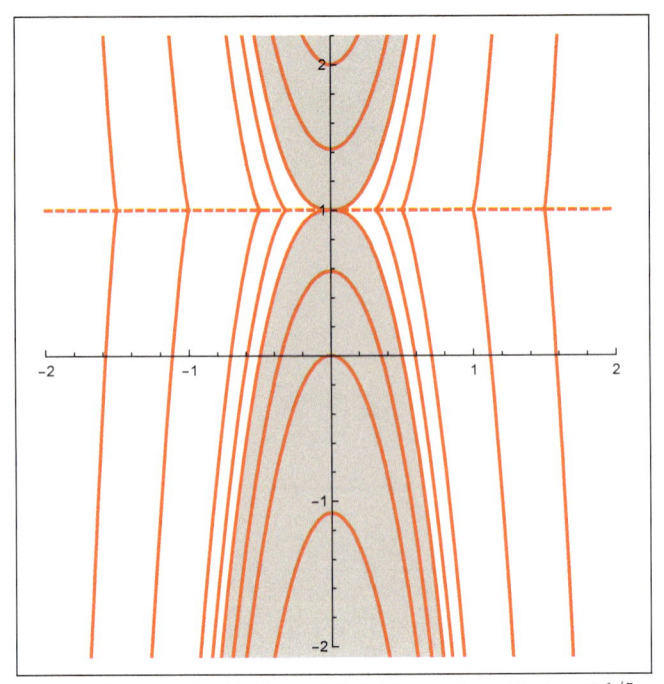

Lösungskurven der Differentialgleichung $\dot{x} = 10t(x-1)^{1/5}$.

Für die Eindeutigkeit der Lösungen gilt folgendes.

• Gilt $(x_0 - 1)^{4/5} > 4t_0^2$ (liegt also (t_0, x_0) in dem grau schraffierten Bereich der Skizze), so gibt es eine einzige Lösung, die die Anfangsbedingung $x(t_0) = x_0$ erfüllt; diese ist auf ganz $\mathbb{R}$ definiert.

• Gilt $x_0 = 1$, so gibt es sogar lokal (d.h. in einer beliebig kleinen Umgebung von (t_0, x_0)) unendlich viele Lösungen, die die Anfangsbedingung $x(t_0) = x_0$ erfüllen. Jede dieser Lösungen ist auf ganz $\mathbb{R}$ fortsetzbar.

• In allen anderen Fällen gibt es zwar lokal eine eindeutig bestimmte Lösung, die die Anfangsbedingung $x(t_0) = x_0$ erfüllt, aber diese Lösung nimmt zu irgendeinem Zeitpunkt den Wert 1 an und kann dann auf unendlich viele Arten auf ganz $\mathbb{R}$ fortgesetzt werden. Die lokale Eindeutigkeit der Lösung geht also global verloren.

Lösung (118.6) Eine Lösung der Differentialgleichung ist $x(t) \equiv 0$. Auf jedem Intervall, auf dem eine Lösung x von Null verschieden ist, können wir diese durch Trennung der Variablen ermitteln; es ergibt sich $\int x^{-1/3} dx = \int -6t^3 dt$ und damit $(3/2) \cdot x^{2/3} = (-3/2) t^4 + \widehat{C}$ bzw. $x^{2/3} = C - t^4$ und damit

$(\star) \qquad x(t) = \pm (C - t^4)^{3/2}.$

Ist eine Anfangsbedingung $x(t_0) = x_0$ gegeben, so ergibt sich die Integrationskonstante C zu $C = x_0^{2/3} + t_0^4 \geq 0$. Ist $C > 0$, so ist die Lösung $(\star)$ für $-\sqrt[4]{C} \leq t \leq \sqrt[4]{C}$ definiert; für $t = \pm\sqrt[4]{C}$ schließt die Lösungskurve $(\star)$ mit Steigung Null an die t-Achse an. Die Lösung läßt sich dann auf ganz $\mathbb{R}$ fortsetzen, indem wir $x(t) := 0$ für $|t| > \sqrt[4]{C}$ definieren. Die folgende Abbildung zeigt einige typische Lösungskurven.

Aufgaben zu »Existenz- und Eindeutigkeitssätze« siehe Seite 72

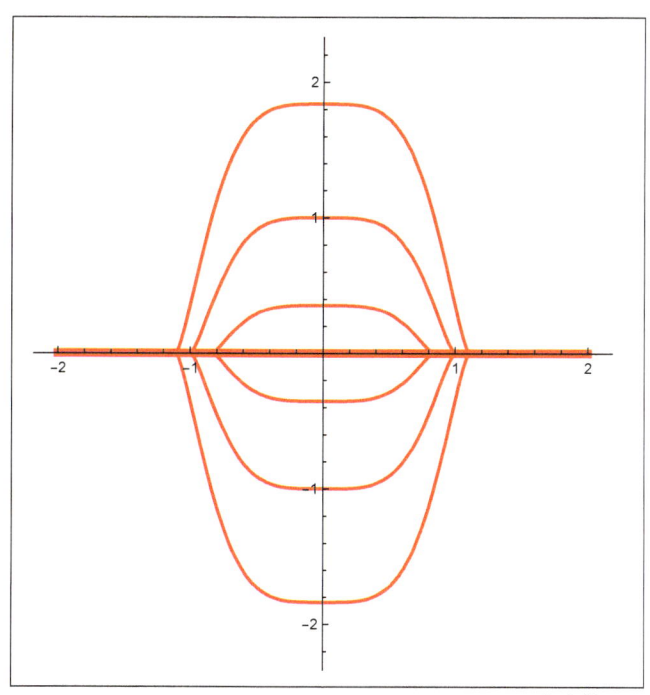

Lösungskurven der Differentialgleichung $\dot{x} = -6t^3 x^{1/3}$.

Für die Eindeutigkeit der Lösungen gilt folgendes.

- Gilt $x_0 \neq 0$, so gibt es genau eine Lösung, die die Anfangsbedingung $x(t_0) = x_0$ erfüllt; diese ist auf ganz $\mathbb{R}$ definiert.

- Gilt $x_0 = 0$, aber $t_0 \neq 0$, so gibt es sogar lokal (d.h. in einer beliebig kleinen Umgebung von (t_0, x_0)) unendlich viele Lösungen, die die Anfangsbedingung $x(t_0) = x_0$ erfüllen. Jede dieser Lösungen ist auf ganz $\mathbb{R}$ fortsetzbar.

- Der Punkt $(t_0, x_0) = (0,0)$ spielt eine Ausnahmerolle, denn es gibt eine eindeutige Lösung, die die Anfangsbedingung $x(0) = 0$ erfüllt, nämlich die Funktion $x \equiv 0$.

Lösung (118.7) Zum Nachweis der ersten Behauptung genügt es nach dem Existenz- und Eindeutigkeitssatz von Cauchy zu zeigen, daß die Funktion

$$f(t,x) := \sum_{n=0}^{\infty} \left(\frac{t}{2}\right)^n \cos(2^n x)$$

eine Lipschitzbedingung bezüglich der Variablen x erfüllt. Nach dem Mittelwertsatz gibt es nun für je zwei reelle Zahlen x_1 und x_2 eine Stelle ξ zwischen x_1 und x_2 mit

$$|\cos(2^n x_1) - \cos(2^n x_2)| = 2^n |\sin(2^n \xi)| \cdot |x_1 - x_2|$$
$$\leq 2^n |x_1 - x_2|$$

und damit die für $|t| < 1$ gültige Abschätzung

$$|f(t,x_1) - f(t,x_2)| \leq \sum_{n=0}^{\infty} \left(\frac{|t|}{2}\right)^n |\cos(2^n x_1) - \cos(2^n x_2)|$$
$$\leq \left(\sum_{n=0}^{\infty} |t|^n\right) \cdot |x_1 - x_2| = \frac{1}{1-|t|} \cdot |x_1 - x_2|.$$

Die Abschätzung für die Lösung x ergibt sich für $t \geq 0$ wegen

$$|x(t)| = \left|\int_0^t \dot{x}(\tau)\,d\tau\right| \leq \int_0^t |\dot{x}(\tau)|\,d\tau$$
$$\leq \int_0^t \sum_{n=0}^{\infty} \left(\frac{\tau}{2}\right)^n d\tau = \int_0^t \frac{d\tau}{1-(\tau/2)} = \int_0^t \frac{2}{2-\tau}d\tau$$
$$= -2\ln(2-\tau)\big|_{\tau=0}^t = -2\ln(2-t) + 2\ln(2) = 2\ln\frac{2}{2-t}.$$

Für $t < 0$ erhalten wir analog

$$|x(t)| = \left|\int_0^t \dot{x}(\tau)\,d\tau\right| \leq \int_t^0 |\dot{x}(\tau)|\,d\tau$$
$$\leq \int_t^0 \sum_{n=0}^{\infty} \left(\frac{-\tau}{2}\right)^n d\tau = \int_t^0 \frac{d\tau}{1+(\tau/2)} = \int_t^0 \frac{2}{2+\tau}d\tau$$
$$= 2\ln(2+\tau)\big|_{\tau=t}^0 = 2\ln(2) - \ln(2+t) = 2\ln\frac{2}{2+t}.$$

Fassen wir beide Fälle zusammen, so ergibt sich die behauptete Abschätzung

$$|x(t)| \leq 2\ln\left(\frac{2}{2-|t|}\right).$$

Lösung (118.8) Der Ansatz $y(x) = \sum_{n=0}^{\infty} a_n x^n$ liefert $y'(x) = \sum_{n=1}^{\infty} n a_n x^{n-1} = \sum_{n=0}^{\infty} (n+1) a_{n+1} x^n$ sowie $y(x)^2 = \sum_{n=0}^{\infty} (\sum_{k=0}^{n} a_k a_{n-k}) x^n$. Die linke Seite der Differentialgleichung ist daher

$$y'(x) = a_1 + \sum_{n=1}^{\infty} (n+1) a_{n+1} x^n,$$

die rechte Seite dagegen

$$y(x)^2 + (1-x)y(x) - 1 =$$
$$a_0^2 + a_0 - 1 + \sum_{n=1}^{\infty} \left(\left(\sum_{k=0}^{n} a_k a_{n-k}\right) + a_n - a_{n-1}\right) x^n.$$

Aufgrund der Anfangsbedingung $y(0) = 1$ gilt $a_0 = 1$. Wir erhalten dann $a_1 = a_0^2 + a_0 - 1 = 1$ sowie

$$a_{n+1} = \frac{1}{n+1}\left(a_n - a_{n-1} + \sum_{k=0}^{n} a_k a_{n-k}\right) \quad \text{für } n \geq 1.$$

Dies ergibt nacheinander

$$a_2 = (1/2) \cdot (a_1 - a_0 + 2a_0 a_1) - 1,$$
$$a_3 = (1/3) \cdot (a_2 - a_1 + 2a_0 a_2 + a_1^2) = 1,$$
$$a_4 = (1/4) \cdot (a_3 - a_2 + 2a_0 a_3 + 2a_1 a_2) = 1,$$
$$a_5 = (1/5) \cdot (a_4 - a_3 + 2a_0 a_4 + 2a_1 a_3 + a_2^2) = 1.$$

Es drängt sich die Vermutung auf, daß $a_n = 1$ für alle $n \in \mathbb{N}_0$ gilt; diese Vermutung kann man mit vollständiger Induktion beweisen. Wir erhalten damit die Lösung

$y(x) = \sum_{n=0}^{\infty} x^n = 1/(1-x)$. Setzen wir zur Probe die Funktion $y(x) = 1/(1-x)$ in die Differentialgleichung ein, so erkennen wir, daß tatsächlich eine Lösung vorliegt.

Lösung (118.9) Offensichtlich erfüllt die rechte Seite $f(x,y) = x^2 y$ der Differentialgleichung die Lipschitzbedingung $|f(x,y_1) - f(x,y_2)| = x^2 |y_1 - y_2|$, so daß die gleichmäßige Konvergenz der Picard-Lindelöf-Iteration auf einem hinreichend kleinen Intervall um 0 garantiert ist. Das angegebene Anfangswertproblem ist äquivalent zu der Integralgleichung $y(x) = 1 + \int_0^x \xi^2 y(\xi)\,d\xi$; die Picard-Lindelöf-Iteration lautet also

$$y_{n+1}(x) := 1 + \int_0^x \xi^2 y_n(\xi)\,d\xi.$$

Ausgehend von $y_0 \equiv 1$ erhalten wir

$$\begin{aligned} y_1(x) &= 1 + \int_0^x \xi^2 d\xi = 1 + \frac{x^3}{3}, \\ y_2(x) &= 1 + \int_0^x \xi^2 \left(1 + \frac{\xi^3}{3}\right) d\xi = 1 + \frac{x^3}{3} + \frac{x^6}{18}, \\ y_3(x) &= 1 + \int_0^x \xi^2 \left(1 + \frac{\xi^3}{3} + \frac{\xi^6}{18}\right) d\xi \\ &= 1 + \frac{x^3}{3} + \frac{x^6}{18} + \frac{x^9}{162} \end{aligned}$$

und ganz allgemein $y_n(x) = \sum_{k=0}^{n} \frac{x^{3k}}{k! \cdot 3^k}$, wie man leicht mit vollständiger Induktion nachprüft. Für $n \to \infty$ konvergieren die Funktionen y_n gegen die Grenzfunktion

$$y(x) = \sum_{k=0}^{\infty} \frac{1}{k!} \left(\frac{x^3}{3}\right)^k = e^{x^3/3}.$$

Die Lösung $y(x) = e^{x^3/3}$ hätte man natürlich auch mit Trennung der Variablen erhalten können. Die in der Picard-Lindelöf-Iteration auftretenden Funktionen sind also gerade die Partialsummen der Potenzreihendarstellung der Lösung (die in unserem Fall sogar auf ganz $\mathbb{R}$ konvergiert).

Lösung (118.10) Die Picard-Lindelöf-Iteration lautet

$$y^{(k+1)}(x) = y^{(0)} + \int_0^x f(\xi, y^{(k)}(\xi))\,d\xi.$$

Die j-te Komponente dieser Vektorgleichung lautet
$(\star)$
$$y_j^{(k+1)}(x) = y_j^{(0)} + \int_0^x f_j(\xi, y_1^{(k)}(\xi), y_2^{(k)}(\xi), \ldots, y_n^{(k)}(\xi))\,d\xi.$$

Es ist nun plausibel, daß man die Konvergenz dadurch verbessern kann, daß man schon berechnete Komponenten des neuen Vektors $y^{(k+1)}$ statt der entsprechenden Komponenten des alten Vektors $y^{(k)}$ verwendet. Die gesuchte Modifikation besteht also darin, bei der Berechnung von $y_j^{(k+1)}$ (für $2 \leq j \leq n$) den Integranden in $(\star)$ zu ersetzen durch $f_j(\xi, y_1^{(k+1)}(\xi), \ldots, y_{j-1}^{(k+1)}(\xi), y_j^{(k)}(\xi), \ldots, y_n^{(k)}(\xi))$.

Lösung (118.11) Schreiben wir $\tau = t_0 + h$, so gilt $X(\tau) = x(t_0 - (\tau - t_0)) = x(2t_0 - \tau)$, folglich $\dot{X}(\tau) = -\dot{x}(2t_0 - \tau) = -f(2t_0 - \tau, x(2t_0 - \tau)) = -f(2t_0 - \tau, X(\tau))$. Definieren wir also $g(\tau, \xi) := -f(2t_0 - \tau, \xi)$, so erfüllt X das Anfangswertproblem $\dot{X}(\tau) = g(\tau, X(\tau))$, $X(t_0) = x_0$.

Lösung (118.12) (a) Satz (118.21) garantiert die Existenz einer eindeutigen Lösung auf dem Intervall $[x_0, x_0 + a]$, falls $a < 1/L$ gilt, also nur auf einem hinreichend kurzen Intervall. Wähle $n \in \mathbb{N}$ so groß, daß $b := a/n$ die Bedingung $bL < 1$ erfüllt. Wir können dann Satz (118.21) hintereinander auf die Intervalle $[x_0, x_0 + b]$, $[x_0 + b, x_0 + 2b]$, $[x_0 + 2b, x_0 + 3b]$, ..., $[x_0 + (n-1)b, x_0 + nb] = [x_0 + (n-1)b, x_0 + a]$ anwenden, wobei jeweils die Anfangsbedingung am linken Rand eines Intervalls durch die Endbedingung am rechten Rand des vorhergehenden Intervalls gegeben ist. Zusammenstückeln der auf den Intervallen $[x_0 + (k-1)b, x_0 + kb]$ definierten Funktionen liefert dann die gesuchte (eindeutige) Lösung des Anfangswertproblems, die auf ganz $[x_0, x_0 + a]$ definiert ist.

(b) Offensichtlich ist $\|\cdot\|$ eine Norm auf $C(I)$, egal, wie $c > 0$ gewählt ist. Wegen $e^{-c(x_0+a)} \|y\|_\infty \leq \|y\| \leq e^{-cx_0} \|y\|_\infty$ ist diese Norm äquivalent zur Supremumsnorm. Da gemäß Beispiel (83.6)(d) im Buch der Raum $C(I)$ mit der Supremumsnorm vollständig ist, ist nach Aufgabe (83.1) dann auch $C(I)$ mit der Norm $\|\cdot\|$ vollständig. (Der Grund, warum nicht die Supremumsnorm betrachtet wird, sondern eine durch die Gewichtsfunktion $x \mapsto e^{-cx}$ modifizierte Supremumsnorm, liegt darin, daß c so gewählt werden kann, daß T zu einer Kontraktion wird.) Da mit y auch Ty stetig ist, ist T eine Selbstabbildung des vollständigen metrischen Raums $C(I, \mathbb{R}^n)$. Für je zwei Funktionen $y_1, y_2 \in C(I, \mathbb{R}^n)$ gilt

$$\begin{aligned} \|Ty_1 - Ty_2\| &= \max_{x \in I} \|(Ty_1)(x) - (Ty_2)(x)\| \cdot e^{-cx} \\ &= \max_{x \in I} \left\| \int_{x_0}^x (f(\xi, y_1(\xi)) - f(\xi, y_2(\xi)))\,d\xi \right\| \cdot e^{-cx} \\ &\leq \max_{x \in I} \int_{x_0}^x \|f(\xi, y_1(\xi)) - f(\xi, y_2(\xi))\|\,d\xi \cdot e^{-cx} \\ &\leq \max_{x \in I} \int_{x_0}^x L \cdot \|y_1(\xi) - y_2(\xi)\| e^{-c\xi} e^{c\xi}\,d\xi \cdot e^{-cx} \\ &\leq \max_{x \in I} \left(\int_{x_0}^x L \cdot \|y_1 - y_2\| e^{c\xi}\,d\xi \right) \cdot e^{-cx} \\ &= L \cdot \|y_1 - y_2\| \cdot \max_{x \in I} \left(\int_{x_0}^x e^{c\xi} d\xi \right) \cdot e^{-cx} \\ &= L \cdot \|y_1 - y_2\| \cdot \max_{x \in I} \frac{e^{cx} - e^{cx_0}}{c} \cdot e^{-cx} \\ &= L \cdot \|y_1 - y_2\| \cdot \max_{x \in I} \left(\frac{1 - e^{-c(x-x_0)}}{c} \right) \\ &\leq L \cdot \|y_1 - y_2\| \cdot \frac{1}{c} = \frac{L}{c} \cdot \|y_1 - y_2\|. \end{aligned}$$

Wählen wir also $c > L$, so ist T eine Kontraktion. Der Banachsche Fixpunktsatz liefert dann die Behauptung.

Lösung (118.13) Wir beweisen zunächst die angegebenen Hilfsaussagen.

(a) Offensichtlich gilt genau dann $\|u\| = 0$, wenn $u(t) = 0$ für $0 < t \leq a$ gilt, was wegen der Stetigkeit von u genau dann der Fall ist, wenn $u \equiv 0$ gilt. Für alle $\lambda \in \mathbb{R}$ und alle $t \in (0,a]$ gilt $|(\lambda u)(t)|/t = |\lambda| \cdot |u(t)|/t$, woraus sofort $\|\lambda u\| = |\lambda| \cdot \|u\|$ folgt. Schließlich gilt für alle $t \in (0,a]$ und alle $u_1, u_2 \in X$ die Bedingung

$$\frac{|(u_1+u_2)(t)|}{t} = \frac{|u_1(t)+u_2(t)|}{t}$$
$$\leq \frac{|u_1(t)|}{t} + \frac{|u_2(t)|}{t} \leq \|u_1\| + \|u_2\|,$$

woraus $\|u_1 + u_2\| \leq \|u_1\| + \|u_2\|$ folgt. Damit ist gezeigt, daß X ein Vektorraum und $\|\cdot\|$ eine Norm auf X ist. Es sei (u_n) eine Cauchyfolge in X. Für jedes $\varepsilon \in (0,a)$ ist dann $(u_n|_{[\varepsilon,a]})$ eine Cauchyfolge in $C([\varepsilon,a])$ versehen mit der Supremumsnorm, folglich (wegen der Vollständigkeit von $C([\varepsilon,a])$) gleichmäßig konvergent auf $[\varepsilon,a]$ gegen eine (zwangsläufig wiederum stetige) Grenzfunktion u. Wir müssen zeigen, daß $u_n \to u$ im Sinne der Norm $\|\cdot\|$ gilt. Dazu geben wir uns $\varepsilon > 0$ beliebig vor. Es gibt dann einen Index N derart, daß für alle $m, n \geq N$ die Bedingung $\|u_m - u_n\| \leq \varepsilon$ gilt, also $|u_m(t) - u_n(t)|/t \leq \varepsilon$ für alle $t \in (0,a]$. Lassen wir in dieser Bedingung $m \to \infty$ laufen, so folgt $|u(t) - u_n(t)|/t \leq \varepsilon$ für alle $t \in (0,a]$ und alle $n \geq N$, also $\|u - u_n\| \leq \varepsilon$ für alle $n \geq N$. Damit ist bewiesen, daß die Folge (u_n) in X gegen u konvergiert. Da (u_n) eine beliebige Cauchyfolge in X war, ist damit X als vollständiger normierter Raum nachgewiesen.

(b) Es sei $t \mapsto u(t) + \eta$ eine Lösung des Anfangswertproblems $(\star)$. Dann ist u differenzierbar, erst recht also stetig, und es gilt $u(0) = 0$. Wir haben daher

$$(Tu)(t) = \int_0^t f(s, \eta + u(s))\,ds = \int_0^t (u+\eta)'(s)\,ds$$
$$= \int_0^t u'(s)\,ds = u(t),$$

so daß u ein Fixpunkt von T ist. Ist umgekehrt u ein Fixpunkt von T, so ist wegen der Stetigkeit von u die Funktion $s \mapsto f(s, \eta + u(s))$ stetig, daher nach dem Hauptsatz der Integral- und Differentialrechnung die Funktion $u(t) = \int_0^t f(s, \eta+u(s))\,ds$ differenzierbar mit $(u+\eta)'(t) = u'(t) = f(t, \eta + u(t))$. Da offensichtlich $u(0) = 0$ und damit $u(0) + \eta = \eta$ gilt, ist dann $u + \eta$ eine Lösung des Anfangswertproblems $(\star)$.

(c) Wir zeigen zunächst, daß T den Vektorraum X in sich abbildet. Ist $u \in X$ beliebig, so ist die Funktion $t \mapsto f(t, \eta+u(t))$ stetig auf $[0,a]$, insbesondere also beschränkt durch eine Konstante C. Für alle $t \in (0,a]$ gilt dann

$$\frac{|(Tu)(t)|}{t} \leq \frac{1}{t}\cdot\int_0^t |f(s, \eta+u(s))|\,ds \leq \frac{1}{t}\cdot\int_0^t C\,ds = C,$$

so daß $\sup_{0 < t \leq a} |(Tu)(t)|/t$ existiert (und höchstens den Wert C hat). Mit u liegt also auch Tu in X. Wir zeigen nun, daß T eine kontrahierende Abbildung ist. Sind $u_1, u_2 \in X$ beliebig, so erhalten wir unter Benutzung der Rosenblatt-Bedingung die Abschätzung

$$\frac{|(Tu_1 - Tu_2)(t)|}{t} = \frac{|(Tu_1)(t) - (Tu_2)(t)|}{t}$$
$$= \frac{1}{t}\left|\int_0^t f(s, \eta+u_1(s))\,ds - \int_0^t f(s, \eta+u_2(s))\,ds\right|$$
$$\leq \frac{1}{t}\cdot\int_0^t |f(s, \eta+u_1(s)) - f(s, \eta+u_2(s))|\,ds$$
$$\leq \frac{1}{t}\cdot\int_0^t \frac{q}{s}\cdot|u_1(s) - u_2(s)|\,ds \leq \frac{1}{t}\cdot\int_0^t q\cdot\|u_1 - u_2\|\,ds$$
$$= q\|u_1 - u_2\|.$$

Bilden wir jetzt auf der linken Seite das Supremum über alle $t \in (0,a]$, so folgt $\|Tu_1 - Tu_2\| \leq q\cdot\|u_1 - u_2\|$. Wegen $q \in [0,1)$ bedeutet dies gerade, daß T eine Kontraktion ist. Damit sind wir fertig: Der Banachsche Fixpunktsatz garantiert, daß T einen eindeutigen Fixpunkt besitzt, was nach (b) bedeutet, daß das gegebene Anfangswertproblem $(\star)$ eine eindeutige Lösung besitzt.

Lösung (118.14) Wir nehmen an, die ersten beiden Möglichkeiten treffen nicht zu. Dann ist zunächst $t_{\max} \in \mathbb{R}$ eine endliche Zahl. Wegen $\|x(t)\| \not\to \infty$ für $t \to t_{\max}$ gibt es eine Folge (t_k) mit $t_k \to t_{\max}$ derart, daß die Folge der Werte $x(t_k)$ beschränkt bleibt; diese beschränkte Folge enthält dann eine konvergente Teilfolge, so daß wir o.B.d.A. annehmen dürfen, daß die Folge $(x(t_k))$ selbst konvergiert, sagen wir $x(t_k) \to \xi$. Wir behaupten nun, daß $(t_{\max}, \xi)$ ein Randpunkt von D ist. Dies beweisen wir indirekt: Um einen Widerspruch zu erhalten, nehmen wir an, $(t_{\max}, \xi)$ sei kein Randpunkt von D. Es gibt dann eine Umgebung U von $(t_{\max}, \xi)$, auf der die stetige Funktion f beschränkt ist, sagen wir durch eine Konstante C. Für alle Zeiten t hinreichend nahe bei $t_{\max}$ liegt dann $(t, x(t))$ in U, und nach dem Mittelwertsatz erhalten wir die Abschätzung

$$\|x(t) - x(t_k)\| \leq \sup_\tau \|\dot{x}(\tau)\| \cdot |t - t_k|$$
$$= \sup_\tau \|f(\tau, x(\tau))\| \cdot |t - t_k| \leq C|t - t_k|$$

und damit $\|x(t) - \xi\| \leq \|x(t) - x(t_k)\| + \|x(t_k) - \xi\| \leq C|t - t_k| + \|x(t_k) - \xi\| \to 0$ für $k \to \infty$ und $t \to t_{\max}$. Es gilt also nicht nur $x(t_k) \to \xi$ für eine spezielle Folge (t_k), sondern sogar $x(t) \to \xi$. Durch $x(t_{\max}) := \xi$ wird dann die Lösung x auf $(t_{\min}, t_{\max}]$ fortgesetzt. Da nach Voraussetzung f stetig auf U ist, gibt es nach dem Existenzsatz von Peano eine auf einem Intervall $(t_{\max} - \varepsilon, t_{\max} + \varepsilon)$ definierte Lösung y des Anfangswertproblems

$$\dot{y}(t) = f(t, y(t)), \quad y(t_{\max}) = \xi.$$

Dann ist aber

$$X(t) := \begin{cases} x(t), & \text{falls } t \in (t_{\min}, t_{\max}), \\ y(t), & \text{falls } t \in [t_{\max}, t_{\max} + \varepsilon) \end{cases}$$

eine Lösung des ursprünglichen Anfangswertproblems, die x echt fortsetzt. Dies ist ein Widerspruch dazu, daß x ja schon eine maximal fortgesetzte Lösung sein sollte. Die Annahme, $(t_{\max}, \xi)$ sei kein Randpunkt von D, führt also auf einen Widerspruch. Damit ist folgendes gezeigt:

($\star$) *Gelten die Bedingungen* (1) *und* (2) *nicht, so konvergiert für jede Folge* (t_k) *mit* $t_k \to t_{\max}$ *eine Teilfolge von* $\bigl(x(t_k)\bigr)$ *gegen einen Randpunkt von* D.

Hieraus folgt, daß $\mathrm{dist}\bigl((t, x(t)), \partial D\bigr) \to 0$ für $t \to t_{\max}$ und damit Bedingung (3) gilt. Andernfalls gäbe es nämlich eine Folge (t_k) mit $t_k \to t_{\max}$ und eine Zahl $\varepsilon > 0$ mit $\mathrm{dist}\bigl((t_k, x(t_k)), \partial D\bigr) \geq \varepsilon$ für alle k, was aber wegen ($\star$) nicht sein kann. Sind also (1) und (2) nicht erfüllt, so muß (3) gelten. Damit ist gezeigt, daß eine der Bedingungen (1), (2) und (3) erfüllt sein muß.

Lösung (118.15) Die rechte Seite der Differentialgleichung ist gegeben durch die Funktion

$$f(t, x) = \sin\left(\frac{1}{1 - (t^2 + x^2)}\right).$$

Da diese Funktion auf $D := \{(t, x) \in \mathbb{R}^2 \mid t^2 + x^2 < 1\}$ differenzierbar ist, insbesondere also überall eine lokale Lipschitz-Bedingung bezüglich des zweiten Arguments x erfüllt, liefert der Existenz- und Eindeutigkeitssatz von Cauchy die Existenz einer eindeutigen maximal fortgesetzten Lösung des gegebenen Anfangswertproblems. Ist $(t_{\min}, t_{\max})$ das Existenzintervall dieser Lösung, so gilt offensichtlich $-1 \leq t_{\min} < 0 < t_{\max} \leq 1$, denn die rechte Seite der Differentialgleichung ist nicht mehr definiert, sobald $t^2 + x(t)^2 \geq 1$ gilt, also nicht mehr für $|t| \geq 1$. Wir wollen zeigen, daß $t_{\max} = |t_{\min}|$ gilt. Widerspruchshalber nehmen wir $t_{\max} > |t_{\min}|$ an. (Der Fall $t_{\max} < |t_{\min}|$ wird völlig analog behandelt.) Da f eine gerade Funktion ist, ist dann mit $t \mapsto x(t)$ auch

$$X(t) := \begin{cases} x(t), & \text{falls } t \in (t_{\min}, t_{\max}), \\ -x(-t), & \text{falls } t \in (-t_{\max}, t_{\min}] \end{cases}$$

eine Lösung des gegebenen Anfangswertproblems, und zwar eine mit einem größeren Existenzintervall als x, was der Wahl von x als maximal fortgesetzter Lösung widerspricht.

Wegen $|f(t, x)| \leq 1$ für alle $(t, x) \in D$ ist nach dem Mittelwertsatz die Lösung x Lipschitz-stetig mit der Lipschitz-Konstanten 1, insbesondere also gleichmäßig stetig und damit gemäß Aufgabe (82.29) stetig auf das abgeschlossene Intervall $[t_{\min}, t_{\max}]$ fortsetzbar. Insbesondere existiert also $\lim_{t \to t_{\max}} x(t) =: \xi$. Hieraus folgt $t^2 +$

$x(t)^2 \to t_{\max}^2 + \xi^2$ für $t \to t_{\max}$. Wäre $t_{\max}^2 + \xi^2 < 1$, so besäße das Anfangswertproblem

$$\dot{y}(t) = f(t, y(t)), \quad y(t_{\max}) = \xi$$

eine auf einem Intervall $(t_{\max} - \varepsilon, t_{\max} + \varepsilon)$ definierte Lösung y. Dann wäre aber

$$X(t) := \begin{cases} x(t), & \text{falls } t \in (t_{\min}, t_{\max}) \\ y(t), & \text{falls } t \in [t_{\max}, t_{\max} + \varepsilon) \end{cases}$$

eine Lösung des ursprünglichen Anfangswertproblems, was der Voraussetzung widerspricht, x sei eine maximal fortgesetzte Lösung.

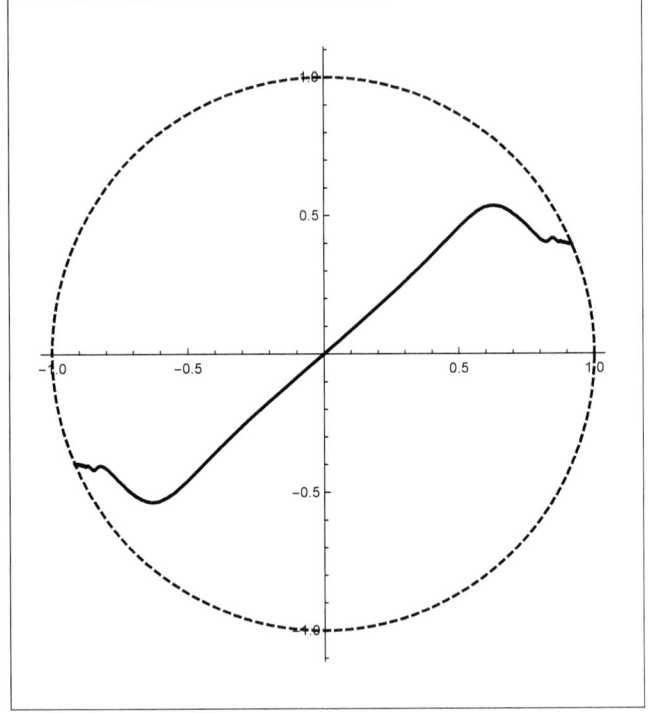

Maximal fortgesetzte Lösung der Differentialgleichung $\dot{x} = \sin(1/(1 - t^2 - x^2))$ mit der Anfangsbedingung $x(0) = 0$.

Lösung (118.16) Wegen $f > 0$ gilt stets $\dot{x} > 0$; die Funktion x ist also streng monoton wachsend. Ist sie zusätzlich beschränkt, so existiert $\lim_{t \to t_{\max}} x(t) = \sup_{t \in [0, t_{\max})} x(t) =: x_\star$. Trennung der Variablen liefert in diesem Fall

$$\int_0^{x(T)} \frac{\mathrm{d}x}{f(x)} = \int_0^T \mathrm{d}t = T.$$

Für $T \to t_{\max}$ folgt hieraus die erste Behauptung. Ist dagegen x unbeschränkt, so kann nach Aufgabe (118.14) nur $x(T) \to \infty$ für $T \to t_{\max}$ gelten; auch in diesem Fall folgt also die Behauptung.

Lösung (118.17) Es sei jeweils $f(t, x)$ die rechte Seite der betrachteten Differentialgleichung. Ist dann

118. Existenz- und Eindeutigkeitssätze

M der Maximalwert von f auf einer Menge der Form $[t_0 - A, t_0 + A] \times [x_0 - B, x_0 + B]$, so garantiert der Existenzsatz von Peano die Existenz einer Lösung auf dem Intervall $(t_0 - \delta, t_0 + \delta)$ mit $\delta := \min(A, B/M)$.

(a) Sind A und B vorgegeben, so gilt $|f(t,x)| \leq |t|^3 \leq A^3$. Die Existenz einer Lösung ist also auf jedem Intervall $(-\delta, \delta)$ garantiert, für das es Konstanten $A, B > 0$ gibt mit $\delta = \min(A, B/A^3)$. Da wir A und B beliebig groß wählen können, ist daher die Existenz einer auf ganz $\mathbb{R}$ definierten Lösung gesichert.

(b) Sind A und B vorgegeben, so gilt $|f(t,x)| \leq |x|^2 \leq (B+1)^2$. Die Existenz einer Lösung ist also auf jedem Intervall $(-\delta, \delta)$ garantiert, für das es Konstanten $A, B > 0$ gibt mit $\delta = \min(A, B/(B+1)^2)$. Da wir A beliebig groß wählen können und da der Ausdruck $B/(B+1)^2$ für $B = 1$ seinen Maximalwert $1/4$ annimmt, ist die Existenz einer auf dem Intervall $(-1/4, 1/4)$ definierten Lösung garantiert. (Die Abschätzung ist nicht besonders gut; in Wirklichkeit ist das maximale Existenzintervall viel größer.)

(c) Für $|t| \leq A$ und $|x| \leq B$ gilt $|f(t,x)| \leq A^2 + B^2 =: M$. Die Existenz einer Lösung des Anfangswertproblems ist also auf dem Intervall $(-\delta, \delta)$ definiert mit

$$\delta := \max_{A,B>0}\left[\min\left\{A, \frac{B}{A^2+B^2}\right\}\right] = \max_{A>0}\left[\min\left\{A, \frac{1}{2A}\right\}\right]$$
$$= \frac{\sqrt{2}}{2} \approx 0.707107\,.$$

Die zweite Gleichheit gilt dabei, weil für fest vorgegebenes A der Ausdruck $B/(A^2+B^2)$ seinen Maximalwert für $B = A$ annimmt und dieser Maximalwert gleich $1/(2A)$ ist.

(d) Damit f auf der Umgebung $\{(t,x) \mid |t-2| \leq A, |x-0| \leq B\}$ überhaupt definiert ist, muß $B < 1/2$ gelten. Das Maximum von $|f|$ auf einer solchen Umgebung ist dann $M := 2(2+A)/(1-2B)$. Der Satz von Peano garantiert wegen $B/M = (B-2B^2)/(4+2A)$ die Existenz einer Lösung auf dem Intervall $(2-\delta, 2+\delta)$ mit

$$\delta := \max_{A,B>0}\left[\min\left\{A, \frac{B-2B^2}{4+2A}\right\}\right] = \max_{A>0}\left[\min\left\{A, \frac{1/8}{4+2A}\right\}\right]$$
$$= \frac{\sqrt{17}-4}{4} \approx 0.0307764\,.$$

Dabei gilt die zweite Gleichung, weil im Intervall $0 \leq B \leq 1/2$ der Ausdruck $B - 2B^2$ seinen Minimalwert $1/8$ an der Stelle $B = 1/4$ annimmt; die dritte Gleichung gilt, weil das fragliche Minimum für denjenigen Wert $A > 0$ angenommen wird, für den $A = (1/8)/(4+2A)$ gilt, nämlich $A = (\sqrt{17}-4)/4$. Die Existenz einer Lösung ist also auf dem Intervall $(1.9692236, 2.0307764)$ garantiert. In diesem Beispiel können wir das maximale Existenzintervall aber sogar direkt bestimmen, weil die betrachtete Differentialgleichung separabel und damit explizit lösbar ist. Trennung der Variablen liefert

$$\int (1+2x)\,\mathrm{d}x = \int 2t\,\mathrm{d}t, \quad \text{also} \quad x + x^2 = t^2 + C.$$

Einsetzen der Anfangsbedingung $x(2) = 0$ liefert $C = -4$ und damit $x^2 + x = t^2 - 4$ bzw. $x^2 + x + 4 - t^2 = 0$. Auflösen dieser quadratischen Gleichung und Wahl des korrekten Vorzeichens der Wurzel liefert

$$x(t) = -\frac{1}{2} + \sqrt{t^2 - \frac{15}{4}}\,.$$

Diese Lösung ist definiert für $t^2 > 15/4$, also $t > \sqrt{15}/2 \approx 1.93649$ und damit auf dem Intervall $[1.93649, \infty)$.

Bemerkung: Statt nach einem Lösungsintervall $(t_0 - \delta, t_0 + \delta)$ zu suchen, das symmetrisch zur vorgegebenen Anfangszeit t_0 ist, kann man natürlich den Satz von Peano auf Intervalle der Form $[t_0 - A, t_0]$ und $[t_0, t_0 + A]$ separat anwenden und erhält dann in der Regel bessere Abschätzungen. Fragen wir in (d) beispielsweise nur nach einem rechtsseitigen Existenzintervall einer Lösung des Anfangswertproblems, so dürfen wir $t \in [2, 2+A]$ und $x \in [0, B]$ mit beliebigen Zahlen $A, B > 0$ voraussetzen. (Für $t \geq 2$ und $x \geq 0$ ist $\dot{x} > 0$, so daß die gesuchte Lösung nur nach oben verlaufen kann. Die Einschränkung $B < 1/2$ entfällt hier also!) Dann ist $M := \max\{|f(t,x)| \mid 2 \leq t \leq 2+A, 0 \leq x \leq B\} = 2(2+A)/1 = 4 + 2A$, so daß $\delta := \min\{A, B/(4+2A)\}$ gewählt werden kann. Da A und B beliebig groß gewählt werden können, ist also die Existenz einer Lösung auf dem gesamten Intervall $[2, \infty)$ und damit gemäß (d) auf dem Intervall $(1.9692236, \infty)$ von vornherein garantiert.

Lösung (118.18) Die rechte Seite der Differentialgleichung ist $f(t, x, a) = 3at^2x^2$ mit den partiellen Ableitungen

(1) $\quad \dfrac{\partial f}{\partial x}(t, x, a) = 6at^2 x \quad \text{und} \quad \dfrac{\partial f}{\partial a}(t, x, a) = 3t^2 x^2.$

Wir lösen zunächst die (separierbare) Differentialgleichung $\dot{x} = f(t, x, a) = 3at^2x^2$. Eine Lösung ist $x \equiv 0$. Auf einem Intervall, auf dem x nicht verschwindet, dürfen wir durch x dividieren und erhalten

$$\int \frac{\mathrm{d}x}{x^2} = \int 3at^2\,\mathrm{d}t, \quad \text{also} \quad -\frac{1}{x} = at^3 - C \quad \text{bzw.} \quad x = \frac{1}{C - at^3}$$

mit einer Konstanten C, die sich aus der Anfangsbedingung $x(t_0) = x_0$ zu $C = at_0^3 + (1/x_0)$ ergibt. Wir erhalten also $x = 1/((1/x_0) + at_0^3 - at^3)$ bzw.

(2) $\quad x = x(t; t_0, x_0, a) = \dfrac{x_0}{1 + ax_0 t_0^3 - ax_0 t^3}\,.$

(In dieser Form ist mit $x_0 := 0$ auch die Lösung $x \equiv 0$ mit enthalten, so daß die Fallunterscheidung entfällt, ob $x \equiv 0$ oder $x \not\equiv 0$ gilt.) Aus (2) ergeben sich sofort die Ableitungen

(3)
$$\frac{\partial x}{\partial a}(t; t_0, x_0, a) = \frac{-x_0^2 t_0^3 + x_0^2 t^3}{(1 + ax_0 t_0^3 - ax_0 t^3)^2},$$
$$\frac{\partial x}{\partial x_0}(t; t_0, x_0, a) = \frac{1}{(1 + ax_0 t_0^3 - ax_0 t^3)^2},$$
$$\frac{\partial x}{\partial t_0}(t; t_0, x_0, a) = \frac{-3ax_0^2 t_0^2}{(1 + ax_0 t_0^3 - ax_0 t^3)^2}.$$

Ableiten der ersten Gleichung in (3) nach t liefert

$$\left[\frac{\partial x}{\partial a}(t;t_0,x_0,a)\right]^{\bullet} = \frac{d}{dt}\frac{-x_0^2 t_0^3 + x_0^2 t^3}{(1+ax_0t_0^3-ax_0t^3)^2}$$

$$= \frac{3x_0^2 t^2 + 3ax_0 t^2(-x_0^2 t_0^3 + x_0^2 t^3)}{(1+ax_0t_0^3-ax_0t^3)^3}$$

$$= \frac{6at^2 x_0}{1+ax_0t_0^3-ax_0t^3} \cdot \frac{-x_0^2 t_0^3 + x_0^2 t^3}{(1+ax_0t_0^3-ax_0t^3)^2}$$

$$+ \frac{3t^2 x_0^2}{(1+ax_0t_0^3-ax_0t^3)^2}$$

$$= \left[\frac{\partial f}{\partial x}(t, x(t;t_0,x_0,a), a)\right] \cdot \left[\frac{\partial x}{\partial a}(t;x_0,x_0,a)\right]$$

$$+ \left[\frac{\partial f}{\partial a}(t, x(t;t_0,x_0,a), a)\right]$$

und damit die Variationsgleichung für den Parameter a. Ableiten der zweiten Gleichung in (3) nach t liefert

$$\left[\frac{\partial x}{\partial x_0}(t;t_0,x_0,a)\right]^{\bullet} = \frac{d}{dt}\frac{1}{(1+ax_0t_0^3-ax_0t^3)^2}$$

$$= \frac{6ax_0t^2}{(1+ax_0t_0^3-ax_0t^3)^3}$$

$$= \frac{6at^2 x_0}{1+ax_0t_0^3-ax_0t^3} \cdot \frac{1}{(1+ax_0t_0^3-ax_0t^3)^2}$$

$$= \left[\frac{\partial f}{\partial x}(t, x(t;t_0,x_0,a), a)\right] \cdot \left[\frac{\partial x}{\partial x_0}(t;x_0,x_0,a)\right]$$

und damit die Variationsgleichung für den Anfangszustand x_0. Schließlich erhalten wir durch Ableiten der dritten Gleichung in (3) nach t die Gleichung

$$\left[\frac{\partial x}{\partial t_0}(t;t_0,x_0,a)\right]^{\bullet} = \frac{d}{dt}\frac{-3ax_0^2 t_0^2}{(1+ax_0t_0^3-ax_0t^3)^2}$$

$$= \frac{-18a^2 x_0^3 t_0^2 t^2}{(1+ax_0t_0^3-ax_0t^3)^3}$$

$$= \frac{6at^2 x_0}{1+ax_0t_0^3-ax_0t^3} \cdot \frac{-3ax_0^2 t_0^2}{(1+ax_0t_0^3-ax_0t^3)^2}$$

$$= \left[\frac{\partial f}{\partial x}(t, x(t;t_0,x_0,a), a)\right] \cdot \left[\frac{\partial x}{\partial t_0}(t;x_0,x_0,a)\right]$$

und damit die Variationsgleichung für die Anfangszeit t_0. Damit haben wir alle drei Variationsgleichungen nachgerechnet. Einsetzen von $t = t_0$ in (3) zeigt, daß auch die entsprechenden Anfangsbedingungen erfüllt sind.

Lösung (118.19) Die rechte Seite der Differentialgleichung ist gegeben durch $f(t,x,a,m) = a(1-x/m)x$ mit den partiellen Ableitungen

(1) $\quad \frac{\partial f}{\partial x} = a\left(1-\frac{2x}{m}\right), \quad \frac{\partial f}{\partial a} = \left(1-\frac{x}{m}\right)x, \quad \frac{\partial f}{\partial m} = \frac{ax^2}{m^2}.$

Die Lösung des Anfangswertproblems $\dot{x} = a(1-x/m)x$, $x(t_0) = x_0$ ist gegeben durch

(2) $\quad x(t;t_0,x_0,a,m) = \frac{mx_0}{N}$

mit dem Nenner

(3) $\quad N(t;t_0,x_0,a,m) = x_0 + (m-x_0)e^{-a(t-t_0)},$

der die Ableitung

(4) $\quad \dot{N} = -a(m-x_0)e^{-a(t-t_0)} = -a(N-x_0)$

besitzt. Einsetzen von (2) in (1) liefert

(5) $\quad \begin{aligned}\frac{\partial f}{\partial x}(\bullet) &= \frac{a(N-2x_0)}{N}, \\ \frac{\partial f}{\partial a}(\bullet) &= \frac{mx_0(N-x_0)}{N^2}, \\ \frac{\partial f}{\partial m}(\bullet) &= \frac{ax_0^2}{N^2},\end{aligned}$

wobei für $\bullet$ jeweils $(t; x(t;t_0,x_0,a,m), a, m)$ als Argument einzusetzen ist. Bilden wir in Gleichung (2) die partiellen Ableitungen der Lösung x nach den Parametern t_0, x_0, a und m, so erhalten wir

(6) $\quad \begin{aligned}\frac{\partial x}{\partial t_0} &= \frac{-amx_0(m-x_0)e^{-a(t-t_0)}}{N^2}, \\ \frac{\partial x}{\partial x_0} &= \frac{m}{N} - \frac{mx_0(1-e^{-a(t-t_0)})}{N^2} = \frac{m^2 e^{-a(t-t_0)}}{N^2}, \\ \frac{\partial x}{\partial a} &= \frac{mx_0(m-x_0)(t-t_0)e^{-a(t-t_0)}}{N^2}, \\ \frac{\partial x}{\partial m} &= \frac{x_0}{N} - \frac{mx_0 e^{-a(t-t_0)}}{N^2} = \frac{x_0^2(1-e^{-a(t-t_0)})}{N^2}.\end{aligned}$

Wir prüfen nun die Variationsgleichungen nach. Ableiten der ersten Gleichung in (6) nach der Zeit t liefert

$$\left[\frac{\partial x}{\partial t_0}\right]^{\bullet} = \frac{amx_0(m-x_0)e^{-a(t-t_0)}(aN+2\dot{N})}{N^3}$$

$$= \frac{a^2 mx_0(m-x_0)e^{-a(t-t_0)}(2x_0-N)}{N^3}$$

$$= \frac{a(N-2x_0)}{N} \cdot \frac{-amx_0(m-x_0)e^{-a(t-t_0)}}{N^2}$$

$$= \left[\frac{\partial f}{\partial x}\right] \cdot \left[\frac{\partial x}{\partial t_0}\right]$$

und damit die Variationsgleichung für die Anfangszeit t_0. Ableiten der zweiten Gleichung in (6) nach der Zeit t liefert

$$\left[\frac{\partial x}{\partial x_0}\right]^{\bullet} = \frac{-m^2 e^{-a(t-t_0)}(aN+2\dot{N})}{N^3}$$

$$= \frac{-am^2 e^{-a(t-t_0)}(2x_0-N)}{N^3}$$

$$= \frac{a(N-2x_0)}{N} \cdot \frac{m^2 e^{-a(t-t_0)}}{N^2}$$

$$= \left[\frac{\partial f}{\partial x}\right] \cdot \left[\frac{\partial x}{\partial x_0}\right]$$

und damit die Variationsgleichung für den Anfangszustand x_0. Ableiten der dritten Gleichung in (6) nach der Zeit t liefert

$$\left[\frac{\partial x}{\partial a}\right]^{\bullet} = mx_0(m-x_0) \cdot \frac{\mathrm{d}}{\mathrm{d}t}\frac{(t-t_0)e^{-a(t-t_0)}}{N^2}$$

$$= mx_0(m-x_0)e^{-a(t-t_0)} \cdot \frac{(1-a(t-t_0))N - 2(t-t_0)\dot{N}}{N^3}$$

$$= mx_0(m-x_0)e^{-a(t-t_0)} \cdot \frac{(1+a(t-t_0))N - 2ax_0(t-t_0)}{N^3}.$$

Direktes Nachrechnen zeigt nun, daß dies übereinstimmt mit

$$\frac{a(N-2x_0)}{N} \cdot \frac{mx_0(m-x_0)(t-t_0)e^{-a(t-t_0)}}{N^2} + \frac{mx_0(N-x_0)}{N^2}$$

$$= \left[\frac{\partial f}{\partial x}\right] \cdot \left[\frac{\partial x}{\partial a}\right] + \left[\frac{\partial f}{\partial a}\right],$$

so daß auch die Variationsgleichung für den Parameter a gilt. Ableiten der vierten Gleichung in (6) nach der Zeit t liefert schließlich

$$\left[\frac{\partial x}{\partial m}\right]^{\bullet} = x_0^2 \cdot \frac{ae^{-a(t-t_0)}N - 2(1-e^{-a(t-t_0)})\dot{N}}{N^3}$$

$$= ax_0^2 \cdot \frac{e^{-a(t-t_0)}N + 2(1-e^{-a(t-t_0)})(N-x_0)}{N^3}$$

$$= \frac{a(N-2x_0)}{N} \cdot \frac{x_0^2(1-e^{-a(t-t_0)})}{N^2} + \frac{ax_0^2}{N^2}$$

$$= \left[\frac{\partial f}{\partial x}\right] \cdot \left[\frac{\partial x}{\partial m}\right] + \left[\frac{\partial f}{\partial m}\right],$$

wobei man den Übergang von der zweiten zur dritten Gleichung nicht unmittelbar sieht, aber leicht nachrechnen kann. Also gilt auch die Variationsgleichung für den Parameter m. Damit sind alle vier Variationsgleichungen nachgerechnet. Einsetzen von $t = t_0$ in die Gleichung (6) liefert sofort die zugehörigen Anfangsbedingungen.

Lösung (118.20) (a) Wir erhalten

$$(y_a)' = \frac{\partial}{\partial x}\frac{\partial}{\partial a}y = \frac{\partial}{\partial a}\frac{\partial}{\partial x}y = \frac{\partial}{\partial a}(x+ay) = y + a \cdot y_a,$$

also $y_a' = y + a \cdot y_a$. (Hinzu kommt die Anfangsbedingung $y_a(0) = (\partial y/\partial a)(0) = \partial y(0)/\partial a = 0$.) Wir sehen, daß wir diese Variationsgleichung nicht unabhängig von der Originalgleichung $y' = x + ay$ lösen können, denn die Lösung y dieser Originalgleichung tritt explizit auf der rechten Seite der Variationsgleichung auf. Wir können aber die beiden Gleichungen $y' = x + ay$ und $y_a' = y + ay_a$ sowie die Anfangsbedingungen $y(0) = 1$ sowie $y_a(0) = 0$ zu einem gekoppelten Anfangswertproblem zusammenfassen:

$$\begin{bmatrix} y' \\ y_a' \end{bmatrix} = \begin{bmatrix} a & 0 \\ 1 & a \end{bmatrix} \begin{bmatrix} y \\ y_a \end{bmatrix} + \begin{bmatrix} x \\ 0 \end{bmatrix}.$$

(b) Die Gleichung $y' - ay = x$ ist eine lineare Differentialgleichung. Durchmultiplizieren mit e^{-ax} liefert $(\mathrm{d}/\mathrm{d}x)(ye^{-ax}) = xe^{-ax}$ und damit

$$ye^{-ax} = \int xe^{-ax}\,\mathrm{d}x = -\frac{ax+1}{a^2}e^{-ax} + C.$$

Durchmultiplizieren mit e^{ax} und Einsetzen der Anfangsbedingung $y(0) = 1$ liefert die Lösung

$$(\star) \qquad y(x) = y(x;a) = \frac{(a^2+1)e^{ax} - ax - 1}{a^2},$$

die für $a = 0$ als $y(x) = (x^2/2) + 1$ zu interpretieren ist. (Das sieht man entweder durch direktes Lösen des gegebenen Anfangswertproblems mit $a = 0$ oder durch Grenzübergang $a \to 0$ in $(\star)$ unter Verwendung der Regel von de l'Hospital.) Ableiten von $(\star)$ nach a liefert

$$(\star\star) \quad y_a(x) = \frac{\partial y(x;a)}{\partial a} = \frac{2 + ax - 2e^{ax} + (a^3+a)xe^{ax}}{a^3}$$

(was für $a = 0$ als $x + (x^3/6)$ zu interpretieren ist, wie sich wieder aus der Regel von de l'Hospital ergibt). Offensichtlich gilt die Anfangsbedingung $y_a(0) = 0$. Ableiten von $(\star\star)$ nach x ergibt

$$y_a'(x) = \frac{1 + (a^2-1)e^{ax} + (a^3+a)xe^{ax}}{a^2}$$

(bzw. $1 + (x^2/2)$ für $a = 0$), und es ist eine reine Fleißaufgabe nachzurechnen, daß dann die Gleichung $y_a' = y + ay_a$ erfüllt ist.

Lösung (118.21) (a) Wir erhalten

$$(y_a)' = \frac{\partial}{\partial x}\frac{\partial}{\partial a}y = \frac{\partial}{\partial a}\frac{\partial}{\partial x}y = \frac{\partial}{\partial a}(x^2 + ay^2) = y^2 + a \cdot 2yy_a,$$

also $y_a' = y^2 + 2a\,yy_a$. (Hinzu kommt die Anfangsbedingung $y_a(0) = 0$.) Für y und y_a erhalten wir also das gekoppelte Anfangswertproblem

$$(\star) \quad \begin{bmatrix} y' \\ y_a' \end{bmatrix} = \begin{bmatrix} x^2 + ay^2 \\ y^2 + 2a\,yy_a \end{bmatrix}, \quad \begin{bmatrix} y(0) \\ y_a(0) \end{bmatrix} = \begin{bmatrix} 1 \\ 0 \end{bmatrix}.$$

Anders als in der vorigen Aufgabe ist hier aufgrund der Nichtlinearität der rechten Seite eine explizite Lösung nicht mehr möglich. Die einzige Chance, die Funktion y_a zu ermitteln, ist daher die numerische Lösung von $(\star)$.

(b) Wir schreiben kurz η statt y_a; die rechte Seite von $(\star)$ ist dann gegeben durch die Funktion

$$F(x;y,\eta) := \begin{bmatrix} x^2 + ay^2 \\ y^2 + 2ay\eta \end{bmatrix}.$$

Das Eulerverfahren mit den Stützstellen $x_0 = 0$, $x_1 = 1/2$ und $x_2 = 1$, beginnend mit $y_0 = 1$ und $\eta_0 = 0$, liefert dann

$$\begin{bmatrix} y_1 \\ \eta_1 \end{bmatrix} = \begin{bmatrix} y_0 \\ \eta_0 \end{bmatrix} + \frac{1}{2} \cdot F(x_0;y_0,\eta_0)$$

$$= \begin{bmatrix} 1 \\ 0 \end{bmatrix} + \frac{1}{2}\begin{bmatrix} a \\ 1 \end{bmatrix} = \begin{bmatrix} 1 + (a/2) \\ 1/2 \end{bmatrix}$$

und
$$\begin{bmatrix} y_2 \\ \eta_2 \end{bmatrix} = \begin{bmatrix} y_1 \\ \eta_1 \end{bmatrix} + \frac{1}{2} \cdot F(x_1; y_1, \eta_1)$$
$$= \begin{bmatrix} 1+(a/2) \\ 1/2 \end{bmatrix} + \frac{1}{2} \begin{bmatrix} (1/4)+a(1+a/2)^2 \\ (1+a/2)^2 + a(1+a/2) \end{bmatrix}$$
$$= \begin{bmatrix} (9/8)+a+(a^2/2)+(a^3/8) \\ 1+a+(3a^2/8) \end{bmatrix}.$$

Also gilt $y_a(1) \approx 1 + a + 3a^2/8$.

(c) Wir wenden das Picard-Lindelöf-Verfahren an und schreiben $(\star)$ als Integralgleichung
$$\begin{bmatrix} y(x) \\ y_a(x) \end{bmatrix} = \begin{bmatrix} 1 \\ 0 \end{bmatrix} + \int_0^x \begin{bmatrix} \xi^2 + ay(\xi)^2 \\ y(\xi)^2 + 2a\, y(\xi)\, y_a(\xi) \end{bmatrix} d\xi$$

bzw.
$$\begin{bmatrix} y(x) \\ \eta(x) \end{bmatrix} = \begin{bmatrix} 1 \\ 0 \end{bmatrix} + \int_0^x \begin{bmatrix} \xi^2 + ay(\xi)^2 \\ y(\xi)^2 + 2a\, y(\xi)\, \eta(\xi) \end{bmatrix} d\xi,$$

wenn wir kurz η statt y_a schreiben. Wir erhalten dann im ersten Schritt die Näherungslösung
$$\begin{bmatrix} y_1(x) \\ \eta_1(x) \end{bmatrix} = \begin{bmatrix} 1 \\ 0 \end{bmatrix} + \int_0^x \begin{bmatrix} \xi^2 + ay_0(\xi)^2 \\ y_0(\xi)^2 + 2a\, y_0(\xi)\, \eta_0(\xi) \end{bmatrix} d\xi$$
$$= \begin{bmatrix} 1 \\ 0 \end{bmatrix} + \int_0^x \begin{bmatrix} \xi^2 + a \\ 1 + 2a \cdot 1 \cdot 0 \end{bmatrix} d\xi$$
$$= \begin{bmatrix} (x^3/3) + ax + 1 \\ x \end{bmatrix}$$

und im zweiten Schritt
$$\begin{bmatrix} y_2(x) \\ \eta_2(x) \end{bmatrix} = \begin{bmatrix} 1 \\ 0 \end{bmatrix} + \int_0^x \begin{bmatrix} \xi^2 + ay_1(\xi)^2 \\ y_1(\xi)^2 + 2a\, y_1(\xi)\, \eta_1(\xi) \end{bmatrix} d\xi$$
$$= \begin{bmatrix} 1 \\ 0 \end{bmatrix} + \int_0^x \begin{bmatrix} \xi^2 + a(\xi^3/3 + a\xi + 1)^2 \\ (\xi^3/3 + a\xi + 1)^2 + 2a\xi(\xi^3/3 + a\xi + 1) \end{bmatrix} d\xi$$
$$= \begin{bmatrix} \frac{ax^7}{63} + \frac{2a^2 x^5}{15} + \frac{ax^4}{6} + \frac{(1+a^3)x^3}{3} + a^2 x^2 + ax + 1 \\ \frac{x^7}{63} + \frac{4ax^5}{15} + \frac{x^4}{6} + a^2 x^3 + 2ax^2 + x \end{bmatrix}.$$

Demnach gilt
$$\eta(1) \approx 1\frac{23}{126} + 2\frac{4}{15} \cdot a + a^2.$$

Lösung (118.22) Es sei $t \mapsto x(t; t_0, x_0)$ die Lösung des Anfangswertproblems
$$\dot{x}(t) = f(t, x(t)), \quad x(t_0) = x_0;$$
wir wollen die Abhängigkeit dieser Lösung von der Anfangszeit t_0 untersuchen. Dazu beachten wir, daß
$$y(t) := x(t + t_0; t_0, x_0)$$

eine Lösung des Anfangswertproblems
$$\dot{y}(t) = f(t + t_0, y(t)), \quad y(0) = x_0$$
ist, bei dem t_0 nicht mehr als Anfangszeit, sondern als externer Parameter auftritt. Wir wissen daher, daß $\partial y/\partial t_0$ die Variationsgleichung
$$(\star) \quad \left[\frac{\partial y}{\partial t_0}\right]^{\bullet} = \frac{\partial f}{\partial x}(t+t_0, y(t)) \cdot \left[\frac{\partial y}{\partial t_0}\right] + \frac{\partial f}{\partial t}(t+t_0, y(t))$$

und die Anfangsbedingung
$$(\star\star) \quad \frac{\partial y}{\partial t_0}(0) = 0$$

erfüllt. Nun gilt
$$\frac{\partial y}{\partial t_0}(t) = \frac{\partial}{\partial t_0} x(t + t_0; t_0, x_0)$$
$$(1) \qquad = \dot{x}(t + t_0; t_0, x_0) + \frac{\partial x}{\partial t_0}(t + t_0; t_0, x_0)$$
$$= f(t + t_0, y(t)) + \frac{\partial x}{\partial t_0}(t + t_0; t_0, x_0)$$

und damit
(2)
$$\left[\frac{\partial y}{\partial t_0}\right]^{\bullet}(t) = \frac{\partial f}{\partial t}(t+t_0, y(t)) + \frac{\partial f}{\partial x}(t+t_0, y(t)) \cdot \dot{y}(t)$$
$$\qquad + \left[\frac{\partial x}{\partial t_0}\right]^{\bullet}(t+t_0)$$
$$= \frac{\partial f}{\partial t}(t+t_0, y(t)) + \frac{\partial f}{\partial x}(t+t_0, y(t)) \cdot f(t+t_0, y(t))$$
$$\qquad + \left[\frac{\partial x}{\partial t_0}\right]^{\bullet}(t+t_0).$$

Setzen wir (1) und (2) in $(\star)$ ein, so erhalten wir
$$\frac{\partial f}{\partial t} + \frac{\partial f}{\partial x} \cdot f + \left[\frac{\partial x}{\partial t_0}\right]^{\bullet} = \frac{\partial f}{\partial x} \cdot \left(f + \frac{\partial x}{\partial t_0}\right) + \frac{\partial f}{\partial t}.$$

Die Terme $\partial f/\partial t$ und $f \cdot (\partial f/\partial x)$ heben sich weg, so daß sich (wenn wir jetzt wieder die Argumente einsetzen und $\tau := t + t_0$ schreiben) die gewünschte Variationsgleichung
$$\left[\frac{\partial x}{\partial t_0}\right]^{\bullet}(\tau) = \frac{\partial f}{\partial x}(\tau, x(\tau; t_0, x_0)) \cdot \left[\frac{\partial x}{\partial t_0}\right](\tau)$$

ergibt (wobei t in einer Umgebung von 0 und damit τ in einer Umgebung von t_0 verläuft). Ferner folgt durch Einsetzen von $t = 0$ in (1) die Anfangsbedingung
$$0 = \frac{\partial y}{\partial t_0}(0) = f(t_0, x_0) + \frac{\partial x}{\partial t_0}(t_0; t_0, x_0)$$

und damit $(\partial x/\partial t_0)(t_0) = -f(t_0, x_0)$. Damit ist alles gezeigt.

Lösung (118.23) Wir beweisen der Reihe nach die angegebenen Aussagen.

(1) Um die Existenz- und Eindeutigkeitssätze für Anfangswertprobleme anwenden zu können, müssen wir die Differentialgleichung $y'' + g(y) = 0$, die von zweiter Ordnung ist, umschreiben als ein System erster Ordnung. Dazu setzen wir $y_1(x) := y(x)$ und $y_2(x) := y'(x)$ und erhalten

$$\begin{bmatrix} y_1'(x) \\ y_2'(x) \end{bmatrix} = \begin{bmatrix} y_2(x) \\ -g(y_1(x)) \end{bmatrix};$$

mit $u := (y_1, y_2)^T$ und $G(y_1, y_2) := (y_2, -g(y_1))^T$ ist dies von der Form $u' = G(u)$. Nach dem Existenz- und Eindeutigkeitssatz von Cauchy hat nun für jede Zahl $a \in \mathbb{R}$ das Anfangswertproblem $u' = G(u)$, $u(0) = (0, a)^T$ eine eindeutige Lösung, die wegen der globalen Lipschitz-Stetigkeit von g (und damit auch von G) auf ganz $\mathbb{R}$ definiert ist.

(2) Die angegebene Funktion Φ ist stetig aufgrund der stetigen Abhängigkeit der Lösung eines Anfangswertproblems vom Anfangswert unter den gegebenen Voraussetzungen. Wir behaupten, daß Φ surjektiv ist, daß also der Randwert $y_a(1)$ bei geeigneter Wahl der "Anfangsgeschwindigkeit" a jeden beliebigen Wert annehmen kann. Dazu schreiben wir

$$(\star) \quad \begin{aligned} \Phi(a) &= y_a(1) = \int_0^1 y_a'(x)\,dx \\ &= \int_0^1 \left(a + \int_0^x y_a''(\xi)\,d\xi \right) dx \\ &= a - \int_0^1 \int_0^x g(y_a(\xi))\,d\xi\,dx. \end{aligned}$$

Nun wurde vorausgesetzt, daß g eine beschränkte Funktion ist; es gelte also $|g(v)| \leq C$ für alle $v \in \mathbb{R}$. Dann gilt

$$\left| \int_0^1 \int_0^x g(y_a(\xi))\,d\xi\,dx \right| \leq \int_0^1 \int_0^x |g(y_a(\xi))|\,d\xi\,dx$$
$$\leq \int_0^1 \int_0^x C\,d\xi\,dx = \int_0^1 Cx\,dx = \frac{C}{2}.$$

Das in $(\star)$ auftretende Integral ist also betragsmäßig durch $C/2$ beschränkt. Aus $(\star)$ folgt daher, daß für hinreichend große Werte von $|a|$ der Wert $\Phi(a)$ das gleiche Vorzeichen hat wie a und daß für $\Phi(a)$ Werte mit beliebig großem Betrag auftreten können. Nach dem Zwischenwertsatz ist Φ dann surjektiv.

(3) Nach (2) hat die Gleichung $\Phi(a) = b$ mindestens eine Lösung a. Für jede solche Lösung haben wir dann $y_a(0) = 0$ sowie $y_a(1) = \Phi(a) = b$, so daß y_a das gegebene Anfangswertproblem löst.

Um das gegebene Randwertproblem zu lösen, müssen wir also die Gleichung $\Phi(a) = b$ lösen, d.h., eine Nullstelle der Funktion $F(a) := \Phi(a) - b$ finden. Das gelingt etwa mit dem Newtonverfahren, dessen Iterationsvorschrift durch

$$a_{n+1} = a_n - \frac{F(a_n)}{F'(a_n)} = a_n - \frac{\Phi(a_n) - b}{\Phi'(a_n)}$$

gegeben ist. Dazu müssen wir wissen, wie wir an einer gegebenen Stelle a die Ableitung $\Phi'(a) = (\partial y_a/\partial a)(1)$ berechnen können, und dies gelingt mit Hilfe der Variationsgleichungen, was wir der Klarheit halber hier noch ausführen wollen. Wir betrachten zu dem Anfangswertproblem

$$\begin{bmatrix} y_1' \\ y_2' \end{bmatrix} = \begin{bmatrix} y_2 \\ -g(y_1) \end{bmatrix}, \quad \begin{bmatrix} y_1(0) \\ y_2(0) \end{bmatrix} = \begin{bmatrix} 0 \\ a \end{bmatrix}$$

die Variationsgleichung bezüglich des Anfangswertes $(\eta_1, \eta_2) = (0, a)$. Diese lautet $(\partial Y/\partial \eta)^\bullet = (\partial G/\partial Y) \cdot (\partial Y/\partial \eta)$, ausgeschrieben

$$\begin{bmatrix} \frac{\partial y_1}{\partial \eta_1} & \frac{\partial y_1}{\partial \eta_2} \\ \frac{\partial y_2}{\partial \eta_1} & \frac{\partial y_2}{\partial \eta_2} \end{bmatrix}^\bullet = \begin{bmatrix} 0 & 1 \\ -g'(y_1) & 0 \end{bmatrix} \begin{bmatrix} \frac{\partial y_1}{\partial \eta_1} & \frac{\partial y_1}{\partial \eta_2} \\ \frac{\partial y_2}{\partial \eta_1} & \frac{\partial y_2}{\partial \eta_2} \end{bmatrix}.$$

Nach der Kettenregel gilt nun

$$\begin{bmatrix} \frac{\partial y_1}{\partial a} \\ \frac{\partial y_2}{\partial a} \end{bmatrix} = \begin{bmatrix} \frac{\partial y_1}{\partial \eta_1} & \frac{\partial y_1}{\partial \eta_2} \\ \frac{\partial y_2}{\partial \eta_1} & \frac{\partial y_2}{\partial \eta_2} \end{bmatrix} \begin{bmatrix} \frac{\partial \eta_1}{\partial a} \\ \frac{\partial \eta_2}{\partial a} \end{bmatrix} = \begin{bmatrix} \frac{\partial y_1}{\partial \eta_1} & \frac{\partial y_1}{\partial \eta_2} \\ \frac{\partial y_2}{\partial \eta_1} & \frac{\partial y_2}{\partial \eta_2} \end{bmatrix} \begin{bmatrix} 0 \\ 1 \end{bmatrix}$$

und folglich

$$\begin{bmatrix} \frac{\partial y_1}{\partial a} \\ \frac{\partial y_2}{\partial a} \end{bmatrix}^\bullet = \begin{bmatrix} \frac{\partial y_1}{\partial \eta_2} \\ \frac{\partial y_2}{\partial \eta_2} \end{bmatrix}^\bullet = \begin{bmatrix} 0 & 1 \\ -g'(y_1) & 0 \end{bmatrix} \begin{bmatrix} \frac{\partial y_1}{\partial \eta_2} \\ \frac{\partial y_2}{\partial \eta_2} \end{bmatrix}$$
$$= \begin{bmatrix} \frac{\partial y_2}{\partial \eta_2} \\ -g'(y_1) \frac{\partial y_1}{\partial \eta_2} \end{bmatrix} = \begin{bmatrix} \frac{\partial y_2}{\partial a} \\ -g'(y_1) \frac{\partial y_1}{\partial a} \end{bmatrix}.$$

Ferner haben wir $(\partial Y/\partial \eta)(0) = \mathbf{1}$ und damit $(\partial y_1/\partial a)(0) = 0$ und $(\partial y_2/\partial a)(0) = 1$. Setzen wir also $z_1 := \partial y_1/\partial a$ und $z_2 := \partial y_2/\partial a$, so erhalten wir

$$\begin{bmatrix} y_1' \\ y_2' \\ z_1' \\ z_2' \end{bmatrix} = \begin{bmatrix} y_2 \\ -g(y_1) \\ z_2 \\ -g'(y_1) z_1 \end{bmatrix}, \quad \begin{bmatrix} y_1(0) \\ y_2(0) \\ z_1(0) \\ z_2(0) \end{bmatrix} = \begin{bmatrix} 0 \\ a \\ 0 \\ 1 \end{bmatrix}.$$

Bestimmen wir numerisch die Lösung dieses Anfangswertproblems und werten wir dann die dritte Komponente zur Zeit $t = 1$ aus, so erhalten wir den gewünschten Wert $z_1(1) = (\partial y_a/\partial a)(1) = \Phi'(a)$.

Lösung (118.24) (a) Der Cauchysche Existenz- und Eindeutigkeitssatz garantiert, daß $\varphi_{ts}(x)$ immer dann existiert, wenn t nahe genug bei s liegt, und daß die Abbildung φ_{ts} auf ihrem Definitionsbereich injektiv ist. Aufgrund der glatten Abhängigkeit der Lösungen eines Anfangswertproblems von den Anfangsdaten ist φ_{ts} sogar ein Diffeomorphismus.

(b) Die erste Gleichung besagt einfach, daß $x(t) := \varphi_{ts}(p)$ die Differentialgleichung $\dot{x}(t) = f(t, x(t))$ löst; die zweite Gleichung ist die Variationsgleichung bezüglich des Anfangszustands p. (In der Gleichungen $x(s) = p$ deuten wir s als Anfangszeit und p als Anfangszustand.)

(c) Wir deuten $t \mapsto x(t)$ als zeitliche Änderung des Zustands eines Systems. Dann ist $\varphi_{ts}(p) = x(t; s, p)$ der Zustand des Systems zur Zeit t, wenn p der Zustand dieses Systems zur Zeit s war. Die Abbildung φ_{ts} überträgt also den Zustand zur Zeit s in den Zustand zur Zeit t.

(d) Die ersten beiden Gleichungen folgen unmittelbar aus der in (c) angegebenen Interpretation. Die Abbildung φ_{ss} überträgt den Systemzustand zur Zeit s in den Zustand zur Zeit s, ändert also nichts. Die Abbildung $\varphi_{t_3 t_2} \circ \varphi_{t_2 t_1}$ überträgt den Systemzustand zur Zeit t_1 zunächst in denjenigen zur Zeit t_2 und dann in denjenigen zur Zeit t_3, hat also die gleiche Wirkung wie $\varphi_{t_3 t_1}$. Die letzte Gleichung folgt dann aus den Gleichungen $\varphi_{st} \circ \varphi_{ts} = \varphi_{ss} = \mathrm{id}$ und $\varphi_{ts} \circ \varphi_{st} = \varphi_{tt} = \mathrm{id}$, die zeigen, daß φ_{st} und φ_{ts} zueinander invers sind.

(e) Wenn es überhaupt ein Vektorfeld f mit der gewünschten Eigenschaft gibt, so muß die Bedingung
$$\frac{\partial}{\partial t} \varphi_{ts}(p) = f(t, \varphi_{ts}(p))$$
gelten, aus der durch Einsetzen von $t = s$ dann die Bedingung
$$\left. \frac{\partial}{\partial t} \right|_{t=s} \varphi_{ts}(p) = f(s, \varphi_{ss}(p)) = f(s, p)$$
folgt, die f eindeutig festlegt. Dieser Eindeutigkeitsbeweis gibt auch schon die Idee, wie der Existenzbeweis zu führen ist: Wir definieren
$$f(s, p) := \left. \frac{\partial}{\partial t} \right|_{t=s} \varphi_{ts}(p)$$
und zeigen, daß (φ_{ts}) der lokale Fluß von f ist. Zum Nachweis seien s und p fest gewählt; die Funktion $\alpha(t) := \varphi_{ts}(p)$ erfüllt dann die Differentialgleichung
$$\dot{\alpha}(t) = \left. \frac{\partial}{\partial \tau} \right|_{\tau=t} \varphi_{\tau s}(p) = \left. \frac{\partial}{\partial \tau} \right|_{\tau=t} \varphi_{\tau t}(\varphi_{ts}(p)) = f(t, \alpha(t))$$
sowie die Anfangsbedingung $\alpha(s) = \varphi_{ss}(p) = p$, und genau das war zu zeigen.

(f) Wir nehmen zunächst an, φ_{ts} hinge nur von $t - s$ ab; es gilt dann $\varphi_{ts}(p) = \varphi_{t-s,0}(p)$. Hieraus folgt
$$f(s, p) = \left. \frac{\partial}{\partial t} \right|_{t=s} \varphi_{ts}(p) = \left. \frac{\partial}{\partial t} \right|_{t=s} \varphi_{t-s,0}(p)$$
$$= \left. \frac{\partial}{\partial \tau} \right|_{\tau=0} \varphi_{\tau 0}(p) = f(0, p),$$

so daß f nicht explizit von der Zeit abhängt. Hängt umgekehrt f nicht von der Zeit ab (können wir also $f(x, t) = f(x)$ schreiben), so erfüllen die Funktionen $\alpha_1(t) := \varphi_{ts}(p)$ und $\alpha_2(t) := \varphi_{t-s,0}(p)$ beide die Differentialgleichung $\dot{\alpha}(t) = f(\alpha(t))$ und die Anfangsbedingung $\alpha(s) = p$, müssen also übereinstimmen. Damit ist alles gezeigt. Die anschauliche Deutung ist einfach: Wirft man einen Korken in eine stationäre (zeitlich unveränderliche) Strömung und will wissen, an welcher Stelle sich der Korken 10 Sekunden später befindet, so hängt die Antwort nicht davon ab, zu welchem Zeitpunkt man den Korken ins Wasser wirft.

Lösung (118.25) (a) Die Differentialgleichung $\dot{x} = 1/x$ läßt sich schreiben als $1 = x\dot{x} = (\mathrm{d}/\mathrm{d}t)(x^2/2)$. Integration liefert $t + (C/2) = x^2/2$ bzw. $x^2 = 2t + C$ mit einer Konstanten C. Gilt $x(s) = p$, so folgt $p^2 = 2s + C$ und damit $C = p^2 - 2s$; wir haben also $x(t)^2 = 2t - 2s + p^2$. Es gilt daher $x(t) = \mathrm{sign}(p)\sqrt{2t - 2s + p^2}$. Der lokale Fluß ist daher
$$\varphi_{ts}(p) = \mathrm{sign}(p)\sqrt{2t - 2s + p^2} = \mathrm{sign}(p)\sqrt{2(t-s) + p^2}.$$
In Übereinstimmung mit (118.24) hängt $\varphi_{ts}(p)$ nur von der Zeitdifferenz $t - s$ ab. Die Halbgruppeneigenschaft ergibt sich aus der Rechnung
$$(\varphi_{t_3 t_2} \circ \varphi_{t_2 t_1})(p) = \mathrm{sign}(p)\sqrt{2(t_3-t_2) + \varphi_{t_2 t_1}(p)^2}$$
$$= \mathrm{sign}(p)\sqrt{2(t_3-t_2) + (2(t_2-t_1) + p^2)}$$
$$= \mathrm{sign}(p)\sqrt{2(t_3-t_1) + p^2} = \varphi_{t_3 t_1}(p).$$

(b) Durchmultiplizieren der Gleichung $\dot{x} - x = t$ mit e^{-t} liefert $(\mathrm{d}/\mathrm{d}t)(xe^{-t}) = te^{-t}$; die allgemeine Lösung ist also gegeben durch $xe^{-t} = -te^{-t} - e^{-t} + C$ bzw. $x = -t - 1 + Ce^t$. Einsetzen von $t = s$ mit $x(s) =: p$ liefert $p = -s - 1 + Ce^s$ und damit $C = (p + s + 1)e^{-s}$; also gilt
$$\varphi_{ts}(p) = (p + s + 1)e^{t-s} - t - 1.$$
Die Halbgruppeneigenschaft ergibt sich aus der Rechnung
$$(\varphi_{t_3 t_2} \circ \varphi_{t_2 t_1})(p) = (\varphi_{t_2 t_1}(p) + t_2 + 1)e^{t_3-t_2} - t_3 - 1$$
$$= ((p + t_1 + 1)e^{t_2-t_1} - t_2 - 1 + t_2 + 1)e^{t_3-t_2} - t_3 - 1$$
$$= ((p + t_1 + 1)e^{t_2-t_1})e^{t_3-t_2} - t_3 - 1$$
$$= (p + t_1 + 1)e^{t_3-t_1} - t_3 - 1 = \varphi_{t_3 t_1}(p).$$

(c) Aus $\dot{x} = t/x$ folgt $2x\dot{x} = 2t$, also $(\mathrm{d}/\mathrm{d}t)x^2 = (\mathrm{d}/\mathrm{d}t)t^2$ und damit $x^2 = t^2 + C$ mit einer Konstanten C. Einsetzen von $t = s$ liefert $x(s)^2 = s^2 + C$; mit $p = x(s)$ gilt also $C = p^2 - s^2$ und damit $x(t)^2 = t^2 + p^2 - s^2$. Es gilt also
$$\varphi_{ts}(p) = \mathrm{sign}(p)\sqrt{t^2 - s^2 + p^2}.$$
Zum Überprüfen der Halbgruppeneigenschaft schreiben wir
$$(\varphi_{t_3 t_2} \circ \varphi_{t_2 t_1})(p) = \mathrm{sign}(p)\sqrt{t_3^2 - t_2^2 + \varphi_{t_2 t_1}(p)^2}$$
$$= \mathrm{sign}(p)\sqrt{(t_3^2 - t_2^2) + (t_2^2 - t_1^2 + p^2)}$$
$$= \mathrm{sign}(p)\sqrt{t_3^2 - t_1^2 + p^2} = \varphi_{t_3 t_1}(p).$$

Aufgaben zu »Existenz- und Eindeutigkeitssätze« siehe Seite 72

118. Existenz- und Eindeutigkeitssätze

Lösung (118.26) Es sei P eine beliebige Stammfunktion von p; die angegebene Differentialgleichung läßt sich nach Durchmultiplizieren mit e^P dann schreiben als

$$\frac{d}{dt}\left(e^{P(t)}x(t)\right) = q(t)e^{P(t)}$$

mit der Lösung $e^P x = \int q e^P$, genauer $e^{P(t)}x(t) = e^{P(s)}x(s) + \int_s^t q e^P$ bzw.

$$x(t) = e^{-(P(t)-P(s))}x(s) + e^{-P(t)}\int_s^t q e^P.$$

Schreiben wir $x(s) =: \xi$, so bedeutet dies

$$\varphi_{ts}(\xi) = e^{-(P(t)-P(s))}\xi + e^{-P(t)}\int_s^t q e^P.$$

Lösung (118.27) (a) Die Gleichung lautet $\dot{x} = x^2 + 2tx + t^2 = (x+t)^2$. Für $u(t) := x(t)+t$ gilt dann $\dot{u}-1 = u^2$ bzw. $\dot{u} = 1+u^2$. Dies ist eine separierbare Gleichung; Trennung der Variablen liefert

$$\int \frac{du}{1+u^2} = \int dt, \quad \text{folglich} \quad \arctan(u) = t+C$$

und damit $u(t) = \tan(t+C)$ mit einer beliebigen Konstanten C. Für $x(t) = u(t)-t$ erhalten wir dann die allgemeine Lösung

$$x(t) = \tan(t+C) - t.$$

Um den lokalen Fluß auszurechnen machen wir den Ansatz $x(s) = p$ und erhalten $\tan(s+C) = s+p$, folglich $C \equiv \arctan(s+p) - s$ modulo π und damit $\varphi_{ts}(p) = \tan(t-s+\arctan(s+p)) - t$. Dies können wir noch umschreiben, indem wir das Additionstheorem für die Tangensfunktion ausnutzen; es ergibt sich

$$\varphi_{ts}(p) = \frac{s+p+\tan(t-s)}{1-(s+p)\tan(t-s)} - t.$$

(b) Division der Gleichung $t\dot{x} - x = -t - te^{-x/t}$ durch t^2 liefert

$$\frac{t\dot{x}-x}{t^2} = \frac{-1-e^{-x/t}}{t}.$$

Mit $u(t) := x(t)/t$ bedeutet dies $\dot{u} = (-1-e^{-u})/t$, nach Trennung der Variablen also

$$\int \frac{-dt}{t} = \int \frac{du}{1+e^{-u}} = \int \frac{e^u}{e^u+1}du$$

und damit $-\ln(|t|)+\widehat{C} = \ln(e^u+1)$ bzw. $e^u+1 = e^{\widehat{C}}/|t| = C/t$ mit einer Konstanten C. Hieraus folgt $u = \ln((C/t)-1)$. Für $x = tu$ ergibt sich dann

$$x(t) = t \cdot \ln((C/t)-1).$$

Die Anfangsbedingung $x(s) = p$ liefert $e^{p/s} = (C/s)-1$, folglich $C = s + se^{p/s}$. Setzen wir dies in die allgemeine Lösung ein, so ergibt sich

$$\varphi_{ts}(p) = t\cdot\ln\left(\frac{s+se^{p/s}}{t}-1\right) = t\cdot\ln\left(\frac{se^{p/s}+s-t}{t}\right).$$

(c) Die Differentialgleichung lautet $(1+t)\dot{x} + x = -(1+t)^2 x^4$. Mit $u(t) := (1+t)x(t)$ bedeutet dies $\dot{u} = -u^4/(1+t)^2$. Dies ist eine separierbare Gleichung; Trennung der Variablen ergibt

$$\int \frac{-du}{u^4} = \int \frac{dt}{(1+t)^2}$$

und nach Integration dann $(1/3)u^{-3} = -1/(1+t)+\widehat{C}$ mit einer beliebigen Konstanten $\widehat{C}$. Mit $C := 3\widehat{C}$ bedeutet dies $u^{-3} = C - 3/(1+t) = (C-3+Ct)/(1+t)$ und damit

$$u(t) = \sqrt[3]{\frac{1+t}{C-3+Ct}}.$$

Für $x(t) = u(t)/(1+t)$ bedeutet dies

$$x(t) = \frac{1}{\sqrt[3]{(1+t)^2(Ct+C-3)}}.$$

Die Anfangsbedingung $x(s) = p$ führt dann auf

$$C = \frac{3}{s+1} + \frac{1}{p^3(s+1)^3} = \frac{1+3p^3(1+s)^2}{p^3(1+s)^3}.$$

Setzen wir dies in die allgemeine Lösung ein, so ergibt sich

$$\varphi_{ts}(p) = \frac{(1+s)p}{(1+t)^{2/3}\cdot\sqrt[3]{t+1+3p^3(1+s)^2(t-s)}}$$

Bemerkung: Wir können die angegebene Gleichung alternativ auch als Bernoullische Differentialgleichung gemäß Aufgabe (117.9) auffassen. Wir setzen dann $u := x^{-3}$; mit $x = u^{-1/3}$ geht die Gleichung über in

$$-\frac{u^{-4/3}\dot{u}}{3} + \frac{u^{-1/3}}{1+t} + (1+t)u^{-4/3} = 0$$

und damit

$$-\frac{\dot{u}}{3} + \frac{u}{1+t} + (1+t) = 0 \quad \text{bzw.} \quad \dot{u} - \frac{3u}{1+t} = 3(1+t).$$

Dies ist eine lineare Differentialgleichung. Durchmultiplizieren mit $(1+t)^{-3}$ liefert

$$\frac{d}{dt}\left(\frac{u}{(1+t)^3}\right) = \frac{3}{(1+t)^2}$$

bzw.

$$\frac{u}{(1+t)^3} = \frac{-3}{1+t} + C$$

und damit $u(t) = C(1+t)^3 - 3(1+t)^2$. Setzen wir dies in die Gleichung $x = u^{-1/3}$ ein, so ergibt sich die gleiche Lösung wie zuvor.

(d) Dies ist eine Riccati-Gleichung, die in Aufgabe (117.10)(b) schon einmal gelöst wurde! Da $x \equiv 1$ eine spezielle Lösung ist, erfüllt gemäß Aufgabe (117.10)(a) die Funktion $u(t) := 1/(x(t)-1)$ eine lineare Differentialgleichung. Wir setzen also $x(t) = (1/u(t)) + 1$; die angegebene Differentialgleichung geht dann über in

$$\frac{-\dot{u}}{u^2} = (1-t)\left(\frac{1}{u^2} + \frac{2}{u} + 1\right) + (2t-1)\left(\frac{1}{u} + 1\right) - t,$$

nach Durchmultiplizieren mit u^2 also in $-\dot{u} = (1-t)(1+2u+u^2) + (2t-1)(u+u^2) - tu^2 = (1-t)+u$ bzw. $\dot{u}+u = t-1$. Durchmultiplizieren mit e^t ergibt $(d/dt)(e^t u) = (t-1)e^t$ und damit $e^t u = (t-2)e^t + C$ mit einer beliebigen Konstanten C. Wir erhalten also $u = t-2+Ce^{-t}$ und für $x(t) = (1/u(t))+1$ daher

$$x(t) = 1 + \frac{1}{t-2+Ce^{-t}} = 1 + \frac{e^t}{C+(t-2)e^t}.$$

Einsetzen der Anfangsbedingung $x(s) = p$ führt auf $C = e^s/(p-1) - (s-2)e^s$. Setzen wir dies in die allgemeine Lösung ein, so ergibt sich

$$\varphi_{ts}(p) = 1 + \frac{e^t(p-1)}{e^s + (p-1)((t-2)e^t - (s-2)e^s)}.$$

Lösung (118.28) Eine Lösung von $(\star)$ ist offensichtlich gegeben durch $x \equiv 0$ und $y(t) = t + C$ mit einer beliebigen Konstanten C; wir suchen weitere Lösungen. Aus $(\star)$ ergibt sich $x = \dot{y} - 1$ und damit

$$x = \frac{d}{dt}\left(\frac{x}{\dot{x}}\right) - 1 = \frac{\dot{x}^2 - x\ddot{x}}{\dot{x}^2} - 1 = \frac{-x\ddot{x}}{\dot{x}^2}.$$

Auf jedem Intervall, auf dem $x \neq 0$ gilt, dürfen wir durch x dividieren und erhalten $1 = -\ddot{x}/\dot{x}^2$ bzw. $\ddot{x} = -\dot{x}^2$. Schreiben wir $v(t) := \dot{x}(t)$, so geht dies über in $\dot{v} = -v^2$, und dies ist eine separable Differentialgleichung für v. Integration dieser Gleichung liefert

$$\int \frac{-1}{v^2} \, dv = \int dt \quad \text{bzw.} \quad \frac{1}{v} = t + C$$

mit einer beliebigen Konstanten C. Es gilt daher $\dot{x}(t) = v(t) = 1/(t+C)$, nach Integration also $x(t) = \ln|t+C|+D$ mit einer weiteren Konstanten D. Hieraus ergibt sich dann $y(t) = x(t)/\dot{x}(t) = (t+C)x(t)$. Da die rechte Seite der Differentialgleichung nicht explizit von t abhängt, dürfen wir gemäß Aufgabe (118.24)(f) die Anfangszeit $s = 0$ wählen. Einsetzen der Anfangsbedingungen $x(0) = x_0$ und $y(0) = y_0$ führt auf die Gleichungen $x_0 = \ln|C|+D$ sowie $y_0 = Cx_0$, also $C = y_0/x_0$ und dann $D = x_0 - \ln|y_0/x_0|$. Es ergibt sich $x(t) = \ln|t+(y_0/x_0)|+x_0 - \ln|y_0/x_0| =$ $\ln|(tx_0+y_0)/y_0|+x_0$. Der lokale Fluß von $(\star)$ ist daher gegeben durch $\varphi_{t,0}(x_0,y_0) = (x(t;x_0,y_0), y(t;x_0,y_0))$ mit

$$x(t;x_0,y_0) = x_0 + \ln\left|\frac{tx_0+y_0}{y_0}\right|,$$
$$y(t;x_0,y_0) = \frac{tx_0+y_0}{x_0} \cdot x(t;x_0,y_0).$$

Wegen $\varphi_{ts} = \varphi_{t-s,0}$ gilt daher

$$\varphi_{ts}(x_0,y_0) = \begin{bmatrix} x_0 + \ln\left|\frac{(t-s)x_0+y_0}{y_0}\right| \\ \frac{(t-s)x_0+y_0}{x_0} \cdot \left(x_0 + \ln\left|\frac{(t-s)x_0+y_0}{y_0}\right|\right) \end{bmatrix}.$$

Der maximale Definitionsbereich hängt davon ab, in welchem Quadranten der Anfangswert (x_0,y_0) liegt. In jedem der möglichen Fälle spielt der kritische Wert $t_\star := -y_0/x_0$, an dem $(x(t),y(t))$ nicht definiert ist, eine entscheidende Rolle. Für $t \to t_\star$ erhalten wir offensichtlich

$$x(t) \to -\infty \quad \text{und} \quad \dot{x}(t) = \frac{x_0}{tx_0+y_0} \to \pm\infty$$

(je nach Vorzeichen von x_0 und y_0). Ferner gilt

$$\lim_{t \to t_\star} y(t) = \lim_{t \to t_\star} \frac{(tx_0+y_0)/x_0}{1/x(t)} \stackrel{(1)}{=} \lim_{t \to t_\star} \frac{1}{-x(t)^{-2}\dot{x}(t)}$$
$$= \lim_{t \to t_\star} \frac{-x(t)^2}{\dot{x}(t)} \stackrel{(1)}{=} \lim_{t \to t_\star} \frac{-2x(t)\dot{x}(t)}{\ddot{x}(t)} \stackrel{(2)}{=} \lim_{t \to t_\star} \frac{2x(t)}{\dot{x}(t)}$$
$$\stackrel{(1)}{=} \lim_{t \to t_\star} \frac{2\dot{x}(t)}{\ddot{x}(t)} \stackrel{(2)}{=} \lim_{t \to t_\star} \frac{-2}{\dot{x}(t)} = 0;$$

dabei benutzten wir bei (1) jeweils die Regel von de l'Hospital und bei (2) die Identität $\ddot{x} = -\dot{x}^2$. Wir überlegen uns noch das maximale Definitionsintervall der Lösung.

• Liegt (x_0,y_0) im ersten oder dritten Quadranten, so ist $t_\star = -y_0/x_0$ negativ, und das Lösungsintervall ist $(t_\star, \infty)$. In diesem Fall haben wir $(x(t),y(t)) \to (-\infty,0)$ für $t \to t_\star$ (endliche Vergangenheit) und $(x(t),y(t)) \to (\infty,\infty)$ für $t \to \infty$.

• Liegt (x_0,y_0) im zweiten oder vierten Quadranten, so ist $t_\star = -y_0/x_0$ positiv, und das Lösungsintervall ist $(-\infty,t_\star)$. In diesem Fall haben wir $(x(t),y(t)) \to (\infty,-\infty)$ für $t \to -\infty$ und $(x(t),y(t)) \to (-\infty,0)$ für $t \to t_\star$ (endliche Zukunft).

Die folgende Abbildung zeigt einige Integralkurven des Differentialgleichungssystems. In jedem der grau schraffierten Felder ist angegeben, in welcher Richtung die Integralkurven jeweils verlaufen (dabei steht L für "links", R für "rechts", U für "unten" sowie O für "oben"). Auf der rot markierten Geraden $y = 0$ ist das Differentialgleichungssystem nicht definiert.

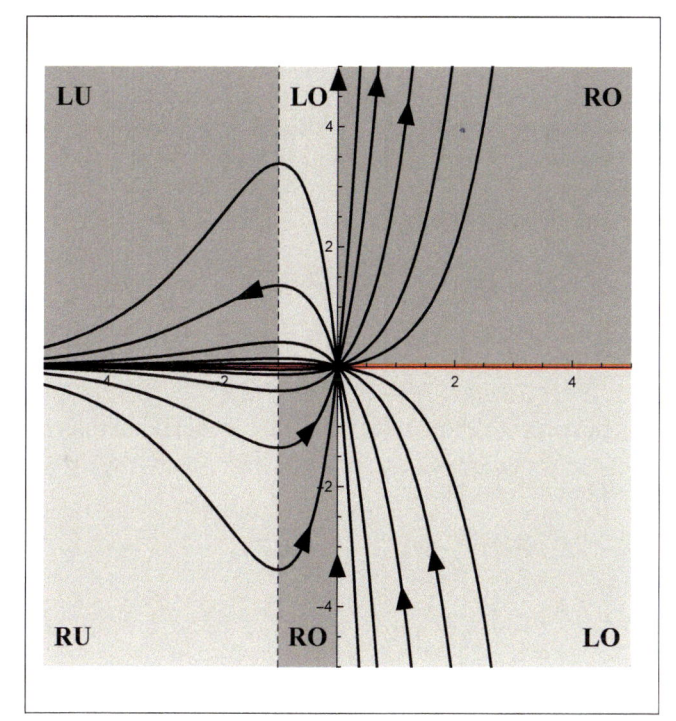

Verlauf einiger Integralkurven des Vektorfeldes $(x,y) \mapsto (x/y,\, x+1)$.

Lösung (118.29) (a) Setzen wir $x(t) := X(t,s)p$, so erhalten wir $\dot{x}(t) = \dot{X}(t,s)p = A(t)X(t,s)p = A(t)x(t)$ sowie $x(s) = X(s,s)p = \mathbf{1}p = p$; also gilt $\varphi_{ts}(p) = X(t,s)p$.

(b) Wir schreiben

$$X(t) - \mathbf{1} = X(t) - X(s) = \int_s^t \dot{X}(\tau)\,d\tau = \int_s^t A(\tau)X(\tau)\,d\tau,$$

also

$(\star)$ $\qquad X(t) = \mathbf{1} + \int_s^t A(\tau)X(\tau)\,d\tau$.

Dies ist keine explizite Lösung für die Funktion $t \mapsto X(t)$, weil X sowohl auf der linken als auch auf der rechten Seite der Gleichung auftritt. Wir können aber den Term $X(\tau)$ auf der rechten Seite gemäß $(\star)$ durch $\mathbf{1} + \int_s^\tau A(u)X(u)\,du$ ersetzen und erhalten

$$X(t) = \mathbf{1} + \int_s^t A(\tau)\left(\mathbf{1} + \int_s^\tau A(u)X(u)\,du\right)d\tau$$
$$= \mathbf{1} + \int_s^t A(\tau)\,d\tau + \int_s^t\int_s^\tau A(\tau)A(u)X(u)\,du\,d\tau.$$

Den im letzten Integral auftretenden Ausdruck $X(u)$ können wir nun gemäß $(\star)$ ersetzen durch $\mathbf{1} + \int_s^u A(v)X(v)\,dv$. Tun wir dies, so ergibt sich

$$X(t) = \mathbf{1} + \int_s^t A(\tau)\,d\tau + \int_s^t\int_s^\tau A(\tau)A(u)\,du\,d\tau$$
$$+ \int_s^t\int_s^\tau\int_s^u A(\tau)A(u)A(v)X(v)\,dv\,du\,d\tau.$$

Iterieren wir das Verfahren und bezeichnen wir die neu eingeführten Variablen mit $t_1, t_2, t_3, \ldots$ statt $\tau, u, v, \ldots$, so erhalten wir die Reihendarstellung

$$X(t,s) = \sum_{k=0}^\infty X_k(t,s) \quad \text{mit} \quad X_0(t,s) = \mathbf{1} \quad \text{und}$$

$$X_k(t,s) := \int_s^t\int_s^{t_1}\cdots\int_s^{t_{k-1}} A(t_1)A(t_2)\cdots A(t_k)\,dt_k\cdots dt_2\,dt_1.$$

Die Reihe konvergiert dabei absolut. Da nämlich A als stetig vorausgesetzt wurde, gibt es eine Konstante C mit $\|A(\tau)\| \leq C$ für alle $\tau \in [s,t]$ (wobei wir irgendeine submultiplikative Matrixnorm $\|\cdot\|$ wählen). Es gilt dann $\|A(t_1)A(t_2)\cdots A(t_k)\| \leq C^k$ und folglich

$$\|X_k(t,s)\| \leq C^k \int_s^t\int_s^{t_1}\cdots\int_s^{t_{k-1}} dt_k\cdots dt_2\,dt_1 = C^k \cdot \frac{(t-s)^k}{k!},$$

wobei sich die letzte Gleichung durch explizite Berechnung des Mehrfachintegrals ergibt. (Man sieht die Gesetzmäßigkeit sofort, wenn man etwa $k=3$ oder $k=4$ wählt; formal kann man dann eine vollständige Induktion durchführen.) Wir erhalten dann

$$\|X(t,s)\| \leq \sum_{k=0}^\infty \|X_k(t,s)\| \leq \sum_{k=0}^\infty \frac{C^k(t-s)^k}{k!} = e^{C(t-s)}.$$

(Die Funktion $t \mapsto \|X(t,s)\|$ hat also höchstens exponentielles Wachstum.)

(c) Hängt A nicht von der Zeit ab, so gilt $A(t_1)A(t_2)\cdots A(t_k) = A^k$, und die Darstellung von $X_k(t,s)$ geht über in

$$X_k(t,s) = \int_s^t\int_s^{t_1}\cdots\int_s^{t_{k-1}} dt_k\cdots dt_2\,dt_1\, A^k = \frac{(t-s)^k}{k!}A^k.$$

Es gilt dann also

$$X(t,s) = \sum_{k=0}^\infty X_k(t,s) = \sum_{k=0}^\infty \frac{(t-s)^k}{k!}A^k = \exp\bigl((t-s)A\bigr);$$

der Zustandsänderungsoperator ist also in diesem Fall gegeben durch die Exponentialfunktion für Matrizen. Wir beachten, daß $X(t,s)$ in diesem Fall in Übereinstimmung mit (118.24)(f) nur von der Zeitdifferenz $t-s$ abhängt.

Lösung (118.30) (a) Mit $y_1 := y$ und $y_2 := y'$ erhalten wir $y_1' = y_2$ sowie $y_2' = -x^2 y_1 + x y_2 + x$ und damit

$$\begin{bmatrix} y_1' \\ y_2' \end{bmatrix} = \begin{bmatrix} 0 & 1 \\ -x^2 & x \end{bmatrix}\begin{bmatrix} y_1 \\ y_2 \end{bmatrix} + \begin{bmatrix} 0 \\ x \end{bmatrix},\quad \begin{bmatrix} y_1(0) \\ y_2(0) \end{bmatrix} = \begin{bmatrix} 3 \\ 1 \end{bmatrix}.$$

(b) Schreiben wir $\eta := (y_1, y_2)^T$, so haben wir $\eta(0) = (3, 1)^T$, dann $\eta(1) \approx \eta(0) + \eta'(0) \cdot 1$, also

$$\begin{bmatrix} y_1(1) \\ y_2(1) \end{bmatrix} \approx \begin{bmatrix} 3 \\ 1 \end{bmatrix} + \begin{bmatrix} 0 & 1 \\ 0 & 0 \end{bmatrix} \begin{bmatrix} 3 \\ 1 \end{bmatrix} + \begin{bmatrix} 0 \\ 0 \end{bmatrix} = \begin{bmatrix} 4 \\ 1 \end{bmatrix},$$

und schließlich $\eta(2) \approx \eta(1) + \eta'(1) \cdot 1$, also

$$\begin{bmatrix} y_1(2) \\ y_2(2) \end{bmatrix} \approx \begin{bmatrix} 4 \\ 1 \end{bmatrix} + \begin{bmatrix} 0 & 1 \\ -1 & 1 \end{bmatrix} \begin{bmatrix} 4 \\ 1 \end{bmatrix} + \begin{bmatrix} 0 \\ 1 \end{bmatrix} = \begin{bmatrix} 5 \\ -1 \end{bmatrix}.$$

Also gilt $y(2) = y_1(2) \approx 5$.

(c) Schreiben wir wieder $\eta := (y_1, y_2)^T$, so ist die Picard-Lindelöf-Folge $(\eta_0, \eta_1, \eta_2, \ldots)$ gegeben durch $\eta_0(x) := (3, 1)^T$ und die Rekursionsformel

$$\eta_{n+1}(x) = \begin{bmatrix} 3 \\ 1 \end{bmatrix} + \int_0^x \left(\begin{bmatrix} 0 & 1 \\ -\xi^2 & \xi \end{bmatrix} \eta_n(\xi) + \begin{bmatrix} 0 \\ \xi \end{bmatrix} \right) d\xi.$$

Dies liefert

$$\eta_1(x) = \begin{bmatrix} 3 \\ 1 \end{bmatrix} + \int_0^x \left(\begin{bmatrix} 0 & 1 \\ -\xi^2 & \xi \end{bmatrix} \begin{bmatrix} 3 \\ 1 \end{bmatrix} + \begin{bmatrix} 0 \\ \xi \end{bmatrix} \right) d\xi$$

$$= \begin{bmatrix} 3 \\ 1 \end{bmatrix} + \int_0^x \begin{bmatrix} 1 \\ 2\xi - 3\xi^2 \end{bmatrix} d\xi$$

$$= \begin{bmatrix} 3 + x \\ 1 + x^2 - x^3 \end{bmatrix}$$

und

$$\eta_2(x) = \begin{bmatrix} 3 \\ 1 \end{bmatrix} + \int_0^x \left(\begin{bmatrix} 0 & 1 \\ -\xi^2 & \xi \end{bmatrix} \begin{bmatrix} 3+\xi \\ 1+\xi^2-\xi^3 \end{bmatrix} + \begin{bmatrix} 0 \\ \xi \end{bmatrix} \right) d\xi$$

$$= \begin{bmatrix} 3 \\ 1 \end{bmatrix} + \int_0^x \begin{bmatrix} 1 + \xi^2 - \xi^3 \\ 2\xi - 3\xi^2 - \xi^4 \end{bmatrix} d\xi$$

$$= \begin{bmatrix} 3 + x + (x^3/3) - (x^4/4) \\ 1 + x^2 - x^3 - (x^5/5) \end{bmatrix}.$$

Folglich ist $y(2)$ näherungsweise gegeben durch die erste Komponente des Vektors $\eta(2)$, also $y(2) \approx 3.\overline{6}$.

Lösung (118.31) Es handelt sich um eine separable Differentialgleichung. Eine Lösung ist gegeben durch $y \equiv 0$. Auf einem Intervall, auf dem die gesuchte Lösung von Null verschieden ist, können wir die Variablen trennen und erhalten

$$\int \frac{2}{3} y^{-1/3} dy = \int dx \qquad \text{bzw.} \qquad y^{2/3} = x + C$$

mit einer beliebigen Konstanten C. Dies liefert dann für $x \geq -C$ die beiden Lösungen

$$y(x) = \pm(x+C)^{3/2} = \pm(x+C)\sqrt{x+C}.$$

An der Stelle $x = -C$ kann man dann die Lösung durch $y(x) := 0$ für $x \leq -C$ fortsetzen. Jede Lösung außer der konstanten Funktion mit dem Wert Null sieht also folgendermaßen aus: Es gilt $y(x) \equiv 0$ für $-\infty < x \leq a$ mit einem frei wählbaren Wert a und dann $y(x) = (x-a)^{3/2}$ oder $y(x) = -(x-a)^{3/2}$ für $x \geq a$. Hieraus folgt sofort, daß das Anwendungsproblem

$$2y' = 3\sqrt[3]{y}, \qquad y(x_0) = y_0$$

genau eine Lösung hat, wenn $y_0 \neq 0$ gilt, und unendlich viele Lösungen, wenn $y_0 = 0$ gilt.

Lösung (118.32) (a) Wir führen die Funktionen $y_1(x) := y$, $y_2 := y'$, $y_3 := y''$ und $y_4 := y'''$ ein und erhalten dann das System

$$\begin{aligned} y_1'(x) &= y_2(x), \\ y_2'(x) &= y_3(x), \\ y_3'(x) &= y_4(x), \\ y_4'(x) &= 1 + xy_1(x) - e^x y_2(x) - \sin(x) y_3(x) + 3x y_4(x). \end{aligned}$$

Wegen der Linearität der ursprünglichen Gleichung (und damit auch derjenigen des erhaltenen Systems) können wir dies auch in Matrixform schreiben:

$$\begin{bmatrix} y_1'(x) \\ y_2'(x) \\ y_3'(x) \\ y_4'(x) \end{bmatrix} = \begin{bmatrix} 0 & 1 & 0 & 0 \\ 0 & 0 & 1 & 0 \\ 0 & 0 & 0 & 1 \\ x & -e^x & -\sin(x) & 3x \end{bmatrix} \begin{bmatrix} y_1(x) \\ y_2(x) \\ y_3(x) \\ y_4(x) \end{bmatrix} + \begin{bmatrix} 0 \\ 0 \\ 0 \\ 1 \end{bmatrix}.$$

(b) Wir führen die Funktionen $y_1 := u$, $y_2 := u'$, $y_3 := u''$, $y_4 := v$, $y_5 = v'$ und $y_6 := v''$ ein und erhalten dann das System

$$\begin{aligned} y_1' &= y_2, \\ y_2' &= y_3, \\ y_3' &= 3y_2 y_6 + y_3 y_5 + x^2, \\ y_4' &= y_5, \\ y_5' &= y_6, \\ y_6' &= y_1 y_4 + y_2 y_5 - y_5 + x. \end{aligned}$$

Lösung (118.33) (a) Für die Euler-Iteration

$$\begin{bmatrix} x_{k+1} \\ y_{k+1} \end{bmatrix} = \begin{bmatrix} x_k \\ y_k \end{bmatrix} + \Delta t \cdot \begin{bmatrix} y_k^2 + 2t_k \\ t_k x_k - 1 \end{bmatrix}$$

ergeben sich mit $t_0 := 0$, $\Delta t := 0.5$ und $t_{k+1} := t_k + \Delta t$ sowie $(x_0, y_0) = (0, 0)$ die Werte

$$\begin{bmatrix} x_1 \\ y_1 \end{bmatrix} = \begin{bmatrix} 0 \\ 0 \end{bmatrix} + 0.5 \begin{bmatrix} 0 \\ -1 \end{bmatrix} = \begin{bmatrix} 0 \\ -0.5 \end{bmatrix}$$

sowie

$$\begin{bmatrix} x_2 \\ y_2 \end{bmatrix} = \begin{bmatrix} 0 \\ -0.5 \end{bmatrix} + 0.5 \begin{bmatrix} 1.25 \\ -1 \end{bmatrix} = \begin{bmatrix} 0.625 \\ -1 \end{bmatrix}.$$

Wir erhalten also die Näherungswerte $x(1) \approx 0.625$ und $y(1) \approx -1$.

(b) Mit $\bigl(x_0(t), y_0(t)\bigr) = (0,0)$ liefert die Picard-Lindelöf-Iteration

$$\begin{bmatrix} x_{n+1}(t) \\ y_{n+1}(t) \end{bmatrix} = \begin{bmatrix} 0 \\ 0 \end{bmatrix} + \int_0^t \begin{bmatrix} y_n(\tau)^2 + 2\tau \\ \tau\, x_n(\tau) - 1 \end{bmatrix} d\tau$$

die Näherungslösungen

$$\begin{bmatrix} x_1(t) \\ y_1(t) \end{bmatrix} = \int_0^t \begin{bmatrix} 2\tau \\ -1 \end{bmatrix} d\tau = \begin{bmatrix} t^2 \\ -t \end{bmatrix}$$

sowie

$$\begin{bmatrix} x_2(t) \\ y_2(t) \end{bmatrix} = \int_0^t \begin{bmatrix} \tau^2 + 2\tau \\ \tau^3 - 1 \end{bmatrix} d\tau = \begin{bmatrix} (t^3/3) + t^2 \\ (t^4/4) - t \end{bmatrix}.$$

Lösung (118.34) Die erste Komponente der Gleichung lautet $\dot{x}(t) = 0$ mit der allgemeinen Lösung $x(t) = C$. Die zweite Komponente lautet dann $\dot{y}(t) = e^{t^2} x(t) + 2t y(t) = C e^{t^2} + 2t y(t)$ bzw.

$$\dot{y}(t) - 2t y(t) = C e^{t^2}.$$

Durchmultiplizieren mit e^{-t^2} liefert

$$\frac{d}{dt}\left(e^{-t^2} y(t)\right) = C$$

und damit $e^{-t^2} y(t) = Ct + D$ bzw. $y(t) = Ct e^{t^2} + D e^{t^2}$. Die allgemeine Lösung des betrachteten Differentialgleichungssystems lautet also

$$\begin{bmatrix} x(t) \\ y(t) \end{bmatrix} = \begin{bmatrix} 1 & 0 \\ t e^{t^2} & e^{t^2} \end{bmatrix} \begin{bmatrix} C \\ D \end{bmatrix}$$

mit beliebigen Konstanten C und D. Für den Zustandsänderungsoperator ergibt sich dann

$$X(t,s) = \begin{bmatrix} 1 & 0 \\ t e^{t^2} & e^{t^2} \end{bmatrix} \begin{bmatrix} 1 & 0 \\ s e^{s^2} & e^{s^2} \end{bmatrix}^{-1}$$

$$= \begin{bmatrix} 1 & 0 \\ t e^{t^2} & e^{t^2} \end{bmatrix} \begin{bmatrix} 1 & 0 \\ -s & e^{-s^2} \end{bmatrix}$$

$$= \begin{bmatrix} 1 & 0 \\ (t-s) e^{t^2} & e^{t^2 - s^2} \end{bmatrix}.$$

Lösung (118.35) (a) Es sei $f(x,y) := 1 + xy$. Wir wählen zunächst $\Delta x = 1$ und erhalten

$$\begin{aligned} y(0) &= 0, \\ y(1) &\approx y(0) + \Delta x \cdot f(0,0) = 1, \\ y(2) &\approx y(1) + \Delta x \cdot f(1,1) \approx 3. \end{aligned}$$

Wählen wir dagegen $\Delta x = 0.5$, so erhalten wir

$$\begin{aligned} y(0) &= 0, \\ y(0.5) &\approx y(0) + \Delta x \cdot f(0,0) = 0.5, \\ y(1) &\approx y(0.5) + \Delta x \cdot f(0.5, 0.5) \approx 1.125, \\ y(1.5) &\approx y(1) + \Delta x \cdot f(1, 1.125) \approx 2.1875, \\ y(2) &\approx y(1.5) + \Delta x \cdot f(1.5, 2.1875) \approx 4.328125. \end{aligned}$$

(b) Die Picard-Lindelöf-Iteration ist gegeben durch die Vorschrift $y_n(x) = \int_0^x \bigl(1 + \xi\, y_n(\xi)\bigr) d\xi$. Beginnend mit $y_0(x) \equiv 0$ erhalten wir

$$y_1(x) = \int_0^x 1\, d\xi = x,$$

$$y_2(x) = \int_0^x (1 + \xi^2)\, d\xi = x + \frac{x^3}{3},$$

$$y_3(x) = \int_0^x \left(1 + \xi^2 + \frac{\xi^4}{3}\right) d\xi = x + \frac{x^3}{3} + \frac{x^5}{15}.$$

(c) Die Variationsgleichung bezüglich des Anfangswertes y_0 lautet $(\partial y/\partial y_0)' = x(\partial y/\partial y_0)$. Setzen wir also $\eta := \partial y/\partial y_0$, so erfüllt η das Anfangswertproblem

$$\eta' = x\eta, \quad \eta(0) = 1.$$

Insgesamt gilt also

$$\begin{bmatrix} y' \\ \eta' \end{bmatrix} = \begin{bmatrix} 1 + xy \\ x\eta \end{bmatrix}, \quad \begin{bmatrix} y(0) \\ \eta(0) \end{bmatrix} = \begin{bmatrix} y_0 \\ 1 \end{bmatrix}.$$

Hier ist die Variationsgleichung nicht mit der Originalgleichung gekoppelt; das liegt daran, daß wir von einer *linearen* Gleichung ausgingen. (Deren Lösung hätten wir auch – mehr oder weniger – explizit hinschreiben können.)

Lösung (118.36) (a) Das Eulerverfahren ist gegeben durch

$$\begin{bmatrix} x_0 \\ y_0 \end{bmatrix} = \begin{bmatrix} 1 \\ 0 \end{bmatrix} \quad \text{und} \quad \begin{bmatrix} x_{k+1} \\ y_{k+1} \end{bmatrix} = \begin{bmatrix} x_k \\ y_k \end{bmatrix} + \Delta t \cdot \begin{bmatrix} y_k^2 \\ x_k^2 \end{bmatrix}$$

und liefert nacheinander

$$\begin{bmatrix} x_1 \\ y_1 \end{bmatrix} = \begin{bmatrix} 1 \\ 0 \end{bmatrix} + \frac{1}{3}\begin{bmatrix} 0 \\ 1 \end{bmatrix} = \begin{bmatrix} 1 \\ 1/3 \end{bmatrix},$$

$$\begin{bmatrix} x_2 \\ y_2 \end{bmatrix} = \begin{bmatrix} 1 \\ 1/3 \end{bmatrix} + \frac{1}{3}\begin{bmatrix} 1/9 \\ 1 \end{bmatrix} = \begin{bmatrix} 28/27 \\ 2/3 \end{bmatrix},$$

$$\begin{bmatrix} x_3 \\ y_3 \end{bmatrix} = \begin{bmatrix} 28/27 \\ 2/3 \end{bmatrix} + \frac{1}{3}\begin{bmatrix} 4/9 \\ 28^2/27^2 \end{bmatrix} = \begin{bmatrix} 32/27 \\ 2242/2187 \end{bmatrix}.$$

Das Eulerverfahren liefert also $x(1) \approx 32/27 \approx 1.18519$ und $y(1) \approx 2242/2187 \approx 1.02515$.

(b) Die Picard-Lindelöf-Iteration ist gegeben durch

$$\begin{bmatrix} x_0(t) \\ y_0(t) \end{bmatrix} = \begin{bmatrix} 1 \\ 0 \end{bmatrix}, \quad \begin{bmatrix} x_{n+1}(t) \\ y_{n+1}(t) \end{bmatrix} = \begin{bmatrix} 1 \\ 0 \end{bmatrix} + \int_0^t \begin{bmatrix} y_n(\tau)^2 \\ x_n(\tau)^2 \end{bmatrix} d\tau.$$

Dies liefert

$$\begin{bmatrix} x_1(t) \\ y_1(t) \end{bmatrix} = \begin{bmatrix} 1 \\ 0 \end{bmatrix} + \int_0^t \begin{bmatrix} 0 \\ 1 \end{bmatrix} d\tau = \begin{bmatrix} 1 \\ t \end{bmatrix},$$

$$\begin{bmatrix} x_2(t) \\ y_2(t) \end{bmatrix} = \begin{bmatrix} 1 \\ 0 \end{bmatrix} + \int_0^t \begin{bmatrix} \tau^2 \\ 1 \end{bmatrix} d\tau = \begin{bmatrix} 1 + (t^3/3) \\ t \end{bmatrix},$$

$$\begin{bmatrix} x_3(t) \\ y_3(t) \end{bmatrix} = \begin{bmatrix} 1 \\ 0 \end{bmatrix} + \int_0^t \begin{bmatrix} \tau^2 \\ 1 + (2\tau^3/3) + (\tau^6/9) \end{bmatrix} d\tau$$

$$= \begin{bmatrix} 1 + (t^3/3) \\ t + (t^4/6) + (t^7/63) \end{bmatrix}.$$

Lösung (118.37) (a) Es sei $f(x,y) := x + y^2$. Wir wählen zunächst $\Delta x = 1$ und erhalten

$$\begin{aligned} y(0) &= 1, \\ y(1) &\approx y(0) + \Delta x \cdot f(0,1) = 2, \\ y(2) &\approx y(1) + \Delta x \cdot f(1,2) \approx 7. \end{aligned}$$

Wählen wir dagegen $\Delta x = 0.4$, so erhalten wir

$$\begin{aligned} y(0.0) &= 1, \\ y(0.4) &\approx y(0.0) + \Delta x \cdot f(0,1) = 1.4, \\ y(0.8) &\approx y(0.4) + \Delta x \cdot f(0.4, 1.4) \approx 2.344, \\ y(1.2) &\approx y(0.8) + \Delta x \cdot f(0.8, 2.344) \approx 4.86173, \\ y(1.6) &\approx y(1.2) + \Delta x \cdot f(1.2, 4.86173) \approx 14.7963, \\ y(2.0) &\approx y(1.6) + \Delta x \cdot f(1.6, 14.7963) \approx 103.009. \end{aligned}$$

(b) Die Picard-Lindelöf-Iteration ist gegeben durch die Vorschrift $y_{n+1}(x) = 1 + \int_0^x (\xi + y_n(\xi)^2) \, d\xi$. Beginnend mit $y_0(x) \equiv 1$ erhalten wir

$$y_1(x) = 1 + \int_0^x (\xi + 1) \, d\xi = 1 + x + (x^2/2)$$

sowie

$$\begin{aligned} y_2(x) &= 1 + \int_0^x \left(\xi + (1 + \xi + \xi^2/2)^2\right) d\xi \\ &= 1 + \int_0^x \left(1 + 3\xi + 2\xi^2 + \xi^3 + (\xi^4/4)\right) d\xi \\ &= 1 + x + (3x^2/2) + (2x^3/3) + (x^4/4) + (x^5/20). \end{aligned}$$

(c) Die Variationsgleichungen bezüglich der Parameter a, b, c und die zugehörigen Anfangsbedingungen lauten

$$\begin{aligned} (\partial_a y)' &= x + 2by(\partial_a y), & (\partial_a y)(0) &= 0, \\ (\partial_b y)' &= y^2 + 2by(\partial_b y), & (\partial_b y)(0) &= 0, \\ (\partial_c y)' &= 2by(\partial_c y), & (\partial_c y)(0) &= 1. \end{aligned}$$

Also ist $(y, \partial_a y, \partial_b y, \partial_c y)$ Lösung des Anfangswertproblems

$$\begin{bmatrix} y_1' \\ y_2' \\ y_3' \\ y_4' \end{bmatrix} = \begin{bmatrix} x + y_1^2 \\ x + 2by_1 y_2 \\ y_1^2 + 2by_1 y_3 \\ 2by_1 y_4 \end{bmatrix}, \quad \begin{bmatrix} y_1(0) \\ y_2(0) \\ y_3(0) \\ y_4(0) \end{bmatrix} = \begin{bmatrix} 1 \\ 0 \\ 0 \\ 1 \end{bmatrix}.$$

Lösung (118.38) (a) Wir setzen $w_1 := u$, $w_2 := u'$, $w_3 := v$ sowie $w_4 := v'$ und erhalten dann das äquivalente System

$$\begin{bmatrix} w_1' \\ w_2' \\ w_3' \\ w_4' \end{bmatrix} = \begin{bmatrix} w_2 \\ -2xw_2 w_4 - x^2 w_1 + 7x \\ w_4 \\ x^3 w_2 w_3 + 3^x w_1 w_4 + \sin(x) \end{bmatrix}.$$

(b) Setzen wir $f(x,y) := \sin(x)\ln(1+y^2)$ und $g(y) := \ln(1+y^2)$, so gilt nach dem Mittelwertsatz für alle $x, y_1, y_2 \in \mathbb{R}$ die Gleichung $f(x, y_1) - f(x, y_2) = \sin(x) \cdot (g(y_1) - g(y_2)) = \sin(x) \cdot g'(y) \cdot (y_1 - y_2)$ mit einer Zahl y zwischen y_1 und y_2. Wegen $|g'(y)| = 2|y|/(1+y^2) \leq 1$ erfüllt f also die globale Lipschitzbedingung $|f(x,y_1) - f(x,y_2)| \leq |y_1 - y_2|$. Der Existenz- und Eindeutigkeitssatz von Cauchy liefert dann die Behauptung.

Lösung (118.39) Bei Verwendung der Schrittweite $h = 1/4$ erhalten wir Näherungswerte zu den Zeiten $t_0 = 0$, $t_1 = 1/4$, $t_2 = 1/2$, $t_3 = 3/4$ und $t_4 = 1$, beginnend mit $(x_0, y_0)^T = (0,0)^T$. Die Iterationsvorschrift lautet dabei

$$\begin{bmatrix} x_{k+1} \\ y_{k+1} \end{bmatrix} = \begin{bmatrix} x_k \\ y_k \end{bmatrix} + \frac{1}{4} \begin{bmatrix} 2t_k + y_k \\ \sin(4t_k x_k) \end{bmatrix}.$$

Dies liefert

$$\begin{bmatrix} x_1 \\ y_1 \end{bmatrix} = \begin{bmatrix} 0 \\ 0 \end{bmatrix}, \quad \begin{bmatrix} x_2 \\ y_2 \end{bmatrix} = \frac{1}{4}\begin{bmatrix} 1/2 \\ 0 \end{bmatrix} = \begin{bmatrix} 1/8 \\ 0 \end{bmatrix},$$

dann

$$\begin{bmatrix} x_3 \\ y_3 \end{bmatrix} = \begin{bmatrix} 1/8 \\ 0 \end{bmatrix} + \frac{1}{4}\begin{bmatrix} 1 \\ \sin(1/4) \end{bmatrix} = \begin{bmatrix} 3/8 \\ \sin(1/4)/4 \end{bmatrix}$$

und schließlich

$$\begin{aligned} \begin{bmatrix} x_4 \\ y_4 \end{bmatrix} &= \begin{bmatrix} 3/8 \\ \sin(1/4)/4 \end{bmatrix} + \frac{1}{4}\begin{bmatrix} (3/2) + \sin(1/4)/4 \\ \sin(9/8) \end{bmatrix} \\ &= \begin{bmatrix} (3/4) + \sin(1/4)/16 \\ (\sin(1/4) + \sin(9/8))/4 \end{bmatrix}. \end{aligned}$$

Wir erhalten damit die Näherungswerte $x(1) \approx x_4 = (3/4) + \sin(1/4)/16 \approx 0.765463$ und $y(1) \approx y_4 = (\sin(1/4) + \sin(9/8))/4 \approx 0.287418$.

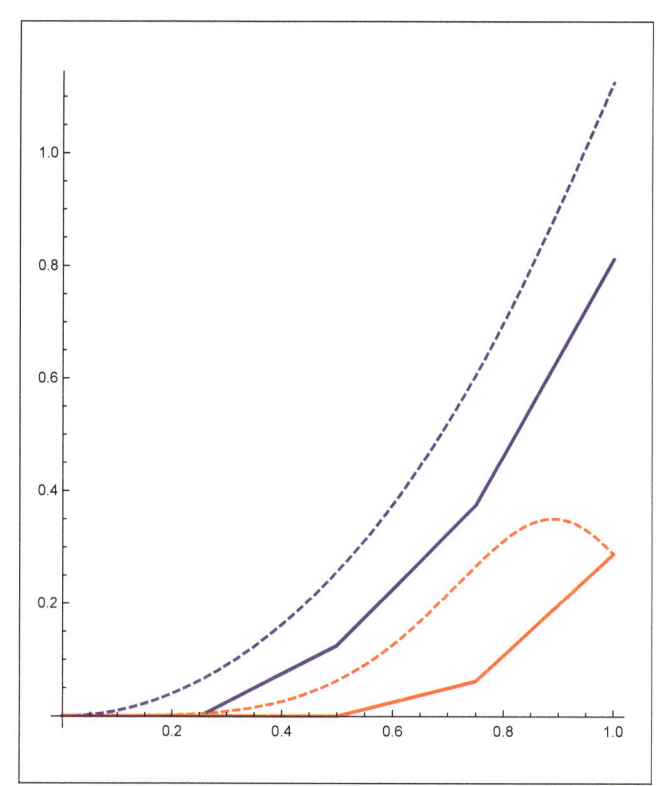

Verlauf der Eulerpolygone für x (blau) und y (rot) sowie der wahren Lösungen des Anfangswertproblems (jeweils gestrichelt).

Lösung (118.40) Die Picard-Lindelöf-Iteration ist gegeben durch den Startwert

$$\begin{bmatrix} x_0(t) \\ y_0(t) \end{bmatrix} = \begin{bmatrix} 1 \\ 2 \end{bmatrix}$$

und die Iterationsvorschrift

$$\begin{bmatrix} x_{n+1}(t) \\ y_{n+1}(t) \end{bmatrix} = \begin{bmatrix} 1 \\ 2 \end{bmatrix} + \int_0^t \begin{bmatrix} \tau\, y_n(\tau) \\ x_n(\tau) y_n(\tau) \end{bmatrix} d\tau.$$

Diese liefert zunächst

$$\begin{bmatrix} x_1(t) \\ y_1(t) \end{bmatrix} = \begin{bmatrix} 1 \\ 2 \end{bmatrix} + \int_0^t \begin{bmatrix} 2\tau \\ 2 \end{bmatrix} d\tau = \begin{bmatrix} 1 + t^2 \\ 2 + 2t \end{bmatrix}$$

und dann

$$\begin{bmatrix} x_2(t) \\ y_2(t) \end{bmatrix} = \begin{bmatrix} 1 \\ 2 \end{bmatrix} + \int_0^t \begin{bmatrix} \tau(2 + 2\tau) \\ (1 + \tau^2)(2 + 2\tau) \end{bmatrix} d\tau$$

$$= \begin{bmatrix} 1 \\ 2 \end{bmatrix} + \int_0^t \begin{bmatrix} 2\tau + 2\tau^2 \\ 2 + 2\tau + 2\tau^2 + 2\tau^3 \end{bmatrix} d\tau$$

$$= \begin{bmatrix} 1 + t^2 + (2/3)t^3 \\ 2 + 2t + t^2 + (2/3)t^3 + (1/2)t^4 \end{bmatrix}.$$

Einsetzen von $t = 1$ liefert dann $x(1) \approx x_2(1) = 2.\overline{6}$ und $y(1) \approx y_2(1) = 6.1\overline{6}$.

Lösung (118.41) Sind A und B beliebige positive Zahlen und ist $M := \max\{|x^2 - 2t| \mid |t| \le A, |x| \le B\}$, so kann nach dem Peanoschen Existenzsatz $\delta := \min\{A, B/M\}$ gewählt werden. Nun gilt $M = B^2 + 2A$, folglich $B/M = B/(B^2 + 2A)$. Für festes A setzen wir

$$f(B) := \frac{B}{B^2 + 2A} \quad \text{mit} \quad f'(B) = \frac{2A - B^2}{(B^2 + 2A)^2}.$$

Die einzige positive Zahl, an der die Ableitung von f verschwindet, ist $B = \sqrt{2A}$ mit $f(B) = 1/\sqrt{8A}$; wegen $f(0) = 0$ und $f(B) \to 0$ für $B \to \infty$ handelt es sich dabei um ein globales Maximum. Wir erhalten also

$$\max_{A,B>0} \min\{A, \frac{B}{B^2 + 2A}\} = \max_{A>0} \min\{A, \frac{1}{\sqrt{8A}}\} = \frac{1}{2},$$

wobei sich die letzte Gleichung daraus ergibt, daß der Wert A, für den $\min\{A, 1/\sqrt{8A}\}$ maximal wird, derjenige Wert ist, an dem $A = 1/\sqrt{8A}$ gilt, also $A^{3/2} = 1/\sqrt{8}$, also $A^3 = 1/8$ bzw. $A = 1/2$. Die Existenz einer Lösung kann also von vornherein auf dem Intervall $(-1/2, 1/2)$ garantiert werden.

Lösung (118.42) (a) Wir erhalten

$$\dot{y} = \left[\frac{\partial x}{\partial x_0}\right]^{\bullet} = \frac{\partial f}{\partial x} \cdot \frac{\partial x}{\partial x_0} = 2xy$$

und

$$\dot{z} = \left[\frac{\partial x}{\partial t_0}\right]^{\bullet} = \frac{\partial f}{\partial x} \cdot \frac{\partial x}{\partial t_0} = 2xz$$

mit den Anfangsbedingungen $y(t_0) = (\partial x/\partial x_0)(t_0) = 1$ und $z(t_0) = (\partial x/\partial t_0)(t_0) = -f(t_0, x_0) = t_0 - x_0^2$. Die Originalgleichung und die beiden Variationsgleichungen liefern insgesamt das Anfangswertproblem

$$\begin{bmatrix} \dot{x} \\ \dot{y} \\ \dot{z} \end{bmatrix} = \begin{bmatrix} x^2 - t \\ 2xy \\ 2xz \end{bmatrix}, \quad \begin{bmatrix} x(t_0) \\ y(t_0) \\ z(t_0) \end{bmatrix} = \begin{bmatrix} x_0 \\ 1 \\ t_0 - x_0^2 \end{bmatrix}.$$

Mit $t_0 = 1$ und $x_0 = -1$ ist die Iterationsvorschrift des Picard-Lindelöf-Verfahrens gegeben durch

$$\begin{bmatrix} x_{n+1}(t) \\ y_{n+1}(t) \\ z_{n+1}(t) \end{bmatrix} = \begin{bmatrix} -1 \\ 1 \\ 0 \end{bmatrix} + \int_1^t \begin{bmatrix} x_n(\tau)^2 - \tau \\ 2x_n(\tau)y_n(\tau) \\ 2x_n(\tau)z_n(\tau) \end{bmatrix} d\tau.$$

Beginnend mit $(x_0, y_0, z_0) = (-1, 1, 0)$ erhalten wir also

$$\begin{bmatrix} x_1(t) \\ y_1(t) \\ z_1(t) \end{bmatrix} = \begin{bmatrix} -1 \\ 1 \\ 0 \end{bmatrix} + \int_1^t \begin{bmatrix} 1 - \tau \\ -2 \\ 0 \end{bmatrix} d\tau$$

$$= \begin{bmatrix} -(3/2) + t - (t^2/2) \\ 3 - 2t \\ 0 \end{bmatrix}.$$

Dies liefert die Näherungswerte $y(3; 1, -1) \approx y_1(3) = -3$ und $z(3; 1, -1) \approx z_1(3) = 0$.

(b) Wir erhalten

$$\left[\frac{\partial x}{\partial a}\right]^{\bullet} = \frac{\partial}{\partial a}\left(\sin(a)x^2 + \cos(a)y^2\right) =$$
$$\cos(a)x^2 + 2x\sin(a)\frac{\partial x}{\partial a} - \sin(a)y^2 + 2y\cos(a)\frac{\partial y}{\partial a}$$

sowie

$$\left[\frac{\partial y}{\partial a}\right]^{\bullet} = \frac{\partial}{\partial a}\left(a^3 xy\right) = 3a^2 xy + a^3 y\frac{\partial x}{\partial a} + a^3 x\frac{\partial y}{\partial a}.$$

Lösung (118.43) Es handelt sich um eine lineare Differentialgleichung. Durchmultiplizieren mit e^t liefert $(d/dt)(ye^t) = (t^2 + 2t)e^t$ und nach zweimaliger partieller Integration damit

$$\begin{aligned}
ye^t &= \int (t^2+2t)e^t\,dt \quad (u=t^2+2t, \dot{v}=e^t)\\
&= (t^2+2t)e^t - \int (2t+2)e^t\,dt \quad (u=2t+2, \dot{v}=e^t)\\
&= (t^2+2t)e^t - \left((2t+2)e^t - \int 2e^t\,dt\right)\\
&= (t^2+2t-2t-2+2)e^t + C = t^2 e^t + C
\end{aligned}$$

mit einer beliebigen Konstanten C. Durchmultiplizieren mit e^{-t} liefert daher die allgemeine Lösung

(1) $$y(t) = t^2 + Ce^{-t}.$$

Einsetzen der Anfangsbedingung $y(s) = p$ ergibt $p = s^2 + Ce^{-s}$ und damit $C = (p-s^2)e^s$. Setzen wir dies in (1) ein, so ergibt sich der lokale Fluß

(2) $$\varphi_{ts}(p) = t^2 + e^{s-t}(p - s^2).$$

Lösung (118.44) (a) Für gegebene Zahlen $A, B > 0$ ist

$$M := \max\{(x+y)^2 \mid |x| \leq A, |y| \leq B\} = (A+B)^2.$$

Der Satz von Peano garantiert dann die Existenz einer Lösung auf dem Intervall $(-\delta, \delta)$ mit

$$\delta := \max_{A,B>0} \min\left[A, \frac{B}{(A+B)^2}\right] = \min_{A>0} \max_{B>0}\left[A, \frac{B}{(A+B)^2}\right].$$

Bei festem A nimmt die Funktion $f(B) := B/(A+B)^2$, für die $f'(B) = (A-B)/(A+B)^3$ gilt, wegen $f(0) = 0$ und $f(B) \to 0$ für $B \to \infty$ ihr Maximum für $B := A$ an, und dieses Maximum hat den Wert $f(A) = 1/(4A)$. Also gilt

$$\delta = \min_{A>0} \max\left(A, \frac{1}{4A}\right) = \frac{1}{2},$$

denn $\max(A, 1/(4A))$ wird an derjenigen Stelle A minimal, an der $A = 1/(4A)$ gilt. also $A^2 = 1/4$ und damit $A = 1/2$. Die Existenz einer Lösung ist also auf dem Intervall $(-1/2, 1/2)$ von vornherein garantiert.

(b) Mit der Substitution $u(x) = x + y(x)$ geht die angegebene Differentialgleichung über in $u' = 1 + y' = 1 + u^2$, also $du/dx = 1 + u^2$ und damit

$$\int \frac{du}{1+u^2} = \int dx \Leftrightarrow \arctan(u) = x+C \Leftrightarrow u = \tan(x+C).$$

Das bedeutet $y(x) = -x + \tan(x+C)$. Die Anfangsbedingung $y(0) = 0$ ergibt dann $\tan(C) = 0$, also $C = k\pi$ mit $k \in \mathbb{Z}$ und damit $\tan(x+C) = \tan(x+k\pi) = \tan(x)$. Die eindeutige Lösung des gegebenen Anfangswertproblems ist also

$$y(x) = -x + \tan(x),$$

und das maximale Existenzintervall dieser Lösung ist $(-\pi/2, \pi/2)$.

Lösung (118.45) Aus der ersten Gleichung ergibt sich $y = t(\dot{x} + x)$. Setzen wir dies in die zweite Gleichung ein, so erhalten wir

$$(\dot{x} + x) + t(\ddot{x} + \dot{x}) = (1-t)x + t(\dot{x} + x),$$

also $x + \dot{x} + t\dot{x} + t\ddot{x} = x + t\dot{x}$ bzw. $\dot{x} + t\ddot{x} = 0$. Mit $X(t) := \dot{x}(t)$ lautet dies $0 = X + t\dot{X} = (d/dt)(tX(t))$ und damit $tX = C$ mit einer Konstanten C, folglich $\dot{x} = X = C/t$ und damit $x(t) = C\ln|t| + D$ mit beliebigen Konstanten C und D. Hieraus folgt wegen $y = t(\dot{x} + x)$ dann $y(t) = C(1+t\ln|t|) + Dt$. Dies liefert die allgemeine Lösung

$$\begin{bmatrix} x(t) \\ y(t) \end{bmatrix} = \begin{bmatrix} \ln|t| & 1 \\ 1+t\ln|t| & t \end{bmatrix} \begin{bmatrix} C \\ D \end{bmatrix}.$$

(b) Nach Teil (a) ist der Zustandsänderungsoperator gegeben durch

$$\begin{aligned}
X(t,s) &= \begin{bmatrix} \ln|t| & 1 \\ 1+t\ln|t| & t \end{bmatrix} \begin{bmatrix} \ln|s| & 1 \\ 1+s\ln|s| & s \end{bmatrix}^{-1}\\
&= \begin{bmatrix} \ln|t| & 1 \\ 1+t\ln|t| & t \end{bmatrix} \begin{bmatrix} -s & 1 \\ 1+s\ln|s| & -\ln|s| \end{bmatrix}\\
&= \begin{bmatrix} 1 - s\ln|t/s| & \ln|t/s| \\ t - s - ts\ln|t/s| & 1 + t\ln|t/s| \end{bmatrix}.
\end{aligned}$$

L119: Lineare Differentialgleichungssysteme

Lösung (119.1) In jedem Fall liegt ein System der Form $y'(x) = Ay(x)$ vor; dessen allgemeine Lösung ist gegeben durch $y(x) = e^{xA}b$, wobei b ein beliebiger konstanter Vektor ist. Die Vorgehensweise ist jeweils die folgende: wir finden eine Transformationsmatrix T derart, daß $T^{-1}AT =: J$ Jordansche Normalform hat, und schreiben dann

$$y(x) = e^{xTJT^{-1}}b = Te^{xJ}T^{-1}b = Te^{xJ}c,$$

wobei $c := T^{-1}b$ wieder ein beliebiger konstanter Vektor ist. Da e^{xJ} leicht explizit angebbar ist, haben wir damit die allgemeine Lösung gefunden. Durch Einsetzen der Anfangsbedingung wird dann der Vektor c festgelegt.

(a) In diesem Fall ist

$$A = \begin{bmatrix} 1 & 1 & 4 \\ 0 & 1 & 0 \\ 1 & 0 & 1 \end{bmatrix}.$$

Das charakteristische Polynom ist

$$\det(A - \lambda\mathbf{1}) = -(\lambda - 1)(\lambda + 1)(\lambda - 3)$$

und hat die Nullstellen $\lambda_1 = 3$, $\lambda_2 = 1$ und $\lambda_3 = -1$. Durch Lösen der zugehörigen Gleichungssysteme $(A - \lambda_i\mathbf{1} \mid 0)$ erhalten wir die Eigenvektoren

$$v_1 = \begin{bmatrix} 2 \\ 0 \\ 1 \end{bmatrix}, \quad v_2 = \begin{bmatrix} 0 \\ 4 \\ -1 \end{bmatrix}, \quad v_3 = \begin{bmatrix} -2 \\ 0 \\ 1 \end{bmatrix};$$

die Matrix T mit den Spalten v_1, v_2, v_3 hat dann die gewünschte Transformationseigenschaft. Es gilt

$$T^{-1}AT = \begin{bmatrix} 3 & 0 & 0 \\ 0 & 1 & 0 \\ 0 & 0 & -1 \end{bmatrix},$$

folglich ist die allgemeine Lösung gegeben durch

$$y(x) = \begin{bmatrix} 2 & 0 & -2 \\ 0 & 4 & 0 \\ 1 & -1 & 1 \end{bmatrix} \begin{bmatrix} e^{3x} & 0 & 0 \\ 0 & e^x & 0 \\ 0 & 0 & e^{-x} \end{bmatrix} \begin{bmatrix} c_1 \\ c_2 \\ c_3 \end{bmatrix}$$

$$= c_1 e^{3x} \begin{bmatrix} 2 \\ 0 \\ 1 \end{bmatrix} + c_2 e^x \begin{bmatrix} 0 \\ 4 \\ -1 \end{bmatrix} + c_3 e^{-x} \begin{bmatrix} -2 \\ 0 \\ 1 \end{bmatrix}.$$

Einsetzen der Anfangsbedingung liefert $c_1 = 3/2$, $c_2 = 1/2$ und $c_3 = 2$.

(b) In diesem Fall ist

$$A = \begin{bmatrix} 0 & 1 & 0 \\ -4 & 4 & 1 \\ 5 & -3 & -1 \end{bmatrix}.$$

Das charakteristische Polynom ist

$$\det(A - \lambda\mathbf{1}) = -(\lambda - 1)^3$$

mit der dreifachen Nullstelle $\lambda_{1,2,3} = 1$. Wir rechnen nach, daß $A - \mathbf{1}$ den Rang 2 hat; es gibt daher nur einen einzigen linear unabhängigen Eigenvektor. Die Jordansche Normalform von A ist folglich

$$J = \begin{bmatrix} 1 & 1 & 0 \\ 0 & 1 & 1 \\ 0 & 0 & 1 \end{bmatrix}.$$

Um die Spalten v_i der gesuchten Transformationsmatrix zu finden, lösen wir nacheinander die Gleichungssysteme $(A - \mathbf{1})v_1 = 0$, $(A - \mathbf{1})v_2 = v_1$ und $(A - \mathbf{1})v_3 = v_2$; mögliche Lösungen sind etwa

$$v_1 = \begin{bmatrix} 1 \\ 1 \\ 1 \end{bmatrix}, \quad v_2 = \begin{bmatrix} 1 \\ 2 \\ -1 \end{bmatrix}, \quad v_3 = \begin{bmatrix} 0 \\ 1 \\ -1 \end{bmatrix}.$$

Die allgemeine Lösung des betrachteten Systems ist also gegeben durch

$$y(x) = e^x \begin{bmatrix} 1 & 1 & 0 \\ 1 & 2 & 1 \\ 1 & -1 & -1 \end{bmatrix} \begin{bmatrix} 1 & x & x^2/2 \\ 0 & 1 & x \\ 0 & 0 & 1 \end{bmatrix} \begin{bmatrix} c_1 \\ c_2 \\ c_3 \end{bmatrix}$$

$$= e^x \cdot \left(c_1 \begin{bmatrix} 1 \\ 1 \\ 1 \end{bmatrix} + c_2 \begin{bmatrix} x+1 \\ x+2 \\ x-1 \end{bmatrix} + c_3 \begin{bmatrix} (x^2/2) + x \\ (x^2/2) + 2x + 1 \\ (x^2/2) - x - 1 \end{bmatrix} \right).$$

Einsetzen der Anfangsbedingung liefert $c_1 = 5$, $c_2 = 1$ und $c_3 = -1$.

(c) In diesem Fall ist

$$A = \begin{bmatrix} 1 & 1 & -3 \\ 1 & 0 & 4 \\ 1 & -2 & 6 \end{bmatrix}.$$

Das charakteristische Polynom ist

$$\det(A - \lambda\mathbf{1}) = -(\lambda - 2)^2(\lambda - 3)$$

mit der doppelten Nullstelle $\lambda_{1,2} = 2$ und der einfachen Nullstelle $\lambda_3 = 3$. Der Eigenraum zum Eigenwert 2 ist eindimensional; ist v_1 ein Eigenvektor, so ermitteln wir einen Vektor v_2 durch Lösen des Gleichungssystems $(A - 2\mathbf{1})v_2 = v_1$, um A auf Jordansche Normalform zu transformieren. Wählen wir

$$v_1 = \begin{bmatrix} -2 \\ 1 \\ 1 \end{bmatrix}, \quad v_2 = \begin{bmatrix} 1 \\ 2 \\ 1 \end{bmatrix}, \quad v_3 = \begin{bmatrix} 1 \\ -1 \\ -1 \end{bmatrix}$$

und bezeichnen wir mit T die Matrix mit den Spalten v_1, v_2, v_3, so gilt

$$T^{-1}AT = \begin{bmatrix} 2 & 1 & 0 \\ 0 & 2 & 0 \\ 0 & 0 & 3 \end{bmatrix} =: J.$$

Die allgemeine Lösung des gegebenen Differentialgleichungssystems ist dann

$$y(x) = \begin{bmatrix} -2 & 1 & 1 \\ 1 & 2 & -1 \\ 1 & 1 & -1 \end{bmatrix} \begin{bmatrix} e^{2x} & xe^{2x} & 0 \\ 0 & e^{2x} & 0 \\ 0 & 0 & e^{3x} \end{bmatrix} \begin{bmatrix} c_1 \\ c_2 \\ c_3 \end{bmatrix}$$

$$= c_1 e^{2x} \begin{bmatrix} -2 \\ 1 \\ 1 \end{bmatrix} + c_2 e^{2x} \begin{bmatrix} 1-2x \\ 2+x \\ 1+x \end{bmatrix} + c_3 e^{3x} \begin{bmatrix} 1 \\ -1 \\ -1 \end{bmatrix}.$$

Einsetzen der Anfangsbedingung liefert $c_1 = c_2 = c_3 = 1$.

(d) In diesem Fall ist

$$A = \begin{bmatrix} -2 & 1 & 2 \\ -10 & 6 & 6 \\ 10 & -6 & -4 \end{bmatrix}.$$

Das charakteristische Polynom ist

$$\det(A - \lambda \mathbf{1}) = -(\lambda+2)(\lambda^2 - 2\lambda + 2)$$

mit den Nullstellen $\lambda_1 = -2$ und $\lambda_{2,3} = 1 \pm i$. Zugehörige Eigenvektoren sind

$$v_1 = \begin{bmatrix} -1 \\ -2 \\ 1 \end{bmatrix}, \quad v_2 = \begin{bmatrix} 1-i \\ -2i \\ 2 \end{bmatrix}, \quad v_3 = \begin{bmatrix} 1+i \\ 2i \\ 2 \end{bmatrix}.$$

Die allgemeine Lösung ist daher gegeben durch

$$y(x) = \begin{bmatrix} -1 & 1-i & 1+i \\ -2 & -2i & 2i \\ 1 & 2 & 2 \end{bmatrix} \begin{bmatrix} e^{-2x} & 0 & 0 \\ 0 & e^x e^{ix} & 0 \\ 0 & 0 & e^x e^{-ix} \end{bmatrix} \begin{bmatrix} c_1 \\ c_2 \\ c_3 \end{bmatrix}$$

$$= c_1 e^{-2x} \begin{bmatrix} -1 \\ -2 \\ 1 \end{bmatrix} + c_2 e^x e^{ix} \begin{bmatrix} 1-i \\ -2i \\ 2 \end{bmatrix} + c_3 e^x e^{-ix} \begin{bmatrix} 1+i \\ 2i \\ 2 \end{bmatrix}$$

$$= c_1 e^{-2x} \begin{bmatrix} -1 \\ -2 \\ 1 \end{bmatrix} + e^x \cos x \begin{bmatrix} \widehat{c}_2 - i\widehat{c}_3 \\ -2i\widehat{c}_3 \\ 2\widehat{c}_2 \end{bmatrix} + e^x \sin x \begin{bmatrix} i\widehat{c}_3 + \widehat{c}_2 \\ 2\widehat{c}_2 \\ 2i\widehat{c}_3 \end{bmatrix}$$

mit den neuen Konstanten $\widehat{c}_2 := c_2 + c_3$ und $\widehat{c}_3 := c_2 - c_3$. Einsetzen der Anfangsbedingungen führt auf $c_1 = -2$, $\widehat{c}_2 = 1$ und $\widehat{c}_3 = 0$ und damit auf die Lösung

$$y(x) = e^{-2x} \begin{bmatrix} 2 \\ 4 \\ -2 \end{bmatrix} + e^x \cos x \begin{bmatrix} 1 \\ 0 \\ 2 \end{bmatrix} + e^x \sin x \begin{bmatrix} 1 \\ 2 \\ 0 \end{bmatrix}.$$

Lösung (119.2) Siehe Aufgabe (84.15)!

Lösung (119.3) Siehe Aufgabe (84.16)!

Lösung (119.4) Siehe Aufgabe (84.17)!

Lösung (119.5) Siehe Aufgabe (84.18)!

Lösung (119.6) Siehe Aufgabe (84.19)!

Lösung (119.7) Siehe Aufgabe (84.20)!

Lösung (119.8) Ganz allgemein gilt $A = (\mathrm{d}/\mathrm{d}t)|_{t=0} \exp(tA)$, hier also

$$A = \frac{\mathrm{d}}{\mathrm{d}t}\bigg|_{t=0} \begin{bmatrix} e^{2t} & 2e^t - 2e^{2t} & e^{2t} - e^t \\ e^{2t} - e^t & 3e^t - 2e^{2t} & e^{2t} - e^t \\ 2e^{2t} - 2e^t & 4e^t - 4e^{2t} & 2e^{2t} - e^t \end{bmatrix}$$

$$= \begin{bmatrix} 2e^{2t} & 2e^t - 4e^{2t} & 2e^{2t} - e^t \\ 2e^{2t} - e^t & 3e^t - 4e^{2t} & 2e^{2t} - e^t \\ 4e^{2t} - 2e^t & 4e^t - 8e^{2t} & 4e^{2t} - e^t \end{bmatrix}\bigg|_{t=0}$$

$$= \begin{bmatrix} 2 & 2-4 & 2-1 \\ 2-1 & 3-4 & 2-1 \\ 4-2 & 4-8 & 4-1 \end{bmatrix} = \begin{bmatrix} 2 & -2 & 1 \\ 1 & -1 & 1 \\ 2 & -4 & 3 \end{bmatrix}.$$

Eine Matrix B, die die angegebene Gleichung erfüllt, kann es nicht geben, denn für $\Phi(t) = e^{tB}$ müßte $\Phi(0) = \mathbf{1}$ gelten, was hier nicht der Fall ist. Wie man einer matrixwertigen Funktion $t \mapsto \Phi(t)$ ansehen kann, ob sie von der Form $\Phi(t) = e^{tA}$ mit einer Matrix A ist, wird in der nächsten Aufgabe geklärt.

Lösung (119.9) Gilt $\Phi(t) = \exp(tA)$, so ist Φ an jeder Stelle t differenzierbar, und es gelten die Bedingungen $\Phi(0) = \mathbf{1}$ sowie $\Phi(s+t) = \exp((s+t)A)) = \exp(sA+tA) = \exp(sA)\exp(tA) = \Phi(s)\Phi(t)$. Umgekehrt mögen die Bedingungen $\Phi(0) = \mathbf{1}$ und $\Phi(s+t) = \Phi(s)\Phi(t)$ für alle $s, t \in \mathbb{R}$ erfüllt sein; ferner sei $t \mapsto \Phi(t)$ differenzierbar an der Stelle $t = 0$. Setzen wir dann $A := \dot{\Phi}(0)$, so gilt an jeder beliebigen Stelle t die Gleichung

$$\frac{\Phi(t+\Delta t) - \Phi(t)}{\Delta t} = \frac{\Phi(\Delta t)\Phi(t) - \Phi(t)}{\Delta t}$$

$$= \frac{\Phi(\Delta t) - \mathbf{1}}{\Delta t}\Phi(t) = \frac{\Phi(\Delta t) - \Phi(0)}{\Delta t}\Phi(t),$$

und der letzte Ausdruck konvergiert für $\Delta t \to 0$ gegen $\dot{\Phi}(0)\Phi(t) = A\Phi(t)$. Aus der vorausgesetzten Differenzierbarkeit von Φ an der Stelle 0 folgen also schon die Differenzierbarkeit von Φ an einer beliebigen Stelle t und das Erfülltsein der Differentialgleichung $\dot{\Phi}(t) = A\Phi(t)$. Die eindeutige Lösung des Anfangswertproblems $\dot{X}(t) = AX(t)$, $X(0) = \mathbf{1}$ ist aber $X(t) = \exp(tA)$; also gilt $\Phi(t) = \exp(tA)$ (wobei $A := \dot{\Phi}(0)$ gesetzt wurde).

Lösung (119.10) Zunächst gelte $e^{t(A+B)} = e^{tA}e^{tB}$ für alle $t \in \mathbb{R}$. Die linke Seite dieser Gleichung ist

$$e^{t(A+B)} = \mathbf{1} + t(A+B) + \frac{t^2}{2}(A+B)^2 + \cdots$$

$$= \mathbf{1} + t(A+B) + \frac{t^2}{2}(A^2 + AB + BA + B^2) + \cdots,$$

die rechte Seite ist

$$e^{tA}e^{tB} = \left(\mathbf{1} + tA + \frac{t^2}{2}A^2 + \cdots\right)\left(\mathbf{1} + tB + \frac{t^2}{2}B^2 + \cdots\right)$$

$$= \mathbf{1} + t(A+B) + \frac{t^2}{2}(A^2 + 2AB + B^2) + \cdots,$$

119. Lineare Differentialgleichungssysteme

wobei die drei Pünktchen jeweils für Terme höherer als zweiter Ordnung in t stehen. Da zwei Potenzreihen genau dann übereinstimmen, wenn ihre sämtlichen Koeffizienten übereinstimmen, folgt hieraus $A^2 + AB + BA + B^2 = A^2 + 2AB + B^2$ und damit $BA = AB$, so daß A und B kommutieren. Umgekehrt gelte $AB = BA$. Dann gilt die binomische Formel

$$(A+B)^n = \sum_{k=0}^n \binom{n}{k} A^k B^{n-k} = \sum_{k+\ell=n} \frac{n!}{k!\ell!} A^k B^\ell.$$

Hieraus folgt

$$\begin{aligned} e^{t(A+B)} &= \sum_{n=0}^\infty \frac{t^n (A+B)^n}{n!} = \sum_{k,\ell \geq 0} \frac{t^{k+\ell}}{k!\ell!} A^k B^\ell \\ &= \left(\sum_{k=0}^\infty \frac{t^k A^k}{k!} \right) \left(\sum_{\ell=0}^\infty \frac{t^\ell B^\ell}{\ell!} \right) = e^{tA} e^{tB}. \end{aligned}$$

Lösung (119.11) Wir transformieren die Koeffizientenmatrix

$$A := \begin{bmatrix} 1 & -1 \\ 1 & 3 \end{bmatrix}$$

auf Jordansche Normalform; mit

$$P := \begin{bmatrix} 1 & 0 \\ -1 & -1 \end{bmatrix}$$

gilt

$$P^{-1} A P = \begin{bmatrix} 2 & 1 \\ 0 & 2 \end{bmatrix} =: J.$$

Es gilt dann $\exp(tA) = \exp(tPJP^{-1}) = P \exp(tJ) P^{-1}$, also

$$\begin{aligned} \exp(tA) &= \begin{bmatrix} 1 & 0 \\ -1 & -1 \end{bmatrix} \begin{bmatrix} e^{2t} & te^{2t} \\ 0 & e^{2t} \end{bmatrix} \begin{bmatrix} 1 & 0 \\ -1 & -1 \end{bmatrix} \\ &= e^{2t} \begin{bmatrix} 1 & 0 \\ -1 & -1 \end{bmatrix} \begin{bmatrix} 1 & t \\ 0 & 1 \end{bmatrix} \begin{bmatrix} 1 & 0 \\ -1 & -1 \end{bmatrix} \\ &= e^{2t} \begin{bmatrix} 1-t & -t \\ t & 1+t \end{bmatrix}. \end{aligned}$$

Die allgemeine Lösungsformel

$$x(t) = e^{tA} \left(x_0 + \int_0^t e^{-\tau A} f(\tau) \, d\tau \right)$$

liefert bei dieser Aufgabe wegen

$$\begin{aligned} \int_0^t e^{-\tau A} f(\tau) \, d\tau &= \int_0^t e^{-2\tau} \begin{bmatrix} 1+\tau & \tau \\ -\tau & 1-\tau \end{bmatrix} \begin{bmatrix} -\tau^2 \\ 2\tau \end{bmatrix} d\tau \\ &= \int_0^t \begin{bmatrix} e^{-2\tau}(-\tau^3 + \tau^2) \\ e^{-2\tau}(\tau^3 - 2\tau^2 + 2\tau) \end{bmatrix} d\tau \\ &= \frac{1}{8} \begin{bmatrix} e^{-2t}(4t^3 + 2t^2 + 2t + 1) - 1 \\ -e^{-2t}(4t^3 - 2t^2 + 6t + 3) + 3 \end{bmatrix} \end{aligned}$$

dann

$$\begin{aligned} \begin{bmatrix} x(t) \\ y(t) \end{bmatrix} &= e^{2t} \begin{bmatrix} 1-t & -t \\ t & 1+t \end{bmatrix} \begin{bmatrix} x_0 \\ y_0 \end{bmatrix} \\ &+ \frac{1}{8} \begin{bmatrix} 6t^2 + 4t + 1 - e^{2t} - 2te^{2t} \\ -2t^2 - 8t - 3 + 3e^{2t} + 2te^{2t} \end{bmatrix}. \end{aligned}$$

Lösung (119.12) Die Koeffizientenmatrix

$$A = \begin{bmatrix} -2 & 2 \\ 1 & -1 \end{bmatrix}$$

hat die Eigenwerte $\lambda_1 = 0$ und $\lambda_2 = -3$ mit den zugehörigen Eigenvektoren $v_1 = (1,1)^T$ und $v_2 = (-2,1)^T$; es gilt also

$$P^{-1} A P = \begin{bmatrix} 0 & 0 \\ 0 & -3 \end{bmatrix} =: D \quad \text{mit } P := \begin{bmatrix} 1 & -2 \\ 1 & 1 \end{bmatrix}.$$

Es ergibt sich

$$\begin{aligned} \exp(tA) &= \exp(tPDP^{-1}) = P \exp(tD) P^{-1} \\ &= \begin{bmatrix} 1 & -2 \\ 1 & 1 \end{bmatrix} \begin{bmatrix} 1 & 0 \\ 0 & e^{-3t} \end{bmatrix} \cdot \frac{1}{3} \begin{bmatrix} 1 & 2 \\ -1 & 1 \end{bmatrix} \\ &= \frac{1}{3} \begin{bmatrix} 1+2e^{-3t} & 2-2e^{-3t} \\ 1-e^{-3t} & 2+e^{-3t} \end{bmatrix} \end{aligned}$$

Die Lösungsformel $x(t) = e^{tA}\left(x_0 + \int_0^t e^{-\tau A} f(\tau) \, d\tau\right)$ für eine lineare Differentialgleichung $\dot{x}(t) = Ax(t) + f(t)$ liefert wegen $x_0 = 0$ und der vorgegebenen Form von f also

$$\begin{bmatrix} x(t) \\ y(t) \end{bmatrix} = \frac{1}{9} \begin{bmatrix} 1+2e^{-3t} & 2-2e^{-3t} \\ 1-e^{-3t} & 2+e^{-3t} \end{bmatrix} \int_0^t \begin{bmatrix} (1+2e^{3\tau})u(\tau) \\ (1-e^{3\tau})u(\tau) \end{bmatrix} d\tau.$$

Speziell für $u \equiv 2$ ergibt sich

$$\begin{bmatrix} x(t) \\ y(t) \end{bmatrix} = \frac{2}{9} \begin{bmatrix} 1+2e^{-3t} & 2-2e^{-3t} \\ 1-e^{-3t} & 2+e^{-3t} \end{bmatrix} \begin{bmatrix} t + (2/3)e^{3t} - (2/3) \\ t - (1/3)e^{3t} + (1/3) \end{bmatrix}$$

und damit

$$\begin{aligned} \begin{bmatrix} x(t) \\ y(t) \end{bmatrix} &= \frac{2}{27} \begin{bmatrix} 1+2e^{-3t} & 2-2e^{-3t} \\ 1-e^{-3t} & 2+e^{-3t} \end{bmatrix} \begin{bmatrix} 3t + 2e^{3t} - 2 \\ 3t - e^{3t} + 1 \end{bmatrix} \\ &= \frac{2}{27} \begin{bmatrix} 9t + 6 - 6e^{-3t} \\ 9t - 3 + 3e^{-3t} \end{bmatrix} = \frac{2}{9} \begin{bmatrix} 3t + 2 - 2e^{-3t} \\ 3t - 1 + e^{-3t} \end{bmatrix}. \end{aligned}$$

Lösung (119.13) Die Koeffizientenmatrix

$$A = \begin{bmatrix} 1 & 0 & 0 \\ 2 & 1 & -2 \\ 3 & 2 & 1 \end{bmatrix}$$

hat die Eigenwerte 1 sowie $1 \pm 2i$ mit den zugehörigen Eigenvektoren $(2, -3, 2)^T$ und $(0, \pm i, 1)^T$; mit

$$P := \begin{bmatrix} 2 & 0 & 0 \\ -3 & i & -i \\ 2 & 1 & 1 \end{bmatrix} \quad \text{und} \quad D := \begin{bmatrix} 1 & 0 & 0 \\ 0 & 1+2i & 0 \\ 0 & 0 & 1-2i \end{bmatrix}$$

gilt also $P^{-1}AP = D$. Damit ist $\exp(tA) = \exp(tPDP^{-1}) = P\exp(tD)P^{-1}$ gegeben durch

$$\begin{bmatrix} 2 & 0 & 0 \\ -3 & i & -i \\ 2 & 1 & 1 \end{bmatrix} \begin{bmatrix} e^t & 0 & 0 \\ 0 & e^{t+2it} & 0 \\ 0 & 0 & e^{t-2it} \end{bmatrix} \cdot \frac{1}{4} \begin{bmatrix} 2 & 0 & 0 \\ -2-3i & -2i & 2 \\ -2+3i & 2i & 2 \end{bmatrix}$$

$$= \frac{e^t}{4} \begin{bmatrix} 2 & 0 & 0 \\ -3 & i & -i \\ 2 & 1 & 1 \end{bmatrix} \begin{bmatrix} 1 & 0 & 0 \\ 0 & e^{2it} & 0 \\ 0 & 0 & e^{-2it} \end{bmatrix} \begin{bmatrix} 2 & 0 & 0 \\ -2-3i & -2i & 2 \\ -2+3i & 2i & 2 \end{bmatrix}$$

$$= \frac{e^t}{2} \begin{bmatrix} 2 & 0 & 0 \\ -3+3\cos(2t)+2\sin(2t) & 2\cos(2t) & -2\sin(2t) \\ 2-2\cos(2t)+3\sin(2t) & 2\sin(2t) & 2\cos(2t) \end{bmatrix}.$$

Die Lösungsformel $x(t) = e^{tA}(x_0 + \int_0^t e^{-\tau A} f(\tau) \, d\tau)$ für die Differentialgleichung $\dot{x}(t) = Ax(t) + f(t)$ liefert in unserem Fall daher

$$e^{tA}\left(\begin{bmatrix} 0 \\ 1 \\ 1 \end{bmatrix} + \int_0^t \frac{e^{-\tau}}{2} \cdot e^{\tau} \cos(2\tau) \begin{bmatrix} 0 \\ 2\sin(2\tau) \\ 2\cos(2\tau) \end{bmatrix} d\tau\right)$$

$$= e^{tA}\left(\begin{bmatrix} 0 \\ 1 \\ 1 \end{bmatrix} + \int_0^t \begin{bmatrix} 0 \\ \cos(2\tau)\sin(2\tau) \\ \cos^2(2\tau) \end{bmatrix} d\tau\right)$$

$$= e^{tA}\left(\begin{bmatrix} 0 \\ 1 \\ 1 \end{bmatrix} + \frac{1}{8}\begin{bmatrix} 0 \\ 2-2\cos^2(2t) \\ 4t+\sin(4t) \end{bmatrix}\right)$$

und damit die Lösung

$$\begin{bmatrix} x(t) \\ y(t) \\ z(t) \end{bmatrix} = \frac{e^t}{4}\begin{bmatrix} 0 \\ 4\cos(2t)-4\sin(2t)-2t\sin(2t) \\ 5\sin(2t)+4\cos(2t)+2t\cos(2t) \end{bmatrix}.$$

Lösung (119.14) (a) Die Koeffizientenmatrix A läßt sich schreiben als $A = 2 \cdot \mathbf{1} + N$ mit der nilpotenten Matrix

$$N = \begin{bmatrix} 0 & 1 & 3 \\ 0 & 0 & -1 \\ 0 & 0 & 0 \end{bmatrix} \quad \text{(mit } N^2 = \begin{bmatrix} 0 & 0 & -1 \\ 0 & 0 & 0 \\ 0 & 0 & 0 \end{bmatrix}\text{)}.$$

Wegen $N^k = \mathbf{0}$ für $k \geq 2$ erhalten wir

$$\exp(tA) = \exp(2t \cdot \mathbf{1})\exp(tN) = e^{2t}(\mathbf{1} + tN + t^2 N^2/2)$$

$$= e^{2t}\begin{bmatrix} 1 & t & 3t-(t^2/2) \\ 0 & 1 & -t \\ 0 & 0 & 1 \end{bmatrix};$$

die allgemeine Lösung des betrachteten Differentialgleichungssystems ist daher

$$\begin{bmatrix} x(t) \\ y(t) \\ z(t) \end{bmatrix} = e^{2t}\begin{bmatrix} 1 & t & 3t-(t^2/2) \\ 0 & 1 & -t \\ 0 & 0 & 1 \end{bmatrix}\begin{bmatrix} x_0 \\ y_0 \\ z_0 \end{bmatrix}.$$

(b) Die Koeffizientenmatrix hat das charakteristische Polynom $p(\lambda) = -(\lambda - 2)^3$ und damit den dreifachen Eigenwert $\lambda = 2$; die Matrix $N := A - 2 \cdot \mathbf{1}$ ist daher nilpotent. Wir erhalten

$$N = \begin{bmatrix} -1 & 1 & 1 \\ 2 & -1 & -1 \\ -3 & 2 & 2 \end{bmatrix} \quad \text{und} \quad N^2 = \begin{bmatrix} 0 & 0 & 0 \\ -1 & 1 & 1 \\ 1 & -1 & -1 \end{bmatrix}$$

sowie $N^k = \mathbf{0}$ für $k \geq 3$. Es ergibt sich dann

$$\exp(tA) = \exp(2t \cdot \mathbf{1})\exp(tN) = e^{2t}(\mathbf{1} + tN + t^2 N^2/2)$$

$$= e^{2t}\begin{bmatrix} 1-t & t & t \\ 2t-t^2/2 & 1-t+t^2/2 & -t+t^2/2 \\ -3t+t^2/2 & 2t-t^2/2 & 1+2t-t^2/2 \end{bmatrix}.$$

Um die Lösung des angegebenen Gleichungssystems zu finden, benutzen wir die allgemeine Lösungsformel und berechnen zunächst den Ausdruck $\int_0^t \exp(-\tau A) f(\tau) \, d\tau$ bzw.

$$\int_0^t e^{-3\tau} \begin{bmatrix} 1+\tau & -\tau & -\tau \\ -2\tau-\tau^2/2 & 1+\tau+\tau^2/2 & \tau+\tau^2/2 \\ 3\tau+\tau^2/2 & -2\tau-\tau^2/2 & 1-2\tau-\tau^2/2 \end{bmatrix} \begin{bmatrix} -2 \\ -2 \\ 3 \end{bmatrix} d\tau$$

$$= \int_0^t \begin{bmatrix} e^{-3\tau}(-2-3\tau) \\ e^{-3\tau}(3\tau^2/2+5\tau-2) \\ e^{-3\tau}(-3\tau^2/2-8\tau+3) \end{bmatrix} d\tau = \begin{bmatrix} e^{-3t}(1+t)-1 \\ -e^{-3t}(4t+t^2)/2 \\ e^{-3t}(6t+t^2)/2 \end{bmatrix}$$

und dann die allgemeine Lösung

$$x(t) = e^{tA} x_0 + e^{tA} \int_0^t e^{-\tau A} f(\tau) \, d\tau$$

bzw.

$$\begin{bmatrix} x(t) \\ y(t) \\ z(t) \end{bmatrix} = e^{-t}\begin{bmatrix} 1 \\ 0 \\ 0 \end{bmatrix} + \frac{e^{2t}}{2}\begin{bmatrix} 2t-2 \\ t^2-4t \\ 6t-t^2 \end{bmatrix}$$

$$+ e^{2t}\begin{bmatrix} 1-t & t & t \\ 2t-t^2/2 & 1-t+t^2/2 & -t+t^2/2 \\ -3t+t^2/2 & 2t-t^2/2 & 1+2t-t^2/2 \end{bmatrix}\begin{bmatrix} x_0 \\ y_0 \\ z_0 \end{bmatrix}.$$

(c) Die Koeffizientenmatrix A hat die Eigenwerte 1 und $1 \pm 2i$ mit den zugehörigen Eigenvektoren $(2, -3, 2)$ und $(0, \pm i, 1)$; mit

$$P := \begin{bmatrix} 2 & 0 & 0 \\ -3 & i & -i \\ 2 & 1 & 1 \end{bmatrix}$$

gilt also

$$P^{-1}AP = \begin{bmatrix} 1 & 0 & 0 \\ 0 & 1+2i & 0 \\ 0 & 0 & 1-2i \end{bmatrix} =: D;$$

damit ist $\exp(tA) = \exp(tPDP^{-1}) = P\exp(tD)P^{-1}$ gegeben durch

$$\begin{bmatrix} 2 & 0 & 0 \\ -3 & i & -i \\ 2 & 1 & 1 \end{bmatrix}\begin{bmatrix} e^t & 0 & 0 \\ 0 & e^{t+2it} & 0 \\ 0 & 0 & e^{t-2it} \end{bmatrix} \cdot \frac{1}{4}\begin{bmatrix} 2 & 0 & 0 \\ -2-3i & -2i & 2 \\ -2+3i & 2i & 2 \end{bmatrix}$$

$$= \frac{e^t}{2}\begin{bmatrix} 2 & 0 & 0 \\ -3+3\cos(2t)+2\sin(2t) & 2\cos(2t) & -2\sin(2t) \\ 2-2\cos(2t)+3\sin(2t) & 2\sin(2t) & 2\cos(2t) \end{bmatrix},$$

wobei wir die Formel $\exp(2it) = \cos(2t) + i\sin(2t)$ ausnutzen. Die allgemeine Lösung der homogenen Gleichung erhalten wir, indem wir diesen Ausdruck auf einen beliebigen konstanten Vektor $(x_0, y_0, z_0)^T$ anwenden. Es fehlt noch die Bestimmung einer partikulären Lösung der inhomogenen Gleichung. Ist $c = 1$, so berechnen wir diese nach der Formel

$$x_p(t) = e^{tA}\int_0^t e^{-\tau A}e^{\tau}\begin{bmatrix}1\\0\\0\end{bmatrix}d\tau.$$

Im generischen Fall $c \neq 1$ geht es schneller, wenn wir einen Ansatz vom Typ der rechten Seite machen. Die zu lösende Gleichung lautet

$$\dot{x}(t) = Ax(t) + e^{ct}u \quad \text{mit} \quad u = (1, 0, 0)^T.$$

Der Ansatz $x(t) = e^{tc}v$ mit einem noch zu bestimmenden Vektor v führt auf die Gleichung $(A - c\mathbf{1})v = u$ mit der eindeutigen Lösung $v = (A - c\mathbf{1})^{-1}u$; also ist eine partikuläre Lösung der inhomogenen Gleichung gegeben durch

$$x_p(t) = e^{tc}(A - c\mathbf{1})^{-1}u.$$

Lösung (119.15) Das betrachtete Differentialgleichungssystem lautet

$$\begin{bmatrix}\dot{x}\\\dot{y}\end{bmatrix} = \begin{bmatrix}-1 & -1\\2 & -1\end{bmatrix}\begin{bmatrix}x\\y\end{bmatrix}.$$

Die Koeffizientenmatrix A hat die Eigenwerte $-1 \pm i\sqrt{2}$ und die zugehörigen Eigenvektoren $(1, \mp i\sqrt{2})^T$. Bezeichnet P die Matrix, deren Spalten diese Eigenvektoren sind, so gilt also

$$P^{-1}AP = \begin{bmatrix}-1 + i\sqrt{2} & 0\\0 & -1 - i\sqrt{2}\end{bmatrix} =: D;$$

damit ist $\exp(tA) = \exp(tPDP^{-1}) = P\exp(tD)P^{-1}$ gegeben durch

$$\begin{bmatrix}1 & 1\\-i\sqrt{2} & i\sqrt{2}\end{bmatrix}\cdot e^{-t}\begin{bmatrix}e^{i\sqrt{2}t} & 0\\0 & e^{-i\sqrt{2}t}\end{bmatrix}\cdot\frac{1}{2i\sqrt{2}}\begin{bmatrix}i\sqrt{2} & -1\\i\sqrt{2} & 1\end{bmatrix}$$
$$= \frac{e^{-t}}{2i\sqrt{2}}\begin{bmatrix}i\sqrt{2}(e^{i\sqrt{2}t} + e^{-i\sqrt{2}t}) & -e^{i\sqrt{2}t} + e^{-i\sqrt{2}t}\\2(e^{i\sqrt{2}t} - e^{-i\sqrt{2}t}) & i\sqrt{2}(e^{i\sqrt{2}t} + e^{-i\sqrt{2}t})\end{bmatrix}$$
$$= \frac{e^{-t}}{\sqrt{2}}\begin{bmatrix}\sqrt{2}\cos(\sqrt{2}t) & -\sin(\sqrt{2}t)\\2\sin(\sqrt{2}t) & \sqrt{2}\cos(\sqrt{2}t)\end{bmatrix}.$$

Bezeichnen wir mit $\Delta_x(t)$ und $\Delta_y(t)$ die Fehler, die wir bei Auswertung von x und y zur Zeit t machen, so gilt also

$$\begin{bmatrix}\Delta_x(t)\\\Delta_y(t)\end{bmatrix} = \frac{e^{-t}}{\sqrt{2}}\begin{bmatrix}\sqrt{2}\cos(\sqrt{2}t) & -\sin(\sqrt{2}t)\\2\sin(\sqrt{2}t) & \sqrt{2}\cos(\sqrt{2}t)\end{bmatrix}\begin{bmatrix}\Delta_x(0)\\\Delta_y(0)\end{bmatrix}$$
$$= \frac{e^{-t}}{\sqrt{2}}\begin{bmatrix}\sqrt{2}\cos(\sqrt{2}t)\Delta_x(0) - \sin(\sqrt{2}t)\Delta_y(0)\\2\sin(\sqrt{2}t)\Delta_x(0) + \sqrt{2}\cos(\sqrt{2}t)\Delta_y(0)\end{bmatrix}.$$

Wegen der allgemein gültigen Gleichung

$$\max_{\varphi\in\mathbb{R}}|A\cos\varphi + B\sin\varphi| = \sqrt{A^2 + B^2}$$

erhalten wir die Abschätzungen

$$|\Delta_x(t)| \leq \frac{e^{-t}}{\sqrt{2}}\sqrt{2\Delta_x(0)^2 + \Delta_y(0)^2}$$
$$= e^{-t}\sqrt{\Delta_x(0)^2 + \frac{1}{2}\Delta_y(0)^2}$$

und

$$|\Delta_y(t)| \leq \frac{e^{-t}}{\sqrt{2}}\sqrt{4\Delta_x(0)^2 + 2\Delta_y(0)^2}$$
$$= e^{-t}\sqrt{2\Delta_x(0)^2 + \Delta_y(0)^2}.$$

Der Fehler nimmt also für $t \to \infty$ exponentiell ab.

Lösung (119.16) Es sei $(v_1, \ldots, v_n)$ eine Basis von $\mathbb{C}^n$, bezüglich der A Jordansche Normalform annimmt. Die rechte Seite der betrachteten Differentialgleichung läßt sich dann schreiben als $\varphi(t) = e^{t\lambda}\sum_{k=0}^d\sum_{i=1}^n t^k\lambda_i^{(k)}v_i$, und nach dem Superpositionsprinzip genügt es, die Gültigkeit des Ansatzes vom Typ der rechten Seite für jeden einzelnen Summanden $e^{t\lambda}t^k v_i$ zu überprüfen. Wir dürfen daher o.B.d.A. annehmen, daß A ein Jordankästchen ist, also die Form

$$A = \begin{bmatrix}\lambda & 1 & & 0\\ & \ddots & \ddots & \\ & & \ddots & 1\\ 0 & & & \lambda\end{bmatrix} = \lambda\mathbf{1} + N \in \mathbb{R}^{m\times m}$$

hat; es gilt dann $\exp(tA) = e^{\lambda t}\sum_{r=0}^{m-1}t^r N^r$. Ist nun die rechte Seite $\varphi(t) = e^{t\lambda}t^k v$ gegeben, so ist eine Lösung der inhomogenen Gleichung gegeben durch

$$x(t) = \int_0^t e^{(t-\tau)A}\varphi(\tau)d\tau$$
$$= \sum_{r=0}^{m-1}\int_0^t\left(e^{(t-\tau)\lambda}(t-\tau)^r N^r\right)\left(e^{\tau\lambda}\tau^k v\right)d\tau$$
$$= \sum_{r=0}^{m-1}\left(\int_0^t e^{t\lambda}(t-\tau)^r\tau^k d\tau\right)N^r v$$
$$= \sum_{r=0}^{m-1}\sum_{s=0}^r\int_0^t e^{t\lambda}\binom{r}{s}t^{r-s}(-\tau)^s\tau^k d\tau N^r v,$$

also

$$x(t) = \sum_{r=0}^{m-1}\sum_{s=0}^r\binom{r}{s}(-1)^s e^{t\lambda}t^{r-s}\int_0^t\tau^{s+k}d\tau N^r v$$
$$= \sum_{r=0}^{m-1}\sum_{s=0}^r\binom{r}{s}(-1)^s e^{t\lambda}t^{r-s}\frac{t^{s+k+1}}{s+k+1}N^r v$$
$$= \sum_{r=0}^{m-1}\left(\sum_{s=0}^r\binom{r}{s}\frac{(-1)^s}{s+k+1}\right)e^{t\lambda}t^{r+k+1}N^r v.$$

Diese Lösung hat die Form $\sum_{\ell=1+k}^{m+k} e^{t\lambda} t^\ell v_\ell$, und damit ist wegen $0 \leq k \leq d$ die Behauptung gezeigt.

Bemerkung: Der Beweis zeigt, daß man für m statt der Vielfachheit von λ als Eigenwert von A die maximale Größe eines zum Eigenwert λ gehörigen Jordan-Kästchens wählen darf. Diese (i.a. kleinere) Zahl zu ermitteln ist aber rechenaufwendiger, als einen Ansatz mit evtl. zu hohen Potenzen zu machen, deren Koeffizienten sich dann in der Rechnung zu Null ergeben.

Für den Fall, daß λ kein Eigenwert von A ist, geben wir noch einen zweiten Beweis (der sich ebenfalls auf den allgemeinen Fall übertragen läßt, aber mühsamer hinzuschreiben ist). Der Ansatz $x(t) = e^{\lambda t} \sum_{k=0}^{d} t^k w_k$ liefert

$$\dot x(t) = \lambda e^{\lambda t} \sum_{k=0}^{d} t^k w_k + e^{\lambda t} \sum_{k=1}^{d} k t^{k-1} w_k$$
$$= e^{\lambda t} \left(\sum_{k=0}^{d-1} t^k (\lambda w_k + (k+1) w_{k+1}) + \lambda t^d w_d \right)$$

sowie

$$A x(t) + \varphi(t) = e^{\lambda t} \sum_{k=0}^{d} t^k (A w_k + v_k).$$

Genau dann gilt also die Identität $\dot x = Ax + \varphi$, wenn die Gleichungen $\lambda w_d = A w_d + v_d$ sowie

$$\lambda w_k + (k+1) w_{k+1} = A w_k + v_k \quad (0 \leq k \leq d-1)$$

erfüllt sind, also

$$(A - \lambda \mathbf{1}) w_d = -v_d \quad \text{und} \quad (A - \lambda \mathbf{1}) w_k = (k+1) w_{k+1} - v_k.$$

Mit anderen Worten: Der gewählte Ansatz liefert genau dann eine Lösung, wenn es zu gegebenen Vektoren v_k immer Vektoren w_k gibt, die die oben genannten Gleichungen erfüllen. Das ist aber der Fall, denn wegen der Invertierbarkeit von $A - \lambda \mathbf{1}$ können wir diese Gleichungen nacheinander nach $w_d, w_{d-1}, \ldots, w_0$ auflösen.

Lösung (119.17) (a) Setzen wir $\kappa := k/m$ und $\delta := d/m$, so geht die in Beispiel (119.2) des Buchs angegebene Bewegungsgleichung über in

$$\begin{bmatrix} \dot x_1 \\ \dot x_2 \\ \dot v_1 \\ \dot v_2 \end{bmatrix} = \begin{bmatrix} 0 & 0 & 1 & 0 \\ 0 & 0 & 0 & 1 \\ -2\kappa & \kappa & -2\delta & 0 \\ \kappa & -2\kappa & 0 & -2\delta \end{bmatrix} \begin{bmatrix} x_1 \\ x_2 \\ v_1 \\ v_2 \end{bmatrix} + \begin{bmatrix} 0 \\ 0 \\ 0 \\ a\kappa \end{bmatrix}.$$

(b) Soll $v_2 = -v_1$ für alle Zeiten gelten, so gilt $(x_1 + x_2)^\bullet = \dot x_1 + \dot x_2 = v_1 + v_2 = 0$, so daß $x_1 + x_2$ konstant ist, sagen wir $x_1 + x_2 = c$. Setzen wir $y := x_1 + x_2$ und $w := v_1 + v_2$, so ergeben sich aus (a) die Gleichungen $\dot y = w$ und $\dot w = \dot v_1 + \dot v_2 = -\kappa y - 2\delta w + a\kappa$, also

$$\begin{bmatrix} \dot y \\ \dot w \end{bmatrix} = \begin{bmatrix} 0 & 1 \\ -\kappa & -2\delta \end{bmatrix} \begin{bmatrix} y \\ w \end{bmatrix} + \begin{bmatrix} 0 \\ a\kappa \end{bmatrix}.$$

Einsetzen in dieses System zeigt sofort, daß durch $y \equiv c$ und $w \equiv 0$ genau dann eine Lösung gegeben ist, wenn $c = a$ ist. Wählen wir also die Anfangsbedingungen so, daß die Gleichungen $x_1(0) + x_2(0) = a$ und $v_1(0) + v_2(0) = 0$ erfüllt sind, so bleiben $x_1 + x_2$ und $v_1 + v_2$ zeitlich konstant. Es gilt dann $a - x_2 = x_1$ und $v_2 = -v_1$ für alle Zeiten; die beiden Massen schwingen also immer in entgegengesetzten Richtungen, und zwar so, daß beide Massen von der jeweils näher liegenden Wand gleich weit entfernt sind.

(c) Soll $v_2 = v_1$ für alle Zeiten gelten, so gilt $(x_2 - x_1)^\bullet = \dot x_2 - \dot x_1 = v_2 - v_1 = 0$, so daß $x_2 - x_1$ konstant ist, sagen wir $x_2 - x_1 = c$. Setzen wir $y := x_2 - x_1$ und $w := v_2 - v_1$, so ergeben sich aus (a) die Gleichungen $\dot y = w$ und $\dot w = \dot v_2 - \dot v_1 = -3\kappa y - 2\delta w + a\kappa$, also

$$\begin{bmatrix} \dot y \\ \dot w \end{bmatrix} = \begin{bmatrix} 0 & 1 \\ -3\kappa & -2\delta \end{bmatrix} \begin{bmatrix} y \\ w \end{bmatrix} + \begin{bmatrix} 0 \\ a\kappa \end{bmatrix}.$$

Einsetzen in dieses System zeigt sofort, daß durch $y \equiv c$ und $w \equiv 0$ genau dann eine Lösung gegeben ist, wenn $c = a/3$ ist. Wählen wir also die Anfangsbedingungen so, daß die Gleichungen $x_2(0) - x_1(0) = a/3$ und $v_2(0) = v_1(0)$ erfüllt sind, so bleiben $x_2 - x_1$ und $v_2 - v_1$ zeitlich konstant. Die beiden Massen schwingen in diesem Fall vollständig synchron, haben immer die gleiche Geschwindigkeit und immer den gleichen Abstand, der gerade ein Drittel des Abstandes zwischen den beiden Wänden ausmacht.

Lösung (119.18) Nach den angegebenen Gesetzen gilt $U = RI + L\dot I + Q/C = R\dot Q + L\ddot Q + Q/C$, also

$$L\ddot Q(t) + R\dot Q(t) + \frac{1}{C} Q(t) = U(t).$$

Mit $x(t) := Q(t)/\sqrt{LC}$ und $y(t) := \dot Q(t)$ erhalten wir $\dot x = y/\sqrt{LC}$ sowie $\dot y = \ddot Q = (U - R\dot Q - C^{-1}Q)/L = U/L - (R/L)y - x/\sqrt{LC}$ und damit

$$\begin{bmatrix} \dot x(t) \\ \dot y(t) \end{bmatrix} = \frac{1}{\sqrt{LC}} \begin{bmatrix} 0 & 1 \\ -1 & -R\sqrt{C/L} \end{bmatrix} \begin{bmatrix} x(t) \\ y(t) \end{bmatrix} + \frac{1}{L} \begin{bmatrix} 0 \\ U(t) \end{bmatrix}.$$

Lösung (119.19) Der Austausch zwischen den Tanks wird durch das folgende Diagramm veranschaulicht.

$$K_1 \xrightarrow{60} K_2 \underset{20}{\overset{80}{\rightleftarrows}} K_3 \xrightarrow{60} K_4$$

Bezeichnen wir mit $m_i(t)$ die Salzmenge (gemessen in kg) im i-ten Tank zur Zeit t (gemessen in Minuten ab der Referenzzeit), so ergeben sich über ein infinitesimal kleines Zeitintervall $[t, t+dt]$ die Bilanzgleichungen

$$m_2(t+dt) = m_2(t) - 80 \cdot \frac{m_2(t)}{1000} dt + 20 \frac{m_3(t)}{1000} dt$$
$$m_3(t+dt) = m_3(t) + 80 \cdot \frac{m_2(t)}{1000} dt - (60+20) \cdot \frac{m_3(t)}{1000} dt$$

Aufgaben zu »Lineare Differentialgleichungssysteme« siehe Seite 78

und damit

$$\frac{m_2(t+\mathrm{d}t) - m_2(t)}{\mathrm{d}t} = -0.08\, m_2(t) + 0.02\, m_3(t)$$
$$\frac{m_3(t+\mathrm{d}t) - m_3(t)}{\mathrm{d}t} = 0.08\, m_2(t) - 0.08\, m_3(t)$$

bzw.

$$\begin{bmatrix} \dot{m}_2(t) \\ \dot{m}_3(t) \end{bmatrix} = \begin{bmatrix} -0.08 & 0.02 \\ 0.08 & -0.08 \end{bmatrix} \begin{bmatrix} m_2(t) \\ m_3(t) \end{bmatrix}$$
$$= \frac{1}{50} \begin{bmatrix} -4 & 1 \\ 4 & -4 \end{bmatrix} \begin{bmatrix} m_2(t) \\ m_3(t) \end{bmatrix}.$$

Diagonalisierung liefert

$$T^{-1} \begin{bmatrix} -4 & 1 \\ 4 & -4 \end{bmatrix} T = \begin{bmatrix} -2 & 0 \\ 0 & -6 \end{bmatrix} \quad \text{mit} \quad T := \begin{bmatrix} 1 & -1 \\ 2 & 2 \end{bmatrix};$$

also ist

$$\begin{bmatrix} m_2(t) \\ m_3(t) \end{bmatrix} = \exp\left(\frac{t}{50}\begin{bmatrix} -4 & 1 \\ 4 & -4 \end{bmatrix}\right) \begin{bmatrix} 50 \\ 20 \end{bmatrix}$$
$$= \exp\left(\frac{t}{50}T \begin{bmatrix} -2 & 0 \\ 0 & -6 \end{bmatrix} T^{-1}\right) \begin{bmatrix} 50 \\ 20 \end{bmatrix}$$
$$= T \exp\left(\frac{t}{25}\begin{bmatrix} -1 & 0 \\ 0 & -3 \end{bmatrix}\right) T^{-1} \begin{bmatrix} 50 \\ 20 \end{bmatrix}$$
$$= \frac{1}{4} \begin{bmatrix} 1 & -1 \\ 2 & 2 \end{bmatrix} \begin{bmatrix} e^{-t/25} & 0 \\ 0 & e^{-3t/25} \end{bmatrix} \begin{bmatrix} 2 & 1 \\ -2 & 1 \end{bmatrix} \begin{bmatrix} 50 \\ 20 \end{bmatrix}$$
$$= \frac{1}{4} \begin{bmatrix} e^{-t/25} & -e^{-3t/25} \\ 2e^{-t/25} & 2e^{-3t/25} \end{bmatrix} \begin{bmatrix} 120 \\ -80 \end{bmatrix}$$
$$= \begin{bmatrix} e^{-t/25} & -e^{-3t/25} \\ 2e^{-t/25} & 2e^{-3t/25} \end{bmatrix} \begin{bmatrix} 30 \\ -20 \end{bmatrix}.$$

Die gesuchten Funktionsverläufe sind also

$$m_2(t) = 30 e^{-t/25} + 20 e^{-3t/25},$$
$$m_3(t) = 60 e^{-t/25} - 40 e^{-3t/25}.$$

Für $t \to \infty$ haben wir $m_2(t) \to 0$ und $m_3(t) \to 0$. Das ist nicht anders zu erwarten, denn dem Gesamtsystem wird immer nur reines Wasser zugeführt, während ständig salzige Lösung abfließt.

Lösung (119.20) Die Systemgleichung lautet

$$\begin{bmatrix} \dot{M}(t) \\ \dot{B}(t) \end{bmatrix} = \begin{bmatrix} -a & 0 \\ a & -b \end{bmatrix} \begin{bmatrix} M(t) \\ B(t) \end{bmatrix} + \begin{bmatrix} D(t) \\ 0 \end{bmatrix}.$$

Bezeichnen wir die Koeffizientenmatrix mit A, so ist die Lösung dieser Gleichung gegeben durch

$$(\star) \quad \begin{bmatrix} M(t) \\ B(t) \end{bmatrix} = e^{tA}\left(\begin{bmatrix} M(0) \\ B(0) \end{bmatrix} + \int_0^t e^{-\tau A} \begin{bmatrix} D(\tau) \\ 0 \end{bmatrix} \mathrm{d}\tau\right).$$

Für $a \neq b$ gilt

$$P^{-1}AP = \begin{bmatrix} -a & 0 \\ 0 & -b \end{bmatrix} =: D \quad \text{mit} \quad P := \begin{bmatrix} b-a & 0 \\ a & 1 \end{bmatrix}$$

und damit $\exp(tA) = \exp(tPDP^{-1}) = P\exp(tD)P^{-1}$, also

$$e^{tA} = \frac{1}{b-a}\begin{bmatrix} b-a & 0 \\ a & 1 \end{bmatrix}\begin{bmatrix} e^{-ta} & 0 \\ 0 & e^{-tb} \end{bmatrix}\begin{bmatrix} 1 & 0 \\ -a & b-a \end{bmatrix}$$
$$= \begin{bmatrix} e^{-ta} & 0 \\ a(e^{-ta}-e^{-tb})/(b-a) & e^{-tb} \end{bmatrix}.$$

Für $b = a$ ist dies (im Sinne der Regel von l'Hospital) als

$$e^{tA} = e^{-ta}\begin{bmatrix} 1 & 0 \\ at & 1 \end{bmatrix}$$

zu interpretieren (was man auch direkt durch Hinschreiben der Exponentialreihe nachprüfen kann, die in diesem Fall auf eine Summe mit nur zwei Termen zusammenschrumpft). Die Formel $(\star)$, die die allgemeine Lösung angibt, ist bequem, wenn die Funktion $t \mapsto D(t)$ durch einen geschlossenen Ausdruck gegeben ist. In unserem Fall ist D stückweise definiert; daher ist eine andere Darstellung etwas bequemer. Während eines beliebigen Zeitintervalls $[t_1, t]$ gilt
$(\star\star)$

$$e^{-tA}\begin{bmatrix} M(t) \\ B(t) \end{bmatrix} - e^{-t_1 A}\begin{bmatrix} M(t_1) \\ B(t_1) \end{bmatrix} = \int_{t_1}^t D(\tau) e^{-\tau A}\begin{bmatrix} 1 \\ 0 \end{bmatrix} \mathrm{d}\tau.$$

Ist nun $[t_1, t_2]$ ein Zeitintervall, in dem kein Medikament verabreicht wird ($D \equiv 0$), so gilt für $t_1 \leq t \leq t_2$ gemäß $(\star\star)$ die Gleichung

$$\begin{bmatrix} M(t) \\ B(t) \end{bmatrix} = \exp((t-t_1)A)\begin{bmatrix} M(t_1) \\ B(t_1) \end{bmatrix}.$$

Ist dagegen $[t_1, t_2]$ ein Zeitintervall, in dem die konstante Dosis $D(t) \equiv d > 0$ verabreicht wird, so gilt gemäß $(\star\star)$ für $t_1 \leq t \leq t_2$ die Gleichung

$$\exp(-tA)\begin{bmatrix} M(t) \\ B(t) \end{bmatrix} - \exp(-t_1 A)\begin{bmatrix} M(t_1) \\ B(t_1) \end{bmatrix}$$
$$= d\int_{t_1}^t \begin{bmatrix} e^{\tau a} \\ a(e^{\tau a}-e^{\tau b})/(b-a) \end{bmatrix} \mathrm{d}\tau$$
$$= d\begin{bmatrix} (e^{ta}-e^{t_1 a})/a \\ (b(e^{ta}-e^{t_1 a}) - a(e^{tb}-e^{t_1 b}))/(b(b-a)) \end{bmatrix}.$$

Benutzen wir die in der Aufgabe angegebenen numerischen Werte, so ergeben sich die folgenden Diagramme für die Verläufe der Funktionen $t \mapsto M(t)$ (blau) sowie $t \mapsto B(t)$ (rot).

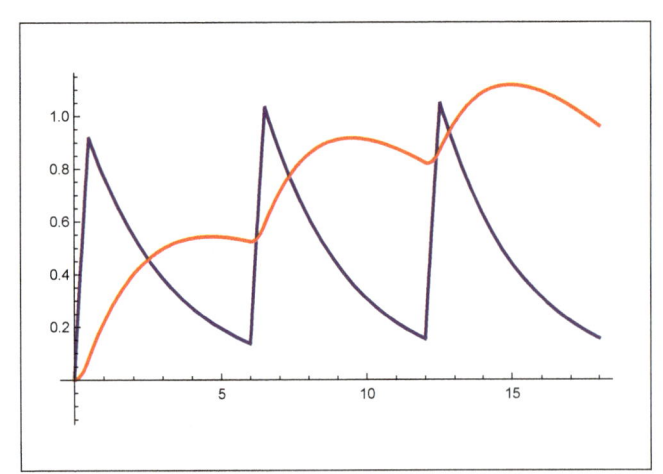

Zeitlicher Verlauf der Konzentration des Medikaments im Magen-Darm-Trakt (blau) und im Blutkreislauf (rot).

Lösung (119.21) (a) Es gilt $\sum_{i=1}^n m_i = e^T m$, wenn $e = (1, 1, \ldots, 1)^T \in \mathbb{R}^n$ den Vektor bezeichnet, der nur Einsen als Komponenten hat. Es gilt dann $(d/dt)e^T m = e^T \dot{m} = e^T K m = 0$, wobei die letzte Gleichung gilt, weil bei der Koeffizientenmatrix eines Kompartimentmodells nach Definition alle Spaltensummen gleich Null sind. Also bleibt $e^T m = \sum_{i=1}^n m_i$ zeitlich konstant.

(b) Es sei $t \geq t_0$ der erste Zeitpunkt, zu dem $m_i(t) = 0$ für einen Index i gilt. Zu diesem Zeitpunkt gilt dann $m_j(t) \geq 0$ für alle $j \neq i$, wegen $k_{ji} \geq 0$ folglich $\dot{m}_i(t) = \sum_{j \neq 0} k_{ji} m_j(t) \geq 0$, so daß m_i in diesem Moment nur zunehmen, nicht aber weiter abnehmen kann. Damit ist ausgeschlossen, daß m_i negativ werden kann.

Lösung (119.22) (a) Das charakteristische Polynom von A ist

$$\det(A - \lambda \mathbf{1}) = (4 - \lambda) \begin{vmatrix} 2 - \lambda & 2 \\ -2 & 6 - \lambda \end{vmatrix}$$
$$= (4 - \lambda)(\lambda^2 - 8\lambda + 16) = (4 - \lambda)^3,$$

so daß 4 ein dreifacher Eigenwert von A ist. Die Matrix

$$A - 4 \cdot \mathbf{1} = \begin{bmatrix} -2 & 2 & 1 \\ -2 & 2 & 1 \\ 0 & 0 & 0 \end{bmatrix}$$

hat den Rang 1, so daß der Eigenraum zum Eigenwert 4 (also der Kern von $A - 4 \cdot \mathbf{1}$) die Dimension 2 hat. Die Jordansche Normalform von A ist daher

$$J = \begin{bmatrix} 4 & 0 & 0 \\ 0 & 4 & 1 \\ 0 & 0 & 4 \end{bmatrix}.$$

Sind v_1, v_2, v_3 Basisvektoren, bezüglich deren A diese Form annimmt, so müssen v_1 und v_2 Eigenvektoren zum Eigenwert 4 sein, während v_3 die Gleichung $(A - 4 \cdot \mathbf{1})v_3 = v_2$ erfüllen muß. Der Eigenvektor v_2 muß daher im Bild von $A - 4 \cdot \mathbf{1}$ liegen, folglich ein Vielfaches von $(1, 1, 0)^T$ sein. Wir wählen zunächst $v_2 := (1, 1, 0)^T$, dann v_3 als Lösung der Gleichung $(A - 4 \cdot \mathbf{1})v_3 = v_2$ (zum Beispiel $v_3 := (0, 0, 1)^T$) und schließlich v_1 als einen von v_2 linear unabhängigen Eigenvektor zum Eigenwert 4, beispielsweise $v_1 = (1, 0, 2)^T$. Also gilt $T^{-1}AT = J$ mit

$$T := \begin{bmatrix} 1 & 1 & 0 \\ 0 & 1 & 0 \\ 2 & 0 & 1 \end{bmatrix}.$$

Die allgemeine Lösung der Gleichung $\dot{x}(t) = Ax(t)$ ist dann $x(t) = e^{tA}\hat{c} = Te^{tJ}T^{-1}\hat{c}$ mit einem beliebigen Vektor $\hat{c} \in \mathbb{R}^3$ bzw. $x(t) = Te^{tJ}c$ mit einem beliebigen Vektor $c \in \mathbb{R}^3$. Dies bedeutet

$$x(t) = \begin{bmatrix} 1 & 1 & 0 \\ 0 & 1 & 0 \\ 2 & 0 & 1 \end{bmatrix} \begin{bmatrix} e^{4t} & 0 & 0 \\ 0 & e^{4t} & te^{4t} \\ 0 & 0 & e^{4t} \end{bmatrix} \begin{bmatrix} c_1 \\ c_2 \\ c_3 \end{bmatrix}$$
$$= c_1 \cdot e^{4t} \begin{bmatrix} 1 \\ 0 \\ 2 \end{bmatrix} + c_2 \cdot e^{4t} \begin{bmatrix} 1 \\ 1 \\ 0 \end{bmatrix} + c_3 \cdot e^{4t} \begin{bmatrix} t \\ t \\ 1 \end{bmatrix}.$$

(b) Das charakteristische Polynom von A ist $\det(A - \lambda \mathbf{1}) = (1-\lambda)(2-\lambda)^2$; also ist 1 ein einfacher und 2 ein doppelter Eigenwert. Zugehörige Eigenvektoren sind $(1, 0, 0)^T$ und $(0, 1, 0)^T$ (jeweils eindeutig bis auf ein skalares Vielfaches). Die Jordansche Normalform von A lautet daher

$$J = \begin{bmatrix} 1 & 0 & 0 \\ 0 & 2 & 1 \\ 0 & 0 & 2 \end{bmatrix}.$$

Sind v_1, v_2, v_3 Basisvektoren, bezüglich deren A diese Form annimmt, so müssen v_1 und v_2 Eigenvektoren zu den Eigenwerten 1 bzw. 2 sein, während v_3 die Gleichung $(A - 2 \cdot \mathbf{1})v_3 = v_2$ erfüllen muß. Wir können etwa $v_2 := (0, 3, 0)^T$ und $v_3 := (0, 0, 1)^T$ wählen. Also gilt $T^{-1}AT = J$ mit

$$T = \begin{bmatrix} 1 & 0 & 0 \\ 0 & 3 & 0 \\ 0 & 0 & 1 \end{bmatrix}.$$

Wir erhalten dann die allgemeine Lösung $x(t) = Te^{tJ}c$, also

$$x(t) = \begin{bmatrix} 1 & 0 & 0 \\ 0 & 3 & 0 \\ 0 & 0 & 1 \end{bmatrix} \begin{bmatrix} e^t & 0 & 0 \\ 0 & e^{2t} & te^{2t} \\ 0 & 0 & e^{2t} \end{bmatrix} \begin{bmatrix} c_1 \\ c_2 \\ c_3 \end{bmatrix}$$
$$= c_1 \cdot e^t \begin{bmatrix} 1 \\ 0 \\ 0 \end{bmatrix} + 3c_2 \cdot e^{2t} \begin{bmatrix} 0 \\ 1 \\ 0 \end{bmatrix} + c_3 \cdot e^{2t} \begin{bmatrix} 0 \\ 3t \\ 1 \end{bmatrix}.$$

(c) Das charakteristische Polynom von A ist

$$\det(A - \lambda \mathbf{1}) = (-2 - \lambda) \begin{vmatrix} -\lambda & -1 \\ 4 & -4 - \lambda \end{vmatrix}$$
$$= -(2 + \lambda)(\lambda^2 + 4\lambda + 4) = -(\lambda + 2)^3,$$

so daß -2 ein dreifacher Eigenwert von A ist. Die Matrix

$$A + 2 \cdot \mathbf{1} = \begin{bmatrix} 0 & 0 & 0 \\ 0 & 2 & -1 \\ 0 & 4 & -2 \end{bmatrix}$$

hat den Rang 1, so daß der Eigenraum zum Eigenwert -2 (also der Kern von $A + 2 \cdot \mathbf{1}$) die Dimension 2 hat. Die Jordansche Normalform von A ist daher

$$J = \begin{bmatrix} -2 & 0 & 0 \\ 0 & -2 & 1 \\ 0 & 0 & -2 \end{bmatrix}.$$

Sind v_1, v_2, v_3 Basisvektoren, bezüglich deren A diese Form annimmt, so müssen v_1 und v_2 Eigenvektoren zum Eigenwert -2 sein, während v_3 die Gleichung $(A + 2 \cdot \mathbf{1})v_3 = v_2$ erfüllen muß. Der Eigenvektor v_2 muß daher im Bild von $A + 2 \cdot \mathbf{1}$ liegen, folglich ein Vielfaches von $(0, 1, 2)^T$ sein. Wir wählen zunächst $v_2 := (0, 1, 2)^T$, dann v_3 als Lösung der Gleichung $(A + 2 \cdot \mathbf{1})v_3 = v_2$ (zum Beispiel $v_3 := (0, 1, 1)^T$) und schließlich v_1 als einen von v_2 linear unabhängigen Eigenvektor zum Eigenwert -2, beispielsweise $v_1 = (1, 0, 0)^T$. Also gilt $T^{-1}AT = J$ mit

$$T := \begin{bmatrix} 1 & 0 & 0 \\ 0 & 1 & 1 \\ 0 & 2 & 1 \end{bmatrix}.$$

Die allgemeine Lösung der Gleichung $\dot{x}(t) = Ax(t)$ ist dann $x(t) = Te^{tJ}c$ mit einem beliebigen Vektor $c \in \mathbb{R}^3$, also

$$x(t) = \begin{bmatrix} 1 & 0 & 0 \\ 0 & 1 & 1 \\ 0 & 2 & 1 \end{bmatrix} \begin{bmatrix} e^{-2t} & 0 & 0 \\ 0 & e^{-2t} & te^{-2t} \\ 0 & 0 & e^{-2t} \end{bmatrix} \begin{bmatrix} c_1 \\ c_2 \\ c_3 \end{bmatrix}$$

$$= c_1 \cdot e^{-2t} \begin{bmatrix} 1 \\ 0 \\ 0 \end{bmatrix} + c_2 \cdot e^{-2t} \begin{bmatrix} 0 \\ 1 \\ 2 \end{bmatrix} + c_3 \cdot e^{-2t} \begin{bmatrix} 0 \\ t+1 \\ 2t+1 \end{bmatrix}.$$

(d) Das charakteristische Polynom von A ist

$$\begin{vmatrix} 3-\lambda & 2 & -2 \\ 1 & 4-\lambda & -1 \\ 1 & -1 & 4-\lambda \end{vmatrix} = \begin{vmatrix} 3-\lambda & 2 & -2 \\ 0 & 5-\lambda & \lambda-5 \\ 1 & -1 & 4-\lambda \end{vmatrix}$$

$$= (5-\lambda) \begin{vmatrix} 3-\lambda & 2 & -2 \\ 0 & 1 & -1 \\ 1 & -1 & 4-\lambda \end{vmatrix} = (5-\lambda) \begin{vmatrix} 3-\lambda & 0 & 0 \\ 0 & 1 & -1 \\ 1 & -1 & 4-\lambda \end{vmatrix}$$

$$= (5-\lambda)(3-\lambda) \begin{vmatrix} 1 & -1 \\ -1 & 4-\lambda \end{vmatrix} = (5-\lambda)(3-\lambda)^2.$$

Also ist 5 ein einfacher und 3 ein doppelter Eigenwert von A. Die Matrix

$$A - 3 \cdot \mathbf{1} = \begin{bmatrix} 0 & 2 & -2 \\ 1 & 1 & -1 \\ 1 & -1 & 1 \end{bmatrix}$$

hat den Rang 2, so daß der Eigenraum zum Eigenwert 3 (also der Kern von $A - 3 \cdot \mathbf{1}$) die Dimension 1 hat. Die Jordansche Normalform von A ist also

$$J = \begin{bmatrix} 5 & 0 & 0 \\ 0 & 3 & 1 \\ 0 & 0 & 3 \end{bmatrix}.$$

Sind v_1, v_2, v_3 Basisvektoren, bezüglich deren A diese Form annimmt, so müssen v_1 und v_2 Eigenvektoren zu den Eigenwerten 5 bzw. 3 sein, während v_3 die Gleichung $(A - 3 \cdot \mathbf{1})v_3 = v_2$ erfüllen muß. Wir können $v_1 := (1, 1, 0)^T$ und $v_2 := (0, 1, 1)^T$ wählen (jeweils eindeutig bis auf ein skalares Vielfaches) und erhalten dann v_3 durch Lösen der Gleichung $(A - 3 \cdot \mathbf{1})v_3 = v_2$, beispielsweise $v_3 := (1, 0, 0)^T$. Mit

$$T := \begin{bmatrix} 1 & 0 & 1 \\ 1 & 1 & 0 \\ 0 & 1 & 0 \end{bmatrix}$$

gilt also $T^{-1}AT = J$. Die allgemeine Lösung der Gleichung $\dot{x}(t) = Ax(t)$ ist dann $x(t) = Te^{tJ}c$ mit einem beliebigen Vektor $c \in \mathbb{R}^3$, also

$$x(t) = \begin{bmatrix} 1 & 0 & 1 \\ 1 & 1 & 0 \\ 0 & 1 & 0 \end{bmatrix} \begin{bmatrix} e^{5t} & 0 & 0 \\ 0 & e^{3t} & te^{3t} \\ 0 & 0 & e^{3t} \end{bmatrix} \begin{bmatrix} c_1 \\ c_2 \\ c_3 \end{bmatrix}$$

$$= c_1 \cdot e^{5t} \begin{bmatrix} 1 \\ 1 \\ 0 \end{bmatrix} + c_2 \cdot e^{3t} \begin{bmatrix} 0 \\ 1 \\ 1 \end{bmatrix} + c_3 \cdot e^{3t} \begin{bmatrix} 1 \\ t \\ t \end{bmatrix}.$$

Lösung (119.23) Ist $x(t) = t^m e^{\lambda t} w = t^m e^{at}(\cos(bt) + i\sin(bt))(u + iv)$ eine Lösung der Gleichung $\dot{\xi} = A\xi$, so sind auch

$$x_1(t) := \operatorname{Re} x(t) = t^m e^{at}(\cos(bt)u - \sin(bt)v) \quad \text{und}$$
$$x_2(t) := \operatorname{Im} x(t) = t^m e^{at}(\sin(bt)u + \cos(bt)v)$$

Lösungen dieser Gleichung, denn $\dot{x}_1 + i\dot{x}_2 = \dot{x} = Ax = A(x_1 + ix_2) = Ax_1 + iAx_2$ und nach Vergleich der Real- und Imaginärteile auf beiden Seiten damit $\dot{x}_1 = Ax_1$ und $\dot{x}_2 = Ax_2$. Folglich ist auch $\overline{x} = x_1 - ix_2$ eine Lösung von $\dot{\xi} = A\xi$ (als Linearkombination zweier Lösungen). Wegen $\overline{x}(t) = t^m e^{\overline{\lambda} t}\overline{w}$ sind aber x und $\overline{x}$ linear unabhängig über $\mathbb{C}$ (denn w und $\overline{w}$ sind verallgemeinerte Eigenvektoren zu den verschiedenen Eigenwerten λ und $\overline{\lambda}$ und folglich linear unabhängig). Nun gilt

$$\mathbb{C}x + \mathbb{C}\overline{x} = \{\lambda(x_1 + ix_2) + \mu(x_1 - ix_2) \mid \lambda, \mu \in \mathbb{C}\}$$
$$= \{(\lambda + \mu)x_1 + (i\lambda - i\mu)x_2 \mid \lambda, \mu \in \mathbb{C}\}$$
$$= \{\alpha x_1 + \beta x_2 \mid \alpha, \beta \in \mathbb{C}\} = \mathbb{C}x_1 + \mathbb{C}x_2,$$

also lassen sich in einem Fundamentalsystem die beiden Funktionen x und $\overline{x}$ ersetzen durch die (reellen) Funktionen x_1 und x_2. Ersetzt man auf diese Weise in einem Fundamentalsystem jedes Paar dieser Art durch entsprechende reelle Funktionen, so erhält man insgesamt ein Fundamentalsystem, das nur aus reellen Funktionen besteht.

Lösung (119.24) Genau dann ist $(y_1, \ldots, y_n)$ ein Fundamentalsystem der Differentialgleichung
$$y^{(n)} + a_{n-1} y^{(n-1)} + \cdots + a_1 \dot y + a_0 y = 0,$$
wenn die n Gleichungen $a_{n-1} y_i^{(n-1)} + \cdots + a_1 \dot y_i + a_0 y_i = -y_i^{(n)}$ gelten ($1 \leq i \leq n$). Diese Gleichungen lassen sich zu dem Gleichungssystem
$$\begin{bmatrix} y_1 & \dot y_1 & \cdots & y_1^{(n-1)} \\ y_2 & \dot y_2 & \cdots & y_2^{(n-1)} \\ \vdots & \vdots & & \vdots \\ y_n & \dot y_n & \cdots & y_n^{(n-1)} \end{bmatrix} \begin{bmatrix} a_0 \\ a_1 \\ \vdots \\ a_{n-1} \end{bmatrix} = \begin{bmatrix} -y_1^{(n)} \\ -y_2^{(n)} \\ \vdots \\ -y_n^{(n)} \end{bmatrix}$$
zusammenfassen, und dieses besitzt eine eindeutige Lösung, da nach Voraussetzung die Zeilen der Koeffizientenmatrix linear unabhängig sind, die Koeffizientenmatrix also invertierbar ist. Durch Lösen dieses Gleichungssystem erhält man also die gesuchten Koeffizientenfunktionen a_i (und zwar in eindeutiger Weise).

Lösung (119.25) Wir setzen jeweils $p(x) = Ax^2 + Bx + C$, $q(x) = Dx^2 + Ex + F$ und $r(x) = Gx^2 + Hx + I$ an. In (a) geht mit $y = x^2$, $y' = 2x$ und $y'' = 2$ die Gleichung über in
$$\begin{aligned} 0 &= 2(Ax^2 + Bx + C) + 2x(Dx^2 + Ex + F) \\ &\quad + x^2(Gx^2 + Hx + I) \\ &= Gx^4 + (2D+H)x^3 + (2A+2E+I)x^2 \\ &\quad + (2B+2F)x + 2C. \end{aligned}$$
Diese Gleichung ist genau dann identisch erfüllt, wenn die Gleichungen $G = 0$, $H = -2D$, $I = -2A - 2E$, $F = -B$ und $C = 0$ gelten; die allgemeinste Form der Gleichung, für die $y = x^2$ eine Lösung liefert, ist also
$$(Ax^2 + Bx)y'' + (Dx^2 + Ex - B)y' - 2(Dx + A + E)y = 0.$$
In (b) gehen wir völlig analog vor. Mit $y = x^{-1}$, $y' = -x^{-2}$ und $y'' = 2x^{-3}$ geht die angegebene Gleichung über in
$$\begin{aligned} 0 &= 2Ax^{-1} + 2Bx^{-2} + 2Cx^{-3} - D - Ex^{-1} - Fx^{-2} \\ &\quad + Gx + H + Ix^{-1} \\ &= Gx + (H-D) + (2A-E+I)x^{-1} \\ &\quad + (2B-F)x^{-2} + 2Cx^{-3}. \end{aligned}$$
Diese Gleichung ist genau dann identisch erfüllt, wenn die Gleichungen $G = 0$, $H = D$, $I = E - 2A$, $F = 2B$ und $C = 0$ gelten; die allgemeinste Form der Gleichung, für die $y = 1/x$ eine Lösung liefert, ist also
$$(Ax^2 + Bx)y'' + (Dx^2 + Ex + 2B)y' + (Dx - 2A + E)y = 0.$$
Genau dann bilden x^2 und $1/x$ ein Fundamentalsystem, wenn sowohl die Bedingungen aus Teil (a) als auch diejenigen aus Teil (b) erfüllt sind. Die allgemeinste Gleichung, die alle diese Bedingungen erfüllt, ist $Ax^2 y'' - 2Ay = 0$, im wesentlichen also $x^2 y'' - 2y = 0$.

Lösung (119.26) Die Funktion $\eta(t) := X(t,s) y(s)$ erfüllt die Differentialgleichung $\dot\eta(t) = \dot X(t,s) y(s) = A(t) X(t,s) y(s) = A(t) \eta(t)$ sowie die Anfangsbedingung $\eta(s) = X(s,s) y(s) = y(s)$; wegen der Eindeutigkeit der Lösung gilt also $\eta = y$ und damit $y(t) = X(t,s) y(s)$ für alle t.

Lösung (119.27) Wir halten s fest und definieren $\Phi(t) := Y(t,s)^T X(t,s)$. Dann gilt $\Phi(s) = \mathbf{1}^T \mathbf{1} = \mathbf{1}$ sowie
$$\begin{aligned} \dot\Phi &= \dot Y^T X + Y^T \dot X = (-A^T Y)^T X + Y^T (AX) \\ &= -Y^T A X + Y^T A X = \mathbf{0}, \end{aligned}$$
so daß Φ konstant ist. Also gilt $\Phi(t) = \Phi(s)$ für alle t, und das bedeutet $Y(t,s)^T X(t,s) = \mathbf{1}$, so daß $Y(t,s)^T$ zu $X(t,s)$ invers ist. (Die Invertierbarkeit von $X(t,s)$ muß also nicht einmal vorausgesetzt werden, sondern ergibt sich durch die Rechnung von allein.)

Lösung (119.28) (a) Die Potenzreihe
$$e^{A(t)} = \sum_{n=0}^\infty \frac{1}{n!} A(t)^n$$
darf gliedweise abgeleitet werden, und es gilt
$$\frac{d}{dt} A(t)^n = \dot A A^{n-1} + A \dot A A^{n-2} + A^2 \dot A A^{n-3} + \cdots + A^{n-1} \dot A.$$
Gilt nun $\dot A A = A \dot A$, so reduziert sich dieser Ausdruck auf $n A^{n-1} \dot A$, und wir erhalten
$$\frac{d}{dt} e^{A(t)} = \sum_{n=1}^\infty \frac{1}{(n-1)!} A(t)^{n-1} \dot A(t) = e^{A(t)} \dot A(t).$$

(b) Für die erste angegebene Matrixfunktion gilt
$$\begin{aligned} A(t) \dot A(t) &= \begin{bmatrix} 1 & -t \\ t & 1 \end{bmatrix} \begin{bmatrix} 0 & -1 \\ 1 & 0 \end{bmatrix} = \begin{bmatrix} -t & -1 \\ 1 & -t \end{bmatrix} \\ &= \begin{bmatrix} 0 & -1 \\ 1 & 0 \end{bmatrix} \begin{bmatrix} 1 & -t \\ t & 1 \end{bmatrix} = \dot A(t) A(t), \end{aligned}$$
so daß nach Teil (a) die Gleichung $(\star)$ erfüllt ist. Für die zweite angegebene Funktion gilt $A \dot A \neq \dot A A$, so daß Teil (a) nicht anwendbar ist; wir müssen also per Hand nachrechnen, ob $(\star)$ gilt. Für $t \neq 1$ gilt
$$P^{-1} A P = \begin{bmatrix} 1 & 0 \\ 0 & t \end{bmatrix} =: D \quad \text{mit} \quad P := \begin{bmatrix} 1 & 1 \\ 0 & t-1 \end{bmatrix}$$
und folglich
$$\begin{aligned} e^A &= e^{PDP^{-1}} = P e^D P^{-1} = P \begin{bmatrix} e & 0 \\ 0 & e^t \end{bmatrix} P^{-1} \\ &= \begin{bmatrix} e & (e^t - e)/(t-1) \\ 0 & e^t \end{bmatrix}; \end{aligned}$$

für $t=1$ bleibt dies im Sinne der Regel von de l'Hospital gültig. Ableiten liefert

$$\frac{d}{dt}e^{A(t)} = \begin{bmatrix} 0 & (te^t-2e^t+e)/(t-1)^2 \\ 0 & e^t \end{bmatrix},$$

und dieser Ausdruck stimmt weder mit $e^A \dot{A}$ noch mit $\dot{A} e^A$ überein. Die Formel $(\star)$ gilt in diesem Fall also nicht.

Lösung (119.29) Es seien x_1 und x_2 Lösungen der Gleichung $\dot{x} = Ax$. Dann gilt

$$\langle x_1, x_2\rangle^{\bullet} = \langle \dot{x}_1, x_2\rangle + \langle x_1, \dot{x}_2\rangle = \langle Ax_1, x_2\rangle + \langle x_1, Ax_2\rangle$$
$$= \langle Ax_1, x_2\rangle + \langle A^T x_1, x_2\rangle = \langle (A+A^T)x_1, x_2\rangle = 0,$$

wobei die letzte Gleichung wegen der Voraussetzung $A^T = -A$ gilt. Also ist die Funktion $t \mapsto \langle x_1(t), x_2(t)\rangle$ konstant. Setzen wir speziell $x_1 = x_2 =: x$, so erkennen wir, daß für jede Lösung x der Differentialgleichung $\dot{x} = Ax$ die Funktion $t \mapsto \|x(t)\|^2$ und damit auch die Funktion $t \mapsto \|x(t)\|$ konstant ist. Für je zwei Lösungen x_1 und x_2 ist dann auch der Winkel $\arccos(\langle x_1, x_2\rangle/(\|x_1\|\,\|x_2\|))$ konstant.

Lösung (119.30) Der Ansatz

$$(\star) \qquad y(x) := \sum_{i \neq k} u_i(x) e_i + u_k(x)\varphi(x)$$

führt auf $y'(x) = \sum_{i \neq k} u_i'(x) e_i + u_k'(x)\varphi(x) + u_k(x)\varphi'(x)$ sowie auf $A(x)y(x) = \sum_{i \neq k} u_i(x) A(x) e_i + u_k(x) A(x) \varphi(x)$. Wegen $\varphi' = A\varphi$ ist die Bedingung $y' = Ay$ daher gleichbedeutend mit

$$(\star\star) \qquad \sum_{i \neq k} u_i'(x) e_i + u_k'(x)\varphi(x) = \sum_{i \neq k} u_i(x) A(x) e_i.$$

Die k-te Komponente dieser vektoriellen Gleichung lautet $u_k'(x)\varphi_k(x) = \sum_{i \neq k} u_i(x) a_{ki}(x)$, also

$$(1) \qquad u_k'(x) = \sum_{i \neq k} \frac{a_{ki}(x)}{\varphi_k(x)} u_i(x).$$

Einsetzen in $(\star\star)$ liefert dann die Gleichung $\sum_{i \neq k} u_i'(x) e_i = \sum_{i \neq k} u_i(x)\bigl(A(x)e_i - a_{ki}(x)\varphi(x)/\varphi_k(x)\bigr)$, was für alle $j \in \{1,\dots,k-1,k+1,\dots,n\}$ die Komponentengleichungen

$$(2) \qquad u_j'(x) = \sum_{i \neq k} \left(a_{ji}(x) - a_{ki}(x)\frac{\varphi_j(x)}{\varphi_k(x)}\right) u_i(x)$$

liefert. Das System (2) ist nun ein lineares System erster Ordnung für die vektorwertige Funktion $U(x) := \bigl(u_1(x), \dots, u_{k-1}(x), u_{k+1}(x), \dots, u_n(x)\bigr)^T \in \mathbb{R}^{n-1}$, nämlich

$$U'(x) = \bigl(A_1(x) - A_2(x)\bigr) U(x)$$

mit

$$A_1 = \begin{bmatrix} a_{11} & \cdots & a_{1,k-1} & a_{1,k+1} & \cdots & a_{1n} \\ \vdots & & \vdots & \vdots & & \vdots \\ a_{k-1,1} & \cdots & a_{k-1,k-1} & a_{k-1,k+1} & \cdots & a_{k-1,n} \\ a_{k+1,1} & \cdots & a_{k+1,k-1} & a_{k+1,k+1} & \cdots & a_{k+1,n} \\ \vdots & & \vdots & \vdots & & \vdots \\ a_{n1} & \cdots & a_{n,k-1} & a_{n,k+1} & \cdots & a_{nn} \end{bmatrix}$$

und

$$A_2 = \frac{1}{\varphi_k} \begin{bmatrix} \varphi_1 \\ \vdots \\ \varphi_{k-1} \\ \varphi_{k+1} \\ \vdots \\ \varphi_n \end{bmatrix} \begin{bmatrix} a_{k1} & \cdots & a_{k,k-1} & a_{k,k+1} & \cdots & a_{kn} \end{bmatrix}.$$

Die Matrix A_1 entsteht dabei aus der ursprünglichen Koeffizientenmatrix A durch Streichen der k-ten Zeile und Spalte; die Matrix B entsteht durch Bilden eines Tensorprodukts, nämlich dem Produkt des Spaltenvektors $\varphi_k^{-1}\varphi$ (mit der k-ten Komponente entfernt) und der k-ten Zeile von A (mit der k-ten Komponente entfernt.) Das ursprüngliche System $y' = Ay$ der Ordnung $n \times n$ ist damit auf das System (2) der Ordnung $(n-1) \times (n-1)$ reduziert. Kann man dieses lösen, so ergibt sich u_k durch Integration der skalaren Gleichung (1), und durch Einsetzen in den Ansatz $(\star)$ löst man dann die ursprüngliche Gleichung $y'(x) = A(x)y(x)$.

Lösung (119.31) Es sei $\varphi = (\varphi_1, \varphi_2)^T$ eine Lösung eines (2×2)-Systems $y' = Ay$. Ist $\varphi_1 \neq 0$, so machen wir den Ansatz

$$y(x) = u(x) \begin{bmatrix} \varphi_1(x) \\ \varphi_2(x) \end{bmatrix} + v(x) \begin{bmatrix} 0 \\ 1 \end{bmatrix}$$

und erhalten die Gleichung

$$u'(x) \begin{bmatrix} \varphi_1(x) \\ \varphi_2(x) \end{bmatrix} + v'(x) \begin{bmatrix} 0 \\ 1 \end{bmatrix} = v(x) \begin{bmatrix} a_{12}(x) \\ a_{22}(x) \end{bmatrix},$$

also die beiden skalaren Gleichungen $u'\varphi_1 = va_{12}$ und $u'\varphi_2 + v' = va_{22}$. Einsetzen der ersten in die zweite Gleichung liefert die (lineare und separable) Gleichung

$$v' = \left(a_{22} - a_{12}\frac{\varphi_2}{\varphi_1}\right) v.$$

Kann man diese lösen, so kann man die Lösung v in die Gleichung $u' = va_{12}/\varphi_1$ einsetzen und dann u durch Integration erhalten. Ist $\varphi_2 \neq 0$, so führt der Ansatz

$$y(x) = u(x) \begin{bmatrix} \varphi_1(x) \\ \varphi_2(x) \end{bmatrix} + v(x) \begin{bmatrix} 1 \\ 0 \end{bmatrix}$$

in völlig analoger Weise zum Ziel. Die erhaltene Lösung ist für $u, v \neq 0$ offensichtlich linear unabhängig von der gegebenen Lösung φ, denn es gilt

$$\begin{vmatrix} \varphi_1(x) & 0 \\ \varphi_2(x) & 1 \end{vmatrix} = \varphi_1(x) \neq 0 \text{ bzw. } \begin{vmatrix} \varphi_1(x) & 1 \\ \varphi_2(x) & 0 \end{vmatrix} = -\varphi_2(x) \neq 0.$$

Lösung (119.32) Daß $\varphi(x) := (1, x)^T$ tatsächlich eine Lösung des homogenen Systems ist, rechnet man sofort nach. Um eine von φ linear unabhängige Lösung zu finden, machen wir gemäß Aufgabe (119.30) bzw. (119.31) den Ansatz

$$y(x) = u(x) \begin{bmatrix} 1 \\ x \end{bmatrix} + g(x) \begin{bmatrix} 0 \\ 1 \end{bmatrix}.$$

Dieser führt auf

$$u'(x) \begin{bmatrix} 1 \\ x \end{bmatrix} + g'(x) \begin{bmatrix} 0 \\ 1 \end{bmatrix} = g(x) A(x) \begin{bmatrix} 0 \\ 1 \end{bmatrix} = g(x) \begin{bmatrix} 1/x \\ 1 \end{bmatrix},$$

wenn $A(x)$ die Koeffizientenmatrix des Systems bezeichnet, also auf die beiden Gleichungen

$$u'(x) = \frac{g(x)}{x} \quad \text{und} \quad x\, u'(x) + g'(x) = g(x).$$

Einsetzen der ersten in die zweite Gleichung liefert $g'(x) = 0$ bzw. $g(x) = C$; Einsetzen in die erste Gleichung ergibt dann $u'(x) = C/x$ und damit $u(x) = C \ln x + D$. Da es genügt, irgendeine von φ linear unabhängige Lösung zu finden, können wir $C := 1$ und $D := 0$ wählen und erhalten dann die Lösung $y(x) = (\ln x, 1 + x \ln x)^T$. Die allgemeine Lösung des homogenen Systems ist also

$$y(x) = C_1 \begin{bmatrix} 1 \\ x \end{bmatrix} + C_2 \begin{bmatrix} \ln x \\ 1 + x \ln x \end{bmatrix}.$$

(a) Um eine Lösung des inhomogenen Systems zu finden, führen wir eine Variation der Konstanten durch; der Ansatz hierzu lautet

$$\begin{bmatrix} 1 & \ln x \\ x & 1 + x \ln x \end{bmatrix} \begin{bmatrix} C_1'(x) \\ C_2'(x) \end{bmatrix} = \begin{bmatrix} 1 \\ x \end{bmatrix}$$

und führt auf

$$\begin{bmatrix} C_1'(x) \\ C_2'(x) \end{bmatrix} = \begin{bmatrix} 1 + x \ln x & -\ln x \\ -x & 1 \end{bmatrix} \begin{bmatrix} 1 \\ x \end{bmatrix} = \begin{bmatrix} 1 \\ 0 \end{bmatrix},$$

nach Integration also $C_1(x) = x + A$ und $C_2(x) = B$. Die allgemeine inhomogene Lösung lautet also

$$y(x) = (x + A) \begin{bmatrix} 1 \\ x \end{bmatrix} + B \begin{bmatrix} \ln x \\ 1 + x \ln x \end{bmatrix}$$

$$= \begin{bmatrix} x \\ x^2 \end{bmatrix} + A \begin{bmatrix} 1 \\ x \end{bmatrix} + B \begin{bmatrix} \ln x \\ 1 + x \ln x \end{bmatrix}.$$

(b) Hier gehen wir völlig analog wie in Teil (a) vor. Der Ansatz zur Variation der Konstanten lautet hier

$$\begin{bmatrix} 1 & \ln x \\ x & 1 + x \ln x \end{bmatrix} \begin{bmatrix} C_1'(x) \\ C_2'(x) \end{bmatrix} = \begin{bmatrix} (1/x) + \ln(x) \\ (x - 1) \ln(x) \end{bmatrix}$$

und führt auf

$$\begin{bmatrix} C_1'(x) \\ C_2'(x) \end{bmatrix} = \begin{bmatrix} 1 + x \ln x & -\ln x \\ -x & 1 \end{bmatrix} \begin{bmatrix} (1/x) + \ln(x) \\ (x - 1) \ln(x) \end{bmatrix}$$

$$= \begin{bmatrix} (1/x) + 2\ln(x) + \ln(x)^2 \\ -\ln(x) - 1 \end{bmatrix}.$$

Integration ergibt $C_1(x) = x \ln(x)^2 + \ln(x) + A$ und $C_2(x) = -x \ln(x) + B$ mit beliebigen Konstanten A und B. Die allgemeine inhomogene Lösung lautet also

$$y(x) = (x \ln(x)^2 + \ln(x) + A) \begin{bmatrix} 1 \\ x \end{bmatrix}$$

$$\quad + (-x \ln(x) + B) \begin{bmatrix} \ln x \\ 1 + x \ln x \end{bmatrix}$$

$$= \begin{bmatrix} \ln(x) \\ 0 \end{bmatrix} + A \begin{bmatrix} 1 \\ x \end{bmatrix} + B \begin{bmatrix} \ln x \\ 1 + x \ln x \end{bmatrix}.$$

Lösung (119.33) Daß $\varphi(x) := (x, \sqrt{x})^T$ tatsächlich die homogene Gleichung löst, prüft man sofort nach. Gemäß Aufgabe (119.30) bzw. (119.31) machen wir den Ansatz

$$y(x) = u(x) \begin{bmatrix} x \\ \sqrt{x} \end{bmatrix} + g(x) \begin{bmatrix} 0 \\ 1 \end{bmatrix};$$

dieser führt auf

$$u'(x) \begin{bmatrix} x \\ \sqrt{x} \end{bmatrix} + g'(x) \begin{bmatrix} 0 \\ 1 \end{bmatrix} = g(x) A(x) \begin{bmatrix} 0 \\ 1 \end{bmatrix} = \frac{g(x)}{2x} \begin{bmatrix} -2\sqrt{x} \\ -1 \end{bmatrix},$$

wenn $A(x)$ die Koeffizientenmatrix des Systems bezeichnet, also auf die beiden Gleichungen

$$(\star) \quad x\, u'(x) = \frac{-g(x)}{\sqrt{x}} \quad \text{und} \quad \sqrt{x}\, u'(x) + g'(x) = \frac{-g(x)}{2x}.$$

Einsetzen der ersten in die zweite Gleichung liefert $g'(x) = g(x)/(2x)$; dies ist eine (sowohl separable als auch lineare) Differentialgleichung erster Ordnung mit der allgemeinen Lösung $g(x) = C\sqrt{x}$. Setzen wir dies in die erste Gleichung in $(\star)$ ein, so ergibt sich $u'(x) = -C/x$ und damit $u(x) = -C \ln(x) + D$. Da es genügt, irgendeine von φ linear unabhängige Lösung zu finden, wählen wir $D := 0$ und $C := 1$ und erhalten $u(x) = -\ln(x)$ und $g(x) = \sqrt{x}$; die gesuchte Lösung ist dann $y(x) = (-x \ln x, \sqrt{x} - \sqrt{x} \ln x)$. Die allgemeine homogene Lösung ist daher

$$y(x) = C_1 \begin{bmatrix} x \\ \sqrt{x} \end{bmatrix} + C_2 \begin{bmatrix} -x \ln x \\ \sqrt{x} - \sqrt{x} \ln x \end{bmatrix}.$$

Um eine Lösung der inhomogenen Gleichung zu finden, führen wir eine Variation der Konstanten durch; der Ansatz hierzu lautet

$$\begin{bmatrix} x & -x\ln x \\ \sqrt{x} & \sqrt{x}-\sqrt{x}\ln x \end{bmatrix} \begin{bmatrix} C_1'(x) \\ C_2'(x) \end{bmatrix} = \begin{bmatrix} x \\ 0 \end{bmatrix}$$

und führt auf

$$\begin{bmatrix} C_1'(x) \\ C_2'(x) \end{bmatrix} = \frac{1}{x\sqrt{x}} \begin{bmatrix} \sqrt{x}-\sqrt{x}\ln x & x\ln x \\ -\sqrt{x} & x \end{bmatrix} \begin{bmatrix} x \\ 0 \end{bmatrix} = \begin{bmatrix} 1-\ln x \\ -1 \end{bmatrix}.$$

Integration ergibt

$$\begin{bmatrix} C_1(x) \\ C_2(x) \end{bmatrix} = \begin{bmatrix} 2x - x\ln x + A \\ -x + B \end{bmatrix}.$$

Die allgemeine inhomogene Lösung lautet daher

$$y(x) = (2x - x\ln x + A)\begin{bmatrix} x \\ \sqrt{x} \end{bmatrix} + (-x + B)\begin{bmatrix} -x\ln x \\ \sqrt{x}-\sqrt{x}\ln x \end{bmatrix}$$
$$= A\begin{bmatrix} x \\ \sqrt{x} \end{bmatrix} + B\begin{bmatrix} -x\ln x \\ \sqrt{x}-\sqrt{x}\ln x \end{bmatrix} + \begin{bmatrix} 2x^2 \\ x\sqrt{x} \end{bmatrix},$$

wobei die Terme mit A und B die allgemeine homogene Lösung darstellen, während man für $A := B := 0$ eine partikuläre inhomogene Lösung erhält.

Lösung (119.34) Wir schreiben

$$X(t,0) = \begin{bmatrix} a(t) & b(t) \\ c(t) & d(t) \end{bmatrix}$$

und erhalten

$$\begin{bmatrix} \dot{a} & \dot{b} \\ \dot{c} & \dot{d} \end{bmatrix} = \begin{bmatrix} 1 & t^3 e^t \\ 0 & t^3 \end{bmatrix}\begin{bmatrix} a & b \\ c & d \end{bmatrix} = \begin{bmatrix} a + ct^3 e^t & b + dt^3 e^t \\ ct^3 & dt^3 \end{bmatrix}.$$

Wegen $\dot{c} = ct^3$ und $c(0) = 0$ gilt $c \equiv 0$, und wegen $\dot{d} = dt^3$ und $d(0) = 1$ gilt $d(t) = e^{t^4/4}$. Es folgt dann einerseits $\dot{a} = a$ mit $a(0) = 1$ und damit $a(t) = e^t$, andererseits $\dot{b} = b + e^{t^4/4} \cdot t^3 e^t$, damit

$$\frac{d}{dt}(e^{-t}b) = e^{-t}\dot{b} - e^{-t}b = t^3 e^{t^4/4} = \frac{d}{dt} e^{t^4/4}$$

und folglich $e^{-t}b = e^{t^4/4} + C$ mit einer Konstanten C, die sich wegen $b(0) = 0$ zu $C = -1$ ergibt. Also gilt $b(t) = e^t(e^{t^4/4} - 1)$. Es folgt dann

$$X(t,s) = X(t,0)X(0,s) = X(t,0)X(s,0)^{-1}$$
$$= \begin{bmatrix} e^t & e^t(e^{t^4/4} - 1) \\ 0 & e^{t^4/4} \end{bmatrix}\begin{bmatrix} e^s & e^s(e^{s^4/4} - 1) \\ 0 & e^{s^4/4} \end{bmatrix}^{-1}$$
$$= \begin{bmatrix} e^t & e^t(e^{t^4/4} - 1) \\ 0 & e^{t^4/4} \end{bmatrix}\begin{bmatrix} e^{-s} & e^{-s^4/4} - 1 \\ 0 & e^{-s^4/4} \end{bmatrix}$$
$$= \begin{bmatrix} e^{t-s} & e^t(e^{(t^4-s^4)/4} - 1) \\ 0 & e^{(t^4-s^4)/4} \end{bmatrix}.$$

Die Wronski-Determinante ist

$$W(t,s) = e^{t-s} \cdot e^{(t^4-s^4)/4} = \exp\left(\left[\tau + \frac{\tau^4}{4}\right]_{\tau=s}^t\right)$$
$$= \exp\left(\int_s^t (1 + \tau^3)\,d\tau\right) = \exp\left(\int_s^t \operatorname{tr} A(\tau)\,d\tau\right).$$

Lösung (119.35) Die Wronski-Determinante $W(t) := \det X(t)$ erfüllt die Gleichung $\dot{W}(t) = \operatorname{tr}(A(t))W(t)$ und damit

$$\ln\left(\frac{W(t)}{W(0)}\right) = \int_0^t \frac{\dot{W}(\tau)}{W(\tau)}\,d\tau = \int_0^t \operatorname{tr}(A(\tau))\,d\tau$$
$$\leq \int_0^t \frac{-1}{\tau + 1}\,d\tau = -\ln(\tau + 1)\Big|_{\tau=0}^t$$
$$= -\ln(t+1) = \ln(t+1)^{-1}$$

und damit $W(t)/W(0) \leq (t+1)^{-1}$. Es ergibt sich

$$W(t) \leq \frac{W(0)}{t+1} \to 0 \text{ für } t \to \infty.$$

Lösung (119.36) (a) Nach Aufgabe (119.28) erfüllt $Y(t) := \exp(M(t))$ die Gleichung $\dot{Y} = \dot{M}Y = AY$. Da Y als Matrixexponential automatisch invertierbar ist, folgt schon, daß Y ein Fundamentaloperator ist. Dann ist auch $Y(t)Y(s)^{-1}$ ein Fundamentaloperator, und dieser wird für $t = s$ zu $\mathbf{1}$. Also gilt $X(t,s) = Y(t)Y(s)^{-1} = \exp(M(t))\exp(-M(s))$.

(b) Für jedes feste t_0 ist $M(t) := \int_{t_0}^t A(\tau)\,d\tau$ eine Stammfunktion von A, und für alle t gilt $A(t)M(t) = \int_{t_0}^t A(t)A(\tau)\,d\tau = \int_{t_0}^t A(\tau)A(t)\,d\tau = M(t)A(t)$. Ferner gilt

$$M(s)M(t) = \left(\int_{t_0}^s A(\sigma)\,d\sigma\right)\left(\int_{t_0}^t A(\tau)\,d\tau\right)$$
$$= \left(\int_{t_0}^t A(\tau)\,d\tau\right)\left(\int_{t_0}^s A(\sigma)\,d\sigma\right) = M(t)M(s).$$

Daher geht in diesem Fall das Ergebnis aus Teil (a) über in $X(t,s) = \exp(M(t) - M(s))$.

Lösung (119.37) In allen drei Fällen ist $T = 2\pi$.
(a) Mit

$$J := \begin{bmatrix} 0 & -1 \\ 1 & 0 \end{bmatrix}$$

gilt $A(t) = \cos(t)\mathbf{1} + \sin(t)J$. Eine Stammfunktion ist $M(t) := \sin(t)\mathbf{1} - \cos(t)J$, und da M und A miteinander kommutieren, ist $t \mapsto \exp(M(t))$ eine Fundamentallösung. Der Übergangsoperator der Differentialgleichung $\dot{x}(t) = A(t)x(t)$ ist daher gegeben durch

$$X(t,s) = \exp(M(t))\exp(M(s))^{-1} = \exp(M(t) - M(s))$$
$$= \exp\left((\sin(t) - \sin(s))\mathbf{1} - (\cos(t) - \cos(s))J\right)$$
$$= \exp\left((\sin(t) - \sin(s))\mathbf{1}\right)\exp\left(-(\cos(t) - \cos(s))J\right).$$

Mit $c(t,s) := \cos(t) - \cos(s)$ bedeutet das

$$X(t,s) = e^{\sin(t)-\sin(s)} \begin{bmatrix} \cos(c(t,s)) & \sin(c(t,s)) \\ -\sin(c(t,s)) & \cos(c(t,s)) \end{bmatrix}.$$

Da $t \mapsto X(t,s)$ selbst wieder die Periode $T = 2\pi$ hat, gilt $C(s) = \mathbf{1}$.

(b) Mit
$$U := \begin{bmatrix} 0 & 1 \\ 1 & 0 \end{bmatrix}$$

gilt $A(t) = (1 + \cos(t))\mathbf{1} + \sin(t)U$. Eine Stammfunktion ist $M(t) := (t + \sin(t))\mathbf{1} - \cos(t)U$, und da M und A miteinander kommutieren, ist $t \mapsto \exp(M(t))$ eine Fundamentallösung. Der Übergangsoperator der Differentialgleichung $\dot{x}(t) = A(t)x(t)$ ist daher gegeben durch

$$X(t,s) = \exp(M(t))\exp(M(s))^{-1} = \exp(M(t) - M(s))$$
$$= \exp\big((t + \sin(t) - s - \sin(s))\mathbf{1} - (\cos(t) - \cos(s))U\big)$$
$$= \exp\big((t+\sin(t)-s-\sin(s))\mathbf{1}\big)\exp\big(-(\cos(t)-\cos(s))U\big).$$

Mit $c(t,s) := \cos(t) - \cos(s)$ bedeutet das

$$X(t,s) = e^{t+\sin(t)-s-\sin(s)} \begin{bmatrix} \cosh(c(t,s)) & -\sinh(c(t,s)) \\ -\sinh(c(t,s)) & \cosh(c(t,s)) \end{bmatrix},$$

denn es gilt

$$\exp\left(\begin{bmatrix} 0 & \rho \\ \rho & 0 \end{bmatrix}\right) = \begin{bmatrix} \cosh(\rho) & \sinh(\rho) \\ \sinh(\rho) & \cosh(\rho) \end{bmatrix}$$

für alle Zahlen ρ. Wegen $X(t+T,s) = e^{2\pi}X(t,s)$ gilt $C(s) = e^{2\pi} \cdot \mathbf{1}$.

(c) Wir schreiben
$$X(t,0) = \begin{bmatrix} a(t) & b(t) \\ c(t) & d(t) \end{bmatrix}$$

und erhalten

$$\begin{bmatrix} \dot{a} & \dot{b} \\ \dot{c} & \dot{d} \end{bmatrix} = \begin{bmatrix} 1+\cos(t) & e^{\sin(t)} \\ 0 & 0 \end{bmatrix} \begin{bmatrix} a & b \\ c & d \end{bmatrix}$$
$$= \begin{bmatrix} a(1+\cos t) + ce^{\sin t} & b(1+\cos t) + de^{\sin t} \\ 0 & 0 \end{bmatrix}.$$

Die Funktionen c und d sind also konstant; wir haben dann $c \equiv c(0) = 0$ und $d \equiv d(0) = 1$. Es folgt $\dot{a} = a(1+\cos t)$, damit $\ln(a) = t + \sin t + \widehat{C}$ mit einer Konstanten $\widehat{C}$ und folglich $a(t) = C\exp(t + \sin t)$ mit einer Konstanten C, die sich wegen $a(0) = 1$ zu $C = 1$ ergibt. Es folgt $\dot{b} = b(1+\cos t) + e^{\sin t}$, damit $\dot{b} - (1+\cos t)b = e^{\sin t}$ und nach Durchmultiplizieren mit $e^{-t-\sin t}$ schließlich

$$\frac{\mathrm{d}}{\mathrm{d}t}\big(b(t)e^{-t-\sin t}\big) = e^{-t}.$$

Es ergibt sich $b(t)\exp(-t - \sin t) = -e^{-t} + C$ mit einer Konstanten C, für die sich $0 = b(0) = C - 1$ und damit $C = 1$ ergibt. Insgesamt erhalten wir

$$X(t,0) = \begin{bmatrix} e^{t+\sin t} & e^{\sin t}(e^t - 1) \\ 0 & 1 \end{bmatrix}.$$

Der Fundamentaloperator ist dann

$$X(t,s) = X(t,0)X(0,s) = X(t,0)X(s,0)^{-1}$$
$$= \begin{bmatrix} e^{t+\sin t} & e^{\sin t} \cdot (e^t - 1) \\ 0 & 1 \end{bmatrix} \begin{bmatrix} e^{-s-\sin s} & e^{-s} - 1 \\ 0 & 1 \end{bmatrix}$$
$$= \begin{bmatrix} e^{t-s+\sin(t)-\sin(s)} & e^{\sin t}(e^{t-s} - 1) \\ 0 & 1 \end{bmatrix}.$$

Mit $T = 2\pi$ ergibt sich

$$C(s) = X(t,s)^{-1}X(t+T,s) = \begin{bmatrix} e^{2\pi} & e^{\sin s}(e^{2\pi} - 1) \\ 0 & 1 \end{bmatrix}.$$

(d) Wir schreiben

$$X(t,0) = \begin{bmatrix} a(t) & b(t) \\ c(t) & d(t) \end{bmatrix}$$

und erhalten dann

$$\begin{bmatrix} \dot{a} & \dot{b} \\ \dot{c} & \dot{d} \end{bmatrix} = \begin{bmatrix} \varphi & 0 \\ 1 & -1 \end{bmatrix} \begin{bmatrix} a & b \\ c & d \end{bmatrix} = \begin{bmatrix} a\varphi & b\varphi \\ a-c & b-d \end{bmatrix}.$$

Zunächst ergibt sich $\dot{a} = a\varphi$, folglich $\ln(a)^{\bullet} = \varphi$ und damit $\ln(a) = t + \ln(2 + \sin t) + \widehat{C}$ mit einer Konstanten $\widehat{C}$ bzw. $a = Ce^t(2 + \sin t)$ mit einer Konstanten C, die sich wegen $1 = a(0) = 2C$ zu $C = 1/2$ ergibt. Weiter gilt $\dot{b} = b\varphi$, wegen $b(0) = 0$ also $b \equiv 0$. Hieraus folgt dann $\dot{d} = -d$ und damit $d(t) = Ce^{-t}$ mit $1 = d(0) = C$, so daß $d(t) = e^{-t}$ gilt. Schließlich ist $\dot{c} + c = a = e^t(2 + \sin t)/2$, nach Durchmultiplizieren mit e^t also

$$\frac{\mathrm{d}}{\mathrm{d}t}(ce^t) = \frac{e^{2t}}{2} \cdot (2 + \sin t).$$

Integration liefert

$$c(t)e^t = \frac{e^{2t}}{10}(5 - \cos t + 2\sin t) + C,$$

wobei $0 = c(0) = (2/5) + C$ und damit $C = -2/5$ gilt. Wir erhalten also

$$c(t) = \frac{e^t(5 - \cos t + 2\sin t) - 4e^{-t}}{10}$$

und damit

$$X(t,0) = \begin{bmatrix} \dfrac{e^t}{2}(2 + \sin t) & 0 \\ \dfrac{e^t(5-\cos t + 2\sin t) - 4e^{-t}}{10} & e^{-t} \end{bmatrix}.$$

Aufgaben zu »Lineare Differentialgleichungssysteme« siehe Seite 78

Dann ist

$$X(s,0)^{-1} = \begin{bmatrix} \dfrac{2e^{-s}}{2+\sin(s)} & 0 \\ \dfrac{4e^{-s} - e^s(5-\cos(s)+2\sin(s))}{5(2+\sin(s))} & e^s \end{bmatrix}.$$

Der Übergangsoperator ergibt sich dann als $X(t,s) = X(t,0)X(0,s) = X(t,0)X(s,0)^{-1}$. Eine etwas mühsame Rechnung liefert für den Monodromie-Operator $C(s) = X(t,s)^{-1}X(t+2\pi,s)$ schließlich

$$C(s) = \begin{bmatrix} e^{2\pi} & 0 \\ \dfrac{(e^{2\pi}-e^{-2\pi})(5-\cos(s)+2\sin(s))}{5(2+\sin(s))} & e^{-2\pi} \end{bmatrix}.$$

Lösung (119.38) (a) Nach Definition des Monodromie-Operators gilt $X(t+T,s) = X(t,s)C(s)$ für alle $t,s \in \mathbb{R}$. Setzen wir speziell $t := s$ ein, so ergibt sich $X(s+T,s) = C(s)$ und damit schon die Behauptung.

(b) Nach Definition gilt $X(t+T,s) = X(t,s)C(s)$; dies ist die behauptete Aussage für $n = 1$. Für alle weiteren n folgt die Behauptung mit vollständiger Induktion. Die Eigenschaft ist auch klar nach Teil (a): Ist x eine Lösung der Gleichung $\dot{x} = Ax$, so überführt $C(s)$ den Systemzustand zur Zeit s in denjenigen zur Zeit $s+T$, also eine Periode später. Folglich überführt $C(s)^n$ (also das n-fache Anwenden von $C(s)$) den Systemzustand zur Zeit s in denjenigen zur Zeit $s+nT$, also n Perioden später.

(c) Es gilt

$$X(s_1,s_2)^{-1}C(s_1)X(s_1,s_2)$$
$$= X(s_1,s_2)^{-1}X(s_1+T,s_1)X(s_1,s_2)$$
$$= X(s_1,s_2)^{-1}X(s_1+T,s_2) = C(s_2).$$

Mit $P := X(s_1,s_2)$ gilt also $P^{-1}C(s_1)P = C(s_2)$. Dies zeigt, daß $C(s_1)$ und $C(s_2)$ zueinander konjugiert sind und damit die gleichen Eigenwerte haben.

(d) Es sei x eine beliebige Lösung von $(\star)$. Ist s eine beliebig gewählte Referenzzeit und ist Q_s eine Matrix mit $C(s) = \exp(TQ_s)$, so gilt nach Satz (119.23) im Buch eine Darstellung $x(t) = P(t,s)\xi(t)$ mit einer T-periodischen Matrixfunktion P und einer Lösung ξ der Gleichung $\dot{\xi}(t) = Q_s\xi(t)$. Nun hat jede solche Lösung ξ die Form

$$(\blacklozenge) \quad \xi(t) = \sum_{i=1}^{r} e^{\rho_i t}(a_0^{(i)} + ta_1^{(i)} + \cdots + t^{d_i}a_{d_i}^{(i)})$$

mit festen Vektoren $a_j^{(i)} \in \mathbb{C}^n$, wobei die Zahlen ρ_i die Eigenwerte von C_s sind und die Exponenten d_i von der Struktur der Jordanschen Normalform von Q_s abhängen. Wenden wir die Matrix $P(t,s)$ auf beiden Seiten von $(\blacklozenge)$ an und setzen wir $\pi_j^{(i)}(t) := P(t,s)a_j^{(i)}$, so folgt die Behauptung. Wegen $C(s) = \exp(TQ_s)$ sind dann die Zahlen $e^{T\rho_i}$ die Eigenwerte von $C(s)$.

(e) Genau dann gilt $e^{t\alpha} \to 0$ für $t \to \infty$, wenn der Realteil von α negativ ist. Wegen (d) gilt also genau dann $\|x(t)\| \to 0$ für $t \to \infty$ für jede Lösung von $(\star)$, wenn $\operatorname{Re}(\rho_i) < 0$ bzw. $\operatorname{Re}(T\rho_i) < 0$ für alle i gilt, was genau dann der Fall ist, wenn $|e^{T\rho_i}| < 1$ für alle i gilt. Da die Zahlen $e^{T\rho_i}$ die Eigenwerte von $C(s)$ sind, ist dies die Behauptung.

Lösung (119.39) Wir definieren

$$X(t,s) := e^{-tA}e^{(t-s)(A+B)}e^{sA}$$

und zeigen, daß diese Funktion die definierenden Eigenschaften des Zustandsänderungsoperators besitzt. Zunächst gilt offensichtlich $X(s,s) = \mathbf{1}$. Bedeutet weiter ein Punkt die Ableitung nach t, so ergibt sich für $\dot{X}(t,s)$ der Ausdruck $-e^{-tA}Ae^{(t-s)(A+B)}e^{sA} + e^{-tA}(A+B)e^{(t-s)(A+B)}e^{sA}$, also

$$\begin{aligned}\dot{X}(t,s) &= e^{-tA}(-A+(A+B))e^{(t-s)(A+B)}e^{sA} \\ &= e^{-tA}Be^{(t-s)(A+B)}e^{sA} \\ &= e^{-tA}Be^{tA}e^{-tA}e^{(t-s)(A+B)}e^{sA} \\ &= e^{-tA}Be^{tA}X(t,s),\end{aligned}$$

und das war zu zeigen.

Lösung (119.40) In der ersten Komponente ist die skalare Gleichung $\dot{x}_1(t) = (-1+\cos t)x_1(t)$ bzw. $\dot{x}_1(t) + (1-\cos t)x_1(t) = 0$ zu lösen. Durchmultiplizieren mit $\exp(t-\sin t)$ liefert $(d/dt)\bigl(\exp(t-\sin t)x_1(t)\bigr) = 0$ und damit $x_1(t) = C_1\exp(-t+\sin t)$ mit $C_1 = x_1(0)$. In der zweiten Komponente ist analog die skalare Gleichung $\dot{x}_2(t) = (-2+\cos t)x_2(t)$ bzw. $\dot{x}_2(t) + (2-\cos t)x_2(t) = 0$ zu lösen. Durchmultiplizieren mit $\exp(2t-\sin t)$ liefert $(d/dt)\bigl(\exp(2t-\sin t)x_2(t)\bigr) = 0$ und damit $x_2(t) = C_2\exp(-2t+\sin t)$ mit $C_2 = x_2(0)$. Bezeichnet $X(t,s)$ den gesuchten Zustandsänderungsoperator, so gilt also

$$X(t,0) = e^{\sin t}\begin{bmatrix} e^{-t} & 0 \\ 0 & e^{-2t} \end{bmatrix}.$$

Für $X(t,s) = X(t,0)X(s,0)^{-1}$ ergibt sich daher

$$\begin{aligned}X(t,s) &= e^{\sin t}\begin{bmatrix} e^{-t} & 0 \\ 0 & e^{-2t} \end{bmatrix} \cdot e^{-\sin s}\begin{bmatrix} e^{s} & 0 \\ 0 & e^{2s} \end{bmatrix} \\ &= e^{\sin t - \sin s}\begin{bmatrix} e^{-(t-s)} & 0 \\ 0 & e^{-2(t-s)} \end{bmatrix}.\end{aligned}$$

Lösung (119.41) Wir schreiben jeweils die Polynomgleichung für λ hin, auf die der Ansatz $y(x) = e^{\lambda x}$ führt.

(a) Hier ergibt sich $\lambda^2 + 2\lambda + 1 = (\lambda+1)^2$ mit der doppelten Nullstelle $\lambda = -1$; die allgemeine Lösung ist also $y(x) = C_1 e^{-x} + C_2 x e^{-x}$.

(b) Hier ergibt sich $\lambda^2 + 3\lambda + 2 = (\lambda+1)(\lambda+2)$ mit den Nullstellen -1 und -2; die allgemeine Lösung ist also $y(x) = C_1 e^{-x} + C_2 e^{-2x}$.

(c) Hier ergibt sich $\lambda^2 + 2\lambda + 2$ mit den komplexen Nullstellen $-1 \pm i$; die allgemeine Lösung ist also $y(x) = \widehat{C_1} e^{-x+ix} + \widehat{C_2} e^{-x-ix} = e^{-x}(\widehat{C_1} e^{ix} + \widehat{C_2} e^{-ix})$ bzw. $y(x) = e^{-x}(C_1 \cos(x) + C_2 \sin(x))$.

(d) Hier ergibt sich $\lambda^2 + 5\lambda + 4 = (\lambda+1)(\lambda+4)$ mit den Nullstellen -1 und -4; die allgemeine Lösung ist also $y(x) = C_1 e^{-x} + C_2 e^{-4x}$.

(e) Hier ergibt sich $4(\lambda^2 + \lambda + 5/4)$ mit den komplexen Nullstellen $-(1/2) \pm i$; die allgemeine Lösung ist also $y(x) = \widehat{C_1} e^{-(1/2)x+ix} + \widehat{C_2} e^{-(1/2)x-ix} = e^{-x/2}(\widehat{C_1} e^{ix} + \widehat{C_2} e^{-ix}) = e^{-x/2}(C_1 \cos(x) + C_2 \sin(x))$.

(f) Hier ergibt sich $\lambda^2 - 8\lambda + 16 = (\lambda-4)^2$ mit der doppelten Nullstelle $\lambda = 4$; die allgemeine Lösung ist also $y(x) = C_1 e^{4x} + C_2 x e^{4x}$.

(g) Hier ergibt sich $\lambda^3 - 2\lambda^2 - \lambda + 2 = (\lambda-2)(\lambda-1)(\lambda+1)$ mit den Nullstellen 2, 1 und -1; die allgemeine Lösung lautet also $y(x) = C_1 e^{2x} + C_2 e^x + C_3 e^{-x}$.

(h) Hier ergibt sich $\lambda^3 - 3\lambda^2 + 2\lambda = \lambda(\lambda-1)(\lambda-2)$; die allgemeine Lösung lautet also $y(x) = C_1 + C_2 e^x + C_3 e^{2x}$.

(i) Hier ergibt sich $\lambda^3 - 3\lambda^2 + \lambda + 5 = (\lambda+1)(\lambda^2-4\lambda+5)$ mit den Nullstellen -1 und $2 \pm i$. Die allgemeine Lösung ist dann $y(x) = C_1 e^{-x} + C_2 e^{2x} \cos(x) + C_3 e^{2x} \sin(x)$.

(j) Hier ergibt sich $\lambda^4 - 3\lambda^2 - 4 = (\lambda^2-4)(\lambda^2+1)$ mit den Nullstellen ± 2 und $\pm i$. Die allgemeine Lösung lautet also $y(x) = C_1 e^{2x} + C_2 e^{-2x} + C_3 \cos(x) + C_4 \sin(x)$.

(k) Hier ergibt sich $\lambda^4 - 3\lambda^3 - 3\lambda^2 + 11\lambda - 6 = (\lambda-3)(\lambda+2)(\lambda-1)^2$. Die allgemeine Lösung ist daher $y(x) = C_1 e^{3x} + C_2 e^{-2x} + C_3 e^x + C_4 x e^x$.

(l) Hier ergibt sich $\lambda^4 + 8\lambda^3 + 42\lambda^2 + 104\lambda + 169 = (\lambda^2 + 4\lambda + 13)^2 = (\lambda - (-2+3i))^2(\lambda - (-2-3i))^2$ mit den jeweils doppelten Nullstellen $\lambda = -2 + 3i$ und $\lambda = -2 - 3i$. Ein Fundamentalsystem wird daher gebildet von den Funktionen $e^{x(-2+3i)}$, $xe^{x(-2+3i)}$, $e^{x(-2-3i)}$, $xe^{x(-2-3i)}$. Gehen wir zu einem reellen Fundamentalsystem über, so erhalten wir die allgemeine Lösung

$$y(x) = C_1 e^{-2x} \cos(3x) + C_2 e^{-2x} \sin(3x) + C_3 x e^{-2x} \cos(3x) + C_4 x e^{-2x} \sin(3x).$$

Lösung (119.42) (a) Wegen $a, b, c > 0$ hat das Polynom $p(\lambda) = a\lambda^2 + b\lambda + c$ entweder zwei negative Nullstellen $\lambda_{1,2} < 0$ oder eine doppelte negative Nullstelle $\lambda < 0$ oder zwei konjugiert komplexe Nullstellen $p \pm iq$ mit einem negativen Realteil $p < 0$. Jede homogene Lösung ist dann von der Form $y(x) = C_1 e^{\lambda_1 x} + C_2 e^{\lambda_2 x}$ bzw. $y(x) = C_1 e^{\lambda x} + C_2 x e^{\lambda x}$ bzw. $y(x) = e^{px}(C_1 \cos(qx) + C_2 \sin(qx))$. In jedem Fall gilt also $y(x) \to 0$ für $x \to \infty$.

(b) Sind y_1, y_2 Lösungen der inhomogenen Gleichung, so ist $y_1 - y_2$ eine Lösung der homogenen Gleichung; Teil (a) liefert dann die Behauptung.

Lösung (119.43) Ist $a > 0$, so lautet die allgemeine Lösung

$$y(x) = C_1 \cos(\sqrt{a}x) + C_2 \sin(\sqrt{a}x).$$

Die Bedingung $y(0) = 0$ führt auf $C_1 = 0$, die Bedingung $y(1) = b$ dann auf $b = C_2 \sin(\sqrt{a})$. Ist $\sqrt{a}$ ein Vielfaches von π, und ist $b = 0$, so ist diese Gleichung für jede Wahl von C_2 erfüllt; das Randwertproblem hat dann unendlich viele Lösungen. Ist $\sqrt{a}$ ein Vielfaches von π und ist $b \neq 0$, so ist diese Gleichung für keine Wahl von C_2 erfüllt; das Randwertproblem hat dann keine Lösung. Ist $\sqrt{a}$ kein Vielfaches von π und ist b beliebig, so gibt es genau eine Lösung (die gegeben ist durch $C_2 := b/\sin(\sqrt{a})$).

Ist $a = 0$, so lautet die allgemeine Lösung

$$y(x) = C_1 + C_2 x.$$

Die Bedingung $y(0) = 0$ führt auf $C_1 = 0$, die Bedingung $y(1) = b$ dann auf $C_2 = b$. In diesem Fall gibt es also für jede Wahl von b eine eindeutige Lösung.

Ist $a < 0$, so lautet die allgemeine Lösung

$$y(x) = C_1 \cosh(\sqrt{|a|}x) + C_2 \sinh(\sqrt{|a|}x),$$

Die Bedingung $y(0) = 0$ führt auf $C_1 = 0$, die Bedingung $y(1) = b$ dann auf $b = C_2 \sinh(\sqrt{|a|})$. Da $\sinh(\sqrt{|a|}) > 0$ gilt, hat diese Gleichung für jeden Wert von b eine eindeutige Lösung C_2; das Randwertproblem ist in diesem Fall also eindeutig lösbar.

Lösung (119.44) Bei einer Gleichung der Form $py'' + qy' + ry = 0$ führt der Ansatz $y = uy_1$ mit einer bekannten Lösung y_1 auf die Gleichung $py_1 u'' + (2py_1' + qy_1)u' = 0$. Setzen wir also $U := u'$, so erhalten wir die folgende Differentialgleichung erster Ordnung:

$$(\star) \qquad py_1 U' + (2py_1' + qy_1)U = 0.$$

(a) Die Gleichung $(\star)$ lautet hier $2xU' - U = 0$. Dies ist eine separable Gleichung für U; Trennung der Variablen liefert $\int U^{-1} dU = \int (2x)^{-1} dx$ und damit $\ln|U| = \ln\sqrt{|x|} + \widehat{C}$ bzw. $U = \widetilde{C}\sqrt{|x|}$. Damit ist $u(x) = C|x|^{3/2} + D$, folglich $y(x) = u(x)/x = C\sqrt{x} + D/x$. Die allgemeine Lösung ist daher

$$y(x) = C_1 \cdot \frac{1}{x} + C_2 \cdot \sqrt{x}.$$

(b) Die Gleichung $(\star)$ lautet hier $x(1-x^2)U' + 2U = 0$. Dies ist eine separable Gleichung für U; Trennung der Variablen liefert

$$\int \frac{dU}{U} = \int \frac{-2}{x(1-x^2)} dx = \int \left[\frac{-2}{x} + \frac{1}{x-1} + \frac{1}{x+1}\right] dx,$$

und damit $\ln|U| = -2\ln|x| + \ln|x-1| + \ln|x+1| + \widehat{C}$ bzw. $U = C(x^2-1)/x^2 = C(1 - 1/x^2)$. Integration liefert $u(x) = $

$C(x+1/x)+D$; folglich ist $y(x) = x\,u(x) = C(x^2+1)+Dx$. Die allgemeine Lösung der Gleichung ist also

$$y(x) = C_1(x^2+1) + C_2 x.$$

(c) Die Gleichung $(\star)$ lautet hier (wenn noch durch e^x dividiert wird) $(x-1)U' + (x-2)U = 0$. Dies ist eine separable Gleichung für U; Trennung der Variablen liefert

$$\int \frac{dU}{U} = \int -\frac{x-2}{x-1} dx = \int \left[-1 + \frac{1}{x-1}\right] dx$$

und damit $\ln|U| = -x + \ln|x-1| + \widehat{C}$ bzw. $U = Ce^{-x} \cdot (x-1)$. Integration liefert $u(x) = -Cxe^{-x} + D$; folglich ist $y(x) = e^x \cdot u(x) = -Cx + De^x$. Die allgemeine Lösung der Gleichung ist also

$$y(x) = C_1 x + C_2 e^x.$$

(d) Die Gleichung $(\star)$ lautet hier $(x^2+2x-1)(x+1)U' - 4U = 0$. Dies ist eine separable Gleichung für U; Trennung der Variablen liefert

$$\int \frac{dU}{U} = \int \frac{4}{(x+1)(x^2+2x-1)} dx$$
$$= \int \left[\frac{-2}{x+1} + \frac{1}{x+1+\sqrt{2}} + \frac{1}{x+1-\sqrt{2}}\right] dx$$

und damit $\ln|U| = -2\ln|x+1| + \ln|x+1+\sqrt{2}| + \ln|x+1-\sqrt{2}| + \widehat{C} = \ln(x+1)^{-2} + \ln|x^2+2x-1| + \widehat{C}$ bzw. $U = C(x^2+2x-1)/(x+1)^2 = C\left(1 - 2(x+1)^{-2}\right)$. Integration liefert $u(x) = C\left(x + 2(x+1)^{-1}\right) + D$; folglich ist $y(x) = (x+1) \cdot u(x) = C(x^2+x+2) + D(x+1) = C(x^2+1) + (C+D)(x+1)$. Die allgemeine Lösung der Gleichung ist also

$$y(x) = C_1(x^2+1) + C_2(x+1).$$

(e) Die Gleichung $(\star)$ lautet hier $x(x^2-1)U' + (4x^2-2)U = 0$. Dies ist eine separable Gleichung für U; Trennung der Variablen liefert

$$\int \frac{dU}{U} = \int \frac{2-4x^2}{x(x^2-1)} dx = -\int \left[\frac{2}{x} + \frac{1}{x-1} + \frac{1}{x+1}\right] dx$$

und damit $\ln|U| = -\left(2\ln|x| + \ln|x-1| + \ln|x+1|\right) + \widehat{C} = -\ln|x^2(x^2-1)| + \widehat{C}$ bzw.

$$U(x) = \frac{C}{x^2(x^2-1)} = C\left(\frac{-1}{x^2} + \frac{1/2}{x-1} - \frac{1/2}{x+1}\right).$$

Integration liefert

$$u(x) = C\left(\frac{1}{x} + \frac{1}{2}\ln|x-1| - \frac{1}{2}\ln|x+1|\right) + D$$
$$= C\left(\frac{1}{x} + \frac{1}{2}\ln\left|\frac{x-1}{x+1}\right|\right) + D.$$

Wegen $y(x) = x \cdot u(x)$ ergibt sich dann die allgemeine Lösung

$$y(x) = C_1\left(1 + \frac{x}{2}\ln\left|\frac{x-1}{x+1}\right|\right) + C_2 x.$$

(f) Die Gleichung $(\star)$ lautet hier $x(1+x^2)U' + 2U = 0$. Dies ist eine separable Gleichung für U; Trennung der Variablen liefert

$$\int \frac{dU}{U} = \int \frac{-2}{x(x^2+1)} dx = \int \left[\frac{-2}{x} + \frac{2x}{x^2+1}\right] dx$$

und damit $\ln|U| = -2\ln|x| + \ln|x^2+1| + \widehat{C}$ bzw. $U(x) = C \cdot (x^2+1)/x^2 = C(1+1/x^2)$. Integration liefert $u(x) = C(x-1/x)+D$; folglich ist $y(x) = x \cdot u(x) = C(x^2-1)+Dx$. Die allgemeine Lösung ist also gegeben durch

$$y(x) = C_1(x^2-1) + C_2 x.$$

(g) Nach Durchmultiplizieren mit -1 lautet die Gleichung $(\star)$ hier $(x^2-1)(3x^2-1)U' = (14x-18x^3)U$. Dies ist eine separable Gleichung für U; Trennung der Veränderlichen liefert

$$\int \frac{dU}{U} = \int \frac{14x-18x^3}{(x^2-1)(3x^2-1)} dx$$
$$= \int \left[\frac{-1}{x+1} + \frac{-1}{x-1} - \frac{2\sqrt{3}}{\sqrt{3}\,x+1} - \frac{2\sqrt{3}}{\sqrt{3}\,x-1}\right] dx$$

und damit $\ln|U| = -\ln|x+1| - \ln|x-1| - 2\ln|\sqrt{3}\,x+1| - 2\ln|\sqrt{3}\,x-1| + \widehat{C} = -\ln|x^2-1| - 2\ln|3x^2-1| + \widehat{C}$ bzw. $U(x) = C/\left((x^2-1)(3x^2-1)^2\right)$. Integration liefert

$$u(x) = C\left(\frac{3x}{4(3x^2-1)} + \frac{1}{8}\ln\left|\frac{x-1}{x+1}\right|\right) + D.$$

Wegen $y(x) = (x+1)u(x)$ ist dann die allgemeine Lösung gegeben durch

$$y(x) = C\left(\frac{3x(x+1)}{4(3x^2-1)} + \frac{x+1}{8}\ln\left|\frac{x-1}{x+1}\right|\right) + D(x+1).$$

(h) Die Gleichung $(\star)$ lautet hier $(2x+1)(x+1)U' = (4x^2+4x+2)U$. Dies ist eine separable Gleichung für U; Trennung der Variablen liefert

$$\int \frac{dU}{U} = \int \frac{4x^2+4x+2}{(2x+1)(x+1)} dx = \int \left[2 + \frac{2}{2x+1} - \frac{2}{x+1}\right] dx$$

und damit $\ln|U| = 2x + \ln|2x+1| - 2\ln|x+1| + \widehat{C}$ bzw. $U(x) = C \cdot e^{2x} \cdot (2x+1)/(x+1)^2$. Integration liefert $u(x) = Ce^{2x}/(x+1) + D$; wegen $y(x) = (x+1) \cdot u(x)$ ergibt sich dann die allgemeine Lösung

$$y(x) = C e^{2x} + D(x+1).$$

(i) Die Gleichung $(\star)$ lautet hier $e^{x^2}U' = 0$, also $U' = 0$ und damit $u(x) = A + Bx$. Die allgemeine Lösung ist daher
$$y(x) = Ae^{x^2} + Bxe^{x^2}.$$

(j) Die Gleichung $(\star)$ lautet hier $U' - xU = 0$. Dies ist eine separable Gleichung für U; Durchmultiplizieren mit $e^{-x^2/2}$ liefert
$$\frac{\mathrm{d}}{\mathrm{d}x}\bigl(U(x)e^{-x^2/2}\bigr) = 0$$
und damit $U(x) = Ce^{x^2/2}$ bzw. $u(x) = C\int_0^x e^{t^2/2}\mathrm{d}t + D$. Die allgemeine Lösung ist daher
$$y(x) = Ce^{-x^2/2}\int_0^x e^{t^2/2}\mathrm{d}t + De^{-x^2/2}.$$

(k) Die Gleichung $(\star)$ nimmt hier, wenn wir noch durch $x^{3/2}$ dividieren, die Form $\sin(x)U' + 2\cos(x)U = 0$ an. Durchmultiplizieren mit $\sin(x)$ führt auf die Gleichung $(\mathrm{d}/\mathrm{d}x)(\sin^2 x\, U(x)) = 0$, folglich $U(x) = C/\sin^2 x$ und damit $u(x) = -C\cot(x) + D$. Die allgemeine Lösung ist daher
$$y(x) = -C\cdot\frac{\cos x}{\sqrt{x}} + D\cdot\frac{\sin x}{\sqrt{x}}.$$

(l) Hier liegt eine Differentialgleichung dritter Ordnung vor; wir können also die Gleichung $(\star)$ nicht verwenden. Mit $y_1 = e^{-x^2/2}$ und damit $y_1' = -xy_1$ liefert der Ansatz $y = uy_1$ die Gleichungen
$$y' = u'y_1 + uy_1' = u'y_1 - uxy_1 = (u' - ux)y_1,$$
dann
$$\begin{aligned}y'' &= (u'' - u'x - u)y_1 - (u' - ux)xy_1\\&= (u'' - u'x - u - xu' + ux^2)y_1\\&= (u'' - 2xu' - u + ux^2)y_1\end{aligned}$$
und schließlich
$$\begin{aligned}y''' &= (u''' - 2u''x - 3u' + x^2u' + 2xu)y_1\\&\quad - (u'' - 2u'x - u + ux^2)xy_1\\&= (u''' - 3xu'' - 3u' + 3x^2u' + 3xu - x^3u)y_1.\end{aligned}$$
Einsetzen in die gegebene Gleichung führt auf eine lineare Gleichung mit konstanten Koeffizienten
$$u''' + 2u'' - 3u' = 0,$$
deren allgemeine Lösung gegeben ist durch $u(x) = C_1 + C_2 e^x + C_3 e^{-3x}$. Die allgemeine Lösung der gegebenen Gleichung ist daher
$$y(x) = (C_1 + C_2 e^x + C_3 e^{-3x})\cdot e^{-x^2/2}.$$

Lösung (119.45) Wir machen den Ansatz $y(x) = u(x)e^x$. (Da sich jede Funktion als ein solches Produkt schreiben läßt, bedeutet dieser Ansatz keinerlei Einschränkung.) Einsetzen in die Gleichung $y'' - y = 0$ liefert dann $u''e^x + 2u'e^x = 0$ bzw. $u'' + 2u' = 0$. Mit $U := u'$ gilt also $U' + 2U = 0$. Durchmultiplizieren mit e^{2x} liefert $(\mathrm{d}/\mathrm{d}x)\bigl(e^{2x}U(x)\bigr) = 0$. Es gibt also eine Konstante C mit $U(x) = Ce^{-2x}$, also $u'(x) = Ce^{-2x}$. Bilden der Stammfunktion führt auf $u(x) = -(C/2)e^{-2x} + D$, mit $C_1 := D$ und $C_2 := -C/2$ also $u(x) = C_1 + C_2 e^{-2x}$. Das bedeutet aber $y(x) = C_1 e^x + C_2 e^{-x}$. Wir haben damit (ohne Benutzung jedweder Theorie) gezeigt, daß die Lösungen der Differentialgleichung $y'' - y = 0$ genau die Funktionen der Form $y(x) = C_1 e^x + C_2 e^{-x}$ sind.

Lösung (119.46) (a) Einsetzen von $y_1(x) = e^{cx}$ in die gegebene Gleichung führt auf $c = 3$; also ist $y_1(x) = e^{3x}$ eine Lösung. Der Ansatz $y = uy_1$ führt dann auf $xu'' + (3x-1)u' = 0$, mit $U := u'$ also auf $xU' + (3x-1)U = 0$ bzw. $U' + (3 - 1/x)U = 0$. Durchmultiplizieren dieser linearen Differentialgleichung mit e^{3x}/x führt auf $(\mathrm{d}/\mathrm{d}x)\bigl(e^{3x}U(x)/x\bigr) = 0$ und damit $e^{3x}U(x)/x = C$. Dann ist $U(x) = Cxe^{-3x}$, folglich $u(x) = -(C/9)(3x+1)e^{-3x} + D$. Die allgemeine Lösung ist daher, wenn wir $C_1 := -C/9$ und $C_2 := D$ setzen, gegeben durch
$$y(x) = C_1(3x+1) + C_2 e^{3x}.$$

(b) Der Ansatz $y(x) = Ax + B$ führt auf $B = 0$; also ist $y_1(x) := x$ eine Lösung. Der Ansatz $y = ux$ führt auf $x(1-x^2)u'' + (2-3x^2)u' = 0$, mit $U := u'$ also auf
$$\int\frac{\mathrm{d}U}{U} = \int\frac{3x^2-2}{x(1-x^2)}\mathrm{d}x = -\int\left(\frac{2}{x} + \frac{1/2}{x-1} + \frac{1/2}{x+1}\right)\mathrm{d}x,$$
folglich
$$u'(x) = U(x) = \frac{C}{x^2\sqrt{x^2-1}} \text{ bzw. } u(x) = \frac{C\sqrt{x^2-1}}{x} + D$$
und damit die allgemeine Lösung $y(x) = C\sqrt{x^2-1} + Dx$.

(c) Der Ansatz $y(x) = Ax^2 + Bx + C$ führt auf $B = C = 0$; also ist $y_1(x) := x^2$ eine Lösung der Differentialgleichung. Mit $y(x) := x^2 u(x)$ geht diese Gleichung dann über in $0 = x^5 u''' + 4x^5 u'$ und damit $u''' + 4u' = 0$. Dies ist eine Gleichung mit konstanten Koeffizienten, deren allgemeine Lösung gegeben ist durch $u(x) = C_1 + C_2 \sin(2x) + C_3 \cos(2x)$. Die gesuchte allgemeine Lösung ist daher
$$y(x) = C_1 x^2 + C_2 x^2 \sin(2x) + C_3 x^2 \cos(2x).$$

Lösung (119.47) Es seien jeweils y_1, y_2, y_3 die angegebenen Funktionen. Wir benutzen die bequeme (wenn auch sprachlich nicht ganz saubere) Bezeichnung "(in)homogene Lösung" für eine Lösung der (in)homogenen Gleichung und verwenden die folgenden Tatsachen:

(1) die Differenz zweier inhomogener Lösungen ist eine homogene Lösung;
(2) die Differenz zweier homogener Lösungen ist eine homogene Lösung;
(3) die Differenz einer homogenen und einer inhomogenen Lösung ist eine inhomogene Lösung.

Wir können dann folgendermaßen argumentieren.

(a) Wegen (1) sind $y_2 - y_1 = e^{2x}$ und $y_3 - y_2 = e^{2x} + 1$ homogene Lösungen; wegen (2) ist dann auch die Differenz $(e^{2x}+1) - e^{2x} = 1$ eine homogene Lösung. Da die homogenen Lösungen 1 und e^{2x} linear unabhängig sind, bilden sie ein Fundamentalsystem; die allgemeine Lösung der fraglichen Gleichung ist also

$$y(x) = C_1 + C_2 e^{2x} + x^2.$$

(b) Wegen (1) sind $y_3 - y_2 = e^{x^2}$ und $y_3 - y_1 = xe^{x^2}$ homogene Lösungen; da diese beiden Funktionen linear unabhängig sind, bilden sie ein Fundamentalsystem. Ferner ist wegen (3) die Funktion $y_1(x) - e^{x^2} = 1$ eine inhomogene Lösung. Die allgemeine inhomogene Lösung ist daher

$$y(x) = C_1 e^{x^2} + C_2 x e^{x^2} + 1.$$

Lösung (119.48) Es sei $\lambda_0 y + \lambda_1 y_1 + \cdots + \lambda_n y_n = 0$ die Nullfunktion; wir müssen zeigen, daß dann alle Koeffizienten λ_i verschwinden. Anwendung des linearen Operators L auf die angegebene Gleichung liefert

$$0 = \lambda_0 L[y] + \lambda_1 L[y_1] + \cdots + \lambda_n L[y_n]$$
$$= \lambda_0 \cdot f + \lambda_1 \cdot 0 + \cdots + \lambda_n \cdot 0 = \lambda_0 \cdot f$$

und wegen $f \neq 0$ daher $\lambda_0 = 0$. Also gilt $\sum_{k=1}^n \lambda_k y_k = 0$, und da $y_1, \ldots, y_n$ nach Voraussetzung ein Fundamentalsystem bilden und daher linear unabhängig sind, folgt hieraus $\lambda_1 = \cdots = \lambda_n = 0$.

Lösung (119.49) Da jede konstante Funktion die Gleichung erfüllen soll, erhalten wir $c(x) \cdot A = d(x)$ für jede Konstante A, was nur für $c = d \equiv 0$ möglich ist. Da weiterhin $y(x) = x$ eine Lösung sein soll, ergibt sich $b \equiv 0$, und da ferner $y(x) = x^2$ ebenfalls eine Lösung sein soll, folgt auch $a \equiv 0$. Nur die triviale Differentialgleichung $0 \cdot y'' + 0 \cdot y' + 0 \cdot y = 0$ hat also die gewünschte Eigenschaft. (Die nichttriviale lineare Gleichung kleinsten Grades, die alle Polynome vom Grad ≤ 2 als Lösungen hat, ist die Gleichung $y''' = 0$.)

Lösung (119.50) Die angegebene Differentialgleichung ist äquivalent zu dem System

$$\begin{bmatrix} y' \\ z' \end{bmatrix} = \begin{bmatrix} 0 & 1 \\ -q(x)/p(x) & -p'(x)/p(x) \end{bmatrix} \begin{bmatrix} y \\ z \end{bmatrix},$$

und $W(x) := y_1(x) y_2'(x) - y_1'(x) y_2(x)$ ist die (bis auf einen von Null verschiedenen Vorfaktor eindeutig bestimmte) Wronski-Determinante dieses Systems. Bezeichnen wir mit $A(x)$ die Koeffizientenmatrix dieses Systems, so gilt $W'(x) = \text{Spur}(A(x)) W(x) = -(p'(x)/p(x)) W(x)$, also $0 = pW' + p'W = (pW)'$. Folglich ist pW konstant, und genau das war zu zeigen.

Lösung (119.51) Auf dem Intervall (a,b) ist y_2/y_1 wohldefiniert, und nach der Quotientenregel gilt

$$\left(\frac{y_2}{y_1}\right)' = \frac{y_2' y_1 - y_2 y_1'}{y_1^2} = \frac{\begin{vmatrix} y_1 & y_2 \\ y_1' & y_2' \end{vmatrix}}{y_1^2} = \frac{W}{y_1^2},$$

wenn W die Wronski-Determinante des Fundamentalsystems (y_1, y_2) bezeichnet. Da W nirgends Null ist, ist die Funktion y_2/y_1 daher streng monoton auf (a,b). Ferner haben wir $0 \neq W(a) = -y_2(a) y_1'(a)$ sowie $0 \neq W(b) = -y_2(b) y_1'(b)$; also sind $y_2(a)$ und $y_2(b)$ von Null verschieden. (Übrigens auch $y_1'(a)$ und $y_1'(b)$, was zeigt, daß y_1 nur einfache Nullstellen haben kann.) Hieraus folgt für $x \to a+$ und $x \to b-$ dann $|(y_2/y_1)'(x)| \to \infty$, nach dem Mittelwertsatz daher auch $|(y_2/y_1)(x)| \to \infty$. Auf dem Intervall (a,b) wächst oder fällt die Funktion y_2/y_1 daher streng monoton zwischen $-\infty$ und $+\infty$, hat also in diesem Intervall genau eine Nullstelle. (Die Existenz folgt aus dem Zwischenwertsatz, die Eindeutigkeit aus der Monotonie.) Da die Nullstellen von y_2/y_1 genau diejenigen von y_2 sind, folgt die Behauptung.

Lösung (119.52) Man prüft sofort nach, daß $y_1(x) = e^x$ eine Lösung der homogenen Gleichung ist. Einsetzen des Ansatzes $y = u y_1$ in diese homogene Gleichung führt auf $xu'' - u' = 0$, mit $U := u'$ also $xU' - U = 0$. Die allgemeine Lösung dieser (separierbaren und linearen) Differentialgleichung ist $U(x) = Cx$; also ist $u(x) = Cx^2/2 + D$ mit beliebigen Konstanten C und D. Ein Fundamentalsystem der homogenen Gleichung ist also gegeben durch $y_1(x) = e^x$ und $y_2(x) := x^2 e^x$.

Wir suchen eine Lösung der inhomogenen Gleichung mit dem Ansatz $y(x) = C_1(x) e^x + C_2(x) x^2 e^x$ ("Variation der Konstanten"). Dieser Ansatz (dessen Anwendung in der in (119.31) beschriebenen Form den Leitkoeffizienten 1 und daher die Division der Gleichung durch x erfordert) führt auf das lineare Gleichungssystem

$$\begin{bmatrix} e^x & x^2 e^x \\ e^x & (x^2 + 2x) e^x \end{bmatrix} \begin{bmatrix} C_1'(x) \\ C_2'(x) \end{bmatrix} = \begin{bmatrix} 0 \\ 2x e^x \end{bmatrix}$$

bzw.

$$\begin{bmatrix} 1 & x^2 \\ 1 & x^2 + 2x \end{bmatrix} \begin{bmatrix} C_1'(x) \\ C_2'(x) \end{bmatrix} = \begin{bmatrix} 0 \\ 2x \end{bmatrix}$$

mit der Lösung

$$\begin{bmatrix} C_1'(x) \\ C_2'(x) \end{bmatrix} = \frac{1}{2x} \begin{bmatrix} x^2 + 2x & -x^2 \\ -1 & 1 \end{bmatrix} \begin{bmatrix} 0 \\ 2x \end{bmatrix} = \begin{bmatrix} -x^2 \\ 1 \end{bmatrix}.$$

Integration liefert

$$\begin{bmatrix} C_1(x) \\ C_2(x) \end{bmatrix} = \begin{bmatrix} -x^3/3 + A \\ x + B \end{bmatrix}$$

und damit die allgemeine Lösung

$$y(x) = \frac{2x^3 e^x}{3} + C_1 e^x + C_2 x^2 e^x.$$

Lösung (119.53) Man prüft sofort nach, daß $y_1(x) = \sqrt{x}$ eine Lösung der homogenen Gleichung ist. Einsetzen des Ansatzes $y = uy_1$ in diese homogene Gleichung führt auf $4x\sqrt{x}(x+1)u'' + \sqrt{x}(8x+6)u' = 0$ bzw. $(2x^2+2x)u'' + (4x+3)u' = 0$, mit $U := u'$ also $(2x^2+2x)U' + (4x+3)U = 0$. Die allgemeine Lösung dieser Differentialgleichung ermitteln wir durch Trennung der Variablen:

$$\int \frac{dU}{U} = \int \frac{-(4x+3)}{2x(x+1)} dx = \int \left(\frac{-3}{2x} - \frac{1/2}{x+1}\right) dx$$

mit der allgemeinen Lösung $U(x) = C/(x^{3/2}\sqrt{x+1})$. Integration liefert

$$u(x) = C \int \frac{1}{x^{3/2}(x+1)^{1/2}} dx = -2C\sqrt{\frac{x+1}{x}} + D.$$

Ein Fundamentalsystem der homogenen Gleichung wird daher gebildet von $y_1(x) = \sqrt{x}$ und $y_2(x) = \sqrt{x+1}$. Um eine Lösung der inhomogenen Gleichung zu finden, verwenden wir die Methode der Variation der Konstanten in der in (119.31) angegebenen Form. (Dazu müssen wir die Gleichung durch $4x(x+1)$ dividieren, um den Leitkoeffizienten 1 zu erhalten.) Wir erhalten das Gleichungssystem

$$\begin{bmatrix} \sqrt{x} & \sqrt{x+1} \\ \frac{1}{2\sqrt{x}} & \frac{1}{2\sqrt{x+1}} \end{bmatrix} \begin{bmatrix} C_1'(x) \\ C_2'(x) \end{bmatrix} = \begin{bmatrix} 0 \\ \frac{6x+4}{4x(x+1)} \end{bmatrix}$$

mit der Lösung

$$\begin{bmatrix} C_1'(x) \\ C_2'(x) \end{bmatrix} = \frac{-1}{2\sqrt{x}\sqrt{x+1}} \begin{bmatrix} \frac{1}{2\sqrt{x+1}} & -\sqrt{x+1} \\ -\frac{1}{2\sqrt{x}} & \sqrt{x} \end{bmatrix} \begin{bmatrix} 0 \\ \frac{6x+4}{4x(x+1)} \end{bmatrix}$$

$$= \frac{3x+2}{4x^{3/2}(x+1)^{3/2}} \begin{bmatrix} \sqrt{x+1} \\ -\sqrt{x} \end{bmatrix}.$$

Integration liefert

$$C_1(x) = \int \frac{3x+2}{4x^{3/2}(x+1)} dx = \frac{\arctan(\sqrt{x})}{2} - \frac{1}{\sqrt{x}} + A$$

sowie

$$C_2(x) = \int \frac{-3x-2}{4x(x+1)^{3/2}} dx = \frac{1}{2}\ln\left|\frac{\sqrt{x+1}+1}{\sqrt{x+1}-1}\right| + \frac{1}{2\sqrt{x+1}} + B.$$

Mit diesen Funktionen ist die allgemeine Lösung dann gegeben durch $y(x) = \sqrt{x}\, C_1(x) + \sqrt{x+1}\, C_2(x)$, also

$$y(x) = \frac{\sqrt{x}}{2}\arctan(\sqrt{x}) + \frac{\sqrt{x+1}}{2}\ln\left|\frac{\sqrt{x+1}+1}{\sqrt{x+1}-1}\right| - \frac{1}{2} + A\sqrt{x} + B\sqrt{x+1}.$$

Lösung (119.54) (a) Das charakteristische Polynom ist $\lambda^3 - \lambda = \lambda(\lambda^2-1) = \lambda(\lambda-1)(\lambda+1)$; ein Fundamentalsystem der homogenen Gleichung ist also gegeben durch $(y_1, y_2, y_3) = (1, e^x, e^{-x})$. Zur Variation der Konstanten müssen wir das Gleichungssystem

$$\begin{bmatrix} 1 & e^x & e^{-x} \\ 0 & e^x & -e^{-x} \\ 0 & e^x & e^{-x} \end{bmatrix} \begin{bmatrix} C_1'(x) \\ C_2'(x) \\ C_3'(x) \end{bmatrix} = \begin{bmatrix} 0 \\ 0 \\ e^{2x} \end{bmatrix}$$

lösen, was wir mit der Cramerschen Regel machen. Die Koeffizientendeterminante (also die Wronski-Determinante des Systems) ist $W(x) = 2$. Wir erhalten nacheinander

$$C_1'(x) = \frac{1}{W(x)}\begin{vmatrix} 0 & e^x & e^{-x} \\ 0 & e^x & -e^{-x} \\ e^{2x} & e^x & e^{-x} \end{vmatrix}$$

$$= \frac{e^{2x}\cdot e^x \cdot e^{-x}}{2}\begin{vmatrix} 0 & 1 & 1 \\ 0 & 1 & -1 \\ 1 & 1 & 1 \end{vmatrix} = -e^{2x},$$

dann

$$C_2'(x) = \frac{1}{W(x)}\begin{vmatrix} 1 & 0 & e^{-x} \\ 0 & 0 & -e^{-x} \\ 0 & e^{2x} & e^{-x} \end{vmatrix}$$

$$= \frac{e^{2x}\cdot e^{-x}}{2}\begin{vmatrix} 1 & 0 & 1 \\ 0 & 0 & -1 \\ 0 & 1 & 1 \end{vmatrix} = \frac{e^x}{2}$$

und schließlich

$$C_3'(x) = \frac{1}{W(x)}\begin{vmatrix} 1 & e^x & 0 \\ 0 & e^x & 0 \\ 0 & e^x & e^{2x} \end{vmatrix}$$

$$= \frac{e^x \cdot e^{2x}}{2}\begin{vmatrix} 1 & 1 & 0 \\ 0 & 1 & 0 \\ 0 & 1 & 1 \end{vmatrix} = \frac{e^{3x}}{2}.$$

Integration liefert

$$C_1(x) = -\frac{e^{2x}}{2} + A, \quad C_2(x) = \frac{e^x}{2} + B, \quad C_3(x) = \frac{e^{3x}}{6} + C$$

und damit die allgemeine Lösung $y(x) = \sum_{k=1}^{3} C_k(x) y_k(x)$, also

$$y(x) = A + Be^x + Ce^{-x} + (e^{2x}/6).$$

(b) Das charakteristische Polynom ist $\lambda^2 - 1 = (\lambda-1)(\lambda+1)$; ein Fundamentalsystem der homogenen Gleichung ist also gegeben durch $(y_1, y_2) = (e^x, e^{-x})$. Zur Variation der Konstanten müssen wir das Gleichungssystem

$$\begin{bmatrix} e^x & e^{-x} \\ e^x & -e^{-x} \end{bmatrix} \begin{bmatrix} C_1'(x) \\ C_2'(x) \end{bmatrix} = \begin{bmatrix} 0 \\ (1+x)e^{2x} \end{bmatrix}$$

lösen, was wir mit der Cramerschen Regel machen. Die Koeffizientendeterminante (also die Wronski-Determinante des Systems) ist $W(x) = -2$. Wir erhalten

$$C_1'(x) = \frac{1}{W(x)}\begin{vmatrix} 0 & e^{-x} \\ (1+x)e^{2x} & -e^{-x} \end{vmatrix} = \frac{e^x}{2}(1+x),$$

$$C_2'(x) = \frac{1}{W(x)}\begin{vmatrix} e^x & 0 \\ e^x & (1+x)e^{2x} \end{vmatrix} = -\frac{e^{3x}}{2}(1+x).$$

Aufgaben zu »Lineare Differentialgleichungssysteme« siehe Seite 78

Integration liefert $C_1(x) = xe^x/2 + A$ und $C_2(x) = -(2+3x)e^{3x}/18 + B$ und damit die allgemeine Lösung $y(x) = \sum_{k=1}^{2} C_k(x) y_k(x)$, also

$$y(x) = Ae^x + Be^{-x} + (3x-1)e^{2x}/9.$$

(c) Das charakteristische Polynom ist $\lambda^2 + 1 = (\lambda + i)(\lambda - i)$; ein Fundamentalsystem der homogenen Gleichung ist also gegeben durch $(y_1, y_2) = (\cos x, \sin x)$. Zur Variation der Konstanten müssen wir das Gleichungssystem

$$\begin{bmatrix} \cos x & \sin x \\ -\sin x & \cos x \end{bmatrix} \begin{bmatrix} C_1'(x) \\ C_2'(x) \end{bmatrix} = \begin{bmatrix} 0 \\ \sin x \end{bmatrix}$$

lösen, was auf

$$\begin{bmatrix} C_1'(x) \\ C_2'(x) \end{bmatrix} = \begin{bmatrix} \cos x & -\sin x \\ \sin x & \cos x \end{bmatrix} \begin{bmatrix} 0 \\ \sin x \end{bmatrix}$$
$$= \begin{bmatrix} -\sin^2 x \\ \sin x \cos x \end{bmatrix} = \frac{1}{2} \begin{bmatrix} \cos(2x) - 1 \\ \sin(2x) \end{bmatrix}$$

führt. Integration liefert

$$\begin{bmatrix} C_1(x) \\ C_2(x) \end{bmatrix} = \frac{1}{4} \begin{bmatrix} \sin(2x) - 2x \\ -\cos(2x) \end{bmatrix} + \begin{bmatrix} A_1 \\ A_2 \end{bmatrix}$$
$$= \frac{1}{4} \begin{bmatrix} 2\sin x \cos x - 2x \\ -2\cos^2 x + 1 \end{bmatrix} + \begin{bmatrix} A_1 \\ A_2 \end{bmatrix}$$

und damit die allgemeine Lösung $y(x) = \sum_{k=1}^{2} C_k(x) y_k(x)$, also

$$y(x) = A_1 \cos x + A_2 \sin x + \frac{\sin x - 2x \cos x}{4}.$$

(d) Das charakteristische Polynom ist $\lambda^2 - 2\lambda + 1 = (\lambda - 1)^2$; ein Fundamentalsystem der homogenen Gleichung ist also gegeben durch $(y_1, y_2) = (e^x, xe^x)$. Zur Variation der Konstanten müssen wir das Gleichungssystem

$$\begin{bmatrix} e^x & xe^x \\ e^x & (x+1)e^x \end{bmatrix} \begin{bmatrix} C_1'(x) \\ C_2'(x) \end{bmatrix} = \begin{bmatrix} 0 \\ e^x/\sqrt{x} \end{bmatrix}$$

bzw.

$$\begin{bmatrix} 1 & x \\ 1 & x+1 \end{bmatrix} \begin{bmatrix} C_1'(x) \\ C_2'(x) \end{bmatrix} = \begin{bmatrix} 0 \\ 1/\sqrt{x} \end{bmatrix}$$

lösen, was auf

$$\begin{bmatrix} C_1'(x) \\ C_2'(x) \end{bmatrix} = \begin{bmatrix} x+1 & -x \\ -1 & 1 \end{bmatrix} \begin{bmatrix} 0 \\ 1/\sqrt{x} \end{bmatrix} = \begin{bmatrix} -\sqrt{x} \\ 1/\sqrt{x} \end{bmatrix}$$

führt. Integration liefert

$$\begin{bmatrix} C_1(x) \\ C_2(x) \end{bmatrix} = \begin{bmatrix} -2x\sqrt{x}/3 + A \\ 2\sqrt{x} + B \end{bmatrix}$$

und damit die allgemeine Lösung $y(x) = \sum_{k=1}^{2} C_k(x) y_k(x)$, also

$$y(x) = Ae^x + Bxe^x + 4x\sqrt{x} e^x/3.$$

(e) Das charakteristische Polynom ist $\lambda^2 - 3\lambda + 2 = (\lambda-1)(\lambda-2)$; ein Fundamentalsystem der homogenen Gleichung ist also gegeben durch $(y_1, y_2) = (e^x, e^{2x})$. Zur Variation der Konstanten müssen wir das Gleichungssystem

$$\begin{bmatrix} e^x & e^{2x} \\ e^x & 2e^{2x} \end{bmatrix} \begin{bmatrix} C_1'(x) \\ C_2'(x) \end{bmatrix} = \begin{bmatrix} 0 \\ e^{3x}/(e^x+1) \end{bmatrix}$$

bzw.

$$\begin{bmatrix} 1 & e^x \\ 1 & 2e^x \end{bmatrix} \begin{bmatrix} C_1'(x) \\ C_2'(x) \end{bmatrix} = \begin{bmatrix} 0 \\ e^{2x}/(e^x+1) \end{bmatrix}$$

lösen, was auf

$$\begin{bmatrix} C_1'(x) \\ C_2'(x) \end{bmatrix} = \frac{1}{e^x} \begin{bmatrix} 2e^x & -e^x \\ -1 & 1 \end{bmatrix} \begin{bmatrix} 0 \\ \frac{e^{2x}}{e^x+1} \end{bmatrix} = \begin{bmatrix} -\frac{e^{2x}}{e^x+1} \\ \frac{e^x}{e^x+1} \end{bmatrix}$$

führt. Integration liefert

$$\begin{bmatrix} C_1(x) \\ C_2(x) \end{bmatrix} = \begin{bmatrix} -e^x + \ln(e^x+1) + A \\ \ln(e^x+1) + B \end{bmatrix}$$

und damit die allgemeine Lösung $y(x) = \sum_{k=1}^{2} C_k(x) y_k(x)$, also

$$y(x) = Ae^x + (B-1)e^{2x} + (e^x + e^{2x})\ln(e^x+1)$$
$$= Ae^x + \widehat{B} e^{2x} + (e^x + e^{2x})\ln(e^x+1).$$

Lösung (119.55) (a) Der Ansatz $y(x) = C \cdot e^{2x}$ führt auf $C = 1/6$ und liefert damit die partikuläre inhomogene Lösung $y(x) = e^{2x}/6$ viel schneller als die Methode der Variation der Konstanten wie in Teil (a) der vorigen Aufgabe. Den Rest der Aufgabe erledigt man wie dort.

(b) Der Ansatz $y(x) = (A + Bx) \cdot e^{2x}$ führt auf die Gleichungen $4B + 3A = 1$ sowie $3B = 1$ und damit auf $B = 1/3$ sowie $A = -1/9$. Wir erhalten also die partikuläre Lösung $y(x) = (-1 + 3x)e^{2x}/9$, und zwar viel schneller als in Teil (b) der vorigen Aufgabe. Den Rest der Aufgabe erledigt man wie dort.

(c) Der Ansatz $y(x) = Ax \cos x + Bx \sin x$ führt auf $A = -1/2$ und $B = 0$ und damit auf die partikuläre Lösung $y(x) = -(1/2) x \cos x$, die sich von der in Teil (c) der vorigen Aufgabe gefundenen Lösung um eine homogene Lösung unterscheidet. Den Rest der Aufgabe erledigt man wie dort.

(d) Das charakteristische Polynom $\lambda^2 + \lambda - 6 = (\lambda-2)(\lambda+3)$ führt auf das Fundamentalsystem (e^{2x}, e^{-3x}). Der Ansatz $y(x) = A + Bx$ führt auf $B = -1/6$ und $A = -7/36$. Die allgemeine Lösung ist daher

$$y(x) = C_1 e^{2x} + C_2 e^{-3x} - \frac{x}{6} - \frac{7}{36}.$$

(e) Das charakteristische Polynom $\lambda^2 - 2\lambda - 8 = (\lambda-4)(\lambda+2)$ führt auf das Fundamentalsystem (e^{4x}, e^{-2x}). Der

Ansatz $y(x) = Ce^x$ führt auf $C = -1/9$. Die allgemeine Lösung ist daher
$$y(x) = C_1 e^{4x} + C_2 e^{-2x} - \frac{e^x}{9}.$$

(f) Das charakteristische Polynom $\lambda^3 + 4\lambda = \lambda(\lambda^2 + 4)$ führt auf das Fundamentalsystem $(1, \cos(2x), \sin(2x))$. Der Ansatz $y(x) = Ax + Bx\cos(2x) + Cx\sin(2x)$ führt auf $A = 1/4$, $B = -1/8$ und $C = 0$. Die allgemeine Lösung ist daher
$$y(x) = C_1 + C_2\cos(2x) + C_3\sin(2x) + \frac{x}{4} - \frac{x\cos(2x)}{8}.$$

(g) Das charakteristische Polynom $\lambda^4 + 2\lambda^2 + 1 = (\lambda^2 + 1)^2$ führt auf das Fundamentalsystem $(\cos x, \sin x, x\cos x, x\sin x)$. Der Ansatz $y(x) = Ax^2\cos x + Bx^2\sin x$ führt auf $A = -1/8$ und $B = 0$. Die allgemeine Lösung ist daher
$$y(x) = C_1\cos x + C_2\sin x + C_3 x\cos x + C_4 x\sin x - \frac{x^2\cos x}{8}.$$

(h) Das charakteristische Polynom $4\lambda^2 + 4\lambda - 3 = (2\lambda - 1)(2\lambda + 3)$ führt auf das Fundamentalsystem $(e^{x/2}, e^{-3x/2})$. Der Ansatz $y(x) = Axe^{x/2} + Be^x$ führt auf $A = 1/2$ und $B = 1/5$. Die allgemeine Lösung ist daher
$$y(x) = C_1 e^{x/2} + C_2 e^{-3x/2} + \frac{xe^{x/2}}{2} + \frac{e^x}{5}.$$

(i) Das charakteristische Polynom $\lambda^3 - \lambda^2 - 8\lambda + 12 = (\lambda + 3)(\lambda - 2)^2$ führt auf das Fundamentalsystem $(e^{-3x}, e^{2x}, xe^{2x})$. Der Ansatz $y(x) = A + Bx$ führt auf $A = 1/3$ und $B = 1/2$. Die allgemeine Lösung ist daher
$$y(x) = C_1 e^{-3x} + C_2 e^{2x} + C_3 xe^{2x} + \frac{1}{3} + \frac{x}{2}.$$

(j) Das charakteristische Polynom $\lambda^2 + 1 = (\lambda + i)(\lambda - i)$ führt auf das Fundamentalsystem $(\cos x, \sin x)$. Wegen $\sin^2 x = (1 - \cos(2x))/2$ machen wir den Ansatz $y(x) = A + B\cos(2x) + C\sin(2x)$; dieser führt auf $A = 1/2$, $B = 1/6$ und $C = 0$. Die allgemeine Lösung ist daher
$$y(x) = C_1\cos x + C_2\sin x + \frac{1}{2} + \frac{\cos(2x)}{6}.$$

(k) Das charakteristische Polynom $\lambda^2 + 4\lambda + 8$ hat die Nullstellen $-2 \pm 2i$; dies führt auf das Fundamentalsystem $(e^{-2x}\cos(2x), e^{-2x}\sin(2x))$. Der Ansatz $y(x) = e^{-x}(A \cdot \cos(2x) + B \cdot \sin(2x))$ führt auf $A = -3/17$ und $B = 5/17$. Die allgemeine Lösung ist daher
$$y(x) = e^{-2x}(C_1\cos(2x) + C_2\sin(2x)) + \frac{e^{-x}}{17}(-3\cos(2x) + 5\sin(2x)).$$

(l) Das charakteristische Polynom $\lambda^3 - 5\lambda^2 + 17\lambda - 13 = (\lambda - 1)(\lambda^2 - 4\lambda + 13)$ hat die Nullstellen 1 und $2 \pm 3i$; dies führt auf das Fundamentalsystem $(e^x, e^{2x}\cos(3x), e^{2x}\sin(3x))$. Der Ansatz $y(x) = Cxe^x$ führt auf $C = 1/10$. Die allgemeine Lösung ist daher
$$y(x) = C_1 e^x + e^{2x}(C_2\cos(3x) + C_3\sin(3x)) + \frac{xe^x}{10}.$$

(m) Das charakteristische Polynom $\lambda^4 + 4\lambda^2 = \lambda^2(\lambda^2 + 4)$ führt auf das Fundamentalsystem $(1, x, \cos(2x), \sin(2x))$. Der Ansatz $y(x) = Ax^2 + Bx^3 + Cx^4 + De^{-x}$ führt auf $A = -1/16$, $B = 0$, $C = 1/48$ und $D = 2$. Die allgemeine Lösung ist daher
$$y(x) = C_1 + C_2 x + C_3\cos(2x) + C_4\sin(2x) - \frac{x^2}{16} + \frac{x^4}{48} + 2e^{-x}.$$

(n) Das charakteristische Polynom $16\lambda^4 - 32\lambda^2 - 9 = (2\lambda - 3)(2\lambda + 3)(4\lambda^2 + 1)$ führt auf das Fundamentalsystem $(e^{3x/2}, e^{-3x/2}, \cos(x/2), \sin(x/2))$. Der Ansatz $y(x) = Axe^{3x/2} + B\cos(3x/2) + C\sin(3x/2)$ führt auf $A = 23/120$, $B = 1/3$ und $C = 0$. Die allgemeine Lösung ist daher
$$y(x) = C_1 e^{3x/2} + C_2 e^{-3x/2} + C_3\cos(x/2) + C_4\sin(x/2) + \frac{23}{120}xe^{3x/2} + \frac{\cos(3x/2)}{3}.$$

Lösung (119.56) Das charakteristische Polynom ist $p(\lambda) = \lambda^3 - \lambda^2 - 5\lambda - 3 = (\lambda + 1)^2(\lambda - 3)$. Also bilden die Funktionen $y_1(x) = e^{-x}$, $y_2(x) = xe^{-x}$ und $y_3(x) = e^{3x}$ ein Fundamentalsystem der homogenen Gleichung.

(a) Der Ansatz lautet $y = Ce^x$, denn 1 ist keine Nullstelle von p.
(b) Der Ansatz lautet $y = (Ax + B)e^x$, denn 1 ist keine Nullstelle von p.
(c) Der Ansatz lautet $y = Ce^{2x}$, denn 2 ist keine Nullstelle von p.
(d) Der Ansatz lautet $y = (Ax^2 + Bx)e^{3x}$, denn 3 ist eine einfache Nullstelle von p.
(e) Der Ansatz lautet $y = (Ax^5 + Bx^4 + Cx^3 + Dx^2 + Ex)e^{3x}$, denn 3 ist eine einfache Nullstelle von p.
(f) Der Ansatz lautet $y = C_1 e^{(2+i)x} + C_2 e^{(2-i)x}$ oder auch $y = Ae^{2x}\cos(x) + Be^{2x}\sin(x)$, weil f eine Linearkombination der Funktionen $x \mapsto \exp((2 \pm i)x)$ ist und $2 \pm i$ keine Nullstellen von p sind.
(g) Der Ansatz lautet $y = C_1 e^{4ix} + C_2 e^{-4ix} + Ce^{5x}$ oder auch $y = A\cos(4x) + B\sin(4x) + Ce^{5x}$, weil $\pm 4i$ und 5 keine Nullstellen von p sind.
(h) Der Ansatz lautet $y = Ax^5 + Bx^4 + Cx^3 + Dx^2 + Ex + F$, weil 0 keine Nullstelle von p ist.
(i) Weil $f(x) = x^2 + x - 6 = (x^2 + x - 6)e^{0 \cdot x}$ gilt und 0 keine Nullstelle von p ist, lautet der Ansatz $y = Ax^2 + Bx + C$.
(j) Weil $f(x) = (1/2)(e^x + e^{-x})$ gilt und weil 1 keine Nullstelle, aber -1 eine doppelte Nullstelle von p ist, lautet der Ansatz $y = Ae^x + Bx^2 e^{-x}$.

(k) Es gilt $f(x) = (i/2) \cdot (e^{-ix} - e^{ix}) + (1/2) \cdot (e^x - e^{-x})$. Weil $\pm i$ und 1 keine Nullstellen von p sind, aber -1 eine doppelte Nullstelle von p ist, lautet der Ansatz $y = A\cos(x) + B\sin(x) + Ce^x + Dx^2 e^{-x}$ oder auch $y = C_1 e^{ix} + C_2 e^{-ix} + Ce^x + Dx^2 e^{-x}$.

(l) Der Ansatz lautet $y = (Ax+B)e^x + (Cx^3 + Dx^2)e^{-x}$, denn 1 ist keine Nullstelle von p, während -1 eine doppelte Nullstelle von p ist.

Lösung (119.57) Das charakteristische Polynom ist $p(\lambda) = \lambda^4 + 2\lambda^2 + 1 = (\lambda^2 + 1)^2 = (\lambda - i)^2 (\lambda + i)^2$. Also bilden die Funktionen $y_1(x) = \sin(x)$, $y_2(x) = x\sin(x)$, $y_3(x) = \cos(x)$ und $y_4(x) = x\cos(x)$ ein Fundamentalsystem der homogenen Gleichung.

(a) Der Ansatz lautet $y = Ce^{2x}$, denn 2 ist keine Nullstelle von p.

(b) Der Ansatz lautet $y = Ae^{2x} + Be^{3x}$, denn 2 und 3 sind keine Nullstellen von p.

(c) Der Ansatz lautet $y = (Ax^2 + Bx + C)e^{4x}$, denn 4 ist keine Nullstelle von p.

(d) Der Ansatz lautet $y = A + Be^x$, denn 0 und 1 sind keine Nullstellen von p.

(e) Der Ansatz lautet $y = (Ax + B)e^x$, denn 1 ist keine Nullstelle von p.

(f) Der Ansatz lautet $y = (Ax + B)\cos(2x) + (Cx + D)\sin(2x)$ oder auch $y = (C_1 x + C_2)e^{2ix} + (C_3 x + C_4)e^{-2ix}$, denn $\pm 2i$ sind keine Nullstellen von p.

(g) Der Ansatz lautet $y = (Ax^3 + Bx^2)\cos(x) + (Cx^3 + Dx^2)\sin(x)$ oder auch $y = (C_1 x^3 + C_2 x^2)e^{ix} + (C_3 x^3 + C_4 x^2)e^{-ix}$, denn $\pm i$ sind zweifache Nullstellen von p.

(h) Der Ansatz lautet $y = Ax^2 \cos(x) + Bx^2 \sin(x) + C\cos(2x) + D\sin(2x)$ oder auch $y = C_1 x^2 e^{ix} + C_2 x^2 e^{-ix} + C_3 e^{2ix} + C_4 e^{-2ix}$, denn $\pm i$ sind doppelte Nullstellen von p, während $\pm 2i$ keine Nullstellen sind.

(i) Es gilt $f(x) = \cos(2x) = (1/2) \cdot (e^{2ix} + e^{-2ix})$. Da $\pm 2i$ keine Nullstellen von p sind, lautet der Ansatz $y = C_1 e^{2ix} + C_2 e^{-2ix}$ oder auch $y = A\cos(2x) + B\sin(2x)$.

(j) Es gilt $f(x) = 1 = 1 \cdot e^{0 \cdot x}$. Da 0 keine Nullstelle von p ist, lautet der Ansatz $y = C$ (so daß eine konstante Lösung gesucht wird).

(k) Es gilt $f(x) = (1/2)\bigl(1 + \cos(2x)\bigr) + (1/4)\bigl(3\sin(x) - \sin(3x)\bigr)$. Da 0, $\pm 2i$ und $\pm 3i$ keine Nullstellen, aber $\pm i$ doppelte Nullstellen von p sind, lautet der Ansatz $y = A + B\cos(2x) + C\sin(2x) + D\cos(3x) + E\sin(3x) + Fx^2 \cos(x) + Gx^2 \sin(x)$.

(l) Da $3 \pm 4i$ keine Nullstellen von p sind, lautet der Ansatz $y = Ae^{3x}\cos(4x) + Be^{3x}\sin(4x)$ oder auch $y = C_1 e^{(3+4i)x} + C_2 e^{(3-4i)x}$.

Lösung (119.58) Wir zählen die Ortskoordinate x vom Boden aus nach oben. Die Bewegungsgleichung ("Kraft = Masse mal Beschleunigung") lautet $m\ddot{x} = -mg - \alpha \dot{x}$, mit $a := \alpha/m$ also $\ddot{x} + a\dot{x} = -g$. Die allgemeine Lösung dieser Gleichung lautet $x(t) = C_1 + C_2 e^{-at} - gt/a$. Einsetzen der Anfangsbedingungen $x(0) = h$ und $\dot{x}(0) = 0$ liefert $C_2 = -g/a^2$ und $C_1 = h + (g/a^2)$; Positions- und Geschwindigkeitsverlauf sind also gegeben durch

$$x(t) = h - \frac{gt}{a} + \frac{g}{a^2}(1 - e^{-at}) \quad \text{und} \quad \dot{x}(t) = -\frac{g}{a}(1 - e^{-at}).$$

Lösung (119.59) (a) Ist $\xi(t)$ die von der Wand aus gemessene Position der Masse m und ist ℓ_0 die Länge der Feder in ihrer Ruhelage, so gilt $\xi(t) = \ell_0 + x(t)$, folglich $m\ddot{\xi} = m\ddot{x} = F - d\dot{x} - cx = F - d\dot{\xi} - c(\xi - \ell_0)$, also $m\ddot{\xi} + d\dot{\xi} + c\xi = c\ell_0 + F$. Die Bewegungsgleichung für ξ ist also identisch mit derjenigen von x mit Ausnahme eines konstanten Summanden auf der rechten Seite.

(b) Es sei ℓ_0 die Länge der ungedehnten Feder. Zählen wir eine Koordinate x vom Aufhängepunkt (etwa an der Decke) aus senkrecht nach unten, so erhalten wir die Bewegungsgleichung $m\ddot{x} = mg - k(x - \ell_0) - d\dot{x}$. Wir führen nun die Variable $\xi := x - \ell_0 - mg/k$ ein, was darauf hinausläuft, die Position der Masse nicht vom Aufhängepunkt aus, sondern von der Gleichgewichtslage der durch die Masse gedehnten Feder aus zu zählen. Wegen $\dot{\xi} = \dot{x}$ und $\ddot{\xi} = \ddot{x}$ geht die Bewegungsgleichung dann über in $m\ddot{\xi} + d\dot{\xi} + k\xi = 0$, lautet jetzt also genau wie die Gleichung einer *horizontal* schwingenden Feder, obwohl die Schwerkraft als zusätzliche Kraft hinzukommt.

(c) Der Ansatz $x(t) = e^{\lambda t}$ führt auf die Gleichung $m\lambda^2 + d\lambda + c = 0$ bzw. $\lambda^2 + (d/m)\lambda + (c/m) = 0$ mit den (komplexen) Lösungen

$$\lambda_{1,2} = \frac{-d}{2m} \pm \sqrt{\frac{d^2 - 4mc}{4m^2}}.$$

1. Fall: $d^2 > 4mc$ (starke Dämpfung). In diesem Fall sind λ_1 und λ_2 beides negative Zahlen, sagen wir $\lambda_1 = -\alpha$ und $\lambda_2 = -\beta$ mit $0 < \alpha < \beta$. Die allgemeine Lösung lautet hier

$$x(t) = C_1 e^{-\alpha t} + C_2 e^{-\beta t}.$$

2. Fall: $d^2 = 4mc$ (kritische Dämpfung). In diesem Fall ist $\lambda = -d/(2m)$ ein doppelter Eigenwert, so daß mit $t \mapsto e^{\lambda t}$ auch $t \mapsto te^{\lambda t}$ eine Lösung ist. Mit der Abkürzung $D := d/(2m)$ ist die allgemeine Lösung hier gegeben durch

$$x(t) = e^{-Dt}(C_1 + C_2 t).$$

3. Fall: $d^2 < 4mc$ (schwache Dämpfung). In diesem Fall haben wir $\lambda_{1,2} = -d/(2m) \pm i\omega$ mit $\omega := \sqrt{4mc - d^2}/(2m) > 0$. Setzen wir wieder $D := d/(2m)$ und benutzen wir die Formeln $e^{\pm i\omega t} = \cos(\omega t) \pm i\sin(\omega t)$, so lautet die allgemeine Lösung

$$x(t) = e^{-Dt}\bigl(C_1 \cos(\omega t) + C_2 \sin(\omega t)\bigr).$$

4. Fall: $d = 0$ (fehlende Dämpfung). Hier können wir das Ergebnis aus dem dritten Fall übernehmen (mit $d = 0$ und $\omega = \sqrt{c/m}$. Als allgemeine Lösung ergibt sich

$$x(t) = C_1 \cos(\omega t) + C_2 \sin(\omega t).$$

Lösung (119.60) (a) Hat x die Form $x(t) = C_1 e^{\lambda_1 t} + C_2 e^{\lambda_2 t}$, dann auch $\dot{x}(t) = C_1 \lambda_1 e^{\lambda_1 t} + C_2 \lambda_2 e^{\lambda_2 t}$. Nullsetzen führt jeweils auf eine Gleichung der Form $e^{(\lambda_1-\lambda_2)t} = C$; eine solche Gleichung hat aber wegen der Injektivität der Exponentialfunktion maximal eine Lösung. Hat andererseits x die Form $x(t) = (C_1 + C_2 t)e^{\lambda t}$, dann auch $\dot{x}(t) = (C_1\lambda+C_2+C_2\lambda t)e^{\lambda t}$. Nullsetzen führt jeweils auf eine Gleichung der Form $A + Bt = 0$ mit höchstens einer Lösung.

(b) Die Funktionen, die in Teil (a) betrachtet wurden, sind genau die Funktionen, die die Auslenkungen eines überkritisch bzw. kritisch gedämpften Systems beschreiben. Ein solches System erreicht also höchstens einmal seine Ruhelage und höchstens einmal einen maximalen Amplitudenausschlag.

Lösung (119.61) Der Ansatz $x_p(t) = a\cos\omega t + b\sin\omega t$ liefert $\dot{x}_p(t) = -a\omega\sin\omega t + b\omega\cos\omega t$ und $\ddot{x}_p = -a\omega^2\cos\omega t - b\omega^2\sin\omega t$. Also gilt

$$m\,\ddot{x}_p(t) + d\dot{x}_p(t) + cx_p(t) = $$
$$(ca - ma\omega^2 + db\omega)\cos\omega t + (cb - mb\omega^2 - da\omega)\sin\omega t.$$

Wir sehen, daß x_p genau dann eine Lösung der Bewegungsgleichung ist, wenn die zwei Unbekannten a und b die beiden Gleichungen $(c-m\omega^2)a + d\omega \cdot b = F$ und $-d\omega \cdot a + (c-m\omega^2)b = 0$ erfüllen. Auflösen nach a und b liefert $a = F(c-m\omega^2)/((c-m\omega^2)^2 + d^2\omega^2)$ und $b = Fd\omega/((c-m\omega^2)^2 + d^2\omega^2)$. Die allgemeine Lösung ist dann

$$x(t) = e^{-(d/(2m))t}(C_1\cos\omega_0 t + C_2\sin\omega_0 t)$$
$$+ \frac{F}{(c-m\omega^2)^2 + d^2\omega^2}((c-m\omega^2)\cos\omega t + d\omega\sin\omega t)$$

bzw.

$$x(t) = e^{-(d/(2m))t}(C_1\cos\omega_0 t + C_2\sin\omega_0 t)$$
$$+ \frac{F}{\sqrt{(c-m\omega^2)^2 + d^2\omega^2}}\cos(\omega t - \Phi)$$

wobei Φ der Winkel zwischen 0 und π mit $\tan\Phi = d\omega/(c-m\omega^2)$ ist. Für $t \to \infty$ (also "nach dem Einschwingvorgang") wird der erste Term schwächer und schwächer, so daß schließlich die partikuläre Lösung das Geschehen bestimmt. Diese ist eine Schwingung in der Erregerfrequenz ω, aber gegenüber der freien Schwingung um den Phasenwinkel Φ verschoben.

Lösung (119.62) (a) Der Ansatz $x_p(t) = a\cos\omega t$ liefert $\dot{x}_p(t) = -a\omega\sin\omega t$ und $\ddot{x}_p = -a\omega^2\cos\omega t$. Also gilt $m\,\ddot{x}_p(t) + cx_p(t) = (c - m\omega^2)a\cos\omega t$. Wir sehen, daß x_p genau dann eine Lösung der Bewegungsgleichung ist, wenn $a(c - m\omega^2) = F$ gilt. Wegen $\omega^2 \neq c/m$ erhalten wir $a = F/(c-m\omega^2)$, also die partikuläre Lösung $x_p(t) = (F\cos\omega t)/(c-m\omega^2)$. Die allgemeine Lösung ist dann

$$x(t) = C_1\cos\omega_0 t + C_2\sin\omega_0 t + \frac{F}{c-m\omega^2}\cos\omega t.$$

Die Lösung ist also eine Überlagerung einer freien Schwingung des Systems mit einer Schwingung in der Erregerfrequenz. Die Auslenkungen des Systems bleiben beschränkt, nehmen aber große Werte an, wenn die Erregerfrequenz ω nahe bei der Eigenfrequenz ω_0 liegt.

(b) Der Ansatz $x_p(t) = at\sin\omega t$ liefert $\dot{x}_p(t) = a\sin\omega t + a\omega t\cos\omega t$ und $\ddot{x}_p = 2a\omega\cos\omega t - a\omega^2 t\sin\omega t$. Also gilt $m\,\ddot{x}_p(t) + cx_p(t) = 2ma\omega\cos\omega t + (c - m\omega^2)at\sin\omega t = 2ma\omega\cos\omega t$. Wir sehen, daß x_p genau dann eine Lösung der Bewegungsgleichung ist, wenn $2ma\omega = F$ gilt. Dies führt auf $a = F/(2m\omega)$, liefert also die partikuläre Lösung $x_p(t) = (Ft\sin\omega t)/(2m\omega)$. Die allgemeine Lösung ist dann

$$x(t) = C_1\cos\omega_0 t + C_2\sin\omega_0 t + \frac{F}{2m\omega}t\sin\omega_0 t.$$

Das System schwingt also in der Eigenfrequenz; für $t \to \infty$ kommen dabei immer größere Auslenkungen vor (Resonanzkatastrophe).

Lösung (119.63) (a) Das charakteristische Polynom der homogenen Gleichung lautet $\lambda^2 + (R/L)\lambda + (1/(LC))$ und hat die Nullstellen

$$\lambda_{1,2} = \frac{-R \pm \sqrt{R^2 - 4L/C}}{2L}.$$

Eine gedämpfte Schwingung tritt dann auf, wenn diese Nullstellen einen negativen Realteil und einen von Null verschiedenen Imaginärteil haben, also genau dann, wenn $0 < R < 2\sqrt{L/C}$ gilt. (Physikalisch gesprochen: es darf nicht $R = 0$ gelten, denn sonst wäre gar keine Dämpfung vorhanden, aber R darf auch nicht zu groß sein, denn sonst würde sich kein Schwingungsvorgang herausbilden.)

(b) Resonanz tritt genau dann auf, wenn die Erregerfrequenz ω_0 mit der Eigenfrequenz des Systems übereinstimmt, wenn also $\omega_0^2 = (4L - CR^2)/(4L^2C)$ gilt.

(c) Die zu lösende Gleichung lautet

$$\ddot{Q}(t) + 4\dot{Q}(t) + 13Q(t) = 290\cos(2t).$$

Das charakteristische Polynom der homogenen Gleichung lautet $\lambda^2 + 4\lambda + 13$ und hat die Nullstellen $-2 \pm 3i$; die allgemeine homogene Lösung lautet also

$$Q_{\text{hom}}(t) = C_1 e^{-2t}\cos(3t) + C_2 e^{-2t}\sin(3t).$$

Zur Bestimmung einer inhomogenen Lösung machen wir einen Ansatz vom Typ der rechten Seite, nämlich $Q(t) = A\cos(2t) + B\sin(2t)$. Dieser Ansatz führt auf die Gleichung

$$(9A + 8B)\cos(2t) + (9B - 8A)\sin(2t) = 290\cos(2t)$$

und damit auf $9A + 8B = 290$ und $9B - 8A = 0$, also

$$\begin{bmatrix} 9 & 8 \\ -8 & 9 \end{bmatrix} \begin{bmatrix} A \\ B \end{bmatrix} = \begin{bmatrix} 290 \\ 0 \end{bmatrix}$$

mit der Lösung
$$\begin{bmatrix} A \\ B \end{bmatrix} = \frac{1}{145}\begin{bmatrix} 9 & -8 \\ 8 & 9 \end{bmatrix}\begin{bmatrix} 290 \\ 0 \end{bmatrix} = \begin{bmatrix} 9 & -8 \\ 8 & 9 \end{bmatrix}\begin{bmatrix} 2 \\ 0 \end{bmatrix} = \begin{bmatrix} 18 \\ 16 \end{bmatrix}.$$

Mit $D := \sqrt{A^2 + B^2} = 2\sqrt{145}$ und $\varphi_0 := \arctan(B/A) = \arctan(8/9)$ läßt sich die Lösung in der Form $D\cos(2t - \varphi_0)$ schreiben. Die allgemeine inhomogene Lösung ist also

$$Q_{\text{inh}}(t) = e^{-2t}(C_1\cos(3t) + C_2\sin(3t)) + 2\sqrt{145}\cos(2t - \varphi_0).$$

Man erkennt, daß für $t \to \infty$ ("nach dem Einschwingvorgang") der letzte Term das Systemverhalten bestimmt; das System führt also eine nur leicht gestörte Schwingung in der Erregerfrequenz aus, allerdings gegenüber der Erregung mit einer Phasenverschiebung um φ_0.

Lösung (119.64) (a) Für $z(t) := y(e^t)$ erhalten wir $\dot z(t) = y'(e^t)e^t$, dann $\ddot z(t) = y''(e^t)e^{2t} + y'(e^t)e^t$, anschließend $\dddot z(t) = y'''(e^t)e^{3t} + 3e^{2t}y''(e^t) + y'(e^t)e^t$ und so weiter, also
$$\begin{aligned} \dot z &= xy', \\ \ddot z &= x^2y'' + xy', \\ \dddot z &= x^3y''' + 3x^2y'' + xy' \end{aligned}$$

und allgemein $z^{(k)} = \sum_{j=0}^{k} b_j^{(k)} x^j y^{(j)}$ mit rekursiv zu bestimmenden Koeffizienten $b_j^{(k)}$. Also lassen sich alle Terme der Form $x^k y^{(k)}$ als reelle Linearkombinationen der Ableitungen von z ausdrücken.

(b) Einsetzen von $y(x) = x^\alpha$ in die Eulersche Gleichung $\sum_{k=0}^{n} a_k x^k y^{(k)} = 0$ zeigt, daß diese Funktion genau dann eine Lösung ist, wenn

$$\sum_{k=0}^{n} a_k \cdot \alpha(\alpha-1)\cdots(\alpha-k+1) = 0$$

gilt; dies ist eine Polynomgleichung n-ten Grades für α. (Genau dann ist $y(x) = x^\alpha$ eine Lösung der Eulerschen Gleichung, wenn $z(t) = e^{\alpha t}$ eine Lösung der gemäß (a) transformierten Gleichung ist. Ebenso ist $y(x) = \ln(x)^m e^{\alpha x}$ genau dann eine Lösung der Eulerschen Gleichung, wenn $z(t) = t^m e^{\alpha t}$ die transformierte Gleichung löst.)

(c) Der Ansatz $y(x) = x^\alpha$ führt auf

$$0 = 2\alpha(\alpha-1) + 3\alpha - 1 = 2\alpha^2 + \alpha - 1 = (2\alpha-1)(\alpha+1)$$

mit den Lösungen $\alpha = 1/2$ und $\alpha = -1$. Die allgemeine Lösung ist also

$$y(x) = C_1\sqrt{x} + C_2 \cdot \frac{1}{x}.$$

Einsetzen der Bedingungen $y(1) = 2$ und $y'(1) = 0$ führt auf die Gleichungen $C_1 + C_2 = 2$ und $(C_1/2) - C_2 = 0$ und damit auf $C_1 = 4/3$ und $C_2 = 2/3$. Die gesuchte spezielle Lösung ist also $y(x) = (2/3) \cdot (2\sqrt{x} + 1/x)$.

Lösung (119.65) Die Vorgehensweise besteht in jedem Fall aus den folgenden Schritten.
(1) Wir machen den Ansatz $y(x) = x^\alpha$ zur Lösung der homogenen Gleichung; dies führt auf die Bestimmung der Nullstellen eines Polynoms p, dessen Grad der Grad der Differentialgleichung ist.
(2) Wir bestimmen ein Fundamentalsystem der homogenen Gleichung; dieses besteht aus den Funktionen $y(x) = \ln(x)^k x^\alpha$ mit $0 \le k \le m-1$, wenn α eine Nullstelle mit Vielfachheit m ist.
(3) Wir ermitteln eine spezielle inhomogene Lösung durch einen Ansatz vom Typ der rechten Seite.
(4) Die allgemeine inhomogene Lösung ist dann die Summe aus der in (2) ermittelten allgemeinen homogenen Lösung und der in (3) ermittelten speziellen inhomogenen Lösung.

Wir geben jeweils die erhaltenen Ergebnisse an.

(a) Es gilt $p(\alpha) = \alpha(\alpha-1) - 2\alpha + 2 = \alpha^2 - 3\alpha + 2 = (\alpha-1)(\alpha-2)$. Folglich haben wir $y_1(x) = x$ und $y_2(x) = x^2$. Der Ansatz $y = Cx^3$ führt auf $C = 1/2$. Die allgemeine Lösung lautet also

$$y(x) = C_1 x + C_2 x^2 + (x^3/2).$$

(b) Es gilt $p(\alpha) = \alpha(\alpha-1) - \alpha + 1 = \alpha^2 - 2\alpha + 1 = (\alpha-1)^2$. Folglich haben wir $y_1(x) = x$ und $y_2(x) = x\ln(x)$. Der Ansatz $y = C/x$ führt auf $C = 1$. Die allgemeine Lösung lautet also

$$y(x) = C_1 x + C_2 x\ln(x) + (1/x).$$

(c) Es gilt $p(\alpha) = \alpha(\alpha-1)(\alpha-2) - 3\alpha(\alpha-1) + 7\alpha - 8 = \alpha^3 - 6\alpha^2 + 12\alpha - 8 = (\alpha-2)^3$. Folglich haben wir $y_1(x) = x^2$, $y_2(x) = x^2\ln(x)$ und $y_3(x) = x^2\ln(x)^2$. Der Ansatz $y = Cx^2\ln(x)^3$ führt auf $C = 1/6$. (Da 2 eine dreifache Nullstelle des charakteristischen Polynoms ist, setzt man $x^2 P(\ln x)$ an, wobei P ein Polynom dritten Grades ist; die Terme $x^2\ln(x)^k$ mit $0 \le k \le 2$ dürfen aber weggelassen werden, weil sie Lösungen der homogenen Gleichung sind.) Die allgemeine Lösung lautet also

$$y(x) = C_1 x^2 + C_2 x^2\ln(x) + C_3 x^2\ln(x)^2 + \frac{x^2\ln(x)^3}{6}.$$

Bei diesem Beispiel wäre es vermutlich besser gewesen, die gegebene Gleichung in eine Gleichung mit konstanten Koeffizienten zu transformieren und direkt mit dieser zu rechnen, eine Möglichkeit, die man natürlich bei der Behandlung Eulerscher Differentialgleichungen immer hat.

Lösung (119.66) Der Ansatz $y(x) = x^\alpha$ führt auf die Gleichung $\alpha(\alpha-1) + p\alpha + q = 0$ mit den beiden Lösungen

$$\alpha_{1,2} = \frac{-(p-1) \pm \sqrt{(p-1)^2 - 4q}}{2}.$$

Wir unterscheiden drei Fälle.

- **Erster Fall:** $(p-1)^2 > 4q$. In diesem Fall sind beide Lösungen reell und verschieden; die allgemeine Lösung lautet dann
$$y_1(x) = C_1 x^{\alpha_1} + C_2 x^{\alpha_2}.$$

- **Zweiter Fall:** $(p-1)^2 = 4q$. In diesem Fall gilt $\alpha_1 = \alpha_2 =: \alpha$, und die allgemeine Lösung lautet
$$y(x) = C_1 x^{\alpha} + C_2 \ln(x) x^{\alpha}.$$

- **Dritter Fall:** $(p-1)^2 < 4q$. In diesem Fall sind die Nullstellen konjugiert komplex, sagen wir $\alpha_{1,2} = a \pm ib$; die allgemeine Lösung ist dann
$$y(x) = x^a \left(C_1 \cos(b\ln(x)) + C_2 \sin(b\ln(x)) \right).$$

Lösung (119.67) Es handelt sich um eine Eulersche Differentialgleichung. Zur Ermittlung einer homogenen Lösung machen wir den Ansatz $y(x) = x^\alpha$ und erhalten $4\alpha(\alpha-1) + 8\alpha - 8 = 0$, also $\alpha^2 + \alpha - 2 = 0$ mit den Lösungen $\alpha_1 = 1$ und $\alpha_2 = -2$. Die allgemeine homogene Lösung lautet daher $y(x) = C_1 x + C_2/x^2$. Zur Lösung der inhomogenen Gleichung können wir (gemäß der Zurückführung auf eine lineare Differentialgleichung gemäß Aufgabe (119.64)(a)) einen Ansatz vom Typ der rechten Seite machen, nämlich
$$y(x) = Ax^{-1} + Bx^3,$$
$$y'(x) = -Ax^{-2} + 3Bx^2,$$
$$y''(x) = 2Ax^{-3} + 6Bx.$$

Dies liefert $4x^2 y'' + 8xy' - 8y = -8Ax^{-1} + 40Bx^3$. Vergleich mit der gewünschten rechten Seite $x^{-1} + 2x^3$ liefert $-8A = 1$ und $40B = 2$, also $A = -1/8$ und $B = 1/20$. Die gesuchte allgemeine Lösung ist also
$$y(x) = C_1 x + \frac{C_2}{x^2} - \frac{1}{8x} + \frac{x^3}{20}.$$

Das gleiche Ergebnis erhalten wir natürlich auch, wenn wir die Methode der Variation der Konstanten verwenden. Um die im Buch unter der Nummer (119.31) angegebene Formel (die den Leitkoeffizienten 1 voraussetzt) verwenden zu können, müssen wir die Differentialgleichung durch $4x^2$ dividieren und erhalten den Ansatz
$$\begin{bmatrix} x & x^{-2} \\ 1 & -2x^{-3} \end{bmatrix} \begin{bmatrix} C_1'(x) \\ C_2'(x) \end{bmatrix} = \begin{bmatrix} 0 \\ 1/(4x^3) + (x/2) \end{bmatrix}$$
und damit
$$\begin{bmatrix} C_1'(x) \\ C_2'(x) \end{bmatrix} = \frac{1}{3} \begin{bmatrix} 2x^{-1} & 1 \\ x^2 & -x^3 \end{bmatrix} \begin{bmatrix} 0 \\ 1/(4x^3) + (x/2) \end{bmatrix}$$
$$= \frac{1}{12} \begin{bmatrix} x^{-3} + 2x \\ -1 - 2x^4 \end{bmatrix}.$$

Integration liefert
$$\begin{bmatrix} C_1(x) \\ C_2(x) \end{bmatrix} = \begin{bmatrix} -1/(24x^2) + (x^2/12) + A \\ (-x/12) - (x^5/30) + B \end{bmatrix}.$$

Die allgemeine Lösung lautet daher
$$y(x) = \left(\frac{-1}{24x^2} + \frac{x^2}{12} + A \right) \cdot x + \left(\frac{-x}{12} - \frac{x^5}{30} + B \right) \cdot x^{-2}$$
$$= Ax + \frac{B}{x^2} - \frac{1}{8x} + \frac{x^3}{20}.$$

Lösung (119.68) (a) Setzen wir $u = Ax + B$ und $w(u) := y(x) = y((u-B)/A)$, so erhalten wir $w^{(k)}(u) = y^{(k)}((u-B)/A)/A^k$, also $y^{(k)}(x) = A^k w^{(k)}(u)$. Die angegebene Gleichung geht dann über in die Eulersche Gleichung $\sum_{k=0}^n a_k A^k u^k w^{(k)}(u) = 0$.

(b) Mit $u = 2x+1$ und $w(u) := y((u-1)/2)$ geht die angegebene Gleichung über in die Eulersche Gleichung $4u^2 w''(u) - 8uw'(u) + 8w(u) = -4u$ bzw.

$(\star) \qquad u^2 w''(u) - 2uw'(u) + 2w(u) = -u.$

Mit $u = e^t$ und $z(t) := w(e^t)$ erhalten wir $\dot{z}(t) = w'(e^t)e^t$ und $\ddot{z}(t) = w''(e^t)e^{2t} + w'(e^t)e^t$, also $\dot{z}(t) = uw'(u)$ und $\ddot{z}(t) = u^2 w''(u) + uw'(u)$. Die Gleichung $(\star)$ geht dann über in

$(\star\star) \qquad \ddot{z}(t) - 3\dot{z}(t) + 2z(t) = -e^t.$

Dies ist eine Differentialgleichung mit konstanten Koeffizienten; sie hat die allgemeine Lösung
$$z(t) = C_1 e^t + C_2 e^{2t} + te^t,$$
wie man leicht durch einen Exponentialansatz für die homogene Gleichung und einen Ansatz vom Typ der rechten Seite für die inhomogene Gleichung erkennt. Rücksubstitution liefert zunächst
$$w(u) = C_1 u + C_2 u^2 + u\ln(u)$$
und dann
$$y(x) = C_1(2x+1) + C_2(2x+1)^2 + (2x+1)\ln(2x+1).$$

Lösung (119.69) Wir machen jeweils den Ansatz $y(x) = \sum_{n=0}^\infty a_n x^n$, erhalten dann $y'(x) = \sum_{n=1}^\infty na_n x^{n-1}$ und $y''(x) = \sum_{n=2}^\infty n(n-1)a_n x^{n-2}$ und setzen diese Reihenentwicklungen jeweils in die gegebene Differentialgleichung ein, um festzustellen, unter welchen Bedingungen an die Koeffizienten a_n die Potenzreihe eine Lösung der Differentialgleichung definiert.

(a) Wir erhalten

$(x^2+2)y''(x) - xy'(x) - 3y(x)$
$= \sum_{n=2}^{\infty} n(n-1)a_n x^n + \sum_{n=2}^{\infty} 2n(n-1)a_n x^{n-2}$
$\quad - \sum_{n=1}^{\infty} na_n x^n - \sum_{n=0}^{\infty} 3a_n x^n$
$= \sum_{n=2}^{\infty} n(n-1)a_n x^n + \sum_{n=0}^{\infty} 2(n+2)(n+1)a_{n+2} x^n$
$\quad - \sum_{n=1}^{\infty} na_n x^n - \sum_{n=0}^{\infty} 3a_n x^n$
$= (4a_2 - 3a_0) + (12a_3 - 4a_1)x$
$\quad + \sum_{n=2}^{\infty} ((n+1)(n-3)a_n + 2(n+2)(n+1)a_{n+2}) x^n.$

Also erfüllt die Potenzreihe $y(x) = \sum_{n=0}^{\infty} a_n x^n$ genau dann die angegebene Differentialgleichung, wenn die folgenden Bedingungen gelten:

$$a_2 = \frac{3a_0}{4}, \quad a_3 = \frac{a_1}{3}, \quad a_{n+2} = \frac{-(n-3)}{2(n+2)} a_n \quad (n \geq 2).$$

Um zwei linear unabhängige Lösungen zu finden, wählen wir zum einen $a_0 := 1$ und $a_1 := 0$ und erhalten dann die Lösung

$$y_1(x) := \sum_{n=0}^{\infty} a_{2n} x^{2n} \quad \text{mit} \quad a_{2n+2} := \frac{-2n+3}{4n+4} a_{2n};$$

zum andern wählen wir $a_0 := 0$ und $a_1 := 1$ und erhalten dann die Lösung

$$y_2(x) := \sum_{n=0}^{\infty} a_{2n+1} x^{2n+1} \quad \text{mit} \quad a_{2n+3} := \frac{-(n-1)}{2n+3} a_{2n+1}.$$

In beiden Fällen zeigt das Quotientenkriterium sofort, daß jede der beiden Reihen den Konvergenzradius $\sqrt{2}$ hat und daher auf dem Intervall $(-\sqrt{2}, \sqrt{2})$ eine Lösung der Differentialgleichung definiert. Die lineare Unabhängigkeit der Funktionen y_1 und y_2 folgt sofort daraus, daß sogar schon die zugehörigen Elemente (a_0, a_1) linear unabhängig in $\mathbb{R}^2$ sind.

(b) Für $y''(x) - 2xy'(x) - 2y(x)$ ergibt sich

$\sum_{n=2}^{\infty} n(n-1)a_n x^{n-2} - \sum_{n=1}^{\infty} 2na_n x^n - \sum_{n=0}^{\infty} 2a_n x^n$
$= \sum_{n=0}^{\infty} (n+2)(n+1)a_{n+2} x^n - \sum_{n=1}^{\infty} 2na_n x^n - \sum_{n=0}^{\infty} 2a_n x^n$
$= (2a_2 - 2a_0) + \sum_{n=1}^{\infty} ((n+2)(n+1)a_{n+2} - 2(n+1)a_n) x^n.$

Also löst $\sum_{n=0}^{\infty} a_n x^n$ genau dann die Differentialgleichung, wenn die Bedingungen

$$a_2 = a_0 \quad \text{und} \quad a_{n+2} = \frac{2a_n}{n+2} \quad (n \geq 1)$$

gelten. Wieder definieren die Wahlen $(a_0, a_1) := (1,0)$ und $(a_0, a_1) := (0,1)$ zwei linear unabhängige Lösungen der Differentialgleichung; der Konvergenzradius dieser Lösungen ist nach dem Quotientenkriterium ∞, so daß die Funktionen auf ganz $\mathbb{R}$ Lösungen der Differentialgleichung sind.

(c) Für $xy''(x) - 2y'(x) - xy(x)$ ergibt sich

$\sum_{n=2}^{\infty} n(n-1)a_n x^{n-1} - \sum_{n=1}^{\infty} 2na_n x^{n-1} - \sum_{n=0}^{\infty} a_n x^{n+1} =$
$\sum_{n=1}^{\infty} (n+1)na_{n+1} x^n - \sum_{n=0}^{\infty} 2(n+1)a_{n+1} x^n - \sum_{n=1}^{\infty} a_{n-1} x^n,$

also

$-2a_1 - (2a_2 + a_0)x - a_1 x^2 +$
$\sum_{n=3}^{\infty} ((n+1)(n-2)a_{n+1} - a_{n-1}) x^n.$

Folglich löst $\sum_{n=0}^{\infty} a_n x^n$ genau dann die Differentialgleichung, wenn die Bedingungen

$$a_1 = 0, \quad a_2 = -\frac{a_0}{2} \quad \text{und} \quad a_{n+1} = \frac{a_{n-1}}{(n+1)(n-2)} \quad (n \geq 3)$$

gelten. Hier führen die Wahlen $(a_0, a_3) := (1,0)$ und $(a_0, a_3) := (0,1)$ zu linear unabhängigen Lösungen der Differentialgleichung; der Konvergenzradius dieser Lösungen ist nach dem Quotientenkriterium ∞, so daß die Funktionen auf ganz $\mathbb{R}$ Lösungen der Differentialgleichung sind.

Lösung (119.70) (a) Das charakteristische Polynom von A ist $\det(A - \lambda \mathbf{1}) = \lambda^2 + 4$; die zugeordnete homogene Differentialgleichung ist daher $y'' + 4y = 0$. Diese besitzt das Fundamentalsystem $(\cos(2t), \sin(2t))$. Nach Fulmer machen wir daher den Ansatz

$$e^{tA} = \cos(2t) A_1 + \sin(2t) A_2$$

mit noch zu bestimmenden Matrizen A_1 und A_2. Ableiten nach t liefert dann das Gleichungssystem

$$e^{tA} = \cos(2t) A_1 + \sin(2t) A_2,$$
$$Ae^{tA} = -2\sin(2t) A_1 + 2\cos(2t) A_2,$$

das nach Einsetzen von $t = 0$ übergeht in $\mathbf{1} = A_1$ und $A = 2A_2$. Wir erhalten also $A_1 = \mathbf{1}$ und $A_2 = (1/2)A$ und damit die Darstellung

$$e^{tA} = \cos(2t) \begin{bmatrix} 1 & 0 \\ 0 & 1 \end{bmatrix} + \sin(2t) \begin{bmatrix} 0 & 1/2 \\ -2 & 0 \end{bmatrix}.$$

(b) Das charakteristische Polynom $p(\lambda) := \det(A - \lambda \mathbf{1})$ hat die Nullstellen 2 und $\pm i$; ein Fundamentalsystem der Differentialgleichung $p(D)(f) = 0$ ist dann gegeben durch die Funktionen $f_1(t) = e^t$, $f_2(t) = \cos t$ und $f_3(t) = \sin t$. Der Fulmersche Ansatz lautet also $\exp(tA) = A_1 e^{2t} + A_2 \cos t + A_3 \sin t$; leiten wir noch zweimal ab, so erhalten wir also das Gleichungssystem

$$\begin{aligned}
\exp(tA) &= A_1 e^{2t} + A_2 \cos t + A_3 \sin t, \\
A \exp(tA) &= 2A_1 e^{2t} - A_2 \sin t + A_3 \cos t, \\
A^2 \exp(tA) &= 4A_1 e^{2t} - A_2 \cos t - A_3 \sin t.
\end{aligned}$$

Einsetzen von $t = 0$ führt dann auf die drei Gleichungen

$$\mathbf{1} = A_1 + A_2, \quad A = 2A_1 + A_3, \quad A^2 = 4A_1 - A_2.$$

Auflösen nach A_1, A_2 und A_3 (in einer dem Gaußschen Algorithmus völlig analogen Weise) führt auf

$$\begin{aligned}
A_1 &= \frac{1}{5} \cdot \mathbf{1} + \frac{1}{5} \cdot A^2, \\
A_2 &= \frac{4}{5} \cdot \mathbf{1} - \frac{1}{5} \cdot A^2, \\
A_3 &= \frac{-2}{5} \mathbf{1} + A - \frac{2}{5} \cdot A^2.
\end{aligned}$$

Einsetzen von A liefert

$$e^{tA} = \frac{e^{2t}}{5} \begin{bmatrix} 6 & -2 & 2 \\ 3 & -1 & 1 \\ 0 & 0 & 0 \end{bmatrix} + \frac{\cos t}{5} \begin{bmatrix} -1 & 2 & -2 \\ -3 & 6 & -1 \\ 0 & 0 & 5 \end{bmatrix} + \frac{\sin t}{5} \begin{bmatrix} -2 & 4 & 1 \\ -1 & 2 & 3 \\ 5 & -10 & 0 \end{bmatrix}.$$

(Dieses Ergebnis wurde in Aufgabe (119.6) schon auf andere Weise hergeleitet.)

(c) Das charakteristische Polynom ist $\det(A - \lambda \mathbf{1}) = -\lambda^3 + 2\lambda - 4 = -(\lambda + 2)(\lambda^2 - 2\lambda + 2)$ und hat die Nullstellen $\lambda_1 = -2$ und $\lambda_{2,3} = 1 \pm i$. Ein Fundamentalsystem der Gleichung $p(D)f = 0$ ist also gegeben durch die Funktionen $f_1(t) = e^{-2t}$, $f_2(t) = e^t \cos t$ und $f_3(t) = e^t \sin t$. Der Fulmersche Ansatz lautet daher $\exp(tA) = e^{-2t} A_1 + e^t \cos t\, A_2 + e^t \sin t\, A_3$. Zweimaliges Ableiten nach t liefert dann

$$\begin{aligned}
\exp(tA) &= e^{-2t} A_1 + e^t \cos t\, A_2 + e^t \sin t\, A_3, \\
A \exp(tA) &= -2e^{-2t} A_1 + e^t(\cos t - \sin t) A_2 \\
&\quad + e^t(\sin t + \cos t) A_3, \\
A^2 \exp(tA) &= 4e^{-2t} A_1 - 2e^t \sin t\, A_2 + 2e^t \cos t\, A_3.
\end{aligned}$$

Einsetzen von $t = 0$ in diese Gleichungen liefert

$$\begin{aligned}
\mathbf{1} &= A_1 + A_2, \\
A &= -2A_1 + A_2 + A_3, \\
A^2 &= 4A_1 + 2A_3.
\end{aligned}$$

Aus der ersten und der letzten Gleichung erhalten wir $A_2 = \mathbf{1} - A_1$ und $A_3 = (1/2)A^2 - 2A_1$; setzen wir dies in die zweite Gleichung, so erhalten wir $A = -2A_1 + \mathbf{1} - A_1 + (1/2)A^2 - 2A_1$ und damit $5A_1 = \mathbf{1} - A + (1/2)A^2$. Insgesamt erhalten wir

$$\begin{aligned}
A_1 &= (1/10)(2 \cdot \mathbf{1} - 2A + A^2), \\
A_2 &= (1/10)(8 \cdot \mathbf{1} + 2A - A^2), \\
A_3 &= (1/10)(-4 \cdot \mathbf{1} + 4A + 3A^2)
\end{aligned}$$

und damit dann $\exp(tA) = e^{-2t} A_1 + e^t \cos t\, A_2 + e^t \sin t\, A_3$.

Lösung (119.71) Das charakteristische Polynom von A ist

$$\begin{vmatrix} -3-\lambda & 4 & -3 \\ -1 & 2-\lambda & -3 \\ -1 & 1 & -2-\lambda \end{vmatrix} = -(\lambda - 1)(\lambda + 2)^2$$

mit der einfachen Nullstelle $\lambda_1 = 1$ und der doppelten Nullstelle $\lambda_2 = -2$. Wir berechnen e^{tA}.

Erster Lösungsweg: Transformation auf Jordansche Normalform. Eigenvektoren v_1 und v_2 ergeben sich durch Lösen der Gleichungssysteme $(A - \lambda_i v_i \mid 0)$ zu $v_1 = (1,1,0)^T$ und $v_2 = (1,1,1)^T$. Da der Eigenraum zum Eigenwert -2 eindimensional ist, ermitteln wir einen verallgemeinerten Eigenvektor (Hauptvektor) durch Lösen des Gleichungssystems $(A + 2 \cdot \mathbf{1} \mid v_2)$; wir erhalten beispielsweise $v_3 = (0,1,1)$. Also gilt

$$T^{-1} A T = \begin{bmatrix} 1 & 0 & 0 \\ 0 & -2 & 1 \\ 0 & 0 & -2 \end{bmatrix} =: J \quad \text{mit} \quad T := \begin{bmatrix} 1 & 1 & 0 \\ 1 & 1 & 1 \\ 0 & 1 & 1 \end{bmatrix}$$

und dann $e^{tA} = e^{tTJT^{-1}} = T e^{tJ} T^{-1}$, also

$$\begin{aligned}
e^{tA} &= \begin{bmatrix} 1 & 1 & 0 \\ 1 & 1 & 1 \\ 0 & 1 & 1 \end{bmatrix} \begin{bmatrix} e^t & 0 & 0 \\ 0 & e^{-2t} & te^{-2t} \\ 0 & 0 & e^{-2t} \end{bmatrix} \begin{bmatrix} 0 & 1 & -1 \\ 1 & -1 & 1 \\ -1 & 1 & 0 \end{bmatrix} \\
&= \begin{bmatrix} e^{-2t} - te^{-2t} & e^t - e^{-2t} + te^{-2t} & -e^t + e^{-2t} \\ -te^{-2t} & e^t + te^{-2t} & -e^t + e^{-2t} \\ -te^{-2t} & te^{-2t} & e^{-2t} \end{bmatrix}.
\end{aligned}$$

Zweiter Lösungsweg: Algorithmus von Fulmer. Die Matrix e^{tA} ist von der Form

$$e^{tA} = e^t A_1 + e^{-2t} A_2 + te^{-2t} A_3$$

mit noch zu bestimmenden Matrizen A_i. Zweimaliges Ableiten nach t liefert

$$\begin{aligned}
e^{tA} &= e^t A_1 + e^{-2t} A_2 + te^{-2t} A_3, \\
A e^{tA} &= e^t A_1 - 2e^{-2t} A_2 + (e^{-2t} - 2te^{-2t}) A_3, \\
A^2 e^{tA} &= e^t A_1 + 4e^{-2t} A_2 + (-4e^{-2t} + 4te^{-2t}) A_3.
\end{aligned}$$

Einsetzen von $t = 0$ liefert dann

$$\begin{aligned} \mathbf{1} &= A_1 + A_2, \\ A &= A_1 - 2A_2 + A_3, \\ A^2 &= A_1 + 4A_2 - 4A_3. \end{aligned}$$

Aus den ersten beiden Gleichungen erhalten wir $A_2 = \mathbf{1} - A_1$ und $A_3 = A + 2 \cdot \mathbf{1} - 3A_1$; setzen wir dies in die dritte Gleichung ein, so ergibt sich $9A_1 = A^2 + 4A + 4 \cdot \mathbf{1}$. Insgesamt erhalten wir

$$\begin{aligned} A_1 &= (1/9)\left(4 \cdot \mathbf{1} + 4A + A^2\right), \\ A_2 &= (1/9)\left(5 \cdot \mathbf{1} - 4A - A^2\right), \\ A_3 &= (1/3)\left(2 \cdot \mathbf{1} - A - A^2\right). \end{aligned}$$

Setzen wir in diese Gleichungen die Matrizen $\mathbf{1}$, A und A^2 ein, so ergibt sich das gleiche Resultat wie zuvor.

Lösung (119.72) Das charakteristische Polynom der Koeffizientenmatrix A ist

$$\begin{vmatrix} -3-\lambda & 4 & -3 \\ -1 & 2-\lambda & -3 \\ -1 & 1 & -2-\lambda \end{vmatrix} = -(\lambda-1)(\lambda+2)^2$$

mit der einfachen Nullstelle $\lambda_1 = 1$ und der doppelten Nullstelle $\lambda_2 = -2$. Eigenvektoren v_1 und v_2 ergeben sich durch Lösen der Gleichungssysteme $(A - \lambda_i v_i \mid 0)$ zu $v_1 = (1, 1, 0)^T$ und $v_2 = (1, 1, 1)^T$. Da der Eigenraum zum Eigenvektor -2 eindimensional ist, ermitteln wir einen verallgemeinerten Eigenvektor (Hauptvektor) durch Lösen des Gleichungssystems $(A + 2 \cdot \mathbf{1} \mid v_2)$; wir erhalten beispielsweise $v_3 = (0, 1, 1)$. Also gilt

$$T^{-1}AT = \begin{bmatrix} 1 & 0 & 0 \\ 0 & -2 & 1 \\ 0 & 0 & -2 \end{bmatrix} =: J \quad \text{mit} \quad T := \begin{bmatrix} 1 & 1 & 0 \\ 1 & 1 & 1 \\ 0 & 1 & 1 \end{bmatrix}.$$

Die allgemeine Lösung der Differentialgleichung $y' = Ay$ ist nun gegeben durch

$$y(x) = e^{xA}\widehat{c} = e^{xTJT^{-1}}\widehat{c} = Te^{xJ}T^{-1}\widehat{c} = Te^{xJ}c$$

mit einem beliebigen konstanten Vektor $\widehat{c}$ bzw. c. Ausgeschrieben bedeutet dies

$$\begin{aligned} y(x) &= \begin{bmatrix} 1 & 1 & 0 \\ 1 & 1 & 1 \\ 0 & 1 & 1 \end{bmatrix} \begin{bmatrix} e^x & 0 & 0 \\ 0 & e^{-2x} & xe^{-2x} \\ 0 & 0 & e^{-2x} \end{bmatrix} \begin{bmatrix} C_1 \\ C_2 \\ C_3 \end{bmatrix} \\ &= \begin{bmatrix} e^x & e^{-2x} & xe^{-2x} \\ e^x & e^{-2x} & (x+1)e^{-2x} \\ 0 & e^{-2x} & (x+1)e^{-2x} \end{bmatrix} \begin{bmatrix} C_1 \\ C_2 \\ C_3 \end{bmatrix} \\ &= C_1 e^x \begin{bmatrix} 1 \\ 1 \\ 0 \end{bmatrix} + C_2 e^{-2x} \begin{bmatrix} 1 \\ 1 \\ 1 \end{bmatrix} + C_3 e^{-2x} \begin{bmatrix} x \\ x+1 \\ x+1 \end{bmatrix} \end{aligned}$$

mit beliebigen Konstanten $C_1, C_2, C_3 \in \mathbb{R}$.

Lösung (119.73) Schreiben wir $x = e^t$ und $z(t) := y(e^t)$, so erhalten wir

$$\begin{aligned} \dot{z} &= xy', \\ \ddot{z} &= x^2 y'' + xy', \\ \dddot{z} &= x^3 y''' + 3x^2 y'' + xy', \end{aligned}$$

folglich

$$\begin{aligned} xy' &= \dot{z}, \\ x^2 y'' &= \ddot{z} - \dot{z}, \\ x^3 y''' &= \dddot{z} - 3\ddot{z} + 2\dot{z}. \end{aligned}$$

Die angegebene Differentialgleichung geht dann über in

$$\dddot{z} - \ddot{z} + 9\dot{z} - 9z = 8 \sin t.$$

Dies ist eine lineare Differentialgleichung mit konstanten Koeffizienten. Das charakteristische Polynom ist $\lambda^3 - \lambda^2 + 9\lambda - 9 = \lambda^2(\lambda - 1) + 9(\lambda - 1) = (\lambda - 1)(\lambda^2 + 9)$ und hat die Nullstellen 1 und $\pm 3i$. Ein Fundamentalsystem der homogenen Gleichung ist dann gegeben durch $z_1(t) = e^t$, $z_2(t) = \cos(3t)$, $z_3(t) = \sin(3t)$. Ein Ansatz vom Typ der rechten Seite zur Lösung der inhomogenen Gleichung lautet

$$z(t) = A \cos t + B \sin t$$

und führt auf $A + B = -1$ und $B - A = 0$, also $A = B = -1/2$ und damit $z(t) = -(\cos t + \sin t)/2$. Die allgemeine inhomogene Lösung ist daher

$$z(t) = C_1 e^t + C_2 \cos(3t) + C_3 \sin(3t) - \frac{1}{2}(\cos t + \sin t).$$

Die allgemeine Lösung der ursprünglichen Gleichung ist daher

$$\begin{aligned} y(x) &= C_1 x + C_2 \cos(3 \ln x) + C_3 \sin(3 \ln x) \\ &\quad - (1/2) \cdot \left(\cos(\ln x) + \sin(\ln x)\right). \end{aligned}$$

Lösung (119.74) Wir suchen zunächst eine zweite Lösung der homogenen Gleichung, und zwar mit dem Ansatz $y = uy_1$, also

$$\begin{aligned} y &= u e^{2x^2}, \\ y' &= u' e^{2x^2} + 4xu e^{2x^2}, \\ y'' &= u'' e^{2x^2} + 8xu' e^{2x^2} + 4u e^{2x^2} + 16x^2 u e^{2x^2}. \end{aligned}$$

Einsetzen in die Differentialgleichung liefert $u''(x) e^{2x^2} = 0$ und damit $u'' = 0$, folglich $u(x) = C_1 + C_2 x$. Die allgemeine Lösung der homogenen Gleichung lautet daher

$$y(x) = C_1 e^{2x^2} + C_2 x e^{2x^2}.$$

Um eine Lösung der inhomogenen Gleichung zu finden, führen wir eine Variation der Konstanten durch; diese führt auf das Gleichungssystem

$$\begin{bmatrix} e^{2x^2} & x e^{2x^2} \\ 4x e^{2x^2} & (1 + 4x^2) e^{2x^2} \end{bmatrix} \begin{bmatrix} C_1'(x) \\ C_2'(x) \end{bmatrix} = \begin{bmatrix} 0 \\ 2 e^{2x^2} \end{bmatrix}$$

bzw.
$$\begin{bmatrix} 1 & x \\ 4x & 1+4x^2 \end{bmatrix} \begin{bmatrix} C_1'(x) \\ C_2'(x) \end{bmatrix} = \begin{bmatrix} 0 \\ 2 \end{bmatrix}$$

nach Division durch e^{2x^2}. Die Lösung dieses Systems ist gegeben durch

$$\begin{bmatrix} C_1'(x) \\ C_2'(x) \end{bmatrix} = \begin{bmatrix} 1+4x^2 & -x \\ -4x & 1 \end{bmatrix} \begin{bmatrix} 0 \\ 2 \end{bmatrix} = \begin{bmatrix} -2x \\ 2 \end{bmatrix}$$

und nach Integration dann $C_1(x) = -x^2 + A$ und $C_2(x) = 2x + B$. Die allgemeine Lösung ist daher gegeben durch

$$y(x) = Ae^{2x^2} + Bxe^{2x^2} + x^2 e^{2x^2}.$$

Lösung (119.75) In Matrixnotation haben wir $\dot{x}(t) = Ax(t) + g(t)$ mit

$$A = \begin{bmatrix} -7 & 9 \\ -16 & 17 \end{bmatrix} \quad \text{und} \quad g(t) = \begin{bmatrix} e^t \\ e^t \end{bmatrix} = e^t \begin{bmatrix} 3 \\ 4 \end{bmatrix}.$$

Die Koeffizientenmatrix hat das charakteristische Polynom

$$\det \begin{bmatrix} -7-\lambda & 9 \\ -16 & 17-\lambda \end{bmatrix} = \lambda^2 - 10\lambda + 25 = (\lambda - 5)^2$$

und damit den doppelten Eigenwert $\lambda_{1,2} = 5$. Um einen Eigenvektor v_1 zu finden, müssen wir das folgende Gleichungssystem lösen.

$$\begin{bmatrix} -12 & 9 & | & 0 \\ -16 & 12 & | & 0 \end{bmatrix} \to \begin{bmatrix} -4 & 3 & | & 0 \\ 0 & 0 & | & 0 \end{bmatrix} \Rightarrow v_1 := \begin{bmatrix} 3 \\ 4 \end{bmatrix}$$

(Wir könnten auch jedes skalare Vielfache von v_1 nehmen.) Um einen zugehörigen Hauptvektor v_2 zu finden, müssen wir das folgende Gleichungssystem lösen.

$$\begin{bmatrix} -12 & 9 & | & 3 \\ -16 & 12 & | & 4 \end{bmatrix} \to \begin{bmatrix} -4 & 3 & | & 1 \\ 0 & 0 & | & 0 \end{bmatrix} \Rightarrow v_2 := \begin{bmatrix} 2 \\ 3 \end{bmatrix}$$

(Wir könnten zu v_2 auch noch ein beliebiges Vielfaches von v_1 addieren.) Für $T := (v_1 \mid v_2)$ gilt also

$$T^{-1}AT = \begin{bmatrix} 5 & 1 \\ 0 & 5 \end{bmatrix} =: J$$

bzw. $A = TJT^{-1}$. Damit gilt

$$e^{tA} = Te^{tJ}T^{-1} = e^{5t}T\begin{bmatrix} 1 & t \\ 0 & 1 \end{bmatrix}T^{-1}$$
$$= e^{5t} \begin{bmatrix} 3 & 2 \\ 4 & 3 \end{bmatrix} \begin{bmatrix} 1 & t \\ 0 & 1 \end{bmatrix} \begin{bmatrix} 3 & -2 \\ -4 & 3 \end{bmatrix}$$
$$= e^{5t} \begin{bmatrix} 1-12t & 9t \\ -16t & 1+12t \end{bmatrix}.$$

Die Lösung des Anfangswertproblems ist gegeben durch $x(t) = e^{tA}\int_0^t e^{-\tau A} g(\tau)\,d\tau$, also

$$\begin{aligned} x(t) &= e^{tA} \int_0^t e^{-5\tau} \begin{bmatrix} 1+12\tau & -9\tau \\ 16\tau & 1-12\tau \end{bmatrix} \cdot e^\tau \begin{bmatrix} 3 \\ 4 \end{bmatrix} d\tau \\ &= e^{tA} \int_0^t e^{-4\tau} \begin{bmatrix} 3 \\ 4 \end{bmatrix} d\tau \\ &= \left(\int_0^t e^{-4\tau} d\tau \right) \cdot e^{tA} \begin{bmatrix} 3 \\ 4 \end{bmatrix} \\ &= \frac{1-e^{-4t}}{4} \cdot e^{5t} \cdot \begin{bmatrix} 3 \\ 4 \end{bmatrix} \\ &= \frac{e^{5t} - e^t}{4} \begin{bmatrix} 3 \\ 4 \end{bmatrix}. \end{aligned}$$

Lösung (119.76) Mit $y(x) := (u(x), v(x), w(x))^T$ gilt

$$y'(x) = Ay(x) \quad \text{mit} \quad A := \begin{bmatrix} 2 & 2 & 5 \\ 4 & 4 & 1 \\ 3 & 3 & 3 \end{bmatrix}.$$

Die Koeffizientenmatrix hat das charakteristische Polynom

$$\det \begin{bmatrix} 2-\lambda & 2 & 5 \\ 4 & 4-\lambda & 1 \\ 3 & 3 & 3-\lambda \end{bmatrix} = -\lambda^3 + 9\lambda^2 = -\lambda^2(\lambda - 9).$$

und damit den einfachen Eigenwert $\lambda_1 = 9$ und den doppelten Eigenwert $\lambda_{2,3} = 0$. Um einen Eigenvektor zum Eigenwert $\lambda_1 = 9$ zu finden, müssen wir das folgende lineare Gleichungssystem lösen.

$$\begin{bmatrix} -7 & 2 & 5 & | & 0 \\ 4 & -5 & 1 & | & 0 \\ 3 & 3 & -6 & | & 0 \end{bmatrix} \to \begin{bmatrix} 1 & 1 & -2 & | & 0 \\ -7 & 2 & 5 & | & 0 \\ 4 & -5 & 1 & | & 0 \end{bmatrix}$$
$$\to \begin{bmatrix} 1 & 1 & -2 & | & 0 \\ 0 & 9 & -9 & | & 0 \\ 0 & -9 & 9 & | & 0 \end{bmatrix} \to \begin{bmatrix} 1 & 1 & -2 & | & 0 \\ 0 & 1 & -1 & | & 0 \\ 0 & 0 & 0 & | & 0 \end{bmatrix}$$
$$\to \begin{bmatrix} 1 & 0 & -1 & | & 0 \\ 0 & 1 & -1 & | & 0 \\ 0 & 0 & 0 & | & 0 \end{bmatrix}$$

Eine Lösung ist gegeben durch $v_1 = (1,1,1)^T$ (oder irgendein skalares Vielfaches dieses Vektors). Um einen Eigenvektor zum Eigenwert $\lambda_2 = 0$ zu finden, müssen wir das folgende lineare Gleichungssystem lösen.

$$\begin{bmatrix} 2 & 2 & 5 & | & 0 \\ 4 & 4 & 1 & | & 0 \\ 3 & 3 & 3 & | & 0 \end{bmatrix} \to \begin{bmatrix} 1 & 1 & 5/2 & | & 0 \\ 0 & 0 & -9 & | & 0 \\ 0 & 0 & -9/2 & | & 0 \end{bmatrix} \to \begin{bmatrix} 1 & 1 & 0 & | & 0 \\ 0 & 0 & 1 & | & 0 \\ 0 & 0 & 0 & | & 0 \end{bmatrix}$$

Eine Lösung ist gegeben durch $v_2 = (3,-3,0)^T$ (oder irgendein skalares Vielfaches dieses Vektors). Um einen zugehörigen Hauptvektor zu finden, müssen wir das folgende lineare Gleichungssystem lösen.

$$\begin{bmatrix} 2 & 2 & 5 & | & 3 \\ 4 & 4 & 1 & | & -3 \\ 3 & 3 & 3 & | & 0 \end{bmatrix} \to \begin{bmatrix} 1 & 1 & 5/2 & | & 3/2 \\ 0 & 0 & -9 & | & -9 \\ 0 & 0 & -9/2 & | & -9/2 \end{bmatrix}$$
$$\to \begin{bmatrix} 1 & 1 & 0 & | & -1 \\ 0 & 0 & 1 & | & 1 \\ 0 & 0 & 0 & | & 0 \end{bmatrix}$$

Eine Lösung ist gegeben durch $v_3 = (0, -1, 1)^T$ (wobei man zu diesem Vektor noch ein beliebiges Vielfaches von v_2 addieren dürfte). Wir betrachten nun die Matrix

$$T = \begin{bmatrix} 1 & 3 & 0 \\ 1 & -3 & -1 \\ 1 & 0 & 1 \end{bmatrix}$$

mit den Spalten v_1, v_2, v_3 und haben dann

$$T^{-1}AT = \begin{bmatrix} 9 & 0 & 0 \\ 0 & 0 & 1 \\ 0 & 0 & 0 \end{bmatrix} := J.$$

Die allgemeine Lösung des betrachteten Differentialgleichungssystems lautet daher $y(x) = e^{xA} = Te^{xJ}T^{-1}\widehat{c} = Te^{xJ}c$ mit beliebigen Vektoren $\widehat{c} \in \mathbb{R}^3$ bzw. $c \in \mathbb{R}^3$; dies bedeutet

$$y(x) = \begin{bmatrix} 1 & 3 & 0 \\ 1 & -3 & -1 \\ 1 & 0 & 1 \end{bmatrix} \begin{bmatrix} e^{9x} & 0 & 0 \\ 0 & 1 & x \\ 0 & 0 & 1 \end{bmatrix} \begin{bmatrix} C_1 \\ C_2 \\ C_3 \end{bmatrix}$$

mit beliebigen Konstanten C_i. Die Anfangsbedingung

$$\begin{bmatrix} 1 \\ 2 \\ 3 \end{bmatrix} = y(0) = \begin{bmatrix} 1 & 3 & 0 \\ 1 & -3 & -1 \\ 1 & 0 & 1 \end{bmatrix} \begin{bmatrix} C_1 \\ C_2 \\ C_3 \end{bmatrix}$$

führt auf $C_1 = 2$, $C_2 = -1/3$ und $C_3 = 1$ (Gaußalgorithmus!) und damit auf die Lösung

$$y(x) = \begin{bmatrix} u(x) \\ v(x) \\ w(x) \end{bmatrix} = \begin{bmatrix} 2e^{9x} - 1 + 3x \\ 2e^{9x} - 3x \\ 2e^{9x} + 1 \end{bmatrix}.$$

Lösung (119.77) Das charakteristische Polynom der homogenen Gleichung ist

$$\lambda^3 - 1 = (\lambda - 1)(\lambda^2 + \lambda + 1)$$

und hat die Nullstellen $\lambda_1 = 1$ und $\lambda_{2,3} = (-1 \pm i\sqrt{3})/2$. Die allgemeine Lösung der homogenen Gleichung ist daher durch

$$y_{\text{hom}}(x) = C_1 e^x + C_2 e^{-x/2} \cos\left[\frac{\sqrt{3}x}{2}\right] + C_3 e^{-x/2} \sin\left[\frac{\sqrt{3}x}{2}\right]$$

gegeben. Zur Lösung der inhomogenen Gleichung machen wir den Ansatz $y(x) = Axe^x + B\sin x + C\cos x$ vom Typ der rechten Seite und erhalten

$$\begin{aligned} y(x) &= Axe^x + B\sin x + C\cos x, \\ y'(x) &= (Ax + A)e^x + B\cos x - C\sin x, \\ y''(x) &= (Ax + 2A)e^x - B\sin x - C\cos x, \\ y'''(x) &= (Ax + 3A)e^x - B\cos x + C\sin x. \end{aligned}$$

Es ergibt sich

$$y'''(x) - y(x) = 3Ae^x - (B+C)\cos x + (C-B)\sin x.$$

Da $e^x + \sin x$ herauskommen soll, ergeben sich die Bedingungen $3A = 1$, $B + C = 0$ und $C - B = 1$ und damit $B = -1/2$ und $C = 1/2$, also $y(x) = (xe^x)/3 - \sin(x)/2 + \cos(x)/2$. Eine partikuläre Lösung der inhomogenen Gleichung ist also

$$y_p(x) = \frac{xe^x}{3} - \frac{\sin x}{2} + \frac{\cos x}{2}.$$

Die allgemeine Lösung der gegebenen Differentialgleichung ist dann $y(x) = y_{\text{hom}}(x) + y_p(x)$.

Lösung (119.78) Wir definieren den Differentialoperator L durch

$$L[y](x) = xy''(x) - (x+1)y'(x) + y(x).$$

(a) Für $y(x) = e^x$ erhalten wir $y' = y'' = y$ und damit $xy'' - (x+1)y' + y = xy - (x+1)y + y = 0$.

(b) Wir machen den Ansatz $y(x) = u(x)e^x$ und erhalten dann

$$y = ue^x, \quad y' = (u' + u)e^x, \quad y'' = (u'' + 2u' + u)e^x.$$

Setzen wir dies in die Gleichung $L[y] = 0$ ein und dividieren wir anschließend durch e^x, so erhalten wir

$$\begin{aligned} 0 &= x(u'' + 2u' + u) - (x+1)(u' + u) + u \\ &= u''x + u'(x - 1). \end{aligned}$$

Für $U := u'$ gilt also $U'x = (1-x)U$ und damit $U \equiv 0$ oder

$$\int \frac{dU}{U} = \int \frac{1-x}{x} dx = \int \left(\frac{1}{x} - 1\right) dx$$

bzw. $\ln|U| = \ln|x| - x + \widehat{C}$ bzw. $|U| = e^{\widehat{C}}|x|e^{-x}$ bzw. $U = Cxe^{-x}$ bzw. $u' = Cxe^{-x}$. Integration ergibt $u = -C(x+1)e^{-x} + D$. Hieraus folgt $y = ue^x = -C(x+1) + De^x$. Die allgemeine Lösung der homogenen Gleichung ist daher

$$y_{\text{hom}}(x) = C_1 e^x + C_2(x+1);$$

die Funktionen $y_1(x) := e^x$ und $y_2(x) := x+1$ bilden also ein Fundamentalsystem der homogenen Gleichung.

(c) Wir benutzen die Methode der Variation der Konstanten und machen den Ansatz
$$\begin{bmatrix} e^x & x+1 \\ e^x & 1 \end{bmatrix} \begin{bmatrix} C_1'(x) \\ C_2'(x) \end{bmatrix} = \begin{bmatrix} 0 \\ xe^x \end{bmatrix}.$$

Anwenden des Inversen der Koeffizientenmatrix liefert
$$\begin{bmatrix} C_1'(x) \\ C_2'(x) \end{bmatrix} = \frac{1}{xe^x} \begin{bmatrix} -1 & x+1 \\ e^x & -e^x \end{bmatrix} \begin{bmatrix} 0 \\ xe^x \end{bmatrix} = \begin{bmatrix} x+1 \\ -e^x \end{bmatrix}.$$

Integration ergibt
$$\begin{bmatrix} C_1(x) \\ C_2(x) \end{bmatrix} = \begin{bmatrix} (x^2/2) + x + A \\ -e^x + B \end{bmatrix}$$

mit beliebigen Konstanten A und B. Die allgemeine Lösung der gegebenen Gleichung ist dann $y(x) = C_1(x)y_1(x) + C_2(x)y_2(x)$, also
$$\begin{aligned} y(x) &= ((x^2/2) + x + A)e^x + (-e^x + B)(x+1) \\ &= ((x^2/2) - 1)e^x + Ae^x + B(x+1). \end{aligned}$$

Lösung (119.79) Es handelt sich um eine Eulersche Differentialgleichung. Wir setzen $x = e^t$ und $u(t) := y(e^t)$ und erhalten dann $xy' = \dot u$ sowie $x^2 y'' = \ddot u - \dot u$; die Differentialgleichung geht daher über in
$$4\ddot u - 4\dot u - 3u = 2e^{-t/2} + e^{t/2} + 5\sin(t).$$

Das charakteristische Polynom ist $4\lambda^2 - 4\lambda - 3 = (2\lambda+1)(2\lambda-3)$ und hat die Nullstellen $-1/2$ und $3/2$; die allgemeine homogene Lösung lautet daher
$$u_{\text{hom}}(t) = C_1 e^{-t/2} + C_2 e^{3t/2}.$$

Zum Auffinden einer speziellen inhomogenen Lösung machen wir einen Ansatz vom Typ der rechten Seite:
$$u_p(t) = Ate^{-t/2} + Be^{t/2} + C\sin(t) + D\cos(t).$$

Einsetzen in die Differentialgleichung liefert für $4\ddot u_p - 4\dot u_p - 3u_p$ den Ausdruck
$$-8Ae^{-t/2} - 4Be^{t/2} + (4D - 7C)\sin(t) + (-4C - 7D)\cos(t).$$

Um die gewünschte rechte Seite zu erhalten, müssen also die Bedingungen $-8A = 2$, $-4B = 1$ und
$$\begin{bmatrix} -7 & 4 \\ -4 & -7 \end{bmatrix} \begin{bmatrix} C \\ D \end{bmatrix} = \begin{bmatrix} 5 \\ 0 \end{bmatrix}$$

bzw.
$$\begin{bmatrix} C \\ D \end{bmatrix} = \frac{1}{65} \begin{bmatrix} -7 & -4 \\ 4 & -7 \end{bmatrix} \begin{bmatrix} 5 \\ 0 \end{bmatrix} = \frac{1}{13} \begin{bmatrix} -7 \\ 4 \end{bmatrix}$$

gelten; also ist
$$u_p(t) = \frac{-te^{-t/2}}{4} - \frac{e^{t/2}}{4} - \frac{7}{13}\sin(t) + \frac{4}{13}\cos(t).$$

Die allgemeine Lösung ist daher
$$\begin{aligned} u(t) &= C_1 e^{-t/2} + C_2 e^{3t/2} - \frac{te^{-t/2}}{4} - \frac{e^{t/2}}{4} \\ &\quad - \frac{7}{13}\sin(t) + \frac{4}{13}\cos(t). \end{aligned}$$

Für die ursprüngliche Gleichung bedeutet dies
$$\begin{aligned} y(x) &= \frac{C_1}{\sqrt{x}} + C_2 x\sqrt{x} - \frac{\ln(x)}{4\sqrt{x}} - \frac{\sqrt{x}}{4} \\ &\quad - \frac{7}{13}\sin(\ln x) + \frac{4}{13}\cos(\ln x). \end{aligned}$$

Lösung (119.80) Zur Reduktion der Ordnung machen wir den Ansatz $y(x) = u(x)e^{x^2}$; dies liefert $y' = u'e^{x^2} + 2xue^{x^2}$ sowie $y'' = u''e^{x^2} + 4xu'e^{x^2} + u(\cdots)$. (Der Koeffizient von u wird nicht benötigt, da u in der entstehenden Gleichung nicht mehr auftritt.) Dies liefert
$$y'' - (4x+1)y' + (4x^2 + 2x - 2)y = e^{x^2}(u'' - u');$$

die homogene Gleichung reduziert sich daher auf $u'' = u'$ mit der allgemeinen Lösung $u(x) = A + Be^x$. Die allgemeine Lösung der homogenen Gleichung lautet daher
$$y_{\text{hom}}(x) = Ae^{x^2} + Be^{x+x^2}.$$

Zum Auffinden einer Lösung der inhomogenen Gleichung verwenden wir die Methode der Variation der Konstanten. Dazu lösen wir das System
$$\begin{bmatrix} e^{x^2} & e^{x+x^2} \\ 2xe^{x^2} & (1+2x)e^{x+x^2} \end{bmatrix} \begin{bmatrix} C_1'(x) \\ C_2'(x) \end{bmatrix} = \begin{bmatrix} 0 \\ e^{x^2} \end{bmatrix}$$

bzw.
$$\begin{bmatrix} 1 & e^x \\ 2x & (1+2x)e^x \end{bmatrix} \begin{bmatrix} C_1'(x) \\ C_2'(x) \end{bmatrix} = \begin{bmatrix} 0 \\ 1 \end{bmatrix}$$

und erhalten
$$\begin{bmatrix} C_1'(x) \\ C_2'(x) \end{bmatrix} = \frac{1}{e^x} \begin{bmatrix} (1+2x)e^x & -e^x \\ -2x & 1 \end{bmatrix} \begin{bmatrix} 0 \\ 1 \end{bmatrix} = \begin{bmatrix} -1 \\ e^{-x} \end{bmatrix},$$

Integration liefert
$$\begin{bmatrix} C_1(x) \\ C_2(x) \end{bmatrix} = \begin{bmatrix} A - x \\ B - e^{-x} \end{bmatrix};$$

die allgemeine Lösung der angegebenen Gleichung ist daher
$$\begin{aligned} y(x) &= (A-x)e^{x^2} + (B - e^{-x})e^{x+x^2} \\ &= Ae^{x^2} + Be^{x+x^2} - (x+1)e^{x^2} \end{aligned}$$

mit beliebigen Konstanten A und B. Hieraus folgt
$$y'(x) = A \cdot 2xe^{x^2} + B(1+2x)e^{x+x^2} - e^{x^2}(1 + 2x + 2x^2).$$

Für die gesuchte spezielle Lösung erhalten wir dann $3 = y(0) = A + B - 1$ und $4 = y'(0) = B - 1$, folglich $B = 5$ und $A = -1$, also

$$\begin{aligned} y(x) &= -e^{x^2} + 5e^{x+x^2} - (x+1)e^{x^2} \\ &= 5e^{x+x^2} - xe^{x^2} - 2e^{x^2} \\ &= e^{x^2} \cdot (5e^x - x - 2). \end{aligned}$$

Lösung (119.81) Wir berechnen zunächst die Eigenwerte der Koeffizientenmatrix und erhalten das charakteristische Polynom

$$p(\lambda) = \begin{vmatrix} -11-\lambda & 3 & 10 \\ -1 & 2-\lambda & 1 \\ -13 & 3 & 12-\lambda \end{vmatrix} = -\lambda^3 + 3\lambda^2 - 4.$$

Ausprobieren zeigt, daß $\lambda = -1$ eine Nullstelle dieses Polynoms ist; Abspalten des Faktors $\lambda + 1$ liefert dann $p(\lambda) = -(\lambda+1)(\lambda-2)^2$. Also ist -1 ein einfacher und 2 ein doppelter Eigenwert. Wir berechnen die zugehörigen Eigenvektoren, zunächst für $\lambda = 2$. Das Gleichungssystem $(A - 2 \cdot \mathbf{1} \mid 0)$ lautet

$$\begin{bmatrix} -13 & 3 & 10 & | & 0 \\ -1 & 0 & 1 & | & 0 \\ -13 & 3 & 10 & | & 0 \end{bmatrix} \to \begin{bmatrix} 1 & 0 & -1 & | & 0 \\ 0 & 3 & -3 & | & 0 \\ 0 & 0 & 0 & | & 0 \end{bmatrix}$$

und liefert den Eigenvektor $v_1 := (1,1,1)^T$. Einen zu v_1 linear unabhängigen Eigenvektor zum Eigenwert 2 gibt es nicht; wir suchen also einen Hauptvektor v_2 als Lösung des Gleichungssystems $(A - 2 \cdot \mathbf{1} \mid v_1)$. Dies liefert

$$\begin{bmatrix} -13 & 3 & 10 & | & 1 \\ -1 & 0 & 1 & | & 1 \\ -13 & 3 & 10 & | & 1 \end{bmatrix} \to \begin{bmatrix} 1 & 0 & -1 & | & -1 \\ 0 & 3 & -3 & | & -12 \\ 0 & 0 & 0 & | & 0 \end{bmatrix}$$

$$\to \begin{bmatrix} 1 & 0 & -1 & | & -1 \\ 0 & 1 & -1 & | & -4 \\ 0 & 0 & 0 & | & 0 \end{bmatrix}$$

und damit die Lösung $v_2 = (1, -2, 2)^T$. Für den Eigenwert $\lambda = -1$ erhalten wir schließlich

$$\begin{bmatrix} -10 & 3 & 10 & | & 0 \\ -1 & 3 & 1 & | & 0 \\ -13 & 3 & 13 & | & 0 \end{bmatrix} \to \begin{bmatrix} 1 & -3 & -1 & | & 0 \\ 0 & -27 & 0 & | & 0 \\ 0 & -36 & 0 & | & 0 \end{bmatrix}$$

und damit den Eigenvektor $v_3 = (1, 0, 1)^T$. Mit der Transformationsmatrix

$$T := (v_1 \mid v_2 \mid v_3) = \begin{bmatrix} 1 & 1 & 1 \\ 1 & -2 & 0 \\ 1 & 2 & 1 \end{bmatrix}$$

gilt also

$$T^{-1}AT = \begin{bmatrix} 2 & 1 & 0 \\ 0 & 2 & 0 \\ 0 & 0 & -1 \end{bmatrix} =: J.$$

Wir führen die Inversion von T durch:

$$\begin{array}{ccc|ccc} 1 & 1 & 1 & 1 & 0 & 0 \\ 1 & -2 & 0 & 0 & 1 & 0 \\ 1 & 2 & 1 & 0 & 0 & 1 \end{array}$$

Subtraktion der ersten von der zweiten und dritten Zeile liefert

$$\begin{array}{ccc|ccc} 1 & 1 & 1 & 1 & 0 & 0 \\ 0 & -3 & -1 & -1 & 1 & 0 \\ 0 & 1 & 0 & -1 & 0 & 1 \end{array}$$

Wir addieren nun das Dreifache der dritten Zeile zur zweiten Zeile und vertauschen anschließend diese beiden Zeilen:

$$\begin{array}{ccc|ccc} 1 & 1 & 1 & 1 & 0 & 0 \\ 0 & 1 & 0 & -1 & 0 & 1 \\ 0 & 0 & -1 & -4 & 1 & 3 \end{array}$$

Abschließend multiplizieren wir die dritte Zeile mit -1 durch und subtrahieren die zweite und die neue dritte Zeile von der ersten Zeile:

$$\begin{array}{ccc|ccc} 1 & 0 & 0 & -2 & 1 & 2 \\ 0 & 1 & 0 & -1 & 0 & 1 \\ 0 & 0 & 1 & 4 & -1 & -3 \end{array}$$

Damit ergibt sich

$$e^{tA} = Te^{tJ}T^{-1} = T \begin{bmatrix} e^{2t} & te^{2t} & 0 \\ 0 & e^{2t} & 0 \\ 0 & 0 & e^{-t} \end{bmatrix} T^{-1}$$

$$= \begin{bmatrix} 1 & 1 & 1 \\ 1 & -2 & 0 \\ 1 & 2 & 1 \end{bmatrix} \begin{bmatrix} e^{2t} & te^{2t} & 0 \\ 0 & e^{2t} & 0 \\ 0 & 0 & e^{-t} \end{bmatrix} \begin{bmatrix} -2 & 1 & 2 \\ -1 & 0 & 1 \\ 4 & -1 & -3 \end{bmatrix}$$

$$= e^{2t} \begin{bmatrix} -3 & 1 & 3 \\ 0 & 1 & 0 \\ -4 & 1 & 4 \end{bmatrix} + te^{2t} \begin{bmatrix} -1 & 0 & 1 \\ -1 & 0 & 1 \\ -1 & 0 & 1 \end{bmatrix} + e^{-t} \begin{bmatrix} 4 & -1 & -3 \\ 0 & 0 & 0 \\ 4 & -1 & -3 \end{bmatrix}.$$

Die allgemeine Lösung ist dann gegeben durch

$$\begin{bmatrix} x_1(t) \\ x_2(t) \\ x_3(t) \end{bmatrix} = e^{tA} \begin{bmatrix} C_1 \\ C_2 \\ C_3 \end{bmatrix}$$

mit beliebigen Konstanten $C_i = x_i(0)$. Mit der Vorgabe $(C_1, C_2, C_3) = (1, 1, 2)$ ergibt sich

$$\begin{bmatrix} x_1(t) \\ x_2(t) \\ x_3(t) \end{bmatrix} = e^{2t} \begin{bmatrix} 4 \\ 1 \\ 5 \end{bmatrix} + te^{2t} \begin{bmatrix} 1 \\ 1 \\ 1 \end{bmatrix} - 3e^{-t} \begin{bmatrix} 1 \\ 0 \\ 1 \end{bmatrix}.$$

Lösung (119.82) Das charakteristische Polynom ist $\lambda^3 - 3\lambda + 2$. Eine Nullstelle ist $\lambda = 1$. Polynomdivision liefert $(\lambda^3 - 3\lambda + 2) : (\lambda - 1) = \lambda^2 + \lambda - 2 = (\lambda-1)(\lambda+2)$. Wir haben also die doppelte Nullstelle $\lambda = 1$ und die einfache Nullstelle $\lambda = -2$. Die allgemeine Lösung der zugehörigen homogenen Gleichung ist daher

$$y_{\text{hom}}(x) = C_1 e^x + C_2 x e^x + C_3 e^{-2x}.$$

Zur Lösung der inhomogenen Gleichung machen wir den folgenden Ansatz vom Typ der rechten Seite:

$$\begin{aligned}
y &= Ax^2e^x + Be^{2x} + Ce^{3x} + D + Exe^{-2x}, \\
y' &= A(x^2+2x)e^x + 2Be^{2x} + 3Ce^{3x} + E(1-2x)e^{-2x}, \\
y'' &= A(x^2+4x+2)e^x + 4Be^{2x} + 9Ce^{3x} + E(4x-4)e^{-2x}, \\
y''' &= A(x^2+6x+6)e^x + 8Be^{2x} + 27Ce^{3x} + E(12-8x)e^{-2x}.
\end{aligned}$$

Zusammenfassen liefert

$$y''' - 3y' + 2y = 6Ae^x + 4Be^{2x} + 20Ce^{3x} + 2D + 9Ee^{-2x}.$$

Vergleich mit der gegebenen rechten Seite liefert $6A = 1$, $4B = 2$, $20C = 3$, $2D = 4$ und $9E = 5$; also ist

$$y_p(x) = \frac{x^2 e^x}{6} + \frac{e^{2x}}{2} + \frac{3e^{3x}}{20} + 2 + \frac{5xe^{-2x}}{9}$$

eine partikuläre Lösung der inhomogenen Gleichung. Die allgemeine inhomogene Lösung ist dann $y_{\text{inh}}(x) = y_p(x) + y_{\text{hom}}(x)$.

Lösung (119.83) Wir schreiben $(Ly)(x) = x^2 y''(x) - (x^2+2x)y'(x) + (x+2)y(x)$.

(a) Für $y(x) = x$ haben wir $y' \equiv 1$ und $y'' \equiv 0$, folglich $(Ly)(x) = -(x^2+2x) + (x+2)x = 0$.

(b) Zur Reduktion der Ordnung machen wir den Ansatz $y(x) = x \cdot u(x)$; dies liefert $y' = u'x + u$ sowie $y'' = u''x + 2u'$. Einsetzen in die homogene Gleichung $Ly = 0$ liefert $x^3 u'' - x^3 u' = 0$, also $u'' = u'$ und damit $u(x) = C_1 + C_2 e^x$. Dies liefert die allgemeine homogene Lösung

$$y_{\text{hom}}(x) = C_1 x + C_2 x e^x.$$

(c) Zum Auffinden einer Lösung der inhomogenen Gleichung verwenden wir die Methode der Variation der Konstanten. Dazu lösen wir das System

$$\begin{bmatrix} x & xe^x \\ 1 & (x+1)e^x \end{bmatrix} \begin{bmatrix} C_1'(x) \\ C_2'(x) \end{bmatrix} = \begin{bmatrix} 0 \\ x^2 e^x \end{bmatrix}.$$

(Beachte, daß wir die Originalgleichung $(\star)$ zunächst durch x^2 dividieren, um den Leitkoeffizienten 1 zu erhalten!) Anwenden der zur Koeffizientenmatrix inversen Matrix ergibt

$$\begin{aligned}
\begin{bmatrix} C_1'(x) \\ C_2'(x) \end{bmatrix} &= \frac{1}{x^2 e^x} \begin{bmatrix} (x+1)e^x & -xe^x \\ -1 & x \end{bmatrix} \begin{bmatrix} 0 \\ x^2 e^x \end{bmatrix} \\
&= \begin{bmatrix} (x+1)e^x & -xe^x \\ -1 & x \end{bmatrix} \begin{bmatrix} 0 \\ 1 \end{bmatrix} = \begin{bmatrix} -xe^x \\ x \end{bmatrix}
\end{aligned}$$

und damit $C_1(x) = (1-x)e^x + A$ und $C_2(x) = (x^2/2) + B$ mit beliebigen Konstanten A und B. Als allgemeine Lösung von $(\star)$ ergibt sich daher

$$\begin{aligned}
y(x) &= (x - x^2)e^x + Ax + (x^3/2)e^x + Bxe^x \\
&= ((x^3/2) - x^2 + x)e^x + Ax + Bxe^x.
\end{aligned}$$

Lösung (119.84) Wir berechnen zunächst die Eigenwerte der Koeffizientenmatrix und erhalten das charakteristische Polynom

$$\begin{vmatrix} 1-\lambda & -1 & 1 \\ -2 & 1-\lambda & -2 \\ -2 & -2 & 1-\lambda \end{vmatrix} = \begin{vmatrix} 1-\lambda & -1 & 1 \\ -2 & 1-\lambda & -2 \\ 0 & \lambda-3 & -\lambda+3 \end{vmatrix} =$$

$$(\lambda-3) \begin{vmatrix} 1-\lambda & -1 & 1 \\ -2 & 1-\lambda & -2 \\ 0 & 1 & -1 \end{vmatrix} = (\lambda-3) \begin{vmatrix} 1-\lambda & 0 & 0 \\ -2 & 1-\lambda & -2 \\ 0 & 1 & -1 \end{vmatrix}$$

$$= (\lambda-3)(1-\lambda) \begin{vmatrix} 1-\lambda & -2 \\ 1 & -1 \end{vmatrix} = (\lambda-3)(1-\lambda)(\lambda+1).$$

Die Eigenwerte sind also

$$\lambda_1 = -1, \quad \lambda_2 = 1, \quad \lambda_3 = 3.$$

(Da die Eigenwerte paarweise verschieden sind, ist jetzt schon klar, daß die Koeffizientenmatrix A diagonalisierbar ist.) Wir berechnen die zugehörigen Eigenvektoren, zunächst für $\lambda_1 = -1$. Das Gleichungssystem $(A + \mathbf{1} \mid 0)$ lautet (unter Weglassung der Nullspalte auf der rechten Seite) folgendermaßen:

$$\begin{bmatrix} 2 & -1 & 1 \\ -2 & 2 & -2 \\ -2 & -2 & 2 \end{bmatrix} \to \begin{bmatrix} 2 & -1 & 1 \\ 0 & 1 & -1 \\ 0 & 0 & 0 \end{bmatrix} \to \begin{bmatrix} 2 & 0 & 0 \\ 0 & 1 & -1 \\ 0 & 0 & 0 \end{bmatrix}$$

Eine zugehörige Lösung ist $v_1 := (0, 1, 1)^T$. Für den Eigenwert $\lambda_2 = 1$ betrachten wir das lineare Gleichungssystem $(A - \mathbf{1} \mid 0)$ und erhalten

$$\begin{bmatrix} 0 & -1 & 1 \\ -2 & 0 & -2 \\ -2 & -2 & 0 \end{bmatrix} \to \begin{bmatrix} 0 & -1 & 1 \\ 1 & 0 & 1 \\ 0 & -2 & 2 \end{bmatrix} \to \begin{bmatrix} 0 & -1 & 1 \\ 1 & 0 & 1 \\ 0 & 0 & 0 \end{bmatrix}$$

und damit den Eigenvektor $v_2 := (-1, 1, 1)^T$. Für den Eigenwert $\lambda_3 = 3$ betrachten wir das lineare Gleichungssystem $(A - 3 \cdot \mathbf{1} \mid 0)$ und erhalten

$$\begin{bmatrix} -2 & -1 & 1 \\ -2 & -2 & -2 \\ -2 & -2 & -2 \end{bmatrix} \to \begin{bmatrix} -2 & -1 & 1 \\ 0 & -1 & -3 \\ 0 & 0 & 0 \end{bmatrix} \to \begin{bmatrix} 2 & 1 & -1 \\ 0 & 1 & 3 \\ 0 & 0 & 0 \end{bmatrix}$$

und damit den Eigenvektor $v_3 := (2, -3, 1)^T$. (Alle drei Eigenvektoren sind bis auf einen skalaren Vorfaktor eindeutig bestimmt.) Mit der Transformationsmatrix

$$T := (v_1 \mid v_2 \mid v_3) = \begin{bmatrix} 0 & -1 & 2 \\ 1 & 1 & -3 \\ 1 & 1 & 1 \end{bmatrix}$$

gilt also

$$T^{-1}AT = \begin{bmatrix} -1 & 0 & 0 \\ 0 & 1 & 0 \\ 0 & 0 & 3 \end{bmatrix} =: D.$$

Aufgaben zu »Lineare Differentialgleichungssysteme« siehe Seite 78

Die allgemeine Lösung der Differentialgleichung ist dann gegeben durch

$$x(t) \;=\; e^{tA}c \;=\; Te^{tD}T^{-1}c \;=\; Te^{tD}\widehat{c},$$

wobei $c \in \mathbb{R}^3$ bzw. $\widehat{c} = T^{-1}c$ beliebige Konstanten sind. Ausgeschrieben bedeutet dies

$$\begin{bmatrix} x_1(t) \\ x_2(t) \\ x_3(t) \end{bmatrix} = \begin{bmatrix} 0 & -1 & 2 \\ 1 & 1 & -3 \\ 1 & 1 & 1 \end{bmatrix} \begin{bmatrix} e^{-t} & 0 & 0 \\ 0 & e^t & 0 \\ 0 & 0 & e^{3t} \end{bmatrix} \begin{bmatrix} \widehat{c}_1 \\ \widehat{c}_2 \\ \widehat{c}_3 \end{bmatrix}$$
$$= \widehat{c}_1 e^{-t} \begin{bmatrix} 0 \\ 1 \\ 1 \end{bmatrix} + \widehat{c}_2 e^t \begin{bmatrix} -1 \\ 1 \\ 1 \end{bmatrix} + \widehat{c}_3 e^{3t} \begin{bmatrix} 2 \\ -3 \\ 1 \end{bmatrix}.$$

Lösung (119.85) Es handelt sich um eine Eulersche Differentialgleichung. Wir setzen $x = e^t$ und $u(t) := y(e^t)$ und erhalten dann $xy' = \dot{u}$, $x^2 y'' = \ddot{u} - \dot{u}$ sowie $x^3 y''' = \dddot{u} - 3\ddot{u} + 2\dot{u}$; die Differentialgleichung geht daher über in

$$\dddot{u} + 2\ddot{u} + \dot{u} + 2u \;=\; e^{2t} - 2e^t + 3\cos(t) - 4.$$

Das charakteristische Polynom ist $\lambda^3 + 2\lambda^2 + \lambda + 2 = \lambda^2(\lambda+2) + (\lambda+2) = (\lambda+2)(\lambda^2+1)$ und hat die Nullstellen -2 und $\pm i$; die allgemeine homogene Lösung lautet daher

$$u_{\text{hom}}(t) \;=\; C_1 e^{-2t} + C_2 \cos(t) + C_3 \sin(t).$$

Zum Auffinden einer speziellen inhomogenen Lösung machen wir einen Ansatz vom Typ der rechten Seite:

$$u = Ae^{2t} + Be^t + Ct\cos t + Dt\sin t + E,$$
$$\dot{u} = 2Ae^{2t} + Be^t + C\cos t - Ct\sin t + D\sin t + Dt\cos t,$$
$$\ddot{u} = 4Ae^{2t} + Be^t - 2C\sin t - Ct\cos t + 2D\cos t - Dt\sin t,$$
$$\dddot{u} = 8Ae^{2t} + Be^t - 3C\cos t + Ct\sin t - 3D\sin t - Dt\cos t.$$

Einsetzen in die Differentialgleichung liefert dann

$$\dddot{u}(t) + 2\ddot{u}(t) + \dot{u}(t) + 2u(t) \;=\; 20Ae^{2t} + 6Be^t$$
$$+ (4D-2C)\cos(t) - (2D+4C)\sin(t) + 2E.$$

Um die gewünschte rechte Seite zu erhalten, müssen daher die Bedingungen $20A = 1$, $6B = -2$, $2E = -4$ sowie $4D - 2C = 3$ und $2D + 4C = 0$ gelten, also $A = 1/20$, $B = -1/3$, $C = -3/10$, $D = 3/5$ sowie $E = -2$. Die allgemeine Lösung ist daher

$$u(t) = C_1 e^{-2t} + C_2 \cos(t) + C_3 \sin(t)$$
$$+ \frac{e^{2t}}{20} - \frac{e^t}{3} - \frac{3t\cos t}{10} + \frac{3t\sin t}{5} - 2.$$

Für die ursprüngliche Gleichung bedeutet dies

$$y(x) = \frac{C_1}{x^2} + C_2 \cos(\ln x) + C_3 \sin(\ln x)$$
$$+ \frac{x^2}{20} - \frac{x}{3} - \frac{3\ln(x)\cos(\ln x)}{10} + \frac{3\ln(x)\sin(\ln x)}{5} - 2.$$

Lösung (119.86) Zur Reduktion der Ordnung machen wir den Ansatz $y(x) = u(x)e^x$; dies liefert $y' = u'e^x + ue^x$ sowie $y'' = u''e^x + 2u'e^x + ue^x$. Dann ist $0 = (1-x)(u'' + 2u' + u) + x(u'+u) - u = (1-x)u'' + (2-x)u'$, also

$$0 \;=\; u'' + \frac{x-2}{x-1}u' \;=\; u'' + \left(1 - \frac{1}{x-1}\right)u'.$$

Dies ist eine lineare (und auch separable) Differentialgleichung erster Ordnung für die Funktion u'. Durchmultiplizieren mit $e^x/(x-1)$ führt auf

$$0 \;=\; \frac{\mathrm{d}}{\mathrm{d}x}\left(\frac{u'(x)e^x}{x-1}\right) \quad \text{bzw.} \quad \frac{u'(x)e^x}{x-1} = \text{const}.$$

Wählen wir die Konstante zu 1, so erhalten wir $u' = (x-1)e^{-x}$, nach Integration also $u(x) = -xe^{-x} + \text{const}$ und damit beispielsweise $u(x) = -xe^{-x}$. Also ist $y(x) = u(x)e^x = -x$ eine Lösung. Die allgemeine homogene Lösung ist dann gegeben durch

$$y_{\text{hom}}(x) \;=\; C_1 e^x + C_2 x.$$

Zum Auffinden einer Lösung der inhomogenen Gleichung verwenden wir die Methode der Variation der Konstanten. Dividieren wir die Differentialgleichung durch $1 - x$, um bei y'' den Koeffizienten 1 zu erhalten, so ergibt sich $1 - x$ als rechte Seite; wir müssen also das System

$$\begin{bmatrix} e^x & x \\ e^x & 1 \end{bmatrix} \begin{bmatrix} C_1'(x) \\ C_2'(x) \end{bmatrix} = \begin{bmatrix} 0 \\ 1-x \end{bmatrix}$$

bzw.

$$\begin{bmatrix} C_1'(x) \\ C_2'(x) \end{bmatrix} = \frac{1}{(1-x)e^x} \begin{bmatrix} 1 & -x \\ -e^x & e^x \end{bmatrix} \begin{bmatrix} 0 \\ 1-x \end{bmatrix}$$
$$= \frac{1}{(1-x)e^x} \begin{bmatrix} -x(1-x) \\ e^x(1-x) \end{bmatrix} = \begin{bmatrix} -xe^{-x} \\ 1 \end{bmatrix}$$

lösen und erhalten

$$\begin{bmatrix} C_1(x) \\ C_2(x) \end{bmatrix} = \begin{bmatrix} (x+1)e^{-x} + A \\ x + B \end{bmatrix};$$

die allgemeine Lösung der angegebenen Gleichung ist daher $y(x) = C_1(x)e^x + C_2(x)x$, also

$$y(x) \;=\; Ae^x + Bx + (x^2 + x + 1).$$

Wegen $y'(x) = Ae^x + B + 2x + 1$ erhalten wir dann $y(0) = A + 1$ und $y'(0) = A + B + 1$. Die angegebenen Anfangsbedingungen führen daher auf $A = -1$ und $B = 3$ und damit auf die Lösung $y(x) = -e^x + x^2 + 4x + 1$.

Lösung (119.87) Wir berechnen zunächst die Eigenwerte der Koeffizientenmatrix und erhalten das charakteristische Polynom

$$p(\lambda) \;=\; \begin{vmatrix} -\lambda & 0 & 1 \\ -2 & -3-\lambda & -9 \\ 0 & 2 & 6-\lambda \end{vmatrix} \;=\; -\lambda^3 + 3\lambda^2 - 4.$$

Ausprobieren zeigt, daß $\lambda = -1$ eine Nullstelle dieses Polynoms ist; Abspalten des Faktors $\lambda + 1$ liefert dann $p(\lambda) = -(\lambda+1)(\lambda-2)^2$. Also ist -1 ein einfacher und 2 ein doppelter Eigenwert. Wir berechnen die zugehörigen Eigenvektoren, zunächst für $\lambda = -1$. Das Gleichungssystem $(A + \mathbf{1} \mid 0)$ (bei dem wir die Nullspalte auf der rechten Seite der Kürze halber weglassen) lautet

$$\begin{bmatrix} 1 & 0 & 1 \\ -2 & -2 & -9 \\ 0 & 2 & 7 \end{bmatrix} \to \begin{bmatrix} 1 & 0 & 1 \\ 0 & -2 & -7 \\ 0 & 2 & 7 \end{bmatrix} \to \begin{bmatrix} 1 & 0 & 1 \\ 0 & 2 & 7 \\ 0 & 0 & 0 \end{bmatrix}$$

und liefert den Eigenvektor $v_1 := (2, 7, -2)^T$. Für den Eigenwert $\lambda = 2$ erhalten wir

$$\begin{bmatrix} -2 & 0 & 1 \\ -2 & -5 & -9 \\ 0 & 2 & 4 \end{bmatrix} \to \begin{bmatrix} 2 & 0 & -1 \\ 0 & -5 & -10 \\ 0 & 2 & 4 \end{bmatrix} \to \begin{bmatrix} 2 & 0 & -1 \\ 0 & 1 & 2 \\ 0 & 0 & 0 \end{bmatrix}$$

und damit den Eigenvektor $v_2 = (1, -4, 2)^T$. Einen zu v_2 linear unabhängigen Eigenvektor zum Eigenwert 2 gibt es nicht; wir suchen also einen Hauptvektor v_3 als Lösung des Gleichungssystems $(A - 2\,\mathbf{1} \mid v_2)$. Dies liefert

$$\begin{bmatrix} -2 & 0 & 1 & \mid & 1 \\ -2 & -5 & -9 & \mid & -4 \\ 0 & 2 & 4 & \mid & 2 \end{bmatrix} \to \begin{bmatrix} 2 & 0 & -1 & \mid & -1 \\ 0 & -5 & -10 & \mid & -5 \\ 0 & 1 & 2 & \mid & 1 \end{bmatrix}$$
$$\to \begin{bmatrix} 2 & 0 & -1 & \mid & -1 \\ 0 & 1 & 2 & \mid & 1 \\ 0 & 0 & 0 & \mid & 0 \end{bmatrix}$$

und damit die Lösung $v_3 = (0, -1, 1)^T$. Mit der Transformationsmatrix

$$T := (v_1 \mid v_2 \mid v_3) = \begin{bmatrix} 2 & 1 & 0 \\ 7 & -4 & -1 \\ -2 & 2 & 1 \end{bmatrix}$$

gilt also

$$T^{-1}AT = \begin{bmatrix} -1 & 0 & 0 \\ 0 & 2 & 1 \\ 0 & 0 & 2 \end{bmatrix} =: J.$$

Die allgemeine Lösung des Differentialgleichungssystems ist daher

$$\begin{aligned} y(x) &= e^{xA}\widehat{c} = e^{xTJT^{-1}}\widehat{c} = Te^{xJ}T^{-1}\widehat{c} = Te^{xJ}c \\ &= \begin{bmatrix} 2 & 1 & 0 \\ 7 & -4 & -1 \\ -2 & 2 & 1 \end{bmatrix} \begin{bmatrix} e^{-x} & 0 & 0 \\ 0 & e^{2x} & xe^{2x} \\ 0 & 0 & e^{2x} \end{bmatrix} \begin{bmatrix} c_1 \\ c_2 \\ c_3 \end{bmatrix} \\ &= \begin{bmatrix} 2e^{-x} & e^{2x} & xe^{2x} \\ 7e^{-x} & -4e^{2x} & -4xe^{2x} - e^{2x} \\ -2e^{-x} & 2e^{2x} & 2xe^{2x} + e^{2x} \end{bmatrix} \begin{bmatrix} c_1 \\ c_2 \\ c_3 \end{bmatrix}, \end{aligned}$$

wobei $\widehat{c}$ und $c = T^{-1}\widehat{c}$ beliebige Vektoren bzw. c_1, c_2, c_3 beliebige Zahlen sind. Die angegebene Anfangsbedingung führt dann auf das lineare Gleichungssystem

$$\begin{bmatrix} 2 & 1 & 0 & \mid & -2 \\ 7 & -4 & -1 & \mid & -5 \\ -2 & 2 & 1 & \mid & 0 \end{bmatrix} \to \begin{bmatrix} 2 & 1 & 0 & \mid & -2 \\ 1 & 2 & 2 & \mid & -5 \\ -2 & 2 & 1 & \mid & 0 \end{bmatrix}$$
$$\to \begin{bmatrix} 1 & 2 & 2 & \mid & -5 \\ 0 & -3 & -4 & \mid & 8 \\ 0 & 6 & 5 & \mid & -10 \end{bmatrix} \to \begin{bmatrix} 1 & 2 & 2 & \mid & -5 \\ 0 & 3 & 4 & \mid & -8 \\ 0 & 0 & 1 & \mid & -2 \end{bmatrix}$$
$$\to \begin{bmatrix} 1 & 2 & 0 & \mid & -1 \\ 0 & 3 & 0 & \mid & 0 \\ 0 & 0 & 1 & \mid & -2 \end{bmatrix} \to \begin{bmatrix} 1 & 0 & 0 & \mid & -1 \\ 0 & 1 & 0 & \mid & 0 \\ 0 & 0 & 1 & \mid & -2 \end{bmatrix}.$$

Wir erhalten also $c_1 = -1$, $c_2 = 0$ und $c_3 = -2$ und damit die Lösung

$$\begin{bmatrix} y_1(x) \\ y_2(x) \\ y_3(x) \end{bmatrix} = e^{-x} \begin{bmatrix} -2 \\ -7 \\ 2 \end{bmatrix} + e^{2x} \begin{bmatrix} 0 \\ 2 \\ -2 \end{bmatrix} + xe^{2x} \begin{bmatrix} -2 \\ 8 \\ -4 \end{bmatrix}.$$

Lösung (119.88) Es sei $c_1 y_1 + c_2 y_2 + c_3 y_3$ die Nullfunktion; d.h., es gelte $c_1 y_1(x) + c_2 y_2(x) + c_3 y_3(x) = 0$ für alle $x \in \mathbb{R}$. Einsetzen von $x = 0$ liefert $c_3 = 0$. Einsetzen von $x = 1$ liefert dann $c_1 = 0$, wie man sofort durch Betrachten der letzten Komponente sieht. Setzen wir schließlich $x = \pi/2$ ein, so folgt $c_2 = 0$. Also sind y_1, y_2, y_3 linear unabhängig. Die Determinante $\det\bigl(y_1(x), y_2(x), y_3(x)\bigr)$ ist gegeben durch

$$\begin{aligned} \begin{vmatrix} x^3 & \sin^3 x & e^x \\ x^2 & \sin x & e^x \\ x & 0 & e^x \end{vmatrix} &= xe^x \sin(x) \begin{vmatrix} x^2 & \sin^2 x & 1 \\ x & 1 & 1 \\ 1 & 0 & 1 \end{vmatrix} \\ &= xe^x \sin(x) \begin{vmatrix} 0 & \sin^2 x & 1-x^2 \\ 0 & 1 & 1-x \\ 1 & 0 & 1 \end{vmatrix} \\ &= xe^x \sin(x)\bigl((1-x)\sin^2 x - (1-x^2)\bigr) \\ &= x(1-x)e^x \sin(x)\bigl(\sin^2 x - 1 - x\bigr). \end{aligned}$$

Wir sehen, daß diese Determinante für manche Werte (zum Beispiel $x = 0$) verschwindet, für andere Werte (zum Beispiel $x = \pi/2$) dagegen nicht. Das kann bei einer Matrix, deren Spalten Lösungen eines linearen Differentialgleichungssystem sind, aber nicht vorkommen. Es gibt also kein System $y' = Ay$, das y_1, y_2 und y_3 als Lösungen hat.

Lösung (119.89) (a) Wir schreiben

$$X(t, 0) = \begin{bmatrix} a(t) & b(t) \\ c(t) & d(t) \end{bmatrix}$$

und erhalten dann

$$\begin{bmatrix} \dot{a} & \dot{b} \\ \dot{c} & \dot{d} \end{bmatrix} = \begin{bmatrix} \varphi & 0 \\ 1 & -1 \end{bmatrix} \begin{bmatrix} a & b \\ c & d \end{bmatrix} = \begin{bmatrix} a\varphi & b\varphi \\ a-c & b-d \end{bmatrix}.$$

Zunächst ergibt sich $\dot{a} = a\varphi$, folglich $\ln(a)^\bullet = \varphi$ und damit $\ln(a) = t + \ln(2 + \sin t) + \widehat{C}$ mit einer Konstanten $\widehat{C}$ bzw. $a = Ce^t(2 + \sin t)$ mit einer Konstanten C, die sich wegen

$1 = a(0) = 2C$ zu $C = 1/2$ ergibt. Weiter gilt $\dot b = b\varphi$, wegen $b(0) = 0$ also $b \equiv 0$. Hieraus folgt dann $\dot d = -d$ und damit $d(t) = -e^t + D$ mit $1 = d(0) = D - 1$, folglich $D = 2$. Schließlich ist $\dot c + c = a = e^t(2 + \sin t)/2$, nach Durchmultiplizieren mit e^t also

$$\frac{\mathrm{d}}{\mathrm{d}t}\left(ce^t\right) \;=\; \frac{1}{2}e^{2t}(2 + \sin t).$$

Integration liefert

$$c(t)e^t \;=\; \frac{e^{2t}}{10}(5 - \cos t + 2\sin t) + \widehat C,$$

wobei $0 = c(0) = (2/5) + \widehat C$ und damit $\widehat C = -2/5$ gilt. Wir erhalten also

$$X(t,0) \;=\; \begin{bmatrix} \dfrac{e^t}{2}(2 + \sin t) & 0 \\ \dfrac{e^{2t}(5 - \cos t + 2\sin t) - 4}{10} & 2 - e^t \end{bmatrix}.$$

Lösung (119.90) Um ein Fundamentalsystem der homogenen Gleichung zu erhalten, machen wir zur Reduktion der Ordnung den Produktansatz $y = u \cdot (1/x)$. Setzen wir $y = ux^{-1}$, $y' = u'x^{-1} - ux^{-2}$ und $y'' = u''x^{-1} - 2u'x^{-2} + 2ux^{-3}$ in die homogene Gleichung ein und sortieren wir nach Termen mit u, u' und u'', so ergibt sich

$$(x+1)u'' - (x+3)u' \;=\; 0.$$

(Das Verschwinden des Terms mit u bestätigt, daß $x \mapsto 1/x$ eine Lösung der homogenen Gleichung ist.) Mit $U := u'$ erhalten wir also die separable Differentialgleichung $(x+1)U' = (x+3)U$, deren von Null verschiedene Lösungen gegeben sind durch

$$\int \frac{\mathrm{d}U}{U} \;=\; \int \frac{x+3}{x+1}\,\mathrm{d}x \;=\; \int\left(1 + \frac{2}{x+1}\right)\mathrm{d}x$$

bzw. nach Integration durch $\ln|U| = x + 2\ln|x+1| + \widehat C$ bzw. $U(x) = Ce^x(x+1)^2$. Wegen

$$\int e^x(x+1)^2\mathrm{d}x \;=\; (x+1)^2 e^x - \int (2x+2)e^x\mathrm{d}x$$
$$=\; (x+1)^2 e^x - (2x+2)e^x + \int 2e^x\mathrm{d}x$$

und damit $\int e^x(x+1)^2\mathrm{d}x = (x^2+1)e^x + \text{const}$ ergibt sich hieraus $u(x) = C(x^2+1)e^x + D$ und damit die allgemeine homogene Lösung

$$y(x) \;=\; C \cdot \frac{x^2+1}{x} e^x + D \cdot \frac{1}{x}.$$

Zur Lösung der inhomogenen Gleichung führen wir eine Variation der Konstanten durch und machen dazu den Ansatz

$$\begin{bmatrix} \dfrac{1}{x} & \dfrac{x^2+1}{x}e^x \\ \dfrac{-1}{x^2} & \dfrac{x^3+x^2+x-1}{x^2}e^x \end{bmatrix} \begin{bmatrix} C_1'(x) \\ C_2'(x) \end{bmatrix} \;=\; \begin{bmatrix} 0 \\ \dfrac{(x+1)^2}{x} \end{bmatrix}.$$

Die zur Koeffizientenmatrix inverse Matrix ist gegeben durch

$$\left(\frac{1}{x^2}\begin{bmatrix} x & x(x^2+1)e^x \\ -1 & (x^3+x^2+x-1)e^x \end{bmatrix}\right)^{-1}$$
$$= x^2 \cdot \frac{1}{x^2 e^x(x+1)^2}\begin{bmatrix} (x^3+x^2+x-1)e^x & -x(x^2+1)e^x \\ 1 & x \end{bmatrix}$$
$$= \frac{e^{-x}}{(x+1)^2}\begin{bmatrix} \star & -x(x^2+1)e^x \\ \star & x \end{bmatrix} = \frac{x}{(x+1)^2}\begin{bmatrix} \star & -(x^2+1) \\ \star & e^{-x} \end{bmatrix}.$$

(Die mit einem Stern bezeichneten Einträge werden für die weitere Rechnung nicht benötigt.) Wir erhalten

$$\begin{bmatrix} C_1'(x) \\ C_2'(x) \end{bmatrix} = \frac{x}{(x+1)^2}\begin{bmatrix} \star & -(x^2+1) \\ \star & e^{-x} \end{bmatrix}\begin{bmatrix} 0 \\ (x+1)^2/x \end{bmatrix}$$
$$= \begin{bmatrix} \star & -(x^2+1) \\ \star & e^{-x} \end{bmatrix}\begin{bmatrix} 0 \\ 1 \end{bmatrix} = \begin{bmatrix} -x^2 - x \\ e^{-x} \end{bmatrix},$$

also $C_1(x) = -(x^3/3) - x + A$ sowie $C_2(x) = -e^{-x} + B$. Die allgemeine Lösung der inhomogenen Gleichung ist also gegeben durch

$$y(x) \;=\; \left(A - \frac{x^3}{3} - x\right) \cdot \frac{1}{x} + (B - e^{-x}) \cdot \frac{x^2+1}{x}e^x$$
$$=\; -\left(\frac{x^3}{3} + x + 1 + \frac{1}{x}\right) + A \cdot \frac{1}{x} + B \cdot \frac{x^2+1}{x}e^x.$$

Hierbei dürfte man den Term $1/x$ in der ersten Klammer, der die homogene Gleichung löst, auch weglassen, weil er in den Term mit der Konstanten A integriert werden kann.

Lösung (119.91) (a) Die allgemeine Lösung lautet $x(t) = c_1 e^t + c_2 e^{-t}$ mit frei wählbaren Konstanten c_i.

(b) Variation der Konstanten führt auf den Ansatz

$$\begin{bmatrix} e^t & e^{-t} \\ e^t & -e^{-t} \end{bmatrix}\begin{bmatrix} \dot c_1 \\ \dot c_2 \end{bmatrix} = \begin{bmatrix} 0 \\ (4t^2+1)e^{t^2} \end{bmatrix}$$

und damit

$$\begin{bmatrix} \dot c_1 \\ \dot c_2 \end{bmatrix} = \frac{1}{2}\begin{bmatrix} e^{-t} & e^{-t} \\ e^t & -e^t \end{bmatrix}\begin{bmatrix} 0 \\ (4t^2+1)e^{t^2} \end{bmatrix}$$
$$= \frac{1}{2}\begin{bmatrix} (4t^2+1)e^{t^2-t} \\ -(4t^2+1)e^{t^2+t} \end{bmatrix}.$$

Wegen

$$\int (4t^2+1)e^{t^2-t}\,\mathrm{d}t = (2t+1)e^{t^2-t} + C \quad \text{und}$$
$$\int (4t^2+1)e^{t^2+t}\,\mathrm{d}t = (2t-1)e^{t^2+t} + C$$

ist eine Lösung gegeben durch $c_1(t) = (t+1/2)e^{t^2-t}$ und $c_2(t) = -(t-1/2)e^{t^2+t}$. Eine partikuläre Lösung der inhomogenen Gleichung ist dann $x_p(t) = c_1(t)e^t + c_2(t)e^{-t} =$

$(t+1/2)e^{t^2} - (t-1/2)e^{t^2} = e^{t^2}$. Die allgemeine Lösung der inhomogenen Gleichung ist daher

$$x(t) = Ae^t + Be^{-t} + e^{t^2}.$$

(c) Der Ansatz vom Typ der rechten Seite lautet

$$x_p(t) = (Bt + Ct^2)e^t + (D + Et)e^{2t} + F\sin(t) + G\cos(t).$$

Dieser Ansatz führt auf

$$\ddot{x}(t) - x(t) = 2(B+C)e^t + 4Cte^t + (3D+4E)e^{2t} + 3Ete^{2t} - 2F\sin(t) - 2G\cos(t).$$

Koeffizientenvergleich mit der angegebenen rechten Seite ergibt $B + C = 0$, $C = 1/4$, $3D + 4E = 0$, $3E = 1$, $F = -1/2$ und $G = 0$, also $B = -1/4$, $C = 1/4$, $D = -4/9$, $E = 1/3$, $F = -1/2$ und $G = 0$ und damit

$$x_p(t) = \frac{(t^2-t)e^t}{4} + \frac{(3t-4)e^{2t}}{9} - \frac{\sin(t)}{2}.$$

Die allgemeine Lösung der inhomogenen Gleichung ist dann $x(t) = Ae^t + Be^{-t} + x_p(t)$.

(d) Nach dem Superpositionsprinzip überlagern sich die in (b) und (c) gefundenen Lösungen; die allgemeine Lösung lautet daher

$$x(t) = Ae^t + Be^{-t} + e^{t^2} + \frac{(t^2-t)e^t}{4} + \frac{(3t-4)e^{2t}}{9} - \frac{\sin(t)}{2}.$$

Lösung (119.92) Wir bezeichnen mit A die Koeffizientenmatrix des Systems.

(a) Wir transformieren A auf Jordansche Normalform und bestimmen dazu zunächst die Eigenwerte von A. Das charakteristische Polynom ist

$$\begin{vmatrix} -\lambda & 0 & 1 \\ 1 & -\lambda & 1 \\ 8 & -3 & -1-\lambda \end{vmatrix} = -\lambda(\lambda^2 + \lambda + 3) + (-3 + 8\lambda)$$
$$= -\lambda^3 - \lambda^2 + 5\lambda - 3.$$

Die einzigen möglichen rationalen Nullstellen dieses Polynoms sind ± 1 und ± 3. Ausprobieren zeigt, daß 1 eine Nullstelle ist. Anschließende Polynomdivision ergibt

$$-\lambda^3 - \lambda^2 + 5\lambda - 3 = (\lambda-1)(-\lambda^2 - 2\lambda + 3) = -(\lambda-1)^2(\lambda+3).$$

Wir bestimmen zunächst einen Eigenvektor zu dem (einfachen) Eigenwert $\lambda = -3$, und zwar durch Lösen des homogenen Gleichungssystems

$$\begin{bmatrix} 3 & 0 & 1 \\ 1 & 3 & 1 \\ 8 & -3 & 2 \end{bmatrix} \to \begin{bmatrix} 1 & 3 & 1 \\ 0 & -9 & -2 \\ 0 & -27 & -6 \end{bmatrix} \to \begin{bmatrix} 1 & 3 & 1 \\ 0 & 9 & 2 \\ 0 & 0 & 0 \end{bmatrix}$$

Eine Lösung (eindeutig bis auf ein skalares Vielfaches) ist $v = (3, 2, -9)^T$. Eine analoge Rechnung für den zweiten Eigenwert $\lambda = 1$ ergibt

$$\begin{bmatrix} -1 & 0 & 1 \\ 1 & -1 & 1 \\ 8 & -3 & -2 \end{bmatrix} \to \begin{bmatrix} 1 & 0 & -1 \\ 0 & -1 & 2 \\ 0 & -3 & 6 \end{bmatrix} \to \begin{bmatrix} 1 & 0 & -1 \\ 0 & 1 & -2 \\ 0 & 0 & 0 \end{bmatrix}$$

Auch hier gibt es bis auf einen skalaren Vorfaktor nur eine einzige Lösung, nämlich $v = (1, 2, 1)^T$. Um einen zugehörigen Hauptvektor zu bestimmen, lösen wir das lineare Gleichungssystem

$$\begin{bmatrix} -1 & 0 & 1 & | & 1 \\ 1 & -1 & 1 & | & 2 \\ 8 & -3 & -2 & | & 1 \end{bmatrix} \to \begin{bmatrix} 1 & 0 & -1 & | & -1 \\ 0 & -1 & 2 & | & 3 \\ 0 & -3 & 6 & | & 9 \end{bmatrix}$$
$$\to \begin{bmatrix} 1 & 0 & -1 & | & -1 \\ 0 & 1 & -2 & | & -3 \\ 0 & 0 & 0 & | & 0 \end{bmatrix},$$

das etwa durch $v := (-1, -3, 0)^T$ gelöst wird (und zwar eindeutig bis auf die Addition eines skalaren Vielfaches des Eigenvektors $(1, 2, 1)^T$). Es gilt also

$$T^{-1}AT = \begin{bmatrix} -3 & 0 & 0 \\ 0 & 1 & 1 \\ 0 & 0 & 1 \end{bmatrix} =: J \text{ mit } T := \begin{bmatrix} 3 & -1 & -1 \\ 2 & 3 & -3 \\ -9 & 9 & 0 \end{bmatrix}.$$

Die allgemeine Lösung der homogenen Differentialgleichung ist mit beliebigen konstanten Vektoren b bzw. $c := T^{-1}c$ daher gegeben durch

$$y_{\text{hom}}(t) = e^{tA}b = e^{tTJT^{-1}}b = Te^{tJ}T^{-1}b = Te^{tJ}c,$$

also

$$y_{\text{hom}}(t) = \begin{bmatrix} 3 & -1 & -1 \\ 2 & 3 & -3 \\ -9 & 9 & 0 \end{bmatrix} \begin{bmatrix} e^{-3t} & 0 & 0 \\ 0 & e^t & te^t \\ 0 & 0 & e^t \end{bmatrix} \begin{bmatrix} c_1 \\ c_2 \\ c_3 \end{bmatrix}$$
$$= c_1 e^{-3t} \begin{bmatrix} 3 \\ 2 \\ -9 \end{bmatrix} + c_2 e^t \begin{bmatrix} -1 \\ 3 \\ 9 \end{bmatrix} + c_3 e^t \begin{bmatrix} -t-1 \\ 3t-3 \\ 9t \end{bmatrix}.$$

(b) Wir machen einen Ansatz vom Typ der rechten Seite, um eine spezielle Lösung der inhomogenen Gleichung zu finden. Die rechte Seite hat die Form $b + tc$ mit konstanten Vektoren $b, c \in \mathbb{R}^3$, nämlich $b = (0, 0, 0)^T$ und $c = (0, -2, 2)^T$. Da 0 kein Eigenwert des charakteristischen Polynoms ist, machen wir für die gesuchte Lösung den Ansatz $y(t) = u + tv$ mit zu bestimmenden Vektoren $u, v \in \mathbb{R}^3$. Wir haben dann

$$v = \dot{y}(t) = Ay(t) + b + tc$$
$$= Au + tAv + b + tc$$
$$= Au + b + t(Av + c).$$

Der Ansatz liefert also genau dann eine Lösung, wenn die Gleichungen $Av + c = 0$ und $Au + b = v$ gelten; wir müssen also zunächst das Gleichungssystem $Av = -c$ lösen und dann das Gleichungssystem $Au = v - b$. Lösen des ersten Systems $Av = -c$ führt auf

$$\begin{bmatrix} 0 & 0 & 1 & | & 0 \\ 1 & 0 & 1 & | & 2 \\ 8 & -3 & -1 & | & -2 \end{bmatrix} \to \begin{bmatrix} 1 & 0 & 1 & | & 2 \\ 0 & -3 & -9 & | & -18 \\ 0 & 0 & 1 & | & 0 \end{bmatrix} \to$$

$$\begin{bmatrix} 1 & 0 & 1 & | & 2 \\ 0 & 1 & 3 & | & 6 \\ 0 & 0 & 1 & | & 0 \end{bmatrix} \to \begin{bmatrix} 1 & 0 & 0 & | & 2 \\ 0 & 1 & 0 & | & 6 \\ 0 & 0 & 1 & | & 0 \end{bmatrix}, \text{ also } v = \begin{bmatrix} 2 \\ 6 \\ 0 \end{bmatrix}.$$

Anschließendes Lösen des zweiten Systems $Au = v - b$ führt auf

$$\begin{bmatrix} 0 & 0 & 1 & | & 2 \\ 1 & 0 & 1 & | & 6 \\ 8 & -3 & -1 & | & 0 \end{bmatrix} \to \begin{bmatrix} 1 & 0 & 1 & | & 6 \\ 0 & -3 & -9 & | & -48 \\ 0 & 0 & 1 & | & 2 \end{bmatrix} \to$$

$$\begin{bmatrix} 1 & 0 & 1 & | & 6 \\ 0 & 1 & 3 & | & 16 \\ 0 & 0 & 1 & | & 2 \end{bmatrix} \to \begin{bmatrix} 1 & 0 & 0 & | & 4 \\ 0 & 1 & 0 & | & 10 \\ 0 & 0 & 1 & | & 2 \end{bmatrix}, \text{ also } u = \begin{bmatrix} 4 \\ 10 \\ 2 \end{bmatrix}.$$

Die allgemeine inhomogene Lösung ist daher

$$y(t) = \begin{bmatrix} 4 \\ 10 \\ 2 \end{bmatrix} + t \begin{bmatrix} 2 \\ 6 \\ 0 \end{bmatrix} + y_{\text{hom}}(t).$$

Lösung (119.93) (a) Wir haben $y(x) = x^2$, $y'(x) = 2x$, $y''(x) = 2$ und daher

$$-\frac{x^2}{2} \cdot y''(x) + y(x) = -x^2 + x^2 = 0.$$

(b) Der Ansatz $y(x) = x^2 u(x)$ führt auf

$$y = x^2 u, \quad y' = x^2 u' + 2xu, \quad y'' = x^2 u'' + 4xu' + 2u$$

und damit $0 = -(x^2/2)y'' + y = -(x^4/2)u'' - 2x^3 u' = -(x^3/2) \cdot (xu'' + 4u')$. Wir erhalten also $xu'' + 4u' = 0$ bzw. mit $U := u'$ die separable Differentialgleichung $xU' = -4U$, deren von Null verschiedene Lösungen gegeben sind durch

$$\int \frac{dU}{U} = \int \frac{-4}{x} dx \Leftrightarrow \ln|U| = -4\ln|x| + \widehat{C} \Leftrightarrow |U| = \frac{e^{\widehat{C}}}{x^4}.$$

Auflösen der Beträge und Einführung einer neuen Konstanten liefert die allgemeine Lösung $U = Cx^{-4}$, die für $C = 0$ auch die Lösung $U \equiv 0$ umfaßt. Integration ergibt $u = -(C/3)x^{-3} + D$ und damit $y = ux^2 = -(C/3)x^{-1} + Dx^2$. Nach Umbenennung der Konstanten erhalten wir also die allgemeine homogene Lösung

$$y_{\text{hom}}(x) = A \cdot x^2 + B \cdot \frac{1}{x}.$$

(c) Wir suchen mit der Methode der Variation der Konstanten Lösungen der Form $y(x) = C_1(x) \cdot x^2 + C_2(x) \cdot (1/x)$. Der Ansatz hierzu lautet

$$\begin{bmatrix} x^2 & 1/x \\ 2x & -1/x^2 \end{bmatrix} \begin{bmatrix} C_1'(x) \\ C_2'(x) \end{bmatrix} = \begin{bmatrix} 0 \\ -2 \end{bmatrix}.$$

(Beachte, daß wir die angegebene Gleichung durch Division mit $-x^2$ auf die Form $y''(x) - (2/x^2)y(x) = -2$ mit dem führenden Koeffizienten 1 bringen müssen, um die im Buch angegebene Formel benutzen zu können.) Auflösen ergibt

$$\begin{bmatrix} C_1'(x) \\ C_2'(x) \end{bmatrix} = \frac{1}{3} \begin{bmatrix} 1/x^2 & 1/x \\ 2x & -x^2 \end{bmatrix} \begin{bmatrix} 0 \\ -2 \end{bmatrix} = \frac{-2}{3} \begin{bmatrix} 1/x \\ -x^2 \end{bmatrix}.$$

Integration ergibt

$$C_1(x) = -\frac{2}{3}\ln|x| + A \quad \text{und} \quad C_2(x) = \frac{2}{9}x^3 + B$$

und damit die allgemeine inhomogene Lösung

$$\begin{aligned} y(x) &= \left(-\frac{2}{3}\ln|x| + A\right) \cdot x^2 + \left(\frac{2}{9}x^3 + B\right) \cdot \frac{1}{x} \\ &= \frac{-2x^2}{3}\ln|x| + \frac{2x^2}{9} + Ax^2 + \frac{B}{x} \\ &= \frac{2x^2}{9}(1 - 3\ln|x|) + Ax^2 + \frac{B}{x}. \end{aligned}$$

Lösung (119.94) Die charakteristische Gleichung lautet $\lambda^2 - \lambda + 1 = 0$; sie hat die Lösungen $\lambda = (1 \pm i\sqrt{3})/2$. Die allgemeine homogene Lösung ist also gegeben durch

$$y_{\text{hom}}(t) = C_1 e^{t/2} \cos\left(\frac{\sqrt{3}t}{2}\right) + C_2 e^{t/2} \sin\left(\frac{\sqrt{3}t}{2}\right).$$

Um eine partikuläre Lösung der inhomogenen Gleichung zu finden, machen wir einen Ansatz vom Typ der rechten Seite:

$$y = (A + Bt)\cos t + (C + Dt)\sin t,$$
$$\dot{y} = B\cos t - (A + Bt)\sin t + D\sin t + (C + Dt)\cos t,$$
$$\ddot{y} = -2B\sin t - (A + Bt)\cos t + 2D\cos t - (C + Dt)\sin t.$$

Dies liefert für $\ddot{y} - \dot{y} + y$ den Ausdruck

$$(A - 2B - D)\sin t - (B + C - 2D)\cos t - Bt\sin t - Dt\cos t.$$

Da $t\cos t$ herauskommen soll, erhalten wir $D = -1$ und $B = 0$ sowie $0 = A - 2B - D = A + 1$ und $0 = B + C - 2D = C + 2$, also $A = -1$ und $C = -2$. Wir erhalten also die partikuläre Lösung

$$y_p(t) = -\cos t - (2 + t)\sin t.$$

Die allgemeine Lösung ist dann gegeben durch

$$y(t) = -\cos t - (2 + t)\sin t + y_{\text{hom}}(t)$$

mit der homogenen Lösung wie oben angegeben. Ist $(C_1, C_2) \neq (0, 0)$, so gilt $|y(t)/t^2| \to \infty$ für $t \to \infty$. Die einzige Lösung y mit $y(t)/t^2 \to 0$ für $t \to \infty$ ist also die gefundene partikuläre Lösung y_p.

Lösung (119.95) (a) Ausgeschrieben besteht die Differentialgleichung aus den beiden skalaren Gleichungen

$$\dot{x} = -x + y/t,$$
$$\dot{y} = (1-t)x + y.$$

Die erste Gleichung liefert $y = t(\dot{x}+x)$ und damit $\dot{y} = \dot{x} + x + t(\ddot{x}+\dot{x})$. Einsetzen in die zweite Gleichung ergibt dann

$$\dot{x} + x + t\ddot{x} + t\dot{x} = x - tx + t\dot{x} + tx = x + t\dot{x}$$

und damit $0 = \dot{x} + t\ddot{x} = (d/dt)(t\dot{x})$. Also gibt es eine Konstante C mit $t\dot{x} = C$ bzw. $\dot{x} = C/t$. Es gibt daher Konstanten C und D mit

$$x(t) = C\ln|t| + D.$$

Einsetzen in die Gleichung $y = t(\dot{x}+x)$ ergibt dann

$$y(t) = C(1 + t\ln|t|) + Dt.$$

Wir erhalten also die allgemeine Lösung

$$\begin{bmatrix} x(t) \\ y(t) \end{bmatrix} = \begin{bmatrix} C\ln|t| + D \\ C(1+t\ln|t|) + Dt \end{bmatrix} = \begin{bmatrix} \ln|t| & 1 \\ 1+t\ln|t| & t \end{bmatrix} \begin{bmatrix} C \\ D \end{bmatrix}.$$

Für eine zweite Zeit s gilt analog

$$\begin{bmatrix} x(s) \\ y(s) \end{bmatrix} = \begin{bmatrix} C\ln|s| + D \\ C(1+s\ln|s|) + Ds \end{bmatrix} = \begin{bmatrix} \ln|s| & 1 \\ 1+s\ln|s| & s \end{bmatrix} \begin{bmatrix} C \\ D \end{bmatrix}$$

und damit

$$\begin{bmatrix} x(t) \\ y(t) \end{bmatrix} = \begin{bmatrix} \ln|t| & 1 \\ 1+t\ln|t| & t \end{bmatrix} \begin{bmatrix} \ln|s| & 1 \\ 1+s\ln|s| & s \end{bmatrix}^{-1} \begin{bmatrix} x(s) \\ y(s) \end{bmatrix}$$

$$= \begin{bmatrix} \ln|t| & 1 \\ 1+t\ln|t| & t \end{bmatrix} \begin{bmatrix} -s & 1 \\ 1+s\ln|s| & -\ln|s| \end{bmatrix} \begin{bmatrix} x(s) \\ y(s) \end{bmatrix}$$

$$= \begin{bmatrix} 1 - s\ln|t/s| & \ln|t/s| \\ t - s - st\ln|t/s| & 1 + t\ln|t/s| \end{bmatrix} \begin{bmatrix} x(s) \\ y(s) \end{bmatrix}.$$

(Diese Formel gilt natürlich nur, wenn s und t gleiches Vorzeichen haben, also entweder in $(-\infty, 0)$ oder in $(0, \infty)$, da die rechte Seite der Differentialgleichung bei $t=0$ eine Singularität hat.) Der Zustandsänderungsoperator ist also gegeben durch

$$X(t,s) = \begin{bmatrix} 1 - s\ln|t/s| & \ln|t/s| \\ t - s - st\ln|t/s| & 1 + t\ln|t/s| \end{bmatrix}.$$

(b) Die gesuchte Lösung lautet

$$\begin{bmatrix} x(t) \\ y(t) \end{bmatrix} = \begin{bmatrix} 1 - \ln(t) & \ln(t) \\ t - 1 - t\ln(t) & 1 + t\ln(t) \end{bmatrix} \begin{bmatrix} 2 \\ 1 \end{bmatrix},$$

also

$$\begin{bmatrix} x(t) \\ y(t) \end{bmatrix} = \begin{bmatrix} 2 - \ln(t) \\ 2t - 1 - t\ln(t) \end{bmatrix}.$$

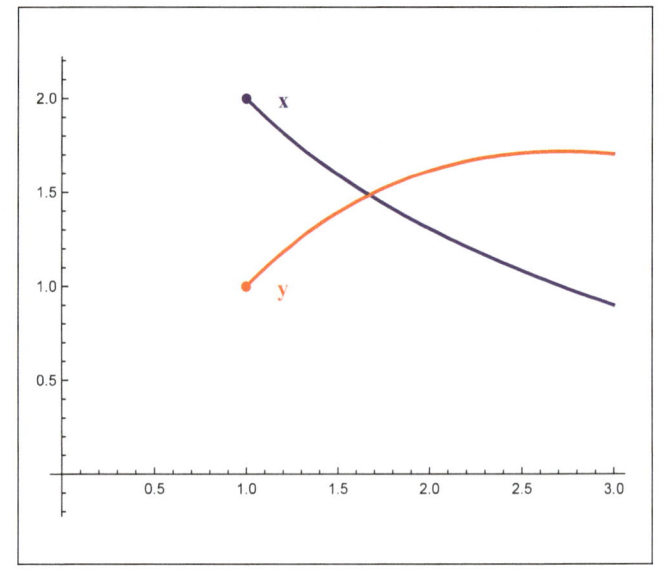

Lösung des Anfangswertproblems $\dot{x}(t) = -x(t) + y(t)/t$, $\dot{y}(t) = (1-t)x(t) + y(t)$, $x(1) = 2$, $y(1) = 1$.

(c) Mit $c := y(1)$ ist die gesuchte Lösung gegeben durch

$$\begin{bmatrix} x(t) \\ y(t) \end{bmatrix} = \begin{bmatrix} 1 - \ln(t) & \ln(t) \\ t - 1 - t\ln(t) & 1 + t\ln(t) \end{bmatrix} \begin{bmatrix} 0 \\ c \end{bmatrix}$$

$$= c \begin{bmatrix} \ln(t) \\ 1 + t\ln(t) \end{bmatrix}.$$

Wegen $2 = y(3) = c(1 + 3\ln(3))$ gilt $c = 2/(2 + 3\ln(3))$ und daher

$$\begin{bmatrix} x(t) \\ y(t) \end{bmatrix} = \frac{2}{1 + 3\ln(3)} \begin{bmatrix} \ln(t) \\ 1 + t\ln(t) \end{bmatrix}.$$

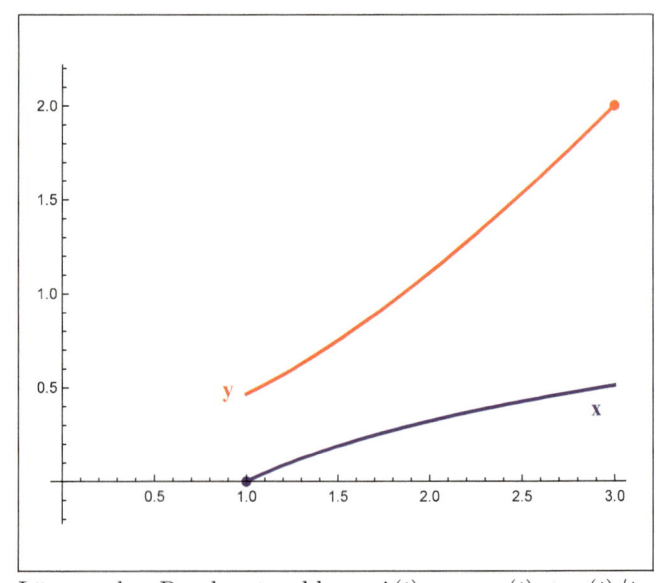

Lösung des Randwertproblems $\dot{x}(t) = -x(t) + y(t)/t$, $\dot{y}(t) = (1-t)x(t) + y(t)$, $x(1) = 0$, $y(3) = 2$.

Aufgaben zu »Lineare Differentialgleichungssysteme« siehe Seite 78

Lösung (119.96) Da der Entwicklungspunkt $x_0 = 1$ gewählt wird, ist es sinnvoll, die Variable $\xi := x - 1$ einzuführen und y als Funktion von ξ aufzufassen. Die Differentialgleichung geht dann über in

$$(1+\xi)\,\xi\,y''(\xi) - \xi\,y'(\xi) + y(\xi) = \frac{2\xi}{1+\xi}.$$

Wir machen den Ansatz

$$y(\xi) = \sum_{n=0}^{\infty} a_n \xi^n,$$
$$y'(\xi) = \sum_{n=1}^{\infty} n a_n \xi^{n-1},$$
$$y''(\xi) = \sum_{n=2}^{\infty} n(n-1) a_n \xi^{n-2}.$$

Einsetzen in die Differentialgleichung liefert

$$\sum_{n=2}^{\infty} n(n-1)a_n \xi^{n-1} + \sum_{n=2}^{\infty} n(n-1)a_n \xi^n - \sum_{n=1}^{\infty} n a_n \xi^n$$
$$+ \sum_{n=0}^{\infty} a_n \xi^n = \frac{2\xi}{1+\xi} = 2\xi \sum_{n=0}^{\infty} (-1)^n \xi^n$$
$$= 2\sum_{n=0}^{\infty} (-1)^n \xi^{n+1} = 2\sum_{n=1}^{\infty} (-1)^{n-1} \xi^n.$$

Schreiben wir die erste auftretende Reihe nach einer Indexverschiebung in der Form $\sum_{n=1}^{\infty}(n+1)na_{n+1}\xi^n$ und sortieren wir nach Potenzen, so geht die erhaltene Gleichung über in

$$a_0 + 2a_2\xi + \sum_{n=2}^{\infty}\left((n+1)na_{n+1} + (n-1)^2 a_n\right)\xi^n$$
$$= 2\xi + 2\sum_{n=2}^{\infty}(-1)^{n-1}\xi^n.$$

Koeffizientenvergleich ergibt $a_0 = 0$ und $a_2 = 1$ sowie die Rekursionsformel

$$(\star) \quad a_{n+1} = \frac{2(-1)^{n-1} - (n-1)^2 a_n}{n(n+1)} \quad (n \geq 2).$$

Beginnend mit $a_2 = 1$ erhalten wir die Koeffizienten $a_3 = -1/2$, $a_4 = 1/3$, $a_5 = -1/4$ und $a_6 = 1/5$. Diese Werte legen die Vermutung nahe, daß

$$a_n = \frac{(-1)^n}{n-1}$$

für alle $n \geq 2$ gilt. Diese Formel ist jedenfalls richtig für $2 \leq n \leq 6$. Gilt sie für n, dann auch für $n+1$, denn wegen $(\star)$ gilt dann

$$a_{n+1} = \frac{2(-1)^{n-1} - (-1)^n (n-1)}{n(n+1)}$$
$$= \frac{(-1)^{n+1} \cdot (2+n-1)}{n(n+1)} = \frac{(-1)^{n+1}}{n}.$$

Wir erhalten daher die Lösung

$$y = a_1 \xi + \sum_{n=2}^{\infty} \frac{(-1)^n}{n-1} \xi^n$$
$$= \xi \left(a_1 + \sum_{n=2}^{\infty} \frac{(-1)^n}{n-1} \xi^{n-1}\right)$$
$$= \xi \left(a_1 + \sum_{n=1}^{\infty} \frac{(-1)^{n+1}}{n} \xi^n\right)$$
$$= \xi \left(a_1 + \ln(1+\xi)\right)$$

und in der ursprünglichen Variablen x daher

$$y(x) = (x-1) \cdot \left(a_1 + \ln(x)\right).$$

Jede Wahl von a_1 liefert eine Lösung der gegebenen (inhomogenen) Differentialgleichung; für $a_1 := 0$ ergibt sich etwa die partikuläre Lösung $y_p(x) = (x-1) \cdot \ln(x)$. Dagegen ist $y_1(x) := x - 1$ als Differenz zweier inhomogener Lösungen eine homogene Lösung. Um eine zweite (von y_1 linear unabhängige) homogene Lösung zu finden, machen wir den Ansatz

$$y(x) = (x-1) \cdot u(x)$$

zur Reduktion der Ordnung. Setzen wir diesen Ansatz in die homogene Gleichung ein, so ergibt sich $x(x-1)u''(x) + (x+1)u'(x) = 0$, mit $v := u'$ also

$$(\star) \quad v'(x) + \frac{x+1}{x(x-1)} v(x) = 0.$$

Dies ist eine lineare Differentialgleichung erster Ordnung mit der Koeffizientenfunktion

$$p(x) = \frac{x+1}{x(x-1)} = \frac{2}{x-1} - \frac{1}{x}.$$

Eine Stammfunktion ist $P(x) = \ln\left((x-1)^2/|x|\right)$. Durchmultiplizieren von $(\star)$ mit $(x-1)^2/x$ ergibt

$$0 = \frac{(x-1)^2}{x} v'(x) + \frac{x^2-1}{x^2} v(x) = \frac{d}{dx}\left[\frac{(x-1)^2}{x} v(x)\right].$$

Also gibt es eine Konstante C mit $v(x) = Cx/(x-1)^2$. Wählen wir speziell $C := 1$, so erhalten wir

$$u'(x) = v(x) = \frac{x}{(x-1)^2} = \frac{d}{dx}\left[\ln|x-1| - \frac{1}{x-1}\right]$$

und damit $u(x) = \ln|x-1| - 1/(x-1) + \text{const}$. Damit erhalten wir $y_2(x) = (x-1)\ln|x-1| - 1$ als von y_1 linear unabhängige homogene Lösung. Die allgemeine Lösung der Gleichung ist mit Konstanten A und B also $y(x) = Ay_1(x) + By_2(x) + y_p(x)$, d.h.,

$$y(x) = A(x-1) + B\left((x-1)\ln|x-1| - 1\right) + (x-1)\ln(x).$$

L120: Beispiele aus der Mechanik

Lösung (120.1) Wählen wir ein Koordinatensystem, dessen Ursprung direkt unterhalb des Abwurfpunktes auf Bodenhöhe liegt, und zählen wir die Zeit vom Moment des Abwurfs an, so haben wir

$$\begin{bmatrix} \ddot{x} \\ \ddot{y} \end{bmatrix} = \begin{bmatrix} 0 \\ -g \end{bmatrix}, \quad \begin{bmatrix} \dot{x} \\ \dot{y} \end{bmatrix} = \begin{bmatrix} v\cos\alpha \\ v\sin\alpha - gt \end{bmatrix} \text{ und}$$

$$\begin{bmatrix} x \\ y \end{bmatrix} = \begin{bmatrix} v\cos\alpha\, t \\ h + v\sin\alpha\, t - gt^2/2 \end{bmatrix}.$$

(a) Der Auftreffzeitpunkt ist gegeben durch $y(T) = 0$ und damit durch die quadratische Gleichung

$$T^2 - \frac{2v\sin\alpha}{g} T - \frac{2h}{g} = 0.$$

Die Auftreffzeit T ist dann die eindeutig bestimmte positive Lösung dieser Gleichung, nämlich

$$T = \frac{v\sin\alpha + \sqrt{v^2\sin^2\alpha + 2hg}}{g}.$$

Die Wurfweite ist dann $x(T) = v\cos\alpha\, T$, also

$$x(T) = \frac{v\cos\alpha}{g} \cdot \left(v\sin\alpha + \sqrt{v^2\sin^2\alpha + 2hg} \right).$$

Der Geschwindigkeitsvektor zum Zeitpunkt des Auftreffens ist

$$\begin{bmatrix} \dot{x}(T) \\ \dot{y}(T) \end{bmatrix} = \begin{bmatrix} v\cos\alpha \\ v\sin\alpha - gT \end{bmatrix} = \begin{bmatrix} v\cos\alpha \\ -\sqrt{v^2\sin^2\alpha + 2gh} \end{bmatrix}.$$

Die Auftreffgeschwindigkeit ist der Betrag dieses Geschwindigkeitsvektors, also

$$\sqrt{\dot{x}(T)^2 + \dot{y}(T)^2} = \sqrt{v^2 + 2gh}.$$

Schreiben wir $a := (\dot{x}(T), \dot{y}(T))^T$ und $b := (1,0)^T$, so ist der Auftreffwinkel β gegeben durch $\cos\beta = \langle a, b\rangle/(\|a\|\,\|b\|) = \dot{x}(T)/\|a\|$, also

$$\beta = \arccos\left(\frac{v\cos\alpha}{\sqrt{v^2 + 2gh}}\right).$$

(b) Der Zeitpunkt θ, zu dem der Ball seine maximale Höhe erreicht, ist gegeben durch die Bedingung $\dot{y}(\theta) = 0$, also

$$\theta = \frac{v\sin\alpha}{g}.$$

Die Höhe zu diesem Zeitpunkt ist

$$y(\theta) = h + \frac{v^2\sin^2\alpha}{2g}.$$

(c) Wie in (a) gesehen, ist die Flugdauer als Funktion von α gegeben durch $T(\alpha) = (1/g) \cdot (v\sin\alpha + \sqrt{v^2\sin^2\alpha + 2hg})$. Ableiten liefert

$$\begin{aligned}
T'(\alpha) &= \frac{1}{g}\left(v\cos\alpha + \frac{v^2\sin\alpha\cos\alpha}{\sqrt{v^2\sin^2\alpha + 2gh}} \right) \\
&= \frac{v\cos\alpha \cdot (\sqrt{v^2\sin^2\alpha + 2gh} + v\sin\alpha)}{g\sqrt{v^2\sin^2\alpha + 2gh}} \\
&= \frac{v\cos\alpha}{\sqrt{v^2\sin^2\alpha + 2gh}} \cdot T(\alpha).
\end{aligned}$$

Die Wurfweite als Funktion von α ist $w(\alpha) = v\cos\alpha\, T(\alpha)$; Ableiten liefert

$$\begin{aligned}
w'(\alpha) &= -v\sin\alpha\, T(\alpha) + v\cos\alpha\, T'(\alpha) \\
&= -v\sin\alpha\, T(\alpha) + \frac{v^2\cos^2\alpha}{\sqrt{v^2\sin^2\alpha + 2gh}} T(\alpha) \\
&= \left(-v\sin\alpha + \frac{v^2\cos^2\alpha}{\sqrt{v^2\sin^2\alpha + 2gh}} \right) \cdot T(\alpha).
\end{aligned}$$

Nun gilt $T'(\alpha) = 0$ genau dann, wenn $\cos\alpha = 0$, also $\alpha = 90^0$ gilt; die Flugdauer wird also maximal, wenn der Ball senkrecht nach oben geworfen wird. Weiter gilt $w'(\alpha) = 0$ genau dann, wenn $\sin\alpha = v\cos^2\alpha/\sqrt{v^2\sin^2\alpha + 2gh}$ gilt, also

$$\begin{aligned}
&\sin^2\alpha \cdot (v^2\sin^2\alpha + 2gh) = v^2\cos^4\alpha \\
\Leftrightarrow\ &2gh\sin^2\alpha = v^2\cos^4\alpha - v^2\sin^4\alpha \\
\Leftrightarrow\ &2gh\sin^2\alpha = v^2(\cos^2\alpha - \sin^2\alpha)(\cos^2\alpha + \sin^2\alpha) \\
\Leftrightarrow\ &2gh\sin^2\alpha = v^2(\cos^2\alpha - \sin^2\alpha) = v^2(1 - 2\sin^2\alpha) \\
\Leftrightarrow\ &2\sin^2\alpha \cdot (v^2 + gh) = v^2;
\end{aligned}$$

der optimale Abwurfwinkel ist also

$$\alpha = \arcsin\left(\frac{v}{\sqrt{2v^2 + 2gh}}\right).$$

(Für $h = 0$ vereinfacht sich dies zu $\alpha = \arcsin(1/\sqrt{2}) = 45^0$.)

Lösung (120.2) Wir bezeichnen mit v die Abwurfgeschwindigkeit, mit α den Abwurfwinkel und mit t die Zeit vom Beginn des Abwurfs an. Wählen wir ein Koordinatensystem, dessen Ursprung die Position der Rose im Moment des Abwurfs ist, so gelten für die Position $(x(t), y(t))$ der Rose die Gleichungen

$$\begin{bmatrix} \ddot{x} \\ \ddot{y} \end{bmatrix} = \begin{bmatrix} 0 \\ -g \end{bmatrix}, \quad \begin{bmatrix} \dot{x} \\ \dot{y} \end{bmatrix} = \begin{bmatrix} v\cos\alpha \\ v\sin\alpha - gt \end{bmatrix}$$

und schließlich

$$\begin{bmatrix} x \\ y \end{bmatrix} = \begin{bmatrix} v\cos\alpha \cdot t \\ v\sin\alpha\, t - gt^2/2 \end{bmatrix}.$$

Ist T der Zeitpunkt, zu dem die Rose bei Julia ankommt, so haben wir $x(T) = a$ und $y(T) = b$; ferner soll $\dot y(T) = 0$ gelten. Dies sind drei Gleichungen für die drei Unbekannten v, α und T, die ausgeschrieben die folgende Form annehmen:

$$v \cos\alpha\, T = a, \quad v \sin\alpha\, T - \frac{gT^2}{2} = b, \quad v \sin\alpha = gT.$$

Die letzte Gleichung liefert $T = (v \sin\alpha)/g$; Einsetzen in die ersten beiden Gleichungen ergibt

$$v^2 \sin\alpha \cos\alpha = ga \quad \text{und} \quad v^2 \sin^2\alpha = 2bg.$$

Dividieren wir diese Gleichungen durcheinander, so erhalten wir $\tan(\alpha) = 2b/a$. Setzen wir dies in eine der beiden anderen Gleichungen ein, so ergibt sich

$$\begin{aligned} v^2 &= \frac{2bg}{\sin^2\alpha} = \frac{2bg(1 + \tan^2\alpha)}{\tan^2\alpha} \\ &= \frac{2bg(1 + 4b^2/a^2)}{4b^2/a^2} = \frac{g(a^2 + 4b^2)}{2b}. \end{aligned}$$

Die gesuchten Größen sind also

$$\alpha = \arctan\left(\frac{2b}{a}\right) \quad \text{und} \quad v = \sqrt{\frac{g(a^2 + 4b^2)}{2b}}.$$

Mit den Werten $a = 3\,\text{m}$, $b = 4\,\text{m}$ und $g = 9.81\,\text{m/s}^2$ erhalten wir $\alpha = 69.444^0$ und $v = 9.4613\,\text{m/s} = 34.0607\,\text{km/h}$.

Lösung (120.3) Ist v die Abwurfgeschwindigkeit ohne Anlauf und ist α der Abwurfwinkel, so gelten für die Position $t \mapsto (x(t), y(t))$ des Balles die Gleichungen

$$\begin{bmatrix} \ddot x \\ \ddot y \end{bmatrix} = \begin{bmatrix} 0 \\ -g \end{bmatrix}, \quad \begin{bmatrix} \dot x \\ \dot y \end{bmatrix} = \begin{bmatrix} v \cos\alpha \\ v \sin\alpha - gt \end{bmatrix}, \\ \begin{bmatrix} x \\ y \end{bmatrix} = \begin{bmatrix} vt \cos\alpha \\ vt \sin\alpha - gt^2/2 \end{bmatrix},$$

wobei wir den Koordinatenursprung in den Abwurfpunkt legen. Die Zeit $T > 0$ des Auftreffens des Balls auf dem Boden ist gegeben durch $y(T) = 0$ und damit $T = (2v \sin\alpha)/g$; die Wurfweite ist dann $x(T) = vT \cos\alpha = (2v^2 \sin\alpha \cos\alpha)/g = v^2 \sin(2\alpha)/g$. Die maximal mögliche Wurfweite (für $\alpha = 45^0$) ist daher $w = v^2/g = 40\,\text{m}$. Die maximal mögliche Wurfweite *mit* Anlauf ist dann

$$\begin{aligned} w_\star &= \frac{(v + \Delta v)^2}{g} = \frac{v^2 + 2v\Delta v + (\Delta v)^2}{g} \\ &= \frac{gw + 2\sqrt{wg}\Delta v + (\Delta v)^2}{g}. \end{aligned}$$

Mit den Zahlenwerten $w = 40\,\text{m}$, $\Delta v = 10\,\text{m/s}$ und $g = 9.81\,\text{m/s}^2$ ergibt sich die numerische Lösung $w_\star \approx 90.5792\,\text{m}$.

Lösung (120.4) (a) Wir wählen ein xy-Koordinatensystem mit dem Ursprung an der Position der Kanone und erhalten dann

$$\begin{bmatrix} \ddot x \\ \ddot y \end{bmatrix} = \begin{bmatrix} 0 \\ -g \end{bmatrix}, \quad \begin{bmatrix} \dot x \\ \dot y \end{bmatrix} = \begin{bmatrix} v \cos\alpha \\ v \sin\alpha - gt \end{bmatrix}$$

sowie $\begin{bmatrix} x \\ y \end{bmatrix} = \begin{bmatrix} v \cos\alpha \cdot t \\ v \sin\alpha \cdot t - gt^2/2 \end{bmatrix}.$

Die Kugel erreicht den Boden, wenn $y(T) = 0$ gilt, also

$$T^2 - \frac{2v \sin\alpha}{g} T = 0 \quad \text{bzw.} \quad T = \frac{2v \sin\alpha}{g}.$$

Der Abschußwinkel α muß dann die Gleichung $x(T) = a$ erfüllen, also $v \cos\alpha \cdot T = a$ bzw. $2v^2 \sin\alpha \cos\alpha = ag$. Da in der Formel für die Zeit T der Sinus von α auftritt, wollen wir diese Gleichung nach $\sin\alpha$ auflösen; wir schreiben sie also in der Form $\sin\alpha \sqrt{1 - \sin^2\alpha} = ag/(2v^2)$, nach Quadrieren also $\sin^2\alpha - \sin^4\alpha = a^2g^2/(4v^4)$ bzw. $\sin^4\alpha - \sin^2\alpha + (a^2g^2)/(4v^4) = 0$ und erhalten

$$\sin^2\alpha = \frac{1}{2} \pm \sqrt{\frac{1}{4} - \frac{a^2g^2}{4v^4}} = \frac{v^2 \pm \sqrt{v^4 - a^2g^2}}{2v^2}.$$

Es gibt also zwei mögliche Abschußwinkel, nämlich

$$\alpha_{1,2} = \arcsin\left(\frac{\sqrt{v^2 \pm \sqrt{v^4 - a^2g^2}}}{v\sqrt{2}}\right);$$

die zugehörigen Wagenpositionen $b_{1,2}$ sind gegeben durch die Gleichung $b = uT = 2uv \sin\alpha/g$, also

$$b_{1,2} = \frac{u\sqrt{2}}{g} \cdot \sqrt{v^2 \pm \sqrt{v^4 - a^2g^2}}.$$

(b) Die Kanone stehe nun auf einem Turm der Höhe h. Die Lösung ist in diesem Fall nahezu identisch mit der des zuvor betrachteten Spezialfalls; nur die Rechnungen sind ein wenig aufwendiger. Wir erhalten wieder

$$\begin{bmatrix} \ddot x \\ \ddot y \end{bmatrix} = \begin{bmatrix} 0 \\ -g \end{bmatrix}, \quad \begin{bmatrix} \dot x \\ \dot y \end{bmatrix} = \begin{bmatrix} v \cos\alpha \\ v \sin\alpha - gt \end{bmatrix}$$

sowie $\begin{bmatrix} x \\ y \end{bmatrix} = \begin{bmatrix} v \cos\alpha \cdot t \\ v \sin\alpha \cdot t - gt^2/2 + h \end{bmatrix}.$

Die Kugel erreicht den Boden, wenn $y(T) = 0$ gilt, also

$$T^2 - \frac{2v \sin\alpha}{g} T - \frac{2h}{g} = 0$$

bzw.

(1) $$T = \frac{v \sin\alpha + \sqrt{v^2 \sin^2\alpha + 2hg}}{g}.$$

Aufgaben zu »Beispiele aus der Mechanik« siehe Seite 88

Der Abschußwinkel α muß dann die Gleichung $x(T) = a$ erfüllen, also $v\cos\alpha \cdot T = a$ bzw.

$$\sqrt{v^2 \sin^2\alpha + 2hg} = \frac{ag}{v\cos\alpha} - v\sin\alpha.$$

Quadrieren und Zusammenfassen liefert

$$2hg = \frac{a^2 g^2}{v^2 \cos^2\alpha} - 2ag\tan\alpha$$
$$= \frac{a^2 g^2}{v^2}(1 + \tan^2\alpha) - 2ag\tan\alpha$$

bzw.

(2) $\quad \tan^2\alpha - \frac{2v^2}{ag}\tan\alpha + 1 - \frac{2hv^2}{ga^2} = 0.$

Dies ist eine quadratische Gleichung für $\tan\alpha$ mit den Lösungen

(3) $\quad \tan\alpha = \frac{v^2 \pm \sqrt{v^4 - g^2 a^2 + 2hgv^2}}{ag}.$

Für jedes der beiden Vorzeichen gibt es genau eine Lösung dieser Gleichung im Interall $(0, \pi/2)$; es gibt daher zwei mögliche Abschußwinkel. Wegen (2) ist

$$\tan^2\alpha + 1 = \frac{2hv^2}{ga^2} + \frac{2v^2\tan\alpha}{ag} = \frac{2v^2(h + a\tan\alpha)}{ga^2}$$

und daher

$$\sin\alpha = \frac{\tan\alpha}{\sqrt{1+\tan^2\alpha}} = \frac{a\sqrt{g}\tan\alpha}{v\sqrt{2}\sqrt{h+a\tan\alpha}}.$$

Einsetzen in (1) liefert nun

$$T = \frac{1}{g}\left(\frac{a\sqrt{g}\tan\alpha}{\sqrt{2}\sqrt{h+a\tan\alpha}} + \sqrt{\frac{ga^2\tan^2\alpha}{2(h+a\tan\alpha)} + 2hg}\right)$$
$$= \frac{a\tan\alpha}{\sqrt{2g}\sqrt{h+a\tan\alpha}} + \sqrt{\frac{a^2\tan^2\alpha}{2g(h+a\tan\alpha)} + \frac{2h}{g}}$$
$$= \frac{a\tan\alpha}{\sqrt{2g}\sqrt{h+a\tan\alpha}} + \sqrt{\frac{a^2\tan^2\alpha + 4ah\tan\alpha + 4h^2}{2g(h+a\tan\alpha)}}$$
$$= \frac{a\tan\alpha + (a\tan\alpha + 2h)}{\sqrt{2g}\sqrt{h+a\tan\alpha}}$$
$$= \frac{2(a\tan\alpha + h)}{\sqrt{2g}\sqrt{h+a\tan\alpha}} = \sqrt{\frac{2}{g}} \cdot \sqrt{h+a\tan\alpha}.$$

Die Strecke b ist nun gegeben durch die Gleichung $u = b/T$, also

(5) $\quad b = uT = u\sqrt{\frac{2}{g}} \cdot \sqrt{h+a\tan\alpha},$

wobei dann die jeweilige Lösung von Gleichung (3) einzusetzen ist.

Lösung (120.5) Wir wählen ein Koordinatensystem mit horizontaler x- und vertikaler y-Richtung, dessen Ursprung im Moment des Abwurfs an der Wasseroberfläche genau unterhalb des Flugzeugs liegt. Ist $(x(t), y(t))$ die Position der Kiste zur Zeit t, so haben wir

$$\begin{bmatrix}\ddot{x}\\\ddot{y}\end{bmatrix} = \begin{bmatrix}0\\-g\end{bmatrix}, \quad \begin{bmatrix}\dot{x}\\\dot{y}\end{bmatrix} = \begin{bmatrix}v\\-gt\end{bmatrix}, \quad \begin{bmatrix}x\\y\end{bmatrix} = \begin{bmatrix}vt\\-gt^2/2 + h\end{bmatrix}.$$

(a) Die Zeit T, zu der die Kiste die Höhe des Wasserspiegels erreicht, ist gegeben durch $y(T) = 0$, also $gT^2/2 = h$ bzw. $T = \sqrt{2h/g}$. Zu diesem Zeitpunkt hat die Kiste die x-Koordinate vT, das Boot die x-Koordinate $a + uT$, wenn a den horizontalen Abstand vom Flugzeug zum Boot bezeichnet. Die gesuchte Bedingung für a lautet $vT = a + uT$, also

$$a = (v - u)T = (v - u)\sqrt{\frac{2h}{g}}.$$

(b) Die Zeit T wurde bereits in Teil (a) bestimmt; die Geschwindigkeit der Kiste ist dann $\sqrt{\dot{x}(T)^2 + \dot{y}(T)^2} = \sqrt{v^2 + 2hg}.$

(c) Die Kiste hat zu jeder Zeit t die gleiche Horizontalgeschwindigkeit wie das Flugzeug; zu dem Zeitpunkt des Auftreffens der Kiste befindet sich das Flugzeug also genau oberhalb des Bootes.

Lösung (120.6) Wir benutzen die Bezeichnungen der folgenden Skizze.

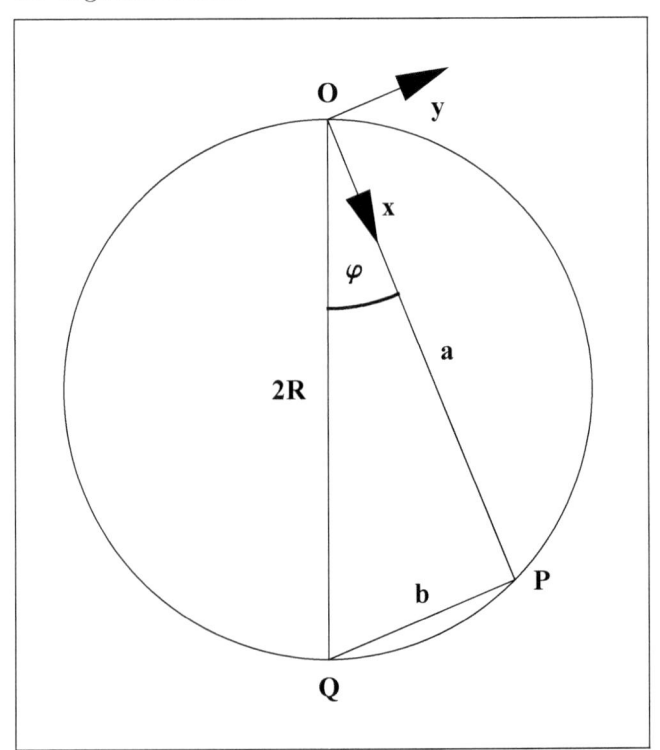

Geometrie beim Hinabgleiten eines Massenpunktes entlang einer Kreissehne.

Da in x-Richtung auf den Massenpunkt nur die Schwerkraftkomponente in dieser Richtung wirkt, gelten die Gleichungen

$$\ddot{x} = g\cos\varphi, \quad \dot{x} = g\cos\varphi \cdot t, \quad x = g\cos\varphi\, t^2/2.$$

Ist a die Länge der Sehne und ist T die Zeit, die die Masse zum Durchlaufen dieser Sehne benötigt, so gilt also $a = g\cos\varphi\, T^2/2$ bzw.

$$(\star) \qquad T^2 = \frac{2a}{g\cos\varphi}.$$

Nach dem Satz des Thales hat das Dreieck OPQ bei P einen rechten Winkel; daher gilt $\cos\varphi = a/(2R)$; Einsetzen in $(\star)$ liefert

$$(\star\star) \qquad T^2 = \frac{4R}{g}.$$

Unabhängig von der Lage der Sehne gilt also $T = \sqrt{4R/g}$ für die Zeit, die für das Durchlaufen der Sehne benötigt wird.

Lösung (120.7) (a) Auf das System, das aus dem Boot und dem Mann besteht, wirken keine äußeren Kräfte; der Gesamtimpuls dieses Systems bleibt also konstant (also gleich Null, denn am Anfang sind Mann und Boot in Ruhe und haben daher den Impuls Null). Während der Bewegung des Mannes bewege sich das Boot mit Geschwindigkeit v_1; das Boot hat dann den Impuls Mv_1, der Mann dagegen den Impuls $m(v_1 + w)$ (denn seine Absolutgeschwindigkeit ist $v_1 + w$); also gilt $0 = Mv_1 + m(v_1 + w) = (M+m)v_1 + mw$ und damit

$$v_1 = \frac{-mw}{M+m}.$$

(b) Es sei T die Zeitdauer, die der Mann zum Überqueren des Bootes benötigt; es gilt dann $w = \ell/T$, folglich $T = \ell/w$. Da sich das Boot mit Geschwindigkeit v_1 zurückbewegt, legt es in dieser Zeit die Strecke

$$v_1 T = \frac{v_1 \ell}{w} = -\frac{m\ell}{M+m}$$

zurück. (Die Strecke ergibt sich mit negativem Vorzeichen, weil die Bewegungsrichtung des Bootes derjenigen des Mannes entgegengesetzt ist.)

(c) Da auch nach dem Stehenbleiben des Mannes der Gesamtimpuls von Boot und Mann konstant (und damit Null) bleiben muß, bewegt sich das Boot nach dem Stehenbleiben des Mannes nicht mehr, sondern verharrt in Ruhe. (Wem das nicht einleuchtet, möge folgende Frage beantworten: Wenn sich das Boot beim Loslaufen des Mannes in Bewegung setzt, warum sollte es dann beim Stehenbleiben nicht wieder zur Ruhe kommen? Die Situationen sind ja symmetrisch zueinander.)

(d) Wir wählen ein Koordinatensystem, dessen Ursprung der Bug des Bootes im Moment des Abspringens ist. Mit dem Absprungwinkel α und der Absprunggeschwindigkeit v haben wir dann

$$\begin{bmatrix} \ddot{x} \\ \ddot{y} \end{bmatrix} = \begin{bmatrix} 0 \\ -g \end{bmatrix}, \quad \begin{bmatrix} \dot{x} \\ \dot{y} \end{bmatrix} = \begin{bmatrix} v\cos\alpha \\ v\sin\alpha - gt \end{bmatrix}$$

sowie $\begin{bmatrix} x \\ y \end{bmatrix} = \begin{bmatrix} vt\cos\alpha \\ vt\sin\alpha - gt^2/2 \end{bmatrix}.$

Ist $T > 0$ die Zeit, zu der der Mann nach dem Absprung wieder die Höhe Null erreicht, so gilt $y(T) = 0$, also $vT\sin\alpha = gT^2/2$ und damit $T = 2v\sin\alpha/g$. Damit der Mann sich zu diesem Zeitpunkt auf dem Bootssteg befindet, bedeutet nach Teil (b), daß $x(T) \geq m\ell/(m+M)$ gelten muß. Das bedeutet

$$vT\cos\alpha \geq \frac{m\ell}{m+M} \quad \text{bzw.} \quad \frac{2v^2\sin\alpha\cos\alpha}{g} \geq \frac{m\ell}{m+M}$$

und wegen $2\sin\alpha\cos\alpha = \sin(2\alpha)$ damit

$$v \geq \sqrt{\frac{mg\ell}{(M+m)\sin(2\alpha)}} =: v_{\min}.$$

(e) Mit $v := v_{\min}$ gilt nach dem Impulserhaltungssatz die Gleichung $Mv_2 + mv = 0$, also

$$v_2 = \frac{-mv}{M} = -\frac{m}{M}\sqrt{\frac{mg\ell}{(M+m)\sin(2\alpha)}}.$$

Lösung (120.8) (a) Wir betrachten zunächst das System, das aus dem Boot und den beiden Kindern besteht; auf dieses wirken keine äußeren Kräfte, so daß sein Gesamtimpuls konstant bleibt. Dieser Impuls ist am Anfang Null, unmittelbar nach dem Absprung des ersten Kindes dagegen $(M+m_2)v_1 + m_1(v_0 + v_1)$, wenn $v_1 < 0$ die Geschwindigkeit des Bootes mit dem verbliebenen zweiten Kind bezeichnet (wobei dann $v_0 + v_1$ die Absolutgeschwindigkeit des ersten Kindes gegenüber einem raumfesten System ist). Die Impulserhaltung liefert dann

(1) $\qquad (M+m_2)v_1 + m_1(v_0 + v_1) = 0 \quad \text{bzw.}$

$$v_1 = \frac{-m_1 v_0}{M+m_2+m_1}.$$

Dann betrachten wir das System, das aus dem Boot und dem zweiten Kind besteht; auf dieses wirken wieder keine äußeren Kräfte, und der Impulserhaltungssatz liefert

(2) $\qquad Mv_2 + m_2(v_0 + v_2) = (M+m_2)v_1 \quad \text{bzw.}$

$$v_2 = \frac{(M+m_2)v_1 - m_2 v_0}{M+m_2},$$

wenn v_2 die Geschwindigkeit des Bootes nach dem Abspringen des zweiten Kindes bezeichnet. Einsetzen von (1) in (2) liefert dann

$$v_2 = -v_0 \cdot \frac{m_2^2 + 2m_1 m_2 + m_1 M + m_2 M}{(M+m_2)\cdot(M+m_2+m_1)}.$$

(b) Springen beide Kinder gleichzeitig ab und bezeichnet $\bar{v}$ die Geschwindigkeit des Bootes nach dem Absprung, so liefert der Impulserhaltungssatz die Gleichung

$$M\bar{v} + (m_1+m_2)(v_0 + \bar{v}) = 0$$

bzw.

$$\bar{v} = -v_0 \cdot \frac{m_2 + m_1}{M + m_2 + m_1}.$$

Es ist anschaulich klar (und läßt sich auch leicht nachrechnen), daß der Wert von $\bar{v}$ betragsmäßig kleiner ist als der Betrag der Geschwindigkeit v_2 aus Teil (a).

Lösung (120.9) (a) Es sei v_k die Geschwindigkeit des Bootes nach dem Abspringen der ersten k Personen; das System, das aus dem Boot und den verbleibenden $n-k$ Personen besteht, hat dann den Impuls

(1) $$\bigl(M + (n-k)m\bigr) \cdot v_k.$$

Springt die $(k+1)$-te Person ab, so ist der Gesamtimpuls dieses Systems gegeben durch

(2) $$\bigl(M + (n-k-1)m\bigr)v_{k+1} + m(v_{k+1} + u),$$

denn die Absolutgeschwindigkeit der $(k+1)$-ten Person beim Abspringen ist $v_{k+1} + u$. Da auf das betrachtete System keine äußeren Kräfte einwirken, bleibt der Impuls erhalten; die Ausdrücke (1) und (2) sind also gleich. Auflösen dieser Gleichung nach v_{k+1} liefert

$$v_{k+1} = v_k - \frac{mu}{M + (n-k)m}.$$

Wenden wir diese Gleichung nacheinander für $k = 0, 1, 2, \ldots, n-1$ an, so ergibt sich

$$v_n = v_0 - \sum_{k=1}^{n} \frac{mu}{M + km}.$$

(b) Hier betrachten wir das Gesamtsystem, das aus dem Boot und allen n Personen besteht. Der Impuls dieses Systems vor dem Absprung ist dann $(M + nm)v_0$, der nach dem Absprung dagegen $Mv_1 + nm(v_1 + u)$, wenn v_1 die Geschwindigkeit des Bootes nach dem Absprung bezeichnet. Da der Gesamtimpuls erhalten bleibt, haben wir

$$(M + nm) \cdot v_0 = Mv_1 + nm(v_1 + u)$$

und damit

$$v_1 = v_0 - \frac{nmu}{M + nm},$$

wobei das negative Vorzeichen daher rührt, daß sich das Boot in der der Absprungrichtung entgegengesetzten Richtung bewegt.

Lösung (120.10) (a) Da auf den Springer nur die Schwerkraft und eine dem Quadrat der Geschwindigkeit proportionale Widerstandskraft wirken, nimmt das Newtonsche Grundgesetz die Form $m\ddot{x} = mg - \alpha\dot{x}^2$ mit einer Konstanten α an, wobei m die Masse des Springers bezeichnet. Mit $C := \alpha/m$ gilt also die Bewegungsgleichung

$$\ddot{x}(t) = g - C\dot{x}(t)^2.$$

(b) Ist $v(x)$ die Geschwindigkeit des Springers an der Stelle x, so haben wir $\dot{x}(t) = v(x(t))$ für alle Zeiten t, nach Ableiten also $\ddot{x}(t) = v'(x(t))\dot{x}(t)$ und damit $g - Cv(x)^2 = v'(x)v(x)$, wenn v' die Ableitung von v nach x bezeichnet. Also gilt

$$v'(x)v(x) = g - Cv(x)^2.$$

(c) Schreiben wir $u(x) := v(x)^2$, so geht das Ergebnis von (b) über in $u'(x)/2 = g - Cu(x)$ bzw.

$$u'(x) + 2Cu(x) = 2g.$$

Lösung (120.11) (a) Nach dem Satz des Pythagoras ist zu jedem Zeitpunkt t die Entfernung des hinteren Endes des Lkw zur Rolle gegeben durch $\sqrt{h^2 + v^2t^2}$. Da die Länge des Seils sich nicht ändern kann, ist dann die Höhe $x(t)$ der Masse m über dem Boden zur Zeit t gegeben durch

$$x(t) = h - (2h - \sqrt{h^2 + v^2t^2}) = \sqrt{h^2 + v^2t^2} - h.$$

Durch Ableiten erhalten wir dann die Geschwindigkeit und die Beschleunigung, nämlich

$$\dot{x}(t) = \frac{v^2t}{\sqrt{h^2 + v^2t^2}} \quad \text{und} \quad \ddot{x}(t) = \frac{v^2h^2}{(h^2 + v^2t^2)^{3/2}}.$$

• Der Zeitpunkt T des Aufpralls ist gegeben durch die Gleichung $x(T) = h$; diese liefert $T^2 = 3h^2/v^2$ bzw. $T = \sqrt{3}h/v$. Einsetzen in die Geschwindigkeitsfunktion liefert dann den Wert $\dot{x}(T) = \sqrt{3}v/2$.

• Freischneiden der Masse liefert die Gleichung $m\ddot{x}(t) = S(t) - mg$, wenn $S(t)$ die Seilkraft zur Zeit t bezeichnet; wir erhalten also

$$S(t) = mg + m\ddot{x}(t) = mg + \frac{mv^2h^2}{(h^2 + v^2t^2)^{3/2}}.$$

(Insbesondere nimmt also die im Seil wirkende Kraft im zeitlichen Verlauf monoton ab.)

(b) Nach der Zeit t hat der Lkw die Strecke $at^2/2$ zurückgelegt. Nach dem Satz des Pythagoras ist daher zu jedem Zeitpunkt t die Entfernung des hinteren Endes des Lkw zur Rolle gegeben durch $\sqrt{h^2 + a^2t^4/4}$. Da die Länge des Seils sich nicht ändern kann, ist dann die Höhe $x(t)$ der Masse m über dem Boden zur Zeit t gegeben durch

$$x(t) = h + \sqrt{h^2 + a^2t^4/4} - 2h = \frac{\sqrt{4h^2 + a^2t^4}}{2} - h.$$

Aufgaben zu »Beispiele aus der Mechanik« siehe Seite 88

Durch Ableiten erhalten wir dann die Geschwindigkeit und die Beschleunigung, nämlich

$$\dot{x}(t) = \frac{a^2 t^3}{\sqrt{4h^2 + a^2 t^4}} \quad \text{und} \quad \ddot{x}(t) = \frac{12 a^2 t^2 h^2 + a^4 t^6}{(4h^2 + a^2 t^4)^{3/2}}.$$

• Der Zeitpunkt T des Aufpralls ist gegeben durch die Gleichung $x(T) = h$; diese liefert $T^4 = 12h^2/a^2$ bzw. $T = \sqrt[4]{12} \cdot \sqrt{h/a}$. Einsetzen in die Geschwindigkeitsfunktion liefert dann den Wert

$$\dot{x}(T) = \frac{a^2 T^3}{4h} = \frac{a^2 T^4}{4hT} = \sqrt[4]{27} \cdot \sqrt{\frac{ha}{2}}.$$

• Freischneiden der Masse liefert die Gleichung $m\ddot{x}(t) = S(t) - mg$, wenn $S(t)$ die Seilkraft zur Zeit t bezeichnet; wir erhalten also

$$S(t) = mg + m\ddot{x}(t) = mg + \frac{12 a^2 t^2 h^2 + a^4 t^6}{(4h^2 + a^2 t^4)^{3/2}}.$$

Lösung (120.12) Die Masse m_1 hat die Position $(x_1, y_1) = (-\ell \sin\varphi, 0)$, die Masse m_2 hat dagegen die Position $(x_2, y_2) = (0, -\ell \cos\varphi)$. Die Geschwindigkeitsvektoren sind dann

$$\begin{bmatrix} \dot{x}_1 \\ \dot{y}_1 \end{bmatrix} = \begin{bmatrix} -\ell\dot{\varphi}\cos\varphi \\ 0 \end{bmatrix} \quad \text{und} \quad \begin{bmatrix} \dot{x}_2 \\ \dot{y}_2 \end{bmatrix} = \begin{bmatrix} 0 \\ \ell\dot{\varphi}\sin\varphi \end{bmatrix}.$$

Die Gesamtenergie des Systems ist daher

$$\begin{aligned} 0 &= (m_1/2)\ell^2\dot{\varphi}^2\cos^2\varphi + (m_2/2)\ell^2\dot{\varphi}^2\sin^2\varphi - m_2 g\ell\cos\varphi \\ &= (\ell^2\dot{\varphi}^2/2)(m_1\cos^2\varphi + m_2\sin^2\varphi) - m_2 g\ell\cos\varphi. \end{aligned}$$

Aufgrund des Energieerhaltungssatzes gilt $\dot{E} = 0$, also

$$\begin{aligned} 0 &= \ell^2\dot{\varphi}\ddot{\varphi}(m_1\cos^2\varphi + m_2\sin^2\varphi) \\ &\quad + \ell^2\dot{\varphi}^3(-m_1\cos\varphi\sin\varphi + m_2\sin\varphi\cos\varphi) \\ &\quad + m_2 g\ell\dot{\varphi}\sin\varphi. \end{aligned}$$

Nach Division durch $\ell^2\dot{\varphi}$ geht dies über in

$$\begin{aligned} 0 &= \ddot{\varphi}(m_1\cos^2\varphi + m_2\sin^2\varphi) + \dot{\varphi}^2(m_2 - m_1)\sin\varphi\cos\varphi \\ &\quad + m_2(g/\ell)\sin\varphi. \end{aligned}$$

Lösung (120.13) Wir schneiden an dem Knotenpunkt frei; die Kräftebilanz in horizontaler Richtung lautet dann

$$-S_1\sin\alpha_1 + S_2\cos\alpha_2 = 0,$$

diejenige in vertikaler Richtung dagegen

$$S_1\cos\alpha_1 + S_2\sin\alpha_2 - S_3 = 0,$$

wobei sich durch Freischneiden der Masse m sofort $S_3 = mg$ ergibt. Diese Gleichungen lassen sich als lineares Gleichungssystem

$$\begin{bmatrix} -\sin\alpha_1 & \cos\alpha_2 \\ \cos\alpha_1 & \sin\alpha_2 \end{bmatrix} \begin{bmatrix} S_1 \\ S_2 \end{bmatrix} = \begin{bmatrix} 0 \\ mg \end{bmatrix}$$

schreiben; dessen Koeffizientendeterminante ist gegeben durch $-\sin\alpha_1\sin\alpha_2 - \cos\alpha_1\cos\alpha_2 = -\cos(\alpha_2 - \alpha_1)$. Die Lösung dieses Gleichungssystems ist daher

$$\begin{aligned} \begin{bmatrix} S_1 \\ S_2 \end{bmatrix} &= \frac{1}{\cos(\alpha_2 - \alpha_1)} \begin{bmatrix} -\sin\alpha_2 & \cos\alpha_2 \\ \cos\alpha_1 & \sin\alpha_1 \end{bmatrix} \begin{bmatrix} 0 \\ mg \end{bmatrix} \\ &= \frac{mg}{\cos(\alpha_2 - \alpha_1)} \begin{bmatrix} \cos\alpha_2 \\ \sin\alpha_1 \end{bmatrix}. \end{aligned}$$

Lösung (120.14) Die Bewegungsgleichungen lauten

$$m_1\ddot{x} = m_1 g - S \quad \text{und} \quad m_2\ddot{x} = S,$$

wenn S die Seilkraft bezeichnet. Dies läßt sich als lineares Gleichungssystem

$$\begin{bmatrix} m_1 & 1 \\ m_2 & -1 \end{bmatrix} \begin{bmatrix} \ddot{x} \\ S \end{bmatrix} = \begin{bmatrix} m_1 g \\ 0 \end{bmatrix}$$

mit der Lösung

$$\begin{bmatrix} \ddot{x} \\ S \end{bmatrix} = \frac{1}{m_1 + m_2} \begin{bmatrix} 1 & 1 \\ m_2 & -m_1 \end{bmatrix} \begin{bmatrix} m_1 g \\ 0 \end{bmatrix} = \frac{m_1 g}{m_1 + m_2} \begin{bmatrix} 1 \\ m_2 \end{bmatrix}$$

schreiben. Wir haben also

$$\ddot{x} = \frac{m_1 g}{m_1 + m_2} \quad \text{und} \quad S = \frac{m_1 m_2 g}{m_1 + m_2}.$$

Lösung (120.15) Wir bezeichnen mit m_B die Masse der Rolle B, mit x_1, x_2, x_3 und x_B die Entfernungen der Massen m_1, m_2, m_3 und der Rolle B von der Decke, mit S die Kraft im ersten und mit T die Kraft im zweiten Seil. Nach Freischneiden aller Einzelteile erhalten wir die Bewegungsgleichungen

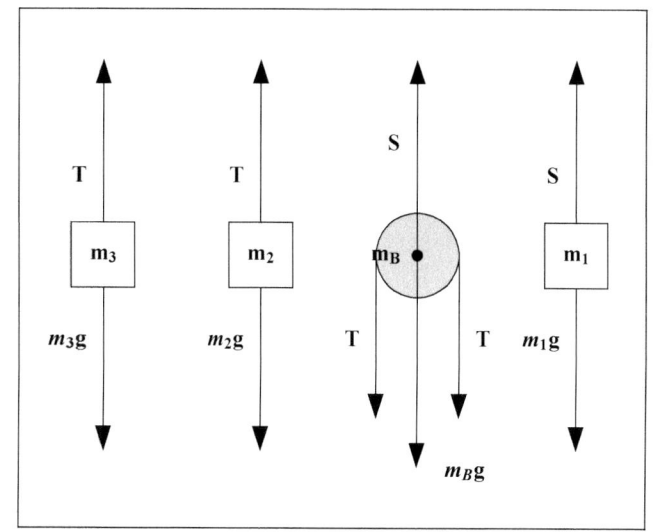

$$(\star) \quad \begin{aligned} m_1\ddot{x}_1 &= m_1 g - S, \\ m_B\ddot{x}_B &= m_B g + 2T - S, \\ m_2\ddot{x}_2 &= m_2 g - T, \\ m_3\ddot{x}_3 &= m_3 g - T. \end{aligned}$$

Freischneiden der Einzelteile.

Da sich die Seillängen nicht ändern, sind ferner $x_1 + x_B$ sowie $x_2 + x_3$ konstant; wir haben also

(1) $\qquad \ddot{x}_B = -\ddot{x}_1 \quad$ und $\quad \ddot{x}_3 = -\ddot{x}_2$.

Setzen wir dies in die beiden letzten Gleichungen von $(\star)$ ein, so ergibt sich das Gleichungssystem

$$\begin{bmatrix} m_2 & 1 \\ -m_3 & 1 \end{bmatrix} \begin{bmatrix} \ddot{x}_2 \\ T \end{bmatrix} = \begin{bmatrix} m_2 g \\ m_3 g \end{bmatrix}$$

mit der Lösung

$$\begin{bmatrix} \ddot{x}_2 \\ T \end{bmatrix} = \frac{1}{m_2+m_3} \begin{bmatrix} 1 & -1 \\ m_3 & m_2 \end{bmatrix} \begin{bmatrix} m_2 g \\ m_3 g \end{bmatrix};$$

ausgeschrieben bedeutet dies

(2) $\qquad \ddot{x}_2 = \dfrac{(m_2 - m_3)g}{m_2 + m_3} \quad$ und $\quad T = \dfrac{2 m_2 m_3 g}{m_2 + m_3}$.

Die ersten beiden Gleichungen von $(\star)$ nehmen nun die Form

$$\begin{bmatrix} m_1 & 1 \\ -m_B & 1 \end{bmatrix} \begin{bmatrix} \ddot{x}_1 \\ S \end{bmatrix} = \begin{bmatrix} m_1 g \\ m_B g + 2T \end{bmatrix}$$

bzw.

$$\begin{bmatrix} \ddot{x}_1 \\ S \end{bmatrix} = \frac{1}{m_1+m_B} \begin{bmatrix} 1 & -1 \\ m_B & m_1 \end{bmatrix} \begin{bmatrix} m_1 g \\ m_B g + 2T \end{bmatrix}.$$

Setzen wir die bereits erhaltene Lösung für T ein und schreiben wir das Ergebnis aus, so erhalten wir

(3) $\qquad \begin{aligned} \ddot{x}_1 &= \frac{(m_2+m_3)(m_1-m_B) - 4 m_2 m_3}{(m_1+m_B)(m_2+m_3)} \cdot g \quad \text{und} \\ S &= \frac{2 m_1 (m_B m_2 + m_B m_3 + 2 m_2 m_3) g}{(m_1+m_B)(m_2+m_3)}. \end{aligned}$

Wir achten darauf (was man immer tun sollte!), daß die Dimensionen korrekt sind: $\ddot{x}_1$, $\ddot{x}_2$, $\ddot{x}_3$ und $\ddot{x}_B$ haben die Dimension einer Beschleunigung, S und T haben als Dimension das Produkt aus Masse und Beschleunigung, also die Dimension einer Kraft.

Lösung (120.16) Ist $(x(t), y(t))$ die Position der Masse m_1 zur Zeit t, so haben wir

$$\begin{bmatrix} x \\ y \end{bmatrix} = r \begin{bmatrix} \sin(2\varphi) \\ -\cos(2\varphi) \end{bmatrix}, \quad \begin{bmatrix} \dot{x} \\ \dot{y} \end{bmatrix} = 2r\dot{\varphi} \begin{bmatrix} \cos(2\varphi) \\ \sin(2\varphi) \end{bmatrix},$$

$$\begin{bmatrix} \ddot{x} \\ \ddot{y} \end{bmatrix} = 2r\ddot{\varphi} \begin{bmatrix} \cos(2\varphi) \\ \sin(2\varphi) \end{bmatrix} + 4r\dot{\varphi}^2 \begin{bmatrix} -\sin(2\varphi) \\ \cos(2\varphi) \end{bmatrix}.$$

Der Abstand ℓ von m_1 zu A ist

$$\ell = 2r\cos(\varphi).$$

(Das sieht man entweder anhand der Identität $\ell \sin(\varphi) = r \sin(2\varphi) = 2r \sin(\varphi)\cos(\varphi)$ oder durch Betrachten des Dreiecks, das m_1 als Ecke und den vertikalen Kreisdurchmesser als gegenüberliegende Seite hat. Dieses Dreieck ist nach dem Satz des Thales rechtwinklig.) Ist z der Abstand der Masse m_2 von A, so ist $z + \ell$ konstant; es gilt also $\dot{z} = -\dot{\ell} = 2r\dot{\varphi}\sin(\varphi)$ und damit

$$\begin{aligned} \ddot{z} &= 2r\dot{\varphi}^2 \cos(\varphi) + 2r\ddot{\varphi}\sin(\varphi) \\ &= 2r\big(\dot{\varphi}^2 \cos(\varphi) + \ddot{\varphi}\sin(\varphi)\big). \end{aligned}$$

Auf die Masse m_1 wirken nun drei Kräfte: die Schwerkraft $m_1 g$ nach unten; die Normalkraft N in Richtung des Vektors $(-x, -y)^T$, also in Richtung des Einheitsvektors $(-\sin(2\varphi), \cos(2\varphi))^T$, sowie die Seilkraft S in Richtung $(-\sin(\varphi), \cos(\varphi))^T$. Die Seilkraft S ergibt sich nun aus der Gleichung $m_2 \ddot{z} = m_2 g - S$ zu

$$S = m_2 g - m_2 \ddot{z} = m_2 g - 2 m_2 r \big(\dot{\varphi}^2 \cos(\varphi) + \ddot{\varphi} \sin(\varphi)\big).$$

Das Newtonsche Grundgesetz ("Masse mal Beschleunigung gleich wirkende Kraft") liefert dann

$$\begin{aligned} & 2 m_1 r \ddot{\varphi} \begin{bmatrix} \cos(2\varphi) \\ \sin(2\varphi) \end{bmatrix} + 4 m_1 r \dot{\varphi}^2 \begin{bmatrix} -\sin(2\varphi) \\ \cos(2\varphi) \end{bmatrix} \\ &= \begin{bmatrix} 0 \\ -m_1 g \end{bmatrix} + N \begin{bmatrix} -\sin(2\varphi) \\ \cos(2\varphi) \end{bmatrix} + S \begin{bmatrix} -\sin(\varphi) \\ \cos(\varphi) \end{bmatrix}. \end{aligned}$$

Zur Elimination von N bilden wir das Skalarprodukt mit $(\cos(2\varphi), \sin(2\varphi))^T$ und erhalten wegen

$$\begin{aligned} & \left\langle \begin{bmatrix} -\sin(\varphi) \\ \cos(\varphi) \end{bmatrix}, \begin{bmatrix} \cos(2\varphi) \\ \sin(2\varphi) \end{bmatrix} \right\rangle \\ &= -\cos(2\varphi)\sin(\varphi) + \sin(2\varphi)\cos(\varphi) \\ &= \sin(2\varphi - \varphi) = \sin(\varphi) \end{aligned}$$

die Gleichung $2 m_1 r \ddot{\varphi} = -m_1 g \sin(2\varphi) + S \sin(\varphi)$, also

$$\begin{aligned} & 2 m_1 r \ddot{\varphi} + m_1 g \sin(2\varphi) - m_2 g \sin(\varphi) \\ &= -2 m_2 r \big(\dot{\varphi}^2 \sin\varphi \cos\varphi + \ddot{\varphi} \sin^2 \varphi\big). \end{aligned}$$

Dies ist die gesuchte Bewegungsgleichung. Diese läßt sich schreiben als

$$\begin{aligned} 0 &= 2r(m_1 + m_2 \sin^2\varphi)\ddot{\varphi} + m_2 r \sin(2\varphi)\dot{\varphi}^2 \\ & + g\big(m_1 \sin(2\varphi) - m_2 \sin(\varphi)\big). \end{aligned}$$

Lösung (120.17) Zur Beschreibung der ersten Bewegungsphase (derjenigen auf der schiefen Ebene) führen wir eine Koordinate ξ entlang der schiefen Ebene ein, die von demjenigen Punkt an gezählt wird, an dem die Bewegung des Massenpunktes beginnt. Wir haben dann

(1) $\qquad \ddot{\xi}(t) = g \sin\alpha, \quad \dot{\xi}(t) = g \sin\alpha \cdot t, \quad \xi(t) = \dfrac{g \sin\alpha}{2} \cdot t^2,$

wobei wir berücksichtigen, daß sowohl die Anfangsgeschwindigkeit als auch die Anfangsposition Null ist. Der

Zeitpunkt T, zu dem der Wagen in den Looping einfährt, ist dann gegeben durch die Bedingung

(2) $\quad \sin \alpha \;=\; \dfrac{h - r + r \cos \alpha}{\xi(T)} \;=\; \dfrac{2(h - r + r \cos \alpha)}{g \sin \alpha \cdot T^2}$

bzw.

(3) $\quad T^2 \;=\; \dfrac{2(h - r + r \cos \alpha)}{g \sin^2 \alpha}.$

Die Geschwindigkeit, mit der der Wagen in den Looping einfährt, ist

(4) $\quad v := \dot{\xi}(T) \;=\; g \sin \alpha \cdot T \;=\; \sqrt{2g} \cdot \sqrt{h - r + r \cos \alpha}.$

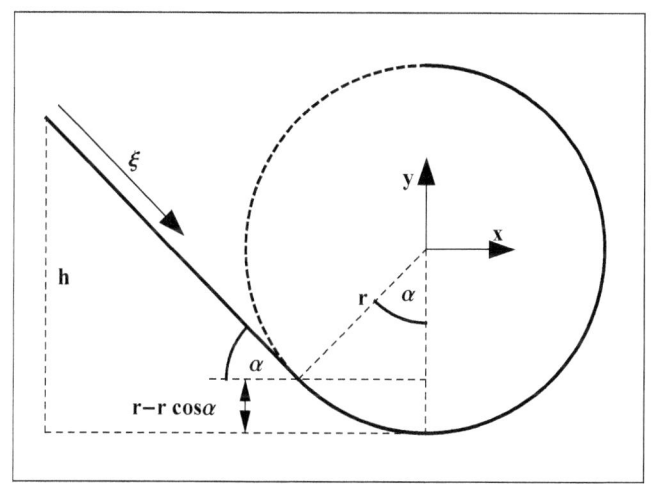

Aufstellen der Bewegungsgleichung einer Punktmasse in einem Looping.

Es ist nun sinnvoll, für die zweite Bewegungsphase (also derjenigen innerhalb des Loopings) die Zeit neu bei $t = 0$ beginnen zu lassen und die Bewegung in Polarkoordinaten

(5) $\quad \begin{bmatrix} x(t) \\ y(t) \end{bmatrix} = r \begin{bmatrix} \cos \varphi(t) \\ \sin \varphi(t) \end{bmatrix}$

zu beschreiben; wir haben dann

(6) $\quad \begin{bmatrix} \dot{x} \\ \dot{y} \end{bmatrix} = r \dot{\varphi} \begin{bmatrix} -\sin \varphi \\ \cos \varphi \end{bmatrix}$

und

(7) $\quad \begin{bmatrix} \ddot{x} \\ \ddot{y} \end{bmatrix} = r \ddot{\varphi} \begin{bmatrix} -\sin \varphi \\ \cos \varphi \end{bmatrix} + r \dot{\varphi}^2 \begin{bmatrix} -\cos \varphi \\ -\sin \varphi \end{bmatrix}.$

Innerhalb des Loopings wirken auf den Massenpunkt zwei Kräfte: die Gewichtskraft, die senkrecht nach unten wirkt, sowie die Zwangskraft (Normalkraft), die die Bahn auf den Massenpunkt ausübt und die senkrecht zur Bahn (also zum Kreismittelpunkt hin) wirkt. Multiplizieren wir (7) mit der Masse m durch und wenden wir das Newtonsche Grundgesetz (Kraft gleich Masse mal Beschleunigung) an,

so erhalten wir (wenn N den Betrag der Normalkraft bezeichnet) die Gleichung

(8) $\quad \begin{aligned} -N \begin{bmatrix} \cos \varphi \\ \sin \varphi \end{bmatrix} + mg \begin{bmatrix} 0 \\ -1 \end{bmatrix} &= F = m \begin{bmatrix} \ddot{x} \\ \ddot{y} \end{bmatrix} \\ &= mr \ddot{\varphi} \begin{bmatrix} -\sin \varphi \\ \cos \varphi \end{bmatrix} - mr \dot{\varphi}^2 \begin{bmatrix} \cos \varphi \\ \sin \varphi \end{bmatrix}. \end{aligned}$

Bilden wir auf beiden Seiten von (8) zunächst das Skalarprodukt mit $(-\sin \varphi, \cos \varphi)^T$, dann das Skalarprodukt mit $(\cos \varphi, \sin \varphi)^T$, so erhalten wir die Gleichungen $-mg \cos \varphi = mr \ddot{\varphi}$ und $-N - mg \sin \varphi = -mr \dot{\varphi}^2$, also

(9) $\quad \begin{aligned} r \ddot{\varphi} + g \cos \varphi &= 0 \quad \text{und} \\ N &= mr \dot{\varphi}^2 - mg \sin \varphi. \end{aligned}$

Die erste Gleichung in (9) ist die Bewegungsgleichung des Massenpunkts, die zweite kann dazu benutzt werden, die Größe der Normalkraft zu bestimmen, die die Bahn auf den Massenpunkt ausübt. Die Bewegungsgleichung ist eine Differentialgleichung zweiter Ordnung, zu deren Lösung noch der Anfangswinkel $\varphi(0)$ und die Anfangswinkelgeschwindigkeit $\dot{\varphi}(0)$ benötigt werden. Diese sind gegeben durch

(10) $\quad \begin{aligned} \varphi(0) &= -\dfrac{\pi}{2} - \alpha \quad \text{und} \\ \dot{\varphi}(0) &= \dfrac{v}{r} = \sqrt{\dfrac{2g}{r}} \cdot \sqrt{\dfrac{h}{r} - 1 + \cos \alpha} \end{aligned}$

mit der Geschwindigkeit v aus (4), denn durch Bilden der Norm auf beiden Seiten von (6) erkennen wir, daß die Bahngeschwindigkeit $\sqrt{\dot{x}^2 + \dot{y}^2}$ gleich $r \dot{\varphi}$ ist. Multiplizieren wir die Bewegungsgleichung $r \ddot{\varphi} + g \cos \varphi = 0$ mit $2 \dot{\varphi}$ durch, so erhalten wir

(11) $\quad 0 = 2r \dot{\varphi} \ddot{\varphi} + 2g \dot{\varphi} \cos \varphi = \dfrac{d}{dt}(r \dot{\varphi}^2 + 2g \sin \varphi);$

es gibt also eine Konstante C mit

(12) $\quad r \dot{\varphi}(t)^2 + 2g \sin \varphi(t) = C$

für alle Zeiten t. Einsetzen von $t = 0$ liefert

(13) $\quad \begin{aligned} C &= r \dot{\varphi}(0)^2 + 2g \sin \varphi(0) \\ &= 2g \left(\dfrac{h}{r} - 1 + \cos \alpha \right) + 2g \sin \left(-\dfrac{\pi}{2} - \alpha \right) \\ &= 2g \left(\dfrac{h}{r} - 1 + \cos \alpha \right) - 2g \cos \alpha \\ &= 2g \left(\dfrac{h}{r} - 1 \right). \end{aligned}$

Einsetzen in (12) liefert

(14) $\quad r \dot{\varphi}(t)^2 = 2g \left(\dfrac{h}{r} - 1 - \sin \varphi(t) \right)$

(dies ist eine Differentialgleichung erster statt zweiter Ordnung, die die Funktion $t \mapsto \varphi(t)$ bestimmt); anschließendes Einsetzen in die zweite Gleichung in (9) ergibt dann

$$(15) \quad \begin{aligned} N &= 2mg\left(\frac{h}{r} - 1 - \sin\varphi\right) - mg\sin\varphi \\ &= mg\left(\frac{2h}{r} - 2 - 3\sin\varphi\right) \end{aligned}$$

zu jedem Zeitpunkt. Jetzt sind wir in der Lage, die Fragen der Aufgabe zu beantworten.

(a) Der Wagen verliert in dem Moment die Bodenhaftung, in dem $N = 0$ wird, nach (15) also bei demjenigen Winkel φ, für den $\sin\varphi = (2/3) \cdot (h/r - 1)$ gilt.

(b) Der Wagen schafft es bis zum Scheitelpunkt des Loopings, wenn die Bedingung in (a) niemals erfüllt ist, wenn also $(2/3)(h/r - 1) > 1$ bzw. $h > (5/2) \cdot r$ gilt.

(c) Ab dem Augenblick des Verlassens des Loopings handelt es sich um eine Wurfbewegung im homogenen Schwerefeld. Es ist sinnvoll, die Zeit für diese dritte Bewegungsphase wieder neu bei $t = 0$ beginnen zu lassen. Die Winkelgeschwindigkeit in diesem Moment ergibt sich, indem wir $\varphi = \pi/2$ in (14) einsetzen, aus der Gleichung $r\dot\varphi^2 = 2g(h/r - 2)$; die Bahngeschwindigkeit u in diesem Moment ist gegeben durch $u = r\dot\varphi$, also $u^2 = r^2\dot\varphi^2 = 2g(h-2r)$ bzw. $u = \sqrt{2g(h-2r)}$. Anfangsposition und Anfangsgeschwindigkeit der Wurfbewegung sind also gegeben durch

$$\begin{bmatrix} x(0) \\ y(0) \end{bmatrix} = \begin{bmatrix} 0 \\ r \end{bmatrix} \quad \text{und} \quad \begin{bmatrix} \dot x(0) \\ \dot y(0) \end{bmatrix} = \begin{bmatrix} -u \\ 0 \end{bmatrix} = \begin{bmatrix} -\sqrt{2g(h-2r)} \\ 0 \end{bmatrix}.$$

Für die Bewegung des Wagens nach dem Verlassen des Loopings erhalten wir also

$$\begin{bmatrix} \ddot x \\ \ddot y \end{bmatrix} = \begin{bmatrix} 0 \\ -g \end{bmatrix}, \quad \begin{bmatrix} \dot x \\ \dot y \end{bmatrix} = \begin{bmatrix} -u \\ -gt \end{bmatrix}, \quad \begin{bmatrix} x \\ y \end{bmatrix} = \begin{bmatrix} -ut \\ r - gt^2/2 \end{bmatrix}.$$

Die Bahnkurve ist also die Parabel mit der Gleichung $y = r - (gx^2)/(2u^2)$; die schiefe Ebene ist gegeben durch die Gleichung $y\cos\alpha + x\sin\alpha + r = 0$. Einsetzen der ersten in die zweite Gleichung mit anschließendem Umformen führt auf die quadratische Gleichung

$$x^2 - \frac{2u^2\tan\alpha}{g}x - \frac{2ru^2(1+\cos\alpha)}{g\cos\alpha} = 0.$$

Diese hat die Lösungen

$$x = \frac{u^2\sin\alpha \pm \sqrt{u^4\sin^2\alpha + 2gru^2(\cos\alpha + \cos^2\alpha)}}{g\cos\alpha},$$

von denen nur die kleinere als Lösung der Wurfaufgabe in Frage kommt. Einsetzen von $u^2 = 2g(h-2r)$ liefert dann

$$x = \frac{2\sqrt{h-2r}}{\cos\alpha}\left(\sqrt{h-2r}\sin\alpha - \sqrt{h\sin^2\alpha + r(3\cos\alpha - 2)(\cos\alpha + 1)}\right).$$

(d) Hier ist nach dem Schnittpunkt der Wurfparabel $y = r - (gx^2)/(2u^2)$ mit dem Boden $y = -r$ gefragt; wir erhalten $(gx^2)/(2u^2) = 2r$ und damit

$$gx^2 = 4ru^2 = 4r \cdot 2g(h-2r) = g \cdot 8r(h-2r);$$

das Spielzeugauto schlägt an der Stelle $x = \sqrt{8r(h-2r)}$ am Boden auf.

Lösung (120.18) (a) Wir betrachten ein xy-Koordinatensystem mit Ursprung im Kugelmittelpunkt und erhalten dann

$$\begin{bmatrix} x \\ y \end{bmatrix} = r\begin{bmatrix} \sin\varphi \\ \cos\varphi \end{bmatrix}, \quad \begin{bmatrix} \dot x \\ \dot y \end{bmatrix} = r\dot\varphi\begin{bmatrix} \cos\varphi \\ -\sin\varphi \end{bmatrix}$$

und $$\begin{bmatrix} \ddot x \\ \ddot y \end{bmatrix} = r\ddot\varphi\begin{bmatrix} \cos\varphi \\ -\sin\varphi \end{bmatrix} + r\dot\varphi^2\begin{bmatrix} -\sin\varphi \\ -\cos\varphi \end{bmatrix}.$$

Auf das Klötzchen wirken zwei Kräfte: die Gewichtskraft, die senkrecht nach unten wirkt, sowie die Zwangskraft (Normalkraft), die die Kugel auf den Massenpunkt ausübt und die senkrecht zur Kugeloberfläche (also zum Kugelmittelpunkt hin) wirkt. Das Newtonsche Grundgesetz (Kraft gleich Masse mal Beschleunigung) lautet daher

$$mr\ddot\varphi\begin{bmatrix} \cos\varphi \\ -\sin\varphi \end{bmatrix} - mr\dot\varphi^2\begin{bmatrix} \sin\varphi \\ \cos\varphi \end{bmatrix} = -N\begin{bmatrix} \sin\varphi \\ \cos\varphi \end{bmatrix} + \begin{bmatrix} 0 \\ -mg \end{bmatrix}$$

und nach Zerlegung in Tangential- und Radialanteil also

$$r\ddot\varphi = g\sin\varphi \quad \text{und} \quad N = mr\dot\varphi^2 - mg\cos\varphi.$$

Die erste Gleichung ist die Bewegungsgleichung des Massenpunkts, die zweite kann dazu benutzt werden, die Größe der Normalkraft zu bestimmen, die die Bahn auf den Massenpunkt ausübt. Multiplizieren wir die Bewegungsgleichung $r\ddot\varphi - g\sin\varphi = 0$ mit $2\dot\varphi$ durch, so erhalten wir

$$0 = 2r\dot\varphi\ddot\varphi - 2g\dot\varphi\sin\varphi = \frac{d}{dt}(r\dot\varphi^2 + 2g\cos\varphi)$$

und damit

$$(\star) \quad r\dot\varphi(t)^2 + 2g\cos\varphi(t) = C$$

mit einer Integrationskonstanten C. Am Anfang haben wir $\varphi = 0$ und $\dot\varphi = 0$; es ergibt sich $C = 2g$. Wir erhalten daher

$$r\dot\varphi^2 = 2g(1-\cos\varphi) \quad \text{und damit} \quad N = mg(2-3\cos\varphi).$$

(b) Die Masse verliert den Kontakt zur Kugeloberfläche, wenn $N = 0$ wird, also $\cos\varphi = 2/3$ bzw. $\varphi = \arccos(2/3) \approx 48.1897^0$. In diesem Moment haben wir $\sin\varphi = \sqrt{5}/3$ und $r^2\dot\varphi^2 = 2gr/3$; Position und Geschwindigkeit der Masse in diesem Moment sind daher gegeben durch

$$(\star) \quad \begin{bmatrix} x \\ y \end{bmatrix} = \frac{r}{3}\begin{bmatrix} \sqrt{5} \\ 2 \end{bmatrix} \quad \text{und} \quad \begin{bmatrix} \dot x \\ \dot y \end{bmatrix} = \frac{\sqrt{2gr/3}}{3}\begin{bmatrix} 2 \\ -\sqrt{5} \end{bmatrix}.$$

Aufgaben zu »Beispiele aus der Mechanik« siehe Seite 88

Ab diesem Moment (in dem wir aus Gründen der Bequemlichkeit die Zeit wieder bei $t = 0$ neu zählen) liegt eine Wurfbewegung vor, die mit den Anfangsbedingungen $(\star)$ das folgende Bewegungsgesetz liefert:

$$\begin{bmatrix} x(t) \\ y(t) \end{bmatrix} = \frac{1}{3} \begin{bmatrix} \sqrt{2gr/3}\,t + r\sqrt{5} \\ -\sqrt{10gr/3}\,t + 2r - 3gt^2/2 \end{bmatrix}.$$

(c) Der Zeitpunkt τ des Auftreffens auf den Boden ist gegeben durch die Gleichung $y(\tau) = 0$, also

$$\tau^2 + 2\sqrt{\frac{10r}{27g}} \cdot \tau - \frac{4r}{3g} = 0$$

mit der eindeutig bestimmten positiven Lösung

$$\tau = \frac{\sqrt{46} - \sqrt{10}}{\sqrt{27}} \cdot \sqrt{\frac{r}{g}}.$$

(d) Einsetzen der Zeit $t = \tau$ in die Horizontalposition $x(t)$ liefert den Auftreffpunkt $x(\tau) = r \cdot (2\sqrt{23} + 7\sqrt{5})/27 \approx 0.934968\, r$. (Diese Lösung setzt natürlich voraus, daß die Halbkugel unmittelbar nach dem Kontaktverlust weggezogen wird; die Masse schlägt sonst nicht auf dem Boden, sondern auf der Halbkugel auf.) Der Geschwindigkeitsvektor in diesem Moment ist

$$\begin{bmatrix} \dot x(\tau) \\ \dot y(\tau) \end{bmatrix} = \frac{\sqrt{gr}}{3\sqrt{3}} \begin{bmatrix} \sqrt{2} \\ -\sqrt{46} \end{bmatrix},$$

die Auftreffgeschwindigkeit also

$$\sqrt{\dot x(\tau)^2 + \dot y(\tau)^2} = \frac{\sqrt{gr}}{3\sqrt{3}} \cdot \sqrt{48} = \frac{4\sqrt{gr}}{3}.$$

(e) Die Bewegungsgleichung wurde bereits in (a) ermittelt; nur die Anfangsbedingungen haben sich geändert und lauten jetzt $\varphi(0) = (\pi/2) - \alpha$ und $\dot\varphi(0) = 0$. Setzen wir diese in $(\star)$ ein, so erhalten wir $C = 2g\sin\alpha$ und damit $r\dot\varphi^2 + 2g\cos\varphi = 2g\sin\alpha$. Die Normalkraft ist daher $N = mr\dot\varphi^2 - mg\cos\varphi = mg(2\sin\alpha - 3\cos\varphi)$. Das Klötzchen verliert die Bodenhaftung, wenn $N = 0$ gilt, also $\cos\varphi = (2\sin\alpha)/3$ bzw. $\varphi = \arccos\bigl((2/3)\sin\alpha\bigr)$. Für den Spezialfall $\alpha = \pi/2$ ergibt sich natürlich der in Teil (b) erhaltene Wert.

Lösung (120.19) Wir wählen ein Koordinatensystem mit dem Ursprung im Aufhängepunkt des Fadens, der x-Achse nach rechts und der y-Achse nach oben. Während des ersten Teils der Bewegung (bevor der Faden den Nagel trifft) bezeichnen wir mit $\varphi(t)$ den von der Vertikalen aus gegen den Uhrzeigersinn gezählten Winkel. Für Position, Geschwindigkeit und Beschleunigung der Masse erhalten wir dann

$$\begin{bmatrix} x \\ y \end{bmatrix} = \ell \begin{bmatrix} \sin\varphi \\ -\cos\varphi \end{bmatrix}, \quad \begin{bmatrix} \dot x \\ \dot y \end{bmatrix} = \ell\dot\varphi \begin{bmatrix} \cos\varphi \\ \sin\varphi \end{bmatrix}$$

sowie

$$\begin{bmatrix} \ddot x \\ \ddot y \end{bmatrix} = \ell\ddot\varphi \begin{bmatrix} \cos\varphi \\ \sin\varphi \end{bmatrix} - \ell\dot\varphi^2 \begin{bmatrix} \sin\varphi \\ -\cos\varphi \end{bmatrix}.$$

Das Newtonsche Grundgesetz ("Kraft gleich Masse mal Beschleunigung") lautet daher

$$m\ell\ddot\varphi \begin{bmatrix} \cos\varphi \\ \sin\varphi \end{bmatrix} - m\ell\dot\varphi^2 \begin{bmatrix} \sin\varphi \\ -\cos\varphi \end{bmatrix} = S \begin{bmatrix} -\sin\varphi \\ \cos\varphi \end{bmatrix} + \begin{bmatrix} 0 \\ -mg \end{bmatrix},$$

wenn S die Kraft im Faden bezeichnet. Multiplizieren wir diese Vektorgleichung skalar mit $(\cos\varphi, \sin\varphi)^T$ und mit $(\sin\varphi, -\cos\varphi)^T$ durch (betrachten wir also die Tangential- und die Radialkomponente dieser Vektorgleichung), so erhalten wir $m\ell\ddot\varphi = -mg\sin\varphi$ und $-m\ell\dot\varphi^2 = -S + mg\cos\varphi$, also

(1) $\qquad \ell\ddot\varphi = -g\sin\varphi \quad$ und

(2) $\qquad S = mg\cos\varphi + m\ell\dot\varphi^2.$

Gleichung (1) läßt sich integrieren; Durchmultiplizieren mit $2\dot\varphi$ liefert $2\ell\dot\varphi\ddot\varphi = -2g\dot\varphi\sin\varphi$, also $(\mathrm{d}/\mathrm{d}t)(\ell\dot\varphi^2) = (\mathrm{d}/\mathrm{d}t)(2g\cos\varphi)$ und damit $\ell\dot\varphi^2 = 2g\cos\varphi + C$ mit einer Konstanten C, die sich aus den Anfangsbedingungen $\varphi(0) = \alpha$ und $\dot\varphi(0) = 0$ zu $C = -2g\cos\alpha$ ergibt; wir erhalten also

(3) $\qquad \ell\dot\varphi^2 = 2g(\cos\varphi - \cos\alpha).$

Einsetzen von (3) in (2) liefert dann

(4) $\qquad S = mg(3\cos\varphi - 2\cos\alpha).$

Wir halten noch fest, daß die Bahngeschwindigkeit v gegeben ist durch

(5) $\qquad v^2 = \ell^2\dot\varphi^2 = 2g\ell(\cos\varphi - \cos\alpha).$

Im zweiten Teil der Bewegung haben wir

$$\begin{bmatrix} x \\ y \end{bmatrix} = \begin{bmatrix} 0 \\ -\ell + r \end{bmatrix} + r \begin{bmatrix} -\sin\varphi \\ -\cos\varphi \end{bmatrix}, \quad \begin{bmatrix} \dot x \\ \dot y \end{bmatrix} = r\dot\varphi \begin{bmatrix} -\cos\varphi \\ \sin\varphi \end{bmatrix}$$

und

$$\begin{bmatrix} \ddot x \\ \ddot y \end{bmatrix} = r\ddot\varphi \begin{bmatrix} -\cos\varphi \\ \sin\varphi \end{bmatrix} + r\dot\varphi^2 \begin{bmatrix} \sin\varphi \\ \cos\varphi \end{bmatrix};$$

das Newtonsche Grundgesetz lautet dann

$$mr\ddot\varphi \begin{bmatrix} -\cos\varphi \\ \sin\varphi \end{bmatrix} + mr\dot\varphi^2 \begin{bmatrix} \sin\varphi \\ \cos\varphi \end{bmatrix} = S \begin{bmatrix} \sin\varphi \\ \cos\varphi \end{bmatrix} + \begin{bmatrix} 0 \\ -mg \end{bmatrix},$$

wenn S die im Faden wirkende Kraft bezeichnet. Durch Zerlegung in Tangential- und Radialkomponente geht diese Vektorgleichung über in die beiden skalaren Gleichungen

(6) $\qquad r\ddot\varphi = -g\sin\varphi \quad$ und

(7) $\qquad S = mg\cos\varphi + mr\dot\varphi^2.$

Gleichung (6) läßt sich wieder integrieren, und zwar in der Form $r\dot\varphi^2 = 2g\cos\varphi + D$ mit einer Integrationskonstanten D. Die Bahngeschwindigkeit $v_\star$ beim Passieren des tiefsten Punktes ist einerseits gegeben durch $v_\star^2 = r^2\dot\varphi^2 = rD + 2gr\cos\varphi$ für $\varphi = 0$, nach (5) andererseits durch $v_\star^2 = 2g\ell(1 - \cos\alpha)$. Die Integrationskonstante D ergibt sich also aus der Gleichung $rD + 2gr = 2g\ell(1 - \cos\alpha)$ zu $D = -2g + (2g\ell/r)(1 - \cos\alpha)$; Einsetzen in die Gleichung $r\dot\varphi^2 = 2g\cos\varphi + D$ liefert dann

$$(8) \qquad r\dot\varphi^2 = 2g\cos\varphi + \frac{2g\ell}{r}(1 - \cos\alpha) - 2g.$$

Einsetzen von (8) in (7) liefert schließlich die Fadenkraft

$$(9) \qquad S = mg\left(3\cos\varphi + \frac{2\ell}{r}(1 - \cos\alpha) - 2\right).$$

Wir beachten, daß beim Passieren des tiefsten Punktes die Fadenkraft eine Unstetigkeit aufweist; subtrahieren wir vom Wert (9) für $\varphi = 0$ den Wert (4) mit $\varphi = 0$, so ergibt sich der Sprung

$$(10) \quad \Delta S = S_{\text{nachher}} - S_{\text{vorher}} = 2mg(1 - \cos\alpha)\left[\frac{\ell}{r} - 1\right].$$

Alle zur Beschreibung der Bewegung notwendigen Informationen stehen jetzt bereit, und wir können die Fragen der Aufgabe beantworten.

(a) Damit die Masse gerade noch den Punkt P erreicht, muß für $\varphi = \pi$ die Fadenkraft den Wert Null annehmen; nach (9) ist dies der Fall für

$$\frac{2\ell}{r}(1 - \cos\alpha) = 5 \quad \text{bzw.} \quad \cos\alpha = 1 - \frac{5r}{2\ell}.$$

(b) Der Verlauf der Fadenkraft ist bereits in den Gleichungen (4) und (9) angegeben; mit dem in (a) erhaltenen Wert für α ergibt sich nach (10) der Sprung

$$\Delta S = 5mg\left(1 - \frac{r}{\ell}\right)$$

zwischen den beiden Phasen der Bewegung.

Lösung (120.20) (a) Zählen wir die x-Koordinate von der Wand aus und bezeichnen wir mit ℓ_0 die ungedehnte Federlänge, mit k die Federsteifigkeit und mit d die Dämpfungskonstante, so erhalten wir die Gleichung

$$m\ddot x(t) = -k\big(x(t) - \ell_0\big) - d\dot x(t),$$

mit $y := x - \ell_0$ also

$$m\ddot y(t) + d\dot y(t) + ky(t) = 0.$$

(Der Übergang von x zu y bedeutet einfach eine Verschiebung der Koordinatenachse; die Auslenkung wird nicht mehr von der Wand aus gemessen, sondern von der Ruhelage der Feder in ihrer ungedehnten Länge aus.)

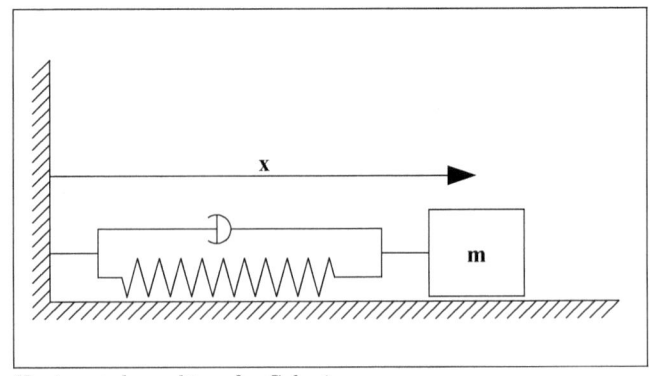

Horizontale gedämpfte Schwingung.

(b) Im Fall einer senkrechten Bewegung kommt neben der Rückstellkraft der Feder und der Dämpfungskraft als weitere Kraft die Schwerkraft hinzu. Zählen wir also die x-Koordinate von der Decke aus, so erhalten wir die Gleichung

$$m\ddot x(t) = -k\big(x(t) - \ell_0\big) - d\dot x(t) + mg.$$

(Wir müssen uns das obige Bild nur um 90^0 im Uhrzeigersinn gedreht denken.) Mit $y := x - (\ell_0 - mg/k)$ nimmt die Bewegungsgleichung dann die gleiche Form wie in (a) an, nämlich

$$m\ddot y(t) + d\dot y(t) + ky(t) = 0.$$

Sowohl in (a) als auch in (b) erhalten wir also als Bewegungsgleichung eine lineare Differentialgleichung mit konstanten Koeffizienten, die jeweils homogen ist, wenn die Positionskoordinate von der Ruhelage der Feder aus gezählt wird.

Lösung (120.21) Betrachten wir ganz allgemein eine Punktmasse m, die mit N verschiedenen Federn mit den Befestigungspunkten p_i, den Federsteifigkeiten k_i, den Dämpfungskonstanten d_i und den ungedehnten Federlängen ℓ_i verbunden ist, so erhalten wir die Bewegungsgleichung

$$m\ddot x = \sum_{i=1}^N \left(-k_i\big(\|x - p_i\| - \ell_i\big) - d_i\langle \dot x, \frac{x - p_i}{\|x - p_i\|}\rangle\right)\frac{x - p_i}{\|x - p_i\|}$$

(wobei $x(t)$ den Positionsvektor der Masse zur Zeit t bezeichnet), denn die Rückstellkraft der i-ten Feder ist proportional zur Federdehnung $\|x - p_i\| - \ell_i$, ihre Dämpfungskraft ist proportional zur Geschwindigkeitskomponente $\langle \dot x, (x - p_i)/\|x - p_i\|\rangle$ in Federrichtung, und beide Kräfte wirken in Richtung der i-ten Feder. In unserem speziellen Fall ist $N = 4$, und die Befestigungspunkte sind $P_1 = (r, 0)$, $P_2 = (0, r)$, $P_3 = (-r, 0)$ und $P_4 = (0, -r)$, wenn r den Kreisradius bezeichnet. Die Bewegungsgleichung lautet dann

$$m \begin{bmatrix} \ddot{x} \\ \ddot{y} \end{bmatrix} = \sum_{i=1}^{4} F_i + \sum_{i=1}^{4} D_i$$

mit den Federkräften

$$F_1 = -k_1 \cdot \frac{\sqrt{(x-r)^2+y^2} - \ell_1}{\sqrt{(x-r)^2+y^2}} \begin{bmatrix} x-r \\ y \end{bmatrix},$$

$$F_2 = -k_2 \cdot \frac{\sqrt{x^2+(y-r)^2} - \ell_2}{\sqrt{x^2+(y-r)^2}} \begin{bmatrix} x \\ y-r \end{bmatrix},$$

$$F_3 = -k_3 \cdot \frac{\sqrt{(x+r)^2+y^2} - \ell_3}{\sqrt{(x+r)^2+y^2}} \begin{bmatrix} x+r \\ y \end{bmatrix},$$

$$F_4 = -k_4 \cdot \frac{\sqrt{x^2+(y+r)^2} - \ell_4}{\sqrt{x^2+(y+r)^2}} \begin{bmatrix} x \\ y+r \end{bmatrix}$$

und den Dämpfungskräften

$$D_1 = -d_1 \cdot \frac{\dot{x}(x-r) + \dot{y}y}{(x-r)^2 + y^2} \begin{bmatrix} x-r \\ y \end{bmatrix},$$

$$D_2 = -d_2 \cdot \frac{\dot{x}x + \dot{y}(y-r)}{x^2 + (y-r)^2} \begin{bmatrix} x \\ y-r \end{bmatrix},$$

$$D_3 = -d_3 \cdot \frac{\dot{x}(x+r) + \dot{y}y}{(x+r)^2 + y^2} \begin{bmatrix} x+r \\ y \end{bmatrix},$$

$$D_4 = -d_4 \cdot \frac{\dot{x}x + \dot{y}(y+r)}{x^2 + (y+r)^2} \begin{bmatrix} x \\ y+r \end{bmatrix}.$$

Hierbei handelt es sich um ein sehr unangenehmes, hochgradig nichtlineares System zweier gekoppelter Differentialgleichungen für die Funktionen $t \mapsto x(t)$ und $t \mapsto y(t)$.

Lösung (120.22) Wir betrachten gleich den gedämpften Fall; der ungedämpfte Fall ergibt sich dann einfach durch Nullsetzen der Dämpfungskonstanten d. Befindet sich die Masse m in der Position x, so hat nach dem Satz des Pythagoras jede der beiden Federn die Länge $\sqrt{x^2+a^2}$; nach dem Hookeschen Gesetz ist die Rückstellkraft in jeder der beiden Federn dann $k(\sqrt{x^2+a^2} - \ell_0)$. Bezeichnet $\varphi = \varphi(t)$ den Winkel, den jede der beiden Federn gegenüber der Vertikalen einnimmt, so liefert das Newtonsche Grundgesetz ("Kraft gleich Masse mal Beschleunigung") die Gleichung

$$m\ddot{x} = mg - 2k(\sqrt{x^2+a^2} - \ell_0)\cos\varphi - 2d\dot{x}\cos\varphi,$$

da die Dämpfungskraft proportional zum Anteil der Geschwindigkeit in Federrichtung ist. (Der Dämpfer "spürt" ja nur die Geschwindigkeitskomponente in Federrichtung). Mit $\cos\varphi = x/\sqrt{x^2+a^2}$ geht diese Gleichung über in

$$m\ddot{x} = mg - 2kx + \frac{2k\ell_0 x}{\sqrt{x^2+a^2}} - \frac{2d\dot{x}x}{\sqrt{x^2+a^2}}.$$

Lösung (120.23) Die Geometrie dieser Aufgabe stimmt völlig mit der in Aufgabe (120.16) überein; wir können also den dort erhaltenen Ausdruck für die Beschleunigung unmittelbar übernehmen. Einzige Änderung: statt der Seilkraft S haben wir die Federkraft F, die den Betrag $k(\ell-r) = kr(2\cos(\varphi)-1)$ hat (gezählt in Richtung des Vektors $(-\sin(\varphi), \cos(\varphi))^T$). Die Bewegungsgleichung lautet dann $2m_1 r\ddot{\varphi} = -m_1 g\sin(2\varphi) + F\sin(\varphi)$, also

$$2m_1 r\ddot{\varphi} = -m_1 g\sin(2\varphi) + kr\sin(\varphi)(2\cos(\varphi) - 1).$$

Lösung (120.24) Wir haben

$$\begin{bmatrix} x \\ y \end{bmatrix} = \begin{bmatrix} r\sin\varphi \\ -r\cos\varphi \end{bmatrix}, \quad \begin{bmatrix} \dot{x} \\ \dot{y} \end{bmatrix} = r\dot{\varphi}\begin{bmatrix} \cos\varphi \\ \sin\varphi \end{bmatrix} \quad \text{und}$$

$$\begin{bmatrix} \ddot{x} \\ \ddot{y} \end{bmatrix} = r\ddot{\varphi}\begin{bmatrix} \cos\varphi \\ \sin\varphi \end{bmatrix} + r\dot{\varphi}^2\begin{bmatrix} -\sin\varphi \\ \cos\varphi \end{bmatrix}.$$

Anwendung des Newtonschen Grundgesetzes ("Masse mal Beschleunigung gleich Kraft") liefert also

$$(\star) \quad mr\ddot{\varphi}\begin{bmatrix} \cos\varphi \\ \sin\varphi \end{bmatrix} + mr\dot{\varphi}^2\begin{bmatrix} -\sin\varphi \\ \cos\varphi \end{bmatrix}$$
$$= \begin{bmatrix} 0 \\ -mg \end{bmatrix} + N\begin{bmatrix} -\sin\varphi \\ \cos\varphi \end{bmatrix} + \vec{F_1} + \vec{F_2}$$

mit den Federkräften

$$\vec{F_1} = -k_1\left(\|\overrightarrow{AP}\| - \ell_1\right)\frac{\overrightarrow{AP}}{\|\overrightarrow{AP}\|} \quad \text{und}$$

$$\vec{F_2} = -k_2\left(\|\overrightarrow{BP}\| - \ell_2\right)\frac{\overrightarrow{BP}}{\|\overrightarrow{BP}\|},$$

wenn wir mit k_1, k_2 die Federkonstanten und mit ℓ_1, ℓ_2 die ungedehnten Federlängen bezeichnen. Wegen

$$\overrightarrow{AP} = r\begin{bmatrix} \sin\varphi + 1 \\ -\cos\varphi \end{bmatrix} \quad \text{und} \quad \overrightarrow{BP} = r\begin{bmatrix} \sin\varphi - 1 \\ -\cos\varphi \end{bmatrix}$$

haben wir

$$\|\overrightarrow{AP}\| = r\sqrt{1 + 2\sin\varphi + \sin^2\varphi + \cos^2\varphi} = r\sqrt{2}\sqrt{1+\sin\varphi},$$

$$\|\overrightarrow{BP}\| = r\sqrt{\sin^2\varphi - 2\sin\varphi + 1 + \cos^2\varphi} = r\sqrt{2}\sqrt{1-\sin\varphi}$$

und damit

$$\vec{F_1} = -k_1 \cdot \frac{r\sqrt{2}\sqrt{1+\sin\varphi} - \ell_1}{\sqrt{2}\sqrt{1+\sin\varphi}} \cdot \begin{bmatrix} 1+\sin\varphi \\ -\cos\varphi \end{bmatrix},$$

$$\vec{F_2} = -k_2 \cdot \frac{r\sqrt{2}\sqrt{1-\sin\varphi} - \ell_2}{\sqrt{2}\sqrt{1-\sin\varphi}} \cdot \begin{bmatrix} -1+\sin\varphi \\ -\cos\varphi \end{bmatrix}.$$

Mit $k_1 = k_2 =: k$ und $\ell_1 = \ell_2 =: \ell$ erhalten wir

$$\vec{F_1} + \vec{F_2} = 2kr\begin{bmatrix} -\sin\varphi \\ \cos\varphi \end{bmatrix} - \frac{k\ell}{\sqrt{2}}\begin{bmatrix} \sqrt{1-\sin\varphi} - \sqrt{1+\sin\varphi} \\ \sqrt{1-\sin\varphi} + \sqrt{1+\sin\varphi} \end{bmatrix}.$$

Bilden wir auf beiden Seiten der Gleichung (⋆) das Skalarprodukt mit $(\cos\varphi, \sin\varphi)^T$, so ergibt sich die Bewegungsgleichung

$$\begin{aligned} mr\ddot\varphi &= -mg\sin\varphi \\ &\quad - (k\ell/\sqrt{2})\bigl(\sqrt{1-\sin\varphi} - \sqrt{1+\sin\varphi}\bigr)\cos\varphi \\ &\quad - (k\ell/\sqrt{2})\bigl(\sqrt{1-\sin\varphi} + \sqrt{1+\sin\varphi}\bigr)\sin\varphi. \end{aligned}$$

Aus dieser Gleichung (und vorgegebenen Anfangswerten $\varphi(0)$ und $\dot\varphi(0)$) läßt sich im Prinzip die Funktion $t\mapsto\varphi(t)$ bestimmen. Ist diese bekannt, so läßt sich der Normalkraftverlauf ermitteln, indem man auf beiden Seiten der Gleichung (⋆) das Skalarprodukt mit $(-\sin\varphi,\cos\varphi)^T$ bildet; es ergibt sich

$$\begin{aligned} mr\dot\varphi^2 &= -mg\cos\varphi + N + 2kr \\ &\quad + (k\ell/\sqrt{2})\bigl(\sqrt{1-\sin\varphi} - \sqrt{1+\sin\varphi}\bigr)\sin\varphi \\ &\quad - (k\ell/\sqrt{2})\bigl(\sqrt{1-\sin\varphi} + \sqrt{1+\sin\varphi}\bigr)\cos\varphi, \end{aligned}$$

und diese Gleichung läßt sich nach N auflösen.

Lösung (120.25) Die Energie der Ellipsenbahn mit großer Halbachse a ist $-\Gamma Mm/(2a)$, wobei M die Masse des Zentralkörpers, m die Satellitenmasse und $\Gamma = 6.67\cdot 10^{-11}\,\text{m}^3/(\text{kg}\,\text{s}^2)$ die universelle Gravitationskonstante bezeichnet. Der Energieerhaltungssatz zeigt dann, daß zu jedem Zeitpunkt die Gleichung

$$-\frac{\Gamma Mm}{2a} = \frac{mv^2}{2} - \frac{\Gamma Mm}{r}$$

gilt, wenn r die Entfernung von m zum Kraftzentrum und v die Bahngeschwindigkeit bedeutet. Umstellen liefert die Gleichung

$$v^2 = \Gamma M\left(\frac{2}{r} - \frac{1}{a}\right),$$

die gelegentlich als **vis-viva-Gleichung** bezeichnet wird. (Dabei ist "vis viva" eine alte Bezeichnung für die kinetische Energie.) Im Perizentrum P ist nun $r = a(1-\varepsilon)$, im Apozentrum A dagegen $r = a(1+\varepsilon)$, wenn ε die Exzentrizität der Bahn bezeichnet. Wir erhalten daher

$$\begin{aligned} v_P^2 &= \Gamma M\left(\frac{2}{a(1-\varepsilon)} - \frac{1}{a}\right) = \frac{\Gamma M}{a}\cdot\frac{1+\varepsilon}{1-\varepsilon} \quad\text{und}\\ v_A^2 &= \Gamma M\left(\frac{2}{a(1+\varepsilon)} - \frac{1}{a}\right) = \frac{\Gamma M}{a}\cdot\frac{1-\varepsilon}{1+\varepsilon}. \end{aligned}$$

(Die Bahngeschwindigkeit ist im Perizentrum am größten, im Apozentrum am kleinsten. Weltraumteleskope haben daher stark elliptische Bahnen, um lange Beobachtungszeiten zu ermöglichen, während die für die Sicherung des laufenden Betriebs nötigen Zeiten in Erdnähe kurz sind.)

Lösung (120.26) (a) Wir schreiben kurz $\mu := \Gamma M$. Die Geschwindigkeiten der beiden Kreisbahnen K_1 und K_2 sind dann gegeben durch

$$v_1^2 = \frac{\mu}{r_1} \quad\text{und}\quad v_2^2 = \frac{\mu}{r_2}.$$

Die Übergangsbahn E hat die große Halbachse $a = (r_1+r_2)/2$ und den Perizentrumsabstand $a(1-\varepsilon) = r_1$, also die Exzentrizität $\varepsilon = (a-r_1)/a = (r_1+r_2-2r_1)/(r_1+r_2) = (r_2-r_1)/(r_2+r_1)$. Die Perizentrumsgeschwindigkeit v_P und die Apozentrumsgeschwindigkeit v_A von E sind dann gegeben durch

$$v_P^2 = \frac{\mu}{a}\cdot\frac{1+\varepsilon}{1-\varepsilon} = \frac{2\mu}{r_1+r_2}\cdot\frac{1+\dfrac{r_2-r_1}{r_2+r_1}}{1-\dfrac{r_2-r_1}{r_2+r_1}} = \frac{2\mu}{r_1+r_2}\cdot\frac{r_2}{r_1}$$

bzw.

$$v_A^2 = \frac{\mu}{a}\cdot\frac{1-\varepsilon}{1+\varepsilon} = \frac{2\mu}{r_1+r_2}\cdot\frac{1-\dfrac{r_2-r_1}{r_2+r_1}}{1+\dfrac{r_2-r_1}{r_2+r_1}} = \frac{2\mu}{r_1+r_2}\cdot\frac{r_1}{r_2}.$$

Die benötigten Geschwindigkeitsinkremente sind daher

$$\begin{aligned} \Delta v_1 &= v_P - v_1 = \sqrt{\frac{2\mu}{r_1+r_2}}\sqrt{\frac{r_2}{r_1}} - \sqrt{\frac{\mu}{r_1}} \quad\text{und}\\ \Delta v_2 &= v_2 - v_A = \sqrt{\frac{\mu}{r_2}} - \sqrt{\frac{2\mu}{r_1+r_2}}\sqrt{\frac{r_1}{r_2}}. \end{aligned}$$

Um dies etwas übersichtlicher darzustellen, betrachten wir das Verhältnis $q := r_2/r_1$ und erhalten

$$\begin{aligned} \Delta v_1 &= \sqrt{\frac{\mu}{r_1}}\left(\sqrt{\frac{2q}{1+q}} - 1\right) \quad\text{und}\\ \Delta v_2 &= \sqrt{\frac{\mu}{r_1}}\left(\sqrt{\frac{1}{q}} - \sqrt{\frac{2}{1+q}}\sqrt{\frac{1}{q}}\right). \end{aligned}$$

Der Gesamtgeschwindigkeitsbedarf relativ zur Ausgangsgeschwindigkeit ist also

$$\frac{\Delta v_1 + \Delta v_2}{v_1} = \sqrt{\frac{2q}{1+q}}\left(1-\frac{1}{q}\right) + \sqrt{\frac{1}{q}} - 1.$$

(b) Nach dem dritten Keplerschen Gesetz ist die Umlaufzeit T einer Ellipsenbahn mit großer Halbachse a gegeben durch die Gleichung

$$\frac{a^3}{T^2} = \frac{\Gamma M}{4\pi^2}.$$

Die Dauer des Hohmann-Transfers ist nun genau die *halbe* Umlaufzeit einer Ellipse mit $a = (r_1+r_2)/2$, also

$$T_{\text{Hohmann}} = \frac{\pi}{\sqrt{\Gamma M}}\left(\frac{r_1+r_2}{2}\right)^{3/2} = \frac{\pi(r_1+r_2)^{3/2}}{2\sqrt{2}\sqrt{\Gamma M}}.$$

Lösung (120.27) Bezeichnet $q := r_2/r_1$ das Verhältnis der beiden Bahnradien, so ist nach der vorigen Aufgabe der Gesamtgeschwindigkeitsbedarf relativ zur Ausgangsgeschwindigkeit gegeben durch die Funktion

$$f(q) := \sqrt{\frac{2q}{1+q}}\left(1-\frac{1}{q}\right) + \sqrt{\frac{1}{q}} - 1.$$

120. Beispiele aus der Mechanik

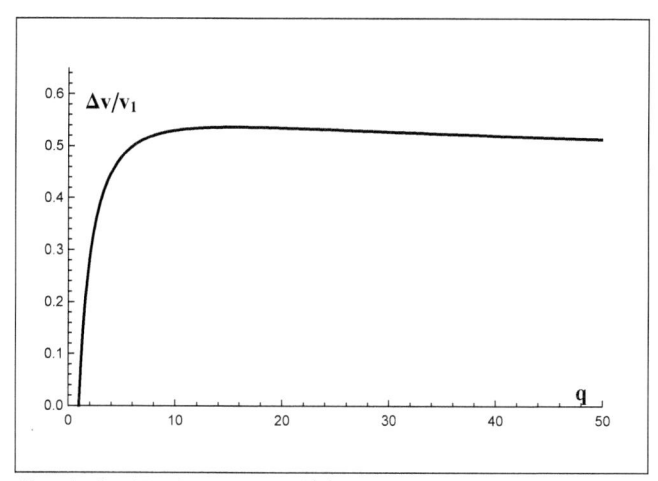

Graph der Funktion $q \mapsto f(q)$.

Wir sehen $f(1) = 0$ (wenn die Ausgangsbahn schon mit der Zielbahn übereinstimmt, ist kein Aufwand nötig) sowie $f(q) \to \sqrt{2} - 1$ für $q \to \infty$. Die Ableitung von f ergibt sich nach einigem Umformen zu

$$f'(q) = \frac{\sqrt{2}(3q+1) - (q+1)^{3/2}}{2q^{3/2}(q+1)^{3/2}}.$$

Nullsetzen führt auf die Gleichung $(q+1)^3 = 2(3q+1)^2$ bzw. $q^3 - 15q^2 - 9q - 1 = 0$; diese besitzt eine einzige positive Lösung $q^\star \approx 15.5817$. Geht man also von einer Kreisbahn mit gegebenen Radius r_1 aus, so wächst der Geschwindigkeitsbedarf des Hohmann-Transfers für wachsende Werte von r_2 zunächst an, bis der Wert $r_2 \approx 15.5817\, r_1$ erreicht ist, und nimmt dann wieder ab.

Lösung (120.28) (a) Wir bezeichnen für $i = 1, 2$ mit a_i die große Halbachse, mit ε_i die Exzentrizität, mit v_i^{peri} die Perizentrumsgeschwindigkeit und mit v_i^{apo} die Apozentrumsgeschwindigkeit der Bahn E_i. Dabei kann $a := a_1 > r_2$ frei gewählt werden; die anderen Parameter ergeben sich dann aus den Gleichungen $r_1 = a_1(1-\varepsilon_1)$, $a_2 = (2a_1 + r_2 - r_1)/2$ und $r_2 = a_2(1-\varepsilon_2)$ zu

$$\varepsilon_1 = (a - r_1)/a,$$
$$a_2 = (2a + r_2 - r_1)/2,$$
$$\varepsilon_2 = (2a - r_1 - r_2)/(2a - r_1 + r_2).$$

(b) Wir bezeichnen mit v_1 und v_2 wieder die Geschwindigkeiten der Kreisbahnen K_1 und K_2 und schreiben $\mu := \Gamma M$. Die Geschwindigkeitsinkremente Δv_i sind dann festgelegt durch die Bedingungen

$$\Delta v_1 = v_1^{\text{peri}} - v_1 = \sqrt{\frac{\mu}{a_1}} \sqrt{\frac{1+\varepsilon_1}{1-\varepsilon_1}} - \sqrt{\frac{\mu}{r_1}},$$
$$\Delta v_2 = v_2^{\text{apo}} - v_1^{\text{apo}} = \sqrt{\frac{\mu}{a_2}} \sqrt{\frac{1-\varepsilon_2}{1+\varepsilon_2}} - \sqrt{\frac{\mu}{a_1}} \sqrt{\frac{1-\varepsilon_1}{1+\varepsilon_1}},$$
$$\Delta v_3 = v_2^{\text{peri}} - v_2 = \sqrt{\frac{\mu}{a_2}} \sqrt{\frac{1+\varepsilon_2}{1-\varepsilon_2}} - \sqrt{\frac{\mu}{r_2}}.$$

Der Gesamtgeschwindigkeitsbedarf ist dann

$$\sum_{i=1}^{3} \Delta v_i = \sqrt{\frac{\mu}{a_1}} \left(\sqrt{\frac{1+\varepsilon_1}{1-\varepsilon_1}} - \sqrt{\frac{1-\varepsilon_1}{1+\varepsilon_1}} \right)$$
$$+ \sqrt{\frac{\mu}{a_2}} \left(\sqrt{\frac{1-\varepsilon_2}{1+\varepsilon_2}} + \sqrt{\frac{1+\varepsilon_2}{1-\varepsilon_2}} \right)$$
$$- \sqrt{\frac{\mu}{r_1}} - \sqrt{\frac{\mu}{r_2}};$$

damit ist $\Delta v_1 + \Delta v_2 + \Delta v_3$ gegeben durch

$$\sqrt{\frac{\mu}{a_1}} \cdot \frac{2\varepsilon_1}{\sqrt{1-\varepsilon_1^2}} + \sqrt{\frac{\mu}{a_2}} \cdot \frac{2}{\sqrt{1-\varepsilon_2^2}} - \sqrt{\frac{\mu}{r_1}} - \sqrt{\frac{\mu}{r_2}}.$$

Einsetzen der Ergebnisse aus (a) liefert nach einigem Vereinfachen dann

$$\sum_{i=1}^{3} \Delta v_i = \sqrt{\frac{\mu}{a}} \cdot \frac{2(a-r_1)}{\sqrt{2ar_1 - r_1^2}}$$
$$+ \sqrt{2\mu} \cdot \sqrt{\frac{2a + r_2 - r_1}{r_2(2a - r_1)}}$$
$$- \sqrt{\frac{\mu}{r_1}} - \sqrt{\frac{\mu}{r_2}}.$$

(c) Nach dem dritten Keplerschen Gesetz ist die Dauer des bielliptischen Transfers (als Summe der halben Umlaufzeiten von E_1 und E_2) gegeben durch

$$\frac{\pi a_1^{3/2}}{\sqrt{\Gamma M}} + \frac{\pi a_2^{3/2}}{\sqrt{\Gamma M}} = \pi \cdot \frac{(2a)^{3/2} + (2a + r_2 - r_1)^{3/2}}{2\sqrt{2} \cdot \sqrt{\Gamma M}}.$$

(d) Um die beiden Arten von Bahnmanövern zu vergleichen, ist es sinnvoll, die Abkürzungen $q := r_2/r_1$ und $x := a/r_1$ einzuführen. Mit diesen geht das in (b) erhaltene Ergebnis über in

$$\frac{\sum_{i=1}^{3} \Delta v_i}{\sqrt{\mu/r_1}} = \frac{2(x-1)}{\sqrt{x(2x-1)}} + \sqrt{\frac{4x + 2q - 2}{q(2x-1)}} - 1 - \frac{1}{\sqrt{q}};$$

der Quotient

$$\frac{\text{Gesamt-}\Delta v \text{ beim bielliptischen Transfer}}{\text{Gesamt-}\Delta v \text{ beim Hohmann-Transfer}}$$

ist dann

$$\frac{\dfrac{2(x-1)}{\sqrt{x(2x-1)}} + \sqrt{\dfrac{4x+2q-2}{q(2x-1)}} - 1 - \dfrac{1}{\sqrt{q}}}{\sqrt{\dfrac{2q}{1+q}}\left(1 - \dfrac{1}{q}\right) + \sqrt{\dfrac{1}{q}} - 1}.$$

Für $x \to \infty$ geht dieser Ausdruck über in

$$\frac{\sqrt{2} + \sqrt{\dfrac{2}{q}} - 1 - \dfrac{1}{\sqrt{q}}}{\sqrt{\dfrac{2q}{1+q}}\left(1 - \dfrac{1}{q}\right) + \sqrt{\dfrac{1}{q}} - 1}$$

$$= \frac{(\sqrt{2}-1)(\sqrt{q}+1)\sqrt{q+1}}{\sqrt{2}(q-1) + (1-\sqrt{q})\sqrt{q+1}}.$$

Eine etwas mühselige Rechnung zeigt, daß der zuletzt erhaltene Ausdruck genau dann kleiner als 1 ist, wenn

$$q^3 - (7+4\sqrt{2})q^2 + (3+4\sqrt{2})q - 1 > 0$$

gilt, was für $q > \hat{q} \approx 11.9388$ der Fall ist. Sobald also $q > \hat{q}$ gilt, kann man durch genügend große Wahl von x (also der Halbachse a) erreichen, daß der bielliptische Transfer treibstoffsparender ist als der Hohmann-Transfer. Der Preis, den man dafür bezahlt, sind lange Flugzeiten, denn der Quotient

$$\frac{\text{Dauer des bielliptischen Transfers}}{\text{Dauer des Hohmann-Transfers}}$$
$$= \left(\frac{2a}{r_1+r_2}\right)^{3/2} + \left(\frac{2a+r_2-r_1}{r_1+r_2}\right)^{3/2}$$
$$= \left(\frac{2x}{1+q}\right)^{3/2} + \left(\frac{2x+q-1}{1+q}\right)^{3/2}$$

wächst mit x streng monoton an.

Lösung (120.29) Die Dauer des Hohmann-Transfers ist

$$\frac{\pi}{\sqrt{\Gamma M}}\left(\frac{r_1+r_2}{2}\right)^{3/2}.$$

Die Flugzeit der Raumstation bis zum Erreichen des Punktes P ist $(\pi-\alpha)/(2\pi)$ mal die (nach dem dritten Keplerschen Gesetz bekannte) Umlaufzeit der Kreisbahn mit Radius r_2, nämlich

$$\frac{\pi-\alpha}{2\pi} \cdot \frac{2\pi r_2^{3/2}}{\sqrt{\Gamma M}} = \frac{(\pi-\alpha)r_2^{3/2}}{\sqrt{\Gamma M}}.$$

Gleichsetzen liefert $\pi\bigl((r_1+r_2)/2\bigr)^{3/2} = (\pi-\alpha)r_2^{3/2}$, also $\pi-\alpha = \pi\bigl((r_1+r_2)/(2r_2)\bigr)^{3/2}$ und damit

$$\alpha = \pi\left(1-\left(\frac{r_1+r_2}{2r_2}\right)^{3/2}\right).$$

(b) Die Energie der Kreisbahn mit Radius r_1 ist $-\Gamma Mm/(2r_1)$, die Energie der Ellipsenbahn ist dagegen $-\Gamma Mm/(2a) = -\Gamma Mm/(r_1+r_2)$. Die aufzubringende Energieänderung ist also

$$\Delta E = -\frac{\Gamma Mm}{r_1+r_2} + \frac{\Gamma Mm}{2r_1} = \Gamma Mm \cdot \frac{r_2-r_1}{2r_1(r_1+r_2)} > 0.$$

Lösung (120.30) Mit der Masse m, der Energie E, dem Drehimpuls D und der Konstanten C im Kraftpotential gelten die Beziehungen

$$\varepsilon^2 - 1 = \frac{2ED^2}{mC^2} \quad \text{und} \quad p = \frac{D^2}{mC}.$$

Ist v die Geschwindigkeit auf der Ellipsenbahn zur Zeit des Manövers und $v+\Delta v$ die Geschwindigkeit auf der Parabelbahn unmittelbar nach dem Manöver, so gelten aufgrund des Energieerhaltungssatzes die Gleichungen

$$\frac{mv^2}{2} - \frac{C}{r} = C\frac{\varepsilon^2-1}{2p} \quad \text{und} \quad \frac{m(v+\Delta v)^2}{2} - \frac{C}{r} = 0$$

(denn die Energie einer Parabelbahn ist Null). Subtrahieren wir diese Gleichungen voneinander, so ergibt sich

$$mv\Delta v + \frac{m(\Delta v)^2}{2} = \frac{m(v+\Delta v)^2 - mv^2}{2} = C\frac{1-\varepsilon^2}{2p}$$

und damit

$$(\Delta v)^2 + 2v\Delta v - C\frac{1-\varepsilon^2}{mp} = 0.$$

Auflösen dieser quadratischen Gleichung nach Δv liefert

$$\Delta v = -v + \sqrt{v^2 + C(1-\varepsilon^2)/(mp)}.$$

(Die zweite Lösung der quadratischen Gleichung entfällt.) Dieser Ausdruck fällt monoton in v; also ist Δv genau dann minimal, wenn v maximal ist, wenn also r minimal und damit durch $r = p/(1+\varepsilon)$ gegeben ist. (Dann gilt $\varphi = 0$.)

Lösung (120.31) Da die Normalkraft gegeben ist durch $N = mg$, hat die Reibungskraft den konstanten Betrag $\mu N = \mu mg$. Zählen wir eine x-Koordinate in Bewegungsrichtung, so nimmt das Newtonsche Grundgesetz die Form $m\ddot{x} = -\mu mg$ bzw. $\ddot{x} = -\mu g$ an. Wählen wir die Anfangszeit und den Anfangsort so, daß $x(0) = 0$ gilt, so gelten die Gleichungen

$$\ddot{x}(t) = -\mu g,$$
$$\dot{x}(t) = -\mu g t + v,$$
$$x(t) = -\mu g t^2/2 + vt.$$

Die Zeit T, zu der die Masse zur Ruhe kommt, ist gegeben durch die Bedingung $\dot{x}(T) = 0$, also $T = v/(\mu g)$. Es gilt dann $s = x(T) = x\bigl(v/(\mu g)\bigr) = v^2/(2\mu g)$. Auflösen dieser Gleichung nach μ ergibt

$$\mu = \frac{v^2}{2gs}.$$

Beachte: Diese Aufgabe zeigt eine Möglichkeit auf, den Gleitreibungskoeffizienten μ experimentell zu bestimmen.

Lösung (120.32) Auf die Masse m wirken die Gewichtskraft, die von der schiefen Ebene herrührende Normalkraft N sowie die Reibungskraft $R = \mu N$ entgegen der Bewegungsrichtung. Zählen wir also die Koordinate x in Richtung der schiefen Ebene bergauf und die Koordinate

---

Aufgaben zu »Beispiele aus der Mechanik« siehe Seite 88

y senkrecht zur schiefen Ebene, so gilt nach dem Newtonschem Grundgesetz die Gleichung

$$m \begin{bmatrix} \ddot{x} \\ \ddot{y} \end{bmatrix} = \begin{bmatrix} -mg\sin\alpha - \mu N \operatorname{sign}(\dot{x}) \\ N - mg\cos\alpha \end{bmatrix}.$$

Wegen $y(t) \equiv 0$ hat die Normalkraft den konstanten Wert $N = mg\cos\alpha$; die Bewegungsgleichung reduziert sich daher auf die skalare Gleichung

$$\ddot{x} = -g\sin\alpha - \mu g\cos\alpha \operatorname{sign}(\dot{x}).$$

(a) Wir betrachten zunächst die Aufwärtsbewegung. Während dieser gilt $\dot{x} > 0$, folglich

$$\begin{aligned}
\ddot{x}(t) &= -g(\sin\alpha + \mu\cos\alpha), \\
\dot{x}(t) &= -g(\sin\alpha + \mu\cos\alpha)t + v_0, \\
x(t) &= -(g/2)(\sin\alpha + \mu\cos\alpha)t^2 + v_0 t.
\end{aligned}$$

Die Zeit t_1, zu der die Masse zum Stillstand kommt, ist gegeben durch die Bedingung $\dot{x}(t_1) = 0$; Auflösen dieser Gleichung nach t_1 liefert

$$t_1 = \frac{v_0}{g(\sin\alpha + \mu\cos\alpha)}.$$

(b) Die zurückgelegte Strecke ist $x(t_1)$; Einsetzen des in (a) erhaltenen Wertes t_1 in die Funktion $t \mapsto x(t)$ liefert

$$x(t_1) = \frac{v_0^2}{2g(\sin\alpha + \mu\cos\alpha)} =: \xi.$$

(c) Nach Voraussetzung gilt $\tan(\alpha) > \mu_0$; die Masse bleibt daher nicht an der schiefen Ebene haften, sondern gleitet sofort, nachdem sie zum Stillstand gekommen ist, wieder nach unten.

(d) Während des Herunterrutschens gilt $\dot{x} < 0$, folglich (wenn wir zum Moment des Stillstandes der Masse die Zeit auf $t = 0$ zurücksetzen)

$$\begin{aligned}
\ddot{x}(t) &= -g(\sin\alpha - \mu\cos\alpha), \\
\dot{x}(t) &= -g(\sin\alpha - \mu\cos\alpha)t, \\
x(t) &= -(g/2)(\sin\alpha - \mu\cos\alpha)t^2 + \xi.
\end{aligned}$$

Die Zeit t_2, die zwischen dem Beginn des Hinabgleitens und dem Erreichen der Ausgangsposition vergeht, ist gegeben durch die Bedingung $x(t_2) = 0$, also $t_2^2 = 2\xi/\bigl(g(\sin\alpha - \mu\cos\alpha)\bigr)$. Einsetzen des in (b) erhaltenen Wertes für ξ liefert dann

$$t_2 = \frac{v_0}{g\sqrt{\sin^2\alpha - \mu^2\cos^2\alpha}}.$$

(e) Es gilt

$$\frac{t_1}{t_2} = \frac{\sqrt{\sin^2\alpha - \mu^2\cos^2\alpha}}{\sin\alpha + \mu\cos\alpha} = \sqrt{\frac{\sin\alpha - \mu\cos\alpha}{\sin\alpha + \mu\cos\alpha}} < 1;$$

das Herunterrutschen dauert also länger als das Hinaufgleiten.

Lösung (120.33) Wir betrachten zunächst eine beliebige schiefe Ebene mit dem Neigungswinkel α und eine Masse m, die diese schiefe Ebene hinabgleitet (Gleitreibungskoeffizient μ). Bezeichnet x die bergab gezählte Koordinate entlang der schiefen Ebene, so gilt $m\ddot{x} = mg\sin\alpha - \mu N = mg\sin\alpha - \mu mg\cos\alpha$ und damit

$$\begin{aligned}
\ddot{x} &= g(\sin\alpha - \mu\cos\alpha), \\
\dot{x} &= gt(\sin\alpha - \mu\cos\alpha), \\
x &= (gt^2/2)(\sin\alpha - \mu\cos\alpha),
\end{aligned}$$

wenn die Anfangsgeschwindigkeit Null ist und die Anfangsposition als Koordinatenursprung gewählt wird. Die Zeit T, die benötigt wird, um den Höhenunterschied h zu bewältigen, ist dann gegeben durch $x(T) = h/\sin\alpha$; dies führt auf

$$T^2 = \frac{2h}{g\sin\alpha(\sin\alpha - \mu\cos\alpha)}.$$

In der gestellten Aufgabe ist also h_2 so zu wählen, daß

$$\frac{2h_1}{g\sin\alpha_1(\sin\alpha_1 - \mu_1\cos\alpha_1)} = \frac{2h_2}{g\sin\alpha_2(\sin\alpha_2 - \mu_2\cos\alpha_2)}$$

gilt; das bedeutet

$$h_2 = h_1 \cdot \frac{\sin\alpha_2(\sin\alpha_2 - \mu_2\cos\alpha_2)}{\sin\alpha_1(\sin\alpha_1 - \mu_1\cos\alpha_1)}.$$

(Das Ergebnis ist völlig unabhängig von den Massen m_1 und m_2.)

Lösung (120.34) (a) Zählen wir den Winkel φ von unten, so gilt einerseits

$$m \begin{bmatrix} \ddot{x} \\ \ddot{y} \end{bmatrix} = mr\ddot{\varphi} \begin{bmatrix} \cos\varphi \\ \sin\varphi \end{bmatrix} + mr\dot{\varphi}^2 \begin{bmatrix} -\sin\varphi \\ \cos\varphi \end{bmatrix},$$

andererseits

$$\begin{aligned}
F &= \begin{bmatrix} -R\cos\varphi - N\sin\varphi \\ -R\sin\varphi + N\cos\varphi - mg \end{bmatrix} \\
&= \begin{bmatrix} -\mu N\cos\varphi - N\sin\varphi \\ -\mu N\sin\varphi + N\cos\varphi - mg \end{bmatrix}.
\end{aligned}$$

Anwendung des Newtonschen Grundgesetzes (also Gleichsetzen der beiden Ausdrücke) liefert, wenn wir jeweils die Komponenten in Tangential- und Radialrichtung betrachten, die Gleichungen

$$\begin{aligned}
mr\ddot{\varphi} &= -\mu N - mg\sin\varphi, \\
mr\dot{\varphi}^2 &= N - mg\cos\varphi.
\end{aligned}$$

Die zweite Gleichung liefert

($\star$) $\qquad N = mg\cos\varphi + mr\dot\varphi^2\,;$

setzen wir dies in die erste Gleichung ein, so ergibt sich

$$mr\ddot\varphi + \mu mr\dot\varphi^2 + mg(\sin\varphi + \mu\cos\varphi) = 0.$$

(b) Wir fassen jetzt $\dot\varphi$ nicht als Funktion der Zeit t, sondern als Funktion des Winkels φ auf; nach der Kettenregel gilt dann

$$\ddot\varphi = \frac{\mathrm{d}\dot\varphi}{\mathrm{d}t} = \frac{\mathrm{d}\dot\varphi}{\mathrm{d}\varphi}\cdot\frac{\mathrm{d}\varphi}{\mathrm{d}t} = \frac{\mathrm{d}\dot\varphi}{\mathrm{d}\varphi}\cdot\dot\varphi = \frac{\mathrm{d}}{\mathrm{d}\varphi}\left(\frac{1}{2}\dot\varphi^2\right).$$

Schreiben wir also $Q(\varphi) := \dot\varphi(\varphi)^2$ und bezeichnen wir mit $Q'(\varphi)$ die Ableitung von Q nach φ, so geht die in (a) erhaltene Bewegungsgleichung über in

$$\frac{mr}{2}Q'(\varphi) + \mu mr Q(\varphi) + mg(\sin\varphi + \mu\cos\varphi) = 0$$

bzw.

$$Q'(\varphi) + 2\mu Q(\varphi) = \frac{-2g}{r}(\sin\varphi + \mu\cos\varphi).$$

Dies ist eine lineare Differentialgleichung erster Ordnung für Q; Durchmultiplizieren mit $e^{2\mu\varphi}$ liefert

$$\frac{\mathrm{d}}{\mathrm{d}\varphi}\left(Q(\varphi)e^{2\mu\varphi}\right) = \frac{-2g}{r}e^{2\mu\varphi}(\sin\varphi + \mu\cos\varphi),$$

nach Integration also

$$Q(\varphi)e^{2\mu\varphi} = \int \frac{-2g}{r}e^{2\mu\varphi}(\sin\varphi + \mu\cos\varphi)\,\mathrm{d}\varphi$$
$$= \frac{-2ge^{2\mu\varphi}}{r(4\mu^2+1)}(3\mu\sin\varphi + (2\mu^2-1)\cos\varphi) + C$$

bzw.

$$Q(\varphi) = \frac{-2g}{r}\cdot\frac{3\mu\sin\varphi + (2\mu^2-1)\cos\varphi}{4\mu^2+1} + Ce^{-2\mu\varphi}.$$

Für $\varphi = 0$ gilt $\dot\varphi = u/r$, also $Q = u^2/r^2$; als Wert für die Integrationskonstante C ergibt sich damit

$$C = \frac{u^2}{r^2} + \frac{2g}{r}\cdot\frac{2\mu^2-1}{4\mu^2+1}.$$

(c) Die Gleichung ($\star$) läßt sich in der Form

($\star\star$) $\qquad N(\varphi) = mg\cos\varphi + mrQ(\varphi)$

schreiben. Die Bedingung dafür, daß die Masse den höchsten Punkt erreicht, ist dann $N(\pi) \geq 0$, also $Q(\pi) \geq g/r$ bzw.

$$C \geq e^{2\pi\mu}\cdot\frac{g}{r}\cdot\left(1 + 2\frac{1-2\mu^2}{1+4\mu^2}\right).$$

Setzen wir das in (b) erhaltene Ergebnis für C ein, so geht diese Bedingung nach leichtem Umformen über in

$$u^2 \geq 2gr\frac{1-2\mu^2}{1+4\mu^2}\left(1 + e^{2\pi\mu} + \frac{e^{2\pi\mu}}{2}\cdot\frac{1+4\mu^2}{1-2\mu^2}\right).$$

Lösung (120.35) (a) Da keine Bewegung senkrecht zur Laufrichtung des Bandes stattfindet, gilt die Gleichung $N = mg$. Verharrt die Masse an der Position $x = x_1$, so bewegt sie sich relativ zum Band, so daß die Gleitreibungskraft $R = \mu N$ in Laufrichtung des Bandes wirkt. (Wäre das Band völlig glatt, so würde die Masse ja einfach durch die Feder zurückgezogen, und die Reibungskraft wirkt entgegen der Bewegungsrichtung.) Ist $F = k(x_1 - x_0)$ die Rückstellkraft der Feder, so gilt also die Kräftebilanz

$$0 = m\ddot x = R - F = \mu N - F = \mu mg - k(x_1 - x_0);$$

Auflösen nach x_1 liefert

$$x_1 = x_0 + \frac{\mu mg}{k}.$$

(b) Da die Masse zunächst genau die gleiche Absolutgeschwindigkeit hat wie das Band, also keine Relativbewegung zwischen Masse und Band stattfindet, herrscht Haftreibung H, und zwar so lange, bis $|H| \leq \mu_0 N = \mu_0 mg$ gilt. Während dieser Bewegungsphase wird die Masse nicht beschleunigt, sondern bewegt sich mit der konstanten Geschwindigkeit u des Bandes; es gilt daher

$$0 = m\ddot x(t) = H - k\bigl(x(t)-x_0\bigr) = H - k\bigl(x_1+\xi(t)-x_0\bigr)$$

bzw.

$$H = k(x_1 - x_0 + \xi(t)) = \mu mg + k\xi(t) = \mu mg + ku\cdot t.$$

Sobald $|H| > \mu_0 mg$ gilt, also ab dem Zeitpunkt $t_\star := (\mu_0-\mu)mg/(ku)$ bzw. ab der Position $\xi_\star = ut_\star$, herrscht Gleitreibung, und wir erhalten die Gleichung

$$m\ddot x(t) = \mu N - k\bigl(x(t)-x_0\bigr)$$
$$= \mu mg - k(x_1 - x_0 + \xi(t)) = -k\xi(t)$$

bzw. $m\ddot\xi + k\xi = 0$. Dies ist die Gleichung einer ungedämpften Schwingung; schreiben wir zur Abkürzung $\omega := \sqrt{k/m}$, so erhalten wir die allgemeine Lösung

($\star$) $\qquad \xi(t) = A\cos\bigl(\omega(t-t_\star)\bigr) + B\sin\bigl(\omega(t-t_\star)\bigr);$

aus den Anfangsbedingungen $\xi(t_\star) = \xi_\star$ und $\dot\xi(t_\star) = u$ ergeben sich die Integrationskonstanten zu $A = \xi_\star$ und $B = u/\omega$. Die Gleichung ($\star$) gilt so lange, bis $\dot\xi(t)$ wieder den Wert u annimmt, und ab dann wiederholt sich der gesamte Vorgang.

Lösung (120.36) (a) Auf die Masse wirken die Gewichtskraft mg nach unten (also in negativer z-Richtung), eine Normalkraft senkrecht zur Bewegungsrichtung, die wir in eine Komponente $-N_1$ in radialer Richtung und eine Komponente N_2 in Richtung der z-Achse zerlegen, sowie die Reibungskraft $\mu\sqrt{N_1^2+N_2^2}$ entgegen der Bewegungsrichtung. Die Komponenten der Bewegungsgleichung in radialer und tangentialer Richtung sowie in Richtung der z-Achse lauten

$$-mr\dot\varphi^2 = -N_1,$$
$$mr\ddot\varphi = -R = -\mu\sqrt{N_1^2+N_2^2},$$
$$0 = N_2 - mg.$$

Elimination von N_1 und N_2 aus den beiden äußeren Gleichungen führt auf die Bewegungsgleichung

$$\ddot\varphi = -\mu\sqrt{\dot\varphi^4 + (g/r)^2}.$$

(b) Wir benutzen den Trick, $\dot\varphi$ nicht als Funktion von t, sondern als Funktion von φ aufzufassen; die erhaltene Bewegungsgleichung geht dann über in

$$\dot\varphi\frac{d\dot\varphi}{d\varphi} = -\mu\sqrt{\dot\varphi^4+(g/r)^2},$$

mit $Q(\varphi) := \dot\varphi(\varphi)^2$ und $' = d/d\varphi$ also

$$Q'(\varphi) = -2\mu\sqrt{Q(\varphi)^2+(g/r)^2}.$$

Dies ist eine separierbare Differentialgleichung für Q; sie führt auf

$$\int \frac{dQ}{\sqrt{Q^2+(g/r)^2}} = \int -2\mu\, d\varphi$$

bzw. $\ln(Q+\sqrt{Q^2+(g/r)^2}) = -2\mu\varphi + \hat C$, also

$$(\star) \quad Q(\varphi) + \sqrt{Q(\varphi)^2+(g/r)^2} = Ce^{-2\mu\varphi}.$$

Für $\varphi = 0$ ist $\dot\varphi = v_0/r$, also $Q(\varphi) = v_0^2/r^2$; dies führt auf die Integrationskonstante $C = (v_0^2+\sqrt{v_0^4+r^2g^2})/r^2$. Nach Isolieren der Wurzel in $(\star)$ und anschließendem Quadrieren erhalten wir

$$Q^2+\left(\frac{g}{r}\right)^2 = (Ce^{-2\mu\varphi}-Q)^2 = C^2e^{-4\mu\varphi}-2Ce^{-2\mu\varphi}Q+Q^2$$

und damit

$$\dot\varphi^2 = Q(\varphi) = \frac{C^2e^{-2\mu\varphi}-(g/r)^2e^{2\mu\varphi}}{2C},$$

nach Einsetzen des Wertes $C = (v_0^2+\sqrt{v_0^4+r^2g^2})/r^2$ und einigem Umformen dann

$$Q(\varphi) = \frac{v_0^2}{r^2}e^{-2\mu\varphi} - \frac{g^2\sinh(2\mu\varphi)}{v_0^2+\sqrt{v_0^4+r^2g^2}}.$$

(c) Die kinetische Energie der Perle ist $(m/2)\,r^2\dot\varphi^2 = (m/2)\,r^2 Q(\varphi)$; der Energieverlust bei einem Umlauf ist also $(mr^2/2)\cdot(Q(0)-Q(2\pi))$. Einsetzen in den in (b) erhaltenen Ausdruck für Q liefert für den Energieverlust dann den Wert

$$\frac{mv_0^2}{2}\left(1-e^{-4\pi\mu}\right) + \frac{mr^2g^2}{2}\cdot\frac{\sinh(4\pi\mu)}{v_0^2+\sqrt{v_0^4+r^2g^2}}.$$

Zur Probe setzen wir den speziellen Wert $\mu = 0$ ein und erhalten als Energieverlust den Wert Null. Das konnte nicht anders sein, denn in einem reibungsfreien System gilt der Energieerhaltungssatz.

Lösung (120.37) Auf die Masse m wirken die Seilkraft S_1 nach oben und die Schwerkraft mg nach unten; das Newtonsche Grundgesetz für die freigeschnittene Masse m liefert daher die Bewegungsgleichung

(1) $$m\ddot h = S_1 - mg.$$

An der Rolle wirken die Seilkräfte S_1 nach unten und S_2 nach rechts, die Gewichtskraft sowie die Lagerkraft am Befestigungspunkt. Die Drallbilanz um den Rollenmittelpunkt liefert $\Theta_1\ddot\alpha = r_1(S_2-S_1)$, wenn α den Drehwinkel der Rolle bezeichnet. Aufgrund der Abrollbedingung für das Seil gilt $\Delta h = r_1\Delta\alpha$, damit $\dot h = r_1\dot\alpha$ und folglich $\ddot h = r_1\ddot\alpha$. Mit $\Theta_1 = m_1 r_1^2/2$ geht dann die Gleichung $\Theta_1\ddot\alpha = r_1(S_2-S_1)$ über in $m_1 r_1^2\ddot h/(2r_1) = r_1(S_2-S_1)$ bzw.

(2) $$m_1\ddot h = 2(S_2-S_1).$$

Auf die Walze wirken die Seilkraft S_2 und die Haftkraft H der schiefen Ebene in negative x-Richtung, die Normalkraft N der schiefen Ebene in positive y-Richtung und die Gewichtskraft $m_2 g$ nach unten. Der Schwerpunktsatz und der Drallsatz liefern dann die Gleichungen

(3) $$m_2\ddot x = m_2 g\sin\alpha - S_2 - H,$$
$$m_2\ddot y = N - m_2 g\cos\alpha,$$
$$\Theta_2\ddot\varphi = r_2 H - r_2 S_2,$$

wenn φ den Drehwinkel der Walze bezeichnet. Zusätzlich gelten noch die kinematischen Bedingungen $\Delta x = r\Delta\varphi$ (Rollbedingung) sowie $\Delta h = \Delta x + r\Delta\varphi$ (Undehnbarkeit des Seils), also die zusätzlichen Gleichungen

(4) $$\dot x = r_2\dot\varphi,$$
$$\dot h = \dot x + r_2\dot\varphi = 2\dot x.$$

Wegen $y \equiv 0$ führt die zweite Gleichung in (3) auf $N = m_2 g\cos\alpha$; diese Gleichung dient also nur dazu, die Normalkraft zu bestimmen, trägt aber nichts zur Herleitung der Bewegungsgleichung bei. Wegen (4) haben wir $\ddot x = \ddot h/2$ und $\ddot\varphi = \ddot x/r_2 = \ddot h/(2r_2)$. Setzen wir dies in

(3) ein und benutzen wir die Gleichung $\Theta_2 = m_2 r_2^2/2$, so erhalten wir die Gleichungen

(5)
$$m_2 \ddot{h} = 2m_2 g \sin\alpha - 2S_2 - 2H \quad \text{und}$$
$$m_2 \ddot{h} = 4H - 4S_2.$$

Die Gleichungen (1), (2) und (5) kombinieren wir zu dem Gleichungssystem

$$\begin{bmatrix} 1 & 0 & 0 & -m \\ 2 & -2 & 0 & m_1 \\ 0 & 2 & 2 & m_2 \\ 0 & 4 & -4 & m_2 \end{bmatrix} \begin{bmatrix} S_1 \\ S_2 \\ H \\ \ddot{h} \end{bmatrix} = \begin{bmatrix} mg \\ 0 \\ 2m_2 g \sin\alpha \\ 0 \end{bmatrix},$$

bei dem wir die einzige uns interessierende Größe $\ddot{h}$ als letzte Unbekannte wählen, weil die letzte aufgeführte Unbekannte die erste ist, die bei Anwendung des Gaußschen Algorithmus ermittelt wird. Anwendung des Gauß-Algorithmus führt auf

$$\ddot{h} = \frac{4m_2 \sin\alpha - 8m}{4m_1 + 3m_2 + 8m} \cdot g.$$

Bemerkung 1: Genau dann gilt $\ddot{h} > 0$, wenn $m/m_2 < (\sin\alpha)/2$ gilt. Ist diese Bedingung für das Massenverhältnis nicht erfüllt, so wird nicht die Masse m nach oben beschleunigt, sondern m ist gegenüber der Walze so schwer, daß diese die schiefe Ebene hinaufgezogen wird.

Bemerkung 2: In der Praxis sind Seilrollen oft in Relation zu den bewegten Lasten massenmäßig vernachlässigbar. Ist also m_1 sehr klein gegenüber m und m_2, so können wir $m_1 = 0$ setzen. Machen wir diesen Ansatz von Anfang an, so können wir wegen (2) sofort $S_1 = S_2$ annehmen und dadurch die Rechnung vereinfachen.

Lösung (120.38) (a) Auf die Garnrolle wirken die Gewichtskraft $G = mg$ senkrecht nach unten, die Normalkraft N senkrecht nach oben, die Haftkraft H entgegen der Bewegungsrichtung sowie die Kraft S, mit der man am Faden zieht. Die Bewegungsgleichungen lauten

$$m\ddot{x} = S\cos\alpha - H,$$
$$m\ddot{y} = N + S\sin\alpha - mg,$$
$$\Theta \ddot{\varphi} = RH - rS,$$

wenn der Winkel φ im Uhrzeigersinn gezählt wird. Wegen $y \equiv R$ geht die zweite Gleichung einfach über in $N = mg - S\sin\alpha$.

(a) Unter Annahme der Rollbedingung $\dot{x} = R\dot{\varphi}$ geht die dritte Gleichung über in $\Theta \ddot{x}/R = RH - rS$. Multiplizieren wir die erste Gleichung mit R durch, so erhalten wir $mR\ddot{x} = RS\cos\alpha - RH$. Wir addieren jetzt die beiden letzten Gleichungen, um die Haftkraft H zu eliminieren, und erhalten $(mR + \Theta/R)\ddot{x} = RS\cos(\alpha) - rS$, also

$$(m + \Theta/R^2)\ddot{x} = S(\cos(\alpha) - r/R).$$

Genau dann gilt $\ddot{x} > 0$, wenn $\cos(\alpha) > r/R$, also $\alpha < \arccos(r/R)$ gilt. Analog gilt genau dann $\ddot{x} < 0$, wenn $\alpha > \arccos(r/R)$ gilt. Die Garnrolle kommt also auf einen zu, wenn man unter einem flachen Winkel am Faden zieht; sie rollt von einem weg, wenn man unter einem steilen Winkel zieht.

(b) Bei diesem Aufgabenteil müssen wir die Haftkraft H ermitteln, die wir in Teil (a) gerade eliminiert hatten. Wir haben einerseits $\ddot{x} = (S\cos(\alpha) - H)/m$, andererseits $\ddot{x} = R\ddot{\varphi} = R(RH - rS)/\Theta$. Gleichsetzen liefert $\Theta S\cos\alpha - \Theta H = mR^2 H - mrRS$ und damit

$$H = \frac{(mrR + \Theta \cos\alpha)S}{\Theta + mR^2} = \frac{(r/R) + (\Theta/(mR^2))\cos\alpha}{1 + (\Theta/(mR^2))} S.$$

Die letzte Umformung mag mathematisch sinnlos erscheinen (man ersetzt ja einen gewöhnlichen Bruch durch einen Doppelbruch), ist aber physikalisch sinnvoll, denn die Quotienten r/R (Verhältnis von Innen- zu Außenradius) sowie $\Theta/(mR^2)$ (halbes Verhältnis des Trägheitsmoments der Garnrolle zu dem eines Vollzylinders vom Radius R) sind dimensionslose Größen. Reines Rollen tritt auf, wenn $|H| \leq \mu_0 N = \mu_0 G - \mu_0 S \sin\alpha$ gilt, nach dem gerade erhaltenen Ausdruck für H also

$$\left(\frac{(r/R) + (\Theta/(mR^2))\cos\alpha}{1 + \Theta/(mR^2)} + \mu_0 \sin\alpha \right) S \leq \mu_0 G.$$

Die maximale Kraft, mit der man am Faden ziehen kann, ohne daß Rutschen auftritt, ist also gegeben durch

$$S_{\max} = \frac{G}{\sin\alpha + \dfrac{(r/R) + (\Theta/(mR^2))\cos\alpha}{\mu_0 (1 + \Theta/(mR^2))}}.$$

Wir wollen uns dieses Ergebnis qualitativ klarmachen: $S_{\max}$ ist um so größer,
- je schwerer die Garnrolle ist;
- je größer der Haftreibungskoeffizient μ_0 ist;
- je kleiner (bei festgehaltenem Θ) das Verhältnis $r : R$ ist), je schmaler also der Kern der Rolle gegenüber der Gesamtrolle ist.

(Die letzte Annahme – Variation von r/R bei festgehaltenem Θ – ist allerdings nicht besonders realistisch. Realistischer ist es, eine Annahme über die Geometrie der Rolle und homogenes Material anzunehmen und dann Θ als Funktion von r und R zu berechnen. Das führen wir hier allerdings nicht aus.)

Lösung (120.39) Es sei h die Höhe des Rollenmittelpunkts über dem Boden; bezeichnen wir mit x die von dieser Höhe aus nach unten gezählte Ortskoordinate der Masse m, so gilt die Gleichung

$$\text{Federlänge} + \text{Seillänge} = h + \pi r + x.$$

Die Ausdehnung der Feder gegenüber ihrer natürlichen Länge ℓ_0 ist daher $x - c$ mit der Konstanten

$$c := \text{Seillänge} + \ell_0 - h - \pi r.$$

Freischneiden der Masse, der Walze und der Feder liefert die Gleichungen $\Theta\ddot{\varphi} = rS_1 - rS_2$, $m\ddot{x} = mg - S_1$ und $S_2 = k(x-c)$; ferner gilt die Abrollbedingung $\dot{x} = r\dot{\varphi}$. Einsetzen führt auf

$$\ddot{x} + \frac{k/m}{1+\Theta/(mr^2)} x = \frac{g+(kc/m)}{1+\Theta/(mr^2)}.$$

Dies ist eine Schwingungsgleichung mit der Frequenz ω, die gegeben ist durch

$$\omega^2 = \frac{k/m}{1+\Theta/(mr^2)} = \frac{2k}{M+2m},$$

wobei wir in der letzten Gleichung die Beziehung $\Theta = Mr^2/2$ mit der Rollenmasse M ausnutzten.

Lösung (120.40) Wir bezeichnen mit x den Abstand der Masse m von der Decke, mit y den Abstand des Mittelpunktes der beweglichen Rolle von der Decke, mit φ_1 den Drehwinkel der an der Decke befestigten Rolle gegen den Uhrzeigersinn und mit φ_2 den Drehwinkel der beweglichen Rolle im Uhrzeigersinn. Freischneiden der Masse m und der beiden Rollen liefert dann die Bewegungsgleichungen

$$\begin{aligned} m\ddot{x} &= mg - S_1, \\ \theta_1\ddot{\varphi}_1 &= r_1 S_1 - r_1 S_2, \\ m_2\ddot{y} &= m_2 g + F - S_2 - S_3, \\ \theta_2\ddot{\varphi}_2 &= r_2 S_2 - r_2 S_3; \end{aligned}$$

die Federkraft ist dabei gegeben durch

$$\begin{aligned} F &= k\bigl(\text{Raumhöhe} - y - \text{ungedehnte Federlänge}\bigr) \\ &= k(C-y) \text{ mit einer Konstanten } C. \end{aligned}$$

Außerdem gelten die Abrollbedingungen $\Delta x = r_1 \Delta\varphi_1$ bzw. $\dot{x} = r_1\dot{\varphi}_1$ und $-\Delta y = r_2\Delta\varphi_2$ bzw. $-\dot{y} = r_2\dot{\varphi}_2$. Da sich die Länge des Seils nicht ändern kann, ist ferner $x+2y$ eine Konstante, so daß $\dot{x}+2\dot{y} = 0$ gilt. Wir erhalten damit die Gleichungen

$$\ddot{\varphi}_1 = \frac{\ddot{x}}{r_1}, \qquad \ddot{y} = \frac{-\ddot{x}}{2}, \qquad \ddot{\varphi}_2 = \frac{-\ddot{y}}{r_2} = \frac{\ddot{x}}{2r_2}.$$

Setzen wir dies in die obigen Bewegungsgleichungen ein und benutzen wir ferner die Gleichungen $\theta_i = m_i r_i^2/2$ für $i=1,2$, so erhalten wir die Gleichungen

$$\begin{aligned} m\ddot{x} &= mg - S_1, \\ m_1\ddot{x} &= 2S_1 - 2S_2, \\ m_2\ddot{x} &= -kx + 2S_2 + 2S_3 + \widehat{C}, \\ m_2\ddot{x} &= 4S_2 - 4S_3. \end{aligned}$$

Aus der ersten, zweiten und vierten Gleichung erhalten wir

$$\begin{aligned} S_1 &= mg - m\ddot{x}, \\ S_2 &= S_1 - (m_1/2)\ddot{x} = mg - (m+m_1/2)\ddot{x}, \\ S_3 &= S_2 - (m_2/4)\ddot{x} = mg - (m+m_1/2+m_2/4)\ddot{x}. \end{aligned}$$

Setzen wir diese Beziehungen in die dritte Gleichung ein, so ergibt sich $(4m+2m_1+3m_2/2)\ddot{x} + kx = 4mg + \widehat{C}$ bzw.

$$\ddot{x} + \frac{2k}{8m+4m_1+3m_2} x = \text{const}.$$

Dies ist die Gleichung einer Schwingung mit der Frequenz

$$\omega = \sqrt{\frac{2k}{8m+4m_1+3m_2}}.$$

Lösung (120.41) Wir wählen ein raumfestes System und bezeichnen mit $r = r_S + \xi = r_S + g\xi^\star$ den Ortsvektor des Punktes, der in einem körperfesten Schwerpunktsystem den Koordinatenvektor $\xi^\star$ hat. Dann gilt $\dot{r} = \dot{r}_S + \dot{g}\xi^\star = \dot{r}_S + L(\omega)g\xi^\star = \dot{r}_S + \omega\times\xi = \dot{r}_S + \omega\times(r-r_S)$. Die Bedingung $\dot{r} = 0$ ist also gleichbedeutend mit der Bedingung

$$(\star) \qquad -\dot{r}_S = \omega\times(r-r_S).$$

(a) Im Fall einer ebenen Bewegung nimmt die Gleichung $(\star)$ die Form

$$\begin{bmatrix} -\dot{x}_S \\ -\dot{y}_S \\ 0 \end{bmatrix} = \begin{bmatrix} 0 \\ 0 \\ \dot{\varphi} \end{bmatrix} \times \begin{bmatrix} x-x_S \\ y-y_S \\ 0 \end{bmatrix} = \begin{bmatrix} -\dot{\varphi}(y-y_S) \\ \dot{\varphi}(x-x_S) \\ 0 \end{bmatrix}$$

an, die im Fall $\dot{\varphi}\neq 0$ eine eindeutige Lösung hat, nämlich

$$\begin{bmatrix} x \\ y \end{bmatrix} = \begin{bmatrix} x_S - (\dot{y}_S/\dot{\varphi}) \\ y_S + (\dot{x}_S/\dot{\varphi}) \end{bmatrix}.$$

(b) Im dreidimensionalen Fall ist Bedingung $(\star)$ nur erfüllbar, wenn $\dot{r}_S \perp \omega$ gilt. Ist dies der Fall, so gibt es einen Vektor a mit $-\dot{r}_S = \omega\times a$, und jeder Ortsvektor r auf der Geraden $r_S + a + \mathbb{R}\omega$ ist ein Momentanpol der Bewegung.

(c) Wir wählen ein körperfestes Dreibein $t\mapsto g(t)$ mit Ursprung im Momentanpol, und wir schreiben $r = p+\xi = p + g\xi^\star$ für den Ortsvektor des Punktes, der in diesem körperfesten System den Koordinatenvektor $\xi^\star$ hat. Dann ist $\dot{r} = \dot{p} + \dot{g}\xi^\star = 0 + L(\omega)g\xi^\star = \omega\times\xi$. Der Drehimpuls bezüglich des raumfesten Nullpunkts ist daher

$$\begin{aligned} D_0 &= \int_K r\times\dot{r}\,dm = \int_K (p+\xi)\times(\omega\times\xi)\,dm \\ &= p\times\left(\omega\times\int_K \xi\,dm\right) + \int_K \xi\times(\omega\times\xi)\,dm \\ &= p\times\bigl(\omega\times m(r_S - p)\bigr) + D_p, \end{aligned}$$

wobei wir die Beziehung $\int_K \xi\,dm = \int_K (r-p)\,dm = \int_K r\,dm - p\int_K dm = mr_S - mp$ ausnutzen. Wegen $\dot{r}_S = (r_S - p)^\bullet = \omega\times(r_S - p)$ geht dies über in $D_0 = p\times(m\dot{r}_S) + D_p$. Ableiten liefert wegen $\dot{p} = 0$ dann

$$(1) \qquad \dot{D}_0 = p\times(m\ddot{r}_S) + \dot{D}_p = p\times F + \dot{D}_p,$$

wenn F die resultierende äußere Kraft ist. Andererseits haben wir

$$M_0 = \int_K r \times dF = \int_K (p + (r-p)) \times dF$$
$$= p \times \int_K dF + \int_K (r-p) \times dF = p \times F + M_p,$$

also

(2) $$M_0 = p \times F + M_p.$$

Bezüglich des raumfesten Punktes 0 gilt die Drehimpulsbilanz $\dot{D}_0 = M_0$; Vergleich von (1) und (2) zeigt dann, daß diese Bilanz auch in der Form $\dot{D}_p = M_p$ gilt.

(d) Wir erhalten

$$D_p = \int_K (x-p) \times \dot{x}\, dm$$
$$= \int_K (x - x_S + x_S - p) \times (\dot{x} - \dot{x}_S + \dot{x}_S)\, dm$$
$$= \int_K (\xi + x_S - p) \times (\dot{\xi} + \dot{x}_S)\, dm$$
$$= \int_K \xi \times \dot{\xi}\, dm + m(x_S - p) \times \dot{x}_S.$$

Wegen $\int_K \xi\, dm = 0$ und damit auch $\int_K \dot{\xi}\, dm = 0$ geht dieser Ausdruck über in

$$D_p = D_{x_S} + m(x_S - p) \times (\omega \times (x_S - p))$$
$$= D_{x_S} + m\|x_S - p\|^2 \omega \quad \text{(wegen } x_S - p \perp \omega\text{)}$$
$$= \Theta_S \omega + m\|x_S - p\|^2 \omega$$
$$= (\theta_S + m\|x_S - p\|^2)\omega = \theta_p \omega,$$

wobei im letzten Schritt der Satz von Steiner einging.

Lösung (120.42) Wir benutzen die Bezeichnungen der folgenden Skizze. Da der Punkt A fest ist, handelt es sich bei diesem Punkt selbstverständlich um den Momentanpol des Arms AB. Bei dem Arm BC kennen wir die Geschwindigkeitsrichtungen der Punkte B und C. Der Momentanpol P des Arms BC muß dann jeweils auf der Geraden durch den fraglichen Punkt senkrecht zur Geschwindigkeitsrichtung verlaufen und ergibt sich daher als Schnittpunkt der beiden gestrichelten Geraden.

Bemerkung: Ist ω die augenblickliche Winkelgeschwindigkeit, mit der sich B und C um P drehen, so haben wir $v_B = \overline{BP} \cdot \omega$ und $v_C = \overline{PC} \cdot \omega$. Der Geschwindigkeitspfeil für B wurde daher länger eingezeichnet als derjenige für C. (Für die Bestimmung des Momentanpols sind natürlich nur die *Richtungen* und nicht die *Beträge* der Geschwindigkeiten relevant.)

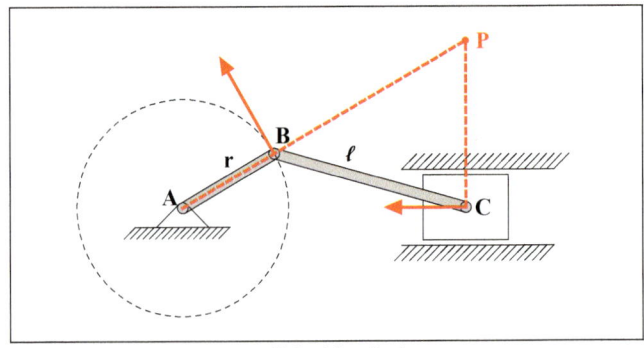

Momentanpol bei einer Schubkurbel.

Lösung (120.43) Wir benutzen die Bezeichnungen der folgenden Skizze.

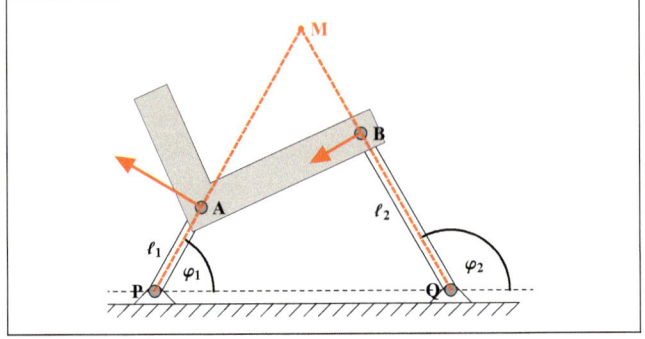

Momentanpol bei einem Koppelgetriebe.

Da sich A in reiner Drehung um P und B in reiner Drehung um Q befindet, sind die Geschwindigkeitsrichtungen der Punkte A und B bekannt. Der Momentanpol M der Koppel ergibt sich daher als Schnittpunkt der beiden gestrichelten Geraden. Ist ω die Winkelgeschwindigkeit, mit der sich die Punkte A und B um M drehen, so haben wir $v_A = \overline{MA} \cdot \omega$ und $v_B = \overline{MB} \cdot \omega$; für die Geschwindigkeitsbeträge gilt also die Verhältnisgleichung $v_A : v_B = \overline{MA} : \overline{MB}$. (Die Pfeillängen in der Zeichnung wurden entsprechend gewählt.)

Lösung (120.44) Bei jedem der drei Räder ist die augenblickliche Bewegungsrichtung klar; der Momentanpol P des Fahrzeugs ergibt sich daher als Schnittpunkt der beiden gestrichelten Linien.

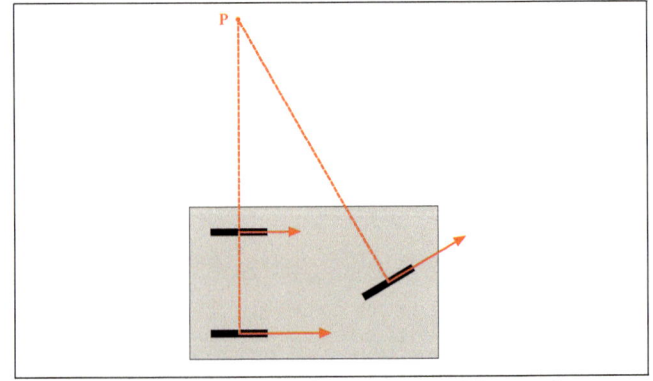

Momentanpol eines Dreirads mit starrer Hinterachse.

Aufgaben zu »Beispiele aus der Mechanik« siehe Seite 88

120. Beispiele aus der Mechanik

Lösung (120.45) Wir benutzen die Bezeichnungen der folgenden Skizze.

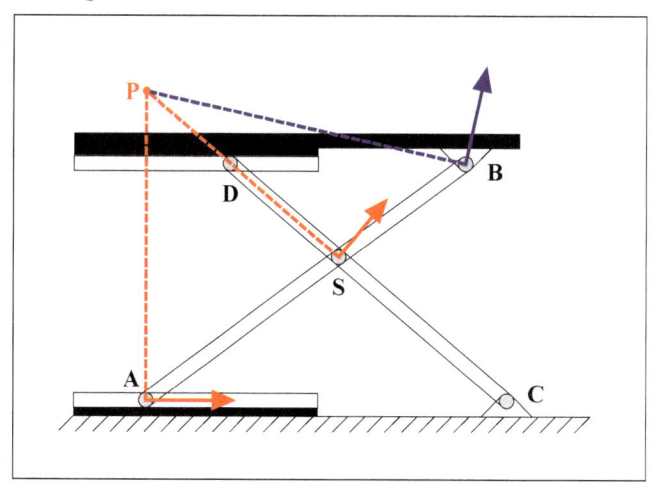

Momentanpole der Arme einer Hebebühne.

Da der Punkt C fest ist, handelt es sich bei diesem Punkt selbstverständlich um den Momentanpol des Arms CD. Der Punkt A kann sich aufgrund seiner Führung nur in horizontaler Richtung bewegen, während der Punkt S eine reine Drehung um C ausführt. Wir kennen also die Geschwindigkeitsrichtungen der beiden Punkte A und S auf dem Arm AB. Der Momentanpol P dieses Arms ergibt sich daher als Schnittpunkt der beiden gestrichelten roten Geraden.

Sobald P bekannt ist, ist auch klar, in welche Richtung sich der Punkt B bewegt. Dies ist in der Skizze in blauer Farbe eingezeichnet. Damit die Konstruktion als Hebebühne benutzt werden kann, muß sich B (anders als in der dargestellten Situation) immer nach oben bewegen. Dies erzwingt, daß P mit D zusammenfällt und sich dieser Punkt stets senkrecht über A befindet. Die Situation sieht also aus wie in der folgenden Abbildung.

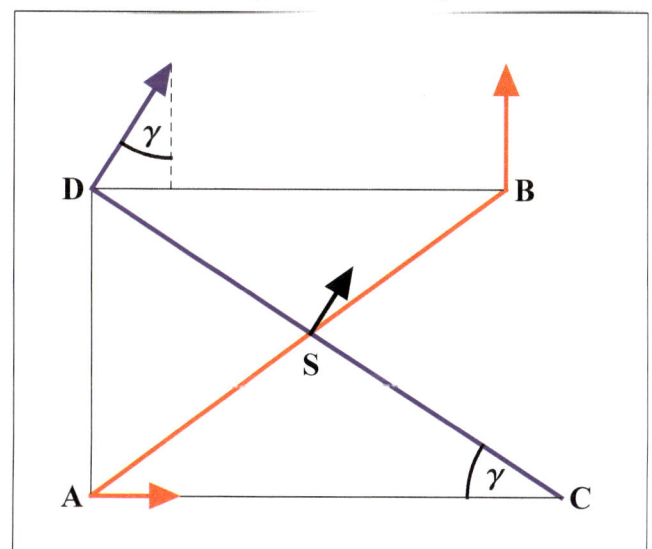

Notwendige Bedingung für Funktionalität der Konstruktion als Hebebühne.

Ist ω_1 die Winkelgeschwindigkeit, mit der sich A, S und B um D drehen, so sind die Bahngeschwindigkeiten dieser drei Punkte gegeben durch

$$v_A = DA \cdot \omega_1, \quad v_S = DS \cdot \omega_1, \quad v_B = DB \cdot \omega_1.$$

Ist andererseits ω_2 die Winkelgeschwindigkeit, mit der sich die Punkte S und D um C drehen, so sind die Bahngeschwindigkeiten dieser beiden Punkte gegeben durch

$$v_S = CS \cdot \omega_2, \quad v_D = CD \cdot \omega_2.$$

Nun müssen sich A und D gleich schnell nach rechts sowie D und B gleich schnell nach oben bewegen; dies führt auf die Gleichungen

$$v_D \cdot \sin\gamma = v_A \quad \text{und} \quad v_D \cdot \cos\gamma = v_B$$

und damit

(1) $$\tan\gamma = \frac{v_A}{v_B} = \frac{DA}{DB}.$$

Andererseits ist im Dreieck ACD der Tangens von γ gegeben durch

(2) $$\tan\gamma = \frac{DA}{AC}.$$

Vergleich von (1) und (2) liefert $AC = BD$; also müssen auch B und C senkrecht übereinander liegen. Dies bedeutet, daß $ABCD$ stets ein Rechteck ist. Die Konstruktion taugt also nur dann als Hebebühne, wenn die Stäbe AB und CD die gleiche Länge haben und der Punkt S, an dem sie gelenkig miteinander verbunden sind, der gemeinsame Mittelpunkt dieser beiden Stäbe ist.

Lösung (120.46) Wir benutzen die Bezeichnungen der folgenden Skizze. (Gegenüber der Skizze auf dem Aufgabenblatt wurden einige Abmessungen geändert, um die Darstellung geometrisch klarer zu gestalten.)

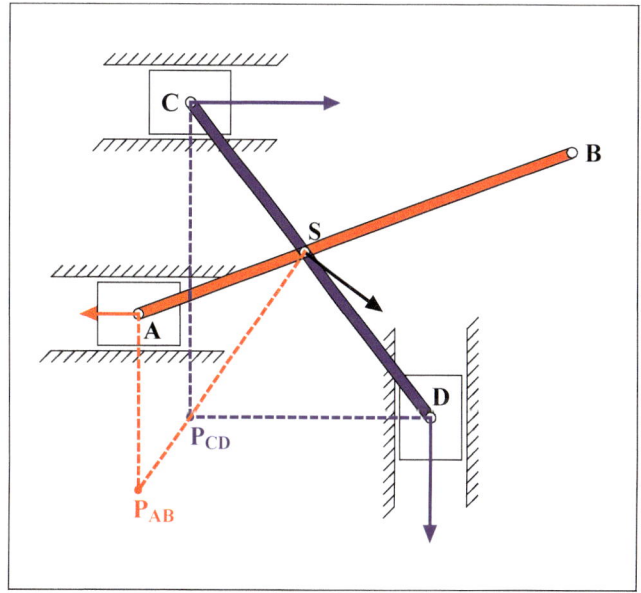

Momentanpole der beiden Arme des betrachteten Gelenkmechanismus.

Zunächst sind die Bewegungsrichtungen der beiden Punkte C und D klar; aus diesen läßt sich der Momentanpol P_{CD} des Arms CD ermitteln. (Dies ist in der Zeichnung mit blauer Farbe geschehen.) Damit kennt man auch die Bewegungsrichtung des Punktes S. Da zusätzlich die Bewegungsrichtung des Punktes A bekannt ist, kennt man für zwei Punkte auf dem Arm AB die Bewegungsrichtung, was die Konstruktion des Momentanpols P_{AB} dieses Arms ermöglicht. (Dies ist in der Zeichnung mit roter Farbe geschehen.) Die Pfeillängen sind in der Zeichnung wieder so eingetragen, daß Geschwindigkeitsverhältnisse korrekt wiedergegeben werden.

Daß die beiden Momentanpole P_{AB} und P_{CD} sowie der Verbindungspunkt S auf einer Geraden liegen, ist kein Zufall, sondern liegt daran, daß sich S in reiner Drehung sowohl um P_{CD} als auch um P_{AB} befindet.

Lösung (120.47) Wir bezeichnen mit N_1 und N_2 die Normalkräfte, die an der Wand bzw. am Boden angreifen. Für den Schwerpunkt (x,y) und den im Uhrzeigersinn gezählten Drehwinkel φ des Balkens gelten dann die Impulsbilanz

$$m\begin{bmatrix}\ddot{x}\\\ddot{y}\end{bmatrix} = \begin{bmatrix}N_1\\N_2-mg\end{bmatrix}$$

und die Drehimpulsbilanz

$$\theta\ddot{\varphi} = N_1\left(\frac{\ell}{2}\sin\varphi\right) - N_2\left(\frac{\ell}{2}\cos\varphi\right).$$

Wegen

$$\begin{bmatrix}x\\y\end{bmatrix}=\frac{\ell}{2}\begin{bmatrix}\cos\varphi\\\sin\varphi\end{bmatrix},\quad \begin{bmatrix}\dot{x}\\\dot{y}\end{bmatrix}=\frac{\ell\dot{\varphi}}{2}\begin{bmatrix}-\sin\varphi\\\cos\varphi\end{bmatrix},$$

$$\begin{bmatrix}\ddot{x}\\\ddot{y}\end{bmatrix}=\frac{\ell\ddot{\varphi}}{2}\begin{bmatrix}-\sin\varphi\\\cos\varphi\end{bmatrix}-\frac{\ell\dot{\varphi}^2}{2}\begin{bmatrix}\cos\varphi\\\sin\varphi\end{bmatrix}$$

ergeben sich aus der Impulsbilanz die Beziehungen

$$N_1 = (m\ell/2)\cdot(-\ddot{\varphi}\sin\varphi - \dot{\varphi}^2\cos\varphi),$$
$$N_2 = (m\ell/2)\cdot(\ddot{\varphi}\cos\varphi - \dot{\varphi}^2\sin\varphi) + mg.$$

Setzen wir dies in die Drehimpulsbilanz ein und nutzen wir noch die Gleichung $\theta = m\ell^2/12$ aus, so ergibt sich $m\ell^2\ddot{\varphi}/3 = -(mg\ell/2)\cos\varphi$ bzw.

$$(1)\qquad \ddot{\varphi} = -\frac{3g}{2\ell}\cos\varphi.$$

Durchmultiplizieren dieser Gleichung mit $2\dot{\varphi}$ liefert

$$\frac{\mathrm{d}}{\mathrm{d}t}\dot{\varphi}^2 = 2\dot{\varphi}\ddot{\varphi} = \frac{-3g}{\ell}\dot{\varphi}\cos\varphi = \frac{\mathrm{d}}{\mathrm{d}t}\left[-\frac{3g}{\ell}\sin\varphi\right]$$

und damit

$$(2)\qquad \dot{\varphi}^2 = \frac{3g}{\ell}(\sin\varphi_0 - \sin\varphi),$$

wenn φ_0 den Anfangswinkel der Bewegung bezeichnet. Setzen wir (1) und (2) in die Gleichung für N_1 ein, so ergibt sich

$$N_1 = \frac{3mg}{4}\cdot\cos\varphi\cdot(3\sin\varphi - 2\sin\varphi_0),$$

wenn φ_0 den Anfangswinkel der Bewegung bezeichnet. Der Kontakt zur Wand geht in dem Moment verloren, in dem $N_1 = 0$ gilt, also für den Winkel $\varphi^\star$ mit $\sin\varphi^\star = (2/3)\sin\varphi_0$. Nach Vorgabe ist $d = \ell\cos\varphi_0$. Der Abstand $d^\star$, den der Fuß des Balkens im Moment des Kontaktverlusts von der Wand hat, ist dann gegeben durch

$$\begin{aligned}d^\star &= \ell\cos\varphi^\star = \ell\sqrt{1-\sin^2\varphi^\star}\\ &= \ell\sqrt{1-(4/9)\sin^2\varphi_0} = \ell\sqrt{(5+4\cos^2\varphi_0)/9}\\ &= \ell\sqrt{(5+4d^2/\ell^2)/9} = (\sqrt{5\ell^2+4d^2})/3.\end{aligned}$$

Lösung (120.48) Wir geben drei verschiedene Lösungen an. Bei der ersten Lösung wird die Bewegungsgleichung aus der Impulsbilanz und aus der Drehimpulsbilanz bezüglich des Schwerpunkts hergeleitet. Die zweite Lösung benutzt die Drehimpulsbilanz bezüglich des Momentanpols; die Impulsbilanz wird hier nicht benötigt. Die dritte Lösung schließlich benutzt den Energieerhaltungssatz, der die Bewegungsgleichungen bereits in integrierter Form liefert. Die folgende Skizze zeigt durch Freischneiden des Balkens, daß an diesem vier Kräfte angreifen: die Gewichtskraft $G = mg$, die Normalkräfte N_1 und N_2 von Wand und Boden sowie die Kraft S, die die Kiste auf den Balken ausübt.

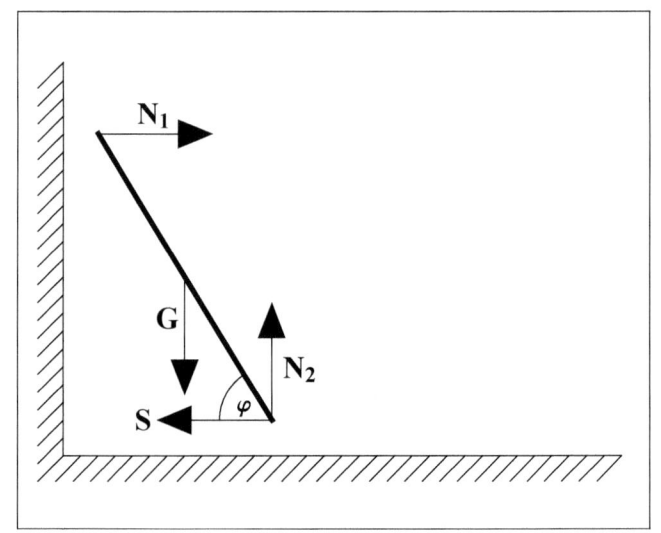

An dem Balken angreifende Kräfte.

Erste Lösung. Wir bezeichnen mit $(x,y) = (x_S, y_S)$ die Schwerpunktskoordinaten des Balkens und haben dann

$$\begin{bmatrix}x\\y\end{bmatrix}=\frac{\ell}{2}\begin{bmatrix}\cos\varphi\\\sin\varphi\end{bmatrix},\quad \begin{bmatrix}\dot{x}\\\dot{y}\end{bmatrix}=\frac{\ell\dot{\varphi}}{2}\begin{bmatrix}-\sin\varphi\\\cos\varphi\end{bmatrix}$$

und daher

$$\begin{bmatrix} \ddot{x} \\ \ddot{y} \end{bmatrix} = \frac{\ell\ddot{\varphi}}{2}\begin{bmatrix} -\sin\varphi \\ \cos\varphi \end{bmatrix} - \frac{\ell\dot{\varphi}^2}{2}\begin{bmatrix} \cos\varphi \\ \sin\varphi \end{bmatrix}.$$

Die Impulsbilanz ("Kraft gleich Masse mal Beschleunigung") lautet dann

$$(1) \quad \frac{m\ell\ddot{\varphi}}{2}\begin{bmatrix} -\sin\varphi \\ \cos\varphi \end{bmatrix} - \frac{m\ell\dot{\varphi}^2}{2}\begin{bmatrix} \cos\varphi \\ \sin\varphi \end{bmatrix} = \begin{bmatrix} N_1 - S \\ N_2 - G \end{bmatrix}.$$

Die Drehimpulsbilanz bezüglich des Schwerpunkts ("Drehmoment gleich Trägheitsmoment mal Winkelbeschleunigung") lautet hier

$$(2) \quad \Theta_S\ddot{\varphi} = N_1\sin(\varphi)\cdot\frac{\ell}{2} - N_2\cos(\varphi)\cdot\frac{\ell}{2} + S\sin(\varphi)\cdot\frac{\ell}{2}$$

und nimmt wegen $\Theta_S = m\ell^2/12$, wenn wir noch durch $\ell/2$ dividieren, die Form

$$(3) \quad \frac{m\ell\ddot{\varphi}}{6} = N_1\sin\varphi - N_2\cos\varphi + S\sin\varphi$$

an. Um den in (3) auftretenden Ausdruck $N_1\sin\varphi - N_2\cos\varphi$ zu erhalten, multiplizieren wir die Gleichung (1) skalar mit $(\sin\varphi, -\cos\varphi)^T$ durch, was auf $-m\ell\ddot{\varphi}/2 = N_1\sin\varphi - S\sin\varphi - N_2\cos\varphi + mg\cos\varphi$ und damit

$$N_1\sin\varphi - N_2\cos\varphi = -\frac{m\ell\ddot{\varphi}}{2} + S\sin\varphi - mg\cos\varphi$$

führt. Setzen wir dies in (3) ein, so erhalten wir

$$(4) \quad \frac{2m\ell\ddot{\varphi}}{3} = 2S\sin\varphi - mg\cos\varphi.$$

Zur Berechnung von S bezeichnen wir mit $z(t)$ die x-Koordinate des linken Randes der Kiste zur Zeit t. Wir haben dann $z(t) = \ell\cos\varphi(t)$, folglich $\dot{z} = -\ell\dot{\varphi}\sin\varphi$ und $\ddot{z} = -\ell\ddot{\varphi}\sin\varphi - \ell\dot{\varphi}^2\cos\varphi$ und damit

$$(5) \quad S = M\ddot{z} = -M\ell(\ddot{\varphi}\sin\varphi + \dot{\varphi}^2\cos\varphi).$$

Einsetzen von (5) in (4) liefert dann die Bewegungsgleichung

$$\left(\frac{m\ell}{3} + M\ell\sin^2\varphi\right)\ddot{\varphi} + M\ell\dot{\varphi}^2\sin\varphi\cos\varphi + \frac{mg\cos\varphi}{2} = 0.$$

Zweite Lösung. Wir betrachten die Punkte P_1 und P_2, an denen die Leiter die Wand bzw. den Boden berührt, sowie die Geraden g_1 durch P_1 senkrecht zur Wand sowie g_2 durch P_2 senkrecht zum Boden. Da sich P_1 senkrecht nach unten und P_2 waagrecht nach rechts bewegt, ist der Schnittpunkt P der Geraden g_1 und g_2 der Momentanpol der Bewegung. (Der Punkt P liegt direkt oberhalb des linken Randes der Kiste und auf gleicher Höhe wie der obere Randpunkt des Balkens.) Wir benutzen die Drehimpulsbilanz in der Form

$$\Theta_P\ddot{\varphi} = M_P.$$

Der Abstand von P zum Balkenschwerpunkt ist $\ell/2$; nach dem Satz von Steiner gilt daher

$$\Theta_P = \Theta_S + \frac{m\ell^2}{4} = \frac{m\ell^2}{12} + \frac{m\ell^2}{4} = \frac{m\ell^2}{3}.$$

Die einzigen auf den Balken wirkenden Kräfte, die ein Drehmoment um P ausüben, sind die Gewichtskraft $G = mg$ (mit dem Kraftarm $(\ell/2)\cos\varphi$) und die Kraft S, die die Kiste auf den Balken ausübt (mit dem Kraftarm $\ell\sin\varphi$); es gilt also

$$M_P = -G\cdot\frac{\ell\cos\varphi}{2} + S\cdot\ell\sin\varphi.$$

Unter Benutzung von (5) geht die Gleichung $\Theta_P\ddot{\varphi} = M_P$ daher über in

$$\frac{m\ell^2}{3}\ddot{\varphi} = -M\ell^2(\ddot{\varphi}\sin^2\varphi + \dot{\varphi}^2\sin\varphi\cos\varphi) - \frac{mg\ell\cos\varphi}{2}$$

bzw. nach Division durch ℓ und Sortieren der Terme in

$$\left(\frac{m\ell}{3} + M\ell\sin^2\varphi\right)\ddot{\varphi} + M\ell\dot{\varphi}^2\sin\varphi\cos\varphi + \frac{mg\cos\varphi}{2} = 0.$$

Dritte Lösung. Es seien (x, y) die Koordinaten des Balkenschwerpunkts; wir haben dann $x = (\ell/2)\cos\varphi$ und $y = (\ell/2)\sin\varphi$. Die Translationsgeschwindigkeit v des Balkens ist dann gegeben durch $v^2 = \dot{x}^2 + \dot{y}^2 = (\ell^2/4)\dot{\varphi}^2$. Der linke Randpunkt der Kiste ist $z = \ell\cos\varphi$; die Geschwindigkeit der Kiste ist dann $u = \dot{z} = -\ell\dot{\varphi}\sin\varphi$. Da keine Reibung auftritt, gilt der Energieerhaltungssatz in der Form

$$\frac{mv^2}{2} + \frac{\Theta\dot{\varphi}^2}{2} + \frac{Mu^2}{2} + mg\frac{\ell\sin\varphi}{2} = E$$

also

$$\frac{m\ell^2\dot{\varphi}^2}{8} + \frac{m\ell^2\dot{\varphi}^2}{24} + \frac{M\ell^2\dot{\varphi}^2\sin^2\varphi}{2} + \frac{mg\ell\sin\varphi}{2} = E$$

mit der konstanten Energie E. Zur Zeit $t = 0$ haben wir $\varphi(0) = \varphi_0$ und $\dot{\varphi}(0) = 0$; daher gilt $mg\ell\sin\varphi_0 = E$. Insgesamt ergibt sich

$$\dot{\varphi}^2\left(\frac{m\ell^2}{6} + \frac{M\ell^2\sin^2\varphi}{2}\right) = \frac{mg\ell}{2}(\sin\varphi_0 - \sin\varphi).$$

Leiten wir die beiden Seiten dieser Gleichung nach der Zeit ab, so ergibt sich die zuvor erhaltene Lösung.

Aufgaben zu »Beispiele aus der Mechanik« siehe Seite 88

Vergleich der drei Lösungen. Die erste Lösung ist die rechenaufwendigste; allerdings liefert sie nicht nur die Bewegungsgleichung für die Funktion $t \mapsto \varphi(t)$, sondern zusätzlich die am Balken angreifenden Kräfte (als Funktionen von φ). Die zweite Lösung ist eleganter als die erste, weil die Normalkräfte nicht in die Drehimpulsbilanz eingehen und daher die Impulsbilanz für den Balken überflüssig wird. Die schnellste Lösung ist die dritte, weil keinerlei Kräfte oder Momente auftreten, die dann zur Bestimmung einer Gleichung für die Funktion $t \mapsto \varphi(t)$ wieder eliminiert werden müssen. Diese dritte Lösung hat den zusätzlichen Vorteil, daß sie die Bewegungsgleichung bereits in integrierter Form liefert, also als Differentialgleichung erster statt zweiter Ordnung.

Lösung (120.49) Auf die Walze wirken die Gewichtskraft mg nach unten, die Normalkraft N senkrecht zur schiefen Ebene und die Reibungskraft R entgegen der Bewegungsrichtung. Wir wählen ein Koordinatensystem, dessen x-Achse in Richtung der schiefen Ebene und dessen y-Achse senkrecht dazu nach oben zeigt. Für die Schwerpunktskoordinaten (x, y) der Walze und deren Drehwinkel φ im Uhrzeigersinn gelten dann die Gleichungen

$$(\star) \quad \begin{aligned} m\ddot{x} &= -R - mg\sin\alpha, \\ m\ddot{y} &= N - mg\cos\alpha, \\ \Theta\ddot{\varphi} &= rR. \end{aligned}$$

Da y zeitlich konstant ist, haben wir $N = mg\cos\alpha$.

(a) Solange die Rolle rutscht, gilt das Gleitreibungsgesetz $R = \mu N$. Die dritte Gleichung in $(\star)$ liefert dann $\ddot{\varphi} = r\mu N/\Theta = r\mu mg\cos(\alpha)/\Theta$ und damit

$$\dot{\varphi}(t) = \frac{\mu mgr\cos\alpha}{\Theta} \cdot t,$$

wobei wir die Bedingung $\dot{\varphi}(0) = 0$ ausnutzten. Die erste Gleichung in $(\star)$ geht über in $m\ddot{x} = -m\mu N - mg\sin\alpha = -mg\cdot(\mu\cos\alpha + \sin\alpha)$, folglich $\ddot{x} = -g(\mu\cos\alpha + \sin\alpha)$ und damit

$$\dot{x}(t) = -g(\mu\cos\alpha + \sin\alpha)t + v_0.$$

Die Rollbedingung tritt zu dem Zeitpunkt t_1 ein, zu dem $\dot{x}(t_1) = r\dot{\varphi}(t_1)$ gilt, also

$$\begin{aligned} -g(\mu\cos\alpha + \sin\alpha)t_1 + v_0 &= \frac{\mu g m r^2 \cos\alpha}{\Theta} t_1 \\ &= 2\mu g \cos(\alpha) t_1, \end{aligned}$$

wobei wir bei der letzten Umformung die Gleichung $\Theta = mr^2/2$ ausnutzen. Wir erhalten dann $v_0 = g(3\mu\cos\alpha + \sin\alpha)t_1$ und damit

$$t_1 = \frac{v_0}{g(3\mu\cos\alpha + \sin\alpha)}.$$

Die Geschwindigkeit zu diesem Zeitpunkt ist

$$v_1 = \dot{x}(t_1) = v_0 \cdot \frac{2\mu\cos\alpha}{3\mu\cos\alpha + \sin\alpha}.$$

(b) Ab dem Zeitpunkt t_1 rollt die Walze; d.h., es gilt die Rollbedingung $\dot{x} = r\dot{\varphi}$. Setzen wir diese in die dritte Gleichung in $(\star)$ ein, so folgt zunächst $R = \Theta\ddot{\varphi}/r = \Theta\ddot{x}/r^2 = m\ddot{x}/2$. Setzen wir dies in die erste Gleichung in $(\star)$ ein, so ergibt sich $m\ddot{x} = -(m\ddot{x}/2) - mg\sin\alpha$ und damit $\ddot{x} = -(2/3)g\sin\alpha$. Hochintegrieren unter Einsetzen der Bedingung $\dot{x}(t_1) = v_1$ (dies ist die Anfangsbedingung für die zweite Bewegungsphase) liefert

$$\dot{x}(t) = -(2/3)g\sin\alpha\,(t - t_1) + v_1.$$

Die Walze beginnt zu dem Zeitpunkt t_2 zurückzurollen, zu dem $\dot{x}(t_2) = 0$ gilt, also $(2/3)g\sin(\alpha)(t_2 - t_1) = v_1$. Einsetzen der Werte für t_1 und v_1 und Auflösen nach t_2 liefert dann die Lösung

$$t_2 = \frac{v_0}{g\sin\alpha}.$$

Lösung (120.50) Wir bezeichnen mit $\varphi(t)$ den Winkel zwischen der Vertikalen und der Geraden durch den Kontaktpunkt zur Zeit t sowie mit $\alpha(t)$ den bis zur Zeit t abgerollten Winkel. Aufgrund der Rollbedingung gilt dann $R\varphi = r\alpha$. Die Winkelgeschwindigkeit der abrollenden Kugel ist dann $\omega = (\alpha + \varphi)^{\bullet} = \dot{\alpha} + \dot{\varphi} = (R+r)\dot{\varphi}/r$.

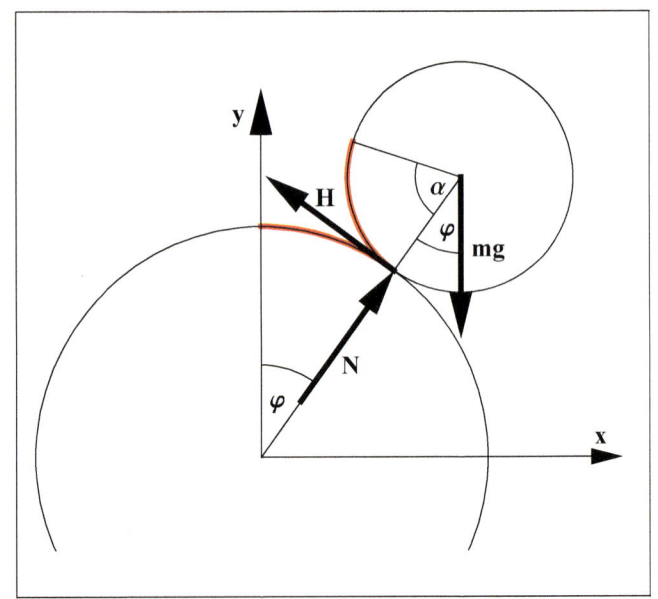

Auf anderer Kugel abrollende Kugel.

Die Position des Mittelpunkts der sich bewegenden Kugel ist

$$\begin{bmatrix} x \\ y \end{bmatrix} = (R+r)\begin{bmatrix} \cos((\pi/2) - \varphi) \\ \sin((\pi/2) - \varphi) \end{bmatrix} = (R+r)\begin{bmatrix} \sin\varphi \\ \cos\varphi \end{bmatrix}.$$

Wir erhalten dann

$$\begin{bmatrix} \dot{x} \\ \dot{y} \end{bmatrix} = (R+r)\dot{\varphi}\begin{bmatrix} \cos\varphi \\ -\sin\varphi \end{bmatrix}$$

und
$$\begin{bmatrix} \ddot{x} \\ \ddot{y} \end{bmatrix} = (R+r)\ddot{\varphi}\begin{bmatrix} \cos\varphi \\ -\sin\varphi \end{bmatrix} - (R+r)\dot{\varphi}^2\begin{bmatrix} \sin\varphi \\ \cos\varphi \end{bmatrix}.$$

Unabhängig davon, ob die Kugel rollt oder rutscht, gilt die Impulsbilanz ("Kraft gleich Masse mal Beschleunigung") in der Form

$$(1) \quad \begin{aligned} & m(R+r)\ddot{\varphi}\begin{bmatrix} \cos\varphi \\ -\sin\varphi \end{bmatrix} - m(R+r)\dot{\varphi}^2\begin{bmatrix} \sin\varphi \\ \cos\varphi \end{bmatrix} \\ & = N\begin{bmatrix} \sin\varphi \\ \cos\varphi \end{bmatrix} - H\begin{bmatrix} \cos\varphi \\ -\sin\varphi \end{bmatrix} - mg\begin{bmatrix} 0 \\ 1 \end{bmatrix}. \end{aligned}$$

Bilden wir das Skalarprodukt dieser Gleichung mit den Vektoren $(\cos\varphi, -\sin\varphi)^T$ und $(\sin\varphi, \cos\varphi)^T$, so ergeben sich die skalaren Gleichungen

$$(2) \quad m(R+r)\ddot{\varphi} = -H + mg\sin\varphi$$

und

$$(3) \quad -m(R+r)\dot{\varphi}^2 = N - mg\cos\varphi.$$

Die Momentenbilanz für den abrollenden Körper lautet $rH = \theta\dot{\omega} = \theta(R+r)\ddot{\varphi}/r$, so daß wir im Fall des Rollens die Bedingung

$$(4) \quad H = \frac{(R+r)\theta}{r^2}\ddot{\varphi}$$

erhalten. Setzen wir dies in (2) ein, so ergibt sich

$$(5) \quad \left(R+r+(R+r)\cdot\frac{\theta}{mr^2}\right)\ddot{\varphi} = g\sin\varphi$$

als Bewegungsgleichung des abrollenden Körpers. Durchmultiplizieren dieser Gleichung mit $2\dot{\varphi}$ ergibt

$$\frac{d}{dt}\left(R+r+(R+r)\cdot\frac{\theta}{mr^2}\right)\dot{\varphi}^2 = \frac{d}{dt}(-2g\cos\varphi)$$

und nach Integration unter Ausnutzung der Anfangsbedingungen $\varphi(0) = 0$ und $\dot{\varphi}(0) = 0$ dann

$$(6) \quad (R+r)\left(1+\frac{\theta}{mr^2}\right)\dot{\varphi}^2 = 2g(1-\cos\varphi).$$

Einsetzen in (3) liefert die Normalkraft

$$(7) \quad N = mg\cos\varphi - \frac{2mg}{1+\theta/(mr^2)}(1-\cos\varphi).$$

Der abrollende Körper verliert in dem Moment den Kontakt zum ruhenden Körper, in dem $N = 0$ gilt. Setzen wir dies in (7) ein, so ergibt sich

$$(8) \quad \left(3+\frac{\theta}{mr^2}\right)\cos\varphi = 2$$

als Gleichung für denjenigen Winkel, bei dem der Kontakt zwischen den beiden Körpern verloren geht. Wir machen die folgenden Beobachtungen.

- Die Konstante g hat sich weggehoben; das Ergebnis ist also unabhängig davon, ob wir das Experiment auf der Erde, auf dem Mond oder auf dem Jupiter durchführen.
- Der Ablösungswinkel hängt nicht vom Verhältnis $r:R$ ab und ist daher unabhängig vom Größenverhältnis der beiden Kugeln.
- Es geht nirgends ein, ob der ruhende Körper ein Zylinder oder eine Kugel ist.
- Ist der sich bewegende Körper eine Kugel, so gilt $\theta/(mr^2) = 2/5$, und es ergibt sich $\cos(\varphi_\text{Kugel}) = 10/17$ bzw.

$$(9) \quad \varphi_\text{Kugel} = \arccos(10/17) \approx 53.9681^0.$$

Ist der sich bewegende Körper ein Zylinder, so gilt $\theta/(mr^2) = 1/2$, und es ergibt sich $\cos(\varphi_\text{Zylinder}) = 4/7$ bzw.

$$(10) \quad \varphi_\text{Zylinder} = \arccos(4/7) \approx 55.1501^0.$$

Eine abrollende Kugel verliert also in etwas größerer Höhe den Kontakt als ein abrollender Zylinder gleicher Masse.

Bemerkung: Die obige Rechnung unterstellt, daß die Rollbedingung bis zum Kontaktverlust zwischen den beiden Kugeln erfüllt ist. Wir zeigen nun, daß dies in Wirklichkeit nicht zutrifft. Setzen wir (5) in (4) ein, so ergibt sich

$$(11) \quad H = \frac{\theta/(mr^2)}{1+\theta/(mr^2)}\cdot mg\sin\varphi.$$

Durch Umformen von (7) ergibt sich

$$(12) \quad N = mg\left(\cos\varphi - \frac{2-2\cos\varphi}{1+\theta/(mr^2)}\right).$$

Reines Rollen findet statt, solange $|H| < \mu N$ gilt. Der abrollende Körper beginnt in dem Moment zu rutschen, in dem $H = \mu N$ gilt, also

$$(13) \quad \frac{\theta}{mr^2}\cdot\sin\varphi = \mu\cdot\left(3\cos\varphi - 2 + \frac{\theta}{mr^2}\cos\varphi\right).$$

Ist der abrollende Körper eine Kugel, so ist $\theta/mr^2 = 2/5$, und die Gleichung (13) geht über in

$$\frac{2}{5}\cdot\sin\varphi = \mu\left(3\cos\varphi - 2 + \frac{2}{5}\cos\varphi\right)$$

bzw. $2\sin\varphi = \mu(17\cos\varphi - 10)$. Quadrieren dieser Gleichung und anschließendes Umstellen führt auf die Gleichung

$$\cos^2\varphi - \frac{340\mu^2}{289\mu^2+4}\cos\varphi + \frac{100\mu^2-4}{289\mu^2+4} = 0$$

Aufgaben zu »Beispiele aus der Mechanik« siehe Seite 88

mit den Lösungen
$$\cos\varphi = \frac{170\mu^2 \pm \sqrt{756\mu^2+16}}{289\mu^2+4}.$$

Nach (9) muß $\cos(\varphi) > 10/17$ gelten (sonst hat die sich bewegende Kugel schon den Kontakt verloren, bevor die Bedingung des Rutschens eintreten kann); dies schließt die Lösung mit dem negativen Wurzelvorzeichen aus und erfordert für die mögliche Lösung mit dem positiven Wurzelvorzeichen die Bedingung $17\sqrt{756\mu^2+16} > 40$, die aber für alle μ erfüllt ist und daher keine Einschränkung für den Koeffizienten μ darstellt. Andererseits muß natürlich $\cos\varphi < 1$ und damit $\sqrt{756\mu^2+16} < 119\mu^2+4$ gelten. Diese letzte Bedingung ist äquivalent zu $0 < 17^2\mu^4 + 4\mu^2$ und für alle μ erfüllt. Die Kugel beginnt also in jedem Fall vor ihrem Kontaktverlust zu rutschen, und zwar bei Erreichen des Winkels
$$\varphi = \arccos\left(\frac{170\mu^2+\sqrt{756\mu^2+16}}{289\mu^2+4}\right) =: \varphi_1.$$

Ist der abrollende Körper dagegen ein Zylinder, so ist $\theta/mr^2 = 1/2$, und die Gleichung (13) geht über in
$$\frac{1}{2}\cdot\sin\varphi = \mu\left(3\cos\varphi - 2 + \frac{1}{2}\cos\varphi\right)$$

bzw. $\sin\varphi = \mu(7\cos\varphi - 4)$. Quadrieren dieser Gleichung und anschließendes Umstellen führt auf die Gleichung
$$\cos^2\varphi - \frac{56\mu^2}{49\mu^2+1}\cos\varphi + \frac{16\mu^2-1}{49\mu^2+1} = 0$$

mit den Lösungen
$$\cos\varphi = \frac{28\mu^2 \pm \sqrt{33\mu^2+1}}{49\mu^2+1}.$$

Nach (10) muß $\cos(\varphi) > 4/7$ gelten (sonst hat der sich bewegende Zylinder schon den Kontakt verloren, bevor die Bedingung des Rutschens eintreten kann); dies schließt die Lösung mit dem negativen Wurzelvorzeichen aus und erfordert für die mögliche Lösung mit dem positiven Wurzelvorzeichen die Bedingung $7\sqrt{33\mu^2+1} > 4$, die aber für alle μ erfüllt ist und daher keine Einschränkung für den Koeffizienten μ darstellt. Andererseits muß natürlich $\cos\varphi < 1$ und damit $\sqrt{33\mu^2+1} < 21\mu^2+1$ gelten. Diese letzte Bedingung ist äquivalent zu $0 < 49\mu^4 + \mu^2$ und für alle μ erfüllt. Der Zylinder beginnt also in jedem Fall vor seinem Kontaktverlust zu rutschen, und zwar bei Erreichen des Winkels
$$\varphi = \arccos\left(\frac{28\mu^2+\sqrt{33\mu^2+1}}{49\mu^2+1}\right) =: \varphi_1.$$

(Wir benutzen die gleiche Bezeichnung φ_1 wie oben für denjenigen Winkel, bei dem die erste Bewegungsphase endet!) Die Annahme, daß der sich bewegende Körper bis zum Kontaktverlust rollt, ohne zu gleiten, ist also falsch. In Wirklichkeit tritt ab dem Winkel φ_1 (der vom jeweiligen Gleitreibungskoeffizienten μ abhängt) Rutschen auf, und ab diesem Winkel ist statt der Rollbedingung die Bedingung $H = \mu N$ zu benutzen. Setzen wir dies in (2) und (3) ein, so erhalten wir für die zweite Bewegungsphase (nach Beginn des Rutschens) die Gleichungen $\mu N = H = mg\sin\varphi - m(R+r)\ddot\varphi$ sowie $N = mg\cos\varphi - m(R+r)\dot\varphi^2$, insgesamt also

(14) $\quad \mu g\cos\varphi - \mu(R+r)\dot\varphi^2 = g\sin\varphi - (R+r)\ddot\varphi.$

Nach der Kettenregel gilt nun
$$\ddot\varphi = \frac{d\dot\varphi}{dt} = \frac{d\dot\varphi}{d\varphi}\cdot\frac{d\varphi}{dt} = \dot\varphi\frac{d\dot\varphi}{d\varphi}.$$

Schreiben wir also $\dot\varphi = u(\varphi)$, so geht (14) über in

(15) $\quad \mu g\cos\varphi - \mu(R+r)u^2 = g\sin\varphi - (R+r)u\frac{du}{d\varphi}.$

Mit $w := u^2$ und $' = d/d\varphi$ erhalten wir also $\mu g\cos\varphi - \mu(R+r)w = g\sin\varphi - ((R+r)/2)w'$ und damit

(16) $\quad w' - 2\mu w = \frac{2g}{R+r}(\sin\varphi - \mu\cos\varphi).$

Nach Durchmultiplizieren mit $\exp(-2\mu\varphi)$ nimmt diese Gleichung die Form
$$\frac{d}{d\varphi}\left(w(\varphi)e^{-2\mu\varphi}\right) = \frac{2g}{R+r}(\sin\varphi - \mu\cos\varphi)e^{-2\mu\varphi}$$

an, nach Integration also
$$w(\varphi)e^{-2\mu\varphi} = \frac{2g}{R+r}\cdot\frac{(2\mu^2-1)\cos\varphi - 3\mu\sin\varphi}{1+4\mu^2}\cdot e^{-2\mu\varphi} + C$$

mit einer Integrationskonstanten C. Wegen $w = u^2 = \dot\varphi^2$ erhalten wir also

(17) $\quad \dot\varphi^2 = \frac{2g}{R+r}\cdot\frac{(2\mu^2-1)\cos\varphi - 3\mu\sin\varphi}{1+4\mu^2} + Ce^{2\mu\varphi}.$

Das weitere Vorgehen skizzieren wir nur noch. (Die Ausführung der Details eignet sich als Beschäftigung für einen verregneten Nachmittag!) Es sei t_1 der Zeitpunkt des Beginns des Rutschens; den Winkel $\varphi(t_1) = \varphi_1$ haben wir oben schon berechnet, und durch Einsetzen von $\varphi = \varphi_1$ in (6) ergibt sich $\dot\varphi(t_1)$. Da die Werte von φ und $\dot\varphi$ unmittelbar vor und unmittelbar nach Beginn des Rutschens übereinstimmen müssen, dürfen wir diese Werte in (17) einsetzen und erhalten dadurch die Integrationskonstante $C = C(\mu)$ als Funktion des Gleitreibungskoeffizienten μ. Die Gleichung (17) drückt dann $\dot\varphi$ als Funktion von φ aus (mit μ als Parameter), und Einsetzen von (17) in (3) liefert N als Funktion von φ (und μ) für die zweite Bewegungsphase (nach Beginn des Rutschens). Die Gleichung

---

Aufgaben zu »Beispiele aus der Mechanik« siehe Seite 88

$N = 0$ ist dann eine Bestimmungsgleichung für denjenigen Winkel φ, bei dem Kontaktverlust auftritt.

Lösung (120.51) (a) Wir benutzen die Bezeichnungen der folgenden Zeichnung, wobei α den von der kleinen Kugel abgerollten Winkel bezeichnet.

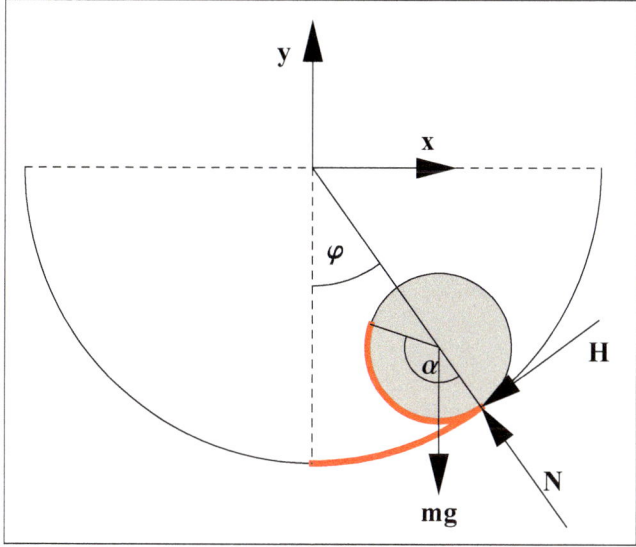

In anderer Kugel abrollende Kugel.

Aufgrund der Rollbedingung gilt $r\alpha = R\varphi$; die Winkelgeschwindigkeit der rollenden Kugel ist dann $\omega = (\alpha - \varphi)^\bullet = \dot\alpha - \dot\varphi = (R-r)\dot\varphi/r$, so daß die Drehimpulsbilanz $\Theta_S \dot\omega = rH$ übergeht in

$$H = \Theta_S \cdot \frac{R-r}{r^2} \cdot \ddot\varphi.$$

Es sei $(x,y) = (x_S, y_S)$ die Position des Schwerpunkts. Wir haben dann

$$\begin{bmatrix} x \\ y \end{bmatrix} = (R-r) \begin{bmatrix} \sin\varphi \\ -\cos\varphi \end{bmatrix}, \quad \begin{bmatrix} \dot x \\ \dot y \end{bmatrix} = (R-r)\dot\varphi \begin{bmatrix} \cos\varphi \\ \sin\varphi \end{bmatrix}$$

und damit

$$\begin{bmatrix} \ddot x \\ \ddot y \end{bmatrix} = (R-r)\ddot\varphi \begin{bmatrix} \cos\varphi \\ \sin\varphi \end{bmatrix} + (R-r)\dot\varphi^2 \begin{bmatrix} -\sin\varphi \\ \cos\varphi \end{bmatrix}.$$

Die Impulsbilanz ("Kraft gleich Masse mal Beschleunigung") lautet daher

$$m(R-r)\ddot\varphi \begin{bmatrix} \cos\varphi \\ \sin\varphi \end{bmatrix} + m(R-r)\dot\varphi^2 \begin{bmatrix} -\sin\varphi \\ \cos\varphi \end{bmatrix}$$
$$= N \begin{bmatrix} -\sin\varphi \\ \cos\varphi \end{bmatrix} - H \begin{bmatrix} \cos\varphi \\ \sin\varphi \end{bmatrix} + mg \begin{bmatrix} 0 \\ -1 \end{bmatrix}.$$

Bilden wir in dieser Gleichung das Skalarprodukt mit $(\cos\varphi, \sin\varphi)^T$, so erhalten wir

$$m(R-r)\ddot\varphi = -H - mg\sin\varphi = -\Theta_S \cdot \frac{R-r}{r^2} \cdot \ddot\varphi - mg\sin\varphi$$

bzw.

$$(\star) \qquad (R-r)\left(1 + \frac{\Theta_S}{mr^2}\right)\ddot\varphi + g\sin\varphi = 0.$$

Setzen wir $\Theta_S = 2mr^2/5$ ein, so geht diese Gleichung, wenn wir noch durch $7(R-r)/5$ dividieren, über in

$$\ddot\varphi + \frac{5g}{7(R-r)}\sin\varphi = 0.$$

Für kleine Auslenkungen dürfen wir näherungsweise $\sin\varphi$ durch φ ersetzen (stetige Abhängigkeit der Lösungen einer Differentialgleichung von der rechten Seite!) und erhalten dann die Schwingungsgleichung $\ddot\varphi + \Omega^2\varphi = 0$ mit $\Omega := \sqrt{5g/7(R-r)}$. Die gesuchte Frequenz ist dann

$$f_{\text{Kugel}} = \frac{\Omega}{2\pi} = \frac{1}{2\pi} \cdot \sqrt{\frac{5g}{7(R-r)}}.$$

(b) Im Vergleich zu (a) ändert sich an der Rechnung bis zur Gleichung $(\star)$ gar nichts. Setzen wir dann $\Theta_S = mr^2/2$ ein, so geht diese Gleichung, wenn wir noch durch $3(R-r)/2$ dividieren, über in

$$\ddot\varphi + \frac{2g}{3(R-r)}\sin\varphi = 0.$$

Die gesuchte Frequenz ist in diesem Fall dann

$$f_{\text{Zylinder}} = \frac{1}{2\pi} \cdot \sqrt{\frac{2g}{3(R-r)}} = \sqrt{\frac{14}{15}} \cdot f_{\text{Kugel}}.$$

Der Zylinder schwingt also mit leicht niedrigerer Frequenz als die Kugel.

Lösung (120.52) Es seien N_1 und N_2 die am Gelenk G_1 und F_1 und F_2 am Gelenk G_2 angreifenden Kräfte (jeweils in horizontaler und vertikaler Richtung), wobei F_1 und F_2 für den ersten Arm negativ und daher für den zweiten Arm positiv gezählt werden ("actio = reactio"). Analog seien M_1 und M_2 die an den Gelenken G_1 bzw. G_2 erzeugten Momente, wobei M_2 für den ersten Arm negativ und für den zweiten Arm positiv gezählt wird.

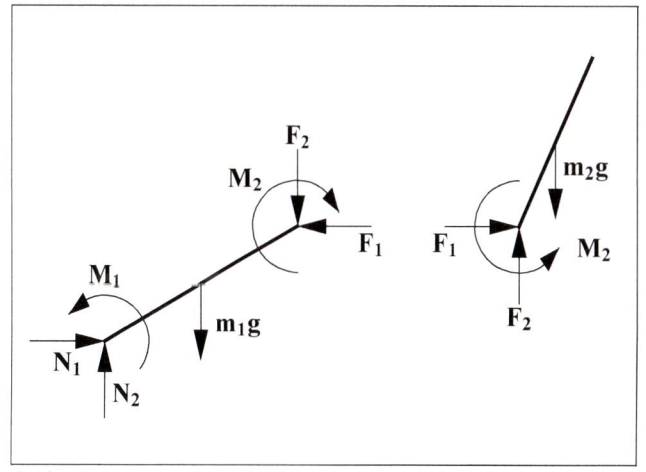

Auftretende Kräfte und Momente nach Freischneiden der beiden Arme des Roboters.

Bezeichnet (x_1, y_1) den Schwerpunkt des ersten Arms, so haben wir
$$\begin{bmatrix} x_1 \\ y_1 \end{bmatrix} = \ell_1 \begin{bmatrix} \cos(q_1) \\ \sin(q_1) \end{bmatrix}, \quad \begin{bmatrix} \dot{x}_1 \\ \dot{y}_1 \end{bmatrix} = \ell_1 \dot{q}_1 \begin{bmatrix} -\sin(q_1) \\ \cos(q_1) \end{bmatrix}$$
und folglich
$$\begin{bmatrix} \ddot{x}_1 \\ \ddot{y}_1 \end{bmatrix} = \ell_1 \ddot{q}_1 \begin{bmatrix} -\sin(q_1) \\ \cos(q_1) \end{bmatrix} - \ell_1 \dot{q}_1^2 \begin{bmatrix} \cos(q_1) \\ \sin(q_1) \end{bmatrix}.$$
Die Impulsbilanz für den ersten Arm lautet daher
(1)
$$\begin{aligned} \begin{bmatrix} N_1 - F_1 \\ N_2 - F_2 - m_1 g \end{bmatrix} &= m_1 \begin{bmatrix} \ddot{x}_1 \\ \ddot{y}_1 \end{bmatrix} \\ &= m_1 \ell_1 \ddot{q}_1 \begin{bmatrix} -\sin(q_1) \\ \cos(q_1) \end{bmatrix} - m_1 \ell_1 \dot{q}_1^2 \begin{bmatrix} \cos(q_1) \\ \sin(q_1) \end{bmatrix}. \end{aligned}$$

Der Schwerpunkt des zweiten Arms ist gegeben durch
$$\begin{bmatrix} x_2 \\ y_2 \end{bmatrix} = L_1 \begin{bmatrix} \cos(q_1) \\ \sin(q_1) \end{bmatrix} + \ell_2 \begin{bmatrix} \cos(q_1 + q_2) \\ \sin(q_1 + q_2) \end{bmatrix}.$$
Für die Impulsbilanz des zweiten Arms erhalten wir damit
(2)
$$\begin{aligned} \begin{bmatrix} F_1 \\ F_2 - m_2 g \end{bmatrix} &= m_2 \begin{bmatrix} \ddot{x}_2 \\ \ddot{y}_2 \end{bmatrix} \\ &= m_2 L_1 \ddot{q}_1 \begin{bmatrix} -\sin(q_1) \\ \cos(q_1) \end{bmatrix} - m_2 L_1 \dot{q}_1^2 \begin{bmatrix} \cos(q_1) \\ \sin(q_1) \end{bmatrix} \\ &\quad + m_2 \ell_2 (\ddot{q}_1 + \ddot{q}_2) \begin{bmatrix} -\sin(q_1 + q_2) \\ \cos(q_1 + q_2) \end{bmatrix} \\ &\quad - m_2 \ell_2 (\dot{q}_1 + \dot{q}_2)^2 \begin{bmatrix} \cos(q_1 + q_2) \\ \sin(q_1 + q_2) \end{bmatrix}. \end{aligned}$$

Wir stellen nun für jeden der beiden Arme die Momentenbilanz bezüglich des jeweiligen Schwerpunkts auf. Die folgende Skizze verdeutlicht, welche Momente die einzelnen Kräfte zur Gesamtmomentenbilanz beitragen. (Zur Erhöhung der Übersichtlichkeit sind die extern aufgebrachten Momente nicht eingetragen. Ebenso ist jeweils die Schwerkraft nicht eingezeichnet, da diese kein Moment bezüglich des Schwerpunkts bewirkt.)

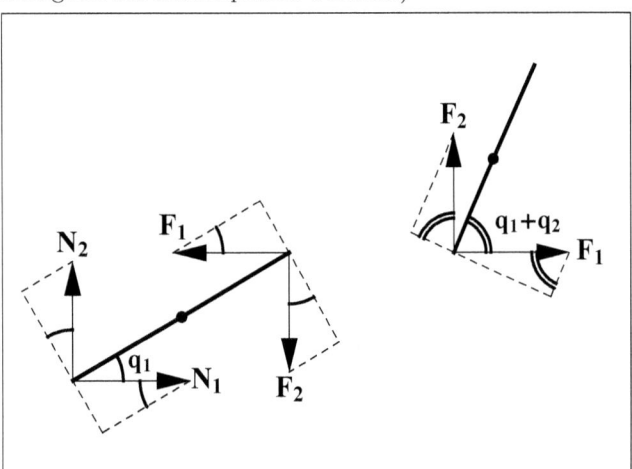

Momente, die von den auftretenden Kräften ausgeübt werden.

Die Drehimpulsbilanz des ersten Arms lautet
$$\begin{aligned} \Theta_1 \ddot{q}_1 &= M_1 - M_2 + N_1 \sin(q_1) \cdot \ell_1 - N_2 \cos(q_1) \cdot \ell_1 \\ &\quad + F_1 \sin(q_1) \cdot (L_1 - \ell_1) - F_2 \cos(q_1) \cdot (L_1 - \ell_1) \end{aligned}$$
bzw. nach Umstellen
(3)
$$\begin{aligned} M_1 &= M_2 + \Theta_1 \ddot{q}_1 - L_1 \left\langle \begin{bmatrix} F_1 \\ F_2 \end{bmatrix}, \begin{bmatrix} \sin(q_1) \\ -\cos(q_1) \end{bmatrix} \right\rangle \\ &\quad - \ell_1 \left\langle \begin{bmatrix} N_1 - F_1 \\ N_2 - F_2 \end{bmatrix}, \begin{bmatrix} \sin(q_1) \\ -\cos(q_1) \end{bmatrix} \right\rangle. \end{aligned}$$

Als Drehimpulsbilanz für den zweiten Arm ergibt sich schließlich die Gleichung
$$\Theta_2 (\ddot{q}_1 + \ddot{q}_2) = M_2 + F_1 \sin(q_1 + q_2) \cdot \ell_2 - F_2 \cos(q_1 + q_2) \cdot \ell_2$$
bzw. nach Umstellen
(4) $$M_2 = \Theta_2 (\ddot{q}_1 + \ddot{q}_2) + \ell_2 \left\langle \begin{bmatrix} F_1 \\ F_2 \end{bmatrix}, \begin{bmatrix} -\sin(q_1 + q_2) \\ \cos(q_1 + q_2) \end{bmatrix} \right\rangle.$$

Wir können nun F_1 und F_2 aus (2) und dann N_1 und N_2 aus (1) ermitteln und diese Ergebnisse dann zunächst in (4) und anschließend in (3) einsetzen, um M_1 und M_2 durch die Funktionen q_i und deren Ableitungen auszudrücken; dies sind dann die gesuchten Bewegungsgleichungen. Aus (2) erhalten wir zunächst
$$\begin{aligned} &\left\langle \begin{bmatrix} F_1 \\ F_2 \end{bmatrix}, \begin{bmatrix} -\sin(q_1 + q_2) \\ \cos(q_1 + q_2) \end{bmatrix} \right\rangle \\ &= m_2 g \cos(q_1 + q_2) + m_2 L_1 \ddot{q}_1 \cos(q_2) \\ &\quad + m_2 L_1 \dot{q}_1^2 \sin(q_2) + m_2 \ell_2 (\ddot{q}_1 + \ddot{q}_2). \end{aligned}$$

Setzen wir dieses Ergebnis in (4) ein, so erhalten wir
(5)
$$\begin{aligned} M_2 &= \left(\Theta_2 + m_2 \ell_2^2 + m_2 \ell_2 L_1 \cos(q_2) \right) \ddot{q}_1 \\ &\quad + \left(\Theta_2 + m_2 \ell_2^2 \right) \ddot{q}_2 + m_2 \ell_2 L_1 \dot{q}_1^2 \sin(q_2) \\ &\quad + m_2 \ell_2 g \cos(q_1 + q_2). \end{aligned}$$

Weiter erhalten wir aus (1) die Gleichung
$$\left\langle \begin{bmatrix} N_1 - F_1 \\ N_2 - F_2 \end{bmatrix}, \begin{bmatrix} \sin(q_1) \\ -\cos(q_1) \end{bmatrix} \right\rangle = -m_1 g \cos(q_1) - m_1 \ell_1 \ddot{q}_1$$
und aus (2) die Gleichung
$$\begin{aligned} \left\langle \begin{bmatrix} F_1 \\ F_2 \end{bmatrix}, \begin{bmatrix} \sin(q_1) \\ -\cos(q_1) \end{bmatrix} \right\rangle &= -m_2 g \cos(q_1) - m_1 L_1 \ddot{q}_1 \\ &\quad - m_2 \ell_2 (\ddot{q}_1 + \ddot{q}_2) \cos(q_2) \\ &\quad + m_2 \ell_2 (\dot{q}_1 + \dot{q}_2)^2 \sin(q_2). \end{aligned}$$

Setzen wir diese beiden Ergebnisse sowie (5) in (3) ein, so erhalten wir
$$\begin{aligned} M_1 &= \left(\Theta_1 + \Theta_2 + m_1(\ell_1^2 + L_1^2) + m_2(\ell_2^2 + 2L_1 \ell_2 \cos(q_2)) \right) \ddot{q}_1 \\ &\quad + \left(\Theta_2 + m_2(\ell_2^2 + L_1 \ell_2 \cos(q_2)) \right) \ddot{q}_2 \\ &\quad - m_2 L_1 \ell_2 \sin(q_2) \cdot \left(\dot{q}_2^2 + 2 \dot{q}_1 \dot{q}_2 \right) \\ &\quad + m_1 \ell_1 g \cos(q_1) + m_2 g \left(\ell_2 \cos(q_1 + q_2) + L_1 \cos(q_1) \right). \end{aligned}$$

Die erhaltenen Formeln für M_1 und M_2 lassen sich zusammenfassen zu der Gleichung

$$\begin{bmatrix} H_{11} & H_{12} \\ H_{21} & H_{22} \end{bmatrix} \begin{bmatrix} \ddot{q}_1 \\ \ddot{q}_2 \end{bmatrix} + h \begin{bmatrix} -2\dot{q}_1\dot{q}_2 - \dot{q}_2^2 \\ \dot{q}_1^2 \end{bmatrix} + \begin{bmatrix} \gamma_1 \\ \gamma_2 \end{bmatrix} = \begin{bmatrix} M_1 \\ M_2 \end{bmatrix}$$

mit

$$\begin{aligned} H_{11} &= \Theta_1 + \Theta_2 + m_1(\ell_1^2 + L_1^2) + m_2(\ell_2^2 + 2L_1\ell_2\cos(q_2)), \\ H_{12} &= \Theta_2 + m_2(\ell_2^2 + L_1\ell_2\cos(q_2)) = H_{21}, \\ H_{22} &= \Theta_2 + m_2\ell_2^2, \\ h &= m_2 L_1 \ell_2 \sin(q_2), \\ \gamma_1 &= m_1 g \ell_1 \cos(q_1) + m_2 g(\ell_2 \cos(q_1+q_2) + L_1 \cos(q_1)), \\ \gamma_2 &= m_2 g \ell_2 \cos(q_1+q_2). \end{aligned}$$

Lösung (120.53) An der Scheibe greifen drei Kräfte an: die Lagerkräfte N_x und N_y im Aufhängepunkt A (der gleichzeitig der konstante Momentanpol der Bewegung ist) und die Gewichtskraft im Schwerpunkt S. Am einfachsten erhalten wir die Bewegungsgleichung, indem wir die Drehimpulsbilanz bezüglich des Momentanpols A hinschreiben, denn die Kräfte N_x und N_y liefern kein Moment um A und kommen daher in dieser Gleichung gar nicht vor. Es sei $\ell = \overline{AS}$ der Abstand zwischen Aufhängepunkt und Schwerpunkt der Scheibe. Die Drehimpulsbilanz bezüglich des Momentanpols lautet dann

(1) $\qquad \Theta_p \ddot{\varphi} = -mg \sin(\varphi) \cdot \ell;$

dabei gilt $\Theta_p = \Theta_S + m\ell^2$ nach dem Satz von Steiner. Wir erhalten also $\ddot{\varphi} + \omega^2 \sin \varphi = 0$ mit $\omega := \sqrt{mg\ell/\Theta_p}$. Für kleine Auslenkungen gilt $\sin \varphi \approx \varphi$, und wir dürfen näherungsweise die nichtlineare Gleichung $\ddot{\varphi} + \omega^2 \sin \varphi = 0$ ersetzen durch die lineare Gleichung $\ddot{\varphi} + \omega^2 \varphi = 0$. (Stetige Abhängigkeit der Lösungen einer Differentialgleichung von der rechten Seite!) Dies ist eine Schwingungsgleichung, deren Lösungen die Frequenz $\omega/(2\pi) = \sqrt{mg\ell/\Theta_p}/(2\pi)$ haben.

Die gleiche Lösung erhalten wir auch, wenn wir die Drehimpulsbilanz bezüglich des Schwerpunkts hinschreiben. Diese lautet

(2) $\qquad \Theta_S \ddot{\varphi} = -N_x \cos(\varphi) \cdot \ell - N_y \sin(\varphi) \cdot \ell.$

Diese Gleichung hat den Nachteil, daß wir aus ihr noch die Kräfte N_x und N_y eliminieren müssen. Diese erhalten wir aus der Impulsbilanz

$$m \begin{bmatrix} \ddot{x} \\ \ddot{y} \end{bmatrix} = \begin{bmatrix} N_x \\ N_y - mg \end{bmatrix},$$

in der $(x, y) = (x_S, y_S)$ die Schwerpunktsposition bedeutet. Wegen

$$\begin{bmatrix} x \\ y \end{bmatrix} = \ell \begin{bmatrix} \sin \varphi \\ -\cos \varphi \end{bmatrix} \quad \text{und} \quad \begin{bmatrix} \dot{x} \\ \dot{y} \end{bmatrix} = \ell \dot{\varphi} \begin{bmatrix} \cos \varphi \\ \sin \varphi \end{bmatrix}$$

erhalten wir

$$\begin{bmatrix} \ddot{x} \\ \ddot{y} \end{bmatrix} = \ell \ddot{\varphi} \begin{bmatrix} \cos \varphi \\ \sin \varphi \end{bmatrix} + \ell \dot{\varphi}^2 \begin{bmatrix} -\sin \varphi \\ \cos \varphi \end{bmatrix}.$$

Die Impulsbilanz lautet also

$$m\ell\ddot{\varphi} \begin{bmatrix} \cos \varphi \\ \sin \varphi \end{bmatrix} + m\ell\dot{\varphi}^2 \begin{bmatrix} -\sin \varphi \\ \cos \varphi \end{bmatrix} = \begin{bmatrix} N_x \\ N_y - mg \end{bmatrix}.$$

Bilden wir in dieser Gleichung das Skalarprodukt mit $(\cos \varphi, \sin \varphi)^T$ (betrachten wir also die Tangentialkomponente der Bewegung), so ergibt sich

$$N_x \cos \varphi + N_y \sin \varphi - mg \sin \varphi = m\ell \ddot{\varphi}.$$

Setzen wir dies in (2) ein, so ergibt sich $\Theta_S \ddot{\varphi} = -m\ell^2 \ddot{\varphi} - mg\ell \sin(\varphi)$ und damit

(3) $\qquad (\Theta_S + m\ell^2) \ddot{\varphi} + mg\ell \sin(\varphi) = 0.$

Dies ist gleichbedeutend mit (1) aufgrund des Satzes von Steiner.

Lösung (120.54) Wir benutzen die Bezeichnungen der folgenden Skizze.

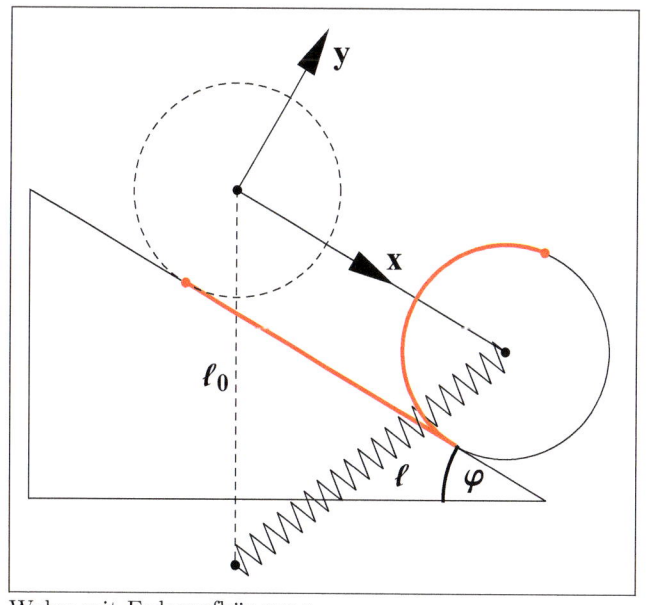

Walze mit Federaufhängung.

An der Walze wirken vier Kräfte: die Schwerkraft mg senkrecht nach unten, eine Normalkraft N in y-Richtung, eine Horizontalkraft H in x-Richtung und die Federkraft. Bezeichnen wir mit k die Federkonstante und mit $(x_0, y_0) = (\ell_0 \sin \varphi, -\ell_0 \cos \varphi)$ den Punkt, an dem das eine Ende der Feder fest angebracht ist, so ist die Federkraft gegeben durch den Vektor

$$k(\ell - \ell_0) \cdot \frac{-1}{\sqrt{(x_S - x_0)^2 + (y_S - y_0)^2}} \begin{bmatrix} x_S - x_0 \\ y_S - y_0 \end{bmatrix};$$

Aufgaben zu »Beispiele aus der Mechanik« siehe Seite 88

der Wurzelausdruck im Nenner ist dabei nichts anderes als die aktuelle Federlänge ℓ. Wegen $y_S = 0$ lautet die Kräftebilanz für die Walze also

$$m \begin{bmatrix} \ddot{x}_S \\ 0 \end{bmatrix} = m \begin{bmatrix} \ddot{x}_S \\ \ddot{y}_S \end{bmatrix} = \begin{bmatrix} H + mg\cos\varphi \\ N - mg\cos\varphi \end{bmatrix}$$
$$- k(\ell - \ell_0) \cdot \frac{1}{\sqrt{(x_S - x_0)^2 + y_0^2}} \begin{bmatrix} x_S - x_0 \\ -y_0 \end{bmatrix}.$$

Wir bezeichnen mit α den Drehwinkel der Walze. Die Momentenbilanz lautet dann $\theta_S \ddot{\alpha} = -rH$, und aufgrund der Rollbedingung $x_S = r\alpha$ haben wir $\ddot{x}_S = r\ddot{\alpha} = -r^2 H/\theta_S$, so daß sich mit $\theta_S = mr^2/2$ die Gleichung $H = -\theta_S \ddot{x}_S/r^2 = -m\ddot{x}_S/2$ ergibt. Setzen wir dies in die Kräftebilanz ein und schreiben wir zur Abkürzung noch $x := x_S - x_0$, so ist die erste Komponente der Kräftebilanz gerade die gesuchte Bewegungsgleichung:

$$\frac{3m}{2}\ddot{x} = mg\cos\varphi - kx \cdot \frac{\sqrt{x^2 + \ell_0^2 \cos^2\varphi} - \ell_0}{\sqrt{x^2 + \ell_0^2 \cos^2\varphi}}.$$

Lösung (120.55) (a) Unmittelbar nach dem Durchtrennen des ersten Seils ist der Aufhängepunkt P des zweiten Seils der Momentanpol der Bewegung des Balkens.

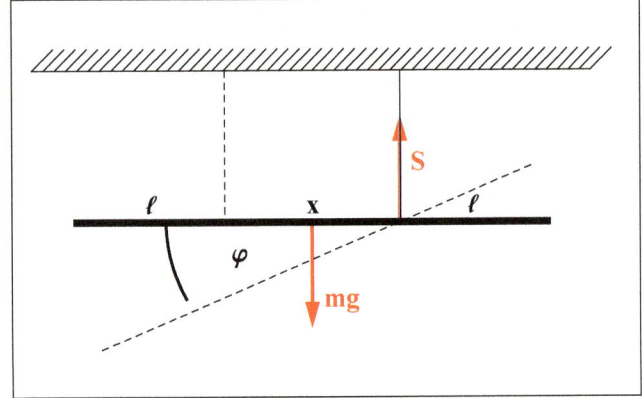

Balken an Seilen.

Bezeichnen wir mit θ_p das Trägheitsmoment bezüglich des Momentanpols, so gilt $\theta_P \ddot{\varphi} = mgx/2$. Nach dem Satz von Steiner ist $\theta_P = \theta_S + (mx^2/4) = (mL^2/12) + (mx^2/4) = (m/12) \cdot (L^2 + 3x^2)$. Dies liefert die Winkelbeschleunigung

$$\ddot{\varphi} = \frac{mgx/2}{m(L^2 + 3x^2)/12} = \frac{6gx}{L^2 + 3x^2}.$$

(b) Die Kräftebilanz in senkrechter Richtung liefert $m\ddot{y}_S = mg - S$. Andererseits gilt $\ddot{y}_S = (x/2)\ddot{\varphi}$, weil der Balken unmittelbar nach dem Durchtrennen des ersten Seils eine reine Drehung um P ausführt. Die Kraft im zweiten Seil unmittelbar nach dem Durchtrennen des ersten Seils ist also

$$S = mg - \frac{mx}{2}\ddot{\varphi} = mg - \frac{mx}{2} \cdot \frac{6gx}{L^2 + 3x^2}$$
$$= mg\left(1 - \frac{3x^2}{L^2 + 3x^2}\right) = mg \cdot \frac{L^2}{L^2 + 3x^2}.$$

(c) Vor dem Durchtrennen des ersten Seils gilt $2S = mg$, also $S = mg/2$. Die Kraft im zweiten Seil ändert sich also im Moment des Durchschneidens genau dann nicht, wenn $1/2 = L^2/(L^2 + 3x^2)$ bzw. $L^2 + 3x^2 = 2L^2$ gilt, also $L^2 = 3x^2$ bzw. $x = L/\sqrt{3}$.

Lösung (120.56) Die Aufgabe ist fast identisch mit der vorherigen Aufgabe.

(a) Unmittelbar nach dem Durchtrennen des ersten Seils ist der Aufhängepunkt P des zweiten Seils der Momentanpol der Bewegung des Bildes. Bezeichnen wir mit θ_P das Trägheitsmoment bezüglich des Momentanpols, so gilt $\theta_P \ddot{\varphi} = mgx/2$. Nach dem Satz von Steiner ist $\theta_P = \theta_S + m((h/2)^2 + (x/2)^2) = m(b^2 + h^2)/12 + m(h^2 + x^2)/4 = (m/12) \cdot (b^2 + 4h^2 + 3x^2)$. Dies liefert die Winkelbeschleunigung

$$\ddot{\varphi} = \frac{mgx/2}{m(b^2 + 4h^2 + 3x^2)/12} = \frac{6gx}{b^2 + 4h^2 + 3x^2}.$$

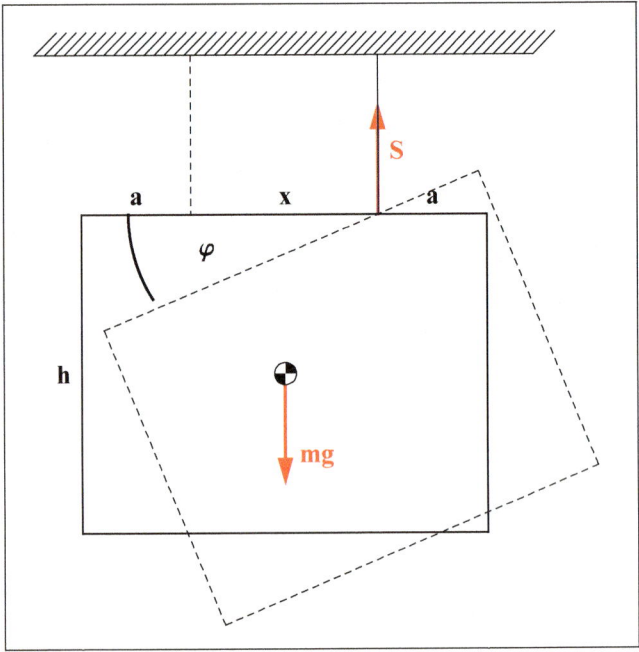

Durchtrennen einer Bildaufhängung.

(b) Die Kräftebilanz in senkrechter Richtung liefert $m\ddot{y}_S = mg - S$. Andererseits gilt $\ddot{y}_S = (x/2)\ddot{\varphi}$, weil der Balken unmittelbar nach dem Durchtrennen des ersten Seils eine reine Drehung um P ausführt. Die Kraft im zweiten Seil unmittelbar nach dem Durchtrennen des ersten Seils ist also

$$S = mg - \frac{mx}{2}\ddot{\varphi} = mg - \frac{mx}{2} \cdot \frac{6gx}{b^2 + 4h^2 + 3x^2}$$
$$= mg\left(1 - \frac{3x^2}{b^2 + 4h^2 + 3x^2}\right) = mg \cdot \frac{b^2 + 4h^2}{b^2 + 4h^2 + 3x^2}.$$

(c) Vor dem Durchtrennen des ersten Seils gilt $2S = mg$, also $S = mg/2$. Die Kraft im zweiten Seil ändert sich also im Moment des Durchschneidens genau dann nicht, wenn $1/2 = (b^2+4h^2)/(b^2+4h^2+3x^2)$ bzw. $3x^2 = b^2+4h^2$ gilt, also $x = \sqrt{b^2 + 4h^2}/\sqrt{3}$.

Lösung (120.57) Wir bezeichnen mit S den Schwerpunkt des Hammers und mit P den Punkt, an den wir den Hammer beim Schlagen anfassen und der der Momentanpol des Hammers im Augenblick des Schlagens ist.

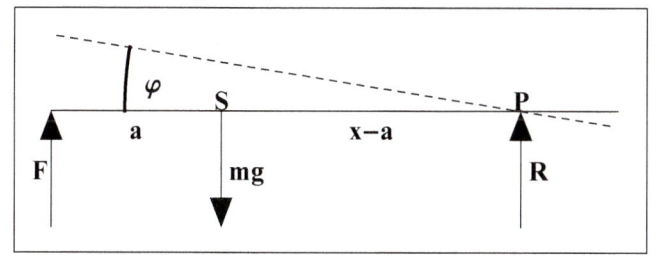

Reaktionskraft eines Hammergriffs.

Bezeichnen wir mit θ_P das Trägheitsmoment des Hammers bezüglich des Momentanpols P und mit $G = mg$ die Gewichtskraft des Hammers, so gilt $\theta_P \ddot\varphi = Fx - G(x-a)$. Nach dem Satz von Steiner ist $\theta_P = \theta_S + m(x-a)^2 = \theta + m(x-a)^2$; wir erhalten also

$$(1) \qquad \ddot\varphi \;=\; \frac{Fx - G(x-a)}{\theta + m(x-a)^2}.$$

Die Kräftebilanz in senkrechter Richtung liefert $m\ddot y_S = F - R - mg = F - R - G$. Andererseits ist $\ddot y_S = (x-a)\ddot\varphi$, weil im Augenblick des Hämmerns die Bewegung des Hammers eine reine Drehung um P ist. Es gilt also

$$(2) \qquad \ddot\varphi \;=\; \frac{\ddot y_S}{x-a} \;=\; \frac{F - R - G}{m(x-a)}.$$

Gleichsetzen von (1) und (2) liefert

$$(3) \qquad \frac{Fx - G(x-a)}{\theta + m(x-a)^2} \;=\; \frac{F - R - G}{m(x-a)}.$$

Gefragt ist, für welchen Wert von x sich $R = 0$ ergibt. Wir müssen also nur $R = 0$ setzen und dann die Gleichung (3) nach x auflösen. Das Ergebnis wird nur in sehr schwachem Maße von der Kraft F abhängen, also davon, wie fest wir beim Hämmern zuschlagen, weil G im Vergleich zu F vernachlässigbar ist. (Wer das nicht glaubt, möge sich überlegen, wie stark er die Schwerkraft in dem Moment empfindet, in dem ihm ein Hammerschlag versetzt wird.) Zur Vereinfachung setzen wir in (3) daher $G = 0$ und erhalten dann

$$R \;=\; F \cdot \left(1 - \frac{mx(x-a)}{\theta + m(x-a)^2}\right) \;=\; F \cdot \frac{\theta - ma(x-a)}{\theta + m(x-a)^2}.$$

Die optimale Stelle x zum Anfassen des Hammers erfüllt daher die Gleichung $\theta - ma(x-a) = 0$, ist also gegeben durch

$$x \;=\; a + \frac{\theta}{ma}.$$

Lösung (120.58) Zeichnen wir irgendeine der Seitenhalbierenden ein, so erkennen wir, daß auf beiden Seiten dieser Seitenhalbierenden gleiche Massen liegen und der Schwerpunkt daher auf dieser Seitenhalbierenden liegen muß. Da diese Überlegung für jede der drei Seitenhalbierenden gilt, ist der Schwerpunkt daher gleich dem Schnittpunkt der Seitenhalbierenden, also

$$\begin{bmatrix}\overline x\\ \overline y\end{bmatrix} \;=\; \frac{1}{3}\left(\begin{bmatrix}1\\ n\end{bmatrix} + \begin{bmatrix}n\\ n\end{bmatrix} + \begin{bmatrix}(n+1)/2\\ 1\end{bmatrix}\right)$$
$$=\; \frac{1}{3}\begin{bmatrix}3(n+1)/2\\ 2n+1\end{bmatrix} \;=\; \begin{bmatrix}(n+1)/2\\ (2n+1)/3\end{bmatrix}.$$

Da das Gesamtmoment aller Massen um die horizontale Gerade durch den Schwerpunkt gleich Null ist, erhalten wir

$$\begin{aligned}
0 &= \sum_i (y_i - \overline y) = \sum_i y_i - (\text{Anzahl der Massen}) \cdot \overline y\\
&= (1\cdot 1 + 2\cdot 2 + \cdots + n\cdot n) - (1 + 2 + \cdots + n)\cdot \overline y\\
&= (1^2 + 2^2 + 3^2 + \cdots + n^2) - \frac{n(n+1)}{2} \cdot \frac{2n+1}{3}
\end{aligned}$$

und damit

$$1^2 + 2^2 + \cdots + n^2 \;=\; \frac{n(n+1)(2n+1)}{6}.$$

Lösung (120.59) (a) Da nach Aufgabenstellung das Hüftgelenk fest mit dem Fahrradrahmen (Sattel!) verbunden ist, ist H zu jeder Zeit der Momentanpol des Oberschenkels HK. Vom Unterschenkel KF kennen wir die Bewegungsrichtung des Knies K (senkrecht zur Geraden HK) sowie des Fußes F (senkrecht zur Strecke MF, wenn M den Mittelpunkt des Zahnrades bezeichnet). Hieraus können wir leicht geometrisch den Momentanpol konstruieren.

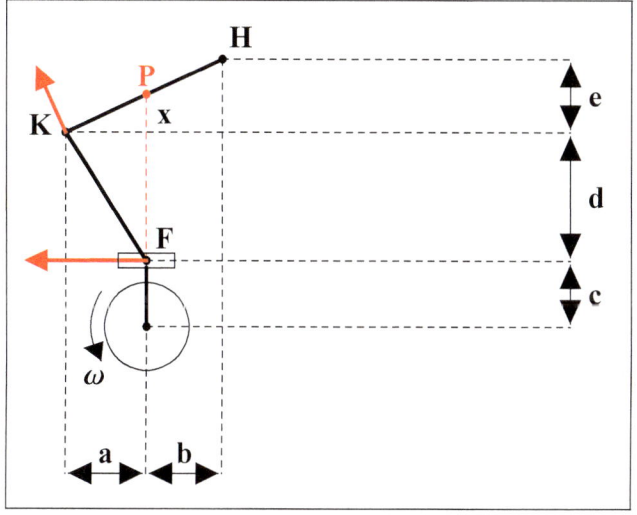

Fahrrad.

(b) Es sei x die Höhe des Momentanpols P oberhalb des Knies K; nach dem Strahlensatz haben wir dann $x : a = e : (a+b)$ bzw. $x = ae/(a+b)$. Da sich der Fuß F mit der Winkelgeschwindigkeit ω um den Mittelpunkt des Kettenrades dreht, ist seine Bahngeschwindigkeit gegeben durch $v_F = c\omega$. Andererseits dreht sich F auch mit der Winkelgeschwindigkeit ω_U um den Momentanpol P, und zwar im entgegengesetzten Drehsinn. Es gilt also auch $v_F = -(x+d)\omega_U$. Vergleich der beiden Formeln für v_F ergibt

$$\omega_U = \frac{-c}{x+d} \cdot \omega.$$

Das Knie K dreht sich einerseits mit der Winkelgeschwindigkeit ω_U um P, andererseits auch mit der Winkelgeschwindigkeit ω_O um H; es gelten also die Gleichungen

$$v_K = -\sqrt{x^2 + a^2} \cdot \omega_U = -\sqrt{e^2 + (a+b)^2} \cdot \omega_O$$

und damit

$$\omega_O = \frac{\sqrt{x^2+a^2}}{\sqrt{e^2+(a+b)^2}} \omega_U = \frac{-c}{x+d} \cdot \frac{\sqrt{x^2+a^2}}{\sqrt{e^2+(a+b)^2}} \omega.$$

(Daß die Vorzeichen von ω_U und ω_O demjenigen von ω jeweils entgegengesetzt sind, bedeutet, daß sich der Unter- und der Oberschenkel in dem der Drehung des Kettenrades entgegengesetzten Sinn drehen.)

Lösung (120.60) (a) Wir müssen den Drehwinkel φ und den Drehvektor n von $g_1 g_0^{-1} = g_1$ bestimmen. Wegen $1 + 2\cos\varphi = \mathrm{tr}(g_1) = 2$ erhalten wir $\cos\varphi = 1/2$ und damit $\varphi = 60^0 = \pi/3$. Ferner gilt

$$g_1 - g_1^T = \begin{bmatrix} 0 & 1 & 1 \\ -1 & 0 & 1 \\ -1 & -1 & 0 \end{bmatrix} = L(n_0) \text{ mit } n_0 := \begin{bmatrix} -1 \\ 1 \\ -1 \end{bmatrix}$$

und damit $n = \pm n_0 / \|n_0\|$. Um das richtige Vorzeichen zu bestimmen, wählen wir irgendeinen Vektor v, der nicht in der Drehachse liegt, zum Beispiel $v = (1, 0, 0)^T$, und berechnen die Determinante $d := \det(n_0, v, Av)$. Es gilt

$$d = \frac{1}{3} \det \begin{bmatrix} -1 & 1 & 2 \\ 1 & 0 & -2 \\ -1 & 0 & -1 \end{bmatrix} = \frac{-1}{3} \det \begin{bmatrix} 1 & -2 \\ -1 & -1 \end{bmatrix} = 1;$$

wegen $d > 0$ ist $n = +n_0/\|n_0\| = (1/\sqrt{3})(-1, 1, -1)^T$.

(b) Das allgemeinstmögliche Eigenachsenmanöver mit den gewünschten Eigenschaften ist also gegeben durch den Winkelgeschwindigkeitsverlauf $\omega(t) = u(t) n$, wobei u irgendeine Funktion mit $u(0) = u(T) = 0$ und $\int_0^T u(t) \, dt = \pi/3$ ist. Der Ansatz $u(t) = at(T-t)$ führt auf

$$\frac{\pi}{3} = a \int_0^T t(T-t) \, dt = a \int_0^T (tT - t^2) \, dt$$
$$= a \left[\frac{Tt^2}{2} - \frac{t^3}{3} \right]_{t=0}^T = a \cdot \frac{T^3}{6}$$

und damit $a = 2\pi/T^3$. Der Winkelgeschwindigkeitsverlauf $\omega(t) = u(t) n$ ist daher gegeben durch

$$\omega(t) = \frac{2\pi}{T^3} \cdot t(T-t) \cdot \frac{1}{\sqrt{3}} \begin{bmatrix} -1 \\ 1 \\ -1 \end{bmatrix}.$$

Der Drehmomentenverlauf ergibt sich aus den Eulerschen Kreiselgleichungen zu

$$M(t) = \begin{bmatrix} M_1(t) \\ M_2(t) \\ M_3(t) \end{bmatrix} = \begin{bmatrix} \theta_1 \dot\omega_1(t) - (\theta_2 - \theta_3)\omega_2(t)\omega_3(t) \\ \theta_2 \dot\omega_2(t) - (\theta_3 - \theta_1)\omega_3(t)\omega_1(t) \\ \theta_3 \dot\omega_3(t) - (\theta_1 - \theta_2)\omega_1(t)\omega_2(t) \end{bmatrix}.$$

Wegen $\theta_1 = \theta_2 = \theta_3 =: \theta$ vereinfacht sich dies zu

$$M(t) = \theta \dot\omega(t) = \theta \cdot \frac{2\pi}{T^3} \cdot \frac{T - 2t}{\sqrt{3}} \begin{bmatrix} -1 \\ 1 \\ -1 \end{bmatrix}.$$

(c) Aus (b) ergibt sich $\|M(t)\| = (2\pi\theta/T^3) |T - 2t|$. Dieser Ausdruck wird maximal für $t = 0$ und $t = T$, also am Anfang und am Ende des Manövers. Es gilt also $\max_{0 \le t \le T} \|M(t)\| = 2\pi\theta/T^2$. Die Bedingung $\|M(t)\| \le M_{\max}$ liefert dann

$$T \ge \sqrt{\frac{2\pi\theta}{M_{\max}}}.$$

Lösung (120.61) Die durchzuführende Drehung

$$\gamma = g_1 g_0^{-1} = g_1 g_0^T = \frac{1}{4} \begin{bmatrix} 2+\sqrt{2} & 2 & -2+\sqrt{2} \\ -2 & 2\sqrt{2} & -2 \\ -2+\sqrt{2} & 2 & 2+\sqrt{2} \end{bmatrix}$$

ist die Drehung um den Winkel $\pi/4 = 45^0$ um die Achse $\mathbb{R} n_0$ mit $n_0 = (1/\sqrt{2})(-1, 0, 1)^T$. Um zu testen, ob n_0 oder $-n_0$ der Drehvektor ist, bilden wir mit $v := (0, 1, 0)^T \perp n_0$ die Determinante $\det(n_0, v, Av)$ und erhalten

$$\frac{1}{2\sqrt{2}} \det \begin{bmatrix} -1 & 0 & 1 \\ 0 & 1 & \sqrt{2} \\ 1 & 0 & 1 \end{bmatrix} = \frac{1}{\sqrt{2}} \det \begin{bmatrix} -1 & 1 \\ 1 & 1 \end{bmatrix} < 0;$$

also ist $n := -n_0 = (1/\sqrt{2})(1, 0, -1)^T$ der Drehvektor. Die allgemeinstmögliche Eigenachsendrehung mit $g(0) = g_0$, $g(T) = g_1$ und $\omega(0) = \omega(T) = 0$ ist dann gegeben durch $\omega(t) := u(t) n$, wobei $u : [0, T] \to \mathbb{R}$ irgendeine Funktion ist mit $u(0) = u(T) = 0$ sowie $\int_0^T u(t) \, dt = \pi/4$. Machen wir etwa den Ansatz $u(t) = at(T-t)$, so erhalten wir aus der Integralbedingung $\int_0^T u(t) \, dt = \pi/4$ den Wert $a = 3\pi/(2T^3)$ und damit den Winkelgeschwindigkeitsverlauf

$$\omega(t) = \frac{3\pi}{2T^3\sqrt{2}} t(T-t) \begin{bmatrix} 1 \\ 0 \\ -1 \end{bmatrix}.$$

Die Drehmomente, die aufzubringen sind, um diesen Winkelgeschwindigkeitsverlauf zu implementieren, ergeben sich aus den Eulerschen Gleichungen

$$M_1 = \Theta_1\dot\omega_1 - (\Theta_2 - \Theta_3)\omega_2\omega_3,$$
$$M_2 = \Theta_2\dot\omega_2 - (\Theta_3 - \Theta_1)\omega_3\omega_1,$$
$$M_3 = \Theta_3\dot\omega_3 - (\Theta_1 - \Theta_2)\omega_1\omega_2,$$

hier also

$$M_1(t) = \frac{3\pi\Theta_1}{2\sqrt{2}\,T^3}(T-2t),$$
$$M_2(t) = \frac{9\pi^2(\Theta_3-\Theta_1)}{8T^6}t^2(T-t)^2,$$
$$M_3(t) = \frac{-3\pi\Theta_3}{2\sqrt{2}\,T^3}(T-2t).$$

Die Funktionen M_1 und M_3 nehmen ihr betragsmäßiges Maximum an den Stellen $t=0$ und $t=T$ an, die Funktion M_2 ihres an der Stelle $t=T/2$. Wir erhalten dann

$$\max_{0\le t\le T}|M_1(t)| = \frac{3\pi\Theta_1}{2\sqrt{2}}\cdot\frac{1}{T^2},$$
$$\max_{0\le t\le T}|M_2(t)| = \frac{9\pi^2|\Theta_3-\Theta_1|}{128}\cdot\frac{1}{T^2},$$
$$\max_{0\le t\le T}|M_3(t)| = \frac{3\pi\Theta_3}{2\sqrt{2}}\cdot\frac{1}{T^2}.$$

Sind also Beschränkungen $|M_i|\le M_i^{\max}$ ($1\le i\le 3$) einzuhalten, so müssen wir

$$T \ge \sqrt{\max\left\{\frac{3\pi\Theta_1}{2\sqrt{2}M_1^{\max}},\frac{9\pi^2|\Theta_3-\Theta_1|}{128\,M_2^{\max}},\frac{3\pi\Theta_3}{2\sqrt{2}M_3^{\max}}\right\}}$$

wählen. Dies ist die Minimalzeit, in der das Eigenachsenmanöver unter den gegebenen Antriebsbeschränkungen mit einem Manöver des gewählten Typs durchführbar ist.

Lösung (120.62) (a) Die herbeizuführende Lageänderung ist

$$\gamma := g(T)g(0)^{-1} = \frac{1}{7}\begin{bmatrix}-6 & -2 & 3\\-2 & -3 & -6\\3 & -6 & 2\end{bmatrix}.$$

Wir müssen zunächst für γ den Drehwinkel φ und den Richtungsvektor n der Drehachse bestimmen. Wegen $A^T = A$ handelt es sich um eine 180^0-Drehung; wir haben also $\varphi = \pi$. Wegen $D(n,\varphi) = \cos(\varphi)\mathbf{1} + (1-\cos(\varphi))n\otimes n + \sin(\varphi)L(n) = -\mathbf{1} + 2n\otimes n$ erhalten wir für n die Bestimmungsgleichung

$$n\otimes n = \frac{1}{2}(\mathbf{1}+\gamma) = \frac{1}{14}\begin{bmatrix}1 & -2 & 3\\-2 & 4 & -6\\3 & -6 & 9\end{bmatrix};$$

diese liefert $n=\pm(1/\sqrt{14})(1,-2,3)^T$. Weil γ in unserem Fall eine 180^0-Drehung ist, kann das Vorzeichen von n (anders als im allgemeinen Fall) frei gewählt werden. Machen wir für das gesuchte Eigenachsenmanöver den Ansatz $\omega(t) = u(t)c$ mit einem festen Vektor c und einer skalaren Funktion $u:[0,T]\to\mathbb{R}$, so erhalten wir die Bedingung $\gamma = \exp(U(T)L(c))$ mit $U(t):=\int_0^t u(\tau)\,d\tau$. Diese Bedingung ist erfüllt für

$$c := \frac{1}{\sqrt{14}}\begin{bmatrix}1\\-2\\3\end{bmatrix} \quad\text{und}\quad \int_0^T u(\tau)\,d\tau = \pi.$$

Wir machen den Ansatz $u(\tau) = C\cdot t(T-t)$ (der wegen $u(0)=u(T)=0$ sicherstellt, daß das Manöver von einer Ruhelage in eine Ruhelage führt). Die Bedingung $\pi = \int_0^T u(\tau)\,d\tau$ führt dann auf $C = 6\pi/T^3$. Der Winkelgeschwindigkeitsverlauf des so gefundenen Manövers ist also gegeben durch

$$(\star) \qquad \omega(t) = \frac{6\pi\cdot t(T-t)}{T^3\sqrt{14}}\begin{bmatrix}1\\-2\\3\end{bmatrix}.$$

(b) Die Momente, die zu dem Winkelgeschwindigkeitsverlauf $(\star)$ führen, sind nach den Eulerschen Kreiselgleichungen gegeben durch $M = \Theta\dot\omega(t) - (\Theta\omega)\times\omega$. Im Hauptachsensystem lauten diese Gleichungen

$$M(t) = \begin{bmatrix}\Theta_1\dot\omega_1(t)\\\Theta_2\dot\omega_2(t)\\\Theta_3\dot\omega_3(t)\end{bmatrix} - \begin{bmatrix}(\Theta_2-\Theta_3)\omega_2(t)\omega_3(t)\\(\Theta_3-\Theta_1)\omega_3(t)\omega_1(t)\\(\Theta_1-\Theta_2)\omega_1(t)\omega_2(t)\end{bmatrix}.$$

In unserem Fall haben wir $\Theta_1 = \Theta_2 = \Theta_3 = \Theta$. Zusammen mit $(\star)$ erhalten wir daher

$$M(t) = \frac{6\pi\Theta(T-2t)}{T^3\sqrt{14}}\begin{bmatrix}1\\-2\\3\end{bmatrix}$$

und damit

$$\|M(t)\| = \frac{6\pi\Theta}{T^3}\cdot|T-2t|.$$

Man sieht sofort, daß diese Funktion ihren Maximalwert im Intervall $[0,T]$ zu den Zeiten $t=0$ und $t=T$ annimmt (also zu Beginn und zum Ende des Manövers) und daß dieser Maximalwert gegeben ist durch

$$\max_{0\le t\le T}\|M(t)\| = \frac{6\pi\Theta}{T^2}.$$

Die minimale Zeit $T_{\min}$, in der das Manöver unter der Beschränkung $\|M\|\le M_{\max}$ durchführbar ist, ist also

$$T_{\min} = \sqrt{\frac{6\pi\Theta}{M_{\max}}}.$$

Lösung (120.63) Es sei $\omega(t) = u(t)c$. Für die resultierende Drehbewegung $t\mapsto g(t)$ gilt dann $\dot g(t) =$

$u(t)\, L(c) g(t)$. Mit $U(t) := \int_{t_0}^{t} u(\tau)\,d\tau$ und $g_0 := g(t_0)$ ist die Lösung dieser Differentialgleichung gegeben durch

$$g(t) = \exp\bigl(U(t)L(c)\bigr) g_0.$$

Für $\omega^\star = g^{-1}\omega$ erhalten wir dann

$$\begin{aligned}\omega^\star(t) &= g_0^{-1}\exp\bigl(-U(t)L(c)\bigr)\omega(t)\\ &= u(t)\, g_0^{-1}\exp\bigl(-U(t)L(c)\bigr)c = u(t)\, g_0^{-1} c,\end{aligned}$$

wobei wir im letzten Schritt ausnutzten, daß $L(c)c = c \times c = 0$ und damit $L(c)^k c = 0$ für alle $k \in \mathbb{N}$ gilt.

Lösung (120.64) Wir wählen ein Koordinatensystem, dessen xy-Ebene der Billardtisch ist und dessen z-Achse nach oben zeigt. Wir bezeichnen mit r_S den Ortsvektor des Schwerpunkts und mit $r_A = r_S - Re_z$ den Ortsvektor des Kontaktpunktes zwischen Billardkugel und Billardtisch; ferner sei $e := v_A/\|v_A\|$ die (zeitabhängige) Bewegungsrichtung der Kugel. Die Kräftebilanz in senkrechter Richtung zeigt, daß die Normalkraft N gegeben ist durch $N = mg$; der Reibungswiderstand W hat dann den Betrag $\mu N = \mu mg$ und die Richtung $-e$, ist also gegeben durch $W = -\mu mg e$. Nun gilt $v_A - v_S = \omega \times (r_A - r_S) = \omega \times (-Re_z) = -R(\omega \times e_z)$ und damit

$$(\star)\qquad \dot{v}_A - \dot{v}_S = -R(\dot{\omega}\times e_z).$$

Die Impulsbilanz liefert $m\dot{v}_S = W = -\mu mg e$ und damit

$$(1)\qquad \dot{v}_S = -\mu g e.$$

Der Trägheitsmomententensor bezüglich des Schwerpunkts ist $\Theta_S = \theta\,\mathbf{1}$; die Drehimpulsbilanz liefert daher

$$(2)\qquad \theta\dot{\omega} = \Theta_S\dot{\omega} = M_S = (r_A - r_S)\times W$$
$$= (-Re_z)\times(-\mu mg e) = \mu mgR\,(e_z \times e).$$

Setzen wir (1) und (2) in $(\star)$ ein, so erhalten wir

$$\begin{aligned}\dot{v}_A &= -\mu g\, e - \frac{\mu mgR^2}{\theta}(e_z\times e)\times e_z\\ &= -\mu g\, e + \frac{\mu mgR^2}{\theta} e_z\times(e_z\times e)\\ &= -\mu g\, e + \frac{5\mu g}{2}\Bigl(e_z\underbrace{\langle e_z, e\rangle}_{=0} - e\underbrace{\langle e_z, e_z\rangle}_{=1}\Bigr)\\ &= -\mu g e - \frac{5\mu g}{2} e = -\frac{7\mu g}{2} e.\end{aligned}$$

Für $\varphi(t) := \|v_A(t)\|$ gilt dann

$$\begin{aligned}2\varphi\dot{\varphi} &= (d/dt)\,\varphi^2 = (d/dt)\,\|v_A\|^2 = (d/dt)\,\langle v_A, v_A\rangle\\ &= 2\langle \dot{v}_A, v_A\rangle = -7\mu g\,\langle e, v_A\rangle = -7\mu g\,\|v_A\| = -7\mu g\,\varphi\end{aligned}$$

und damit $2\dot{\varphi} = -7\mu g$, also $\dot{\varphi} = -7\mu g/2$. Wegen $v_A = \|v_A\|e = \varphi e$ folgt hieraus

$$-\frac{7\mu g}{2}e = \dot{v}_A = \dot{\varphi}e + \varphi\dot{e} = -\frac{7\mu g}{2}e + \varphi\dot{e}$$

und daher $\dot{e} = 0$. Die Richtung $e = v_A/\|v_A\|$ ist also zeitlich konstant. Aufintegrieren der Gleichung $\ddot{x}_S = -\mu g e$ liefert daher

$$x_S(t) = \frac{-\mu g t^2}{2}e + tv_0 + x_0;$$

dies ist die Gleichung einer Parabelbahn. Der Zeitpunkt T, ab dem die Kugel eine reine Rollbewegung ausführt, ist gegeben durch $v_A(T) = 0$, also durch $0 = \|v_A(T)\| = \varphi(T) = -(7\mu g/2)\,T + \varphi(0)$ und damit durch $T = 2\varphi(0)/(7\mu g)$. Wegen $v_A(0) = v_S(0) - R\omega(0)\times e_z = v_0 - R\omega_0\times e_z$ bedeutet dies

$$T = \frac{2\,\|v_0 - R(\omega_0\times e_z)\|}{7\mu g}.$$

Lösung (120.65) Es seien $\theta_1, \theta_2, \theta_3$ die Hauptträgheitsmomente des starren Körpers und $\omega_1, \omega_2, \omega_3$ die Winkelgeschwindigkeiten um die Hauptachsen. Wir haben dann

$$\begin{aligned}\frac{d}{dt}\frac{1}{2}(\theta_1\omega_1^2+\theta_2\omega_2^2+\theta_3\omega_3^2) &= \theta_1\omega_1\dot{\omega}_1+\theta_2\omega_2\dot{\omega}_2+\theta_3\omega_3\dot{\omega}_3\\ &= (\theta_2-\theta_3)\omega_1\omega_2\omega_3 + (\theta_3-\theta_1)\omega_1\omega_2\omega_3 + (\theta_1-\theta_2)\omega_1\omega_2\omega_3\\ &= (\theta_2-\theta_3+\theta_3-\theta_1+\theta_1-\theta_2)\omega_1\omega_2\omega_3 = 0,\end{aligned}$$

wobei wir im vorletzten Schritt die Eulerschen Kreiselgleichungen einsetzten. Analog gilt

$$\begin{aligned}\frac{d}{dt}\frac{1}{2}(\theta_1^2\omega_1^2+\theta_2^2\omega_2^2+\theta_3^2\omega_3^2) &= \theta_1^2\omega_1\dot{\omega}_1+\theta_2^2\omega_2\dot{\omega}_2+\theta_3^2\omega_3\dot{\omega}_3\\ &= \theta_1(\theta_2-\theta_3)\omega_1\omega_2\omega_3 + \theta_2(\theta_3-\theta_1)\omega_1\omega_2\omega_3\\ &\quad + \theta_3(\theta_1-\theta_2)\omega_1\omega_2\omega_3\\ &= (\theta_1\theta_2-\theta_1\theta_3+\theta_2\theta_3-\theta_2\theta_1+\theta_3\theta_1-\theta_3\theta_2)\omega_1\omega_2\omega_3 = 0.\end{aligned}$$

Das können wir auch eleganter herleiten, indem wir die Eulerschen Kreiselgleichungen koordinatenfrei in der Form

$$\Theta\dot{\omega} = (\Theta\omega)\times\omega$$

hinschreiben. Da die rechte Seite sowohl senkrecht auf ω als auch auf $\Theta\omega$ steht, gelten die Gleichungen $\langle \Theta\dot{\omega}, \omega\rangle = 0$ und $\langle \Theta\dot{\omega}, \Theta\omega\rangle = 0$. Interpretieren wir diese Gleichungen als Gleichungen im körperfesten System, so gilt einerseits $\dot{\Theta} = 0$ und daher $0 = \langle \Theta\dot{\omega}, \omega\rangle = (d/dt)\bigl((1/2)\langle \Theta\omega, \omega\rangle\bigr)$ (wobei wir $\Theta^T = \Theta$ ausnutzten) und andererseits auch $0 = \langle \Theta\dot{\omega}, \Theta\omega\rangle = (d/dt)\bigl((1/2)\langle \Theta\omega, \Theta\omega\rangle\bigr)$. Die Größen $\sum_i \theta_i\omega_i^2 = \langle \Theta\omega, \omega\rangle$ und $\sum_i \theta_i^2\omega_i^2 = \langle \Theta\omega, \Theta\omega\rangle$ sind also Erhaltungsgrößen der Bewegung. (Physikalisch drücken sie aus, daß bei einer momentenfreien Starrkörperbewegung Rotationsenergie und Drehimpuls erhalten bleiben.) Die Lösungskurven $t\mapsto\bigl(\omega_1(t), \omega_2(t), \omega_3(t)\bigr)$ liegen also

Aufgaben zu »Beispiele aus der Mechanik« siehe Seite 88

120. Beispiele aus der Mechanik

im Durchschnitt zweier Ellipsoide $\sum_i \theta_i \omega_i^2 = $ const und $\sum_i \theta_i^2 \omega_i^2 = $ const. Durch diese Beobachtung wird die Form der Lösungskurven bereits festgelegt (wobei dann noch aussteht, wie diese Kurven zeitlich durchlaufen werden). Zeichnen wir die Schnittkurven der beiden Ellipsoide, so erkennen wir, daß die Gleichgewichtslagen (also die zu Punkten ausgearteten Schnittkurven) genau die Punkte $(\omega_1, 0, 0)$, $(0, \omega_2, 0)$ und $(0, 0, \omega_3)$ mit konstanten Winkelgeschwindigkeiten ω_i sind (was man natürlich auch direkt aus den Eulerschen Kreiselgleichungen ablesen kann) und daß im Fall $\theta_1 < \theta_2 < \theta_3$ die Gleichgewichtslagen $(\omega_1, 0, 0)$ und $(0, 0, \omega_3)$ stabil (aber nicht asymptotisch stabil) sind, während die Gleichgewichtslage $(0, \omega_2, 0)$ instabil ist.

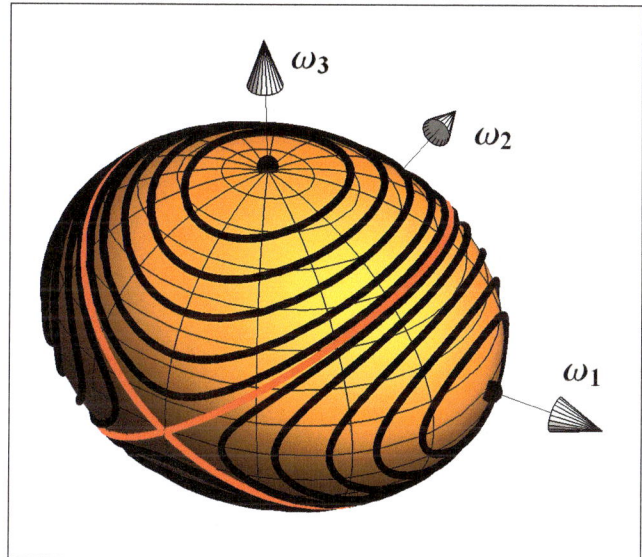

Stabilität der Gleichgewichtslagen eines momentenfreien starren Körpers.

Lösung (120.66) Wir wählen ein Koordinatensystem, dessen Ursprung der ursprüngliche Mittelpunkt der Heeresformation und dessen x-Achse die Bewegungsrichtung des Heeres ist; der Heeresmittelpunkt zur Zeit t ist dann $M(t) = (ut, 0)$. Ist $R(t)$ die Position des Reiters zur Zeit t und ist $\varphi(t)$ der Polarwinkel des Vektors $\overrightarrow{M(t)R(t)}$, so gilt

$(\star) \qquad R(t) = \begin{bmatrix} ut \\ 0 \end{bmatrix} + r \begin{bmatrix} \cos\varphi(t) \\ \sin\varphi(t) \end{bmatrix}.$

Bezeichnen wir mit $\alpha(t)$ den Winkel der Richtung, in die der Reiter zur Zeit t reitet, so gilt für die Positionsänderung des Reiters während eines infinitesimal kurzen Zeitintervalls $[t, t+dt]$ die Gleichung

$$\begin{bmatrix} ut \\ 0 \end{bmatrix} + r \begin{bmatrix} \cos\varphi(t) \\ \sin\varphi(t) \end{bmatrix} + v\,dt \begin{bmatrix} \cos\alpha(t) \\ \sin\alpha(t) \end{bmatrix}$$
$$= \begin{bmatrix} u \cdot (t+dt) \\ 0 \end{bmatrix} + r \begin{bmatrix} \cos\varphi(t+dt) \\ \sin\varphi(t+dt) \end{bmatrix}$$
$$= \begin{bmatrix} ut + u\,dt \\ 0 \end{bmatrix} + r \begin{bmatrix} \cos\varphi(t) - \dot\varphi(t)\sin\varphi(t)\,dt \\ \sin\varphi(t) + \dot\varphi(t)\cos\varphi(t)\,dt \end{bmatrix}.$$

Nach Sortieren und Division durch dt ergibt sich

$$v \begin{bmatrix} \cos\alpha(t) \\ \sin\varphi(t) \end{bmatrix} = \begin{bmatrix} u \\ 0 \end{bmatrix} + r\dot\varphi(t) \begin{bmatrix} -\sin\varphi(t) \\ \cos\varphi(t) \end{bmatrix}.$$

Etwas kürzer können wir auch direkt aus $(\star)$ ableiten, daß der Geschwindigkeitsvektor des Reiters zur Zeit t gegeben ist durch

$(\star\star) \qquad \dot R(t) = \begin{bmatrix} u \\ 0 \end{bmatrix} + r\dot\varphi(t) \begin{bmatrix} -\sin\varphi(t) \\ \cos\varphi(t) \end{bmatrix}.$

Beiderseitige Normbildung führt auf $v^2 = u^2 - 2ur\dot\varphi \sin\varphi + r^2\dot\varphi^2$ und damit auf die Differentialgleichung

$$\dot\varphi^2 - \frac{2u\sin\varphi}{r}\dot\varphi + \frac{u^2 - v^2}{r^2} = 0 \quad \text{bzw.}$$
$$\dot\varphi = \frac{1}{r}\left(u\sin\varphi \pm \sqrt{u^2\sin^2\varphi - u^2 + v^2}\right).$$

Bewegt sich der Reiter gegen den Uhrzeigersinn, so gilt $\dot\varphi > 0$, und wir müssen das positive Vorzeichen vor der Wurzel wählen; bewegt sich der Reiter im Uhrzeigersinn, so gilt $\dot\varphi < 0$, und wir müssen das negative Vorzeichen wählen. Wir nehmen o.B.d.A. die erste Möglichkeit an, erhalten also die Differentialgleichung

$$\dot\varphi = \frac{1}{r}\left(u\sin\varphi + \sqrt{u^2\sin^2\varphi - u^2 + v^2}\right).$$

Trennung der Variablen führt (zusammen mit der Anfangsbedingung $\varphi(0) = -\pi$) auf die Gleichung

$$\int_0^t \frac{dt}{r} = \int_{-\pi}^{\varphi(t)} \frac{d\varphi}{u\sin\varphi + \sqrt{v^2 - u^2\cos^2\varphi}}$$
$$= \int_{-\pi}^{\varphi(t)} \frac{u\sin\varphi - \sqrt{v^2 - u^2\cos^2\varphi}}{u^2 - v^2} d\varphi,$$

also

$$\frac{t}{r} = \frac{u(1 + \cos\varphi(t))}{v^2 - u^2} + \frac{1}{v^2 - u^2}\int_{-\pi}^{\varphi(t)} \sqrt{v^2 - u^2\cos^2\varphi}\, d\varphi.$$

Durchmultiplizieren mit u liefert nach Einführen der Abkürzung $k := u/v$ die Gleichung

$$\frac{ut}{r} = \frac{k^2(1 + \cos\varphi(t))}{1 - k^2} + \frac{k}{1 - k^2}\int_{-\pi}^{\varphi(t)} \sqrt{1 - k^2\cos^2\varphi}\, d\varphi.$$

(Sobald k bekannt ist, ist durch diese Gleichung die Funktion $t \mapsto \varphi(t)$ implizit gegeben, die die Bewegung des Reiters beschreibt.) Die vom Reiter benötigte Zeit T ist gegeben durch die Bedingung $\varphi(T) = \pi$; andererseits gilt

$uT = 2r$ nach Aufgabenstellung. Die obige Gleichung geht für $t = T$ über in

$$\begin{aligned} 2 &= \frac{k}{1-k^2} \int_{-\pi}^{\pi} \sqrt{1 - k^2 \cos^2 \varphi} \, d\varphi \\ &= \frac{4k}{1-k^2} \int_0^{\pi/2} \sqrt{1 - k^2 \cos^2 \varphi} \, d\varphi. \end{aligned}$$

Das Integral auf der rechten Seite wird als vollständiges elliptisches Integral zweiter Gattung bezeichnet; es liegt (als Funktion des Parameters k) in tabellierter Form vor. Wir müssen also k so wählen, daß

$$E(k) := \int_0^{\pi/2} \sqrt{1 - k^2 \cos^2 \varphi} \, d\varphi = \frac{1-k^2}{2k}$$

gilt. Numerisches Lösen dieser Gleichung führt auf $k \approx 0.296906$. Also gilt $v/u = 1/k \approx 3.36807$. Der Reiter bewegt sich also rund 3.368 mal so schnell wie das Heer, legt also im Vergleich zu diesem die 3.368-fache Strecke zurück.

Aufgaben zu »Beispiele aus der Mechanik« siehe Seite 88

L121: Qualitative Untersuchung von Differentialgleichungen

Lösung (121.1) Aus $x(t) \to p$ folgt nach Satz (121.2) im Buch automatisch, daß p eine Gleichgewichtslage sein muß; es gilt also $f(p) = 0$. Aufgrund der Stetigkeit von f folgt dann $\dot{x}(t) = f(x(t)) \to f(p) = 0$, und das war zu zeigen. (Das Ergebnis ist auch anschaulich klar: Wenn wir uns auf einen festen Punkt zubewegen, so geht das nur, wenn die Geschwindigkeit schließlich beliebig klein wird.)

Lösung (121.2) Aus $x(t) \to p$ folgt nach Satz (121.2) im Buch automatisch, daß p eine Gleichgewichtslage sein muß; es gilt also $f(p) = 0$. Ist $f'(p)v = 0$, so ist nichts weiter zu zeigen; es sei also $f'(p)v \neq 0$. Unter Benutzung der Regel von de l'Hospital (beim Übergang von der ersten zur zweiten Zeile der folgenden Gleichungskette) gilt dann

$$
\begin{aligned}
v &= \lim_{t \to \pm\infty} \frac{\dot{x}(t)}{\|\dot{x}(t)\|} = \lim_{t \to \pm\infty} \frac{f(x(t))}{\|f(x(t))\|} \\
&= \lim_{t \to \pm\infty} \frac{f'(x(t))\dot{x}(t)}{\frac{\langle f(x(t)), f'(x(t))\dot{x}(t)\rangle}{\|f(x(t))\|}} \\
(\star) \quad &= \lim_{t \to \pm\infty} \frac{f'(x(t)) \frac{\dot{x}(t)}{\|\dot{x}(t)\|}}{\left\langle \frac{f(x(t))}{\|f(x(t))\|}, f'(x(t)) \frac{\dot{x}(t)}{\|\dot{x}(t)\|} \right\rangle} \\
&= \frac{f'(p)v}{\langle v, f'(p)v\rangle}
\end{aligned}
$$

und damit $f'(p)v = \langle v, f'(p)v\rangle v$. Also ist v ein Eigenvektor von $f'(p)$ zum Eigenwert $\langle v, f'(p)v\rangle$. (Weil die linke Seite von $(\star)$ ein Vektor der Länge 1 ist und weil wir $f'(p)v \neq 0$ voraussetzten, ist zwangsläufig $\langle v, f'(p)v\rangle \neq 0$.)

Bemerkung: Die Aussage dieser Aufgabe besagt nicht, daß die Annäherung einer Lösung $t \mapsto x(t)$ an eine Gleichgewichtslage p in einer Eigenrichtung von $f'(p)$ erfolgen muß; beispielsweise kann $x(t)$ in einer immer enger werdenden Spirale auf p zulaufen. Die Aussage besagt aber, daß, wenn eine Annäherung an p in einer festen Richtung erfolgt, diese Richtung eine Eigenrichtung von $f'(p)$ sein muß.

Lösung (121.3) (a) Weil g nach oben beschränkt ist, existiert $s := \sup_{a < x < b} g(x)$. Es sei $\varepsilon > 0$ beliebig. Nach Definition des Supremums gibt es dann eine Zahl $x_0 \in (a,b)$ mit $g(x_0) > s - \varepsilon$. Wegen des monotonen Wachstums von g gilt dann $g(x) > s - \varepsilon$ für alle $x \in (x_0, b)$. Damit ist gezeigt, daß $g(x) \to s$ für $x \to b$ gilt.

Die Aussagen (b), (c) und (d) können wir völlig analog beweisen; wir können sie aber auch auf (a) zurückführen. So folgt (b), indem wir (a) auf $G := -g$ anwenden. Weiter folgt (c) aus (a), indem wir (a) auf die Funktion G mit $G(\xi) := g(-\xi + a + b)$ anwenden. Schließlich folgt (d) aus (c), indem wir (c) auf $-g$ anwenden.

Bei der Analyse eines Phasenportraits können diese Aussagen folgendermaßen angewandt werden. Wir betrachten ein System $\dot{x} = f(x)$ in $\mathbb{R}^n$. Ist M_i die x_i-Nullisokline von f, so zerfällt $\mathbb{R}^n \setminus \bigcup_{i=1}^n M_i$ in disjunkte Gebiete, in denen für jede Lösung $t \mapsto x(t)$ jede Komponentenfunktion $t \mapsto x_i(t)$ monoton ist. Ist das betrachtete Gebiet Ω beschränkt, so bleiben nur zwei Möglichkeiten:

- x muß Ω irgendwann verlassen;
- x läuft gegen eine Gleichgewichtslage.

Verbleibt nämlich $t \mapsto x(t)$ in Ω, so ist jede der Komponentenfunktionen $t \mapsto x_i(t)$ monoton und beschränkt, folglich konvergent, so daß auch $t \mapsto x(t)$ konvergiert, wobei nach Satz (121.2)(d) im Buch der Grenzwert nur eine Gleichgewichtslage des Systems sein kann.

Lösung (121.4) (a) Wir betrachten zunächst die Gleichung $\dot{x} = x(1-x)$ und machen die folgenden Beobachtungen:

- für $x(t) < 0$ gilt $\dot{x}(t) < 0$, so daß jede in $(-\infty, 0)$ beginnende Trajektorie streng monoton fällt (und zwar zwangsläufig gegen $-\infty$, weil ein endlicher Grenzwert eine Gleichgewichtslage sein müßte);
- für $0 < x(t) < 1$ gilt $\dot{x}(t) > 0$, so daß jede in $(0,1)$ beginnende Trajektorie streng monoton wächst (und zwar zwangsläufig gegen die Gleichgewichtslage 1);
- für $x(t) > 1$ gilt $\dot{x}(t) < 0$, so daß jede in $(1,\infty)$ beginnende Trajektorie streng monoton fällt (und zwar zwangsläufig gegen die Gleichgewichtslage 1).

Hieraus ergeben sich sofort das Phasenportrait und der qualitative Verlauf der Lösungen des Systems.

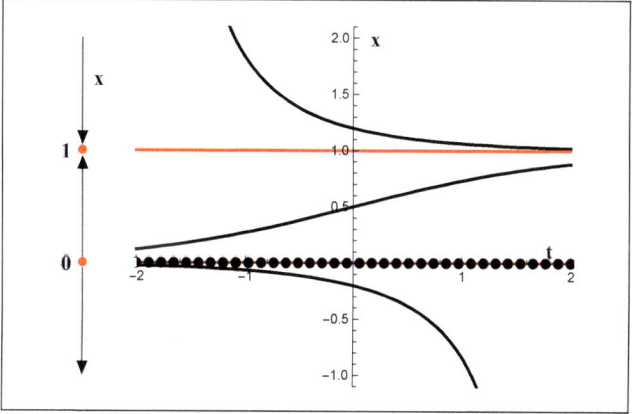

Phasenportrait (links) und Verlauf der Lösungskurven (rechts) des Systems $\dot{x} = x(1-x)$.

Dieses Ergebnis erhalten wir natürlich auch durch explizite Ermittlung der Lösungen des Systems, die wir hier zu Kontrollzwecken durchführen wollen, obwohl sie für das qualitative Verständnis des Lösungsverhaltens gar nicht benötigt wird. Die Gleichung $\dot{x} = x(1-x)$, also $(\mathrm{d}x/\mathrm{d}t) = x(1-x)$, ist separierbar; Trennung der Variablen führt auf

$$\int \mathrm{d}t \;=\; \int \frac{\mathrm{d}x}{x(1-x)} \;=\; \int \left(\frac{1}{x} + \frac{1}{1-x}\right)\mathrm{d}x$$

und nach Integration auf

$$\begin{aligned} t + \widehat{C} &= \ln|x| - \ln|1-x| \\ &= \ln\left|\frac{x}{1-x}\right| \end{aligned}$$

bzw.

$$\left|\frac{x}{1-x}\right| \;=\; e^{\widehat{C}}e^t.$$

Mit $C := \pm e^{\widehat{C}}$ gilt also $x/(1-x) = Ce^t$; diese Lösung ist auch noch für $C = 0$ gültig. Einsetzen von $t = 0$ liefert $C = x_0/(1-x_0)$ mit $x_0 := x(0)$; Auflösen der Gleichung $x/(1-x) = Ce^t$ nach x liefert dann

$(\star) \qquad x \;=\; \dfrac{Ce^t}{Ce^t + 1} \;=\; \dfrac{x_0}{x_0 + (1-x_0)e^{-t}}\,.$

Gilt $x_0 > 0$, so erkennt man hieran $x(t) \to 1$ für $t \to \infty$; dies zeigt bereits, daß die Gleichgewichtslage 1 asymptotisch stabil ist, die Gleichgewichtslage 0 dagegen instabil. (Ist $x_0 < 0$, so ist die Lösung $(\star)$ definiert für $-\infty < t < \ln(1 + |x_0|^{-1})$ und läuft in endlicher Zeit gegen $-\infty$. Ist $x_0 > 1$, so ist die Lösung $(\star)$ definiert für $\ln(1 - x_0^{-1}) < t < \infty$. Nur für $0 \le x_0 \le 1$ ist die Lösung $(\star)$ definiert für alle $t \in \mathbb{R}$.)

(b) Nun betrachten wir die Gleichung $\dot{x} = x(x-1)$ und machen die folgenden Beobachtungen:

- für $x(t) < 0$ gilt $\dot{x}(t) > 0$, so daß jede in $(-\infty, 0)$ beginnende Trajektorie streng monoton wächst (und zwar zwangsläufig gegen die Gleichgewichtslage 0);
- für $0 < x(t) < 1$ gilt $\dot{x}(t) < 0$, so daß jede in $(0, 1)$ beginnende Trajektorie streng monoton fällt (und zwar zwangsläufig gegen die Gleichgewichtslage 0);
- für $x(t) > 1$ gilt $\dot{x}(t) > 0$, so daß jede in $(1, \infty)$ beginnende Trajektorie streng monoton wächst (und zwar zwangsläufig gegen $+\infty$, weil ein endlicher Grenzwert eine Gleichgewichtslage sein müßte).

Hieraus ergeben sich wieder das Phasenportrait und der qualitative Verlauf der Lösungen des Systems.

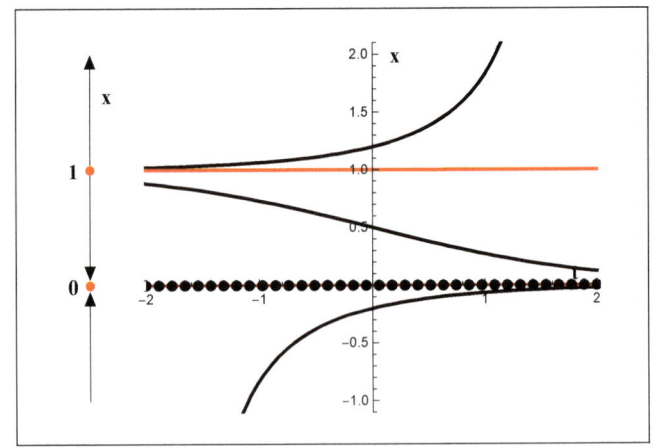

Phasenportrait (links) und Verlauf der Lösungskurven (rechts) des Systems $\dot{x} = x(x-1)$.

Auch hier wollen wir noch die Lösungen explizit berechnen. Man könnte genauso vorgehen wie in (a); stattdessen führen wir diesen Fall auf (a) zurück. Ist x eine Lösung der Gleichung $\dot{x} = x(x-1)$, so erfüllt $\xi(t) := x(-t)$ die Gleichung $\dot{\xi}(t) = -\dot{x}(-t) = -x(-t)\big(x(-t) - 1\big) = -\xi(t)\big(\xi(t) - 1\big)$, also $\dot{\xi} = \xi(1-\xi)$; d.h., ξ erfüllt die Gleichung aus Teil (a). Die Lösung ist hier also gegeben durch

$$x(t) \;=\; \xi(-t) \;=\; \frac{x_0}{x_0 + (1-x_0)e^t}\,.$$

Für $x_0 < 1$ gilt $x(t) \to 0$ für $t \to \infty$; damit ist die Gleichgewichtslage 0 asymptotisch stabil, die Gleichgewichtslage 1 dagegen instabil. (Für $x_0 > 1$ läuft die Lösung in endlicher Zeit nach ∞.)

Lösung (121.5) Das System $\dot{x} = (x-a)(x-b)(x-c)$ hat offensichtlich die drei Gleichgewichtslagen a, b und c. Wir machen die folgenden Beobachtungen:

- für $x(t) < a$ gilt $\dot{x}(t) < 0$, so daß jede in $(-\infty, a)$ beginnende Trajektorie streng monoton fällt (und zwar zwangsläufig gegen $-\infty$, weil ein endlicher Grenzwert eine Gleichgewichtslage sein müßte);
- für $a < x(t) < b$ gilt $\dot{x}(t) > 0$, so daß jede in (a, b) beginnende Trajektorie streng monoton wächst (und zwar zwangsläufig gegen die Gleichgewichtslage b);
- für $b < x(t) < c$ gilt $\dot{x}(t) < 0$, so daß jede in (b, c) beginnende Trajektorie streng monoton fällt (und zwar zwangsläufig gegen die Gleichgewichtslage b;
- für $x(t) > c$ gilt $\dot{x}(t) > 0$, so daß jede in (c, ∞) beginnende Trajektorie streng monoton wächst (und zwar zwangsläufig gegen $+\infty$, weil ein endlicher Grenzwert eine Gleichgewichtslage sein müßte).

Aus diesen Beobachtungen können wir sofort das Phasenportrait des Systems und den qualitativen Verlauf der Lösungen konstruieren.

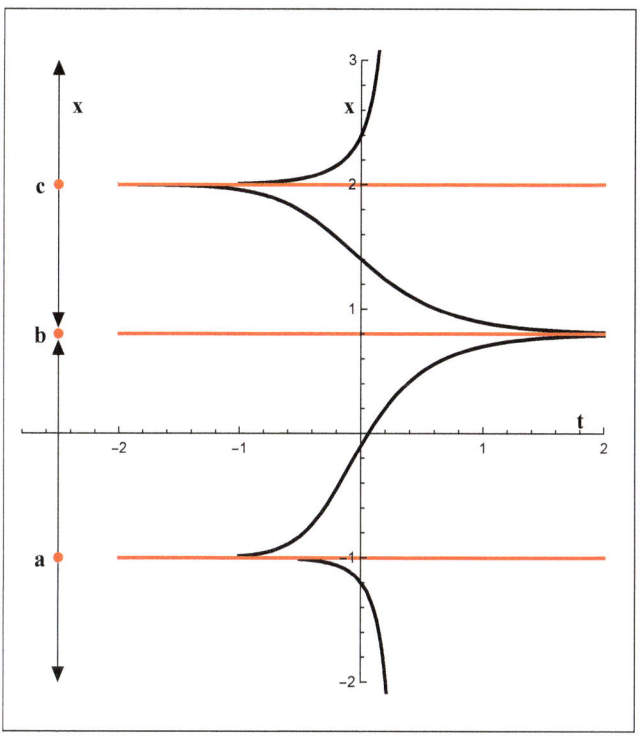

121. Qualitative Untersuchung von Differentialgleichungen

Phasenportrait (links) und Lösungskurven (rechts) des Systems $\dot{x} = (x-a)(x-b)(x-c)$ mit $a < b < c$.

Lösung (121.6) (a) Die einzige Gleichgewichtslage ist $x = 0$; sie ist instabil.

(b) Wie (a).

(c) Hier gibt es drei Gleichgewichtslagen, nämlich 0 und $\pm\sqrt[4]{|a/b|}$. Dabei sind die letzten beiden stabil (sogar asymptotisch stabil), während 0 instabil ist.

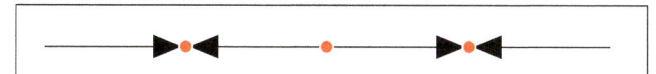

(d) Wie (a).

(e) Hier ist jeder Punkt der reellen Achse eine (stabile) Gleichgewichtslage.

(f) Die einzige Gleichgewichtslage ist $x = 0$, sie ist stabil (sogar global asymptotisch stabil).

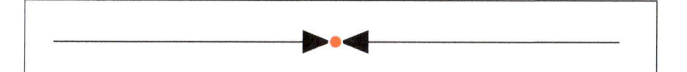

(g) Hier gibt es drei Gleichgewichtslagen, nämlich 0 und $\pm\sqrt[4]{|a/b|}$. Dabei sind die letzten beiden instabil, während 0 stabil ist (sogar asymptotisch stabil).

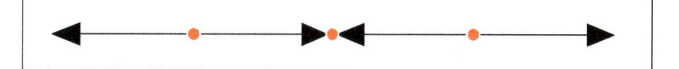

(h) Wie (f).

(i) Wie (f).

Lösung (121.7) Die Trajektorien sind gegeben durch die Differentialgleichung

$$\frac{dy}{dx} = \frac{\dot{y}}{\dot{x}} = \frac{x-y}{x+y} = \frac{1-(y/x)}{1+(y/x)}.$$

Bei dieser handelt es sich um eine Ähnlichkeitsdifferentialgleichung, die mit $u := y/x$ (also $y = ux$) übergeht in $u'x + u = (1-u)/(1+u)$ bzw.

$$x \cdot \frac{du}{dx} = \frac{1-u}{1+u} - u = -\frac{u^2 + 2u - 1}{u+1}.$$

Trennung der Variablen ergibt

$$\int \frac{u+1}{u^2 + 2u - 1} du = -\int \frac{dx}{x}$$

und damit $(1/2)\ln|u^2 + 2u - 1| = -\ln|x| + \widehat{C}$ bzw.

$$\ln|u^2 + 2u - 1| = -2\ln|x| + 2\widehat{C}$$
$$= -\ln(x^2) + 2\widehat{C}$$

mit einer Konstanten $\widehat{C}$. Beiderseitige Anwendung der Exponentialfunktion und anschließendes Auflösen der Beträge führt auf $u^2 + 2u - 1 = C/x^2$ und damit

$$u = -1 \pm \sqrt{2 + (C/x^2)}$$

mit einer Konstanten C. Für die eigentlich gesuchte Funktion y liefert dies

$$y = xu = x \pm \sqrt{2x^2 + C},$$

also $y + x = \pm\sqrt{2x^2 + C}$ und damit $(y+x)^2 = 2x^2 + C$. Schreiben wir dies in der Form $(y+x)^2 - (\sqrt{2}x)^2 = C$, so erkennen wir, daß es sich bei den Lösungskurven um Äste von Hyperbeln handelt (wobei die Hyperbel im Fall $C = 0$ zu dem Paar der Geraden $y = (-1 \pm \sqrt{2})x$ ausgeartet ist). Die folgende Abbildung zeigt einige der Trajektorien.

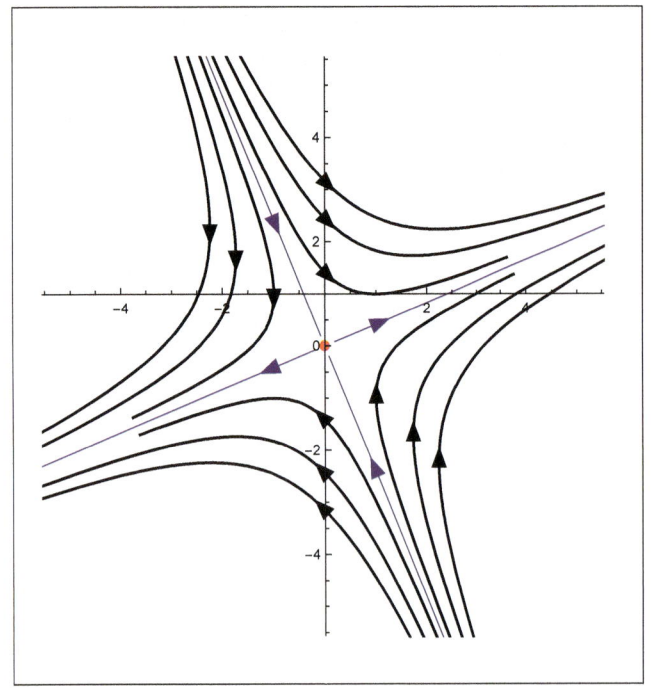

Trajektorien des Systems $\dot{x} = e^{x+y}(x-y)$, $\dot{y} = e^{x+y}(x+y)$.

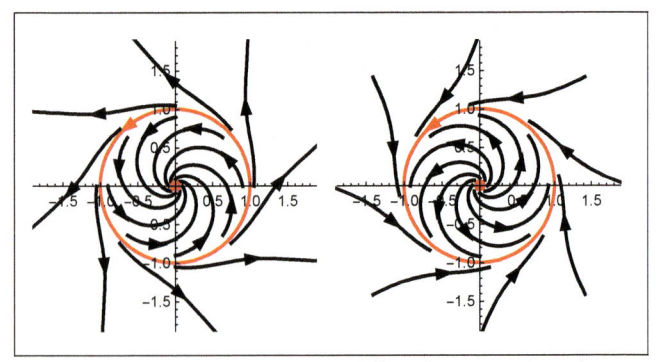

Trajektorien der Systeme $\dot{r} = r(r^2 - 1)$, $\dot{\varphi} = 1$ (links) und $\dot{r} = r(1 - r^2)$, $\dot{\varphi} = 1$ (rechts).

Lösung (121.8) Die Systeme (a) und (b) lauten

$$\begin{bmatrix} \dot{x} \\ \dot{y} \end{bmatrix} = \begin{bmatrix} -y \\ x \end{bmatrix} \pm (x^2 + y^2 - 1) \begin{bmatrix} x \\ y \end{bmatrix}.$$

Mit $x = r\cos\varphi$ und $y = r\sin\varphi$ nimmt diese Gleichung die Form

$$\dot{r} \begin{bmatrix} \cos\varphi \\ \sin\varphi \end{bmatrix} + r\dot{\varphi} \begin{bmatrix} -\sin\varphi \\ \cos\varphi \end{bmatrix}$$

$$= r \begin{bmatrix} -\sin\varphi \\ \cos\varphi \end{bmatrix} \pm r(r^2 - 1) \begin{bmatrix} \cos\varphi \\ \sin\varphi \end{bmatrix}$$

an. Wir bilden in dieser Vektorgleichung nun das Skalarprodukt mit $(\cos\varphi, \sin\varphi)^T$, um die Radialkomponente zu ermitteln, und mit $(-\sin\varphi, \cos\varphi)^T$, um die Tangentialkomponente zu ermitteln; dies liefert die Gleichungen

$$\dot{r} = \pm r(r^2 - 1) \quad \text{und} \quad r\dot{\varphi} = r.$$

Die Lösung $r(t) \equiv 0$ entspricht der Gleichgewichtslösung $(x(t), y(t)) \equiv (0,0)$; für $r \neq 0$ ist die Gleichung $r\dot{\varphi} = r$ äquivalent zu $\dot{\varphi} = 1$ und damit $\varphi(t) = t + \varphi_0$; entlang jeder nichtkonstanten Trajektorie des Systems wächst der Polarwinkel also linear an. Gleichgewichtslagen der skalaren Gleichung $\dot{r} = \pm r(r-1)$ sind $r = 0$ und $r = 1$; also ist $(0,0)$ eine Gleichgewichtslage des gegebenen Systems, während die Menge $K := \{(x,y) \in \mathbb{R}^2 \mid x^2 + y^2 = 1\}$ invariant ist. Im Fall (a) haben wir $\dot{r} = r(r^2 - 1)$ und damit $\dot{r} < 0$ für $r < 1$ und $\dot{r} > 0$ für $r > 1$; Lösungen innerhalb des Einheitskreises K laufen also von diesem weg und damit zwangsläufig auf den Nullpunkt zu, während Lösungen außerhalb von K sich von K ins Unendliche entfernen. In (b) laufen dagegen alle nichttrivialen Trajektorien auf den Einheitskreis zu.

Die Systeme (c) und (d) lauten

$$\begin{bmatrix} \dot{x} \\ \dot{y} \end{bmatrix} = \begin{bmatrix} -y \\ x \end{bmatrix} \pm (x^2 + y^2 - 1)^2 \begin{bmatrix} x \\ y \end{bmatrix}.$$

Mit $x = r\cos\varphi$ und $y = r\sin\varphi$ nimmt diese Gleichung die Form

$$\dot{r} \begin{bmatrix} \cos\varphi \\ \sin\varphi \end{bmatrix} + r\dot{\varphi} \begin{bmatrix} -\sin\varphi \\ \cos\varphi \end{bmatrix}$$

$$= r \begin{bmatrix} -\sin\varphi \\ \cos\varphi \end{bmatrix} \pm r(r^2 - 1)^2 \begin{bmatrix} \cos\varphi \\ \sin\varphi \end{bmatrix}$$

an. Wir bilden wieder das Skalarprodukt mit $(\cos\varphi, \sin\varphi)^T$ und das Skalarprodukt mit $(-\sin\varphi, \cos\varphi)^T$, um die Radial- und die Tangentialkomponente zu erhalten; dies liefert die Gleichungen

$$\dot{r} = \pm r(r^2 - 1)^2$$

und

$$r\dot{\varphi} = r.$$

Die Lösung $r(t) \equiv 0$ entspricht der Gleichgewichtslösung $(x(t), y(t)) \equiv (0,0)$; für $r \neq 0$ ist die Gleichung $r\dot{\varphi} = r$ äquivalent zu $\dot{\varphi} = 1$ und damit $\varphi(t) = t + \varphi_0$; entlang jeder nichtkonstanten Trajektorie des Systems wächst der Polarwinkel also linear an. Gleichgewichtslagen der skalaren Gleichung $\dot{r} = \pm r(r-1)^2$ sind $r = 0$ und $r = 1$; also ist $(0,0)$ eine Gleichgewichtslage des gegebenen Systems, während die Menge $K := \{(x,y) \in \mathbb{R}^2 \mid x^2 + y^2 = 1\}$ invariant ist. Im Fall (c) haben wir $\dot{r} = r(r^2 - 1)^2$ und damit $\dot{r} > 0$ sowohl für $r < 1$ als auch für $r > 1$; Lösungen innerhalb des Einheitskreises K laufen also auf diesen zu, während Lösungen außerhalb von K sich von K weg ins Unendliche bewegen. Im Fall (d) haben wir dagegen $\dot{r} = -r(r^2 - 1)$ und damit $\dot{r} < 0$ sowohl für $r < 1$ als auch für $r > 1$. Lösungen außerhalb des Einheitskreises K laufen also auf diesen zu, während sich Lösungen innerhalb von K sich von K weg auf die Gleichgewichtslage $(0,0)$ zubewegen.

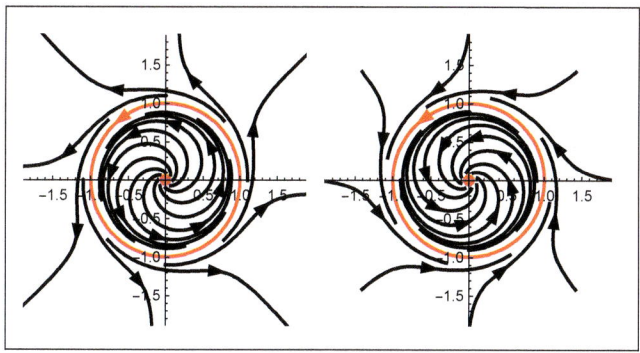

Trajektorien der Systeme $\dot r = r(r^2-1)^2$, $\dot\varphi = 1$ (links) und $\dot r = -r(r^2-1)^2$, $\dot\varphi = 1$ (rechts).

Bemerkung: In (b) bewegen sich (mit Ausnahme der trivialen Trajektorie $(x(t),y(t)) \equiv (0,0)$) alle Trajektorien auf den Einheitskreis K zu. In (a) bewegen sich alle nichttrivialen Trajektorien von K weg. In (c) und (d) gibt es sowohl Trajektorien, die auf K zulaufen, als auch Trajektorien, die sich von K entfernen. Die "Instabilität" der Trajektorie K ist also in (a) von anderem Typ als in (c) und (d). Da in Fall (b) Trajektorien, die nahe bei K beginnen, nicht nur nahe bei K verbleiben, sondern sich sogar asymptotisch an K annähern, nennt man K nicht nur "stabil", sondern sogar "asymptotisch stabil". Diese Begriffe werden später noch genauer diskutiert.

Lösung (121.9) (a) Es sei C eine geschlossene Trajektorie des Systems $(\star)$, und es sei D das Innere von C. Ist $\alpha : [t_1, t_2] \to \mathbb{R}^2$ eine Parametrisierung der Kurve C mit $\alpha(t) = (x(t), y(t))$, so gilt nach dem Greenschen Integralsatz die Gleichung

$$\iint_D \left(\frac{\partial(\varphi f)}{\partial x} + \frac{\partial(\varphi g)}{\partial y} \right) d(x,y)$$
$$= \oint_C (-\varphi g\, dx + \varphi f\, dy)$$
$$= \oint_C \varphi(-\dot y\, dx + \dot x\, dy)$$
$$= \int_{t_1}^{t_2} \varphi(\alpha(t))(-\dot y(t)\dot x(t) + \dot x(t)\dot y(t))\, dt = 0,$$

obwohl aufgrund der Voraussetzung $\partial(\varphi f)/\partial x + \partial(\varphi g)/\partial > 0$ das Doppelintegral auf der linken Seite positiv sein müßte.

(b) Wir haben $f_x + g_y = (1+3x^2) + (1+x^2) = 2+4x^2 > 0$; wir können also Teil (a) mit $\varphi = 1$ anwenden.

(c) Wir haben $f_x + g_y = (1-y^2) + (3-x^2) = 4 - x^2 - y^2$; auf der Kreisscheibe $\Omega := \{(x,y) \in \mathbb{R}^2 \mid x^2 + y^2 < 4\}$ gilt also $f_x + g_y > 0$. Wir können daher Teil (a) mit $\varphi \equiv 1$ anwenden.

(d) Wir haben $f_x + g_y = 4y^2 + 4x^2 \geq 0$, wobei Gleichheit nur im Nullpunkt gelten kann. Wir können daher Teil (a) mit $\varphi \equiv 1$ anwenden.

Lösung (121.10) (a) Genau dann ist (x,y) eine Gleichgewichtslage, wenn die Gleichungen $a(x-y) = 0$ und $y^2 - x^4 = 0$ erfüllt sind, also $x = y$ und $y^2 = x^4$. Einsetzen der ersten in die zweite Gleichung liefert $x^2 = x^4$ und damit $x \in \{0, 1, -1\}$. Wegen $y = x$ gibt es also genau die drei Gleichgewichtslagen

$$(0,0), \quad (1,1), \quad (-1,-1).$$

(b) Die x-Nullisokline ist die Menge $\{(x,y) \in \mathbb{R}^2 \mid y = x\}$, also die erste Winkelhalbierende. Die y-Nullisokline ist die Menge $\{(x,y) \in \mathbb{R}^2 \mid y^2 = x^4\}$, also die Vereinigung der beiden Parabeln $y = x^2$ und $y = -x^2$. Dies liefert die folgende Vorzeichenverteilung für $\dot x$ und $\dot y$.

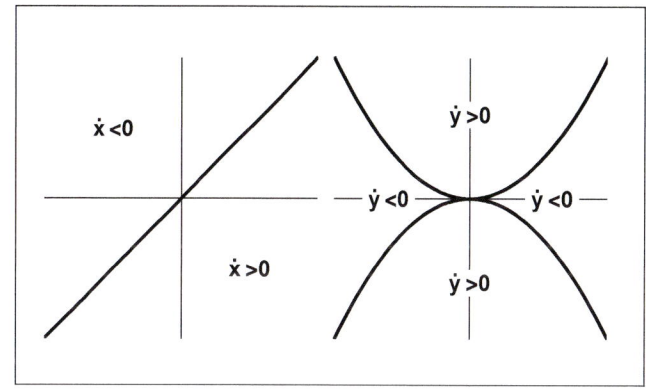

Nullisoklinen des Systems $\dot x = ax - ay$, $\dot y = y^2 - x^4$ mit $a > 0$.

(c) Nach (b) wird der Verlauf der Trajektorien in den einzelnen Gebieten durch die folgende Skizze angegeben.

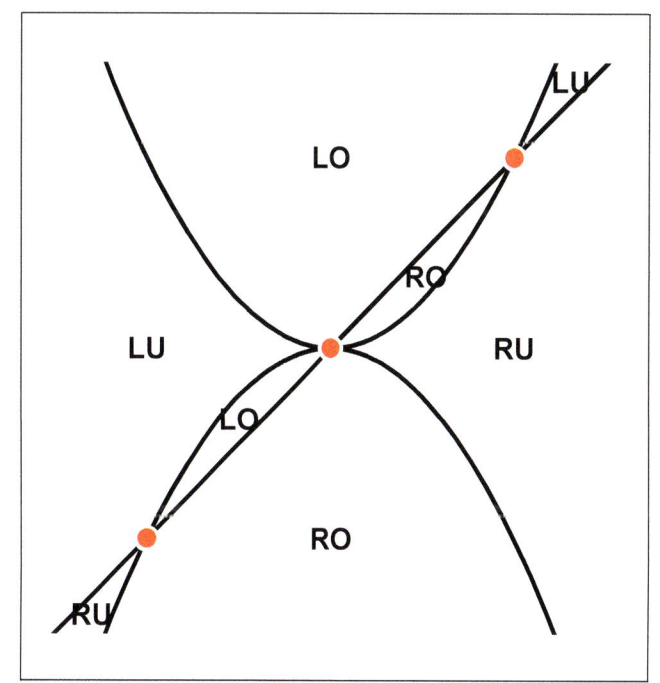

Trajektorienrichtungen des Systems $\dot x = ax - ay$, $\dot y = y^2 - x^4$ mit $a > 0$.

(d) Die Skizze zeigt sofort, daß die Gleichgewichtslagen $(0,0)$ und $(1,1)$ instabil sind: Eine Trajektorie, die beliebig nahe rechts von diesen Gleichgewichtslagen aus beginnt, läuft von der jeweiligen Gleichgewichtslage ins Unendliche weg. (Für die Gleichgewichtslage $(-1,-1)$ ist eine solche Aussage nicht möglich. Der Charakter dieser Gleichgewichtslage hängt vom numerischen Wert der Konstanten a ab.)

L122: Lineare und linearisierte Systeme

Lösung (122.1) Die Funktionen $e^{-dt}\cos(\omega t)$ und $e^{-dt}\sin(\omega t)$ bilden ein Fundamentalsystem der gleichen linearen Differentialgleichung zweiter Ordnung wie die Funktionen $e^{\lambda_1 t}$ und $e^{\lambda_2 t}$ mit $\lambda_{1,2} = -d \pm i\omega$. Diese beiden Zahlen sind die Lösungen der Gleichung $(\lambda + d)^2 = (\pm i\omega)^2 = -\omega^2$, also $\lambda^2 + 2d\lambda + (d^2 + \omega^2) = 0$. Die zugehörige Differentialgleichung lautet

$$\ddot{x} + 2d\dot{x} + (d^2 + \omega^2)x = 0.$$

(Das gleiche Ergebnis erhalten wir auch, wenn wir den Ansatz $x(t) = e^{-dt}\cos(\omega t)$ in die Gleichung $\ddot{x} + A\dot{x} + Bx = 0$ einsetzen, nach Cosinus- und Sinustermen sortieren und dann einen Koeffizientenvergleich machen, um A und B zu bestimmen.) Setzen wir $y := \dot{x}$, so läßt sich diese Differentialgleichung als System

$$\begin{bmatrix} \dot{x} \\ \dot{y} \end{bmatrix} = \begin{bmatrix} 0 & 1 \\ -(\omega^2 + d^2) & -2d \end{bmatrix} \begin{bmatrix} x \\ y \end{bmatrix}$$

schreiben. Die Lösung

$$t \mapsto \begin{bmatrix} x(t) \\ y(t) \end{bmatrix} = \begin{bmatrix} x(t) \\ \dot{x}(t) \end{bmatrix} = e^{-dt} \begin{bmatrix} \cos(\omega t) \\ -d\cos(\omega t) - \omega\sin(\omega t) \end{bmatrix}$$

ist eine Spirale, die für $t \to \infty$ auf den Punkt $(0,0)$ zuläuft.

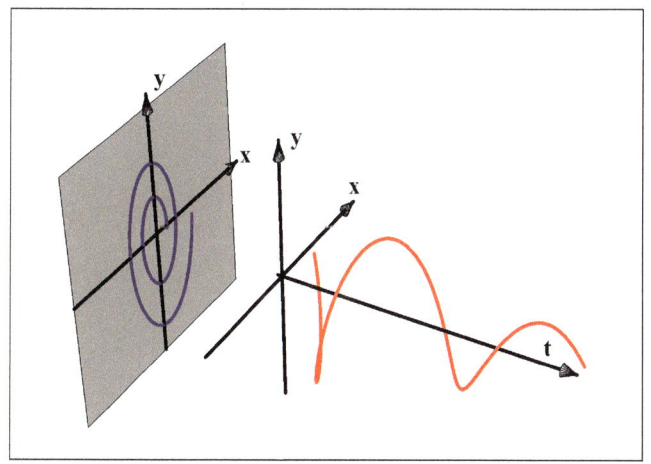

Lösungskurve (rot) und zugehörige Trajektorie im Phasenraum (blau).

Lösung (122.2) Der lokale Fluß der Gleichung $\dot{v} = Av$ ist gegeben durch $\varphi_t(v_0) = e^{tA}v_0$, was in Koordinaten $v = (x,y)^T$ gerade

$(\star) \qquad x(t) = e^{t\lambda_1}x_0, \quad y(t) = e^{t\lambda_2}y_0.$

bedeutet. Es sei $B(v_0) := B(x_0, y_0) := \{\varphi_t(v_0) \mid t \in \mathbb{R}\}$ die Bahn (Trajektorie) durch den Punkt $v_0 = (x_0, y_0)$. Offensichtlich gilt $B(0,0) = \{(0,0)\}$. Um die anderen Bahnen zu bestimmen, unterscheiden wir drei Fälle.

• **Erster Fall:** $\lambda_1 \neq 0$ und $\lambda_2 \neq 0$. Ist $x_0 \neq 0$, so ist $B(x_0, 0) = \{(x,0) \mid \text{sign}(x) = \text{sign}(x_0)\}$; dies ist entweder die linke oder die rechte Halbachse in x-Richtung. Ist $y_0 \neq 0$, so ist $B(0, y_0) = \{(0,y) \mid \text{sign}(y) = \text{sign}(y_0)\}$; dies ist entweder die untere oder die obere Halbachse in y-Richtung. Sind x_0 und y_0 beide von Null verschieden (liegt also (x_0, y_0) nicht auf einer der Koordinatenachsen), so folgt aus $(\star)$ sofort, daß für alle $t \in \mathbb{R}$ die Zahlen $x(t)$ und x_0 und auch die Zahlen $y(t)$ und y_0 jeweils das gleiche Vorzeichen haben; jede Trajektorie des Systems verläuft also in einem festen Quadranten. Aus $(\star)$ ergibt sich dann

$$\left(\frac{x(t)}{x_0}\right)^{\lambda_2} = (e^{t\lambda_1})^{\lambda_2} = (e^{t\lambda_2})^{\lambda_1} = \left(\frac{y(t)}{y_0}\right)^{\lambda_1}.$$

Die Trajektorien sind also in Gleichungsform gegeben durch $(x/x_0)^{\lambda_2} = (y/y_0)^{\lambda_1}$; mit $C := y_0^{\lambda_1}/x_0^{\lambda_2}$ und $\alpha := \lambda_2/\lambda_1$ bedeutet dies $y = Cx^\alpha$. Die in den einzelnen Quadranten verlaufenden Bahnen sind also Kurven der Form $y = Cx^\alpha$ mit $C \neq 0$. Deren Gestalt hängt davon ab, ob λ_1 und λ_2 gleiches oder entgegengesetztes Vorzeichen haben.

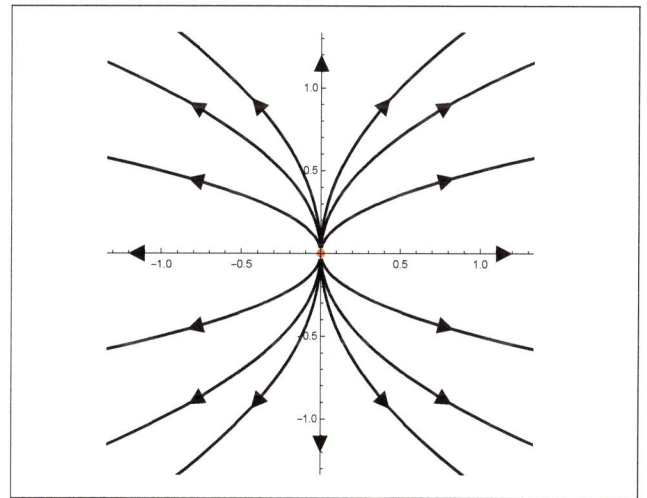

Trajektorien des Systems $\dot{x} = \lambda_1 x$, $\dot{y} = \lambda_2 y$ für $\lambda_{1,2} > 0$. Der Nullpunkt ist ein **instabiler Knoten**.

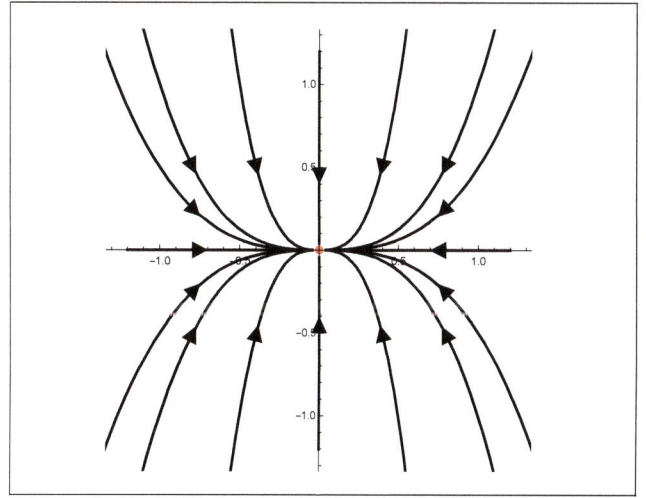

Trajektorien des Systems $\dot{x} = \lambda_1 x$, $\dot{y} = \lambda_2 y$ für $\lambda_{1,2} < 0$. Der Nullpunkt ist ein **stabiler Knoten**.

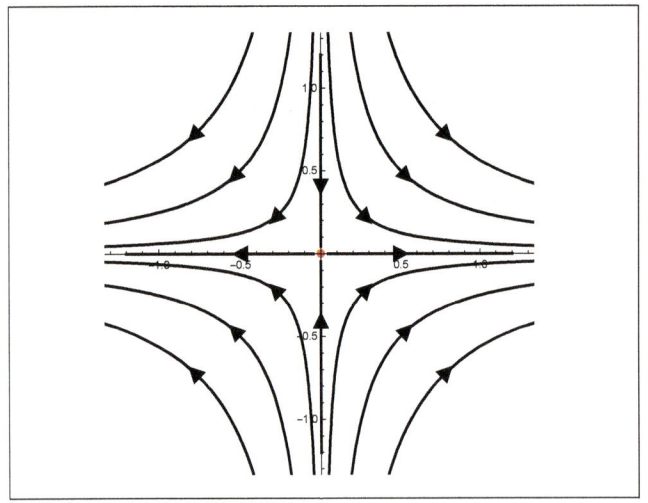

Trajektorien des Systems $\dot{x} = \lambda_1 x$, $\dot{y} = \lambda_2 y$ für $\lambda_1 > 0$ und $\lambda_2 < 0$. Der Nullpunkt ist ein **Sattelpunkt**.

Zweiter Fall: Genau eine der beiden Zahlen λ_i ist Null. Für $\lambda_1 = 0$ und $\lambda_2 \neq 0$ ist jeder Punkt der Form $(x, 0)$ eine Gleichgewichtslage; die übrigen Trajektorien sind Halbgeraden, die parallel zur y-Achse verlaufen (für $\lambda_2 > 0$ von der x-Achse weg, für $\lambda_2 < 0$ auf diese zu). Für $\lambda_1 \neq 0$ und $\lambda_2 = 0$ ist jeder Punkt der Form $(0, y)$ eine Gleichgewichtslage; die übrigen Trajektorien sind Halbgeraden, die parallel zur x-Achse verlaufen (für $\lambda_1 > 0$ von der y-Achse weg, für $\lambda_1 < 0$ auf diese zu).

Dritter Fall: $\lambda_1 = \lambda_2 = 0$. In diesem Fall ist jeder Punkt (x, y) eine Gleichgewichtslage; es gibt also nur einpunktige Trajektorien.

Lösung (122.3) Der lokale Fluß des Systems ist gegeben durch

$$\varphi_t(x_0, y_0) = \exp\left(t \begin{bmatrix} \lambda & 1 \\ 0 & \lambda \end{bmatrix}\right) \begin{bmatrix} x_0 \\ y_0 \end{bmatrix}$$
$$= e^{t\lambda} \begin{bmatrix} 1 & t \\ 0 & 1 \end{bmatrix} \begin{bmatrix} x_0 \\ y_0 \end{bmatrix} = e^{t\lambda} \begin{bmatrix} x_0 + ty_0 \\ y_0 \end{bmatrix};$$

die Lösungskurven sind also die Kurven

$$x(t) = e^{t\lambda}(x_0 + ty_0), \quad y(t) = e^{t\lambda} y_0.$$

Wegen

$$\frac{y}{x} = \frac{y_0}{x_0 + ty_0} = \frac{\lambda y_0}{\lambda x_0 + (t\lambda) y_0} = \frac{\lambda y_0}{\lambda x_0 + y_0 \ln(y/y_0)}$$

sind die Trajektorien gegeben durch die Gleichungen

$$x = \frac{y}{\lambda y_0} \cdot (\lambda x_0 + y_0 \ln(y/y_0)).$$

Für $\lambda < 0$ laufen alle Trajektorien auf den Nullpunkt zu; für $\lambda > 0$ laufen alle Trajektorien vom Nullpunkt weg ins Unendliche. (Der Sonderfall $\lambda = 0$ wird in der Lösung zu Aufgabe (122.10) behandelt.) Da nur ein Eigenvektor existiert, gibt es nur eine Richtung, in der sich Trajektorien vom Nullpunkt weg- bzw. auf den Nullpunkt zubewegen.

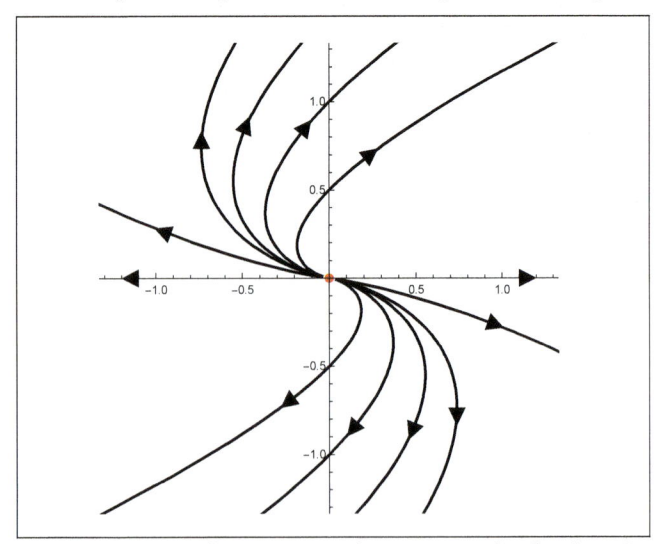

Trajektorien des Systems $\dot{x} = \lambda x + y$, $\dot{y} = \lambda y$ für $\lambda > 0$. Der Nullpunkt ist ein **entarteter instabiler Knoten**.

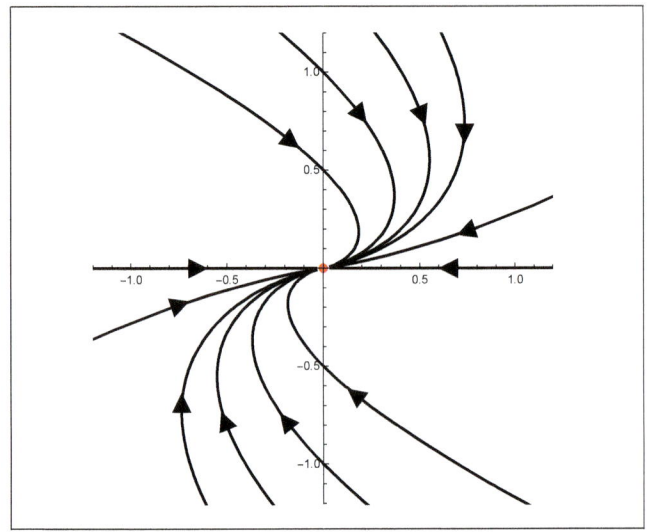

Trajektorien des Systems $\dot{x} = \lambda x + y$, $\dot{y} = \lambda y$ für $\lambda < 0$. Der Nullpunkt ist ein **entarteter stabiler Knoten**.

Lösung (122.4) In Polarkoordinaten $x = r\cos\varphi$ und $y = r\sin\varphi$ geht das System

$$\begin{bmatrix} \dot{x} \\ \dot{y} \end{bmatrix} = \begin{bmatrix} ax - by \\ bx + ay \end{bmatrix}$$

über in

$$\dot{r} \begin{bmatrix} \cos\varphi \\ \sin\varphi \end{bmatrix} + r\dot{\varphi} \begin{bmatrix} -\sin\varphi \\ \cos\varphi \end{bmatrix} = ar \begin{bmatrix} \cos\varphi \\ \sin\varphi \end{bmatrix} + br \begin{bmatrix} -\sin\varphi \\ \cos\varphi \end{bmatrix}$$

und damit in das System der beiden skalaren Gleichungen $\dot{r} = ar$ und $r\dot{\varphi} = rb$ bzw. $\dot{\varphi} = b$. Wir erhalten also

$$r(t) = e^{ta} r_0 \quad \text{und} \quad \varphi(t) = bt + \varphi_0.$$

Aufgaben zu »Lineare und linearisierte Systeme« siehe Seite 105

122. Lineare und linearisierte Systeme

Für $a > 0$ bzw. $a = 0$ bzw. $a < 0$ ist also die Funktion $t \mapsto r(t)$ streng monoton wachsend bzw. konstant bzw. streng monoton fallend, was eine Bewegung nach außen bzw. eine Bewegung entlang Kreisbögen bzw. eine Bewegung nach innen (auf den Nullpunkt zu) bedeutet. Der Polarwinkel $t \mapsto \varphi(t)$ wächst für $b > 0$ streng monoton an (was eine Bewegung im Gegenuhrzeigersinn bedeutet) und fällt für $b < 0$ streng monoton (was eine Bewegung im Uhrzeigersinn bedeutet). Die Trajektorien sind für $a \neq 0$ also Spiralen, die je nach Vorzeichen von a und b nach außen oder nach innen und gegen oder mit dem Uhrzeigersinn verlaufen; im Grenzfall $a = 0$ sind die Trajektorien Kreise um den Nullpunkt. In den folgenden Abbildungen ist jeweils auf der linken Seite der Fall $b > 0$ gezeigt (Bewegung im Gegenuhrzeigersinn), auf der rechten Seite der Fall $b < 0$ (Bewegung im Uhrzeigersinn).

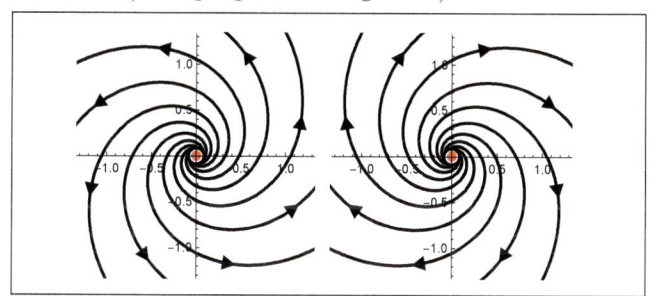

Trajektorien des Systems $\dot{x} = ax - by$, $\dot{y} = bx + ay$ für $a > 0$. Der Nullpunkt ist ein **instabiler Strudel**.

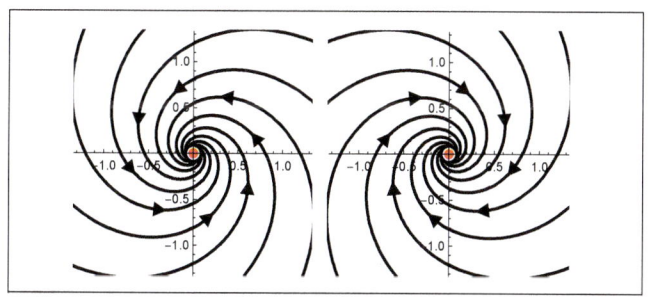

Trajektorien des Systems $\dot{x} = ax - by$, $\dot{y} = bx + ay$ für $a < 0$. Der Nullpunkt ist ein **stabiler Strudel**.

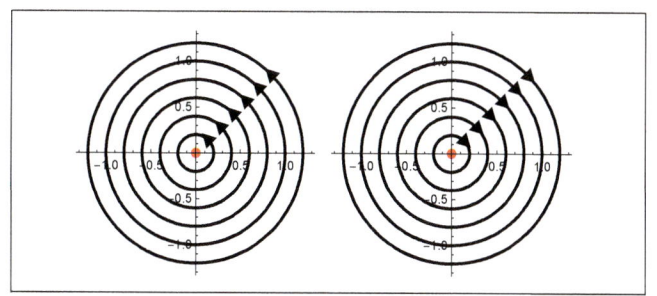

Trajektorien des Systems $\dot{x} = ax - by$, $\dot{y} = bx + ay$ für $a = 0$. Der Nullpunkt ist ein **Zentrum**.

Lösung (122.5) Das charakteristische Polynom von A ist gegeben durch

$$\det \begin{bmatrix} (-1/3)-\lambda & -4/3 \\ -2/3 & (1/3)-\lambda \end{bmatrix} = \lambda^2 - 1 = (\lambda-1)(\lambda+1).$$

Man rechnet schnell nach, daß $v_1 := (1, -1)^T$ ein Eigenvektor zum Eigenwert 1 und $v_2 := (2, 1)^T$ ein Eigenvektor zum Eigenwert -1 ist. Es gilt also

$$T^{-1}AT = \begin{bmatrix} 1 & 0 \\ 0 & -1 \end{bmatrix} =: J \quad \text{mit} \quad T := \begin{bmatrix} 1 & 2 \\ -1 & 1 \end{bmatrix}$$

Ist also $t \mapsto x(t)$ eine Lösung des Systems $\dot{x} = Ax = TJT^{-1}x$, so ist $\xi(t) := T^{-1}x(t)$ eine Lösung des Systems $\dot{\xi} = J\xi$. Das Phasenportrait des transformierten Systems (das in Aufgabe (122.2) ermittelt wurde) unterscheidet sich also nur um eine lineare Verzerrung des Phasenportraits des ursprünglichen Systems, sieht aber qualitativ genauso aus wie dieses.

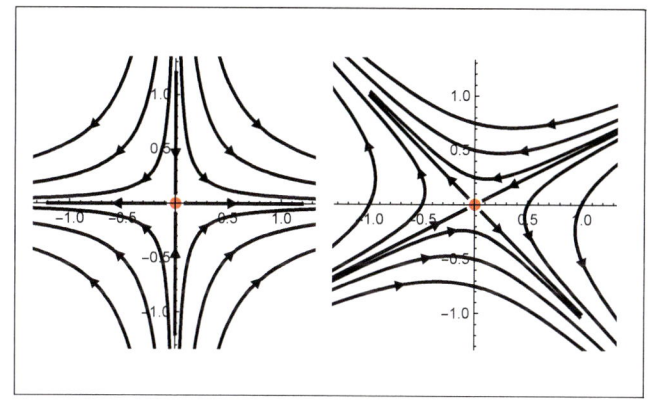

Phasenportraits des transformierten Systems $\dot{\xi} = J\xi$ (links) und des ursprünglichen Systems $\dot{x} = Ax$ (rechts).

Lösung (122.6) Es gibt eine Transformationsmatrix T derart, daß

$$J := T^{-1}AT = \begin{bmatrix} J_1 & & 0 \\ & \ddots & \\ 0 & & J_r \end{bmatrix}$$

mit Jordanblöcken

$$J_k = \begin{bmatrix} \lambda_k & 1 & & 0 \\ & \ddots & \ddots & \\ & & \ddots & 1 \\ 0 & & & \lambda_k \end{bmatrix}$$

gilt. Es ist dann $\exp(tA) = T\exp(tJ)T^{-1}$, also

$$\exp(tA) = T \begin{bmatrix} \exp(tJ_1) & & 0 \\ & \ddots & \\ 0 & & \exp(tJ_r) \end{bmatrix} T^{-1}$$

mit

$$\exp(tJ_k) = e^{t\lambda_k} \begin{bmatrix} 1 & t & \cdots & t^{d_k-1}/(d_k-1)! \\ & \ddots & \ddots & \vdots \\ & & \ddots & t \\ 0 & & & 1 \end{bmatrix}$$

(wobei d_k die Größe des k-ten Jordankästchens ist). Aus dieser expliziten Darstellung von $\exp(tA)$ ergeben sich sofort die folgenden Aussagen.

(a) Genau dann gilt $\|\exp(tA)\| \to 0$ für $t \to \infty$, wenn $\|\exp(tJ_k)\| \to 0$ für alle k gilt, was wiederum genau dann der Fall ist, wenn $\operatorname{Re}\lambda_k < 0$ für alle k gilt.

(b) Genau dann bleibt $\|\exp(tA)\|$ für $t \to \infty$ beschränkt, wenn $\|\exp(tJ_k)\|$ für jeden Index k beschränkt bleibt. Nun bleibt $\|\exp(tJ_k)\|$ genau dann beschränkt für $t \to \infty$, wenn $\operatorname{Re}\lambda_k \leq 0$ gilt und wenn im Falle $\operatorname{Re}\lambda_k = 0$ das auftretende Jordankästchen die Größe 1 hat, wenn also $d_k = 1$ gilt.

Aus diesen Beobachtungen folgt die Behauptung.

Lösung (122.7) Es seien $\sigma_s(A)$ die Menge aller Eigenwerte von A mit negativem Realteil und $\sigma_i(A)$ die Menge aller Eigenwerte von A mit positivem Realteil. Wir wählen nun zu jedem Eigenwert linear unabhängige Eigen- und Hauptvektoren zur Bildung der Jordanschen Normalform. Den von den Eigen- und Hauptvektoren zu den Eigenwerten in $\sigma_s(A)$ aufgespannten Unterraum bezeichnen wir mit U_s, den entsprechenden zu $\sigma_i(A)$ zugehörigen Unterraum mit U_i. Dann gilt $\mathbb{C}^n = U_s \oplus U_i$, und bezüglich dieser Zerlegung nimmt A eine Blockdiagonalform $\operatorname{diag}(A_s, A_i)$ an, wobei alle Eigenwerte von A_s negativen und alle Eigenwerte von A_i positiven Realteil haben. Aus der vorigen Aufgabe folgt dann sofort, daß für $t \to \infty$ einerseits $e^{tA}x \to 0$ für alle $x \in U_s$ und andererseits $\|e^{tA}x\| \to \infty$ für alle $x \in U_i \setminus \{0\}$ gilt.

Lösung (122.8) Wir wollen zunächst zeigen, daß Φ eine Bijektion ist, und fragen dazu, für welche Paare (ξ, η) die Gleichung

$$\begin{bmatrix} \xi \\ \eta \end{bmatrix} = \Phi(x,y) = \begin{bmatrix} x \\ y + (x^2/3) \end{bmatrix}$$

nach x und y (als Funktionen von ξ und η) aufgelöst werden kann. Die erste Komponente liefert sofort $x = \xi$; die zweite Komponente ergibt dann $y = \eta - (x^2/3) = \eta - (\xi^2/3)$. Also ist Φ als Funktion $\mathbb{R}^2 \to \mathbb{R}^2$ bijektiv mit

$$\begin{bmatrix} x \\ y \end{bmatrix} = \Phi^{-1}(\xi,\eta) = \begin{bmatrix} \xi \\ \eta - (\xi^2/3) \end{bmatrix}.$$

An den expliziten Darstellungen liest man ab, daß die Abbildungen Φ und Φ^{-1} beide stetig sind; also ist Φ ein Homöomorphismus. (Da Φ und Φ^{-1} sogar von der Klasse C^∞ sind, ist Φ sogar ein C^∞-Diffeomorphismus.)

Wir bestimmen nun die allgemeine Lösung des angegebenen Systems

$$(\star) \qquad \begin{bmatrix} \dot{x} \\ \dot{y} \end{bmatrix} = \begin{bmatrix} -x \\ y + x^2 \end{bmatrix}.$$

Zunächst gilt $\dot{x} = -x$ und damit $x(t) = e^{-t}x_0$ mit $x_0 := x(0)$. Hieraus folgt $\dot{y} - y = x^2 = e^{-2t}x_0^2$, nach Durchmultiplizieren mit $-e^{-t}$ also $(d/dt)(ye^{-t}) = -e^{-3t}x_0^2$ und

damit $ye^{-t} = (x_0^2/3)e^{-3t} + C$, wobei sich mit $y_0 := y(0)$ wegen $y_0 = (x_0^2/3) + C$ die Integrationskonstante zu $C = y_0 - (x_0^2/3)$ ergibt. Der lokale (hier sogar globale) Fluß des betrachteten Systems $(\star)$ ist also gegeben durch

$$\varphi_t(x_0, y_0) = \begin{bmatrix} x(t) \\ y(t) \end{bmatrix} = \begin{bmatrix} e^{-t}x_0 \\ y_0 e^t + (x_0^2/3)\left(e^{-2t} - e^t\right) \end{bmatrix}.$$

Anwendung von Φ auf diese Lösungskurve liefert

$$\begin{aligned} \xi(t) &= \Phi(x(t)) = \begin{bmatrix} x_0 e^{-t} \\ y_0 e^t - (x_0^2/3)e^t \end{bmatrix} \\ &= \begin{bmatrix} e^{-t} & 0 \\ 0 & e^t \end{bmatrix} \begin{bmatrix} x_0 \\ y_0 - (x_0^2/3) \end{bmatrix}. \end{aligned}$$

Also bildet Φ Lösungskurven des Systems $(\star)$ auf Lösungskurven des um $(0,0)$ linearisierten Systems

$$\begin{bmatrix} \dot{\xi} \\ \dot{\eta} \end{bmatrix} = \begin{bmatrix} -\xi \\ \eta \end{bmatrix} = \begin{bmatrix} -1 & 0 \\ 0 & 1 \end{bmatrix} \begin{bmatrix} \xi \\ \eta \end{bmatrix}$$

ab. Das Phasenportrait des linearisierten Systems sieht also in einer Umgebung von $(0,0)$ in Übereinstimmung mit dem Satz von Hartman und Grobman "genauso" aus wie dasjenige des ursprünglichen nichtlinearen Systems.

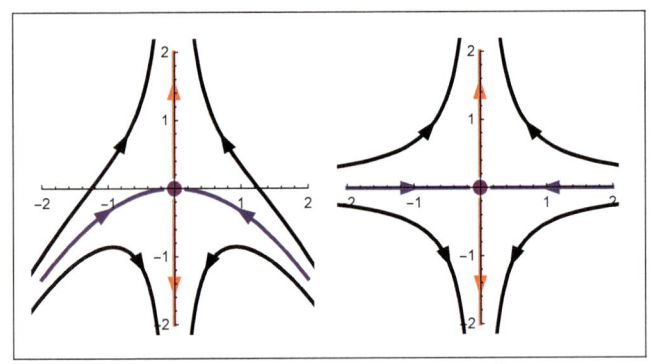

Trajektorien des Systems $\dot{x} = -x$, $\dot{y} = y + x^2$ (links) und deren Bilder unter Φ (rechts).

Lösung (122.9) Wir wollen zunächst zeigen, daß Φ eine Bijektion ist, und fragen dazu, für welche Paare (u,v) die Gleichung

$$\begin{bmatrix} u \\ v \end{bmatrix} = \Phi(x,y) = \begin{bmatrix} (x-y)^5 + 3x + y \\ -3(x-y)^5 + 3x + y \end{bmatrix}$$

nach x und y (als Funktionen von u und v) aufgelöst werden kann. Wir erhalten $3u + v = 12x + 4y$ und $u - v = 4(x-y)^5$ und damit $x - y = \sqrt[5]{(u-v)/4}$, also

$$\begin{bmatrix} 12 & 4 \\ 1 & -1 \end{bmatrix} \begin{bmatrix} x \\ y \end{bmatrix} = \begin{bmatrix} 3u+v \\ \sqrt[5]{(u-v)/4} \end{bmatrix}$$

bzw.

$$\begin{aligned} \begin{bmatrix} x \\ y \end{bmatrix} &= \frac{1}{16}\begin{bmatrix} 1 & 4 \\ 1 & -12 \end{bmatrix}\begin{bmatrix} 3u+v \\ \sqrt[5]{(u-v)/4} \end{bmatrix} \\ &= \frac{1}{16}\begin{bmatrix} 3u+v+4\cdot\sqrt[5]{(u-v)/4} \\ 3u+v-12\cdot\sqrt[5]{(u-v)/4} \end{bmatrix}. \end{aligned}$$

122. Lineare und linearisierte Systeme

Also ist Φ bijektiv. An den expliziten Darstellungen liest man ab, daß die Abbildungen Φ und Φ^{-1} beide stetig sind; also ist Φ ein Homöomorphismus. Wir sehen aber, daß Φ^{-1} entlang der Winkelhalbierenden nicht differentiierbar ist (weil die Funktion $x \mapsto \sqrt[5]{x}$ an der Stelle 0 nicht differentiierbar ist); die Abbildung Φ ist also kein Diffeomorphismus.

Die allgemeine Lösung des Systems $\dot{x} = Ax$ ist gegeben durch
$$x(t) = \begin{bmatrix} ae^t + be^{5t} \\ -3ae^t + be^{5t} \end{bmatrix}.$$

Entlang einer Lösungskurve haben wir $x_1 - x_2 = 4ae^t$ und $3x + y = 4be^{5t}$; für $\xi(t) := \Phi(x(t))$ gilt folglich
$$\xi(t) = \begin{bmatrix} (4ae^t)^5 + 4be^{5t} \\ -3(4ae^t)^5 + 4be^{5t} \end{bmatrix} = e^{5t}\begin{bmatrix} (4a)^5 + (4b) \\ -3\cdot(4a)^5 + (4b) \end{bmatrix}.$$

Also bildet Φ Lösungen des Systems $\dot{x} = Ax$ auf Lösungen des Systems $\dot{\xi} = B\xi$ ab.

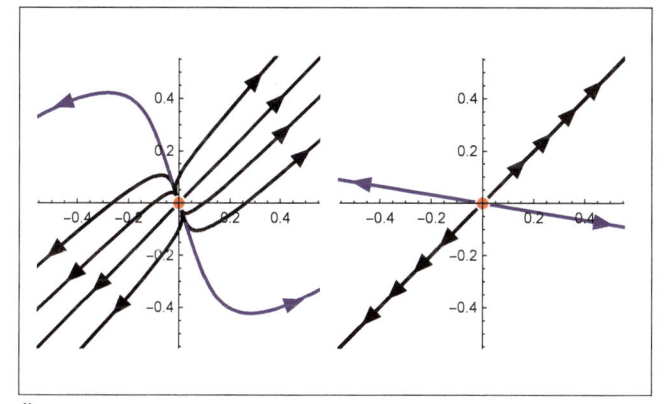

Überführung der Lösungen des Systems $\dot{x} = Ax$ (links) auf die Lösungen des Systems $\dot{\xi} = B\xi$ (rechts) durch den Homöomorphismus Φ.

Wir sehen, daß zwar der Homöomorphismus Φ Lösungskurven wieder auf Lösungskurven abbildet, aber die Phasenportraits der beiden fraglichen Systeme sehen doch deutlich unterschiedlich aus. Das liegt daran, daß Φ nur ein Homöomorphismus, nicht aber ein Diffeomorphismus ist, und daher zwar topologische Eigenschaften erhält (wie etwa die Tatsache, daß in beiden Fällen alle nichttrivialen Trajektorien vom Nullpunkt aus nach außen weglaufen), aber die geometrischen Verhältnisse doch stark verzerrt. (Diese Beobachtung relativiert auch etwas die Bedeutung des Satzes von Hartman und Grobman: Die Existenz eines trajektorienerhaltenden Homöomorphismus erlaubt es nicht ohne weiteres, vom Aussehen eines Phasenportraits auf das eines anderen Phasenportraits zu schließen.)

Lösung (122.10) Wir erhalten $\ddot{x} = \dot{y} = -2x^3$, nach Durchmultiplizieren mit $2\dot{x}$ also $2\dot{x}\ddot{x} = -4x^3\dot{x}$ bzw. $(\mathrm{d}/\mathrm{d}t)\dot{x}^2 = (\mathrm{d}/\mathrm{d}t)(-x^4)$ und damit $\dot{x}^2 = -x^4 + C$ mit einer (zwangsläufig nichtnegativen) Konstanten C. Die Trajektorien sind also gegeben durch die Gleichungen der Form
$$x^4 + y^2 = C.$$

(Mit geübtem Auge kann man das auch direkt sehen: $(\mathrm{d}/\mathrm{d}t)(x^4 + y^2) = 4x^3\dot{x} + 2y\dot{y} = 4x^3y - 4x^3y = 0$.) Da die durch diese Gleichungen gegebenen Kurven offensichtlich achsensymmetrisch sowohl zur x- als auch zur y-Achse und punktsymmetrisch bezüglich des Nullpunkts sind, handelt es sich um geschlossene Kurven (die also zu periodischen Lösungen gehören). Das um $(0,0)$ linearisierte System
$$\begin{bmatrix} \dot{x} \\ \dot{y} \end{bmatrix} = \begin{bmatrix} y \\ 0 \end{bmatrix} = \begin{bmatrix} 0 & 1 \\ 0 & 0 \end{bmatrix}\begin{bmatrix} x \\ y \end{bmatrix},$$

dessen lokaler Fluß gegeben ist durch
$$\varphi_t(x_0, y_0) = \exp\left(t\begin{bmatrix} 0 & 1 \\ 0 & 0 \end{bmatrix}\right)\begin{bmatrix} x_0 \\ y_0 \end{bmatrix}$$
$$= \begin{bmatrix} 1 & t \\ 0 & 1 \end{bmatrix}\begin{bmatrix} x_0 \\ y_0 \end{bmatrix} = \begin{bmatrix} x_0 + ty_0 \\ y_0 \end{bmatrix},$$

hat dagegen als Trajektorien alle Punkte der Form $(x_0, 0)$ als Gleichgewichtslagen und sämtliche Geraden parallel zur x-Achse (nach rechts durchlaufen, wenn sie oberhalb der x-Achse liegen, dagegen nach links durchlaufen, wenn sie unterhalb der x-Achse liegen).

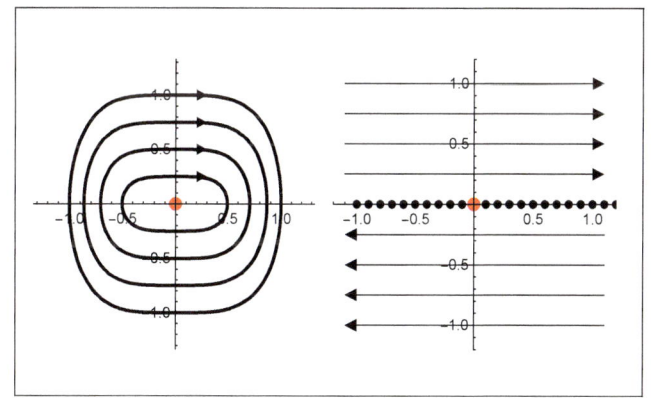

Phasenportrait des ursprünglichen Systems (links) und des um $(0,0)$ linearisierten Systems (rechts).

Das Phasenportrait des linearisierten Systems unterscheidet sich also qualitativ vom Phasenportrait des ursprünglichen Systems; es gibt keinen Homöomorphismus zwischen zwei Umgebungen des Nullpunkts, der die Trajektorien des einen Systems in diejenigen des anderen Systems überführen würde. (Der Satz von Hartman und Grobman ist nicht anwendbar, weil das linearisierte System den Eigenwert 0 hat.)

Lösung (122.11) In Polarkoordinaten $x = r\cos\varphi$ und $y = r\sin\varphi$ geht das angegebene System über in
$$\dot{r}\begin{bmatrix} \cos\varphi \\ \sin\varphi \end{bmatrix} + r\dot{\varphi}\begin{bmatrix} -\sin\varphi \\ \cos\varphi \end{bmatrix} = r\begin{bmatrix} -\sin\varphi \\ \cos\varphi \end{bmatrix} + ar^3\begin{bmatrix} \cos\varphi \\ \sin\varphi \end{bmatrix}$$

und damit in das System der beiden Gleichungen $\dot{r} = ar^3$ (Anteil in Radialrichtung $(\cos\varphi, \sin\varphi)^T$) sowie $r\dot{\varphi} = r$ bzw. $\dot{\varphi} = 1$ (Anteil in Tangentialrichtung $(-\cos\varphi, \sin\varphi)^T$).

Diese beiden Gleichungen lassen sich explizit lösen. Die Gleichung für r geht nach Trennung der Variablen über in

$$\int \frac{\mathrm{d}r}{r^3} = \int a\,\mathrm{d}t, \quad \text{also} \quad \frac{-1}{2r^2} = at - \frac{C}{2}$$

bzw. $1/r^2 = C - 2at$ mit einer Konstanten C, die sich durch Einsetzen von $t = 0$ zu $C = 1/r(0)^2 = 1/r_0^2$ ergibt. Die Gleichung $\dot\varphi = 1$ liefert einfach $\varphi(t) = t + \varphi_0$. Die Lösungen des Systems sind also in Polarkoordinaten gegeben durch

$$r(t) = \frac{r_0}{\sqrt{1 - 2atr_0^2}} \quad \text{und} \quad \varphi(t) = t + \varphi_0.$$

Für $a < 0$ sind die Trajektorien für alle Zeiten $t \geq 0$ definiert; es handelt sich um Spiralen, die im Gegenuhrzeigersinn für $t \to \infty$ auf die Gleichgewichtslage $(0,0)$ zulaufen. Für $a > 0$ sind die Trajektorien nur für $t < 1/(2ar_0^2)$ definiert; es handelt sich um Spiralen, die sich im Gegenuhrzeigersinn von der Gleichgewichtslage $(0,0)$ entfernen und in endlicher Zeit ins Unendliche entweichen.

Das um die Gleichgewichtslage $(0,0)$ linearisierte System ist für alle $a \neq 0$ das gleiche, nämlich dasjenige System mit $a = 0$, also

$$\begin{bmatrix} \dot x \\ \dot y \end{bmatrix} = \begin{bmatrix} 0 & -1 \\ 1 & 0 \end{bmatrix} \begin{bmatrix} x \\ y \end{bmatrix},$$

dessen allgemeine Lösung durch den lokalen Fluß

$$\varphi_t(x_0, y_0) = \exp\left(t \begin{bmatrix} 0 & -1 \\ 1 & 0 \end{bmatrix}\right) \begin{bmatrix} x_0 \\ y_0 \end{bmatrix} = \begin{bmatrix} \cos t & -\sin t \\ \sin t & \cos t \end{bmatrix} \begin{bmatrix} x_0 \\ y_0 \end{bmatrix}$$

gegeben ist. Die Trajektorien des linearisierten Systems sind also konzentrische Kreise um den Nullpunkt.

Das Phasenportrait des linearisierten Systems unterscheidet sich also qualitativ vom Phasenportrait des ursprünglichen Systems; es gibt keinen Homöomorphismus zwischen zwei Umgebungen des Nullpunkts, der die Trajektorien des einen Systems in diejenigen des anderen Systems überführen würde. (Unter einem solchen Homöomorphismus müßten beispielsweise geschlossene Trajektorien in ebensolche übergehen.) Wie in der vorherigen Aufgabe ist der Satz von Hartman und Grobman nicht anwendbar, weil das linearisierte System Eigenwerte mit dem Realteil Null hat.

L123: Stabilität von Gleichgewichtslagen

Lösung (123.1) Wir stellen in der folgenden Tabelle zusammen, welche Vorzeichen die Ableitung $\dot{x}$ in den Intervallen $(-\infty, a)$, (a, b), (b, c) und (c, ∞) jeweils annimmt.

	$x < a$	$a < x < b$	$b < x < c$	$x > c$
(a)	$\dot{x}>0$	$\dot{x}>0$	$\dot{x}>0$	$\dot{x}>0$
(b)	$\dot{x}<0$	$\dot{x}<0$	$\dot{x}<0$	$\dot{x}>0$
(c)	$\dot{x}<0$	$\dot{x}<0$	$\dot{x}>0$	$\dot{x}>0$
(d)	$\dot{x}<0$	$\dot{x}>0$	$\dot{x}>0$	$\dot{x}>0$
(e)	$\dot{x}>0$	$\dot{x}<0$	$\dot{x}>0$	$\dot{x}>0$
(f)	$\dot{x}>0$	$\dot{x}<0$	$\dot{x}<0$	$\dot{x}>0$
(g)	$\dot{x}>0$	$\dot{x}>0$	$\dot{x}<0$	$\dot{x}>0$
(h)	$\dot{x}<0$	$\dot{x}>0$	$\dot{x}<0$	$\dot{x}>0$

Aus dieser Tabelle ergeben sich die folgenden Phasenportraits.

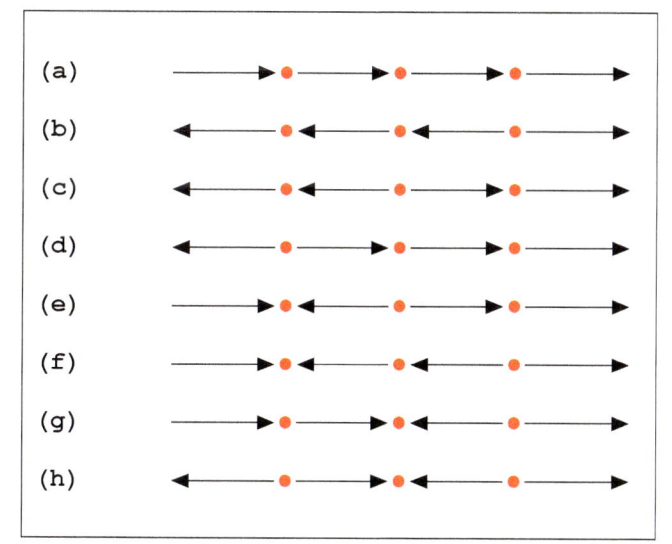

Phasenportrait der Differentialgleichung $\dot{x} = (x-a)^A(x-b)^B(x-c)^C$ in Abhängigkeit von den Paritäten der Exponenten A, B und C.

In den Fällen (a), (b), (c) und (d) sind alle drei Gleichgewichtslagen instabil. In den Fällen (e) und (f) ist a asymptotisch stabil, während b und c instabil sind. In den Fällen (g) und (h) ist b asymptotisch stabil, während a und c instabil sind.

Lösung (123.2) Für

$$(\star) \qquad \begin{bmatrix} x(t) \\ y(t) \end{bmatrix} = \begin{bmatrix} c\sin(ct+d) \\ c^2\cos(ct+d) \end{bmatrix}$$

erhalten wir $\dot{x} = c^2\cos(ct+d) = y$ und $\dot{y} = -c^3\sin(ct+d) = -c^2 x$. Um c^2 durch x und y auszudrücken, benutzen wir die Gleichung $(x/c)^2 + (y/c^2)^2 = \sin^2(ct+d) + \cos^2(ct+d) = 1$, aus der sich nach Durchmultiplizieren mit c^4 die Gleichung $c^2 x^2 + y^2 = c^4$ bzw. $c^4 - x^2 c^2 - y^2 = 0$ ergibt. Die eindeutige Lösung dieser Gleichung ist

$$c^2 = \frac{x^2}{2} + \sqrt{\frac{x^4}{4} + y^2} = \frac{1}{2}\left(x^2 + \sqrt{x^4 + 4y^2}\right);$$

also ist $\dot{y} = -c^2 x = -(x/2)(x^2 + \sqrt{x^4 + 4y^2})$. Da die durch $(\star)$ gegebenen Kurven für $c \neq 0$ Ellipsen mit Mittelpunkt $(0,0)$ sind, ist der Punkt $(0,0)$ eine stabile, aber nicht asymptotisch stabile Gleichgewichtslage.

Lösung (123.3) Die Lösung ergibt sich sofort aus Aufgabe (122.6), denn jede Lösungskurve des Systems $\dot{x}(t) = Ax(t)$ hat die Form $x(t) = \exp(tA)x_0$ mit einem konstanten Vektor x_0 (nämlich $x_0 = x(0)$).

Lösung (123.4) Die Systemgleichungen lauten

$$\begin{aligned}\dot{x} &= -4x + 3e^{-8t}y, \\ \dot{y} &= -e^{8t}x.\end{aligned}$$

Die zweite Gleichung liefert $x = -e^{-8t}\dot{y}$ und damit $\dot{x} = 8e^{-8t}\dot{y} - e^{-8t}\ddot{y}$. Einsetzen in die erste Gleichung ergibt dann

$$\begin{aligned}0 &= \dot{x} + 4x - 3e^{-8t}y \\ &= 8e^{-8t}\dot{y} - e^{-8t}\ddot{y} - 4e^{-8t}\dot{y} - 3e^{-8t}y \\ &= -e^{-8t}(\ddot{y} - 4\dot{y} + 3y)\end{aligned}$$

und damit $\ddot{y} - 4\dot{y} + 3y = 0$. Da die Nullstellen von $\lambda^2 - 4\lambda + 3$ gerade 1 und 3 sind, ist die allgemeine Lösung der letzten Gleichung gegeben durch $y(t) = C_1 e^t + C_2 e^{3t}$; für $x = -e^{-8t}\dot{y}$ erhalten wir dann $x(t) = -C_1 e^{-7t} - 3C_2 e^{-5t}$. Die allgemeine Lösung des betrachteten Systems ist also

$$\begin{bmatrix} x(t) \\ y(t) \end{bmatrix} = \begin{bmatrix} -e^{-7t} & -3e^{-5t} \\ e^t & e^{3t} \end{bmatrix} \begin{bmatrix} C_1 \\ C_2 \end{bmatrix}$$

mit beliebigen reellen Konstanten $C_1, C_2 \in \mathbb{R}$. Einsetzen von $t = 0$ liefert

$$\begin{bmatrix} x_0 \\ y_0 \end{bmatrix} = \begin{bmatrix} -1 & -3 \\ 1 & 1 \end{bmatrix} \begin{bmatrix} C_1 \\ C_2 \end{bmatrix}$$

bzw.

$$\begin{bmatrix} C_1 \\ C_2 \end{bmatrix} = \frac{1}{2}\begin{bmatrix} 1 & 3 \\ -1 & -1 \end{bmatrix} \begin{bmatrix} x_0 \\ y_0 \end{bmatrix}$$

und damit

$$\begin{bmatrix} x(t) \\ y(t) \end{bmatrix} = \frac{1}{2}\begin{bmatrix} -e^{-7t} & -3e^{-5t} \\ e^t & e^{3t} \end{bmatrix} \begin{bmatrix} 1 & 3 \\ -1 & -1 \end{bmatrix} \begin{bmatrix} x_0 \\ y_0 \end{bmatrix}.$$

Hieraus folgt, daß es beliebig dicht bei $(0,0)$ Anfangswerte (x_0, y_0) gibt, für die die Lösungskurven ins Unendliche laufen; die Gleichgewichtslage $(0,0)$ ist also instabil.

Lösung (123.5) Bezeichnen wir mit f die rechte Seite der Systemgleichung, so ergibt sich für $\Phi_f = \langle \nabla\Phi, f\rangle$ der Ausdruck

$$\Phi_f(x,y) = \langle \begin{bmatrix} 6x^5 \\ 6y \end{bmatrix}, \begin{bmatrix} -3x^3 - y \\ x^5 - 2y^3 \end{bmatrix}\rangle$$
$$= -18x^8 - 6x^5 y + 6x^5 y - 12y^4$$
$$= -18x^8 - 12y^4 = -6\cdot(3x^8 + 2y^4).$$

Nach dem Satz von Ljapunov ist dann die (einzige) Gleichgewichtslage $(0,0)$ dieses Systems asymptotisch stabil. (Beachte, daß wir diese Information *nicht* durch Betrachtung des linearisierten Systems erhalten können!)

Lösung (123.6) Mit $x := z$ und $y := \dot{z}$ ergibt sich das System

$$\begin{bmatrix} \dot{x} \\ \dot{y} \end{bmatrix} = \begin{bmatrix} y \\ -y - x^3 \end{bmatrix}$$

mit der (einzigen) Gleichgewichtslage $(0,0)$. Bezeichnen wir mit f die rechte Seite der Systemgleichung und machen wir den Ansatz $\Phi(x,y) = ax^4 + bx^2 + cxy + dy^2$ für eine Ljapunov-Funktion, so ergibt sich für

$$\Phi_f = \langle \nabla\Phi, f\rangle = \langle \begin{bmatrix} 4ax^3 + 2bx + cy \\ cx + 2dy \end{bmatrix}, \begin{bmatrix} y \\ -y - x^3 \end{bmatrix}\rangle$$

der Ausdruck

$$\Phi_f(x,y) = -cx^4 + (c-2d)y^2 + (4a-2d)x^3 y + (2b-c)xy.$$

Wenn wir $c := 2b$ und $d := 2a$ wählen, verschwinden die indefiniten Terme xy und $x^3 y$, und wir erhalten $\Phi = ax^4 + b(x+y)^2 + (2a-b)y^2$ und $\Phi_f = -2bx^4 - 2(2a-b)y^2$. Wir sind also am Ziel, wenn wir a und b so wählen können, daß die Bedingungen $a > 0$ und $0 < b < 2a$ gelten. Dies gelingt mit $a := b := 1$ (und damit $c = d = 2$) und damit der Ljapunov-Funktion $\Phi(x,y) = x^4 + x^2 + 2xy + 2y^2$. Nach dem Satz von Ljapunov ist daher die Gleichgewichtslage $(x,y) = (0,0)$ (bzw. $z = 0$) sogar global asymptotisch stabil.

Lösung (123.7) Ist f die rechte Seite des Systems und ist Φ gegeben durch

$$\Phi(x,y) = 5x^2 + 2xy + 2y^2$$
$$= 4x^2 + (x+y)^2 + y^2,$$

so erhalten wir für $\Phi_f = \langle\nabla\Phi, f\rangle$ den Ausdruck

$$\langle \begin{bmatrix} 10x + 2y \\ 2x + 4y \end{bmatrix}, \begin{bmatrix} y \\ -2x - 3y + (x+2y)\bigl(h(x,y) - y^2\bigr) \end{bmatrix}\rangle$$

und nach Ausmultiplizieren dann

$$-4x^2 - 4xy - 10y^2 - 2(x+2y)^2 y^2 + 2(x+2y)^2 h(x,y) =$$
$$-2\bigl(x^2 + (x+y)^2 + 4y^2 + (x+2y)^2 y^2\bigr) + 2(x+2y)^2 h(x,y);$$

wegen $h \leq 0$ gilt also $\Phi_f(x,y) < 0$ für alle $(x,y) \neq (0,0)$. Nach dem Satz von Ljapunov ist daher der Nullpunkt asymptotisch stabil. Ein invarianter Attraktivitätsbereich ist etwa gegeben durch die Ellipse $\{(x,y) \in \mathbb{R}^2 \mid 5x^2 + 2xy + 2y^2 \leq 1\}$.

Lösung (123.8) Bezeichnen wir mit $f(x,y)$ die rechte Seite der Systemgleichung, so gilt mit $\Phi(x,y) := -x - \ln(1-x) - y - \ln(1-y)$ für $\Phi_f := \langle\nabla\Phi, f\rangle$ die Beziehung

$$\Phi_f(x,y) = \langle \begin{bmatrix} x/(1-x) \\ y/(1-y) \end{bmatrix}, \begin{bmatrix} y(1-x) \\ -x(1-y) \end{bmatrix}\rangle = xy - yx = 0;$$

die Funktion Φ ist also eine Erhaltungsgröße des Systems. Um Stabilität nachzuweisen, genügt es also zu zeigen, daß alle in einer Umgebung von $(0,0)$ verlaufenden Höhenlinien $\Phi(x,y) = C$ beschränkt bleiben. Wir betrachten irgendeine Höhenlinie, die durch einen Punkt (x_0, y_0) mit $x_0 < 1$ und $y_0 < 1$ geht. Wegen $\Phi(x,y) \to \infty$ sowohl für $x \to 1$ als auch für $y \to 1$ kann diese Höhenlinie weder der Geraden $x = 1$ noch der Geraden $y = 1$ zu nahe kommen; wegen $\Phi(x,y) \to \infty$ sowohl für $x \to -\infty$ als auch für $y \to -\infty$ kann sie andererseits auch weder zu stark negative x-Werte noch zu stark negative y-Werte annehmen. Jede solche Höhenlinie liegt also zwangsläufig in einem Bereich der Form

$$\{(x,y) \in \mathbb{R}^2 \mid X_1 \leq x \leq X_2, Y_1 \leq y \leq Y_2\}$$

mit festen Werten $X_1 < X_2 < 1$ und $Y_1 < Y_2 < 1$, bleibt also tatsächlich beschränkt.

Lösung (123.9) (a) Für $\Phi(x,y,z) := (x^2 + y^2 + z^2)/2$ gilt $\Phi_f = x\dot{x} + y\dot{y} + z\dot{z} = -x^2 y^2 - x^6 - y^4 - x^2 z^2 - z^4$ und damit $\Phi_f(x,y,z) < 0$ für alle $(x,y,z) \neq (0,0,0)$. Damit ist Φ auf ganz $\mathbb{R}^3$ eine Ljapunov-Funktion für die Gleichgewichtslage $(0,0,0)$; diese ist daher global asymptotisch stabil. Das um $(0,0,0)$ linearisierte System (das man einfach durch Weglassen aller Terme zweiter und höherer Ordnung auf der rechten Seite von $(\star)$ erhält) lautet

$$\begin{aligned} \dot{x} &= -y \\ \dot{y} &= x \\ \dot{z} &= 0 \end{aligned}$$

und hat als Lösungskurven genau die Kreise $x^2 + y^2 = $ const, $z = $ const. Jeder Zylinder um die z-Achse, der den Nullpunkt in seinem Innern enthält, ist also eine invariante Nullumgebung des um $(0,0,0)$ linearisierten Systems; daher ist $(0,0,0)$ stabil für das linearisierte System. Asymptotische Stabilität liegt aber nicht vor, weil keine (nichtkonstante) Trajektorie auf den Punkt $(0,0,0)$ zuläuft.

(b) In (a) wurde gezeigt, daß entlang jeder Trajektorie (außer der konstanten Trajektorie $(x(t), y(t), y(t)) \equiv (0,0,0)$) die Funktion Φ streng abnimmt; insbesondere kann es dann außer $(0,0,0)$ keine konstanten Trajektorien und damit keine Gleichgewichtslagen geben. (Das ist durch direkte Rechnung gar nicht so einfach zu sehen, denn dazu müßte man ein System von drei Polynomgleichungen in drei Variablen lösen!)

Lösung (123.10) Es sei $t \mapsto x(t)$ eine Trajektorie mit $x(t) \to p$ für $t \to -\infty$, und es sei τ eine Zeit mit $x(\tau) \neq p$. Dann ist $V := \{y \in \mathbb{R}^n \mid \|y - p\| < \|x(\tau) - p\|\}$ eine Umgebung von p mit $x(\tau) \notin V$. Nun sei U eine beliebige Umgebung von p. Wegen $x(t) \to p$ für $t \to -\infty$ gibt es eine Zeit $t_0 < \tau$ mit $x(t_0) \in U$. Dann ist aber $\{x(t) \mid t \geq t_0\}$ eine in U startende Trajektorie, die nicht innerhalb von V verbleibt. Jede noch so nahe bei p startende Trajektorie muß also die Umgebung V irgendwann verlassen. Damit ist die Gleichgewichtslage p instabil.

Lösung (123.11) (a) Es gelte $\dot{x} = \dot{y} = 0$. Aus $\dot{y} = 0$ folgt $y = 0$ oder $y = 2x$; setzen wir dies in die Gleichung $\dot{x} = 0$ ein, so ergibt sich $-x^3 = 0$ bzw. $0 = x^3 + 32x^5 = x^3(1 + 32x^2)$ und damit $x = 0$. Also ist $(0,0)$ die einzige Gleichgewichtslage.

(b) Ersetzen wir auf der rechten Seite der Differentialgleichung jeweils x durch $-x$ und y durch $-y$, so wechselt die rechte Seite insgesamt ihr Vorzeichen. Dies zeigt, daß mit $t \mapsto (x(t), y(t))$ auch $t \mapsto (-x(t), -y(t))$ eine Systemtrajektorie ist. Das Phasenportrait des Systems ist daher punktsymmetrisch bezüglich des Ursprungs; d.h., durch Spiegeln irgendeiner Trajektorie am Punkt $(0,0)$ erhalten wir wieder eine Trajektorie.

(c) Für $y(t) \equiv 0$ ist die zweite Systemgleichung identisch erfüllt, und die erste Systemgleichung geht über in $\dot{x} = -x/(1 + x^4)$. Wir können die Lösungen dieser separierbaren Gleichung zwar nicht explizit hinschreiben, aber wir können das Verhalten dieser Lösungen trotzdem qualitativ beschreiben: Wegen $\mathrm{sign}(\dot{x}(t)) = -\mathrm{sign}(x(t))$ ist jede im Bereich $x > 0$ startende Lösungskurve streng monoton fallend, jede im Bereich $x < 0$ startende Lösungskurve dagegen streng monoton wachsend. Damit existiert jeweils $\lim_{t \to \infty} x(t)$, und da der Grenzwert einer Trajektorie zwangsläufig eine Gleichgewichtslage ist, zeigt dies $x(t) \to 0$ für $t \to \infty$. Sowohl die positive als auch die negative x-Achse sind daher Systemtrajektorien. – Da sich Trajektorien nicht schneiden können, sind daher die obere Halbebene $y > 0$ und die untere Halbebene $y < 0$ invariante Bereiche, die von keiner Trajektorie je verlassen werden können. Wegen (b) genügt es daher, zur Untersuchung des Systems den Bereich $y > 0$ zu studieren.

(d) Genau dann gilt $\dot{y} = 0$, wenn $y^2(y - 2x) = 0$ gilt, also $y = 0$ oder $y = 2x$.

(e) Genau dann gilt $\dot{x} = 0$, wenn $x^2(y - x) + y^5 = 0$ gilt. Um eine Parameterdarstellung dieser Kurve zu erhalten, fragen wir, wo diese Kurve eine Ursprungsgerade $y = tx$ schneidet. Einsetzen von $y = tx$ in die Kurvengleichung liefert $0 = x^2(tx - x) + (tx)^5 = x^3(t - 1 + t^5 x^2)$ und damit $x^2 = (1-t)/t^5$ (woraus zwangsläufig $0 < t \leq 1$ folgt). Da wir uns auf den Bereich $y > 0$ beschränken wollen, müssen wir beim Wurzelziehen die positive Wurzel wählen und erhalten

$$x(t) = \sqrt{\frac{1-t}{t^5}} = \frac{\sqrt{1-t}}{t^2\sqrt{t}} \quad \text{und} \quad y(t) = t\,x(t) = \frac{\sqrt{1-t}}{t\sqrt{t}}.$$

(f) In I_a gilt $\dot{x} > 0$ und $\dot{y} > 0$; alle in I_a startenden Trajektorien verlaufen also (solange sie in I_a verbleiben) nach rechts oben, müssen also entweder gegen einen Grenzpunkt konvergieren oder aber die Randlinie $y = -x$ erreichen und dann in I_b eindringen. Die erste Möglichkeit kann aber nicht eintreten, weil ein solcher Grenzpunkt eine Gleichgewichtslage (x,y) mit $y > 0$ sein müßte, es eine solche aber nicht gibt.

(g) In I_b gilt ebenfalls $\dot{x} > 0$ und $\dot{y} > 0$; alle in I_b startenden Trajektorien verlaufen also nach rechts oben. Wählen wir $C > 0$ groß genug, so startet jede solche Trajektorie in dem Dreieck D mit den Begrenzungslinien $y = -x$, $y = 2x$ und $y = x + C$. Ein solches Dreieck enthält aber keine Gleichgewichtslage und muß daher von jeder Systemtrajektorie irgendwann verlassen werden. Dieses Verlassen kann nun aber nicht durch die obere Begrenzung $y = x + C$ erfolgen, denn für $y = x + C$ gilt

$$\dot{y} - \dot{x} = \frac{y^2(y - 2x) - x^2(y - x) - y^5}{(x^2 + y^2)(1 + (x^2 + y^2)^2)}$$
$$= \frac{y^2(C - x) - Cx^2 - y^5}{(x^2 + y^2)(1 + (x^2 + y^2)^2)} < 0$$

wegen $y > 0$ und $0 < x < C$ für $(x,y) \in D$. Jede in D startende Trajektorie muß also D (und damit I_b) über die Gerade $y = 2x$ verlassen und damit in II eindringen.

(h) In II gilt $\dot{x} > 0$ und $\dot{y} < 0$; jede in II verlaufende Trajektorie läuft also nach rechts unten. Startet eine solche Trajektorie in der Höhe y_0, so verbleibt sie unterhalb der Geraden $y = y_0$, die die Kurve Γ trifft. Eine in II startende Trajektorie muß also entweder ganz in II verbleiben oder das Gebiet II über die Kurve Γ verlassen, um in III einzudringen. Die erste Möglichkeit scheidet aber aus, da eine ganz in II verlaufende Trajektorie gegen eine Gleichgewichtslage konvergieren müßte, es aber in II keine Gleichgewichtslage gibt.

(i) In III gilt $\dot{x} < 0$ und $\dot{y} < 0$; Trajektorien in III verlaufen also nach links unten. Da die positive x-Achse eine Trajektorie ist, kann keine Trajektorie durch Überqueren der x-Achse aus III entweichen und muß daher in III verbleiben. Wegen der Monotonie und Beschränktheit von x und y muß daher $\lim_{t \to \infty}(x(t), y(t))$ existieren; der Grenzwert muß dann eine Gleichgewichtslage, kann also nur $(0,0)$ sein.

(j) Aus (f), (g), (h) und (i) folgt sofort, daß jede Trajektorie, die in der oberen Halbebene startet, gegen die Gleichgewichtslage $(0,0)$ läuft. Wegen der Punktsymmetrie nach (b) gilt dies dann auch für jede in der unteren Halbebene startende Trajektorie.

(k) Geht eine Lösungskurve durch einen Punkt (x,y) mit $y = 3x$, so ist deren Steigung in diesem Punkt gegeben durch

$$y'(x) = \frac{\dot{y}}{\dot{x}} = \frac{y^2(y - 2x)}{x^2(y - x) + y^5} = \frac{y^2 \cdot (y/3)}{(y^2/9) \cdot (2y/3) + y^5}$$
$$= \frac{9y^3}{2y^3 + 27y^5} = \frac{9}{2 + 27y^2};$$

dieser Ausdruck ist genau dann größer als 3, wenn $y^2 < 1/27$ gilt, was für $y \geq 0$ gerade $y < 1/\sqrt{27}$ bedeutet.

(l) In D gilt $\dot{x} > 0$ und $\dot{y} > 0$. Keine Trajektorie kann in D verbleiben, muß also D verlassen, was wegen $\dot{x} > 0$ nur nach rechts oder nach oben geschehen kann. Ein Entweichen nach rechts ist aber nicht möglich, denn eine auf der rechten Randlinie $y = 3x$ startende Trajektorie hat nach (k) eine Steigung größer als 3 (also größer als die Steigung der Randlinie selbst). Jede Trajektorie in D muß D also über den oberen Rand verlassen.

(m) Aufgrund der stetigen Abhängigkeit der Lösung einer Differentialgleichung von den Anfangswerten müssen Trajektorien, die nahe der oberen linken bzw. rechten Ecke des Dreiecks D von links bzw. rechts in D eindringen, dieses Dreieck auch nahe dieser Ecke wieder verlassen. Da sich verschiedene Trajektorien nicht kreuzen können, wandert der Punkt des Verlassens um so weiter nach rechts bzw. links, je weiter unten der Eindringpunkt liegt. Aus Stetigkeitsgründen gibt es also einen Punkt (ξ, η) derart, daß alle Trajektorien, die D links bzw. rechts von diesem Punkt verlassen, von links bzw. rechts in D eingedrungen sein müssen.

(n) Durch den Punkt (ξ, η) verläuft eine Trajektorie. Diese kann nach (m) weder von links noch von rechts in das Dreieck D eingedrungen sein; diese Trajektorie muß daher die Eigenschaft haben, für $t \to -\infty$ gegen $(0,0)$ zu laufen.

(o) Nach der vorangehenden Aufgabe kann die Gleichgewichtslage $(0,0)$ nicht stabil sein.

Lösung (123.12) Wir bezeichnen in allen Fällen mit f die rechte Seite der Systemgleichung und mit $f'(x, y)$ die Ableitungsmatrix von f an der Stelle (x, y).

(a) Die Gleichgewichtslagen des Systems sind die gemeinsamen Lösungen (x, y) der Gleichungen $x(1 - x^2 - y^2) = 0$ und $y(2 - y^4 - x^4) = 0$, deren es fünf gibt:

$$(0,0), \quad (\pm 1, 0), \quad (0, \pm \sqrt[4]{2}).$$

Die Ableitungsmatrix an einer beliebigen Stelle (x, y) ist

$$f'(x,y) = \begin{bmatrix} 1 - 3x^2 - y^2 & -2xy \\ -4x^3 y & 2 - 5y^4 - x^4 \end{bmatrix}.$$

Wir erhalten also

$$f'(0,0) = \begin{bmatrix} 1 & 0 \\ 0 & 2 \end{bmatrix} \quad \text{und} \quad f'(\pm 1, 0) = \begin{bmatrix} -2 & 0 \\ 0 & 1 \end{bmatrix}$$

(mit jeweils mindestens einem positiven Eigenwert) sowie

$$f'(0, \pm\sqrt[4]{2}) = \begin{bmatrix} 1 - \sqrt{2} & 0 \\ 0 & -8 \end{bmatrix}$$

(mit zwei negativen Eigenwerten). Hieraus ergibt sich, daß die Gleichgewichtslagen $(0,0)$ und $(\pm 1, 0)$ instabil sind, während die Gleichgewichtslagen $(0, \pm\sqrt[4]{2})$ asymptotisch stabil sind.

(b) Die Gleichgewichtslagen des Systems sind die gemeinsamen Lösungen (x, y) der Gleichungen $x^2 + y^2 = 1$ und $x^2 = y^2$, also die vier Punkte $(\pm 1/\sqrt{2}, \pm 1/\sqrt{2})$. Die Ableitungsmatrix an einer beliebigen Stelle (x, y) ist

$$f'(x,y) = \begin{bmatrix} 2x & 2y \\ 2x & -2y \end{bmatrix}.$$

Für $(x, y) = \pm(1/\sqrt{2}, 1/\sqrt{2})$ hat diese Matrix die Eigenwerte ± 2; diese beiden Gleichgewichtslagen sind also instabil. Für $(x, y) = (1/\sqrt{2}, -1/\sqrt{2})$ sind die Eigenwerte gerade $\sqrt{2}(1 \pm i)$; diese Gleichgewichtslage ist also ebenfalls instabil. Für $(x, y) = (-1/\sqrt{2}, 1/\sqrt{2})$ sind die Eigenwerte dagegen $\sqrt{2}(-1 \pm i)$, haben also beiden negativen Realteil; diese Gleichgewichtslage ist also asymptotisch stabil.

(c) Die Gleichgewichtslagen des Systems sind die gemeinsamen Lösungen der beiden Gleichungen $xy = 0$ und $x^2 + y^2 = 1$, also die vier Punkte $(\pm 1, 0)$ und $(0, \pm 1)$. Die Ableitungsmatrix an einer beliebigen Stelle (x, y) ist

$$f'(x,y) = \begin{bmatrix} 2x & 2y \\ 2y & 2x \end{bmatrix};$$

wir erhalten also

$$f'(\pm 1, 0) = \begin{bmatrix} \pm 2 & 0 \\ 0 & \pm 2 \end{bmatrix} \quad \text{und} \quad f'(0, \pm 1) = \begin{bmatrix} 0 & \pm 2 \\ \pm 2 & 0 \end{bmatrix}.$$

Die Gleichgewichtslage $(-1, 0)$ ist damit asymptotisch stabil (zwei negative Eigenwerte), die anderen drei Gleichgewichtslagen sind instabil (jeweils mindestens ein positiver Eigenwert).

(d) Die Gleichgewichtslagen des Systems sind die Lösungen (x, y) des Gleichungssystems $2x(3 - 3x - y) = 2y(2 - 2y - x) = 0$, deren es die folgenden vier gibt:

$$(0,0), \quad (0,1), \quad (1,0), \quad (4/5, 3/5).$$

Die Ableitungsmatrix an einer beliebigen Stelle (x, y) ist gegeben durch

$$f'(x,y) = \begin{bmatrix} 6 - 12x - 2y & -2x \\ -2y & 4 - 8y - 2x \end{bmatrix}.$$

An den Gleichgewichtslagen erhalten wir

$$f'(0,0) = \begin{bmatrix} 6 & 0 \\ 0 & 4 \end{bmatrix}, \quad f'(0,1) = \begin{bmatrix} 4 & 0 \\ -2 & -4 \end{bmatrix},$$

$$f'(1,0) = \begin{bmatrix} -6 & -2 \\ 0 & 2 \end{bmatrix}, \quad f'(\tfrac{4}{5}, \tfrac{3}{5}) = -\frac{2}{5} \cdot \begin{bmatrix} 12 & 4 \\ 3 & 6 \end{bmatrix}.$$

Da $f'(4/5, 3/5)$ zwei negative reelle Eigenwerte hat, ist die Gleichgewichtslage $(4/5, 3/5)$ asymptotisch stabil. In den anderen drei Fällen tritt jeweils mindestens ein positiver Eigenwert auf; die Gleichgewichtslagen $(0, 0)$, $(1, 0)$ und $(0, 1)$ sind daher instabil.

(e) Die Gleichgewichtslagen (x, y) des Systems sind die gemeinsamen Lösungen der Gleichungen $0 = x + x^3 =$

$x(1+x^2)$ und $\tan(x+y) = 0$, also alle Punkte $(0, k\pi)$ mit $k \in \mathbb{Z}$. Die Ableitungsmatrix an einer beliebigen Stelle (x, y) ist gegeben durch

$$f'(x, y) = \begin{bmatrix} 1 + \tan^2(x+y) & 1 + \tan^2(x+y) \\ 1 + 3x^2 & 0 \end{bmatrix};$$

an den Gleichgewichtslagen gilt also

$$f'(0, k\pi) = \begin{bmatrix} 1 & 1 \\ 1 & 0 \end{bmatrix}.$$

Da diese Matrix die Eigenwerte $(1 \pm \sqrt{5})/2$ hat, von denen einer negativ ist, sind alle Gleichgewichtslagen instabil.

(f) Die Gleichgewichtslagen des Systems sind die gemeinsamen Lösungen der beiden Gleichungen $x = e^y$ und $y = -e^x$. Dann ist $x = e^{-e^x}$, also $e^{e^x} = 1/x$, und diese Gleichung hat eine eindeutige Lösung $\xi > 0$ (es gilt $\xi \approx 0.269874$); das System hat also eine einzige Gleichgewichtslage, nämlich $(\xi, -e^\xi)$. Die Ableitungsmatrix

$$f'(x, y) = \begin{bmatrix} -1 & e^y \\ e^x & 1 \end{bmatrix}$$

hat für $(x, y) = (\xi, e^{-\xi})$ die Eigenwerte $\pm\sqrt{1 + \xi e^\xi}$; die Gleichgewichtslage $(\xi, -e^\xi)$ ist daher instabil.

(g) Die Gleichgewichtslagen (x, y) des Systems sind die gemeinsamen Lösungen der Gleichungen $0 = 1 - xy = x - y^3$, also die Punkte $(-1, -1)$ und $(1, 1)$. Die Ableitungsmatrix an einer beliebigen Stelle (x, y) ist gegeben durch

$$f'(x, y) = \begin{bmatrix} -y & -x \\ 1 & -3y^2 \end{bmatrix};$$

an den beiden Gleichgewichtslagen erhalten wir also die Ableitungsmatrizen

$$f'(-1, -1) = \begin{bmatrix} 1 & 1 \\ 1 & -3 \end{bmatrix} \quad \text{und} \quad f'(1, 1) = \begin{bmatrix} -1 & -1 \\ 1 & -3 \end{bmatrix}.$$

Weil $f'(-1, -1)$ die Eigenwerte $\lambda_{1,2} = -1 \pm \sqrt{5}$ hat, liegt an der Stelle $(-1, -1)$ ein Sattelpunkt vor; insbesondere ist diese Gleichgewichtslage instabil. Weil $f'(1, 1)$ den doppelten Eigenwert $\lambda_{1,2} = -2$ hat, liegt an der Stelle $(1, 1)$ ein entarteter stabiler Knoten vor; insbesondere ist diese Gleichgewichtslage stabil.

(h) Die Gleichgewichtslagen (x, y) des Systems sind die gemeinsamen Lösungen der Gleichungen $y = x^3$ und $0 = x + y^3 = x + x^9 = x(1 + x^8)$; die einzige solche Lösung ist $(x, y) = (0, 0)$. Linearisierung um den Nullpunkt liefert hier keine Information, weil die Koeffizientenmatrix des um $(0, 0)$ linearisierten Systems die Eigenwerte $\pm i$ hat. Für $\Phi(x, y) := (x^2 + y^2)/2$ gilt $\Phi_f(x, y) = x(-y + x^3) + y(x + y^3) = x^4 + y^4 > 0$ für alle $(x, y) \neq (0, 0)$; alle nichtkonstanten Trajektorien des Systems entfernen sich daher vom Nullpunkt. Diese Beobachtung zeigt, daß die Gleichgewichtslage $(0, 0)$ instabil ist.

Lösung (123.13) Wir bezeichnen jeweils mit $f(x, y)$ die rechte Seite der Systemgleichung.

(a) Die Ableitungsmatrix

$$f'(0, 0) = \begin{bmatrix} -1 & 0 \\ 0 & -1 \end{bmatrix}$$

hat -1 als doppelten negativen Eigenwert; der Nullpunkt ist also eine asymptotisch stabile Gleichgewichtslage.

(b) Die Ableitungsmatrix

$$f'(0, 0) = \begin{bmatrix} 0 & 1 \\ 1 & -1 \end{bmatrix}$$

hat die Eigenwerte $(-1 \pm \sqrt{5})/2$; da einer von diesen positiv ist, ist der Nullpunkt eine instabile Gleichgewichtslage.

(c) Die Ableitungsmatrix

$$f'(0, 0) = \begin{bmatrix} -1 & 1 \\ 0 & -1 \end{bmatrix}$$

hat -1 als doppelten negativen Eigenwert; der Nullpunkt ist also eine asymptotisch stabile Gleichgewichtslage.

(d) Hier hat das linearisierte System den doppelten Eigenwert 0; das Linearisierungskriterium erlaubt also keine Stabilitätsaussage. Dagegen erhalten wir mit der Ljapunov-Funktion $\Phi(x, y) := x^4 + 2y^2$ für $\Phi_f := \langle \nabla \Phi, f \rangle$ den Ausdruck

$$\Phi_f(x, y) = \langle \begin{bmatrix} 4x^3 \\ 4y \end{bmatrix}, \begin{bmatrix} y \\ -x^3 \end{bmatrix} \rangle = 4x^3 y - 4yx^3 = 0,$$

so daß $\Phi(x, y) = x^4 + 2y^2$ eine Erhaltungsgröße des Systems ist. Jede der Mengen $\{(x, y) \mid x^4 + 2y^2 \leq C\}$ mit $C > 0$ (die für $C \to 0$ auf den Punkt $(0, 0)$ zusammenschrumpfen) ist daher ein invarianter Bereich des Systems, was die Stabilität der Gleichgewichtslage $(0, 0)$ impliziert. (Der Nullpunkt ist aber nicht asymptotisch stabil.)

(e) Hier ist die Ableitungsmatrix $f'(0, 0)$ die Nullmatrix; das Linearisierungskriterium liefert also keinerlei Stabilitätsaussage, sondern die nichtlinearen Terme entscheiden über Stabilität oder Instabilität. Wir betrachten die Ljapunov-Funktion $\Phi(x, y) := x^2 + y^2$ und erhalten für $\Phi_f := \langle \nabla \Phi, f \rangle$ den Ausdruck

$$\Phi_f(x, y) = -2x^4 - 2xy^2 + 2xy^2 - 2y^4 = -2(x^4 + y^4),$$

der für alle $(x, y) \neq (0, 0)$ negative Werte annimmt. Nach dem Satz von Ljapunov ist der Nullpunkt dann (sogar global) asymptotisch stabil.

(f) Die Ableitungsmatrix

$$f'(0, 0) = \begin{bmatrix} 0 & 1 \\ 1 & 0 \end{bmatrix}$$

hat die Eigenwerte ± 1; da einer von diesen positiv ist, ist der Nullpunkt eine instabile Gleichgewichtslage.

(g) Mit $g(x) := x^3 - \sin x$ und $h(y) := y - 1 + \cos(y)$ lautet das System

$$\begin{bmatrix} \dot{x} \\ \dot{y} \end{bmatrix} = \begin{bmatrix} h(y) \\ g(x) \end{bmatrix}.$$

Jedes System dieser Bauart besitzt nun eine Erhaltungsgröße (ein "erstes Integral"), nämlich den Ausdruck $\Phi(x, y) := H(y) - G(x)$, wenn G und H Stammfunktionen von g bzw. h sind; entlang jeder Trajektorie $t \mapsto (x(t), y(t))$ gilt nämlich

$$\frac{d}{dt} \left(H(y(t)) - G(x(t)) \right) = h(y)\dot{y} - g(x)\dot{x} = \dot{x}\dot{y} - \dot{y}\dot{x} = 0.$$

In unserem Fall sind daher die Lösungskurven des Systems implizit gegeben durch die Gleichungen

$(\star) \quad \Phi(x, y) := \frac{y^2}{2} - y + \sin(y) - \frac{x^4}{4} - \cos(x) = C.$

Das System hat nun genau drei Gleichgewichtslagen, nämlich $(0, 0)$ und $(\pm\xi, 0)$, wobei $\xi > 0$ die eindeutige positive Lösung der Gleichung $x^3 = \sin(x)$ ist. (Es gilt $\xi \approx 0.928626$.) Nun gilt $\Phi(0, 0) = -1$ und $\Phi(\pm\xi, 0) = -0.784845 =: D$. Die Höhenlinien $(\star)$ für $C < D$ sind nun geschlossene Kurven, deren Inneres jeweils eine invariante Umgebung des Nullpunktes ist. Dies zeigt, daß $(0,0)$ eine stabile Gleichgewichtslage des Systems ist. (Die "Höhenlinie" $\Phi(x, y) = D$ besteht aus den beiden Punkten $(\pm\xi, 0)$ und Kurven – eine oberhalb, eine unterhalb der x-Achse –, die diese beiden Punkte verbinden.)

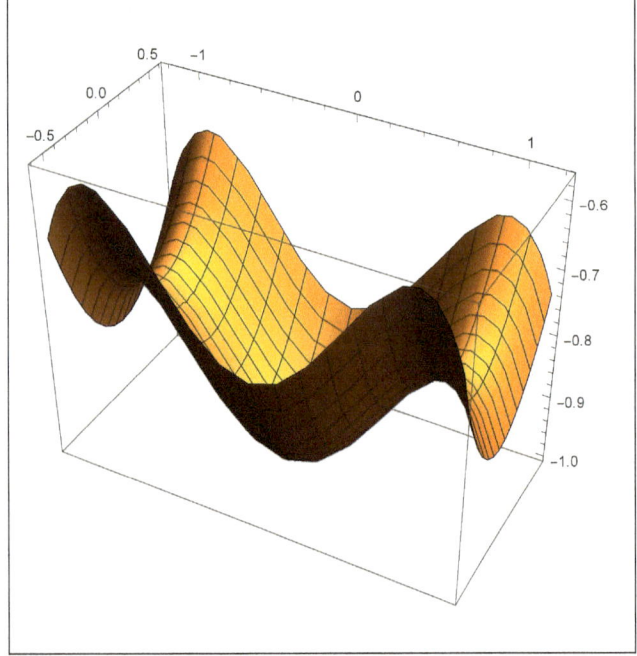

Graph von $\Phi(x, y) = (y^2/2) - y + \sin(y) - (x^4/4) - \cos(x)$.

(h) Die Ableitungsmatrix

$f'(0,0) = \begin{bmatrix} e^{x+y} & e^{x+y} \\ \cos(x+y) & \cos(x+y) \end{bmatrix}\bigg|_{(x,y)=(0,0)} = \begin{bmatrix} 1 & 1 \\ 1 & 1 \end{bmatrix}$

hat die Eigenwerte 0 und 2; da einer von diesen positiv ist, ist der Nullpunkt eine instabile Gleichgewichtslage.

(i) Die Ableitungsmatrix

$f'(0,0) = \begin{bmatrix} (1+x+y^2)^{-1} & 2y(1+x+y^2)^{-1} \\ 3x^2 & -1 \end{bmatrix}\bigg|_{(x,y)=(0,0)}$
$= \begin{bmatrix} 1 & 0 \\ 0 & -1 \end{bmatrix}$

hat die Eigenwerte ± 1; da einer von diesen positiv ist, ist der Nullpunkt eine instabile Gleichgewichtslage.

(j) Die Ableitungsmatrix

$f'(0,0) = \begin{bmatrix} -\cos x & -\sin y \\ 1 & -1-2y \end{bmatrix}\bigg|_{(x,y)=(0,0)} = \begin{bmatrix} -1 & 0 \\ 1 & -1 \end{bmatrix}$

hat den doppelten Eigenwert -1; die Gleichgewichtslage $(0,0)$ ist daher asymptotisch stabil.

(k) Hier ist allgemein

$f'(x,y) = \begin{bmatrix} 8 & e^y - 3 \\ 2x\cos(x^2) + (1-x-y)^{-1} & (1-x-y)^{-1} \end{bmatrix}$

und damit

$f'(0,0) = \begin{bmatrix} 8 & -2 \\ 1 & 1 \end{bmatrix}$

mit den Eigenwerten $(9 \pm \sqrt{41})/2$. Da beide Eigenwerte positiv sind, ist die Gleichgewichtslage $(0, 0)$ instabil.

(l) Hier ist allgemein

$f'(x,y) = \begin{bmatrix} -1 - 3x\sqrt{x^2+y^2} & -1 - 3y\sqrt{x^2+y^2} \\ 1 + 3x\sqrt{x^2+y^2} & -1 + 3y\sqrt{x^2+y^2} \end{bmatrix}$

und damit

$f'(0,0) = \begin{bmatrix} -1 & -1 \\ 1 & -1 \end{bmatrix}$

mit den Eigenwerten $-1 \pm i$. Da beide Eigenwerte negativen Realteil haben, ist die Gleichgewichtslage $(0,0)$ asymptotisch stabil.

Lösung (123.14) Wir bezeichnen jeweils mit $f(x, y, z)$ die rechte Seite der Systemgleichung.

(a) Die Ableitungsmatrix

$f'(0,0,0) = \begin{bmatrix} 1 & -1 & 0 \\ 0 & 1 & 1 \\ -1 & 0 & 1 \end{bmatrix}$

hat die Eigenwerte 2 und $(1 \pm 3i)/2$. Da alle Eigenwerte positiven Realteil haben, ist die Gleichgewichtslage $(0, 0, 0)$ instabil.

(b) Die Ableitungsmatrix

$f'(0,0,0) = \begin{bmatrix} 1 & 1 & 1 \\ 1 & 1 & 1 \\ 1 & -1 & 0 \end{bmatrix}$

hat den doppelten Eigenwert 0 und den einfachen Eigenwert 2. Da ein positiver Eigenwert auftritt, ist die Gleichgewichtslage $(0,0,0)$ instabil.

(c) Die Ableitungsmatrix

$$f'(0,0,0) = \begin{bmatrix} 0 & 0 & -1 \\ -1 & 0 & 0 \\ 0 & -1 & 0 \end{bmatrix}$$

hat die Eigenwerte -1 sowie $(1 \pm i\sqrt{3})/2$. Da zwei Eigenwerte mit positivem Realteil auftreten, ist die Gleichgewichtslage $(0,0,0)$ instabil.

(d) Die Ableitungsmatrix

$$f'(0,0,0) = \begin{bmatrix} 1 & 0 & -1 \\ -1 & 1 & 0 \\ 0 & -1 & 1 \end{bmatrix}$$

hat die Eigenwerte 0 sowie $(3 \pm i\sqrt{3})/2$. Da zwei Eigenwerte mit positivem Realteil auftreten, ist die Gleichgewichtslage $(0,0,0)$ instabil.

Lösung (123.15) Bezeichnen wir mit $f(x,y)$ die rechte Seite der Systemgleichung, so gilt mit $\Phi(x,y) := x^2 + y^2$ für $\Phi_f := \langle \nabla \Phi, f \rangle$ die Gleichung

$$\Phi_f(x,y) = 2(x^2 + y^2)(a^2 - x^2 - y^2).$$

Ist $a = 0$, so gilt $\Phi_f(x,y) = -2(x^2 + y^2)^2$, und dieser Ausdruck ist negativ für alle $(x,y) \neq (0,0)$; nach dem Satz von Ljapunov ist dann die Gleichgewichtslage $(0,0)$ asymptotisch stabil. Für $a \neq 0$ ist dagegen $\Phi_f(x,y) > 0$ für $0 < x^2 + y^2 < a^2$; entlang einer Trajektorie vergrößert sich also der Abstand des aktuellen Punktes $(x(t), y(t))$ vom Nullpunkt monoton. Genauer: setzen wir $r(t) := \sqrt{x(t)^2 + y(t)^2}$ und $\rho(t) := r(t)^2$, so besagt die obige Gleichung gerade $\dot\rho = 2\rho(a^2 - \rho)$. Für diese letzte Gleichung können wir nun die allgemeine Lösung explizit angeben; mit $\rho_0 := \rho(0)$ gilt

$$\rho(t) = \frac{a^2 \rho_0}{(a^2 - \rho_0)e^{-2a^2 t} + \rho_0}.$$

Für $t \to \infty$ gilt also $\rho(t) \to a^2$ und damit $r(t) \to |a|$.

Lösung (123.16) Die x-Nullisokline ist die Kurve $y = -x^{2/3}$, die y-Nullisokline ist die Kurve $y = x^3$. Diese Nullisoklinen zerlegen die Ebene in fünf Gebiete, in denen die Systemtrajektorien jeweils in eine einheitliche Richtung verlaufen (nach links bzw. rechts und nach unten bzw. oben). Es gibt genau zwei Gleichgewichtslagen, nämlich $(0,0)$ und $(-1,-1)$.

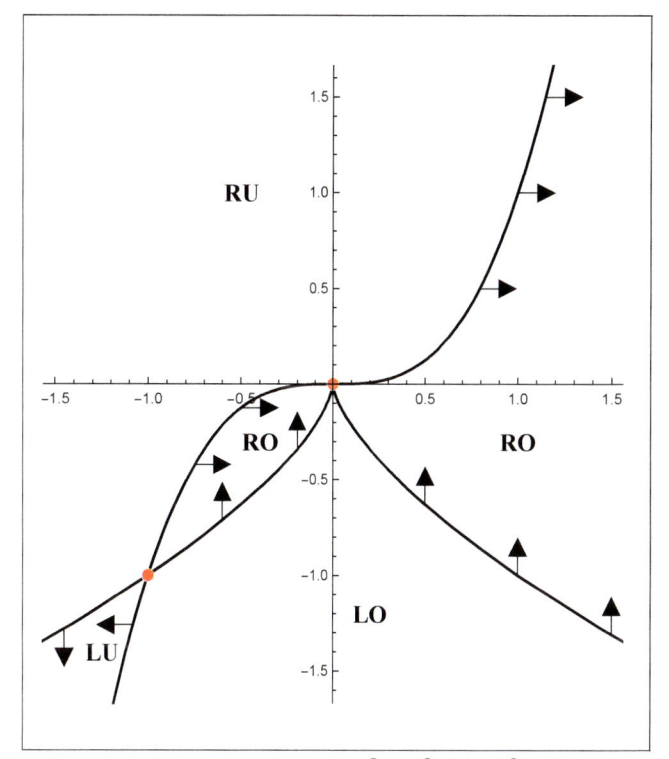

Nullisoklinen des Systems $\dot x = x^2 + y^3$, $\dot y = x^3 - y$.

Die beiden mit RO gekennzeichneten Gebiete sind invariant; jede in dem rechten dieser beiden Gebiete startende Trajektorie entweicht ins Unendliche, während jede in dem linken dieser beiden Gebiete startende Trajektorie gegen die Gleichgewichtslage $(0,0)$ konvergieren muß. Hieraus folgt schon, daß beide Gleichgewichtslagen instabil sind; es gibt jeweils Trajektorien, die beliebig dicht bei dem Punkt $(-1,-1)$ bzw. $(0,0)$ starten, sich dann aber von diesem Punkt entfernen. Aus Stetigkeitsgründen muß es eine Trajektorie geben, die für $t \to -\infty$ gegen $(-1,-1)$ und für $t \to \infty$ gegen $(0,0)$ läuft. Für eine genauere Analyse berechnen wir die Ableitungsmatrix

$$f'(x,y) = \begin{bmatrix} 2x & 3y^2 \\ 3x^2 & -1 \end{bmatrix}$$

an jeder der beiden Gleichgewichtslagen und erhalten

$$f'(-1,-1) = \begin{bmatrix} -2 & 3 \\ 3 & -1 \end{bmatrix} \quad \text{sowie} \quad f'(0,0) = \begin{bmatrix} 0 & 0 \\ 0 & -1 \end{bmatrix}.$$

Die Matrix $f'(-1,-1)$ hat die Eigenwerte $\lambda_1 = (-3 - \sqrt{37})/2 \approx -4.54138 < 0$ und $\lambda_2 = (-3 + \sqrt{37})/2 \approx 1.54138 > 0$; also ist $(-1,-1)$ ein Sattelpunkt. Zugehörige Eigenvektoren sind durch

$$v_1 = \begin{bmatrix} 6 \\ 1-\sqrt{37} \end{bmatrix} \approx \begin{bmatrix} 6 \\ -5.1 \end{bmatrix} \quad \text{und} \quad v_2 = \begin{bmatrix} 6 \\ 1+\sqrt{37} \end{bmatrix} \approx \begin{bmatrix} 6 \\ 7.1 \end{bmatrix}$$

gegeben. In den Richtungen der Vektoren $\pm v_1$ laufen also zwei Trajektorien auf $(-1,-1)$ zu, während sich in den Richtungen der Vektoren $\pm v_2$ zwei Trajektorien von

$(-1,-1)$ entfernen. Bei der Gleichgewichtslage $(0,0)$ ist kein direkter Schluß aufgrund des um $(0,0)$ linearisierten Systems möglich. Da es aber sowohl Trajektorien gibt, die vom zweiten in den ersten Quadranten verlaufen, also auch Trajektorien, die vom zweiten in den dritten Quadranten verlaufen, muß es aus Stetigkeitsgründen auch eine Trajektorie geben, die vom zweiten Quadranten aus auf den Nullpunkt zuläuft, was nach Aufgabe (121.2) nur in Richtung des Vektors $(0,-1)^T$ geschehen kann. Analog muß es eine Trajektorie geben, die in Richtung des Vektors $(0,1)^T$ auf den Nullpunkt zuläuft. Die Vereinigung U aller auf der positiven x-Achse startenden Trajektorien ist eine offene Teilmenge des ersten Quadranten, ebenso die Vereinigung V aller auf der positiven y-Achse startenden Trajektorien. Da U und V disjunkt sind und der erste Quadrant eine zusammenhängende Menge ist, muß es eine Trajektorie geben, die vom Nullpunkt aus in den ersten Quadranten verläuft (und zwar nach Aufgabe (121.2) zwangsläufig in Richtung des Vektors $(1,0)^T$). Diese Überlegungen liefern das folgende Phasenportrait.

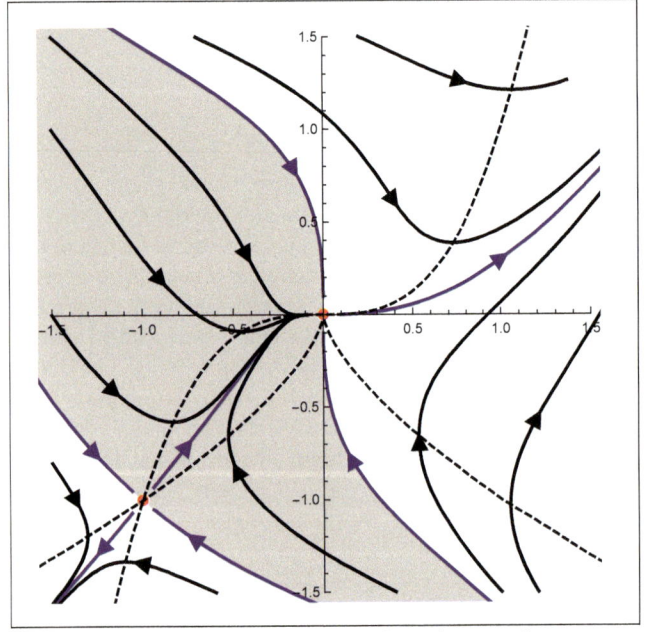

Phasenportrait des Systems $\dot{x} = x^2 + y^3$, $\dot{y} = x^3 - y$.

Die blau markierten Trajektorien sind diejenigen, die auf eine Gleichgewichtslage zu- oder von einer Gleichgewichtslage weglaufen. Sie sind *Separatrizen*, die die Ebene in invariante Gebiete zerlegen, in denen Trajektorien unterschiedliche Verläufe haben. Der Einzugsbereich (Attraktivitätsbereich) der Gleichgewichtslage $(0,0)$ ist grau markiert; die Nullisoklinen sind gestrichelt eingezeichnet.

Lösung (123.17) (a) Die x-Nullisokline ist die Vereinigung der y-Achse (mit der Gleichung $x = 0$) und der Hyperbel $x^2 - 3y^2 = 2$, also

$$\left(\frac{x}{\sqrt{2}}\right)^2 - \left(\frac{y}{\sqrt{2/3}}\right)^2 = 1.$$

Die y-Nullisokline ist die Vereinigung der x-Achse (mit der Gleichung $y = 0$) mit der Ellipse $5x^2 + y^2 = 2$, also

$$\left(\frac{x}{\sqrt{2/5}}\right)^2 + \left(\frac{y}{\sqrt{2}}\right)^2 = 1.$$

Diese Nullisoklinen zerlegen die Ebene in zwölf Gebiete, in denen die Systemtrajektorien jeweils in eine einheitliche Richtung verlaufen (nach links bzw. rechts und nach unten bzw. oben). Es gibt genau fünf Gleichgewichtslagen, nämlich $(0,0)$, $(\pm\sqrt{2},0)$ und $(0,\pm\sqrt{2})$.

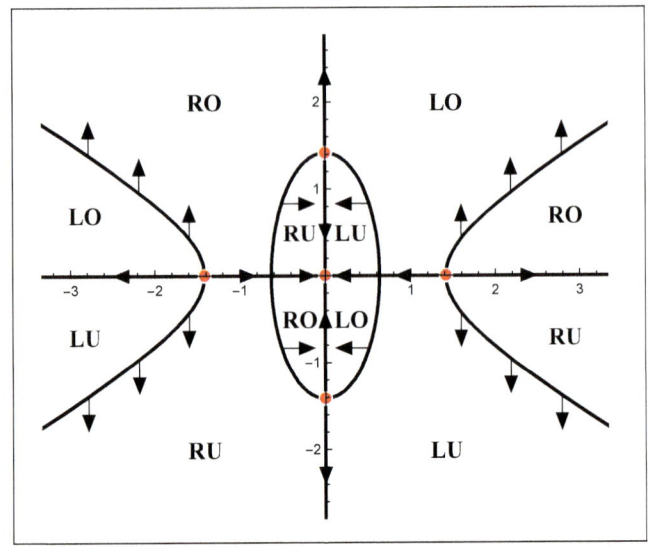

Nullisoklinen des Systems $\dot{x} = x(x^2 - 3y^2 - 2)$, $\dot{y} = y(5x^2 + y^2 - 2)$.

Die Ableitungsmatrix an einer beliebigen Stelle (x,y) ist

$$f'(x,y) = \begin{bmatrix} 3x^2 - 3y^2 - 2 & -6xy \\ 10xy & 5x^2 + 3y^2 - 2 \end{bmatrix}.$$

An den Gleichgewichtslagen erhalten wir

$$f'(0,0) = \begin{bmatrix} -2 & 0 \\ 0 & -2 \end{bmatrix} \quad \text{(stabiler Knoten)},$$

$$f'(\pm\sqrt{2},0) = \begin{bmatrix} 4 & 0 \\ 0 & 8 \end{bmatrix} \quad \text{(instabiler Knoten)},$$

$$f'(0,\pm\sqrt{2}) = \begin{bmatrix} -8 & 0 \\ 0 & 4 \end{bmatrix} \quad \text{(Sattelpunkt)}.$$

(b) Die Änderung der Funktion $V(x,y) = x^2 + y^2$ entlang einer Systemtrajektorie ist gegeben durch

$$\dot{V} = 2x\dot{x} + 2y\dot{y} = 2(x^2+y^2)(x^2+y^2-2) = 2V(V-2).$$

Hieraus können wir mehrere Folgerungen ziehen.
- Die Höhenlinie $V = 2$ (also der Kreis mit der Gleichung $x^2 + y^2 = 2$) ist eine invariante Menge (die sich dann zwangsläufig aus den vier Gleichgewichtslagen $(\pm\sqrt{2},0)$ und $(0,\pm\sqrt{2})$ sowie vier nichttrivialen Trajektorien zusammensetzt).

• Die Funktion V ist auf der offenen Kreisscheibe $x^2 + y^2 < 2$ eine strikte Ljapunov-Funktion des Systems; jede in dieser Kreisscheibe startende Trajektorie läuft also für $t \to \infty$ auf die Gleichgewichtslage $(0,0)$ zu.

• Die übrigen vier Gleichgewichtslagen liegen alle auf dem Rand des Attraktionsbereichs von $(0,0)$; es gibt also Trajektorien, die beliebig nahe bei diesen Gleichgewichtslagen starten und auf den Punkt $(0,0)$ zulaufen. Allein aus dieser Beobachtung folgt, daß die vier Gleichgewichtslagen $(\pm\sqrt{2}, 0)$ und $(0, \pm\sqrt{2})$ instabil sind.

• Es ist sogar eine Aussage möglich, wie schnell die in $x^2 + y^2 < 2$ startenden Trajektorien auf den Nullpunkt zulaufen; Integration der Gleichung $\dot{V} = 2V(V-2)$ liefert nämlich

$$V(t) = \frac{2}{1 + \alpha e^{4t}} = \frac{2e^{-4t}}{\alpha + e^{-4t}} \quad \text{mit } \alpha := \frac{2 - V(0)}{V(0)}.$$

Der Abstand $a(t)$ des Punktes $(x(t), y(t))$ von $(0,0)$ ist dann $a(t) = \sqrt{V(t)} \leq \sqrt{2e^{-4t}/\alpha} = \sqrt{2/\alpha} \cdot e^{-2t}$. Die Trajektorien laufen also exponentiell schnell auf den Nullpunkt zu.

Damit haben wir genügend Informationen beisammen, um das Phasenportrait skizzieren zu können. (Die Nullisoklinen sind gestrichelt eingezeichnet.) Die Ljapunov-Funktion V liefert in diesem speziellen Beispiel sogar den vollen Einzugsbereich der asymptotisch stabilen Gleichgewichtslage $(0,0)$, nämlich die offene Kreisscheibe, die durch die Gleichung $x^2 + y^2 < 2$ gegeben ist.

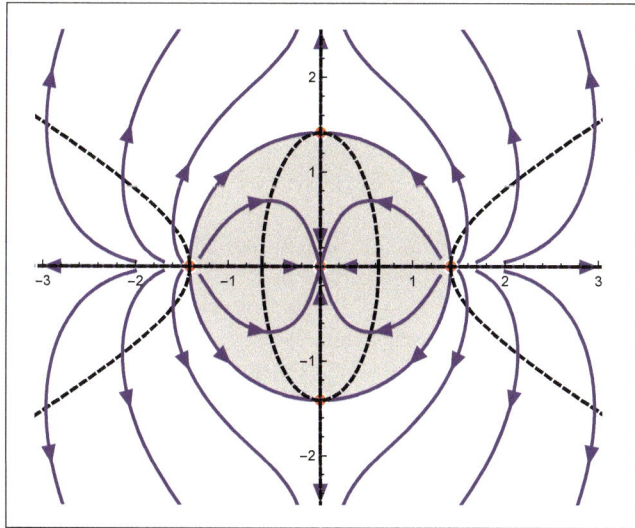

Phasenportrait des Systems $\dot{x} = x(x^2 - 3y^2 - 2)$, $\dot{y} = y(5x^2 + y^2 - 2)$.

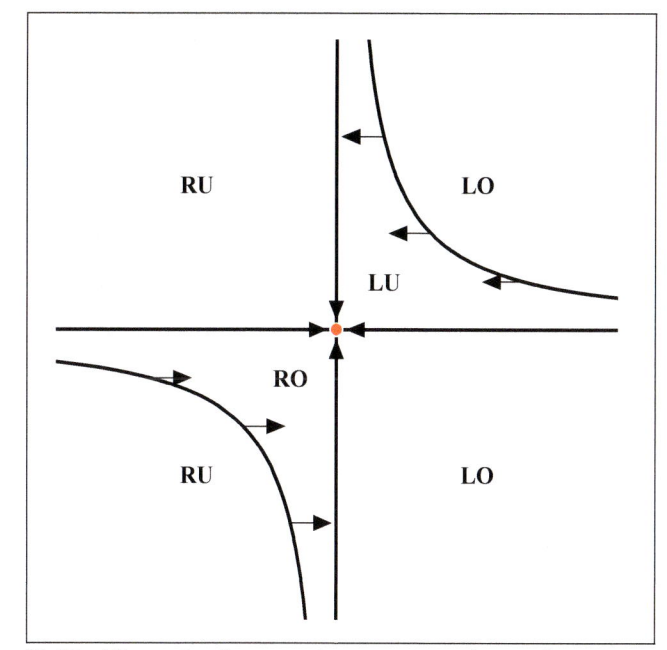

Nullisoklinen des Systems $\dot{x} = -x$, $\dot{y} = y(xy - 1)$.

Da die x-Achse und die y-Achse Vereinigungen von Trajektorien sind, kann keine Lösungskurve, die in einem der vier offenen Quadranten startet, diesen jemals wieder verlassen; die vier offenen Quadranten sind also invariante Bereiche. Aufgrund der Monotonieeigenschaften der Lösungen ist unmittelbar klar, daß jede im zweiten oder vierten Quadranten verlaufende Trajektorie auf den Nullpunkt zuläuft, ebenso jede Trajektorie im ersten Quadranten, die unterhalb der Hyperbel $y = 1/x$ verläuft, und jede Trajektorie im dritten Quadranten, die oberhalb dieser Hyperbel verläuft.

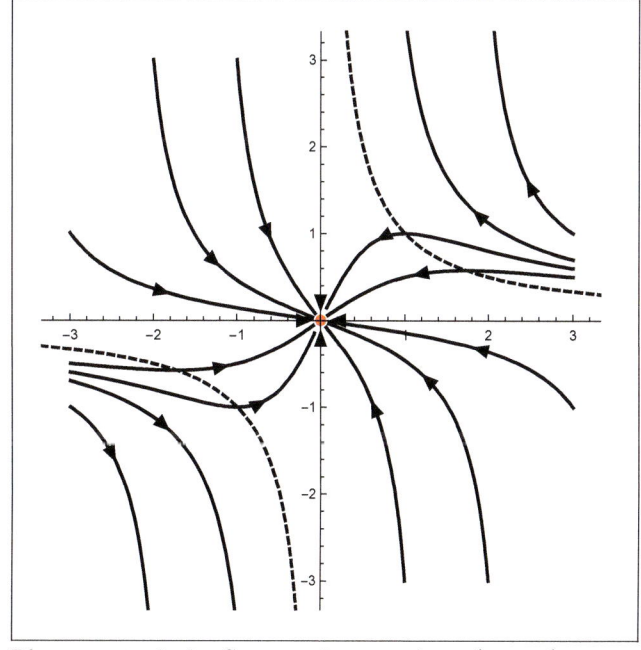

Lösung (123.18) Die x-Nullisokline ist die y-Achse (mit der Gleichung $x = 0$); die y-Nullisokline ist die Vereinigung der x-Achse (mit der Gleichung $y = 0$) und der Hyperbel mit der Gleichung $xy = 1$. Die einzige Gleichgewichtslage ist $(0,0)$.

Phasenportrait des Systems $\dot{x} = -x$, $\dot{y} = y(xy - 1)$.

Was nicht *a priori* klar ist, ist das Verhalten der Trajektorien, die im ersten Quadranten oberhalb der Hyperbel $y = 1/x$ und im dritten Quadranten unterhalb dieser Hyperbel verlaufen: Müssen sie alle diese Hyperbel kreuzen und dann gegen den Nullpunkt laufen, oder können sie auch ins Unendliche entweichen? Wir können diese Frage hier direkt durch explizite Berechnung der Lösungen beantworten.

Keine Lösungskurve, die in einem der vier offenen Quadranten startet, kann diesen jemals wieder verlassen; wir können daher die Funktionen $\xi(t) := 1/x(t)$ und $\eta(t) := 1/y(t)$ betrachten. Für diese erhalten wir

$$\dot{\xi} \;=\; \frac{-\dot{x}}{x^2} \;=\; \frac{x}{x^2} \;=\; \frac{1}{x} \;=\; \xi$$

sowie

$$\dot{\eta} \;=\; \frac{-\dot{y}}{y^2} \;=\; \frac{y - xy^2}{y^2} \;=\; \frac{1}{y} - x \;=\; \eta - \frac{1}{\xi}.$$

Die erste Gleichung hat die Lösung $\xi(t) = \xi_0 e^t = e^t/x_0$. Setzen wir dies in die zweite Gleichung ein, so ergibt sich $\dot{\eta} - \eta = -x_0 e^{-t}$, nach Durchmultiplizieren mit e^{-t} also $(\mathrm{d}/\mathrm{d}t)(\eta(t)e^{-t}) = -x_0 e^{-2t}$ und damit

$$\eta(t)e^{-t} \;=\; \frac{x_0}{2} \cdot e^{-2t} + \eta_0 - \frac{x_0}{2} \;=\; \frac{x_0}{2} \cdot (e^{-2t} - 1) + \frac{1}{y_0}$$

bzw.

$$\eta(t) \;=\; \frac{x_0}{2}(e^{-t} - e^t) + \frac{e^t}{y_0} \;=\; \frac{e^t - x_0 y_0 \sinh(t)}{y_0}.$$

Damit haben wir das angegebene Gleichungssystem sogar explizit gelöst:

$$x(t) = x_0 e^{-t}, \quad y(t) = \frac{y_0}{e^t - x_0 y_0 \sinh(t)}.$$

Jede dieser Kurven läuft für $t \to \infty$ gegen $(0,0)$. Wir können die Systemtrajektorien auch in der Form $y = F(x)$ angeben. Dazu schreiben wir $e^t = x_0/x$, erhalten $\sinh(t) = \bigl((x_0/x) - (x/x_0)\bigr)/2$ und damit

$$y \;=\; \frac{y_0}{\dfrac{x_0}{x} - x_0 y_0 \cdot \dfrac{x_0^2 - x^2}{2xx_0}} \;=\; \frac{2y_0 x}{2x_0 - x_0^2 y_0 + y_0 x^2}.$$

Jede beliebige Trajektorie läuft für $t \to \infty$ also gegen $(0,0)$. Der Nullpunkt ist daher eine sogar global asymptotisch stabile Gleichgewichtslage.

Lösung (123.19) Die x-Nullisokline ist die Gerade $y = x$, die y-Nullisokline ist die Vereinigung der beiden Geraden $y = x$ und $y = -x$. Dies ergibt die folgende Vorzeichenverteilung für die Ableitungen $\dot{x}$ und $\dot{y}$.

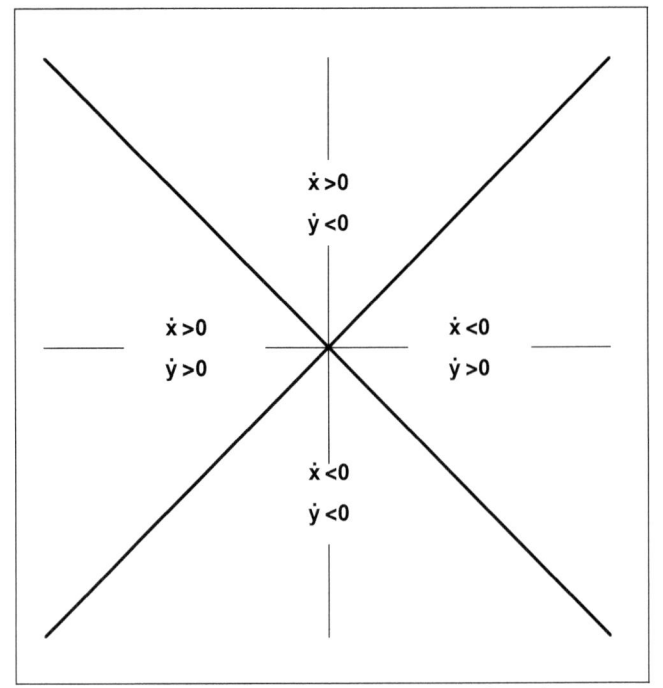

Nullisoklinen des Systems $\dot{x} = y - x$, $\dot{y} = x^2 - y^2$.

Die Gleichgewichtslagen sind genau die Punkte auf der ersten Winkelhalbierenden. Trajektorien, die die zweite Winkelhalbierende kreuzen, tun dies in horizontaler Richtung, also parallel zur x-Achse. Bezeichnen wir mit $f(x, y)$ die rechte Seite des Differentialgleichungssystems, so gilt an einer beliebigen Gleichgewichtslage (x, x) die Gleichung

$$f'(x, x) \;=\; \begin{bmatrix} -1 & 1 \\ 2x & -2x \end{bmatrix}.$$

Das charakteristische Polynom dieser Matrix ist $p(\lambda) = \lambda(\lambda + 2x + 1)$; die Eigenwerte von $f'(x, x)$ sind also 0 und $-(2x + 1)$. Für $x < -1/2$ tritt ein positiver Eigenwert auf, so daß die Gleichgewichtslage (x, x) instabil ist; für $x \geq -1/2$ ist zunächst keine Aussage nach dem Linearisierungskriterium möglich. Wir beachten aber, daß wir die nichtkonstanten Trajektorien direkt als Kurven der Form $y = f(x)$ darstellen können. Es gilt nämlich

$$\frac{\mathrm{d}y}{\mathrm{d}x} \;=\; \frac{\dot{y}}{\dot{x}} \;=\; \frac{x^2 - y^2}{y - x} \;=\; -y - x$$

und damit $y' + y = -x$. Dies ist eine lineare Differentialgleichung mit der allgemeinen Lösung $y(x) = 1 - x + Ce^{-x}$. Zeichnen wir diese Kurven ein, so ergibt sich das folgende Bild.

Aufgaben zu »Stabilität von Gleichgewichtslagen« siehe Seite 106

123. Stabilität von Gleichgewichtslagen

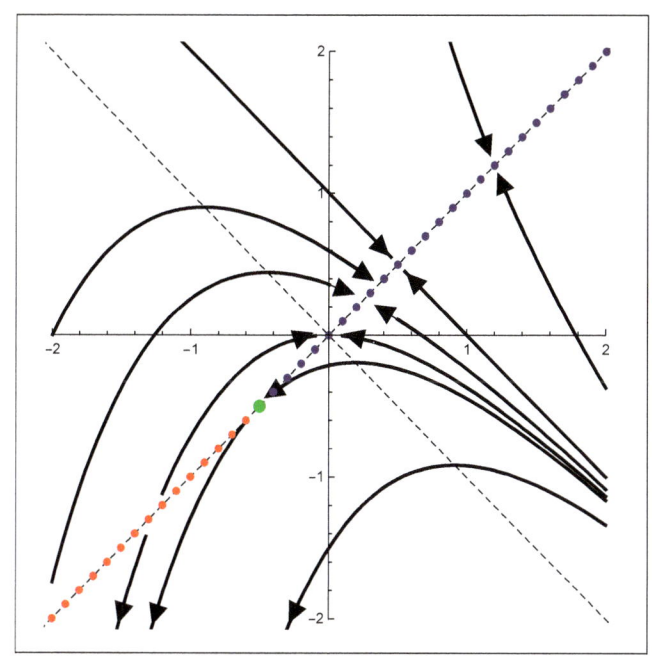

Phasenportrait des Systems $\dot x = y - x$, $\dot y = x^2 - y^2$.

- Die Gleichgewichtslagen (x, x) mit $x > -1/2$ (in der Skizze blau) sind stabil, aber nicht asymptotisch stabil; von jeder Seite nähert sich eine Trajektorie an die Gleichgewichtslage an.
- Die Gleichgewichtslagen (x, x) mit $x < -1/2$ (in der Skizze rot) sind instabil; nach jeder Seite läuft eine Trajektorie von der Gleichgewichtslage weg.
- Die Gleichgewichtslage $(-1/2, -1/2)$ (in der Skizze grün) ist ebenfalls instabil; eine Trajektorie läuft von dieser Gleichgewichtslage weg, eine andere läuft allerdings auf diese Gleichgewichtslage zu.

Lösung (123.20) (a) Die Gleichgewichtslagen sind die Lösungen der beiden Gleichungen $x^3 = y$ und $x = -y^4$. Einsetzen der ersten in die zweite Gleichung liefert $x = -x^{12}$ bzw. $0 = x^{12} + x = x(x^{11} + 1)$ und damit $x = 0$ oder $x = -1$; wegen $y = x^3$ gilt dann $y = 0$ oder $y = -1$. Es gibt also genau zwei Gleichgewichtslagen, nämlich

$$(0, 0) \quad \text{und} \quad (-1, -1).$$

(b) Bezeichnen wir mit $f(x, y)$ die rechte Seite des betrachteten Systems, so haben wir

$$f'(x, y) = \begin{bmatrix} -3x^2 & 1 \\ 1 & 4y^3 \end{bmatrix},$$

folglich

$$f'(0,0) = \begin{bmatrix} 0 & 1 \\ 1 & 0 \end{bmatrix} \quad \text{und} \quad f'(-1,-1) = \begin{bmatrix} -3 & 1 \\ 1 & -4 \end{bmatrix}.$$

Also hat $f'(0,0)$ die Eigenwerte ± 1, so daß die Gleichgewichtslage $(0,0)$ instabil ist, während $f'(-1,-1)$ die beiden negativen Eigenwerte $(-7 \pm \sqrt{5})/2$ hat, so daß die Gleichgewichtslage $(-1,-1)$ stabil ist. In $(-1,-1)$ liegt ein stabiler Knoten vor, in $(0,0)$ ein Sattelpunkt. (Zwei Trajektorien laufen direkt von $(0,0)$ weg, und zwar in Richtung der Eigenvektoren zum Eigenwert 1, also in Richtung der ersten Winkelhalbierenden: zwei Trajektorien laufen direkt auf $(0,0)$ zu, und zwar in Richtung der Eigenvektoren zum Eigenwert -1, also in Richtung der zweiten Winkelhalbierenden.)

(c) Die x-Nullisokline ist die Kurve $y = x^3$ (in der Skizze unten blau), die y-Nullisokline ist die Kurve $x = -y^4$ (in der Skizze unten rot).

(d) Das Phasenportrait sieht folgendermaßen aus.

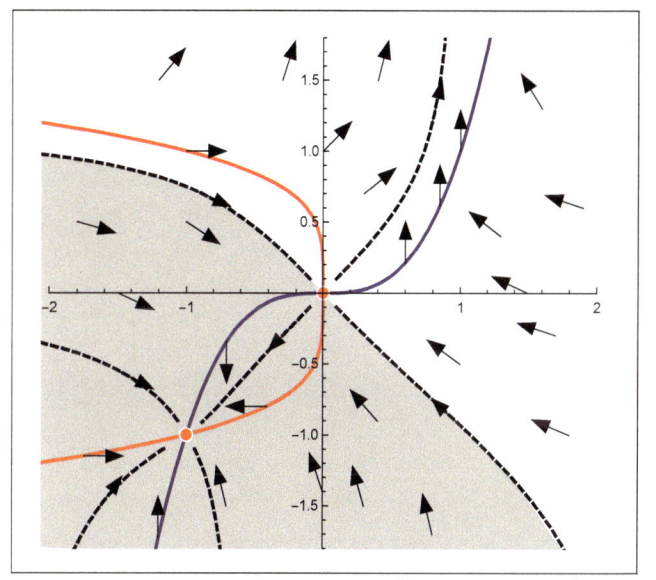

Phasenportrait des Systems $\dot x = -x^3 + y$, $\dot y = x + y^4$.

(e) Wir halten eine Zahl x fest und beobachten, daß für großes y die in (x, y) startende Trajektorie ins Unendliche läuft, während für betragsmäßig großes negatives y die in (x, y) startende Trajektorie gegen $(-1, -1)$ konvergiert. Da sich verschiedene Trajektorien nicht kreuzen können, muß es eine Zahl $y(x)$ derart geben, daß die Trajektorie durch (x, y) genau dann ins Unendliche bzw. gegen $(-1, -1)$ läuft, wenn $y > y(x)$ bzw. $y < y(x)$ gilt. Die Kurven $x \mapsto y(x)$ mit $x > 0$ bzw. $x < 0$ stellen dann Trajektorien dar, die auf den Punkt $(0, 0)$ zulaufen. (Fährt man schwereres Geschütz auf, so kann man kürzer argumentieren: der Satz von Hartman und Grobman garantiert lokal die Existenz zweier Trajektorien, die auf den Punkt $(0, 0)$ zulaufen; setzt man diese für $t \to -\infty$ fort, so hat man die gewünschten globalen Trajektorien.)

Die Vereinigung S dieser beiden Trajektorien mit der konstanten Trajektorie $\{(0,0)\}$ spielt die Rolle einer Separatrix, trennt also Bereiche mit qualitativ unterschiedlichem Systemverhalten: Jede unterhalb der Separatrix S startende Trajektorie läuft für $t \to \infty$ auf den Punkt $(-1, -1)$ zu; jede oberhalb von S startende Trajektorie läuft ins Unendliche weg. Die Menge S ist also gerade der Rand des Attraktionsbereiches der Gleichgewichtslage $(-1, -1)$.

Lösung (123.21) (a) Die Gleichgewichtslagen sind die Lösungen (x,y) des Gleichungssystems

$$0 = x - x^3 - xy^2 = x(1 - x^2 - y^2);$$
$$0 = 4y - y^5 - x^4 y = y(4 - x^4 - y^4).$$

Ist $x = 0$, so ist die erste Gleichung automatisch erfüllt und die zweite genau dann, wenn $y = 0$ oder $y^4 = 4$ gilt, also $y = 0$ oder $y = \pm\sqrt{2}$. Ist $y = 0$, so ist die zweite Gleichung automatisch erfüllt und die erste genau dann, wenn $x = 0$ oder $x^2 = 1$ gilt, also $x = 0$ oder $x = \pm 1$. Sind x und y beide von Null verschieden, so müßten gleichzeitig die Gleichungen $x^2 + y^2 = 1$ und $x^4 + y^4 = 4$ gelten, was unmöglich ist. Es gibt also genau fünf Gleichgewichtslagen, nämlich

$$(0,0), \quad (1,0), \quad (-1,0), \quad (0,\sqrt{2}), \quad (0,-\sqrt{2}).$$

(b) Bezeichnen wir die rechte Seite des Systems mit $f(x,y)$, so haben wir

$$f'(x,y) = \begin{bmatrix} 1-3x^2-y^2 & -2xy \\ -4x^3 y & 4-5y^4-x^4 \end{bmatrix}$$

und damit

$f'(0,0) = \begin{bmatrix} 1 & 0 \\ 0 & 4 \end{bmatrix} \Rightarrow$ instabiler Knoten (zwei positive Eigenwerte);

$f'(\pm 1,0) = \begin{bmatrix} -2 & 0 \\ 0 & 3 \end{bmatrix} \Rightarrow$ Sattelpunkt (ein positiver, ein negativer Eigenwert);

$f'(0,\pm\sqrt{2}) = \begin{bmatrix} -1 & 0 \\ 0 & -16 \end{bmatrix} \Rightarrow$ stabiler Knoten (zwei negative Eigenwerte).

Also sind die Gleichgewichtslagen $(0,\pm\sqrt{2})$ asymptotisch stabil, während die Gleichgewichtslagen $(\pm 1,0)$ und $(0,0)$ instabil sind.

(c) Die Nullisokline bezüglich x ist die Lösungsmenge der Gleichung $0 = x(1 - x^2 - y^2)$, also die Vereinigung der y-Achse mit dem Kreis $x^2 + y^2 = 1$. Die Nullisokline bezüglich y ist die Lösungsmenge der Gleichung $0 = y(4 - x^4 - y^4)$, also die Vereinigung der x-Achse mit dem "ausgebeulten Kreis" $x^4 + y^4 = 4$.

(d) Die x-Achse ist Teil der y-Nullisokline und damit invariant; die y-Achse ist Teil der x-Nullisokline und damit ebenfalls invariant. Entfernt man aus den beiden Achsen die Gleichgewichtslagen, so bleiben invariante Teilmengen übrig, auf denen für alle Trajektorien die Funktionen $t \mapsto x(t)$ bzw. $t \mapsto y(t)$ streng monoton und für $t \to \infty$ beschränkt, folglich konvergent sind. Der Grenzwert kann jeweils nur eine Gleichgewichtslage sein. Es ergeben sich daher die speziellen Trajektorien, die in der Skizze in Teil (e) eingetragen sind.

(e) Aus (a), (b), (c) und (d) ergibt sich die folgende Skizze für das Phasenportrait. (Blau: x-Nullisokline; rot: y-Nullisokline.)

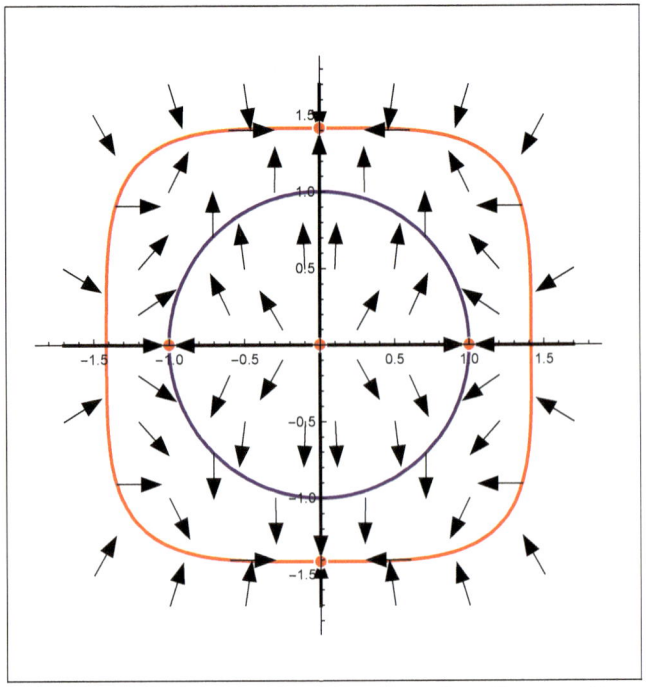

Phasenportrait des Systems $\dot{x} = x(1 - x^2 - y^2)$, $\dot{y} = y(4 - y^4 - x^4)$.

Lösung (123.22) (a) Ein Punkt (x,y) ist genau dann eine Gleichgewichtslage, wenn die Gleichungen $x^3 = 2y$ und $x = -y^5$ gelten. Einsetzen der zweiten in die erste Gleichung liefert $-y^{15} = 2y$ und damit $0 = 2y + y^{15} = y(2 + y^{14})$. Wegen $y^{14} \geq 0$ für alle y folgt hieraus $y = 0$. Dies liefert dann $x = -y^5 = 0$. Also ist $(0,0)$ die einzige Gleichgewichtslage.

(b) Für $\Phi(x,y) = ax^2 + by^2$ gilt $\Phi_f(x,y) = 2ax(-x^3 + 2y) + 2by(-x - y^5) = -2ax^4 + 4axy - 2bxy - 2by^6 = -2ax^4 + 2xy(2a - b) - 2by^6$. Wählen wir $b = 2a > 0$, so verschwindet der indefinite Term xy, und wir erhalten die negativ definite Form $\Phi_f(x,y) = -2ax^4 - 4ay^6$. Eine strikte Ljapunov-Funktion ist also (mit $a := 1$) gegeben durch

$$\Phi(x,y) := x^2 + 2y^2.$$

Die Gleichgewichtslage $(0,0)$ ist daher global asymptotisch stabil. (Hieraus folgt unabhängig von der Rechnung in (a), daß es außer $(0,0)$ keine Gleichgewichtslage gibt.)

(c) Das um $(0,0)$ linearisierte System lautet

$$\begin{bmatrix} \dot{x} \\ \dot{y} \end{bmatrix} = \begin{bmatrix} 2y \\ -x \end{bmatrix} = \begin{bmatrix} 0 & 2 \\ -1 & 0 \end{bmatrix} \begin{bmatrix} x \\ y \end{bmatrix}.$$

Die Koeffizientenmatrix hat das charakteristische Polynom $p(\lambda) = \lambda^2 + 2$ und damit die Eigenwerte $\pm i\sqrt{2}$. Für das linearisierte System ist die Gleichgewichtslage $(0,0)$ daher stabil, aber nicht asymptotisch stabil.

Aufgaben zu »Stabilität von Gleichgewichtslagen« siehe Seite 106

(d) Die x-Nullisokline ist die Kurve $y = x^3/2$ (in der Skizze unten blau), die y-Nullisokline ist die Kurve $x = -y^5$ (in der Skizze unten rot).

(e) Die folgende Skizze zeigt das Phasenportrait des Systems, wobei die Gleichgewichtslagen, die Isoklinen, einige das Richtungsfeld andeutende Richtungspfeile sowie eine Trajektorie (gestrichelt) eingezeichnet sind. Man sieht, daß die Trajektorien spiralförmig im Uhrzeigersinn auf den Punkt $(0,0)$ zulaufen.

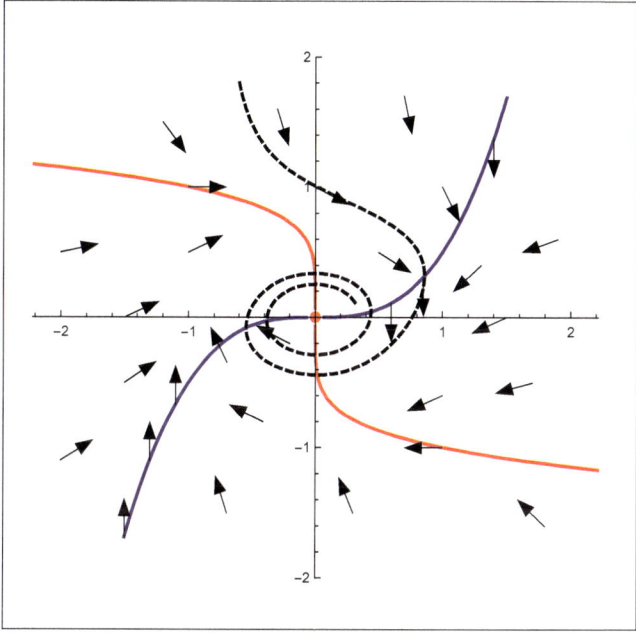

Phasenportrait des Systems $\dot{x} = -x^3 + 2y$, $\dot{y} = -x - y^5$.

Lösung (123.23) Es sei $W := \alpha V^\beta$. Wegen $V(p) = 0$ und $V(x) > 0$ auf einer punktierten Umgebung $U \setminus \{p\}$ von p gelten auch die Bedingungen $W(p) = 0$ und $W(x) > 0$ für $x \in U \setminus \{p\}$. Entlang jeder nichtkonstanten Trajektorie $t \mapsto x(t)$ hat $(d/dt)W(x(t))$ wegen $(d/dt)W(x(t)) = \alpha\beta V(x(t))^{\beta-1} \cdot (d/dt)V(x(t))$ das gleiche Vorzeichen wie $(d/dt)V(x(t))$. Hieraus folgt die Behauptung.

Lösung (123.24) (a) Die Voraussetzung über die Eigenwerte von A garantiert, daß das uneigentliche Integral konvergiert und P damit wohldefiniert ist. Es gilt

$A^T P + PA$
$= \int_0^\infty \left(A^T \exp(tA)^T Q \exp(tA) + \exp(tA)^T Q \exp(tA) A\right) dt$
$= \int_0^\infty \frac{d}{dt}\left(\exp(tA)^T Q \exp(tA)\right) dt$
$= \left[\exp(tA)^T Q \exp(tA)\right]_{t=0}^\infty = \mathbf{0} - Q = -Q.$

Ist Q symmetrisch, so ist für jede Zahl $t \in \mathbb{R}$ auch $\exp(tA)^T Q \exp(tA)$ symmetrisch. Ist Q positiv definit bzw. semidefinit, so gilt mit $w(t) := \exp(tA)v$ die Gleichung $v^T P v = \int_0^\infty w(t)^T Q w(t) dt$ und damit $v^T P v > 0$ bzw. $v^T P v \geq 0$ für alle $v \neq 0$, so daß auch P positiv (semi)definit ist. Wir haben gezeigt, daß für jede beliebige Matrix Q die Gleichung $A^T P + PA = -Q$ eine Lösung besitzt. Also ist die (offensichtlich lineare) Abbildung

$$\mathbb{R}^{n \times n} \to \mathbb{R}^{n \times n}, \quad X \mapsto A^T X + XA$$

surjektiv, nach der Dimensionsformel für lineare Abbildungen dann aber auch injektiv und folglich ein Vektorraumisomorphismus. Also hat die Gleichung $A^T X + XA = Y$ für jede gegebene rechte Seite Y sogar eine *eindeutige* Lösung X (die dann durch die angegebene Integraldarstellung gegeben ist).

(b) Hat A nur Eigenwerte mit positivem Realteil, so hat $-A$ nur Eigenwerte mit negativem Realteil. Nach (a) besitzt daher für jede rechte Seite Y die Gleichung $(-A)^T X + X(-A) = Y$ bzw. $-A^T X - XA = Y$ bzw. $A^T X + XA = -Y$ eine eindeutige Lösung.

(c) Es seien a, b, c, d die Koeffizienten der gesuchten Matrix P. Die zu erfüllende Gleichung lautet also

$$\begin{bmatrix} -1 & 0 \\ 0 & -1 \end{bmatrix} = \begin{bmatrix} 0 & -2 \\ 1 & -3 \end{bmatrix} \begin{bmatrix} a & b \\ c & d \end{bmatrix} + \begin{bmatrix} a & b \\ c & d \end{bmatrix} \begin{bmatrix} 0 & 1 \\ -2 & -3 \end{bmatrix}$$
$$= \begin{bmatrix} -2b - 2c & a - 3b - 2d \\ a - 3c - 2d & b + c - 6d \end{bmatrix}.$$

Diese ist äquivalent zu dem linearen Gleichungssystem

$$\begin{bmatrix} 0 & -2 & -2 & 0 \\ 1 & -3 & 0 & -2 \\ 1 & 0 & -3 & -2 \\ 0 & 1 & 1 & -6 \end{bmatrix} \begin{bmatrix} a \\ b \\ c \\ d \end{bmatrix} = \begin{bmatrix} -1 \\ 0 \\ 0 \\ -1 \end{bmatrix}$$

und hat (wie man unter Benutzung des Gaußschen Algorithmus sofort feststellt) die eindeutige Lösung $(a, b, c, d) = (5/4, 1/4, 1/4, 1/4)$ bzw.

$$P = \frac{1}{4}\begin{bmatrix} 5 & 1 \\ 1 & 1 \end{bmatrix}.$$

(d) Wählen wir etwa $A := \operatorname{diag}(1, -1)$, so geht die Gleichung $A^T X + XA = Y$ über in

$$Y = \begin{bmatrix} 1 & 0 \\ 0 & -1 \end{bmatrix}\begin{bmatrix} a & b \\ c & d \end{bmatrix} + \begin{bmatrix} a & b \\ c & d \end{bmatrix}\begin{bmatrix} 1 & 0 \\ 0 & -1 \end{bmatrix} = \begin{bmatrix} 2a & 0 \\ 0 & -2d \end{bmatrix}.$$

Die Gleichung hat also nicht für alle Y eine Lösung (und wenn es eine Lösung gibt, so ist diese nicht eindeutig.)

Lösung (123.25) (a) Es sei (x, y) eine Gleichgewichtslage. Aufgrund der zweiten Gleichung gilt dann $y = -x$; Einsetzen in die erste Gleichung liefert $0 = -3x/(1+x^2)^2 - x = -x(3/(1+x^2) + 1)$ und damit $x = 0$. Dies zeigt, daß $(0, 0)$ die einzige Gleichgewichtslage des Systems ist.

(b) Es ist klar, daß $V(0,0) = 0$ und $V(x,y) > 0$ für alle $(x,y) \neq (0,0)$ gilt. Ist $t \mapsto (x(t), y(t))$ irgendeine Lösung des Systems, so ist $(d/dt)V(x(t), y(t))$ gegeben durch

$$\frac{d}{dt}\left(\frac{x(t)^2}{1+x(t)^2} + y(t)^2\right) = \frac{2x\dot{x}(1+x^2) - x^2 \cdot 2x\dot{x}}{(1+x^2)^2} + 2y\dot{y}$$
$$= \frac{2x\dot{x}}{(1+x^2)^2} + 2y\dot{y} = -\frac{6x^2}{(1+x^2)^4} - \frac{2y^2}{(1+x^2)^2}.$$

Offensichtlich gilt $\dot{V}(x,y) < 0$ für alle $(x,y) \neq (0,0)$.

(c) Wir betrachten eine Trajektorie, die an einem Punkt (x,y) auf der Hyperbel $y = 2/(x-\sqrt{2})$ startet. Die Steigung der Trajektorie in diesem Punkt ist dann

$$\frac{\dot{y}}{\dot{x}} = \frac{x+y}{3x - y(1+x^2)^2} = \frac{x + \dfrac{2}{x-\sqrt{2}}}{3x - \dfrac{2(1+x^2)^2}{x-\sqrt{2}}}$$
$$= \frac{x^2 - x\sqrt{2} + 2}{3x^2 - 3x\sqrt{2} - 2(1+x^2)^2} = -\frac{x^2 - x\sqrt{2} + 2}{2x^4 + x^2 + 3x\sqrt{2} + 2}$$
$$= \frac{-1}{2x^2 + 2x\sqrt{2} + 1} = \frac{-1}{(x\sqrt{2}+1)^2}.$$

(Die geschickte Umformung beim Übergang von der zweiten zur dritten Zeile vereinfacht die folgende Überlegung, ist für diese aber nicht zwingend notwendig.) Diese Steigung ist nun größer als die Steigung der Hyperbel $y = 2/(x-\sqrt{2})$ in dem fraglichen Punkt, die gegeben ist durch

$$y' = \frac{-2}{(x-\sqrt{2})^2}.$$

denn es gilt $(x-\sqrt{2})^2 < 2(x\sqrt{2}+1)^2$. Das bedeutet, daß jede auf dem betrachteten Hyperbelast startende Trajektorie in das Gebiet oberhalb des Hyperbelasts hineinläuft, das damit invariant ist. Keine solche Trajektorie kann daher für $t \to \infty$ gegen den Nullpunkt laufen.

(d) Aussage (c) bedeutet keinen Widerspruch zum Satz von Ljapunov, weil die Kurven der Form $V(x,y) = c$ für $c \geq 1$ keine geschlossenen Kurven sind. Es ist daher möglich, daß eine Lösungskurve ins Unendliche entweicht, obwohl sie sich ständig in Richtung abnehmender Werte von V bewegt. (Eine solche Lösungskurve ist in der folgenden Skizze gestrichelt eingezeichnet.)

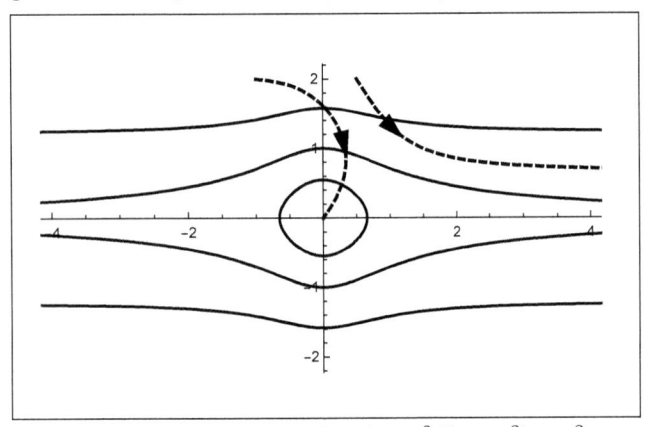

Höhenlinien der Funktion $V(x,y) = x^2/(1+x^2) + y^2$.

Lösung (123.26) Wir beweisen die angegebenen Aussagen.

(1) Für einen beliebigen Punkt $x \in U \setminus \{0\}$ sei $A := f'(x)$. Wäre A nicht invertierbar, so gäbe es einen Vektor $y \neq 0$ mit $Ay = 0$. Dann wäre $y^T(A^T P + PA)y = (Ay)^T Py + y^T P(Ay) = 0^T Py + y^T P0 = 0$ im Widerspruch dazu, daß $A^T P + PA$ nach Voraussetzung negativ definit ist. Dieser Widerspruch zeigt, daß A invertierbar sein muß.

(2) Wir nehmen an, es gebe eine Gleichgewichtslage $x \in U \setminus \{0\}$. Da U offen und zusammenhängend ist, gibt es eine ganz in U verlaufende Verbindungskurve von 0 nach x; d.h., es gibt eine C^1-Abbildung $\alpha : [t_1, t_2] \to U$ mit $\alpha(t_1) = 0$ und $\alpha(t_2) = x$, wobei wir zusätzlich annehmen dürfen, daß $\dot\alpha(t) \neq 0$ für alle $t \in [t_1, t_2]$ ist. (Beispielsweise können wir α nach der Bogenlänge parametrisieren.) Dann ist

$$0 = f(x) - f(0) = f(\alpha(t_2)) - f(\alpha(t_1))$$
$$= \int_{t_1}^{t_2} f'(\alpha(t))\dot\alpha(t)\,dt = f'(\alpha(\tau))\dot\alpha(\tau)$$

mit einer Zahl $\tau \in [t_1, t_2]$. Weil $f'(\alpha(\tau))$ nach (1) invertierbar ist, müßte $\dot\alpha(\tau) = 0$ gelten, was aber nach Konstruktion ausgeschlossen war. Es gibt also keinen Punkt $x \in U \setminus \{0\}$ mit $f(x) = 0$.

(3) Es sei $V := f^T P f$. Weil 0 eine Gleichgewichtslage ist, gilt $V(0) = 0$, und nach (2) gilt $V(x) > 0$ für $x \neq 0$. Also ist V positiv definit. Entlang einer Lösung $t \mapsto x(t)$ des Systems gilt ferner

$$\frac{d}{dt}V(x(t)) = \frac{d}{dt}f(x(t))^T P f(x(t))$$
$$= (f'(x)\dot x)^T P f(x) + f(x)^T P f'(x)\dot x$$
$$= f(x)^T (f'(x)^T P + P f'(x))f(x) < 0,$$

wobei die letzte Ungleichung gilt, weil $f'(x)^T P + P f'(x)$ nach Voraussetzung negativ definit ist und $f(x) \neq 0$ wegen (2) gilt. Also ist V eine strikte Ljapunov-Funktion.

Der Satz von Ljapunov liefert nun die Behauptung (wobei die Aussage über die globale asymptotische Stabilität daraus folgt, daß genau dann $\|x\| \to \infty$ gilt, wenn $x^T P x \to \infty$ gilt).

Lösung (123.27) Wir wenden den Satz von Krasovskii (siehe die vorangehende Aufgabe (123.26)) mit $P := \mathbf{1}$ an. Für

$$A(x,y) := f'(x,y) = \begin{bmatrix} -3 & 1 \\ 1 & -3-3y^2 \end{bmatrix}$$

gilt $A^T + A = 2A$; es genügt also zu zeigen, daß $A(x,y)$ für alle $(x,y) \in \mathbb{R}^2 \setminus \{(0,0)\}$ negativ definit ist. Die Eigenwerte von $A(x,y)$ sind die Lösungen der Gleichung

$$0 = \det\begin{bmatrix} -3-\lambda & 1 \\ 1 & -3-3y^2-\lambda \end{bmatrix}$$
$$= \lambda^2 + (6+3y^2)\lambda + (8+9y^2),$$

also
$$\lambda_{1,2} = (-1/2) \cdot \left(6 + 3y^2 \pm \sqrt{4 + 9y^4}\right).$$

Da beide Eigenwerte negativ sind, folgt aus der vorherigen Aufgabe, daß
$$V(x,y) := (-3x+y)^2 + (x - 3y - y^3)^2$$

eine strikte Ljapunov-Funktion ist. Wegen $V(x,y) \to \infty$ für $\|(x,y)\| \to \infty$ ist der Nullpunkt sogar global asympotisch stabil.

Lösung (123.28) Wir machen eine Vorbemerkung: Ist die Bedingung $(\star)$ erfüllt (gilt also $\partial_j g_i = \partial_i g_j$ für alle i, j), so ist das Kurvenintegral $\int_C \sum_i g_i \mathrm{d}x_i$ nur vom Anfangs- und vom Endpunkt des Wegs C abhängig, nicht vom Weg selbst. Wir können in diesem Fall V nach der Formel
$$\begin{aligned}V(x_1, \ldots, x_n) &= \int_0^{x_1} g_1(\xi_1, 0, 0, \ldots, 0) \, \mathrm{d}\xi_1 \\ &\quad + \int_0^{x_2} g_2(x_1, \xi_2, 0, \ldots, 0) \, \mathrm{d}\xi_2 \\ &\quad + \cdots + \int_0^{x_n} g_n(x_1, \ldots, x_{n-1}, \xi_n) \, \mathrm{d}\xi_n\end{aligned}$$

berechnen, was wir im folgenden kommentarlos tun werden. In unserem Fall muß die Bedingung $\partial g_1 / \partial y = \partial g_2 / \partial x$ gelten, was für den angegebenen Ansatz auf die folgende Gleichung führt:

$(\star) \qquad A_y x + B_y y + B = C_x x + C + D_x y.$

(a) Hier gilt
$$\langle g, f \rangle = -aAx^2 - Dy^2(b-xy) + Cx^2y^2 - (aB+bC)xy.$$

Dieser Ausdruck soll negativ definit sein. Das können wir etwa dadurch erreichen, daß alle Terme, die potentiell auch positive Werte annehmen können, eliminiert werden; dies gelingt etwa für die Wahl $B = C = 0$, wenn A und D positive Werte annehmen. (Die Funktionen $-x^2$ und $-y^2(b-xy)$ nehmen in einer Umgebung von $(0,0)$ nur negative Werte an.) Wählen wir A und D als positive Konstanten, so ist $(\star)$ automatisch erfüllt, und wir erhalten
$$\begin{aligned}V(x,y) &= \int_0^x g_1(\xi, 0) \, \mathrm{d}\xi + \int_0^y g_2(x, \eta) \, \mathrm{d}\eta \\ &= \int_0^x A\xi \, \mathrm{d}\xi + \int_0^y D\eta \, \mathrm{d}\eta = \frac{1}{2}(Ax^2 + Dy^2).\end{aligned}$$

Diese Funktion ist positiv definit, wenn wir $A, D > 0$ wählen; in diesem Fall ist also V eine Ljapunov-Funktion. Es gibt aber auch andere Möglichkeiten. Beispielsweise können wir den Ausdruck für $\langle g, f \rangle$ umschreiben in der Form
$$\langle g, f \rangle = -aAx^2 - bDy^2 + Cx^2y^2 - (aB+bC-Dy^2)xy,$$

die es nahelegt, B und C als skalare Vielfache von y^2 zu wählen, damit der letzte Klammerausdruck homogen wird. Wählen wir $B = uy^2$ und $C = vy^2$ mit Konstanten u und v und wählen wir der Einfachheit halber A und D als Konstanten, so geht Bedingung $(\star)$ über in $2uy^2 + uy^2 = vy^2$, so daß wir $v := 3u$ wählen müssen. Wir erhalten dann
$$\langle g, f \rangle = -aAx^2 - bDy^2 + 3ux^2y^4 - (au + 3bu - D)xy^3$$

sowie
$$\begin{aligned}V(x,y) &= \int_0^x g_1(\xi, 0) \, \mathrm{d}\xi + \int_0^y g_2(x, \eta) \, \mathrm{d}\eta \\ &= \int_0^x A\xi \, \mathrm{d}\xi + \int_0^y (3ux\eta^2 + D\eta) \, \mathrm{d}\eta \\ &= \frac{1}{2}(Ax^2 + Dy^2) + uxy^3.\end{aligned}$$

Wir sehen jetzt, daß wir sogar völlig beliebige Konstanten $A, D > 0$ und $u \in \mathbb{R}$ wählen können, denn weil in einer hinreichend kleinen Umgebung von $(0,0)$ die Terme niedrigster Ordnung über das Vorzeichen entscheiden, ist hinreichend nahe bei $(0,0)$ in jedem Fall V positiv definit, während $\langle g, f \rangle$ negativ definit ist. (Der jeweilige Attraktivitätsbereich hängt dann von der Wahl der Konstanten ab.) Wir sehen bei dieser Gelegenheit, daß es sinnvoll sein kann, mehrere verschiedene Ljapunov-Funktionen zu finden, denn haben diese verschiedene Attraktivitätsbereiche, so ist deren Vereinigung ein neuer (größerer) Attraktivitätsbereich.

(b) Hier gilt
$$\langle g, f \rangle = Axy + By^2 - Cxy - Cx^4 - Dy^2 - Dyx^3.$$

Wir wählen C als Konstante, $D := 1$ und $A(x,y) := x^2 + C$, damit sich die Terme mit xy und x^3y gegenseitig aufheben (was sinnvoll ist, weil xy und yx^3 in jeder Umgebung von $(0,0)$ beiderlei Vorzeichen annehmen). Um $(\star)$ zu erfüllen, wählen wir dann $B := C$. Damit erhalten wir
$$\langle g, f \rangle = Cy^2 - Cx^4 - y^2 = -Cx^4 - (1-C)y^2$$

sowie
$$\begin{aligned}V(x,y) &= \int_0^x g_1(\xi, 0) \, \mathrm{d}\xi + \int_0^y g_2(x, \eta) \, \mathrm{d}\eta \\ &= \int_0^x (\xi^3 + C\xi) \, \mathrm{d}\xi + \int_0^y (Cx + \eta) \, \mathrm{d}\eta \\ &= \frac{x^4}{4} + \frac{Cx^2}{2} + Cxy + \frac{y^2}{2} \\ &= \frac{x^4}{4} + \frac{C}{2} \cdot (x+y)^2 + \frac{1-C}{2} y^2.\end{aligned}$$

Wir müssen nun die noch freie Konstante C so wählen, daß in einer hinreichend kleinen Nullumgebung die Funktion V positiv definit, die Funktion $\langle g, f \rangle$ dagegen negativ definit ist. Offensichtlich hat jede Zahl C mit $0 < C < 1$ die gewünschte Eigenschaft (und zwar nicht nur auf einer möglicherweise sehr kleinen Nullumgebung, sondern sogar auf ganz $\mathbb{R}^2$). Wir wählen beispielsweise $C := 1/2$ und erhalten dann die Ljapunov-Funktion $V(x,y) = (x^4/4) + (x+y)^2/4 + (y^2/4)$ bzw.

$$\widehat{V}(x,y) := x^4 + (x+y)^2 + y^2.$$

Diese Ljapunov-Funktion zeigt, daß die Gleichgewichtslage $(0,0)$ sogar global asymptotisch stabil ist.

Lösung (123.29) (a) Für die angegebenen Matrizen A_0 und Q_0 nimmt die Ljapunov-Gleichung $A_0^T P + P A_0 = Q_0$ die Form

$$\begin{bmatrix} -2 & 0 \\ 0 & -1 \end{bmatrix} \begin{bmatrix} a & b \\ c & d \end{bmatrix} + \begin{bmatrix} a & b \\ c & d \end{bmatrix} \begin{bmatrix} -2 & 0 \\ 0 & -1 \end{bmatrix} = \begin{bmatrix} -4\alpha & 0 \\ 0 & -2 \end{bmatrix}$$

an, nach Ausmultiplizieren also

$$\begin{bmatrix} -4a & -3b \\ -3c & -2d \end{bmatrix} = \begin{bmatrix} -4\alpha & 0 \\ 0 & -2 \end{bmatrix}$$

mit der Lösung

$$\begin{bmatrix} a & b \\ c & d \end{bmatrix} = \begin{bmatrix} \alpha & 0 \\ 0 & 1 \end{bmatrix} =: P.$$

Für $A_1(x) := A(x) - A_0$ ergibt sich $A_1(x)^T P + P A_1(x)$ zu

$$\begin{bmatrix} 0 & f(x) \\ -1 & 0 \end{bmatrix} \begin{bmatrix} \alpha & 0 \\ 0 & 1 \end{bmatrix} + \begin{bmatrix} \alpha & 0 \\ 0 & 1 \end{bmatrix} \begin{bmatrix} 0 & -1 \\ f(x) & 0 \end{bmatrix}$$
$$= \begin{bmatrix} 0 & f(x) - \alpha \\ f(x) - \alpha & 0 \end{bmatrix}.$$

Hieraus folgt

$$A(x)^T P + P A(x) = \begin{bmatrix} -4\alpha & f(x) - \alpha \\ f(x) - \alpha & -2 \end{bmatrix}.$$

Diese Matrix ist wegen $\alpha < 0$ genau dann negativ definit, wenn ihre Determinante positiv ist, wenn also die Abschätzung $8\alpha - (f(x) - \alpha)^2 > 0$ bzw.

$$\alpha - \sqrt{8\alpha} \ < \ f(x) \ < \ \alpha + \sqrt{8\alpha}$$

gilt. Solange es also eine Konstante $\alpha > 0$ derart gibt, daß die in der Differentialgleichung als Koeffizient auftretende Funktion $F(x) := xf(x)$ zwischen den Geraden $y = (\alpha - \sqrt{8\alpha})x$ und $y = (\alpha + \sqrt{8\alpha})x$ verläuft, ist der Nullpunkt eine global asymptotisch stabile Gleichgewichtslage des Systems.

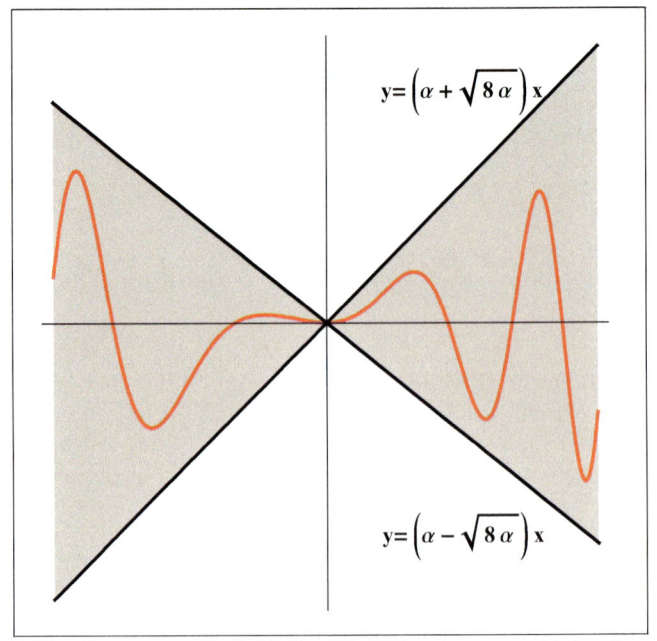

Abb. 123.29: Verlauf der Funktion $x \mapsto xf(x)$, der die globale asymptotische Stabilität des Nullpunkts als Gleichgewichtslage garantiert.

(b) Da A_0 eine Blockdiagonalmatrix ist, können wir zur Lösung der Ljapunov-Gleichung $A_0^T P + P A_0 = -\alpha \mathbf{1}$ für P den Ansatz $P = \mathrm{diag}(x, P_0)$ mit einer symmetrischen (2×2)-Matrix P_0 machen. Dann ist $A_0^T P + P A_0$ gleich

$$\begin{bmatrix} -1 & 0 & 0 \\ 0 & -1 & 1 \\ 0 & 1 & -4 \end{bmatrix} \begin{bmatrix} x & 0 & 0 \\ 0 & a & b \\ 0 & b & d \end{bmatrix} + \begin{bmatrix} x & 0 & 0 \\ 0 & a & b \\ 0 & b & d \end{bmatrix} \begin{bmatrix} -1 & 0 & 0 \\ 0 & -1 & 1 \\ 0 & 1 & -4 \end{bmatrix}$$
$$= \begin{bmatrix} -2x & 0 & 0 \\ 0 & 2b - 2a & a - 5b + d \\ 0 & a - 5b + d & 2b - 8d \end{bmatrix}.$$

Die Ljapunov-Gleichung $A_0^T P + P A_0 = -\alpha \mathbf{1}$ ist daher genau dann erfüllt, wenn die Gleichungen $a = 2\alpha/3$, $b = \alpha/6$, $d = \alpha/6$ und $x = \alpha/2$ gelten. Um Brüche zu vermeiden, setzen wir $\alpha := 6$ und erhalten dann $x = 3$, $a = 4$ sowie $b = d = 1$. Dann ist

$$P^T A(x,y,z) + A(x,y,z) P = \begin{bmatrix} 12y - 6 & 0 & 0 \\ 0 & -6 & 0 \\ 0 & 0 & -6 \end{bmatrix},$$

und diese Matrix ist genau dann negativ definit, wenn $12y - 6 < 0$ gilt, also $y < 1/2$. Also ist der Nullpunkt eine asymptotisch stabile Gleichgewichtslage, und die Menge $\{(x_0, y_0, z_0) \in \mathbb{R}^3 \mid y_0 < 1/2\}$ ist ein Attraktivitätsbereich dieser Gleichgewichtslage. In Wirklichkeit ist sogar ganz $\mathbb{R}^3$ ein Attraktionsbereich, was man in diesem Beispiel per Hand nachrechnen kann, weil die angegebene Differentialgleichung explizit lösbar ist. Zunächst hat das Teilsystem

$$\begin{bmatrix} \dot{y} \\ \dot{z} \end{bmatrix} = \begin{bmatrix} -1 & 1 \\ 1 & -4 \end{bmatrix} \begin{bmatrix} y \\ z \end{bmatrix}$$

die allgemeine Lösung

$$\begin{bmatrix} y(t) \\ z(t) \end{bmatrix} = \exp\left(t \begin{bmatrix} -1 & 1 \\ 1 & -4 \end{bmatrix}\right) \begin{bmatrix} y_0 \\ z_0 \end{bmatrix}.$$

Mit $\lambda_1 := (-5 - \sqrt{13})/2$ und $\lambda_2 := (-5 + \sqrt{13})/2$ sowie

$$T := \begin{bmatrix} -2 & 2 \\ \sqrt{13}+3 & \sqrt{13}-3 \end{bmatrix}$$

gilt nun

$$\exp\left(t \begin{bmatrix} -1 & 1 \\ 1 & -4 \end{bmatrix}\right) = T \begin{bmatrix} e^{t\lambda_1} & 0 \\ 0 & e^{t\lambda_2} \end{bmatrix} T^{-1} =$$

$$\frac{1}{4\sqrt{13}} \begin{bmatrix} -2 & 2 \\ \sqrt{13}+3 & \sqrt{13}-3 \end{bmatrix} \begin{bmatrix} e^{t\lambda_1} & 0 \\ 0 & e^{t\lambda_2} \end{bmatrix} \begin{bmatrix} 3-\sqrt{13} & 2 \\ 3+\sqrt{13} & 2 \end{bmatrix},$$

also

$$\exp\left(t \begin{bmatrix} -1 & 1 \\ 1 & -4 \end{bmatrix}\right) = \begin{bmatrix} a(t) & b(t) \\ b(t) & d(t) \end{bmatrix}$$

mit

$$a(t) := ((\sqrt{13}-3)e^{t\lambda_1} + (\sqrt{13}+3)e^{t\lambda_2})/(2\sqrt{13}),$$
$$b(t) := (-e^{t\lambda_1} + e^{t\lambda_2})/\sqrt{13},$$
$$d(t) := ((\sqrt{13}+3)e^{t\lambda_1} + (\sqrt{13}-3)e^{t\lambda_2})/(2\sqrt{13}).$$

Wir haben also $y(t) = a(t)y_0 + b(t)z_0$ sowie $z(t) = c(t)y_0 + d(t)z_0$. Wegen $\lambda_1 < 0$ und $\lambda_2 < 0$ haben wir $y(t) \to 0$ und $z(t) \to 0$ für $t \to \infty$ unabhängig von den Anfangswerten y_0 und z_0. Die erste Gleichung des Systems lautet nun $\dot{x} = (2y(t)-1)x(t)$, also $\dot{x}(t) + g(t)x(t) = 0$ mit $g(t) := 1 - 2y(t)$. Integration liefert $e^{G(t)}x(t) = x_0$ bzw. $x(t) = e^{-G(t)}x_0$ mit $G(t) = t - 2A(t)y_0 - 2B(t)z_0$ mit

$$A(t) := \frac{\sqrt{13}-3}{2\lambda_1\sqrt{13}} \cdot (e^{t\lambda_1}-1) + \frac{\sqrt{13}+3}{2\lambda_2\sqrt{13}} \cdot (e^{t\lambda_2}-1),$$
$$B(t) := \frac{-1}{\lambda_1\sqrt{13}} \cdot (e^{t\lambda_1}-1) + \frac{1}{\lambda_2\sqrt{13}} \cdot (e^{t\lambda_2}-1).$$

Wegen $\lambda_1 < 0$ und $\lambda_2 < 0$ sind A und B auf dem Intervall $[0, \infty)$ beschränkte Funktionen. Hieraus folgt $G(t) \to \infty$ und folglich $x(t) = e^{-G(t)}x_0 \to 0$ für $t \to \infty$ unabhängig vom Startwert x_0. Damit ist gezeigt, daß für $t \to \infty$ jede Systemtrajektorie gegen $(0,0,0)$ läuft, der Nullpunkt also eine sogar global asymptotisch stabile Gleichgewichtslage ist.

Lösung (123.30) Man sieht sofort, daß $(0,0)$ die einzige Gleichgewichtslage des Systems ist. Bezeichnen wir mit f die rechte Seite der Differentialgleichung und mit V die angegebene Funktion, so ist $V_f = \langle \nabla V, f \rangle$ gegeben durch

$$V_f(x,y) = \langle \begin{bmatrix} x^3 \\ y \end{bmatrix}, \begin{bmatrix} y \\ -x^3 - y^3 \end{bmatrix} \rangle = -y^4 \leq 0.$$

Der Satz von Ljapunov zeigt sofort, daß die Gleichgewichtslage $(0,0)$ stabil ist, liefert aber nicht die asymptotische Stabilität, da V_f nur negativ semidefinit (und nicht negativ definit) ist. Nun ist aber $\{(0,0)\}$ die einzige invariante Teilmenge von $\{(x,y) \in \mathbb{R}^2 \mid V_f(x,y) = 0\} = \mathbb{R} \times \{0\}$. Nach dem Invarianzprinzip von LaSalle konvergiert daher jede Trajektorie des Systems für $t \to \infty$ gegen $(0,0)$.

Lösung (123.31) Entlang einer beliebigen Trajektorie $t \mapsto \big(x(t), y(t)\big)$ ist die Änderungsrate von $V(x,y) := (2x^2 + y^4 - 10)^2$ gegeben durch

$$\dot{V} = 2(2x^2+y^4-10) \cdot (4x\dot{x}+4y^3\dot{y}) =$$
$$2(2x^2+y^4-10)(-12x^6(2x^2+y^4-10) - 4y^{10}(2x^2+y^4-10))$$

und damit

$$\dot{V} = -8(3x^6+y^{10})(2x^2+y^4-10)^2 \leq 0.$$

Hieraus folgt, daß die Menge C invariant ist; da auf C keine Gleichgewichtslage des Systems liegt, handelt es sich um die Trajektorie einer periodischen Lösung. Wegen $V(x,y) \to \infty$ für $\|(x,y)\| \to \infty$ konvergiert nach dem LaSalleschen Invarianzprinzip jede Lösung gegen die maximale invariante Teilmenge der Menge $\{(x,y) \in \mathbb{R}^2 \mid \dot{V}(x,y) = 0\} = C \cup \{(0,0)\}$. Nun ist jede Menge der Form $U_c := \{(x,y) \in \mathbb{R}^2 \mid V(x,y) \leq c\}$ invariant; insbesondere gilt dies für die Menge U_{100}, die das gesamte Innere der Kurve C mit Ausnahme des Nullpunkts umfaßt. Wiederum nach dem Invarianzprinzip von LaSalle konvergiert jede in U_{100} startende Trajektorie gegen die maximale invariante Teilmenge von $\{(x,y) \in U_{100} \mid \dot{V}(x,y) = 0\} = C$. Damit ist gezeigt, daß jede nichttriviale Trajektorie gegen C konvergiert.

Lösung (123.32) (a) Wir haben

$$\begin{bmatrix} x \\ y \end{bmatrix} = \ell \begin{bmatrix} \sin\varphi \\ -\cos\varphi \end{bmatrix}, \quad \begin{bmatrix} \dot{x} \\ \dot{y} \end{bmatrix} = \ell\dot{\varphi} \begin{bmatrix} \cos\varphi \\ \sin\varphi \end{bmatrix}$$

sowie

$$\begin{bmatrix} \ddot{x} \\ \ddot{y} \end{bmatrix} = \ell\ddot{\varphi} \begin{bmatrix} \cos\varphi \\ \sin\varphi \end{bmatrix} - \ell\dot{\varphi}^2 \begin{bmatrix} \sin\varphi \\ -\cos\varphi \end{bmatrix}.$$

Die Bewegungsgleichung ("Masse mal Beschleunigung gleich Kraft") lautet daher

$$m\ell\ddot{\varphi} \begin{bmatrix} \cos\varphi \\ \sin\varphi \end{bmatrix} - m\ell\dot{\varphi}^2 \begin{bmatrix} \sin\varphi \\ -\cos\varphi \end{bmatrix}$$
$$= S \begin{bmatrix} \sin\varphi \\ -\cos\varphi \end{bmatrix} + \begin{bmatrix} 0 \\ -mg \end{bmatrix} - d\ell\dot{\varphi} \begin{bmatrix} \cos\varphi \\ \sin\varphi \end{bmatrix},$$

wobei S die Seilkraft ist, also die Kraft, die der Faden auf die Masse ausübt. Da uns S nicht interessiert, betrachten wir nur die Tangentialkomponente der Bewegungsgleichung, bilden also in der obigen Vektorgleichung das Skalarprodukt mit $(\cos\varphi, \sin\varphi)^T$. Dies liefert die Bewegungsgleichung $m\ell\ddot{\varphi} = -mg\sin\varphi - d\ell\dot{\varphi}$. Mit $\omega := \dot{\varphi}$ können wir diese Bewegungsgleichung folgendermaßen als System erster Ordnung schreiben:

$$\dot\varphi = \omega, \qquad \dot\omega = -\frac{g}{\ell}\sin\varphi - \frac{d}{m}\omega.$$

(b) Ein Punkt (φ,ω) ist genau dann eine Gleichgewichtslage, wenn die Bedingungen $\omega = 0$ und $\sin(\varphi) = 0$ gelten. Bei der Untersuchung des Phasenportraits können wir uns auf Winkel im Intervall $[0, 2\pi)$ beschränken. (Der Phasenraum des Fadenpendels ist "in Wirklichkeit" nicht die Ebene $\mathbb{R}^2$, sondern der Zylinder, der aus $\mathbb{R}^2$ durch Identifikation aller Punkte $(\varphi+2k\pi,\omega)$ (wobei k ganzzahlig ist) mit (φ,ω) entsteht.) Es gibt also die zwei Gleichgewichtslagen $(0,0)$ (nach unten hängendes Pendel) und $(\pi,0)$ (senkrecht nach oben stehendes Pendel*). Offensichtlich ist die erste Gleichgewichtslage stabil, die zweite instabil; das bestätigt auch die folgende Rechnung. Die Ableitungsmatrix der rechten Seite der Differentialgleichung ist

$$f'(\varphi,\omega) = \begin{bmatrix} 0 & 1 \\ -(g/\ell)\cos\varphi & -d/m \end{bmatrix},$$

an den Gleichgewichtslagen also

$$f'(0,0) = \begin{bmatrix} 0 & 1 \\ -g/\ell & -d/m \end{bmatrix}, \quad f'(\pi,0) = \begin{bmatrix} 0 & 1 \\ g/\ell & -d/m \end{bmatrix}.$$

Die Matrix $f'(\pi,0)$ hat die Eigenwerte

$$\frac{-d}{2m} \pm \sqrt{\frac{d^2}{4m^2} + \frac{g}{\ell}},$$

von denen einer positiv und einer negativ ist; bei dieser Gleichgewichtslage handelt es sich also um einen Sattelpunkt. Die Matrix $f'(0,0)$ hat die Eigenwerte $-d/(2m) \pm \sqrt{d^2/(4m^2) - (g/\ell)}$, die entweder beide negativ sind (bei übermäßig starker Dämpfung $d^2 \geq 4m^2 g/\ell$) oder aber konjugiert komplex mit negativem Realteil (bei moderater Dämpfung $d^2 < 4m^2 g/\ell$). Im letzten Fall (den wir fortan behandeln wollen) liegt ein stabiler Strudel vor.

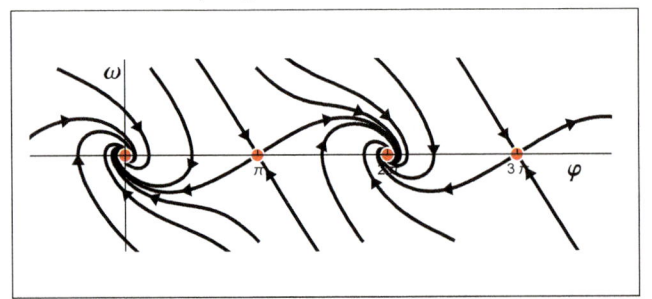

Phasenportrait eines gedämpften Pendels.

---

* Die zweite Gleichgewichtslage ist natürlich bei einem Fadenpendel nicht einmal denkbar, wohl aber bei einem Massenpunkt, der an einem masselosen Stab befestigt ist. Man denke etwa an eine Schiffsschaukel, die so bewegt werden kann, daß Überschläge möglich sind.

(c) Legen wir das Nullniveau der potentiellen Energie in die tiefstmögliche Position der Punktmasse, so erhalten wir die Gesamtenergie

$$E = mg\ell(1 - \cos\varphi) + \frac{m}{2}\cdot\ell^2\dot\varphi^2.$$

Die Energieänderung entlang einer Systemtrajektorie ist also gegeben durch

$$\dot E = mg\ell\dot\varphi\sin\varphi + m\ell^2\dot\varphi\ddot\varphi = -d\ell^2\dot\varphi^2 = -d\ell^2\omega^2.$$

Die Funktion E ist eine Ljapunov-Funktion für die Gleichgewichtslage $\varphi_0 = 0$, aber keine strikte Ljapunov-Funktion, denn $\dot E$ ist nur negativ semidefinit, nicht negativ definit. Der Satz von Ljapunov liefert also nur die Stabilität, nicht aber die asymptotische Stabilität der Gleichgewichtslage $(0,0)$. Allerdings können wir das Invarianzprinzip von LaSalle anwenden, um die asymptotische Stabilität nachzuweisen. Für jede Zahl $c < E(\pi, 0)$ ist nämlich die Menge

$$K_c := \{(\varphi,\omega) \in [-\pi,\pi] \times \mathbb{R} \mid E(\varphi,\omega) \leq c\}$$

kompakt und invariant, und die maximale in der Menge $\{(\varphi,\omega) \in K \mid \dot E(\varphi,\omega) = 0\}$ enthaltene invariante Menge ist $\{(0,0)\}$. Also ist $(0,0)$ asymptotisch stabil, und jede der Mengen K_c und damit auch deren Vereinigung $\{(\varphi,\omega) \in K \mid E(\varphi,\omega) < E(\pi,0)\}$ ist im Einzugsbereich dieser Gleichgewichtslage enthalten.

(d) Wir machen den Ansatz $V(\varphi,\omega) = mg\ell(1-\cos\varphi) + a\varphi^2 + 2b\varphi\omega + d\omega^2$; diese Funktion ist sicher dann positiv definit, wenn die Bedingungen $a > 0$ und $ad - b^2 > 0$ gelten. Das Skalarprodukt des Gradienten von V mit der rechten Seite der Differentialgleichung ist gegeben durch

$$\dot E = \left\langle \begin{bmatrix} mg\ell\sin\varphi + 2a\varphi + 2b\omega \\ 2b\varphi + 2d\omega \end{bmatrix}, \begin{bmatrix} \omega \\ -(g/\ell)\sin\varphi - (d/m)\omega \end{bmatrix} \right\rangle$$

$$= \left(mg\ell - \frac{2gd}{\ell}\right)\omega\sin\varphi - \frac{2bg}{\ell}\varphi\sin\varphi$$

$$+ \left(2a - \frac{2bd}{m}\right)\varphi\omega + \left(2b - \frac{2d^2}{m}\right)\omega^2.$$

Die Konstanten a, b, d sollen so gewählt werden, daß $\dot E$ negativ definit wird. Dazu sorgen wir dafür, daß die Koeffizienten der indefiniten Terme $\omega\sin\varphi$ und $\varphi\omega$ verschwinden; d.h., wir setzen $d := (m\ell^2)/2$ sowie $a := bd/m = b\ell^2/2$, wobei b noch festzulegen ist, und zwar so, daß die Koeffizienten von $\varphi\sin\varphi$ und ω^2 negativ sind, was auf $0 < b < d^2/m = m\ell^4/4$ führt. Die Bedingungen $a > 0$ und $ad > b^2$ sind dann automatisch erfüllt. Der angegebene Ansatz führt also auf eine strikte Ljapunov-Funktion, wenn wir setzen:

$$0 < b < \frac{m\ell^4}{4} \text{ beliebig,} \quad d := \frac{m\ell^2}{2}, \quad a := \frac{b\ell^2}{2}.$$

Bemerkung: Es ist bemerkenswert, daß die Gesamtenergie des Systems *keine* strikte Ljapunov-Funktion ist, daß es aber dennoch eine solche Funktion gibt, die aber keinerlei intrinsische physikalische Bedeutung hat.

Lösung (123.33) (a) Es sei $x = x(t)$ die (zeitlich veränderliche) x-Koordinate des Massenpunktes. Für die y-Koordinate $y(t) = f(x(t))$ erhalten wir dann $\dot y = f'(x)\dot x$ und $\ddot y = f''(x)\dot x^2 + f'(x)\ddot x$. Die Beschleunigung des Massenpunktes ist folglich gegeben durch

$$\begin{bmatrix}\ddot x\\ \ddot y\end{bmatrix} = \begin{bmatrix}\ddot x\\ f''(x)\dot x^2 + f'(x)\ddot x\end{bmatrix} = \ddot x\begin{bmatrix}1\\ f'(x)\end{bmatrix} + \begin{bmatrix}0\\ f''(x)\dot x^2\end{bmatrix}.$$

Auf die Masse wirken drei Kräfte: die Schwerkraft (nach unten), die Dämpfungskraft (in Tangentialrichtung entgegen der momentanen Bewegungsrichtung) und die Zwangskraft, die die Bahnkurve ausübt (in Normalenrichtung). Die Summe aller Kräfte ist also

$$\begin{bmatrix}0\\ -mg\end{bmatrix} + \frac{N}{\sqrt{1+f'(x)^2}}\begin{bmatrix}-f'(x)\\ 1\end{bmatrix} - \frac{dv\,\mathrm{sign}(\dot x)}{\sqrt{1+f'(x)^2}}\begin{bmatrix}1\\ f'(x)\end{bmatrix}$$
$$= \begin{bmatrix}0\\ -mg\end{bmatrix} + \frac{N}{\sqrt{1+f'(x)^2}}\begin{bmatrix}-f'(x)\\ 1\end{bmatrix} - d\dot x\begin{bmatrix}1\\ f'(x)\end{bmatrix},$$

wobei N den Betrag der Zwangskraft bezeichnet und $v = \sqrt{\dot x^2 + \dot y^2} = |\dot x|\sqrt{1+f'(x)^2}$ die augenblickliche Geschwindigkeit. Nach dem Newtonschen Grundgesetz ist nun diese Gesamtkraft gleich dem Produkt aus Masse und Beschleunigung. Dies liefert eine Vektorgleichung, bei der wir auf beiden Seiten das Skalarprodukt mit dem Vektor $(1, f'(x))^T$ bilden (also nur die Tangentialkomponente betrachten, da uns die Normalkraft N nicht interessiert). Wir erhalten $m\ddot x(1+f'(x)^2) + mf'(x)f''(x)\dot x^2 = -mgf'(x) - d\dot x(1+f'(x)^2)$. Dividieren wir diese Gleichung durch $m(1+f'(x)^2)$ und setzen wir $\alpha := d/m$, so erhalten wir die gesuchte Bewegungsgleichung

$$\ddot x = \frac{-gf'(x)}{1+f'(x)^2} - \alpha\dot x - \frac{f'(x)f''(x)\dot x^2}{1+f'(x)^2}.$$

Mit $u := \dot x$ erhalten wir also das System

$$\dot x = u, \qquad \dot u = \frac{-gf'(x)}{1+f'(x)^2} - \alpha u - \frac{f'(x)f''(x)u^2}{1+f'(x)^2}.$$

(b) Genau dann ist (x_0, u_0) eine Gleichgewichtslage des Systems, wenn die Gleichungen $u_0 = 0$ und $f'(x_0) = 0$ gelten.

(c) Die Energie des System ist gegeben durch $mgy + (m/2)(\dot x^2 + \dot y^2)$, also durch die Funktion

$$E(x, u) = mgf(x) + \frac{m}{2}u^2(1+f'(x)^2).$$

Die zeitliche Änderung der Energie entlang einer Systemtrajektorie ist gegeben durch

$$\frac{\mathrm{d}}{\mathrm{d}t}\left(mgf(x(t)) + \frac{m}{2}\dot x(t)^2(1+f'(x(t))^2)\right)$$
$$= mgf'(x)\dot x + m\ddot x\dot x(1+f'(x)^2) + m\dot x^2\cdot f'(x)f''(x)\dot x$$
$$= -d\dot x^2(1+f'(x)^2) = -du^2(1+f'(x)^2),$$

wobei beim Übergang von der vorletzten zur letzten Zeile die Bewegungsgleichung eingesetzt wurde. Wir haben also

$$\dot E(x, u) = -du^2(1+f'(x)^2).$$

Ist $d = 0$, so bleibt also die Energie entlang Systemtrajektorien konstant (Energieerhaltungssatz für dämpfungsfreie Systeme); ist $d > 0$, so nimmt die Energie ab (solange sich der Massenpunkt nicht in Ruhe befindet).

(d) Ist x_0 ein striktes lokales Minimum der Funktion f, so ist die Energiefunktion E eine Ljapunov-Funktion für die Gleichgewichtslage $(x_0, 0)$, aber keine strikte Ljapunov-Funktion (denn $\dot E$ ist nur negativ semidefinit, nicht negativ definit). Der Satz von Ljapunov garantiert also nur die Stabilität der Gleichgewichtslage $(x_0, 0)$, nicht deren asymptotische Stabilität. Wir können aber das Invarianzprinzip von LaSalle anwenden, und zwar folgendermaßen. Es sei J ein Intervall um x_0, auf dem $f'(x) \neq 0$ für $x \neq x_0$ gilt. Für jedes kompakte Teilintervall $I \subseteq J$ und jede Zahl $c \leq \max_{x\in I} E(x, 0)$ ist dann

$$K_{I,c} := \{(x, u) \in I \times \mathbb{R} \mid E(x, u) \leq c\}$$

kompakt und invariant, und die maximale in der Menge $\{(x, u) \in K_{I,c} \mid \dot E(x, u) = 0\}$ enthaltene invariante Teilmenge ist $(x_0, 0)$. Also ist $(x_0, 0)$ asymptotisch stabil, und jede der Mengen $K_{I,c}$ und damit auch deren Vereinigung $\{(x, u) \in J \times \mathbb{R} \mid E(x, u) < \sup_{x\in J} E(x, 0)\}$ ist im Einzugsbereich dieser Gleichgewichtslage enthalten. Das folgende Diagramm veranschaulicht dies: Befindet sich die Punktmasse in der grau markierten Position und ist ihre Energie kleiner als die Energie in der Ruhelage in der rot markierten Position (ist ihre Geschwindigkeit also nicht zu hoch), so wird sie sich für $t \to \infty$ der Ruhelage bei x_0 annähern.

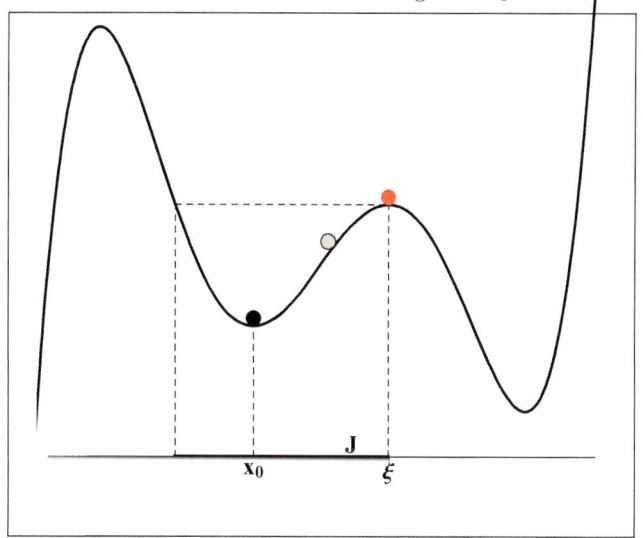

Asymptotische Stabilität der Ruhelage bei x_0.

Lösung (123.34) Wir betrachten zunächst den Sonderfall $a = 0$. In diesem Fall ist $\dot x \equiv 0$, also $x(t) \equiv x_0$ konstant, und daher $\dot y = y^2 - x_0^4 = (y - x_0^2)(y + x_0^2)$. Diese letzte Differentialgleichung ist separierbar und kann explizit gelöst werden, was aber für das qualitative Verständnis gar nicht nötig ist. Gilt $y_0^2 = x_0^4$, so gilt $\dot y = 0$; jeder Punkt (x_0, y_0) mit $|y_0| = x_0^2$ ist also eine Gleichgewichtslage. Gilt $|y_0| > x_0^2$, dann auch $\dot y > 0$, so daß die Trajektorie durch (x_0, y_0) senkrecht nach oben verläuft. Gilt $|y_0| < x_0^2$, dann auch $\dot y < 0$, so daß die Trajektorie durch (x_0, y_0) senkrecht nach unten verläuft. Dies ergibt das folgende Phasenportrait. Wir erkennen, daß jede Gleichgewichtslage (x_0, x_0^2) instabil ist, andererseits jede Gleichgewichtslage der Form $(x_0, -x_0^2)$ mit $x_0 \ne 0$ stabil, aber nicht asymptotisch stabil.

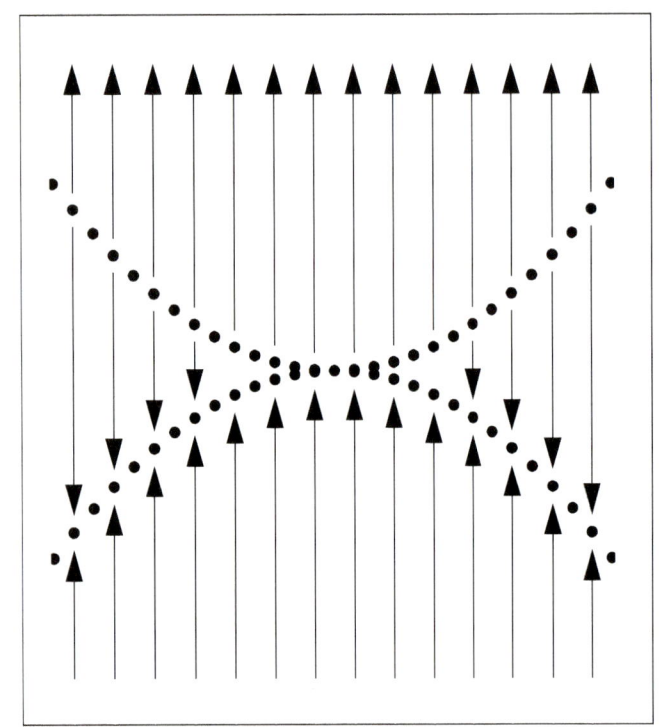

Phasenportrait des Systems $\dot x = ax - ay$, $\dot y = y^2 - x^4$ im Fall $a = 0$.

Von nun an sei $a \ne 0$. (Beachte, daß der Fall $a > 0$ bereits in Aufgabe (121.9) untersucht wurde!) Dann ist die x-Nullisokline die Winkelhalbierende $y = x$, die y-Nullisokline die Vereinigung der beiden Parabeln $y = \pm x^2$. Es gibt daher genau drei Gleichgewichtslagen, nämlich $(-1, -1)$, $(0, 0)$ und $(1, 1)$. Die Ableitungsmatrix der rechten Seite der Differentialgleichung ist gegeben durch

$$f'(x, y) = \begin{bmatrix} a & -a \\ -4x^3 & 2y \end{bmatrix}.$$

• Wir betrachten zunächst die Gleichgewichtslage $(0, 0)$. Es gilt

$$f'(0, 0) = \begin{bmatrix} a & -a \\ 0 & 0 \end{bmatrix}$$

mit den Eigenwerten $\lambda_1 = a$ und $\lambda_2 = 0$ und den zugehörigen Eigenvektoren $v_1 = (1, 0)^T$ und $v_2 = (1, 1)^T$. Für $a > 0$ ist die Gleichgewichtslage $(0, 0)$ instabil, weil in diesem Fall $f'(0, 0)$ einen positiven Eigenwert besitzt. Für $a \le 0$ ist eine Aussage allein aufgrund des um $(0, 0)$ linearisierten Systems nicht möglich. Die Instabilität der Gleichgewichtslage $(0, 0)$ im Sonderfall $a = 0$ wurde bereits oben gezeigt. Es sei also $a < 0$. In diesem Fall sehen die Nullisoklinen folgendermaßen aus.

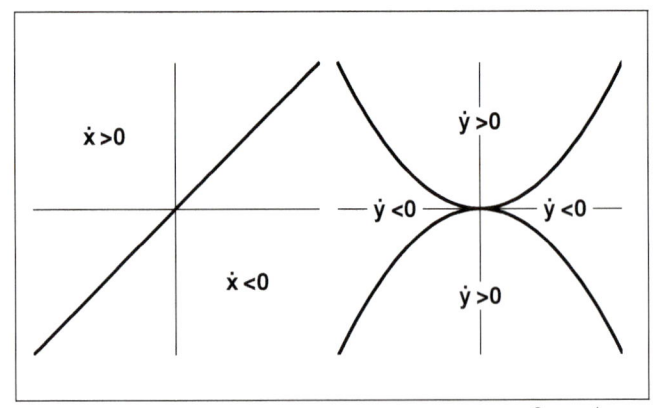

Nullisoklinen des Systems $\dot x = ax - ay$, $\dot y = y^2 - x^4$ im Fall $a < 0$.

Aus diesen ergibt sich das folgende Bild für den Richtungsverlauf der Trajektorien des betrachteten Systems.

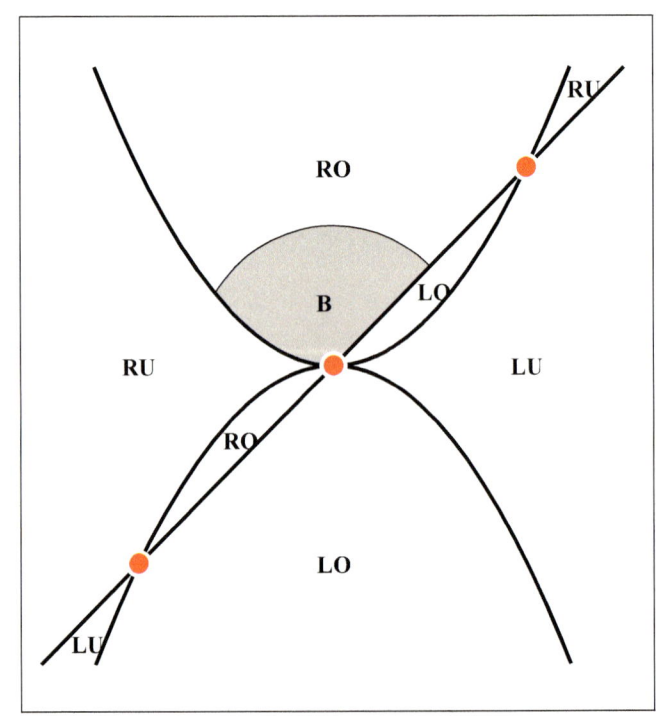

Richtungsverlauf der Trajektorien des Systems $\dot x = ax - ay$, $\dot y = y^2 - x^4$ im Fall $a < 0$.

Wir stellen insbesondere fest, daß die Gleichgewichtslage $(0, 0)$ instabil ist. Dazu betrachten wir den grau markierten Bereich B, der links durch die Parabel $y = x^2$, oben durch einen Kreisbogen $x^2 + y^2 = r^2$ mit einem beliebigen Radius $r < \sqrt{2}$ und rechts durch die Winkelhalbierende $y = -x$ begrenzt wird. Dieser Bereich kann nicht invariant sein. Für eine Trajektorie $t \mapsto \bigl(x(t), y(t)\bigr)$, die in diesem Bereich verbliebe, müßten nämlich die Funktionen x und y streng monoton wachsend und beschränkt, folglich konvergent sein. Der Grenzpunkt der Trajektorie wäre zwangsläufig eine Gleichgewichtslage, was aber nicht möglich ist. Jede in B startende Trajektorie muß B irgendwann verlassen. Das kann nicht über den linken Rand erfolgen (denn dort ist $\dot{x} > 0$), aber auch nicht über den rechten Rand (denn dort ist $\dot{y} > 0$), folglich nur über den Kreisbogen am oberen Rand. Das bedeutet aber, daß beliebig nahe bei $(0,0)$ startende Trajektorien nicht nahe bei $(0,0)$ verbleiben, was die Instabilität der Gleichgewichtslage $(0,0)$ nachweist. Der Nullpunkt ist also für jeden Wert $a \in \mathbb{R}$ instabil.

Wir betrachten nun die Gleichgewichtslage $(1,1)$. Für diese hat

$$f'(1,1) = \begin{bmatrix} a & -a \\ -4 & 2 \end{bmatrix}$$

die Eigenwerte

$$\lambda_{1,2} = \frac{1}{2}\left(a + 2 \pm \sqrt{(a+6)^2 - 32}\right).$$

- Gilt $a \leq -6 - 4\sqrt{2} \approx -11.6569$, so hat $f'(1,1)$ zwei negative reelle Eigenwerte, so daß ein stabiler Knoten vorliegt (der für $a = -6 - 4\sqrt{2}$ entartet ist).
- Gilt $-6 - 4\sqrt{2} < a < -2$, so hat $f'(1,1)$ zwei konjugiert komplexe Eigenwerte mit negativem Realteil, so daß ein stabiler Strudel vorliegt.
- Gilt $a = -2$, so hat $f'(1,1)$ die Eigenwerte $\pm 2i$, so daß keine Aussage allein aufgrund des um $(1,1)$ linearisierten Systems möglich ist. Den Fall $a = -2$ werden wir später gesondert untersuchen.
- Gilt $-2 < a < -6 + 4\sqrt{2} \approx -0.343146$, so hat $f'(1,1)$ zwei konjugiert komplexe Eigenwerte mit positivem Realteil, so daß ein instabiler Strudel vorliegt.
- Gilt $-6 + 4\sqrt{2} \leq a < 0$, so hat $f'(1,1)$ zwei positive reelle Eigenwerte, so daß ein instabiler Knoten vorliegt (der für $a = -6 - 4\sqrt{2}$ entartet ist).
- Ist $a > 0$, so hat $f'(1,1)$ einen positiven und einen negativen Eigenwert, so daß ein Sattelpunkt vorliegt.

Schließlich betrachten wir die Gleichgewichtslage $(-1,-1)$. Für diese hat

$$f'(-1,-1) = \begin{bmatrix} a & -a \\ 4 & -2 \end{bmatrix}$$

die Eigenwerte

$$\lambda_{1,2} = \frac{1}{2}\left(a - 2 \pm \sqrt{(a-6)^2 - 32}\right).$$

- Ist $a < 0$, so hat $f'(-1,-1)$ einen positiven und einen negativen Eigenwert, so daß ein Sattelpunkt vorliegt.
- Gilt $0 < a \leq 6 - 4\sqrt{2} \approx 0.343146$, so hat $f'(-1,-1)$ zwei negative reelle Eigenwerte, so daß ein stabiler Knoten vorliegt (der für $a = 6 - 4\sqrt{2}$ entartet ist).
- Gilt $6 - 4\sqrt{2} < a < 2$, so hat $f'(-1,-1)$ zwei konjugiert komplexe Eigenwerte mit negativem Realteil, so daß ein stabiler Strudel vorliegt.
- Gilt $a = 2$, so hat $f'(-1,-1)$ die Eigenwerte $\pm i$, so daß keine Aussage allein aufgrund des um $(-1,-1)$ linearisierten Systems möglich ist. Den Fall $a = 2$ werden wir später gesondert untersuchen.
- Gilt $2 < a < 6 + 4\sqrt{2} \approx 11.6569$, so hat $f'(-1,-1)$ zwei konjugiert komplexe Eigenwerte mit positivem Realteil, so daß ein instabiler Strudel vorliegt.
- Gilt $a \geq 6 + 4\sqrt{2}$, so hat $f'(-1,-1)$ zwei positive reelle Eigenwerte, so daß ein instabiler Knoten vorliegt (der für $a = 6 + 4\sqrt{2}$ entartet ist).

Damit ist die Stabilität aller Gleichgewichtslagen außer in den beiden Fällen $a = \pm 2$ vollständig geklärt; in diesen beiden Fällen ist eine genauere Analyse erforderlich.[†]

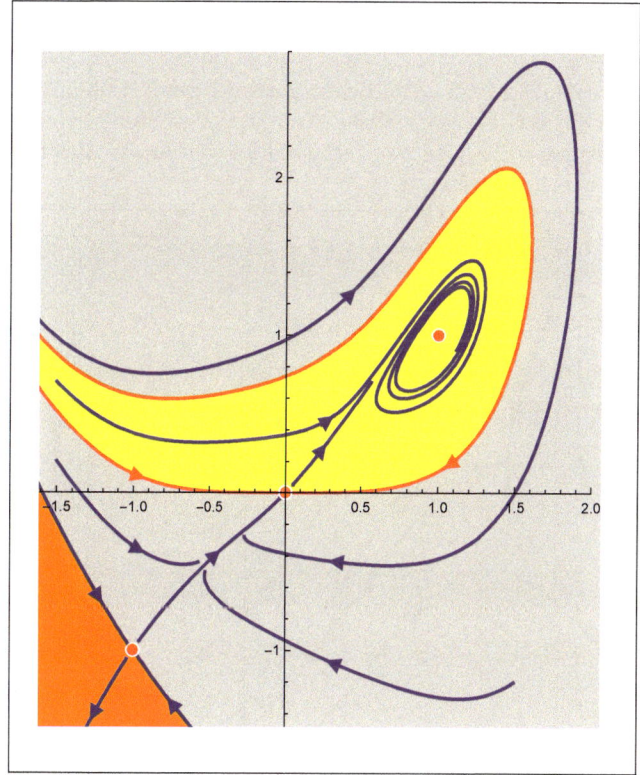

Phasenportrait des Systems $\dot{x} = -2x + 2y$, $\dot{y} = y^2 - x^4$.

Lösung (123.35) Die rechte Seite des Systems ist gegeben durch die Funktion $f(x,y) = (y, -x - x^2 - y)$, die die Ableitungsmatrix

$$f'(x,y) = \begin{bmatrix} 0 & 1 \\ -1 - 2x & -1 \end{bmatrix}$$

[†] Lilija Naiwert, Karlheinz Spindler: *Phase portraits, Lyapunov functions, and projective geometry – Lessons learned from a differential equations class and its aftermath*, Mathematische Semesterberichte **68** (1), 2021, S. 143-161.

besitzt. Die Funktion f hat genau zwei Nullstellen, nämlich $(0,0)$ und $(0,-1)$; dies sind die beiden Gleichgewichtslagen des Systems. Die Matrix
$$f'(0,0) = \begin{bmatrix} 0 & 1 \\ -1 & -1 \end{bmatrix}$$
hat die beiden Eigenwerte $\lambda_{1,2} = (-1 + i\sqrt{3})/2$, die beide nicht reell sind und negativen Realteil haben. An der Stelle $(0,0)$ liegt daher ein Strudelpunkt vor. Die Matrix
$$f'(-1,0) = \begin{bmatrix} 0 & 1 \\ 1 & -1 \end{bmatrix}$$
hat die beiden Eigenwerte $\lambda_1 = (-1 - \sqrt{5})/2 < 0$ und $\lambda_2 = (-1 + \sqrt{5})/2 > 0$; die Existenz eines positiven Eigenwerts zeigt, daß die Gleichgewichtslage $(0,-1)$ instabil ist. Zugehörige Eigenvektoren sind gegeben durch
$$v_1 = \begin{bmatrix} -2 \\ 1 + \sqrt{5} \end{bmatrix} \quad \text{und} \quad v_2 = \begin{bmatrix} 2 \\ \sqrt{5} - 1 \end{bmatrix}.$$
Es laufen also aus den Richtungen $\pm v_1$ zwei Trajektorien auf die Gleichgewichtslage $(-1,0)$ zu, während in die Richtungen $\pm v_2$ sich zwei Trajektorien von dieser Gleichgewichtslage entfernen.

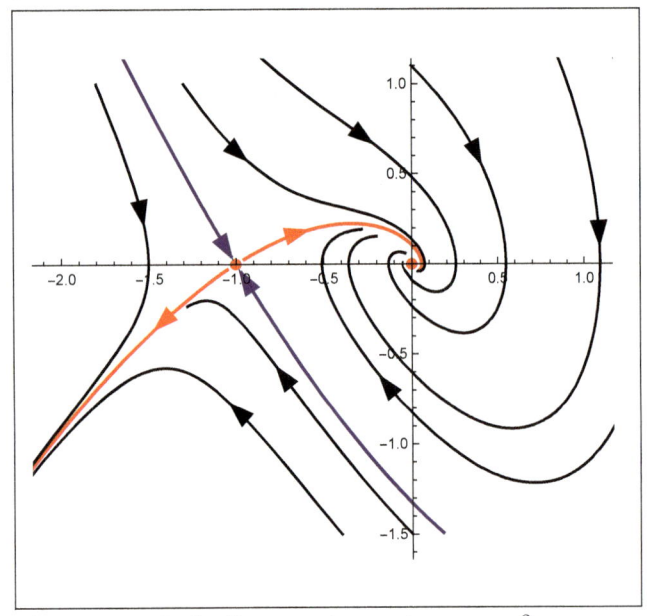

Phasenportrait des Systems $\dot{x} = y$, $\dot{y} = -x - x^2 - y$.

Lösung (123.36) (a) Genau dann ist (x,y) eine Gleichgewichtslage, wenn die Gleichungen $x = 3y^2$ und $0 = y + yx^3 = y(1 + x^3)$ gelten. Die zweite Gleichung liefert $y = 0$ oder $x = -1$. Gilt $y = 0$, so liefert die erste Gleichung $x = 0$; also ist $(0,0)$ eine Gleichgewichtslage. Ist $x = -1$, so liefert die erste Gleichung $-1 = 3y^2$, und diese Bedingung ist nicht erfüllbar; also gibt es keine weitere Gleichgewichtslage.

(b) Das um $(0,0)$ linearisierte System lautet
$$\begin{bmatrix} \dot{x} \\ \dot{y} \end{bmatrix} = \begin{bmatrix} -1 & 0 \\ 0 & -1 \end{bmatrix}$$
mit dem doppelten Eigenwert -1. (Das Berechnen partieller Ableitungen ist nicht nötig, weil die rechte Seite der Differentialgleichung bereits als Taylorreihe vorliegt und man zur Linearisierung nur die nichtlinearen Glieder weglassen muß.) Da nur negative reelle Eigenwerte auftreten, ist die Gleichgewichtslage $(0,0)$ (lokal) asymptotisch stabil; genauer gesagt liegt ein stabiler Knoten vor.

(c) Wir machen den Ansatz $\Phi(x,y) = ax^4 + by^2$ mit $a, b > 0$. Jede solche Funktion erfüllt $\Phi(0,0) = 0$ und $\Phi(x,y) > 0$ für alle $(x,y) \neq (0,0)$. Ist $(x(t), y(t))$ eine beliebige Lösungskurve des gegebenen Systems, so ist die Ableitung der Funktion $t \mapsto \Phi(x(t), y(t))$ gegeben durch
$$\begin{aligned} 4ax^3 \dot{x} + 2by\dot{y} &= 4ax^3(-x + 3y^2) + 2by(-y - yx^3) \\ &= -4ax^4 - 2by^2 + (12a - 2b)x^3 y^2. \end{aligned}$$
Wenn wir a und b so wählen können, daß dieser Ausdruck für $(x,y) \neq (0,0)$ strikt negativ ist, so garantiert der Satz von Ljapunov globale asymptotische Stabilität. Wählen wir $b := 6a$, so kommt der indefinite Term $x^3 y^2$ nicht mehr vor, und wir erhalten $-4ax^4 - 12ay^2$. Also ist $\Phi(x,y) := x^4 + 6y^2$ eine Ljapunovfunktion.

Lösung (123.37) Die x-Nullisokline ist die Parabel $y = x^3$, die y-Nullisokline besteht aus allen Punkten (x,y) mit $x^2 = y^2$ bzw. $y = \pm x$, also aus der Vereinigung der beiden Winkelhalbierenden. Oberhalb der Kurve $y = x^3$ verlaufen Trajektorien nach rechts, unterhalb dieser Kurve nach links. Im Bereich zwischen den beiden Winkelhalbierenden, der die x-Achse enthält, verlaufen Trajektorien nach oben; im Bereich zwischen den Winkelhalbierenden, der die y-Achse enthält, verlaufen Trajektorien nach unten.

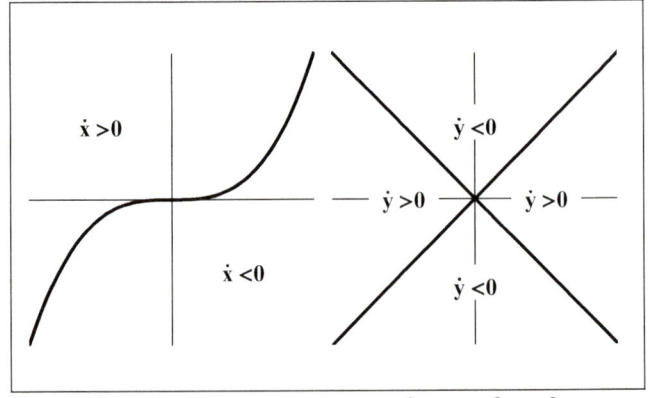

Nullisoklinen des Systems $\dot{x} = y - x^3$, $\dot{y} = x^2 - y^2$.

Genau dann ist ein Punkt (x,y) eine Gleichgewichtslage, wenn die Gleichungen $y = x^3$ und $y^2 = x^2$ gelten. Einsetzen der ersten in die zweite Gleichung liefert $x^6 = x^2$, also $x^2(x^4 - 1) = 0$ und damit $x = 0$ oder $x = \pm 1$. Es gibt also genau drei Gleichgewichtslagen, nämlich
$$(0,0), \quad (1,1), \quad (-1,-1).$$

Zur Entscheidung über die Stabilität bezeichnen wir mit

$f(x, y) := (y - x^3, x^2 - y^2)$ die rechte Seite des Differentialgleichungssystems und erhalten

$$f'(x, y) = \begin{bmatrix} -3x^2 & 1 \\ 2x & -2y \end{bmatrix},$$

folglich $f'(0, 0) = \begin{bmatrix} 0 & 1 \\ 0 & 0 \end{bmatrix}$ sowie

$$f'(1, 1) = \begin{bmatrix} -3 & 1 \\ 2 & -2 \end{bmatrix} \quad \text{und} \quad f'(-1, -1) = \begin{bmatrix} -3 & 1 \\ -2 & 2 \end{bmatrix}.$$

Für $(0, 0)$ versagt das Linearisierungskriterium. Wegen

$$\begin{vmatrix} -3 - \lambda & 1 \\ 2 & -2 - \lambda \end{vmatrix} = \lambda^2 + 5\lambda + 4 = (\lambda + 4)(\lambda + 1)$$

hat $f'(1, 1)$ die beiden negativen Eigenwerte -4 und -1, ist also lokal asymptotisch stabil. Andererseits hat $f'(-1, -1)$ wegen

$$\begin{vmatrix} -3 - \lambda & 1 \\ -2 & 2 - \lambda \end{vmatrix} = \lambda^2 + \lambda - 4$$

die beiden Eigenwerte $(-1 \pm \sqrt{17})/2$, also einen positiven und einen negativen Eigenwert. Der Punkt $(-1, -1)$ ist also ein Sattelpunkt (und damit insbesondere instabil). Zeichnen wir das Phasenportrait unter Berücksichtigung der Nullisoklinen, so erkennen wir, daß das Gebiet zwischen den Kurven $y = x$ und $y = x^3$ für $0 < x < 1$ invariant ist und daß jede in diesem Gebiet startende Trajektorie auf die Gleichgewichtslage $(1, 1)$ zuläuft. Dies impliziert insbesondere, daß die Gleichgewichtslage $(0, 0)$ instabil ist. Im Phasenportrait sind die Gleichgewichtslagen als rote Punkte und die Nullisoklinen als schwarz gestrichelte Linien zu erkennen. Ferner sind dick blau gestrichelt jeweils die Trajektorien eingezeichnet, die für $t \to \infty$ oder $t \to -\infty$ in Richtung der Eigenvektoren der jeweiligen Linearisierung auf die Gleichgewichtslagen zulaufen.* Außerdem sind in oranger Farbe einige typische Trajektorien des Systems eingezeichnet.

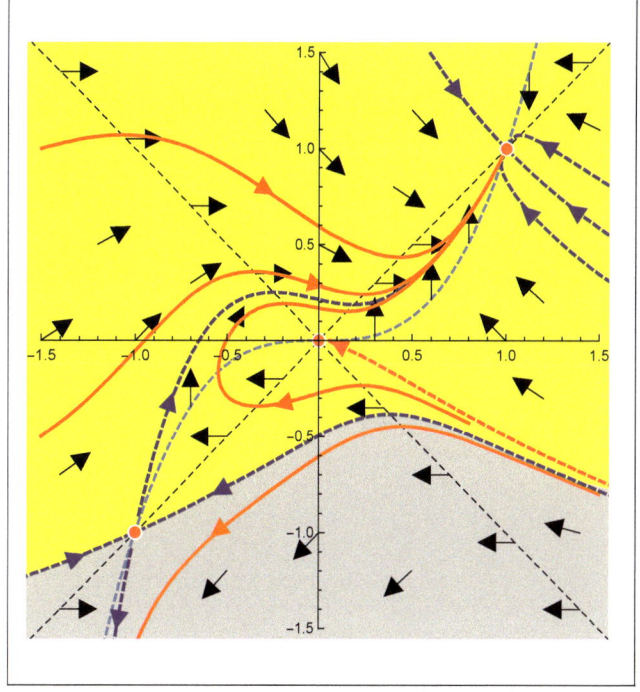

---

* Die Eigenvektoren von $f'(1, 1)$ sind die Vielfachen von $(1, 2)^T$ bzw. $(1, -1)^T$; die Eigenvektoren von $f'(-1, -1)$ sind die Vielfachen von $(2, 5 - \sqrt{17})^T$ für den negativen und von $(2, 5 + \sqrt{17})^T$ für den positiven Eigenwert. Die Linearisierung $f'(0, 0)$ besitzt als Eigenvektoren nur die Vielfachen von $(1, 0)^T$ (zum Eigenwert 0).

Phasenportrait des Systems $\dot{x} = y - x^3$, $\dot{y} = x^2 - y^2$.

Die beiden Trajektorien, die (in der Richtung des Vektors $(2, 5 - \sqrt{17})^T$) auf $(-1, -1)$ zulaufen, bilden zusammen mit dieser Gleichgewichtslage eine Separatrix: Trajektorien, die oberhalb dieser Separatrix starten, laufen (mit der Ausnahme einer einzigen Trajektorie, die auf $(0, 0)$ zuläuft) auf die Gleichgewichtslage $(1, 1)$ zu; Trajektorien, die unterhalb dieser Separatrix starten, laufen nach unten ins Unendliche weg. Der Einzugsbereich der Gleichgewichtslage $(0, 0)$ ist gelb markiert.

Lösung (123.38) (a) Ein Punkt (x, y) ist genau dann eine Gleichgewichtslage des betrachteten Systems, wenn die Gleichungen $y = 0$ und $0 = x^5 - 16x = x(x^4 - 16)$ erfüllt sind. Dies liefert die drei Gleichgewichtslagen $(0, 0)$ sowie $(\pm 2, 0)$.

(b) Die Ableitungsmatrix an einer beliebigen Stelle (x, y) ist gegeben durch

$$f'(x, y) = \begin{bmatrix} 0 & 1 \\ -1 + 5x^4/16 & -1 \end{bmatrix}.$$

An der Stelle $(0, 0)$ erhalten wir

$$f'(0, 0) = \begin{bmatrix} 0 & 1 \\ -1 & -1 \end{bmatrix}$$

mit den Eigenwerten $\lambda_{1,2} = (-1 \pm i\sqrt{3})/2$; diese sind konjugiert komplex mit negativem Realteil, so daß ein stabiler Strudel vorliegt. Für die beiden anderen Gleichgewichtslagen erhalten wir

$$f'(\pm 2, 0) = \begin{bmatrix} 0 & 1 \\ 4 & -1 \end{bmatrix}$$

mit den beiden Eigenwerten $\lambda_1 = (-1-\sqrt{17})/2 < 0$ sowie $\lambda_2 = (-1+\sqrt{17})/2 > 0$, so daß hier jeweils ein Sattelpunkt vorliegt.

(c) Bei den beiden Sattelpunkten sei jeweils v_1 ein Eigenvektor zum Eigenwert λ_1 sowie v_2 ein Eigenvektor zum Eigenwert λ_2; dann gibt es jeweils zwei Trajektorien, die in den Richtungen $\pm v_1$ auf die Gleichgewichtslage zulaufen, sowie zwei Trajektorien, die in den Richtungen $\pm v_2$ von der Gleichgewichtslage weglaufen. Um v_1 und v_2 zu finden, müssen wir die Gleichungssysteme

$$\begin{bmatrix} 1+\sqrt{17} & 2 & | & 0 \\ 8 & -1+\sqrt{17} & | & 0 \end{bmatrix} \text{ und } \begin{bmatrix} 1-\sqrt{17} & 2 & | & 0 \\ 8 & -1-\sqrt{17} & | & 0 \end{bmatrix}$$

lösen; wir erhalten

$$v_1 = \begin{bmatrix} -2 \\ \sqrt{17}+1 \end{bmatrix} \approx \begin{bmatrix} -2 \\ 5.1 \end{bmatrix} \text{ und } v_2 = \begin{bmatrix} 2 \\ \sqrt{17}-1 \end{bmatrix} \approx \begin{bmatrix} 2 \\ 3.1 \end{bmatrix}.$$

(d) Es ergibt sich das folgende Phasenportrait.

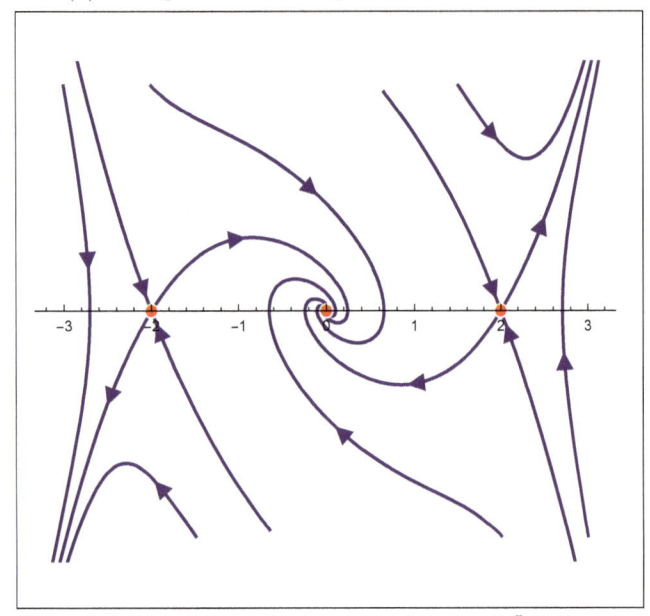

Phasenportrait des Systems $\dot{x} = y$, $\dot{y} = x - (x^5/16) + y$.

Lösung (123.39) (a) Für die Ableitung von $\Phi = 2x^2 + y^2 + 3z^2$ entlang einer Systemtrajektorie erhalten wir $\dot{\Phi} = 4x\dot{x} + 2y\dot{y} + 6z\dot{z}$, also

$$\begin{aligned}\dot{\Phi} &= 4xy - 12xz - 4x^2(y-2z)^2 \\ &\quad - 4xy + 6yz - 2y^2(x+z)^2 \\ &\quad + 12xz - 6yz - 6z^2 \\ &= -4x^2(y-2z)^2 - 2y^2(x+z)^2 - 6z^2.\end{aligned}$$

Da $\dot{\Phi}$ das Negative einer Summe von Quadraten ist, ist $\dot{\Phi}$ negativ semidefinit. Also ist Φ eine Ljapunov-Funktion zur Gleichgewichtslage $(0,0,0)$. Es gilt genau dann $\dot{\Phi} = 0$, wenn die Gleichungen $x(y-2z) = y(x+z) = z = 0$ erfüllt sind, also $z = 0$ sowie $xy = 0$. Also nimmt Φ nicht nur

an der Stelle $(0,0,0)$ den Wert 0 an, ist daher nur negativ semidefinit und folglich keine strikte Ljapunov-Funktion.

(b) Für $U := \{(x,y,z) \in \mathbb{R}^3 \mid \dot{\Phi}(x,y,z) = 0\}$ gilt $U = \{(x,y,z) \in \mathbb{R}^3 \mid x = z = 0 \text{ oder } y = z = 0\}$. Es sei $M \subseteq U$ eine invariante Teilmenge von U. Für $(x,y,z) \in M$ gilt dann entweder $x = z = 0$ und folglich $y = -\dot{z} = 0$ oder aber $y = z = 0$ und folglich $x = \dot{z}/2 = 0$. Also ist $M = \{(0,0,0)\}$ die einzige in U enthaltene invariante Menge. Nach dem Invarianzprinzip von LaSalle konvergieren also alle Systemtrajektorien gegen den Nullpunkt.

(c) Da nach (b) jede Trajektorie gegen den Nullpunkt $(0,0,0)$ konvergiert, kann es außer $(x,y,z) \equiv (0,0,0)$ keine andere konstante Trajektorie und damit keine von $(0,0,0)$ verschiedene Gleichgewichtslage geben.

Lösung (123.40) (a) Ist (x,y) eine Gleichgewichtslage, so haben wir $y = -x^3/3$ und dann

$$0 = 3x - 5y^3 = 3x + \frac{5x^9}{27} = x \cdot \left(3 + \frac{5x^8}{27}\right).$$

Da der Klammerausdruck nicht Null werden kann, folgt $x = 0$ und damit auch $y = 0$. Also ist $(0,0)$ die einzige Gleichgewichtslage des Systems.

(b) Die x-Nullisokline ist die Kurve $y = -x^3/3$, die y-Nullisokline ist die Kurve $x = (5/3)y^3$. Wenn man noch überlegt, welches Vorzeichen $\dot{x}$ bzw. $\dot{y}$ auf jeder Seite der fraglichen Isokline annimmt, so erhält man das folgende Bild.

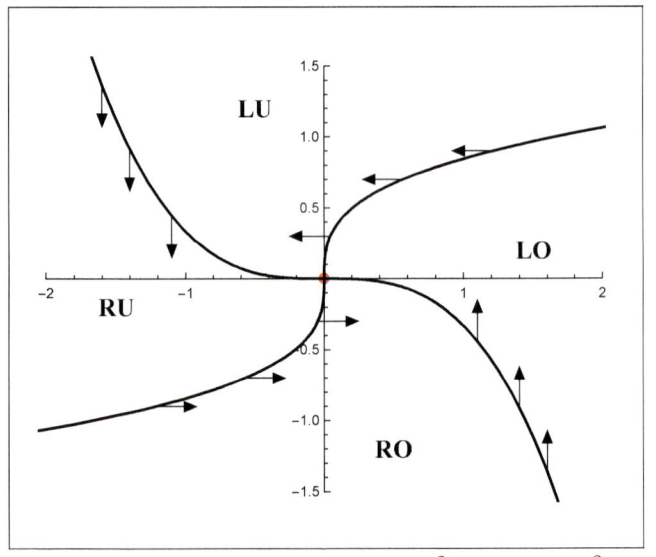

Nullisoklinen des Systems $\dot{x} = -3y - x^3$, $\dot{y} = 3x - 5y^3$.

(c) Ist $t \mapsto (x(t), y(t))$ eine Systemtrajektorie, so gilt

$$\begin{aligned}(d/dt)(1/2)(x^2+y^2) &= x\dot{x} + y\dot{y} \\ &= x(-3y - x^3) + y(3x - 5y^3) \\ &= -3xy - x^4 + 3xy - 5y^4 = -x^4 - 5y^4,\end{aligned}$$

und dieser Ausdruck ist strikt negativ außer im Punkt $(0,0)$. Also ist Φ eine strikte Ljapunov-Funktion für die

Gleichgewichtslage $(0,0)$, und wegen $\Phi(x,y) \to \infty$ für $\|(x,y)\| \to \infty$ ist der Einzugsbereich sogar ganz $\mathbb{R}^2$. Die Gleichgewichtslage $(0,0)$ ist also global asymptotisch stabil. Dies kann nicht aus dem linearisierten System

$$\begin{bmatrix} \dot x \\ \dot y \end{bmatrix} = \begin{bmatrix} -3y \\ 3x \end{bmatrix} = \begin{bmatrix} 0 & -3 \\ 3 & 0 \end{bmatrix} \begin{bmatrix} x \\ y \end{bmatrix}$$

erschlossen werden, denn die beiden Eigenwerte $\pm 3i$ haben den Realteil Null. Der Nullpunkt ist für das linearisierte System ein Zentrum, also stabil, aber nicht asymptotisch stabil (und zwar nicht einmal lokal).

(d) Aus den Teilen (b) und (c) ergibt sich, daß der Nullpunkt ein stabiler Strudel ist. Das folgende Bild zeigt einige typische Trajektorien des Systems; die Nullisoklinen sind gestrichelt eingezeichnet.

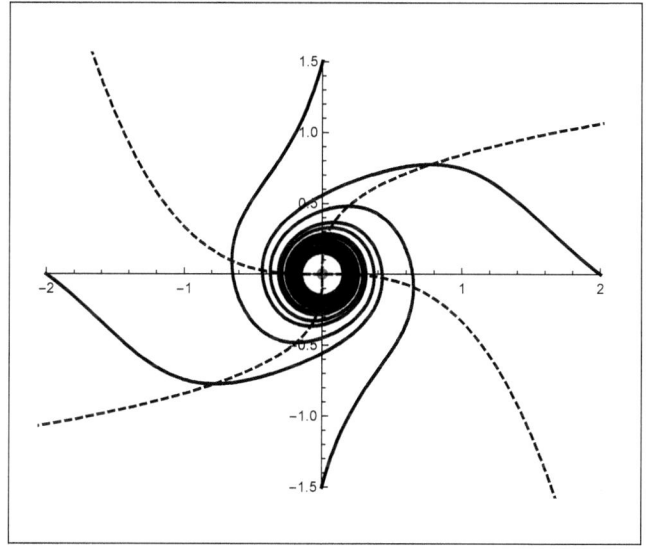

Typische Trajektorien des Systems $\dot x = -3y - x^3$, $\dot y = 3x - 5y^3$.

(123.41) Lösung. Gilt (2), dann offensichtlich auch (1), denn wir müssen ja nur $W := U$ wählen. Umgekehrt gelte (1). Es sei V vorgegeben, und wir wählen W gemäß (1). Betrachte

$$U := \{\varphi_t(x) \mid x \in W, t \geq 0\},$$

wobei (φ_t) den lokalen Fluß des Vektorfeldes f bezeichnet; dies ist also die Vereinigung aller in W startenden Trajektorien. Wegen $U \supseteq W$ ist U wieder eine Umgebung von p, und nach Voraussetzung (1) gilt $U \subseteq V$. Ferner ist die Umgebung U invariant, denn für ein beliebiges Element $u \in U$, sagen wir $u = \varphi_t(x)$ mit $x \in W$ und $t \geq 0$, und eine beliebige Zahl $s \geq 0$ gilt $\varphi_s(u) = \varphi_s(\varphi_t(x)) = \varphi_{s+t}(x) \in U$. Damit ist gezeigt, daß die Bedingungen (1) und (2) äquivalent sind.

L124: Populationsmodelle

Lösung (124.1) Bei der Untersuchung der Lotka-Volterra-Gleichungen ergab sich, daß entlang einer Lösungskurve $t \mapsto \bigl(x(t),y(t)\bigr)$ (wobei wir mit x die Beute- und mit y die Räuberpopulation bezeichnen) die Vorzeichen von $(\dot{x},\dot{y})$ zyklisch die Werte

$$(++), \quad (-+), \quad (--), \quad (+-)$$

durchlaufen. Wir müssen also nur ein Zeitintervall betrachten, in dem beide Populationen wachsen (Vorzeichenkombination ++) und dann schauen, welche der beiden Populationen zuerst anfängt zu schrumpfen (während die andere noch wächst); bei dieser zuerst abnehmenden Population handelt es sich dann um die Beutepopulation. Diese Beobachtung zeigt, daß in dem angegebenen Diagramm die durchgezogene Linie die Beutepopulation bezeichnet (Schneehasen), während die gestrichelte Linie die Räuberpopulation (Luchse) darstellt.

Lösung (124.2) Das Modell

$$\begin{aligned}\dot{x} &= (a - bx + cy)x \\ \dot{y} &= (d - ey + fx)y\end{aligned}$$

für zwei in Symbiose lebende Populationen läßt sich folgendermaßen deuten. Die Wachstumsrate jeder der beiden Arten wird durch einen Term erhöht, der proportional zur Größe der jeweils anderen Population ist, weil diese andere Population zum Gedeihen der eigenen Population beiträgt. Die Faktoren c und f sind ein Maß dafür, wie stark dieser symbiotische Effekt jeweils ist. (Für $c = f = 0$ reduziert sich das Modell auf zwei entkoppelte Verhulst-Gleichungen.) Die x-Nullisokline ist die Vereinigung der beiden Geraden

$$x = 0 \quad \text{und} \quad a - bx + cy = 0 \text{ bzw. } y = (bx - a)/c;$$

die y-Nullisokline ist die Vereinigung der beiden Geraden

$$y = 0 \quad \text{und} \quad d - ey + fx = 0 \text{ bzw. } y = (fx + d)/e.$$

Das System hat in jedem Fall die Gleichgewichtslagen $(0,0)$, $(a/b, 0)$ und $(0, d/e)$; ob es (im ersten Quadranten, der ja für uns nur von Interesse ist) eine weitere Gleichgewichtslage gibt, hängt davon ab, ob sich die beiden Geraden $a - bx + cy = 0$ (die durch $(a/b, 0)$ geht) und $d - ey + fx = 0$ (die durch $(0, d/e)$ geht) schneiden; dies ist genau dann der Fall, wenn die Steigung der erstgenannten Geraden größer ist als die der zweitgenannten Geraden, wenn also $b/c > f/e$ bzw. $cf < be$ gilt.

1. Fall: $cf < be$. (Diese Bedingung läßt sich so lesen, daß der symbiotische Effekt vergleichsweise klein ist.) In diesem Fall gibt es eine weitere Gleichgewichtslage (ξ, η),

und der erste Quadrant wird durch die Nullisoklinen in vier Gebiete zerlegt (siehe Skizze), in denen die Trajektorien jeweils in gleichem Richtungssinn verlaufen:

A : Bewegung nach rechts oben ($\dot{x} > 0, \dot{y} > 0$);
B : Bewegung nach links oben ($\dot{x} < 0, \dot{y} > 0$);
C : Bewegung nach links unten ($\dot{x} < 0, \dot{y} < 0$);
D : Bewegung nach rechts unten ($\dot{x} > 0, \dot{y} < 0$).

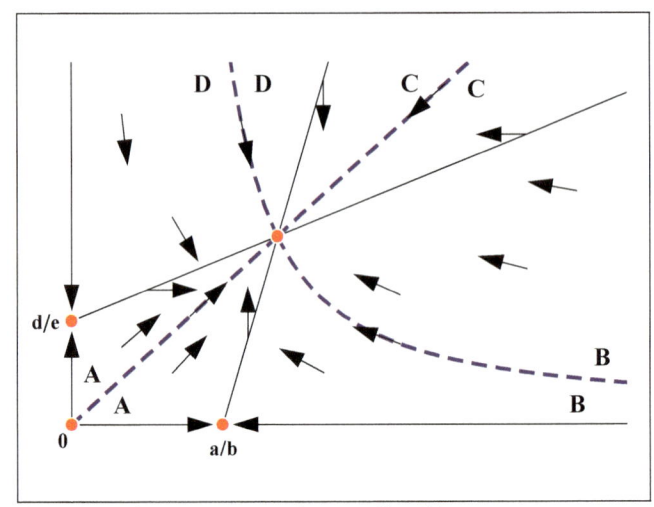

Zwei Populationen in moderater Symbiose.

Keine in A beginnende Trajektorie kann den Rand von A überschreiten, muß also für alle Zeiten in A verbleiben, so daß die Funktionen $t \mapsto x(t)$ und $t \mapsto y(t)$ für alle Zeiten monoton wachsen und beschränkt bleiben. Also existiert $\lim_{t \to \infty} \bigl(x(t), y(t)\bigr)$; dieser Grenzpunkt ist zwangsläufig eine Gleichgewichtslage und kann daher nur der Punkt (ξ, η) sein. Analog verbleibt jede in C startende Trajektorie für alle Zeiten in C und läuft für $t \to \infty$ auf die Gleichgewichtslage (ξ, η) zu.

Eine in B bzw. D startende Trajektorie kann nur für alle Zeiten in B bzw. D verbleiben, wenn sie direkt auf die Gleichgewichtslage (ξ, η) zuläuft; dies liefert zwei spezielle Trajektorien (eine in B, eine in D), deren Vereinigung (wenn man noch die einpunktige Trajektorie (ξ, η) hinzunimmt) eine Separatrix ist: Trajektorien, die unterhalb dieser Separatrix starten, müssen irgendwann in A eindringen und von dort aus gegen (ξ, η) laufen; Trajektorien, die oberhalb dieser Separatrix starten, müssen irgendwann in C eindringen und laufen von dort aus auf den Punkt (ξ, η) zu. Jede im Innern des ersten Quadranten startende Trajektorie läuft also auf den Punkt (ξ, η) zu, der eine asymptotisch stabile Gleichgewichtslage darstellt.

Zwei in moderater Symbiose lebende Populationen nähern sich also an eine Gleichgewichtslage an. Es gelten die Ungleichungen $\xi > a/b$ und $\eta > d/e$; diese zeigen, daß in der Gleichgewichtslage (ξ, η) beide Populationen größer sind als die bei Abwesenheit der jeweils anderen Art erreichbaren Maximalpopulationen. Dies zeigt, daß jede Population von dem Vorhandensein der jeweils anderen Population profitiert.

124. Populationsmodelle

Zweiter Fall: $cf > be$. (Diese Bedingung läßt sich so lesen, daß der symbiotische Effekt vergleichsweise groß ist.) In diesem Fall schneiden sich die beiden Geraden $a - bx + cy = 0$ und $d - ey + fx = 0$ nicht im ersten Quadranten, so daß keine weitere Gleichgewichtslage mehr auftritt. Der erste Quadrant zerfällt dann in die drei Gebiete I, II, III, die in der folgenden Skizze angegeben sind.

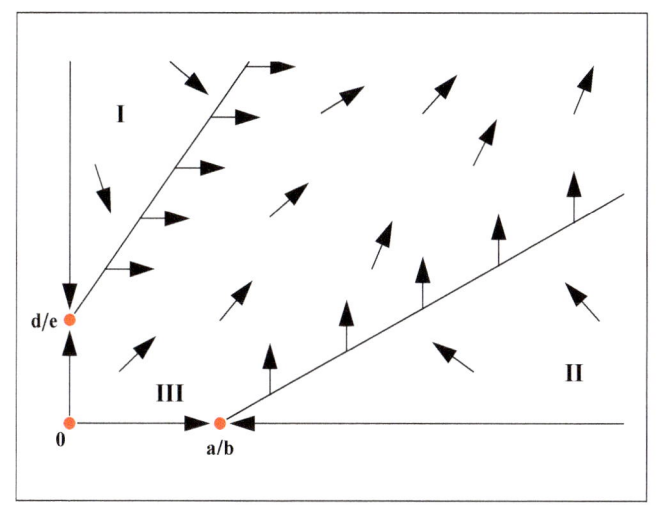

Zwei Populationen in starker Symbiose.

Keine Trajektorie kann für alle Zeiten in I oder II verbleiben, weil sie sonst gegen eine (nicht existierende) Gleichgewichtslage laufen müßte; jede in I oder II beginnende Trajektorie dringt also irgendwann in III ein. Andererseits kann eine Trajektorie das Gebiet III nicht wieder verlassen. Die Funktionen $t \mapsto x(t)$ und $t \mapsto y(t)$ können dann nicht beschränkt bleiben, weil sonst der Grenzwert $\lim_{t \to \infty}(x(t), y(t))$ existieren müßte; also gilt $x(t) \to \infty$ und $y(t) \to \infty$. Beide Populationen werden also unendlich groß; der symbiotische Effekt (also das Verschaffen zusätzlicher Ressourcen für eine Population durch die jeweils andere Population) ist also so groß, daß unendliches Wachstum möglich ist. (Für wirkliche Systeme in der Natur ist das natürlich unrealistisch.)

Lösung (124.3) Das Modell

$$\begin{aligned} \dot{x} &= (a - bx + cy)x \\ \dot{y} &= (d - ey - fx)y \end{aligned}$$

für eine Parasitenpopulation x und eine Wirtspopulation y läßt sich folgendermaßen deuten. Die Wachstumsrate von x wird durch einen Term erhöht, der proportional zur Größe von y ist (denn die Parasiten profitieren von der Existenz der Wirtspopulation, und zwar um so mehr, je mehr Wirte vorhanden sind), während die Wachstumsrate von y durch einen Term vermindert wird, der proportional zur Größe von x ist (denn die Wirte leiden unter der Existenz der Parasiten, und zwar um so mehr, je mehr Parasiten vorhanden sind). Die Koeffizienten c und f geben an, wie stark dieser Effekt jeweils ist. (Für $c = f = 0$ reduziert sich das Modell auf zwei entkoppelte Verhulst-Gleichungen.) Die x-Nullisokline ist die Vereinigung der beiden Geraden

$$x = 0 \quad \text{und} \quad a - bx + cy = 0 \text{ bzw. } y = (bx - a)/c;$$

die y-Nullisokline ist die Vereinigung der beiden Geraden

$$y = 0 \quad \text{und} \quad d - ey - fx = 0 \text{ bzw. } y = (-fx + d)/e.$$

Das Aussehen des Phasenportraits hängt davon ab, ob sich die beiden Geraden $a - bx + cy = 0$ und $d - ey - fx = 0$ im ersten Quadranten schneiden oder nicht, ob also der Achsenabschnittspunkt $(d/f, 0)$ der zweiten Geraden links oder rechts von dem Achsenabschnittspunkt $(a/b, 0)$ der ersten Geraden liegt.

1. Fall: $d/f > a/b$ bzw. $f < bd/a$. (Diese Bedingung läßt sich so deuten, daß der Effekt der Parasiten- auf die Wirtspopulation eher moderat ist.) In diesem Fall gibt es neben $(0, 0)$, $(a/b, 0)$ und $(0, d/e)$ eine vierte Gleichgewichtslage (ξ, η), die gegeben ist durch

$$\begin{bmatrix} b & -c \\ f & e \end{bmatrix} \begin{bmatrix} \xi \\ \eta \end{bmatrix} = \begin{bmatrix} a \\ d \end{bmatrix} \text{ bzw. } \begin{bmatrix} \xi \\ \eta \end{bmatrix} = \frac{1}{be + cf} \begin{bmatrix} ae + cd \\ bd - af \end{bmatrix}.$$

Die Nullisoklinen zerlegen den ersten Quadranten in vier Gebiete A, B, C, D, in denen die Trajektorien jeweils in einer festen Richtung (nach links oder rechts sowie oben oder unten) verlaufen. Man erkennt sofort, daß alle Trajektorien auf den Punkt (ξ, η) zulaufen, der daher eine global asymptotisch stabile Gleichgewichtslage repräsentiert.

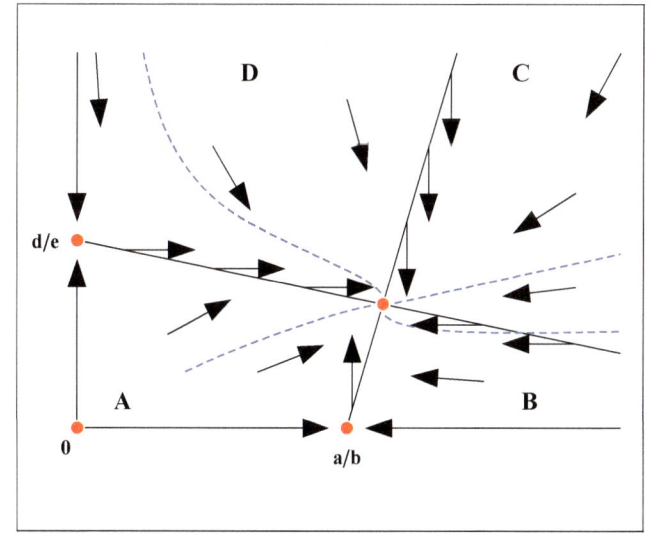

Parasiten- und Wirtspopulation mit moderatem parasitärem Effekt.

Bei nicht allzu starkem Effekt der Parasiten- auf die Wirtspopulation stellt sich also ein Gleichgewichtszustand ein. Für diesen Zustand (ξ, η) ist $\xi > a/b$ (die Parasitenpopulation ist in diesem Zustand also größer als der Maximalwert, den sie bei Abwesenheit der Wirtspopulation haben

Aufgaben zu »Populationsmodelle« siehe Seite 112

könnte), während $\eta < d/e$ gilt (die Wirtspopulation ist in diesem Zustand also kleiner als der Maximalwert, den sie bei Abwesenheit der Parasitenpopulation annehmen könnte). Die Parasiten profitieren also von der Existenz der Wirte, während umgekehrt die Wirtspopulation unter den Parasiten leidet.

Damit haben wir das qualitative Verhalten des Systems im wesentlichen verstanden. Wir wollen aber noch eine Einzelheit klären (und dabei zeigen, welche Details sich mit einer vertieften mathematischen Untersuchung noch ermitteln lassen): Laufen die Trajektorien spiralförmig auf die Gleichgewichtslage (ξ, η) zu, oder nähern sie sich dieser in einer festen Richtung? Dazu betrachten wir die Linearisierung des betrachteten Systems um die Gleichgewichtslage (ξ, η). Bezeichnet Φ die rechte Seite der Differentialgleichung, so gilt allgemein

$$\Phi'(x,y) = \begin{bmatrix} (a-bx+cy)-bx & cx \\ -fy & (d-ey-fx)-ey \end{bmatrix}$$

und damit

$$\Phi'(\xi,\eta) = \begin{bmatrix} -b\xi & c\xi \\ -f\eta & -e\eta \end{bmatrix}.$$

Die Eigenwerte von $\Phi'(\xi,\eta)$ sind daher die Lösungen der Gleichung $\lambda^2 + (b\xi+e\eta)\lambda + (be+cf)\xi\eta = 0$, also die Zahlen

$$\lambda_{1,2} = \frac{1}{2}\left(-(b\xi+e\eta) \pm \sqrt{(b\xi-e\eta)^2 - 4cf\xi\eta}\right).$$

Ist $(b\xi-e\eta)^2 < 4cf\xi\eta$, so gibt es zwei konjugiert komplexe nichtreelle Eigenwerte, folglich keine reellen Eigenvektoren und daher keine festen Richtungen, in denen Trajektorien auf die Gleichgewichtslage (ξ, η) zulaufen können; in diesem Fall laufen alle Trajektorien spiralförmig auf (ξ, η) zu und durchlaufen dabei jedes der Gebiete A, B, C, D unendlich oft. Ist dagegen $(b\xi-e\eta)^2 > 4cf\xi\eta$, so hat $\Phi'(\xi,\eta)$ zwei negative reelle Eigenwerte; es gibt dann vier Trajektorien, die jeweils in einer festen Richtung (nämlich einer Eigenrichtung von $\Phi'(\xi,\eta)$) auf (ξ,η) zulaufen, und die Gebiete zwischen diesen Trajektorien sind jeweils invariant. Folgende Fragen können noch genauer untersucht werden:

- Wie läßt sich die Bedingung, welcher der beiden Fälle eintritt, als Ungleichung für f formulieren? (Welche Art von Ungleichung erwartet man aus biologischen Gründen?)
- Wie liegen im Fall zweier reeller Eigenwerte die Eigenrichtungen von $\Phi'(\xi,\eta)$ relativ zu den Gebieten A, B, C, D? Zeigen jeweils zwei Richtungen in das gleiche Gebiet? Gibt es eine Trajektorie, die die Gleichgewichtslagen $(0,0)$ und (ξ,η) verbindet? Gibt es hier mathematische Aussagen, die man aus biologischen Gründen erwarten würde?

2. Fall: $d/f < a/b$ bzw. $f > bd/a$. (Diese Bedingung drückt einen starken Effekt der Parasiten auf die Wirtspopulation aus.) In diesem Fall haben die Geraden $a-bx+cy = 0$ und $d-ey-fx = 0$ keinen Schnittpunkt im ersten Quadranten; dieser zerfällt in die drei Gebiete I, II und III, die in der folgenden Skizze angegeben sind.

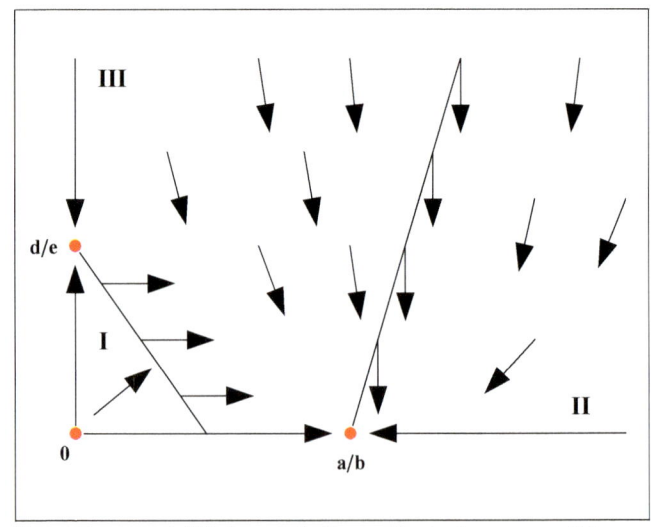

Parasiten- und Wirtspopulation mit starkem parasitärem Effekt.

In diesem Fall ist also die Gleichgewichtslage $(a/b, 0)$ global asymptotisch stabil. Das bedeutet, daß die Wirtspopulation so stark unter dem Parasitenbefall leidet, daß sie auf lange Sicht ausstirbt. Die Parasitenpopulation strebt dann gegen ihren nach dem Verhulst-Modell maximal möglichen Wert. – Auch hier können wir noch einige Detailfragen zu klären versuchen (und die Antwort biologisch deuten).

- Wo liegt die Grenze zwischen denjenigen Trajektorien in III, die direkt auf die Gleichgewichtslage $(a/b, 0)$ zulaufen, ohne vorher noch in das Gebiet II einzudringen?
- Wo liegt die Grenze zwischen denjenigen Trajektorien, bei denen die Parasitenpopulation sich so stark an der Wirtspopulation schadlos halten kann, daß sie den Wert a/b (der ja bei Abwesenheit der Wirtspopulation die maximal erreichbare Populationsgröße markiert) zunächst überschreitet, bevor sie gegen diesen konvergiert?

Aus biologischen Gründen würde man erwarten, daß die beiden Grenzen um so weiter rechts liegen, je kleiner der Wert für f wird. (Ein stärkerer parasitärer Effekt führt zum direkteren und schnelleren Aussterben der Wirtspopulation als ein schwächerer Effekt.) Wir wollen die Fragen hier nicht beantworten, sondern nur andeuten, wie man sie angehen kann, und berechnen

$$\Phi'(a/b, 0) = \begin{bmatrix} -a & ca/b \\ 0 & d-(fa/b) \end{bmatrix}.$$

Die Eigenvektoren zum Eigenwert $-a$ sind die Vielfachen des Vektors $(1,0)^T$; dies entspricht den beiden Trajektorien, die waagrecht auf $(a/b, 0)$ zulaufen. Die Eigenvektoren zum (ebenfalls negativen) Eigenwert $d-(fa/b)$ sind die Vielfachen des Vektors

$$\begin{bmatrix} ca \\ ba+bd-fa \end{bmatrix};$$

in welche Richtung die von diesem Vektor gebildete Gerade durch $(a/b, 0)$ verläuft, hängt davon ab, ob $ba + bd - fa > 0$, also $f < b(a+d)/a$, oder $ba + bd - fa < 0$, also $f > b(a+d)/a$, gilt.

Lösung (124.4) Die Gleichgewichtslage (ξ, η) ist gegeben als Lösung des Systems der beiden Gleichungen $a - b\xi - c\eta = 0$ und $d - e\eta - f\xi = 0$, also

$$\begin{bmatrix} b & c \\ f & e \end{bmatrix} \begin{bmatrix} \xi \\ \eta \end{bmatrix} = \begin{bmatrix} a \\ d \end{bmatrix}$$

bzw.

$$\begin{bmatrix} \xi \\ \eta \end{bmatrix} = \frac{1}{be - cf} \begin{bmatrix} e & -c \\ -f & b \end{bmatrix} \begin{bmatrix} a \\ d \end{bmatrix}$$

und damit

$$(\xi, \eta) = \left(\frac{ae - cd}{be - cf}, \frac{bd - af}{be - cf} \right).$$

Die Zähler und Nenner der auftretenden Brüche sind dabei allesamt positiv, denn wir haben $cd < ae$ sowie $af < bd$ nach Voraussetzung und damit $cf < (ae/d) \cdot (bd/a) = be$. Wir erhalten daher die Äquivalenzen

$$\xi < \frac{a}{b} \Leftrightarrow \frac{ae - cd}{be - cf} < \frac{a}{b} \Leftrightarrow abe - bcd < abe - acf \Leftrightarrow$$

$acf < bcd \Leftrightarrow af < bd$ (nach Voraussetzung erfüllt)

sowie

$$\eta < \frac{d}{e} \Leftrightarrow \frac{bd - af}{be - cf} < \frac{d}{e} \Leftrightarrow ebd - aef < bde - cdf \Leftrightarrow$$

$cdf < aef \Leftrightarrow cd < ae$ (nach Voraussetzung erfüllt).

Damit sind die Ungleichungen $\xi < a/b$ und $\eta < d/e$ nachgeprüft. Nun ist a/b die Gleichgewichtslage der Population x im Fall $y \equiv 0$, während d/e die Gleichgewichtslage der Population y im Fall $x \equiv 0$ ist. Das sich bei Präsenz beider Arten einstellende Gleichgewicht (ξ, η) ist also so, daß jede der beiden Populationen eine geringere Größe erreicht, als sie in Abwesenheit der jeweils anderen (konkurrierenden) Art erreichen würde. Die gegenseitige Konkurrenz wirkt sich also negativ auf das Wachstum jeder der beiden Arten aus.

Lösung (124.5) Das System

$$\dot{x} = (a - bx - cy)x$$
$$\dot{y} = (-d - ey + fx)y$$

hat die Gleichgewichtslagen $(0,0)$, $(a/b, 0)$, $(0, -d/e)$ und (ξ, η), wobei ξ und η die Gleichungen $a - b\xi - c\eta = 0$ und $-d - e\eta + f\xi = 0$ erfüllen, also

$$\begin{bmatrix} b & c \\ f & -e \end{bmatrix} \begin{bmatrix} \xi \\ \eta \end{bmatrix} = \begin{bmatrix} a \\ d \end{bmatrix}$$

bzw.

$$\begin{bmatrix} \xi \\ \eta \end{bmatrix} = \frac{1}{be + cf} \begin{bmatrix} e & c \\ f & -b \end{bmatrix} \begin{bmatrix} a \\ d \end{bmatrix}$$

und damit

$$(\xi, \eta) = \left(\frac{ae + cd}{be + cf}, \frac{af - bd}{be + cf} \right).$$

Bezeichnen wir mit F die rechte Seite des Differentialgleichungssystems, so erhalten wir

$$F'(x, y) = \begin{bmatrix} (a - bx - cy) - bx & -cx \\ fy & (-d - ey + fx) - ey \end{bmatrix}.$$

Die Gleichgewichtslage $(0, -d/e)$ liegt nicht im ersten Quadranten und ist daher für das Räuber-Beute-Modell uninteressant. Ob die Gleichgewichtslage (ξ, η) von Interesse ist, hängt davon ab, ob sie im ersten Quadranten liegt oder nicht.

(a) Wir nehmen an, daß $af > bd$ gilt. Diese Bedingung ("f groß") läßt sich so interpretieren, daß die Räuberpopulation in effektiver Form von der Beutepopulation profitiert, also eine vergleichsweise kleine Zahl von Beutetieren benötigt, um sich zu ernähren. In diesem Fall liegt die Gleichgewichtslage (ξ, η) im ersten Quadranten. Um ihre Stabilität zu untersuchen, betrachten wir die Eigenwerte der Matrix

$$F'(\xi, \eta) = \begin{bmatrix} -b\xi & -c\xi \\ f\eta & -e\eta \end{bmatrix}.$$

Das charakteristische Polynom ist

$$\begin{vmatrix} -b\xi - \lambda & -c\xi \\ f\eta & -e\eta - \lambda \end{vmatrix} = \lambda^2 + (b\xi + e\eta)\lambda + (be + cf)\xi\eta$$

und hat die Nullstellen

$$\lambda_{1,2} = \frac{1}{2}\left(-(b\xi + e\eta) \pm \sqrt{(b\xi - e\eta)^2 - 4cf\xi\eta} \right).$$

Gilt $(b\xi - e\eta)^2 < 4cf\xi\eta$, so sind $\lambda_{1,2}$ konjugiert komplexe Eigenwerte mit negativem Realteil, so daß ein stabiler Strudel vorliegt. Gilt dagegen $(b\xi - e\eta)^2 \geq 4cf\xi\eta$, so sind $\lambda_{1,2}$ negative reelle Eigenwerte, so daß ein stabiler Knoten vorliegt (der im Fall $(b\xi - e\eta)^2 = 4cf\xi\eta$ ausgeartet ist). In jedem Fall ist also die Gleichgewichtslage (ξ, η) lokal asymptotisch stabil. Wir wollen zeigen, daß sie sogar *global* asymptotisch stabil ist, daß also *jede* im ersten Quadranten startende Trajektorie auf diese Gleichgewichtslage zuläuft. Dazu betrachten wir wie angegeben die Funktion

$$\Phi(x, y) = f \cdot (x - \xi \ln(x)) + c(y - \eta \ln(y))$$

mit

$$(\nabla \Phi)(x, y) = \begin{bmatrix} f(1 - \xi/x) \\ c(1 - \eta/y) \end{bmatrix}$$

und
$$\Phi''(x,y) = \begin{bmatrix} f\xi/x^2 & 0 \\ 0 & c\eta/y^2 \end{bmatrix}.$$

Weil die Hesse-Matrix $\Phi''(x,y)$ überall positiv definit ist, ist Φ eine strikt konvexe Funktion. Da ferner $(\nabla\Phi)(\xi,\eta) = (0,0)^T$ gilt, liegt im Punkt (ξ,η) ein striktes globales Minimum von Φ vor. Die Änderungsrate von Φ entlang einer Systemtrajektorie ist gegeben durch

$$\langle \nabla\Phi, F\rangle(x,y) = \left\langle \begin{bmatrix} f(1-\xi/x) \\ c(1-\eta/y) \end{bmatrix}, \begin{bmatrix} (-b(x-\xi)-c(y-\eta))x \\ (f(x-\xi)-e(y-\eta))y \end{bmatrix} \right\rangle$$
$$= f(x-\xi)(-b(x-\xi)-c(y-\eta))$$
$$\quad + c(y-\eta)(f(x-\xi)-e(y-\eta))$$
$$= -bf(x-\xi)^2 - ce(y-\eta)^2 \; < \; 0 \text{ für } (x,y) \neq (\xi,\eta).$$

Die Funktion Φ fällt also streng monoton entlang jeder nichttrivialen Systemtrajektorie. Dies zeigt, daß $V(x,y) := \Phi(x,y) - \Phi(\xi,\eta)$ eine strikte Ljapunov-Funktion für die Gleichgewichtslage (ξ,η) ist. Nähert sich (x,y) dem Rand des ersten Quadranten, so gilt $V(x,y) \to \infty$; also ist die Gleichgewichtslage (ξ,η) sogar global asymptotisch stabil.

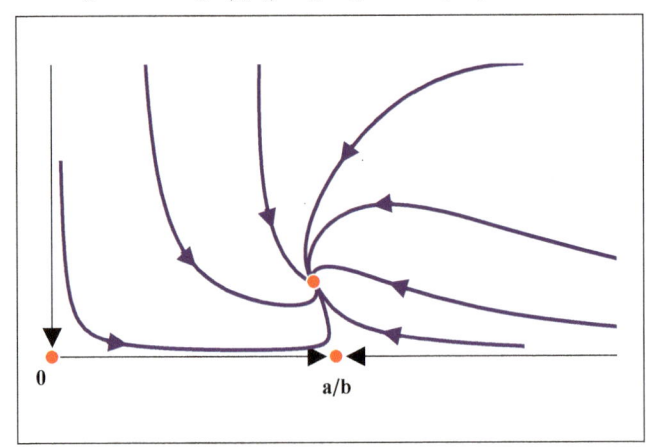

Konvergenz der Trajektorien gegen die Gleichgewichtslage (ξ,η) im Fall $af > bd$.

Aufgrund der Äquivalenzkette

$$\xi < \frac{a}{b} \;\Leftrightarrow\; abe + bcd < abe + acf \;\Leftrightarrow\; bd < af$$

gilt $\xi < a/b$. Da a/b die Gleichgewichtslage ist, gegen die für $t \to \infty$ die Beutepopulation x in Abwesenheit der Räuberpopulation y strebt, bedeutet die Bedingung $\xi < a/b$, daß bei dem sich einstellenden Gleichgewicht die Beutepopulation kleiner ist als in der Situation, daß gar keine Räuberpopulation auftritt, was natürlich vollkommen plausibel ist.

(b) Wir nehmen nun an, daß $af < bd$ gilt. Diese Bedingung ("f klein") läßt sich so interpretieren, daß die Räuberpopulation nicht sehr effektiv aus der Beutepopulation Nutzen zieht, also eine vergleichsweise große Zahl von Beutetieren benötigt, um sich zu ernähren. In diesem Fall liegt (ξ,η) nicht im ersten Quadranten, ist also für das Räuber-Beute-Modell uninteressant. Durch Betrachtung der Nullisoklinen erkennt man sofort, daß keine

Aufgaben zu »Populationsmodelle« siehe Seite 112

Trajektorie ins Unendliche entweichen kann und daher jede Trajektorie, die im offenen ersten Quadranten beginnt, gegen die Gleichgewichtslage $(a/b, 0)$ strebt; die Räuberpopulation stirbt also langfristig aus. Die Matrix

$$F'(a/b, 0) = \begin{bmatrix} -a & -ca/b \\ 0 & -d+fa/b \end{bmatrix}$$

hat die beiden negativen Eigenwerte $\lambda_1 = -a$ und $\lambda_2 = -d+fa/b$ mit den zugehörigen Eigenvektoren $v_1 = (1,0)^T$ und $v_2 = (ac, bd-ab-af)^T$; es liegt also ein stabiler Knoten vor (der im Fall $\lambda_1 = \lambda_2$, also $ab = bd-af$, ausgeartet ist). Die Trajektorien laufen daher in Richtung der Geraden $\mathbb{R}v_1$ (also der x-Achse) auf die Gleichgewichtslage $(a/b, 0)$ zu, falls $|\lambda_1| \leq |\lambda_2|$ bzw. $ab \leq bd - af$ gilt, andernfalls in Richtung der Geraden $\mathbb{R}v_2$.

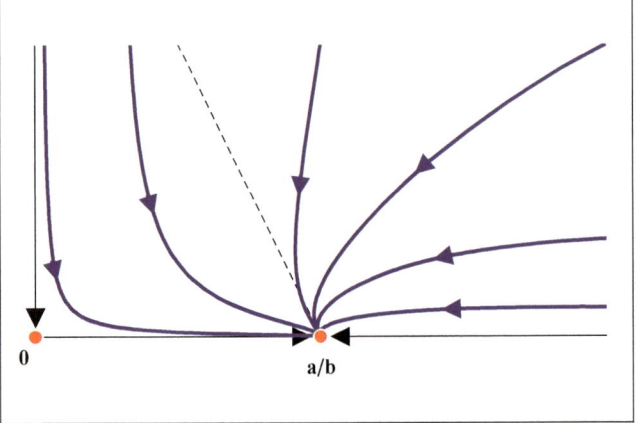

Konvergenz der Trajektorien gegen die Gleichgewichtslage $(a/b, 0)$ im Fall $af < bd$.

Lösung (124.6) (a) Die Malthussche Gleichung $\dot{x} = ax$ hat die allgemeine Lösung $x(t) = x_0 e^{at}$, wobei x_0 die Anfangspopulation und a die Wachstumsrate ist. Sind nun zwei Messungen $x_1 = x_0 e^{at_1}$ und $x_2 = x_0 e^{at_2}$ verfügbar, so erhalten wir zunächst $x_2/x_1 = e^{a(t_2-t_1)}$, folglich $\ln(x_2/x_1) = a(t_2 - t_1)$ und damit

$$a = \frac{\ln(x_2/x_1)}{t_2 - t_1}.$$

Andererseits führt Logarithmieren der beiden Meßgleichungen auf $\ln(x_1) = \ln(x_0) + at_1$ und $\ln(x_2) = \ln(x_0) + at_2$, folglich $t_2 \ln(x_1) - t_2 \ln(x_0) = at_1 t_2 = t_1 \ln(x_2) - t_1 \ln(x_0)$, damit $t_2 \ln(x_1) - t_1 \ln(x_2) = (t_2 - t_1) \ln(x_0)$ und schließlich

$$x_0 = \exp\left(\frac{t_2 \ln(x_1) - t_1 \ln(x_2)}{t_2 - t_1} \right).$$

Diese beiden Gleichungen zeigen, wie man aus zwei Messungen die beiden Parameter a und x_0 berechnen kann. (Aufgrund unvermeidlicher Meßfehler handelt es sich dabei aber immer nur um Schätzungen für die wahren, aber unbekannten Parameterwerte.) Je nach den gewählten Messungen ergeben sich in dem Beispiel die folgenden Werte.

Verwendete Messungen:	1790 und 1800	1940 und 1950	1790 und 1950
x_0	3.929	17.3847	3.929
a	0.30083	0.13498	0.22793

Das folgende Diagramm zeigt in rot die Lösung der Malthusgleichung, die auf den Messungen von 1790 und 1800 basiert, in grün die Lösung, die auf den Messungen von 1940 und 1950 basiert, sowie in blau die Lösung, die auf den Messungen von 1790 und 1950 basiert. (In schwarzer Farbe ist die Lösung dargestellt, die auf den gemäß (b) optimierten Parameterwerten basiert.)

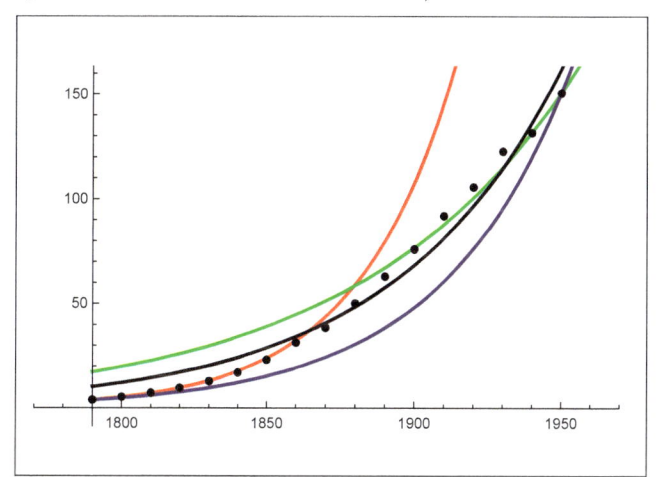

Anpassung eines Malthus-Modells an die empirischen Daten.

(b) Beginnend mit einer Anfangsschätzung, wie wir sie etwa aus (a) erhalten, wollen wir sukzessive immer bessere Schätzungen für die Parameterwerte ermitteln, von denen wir hoffen (und bei hinreichend guter Anfangsschätzung auch erwarten), daß sie gegen die wahren Parameterwerte konvergieren. Der Übergang von einer gegebenen Schätzung (x_0, a) zu einer neuen (hoffentlich verbesserten) Schätzung $(x_0 + \delta x_0, a + \delta a)$ geschieht dabei folgendermaßen:

$$x_i \stackrel{!}{=} (x_0 + \delta x_0)e^{(a+\delta a)t_i} = e^{at_i}(x_0 + \delta x_0)e^{t_i \delta a}$$
$$\approx e^{t_i a}(x_0 + \delta x_0)(1 + t_i \delta a)$$
$$\approx e^{at_i}(x_0 + \delta x_0 + t_i x_0 \delta a),$$

wobei jeweils approximiert wird, indem wir Terme höherer Ordnung weglassen. (Das Ausrufezeichen bedeutet, daß die Inkremente δx_0 und δa so gewählt werden sollen, daß die aufgrund der neuen Schätzwerte $x_0 + \delta x_0$ und $a + \delta a$ theoretisch zu erwartenden Meßwerte $(x_0 + \delta x_0)e^{(a+\delta a)t_i}$ nach Möglichkeit mit den tatsächlich erhaltenen Messungen x_i übereinstimmen.) Wir wollen also die Inkremente δx_0 und δa so wählen, daß

$$x_i - e^{at_i}x_0 \approx e^{at_i}\delta x_0 + t_i x_0 e^{at_i}\delta a$$

gilt. Fassen wir diese (approximativen) Gleichungen für $1 \leq i \leq N$ in Matrixform zusammen, so ergibt sich

$$\begin{bmatrix} x_1 - e^{at_1}x_0 \\ x_2 - e^{at_2}x_0 \\ \vdots \\ x_N - e^{at_N}x_0 \end{bmatrix} \approx \begin{bmatrix} e^{at_1} & t_1 x_0 e^{at_1} \\ e^{at_2} & t_2 x_0 e^{at_2} \\ \vdots & \vdots \\ e^{at_N} & t_N x_0 e^{at_N} \end{bmatrix} \begin{bmatrix} \delta x_0 \\ \delta a \end{bmatrix}.$$

Dies hat die Form $\rho \approx A\delta p$, was wir im Sinne der Ausgleichsrechnung so nach δp auflösen, daß $\|\rho - A\delta p\|$ minimal wird ("Methode der kleinsten Quadrate"). Dies liefert $\delta p = (A^T A)^{-1} A^T \rho$. Die Vorgehensweise ist also folgendermaßen: zu einer gegebenen Schätzung (x_0, a) ermitteln wir ρ und A wie oben, berechnen $(\delta x_0, \delta a)^T = (A^T A)^{-1} A^T \rho$ und wählen als neue Schätzung $(x_0 + \delta x_0, a + \delta a)^T$. Dieses Verfahren wird so lange iteriert, bis kaum noch eine Änderung zwischen aufeinanderfolgenden Iterationsschritten feststellbar ist.

(c) Wir schreiben das Verhulstsche System nicht in der Form $\dot{x} = (a - bx)x$, sondern in der äquivalenten Form $\dot{x} = a(1 - x/m)x$ (mit $m = a/b$), bei der die Parameter einfacher zu interpretieren sind: x_0 ist die Anfangspopulation, a ist die "natürliche" Wachstumsrate (mit der die Population bei unbegrenzt vorhandenen Ressourcen wachsen würde) und m ist die maximale Populationsgröße, die der Lebensraum mit seinen Ressourcen verkraften kann. Die allgemeine Lösung ist

$$x(t) = x(t; x_0, a, m) = \frac{mx_0}{x_0 + (m - x_0)e^{-at}}.$$

Sind nun drei Messungen $x_i = mx_0/(x_0 + (m-x_0)e^{-at_i})$ gegeben, so können wir aus diesen die drei Parameter x_0, a und m folgendermaßen bestimmen: zunächst gilt

(1) $$e^{-at_i} = \frac{m - x_i}{m - x_0} \cdot \frac{x_0}{x_i}$$

und damit

(2) $$e^{a(t_j - t_i)} = \frac{m - x_i}{m - x_j} \cdot \frac{x_j}{x_i}.$$

Sind nun die Zeiten $t_1 < t_2 < t_3$ so, daß $t_3 - t_2 = t_2 - t_1$ gilt, so folgt hieraus

$$\frac{m - x_1}{m - x_2} \cdot \frac{x_2}{x_1} = \frac{m - x_2}{m - x_3} \cdot \frac{x_3}{x_2}$$

und damit

(3) $$m = \frac{x_2^2(x_1 + x_3) - 2x_1 x_2 x_3}{x_2^2 - x_1 x_3}.$$

Aus (2) folgt

(4) $$a = \frac{1}{t_2 - t_1} \cdot \ln\left(\frac{m - x_1}{m - x_2} \cdot \frac{x_2}{x_1}\right).$$

Auflösen von (1) nach x_0 liefert dann

(5) $$x_0 = \frac{mx_i e^{-at_i}}{m + x_i e^{-at_i} - x_i},$$

wobei wir $i \in \{1,2,3\}$ beliebig wählen können. Die Gleichungen (3), (4) und (5) können dann dazu benutzt werden, nacheinander die Parameter m, a und x_0 aus den verfügbaren Messungen zu bestimmen. Bei verschiedenen Auswahlen für die drei Messungen ergeben sich jeweils die folgenden Parameterwerte.

Verwendete Messungen:	1790 1810 1830	1910 1930 1950	1790 1870 1950
x_0	3.929	4.59273	3.929
a	0.328027	0.295992	0.30898
m	79.4726	209.772	205.924

Das folgende Diagramm zeigt in rot die Lösung der Malthusgleichung, die auf den Messungen von 1790, 1810 und 1830 basiert, in grün die Lösung, die auf den Messungen von 1910, 1930 und 1950 basiert, sowie in blau die Lösung, die auf den Messungen von 1790, 1870 und 1950 basiert.

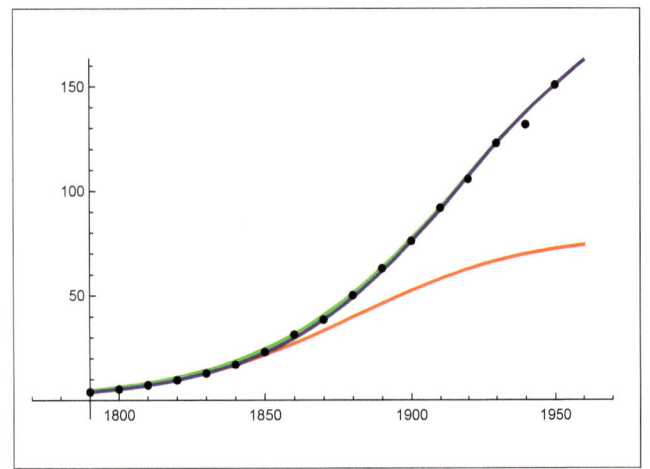

Anpassung eines Verhulst-Modells an die empirischen Daten.

(d) Die partiellen Ableitungen der Lösung $x(t; x_0, a, m)$ nach den Parametern sind gegeben durch

$$\frac{\partial x}{\partial x_0}(t) = \frac{m^2 e^{-at}}{\left(x_0 + (m-x_0)e^{-at}\right)^2},$$

$$\frac{\partial x}{\partial a}(t) = \frac{mx_0(m-x_0) \cdot t e^{-at}}{\left(x_0 + (m-x_0)e^{-at}\right)^2},$$

$$\frac{\partial x}{\partial m}(t) = \frac{x_0^2(1 - e^{-at})}{\left(x_0 + (m-x_0)e^{-at}\right)^2}.$$

Ist uns nun eine Schätzung (x_0, a, m) für diese Parameter gegeben (etwa gemäß Teil (c)), so erhalten wir eine neue (hoffentlich verbesserte) Schätzung $(x_0 + \delta x_0, a + \delta a, m + \delta m)$, indem wir (analog zur Vorgehensweise in (b)) das Gleichungssystem

$$\begin{bmatrix} x_1 - x(t_1) \\ x_2 - x(t_2) \\ \vdots \\ x_N - x(t_N) \end{bmatrix} \approx \begin{bmatrix} \frac{\partial x}{\partial x_0}(t_1) & \frac{\partial x}{\partial a}(t_1) & \frac{\partial x}{\partial m}(t_1) \\ \frac{\partial x}{\partial x_0}(t_2) & \frac{\partial x}{\partial a}(t_2) & \frac{\partial x}{\partial m}(t_2) \\ \vdots & \vdots & \vdots \\ \frac{\partial x}{\partial x_0}(t_N) & \frac{\partial x}{\partial a}(t_N) & \frac{\partial x}{\partial m}(t_N) \end{bmatrix} \begin{bmatrix} \delta x_0 \\ \delta a \\ \delta m \end{bmatrix}$$

im Sinne der Ausgleichsrechnung lösen. Dabei werden bei der Auswertung der Funktion $x(t) = x(t; x_0, a, m)$ und ihrer partiellen Ableitungen an den Zeiten t_i für die Systemparameter die aktuellen Schätzwerte x_0, a, m eingesetzt. Der Schritt zur Aktualisierung dieser Schätzwerte erfolgt dann genau wie in Teil (b). Sind x_0, a und m bekannt, so ergibt sich als Zeitpunkt, zu dem das Bevölkerungswachstum von einer Phase beschleunigten Wachstums in eine Phase verlangsamten Wachstums übergeht, als diejenige Zeit τ, die die Bedingung $x(\tau) = m/2$ erfüllt. Auflösen der Gleichung $mx_0/\left(x_0 + (m-x_0)e^{-a\tau}\right) = m/2$ nach τ liefert

$$\tau = -\frac{1}{a} \cdot \ln\left(\frac{x_0}{m - x_0}\right).$$

L125: Faltungen

Lösung (125.1) Wegen der Kommutativität der Faltungsoperation dürfen wir o.B.d.A. annehmen, daß zwischen den Intervallängen $\ell_1 := b - a$ und $\ell_2 := d - c$ die Beziehung $\ell_1 \leq \ell_2$ besteht; es gelte also $b + c \leq a + d$. Wir erhalten

$$(\chi_{[a,b]} \star \chi_{[c,d]})(x)$$
$$= \int_{-\infty}^{\infty} \chi_{[a,b]}(x-y) \cdot \chi_{[c,d]}(y)\,dy$$
$$= \int_{-\infty}^{\infty} \chi_{[x-b,x-a]}(y) \cdot \chi_{[c,d]}(y)\,dy$$
$$= \text{Länge des Intervalls } [x-b, x-a] \cap [c,d] \;=:\; \ell(x).$$

Wir müssen also nur überlegen, wie die Intervalle $[x-b, x-a]$ und $[c,d]$ zueinander liegen können, und erhalten die folgenden Fälle:

- $x - a \leq c$, also $x \leq a + c$;
- $x - b \leq c \leq x - a$, also $a + c \leq x \leq b + c$;
- $c \leq x - b \leq x - a \leq d$, also $b + c \leq x \leq a + d$;
- $x - b \leq d \leq x - a$, also $a + d \leq x \leq b + d$;
- $d \leq x - b$, also $x \geq b + d$.

Es ergibt sich dann

$$\ell(x) = \begin{cases} 0, & \text{falls } x \leq a + c; \\ x - a - c, & \text{falls } a + c \leq x \leq b + c; \\ b - a, & \text{falls } b + c \leq x \leq a + d; \\ b + d - x, & \text{falls } a + d \leq x \leq b + d; \\ 0, & \text{falls } x \geq b + d. \end{cases}$$

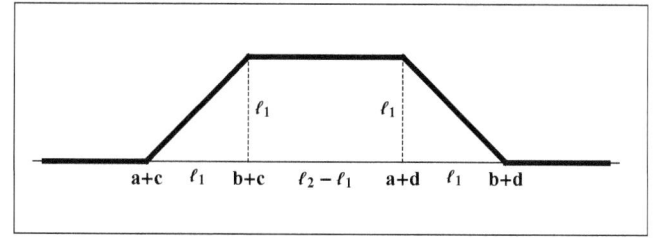

Faltung der charakteristischen Funktionen zweier Intervalle $[a, b]$ und $[c, d]$.

Der Graph von $\chi_{[a,b]} \star \chi_{[c,d]}$ ist also trapezförmig, wobei die Gestalt des Trapezes nur von den Längen der Intervalle $[a, b]$ und $[c, d]$ abhängt, nicht von deren Lage auf der Zahlengeraden. In dem Spezialfall, in dem die beiden Intervalle die gleiche Länge haben, entartet das Trapez zu einem Dreieck.

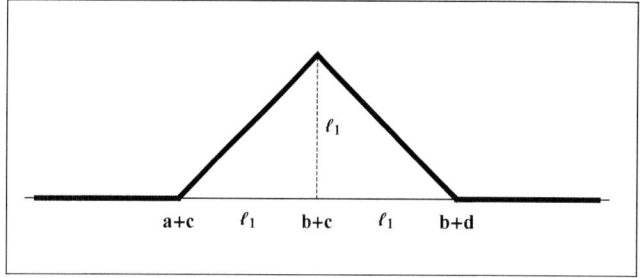

Faltung der charakteristischen Funktionen zweier Intervalle $[a, b]$ und $[c, d]$ gleicher Länge.

Lösung (125.2) Das punktweise Produkt $p := fg = f^2$ ist gegeben durch $p(x) = 1/x$ für $x \in (0, 1)$ und $p(x) = 0$ für $x \notin (0, 1)$. Da das uneigentliche Integral $\int_0^1 (1/x)\,dx$ divergiert, ist p nicht integrierbar. Wir zeigen, daß aber die Faltung $f \star g = f \star f$ integrierbar ist. Für $x < 0$ und $x > 2$ ist $(f \star f)(x) = 0$. Für $0 \leq x \leq 1$ erhalten wir

$$(f \star f)(x) = \int_0^x \frac{1}{\sqrt{x-y}\sqrt{y}}\,dy = \left[2\arctan\sqrt{\frac{y}{x-y}} \right]_{y=0}^{x} = \pi,$$

und für $1 \leq x \leq 2$ gilt

$$(f \star f)(x) = \int_{x-1}^{1} \frac{1}{\sqrt{x-y}\sqrt{y}}\,dy$$
$$= \left[2\arctan\sqrt{\frac{y}{x-y}} \right]_{y=x-1}^{1}$$
$$= 2\arctan\frac{1}{\sqrt{x-1}} - 2\arctan\sqrt{x-1}$$
$$= \pi - 4\arctan\sqrt{x-1}.$$

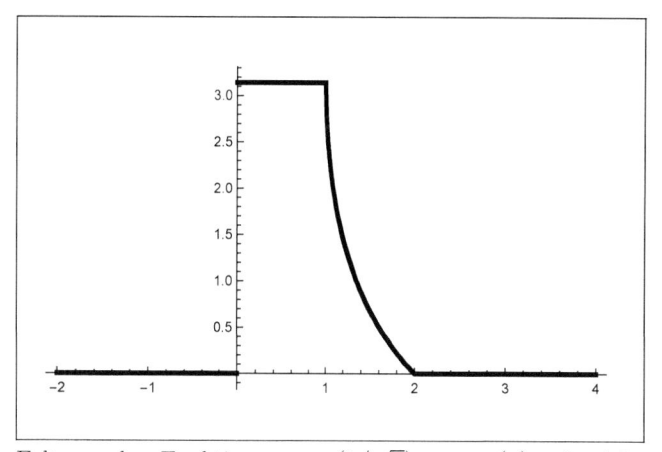

Faltung der Funktion $x \mapsto (1/\sqrt{x}) \cdot \chi_{(0,1)}(x)$ mit sich selbst.

Lösung (125.3) Nach dem Satz von Fubini folgt zunächst, daß für $f_1, \ldots, f_n \in L^1(\mathbb{R})$ das Tensorprodukt $f_1 \otimes \cdots \otimes f_n$ in $L^1(\mathbb{R}^n)$ liegt. Ebenfalls nach dem Satz von Fubini gilt mit $f := f_1 \otimes \cdots \otimes f_n$ und $g := g_1 \otimes \cdots \otimes g_n$

dann

$$
\begin{aligned}
(f \star g)(x) &= \int_{\mathbb{R}^n} f(x-y)g(y)\,\mathrm{d}y \\
&= \int_{\mathbb{R}^n} f_1(x_1-y_1)\cdots f_n(x_n-y_n)g_1(y_1)\cdots g_n(y_n)\,\mathrm{d}(y_1,..,y_n) \\
&= \left[\int_{\mathbb{R}} f_1(x_1-y_1)g_1(y_1)\,\mathrm{d}y_1\right]\cdots\left[\int_{\mathbb{R}} f_n(x_n-y_n)g_n(y_n)\,\mathrm{d}y_n\right] \\
&= (f_1 \star g_1)(x_1)\cdots(f_n \star g_n)(x_n) \\
&= \bigl((f_1 \star g_1)\otimes\cdots\otimes(f_n \star g_n)\bigr)(x).
\end{aligned}
$$

Lösung (125.4) (a) Die Linearität von T folgt sofort aus der Linearität des Integrals, die Stetigkeit folgt aus der Abschätzung $\|\varphi \star f\|_1 \leq \|\varphi\|_1 \|f\|_1$. (Es gilt also $\|T\|_{\mathrm{op}} \leq \|\varphi\|_1$.)
(b) Für jede feste Zahl τ erhalten wir unter Benutzung der Substitution $v = u - \tau$ die Gleichungen

$$
\begin{aligned}
(Tf_\tau)(t) &= (\varphi \star f_\tau)(t) \\
&= \int_{\mathbb{R}^n} \varphi(t-u)f_\tau(u)\,\mathrm{d}u \\
&= \int_{\mathbb{R}^n} \varphi(t-u)f(u-\tau)\,\mathrm{d}u \\
&= \int_{\mathbb{R}^n} \varphi(t-\tau-v)f(v)\,\mathrm{d}v \\
&= (\varphi \star f)(t-\tau) \\
&= (Tf)(t-\tau) = (Tf)_\tau(t).
\end{aligned}
$$

(c) Gilt $\varphi(x) = 0$ für $x \leq 0$, so gilt

$$
\begin{aligned}
(Tf)(x) &= \int_{\mathbb{R}^n} \varphi(x-y)f(y)\,\mathrm{d}y \\
&= \int_{y \leq x} \varphi(x-y)f(y)\,\mathrm{d}y.
\end{aligned}
$$

Aus dieser Darstellung folgt sofort die Behauptung.
(d) Wir deuten f als Eingabe und Tf als Ausgabe eines physikalischen Systems. Die Translationsinvarianz bedeutet dann, daß eine Zeitversetzung bei der Eingabe die gleiche Ausgabe liefert wie die ursprüngliche Eingabe mit dem einzigen Unterschied, daß auch die Ausgabe zeitversetzt erfolgt. (Das Systemverhalten hängt also nicht davon ab, zu welchem Referenzzeitpunkt wir mit der Zeitmessung beginnen.) Die Kausalität des Systems bedeutet, daß die Systemausgabe nur von den vergangenen oder aktuellen Eingabewerten bestimmt wird, nicht von zukünftigen Eingabewerten.

Lösung (125.5) Wir definieren den Zeitverschiebungsoperator σ_k durch $(\sigma_k f)_i = f_{i-k}$; dann gilt $\delta_k = \sigma_k \delta_0$ und wegen der Translationsinvarianz von T folglich $T\delta_k = T(\sigma_k \delta_0) = \sigma_k(T\delta_0) = \sigma_k a$. Für jede Folge $f = (f_k)_{k\in\mathbb{Z}} \in \ell^1(\mathbb{Z})$ gilt nun $f = \sum_{k\in\mathbb{Z}} f_k \delta_k$ und daher

$$
\begin{aligned}
Tf &= T\left(\sum_{k\in\mathbb{Z}} f_k \delta_k\right) \\
&= T\left(\lim_{r,s\to\infty} \sum_{k=-r}^{s} f_k \delta_k\right) \\
&= \lim_{r,s\to\infty} T\left(\sum_{k=-r}^{s} f_k \delta_k\right) \quad \text{(Stetigkeit)} \\
&= \lim_{r,s\to\infty} \sum_{k=-r}^{s} f_k\,(T\delta_k) \quad \text{(Linearität)} \\
&= \lim_{r,s\to\infty} \sum_{k=-r}^{s} f_k\,(T(\sigma_k \delta_0)) \\
&= \lim_{r,s\to\infty} \sum_{k=-r}^{s} f_k\,\sigma_k(T\delta_0) \quad \text{(Translationsinvarianz)} \\
&= \lim_{r,s\to\infty} \sum_{k=-r}^{s} f_k\,\sigma_k(a) \\
&= \sum_{k\in\mathbb{Z}} f_k\,\sigma_k(a),
\end{aligned}
$$

und das bedeutet

$$
(Tf)_t = \sum_{k\in\mathbb{Z}} f_k(\sigma_k a)_t = \sum_{k\in\mathbb{Z}} a_{t-k} f_k
$$

für alle $t \in \mathbb{Z}$ und damit $Tf = a \star f$. Die restlichen Aussagen sind klar.

Lösung (125.6) Im Prinzip funktioniert die Herleitung genau wie im diskreten Fall. Wir definieren den Zeitverschiebungsoperator σ_t durch $(\sigma_t f)(\tau) = f(t-\tau)$. Wir würden gern wieder die gesuchte Funktion a mit $Tf = a \star f$ definieren als die Systemantwort auf den "Einheitsimpuls" δ_0, der nun eine Funktion sein müßte mit $\delta_0(t) = 1$ für $t = 0$ und $\delta_0(t) = 0$ für $t \neq 0$, die überdies die Bedingung $\int_{\mathbb{R}} \delta_0(t)\,\mathrm{d}t = 1$ erfüllt. Eine solche Funktion, die ein Einselement der Faltungsalgebra $L^1(\mathbb{R})$ wäre, gibt es natürlich nicht; wir können uns δ aber mit Hilfe eines Summationskerns angenähert denken. Wir argumentieren daher rein formal, bezeichnen mit $\delta_t = \sigma_t \delta_0$ den Einheitsimpuls zur Zeit t (unter dem wir uns näherungsweise eine Funktion vorstellen, die an der Stelle t einen ausgeprägten Zacken hat, sonst überall (fast) Null ist und das Gesamtintegral $\int_{\mathbb{R}} \delta_t = 1$ hat. Eine beliebige Funktion f schreiben wir dann als $f = \int_{\mathbb{R}} f(\tau)\delta_\tau$ (also $f(t) = \int_{\mathbb{R}} f(\tau)\delta_\tau(t)\mathrm{d}\tau = \int_{\mathbb{R}} \delta_0(t-\tau)f(\tau)\,\mathrm{d}\tau$ für alle t) und

erhalten
$$Tf = T\left[\int_{\mathbb{R}} f(\tau)\delta_\tau \,\mathrm{d}\tau\right] = T\left[\lim_{\Delta\tau_k \to 0} \sum_{k=1}^n f(\tau_k)\delta_{\tau_k}\Delta\tau_k\right]$$
$$= \lim_{\Delta\tau_k \to 0} T\left(\sum_{k=1}^n f(\tau_k)\delta_{\tau_k}\Delta\tau_k\right) \quad \text{(Stetigkeit)}$$
$$= \lim_{\Delta\tau_k \to 0} \sum_{k=1}^n f(\tau_k)(T\delta_{\tau_k})\Delta\tau_k \quad \text{(Linearität)}$$
$$= \lim_{\Delta\tau_k \to 0} \sum_{k=1}^n f(\tau_k)\left(T(\sigma_{\tau_k}\delta_0)\right)\Delta\tau_k$$
$$= \lim_{\Delta\tau_k \to 0} \sum_{k=1}^n f(\tau_k)\,\sigma_{\tau_k}(T\delta_0)\Delta\tau_k \quad \text{(Translationsinvarianz)}$$
$$= \lim_{\Delta\tau_k \to 0} \sum_{k=1}^n f(\tau_k)\,\sigma_{\tau_k}(a)\Delta\tau_k = \int_{\mathbb{R}} f(\tau)(\sigma_\tau a)\,\mathrm{d}\tau,$$

und das bedeutet
$$(Tf)(t) = \int_{\mathbb{R}} f(\tau)(\sigma_\tau a)(t)\,\mathrm{d}\tau = \int_{\mathbb{R}} a(t-\tau)f(\tau)\,\mathrm{d}\tau$$

für alle $t \in \mathbb{R}$ und damit $Tf = a \star f$. Die restlichen Aussagen sind wieder einfach. Eine befriedigende Einführung des "Einheitsimpulses" δ_0 würde eine Einführung in die Distributionentheorie erfordern, die wir hier nicht leisten können. Wir belassen es daher bei der rein heuristischen Begründung für das Auftreten von Faltungsoperatoren als solcher Operatoren, die linear, stetig und translationsinvariant sind.

Lösung (125.7) Die Bilinearität der Abbildung $(f,g) \mapsto f \star g$ folgt sofort aus der Linearität des Integrals. Die Kommutativität ergibt sich, indem wir $u = t - \tau$ mit $\mathrm{d}u = -\mathrm{d}\tau$ substituieren:
$$(f\star g)(t) = \int_0^t f(t-\tau)g(\tau)\,\mathrm{d}\tau = \int_0^t f(u)g(t-u)\,\mathrm{d}u = (g\star f)(t).$$

Die Assoziativität ergibt sich aus der folgenden Rechnung:
$$((f \star g) \star h)(t) = \int_0^t (f \star g)(t-\tau)\,h(\tau)\,\mathrm{d}\tau$$
$$= \int_0^t \left[\int_0^{t-\tau} f(t-\tau-u)\,g(u)\,\mathrm{d}u\right] h(\tau)\,\mathrm{d}\tau$$
$$= \int_0^t \int_0^{t-\tau} f(t-\tau-u)\,g(u)\,h(\tau)\,\mathrm{d}u\,\mathrm{d}\tau$$
$$= \int_0^t \int_\tau^t f(t-\theta)\,g(\theta-\tau)\,h(\tau)\,\mathrm{d}\theta\,\mathrm{d}\tau$$
$$= \int_0^t \int_0^\theta f(t-\theta)\,g(\theta-\tau)\,h(\tau)\,\mathrm{d}\tau\,\mathrm{d}\theta$$
$$= \int_0^t f(t-\theta)\left[\int_0^\theta g(\theta-\tau)\,h(\tau)\,\mathrm{d}\tau\right]\mathrm{d}\theta$$
$$= \int_0^t f(t-\theta)\,(g \star h)(\theta)\,\mathrm{d}\theta = (f \star (g \star h))(t).$$

Dabei führten wir beim Übergang von der dritten zur vierten Zeile im inneren Integral die Substitution $\theta = \tau + u$ mit $\mathrm{d}\theta = \mathrm{d}u$ durch, und beim Übergang von der vierten zur fünften Zeile änderten wir die Integrationsreihenfolge, wobei die Grenzen $0 \leq \tau \leq t$ und $\tau \leq \theta \leq t$ übergingen in $0 \leq \theta \leq t$ und $0 \leq \tau \leq \theta$. Daß es für die Faltungsoperation $\star$ kein Neutralelement gibt, folgt sofort aus der Tatsache, daß $(f \star g)(0) = 0$ für alle $f, g \in C[0, \infty)$ gilt.

Lösung (125.8) Aufgrund gleichmäßiger Konvergenz dürfen Summation und Integration vertauscht werden; es gilt daher
$$\sum_{k=1}^\infty \frac{(-1)^{k-1}}{k!} \int_0^T e^{kx(t-\tau)} g(\tau)\,\mathrm{d}\tau$$
$$= \int_0^T \sum_{k=1}^\infty \frac{(-1)^{k-1}}{k!} e^{kx(t-\tau)} g(\tau)\,\mathrm{d}\tau$$
$$= \int_0^T (-g(\tau)) \sum_{k=1}^\infty \frac{(-1)^k}{k!} e^{kx(t-\tau)}\,\mathrm{d}\tau$$
$$= \int_0^T (-g(\tau)) \sum_{k=1}^\infty \frac{(-e^{x(t-\tau)})^k}{k!}\,\mathrm{d}\tau$$
$$= \int_0^T g(\tau)\left(1 - \exp(-e^{x(t-\tau)})\right)\mathrm{d}\tau$$

und folglich
$$\sum_{k=1}^\infty \frac{(-1)^{k-1}}{k!} \int_0^T e^{kx(t-\tau)} g(\tau)\,\mathrm{d}\tau - \int_0^t g(\tau)\,\mathrm{d}\tau$$
$$= I_1(x) + I_2(x)$$

mit
$$I_1(x) := \int_0^t -g(\tau)\exp(-e^{x(t-\tau)})\,\mathrm{d}\tau \quad \text{und}$$
$$I_2(x) := \int_t^T g(\tau)\left(1 - \exp(-e^{x(t-\tau)})\right)\mathrm{d}\tau.$$

Für $x \to \infty$ gilt nun einerseits $\exp(-e^{x(t-\tau)}) \to 0$ gleichmäßig in τ auf jedem kompakten Teilintervall von $[0, t]$ und daher $I_1(x) \to 0$, andererseits auch $\exp(-e^{x(t-\tau)}) \to 1$ gleichmäßig in τ auf jedem kompakten Teilintervall von $(t, T]$ und daher $I_2(x) \to 0$. Für $x \to \infty$ gilt also $I_1(x) + I_2(x) \to 0$, und das ist die Behauptung.

Lösung (125.9) (a) Gemäß dem Hinweis wählen wir eine feste Zahl $t \in [0, T)$ und betrachten die Funktion $g(\tau) := f(T - \tau)$. Wir setzen
$$A(x) := \sum_{k=1}^\infty \frac{(-1)^{k-1}}{k!} \int_0^T e^{kx(t-\tau)} g(\tau)\,\mathrm{d}\tau.$$

Nach der vorigen Aufgabe gilt
$$A(x) \to \int_0^t g(\tau)\,\mathrm{d}\tau \text{ für } x \to \infty.$$

Andererseits gilt für $x \in \mathbb{N}$ auch

$$|A(x)| = \left|\sum_{k=1}^{\infty} \frac{(-1)^{k-1}}{k!} e^{-kx(T-t)} \int_0^T e^{kx(T-\tau)} g(\tau) \,\mathrm{d}\tau\right|$$
$$\leq \sum_{k=1}^{\infty} \frac{1}{k!} e^{-kx(T-t)} \left|\int_0^T e^{kx(T-\tau)} f(T-\tau) \,\mathrm{d}\tau\right|$$
$$= \sum_{k=1}^{\infty} \frac{1}{k!} e^{-kx(T-t)} \left|\int_0^T e^{kx\theta} f(\theta) \,\mathrm{d}\theta\right|$$
$$\leq C \cdot \sum_{k=1}^{\infty} \frac{1}{k!} e^{-kx(T-t)} = C \cdot \left(\exp(e^{-x(T-t)}) - 1\right),$$

und dieser Ausdruck geht für $x \to \infty$ gegen Null. Also gilt $\int_0^t g(\tau) \,\mathrm{d}\tau = 0$ für alle $t \in [0, T]$. Ableiten liefert $g(t) = 0$ für alle $t \in (0, T)$ und folglich $f \equiv 0$ auf $(0, T)$. Da f stetig ist, folgt dann $f \equiv 0$ auf $[0, T]$.

(b) Für alle $n \in \mathbb{N}$ gilt

$$\int_0^T e^{nt} f(t) \,\mathrm{d}t = \int_0^T \sum_{k=0}^{\infty} \frac{(nt)^k}{k!} f(t) \,\mathrm{d}t$$
$$= \sum_{k=0}^{\infty} \frac{n^k}{k!} \underbrace{\int_0^T t^k f(t) \,\mathrm{d}t}_{=\,0 \text{ für } k > 0} = \int_0^T f(t) \,\mathrm{d}t.$$

Nach Teil (a) gilt dann $f \equiv 0$.

Lösung (125.10) Es sei M das Maximum der Funktion $|f|$ auf dem Intervall $[0, 2T]$. Wegen $u + v \leq 0$ auf A gilt die Abschätzung

$$\left|\iint_A e^{n(u+v)} f(T-u) f(T-v) \,\mathrm{d}(u,v)\right|$$
$$\leq \iint_A e^{n(u+v)} |f(T-u)| |f(T-v)| \,\mathrm{d}(u,v)$$
$$\leq \iint_A 1 \cdot M \cdot M \,\mathrm{d}(u,v)$$
$$= M^2 \cdot (\text{Fläche von } A) = 2M^2 T^2.$$

Substituieren wir andererseits $t := 2T - u - v$ und $\tau := T - v$, so geht der Integrationsbereich B über in $C := \{(t, \tau) \in \mathbb{R}^2 \mid 0 \leq t \leq 2T, 0 \leq \tau \leq t\}$, und wir erhalten

$$\iint_B e^{n(u+v)} f(T-u) f(T-v) \,\mathrm{d}(u,v)$$
$$= \iint_C e^{n(2T-t)} f(t-\tau) f(\tau) \,\mathrm{d}(t,\tau)$$
$$= \int_0^{2T} e^{n(2T-t)} \left[\int_0^t f(t-\tau) f(\tau) \,\mathrm{d}\tau\right] \mathrm{d}t = 0,$$

wobei die letzte Gleichung gilt, weil nach Voraussetzung die Bedingung $\int_0^t f(t-\tau) f(\tau) \,\mathrm{d}\tau$ erfüllt ist. Gemäß dem Hinweis gilt daher

$$\left|\int_{-T}^T e^{nu} f(T-u) \,\mathrm{d}u\right| \leq \sqrt{2} \, MT$$

für alle $n \in \mathbb{N}$. Es folgt dann

$$\left|\int_0^T e^{nu} f(T-u) \,\mathrm{d}u\right|$$
$$= \left|\int_{-T}^T e^{nu} f(T-u) \,\mathrm{d}u - \int_{-T}^0 e^{nu} f(T-u) \,\mathrm{d}u\right|$$
$$\leq \left|\int_{-T}^T e^{nu} f(T-u) \,\mathrm{d}u\right| + \int_{-T}^0 1 \cdot M \,\mathrm{d}u$$
$$\leq \sqrt{2} \, MT + MT = (1 + \sqrt{2}) \, MT.$$

Nach der vorigen Aufgabe gilt dann $f(T-u) = 0$ für alle $u \in [0, T]$ und damit $f \equiv 0$ auf $[0, T]$ wie behauptet.

Lösung (125.11) Nach Voraussetzung gilt für alle $t \geq 0$ die Gleichung $\int_0^t f(t-\tau) g(\tau) \,\mathrm{d}\tau = 0$. Nach der vorigen Aufgabe folgt hieraus $f \equiv 0$ auf jedem Intervall $[0, T]$ und damit $f \equiv 0$ überhaupt.

Lösung (125.12) Für alle $t \geq 0$ gilt

$$(F \star g + f \star G)(t) = \int_0^t F(t-\tau) g(\tau) \,\mathrm{d}\tau + \int_0^t f(t-\tau) G(\tau) \,\mathrm{d}\tau$$
$$= \int_0^t (t-\tau) f(t-\tau) g(\tau) \,\mathrm{d}\tau + \int_0^t f(t-\tau) \tau g(\tau) \,\mathrm{d}\tau$$
$$= \int_0^t t f(t-\tau) g(\tau) \,\mathrm{d}\tau = t \cdot (f \star g)(t) = 0.$$

Also ist $F \star g + f \star G = 0$. Unter Ausnutzung der Kommutativität und der Assoziativität des Faltungsproduktes folgt hieraus

$$0 = (f \star G) \star 0 = (f \star G) \star (F \star g + f \star G)$$
$$= (f \star g) \star (F \star G) + (f \star G) \star (f \star G)$$
$$= 0 \star (F \star G) + (f \star G) \star (f \star G)$$
$$= (f \star G) \star (f \star G)$$

und aufgrund der vorhergehenden Aufgabe dann $f \star G = 0$. Wir haben also gezeigt, daß aus $f \star g = 0$ stets $f \star (tg(t)) = 0$ folgt. Induktiv ergibt sich hieraus $f \star (t^n g(t)) = 0$ für alle $n \in \mathbb{N}$. Das bedeutet

$$\int_0^t f(t-\tau) \tau^n g(\tau) \,\mathrm{d}\tau = 0$$

für alle $t \geq 0$ und alle $n \in \mathbb{N}$. Nach Aufgabe (125.9)(b) gilt dann $f(t-\tau) g(\tau) = 0$ für alle $0 \leq \tau \leq t < \infty$. Wir nehmen widerspruchshalber $f \neq 0$ und $g \neq 0$ an, sagen wir $f(t_1) \neq 0$ und $g(t_2) \neq 0$. Mit $t := t_1 + t_2$ und $\tau := t_2$ haben wir dann $0 \neq f(t_1) g(t_2) = f(t-\tau) g(\tau) = 0$, was offensichtlich unmöglich ist. Dieser Widerspruch zeigt, daß $f = 0$ oder $g = 0$ gelten muß.

Aufgaben zu »Faltungen« siehe Seite 115

L126: Fourierreihen

Lösung (126.1) Es gelten die folgenden Äquivalenzen:

$$g(x + \Delta) = g(x) \text{ für alle } x \in \mathbb{R}$$
$$\Leftrightarrow f\left(\frac{T(x+\Delta)}{2\pi}\right) = f\left(\frac{Tx}{2\pi}\right) \text{ für alle } x \in \mathbb{R}$$
$$\Leftrightarrow f\left(\frac{Tx}{2\pi} + \frac{T\Delta}{2\pi}\right) = f\left(\frac{Tx}{2\pi}\right) \text{ für alle } x \in \mathbb{R}$$
$$\Leftrightarrow f\left(\xi + \frac{T\Delta}{2\pi}\right) = f(\xi) \text{ für alle } \xi \in \mathbb{R};$$

also ist Δ genau dann eine [minimale] Periode von g, wenn $T\Delta/(2\pi)$ eine [minimale] Periode von f ist. Insbesondere ist 2π genau dann eine [minimale] Periode von g, wenn T eine [minimale] Periode von f ist.

Lösung (126.2) Für alle $p, f \in L^1_{2\pi}$ liegt $p \star f$ wieder in $L^1_{2\pi}$, und nach Nummer (126.11)(f) im Buch gilt $(p \star f)\widehat{\ }(k) = \widehat{p}_k \cdot \widehat{f}_k$ für alle $k \in \mathbb{Z}$. Ist insbesondere p ein trigonometrisches Polynom vom Grad $\leq n$, so gilt $\widehat{p}_k = 0$ für $|k| > n$ und damit

$$(p \star f)\widehat{\ }(k) = \begin{cases} \widehat{p}_k \cdot \widehat{f}_k, & \text{falls } |k| \leq n, \\ 0, & \text{falls } |k| > n. \end{cases}$$

Also ist in diesem Fall die Funktion $p \star f$ selbst wieder ein trigonometrisches Polynom vom Grad $\leq n$ und wird daher trivialerweise durch ihre Fourierreihe dargestellt; dies ist schon die Aussage (mit $a_k = \widehat{p}_k$ für $|k| \leq n$).

Lösung (126.3) Für $k \in \mathbb{Z}$ sei $c_k = \widehat{f}_k$. Wir haben dann $c_k = (A_k - iB_k)/2$ und $c_{-k} = (A_k + iB_k)/2$ für alle $k \in \mathbb{N}$ sowie $c_0 = A_0/2$. Die Parsevalsche Formel für $f \in L^2_{2\pi}$ lautet daher

$$\frac{1}{2\pi}\int_0^{2\pi} |f|^2 = \|f\|^2 = \sum_{k \in \mathbb{Z}} |\widehat{f}_k|^2$$
$$= |c_0|^2 + \sum_{k=1}^n (|c_k|^2 + |c_{-k}|^2)$$
$$= c_0^2 + \frac{1}{2}\sum_{k=1}^\infty (A_k^2 + B_k^2).$$

Lösung (126.4) Gilt $S_n f \to g$ in $L^1_{2\pi}$, dann gilt erst recht $\Sigma_n f \to g$ in $L^1_{2\pi}$; andererseits gilt $\Sigma_f \to f$ nach dem Satz von Féjer. Also gilt $g = f$.

Lösung (126.5) Wegen $S_n f = D_n \star f$ für alle f gilt $\|S_n f\|_1 = \|D_n \star f\|_1 \leq \|D_n\|_1 \|f\|_1$ für alle $f \in L^1_{2\pi}$ und damit $\|S_n\|_\text{op} \leq \|D_n\|_1$. Wegen $S_n f = D_n \star f$ und $\Sigma_n = F_n \star f$ für alle f gilt

$$\Sigma_m D_n = F_m \star D_n = D_n \star F_m = S_n F_m$$

und damit $\|S_n(F_m)\|_1 = \|\Sigma_m(D_n)\|_1 \to \|D_n\|_1$ für $m \to \infty$ nach dem Satz von Féjer, damit aber $\|S_n\|_\text{op} \geq \|D_n\|_1$. Insgesamt gilt also $\|S_n\|_\text{op} = \|D_n\|_1$.

Unter Verwendung der für $0 \leq t \leq \pi/2$ gültigen Abschätzung $0 \leq \sin(t) \leq t$ und der Substitution $u = (2n+1)x/2$ erhalten wir

$$\|D_n\|_1 = \frac{1}{2\pi}\int_{-\pi}^\pi \frac{|\sin(2n+1)x/2|}{|\sin(x/2)|} dx$$
$$= \frac{1}{\pi}\int_0^\pi \frac{|\sin(2n+1)x/2|}{|\sin(x/2)|} dx \geq \frac{2}{\pi}\int_0^\pi \frac{|\sin(2n+1)x/2|}{x} dx$$
$$= \frac{2}{\pi}\int_0^{(2n+1)\pi/2} \frac{|\sin(u)|}{u} du \geq \frac{2}{\pi}\sum_{k=1}^n \int_{(k-1)\pi}^{k\pi} \frac{|\sin(u)|}{k\pi} du$$
$$= \frac{2}{\pi}\sum_{k=1}^n \frac{2}{k\pi} = \frac{4}{\pi^2}\sum_{k=1}^n \frac{1}{k} \geq \frac{4}{\pi^2}\ln(n+1).$$

Hieraus folgt $\|D_n\|_1 \to \infty$ für $n \to \infty$.

Lösung (126.6) Wir erhalten

$$\widehat{f}_0 = \frac{1}{2\pi}\int_{-\pi}^\pi f(x) dx = \frac{1}{2\pi}\left(\frac{\pi}{2} + 2\pi + \frac{\pi}{2}\right) = \frac{3}{2}$$

und für $k \neq 0$ dann

$$\widehat{f}_k = \frac{1}{2\pi}\left(\int_{-\pi}^{-\pi/2} e^{-ikx} dx + \int_{-\pi/2}^{\pi/2} 2e^{-ikx} dx + \int_{\pi/2}^\pi e^{-ikx} dx\right)$$
$$= \frac{1}{2\pi}\left(\int_{-\pi}^\pi e^{-ikx} dx + \int_{-\pi/2}^{\pi/2} e^{-ikx} dx\right)$$
$$= \frac{1}{2\pi}\left(0 + \left[\frac{e^{-ikx}}{-ik}\right]_{-\pi/2}^{\pi/2}\right)$$
$$= \frac{1}{2\pi} \cdot \frac{e^{-ik\pi/2} - e^{ik\pi/2}}{-ik}$$
$$= \frac{1}{2\pi} \cdot \frac{-2i\sin(k\pi/2)}{-ik} = \frac{\sin(k\pi/2)}{\pi k}.$$

Offensichtlich gilt $\widehat{f}_{-k} = \widehat{f}_k$. Ist k gerade, so gilt $\widehat{f}_k = 0$, und für $k = 2n+1$ ergibt sich

$$\widehat{f}_k = \frac{(-1)^n}{\pi(2n+1)}.$$

Da nach dem Satz von Dirichlet die Funktion f durch ihre Fourier-Reihe dargestellt wird, erhalten wir die Gleichung

$$f(x) = \frac{3}{2} + \sum_{k \neq 0} \widehat{f}_k e^{ikx} = \frac{3}{2} + \sum_{k=1}^\infty \widehat{f}_k (e^{ikx} + e^{-ikx})$$
$$= \frac{3}{2} + 2\sum_{k=1}^\infty \widehat{f}_k \cos(kx)$$
$$= \frac{3}{2} + 2\sum_{n=0}^\infty \frac{(-1)^n \cos((2n+1)x)}{\pi(2n+1)}.$$

Für $x = 0$ ergibt sich hieraus die Gleichung

$$2 = \frac{3}{2} + 2\sum_{n=0}^{\infty} \frac{(-1)^n}{\pi(2n+1)} \quad \text{bzw.} \quad \sum_{n=0}^{\infty} \frac{(-1)^n}{2n+1} = \frac{\pi}{4}.$$

Hieraus folgt dann

$$\sum_{n=0}^{\infty} \frac{1}{(4n+1)(4n+3)} = \frac{1}{2}\sum_{n=0}^{\infty}\left(\frac{1}{4n+1} - \frac{1}{4n+3}\right)$$
$$= \frac{1}{2}\left(\left[1-\frac{1}{3}\right] + \left[\frac{1}{5}-\frac{1}{7}\right] + \cdots\right)$$
$$= \frac{1}{2}\left(1 - \frac{1}{3} + \frac{1}{5} - \frac{1}{7} \pm \cdots\right) = \frac{1}{2} \cdot \frac{\pi}{4} = \frac{\pi}{8}.$$

Lösung (126.7) Die Fourierreihe dieser Funktion wurde schon in Beispiel (126.8) des Buchs berechnet. Da die Funktion f gegenüber diesem Beispiel so modifiziert wurde, daß sie die Voraussetzungen des Satzes von Dirichlet erfüllt, wird sie durch ihre Fourierreihe dargestellt; für alle $x \in \mathbb{R}$ gilt daher

$$f(x) = 2\sum_{k=1}^{\infty} \frac{(-1)^{k+1}}{k} \sin(kx).$$

Setzen wir speziell $x := \pi/2$ ein, so liefern nur ungerade Zahlen $k = 2m+1$ einen Beitrag zur entstehenden numerischen Reihe, und es ergibt sich

$$\frac{\pi}{2} = 2\sum_{m=0}^{\infty} \frac{1}{2m+1} \cdot (-1)^m$$

und damit $\sum_{m=0}^{\infty} (-1)^m/(2m+1) = \pi/4$, also das gleiche Ergebnis wie in der vorangehenden Aufgabe. Benutzen wir dagegen den Satz von Parseval, so ergibt sich

$$\frac{\pi^2}{3} = \frac{1}{2\pi}\int_{-\pi}^{\pi} x^2 dx = \sum_{k \in \mathbb{Z}} |\widehat{f}_k|^2$$
$$= c_0^2 + \frac{1}{2}\sum_{k=1}^{\infty}(A_k^2 + B_k^2) = \sum_{k=1}^{\infty} \frac{2}{k^2}$$

und damit

$$\sum_{k=1}^{\infty} \frac{1}{k^2} = \frac{\pi^2}{6}.$$

Lösung (126.8) Da f eine gerade Funktion ist, gilt $B_k = 0$ für alle $k \in \mathbb{N}$. Wir erhalten

$$c_0 = \frac{1}{2\pi}\int_{-\pi}^{\pi} |x|\, dx = \frac{1}{\pi}\int_0^{\pi} x\, dx = \frac{1}{\pi}\left[\frac{x^2}{2}\right]_{x=0}^{\pi} = \frac{\pi}{2}$$

sowie

$$A_k = \frac{1}{\pi}\int_{-\pi}^{\pi} |x|\cos(kx)\, dx = \frac{2}{\pi}\int_0^{\pi} x\cos(kx)\, dx$$
$$= \frac{2}{\pi}\left[\frac{\cos(kx)}{k^2} + \frac{x\sin(kx)}{k}\right]_{x=0}^{\pi} = \frac{2}{\pi}\cdot\left(\frac{(-1)^k - 1}{k^2}\right)$$

für alle $k \geq 1$. Da die Funktion f die Voraussetzungen des Satzes von Dirichlet erfüllt, wird sie durch ihre Fourierreihe dargestellt; für alle $x \in \mathbb{R}$ gilt daher

$$f(x) = \frac{\pi}{2} + \frac{2}{\pi}\sum_{k=0}^{\infty} \frac{(-1)^k - 1}{k^2} \cos(kx).$$

(a) Einsetzen von $x = 0$ liefert die Darstellung

$$0 = \frac{\pi}{2} + \frac{2}{\pi}\sum_{k=0}^{\infty} \frac{(-1)^k - 1}{k^2} = \frac{\pi}{2} + \frac{2}{\pi}\sum_{m=0}^{\infty} \frac{-2}{(2m+1)^2}$$

und damit

$$\sum_{m=0}^{\infty} \frac{1}{(2m+1)^2} = \frac{\pi^2}{8}.$$

(b) Wir bezeichnen die in (a) berechnete Reihe mit s und erhalten dann

$$a := \sum_{n=1}^{\infty} \frac{1}{n^2} = \sum_{k=0}^{\infty} \frac{1}{(2k+1)^2} + \sum_{k=1}^{\infty} \frac{1}{(2k)^2} = s + \frac{a}{4}$$

und damit $3a/4 = s$, also $a = 4s/3 = \pi^2/6$.

(c) Anwendung der Parsevalschen Formel liefert

$$\frac{\pi^2}{3} = \frac{1}{2\pi}\int_{-\pi}^{\pi} x^2 dx = \sum_{k \in \mathbb{Z}} |\widehat{f}_k|^2$$
$$= c_0^2 + \frac{1}{2}\sum_{k=1}^{\infty}(A_k^2 + B_k^2) = \frac{\pi^2}{4} + \sum_{m=0}^{\infty} \frac{8}{\pi^2(2m+1)^4}$$

und damit

$$\sum_{m=0}^{\infty} \frac{1}{(2m+1)^4} = \frac{\pi^4}{96}.$$

(d) Wir bezeichnen mit s die in (c) berechnete Reihe und erhalten dann

$$a := \sum_{n=1}^{\infty} \frac{1}{n^4} = \sum_{k=0}^{\infty} \frac{1}{(2k+1)^4} + \sum_{k=1}^{\infty} \frac{1}{(2k)^4} = s + \frac{a}{16}$$

und damit $15a/16 = s$, also $a = 16s/15 = \pi^4/90$.

Lösung (126.9) (a) Da f die Voraussetzungen des Satzes von Dirichlet erfüllt, ist F sogar stetig. Wegen $F(\pi) = \int_{-\pi}^{\pi} f(\xi)\, d\xi = 2\pi \widehat{f}_0$ ist $G(x) := F(x) - \widehat{f}_0 x$ ebenfalls stetig und zusätzlich 2π-periodisch, denn $G(\pi) = \widehat{f}_0 \pi = G(-\pi)$. Also erfüllt die Funktion G die Voraussetzungen des Satzes von Dirichlet, wird also durch ihre Fourierreihe dargestellt; für alle $x \in \mathbb{R}$ gilt daher

$$G(x) = \sum_{k=-\infty}^{\infty} \widehat{G}_k e^{ikx} = \widehat{G}_0 + \sum_{k \neq 0} \frac{\widehat{f}_k}{ik} e^{ikx},$$

wobei wir im letzten Schritt ausnutzen, daß wegen Nummer (126.11)(g) im Buch für $k \neq 0$ die Bedingung $\widehat{G}_k = \widehat{F}_k = \widehat{f}_k/(ik)$ erfüllt ist. Wegen

$$\begin{aligned}\widehat{G}_0 &= \frac{1}{2\pi}\int_{-\pi}^{\pi} G(x)\,\mathrm{d}x = \frac{1}{2\pi}\int_{-\pi}^{\pi} F(x)\,\mathrm{d}x \\ &= \frac{1}{2\pi}\int_{-\pi}^{\pi}\int_{-\pi}^{x} f(\xi)\,\mathrm{d}\xi\,\mathrm{d}x = \frac{1}{2\pi}\int_{-\pi}^{\pi}\int_{\xi}^{\pi} f(\xi)\,\mathrm{d}x\,\mathrm{d}\xi \\ &= \frac{1}{2\pi}\int_{-\pi}^{\pi} f(\xi)(\pi-\xi)\,\mathrm{d}\xi = \pi\widehat{f}_0 - \frac{1}{2\pi}\int_{-\pi}^{\pi} \xi f(\xi)\,\mathrm{d}\xi = C\end{aligned}$$

bedeutet dies

$$F(x) - \widehat{f}_0 x = C + \sum_{k\neq 0} \frac{\widehat{f}_k}{ik} e^{ikx}.$$

(b) Die Reihe wurde in Nummer (126.10) des Buchs bereits berechnet; es gilt

$$(\star) \qquad f(x) = \frac{\pi^2}{3} + \sum_{n=1}^{\infty} \frac{4(-1)^n}{n^2} \cos(nx).$$

(Dieses Ergebnis hätten wir unter Benutzung von Teil (a) auch durch gliedweises Integrieren der in Nummer (126.8) des Buchs gefundenen Reihe erhalten können.) Einsetzen von $x = 0$ in $(\star)$ liefert

$$1 - \frac{1}{2^2} + \frac{1}{3^2} - \frac{1}{4^2} \pm \cdots = \frac{\pi^2}{12}.$$

Lösung (126.10) (a) Die 2π-periodische Funktion g mit

$$g(x) := f\left(\frac{2x}{\pi}\right) = \frac{8x^3}{\pi^3} - \frac{8x}{\pi} \quad \text{für} \quad -\pi \leq x \leq \pi$$

erfüllt die Voraussetzungen des Satzes von Dirichlet und ist stetig, wird daher an jeder Stelle $x \in \mathbb{R}$ durch ihre Fourierreihe dargestellt. Da f ungerade ist, gilt $A_k = 0$ für alle k; nur die Koeffizienten der Sinusterme sind zu berechnen. Weil

$$F(x) := \frac{kx\bigl(6 + k^2(\pi^2 - x^2)\bigr)}{k^4} \cdot \cos(kx) \\ - \frac{\bigl(6 + k^2(\pi^2 - 3x^2)\bigr)}{k^4} \cdot \sin(kx)$$

eine Stammfunktion von $x \mapsto (x^3 - \pi^2 x)\sin(kx)$ ist, ergeben sich diese zu

$$\begin{aligned}B_k &= \frac{1}{\pi}\int_{-\pi}^{\pi} \left(\frac{8x^3}{\pi^3} - \frac{8x}{\pi}\right)\sin(kx)\,\mathrm{d}x \\ &= \frac{8}{\pi^4}\int_{-\pi}^{\pi}(x^3 - \pi^2 x)\sin(kx)\,\mathrm{d}x = \frac{8}{\pi^4}[F(x)]_{x=-\pi}^{\pi} \\ &= \frac{8}{\pi^4} \cdot \frac{12k\pi\cos(k\pi)}{k^4} = \frac{96 \cdot (-1)^k}{\pi^3 k^3}.\end{aligned}$$

Nach dem Satz von Dirichlet gilt für $-\pi \leq x \leq \pi$ daher

$$\frac{8x(x^2 - \pi^2)}{\pi^3} = \sum_{k=1}^{\infty} \frac{96(-1)^k}{\pi^3 k^3}\sin(kx),$$

für alle $\xi = 2x/\pi \in [-2, 2]$ daher

$$\xi^3 - 4\xi = \frac{96}{\pi^3}\sum_{k=1}^{\infty} \frac{(-1)^k}{k^3} \sin\left(\frac{k\pi\xi}{2}\right).$$

Die Parsevalsche Gleichung liefert

$$\frac{1}{2}\sum_{k=1}^{\infty} B_k^2 = \frac{1}{2\pi}\int_{-\pi}^{\pi} g(x)^2\,\mathrm{d}x,$$

also

$$\frac{1}{2} \cdot \frac{96^2}{\pi^6} \cdot \sum_{k=1}^{\infty} \frac{1}{k^6} = \frac{1}{2\pi} \cdot \frac{64}{\pi^6} \cdot \int_{-\pi}^{\pi} (x^3 - \pi^2 x)^2\,\mathrm{d}x$$

bzw.

$$\begin{aligned}\sum_{k=1}^{\infty}\frac{1}{k^6} &= \frac{1}{72\pi}\int_0^{\pi}(x^3 - \pi^2 x)^2 \\ &= \frac{1}{72\pi}\int_0^{\pi}(x^6 - 2\pi^2 x^4 + \pi^4 x^2)\,\mathrm{d}x \\ &= \frac{1}{72\pi}\left[\frac{x^7}{7} - \frac{2\pi^2 x^5}{5} + \frac{\pi^4 x^3}{3}\right]_{x=0}^{\pi} \\ &= \frac{1}{72\pi}\left(\frac{\pi^7}{7} - \frac{2\pi^7}{5} + \frac{\pi^7}{3}\right) \\ &= \frac{\pi^6}{72}\left(\frac{1}{7} - \frac{2}{5} + \frac{1}{3}\right) \\ &= \frac{\pi^6}{3 \cdot 5 \cdot 7 \cdot 9} = \frac{\pi^6}{945}.\end{aligned}$$

Lösung (126.11) Indem wir notfalls b durch $B > b$ ersetzen und f durch $f(x) := 0$ für $b < x \leq B$ fortsetzen, dürfen wir o.B.d.A. voraussetzen, daß $b = a + 2m\pi$ mit einer Zahl $m \in \mathbb{N}$ gilt. Mit der Substitution $x = a + mu$ erhalten wir dann

$$\begin{aligned}\int_a^b f(x)e^{-ikx}\,\mathrm{d}x &= \int_0^{2\pi} f(a+mu)e^{-ik(a+mu)}\,m\,\mathrm{d}u \\ &= \frac{e^{-ika}}{2\pi}\int_0^{2\pi} g(u)e^{-ikmu}\,\mathrm{d}u = e^{-ika}\cdot\widehat{g}_{km}\end{aligned}$$

mit der Funktion $g(u) := 2\pi m \cdot f(a+mu)$ (die wir uns 2π-periodisch fortgesetzt denken können). Es gilt also

$$\left|\int_a^b f(x)e^{-ikx}\,\mathrm{d}x\right| = |\widehat{g}_{km}| \to 0 \text{ für } |k|\to\infty$$

nach dem Riemann-Lebesgueschen Lemma.

Lösung (126.12) Es gelte $|f(x) - f(y)| \leq C|x-y|$ für alle $x, y \in I$. Nach dem Beweis von Satz (126.23) im Buch gilt für alle $x \in I$ die Abschätzung

$$|(S_n f - f)(x)| \leq \frac{2}{\pi} \int_0^{\pi/2} \Phi(v; x) \sin\bigl((2n+1)v\bigr) dv$$

mit

$$\Phi(v; x) := \frac{f(x+2v) - f(x) + f(x-2v) - f(x)}{2\sin v}$$
$$= \left(\frac{f(x+2v) - f(x)}{2v} - \frac{f(x-2v) - f(x)}{-2v} \right) \cdot \frac{v}{\sin(v)}$$

für $v \neq 0$. Nun ist $\Psi(v) := \sup_{x \in I} \Phi(v; x)$ eine meßbare und nach Voraussetzung beschränkte Funktion, folglich ein Element von $L^1(I)$. Es gilt daher

$$\sup_{x \in I} |(S_n f - f)(x)| \leq \int_0^{\pi/2} \Psi(v) \sin\bigl((2n+1)v\bigr) dv \to 0$$

für $n \to \infty$ gemäß der vorigen Aufgabe bzw. Folgerung (126.20) im Buch.

Lösung (126.13) Da f ungerade ist, ist auch jede der Funktionen f_N ungerade; es genügt also, die Funktionen f_N auf dem Intervall $(0, \pi)$ zu untersuchen. Lokale Minima und Maxima von f_N sind zwangsläufig Nullstellen der Ableitung von f_N. Diese ist gegeben durch

$$f_N'(x) = \frac{4}{\pi} \sum_{k=0}^{N-1} \cos\bigl((2k+1)x\bigr)$$
$$= \frac{4}{\pi} \cdot \mathrm{Re}\left(\sum_{k=0}^{N-1} e^{(2k+1)ix} \right)$$
$$= \frac{4}{\pi} \cdot \mathrm{Re}\left(\sum_{k=0}^{N-1} q^{2k+1} \right) \quad \text{mit } q := e^{ix}.$$

Unter Benutzung der geometrischen Summenformel erhalten wir

$$\sum_{k=0}^{N-1} q^{2k+1} = \sum_{k=0}^{2N-1} q^k - \sum_{k=0}^{N-1} q^{2k}$$
$$= \sum_{k=0}^{2N-1} q^k - \sum_{k=0}^{N-1} (q^2)^k = \frac{q^{2N} - 1}{q - 1} - \frac{(q^2)^N - 1}{q^2 - 1}$$
$$= (q^{2N} - 1) \cdot \left(\frac{1}{q-1} - \frac{1}{q^2-1} \right) = (q^{2N} - 1) \cdot \frac{q}{q^2 - 1}$$
$$= \frac{q^{2N} - 1}{q - q^{-1}} = \frac{\cos(2Nx) - 1 + i\sin(2Nx)}{2i\sin(x)}$$
$$= \frac{\sin(2Nx) - i \cdot (\cos(2Nx) - 1)}{2\sin(x)}.$$

Einsetzen in die Gleichung für f_N' liefert dann

$$f_N'(x) = \frac{2}{\pi} \cdot \frac{\sin(2Nx)}{\sin(x)},$$

und hieraus folgt

$$f_N''(x) = \frac{2}{\pi} \cdot \frac{2N\cos(2Nx)\sin(x) - \sin(2Nx)\cos(x)}{\sin(x)^2}.$$

Die lokalen Maxima und Minima von f_N treten an den Nullstellen von f_N' auf, also an den Stellen $x_k = k\pi/(2N)$. Wegen $f_N''(x_k) = (-1)^k \cdot \bigl(4N/(\pi \sin(x_k))\bigr)$ liegt bei x_k ein lokales Maximum vor, wenn k ungerade ist, und ein lokales Minimum, wenn k gerade ist. Wir behaupten, daß die Bedingungen $f_N(x_1) > f_N(x_3) > f_N(x_5) > \cdots$ und $f_N(x_2) < f_N(x_4) < f_N(x_6) < \cdots$ gelten, daß also die lokalen Maximalwerte von f_N nach rechts hin kleiner werden, die lokalen Minimalwerte dagegen größer. Dazu berechnen wir

$$f_N(x_k) - f_N(x_{k+2}) = f_N(x_k) - f_N\left(x_k + \frac{\pi}{N} \right)$$
$$= -\int_{x_k}^{x_k + (\pi/N)} f_N'(\xi) d\xi = \frac{-2}{\pi} \int_{x_k}^{x_k+(\pi/N)} \frac{\sin(2N\xi)}{\sin(\xi)} d\xi$$
$$= \frac{-1}{N\pi} \int_{k\pi}^{k\pi + 2\pi} \frac{\sin(u)}{\sin(u/(2N))} du$$
$$= \frac{-1}{N\pi} \left[\int_{k\pi}^{k\pi + \pi} \frac{\sin(u)}{\sin(u/(2N))} du + \int_{k\pi + \pi}^{k\pi + 2\pi} \frac{\sin(u)}{\sin(u/(2N))} du \right]$$
$$= \frac{-1}{N\pi} \left[\int_0^\pi \frac{\sin(k\pi + \pi - v)}{\sin\left(\frac{k\pi + \pi - v}{2N}\right)} dv + \int_0^\pi \frac{\sin(k\pi + \pi + v)}{\sin\left(\frac{k\pi + \pi + v}{2N}\right)} dv \right]$$
$$= \frac{-1}{N\pi} \left[\int_0^\pi \frac{(-1)^k \sin(v)}{\sin\left(\frac{k\pi + \pi - v}{2N}\right)} dv + \int_0^\pi \frac{(-1)^{k+1} \sin(v)}{\sin\left(\frac{k\pi + \pi + v}{2N}\right)} dv \right]$$
$$= \frac{(-1)^{k+1}}{N\pi} \int_0^\pi \sin(v) \cdot g(v) dv$$

mit

$$g(v) := \frac{1}{\sin\left(\frac{k\pi + \pi - v}{2N}\right)} - \frac{1}{\sin\left(\frac{k\pi + \pi + v}{2N}\right)}.$$

(Beim Übergang von der zweiten zur dritten Zeile substituierten wir dabei $u = 2N\xi$, beim Übergang von der vierten zur fünften Zeile dagegen $u = k\pi + \pi - v$ im vorderen und $u = k\pi + \pi + v$ im hinteren Integral.) Wegen $g > 0$ auf $(0, \pi)$ ist das letzte auftretende Integral positiv. Also ist $f_N(x_k) - f_N(x_{k+2})$ positiv, falls k ungerade ist, dagegen negativ, wenn k gerade ist. Wir haben also $f_N(x_1) > f_N(x_3) > f_N(x_5) > \cdots$ sowie $f_N(x_2) < f_N(x_4) < f_N(x_6) < \cdots$ wie zuvor behauptet.

Die Stelle, an der f_N den Wert von f am weitesten überschwingt, ist also die erste Maximalstelle $x_1 = \pi/(2N)$. Der Wert von f_N an dieser Stelle (also das globale Maximum von f_N) ergibt sich zu

$$f_N\left(\frac{\pi}{2N}\right) = \frac{4}{\pi} \cdot \sum_{k=0}^{N-1} \frac{\sin\big((2k+1)\pi/(2N)\big)}{2k+1}$$
$$= \frac{2}{\pi} \cdot \sum_{k=0}^{N-1} \frac{\sin\big((2k+1)\pi/(2N)\big)}{(2k+1)\pi/(2N)} \cdot \frac{\pi}{N}.$$

Die am Ende auftretende Summe (ohne den Vorfaktor $2/\pi$) ist eine Riemannsche Summe für das Integral $\int_0^\pi \big(\sin(x)/x\big)\,dx$; für $N \to \infty$ gilt also

$$f_N\left(\frac{\pi}{2N}\right) \to \frac{2}{\pi} \cdot \int_0^\pi \frac{\sin(x)}{x}\,dx =: c \approx 1.17898.$$

(Das Integral kann man leicht mit Hilfe der schnell konvergierenden Potenzreihenentwicklung $\sin(x)/x = 1 - (x^2/3!) + (x^4/5!) - (x^6/7!) + (x^8/9!) \pm \cdots$ numerisch berechnen.) Für große N übersteigt der Wert $f_N\big(\pi/(2N)\big)$ den rechtsseitigen Grenzwert $f_+(0) = 1$ also um etwa 0.18 und damit um rund 9% der Höhe des Sprungs von f an der Unstetigkeitsstelle $x_0 = 0$.

Lösung (126.14) Aufgrund der Voraussetzung über g erfüllt die Funktion h eine links- und rechtsseitige Lipschitzbedingung in einer Umgebung von x_0. In einer Umgebung von x_0 konvergieren daher die Partialsummen $S_n h$ der Fourierreihe von h gemäß Aufgabe (126.12) sogar gleichmäßig gegen h. In dieser Umgebung geht also

$$S_n h - h = S_n g - g - \frac{g(x_0^+) - g(x_0^-)}{2} \cdot (S_n f - f)(\bullet - x_0)$$

gleichmäßig gegen Null. Da f in einer Umgebung von 0 und daher $f(\bullet - x_0)$ in einer Umbebung von x_0 das Gibbssche Phänomen aufweist, trifft dies dann auch auf die Funktion g zu.

Lösung (126.15) Wir schreiben u als Fourierreihe bezüglich der Variablen t, also

$$u(x,t) = \sum_{k \in \mathbb{Z}} c_k(x) e^{2\pi i k t}$$

mit den Fourierkoeffizienten

$$c_k(x) = \int_0^1 u(x,t) e^{-2\pi i k t}\,dt.$$

Einsetzen in die Wärmeleitungsgleichung $u_t = (\alpha/2)\,u_{xx}$ liefert

$$0 = \sum_{k \in \mathbb{Z}} e^{2\pi i k t}\big(2\pi i k c_k(x) - (\alpha/2)\,c_k''(x)\big)$$

und damit $c_k''(x) = (4\pi i k/\alpha)\,c_k(x)$. Zur Lösung dieser linearen Differentialgleichung machen wir den Ansatz $c_k(x) = \exp(\lambda_k x)$ und beachten, daß aufgrund des physikalischen Zusammenhangs nur beschränkte Lösungen in Frage kommen; dies liefert

$$c_k(x) = A_k \exp\left(-\sqrt{\frac{2\pi|k|}{\alpha}} \cdot \big(1 + i\,\text{sign}(k)\big)x\right)$$

mit den Koeffizienten $A_k = c_k(0) = \widehat{f}_k$. Als Lösung ergibt sich daher die Reihendarstellung

$$\sum_{k \in \mathbb{Z}} \widehat{f}_k \underbrace{\exp\left[-\sqrt{\frac{2\pi|k|}{\alpha}}x\right]}_{\text{Dämpfungsfaktor}} \exp\Big[\underbrace{2\pi i k t - i\sqrt{\frac{2\pi|k|}{\alpha}}\,\text{sign}(k)x}_{\text{Phasenverschiebung}}\Big]$$

für die Funktion $(x,t) \mapsto u(x,t)$. Speziell für $f(t) = \sin(2\pi t) = \text{Im}(e^{2\pi i t})$ erhalten wir

$$u(x,t) = \exp\left(-\sqrt{\frac{2\pi}{\alpha}}x\right) \cdot \sin\left(2\pi t - \sqrt{\frac{2\pi}{\alpha}}x\right).$$

Speziell in der Tiefe x_0 mit $\sqrt{2\pi/\alpha}\,x_0 = \pi$ ergeben sich die Phasenverschiebung π und der Dämpfungsfaktor $e^{-\pi} \approx 0.0432139$. Diese Tiefe (mit dem richtigen Wert von α etwa 4 m) ist die ideale Tiefe für einen Gemüsekeller, wegen der der zur Oberflächentemperatur entgegengesetzten Phase (also kühl im Sommer und warm im Winter) und wegen des aufgrund der starken Dämpfung nahezu konstanten lokalen Klimas.

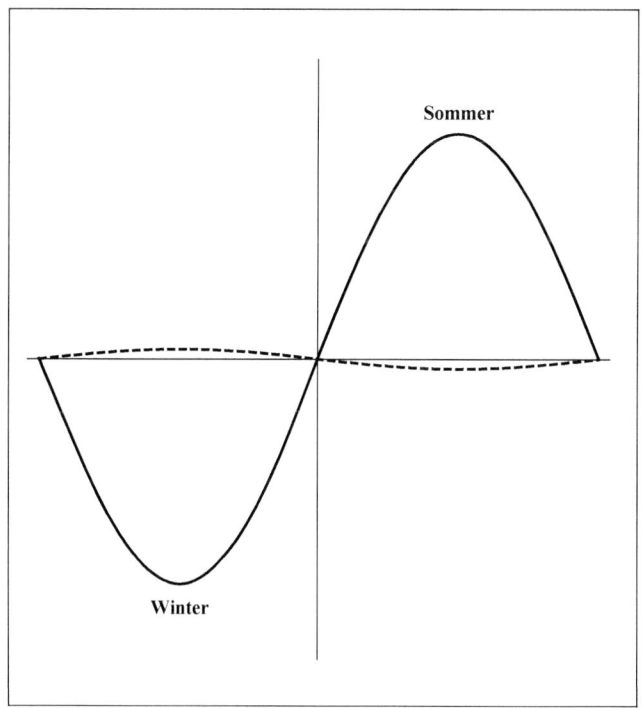

Temperaturverlauf während eines Jahres an der Erdoberfläche (durchgezogen) und in einem Gemüsekeller (gestrichelt).

Aufgaben zu »Fourierreihen« siehe Seite 117

L127: Fourier-Integrale

Lösung (127.1) (a) Es gilt

$$(\mathfrak{F}f)(\xi) = \int_{-\infty}^{\infty} e^{-a|x|}e^{-i\xi x}\mathrm{d}x$$
$$= \int_{-\infty}^{0} e^{(a-i\xi)x}\mathrm{d}x + \int_{0}^{\infty} e^{(-a-i\xi)x}\mathrm{d}x$$
$$= \left[\frac{e^{(a-i\xi)x}}{a-i\xi}\right]_{x=-\infty}^{0} + \left[\frac{e^{-(a+i\xi)x}}{-(a+i\xi)}\right]_{x=0}^{\infty}$$
$$= \frac{1}{a-i\xi} + \frac{1}{a+i\xi} = \frac{2a}{a^2+\xi^2}.$$

(b) Es gilt

$$(\mathfrak{F}f)(\xi) = \int_{-\infty}^{\infty} xe^{-a|x|}e^{-i\xi x}\mathrm{d}x$$
$$= \int_{-\infty}^{0} xe^{(a-i\xi)x}\mathrm{d}x + \int_{0}^{\infty} xe^{(-a-i\xi)x}\mathrm{d}x$$
$$= \left[\frac{(a-i\xi)x-1}{(a-i\xi)^2} \cdot e^{(a-i\xi)x}\right]_{x=-\infty}^{0}$$
$$\quad + \left[\frac{-(a+i\xi)x-1}{(a+i\xi)^2} \cdot e^{-(a+i\xi)x}\right]_{x=0}^{\infty}$$
$$= \frac{-1}{(a-i\xi)^2} + \frac{1}{(a+i\xi)^2}$$
$$= \frac{(a-i\xi)^2 - (a+i\xi)^2}{(a^2+\xi^2)^2} = \frac{-4ai\xi}{(a^2+\xi^2)^2}.$$

(c) Es gilt

$$(\mathfrak{F}f)(\xi) = \int_{0}^{\infty} e^{(-a-i\xi)x}\mathrm{d}x$$
$$= \left[\frac{e^{-(a+i\xi)x}}{-(a+i\xi)}\right]_{x=0}^{\infty} = \frac{1}{a+i\xi}.$$

Lösung (127.2) Es gilt

$$(\mathfrak{F}f)(\xi) = \int_{a}^{b} e^{-i\xi x}\mathrm{d}x = \left[\frac{e^{-ix\xi}}{-i\xi}\right]_{x=a}^{b}$$
$$= \frac{e^{-ib\xi} - e^{-ia\xi}}{-i\xi}$$
$$= \frac{\sin(b\xi) - \sin(a\xi)}{\xi} + i \cdot \frac{\cos(b\xi) - \cos(a\xi)}{\xi}.$$

Für $\xi = 0$ ist dies in Übereinstimmung mit den Regeln von de L'Hospital als $\int_a^b 1\,\mathrm{d}x = b-a$ zu lesen.

Lösung (127.3) (a) Unmittelbar nach Definition der Fouriertransformation erhalten wir unter Benutzung der Abkürzungen $m := (b+a)/2$ und $\delta := (b-a)/2$ sowie der Substitutionen $u = (x-a)/(m-a)$ und $v = (b-x)/(b-m)$ die Gleichung

$$(\mathfrak{F}f)(\xi) = \int_{a}^{m} h \cdot \frac{x-a}{m-a} \cdot e^{-ix\xi}\,\mathrm{d}x + \int_{m}^{b} h \cdot \frac{b-x}{b-m} \cdot e^{-ix\xi}\,\mathrm{d}x$$
$$= h\delta \int_{0}^{1} ue^{-i(a+\delta u)\xi}\mathrm{d}u + h\delta \int_{0}^{1} ve^{-i(b-\delta v)\xi}\mathrm{d}v$$
$$= h\delta e^{-ia\xi}\int_0^1 ue^{-i\delta u\xi}\mathrm{d}u + h\delta e^{-ib\xi}\int_0^1 ve^{i\delta v\xi}\mathrm{d}v$$
$$= h\delta e^{-ia\xi}\left[\frac{1+i\delta\xi u}{\delta^2\xi^2}e^{-i\delta u\xi}\right]_{u=0}^{1} + h\delta e^{-ib\xi}\left[\frac{1-i\delta v\xi}{\delta^2\xi^2}e^{i\delta v\xi}\right]_{v=0}^{1}$$
$$= \frac{he^{-ia\xi}}{\delta\xi^2}\left((1+i\delta\xi)e^{-i\delta\xi} - 1\right) + \frac{he^{-ib\xi}}{\delta\xi^2}\left((1-i\delta\xi)e^{i\delta\xi} - 1\right)$$
$$= \frac{2h}{(b-a)\xi^2}\left(2e^{-im\xi} - e^{-ia\xi} - e^{-ib\xi}\right)$$
$$= \frac{-2h}{(b-a)\xi^2}\left(e^{-ib\xi/2} - e^{-ia\xi/2}\right)^2.$$

(b) Nach Aufgabe (125.1) gilt

$$f = \frac{2h}{b-a} \cdot \chi_{[a/2,b/2]} \star \chi_{[a/2,b/2]}.$$

Nach dem Faltungssatz und wegen der Linearität der Fouriertransformation gilt dann

$$\mathfrak{F}f = \frac{2h}{b-a} \cdot (\mathfrak{F}\chi_{[a/2,b/2]})^2.$$

Nach der vorigen Aufgabe bedeutet dies

$$(\mathfrak{F}f)(\xi) = \frac{-2h}{b-a} \cdot \frac{(e^{-ib\xi/2} - e^{-ia\xi/2})^2}{\xi^2}.$$

Lösung (127.4) (a) Der Integrand läßt sich gleichmäßig in $t \in \mathbb{R}$ durch die integrierbare Majorante $x \mapsto 1/(1+x^2)$ abschätzen. Nach dem Satz von der majorisierten Konvergenz ist daher das Integral $F(t)$ wohldefiniert und absolut konvergent und definiert eine stetige Funktion von t. Weil der Cosinus eine gerade Funktion ist, gilt $F(-t) = F(t)$ für alle $t \in \mathbb{R}$; ferner gilt $F(0) = \int_{-\infty}^{\infty}(1+x^2)^{-1}\mathrm{d}x = \arctan(x)\big|_{x=-\infty}^{\infty} = \pi$. Es genügt daher, die Funktion F für Argumente $t > 0$ zu untersuchen.

(b) Naives Ableiten unter dem Integral lieferte

$$F(t) = \int_{-\infty}^{\infty} \frac{\cos(tx)}{1+x^2}\,\mathrm{d}x,$$
$$F'(t) = \int_{-\infty}^{\infty} \frac{-x\sin(tx)}{1+x^2}\,\mathrm{d}x,$$
$$F''(t) = \int_{-\infty}^{\infty} \frac{-x^2\cos(tx)}{1+x^2}\,\mathrm{d}x$$

und dann $F(t) - F''(t) = \int_{-\infty}^{\infty}\cos(tx)\,\mathrm{d}x$ mit einer gar nicht definierten rechten Seite. (Satz (108.22) im Buch ist nicht anwendbar, weil sich keine integrierbare Majorante findet.) Führen wir stattdessen die Substitution $y = tx$ durch, so ergibt sich

$$F(t) = \int_{-\infty}^{\infty} \frac{\cos(tx)}{1+x^2} dx = \int_{-\infty}^{\infty} \frac{t\cos(y)}{t^2+y^2} dy$$

Wir überlegen, ob wir Satz (108.22) anwenden können, und betrachten dazu den nach t abgeleiteten Integranden:

$$(1) \qquad \frac{\partial}{\partial t}\left(\frac{t\cos(y)}{t^2+y^2}\right) = \frac{\cos(y) \cdot (y^2-t^2)}{(y^2+t^2)^2}.$$

Die Zahl $t > 0$ sei nun fest vorgegeben. Wir wählen Zahlen a, b mit $0 < a < t < b$; auf dem Intervall $[a, b]$ erhalten wir dann aus (1) die Abschätzung

$$\left|\frac{\partial}{\partial t}\left(\frac{t\cos(y)}{t^2+y^2}\right)\right| \le \frac{1 \cdot (y^2+t^2)}{(y^2+t^2)^2} = \frac{1}{y^2+t^2} \le \frac{1}{y^2+a^2},$$

und diese letzte Funktion ist eine (von t unabhängige) Majorante für das betrachtete Integral. Wir können also Satz (108.22) anwenden (und zwar für $t \in [a, b]$ statt für $t \in (0, \infty)$) und sehen, daß F an jeder Stelle $t \in (0, \infty)$ differenzierbar ist mit

$$F'(t) = \int_{-\infty}^{\infty} \frac{(y^2-t^2)\cos(y)}{(y^2+t^2)^2} dy.$$

Um zu sehen, ob wir erneut unter dem Integral ableiten dürfen, betrachten wir wieder den nach t abgeleiteten Integranden; Anwenden der Quotientenregel mit anschließendem Zusammenfassen liefert

$$(2) \qquad \frac{\partial}{\partial t}\left(\frac{(y^2-t^2)\cos(y)}{(y^2+t^2)^2}\right) = \frac{2t^3 - 6ty^2}{(y^2+t^2)^3} \cdot \cos(y).$$

Für $t \in [a, b]$ ergibt sich daher die Abschätzung

$$\left|\frac{\partial}{\partial t}\left(\frac{(y^2-t^2)\cos(y)}{(y^2+t^2)^2}\right)\right| \le \frac{6t^3 + 6ty^2}{(y^2+t^2)^3}$$
$$= \frac{6t}{(y^2+t^2)^2} \le \frac{6b}{(y^2+a^2)^2},$$

und diese letzte Funktion ist eine (von t unabhängige) Majorante für das betrachtete Integral. Wir können also wieder Satz (108.22) für $t \in [a, b]$ anwenden und sehen, daß auch F' differenzierbar ist mit

$$F''(t) = \int_{-\infty}^{\infty} \frac{(2t^3 - 6ty^2)\cos(y)}{(y^2+t^2)^3} dy.$$

Wir beachten nun die (leicht zu verifizierende) Gleichung

$$\frac{2t^3 - 6ty^2}{(y^2+t^2)^3} = -\frac{\partial^2}{\partial y^2}\left(\frac{t}{y^2+t^2}\right)$$

und wenden in der gerade gefundenen Integraldarstellung für $F''(t)$ zweimal hintereinander partielle Integration an; es ergibt sich

$$F''(t) = \int_{-\infty}^{\infty} -\frac{\partial^2}{\partial y^2}\left(\frac{t}{y^2+t^2}\right) \cdot \cos(y) dy$$
$$= \int_{-\infty}^{\infty} -\frac{\partial}{\partial y}\left(\frac{t}{y^2+t^2}\right) \cdot \sin(y) dy$$
$$= \int_{-\infty}^{\infty} \frac{t}{y^2+t^2} \cdot \cos(y) dy = F(t).$$

Mit $I := (0, \infty)$ gilt also $F'' = F \in C(I)$ und damit $F \in C^2(I)$, weiter $F'''' = F'' = F \in C(I)$ und damit $F \in C^4(I)$, und so weiter; insgesamt gilt also $F \in C^\infty(I)$.

(c) Weil F die Differentialgleichung $F'' - F = 0$ erfüllt, gibt es Konstanten $A, B \in \mathbb{R}$ mit

$$F(t) = Ae^t + Be^{-t} \quad \text{für alle } t > 0.$$

Weil F an der Stelle $t = 0$ stetig ist, folgt $\pi = F(0) = \lim_{t \to 0+}(Ae^t + Be^{-t}) = A + B$, also $B = \pi - A$ und damit

$$F(t) = Ae^t + (\pi - A)e^{-t} \quad \text{für alle } t > 0.$$

Für $t \to \infty$ gilt nun $F(t) \to 0$ nach Satz (127.7) im Buch; hieraus folgt $A = 0$. Also gilt $F(t) = \pi e^{-t}$ für alle $t > 0$. Wegen $F(0) = \pi$ und $F(-t) = F(t)$ für alle t folgt dann die Behauptung.

(d) Es gilt

$$(\mathfrak{F}f)(x) = \int_{-\infty}^{\infty} \frac{e^{-ix\xi}}{1+x^2} dx$$
$$= \int_{-\infty}^{\infty} \frac{\cos(x\xi) - i\sin(x\xi)}{1+x^2} dx$$
$$= \int_{-\infty}^{\infty} \frac{\cos(x\xi)}{1+x^2} dx = \pi e^{-|\xi|}.$$

Dabei benutzten wir Teil (c) im letzten Schritt sowie beim Übergang von der zweiten zur dritten Zeile die Tatsache, daß die Funktion $x \mapsto \sin(x\xi)/(1+x^2)$ ungerade ist.

Lösung (127.5) Setze $g(\xi) := \int_{-\infty}^{\infty} e^{-x^2 - i\xi x} dx$. (Dies ist gerade die Fouriertransformierte der Funktion $f(x) = e^{-x^2}$.) Da Ableiten unter dem Integral erlaubt ist, gilt

$$2g'(\xi) = \int_{-\infty}^{\infty} -2ixe^{-x^2 - i\xi x} dx = \int_{-\infty}^{\infty} \underbrace{-2xe^{-x^2}}_{u'(x)} \cdot \underbrace{ie^{-i\xi x}}_{v(x)} dx$$
$$= -\int_{-\infty}^{\infty} \underbrace{e^{-x^2}}_{u(x)} \cdot \underbrace{\xi e^{-i\xi x}}_{v'(x)} dx \quad \text{(partielle Integration)}$$
$$= -\xi \int_{-\infty}^{\infty} e^{-x^2 - i\xi x} dx = -\xi\, g(\xi).$$

Für $g(0) = \int_{-\infty}^{\infty} e^{-x^2} dx$ gilt ferner

$$g(0)^2 = \left(\int_{-\infty}^{\infty} e^{-x^2}\,dx\right)\left(\int_{-\infty}^{\infty} e^{-y^2}\,dy\right)$$
$$= \iint_{\mathbb{R}^2} e^{-x^2-y^2}\,d(x,y) \quad \text{(Fubini)}$$
$$= \int_0^{2\pi}\int_0^{\infty} e^{-r^2}\cdot r\,dr\,d\varphi \quad \text{(Polarkoordinaten)}$$
$$= \int_0^{\infty} 2\pi r e^{-r^2}\,dr = -\pi e^{-r^2}\Big|_{r=0}^{\infty} = \pi$$

und damit $g(0) = \sqrt{\pi}$. Also ist g die (eindeutig bestimmte) Lösung des Anfangswertproblems $2g'(\xi) = -\xi g(\xi)$, $g(0) = \sqrt{\pi}$. Diese Lösung ist aber gegeben durch $g(\xi) = \sqrt{\pi} e^{-\xi^2/4}$.

Lösung (127.6) Wir bezeichnen nun allgemein mit $\mathfrak{F}[f]$ die Fouriertransformierte einer Funktion f. Dann gilt

$$e^{-a} = \frac{2}{\pi}\int_0^{\infty} \frac{\cos(at)}{1+t^2}\,dt \quad \text{(Hinweis)}$$
$$= \frac{2}{\pi}\int_0^{\infty} \cos(at)\left[\int_0^{\infty} e^{-s}e^{-st^2}\,ds\right]dt$$
$$= \frac{2}{\pi}\int_0^{\infty} e^{-s}\left[\int_0^{\infty} e^{-st^2}\cos(at)\,dt\right]ds \quad \text{(Fubini)}$$
$$= \frac{1}{\pi}\int_0^{\infty} e^{-s}\left[\int_{-\infty}^{\infty} e^{-st^2}e^{-iat}\,dt\right]ds$$
$$= \frac{1}{\pi}\int_0^{\infty} \frac{e^{-s}}{\sqrt{s}}\left[\int_{-\infty}^{\infty} e^{-st^2}\sqrt{s}e^{-iat}\,dt\right]ds$$
$$= \frac{1}{\pi}\int_0^{\infty} \frac{e^{-s}}{\sqrt{s}} \mathfrak{F}\left[\sqrt{s}e^{-(\sqrt{s}t)^2}\right](a)\,ds$$
$$= \frac{1}{\pi}\int_0^{\infty} \frac{e^{-s}}{\sqrt{s}} \mathfrak{F}[e^{-t^2}](a/\sqrt{s})\,ds \quad \text{(Skalierung)}$$
$$= \frac{1}{\pi}\int_0^{\infty} \frac{e^{-s}}{\sqrt{s}} \cdot \sqrt{\pi} e^{-a^2/(4s)}\,ds \quad \text{(Aufgabe (127.5))}$$
$$= \frac{1}{\sqrt{\pi}}\int_0^{\infty} \frac{e^{-s}}{\sqrt{s}} \cdot e^{-a^2/(4s)}\,ds.$$

Lösung (127.7) Erste Lösung: Eine Funktion f ist genau dann radial, wenn $f(Rx) = f(x)$ für alle $x \in \mathbb{R}^n$ und alle orthogonalen $(n \times n)$-Matrizen $R \in O(n)$ gilt. Es sei $f \in L^1(\mathbb{R}^n)$. Für alle $\xi \in \mathbb{R}^n$ und alle $R \in O(n)$ erhalten wir dann unter Benutzung der Substitution $u = R^{-1}x$ bzw. $x = Ru$ mit $dx = |\det(R)|\,du = du$ die Gleichungen

$$\widehat{f}(R\xi) = \int_{\mathbb{R}^n} f(x)e^{-i\langle R\xi, x\rangle}\,dx$$
$$= \int_{\mathbb{R}^n} f(x)e^{-i\langle \xi, R^T x\rangle}\,dx$$
$$= \int_{\mathbb{R}^n} f(x)e^{-i\langle \xi, R^{-1} x\rangle}\,dx$$
$$= \int_{\mathbb{R}^n} f(Ru)e^{-i\langle \xi, u\rangle}\,du$$
$$= \int_{\mathbb{R}^n} f(u)e^{-i\langle \xi, u\rangle}\,du = \widehat{f}(\xi),$$

wobei wir beim Übergang von der vorletzten zur letzten Zeile die Radialität von f ausnutzen. Die Identität $\widehat{f}(R\xi) = \widehat{f}(\xi)$ zeigt, daß $\widehat{f}$ radial ist.

Zweite Lösung: Es sei $\xi \neq 0$, und es sei $\mathbb{S}^{n-2} = \{y \in \mathbb{S}^{n-1} \mid \langle y, \xi\rangle = 0\}$ der Äquator von $\mathbb{S}^{n-1}$, bezüglich dessen $\pm \xi/\|\xi\|$ die beiden Pole sind. Wir parametrisieren dann $\mathbb{R}^n$ vermöge

$$x = ry = r\left(\cos(\theta)u + \sin(\theta)\frac{\xi}{\|\xi\|}\right) \quad \text{mit}$$

$r \geq 0$, $-\pi/2 \leq \theta \leq \pi/2$, $y \in \mathbb{S}^{n-1}$ und $u \in \mathbb{S}^{n-2}$

mit dem Volumenelement

$$dx = r^{n-1}d\sigma_{n-1}(y)$$
$$= r^{n-1}\cos(\theta)^{n-2}d\sigma_{n-2}(u)\,d\theta\,dr.$$

(Dies entspricht gerade der Einführung verallgemeinerter Polarkoordinaten wie in Nummer (96.17) des Buchs, wobei das Koordinatensystem so gewählt ist, daß der Winkel $\theta = \theta_{n-2}$ von der Äquatorerebene aus in Richtung $\xi/\|\xi\|$ gezählt wird.) Mit $f(x) = g(\|x\|)$ und $\langle x, \xi\rangle = r\sin(\theta)\|\xi\|$ ergibt sich dann

$$\widehat{f}(\xi) = \int_{\mathbb{R}^n} f(x)e^{-i\langle \xi, x\rangle}\,dx$$
$$= \int_0^{\infty}\int_{-\pi/2}^{\pi/2}\int_{\mathbb{S}^{n-2}} g(r)e^{-ir\sin(\theta)\|\xi\|}r^{n-1}\cos(\theta)^{n-2}\,d\sigma_{n-2}(u)\,d\theta\,dr$$
$$= \omega_{n-2}(\mathbb{S}^{n-2})\cdot\int_0^{\infty}\int_{-\pi/2}^{\pi/2} g(r)e^{-ir\sin(\theta)\|\xi\|}r^{n-1}\cos(\theta)^{n-2}\,d\theta\,dr,$$

wobei $\omega_{n-2}(\mathbb{S}^{n-2})$ den $(n-2)$-dimensionalen Inhalt von $\mathbb{S}^{n-2}$ bezeichnet. Dem nunmehr erhaltenen Integralausdruck für $\widehat{f}(\xi)$ sieht man unmittelbar an, daß er nur von $\|\xi\|$ abhängt.

Lösung (127.8) Es gilt

$$\widehat{f}(\xi) = \int_{\mathbb{R}^n} f(x)e^{-i\langle \xi, x\rangle}\,dx$$
$$= \int_{\mathbb{R}^n} e^{-(x_1^2+\cdots+x_n^2)}e^{-i(\xi_1 x_1+\cdots+\xi_n x_n)}\,d(x_1,\ldots,x_n)$$
$$= \int_{\mathbb{R}^n} e^{-x_1^2-i\xi_1 x_1}\cdots e^{-x_n^2-i\xi_n x_n}\,d(x_1,\ldots,x_n)$$
$$= \left(\int_{\mathbb{R}} e^{-x_1^2-i\xi_1 x_1}dx_1\right)\cdots\left(\int_{\mathbb{R}} e^{-x_n^2-i\xi_n x_n}\right)dx_n$$
$$\text{(Fubini)}$$
$$= \left(\sqrt{\pi}e^{-\xi_1^2/4}\right)\cdots\left(\sqrt{\pi}e^{-\xi_n^2/4}\right) \quad \text{(Aufgabe (127.5))}$$
$$= (\sqrt{\pi})^n e^{-(\xi_1^2+\cdots+\xi_n^2)/4} = \pi^{n/2}e^{-\|\xi\|^2/4}.$$

Lösung (127.9) Wir erhalten

$$\begin{aligned}\widehat{f}(\xi) &= \int_{\mathbb{R}^n} e^{-\|x\|} e^{-i\langle \xi,x \rangle} \mathrm{d}x \\ &= \frac{1}{\sqrt{\pi}} \int_{\mathbb{R}^n} \int_0^\infty \frac{e^{-s}}{\sqrt{s}} e^{-\|x\|^2/(4s)} e^{-i\langle \xi,x \rangle} \mathrm{d}s\, \mathrm{d}x \quad (127.6) \\ &= \frac{1}{\sqrt{\pi}} \int_0^\infty \frac{e^{-s}}{\sqrt{s}} \left[\int_{\mathbb{R}^n} e^{-\left(\|x\|/(2\sqrt{s})\right)^2} e^{-i\langle \xi,x \rangle} \mathrm{d}x \right] \mathrm{d}s \;(\text{Fubini}) \\ &= \frac{1}{\sqrt{\pi}} \int_0^\infty \frac{e^{-s}}{\sqrt{s}} \mathfrak{F}[e^{-\left(\|x\|/(2\sqrt{s})\right)^2}](\xi)\, \mathrm{d}s \\ &= \frac{1}{\sqrt{\pi}} \int_0^\infty \frac{e^{-s}}{\sqrt{s}} \cdot (2\sqrt{s})^n \mathfrak{F}[e^{-\|x\|^2}](2\sqrt{s}\xi)\, \mathrm{d}s \;(\text{Skalierung}) \\ &= \frac{1}{\sqrt{\pi}} \int_0^\infty \frac{e^{-s}}{\sqrt{s}} \cdot (2\sqrt{s})^n \pi^{n/2} e^{-s\|\xi\|^2}\, \mathrm{d}s \quad (127.8) \\ &= 2^n \pi^{(n-1)/2} \int_0^\infty s^{(n-1)/2} e^{-s(1+\|\xi\|^2)}\, \mathrm{d}s \\ &= \frac{2^n \pi^{(n-1)/2}}{(1+\|\xi\|^2)^{(n+1)/2}} \int_0^\infty t^{(n-1)/2} e^{-t}\, \mathrm{d}t \\ &= \frac{2^n \pi^{(n-1)/2}}{(1+\|\xi\|^2)^{(n+1)/2}} \cdot \Gamma\left(\frac{n+1}{2}\right),\end{aligned}$$

wobei beim Übergang von der drittletzten zur vorletzten Zeile die Substitution $t = s(1+\|\xi\|^2)$ benutzt wurde.

Lösung (127.10) Wir gehen etwas salopp vor und rechnen mit divergenten Integralen, wohl wissend, daß sich die Rechnungen nur rechtfertigen lassen, wenn wir die behandelten Funktionen als Operatoren auffassen, die auf schnell abfallenden Funktionen ausgewertet werden. Wir haben für $f(x) = \|x\|^{-\alpha}$ dann

$$\widehat{f}(\xi) = \int_{\mathbb{R}^n} \|x\|^{-\alpha} e^{-i\langle x,\xi \rangle}\, \mathrm{d}x,$$

wobei α so zu wählen ist, daß das Integral in der Nähe des Nullpunkts konvergiert. (Für $\|x\| \to \infty$ müssen wir uns wegen der Konvergenz keine Sorgen machen, weil die Multiplikation mit einer schnell abfallenden Funktion für Konvergenz sorgt.) Mit einer festen Zahl $\lambda > 0$ substituieren wir nun $x = \lambda u$ und erhalten

$$\begin{aligned}\widehat{f}(\xi) &= \int_{\mathbb{R}^n} \|\lambda u\|^{-\alpha} e^{-i\langle \lambda u,\xi \rangle}\, \mathrm{d}(\lambda u) \\ &= \int_{\mathbb{R}^n} \lambda^{-\alpha} \|u\|^{-\alpha} e^{-i\langle u,\lambda\xi \rangle} \lambda^n\, \mathrm{d}u \\ &= \lambda^{n-\alpha} \int_{\mathbb{R}^n} \|u\|^{-\alpha} e^{-i\langle u,\lambda\xi \rangle}\, \mathrm{d}u \\ &= \lambda^{n-\alpha} \widehat{f}(\lambda\xi)\end{aligned}$$

Da mit f auch $\widehat{f}$ radial ist, gibt es eine Konstante C mit $\widehat{f}(u) = C$ für alle $u \in \mathbb{R}^n$ mit $\|u\| = 1$. Schreiben wir $\xi = \lambda v$ mit $\lambda = \|\xi\|$ und $v = \xi/\|\xi\|$, so ergibt sich

$$\widehat{f}(\xi) = \widehat{f}(\lambda v) = \frac{\widehat{f}(v)}{\lambda^{n-\alpha}} = \frac{C}{\|\xi\|^{n-\alpha}} = C \cdot \|\xi\|^{-(n-\alpha)}.$$

Die Konstante C ergibt sich, indem wir in der definierenden Gleichung $\int \widehat{f}g = \int f\widehat{g}$ eine spezielle Wahl für g treffen. Zunächst wollen wir aber überlegen, für welche Werte von α diese Gleichung überhaupt einen Sinn ergibt. Die Gleichung lautet

$$C \cdot \int_{\mathbb{R}^n} \frac{1}{\|\xi\|^{n-\alpha}} \cdot g(\xi)\, \mathrm{d}\xi = \int_{\mathbb{R}^n} \frac{1}{\|\xi\|^\alpha} \cdot \widehat{g}(\xi)\, \mathrm{d}\xi.$$

Konvergenz für $\|x\| \to \infty$ ist wegen des schnellen Abfalls von g und $\widehat{g}$ kein Problem, aber Konvergenz in der Nähe des Nullpunkts muß gesichert sein. Dies erfordert $n - 1 - \alpha > -1$ und $\alpha - 1 > -1$, also $0 < \alpha < n$ (und damit auch $0 < n - \alpha < n$). Um die Konstante C zu ermitteln, wählen wir $g(\xi) := e^{-\|\xi\|^2}$ und erhalten unter Ausnutzung von Aufgabe (127.8) dann

$$C \cdot \int_{\mathbb{R}^n} \frac{1}{\|\xi\|^{n-\alpha}} \cdot e^{-\|\xi\|^2}\, \mathrm{d}\xi = \pi^{n/2} \cdot \int_{\mathbb{R}^n} \frac{1}{\|\xi\|^\alpha} \cdot e^{-\|\xi\|^2/4}\, \mathrm{d}\xi,$$

nach Übergang zu Polarkoordinaten also

$$C \cdot \int_0^\infty \frac{e^{-r^2}}{r^{n-\alpha}} r^{n-1}\mathrm{d}r = \pi^{n/2} \cdot \int_0^\infty \frac{e^{-r^2/4}}{r^\alpha} r^{n-1}\mathrm{d}r$$

bzw.

$$C \cdot \int_0^\infty r^{\alpha-1} \cdot e^{-r^2}\, \mathrm{d}r = \pi^{n/2} \cdot \int_0^\infty r^{n-1-\alpha} e^{-r^2/4}\, \mathrm{d}r.$$

Substituieren wir $\rho = r^2$ auf der linken Seite und $\rho = r^2/4$ auf der rechten Seite, so geht diese Gleichung über in

$$\begin{aligned}C \cdot \int_0^\infty &\rho^{(\alpha/2)-1} e^{-\rho}\, \mathrm{d}\rho \\ &= \pi^{n/2} \cdot 2^{n-\alpha} \int_0^\infty \rho^{((n-\alpha)/2)-1} e^{-\rho}\, \mathrm{d}\rho\end{aligned}$$

und damit $C \cdot \Gamma(\alpha/2) = \pi^{n/2} \cdot 2^{n-\alpha} \cdot \Gamma((n-\alpha)/2)$. Die gesuchte Konstante ist daher

$$C = \pi^{n/2} \cdot 2^{n-\alpha} \cdot \frac{\Gamma((n-\alpha)/2)}{\Gamma(\alpha/2)}.$$

Lösung (127.11) (a) Unmittelbar aus der Definition der Funktionen H_n folgt die Gleichung

$$\begin{aligned}H_n'(x) - 2\pi x\, H_n(x) &= \frac{(-1)^n}{n!} \cdot e^{\pi x^2} \frac{\mathrm{d}^{n+1}}{\mathrm{d}x^{n+1}}\left(e^{-2\pi x^2}\right) \\ &= -(n+1) \cdot \frac{(-1)^{n+1}}{(n+1)!} \cdot e^{\pi x^2} \frac{\mathrm{d}^{n+1}}{\mathrm{d}x^{n+1}}\left(e^{-2\pi x^2}\right) \\ &= -(n+1) H_{n+1}(x).\end{aligned}$$

(b) Wir benutzen Induktion über n. Wegen $H_0(x) = e^{-\pi x^2}$ ist die Aussage richtig für $n = 0$, und zwar mit

$P_0(x) = 1$. Gilt $H_k(x) = P_k(x)e^{-\pi x^2}$ für $0 \leq k \leq n$, so folgt unter Benutzung von Teil (a) die Gleichung

$$H_{n+1}(x) = \bigl(2\pi x\, H_n(x) - H_n'(x)\bigr)/(n+1)$$
$$= \bigl(4\pi x\, P_n(x) - P_n'(x)\bigr)e^{-\pi x^2}/(n+1);$$

definieren wir also

$$(\star) \qquad P_{n+1}(x) := \frac{4\pi x\, P_n(x) - P_n'(x)}{n+1},$$

so ist P_{n+1} ein Polynom vom Grad $n+1$, und es gilt $H_{n+1}(x) = P_{n+1}(x)e^{-\pi x^2}$.

(c) Aus der in (b) gefundenen Rekursionsformel $(\star)$ ergeben sich sofort die Polynome

$$P_0(x) = 1,$$
$$P_1(x) = 4\pi x,$$
$$P_2(x) = 8\pi^2 x^2 - 2\pi,$$
$$P_3(x) = (8\pi/3)\cdot\bigl(4\pi^2 x^3 - (\pi+2)x\bigr),$$
$$P_4(x) = (2\pi/3)\cdot\bigl(16\pi^3 x^4 - (16\pi^2+8\pi)x^2 - (\pi+2)\bigr).$$

(d) Wir benutzen Induktion über n, wobei der Induktionsanfang $n = 0$ trivial ist. Beim Induktionsschritt benutzen wir die in (b) gefundene Rekursionsformel $(\star)$ und erhalten

$$P_{n+1}' = \frac{1}{n+1}\cdot(4\pi P_n + 4\pi x P_n' - P_n'')$$
$$= \frac{1}{n+1}\cdot(4\pi P_n + 16\pi^2 x P_{n-1} - 4\pi P_{n-1}')$$
$$= \frac{4\pi}{n+1}\cdot(P_n + 4\pi x P_{n-1} - P_{n-1}')$$
$$= \frac{4\pi}{n+1}\cdot\left(\frac{4\pi x P_{n-1} - P_{n-1}'}{n} + 4\pi x P_{n-1} - P_{n-1}'\right)$$
$$= \frac{4\pi}{n(n+1)}\cdot(4\pi x P_{n-1} - P_{n-1}' + 4n\pi x P_{n-1} - n P_{n-1}')$$
$$= \frac{4\pi}{n(n+1)}\cdot(4\pi x(n+1) P_{n-1} - (n+1) P_{n-1}')$$
$$= \frac{4\pi}{n}\cdot(4\pi x P_{n-1} - P_{n-1}')$$
$$= 4\pi\cdot\frac{4\pi x P_{n-1} - P_{n-1}'}{n} = 4\pi P_n.$$

Damit ist der Induktionsschritt abgeschlossen, und die Behauptung ist bewiesen.

(e) Durchmultiplizieren der behaupteten Gleichung mit $e^{\pi x^2}$ zeigt, daß diese Behauptung äquivalent ist zu der Aussage

$$\frac{\mathrm{d}}{\mathrm{d}x}\bigl(H_n(x)e^{\pi x^2}\bigr) = 4\pi H_{n-1}(x)e^{\pi x^2}$$

und damit zu der Aussage $(\mathrm{d}/\mathrm{d}x)P_n(x) = 4\pi P_{n-1}(x)$, die in Teil (d) bewiesen wurde.

(f) Addition der Gleichungen in (a) und in (e) liefert

$$2H_n' = 4\pi H_{n-1} - (n+1)H_{n+1}.$$

Ableiten dieser Gleichung und anschließendes Einsetzen von (a) und (e) liefert

$$2H_n'' = 4\pi H_{n-1}' - (n+1)H_{n+1}'$$
$$= 4\pi\bigl(2\pi x H_{n-1} - n H_n\bigr) - (n+1)\bigl(4\pi H_n - 2\pi x H_{n+1}\bigr)$$
$$= 8\pi^2 x H_{n-1} - 4\pi(2n+1)H_n + 2\pi x(n+1)H_{n+1}$$
$$= 2\pi x\bigl(4\pi H_{n-1} + (n+1)H_{n+1}\bigr) - 4\pi(2n+1)H_n$$
$$= 2\pi x\bigl(4\pi x H_n\bigr) - 4\pi(2n+1)H_n,$$

wobei sich der Übergang von der vorletzten zur letzten Zeile durch Subtraktion der Gleichung in (a) von derjenigen in (e) ergibt. Division durch 2 und anschließendes Sortieren liefert

$$H_n'' - 4\pi^2 x^2 H_n = -2\pi(2n+1)H_n$$

und damit die Behauptung.

(g) Für alle schnell abfallenden (reellwertigen) Funktionen f, g gilt

$$\langle Sf, g\rangle = \int_{\mathbb{R}} f'' g - \int_{\mathbb{R}} (4\pi x^2 f)g$$
$$= \int_{\mathbb{R}} f g'' - \int_{\mathbb{R}} f(4\pi x^2 g) = \langle f, Sg\rangle;$$

der Operator S ist also symmetrisch bezüglich des Skalarprodukts $\langle\cdot,\cdot\rangle$ (bzw. Hermitesch, wenn wir auch komplexwertige Funktionen zulassen). Als Eigenfunktionen von S zu den verschiedenen Eigenwerten $\lambda_m = -2\pi(2m+1)$ und $\lambda_n = -2\pi(2n+1)$ stehen daher H_m und H_n aufeinander senkrecht:

$$\lambda_m\langle H_m, H_n\rangle = \langle\lambda_m H_m, H_n\rangle = \langle SH_m, H_n\rangle = \langle H_m, SH_n\rangle$$
$$= \langle H_m, \lambda_n H_n\rangle = \overline{\lambda_n}\langle H_m, H_n\rangle = \lambda_n\langle H_m, H_n\rangle,$$

also $0 = (\lambda_m - \lambda_n)\langle H_m, H_n\rangle$ und wegen $\lambda_m \neq \lambda_n$ daher $\langle H_m, H_n\rangle = 0$.

(h) Die Funktion g liegt in $L^1(\mathbb{R})$; ihre Fouriertransformierte ist also gegeben durch

$$\widehat{g}(\xi) = \int_{\mathbb{R}} g(x)e^{-i\xi x}\mathrm{d}x = \int_{\mathbb{R}} g(x)\sum_{k=0}^{\infty}\frac{(-i\xi x)^k}{k!}\mathrm{d}x$$
$$= \sum_{k=0}^{\infty}\frac{(-i\xi)^k}{k!}\int_{\mathbb{R}} g(x)x^k\mathrm{d}x$$
$$= \sum_{k=0}^{\infty}\frac{(-i\xi)^k}{k!}\int_{\mathbb{R}} f(x)e^{-\pi x^2}x^k\mathrm{d}x.$$

Wegen $\langle f, H_k\rangle = \langle f, e^{-\pi x^2}P_k\rangle = 0$ für alle k verschwinden alle Integrale $\int_{\mathbb{R}} f(x)e^{-\pi x^2}x^k\mathrm{d}x$ mit $k \in \mathbb{N}_0$; also gilt $\widehat{g} = 0$, damit $g = 0$ und folglich $f = 0$.

Aufgaben zu »Fourier-Integrale« siehe Seite 119

(i) Wegen (a) und (e) haben wir

$$(n+1)H_{n+1} = 2\pi x\, H_n - H_n' = 4\pi H_{n-1} - 2H_n'.$$

Unter Benutzung der Orthogonalitätsrelationen (g) erhalten wir damit

$$\begin{aligned}(n+1)\|H_{n+1}\|^2 &= \langle (n+1)H_{n+1}, H_{n+1}\rangle \\ &= \langle 4\pi H_{n-1} - 2H_n', H_{n+1}\rangle = -2\langle H_n', H_{n+1}\rangle \\ &= -2\int_\mathbb{R} H_n' H_{n+1} = 2\int_\mathbb{R} H_n H_{n+1}' \\ &= -\int_\mathbb{R} H_n(-2H_{n+1}') = -\int_\mathbb{R} H_n\big((n+2)H_{n+2}-4\pi H_n\big) \\ &= -\langle H_n, (n+2)H_{n+2}-4\pi H_n\rangle = -\langle H_n, -4\pi H_n\rangle \\ &= 4\pi\|H_n\|^2.\end{aligned}$$

(j) Die Behauptung ist richtig für $n=0$, denn mit der Substitution $u=\sqrt{2\pi}\,x$ ergibt sich

$$\|H_0\|^2 = \int_\mathbb{R} e^{-2\pi x^2}\mathrm{d}x = \int_\mathbb{R} e^{-u^2}\frac{\mathrm{d}u}{\sqrt{2\pi}} = \frac{\sqrt{\pi}}{\sqrt{2\pi}} = \frac{1}{\sqrt{2}}.$$

Sie ergibt sich dann sofort induktiv aus der in (i) gefundenen Rekursionsformel.

Lösung (127.12) Wir schreiben kurz $h_{k_1,\ldots,k_n}$ statt $h_{k_1}\otimes\cdots\otimes h_{k_n}$. Der Klarheit halber schreiben wir ferner $\langle\cdot,\cdot\rangle$ für das Skalarprodukt auf $L^2(\mathbb{R})$ und $\langle\!\langle\cdot,\cdot\rangle\!\rangle$ für das Skalarprodukt auf $L^2(\mathbb{R}^n)$. Für alle $(k_1,\ldots,k_n)\in\mathbb{N}_0^n$ und alle $(\ell_1,\ldots,\ell_n)\in\mathbb{N}_0^n$ gilt dann

$$\begin{aligned}&\langle\!\langle h_{k_1,\ldots,k_n}, h_{\ell_1,\ldots\ell_n}\rangle\!\rangle \\ &= \int_{\mathbb{R}^n} h_{k_1,\ldots,k_n}(x_1,\ldots,x_n)\, h_{\ell_1,\ldots\ell_n}(x_1,\ldots,x_n)\,\mathrm{d}(x_1,\ldots,x_n)\\ &= \int_{\mathbb{R}^n} h_{k_1}(x_1)\cdots h_{k_n}(x_n)\cdot h_{\ell_1}(x_1)\cdots h_{\ell_n}(x_n)\,\mathrm{d}(x_1,\ldots,x_n)\\ &= \left(\int_\mathbb{R} h_{k_1}(x_1)h_{\ell_1}(x_1)\mathrm{d}x_1\right)\cdots\left(\int_\mathbb{R} h_{k_n}(x_n)h_{\ell_n}(x_n)\,\mathrm{d}x_n\right)\\ &= \langle h_{k_1},h_{\ell_1}\rangle\cdots\langle h_{k_n},h_{\ell_n}\rangle = \delta_{k_1,\ell_1}\cdots\delta_{k_n,\ell_n}\\ &= \delta_{(k_1,\ldots,k_n),(\ell_1,\ldots,\ell_n)},\end{aligned}$$

wobei die dritte Gleichung nach dem Satz von Fubini und die fünfte Gleichung aufgrund der Orthonormalität der Hermite-Funktionen im eindimensionalen Fall gilt. Also bilden die Funktionen $h_{k_1,\ldots,k_n}$ ein Orthonormalsystem in $L^2(\mathbb{R}^n)$.

Den Nachweis, daß dieses Orthonormalsystem maximal ist, erbringen wir durch den Nachweis, daß der von den Funktionen $h_{k_1,\ldots,k_n}$ aufgespannte Unterraum dicht in $L^2(\mathbb{R}^n)$ ist. Weil wir im eindimensionalen Fall schon wissen, daß die Funktionen h_i ein maximales Orthonormalsystem bilden, ist der von diesen Funktionen aufgespannte Unterraum dicht in $L^2(\mathbb{R})$. Hieraus folgt sofort, daß der von den Funktionen $h_{k_1,\ldots,k_n}$ aufgespannte Unterraum U dicht in demjenigen Unterraum V von $L^2(\mathbb{R}^n)$ liegt, der von allen Funktionen der Form $f_1\otimes\cdots\otimes f_n$ mit $f_i\in L^2(\mathbb{R})$ aufgespannt wird. Da V aber nach dem Satz von Stone und Weierstraß selbst dicht in $L^2(\mathbb{R}^n)$ liegt, ist damit auch U dicht in $L^2(\mathbb{R}^n)$. Damit ist alles gezeigt.

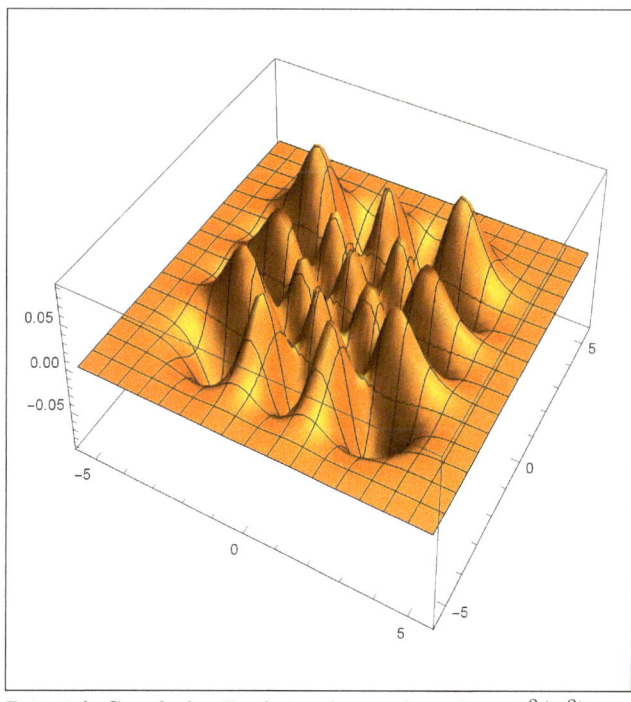

Beispiel: Graph der Funktion $h_{4,5}=h_4\otimes h_5\in L^2(\mathbb{R}^2)$.

Bemerkung: Im eindimensionalen Fall wurde nachgerechnet, daß $\widehat{h}_n=(-i)^n h_n$ für alle $n\in\mathbb{N}_0$ gilt. Hieraus folgt nun sofort, daß auch im n-dimensionalen Fall die (verallgemeinerten) Hermite-Funktionen Eigenfunktionen der Fouriertransformation sind; es gilt nämlich

$$\begin{aligned}(\mathfrak{F}h_{k_1,\ldots,k_n})(\xi) &= \widehat{h}_{k_1}(\xi_1)\widehat{h}_{k_2}(\xi_2)\cdots\widehat{h}_{k_n}(\xi_n)\\ &= (-i)^{k_1}h_{k_1}(\xi_1)\cdot(-i)^{k_2}h_{k_2}(\xi_2)\cdots(-i)^{k_n}h_{k_n}(\xi_n)\\ &= (-i)^{k_1+\cdots+k_n}h_{k_1}(\xi_1)h_{k_2}(\xi_2)\cdots h_{k_n}(\xi_n)\\ &= (-i)^{k_1+\cdots+k_n}h_{k_1,\ldots,k_n}(\xi).\end{aligned}$$

Also ist $h_{k_1,\ldots,k_n}$ Eigenfunktion von $\mathfrak{F}$ zum Eigenwert $(-i)^{k_1+\cdots+k_n}$.

Lösung (127.13) Die Funktionen g und h sind beide stetig und daher insbesondere L^2-Funktionen. Die Fourier-Koeffizienten dieser beiden Funktionen sind gegeben durch

$$\begin{aligned}\widehat{g}_k &= \frac{1}{2c}\int_{-c}^c g(\omega)e^{-ik\pi\omega/c}\mathrm{d}\omega\\ &= \frac{1}{2\pi}\int_{-c}^c \widehat{f}(\omega)e^{-ik\pi\omega/c}\mathrm{d}\omega\\ &= \frac{1}{2\pi}\int_{-\infty}^\infty \widehat{f}(\omega)e^{-ik\pi\omega/c}\mathrm{d}\omega = f(-k\pi/c)\end{aligned}$$

(wobei wir bei der letzten Gleichung die Fourier-Umkehrformel benutzten) sowie
$$\begin{aligned}\widehat{h}_k &= \frac{1}{2c}\int_{-c}^c h(\omega)e^{-ik\pi\omega/c}\mathrm{d}\omega \\ &= \frac{1}{2c}\int_{-c}^c e^{-it\omega}\cdot e^{-ik\pi\omega/c}\mathrm{d}\omega \\ &= \frac{1}{2c}\int_{-c}^c e^{-i\omega(t+k\pi/c)}\,\mathrm{d}\omega \\ &= \frac{1}{c}\int_0^c \cos\bigl(\omega(t+k\pi/c)\bigr)\,\mathrm{d}\omega \\ &= \left[\frac{\sin\bigl(\omega(t+k\pi/c)\bigr)}{ct+k\pi}\right]_{\omega=0}^c = \frac{\sin(ct+k\pi)}{ct+k\pi}.\end{aligned}$$

Nach dem angegebenen Hinweis erhalten wir unter Benutzung der Parsevalschen Gleichung dann
$$\begin{aligned}f(t) &= \frac{1}{2\pi}\int_{-c}^c \widehat{f}(\omega)e^{it\omega}\mathrm{d}\omega = \frac{1}{2c}\int_{-c}^c g(\omega)\overline{h(\omega)}\,\mathrm{d}\omega \\ &= \sum_{k\in\mathbb{Z}}\widehat{g}_k\overline{\widehat{h}_k} = \sum_{k\in\mathbb{Z}}f\left(\frac{-k\pi}{c}\right)\cdot\frac{\sin(ct+k\pi)}{ct+k\pi}\end{aligned}$$

und damit die behauptete Reihendarstellung. Daß diese Reihe gleichmäßig auf ganz $\mathbb{R}$ konvergiert, folgt daraus, daß sie sich unabhängig von t abschätzen läßt: Nach der Hölderschen Ungleichung gilt nämlich $\sum_k |\widehat{g}_k|\cdot|\widehat{h}_k| \le (\sum_k |\widehat{g}_k|^2)^{1/2}(\sum_k |\widehat{h}_k|^2)^{1/2}$; dabei hängt $\sum_k |\widehat{g}_k|^2$ ohnehin nicht von t ab, und $\sum_k |\widehat{h}_k|^2$ läßt sich nach oben durch das von t unabhängige Integral $\int_{-\infty}^\infty (\sin(x)/x)^2\,\mathrm{d}x$ abschätzen.

Lösung (127.14) Es gilt
$$f(-x) = \frac{1}{(2\pi)^n}\int_{\mathbb{R}^n} g(\xi)e^{-i\langle x,\xi\rangle}\mathrm{d}\xi = \frac{1}{(2\pi)^n}\cdot\widehat{g}(x);$$

also ist $\widehat{g}$ eine L^1-Funktion. Nach der Fourier-Umkehrformel (Satz (127.8) im Buch) gilt dann
$$\begin{aligned}g(x) &= \frac{1}{(2\pi)^n}\int_{\mathbb{R}^n}\widehat{g}(\xi)e^{i\langle x,\xi\rangle}\mathrm{d}\xi = \int_{\mathbb{R}^n} f(-\xi)e^{i\langle x,\xi\rangle}\mathrm{d}\xi \\ &= \int_{\mathbb{R}^n} f(y)e^{-i\langle x,y\rangle}\mathrm{d}y = \widehat{f}(x).\end{aligned}$$

Lösung (127.15) (a) Wir ermitteln $\widehat{f}$ nicht durch direkte Rechnung, sondern indirekt durch Anwendung der vorangehenden Aufgabe. Für $h(\xi) := \max(1-|\xi|, 0)$ gilt
$$\begin{aligned}\frac{1}{2\pi}\int_{-\infty}^\infty h(\xi)e^{ix\xi}\mathrm{d}\xi &= \frac{1}{2\pi}\int_{-1}^1 (1-|\xi|)e^{ix\xi}\mathrm{d}\xi \\ &= \frac{1}{2\pi}\left(\int_{-1}^0 (1+\xi)e^{ix\xi}\mathrm{d}\xi + \int_0^1 (1-\xi)e^{ix\xi}\mathrm{d}\xi\right) \\ &= \left[\frac{e^{i\xi x}(1-ix-ix\xi)}{2\pi x^2}\right]_{\xi=-1}^0 + \left[\frac{-e^{ix\xi}(1+ix-ix\xi)}{2\pi x^2}\right]_{\xi=0}^1 \\ &= \frac{1-\cos(x)}{\pi x^2} = f(x)\end{aligned}$$

und damit $h = \widehat{f}$ nach der vorangehenden Aufgabe.

(b) Für $g(x) = e^{i\alpha x}f(x)$ gilt $\widehat{g}(\xi) = \widehat{f}(\xi-\alpha)$. Also ist $(f\star g)^\wedge(\xi) = \widehat{f}(\xi)\widehat{g}(\xi) = \widehat{f}(\xi)\cdot\widehat{f}(\xi-\alpha)$. Nach Teil (a) ist der Träger von $\widehat{f}$ das Intervall $[-1,1]$, der Träger von $\widehat{f}(\bullet-\alpha)$ daher das Intervall $[\alpha-1,\alpha+1]$. Wegen $|\alpha|\ge 2$ überlappen sich diese beiden Intervalle nicht, so daß $(f\star g)^\wedge$ und damit auch $f\star g$ die Nullfunktion ist.

(c) Es sei $g(x) = e^{ix}f(x)$. Wenden wir Teil (b) mit $\alpha = 1$ an, so ergibt sich
$$(f\star g)^\wedge(\xi) = \widehat{f}(\xi)\widehat{f}(\xi-1) = \begin{cases} 0, & \text{falls } \xi\le 0, \\ \xi(1-\xi), & \text{falls } 0\le\xi\le 1, \\ 0, & \text{falls } \xi\ge 1.\end{cases}$$

Nach der Fourier-Umkehrformel gilt dann
$$\begin{aligned}(f\star g)(x) &= \frac{1}{2\pi}\int_{-\infty}^\infty (f\star g)^\wedge(\xi)e^{ix\xi}\mathrm{d}\xi \\ &= \frac{1}{2\pi}\int_0^1 (\xi-\xi^2)e^{ix\xi}\mathrm{d}\xi \\ &= \left[\frac{e^{ix\xi}}{2\pi}\left(\frac{-i(\xi-\xi^2)}{x}+\frac{1-2\xi}{x^2}-\frac{2i}{x^3}\right)\right]_{\xi=0}^1 \\ &= \frac{1}{2\pi}\left[\left(\frac{-1}{x^2}-\frac{2i}{x^3}\right)e^{ix} - \left(\frac{1}{x^2}-\frac{2i}{x^3}\right)\right] \\ &= \frac{2\sin(x)-x-x\cos(x)}{2\pi x^3} + i\cdot\frac{2-2\cos(x)-x\sin(x)}{2\pi x^3}.\end{aligned}$$

L128: Laplace-Transformation

Lösung (128.1) Wir benutzen jeweils die in Folgerung (128.7) des Buchs hergeleitete Formel

$$\mathfrak{L}(\{t^n e^{\alpha t}\})(z) = \frac{n!}{(z-\alpha)^{n+1}}.$$

(a) Wegen $f(t) = \cosh(t) = (1/2) \cdot (e^t + e^{-t})$ ist

$$(\mathfrak{L}f)(z) = \frac{1}{2}\left(\frac{1}{z-1} + \frac{1}{z+1}\right) = \frac{z}{z^2 - 1}.$$

(b) Wegen $f(t) = \sinh(t) = (1/2) \cdot (e^t - e^{-t})$ ist

$$(\mathfrak{L}f)(z) = \frac{1}{2}\left(\frac{1}{z-1} - \frac{1}{z+1}\right) = \frac{1}{z^2 - 1}.$$

(c) Wegen $f(t) = e^{\alpha t} \cdot e^{i\omega t} = e^{(\alpha + i\omega)t}$ gilt

$$(\mathfrak{L}f)(z) = \frac{1}{z - \alpha - i\omega} \cdot \frac{z - \alpha + i\omega}{z - \alpha + i\omega} = \frac{(z-\alpha) + i\omega}{(z-\alpha)^2 + \omega^2}.$$

Für die Teile (d) und (e) schreiben wir $f_1(t) = e^{\alpha t} \cos(\omega t)$ und $f_2(t) = e^{\alpha t} \sin(\omega t)$. Dann ist $f_1 + i f_2$ gerade die Funktion aus Teil (c), und dieser Teil liefert

$$(\mathfrak{L}f_1)(z) = \frac{z-\alpha}{(z-\alpha)^2 + \omega^2} \quad \text{und} \quad (\mathfrak{L}f_2)(z) = \frac{\omega}{(z-\alpha)^2 + \omega^2}.$$

Das ergibt sich zunächst durch Vergleich von Real- und Imaginärteil in dem Fall, daß $z - \alpha$ und ω reelle Zahlen sind, und dann aufgrund des Eindeutigkeitssatzes für analytische Funktionen auch allgemein. (Alternativ können wir auch $\cos(\omega t) = (1/2) \cdot (e^{i\omega t} + e^{-i\omega t})$ sowie $\sin(\omega t) = (-i/2) \cdot (e^{i\omega t} - e^{-i\omega t})$ schreiben und dann Teil (c) direkt anwenden.)

(f) Wegen $f(t) = \sin(\omega t)\cos(\varphi) - \cos(\omega t)\sin(\varphi)$ gilt unter Benutzung von (d) und (e) die Gleichung

$$(\mathfrak{L}f)(z) = \cos(\varphi) \cdot \frac{\omega}{z^2 + \omega^2} - \sin(\varphi) \cdot \frac{z}{z^2 + \omega^2}$$
$$= \frac{\omega \cos(\varphi) - z\sin(\varphi)}{z^2 + \omega^2}.$$

(g) Wegen $f(t) = \cos(\omega t)^2 = (1/2) \cdot (1 + \cos(2\omega t))$ erhalten wir unter Benutzung von Teil (d) die Formel

$$(\mathfrak{L}f)(z) = \frac{1}{2}\left(\frac{1}{z} + \frac{z}{z^2 + 4\omega^2}\right) = \frac{z^2 + 2\omega^2}{z(z^2 + 4\omega^2)}.$$

(h) Unmittelbar nach Folgerung (128.7) des Buchs (mit $\alpha = 0$) besitzt $f(t) = t^n$ die Laplace-Transformierte $(\mathfrak{L}f)(z) = n!/z^{n+1}$.

Lösung (128.2) (a) Wir haben

$$f(t) = \begin{cases} A, & \text{falls } t < a, \\ 0, & \text{falls } t \geq a \end{cases}$$

und daher

$$(\mathfrak{L}f)(z) = \int_0^a A e^{-tz} dt = A \cdot \frac{1 - e^{-az}}{z}.$$

(b) Wir haben

$$f(t) = \begin{cases} A, & \text{falls } t < a, \\ -A, & \text{falls } a \leq t < 2a, \\ 0, & \text{falls } t \geq 2a \end{cases}$$

und daher

$$(\mathfrak{L}f)(z) = \int_0^a A e^{-tz} dt + \int_a^{2a} (-A) e^{-tz} dt$$
$$= A \cdot \left[\frac{e^{-tz}}{-z}\right]_{t=0}^a - A \cdot \left[\frac{e^{-tz}}{-z}\right]_{t=a}^{2a}$$
$$= A \cdot \frac{1 - 2e^{-az} + e^{-2az}}{z}$$
$$= A \cdot \frac{(1 - e^{-az})^2}{z}.$$

(c) Wir haben

$$f(t) = \begin{cases} tA/a, & \text{falls } t < a, \\ 0, & \text{falls } t \geq a \end{cases}$$

und daher

$$(\mathfrak{L}f)(z) = \int_0^a \frac{tA}{a} e^{-tz} dt$$
$$= \frac{A}{a} \cdot \left[\frac{e^{-tz}(1+tz)}{-z^2}\right]_{t=0}^a$$
$$= \frac{A}{a} \cdot \frac{1 - e^{-az}(1+az)}{z^2}.$$

(d) Wir haben

$$f(t) = \begin{cases} tA/a, & \text{falls } t < a, \\ (2a-t)A/a, & \text{falls } a \leq t < 2a, \\ 0, & \text{falls } t \geq 2a \end{cases}$$

und daher

$$(\mathfrak{L}f)(z) = \frac{A}{a} \cdot \left(\int_0^a t e^{-zt} dt + \int_a^{2a} (2a-t) e^{-zt} dt\right)$$
$$= \frac{A}{a} \cdot \left(\int_0^a t e^{-zt} dt + \int_0^a \tau e^{-z(2a-\tau)} d\tau\right)$$
$$= \frac{A}{a} \cdot \left(\int_0^a t e^{-zt} dt + e^{-2az} \int_0^a \tau e^{\tau z} d\tau\right)$$
$$= \frac{A}{a}\left[\frac{e^{-tz}(1+tz)}{-z^2}\right]_{t=0}^a + \frac{A}{a} e^{-2az} \left[\frac{e^{\tau z}(-1+\tau z)}{z^2}\right]_{\tau=0}^a$$
$$= \frac{A}{az^2}(1 - 2e^{-az} + e^{-2az}) = \frac{A}{a} \cdot \frac{(1 - e^{-az})^2}{z^2}.$$

(e) Wir haben

$$f(t) = \begin{cases} tA/\delta, & \text{falls } 0 \leq t < \delta, \\ A, & \text{falls } \delta \leq t < a - \delta, \\ (a-t)A/\delta, & \text{falls } a - \delta \leq t < a, \\ 0, & \text{falls } t \geq a \end{cases}$$

und daher

$$(\mathfrak{L}f)(z) = \frac{A}{\delta} \cdot \left[\int_0^\delta te^{-tz}\,dt + \int_\delta^{a-\delta} \delta e^{-tz}\,dt + \int_{a-\delta}^a (a-t)e^{-zt}\,dt \right]$$

$$= \frac{A}{\delta} \cdot \left(\int_0^\delta te^{-tz}\,dt + \int_\delta^{a-\delta} \delta e^{-tz}\,dt + \int_0^\delta \tau e^{-z(a-\tau)}\,d\tau \right)$$

$$= \frac{A}{\delta} \cdot \left(\int_0^\delta te^{-tz}\,dt + \int_\delta^{a-\delta} \delta e^{-tz}\,dt + e^{-az}\int_0^\delta \tau e^{z\tau}\,d\tau \right)$$

$$= A\left[\frac{e^{-tz}(1+tz)}{-\delta z^2} \right]_{t=0}^\delta + A\left[\frac{e^{-tz}}{-z} \right]_{t=\delta}^{a-\delta}$$
$$+ \frac{Ae^{-az}}{\delta}\left[\frac{e^{tz}(-1+tz)}{z^2} \right]_{t=0}^\delta$$

$$= \frac{A}{\delta} \cdot \frac{1 - e^{-\delta z}(1+\delta z) + e^{-az} + e^{-(a-\delta)z}(-1+\delta z)}{z^2}$$
$$+ \frac{\delta}{z} \cdot \left(e^{-\delta z} - e^{-(a-\delta)z} \right).$$

(f) Wir haben

$$f(t) = \begin{cases} A\sin(\pi t/a), & \text{falls } t < a, \\ 0, & \text{falls } t \geq a \end{cases}$$

und daher

$$(\mathfrak{L}f)(z) = \int_0^a A\sin(\pi t/a)e^{-tz}\,dt$$

$$= \frac{Aa}{\pi}\int_0^\pi \sin(\tau)e^{-az\tau/\pi}\,d\tau$$

$$= Aa\left[-\frac{e^{-a\tau z/\pi}(\pi\cos(\tau) + az\sin(\tau))}{\pi^2 + a^2 z^2} \right]_{\tau=0}^\pi$$

$$= \pi Aa \cdot \frac{1+e^{-az}}{\pi^2 + a^2 z^2}.$$

Lösung (128.3) Es gilt

$$(\mathfrak{L}f)(z) = \int_0^\infty f(t)e^{-zt}\,dt$$

$$= \sum_{n=0}^\infty \int_{nT}^{(n+1)T} f(t)e^{-zt}\,dt$$

$$= \sum_{n=0}^\infty \int_0^T f(\tau+nT)e^{-z(\tau+nT)}\,d\tau$$

$$= \sum_{n=0}^\infty e^{-nzT}\int_0^T f(\tau+nT)e^{-z\tau}\,d\tau$$

$$= \sum_{n=0}^\infty e^{-nzT}\int_0^T f(\tau)e^{-z\tau}\,d\tau$$

$$= \left(\sum_{n=0}^\infty (e^{-zT})^n \right) \cdot \int_0^T f(\tau)e^{-z\tau}\,d\tau$$

$$= \frac{1}{1-e^{-zT}} \cdot \int_0^T f(\tau)e^{-z\tau}\,d\tau$$

$$= \frac{(\mathfrak{L}f_0)(z)}{1-e^{-zT}}.$$

Dabei benutzten wir beim Übergang von der ersten zur zweiten Zeile die Additivität des Integrals im Integrationsbereich, beim Übergang von der zweiten zur dritten Zeile die Substitution $\tau = t - nT$, beim Übergang von der dritten zur vierten Zeile die Möglichkeit des Herausziehens eines bezüglich der Integrationsvariablen konstanten Faktors aus dem Integral, beim Übergang von der vierten zur fünften Zeile die Periodizität von f, beim Übergang von der fünften zur sechsten Zeile die Funktionalgleichung der Exponentialfunktion, beim Übergang von der sechsten zur siebten Zeile die Summenformel für die geometrische Reihe (die wegen $\operatorname{Re} z > 0$ und damit $|e^{-zT}| < 1$ konvergiert) und beim Übergang von der siebten zur achten Zeile schließlich die Definition von f_0.

Lösung (128.4) (a) Die Funktion f ist die periodische Fortsetzung der Funktion f_0 aus Aufgabe (128.2)(b) mit $A = 1$; diese ergab sich zu $(\mathfrak{L}f_0)(z) = (1-e^{-az})^2/z$. Die Laplace-Transformierte von f selbst ist nach der vorhergehenden Aufgabe (mit $T = 2a$) dann gegeben durch

$$(\mathfrak{L}f)(z) = \frac{(1-e^{-az})^2}{z(1-e^{-2az})} = \frac{1-e^{-az}}{z(1+e^{-az})}.$$

(b) Die Funktion f ist mit $T := a$ die T-periodische Fortsetzung der Funktion f_0 aus Aufgabe (128.2)(f) mit $A = 1$; diese ergab sich zu $(\mathfrak{L}f_0)(z) = \pi a \cdot (1+e^{-az})/(\pi^2 + a^2 z^2)$. Die Laplace-Transformierte von f selbst ist nach der vorhergehenden Aufgabe dann

$$(\mathfrak{L}f)(z) = \frac{\pi a}{\pi^2 + a^2 z^2} \cdot \frac{1+e^{-az}}{1-e^{-az}}.$$

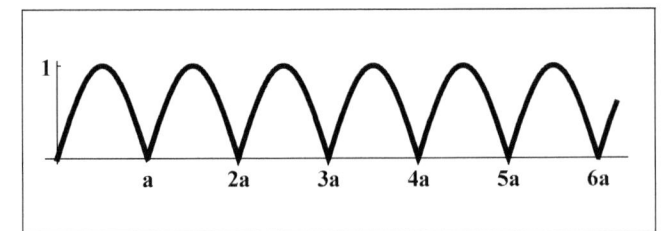

Graph der Funktion $f(t) = |\sin(\pi t/a)|$.

(c) Die Funktion f ist mit $T := 2a$ die T-periodische Fortsetzung der Funktion f_0 aus Aufgabe (128.2)(f) mit $A = 1$; diese ergab sich zu $(\mathfrak{L}f_0)(z) = \pi a \cdot (1+e^{-az})/(\pi^2 + a^2 z^2)$. Die Laplace-Transformierte von f selbst ist nach der vorhergehenden Aufgabe dann

$$(\mathfrak{L}f)(z) = \frac{\pi a}{\pi^2 + a^2 z^2} \cdot \frac{1+e^{-az}}{1-e^{-2az}}.$$

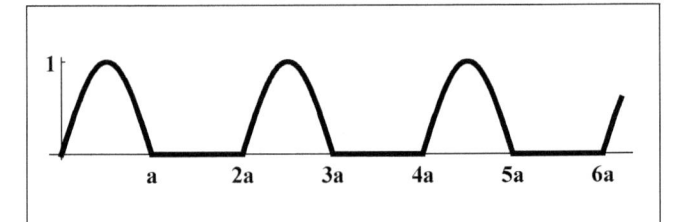

Graph der Funktion $f(t) = \max(\sin(\pi t/a), 0)$.

Aufgaben zu »Laplace-Transformation« siehe Seite 122

Lösung (128.5) (a) Die Funktionen f und f' sind nach Voraussetzung Laplace-transformierbar für $\operatorname{Re} z > a$. Nach (128.4)(f) im Buch gilt $(\mathfrak{L}f')(z) = z \cdot (\mathfrak{L}f)(z) - f(0)$. Nach (128.4)(a) im Buch gilt daher

$$0 = \lim_{z \to \infty} (\mathfrak{L}f')(z) = \lim_{z \to \infty} \left(z \cdot (\mathfrak{L}f)(z) - f(0) \right)$$

und damit $z \cdot (\mathfrak{L}f)(z) \to f(0)$ für $z \to \infty$.

(b) Existiert $\gamma := \lim_{t \to \infty} f(t)$, so gilt wegen

$$f(t) = f(0) + \int_0^t f'(\tau)\,d\tau$$

für alle t die Gleichung

$$\gamma = f(0) + \int_0^\infty f'(\tau)\,d\tau$$
$$= \lim_{z \to 0} \left(f(0) + \int_0^\infty f'(\tau) e^{-z\tau}\,d\tau \right)$$
$$= \lim_{z \to 0} z \cdot (\mathfrak{L}f)(z).$$

Beim Übergang von der ersten zur zweiten Zeile benutzten wir dabei, daß Integration und Grenzwertbildung nach dem Satz von der majorisierten Konvergenz vertauschbar sind. (Dieser Satz ist anwendbar wegen $|e^{-z\tau} f'(\tau)| \leq |f'(\tau)|$ für alle $z \in \mathbb{C}$ mit $\operatorname{Re} z > 0$.)

Lösung (128.6) Für alle $\alpha > a$ gilt $\int_0^\infty |f_0(t)| e^{-\alpha t} dt = \int_0^b |f(t)| e^{-\alpha t} dt \leq \int_0^\infty |f(t)| e^{-\alpha t} dt < \infty$ und damit wie behauptet $f_0 \in L_a$. Mit der Substitution $\tau = t+b$ erhalten wir zunächst für alle $\alpha > a$ die Abschätzung

$$\int_0^\infty |g(t)| e^{-\alpha t} dt = \int_0^\infty |f(t+b)| e^{-\alpha t} dt$$
$$= \int_b^\infty |f(\tau)| e^{-\alpha(\tau-b)} d\tau = e^{\alpha b} \int_b^\infty |f(\tau)| e^{-\alpha \tau} d\tau$$
$$\leq e^{\alpha b} \int_0^\infty |f(\tau)| e^{-\alpha \tau} d\tau < \infty$$

und damit $g \in L_a$ und dann

$$(\mathfrak{L}g)(z) = \int_0^\infty g(t) e^{-tz} dt = \int_0^\infty f(t+b) e^{-tz} dt$$
$$= \int_b^\infty f(\tau) e^{-(\tau-b)z} d\tau = e^{bz} \int_b^\infty f(\tau) e^{-\tau z} d\tau$$
$$= e^{bz} \left(\int_0^\infty f(\tau) e^{-\tau z} d\tau - \int_0^b f(\tau) e^{-\tau z} d\tau \right)$$
$$= e^{bz} \left((\mathfrak{L}f)(z) - (\mathfrak{L}f_0)(z) \right).$$

Lösung (128.7) Es gilt $F = 1 \star f$ (wobei 1 die konstante Funktion mit dem Wert Eins bezeichnet), nach dem Faltungssatz daher $\mathfrak{L}F = (\mathfrak{L}1) \cdot (\mathfrak{L}f)$ und damit $(\mathfrak{L}F)(z) = (1/z) \cdot (\mathfrak{L}f)(z)$.

Lösung (128.8) (a) Für $f = g = 1$ gilt

$$(\mathfrak{L}f)(z) \cdot (\mathfrak{L}g)(z) = \frac{1}{z} \cdot \frac{1}{z} = \frac{1}{z^2}.$$

Andererseits ist $(f \star g)(t) = \int_0^t 1 \cdot 1\,dt = t$ und damit $\bigl(\mathfrak{L}(f \star g)\bigr)(z) = 1/z^2$ nach Nummer (128.7) im Buch. Also gilt $\mathfrak{L}(f \star g) = (\mathfrak{L}f) \cdot (\mathfrak{L}g)$.

(b) Für $f(t) = t$ und $g(t) = e^{-t}$ erhalten wir

$$(\mathfrak{L}f)(z) \cdot (\mathfrak{L}g)(z) = \frac{1}{z^2} \cdot \frac{1}{z+1}.$$

Andererseits ist

$$(f \star g)(t) = \int_0^t (t - \tau) e^{-\tau}\,dt$$
$$= \left[e^{-\tau}(1 - t + \tau) \right]_{\tau=0}^t = e^{-t} - 1 + t$$

und damit

$$\bigl(\mathfrak{L}(f \star g)\bigr)(z) = \frac{1}{z+1} - \frac{1}{z} + \frac{1}{z^2} = \frac{1}{z^2(z+1)}.$$

(c) Für $f(t) = \sin(t)$ und $g(t) = e^t$ erhalten wir

$$(\mathfrak{L}f)(z) \cdot (\mathfrak{L}g)(z) = \frac{1}{z^2 + 1} \cdot \frac{1}{z-1}.$$

Andererseits ist

$$(f \star g)(t) = \int_0^t \sin(t - \tau) e^\tau\,dt$$
$$= \left[\frac{e^\tau}{2} \bigl(\cos(t-\tau) + \sin(t-\tau) \bigr) \right]_{\tau=0}^t$$
$$= \frac{1}{2} \bigl(e^t - \cos(t) - \sin(t) \bigr)$$

und damit

$$\bigl(\mathfrak{L}(f \star g)\bigr)(z) = \frac{1}{2}\left[\frac{1}{z-1} - \frac{z}{z^2+1} - \frac{1}{z^2+1} \right] = \frac{1}{(z^2+1)(z-1)}.$$

(d) Nach Nummer (128.7) im Buch haben wir

$$(\mathfrak{L}f)(z) \cdot (\mathfrak{L}g)(z) = \frac{m!}{z^{m+1}} \cdot \frac{n!}{z^{n+1}} = \frac{m!\,n!}{z^{m+n+2}}.$$

Wir berechnen nun $f \star g$ direkt und nehmen dazu o.B.d.A. $m \leq n$ an. Wir haben

$$(f \star g)(t) = \int_0^t (t-\tau)^m \tau^n\,d\tau.$$

Partielle Integration mit $u(\tau) = (t-\tau)^m$ und $v'(\tau) = \tau^n$ bzw. $u'(\tau) = -m(t-\tau)^{m-1}$ und $v(\tau) = \tau^{n+1}/(n+1)$ liefert

$$(f \star g)(t) = \left[(t-\tau)^m \frac{\tau^{n+1}}{n+1} \right]_{\tau=0}^t + \int_0^t m(t-\tau)^{m-1} \cdot \frac{\tau^{n+1}}{n+1}\,d\tau$$
$$= \frac{m}{n+1} \int_0^t (t-\tau)^{m-1} \tau^{n+1}\,d\tau.$$

Erneute partielle Integration ergibt dann

$$(f \star g)(t) = \frac{m(m-1)}{(n+1)(n+2)} \int_0^t (t-\tau)^{m-2} \tau^{n+2} d\tau.$$

Fahren wir in dieser Weise fort, so erhalten wir nach m Schritten die Gleichung

$$\begin{aligned}(f \star g)(t) &= \frac{m(m-1)\cdots 1}{(n+1)(n+2)\cdots(m+n)} \int_0^t \tau^{n+m} d\tau \\ &= \frac{m(m-1)\cdots 1}{(n+1)(n+2)\cdots(m+n)} \cdot \left[\frac{\tau^{n+m+1}}{m+n+1}\right]_{\tau=0}^t \\ &= \frac{m(m-1)\cdots 1}{(n+1)(n+2)\cdots(m+n)} \cdot \frac{t^{n+m+1}}{m+n+1} \\ &= \frac{m!\,n!}{(m+n+1)!} t^{m+n+1}.\end{aligned}$$

Nach Nummer (128.7) im Buch gilt dann

$$\bigl(\mathfrak{L}(f \star g)\bigr)(z) = \frac{m!\,n!}{(m+n+1)!} \cdot \frac{(m+n+1)!}{z^{m+n+2}} = \frac{m!\,n!}{z^{m+n+2}}.$$

Damit wurde die Gleichung $\mathfrak{L}(f \star g) = (\mathfrak{L}f) \cdot (\mathfrak{L}g)$ auch in diesem Beispiel verifiziert.

Lösung (128.9) (a) Mit $\mathfrak{L}$ ist auch $\mathfrak{L}^{-1}$ linear; also gilt

$$\mathfrak{L}^{-1}\left[\left\{\frac{Az+B}{(z-a)^2+b^2}\right\}\right] = \mathfrak{L}^{-1}\left[\left\{\frac{A(z-a)+(Aa+B)}{(z-a)^2+b^2}\right\}\right] =$$
$$A \cdot \mathfrak{L}^{-1}\left[\left\{\frac{z-a}{(z-a)^2+b^2}\right\}\right] + \frac{Aa+B}{b} \mathfrak{L}^{-1}\left[\left\{\frac{b}{(z-a)^2+b^2}\right\}\right]$$

und unter Benutzung der Teile (d) und (e) von Aufgabe (128.1) daher

$$\mathfrak{L}^{-1}\left[\left\{\frac{Az+B}{(z-a)^2+b^2}\right\}\right](t) = Ae^{at}\cos(bt) + \frac{B+Aa}{b} e^{at}\sin(bt).$$

Dieses Ergebnis ist auch für $b = 0$ noch richtig, wenn wir den rechten Term im Sinne der Regel von de L'Hospital als $(B+Aa) \cdot t$ deuten.

(b) Nach (128.7) im Buch gilt $\mathfrak{L}(\{t^{n-1}\})(z) = (n-1)!/z^n$. Also gilt $\mathfrak{L}^{-1}(\{1/z^n\})(t) = t^{n-1}/(n-1)!$.

(c) Es gilt $F = G'$ mit $G(z) := -(z^2+1)^{-1}$. Nun gilt $G = \mathfrak{L}g$ mit $g(t) = -\sin(t)$ nach Beispiel (128.3)(c) im Buch. Nach Satz (128.6) gilt dann $F = G' = (\mathfrak{L}g)' = -\mathfrak{L}(\{tg(t)\}) = \mathfrak{L}(\{t\sin(t)\})$; also gilt $(\mathfrak{L}^{-1}F)(t) = t\sin(t)$.

(d) Es gilt

$$\begin{aligned}&\mathfrak{L}^{-1}\left[\left\{\frac{1}{(z-a)(z-b)}\right\}\right] \\ &= \mathfrak{L}^{-1}\left[\left\{\frac{1}{a-b}\left(\frac{1}{z-a} - \frac{1}{z-b}\right)\right\}\right] \\ &= \frac{1}{a-b}\left(\mathfrak{L}^{-1}\left[\left\{\frac{1}{z-a}\right\}\right] - \mathfrak{L}^{-1}\left[\left\{\frac{1}{z-b}\right\}\right]\right).\end{aligned}$$

Nach Beispiel (128.3)(c) im Buch bedeutet dies

$$\mathfrak{L}^{-1}\left[\left\{\frac{1}{(z-a)(z-b)}\right\}\right](t) = \frac{e^{at}-e^{bt}}{a-b}.$$

Alternativ hätte man zur Berechnung von $f = \mathfrak{L}^{-1}F$ auch den Faltungssatz anwenden können: Es gilt $F = F_1 \cdot F_2$ mit $F_1(z) = 1/(z-a)$ uind $F_2(z) = 1/(z-b)$, also $F_1 = \mathfrak{L}f_1$ und $F_2 = \mathfrak{L}f_2$ mit $f_1(t) = e^{at}$ und $f_2(t) = e^{bt}$. Es folgt dann $\mathfrak{L}(f_1 \star f_2) = (\mathfrak{L}f_1) \cdot (\mathfrak{L}f_2) = F$ und damit $\mathfrak{L}^{-1}(F) = f_1 \star f_2$.

Lösung (128.10) O.B.d.A. dürfen wir annehmen, daß das Nennerpolynom den Leitkoeffizienten 1 hat, daß also $Q(X) = (X-z_1)\cdots(X-z_n)$ gilt, denn einen eventuellen Vorfaktor $c \neq 0$ können wir dem Zählerpolynom P als reziproken Faktor $1/c$ zuschlagen. Da das Nennerpolynom nach Voraussetzung nur einfache Nullstellen besitzt, hat die Partialbruchzerlegung von $F := P/Q$ die Form

$$(\star) \quad F(X) = \frac{P(X)}{Q(X)} = \frac{A_1}{X-z_1} + \cdots + \frac{A_n}{X-z_n}$$

mit geeigneten Konstanten A_i. Anwendung von $\mathfrak{L}^{-1}$ auf diese Gleichung ergibt unter Benutzung von Beispiel (128.3)(c) im Buch sofort $F = \mathfrak{L}f$ mit

$$f(t) = A_1 e^{tz_1} + \cdots + A_n e^{tz_n}.$$

Es geht also nur darum, die Konstanten A_i zu ermitteln. Durchmultiplizieren von $(\star)$ mit $Q(X)$ liefert

$$P(X) = A_1 \widehat{Q}_1(X) + \cdots + A_n \widehat{Q}_n(X)$$

mit $\widehat{Q}_i(X) := Q(X)/(X-z_i) = \prod_{j \neq i}(X-z_j)$. Ableiten von Q nach der Leibnizregel liefert $Q' = \sum_{i=1}^n \widehat{Q}_i$. Wegen $\widehat{Q}_i(z_j) = 0$ für $i \neq j$ gilt für $1 \leq j \leq n$ dann

$$P(z_j) = A_j \cdot \widehat{Q}_j(z_j) = A_j \cdot Q'(z_j)$$

und damit $A_j = P(z_j)/Q'(z_j)$. (Dabei gilt $Q'(z_j) \neq 0$, weil nach Voraussetzung z_j nur eine einfache Nullstelle von Q ist.) Damit ist alles gezeigt.

Lösung (128.11) In beiden Fällen bezeichnen wir mit $X = \mathfrak{L}x$ die Laplace-Transformierte einer potentiellen Lösung x. Wir haben dann $(\mathfrak{L}\dot{x})(z) = zX(z) - x(0)$ und $(\mathfrak{L}\ddot{x})(z) = z^2X(z) - x(0)z - \dot{x}(0)$. Mit Hilfe dieser Beziehungen wenden wir dann auf beiden Seiten der betrachteten Differentialgleichung die Laplace-Transformation an.

(a) Beiderseitige Anwendung von $\mathfrak{L}$ liefert

$$(z^2X(z) - 4z - 7) + 2(zX(z) - 4) - 3X(z) = 9/z^2,$$

also

$$(z^2 + 2z - 3) \cdot X(z) = (9/z^2) + 4z + 15$$

und damit

$$X(z) = \frac{9+4z^3+15z^2}{z^2(z^2+2z-3)} = \frac{9+4z^3+15z^2}{z^2(z+3)(z-1)}$$
$$= \frac{-2}{z} - \frac{3}{z^2} - \frac{1}{z+3} + \frac{7}{z-1},$$

wobei die letzte Gleichung aus einer Partialbruchzerlegung folgt, die wir hier nicht im Detail ausführen. Anwendung von $\mathfrak{L}^{-1}$ auf beiden Seiten der erhaltenen Gleichung liefert unter Benutzung von Folgerung (128.7) im Buch dann

$$x(t) = -2 - 3t - e^{-3t} + 7e^t.$$

Das gleiche Ergebnis erhalten wir auch durch direkte Rechnung: Das charakteristische Polynom ist $\lambda^2 + 2\lambda - 3 = (\lambda+3)(\lambda-1)$, so daß $x_{\text{hom}}(t) = Ae^{-3t} + Be^t$ die allgemeine homogene Lösung ist. Ein Ansatz vom Typ der rechten Seite liefert die partikuläre inhomogene Lösung $x_p(t) = -3t - 2$. Die allgemeine Lösung der Differentialgleichung lautet also

$$x(t) = Ae^{-3t} + Be^t - 3t - 2.$$

Anpassung der Integrationskonstanten A und B an die Anfangsbedingungen $x(0) = 4$ und $\dot{x}(0) = 7$ liefert $A = -1$ und $B = 7$ und damit die zuvor auf anderem Wege erhaltene Lösung.

(b) Beiderseitige Anwendung von $\mathfrak{L}$ liefert

$$(z^2 X(z) - 6z - 8) + 2(zX(z) - 6) + X(z) = 1/z^2,$$

also

$$(z^2 + 2z + 1) \cdot X(z) = (1/z^2) + 6z + 20$$

und damit

$$X(z) = \frac{1 + 6z^3 + 20z^2}{z^2(z^2+2z+1)} = \frac{1 + 6z^3 + 20z^2}{z^2(z+1)^2}$$
$$= \frac{-2}{z} + \frac{1}{z^2} + \frac{8}{z+1} + \frac{15}{(z+1)^2},$$

wobei sich die letzte Gleichung wieder aus einer hier nicht explizit ausgeführten Partialbruchzerlegung ergibt. Anwendung von $\mathfrak{L}^{-1}$ auf beiden Seiten der erhaltenen Gleichung liefert unter Benutzung von Folgerung (128.7) im Buch dann

$$x(t) = -2 + t + 8e^{-t} + 15te^{-t}.$$

Das gleiche Ergebnis erhalten wir auch durch direkte Rechnung: Das charakteristische Polynom ist $\lambda^2 + 2\lambda + 1 = (\lambda+1)^2$, so daß $x_{\text{hom}}(t) = Ae^{-t} + Bte^{-t}$ die allgemeine homogene Lösung ist. Ein Ansatz vom Typ der rechten Seite liefert die partikuläre inhomogene Lösung $x_p(t) = t - 2$. Die allgemeine Lösung der Differentialgleichung lautet also

$$x(t) = Ae^{-t} + Bte^{-t} + t - 2.$$

Anpassung der Integrationskonstanten A und B an die Anfangsbedingungen $x(0) = 6$ und $\dot{x}(0) = 8$ liefert $A = 8$ und $B = 15$ und damit die zuvor auf anderem Wege erhaltene Lösung.

Lösung (128.12) Wie schon in der Lösung zu Aufgabe (117.42) führen wir zur Vereinfachung die Funktion

$$x(t) := \frac{T(t) - \theta}{\theta - T_0}$$

ein; diese erfüllt die Bedingungen

$(\star)$ $\quad \dot{x}(t) = -a\,x(t-\tau), \quad x(t) = -1 \text{ für } -\tau \leq t \leq 0.$

Ist $X = \mathfrak{L}x$ die Laplace-Transformierte von x, so ergibt sich durch Anwendung der Laplace-Transformation auf beiden Seiten von $(\star)$ die Gleichung $zX(z) + 1 = -ae^{-\tau z}X(z)$, wobei wir die Aussage (128.4)(d) im Buch benutzten. Auflösen dieser Gleichung nach X liefert

$$X(z) = \frac{-1}{z + ae^{-\tau z}}.$$

Wenn es gelänge, auf diese Gleichung die inverse Laplace-Transformation explizit anzuwenden, so hätten wir die gesuchte Lösung $t \mapsto x(t)$ und damit auch den Temperaturverlauf $t \mapsto T(t) = \theta + (\theta - T_0) \cdot x(t)$ gefunden. Hier stößt aber leider die Nützlichkeit der Laplace-Umkehrformel an enge praktische Grenzen. Wegen $z \cdot X(z) \to 0$ für $z \to 0$ können wir aber nach Aufgabe (128.5)(b) immerhin schließen, daß bei Existenz des Grenzwerts $\lim_{t\to\infty} x(t)$ dieser gleich Null sein muß. Wenn also $\lim_{t\to\infty} T(t)$ überhaupt existiert, so ist dieser Grenzwert gleich θ.

Lösung (128.13) Die Funktion $t \mapsto (2t-1)e^{t^2}$ ist nicht Laplace-transformierbar; das definierende Integral $\int_0^\infty (2t-1)e^{t^2}e^{-tz}dt$ divergiert sogar für alle $z \in \mathbb{C}$. Also ist das Anfangswertproblem nicht mittels Laplace-Transformation lösbar. Eine Lösung ist aber auf ganz elementarem Wege möglich, indem wir einfach die Gleichung

$$\dot{x}(t) - x(t) = (2t-1)e^{t^2}$$

mit e^{-t} durchmultiplizieren; es ergibt sich

$$\frac{\mathrm{d}}{\mathrm{d}t}\left(e^{-t}x(t)\right) = (2t-1)e^{t^2-t} = \frac{\mathrm{d}}{\mathrm{d}t}\left(e^{t^2-t}\right)$$

und damit $e^{-t}x(t) = e^{t^2-t} + C$ mit einer Integrationskonstanten C, die sich wegen der Anfangsbedingung $x(0) = 1$ zu $C = 0$ ergibt. Die eindeutige Lösung ist also

$$x(t) = e^{t^2}.$$

Lösung (128.14) (a) Ist $[\alpha] = c_\alpha/c_1 = 0$ das Nullelement von $Q(R)$, so ist c_α das Nullelement von R, also die Nullabbildung, und dies impliziert $\alpha = 0$. Also ist die

Abbildung $\alpha \mapsto [\alpha]$ injektiv. Diese Abbildung respektiert die Addition wegen

$$[\alpha] + [\beta] = \frac{c_\alpha}{c_1} + \frac{c_\beta}{c_1} = \frac{c_\alpha + c_\beta}{c_1} = \frac{c_{\alpha+\beta}}{c_1} = [\alpha + \beta]$$

und die Multiplikation wegen

$$[\alpha] \star [\beta] = \frac{c_\alpha}{c_1} \star \frac{c_\beta}{c_1} = \frac{c_\alpha \star c_\beta}{c_1 \star c_1} = \frac{c_{\alpha\beta}}{c_1} = [\alpha\beta],$$

wobei die vorletzte Gleichung wegen $(c_\alpha \star c_\beta) \star c_1 = c_{\alpha\beta} \star (c_1 \star c_1)$ gilt. (Zwei Brüche a/b und c/d sind genau dann gleich, wenn $ad = bc$ gilt!) Da $[0]$ das Nullelement und $[1]$ das Einselement von $Q(R)$ ist, können wir also $Q(R)$ als Erweiterungskörper von $\mathbb{C}$ auffassen.

(b) Es gilt

$$\alpha f = \frac{(\alpha f) \star c_1}{c_1} = \frac{c_\alpha \star f}{c_1} = [\alpha] \star f.$$

(c) Wegen $(c_1 \star f)(x) = \int_0^x f(u)\,du$ ist $c_1 \star f$ die eindeutig bestimmte Stammfunktion F von f mit $F(0) = 0$.

(d) Für $f \in C^1[0, \infty)$ gilt $f(x) = \int_0^x f'(u)\,du + f(0)$, also

$$f = c_1 \star f' + c_{f(0)} = c_1 \star f' + c_1 \star [f(0)].$$

Multiplikation mit $s := f_1^{-1} = [1]/c_1$ auf beiden Seiten liefert $s \star f = f' + [f(0)]$, also

$$f' = s \star f - [f(0)].$$

(Die transzendente Operation des Ableitens wird also zurückgeführt auf die rein algebraische Operation des Multiplizierens mit s.)

(e) Wenden wir die Formel $f' = s \star f - [f(0)]$ mit f' statt mit f an, so ergibt sich

$$f'' = s \star f' - [f'(0)] = s \star s \star f - s \star [f(0)] - [f'(0)].$$

Fahren wir in dieser Weise fort, so ergibt sich induktiv die angegebene Formel.

(f) Wenden wir die Formel $f' = s \star f - [f(0)]$ mit $f(t) := e^{at}$ an, so ergibt sich $af = s \star f - [1] = s \star f - 1$, also $(s-a) \star f = 1$ bzw. $f = 1/(s-a)$, also

$$\{e^{at}\} = \frac{1}{s-a}.$$

(g) Anwendung von Teil (f) mit $a = i\omega$ ergibt

$$\{\cos(\omega t) + i\sin(\omega t)\} = \{e^{i\omega t}\} = \frac{1}{s - i\omega} = \frac{s + i\omega}{s^2 + \omega^2}.$$

Vergleich von Real und Imaginärteil liefert nun die Behauptung.

(h) Für $n = 1$ ist dies gerade die in Teil (f) hergeleitete Formel. Für $n \geq 2$ wenden wir die Formel $f' = s \star f - f(0)$ an und erhalten $s \star \{t^n e^{at}\} = \{(t^n e^{at})'\} =$ $\{nt^{n-1}e^{at} + at^n e^{at}\} = n \cdot \{t^{n-1}e^{at}\} + a \cdot \{t^n e^{at}\}$ und dann $(s-a) \star \{t^n e^{at}\} = n\{t^{n-1}e^{at}\} = n!/(s-a)^n$ nach Induktionsannahme.

Lösung (128.15) (a) Umschreiben liefert

$$(s^2 \star x - 6s - 1) - (s \star x - 6) - 6 \star x = 5/(s-3)$$

und damit $(s^2 - s - 6) \star x = 5/(s-3) + 6s - 5$. Division durch $s^2 - s - 6 = (s+2)(s-3)$ liefert

$$\begin{aligned}
x &= \frac{5}{(s+2)(s-3)^2} + \frac{6s-5}{(s+2)(s-3)} \\
&= \frac{18}{5(s+2)} + \frac{12}{5(s-3)} + \frac{1}{(s-3)^2} \\
&= \frac{18}{5}\{e^{-2t}\} + \frac{12}{5}\{e^{3t}\} + \{te^{3t}\} \\
&= \left\{\frac{18}{5}e^{-2t} + \frac{12}{5}e^{3t} + te^{3t}\right\}.
\end{aligned}$$

(b) Wir erhalten

$$\begin{aligned}
s \star x - 1 - x &= \{2te^{t^2} - e^{t^2}\} = \{(e^{t^2})' - e^{t^2}\} \\
&= (s \star \{e^{t^2}\} - 1) - \{e^{t^2}\} = (s-1) \star \{e^{t^2}\} - 1.
\end{aligned}$$

Es folgt $(s-1) \star x = (s-1) \star \{e^{t^2}\}$; die gesuchte Lösung ist daher $x(t) = e^{t^2}$.

Bemerkung: Daß das gegebene Anfangswertproblem nicht mit Hilfe der Laplace-Transformation gelöst werden kann, hat nichts mit einer Schwierigkeit der gegebenen Aufgabenstellung zu tun, sondern mit einem Defizit der Lösungsmethode. Die auftretende rechte Seite ist nicht Laplace-transformierbar, weil das definierende Integral nicht konvergiert. Der Mikusiński-Kalkül ist dagegen rein algebraisch, weswegen keine Konvergenzprobleme auftreten.

Lösung (128.16) Aussagen in $Q(R)$ haben direkte Entsprechungen für die Laplace-Transformierten der auftretenden Funktionen. Beispielsweise entspricht der Darstellung $\{e^{at}\} = 1/(s-a)$ die Formel

$$(\mathfrak{L}(\{e^{at}\}))(z) = \frac{1}{z-a},$$

und der Formel $f' = s \star f - f(0)$ in $Q(R)$ entspricht die für die Laplace-Transformation gültige Formel

$$(\star) \qquad (\mathfrak{L}f')(z) = z \cdot (\mathfrak{L}f)(z) - f(0).$$

Dabei ist die Formel in $Q(R)$ unmittelbarer und auch allgemeiner gültig. Die entsprechende analoge Formel $(\star)$ für die Laplace-Transformation ergibt sich durch partielle Integration

$$\begin{aligned}
(\mathfrak{L}f')(z) &= \int_0^\infty f'(t)e^{-zt}dt \\
&= [f(t)e^{-zt}]_{t=0}^\infty + z \cdot \int_0^\infty f(t)e^{-zt}dt \\
&= \lim_{t \to \infty} f(t)e^{-zt} + z \cdot (\mathfrak{L}f)(z) - f(0)
\end{aligned}$$

128. Laplace-Transformation

und erfordert eine zusätzliche Voraussetzung für f, nämlich $f(t)e^{-zt} \to 0$ für $t \to \infty$ für alle z (was etwa für $f' \in L_a$ erfüllt ist). Eine solche Zusatzvoraussetzung ist im Mikusiński-Kalkül nicht erforderlich. Ähnliches gilt bei der Herleitung des Faltungssatzes $\mathfrak{L}(f \star g) = (\mathfrak{L}f) \cdot (\mathfrak{L}g)$. Um diesen zu beweisen, verifiziert man zunächst, daß mit f und g auch $f \star g$ in L_a liegt, und wendet dann den Satz von Fubini an. Nichttriviale Integrationstheorie ist also erforderlich, um zu zeigen, daß die Laplace-Transformation die Operation der Faltung in eine gewöhnliche Multiplikation überführt. Im Mikusiński-Kalkül ist absolut *nichts* zu beweisen: die Faltung *ist* schon die betrachtete Multiplikation!

Die Anwendung der Methode der Laplace-Transformation erfordert zwingend das Wissen, daß die Laplace-Transformation eine injektive Abbildung ist. Betrachten wir etwa das folgende Anfangswertproblem:

$$\ddot{x}(t) - \dot{x}(t) - 6x(t) = 5e^{3t}, \quad x(0) = 6, \quad \dot{x}(0) = 1.$$

Beiderseitige Anwendung der Laplace-Transformation liefert

$$\begin{aligned}(\mathfrak{L}x)(z) &= \frac{5}{(z+2)(z-3)^2} + \frac{6z-5}{(z+2)(z-3)} \\ &= \frac{18}{5(z+2)} + \frac{12}{5(z-3)} + \frac{1}{(z-3)^2} \\ &= \mathfrak{L}\left(\left\{\frac{18}{5}e^{-2t} + \frac{12}{5}e^{3t} + te^{3t}\right\}\right)(z).\end{aligned}$$

Mit $g(t) := (18/5)e^{-2t} + (12/5)e^{3t} + te^{3t}$ gilt also $\mathfrak{L}x = \mathfrak{L}g$. Um aus dieser Gleichung auf die Gleichheit $x = g$ zu schließen, müssen wir wissen, daß die Laplace-Transformation injektiv ist, also eine Rücktransformation besitzt. Dieser Nachweis ist nicht einfach! (Jedenfalls schwieriger als der Beweis des Satzes von Titchmarsh, der dem Mikusiński-Kalkül zugrundeliegt.) Die für $f \in L_a$ für fast alle $x > a$ gültige Laplace-Umkehrformel

$$\begin{aligned}f(t) &= \frac{1}{2\pi}\int_{-\infty}^{\infty}(\mathfrak{L}f)(x+it)e^{x+it}\mathrm{d}t \\ &= \frac{1}{2\pi i}\int_{x+i\mathbb{R}}(\mathfrak{L}f)(z)e^{zt}\mathrm{d}z\end{aligned}$$

ist numerisch höchst delikat, denn $\mathfrak{L}f$ ist immer holomorph, während f furchtbare Unstetigkeiten aufweisen kann. In der Praxis werden Laplace-Inverse aus Tabellen entnommen. Die entsprechenden Korrespondenzen gelten aber auch für den Operatorkalkül; die Laplace-Transformation bietet diesem gegenüber auch in dieser Beziehung keinen Vorteil. Im Mikusiński-Kalkül kommt der Schritt einer Rücktransformation gar nicht vor, weil nichts transformiert wird; es werden lediglich verschiedene Darstellungen ein und derselben Funktion benutzt. Ein Vergleich des Operatorenkalküls mit der Laplace-Transformation fällt für letztere also sehr ernüchternd aus:

- Was mit der Laplace-Transformation gemacht werden kann, kann auch mit dem Mikusiński-Kalkül erreicht werden.
- Die Laplace-Transformation erfordert künstliche Restriktionen, die im Mikusiński-Kalkül unnötig sind.
- Die Herleitung von Eigenschaften der Laplace-Transformation ist zuweilen schwierig und erfordert nichttriviale Integrations- und Funktionentheorie. Die Herleitung der entsprechenden Eigenschaften des Mikusiński-Kalküls ist einfacher und rein algebraisch.
- Die einzige nichttriviale Grundlage des Mikusiński-Kalküls (der Satz von Titchmarsh) ist leichter beweisbar als die Injektivität der Laplace-Transformation.

Insgesamt kann man also durchaus zu dem Schluß kommen, die Laplace-Transformation sei als mathematische Methode so überflüssig wie ein Kropf. Dem entspricht im übrigen auch die historische Entwicklung: Der englische Ingenieur, Physiker und Mathematiker Oliver Heaviside (1850-1925), ein akademischer Außenseiter, der niemals ein förmliches Studium absolviert hatte, entwickelte zwischen 1884 und 1895 einen Operatorenkalkül. Da er keine strengen Beweise gab, wurden Heavisides Arbeiten in Mathematikerkreisen (insbesondere in Cambridge) nicht akzeptiert, und er wurde in seiner Publikationstätigkeit behindert. Die Laplace-Transformation wurde dann 1910 durch Bateman eingeführt, um eine analytische Rechtfertigung für Heavisides algebraischen Kalkül zu geben. (Von Anfang an war also die Einführung der Laplace-Transformation etwas künstlich.) Anders als die Fourier-Transformation, die eine klare gruppentheoretische Bedeutung hat und eine fundamentale Rolle in der harmonischen Analyse und der Darstellungstheorie spielt, spielt die Laplace-Transformation konzeptionell eine eher untergeordnete Rolle. Auch in Ingenieurkreisen wird damit begonnen, die Laplace-Transformation zugunsten algebraischer Methoden zu eliminieren (F. Rotella, I. Zambettakis: An automatic control course without the Laplace transform – An operational point of view, e-STA 2008-3).

L129: Elementare Wahrscheinlichkeitsrechnung

Lösung (129.1) (a) Offensichtlich definiert p eine Abbildung $p : \mathfrak{A} \to [0,1]$ mit der Eigenschaft, daß für disjunkte Mengen A und B die Gleichung $p(A \cup B) = p(A) + p(B)$ gilt; also erfüllt $(S, \mathfrak{A}, p)$ die Axiome eines Wahrscheinlichkeitsraumes. Für verschiedene Durchführungen des Experiments treten die Ereignisse aber jeweils mit unterschiedlichen relativen Häufigkeiten auf, so daß die "Wahrscheinlichkeit" $p(A)$ eines Ereignisses A kein fester Wert ist, sondern von der speziellen Versuchsserie abhängt. Es ist allerdings eine Erfahrungstatsache, daß sich für eine große Zahl von Durchführungen des Experiments (unter gleichen Bedingungen) die erhaltenen relativen Häufigkeiten gegen feste Werte stabilisieren; dies ist letztlich die empirische Rechtfertigung für die Wahl der Axiome eines Wahrscheinlichkeitsraumes.

(b) Wir schreiben K für Kopf und S für Spitze (wobei S dann die Landeposition bedeutet, bei der die Reißzwecke den Tisch sowohl mit der Spitze als auch mit dem Rand ihres Kopfes berührt). Ich erhielt die folgenden Ergebnisse.

K	S	S	S	S	S	S	K	S
S	S	K	S	S	S	K	S	K
S	S	K	K	K	K	S	S	K
K	K	S	K	S	S	S	K	S

Betrachtet man nur die ersten 20 Versuche, so tritt Kopf mit der relativen Häufigkeit 25% auf; nimmt man nur die letzten 20 Versuche, so ergibt sich 50%; nimmt man alle 40 Versuche zusammen, so tritt Kopf mit der relativen Häufigkeit 37.5% auf. Hier sind noch starke Schwankungen erkennbar (wie auch das folgende Diagramm bestätigt, das die relative Häufigkeit von "Kopf" als Funktion der Zahl der Würfe zeigt); die Anzahl der Würfe ist zu klein, um über die Wahrscheinlichkeit des Auftretens von Kopf etwas sagen zu können.

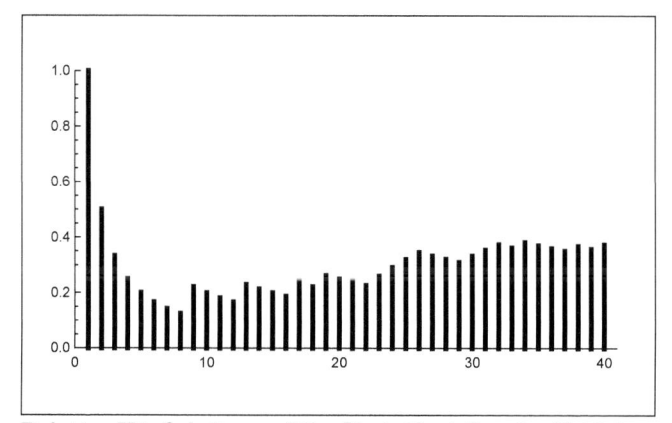

Relative Häufigkeit von "Kopf" als Funktion der Zahl der Würfe bei einer Reihe von 40 durchgeführten Würfen einer Reißzwecke.

(c) Bei 40 Würfen erhielt ich die folgenden Augensummen.

9	7	6	6	4	10	10	7	8	7
5	5	7	7	10	8	7	3	11	7
7	6	8	6	3	7	5	5	10	10
9	6	5	10	8	4	5	8	6	8

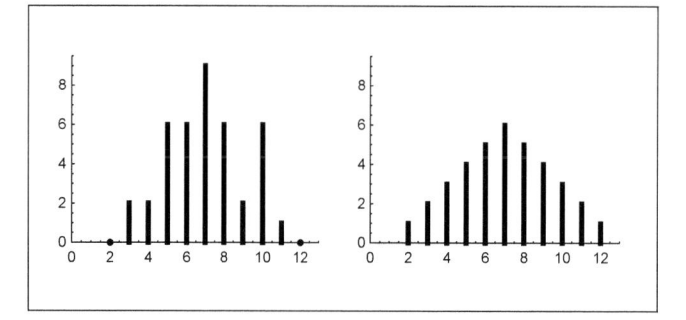

Das Diagramm zeigt sowohl die erhaltenen Häufigkeiten der einzelnen Augensummen als auch die theoretisch erwarteten Häufigkeiten. Man erkennt deutliche Abweichungen; auch hier ist also die Anzahl der Versuchsdurchführungen noch zu klein, um etwas über die Wahrscheinlichkeiten aussagen zu können, mit denen die einzelnen Augensummen auftreten.

Lösung (129.2) Schreiben wir kurz W für Wappen und Z für Zahl, so ist die Ausgangsmenge S gegeben durch $S = \{W, Z\}^3$, also

$$S = \{(W,W,W), (W,W,Z), (W,Z,W), (W,Z,Z),\\ (Z,W,W), (Z,W,Z), (Z,Z,W), (Z,Z,Z)\}.$$

Das Ereignis A des *genau* zweimaligen Auftretens von Wappen ist gegeben durch $A = \{(W,W,Z), (W,Z,W), (Z,W,W)\}$; die Wahrscheinlichkeit, daß A eintritt, ist nach der gemachten Gleichverteilungsannahme also gegeben durch $|A|/|S| = 3/8 = 0.375 = 37.5\%$. Das Ereignis B des *mindestens* zweimaligen Auftretens von Wappen ist gegeben durch $B = \{(W,W,W), (W,W,Z), (W,Z,W), (Z,W,W)\}$; die Wahrscheinlichkeit, daß B eintritt, ist nach der gemachten Gleichverteilungsannahme also gegeben durch $|B|/|S| = 4/8 = 1/2 = 0.5 = 50\%$. Je nachdem, wie man die Aufgabenstellung interpretiert, ist die gesuchte Wahrscheinlichkeit also 37.5% oder 50%.

Lösung (129.3) Die Ausgangsmenge beim Werfen zweier Würfel ist $S = \{(x,y) \mid x, y \in \{1,2,3,4,5,6\}\}$.

(a) Das betrachtete Ereignis ist gegeben durch die Menge

$$A = \{(1,1), (1,2), (1,4), (1,6), (2,1),\\ (2,3), (2,5), (3,2), (3,4), (4,1),\\ (4,3), (5,2), (5,6), (6,1), (6,5)\};$$

die Wahrscheinlichkeit für das Auftreten von A (bei Annahme idealer Würfel) ist $p(A) = |A|/|S| = 15/36 = 5/12 = 0.41\overline{6} = 41.\overline{6}\%$.

(b) Das betrachtete Ereignis ist gegeben durch die Menge $B = \{(1,5),(1,6),(2,6),(5,1),(6,1),(6,2)\}$; die Wahrscheinlichkeit für das Auftreten von B (bei Annahme idealer Würfel) ist $p(B) = |B|/|S| = 6/36 = 1/6 = 0.1\overline{6} = 16.\overline{6}\%$.

(c) Genau dann gilt $xy = x+y$, wenn $0 = xy-x-y = (x-1)(y-1)-1$, also $(x-1)(y-1) = 1$ gilt. Für $x,y \in \mathbb{N}$ ist dies nur für $(x,y) = (2,2)$ möglich; das betrachtete Ereignis ist also $C = \{(2,2)\}$. Die Wahrscheinlichkeit für das Auftreten von C (bei Annahme idealer Würfel) ist $p(C) = |C|/|S| = 1/36 = 0.02\overline{7} = 2.\overline{7}\%$.

Lösung (129.4) Die Ausgangsmenge beim Werfen zweier Würfel ist $S = \{(x,y) \mid x,y \in \{1,2,3,4,5,6\}\}$; es ist $|S| = 6^2 = 36$. Die Ereignismenge A ist gegeben durch $A = \{(x,y) \mid x \in \{2,4,6\}, y \in \{1,2,3,4,5,6\}\}$; es gilt also $|A| = 3 \cdot 6 = 18$ und damit $p(A) = 18/36 = 1/2$. Die Ereignismenge B ist gegeben durch $B = \{(x,y) \mid x \in \{1,2,3,4,5,6\}, y \in \{2,4,6\}\}$; es gilt also $|B| = 6 \cdot 3 = 18$ und damit $p(B) = 18/36 = 1/2$. Schließlich ist die Ereignismenge C gegeben durch $C = \{(i, 7-i) \mid i \in \{1,2,3,4,5,6\}\}$; es gilt also $|C| = 6$ und damit $p(C) = 6/36 = 1/6$.

Wegen $A \cap B = \{(x,y) \mid x,y \in \{2,4,6\}\}$ ist $|A \cap B| = 3^2 = 9$ und damit $p(A \cap B) = 9/36 = 1/4 = (1/2) \cdot (1/2) = p(A)p(B)$; damit sind A und B unabhängig. Weiter ist $B \cap C = \{(5,2),(3,4),(1,6)\}$ und damit $|B \cap C| = 3$, folglich $p(B \cap C) = 3/36 = 1/12 = (1/2) \cdot (1/6) = p(B)p(C)$; also sind auch B und C unabhängig. Schließlich ist $C \cap A = \{(2,5),(4,3),(6,1)\}$ und damit $|C \cap A| = 3$, folglich $p(C \cap A) = 3/36 = 1/12 = (1/6) \cdot (1/2) = p(C)p(A)$; damit sind auch C und A unabhängig.

Wegen $p(A \cap B \cap C) = p(\emptyset) = 0 \neq p(A)p(B)p(C)$ ist dagegen die Menge $\{A,B,C\}$ abhängig.

Lösung (129.5) (a) Die gesuchte Wahrscheinlichkeit ist

$$\frac{\binom{80}{1}\binom{20}{1}}{\binom{100}{2}} = \frac{80 \cdot 20}{100 \cdot 99/2} = \frac{8 \cdot 2 \cdot 2}{99} = \frac{32}{99} = 32.\overline{32}\%.$$

(b) Die gesuchte Wahrscheinlichkeit ist die Anzahl aller möglichen Ziehungen mit 0, 1 und 2 blauen Kugeln, dividiert durch die Anzahl aller möglichen Ziehungen insgesamt. Dies liefert

$$\frac{\binom{80}{4}\binom{20}{0} + \binom{80}{3}\binom{20}{1} + \binom{80}{2}\binom{20}{2}}{\binom{100}{4}}$$
$$= \frac{1581580 + 82160 \cdot 20 + 3160 \cdot 190}{3921225}$$
$$= \frac{3825180}{3921225} = \frac{255012}{261415} \approx 97.5506\%.$$

Lösung (129.6) Wir betrachten die Ereignisse $A_i =$ "die i-te Urne wird gewählt" ($1 \leq i \leq 3$), $S =$ "die gezogene Kugel ist schwarz" sowie $W =$ "die gezogene Kugel ist weiß".

(a) Nach dem Satz von der totalen Wahrscheinlichkeit ist $p(S)$ gegeben durch

$$p(S \mid A_1)\, p(A_1) + p(S \mid A_2)\, p(A_2) + p(S \mid A_3)\, p(A_3)$$
$$= \frac{2}{5} \cdot \frac{1}{6} + \frac{4}{9} \cdot \frac{2}{6} + \frac{6}{14} \cdot \frac{3}{6}$$
$$= \frac{1}{15} + \frac{4}{27} + \frac{3}{14} = \frac{811}{1890} \approx 42.9101\%.$$

(b) Zunächst ist $p(W)$ gegeben durch

$$p(W \mid A_1)\, p(A_1) + p(W \mid A_2)\, p(A_2) + p(W \mid A_3)\, p(A_3)$$
$$= \frac{3}{5} \cdot \frac{1}{6} + \frac{5}{9} \cdot \frac{2}{6} + \frac{7}{14} \cdot \frac{3}{6}$$
$$= \frac{1}{10} + \frac{5}{27} + \frac{1}{4} = \frac{289}{540} \approx 53.5185\%;$$

nach dem Satz von Bayes gilt dann

$$p(A_2 \mid W) = \frac{p(A_2)\, p(W \mid A_2)}{p(W)}$$
$$= \frac{(2/6) \cdot (5/9)}{289/540} = \frac{100}{289} \approx 34.6021\%.$$

Lösung (129.7) In jedem Fall bezeichnen wir mit A das betrachtete Ereignis und mit $\overline{A}$ das zugehörige Gegenereignis.

(a) Hier ist $\overline{A} = \{00, 11, \ldots, 99\}$, folglich $p(\overline{A}) = 10/100 = 0.1$ und damit $p(A) = 0.9 = 90\%$.

(b) Hier ist $\overline{A} = \{x0, x1, x2 \mid 5 \leq x \leq 9\}$, folglich $p(\overline{A}) = 15/100 = 0.15$ und damit $p(A) = 0.85 = 85\%$.

(c) Damit A eintritt, gibt es für jede der beiden Ziffern 9 Möglichkeiten, insgesamt (aufgrund beliebiger Kombinierbarkeit) also $9 \cdot 9 = 81$ Möglichkeiten; damit ist $p(A) = 81/100 = 81\%$.

(d) Ist $X \in \{0, \ldots, 8\}$, so gibt es für Y neun Möglichkeiten; ist $X = 9$, so gibt es für Y zehn Möglichkeiten. Insgesamt ist also $p(A) = (9 \cdot 9 + 1 \cdot 10)/100 = 91/100 = 91\%$.

(e) Es ist $A = \{69, 78, 79, 87, 88, 89, 96, 97, 98, 99\}$ und damit $p(A) = 10/100 = 10\%$.

Lösung (129.8) (a) Wir schreiben kurz S für das Ereignis "sauer"; nach dem Satz von der totalen Wahrscheinlichkeit gilt

$$p(S) = p(S \mid A)p(A) + p(S \mid B)p(B) + p(S \mid C)p(C)$$
$$= 0.1 \cdot 0.3 + 0.4 \cdot 0.6 + 0.3 \cdot 0.1$$
$$= 0.03 + 0.24 + 0.03 = 0.3 = 30\%.$$

(b) Nach Teil (a) ist $p(\text{süß}) = 1 - p(S) = 0.7$; unmittelbar nach der Definition bedingter Wahrscheinlichkeiten gilt dann

$$p(C \mid \text{süß}) = \frac{p(\text{süß} \mid C)\, p(C)}{p(\text{süß})} = \frac{0.7 \cdot 0.1}{0.7} = 0.1 = 10\%.$$

(c) Wir haben $p(E_1) = 0.7$ und $p(E_2) = 1 - p(C) = 0.9$ und damit $p(E_1)p(E_2) = 0.63$. Andererseits gilt

$$\begin{aligned}p(E_1 \cap E_2) &= p(\text{süß} \cap A) + p(\text{süß} \cap B)\\&= p(\text{süß} \,|\, A)\, p(A) + p(\text{süß} \,|\, B)\, p(B)\\&= 0.9 \cdot 0.3 + 0.6 \cdot 0.6 = 0.27 + 0.36 = 0.63.\end{aligned}$$

Es gilt also $p(E_1 \cap E_2) = p(E_1)p(E_2)$; die Ereignisse E_1 und E_2 sind also unabhängig.

Lösung (129.9) Die Ausgangsmenge beim Werfen zweier Würfel ist $S = \{(x,y) \mid x,y \in \{1,2,3,4,5,6\}\}$; es ist $|S| = 6^2 = 36$. Das Ereignis A ist gegeben durch $\{1,3,5\}^2 \cup \{2,4,6\}^2$; es gilt also $|A| = 18$ und damit $p(A) = 18/36 = 1/2$. Das Ereignis B ist gegeben durch $B = S \setminus \{(1,1),(1,2),(2,1)\}$; es gilt also $|B| = 36 - 3 = 33$ und damit $p(B) = 33/36 = 11/12$. Schließlich ist das Ereignis C gegeben durch $C = \{(6,y) \mid y \in \{1,2,3,4,5,6\}\}$; es gilt also $|C| = 6$ und damit $p(C) = 6/36 = 1/6$.

Wegen $A \cap B = A \setminus \{(1,1)\}$ ist $|A \cap B| = |A| - 1 = 17$ und daher $p(A \cap B) = 17/36 \ne p(A)p(B)$; also sind A und B nicht unabhängig. (Erst recht ist dann die Menge $\{A, B, C\}$ nicht unabhängig.) Weiter ist $C \subseteq B$, damit $B \cap C = C$ und folglich $p(B \cap C) = p(B) \ne p(B)p(C)$; damit sind auch B und C nicht unabhängig. Schließlich ist $C \cap A = \{(6,2),(6,4),(6,6)\}$ und folglich $p(C \cap A) = 3/36 = 1/12 = p(C)p(A)$; die Ereignisse C und A sind also unabhängig.

Lösung (129.10) (a) Für die Auswahl von drei Stimmzetteln gibt es $100 \cdot 99 \cdot 98$ Möglichkeiten; von diesen entfallen $50 \cdot 49 \cdot 48$ auf dreimal die erste Partei, $30 \cdot 29 \cdot 28$ auf dreimal die zweite Partei und $20 \cdot 19 \cdot 18$ auf dreimal die dritte Partei. Die gesuchte Wahrscheinlichkeit ist also

$$\frac{50 \cdot 49 \cdot 48 + 30 \cdot 29 \cdot 28 + 20 \cdot 19 \cdot 18}{100 \cdot 99 \cdot 98}$$
$$= \frac{248}{1617} \approx 15.3370\%.$$

(b) Für die Auswahl von zwei Stimmzetteln gibt es $100 \cdot 99$ Möglichkeiten; von diesen entfallen $50 \cdot 49$ auf zweimal die erste Partei, $30 \cdot 29$ auf zweimal die zweite Partei und $20 \cdot 19$ auf zweimal die dritte Partei. Die gesuchte Wahrscheinlichkeit ist also

$$1 - \frac{50 \cdot 49 + 30 \cdot 29 + 20 \cdot 19}{100 \cdot 99} = \frac{62}{99} = 62.\overline{62}\%.$$

(c) Die gesuchte Wahrscheinlichkeit ist der Anteil der Anzahl der Möglichkeiten für dreimal die erste Partei an der Anzahl aller Möglichkeiten für dreimal die gleiche Partei, also

$$\frac{50 \cdot 49 \cdot 48}{50 \cdot 49 \cdot 48 + 30 \cdot 29 \cdot 28 + 20 \cdot 19 \cdot 18} = \frac{49}{62} \approx 79.0323\%.$$

Lösung (129.11) (a) Beim zweimaligen Ziehen mit Zurücklegen gibt es n^2 Möglichkeiten, von denen p^2 zu zwei blauen Kugeln führen. Es gilt in diesem Fall also

$$p(A \cap B) = \frac{p^2}{n^2} = \frac{p}{n} \cdot \frac{p}{n} = p(A)p(B);$$

dies zeigt die Unabhängigkeit der Ereignisse A und B.

(b) Ist A bereits eingetreten, so befinden sich in der Urne noch $n - 1$ Kugeln, von denen $p - 1$ blau sind; es gilt dann (wenn wir den Trivialfall $p = n$ ausschließen) $p(B \,|\, A) = (p-1)/(n-1) \ne p/n = p(B)$, so daß in diesem Fall die Ereignisse A und B abhängig sind. Genauer ist

$$p(A)p(B) - p(A \cap B) = \frac{p}{n} \cdot \frac{p}{n} - \frac{p}{n} \cdot \frac{p-1}{n-1} = \frac{p(n-p)}{n^2(n-1)} \ne 0.$$

Dieser Ausdruck geht für $n \to \infty$ gegen Null; für große Werte von n sind also A und B "fast unabhängig". (Dies wird in der Praxis bei Meinungsumfragen benutzt, bei denen man nach einer Reihe von Befragungen den noch nicht befragten Teil der Bevölkerung als repräsentativ für die Gesamtbevölkerung betrachtet.)

Lösung (129.12) Die Ausgangsmenge des Zufallsexperiments ist die Menge $S = \{(x,y) \in \mathbb{R}^2 \mid 0 \le x \le y \le 24\}$, die man sich geometrisch als ein Dreieck vorstellen darf. Die betrachteten Ereignisse sind dann geometrisch durch die jeweils grau unterlegten Teilmengen von S gegeben. (Der Ursprung des Koordinatensystems ist die linke untere Ecke des Dreiecks; die x-Achse geht nach rechts, die y-Achse nach oben.)

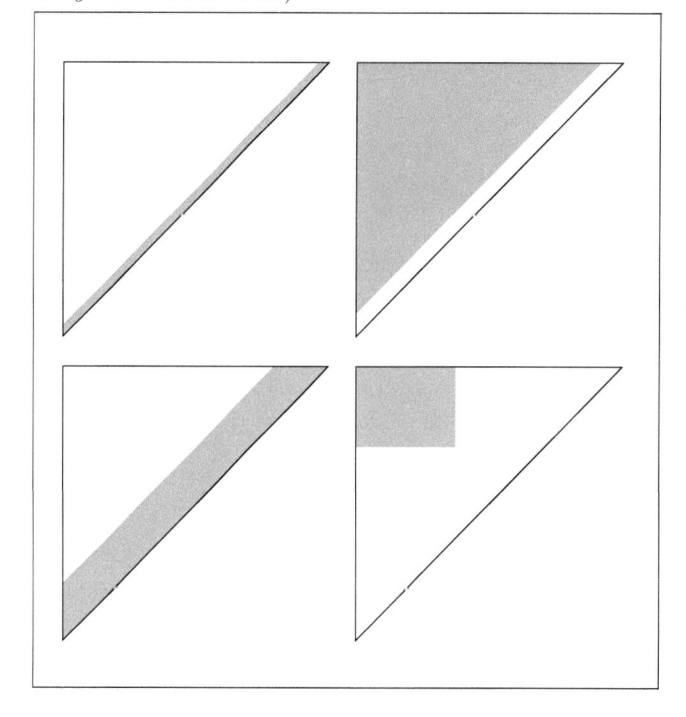

Lösung (129.13) Sind A und B unabhängig, so gilt

$$\begin{aligned}p(A \cap \overline{B}) &= p(A \setminus (A \cap B)) = p(A) - p(A \cap B)\\&= p(A) - p(A)p(B) = p(A) \cdot (1 - p(B)) = p(A)p(\overline{B});\end{aligned}$$

dabei wurde die Unabhängigkeit von A und B beim Übergang von der ersten auf die zweite Zeile der Gleichungskette benutzt. Mit A und B sind also auch A und $\overline{B}$ unabhängig. Vertauschung der Rollen von A und B zeigt dann, daß mit A und B auch $\overline{A}$ und B unabhängig sind. Schließlich gilt

$$\begin{aligned}p(\overline{A}\cap\overline{B}) &= p(\overline{A\cup B}) = 1 - p(A\cup B)\\ &= 1 - p(A) - p(B) + p(A\cap B)\\ &= 1 - p(A) - p(B) + p(A)p(B)\\ &= \bigl(1-p(A)\bigr)\bigl(1-p(B)\bigr) = p(\overline{A})p(\overline{B}),\end{aligned}$$

wobei die Unabhängigkeit von A und B beim Übergang von der zweiten zur dritten Zeile ausgenutzt wurde. Mit A und B sind also auch $\overline{A}$ und $\overline{B}$ unabhängig.

Lösung (129.14) Das folgende PASCAL-Programm hat die gewünschte Funktionalität.

```
PROGRAM Vokale1;
USES wincrt;
CONST anzmax=2000;
      Vokale=['A','E','I','O','U'];
      Umlaute=['Ä','Ö','Ü','ä','ö','ü'];
      Buchstaben=['A'..'Z'];
      B = Buchstaben + Umlaute + ['ß'];
      V = Vokale + Umlaute;
VAR z:char;
    k,anzb,anzv:integer;
    vok:array[1..anzmax] of integer;
    eingabe,ausgabe:text;
BEGIN
assign(eingabe,'c:\text.txt');
assign(ausgabe,'c:\aus1.txt');
reset(eingabe);
anzb:=0; anzv:=0;
repeat
   read(eingabe,z);
   z:=upcase(z);
   if (z in B) then
      begin
      anzb:=anzb+1;
      if (z in V) then anzv:=anzv+1;
      vok[anzb]:=anzv;
      end
until (eof(eingabe) or (anzb=anzmax));
close(eingabe);
rewrite(ausgabe);
for k:=1 to anzb do
   begin
   write(ausgabe,k:4,vok[k]:5);
   writeln(ausgabe,vok[k]/k:15:12);
   end;
close(ausgabe);
writeln('Programm erfolgreich beendet!');
END.
```

Lösung (129.15) Das folgende PASCAL-Programm hat die gewünschte Funktionalität.

```
PROGRAM Vokale2;
USES wincrt;
CONST kmax=2000;
VAR k,k1,k2,j:integer; z:char;
    a,e,i,o,u,vok:array[0..kmax] of integer;
    aa,ee,ii,oo,uu:real; eingabe,ausgabe:text;
BEGIN
assign(eingabe,'c:\text.txt');
assign(ausgabe,'c:\aus2.txt');
reset(eingabe);
k:=0; a[0]:=0; e[0]:=0; i[0]:=0; o[0]:=0; u[0]:=0;
repeat
   read(eingabe,z);
   z:=upcase(z);
   k:=k+1; j:=k-1;
   if z='A' then a[k]:=a[j]+1 else a[k]:=a[j];
   if z='E' then e[k]:=e[j]+1 else e[k]:=e[j];
   if z='I' then i[k]:=i[j]+1 else i[k]:=i[j];
   if z='O' then o[k]:=o[j]+1 else o[k]:=o[j];
   if z='U' then u[k]:=u[j]+1 else u[k]:=u[j];
   vok[k]:=a[k]+e[k]+i[k]+o[k]+u[k]
until (eof(eingabe) or (k=kmax));
k2:=k;
close(eingabe);
k1:=0;
repeat k1:=k1+1 until vok[k1]>0;
rewrite(ausgabe);
for k:=k1 to k2 do
   begin
   aa:=a[k]/vok[k];
   ee:=e[k]/vok[k];
   ii:=i[k]/vok[k];
   oo:=o[k]/vok[k];
   uu:=u[k]/vok[k];
   write(ausgabe,k:4);
   write(ausgabe,aa:15:12);
   write(ausgabe,ee:15:12);
   write(ausgabe,ii:15:12);
   write(ausgabe,oo:15:12);
   writeln(ausgabe,uu:15:12);
   end;
close(ausgabe);
writeln('Programm erfolgreich beendet!');
END.
```

Lösung (129.16) Es gibt $4! = 24$ Möglichkeiten, die vier Bücher anzuordnen; davon liefern 2 die richtige Reihenfolge. Die gesuchte Wahrscheinlichkeit ist also $2/24 = 1/12 = 0.08\overline{3} \approx 8.3\%$.

Lösung (129.17) Wir formulieren das Problem gleich in angemessener Allgemeinheit. Von N Objekten besitzen K eine gewisse Eigenschaft. Wenn $n \leq N$ dieser Objekte wahllos herausgegriffen werden, wie groß ist dann die

Wahrscheinlichkeit, daß genau k dieser n Objekte die fragliche Eigenschaft haben?

Der einfacheren Schreibweise wegen schreiben wir $C(a,b)$ für "a über b". Es gibt $C(N,n)$ Möglichkeiten, die n Objekte auszuwählen. Um bei der Auswahl genau k Objekte mit der fraglichen Eigenschaft zu erwischen, muß man von den K Objekten mit dieser Eigenschaft k Stück herausgreifen (wofür es $C(K,k)$ Möglichkeiten gibt) und von den restlichen $N-K$ Objekten genau $n-k$ Stück (wofür es $C(N-K, n-k)$ Möglichkeiten gibt); da diese beiden Auswahlen beliebig kombiniert werden können, gibt es also $C(K,k) \cdot C(N-K, n-k)$ Möglichkeiten, genau k der fraglichen Objekte zu erwischen. Die gesuchte Wahrscheinlichkeit ist dann

$$\frac{C(K,k) \cdot C(N-K, n-k)}{C(N,n)} = \frac{\binom{K}{k} \cdot \binom{N-K}{n-k}}{\binom{N}{n}}.$$

(a) Hier ist $N=32$, $K=4$, $n=3$ und $k \in \{1,2,3\}$. Die gesuchte Wahrscheinlichkeit ist also

$$\sum_{k=1}^{3} \frac{\binom{4}{k}\binom{28}{3-k}}{\binom{32}{3}} = \frac{\binom{4}{1}\cdot\binom{28}{2} + \binom{4}{2}\cdot\binom{28}{1} + \binom{4}{3}\cdot\binom{28}{0}}{4960}$$
$$= \frac{4 \cdot 378 + 6 \cdot 28 + 4 \cdot 1}{4960} = \frac{1684}{4960} = \frac{421}{1240} \approx 33.95\%.$$

(b) Hier ist $N=32$, $K=4$, $n=10$ und $k=4$. Die gesuchte Wahrscheinlichkeit ist also

$$\binom{4}{4}\cdot\binom{28}{6} / \binom{32}{10}$$
$$= \frac{23\cdot24\cdot25\cdot26\cdot27\cdot28}{2\cdot3\cdot4\cdot5\cdot6} \cdot \frac{2\cdot3\cdot4\cdot5\cdot6\cdot7\cdot8\cdot9\cdot10}{23\cdot24\cdot25\cdot26\cdot27\cdot28\cdot29\cdot30\cdot31\cdot32}$$
$$= \frac{7\cdot8\cdot9\cdot10}{29\cdot30\cdot31\cdot32} = \frac{3\cdot7}{4\cdot29\cdot31} = \frac{21}{3596} \approx 0.58\%.$$

Lösung (129.18) Hier argumentieren wir genauso wie in der vorangehenden Aufgabe. Es gibt insgesamt $C(N,n)$ mögliche Stichproben. Damit sich unter den n gezogenen Glühbirnen k defekte befinden, müssen wir aus den K defekten Birnen gerade k Stück auswählen (dafür gibt es $C(K,k)$ Möglichkeiten), aus den $N-K$ intakten Birnen dagegen $n-k$ Stück (dafür gibt es $C(N-K, n-k)$ Möglichkeiten). Da sich die zwei Einzelauswahlen beliebig kombinieren lassen, gibt es $C(K,k) \cdot C(N-K, n-k)$ mögliche Stichproben der Ordnung n mit genau k defekten Birnen. Die gesuchte Wahrscheinlichkeit ist also $C(K,k) \cdot C(N-K, n-k)/C(N,n)$, d.h.,

$$\frac{\binom{K}{k}\cdot\binom{N-K}{n-k}}{\binom{N}{n}}.$$

Lösung (129.19) Bei einem Wurf mit vier Würfeln gibt es 6^4 verschiedene Ausgänge; bei 5^4 von diesen tritt keine Eins auf, bei $6^4 - 5^4$ also mindestens eine Eins. Die erste der beiden gesuchten Wahrscheinlichkeiten ist also

$$p_1 = \frac{6^4 - 5^4}{6^4} = 1 - \left(\frac{5}{6}\right)^4 \approx 51.77\%.$$

Bei 24 Würfen mit zwei Würfeln gibt es 36^{24} verschiedene Ausgänge; bei 35^{24} von diesen tritt keine Doppeleins auf, bei $36^{24} - 35^{24}$ also mindestens eine Doppeleins. Die zweite der beiden gesuchten Wahrscheinlichkeiten ist also

$$p_2 = \frac{36^{24} - 35^{24}}{36^{24}} = 1 - \left(\frac{35}{36}\right)^{24} \approx 49.14\%.$$

Lösung (129.20) Die Anzahl der möglichen Zeichenketten ist 26^3.

(a) Dafür, daß alle drei Zeichen verschieden sind, gibt es $26 \cdot 25 \cdot 24$ verschiedene Möglichkeiten; die gesuchte Wahrscheinlichkeit ist also

$$\frac{26 \cdot 25 \cdot 24}{26^3} = \frac{25 \cdot 24}{26^2} = \frac{300}{338} \approx 88.76\%.$$

(b) Dafür, daß alle drei Zeichen gleich sind, gibt es 26 verschiedene Möglichkeiten; die gesuchte Wahrscheinlichkeit ist also

$$\frac{26}{26^3} = \frac{1}{26^2} \approx 0.15\%.$$

Lösung (129.21) Wir schreiben wieder $C(a,b)$ für "a über b". Bei n Würfen gibt es $C(n,k)$ Möglichkeiten für genau k Treffer; jede von diesen tritt mit Wahrscheinlichkeit $0.6^k \, 0.4^{n-k}$ auf. Die Wahrscheinlichkeit für genau k Treffer ist also $C(n,k) 0.6^k \, 0.4^{n-k}$; für $n=5$ ist dies $C(5,k) 0.6^k \, 0.4^{5-k}$. Die Wahrscheinlichkeit für mindestens drei Treffer ist also

$$\sum_{k=3}^{5} \binom{5}{k} 0.6^k \, 0.4^{5-k}$$
$$= \binom{5}{3} 0.6^3 \, 0.4^2 + \binom{5}{4} 0.6^4 \, 0.4^1 + \binom{5}{5} 0.6^5 \, 0.4^0$$
$$= 10 \cdot 0.216 \cdot 0.16 + 5 \cdot 0.1296 \cdot 0.4 + 0.07776$$
$$= 0.68256 = 68.256\%.$$

Lösung (129.22) Es sei q der Anteil der defekten Glühbirnen; die Anzahl K der defekten unter den insgesamt $N=300$ Birnen ist dann $K=300q$. Es wird eine Stichprobe vom Umfang $n=10$ entnommen, und die Kiste wird dann angenommen, wenn die Anzahl k der defekten Birnen in der Stichprobe entweder 0 oder 1 beträgt. Die gesuchte Wahrscheinlichkeit ist also

$$p = \sum_{k=0}^{1} \frac{\binom{K}{k}\binom{N-K}{n-k}}{\binom{N}{n}} = \frac{\binom{N-K}{n} + K \cdot \binom{N-K}{n-1}}{\binom{N}{n}}$$
$$= \frac{\binom{300(1-q)}{10} + 300q \cdot \binom{300(1-q)}{9}}{\binom{300}{10}}.$$

Lösung (129.23) Wenn in der am Ende nichtleeren Schachtel noch r Streichhölzer sind, so wurden also $s := n - r$ Hölzer aus dieser Schachtel entnommen. Das bedeutet, daß in den ersten $n + s$ Versuchen (für die es 2^{n+s} Möglichkeiten gibt) genau n-mal aus einer Schachtel und s-mal aus der anderen Schachtel ein Holz entnommen wurde (wofür es $2 \cdot C(n + s, n)$ Möglichkeiten gibt) und daß im $(n+s+1)$-ten Versuch die in diesem Moment leere Schachtel gewählt wurde (was mit Wahrscheinlichkeit $1/2$ geschieht). Die gesuchte Wahrscheinlichkeit ist daher

$$p = \frac{2\binom{n+s}{n}}{2^{n+s}} \cdot \frac{1}{2} = \frac{\binom{n+s}{n}}{2^{n+s}} = \frac{\binom{2n-r}{n}}{2^{2n-r}}.$$

Speziell mit $n = 10$ und $r = 2$ ergibt sich

$$p = \frac{\binom{18}{10}}{2^{18}} = \frac{11 \cdot 13 \cdot 17 \cdot 18}{2^{18}} = \frac{9 \cdot 11 \cdot 13 \cdot 17}{2^{17}} = \frac{21879}{131072} \approx 16.69\%.$$

Lösungen (129.24/25) Wir fassen die beiden Aufgaben zusammen und schreiben eine PASCAL-Programmeinheit, die alle gewünschten Unterprogramme enthält.

```
UNIT Kombinatorik;

INTERFACE
function fakul(m:integer):longint;
function binomi(n,k:integer):integer;
function vari_mit(n,k:integer):integer;
function vari_ohne(n,k:integer):integer;
function kombi_mit(n,k:integer):integer;
function kombi_ohne(n,k:integer):integer;

IMPLEMENTATION
function fakul(m:integer):longint;
   begin
   if m=0 then fakul:=1
   else fakul:=m*fakul(m-1);
   end;
function binomi(n,k:integer):integer;
   begin
   if k=0 then binomi:=1
   else binomi:=n*binomi(n-1,k-1) div k;
   end;
function vari_mit(n,k:integer):integer;
   begin
   if k=0 then vari_mit:=1
   else vari_mit:=n*vari_mit(n,k-1);
   end;
function vari_ohne(n,k:integer):integer;
   var prod,i:integer;
   begin
   prod:=1;
   for i:=n-k+1 to n do prod:=prod*i;
   vari_ohne:=prod;
   end;
function kombi_mit(n,k:integer):integer;
   begin
   kombi_mit:=binomi(n+k-1,k)
   end;
function kombi_ohne(n,k:integer):integer;
   begin
   kombi_ohne:=binomi(n,k)
   end;
END.
```

Lösung (129.26) Wir betrachten die Ereignisse $A =$ "die erste gezogene Kugel ist weiß" und $B =$ "die zweite gezogene Kugel ist weiß".

(a) Wenn A schon eingetreten ist, so befinden sich in der Urne noch 8 Kugeln, von denen 2 weiß sind; also gilt $p(B \mid A) = 2/8 = 1/4$.

(b) Gesucht ist die Wahrscheinlichkeit von $A \cap B$; diese ist $p(A \cap B) = p(A)p(B \mid A) = (3/9) \cdot (1/4) = 1/12$.

(c) Nach dem Satz von der totalen Wahrscheinlichkeit ist $p(B) = p(B \mid A)p(A) + p(B \mid \overline{A})p(\overline{A}) = (1/4) \cdot (1/3) + (3/8) \cdot (6/9) = (1/12) + (1/4) = 1/3$.

Lösung (129.27) Der Modul links funktioniert genau dann *nicht*, wenn alle drei Schaltelemente, aus denen er besteht, nicht funktionieren; die Wahrscheinlichkeit dafür ist $0.3 \cdot 0.1 \cdot 0.1 = 0.003$; der linke Modul funktioniert also mit der Wahrscheinlichkeit $p_1 = 0.997$. Analog gilt, daß der mittlere Modul mit der Wahrscheinlichkeit $0.2 \cdot 0.1 = 0.02$ ausfällt, also mit der Wahrscheinlichkeit $p_2 = 0.98$ funktioniert. Der Modul rechts besteht aus einem einzigen Schaltelement, das mit der Wahrscheinlichkeit $p_3 = 0.8$ funktioniert. Die Gesamtschaltung funktioniert dann mit der Wahrscheinlichkeit $p_1 p_2 p_3 = 0.997 \cdot 0.98 \cdot 0.8 = 0.781648 = 78.1648\%$.

Lösung (129.28) Wir betrachten die folgenden Ereignisse: $A =$ "ein zufällig vorbeikommender Passant trägt einen Pelzmantel"; $S =$ "Verbannung nach Sibirien"; $U =$ "Verbannung in den Ural". Nach dem Satz von Bayes ergibt sich die gesuchte Wahrscheinlichkeit zu

$$\begin{aligned} p(S \mid A) &= \frac{p(S) \cdot p(A \mid S)}{p(S) \cdot p(A \mid S) + p(U) \cdot p(A \mid U)} \\ &= \frac{0.4 \cdot 0.7}{0.4 \cdot 0.7 + 0.6 \cdot 0.5} = \frac{0.28}{0.28 + 0.30} \\ &= \frac{28}{58} = \frac{14}{29} \approx 48.2759\%. \end{aligned}$$

Lösung (129.29) Es sei A_i das Ereignis "die i-te Maschine funktioniert"; dann ist $p_i = p(\overline{A_i})$ und folglich $p(A_i) = 1 - p_i =: q_i$.

(a) Gefragt ist hier nach der Wahrscheinlichkeit $p(\overline{A_1} \cap \overline{A_2} \cap \overline{A_3})$; wegen der angenommenen Unabhängigkeit ist diese gleich $p(\overline{A_1})p(\overline{A_2})p(\overline{A_3}) = p_1 p_2 p_3 = 0.001512 = 0.1512\%$.

(b) Das betrachtete Ereignis ist gerade das Gegenereignis zu A, hat also die Wahrscheinlichkeit $1 - 0.001512 = 0.998488 = 99.8488\%$. Dieses Ergebnis erhält man auch durch Anwendung der Poincaré-Sylversterschen Siebformel zur Berechnung der hier gefragten Wahrscheinlichkeit $p(A_1 \cup A_2 \cup A_3)$; es ergibt sich $q_1 + q_2 + q_3 - q_1 q_2 - q_2 q_3 - q_3 q_1 + q_1 q_2 q_3 = 0.998488$.

(c) Statt einer direkten Rechnung ist es günstiger, die gesuchte Wahrscheinlichkeit als die Gegenwahrscheinlichkeit zu Teil (d) aufzufassen. Unter Vorwegnahme des Ergebnisses aus (d) ergibt sich $1 - 0.671088 = 0.328912 = 32.8912\%$.

(d) Gefragt ist hier nach der Wahrscheinlichkeit $p(A_1 \cap A_2 \cap A_3)$; wegen der angenommenen Unabhängigkeit ist diese gleich $p(A_1)p(A_2)p(A_3) = q_1 q_2 q_3 = 0.671088 = 67.1088\%$.

Lösung (129.30) Wir betrachten die Ereignisse $U_i = $ "die i-te Urne wird gewählt" (wobei $1 \leq i \leq 3$) und $W = $ "die gezogene Kugel ist weiß".

(a) Nach dem Satz von der totalen Wahrscheinlichkeit hat $p(W)$ den Wert

$$p(U_1)p(W|U_1) + p(U_2)p(W|U_2) + p(U_3)p(W|U_3)$$
$$= \frac{1}{3} \cdot \frac{2}{10} + \frac{1}{3} \cdot \frac{5}{11} + \frac{1}{3} \cdot \frac{9}{13} = \frac{321}{715} \approx 44.8951\%.$$

(b) Unmittelbar aus der Definition bedingter Wahrscheinlichkeiten ergibt sich

$$p(U_3 | W) = \frac{p(U_3)p(W|U_3)}{p(W)}$$
$$= \frac{(1/3) \cdot (9/13)}{321/715} = \frac{55}{107} \approx 51.4019\%.$$

Lösung (129.31) Um eine kompakte Terminologie zu haben, bezeichnen wir mit $M_{i_1 \ldots i_k}$ das Ereignis, daß der Modul, der aus den Komponenten $i_1, \ldots, i_k$ besteht, funktioniert. Es ist $p(\overline{M_{23}}) = (1-p_2)(1-p_3)$, folglich $p(M_{23}) = 1 - (1-p_2)(1-p_3) = p_2 + p_3 - p_2 p_3$ und damit $p(M_{234}) = p(M_{23})p(M_4) = (p_2 + p_3 - p_2 p_3)p_4$. Weiter ist $p(\overline{M_{2345}}) = (1 - p_2 p_4 - p_3 p_4 + p_2 p_3 p_4)(1 - p_5)$, also $p(M_{2345}) = 1 - p(\overline{M_{2345}}) = p_2 p_4 + p_3 p_4 - p_2 p_3 p_4 + p_5 - p_2 p_4 p_5 - p_3 p_4 p_5 + p_2 p_3 p_4 p_5$. Als Endresultat ergibt sich $p(M_{12345}) = p(M_1)p(M_{2345})$, also

$$p_1 p_2 p_4 + p_1 p_3 p_4 - p_1 p_2 p_3 p_4 + p_1 p_5$$
$$- p_1 p_2 p_4 p_5 - p_1 p_3 p_4 p_5 + p_1 p_2 p_3 p_4 p_5.$$

Mit den angegebenen Zahlenwerten ergibt dies die Wahrscheinlichkeit $0.885555 = 88.5555\%$.

Lösung (129.32) (a) Es gibt 12^2 mögliche Paare von Geburtsmonaten für die zwei Personen; davon entsprechen 12 dem Ereignis, daß beide Personen im gleichen Monat Geburtstag haben. Die Wahrscheinlichkeit dieses Ereignisses ist dann $12/12^2 = 1/12 = 8.\overline{3}\%$.

(b) Die Monate des Jahres zerfallen in drei Kategorien: sieben Monate mit je 31 Tagen (Kategorie 1), vier Monate mit je 30 Tagen (Kategorie 2) und einen Monat mit 28 Tagen (Kategorie 3). Wir betrachten nun die Ereignisse $A_i = $ "die erste Person hat an einem Monat der Kategorie i Geburtstag" und $B = $ "die zweite Person hat im gleichen Monat Geburtstag wie die erste Person". Nach dem Satz von der totalen Wahrscheinlichkeit gilt dann

$$p(B) = \sum_{k=1}^{3} p(A_k) p(B | A_k)$$
$$= \frac{217}{365} \cdot \frac{31}{365} + \frac{120}{365} \cdot \frac{30}{365} + \frac{28}{365} \cdot \frac{28}{365}$$
$$= \frac{11111}{133225} = \frac{41 \cdot 271}{5^2 \cdot 73^2} \approx 8.34003\%.$$

Lösung (129.33) Für $2 \leq k \leq 12$ sei p_k die Wahrscheinlichkeit der Augensumme k beim Werfen zweier (idealer) Würfel; ferner sei $G = \{4, 5, 6, 8, 9, 10\}$ die Menge der möglichen Glückszahlen. Wir betrachten die Ereignisse $A_k := $ "die Glückszahl ist k" und $B_k := $ "der letzte Wurf liefert die Augensumme k". Da so lange gewürfelt wird, bis entweder die Glückszahl oder die 7 auftritt, gilt $p(B_k) = P(\text{Augensumme} = k \,|\, \text{Augensumme} \in \{k, 7\}) = p_k/(p_k + p_7)$. Die Wahrscheinlichkeit eines Abendspaziergangs ist dann $p_7 + p_{11} + \sum_{k \in G} p(A_k \cap B_k) = p_7 + p_{11} + \sum_{k \in G} p(A_k) p(B_k) = p_7 + p_{11} + \sum_{k \in G} p_k \cdot p_k/(p_k + p_7) = p_7 + p_{11} + \sum_{k \in G} p_k^2/(p_k + p_7)$. Einsetzen der Zahlenwerte liefert $244/495 = 49.\overline{29}\%$ als gesuchte Wahrscheinlichkeit.

Lösung (129.34) Das folgende PASCAL-Programm hat die gewünschte Funktionalität.

```
PROGRAM Wahrscheinlichkeiten;
USES wincrt;
CONST nmax=20;
VAR p:array[1..nmax] of real;
    n,i:integer; z:char; ZZ,NN,prob:real;
BEGIN
write('Wie viele Ausgänge hat das ');
writeln('betrachtete Experiment?');
writeln('(maximal ', nmax, ')');
readln(n);
for i:=1 to n do
    begin
    write('Welche Wahrscheinlichkeit hat ');
    writeln('der ', i, '. Ausgang?');
    write('Zähler = '); readln(ZZ);
    write('Nenner = '); readln(NN);
    p[i]:=ZZ/NN;
    end;
```

```
write('Definieren Sie ein Ereignis A durch ');
writeln('Beantwortung der folgenden Fragen!');
prob:=0;
for i:=1 to n do
    begin
      write('Gehört der ', i, '. Ausgang ');
      writeln('zum Ereignis A? (j/n)');
      readln(z); z:=upcase(z);
      if (z='J') then prob:=prob+p[i];
    end;
write('Das Ereignis A hat die Wahrscheinlich');
writeln('keit ', prob:6:4);
END.
```

Lösung (129.35) Das folgende PASCAL-Programm hat die gewünschte Funktionalität.

```
PROGRAM Unabhaengigkeit;
USES wincrt;
CONST nmax=100;
VAR p:array[1..nmax] of real;
    n,i:integer; ZZ,NN:real; z1,z2:char;
    probA,probB,probAB,diff:real;
BEGIN
write('Wie viele Ausgänge hat das ');
writeln('betrachtete Experiment?');
writeln('(maximal ', nmax, ')');
readln(n);
for i:=1 to n do
    begin
      write('Welche Wahrscheinlichkeit hat ');
      writeln('der ', i, '. Ausgang?');
      write('Zähler = '); readln(ZZ);
      write('Nenner = '); readln(NN);
      p[i]:=ZZ/NN;
    end;
write('Definieren Sie Ereignisse A und B ');
write('durch Beantwortung der folgenden ');
writeln('Fragen!');
probA:=0; probB:=0; probAB:=0;
for i:=1 to n do
    begin
      write('Gehört der ', i, '. Ausgang ');
      writeln('zum Ereignis A? (j/n)');
      readln(z1); z1:=upcase(z1);
      write('Gehört der ', i, '. Ausgang ');
      writeln('zum Ereignis B? (j/n)');
      readln(z2); z2:=upcase(z2);
      if (z1='J') then probA:=probA+p[i];
      if (z2='J') then probB:=probB+p[i];
      if ((z1='J') and (z2='J')) then
         probAB:=probAB+p[i];
    end;
diff:=abs(probA*probB-probAB);
if (diff<0.00000001) then
   writeln('A und B sind unabhängig.')
else writeln('A und B sind abhängig.');
END.
```

Lösung (129.36) Ist n die Anzahl der Würfe, so bezeichnen wir mit p_n die Wahrscheinlichkeit, öfter Wappen als Zahl zu werfen. (Aus Symmetriegründen ist diese genauso groß wie die Wahrscheinlichkeit, öfter Zahl als Wappen zu werfen.) Ferner sei q_n die Wahrscheinlichkeit, gleich oft Wappen wie Zahl zu werfen. Weil bei jeder Durchführung von Würfen genau einer der Fälle "öfter Wappen als Zahl", "öfter Zahl als Wappen" und "gleich oft Zahl wie Wappen" auftritt, gilt $1 = p_n + p_n + q_n = 2p_n + q_n$.

Ist n ungerade, so gilt offensichtlich $q_n = 0$, woraus sofort $p_n = 1/2$ folgt. Ist dagegen n gerade, so ist $q_n > 0$ und folglich $p_n = (1 - q_n)/2 < 1/2$. Diese einfache Überlegung liefert schon die Antworten zu (a) und zu (b). In (a) haben wir $p_{16} < 1/2 = p_{15} = p_{17}$; in (b) haben wir $p_{18} < 1/2 = p_{15} = p_{17}$.

In (c) haben wir $p_{18} < 1/2 = p_{19}$ und $p_{20} < 1/2 = p_{19}$. Wir müssen also noch entscheiden, ob bei 18 oder bei 20 Würfen die Wahrscheinlichkeit, öfter Wappen als Zahl zu werfen, kleiner ist (bzw. die Wahrscheinlichkeit, genauso oft Wappen wie Zahl zu werfen, größer ist). Intuitiv ist klar, daß es um so unwahrscheinlicher ist, gleich oft Wappen wie Zahl zu werfen, je größer die Anzahl der Würfe ist. Das kann man natürlich auch nachrechnen! Bezeichnen wir ein Ergebnis (also eine Folge von Würfen der einzelnen Münzen) als "günstig", wenn gleich oft Wappen wie Zahl auftritt, so gilt

$$q_{2m} = \frac{\text{Anzahl günstiger Ergebnisse}}{\text{Anzahl möglicher Ergebnisse}} = \frac{\binom{2m}{m}}{2^{2m}} = \frac{(2m)!}{(m!)^2 \cdot 4^m}$$

und damit

$$\begin{aligned}\frac{q_{2m+2}}{q_{2m}} &= \frac{(2m+2)!\, m!\, m! \cdot 4^m}{(m+1)!\,(m+1)!\, 4^{m+1} \cdot (2m)!} \\ &= \frac{(2m+1)(2m+2)}{4(m+1)^2} = \frac{2m+1}{2(m+1)} = \frac{m+(1/2)}{m+1} < 1,\end{aligned}$$

folglich $q_{2m+2} < q_{2m}$ bzw. $p_{2m+2} > p_{2m}$. In (c) ist also bei 18 Würfen die Wahrscheinlichkeit am kleinsten, öfter Wappen als Zahl zu erhalten.

Lösung (129.37) Wir betrachten die folgenden Ereignisse:

$X :=$ "die erste gezogene Kugel hat die Nummer 1";
$Y :=$ "die zweite gezogene Kugel hat die Nummer 2".

Nach dem Satz von der totalen Wahrscheinlichkeit ist die gesuchte Wahrscheinlichkeit dann

$$\begin{aligned}p(Y) &= p(Y \mid X)\, p(X) + p(Y \mid \overline{X})\, p(\overline{X}) \\ &= \frac{1}{n-1} \cdot \frac{1}{n} + \frac{1}{n} \cdot \frac{n-1}{n} = \frac{n+(n-1)^2}{n^2(n-1)}.\end{aligned}$$

Lösung (129.38) Wir haben $p(A) = p(B) = 1/2$ sowie, da gerade und ungerade Augenzahlen gleich wahrscheinlich sind, auch $p(\overline{A}) = p(\overline{B}) = 1/2$. Von den 36 möglichen Ausgängen eines Wurfs der beiden Würfel zeigen 9 bei beiden Würfeln eine ungerade Augenzahl. Also gilt

$$p(A \cap B) = \frac{9}{36} = \frac{1}{4} = \frac{1}{2} \cdot \frac{1}{2} = p(A) \cdot p(B),$$

so daß die Ereignismenge $\{A, B\}$ unabhängig ist. Vollkommen analog erhalten wir

$$p(A \cap C) = \frac{9}{36} = \frac{1}{4} = \frac{1}{2} \cdot \frac{1}{2} = p(A) \cdot p(C)$$

und ebenso $p(B \cap C) = p(B) \cdot p(C)$, so daß auch die Ereignismengen $\{A, C\}$ und $\{B, C\}$ unabhängig sind. Andererseits ist $\{A, B, C\}$ nicht unabhängig, denn wegen $A \cap B \cap C = \emptyset$ gilt $0 = p(A \cap B \cap C) \neq (1/2) \cdot (1/2) \cdot (1/2) = p(A)\, p(B)\, p(C)$.

Lösung (129.39) Wir bezeichnen mit X das Ereignis "das betrachtete Gerät ist defekt" sowie für $1 \leq k \leq 3$ mit X_k das Ereignis "das betrachtete Gerät stammt aus der Fabrik F_k". Nach dem Satz von der totalen Wahrscheinlichkeit gilt dann

$$p(X) = p(X|X_1)p(X_1) + p(X|X_2)p(X_2) + p(X|X_3)p(X_3)$$
$$= 0.02 \cdot 0.15 + 0.01 \cdot 0.80 + 0.03 \cdot 0.05 = 0.0125.$$

Nach der Formel von Bayes erhalten wir dann

$$p(X_1 \mid X) = \frac{p(X_1) \cdot p(X \mid X_1)}{p(X)} = \frac{0.15 \cdot 0.02}{0.0125} = 0.24,$$
$$p(X_2 \mid X) = \frac{p(X_2) \cdot p(X \mid X_2)}{p(X)} = \frac{0.80 \cdot 0.01}{0.0125} = 0.64,$$
$$p(X_3 \mid X) = \frac{p(X_3) \cdot p(X \mid X_3)}{p(X)} = \frac{0.05 \cdot 0.03}{0.0125} = 0.12.$$

Lösung (129.40) (a) Drei Implikationen sind zu zeigen.

(1)⇒(2). Zunächst gilt $B_1 \setminus B_\infty = \bigcup_{k=1}^\infty (B_k \setminus B_{k+1})$ als disjunkte Vereinigung und damit $p(B_1 \setminus B_\infty) = \sum_{k=1}^\infty p(B_k \setminus B_{k+1})$; wegen der Konvergenz dieser Reihe gilt dann $\sum_{k=n}^\infty p(B_k \setminus B_{k+1}) \to 0$ für $n \to \infty$. Nun ist $B_n = \bigcup_{k=n}^\infty (B_k \setminus B_{k+1}) \cup B_\infty$ als disjunkte Vereinigung und damit $p(B_n) = \sum_{k=n}^\infty p(B_k \setminus B_{k+1}) + p(B_\infty)$, und dieser Ausdruck konvergiert nach dem gerade Gesagten für $n \to \infty$ gegen $p(B_\infty)$.

(2)⇒(3). Dies folgt mit $B_\infty = \emptyset$ sofort aus (2).

(3)⇒(1). Die Ereignisse $(A_k)_{k=1}^\infty$ seien paarweise unvereinbar; dann ist (3) anwendbar auf $B_n := \bigcup_{k=n}^\infty A_k$. Wegen $\bigcup_{k=1}^\infty A_k = A_1 \cup \cdots \cup A_n \cup B_{n+1}$ ist $p(\bigcup_{k=1}^\infty A_k) = p(A_1) + \cdots + p(A_n) + p(B_{n+1})$, und wegen $p(B_{n+1}) \to 0$ für $n \to \infty$ nach Voraussetzung (2) gilt $p(\bigcup_{k=1}^\infty A_k) = \lim_{n \to \infty} (p(A_1) + \cdots + p(A_n)) = \sum_{k=1}^\infty p(A_k)$.

(b) Die Wahrscheinlichkeit, daß beim k-ten Wurf erstmals Wappen (und damit in den ersten $k - 1$ Würfen jeweils Zahl) auftritt, ist $0.5^{k-1} \cdot 0.5 = 0.5^k$. Es ist also $p(A) = \sum_{k \in A} 0.5^k$ (als absolut konvergente Reihe, falls A eine unendliche Menge ist), und diese Darstellung zeigt unmittelbar die σ-Additivität von p.

L130: Zufallsvariablen

Lösung (130.1) Die Anzahl X der Schüsse bis zum dritten Treffer folgt einer Pascal-Verteilung mit den Parametern $p = 0.7$ und $r = 3$. Gesucht ist die kleinste Zahl n mit $p(X \leq n) \geq 0.8$, also

$$0.8 \leq \sum_{k=3}^{n} \binom{k-1}{2} \cdot 0.7^3 \cdot 0.3^{k-3}$$
$$= \sum_{k=3}^{n} \frac{(k-1)(k-2)}{2} \cdot (7/3)^3 \cdot 0.3^k$$
$$= \frac{343}{54} \cdot \sum_{k=3}^{n} (k-1)(k-2) \cdot 0.3^k =: s_n.$$

Rechnung liefert $s_4 = 65.170\%$ und $s_5 = 83.692\%$; der Schütze muß also mindestens fünfmal schießen.

Lösung (130.2) In einem Stück Kuchen befinden sich durchschnittlich $100/16 = 6.25$ Rosinen; die Anzahl X der Rosinen pro Stück ist also Poisson-verteilt mit dem Parameter $\lambda = 6.25$. Die Wahrscheinlichkeit, mindestens 7 Rosinen in einem Stück zu erhalten, ist daher

$$p(X \geq 7) = 1 - p(X \leq 6)$$
$$= 1 - e^{-\lambda} \sum_{k=0}^{6} \lambda^k/k! \approx 43.3785\%.$$

Lösung (130.3) Es seien X die Anzahl der benötigten Bohrungen und K die durch diese Bohrungen entstehenden Kosten in EUR; dann gilt die Gleichung $K = 250\,000 X + 50\,000(X-1) = 300\,000 X - 50\,000$. Die Zufallsvariable X folgt einer geometrischen Verteilung mit dem Parameter $p = 0.25$, hat also den Erwartungswert $E[X] = 1/p = 4$. Der Erwartungswert der Kosten ist daher wegen der Linearität des Erwartungswertes gegeben durch $E[K] = 300\,000 \cdot E[X] - 50\,000 = 4 \cdot 300\,000 - 50\,000 = 1\,150\,000$. Die Wahrscheinlichkeit, mit Kosten von nicht mehr als $5\,000\,000$ EUR auf Öl zu stoßen, ist (unter Benutzung der Abkürzung $q := 1 - p = 0.75$) gegeben durch

$$p(K \leq 5\,000\,000) = p(X \leq \frac{5\,050\,000}{300\,000})$$
$$= p(X \leq \frac{101}{6}) = p(X \leq 16) = \sum_{k=1}^{16} pq^{k-1}$$
$$= p \cdot \frac{1-q^{16}}{1-q} \approx 98.9977\%.$$

Lösung (130.4) Wir denken uns 10 von 100 Glühbirnen einer Packung herausgegriffen und führen dann die folgenden Bezeichnungen ein:

X_1 = Anzahl der defekten unter den 10 herausgegriffenen Glühbirnen;

X_2 = Anzahl der defekten unter den 90 übrigen Glühbirnen;

$X_3 = X_1 + X_2$ = Anzahl der defekten Glühbirnen in der Packung insgesamt;

Y = Anzahl der defekten Glühbirnen in der Packung unter der Voraussetzung $X_1 = 0$.

Dann folgt X_i einer Binomialverteilung mit den Parametern $n = n_i$ und $p = 0.05$, wobei $n_1 = 10$, $n_2 = 90$ und $n_3 = 100$ sei; wir setzen $q := 1 - p = 0.95$. Die Wahrscheinlichkeit, daß eine gegebene Packung akzeptiert wird, ist dann $p(X_1 = 0) = q^{10} \approx 59.8737\%$. Die Anzahl der defekten Glühbirnen, die in einer *akzeptierten* Packung zu erwarten sind, ist $E[Y] = \sum_{k=0}^{90} k \cdot p(Y = k)$. (In einer akzeptierten Packung können sich maximal 90 defekte Glühbirnen befinden!) Nun ist

$$p(Y = k) = p(X_3 = k \mid X_1 = 0) = p(X_2 = k \mid X_1 = 0)$$
$$= p(X_2 = k) = \binom{90}{k} p^k q^{90-k}$$

und daher

$$E[Y] = \sum_{k=0}^{90} k \binom{90}{k} p^k q^{90-k} = \sum_{k=1}^{90} k \binom{90}{k} p^k q^{90-k}$$
$$= \sum_{k=1}^{90} 90 \binom{89}{k-1} p^k q^{90-k} = \sum_{k=0}^{89} 90 \binom{89}{k} p^{k+1} q^{89-k}$$
$$= 90p \underbrace{\sum_{k=0}^{89} \binom{89}{k} p^k q^{89-k}}_{= (p+q)^{89} = 1} = 90p = 4.5$$

Im Durchschnitt sind also 4.5 defekte Glühbirnen in einer akzeptierten Packung zu erwarten.

Lösung (130.5) (a) Die Anzahl aller möglichen Verteilungen der 5 Fehler auf die 200 Seiten ist $C(204, 5)$ (Kombinationen mit Wiederholung). Werden nun 50 Seiten wahllos herausgegriffen, so ist die Anzahl der möglichen Fehlerverteilungen, bei denen *keine* Fehler auf diesen 50 Seiten (und damit alle 5 Fehler auf den restlichen 150 Seiten) auftreten, gerade $C(154, 5)$; die Wahrscheinlichkeit, daß eine solche Fehlerverteilung vorliegt, ist $C(154, 5)/C(204, 5) = 24.1224\%$. Die Wahrscheinlichkeit, daß auf den 50 Seiten *mindestens* ein Fehler auftritt, ist dann gerade die Gegenwahrscheinlichkeit, also 75.8776%.

(b) Die Anzahl aller möglichen Verteilungen der 5 Fehler auf die 200 Seiten ist $C(204, 5)$ (Kombinationen mit Wiederholung). Sind nun n Seiten beliebig herausgegriffen, so ist für $0 \leq k \leq 5$ die Anzahl der möglichen

Fehlerverteilungen mit k Fehlern auf den n Seiten (und damit $5-k$ Fehlern auf den restlichen $200-n$ Seiten) gegeben durch $C(n+k-1, k) \cdot C((200-n)+(5-k)-1, 5-k) = C(n+k-1, k) \cdot C(204-n-k, 5-k)$. Die Wahrscheinlichkeit, mindestens 3 Fehler auf den n Seiten zu finden, ist also

$$p_n = \frac{\sum_{k=3}^{5} \binom{n+k-1}{k}\binom{204-n-k}{5-k}}{\binom{204}{5}} =$$

$$\frac{\binom{n+2}{3}\binom{201-n}{2} + \binom{n+3}{4}\binom{200-n}{1} + \binom{n+4}{5}}{\binom{204}{5}}.$$

Ausmultiplizieren und Zusammenfassen liefert

$$p_n = \frac{n^5 - 500n^4 + 65\,995n^3 + 201\,500n^2 + 135\,004n}{20 \cdot 2\,802\,350\,040};$$

Ausprobieren einiger Werte für n führt schließlich auf $p_{166} = 89.8063\%$ und $p_{167} = 90.0566\%$. Ab $n = 167$ Seiten findet man also mit einer Wahrscheinlichkeit von mindestens 90% mindestens 3 Fehler.

Lösung (130.6) Wir bezeichnen mit a die Anzahl der Geräte ohne Beanstandungen, mit b die Anzahl der nachzubearbeitenden Geräte und mit c die Anzahl der wegzuwerfenden Geräte innerhalb einer Tagesproduktion; die Wahrscheinlichkeit, daß ein gegebenes Tripel (a, b, c) auftritt, ist dann (gemäß Multinomialverteilung) gegeben durch

$$p(a, b, c) = \frac{20!}{a!\,b!\,c!}(0.85)^a(0.10)^b(0.05)^c.$$

Diejenigen Tripel (a, b, c), die zu Zusatzkosten $K(a, b, c)$ von nicht mehr als 300 EUR führen, sind in der folgenden Tabelle zusammengefaßt (Kosten in EUR, Wahrscheinlichkeiten in Prozenten).

a	b	c	$K(a,b,c)$	$p(a,b,c)$
20	0	0	0	3.88
19	0	1	100	4.56
18	0	2	200	2.55
17	0	3	300	0.90
19	1	0	60	9.12
18	1	1	160	10.19
17	1	2	260	5.40
18	2	0	120	10.19
17	2	1	220	10.79
17	3	0	180	7.19
16	3	1	280	7.19
16	4	0	240	3.60
15	5	0	300	1.35

Die Wahrscheinlichkeit, daß nicht mehr als 300 EUR an Zusatzkosten entstehen, ist die Summe der in dieser Tabelle aufgeführten Einzelwahrscheinlichkeiten $p(a, b, c)$; diese ergibt sich zu 76.9193%. (Aus Platzgründen wurden die Wahrscheinlichkeiten in der Tabelle auf zwei Dezimalstellen gerundet; bei der Berechnung der Summe wurden die exakten Werte verwendet.)

Lösung (130.7) (a) Die Anzahl X der in zehn Häusern verkauften Zeitungsabonnements folgt einer Binomialverteilung mit den Parametern $n = 10$ und $p = 0.1$. Es gilt dann

$$p(X \geq 3) = 1 - p(X \leq 2) = 1 - \sum_{k=0}^{2}\binom{n}{k}p^k(1-p)^{n-k}$$
$$= 1 - 0.9^{10} - 10 \cdot 0.1 \cdot 0.9^9 - 45 \cdot 0.1^2 \cdot 0.9^8 \approx 7.01908\%.$$

(b) Es sei X_n die Zahl der in den ersten n Häusern verkauften Zeitungsabonnements. Dann folgt X_n einer Binomialverteilung mit den Parametern n und $p = 0.1$; für $p_n := p(X_n \geq 3)$ gilt dann

$$p_n = 1 - p(X_n \leq 2) = 1 - \sum_{k=0}^{2}\binom{n}{k}p^k(1-p)^{n-k}$$
$$= 1 - 0.9^n - n \cdot 0.1 \cdot 0.9^n - \frac{n(n-1)}{2} \cdot 0.1^2 \cdot 0.9^{n-2};$$

gesucht ist dabei die kleinste Zahl n mit $p_n \geq 0.9$. Ausprobieren einiger Werte für n führt schließlich auf $p_{51} = 89.6066\%$ und $p_{52} = 90.3367\%$. Der Vertreter muß also in mindestens 52 Häuser gehen, um mit mindestens 90%-iger Wahrscheinlichkeit mindestens drei Abonnements zu verkaufen.

(c) Die Anzahl A der Versuche bis zum ersten Erfolg folgt einer geometrischen Verteilung mit dem Parameter $p = 0.1$; der Erwartungswert dieser Verteilung ist $E[A] = 1/p = 10$. Im Mittel wird also der erste Verkaufserfolg im zehnten Haus stattfinden.

Lösung (130.8) Wir denken uns 10 von 100 Glühbirnen einer Packung herausgegriffen und führen dann die folgenden Bezeichnungen ein:

$X_1 =$ Anzahl der defekten unter den
 10 herausgegriffenen Glühbirnen;

$X_2 =$ Anzahl der defekten unter den
 90 übrigen Glühbirnen;

$X_3 = X_1 + X_2 =$ Anzahl der defekten Glühbirnen
 in der Packung insgesamt;

$Y =$ Anzahl der defekten Glühbirnen in der
 Packung unter der Voraussetzung $X_1 \leq 1$.

Dann folgt X_i einer Binomialverteilung mit den Parametern n_i und $p = 0.05$, wobei wir $n_1 = 10$, $n_2 = 90$ und

$n_3 = 100$ setzen; ferner sei $q := 1 - p = 0.95$. Die Wahrscheinlichkeit, daß eine gegebene Packung akzeptiert wird, ist dann

$$p(X_1 \leq 1) = p(X_1 = 0) + p(X_1 = 1) = q^{10} + 10pq^9$$
$$= q^9(q + 10p) = 0.95^9 \cdot 1.45 \approx 91.3862\%.$$

Die Anzahl der defekten Glühbirnen, die in einer *akzeptierten* Packung zu erwarten sind, ist

$$E[Y] = \sum_{k=0}^{91} k \cdot p(Y = k) = \sum_{k=1}^{91} k \cdot p(Y = k).$$

(In einer akzeptierten Packung können sich maximal 91 defekte Glühbirnen befinden!) Nun ist $p(Y = k) = p(X_3 = k \mid X_1 \in \{0, 1\})$ gleich

$$\frac{p(X_3 = k \mid X_1 = 0)p(X_1 = 0) + p(X_3 = k \mid X_1 = 1)p(X_1 = 1)}{p(X_1 = 0) + p(X_1 = 1)}$$
$$= \frac{p(X_2 = k) \cdot p(X_1 = 0) + p(X_2 = k-1) \cdot p(X_1 = 1)}{p(X_1 = 0) + p(X_1 = 1)};$$

in diesem Ausdruck ist $p(X_2 = k)p(X_1 = 0)$ gleich

$$\binom{90}{k} p^k q^{90-k} \cdot \binom{10}{0} p^0 q^{10} = \binom{90}{k} p^k q^{100-k},$$

weiterhin $p(X_2 = k-1)p(X_1 = 1)$ gleich

$$\binom{90}{k-1} p^{k-1} q^{91-k} \cdot \binom{10}{1} p^1 q^9 = 10 \cdot \binom{90}{k-1} p^k q^{100-k}$$

und schließlich $p(X_1 = 0) + p(X_1 = 1)$ gleich

$$\binom{10}{0} p^0 q^{10} + \binom{10}{1} p^1 q^9 = q^{10} + 10pq^9.$$

Damit gilt die folgende Formel für die Anzahl der in einer akzeptierten Packung erwarteten defekten Glühbirnen.

$$E[Y] = \frac{\sum_{k=1}^{91} k \binom{90}{k} p^k q^{100-k} + \sum_{k=1}^{91} 10k \binom{90}{k-1} p^k q^{100-k}}{q^{10} + 10pq^9}$$

Diesen Ausdruck per Hand auszurechnen, erscheint nahezu illusorisch; mit einem programmierbaren Taschenrechner oder einem geeigneten Computerprogramm ist die Berechnung aber kein Problem; es ergibt sich $E[Y] = 4.84483$. In einer akzeptierten Packung sind also im Mittel 4.84483 defekte Glühbirnen zu erwarten (und damit nur unwesentlich weniger als in einer beliebigen Packung ohne Durchführung einer Qualitätskontrolle).

Wir zeigen nun, wie sich der Ausdruck $E[Y]$ *doch* per Hand ausrechnen läßt; dies erfordert aber einiges analytisches Geschick bei den nötigen Umformungen. Wir bezeichnen die beiden Summen, die im Zähler von $E[Y]$ auftreten, mit S_1 und S_2. Wir erhalten zunächst

$$S_1 = \sum_{k=1}^{90} k \binom{90}{k} p^k q^{100-k} = \sum_{k=1}^{90} 90 \binom{89}{k-1} p^k q^{100-k}$$
$$= \sum_{k=0}^{89} 90 \binom{89}{k} p^{k+1} q^{99-k} = 90pq^{10} \sum_{k=0}^{89} \binom{89}{k} p^k q^{89-k}$$
$$= 90pq^{10} \cdot (p+q)^{89} = 90pq^{10} \cdot 1^{89} = 90pq^{10}$$

und dann

$$S_2 = 10 \cdot \sum_{k=1}^{91} k \binom{90}{k-1} p^k q^{100-k}$$
$$= 10 \cdot \sum_{k=0}^{90} (k+1) \binom{90}{k} p^{k+1} q^{99-k}$$
$$= 10 \sum_{k=1}^{90} k \binom{90}{k} p^{k+1} q^{99-k} + 10 \sum_{k=0}^{90} \binom{90}{k} p^{k+1} q^{99-k}$$
$$= 10 \sum_{k=1}^{90} 90 \binom{89}{k-1} p^{k+1} q^{99-k} + 10 \sum_{k=0}^{90} \binom{90}{k} p^{k+1} q^{99-k}$$
$$= 900 \sum_{k=0}^{89} \binom{89}{k} p^{k+2} q^{98-k} + 10 \sum_{k=0}^{90} \binom{90}{k} p^{k+1} q^{99-k}$$
$$= 900 p^2 q^9 \underbrace{\sum_{k=0}^{89} \binom{89}{k} p^k q^{89-k}}_{(p+q)^{89} = 1} + 10pq^9 \underbrace{\sum_{k=0}^{90} \binom{90}{k} p^k q^{90-k}}_{= (p+q)^{90} = 1}$$
$$= 900 p^2 q^9 + 10pq^9.$$

Die Zahl der zu erwartenden defekten Glühbirnen ist also (wie dies zuvor bereits angegeben wurde) gegeben durch

$$E[Y] = \frac{90pq^{10} + 900p^2q^9 + 10pq^9}{q^{10} + 10pq^9}$$
$$= \frac{90pq + 900p^2 + 10p}{q + 10p} = \frac{7.025}{1.45} \approx 4.84483.$$

Lösung (130.9) Es gibt $\binom{49}{6}$ mögliche Lottotips. Um genau k Richtige zu erzielen, muß man aus den 6 richtigen Zahlen k erwischen (dafür gibt es $\binom{6}{k}$ Möglichkeiten) und unabhängig davon aus den 43 übrigen Zahlen $6 - k$ Stück (dafür gibt es $\binom{43}{6-k}$ Möglichkeiten). Die gesuchte Wahrscheinlichkeit ist also $\binom{6}{k}\binom{43}{6-k} / \binom{49}{6}$; diese Zahl wird von dem folgenden Programm berechnet.

```
PROGRAM Lotto;
USES wincrt;
VAR k:integer; z,n:longint; w:real;
FUNCTION binomi(n,k:integer):longint;
   BEGIN
   if k=0 then binomi:=1
   else binomi:=n*binomi(n-1,k-1) div k
   END;
BEGIN
write('Bitte geben Sie eine Zahl ');
writeln('zwischen 1 und 6 ein!');
readln(k);
z:=binomi(6,k)*binomi(43,6-k);
n:=binomi(49,6);
w:=z/n;
write('Wahrscheinlichkeit für ', k);
writeln(' Richtige im Lotto = ', w:12:10);
END.
```

Die Berechnung der Binomialkoeffizienten erfolgt dabei rekursiv mit Hilfe der Formel

$$\binom{n}{k} = \frac{n!}{k!(n-k)!} = \frac{n}{k} \cdot \frac{(n-1)!}{(k-1)!(n-k)!} = \frac{n}{k} \cdot \binom{n-1}{k-1}.$$

Lösung (130.10) Das folgende Programm hat die gewünschte Funktionalität.

```
PROGRAM Wuerfe;
USES wincrt;
VAR n,k,a,m:integer; p,q,w:real;
FUNCTION binomi(n,k:integer):longint;
   BEGIN
   if k=0 then binomi:=1
   else binomi:=n*binomi(n-1,k-1) div k
   END;
BEGIN
writeln('Zwei ideale Würfel werden n');
writeln('mal geworfen. Ermittelt wird');
writeln('die Wahrscheinlichkeit, mit der');
writeln('die Augensumme a gerade k mal');
writeln('auftritt.');
write('Anzahl n der Würfe =');
readln(n);
write('Anzahl k für die Augensumme =');
readln(k);
write('Augensumme a = ');
readln(a);
if a<8 then p:=(a-1)/36 else p:=(13-a)/36;
q:=1-p; m:=n-k;
w:=binomi(n,k)*exp(k*ln(p))*exp(m*ln(q));
write('Die gesuchte Wahrscheinlichkeit ');
writeln('ist ', w:12:10);
END.
```

Zur Erklärung: Es sei $p(a)$ die Wahrscheinlichkeit für die Augensumme a beim *einmaligen* Werfen zweier idealer Würfel. Wir haben dann $p(2) = 1/36$, $p(3) = 2/36$, $p(4) = 3/36$, $p(5) = 4/36$, $p(6) = 5/36$, $p(7) = 6/36$, $p(8) = 5/36$, $p(9) = 4/36$, $p(10) = 3/36$, $p(11) = 2/36$ und $p(12) = 1/36$. Die Anzahl des Auftretens der Augensumme a bei n-maligem Würfeln folgt dann einer Binomialverteilung mit den Parametern n und $p(a)$; die Wahrscheinlichkeit, daß die Augensumme a genau k mal auftritt, ist also $\binom{n}{k} p(a)^k (1-p(a))^{n-k}$. Die Berechnung dieser Zahl wurde in dem vorstehenden Programm implementiert.

Lösung (130.11) Es sei X die Anzahl der Würfe bis zur dritten Sechs; dann folgt X einer Pascal-Verteilung mit den Parametern $p = 1/6$ und $r = 3$.

(a) Es gilt

$$\begin{aligned}
p(X > 6) &= 1 - p(X \leq 6) = 1 - \sum_{k=3}^{6} p(X=k) \\
&= 1 - \sum_{k=3}^{6} \binom{k-1}{2} \cdot \left(\frac{1}{6}\right)^3 \cdot \left(\frac{5}{6}\right)^{k-3} \\
&= 1 - \left(\frac{1}{6}\right)^3 \sum_{k=3}^{6} \binom{k-1}{2} \cdot \left(\frac{5}{6}\right)^{k-3} \\
&= 1 - \left(\frac{1}{6}\right)^3 \cdot \left[1 + 3 \cdot \frac{5}{6} + 6 \cdot \left(\frac{5}{6}\right)^2 + 10 \cdot \left(\frac{5}{6}\right)^3\right] \\
&= 1 - \left(\frac{1}{6}\right)^3 \cdot \frac{1453}{108} = \frac{21875}{23328} \approx 93.7714\%.
\end{aligned}$$

(b) Gefragt ist hier nach dem Erwartungswert von X; dieser ist $E[X] = r/p = 3 \cdot 6 = 18$.

(c) Es sei Y die Anzahl der Würfe *ab dem zweiten Versuch* bis zur zweiten Sechs; dann folgt Y einer Pascal-Verteilung mit den Parametern $p = 1/6$ und $r = 2$, und es gilt $X = 1+Y$, folglich $E[X] = 1+E[Y] = 1+2\cdot 6 = 13$.

Lösung (130.12) Bezeichnet X die Anzahl der defekten Geräte innerhalb einer Lieferung, so folgt X einer hypergeometrischen Verteilung mit den Parametern $N = 100$, $K = 5$ und $n = 10$. Die gesuchte Wahrscheinlichkeit ist dann

$$\begin{aligned}
p(X=0) &= \frac{\binom{K}{0}\binom{N-K}{n-0}}{\binom{N}{n}} = \frac{1 \cdot \binom{95}{10}}{\binom{100}{10}} \\
&= \frac{95!\, 10!\, 90!}{10!\, 85!\, 100!} = \frac{86 \cdot 87 \cdot 88 \cdot 89 \cdot 90}{96 \cdot 97 \cdot 98 \cdot 99 \cdot 100} \\
&= \frac{110\,983}{190\,120} \approx 58.3752\%.
\end{aligned}$$

Lösung (130.13) Es sei X die Anzahl der Würfe bis zur ersten Sechs; dann folgt X einer Pascal-Verteilung mit den Parametern $p = 1/6$ und $r = 1$. Für $j \in \mathbb{N}$ ist folglich $p(X = j) = (1/6) \cdot (5/6)^{j-1}$ und daher

$$F(k) := p(X \leq k) = \frac{1}{6} \cdot \sum_{j=1}^{k} \left(\frac{5}{6}\right)^{j-1}$$

$$= \frac{1}{6} \cdot \sum_{j=0}^{k-1} \left(\frac{5}{6}\right)^{j} = \frac{1}{6} \cdot \frac{1 - (5/6)^k}{1 - (5/6)} = 1 - (5/6)^k.$$

Genau dann gilt $F(k) \geq 0.5$, wenn $1 - (5/6)^k \geq 1/2$ gilt, also $(5/6)^k \leq 1/2$ und damit $k \ln(5/6) \leq \ln(1/2)$ bzw.

$$k \geq \frac{\ln(1/2)}{\ln(5/6)} = \frac{\ln(2)}{\ln(6/5)} \approx 3.80178.$$

Bei $k \geq 4$ Würfen kann man also mit über 50% Wahrscheinlichkeit davon ausgehen, eine Sechs zu erzielen. Genau dann gilt $F(k) \geq 0.9$, wenn $1 - (5/6)^k \geq 9/10$ gilt, also $(5/6)^k \leq 1/10$ und damit $k \ln(5/6) \leq \ln(1/10)$ bzw.

$$k \geq \frac{\ln(1/10)}{\ln(5/6)} = \frac{\ln(10)}{\ln(6/5)} \approx 12.6293.$$

Bei $k \geq 13$ Würfen kann man also mit über 90% Wahrscheinlichkeit davon ausgehen, eine Sechs zu erzielen.

Lösung (130.14) Die Dichtefunktion f ist gegeben durch $f(k) = p(X = k)$, die Verteilungsfunktion F durch $F(k) = p(X \leq k) = \sum_{1 \leq i \leq k} f(i)$. Für diese Funktionen erhalten wir die folgenden Wertetabellen.

k	2	3	4	5	6	7	8	9	10	11	12
$f(k)$	$\frac{1}{36}$	$\frac{2}{36}$	$\frac{3}{36}$	$\frac{4}{36}$	$\frac{5}{36}$	$\frac{6}{36}$	$\frac{5}{36}$	$\frac{4}{36}$	$\frac{3}{36}$	$\frac{2}{36}$	$\frac{1}{36}$
$F(k)$	$\frac{1}{36}$	$\frac{3}{36}$	$\frac{6}{36}$	$\frac{10}{36}$	$\frac{15}{36}$	$\frac{21}{36}$	$\frac{26}{36}$	$\frac{30}{36}$	$\frac{33}{36}$	$\frac{35}{36}$	$\frac{36}{36}$

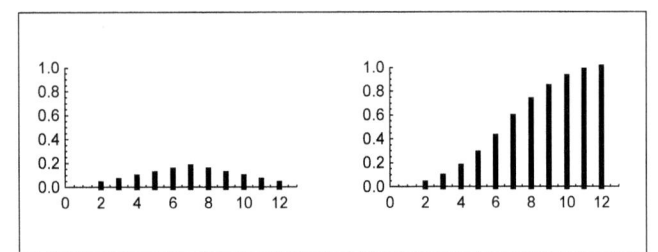

Dichtefunktion (links) und Verteilungsfunktion (rechts) der Augensumme beim Werfen zweier Würfel.

Lösung (130.15) (a) Die Verteilungsfunktion $F(x) = \int_{-\infty}^{x} f$ ist offensichtlich gegeben durch $F(x) = 0$ für $x \leq -1/2$ und $F(x) = 1$ für $x \geq 3/2$. Für $-1/2 \leq x \leq 0$ erhalten wir

$$F(x) = \int_{-1/2}^{x} (2\xi + 1) \, d\xi = \left[\xi^2 + \xi\right]_{\xi=-1/2}^{x} = x^2 + x + 1/4.$$

Für $0 \leq x \leq 3/2$ gilt schließlich

$$F(x) = F(0) + \int_{0}^{x} f(\xi) \, d\xi = F(0) + \int_{0}^{x} (1 - \frac{2\xi}{3}) \, d\xi$$

$$= \frac{1}{4} + \left[\xi - \frac{\xi^2}{3}\right]_{\xi=0}^{x} = \frac{1}{4} + x - \frac{x^2}{3}.$$

Insgesamt gilt also

$$F(x) = \begin{cases} 0, & x \leq -1/2; \\ x^2 + x + (1/4), & -1/2 \leq x \leq 0; \\ (1/4) + x - (x^2/3), & 0 \leq x \leq 3/2; \\ 1, & x \geq 3/2. \end{cases}$$

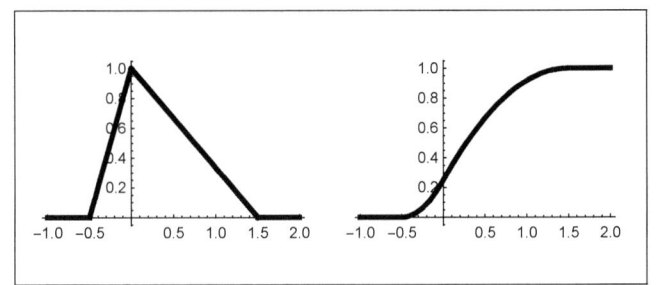

Dichte und Verteilungsfunktion der betrachteten Zufallsvariablen.

(b) Der Erwartungswert $E[X] = \int_{-\infty}^{\infty} x \cdot f(x) \, dx$ ist gegeben durch

$$E[X] = \int_{-1/2}^{0} x(2x + 1) \, dx + \int_{0}^{3/2} x(1 - 2x/3) \, dx$$

$$= \int_{-1/2}^{0} (2x^2 + x) \, dx + \int_{0}^{3/2} (x - 2x^2/3) \, dx$$

$$= \left[\frac{2x^3}{3} + \frac{x^2}{2}\right]_{-1/2}^{0} + \left[\frac{x^2}{2} - \frac{2x^3}{9}\right]_{0}^{3/2}$$

$$= \frac{1}{12} - \frac{1}{8} + \frac{9}{8} - \frac{3}{4} = \frac{1}{3} = 0.\overline{3}.$$

(c) Die Varianz $\text{Var}[X] = E[(X - 1/3)^2] = \int_{-\infty}^{\infty} (x - 1/3)^2 f(x) \, dx$ ist gegeben durch $\text{Var}[X] = I_1 + I_2$ mit

$$I_1 = \int_{-1/2}^{0} (x - \frac{1}{3})^2 (2x + 1) \, dx$$

$$= \int_{-1/2}^{0} \left(2x^3 - \frac{x^2}{3} - \frac{4x}{9} + \frac{1}{9}\right) dx$$

$$= \left[\frac{x^4}{2} - \frac{x^3}{9} - \frac{2x^2}{9} + \frac{x}{9}\right]_{-1/2}^{0} = \frac{19}{288}$$

und

$$I_2 = \int_{0}^{3/2} (x - \frac{1}{3})^2 (1 - \frac{2x}{3}) \, dx$$

$$= \int_{0}^{3/2} \left(\frac{-2x^3}{3} + \frac{13x^2}{9} - \frac{20x}{27} + \frac{1}{9}\right) dx$$

$$= \left[-\frac{x^4}{6} + \frac{13x^3}{27} - \frac{10x^2}{27} + \frac{x}{9}\right]_{0}^{3/2} = \frac{11}{96}.$$

Insgesamt ergibt sich $\text{Var}[X] = I_1 + I_2 = 13/72 = 0.180556$.

(d) Der Median m ist gegeben durch die Gleichung $\int_{-\infty}^{m} f = \int_{m}^{\infty} f$. In unserem Fall ist klar, daß $0 \leq m \leq 3/2$ gelten muß und m damit gegeben ist durch die Gleichung

$$\frac{1}{2} = \int_{m}^{3/2} (1 - \frac{2x}{3}) \, dx = \left[x - \frac{x^2}{3}\right]_{m}^{3/2} = \frac{3}{4} - m + \frac{m^2}{3}.$$

Dies liefert die quadratische Gleichung $m^2 - 3m + (3/4) = 0$ mit den Lösungen $m = (3/2) \pm \sqrt{6/4} = (3 \pm \sqrt{6})/2$. Da $m \leq 3/2$ gelten muß, ergibt sich der Median $m = (3 - \sqrt{6})/2 \approx 0.275255$.

(e) Es gilt $E[X] = 1/3$. Es ist zunächst nicht klar, ob $a \leq 1/3$ oder $a > 1/3$ gilt; wir versuchen zuerst $a \leq 1/3$ und erhalten

$$p(\,|X - E[X]| \leq a\,) = \int_{(1/3)-a}^{(1/3)+a} (1 - \frac{2x}{3}) \, dx$$
$$= \left[x - \frac{x^2}{3}\right]_{(1/3)-a}^{(1/3)+a} = 2a - \frac{4a}{9} = \frac{14a}{9} \stackrel{!}{=} \frac{1}{2}.$$

Diese Gleichung führt auf $a = 9/28$, und da diese Zahl kleiner ist als $1/3$, handelt es sich tatsächlich um die gesuchte Lösung.

Lösung (130.16) Es sei X die zuerst gewählte Stelle, Y die als zweites gewählte Stelle; dann sind X und Y unabhängig $R[0, \ell]$-verteilt. Wegen der Unabhängigkeit von X und Y ist dann die kombinierte Größe (X, Y) gleichverteilt auf dem Quadrat $Q := [0, \ell] \times [0, \ell]$. Wir nehmen zunächst den Fall an, es gelte $X \leq Y$. Die drei entstehenden Längen sind dann X, $Y - X$ und $\ell - Y$, und die Dreiecksungleichungen lauten $X < (Y - X) + (\ell - Y)$, $Y - X < (\ell - Y) + X$ und $\ell - Y < X + (Y - X)$, also $X < \ell/2$, $Y < X + (\ell/2)$ und $Y > \ell/2$. Ganz analog bilden die drei Stücke im Fall $X \geq Y$ genau dann ein Dreieck, wenn die folgenden Bedingungen gelten: $Y < \ell/2$, $X < Y + (\ell/2)$ und $X > \ell/2$.

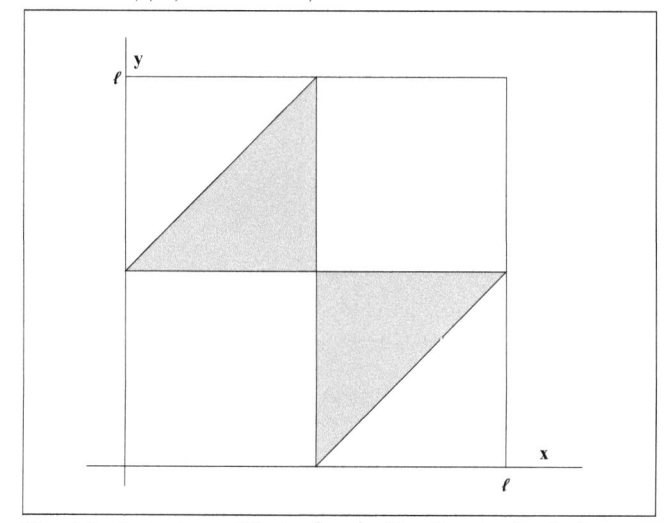

Bereich derjenigen Werte (x, y), für die ein Dreieck entsteht.

Der Bereich derjenigen Werte (x, y), für die die Teilung an den Stellen x und y ein Dreieck liefert, ist also die Vereinigung der beiden Mengen

$A_1 := \{(x, y) \in Q \mid x < \ell/2, y < x + (\ell/2), y > \ell/2\}$,
$A_2 := \{(x, y) \in Q \mid y < \ell/2, x < y + (\ell/2), x > \ell/2\}$.

Bei diesen beiden Mengen handelt es sich um zwei sich nicht überlappende Dreiecke mit der Gesamtfläche $(\ell/2)^2 = \ell^2/4$. Die gesuchte Wahrscheinlichkeit, daß (X, Y) zu einem Dreieck führt, ist also

$$p(A_1 \cup A_2) = \frac{\mu(A_1 \cup A_2)}{\mu(Q)} = \frac{\ell^2/4}{\ell^2} = \frac{1}{4} = 25\%.$$

Aufgabe (130.17) (a) Es muß $1 = \int_{-\infty}^{\infty} f(x) \, dx = \int_{0}^{c} e^x \, dx = e^c - e^0 = e^c - 1$ und damit $e^c = 2$, also $c = \ln 2$ gelten.

(b) Die Verteilungsfunktion $F(x) := p(X \leq x) = \int_{-\infty}^{x} f(t) dt$ ist gegeben durch $F(x) = 0$ für $x \leq 0$, durch $F(x) = \int_0^x e^t dt = e^x - 1$ für $0 \leq x \leq \ln 2$ und durch $F(x) = 1$ für $x \geq \ln(2)$; also ist

$$F(x) \begin{cases} 0, & \text{falls } x \leq 0, \\ e^x - 1, & \text{falls } 0 \leq x \leq \ln 2, \\ 1, & \text{falls } x \geq \ln 2. \end{cases}$$

(c) Der Erwartungswert ist gegeben durch

$$E[X] = \int_{-\infty}^{\infty} x f(x) dx = \int_{0}^{\ln(2)} x e^x dx = (x-1)e^x \big|_0^{\ln(2)}$$
$$= 2\ln(2) - 1 \approx 0.386294.$$

(d) Wegen

$$E[X^2] = \int_{-\infty}^{\infty} x^2 f(x) dx = \int_{0}^{\ln(2)} x^2 e^x dx$$
$$= (x^2 - 2x + 2)e^x \big|_0^{\ln(2)} = 2\ln(2)^2 - 4\ln(2) + 2$$

ist die Varianz von X gegeben durch $\text{Var}[X] = E[X^2] - E[X]^2 = 1 - 2\ln(2)^2 \approx 0.039094$.

(e) Der Median m ist diejenige Zahl im Intervall $[0, \ln 2]$ mit

$$\frac{1}{2} = \int_0^m e^x dx = e^x \big|_0^m = e^m - 1;$$

Auflösen dieser Gleichung nach m liefert $m = \ln(3/2) \approx 0.405465$.

(f) Wir suchen a so, daß mit $c := E[X] = 2\ln(2) - 1$ die folgende Gleichheit gilt:

$$\frac{1}{2} = p(|X - c| \leq a) = p(c - a \leq X \leq c + a) = \int_{c-a}^{c+a} f(t) dt$$
$$= e^{c+a} - e^{c-a} = e^c(e^a - e^{-a}) = (4/e) \cdot (e^a - e^{-a});$$

beim dritten Gleichheitszeichen sind wir dabei stillschweigend davon ausgegangen, daß $0 < c - a < c + a < 1$ gilt, was wir eigentlich noch nicht wissen und durch eine Fallunterscheidung herausfinden müßten. Zu lösen ist also die Gleichung $e^a - e^{-a} = e/8$; nach Durchmultiplizieren mit e^a ist dies eine quadratische Gleichung für e^a, die sich mit der pq-Formel lösen läßt. Als Endresultat ergibt sich $a = \ln\left((e/16) + \sqrt{(e/16)^2 + 1}\right) \approx 0.169086$.

Lösung (130.18) Es seien ξ die morgens eingekaufte und x die auf dem Markt verkäufliche Menge. Der erzielbare Gewinn ist dann

$$G_\xi(x) = \begin{cases} (b-a)x - a(\xi - x), & \text{falls } x \leq \xi, \\ (b-a)\xi, & \text{falls } x \geq \xi \end{cases}$$
$$= \begin{cases} bx - a\xi, & \text{falls } x \leq \xi, \\ b\xi - a\xi, & \text{falls } x \geq \xi \end{cases}.$$

Der erwartete Gewinn (also der Erwartungswert der Zufallsvariablen $G_\xi(X)$, die den Gewinn des Gemüsehändlers beschreibt) ergibt sich unter Benutzung der Dichtefunktion $f(x) = \lambda^2 x e^{-\lambda x}$ für das Marktpotential zu

$$E[G_\xi] = \int_0^\infty G_\xi(x) f(x) dx$$
$$= \int_0^\xi (bx - a\xi) \cdot f(x) dx + \int_\xi^\infty (b\xi - a\xi) \cdot f(x) dx$$
$$= \int_0^\xi bx f(x) dx - a\xi \int_0^\infty f(x) dx + b\xi \int_\xi^\infty f(x) dx$$
$$= \int_0^\xi bx f(x) dx - a\xi + b\xi \int_\xi^\infty f(x) dx$$
$$= \int_0^\xi b\lambda^2 x^2 e^{-\lambda x} dx - a\xi + \int_\xi^\infty b\xi \lambda^2 x e^{-\lambda x} dx$$
$$= -be^{-\lambda x}\left(\lambda x^2 + 2x + \frac{2}{\lambda}\right)\Big|_{x=0}^\xi - a\xi - b\xi e^{-\lambda x}(\lambda x + 1)\Big|_{x=\xi}^\infty$$
$$= -be^{-\lambda\xi}(\lambda\xi^2 + 2\xi + \frac{2}{\lambda}) + \frac{2b}{\lambda} - a\xi + b\xi e^{-\lambda\xi}(\lambda\xi + 1)$$
$$= \frac{2b}{\lambda} - a\xi - b\xi e^{-\lambda\xi} - \frac{2b}{\lambda} e^{-\lambda\xi} =: \varphi(\xi).$$

Um die Gewinnerwartung zu maximieren, suchen wir die Nullstellen von φ'; wegen $\varphi(0) = 0$ und $\varphi(\xi) \to -\infty$ für $\xi \to \infty$ ist dabei die Existenz eines Maximums von vornherein klar. Für einen fest vorgegebenen Verkaufspreis b ist $\varphi'(\xi) = -a + be^{-\lambda\xi}(1 + \lambda\xi)$; Nullsetzen führt unter Benutzung der Abkürzung $u := \lambda\xi$ auf die Gleichung $e^{-u}(1 + u) = a/b$. Untersuchung der Funktion $u \mapsto e^{-u}(1 + u)$ zeigt, daß diese Gleichung eine eindeutige Lösung u_0 besitzt; die optimale Einkaufsmenge ist dann $\xi := u_0/\lambda$.

Bemerkung: Hier wurde davon ausgegangen, daß der Verkaufspreis $b > a$ von vornherein festgelegt ist; λ ist dann ein für den gewählten Wert b gültiger Verteilungsparameter. Etwas allgemeiner kann man annehmen,
daß der Parameter λ eine (monoton fallende) Funktion des Verkaufspreises b ist; in diesem Fall ist $E[G_\xi]$ als Funktion sowohl von ξ als auch von b aufzufassen, und die optimale Wahl von Verkaufspreis und Einkaufsmenge ergibt sich durch Nullsetzen der partiellen Ableitungen nach b und ξ.

Lösung (130.19) Eine n-dimensionale $N(\mu, \Sigma)$-normalverteilte Zufallsvariable X mit $\Sigma = \text{diag}(\sigma, \ldots, \sigma)$ hat die Dichte

$$f(x) = \frac{1}{\sigma^n (2\pi)^{n/2}} \exp\left(-\frac{\|x - \mu\|^2}{2\sigma^2}\right).$$

Für $m = 1, 2, 3$ sei $D_m := \{x \in \mathbb{R}^n \mid \|x - \mu\| \geq m\sigma\}$. Die Wahrscheinlichkeit dafür, daß X von μ um mehr als $m\sigma$ abweicht, ist dann (wie sich mit der Substitution $u = (x - \mu)/\sigma$ mit $dx = \sigma^n du$ ergibt) gegeben durch

$$p_m := p(X \in D_m) = \int_{D_m} f(x) dx$$
$$= \int_{\|u\| \geq m} \frac{1}{(2\pi)^{n/2}} \exp\left(-\frac{\|u\|^2}{2}\right) du.$$

(a) Für $n = 2$ wählen wir Polarkoordinaten

$$u_1 = r\cos\varphi$$
$$u_2 = r\sin\varphi$$

mit $du = r\, d(r, \phi)$ und erhalten

$$p_m = \int_{r=m}^\infty \int_{\varphi=0}^{2\pi} \frac{1}{2\pi} r e^{-r^2/2} d\varphi\, dr$$
$$= \int_m^\infty r e^{-r^2/2} dr$$
$$= \left[-e^{-r^2/2}\right]_m^\infty = e^{-m^2/2}.$$

Die Wahrscheinlichkeiten, nach denen in der Aufgabe gefragt war, sind also

$$p_1 \approx 60.6531\%, \quad p_2 \approx 13.5335\%, \quad p_3 \approx 1.1109\%.$$

(b) Für $n = 3$ wählen wir Kugelkoordinaten

$$u_1 = r\cos\theta\cos\lambda$$
$$u_2 = r\cos\theta\sin\lambda$$
$$u_3 = r\sin\theta$$

mit $du = r^2\cos\theta\, d(r, \lambda, \theta)$ und erhalten

$$p_m = \int_{r=m}^{\infty} \int_{\lambda=0}^{2\pi} \int_{\theta=-\pi/2}^{\pi/2} \frac{\exp(-r^2/2)}{(2\pi)^{3/2}} \cdot r^2 \cos\theta \, d\varphi \, dr$$

$$= \int_{r=m}^{\infty} \int_{\lambda=0}^{2\pi} \left[\frac{\exp(-r^2/2)}{(2\pi)^{3/2}} \sin\theta \right]_{\theta=-\pi/2}^{\pi/2} \cdot r^2 \, d\lambda \, dr$$

$$= \int_{r=m}^{\infty} \int_{\lambda=0}^{2\pi} \frac{2\exp(-r^2/2) r^2}{(2\pi)^{3/2}} \, d\lambda \, dr$$

$$= \int_{r=m}^{\infty} \frac{2\exp(-r^2/2) r^2}{(2\pi)^{1/2}} \, dr$$

$$= \int_{u=m^2/2}^{\infty} \frac{2\exp(-u)\sqrt{2u}}{(2\pi)^{1/2}} \, du$$

$$= \frac{2}{\sqrt{\pi}} \int_{u=m^2/2}^{\infty} \sqrt{u} \, e^{-u} \, du,$$

wobei wir am Ende $u = r^2/2$ substituierten. Dieses Integral kann nicht analytisch gelöst werden; numerische Berechnung liefert die Werte

$$p_1 \approx 80.1252\%, \quad p_2 = 26.1464\%, \quad p_3 \approx 2.9291\%.$$

Bemerkung: Für eine beliebige Dimension n läßt sich das betrachtete n-dimensionale Integral durch Einführung n-dimensionaler Polarkoordinaten in ein eindimensionales Integral umwandeln.

Lösung (130.20) (a) Die möglichen Ausgänge der n-fachen Wiederholung des Zufallsexperiments sind alle n-Tupel $(s_1, \ldots, s_n)$ mit $s_i \in S$. Die Ausgangsmenge $S_\star$ ist also gerade die Menge S^n aller solchen n-Tupel. Die Ereignisalgebra $\mathfrak{A}_\star$ ist die von allen Einzelereignissen $\{(s_1, \ldots, s_n)\}$ erzeugte σ-Algebra auf $S_\star$, und dies ist $\mathfrak{P}(S_\star)$. Da die einzelnen Durchführungen des Zufallsexperiments unabhängig voneinander erfolgen, gilt (wenn P die Wahrscheinlichkeit eines Ereignisses bezeichnet) die Gleichung

$$p_\star(A_1 \times \cdots \times A_n) = P\big((s_1, \ldots, s_n) \in A_1 \times \cdots \times A_n\big)$$
$$= P\big((s_1 \in A_1) \wedge \cdots \wedge (s_n \in A_n)\big)$$
$$= P(s_1 \in A_1) \cdots P(s_n \in A_n) = p(A_1) \cdots p(A_n).$$

Ist $(S, \mathfrak{P}(S), p)$ die Gleichverteilung auf S, so gilt $p(A) = |A|/|S|$ für alle Ereignismengen $A \subseteq S$. Für alle Mengen $A_\star = A_1 \times \cdots \times A_n \subseteq S_\star$ gilt dann

$$p_\star(A_\star) = p(A_1) \cdots p(A_n) = \frac{|A_1|}{|S|} \cdots \frac{|A_n|}{|S|}$$
$$= \frac{|A_1| \cdots |A_n|}{|S| \cdots |S|} = \frac{|A_1 \times \cdots \times A_n|}{|S \times \cdots \times S|} = \frac{|A_\star|}{|S_\star|}.$$

Also ist in diesem Fall $(S_\star, \mathfrak{P}(S_\star), p_\star)$ die Gleichverteilung auf $S_\star$.

(b) Schreiben wir kurz W für Wappen und Z für Zahl, so haben wir mit den Bezeichnungen von Teil (a) die Gleichungen $S = \{W, Z\}$ und $S_\star = S^3$, und da wir eine ideale Münze mit $p(\{W\}) = P(\{Z\}) = 1/2$ betrachten, liegt eine Gleichverteilung vor. Das Ereignis, daß bei drei Würfen gerade zweimal Wappen auftritt, ist gegeben durch die Ereignismenge $A_\star = \{(W,W,Z), (W,Z,W), (Z,W,W)\}$. Die Wahrscheinlichkeit dieses Ereignisses ist $p_\star(A_\star) = |A_\star|/|S_\star| = 3/8 = 37.5\%$.

L131: Neue Zufallsvariablen aus alten

Lösung (131.1) Die gesuchte Dichte g ist gegeben durch $g(x) := f(x) + f(-x)$ für $x > 0$ und $g(x) := 0$ für $x \leq 0$. Für $0 \leq a \leq b$ gilt nämlich

$$\begin{aligned} p(a \leq |X| \leq b) &= p(a \leq X \leq b) + p(-b \leq X \leq -a) \\ &= \int_a^b f(x)\mathrm{d}x + \int_{-b}^{-a} f(x)\mathrm{d}x \\ &= \int_a^b f(x)\mathrm{d}x + \int_a^b f(-x)\mathrm{d}x \\ &= \int_a^b g(x)\mathrm{d}x. \end{aligned}$$

Für $a \leq 0 \leq b$ gilt $p(a \leq |X| \leq b) = p(0 \leq |X| \leq b)$ $= \int_0^b g(x)\mathrm{d}x = \int_a^b g(x)\mathrm{d}x$, und für $a \leq b \leq 0$ gilt $p(a \leq |X| \leq b) = 0 = \int_a^b g(x)\mathrm{d}x$. Für jedes Intervall $I = [a, b]$ gilt damit $p(|X| \in I) = \int_I g(x)\mathrm{d}x$.

Lösung (131.2) Da e^X nur positive Werte annehmen kann, betrachten wir ein Intervall $[a, b]$ mit $a > 0$; mit der Substitution $u := e^x$ ergibt sich dann

$$\begin{aligned} p(a \leq e^X \leq b) &= p\bigl(\ln(a) \leq X \leq \ln(b)\bigr) \\ &= \int_{\ln(a)}^{\ln(b)} f(x)\mathrm{d}x = \int_a^b \frac{f(\ln u)}{u}\mathrm{d}u; \end{aligned}$$

die Dichte g von e^X ist also gegeben durch $g(x) = 0$ für $x < 0$ und $g(x) = f(\ln x)/x$ für $x > 0$.

Lösung (131.3) (a) Folgt X einer $N(\mu, \sigma)$-Verteilung, so hat X die Dichte

$$f(x) = \frac{1}{\sigma\sqrt{2\pi}} \exp\left(-\frac{(x-\mu)^2}{2\sigma^2}\right).$$

Nach Nummer (131.1) des Buchs hat dann $aX + b$ die Dichte

$$\begin{aligned} g(x) &= \frac{1}{|a|} f\left(\frac{x-b}{a}\right) \\ &= \frac{1}{|a|} \cdot \frac{1}{\sigma\sqrt{2\pi}} \exp\left(-\frac{((x-b)/a - \mu)^2}{2\sigma^2}\right) \\ &= \frac{1}{|a|\sigma\sqrt{2\pi}} \exp\left(-\frac{(x-b-a\mu)^2}{2a^2\sigma^2}\right); \end{aligned}$$

diese ist aber die Dichte einer $N(a\mu + b, |a|\sigma)$-Verteilung.
(b) Die Aussage folgt sofort aus Teil (a), wenn wir $a := 1/\sigma$ und $b := -\mu/\sigma$ wählen.

Lösung (131.4) (a) Das Gesamtgewicht des Netzes ist die Summe $X = X_{\text{grun}} + X_{\text{rot}} + X_{\text{gelb}}$, also die Summe einer $N(200, 10)$-, einer $N(150, 8)$- und einer $N(150, 6)$-verteilten Zufallsvariablen. Nach Nummer (131.16) des Buchs folgt dann X einer Normalverteilung vom Typ $N(200 + 150 + 150, \sqrt{10^2 + 8^2 + 6^2}) = N(500, \sqrt{200}) = N(500, 10\sqrt{2})$.
(b) Es gilt

$$\begin{aligned} p(X \leq 490) &= p\left(\frac{X - 500}{10\sqrt{2}} \leq \frac{490 - 500}{10\sqrt{2}}\right) \\ &= p\left(\frac{X - 500}{10\sqrt{2}} \leq \frac{-1}{\sqrt{2}}\right) = F(-1/\sqrt{2}) \\ &= F(-0.707107) \approx 0.23975, \end{aligned}$$

wenn F die Verteilungsfunktion der $N(0, 1)$-Standardnormalverteilung bezeichnet. Die gesuchte Wahrscheinlichkeit ist also 23.975%.

Lösung (131.5) Wir setzen $Z_i := X_i/\sigma$ für $1 \leq i \leq 4$; dann folgt $Z^2/\sigma^2 = Z_1^2 + Z_2^2 + Z_3^2 + Z_4^2$ einer χ^2-Verteilung mit 4 Freiheitsgraden, hat also die Dichtefunktion

$$f(x) = \begin{cases} xe^{-x/2}/4, & \text{falls } x \geq 0; \\ 0, & \text{falls } x < 0. \end{cases}$$

Die gesuchte Wahrscheinlichkeit ist dann

$$\begin{aligned} p(Z > \sigma) &= p\left(\frac{Z^2}{\sigma^2} > 1\right) = \int_1^\infty f(x)\,\mathrm{d}x = \int_1^\infty \frac{xe^{-x/2}}{4}\,\mathrm{d}x \\ &= \left[-\frac{x+2}{2} \cdot e^{-x/2}\right]_{x=1}^\infty = \frac{3}{2\sqrt{e}} \approx 90.98\%. \end{aligned}$$

Lösung (131.6) Es seien f und g die Dichten von X und Y; es ist also $f(x) = g(x) = 1$ für $x \in (0, 1)$ und $f(x) = g(x) = 0$ für $x \notin (0, 1)$. Die Dichte von $F = XY$ ist nach Nummer (131.6) des Buchs gegeben durch

$$h(x) = \int_{-\infty}^\infty f\left(\frac{x}{u}\right)\frac{g(u)}{|u|}\mathrm{d}u = \int_0^1 \frac{f(x/u)}{u}\mathrm{d}u.$$

Für $x < 0$ und $x > 1$ ist der Integrand identisch Null, so daß $h(x) = 0$ gilt; für $0 < x < 1$ ist der Integrand Null für $u < x$, so daß für diese x gilt: $h(x) = \int_x^1 (1/u)\,\mathrm{d}u = \ln(u)|_x^1 = -\ln(x)$. Die Dichte h von F ist also gegeben durch

$$h(x) = \begin{cases} -\ln(x), & \text{falls } x \in (0, 1); \\ 0, & \text{falls } x \notin (0, 1). \end{cases}$$

Der Erwartungswert von F ist damit

$$E[F] = \int_0^1 -x\ln(x)\mathrm{d}x = \left.-\frac{x^2}{4}\bigl(2\ln(x) - 1\bigr)\right|_{x=0}^1 = \frac{1}{4};$$

das war aber auch ohne jede Rechnung klar, denn wegen der Unabhängigkeit von X und Y gilt $E[F] = E[XY] =$

$E[X] \cdot E[Y] = (1/2) \cdot (1/2) = 1/4$. Für die Varianz ergibt sich

$$\text{Var}[F] = \int_0^1 -(x-\frac{1}{4})^2 \ln(x) dx =$$
$$\frac{x}{144}\left[9 - 18x + 16x^2 + (-9 + 36x - 48x^2)\ln(x)\right]\Big|_{x=0}^1$$

und damit $\text{Var}[F] = 7/144 \approx 0.0486111$.

(b) Die gesuchte Wahrscheinlichkeit ist

$$p(F \geq \frac{1}{2}) = \int_{1/2}^\infty h(x) dx = \int_{1/2}^1 -\ln(x) dx =$$
$$x - x\ln(x)\Big|_{1/2}^1 = \frac{1}{2} + \frac{\ln(1/2)}{2} = \frac{1-\ln(2)}{2} \approx 15.34\%.$$

Lösung (131.7) Die Lebensdauer (in Stunden) jeder einzelnen Komponente ist exponentialverteilt mit $\lambda = 1/100 = 0.01$; die Lebensdauer X des Gesamtsystems folgt dann nach Nummer (131.13) des Buchs einer Gammaverteilung vom Typ $(3, \lambda)$, deren Dichte gegeben ist durch $f(x) = \lambda^3 x^2 e^{-\lambda x}/2$ für $x > 0$. Die gesuchte Wahrscheinlichkeit ist demnach

$$p(X > \frac{3}{\lambda}) = \int_{3/\lambda}^\infty \frac{\lambda^3}{2} x^2 e^{-\lambda x} dx = \int_3^\infty \frac{1}{2} u^2 e^{-u} du$$
$$= -\frac{1}{2} u^2 e^{-u} \Big|_3^\infty + \int_3^\infty u e^{-u} du$$
$$= \frac{9}{2} e^{-3} + [-u e^{-u}]_3^\infty + \int_3^\infty e^{-u} du$$
$$= \frac{9}{2} e^{-3} + 3 e^{-3} + [-e^{-u}]_3^\infty$$
$$= \frac{9}{2} e^{-3} + 3 e^{-3} + e^{-3} = \frac{8.5}{e^3} \approx 42.3190\%.$$

Lösung (131.8) (a) Zunächst ist

$$h(0) = p(XY = 0) = p(X = 0 \text{ oder } Y = 0)$$
$$= p(X = 0) + p(Y = 0) - p(X = Y = 0)$$
$$= f(0) + g(0) - f(0)g(0).$$

Für $k \neq 0$ ist nach dem Satz von der totalen Wahrscheinlichkeit dagegen

$$h(k) = p(XY = k) = \sum_{\ell \in \mathbb{Z}} p(X = \ell) \cdot p(Y = k/\ell)$$
$$= \sum_{\ell \mid k} p(X = \ell) p(Y = k/\ell) = \sum_{\ell \mid k} f(\ell) g(k/\ell).$$

(b) Es seien f, g und h die Dichten von X, Y bzw. XY. Für $k \in \mathbb{Z}$ ist also $f(k)$ die Wahrscheinlichkeit der Augensumme k bei einem Wurf mit zwei Würfeln und $g(k)$ die Wahrscheinlichkeit des Auftretens von k Sechsen bei einem Wurf mit drei Würfeln. Nach Teil (a) erhalten wir

$h(0) = f(0) + g(0) - f(0)g(0) = 0 + 125/216 - 0 = 125/216$,
$h(1) = f(1)g(1) = 0$ und $h(2) = f(1)g(2) + f(2)g(1) = 0 + (1/36) \cdot (75/216) = 25/2592$ und damit $p(Z \leq 2) = h(0) + h(1) + h(2) = 1525/2592$. Die Gegenwahrscheinlichkeit hierzu ist

$$p(Z \geq 3) = 1 - p(Z \leq 2) = 1 - \frac{1525}{2592}$$
$$= \frac{1067}{2592} \approx 41.1651\%.$$

Lösung (131.9) Die Dichte f von $X + Y$ ergibt sich durch Falten der Dichten von X und Y, ist also gegeben durch

$$f(x) = \frac{1}{(b-a)(d-c)} \int_{-\infty}^\infty \chi_{[a,b]}(x-y)\chi_{[c,d]}(y) dy$$
$$= \frac{1}{(b-a)(d-c)} \int_c^d \chi_{[a,b]}(x-y) dy.$$

Der Integrand ist nun genau dann 1, wenn $\max(x-b, c) \leq y \leq \min(x-a, d)$ gilt, andernfalls 0. Wir betrachten zunächst den Fall $d - c \leq b - a$, also $a + d \leq b + c$. In diesem Fall ist (wenn wir zur Abkürzung noch $C := 1/((b-a)(d-c))$ schreiben) die Dichte f gegeben durch

$$f(x) = C \cdot \begin{cases} 0, & x \leq a+c, \\ \int_c^{x-a} dy = x-(a+c), & a+c \leq x \leq a+d, \\ \int_c^d dy = d-c, & a+d \leq x \leq b+c, \\ \int_{x-b}^d dy = b+d-x, & b+c \leq x \leq b+d, \\ 0, & x \geq b+d. \end{cases}$$

Im andern Fall müssen die Rollen von a und c bzw. von b und d vertauscht werden; mit $m := \min(a+d, b+c)$ und $M := \max(a+d, b+c)$ gilt allgemein

$$f(x) = C \cdot \begin{cases} 0, & \text{falls } x \leq a+c, \\ x-(a+c), & \text{falls } a+c \leq x \leq m, \\ \min(d-c, b-a), & \text{falls } m \leq x \leq M, \\ b+d-x, & \text{falls } M \leq x \leq b+d, \\ 0, & \text{falls } x \geq b+d. \end{cases}$$

Der Graph von f ist trapezförmig (bzw. dreiecksförmig, wenn $d - c = b - a$ gilt, wenn also die beiden Intervalle die gleiche Länge haben).

Lösung (131.10) (a) Wir setzen $U := X/Y$ und $V := Y$; die umgekehrte Transformation ist dann gegeben durch $Y = V$ und $X = UV$. Die Dichte von (U, V) ist also

$$f(uv)g(v)\left|\det\begin{bmatrix} v & u \\ 0 & 1 \end{bmatrix}\right| = f(uv)g(v)|v|;$$

die gesuchte Dichte h von U ergibt sich dann als Randdichte $h(u) = \int_{-\infty}^\infty f(uv)g(v)|v| dv$.

(b) Bezeichnen wir mit X und Y die Länge eines Stiftes aus der ersten bzw. zweiten Kiste, so hat nach Teil

(a) die Zufallsvariable X/Y (die das Längenverhältnis beschreibt) die Dichte h mit

$$h(u) = \frac{1}{2} \int_{-\infty}^{\infty} \chi_{[1,3]}(uv)\chi_{[1,2]}(v)|v|\,\mathrm{d}v = \frac{1}{2} \int_{1}^{2} \chi_{[1,3]}(uv)v\,\mathrm{d}v.$$

Der Integrand ist genau dann von Null verschieden, wenn die beiden Bedingungen $1 \le v \le 2$ und $1 \le uv \le 3$ (also $1/u \le v \le 3/u$) gelten. Unterscheidung der verschiedenen Fälle liefert

$$h(u) = \frac{1}{2} \cdot \begin{cases} 0, & u \le 1/2 \\ \int_{1/u}^{2} v\,\mathrm{d}v = 2 - 1/(2u^2), & 1/2 \le u \le 3/2 \\ \int_{1}^{3/u} v\,\mathrm{d}v = 9/(2u^2) - 1/2, & 3/2 \le u \le 3 \\ 0, & u \ge 3 \end{cases}$$

$$= \begin{cases} 0, & \text{falls } u \le 1/2, \\ 1 - 1/(4u^2), & \text{falls } 1/2 \le u \le 3/2, \\ 9/(4u^2) - 1/4, & \text{falls } 3/2 \le u \le 3, \\ 0, & \text{falls } u \ge 3. \end{cases}$$

Die gesuchte Wahrscheinlichkeit ist dann

$$p(X > Y) = p(\frac{X}{Y} > 1) = 1 - p(\frac{X}{Y} \le 1) = 1 - \int_{-\infty}^{1} h(u)\mathrm{d}u$$

$$= 1 - \int_{1/2}^{1} \left(1 - \frac{1}{4u^2}\right)\mathrm{d}u = 1 - \left[u + \frac{1}{4u}\right]_{u=1/2}^{1}$$

$$= \frac{3}{4} = 75\%.$$

Lösung (131.11) Für alle $a < b$ gilt

$p(a \le \max(X,Y) \le b)$
$= p(X \ge Y, a \le X \le b) + p(Y \ge X, a \le Y \le b)$
$= \int_a^b \int_{-\infty}^x f(x)g(y)\,\mathrm{d}y\,\mathrm{d}x + \int_a^b \int_{-\infty}^y f(x)g(y)\,\mathrm{d}x\,\mathrm{d}y$
$= \int_a^b \left[\int_{-\infty}^z f(z)g(v)\,\mathrm{d}v + \int_{-\infty}^z f(v)g(z)\,\mathrm{d}v\right]\mathrm{d}z$
$= \int_a^b \left(f(z) \cdot (\int_{-\infty}^z g) + g(z) \cdot (\int_{-\infty}^z f)\right)\mathrm{d}z.$

Vollkommen analog ergibt sich $\varphi(z) = f(z)(\int_z^\infty g) + g(z)(\int_z^\infty f)$ als Dichte der Zufallsvariablen $\min(X,Y)$.

Lösung (131.12) Die Dichte von X und Y ist gegeben durch

$$f(x) = \frac{1}{\sigma\sqrt{2\pi}} \exp\left(-\frac{(x-\mu)^2}{2\sigma^2}\right);$$

die von $Z := \max(X,Y)$ ist nach Aufgabe (131.11) dann $\varphi(z) = 2f(z)(\int_{-\infty}^z f)$. Als Erwartungswert von Z ergibt sich

$$E[Z] = \int_{-\infty}^{\infty} z \cdot \varphi(z)\,\mathrm{d}z = 2\int_{-\infty}^{\infty}\int_{-\infty}^{z} z \cdot f(z)f(v)\,\mathrm{d}v\,\mathrm{d}z =$$

$$\frac{2}{2\pi\sigma^2}\int_{-\infty}^{\infty}\int_{-\infty}^{z} z\exp\left(-\frac{(z-\mu)^2}{2\sigma^2}\right)\exp\left(-\frac{(v-\mu)^2}{2\sigma^2}\right)\mathrm{d}v\,\mathrm{d}z.$$

Substituieren wir

$$x := \frac{z-\mu}{\sqrt{2}\sigma} \quad \text{und} \quad y := \frac{v-\mu}{\sqrt{2}\sigma}$$

und führen wir anschließend Polarkoordinaten ein, so erhalten wir

$$\begin{aligned} E[Z] &= \frac{1}{\pi\sigma^2}\int_{-\infty}^{\infty}\int_{-\infty}^{x} (\mu+\sqrt{2}\sigma x)e^{-(x^2+y^2)} \cdot 2\sigma^2\mathrm{d}y\,\mathrm{d}x \\ &= \frac{2}{\pi}\int_0^\infty \int_{-3\pi/4}^{\pi/4} (\mu+\sqrt{2}\sigma r\cos\varphi)e^{-r^2} \cdot r\,\mathrm{d}\varphi\,\mathrm{d}r \\ &= \frac{2}{\pi}\int_0^\infty \left[\mu\varphi + \sqrt{2}\sigma r\sin\varphi\right]_{\varphi=-3\pi/4}^{\pi/4} re^{-r^2}\mathrm{d}r \\ &= \frac{2}{\pi}\int_0^\infty (\mu\pi + 2\sigma r) \cdot re^{-r^2}\mathrm{d}r \\ &= 2\mu\int_0^\infty re^{-r^2}\mathrm{d}r + \frac{4\sigma}{\pi}\int_0^\infty r^2 e^{-r^2}\mathrm{d}r. \end{aligned}$$

Nun ist einerseits $\int_0^\infty re^{-r^2} = \left[-e^{-r^2}/2\right]_0^\infty = 1/2$, andererseits mit partieller Integration auch

$$\begin{aligned} \int_0^\infty r^2 e^{-r^2}\mathrm{d}r &= \left[-\frac{re^{-r^2}}{2}\right]_0^\infty + \frac{1}{2}\int_0^\infty e^{-r^2}\mathrm{d}r \\ &= \frac{1}{4}\int_{-\infty}^\infty e^{-r^2}\mathrm{d}r = \frac{\sqrt{\pi}}{4}. \end{aligned}$$

Setzen wir dies oben ein, so ergibt sich $E[Z] = \mu + \sigma/\sqrt{\pi}$.

Lösung (131.13) (a) Für alle Werte $k \in \mathbb{Z}$ gilt

$$\begin{aligned} h(k) &= p(XY = k) = \sum_{k=ij} p((X=i) \wedge (Y=j)) \\ &= \sum_{k=ij} p(X=i)p(Y=j) = \sum_{k=ij} f(i)g(j), \end{aligned}$$

wobei die Summe über alle Faktorisierungen der Zahl k gebildet wird.

(b) Wir bezeichnen mit X das Ergebnis des Münzwurfs und mit Y das Ergebnis des Würfelns. Mit den Bezeichnungen von Teil (a) haben wir dann $f(i) = 1/2$ für $i \in \{0,1\} =: I$ und $g(j) = 1/6$ für $j \in \{0,\pm 1,\pm 2,3\} =: J$. Die Zahl 0 besitzt sieben verschiedene Faktorisierungen ij

mit $i \in I$ und $j \in J$; jede der Zahlen ± 1, ± 2 und 3 besitzt genau eine solche Faktorisierung; andere Werte können für das Produkt XY nicht vorkommen. Die gesuchte Dichtefunktion h von XY ist also gegeben durch

$$h(k) = \begin{cases} 7/12, & \text{falls } k = 0; \\ 1/12, & \text{falls } k \in \{\pm 1, \pm 2, 3\}; \\ 0 & \text{sonst.} \end{cases}$$

Aufgaben zu »Neue Zufallsvariablen aus alten« siehe Seite 131

L132: Kenngrößen von Zufallsvariablen

Lösung (132.1) (a) Wegen
$$1 = \int_{-\infty}^{\infty} f(x)\,\mathrm{d}x = \int_0^c \sqrt{x}\,\mathrm{d}x = \left.\frac{2x^{3/2}}{3}\right|_0^c = \frac{2c^{3/2}}{3}$$
muß $c^{3/2} = 3/2$, also $c = \sqrt[3]{9/4} \approx 1.31037$ gelten.

(b) Der Erwartungswert $E[X] = \int_{-\infty}^{\infty} x \cdot f(x)\,\mathrm{d}x$ ist gegeben durch
$$E[X] = \int_0^c x \cdot \sqrt{x}\,\mathrm{d}x = \left.\frac{2x^{5/2}}{5}\right|_0^c = \frac{2c^{5/2}}{5} = \frac{3c}{5} \approx 0.786222\,.$$

(c) Schreiben wir $E := E[X]$, so ist die gesuchte Wahrscheinlichkeit gegeben durch
$$p(X \leq E) = \int_0^E \sqrt{x}\,\mathrm{d}x = \left.\frac{2x^{3/2}}{3}\right|_0^E = \frac{3}{5}\sqrt{\frac{3}{5}} \approx 46.4758\%\,.$$

(d) Der Median m ist gegeben durch die Gleichung $\int_0^m \sqrt{x}\,\mathrm{d}x = \int_m^c \sqrt{x}\,\mathrm{d}x$, also $m^{3/2} = (3/2) - m^{3/2}$ bzw. $m^{3/2} = 3/4$ und damit $m = \sqrt[3]{9/16} \approx 0.825482$.

Lösung (132.2) (a) Es muß gelten
$$1 = \int_{-\infty}^{\infty} f(x)\,\mathrm{d}x = \int_0^1 cx\,\mathrm{d}x + \int_1^2 c\,\mathrm{d}x + \int_2^3 c(3-x)\,\mathrm{d}x$$
$$= \left[\frac{cx^2}{2}\right]_0^1 + \left[cx\right]_1^2 - \left[\frac{c(3-x)^2}{2}\right]_2^3$$
$$= \frac{c}{2} + c + \frac{c}{2} = 2c, \text{ also } c = 1/2.$$

(b) Für $E[X] = \int_{\infty}^{\infty} xf(x)\,\mathrm{d}x$ ergibt sich
$$E[X] = \int_0^1 \frac{x^2}{2}\,\mathrm{d}x + \int_1^2 \frac{x}{2}\,\mathrm{d}x + \int_2^3 \frac{3x-x^2}{2}\,\mathrm{d}x$$
$$= \left[\frac{x^3}{6}\right]_0^1 + \left[\frac{x^2}{4}\right]_1^2 + \left[\frac{3x^2}{4} - \frac{x^3}{6}\right]_2^3$$
$$= \frac{1}{6} + \frac{3}{4} + \frac{27}{12} - \frac{5}{3} = \frac{3}{2}.$$

(c) Für $E[X^2] = \int_{-\infty}^{\infty} x^2 f(x)\,\mathrm{d}x$ ergibt sich
$$E[X^2] = \int_0^1 \frac{x^3}{2}\,\mathrm{d}x + \int_1^2 \frac{x^2}{2}\,\mathrm{d}x + \int_2^3 \frac{3x^2-x^3}{2}\,\mathrm{d}x$$
$$= \left[\frac{x^4}{8}\right]_0^1 + \left[\frac{x^3}{6}\right]_1^2 + \left[\frac{x^3}{2} - \frac{x^4}{8}\right]_2^3$$
$$= \frac{1}{8} + \frac{7}{6} + \frac{27}{8} - 2 = \frac{8}{3}$$
und damit $\mathrm{Var}[X] = E[X^2] - E[X]^2 = \frac{8}{3} - \frac{9}{4} = \frac{5}{12}$.

Lösung (132.3) (a) Es gilt $c = 3/2$, denn
$$1 = \int_{-\infty}^{\infty} f(x)\,\mathrm{d}x = \int_{-1}^1 c(x^2 + x^3)\,\mathrm{d}x$$
$$= 2c \int_0^1 x^2\,\mathrm{d}x = 2c \cdot \left[\frac{x^3}{3}\right]_0^1 = \frac{2c}{3}.$$

(b) Es ist
$$p(X \geq 0) = \int_0^{\infty} f(x)\,\mathrm{d}x = \frac{3}{2}\int_0^1 (x^2 + x^3)\,\mathrm{d}x$$
$$= \frac{3}{2}\left[\frac{x^3}{3} + \frac{x^4}{4}\right]_{x=0}^1 = \frac{3}{2} \cdot \frac{7}{12} = \frac{7}{8}.$$

(c) Der Erwartungswert ist
$$E[X] = \int_{-\infty}^{\infty} xf(x)\,\mathrm{d}x = \frac{3}{2}\int_{-1}^1 (x^3 + x^4)\,\mathrm{d}x$$
$$= 3\int_0^1 x^4\,\mathrm{d}x = 3\left[\frac{x^5}{5}\right]_0^1 = \frac{3}{5};$$
die Varianz ist
$$\mathrm{Var}[X] = \int_{-\infty}^{\infty} (x - E[X])^2 f(x)\,\mathrm{d}x$$
$$= \frac{3}{2}\int_{-1}^1 \left(x - \frac{3}{5}\right)^2 (x^2 + x^3)\,\mathrm{d}x$$
$$= \frac{3}{2}\int_{-1}^1 \left(x^2 - \frac{6}{5}x + \frac{9}{25}\right)(x^2 + x^3)\,\mathrm{d}x$$
$$= \frac{3}{2}\int_{-1}^1 \left(x^4 - \frac{6}{5}x^3 + \frac{9}{25}x^2 + x^5 - \frac{6}{5}x^4 + \frac{9}{25}x^3\right)\mathrm{d}x$$
$$= 3\int_0^1 \left(\frac{9}{25}x^2 - \frac{1}{5}x^4\right)\mathrm{d}x$$
$$= 3\left[\frac{3x^3}{25} - \frac{x^5}{25}\right]_0^1 = \frac{6}{25} = 0.24.$$

Lösung (132.4) (a) Der Erwartungswert von X ist
$$E[X] = \int_{-\infty}^{\infty} x \cdot f(x)\,\mathrm{d}x = \int_{-1}^0 (x^2 + x)\,\mathrm{d}x + \int_0^1 (x - x^2)\,\mathrm{d}x$$
$$= \left.\frac{x^3}{3} + \frac{x^2}{2}\right|_{-1}^0 + \left.\frac{x^2}{2} - \frac{x^3}{3}\right|_0^1 = -\frac{1}{6} + \frac{1}{6} = 0.$$

(Das ist übrigens auch ohne jede Rechnung klar; die Funktion f ist eine gerade Funktion, die Funktion $x \mapsto xf(x)$ daher ungerade.) Die Varianz von X ist daher gegeben durch
$$\mathrm{Var}[X] = \int_{-\infty}^{\infty} x^2 f(x)\,\mathrm{d}x = 2\int_0^{\infty} x^2 f(x)\,\mathrm{d}x$$
$$= 2\int_0^1 (x^2 - x^3)\,\mathrm{d}x = 2\left[\frac{x^3}{3} - \frac{x^4}{4}\right]_{x=0}^1 = \frac{1}{6}.$$

Der Median von X ist offensichtlich Null. Die Verteilungsfunktion $F(x) := p(X \leq x) = \int_{-\infty}^{x} f(t)dt$ von X ist gegeben durch $F(x) = 0$ für $x \leq -1$, durch $F(x) = \int_{-1}^{x}(t+1)dt = (x+1)^2/2$ für $-1 \leq x \leq 0$, durch $F(x) = (1/2) + \int_0^x (1-t)dt = 1 - (x-1)^2/2$ für $0 \leq x \leq 1$ und schließlich durch $F(x) = 1$ für $x \geq 1$; zusammengefaßt gilt also

$$F(x) = \begin{cases} 0, & \text{falls } x \leq -1; \\ (x+1)^2/2, & \text{falls } -1 \leq x \leq 0; \\ 1 - (x-1)^2/2, & \text{falls } 0 \leq x \leq 1; \\ 1, & \text{falls } x \geq 1. \end{cases}$$

Dichtefunktion (links) und Verteilungsfunktion (rechts) der dreiecksverteilten Zufallsvariablen X.

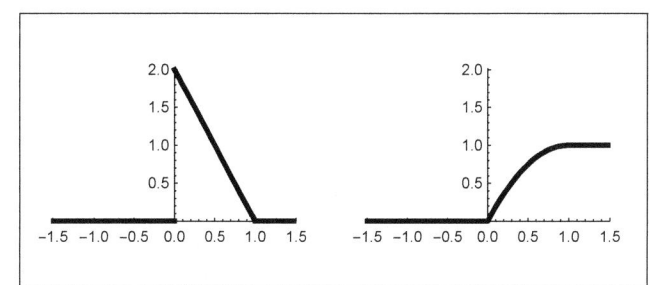

(b) Der Erwartungswert von $Y = |X|$ ist

$$E[Y] = \int_{-\infty}^{\infty} |x| f(x) \, dx$$
$$= \int_{-1}^{0} (-x)(1+x) \, dx + \int_0^1 x(1-x) \, dx$$
$$= \int_{-1}^{0} (-x^2 - x) \, dx + \int_0^1 (-x^2 + x) \, dx$$
$$= \left[-\frac{x^3}{3} - \frac{x^2}{2} \right]_{-1}^{0} + \left[\frac{-x^3}{3} + \frac{x^2}{2} \right]_0^1$$
$$= \frac{1}{6} + \frac{1}{6} = \frac{1}{3}.$$

Alternativ kann man auch nach Aufgabe (131.1) die Dichte g von Y ermitteln, die gegeben ist durch $g(y) = 2 - 2y$ für $0 \leq y \leq 1$ und $g(y) = 0$ für alle andern y; der Erwartungswert von Y ist dann $\int_0^1 y(2-2y) \, dy = \int_0^1 (2y - 2y^2) \, dy = [y^2 - 2y^3/3]_0^1 = 1/3$. Zur Bestimmung der Varianz von Y berechnen wir zunächst

$$E[Y^2] = \int_{-\infty}^{\infty} y^2 g(y) \, dy = \int_0^1 y^2 \cdot (2 - 2y) \, dy$$
$$= 2\int_0^1 (y^2 - y^3) \, dy = 2\left[\frac{y^3}{3} - \frac{y^4}{4}\right]_{y=0}^1 = \frac{1}{6}$$

und erhalten dann $\text{Var}[Y] = E[Y^2] - E[Y]^2 = (1/6) - (1/9) = 1/18$. Um den Median von Y zu bestimmen, müssen wir $a > 0$ so finden, daß gilt

$$\frac{1}{2} = p(|X| \leq a) = \int_{-a}^{a} f(x)dx = 2\int_0^a f(x)dx$$
$$= 2\int_0^a (1-x)dx = 2\left(x - \frac{x^2}{2}\right)\Big|_0^a = 2a - a^2;$$

Auflösen dieser quadratischen Gleichung liefert $a = 1 - 1/\sqrt{2} \approx 0.292893$. Die Verteilungsfunktion von Y ist schließlich gegeben durch $F(y) = \int_{-\infty}^{y} g(u) \, du$ und damit

$$F(y) = \begin{cases} 0, & \text{falls } y \leq 0, \\ 2y - y^2, & \text{falls } 0 \leq y \leq 1, \\ 1, & \text{falls } y \geq 1. \end{cases}$$

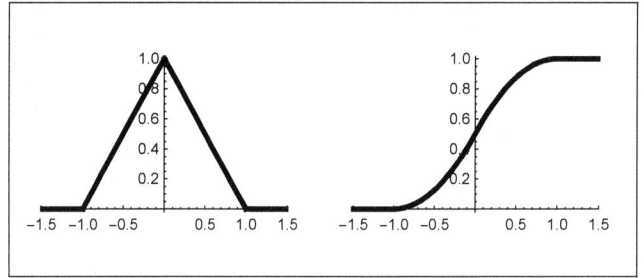

Dichtefunktion (links) und Verteilungsfunktion (rechts) der Zufallsvariablen $Y := |X|$.

(c) Die Kovarianz von X und Y ergibt sich zu

$$C(X,Y) = E[X(Y - 1/3)]$$
$$= \int_{-\infty}^{\infty} x(|x| - 1/3) \cdot f(x) \, dx = 0;$$

um das Ergebnis zu erhalten, ist dabei die explizite Berechnung des Integrals gar nicht nötig, denn der Integrand ist eine ungerade Funktion, und die Integration erfolgt über ein um den Nullpunkt zentriertes Intervall. Damit sind X und Y als unkorreliert nachgewiesen. Andererseits sind natürlich X und Y nicht unabhängig; es besteht ja sogar ein funktionaler Zusammenhang $Y = |X|$.

Lösung (132.5) (a) Der Erwartungswert $E[X] = \int_{-\infty}^{\infty} xf(x) \, dx$ ergibt sich mit der Substitution $u = \lambda x$ zu

$$E[X] = \int_0^{\infty} \lambda x e^{-\lambda x} dx = \frac{1}{\lambda} \int_0^{\infty} u e^{-u} du$$
$$= -\frac{u+1}{\lambda} e^{-u} \Big|_0^{\infty} = \frac{1}{\lambda}.$$

(b) Die Lebensdauer (in Stunden) ist exponentialverteilt mit $\lambda = 1/1000 = 0.001$. Die Wahrscheinlichkeit, mit der die Glühbirne (mindestens) das Doppelte ihrer mittleren Lebensdauer erreicht, ist

$$p(X \geq \frac{2}{\lambda}) = \int_{2/\lambda}^{\infty} \lambda e^{-\lambda x} dx = \int_2^{\infty} e^{-u} du$$
$$= -e^{-u}\Big|_{u=2}^{\infty} = e^{-2} \approx 13.5335\%,$$

wobei wir wieder $u = \lambda x$ substituierten.

Lösung (132.6) Die Lebensdauer (in Stunden) ist exponentialverteilt mit $\lambda = 1/1000 = 0.001$. Die Wahrscheinlichkeit, mit der die Glühbirne (mindestens) ihre mittlere Lebensdauer erreicht, ist

$$p(X \geq \frac{1}{\lambda}) = 1 - p(X \leq \frac{1}{\lambda}) = 1 + \int_0^{1/\lambda} (-\lambda) e^{-\lambda x} dx$$
$$= 1 + \left[e^{-\lambda x} \right]_0^{1/\lambda} = e^{-1} \approx 36.7879\%.$$

Die Wahrscheinlichkeit, mit der die Lebensdauer um maximal 10% vom Erwartungswert abweicht, ergibt sich mit der Substitution $u = \lambda x$ zu

$$p(|X - \frac{1}{\lambda}| \leq \frac{0.1}{\lambda}) = p(\frac{0.9}{\lambda} \leq X \leq \frac{1.1}{\lambda})$$
$$= \int_{0.9/\lambda}^{1.1/\lambda} \lambda e^{-\lambda x} dx = \int_{0.9}^{1.1} e^{-u} du$$
$$= -e^{-u}\big|_{0.9}^{1.1} = e^{-0.9} - e^{-1.1};$$

gefragt ist hier nach der Gegenwahrscheinlichkeit, also

$$p(|X - \frac{1}{\lambda}| \geq \frac{0.1}{\lambda}) = 1 - p(|X - \frac{1}{\lambda}| \leq \frac{0.1}{\lambda})$$
$$= 1 - e^{-0.9} + e^{-1.1} \approx 92.6301\%.$$

Die Chebyshevsche Ungleichung (mit $t := 0.1/\lambda$) liefert hier nur das vollkommen nichtssagende Ergebnis

$$p(|X - \frac{1}{\lambda}| \geq \frac{0.1}{\lambda}) = p(|X - E[X]| \geq t) \leq \frac{\text{Var}[X]}{t^2}$$
$$= \frac{1/\lambda^2}{0.1^2/\lambda^2} = \frac{1}{0.1^2} = 100 = 10\,000\%.$$

Lösung (132.7) Wir betrachten zunächst den Fall $n = 1$; der Tetraeder werde also nur einmal geworfen. Statt X schreiben wir ξ, um deutlich diesen Spezialfall vom allgemeinen Fall zu unterscheiden. Da jede der vier Seiten des Tetraeders mit gleicher Wahrscheinlichkeit (nämlich 1/4) auftritt, haben wir den Erwartungswert

$$E[\xi] = \frac{1}{4}\begin{bmatrix}1\\1\\1\\0\\0\end{bmatrix} + \frac{1}{4}\begin{bmatrix}1\\1\\0\\1\\0\end{bmatrix} + \frac{1}{4}\begin{bmatrix}1\\0\\0\\0\\1\end{bmatrix} + \frac{1}{4}\begin{bmatrix}1\\0\\0\\0\\1\end{bmatrix} = \frac{1}{4}\begin{bmatrix}4\\2\\1\\1\\2\end{bmatrix}.$$

Zur Berechnung der Kovarianzmatrix beachten wir zunächst, daß für $1 \leq i \leq 5$ wegen $\xi_i^2 = \xi_i$ die folgende Gleichung gilt:

$$\text{Var}[\xi_i] = E[\xi_i^2] - E[\xi_i]^2 = E[\xi_i] - E[\xi_i]^2$$
$$= E[\xi_i] \cdot (1 - E[\xi_i]) = \begin{cases} 0, & i = 1, \\ 1/4, & i = 2, \\ 3/16, & i = 3, \\ 3/16, & i = 4, \\ 1/4, & i = 5. \end{cases}$$

Für $i \neq j$ ist $E[\xi_i \xi_j] = 0 \cdot p(\xi_i \xi_j = 0) + 1 \cdot p(\xi_i \xi_j = 1) = p(\xi_i \xi_j = 1) = p(\xi_i = \xi_j = 1)$ die Wahrscheinlichkeit, daß bei einem Wurf die Ziffern i und j gemeinsam auftreten; wir erhalten $E[\xi_1 \xi_2] = 1/2$, $E[\xi_1 \xi_3] = 1/4$, $E[\xi_1 \xi_4] = 1/4$, $E[\xi_1 \xi_5] = 1/2$, $E[\xi_2 \xi_3] = 1/4$, $E[\xi_2 \xi_4] = 1/4$ sowie $E[\xi_2 \xi_5] = E[\xi_3 \xi_4] = E[\xi_3 \xi_5] = E[\xi_4 \xi_5] = 0$; aus diesen Zahlen lassen sich sofort die Elemente $E[\xi_i \xi_j] - E[\xi_i]E[\xi_j]$ der Kovarianzmatrix von ξ bestimmen. Es ergibt sich

$$\text{Cov}[\xi] = \frac{1}{16}\begin{bmatrix}0 & 0 & 0 & 0 & 0\\0 & 4 & 2 & 2 & -4\\0 & 2 & 3 & -1 & -2\\0 & 2 & -1 & 3 & -2\\0 & -4 & -2 & -2 & 4\end{bmatrix}.$$

Wegen der Unabhängigkeit der einzelnen Würfe ist im allgemeinen Fall dann $E[X] = n \cdot E[\xi]$ und $\text{Cov}[X] = n \cdot \text{Cov}[\xi]$. Wir wollen das Ergebnis noch ein wenig interpretieren! Auch wenn X_1 die Standardabweichung Null hat und daher Korrelationen zwischen X_1 und den verschiedenen Komponenten von X nicht definiert sind, würde man die auftretenden Nullen (etwas vage) dahingehend interpretieren, daß die Variable X_1 mit keiner der anderen Variablen X_i korreliert ist, weil nämlich die Anzahl der auftretenden Einsen keine Information über die Anzahl des Auftretens anderer Ziffern liefert. (Die Eins tritt ja *immer* auf.) Die negative Korrelation zwischen X_i mit $2 \leq i \leq 4$ und X_5 signalisiert, daß eine große Zahl aufgetretener Zweien, Dreien oder Vieren eine kleine Zahl aufgetretener Fünfen nach sich zieht (denn die Zahl i und die Fünf können ja in einem Wurf niemals gemeinsam auftreten). Ebenso läßt sich die negative Korrelation zwischen X_3 und X_4 deuten. Die positive Korrelation zwischen X_2 und X_j mit $j = 3, 4$ deutet an, daß bei häufigem Auftreten einer Zwei auch die Drei bzw. die Vier häufig zu erwarten ist.

Lösung (132.8) Die Verteilungsfunktion von X ist gegeben durch $F(x) = \int_{-\infty}^x f(t) dt$. Für $x \leq a$ gilt also

$$F(x) = \int_{-\infty}^x \frac{e^{-(a-t)/c}}{2c} dt = \left[\frac{e^{(t-a)/c}}{2}\right]_{t=-\infty}^x = \frac{e^{(x-a)/c}}{2};$$

für $x \geq a$ gilt dagegen

$$F(x) = F(a) + \int_a^x \frac{e^{-(t-a)/c}}{2c} dt$$
$$= \frac{1}{2} + \left[-\frac{e^{-(t-a)/c}}{2}\right]_{t=a}^x = 1 - \frac{e^{-(x-a)/c}}{2}.$$

Mit der Substitution $u := (x-a)/c$ erhalten wir einerseits

$$E[X] = \int_{-\infty}^\infty \frac{x}{2c} e^{-|x-a|/c} dx = \int_{-\infty}^\infty \frac{cu+a}{2} e^{-|u|} du$$
$$\stackrel{(\star)}{=} \frac{a}{2}\int_{-\infty}^\infty e^{-|u|} du = a \int_0^\infty e^{-u} du = a\left[-e^{-u}\right]_0^\infty = a,$$

andererseits

$$E[X^2] = \int_{-\infty}^{\infty} \frac{x^2}{2c} e^{-|x-a|/c} dx = \int_{-\infty}^{\infty} \frac{(cu+a)^2}{2} e^{-|u|} du$$

$$= \int_{-\infty}^{\infty} \frac{c^2u^2 + 2cau + a^2}{2} e^{-|u|} du \stackrel{(\star)}{=} \int_{-\infty}^{\infty} \frac{c^2u^2 + a^2}{2} e^{-|u|} du$$

$$= \int_{0}^{\infty} (c^2u^2 + a^2) e^{-u} du = -(c^2u^2 + 2c^2u + 2c^2 + a^2) e^{-u}\Big|_0^{\infty}$$

und damit $E[X^2] = 2c^2 + a^2$, folglich $\operatorname{Var}[X] = E[X^2] - E[X]^2 = 2c^2$. (Dabei wurde bei $(\star)$ jeweils die Tatsache $\int_{-\infty}^{\infty} u e^{-|u|} du = 0$ ausgenutzt, die gilt, weil $u \mapsto u e^{-|u|}$ eine ungerade Funktion ist.)

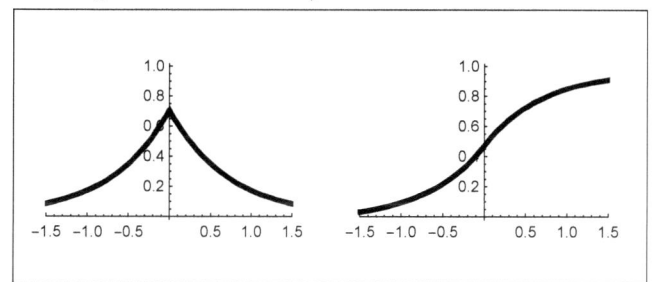

Dichtefunktion (links) und Verteilungsfunktion (rechts) der Laplace-Verteilung mit $a = 0$ und $c = 1/\sqrt{2}$.

Lösung (132.9) Der Erwartungswert von X ist das Integral der Funktion $f(a,b,c,d) := (ad - bc)^2 = a^2d^2 - 2abcd + b^2c^2$ über den Integrationsbereich

$$[0,1]^4 = \{(a,b,c,d) \in \mathbb{R}^4 \mid 0 \leq a,b,c,d \leq 1\};$$

es ist also

$$E[X] = \int_0^1 \int_0^1 \int_0^1 \int_0^1 (a^2d^2 - 2abcd + b^2c^2)\,da\,db\,dc\,dd$$

$$= \int_0^1 \int_0^1 \int_0^1 \left[\frac{a^3d^2}{3} - a^2bcd + ab^2c^2\right]_{a=0}^1 db\,dc\,dd$$

$$= \int_0^1 \int_0^1 \int_0^1 \left(\frac{d^2}{3} - bcd + b^2c^2\right) db\,dc\,dd$$

$$= \int_0^1 \int_0^1 \left[\frac{d^2 b}{3} - \frac{b^2 cd}{2} + \frac{b^3 c^2}{3}\right]_{b=0}^1 dc\,dd$$

$$= \int_0^1 \int_0^1 \left(\frac{d^2}{3} - \frac{cd}{2} + \frac{c^2}{3}\right) dc\,dd$$

$$= \int_0^1 \left[\frac{cd^2}{3} - \frac{c^2 d}{4} + \frac{c^3}{9}\right]_{c=0}^1 dd$$

$$= \int_0^1 \left(\frac{d^2}{3} - \frac{d}{4} + \frac{1}{9}\right) dd$$

$$= \left[\frac{d^3}{9} - \frac{d^2}{8} + \frac{d}{9}\right]_{d=0}^1$$

$$= \frac{1}{9} - \frac{1}{8} + \frac{1}{9} = \frac{7}{72} = 0.097\overline{2}.$$

Analog zur obigen Rechnung erhalten wir $E[X^2]$ als das Integral über die Funktion $(ad - bc)^4 = a^4b^4 - 4a^3bcd^3 + 6a^2b^2c^2d^2 - 4ab^3c^3d + b^4c^4$. Für $E[X^2]$ ergibt sich

$$\iiiint_{0000}^{1111} (a^4b^4 - 4a^3bcd^3 + 6a^2b^2c^2d^2 - 4ab^3c^3d + b^4c^4)\,da\,db\,dc\,dd$$

und damit

$$\iiint_{000}^{111} \left[\frac{a^5d^4}{5} - a^4bcd^3 + 2a^3b^2c^2d^2 - 2a^2b^3c^3d + ab^4c^4\right]_{a=0}^1 db\,dc\,dd$$

$$= \iiint_{000}^{111} \left(\frac{d^4}{5} - bcd^3 + 2b^2c^2d^2 - 2b^3c^3d + b^4c^4\right) db\,dc\,dd$$

$$= \iint_{00}^{11} \left[\frac{bd^4}{5} - \frac{b^2cd^3}{2} + \frac{2b^3c^2d^2}{3} - \frac{b^4c^3d}{2} + \frac{b^5c^4}{5}\right]_{b=0}^1 dc\,dd$$

$$= \iint_{00}^{11} \left(\frac{d^4}{5} - \frac{cd^3}{2} + \frac{2c^2d^2}{3} - \frac{c^3d}{2} + \frac{c^4}{5}\right) dc\,dd$$

$$= \int_0^1 \left[\frac{cd^4}{5} - \frac{c^2d^3}{4} + \frac{2c^3d^2}{9} - \frac{c^4d}{8} + \frac{c^5}{25}\right]_{c=0}^1 dd$$

$$= \int_0^1 \left(\frac{d^4}{5} - \frac{d^3}{4} + \frac{2d^2}{9} - \frac{d}{8} + \frac{1}{25}\right) dd$$

$$= \left[\frac{d^5}{25} - \frac{d^4}{16} + \frac{2d^3}{27} - \frac{d^2}{16} + \frac{d}{25}\right]_{d=0}^1$$

$$= \frac{1}{25} - \frac{1}{16} + \frac{2}{27} - \frac{1}{16} + \frac{1}{25}$$

$$= \frac{157}{5400} \approx 0.0290741.$$

Die Varianz ist dann $\operatorname{Var}[X] = E[X^2] - E[X]^2 = 2543/129600 \approx 0.0196219$.

Lösung (132.10) Das folgende Programm simuliert das in der vorigen Aufgabe angegebene Zufallsexperiment.

```
PROGRAM Test;
USES wincrt;
VAR a,b,c,d,sum:real; n,i:longint;
BEGIN
n:=1000000; sum:=0;
for i:=1 to n do
   begin
   a:=random;
   b:=random;
   c:=random;
   d:=random;
   sum:=sum+sqr(a*d-b*c);
   end;
writeln('Durchschnittswert = ', sum/n);
END.
```

In guter Übereinstimmung mit dem berechneten Ergebnis lieferte ein Lauf des Programms den Wert 0.09710780435. (Aufgrund der Verwendung von Zufallszahlen liefern unterschiedliche Testläufe unterschiedliche Ergebnisse.)

Lösung (132.11) Der Erwartungswert

$$E[X] = \int_K x \, d\mu(x)$$

kann mit dem Schwerpunkt eines Körpers identifiziert werden, wenn wir μ als Massenverteilung deuten. Sowohl in der stochastischen als auch in der mechanischen Interpretation ist dies jeweils ein Maß für die zentrale Lage der Werte ("Positionskoordinaten") von X. Sowohl die Kovarianzmatrix als auch der Trägheitsmomententensor sind dann Maße dafür, wie breit die Werte von X um diese zentrale Lage streuen. Die Abweichung der Zufallsvariablen X von ihrem Erwartungswert $E[X]$ können wir skalar durch die Varianz

$$\mathrm{Var}[X] = E\big[\|X - E[X]\|^2\big] = E\Big[(X - E[X])^T(X - E[X])\Big]$$

und tensoriell durch die Kovarianzmatrix

$$\mathrm{Cov}[X] := E\Big[(X - E[X])(X - E[X])^T\Big]$$

erfassen; offensichtlich gilt $\mathrm{Var}[X] = \mathrm{Spur}(\mathrm{Cov}[X])$. Deuten wir $\xi := X - E[X]$ mechanisch als Vektor vom Schwerpunkt von K zu einem beliebigen Punkt von K, so ist

$$\Theta = \int_K (\|\xi\|^2 \mathbf{1} - \xi \otimes \xi) \, d\mu(\xi) = \int_K ((\xi^T \xi)\mathbf{1} - \xi\xi^T) \, d\mu(\xi)$$

der Trägheitstensor von K. Mit $C := \mathrm{Cov}[X]$ gilt also

$$\Theta = \mathrm{Spur}(C)\mathbf{1} - C,$$

woraus sofort $\mathrm{Spur}(\Theta) = (n-1)\mathrm{Spur}(C)$ und damit

$$C = \frac{1}{n-1}\mathrm{Spur}(\Theta)\mathbf{1} - \Theta$$

folgt. Wir sehen, daß sich C und Θ leicht durcheinander ausdrücken lassen und auch viel gemeinsam haben (etwa die Eigenvektoren); sie sind aber nicht gleich. (Mir ist weder eine unmittelbare wahrscheinlichkeitstheoretische Interpretation von Θ noch eine unmittelbare mechanische Interpretation von C bekannt.)

Lösung (132.12) (a) Ist die Dichte von X symmetrisch zum Erwartungswert $E[X]$, so gilt $S(X) = 0$. Ein großer positiver Wert von $S(X)$ zeigt an, daß X vergleichsweise viele Werte weit oberhalb des Erwartungswertes annimmt und daher eine starke Unwucht nach rechts hat (in Richtung großer Werte). Ein betragsmäßig großer negativer Wert von $S(X)$ zeigt dagegen an, daß X vergleichsweise viele Werte weit unterhalb des Erwartungswertes annimmt und daher eine Unwucht nach links (in Richtung kleiner Werte) hat. Der Wert $S(X)$ gibt also tatsächlich an, wie "schief" (asymmetrisch) die Werte von X um den Erwartungswert verteilt sind.

Die Wölbung $W(X)$ ist stets positiv. Ist sie klein, so nimmt X nur in geringem Ausmaß Werte weit entfernt vom Erwartungswert $E[X]$ an, so daß die Endbereiche nur schwach ausgeprägt sind. Ist dagegen $W(X)$ groß, so bedeutet dies, daß Werte in großer Entfernung von $E[X]$ angenommen werden (die dann wegen der vierten Potenz stark zur Wölbung beitragen), daß also die Endbereiche stärker ausgeprägt sind.

(b) Verteilungen mit betragsmäßig großer Schiefe ("skewed distributions") treten etwa in folgenden Situationen auf:

- Lebensdauern von Glühbirnen;
- Börsenwerte von Unternehmen;
- an Schulen und Hochschulen vergebene Noten.

Verteilungen mit großer Wölbung (endlastige Verteilungen, "heavy-tailed distributions") treten etwa in folgenden Situationen auf:

- Einkommensverteilungen;
- Dateigrößen in Computern;
- Auszahlungen durch Versicherungen.

Lösung (132.13) (a) Die Gesamtmasse ist normalverteilt mit dem Erwartungswert $\mu_1 + \mu_2 = 500\mathrm{g}$ und der Standardabweichung $\sqrt{\sigma_1^2 + \sigma_2^2} = 5\mathrm{g}$.

(b) Es sei X die Gesamtmasse; dann ist $Y := (X - 500)/5$ standardnormalverteilt, und es gilt

$$p(X > 507) = p\Big(\frac{X-500}{5} > \frac{507-500}{5}\Big) = p(Y > 1.4)$$
$$= 1 - \Phi(1.4) = 1 - 0.919243 = 0.080757,$$

wenn Φ die Verteilungsfunktion der Standardnormalverteilung bezeichnet. Die gesuchte Wahrscheinlichkeit beträgt also 8.0757%.

(c) Nach Teil (b) ist bei 1000 wahllos aus der Produktion herausgegriffenen Gläsern mit 80.757 Gläsern zu rechnen, die mehr als 507g wiegen.

Lösung (132.14) Wegen $C(X_1 + X_2, X_1 - X_2) = C(X_1, X_1) - C(X_2, X_2) = \mathrm{Var}[X_1] - \mathrm{Var}[X_2] = 0$ sind $X_1 + X_2$ und $X_1 - X_2$ unkorreliert. Natürlich sind diese beiden Zufallsvariablen aber nicht unabhängig; beispielsweise nehmen sie nur Werte gleicher Parität (gerade/ungerade) an.

Lösung (132.15) Die Zufallsvariable X folgt einer hypergeometrischen Verteilung mit den Parametern $N = 500$, $K = 50$ und $n = 30$. Nach Beispiel (132.19) im Buch hat dann X den Erwartungswert

$$E[X] = \frac{nK}{N} = \frac{30 \cdot 50}{500} = 3$$

und die Varianz

$$\begin{aligned} \text{Var}[X] &= \frac{nK(N-K)(N-n)}{N^2(N-1)} = \frac{30 \cdot 50 \cdot 450 \cdot 470}{500^2 \cdot 499} \\ &= \frac{1269}{499} \approx 2.54309. \end{aligned}$$

L133: Statistische Schätztheorie

Lösung (133.1) Die Dichte einer Exponentialverteilung hat die Form $f(x) = \lambda e^{-\lambda x}$ für $x > 0$. Ist also $(x_1, \ldots, x_n)$ eine Realisierung einer zugehörigen Stichprobe, so ergibt sich ein Schätzwert maximaler Wahrscheinlichkeit durch Maximieren der Funktion

$$L(\lambda) := (\lambda e^{-\lambda x_1}) \cdots (\lambda e^{-\lambda x_n})$$
$$= \lambda^n e^{-(x_1+\cdots+x_n)\lambda} = \lambda^n e^{-n\overline{x}\lambda}$$

mit $\overline{x} := (x_1 + \cdots + x_n)/n$. Ableiten liefert $L'(\lambda) = n\lambda^{n-1}e^{-n\overline{x}\lambda} + \lambda^n \cdot (-n\overline{x}) \cdot e^{-n\overline{x}\lambda} = n\lambda^{n-1}e^{-n\overline{x}\lambda}(1 - \lambda \overline{x})$; Nullsetzen liefert dann $\lambda = 1/\overline{x}$. (Dieses Ergebnis ist nicht verwunderlich, denn $1/\lambda$ ist der Erwartungswert der Exponentialverteilung.)

Lösung (133.2) Die Dichte der Poisson-Verteilung ist gegeben durch $f(k) = e^{-\lambda}\lambda^k/k!$ für $k \geq 0$. Ist also $(k_1, \ldots, k_n)$ eine Realisierung einer zugehörigen Stichprobe, so ergibt sich ein Schätzwert maximaler Wahrscheinlichkeit durch Maximieren der Funktion

$$L(\lambda) := \frac{e^{-\lambda}\lambda^{k_1}}{k_1!} \cdots \frac{e^{-\lambda}\lambda^{k_n}}{k_n!} = \frac{e^{-n\lambda}\lambda^{k_1+\cdots+k_n}}{k_1!\cdots k_n!}$$
$$= \frac{1}{k_1!\cdots k_n!}e^{-n\lambda}\lambda^{n\overline{k}} = \frac{(\lambda^{\overline{k}}e^{-\lambda})^n}{k_1!\cdots k_n!}$$

mit $\overline{k} := (k_1 + \cdots + k_n)/n$. Dieser Ausdruck wird genau dann maximal, wenn $f(\lambda) := \lambda^{\overline{k}} e^{-\lambda}$ maximal wird. Ableiten liefert $f'(\lambda) = \overline{k}\lambda^{\overline{k}-1}e^{-\lambda} - \lambda^{\overline{k}}e^{-\lambda} = \lambda^{\overline{k}-1}e^{-\lambda}(\overline{k} - \lambda)$; Nullsetzen der Ableitung führt dann auf den Schätzwert $\lambda = \overline{k}$. (Dieses Ergebnis ist nicht verwunderlich, denn λ ist der Erwartungswert der Poissonverteilung.)

Lösung (133.3) Jede Variable X_i folgt einer $R[0, T]$-Rechtecksverteilung und hat daher die Verteilungsfunktion F mit $F(x) = 0$ für $x \leq 0$, $F(x) = x/T$ für $0 \leq x \leq T$ und $F(x) = 1$ für $x \geq T$. Folglich hat $\widehat{T}$ die Verteilungsfunktion $G(x) = p(\max(X_1, \ldots, X_n) \leq x) = p(X_1 \leq x, \ldots, X_n \leq x) = p(X_1 \leq x) \cdots p(X_n \leq x) = F(x)^n$, also

$$G(x) = \begin{cases} 0, & x \leq 0; \\ (x/T)^n, & 0 \leq x \leq T; \\ 1, & x \geq T. \end{cases}$$

Als Dichte ergibt sich dann

$$g(x) = \begin{cases} nx^{n-1}/T^n, & 0 \leq x \leq T; \\ 0, & \text{sonst.} \end{cases}$$

Der Erwartungswert und die Verzerrung von $\widehat{T}$ sind dann

$$E[\widehat{T}] = \int_{-\infty}^{\infty} xg(x)\mathrm{d}x = \frac{n}{T^n}\int_0^T x^n \mathrm{d}x = \frac{nT}{n+1}$$

und

$$\mathtt{Bias}[\widehat{T}] = E[\widehat{T} - T] = \frac{-T}{n+1};$$

der Schätzer $\widehat{T}$ ist also nicht erwartungstreu, sondern unterschätzt im Mittel die Zeit T (allerdings um immer weniger, je größer die Personenzahl n ist). Wegen $E[\widehat{T}^2] = \int_{-\infty}^{\infty} x^2 g(x)\mathrm{d}x = (n/T^n)\int_0^T x^{n+1}\mathrm{d}x = nT^2/(n+2)$ sind dann die Varianz und der mittlere quadratische Fehler von $\widehat{T}$ gegeben durch

$$\mathrm{Var}[\widehat{T}] = E[\widehat{T}^2] - E[\widehat{T}]^2 = \frac{nT^2}{(n+2)(n+1)^2} \quad \text{und}$$

$$\mathtt{MSE}[\widehat{T}] = \mathrm{Var}[\widehat{T}] + \mathtt{Bias}[\widehat{T}]^2 = \frac{2T^2}{(n+1)(n+2)}.$$

Lösung (133.4) (a) Die Dichte der geometrischen Verteilung ist gegeben durch $f(k) = (1-p)^{k-1}$ für $k \geq 1$. Ist also $(k_1, \ldots, k_n)$ eine Realisierung einer zugehörigen Stichprobe, so ergibt sich ein Schätzwert maximaler Wahrscheinlichkeit durch Maximieren der Funktion

$$L(p) := p(1-p)^{k_1-1} \cdots p(1-p)^{k_n-1}$$
$$= p^n(1-p)^{k_1+\cdots+k_n-n} = p^n(1-p)^{n\overline{k}-n}$$
$$= \left(p(1-p)^{\overline{k}-1}\right)^n$$

mit $\overline{k} := (k_1 + \cdots + k_n)/n$. Dieser Ausdruck wird genau dann maximal, wenn $f(p) := p(1-p)^{\overline{k}-1}$ maximal wird. Ableiten liefert $f'(p) = (1-p)^{\overline{k}-1} - (\overline{k}-1) \cdot p \cdot (1-p)^{\overline{k}-2} = (1-p)^{\overline{k}-2}(1-p-(\overline{k}-1)p) = (1-p)^{\overline{k}-2}(1-\overline{k}p)$; Nullsetzen der Ableitung führt dann auf den Schätzwert $p = 1/\overline{k}$. (Dieses Ergebnis ist nicht verwunderlich, denn $1/p$ ist der Erwartungswert der geometrischen Verteilung.)

(b) Mit $k_1 = k_3 = k_5 = 1$ und $k_2 = k_4 = k_6 = 2$ ergibt sich $\overline{k} = 9/6 = 3/2$; die Wahrscheinlichkeit für Wappen wird also auf $p = 2/3$ geschätzt.

Lösung (133.5) (a) Die Dichte einer $R[a,b]$-Verteilung X ist gegeben durch $f(x) = 1/(b-a)$ für $x \in [a,b]$ und $f(x) = 0$ für $x \notin [a,b]$. Um für eine Stichprobe $(X_1, \ldots, X_n)$ einen Schätzer maximaler Wahrscheinlichkeit für a bzw. b zu finden, ist damit der folgende Ausdruck zu maximieren:

$$L(a,b) = f(X_1; a,b) \cdots f(X_n; a,b)$$
$$= \begin{cases} 1/(b-a)^n, & \text{falls } a \leq x_1, \ldots, x_n \leq b; \\ 0, & \text{andernfalls.} \end{cases}$$

Also ist $\widehat{a}$ bzw. $\widehat{b}$ genau dann ein Schätzer maximaler Wahrscheinlichkeit für a bzw. b, wenn $\widehat{a}(X_1, \ldots, X_n) \leq \min(X_1, \ldots, X_n)$ bzw. $\widehat{b}(X_1, \ldots, X_n) \geq \max(X_1, \ldots, X_n)$ gilt.

(b) Die Zufallsvariable $Y := \min(X_1, \ldots, X_n)$ hat die Verteilungsfunktion G, die gegeben ist durch $G(x) = p(Y \leq x) = 1 - p(Y \geq x) = 1 - p(X_1 \geq x, \ldots, X_n \geq x) = 1 - p(X_1 \geq x) \cdots p(X_n \geq x)$; die Verteilungsfunktion G und dann die Dichte g sind also gegeben durch

$$G(x) = 1 - \begin{cases} 1, & x \leq a \\ (b-x)^n/(b-a)^n, & a \leq x \leq b \\ 0, & x \geq b \end{cases}$$

und

$$g(x) = \begin{cases} n(b-x)^{n-1}/(b-a)^n, & a \leq x \leq b; \\ 0, & a \notin [a,b]. \end{cases}$$

Der Erwartungswert von Y ergibt sich dann unter Benutzung partieller Integration zu

$$\begin{aligned} E[Y] &= \int_{-\infty}^{\infty} x\, g(x)\mathrm{d}x = \int_a^b x \cdot \frac{n(b-x)^{n-1}}{(b-a)^n}\mathrm{d}x \\ &= -x\Big(\frac{b-x}{b-a}\Big)^n\Big|_a^b + \int_a^b \frac{(b-x)^n}{(b-a)^n}\mathrm{d}x \\ &= a - \frac{b-a}{n+1}\Big(\frac{b-x}{b-a}\Big)^{n+1}\Big|_a^b = a + \frac{b-a}{n+1} \neq a. \end{aligned}$$

Der Schätzer Y ist also nicht erwartungstreu, sondern überschätzt a im Mittel (allerdings um immer weniger, je größer der Stichprobenumfang n ist).

Lösung (133.6) (a) Es sei $\widehat{T}_1 = c\widehat{T}$; der Erwartungswert von $\widehat{T}_1$ ist dann $E[\widehat{T}_1] = c \cdot E[\widehat{T}] = cnT/(n+1)$; dieser Erwartungswert ist genau dann T (und der Schätzer $\widehat{T}_1$ damit erwartungstreu), wenn $c := (n+1)/n$ gewählt wird; der zugehörige mittlere quadratische Fehler ist dann

$$\begin{aligned} \mathrm{MSE}[\widehat{T}_1] &= \mathrm{Var}[\widehat{T}_1] = c^2\mathrm{Var}[\widehat{T}] = \\ \frac{(n+1)^2}{n^2} &\cdot \frac{nT^2}{(n+2)(n+1)^2} = \frac{T^2}{n(n+2)}. \end{aligned}$$

(b) Es sei $\widehat{T}_2 = c\widehat{T}$; der mittlere quadratische Fehler von $\widehat{T}_2$ ist dann

$$\begin{aligned} E[(c\widehat{T}-T)^2] &= E[c^2\widehat{T}^2 - 2cT\widehat{T} + T^2] \\ &= c^2 E[\widehat{T}^2] - 2cTE[\widehat{T}] + T^2 \\ &= c^2\frac{nT^2}{n+2} - 2c\frac{nT^2}{n+1} + T^2 \\ &= \frac{nT^2}{n+2}\Big(c - \frac{n+2}{n+1}\Big)^2 + \frac{T^2}{(n+1)^2}. \end{aligned}$$

Dieser Ausdruck nimmt genau dann seinen Minimalwert (nämlich $T^2/(n+1)^2$) an, wenn $c := (n+2)/(n+1)$ gewählt

wird. (Statt mit quadratischer Ergänzung findet man diesen Wert für c auch durch Nullsetzen der Ableitung nach c.) Als Verzerrung ergibt sich dann

$$\begin{aligned} \mathrm{Bias}[\widehat{T}_2] &= E[\widehat{T}_2 - T] = cE[\widehat{T}] - T = \\ \frac{n+2}{n+1} &\cdot \frac{nT}{n+1} - T = \frac{-T}{(n+1)^2}; \end{aligned}$$

der Schätzer $\widehat{T}_2$ liefert also im Mittel einen zu kleinen Wert für T.

(c) Der mittlere quadratische Fehler eines Schätzers setzt sich aus seiner Verzerrung und seiner Varianz zusammen. Der Schätzer in Teil (a) ist zwar verzerrungsfrei, aber seine Varianz ist größer als Varianz und Verzerrung des Schätzers in Teil (b) zusammen. Anders gesagt: Der Schätzer in Teil (a) liefert zwar im Mittel den richtigen Wert, aber er streut so breit, daß der Schätzer in Teil (b) eine genauere Eingrenzung des wahren Wertes von T ermöglicht, obwohl er im Mittel den wahren Wert von T leicht verfehlt.

Lösung (133.7) Das folgenden Programm hat die gewünschte Funktionalität.

```
PROGRAM Datenpunkte;
USES wincrt;
VAR x,y,sumx,sumy,sumxx,sumxy,sumyy:real;
    n,i:integer;
    Cxx,Cxy,Cyy,sx,sy,r:real;
BEGIN
write('Anzahl der Datenpaare = ');
readln(n);
sumx:=0; sumy:=0;
sumxx:=0; sumxy:=0; sumyy:=0;
for i:=1 to n do
    begin
    write(i,'. x-Wert =');  readln(x);
    write(i,'. y-Wert =');  readln(y);
    sumx:=sumx+x;  sumy:=sumy+y;
    sumxx:=sumxx+x*x;
    sumxy:=sumxy+x*y;
    sumyy:=sumyy+y*y;
    end;
Cxx:=(sumxx-sumx*sumx/n)/(n-1);
Cyy:=(sumyy-sumy*sumy/n)/(n-1);
Cxy:=(sumxy-sumx*sumy/n)/(n-1);
sx:=sqrt(Cxx); sy:=sqrt(Cyy);
r:=Cxy/(sx*sy);
writeln('x-Mittel = ', sumx/n);
writeln('y-Mittel = ', sumy/n);
writeln('x-Varianz = ', Cxx);
writeln('y-Varianz = ', Cyy);
writeln('xy-Kovarianz = ', Cxy); ;
writeln('xy-Korrelation = ', r);
END.
```

Bei dem betrachteten Datensatz gilt in allen Fällen die Gleichung $\sigma_x = 3.34664$. Die Ergebnisse für die anderen Daten sind der folgenden Tabelle zu entnehmen.

Fall	(a)	(b)	(c)	(d)
σ_y	6.69328	7.19491	6.21021	7.06399
C_{xy}	22.4	22.8	12.8	9.4
c_{xy}	1	0.946893	0.615878	0.39762

Fall	(e)	(f)	(g)	(h)
σ_y	2.31661	6.83374	4.92950	3.34664
C_{xy}	0	−10.4	−15.2	−11.2
c_{xy}	0	−0.454743	−0.921364	−1

Die folgenden Diagramme zeigen die Datenpunkte in den betrachteten Fällen. Beachte: Ist $C(X,Y)$ betragsmäßig nahe bei Eins, so besteht ein nahezu linearer Zusammenhang zwischen X und Y (gleichsinnig – d.h., X wächst oder fällt genau dann, wenn Y dies tut – für $C(X,Y) = +1$, gegensinnig – d.h., X wächst genau dann, wenn Y fällt, und umgekehrt – für $C(X,Y) = -1$). Ist dagegen $C(X,Y)$ nahe bei Null, so ist kein Zusammenhang zwischen X und Y erkennbar.

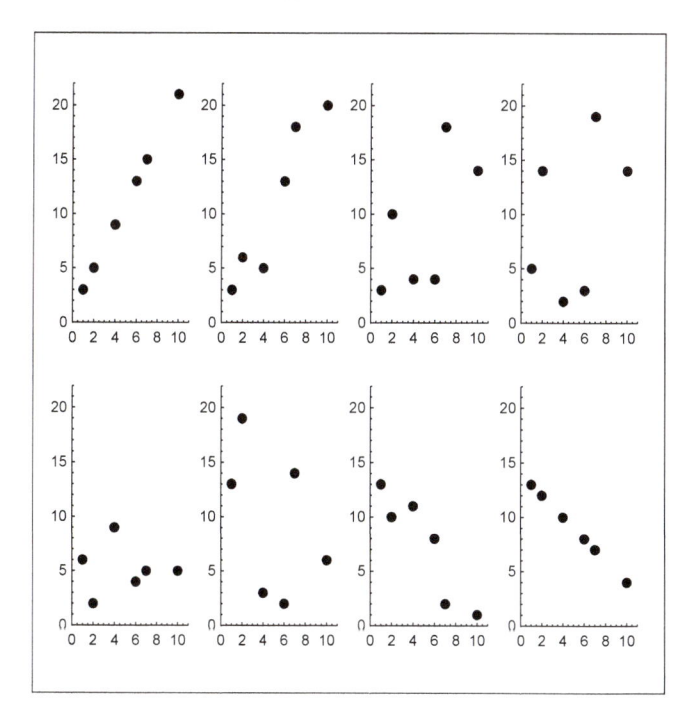

Lösung (133.8) Das folgende Programm hat die gewünschte Funktionalität (wobei `random` jeweils eine Zufallszahl zwischen 0 und 1 liefert).

```
PROGRAM Test;
USES wincrt;
VAR a,b,c,d,sum:real; n,i:longint;
BEGIN
n:=1000000; sum:=0;
for i:=1 to n do
  begin
  a:=random;
  b:=random;
  c:=random;
  d:=random;
  sum:=sum+abs(a*d-b*c);
  end;
writeln('Durchschnittswert = ', sum/n);
END.
```

Lösung (133.9) (a) Wir erhalten

$$\begin{aligned}
E[U_1] &= 0.4E[X_1] + 0.6E[X_2] \\
&= 0.4\mu + 0.6\mu = \mu, \\
E[U_2] &= 0.3E[X_1] - 0.5E[X_2] + 0.2E[X_3] \\
&= 0.3\mu - 0.5\mu + 0.2\mu = 0, \\
E[U_3] &= 3E[X_1] - 10E[X_2] + 8E[X_3] \\
&= 3\mu - 10\mu + 8\mu = \mu;
\end{aligned}$$

die Zufallsvariablen U_1 und U_3 sind also erwartungstreue Schätzer für μ, die Variable U_2 nur dann, wenn $\mu = 0$ gilt.

(b) Wir erhalten

$$\begin{aligned}
\text{Var}[U_1] &= 0.4^2\text{Var}[X_1] + 0.6^2\text{Var}[X_2] \\
&= 0.16\sigma^2 + 0.36\sigma^2 = 0.52\sigma^2, \\
\text{Var}[U_2] &= 0.3^2\text{Var}[X_1] + 0.5^2\text{Var}[X_2] + 0.2^2\text{Var}[X_3] \\
&= 0.09\sigma^2 + 0.25\sigma^2 + 0.04\sigma^2 = 0.38\sigma^2, \\
\text{Var}[U_3] &= 3^2\text{Var}[X_1] + 10^2\text{Var}[X_2] + 8^2\text{Var}[X_3] \\
&= 9\sigma^2 + 100\sigma^2 + 64\sigma^2 = 173\sigma^2.
\end{aligned}$$

Lösung (133.10) Wir übernehmen aus einer Integraltafel (oder berechnen mit partieller Integration) die folgenden unbestimmten Integrale:

$$\int x^n e^{-ax}\,\mathrm{d}x = -\frac{e^{-ax}}{a^{n+1}} \cdot \begin{cases} ax + 1, & n = 1; \\ a^2x^2 + 2ax + 2, & n = 2; \\ a^3x^3 + 3a^2x^2 + 6ax + 6, & n = 3. \end{cases}$$

(a) Es gilt $1 = c \cdot \int_0^\infty x e^{-ax}\,\mathrm{d}x = c/a^2$ und damit $c = a^2$.

(b) Der Erwartungswert von X ist

$$E[X] = c\int_0^\infty x^2 e^{-ax}\,\mathrm{d}x = c \cdot \frac{2}{a^3} = a^2 \cdot \frac{2}{a^3} = \frac{2}{a}.$$

Wegen $E[X^2] = c\int_0^\infty x^3 e^{-ax}\,dx = c\cdot 6/a^4 = a^2 \cdot 6/a^4 = 6/a^2$ ist dann die Varianz von X gegeben durch $\text{Var}[X] = E[X^2] - E[X]^2 = 2/a^2$.

(c) Der gesuchte Schätzer $\hat{a}$ für a minimiert die Funktion
$$\begin{aligned}L(a) &:= cx_1 e^{-ax_1} \cdots cx_n e^{-ax_n}\\ &= c^n x_1 \cdots x_n e^{-a(x_1+\cdots+x_n)}\\ &= a^{2n} x_1 \cdots x_n e^{-a(x_1+\cdots+x_n)}\end{aligned}$$

und damit auch die Funktion $\varphi(a) := a^{2n} e^{-sa}$ mit $s := \sum_{i=1}^n x_i$. Wegen $\varphi'(a) = 2na^{2n-1}e^{-sa} - s\cdot a^{2n}e^{-sa} = a^{2n-1}e^{-sa}(2n - sa)$ führt dies auf $a = 2n/s$, also
$$\hat{a}(X_1,\ldots,X_n) = 2/\overline{X}$$

mit dem Stichprobenmittel $\overline{X} := \sum_{i=1}^n X_i/n$.

Lösung (133.11) Die normierte Zufallsvariable
$$Z := \frac{\overline{X} - \mu}{\sigma/\sqrt{n}}$$

ist $N(0,1)$-standardnormalverteilt, und die Zufallsvariable $V := (n-1)S^2/\sigma^2$ ist χ^2_{n-1}-verteilt. Ferner sind die Zufallsvariablen Z und V unabhängig (siehe unten). Wegen
$$\frac{\overline{X}-\mu}{S/\sqrt{n}} = \frac{\overline{X}-\mu}{\sigma/\sqrt{n}}\cdot\frac{\sigma}{S} = \frac{Z}{\sqrt{V/(n-1)}}$$

folgt dann die Behauptung unmittelbar aus der Definition der Student-Verteilung; siehe Nummer (131.19) im Buch.

Es bleibt zu zeigen, daß Z und V unabhängig sind. Dabei dürfen wir o.B.d.A. $\mu = 0$ und $\sigma = 1$ annehmen. Es gilt
$$\begin{aligned}(n-1)S^2 &= \sum_{i=1}^n (X_i - \overline{X})^2\\ &= (X_1 - \overline{X})^2 + \sum_{i=2}^n (X_i - \overline{X})^2\\ &= \left(\sum_{i=2}^n (X_i - \overline{X})\right)^2 + \sum_{i=2}^n (X_i - \overline{X})^2,\end{aligned}$$

wobei wir bei dem Übergang von der zweiten zur dritten Zeile die Gleichung $X_1 - \overline{X} = -\sum_{i=2}^n(X_i - \overline{X})$ ausnutzten. Also kann S^2 als Funktion allein von $X_2 - \overline{X}, \ldots, X_n - \overline{X}$ dargestellt werden; es genügt daher zu zeigen, daß diese Zufallsvariablen unabhängig von $\overline{X}$ sind. Die Dichte der Zufallsvariablen $(X_1, \ldots, X_n)$ ist wegen der Unabhängigkeit der X_i das Produkt der einzelnen Dichten und daher
$$f(x_1,\ldots,x_n) = \frac{1}{(2\pi)^{n/2}}\exp\left(-\sum_{i=1}^n \frac{x_i^2}{2}\right).$$

Wir schreiben $\overline{x} := \sum_{i=1}^n x_i/n$ und benutzen die Transformation
$$y_1 = \overline{x}, \quad y_2 = x_2 - \overline{x}, \quad \ldots, \quad y_n = x_n - \overline{x}$$

mit $\det(\partial y_i/\partial x_j) = 1/n$. Mit Hilfe der Rücktransformation
$$x_1 = y_1 - \sum_{i=2}^n y_i, \quad x_2 = y_2 + y_1, \quad \ldots, \quad x_n = y_n + y_1$$

ergibt sich leicht die Gleichung
$$\sum_{i=1}^n x_i^2 = ny_1^2 + \sum_{i=2}^n y_i^2 + \left(\sum_{i=2}^n y_i\right)^2.$$

Die Dichte der transformierten Zufallsvariablen $(Y_1, \ldots, Y_n)$ ist daher
$$\widetilde{f}(y_1,\ldots,y_n) =$$
$$\frac{n}{(2\pi)^{n/2}}\exp\left(\frac{-ny_1^2}{2}\right)\exp\left(-\frac{1}{2}\left[\sum_{i=2}^n y_i^2\right] - \frac{1}{2}\left[\sum_{i=2}^n y_i\right]^2\right)$$

und damit von der Form $\widetilde{f}(y_1,\ldots,y_n) = g(y_1)h(y_2,\ldots,y_n)$. Also ist Y_1 unabhängig von $(Y_2,\ldots,Y_n)$ und daher $\overline{X}$ unabhängig von S^2.

L134: Schätzung von System- und Meßparametern

Lösung (134.1) (a) Eine Abstandsmessung zur Zeit t liefert (abgesehen von Meßfehlern) den Wert

$$a(t) = \sqrt{(x_0+tu)^2 + (y_0+tv)^2},$$

während eine Winkelmessung den Wert

$$w(t) = \arctan\left(\frac{y_0 + tv}{x_0 + tu}\right)$$

liefert. Kleine Änderungen δx_0, δy_0, δu und δv bewirken in erster Näherung die Änderungen

$$\delta a(t) = \left[\frac{\partial a(t)}{\partial x_0}, \frac{\partial a(t)}{\partial y_0}, \frac{\partial a(t)}{\partial u}, \frac{\partial a(t)}{\partial v}\right] \begin{bmatrix} \delta x_0 \\ \delta y_0 \\ \delta u \\ \delta v \end{bmatrix}$$

$$= \left[\frac{x_0+tu}{a(t)}, \frac{y_0+tv}{a(t)}, \frac{t(x_0+tu)}{a(t)}, \frac{t(y_0+tv)}{a(t)}\right] \begin{bmatrix} \delta x_0 \\ \delta y_0 \\ \delta u \\ \delta v \end{bmatrix}$$

und

$$\delta w(t) = \left[\frac{\partial w(t)}{\partial x_0}, \frac{\partial w(t)}{\partial y_0}, \frac{\partial w(t)}{\partial u}, \frac{\partial w(t)}{\partial v}\right] \begin{bmatrix} \delta x_0 \\ \delta y_0 \\ \delta u \\ \delta v \end{bmatrix}$$

$$= \left[\frac{-(y_0+tv)}{a(t)^2}, \frac{x_0+tu}{a(t)^2}, \frac{-t(y_0+tv)}{a(t)^2}, \frac{t(x_0+tu)}{a(t)^2}\right] \begin{bmatrix} \delta x_0 \\ \delta y_0 \\ \delta u \\ \delta v \end{bmatrix}$$

in diesen Messungen.

(b) Es mögen Abstandsmessungen $A_1, \ldots, A_m$ zu den Zeiten $t_1, \ldots, t_m$ und Winkelmessungen $W_1, \ldots, W_n$ zu den Zeiten $\tau_1, \ldots, \tau_n$ vorliegen; wir haben dann

$$A_i = a(t_i; x_0, y_0, u, v) + \text{Meßfehler} \quad \text{und}$$
$$W_j = w(\tau_j; x_0, y_0, u, v) + \text{Meßfehler}$$

für $1 \le i \le m$ und $1 \le j \le n$, wobei (x_0, y_0, u, v) diejenigen als korrekt angenommenen Positions- und Geschwindigkeitsdaten sind, aus denen die theoretisch erwarteten Meßwerte berechnet werden. In erster Näherung haben wir dann

$$\begin{bmatrix} A_1 - a(t_1; x_0, y_0, u, v) \\ \vdots \\ A_m - a(t_m; x_0, y_0, u, v) \\ W_1 - w(\tau_1; x_0, y_0, u, v) \\ \vdots \\ W_n - a(\tau_n; x_0, y_0, u, v) \end{bmatrix} = \begin{bmatrix} \frac{\partial a(t_1; x_0, y_0, u, v)}{\partial (x_0, y_0, u, v)} \\ \vdots \\ \frac{\partial a(t_m; x_0, y_0, u, v)}{\partial (x_0, y_0, u, v)} \\ \frac{\partial w(\tau_1; x_0, y_0, u, v)}{\partial (x_0, y_0, u, v)} \\ \vdots \\ \frac{\partial w(\tau_n; x_0, y_0, u, v)}{\partial (x_0, y_0, u, v)} \end{bmatrix} \begin{bmatrix} \delta x_0 \\ \delta y_0 \\ \delta u \\ \delta v \end{bmatrix}$$

und damit eine Gleichung der Form

$$(\star) \qquad \rho = A\,\delta p$$

mit dem Residuenvektor ρ, der Ableitungsmatrix A und dem Parametervektor $p = (x_0, y_0, u, v)$. Ist $N = m + n$ die Gesamtzahl der Messungen, so haben wir $\rho \in \mathbb{R}^N$, $A \in \mathbb{R}^{N \times 4}$ und $\delta p \in \mathbb{R}^4$. Um eine gegebene Schätzung $p = (x_0, y_0, u, v)$ zu verbessern, müssen wir die Inkremente $\delta p = (\delta x_0, \delta y_0, \delta u, \delta v)$ so wählen, daß das überbestimmte Gleichungssystem $(\star)$ möglichst gut erfüllt wird (im Sinne der Minimierung von $\|\rho - A\delta p\|$ für eine geeignete Norm $\|\cdot\|$). Wählen wir $\|m\| := (\sum_{i=1}^N w_i m_i^2)^{1/2}$, wobei w_i der Faktor ist, mit dem die Messung m_i gewichtet wird, so haben wir $\|m\| = \sqrt{m^T W m}$ mit der Diagonalmatrix $W := \mathrm{diag}(w_1, \ldots, w_N)$. Die Minimierung von $(\star)$ ergibt dann

$$(\star\star) \qquad \delta p = (A^T W A)^{-1} A^T W \rho$$

als diejenige Wahl des Inkrementenvektors $\delta p = (\delta x_0, \delta y_0, \delta u, \delta v)$, die zu einer möglichst kleinen Abweichung zwischen theoretisch erwarteten und tatsächlich erhaltenen Messungen führt, die also die Meßfehler bestmöglich ausgleicht.

(c) Liegen nur Winkelmessungen vor, so besteht die Ableitungsmatrix in (b) aus den n letzten Zeilen. Die i-te Zeile ist dabei gegeben durch

$$\left[\frac{-(y_0+\tau_i v)}{a(\tau_i)^2}, \frac{x_0+\tau_i u}{a(\tau_i)^2}, \frac{-\tau_i(y_0+\tau_i v)}{a(\tau_i)^2}, \frac{\tau_i(x_0+\tau_i u)}{a(\tau_i)^2}\right] =$$
$$\frac{[-y_0, x_0, 0, 0] + \tau_i[-v, u, -y_0, x_0] + \tau_i^2[0, 0, -v, u]}{a(\tau_i)^2};$$

also sind alle Zeilen der $(n \times 4)$-Matrix A Linearkombinationen der drei Zeilen $(-y_0, x_0, 0, 0)$, $(-v, u, -y_0, x_0)$ und $(0, 0, -v, u)$, weswegen A und damit auch $A^T W A$ höchstens den Rang 3 hat und daher nicht invertierbar ist. Daß sich aus Winkelmessungen allein weder x_0 noch v schätzen lassen, ist aber auch aus geometrischen Gründen klar. Ist nämlich a der Ortsvektor der Küstenstation, so läßt sich die Bahn $x(t) = x_0 + tv$ nicht von der Bahn $\widehat{x}(t) = a + \lambda(x_0 - a) + t \cdot \lambda v$ unterscheiden, wenn $\lambda > 0$ ein beliebiger Streckfaktor ist.

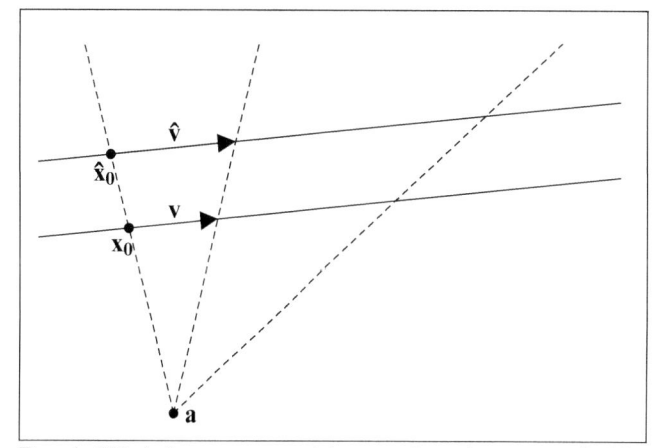

Durch Winkelmessungen nicht voneinander unterscheidbare Schiffstrajektorien.

(d) Liegen nur Abstandsmessungen vor, so besteht die Ableitungsmatrix in (b) aus den m ersten Zeilen. Die i-te Zeile ist dabei durch

$$\left[\frac{x_0+t_i u}{a(t_i)}, \frac{y_0+t_i v}{a(t_i)}, \frac{t_i(x_0+t_i u)}{a(t_i)}, \frac{t_i(y_0+t_i v)}{a(t_i)}\right] =$$
$$\frac{1}{a(t_i)}\left([x_0,y_0,0,0] + t_i[u,v,x_0,y_0] + t_i^2[0,0,u,v]\right)$$

gegeben; also sind alle Zeilen der $(n \times 4)$-Matrix A Linearkombinationen der drei Zeilen $(x_0, y_0, 0, 0)$, (u, v, x_0, y_0) und $(0, 0, u, v)$, weswegen A und damit auch $A^T W A$ höchstens den Rang 3 hat und daher nicht invertierbar ist. Daß sich auch aus Entfernungsmessungen allein weder x_0 noch v schätzen läßt, kann man wieder geometrisch einsehen. Ist nämlich wieder a der Ortsvektor der Küstenstation und ist D eine beliebige Drehung (um den Nullpunkt), so lassen sich die Bahnen $x(t) = a + tv$ und $\widehat{x}(t) = (a + D(x_0 - a)) + t(Dv)$ nicht unterscheiden.

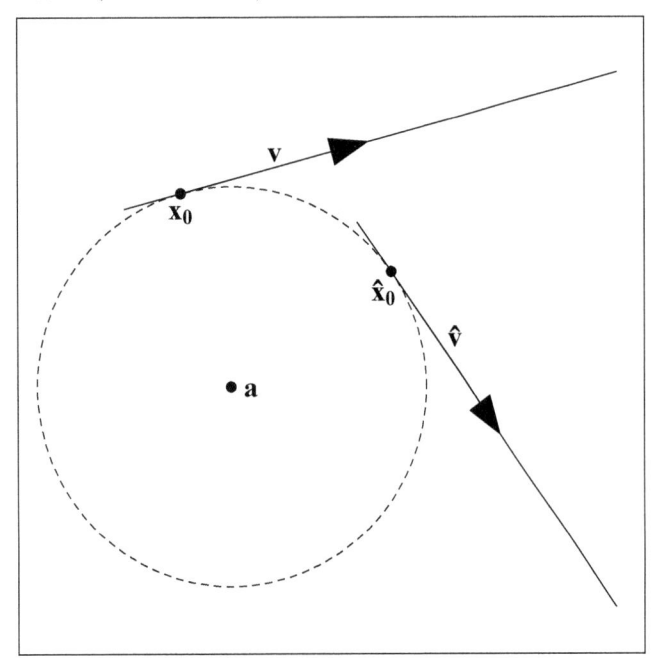

Durch Entfernungsmessungen nicht voneinander unterscheidbare Schiffstrajektorien.

Lösung (134.2) Die Matrix C ist symmetrisch und positiv definit und damit durch eine Drehung des Koordinatensystems auf Diagonalform transformierbar (Hauptachsentransformation), sagen wir

$$U^T C U = \mathrm{diag}(\sigma_1^2, \ldots, \sigma_n^2) =: D$$

mit einer Drehmatrix U (deren Spalten eine Orthonormalbasis von $\mathbb{R}^n$ aus Eigenvektoren von C bilden). Dann gilt $C = U D U^T$ und damit $C^{-1} = U D^{-1} U^T$. Mit $\widehat{x} := U^T(x - \mu)$ erhalten wir

$$(x-\mu)^T C^{-1}(x-\mu) = \widehat{x}^T D^{-1} \widehat{x} = \sum_{i=1}^n (\widehat{x}_i/\sigma_i)^2.$$

Nun ist $\widehat{X} = U^T(X - \mu)$ eine normalverteilte Zufallsvariable mit dem Erwartungswert 0 und der Kovarianzmatrix D. Das bedeutet aber, daß $\widehat{X}_1/\sigma_1, \ldots, \widehat{X}_n/\sigma_n$ unabhängige $N(0,1)$-verteilte eindimensionale Zufallsvariablen sind. Dann folgt aber $Y := \sum_{i=1}^n (\widehat{X}_i/\sigma_i)^2$ nach Satz (131.14) im Buch einer χ_n^2-Verteilung. Wir müssen also nur diejenige Zahl ε finden mit $p(Y \leq \varepsilon) = \alpha$. (Für typische Werte wie $\alpha = 0.9$, $\alpha = 0.95$ oder $\alpha = 0.99$ liegen solche Zahlen in tabellierter Form vor, nämlich in einschlägigen Tabellen der Quantile der χ^2-Verteilungen.)

Bemerkung: Die Eigenvektoren zum größten bzw. kleinsten Eigenwert geben diejenigen Richtungen an, in der die Zufallsvariable am stärksten bzw. am schwächsten streut.

Lösung (134.3) Zunächst ist die Verwendung von Konfidenzellipsen gemäß der vorherigen Aufgabe gerechtfertigt, denn wegen Gleichung $(\star\star)$ in der Lösung zu Aufgabe (134.1) besteht ein linearer Zusammenhang zwischen der Ungenauigkeit im Parametervektor und der Unsicherheit im Residuenvektor und damit im Vektor der Messungen. Wird also der Vektor der Messungen als normalverteilt angenommen, so ist auch der Parametervektor eine normalverteilte Zufallsvariable.

Die Ausrichtung der Konfidenzellipsen bestätigt die in den Teilen (c) und (d) von Aufgabe (134.1) geometrisch erklärte Tatsache, daß Winkelmessungen eine besonders hohe Unsicherheit in der Sichtrichtung von der Meßstation zum Schiff aufweist, während Entfernungsmessungen eine besonders große Unsicherheit in der dazu senkrechten Richtung aufweisen. Kombination beider Typen von Messungen führt dann zum Ausgleich dieser beiden entgegengesetzten Tendenzen und damit zu sowohl deutlich kleineren als auch weniger stark elongierten Konfidenzellipsen. Ein Vergleich zwischen den beiden Abbildungen zeigt ferner, daß die erzielte Schätzgenauigkeit deutlich gesteigert wird, wenn die Messungen über ein größeres Zeitintervall verteilt werden.

Interessante Fragen, die man stellen und mittels Durchführung von Testläufen untersuchen könnte, sind etwa die folgenden:
- Wie stark verschlechtert sich die Schätzgenauigkeit, wenn man zwar u und v immer noch nicht mitschätzt, aber als mit Unsicherheiten befrachtet ansieht?
- Was ergibt sich, wenn man x_0 und y_0 als bekannt ansieht und stattdessen u und v schätzt?
- Wie stark verschlechtert sich die Schätzgenauigkeit für die Schiffsposition, wenn sie einhergeht mit einer Schätzung der Geschwindigkeit?
- Wie ändert sich das Ergebnis, wenn man mögliche systematische Fehler mitschätzt?
- Wie hängt die Lage der Konfidenzellipsen vom Verhältnis $\sigma_a : \sigma_w$ ab, also von der relativen Genauigkeit der Entfernungs- und der Winkelmessungen?
- Wie ändern sich die Konfidenzellipsen, wenn man die Messungen nicht mehr als unkorreliert betrachtet?

134. Schätzung von System- und Meßparametern

- Wie stark verbessert sich die Schätzgenauigkeit, wenn man die Anzahl der Messungen erhöht und/oder das Zeitintervall vergrößert, in dem die Messungen durchgeführt werden?
- Was ändert sich, wenn man nicht die Position des Schiffes am Anfang des Meßintervalls schätzen will, sondern in der Mitte dieses Intervalls, wenn also Messungen sowohl vor als auch nach Erreichen der zu schätzenden Position verfügbar sind?
- Wenn alle vier Parameter x_0, y_0, u, v geschätzt werden, welche Korrelationen ergeben sich dann zwischen den Schätzfehlern für diese Parameter?

Lösung (134.4) Wie die partiellen Ableitungen von x nach den Parametern x_0, a und m zur Schätzung dieser Parameter benutzt werden, wurde bereits in der Lösung zu Aufgabe (124.6) erklärt und illustriert. (Über die damaligen Ergebnisse hinaus können wir jetzt auch statistische Aussagen über die Genauigkeit der erhaltenen Schätzwerte gewinnen, wenn wir stochastische Annahmen über die durchgeführten Messungen machen.) In diesem Beispiel können wir die partiellen Ableitungen $\partial x/\partial x_0$, $\partial x/\partial a$ und $\partial x/\partial m$ sogar explizit angeben, weil die Verhulstsche Differentialgleichung eine explizit angebbare Lösung besitzt. Wir können diese partiellen Ableitungen aber auch numerisch aus den Variationsgleichungen und den zugehörigen Anfangsbedingungen gewinnen. Die Variationsgleichungen ergeben sich aus der Systemgleichung

$$\dot{x}(t) = a\left(1-\frac{x}{m}\right)x$$

folgendermaßen:

$$\left[\frac{\partial x}{\partial a}\right]^\bullet = \frac{\partial \dot{x}}{\partial a} = \frac{\partial}{\partial a}\left(a\left(1-\frac{x}{m}\right)x\right)$$
$$= \left(1-\frac{x}{m}\right)x - \frac{a}{m}\frac{\partial x}{\partial a}x + a\left(1-\frac{x}{m}\right)\frac{\partial x}{\partial a}$$
$$= \left(1-\frac{x}{m}\right)x + a\left(1-\frac{2x}{m}\right)\frac{\partial x}{\partial a},$$

$$\left[\frac{\partial x}{\partial m}\right]^\bullet = \frac{\partial \dot{x}}{\partial m} = \frac{\partial}{\partial m}\left(a\left(1-\frac{x}{m}\right)x\right)$$
$$= a\left(\frac{x}{m^2} - \frac{1}{m}\frac{\partial x}{\partial m}\right)x + a\left(1-\frac{x}{m}\right)\frac{\partial x}{\partial m}$$
$$= \frac{ax^2}{m^2} + a\left(1-\frac{2x}{m}\right)\frac{\partial x}{\partial m},$$

$$\left[\frac{\partial x}{\partial x_0}\right]^\bullet = \frac{\partial \dot{x}}{\partial x_0} = \frac{\partial}{\partial x_0}\left(a\left(1-\frac{x}{m}\right)x\right)$$
$$= a\left(-\frac{1}{m}\frac{\partial x}{\partial x_0}\right)x + a\left(1-\frac{x}{m}\right)\frac{\partial x}{\partial x_0}$$
$$= a\left(1-\frac{2x}{m}\right)\frac{\partial x}{\partial x_0}.$$

Die zugehörigen Anfangsbedingungen lauten

$$\frac{\partial x}{\partial a}(0) = 0, \quad \frac{\partial x}{\partial m}(0) = 0, \quad \frac{\partial x}{\partial x_0}(0) = 1.$$

Damit können wir neben x die Funktionen $u := \partial x/\partial a$, $v := \partial x/\partial m$ und $w := \partial x/\partial x_0$ durch numerisches Lösen des Anfangswertproblems

$$\begin{bmatrix}\dot{x}\\ \dot{u}\\ \dot{v}\\ \dot{w}\end{bmatrix} = \begin{bmatrix} ax(1-x/m)\\ x(1-x/m) + a(1-2x/m)u\\ ax^2/m^2 + a(1-2x/m)v\\ a(1-2x/m)w \end{bmatrix}, \begin{bmatrix}x(0)\\ u(0)\\ v(0)\\ w(0)\end{bmatrix} = \begin{bmatrix}x_0\\ 0\\ 0\\ 1\end{bmatrix}$$

zu jedem beliebigen Zeitpunkt ausrechnen und erhalten damit (bei gegebenen Schätzwerten für x_0, a und m) sowohl die theoretischen erwarteten Meßwerte als auch die partiellen Ableitungen der Meßfunktionen nach den Schätzparametern. (Dieser Weg über die Variationsgleichungen steht uns immer offen, auch dann, wenn die Systemgleichung nicht analytisch lösbar ist.)

Lösung (134.5) (a) Wir erhalten

$$\left[\frac{\partial x}{\partial a}\right]^\bullet = \frac{\partial \dot{x}}{\partial a} = \frac{\partial}{\partial a}\left(a^2 t + a^3 x^2\right)$$
$$= 2at + 3a^2 x^2 + 2a^3 x \frac{\partial x}{\partial a}$$

sowie $(\partial x/\partial a)(0) = \cos(a)$. Also erfüllen die Funktionen $t \mapsto x(t)$ und $t \mapsto y(t) := (\partial x/\partial a)(t)$ das Anfangswertproblem

$$\begin{bmatrix}\dot{x}\\ \dot{y}\end{bmatrix} = \begin{bmatrix} a^2 t + a^3 x^2 \\ 2at + 3a^2 x^2 + 2a^3 xy \end{bmatrix}, \begin{bmatrix}x(0)\\ y(0)\end{bmatrix} = \begin{bmatrix}\sin(a)\\ \cos(a)\end{bmatrix}.$$

(b) Der Wert, mit dem die in der Aufgabenstellung angegebenen Simulationsdaten erzeugt wurden, war $a = 1/\sqrt{2} \approx 0.707107$, und wir wollen sehen, ob wir diesen Wert durch unser Schätzverfahren rekonstruieren können. Dieses Verfahren funktioniert folgendermaßen: Für einen gegebenen Schätzwert a lösen wir das in Teil (a) erhaltene Anfangswertproblem numerisch und erhalten dann eine Gleichung

$$\rho := \begin{bmatrix} m_1 - x_a(t_1) \\ \vdots \\ m_{10} - x_a(t_{10}) \end{bmatrix} = \begin{bmatrix} y_a(t_1) \\ \vdots \\ y_a(t_{10}) \end{bmatrix} \delta a,$$

die wir im Sinne der Ausgleichsrechnung nach δa auflösen, und zwar mit dem Ergebnis

$$\delta a = \frac{\sum_{i=1}^{10} y_a(t_i) \cdot \rho_i}{\sum_{i=1}^{10} y_a(t_i)^2}.$$

Das so erhaltene Inkrement liefert dann den neuen (hoffentlich verbesserten) Schätzwert $a + \delta a$. Beginnend mit $a_0 = 0.2$ erhalten wir $a_1 = 0.82255$, dann $a_2 = 0.740753$, dann $a_3 = 0.70956$, anschließend $a_4 = 0.70715$ und schließlich $a_5 = 0.70714$. Bereits nach dem dritten Schritt haben wir also eine gute Anpassung an die Meßdaten, wie auch die folgende Abbildung zeigt. Die Standardabweichung der Schätzvariablen ist nach Konvergenz gegeben durch $\sigma/\sqrt{\sum_{k=1}^{10} y_a(t_k)^2} \approx 0.0073467$.

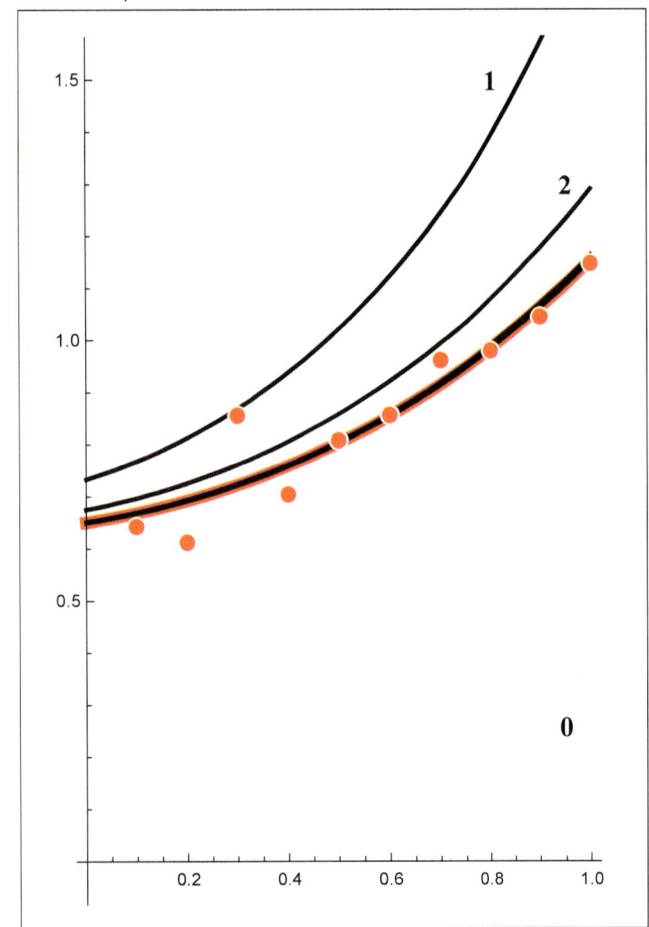

sowie

$$\frac{\partial x}{\partial a}(0) = \frac{\partial x}{\partial b}(0) = \frac{\partial y}{\partial a}(0) = \frac{\partial y}{\partial b}(0) = 0.$$

Bezeichnen wir der Kürze halber partielle Ableitungen durch untere Indices, so können wir die Systemgleichungen und die zugehörigen Variationsgleichungen zu dem folgenden Anfangswertproblem zusammenfassen:

$$\begin{bmatrix} \dot{x} \\ \dot{y} \\ \dot{x}_a \\ \dot{x}_b \\ \dot{y}_a \\ \dot{y}_b \end{bmatrix} = \begin{bmatrix} \sin(x) + ay \\ bx + \cos(y) \\ \cos(x)\,x_a + y + ay_a \\ \cos(x)\,x_b + ay_b \\ bx_a - \sin(y)\,y_a \\ x + bx_b - \sin(y)\,y_b \end{bmatrix}, \quad \begin{bmatrix} x(0) \\ y(0) \\ x_a(0) \\ x_b(0) \\ y_a(0) \\ y_b(0) \end{bmatrix} = \begin{bmatrix} 1 \\ 2 \\ 0 \\ 0 \\ 0 \\ 0 \end{bmatrix}.$$

(b) Die Werte, mit dem die in der Aufgabenstellung angegebenen Simulationsdaten erzeugt wurden, waren $a = 0.3$ und $b = -0.4$, und wir wollen sehen, ob wir diese Werte durch unser Schätzverfahren rekonstruieren können. Dieses Verfahren funktioniert folgendermaßen: Für gegebene Schätzwerte a und b lösen wir das in Teil (a) erhaltene Anfangswertproblem numerisch und erhalten mit der gefundenen Lösung dann eine Gleichung

$$\underbrace{\begin{bmatrix} \xi_1 - x(t_1) \\ \vdots \\ \xi_{10} - x(t_{10}) \\ \eta_1 - y(t_1) \\ \vdots \\ \eta_{10} - y(t_{10}) \end{bmatrix}}_{=:\rho} \approx \underbrace{\begin{bmatrix} x_a(t_1) & x_b(t_1) \\ \vdots & \vdots \\ x_a(t_{10}) & x_b(t_{10}) \\ y_a(t_1) & y_b(t_1) \\ \vdots & \vdots \\ y_a(t_{10}) & y_b(t_{10}) \end{bmatrix}}_{=:A} \begin{bmatrix} \delta a \\ \delta b \end{bmatrix}$$

die wir im Sinne der Ausgleichsrechnung nach $(\delta a, \delta b)^T$ auflösen, und zwar mit dem Ergebnis

$$\begin{bmatrix} \delta a \\ \delta b \end{bmatrix} = (A^T W A)^{-1} A^T W \rho$$

mit $W := \mathrm{diag}(\sigma_x,\ldots,\sigma_x,\sigma_y,\ldots,\sigma_y) \in \mathbb{R}^{20\times 20}$. Das so erhaltene Inkrement liefert dann die neuen (hoffentlich verbesserten) Schätzwerte $a + \delta a$ und $b + \delta b$. Beginnend mit $(a_0, b_0) = (0, 0)$ erhalten wir $(a_1, b_1) = (0.18892, -0.546546)$, dann $(a_2, b_2) = (0.310087, -0.4432)$, weiter $(a_3, b_3) = (0.410693, -0.396734)$ und schließlich $(a_4, b_4) = (0.415763, -0.39072)$. Wir erhalten eine im Rahmen der angenommenen Meßgenauigkeit gute Anpassung an die Meßdaten, wie auch die folgende Abbildung zeigt. Für die Kovarianzmatrix der gefundenen Schätzung erhalten wir

$$\mathrm{Cov}[a,b] = (A^T W A)^{-1} \approx \begin{bmatrix} 0.817 & 0.0456 \\ 0.0456 & 0.0391 \end{bmatrix}.$$

Bemerkung: Eine (absichtlich nicht besonders gut gewählte, aber noch geeignete) Anfangsschätzung für den Parameter a war in dieser Aufgabe vorgegeben. Beachte aber, daß die Konvergenz des Verfahrens für eine andere Wahl der Anfangsschätzung nicht garantiert ist und daß bei ungünstiger Wahl das betrachtete Anfangswertproblem gar keine auf dem ganzen Intervall $[0, 1]$ definierte Lösung besitzen muß! Bei Anwendungsbeispielen mit geringem a-priori-Wissen kann schon das Finden guter Anfangsschätzungen für zu ermittelnde Systemparameter ein schwieriges Problem sein.

Lösung (134.6) (a) Wir erhalten

$$\left[\frac{\partial x}{\partial a}\right]^\bullet = \cos(x)\frac{\partial x}{\partial a} + y + a\frac{\partial y}{\partial a},$$

$$\left[\frac{\partial x}{\partial b}\right]^\bullet = \cos(x)\frac{\partial x}{\partial b} + a\frac{\partial y}{\partial b},$$

$$\left[\frac{\partial y}{\partial a}\right]^\bullet = b\frac{\partial x}{\partial a} - \sin(y)\frac{\partial y}{\partial a},$$

$$\left[\frac{\partial y}{\partial b}\right]^\bullet = x + b\frac{\partial x}{\partial b} - \sin(y)\frac{\partial y}{\partial b}$$

Wir erhalten also die Standardabweichungen $\sigma_a \approx \sqrt{0.817} \approx 0.904$ und $\sigma_y \approx \sqrt{0.0391} \approx 0.198$, so daß der Parameter

b deutlich besser geschätzt werden kann als der Parameter a. Die Parameter a und b sind ferner positiv korreliert; wird also der eine etwas zu hoch geschätzt, dann auch der andere.

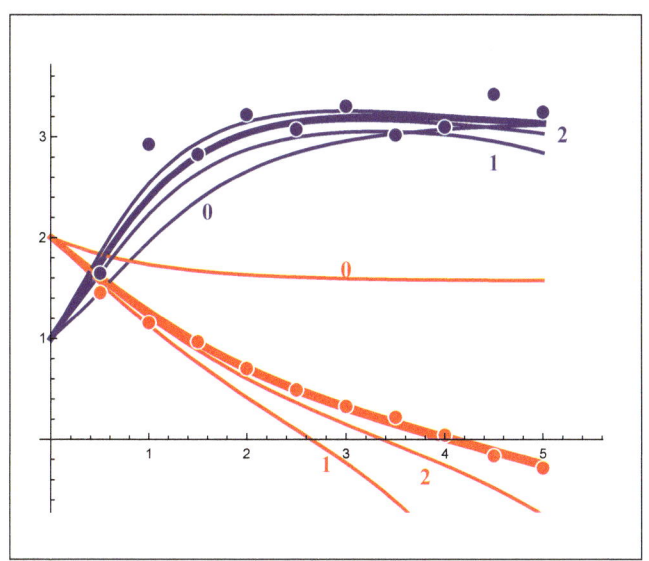

und damit einen streng monoton wachsenden Temperaturverlauf, was dem anfänglich beobachteten Temperaturabfall widerspricht. Es ist also von vornherein nicht zu erwarten, daß durch geeignete Wahl der Parameter R, T_0 und c eine gute Übereinstimmung zwischen theoretisch erwarteten und tatsächlich erhaltenen Meßdaten erzielt werden kann. Das folgende Diagramm zeigt die (im Sinne der Methode der kleinsten Quadrate) bestmögliche Anpassung an die Daten. Die rote Kurve repräsentiert einen zu einer Anfangsschätzung gehörigen Temperaturverlauf; die Kurven in den Farben grün, blau und braun repräsentieren dann die Temperaturverläufe, die zu sukzessive verbesserten Parameterwerten gehören. Das Verfahren konvergiert gegen die Lösung $(R, T_0, c) = (21.4726, 17.8916, 0.0498449)$, die zu der dicken schwarzen Kurve gehört. (Das darauffolgende Diagramm zeigt diese Kurve dann in roter Farbe.)

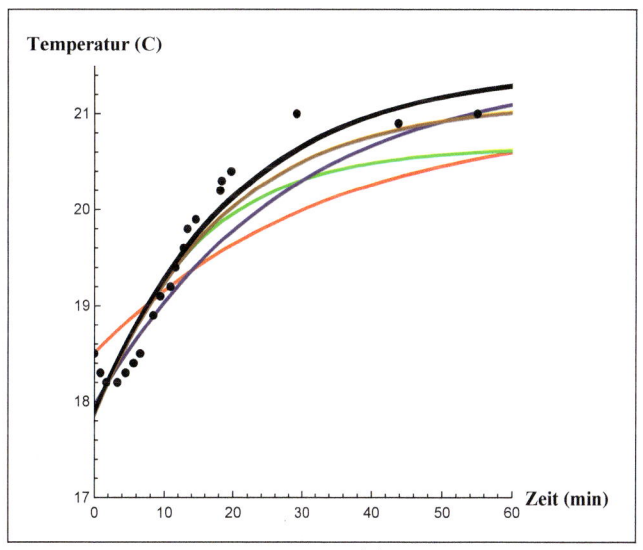

Lösung (134.7) Gesucht sind diejenigen Koeffizienten $a_i \in \mathbb{R}$, für die der Ausdruck

$$\begin{bmatrix} \varphi_1(t_1) & \varphi_2(t_1) & \cdots & \varphi_m(t_1) \\ \varphi_1(t_1) & \varphi_2(t_2) & \cdots & \varphi_m(t_2) \\ \vdots & \vdots & & \vdots \\ \varphi_1(t_N) & \varphi_2(t_N) & \cdots & \varphi_m(t_N) \end{bmatrix} \begin{bmatrix} a_1 \\ a_2 \\ \vdots \\ a_m \end{bmatrix} - \begin{bmatrix} y_1 \\ y_2 \\ \vdots \\ y_N \end{bmatrix}$$

minimale Norm hat. Bezeichnet $A = (\varphi_i(t_j)) \in \mathbb{R}^{N \times m}$ die Koeffizientenmatrix, so ist $a \in \mathbb{R}^m$ genau dann optimal, wenn $A^T A a = A^T y$ gilt. Diese Gleichung hat eine eindeutige Lösung genau dann, wenn der Rang von A gleich m ist, was genau dann der Fall ist, wenn es m Zeiten $t_{i_1}, \ldots, t_{i_m}$ derart gibt, daß $\det(\varphi_i(t_{i_j})) \neq 0$ gilt.

Lösung (134.8) Es muß mindestens zwei Zeitpunkte t_i und t_j geben, für die die Determinante

$$\begin{vmatrix} \cos(t_i) & \sin(t_i) \\ \cos(t_j) & \sin(t_j) \end{vmatrix} = \sin(t_j)\cos(t_i) - \cos(t_j)\sin(t_i)$$
$$= \sin(t_j - t_i)$$

von Null verschieden ist, was genau dann der Fall ist, wenn $t_j - t_i$ kein ganzzahliges Vielfaches von π ist. Die Zeiten $t_1, \ldots, t_N$ dürfen sich also nicht alle nur um ein Vielfaches von π unterscheiden.

Lösung (134.9) In allen Fällen setzen wir $T_0 := T(0)$.

(a) Für $t \geq 0$ ist das Newtonsche Gesetz gegeben durch $\dot{T}(t) = -c(T(t) - R)$. Es liefert die Lösung

$$(1) \qquad T(t) = R - (R - T_0)e^{-ct}$$

Verlauf von Lösungen der Form (1) mit sukzessiver Parameteranpassung.

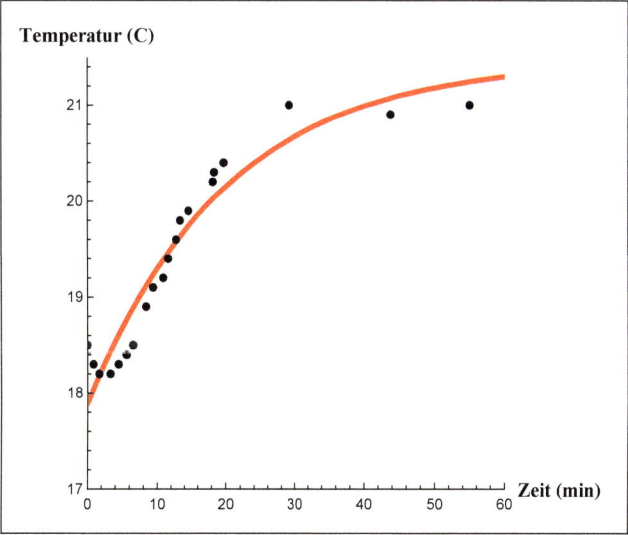

Bestmögliche Anpassung einer Lösung der Form (1) an die Messungen.

(b) Die Annahme einer Zeitverzögerung aufgrund innerer Trägheit führt auf die Modellgleichung

$$\dot{T}(t) = \begin{cases} -c \cdot (T(t) - A), & \text{falls } t < \tau, \\ -c \cdot (T(t) - R), & \text{falls } t \geq \tau. \end{cases}$$

Der Temperaturverlauf ist bei Annahme dieses Modells gegeben durch

(2) $\quad T(t) = \begin{cases} A - (A - T_0)e^{-ct}, & \text{falls } t < \tau; \\ R - (R - T(\tau))e^{-c(t-\tau)}, & \text{falls } t \geq \tau. \end{cases}$

(Dabei ist $T(\tau)$ als der Grenzwert für $t \mapsto \tau_-$ des oberen Ausdrucks zu wählen, damit die Funktion T stetig wird.) Auch hier gelingt es nicht, den Funktionsverlauf durch geeignete Wahl der Parameter T_0, τ, R, A und c in befriedigender Weise an die Meßdaten anzupassen. Im folgenden Diagramm repräsentiert die waagrechte rote Kurve den Temperaturverlauf aufgrund einer Anfangsschätzung mit $c = 0$, die andere rote Kurve dann die Lösung nach Konvergenz des Verfahrens.

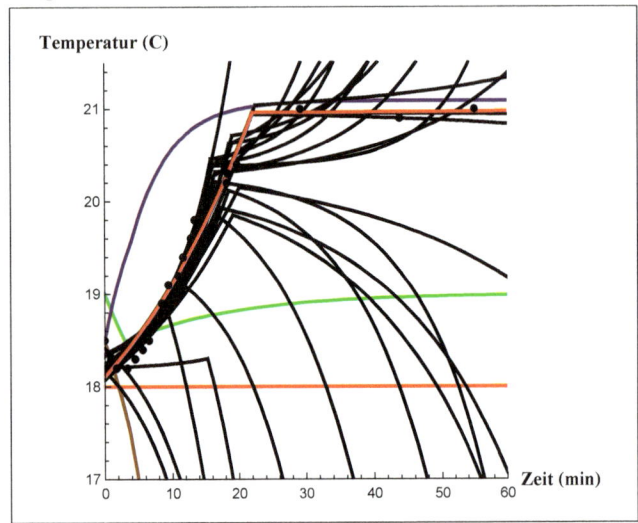

Verlauf von Lösungen der Form (2) mit sukzessiver Parameteranpassung.

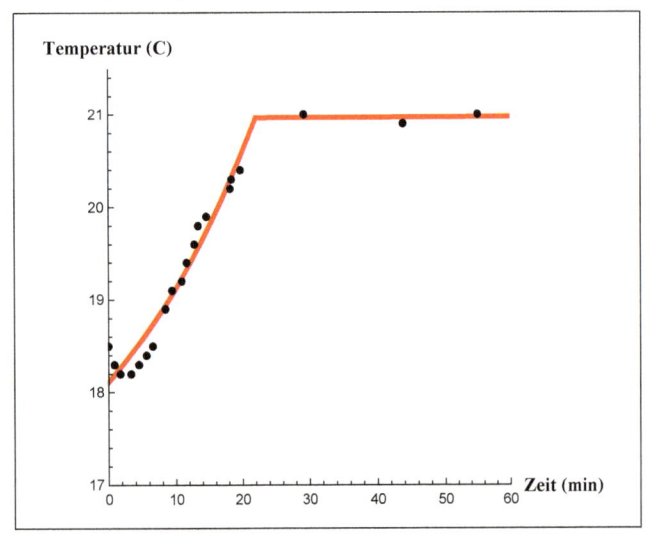

Bestmögliche Anpassung einer Lösung der Form (2) an die Messungen.

Daß das Modell nicht realistisch ist, zeigt sich auch daran, daß man einen völlig anderen Temperaturverlauf erhält, wenn man nur eine Anpassung an die ersten 17 Messungen vornimmt, also die letzten drei Temperaturmessungen einfach ignoriert. Hier ergibt sich zwar ein Verlauf mit einem anfänglichen Abfall der Temperaturwerte, aber die Anpassung an die tatsächlich erhaltenen Temperaturmessungen gelingt aufgrund des Knicks im Funktionsverlauf auch hier nicht in befriedigender Weise.

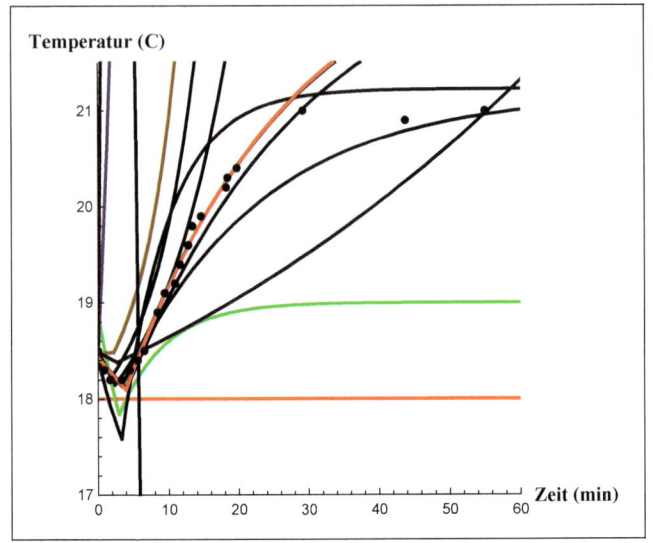

Verlauf von Lösungen der Form (2) mit sukzessiver Parameteranpassung, wobei die letzten drei Temperaturmessungen ignoriert werden.

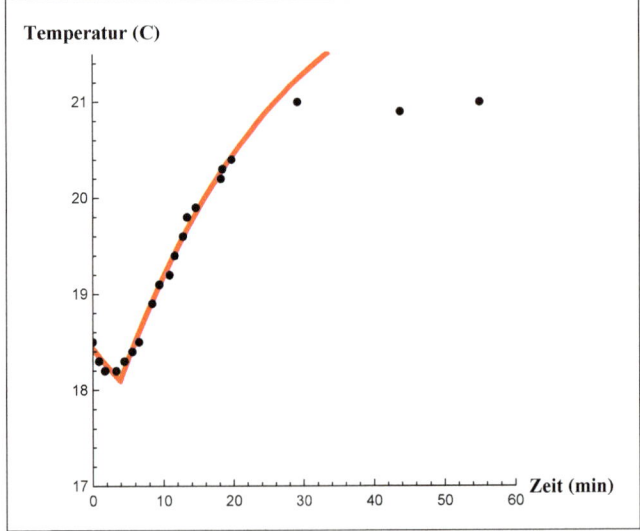

Bestmögliche Anpassung einer Lösung der Form (2) an die ersten 17 Messungen.

(c) Wir nehmen nun ein Modell der folgenden Form an:

(3) $\quad \begin{aligned} \dot{T}(t) &= -c(T(t) - M(t)), \\ \dot{M}(t) &= -d(M(t) - R). \end{aligned}$

Die Lösung dieses Systems läßt sich explizit angeben:

$$M(t) = R + e^{-dt}(M_0 - R),$$
$$T(t) = R + e^{-ct}(T_0 - R) + c(M_0 - R) \cdot \frac{e^{-ct} - e^{-dt}}{d - c},$$

wobei für $d = c$ der Bruch auf der rechten Seite gemäß der Regel von de l'Hospital als te^{-ct} zu lesen ist. Da nur Messungen der Funktion $t \mapsto T(t)$ vorliegen, aber keine Messungen der Manteltemperatur $t \mapsto M(t)$, können aus den Messungen nicht alle auftretenden Parameter R, $T_0 = T(0)$, $M_0 = M(0)$, c und d bestimmt werden. (Ist $t \mapsto \bigl(T(t), M(t)\bigr)$ eine Lösung zum Temperaturwert R und ist $\rho \in \mathbb{R}$ beliebig, so ist $t \mapsto \bigl(T(t) + \rho, M(t) + \rho\bigr)$ eine Lösung zum Temperaturwert $R + \rho$; die Parameterwerte (R, T_0, M_0, c, d) können also anhand der vorliegenden Messungen nicht von den Parameterwerten $(R + \rho, T_0 + \rho, M_0 + \rho, c, d)$ unterschieden werden.) Schätzung der Parameter R, T_0, c und d bei fest gewähltem M_0 liefert aber eine gute Anpassung an die vorliegenden Meßdaten.

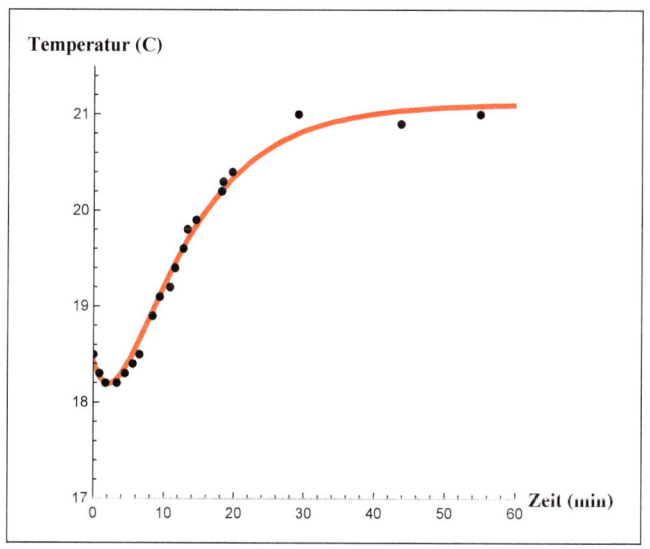

Temperaturverlauf $t \mapsto T(t)$ bei Annahme eines Modells der Form (3) nach Parameteranpassung.

Diese Aufgabe ist von einem systemtheoretischen Gesichtspunkt aus interessant. Die beobachtete Temperaturanzeige $t \mapsto T(t)$ kann als Messung an einem System betrachtet werden, das sich nicht als eindimensionales System (und damit eine Gleichung für die beobachtete Funktion $t \mapsto T(t)$ allein) realisieren läßt, sondern zu seiner Modellierung die Einführung einer zweiten (zunächst "verborgenen" und nicht direkt zugänglichen) Zustandsvariablen erfordert.

Aufgaben zu »Schätzung von System- und Meßparametern« siehe Seite 137

L135: Hypothesentests

Lösung (135.1) Wir wenden jeweils den Gauß-Test an.

(a) Die Hypothese $\mu = \mu_0$ wird verworfen, wenn $|\overline{x} - \mu| \geq z_{\alpha/2} \cdot \sigma/\sqrt{n}$ ist. Für $\alpha = 0.05$ ist $z_{\alpha/2} = 1.959964$; ferner haben wir $\sigma = 5$ und $n = 50$ und damit $z_{\alpha/2} \cdot \sigma/\sqrt{n} = 1.385904$. Die Hypothese wird also verworfen, falls $|\overline{x} - 1000| \geq 1.385904$ gilt; der erlaubte Bereich für $\overline{x}$ ist also das Intervall $(998.614096, 1001.385904)$. Sofern also $\overline{x}$ in diesem Intervall liegt, wird an der Hypothese festgehalten.

(b) Die Hypothese $\mu \leq \mu_0$ wird verworfen, wenn $\overline{x} \geq \mu_0 + z_\alpha \cdot \sigma/\sqrt{n}$ ist. Für $\alpha = 0.05$ ist $z_\alpha = 1.644854$; ferner haben wir $\sigma = 5$ und $n = 50$ und damit $z_\alpha \cdot \sigma/\sqrt{n} = 1.163087$. Die Hypothese wird also verworfen, falls $\overline{x} \geq 1001.163087$ gilt; der erlaubte Bereich für $\overline{x}$ ist also das Intervall $(-\infty, 1001.163087)$. Sofern $\overline{x}$ in diesem Intervall liegt, wird an der Hypothese festgehalten.

(c) Die Hypothese $\mu \geq \mu_0$ wird verworfen, wenn $\overline{x} \leq \mu_0 - z_\alpha \cdot \sigma/\sqrt{n}$ ist. Für $\alpha = 0.05$ ist $z_\alpha = 1.644854$; ferner haben wir $\sigma = 5$ und $n = 50$ und damit $z_\alpha \cdot \sigma/\sqrt{n} = 1.163087$. Die Hypothese wird also verworfen, falls $\overline{x} \leq 998.836913$ gilt; der erlaubte Bereich für $\overline{x}$ ist also das Intervall $(998.836913, \infty)$. Sofern $\overline{x}$ in diesem Intervall liegt, wird an der Hypothese festgehalten.

Lösung (135.2) Aus den angegebenen Daten erhalten wir das Stichprobenmittel $\overline{x} = (\sum_{i=1}^{10} x_i)/10 = 3.1$, die Stichprobenvarianz $s^2 = (\sum_{i=1}^{10}(x_i - \overline{x})^2)/9 = 0.009$ und damit die Stichprobenstandardabweichung $s = \sqrt{0.009} = 0.0948683$. Unter Benutzung der Student-Verteilung erhalten wir aus den $n = 10$ Stichprobenwerten für ein Konfidenzniveau α das Konfidenzintervall

$$I_\alpha = \left[\overline{x} - t_{9;\alpha/2} \cdot \frac{s}{\sqrt{n}}, \overline{x} + t_{9;\alpha/2} \cdot \frac{s}{\sqrt{n}}\right].$$

Für $\alpha = 0.05$ ist $t_{9;\alpha} = 2.262$ und damit $I_\alpha = [3.03214, 3.16786]$; für $\alpha = 0.01$ ist $t_{9;\alpha/2} = 3.250$ und damit $I_\alpha = [3.00250, 3.19750]$. Die Tatsache, daß für kleiner werdendes α das Intervall I_α größer wird, drückt die Binsenweisheit aus, daß Aussagen um so unschärfer sein werden, je sicherer sie sein sollen.

Lösung (135.3) (a) Der Medikamentenhersteller ist daran interessiert, die Wirksamkeit des Medikaments zu behaupten, und wird daher die Nullhypothese "Das Medikament ist wirksam" wählen. (Dies hat den Vorteil, daß man so lange die Wirksamkeit behaupten darf, bis Datenmaterial vorliegt, das starke Zweifel an der Wirksamkeit nahelegt.) Der Fehler 1. Art besteht dann darin, das Medikament als unwirksam anzusehen, obwohl es wirksam ist, der Fehler 2. Art, das in Wirklichkeit unwirksame Medikament als wirksam anzusehen. Der Fehler 2. Art erscheint hier schlimmer; wenn man ihn macht, so wird man ein unwirksames Medikament verabreichen und mögliche alternative Behandlungsmethoden nicht in Erwägung ziehen. Begeht man dagegen den Fehler 1. Art, so wird man das fragliche Medikament einfach nicht benutzen und verliert damit nur eine Option unter möglichen anderen.

Ein Krankenversicherungsträger ist dagegen daran interessiert, nicht schon wieder ein neues (und damit teures) Medikament in den Leistungskatalog aufnehmen zu müssen, und wird daher die Nullhypothese "Das Medikament ist unwirksam" wählen. (Dies hat den Vorteil, daß man die Wirksamkeit des Medikaments erst dann zugeben muß, wenn vorliegende Daten diesen Schluß quasi erzwingen.) Die Rollen des Fehlers 1. Art und des Fehlers 2. Art sind dann im Vergleich zur vorherigen Situation gerade vertauscht.

(b) Der Medikamentenhersteller ist daran interessiert, die Unbedenklichkeit des Medikaments zu behaupten, und wird daher die Nullhypothese "Das Medikament ist unbedenklich" wählen. (Dies hat den Vorteil, daß man so lange die Unbedenklichkeit behaupten darf, bis Datenmaterial vorliegt, das starke Zweifel an der Unbedenklichkeit nahelegt.) Der Fehler 1. Art besteht dann darin, das Medikament als bedenklich anzusehen, obwohl es unbedenklich ist, der Fehler 2. Art, das in Wirklichkeit bedenkliche Medikament als unbedenklich anzusehen. Der Fehler 2. Art ist hier entschieden schlimmer; wenn man ihn macht, riskiert man gravierende Nebenwirkungen. Begeht man dagegen den Fehler 1. Art, so ist man einfach übervorsichtig, was jedenfalls dann keinen Schaden anrichtet, wenn andere Behandlungsarten möglich sind.

Ein Ärzteverband ist dagegen daran interessiert, Gesundheitsrisiken zu minimieren, und wird daher die Nullhypothese "Das Medikament ist bedenklich" wählen. (Dies hat den Vorteil, daß das Medikament erst dann eingesetzt werden wird, wenn vorliegende Daten das Risiko von Nebenwirkungen weitgehend ausschließen.) Die Rollen des Fehlers 1. Art und des Fehlers 2. Art sind dann im Vergleich zur vorherigen Situation gerade vertauscht.

(c) Da Hypothesentests darauf angelegt sind, das Risiko eines Fehlers 1. Art klein zu halten, wird man in beiden Fällen eher den Standpunkt des Krankenversicherungsträgers bzw. des Ärzteverbandes einnehmen und damit den Medikamentenhersteller in die Beweispflicht nehmen.

Lösung (135.4) Wir wenden jeweils den Gauß-Test an.

(a) Für $\alpha = 0.01$ ist $z_{\alpha/2} = 2.575829$; ein zweiseitiges Konfidenzintervall für μ auf diesem Signifikanzniveau ist

$$\left[\overline{x} - z_{\alpha/2} \cdot \frac{\sigma}{\sqrt{n}}, \overline{x} + z_{\alpha/2} \cdot \frac{\sigma}{\sqrt{n}}\right] = [74.035335, 74.036665].$$

(b) Für $\alpha = 0.05$ ist $z_\alpha = 1.644854$; ein nach unten geöffnetes einseitiges Konfidenzintervall für μ auf diesem

Signifikanzniveau ist

$$\left(-\infty, \overline{x} + z_\alpha \cdot \frac{\sigma}{\sqrt{n}}\right] = (-\infty, 74.036425].$$

Lösung (135.5) (a) Für $\alpha = 0.025$ ist $z_{\alpha/2} = 2.241400$; ein zweiseitiges Konfidenzintervall für μ auf diesem Signifikanzniveau ist $[\overline{x} - z_{\alpha/2} \cdot \sigma/\sqrt{n}, \overline{x} + z_{\alpha/2} \cdot \sigma/\sqrt{n}] = [159.509556, 164.490444]$.

(b) Nach dem Gauß-Test wird die Hypothese $\mu \leq 160$ auf dem Signifikanzniveau α verworfen, wenn $\overline{x} \geq 160 + z_\alpha \cdot \sigma/\sqrt{n}$ gilt. Für $\alpha = 0.01$ ist $z_\alpha = 2.32638$ und damit $160 + z_\alpha \cdot \sigma/\sqrt{n} = 162.584867$; man wird die Hypothese also nicht verwerfen.

(c) Nach dem Gauß-Test wird die Hypothese $\mu = 164$ auf dem Signifikanzniveau α verworfen, wenn $2 = |\overline{x} - 164| \geq z_{\alpha/2} \cdot \sigma/\sqrt{n}$ gilt. Für $\alpha = 0.025$ ist $z_{\alpha/2} = 2.241400$ und damit $z_{\alpha/2} \cdot \sigma/\sqrt{n} = 2.490444$; man wird die Hypothese also *nicht* verwerfen.

Lösung (135.6) Aus den angegebenen Stichprobendaten erhalten wir das Stichprobenmittel

$$\overline{x} = \left(\sum_{i=1}^{9} x_i\right)/9 = 502.\overline{2}$$

und die Stichprobenstandardabweichung

$$s = \sqrt{\left(\sum_{i=1}^{9}(x_i - \overline{x})^2\right)/8} = 2.90593.$$

(a) Nach dem Gauß-Test ist die Hypothese $\mu \geq 500$ auf dem Signifikanzniveau α dann zu verwerfen, wenn $\overline{x} \leq 500 - z_\alpha \cdot \sigma/\sqrt{n} = 500 - 0.9 z_\alpha$ gilt. Für $\alpha = 0.05$ ist $z_\alpha = 1.644854$ und damit $500 - 0.9 z_\alpha = 498.519631$; man wird die Hypothese also *nicht* verwerfen.

(b) Für $\alpha = 0.05$ haben wir $z_\alpha = 1.644854$ und $z_{\alpha/2} = 1.959964$; die gesuchten Konfidenzintervalle sind dann

$$\left(-\infty, \overline{x} + z_\alpha \cdot \frac{\sigma}{\sqrt{n}}\right) = (-\infty, 503.702591)$$

und

$$\left(\overline{x} - z_{\alpha/2} \cdot \frac{\sigma}{\sqrt{n}}, \overline{x} + z_{\alpha/2} \cdot \frac{\sigma}{\sqrt{n}}\right)$$
$$= (500.458255, 503.986190).$$

(c) Wenn man der Angabe des Herstellers kein Vertrauen mehr schenkt, so muß man statt $\sigma = 2.7$ die Stichprobenstandardabweichung $s = 2.73974$ benutzen und den Student-Test statt des Gauß-Tests anwenden, was darauf hinausläuft, $z_{\alpha/2}$ durch $t_{8;\alpha/2} = 2.306$ und z_α durch $t_{8;\alpha} = 1.860$ zu ersetzen. Nach dem Student-Test ist die Hypothese $\mu \geq 500$ zu verwerfen, wenn $\overline{x} \leq 500 - t_{8;\alpha} \cdot s/\sqrt{n} = 498.301361$ gilt. Das ist hier nicht der Fall, weswegen man an der Hypothese festhalten wird. In Teil (b) ergeben sich die gesuchten Konfidenzintervalle zu

$$\left(-\infty, \overline{x} + t_{8;\alpha} \cdot \frac{s}{\sqrt{n}}\right) = (-\infty, 503.920861)$$

und

$$\left(\overline{x} - t_{8;\alpha/2} \cdot \frac{s}{\sqrt{n}}, \overline{x} + t_{8;\alpha/2} \cdot \frac{s}{\sqrt{n}}\right)$$
$$= (500.116276, 504.328169).$$

Diese sind größer als die in Teil (b) erhaltenen Intervalle, was die aus der Unkenntnis von σ resultierende größere Unsicherheit widerspiegelt.

Lösung (135.7) Aus der Tabelle

Braut → Bräutigam ↓	röm.-kath.	evang.	sonstige	ohne	$\sum$
röm.-kath.	2987	1100	25	56	4168
evang.	1193	784	14	47	2038
sonstige	90	40	146	14	290
ohne	152	122	6	78	358
$\sum$	4422	2046	191	195	6854

ergibt sich $\sum_{i=1}^{4}\sum_{j=1}^{4} n_{ij}^2/(n_{i\star}n_{\star j}) = 1.461$. Die Testgröße ist daher

$$\chi_0^2 = \sum_{i,j} \frac{(n_{ij} - n_{i\star}n_{\star j}/n)^2}{n_{i\star}n_{\star j}/n}$$
$$= \sum_{i,j} \frac{n_{ij}^2 - 2n_{ij}n_{i\star}n_{\star j}/n + n_{i\star}^2 n_{\star j}^2/n^2}{n_{i\star}n_{\star j}/n}$$
$$= n \sum_{ij} \frac{n_{ij}^2}{n_{i\star}n_{\star j}} - 2\sum_{i,j} n_{ij} + \frac{1}{n}\sum_{i,j} n_{i\star}n_{\star j}$$
$$= n \sum_{ij} \frac{n_{ij}^2}{n_{i\star}n_{\star j}} - 2n + n$$
$$= n \left(\sum_{ij} \frac{n_{ij}^2}{n_{i\star}n_{\star j}} - 1\right)$$
$$= 6854 \cdot (1.461 - 1) = 3160.$$

Die Anzahl der Freiheitsgrade ist $(4-1) \cdot (4-1) = 9$; es gilt $\chi_{9;0.01}^2 = 21.666$. Wegen $\chi_0^2 > \chi_{9;0.01}^2$ wird die Hypothese, die Konfessionen von Braut und Bräutigam seien voneinander unabhängig, auf dem Signifikanzniveau $\alpha = 0.01$ also abgelehnt.

Lösung (135.8) Die angegebenen Daten liefern den Mittelwert $\overline{x} = \sum_{i=1}^{10} x_i/10 = 134.7$ und die Stichprobenvarianz $s^2 = \sum_{i=1}^{10}(x_i - \overline{x})^2/9 = 180.0\overline{1}$, also $s = 13.416821$.

(a) Das gewählte Signifikanzniveau ist $\alpha = 0.05$. Mit $\tau := t_{9;\alpha/2} = 2.262$ ist das gesuchte Konfidenzintervall gegeben durch $[\overline{x}-\tau s/\sqrt{10}, \overline{x}+\tau s/\sqrt{10}] = [125.103, 144.297]$.

(b) Das gewählte Signifikanzniveau ist wieder $\alpha = 0.05$; dann ist $\tau := t_{9;\alpha} = 1.833$. Nach dem Student-Test wird die Hypothese $\mu \geq 130$ genau dann verworfen, wenn $\overline{x} \leq 130 - \tau s/\sqrt{10} = 122.223$ gilt.

Lösung (135.9) (a) Wir haben die beobachteten Häufigkeiten $B_1 = 20$, $B_2 = 40$ und $B_3 = 20$ und die erwarteten Häufigkeiten $E_i = 80/3$ für $i = 1, 2, 3$; die Prüfgröße ist also

$$\chi_0^2 = \frac{(20/3)^2}{80/3} + \frac{(40/3)^2}{80/3} + \frac{(20/3)^2}{80/3}$$
$$= \frac{3 \cdot 20^2}{80 \cdot 9} \cdot (1 + 4 + 1) = 10.$$

Da dieser Wert größer ist als $(\chi^2)_{2;0.01} = 9.210$, wird die Hypothese, der erste (wie auch der zweite) Würfel sei unverfälscht, auf dem Signifikanzniveau $\alpha = 1\%$ verworfen.

(b) Wir müssen einen χ^2-Unabhängigkeitstest mit den folgenden Daten (Tabelle links) durchführen.

1. Würfel →	1	2	3	Σ
2. Würfel ↓				
1	8	4	8	20
2	12	24	4	40
3	0	12	8	20
Σ	20	40	20	80

5	10	5
10	20	10
5	10	5

Anschließend bilden wir die kleine Tabelle rechts mit den Elementen $n_{i\star} \cdot n_{\star j}/n$, wobei n der Stichprobenumfang ist. Die Prüfgröße ist

$$\chi_0^2 = \frac{3^2}{5} + \frac{6^2}{10} + \frac{3^2}{5} + \frac{2^2}{10} + \frac{4^2}{20} + \frac{6^2}{10} + \frac{5^2}{5} + \frac{2^2}{10} + \frac{3^2}{5} = 19.2.$$

Da dieser Wert größer als $(\chi^2)_{4;0.01} = 13.277$ ist, wird man auf dem Signifikanzniveau $\alpha = 1\%$ die Hypothese verwerfen, die Augenzahlen beider Würfel treten unabhängig voneinander auf.

Lösung (135.10) Wir machen die Annahme, die Bolzendurchmesser seien normalverteilt. Aus den angegebenen Daten erhalten wir das Stichprobenmittel $\overline{x} = (\sum_{i=1}^{10} x_i)/10 = 22.017$, die Stichprobenvarianz $s^2 = (\sum_{i=1}^{10}(x_i - \overline{x})^2)/9 = 0.00089$ und damit die Stichprobenstandardabweichung $s = \sqrt{0.00089} = 0.0298329$. Unter Benutzung der Student-Verteilung erhalten wir aus den $n = 10$ Stichprobenwerten für ein Signifikanzniveau α das Konfidenzintervall $I_\alpha = [\overline{x} - t_{9;\alpha/2} \cdot s/\sqrt{n}, \overline{x} + t_{9;\alpha/2} \cdot s/\sqrt{n}]$. Für $\alpha = 0.05$ ist $t_{9;\alpha/2} = 2.262$ und damit $I_\alpha = [21.9957, 22.0383]$. Da das erhaltene Stichprobenmittel in diesem Intervall enthalten ist, wird man die Hypothese also nicht verwerfen.

Lösung (135.11) Gegeben sei eine Zufallsvariable X, die nur endlich viele Werte $x_1, \ldots, x_s$ annehmen kann. Gegeben sei eine Realisierung einer Stichprobe vom Umfang N für X, bei der diese Werte mit den relativen Häufigkeiten $n_1, \ldots, n_s$ auftreten. Gegeben seien Zahlen $p_1, \ldots, p_s \geq 0$ mit $p_1 + \cdots + p_s = 1$. Der χ^2-Anpassungstest zur Überprüfung der Hypothese

$$p(X = x_i) = p_i \quad \text{für } 1 \leq i \leq s$$

besteht in der Anwendung des folgenden Kriteriums: Gilt für

$$u := \sum_{i=1}^{s} \frac{(n_i - np_i)^2}{np_i}$$

die Bedingung $u > (\chi^2)_{s-1;\alpha}$, so wird die Hypothese auf dem Signifikanzniveau α verworfen; andernfalls wird sie beibehalten.

Lösung (135.12) Die beobachteten Häufigkeiten der einzelnen Augenzahlen sind $B_1 = 12$, $B_2 = 29$, $B_3 = 15$, $B_4 = 24$, $B_5 = 19$ und $B_6 = 21$. Ist der Würfel unverfälscht, so sind die erwarteten Häufigkeiten der Augenzahlen gegeben durch $E_i = (1/6) \cdot 120 = 20$ für $1 \leq i \leq 6$. Wir wenden den χ^2-Anpassungstest an und betrachten die Prüfgröße

$$\chi_0^2 = \sum_{i=1}^{6} \frac{(B_i - E_i)^2}{E_i} = \frac{8^2 + 9^2 + 5^2 + 4^2 + 1^2 + 1^2}{20}$$
$$= \frac{188}{20} = 9.4.$$

Da diese Größe den Wert $(\chi^2)_{5;0.05} = 11.070$ nicht übersteigt, gibt es auf dem Signifikanzniveau 0.05 keinen Grund, an der Unverfälschtheit des Würfels zu zweifeln.

Lösung (135.13) Wir müssen zunächst den Parameter λ der angenommenen Poisson-Verteilung X schätzen. Wählen wir als erwartungstreuen Schätzer für $\lambda = E[X]$ das Stichprobenmittel, so erhalten wir den Schätzwert $\overline{x} = (32 \cdot 0 + 15 \cdot 1 + 9 \cdot 2 + 4 \cdot 3)/60 = 3/4 = 0.75$. Die Hypothese, auf die wir den χ^2-Anpassungstest anwenden wollen, ist also die, die Anzahl X der Kirschkerne sei Poisson-verteilt mit dem Parameter $\lambda = 0.75$. Für $k \in \mathbb{N}_0$ ist dann $p_k := p(X = k) = e^{-0.75} \cdot 0.75^k/k!$. Dies liefert $p_0 = 0.472$, $p_1 = 0.354$, $p_2 = 0.133$ und $p_3 = 0.033$. Bei 60 Kuchen erwarten wir dann im Mittel $60 \cdot p_k$ Kuchen mit jeweils k Kirschkernen; dies liefert die erwarteten Häufigkeiten $E_0 = 28.32$, $E_1 = 21.24$, $E_2 = 7.98$ und $E_3 = 1.98$. Wegen $E_3 < 3$ kombinieren wir die beiden letzten Klassen; wir bilden also die Klassen $M_0 = \{0\}$, $M_1 = \{1\}$ und $M_2 = \{k \in \mathbb{N} \mid k \geq 2\}$. Für diese Klassen haben wir die beobachteten Häufigkeiten $B_0 = 32$, $B_1 = 15$ und $B_2 = 9 + 4 = 13$ sowie die erwarteten Häufigkeiten $E_0 = 28.32$, $E_1 = 21.24$ und $E_2 = 7.98 + 1.98 = 9.96$.

Der Wert der Testgröße

$$\chi_0^2 = \frac{(32-28.32)^2}{28.32} + \frac{(15-21.24)^2}{21.24} + \frac{(13-9.96)^2}{9.96}$$
$$\approx 3.24$$

ist nun kleiner als $(\chi^2)_{3-1-1,0.05} = (\chi^2)_{1,0.05} = 3.841$. Auf dem Signifikanzniveau 0.05 gibt es also keinen Grund, die Hypothese einer Poisson-Verteilung anzuzweifeln.

Lösung (135.14) Wir erweitern die angegebene Tabelle der Häufigkeiten n_{ij} dadurch, daß wir auch die Summen $n_{i\star}$ und $n_{\star j}$ eintragen.

Mathematiktalent → Statistikinteresse ↓	wenig	mittel	viel	$\sum$
wenig	63	42	15	120
mittel	58	61	31	150
viel	14	47	29	90
$\sum$	135	150	75	360

Anschließend bilden wir die Tabelle mit den Elementen $n_{i\star} \cdot n_{\star j}/n$, wobei n der Stichprobenumfang ist.

45.00	50.00	25.00
56.25	62.50	31.25
33.75	37.50	18.75

Aufsummieren der Terme $(n_{ij} - n_{i\star}n_{\star j}/n)^2/(n_{i\star}n_{\star j}/n)$ liefert die Prüfgröße

$$\chi_0^2 = \frac{18^2}{45} + \frac{8^2}{50} + \frac{10^2}{25} + \frac{1.75^2}{56.25} + \frac{1.5^2}{62.5}$$
$$+ \frac{0.25^2}{31.25} + \frac{19.25^2}{33.75} + \frac{9.5^2}{37.5} + \frac{10.25^2}{18.75} \approx 31.5621.$$

Dieser Wert ist größer als $(\chi^2)_{4;0.05} = 9.488$. Auf dem Signifikanzniveau von 5% wird man also die Hypothese verwerfen, mathematisches Talent und Interesse an Statistik seien voneinander unabhängig.

Lösung (135.15) (a) Die Transformation $z := (x - 12.04)/0.08$ bzw. $x = 12.04 + 0.08z$ bildet die z-Intervalle $[0, 0.32)$, $[0.32, 0.675)$, $[0.675, 1.15)$ und $[1.15, \infty)$ und deren Spiegelbilder gerade auf die angegebenen x-Intervalle ab; diese acht Intervalle sind also gerade so gewählt, daß (falls die Normalverteilungsannahme zutrifft) im Mittel jeweils 12.5% der Stichprobenwerte in jedes dieser Intervalle fallen.

(b) Für die angegebenen Intervalle M_i mit $1 \leq i \leq 8$ haben wir die beobachteten Häufigkeiten $B_1 = 10$, $B_2 = 14$, $B_3 = 12$, $B_4 = 13$, $B_5 = 11$, $B_6 = 12$, $B_7 = 14$ und $B_8 = 14$ sowie die erwarteten Häufigkeiten $E_i = 100/8 = 12.5$ für $1 \leq i \leq 8$. Als Prüfgröße für den χ^2-Anpassungstest ergibt sich dann

$$\chi_0^2 = \frac{2.5^2 + 1.5^2 + 0.5^2 + 0.5^2 + 1.5^2 + 0.5^2 + 1.5^2 + 1.5^2}{12.5}$$

und damit $\chi_0^2 = 1.28$. Wegen $k = 8$ und $p = 2$ ist dieser Wert auf dem Signifikanzniveau α zu vergleichen mit $(\chi^2)_{k-p-1;\alpha} = (\chi^2)_{5;\alpha}$. Für $\alpha = 0.05$ ist $(\chi^2)_{5;\alpha} = 11.070$. Auf dem Signifikanzniveau $\alpha = 0.05$ gibt es also keinen Grund, die Normalverteilungshypothese zu verwerfen.

Lösung (135.16) Wir erweitern die angegebene Tabelle der Häufigkeiten n_{ij} dadurch, daß wir auch die Summen $n_{i\star}$ und $n_{\star j}$ eintragen.

Nähte → Knöpfe ↓	fehlerlos	fehlerhaft	$\sum$
fehlerlos	9	11	20
fehlerhaft	31	49	80
$\sum$	40	60	100

Anschließend bilden wir die Tabelle mit den Elementen $n_{i\star} \cdot n_{\star j}/n$, wobei $n = 100$ der Stichprobenumfang ist.

8	12
32	48

Da die Testgröße $\chi_0^2 = (1^2/8) + (1^2/12) + (1^2/32) + (1^2/48) = 0.2604166\overline{6}$ den Wert $(\chi^2)_{1;0.01} = 3.841$ nicht übersteigt, gibt es auf dem Signifikanzniveau $\alpha = 5\%$ keinen Grund, die Unabhängigkeit des Auftretens von Fehlern bei Nähten und bei Knöpfen zu bezweifeln.

Lösung (135.17) Wir erweitern die angegebene Tabelle der Häufigkeiten n_{ij} dadurch, daß wir auch die Summen $n_{i\star}$ und $n_{\star j}$ eintragen.

Mathematiknoten → Deutschnoten ↓	1	2	3	4	$\sum$
1	5	12	15	10	42
2	9	45	69	29	152
3	12	40	77	67	196
4	6	23	27	54	110
$\sum$	32	120	188	160	500

Anschließend bilden wir die Tabelle mit den Elementen $n_{i\star} \cdot n_{\star j}/n$, wobei $n = 500$ der Stichprobenumfang ist.

2.688	10.080	15.792	13.440
9.728	36.480	57.152	48.640
12.544	47.040	73.696	62.720
7.040	26.400	41.360	35.200

Als Prüfgröße im χ^2-Unabhängigkeitstest ergibt sich

$$\begin{aligned}\chi_0^2 &= \frac{2.312^2}{2.688} + \frac{1.920^2}{10.080} + \frac{0.792^2}{15.792} + \frac{3.440^2}{13.440} \\ &+ \frac{0.728^2}{9.728} + \frac{8.520^2}{36.480} + \frac{11.848^2}{57.152} + \frac{19.640^2}{48.640} \\ &+ \frac{0.544^2}{12.544} + \frac{7.040^2}{47.040} + \frac{3.304^2}{73.696} + \frac{4.280^2}{62.720} \\ &+ \frac{1.040^2}{7.040} + \frac{3.400^2}{26.400} + \frac{14.360^2}{41.360} + \frac{18.800^2}{35.200}\end{aligned}$$

und damit $\chi_0^2 = 32.8409$. Dieser Wert ist größer als $(\chi^2)_{9;0.01} = 21.666$, so daß man auf dem Signifikanzniveau $\alpha = 1\%$ die Hypothese der Unabhängigkeit von Mathematik- und Deutschnoten verwerfen muß; zwischen beiden besteht also ein signifikanter Zusammenhang.

L136: Markovsche Ketten

Lösung (136.1) (a) Bezeichnen wir den gelernten Zustand mit G und den ungelernten Zustand mit U, so wird der betrachtete Markovprozeß durch den folgenden Graphen beschrieben.

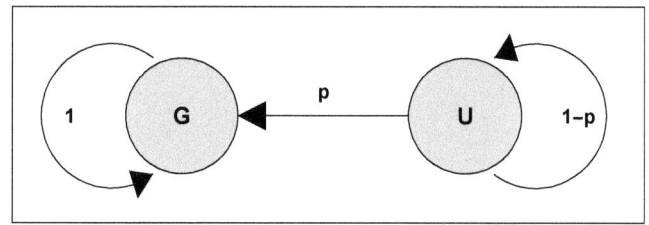

Die Übergangsmatrix ist, wenn wir zur Abkürzung $q := 1 - p$ schreiben, gegeben durch

$$P = \begin{bmatrix} 1 & 0 \\ p & 1-p \end{bmatrix} = \begin{bmatrix} 1 & 0 \\ p & q \end{bmatrix}.$$

(b) Um die Potenzen von P zu bestimmen, wollen wir P zunächst durch einen geeigneten Basiswechsel auf einfachere Form bringen. Die Eigenwerte von P sind offensichtlich q und 1; zugehörige Eigenvektoren sind $(1,1)^T$ und $(0,1)^T$. Mit $T := \begin{bmatrix} 1 & 0 \\ 1 & 1 \end{bmatrix}$ gilt also $T^{-1}PT = \begin{bmatrix} 1 & 0 \\ 0 & q \end{bmatrix} =: D$, damit $P = TDT^{-1}$ und folglich $P^m = (TDT^{-1})^m = TD^mT^{-1}$, d.h.,

$$P^m = \begin{bmatrix} 1 & 0 \\ 1 & 1 \end{bmatrix} \begin{bmatrix} 1 & 0 \\ 0 & q^m \end{bmatrix} \begin{bmatrix} 1 & 0 \\ -1 & 1 \end{bmatrix} = \begin{bmatrix} 1 & 0 \\ 1-q^m & q^m \end{bmatrix}.$$

Die Testperson hat also nach m Schritten die Fähigkeit mit einer Wahrscheinlichkeit von $1 - q^m$ gelernt.

(c) Wegen $1 - q^m \to 1$ für $m \to \infty$ wird die Testperson die Fähigkeit auf jeden Fall erlernen, wenn sie es nur lange genug versucht. (Das Problem bei Aussagen dieser Art ist natürlich immer, daß wir Menschen als endliche Wesen unsere Probleme in aller Regel mit einem endlichen Zeithorizont lösen müssen!)

(d) Nach Satz (136.14)(c) im Buch ist die gesuchte mittlere Anzahl der Schritte bis zum Erlernen der Fertigkeit gegeben durch $(1-q)^{-1} = p^{-1} = 1/p$. Dieses Ergebnis ist sehr plausibel: die benötigte Anzahl der Schritte ist umgekehrt proportional zur Wahrscheinlichkeit des Erlernens; je schwieriger die Aufgabe, desto mehr Schritte braucht man.

Lösung (136.2) Beim wiederholten Kreuzen mit einem Hybriden kommunizieren alle drei Zustände D, H und R miteinander; es handelt sich also um einen ergodischen Markovprozeß. Gemäß Satz (136.22) im Buch ist die sich nach langer Zeit einstellende Wahrscheinlichkeitsverteilung gegeben durch den Perron-Frobenius-Vektor des Markovprozesses; dieser ist der eindeutige Wahrscheinlichkeitsvektor x, der die Gleichung $P^T x = x$ bzw. $(P^T - 1)x = 0$ erfüllt. Lösen dieses linearen Gleichungssystems liefert $x = (1/4, 1/2, 1/4)^T$; ein Nachfahre in einer sehr weit in der Zukunft liegenden Generation wird also mit einer Wahrscheinlichkeit von 25%, 50% bzw. 25% rein dominant, hybrid bzw. rein rezessiv sein.

Dieses Beispiel ist noch so überschaubar, daß wir auch ohne Theorie (aber dafür mit etwas Rechenaufwand) das gleiche Ergebnis erhalten können. Um die Übergangswahrscheinlichkeiten über eine große Zahl von Generationen hinweg zu erhalten, müssen wir die Potenzen P^m der Übergangsmatrix P für große Werte von m bestimmen; dazu bietet es sich an, die Matrix

$$P = \begin{bmatrix} 1/2 & 1/2 & 0 \\ 1/4 & 1/2 & 1/4 \\ 0 & 1/2 & 1/2 \end{bmatrix}$$

durch Basiswechsel auf eine einfachere Gestalt zu transformieren. Die Eigenwerte von P sind 1, $1/2$ und 0; zugehörige Eigenvektoren errechnet man leicht zu $(1,1,1)^T$, $(1,0,-1)^T$ bzw. $(1,-1,1)^T$. Es gilt also

$$T^{-1}PT = \begin{bmatrix} 1 & 0 & 0 \\ 0 & 1/2 & 0 \\ 0 & 0 & 0 \end{bmatrix} =: D \text{ mit } T := \begin{bmatrix} 1 & 1 & 1 \\ 1 & 0 & -1 \\ 1 & -1 & 1 \end{bmatrix}$$

und folglich $P^m = (TDT^{-1})^m = TD^mT^{-1}$, also

$$P^m = \frac{1}{4}\begin{bmatrix} 1 & 1 & 1 \\ 1 & 0 & -1 \\ 1 & -1 & 1 \end{bmatrix}\begin{bmatrix} 1 & 0 & 0 \\ 0 & (1/2)^m & 0 \\ 0 & 0 & 0 \end{bmatrix}\begin{bmatrix} 1 & 2 & 1 \\ 2 & 0 & -2 \\ 1 & -2 & 1 \end{bmatrix}$$

$$= \frac{1}{4}\begin{bmatrix} 1+(1/2)^{m-1} & 2 & 1-(1/2)^{m-1} \\ 1 & 2 & 1 \\ 1-(1/2)^{m-1} & 2 & 1+(1/2)^{m-1} \end{bmatrix}$$

$$\to \frac{1}{4}\begin{bmatrix} 1 & 2 & 1 \\ 1 & 2 & 1 \\ 1 & 2 & 1 \end{bmatrix} \quad \text{für } m \to \infty.$$

Die Wahrscheinlichkeit, nach einer sehr großen Zahl von Schritten von irgendeinem Anfangszustand aus in den Endzustand D, H bzw. R überzugehen, ist also $1/4$, $1/2$ bzw. $1/4$.

Lösung (136.3) Beim wiederholten Kreuzen mit einem rein dominanten Individuum gibt es die beiden flüchtigen Klassen $\{H\}$ und $\{R\}$ sowie die geschlossene Klasse $\{D\}$; letztere wird wegen Satz (136.13) nach genügend langer Zeit mit Wahrscheinlichkeit 1 erreicht. Wählen wir die Zustände in der Reihenfolge (D, H, R), so ist die Übergangsmatrix

$$P = \begin{bmatrix} 1 & 0 & 0 \\ 1/2 & 1/2 & 0 \\ 0 & 1 & 0 \end{bmatrix}$$

bereits in kanonischer Form. Gemäß (136.14) berechnen wir

$$M = (\mathbf{1} - Q)^{-1} = \begin{bmatrix} 1/2 & 0 \\ -1 & 1 \end{bmatrix}^{-1} = \begin{bmatrix} 2 & 0 \\ 2 & 1 \end{bmatrix}.$$

Die Zeilensummen von M sind 2 und 3; der Übergang in die geschlossene Klasse $\{D\}$ erfolgt also im Mittel nach 2 Generationen, wenn man die Kreuzungsversuche mit einem Hybriden beginnt, dagegen nach 3 Generationen, wenn man mit einem rein rezessiven Individuum beginnt.

Die Tatsache, daß nach genügend langer Zeit der Zustand D erreicht wird, läßt sich auch mit direkter Rechnung (statt durch Berufung auf Satz (136.13)) herleiten. Analog zur Vorgehensweise in Aufgabe (136.2) bestimmen wir die Eigenwerte 1, 1/2 und 0 von P und berechnen zugehörige Eigenvektoren $(1, 1, 1)^T$, $(0, 1, 2)^T$ bzw. $(0, 0, 1)^T$. Es gilt also

$$T^{-1}PT = \begin{bmatrix} 1 & 0 & 0 \\ 0 & 1/2 & 0 \\ 0 & 0 & 0 \end{bmatrix} =: D \text{ mit } T := \begin{bmatrix} 1 & 0 & 0 \\ 1 & 1 & 0 \\ 1 & 2 & 1 \end{bmatrix}$$

und folglich $P^m = (TDT^{-1})^m = TD^mT^{-1}$, also

$$P^m = \begin{bmatrix} 1 & 0 & 0 \\ 1 & 1 & 0 \\ 1 & 2 & 1 \end{bmatrix} \begin{bmatrix} 1 & 0 & 0 \\ 0 & (1/2)^m & 0 \\ 0 & 0 & 0 \end{bmatrix} \begin{bmatrix} 1 & 0 & 0 \\ -1 & 1 & 0 \\ 1 & -2 & 1 \end{bmatrix}$$

$$= \begin{bmatrix} 1 & 0 & 0 \\ 1-(1/2)^m & (1/2)^m & 0 \\ 1-(1/2)^{m-1} & (1/2)^{m-1} & 0 \end{bmatrix} \xrightarrow{m \to \infty} \begin{bmatrix} 1 & 0 & 0 \\ 1 & 0 & 0 \\ 1 & 0 & 0 \end{bmatrix}.$$

Für genügend großes m ist also die Übergangswahrscheinlichkeit von einem beliebigen Anfangszustand aus in den Endzustand D beliebig nahe bei 1.

Lösung (136.4) Beim wiederholten Kreuzen mit einem rein rezessiven Individuum gibt es die beiden flüchtigen Klassen $\{H\}$ und $\{D\}$ sowie die geschlossene Klasse $\{R\}$; letztere wird wegen Satz (136.13) nach genügend langer Zeit mit Wahrscheinlichkeit 1 erreicht. Wählen wir die Zustände in der Reihenfolge (R, H, D), so ist die Übergangsmatrix

$$P = \begin{bmatrix} 1 & 0 & 0 \\ 1/2 & 1/2 & 0 \\ 0 & 1 & 0 \end{bmatrix}$$

in kanonischer Form. Diese Matrix stimmt aber mit der in Aufgabe (136.3) gefundenen überein; wir können also die Ergebnisse aus Aufgabe (136.3) übernehmen und erkennen, daß der Übergang in die geschlossene Klasse $\{R\}$ im Mittel nach 2 Generationen erfolgt, wenn man die Kreuzungsversuche mit einem Hybriden beginnt, dagegen nach 3 Generationen, wenn man mit einem rein dominanten Individuum beginnt.

Lösung (136.5) (a) Von Feld 1 aus gelangen wir beim Würfeln einer 1 oder 4 auf Feld 2, beim Würfeln einer 2 oder 5 auf Feld 3 und beim Würfeln einer 3 oder 6 zurück auf Feld 1. Von Feld 2 aus gelangen wir beim Würfeln einer 1 oder 4 auf Feld 1, beim Würfeln einer 2 oder 5 auf Feld 3 und beim Würfeln einer 3 oder 6 zurück auf Feld 2. Von Feld 3 aus gelangen wir immer nur zurück auf Feld 3. (Also ist $\{3\}$ eine geschlossene Klasse.) Die Übergangsmatrix P des resultierenden Markovprozesses ist also wie folgt. (Wir schreiben die Zustände in der Reihenfolge $(3, 1, 2)$, damit P kanonische Form hat.)

$$P = \begin{bmatrix} 1 & 0 & 0 \\ 1/3 & 1/3 & 1/3 \\ 1/3 & 1/3 & 1/3 \end{bmatrix}$$

(b) Die gesuchte Anzahl von Zügen (nämlich 3) ergibt sich als erste Zeilensumme der Matrix

$$M = (\mathbf{1} - Q)^{-1} = \begin{bmatrix} 2/3 & -1/3 \\ -1/3 & 2/3 \end{bmatrix}^{-1} = \begin{bmatrix} 2 & 1 \\ 1 & 2 \end{bmatrix}.$$

(c) Die Matrix P hat die Eigenwerte $\lambda_1 = 1$, $\lambda_2 = 2/3$ und $\lambda_3 = 0$; zugehörige Eigenvektoren sind

$$v_1 = \begin{bmatrix} 1 \\ 1 \\ 1 \end{bmatrix}, \quad v_2 = \begin{bmatrix} 0 \\ 1 \\ 1 \end{bmatrix}, \quad v_3 = \begin{bmatrix} 0 \\ 1 \\ -1 \end{bmatrix}.$$

Mit $T := (v_1 \mid v_2 \mid v_3)$ gilt also $T^{-1}PT = D := \text{diag}(1, 2/3, 0)$. Dann ist $P = TDT^{-1}$, für alle $m \in \mathbb{N}$ folglich $P^m = TD^mT^{-1}$ bzw.

$$P^m = \begin{bmatrix} 1 & 0 & 0 \\ 1 & 1 & 1 \\ 1 & 1 & -1 \end{bmatrix} \begin{bmatrix} 1 & 0 & 0 \\ 0 & (2/3)^m & 0 \\ 0 & 0 & 0 \end{bmatrix} \begin{bmatrix} 1 & 0 & 0 \\ -1 & 1/2 & 1/2 \\ 0 & 1/2 & -1/2 \end{bmatrix}$$

$$= \begin{bmatrix} 1 & 0 & 0 \\ 1-(2/3)^m & (2/3)^m/2 & (2/3)^m/2 \\ 1-(2/3)^m & (2/3)^m/2 & (2/3)^m/2 \end{bmatrix}.$$

Die gesuchte Wahrscheinlichkeit ist also $(2/3)^m/2$.

Lösung (136.6) (a) Die folgende Tabelle gibt an, wie man in Abhängigkeit von k und a die Anzahl der Felder bestimmt, um die man gegen den Uhrzeigersinn vorrückt.

$a \to$	1	2	3	4	5	6
$k \downarrow$						
1	0	1	0	1	0	1
2	2	0	1	2	0	0
3	2	3	0	1	2	3
4	2	3	4	0	1	2

Hieraus ergibt sich dann leicht die folgende Tabelle, die zeigt, auf welches Feld man gelangt, wenn man zunächst auf dem Feld mit der Nummer k steht und dann den Wert a würfelt.

$a \to$	1	2	3	4	5	6
$k \downarrow$						
1	1	2	1	2	1	2
2	4	2	3	4	2	2
3	1	2	3	4	1	2
4	2	3	4	4	1	2

Damit ergibt sich die Übergangsmatrix

$$P = \begin{bmatrix} 1/2 & 1/2 & 0 & 0 \\ 0 & 1/2 & 1/6 & 1/3 \\ 1/3 & 1/3 & 1/6 & 1/6 \\ 1/6 & 1/3 & 1/6 & 1/3 \end{bmatrix} = \frac{1}{6} \begin{bmatrix} 3 & 3 & 0 & 0 \\ 0 & 3 & 1 & 2 \\ 2 & 2 & 1 & 1 \\ 1 & 2 & 1 & 2 \end{bmatrix}.$$

(b) Der zweiten Tabelle in Teil (a) entnimmt man sofort, daß der Übergang zwischen je zwei beliebigen Feldern in zwei Zügen möglich ist. Also sind alle Einträge von P^2 positiv, so daß ein regulärer Markovprozeß vorliegt.

(c) Lösen des Gleichungssystems $P^T x = x$ führt auf den Perron-Frobenius-Eigenvektor

$$v = \frac{1}{131}(23, 57, 18, 33)^T.$$

Die Wahrscheinlichkeit, sich nach sehr langer Spielzeit auf Feld 3 zu befinden, ist also $18/131 \approx 13.7405\%$.

Lösung (136.7) Es sei m die Anzahl der Münzen im Besitz von A; diese die Spielsituation charakterisierende Zahl m kann dann die Werte $0, 1, 2, 3$ annehmen. Die Übergangsmatrix des Markovprozesses, der das Spielgeschehen beschreibt, ist

$$P = \begin{array}{c} 0 \\ 3 \\ 1 \\ 2 \end{array} \begin{bmatrix} 0 & 3 & 1 & 2 \\ 1 & 0 & 0 & 0 \\ 0 & 1 & 0 & 0 \\ 2/3 & 0 & 0 & 1/3 \\ 0 & 1/3 & 2/3 & 0 \end{bmatrix}.$$

Mit den Bezeichnungen des Skriptes haben wir dann

$$Q = \begin{bmatrix} 0 & 1/3 \\ 2/3 & 0 \end{bmatrix} \quad \text{und} \quad R = \begin{bmatrix} 2/3 & 0 \\ 0 & 1/3 \end{bmatrix},$$

ferner

$$M = (\mathbf{1} - Q)^{-1} = \begin{bmatrix} 1 & -1/3 \\ -2/3 & 1 \end{bmatrix}^{-1} = \frac{9}{7} \begin{bmatrix} 1 & 1/3 \\ 2/3 & 1 \end{bmatrix}$$

sowie

$$B = MR = \frac{9}{7} \begin{bmatrix} 1 & 1/3 \\ 2/3 & 1 \end{bmatrix} \begin{bmatrix} 2/3 & 0 \\ 0 & 1/3 \end{bmatrix}$$
$$= \frac{3}{7} \begin{bmatrix} 1 & 1/3 \\ 2/3 & 1 \end{bmatrix} \begin{bmatrix} 2 & 0 \\ 0 & 1 \end{bmatrix}$$
$$= \frac{3}{7} \begin{bmatrix} 2 & 1/3 \\ 4/3 & 1 \end{bmatrix} = \frac{1}{7} \begin{bmatrix} 6 & 1 \\ 4 & 3 \end{bmatrix}.$$

(a) Die durchschnittliche Anzahl von Runden bis zum Ende des Spiels (also bis zum Erreichen einer geschlossenen Klasse) ist $12/7$ (erste Zeilensumme von M), falls A zunächst eine Münze besitzt, und $15/7$ (zweite Zeilensumme von M), falls A zunächst zwei Münzen besitzt.

(b) Hat A zunächst eine Münze, so ist die Gewinnwahrscheinlichkeit von A gerade $B_{12} = 1/7$; hat A zunächst zwei Münzen, so beträgt sie $B_{22} = 3/7$.

(c) Besitzt A zunächst eine Münze, so ist die Anzahl des Besitzes von genau einer Münze durch A im Mittel $M_{11} = 9/7$; besitzt dagegen A zunächst zwei Münzen, so ist diese Anzahl gegeben durch $M_{21} = 6/7$.

Lösung (136.8) Schreiben wir $q := 1 - p$, so ist der Graph des betrachteten Markovprozesses gegeben durch die folgende Abbildung.

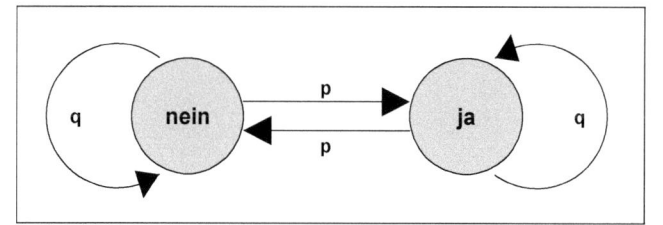

Die Übergangsmatrix ist $P = \begin{bmatrix} q & p \\ p & q \end{bmatrix}$.

(b) Um die Potenzen von P zu bestimmen, wollen wir P zunächst durch einen geeigneten Basiswechsel auf einfachere Form bringen. Durch scharfes Hinschauen (oder durch einfache Rechnung!) erkennt man, daß $(1, 1)^T$ ein Eigenvektor zum Eigenwert 1 und daß $(1, -1)^T$ ein Eigenvektor zum Eigenwert $q - p$ ist; mit $T := \begin{bmatrix} 1 & 1 \\ 1 & -1 \end{bmatrix}$ gilt also $T^{-1}PT = \begin{bmatrix} 1 & 0 \\ 0 & q-p \end{bmatrix} =: D$, damit $P = TDT^{-1}$ und folglich $P^m = (TDT^{-1})^m = TD^mT^{-1}$, d.h.,

$$P^m = \frac{1}{2} \begin{bmatrix} 1 & 1 \\ 1 & -1 \end{bmatrix} \begin{bmatrix} 1 & 0 \\ 0 & (q-p)^m \end{bmatrix} \begin{bmatrix} 1 & 1 \\ 1 & -1 \end{bmatrix}$$
$$= \frac{1}{2} \begin{bmatrix} 1 + (q-p)^m & 1 - (q-p)^m \\ 1 - (q-p)^m & 1 + (q-p)^m \end{bmatrix}.$$

(c) Für $m \to \infty$ gilt $P^m \to \frac{1}{2} \begin{bmatrix} 1 & 1 \\ 1 & 1 \end{bmatrix} =: P^\infty$; ist also $v \in \mathbb{R}^2$ ein beliebiger Wahrscheinlichkeitsvektor, so gilt $(P^T)^m v = (P^m)^T v \to (P^\infty)^T v = (1/2, 1/2)^T$. Das bedeutet aber, daß – egal, welches die ursprüngliche Information von Professor S. war – nach genügend langer Zeit jede der beiden Versionen mit einer Wahrscheinlichkeit von 50% weitergegeben wird.

Lösung (136.9) Die Übergangsmatrix ist

$$P = \begin{bmatrix} 0 & p & 0 & q \\ q & 0 & p & 0 \\ 0 & q & 0 & p \\ p & 0 & q & 0 \end{bmatrix}.$$

Der Perron-Frobenius-Eigenvektor von P^T ist offensichtlich $\frac{1}{4}(1, 1, 1, 1)^T$; wir erhalten also

$$P^\infty = \frac{1}{4} \begin{bmatrix} 1 & 1 & 1 & 1 \\ 1 & 1 & 1 & 1 \\ 1 & 1 & 1 & 1 \\ 1 & 1 & 1 & 1 \end{bmatrix}.$$

und damit

$$\mathbf{1} - P + P^\infty = \frac{1}{4}\begin{bmatrix} 5 & 1-4p & 1 & 1-4q \\ 1-4q & 5 & 1-4p & 1 \\ 1 & 1-4q & 5 & 1-4p \\ 1-4p & 1 & 1-4q & 5 \end{bmatrix}.$$

Für $Z := (\mathbf{1} - P + P^\infty)^{-1}$ ergibt sich mit

$$a := 3p^2 - 3p + 5/2,$$
$$b := p^2 + p - 1/2,$$
$$c := 3p^2 - 3p + 1/2,$$
$$d := p^2 - 3p + 3/2$$

dann

$$Z = \frac{1}{8p^2-8p+4}\begin{bmatrix} a & b & c & d \\ d & a & b & c \\ c & d & a & b \\ b & c & d & a \end{bmatrix}$$

Ist nun $E \in \mathbb{R}^{4\times 4}$ die Matrix, die nur aus Einsen besteht, so ergibt sich mit $D := 4 \cdot \mathbf{1}$ die Matrix $M := (\mathbf{1} - Z + EZ_{\text{diag}})D$ mit den Abkürzungen

$$A := 2p^2 - 2p + 1,$$
$$B := 2p^2 - 4p + 3,$$
$$C := 2p^2 + 1$$

schließlich zu

$$M = \frac{1}{A}\begin{bmatrix} 4A & B & 2 & C \\ C & 4A & B & 2 \\ 2 & C & 4A & B \\ B & 2 & C & 4A \end{bmatrix}.$$

Die Zahl, nach der in der Aufgabe gefragt wurde, ist gerade das Element $M_{24} = 2/A = 2/(2p^2 - 2p + 1)$.

Lösung (136.10) (a) Da alle Papierkörbe in den gleichen Abfall entleert werden, dürfen wir die einzelnen Papierkörbe zu einem gemeinsamen Zustand PK zusammenfassen; es gibt dann drei geschlossene Klassen $\{PA\}$, $\{PK\}$ und $\{AK\}$ sowie eine flüchtige Klasse $\{PE, Z, A, B, C\}$. Als Übergangsmatrix ergibt sich die Matrix P, die gegeben ist durch

	PA	PK	AK	PE	Z	A	B	C
PA	1	0	0	0	0	0	0	0
PK	0	1	0	0	0	0	0	0
AK	0	1/10	9/10	0	0	0	0	0
PE	0	0	0	0	1	0	0	0
Z	1/3	0	0	0	0	2/3	0	0
A	0	1/6	1/6	1/6	0	1/6	1/6	1/6
B	0	0	0	1/2	0	0	1/2	0
C	3/8	1/16	1/16	0	1/8	1/8	1/8	1/8

(b) Mit den Bezeichnungen von Satz (136.14) im Buch gilt

$$Q = \begin{bmatrix} 0 & 1 & 0 & 0 & 0 \\ 0 & 0 & 2/3 & 0 & 0 \\ 1/6 & 0 & 1/6 & 1/6 & 1/6 \\ 1/2 & 0 & 0 & 1/2 & 0 \\ 0 & 1/8 & 1/8 & 1/8 & 1/8 \end{bmatrix};$$

Inversion der Matrix $\mathbf{1} - Q$ liefert dann

$$M = (\mathbf{1} - Q)^{-1} = \frac{1}{70}\begin{bmatrix} 100 & 102 & 84 & 32 & 16 \\ 30 & 102 & 84 & 32 & 16 \\ 45 & 48 & 126 & 48 & 24 \\ 100 & 102 & 84 & 172 & 16 \\ 25 & 36 & 42 & 36 & 88 \end{bmatrix}.$$

Die erste Zeilensumme von M ist $334/70 = 167/35 \approx 4.77$; dies ist die durchschnittliche Anzahl von Tagen, bis eine von PE ausgehende Akte in einen der drei geschlossenen Zustände gelangt.

(c) Mit

$$R = \begin{bmatrix} 0 & 0 & 0 \\ 1/3 & 0 & 0 \\ 0 & 1/6 & 1/6 \\ 0 & 0 & 0 \\ 3/8 & 1/16 & 1/16 \end{bmatrix} = \frac{1}{48}\begin{bmatrix} 0 & 0 & 0 \\ 16 & 0 & 0 \\ 0 & 8 & 8 \\ 0 & 0 & 0 \\ 18 & 3 & 3 \end{bmatrix}$$

ist $B := MR$ gegeben durch

$$B = \frac{1}{28}\begin{bmatrix} 16 & 6 & 6 \\ 16 & 6 & 6 \\ 10 & 9 & 9 \\ 16 & 6 & 6 \\ 18 & 5 & 5 \end{bmatrix}.$$

Gesucht ist nun die Wahrscheinlichkeit, daß von PE aus als erster Zustand in einer geschlossenen Klasse der Zustand PK erreicht wird; aus B kann man diese Wahrscheinlichkeit ablesen als $B_{12} = 6/28 = 3/14 = 21.\overline{428571}\%$.

(d) Gesucht ist hier die Wahrscheinlichkeit, daß von PE aus als erster Zustand in einer geschlossenen Klasse der Zustand PA erreicht wird; aus der in Teil (c) ermittelten Matrix B kann man diese Wahrscheinlichkeit ablesen als $B_{11} = 16/28 = 4/7 = 57.\overline{142857}\%$.

Lösung (136.11) (a) Wählen wir die Spielfelder in der Reihenfolge $1, 2, 3, 4, 5, 6, 7$, so ergibt sich die folgende Übergangsmatrix.

$$P = \frac{1}{2}\begin{bmatrix} 0 & 1 & 1 & 0 & 0 & 0 & 0 \\ 0 & 0 & 1 & 1 & 0 & 0 & 0 \\ 0 & 0 & 0 & 1 & 1 & 0 & 0 \\ 0 & 0 & 0 & 0 & 1 & 1 & 0 \\ 0 & 0 & 0 & 0 & 0 & 1 & 1 \\ 0 & 0 & 1 & 0 & 0 & 0 & 1 \\ 1 & 0 & 0 & 1 & 0 & 0 & 0 \end{bmatrix}$$

(b) Man kann entweder die Matrixpotenz P^7 ausrechnen und verifizieren, daß alle Elemente dieser Matrix positiv sind, oder man kann sich davon überzeugen, daß zwischen je zwei Zuständen ein Übergang in genau 7 Schritten möglich ist. Den Perron-Frobenius-Vektor x des Markovprozesses erhalten wir durch Lösen des Gleichungssystems $P^T x = x$ bzw. $(P^T - \mathbf{1})x = 0$ und anschließendes Normieren des Vektors x, um die Bedingung $\sum_{i=1}^{7} x_i = 1$ zu erfüllen. Es ergibt sich

$$x^T = \frac{1}{44}(4, 2, 3, 11, 7, 9, 8).$$

Die i-te Komponente des Vektors x ist die Wahrscheinlichkeit dafür, daß sich zu einem gegebenen Zeitpunkt nach sehr langer Zeit die Spielfigur auf dem Feld Nummer i befindet.

(c) Um den langfristigen Mietwert eines Feldes zu bestimmen, multiplizieren wir die mit diesem Feld zu erzielende Miete mit der Wahrscheinlichkeit dafür, daß sich zu einem gegebenen Zeitpunkt in der ferneren Zukunft eine Figur auch tatsächlich auf dem betreffenden Feld befindet. Da es uns nur auf die relativen Werte der einzelnen Felder untereinander ankommt, dürfen wir den Faktor $1/44$ aus dem vorigen Aufgabenteil weglassen; wir erhalten also die folgenden Werte:

$$\begin{aligned}
\text{Feld 1:} &\quad 4 \cdot 180 = 720, \\
\text{Feld 2:} &\quad 2 \cdot 300 = 600, \\
\text{Feld 3:} &\quad 3 \cdot 100 = 300, \\
\text{Feld 5:} &\quad 7 \cdot 120 = 840, \\
\text{Feld 6:} &\quad 9 \cdot 50 = 450, \\
\text{Feld 7:} &\quad 8 \cdot 100 = 800.
\end{aligned}$$

Auf lange Sicht am einträglichsten ist also Feld 5. (Das Feld 2 liefert zwar die höchste Miete, aber auf dieses Feld kommt man auch am seltensten.)

(d) Gemäß Satz (136.21) berechnen wir zunächst die Matrix $Z := (\mathbf{1} - P + P^\infty)^{-1}$, wobei

$$P^\infty = \frac{1}{44} \begin{bmatrix} 4 & 2 & 3 & 11 & 7 & 9 & 8 \\ 4 & 2 & 3 & 11 & 7 & 9 & 8 \\ 4 & 2 & 3 & 11 & 7 & 9 & 8 \\ 4 & 2 & 3 & 11 & 7 & 9 & 8 \\ 4 & 2 & 3 & 11 & 7 & 9 & 8 \\ 4 & 2 & 3 & 11 & 7 & 9 & 8 \\ 4 & 2 & 3 & 11 & 7 & 9 & 8 \end{bmatrix}$$

die Matrix ist, in deren jeder Zeile der Perron-Frobenius-Vektor des betrachteten Markovprozesses steht. Da $\mathbf{1} - P + P^\infty$ durch die Matrix

$$\frac{1}{44} \begin{bmatrix} 48 & -20 & -19 & 11 & 7 & 9 & 8 \\ 4 & 46 & -19 & -11 & 7 & 9 & 8 \\ 4 & 2 & 47 & -11 & -15 & 9 & 8 \\ 4 & 2 & 3 & 55 & -15 & -13 & 8 \\ 4 & 2 & 3 & 11 & 51 & -13 & -14 \\ 4 & 2 & 3 & -11 & 7 & 53 & -14 \\ -18 & 2 & 3 & -11 & 7 & 9 & 52 \end{bmatrix}$$

gegeben ist, ergibt sich $Z = (\mathbf{1} - P + P^\infty)^{-1}$ als das $(1/1210)$-fache der Matrix

$$\begin{bmatrix} 928 & 409 & 586 & -121 & 40 & -288 & -344 \\ -216 & 1047 & 333 & 242 & 95 & -79 & -212 \\ -128 & -119 & 1004 & 121 & 370 & -2 & -36 \\ -84 & -97 & -173 & 968 & 205 & 339 & 52 \\ 48 & -31 & -74 & -121 & 920 & 152 & 316 \\ 4 & -53 & -107 & 242 & -125 & 1021 & 228 \\ 312 & 101 & 124 & 121 & -70 & -222 & 844 \end{bmatrix}$$

Bezeichnen wir nun mit E die (7×7)-Matrix, die nur aus Einsen besteht, mit Z_{diag} die Diagonale von Z und mit D die Diagonalmatrix, auf deren Diagonalen gerade die Kehrwerte $1/x_i$ der Komponenten des Perron-Frobenius-Vektors stehen, so ergibt sich schließlich die Matrix $M := (\mathbf{1} - Z + E Z_{\text{diag}})D$ zu

$$\frac{1}{630} \begin{bmatrix} 6930 & 7308 & 3192 & 2268 & 2880 & 3332 & 3402 \\ 6552 & 13860 & 5124 & 1512 & 2700 & 2800 & 3024 \\ 6048 & 13356 & 9240 & 1764 & 1800 & 2604 & 2520 \\ 5796 & 13104 & 8988 & 2520 & 2340 & 1736 & 2268 \\ 5040 & 12348 & 8232 & 2268 & 3960 & 2212 & 1512 \\ 5292 & 12600 & 8484 & 1512 & 3420 & 3080 & 1764 \\ 3528 & 10836 & 6720 & 1764 & 3240 & 3164 & 3465 \end{bmatrix}.$$

Gefragt ist nun in dieser Aufgabe nach den Elementen M_{i4}, also nach der vierten Spalte der Matrix M; diese ergibt sich zu

$$\frac{1}{5} \begin{bmatrix} 18 \\ 12 \\ 14 \\ 20 \\ 18 \\ 12 \\ 14 \end{bmatrix} = \begin{bmatrix} 3.6 \\ 2.4 \\ 2.8 \\ 4.0 \\ 3.6 \\ 2.4 \\ 2.8 \end{bmatrix}.$$

Beispielsweise gelangt man vom ersten Feld aus in durchschnittlich 3.6 Spielzügen ins Gefängnis.

Lösung (136.12) Es sei j ein beliebiger Zustand. Wähle einen Zustand k, von dem aus j direkt (d.h. in einem Schritt erreichbar ist). Nach Voraussetzung ist k von i aus in m Schritten erreichbar. Da j von k aus in einem Schritt erreichbar, ist dann j von i aus in $m+1$ Schritten erreichbar.

Lösung (136.13) Wir überlegen uns zunächst, daß wir die Bedingung $\sum_{i=1}^{n} x_i = 1$, die ein Wahrscheinlichkeitsvektor x erfüllen muß, bequem durch die Gleichung $x^T e = 1$ ausdrücken können, wenn $e = (1, \ldots, 1)^T$ der Vektor ist, der nur aus Einsen besteht. Ebenso läßt sich die Bedingung, daß die Zeilensummen einer Matrix A sämtlich gleich Eins sind, bequem durch die Gleichung $Ae = e$ ausdrücken.

(a) Sind $x, y \in \mathbb{R}^n$ Wahrscheinlichkeitsvektoren und ist $t \in [0,1]$, so gilt $\big(tx + (1-t)y\big)^T e = t\, x^T e + (1-t)\, y^T e =$

$t \cdot 1 + (1-t) \cdot 1 = 1$, so daß auch $tx + (1-t)y$ ein Wahrscheinlichkeitsvektor ist. Also bilden die Wahrscheinlichkeitsvektoren eine konvexe Menge. Die Menge aller Wahrscheinlichkeitsvektoren ist beschränkt bezüglich irgendeiner Norm auf $\mathbb{R}^n$; beispielsweise gilt $\|x\|_1 = 1$ für jeden Wahrscheinlichkeitsvektor. Ist ferner (x_k) eine Folge von Wahrscheinlichkeitsvektoren, die gegen einen Grenzvektor x konvergiert, so ist x selbst ein Wahrscheinlichkeitsvektor (aus $(x_k)_i \geq 0$ für alle $k \in \mathbb{N}$ folgt $x_i \geq 0$ für alle Indices $1 \leq i \leq n$, und aus $x_k^T e = 1$ für alle $k \in \mathbb{N}$ folgt $x^T e = e$). Also ist die Menge der Wahrscheinlichkeitsvektoren eine abgeschlossene Teilmenge von $\mathbb{R}^n$. Eine beschränkte und abgeschlossene Teilmenge von $\mathbb{R}^n$ ist aber kompakt.

(b) Es sei $P \in \mathbb{R}^n$ eine stochastische Matrix. Ist $x \in \mathbb{R}^n$ ein Wahrscheinlichkeitsvektor, so gilt zunächst $(P^T x)_i = \sum_{j=1}^n P_{ji} x_j \geq 0$ für $1 \leq i \leq n$ (denn alle Elemente von P und x sind nichtnegativ); ferner gilt $(P^T x)^T e = (x^T P)e = x^T(Pe) = x^T e = 1$. Also ist auch $P^T x$ ein Wahrscheinlichkeitsvektor.

Umgekehrt sei $P^T x$ für jeden Wahrscheinlichkeitsvektor x selbst ein Wahrscheinlichkeitsvektor. Wählen wir für x den k-ten Einheitsvektor $e_k = (0,\ldots,1,\ldots,0)^T$, so gilt einerseits $0 \leq (P^T e_k)_i = \sum_{j=1}^n (P^T)_{ij}(e_k)_j = \sum_{j=1}^n P_{ji}\delta_{kj} = P_{ki}$ (so daß alle Elemente von P nichtnegativ sind) und andererseits $1 = \sum_{i=1}^n (P^T e_k)_i = \sum_{i=1}^n \sum_{j=1}^n (P^T)_{ij}(e_k)_j = \sum_{i=1}^n \sum_{j=1}^n P_{ji}\delta_{kj} = \sum_{i=1}^n P_{ki}$ (so daß alle Zeilensummen von P den Wert 1 haben.) Also ist P eine stochastische Matrix.

(c) Es seien $P, Q \in \mathbb{R}^{n \times n}$ stochastische Matrizen. Ist $0 \leq t \leq 1$, so gilt $\bigl(tP + (1-t)Q\bigr)_{ij} = tP_{ij} + (1-t)Q_{ij} \geq 0$ für alle Indices i und j, denn alle Elemente von P und Q sind nichtnegativ. Ferner gilt $(tP + (1-t)Q)e = tPe + (1-t)Qe = te + (1-t)e = e$. Damit ist $tP + (1-t)Q$ eine stochastische Matrix.

(d) Die Menge aller stochastischen Matrizen ist beschränkt bezüglich irgendeiner Norm auf $\mathbb{R}^{n \times n}$; beispielsweise gilt $\|P\| = 1$ für jede stochastische Matrix, wenn wir die Zeilensummennorm zugrundelegen. Ist ferner (P_k) eine Folge stochastischer Matrizen, die gegen eine Grenzmatrix P konvergiert, so ist P selbst eine stochastische Matrix (aus $(P_k)_{ij} \geq 0$ für alle $k \in \mathbb{N}$ folgt $P_{ij} \geq 0$ für alle Indices $1 \leq i, j \leq n$, und aus $P_k e = e$ für alle $k \in \mathbb{N}$ folgt $Pe = e$). Also ist die Menge der stochastischen Matrizen eine abgeschlossene Teilmenge von $\mathbb{R}^{n \times n}$. Eine beschränkte und abgeschlossene Teilmenge von $\mathbb{R}^{n \times n}$ ist aber kompakt.

(e) Es gilt $(PQ)_{ij} = \sum_{k=1}^n P_{ik} Q_{kj} \geq 0$ für alle Indices i und j, denn alle Elemente von P bzw. Q sind nichtnegativ. Ferner gilt $(PQ)e = P(Qe) = Pe = e$. Also ist PQ eine stochastische Matrix.

Lösung (136.14) Es sei K die Menge aller Vektoren $x \in \mathbb{R}^n$ mit $x_i \geq 0$ für $1 \leq i \leq n$ und $\sum_{i=1}^n x_i = 1$, also $\|x\|_1 = 1$. Dann ist K beschränkt und abgeschlossen, also kompakt, und konvex. Gibt es einen Vektor $x \in K$ mit $Ax = 0$, so ist x ein Eigenvektor zum Eigenwert Null, und wir sind fertig. Gilt dagegen $Ax \neq 0$ für alle $x \in K$, so

erhalten wir durch die Setzung $f(x) := Ax/\|Ax\|_1$ eine wohldefinierte stetige Abbildung $f : K \to K$. (Der Nachweis, daß K durch f in sich abgebildet wird, ist leicht!) Nach dem Brouwerschen Fixpunktsatz gibt es einen Vektor $x \in K$ mit $f(x) = x$, also $Ax = \|Ax\|_1 x$. Also ist x ein Eigenvektor von A zum Eigenwert $\|Ax\|_1$.

L137: Beispiele komplexer Funktionen

Lösung (137.1) Das Doppelverhältnis vierer Zahlen z_i ist gegeben durch
$$\mathrm{DV}(z_1, z_2, z_3, z_4) = \frac{z_3 - z_1}{z_3 - z_2} \cdot \frac{z_4 - z_2}{z_4 - z_1}.$$

In jedem der folgenden Fälle schreiben wir $w_i = f(z_i)$ für die jeweils betrachtete Abbildung f, wobei $1 \leq i \leq 4$ gilt.
(a) Ist $f(z) = z + b$, so gilt jeweils $w_i - w_j = z_i - z_j$ (weil sich der Summand b weghebt) und damit $\mathrm{DV}(w_1, w_2, w_3, w_4) = \mathrm{DV}(z_1, z_2, z_3, z_4)$.
(b) Ist $f(z) = az$, so gilt jeweils $(w_i - w_j)/(w_i - w_k) = (z_i - z_j)/(z_i - z_k)$ (weil sich der Faktor a herauskürzt) und damit $\mathrm{DV}(w_1, w_2, w_3, w_4) = \mathrm{DV}(z_1, z_2, z_3, z_4)$.
(c) Ist $f(z) = 1/z$, so erhalten wir

$$\begin{aligned}\mathrm{DV}(w_1, w_2, w_3, w_4) &= \frac{\frac{1}{z_3} - \frac{1}{z_1}}{\frac{1}{z_3} - \frac{1}{z_2}} \cdot \frac{\frac{1}{z_4} - \frac{1}{z_2}}{\frac{1}{z_4} - \frac{1}{z_1}} \\ &= \frac{(z_1 - z_3) \cdot z_2 z_3}{z_1 z_3 \cdot (z_2 - z_3)} \cdot \frac{(z_2 - z_4) \cdot z_1 z_4}{z_2 z_4 \cdot (z_1 - z_4)} \\ &= \frac{z_1 - z_3}{z_2 - z_3} \cdot \frac{z_2 - z_4}{z_1 - z_4} = \mathrm{DV}(z_1, z_2, z_3, z_4).\end{aligned}$$

(d) Da sich jede Möbiustransformation als Verkettung von Translationen, Drehstreckungen und Stürzungen schreiben läßt, folgt (d) sofort aus (a), (b) und (c).

Lösung (137.2) (a) Da Möbiustransformationen Doppelverhältnisse invariant lassen, gilt für alle z die Gleichung
$$\begin{aligned}\mathrm{DV}(w_1, w_2, w_3, f(z)) &= \mathrm{DV}\bigl(f(z_1), f(z_2), f(z_3), f(z)\bigr) \\ &= \mathrm{DV}(z_1, z_2, z_3, z);\end{aligned}$$

Auflösen dieser Gleichung nach $f(z)$ liefert $f(z)$ als Funktion von z und damit den gesuchten Funktionalausdruck.
(b) Hier gilt
$$\begin{aligned}\mathrm{DV}(2, i, -2, z) &= \mathrm{DV}\bigl(f(2), f(i), f(-2), f(z)\bigr) \\ &= \mathrm{DV}(1, i, -1, f(z))\end{aligned}$$

und damit
$$\frac{-2 - 2}{-2 - i} \cdot \frac{z - i}{z - 2} = \frac{-1 - 1}{-1 - i} \cdot \frac{f(z) - i}{f(z) - 1},$$

nach Division durch 2 also
$$\frac{2}{2 + i} \cdot \frac{z - i}{z - 2} = \frac{1}{1 + i} \cdot \frac{f(z) - i}{f(z) - 1} \quad \text{bzw.}$$
$$(2 + 2i)(z - i)(f(z) - 1) = (2 + i)(z - 2)(f(z) - i).$$

Bringen wir alle Terme mit $f(z)$ nach links und alle anderen Terme nach rechts und multiplizieren wir aus, so ergibt sich $(iz + 6)f(z) = 3z + 2i$ und damit
$$f(z) = \frac{3z + 2i}{iz + 6}.$$

Lösung (137.3) Wir machen am Anfang eine generelle Beobachtung und betrachten die folgende Situation: eine invertierbare komplexe Funktion $w = f(z)$ sei gegeben, und es wird nach dem Bild einer gegebenen Kurve unter f gefragt. Ist diese Kurve durch eine Parameterdarstellung $t \mapsto z(t)$ gegeben, so ist natürlich $t \mapsto f(z(t))$ eine Parameterdarstellung der gesuchten Bildkurve. Ist dagegen die Originalkurve durch eine Gleichung $F(z) = 0$ gegeben, so ist $F(f^{-1}(w)) = 0$ eine Gleichung, deren Lösungsmenge die Bildkurve beschreibt.

Nun zur eigentlichen Aufgabe. Die Gerade $\operatorname{Re} z = 1$ besteht aus allen Zahlen der Form $1 + ti$ mit $t \in \mathbb{R}$ sowie dem Punkt ∞. Ihr Bild besteht also aus allen Zahlen der Form
$$\frac{1}{1 + it} \cdot \frac{1 - it}{1 - it} = \frac{1 - it}{1 + t^2}$$

sowie dem Nullpunkt. Aufspaltung eines Bildpunktes in Real- und Imaginärteil liefert $u(t) = 1/(1 + t^2)$ sowie $v(t) = -t/(1 + t^2)$. Dies ist eine Parameterdarstellung der Bildkurve (von der wir nach der Theorie der Möbiustransformationen wissen, daß sie ein Kreis sein muß), aber es ist vielleicht nicht unmittelbar klar, um welche Kurve es sich dabei handelt. Elimination des Parameters t aus diesen Gleichungen liefert $v/u = -t$ und damit $u = \bigl(1/(1 + v^2/u^2)\bigr) = u^2/(u^2 + v^2)$ bzw. $u = 0$ oder $1 = u/(u^2 + v^2)$. Die letzte Gleichung läßt sich schreiben als $u^2 + v^2 = u$ oder auch $(u - 1/2)^2 + v^2 = 1/4$. Dies ist die Gleichung des Kreises um den Punkt $(1/2, 0)$ mit dem Radius $1/2$.

Das Ergebnis hätten wir schneller erhalten können, indem wir die Originalkurve in Form der Bildvariablen ausdrücken: mit $w = 1/z$ erhalten wir
$$1 = \operatorname{Re} z = \operatorname{Re} \frac{1}{w} = \operatorname{Re} \frac{\overline{w}}{|w|^2},$$

mit $w = u + iv$ also $1 = u/(u^2 + v^2)$ bzw. $u^2 + v^2 = u$. Dies bedeutet $(u - 1/2)^2 + v^2 = 1/4$, und das ist die Gleichung des Kreises mit Mittelpunkt $(1/2, 0)$ und Radius $1/2$.

Lösung (137.4) Gemäß den Bemerkungen in Lösung (137.3) lösen wir die Gleichung
$$w = \frac{iz + 1}{z + i}$$

nach z auf. Wir erhalten zunächst $wz + wi = iz + 1$ und dann $z(w - i) = 1 - iw$, also
$$z = \frac{-iw + 1}{w - i}.$$

Schreiben wir $z = x+iy$ und $w = u+iv$, so bedeutet dies
$$\begin{aligned} x+iy &= \frac{-i(u+iv)+1}{u+iv-i} = \frac{1+v-iu}{u+i(v-1)} \cdot \frac{u-i(v-1)}{u-i(v-1)} \\ &= \frac{2u-i(u^2+v^2-1)}{u^2+(v-1)^2}. \end{aligned}$$

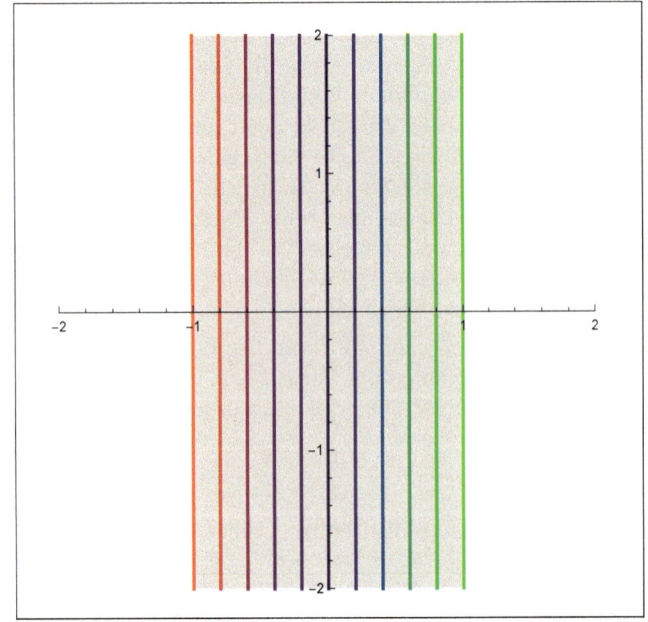

Streifen im Urbild als Vereinigung senkrechter Geraden.

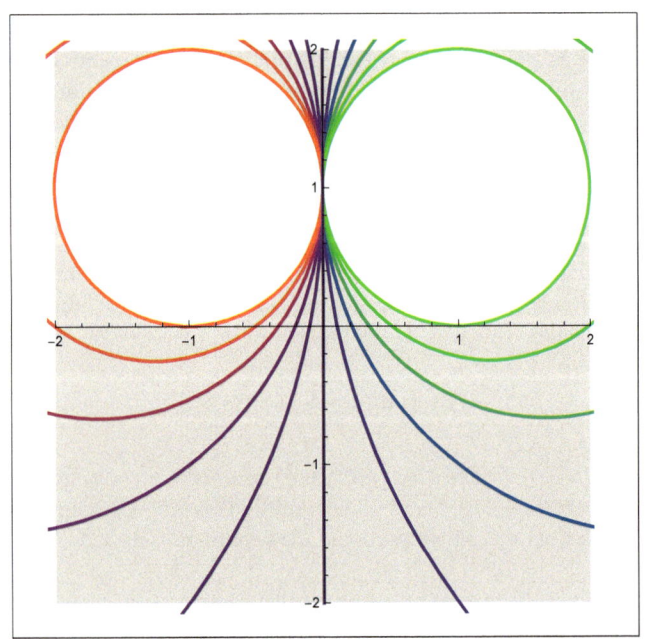

Bild dieses Streifens unter der betrachteten Möbiustransformation. Jeder Kreis ist das Bild der jeweils gleichfarbigen Geraden.

Der betrachtete Streifen ist nun die Vereinigung aller senkrechten Geraden $\{x+iy \mid y \in \mathbb{R}\}$ mit $-1 < x < 1$. Das Bild einer solchen Geraden ist gegeben durch die Gleichung $x = 2u/(u^2+(v-1)^2)$. Für $x = 0$ ist dies die Gerade $u = 0$; für $x \neq 0$ ist dies der Kreis mit der Gleichung $u^2+(v-1)^2 = 2u/x$ bzw.
$$\left(u-\frac{1}{x}\right)^2 + (v-1)^2 = \frac{1}{x^2},$$
also dem Mittelpunkt $(1/x, 1)$ und dem Radius $1/|x|$. Das Bild des Streifens ist ganz $\mathbb{C}$ mit Ausnahme der beiden Kreise $K_1(\pm 1 + i)$, die in der zweiten Abbildung weiß ausgespart sind. Die Menge $\operatorname{Re} z > 1$ rechts des Streifens wird in den rechten Kreis abgebildet, die Menge $\operatorname{Re} z < -1$ links des Streifens in den linken Kreis.

Lösung (137.5) (a) Offensichtlich ist ∞ kein Fixpunkt von f. Die Fixpunkte $z \in \mathbb{C}$ von f sind die Lösungen der Gleichung $z-1 = z(z+1) = z^2 + z$ bzw. $z^2 = -1$, also $z = \pm i$.

(b) Offensichtlich ist ∞ kein Fixpunkt von f. Die Fixpunkte $z \in \mathbb{C}$ sind die Lösungen der Gleichung $(6z-9)/z = z$ bzw. $6z-9 = z^2$, also $0 = z^2 - 6z + 9 = (z-3)^2$. Der einzige Fixpunkt ist also $z = 3$.

(c) Offensichtlich ist ∞ ein Fixpunkt von f. Eine Zahl $z \in \mathbb{C}$ ist genau dann Fixpunkt von f, wenn $8z+7i = z$ gilt, also $7z = -7i$ bzw. $z = -i$. Die Fixpunkte sind also $-i$ und ∞.

Lösung (137.6) (a) Wir haben $f(0) = i/i = 1$ und $f(\infty) = -1$.

(b) Offensichtlich ist ∞ kein Fixpunkt von f. Eine Zahl $z \in \mathbb{C}$ ist genau dann Fixpunkt von f, wenn die Gleichung $-z+i = z(z+i) = z^2 + iz$ gilt, also $z^2 + (1+i)z - i = 0$. Diese quadratische Gleichung hat die beiden Lösungen $z = ((-(1+i) \pm \sqrt{6i})/2$, also
$$z_{1,2} = -\frac{1+i}{2} \cdot (1 \pm \sqrt{3}).$$

(c) Auflösen der Gleichung $w = (-z+i)/(z+i)$ nach z liefert zunächst $wz + wi = -z + i$ und dann $z(w+1) = i - iw$, also
$$z = \frac{i(1-w)}{1+w}.$$

Schreiben wir $z = x+iy$ und $w = u+iv$, so bedeutet dies
$$x+iy = \frac{v+i(1-u)}{(1+u)+iv} \cdot \frac{(1+u)-iv}{(1+u)-iv} = \frac{2v+i(1-u^2-v^2)}{(1+u)^2+v^2}.$$

(d) Gilt $y = mx$, so geht die Gleichung in (c) über in $1-u^2-v^2 = 2mv$ bzw. $u^2+(v+m)^2 = 1+m^2$; dies ist die Gleichung eines Kreises mit Mittelpunkt $(0,-m)$ und Radius $\sqrt{1+m^2}$.

(e) Gilt $z\bar{z} = r^2$, so geht die Gleichung in (c) über in
$$r^2 = \frac{i(1-w)}{1+w} \cdot \frac{-i(1-\bar{w})}{1+\bar{w}} = \frac{(1-w)(1-\bar{w})}{(1+w)(1+\bar{w})}$$
bzw.
$$r^2(1+w+\bar{w}+w\bar{w}) = 1-w-\bar{w}+w\bar{w}.$$

137. Beispiele komplexer Funktionen

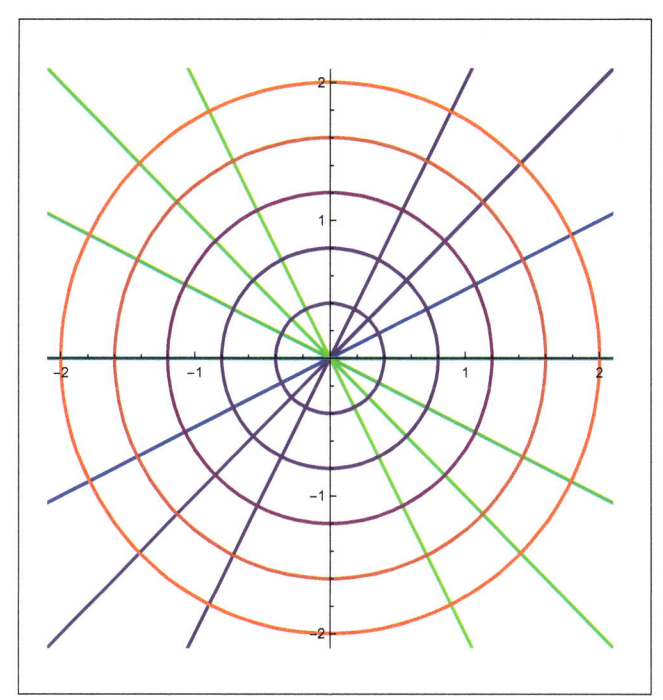

Ursprungsgeraden und konzentrische Kreise um den Nullpunkt.

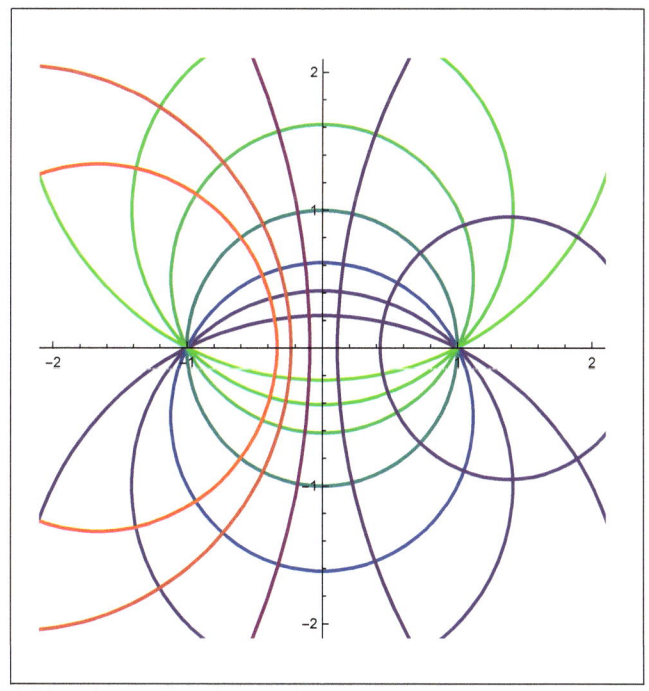

Bilder dieser Geraden und Kreise unter der betrachteten Möbiustransformation.

Nach Sortieren erhalten wir $(r^2 - 1)w\overline{w} + (r^2 + 1)(w + \overline{w}) + r^2 - 1 = 0$. Für $r = 1$ ist dies die Gerade $\overline{w} = -w$, also die imaginäre Achse im Bildbereich. Für $r \neq 1$ geht die Gleichung über in

$$w\overline{w} + \frac{r^2+1}{r^2-1}(w + \overline{w}) + 1 = 0$$

bzw.

$$\left[w - \frac{1+r^2}{1-r^2}\right]\left[\overline{w} - \frac{1+r^2}{1-r^2}\right] = -1 + \left[\frac{r^2+1}{r^2-1}\right]^2 = \left[\frac{2r}{1-r^2}\right]^2$$

und damit in die Gleichung eines Kreises mit dem (auf der reellen Achse liegenden) Mittelpunkt $(1+r^2)/(1-r^2)$ und dem Radius $2r/|1-r^2|$.

Lösung (137.7) Für $f(z) = az + b$ gilt $|f(z) - f(z_0)| = |az - az_0| = |a||z - z_0|$; also bildet f jeden Kreis $K_r(z_0)$ in den Kreis $K_{|a|r}(f(z_0))$ ab, wobei Kreismittelpunkte ineinander überführt werden. Bildet also f den Kreis $K_1 := \{z \in \mathbb{C} \mid |z - i| = 2\}$ auf den Kreis $K_2 := \{z \in \mathbb{C} \mid |z + 2| = 6\}$ ab, so müssen die Bedingungen $f(i) = -2$ sowie $2|a| = 6$ erfüllt sein. Bildet f ferner die horizontale Gerade g_1 durch i in die vertikale Gerade g_2 durch -2 ab, so muß $g_1 \cap K_1 = \{i \pm 2\}$ in $g_2 \cap K_2 = -2 \pm 6i$ überführt werden. Dies liefert $f(i \pm 2) = -2 \pm 6i$ oder $f(i \pm 2) = -2 \mp 6i$. Es gibt also zwei Möglichkeiten:
- $ai + b = -2$ und $a(i \pm 2) + b = -2 \pm 6i$, also $a = 3i$ und $b = 1$;
- $ai + b = -2$ und $a(i \pm 2) + b = -2 \mp 6i$, also $a = -3i$ und $b = -5$.

Es gibt daher zwei Abbildungen mit der gewünschten Eigenschaft, nämlich $f(z) = 3iz + 1$ und $f(z) = -3iz - 5$.

Lösung (137.8) Die Abbildung $f : \mathbb{C}_\infty \to \mathbb{C}_\infty$ ist ein Homöomorphismus, also eine Bijektion mit der Eigenschaft, daß f und f^{-1} beide stetig sind. Eine solche Abbildung bildet stets den Rand einer Menge A auf den Rand der Bildmenge $f(A)$ ab; daher muß f den Rand von H (also die reelle Achse) auf sich abbilden. Wir wählen irgendwelche reellen Zahlen z_1, z_2, z_3; dann sind auch die Bildpunkte $w_i = f(z_i)$ reell. Ist nun $z \in \mathbb{C}_\infty$ ein beliebiger vierter Punkt, so gilt $\mathrm{DV}(w_1, w_2, w_3, f(z)) = \mathrm{DV}(f(z_1), f(z_2), f(z_3), f(z)) = \mathrm{DV}(z_1, z_2, z_3, z)$, d.h.

$$\frac{w_3 - w_1}{w_3 - w_2} \cdot \frac{f(z) - w_2}{f(z) - w_1} = \frac{z_3 - z_1}{z_3 - z_2} \cdot \frac{z - z_2}{z - z_1}.$$

Da die Zahlen z_i und w_i alle reell sind, erhalten wir durch Auflösen nach $f(z)$ eine Gleichung der Form $f(z) = (az + b)/(cz + d)$ mit $a, b, c, d \in \mathbb{R}$. Es gilt dann

$$f(i) = \frac{ai + b}{ci + d} \cdot \frac{-ci + d}{-ci + d} = \frac{(bd + ac) + i(ad - bc)}{c^2 + d^2},$$

und da das Bild von i in der oberen Halbebene liegen muß, ergibt sich $ad - bc > 0$. Jede Möbiustransformation, die H in sich abbildet, hat also die angegebene Form. Umgekehrt bildet jede Möbiustransformation der angegebenen Form $\mathbb{R}$ in sich, i in die obere und $-i$ in die untere Halbebene ab und muß daher (als Homöomorphismus) sowohl die obere als auch die untere Halbebene jeweils auf sich abbilden.

Lösung (137.9) Nach dem Peripheriewinkelsatz liegen z_1, z_2, z_3, z_4 genau dann auf einem Kreis, wenn die Winkel $\angle(z_1 z_4 z_2)$ und $\angle(z_1 z_3 z_2)$ betragsmäßig gleich sind, wenn also die Argumente der komplexen Zahlen $(z_2 - z_4)/(z_1 - z_4)$ und $(z_2 - z_3)/(z_1 - z_3)$ sich nur um einen Faktor ± 1 unterscheiden. Diese Bedingung können wir nun auf verschiedene Arten äquivalent ausdrücken:

$$\frac{(z_2-z_4)/|z_2-z_4|}{(z_1-z_4)/|z_1-z_4|} = \pm \frac{(z_2-z_3)/|z_2-z_3|}{(z_1-z_3)/|z_1-z_3|}$$

$$\Leftrightarrow \left(\frac{(z_2-z_4)/|z_2-z_4|}{(z_1-z_4)/|z_1-z_4|}\right)^2 = \left(\frac{(z_2-z_3)/|z_2-z_3|}{(z_1-z_3)/|z_1-z_3|}\right)^2$$

$$\Leftrightarrow \frac{(z_2-z_4)/\overline{(z_2-z_4)}}{(z_1-z_4)/\overline{(z_1-z_4)}} = \frac{(z_2-z_3)/\overline{(z_2-z_3)}}{(z_1-z_3)/\overline{(z_1-z_3)}}$$

$$\Leftrightarrow \frac{\overline{z_1-z_3}}{\overline{z_2-z_3}} \cdot \frac{\overline{z_2-z_4}}{\overline{z_1-z_4}} = \frac{z_1-z_3}{z_2-z_3} \cdot \frac{z_2-z_4}{z_1-z_4}$$

$$\Leftrightarrow \overline{\mathrm{DV}(z_1,z_2,z_3,z_4)} = \mathrm{DV}(z_1,z_2,z_3,z_4)$$

$$\Leftrightarrow \mathrm{DV}(z_1,z_2,z_3,z_4) \in \mathbb{R}.$$

(Beim Übergang von der zweiten zur dritten Zeile wurde dabei ausgenutzt, daß für alle komplexen Zahlen z die Gleichheit $z\bar{z} = |z|^2$ gilt.)

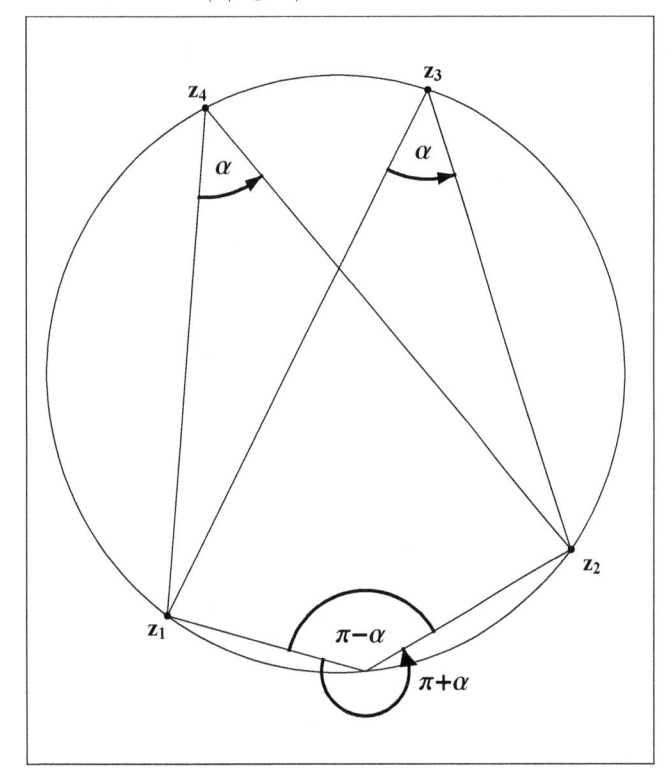

Lösung (137.10) (a) Die Bedingung für $z^\star := I_K(z)$, der Spiegelpunkt von z zu sein, ist symmetrisch in $z^\star$ und z; hieraus folgt sofort die Behauptung.

(b) Wir betrachten zunächst einen echten Kreis K mit Mittelpunkt z_0 und Radius R; dessen Gleichung ist dann

(1) $$(z - z_0)(\bar{z} - \overline{z_0}) = R^2.$$

Genau dann sind z und $z^\star$ Spiegelpunkte bezüglich K, wenn $z - z_0$ und $z^\star - z_0$ den gleichen Polarwinkel haben und die Gleichung $|z - z_0| \cdot |z^\star - z_0| = R^2$ erfüllen, was insgesamt gerade

(2) $$(z - z_0)(\overline{z^\star} - \overline{z_0}) = R^2$$

bedeutet. Vergleich von (1) und (2) liefert die Behauptung. Nun betrachten wir eine Gerade K mit der Gleichung $Bz + \overline{B}\bar{z} + C = 0$, reell geschrieben also $2(B_1 x - B_2 y) + C = 0$, wobei $B = B_1 + iB_2$ sei. (Dann ist $\overline{B}$ ein Normalenvektor von K, wenn wir $\mathbb{C}$ mit $\mathbb{R}^2$ identifizieren.) Genau dann sind z und $z^\star$ Spiegelpunkte bezüglich K, wenn es ein Element $z_0 \in K$ und eine reelle Zahl λ gibt mit $z = z_0 + \lambda \overline{B}$ und $z^\star = z_0 - \lambda \overline{B}$. Ist dies der Fall, so gilt wegen $Bz_0 + \overline{B}\,\overline{z_0} + C = 0$ die Beziehung

$$Bz + \overline{B}\,\overline{z^\star} + C = B(\lambda\overline{B}) + \overline{B}\cdot\overline{(-\lambda\overline{B})} = \lambda|B|^2 - \lambda|B|^2 = 0.$$

Gilt umgekehrt $Bz + \overline{B}\,\overline{z^\star} + C = 0$ und setzen wir $z_0 := (z + z^\star)/2$, so erfüllt z_0 die Gleichung $Bz_0 + \overline{B}\,\overline{z_0} + C = 0$, liegt also auf K. Ferner erfüllt $w := (z - z^\star)/2$ die Bedingung $Bw - \overline{B}\,\overline{w} = 0$; also ist $\lambda := Bw$ reell, folglich $w = (\lambda/|B|^2) \cdot \overline{B}$ ein reelles Vielfaches von $\overline{B}$ und damit ein Normalenvektor von K. Wegen $z = z_0 + w$ und $z^\star = z_0 - w$ sind dann z und $z^\star$ Spiegelpunkte bezüglich der Geraden K, was zu zeigen war.

(c) Wir betrachten zunächst eine Abbildung der Form $f(z) = az + b$. Ist ein Kreis K gegeben durch die Gleichung

($\star$) $$(z - z_0)(\bar{z} - \overline{z_0}) = R^2,$$

so ist (mit $w := f(z)$) der Bildkreis $f(K)$ gegeben durch die Gleichung

$$(w - b - az_0)(\bar{w} - \bar{b} - \bar{a}\,\overline{z_0}) = (|a|\,R)^2.$$

Zu zeigen ist also die folgende Aussage: Erfüllen z und $z^\star$ die Gleichung $(z - z_0)(\overline{z^\star} - \overline{z_0}) = R^2$, so erfüllen $w := az + b$ und $w^\star := az^\star + b$ die Gleichung $(w - b - az_0)(\overline{w^\star} - \bar{b} - \bar{a}\,\overline{z_0}) = (|a|\,R)^2$. Diese Aussage ist aber trivial. Die Gleichung ($\star$) läßt sich ferner nach Division durch $|zz_0|^2 = z\bar{z}z_0\overline{z_0}$ umschreiben als

$$\left(\frac{1}{z_0} - \frac{1}{z}\right)\left(\frac{1}{\overline{z_0}} - \frac{1}{\bar{z}}\right) = \left(\frac{R}{|zz_0|}\right)^2;$$

das Bild von K unter der Stürzung $f(z) = 1/z$ ist also gegeben durch die Gleichung

$$(w - z_0^{-1})(\bar{w} - \overline{z_0^{-1}}) = (R/|zz_0|)^2.$$

Zu zeigen ist also die folgende Aussage: Erfüllen z und $z^\star$ die Gleichung $(z - z_0)(\overline{z^\star} - \overline{z_0}) = R^2$, so erfüllen $w := 1/z$ und $w^\star := 1/z^\star$ die Gleichung $(w - z_0^{-1})(\overline{w^\star} - \overline{z_0^{-1}}) = (R/|zz_0|)^2$. Diese Aussage ist aber trivial. Da sich eine beliebige Möbiustransformation aus Abbildungen der Form $z \mapsto az + b$ und $z \mapsto 1/z$ zusammensetzen läßt, gilt also für jede beliebige Möbiustransformation, daß sie Spiegelpunkte von K auf Spiegelpunkte von $f(K)$ abbildet. Für den Fall, daß K ein ausgearteter Kreis (also eine Gerade) ist, geht der Beweis völlig analog.

(d) Es sei $z \in \mathbb{C}_\infty$ beliebig. Ist $z^\star$ der Spiegelpunkt von z bezüglich K, so ist $f(z^\star)$ nach (c) der Spiegelpunkt von $f(z)$ bezüglich $f(K)$; dies bedeutet gerade

$$I_{f(K)}\bigl(f(z)\bigr) \;=\; f\bigl(I_K(z)\bigr).$$

Da z beliebig war, bedeutet dies $I_{f(K)} \circ f = f \circ I_K$ bzw. $I_{f(K)} = f \circ I_K \circ f^{-1}$. Wir erkennen, daß (d) nur eine Umformulierung von (c) ist.

Lösung (137.11) (a) Der Ansatz

$$\mathrm{DV}(0, 1, -i, z) \;=\; \mathrm{DV}\bigl(i, -1+2i, 2i, f(z)\bigr)$$

führt auf

$$\frac{i}{i+1} \cdot \frac{z-1}{z} \;=\; \frac{i}{1} \cdot \frac{f(z)+(1-2i)}{f(z)-i}$$

bzw. $\bigl(f(z) - i\bigr)(z-1) = \bigl(f(z) + (1-2i)\bigr) \cdot \bigl((i+1)z\bigr)$. Wir multiplizieren beide Seiten aus und sortieren so, daß alle Terme mit $f(z)$ auf der linken und alle Terme ohne $f(z)$ auf der rechten Seite stehen; es ergibt sich $-f(z) \cdot (1+iz) = 3z - i$ bzw.

$$f(z) \;=\; \frac{-3z+i}{iz+1}.$$

Schreiben wir $w = f(z)$ und lösen wir die Gleichung $w = (-3z+i)/(iz+1)$ nach z auf, so ergibt sich

$$z \;=\; \frac{i-w}{iw+3}.$$

Mit $z = x+iy$ und $w = u+iv$ bedeutet dies

$$\begin{aligned}
x+iy &= \frac{-u+i(1-v)}{(3-v)+iu} \cdot \frac{(3-v)-iu}{(3-v)-iu} \\
&= \frac{-2u+i(v^2-4v+3+u^2)}{(3-v)^2+u^2}.
\end{aligned}$$

Die Gleichung $y = x$ geht dann über in $v^2 - 4v + 3 + u^2 = -2u$ bzw. $v^2 - 4v + u^2 + 2u = -3$, nach quadratischer Ergänzung also

$$(u+1)^2 + (v-2)^2 \;=\; 2.$$

Das Bild der Geraden $y = x$ ist also der Kreis mit Mittelpunkt $(-1, 2)$ und Radius $\sqrt{2}$.

(b) Aufgrund der Invarianz des Doppelverhältnisses gilt

$$\begin{aligned}
\mathrm{DV}(0, -1, i, z) &= \mathrm{DV}\bigl(f(0), f(-1), f(i), f(z)\bigr) \\
&= \mathrm{DV}\bigl(-2, 1-i, -1-2i, f(z)\bigr)
\end{aligned}$$

und damit $\dfrac{i}{z} \cdot \dfrac{z+1}{i+1} = \dfrac{1-2i}{f(z)+2} \cdot \dfrac{f(z)-1+i}{-2-i}$ bzw.

$$\underbrace{\frac{i}{i+1}}_{=(1+i)/2} \cdot \frac{z+1}{z} \;=\; \underbrace{\frac{1-2i}{-2-i}}_{=i} \cdot \frac{f(z)-1+i}{f(z)+2},$$

also

$$\frac{(1+i)(z+1)}{2z} \;=\; \frac{i\bigl(f(z)-1+i\bigr)}{f(z)+2}.$$

Wir multiplizieren mit dem Hauptnenner durch und sortieren (Terme mit $f(z)$ auf die linke Seite, Terme ohne $f(z)$ auf die rechte); dies ergibt

$$\bigl((1+i)(z+1) - 2iz\bigr) \cdot f(z) \;=\; -2(i+1)(2z+1)$$

und damit

$$\bigl((1-i)z + (1+i)\bigr) \cdot f(z) \;=\; -2(1+i)(2z+1).$$

Durchmultiplizieren mit $1 - i$ liefert $(-2iz + 2)f(z) = -4(2z+1)$ oder kürzer $(iz-1)f(z) = 2(2z+1)$. Damit ist die gesuchte Möbiustransformation gegeben durch

$$f(z) \;=\; \frac{4z+2}{iz-1}.$$

Lösen wir die Gleichung $w = f(z)$ nach z auf, so erhalten wir

$$z \;=\; \frac{w+2}{iw-4},$$

mit $z = x+iy$ und $w = u+iv$ also

$$\begin{aligned}
x+iy &= \frac{(u+2)+iv}{-(v+4)+iu} \cdot \frac{-(v+4)-iu}{-(v+4)-iu} \\
&= \frac{uv - (u+2)(v+4) - i\bigl(v(v+4) + u(u+2)\bigr)}{(v+4)^2 + u^2}.
\end{aligned}$$

Die Gleichung $y = 2x$ geht dann über in $v(v+4) + u(u+2) = 2\bigl((u+2)(v+4) - uv\bigr)$, nach Ausmultiplizieren, Sortieren und quadratischer Ergänzung also

$$(u-3)^2 + v^2 \;=\; 25.$$

Das Bild der Geraden $y = 2x$ unter f ist also der Kreis um den Punkt $(3, 0)$ (bzw. die Zahl 3) mit Radius 5.

(c) Aufgrund der Invarianz des Doppelverhältnisses gilt

$$\begin{aligned}
\mathrm{DV}(0, i, 2, z) &= \mathrm{DV}\bigl(f(0), f(i), f(2), f(z)\bigr) \\
&= \mathrm{DV}\bigl(-3i, 2-2i, 2+3i, f(z)\bigr)
\end{aligned}$$

und damit $\dfrac{2}{z} \cdot \dfrac{z-i}{2-i} = \dfrac{2+6i}{f(z)+3i} \cdot \dfrac{f(z)-2+2i}{5i}$ bzw.

$$2 \cdot 5i \cdot (z-i) \cdot \bigl(f(z) + 3i\bigr) = (2-i) \cdot (2+6i) \cdot z \cdot \bigl(f(z) - 2 + 2i\bigr),$$

also
$$10i(z-i)f(z) - 30(z-i)$$
$$= 10(1+i)z\,f(z) + 10(1+i)(-2+2i)z.$$

Wir teilen durch 10, multiplizieren aus und erhalten dann $(iz+1)f(z) - 3(z-i) = (1+i)zf(z) - 4z$ bzw. $z + 3i = (z-1)f(z)$. Die gesuchte Abbildung ist daher
$$f(z) = \frac{z+3i}{z-1}.$$

Lösen wir die Gleichung $w = f(z)$ nach z auf, so erhalten wir
$$z = \frac{w+3i}{w-1}.$$

(Nebenbei bemerkt zeigt dies, daß f zu sich selbst invers ist.) Mit $z = x+iy$ und $w = u+iv$ erhalten wir also
$$x+iy = \frac{u+i(v+3)}{(u-1)+iv} \cdot \frac{(u-1)-iv}{(u-1)-iv}$$
$$= \frac{u(u-1) + v(v+3) + i\big((v+3)(u-1) - uv\big)}{(u-1)^2 + v^2}.$$

Die Gleichung $y + x = 0$ geht dann über in
$$0 = (u^2 - u + v^2 + 3v) + (uv + 3u - v - 3 - uv)$$
$$= u^2 + 2u + v^2 + 2v - 3$$
$$= (u+1)^2 + (v+1)^2 - 5$$

bzw.
$$(u+1)^2 + (v+1)^2 = 5.$$

Das Bild der Geraden $y = -x$ unter f ist also der Kreis um den Punkt $(-1,-1)$ (bzw. die Zahl $-1-i$) mit Radius $\sqrt{5}$.

(d) Wir können entweder die Invarianz des Doppelverhältnisses ausnutzen und die Gleichung
$$\mathrm{DV}(0, i, 1, z) = \mathrm{DV}\big(f(0), f(i), f(1), f(z)\big)$$
$$= \mathrm{DV}\big(-1, i, 0, f(z)\big)$$

ansetzen oder direkt die Form $f(z) = (az+b)/(cz+d)$ benutzen. Die Gleichung $f(1) = 0$ liefert dann $b = -a$, und die Gleichung $f(0) = -1$ liefert $d = -b = a$. Wir erhalten also $f(z) = (az-a)/(cz+a)$. Die Gleichung $f(i) = i$ liefert nun $ai - a = i(ci+a) = -c+ai$ und damit $c = a$. Wir erhalten also $f(z) = (az-a)/(az+a)$ und damit
$$f(z) = \frac{z-1}{z+1}.$$

Lösen wir die Gleichung $w = f(z)$ nach z auf, so erhalten wir
$$z = \frac{1+w}{1-w}.$$

Mit $z = x+iy$ und $w = u+iv$ erhalten wir also
$$x+iy = \frac{1+u+iv}{1-u-iv} \cdot \frac{1-u+iv}{1-u+iv} = \frac{(1-u^2-v^2) + 2iv}{(1-u)^2 + v^2}.$$

Die Gleichung $y = 2x+3$ geht dann über in
$$\frac{2v}{(1-u)^2 + v^2} = \frac{2(1-u^2-v^2)}{(1-u)^2+v^2} + 3$$

bzw. $2v = 2(1-u^2-v^2) + 3(1-u)^2 + 3v^2$. Nach Ausmultiplizieren, Sortieren und quadratischer Ergänzung geht dies über in
$$(u-3)^2 + (v-1)^2 = 5.$$

Das Bild der Geraden $y = 2x+3$ unter f ist also der Kreis um den Punkt $(3,1)$ (bzw. die Zahl $3+i$) mit Radius $\sqrt{5}$.

Lösung (137.12) (a) Hat f die angegebene Form, so folgt aus $|z| = 1$ schon $|\overline{z_0}z - 1| = |\overline{z_0}/z - 1| = |\overline{z_0} - \overline{z}|/|\overline{z}| = |z_0 - z|$ und damit $|f(z)| = 1$; also bildet f den Rand von D in sich ab, aufgrund der Kreistreue von Möbiustransformationen sogar *auf* sich. Da f ein Homöomorphismus ist, muß f dann entweder das Innere und das Äußere von D jeweils auf sich abbilden oder miteinander vertauschen. Wegen $f(z_0) = 0 \in D$ tritt dabei die erstgenannte Möglichkeit ein.

Umgekehrt sei eine beliebige Möbiustransformation $f(z) = (az+b)/(cz+d)$ gegeben, die D auf sich abbildet. Ist $c = 0$, so gilt $f(\infty) = \infty$, folglich (da f die Spiegelpunkte 0 und ∞ auf sich abbilden muß) auch $f(0) = 0$ und damit $b = 0$. Dann ist $f(z) = (a/d)z$, und da f den Rand von D auf sich abbilden muß, folgt $|a/d| = 1$, sagen wir $a/d = e^{i\varphi}$. Damit hat f die angegebene Form (mit $z_0 := 0$).

Ist $c \neq 0$, dann auch $a \neq 0$ (sonst wäre $f(\infty) = 0$ und damit – da f Spiegelpunkte in Spiegelpunkte überführt – auch $f(0) = \infty$, was wegen $f(D) \subseteq D$ unmöglich ist). Wir setzen $z_0 := f^{-1}(0) = -b/a$; wegen $f(D) = D$ liegt z_0 in D. Der Spiegelpunkt von 0 bezüglich D ist ∞, der Spiegelpunkt von z_0 bezüglich D ist $1/\overline{z_0}$. Da f^{-1} Spiegelpunkte auf ebensolche abbildet, ist dann $f^{-1}(\infty) = 1/\overline{z_0}$, also $-d/c = 1/\overline{z_0}$. Wir erhalten dann
$$f(z) = \frac{a(z+b/a)}{c(z+d/c)} = \frac{a(z-z_0)}{c(z-1/\overline{z_0})} = \frac{a\overline{z_0}}{c} \cdot \frac{z-z_0}{\overline{z_0}z - 1}.$$

Weil $f(1)$ auf dem Rand von D liegen muß, gilt $1 = |f(1)| = |a\overline{z_0}/c|$ und damit $a\overline{z_0}/c = e^{i\varphi}$ mit einer Zahl $\varphi \in \mathbb{R}$. Also hat f die angegebene Form.

(b) Ist f von der in Teil (a) angegebenen Form, so müssen wir Zahlen $a, b \in \mathbb{C}$ mit $|a|^2 - |b|^2 = 1$ und einen Faktor $\lambda \in \mathbb{C}$ finden mit

$(\star)$ $\quad a = \lambda e^{i\varphi}, \quad b = -\lambda e^{i\varphi}z_0, \quad \overline{b} = \lambda\overline{z_0}, \quad \overline{a} = -\lambda.$

Aufgaben zu »Beispiele komplexer Funktionen« siehe Seite 147

Die Ausdrücke für a und $\bar{a}$ sowie für b und $\bar{b}$ sind genau dann kompatibel, wenn $\bar{\lambda} = -\lambda e^{i\varphi}$ gilt; diese Bedingung legt das Argument von λ fest, aber noch nicht den Betrag. Wegen $|a|^2 - |b|^2 = |\lambda|^2(1 - |z_0|^2)$ haben a und b genau dann die gewünschten Eigenschaften, wenn wir $|\lambda| = 1/\sqrt{1-|z_0|^2}$ wählen (was wegen $|z_0| \neq 1$ möglich ist). Also ist f von der in Teil (b) angegebenen Form.

Ist umgekehrt f von der in (b) angegebenen Form, so müssen wir eine reelle Zahl φ, eine Zahl z_0 mit $|z_0| < 1$ sowie einen Faktor $\lambda \in \mathbb{C}$ derart finden, daß $(\star)$ gilt. Insbesondere muß $b = -az_0$ gelten, was durch die Setzung $z_0 := -b/a$ erreicht wird. (Wegen $|b|^2 = |a|^2 - 1 < |a|^2$ ist dann $|z_0| < 1$.) Ferner müssen wir $\lambda := -\bar{a}$ definieren und dann $\varphi \in \mathbb{R}$ so wählen, daß die Kompatibilitätsbedingung $\bar{\lambda} = -\lambda e^{i\varphi}$ bzw. $-a = \bar{a}e^{i\varphi}$ bzw. $-a^2 = |a|^2 e^{i\varphi}$ erfüllt ist; dies erreichen wir dadurch, daß wir φ als Argument von $-a^2/|a|^2$ wählen. Also ist f von der in Teil (a) angegebenen Form.

Lösung (137.13) Hat f die angegebene Form, so gilt offensichtlich $|f(z)| = 1$ für alle $z \in \mathbb{R}$, so daß f den Rand ∂H von H in den Rand ∂D von D und damit (aufgrund der Kreistreue von Möbiustransformationen) sogar *auf* den Rand von D abbildet. Als Homöomorphismus muß dann f jede der beiden Komponenten von $\mathbb{C}_\infty \setminus \partial H$ auf jeweils eine der beiden Komponenten von $\mathbb{C}_\infty \setminus \partial D$ abbilden. Wegen $f(z_0) = 0 \in D$ folgt dann $f(H) = D$.

Umgekehrt sei eine beliebige Möbiustransformation $f(z) = (az+b)/(cz+d)$ gegeben, die H auf D abbildet. Da ∞ ein Randpunkt von H ist, muß dann $f(\infty)$ ein Randpunkt von D sein; dies schließt die Möglichkeiten $a = 0$ (und damit $f(\infty) = 0$) sowie $c = 0$ (und damit $f(\infty) = \infty$) aus. Wir haben also $a \neq 0$ und $c \neq 0$. Da 0 und ∞ Spiegelpunkte bezüglich ∂D sind, müssen nach der vorigen Aufgabe $f^{-1}(\infty) = -d/c$ und $f^{-1}(0) = -b/a$ Spiegelpunkte bezüglich ∂H, also komplex konjugiert sein. Es gilt also $\overline{d/c} = a/b$, mit $z_0 := -b/a$ folglich

$$f(z) = \frac{a(z+b/a)}{c(z+d/c)} = \frac{a(z-z_0)}{c(z-\overline{z_0})} = \frac{a}{c} \cdot \frac{z-z_0}{z-\overline{z_0}}.$$

Wegen $0 \in \partial H$ gilt $f(0) \in \partial D$, also $1 = |f(0)| = |a/c|$; es gibt also eine reelle Zahl φ mit $a/c = e^{i\varphi}$. Ferner liegt z_0 wegen $f(z_0) = 0 \in D$ in H. Damit ist die Behauptung gezeigt.

Lösung (137.14) (a) Die Hintereinanderausführung zweier Elemente von $\mathrm{Aut}(\Omega)$ ist wieder ein Element von $\mathrm{Aut}(\Omega)$; also ist die Verkettung eine innere Verknüpfung auf der Menge $\mathrm{Aut}(\Omega)$. Diese ist assoziativ, weil die Verkettung von Abbildungen grundsätzlich assoziativ ist. Offensichtlich ist die identische Abbildung id_Ω ein Element von $\mathrm{Aut}(\Omega)$, das die Rolle eines Neutralelements spielt. Mit φ ist auch φ^{-1} ein Element von $\mathrm{Aut}(\Omega)$. Es folgt, daß $(\mathrm{Aut}(\Omega), \circ)$ eine Gruppe ist.

(b) Ist $f : \Omega_1 \to \Omega_2$ eine biholomorphe Abbildung, so sind offenbar

$$\begin{array}{rcl} \mathrm{Aut}(\Omega_1) & \to & \mathrm{Aut}(\Omega_2) \\ \varphi & \mapsto & f \circ \varphi \circ f^{-1} \end{array}$$

und

$$\begin{array}{rcl} \mathrm{Aut}(\Omega_2) & \to & \mathrm{Aut}(\Omega_1) \\ \psi & \mapsto & f^{-1} \circ \psi \circ f \end{array}$$

zueinander inverse Gruppenisomorphismen.

(c) Auflösen der Gleichung $w = f(z) = (z-i)/(z+i)$ nach z liefert sofort $z = i(1+w)/(1-w) = g(w)$. Also sind f und g zueinander inverse Möbiustransformationen. Wir wollen zunächst zeigen, daß $f(H) \subseteq D$ gilt. Dazu seien $z \in H$ und $w := f(z) = (z-i)/(z+i)$. Dann gilt

$$\begin{aligned} w\overline{w} &= \frac{z-i}{z+i} \cdot \frac{\bar{z}+i}{\bar{z}-i} \\ &= \frac{z\bar{z} - i\bar{z} + iz + 1}{z\bar{z} + i\bar{z} - iz + 1} \\ &= \frac{|z|^2 - 2\,\mathrm{Im}\,z + 1}{|z|^2 + 2\,\mathrm{Im}\,z + 1} \;<\; 1 \end{aligned}$$

und damit $w \in D$. Also ist f eine Abbildung von H nach D. Umgekehrt wollen wir zeigen, daß auch $g(D) \subseteq H$ gilt. Dazu seien $w \in D$ und $z := g(w) = i(1+w)/(1-w)$. Dann gilt

$$\begin{aligned} 2\,\mathrm{Im}\,z &= -i(z-\bar{z}) = \frac{1+w}{1-w} + \frac{1+\overline{w}}{1-\overline{w}} \\ &= \frac{2(1-w\overline{w})}{(1-w)(1-\overline{w})} = \frac{2(1-|w|^2)}{|1-w|^2} > 0 \end{aligned}$$

und damit $z \in H$. Also ist g eine Abbildung von D nach H. Es folgt, daß $f : H \to D$ und $g : D \to H$ zueinander inverse biholomorphe Abbildungen sind.

(d) Ganz allgemein gilt

$$f(x+iy) = \frac{(x^2+y^2-1) - 2ix}{x^2+(y+1)^2}.$$

Halten wir y fest, so gilt $f(x+iy) \to 1$ für $x \to \pm\infty$. Da f als Möbiustransformation kreistreu ist, werden also horizontale Geraden auf Kreise abgebildet, die den Einheitskreis im Punkt 1 tangential berühren. Halten wir x fest, so gilt $f(x+iy) \to 1$ für $y \to \infty$. Da f winkel- und kreistreu ist, werden also vertikale Geraden auf Kreise abgebildet, die senkrecht von einem Punkt des Einheitskreises ausgehen und dann im Punkt 1 wieder senkrecht auf den Einheitskreis zulaufen. Das Abbildungsverhalten ist in dem folgenden Diagramm dargestellt.

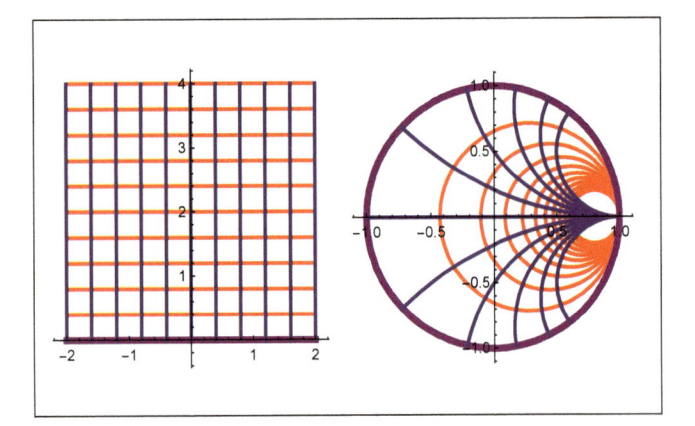

(e) Die Möbiustransformationen, die H in sich abbilden, sind genau die Abbildungen der Form $g \circ \varphi \circ f$, wobei φ diejenigen Möbiustransformationen durchläuft, die D in sich abbilden. Nach Aufgabe (137.12) sind dies genau die Abbildungen der Form $\varphi(z) = (az+b)/(cz+d)$ mit $|a|^2 - |b|^2 = 1$. Mit $\sigma := b+a$ und $\tau := b-a$ erhalten wir

$$(g \circ \varphi \circ f)(z) = (g \circ \varphi)\left(\frac{z-i}{z+i}\right) = g\left(\frac{a \cdot \frac{z-i}{z+i} + b}{\overline{b} \cdot \frac{z-i}{z+i} + \overline{a}}\right)$$

$$= g\left(\frac{a(z-i) + b(z+i)}{\overline{b}(z-i) + \overline{a}(z+i)}\right) = g\left(\frac{\sigma z + i\tau}{\overline{\sigma} z - i\overline{\tau}}\right)$$

$$= i \cdot \frac{1 + \frac{\sigma z + i\tau}{\overline{\sigma} z - i\overline{\tau}}}{1 \cdot \frac{\sigma z + i\tau}{\overline{\sigma} z - i\overline{\tau}}} = i \cdot \frac{(\overline{\sigma} z - i\overline{\tau}) + (\sigma z + i\tau)}{(\overline{\sigma} z - i\overline{\tau}) - (\sigma z + i\tau)}$$

$$= \frac{2\operatorname{Re}(\sigma) \cdot z - 2\operatorname{Im}(\tau)}{-2\operatorname{Im}(\sigma) \cdot z - 2\operatorname{Re}(\tau)}$$

$$= \frac{-\operatorname{Re}(\sigma) \cdot z + \operatorname{Im}(\tau)}{\operatorname{Im}(\sigma) \cdot z + \operatorname{Re}(\tau)} = \frac{\alpha z + \beta}{\gamma z + \delta}$$

mit den reellen Zahlen $\alpha, \beta, \gamma, \delta$, die gegeben sind durch $\sigma = -\alpha + \gamma i$ und $\tau = \delta + \beta i$ und damit

$$2a = -(\delta + \alpha) + (\gamma - \beta)i \quad \text{und} \quad 2b = (\delta - \alpha) + (\gamma + \beta)i.$$

Die Bedingung $|a|^2 - |b|^2 = 1$ bzw. $|2a|^2 - |2b|^2 = 4$ geht dann über in

$$4 = (\delta+\alpha)^2 + (\gamma-\beta)^2 - (\delta-\alpha)^2 - (\gamma+\beta)^2 = 4(\alpha\delta - \beta\gamma)$$

und damit $\alpha\delta - \beta\gamma = 1$. Die Möbiustransformationen, die H in sich abbilden, sind also genau die Funktionen der Form

$$f(z) = \frac{\alpha z + \beta}{\gamma z + \delta} \quad \text{mit} \quad \det \begin{bmatrix} \alpha & \beta \\ \gamma & \delta \end{bmatrix} = 1.$$

Bemerkung: In Kapitel 140 werden wir sehen, daß es sich dabei bereits um *sämtliche* Automorphismen von H handelt (genau, wie die in Aufgabe (137.12) angegebenen Möbiustransformationen bereits alle Automorphismen des Einheitskreises D sind).

Lösung (137.15) (a) Mit $w = (1/2) \cdot (z + 1/z) = (z^2+1)/(2z)$ gilt

$$\frac{w-1}{w+1} = \frac{\frac{z^2+1}{2z} - 1}{\frac{z^2+1}{2z} + 1} = \frac{z^2 + 1 - 2z}{z^2 + 1 + 2z}$$

$$= \frac{(z-1)^2}{(z+1)^2} = \left(\frac{z-1}{z+1}\right)^2.$$

(b) Nach Teil (a) gilt mit der Möbiustransformation $h(z) = (z-1)/(z+1)$ und der Quadrierungsabbildung $q(z) = z^2$ die Gleichung $h \circ f = q \circ h$ bzw. $f = h^{-1} \circ q \circ h$ mit $h^{-1}(z) = (1+z)/(1-z)$. Als Möbiustransformation ist h kreistreu; wegen $h(1) = 0$ und $h(-1) = \infty$ bildet daher h jeden Kreis durch 1 und -1 auf eine Ursprungsgerade ab, und q bildet jede solche Ursprungsgerade dann auf einen Ursprungsstrahl ab. Wegen $h^{-1}(0) = 1$ und $h^{-1}(\infty) = -1$ bildet h^{-1} jeden solchen Ursprungsstrahl auf einen Kreisbogen mit den Endpunkten 1 und -1 ab.

(c) Als Möbiustransformationen sind h und h^{-1} winkeltreu. Die Funktion h bildet 1 auf 0 ab, die Quadrierungsabbildung q bildet Kurven durch 0 mit dem Steigungswinkel α in Kurven durch 0 mit dem Steigungswinkel 2α ab, und h^{-1} bildet dann 0 wieder auf 1 ab. Damit ist klar, daß insgesamt der Winkel α in den Winkel 2α übergeht.

L138: Komplexe Differentiierbarkeit

Lösung (138.1) (a) Es gilt $(x+iy)^3 = x^3 + 3ix^2y - 3xy^2 - iy^3 = (x^3 - 3xy^2) + i(3x^2y - y^3)$, also
$$u(x,y) = x^3 - 3xy^2,$$
$$v(x,y) = 3x^2y - y^3.$$

(b) Es gilt
$$f(x+iy) = \frac{x+iy}{1-x-iy} \cdot \frac{1-x+iy}{1-x+iy} = \frac{x-x^2-y^2+iy}{(1-x)^2+y^2},$$
also
$$u(x,y) = \frac{x-x^2-y^2}{(1-x)^2+y^2},$$
$$v(x,y) = \frac{y}{(1-x)^2+y^2}.$$

(c) Es gilt $f(x+iy) = \exp(x^2 - y^2 + 2ixy) = \exp(x^2 - y^2) \cdot \exp(2ixy) = \exp(x^2 - y^2)\bigl(\cos(2xy) + i\sin(2xy)\bigr)$ und damit
$$u(x,y) = e^{x^2-y^2}\cos(2xy),$$
$$v(x,y) = e^{x^2-y^2}\sin(2xy).$$

(d) Es gilt $f(x+iy) = \sin(x+iy) = \sin(x)\cos(iy) + \cos(x)\sin(iy) = \sin(x)\cosh(y) + i\cos(x)\sinh(y)$, also
$$u(x,y) = \sin(x)\cosh(y),$$
$$v(x,y) = \cos(x)\sinh(y).$$

(e) Es gilt
$$f(x+iy) = \sin\left(\frac{1}{x-iy} \cdot \frac{x+iy}{x+iy}\right) = \sin\left(\frac{x+iy}{x^2+y^2}\right) =$$
$$\sin\left[\frac{x}{x^2+y^2}\right]\cos\left[\frac{iy}{x^2+y^2}\right] + \cos\left[\frac{x}{x^2+y^2}\right]\sin\left[\frac{iy}{x^2+y^2}\right] =$$
$$\sin\left[\frac{x}{x^2+y^2}\right]\cosh\left[\frac{y}{x^2+y^2}\right] + i\cos\left[\frac{x}{x^2+y^2}\right]\sinh\left[\frac{y}{x^2+y^2}\right]$$
und damit
$$u(x,y) = \sin\left(\frac{x}{x^2+y^2}\right)\cosh\left(\frac{y}{x^2+y^2}\right),$$
$$v(x,y) = \cos\left(\frac{x}{x^2+y^2}\right)\sinh\left(\frac{y}{x^2+y^2}\right).$$

Lösung (138.2) (a) Wir haben $u(x,y) = e^x\cos(y+1)$, folglich
$$v_x = -u_y = e^x\sin(y+1),$$
$$v_y = u_x = e^x\cos(y+1)$$
und daher $v(x,y) = e^x\sin(y+1) + C$ mit einer reellen Konstanten C. Es gilt dann $f(z) = \exp(z+i) + Ci$.

(b) Wir haben $v(x,y) = 3y(x-1)^2 - y^3$, folglich
$$u_x = v_y = 3(x-1)^2 - 3y^2,$$
$$u_y = -v_x = 6y(x-1)$$
und daher $u(x,y) = (x-1)^3 - 3(x-1)y^2 + C$ mit einer reellen Konstanten C. Es gilt dann $g(z) = (z-1)^3 + C$.

Lösung (138.3) Wir schreiben jeweils $f(x+iy) = u(x,y) + iv(x,y)$ mit reellen Funktionen $u,v: \mathbb{R}^2 \to \mathbb{R}$; offensichtlich gilt dann $u,v \in C^\infty(\mathbb{R}^2)$ in allen betrachteten Fällen. Jede der angegebenen Funktionen ist also genau in denjenigen Punkten komplex differenzierbar, an denen die Cauchy-Riemannschen Differentialgleichungen gelten.

(a) Wir haben $u_x = 3x^2 - 3y^2 = v_y$ und $u_y = -6xy = -v_x$ auf ganz $\mathbb{R}^2$; die Funktion f ist also auf ganz $\mathbb{C}$ regulär. (Es handelt sich um die Funktion $f(z) = z^3$.)

(b) Wir haben $u_x = 2x = v_y$ auf ganz $\mathbb{R}^2$ sowie $u_y = 6y$ und $v_x = 2y$; die Funktion f ist also genau in denjenigen Punkten $x+iy$ komplex differentiierbar, an denen $6y = -2y$ bzw. $y = 0$ gilt, also entlang der reellen Achse.

(c) Wir haben $u(x,y) = 2x - x^3 - y^2x$ und $v(x,y) = -2y + x^2y + y^3$, folglich
$$u_x = 2 - 3x^2 - y^2,$$
$$v_y = -2 + x^2 + 3y^2,$$
$$u_y = -2xy,$$
$$v_x = 2xy.$$

Die Bedingung $u_y = -v_x$ ist identisch erfüllt; die Bedingung $u_x = v_y$ bedeutet $x^2 + y^2 = 1$. Die Funktion f besitzt also genau an denjenigen Punkten eine komplexe Ableitung, die auf dem Kreis $x^2 + y^2 = 1$ liegen.

(d) Wir haben $u_x = 2x$ und $v_y = -2x$; die erste der Cauchy-Riemannschen Gleichungen (nämlich $u_x = v_y$) gilt in einem Punkt $x+iy$ also genau dann, wenn $x = 0$ gilt. Ferner haben wir $u_y = -2y$ und $v_x = -2y$; die zweite der Cauchy-Riemannschen Gleichungen (nämlich $u_y = -v_x$) gilt in einem Punkt $x+iy$ also genau dann, wenn $y = 0$ gilt. Der einzige Punkt, in dem f komplex differenzierbar ist, ist also der Nullpunkt.

(e) Da $z = x+iy \mapsto e^x\cos y + ie^x\sin y = e^{x+iy} = e^z$ auf ganz $\mathbb{C}$ differenzierbar ist, ist die Funktion f genau an denjenigen Stellen $x+iy$ differenzierbar, an denen die Funktion $g(x+iy) := y^2 + ix$ es ist. Für diese haben wir $u_x = 0 = v_y$ und $u_y = 2y$ sowie $v_x = 1$; die Cauchy-Riemannschen Gleichungen reduzieren sich also auf die Gleichung $2y = -1$. Die Funktion f ist also genau auf den Punkten der Geraden $\{z \in \mathbb{C} \mid \operatorname{Im} z = -1/2\}$ differentiierbar.

(f) Wir haben $f(x+iy) = \exp(x^2)\exp(iy^2)$, also $u(x,y) = \exp(x^2)\cos(y^2)$ und $v(x,y) = \exp(x^2)\sin(y^2)$. Die Gleichungen $u_x = v_y$ und $u_y = -v_x$ lauten also $2x\exp(x^2)\cos(y^2) = 2y\exp(x^2)\cos(y^2)$ und $-2y\exp(x^2)\cdot\sin(y^2) = -2x\exp(y^2)\cdot\sin(y^2)$ und sind genau in denjenigen Punkten (x,y) erfüllt, in denen $y = x$ gilt. Also ist f genau an den Punkten der Form $x + ix$ mit $x \in \mathbb{R}$ differiierbar.

(g) Wir haben $u(x,y) = y^2$ und $v(x,y) = -2xy$, folglich
$$u_x = 0, \quad u_y = 2y, \quad v_x = -2y, \quad v_y = -2x.$$
Die Gleichung $u_y = -v_x$ ist damit identisch erfüllt; die Gleichung $u_x = v_y$ gilt genau an denjenigen Stellen $x+iy$ mit $x = 0$. Die Funktion f besitzt also genau auf den Punkten der imaginären Achse eine komplexe Ableitung. Das erkennt man auch, indem man $x = (z + \overline{z})/2$ und $y = (z - \overline{z})/(2i)$ einsetzt und dann
$$f(z) = \frac{(z+\overline{z})^2}{4} - z^2$$
erhält. Für diese Funktion ist $\partial f / \partial \overline{z} = (z+\overline{z})/2$ genau dann Null, wenn $\overline{z} = -z$ gilt, wenn also z auf der imaginären Achse liegt.

(h) Wir haben $u(x,y) = e^{x^2}\cos(y)$ und $v(x,y) = e^{x^2}\sin(y)$, folglich
$$u_x = 2xe^{x^2}\cos(y), \quad u_y = -e^{x^2}\sin(y),$$
$$v_x = 2xe^{x^2}\sin(y), \quad v_y = e^{x^2}\cos(y).$$
Damit sind die Cauchy-Riemannschen Differentialgleichungen $u_x = v_y$ und $u_y = -v_x$ äquivalent zu den Gleichungen $2x\cos(y) = \cos(y)$ und $2x\sin(y) = \sin(y)$, folglich äquivalent zu der einzelnen Gleichung $2x = 1$. Die Funktion f ist also genau an denjenigen Zahlen $x+iy$ komplex differiierbar, für die $x = 1/2$ gilt.

(i) Wir haben $u(x,y) = x^2 y$ und $v(x,y) = xy^2$, folglich
$$u_x = 2xy, \quad u_y = x^2, \quad v_x = y^2, \quad v_y = 2xy.$$
Die Gleichung $u_x = v_y$ ist damit identisch erfüllt; die Gleichung $u_y = -v_x$ lautet $x^2 = -y^2$ bzw. $x^2 + y^2 = 0$ und ist genau dann erfüllt, wenn $x = y = 0$ gilt. Die Funktion f ist also im Nullpunkt komplex differiierbar, aber in keinem anderen Punkt.

(j) Wir haben $u(x,y) = e^y \cos(x)$ und $v(x,y) = e^y \sin(x)$, folglich
$$u_x = -e^y \sin(x), \quad u_y = e^y \cos(x),$$
$$v_x = e^y \cos(x), \quad v_y = e^y \sin(x).$$
Damit sind die Cauchy-Riemannschen Differentialgleichungen $u_x = v_y$ und $u_y = -v_x$ äquivalent zu den Gleichungen $\sin(x) = 0$ und $\cos(x) = 0$, die natürlich nicht simultan erfüllbar sind. Die Funktion f ist also in keinem einzigen Punkt komplex differiierbar. (Das wird auch klar anhand der Darstellung $f(z) = e^{i\overline{z}}$.)

(k) Wir haben $u(x,y) = x^2(y^2+1)$ und $v(x,y) = y^2(x^2+1)$, folglich
$$u_x = 2x(y^2+1), \quad u_y = 2x^2 y,$$
$$v_x = 2xy^2, \quad v_y = 2y(x^2+1).$$

Die Gleichung $u_x = v_y$ lautet damit $x(y^2+1) = y(x^2+1)$ bzw. $0 = xy^2 + x - yx^2 - y = (x-y)(1-xy)$. Die Gleichung $u_y = -v_x$ lautet $x^2 y = -xy^2$ bzw. $0 = xy(x+y)$. Beide Gleichungen simultan sind genau dann erfüllt, wenn $x = y = 0$ gilt. Die Funktion f ist also im Nullpunkt komplex differiierbar (mit $f'(0) = 0$), aber in keinem anderen Punkt.

(l) Wir haben
$$u(x,y) = \frac{x(x^2+y^2-1)}{x^2+y^2} \quad \text{und} \quad v(x,y) = \frac{y(x^2+y^2+1)}{x^2+y^2}$$
bzw.
$$u(x,y) = x - \frac{x}{x^2+y^2} \quad \text{und} \quad v(x,y) = y + \frac{y}{x^2+y^2},$$
folglich
$$u_x = 1 + \frac{x^2-y^2}{(x^2+y^2)^2}, \quad u_y = \frac{2xy}{(x^2+y^2)^2},$$
$$v_y = 1 + \frac{x^2-y^2}{(x^2+y^2)^2}, \quad v_x = \frac{-2xy}{(x^2+y^2)^2}.$$
Damit sind die Cauchy-Riemannschen Differentialgleichungen $u_x = v_y$ und $u_y = -v_x$ an jeder Stelle $(x,y) \neq (0,0)$ erfüllt; die Funktion f ist also auf ihrem gesamten Definitionsbereich $\mathbb{C} \setminus \{(0,0)\}$ holomorph. Das erkennt man auch anhand der für $z = x+iy$ gültigen Darstellung
$$f(z) = x + iy - \frac{x-iy}{x^2+y^2}$$
$$= x + iy - \frac{1}{x+iy} = z - \frac{1}{z}.$$

Lösung (138.4) Da f nur reelle Werte annimmt, haben wir $v \equiv 0$, folglich $v_x = v_y = 0$. Nach den Cauchy-Riemannschen Differentialgleichungen ist also f genau in denjenigen Punkten differiierbar, in denen $u(x,y) = \sqrt{|xy|}$ differiierbar ist mit $u_x(x,y) = u_y(x,y) = 0$. An keiner Stelle der Form $(x,0)$ oder $(0,y)$ ist u differiierbar. An jeder Stelle (x,y) mit $xy \neq 0$ ist zwar u differiierbar, aber es gilt $u_x(x,y) \neq 0$ und $u_y(x,y) \neq 0$. Also ist f nirgends komplex differiierbar. Da $u \equiv 0$ entlang der beiden Koordinatenachsen gilt, existieren im Nullpunkt die partiellen Ableitungen u_x und u_y und erfüllen die Gleichungen $u_x(0,0) = u_y(0,0) = 0$; also gelten in $(0,0)$ die Cauchy-Riemannschen Differentialgleichungen.

Lösung (138.5) Ist $f(x+iy) = u(x,y) + iv(x,y)$, so gilt $g(x+iy) = \overline{f(x-iy)} = u(x,-y) - iv(x,-y)$, also $g(x+iy) = U(x,y) + iV(x,y)$ mit
$$U(x,y) = u(x,-y) \quad \text{und} \quad V(x,y) = -v(x,-y).$$
Wir haben dann $U_x(x,y) = u_x(x,-y) = v_y(x,-y) = V_y(x,y)$ und $U_y(x,y) = -u_y(x,-y) = v_x(x,-y) =$

$-V_x(x,y)$; mit u und v erfüllen also auch U und V die Cauchy-Riemannschen Differentialgleichungen.

Lösung (138.6) Für $u(x,y) = U(x)$ und $v(x,y) = V(y)$ nehmen die Gleichungen $u_x = v_y$ und $u_y = -v_x$ die Form $U'(x) = V'(y)$ bzw. $0 = 0$ an; sie sind genau dann erfüllt, wenn es eine Konstante $a \in \mathbb{R}$ gibt mit $U' \equiv c \equiv V'$, folglich $U(x) = ax + b_1$ und $V(y) = ay + b_2$ mit reellen Konstanten b_1 und b_2. Dann ist $f(x+iy) = ax + b_1 + i(ay + b_2) = a(x+iy) + (b_1 + ib_2)$. Die fraglichen Abbildungen sind also genau die Abbildungen der Form $f(z) = az + b$ mit $a \in \mathbb{R}$ und $b \in \mathbb{C}$.

Lösung (138.7) Wir haben $f'(z_0) = u_x(p) + iv_x(p) = u_y(p) + iv_y(p)$, unter Benutzung der Cauchy-Riemannschen Gleichungen also $f'(z_0) = u_x(p) - iu_y(p) = -v_x(p) + iv_y(p)$, folglich

$$|f'(z_0)| = \sqrt{u_x(p)^2 + u_y(p)^2} = \sqrt{v_x(p)^2 + v_y(p)^2}.$$

Das ist aber schon die Behauptung.

Lösung (138.8) Die Gleichung $(f(i) - f(1))/(i - 1) = f'(\zeta)$ lautet ausgeschrieben

$$3\zeta^2 = \frac{-i-1}{i-1} \cdot \frac{-i-1}{-i-1} = \frac{(1+i)^2}{2} = i$$

und damit $\zeta^2 = i/3$. Die Lösungen dieser Gleichung sind $\zeta_{1,2} = \pm(1+i)/\sqrt{6}$, und keine dieser beiden Lösungen liegt auf der Verbindungsstrecke zwischen 1 und i.

Lösung (138.9) Wir schreiben jeweils $f(x+iy) = u(x,y) + iv(x,y)$.

(a) Ist u konstant, so gilt $u_x = u_y = 0$, nach den Cauchy-Riemannschen Gleichungen daher auch $v_x = v_y = 0$. Da Ω zusammenhängend ist, ist dann auch v konstant.

(b) Ist v konstant, so gilt $v_x = v_y = 0$, nach den Cauchy-Riemannschen Gleichungen daher auch $u_x = u_y = 0$. Da Ω zusammenhängend ist, ist dann auch u konstant.

(c) Ist $|f| \equiv 0$, so ist $f \equiv 0$, und wir sind fertig. Es gelte also $|f| > 0$. Ableiten der Identität $u^2 + v^2 = \text{const}$ nach x und y liefert $uu_x + vv_x = 0$ und $uu_y + vv_y = 0$, was sich wegen der Cauchy-Riemannschen Gleichungen auch in der Form $uu_x - vu_y = 0$ und $uu_y + vu_x = 0$ bzw. in Matrizenform als

$$(\star) \qquad \begin{bmatrix} u & -v \\ v & u \end{bmatrix} \begin{bmatrix} u_x \\ u_y \end{bmatrix} = \begin{bmatrix} 0 \\ 0 \end{bmatrix}$$

schreiben läßt. Die Koeffizientendeterminante ist $u^2 + v^2 = |f|^2 > 0$; also hat das homogene Gleichungssystem $(\star)$ die eindeutige Lösung $u_x = u_y = 0$. Wegen der Cauchy-Riemannschen Gleichungen gilt daher auch $v_x = v_y = 0$. Da Ω zusammenhängend ist, müssen dann u und v beide konstant sein.

Bemerkung: Später werden wir folgendermaßen argumentieren können. Gäbe es einen Punkt $z_0 \in \Omega$ mit $f'(z_0) \neq 0$, so wäre f auf einer offenen Umgebung U von z_0 eine offene Abbildung. Dann wären aber auch $\operatorname{Re} f$, $\operatorname{Im} f$ und $|f|$ (als Abbildungen $U \to \mathbb{R}$) offen, könnten also nicht konstant sein. Also gilt $f'(z) = 0$ für alle $z \in \Omega$; da Ω zusammenhängend ist, folgt hieraus, daß f konstant ist.

Lösung (138.10) Die Cauchy-Riemannschen Differentialgleichungen lassen sich in der Form $v_x + iv_y = i(u_x + iu_y)$ schreiben, in reeller Darstellung also in der Form $\nabla v = J(\nabla u)$, wenn

$$J := \begin{bmatrix} 0 & -1 \\ 1 & 0 \end{bmatrix}$$

die Drehung des $\mathbb{R}^2$ um 90^0 gegen den Uhrzeigersinn bezeichnet. Ist nun $b = Ja$, so erhalten wir

$$\begin{aligned} \partial_b v &= \langle \nabla v, b \rangle = \langle J \nabla u, b \rangle = \langle \nabla u, J^T b \rangle \\ &= \langle \nabla u, J^{-1} b \rangle = \langle \nabla u, a \rangle = \partial_a u \end{aligned}$$

und

$$\begin{aligned} \partial_a v &= \langle \nabla v, a \rangle = \langle J \nabla u, a \rangle = \langle \nabla u, J^T a \rangle \\ &= \langle \nabla u, J^{-1} a \rangle = \langle \nabla u, -b \rangle = -\partial_b u. \end{aligned}$$

Lösung (138.11) Wir haben $U(r, \varphi) = u(r \cos \varphi, r \sin \varphi)$ und $V(r, \varphi) = v(r \cos \varphi, r \sin \varphi)$, nach der Kettenregel also

$$\begin{bmatrix} U_r \\ U_\varphi \end{bmatrix} = \begin{bmatrix} \cos \varphi & \sin \varphi \\ -r \sin \varphi & r \cos \varphi \end{bmatrix} \begin{bmatrix} u_x \\ u_y \end{bmatrix}$$

und

$$\begin{bmatrix} V_r \\ V_\varphi \end{bmatrix} = \begin{bmatrix} \cos \varphi & \sin \varphi \\ -r \sin \varphi & r \cos \varphi \end{bmatrix} \begin{bmatrix} v_x \\ v_y \end{bmatrix}.$$

Dann ist

$$\begin{aligned} \begin{bmatrix} V_r \\ V_\varphi \end{bmatrix} &= \begin{bmatrix} \cos \varphi & \sin \varphi \\ -r \sin \varphi & r \cos \varphi \end{bmatrix} \begin{bmatrix} 0 & -1 \\ 1 & 0 \end{bmatrix} \begin{bmatrix} u_x \\ u_y \end{bmatrix} \\ &= \begin{bmatrix} \sin \varphi & -\cos \varphi \\ r \cos \varphi & r \sin \varphi \end{bmatrix} \begin{bmatrix} u_x \\ u_y \end{bmatrix} \\ &= \frac{1}{r} \begin{bmatrix} \sin \varphi & -\cos \varphi \\ r \cos \varphi & r \sin \varphi \end{bmatrix} \begin{bmatrix} r \cos \varphi & -\sin \varphi \\ r \sin \varphi & \cos \varphi \end{bmatrix} \begin{bmatrix} U_r \\ U_\varphi \end{bmatrix} \\ &= \frac{1}{r} \begin{bmatrix} 0 & -1 \\ r^2 & 0 \end{bmatrix} \begin{bmatrix} U_r \\ U_\varphi \end{bmatrix} = \begin{bmatrix} -U_\varphi/r \\ rU_r \end{bmatrix}. \end{aligned}$$

In Polarkoordinaten lauten die Cauchy-Riemannschen Differentialgleichungen also $V_r = -U_\varphi/r$ und $V_\varphi = rU_r$.

Lösung (138.12) (a) Wegen der Differentiierbarkeit von f und g in z_0 haben wir Darstellungen $f(z) = f(z_0) + f'(z_0)(z - z_0) + R_1(z; z_0)$ sowie $g(z) = g(z_0) + g'(z_0)(z -$

$z_0) + R_2(z; z_0)$ mit $R_i(z; z_0)/|z - z_0| \to 0$ für $z \to z_0$. Wegen $f(z_0) = g(z_0) = 0$ gilt daher

$$\begin{aligned}\frac{f(z)}{g(z)} &= \frac{f'(z_0)(z - z_0) + R_1(z; z_0)}{g'(z_0)(z - z_0) + R_2(z; z_0)} \\ &= \frac{f'(z_0) + R_1(z; z_0)/(z - z_0)}{g'(z_0) + R_2(z; z_0)/(z - z_0)},\end{aligned}$$

und dieser Ausdruck geht für $z \to z_0$ gegen $f'(z_0)/g'(z_0)$.

(b) Wir erhalten die folgenden Grenzwerte:

- $\lim_{z \to 0} \dfrac{\sin(z)}{e^z - 1} = \lim_{z \to 0} \dfrac{\cos(z)}{e^z} = 1$;
- $\lim_{z \to \pi/2} \dfrac{\cos(z)}{(\pi^2/4) - z^2} = \lim_{z \to \pi/2} \dfrac{-\sin(z)}{-2z} = \dfrac{1}{\pi}$;
- $\lim_{z \to i} \dfrac{\tan(z^2 + 1)}{z^4 - 1} = \lim_{z \to i} \dfrac{2z/\cos^2(z^2 + 1)}{4z^3} = -\dfrac{1}{2}$.

Lösung (138.13) Ist $f(z) = (az + b)/(cz + d)$, so gilt

$(\star) \quad \begin{bmatrix} a & b \\ c & d \end{bmatrix} \begin{bmatrix} z \\ 1 \end{bmatrix} = \begin{bmatrix} az + b \\ cz + d \end{bmatrix} = (cz + d) \begin{bmatrix} f(z) \\ 1 \end{bmatrix}$

und damit $A(U_z) = U_{f(z)}$. Genau dann ist also z ein Fixpunkt von $f = f_A$, wenn U_z ein Eigenraum von A ist. Sind nun z_1 und z_2 zwei verschiedene Fixpunkte von f, so sind U_{z_1} und U_{z_2} zwei (offensichtlich verschiedene) Eigenräume von A; die zugehörigen Eigenwerte λ_1 und λ_2 sind dann gerade die beiden (nicht notwendigerweise verschiedenen) Eigenwerte von A. Die Gleichung $(\star)$ zeigt nun $cz_k + d = \lambda_k$ für $k = 1, 2$. Wegen $f'(z) = (ad - bc)/(cz + d)^2$ folgt hieraus

$$\begin{aligned}f'(z_1)f'(z_2) &= \frac{(ad - bc)^2}{(cz_1 + d)^2(cz_2 + d)^2} \\ &= \frac{(ad - bc)^2}{\lambda_1^2 \lambda_2^2} = 1,\end{aligned}$$

wobei die letzte Behauptung daraus folgt, daß das Produkt der Eigenwerte einer quadratischen Matrix gleich der Determinante dieser Matrix ist.

Lösung (138.14) Wir beweisen zunächst den Hinweis. Sind $f \in X$ und $z \in B$ beliebig und gilt $|z| < r < 1$, so liefert der Cauchysche Integralsatz die Gleichung

$$\begin{aligned}f(z) &= \frac{1}{2\pi i} \int_{K_r(0)} \frac{f(\zeta)}{\zeta - z} d\zeta \\ &= \frac{1}{2\pi} \int_0^{2\pi} \frac{f(re^{i\varphi}) \cdot re^{i\varphi}}{re^{i\varphi} - z} d\varphi\end{aligned}$$

und damit die Abschätzung

$$\begin{aligned}|f(z)| &\leq \frac{1}{2\pi} \int_0^{2\pi} \frac{|f(re^{i\varphi})| \cdot r}{r - |z|} d\varphi = \frac{r}{r - |z|} \int_0^{2\pi} \frac{|f(re^{i\varphi})|}{2\pi} d\varphi \\ &\leq \frac{r}{r - |z|} \left[\int_0^{2\pi} |f(re^{i\varphi})|^2 d\varphi\right]^{1/2} \left[\int_0^{2\pi} \frac{1}{4\pi^2} d\varphi\right]^{1/2} \\ &= \frac{r}{r - |z|} \left[\frac{1}{2\pi} \int_0^{2\pi} |f(re^{i\varphi})|^2 d\varphi\right]^{1/2}.\end{aligned}$$

Ist nun (f_n) eine Cauchyfolge in X, so gilt für alle z mit $|z| \leq \rho < r < 1$ die Abschätzung

$$|f_m(z) - f_n(z)| \leq \frac{r}{r - \rho} \|f_m - f_n\| \to 0 \quad \text{für } m, n \to \infty.$$

Dies zeigt, daß (f_n) auf jeder kompakten Teilmenge K von B sogar eine Cauchyfolge bezüglich der Maximumsnorm bildet und damit gleichmäßig auf K gegen eine Grenzfunktion f konvergiert. Da Holomorphie bei gleichmäßiger Konvergenz erhalten bleibt, ist dann die Grenzfunktion f selbst wieder holomorph. Wir zeigen, daß f auch in X liegt. Es sei $\varepsilon > 0$ beliebig. Es gibt dann einen Index N mit $\|f_m - f_n\| < \varepsilon$ für alle $m, n \geq N$. Für jedes feste $r < 1$ gilt dann $(2\pi)^{-1} \int_0^{2\pi} |f_m(re^{i\varphi}) - f_n(re^{i\varphi})|^2 d\varphi < \varepsilon^2$ für alle $m, n \geq N$. Für $m \to \infty$ folgt hieraus $(2\pi)^{-1} \int_0^{2\pi} |f(re^{i\varphi}) - f_n(re^{i\varphi})|^2 d\varphi \leq \varepsilon^2$. (Beachte, daß Integration und Grenzübergang $m \to \infty$ wegen gleichmäßiger Konvergenz vertauschbar sind!) Da $r < 1$ beliebig war, können wir nun das Supremum über alle r bilden und erhalten $\|f - f_n\| \leq \varepsilon$ für alle $n \geq N$. Für diese n liegt dann $f - f_n$ in X. Dann liegt aber auch $f = (f - f_n) + f_n$ in X, und es gilt $\|f - f_n\| \to 0$ für $n \to \infty$. Die Cauchyfolge (f_n) konvergiert also in X.

Lösung (138.15) (a) Eine komplexe Reihe konvergiert genau dann, wenn Real- und Imaginärteil konvergieren. Der Realteil ist die harmonische Reihe und damit divergent; also ist die angegebene Reihe divergent.

(b) Der Realteil ist die Teleskopreihe

$$\sum_{n=1}^{\infty} \frac{1}{n(n+1)} = \sum_{n=1}^{\infty} \left(\frac{1}{n} - \frac{1}{n+1}\right) = 1,$$

der Imaginärteil ist die geometrische Reihe

$$\sum_{n=1}^{\infty} \left(\frac{1}{2}\right)^n = \frac{1}{2} \cdot \sum_{n=0}^{\infty} \left(\frac{1}{2}\right)^n = \frac{1}{2} \cdot \frac{1}{1 - (1/2)} = 1.$$

Also konvergiert die Reihe (und zwar gegen den Wert $1 + i$.)

(c) Es handelt sich um die geometrische Reihe $\sum_{n=0}^{\infty} q^n$ mit $q = 1/(1 + i)$; diese ist wegen $|q| = 1/\sqrt{2} < 1$ konvergent (und zwar gegen $1/(1 - q) = 1 - i$).

(d) Bezeichnet a_n das n-te Reihenglied, so gilt

$$\left|\frac{a_{n+1}}{a_n}\right| = \frac{|3 - 2i|^{n+1} \cdot 2^n \, n!}{2^{n+1}(n+1)! \cdot |3 - 2i|^n} = \frac{|3 - 2i|}{2(n+1)} \to 0$$

für $n \to \infty$. Nach dem Quotientenkriterium ist die Reihe konvergent.

(e) Es handelt sich um die geometrische Reihe $\sum_{n=0}^{\infty} q^n$ mit $q = e^{i\pi/3}$. Wegen $|q| = 1$ ist diese divergent.

(f) Wegen $i^{2n} = (-1)^n$ hat die Reihe die Form

$$\sum_{n=1}^{\infty} \frac{(-1)^n}{2n} - i \sum_{n=1}^{\infty} \frac{(-1)^n}{2n - 1}.$$

Das Leibnizkriterium liefert sowohl die Konvergenz des Realteils als auch die des Imaginärteils; also ist die angegebene Reihe konvergent.

Lösung (138.16) (a) Es handelt sich um eine geometrische Reihe; diese konvergiert genau für $|z| < 1$.

(b) Mit $q(z) := (iz - 3 + 2i)/(2z + i)$ handelt es sich um die geometrische Reihe $\sum_{n=0}^{\infty} q(z)^n$; diese konvergiert genau für $|q(z)| < 1$, also $|iz - 3 + 2i| < |2z + i|$. Schreiben wir $z = x + iy$, so lautet diese Bedingung

$$(y+3)^2 + (x+2)^2 < (2x)^2 + (2y+1)^2,$$

nach Ausmultiplizieren und Sortieren also $0 < 3x^2 - 4x + 3y^2 - 2y - 12$. Mit quadratischer Ergänzung läßt sich diese Ungleichung umformen zu

$$\left(x - \frac{2}{3}\right)^2 + \left(y - \frac{1}{3}\right)^2 > \frac{41}{9} = \left(\frac{\sqrt{41}}{3}\right)^2.$$

Die Reihe konvergiert also genau für diejenigen Zahlen z, die außerhalb der abgeschlossenen Kreisscheibe mit Mittelpunkt $(2+i)/3$ und Radius $\sqrt{41}/3$ liegen.

(c) Es sei a_n das n-te Reihenglied. Schreiben wir $z = x + iy$, so gilt

$$e^{-nz^2} = e^{-n(x^2 - y^2)} \cdot e^{-2inxy}.$$

Ist $x^2 > y^2$, so gilt $|a_n| = e^{-n(x^2-y^2)}/n$; die Reihe konvergiert also absolut (etwa nach dem Wurzelkriterium). Ist $x^2 < y^2$, so gilt $|a_n| \to \infty$ für $n \to \infty$; die Reihe divergiert in diesem Fall. (Es ist ja nicht einmal die für Konvergenz notwendige Bedingung $a_n \to 0$ erfüllt.) Für $x^2 = y^2$, also $y = \pm x$, nimmt die Reihe die Form

$$\sum_{n=1}^{\infty} \frac{(e^{\mp 2ix^2})^n}{n}$$

an. Diese divergiert sicher, wenn x^2 ein ganzzahliges Vielfaches von π ist, denn dann liegt eine harmonische Reihe vor. Für alle andern Werte von x konvergiert die Reihe, etwa nach dem Dirichletschen Kriterium (siehe Anhang zu dieser Musterlösung).

(d) Ist a_n das n-te Folgenglied, so gilt $\sqrt[n]{|a_n|} = |z|/n \to 0$ für $n \to \infty$. Nach dem Wurzelkriterium konvergiert die Reihe also für jede Zahl $z \in \mathbb{C}$ absolut.

(e) Ist a_n das n-te Folgenglied, so gilt $\sqrt[n]{|a_n|} = |z|/(\sqrt[n]{n})^2 \to |z|$ für $n \to \infty$. Nach dem Wurzelkriterium konvergiert die Reihe also für $|z| < 1$ absolut, während sie für $|z| > 1$ divergiert. Für $|z| = 1$ ist $\sum_n |a_n| = \sum_n 1/n^2$ konvergent. Die gegebene Reihe konvergiert also genau für $|z| \leq 1$ (und für diese z sogar absolut).

(f) Mit $q(z) := (z-1)/(2-z)$ handelt es sich um die geometrische Reihe $\sum_{n=0}^{\infty} q(z)^n$; diese konvergiert genau für $|q(z)| < 1$ bzw. $|z - 1| < |z - 2|$, also genau dann, wenn z näher bei 1 als bei 2 liegt, also genau dann, wenn $\operatorname{Re} z < 3/2$ gilt.

Lösung (138.17) Es sei jeweils a_n das (von z abhängige) n-te Folgenglied der betrachteten (numerischen) Reihe.

(a) Für $z \neq 0$ ist $|a_{n+1}/a_n|$ gegeben durch

$$\left|\frac{(n+1)^2 z^{n+1} \cdot n!}{(n+1)! \cdot n^2 z^n}\right| = \frac{|z|}{n+1} \cdot \left(\frac{n+1}{n}\right)^2 \to 0$$

für $n \to \infty$. Nach dem Quotientenkriterium konvergiert die Reihe für alle $z \in \mathbb{C}$ absolut; der Konvergenzradius ist also ∞.

(b) Für $z \neq 0$ ist $|a_{n+1}/a_n|$ gegeben durch

$$\left|\frac{(2n+3)z^{2n+3} \cdot 5^n}{5^{n+1} \cdot (2n+1)z^{2n+1}}\right| = \frac{2n+3}{2n+1} \cdot \frac{|z|^2}{5} \to \frac{|z|^2}{5}$$

für $n \to \infty$. Nach dem Quotientenkriterium konvergiert die Reihe für $|z| < \sqrt{5}$ absolut, während sie für $|z| > \sqrt{5}$ divergiert. Der Konvergenzradius ist also $\sqrt{5}$.

(c) Für $z \neq 0$ ist $|a_{n+1}/a_n|$ gegeben durch

$$\frac{\sqrt{n+1}|z|^{(n+1)^2}}{\sqrt{n}|z|^{n^2}} = \sqrt{\frac{n+1}{n}} \cdot |z|^{2n+1}$$

$$\to \begin{cases} 0, & \text{falls } |z| < 1 \\ 1, & \text{falls } |z| = 1 \\ \infty, & \text{falls } |z| > 1 \end{cases}$$

für $n \to \infty$. Nach dem Quotientenkriterium konvergiert die Reihe für $|z| < 1$ absolut, während sie für $|z| > 1$ divergiert. Der Konvergenzradius ist also 1.

Lösung (138.18) Die Konvergenzradien können wir sofort angeben, ohne die einzelnen Potenzreihen überhaupt zu ermitteln; der Konvergenzradius ist nämlich genau der Abstand vom Entwicklungspunkt bis zur nächstgelegenen Singularität der betrachteten Funktion. Dies ergibt ∞ in (a), dann 2 in (b), dann $\sqrt{5}$ in (c), dann $(\sqrt{5}-1)/2$ in (d), dann 1 in (e), dann ∞ in (f), dann 2 in (g) und in (h) sowie schließlich ∞ in (i). Wir berechnen jetzt die gesuchten Potenzreihen.

(a) Es gilt

$$\sin(z) = \sin\left(\left(z + \frac{\pi}{4}\right) - \frac{\pi}{4}\right)$$

$$= \sin\left(z + \frac{\pi}{4}\right)\cos\left(\frac{\pi}{4}\right) - \cos\left(z + \frac{\pi}{4}\right)\sin\left(\frac{\pi}{4}\right)$$

$$= \frac{1}{\sqrt{2}}\sin\left(z + \frac{\pi}{4}\right) - \frac{1}{\sqrt{2}}\cos\left(z + \frac{\pi}{4}\right)$$

$$= \sum_{n=0}^{\infty} \frac{(-1)^n \left(z + \frac{\pi}{4}\right)^{2n+1}}{\sqrt{2}\,(2n+1)!} - \sum_{n=0}^{\infty} \frac{(-1)^n \left(z + \frac{\pi}{4}\right)^{2n}}{\sqrt{2}\,(2n)!}.$$

(b) Es gilt

$$\frac{z-3}{z+2} = \frac{z-3}{2} \cdot \frac{1}{1+(z/2)} = \frac{z-3}{2} \sum_{n=0}^{\infty} \left(-\frac{z}{2}\right)^n$$

$$= \sum_{n=0}^{\infty} \frac{(-1)^n z^{n+1}}{2^{n+1}} - \sum_{n=0}^{\infty} \frac{3(-1)^n z^n}{2^{n+1}}$$

$$= \sum_{n=1}^{\infty} \frac{(-1)^{n-1} z^n}{2^n} - \sum_{n=0}^{\infty} \frac{3(-1)^n z^n}{2^{n+1}}$$

$$= -\frac{3}{2} + \sum_{n=1}^{\infty} \frac{(-1)^{n-1} \cdot 5}{2^{n+1}} z^n.$$

(c) Es gilt

$$\frac{1}{z-1} = \frac{1}{(z-2i)+(2i-1)} = \frac{1}{2i-1} \cdot \frac{1}{\frac{z-2i}{2i-1}} =$$

$$\frac{1}{2i-1} \sum_{n=0}^{\infty} (-1)^n \left(\frac{z-2i}{2i-1}\right)^n = \sum_{n=0}^{\infty} \frac{(-1)^n}{(2i-1)^{n+1}} (z-2i)^n.$$

(d) Es gilt

$$\frac{1}{1-z-z^2} = \frac{-1}{\left(z+\frac{1-\sqrt{5}}{2}\right)\left(z+\frac{1+\sqrt{5}}{2}\right)}$$

$$= \frac{-1/\sqrt{5}}{z+\frac{1-\sqrt{5}}{2}} + \frac{1/\sqrt{5}}{z+\frac{1+\sqrt{5}}{2}}$$

$$= \frac{2/\sqrt{5}}{1+\sqrt{5}} \cdot \frac{1}{1+\frac{2z}{1+\sqrt{5}}} - \frac{2/\sqrt{5}}{1-\sqrt{5}} \cdot \frac{1}{1+\frac{2z}{1-\sqrt{5}}}$$

$$= \frac{2/\sqrt{5}}{1+\sqrt{5}} \sum_{n=0}^{\infty} \frac{(-1)^n 2^n z^n}{(1+\sqrt{5})^n} - \frac{2/\sqrt{5}}{1-\sqrt{5}} \sum_{n=0}^{\infty} \frac{(-1)^n 2^n z^n}{(1-\sqrt{5})^n}$$

$$= \sum_{n=0}^{\infty} \frac{(-1)^n 2^{n+1}}{\sqrt{5}} \left(\frac{1}{(1+\sqrt{5})^{n+1}} - \frac{1}{(1-\sqrt{5})^{n+1}}\right) z^n$$

$$= \sum_{n=0}^{\infty} \frac{(1+\sqrt{5})^{n+1} - (1-\sqrt{5})^{n+1}}{\sqrt{5} \cdot 2^{n+1}} z^n.$$

(e) Es gilt

$$\frac{e^z}{1-z} = \left(\sum_{n=0}^{\infty} \frac{z^n}{n!}\right)\left(\sum_{n=0}^{\infty} z^n\right) = \sum_{n=0}^{\infty} \left(\sum_{k=0}^{n} \frac{1}{k!}\right) z^n.$$

(f) Es gilt

$$e^z = e^{z-i} e^i = e^i \sum_{n=0}^{\infty} \frac{(z-i)^n}{n!} = \sum_{n=0}^{\infty} \frac{e^i}{n!} (z-i)^n.$$

(g) Es gilt

$$\frac{z+1}{z^2+(3-i)z-3i} = \frac{z+1}{(z+3)(z-i)}$$

$$= \frac{(3-i)/5}{z+3} + \frac{(2+i)/5}{z-i}$$

$$= \frac{(3-i)/5}{(z+1)+2} + \frac{(2+i)/5}{(z+1)-(1+i)}$$

$$= \frac{3-i}{10} \cdot \frac{1}{1+\frac{z+1}{2}} - \frac{2+i}{5(1+i)} \cdot \frac{1}{1-\frac{z+1}{1+i}}$$

$$= \frac{3-i}{10} \sum_{n=0}^{\infty} \frac{(-1)^n(z+1)^n}{2^n} - \frac{3-i}{10} \sum_{n=0}^{\infty} \frac{(z+1)^n}{(1+i)^n}$$

$$= \frac{3-i}{10} \cdot \sum_{n=0}^{\infty} \frac{(-1)^n - (1-i)^n}{2^n} \cdot (z+1)^n.$$

(h) Es gilt

$$\frac{1}{z} + 5z^2 + z + 2 = \frac{1}{(z-2)+2} + 5(z-2)^2 + 21(z-2) + 24$$

$$= \frac{1}{2} \cdot \frac{1}{1+\frac{z-2}{2}} + 5(z-2)^2 + 21(z-2) + 24$$

$$= \frac{1}{2} \sum_{n=0}^{\infty} (-1)^n \left(\frac{z-2}{2}\right)^n + 5(z-2)^2 + 21(z-2) + 24$$

$$= 24\frac{1}{2} + 20\frac{3}{4}(z-2) + 5\frac{1}{8}(z-2)^2 + \sum_{n=3}^{\infty} \frac{(-1)^n}{2^{n+1}} (z-2)^n.$$

(i) Es gilt

$$\sin(z) = \sin\left(\left(z-\frac{\pi}{2}\right)+\frac{\pi}{2}\right)$$

$$= \sin\left(z-\frac{\pi}{2}\right)\cos\left(\frac{\pi}{2}\right) + \cos\left(z-\frac{\pi}{2}\right)\sin\left(\frac{\pi}{2}\right)$$

$$= \cos\left(z-\frac{\pi}{2}\right) = \sum_{n=0}^{\infty} \frac{(-1)^n \left(z-\frac{\pi}{2}\right)^{2n}}{(2n)!}.$$

Lösung (138.19) Es sei $K \subseteq \Omega_1$ ein beliebiges Kompaktum. Es gibt dann eine Zahl $0 < r < 1$ mit $K \subseteq K_r(0)$. Für alle $z \in \Omega_1$ gilt dann $|z| \leq r$, folglich

$$\left|\frac{z^n}{1-z^n}\right| \leq \frac{|z|^n}{1-|z|^n} \leq \frac{r^n}{1-r^n} \leq \frac{r}{1-r},$$

wobei sich die erste Abschätzung aus der Dreiecksungleichung ergibt und die beiden weiteren Abschätzungen dadurch, daß wir jeweils den Zähler vergrößern und den Nenner verkleinern. Die Reihe hat dann gleichmäßig auf K die konvergente Majorante

$$\sum_{n=1}^{\infty} \frac{r}{1-r} \cdot \frac{1}{n^2}.$$

138. Komplexe Differentiierbarkeit

Nun sei $K \subseteq \Omega_2$ ein beliebiges Kompaktum. Es gibt dann eine Zahl $R > 1$ mit $K \subseteq \mathbb{C} \setminus K_R(0)$. Für alle $z \in K$ gilt dann $|z| \geq R$ und folglich

$$\left|\frac{z^n}{1-z^n}\right| = \left|\frac{1}{(1/z)^n - 1}\right| \leq \frac{1}{1-|1/z|^n}$$
$$\leq \frac{1}{1-(1/R)^n} \leq \frac{1}{1-(1/R)} = \frac{R}{R-1},$$

wobei sich die erste Ungleichung aus der Dreiecksungleichung ergibt und die beiden folgenden Abschätzungen dadurch, daß wir jeweils den Nenner verkleinern. Die Reihe hat dann gleichmäßig auf K die konvergente Majorante

$$\sum_{n=1}^{\infty} \frac{R}{R-1} \cdot \frac{1}{n^2}.$$

Lösung (138.20) Es sei $z \in \Omega$ beliebig gegeben. Für alle $n \geq |z|$ gilt dann $|n+z| \leq n + |z| \leq 2n$ und damit $1/|n+z| \geq 1/(2n)$. Da die Reihe $\sum_n 1/(2n)$ divergiert (harmonische Reihe!), divergiert nach dem Minorantenkriterium dann auch $\sum_n 1/|z+n|$. Die angegebene Reihe konvergiert also an keiner Stelle $z \in \Omega$ absolut.

Ist $K \subseteq \Omega$ ein beliebiges Kompaktum, so gibt es eine Zahl $R > 0$ mit $|z| \leq R$ für alle $z \in K$. Wir beweisen die gleichmäßige Konvergenz der Reihe auf K, indem wir eine von $z \in K$ unabhängige Majorante finden. Dazu betrachten wir die Summe

$$\frac{1}{z+2n} + \frac{-1}{z+2n+1} = \frac{1}{z^2 + (4n+1)z + (4n^2+2n)}$$

zweier aufeinanderfolgender Reihenglieder. Dieser Ausdruck liefert die Idee zum Finden der Majorante: der ausschlaggebende Term im Nenner ist $4n^2$; es sollte also möglich sein, die Reihe $\sum_n 1/n^2$ (versehen mit einer geeigneten Konstanten) als konvergente Majorante zu verwenden. Nun gilt

$$|z^2 + (4n+1)z + 4n^2 + 2n|$$
$$\geq 4n^2 - |z^2 + (4n+1)z + 2n|$$
$$\geq 4n^2 - \bigl(|z|^2 + (4n+1)|z| + 2n\bigr)$$
$$\geq 4n^2 - \bigl(R^2 + (4n+1)R + 2n\bigr);$$

wählen wir also $n \geq 2R$, so erhalten wir

$$|z^2 + (4n+1)z + 4n^2 + 2n| \geq 4n^2 - \Bigl(\frac{n^2}{4} + 2n^2 + \frac{5n}{2}\Bigr).$$

Setzen wir nun noch $n \geq 2$ voraus, so gilt $(5n)/2 \leq (5n^2/4)$ und damit

$$|z^2 + (4n+1)z + 4n^2 + 2n| \geq 4n^2 - \Bigl(\frac{n^2}{4} + 2n^2 + \frac{5n^2}{4}\Bigr) = \frac{n^2}{2}$$

und damit

$$\left|\frac{1}{z+2n} + \frac{-1}{z+2n+1}\right| \leq \frac{2}{n^2}$$

für alle $z \in K$ und alle $n \geq \max(2, 2R)$. Dies zeigt, daß die Reihe $\sum_n (2/n^2)$ gleichmäßig auf K eine Majorante für die gegebene Reihe ist.

Lösung (138.21) Bei (a), (b) und (c) bezeichnen wir die linke Seite mit $f(z_1, z_2)$ und die rechte Seite mit $g(z_1, z_2)$ und setzen dann $F(z_1, z_2) := f(z_1, z_2) - g(z_1, z_2)$. Wir wissen, daß $F(z_1, z_2) = 0$ für alle $z_1, z_2 \in \mathbb{R}$ gilt, und wollen schließen, daß dann sogar $F(z_1, z_2) = 0$ für alle $z_1, z_2 \in \mathbb{C}$ gilt. Dazu halten wir $z_2 \in \mathbb{R}$ fest und betrachten die Hilfsfunktion $h(z_1) := F(z_1, z_2)$. Dann ist h eine auf ganz $\mathbb{C}$ analytische Funktion mit $h \equiv 0$ auf $\mathbb{R}$. Nach dem Identitätssatz für analytische Funktionen gilt dann aber sogar $h \equiv 0$ auf $\mathbb{C}$; also gilt $F(z_1, z_2) = 0$ für alle $z_1 \in \mathbb{C}$. Für jedes feste $z_1 \in \mathbb{C}$ ist dann $z_2 \mapsto F(z_1, z_2)$ eine analytische Funktion, die – wie wir gerade gesehen haben – für jeden festen Wert $z_2 \in \mathbb{R}$ den Wert Null annimmt. Nach dem Identitätssatz für analytische Funktionen gilt dann $F(z_1, z_2) = 0$ für alle $z_2 \in \mathbb{C}$. Da $z_1 \in \mathbb{C}$ beliebig gewählt war, gilt also $F \equiv 0$.

Bei (d) und (e) bezeichnen wir die linke Seite mit $f(z)$. Dann ist f eine auf ganz $\mathbb{C}$ analytische Funktion mit $f \equiv 1$ auf $\mathbb{R}$. Nach dem Identitätssatz für analytische Funktionen folgt dann aber sofort $f \equiv 1$ auf ganz $\mathbb{C}$.

Lösung (138.22) Der (einzige) Fehler in der Beweisführung steckt in dem Schritt $(e^{1+2\pi i})^{2\pi i k} = e^{(1+2\pi i)2\pi i k}$, also in der bedenkenlosen Anwendung der im Reellen gültigen Rechenregel $(e^a)^b = e^{ab}$ auch auf komplexe Exponenten a und b. Die entscheidende Frage ist hier, was überhaupt mit einer Potenz z^b gemeint ist, wenn z und b komplexe Zahlen sind. In Analogie zum Reellen kann mit z^b nur ein Ausdruck der Form $\exp\bigl(b \log(z)\bigr)$ gemeint sein, wobei $\log$ irgendeine Umkehrfunktion der Exponentialfunktion ist; eine solche kann aber nicht global definiert werden. (Setzen wir $\log(re^{i\varphi}) := \ln(r) + i\varphi$, so ist diese Funktion nur innerhalb eines Bereichs $\varphi_0 < \varphi < \varphi_0 + 2\pi$ wohldefiniert, da der Polarwinkel einer komplexen Zahl nur modulo 2π bestimmt ist.)

Lösung (138.23) Der Ansatz

$$\frac{z}{z^2+4} = \frac{A}{z+2i} + \frac{B}{z-2i}$$

zur Partialbruchzerlegung führt auf $A = B = 1/2$. Also ist

$$f(z) = \frac{1/2}{z+2i} + \frac{1/2}{z-2i} = \frac{1/2}{(z-i)+3i} + \frac{1/2}{(z-i)-i}$$
$$= \frac{1/(6i)}{1+\bigl((z-i)/(3i)\bigr)} + \frac{-1/(2i)}{1-\bigl((z-i)/i\bigr)}$$
$$= \frac{1}{6i}\sum_{n=0}^{\infty}\frac{(-1)^n(z-i)^n}{(3i)^n} - \frac{1}{2i}\sum_{n=0}^{\infty}\frac{(z-i)^n}{i^n}$$
$$= \sum_{n=0}^{\infty}\left(\frac{(-1)^n}{2(3i)^{n+1}} - \frac{1}{2\,i^{n+1}}\right)(z-i)^n$$
$$= \sum_{n=0}^{\infty}\frac{i^{n+1}}{2}\left((-1)^n - \frac{1}{3^{n+1}}\right)(z-i)^n.$$

Aufgaben zu »Komplexe Differentiierbarkeit« siehe Seite 149

Der Konvergenzradius dieser Potenzreihe ist 1, wie sich leicht mit dem Wurzel- oder dem Quotientenkriterium ergibt oder wie auch daraus folgt, daß der Abstand vom Entwicklungspunkt zur nächstgelegenen Singularität der Funktion f gerade den Wert 1 hat.

Lösung (138.24) (a) Für $z = x+iy$ gilt $\exp(x+iy) = e^x \cdot e^{iy}$. Wegen $|\exp(z)| = e^x > 0$ gilt jedenfalls $\exp(z) \neq 0$ für alle $z \in \mathbb{C}$, so daß exp den Wert Null nicht annimmt. Ist andererseits $z = re^{i\varphi}$ mit $r > 0$ irgendeine von Null verschiedene Zahl und wählen wir $x := \ln(r)$ und $y := \varphi$, so gilt $\exp(x + iy) = re^{i\varphi}$; also nimmt exp jede von Null verschiedene Zahl als Wert an.

(b) Schreiben wir wieder $z = x + iy$, so gilt

$$\begin{aligned}2\cos z &= e^{iz} + e^{-iz} = e^{ix-y} + e^{-ix+y}\\ &= e^{-y}(\cos x + i\sin x) + e^y(\cos x - i\sin x)\\ &= (e^y + e^{-y})\cos x + i(e^{-y} - e^y)\sin x.\end{aligned}$$

Wir fragen, für welche reellen Zahlen $a, b \in \mathbb{R}$ die Gleichung $\cos z = a + ib$ erfüllbar ist, für welche also die beiden reellen Gleichungen $2a = (e^y + e^{-y})\cos x$ und $2b = (e^{-y} - e^y)\sin x$ erfüllbar sind. Wir behaupten, daß dies für alle $a, b \in \mathbb{R}$ der Fall ist und daß wir sogar nur Werte $y > 0$ verwenden müssen; für diese ist dann $\xi := e^{2y} + e^{-2y} > 2$. Wir behaupten, daß wir $y > 0$ so wählen können, daß $\bigl(2a/(e^y + e^{-y}), 2b/(e^{-y} - e^y)\bigr)$ ein Vektor der Länge 1 und damit in der Form

$$\begin{bmatrix}2a/(e^y + e^{-y})\\ 2b/(e^{-y} - e^y)\end{bmatrix} = \begin{bmatrix}\cos x\\ \sin x\end{bmatrix}$$

mit einer geeigneten Zahl x darstellbar ist (womit wir fertig wären). Wir müssen also zeigen, daß $y > 0$ bzw. $\xi = e^{2y} + e^{-2y} > 2$ so gewählt werden kann, daß

$$1 = \frac{4a^2}{(e^y + e^{-y})^2} + \frac{4b^2}{(e^{-y} - e^y)^2} = \frac{4a^2}{\xi + 2} + \frac{4b^2}{\xi - 2} =: f(\xi)$$

gilt. Das ist aber klar, denn f ist stetig mit $f(\xi) \to 0$ für $\xi \to \infty$ und $f(\xi) \to \infty$ für $\xi \to 2^+$, nimmt also nach dem Zwischenwertsatz jeden Wert zwischen 0 und ∞ und damit insbesondere den Wert 1 an. Die oben erhaltene Darstellung

$$2\cos z = (e^y + e^{-y})\cos x + i(e^{-y} - e^y)\sin x$$

zeigt, daß genau dann $\cos z = 0$ gilt, wenn die Bedingungen $(e^y + e^{-y})\cos x = 0$ und $(e^{-y} - e^y)\sin x = 0$ gelten, also $\cos x = 0$ und $e^{-y} = e^y$ bzw. $y = 0$. Die Cosinusfunktion hat also ausschließlich reelle Nullstellen, also (wie wir aus der reellen Analysis wissen) die Zahlen $(\pi/2) + k\cdot\pi$ mit $k \in \mathbb{Z}$.

(c) Für die Sinusfunktion könnten wir analog wie in (b) vorgehen, aber wir machen es uns etwas bequemer und führen (c) auf (b) zurück. Wegen $\sin(z) = \cos(z - \pi/2)$ folgt die Surjektivität der Sinusfunktion unmittelbar aus derjenigen der Cosinusfunktion; ferner ist $z \in \mathbb{C}$ genau dann eine Nullstelle von sin, wenn $z - \pi/2$ eine Nullstelle von cos ist, also eine Zahl der Form $(\pi/2) + k\cdot\pi$. Die Nullstellen der Sinusfunktion sind also genau die ganzzahligen Vielfachen von π.

Lösung (138.25) (a) Es ist $U = \{re^{i\varphi} \mid r > 0, -\pi/2 < \varphi < \pi/2\}$. Wegen $f(re^{i\varphi}) = r^2 e^{2i\varphi}$ ist dann $V = \{Re^{i\Phi} \mid R > 0, -\pi < \Phi < \pi\} = \mathbb{C} \setminus (-\infty, 0]$, und es ist klar, daß $f: U \to V$ bijektiv ist. Die Umkehrfunktion $g = f^{-1}$ ist gegeben durch $g(Re^{i\Phi}) = \sqrt{R}e^{i\Phi/2}$, wenn $\Phi \in (-\pi, \pi)$ gilt.

(b) Es ist $U = \{x + iy \mid x \in \mathbb{R}, -\pi < y - y_0 < \pi\}$, und für $x + iy \in U$ gilt $f(z) = e^x(\cos y + i\sin y)$. Also ist $V = \{Re^{i\Phi} \mid r > 0, \Phi \not\equiv y_0 + \pi \text{ modulo } 2\pi\}$, und es ist klar, daß $f: U \to V$ bijektiv ist. Bezeichnet $g = f^{-1}$ die Umkehrfunktion, so ist $g(Re^{i\Phi}) = \ln(R) + iy$, wenn y die eindeutig bestimmte Zahl in $(y_0 - \pi, y_0 + \pi)$ ist mit $\Phi \equiv y$ modulo 2π.

(c) Für $re^{i\varphi} \in U$ gilt $f(re^{i\varphi}) = r^n e^{in\varphi}$; also ist $V = \{Re^{i\Phi} \mid R > 0, 0 < \Phi < 2\pi\} = \mathbb{C}\setminus(-\infty, 0]$, und es ist klar, daß $f: U \to V$ bijektiv ist. Die zugehörige Umkehrfunktion $g = f^{-1}$ ist gegeben durch $g(Re^{i\Phi}) = \sqrt[n]{R} \cdot e^{i\Phi/n}$, wenn $\Phi \in (0, 2\pi)$ gilt.

Die weitere Argumentation ist in allen drei Fällen die gleiche: die Funktion $f: U \to V$ ist eine invertierbare holomorphe Abbildung, und es gilt $f'(z) \neq 0$ für alle $z \in U$. (In (a) gilt $f'(z) = 2z$, in (b) gilt $f'(z) = \exp(z)$, in (c) gilt $f'(z) = nz^{n-1}$.) Also ist die Umkehrfunktion $g = f^{-1}$ selbst wieder holomorph. Die Ableitung von g ergibt sich durch beiderseitiges Ableiten der Identität $f(g(z)) = z$; unter Benutzung der Kettenregel erhalten wir $f'(g(z))g'(z) = 1$, also $g'(z) = 1/f'(g(z))$. (In (a) erhalten wir $g'(z) = 1/(2g(z))$, in (b) dann $g'(z) = 1/\bigl(\exp(g(z))\bigr) = 1/z$ und in (c) schließlich

$$g'(z) = \frac{1}{ng(z)^{n-1}} = \frac{g(z)}{ng(z)^n} = \frac{g(z)}{nz}.$$

Lösung (138.26) (a) Der Integrationsweg setzt sich zusammen aus drei Teilstücken: der Strecke C_1 von 0 nach 4 (parametrisiert durch $z(t) = t$ mit $0 \leq t \leq 4$ und $dz = dt$), der Strecke C_2 von 4 nach $4+2i$ (parametrisiert durch $z(t) = 4 + 2it$ mit $0 \leq t \leq 1$ und $dz = 2i\,dt$) sowie dem Parabelbogen C_3, für den der umgekehrte Weg $-C_3$ parametrisiert wird durch $z(t) = t^2 + it$ mit $0 \leq t \leq 2$ und $dz = (2t + i)\,dt$. Wir erhalten zunächst

$$\int_{C_1} \overline{z}\,dz = \int_0^4 t\,dt = \left[\frac{t^2}{2}\right]_{t=0}^4 = 8,$$

dann

$$\begin{aligned}\int_{C_2} \overline{z}\,dz &= \int_0^1 (4 - 2it)\cdot 2i\,dt = \int_0^1 (8i + 4t)\,dt\\ &= \bigl[8it + 2t^2\bigr]_{t=0}^1 = 2 + 8i\end{aligned}$$

138. Komplexe Differentiierbarkeit

und schließlich

$$\int_{C_3} \overline{z}\,\mathrm{d}z = -\int_0^2 (t^2-it)(2t+i)\,\mathrm{d}t = -\int_0^2 \left((2t^3+t) - it^2\right)\,\mathrm{d}t$$
$$= -\left[\frac{t^4+t^2}{2} - \frac{it^3}{3}\right]_{t=0}^2 = \frac{8i}{3} - 10,$$

insgesamt also

$$\int_C \overline{z}\,\mathrm{d}z = \sum_{k=1}^3 \int_{C_k} \overline{z}\,\mathrm{d}z = \frac{32i}{3}.$$

(b) Mit der Parametrisierung $z(t) = e^{it}$ ergibt sich

$$\int_{K_1(0)} \overline{z}\,\mathrm{d}z = \int_0^{2\pi} e^{-it} \cdot ie^{it}\,\mathrm{d}t = \int_0^{2\pi} i\,\mathrm{d}t = 2\pi i.$$

(c) Der Weg C setzt sich zusammen aus der Strecke von 1 nach R sowie dem Kreisbogen mit der Parametrisierung $z(t) = Re^{it}$ mit $0 \leq t \leq \varphi$. Wir erhalten dann

$$\int_C \frac{\mathrm{d}z}{z} = \int_1^R \frac{\mathrm{d}t}{t} + \int_0^\varphi \frac{iRe^{it}}{Re^{it}}\,\mathrm{d}t = \ln(R) + i\varphi.$$

(d) Wir erhalten

$$\int_{K_1(0)} \frac{\mathrm{d}z}{z(z+3)} = \int_{K_1(0)} \left(\frac{1/3}{z} - \frac{1/3}{z+3}\right) \mathrm{d}z$$
$$= \frac{1}{3}\int_{K_1(0)} \frac{\mathrm{d}z}{z} = \frac{1}{3}\int_0^{2\pi} \frac{ie^{it}}{e^{it}}\,\mathrm{d}t = \frac{2\pi i}{3}.$$

Beim Übergang von der ersten zur zweiten Zeile nutzen wir dabei aus, daß die Funktion $z \mapsto 1/(z+3)$ holomorph auf einem Gebiet ist, das den Integrationsweg und dessen Innengebiet umfaßt.

(e) Mit der Parametrisierung $z(t) = 1 + 2e^{it}$ ergibt sich

$$\int_{K_2(1)} \mathrm{Re}\,z\,\mathrm{d}z = \int_0^{2\pi} (1+2\cos t)\,2ie^{it}\,\mathrm{d}t$$
$$= 2i\int_0^{2\pi} (1+2\cos t)(\cos t + i\sin t)\,\mathrm{d}t$$
$$= 2i\int_0^{2\pi} (\cos t + 2\cos^2 t + i\sin t + 2i\sin t\cos t)\,\mathrm{d}t$$
$$= 4i\int_0^{2\pi} \cos^2 t\,\mathrm{d}t = i\,[2t + \sin(2t)]_{t=0}^{2\pi} = 4\pi i.$$

(f) Da die Funktionen $z \mapsto 1/z^2$ und $z \mapsto z^{13}$ jeweils eine Stammfunktion besitzen, erhalten wir

$$\int_C \left(\frac{a}{z^2} + \frac{b}{z} + c z^{13}\right) \mathrm{d}z = \int_C \frac{b}{z}\,\mathrm{d}z = b\int_0^{2\pi} \frac{ie^{it}}{e^{it}}\,\mathrm{d}t = 2\pi ib.$$

(g) Mit der Parametrisierung $z(t) = e^{it}$ für $0 \leq t \leq \pi/2$ ergibt sich

$$\int_C (z^2 + |z|^2)\,\mathrm{d}z = \int_0^{\pi/2} (e^{2it} + 1)\,ie^{it}\,\mathrm{d}t = \int_0^{\pi/2} (ie^{3it} + ie^{it})\,\mathrm{d}t$$
$$\left[\frac{e^{3it}}{3} + e^{it}\right]_{t=0}^{\pi/2} = \frac{-i-1}{3} + (i-1) = \frac{-4+2i}{3}.$$

(h) Es gilt

$$\int_{K_1(0)} \frac{e^{iz}}{z^n}\,\mathrm{d}z = \int_{K_1(0)} \sum_{k=0}^\infty \frac{(iz)^k}{k!z^n}\,\mathrm{d}z = \sum_{k=0}^\infty \int_{K_1(0)} \frac{i^k}{k!} z^{k-n}\,\mathrm{d}z$$
$$= \int_{K_1(0)} \frac{i^{n-1}}{(n-1)!} \frac{1}{z}\,\mathrm{d}z = \frac{i^{n-1}}{(n-1)!} \int_0^{2\pi} \frac{ie^{it}}{e^{it}}\,\mathrm{d}t = \frac{2\pi i^n}{(n-1)!}.$$

Dabei nutzten wir beim Übergang von der ersten auf die zweite Zeile aus, daß jede der Funktionen $z \mapsto z^{k-n}$ mit $k \neq n-1$ eine Stammfunktion besitzt und damit bei Integration entlang einer geschlossenen Kurve den Wert Null liefert.

Lösung (138.27) (a) Mit der Parametrisierung $z = e^{i\varphi}$ (mit $0 \leq \varphi \leq \pi/2$ und $\mathrm{d}z = ie^{i\varphi}\mathrm{d}\varphi$) erhalten wir

$$\int_C |z|^2\,\mathrm{d}z = \int_0^{\pi/2} 1 \cdot ie^{i\varphi}\mathrm{d}\varphi = \left[e^{i\varphi}\right]_{\varphi=0}^{\pi/2} = i - 1.$$

(b) Mit der Parametrisierung $Z = 1 - t + ti$ (mit $0 \leq t \leq 1$ und $\mathrm{d}z = (i-1)\mathrm{d}t$) erhalten wir

$$\int_C |z|^2\,\mathrm{d}z = \int_0^1 \left((1-t)^2 + t^2\right)(i-1)\,\mathrm{d}t$$
$$= (i-1)\int_0^1 (1 - 2t + 2t^2)\,\mathrm{d}t$$
$$= (i-1)\left[t - t^2 + \frac{2t^3}{3}\right]_{t=0}^1 = \frac{2}{3}(i-1).$$

Lösung (138.28) Es sei $t \mapsto z(t) = x(t) + iy(t)$ mit $a \leq t \leq b$ irgendeine Parametrisierung der Kurve C. Setzen wir $M := \max_{z \in C} |f(z)|$, so gilt

$$\left|\int_C f(z)\,\mathrm{d}z\right| = \left|\int_a^b f(z(t))\,\dot{z}(t)\,\mathrm{d}t\right|$$
$$\leq \int_a^b |f(z(t))|\,|\dot{z}(t)|\,\mathrm{d}t \leq M \int_a^b |\dot{z}(t)|\,\mathrm{d}t$$
$$= M \int_a^b \sqrt{\dot{x}(t)^2 + \dot{y}(t)^2}\,\mathrm{d}t = M \cdot (\text{Länge von } C).$$

Lösung (138.29) Für $R < r_1 < r_2$ können die Kreise $K_{r_1}(0)$ und $K_{r_2}(0)$ innerhalb des Holomorphiebereichs von $1/p$ ineinander deformiert werden, so daß

$$\int_{K_{r_1}(0)} \frac{1}{p(z)}\,\mathrm{d}z = \int_{K_{r_2}(0)} \frac{1}{p(z)}\,\mathrm{d}z$$

gilt; die für $R < r < \infty$ definierte Funktion $\varphi(r) := \int_{K_r(0)} p(z)^{-1} \mathrm{d}z$ ist also konstant. Es gilt $p(z) = a_n z^n + \ldots + a_1 z + a_0$ mit $a_n \neq 0$ und damit $|p(z)| \geq |a_n z^n|/2$ für alle genügend großen $|z|$, sagen wir für $|z| \geq \rho > R$. Für $r \geq \rho$ und $|z| = r$ gilt dann

$$\frac{1}{|p(z)|} \leq \frac{2}{|a_n z^n|} = \frac{2}{|a_n| r^n}$$

und nach Aufgabe (138.28) dann

$$\left| \int_{K_r(0)} \frac{1}{p(z)} \mathrm{d}z \right| \leq \frac{2}{|a_n| r^n} \cdot 2\pi r = \frac{4\pi}{|a_n| r^{n-1}} \to 0$$

für $r \to \infty$. Die Funktion $\varphi : (R, \infty) \to \mathbb{C}$ ist also einerseits konstant und erfüllt andererseits $\varphi(r) \to 0$ für $r \to \infty$, kann also nur konstant gleich Null sein.

Lösung (138.30) (a) Da f stetig in 0 ist, gibt es zu jedem $\varepsilon > 0$ ein $\delta > 0$ mit $|f(re^{i\varphi}) - f(0)| \leq \varepsilon$ für $r < \delta$. Für $r < \delta$ gilt dann

$$\left| \int_0^{2\pi} f(re^{i\varphi}) \mathrm{d}\varphi - 2\pi f(0) \right| = \left| \int_0^{2\pi} (f(re^{i\varphi}) - f(0)) \mathrm{d}\varphi \right|$$
$$\leq \int_0^{2\pi} |f(re^{i\varphi}) - f(0)| \mathrm{d}\varphi \leq \int_0^{2\pi} \varepsilon \mathrm{d}\varphi = 2\pi \varepsilon.$$

Da $\varepsilon > 0$ beliebig war, gilt damit $\int_0^{2\pi} f(re^{i\varphi}) \mathrm{d}\varphi \to 2\pi f(0)$ für $r \to 0$.

(b) Es gilt

$$\int_{K_r(0)} \frac{f(z)}{z} \mathrm{d}z - 2\pi i \cdot f(0) = \int_{K_r(0)} \left(\frac{f(z) - f(0)}{z} \right) \mathrm{d}z$$
$$= \int_0^{2\pi} \frac{f(re^{i\varphi}) - f(0)}{re^{i\varphi}} \cdot ire^{i\varphi} \mathrm{d}\varphi = i \int_0^{2\pi} (f(re^{i\varphi}) - f(0)) \mathrm{d}\varphi,$$

und dieser Ausdruck geht nach Teil (a) für $r \to 0$ gegen Null.

Lösung (138.31) (a) Für $f(z) := e^{-z}$ gilt nach der Cauchyschen Integralformel die Gleichung

$$\int_C \frac{f(z)}{z - (\pi i/2)} \mathrm{d}z = 2\pi i \cdot f(\pi i/2) = 2\pi i \cdot (-i) = 2\pi.$$

(b) Für $f(z) := z^3 + 2z$ gilt nach der Cauchyschen Integralformel die Gleichung

$$\int_C \frac{f(z)}{(z-1)^3} \mathrm{d}z = \frac{2\pi i}{2!} \cdot f''(1) = \pi i \cdot 6 = 6\pi i.$$

Lösung (138.32) (a) Partialbruchzerlegung liefert

$$\frac{1}{(z+i)^2(z-i)^2} = \frac{i/4}{z+i} - \frac{1/4}{(z+i)^2} - \frac{i/4}{z-i} - \frac{1/4}{(z-i)^2}.$$

Nun haben wir

$$\int_{C_R} \frac{\mathrm{d}z}{z+i} = \int_{C_R} \frac{\mathrm{d}z}{(z+i)^2} = \int_{C_R} \frac{\mathrm{d}z}{(z-i)^2} = 0,$$

denn die beiden ersten Integranden sind holomorph auf einem die Kurve C und ihr Innengebiet umfassendem Gebiet, während der dritte Integrand eine Stammfunktion auf einer Umgebung der Kurve C besitzt. Das gesuchte Integral reduziert sich also auf

$$\int_{C_R} \frac{\mathrm{d}z}{(z+i)^2(z-i)^2} = -i/4 \int_{C_R} \frac{\mathrm{d}z}{z-i} = -\frac{i}{4} \int_{K_1(i)} \frac{\mathrm{d}z}{z-i}$$
$$= -\frac{i}{4} \int_0^{2\pi} \frac{ie^{i\varphi}}{e^{i\varphi}} \mathrm{d}\varphi = \frac{\pi}{2}.$$

(b) Bezeichnet H_R den Halbkreis mit der Parametrisierung $z = Re^{i\varphi}$ (mit $0 \leq \varphi \leq \pi$ und $\mathrm{d}z = iRe^{i\varphi}\mathrm{d}\varphi$), der den oberen Teil der Kurve C_R darstellt, so gilt nach Teil (a) für alle $R > 1$ die Gleichung

$$(\star) \quad \frac{\pi}{2} = \int_{C_R} \frac{\mathrm{d}z}{(z^2+1)^2} = \int_{-R}^{R} \frac{\mathrm{d}x}{(x^2+1)^2} + \int_{H_R} \frac{\mathrm{d}z}{(z^2+1)^2}.$$

Nun gilt

$$\left| \int_{H_R} \frac{\mathrm{d}z}{(z^2+1)^2} \right| = \left| \int_0^{\pi} \frac{iRe^{i\varphi}}{(R^2 e^{2i\varphi}+1)^2} \mathrm{d}\varphi \right|$$
$$\leq \int_0^{\pi} \frac{R}{(R^2-1)^2} \mathrm{d}\varphi = \frac{\pi R}{(R^2-1)^2} \to 0$$

für $R \to \infty$. Lassen wir also in $(\star)$ auf beiden Seiten R gegen Unendlich laufen, so ergibt sich das Ergebnis $\int_{-\infty}^{\infty} (1/(x^2+1)^2) \mathrm{d}x = \pi/2$.

Lösung (138.33) Für die Teile (a), (b) und (c) benutzen wir die Darstellung

$$\frac{1}{z^2+9} = \frac{1}{(z+3i)(z-3i)} = \frac{i/6}{z+3i} - \frac{i/6}{z-3i}$$

und die Tatsache, daß das Integral einer Funktion f entlang einer geschlossenen Kurve C gleich Null ist, wenn die Funktion f auf einem die Kurve C und ihr Innengebiet umfassenden Gebiet Ω holomorph ist.

(a) Weil $1/(z+3i)$ auf $\Omega := \{z \in \mathbb{C} \mid |z - 3i| < 2\}$ holomorph ist, gilt

$$\int_{K_1(3i)} \frac{\mathrm{d}z}{z^2+9} = -\frac{i}{6} \int_{K_1(3i)} \frac{\mathrm{d}z}{z-3i} = -\frac{i}{6} \int_0^{2\pi} \frac{ie^{i\varphi}}{e^{i\varphi}} \mathrm{d}\varphi$$
$$= -\frac{i}{6} \cdot 2\pi i = \frac{\pi}{3}.$$

(b) Weil $1/(z-3i)$ auf $\Omega := \{z \in \mathbb{C} \mid |z + 3i| < 2\}$ holomorph ist, gilt

$$\int_{K_1(-3i)} \frac{\mathrm{d}z}{z^2+9} = \frac{i}{6} \int_{K_1(-3i)} \frac{\mathrm{d}z}{z+3i} = \frac{i}{6} \int_0^{2\pi} \frac{ie^{i\varphi}}{e^{i\varphi}} \mathrm{d}\varphi$$
$$= \frac{i}{6} \cdot 2\pi i = -\frac{\pi}{3}.$$

(c) Wir dürfen den Integrationsweg $K_4(0)$ deformieren in den Weg, der aus den Kreisen $K_1(3i)$ und $K_1(-3i)$ sowie den Strecken von $-2i$ nach $2i$ und von $2i$ nach $-2i$ besteht. Da sich die Integrale über die beiden Strecken gegeneinander aufheben, erhalten wir

$$\int_{K_4(0)} \frac{\mathrm{d}z}{z^2+9} = \int_{K_1(3i)} \frac{\mathrm{d}z}{z^2+9} + \int_{K_1(-3i)} \frac{\mathrm{d}z}{z^2+9} = \frac{\pi}{3} - \frac{\pi}{3} = 0.$$

(d) Wegen

$$\frac{z}{z^4-1} = \frac{1/4}{z+1} + \frac{1/4}{z-1} - \frac{1/4}{z+i} - \frac{1/4}{z-i}$$

gilt

$$\int_{K_2(2)} \frac{z}{z^4-1}\mathrm{d}z = \int_{K_2(0)} \frac{1/4}{z-1}\mathrm{d}z = \frac{1}{4}\int_{K_1(1)} \frac{\mathrm{d}z}{z-1}$$
$$= \frac{2\pi i}{4} = \frac{\pi i}{2}.$$

Dabei benutzten wir zunächst, daß die Funktionen $1/(z+1)$, $1/(z+i)$ und $1/(z-i)$ holomorph auf einem Gebiet sind, das den Kreis $K_2(2)$ und sein Inneres enthält, und dann, daß sich der Integrationsweg $K_2(2)$ innerhalb des Holomorphiebereichs von $1/(z-1)$ in den Integrationsweg $K_1(1)$ deformieren läßt, der eine einfache Berechnung des zugehörigen Kurvenintegrals erlaubt.

Lösung (138.34) (a) Die Cauchysche Integralformel liefert

$$f^{(n)}(z_0) = \frac{n!}{2\pi i}\int_{K_r(z_0)} \frac{f(z)}{(z-z_0)^{n+1}}\mathrm{d}z$$

und mit $M := \max_{|z-z_0|=r} |f(z)|$ daher

$$|f^{(n)}(z_0)| \leq \frac{n!}{2\pi}\int_0^{2\pi} \frac{|f(z_0+re^{i\varphi})|}{r^{n+1}}r\,\mathrm{d}\varphi$$
$$\leq \frac{n!}{2\pi}\cdot\frac{M}{r^n}\cdot 2\pi = \frac{Mn!}{r^n}.$$

(b) Gäbe es eine solche Funktion, so gälte unter Benutzung von Teil (a) für alle $r \leq 1$ und alle $n \in \mathbb{N}$ die Abschätzung

$$\max_{|z|\leq 1}|f(z)| \geq \max_{|z|=r}|f(z)| \geq \frac{r^n}{n!}|f^{(n)}(0)|$$
$$\geq \frac{r^n}{n!}\cdot n^n n! = r^n n^n = (rn)^n,$$

was natürlich unmöglich ist. (Bei festem $r > 0$ geht ja die rechte Seite für $n \to \infty$ gegen Unendlich, während die linke Seite eine feste Zahl ist.)

Lösung (138.35) Wir schreiben $f_k = u_k + iv_k$; dann ist $\sum_{k=1}^n (u_k^2 + v_k^2)$ konstant. Ableiten nach x und y liefert

$$\sum_{k=1}^n \left(u_k\frac{\partial u_k}{\partial x} + v_k\frac{\partial v_k}{\partial x}\right) = \sum_{k=1}^n \left(u_k\frac{\partial u_k}{\partial y} + v_k\frac{\partial v_k}{\partial y}\right) = 0,$$

unter Benutzung der Cauchy-Riemannschen Gleichungen also

$$\sum_{k=1}^n \left(u_k\frac{\partial u_k}{\partial x} - v_k\frac{\partial u_k}{\partial y}\right) = \sum_{k=1}^n \left(u_k\frac{\partial u_k}{\partial y} + v_k\frac{\partial u_k}{\partial x}\right) = 0.$$

Diese beiden Gleichungen lassen sich in Matrixform

$$\begin{bmatrix} u_1 & -v_1 & u_2 & -v_2 & \cdots & u_n & -v_n \\ v_1 & u_1 & v_2 & u_2 & \cdots & v_n & u_n \end{bmatrix}\begin{bmatrix} \partial u_1/\partial x \\ \partial u_1/\partial y \\ \partial u_2/\partial x \\ \partial u_2/\partial y \\ \vdots \\ \partial u_n/\partial x \\ \partial u_n/\partial y \end{bmatrix} = \begin{bmatrix} 0 \\ 0 \end{bmatrix}$$

schreiben. Der Kern der Koeffizientenmatrix (der laut Dimensionsformel die Dimension $2n-2$ hat) wird aufgespannt von den Vektoren

$(0,\ldots,0,u_{k+1},v_{k+1},-u_k,-v_k,0,\ldots,0)^T$ und
$(0,\ldots,0,-v_{k+1},u_{k+1},v_k,-u_k,0,\ldots,0)^T$ $(1 \leq k \leq n-1)$,

wobei Nullen außerhalb der Positionen $2k-1, 2k, 2k+1, 2k+2$ stehen. Also gibt es Faktoren $\lambda_k, \mu_k \in \mathbb{R}$ mit

$$\begin{bmatrix} \partial u_1/\partial x \\ \partial u_1/\partial y \\ \partial u_2/\partial x \\ \partial u_2/\partial y \\ \vdots \\ \partial u_n/\partial x \\ \partial u_n/\partial y \end{bmatrix} = \sum_{k=1}^{n-1}\left(\lambda_k\begin{bmatrix} 0 \\ \vdots \\ 0 \\ u_{k+1} \\ v_{k+1} \\ -u_k \\ -v_k \\ 0 \\ \vdots \\ 0 \end{bmatrix} + \mu_k\begin{bmatrix} 0 \\ \vdots \\ 0 \\ -v_{k+1} \\ u_{k+1} \\ v_k \\ -u_k \\ 0 \\ \vdots \\ 0 \end{bmatrix}\right)$$

bzw.

$$\begin{bmatrix} \partial u_k/\partial x \\ \partial u_k/\partial y \end{bmatrix} = \begin{bmatrix} u_{k+1} & -v_{k+1} \\ v_{k+1} & u_{k+1} \end{bmatrix}\begin{bmatrix} \lambda_k \\ \mu_k \end{bmatrix}$$
$$\begin{bmatrix} \partial u_{k+1}/\partial x \\ \partial u_{k+1}/\partial y \end{bmatrix} = \begin{bmatrix} -u_k & v_k \\ -v_k & -u_k \end{bmatrix}\begin{bmatrix} \lambda_k \\ \mu_k \end{bmatrix} \quad (1 \leq k \leq n-1)$$

und nach Auflösen nach $(\lambda_k, \mu_k)^T$ dann

$$(\star) \quad \frac{1}{u_{k+1}^2+v_{k+1}^2}\begin{bmatrix} u_{k+1} & v_{k+1} \\ -v_{k+1} & u_{k+1} \end{bmatrix}\begin{bmatrix} \partial u_k/\partial x \\ \partial u_k/\partial y \end{bmatrix}$$
$$= \frac{1}{u_k^2+v_k^2}\begin{bmatrix} -u_k & -v_k \\ v_k & -u_k \end{bmatrix}\begin{bmatrix} \partial u_{k+1}/\partial x \\ \partial u_{k+1}/\partial y \end{bmatrix}.$$

Da eine Matrix der Form

$$\frac{1}{\sqrt{a^2+b^2}}\begin{bmatrix} a & -b \\ b & a \end{bmatrix}$$

eine Drehmatrix ist und daher Längen unverändert läßt, ergibt sich durch beiderseitige Bildung der Norm in $(\star)$ die Gleichung

$$\frac{1}{\sqrt{u_{k+1}^2+v_{k+1}^2}} \left\|\begin{bmatrix}\partial u_k/\partial x\\ \partial u_k/\partial y\end{bmatrix}\right\| = \frac{1}{\sqrt{u_k^2+v_k^2}} \left\|\begin{bmatrix}\partial u_{k+1}/\partial x\\ \partial u_{k+1}/\partial y\end{bmatrix}\right\|$$

bzw. $|f_k'|/|f_{k+1}| = |f_{k+1}'|/|f_k|$. Das bedeutet $|f_k f_k'| = |f_{k+1} f_{k+1}'|$ bzw. $|g_k'| = |g_{k+1}'|$ mit $g_j := f_j^2$. Wäre f_k nicht konstant, so wäre (zumindest auf einer offenen Teilmenge $U \subseteq \Omega$) die Funktion g_k' von Null verschieden, damit auch die Funktion g_{k+1}'. Dann wäre aber g_{k+1}'/g_k' eine auf U reguläre Funktion, deren Betrag konstant gleich 1 ist. Nach Teil (c) der vorigen Aufgabe ist dies nur möglich, wenn g_{k+1}'/g_k' konstant ist, sagen wir $g_{k+1}' = \varepsilon g_k'$ mit einer Konstanten $\varepsilon \in \mathbb{C}$ mit $|\varepsilon| = 1$ und damit $g_{k+1} = \varepsilon g_k + c$ mit einer Konstanten $c \in \mathbb{C}$.

Lösung (138.36) Es gelten die Cauchy-Riemannschen Differentialgleichungen $u_x = v_y$ und $u_y = -v_x$. Aus diesen ergeben sich unter Benutzung des Satzes von Schwarz die Gleichungen $u_{xx} + u_{yy} = v_{yx} - v_{xy} = 0$ und $v_{xx} + v_{yy} = -u_{yx} + u_{xy} = 0$; also sind u und v harmonisch.

Lösung (138.37) Mit dem Wurzelkriterium sieht man sofort, daß die Potenzreihe $\sum_{n=0}^{\infty} z^{n!}$ den Konvergenzradius 1 hat und damit eine auf dem offenen Einheitskreis $B := \{z \in \mathbb{C} \mid |z| < 1\}$ analytische Funktion f definiert. Wir nehmen an, f ließe sich stetig in einen Punkt z_0 mit $|z_0| = 1$ fortsetzen. Dieser Punkt ließe sich dann annähern durch eine Folge von Punkten der Form $re^{2\pi ik/\ell}$ mit $r < 1$, $k \in \mathbb{Z}$ und $\ell \in \mathbb{N}$. Für jeden solchen Punkt gilt nun

$$f(re^{2\pi ik/\ell}) = \sum_{n=0}^{\ell-1} r^{n!} e^{2\pi i n!k/\ell} + \sum_{n=\ell}^{\infty} r^{n!},$$

denn für $n \geq \ell$ gilt $n!k/\ell \in \mathbb{Z}$ und damit $e^{2\pi i n!k/\ell} = 1$. Für die erste Summe gilt die Abschätzung

$$\left|\sum_{n=0}^{\ell-1} r^{n!} e^{2\pi i n!k/\ell}\right| \leq \sum_{n=0}^{\ell-1} r^{n!} \leq \sum_{n=0}^{\ell-1} 1 = \ell.$$

Ist $N \in \mathbb{N}$ mit $N \geq \ell$ beliebig, so gilt $\sum_{n=\ell}^{\infty} r^{n!} \geq \sum_{n=\ell}^{N} r^{n!}$ und damit

$$\limsup_{r \to 1^-} |f(re^{2\pi i n!k/\ell})|$$
$$\geq \limsup_{r \to 1^-} \left(\sum_{n=\ell}^{N} r^{n!} - \ell\right)$$
$$= \sum_{n=\ell}^{N} 1 - \ell = N + 1 - 2\ell.$$

Hieraus folgt leicht $\limsup_{z \in B,\, z \to z_0} |f(z)| = \infty$. Also läßt sich f nicht stetig in den Punkt z_0 fortsetzen.

Lösung (138.38) Identifizieren wir $\mathbb{R}^2$ mit $\mathbb{C}$, so ist $f : U \to V$ eine bijektive analytische Funktion. Nach Satz (137.15) im Buch gilt $f'(z) \neq 0$ für alle $z \in U$, und nach Satz (137.7) ist dann f^{-1} selbst wieder analytisch, erfüllt also insbesondere die Cauchy-Riemannschen Differentialgleichungen.

Lösung (138.39) Wir wählen eine Parametrisierung $z(t) = p + r(t)e^{i\theta(t)}$ mit $a \leq t \leq b$, wobei $t \mapsto \theta(t)$ eine stetige (und damit auch stückweise glatte) Polarwinkelfunktion ist. Wir haben dann

$$z - p = re^{i\theta} \quad \text{und} \quad \dot{z} = \dot{r}e^{i\theta} + ir\dot{\theta}e^{i\theta} = (\dot{r} + ir\dot{\theta})e^{i\theta}$$

und damit

$$\frac{1}{2\pi i} \oint_C \frac{\mathrm{d}z}{z-p} = \frac{1}{2\pi i} \int_a^b \frac{\dot{z}(t)}{z(t)-p} \mathrm{d}t$$
$$= \frac{1}{2\pi i} \int_a^b \left(\frac{\dot{r}(t)}{r(t)} + i\dot{\theta}(t)\right) \mathrm{d}t$$
$$= \frac{1}{2\pi} \int_a^b \dot{\theta}(t)\,\mathrm{d}t = \frac{\theta(b) - \theta(a)}{2\pi},$$

und dies ist gerade die Windungszahl von C bezüglich p. Dabei wurde ausgenutzt, daß

$$\int_a^b \frac{\dot{r}(t)}{r(t)}\mathrm{d}t = \big[\ln(r(t))\big]_{t=a}^b = \ln(r(b)) - \ln(r(a)) = 0$$

gilt, denn weil C eine geschlossene Kurve ist, die die Bedingung $r(b) = r(a)$ erfüllt.

Lösung (138.40) Partialbruchzerlegung liefert

$$(\star) \qquad f(z) = \frac{2z}{z^2+1} = \frac{1}{z+i} + \frac{1}{z-i}.$$

(a) Für $|z-i| < 2$ gilt

$$\frac{1}{z+i} = \frac{1}{(z-i)+2i} = \frac{1}{2i\left(1 + \frac{z-i}{2i}\right)}$$
$$= \frac{1}{2i} \sum_{n=0}^{\infty} \frac{(-1)^n (z-i)^n}{(2i)^n};$$

Einsetzen in $(\star)$ liefert die Laurent-Entwicklung

$$f(z) = \frac{1}{z-i} + \sum_{n=0}^{\infty} \frac{(-1)^n}{(2i)^{n+1}}(z-i)^n.$$

Für $|z-i| > 2$ gilt dagegen

$$\frac{1}{z+i} = \frac{1}{(z-i)+2i} = \frac{1}{(z-i)\left(1 + \frac{2i}{z-i}\right)}$$
$$= \frac{1}{z-i} \sum_{n=0}^{\infty} \frac{(-1)^n (2i)^n}{(z-i)^n};$$

Einsetzen in $(\star)$ liefert die Laurent-Entwicklung
$$f(z) = \frac{1}{z-i} + \sum_{n=0}^{\infty} \frac{(-1)^n (2i)^n}{(z-i)^{n+1}}$$
$$= \frac{2}{z-i} + \sum_{n=1}^{\infty} \frac{(-2i)^n}{(z-i)^{n+1}}$$
$$= \frac{2}{z-i} + \sum_{n=2}^{\infty} \frac{(-2i)^{n-1}}{(z-i)^n}.$$

(b) Für $|z| < 1$ gilt
$$f(z) = \frac{1}{z+i} + \frac{1}{z-i} = \frac{1}{i\left(1+\frac{z}{i}\right)} + \frac{1}{-i\left(1-\frac{z}{i}\right)}$$
$$= \frac{1}{i}\sum_{n=0}^{\infty}(-1)^n\left(\frac{z}{i}\right)^n - \frac{1}{i}\sum_{n=0}^{\infty}\left(\frac{z}{i}\right)^n$$
$$= \frac{1}{i}\sum_{n=0}^{\infty}((-1)^n - 1)\left(\frac{z}{i}\right)^n = \sum_{n=0}^{\infty}\frac{(-1)^n - 1}{i^{n+1}}z^n$$
$$= \sum_{m=0}^{\infty}\frac{-2}{i^{2m+2}}\cdot z^{2m+1} = 2\cdot\sum_{m=0}^{\infty}(-1)^m z^{2m+1}.$$

Für $|z| > 1$ gilt dagegen
$$f(z) = \frac{1}{z+i} + \frac{1}{z-i} = \frac{1}{z\left(1+\frac{i}{z}\right)} + \frac{1}{z\left(1-\frac{i}{z}\right)}$$
$$= \frac{1}{z}\sum_{n=0}^{\infty}(-1)^n\left(\frac{i}{z}\right)^n + \frac{1}{z}\sum_{n=0}^{\infty}\left(\frac{i}{z}\right)^n$$
$$= \frac{1}{z}\sum_{n=0}^{\infty}((-1)^n + 1)\left(\frac{i}{z}\right)^n = \sum_{n=0}^{\infty}\frac{((-1)^n + 1)i^n}{z^{n+1}}$$
$$= \sum_{m=0}^{\infty}\frac{2\cdot i^{2m}}{z^{2m+1}} = \sum_{m=0}^{\infty}\frac{2\cdot(-1)^m}{z^{2m+1}}.$$

Zur Beantwortung der restlichen Fragen muß man nur wissen, daß für eine Stelle z im Holomorphiegebiet von f die an der Stelle z konvergierende Laurentreihe um z_0 auf demjenigen Kreisring konvergiert, in dem z liegt und dessen innerer und äußerer Rand durch die von z aus jeweils nächstgelegene Singularität von f verläuft.

(c) Um $z_0 = 1+i$ gibt es drei Laurent-Entwicklungen, eine für $0 \leq |z - z_0| < 1$, eine für $1 < |z - z_0| < \sqrt{5}$ und eine für $\sqrt{5} < |z - z_0|$.

(d) Um $z_0 = 1$ gibt es zwei Laurent-Entwicklungen, eine für $0 \leq |z - z_0| < \sqrt{2}$ und eine für $\sqrt{2} < |z - z_0|$.

(e) Um $z_0 = i/2$ gibt es drei Laurent-Entwicklungen, eine für $0 \leq |z - z_0| < 1/2$, eine für $1/2 < |z - z_0| < 3/2$ und eine für $3/2 < |z - z_0|$.

Lösung (138.41) Partialbruchzerlegung liefert
$$f(z) = 1 + \frac{z+1}{z^2 - z} = 1 + \frac{2}{z-1} - \frac{1}{z}$$
$$= 1 + \frac{2}{(z-i) + (i-1)} - \frac{1}{(z-i) + i}.$$

(a) Für $|z-i| < 1$, also auf der Kreisscheibe um i mit Radius 1, gilt
$$f(z) = 1 + \frac{2}{i-1}\cdot\frac{1}{1+\frac{z-i}{i-1}} - \frac{1}{i}\cdot\frac{1}{1+\frac{z-i}{i}}$$
$$= 1 + \frac{2}{i-1}\sum_{n=0}^{\infty}\frac{(-1)^n(z-i)^n}{(i-1)^n} + i\sum_{n=0}^{\infty}\frac{(-1)^n(z-i)^n}{i^n}$$
$$= \sum_{n=1}^{\infty}\left(\frac{(-1)^{n+1}(1+i)}{(i-1)^n} + \frac{(-1)^n i}{i^n}\right)(z-i)^n$$
$$= \sum_{n=1}^{\infty}\left(i^{n+1} - \frac{(1+i)^{n+1}}{2^n}\right)(z-i)^n.$$

(b) Für $1 < |z-i| < \sqrt{2}$, also auf dem Kreisring um i mit Innenradius 1 und Außenradius $\sqrt{2}$, gilt
$$f(z) = 1 + \frac{2}{i-1}\cdot\frac{1}{1+\frac{z-i}{i-1}} - \frac{1}{z-i}\cdot\frac{1}{1+\frac{i}{z-i}}$$
$$= 1 + \frac{2}{i-1}\sum_{n=0}^{\infty}\frac{(-1)^n(z-i)^n}{(i-1)^n} - \frac{1}{z-i}\sum_{n=0}^{\infty}\frac{(-1)^n i^n}{(z-i)^n}$$
$$= \sum_{n=1}^{\infty}\frac{2(-1)^n(z-i)^n}{(i-1)^{n+1}} - i + \sum_{n=0}^{\infty}\frac{(-1)^{n+1} i^n}{(z-i)^{n+1}}$$
$$= \sum_{n=1}^{\infty}\frac{-(1+i)^{n+1}}{2^n}(z-i)^n - i + \sum_{n=0}^{\infty}\frac{(-1)^{n+1} i^n}{(z-i)^{n+1}}.$$

(c) Für $|z-i| < \sqrt{2}$, also im Außengebiet des Kreises um i mit Radius $\sqrt{2}$, gilt
$$f(z) = 1 + \frac{2}{z-i}\cdot\frac{1}{1+\frac{i-1}{z-i}} - \frac{1}{z-i}\cdot\frac{1}{1+\frac{i}{z-i}}$$
$$= 1 + \frac{2}{z-i}\sum_{n=0}^{\infty}\frac{(-1)^n(i-1)^n}{(z-i)^n} - \frac{1}{z-i}\sum_{n=0}^{\infty}\frac{(-1)^n i^n}{(z-i)^n}$$
$$= 1 + \sum_{n=0}^{\infty}\frac{(-1)^n(2(i-1)^n - i^n)}{(z-i)^{n+1}}.$$

Lösung (138.42) Mit Polynomdivision und Partialbruchzerlegung erhalten wir
$$f(z) = 1 + \frac{-iz+i}{z^2+iz} = 1 + \frac{1}{z} - \frac{1+i}{z+i}$$
$$= 1 + \frac{1}{z-1+1} - \frac{1+i}{(z-1)+(1+i)}.$$

Die Abstände vom Entwicklungspunkt $z_0 = 1$ zu den Singularitäten 0 und $-i$ sind 1 und $\sqrt{2}$; es gibt also drei Laurent-Entwicklungen: eine für $|z-1| < 1$, eine für $1 < |z-1| < \sqrt{2}$ und eine für $|z-1| > \sqrt{2}$.

(a) Für $|z-1| < 1$, also auf der Kreisscheibe um 1 mit Radius 1, gilt

$$f(z) = 1 + \frac{1}{1+(z-1)} - \frac{1}{1+\frac{z-1}{1+i}}$$
$$= 1 + \sum_{n=0}^{\infty}(-1)^n(z-1)^n - \sum_{n=0}^{\infty}(-1)^n\left(\frac{z-1}{1+i}\right)^n$$
$$= 1 + \sum_{n=0}^{\infty}(-1)^n\left(1 - \frac{1}{(1+i)^n}\right)(z-1)^n.$$

(b) Für $1 < |z-1| < \sqrt{2}$, also auf dem Kreisring um 1 mit Innenradius 1 und Außenradius $\sqrt{2}$, gilt

$$f(z) = 1 + \frac{1}{z-1} \cdot \frac{1}{1+\frac{1}{z-1}} - \frac{1}{1+\frac{z-1}{1+i}}$$
$$= 1 + \frac{1}{z-1}\sum_{n=0}^{\infty}\frac{(-1)^n}{(z-1)^n} - \sum_{n=0}^{\infty}(-1)^n\left(\frac{z-1}{1+i}\right)^n$$
$$= \sum_{n=0}^{\infty}\frac{(-1)^n}{(z-1)^{n+1}} - \sum_{n=1}^{\infty}\frac{(-1)^n}{(1+i)^n}(z-1)^n.$$

(c) Für $|z-1| > \sqrt{2}$, also im Außengebiet des Kreises um 1 mit Radius $\sqrt{2}$, gilt

$$f(z) = 1 + \frac{1}{z-1} \cdot \frac{1}{1+\frac{1}{z-1}} - \frac{1}{z-1} \cdot \frac{1+i}{1+\frac{1+i}{z-1}}$$
$$= 1 + \frac{1}{z-1}\sum_{n=0}^{\infty}\frac{(-1)^n}{(z-1)^n} - \frac{1+i}{z-1} \cdot \sum_{n=0}^{\infty}(-1)^n\left(\frac{1+i}{z-1}\right)^n$$
$$= 1 + \sum_{n=0}^{\infty}\frac{(-1)^n}{(z-1)^{n+1}} - \sum_{n=0}^{\infty}\frac{(-1)^n(1+i)^{n+1}}{(z-1)^{n+1}}$$
$$= 1 + \sum_{n=0}^{\infty}\frac{(-1)^n\left(1 - (1+i)^{n+1}\right)}{(z-1)^{n+1}}.$$

Lösung (138.43) Der Ansatz zur Partialbruchzerlegung von f lautet $f(z) = A/z + B/z^2 + C/(z-1)$ und führt auf $A = B = -1$ und $C = 1$; wir erhalten also

$$(\star) \qquad \frac{1}{z^2(z-1)} = -\frac{1}{z} - \frac{1}{z^2} + \frac{1}{z-1}.$$

Für $|z-1| < 1$ haben wir

$$\frac{1}{z} = \frac{1}{1+(z-1)} = \sum_{n=0}^{\infty}(-1)^n(z-1)^n,$$

nach Bilden des Cauchyproduktes dann

$$\frac{1}{z^2} = \sum_{n=0}^{\infty}(-1)^n(n+1)(z-1)^n$$

und mit $(\star)$ schließlich

$$f(z) = \sum_{n=0}^{\infty}(-1)^{n+1}(n+2)(z-1)^n + \frac{1}{z-1}.$$

Für $|z-1| > 1$ haben wir dagegen

$$\frac{1}{z} = \frac{1}{z-1} \cdot \frac{1}{1+\frac{1}{z-1}} = \frac{1}{z-1}\sum_{n=0}^{\infty}\frac{(-1)^n}{(z-1)^n}$$
$$= \sum_{n=0}^{\infty}\frac{(-1)^n}{(z-1)^{n+1}} = \sum_{n=1}^{\infty}\frac{(-1)^{n-1}}{(z-1)^n},$$

nach Bilden des Cauchyproduktes dann

$$\frac{1}{z^2} = \sum_{n=0}^{\infty}\frac{(-1)^n(n+1)}{(z-1)^{n+2}} = \sum_{n=2}^{\infty}\frac{(-1)^{n-2}(n-1)}{(z-1)^n}$$

und wegen $(\star)$ dann

$$f(z) = \sum_{n=1}^{\infty}\frac{(-1)^n}{(z-1)^n} + \sum_{n=2}^{\infty}\frac{(-1)^{n-1}(n-1)}{(z-1)^n} + \frac{1}{z-1}$$
$$= \sum_{n=2}^{\infty}\frac{(-1)^{n-1}(n-2)}{(z-1)^n} = \sum_{n=3}^{\infty}\frac{(-1)^{n-1}(n-2)}{(z-1)^n}.$$

NACHTRAG

Wir benutzen diese Gelegenheit, ein weiteres nützliches Konvergenzkriterium für Reihen herzuleiten. Die meistgebrauchten Kriterien (Wurzel-, Quotienten-, Majorantenkriterium) sind Kriterien für absolute Konvergenz; das einzige spezifisch auf den Nachweis bedingter Konvergenz zugeschnittene Kriterium, das im Buch behandelt wurde, ist das Leibniz-Kriterium für alternierende Reihen. Das Dirichlet-Kriterium, das hier beschrieben werden soll, ist ähnlichen Charakters. Wir beginnen mit einer nützlichen Identität.

Partielle Summation nach Abel. *Sind a_k, b_k komplexe Zahlen und setzen wir $A_k := a_1 + a_2 + \cdots + a_k$, so gilt*

$$\sum_{k=1}^{n} a_k b_k = A_n b_n + \sum_{k=1}^{n-1} A_k (b_k - b_{k+1}).$$

Beweis. Setzen wir $A_0 := 0$, so gilt

$$\sum_{k=1}^{n} a_k b_k = \sum_{k=1}^{n} (A_k - A_{k-1}) b_k$$
$$= \sum_{k=1}^{n} A_k b_k - \sum_{k=1}^{n} A_{k-1} b_k$$
$$= \sum_{k=1}^{n} A_k b_k - \sum_{k=0}^{n-1} A_k b_{k+1}$$
$$= \sum_{k=1}^{n-1} A_k (b_k - b_{k+1}) + A_n b_n - A_0 b_1,$$

woraus wegen $A_0 = 0$ die Behauptung folgt. ∎

Dirichlet-Kriterium. *Es seien (a_k) eine reelle und (b_k) eine komplexe Zahlenfolge mit folgenden Eigenschaften:*
- *die Folge (b_k) fällt monoton gegen Null;*
- *es gibt ein $M > 0$ mit $|\sum_{k=1}^{n} a_k| \leq M$ für alle $n \in \mathbb{N}$.*

Dann konvergiert die Reihe $\sum_{k=1}^{\infty} a_k b_k$.

Beweis. Unter Benutzung der Formel für die partielle Summation erhalten wir für $n \geq m$ die Gleichung

$$\sum_{k=m+1}^{n} a_k b_k = A_n b_n + \sum_{k=m}^{n-1} A_k (b_k - b_{k+1}) - A_m b_m$$

und damit die Abschätzung $\left|\sum_{k=m+1}^{n} a_k b_k\right| \leq |A_n||b_n| + \sum_{k=m}^{n-1} |A_k| \cdot |b_k - b_{k+1}| + |A_m| \cdot |b_m|$, folglich

$$\left|\sum_{k=m+1}^{n} a_k b_k\right| \leq M|b_n| + \sum_{k=m}^{n-1} M|b_k - b_{k+1}| + M \cdot |b_m|$$
$$= M b_n + \sum_{k=m}^{n-1} M(b_k - b_{k+1}) + M \cdot b_m$$
$$= 2M \cdot b_m \to 0 \quad \text{für } m \to \infty,$$

wobei wir beim Übergang von der vorletzten zur letzten Zeile ausnutzten, daß eine Teleskopreihe vorliegt. Das Cauchykriterium liefert dann die Konvergenz der Reihe. ∎

Beispiel. Für jede Zahl $\varphi \in \mathbb{R}$, die kein ganzzahliges Vielfaches von 2π ist, konvergiert die Reihe

$$\sum_{k=1}^{\infty} \frac{e^{ik\varphi}}{k} = \sum_{k=1}^{\infty} \frac{\cos(k\varphi)}{k} + i \cdot \sum_{k=1}^{\infty} \frac{\sin(k\varphi)}{k}.$$

Wir können nämlich das Dirichlet-Kriterium anwenden mit $a_k := e^{ik\varphi}$ und $b_k := 1/k$, wobei die Beschränktheit der Summen der b_k daraus folgt, daß $\sum_{k=1}^{n} e^{ik\varphi} = e^{i\varphi} \cdot \sum_{k=0}^{n-1} (e^{i\varphi})^k = e^{i\varphi} \cdot (1 - e^{in\varphi})/(1 - e^{i\varphi})$ und damit

$$\left|\sum_{k=1}^{n} e^{ik\varphi}\right| = |e^{i\varphi}| \cdot \frac{|1 - e^{in\varphi}|}{|1 - e^{i\varphi}|} \leq 1 \cdot \frac{2}{|1 - e^{i\varphi}|}$$

gilt. (Ist dagegen φ ein ganzzahliges Vielfaches von 2π, so gilt $e^{i\varphi} = 1$, und die betrachtete Reihe ist die harmonische Reihe und damit divergent.)

Bemerkung: Wählen wir $b_k := (-1)^k$, so erhalten wir das Leibnizsche Kriterium als Spezialfall des Dirichletschen Kriteriums.

Aufgaben zu »Komplexe Differentiierbarkeit« siehe Seite 149

L139: Der Residuenkalkül

Lösung (139.1) (a) Es gilt
$$f(z) = \frac{\cos z}{z} = \frac{1 - (z^2/2!) + (z^4/4!) \mp \cdots}{z}$$
$$= \frac{1}{z} - \frac{z}{2!} + \frac{z^3}{4!} \mp \cdots = \frac{1}{z} + g(z),$$

wobei g eine an 0 analytische Funktion mit $g(0) = 0$ ist. An der Stelle 0 hat f also einen Pol erster Ordnung.

(b) Es gilt
$$f(z) = \frac{\tan z}{z} = \frac{\sin z}{z \cos z} = \frac{z - (z^3/3!) + (z^5/5!) \mp \cdots}{z(1 - (z^2/2!) + (z^4/4!) \mp \cdots)}$$
$$= \frac{1 - (z^2/3!) + (z^4/5!) \mp \cdots}{1 - (z^2/2!) + (z^4/4!) \mp \cdots} = g(z),$$

wobei g eine an 0 analytische Funktion mit $g(0) = 1$ ist. An der Stelle 0 hat f also eine hebbare Singularität.

(c) Es gilt
$$f(z) = \exp(-1/z^3) = \sum_{n=0}^{\infty} \frac{1}{n!}\left(\frac{-1}{z^3}\right)^n$$
$$= 1 - \frac{1}{z^{3n}} + \frac{1}{2! \, z^{6n}} - \frac{1}{3! \, z^{9n}} \pm \cdots.$$

An der Stelle 0 hat f also eine wesentliche Singularität.

(d) Es gilt
$$f(z) = \frac{1}{\exp(-1/z^3)} = \exp(1/z^3) = \sum_{n=0}^{\infty} \frac{1}{n!}\left(\frac{1}{z^3}\right)^n$$
$$= 1 + \frac{1}{z^{3n}} + \frac{1}{2! \, z^{6n}} + \frac{1}{3! \, z^{9n}} + \cdots.$$

An der Stelle 0 hat f also eine wesentliche Singularität.

(e) Es gilt
$$f(z) = \frac{\sin^2 z}{z^4} = \frac{1}{z^2} \cdot \left(\frac{\sin z}{z}\right)^2$$
$$= \frac{1}{z^2}\left(\frac{z - (z^3/3!) + (z^5/5!) \mp \cdots}{z}\right)^2$$
$$= \frac{1}{z^2}\left(1 - \frac{z^2}{3!} + \frac{z^4}{5!} \mp \cdots\right)^2 = \frac{1}{z^2} \cdot g(z),$$

wobei g eine an 0 analytische Funktion mit $g(0) = 1$ ist. An der Stelle 0 hat f also einen Pol zweiter Ordnung.

(f) Es gilt
$$f(z) = \frac{3 + 4z}{5z^2 + 6z^3} = \frac{1}{z^2} \cdot \frac{3 + 4z}{5 + 6z} = \frac{1}{z^2} \cdot g(z),$$

wobei g eine an 0 analytische Funktion mit $g(0) = 3/5$ ist. Also hat f an der Stelle 0 einen Pol zweiter Ordnung.

(g) Es gilt
$$f(z) = \frac{e^{cz} - 1}{z} = \frac{cz + (cz)^2/2! + (cz)^3/3! + \cdots}{z}$$
$$= c + \frac{c^2}{2!}z + \frac{c^3}{3!}z^2 + \cdots = g(z),$$

wobei g eine an 0 analytische Funktion mit $g(0) = c$ ist. An der Stelle 0 hat f also eine hebbare Singularität.

Lösung (139.2) (a) Die einzige Singularität ist $z_0 = 1$. Es gilt
$$f(z) = e \cdot \frac{e^{z-1}}{z-1} = \frac{e}{z-1} \sum_{n=0}^{\infty} \frac{(z-1)^n}{n!}$$
$$= \frac{e}{z-1} + \sum_{n=0}^{\infty} \frac{e}{(n+1)!}(z-1)^n = \frac{e}{z-1} + g(z),$$

wobei g eine an z_0 analytische Funktion mit $g(z_0) = e$ ist. Also hat f an der Stelle z_0 einen Pol erster Ordnung.

(b) Die Singularitäten von f sind genau diejenigen Stellen z mit $e^z = -1$, also die Zahlen $z_k := \pi i + 2k\pi i$ mit $k \in \mathbb{Z}$. Für jede solche Stelle gilt dann $e^z = e^{z_k}e^{z-z_k} = -e^{z-z_k}$ und daher
$$f(z) = \frac{1 - e^z}{1 + e^z} = \frac{1 + e^{z-z_k}}{1 - e^{z-z_k}}$$
$$= \frac{1 + \left(1 + (z-z_k) + (z-z_k)^2/2! + \cdots\right)}{1 - \left(1 + (z-z_k) + (z-z_k)^2/2! + \cdots\right)}$$
$$= \frac{2 + (z-z_k) + (z-z_k)^2/2! + \cdots}{-\left((z-z_k) + (z-z_k)^2/2! + \cdots\right)}$$
$$= \frac{-1}{z-z_k} \cdot \frac{2 + (z-z_k) + (z-z_k)^2/2! + \cdots}{1 + (z-z_k)/2! + \cdots},$$

also $f(z) = \bigl(-1/(z-z_k)\bigr)\,g(z)$, wobei g eine an der Stelle z_k analytische Funktion mit $g(z_k) = 2$ ist. An jeder der Stellen z_k hat f also einen Pol erster Ordnung.

(c) Die Singularitäten von f sind genau diejenigen Stellen z mit $\sin z + \cos z = 0$, also die Zahlen $z_k = -\pi/4 + k\pi$ mit $k \in \mathbb{Z}$. Es gilt dann
$$\sin(z_k) = (-1)^{k+1}\frac{\sqrt{2}}{2} \quad \text{und} \quad \cos(z_k) = (-1)^k \frac{\sqrt{2}}{2},$$

folglich
$$\sin z + \cos z = \sin(z - z_k + z_k) + \cos(z - z_k + z_k)$$
$$= \sin(z-z_k)\cos(z_k) + \cos(z-z_k)\sin(z_k)$$
$$\quad + \cos(z-z_k)\cos(z_k) - \sin(z-z_k)\sin(z_k)$$
$$= \sin(z-z_k)\bigl(\cos(z_k) - \sin(z_k)\bigr)$$
$$\quad + \cos(z-z_k)\bigl(\sin(z_k) + \cos(z_k)\bigr)$$
$$= \sqrt{2}(-1)^k \sin(z-z_k)$$

Aufgaben zu »Der Residuenkalkül« siehe Seite 153

139. Der Residuenkalkül

und damit

$$f(z) = \frac{1}{\sin z + \cos z} = \frac{1}{\sqrt{2}(-1)^k \sin(z - z_k)}$$
$$= \frac{1}{\sqrt{2}(-1)^k((z-z_k) - (z-z_k)^3/3! + (z-z_k)^5/5! \mp \cdots)}$$
$$= \frac{(-1)^k/\sqrt{2}}{z - z_k} \cdot \frac{1}{1 - (z-z_k)^2/3! + (z-z_k)^4/5! \mp \cdots}$$
$$= \frac{(-1)^k/\sqrt{2}}{z - z_k} \cdot g(z),$$

wobei g eine an der Stelle z_k analytische Funktion mit $g(z_k) = 1$ ist. Also hat f an jeder der Stellen z_k einen Pol erster Ordnung.

(d) Die Singularitäten von $f(z) = \sin(z)/\cos(z)$ sind genau die Nullstellen der Kosinusfunktion, also die Stellen $z_k = (\pi/2) + k\pi$ mit $k \in \mathbb{Z}$. Wegen $\cos(z_k) = 0$ und $\sin(z_k) = (-1)^k$ gilt dann

$$f(z) = \frac{\sin z}{\cos z} = \frac{\sin(z - z_k + z_k)}{\cos(z - z_k + z_k)}$$
$$= \frac{\sin(z-z_k)\cos(z_k) + \cos(z-z_k)\sin(z_k)}{\cos(z-z_k)\cos(z_k) - \sin(z-z_k)\sin(z_k)}$$
$$= \frac{\cos(z-z_k)(-1)^k}{-\sin(z-z_k)(-1)^k} = -\frac{\cos(z-z_k)}{\sin(z-z_k)}$$
$$= -\frac{1 - (z-z_k)^2/2! + (z-z_k)^4/4! \mp \cdots}{(z-z_k) - (z-z_k)^3/3! + (z-z_k)^5/5! \mp \cdots}$$
$$= \frac{-1}{z-z_k} \cdot \frac{1 - (z-z_k)^2/2! + (z-z_k)^4/4! \mp \cdots}{1 - (z-z_k)^2/3! + (z-z_k)^4/5! \mp \cdots}$$
$$= \frac{-1}{z-z_k} \cdot g(z),$$

wobei g eine an der Stelle z_k analytische Funktion mit $g(z_k) = 1$ ist. Also hat f an jeder der Stellen z_k einen Pol erster Ordnung.

(e) Die einzige Singularität von f ist die Stelle $z = 0$, und an dieser Stelle liegt wegen

$$f(z) = \sum_{n=0}^{\infty} \frac{1}{n!}\left(\frac{-1}{z}\right)^n = 1 - \frac{1}{z} + \frac{1}{2!\,z^2} - \frac{1}{3!\,z^3} \mp \cdots$$

eine wesentliche Singularität vor.

(f) Die Singularitäten von f sind $z^{(0)} = 0$ und die Nullstellen der Funktion $z \mapsto \sin(1/z)$, also die Stellen $z^{(k)} = 1/(k\pi)$ mit $k \in \mathbb{Z} \setminus \{0\}$. An der Stelle $z^{(0)} = 0$ liegt eine wesentliche Singularität vor, was man am einfachsten durch Betrachtung der Folgen (a_m) und (b_m) mit $a_m := 1/(2m\pi + \pi/2)$ und $b_m := 1/(2m\pi - \pi/2)$ sieht. Für $m \to \infty$ haben wir $a_m \to z^{(0)}$ und $b_m \to z^{(0)}$; wegen $f(a_m) = 1$ und $f(b_m) = -1$ für alle $m \in \mathbb{N}$ kann die Singularität $z^{(0)}$ weder hebbar noch eine Polstelle sein, kann also nur eine wesentliche Singularität sein. Für $k \neq 0$ ist $z^{(k)}$ ein Pol erster Ordnung für f. Das sieht man am schnellsten durch den Nachweis, daß $z^{(k)}$ eine einfache Nullstelle von $\varphi := 1/f$ ist. Wegen $\varphi(z) = \sin(1/z)$ haben wir $\varphi'(z) = \cos(1/z) \cdot (-1/z^2)$, folglich $\varphi(z^{(k)}) = \sin(k\pi) = 0$ und $\varphi'(z^{(k)}) = -\cos(k\pi) \cdot k^2\pi^2 = (-1)^{k+1}k^2\pi^2 \neq 0$; also ist $z^{(k)}$ eine einfache Nullstelle von φ wie behauptet.

(g) Die Singularitäten von f sind die Nullstellen des Nenners $z^3 + z = z(z^2 + 1)$, also die Zahlen 0 und $\pm i$. Wegen

$$f(z) = \frac{z-i}{z^3+z} = \frac{z-i}{z(z+i)(z-i)} = \frac{1}{z(z+i)} = \frac{i}{z+i} - \frac{i}{z}$$

ist die Singularität an der Stelle i hebbar, während an den Stellen $-i$ und 0 jeweils ein Pol erster Ordnung vorliegt.

Lösung (139.3) Allgemein gilt

$$f(x+iy) = \exp\left(\frac{1}{x+iy}\right) = \exp\left(\frac{x-iy}{x^2+y^2}\right)$$
$$= \exp\left(\frac{x}{x^2+y^2}\right)\exp\left(\frac{-iy}{x^2+y^2}\right).$$

Liegt nun $x + iy$ auf dem Kreis K_r mit der Gleichung $(x-r)^2 + y^2 = r^2$ bzw. $x^2 + y^2 = 2rx$ (und damit $0 \leq |x| \leq |r|$), so geht dies über in

$$f(x+iy) = \exp\left(\frac{1}{2r}\right)\exp\left(\frac{\mp i\sqrt{2rx - x^2}}{2rx}\right)$$
$$= \exp\left(\frac{1}{2r}\right)\exp\left(\frac{\mp i\sqrt{2|r| - |x|}}{2|r|\sqrt{|x|}}\right).$$

Wir behaupten nun, daß wir für jede Zahl $w = Re^{i\Phi} \neq 0$ einen Wert $r \neq 0$ und eine Zahl $x + iy \in K_r$ beliebig dicht bei 0 wählen können mit $f(x + iy) = w$. Zunächst muß $\exp(1/(2r)) = R$ gelten, also $r = 1/(2\ln R)$; damit ist $r \neq 0$ festgelegt. Die Gleichung $f(x + iy) = w$ ist dann äquivalent mit $\mp\sqrt{2|r| - |x|}/(2|r|\sqrt{|x|}) = \Phi + 2k\pi$ mit $k \in \mathbb{Z}$. Weil die linke Seite dieser Gleichung stetig ist und für $x \to 0$ gegen $\mp\infty$ geht, werden für $x \to 0$ unendlich viele Werte der Form $\Phi + 2k\pi$ angenommen; hieraus folgt die Behauptung.

Lösung (139.4) Es ist

$$f(z) = \frac{1}{(z-1)(z-2)} = \frac{1}{z-2} - \frac{1}{z-1}.$$

(a) Für $|z| < 1$ gilt

$$f(z) = \frac{1}{1-z} - \frac{1}{2-z} = \frac{1}{1-z} - \frac{1/2}{1-(z/2)}$$
$$= \sum_{n=0}^{\infty} z^n - \frac{1}{2}\sum_{n=0}^{\infty}\left(\frac{z}{2}\right)^n = \sum_{n=0}^{\infty}\left(1 - \frac{1}{2^{n+1}}\right)z^n.$$

In diesem Fall ist die Laurent-Reihe also einfach nur eine Potenzreihe; der Hauptteil der Laurent-Reihe ist Null.

Aufgaben zu »Der Residuenkalkül« siehe Seite 153

(b) Für $1 < |z| < 2$ gilt
$$f(z) = \frac{-1}{z(1-1/z)} - \frac{1/2}{1-z/2}$$
$$= -\frac{1}{z}\sum_{n=0}^{\infty}\left(\frac{1}{z}\right)^n - \frac{1}{2}\sum_{n=0}^{\infty}\left(\frac{z}{2}\right)^n$$
$$= -\sum_{n=0}^{\infty}\frac{1}{z^{n+1}} - \sum_{n=0}^{\infty}\frac{z^n}{2^{n+1}}$$
$$= \sum_{n=0}^{\infty}\frac{-1}{2^{n+1}}z^n - \sum_{n=1}^{\infty}\frac{1}{z^n}.$$

(c) Für $|z| > 2$ gilt
$$f(z) = \frac{1}{z(1-2/z)} - \frac{1}{z(1-1/z)}$$
$$= \frac{1}{z}\sum_{n=0}^{\infty}\left(\frac{2}{z}\right)^n - \frac{1}{z}\sum_{n=0}^{\infty}\left(\frac{1}{z}\right)^n$$
$$= \sum_{n=0}^{\infty}\frac{2^n - 1}{z^{n+1}} = \sum_{n=1}^{\infty}\frac{2^n - 1}{z^{n+1}}$$
$$= \sum_{n=2}^{\infty}\frac{2^{n-1} - 1}{z^n}.$$

In diesem Fall hat die Laurent-Reihe nur einen Hauptteil, keinen Regulärteil.

Lösung (139.5) Für $|z - 1| < 1$ gilt
$$\frac{1}{z} = \frac{1}{1+z-1} = \sum_{n=0}^{\infty}(-1)^n(z-1)^n$$

und damit
$$\frac{1}{z^2} = \left(\sum_{n=0}^{\infty}(-1)^n(z-1)^n\right)^2$$
$$= \sum_{n=0}^{\infty}\left(\sum_{k=0}^{n}(-1)^{n-k}(z-1)^{n-k}\cdot(-1)^k(z-1)^k\right)$$
$$= \sum_{n=0}^{\infty}(n+1)(-1)^n(z-1)^n.$$

Für $|z - 1| > 1$ gilt
$$\frac{1}{z} = \frac{1}{(z-1)\left(1+\frac{1}{z-1}\right)}$$
$$= \frac{1}{z-1}\sum_{n=0}^{\infty}\frac{(-1)^n}{(z-1)^n}$$
$$= \sum_{n=0}^{\infty}\frac{(-1)^n}{(z-1)^{n+1}}$$
$$= \frac{1}{z-1} - \frac{1}{(z-1)^2} + \frac{1}{(z-1)^3} \mp \cdots$$

und damit
$$\frac{1}{z^2} = \sum_{n=0}^{\infty}\left(\sum_{k=0}^{n}\frac{(-1)^{n-k}}{(z-1)^{n-k+1}}\cdot\frac{(-1)^k}{(-1)^{k+1}}\right)$$
$$= \sum_{n=0}^{\infty}\sum_{k=0}^{n}\frac{(-1)^n}{(z-1)^{n+2}} = \sum_{n=0}^{\infty}\frac{(-1)^n(n+1)}{(z-1)^{n+2}}$$
$$= \frac{1}{(z-1)^2} - \frac{2}{(z-1)^3} + \frac{3}{(z-1)^4} \mp \cdots.$$

Beim Übergang von $1/z$ zu $1/z^2$ benutzten wir dabei jeweils die Cauchy-Produktformel $(\sum_{n=0}^{\infty}a_n)(\sum_{n=0}^{\infty}b_n) = \sum_{n=0}^{\infty}(\sum_{k=0}^{n}a_{n-k}b_k)$.

Lösung (139.6) Für alle $r_1 < r < r_2$ gilt
$$a_n = \frac{1}{2\pi i}\int_{K_r(0)}\frac{f(z)}{z^{n+1}}\,\mathrm{d}z$$

und damit
$$|a_n| \leq \frac{1}{2\pi}\cdot\frac{M}{r^{n+1}}\cdot 2\pi r = \frac{M}{r^n}.$$

Für $n \geq 0$ bedeutet dies $|a_n| \leq M/r^n \leq M/r_1^n$, für $n \leq 0$ dagegen $|a_n| \leq Mr^{-n} \leq Mr_2^{-n}$.

Lösung (139.7) Wir sind fertig, wenn wir zeigen können, daß die Funktion g im Bereich $1/2 < |z| < 2$ holomorph ist, und nach der Voraussetzung über f genügt dazu der Nachweis, daß für $1/2 < |z| < 2$ stets $|z+1/z| < 5/2$ gilt. Setzen wir also $\varphi(z) := z + 1/z$, so ist zu zeigen, daß aus $1/2 < |z| < 2$ stets $\varphi(z) < 5/2$ folgt. Es sei also $z = re^{i\varphi}$ mit $1/2 < r < 2$. Dann gilt

$$|\varphi(z)| = \left|re^{i\varphi} + \frac{e^{-i\varphi}}{r}\right|$$
$$= \left|r\cos\varphi + ir\sin\varphi + \frac{\cos\varphi}{r} - \frac{i\sin\varphi}{r}\right|$$
$$= \left|\left(r+\frac{1}{r}\right)\cos\varphi + i\left(r-\frac{1}{r}\right)\sin\varphi\right|$$
$$= \sqrt{\left(r^2+2+\frac{1}{r^2}\right)\cos^2\varphi + \left(r^2-2+\frac{1}{r^2}\right)\sin^2\varphi}$$
$$= \sqrt{r^2+\frac{1}{r^2}+2(\cos^2\varphi-\sin^2\varphi)}$$
$$= \sqrt{r^2+\frac{1}{r^2}+2\cos(2\varphi)} \leq \sqrt{r^2+\frac{1}{r^2}+2}$$
$$= r+\frac{1}{r} < \frac{5}{2},$$

wobei die letzte Ungleichung sofort daraus folgt, daß die reelle Funktion $r \mapsto r+1/r$ für $1/2 \leq r \leq 1$ streng monoton fällt, für $1 \leq r \leq 2$ streng monoton wächst und an den Stellen $r = 1/2$ und $r = 2$ jeweils den Wert $5/2$ annimmt.

Lösung (139.8) Daß f an der Stelle 0 einen Pol der Ordnung m hat, bedeutet, daß es in einer Umgebung von 0 eine Darstellung $f(z) = g(z)/z^m$ derart gibt, daß g analytisch in 0 mit $g(0) \neq 0$ ist. Ist nun $p(z) = a_0 + a_1 z + a_2 z^2 + \cdots + a_n z^n$ mit $a_n \neq 0$, so gilt

$$p(f(z)) = a_0 + a_1 \frac{g(z)}{z^m} + a_2 \frac{g(z)^2}{z^{2m}} + \cdots + a_n \frac{g(z)^n}{z^{nm}},$$

also $p(f(z)) = \gamma(z)/z^{nm}$, wobei $\gamma(z)$ gegeben ist durch

$$a_0 z^{nm} + a_1 g(z) z^{(n-1)m} + a_2 g(z)^2 z^{(n-2)m} + \cdots + a_n g(z)^n.$$

Dabei ist γ analytisch in 0 mit $\gamma(0) = a_n g(0)^n \neq 0$; hieraus folgt die Behauptung.

Lösung (139.9) (a) Es gilt

$$f(z) = \frac{e^{2z}}{(z-1)^3} = \frac{e^2 \cdot e^{2(z-1)}}{(z-1)^3} = \frac{e^2}{(z-1)^3} \sum_{n=0}^{\infty} \frac{(2(z-1))^n}{n!}$$
$$= \sum_{n=0}^{\infty} \frac{e^2 \cdot 2^n}{n!} (z-1)^{n-3} = \sum_{n=-3}^{\infty} \frac{e^2 \cdot 2^{n+3}}{(n+3)!} (z-1)^n;$$

diese Reihe konvergiert für alle $z \in \mathbb{C} \setminus \{1\}$.

(b) Wir setzen $w := 1/(z+2)$ und haben dann

$$f(z) = \frac{1/w - 5}{\sin w} = \left(\frac{1}{w^2} - \frac{5}{w}\right) \cdot \frac{w}{\sin w}$$
$$= \left(\frac{1}{w^2} - \frac{5}{w}\right) \cdot \frac{1}{1 - \frac{w^2}{3!} + \frac{w^4}{5!} \mp \cdots}$$
$$= \left(\frac{1}{w^2} - \frac{5}{w}\right) (a_0 + a_1 w^2 + a_2 w^4 + \cdots)$$

mit $a_0 = 1$, $a_1 = 1/6$, $a_2 = 7/360$ und allgemein

$$a_n = -\sum_{k=0}^{n-1} \frac{(-1)^{n-k} a_k}{(2n - 2k + 1)!}.$$

(Diese Rekursionsformel ergibt sich durch Ausmultiplizieren der rechten Seite der Gleichung

$$1 = \left(1 - \frac{w^2}{3!} + \frac{w^4}{5!} \mp \cdots\right)(a_0 + a_1 w^2 + a_2 w^4 + \cdots)$$

als Cauchyprodukt und anschließenden Koeffizientenvergleich.) Es ist dann

$$f(z) = \frac{1}{w^2} - \frac{5}{w} + a_1 - 5a_1 w + a_2 w^2 - 5a_2 w^3 + \cdots$$
$$= (z+2)^2 - 5(z+2) + a_1 - \frac{5a_1}{z+2} + \frac{a_2}{(z+2)^2} - \frac{5a_2}{(z+2)^3}$$
$$\quad + \frac{a_3}{(z+2)^4} - \frac{5a_3}{(z+2)^5} + \cdots.$$

Es liegt also eine wesentliche Singularität vor; die Reihe konvergiert für $|z+2| > 1/\pi$. Es gibt ferner für jede Zahl $n \in \mathbb{N}$ eine Laurent-Entwicklung, die für $n\pi < |w| < (n+1)\pi$, also für $1/((n+1)\pi) < |z+2| < 1/(n\pi)$ konvergiert; diese läßt sich auf analoge Weise ermitteln, worauf wir hier aber verzichten.

(c) Es gilt

$$f(z) = \frac{z - \sin z}{z^3} = \frac{z^3/3! - z^5/5! - z^7/7! \pm \cdots}{z^3}$$
$$= \frac{1}{3!} - \frac{z^2}{5!} + \frac{z^4}{7!} \mp \cdots.$$

Diese Reihe konvergiert für alle $z \in \mathbb{C}$.

(d) Es ist

$$f(z) = \frac{z}{(z+1)(z+2)} = \frac{-1}{z+1} + \frac{2}{z+2}.$$

Für $|z+2| < 1$ gilt daher

$$f(z) = \frac{1}{1 - (z+2)} + \frac{2}{z+2} = \sum_{n=0}^{\infty} (z+2)^n + \frac{2}{z+2};$$

für $|z+2| > 1$ gilt

$$f(z) = \frac{-1}{(z+2)\left(1 - \frac{1}{z+2}\right)} + \frac{2}{z+2}$$
$$= -\frac{1}{z+2} \sum_{n=0}^{\infty} \left(\frac{1}{z+2}\right)^n + \frac{2}{z+2}$$
$$= \frac{2}{z+2} - \sum_{n=0}^{\infty} \frac{1}{(z+2)^{n+1}}$$
$$= \frac{1}{z+2} - \sum_{n=2}^{\infty} \frac{1}{(z+2)^n}.$$

(e) Der Ansatz zur Partialbruchzerlegung lautet

$$\frac{1}{z^2(z-3)^2} = \frac{A}{z} + \frac{B}{z^2} + \frac{C}{z-3} + \frac{D}{(z-3)^2}$$

und führt auf $A = 2/27$, $B = 1/9$, $C = -2/27$ und $D = 1/9$. Für $|z-3| < 3$ gilt nun

$$\frac{1}{z} = \frac{1}{z-3+3} = \frac{1}{3\left(1 + \frac{z-3}{3}\right)}$$
$$= \frac{1}{3} \sum_{n=0}^{\infty} \left(-\frac{z-3}{3}\right)^n = \sum_{n=0}^{\infty} \frac{(-1)^n}{3^{n+1}} (z-3)^n$$

und nach Cauchyproduktbildung dann

$$\frac{1}{z^2} = \sum_{n=0}^{\infty} \left[\sum_{k=0}^{n} \frac{(-1)^{n-k}}{3^{n-k+1}} \cdot \frac{(-1)^k}{3^{k+1}}\right] (z-3)^n$$
$$= \sum_{n=0}^{\infty} \frac{(n+1)(-1)^n}{3^{n+2}} (z-3)^n$$

Für $|z-3| > 3$ gilt dagegen

$$\frac{1}{z} = \frac{1}{z-3+3} = \frac{1}{(z-3)\left(1+\frac{3}{z-3}\right)}$$

$$= \frac{1}{z-3}\sum_{n=0}^{\infty}\left(\frac{-3}{z-3}\right)^n = \sum_{n=0}^{\infty}\frac{(-3)^n}{(z-3)^{n+1}}$$

und nach Cauchyproduktbildung dann

$$\frac{1}{z^2} = \sum_{n=0}^{\infty}\left[\sum_{k=0}^{n}\frac{(-3)^{n-k}}{(z-3)^{n-k+1}}\cdot\frac{(-3)^k}{(z-3)^{k+1}}\right]$$

$$= \sum_{n=0}^{\infty}\frac{(n+1)(-3)^n}{(z-3)^{n+2}} = \sum_{n=2}^{\infty}\frac{(n-1)(-3)^{n-2}}{(z-3)^n}$$

Wegen

$$f(z) = \frac{2/27}{z} + \frac{1/9}{z^2} - \frac{2/27}{z-3} + \frac{1/9}{(z-3)^2}$$

erhalten wir für $|z-3| < 3$ dann

$$f(z) = \sum_{n=0}^{\infty}\frac{2(-1)^n}{3^{n+4}}(z-3)^n + \sum_{n=0}^{\infty}\frac{(n+1)(-1)^n}{3^{n+4}}(z-3)^n$$
$$- \frac{2/27}{z-3} + \frac{1/9}{(z-3)^2}$$

$$= \frac{1/9}{(z-3)^2} - \frac{2/27}{z-3} + \sum_{n=0}^{\infty}\frac{(-1)^n(n+3)}{3^{n+4}}(z-3)^n,$$

für $|z-3| > 3$ dagegen

$$f(z) = \sum_{n=0}^{\infty}\frac{2(-1)^n 3^{n-3}}{(z-3)^{n+1}} + \sum_{n=2}^{\infty}\frac{(n-1)(-1)^{n-2}3^{n-4}}{(z-3)^n}$$
$$- \frac{2/27}{z-3} + \frac{1/9}{(z-3)^2}$$

$$= \sum_{n=1}^{\infty}\frac{2(-1)^{n-1}3^{n-4}}{(z-3)^n} + \sum_{n=2}^{\infty}\frac{(n-1)(-1)^n 3^{n-4}}{(z-3)^n}$$
$$- \frac{2/27}{z-3} + \frac{1/9}{(z-3)^2}$$

$$= \sum_{n=3}^{\infty}\frac{(-1)^n 3^{n-4}(n-3)}{(z-3)^n}.$$

Lösung (139.10) (a) Es gilt $f(z) = z + (1/z)$. Der Koeffizient von z^{-1} in dieser Laurentreihenentwicklung ist $\mathrm{Res}(f,0) = 1$.

(b) Es gilt $f(z) = (1/z) + (3/z^2) - (5/z^3)$. Der Koeffizient von z^{-1} in dieser Laurentreihenentwicklung ist $\mathrm{Res}(f,0) = 1$.

(c) Die Funktion f ist holomorph in einer Umgebung des Nullpunkts; also gilt $\mathrm{Res}(f,0) = 0$.

(d) Da $g(z) := (2z+1)/(z^3-5)$ in einer Umgebung von 0 holomorph ist mit $g(0) = -1/5$, erhalten wir eine Laurentreihenentwicklung der Form $f(z) = (1/z)\cdot g(z) = (1/z)\cdot(-1/5 + a_1 z + a_2 z^2 + \cdots) = (-1/5)/z + a_1 + a_2 z + \cdots$. Der Koeffizient von z^{-1} in dieser Laurentreihenentwicklung ist $\mathrm{Res}(f,0) = -1/5$.

In den Teilen (e) bis (h) benutzen wir jeweils die Darstellung $(\sin z)/z^N = \sum_{n=0}^{\infty}(-1)^n z^{2n+1-N}/(2n+1)!$. Der Koeffizient von z^{-1} in dieser Laurentreihenentwicklung ist 0, wenn N ungerade ist, und $(-1)^{m-1}/(2m-1)!$, wenn $N = 2m$ gerade ist. Wir erhalten daher

$$\mathrm{Res}\left(\frac{\sin z}{z^4},0\right) = -\frac{1}{6}, \quad \mathrm{Res}\left(\frac{\sin z}{z^5},0\right) = 0,$$

$$\mathrm{Res}\left(\frac{\sin z}{z^6},0\right) = \frac{1}{120}, \quad \mathrm{Res}\left(\frac{\sin z}{z^7},0\right) = 0.$$

In den Teilen (i) bis (l) benutzen wir jeweils die Darstellung $\exp(z)/z^N = \sum_{n=0}^{\infty} z^{n-N}/n!$. Der Koeffizient von z^{-1} in dieser Laurentreihenentwicklung ist $1/(N-1)!$. Wir erhalten daher

$$\mathrm{Res}\left(\frac{\exp z}{z},0\right) = 1, \quad \mathrm{Res}\left(\frac{\exp z}{z^2},0\right) = 1,$$

$$\mathrm{Res}\left(\frac{\exp z}{z^3},0\right) = \frac{1}{2}, \quad \mathrm{Res}\left(\frac{\exp z}{z^4},0\right) = \frac{1}{6}.$$

(m) Es gilt

$$f(z) = \frac{\exp(z)}{\sin(z)} = \frac{1+z+(z^2/2)+\cdots}{z-(z^3/3!)+(z^5/5!)\mp\cdots}$$

$$= \frac{1}{z}\cdot\frac{1+z+\frac{z^2}{2}+\cdots}{1-\frac{z^2}{3!}+\frac{z^4}{5!}\mp\cdots} = \frac{1}{z}(1+a_1 z + a_2 z^2 + \cdots).$$

Der Koeffizient von z^{-1} in dieser Laurentreihenentwicklung ist $\mathrm{Res}(f,0) = 1$.

(n) Für $z = re^{i\varphi}$ gilt $\exp(\log(z)) = \exp(\ln(r)+i\varphi) = re^{i\varphi} = z$; also ist $\log$ die Umkehrfunktion der auf $\mathbb{R}\times(-\pi,\pi)$ definierten Exponentialfunktion und damit holomorph. Folglich ist $z \mapsto \log(1+z)$ holomorph auf $\mathbb{C}\setminus(-\infty,-1]$. Für reelle Argumente $x \in (-1,1)$ gilt bekanntlich die Reihenentwicklung $\ln(1+x) = \sum_{n=1}^{\infty}(-1)^{n-1}x^n/n$; diese bleibt nach dem Eindeutigkeitssatz für analytische Funktionen auf dem gesamten Konvergenzkreis $\{z\in\mathbb{C}\mid |z|<1\}$ bestehen. Für $0 < |z| < 1$ gilt daher

$$f(z) = \frac{\log(1+z)}{z^2} = \frac{1}{z} - \frac{1}{2} + \frac{z}{3} - \frac{z^2}{4} \pm \cdots.$$

Der Koeffizient von z^{-1} in dieser Laurentreihenentwicklung ist $\mathrm{Res}(f,0) = 1$.

Lösung (139.11) (a) Die Funktion

$$f(z) = \frac{1}{(z-1)(z+1)(z+2)}$$

hat die Singularitäten 1, −1 und −2. Da es sich um lauter einfache Polstellen handelt, ist (139.4) anwendbar und liefert

$$\operatorname{Res}(f,1) = \frac{1}{6}, \quad \operatorname{Res}(f,-1) = -\frac{1}{2}, \quad \operatorname{Res}(f,-2) = \frac{1}{3}.$$

(b) Die Funktion

$$f(z) = \frac{(z^3-1)(z+2)}{(z^4-1)^2} = \frac{(z^2+z+1)(z+2)}{(z-1)(z+1)^2(z-i)^2(z+i)^2}$$

hat die Singularitäten ± 1 und $\pm i$, von denen 1 ein Pol erster Ordnung ist, während -1 und $\pm i$ Pole zweiter Ordnung sind. Die Residuen an diesen Singularitäten sind

$$\operatorname{Res}(f,\ 1) = \left.\frac{(z^2+z+1)(z+2)}{(z+1)^2(z^2+1)^2}\right|_{z=1} = \frac{9}{16},$$

$$\operatorname{Res}(f,-1) = \left.\frac{\mathrm{d}}{\mathrm{d}z}\right|_{z=-1} \frac{(z^2+z+1)(z+2)}{(z-1)(z^2+1)^2} = \frac{5}{2},$$

$$\operatorname{Res}(f,\ i) = \left.\frac{\mathrm{d}}{\mathrm{d}z}\right|_{z=i} \frac{(z^2+z+1)(z+2)}{(z-1)(z+1)^2(z+i)^2} = \frac{2-7i}{16},$$

$$\operatorname{Res}(f,-i) = \left.\frac{\mathrm{d}}{\mathrm{d}z}\right|_{z=-i} \frac{(z^2+z+1)(z+2)}{(z-1)(z+1)^2(z-i)^2} = \frac{-2-7i}{16}.$$

(c) Die Funktion $f(z) = 1/(z^4-1)$ hat als Singularitäten die vier einfachen Polstellen ± 1 und $\pm i$. Nach (139.4) gilt an jeder dieser Stellen z_0 die Gleichung $\operatorname{Res}(f,z_0) = 1/(4z_0^3) = z_0/(4z_0^4) = z_0/4$; wir erhalten also

$$\operatorname{Res}(f,\pm 1) = \frac{\pm 1}{4}, \quad \operatorname{Res}(f,\pm i) = \frac{\pm i}{4}.$$

(d) Die Funktion $f(z) = 1/(z^n-1)$ hat als Singularitäten die n einfachen Polstellen $z_k = e^{i\varphi_k}$ mit $\varphi_k = 2\pi k/n$ (wobei $1 \leq k \leq n$). Nach (139.4) gilt jeweils $\operatorname{Res}(f,z_k) = 1/(nz_k^{n-1}) = z_k/(nz_k^n) = z_k/n$; wir erhalten also

$$\operatorname{Res}(f,e^{2k\pi i/n}) = \frac{e^{2k\pi i/n}}{n}.$$

(e) Die Funktion $f(z) = e^z/(z^2+1)$ hat einfache Polstellen bei $\pm i$; an jeder dieser beiden Stellen gilt $\operatorname{Res}(f,z_0) = e^{z_0}/(2z_0)$. Wir erhalten also

$$\operatorname{Res}(f,\pm i) = \frac{e^{\pm i}}{\pm 2i} = \frac{\sin(1) \mp i\cos(1)}{2}.$$

(f) Die Funktion f hat einen einfachen Pol bei $z = 1$ und einen Pol zweiter Ordnung bei $z = -2$. Wir erhalten daher

$$\operatorname{Res}(f,1) = \left.\frac{z}{(z+2)^2}\right|_{z=1} = \frac{1}{9} \quad \text{und}$$

$$\operatorname{Res}(f,-2) = \left.\frac{\mathrm{d}}{\mathrm{d}z}\right|_{z=-2} \frac{z}{z-1} = \left.\frac{-1}{(z-1)^2}\right|_{z=-2} = -\frac{1}{9}.$$

(g) Die Funktion $f(z) = e^z/\sin(z)$ hat an jeder Stelle $z_k = k\pi$ mit $k \in \mathbb{Z}$ einen Pol erster Ordnung. Es gilt dann

$$\operatorname{Res}(f,z_k) = \frac{e^{z_k}}{\cos(z_k)} = \frac{e^{k\pi}}{(-1)^k} = (-e^\pi)^k.$$

(h) Die Funktion $f(z) = 1/\sin(z)$ hat an jeder Stelle $z_k = k\pi$ mit $k \in \mathbb{Z}$ einen Pol erster Ordnung. Es gilt dann

$$\operatorname{Res}(f,z_k) = \frac{1}{\cos(z_k)} = \frac{1}{(-1)^k} = (-1)^k.$$

(i) Die Funktion $f(z) = 1/(1-e^z)$ hat an jeder Stelle $z_k = 2k\pi i$ mit $k \in \mathbb{Z}$ einen Pol erster Ordnung. Es gilt dann

$$\operatorname{Res}(f,z_k) = \frac{1}{-\exp(z_k)} = \frac{1}{-1} = -1.$$

(j) Die Funktion f hat Singularitäten an den Stellen $z_k = 2k\pi$ mit $k \in \mathbb{Z}$. Wir erhalten

$$\begin{aligned}
f(z) &= \frac{z-z_k+z_k}{1-\cos(z-z_k+z_k)} = \frac{z-z_k+z_k}{1-\cos(z-z_k)} \\
&= \frac{z-z_k+z_k}{1-\left(1-\frac{(z-z_k)^2}{2!}+\frac{(z-z_k)^4}{4!}\mp\cdots\right)} \\
&= \frac{z-z_k+z_k}{\frac{(z-z_k)^2}{2}-\frac{(z-z_k)^4}{24}\pm\cdots} \\
&= \frac{1}{z-z_k}\cdot\frac{1}{\frac{1}{2}-\frac{(z-z_k)^2}{24}\pm\cdots} \\
&\quad + \frac{z_k}{(z-z_k)^2}\cdot\frac{1}{\frac{1}{2}-\frac{(z-z_k)^2}{24}\pm\cdots} \\
&= \frac{1}{z-z_k}\cdot(2+a_2(z-z_k)^2+a_4(z-z_k)^4+\cdots) \\
&\quad + \frac{z_k}{(z-z_k)^2}\cdot(2+a_2(z-z_k)^2+a_4(z-z_k)^4+\cdots).
\end{aligned}$$

und damit $\operatorname{Res}(f,z_k) = 2$. (Der zweite Bestandteil trägt zum Residuum nichts bei, da in der Laurentreihe nur gerade Potenzen von $z-z_k$ vorkommen.)

(k) Die einzige Singularität ist $z = 0$. Schreiben wir $g(z) := \cos(e^z) = a_0 + a_1 z + a_2 z^2 + \cdots$, so ist $f(z) = g(z)/(z^2) = (a_0/z^2) + (a_1/z) + a_0 + \cdots$ und damit

$$\operatorname{Res}(f,0) = a_1 = g'(0) = -\sin(e^z)\cdot e^z|_{z=0} = -\sin(1).$$

Lösung (139.12) (a) Die Singularitäten von f sind genau die ganzzahligen Vielfachen von π, also die Zahlen $z_k = k\pi$ mit $k \in \mathbb{Z}$. Für $k \neq 0$ liegt an der Stelle z_k ein Pol erster Ordnung vor, und wir erhalten

$$\operatorname{Res}(f,k\pi) = \frac{\exp(k\pi)}{k^2\pi^2 \cos(k\pi)} = \frac{(-1)^k e^{k\pi}}{k^2\pi^2}.$$

An der der Stelle $z_0 = 0$ liegt ein Pol dritter Ordnung vor, so daß

$$g(z) := z^3 f(z) = \frac{\exp(z)}{\sin(z)/z} = \frac{1 + z + \frac{z^2}{2} + \cdots}{1 - \frac{z^2}{6} + \frac{z^4}{120} \mp \cdots}$$

holomorph in einer Umgebung des Nullpunktes ist. Wir wollen nun die Potenzreihenentwicklung $g(z) = a_0 + a_1 z + a_2 z^2 + \cdots$ finden, von der wir nur den Koeffizienten a_2 benötigen, denn es gilt $f(z) = a_0 z^{-3} + a_1 z^{-2} + a_2 z^{-1} + a_3 + \cdots$ und damit $\mathrm{Res}(f, 0) = a_2$. Dazu führen wir entweder die Division

$$g(z) = \left(1 + z + \frac{z^2}{2} + \cdots\right) : \left(1 - \frac{z^2}{6} + \frac{z^4}{120} \mp\right)$$

wie eine Polynomdivision direkt aus, oder aber wir machen den Ansatz

$$1 + z + \frac{z^2}{2} + \cdots = g(z) \cdot \left(1 - \frac{z^2}{6} + \frac{z^4}{120} \mp \cdots\right)$$
$$= \left(a_0 + a_1 z + a_2 z^2 + \cdots\right)\left(1 - \frac{z^2}{6} + \frac{z^4}{120} \mp \cdots\right)$$
$$= a_0 + a_1 z + \left(a_2 - \frac{a_0}{6}\right) z^2 + \cdots;$$

Koeffizientenvergleich liefert dann $a_0 = a_1 = 1$ und $a_2 - a_0/6 = 1/2$, also $a_2 = (1/2) + (1/6) = 2/3$. Also gilt $\mathrm{Res}(f, 0) = 2/3$.

(b) Die Laurent-Entwicklung von f um den Nullpunkt hat die Form $f(z) = \sum_{n=-\infty}^{\infty} a_n z^n$; also gilt $g(z) = f(z^2) = \sum_{n=-\infty}^{\infty} a_n z^{2n}$. Da in dieser letzten Reihe der Koeffizient $1/z$ nicht auftritt, gilt $\mathrm{Res}(g, 0) = 0$ (unabhängig davon, welchen Wert $\mathrm{Res}(f, 0)$ hat).

Lösung (139.13) (a) Die Singularitäten von f sind genau die Zahlen $z_k = (\pi/2) + k\pi$ mit $k \in \mathbb{Z}$ sowie die Zahl $z_\star = 0$. An jeder der Stellen z_k liegt ein Pol erster Ordnung vor, und wegen $\sin(z_k) = \cos(k\pi) = (-1)^k$ erhalten wir

$$\mathrm{Res}(f, z_k) = \left.\frac{z^2 + 2\sqrt{3}z + 1}{-z^2 \sin(z)}\right|_{z=z_k} = (-1)^{k+1} \frac{z_k^2 + 2\sqrt{3} z_k + 1}{z_k^2}.$$

An der Stelle $z_\star = 0$ liegt ein Pol zweiter Ordnung vor, so daß

$$g(z) := z^2 f(z) = \frac{z^2 + 2\sqrt{3}z + 1}{\cos(z)} = \frac{1 + 2\sqrt{3}z + z^2}{1 - (z^2/2) \pm \cdots}$$

holomorph in einer Umgebung des Nullpunktes ist. Wir wollen nun die Potenzreihenentwicklung $g(z) = a_0 + a_1 z + a_2 z^2 + \cdots$ finden, von der wir nur den Koeffizienten a_1 benötigen, denn es gilt $f(z) = a_0 z^{-2} + a_1 z^{-1} + a_2 + a_3 z + \cdots$ und damit $\mathrm{Res}(f, 0) = a_1$. Der Ansatz

$$1 + 2\sqrt{3}z + z^2 = \left(a_0 + a_1 z + a_2 z^2 + \cdots\right)\left(1 - \frac{z^2}{2} \pm \cdots\right)$$

liefert $a_0 = 1$, $a_1 = 2\sqrt{3}$, $a_2 = 3/2$ und so weiter. Also gilt $\mathrm{Res}(f, 0) = 2\sqrt{3}$.

(b) Die Laurent-Entwicklung von f um den Nullpunkt hat die Form $f(z) = \sum_{n=-\infty}^{\infty} a_n z^n$; also gilt $g(z) = f(z^3) = \sum_{n=-\infty}^{\infty} a_n z^{3n}$. Da in dieser letzten Reihe der Koeffizient $1/z$ nicht auftritt, gilt $\mathrm{Res}(g, 0) = 0$ (unabhängig davon, welchen Wert $\mathrm{Res}(f, 0)$ hat).

Lösung (139.14) (a) Die Singularitäten von f sind genau die Zahlen $z_k = k\pi$ mit $k \in \mathbb{Z}$. An jeder der Stellen z_k mit $k \neq 0$ liegt ein Pol erster Ordnung vor, und wegen $\cos(k\pi) = (-1)^k$ erhalten wir

$$\mathrm{Res}(f, z_k) = \left.\frac{z^2 + 2z + 3}{z^2 \cos(z)}\right|_{z=z_k} = (-1)^k \cdot \frac{k^2\pi^2 + 2k\pi + 3}{k^2 \pi^2}.$$

An der Stelle $z_0 = 0$ liegt ein Pol dritter Ordnung vor, so daß

$$g(z) := z^3 f(z) = \frac{z^2 + 2z + 3}{1 - (z^2/3! - z^4/5! \pm \cdots)}$$
$$= (z^2 + 2z + 3) \cdot \sum_{k=0}^{\infty} (z^2/2 \pm \cdots)^k$$

holomorph in einer Umgebung des Nullpunktes ist. Die Potenzreihenentwicklung von g um 0 lautet $g(z) = 3 + 2z + (5/2)z^2 +$ Terme höherer Ordnung. Dann gilt

$$f(z) = \frac{g(z)}{z^3} = \frac{3}{z^3} + \frac{2}{z^2} + \frac{5/2}{z} + \cdots.$$

Also ist $\mathrm{Res}(f, 0) = 5/2$ (ablesbar als Koeffizient von $1/z$ in dieser Laurent-Reihe.)

(b) Gilt $f(z) = \sum_{n=-\infty}^{\infty} a_n z^n$, so ist $g(z) = f(1/z) = \sum_{n=-\infty}^{\infty} a_n z^{-n}$. Der Koeffizient von $1/z$ in dieser Entwicklung ist a_1; also gilt $\mathrm{Res}(g, 0) = a_1$.

Lösung (139.15) Die Funktionen $z \mapsto 9/(z-1)$, $z \mapsto 7/(z-i)^8$ und $z \mapsto \exp(1/(z-4))$ sind allesamt holomorph auf der Kurve C und deren Innengebiet, tragen also zum Integral nichts bei. Nach dem Residuensatz gilt ferner

$$\oint_C \frac{5}{3 + 2i - 6z} \, dz = 2\pi i \cdot \mathrm{Res}\left(\frac{5}{3 + 2i - 6z}, \frac{1}{2} + \frac{i}{3}\right)$$
$$= 2\pi i \cdot \frac{5}{-6} = \frac{-5\pi i}{3}.$$

Aufgaben zu »Der Residuenkalkül« siehe Seite 153

Das Integral $\oint_C \bar{z}^2 \mathrm{d}z$ müssen wir "per Hand" berechnen. Für den Parabelbogen C_1 mit der Parametrisierung $z(t) = t + it^2$ (wobei $0 \le t \le 1$) erhalten wir

$$\begin{aligned}\int_{C_1} \bar{z}^2 \mathrm{d}z &= \int_0^1 (t - it^2)^2 (1 + 2it) \mathrm{d}t \\ &= \int_0^1 (t^2 - 2it^3 - t^4)(1 + 2it) \mathrm{d}t \\ &= \int_0^1 \left((t^2 + 3t^4) - 2it^5 \right) \mathrm{d}t \\ &= \left[\frac{t^3}{3} + \frac{3t^5}{5} - \frac{it^6}{3} \right]_{t=0}^1 \\ &= \frac{14}{15} - \frac{i}{3}.\end{aligned}$$

Für das Geradenstück C_2 mit der Parametrisierung $z(t) = t + it$ (wobei $0 \le t \le 1$) gilt ferner

$$\begin{aligned}\int_{C_2} \bar{z}^2 \mathrm{d}z &= \int_0^1 (t - it)^2 (1 + i) \mathrm{d}t \\ &= \int_0^1 (1-i)^2 (1+i) t^2 \mathrm{d}t \\ &= (1-i)^2 (1+i) \int_0^1 t^2 \mathrm{d}t \\ &= (1-i) \cdot 2 \cdot \frac{1}{3} = \frac{2}{3}(1-i).\end{aligned}$$

Folglich gilt

$$\oint_C \bar{z}^2 \mathrm{d}z = \int_{C_1} \bar{z}^2 \mathrm{d}z - \int_{C_2} \bar{z}^2 \mathrm{d}z = \frac{4}{15} + \frac{i}{3}.$$

Für den ursprünglichen Integranden f gilt daher

$$\oint_C f(z) \mathrm{d}z = \frac{-5\pi i}{3} + \frac{4}{15} + \frac{i}{3} = \frac{4}{15} + \frac{1-5\pi}{3} \cdot i.$$

Lösung (139.16) Die Funktionen $z \mapsto 5/(6z-7)^2$ und $z \mapsto 8/(z-1+i)$ sind holomorph auf der Kurve C und deren Innengebiet, tragen also zum Integral nichts bei. Die Funktion $z \mapsto 9/z^3$ besitzt auf einer Umgebung von C eine Stammfunktion und trägt daher ebenfalls nichts zum Integral bei. Mit dem Residuensatz erhalten wir

$$\begin{aligned}\oint_C \frac{\mathrm{d}z}{2z-1} &= 2\pi i \, \mathrm{Res}\left(\frac{1}{2z-1}, \frac{1}{2}\right) = 2\pi i \cdot \frac{1}{2} = \pi i, \\ \oint_C \frac{2\,\mathrm{d}z}{3+4z} &= 2\pi i \, \mathrm{Res}\left(\frac{2}{3+4z}, -\frac{3}{4}\right) = 2\pi i \cdot \frac{1}{2} = \pi i.\end{aligned}$$

Das Integral $\oint_C |z|^2 \mathrm{d}z$ müssen wir "per Hand" berechnen. Die Strecke von 1 nach i wird parametrisiert durch

$$z(t) = (1-t) + it \;(0 \le t \le 1), \quad \mathrm{d}z = (-1+i)\mathrm{d}t,$$

die Strecke von i nach -1 durch

$$z(t) = -t + i(1-t) \; (0 \le t \le 1), \quad \mathrm{d}z = (-1-i)\mathrm{d}t;$$

der verbindende Halbkreis durch

$$z(t) = e^{it} \; (\pi \le t \le 2\pi), \quad \mathrm{d}z = ie^{it}\mathrm{d}t.$$

Damit erhalten wir

$$\begin{aligned}\oint_C |z|^2 \mathrm{d}z &= \int_0^1 ((1-t)^2 + t^2)(-1+i)\mathrm{d}t \\ &\quad + \int_0^1 (t^2 + (1-t)^2)(-1-i)\mathrm{d}t + \int_\pi^{2\pi} ie^{it}\mathrm{d}t,\end{aligned}$$

also

$$\begin{aligned}\oint_C |z|^2 \mathrm{d}z &= -2\int_0^1 ((1-t)^2 + t^2)\mathrm{d}t + \int_\pi^{2\pi} ie^{it}\mathrm{d}t \\ &= -2\left[-\frac{(1-t)^3}{3} + \frac{t^3}{3}\right]_{t=0}^1 + \left[e^{it}\right]_{t=\pi}^{2\pi} \\ &= -2 \cdot \frac{2}{3} + 2 = 2 - \frac{4}{3} = \frac{2}{3}.\end{aligned}$$

Das Gesamtintegral ist dann $\oint_C f(z) \mathrm{d}z = (2/3) + 2\pi i$.

Lösung (139.17) Die Funktionen $z \mapsto z$ und $z \mapsto 2/(z-3)$ sind holomorph auf der Kurve C und deren Innengebiet, tragen also zum Integral nichts bei. Die Funktion $z \mapsto 5/(z-i)^2$ besitzt auf einer Umgebung von C eine Stammfunktion und trägt daher ebenfalls nichts zum Integral bei. Das Integral reduziert sich daher auf $\oint_C (\bar{z} + 4/(z-i))\mathrm{d}z$. Mit dem Residuensatz erhalten wir

$$\oint_C \frac{4\,\mathrm{d}z}{z-i} = 2\pi i \, \mathrm{Res}\left(\frac{4}{z-i}, i\right) = 2\pi i \cdot 4 = 8\pi i.$$

Das Integral $\oint_C \bar{z}\, \mathrm{d}z$ müssen wir "per Hand" berechnen. Dazu zerlegen wir den Integrationsweg in den Parabelbogen C_1 mit der Parametrisierung

$$z = t + it^2, \quad \mathrm{d}z = (1+2it)\mathrm{d}t \quad (-2 \le t \le 1)$$

und die Strecke C_2 mit der Parametrisierung

$$z = 1 + i + t(-3+3i), \quad \mathrm{d}z = (-3+3i)\mathrm{d}t \quad (0 \le t \le 1).$$

Es ergibt sich

$$\begin{aligned}\oint_C \bar{z}\, \mathrm{d}z &= \int_{-2}^1 (t - it^2)(1+2it)\mathrm{d}t \\ &\quad + \int_0^1 ((1+i) + t(-3+3i))(-3+3i)\mathrm{d}t \\ &= \int_{-2}^1 (t + 2t^3 + it^2)\mathrm{d}t + \int_0^1 (-6 - 18it)\mathrm{d}t \\ &= \left[\frac{t^2}{2} + \frac{t^4}{2} + \frac{it^3}{3}\right]_{t=-2}^1 + \left[-6t - 9it^2\right]_{t=0}^1 \\ &= \left(1 + \frac{i}{3}\right) - \left(10 - \frac{8i}{3}\right) + (-6 - 9i) - 0 = -15 - 6i.\end{aligned}$$

Das Gesamtintegral ist dann $\oint_C f(z)\,dz = 8\pi i - 15 - 6i = -15 + (8\pi - 6)i$.

Lösung (139.18) Es gilt
$$\int_C \frac{3}{z-4}dz = \int_C 5e^z dz = \int_C \frac{1}{8z+9}dz = 0,$$

weil in allen drei Fällen der Integrand holomorph auf einem Gebiet ist, das die Kurve C und deren Innengebiet umfaßt. Weiterhin gilt
$$\int_C \frac{1}{6-7z}dz = 2\pi i \cdot \text{Res}\left(\frac{1}{6-7z}, \frac{6}{7}\right) = \frac{2\pi i}{-7}.$$

Der Halbkreis C_1, über den integriert wird, hat die Parametrisierung $z(t) = e^{it}$ (mit $-\pi/2 \leq t \leq \pi/2$ und $dz = ie^{it}dt$). Also gilt
$$\int_{C_1}(|z|^2 + 2\bar{z})dz = \int_{-\pi/2}^{\pi/2}(1 + 2e^{-it})ie^{it}dt$$
$$= \int_{-\pi/2}^{\pi/2}(ie^{it} + 2i)dt = \left[e^{it} + 2it\right]_{t=-\pi/2}^{\pi/2} = 2i(1+\pi).$$

Das Negative der Strecke C_2, über die integriert wird, hat die Parametrisierung $z(t) = it$ (mit $-1 \leq t \leq 1$ und $dz = i\,dt$). Also gilt
$$\int_{C_2}(|z|^2 + 2\bar{z})dz = -\int_{-1}^{1}(t^2 - 2it)i\,dt$$
$$= -\int_{-1}^{1}(it^2 + 2t)dt = -2i\int_0^1 t^2 dt = \frac{2i}{-3}.$$

Insgesamt ergibt sich
$$\int_C f(z)\,dz = 2i\left(\frac{\pi}{-7} + 1 + \pi - \frac{1}{3}\right) = 4i \cdot \frac{7+9\pi}{21}.$$

Lösung (139.19) (a) Die Singularitäten der Funktion $f(z) = 1/(1+z^6)$ sind die Zahlen $z_k = \exp(i\varphi_k)$, wobei $\varphi_k = (\pi/6) + (k-1)\cdot(\pi/3)$ für $1 \leq k \leq 6$ gilt. Davon liegen z_1, z_2 und z_3 in der oberen Halbebene. Jede der Zahlen z_k hat nach (139.4) das Residuum $\text{Res}(f, z_k) = 1/(6z_k^5) = z_k/(6z_k^6) = -z_k/6$. Nach Satz (139.6) gilt dann
$$\int_{-\infty}^{\infty} \frac{dx}{1+x^6} = 2\pi i \cdot (\text{Res}(f,z_1) + \text{Res}(f,z_2) + \text{Res}(f,z_3))$$
$$= -\frac{2\pi i}{6}(z_1 + z_2 + z_3) = -\frac{\pi i}{3}\left(\frac{\sqrt{3}+i}{2} + i + \frac{-\sqrt{3}+i}{2}\right)$$
$$= -\frac{\pi i}{3} \cdot 2i = \frac{2\pi}{3}.$$

(b) Die Singularitäten der Funktion $f(z) = 1/(z^4+1)$ sind die Zahlen $z_k = e^{i\varphi_k}$, wobei $\varphi_k = (\pi/4)+(k-1)\cdot(\pi/2)$ für $1 \leq k \leq 4$ gilt. Davon liegen z_1 und z_2 in der oberen Halbebene. Nach (139.4) gilt daher
$$\int_{-\infty}^{\infty} \frac{x^2}{x^4+1}dx = 2\pi i \cdot (\text{Res}(f,z_1) + \text{Res}(f,z_2))$$
$$= 2\pi i \left(\frac{z_1^2}{4z_1^3} + \frac{z_2^2}{4z_2^3}\right) = \frac{\pi i}{2}\left(\frac{1}{z_1} + \frac{1}{z_2}\right)$$
$$= \frac{\pi i}{2}\left(e^{-i\pi/4} + e^{-3i\pi/4}\right) = \frac{\pi i}{2}\left(\frac{1-i}{\sqrt{2}} - \frac{1+i}{\sqrt{2}}\right)$$
$$= \frac{\pi i}{2}(-\sqrt{2}i) = \frac{\pi}{\sqrt{2}}.$$

(c) Die Singularitäten von $f(z) = z^2/(1+z^6)$ sind die gleichen wie in Teil (a). Wir erhalten nach (139.6) daher
$$\int_0^{\infty} \frac{x^2}{x^6+1}dx = \frac{1}{2}\int_{-\infty}^{\infty}\frac{x^2}{x^6+1}dx = \pi \sum_{k=1}^{3} \text{Res}(f,z_k)$$
$$= \pi i \sum_{k=1}^{3} \frac{z_k^2}{6z_k^5} = \frac{\pi i}{6}\sum_{k=1}^{3}\frac{1}{z_k^3}$$
$$= \frac{\pi i}{6}\left(e^{-i\pi/2} + e^{-3\pi i/2} + e^{-5\pi i/2}\right)$$
$$= \frac{\pi i}{6}(-i + i - i) = \frac{\pi}{6}.$$

(d) Es sei $f(z) := 1/((z^2+a^2)(z^2+b^2))$. Nach (139.6) gilt dann
$$\int_{-\infty}^{\infty}\frac{dx}{(x^2+a^2)(x^2+b^2)} = 2\pi i \cdot (\text{Res}(f,ia) + \text{Res}(f,ib))$$
$$= 2\pi i\left(\frac{1}{2ia(b^2-a^2)} - \frac{1}{2ib(b^2-a^2)}\right)$$
$$= \pi\left(\frac{1}{a(b^2-a^2)} - \frac{1}{b(b^2-a^2)}\right)$$
$$= \frac{\pi(b-a)}{ab(b^2-a^2)} = \frac{\pi}{ab(a+b)}.$$

(e) Unter Benutzung von (139.8) erhalten wir
$$\int_0^{\infty}\frac{x\sin(ax)}{x^2+b^2}dx = \frac{-i}{2}\int_{-\infty}^{\infty}\frac{xe^{iax}}{x^2+b^2}dx$$
$$= \pi \cdot \text{Res}\left(\frac{ze^{iaz}}{z^2+b^2}, ib\right) = \pi \cdot \frac{ibe^{-ab}}{2ib} = \frac{\pi e^{-ab}}{2}.$$

(f) Nach (139.8) gilt
$$\int_0^{\infty}\frac{\cos x}{(1+x^2)^2}dx = \frac{1}{2}\int_{-\infty}^{\infty}\frac{e^{ix}}{(1+x^2)^2}dx$$
$$= \pi i \,\text{Res}\left(\frac{e^{iz}}{(1+z^2)^2}, i\right) = \pi i \left.\frac{d}{dz}\right|_{z=i}\frac{e^{iz}}{(z+i)^2}$$
$$= \pi i \left.\frac{ie^{iz}(z+i)^2 - 2e^{iz}(z+i)}{(z+i)^4}\right|_{z=i} = \frac{\pi}{2e}.$$

Aufgaben zu »Der Residuenkalkül« siehe Seite 153

(g) Nach (139.8) gilt

$$\int_{-\infty}^{\infty} \frac{\cos x}{(x^2+a^2)(x^2+b^2)} dx = \int_{-\infty}^{\infty} \frac{e^{ix}}{(x^2+a^2)(x^2+b^2)} dx$$
$$= 2\pi i \cdot \left[\text{Res}\left(\frac{e^{iz}}{(z^2+a^2)(z^2+b^2)}, ia\right) \right.$$
$$\left. + \text{Res}\left(\frac{e^{iz}}{(z^2+a^2)(z^2+b^2)}, ib\right) \right]$$
$$= 2\pi i \cdot \left[\frac{e^{iz}/(z^2+b^2)}{2z}\bigg|_{z=ia} + \frac{e^{iz}/(z^2+a^2)}{2z}\bigg|_{z=ib} \right]$$
$$= 2\pi i \cdot \left[\frac{e^{-a}}{2ia(b^2-a^2)} + \frac{e^{-b}}{2ib(a^2-b^2)} \right] = \pi \cdot \frac{be^{-a}-ae^{-b}}{ab(b^2-a^2)}.$$

(h) Nach (139.8) gilt

$$\int_0^\infty \frac{\cos(ax)}{(x^2+b^2)^2} dx = \frac{1}{2}\int_{-\infty}^\infty \frac{e^{iax}}{(x^2+b^2)^2} dx$$
$$= \pi i \cdot \text{Res}\left(\frac{e^{iaz}}{(z^2+b^2)^2}, ib\right) = \pi i \frac{d}{dz}\bigg|_{z=ib} \frac{e^{iaz}}{(z+ib)^2}$$
$$= \pi i \cdot \frac{iae^{iaz}(z+ib) - 2e^{iaz}}{(z+ib)^3}\bigg|_{z=ib} = \frac{\pi e^{-ab}(ab+1)}{4b^3}.$$

(i) Wir wenden Satz (139.17) im Buch mit $R(x,y) := 4/(5+4y)$ an. Es gilt

$$R^\star(z) = \frac{1}{z} \cdot \frac{4}{5+2(z-z^{-1})/i} = \frac{4i}{5iz+2z^2-2}$$
$$= \frac{2i}{z^2+(5i/2)z-1} = \frac{2i}{(z+2i)(z+i/2)}.$$

Von den Nennernullstellen liegt nur $-i/2$ im Innern des Einheitskreises; nach Satz (139.17) im Buch gilt also

$$\int_0^{2\pi} \frac{4}{5+4\sin x} dx = 2\pi \, \text{Res}(R^\star, -i/2) = 2\pi \cdot \frac{2i}{3i/2} = \frac{8\pi}{3}.$$

(j) Hier ist

$$R^\star(z) = \frac{1}{z} \cdot \frac{1}{1+\left(\frac{z-z^{-1}}{2i}\right)^2} = \frac{1}{z} \cdot \frac{1}{1+\frac{z^2-2+z^{-2}}{-4}}$$
$$= \frac{-4}{z(z^2-6+z^{-2})} = \frac{-4z}{z^4-6z^2+1}.$$

Der Nenner hat die vier reellen Nullstellen $\pm\sqrt{3\pm 2\sqrt{2}}$, von denen zwei (nämlich $\pm\sqrt{3-2\sqrt{2}}$) im Innern des Einheitskreises liegen. Ist z eine dieser beiden Nullstellen, so gilt

$$\text{Res}(R^\star, z) = \frac{-4z}{4z^3-12z} = \frac{-1}{z^2-3} = \frac{1}{2\sqrt{2}}.$$

Mit Satz (139.17) im Buch ergibt sich daher

$$\int_{-\pi}^{\pi} \frac{dx}{1+\sin^2 x} = 2\pi \cdot \left(\frac{1}{2\sqrt{2}} + \frac{1}{2\sqrt{2}}\right) = 2\pi \cdot \frac{1}{\sqrt{2}} = \pi\sqrt{2}.$$

(k) Für $a=0$ ergibt sich offensichtlich der Integralwert 2π; wir dürfen also $a \neq 0$ voraussetzen. Hier ist

$$R^\star(z) = \frac{1}{z} \cdot \frac{1}{1+a\left(\frac{z-z^{-1}}{2i}\right)} = \frac{2i/a}{z^2+(2i/a)z-1}.$$

Die Nennernullstellen sind

$$z_1 = -\frac{i}{a}\left(1-\sqrt{1-a^2}\right), \quad z_2 = -\frac{i}{a}\left(1+\sqrt{1-a^2}\right);$$

von diesen liegt z_1 innerhalb, z_2 außerhalb des Einheitskreises. Nach Nummer (139.17) im Buch gilt daher

$$\int_0^{2\pi} \frac{dx}{1+a\sin x} = 2\pi \cdot \text{Res}(R^\star, z_1) = 2\pi \cdot \frac{2i/a}{2z_1+(2i/a)}$$
$$= 2\pi \cdot \frac{1}{(a/i)z_1+1} = \frac{2\pi}{\sqrt{1-a^2}}.$$

(Diese Lösung ist auch noch für $a=0$ gültig.)

(l) Das gesuchte Integral ist

$$I := \int_0^\pi \frac{\cos(2x)}{1+a^2-2a\cos x} = \frac{1}{2}\int_{-\pi}^\pi \frac{\cos^2 x - \sin^2 x}{1+a^2-2a\cos x} dx.$$

Hier ist

$$R^\star(z) = \frac{1}{2z} \cdot \frac{\left(\frac{z+z^{-1}}{2}\right)^2 - \left(\frac{z-z^{-1}}{2i}\right)^2}{1+a^2-2a\left(\frac{z+z^{-1}}{2}\right)}$$
$$= \frac{1}{2z} \cdot \frac{(1/2)\cdot(z^2+z^{-2})}{1+a^2-a(z+z^{-1})}$$
$$= \frac{1}{4z} \cdot \frac{z^2+z^{-2}}{1+a^2-a(z+z^{-1})}$$
$$= \frac{z^4+1}{4z^2(z(1+a^2)-a(z^2+1))}$$
$$= \frac{-(z^4+1)/a}{4z^2(z^2-(a+a^{-1})z+1)}$$
$$= \frac{-(z^4+1)/a}{4z^2(z-a)(z-a^{-1})}.$$

Die im Einheitskreis liegenden Singularitäten von $R^\star$ sind der einfache Pol a und der doppelte Pol 0; die zugehörigen Residuen sind

$$\text{Res}(R^\star, a) = \frac{-(a^4+1)/a}{4a^2(a-a^{-1})} = \frac{-(a^4+1)}{4a^2(a^2-1)} = \frac{1+a^4}{4a^2(1-a^2)}$$

und

$$\text{Res}(R^\star, 0) = \frac{d}{dz}\bigg|_{z=0} \frac{-(z^4+1)/a}{4(z-a)(z-a^{-1})}$$
$$= -\frac{1}{4}\frac{d}{dz}\bigg|_{z=0} \frac{z^4+1}{az^2-a^2z-z+a} = -\frac{a^2+1}{4a^2}.$$

Nach (139.17) im Buch gilt daher

$$\begin{aligned}
I &= 2\pi \cdot \bigl(\operatorname{Res}(R^\star, a) + \operatorname{Res}(R^\star, 0)\bigr) \\
&= 2\pi \left(\frac{1+a^4}{4a^2(1-a^2)} - \frac{a^2+1}{4a^2} \right) \\
&= 2\pi \cdot \frac{(1+a^4)-(1-a^4)}{4a^2(1-a^2)} = \frac{2\pi \cdot 2a^4}{4a^2(1-a^2)} = \frac{\pi a^2}{1-a^2}.
\end{aligned}$$

Diese Lösung ist auch noch für $a=0$ richtig.

(m) Mit $\cos^2 x = (1+\cos(2x))/2 = \operatorname{Re}((1+e^{2ix})/2)$ ergibt sich

$$\begin{aligned}
\int_0^\infty \frac{\cos^2 x}{1+x^2}\,dx &= \frac{1}{2}\int_{-\infty}^\infty \frac{\cos^2 x}{1+x^2}\,dx = \frac{1}{4}\int_{-\infty}^\infty \frac{1+\cos(2x)}{1+x^2}\,dx \\
&= \operatorname{Re}\left[\frac{1}{4}\int_{-\infty}^\infty \frac{1+e^{2ix}}{1+x^2}\,dx\right] = \frac{1}{4}\int_{-\infty}^\infty \frac{1+e^{2ix}}{1+x^2}\,dx \\
&= \frac{2\pi i}{4}\cdot \operatorname{Res}\left(\frac{1+e^{2iz}}{1+z^2}, i\right) = \frac{\pi i}{2}\cdot \left.\frac{1+e^{2iz}}{2z}\right|_{z=i} \\
&= \frac{\pi i}{2}\cdot \frac{1+e^{-2}}{2i} = \frac{\pi(1+e^{-2})}{4}.
\end{aligned}$$

(n) Wir erhalten

$$\begin{aligned}
\int_0^\infty \frac{x^2 \cos^2 x}{x^4+1}\,dx &= \frac{1}{2}\int_{-\infty}^\infty \frac{x^2 \cos^2 x}{x^4+1}\,dx \\
&= \frac{1}{4}\int_{-\infty}^\infty \frac{x^2(1+\cos(2x))}{x^4+1}\,dx \\
&= \operatorname{Re}\left[\frac{1}{4}\int_{-\infty}^\infty \frac{x^2(1+e^{2ix})}{x^4+1}\,dx\right] \\
&= \frac{1}{4}\int_{-\infty}^\infty \frac{x^2(1+e^{2ix})}{x^4+1}\,dx \\
&= \frac{2\pi i}{4}\bigl(\operatorname{Res}(f,z_1)+\operatorname{Res}(f,z_2)\bigr)
\end{aligned}$$

mit

$$f(z) := \frac{z^2(1+e^{2iz})}{z^4+1}$$

sowie

$$z_1 := e^{\pi i/4} = \frac{1+i}{\sqrt{2}} \quad\text{und}\quad z_2 := e^{3\pi i/4} = \frac{-1+i}{\sqrt{2}}.$$

Für $k=1,2$ gilt wegen $z_k^4 = -1$ die Beziehung

$$\operatorname{Res}(f,z_k) = \frac{z_k^2(1+e^{2iz_k})}{4z_k^3} = \frac{z_k^3(1+e^{2iz_k})}{-4};$$

wegen $z_1^3 = z_2$ und $z_2^3 = z_1$ ergibt sich für das Integral daher der Wert

$$\begin{aligned}
&\frac{2\pi i}{-16}\bigl(z_2(1+e^{2iz_1})+z_1(1+e^{2iz_2})\bigr) \\
&= \frac{-\pi i}{8}\cdot i\sqrt{2}\cdot\bigl(1+e^{-\sqrt{2}}(\cos(\sqrt{2})-\sin(\sqrt{2}))\bigr) \\
&= \frac{\pi\sqrt{2}}{8}\bigl(1+e^{-\sqrt{2}}(\cos(\sqrt{2})-\sin(\sqrt{2}))\bigr).
\end{aligned}$$

(o) Die Funktion z^6+1 hat die Nullstellen $z_k = e^{iw_k}$ mit

$$w_k = \frac{\pi}{6}+(k-1)\cdot\frac{\pi}{3} \quad (1\le k\le 6),$$

von denen

$$z_1 = \frac{\sqrt{3}+i}{2},\quad z_2 = i,\quad z_3 = \frac{-\sqrt{3}+i}{2}$$

in der oberen Halbebene liegen. Für $f(z) := e^{iz}/(z^6+1)$ gilt $\operatorname{Res}(f,z_k) = e^{iz_k}/(6z_k^5) = z_k e^{iz_k}/(6z_k^6) = z_k e^{iz_k}/(-6)$ für alle k. Wenn wir noch die Abkürzungen $C := \cos(\sqrt{3}/2)$ und $S := \sin(\sqrt{3}/2)$ benutzen, so ergibt sich

$$\begin{aligned}
\int_0^\infty \frac{\cos x}{x^6+1}\,dx &= \frac{1}{2}\int_{-\infty}^\infty \frac{\cos x}{x^6+1}\,dx = \frac{1}{2}\operatorname{Re}\int_{-\infty}^\infty \frac{e^{ix}}{x^6+1}\,dx \\
&= \frac{1}{2}\int_{-\infty}^\infty \frac{e^{ix}}{x^6+1}\,dx = \pi i\sum_{k=1}^3 \operatorname{Res}(g,z_k) \\
&= \frac{\pi i}{-6}\left(\frac{\sqrt{3}+i}{2}e^{(i\sqrt{3}-1)/2}+ie^{-1}+\frac{-\sqrt{3}+i}{2}e^{(-i\sqrt{3}-1)/2}\right) \\
&= \frac{\pi i e^{-1/2}}{-12}\bigl((\sqrt{3}+i)(C+iS)+(-\sqrt{3}+i)(C-iS)\bigr)+\frac{\pi}{6e} \\
&= \frac{\pi e^{-1/2}}{6}(C+\sqrt{3}S)+\frac{\pi}{6e} = \frac{\pi}{6}\left(\frac{C+\sqrt{3}S}{\sqrt{e}}+\frac{1}{e}\right) \\
&= \frac{\pi}{6}\left(\frac{\cos(\sqrt{3}/2)+\sqrt{3}\sin(\sqrt{3}/2)}{\sqrt{e}}+\frac{1}{e}\right) \approx 0.817383.
\end{aligned}$$

(p) Die Nullstellen der Funktion z^4+z^2+1 sind gegeben durch

$$z^2 = -\frac{1}{2}\pm\sqrt{\frac{1}{4}-1} = \frac{-1\pm i\sqrt{3}}{2},$$

also

$$z^2 = \frac{-1+i\sqrt{3}}{2} = e^{2\pi i/3} \quad\text{oder}\quad z^2 = \frac{-1-i\sqrt{3}}{2} = e^{4\pi i/3}$$

und damit

$$\begin{aligned}
z &= \pm e^{\pi i/3} = \pm\frac{1+i\sqrt{3}}{2} \quad\text{oder} \\
z &= \pm e^{2\pi i/3} = \pm\frac{-1+i\sqrt{3}}{2}.
\end{aligned}$$

(Das kann man übrigens auch ohne jede Rechnung sehen, denn wegen

$$z^4+z^2+1 = \frac{z^6-1}{z^2-1}$$

sind die gesuchten Nullstellen gerade die von ± 1 verschiedenen sechsten Einheitswurzeln.) Von diesen vier Nullstellen liegen

$$z_1 := e^{\pi i/3} = \frac{1+i\sqrt{3}}{2} \quad\text{und}\quad z_2 := e^{2\pi i/3} = \frac{-1+i\sqrt{3}}{2}$$

139. Der Residuenkalkül

in der oberen Halbebene. Für $f(z) := 1/(z^4 + z^2 + 1)$ gilt dann $\operatorname{Res}(f, z_k) = 1/(4z_k^3 + 2z_k) = z_k/(4z_k^4 + 2z_k^2) = -z_k/(2z_k^2 + 4)$ für $k = 1, 2$ und folglich

$$\begin{aligned} I &:= \int_0^\infty \frac{\mathrm{d}x}{x^4 + x^2 + 1} = \frac{1}{2}\int_{-\infty}^\infty \frac{\mathrm{d}x}{x^4 + x^2 + 1} \\ &= \pi i \big(\operatorname{Res}(f, z_1) + \operatorname{Res}(f, z_2)\big) \\ &= \frac{\pi i}{2}\left(\frac{-1 - i\sqrt{3}}{3 + i\sqrt{3}} + \frac{1 - i\sqrt{3}}{3 - i\sqrt{3}}\right) \\ &= \frac{\pi i}{2} \cdot \frac{-4i\sqrt{3}}{12} = \frac{\pi}{2\sqrt{3}}. \end{aligned}$$

Lösung (139.20) Der Fall $\xi > 0$ findet sich unter der Nummer (139.8) im Buch. Der Fall $\xi < 0$ ergibt sich dann durch eine völlig analoge Behandlung (oder aber durch Anwendung des ersten Falls auf die Funktion $g(z) := \overline{f(\bar z)}$, die die gleichen Voraussetzungen wie f erfüllt).

Lösung (139.21) (a) Die Singularitäten der Funktion $f(z) := 1/(z^4 + z^2 + 1)$ sind die Lösungen der Gleichung $z^4 + z^2 + 1 = 0$. Diese erfüllen $z^2 = (-1 \pm i\sqrt{3})/2$ und sind daher gegeben durch

$$z_{1,2} = \pm\frac{1 + i\sqrt{3}}{2}, \quad z_{3,4} = \pm\frac{1 - i\sqrt{3}}{2}.$$

Von diesen Singularitäten liegen z_1 und z_4 in der oberen Halbebene. (Vgl. Aufgabe (139.19)(p).) Nach (139.6) gilt daher

$$\begin{aligned} \int_{-\infty}^\infty \frac{\mathrm{d}x}{x^4 + x^2 + 1} &= 2\pi i \cdot \big(\operatorname{Res}(f, z_1) + \operatorname{Res}(f, z_4)\big) \\ &= 2\pi i \left(\frac{1}{4z_1^3 + 2z_1} + \frac{1}{4z_4^3 + 2z_4}\right) \\ &= 2\pi i \left(\frac{1}{-3 + i\sqrt{3}} + \frac{1}{3 + i\sqrt{3}}\right) \\ &= 2\pi i \cdot \frac{2i\sqrt{3}}{-12} = \frac{4\pi\sqrt{3}}{12} = \frac{\pi}{\sqrt{3}}. \end{aligned}$$

(b) Um rein reelle Methoden zu verwenden, setzen wir $x^4 + x^2 + 1 = (x^2 + Ax + B)(x^2 + Cx + D)$ an. Ausmultiplizieren und anschließender Koeffizientenvergleich führen auf $B = D = 1$ und $A = -C = \pm 1$ und damit auf die Zerlegung

$$x^4 + x^2 + 1 = (x^2 + x + 1)(x^2 - x + 1).$$

Der Ansatz zur Partialbruchzerlegung des Integranden lautet daher

$$\frac{1}{x^4 + x^2 + 1} = \frac{Ax + B}{x^2 + x + 1} + \frac{Cx + D}{x^2 - x + 1}$$

(wobei natürlich die Koeffizienten A, B, C, D eine andere Bedeutung haben als die oben benutzten). Durchmultiplizieren mit dem Nenner liefert

$$\begin{aligned} 1 &= (Ax + B)(x^2 - x + 1) + (Cx + D)(x^2 + x + 1) \\ &= (A + C)x^3 + (-A + B + C + D)x^2 \\ &\quad + (A - B + C + D)x + (B + D). \end{aligned}$$

Koeffizientenvergleich liefert zunächst $C = -A$ und $D = 1 - B$ und dann

$$\begin{aligned} 0 &= -A + B + C + D = 1 - 2A, \\ 0 &= A - B + C + D = 1 - 2B, \end{aligned}$$

insgesamt also $A = B = D = 1/2$ und $C = -1/2$. Damit ergibt sich

$$\begin{aligned} \int \frac{\mathrm{d}x}{x^4 + x^2 + 1} &= \frac{1}{2}\int\left(\frac{x + 1}{x^2 + x + 1} + \frac{-x + 1}{x^2 - x + 1}\right)\mathrm{d}x \\ &= \frac{1}{2}\int\frac{x + 1}{(x + 1/2)^2 + (3/4)}\mathrm{d}x + \frac{1}{2}\int\frac{-x + 1}{(x - 1/2)^2 + (3/4)}\mathrm{d}x \\ &= \frac{1}{2}\int\frac{u + (1/2)}{u^2 + (3/4)}\mathrm{d}u + \frac{1}{2}\int\frac{-v + (1/2)}{v^2 + (3/4)}\mathrm{d}v \\ &= \int\frac{(2u + 1)/3}{(2u/\sqrt{3})^2 + 1}\mathrm{d}u + \int\frac{(-2v + 1)/3}{(2v/\sqrt{3})^2 + 1}\mathrm{d}v, \end{aligned}$$

wobei wir $u := x + 1/2$ und $v := x - 1/2$ substituierten. Substituieren wir nun noch $U := 2u/\sqrt{3}$ und $V := 2v/\sqrt{3}$, so geht dies über in

$$\begin{aligned} &\int\frac{\sqrt{3}U + 1}{U^2 + 1}\frac{\mathrm{d}U}{2\sqrt{3}} + \int\frac{-\sqrt{3}V + 1}{V^2 + 1}\frac{\mathrm{d}V}{2\sqrt{3}} \\ &= \frac{1}{2}\int\frac{U}{U^2 + 1}\mathrm{d}U + \frac{1}{2\sqrt{3}}\int\frac{\mathrm{d}U}{U^2 + 1} \\ &\quad - \frac{1}{2}\int\frac{V}{V^2 + 1}\mathrm{d}V + \frac{1}{2\sqrt{3}}\int\frac{\mathrm{d}V}{V^2 + 1} \\ &= \frac{\ln(U^2 + 1)}{4} + \frac{\arctan(U)}{2\sqrt{3}} - \frac{\ln(V^2 + 1)}{4} + \frac{\arctan(V)}{2\sqrt{3}} \\ &= \frac{1}{4}\ln\frac{U^2 + 1}{V^2 + 1} + \frac{\arctan(U) + \arctan(V)}{2\sqrt{3}} \\ &= \frac{1}{4}\ln\frac{u^2 + (3/4)}{v^2 + (3/4)} + \frac{\arctan\left(\frac{2u}{\sqrt{3}}\right) + \arctan\left(\frac{2v}{\sqrt{3}}\right)}{2\sqrt{3}} \\ &= \frac{1}{4}\ln\frac{x^2 + x + 1}{x^2 - x + 1} + \frac{\arctan\left(\frac{2x + 1}{\sqrt{3}}\right) + \arctan\left(\frac{2x - 1}{\sqrt{3}}\right)}{2\sqrt{3}}, \end{aligned}$$

wobei wir die in dem unbestimmten Integral steckende Integrationskonstante nicht mehr eigens aufgeführt haben. Einsetzen der Grenzen $\pm\infty$ in diese Stammfunktion liefert

$$\int_{-\infty}^\infty \frac{\mathrm{d}x}{x^4 + x^2 + 1} = \frac{\pi}{\sqrt{3}}.$$

Die rein reelle Rechnung ist also deutlich aufwendiger als die Benutzung des Residuenkalküls (liefert aber zugegebenermaßen auch mehr Information, nämlich eine Stammfunktion des Integranden statt nur den Wert eines bestimmten Integrals).

Lösung (139.22) Für $z = x + iy$ erhalten wir

$$\begin{aligned} \cot(\pi z) &= \frac{\cos(\pi z)}{\sin(\pi z)} = \frac{\cosh(i\pi z)}{-i\sinh(i\pi z)} \\ &= i \cdot \frac{e^{i\pi z} + e^{-i\pi z}}{e^{i\pi z} - e^{-i\pi z}} \\ &= i \cdot \frac{e^{i\pi x}e^{-\pi y} + e^{-i\pi x}e^{\pi y}}{e^{i\pi x}e^{-\pi y} - e^{-i\pi x}e^{\pi y}} \end{aligned}$$

und damit
$$|\cot(\pi z)| \leq \frac{e^{-\pi y} + e^{\pi y}}{|e^{-\pi y} - e^{\pi y}|} = \frac{e^{\pi|y|} + e^{-\pi|y|}}{e^{\pi|y|} - e^{-\pi|y|}}$$
$$= \coth(\pi|y|) = \frac{1 + e^{-2\pi|y|}}{1 - e^{-2\pi|y|}}.$$

Für $|y| \geq a$ folgt hieraus $|\cot(\pi z)| \leq \coth(\pi a) = 1/\tanh(\pi a)$. Für $|y| \leq a$ erhalten wir auf dem linken und dem rechten senkrechten Bestandteil des Integrationswegs wegen $z = \pm((n+1/2) + iy)$ die Abschätzung
$$|\cot(\pi z)| = \left|\cot\left(n\pi + \frac{\pi}{2} + \pi i y\right)\right| = \left|\cot\left(\frac{\pi}{2} + \pi i y\right)\right|$$
$$= |\tan(\pi i y)| = |\tanh(\pi y)| \leq \tanh(\pi a).$$

Für alle reellen Zahlen a mit $0 \leq a \leq n + (1/2)$ gilt also für alle $z \in C_n$ die Abschätzung
$$|\cot(\pi z)| \leq \max\left(\frac{1}{\tanh(\pi a)}, \tanh(\pi a)\right) = \frac{1}{\tanh(\pi a)}.$$

Da der Hyperbeltangens monoton wächst, ist diese Abschätzung um so schärfer, je größer wir a wählen; für den größtmöglichen Wert $a = n + (1/2)$ ergibt sich
$$|\cot(\pi z)| \leq \frac{1}{\tanh(n\pi + \pi/2)} \quad \text{für alle } z \in C_n.$$

Nun gilt $\tanh(u) \to 1$ für $u \to \infty$. Geben wir uns also eine Zahl $\varepsilon > 0$ beliebig vor, so gibt es einen Index N mit $|\cot(\pi z)| \leq 1 + \varepsilon$ für alle $z \in C_n$ mit $n \geq N$. Für $z \in C_n$ mit $n \geq N$ gilt daher
$$|f(z)| = \left|\frac{\cot(\pi z)}{z^2}\right| \leq \frac{1+\varepsilon}{|z|^2} \leq \frac{1+\varepsilon}{(n+1/2)^2} \leq \frac{2}{(n+1/2)^2},$$
wenn wir bequemlichkeitshalber $\varepsilon \leq 2$ wählen, folglich
$$\left|\oint_{C_n} f(z)\,dz\right| \leq \frac{2 \cdot \text{Länge von } C_n}{(n+1/2)^2} = \frac{8(2n+1)}{(n+1/2)^2} = \frac{32}{2n+1}$$
und damit $\oint_{C_n} f(z)\,dz \to 0$ für $n \to \infty$. Andererseits können wir $\oint_{C_n} f(z)\,dz$ mit dem Residuensatz auch direkt berechnen. Da die Nennernullstellen von f im Innern von C_n genau die ganzen Zahlen k mit $-n \leq k \leq n$ sind, erhalten wir
$$\oint_{C_n} f(z)\,dz = 2\pi i \cdot \sum_{k=-n}^{n} \text{Res}(f, k).$$

Für $k \neq 0$ erhalten wir nun
$$\text{Res}(f, k) = \left.\frac{\cos(\pi z)/z^2}{(d/dz)\sin(\pi z)}\right|_{z=k}$$
$$= \left.\frac{\cos(\pi z)/z^2}{\pi \cos(\pi z)}\right|_{z=k} = \frac{1}{\pi k^2}.$$

Für $k = 0$ ist die Berechnung des Residuums etwas schwieriger. Es ist klar, daß bei $z = 0$ ein Pol dritter Ordnung vorliegt; wir betrachten daher
$$z^3 f(z) = z \cdot \frac{1 - \frac{\pi^2 z^2}{2} + \frac{\pi^4 z^4}{24} - + \cdots}{\pi z - \frac{\pi^3 z^3}{6} + \frac{\pi^5 z^5}{120} - + \cdots}$$
$$= \frac{1 - \frac{\pi^2 z^2}{2} + \frac{\pi^4 z^4}{24} - + \cdots}{\pi - \frac{\pi^3 z^2}{6} + \frac{\pi^5 z^4}{120} - + \cdots}$$
$$= \frac{1}{\pi} - \frac{\pi z^2}{3} - \frac{\pi^3 z^4}{45} + \cdots$$

und damit
$$f(z) = \frac{1}{\pi z^3} - \frac{\pi/3}{z} - \frac{\pi^3 z}{45} + \cdots,$$

woran man sofort $\text{Res}(f, 0) = -\pi/3$ abliest. Wir erhalten also
$$\oint_{C_n} f(z)\,dz = 2\pi i \left(-\frac{\pi}{3} + 2\sum_{k=1}^{n} \frac{1}{\pi k^2}\right)$$
$$= 4i\left(-\frac{\pi^2}{6} + \sum_{k=1}^{n} \frac{1}{k^2}\right).$$

Die Aussage $\oint_{C_n} f(z)\,dz \to 0$ für $n \to \infty$ bedeutet also gerade
$$\sum_{k=1}^{\infty} \frac{1}{k^2} = \frac{\pi^2}{6}.$$

Lösung (139.23) Die Lösung ist fast wörtlich die gleiche wie in der vorigen Aufgabe. Wir wählen den gleichen Integrationsweg C_n, setzen $f(z) := \cot(\pi z)/z^N$ und erhalten wieder $\oint_{C_n} f(z)\,dz \to 0$ für $n \to \infty$. Andererseits ist auch wieder $\oint_{C_n} f(z)\,dz = 2\pi i \sum_{k=-n}^{n} \text{Res}(f, k)$. An jeder Stelle $k \neq 0$ hat f einen Pol erster Ordnung mit dem Residuum $\text{Res}(f, k) = 1/(\pi k^N)$; also gilt $\oint_{C_n} f(z)\,dz = 2\pi i \cdot \left(\text{Res}(f, 0) + \pi^{-1} \sum_{k=1}^{n} 1/k^N + \pi^{-1} \sum_{k=1}^{n} 1/(-k)^N\right)$. Ist N ungerade, so reduziert sich diese Gleichung auf $\oint_{C_n} f(z)\,dz = 2\pi i \cdot \text{Res}(f, 0) = 0$; ist N gerade (was wir ab jetzt annehmen wollen), so geht sie über in
$$\oint_{C_n} f(z)\,dz = 2\pi i \left(\text{Res}(f, 0) + \frac{2}{\pi} \sum_{k=1}^{n} \frac{1}{k^N}\right).$$

Für $n \to \infty$ geht die linke Seite gegen Null, und wir erhalten
$$\sum_{k=1}^{\infty} \frac{1}{k^N} = -\frac{\pi}{2} \text{Res}(f, 0).$$

Die angegebene Formel für $\text{Res}(f, 0)$ ergibt sich daraus, daß an der Stelle 0 ein Pol der Ordnung $N+1$ vorliegt.

Unter Benutzung der für $0 < |x| < \pi$ gültigen Laurentreihendarstellung
$$\cot(x) = \frac{1}{x} - \left(\frac{x}{3} + \frac{x^3}{45} + \frac{2x^5}{945} + \frac{x^7}{4725} + \cdots\right)$$

erhalten wir also
$$\sum_{k=1}^{\infty} \frac{1}{k^N} = \frac{1}{N!} \frac{d^N}{dz^N}\bigg|_{z=0} \left(-\frac{\pi}{2} z \cdot \cot(\pi z)\right) =$$
$$\frac{1}{N!} \frac{d^N}{dz^N}\bigg|_{z=0} \left(-\frac{1}{2} + \frac{\pi^2 z^2}{6} + \frac{\pi^4 z^4}{90} + \frac{\pi^6 z^6}{945} + \frac{\pi^8 z^8}{9450} + \cdots\right)$$

und damit den Wert $\sum_{k=1}^{\infty} 1/k^N$ als den Koeffizienten von z^N in der angegebenen Reihe. Für $N = 2, 4, 6, 8$ ergeben sich also die Reihenwerte
$$\sum_{k=1}^{\infty} \frac{1}{k^2} = \frac{\pi^2}{6}, \qquad \sum_{k=1}^{\infty} \frac{1}{k^4} = \frac{\pi^4}{90},$$
$$\sum_{k=1}^{\infty} \frac{1}{k^6} = \frac{\pi^4}{945}, \qquad \sum_{k=1}^{\infty} \frac{1}{k^8} = \frac{\pi^8}{9450}.$$

Lösung (139.24) Wegen der vorausgesetzten Abschätzung für die Funktion g ist die Reihe $\sum_{k \in \mathbb{Z} \setminus S} |g(k)|$ konvergent; damit konvergieren auch die beiden angegebenen Reihen. (Absolute Konvergenz impliziert gewöhnliche Konvergenz.)

(a) Die Singularitätenmenge der Funktion $f(z) := \cot(\pi z) g(z)$ ist $\mathbb{Z} \cup S$. Wir benutzen den gleichen Integrationsweg wie in Aufgabe (139.22) und erhalten wieder die Bedingung $\oint_{C_n} f(z)\, dz \to 0$ für $n \to \infty$ und damit
$$0 = \sum_{\sigma \in \mathbb{Z} \cup S} \text{Res}(f, \sigma) = \sum_{\sigma \in S} \text{Res}(f, \sigma) + \sum_{k \in \mathbb{Z} \setminus S} \text{Res}(f, k)$$
$$= \sum_{\sigma \in S} \text{Res}(f, \sigma) + \sum_{k \in \mathbb{Z} \setminus S} \frac{g(k)}{\pi}.$$

Hieraus folgt schon die erste Behauptung.

(b) Wir wollen den gleichen Integrationsweg wie in Aufgabe (139.22) benutzen und müssen wieder zeigen, daß $\oint_{C_n} g(z)/\sin(\pi z)\, dz$ für $n \to \infty$ gegen Null geht. Dazu schreiben wir $\sin(\pi z) = -i \sinh(i\pi z) = (-i/2)(e^{i\pi z} - e^{-i\pi z})$ und erhalten mit der Darstellung $z = x + iy$ die Abschätzung
$$2|\sin(\pi z)| = |e^{i\pi z} - e^{-i\pi z}| = |e^{i\pi x} e^{-\pi y} - e^{-i\pi x} e^{\pi y}|$$
$$\geq |e^{-\pi y} - e^{\pi y}| = e^{\pi |y|} - e^{-\pi |y|} = 2 \sinh(\pi |y|);$$

für $|y| \geq a > 0$ gilt also $|\sin(\pi z)| \geq \sinh(\pi a)$. Ist andererseits $z = \pm(n + (1/2) + iy)$ ein Punkt auf einem der senkrechten Teile des Integrationsweges C_n, so gilt
$$|\sin(\pi z)| = |\sin(n\pi + \pi/2 + i\pi y)| = |\sin(\pi/2 + i\pi y)|$$
$$= |\cos(\pi i y)| = |\cosh(-\pi y)| = \cosh(\pi |y|) \geq 1.$$

Ist also $n + (1/2) \geq a$, so gilt für alle $z \in C_n$ die Abschätzung $|\sin(\pi z)| \geq \min(1, \sinh(a))$. Dieses Minimum ist 1 für $a \geq \ln(1+\sqrt{2})/\pi \approx 0.28055$. Für alle $n \in \mathbb{N}$ und alle $z \in C_n$ gilt daher $|\sin(\pi z)| \geq 1$; für hinreichend großes n gilt folglich $|g(z)/\sin(\pi z)| \leq |g(z)| \leq A/|z|^\alpha \leq A/(n+1/2)^\alpha$ für alle $z \in C_n$ und damit
$$\left|\oint_{C_n} \frac{g(z)}{\sin(\pi z)} dz\right| \leq \frac{A \cdot (\text{Länge von } C_n)}{(n+1/2)^\alpha} = \frac{8A \cdot (n+1/2)}{(n+1/2)^\alpha}$$
$$= \frac{8A}{(n+1/2)^{\alpha-1}} \to 0 \quad \text{für } n \to \infty \quad (\text{wegen } \alpha > 1).$$

Damit ist das gleiche Argument wie in Teil (a) anwendbar; dieses liefert (wenn wir $f(z) := g(z)/\sin(\pi z)$ setzen) die Gleichung
$$0 = \sum_{\sigma \in \mathbb{Z} \cup S} \text{Res}(f, \sigma) = \sum_{\sigma \in S} \text{Res}(f, \sigma) + \sum_{k \in \mathbb{Z} \setminus S} \text{Res}(f, k)$$
$$= \sum_{\sigma \in S} \text{Res}(f, \sigma) + \sum_{k \in \mathbb{Z} \setminus S} \frac{g(k)}{\pi(-1)^k}$$

und damit die Behauptung.

Lösung (139.25) Wählen wir $g(z) := 1/z^4$, so liefert Aufgabe (139.24) die Gleichung
$$2 \sum_{k=1}^{\infty} \frac{(-1)^k}{k^4} = \sum_{k \in \mathbb{Z} \setminus \{0\}} \frac{(-1)^k}{k^4} = -\pi \cdot \text{Res}\left(\frac{1}{z^4 \sin(\pi z)}, 0\right).$$

Da $f(z) := 1/(z^4 \sin(\pi z))$ an der Stelle $z = 0$ einen Pol fünfter Ordnung hat, betrachten wir
$$z^5 f(z) = \frac{z}{\sin(\pi z)} = \frac{z}{\pi z - \frac{\pi^3 z^3}{3!} + \frac{\pi^5 z^5}{5!} \mp \cdots}$$
$$= \frac{1}{\pi - \frac{\pi^3 z^2}{3!} + \frac{\pi^5 z^4}{5!} \mp \cdots} = \frac{1}{\pi} + \frac{\pi z^2}{6} + \frac{7\pi^3 z^4}{360} + \cdots,$$

wobei man den letzten Schritt am einfachsten dadurch ausführt, daß man $X := z^2$ setzt und dann aus dem Ansatz
$$1 = \left(\pi - \frac{\pi^3 X}{6} + \frac{\pi^5 X^2}{120} \mp \cdots\right)(a_0 + a_1 X + a_2 X^2 + \cdots)$$
$$= \pi a_0 + \left[\pi a_1 - \frac{\pi^3 a_0}{6}\right] X + \left[\pi a_2 - \frac{\pi^3 a_1}{6} + \frac{\pi^5 a_0}{120}\right] X^2 + \cdots$$

die Koeffizienten a_k rekursiv durch Koeffizientenvergleich ermittelt. Also ist
$$f(z) = \frac{1}{\pi} \cdot \frac{1}{z^5} + \frac{\pi}{6} \cdot \frac{1}{z^3} + \frac{7\pi^3}{360} \cdot \frac{1}{z} + \cdots,$$

woraus man $\operatorname{Res}(f,0) = 7\pi^3/360$ abliest. Einsetzen in die erste Gleichung liefert dann $2\sum_{k=1}^{\infty}((-1)^k/k) = -7\pi^4/360$ und damit

$$\sum_{k=1}^{\infty} \frac{(-1)^{k+1}}{k^4} = \frac{7\pi^4}{720}.$$

Lösung (139.26) (a) Die Funktion $g(z) := 1/(2z+1)^4$ hat die Singularitätenmenge $S := \{-1/2\}$. Nach Aufgabe (139.24) gilt daher

$$\sum_{k=1}^{\infty} \frac{1}{(2k+1)^4} = \frac{1}{2}\sum_{k\in\mathbb{Z}} g(k) = -\frac{\pi}{2}\operatorname{Res}\left(\frac{\cot(\pi z)}{(2z+1)^4}, -\frac{1}{2}\right)$$
$$= -\frac{\pi}{2}\cdot\frac{-\pi^3}{48} = \frac{\pi^4}{96}.$$

Die Bestimmung des Residuums beim Übergang von der ersten auf die zweite Zeile ergibt sich dabei aus der wegen

$$\cot(\pi z) = \cot\bigl(\pi(z+1/2) - \pi/2\bigr) = -\tan\bigl(\pi(z+1/2)\bigr)$$
$$= -\pi(z+1/2) - \frac{1}{3}\cdot\pi^3(z+1/2)^3 - \cdots$$

gültigen Darstellung

$$\frac{\cot(\pi z)}{(2z+1)^4} = \frac{\cot(\pi z)}{16(z+1/2)^4} = \frac{-\pi/16}{(z+1/2)^3} - \frac{\pi^3/48}{z+1/2} - \cdots.$$

(b) Die Singularitäten von $g(z) := 1/(z^4+z^2+1)$ sind die Nullstellen von $z^4+z^2+1 = (z^6-1)/(z^2-1)$, also die Zahlen

$$z_{1,2} = e^{\pm\pi i/3} = \frac{1\pm i\sqrt{3}}{2}, \quad z_{3,4} = e^{\pm 2\pi i/3} = \frac{-1\pm i\sqrt{3}}{2}.$$

Nach Aufgabe (139.24) haben wir dann

$$\sum_{k=1}^{\infty} \frac{1}{k^4+k^2+1} = \frac{1}{2}\sum_{k\in\mathbb{Z}} g(k)$$
$$(\star) \qquad = -\frac{\pi}{2}\sum_{i=1}^{4}\operatorname{Res}\left(\frac{\cot(\pi z)}{z^4+z^2+1}, z_i\right)$$
$$= -\frac{\pi}{2}\sum_{i=1}^{4}\frac{\cot(\pi z_i)}{4z_i^3+2z_i}.$$

Nun gilt $z_i^3 = -1$ für $i = 1,2$ und $z_i^3 = 1$ für $i = 3,4$. Für $i = 1,2$ erhalten wir damit

$$\frac{\cot(\pi z_i)}{4z_i^3+2z_i} = \frac{\pm i\tanh(\pi\sqrt{3}/2)}{3\mp i\sqrt{3}} = \frac{\pm i\tanh(\pi\sqrt{3}/2)(\sqrt{3}\pm i)}{4\sqrt{3}}$$

mit dem oberen Vorzeichen für $i = 1$ und dem unteren Vorzeichen für $i = 2$. Analog ergibt sich für $i = 3,4$ die Gleichung $z_i^3 = 1$ und damit

$$\frac{\cot(\pi z_i)}{4z_i^3+2z_i} = \frac{\mp i\tanh(\pi\sqrt{3}/2)}{3\pm i\sqrt{3}} = \frac{\mp i\tanh(\pi\sqrt{3}/2)(\sqrt{3}\mp i)}{4\sqrt{3}}$$

mit dem oberen Vorzeichen für $i = 3$ und dem unteren Vorzeichen für $i = 4$. Einsetzen in $(\star)$ und Zusammenfassen liefert dann

$$\sum_{k=1}^{\infty} \frac{1}{k^4+k^2+1} = \frac{\pi\tanh(\pi\sqrt{3}/2)}{2\sqrt{3}} \approx 0.899074.$$

(c) Wir wenden Aufgabe (139.24) mit $g(z) := 1/z^2$ an und erhalten

$$\sum_{k=1}^{\infty} \frac{(-1)^{k+1}}{k^2} = \frac{1}{2}\sum_{k\in\mathbb{Z}\setminus\{0\}} \frac{(-1)^{k+1}}{k^2} = \frac{\pi}{2}\operatorname{Res}\left(\frac{1}{z^2\sin(\pi z)}, 0\right)$$
$$= \frac{\pi}{2}\cdot\frac{\pi}{6} = \frac{\pi^2}{12}.$$

Die Berechnung des Residuums erfolgt dabei folgendermaßen: Da $f(z) := 1/(z^2\sin(\pi z))$ bei 0 einen Pol dritter Ordnung hat, betrachten wir

$$z^3 f(z) = \frac{z}{\sin(\pi z)} = \frac{1}{\pi} + \frac{\pi z^2}{6} + \frac{7\pi^3 z^4}{360} + \cdots$$

(diese Entwicklung wurde bereits in Aufgabe (139.25) benutzt!) und erhalten

$$f(z) = \frac{1}{\pi}\cdot\frac{1}{z^3} + \frac{\pi/6}{z} + \frac{7\pi^3}{360}z + \cdots,$$

woraus sich jetzt das Residuum $\operatorname{Res}(f,0)$ direkt ablesen läßt.

(d) Wir wenden Aufgabe (139.24) mit $g(z) := 1/(2z+1)^3$ an und erhalten

$$\sum_{n=0}^{\infty} \frac{(-1)^n}{(2n+1)^3} = \frac{1}{2}\sum_{k\in\mathbb{Z}} \frac{(-1)^k}{(2k+1)^3}$$
$$= -\pi\operatorname{Res}\left(\frac{1}{(2z+1)^3\sin(\pi z)}, -\frac{1}{2}\right)$$
$$= \frac{-\pi}{8}\operatorname{Res}\left(\frac{1}{(z+1/2)^3\sin(\pi z)}, -\frac{1}{2}\right)$$
$$= \frac{-\pi}{8}\cdot\frac{-\pi^2}{2} = \frac{\pi^3}{16}.$$

Die Bestimmung des Residuums beim Übergang von der dritten auf die vierte Zeile ergibt sich dabei aus der wegen

$$\frac{1}{\sin(\pi z)} = \frac{1}{\sin\bigl(\pi(z+1/2) - \pi/2\bigr)}$$
$$= \frac{-1}{\cos\bigl(\pi(z+1/2)\bigr)} = -1 - \frac{\pi^2(z+1/2)^2}{2} - \cdots$$

gültigen Darstellung

$$\frac{1}{(2z+1)^3\sin(\pi z)} = \frac{-1}{(z+1/2)^3} - \frac{\pi^2/2}{z+1/2} - \cdots.$$

Aufgaben zu »Der Residuenkalkül« siehe Seite 153

(e) Wir wenden Aufgabe (139.24) mit $g(z) = 1/(z^2 + a^2)$ an und erhalten

$$\sum_{n=1}^{\infty} \frac{1}{n^2 + a^2} = \frac{1}{2}\left(\sum_{n\in\mathbb{Z}} \frac{1}{n^2+a^2}\right) - \frac{1}{2a^2}$$

$$= -\frac{\pi}{2}\left[\operatorname{Res}\left(\frac{\cot(\pi z)}{z^2+a^2}, ia\right) + \operatorname{Res}\left(\frac{\cot(\pi z)}{z^2+a^2}, -ia\right)\right] - \frac{1}{2a^2}$$

$$= -\frac{\pi}{2}\left[\frac{\cot(i\pi a)}{2ia} + \frac{\cot(-i\pi a)}{-2ia}\right] - \frac{1}{2a^2}$$

$$= -\frac{\pi}{2} \cdot \frac{\cot(i\pi a)}{ia} - \frac{1}{2a^2} = \frac{\pi \cosh(\pi a)}{2a \sinh(\pi a)} - \frac{1}{2a^2}.$$

(f) Wir wenden Aufgabe (139.24) mit $g(z) = 1/(z+a)^2$ an und erhalten

$$\sum_{n=-\infty}^{\infty} \frac{(-1)^n}{(n+a)^2} = -\pi \cdot \operatorname{Res}\left(\frac{1}{(z+a)^2 \sin(\pi z)}, -a\right)$$

$$= -\pi \cdot \frac{\mathrm{d}}{\mathrm{d}z}\bigg|_{z=-a} \frac{1}{\sin(\pi z)} = \pi^2 \cdot \frac{\cos(\pi z)}{\sin^2(\pi z)}\bigg|_{z=-a}$$

$$= \frac{\pi^2 \cos(\pi a)}{\sin^2(\pi a)}.$$

Lösung (139.27) Die Singularitäten von f sind die Nullstellen des Nenners. Die Gleichung $z + ae^{-\tau z} = 0$ geht mit $z = u + iv$ über in

$$0 = u + iv + ae^{-\tau(u+iv)} = u + iv + ae^{-\tau u}e^{-i\tau v}$$
$$= u + iv + ae^{-\tau u}\big(\cos(\tau v) - i\sin(\tau v)\big)$$
$$= \big(u + ae^{-\tau u}\cos(\tau v)\big) + i \cdot \big(v - ae^{-\tau u}\sin(\tau v)\big)$$

und damit in das System der beiden reellen Gleichungen

$$(\star) \qquad \begin{aligned} -u &= ae^{-\tau u}\cos(\tau v), \\ v &= ae^{-\tau u}\sin(\tau v), \end{aligned}$$

aus denen sich sofort der Zusammenhang

$$(\star\star) \qquad -u\sin(\tau v) = v\cos(\tau v)$$

ergibt. Wir unterscheiden nun zwei Fälle.

Erster Fall: $\sin(\tau v) = 0$. Die zweite Gleichung in $(\star)$ liefert dann $v = 0$, und Einsetzen in die erste Gleichung in $(\star)$ ergibt $-u = ae^{-\tau u}$ bzw. $ue^{\tau u} = -a$. Die Zahl $\xi := \tau u$ erfüllt dann die Gleichung $\xi e^{\xi} = -a\tau$. Diese Gleichung hat gar keine Lösung für $a\tau > 1/e$, die eindeutige Lösung $\xi = -1$ für $a\tau = 1/e$ sowie zwei Lösungen $\xi_1 < -1 < \xi_2 < 0$ für $a\tau < 1/e$.

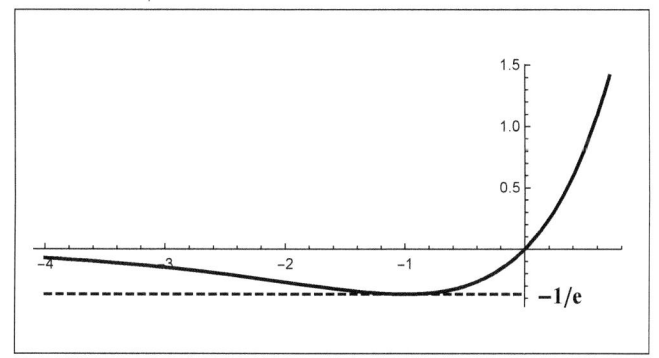

Dieser erste Fall liefert also keine Singularität von f für $a\tau > 1$, die Singularität $z = u = -1/\tau$ für $a\tau = 1/e$ und die beiden Singularitäten $z_i = u_i = \xi_i/\tau$ mit $i = 1, 2$ für $a\tau < 1/e$.

Zweiter Fall: $\sin(\tau v) \neq 0$. Die Gleichung $(\star\star)$ liefert in diesem Fall $u = -v\cot(\tau v)$. Setzt man dies in die zweite Gleichung in $(\star)$ ein, so ergibt sich $v = ae^{\tau v \cot(\tau v)}\sin(\tau v)$. Die Zahl $\eta := \tau v$ erfüllt also, wenn $z = u + iv$ eine Singularität von f ist, die Gleichung $\eta = a\tau e^{\eta \cot(\eta)}\sin(\eta)$ bzw.

$$(\blacklozenge) \qquad \exp(-\eta \cot(\eta)) = a\tau \cdot \frac{\sin(\eta)}{\eta}.$$

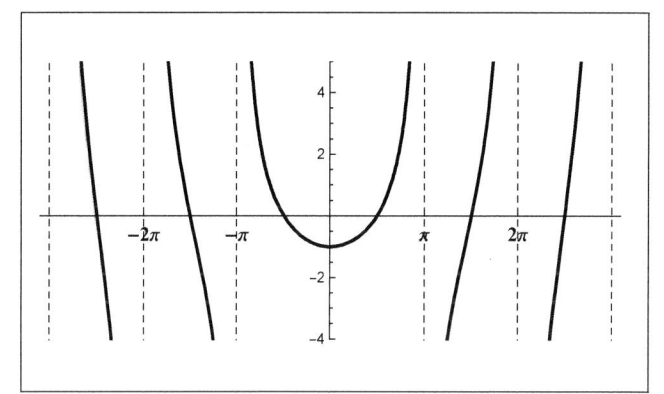

Graph der Funktion $\xi \mapsto \xi \exp(\xi)$.

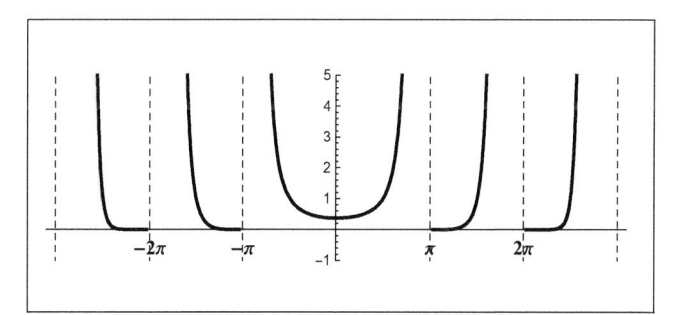

Graph der Funktion $\eta \mapsto -\eta \cot(\eta)$.

Graph der Funktion $\eta \mapsto \exp(-\eta \cot(\eta))$. Der Funktionswert an der Stelle 0 ist $1/e$.

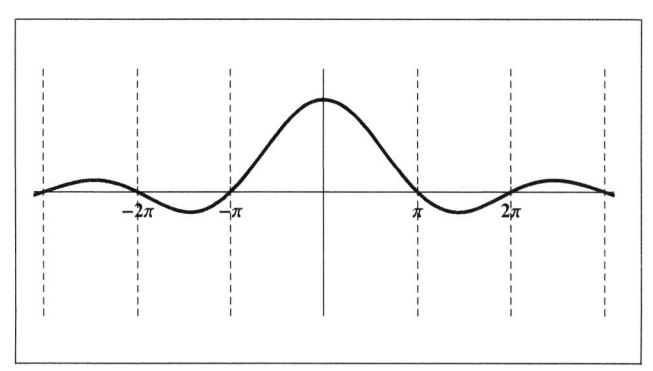

Graph der Funktion $\eta \mapsto a\tau \cdot \sin(\eta)/\eta$. Der Funktionswert an der Stelle 0 ist $a\tau$.

Vergleich der beiden letzten Graphen zeigt sofort, daß die Gleichung $(\blacklozenge)$ Lösungen $\eta_1 \in (2\pi, 3\pi)$, $\eta_2 \in (4\pi, 5\pi)$,

$\eta_3 \in (6\pi, 7\pi)$ und so weiter hat und daß jeweils auch $-\eta_k$ eine Lösung ist. Ferner gibt es im Intervall $(-\pi, \pi)$ keine Lösung, falls $a\tau < 1/e$ gilt, genau die Lösung $\eta = 0$ (die aber zu dem vorher ausgeschlossenen Wert $v = 0$ führt), falls $a\tau = 1/e$ gilt, und genau zwei Lösungen $\pm\eta_0$, falls $a\tau > 1/e$ gilt.

Das Ergebnis ist wie folgt: Für $k \in \mathbb{Z}$ sei η_k die eindeutige Lösung der Gleichung (♦) in $(2k\pi, (2k+1)\pi)$. Setzen wir dann $v_k := \eta_k/\tau$ sowie unter Benutzung von (⋆⋆) noch $u_k = -v_k \cot(\tau v_k) = -\eta_k \cot(\eta_k)/\tau = \ln\bigl(a\tau \sin(\eta_k)/\eta_k\bigr)/\tau$, so ist $z_k = u_k + iv_k$ eine Singularität. Die Lösung $-\eta_k$ liefert zusätzlich die Singularität $u_k - iv_k = \overline{z_k}$. Die weitere Diskussion erfordert eine Fallunterscheidung.

- Ist $a\tau < 1/e$, so gibt es noch zwei reelle Singularitäten $u_1 < -1/\tau < u_2 < 0$ aus dem ersten Fall.
- Ist $a\tau = 1/e$, so gibt es noch eine weitere Singularität aus dem ersten Fall, nämlich $u = -1/\tau$.
- Ist $a\tau > 1/e$, so gibt es noch zwei weitere konjugiert komplexe Singularitäten aus dem zweiten Fall, nämlich $u_0 \pm iv_0$ mit $v_0 = \eta_0/\tau$ und $u_0 = -v_0 \cot(\tau v_0) = -\eta_0 \cot(\eta_0)/\tau = -\ln\bigl(a\tau \sin(\eta_0)/\eta_0\bigr)/\tau$.

Zur Verdeutlichung geben wir noch eine Kurve in der komplexen Ebene an, auf der sämtliche Singularitäten liegen. Ist z eine Singularität, gilt also $z + ae^{-\tau z} = 0$ bzw. $ze^{\tau z} = -a$, so gilt erst recht $|z|e^{\tau \operatorname{Re} z} = a$ und damit $|z|^2 e^{2\tau \operatorname{Re} z} = a^2$. Mit $z = x + iy$ liegen also alle Singularitäten auf der Kurve
$$\{x + iy \in \mathbb{C} \mid (x^2 + y^2)e^{2\tau x} = a^2\}.$$

In dem speziellen Fall $a = \tau = 1$ zeigt die folgende (aufgrund der unterschiedlichen Achsenskalierungen verzerrte) Abbildung die Lage der Singularitäten und den Verlauf der angegebenen Kurve.

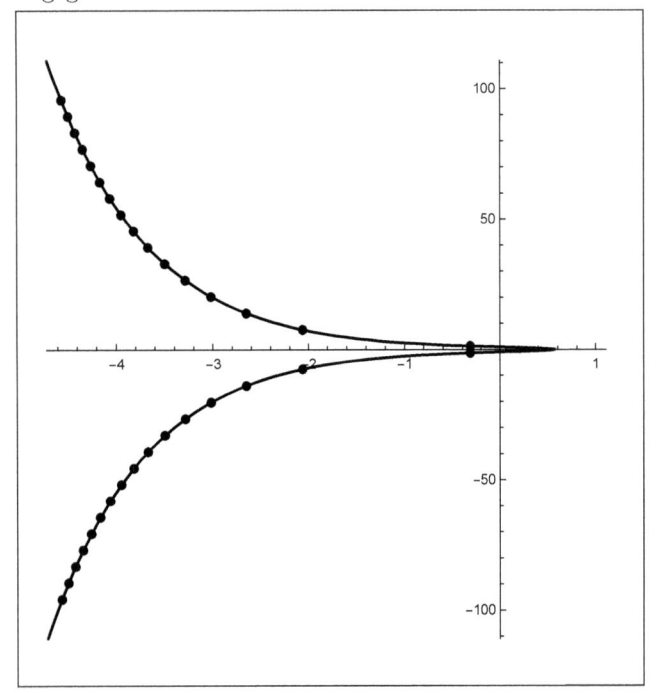

Wir wollen jetzt die Residuen von f an den gefundenen Singularitäten bestimmen. Es gilt $f(z) = p(z)/q(z)$ mit
$$p(z) = -e^{tz} \quad \text{und} \quad q(z) = z + ae^{-\tau z}.$$

Dann ist $q'(z) = 1 - a\tau e^{-\tau z} = 1 - \tau\bigl(q(z) - z\bigr)$. Die Gleichungen $q(z) = 0$ und $q'(z) = 0$ sind nur dann simultan erfüllt, wenn $0 = 1 + \tau z$ gilt, also $z = -1/\tau$. Dies ist eine Singularität genau dann, wenn $a\tau = 1/e$ gilt; diesen Fall müssen wir besonders untersuchen. Für jede andere Singularität $z_\star$ haben wir $q(z_\star) = 0$, aber $q'(z_\star) \neq 0$ und gemäß Satz (139.4) im Buch daher
$$\operatorname{Res}(f, z_\star) = \frac{p(z_\star)}{q'(z_\star)} = \frac{-\exp(tz_\star)}{1 - a\tau \exp(-\tau z_\star)}.$$

Wir betrachten nun den Sonderfall $a\tau = 1/e$ und die Singularität $z_\star = -1/\tau$. In diesem Fall haben wir $q(z_\star) = q'(z_\star) = 0$, aber $q''(z_\star) = a\tau^2 e^{-\tau z_\star} = \tau \neq 0$. Um in diesem Fall das Residuum zu berechnen, benutzen wir Satz (139.3) im Buch und betrachten die Funktion
$$\varphi(z) = (z - z_\star)^2 f(z) = \frac{p(z)}{g(z)}$$

mit
$$g(z) = \frac{q(z)}{(z - z_\star)^2} = \frac{q''(z_\star)}{2} + \frac{q'''(z_\star)}{6}(z - z_\star) + \cdots.$$

Es ist dann
$$\begin{aligned}
\operatorname{Res}(f, z_\star) &= \varphi'(z_\star) = \frac{p'(z_\star)g(z_\star) - p(z_\star)g'(z_\star)}{g(z_\star)^2} \\
&= \frac{p'(z_\star) \cdot \dfrac{q''(z_\star)}{2} - p(z_\star) \cdot \dfrac{q'''(z_\star)}{6}}{\dfrac{q''(z_\star)^2}{4}} \cdot \frac{12}{12} \\
&= \frac{6p'(z_\star)q''(z_\star) - 2p(z_\star)q'''(z_\star)}{3q''(z_\star)^2} \\
&= \frac{-6t\tau e^{-t/\tau} - 2\tau^2 e^{-t\tau}}{3\tau^2} = \frac{-2e^{-t/\tau}(3t + \tau)}{3\tau}.
\end{aligned}$$

Lösung (139.28) (a) Gemäß dem Hinweis betrachten wir zunächst die Funktion $G(\zeta) := e^\zeta + a$. Genau dann ist ζ eine Nullstelle von G, wenn $e^\zeta = -a = e^{\ln(a) + \pi i}$ gilt, also $\zeta = \ln(a) + \pi i + 2k\pi i = \ln(a) + (2k+1)\pi i$ mit $k \in \mathbb{Z}$. Wir wollen zeigen, daß, wenn ζ von diesen Nullstellen einen festen Mindestabstand δ nicht unterschreitet, dann auch $|G(\zeta)|$ einen festen Mindestabstand ε von Null nicht unterschreitet. Gilt $\operatorname{Re} \zeta \to -\infty$, so folgt $|G(\zeta)| \geq a - |e^\zeta| = a - e^{\operatorname{Re} \zeta} \to a$; es gibt also eine Konstante C_1 mit $|G(\zeta)| \geq a/2$ für alle ζ mit $\operatorname{Re} \zeta \leq C_1$. Gilt $\operatorname{Re} \zeta \to +\infty$, so folgt $|G(\zeta)| \geq |e^\zeta| - a = e^{\operatorname{Re} \zeta} - a \to \infty$; es gibt also eine Konstante C_2 mit $|G(\zeta)| \geq 1$ für alle ζ mit $\operatorname{Re} \zeta \geq C_2$. Damit ist G schon einmal außerhalb des Streifens $C_1 \leq \operatorname{Re} \zeta \leq C_2$ von Null wegbeschränkt. Nun ist G periodisch mit der Periode $2\pi i$; es genügt daher zu zeigen, daß G auf der (kompakten!) Menge

$$K := \{\zeta \in \mathbb{C} \mid C_1 \leq \operatorname{Re}\zeta \leq C_2, \, 0 \leq \operatorname{Im}\zeta \leq 2\pi i\}$$

von Null wegbeschränkt ist. Nun ist $K_\delta := K \cap A_\delta$ eine kompakte Menge, in der G keine Nullstelle hat; die stetige Funktion $|G|$ nimmt daher auf dieser Menge ein positives Minimum m an. Setzen wir $\varepsilon := \min(a/2, 1, m)$, so gilt also $|G(\zeta)| \geq \varepsilon$ für alle $\zeta \in A_\delta$. Damit ist gezeigt, daß $|G(\zeta)|$ von Null wegbeschränkt ist, wenn ζ von den Nullstellen von G wegbeschränkt ist.

Mit $\Phi(z) := \log(z) + \tau z$ gilt nun $ze^{\tau z} = e^{\Phi(z)}$ und damit $g(z) = G(\Phi(z))$; mit der Substitution $\zeta := \Phi(z)$ geht also die Funktion $z \mapsto g(z)$ in die Funktion $\zeta \mapsto G(\zeta)$ über. Die Transformation Φ bildet $\mathbb{C}\setminus(-\infty,0]$ auf $\mathbb{C}$ ab und ist wegen $\Phi'(z) = \tau + 1/z \neq 0$ für alle $z \in \mathbb{C}\setminus(-\infty,0]$ lokal invertierbar; offensichtlich gilt für eine Folge (z_k) genau dann $|z_k| \to \infty$, wenn $|\Phi(z_k)| \to \infty$ gilt. Die Kurven $|ze^{\tau z}| = c$ (mit Konstanten $c > 0$) werden von Φ in die vertikalen Geraden $\operatorname{Re}\zeta = \ln(c)$ überführt.

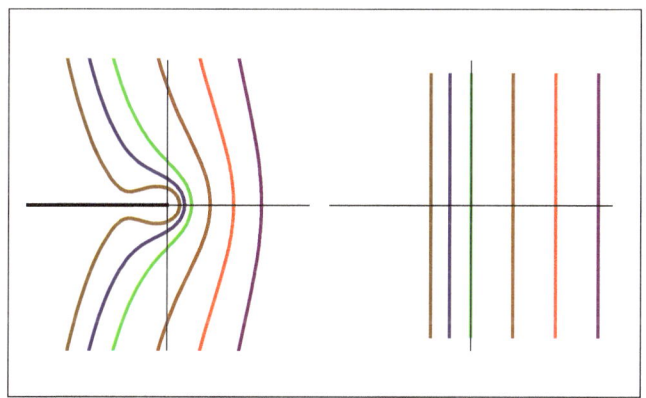

Wirkung der Transformation Φ.

Wir behaupten nun: Ist z wegbeschränkt von den Nullstellen von g, so ist $\Phi(z)$ wegbeschränkt von den Nullstellen von G. Genauer gesagt: Ist A_δ die Menge aller $z \in \mathbb{C}\setminus(-\infty,0]$ mit $|z - z^\star| \geq \delta$ für alle Nullstellen $z^\star$ von g, so gibt es eine Zahl δ' mit $|\Phi(z) - \zeta^\star| \geq \delta'$ für $z \in A_\delta$ und alle Nullstellen $\zeta^\star$ von G (die genau die Bilder der Nullstellen von g unter Φ sind). Wäre dies nicht der Fall, so gäbe es reelle Konstanten C_1 und C_2 sowie Zahlen z_k und Nullstellen $z_k^\star$ von g mit $|z_k| \to \infty$, $|z_k^\star| \to \infty$, $C_1 \leq \operatorname{Re}(\log(z_k) + \tau z_k) \leq C_2$ und $|z_k - z_k^\star| \geq \delta$ für alle k derart, daß für die Bildpunkte $\zeta_k = \Phi(z_k)$ und $\zeta_k^\star = \Phi(z_k^\star)$ die Bedingungen $|\zeta_k| \to \infty$, $|\zeta_k^\star| \to \infty$ und $\zeta_k - \zeta_k^\star \to 0$ gelten. O.B.d.A. dürfen wir annehmen, daß die Zahlen ζ_k und $\zeta_k^\star$ bzw. z_k und $z_k^\star$ in der oberen Halbebene liegen. Aufgrund des bekannten Verlaufs der Kurven $|ze^{\tau z}| = c$ bzw. $\operatorname{Re}(\log(z) + \tau z) = \ln(c)$ (siehe Aufgabe (139.27)) haben wir dann $\arg(z_k^\star) \to \pi/2$ und $\arg(z_k) \to \pi/2$ sowie $\operatorname{Re}(z_k)/\operatorname{Im}(z_k) \to 0$ und $\operatorname{Re}(z_k^\star)/\operatorname{Im}(z_k^\star) \to 0$. Aus der Gleichung

$$(\star) \quad \begin{aligned}\zeta_k - \zeta_k^\star &= \log(z_k) - \log(z_k^\star) + \tau(z_k - z_k^\star) \\ &= \tau(z_k - z_k^\star) + \ln|z_k/z_k^\star| + i(\arg(z_k) - \arg(z_k^\star))\end{aligned}$$

folgt wegen $\zeta_k - \zeta_k^\star \to 0$ und $\arg(z_k) - \arg(z_k^\star) \to 0$ dann $\operatorname{Im}(z_k) - \operatorname{Im}(z_k^\star) \to 0$, damit $\operatorname{Im}(z_k)/\operatorname{Im}(z_k^\star) \to 1$ und folglich auch $|z_k/z_k^\star| \to 1$; mit $z_k = x_k + iy_k$ und $z_k^\star = x_k^\star + iy_k^\star$ haben wir nämlich

$$\begin{aligned}\frac{z_k}{z_k^\star} &= \frac{x_k + iy_k}{x_k^\star + iy_k^\star} = \frac{(x_k/y_k^\star)\cdot(y_k/y_k^\star) + i(y_k/y_k^\star)}{(x_k^\star/y_k^\star) + i(y_k^\star/y_k^\star)} \\ &\to \frac{0\cdot 1 + i\cdot 1}{0 + i\cdot 1} = 1.\end{aligned}$$

Wegen $\zeta_k - \zeta_k^\star \to 0$ und $\ln|z_k/z_k^\star| \to 0$ folgt aus $(\star)$ daher auch $\operatorname{Re}(z_k) - \operatorname{Re}(z_k^\star) \to 0$. Insgesamt gilt daher $z_k - z_k^\star \to 0$ im Widerspruch zur Voraussetzung, daß ja $|z_k - z_k^\star| \geq \delta$ für alle k gelten sollte.

(b) Zu zeigen ist die Existenz einer Zahl $\beta > 0$ mit

$$\left|1 + \frac{a}{ze^{\tau z}}\right| \geq \beta$$

für alle z mit $|z - z^\star| \geq \delta$ für alle Nullstellen von $z + ae^{-\tau z} = e^{-\tau z}(ze^{\tau z} + a) = e^{-\tau z}\cdot g(z)$. Existierte eine solche Zahl β nicht, so gäbe es eine von den Nullstellen von g wegbeschränkte Folge (z_n) mit $1 + a/(z_n e^{\tau z_n}) \to 0$ und damit $z_n e^{\tau z_n} \to -a$ bzw. $g(z_n) = z_n e^{\tau z_n} + a \to 0$, was nach Teil (a) nicht möglich ist.

Lösung (139.29) (a) Nach dem Residuensatz ist $\int_C f(z)\,dz$ gerade das $(2\pi i)$-fache der Summe der Residuen von f an denjenigen Singularitäten, die innerhalb der Kurve C liegen. Diese Residuen sind endlich viele der Zahlen $z_1, \ldots, z_n$ und zusätzlich zwei negative Zahlen $u_1 < -1/\tau < u_2 < 0$ für $a\tau < 1/e$ bzw. die Zahl $u = -1/\tau$ für $a\tau = 1/e$ bzw. die beiden konjugiert komplexen Zahlen $u_0 \pm iv_0$ für $a\tau > 1/e$.

(b) Ist z eine Singularität von X, so gilt $z + a^{-\tau z} = 0$ bzw. $ze^{\tau z} = -a$ und damit $a = |ze^{\tau z}| = |z|e^{\tau \operatorname{Re} z}$. Gilt also $\operatorname{Re} z > 0$, so ist $|z| < a$. Alle Singularitäten von X liegen also in der offenen Halbebene $\operatorname{Re} z < a$. Nach der Laplace-Umkehrformel gilt daher

$$(\mathfrak{L}^{-1}X)(t) = \frac{1}{2\pi i}\int_{a+i\mathbb{R}} X(z)e^{tz}\,dz = \frac{1}{2\pi i}\int_{a+i\mathbb{R}} f(z)\,dz.$$

Schreiben wir $C(R)$ statt C und $C_k(R)$ statt C_k für $1 \leq k \leq 4$, um die Abhängigkeit der in Teil (a) benutzten Integrationswege von R zu betonen, so gilt also für jede feste Zahl $t > 0$ die Gleichung

$$(\mathfrak{L}^{-1}X)(t) = \lim_{R\to\infty}\frac{1}{2\pi i}\int_{C_1(R)} f(z)\,dz.$$

Wir wollen nachrechnen, daß für $2 \leq k \leq 4$ für $R \to \infty$ die Grenzwertaussage $\int_{C_k(R)} f(z)\,dz \to 0$ gilt. Ist dies gezeigt, so folgt durch Grenzwertbildung $R \to \infty$ aus dem in (a) erhaltenen Ergebnis die Gleichung

$$(\mathfrak{L}^{-1}X)(t) = \lim_{R\to\infty}\frac{1}{2\pi i}\int_{C(R)} f(z)\,dz = \sum_k \operatorname{Res}(f, w_k)$$
$$= \sum_k \frac{-\exp(tw_k)}{1 - a\tau\exp(-\tau w_k)} = \sum_k \frac{-\exp(tw_k)}{1 + \tau w_k},$$

wobei die Summe über alle Singularitäten von X läuft, also alle Zahlen z_k und $\overline{z_k}$ mit $k \in \mathbb{N}$ sowie die Zahlen $u_1 < -1/\tau < u_2 < 0$ im Fall $a\tau < 1/e$ bzw. z_0 und $\overline{z_0}$ im Fall $a\tau > 1/e$; in dem Sonderfall $a\tau = 1/e$ kommt noch der Term

$$\operatorname{Res}(f, -1/\tau) = \frac{-2e^{-t/\tau}(3t+\tau)}{3\tau}$$

hinzu. Die folgende Abbildung zeigt in dem Fall $a = \tau = 1$ den betrachteten Integrationsweg für $R = 10$ sowie in rot die Kurve, auf der die Singularitäten liegen; die ersten Singularitäten sind als schwarze Punkte markiert.

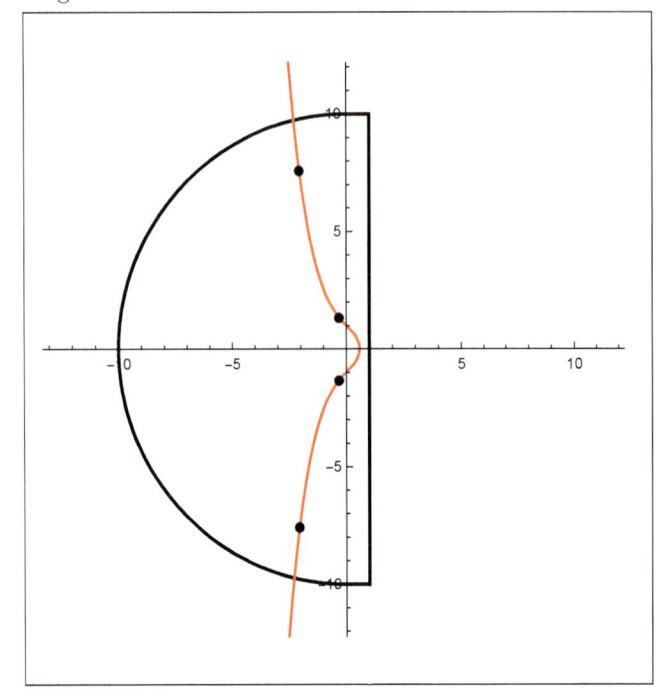

Wir kommen nun zu dem Nachweis der Tatsache, daß $\int_{C_k(R)} f(z)\,\mathrm{d}z \to 0$ für $R \to \infty$ gilt (wobei $2 \leq k \leq 4$). Da die Radien R für die Integrationswege so gewählt werden, daß entlang jedes Integrationswegs $C(R)$ ein fester Mindestabstand zu den Singularitäten von f eingehalten wird, gibt es nach Aufgabe (139.28) eine absolute (von R unabhängige) Konstante $\beta > 0$ mit $|z + ae^{-\tau z}| \geq \beta|z|$ für alle $z \in C(R)$. Ferner sei $z_R = x_R + iy_R$ der obere Schnittpunkt des Kreises $|z| = R$ mit der (in der Skizze rot dargestellten) Kurve $|ze^{\tau z}| = a$. Der Polarwinkel von z_R ist dann $(\pi/2) + w(R)$ mit $\sin(w(R)) = |x_R|/R$. Wegen $a = |z_R e^{\tau z_R}| = Re^{\tau x(R)}$ ist andererseits $\tau x(R) = \ln(a/R)$ und damit $|x(R)| = \ln(R/a)/\tau$. Es gilt also

$$R \sin(w(R)) = \frac{\ln(R/a)}{\tau}$$

und damit insbesondere $w(R) \to 0$ für $R \to \infty$. Das Geradenstück $C_2(R)$ wird parametrisiert durch $z(x) = a - x + iR$ mit $0 \leq x \leq a$ und $\mathrm{d}z = -\mathrm{d}x$. Auf $C_2(R)$ haben wir dann $|e^{tz}| = e^{t(a-x)}$ sowie $|z + ae^{-\tau z}| \geq \beta|z| = \beta\sqrt{(a-x)^2 + R^2} \geq \beta R$. Damit ergibt sich

$$\left| \int_{C_2(R)} \frac{-e^{tz}}{z + ae^{-\tau z}}\,\mathrm{d}z \right| \leq \int_0^a \frac{e^{t(a-x)}}{\beta R}\,\mathrm{d}x = \frac{e^{ta} - 1}{t\beta R} \to 0$$

für $R \to \infty$. In vollkommen analoger Weise ergibt sich $\int_{C_4(R)} f(z)\,\mathrm{d}z \to 0$ für $R \to \infty$. Der Halbkreis $C_3(R)$ wird parametrisiert durch $z(\varphi) = Re^{i\varphi}$ mit $\pi/2 \leq \varphi \leq 3\pi/2$ und $\mathrm{d}z = iRe^{i\varphi}\mathrm{d}\varphi$. Auf $C_3(R)$ haben wir dann $|e^{tz}| = e^{t\operatorname{Re} z} = e^{tR\cos(\varphi)}$ sowie $|z + ae^{-\tau z}| \geq \beta|z| = \beta R$, folglich

$$\left| \int_{C_3(R)} \frac{-e^{tz}}{z + ae^{-\tau z}}\,\mathrm{d}z \right| \leq \int_{\pi/2}^{3\pi/2} \frac{e^{tR\cos(\varphi)}}{\beta R} R\,\mathrm{d}\varphi$$

Wir zerlegen dieses letzte Integral nun in die drei Teilintegrale. Zunächst gilt

$$\int_{\pi/2}^{(\pi/2)+w(R)} \frac{e^{tR\cos(\varphi)}}{\beta}\,\mathrm{d}\varphi \leq \int_{\pi/2}^{(\pi/2)+w(R)} \frac{1}{\beta}\,\mathrm{d}\varphi = \frac{w(R)}{\beta} \to 0$$

für $R \to \infty$. Vollkommen analog ergibt sich

$$\int_{(3\pi/2)-w(R)}^{3\pi/2} \frac{e^{tR\cos(\varphi)}}{\beta}\,\mathrm{d}\varphi \to 0$$

für $R \to \infty$. Mit der Substitution $u = \varphi - \pi$ und damit $\cos(\varphi) = -\cos(u)$ ergibt sich schließlich

$$\int_{(\pi/2)+w(R)}^{(3\pi/2)-w(R)} \frac{e^{tR\cos(\varphi)}}{\beta}\,\mathrm{d}\varphi = \int_{-(\pi/2)+w(R)}^{(\pi/2)-w(R)} \frac{e^{-tR\cos(u)}}{\beta}\,\mathrm{d}u$$

$$= \frac{2}{\beta} \int_0^{(\pi/2)-w(R)} e^{-tR\cos(u)}\,\mathrm{d}u.$$

Für $0 \leq u \leq \pi/2 - w(R)$ gilt $\cos(u) \geq \cos((\pi/2) - w(R)) = \sin(w(R))$; das letzte Integral läßt sich daher nach oben abschätzen durch

$$\frac{2}{\beta} \int_0^{(\pi/2)-w(R)} e^{-tR\sin(w(R))}\,\mathrm{d}u$$

$$= \frac{2}{\beta} \left(\frac{\pi}{2} - w(R)\right) e^{-tR\sin(w(R))}$$

$$= \frac{2}{\beta} \left(\frac{\pi}{2} - w(R)\right) e^{-t\ln(R/a)/\tau}$$

$$= \frac{2a^{t/\tau}}{\beta} \left(\frac{\pi}{2} - w(R)\right) \cdot R^{-t/\tau},$$

und auch dieser Ausdruck geht für $R \to \infty$ gegen Null. Damit ist alles gezeigt.

(c) Nach Aufgabe (128.12) erfüllt $x(t) := (\mathfrak{L}^{-1}X)(t)$ die Gleichung $\dot{x}(t) = -ax(t-\tau)$, wenn wir noch $x(t) := -1$ für $-\tau \leq t \leq 0$ setzen. Die entscheidende Aussage aus Teil (b) ist dann, daß sich die Funktion x als Exponentialreihe $x(t) = \sum_k A_k \exp(w_k t)$ darstellen läßt, wobei im Sonderfall $a\tau = 1/e$ noch ein Term $A_\star e^{-t/\tau}(3t+\tau)$ hinzukommt. Eine solche Darstellung als Exponentialreihe besitzt dann in Aufgabe (117.42) bzw. (128.12) natürlich auch die eigentliche Temperaturfunktion

$$T(t) = (\theta - T_0) \cdot x(t) + \theta.$$

Anhand dieser Darstellung ergibt sich dann auch das in Lösung (117.42) beschriebene qualitative Verhalten der Lösung $t \mapsto x(t)$ in Abhängigkeit von dem Parameterwert $a\tau$. Beachte, daß wir dieses qualitative Verhalten in (117.42) nicht erkennen konnten, und zwar trotz der Ermittlung einer expliziten Darstellung der Funktion $t \mapsto T(t)$!

Bemerkung: Man kann bei der Gleichung

$$(\star) \qquad \dot{x}(t) = -a\,x(t-\tau)$$

in Analogie zur Situation bei gewöhnlichen Differentialgleichungen den Ansatz $x(t) = e^{\lambda t}$ versuchen. Einsetzen dieses Ansatzes in $(\star)$ liefert $\lambda e^{\lambda t} = -a \cdot e^{\lambda(t-\tau)}$ und damit $\lambda = -ae^{-\lambda\tau}$ bzw.

$$(\star\star) \qquad \lambda + ae^{-\lambda\tau} = 0.$$

Das ist genau die Gleichung, die wir in Aufgabe (139.27) behandelt haben. Wir geben hier noch einmal explizit die Lösungen an. Für $k \in \mathbb{N}$ sei η_k die eindeutige Lösung der Gleichung $\exp(-\eta \cot(\eta)) = a\tau \sin(\eta)/\eta$ im Intervall $(2k\pi, (2k+1)\pi)$. Setzen wir dann

$$u_k := \frac{1}{\tau} \cdot \ln\left(a\tau \frac{\sin(\eta_k)}{\eta_k}\right), \quad v_k := \frac{\eta_k}{\tau}, \quad z_{\pm k} := u_k \pm iv_k,$$

so sind die Zahlen $\lambda \in \{z_k \mid k \in \mathbb{Z} \setminus \{0\}\}$ allesamt Lösungen der Gleichung $(\star\star)$. Im Fall $a\tau > 1$ sind dies auch schon alle Lösungen; im Fall $a\tau = 1$ kommt noch die Lösung $\lambda_0 := -1/\tau$ hinzu, im Fall $a\tau < 1$ gibt es dagegen noch zwei weitere (und zwar reelle) Lösungen $\lambda'_0 < -1/\tau < \lambda''_0 < 0$. Damit haben wir alle Lösungen von $(\star\star)$ gefunden; diese bilden eine Folge (λ_k). Wegen der Linearität der Gleichung $(\star)$ in x sind (endliche) Linearkombinationen von Lösungen wieder Lösungen. Da wir aber unendlich viele Lösungen $t \mapsto e^{\lambda_k t}$ kennen, können wir auch fragen, ob "unendliche Linearkombinationen", also Reihen der Form

$$x(t) = \sum_k A_k e^{t\lambda_k},$$

wieder Lösungen sind. Hier stellt sich (anders als bei endlichen Linearkombinationen) die Frage nach der Konvergenz, und ferner ist zu entscheiden, wie sich die Koeffizienten A_k gegebenenfalls an eine Anfangsbedingung anpassen lassen. In unserem Fall haben sich für die Anfangsbedingung $x \equiv 0$ auf $[-\tau, 0]$ die zugehörigen Koeffizienten von allein ergeben, weil bei Anwendung der Laplace-Transformation Anfangsbedingungen von Anfang an mit eingearbeitet werden. (Man sucht also nicht eine "allgemeine Lösung", die dann nachträglich an Anfangsbedingungen angepaßt wird.)

Lösung (139.30) Es sei C eine einfach geschlossene Kurve, auf der keine Nullstellen von p liegen. Da p keine Polstellen hat, ist nach dem Argumentprinzip die Zahl

$$\frac{1}{2\pi i} \oint_C \frac{p'(z)}{p(z)}\,\mathrm{d}z = \frac{1}{2\pi i} \oint_{p(C)} \frac{\mathrm{d}\zeta}{\zeta}$$

die Anzahl der Nullstellen von p im Innern von C. Dieses Integral ist gerade die Umlaufzahl der Bildkurve $p(C)$ bezüglich des Nullpunkts. Wir wählen nun für C jeweils einen Viertelkreis, der von den beiden Koordinatenachsen berandet wird. Wir erwarten dann, daß für hinreichend große Werte des Radius R der Term z^3 dominiert, sich p also näherungsweise wie die Funktion $z \mapsto z^3$ verhält und den betrachteten Viertelkreis daher auf eine Kurve abbildet, die näherungsweise wie ein Dreiviertelkreis aussieht. Für $R = 3$ erhalten wir etwa das folgende Abbildungsverhalten.

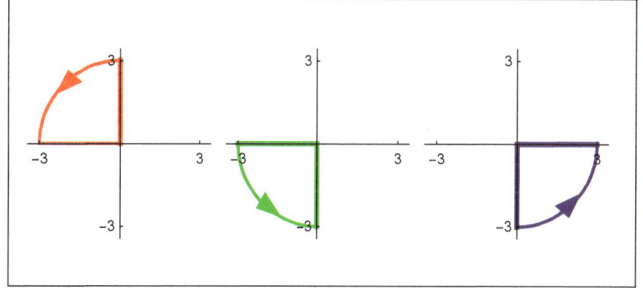

Betrachtete Viertelkreise vom Radius 3.

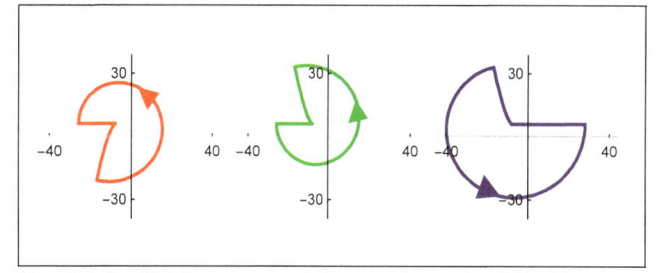

Zugehörige Bildkurven nach Anwendung der Abbildung p.

Wir sehen, daß jede der Bildkurven den Nullpunkt exakt einmal umrundet, so daß p jeweils genau eine Nullstelle in jedem der drei betrachteten Viertelkreise hat. Als Polynom dritten Grades kann p keine weiteren Nullstellen besitzen; also ist die Aussage der Aufgabe bewiesen.

Lösung (139.31) Wir schreiben $\varphi = f + g$ mit $f(z) := -3z + 1$ und $g(z) := z^n$ und betrachten die Kreislinie C mit der Gleichung $|z| = 1$. Für $z \in C$ gilt $|g(z)| = 1 < 3 - 1 \leq |3z - 1| = |f(z)|$. Nach dem Satz von Rouché hat dann $\varphi = f + g$ im Innern von C genau so viele Nullstellen wie f, nämlich exakt eine (und da Nullstellen mit Vielfachheit gezählt werden, muß es sich um eine einfache Nullstelle handeln).

Lösung (139.32) Wir betrachten zunächst die Kurve C mit der Gleichung $|z|=1$ und die Zerlegung $p=f+g$ mit $f(z):=5z^2$ und $g(z):=z^5+z^3+2$. Auf C gilt $|g(z)|\leq 1+1+2=4<5=|f(z)|$. Nach dem Satz von Rouché hat dann $p=f+g$ im Innern von C gleich viele Nullstellen wie f, nämlich zwei. (Beachte, daß 0 als Nullstelle von f die Vielfachheit 2 hat, also doppelt gezählt wird.) Dieser Schluß gilt auch noch, wenn wir für C den Kreis $|z|=\rho$ wählen, wobei ρ ein wenig größer ist als 1.

Wir betrachten nun die Kurve C mit der Gleichung $|z|=2$ und die Zerlegung $p=f+g$ mit $f(z):=z^5$ und $g(z):=z^3+5z^2+2$. Auf C gilt $|g(z)|\leq 8+20+2=30<32=|f(z)|$. Nach dem Satz von Rouché hat dann $p=f+g$ im Innern von C gleich viele Nullstellen wie f, nämlich fünf. (Beachte, daß 0 als Nullstelle von f die Vielfachheit 5 hat, also fünffach gezählt wird.)

Die Anzahl der Nullstellen von p in dem Kreisring $1<|z|<2$ ist daher $5-2=3$. Dabei werden die Nullstellen zunächst mit Vielfachheit gezählt. Man rechnet aber leicht nach, daß die Gleichungen $p(z)=0$ und $p'(z)=0$ keine simultane Lösung haben, daß also p keine mehrfachen Nullstellen besitzt. Also besitzt p in dem Kreisring $1<|z|<2$ drei verschiedene Nullstellen, die allesamt einfach sind.

Lösung (139.33) Es gilt $\varphi=f+g$ mit $f(z):=az^5$ und $g(z):=3z^8+1$. Wir betrachten den Kreis C mit der Gleichung $|z|=1$. Für $z\in C$ gilt $|g(z)|\leq 3+1=4<|a|=|f(z)|$. Nach dem Satz von Rouché hat daher $\varphi=f+g$ genauso viele Nullstellen im Innern von C wie f, nämlich fünf. (Beachte, daß hier die Nullstellen mit Vielfachheit gezählt werden!) Wir sind fertig, wenn wir zeigen können, daß φ nur einfache Nullstellen besitzt, daß es also keine Zahl $z\in\mathbb{C}$ gibt, die die Gleichungen $\varphi(z)=0$ und $\varphi'(z)=0$ simultan erfüllt.

Nehmen wir widerspruchshalber an, es sei z eine solche Zahl! Dann ist $0=\varphi'(z)=24z^7+5az^4=z^4\cdot(24z^3+5a)$ und damit $z=0$ oder $z^3=-5a/24$. Wegen $\varphi(0)=1$ scheidet $z=0$ aus; es bleibt $z^3=-5a/24$. Setzt man dies in die Gleichung $\varphi(z)=0$ ein, so ergibt sich $-1=z^5\cdot(3z^3+a)=z^5\cdot(3a/8)$ und damit $z^5=-8/(3a)$. Wegen $(z^3)^5=(z^5)^3$ folgt hieraus $5^5a^5/24^5=8^3/(3^3a^3)$ bzw. $a^8=8^8\cdot 3^2/5^5$ und damit $|a|=8\cdot 3^{1/4}/(5^{5/8})\approx 3.85047$, was der Voraussetzung $|a|>4$ widerspricht. Damit ist gezeigt, daß φ keine mehrfachen Nullstellen besitzt.

Lösung (139.34) Es sei H die offene rechte Halbebene, also die Menge aller Zahlen $z\in\mathbb{C}$ mit $\operatorname{Re}z>0$. Wegen $\operatorname{Re}a>1$ ist der abgeschlossene Kreis $K_1(a)$ ganz in H enthalten; wir können daher eine reelle Zahl $R>0$ so groß wählen, daß $K_1(a)$ ganz in dem offenen Kreis $B_R(R)$ enthalten ist; aus $|z-a|\leq 1$ folgt also $|z-R|<R$. Nun sei C der Rand von $B_R(R)$, also die Kreislinie mit der Gleichung $|z-R|=R$. Für $z\in C$ gilt dann $|z-a|>1$. Wir betrachten nun die Funktionen $f(z):=z-a$ und $g(z):=\exp(-z)$.

Für $z\in C$ haben wir $|g(z)|=|\exp(-z)|=\exp(-\operatorname{Re}z)\leq 1<|z-a|=|f(z)|$. Nach dem Satz von Rouché hat dann die Funktion $f(z)+g(z)=\exp(-z)+z-a$ im Innern von C (also in $B_R(R)$) genau so viele Nullstellen wie f, also eine. Das bedeutet, daß die Gleichung $\exp(-z)+z=a$ in $B_R(R)$ genau eine Lösung hat. Da dies für alle hinreichend großen Zahlen $R>0$ gilt und da H die Vereinigung aller Kreise $B_R(R)$ mit $R>0$ ist, ist damit gezeigt, daß es genau eine Zahl $z\in H$ gibt, die die Gleichung $\exp(-z)+z=a$ erfüllt. Ist z reell, so ist offensichtlich auch a reell. Umgekehrt sei a reell; es gilt dann $a>1$. Die reelle Funktion $h(x):=\exp(-x)+x$ erfüllt $h(0)=1<a$ und $h(a)=\exp(-a)+a>a$, nimmt also nach dem Zwischenwertsatz im Intervall $(0,a)$ den Wert a an. Die eindeutige Lösung z liegt dann also im Intervall $(0,a)$ und ist daher insbesondere reell.

L140: Einfach zusammenhängende Gebiete

Lösung (140.1) (a) Die Abbildung $f_1(z) := z^2$ bildet die Menge A (also den ersten Quadranten) biholomorph auf die obere Halbebene ab, und diese wird dann gemäß Aufgabe (137.14) durch $f_2(z) := (z-i)/(z+i)$ biholomorph auf den Einheitskreis abgebildet. Eine Abbildung, die das Gewünschte leistet, ist also $f := f_2 \circ f_1$.

(b) Wir wenden zunächst die Translation $f_1(z) := z - 1/2$, dann die Drehung $f_2(z) := e^{i\pi/2} z$ und anschließend die Streckung $f_3(z) := \pi z$ an, um B zunächst in den Streifen $0 < \text{Re}(z) < 1$, dann in den Streifen $0 < \text{Im}(z) < 1$ und anschließend in den Streifen $0 < \text{Im}(z) < \pi$ zu überführen. Die Exponentialfunktion $f_4 := \exp$ überführt diesen Streifen nun in die obere Halbebene, und diese wird gemäß Aufgabe (137.14) durch $f_5(z) := (z-i)/(z+i)$ biholomorph auf den Einheitskreis abgebildet. Eine Abbildung, die das Gewünschte leistet, ist also $f := f_5 \circ f_4 \circ f_3 \circ f_2 \circ f_1$.

(c) Wir benutzen zunächst die Abbildung $f_1(z) := z/\sqrt{2}$, um die Menge C auf den oberen Halbkreis vom Radius 1 zu transformieren. Anschließend wenden wir die Abbildung $f_2(z) := i(1+z)/(1-z)$ an; gemäß Aufgabe (137.14) bildet diese den vollen Kreis vom Radius 1 auf die obere Halbebene ab, wegen

$$f_2(x+iy) = i \cdot \frac{1+x+iy}{1-x-iy} \cdot \frac{1-x+iy}{1-x+iy}$$
$$= \frac{-2y + i(1-x^2+y^2)}{(1-x)^2 + y^2}$$

daher den oberen Halbkreis auf den zweiten Quadranten $\{x + iy \mid x < 0, y > 0\}$. Die Abbildung $f_3(z) := e^{-i\pi/2} \cdot z$ ist geometrisch eine 90^0-Drehung im Uhrzeigersinn und bildet den zweiten auf den ersten Quadranten ab. Jetzt sind wir in der Situation von Teil (a) und können die dort gefundene Abbildung benutzen, um den ersten Quadranten in den Einheitskreis zu überführen.

(d) Die Abbildung $z \mapsto z^3$ ist eine biholomorphe Abbildung des ersten Quadranten nach D; die Umkehrabbildung $f_1(re^{i\varphi}) := \sqrt[3]{r} \cdot e^{i\varphi/3}$ (wobei φ der eindeutig definierte Polarwinkel im Bereich $0 < \varphi < 3\pi/2$ ist) bildet daher D biholomorph auf den ersten Quadranten ab. Wir sind jetzt in der Situation von Teil (a) und können die dort gefundene Abbildung benutzen, um den ersten Quadranten biholomorph in den Einheitskreis zu überführen.

(e) Die Möbiustransformation $f_1(z) := 1/z$ bildet den Kreis $|z - 1/2| = 1/2$ auf die Gerade $\text{Re}(z) = 1$ und den Kreis $|z-1| = 1$ auf die Gerade $\text{Re}(z) = 2$ ab. Weil $f(3/2) = 2/3$ zwischen diesen beiden Geraden liegt, bildet dann f_1 die Menge E biholomorph auf den Streifen $1/2 < \text{Re}(z) < 1$ ab. Die Abbildung $f_2(z) := 2z - (1/2)$ bildet diesen Streifen biholomorph auf den Streifen $1/2 < \text{Re}(z) < 3/2$ ab. Wir sind jetzt in der Situation von Teil (b) und können die dort gefundene Abbildung benutzen, um diesen letzten Streifen biholomorph in den Einheitskreis zu überführen. (Beachte, daß das Gebiet E einfach zusammenhängend ist, möglicherweise entgegen dem ersten Anschein eines "Lochs" in dieser Menge.)

(f) Die Möbiustransformation $f_1(z) := 1/z$ bildet den Kreis $|z-1| = 1$ auf die Gerade $\text{Re}(z) = 1/2$ ab (und dessen Innengebiet auf die Halbebene $\text{Re}(z) > 1/2$); sie bildet andererseits den Kreis $|z - i| = 1$ auf die Gerade $\text{Im}(z) = -1/2$ ab (und dessen Innengebiet auf die Halbebene $\text{Im}(z) < -1/2$). Also bildet f_1 die Menge F biholomorph auf die Vereinigung der beiden Halbebenen $\text{Re}(z) > 1/2$ und $\text{Im}(z) < -1/2$ ab. Die anschließende Translation $f_2(z) = z - (1/2) + (i/2)$ überführt diese Vereinigung in die Vereinigung der beiden Halbebenen $\text{Re}\, z > 0$ und $\text{Im}\, z < 0$, also des ersten, dritten und vierten Quadranten. Wenden wir nun $f_3(z) := -z$ an, so erhalten wir gerade die in Teil (d) betrachtete Menge D und können die dort gefundene Abbildung benutzen, um schließlich eine biholomorphe Abbildung auf den Einheitskreis zu erhalten.

Lösung (140.2) (a) Nach Satz (140.6) im Buch besteht $\text{Aut}(\mathbb{D})$ genau aus den Möbiustransformationen der Form

$$f(z) = c \cdot \frac{z - w}{\overline{w} z - 1}$$

mit $w \in \mathbb{D}$ und $|c| = 1$. (Das Vorzeichen des Nenners kann in den Vorfaktor c subsummiert werden.) Gemäß Aufgabe (137.12) sind dies genau die Abbildungen der Form

$$f(z) = \frac{az + b}{\overline{b} z + \overline{a}} \quad \text{mit } |a|^2 - |b|^2 = 1.$$

(b) Nachdem wir jetzt wissen, daß die in Aufgabe (137.12) angegebenen Möbiustransformationen bereits die sämtlichen Automorphismen von $\mathbb{D}$ sind, folgt aus Aufgabe (137.14) sofort, daß die Automorphismen von $\mathbb{H}$ genau die Abbildungen der folgenden Form sind:

$$f(z) = \frac{\alpha z + \beta}{\gamma z + \delta} \quad \text{mit } \alpha, \beta, \gamma, \delta \in \mathbb{R} \text{ und } \alpha\delta - \beta\gamma = 1.$$

(c) Es sei $f \in \text{Aut}(\mathbb{C})$; wir betrachten $g(z) := f(1/z)$ wie im Hinweis angegeben. Die Funktion f besitzt eine konvergente Potenzreihendarstellung $f(z) = a_0 + a_1 z + a_2 z^2 + \cdots$; es gilt dann

$$(\star) \qquad g(z) = a_0 + \frac{a_1}{z} + \frac{a_2}{z^2} + \ldots.$$

Es sei $w \in \mathbb{C} \setminus \{0\}$ beliebig. Wähle zwei disjunkte offene Kreisscheiben U_0 um 0 und U_w um w. Nach dem Satz von der Gebietstreue ist $g(U_w)$ eine offene Menge. Hätte g im Nullpunkt eine wesentliche Singularität, so könnten $g(U_0 \setminus \{0\})$ und $g(U_w)$ nach dem Satz von Casorati und Weierstraß (Satz (138.15)(c) im Buch) nicht disjunkt sein, was der Injektivität von g widerspräche. Also liegt im Nullpunkt keine wesentliche Singularität vor; die Laurentreihenentwicklung $(\star)$ besteht daher nur aus endlich vielen Termen. Das bedeutet aber, daß f ein Polynom ist (zunächst nur in einer Umgebung von 0, aufgrund des Eindeutigkeitssatzes für analytische Funktionen dann aber sogar auf ganz $\mathbb{C}$). Da f injektiv ist, kann f' keine Nullstelle besitzen (siehe Satz (137.15)(b) im Buch) und muß daher konstant sein. Hieraus folgt, daß f von der Form $f(z) = az + b$ mit $a \neq 0$ ist. Daß umgekehrt jede solche Abbildung eine biholomorphe Bijektion von $\mathbb{C}$ auf sich ist, ist trivial; es ist $f^{-1}(z) = (z-b)/a$.

Lösung (140.3) Es sei $f \in \text{Aut}(\mathbb{C}_\infty)$. Da die Möbiustransformationen transitiv auf $\mathbb{C}_\infty$ operieren, gibt es eine Möbiustransformation g mit $g(f(\infty)) = \infty$. Dann bildet $g \circ f$ die Menge $\mathbb{C}$ in sich ab, liefert also einen Automorphismus von $\mathbb{C}$. Nach Teil (c) der vorigen Aufgabe gibt es dann $a, b \in \mathbb{C}$ mit $g(f(z)) = az + b$ für alle $z \in \mathbb{C}$, also auch für alle $z \in \mathbb{C}_\infty$. Hieraus folgt $f(z) = g^{-1}(az+b)$ für alle $z \in \mathbb{C}_\infty$, so daß f eine Möbiustransformation ist. Umgekehrt definiert natürlich jede Möbiustransformation eine biholomorphe Bijektion von $\mathbb{C}_\infty$ auf sich. Also ist $\text{Aut}(\mathbb{C}_\infty)$ genau die Gruppe aller Möbiustransformationen.

Lösung (140.4) Wir setzen $g(z) := -if(iz)$ und haben dann $g'(z) = f'(iz)$, folglich $g(0) = if(0) = 0 = g(0)$ und $g'(0) = f'(0)$. Setze $c := |f'(0)|/f'(0) = |g'(0)|/g'(0)$ sowie $F(z) := c \cdot f(z)$ und $G(z) := c \cdot g(z)$. Die Abbildungen F und G bilden dann beide $\mathbb{D}$ biholomorph auf Q ab, und wir haben $F(0) = G(0)$ und $F'(0) = G'(0) > 0$. Nach der Eindeutigkeitsaussage des Riemannschen Abbildungssatzes (Satz (140.7)(d) im Buch) gilt daher $F = G$, folglich auch $f = g$, und das bedeutet $f(iz) = if(z)$ für alle $z \in D$. Es sei $f(z) = \sum_{n=1}^\infty c_n z^n$ die Potenzreihenentwicklung von f um den Nullpunkt. Die Bedingung $if(z) = f(iz)$ geht dann über in

$$\sum_{n=1}^\infty ic_n z^n = \sum_{n=1}^\infty c_n (iz)^n = \sum_{n=1}^\infty c_n i^n z^n.$$

Für alle $n \in \mathbb{N}$ gilt dann $ic_n = c_n i^n$ bzw. $c_n = c_n i^{n-1}$. Gilt also $n - 1 \not\equiv 0$ modulo 4, so folgt $c_n = 0$. Setzen wir $a_k := c_{4k+1}$, so ergibt sich $f(z) = \sum_{k=1}^\infty a_k z^{4k+1}$.

Lösung (140.5) (a) Es sei C eine stückweise glatte geschlossene Jordankurve, die ganz in $\mathbb{C} \setminus Z$ verläuft. Da Z unbeschränkt ist, kann Z nicht ganz im Innengebiet von C enthalten sein. Da Z zusammenhängend ist, kann Z aber auch nicht teilweise im Innen- und teilweise im Außengebiet von C enthalten sein. Also liegt Z ganz im Außengebiet von C. Die Kurve C umschließt also nur Punkte in $\mathbb{C} \setminus Z$. Damit ist gezeigt, daß $\mathbb{C} \setminus Z$ einfach zusammenhängend ist.

(b) Da Z beschränkt ist, können wir einen Kreis C mit hinreichend großem Radius so wählen, daß Z ganz im Innengebiet von C liegt. Dies zeigt, daß $\mathbb{C} \setminus Z$ nicht einfach zusammenhängend ist. Nun sei C irgendeine stückweise glatte geschlossene Jordankurve in $\mathbb{C}_\infty$, die ganz in $\mathbb{C}_\infty \setminus Z$ verläuft. Diese zerlegt $\mathbb{C}_\infty$ in zwei Gebiete, und da Z zusammenhängend ist, muß Z in einem dieser beiden Gebiete komplett enthalten sein. Deklarieren wir dieses als Außengebiet von C, so liegen also im Innengebiet von C nur Punkte aus $\mathbb{C}_\infty \setminus Z$. Dies zeigt, daß $\mathbb{C}_\infty \setminus Z$ einfach zusammenhängend ist.

Lösung (140.6) Wir benutzen die Ergebnisse der vorhergehenden Aufgabe.

(a) Ist Z unbeschränkt, so ist $\mathbb{C} \setminus Z$ einfach zusammenhängend. Nach dem Riemannschen Abbildungssatz gibt es daher eine biholomorphe Abbildung $f: \mathbb{C} \setminus Z \to D$. Wegen $U \subseteq \mathbb{C} \setminus Z$ ist dann $f|_U : U \to f(U) \subseteq D$ eine biholomorphe Abbildung.

(b) Ist Z beschränkt, so ist $\mathbb{C}_\infty \setminus Z$ einfach zusammenhängend. Wähle einen Punkt $z_0 \in Z$ und setze $\varphi(z) := 1/(z - z_0)$; dann ist das Bild $W := \varphi(\mathbb{C}_\infty \setminus Z)$ eine Teilmenge von $\mathbb{C}$, und weil Z mindestens zwei Punkte besitzt, sogar eine echte Teilmenge; es gilt also $W \subsetneq \mathbb{C}$. Als homöomorphes Bild einer einfach zusammenhängenden Menge ist W selbst einfach zusammenhängend. Nach dem Riemannschen Abbildungssatz gibt es eine biholomorphe Abbildung $g : W \to D$. Dann ist $g \circ \varphi$ eine biholomorphe Abbildung von U auf $(g \circ \varphi)(U) = g(\varphi(U)) \subseteq g(\varphi(\mathbb{C} \setminus Z)) \subseteq g(W) \subseteq D$.

Lösung (140.7) (a) Genau dann gilt $r_1 < |z| < R_1$, wenn $r_2 < |f(z)| < R_2$ gilt. Das ist aber wegen $|g(z)| = r_2 R_2 / |f(z)|$ genau dann der Fall, wenn $r_2 < |g(z)| < R_2$ gilt.

(b) Die stetige Abbildung f^{-1} bildet die kompakte Menge C wieder auf eine kompakte Menge ab. Hieraus folgt sofort die Existenz einer Zahl $\varepsilon > 0$ mit $f^{-1}(C) \subseteq K_{r_1 + \varepsilon, R_1 - \varepsilon}$; das Urbild $f^{-1}(C)$ ist also disjunkt zu den "Sicherheitszonen" $K_{r_1, r_1 + \varepsilon}$ und $K_{R_1 - \varepsilon, R_1}$, die in der folgenden Abbildung in grüner Farbe zu sehen sind.

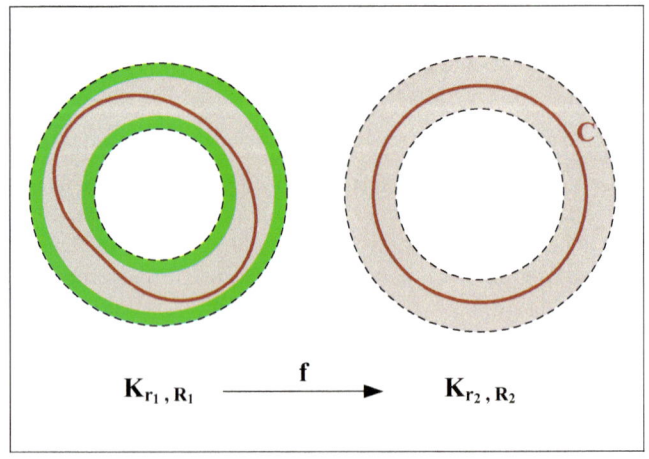

Dann sind $f(K_{r_1, r_1 + \varepsilon})$ und $f(K_{R_1 - \varepsilon, R_1})$ zusammenhängende Teilmengen von K_{r_2, R_2}, die disjunkt zu C sind und daher jeweils in einer der beiden Zusammenhangskomponenten von $K_{r_2, C_2} \setminus C$ enthalten sein müssen. Wir behaupten, daß sie nicht beide in der gleichen Zusammen-

140. Einfach zusammenhängende Gebiete

hangskomponente enthalten sein können. Es sei Z eine dieser beiden Komponenten, also entweder $Z = K_{r_2,\rho}$ oder $Z = K_{\rho,R_2}$. Wähle $p \in K_{r_1,r_1+\varepsilon}$ und $q \in K_{R_1-\varepsilon,R_1}$. Lägen $f(p)$ und $f(q)$ beide in Z, so könnten sie durch einen Weg α in K_{r_2,R_2} verbunden werden, der disjunkt zu C ist. Dann wäre aber $f^{-1} \circ \alpha$ ein Weg von p nach q in K_{r_1,R_1}, der disjunkt zu $f^{-1}(C)$ ist, und einen solchen kann es nicht geben.

(c) Es gelte $|z_n| \to r_1$; ab einem gewissen Index (o.B.d.A. $n = 1$) gilt also $z_n \in K_{r_1,r_1+\varepsilon}$. Dann ist $(f(z_n))$ eine Folge in $K_{r_2,\rho}$, die aber keinen Häufungspunkt in $K_{r_2,\rho}$ besitzen kann (denn aus $f(z_{n_k}) \to w$ würde $z_{n_k} \to f^{-1}(w)$ und damit $|z_{n_k}| \to |f^{-1}(w)| > r_1$ folgen). Also muß $|f(z_n)| \to r_2$ gelten. Vollkommen analog folgt aus $|z_n| \to R_1$ die Beziehung $|f(z_n)| \to R_2$.

(d) Unter Benutzung der Gleichungen $\partial_z f = f'$ und $\partial_z \overline{f} = 0$ erhalten wir

$$
\begin{aligned}
(\partial_z \Phi)(z) &= \partial_z \left(\ln(|f(z)|^2) - \alpha \ln(|z|^2) \right) \\
&= \partial_z \left(\ln(f(z)\overline{f(z)}) - \alpha \ln(z\overline{z}) \right) \\
&= \frac{f'(z) \cdot \overline{f(z)} - f(z) \cdot 0}{f(z)\overline{f(z)}} - \alpha \cdot \frac{1 \cdot \overline{z} - z \cdot 0}{z\overline{z}} \\
&= \frac{f'(z)}{f(z)} - \frac{\alpha}{z}.
\end{aligned}
$$

Nach Teil (c) folgt für $|z| \to r_1$ zunächst $|f(z)| \to r_2$ und damit $\Phi(z) \to 0$, für $|z| \to R_1$ andererseits $|f(z)| \to R_2$ und damit aufgrund der Definition von α ebenfalls $\Phi(z) \to 0$. Also ist Φ eine harmonische Funktion, die durch die Nullfunktion als Randwertfunktion stetig auf $\overline{K_{r_1,R_1}}$ fortsetzbar ist. Diese Fortsetzung ist dann aber eine stetige Funktion auf einer kompakten Menge, nimmt also ihr Minimum und Maximum an. Als harmonische Funktion auf einer zusammenhängenden Menge, die ein Extremum annimmt, ist dann Φ zwangsläufig konstant.

(e) Wegen $\partial_z \Phi = 0$ gilt

$$
\begin{aligned}
0 &= \frac{1}{2\pi i} \int_\Gamma (\partial_z \Phi)(z) \\
&= \frac{1}{2\pi i} \int_\Gamma \frac{f'(z)}{f(z)} dz - \frac{\alpha}{2\pi i} \int_\Gamma \frac{dz}{z} \\
&= \frac{1}{2\pi i} \int_\Gamma \frac{f'(z)}{f(z)} dz - \alpha.
\end{aligned}
$$

Also gilt

$$
\alpha = \frac{1}{2\pi i} \int_\Gamma \frac{f'(z)}{f(z)} dz,
$$

und dies ist eine ganze Zahl: Ist nämlich $t \mapsto z(t)$ mit $a \leq t \leq b$ eine Parametrisierung von Γ, so ist $w(t) := f(z(t))$ ein Parametrisierung von $f(\Gamma)$, und es gilt

$$
\begin{aligned}
\alpha &= \frac{1}{2\pi i} \int_\Gamma \frac{f'(z)}{f(z)} dz = \frac{1}{2\pi i} \int_a^b \frac{f'(z(t))}{f(z(t))} \dot{z}(t) dt \\
&= \frac{1}{2\pi i} \int_a^b \frac{\dot{w}(t)}{w(t)} dt = \frac{1}{2\pi i} \int_{f(\Gamma)} \frac{d\zeta}{\zeta},
\end{aligned}
$$

und dies ist gerade die Windungszahl der Bildkurve $f(\Gamma)$ um den Nullpunkt. Es ist nun intuitiv einleuchtend, daß diese Zahl gleich 1 ist, denn wegen der Injektivität von f kann $f(\Gamma)$ nur einmal um den Nullpunkt herumlaufen. Wir wollen uns aber nicht auf unsere Intuition verlassen, sondern die Gleichung $\alpha = 1$ nachrechnen. Unmittelbar nach Definition ist $\alpha > 0$; also ist α eine natürliche Zahl. Die Ableitung der Funktion $z \mapsto z^{-\alpha} f(z)$ ist

$$
\begin{aligned}
(d/dz)(z^{-\alpha} f(z)) &= -\alpha z^{-\alpha-1} f(z) + z^{-\alpha} f'(z) \\
&= z^{-\alpha} f(z) \cdot \left(\frac{f'(z)}{f(z)} - \frac{\alpha}{z} \right) = 0.
\end{aligned}
$$

Also ist diese Funktion konstant, sagen wir $z^{-\alpha} f(z) = C$. Daher ist $f(z) = Cz^\alpha$ bis auf eine Konstante eine Potenzfunktion. Da f auf dem Kreisring K_{r_1,R_1} injektiv ist, folgt hieraus $\alpha = 1$. Das bedeutet aber $R_2 : r_2 = R_1 : r_1$.

Lösung (140.8) (a) Gibt es eine biholomorphe Abbildung $f : K_{r_1,R_1} \to K_{r_2,R_2}$, so gilt $R_1/r_1 = R_2/r_2$ nach der vorherigen Aufgabe. Umgekehrt gelte diese Bedingung. Setzen wir dann $\alpha := R_2/R_1 = r_2/r_1$, so sind $f(z) = \alpha z$ und $g(z) = \alpha^{-1} z$ zueinander inverse holomorphe Abbildungen $f : K_{r_1,R_1} \to K_{r_2,R_2}$ und $g : K_{r_2,R_2} \to K_{r_1,R_1}$. (Geometrisch sind f und g einfach Streckungen mit α und α^{-1} als Streckfaktoren.)

(b) Setzen wir $\alpha := R_2/R_1$, so sind $f(z) = \alpha z$ und $g(z) = \alpha^{-1} z$ zueinander inverse holomorphe Abbildungen $f : K_{0,R_1} \to K_{0,R_2}$ und $g : K_{0,R_2} \to K_{0,R_1}$.

(c) Gäbe es eine biholomorphe Abbildung $f : K_{0,1} \to K_{r,R}$, so wäre der Nullpunkt gemäß Nummer (138.15)(b) des Buchs eine hebbare Singularität von f, so daß sich f zu einer holomorphen Abbildung $F : B_1(0) \to K_{r,R} \cup \{F(0)\}$ fortsetzen ließe, was unmöglich ist, da es dem Satz von der Gebietstreue widerspräche.

Lösung (140.9) (a) Wir wollen für eine gegebene Zahl $z = x + iy \in \mathbb{C}$ eine Zahl $w = u + iv \in \mathbb{C}$ finden mit $w^2 = z$, also $(u + iv)^2 = x + iy$ bzw. $u^2 - v^2 + 2iuv = x + iy$. Vergleich von Real- und Imaginärteil führt auf die Gleichungen

$$u^2 - v^2 = x \quad \text{und} \quad 2uv = y.$$

In dem Sonderfall $y = 0$ ist entweder $u = 0$ (und damit $x = -v^2 \leq 0$) oder $v = 0$ (und damit $x = u^2 \geq 0$. Für $y \neq 0$ gilt $v = y/(2u)$ und damit $u^2 - y^2/(4u^2) = x$ bzw. $u^4 - xu^2 - (y^2/4) = 0$. Diese biquadratische Gleichung hat die beiden Lösungen

$$u = \pm \frac{\sqrt{x + \sqrt{x^2+y^2}}}{\sqrt{2}},$$

wobei mit $\sqrt{\bullet}$ die übliche auf $(0, \infty)$ definierte reelle Wurzel bezeichnet wird. Es folgt dann

$$v = \frac{y}{2u} = \pm \frac{y}{\sqrt{2}\sqrt{\sqrt{x^2+y^2}+x}} \cdot \frac{\sqrt{\sqrt{x^2+y^2}-x}}{\sqrt{\sqrt{x^2+y^2}-x}}$$

$$= \pm \frac{y}{|y|} \cdot \frac{\sqrt{\sqrt{x^2+y^2}-x}}{\sqrt{2}} = \pm \operatorname{sign}(y) \cdot \frac{\sqrt{\sqrt{x^2+y^2}-x}}{\sqrt{2}}.$$

Das Auftreten der Signumfunktion in der Darstellung von v zeigt, daß ein Vorzeichenwechsel von y (beispielsweise beim Durchlaufen einer Kurve) automatisch zu einem Wechsel im Vorzeichen von v und damit zu einem Übergang zum jeweils anderen Zweig der Wurzelfunktion führt, wenn man diese analytisch fortsetzen will.

(b) Ordnet man jedem Punkt $z \in F$ den jeweiligen Wert w der Wurzelfunktion zu, so erhält man alle Punkte (z, w) mit $w^2 = z$. Die Wurzelfunktion selbst ist dann einfach die Abbildung $W : F \to \mathbb{C}$ mit $W(z, w) = w$.

Aufgaben zu »Einfach zusammenhängende Gebiete« siehe Seite 157

Nachwort

Im Vorwort zum zweiten Band seiner vorzüglichen Einführung in die Kombinatorik[1] machte Max Jeger die folgende Beobachtung:

Die neuere Mathematik-Didaktik hat ... im deutschsprachigen Raum einen höchst eigenwilligen Lesertypus hervorgebracht, der vereinzelt auch schon bei den Exegeten oder Buchbesprechern anzutreffen ist. Ich meine damit jene Sittenrichter aus der Zunft der sogenannten Didaktiker, die bei der Lektüre eines Buches primär nur an der Frage interessiert sind, auf wie viele Arten ein bestimmter Text falsch interpretiert werden könnte. Ich möchte klarstellen, daß ich diese Form des kritischen Hinterfragens nicht zur abzählenden Kombinatorik zähle; sie dürfte wohl eher als Pflichtübung für angehende oder bereits etablierte Verunsicherungsräte einzustufen sein. Dogmatiker und Formalisten mögen diesen zweiten Band des Kombinatorik-Studienbuches besser nicht zur Hand nehmen, denn er ist ebenfalls für Leser mit einem intakten mathematischen Gemüt geschrieben, für Leser also, die sich gerne von einem reizvollen Gegenstand etwas faszinieren lassen möchten.

Seit der Niederschrift dieser Zeilen ist fast ein halbes Jahrhundert vergangen, und es ist nicht mehr feststellbar, was Max Jeger (gestorben 1991) zu Aufgaben wie der folgenden – für neuere deutsche Schulbücher nicht untypischen – gesagt hätte.

Der Windchill beschreibt den Unterschied zwischen der gemessenen Lufttemperatur und der gefühlten Temperatur in Abhängigkeit von der Windgeschwindigkeit. Er ist damit ein Maß für die windbedingte Abkühlung eines Objekts, speziell eines Menschen und dessen Gesicht. Die Formel zur Berechnung lautet:

$$WCT = 13,12 + 0,6125 \cdot T - 11,37 \cdot v^{0,16} + 0,3965 \cdot T \cdot v^{0,16}$$

(WCT: Windchill-Temperatur in ^0C, T: Lufttemperatur in ^0C, v: Windgeschwindigkeit in km/h). Berechne die gefühlte Temperatur (WCT) für eine Lufttemperatur von 10 ^0C und Windgeschwindigkeiten von 10 km/h, 15 km/h und 20 km/h.

Aufgaben wie diese tragen leider nicht zur Förderung eines "intakten mathematischen Gemüts" und zum Erwecken von Faszination für reizvolle mathematische Gegenstände bei, sondern mindern und beschädigen eher das Interesse am Fach Mathematik und die Wertschätzung mathematischer Begriffsbildungen und Methoden, und zwar in mehrfacher Hinsicht.

• Klarheit der Begriffsbildung: Gemäß dem ersten Satz der Aufgabe ist der "Windchill" eine Temperaturdifferenz; der zweite Satz suggeriert eher eine Änderungsrate der Temperatur ("Abkühlung"); der letzte Satz sagt schließlich ausdrücklich, der "Windchill" sei die "gefühlte Temperatur". Man fragt sich unwillkürlich, was denn nun eigentlich gemeint sei. Bereits die bloße Formulierung der Aufgabe konterkariert daher eine der bedeutendsten Leistungen der Mathematik, nämlich die Bemühung um begriffliche Klarheit und die Herausbildung einer präzisen Sprache.

• Modellbildung: Die Aufgabe suggeriert, die mathematische Formulierung eines realen Phänomens bestehe in der (ohne physikalische Erklärung vom Himmel fallenden) Angabe einer "Formel", in die dann irgendwelche Werte einzusetzen seien. Angesichts der Art der angegebenen Formel ist ferner klar, daß mit der Aufforderung "Berechne" gar keine Rechenleistung gefordert wird, sondern nur das Eintippen in einen Taschenrechner. Es wird ein völlig falsches Bild davon vermittelt, was es heißt, mathematische Beschreibungen der Wirklichkeit zu formulieren und anzuwenden.

• Realitätsbezug: Eine der ersten und einfachsten Maßnahmen, um eine (woher auch immer stammende) Formel auf ihre Plausibilität hin zu überprüfen, ist das Einsetzen spezieller Werte[2]. Tut man dies in der angegebenen Aufgabe mit $v = 0$ und $T = 0$ (egal, ob mit oder ohne Taschenrechner), so ergibt sich der Wert $WCT = 13,12$. Demnach verspürt man also an einem windstillen Tag bei Temperaturen um den Gefrierpunkt im Gesicht eine Temperatur von $13,12\ ^0C$. Glauben die Verfasser des fraglichen Schulbuchs das tatsächlich?

Es geht hier nicht darum, ein Klagelied über den Niedergang der Mathematikausbildung anzustimmen, aber man sollte die Gefahr solcher Entwicklungen auch nicht unterschätzen: Kulturelle Errungenschaften (und dazu zähle ich die Entfaltung mathematischer Methoden über die Jahrhunderte hinweg!) können schneller verlorengehen, als fortschrittsgläubige Optimisten glauben mögen. Ein Beispiel dafür ist etwa die Aufführungspraxis Bachscher Werke im Rahmen der "Bach-Renaissance" des 19. Jahrhunderts, als die hohen Trompetenpartien in eine

---

[1] Max Jeger, *Einführung in die Kombinatorik*, Ernst Klett Verlag, Stuttgart 1973 (Band 1) und 1976 (Band 2)

[2] Offenbar werden Schüler im Unterricht dazu gar nicht mehr angehalten. Anders wäre kaum zu erklären, warum in einem aktuellen Einführungstest in einem ingenieurwissenschaftlichen Studiengang mehr als die Hälfte der Teilnehmer glaubt, es gelte allgemein $\sqrt{a^2 + b^2} = a + b$.

niedrigere Lage versetzt oder aber Oboen und Klarinetten übertragen werden mußten, weil es kaum noch Trompeter gab, die die barocke Clarinblaskunst beherrschten, wie etwa Carl Friedrich Zelter (1758-1832), von 1800 an bis zu seinem Tod Leiter der Berliner Sing-Akademie, konstatierte:[3]

> *Die Trompetenstimme zu dieser Musik [BWV 147] wird in unsern Zeiten am besten auf der Hoboe können gespielt werden. Will man dennoch gern eine Trompete dabey haben so können die Stellen welche bequem herauszubringen sind, von einer Trompete neben her producirt werden.*

Andererseits bietet gerade dieses Beispiel auch Anlaß zur Hoffnung, denn sowohl eine Rückbesinnung auf handwerkliche Aspekte des Trompetenspiels als auch technische Verbesserungen im Trompetenbau sorgten dafür, daß mittlerweile wieder – und in größerer Breite als früher – Darbietungen Bachscher Werke und auch anderer barocker Kompositionen mit herausragend gut gespielten Trompetenpartien zu hören sind, und zwar sowohl in historischer als auch in moderner Aufführungspraxis.

Die beiden genannten Faktoren – die Rückbesinnung auf handwerkliche Aspekte und die Nutzung neuer technischer Möglichkeiten – erscheinen mir auch im Bereich der Mathematikausbildung notwendig und zielführend, etwa durch die Wertschätzung konkreter Rechnungen sowie die Behandlung gut ausgewählter Beispiele vor der Darlegung allgemeiner und abstrakter Theorien einerseits, durch den Einsatz von Computern zur Programmierung mathematischer Algorithmen und zur graphischen Veranschaulichung mathematischer Ergebnisse andererseits. Erst eine eingeübte und gesicherte Rechenpraxis und eine gute Kenntnis vieler Beispiele und Gegenbeispiele bieten eine solide Grundlage, auf der dann mathematische Theoriegebäude in sinnvoller und tragfähiger Weise errichtet werden können und auf der ein geistiger und begrifflicher Ordnungsrahmen erwachsen kann, in den sich eine Vielzahl von Einzelfakten systematisch einordnen läßt. Gelingt dies, so wird die Fülle des Stoffes auch nicht als Problem empfunden, sondern als Reichtum.

Ich hoffe, daß sich der Reichtum mathematischer Fragestellungen auch im vorliegenden Aufgaben- und Lösungsbuch widerspiegelt. In meinen eigenen Lehrveranstaltungen, aus denen heraus dieses Buch entstanden ist, sehe ich stets einen hohen Anteil an Übungen vor, und auch in den Vorlesungen bemühe ich mich, die Einführung neuer Begriffe und die Bedeutung mathematischer Sätze stets durch durchgerechnete konkrete Beispiele und Aufgaben zu motivieren und vorzubereiten, dabei eine künstliche Trennung fachlicher und didaktischer Aspekte vermeidend. Die langjährige Erfahrung zeigt, daß es dadurch gelingt, zur eigenständigen Beschäftigung mit Mathematik, zum Formulieren eigener Fragen und zur Herausbildung eines "intakten mathematischen Gemüts" anzuregen.

Zahlreiche Fragen, Kommentare und Anregungen zu Übungsaufgaben, die sich in den Lehrveranstaltungen ergaben, sind in dieses Buch eingeflossen, und ich bin meinen Studenten für die intensive und inspirierende Kommunikation und Zusammenarbeit in den Lehrveranstaltungen zutiefst dankbar. Daß sich aus dieser Zusammenarbeit aktuell sogar einige wissenschaftliche Publikationen mit studentischen Koautoren ergaben, ist in der Hochschullandschaft – und an Fachhochschulen/Hochschulen für angewandte Wissenschaften gleich gar – eher selten und zeigt, zu welch schönen Erfolgen ein Lehrkonzept führen kann, das auf einer Verzahnung begrifflicher und rechnerischer Zugänge basiert:

- Lilija Naiwert, Karlheinz Spindler: *Use of Concrete Examples and Visualizations to Improve the Discussion of Pontryagin's Maximum Principle in Control Education*, International Journal of Education and Information Technologies **13**, 2019, S. 168-179;
- Friederike Liebaug, Karlheinz Spindler: *Logical equivalence of the fundamental theorems on operators between Banach spaces*, Elemente der Mathematik **75** (1), 2020, S. 15-22;
- Lilija Naiwert, David Ailabouni, Karlheinz Spindler: *The possible states of a population of eusocial insects*, IFAC Journal of Systems and Control **11**, 2020, 100075;
- Lilija Naiwert, Karlheinz Spindler: *Phase portraits, Lyapunov functions, and projective geometry*, Mathematische Semesterberichte **68** (1), 2021, S. 143-161.

Diese Veröffentlichungen ergaben sich unmittelbar aus Lehrveranstaltungen heraus, teilweise, um Fragen zu beantworten, die in den Übungen aufkamen, teilweise, um einfachere Herleitungen für als schwierig empfundene Vorlesungsinhalte zu finden, teilweise, um gute Beispiele zu identifizieren, an denen sich mathematische Aussagen illustrieren lassen. Bei der Zusammenarbeit, die zu diesen Veröffentlichungen führte, wurde auch etwas spürbar von der Schönheit und Faszination der Mathematik. Nach einem bekannten Bonmot des englischen Mathematikers Godfrey Harold Hardy (1877-1947) ist Schönheit das entscheidende Kriterium dafür, was gute Mathematik ausmacht: "Beauty is the first test: there is no permanent place in the world for ugly mathematics." Dem ist hier nichts hinzuzufügen.

A. D. 2021   Karlheinz Spindler

---

[3] Edward Tarr: *Friedrich Benjamin Queisser, Julius Kosleck und der Übergang von Natur- zu Ventiltrompeten im 19. Jahrhundert*, Seite 127. In: Anselm Hartinger, Christoph Woll, Peter Wollny (Hrsg.): *Von Bach zu Mendelssohn und Schumann – Aufführungspraxis und Musiklandschaft zwischen Kontinuität und Wandel*; Verlag Breitkopf & Härtel, Wiesbaden 2012.

Index

Im Index sind die Einträge zu allen drei Aufgabenbänden enthalten. Hervorgehoben sind diejenigen Begriffe, zu denen es Aufgaben im vorliegendem Band gibt.

A

Abelsche partielle Summation ..... (75.23), nach (138.43)
Abelscher Grenzwertsatz .... nach (76.15)
Ablaufplan .... (7.18)
Abrollen eines Kreises .... (79.13), (99.1)
Abschätzung einer Norm durch eine andere .... (68.5)
Abschneidefunktion .... (89.34)
Absorptionsgesetze .... (1.9), (3.13)
Absorptionskoeffizient .... (33.16)
Abtasttheorem .... (127.13)
Achill und Schildkröte .... (75.4)
adjungierte Variablen .... (71.61)
Äquivalenz von Normen .... (68.4), (84.7)
Aizerman .... (123.29)
Aktenbearbeitung .... (136.10)
algebraisch abgeschlossen .... (62.14)
algebraische Körpererweiterung .... (62.12)
algebraischer Abschluß .... (62.14)
Algorithmus von Leverrier .... (56.34)
alternierende Matrix .... (36.19)
Annäherungsrichtungen an Gleichgewichtslage ... (121.2)
Ansatz vom Typ der rechten Seite .... (119.16)
Antikette .... (7.14)
Antinomien .... (3.21), (11.16)
Arbelos .... (102.7)
Arithmetik auf Kegelschnitten .... (70.23)
arithmetisches Mittel .... (7.32), (67.11)
arithmetisch-geometrische Ungleichung .... (23.16)
arithmetisch-geometrisches Mittel .... (73.31)
Assoziativgesetze .... (1.9), (3.13)
Asymptoten einer Hyperbel .... (45.12)
Ausgleichsellipse .... (98.37)
Ausgleichsparabel .... (95.17)
Außenwinkelsatz .... (38.3)
Auswertungsabbildung .... (52.3)
Automorphismengruppe eines Gebiets . (137.14), (140.2), (140.3)
Automorphismengruppe eines Graphen .... (31.10)
Axonometrie .... (69.20)

B

babylonisches Wurzelziehen .... (73.26)
Banachsches Streichholzproblem .... (129.23)
Beil des Archimedes .... (39.4)
Beltrami-Bedingung .... (100.28)
Bernoullische Differentialgleichung .... (117.9), (118.27)
Bernstein .... (9.3)
Bernstein-Polynome .... nach (82.79)
beschränkte Funktion .... (82.65)
beschränkte Schwankung .... (82.77), (109.38)
beschränkte Variation .... (82.77), (109.38)
Bevölkerung der USA .... (124.6)
bielliptischer Transfer .... (120.28)
Bierdose .... (112.17)
biholomorph .... (137.14)
Billardkugel .... (120.64)
Binomialreihe .... (76.13)
Bisektionsverfahren .... (82.42)
Blandsche Regel .... (71.51)
Bleistiftspitzen .... (111.27)
Boxtopologie .... (85.36)
Bratschensaite .... (120.35)
Brechungsgesetz .... (91.94)
Breitenkreis .... (100.17)
Brinell .... (42.18)
Brouwerscher Fixpunktsatz ...... (116.18/19), (136.14)
Brussels Sprouts .... (88.16)

C

Cantor-Funktion .... (105.13)
Cantor-Menge .... (73.52)
Cantorsche Normalform einer Ordinalzahl .... (15.21)
Cantorsches Diskontinuum .... (73.52)
Cauchyfolge .... (49.23)
Cauchy-Schwarzsche Ungleichung .... (23.17)
Cauchysche Ungleichung .... (138.34)
Cauchysches Verdichtungskriterium .... (75.24)
Cayley-Rodrigues-Parameter .... (72.18)
Cayleysche Formel .... (72.18)

chordaler Abstand .... (74.7)
Clairautsche Differentialgleichung .... (117.13)
Clairautsche Relation .... (100.17)
Collatz-Vermutung .... (12.33)
Computertomographie .... (33.16), (35.6)
Conway .... (75.32)
cum hoc ergo propter hoc .... (3.19)

D

Dakin-Verfahren .... (71.69)
Dandelinsche Kugeln .... (45.20)
Darboux-Dreibein .... (100.34)
Dedekindscher Schnitt .... (41.8)
Dehn-Invariante .... (61.20)
descente infinie .... (12.36)
Determinante .... (31.12)
Determinantenteiler .... (55.13)
Diagrammjagd .... (51.15)
Diedergruppe .... (72.2)
Dilworth .... (7.16)
dimetrische Projektion .... (69.21)
Direktbedarfsmatrix .... (34.13)
direktes Produkt von Ringen .... (24.8)
direktes Relationenprodukt .... (5.12)
Dirichlet-Test .... (82.71)
Dirichletsches Konvergenzkriterium .... (75.23), nach (138.43)
Dirichletsches Schubfachprinzip .... (10.6)
Diskretisierungsabbildung .... (51.26)
Dispersion .... (91.94)
Distributivgesetze .... (1.9),(3.13)
Dodekaeder .... (48.23)
Doppelfolge .... (73.37)
Doppler-Effekt .... (21.28)
Dreiecksungleichung nach unten .... (81.1)
Drudenfuß .... (42.4)
dualer Austauschschritt .... (71.65)
duales Problem .... (71.62)
Dualität bei p-Normen .... (84.10)
Dualitätsprinzip .... (70.20)
Dualkegel .... (71.10)
Dubinssches Problem .... (48.25)
Duschtemperatur .... (117.42), (128.12), (139.28)
dyadische Darstellung .... (73.51)

E

Eigenachsendrehung .... (90.10-12), (120.60-63)
Einheitengruppe eines Monoids .... (31.23)
Einheitskugeln .... (84.3)
Einheitsmatrix .... (24.4)
Einhüllende .... (97.28), (117.13)

Einsteinsche Summationskonvention .... (61.19)
Eisenstein-Kriterium .... (26.22)
Elementardrehung .... (72.22)
elementarsymmetrische Polynome .... (25.17)
elliptischer Punkt .... (100.4)
elliptisches Integral .... (109.22)
endlich erzeugter Kegel .... (71.12)
Energieellipsoid .... (120.65)
Energiefunktional .... (100.27)
entarteter Knoten .... (122.3)
Enveloppe .... (97.28), (99.5), (117.13)
Enveloppenbedingung .... (97.28)
Erdumfang .... (37.6)
Erfüllungsmenge einer Aussageform .... (3.25)
erstes Integral .... (123.13)
Eselsbrücke .... (38.2)
Euler-Lagrange-Gleichung .... (100.27)
Eulersche Differentialgleichung .... (119.64)
Eulersche Kreiselgleichungen .... (120.65)
Eudoxos .... (41.5)
Euklidischer Algorithmus .... (41.2)
Eulersche Polyederformel .... (40.9)
Eulersche Substitutionen .... (109.23)
Evaluationsabbildung .... (52.8)
Evolute .... (99.4)
Evolvente .... (99.21)
exakte Differentialgleichung .... (117.6)
exakte Sequenz .... (51.15)
extensionale Gleichheit .... (2.4)
extensionale Relation .... (7.12)

F

Fahrradspur .... (90.1)
Fallschirmspringer .... (80.7), (117.23)
Fastmetrik .... (81.20)
Feinheit einer Partition .... (85.35)
Fibonacci-Folge .... (50.7)
Fibonacci-Zahlen .... (28.15), (50.7), (56.6), (76.8)
Fitting-Zerlegung .... (54.13)
Fixpunkt .... (4.2), (137.5), (138.13)
Fixpunkteigenschaft .... (116.19)
Fixpunktsatz von Tarski .... (9.2)
Flachpunkt .... (100.37)
Fluchtgeschwindigkeit einer Rakete .... (117.21)
Formel von Cayley .... (72.18)
Formel von Pick .... (59.4)
Fourier-Entwicklung .... (84.29)
Frobenius .... (55.15)
Frobenius-Norm .... (65.14), (67.17)
Fünferlemma .... (51.16)
Funktionsgrenzwert .... (73.45)

G

Galilei-Transformation . . . . (90.13)
Gammafunktion . . . . (109.11)
ganzzahlige lineare Optimierung . . . . (71.66)
Garnrolle . . . . (120.38)
Gaußklammerfunktion . . . . (73.1), (73.40)
Gefangenendilemma . . . . (3.8)
gegenseitige Lage von Kugeln . . . . (68.6)
Gemüsekeller . . . . (126.15)
geodätische Krümmung . . . . (100.32)
geodätische Kurve . . . . (100.12), (100.16)
geodätische Torsion . . . . (100.34)
geometrische Summenformel . . . . (12.2)
geometrisches Mittel . . . . (7.32)
gerades Polynom . . . . (25.1)
Gerüchte . . . . (136.8)
Gesamtbedarfsmatrix . . . . (34.25)
Gesamtbedarfsvektor . . . . (34.25)
Gibbssches Phänomen . . . . (126.13)
Gitterpunkte . . . . (59.4)
gleichgradig stetig . . . . (82.53)
gleichmäßig gleichgradig stetig . . . . (82.53)
gleichmäßig konvergent . . . . vor (82.59)
gleichmäßig Lipschitz-stetig . . . . (87.18)
Gomory-Verfahren . . . . (71.67)
Gompertzsches Wachtsumsmodell . . . . (117.28)
Gozinto-Graph . . . . (34.13)
Gradientenfeld . . . . (115.7)
Grenzwerte für Matrizen . . . . (84.2)
Guldinsche Regeln . . . . (112.15)

H

Hadamard-Produkt . . . . (34.9)
halbeinfach . . . . (62.17)
Halbmetrik . . . . (81.21), (82.63)
Hamming-Abstand . . . . (81.3), (86.22)
harmonische Funktion . . . . (116.21), (138.36)
harmonisches Mittel . . . . (7.32), (21.26), (67.11)
harmonisch-arithmetisches Mittel . . . . (73.33)
harmonisch-geometrisches Mittel . . . . (73.32)
Hauptsatz der Axonometrie . . . . (69.20)
Hausdorff-Metrik . . . . (81.9), (82.56), (87.22-26)
Hausdorff-Raum . . . . (85.32)
Hebebühne . . . . (120.45)
Heeresformation . . . . (77.11), (120.66)
Heizungsregelung . . . . (117.24)
Helikoid . . . . (100.2), (100.6)
Hermite-Funktionen . . . . (127.11/12)
Heronsche Formel . . . . (102.1)
hexagramma mysticum . . . . (70.18)
Hilberts Hotel . . . . (11.11)

Hodge-Dualität . . . . (64.8)
Hodge-Operator . . . . (72.23)
Höhenlinien . . . . (93.1), (93.2)
Höldersche Ungleichung . . . . (84.8), (84.9)
Hohmann-Transfer . . . . (120.26)
homogene Gleichung . . . . (117.4)
homogenes Polynom . . . . (25.15)
Homomorphiesatz . . . . (51.23)
Horner-Schema . . . . (26.1)
Horntorus . . . . (97.10), (97.23)
Householder-Transformation . . . . (67.22)
Hüllaxiome . . . . (85.25)
Hyperbelkonstruktion . . . . (45.9)
hyperbolische Ebene . . . . (58.19)
hyperbolischer Punkt . . . . (100.4)
hyperbolisches Paar . . . . (58.19)

I

Ideal . . . . (24.15)
idempotentes Element . . . . (4.15)
Idempotenzgesetze . . . . (1.9), (3.13)
Identität des Ptolemäus . . . . (43.23), (43.24)
Ikosaeder . . . . (48.24)
inhomogene Gleichung . . . . (117.4)
Input-Output-Analyse nach Leontieff . . . . (68.15)
instabiler Knoten . . . . (122.2)
instabiler Strudel . . . . (122.4)
instabiler Unterraum . . . . (122.7)
intensionale Gleichheit . . . . (2.4)
integrierender Faktor . . . . (117.7)
Interpolationspolynom . . . . (52.6)
Intervallschachtelungsprinzip . . . . (83.2)
Invarianzprinzip von LaSalle . . . . . . (123.30-33), (123.39)
Inversion am Kreis . . . . (45.1), (137.10)
invertierbares Matrixpolynom . . . . (55.10)
Involute . . . . (99.21)
Involution, involutive Abbildung . . . . (4.14), (30.21)
Isogonaleigenschaft von Kegelschnitten . . . . . . (45.18,27/28)
Isometrie . . . . (58.20)
isometrische Projektion . . . . (69.21)

J

Jaccard-Metrik . . . . (81.17)
Jensensche Ungleichung . . . . (71.25)
Joukowsky-Profil . . . . (137.15)

K

Kabeldurchhang . . . . (80.8), (117.25)
Kaffee . . . . (111.28), (117.39)
Kante eines Kegels . . . . (71.9)
kartesisches Blatt . . . . (96.15)
kartesisches Produkt von Abbildungen . . . . (4.16)

Katenoid	(100.1), (100.6)
Kausalität eines Operators	(125.4-6)
Kaustik	(97.29)
Kavalierperspektive	(69.21)
Kette	(7.14)
Kettenlinie	(117.25)
Kirchhoffsche Regeln	(33.14)
Kissoide	(99.2)
Klothoide	(110.25), (112.3)
Knoten	(122.2)
Knotenregel	(33.14)
Körperpendel	(120.53)
kofinite Topologie	(85.11)
Kokern	(51.15), (52.14)
kollabierender Zirkel	(37.1)
kommensurabel	(41.4)
Kommutativgesetze	(1.9), (3.13)
kompakte Konvergenz	(84.43)
Konchoide	(99.3)
Konfidenzellipsoid	(134.2)
Kongruenzrelation	(6.6)
Konjugation	(31.3)
konjugierte Gruppenelemente	(31.3)
konjugierte Permutationen	(30.12)
Konjugiertenklasse	(31.3)
Konkurrenz zwischen Populationen	(124.4)
kontravariant	(61.19)
Kontsevich	(75.31)
Konvergenz nach Maß	(108.3)
Konvergenzstruktur	(85.38)
Koppelgetriebe	(120.43)
kovariant	(61.19)
kovariante Ableitung	(100.10)
Krasovskii	(123.26)
Kreiseln beim Simplexverfahren	(71.48)
Kreisviereck	(39.9)
Kreuzungsexperimente	(136.2-4)
Küchenkräuter	(6.2)
Kürzungsregeln (Ordinalzahlen)	(15.8), (15.13), (15.17)
Kugeldruckprobe nach Brinell	(42.18)
Kugellager	(90.19)
Kugelvolumen	(102.13)
Kunstdiebstähle	(120.56)
Kuratowskische Hüllaxiome	(85.25)
Kurtosis einer Verteilung	(132.12)
Kurven mit konstanter Krümmung	(99.13)

L

Lagrangesches Interpolationspolynom	(52.6)
Landau-Symbole	(74.17)
Laplace-Operator	(115.4)
Laplace-Verteilung	(132.8)
LaSallesches Invarianzprinzip	(123.30-33), (123.39)
Lasso	(100.22)
Legendre-Transformation	(117.12)
Leibnizsche Ableitungsregel	(25.7), (89.32)
Lemniskate	(45.13)
Leontieff	(68.15)
Lernmodell von Guthrie	(136.1)
Levenstein-Distanz	(81.4)
Leverrier	(56.34)
Levi-Civita-Symbol	(61.19)
Lie-Ableitung	(115.3)
Lie-Klammer	(60.4), (97.26)
Lights out	(34.26), (51.22)
limes inferior	(11.19), (73.47)
limes superior	(11.19), (73.47)
Limeselement (Ordinalzahlen)	(13.9)
Linearplanimeter	(116.9)
Linksideal	(24.15)
Linksquotient	(24.16)
Linksradikal	(58.5)
Ljapunov-Gleichung	(123.24)
lokal wegzusammenhängend	(88.12)
lokal zusammenhängend	(88.12)
lokaler Fluß	(118.24)
LORAN	(45.10)
Loxodrome	(100.20)
Luchspopulation	(124.1)
Luftbildaufnahmen	(70.2)

M

magisches Quadrat	(33.7), (49.14)
Mandelbrot-Menge	(44.34)
Maschenregel	(33.14)
Matrixpolynom	(55.8)
Median	(71.4), (81.31)
Medikament in Blutkreislauf	(119.20)
Menelaos	(42.22)
Meridian	(100.17)
Meßbarkeit einer Funktion	(107.2-9)
Methode des variablen Gradienten	(123.28)
Methode von Aizerman	(123.29)
Mikusiński-Kalkül	(128.14-16)
Militärperspektive	(69.21)
Minkowskische Ungleichung	(84.8)
Mirsky	(7.16)
Mittelungsfunktion	(7.32)
Mittelwert	(71.4), (81.31)
Modell einer algebraischen Struktur	(8.3)
Möbiusband	(97.11)
Möndchen des Hippokrates	(102.6)

Momentanpol ....(120.41)
Monodromie-Operator ...... (119.37), (119.38), (119.89)
Monopoly ....(136.11)
Monotoniegesetze (Mengenoperationen)............(1.13)
Monotoniegesetze (Ordinalzahlen)((15.10), (15.15), (15.18)
Morley-Dreieck...................................(43.20)
Münzenrollen.....................................(79.14)
multinomische Formel.............................(22.27)
multiplizierbare Familie formaler Potenzreihen......(28.2)

N
Nachfolgerelement (Ordinalzahlen) .... (13.9)
Nebenklasse ....(31.15)
Neilsche Parabel ....(99.16)
Netto-Kriterium..................................(26.23)
Neunerlemma.....................................(51.17)
Newton-Knoten...................................(70.14)
Newtonsches Abkühlungsgesetz.................(134.9)
nilpotent .... (34.24), (54.8), (60.8), (62.17)
Nilpotenzgrad .... (24.8), (34.24), (51.12), (54.8)
NIM (Zweipersonenspiel)..........................(49.18)
Normalform eines Matrixpolynoms .... (55.11)
Normalkrümmung...............................(100.32)
Normen auf Produkträumen ....(84.6)
Normen auf Quotientenräumen ....(84.5)
Nullmatrix..(24.4)

O
Operatornormen ....(68.19)
optische Eigenschaft von Kegelschnitten........(45.15-17)
Ordnung einer Permutation.......................(30.11)
Ordnung eines Gruppenelements .... (31.17)
orientierter Flächeninhalt .... (59.3)
Orthodrome...................................(100.20)
orthogonale Gruppe ....(51.1), (97.16)
orthogonale Trajektorien......................(117.26)

P
Palindrom .... (4.2)
Pantograph ....(42.17)
Papierstreifen....................................(43.19)
Parabolspiegel...................................(45.23)
paralleles Vektorfeld..........................(100.10)
Parallelstreckung.................................(69.15)
Parasitismus...................................(124.3)
Parsevalsche Gleichung..........................(84.29)
partielle Ableitung.......................(25.14), (63.2)
partielle Summation..............(75.23), nach (138.43)
Partitionenverband .... (8.12)
Peaucellier .... (45.2)
Pentagramm ....(42.4)

Permutationsmatrix ....(34.29)
Pfaffsche Matrix ....(36.20)
Pfaffsches Aggregat ....(36.20)
Pflasterungen der Ebene ....(40.9)
Pick...(59.4)
Pivotelement ....(71.39)
Pivotspalte.....................................(71.39)
Pivotzeile......................................(71.39)
Planimeter....................................(116.9)
platonische Kirper..............................(40.9)
Polarkoordinaten ....(97.14)
Polarplanimeter...............................(116.9)
Polarwinkel .... (96.4), (99.25), (114.7)
Polyederformel..................................(40.9)
Polynominterpolation............................(52.6)
pons asinorum .... (38.2)
Potentialfunktion .... (117.6)
Potenzsummen ....(25.19), (102.14)
Primärbedarfsvektor............................(34.25)
primales Problem ....(71.62)
primitives Polynom.............................(26.20)
Primkörper......................................52.11
Problem des Chevalier de Méré................(129.19)
Produktordnung .... (7.7)
Professor S.....(12.20), (91.73), (92.16), (111.28),(117.17),
   (117.42), (129.6), (129.33), (136.8)
projektive Basis.................................(70.8)
Pseudo-Grenzwert .... (73.21)
Pseudo-Inverse ....(67.21), (67.22)
pseudo-konvergent ....(73.21)
Ptolemäische Ungleichung ....(42.14)
Ptolemäus .... (42.14), (43.23), (43.24)
punktetrennend .... (52.1)
punktweise konvergent .... vor (82.59)
Pythagoräisches Zahlentripel ....(34.18)

Q
quadratische Form ....(58.15)
Quaternionen...................................(72.17)

R
Radon-Zerlegung................................(71.2)
Raumwinkel...................................(116.13)
Rechtsideal.....................................(24.15)
Rechtsquotient..................................(24.16)
Rechtsradikal ....(58.5)
reductio ad absurdum ....(3.17)
Reduktion der Ordnung......................(119.30)
Reflexionsgesetz................................(91.94)
reflexive Hülle ....(5.14)
Regel von Bland ....(71.51)
Regelfläche ....(100.36)

regelmäßige Polyeder . . . . (40.9)
Regeln von de Morgan . . . . (1.12), (3.13)
Regenbogen . . . . (91.94)
Rendezvous-Manöver . . . . (120.29)
Riccatische Differentialgleichung . . . . . (117.10), (117.41), (118.27)
Riemannsche Fläche . . . . (140.9)
Riemannsche Zahlensphäre . . . . (74.7)
Roboterarm . . . . (120.52)
Romeo und Julia . . . . (120.2)
Rosenblatt-Bedingung . . . . (118.13)
Rotationsfeld . . . . (115.7)
Rotationsfläche . . . . (100.2), (100.17)
Rücktransport . . . . (63.1), (68.6)

S

Salinon . . . . (102.7)
Sattelpunkt . . . . (122.2)
Satz des Eudoxos . . . . (41.5)
Satz des Menelaos . . . . (42.22)
Satz des Ptolemäus . . . . (43.24)
Satz des Pythagoras . . . . (101.4)
Satz von Abel . . . . nach (76.15)
Satz von Ceva . . . . (42.23)
Satz von Desargues . . . . (70.17)
Satz von Dilworth . . . . (7.16)
Satz von Euler . . . . (100.31)
Satz von Gauß . . . . (116.5)
Satz von Green . . . . (116.1), (116.7)
Satz von Hamilton und Cayley . . . . (55.8)
Satz von Helly . . . . (71.3)
Satz von Krasovskii . . . . (123.26)
Satz von L'Huilier . . . . (69.20)
Satz von Mertens . . . . (75.28)
Satz von Mirsky . . . . (7.16)
Satz von Morley . . . . (43.20)
Satz von Pappos . . . . (70.16)
Satz von Pascal . . . . (70.18)
Satz von Perron . . . . (116.20), (136.14)
Satz von Pohlke . . . . (69.21)
Satz von Radon . . . . (71.2)
Satz von Schröder und Bernstein . . . . (9.3)
Satz von Shipovnik-Ponedelnik . . . . (138.22)
Satz von Stokes . . . . (116.7)
Satz von Tarski . . . . (9.2)
Satz von Titchmarsh . . . . (125.12)
Satz von Witt . . . . (58.22)
Schaltkreis . . . . (119.18), (119.63)
Schattenpreise . . . . (71.61)
Schatzkarte . . . . (44.14)
Scherung . . . . (51.2), (69.15)

Schiefe einer Verteilung . . . . (132.12)
Schießverfahren . . . . (118.23)
Schiffsnavigation . . . . (45.10)
Schlangenlemma . . . . (51.18)
Schmiegkugel . . . . (99.10)
Schneehasenpopulation . . . . (124.1)
Schröder . . . . (9.3)
Schubfachprinzip . . . . (10.6), (10.11)
Schubkurbel . . . . (120.42)
Schwarzsche Ableitungsregel . . . . (25.14)
Sehnenviereck . . . . (39.9)
Separatrix . . . . (123.16), (123.20), (123.37)
Shannonsches Abtasttheorem . . . . (127.13)
shoelace formula . . . . (59.3)
Sichtbarkeitsmenge . . . . (37.3)
sieben Zwerge . . . . (56.14)
Signum-Funktion . . . . (82.5)
Simplexverfahren . . . . (71.38)
Simplex-Tableau . . . . (71.39)
Simpsonsches Paradoxon . . . . (21.12)
Spektralradius . . . . (84.23), (84.24), (84.25)
Spektrum . . . . (56.13)
Sperner-Färbung . . . . (116.17)
Spernersches Lemma . . . . (116.17)
spezielle orthogonale Gruppe . . . . (51.1), (97.16)
Spiegelung am Kreis . . . . (137.10)
spitzer Kegel . . . . (71.9)
stabiler Knoten . . . . (122.2)
stabiler Strudel . . . . (122.4)
stabiler Unterraum . . . . (122.7)
Stammbruch . . . . (21.11)
Standarddarstellung eines Tensorprodukts . . . . (61.4)
stereographische Projektion . . . . . (11.20), (46.13), (81.12), (97.14)
stetig konvergent . . . . vor (82.59)
stetige Abhängigkeit (Eigenwerte, Eigenvektoren) . . (96.19)
stetige Abhängigkeit (Nullstellen) . . . . (96.18)
stetige Differentiierbarkeit . . . . (91.13)
Stetigkeitsmodul . . . . (82.27)
Stiefel-Mannigfaltigkeiten . . . . (97.15)
stochastische Matrizen . . . . (136.13)
Störungsmethoden beim Simplexverfahren . . . . . . (71.54)
Streckung . . . . (69.18)
strikt konvex . . . . (71.4)
Strudel . . . . (122.4)
Stufe eines Tensors . . . . (61.19)
Submultiplikativität . . . . (84.12)
Sudoku . . . . (3.1)
Summierbarkeit . . . . (84.26)
Superpositionsprinzip . . . . (117.38)
Sylvestersches Problem . . . . (38.8)

Symbiose .... (124.2)
symmetrische Differenz .... (1.17)
symmetrisches Polynom .... (25.16)

T
Tangentenviereck .... (39.9)
Tangentialabbildung .... (94.24)
Tarski .... (9.2)
Taylor-Entwicklung .... (26.1), (63.2)
Teilerverband .... (8.12)
Teilmengenverband .... (8.12)
Tensorkontraktion .... (61.19)
Tensorverjüngung .... (61.19)
tertium non datur .... (3.17)
Tetraedervolumen .... (102.15)
Tietzescher Fortsetzungssatz .... (82.76)
Tomographie .... (33.16), (35.6)
topologische Gruppe .... (86.23)
Torus .... (97.9), (100.2)
Totalvariation .... (82.77)
Trägheitsellipsoid .... (120.65)
Trägheitsmomente(111.3), (112.10-12), (112.19), (112.20)
Trägheitsmomententensor .... (112.9), (112.10), (112.14), (112.21), (112.22)
transitive Hülle .... (5.14)
Translationsinvarianz eines Operators .... (125.4-6)
triadische Darstellung .... (73.52)
Tschebyscheff-Polynome .... (79.12)
Tschirnhaus-Transformation .... (44.29)

U
überabzählbar .... (11.10)
Überhang eines Plattenaufbaus .... (75.3), (112.16)
Überlappungsfreiheit .... (85.20)
Ultrametrik .... (81.19)
Umlaufzahl .... (99.25), (99.26), (114.8), (138.39)
unendlicher Abstieg .... (12.36)
unendlicher Regreß .... (12.36)
ungerades Polynom .... (25.1)

V
Vandermondesche Identität .... (29.18)
Variation der Konstanten .... (117.4)
Varignon-Parallelogramm .... (59.2)
Veblen-Young-Bedingung .... (70.5)
Vektorraumkomplement .... (50.5)
verallgemeinerte Assoziativgesetze ... (1.19), (8.8), (12.32)
verallgemeinerte Binomialkoeffizienten .... (76.12)
verallgemeinerte Cauchy-Riemann-Gleichungen(138.10)
verallgemeinerte Eulersche Differentialgleichung (119.68)
verallgemeinertes Schubfachprinzip .... (10.11)
Verband .... (8.11)
Verbandsgesetze .... (1.9), (3.13)
Verhältnis .... (41.5)
Verschiebespiel .... (30.23)
Viererlemma .... (51.16)
Vietoris-Topologie .... (85.16), (87.21), (87.27)
Vinograd-System .... (123.11)
vis-viva-Gleichung .... (120.25)
Vollständigkeit eines Maßraums .... (104.3)
Volterra-Reihe .... (118.29)

W
Wanderer .... (82.49)
Wasserstein-Distanz .... (81.24), (81.25)
Wechselvariablen .... (71.51)
Wechselwegnahme .... (41.2)
Weierstraß-Quartik .... (70.14)
Weierstraßscher Approximationssatz .... nach (82.79)
Weierstraßscher Majorantentest .... (82.69)
Windmühle .... (40.6)
Windungszahl .... (99.25), (99.26), (114.8), (138.39)
Witt .... (58.22)
Wittsche Kürzungsregel .... (58.23)
Wölbung einer Verteilung .... (132.12)
wohltemperierte Stimmung .... (77.19)
Würfelbeschriftung .... (65.15)
Wurzelfunktion .... (140.9)

Z
Zariski-Topologie .... (85.10)
Zentralfeld .... (115.10), (120.25)
zentrische Streckung .... (69.18)
Zentrum .... (122.4)
Zentrum einer Gruppe .... (31.11)
Zerfällungskörper .... (62.10), (62.11)
Zerlegungsgleichheit von Polyedern .... (61.20)
Ziege .... (102.9)
Zustandsänderungsoperator .... (118.24)
Zweiphasenmethode .... (71.56)
zusammenklappender Zirkel .... (37.1)
Zyklenstruktur .... (30.12)
Zykloide .... (99.1)

Karlheinz Spindler

Höhere Mathematik – Ein Begleiter durch das Studium

1. Aufl. 2010, 893 Seiten, 22 cm × 28,5 cm, gebunden,
über 600 Abbildungen, wo sinnvoll vierfarbig,
ISBN 978-3-8085-5550-7
Bestell-Nr. 55507

Dieses einzigartige Buch, das mit der Einführung des Mengenbegriffs beginnt und mit dem Beweis des Riemannschen Abbildungssatzes endet, spannt einen riesigen Bogen über verschiedene grundlegende mathematische Disziplinen: Lineare und multilineare Algebra, Topologie, Analysis, Differentialgleichungen, Statistik und Wahrscheinlichkeitsrechnung, Funktionentheorie und vieles mehr.

Dabei ist das Ziel nicht, eine möglichst große Stoffmenge enzyklopädisch abzuhandeln, sondern ein solides und tragfähiges Grundlagenwissen in mathematischen Schlüsseldisziplinen zu vermitteln, auf dem eine spätere Einarbeitung in mathematische Spezialfächer und Anwendungsgebiete problemlos aufbauen kann. Es wird gleichermaßen Wert auf die Förderung begrifflichen Verständnisses und auf die Vermittlung von Rechentechniken gelegt. Allgegenwärtige algebraische, ordnungstheoretische und topologische Strukturen werden systematisch herausgearbeitet, und numerische Aspekte sind durchgängig in die Darstellung integriert. Auch der physikalische Gehalt mathematischer Begriffsbildungen und Sätze wird erläutert.

Propädeutisches Material (mengentheoretische und aussagenlogische Grundlagen, Zahlbereiche, elementare Kombinatorik, Elementargeometrie) ist in separate Kapitel ausgegliedert. Der Schulstoff wird behutsam, aber von einer höheren Warte aus rekapituliert, was den Übergang von der Schule zur Hochschule erleichtert und anhand bekannten Materials an die Strenge mathematischer Begriffsbildungen gewöhnt. Auf dieser Grundlage werden dann die Lineare Algebra und die Analysis unter Berücksichtigung sowohl arithmetischer als auch geometrischer Aspekte entwickelt. Die Kraft dieser Theorien wird anschließend in diversen Kapiteln über speziellere mathematische Disziplinen entfaltet. Das Buch führt frühzeitig an abstrakte Sichtweisen und weitgehende Verallgemeinerungen heran, wenn dadurch das begriffliche Verständnis erleichtert wird (frühe Einführung topologischer Grundbegriffe, weitgehend koordinatenfreie Behandlung von Funktionen in mehreren Variablen, Bereitstellung differentialgeometrischer und maßtheoretischer Grundlagen).

Das Buch macht keinerlei Kompromisse hinsichtlich mathematischer Strenge; sämtliche Aussagen werden bewiesen, und der Verfasser scheut sich auch nicht, „unbequeme" Begriffe einzuführen und „schwierige" Sätze zu behandeln. Durch seinen didaktisch geschickten Aufbau ist das Buch dennoch gut lesbar. Viele motivierende Erläuterungen, durchgerechnete Beispiele sowie aussagekräftige Abbildungen, Diagramme, Tabellen und eingerahmte Formeln erleichtern das Verständnis. Das Buch eignet sich daher auch gut zum Selbststudium und als weiterführende Lektüre, die über die Grundvorlesungen weit hinausgeht und daher nicht nach einem oder zwei Semestern ausgedient hat, sondern als Begleiter durch das gesamte Studium dienen kann. Dem trägt die Ausstattung des Buches mit festem Einband und stabiler Bindung Rechnung.

Symbiose .... (124.2)
symmetrische Differenz .... (1.17)
symmetrisches Polynom .... (25.16)

T
Tangentenviereck .... (39.9)
Tangentialabbildung .... (94.24)
Tarski .... (9.2)
Taylor-Entwicklung .... (26.1), (63.2)
Teilerverband .... (8.12)
Teilmengenverband .... (8.12)
Tensorkontraktion .... (61.19)
Tensorverjüngung .... (61.19)
tertium non datur .... (3.17)
Tetraedervolumen .... (102.15)
Tietzescher Fortsetzungssatz .... (82.76)
Tomographie .... (33.16), (35.6)
topologische Gruppe .... (86.23)
Torus .... (97.9), (100.2)
Totalvariation .... (82.77)
Trägheitsellipsoid .... (120.65)
Trägheitsmomente (111.3), (112.10-12), (112.19), (112.20)
Trägheitsmomententensor .... (112.9), (112.10), (112.14), (112.21), (112.22)
transitive Hülle .... (5.14)
Translationsinvarianz eines Operators .... (125.4-6)
triadische Darstellung .... (73.52)
Tschebyscheff-Polynome .... (79.12)
Tschirnhaus-Transformation .... (44.29)

U
überabzählbar .... (11.10)
Überhang eines Plattenaufbaus ...... (75.3), (112.16)
Überlappungsfreiheit .... (85.20)
Ultrametrik .... (81.19)
Umlaufzahl .... (99.25), (99.26), (114.8), (138.39)
unendlicher Abstieg .... (12.36)
unendlicher Regreß .... (12.36)
ungerades Polynom .... (25.1)

V
Vandermondesche Identität .... (29.18)
Variation der Konstanten .... (117.4)
Varignon-Parallelogramm .... (59.2)
Veblen-Young-Bedingung .... (70.5)
Vektorraumkomplement .... (50.5)
verallgemeinerte Assoziativgesetze ... (1.19), (8.8), (12.32)
verallgemeinerte Binomialkoeffizienten .... (76.12)
verallgemeinerte Cauchy-Riemann-Gleichungen (138.10)
verallgemeinerte Eulersche Differentialgleichung (119.68)
verallgemeinertes Schubfachprinzip .... (10.11)
Verband .... (8.11)
Verbandsgesetze .... (1.9), (3.13)
Verhältnis .... (41.5)
Verschiebespiel .... (30.23)
Viererlemma .... (51.16)
Vietoris-Topologie .... (85.16), (87.21), (87.27)
Vinograd-System .... (123.11)
vis-viva-Gleichung .... (120.25)
Vollständigkeit eines Maßraums .... (104.3)
Volterra-Reihe .... (118.29)

W
Wanderer .... (82.49)
Wasserstein-Distanz .... (81.24), (81.25)
Wechselvariablen .... (71.51)
Wechselwegnahme .... (41.2)
Weierstraß-Quartik .... (70.14)
Weierstraßscher Approximationssatz .... nach (82.79)
Weierstraßscher Majorantentest .... (82.69)
Windmühle .... (40.6)
Windungszahl .... (99.25), (99.26), (114.8), (138.39)
Witt .... (58.22)
Wittsche Kürzungsregel .... (58.23)
Wölbung einer Verteilung .... (132.12)
wohltemperierte Stimmung .... (77.19)
Würfelbeschriftung .... (65.15)
Wurzelfunktion .... (140.9)

Z
Zariski-Topologie .... (85.10)
Zentralfeld .... (115.10), (120.25)
zentrische Streckung .... (69.18)
Zentrum .... (122.4)
Zentrum einer Gruppe .... (31.11)
Zerfällungskörper .... (62.10), (62.11)
Zerlegungsgleichheit von Polyedern .... (61.20)
Ziege .... (102.9)
Zustandsänderungsoperator .... (118.24)
Zweiphasenmethode .... (71.56)
zusammenklappender Zirkel .... (37.1)
Zyklenstruktur .... (30.12)
Zykloide .... (99.1)

Karlheinz Spindler

Höhere Mathematik – Ein Begleiter durch das Studium

1. Aufl. 2010, 893 Seiten, 22 cm × 28,5 cm, gebunden,
über 600 Abbildungen, wo sinnvoll vierfarbig,
ISBN 978-3-8085-5550-7
Bestell-Nr. 55507

Dieses einzigartige Buch, das mit der Einführung des Mengenbegriffs beginnt und mit dem Beweis des Riemannschen Abbildungssatzes endet, spannt einen riesigen Bogen über verschiedene grundlegende mathematische Disziplinen: Lineare und multilineare Algebra, Topologie, Analysis, Differentialgleichungen, Statistik und Wahrscheinlichkeitsrechnung, Funktionentheorie und vieles mehr.

Dabei ist das Ziel nicht, eine möglichst große Stoffmenge enzyklopädisch abzuhandeln, sondern ein solides und tragfähiges Grundlagenwissen in mathematischen Schlüsseldisziplinen zu vermitteln, auf dem eine spätere Einarbeitung in mathematische Spezialfächer und Anwendungsgebiete problemlos aufbauen kann. Es wird gleichermaßen Wert auf die Förderung begrifflichen Verständnisses und auf die Vermittlung von Rechentechniken gelegt. Allgegenwärtige algebraische, ordnungstheoretische und topologische Strukturen werden systematisch herausgearbeitet, und numerische Aspekte sind durchgängig in die Darstellung integriert. Auch der physikalische Gehalt mathematischer Begriffsbildungen und Sätze wird erläutert.

Propädeutisches Material (mengentheoretische und aussagenlogische Grundlagen, Zahlbereiche, elementare Kombinatorik, Elementargeometrie) ist in separate Kapitel ausgegliedert. Der Schulstoff wird behutsam, aber von einer höheren Warte aus rekapituliert, was den Übergang von der Schule zur Hochschule erleichtert und anhand bekannten Materials an die Strenge mathematischer Begriffsbildungen gewöhnt. Auf dieser Grundlage werden dann die Lineare Algebra und die Analysis unter Berücksichtigung sowohl arithmetischer als auch geometrischer Aspekte entwickelt. Die Kraft dieser Theorien wird anschließend in diversen Kapiteln über speziellere mathematische Disziplinen entfaltet. Das Buch führt frühzeitig an abstrakte Sichtweisen und weitgehende Verallgemeinerungen heran, wenn dadurch das begriffliche Verständnis erleichtert wird (frühe Einführung topologischer Grundbegriffe, weitgehend koordinatenfreie Behandlung von Funktionen in mehreren Variablen, Bereitstellung differentialgeometrischer und maßtheoretischer Grundlagen).

Das Buch macht keinerlei Kompromisse hinsichtlich mathematischer Strenge; sämtliche Aussagen werden bewiesen, und der Verfasser scheut sich auch nicht, „unbequeme" Begriffe einzuführen und „schwierige" Sätze zu behandeln. Durch seinen didaktisch geschickten Aufbau ist das Buch dennoch gut lesbar. Viele motivierende Erläuterungen, durchgerechnete Beispiele sowie aussagekräftige Abbildungen, Diagramme, Tabellen und eingerahmte Formeln erleichtern das Verständnis. Das Buch eignet sich daher auch gut zum Selbststudium und als weiterführende Lektüre, die über die Grundvorlesungen weit hinausgeht und daher nicht nach einem oder zwei Semestern ausgedient hat, sondern als Begleiter durch das gesamte Studium dienen kann. Dem trägt die Ausstattung des Buches mit festem Einband und stabiler Bindung Rechnung.

Karlheinz Spindler

Höhere Mathematik – Aufgaben und Lösungen

Die Aufgabensammlung enthält insgesamt über 3000 Aufgaben und ist bis auf wenige Verweise unabhängig vom zugehörigen Lehrbuch nutzbar.

Die Aufgabenstellungen reichen von einfachen Fragen zur Gewöhnung an neue Begriffe und Routineaufgaben zum Einüben und Einschleifen von Rechentechniken über anspruchsvollere Aufgaben, in denen Beispiele und Gegenbeispiele gesucht, Feinheiten von Begriffsbildungen und Aussagen ausgelotet und weiterführende Aspekte erkundet werden, bis hin zu wirklichen Herausforderungen, denen sich zu stellen einige Ausdauer erfordert.

Durch die ausführlichen Lösungen sind die Bände auch zum Selbststudium geeignet.

Band 1

1. Aufl. 2021, 574 Seiten, 21 cm × 28,5 cm, gebunden
ISBN 978-3 8085-5952-9
Bestell-Nr. 59529

1149 Aufgaben mit ausführlichen Lösungen zu den Themen:

- Mengentheoretische Grundlagen
- Grundlegende Strukturen
- Kardinalzahlen
- Ordinalzahlen
- Zahlentheoretische Grundlagen
- Arithmetische Grundlagen
- Algebraische Grundlagen
- Kombinatorische Grundlagen
- Lineare Gleichungssysteme
- Geometrische Grundlagen
- Reelle und komplexe Zahlen
- Geometrie und Vektorrechnung
- Lineare Algebra
- Lineare Abbildungen und Matrizen
- Multilineare Abbildungen.

Band 2

1. Aufl. 2021, 582 Seiten, 21 cm × 28,5 cm, gebunden
ISBN 978-3 8085-5954-3
Bestell-Nr. 59543

1029 Aufgaben mit ausführlichen Lösungen zu den Themen:

- Multilineare Algebra
- Metrische Vektorräume
- Geometrie in Vektorräumen
- Rechnen mit Grenzwerten
- Elementare Funktionen
- Metrische Strukturen
- Topologische Strukturen
- Differentialrechnung in einer Variablen
- Differentialrechnung in Banachräumen.

Band 3

1. Aufl. 2021, 646 Seiten, 21 cm × 28,5 cm, gebunden
ISBN 978-3 8085-5956-7
Bestell-Nr. 59567

1017 Aufgaben mit ausführlichen Lösungen zu den Themen:

- Differentialrechnung auf Mannigfaltigkeiten
- Inhaltsbestimmung von Mengen
- Begriff des Integrals
- Berechnung von Integralen
- Integration auf Mannigfaltigkeiten
- Gewöhnliche Differentialgleichungen
- Dynamische Systeme
- Integraltransformationen
- Grundlagen der Stochastik
- Anwendung stochastischer Methoden
- Funktionentheorie.

Karlheinz Spindler: Höhere Mathematik

Karlheinz Spindler

Höhere Mathematik
Ein Begleiter durch das Studium

Verlag Harri Deutsch

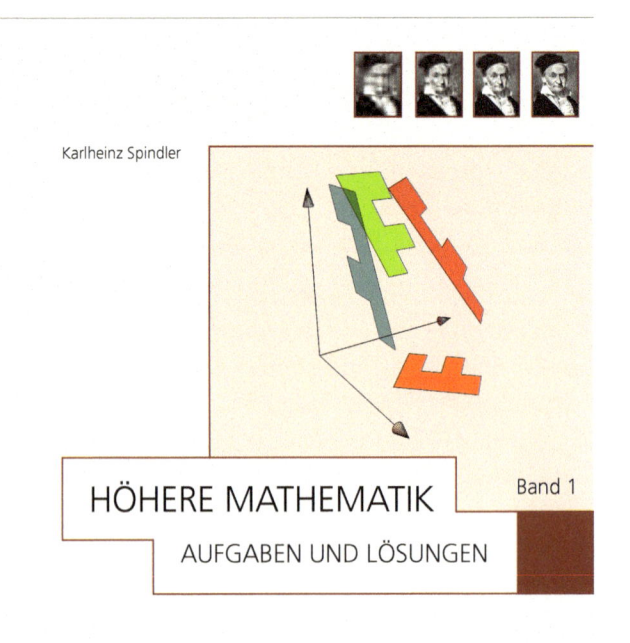

Karlheinz Spindler

HÖHERE MATHEMATIK — Band 1
AUFGABEN UND LÖSUNGEN

Edition Harri Deutsch / EUROPA LEHRMITTEL

Karlheinz Spindler

HÖHERE MATHEMATIK — Band 2
AUFGABEN UND LÖSUNGEN

Edition Harri Deutsch / EUROPA LEHRMITTEL

Karlheinz Spindler

HÖHERE MATHEMATIK — Band 3
AUFGABEN UND LÖSUNGEN

Edition Harri Deutsch / EUROPA LEHRMITTEL